Fachwörterbuch Kraftfahrzeugtechnik

Robert Bosch GmbH

Robert Bosch GmbH

Fachwörterbuch Kraftfahrzeug-technik

3.
vollständig überarbeitete
und erweiterte Auflage

Impressum/Imprint/Editeur/Pie de imprenta:

Herausgeber/Published by/Publié par/Publicado por:

Postfach 1129,
D-73201 Plochingen.
Unternehmensbereich Automotive Aftermarket,
Abteilung Marketing Automotive Diagnostics
(AA-DG/MKT5).

Redaktionsschluss/Editorial closing/Fin de rédaction/
Cierre de edición: 30.06.2005

1., Auflage/1st Edition/1ère édition 1998
2., vollständig überarbeitete und erweiterte Auflage/2nd completely updated and expanded edition/ 2ème édition actualisée et complétée totalement.
3., vollständig überarbeitete und erweiterte Auflage/3rd completely updated and expanded edition/ 3ème édition actualisée et complétée totalement/ 3a edición revisada y ampliada por completo.
Juni/June/Juin/Junio 2005

Softcover reprint of the hardcover 3rd edition 2005
Der Vieweg Verlag ist ein Unternehmen von Springer Science+Business Media.
The Vieweg publishing house a company belonging to Springer Science+Business Media.
La maison d'édition est une entreprise du groupe Springer Science+Business Media.
La editorial Vieweg es una empresa de Springer Science+Business Media.
www.vieweg.de
Imprimé en Allemagne.
Impreso en Alemania.
ISBN-13:978-3-322-80334-4 e-ISBN-13:978-3-322-80333-7
DOI: 10.1007/978-3-322-80333-7

ND1

Bibliografische Information der Deutschen Bibliothek
Die Deutsche Bibliothek verzeichnet diese Publikation in der Deutschen Nationalbibliografie; detaillierte bibliografische Daten sind im Internet über <http://dnb.ddb.de> abrufbar

Vorwort

Die Entwicklung neuer Produkte und Systeme hat häufig zur Folge, dass neue Fachbegriffe festzulegen sind, um diese technischen Innovationen treffend zu benennen. Um den sprachlichen Anforderungen in den verschiedenen Ländern gerecht zu werden, ist eine unveränderte Übernahme oder wörtliche Übersetzung dieser Begriffe in die jeweilige Sprache meist nicht ausreichend. Wir konnten in die Übersetzung unsere jahrzehntelange Erfahrung auf dem Gebiet der technischen Übersetzung einbringen. Das notwendige technische Fachwissen kann bei Bosch als einem der weltweit führenden Automobilzulieferer vorausgesetzt werden. Die Terminologie des vorliegenden „Fachwörterbuches Kraftfahrzeugtechnik" wurde aus dem „Kraftfahrtechnischen Taschenbuch" von Bosch und den Heften der „Gelben Reihe" sowie diverser Schriften und Begriffsammlungen von Fachabteilungen der Bosch-Gruppe zusammengestellt. Mit dem auf über 7000 Fachbegriffe angewachsenen Wörterbuch decken wir nun ein weites Feld der Kfz-Technik ab.

Foreword

The development of new products and systems very often necessitates the definition of new technical terms which are appropriate to the particular technical innovation. In order to comply with the demands posed by the languages in the different countries though, a literal, word-by-word translation is usually inadequate and it is impossible to use the original words. We have contributed our decades of experience in technical translation work, and the technical competence of Bosch as one of the world's leading automotive suppliers is unquestioned.
The terminology in this "Technical Dictionary for Automotive Engineering" was assembled from the Bosch "Automotive Handbook", as well as from the Bosch Yellow Jacket range of publications and from a wide variety of technical publications and lists of technical terms assembled by various specialised departments in the Bosch Group. The dictionary has now expanded to 7,000 technical terms, and thus covers an even broader sector of automotive technology.

Avant-propos

Le développement de nouveaux produits et systèmes impose en général la définition de nouveaux termes techniques, qui permettent de désigner de manière adéquate ces innovations technologiques. Afin de satisfaire aux exigences linguistiques des différents pays, une simple transposition ou une traduction littérale de ce vocabulaire technique ne suffit plus pour trouver un équivalent dans la langue considérée. C'est à ce stade que nous pouvons tirer profit de notre longue expérience dans le domaine de la traduction technique. Bosch, qui fait partie des équipementiers phares de l'industrie automobile mondiale, bénéficie également d'une compétence incontestable au niveau des connaissances techniques.
La terminologie du présent «Glossaire des techniques automobiles» rassemble une sélection de mots tirés du «Mémento de technologie automobile» de Bosch, des cahiers de la «Série jaune» ainsi que de nombreuses publications et divers vocabulaires des départements spécialisés du Groupe Bosch. Ce dictionnaire, dont le contenu regroupe plus de 7.000 termes différents, nous permet de couvrir un vaste secteur des technologies automobiles.

Prólogo

Con frecuencia, el desarrollo de nuevos productos y sistemas hace necesaria la fijación de conceptos técnicos para poder designar correctamente estas innovaciones técnicas. Los extranjerismos o las traducciones literales de estos conceptos en el idioma respectivo son a menudo insuficientes, para poder contemplar los requisitos lingüísticos en todos los países. Al realizar la traducción pudimos aportar nuestra amplia experiencia en el sector de la traducción técnica. Bosch es uno de los proveedores de automóviles más importantes del mundo y por este motivo puede ofrecer el conocimiento técnico necesario.
La terminología del presente «Diccionario Técnico de Automoción» se ha elaborado a partir del «Manual de la Técnica del Automóvil» de Bosch y de los cuadernos de la «Serie amarilla», así como de diversos documentos y glosarios de departamentos técnicos del Grupo Bosch. Este diccionario, que abarca ya más de 7.000 términos técnicos, nos permite cubrir un amplio campo de la técnica del automóvil.

Hinweis für den Gebrauch

Das Fachwörterbuch ist unterteilt in vier Sprachen. Im jeweiligen Abschnitt ist jede Sprache einmal als Quellsprache alphabetisch sortiert und mit den anderen Sprachen als Zielsprachen tabellarisch geordnet. Synonyme sind kursiv und in Klammer aufgeführt.

Abkürzungen

a	Abkürzung bzw. Akronym
adj	Adjektiv
f	Femininum
loc	Französisch: Redewendung
m	Maskulinum
n	Deutsch: Neutrum Englisch: Substantiv
pl	Plural
pp	Partizip Perfekt
ppr	Partizip Präsens
v	Verb

Notes on use

This Technical Dictionary is divided into four language sections. Each language is alphabetically sorted as the source language in its respective section and arranged with the other languages as the target languages in a table format. Synonyms are given in italics and in brackets.

Abbreviations

a	Abbreviation or acronym
adj	Adjective
f	Feminine
loc	French: Compound
m	Masculine
n	German: Neuter Englisch: Noun
pl	Plural
pp	Past participle
ppr	Present participle
v	Verb

Conseils d'utilisation

Le présent glossaire est subdivisé en quatre langues. Pour chacune des langues, les termes sources sont classés alphabétiquement dans la colonne de gauche du tableau, et les termes cibles dans les colonnes de droite correspondantes. Les synonymes sont indiqués en italique et entre paranthèses.

Abréviations

a	abréviation ou acronyme
adj	adjectif
f	féminin
loc	locution
m	masculin
n	en allemand: neutre en anglais: substantif
pl	pluriel
pp	participe passé
ppr	participe présent
v	verbe

Consejos para su uso

El diccionario técnico se subdivide en cuatro idiomas. En el segmento correspondiente se ordenan alfabéticamente los idiomas como lengua de salida y los otros idiomas aparecen como lenguas de llegada en una tabla. Los sinónimos aparecen en cursiva y entre paréntesis.

Abreviaturas

a	Abreviatura o acrónimo
adj	Adjetivo
f	Femenino
loc	Francés: Frase hecha
m	Masculino
n	Alemán: neutro Inglés: sustantivo
pl	Plural
pp	Participio perfecto
ppr	Participio presente
v	Verbo

Deutsch

A

abblasen (Druckregler) *v*
Eng: blow off (pressure regulator) *v*
Fra: échappement d'air (régulateur de pression) *m*
Spa: descargar aire (regulador de presión) *v*

Abblasestutzen (Druckregler) *m*
Eng: blow off fitting (pressure regulator) *n*
Fra: tubulure d'échappement (régulateur de pression) *f*
Spa: tubuladura de descarga (regulador de presión) *f*

Abblasgeräusch (Druckregler) *n*
Eng: blow off noise (pressure regulator) *n*
Fra: bruit d'échappement (régulateur de pression) *m*
Spa: ruido de descarga de aire (regulador de presión) *m*

Abblendlicht *n*
Eng: low beam *n*
Fra: feu de croisement *m*
Spa: luz de cruce *f*

Abblendrelais *n*
Eng: dimmer relay *n*
Fra: relais de code *m*
Spa: relé regulador de luminosidad *m*

Abblendschalter *m*
Eng: dimmer switch *n*
Fra: commutateur de code *m*
Spa: interruptor de luz de cruce *m*

Abblendscheinwerfer *m*
Eng: low beam headlamp *n*
Fra: projecteur de croisement *m*
Spa: faro de luz de cruce *m*

Abbrand *m*
Eng: melting loss *n*
Fra: usure *f*
Spa: merma por combustión *m*

Abbrandwiderstand *m*
Eng: burn off resistor *n*
Fra: résistance anti-usure *f*
Spa: resistencia a las quemaduras *f*

Abbremsung *f*
Eng: braking factor *n*
Fra: taux de freinage *m*
Spa: efecto de frenado *m*

Abbrennstumpfschweißen *n*
Eng: flash butt welding *n*
Fra: soudage bout à bout par étincelage *m*
Spa: soldadura a tope por chispa *f*

Abdeckhaube *f*
Eng: hood *n*
Fra: capot *m*
Spa: cubierta *f*

Abdeckkappe (Scheinwerfer) *f*
Eng: cap *n*
Fra: cache *m*
Spa: tapa de cubierta (faros) *(pantalla para rayos)* *f*

Abdeckrahmen *m*
Eng: outer rim (headlamps) *n*
Fra: collerette *f*
Spa: bastidor de cubierta *m*

Abdeckring (Scheinwerfer) *m*
Eng: cover ring *n*
Fra: anneau de recouvrement *m*
Spa: anillo de cubierta (faros) *m*

Abdeckscheibe *f*
Eng: cover disc *n*
Fra: disque de recouvrement *m*
Spa: tapa de cubierta *f*

Abdeckschiene *f*
Eng: cover rail *n*
Fra: rail de recouvrement *m*
Spa: riel de cubierta *m*

abdichten *v*
Eng: seal *v*
Fra: étancher *v*
Spa: estanqueizar *v*

Abdichtscheibe *f*
Eng: sealing washer *n*
Fra: rondelle d'étanchéité *f*
Spa: disco estanqueizante *m*

Abdichtstulpe (Radzylinder) *f*
Eng: sealing cap (wheel-brake cylinder) *n*
Fra: manchon d'étanchéité (cylindre de roue) *m*
Spa: manguito estanqueizante (bombín de rueda) *m*

Abdichtungsmembrane *v*
Eng: sealing diaphragm *n*
Fra: membrane d'étanchéité *f*
Spa: membrana estanqueizante *f*

Abdichtvorrichtung *f*
Eng: sealing device *n*
Fra: dispositif d'étanchéité *m*
Spa: dispositivo estanqueizante *m*

Abdrückschraube *f*
Eng: pull-off screw *n*
Fra: vis de déblocage *m*
Spa: tornillo de desmontaje *m*

Abdrückvorrichtung (Bremsen) *f*
Eng: hub puller (brakes) *n*
Fra: dispositif d'extraction *m*
Spa: dispositivo de extracción (frenos) *m*

Abfallschwellwert (Fahrpedalsensor) *m*
Eng: decrease threshold value (accelerator-pedal sensor) *n*
Fra: seuil décroissant (capteur d'accélérateur) *m*
Spa: valor umbral de caída (sensor del pedal acelerador) *m*

Abfallzeit (Einspritzventil) *f*
Eng: release time (fuel injector) *n*
Fra: temps de fermeture (injecteur) *m*
Spa: tiempo de vuelta al reposo (válvula de inyección) *m*

Abflussbohrung (Elektrokraftstoffpumpe) *f*
Eng: outlet bore (electric fuel pump) *n*
Fra: canal de sortie (pompe électrique à carburant) *m*
Spa: taladro de desagüe (electrobomba de combustible) *m*

Abgas *n*
Eng: exhaust gas *n*
Fra: gaz d'échappement *mpl*
Spa: gases de escape *mpl*

Abgasanalyse *f*
Eng: exhaust gas analysis *n*
Fra: analyse des gaz d'échappement *f*
Spa: análisis de los gases de escape *m*

Abgasanlage *f*
Eng: exhaust system *n*
Fra: système d'échappement *m*
Spa: sistema de gases de escape *m*

Abgasbestandteil *m*
Eng: exhaust gas component *n*
Fra: constituant des gaz d'échappement *m*
Spa: componente de los gases de escape *m*

Abgas-Differenzdruck *m*
Eng: exhaust gas differential pressure *n*
Fra: pression différentielle d'échappement *f*
Spa: presión diferencial de gases de escape *f*

Abgasdruck *m*
Eng: exhaust gas pressure *n*
Fra: pression d'échappement *f*
Spa: presión de gases de escape *f*

Abgaseinstellung *f*
Eng: exhaust setting *n*
Fra: réglage de l'échappement *m*
Spa: ajuste de gases de escape *f*

Abgasemission *f*
Eng: exhaust gas emission *n*
Fra: émission de gaz d'échappement *f*
Spa: emisión de gases de escape *f*

Abgasemissionswert *m*
Eng: exhaust gas emission rate *n*
Fra: taux d'émissions à l'échappement *m*
Spa: nivel de emisión de gases de escape *m*

Abgasgegendruck *m*
Eng: exhaust gas back pressure *n*
Fra: contre-pression des gaz d'échappement *f*

Spa: contrapresión de gases de escape *f*

Abgasgegendruckverhältnis ***n***
Eng: exhaust gas back-pressure ratio *n*
Fra: taux de contre-pression des gaz d'échappement *m*
Spa: relación de contrapresión de gases de escape *f*

Abgasgesetzgebung ***f***
Eng: emission control legislation *n*
Fra: législation antipollution *f*
(réglementation antipollution) *f*
Spa: legislación de gases de escape *f*
(normativa de gases de escape) *fpl*

Abgasgrenzwert ***m***
Eng: emission limits *n*
Fra: valeur limite d'émission *f*
Spa: valor límite de gases de escape *m*

Abgas-Katalysator ***m***
Eng: catalytic converter *n*
Fra: pot catalytique d'échappement *m*
Spa: catalizador de gases de escape *m*

Abgaskomponente ***f***
Eng: exhaust gas constituent *n*
Fra: constituant des gaz d'échappement *m*
Spa: componente de los gases de escape *m*

Abgaskonverter ***m***
Eng: catalytic exhaust converter *n*
Fra: convertisseur catalytique des gaz d'échappement *m*
Spa: convertidor catalítico de gases de escape *m*

Abgaskrümmer ***m***
Eng: exhaust manifold *n*
(manifold) *n*
Fra: collecteur d'échappement *m*
Spa: colector de gases de escape *m*
(colector de escape) *m*

Abgasmassenstrom ***m***
Eng: exhaust gas mass flow *n*
Fra: débit massique des gaz d'échappement *m*
Spa: flujo másico de gases de escape *m*

Abgasmessgerät ***n***
Eng: exhaust gas analyzer *n*
Fra: analyseur de gaz d'échappement *m*
(appareil de mesure des gaz d'échappement) *m*
Spa: analizador de gases de escape *m*

Abgasmessung ***f***
Eng: exhaust measurement *n*
Fra: mesure des gaz d'échappement *f*
Spa: medición de gases de escape *f*

Abgasnachbehandlung ***f***
Eng: exhaust gas treatment *n*
Fra: post-traitement des gaz d'échappement *m*
Spa: tratamiento de los gases de escape *m*

Abgasnorm ***f***
Eng: exhaust emissions standard *n*
Fra: norme antipollution *f*
Spa: norma de gases de escape *f*

Abgasprüftechnik ***f***
Eng: exhaust gas analysis techniques *npl*
Fra: technique d'analyse des gaz d'échappement *f*
Spa: técnicas de ensayo de gases de escape *fpl*

Abgasprüfung ***f***
Eng: exhaust gas test *n*
Fra: analyse des gaz d'échappement *f*
(test des gaz d'échappement) *m*
Spa: comprobación de gases de escape *f*
(ensayo de gases de escape) *m*

Abgasprüfzelle ***f***
Eng: emissions test cell (test chamber) *n*
Fra: cabine de simulation des gaz d'échappement *f*
Spa: celda de ensayo de gases de escape *f*
(celda de ensayo) *f*

Abgasreinigung ***f***
Eng: exhaust gas treatment *n*
Fra: dépollution des gaz d'échappement *f*
Spa: depuración de los gases de escape *f*

Abgasreinigungsanlage ***f***
Eng: exhaust gas cleaning equipment *n*
Fra: dispositif de dépollution *m*
Spa: equipo de depuración de gases de escape *m*

Abgasrohr ***n***
Eng: exhaust pipe *n*
Fra: pot d'échappement *m*
Spa: tubo de escape *m*

Abgasrückführrate ***f***
Eng: exhaust gas recirculation rate *n*
Fra: taux de recyclage des gaz d'échappement *m*
Spa: tasa de retroalimentación de gases de escape *f*

Abgasrückführregelung ***f***
Eng: exhaust gas recirculation control *n*
Fra: régulation du recyclage des gaz d'échappement *f*
Spa: regulación de retroalimentación de gases de escape *f*

Abgasrückführsteller ***m***
Eng: exhaust gas recirculation positioner *n*
Fra: actionneur de recyclage des gaz d'échappement *m*
Spa: actuador de retroalimentación de gases de escape *m*

Abgasrückführung, AGR ***f***
Eng: exhaust gas recirculation, EGR *n*
Fra: recyclage des gaz d'échappement, RGE *m*
Spa: retroalimentación de gases de escape *f*

Abgasrückführungsventil ***n***
Eng: exhaust gas recirculation valve *n*
(EGR valve) *n*
Fra: électrovalve de recyclage des gaz d'échappement *f*
Spa: válvula de retroalimentación de gases de escape *f*

Abgassystem ***n***
Eng: exhaust system *n*
(exhaust system) *n*
Fra: système d'échappement *m*
Spa: sistema de gases de escape *m*

Abgastechnik ***f***
Eng: emissions control engineering *n*
Fra: technique de dépollution *f*
Spa: ingeniería de control de emisiones *f*

Abgasteilstrom ***m***
Eng: exhaust gas partial flow *n*
Fra: flux partiel de gaz d'échappement *m*
Spa: flujo parcial de gases de escape *m*

Abgastemperatur ***f***
Eng: exhaust gas temperature *n*
Fra: température des gaz d'échappement *f*
Spa: temperatura de gases de escape *f*

Abgastemperaturanzeige ***f***
Eng: exhaust gas temperature gauge *n*
Fra: indicateur de température des gaz d'échappement *m*
Spa: lectura de la temperatura de gases de escape *f*

Abgastemperaturbegrenzung ***f***
Eng: exhaust gas temperature limit *n*

Fra: limitation de température des gaz d'échappement *f*
Spa: limitación de la temperatura de gases de escape *f*

Abgastemperaturfühler ***m***
Eng: exhaust gas temperature sensor *n*
Fra: sonde de température des gaz d'échappement *f*
Spa: sensor de temperatura de gases de escape *m*

Abgastest ***m***
Eng: exhaust gas test *n*
Fra: test des gaz d'échappement *m*
Spa: ensayo de gases de escape *m*

Abgastester ***m***
Eng: exhaust gas analyzer *n*
Fra: testeur de gaz d'échappement *m*
Spa: comprobador de gases de escpae *m*

Abgasturbine ***f***
Eng: exhaust gas turbine *n*
Fra: turbine à gaz d'échappement *f*
Spa: turbina de gases de escape *f*

Abgasturboaufladung ***f***
Eng: exhaust gas turbocharging *n*
Fra: suralimentation par turbocompresseur *f*
Spa: turboalimentación de gases de escape *f*

Abgasturbolader ***m***
Eng: exhaust gas turbocharger *n*
Fra: turbocompresseur *m*
Spa: turbocompresor de gases de escape *m*
(turbocompresor) *m*

Abgasuntersuchung ***f***
Eng: exhaust emission test *n*
Fra: contrôle antipollution *m*
Spa: análisis de los gases de escape *m*

Abgasverbesserung ***f***
Eng: reduction of exhaust emissions *n*
Fra: amélioration des émissions *f*
Spa: reducción de las emisiones de escape *f*

Abgas-Vergleichsmessung ***f***
Eng: comperative emission analysis *n*
Fra: mesure comparative des gaz d'échappement *f*
Spa: medición comparativa de los gases de escape *f*

Abgasverhalten ***n***
Eng: emission characteristics *n*
Fra: comportement des gaz d'échappement *m*
Spa: comportamiento de los gases de escape *m*

Abgasvolumen ***n***
Eng: exhaust gas volume *n*
Fra: volume des gaz d'échappement *m*
Spa: volumen de los gases de escape *m*

Abgaswärme ***f***
Eng: exhaust heat *n*
Fra: chaleur des gaz d'échappement *f*
Spa: calor de los gases de escape *m*

Abgaswärmeüberträger ***m***
Eng: exhaust gas heat exchanger *n*
Fra: échangeur thermique *m*
Spa: intercambiador de calor de los gases de escape *m*

Abgaswerte ***mpl***
Eng: exhaust gas values *npl*
Fra: valeurs d'émissions *fpl*
Spa: valores de los gases de escape *mpl*

Abgaszusammensetzung ***f***
Eng: exhaust gas composition *n*
Fra: composition des gaz d'échappement *f*
Spa: composición de los gases de escape *f*

Abgleichwiderstand ***m***
Eng: trimming resistor *n*
Fra: résistance de calibrage *f*
Spa: resistencia de ajuste *f*

abisolieren ***v***
Eng: strip the insulation *v*
Fra: dénuder *v*
Spa: desaislar *v*

Abisolierzange ***f***
Eng: wire stripper *n*
Fra: pince à dénuder *f*
Spa: pinzas pelacables *fpl*

Abklingkoeffizient ***m***
Eng: decay coefficient *n*
Fra: coefficient d'atténuation *m*
Spa: coeficiente de relajación *m*

Ablagerung ***f***
Eng: deposit *n*
Fra: dépôt *m*
Spa: depósito *m*

Ablasshahn ***m***
Eng: drain cock *n*
Fra: robinet de purge *m*
Spa: llave de purga *f*

Ablassöffnung ***m***
Eng: discharge orifice *n*
Fra: orifice d'écoulement *m*
Spa: orificio de evacuación *m*

Ablassschraube ***f***
Eng: drain plug *n*
Fra: vis de vidange *f*
Spa: tornillo de evacuación *m*

Ablassstutzen (Druckregler) ***m***
Eng: drain connection (pressure regulator) *n*
Fra: raccord de vidange *m*
Spa: tubuladura de evacuación (regulador de presión) *f*

Ablassventil ***n***
Eng: drain valve *n*
Fra: valve de décharge *f*
Spa: válvula de evacuación *f*

Ablaufbohrung ***f***
Eng: drain hole *n*
Fra: orifice d'écoulement *m*
Spa: agujero de drenaje *m*

Ablaufdrossel ***f***
Eng: output throttle *n*
Fra: étranglement de sortie *m*
Spa: estrangulador de drenaje *m*

ablaufende Bremsbacke (Bremsen) ***f***
Eng: trailing brake shoe (brakes) *n*
(secondary shee) *n*
Fra: mâchoire secondaire *f*
Spa: zapata de freno secundaria (frenos) *f*

Ablauföffnung ***f***
Eng: drain opening *n*
Fra: ouverture de drainage *f*
Spa: salida de drenaje *f*

Ablaufrinne ***f***
Eng: drainage channel *n*
Fra: rigole *f*
Spa: canaleta de desagüe *f*

Ablaufrohr ***n***
Eng: drainage pipe *n*
Fra: tuyau d'écoulement *m*
Spa: tubo de desagüe *m*

Ablaufschale ***f***
Eng: drip pan *n*
Fra: gouttière *f*
Spa: bandeja de desagüe *f*

abmagern (Luft-Kraftstoff-Gemisch) ***v***
Eng: lean off (air-fuel mixture) *v*
Fra: appauvrir (mélange air-carburant) *v*
Spa: empobrecer (mezcla aire-combustible) *v*

Abmagerung (Luft-Kraftstoff-Gemisch) ***f***
Eng: leaning (air-fuel mixture) *v*
Fra: appauvrissement *m*
Spa: empobrecimiento (mezcla aire-combustible) *m*

Abnahmeprüfprotokoll ***n***
Eng: inspection report *n*
Fra: protocole de recette *m*
Spa: informe de recepción *m*

Abrasionsverschleiß ***m***
Eng: abrasive wear *n*
Fra: usure par abrasion *f*
Spa: desgaste abrasivo *m*

Abregelbeginn (Dieseleinspritzung) ***m***
Eng: start of breakaway (diesel fuel injection) *n*
Fra: début de coupure de débit *m*

Deutsch

Deutsch

Spa: inicio de la limitación reguladora (inyección diesel) *m*

Abregelbereich (Dieseleinspritzung) ***m***
Eng: breakaway range (diesel fuel injection) *n*
Fra: plage de coupure de débit *f*
Spa: rango de la limitación reguladora (inyección diesel) *m*

Abregeldrehzahl (Dieseleinspritzung) ***f***
Eng: breakaway speed (diesel fuel injection) *n*
Fra: régime de coupure *m*
Spa: régimen de limitación reguladora (inyección diesel) *m*
(número de revoluciones en el punto de limitación) *m*

Abregelende (Dieseleinspritzung) ***n***
Eng: end of breakaway (diesel fuel injection) *n*
Fra: fin de coupure de débit *f*
Spa: final de la limitación reguladora (inyección diesel) *m*

Abregelmenge (Dieseleinspritzung) ***f***
Eng: breakaway delivery (diesel fuel injection) *n*
Fra: débit au moment de la coupure *m*
Spa: caudal de limitación reguladora (inyección diesel) *m*

abregeln (Dieseleinspritzung) ***v***
Eng: regulate (diesel fuel injection) *v*
Fra: fin de régulation (injection diesel) *f*
Spa: regular (inyección diesel) *v*

Abregelung (Dieseleinspritzung) ***f***
Eng: speed regulation breakaway (diesel fuel injection) *n*
Fra: coupure de débit *f*
Spa: regulación limitadora (inyección diesel) *m*

Abregelverlauf (Dieseleinspritzung) ***m***
Eng: breakaway characteristic (diesel fuel injection) *n*
Fra: caractéristique de coupure de débit *f*
Spa: característica de la limitación reguladora (inyección diesel) *f*

Abreißfunke (Zündung) ***m***
Eng: contact breaking spark (ignition) *n*
Fra: étincelle de rupture *f*
Spa: chispa de ruptura (encendido) *f*

Abreißkante (Zündung) ***f***
Eng: breakaway edge (ignition) *n*
Fra: arête de rupture *f*
Spa: arista de ruptura (encendido) *f*

Abreissschraube ***f***
Eng: shear bolt *n*
Fra: vis à point de rupture *f*
Spa: tornillo de desgarre *m*

Abriebfestigkeit ***f***
Eng: abrasion resistance *n*
Fra: résistance à l'abrasion *f*
Spa: resistencia a la abrasión *f*

Abrollbewegung ***f***
Eng: rolling movement *n*
Fra: mouvement de rotation *m*
Spa: movimiento de rodamiento *m*

ABS ***n***
Eng: ABS *n*
Fra: ABS *a*
Spa: ABS *m*

Absaugdeckel ***m***
Eng: suction cover *n*
Fra: couvercle d'aspiration *m*
Spa: tapa de aspiración *f*

Absaugkanal ***m***
Eng: extraction duct *n*
Fra: conduit d'aspiration *m*
Spa: canal de aspiración *m*

Absaugstutzen ***m***
Eng: extraction connection *n*
Fra: raccord d'aspiration *m*
Spa: tubuladura de aspiración *f*

Absaugvorrichtung ***f***
Eng: suction device *n*
Fra: dispositif d'aspiration *m*
Spa: dispositivo de aspiración *m*

ABS-Bremse ***f***
Eng: antilock brake *n*
Fra: frein ABS *m*
Spa: freno antibloqueo ABS *m*

Abschaltautomatik ***f***
Eng: automatic shutoff *n*
Fra: automate de coupure *m*
Spa: dispositivo automático de desconexión *m*

Abschaltdrehzahl ***f***
Eng: cutoff speed *n*
Fra: régime de coupure *m*
Spa: régimen de desconexión *m*

Abschaltdruck ***m***
Eng: cutoff pressure *n*
Fra: pression de coupure *f*
Spa: presión de descohnexión *f*

Abschaltelemente ***n***
Eng: cutoff elements *n*
Fra: élément de coupure *m*
Spa: elementos de desconexión *mpl*

Abschaltkennlinie (AGR) ***f***
Eng: cut-out characteristic (EGR) *n*
Fra: caractéristique de coupure (EGR) *f*
Spa: característica de desconexión *f*

Abschaltmoment ***n***
Eng: switchoff torque *n*
Fra: couple de coupure *m*
Spa: par de desconexión *m*

Abschaltpunkt ***m***
Eng: switchoff point *n*
Fra: point de coupure *m*
Spa: punto de desconexión *m*

Abschaltrelais ***n***
Eng: shutoff relay *n*
(shutoff relay) *n*
Fra: relais de coupure *m*
Spa: relé de desconexión *m*

Abschaltsignal ***n***
Eng: switchoff signal *n*
Fra: signal de coupure *m*
Spa: señal de desconexión *f*

Abschaltung (Regler) ***f***
Eng: shutoff (governor) *n*
Fra: coupure (régulateur) *f*
(arrêt) *m*
Spa: corte (regulador) *m*
(cierre) *m*

Abschaltventil ***n***
Eng: shutoff valve *n*
Fra: valve de barrage *f*
Spa: válvula de corte *m*
(válvula de cierre) *f*

Abschaltverzögerung ***f***
Eng: deactivation delay-time *n*
Fra: temporisation à la retombée (relais) *f*
Spa: retardo de desconexión *m*

Abschaltvorrichtung ***f***
Eng: shutoff device *n*
Fra: dispositif de coupure *m*
Spa: dispositivo de desconexión *m*

Abscheidegüte (Filter) ***f***
Eng: filtration efficiency (filter) *n*
Fra: qualité de séparation (filtre) *f*
Spa: eficiencia de filtración (filtro) *f*

Abschirmhaube (Zündverteiler) ***f***
Eng: shielding cover (ignition distributor) *n*
Fra: calotte de blindage (allumeur) *f*
Spa: caperuza de apantallado (distribuidor de encendido) *f*

Abschirmhülse ***f***
Eng: shielding sleeve *n*
Fra: manchon de blindage *m*
Spa: manguito de apantallado *m*

Abschirmplatte ***f***
Eng: shielding plate *n*
Fra: plaque de blindage *f*
Spa: placa de apantallado *f*

Abschirmring ***m***
Eng: shielding ring *n*
Fra: bague de blindage *f*
Spa: anillo de apantallado *m*

Abschirmung ***f***
Eng: shield *n*
Fra: blindage *m*

Spa: apantallado *m*
(blindaje) *m*

Abschleppen ***n***
Eng: towing *n*
Fra: remorquage *m*
Spa: remolcado *m*

Abschleppschutz (Autoalarm) ***m***
Eng: tow away protection (car alarm) *n*
Fra: protection contre le remorquage (alarme auto) *f*
Spa: protección contra el remolcado (alarma de vehículo) *f*

Abschleppseil ***n***
Eng: tow rope *n*
Fra: câble de remorquage *m*
Spa: cable para remolcar *m*

Abschlussblende ***f***
Eng: end cover *n*
Fra: tôle d'obturation *f*
Spa: moldura de cierre *f*

Abschlussplatte ***f***
Eng: end plate *n*
Fra: plaque de fermeture *f*
Spa: placa de cierre *f*

Abschlussscheibe (Scheinwerfer) ***f***
Eng: lens (headlamp) *n*
Fra: verre de protection *m*
Spa: cristal de cierre (faro) *m*

Abschmiergerät ***n***
Eng: lubricator *n*
Fra: graisseur *m*
Spa: lubricador *m*

Abschottung ***f***
Eng: partition *n*
Fra: isolation *f*
Spa: separación *f*

ABS-Funktionskontrollleuchte ***f***
Eng: ABS indicator lamp *n*
Fra: lampe témoin de fonctionnement ABS *f*
Spa: testigo luminoso de funcionamiento del ABS *m*

Absicherungsbereich (Park-Pilot) ***m***
Eng: protection area (park pilot) *n*
Fra: périmètre de protection *m*
Spa: zona de protección (piloto de aparcamiento) *f*

Absolutdruck ***m***
Eng: absolute pressure (diesel fuel injection) *n*
Fra: pression absolue *f*
Spa: presión absoluta *f*

absolutdruckmessender, ladedruckabhängiger Volllastanschlag (Dieseleinspritzung) ***m***
Eng: absolute boost pressure dependent full load stop *n*
Fra: correcteur pneumatique à mesure de pression absolue *m*
Spa: tope de plena carga, medidor de la presión absoluta y dependiente de la presión de carga (inyección diesel) *m*

Absolutdrucksensor ***m***
Eng: absolute pressure sensor *n*
Fra: capteur de pression absolue *m*
Spa: sensor de presión absoluta *m*

Absolutwert ***m***
Eng: absolute value *n*
Fra: valeur absolue *f*
Spa: valor absoluto *m*

Absorberhalle ***f***
Eng: anechoic chamber *n*
(absorber room) *n*
Fra: salle anéchoïde *f*
(chambre anéchoïde) *f*
Spa: cámara anecoica *f*

Absorberschicht ***f***
Eng: absorber layer *n*
(adsorption layer) *n*
Fra: couche d'absorption *f*
Spa: capa absorbente *f*
(capa de absorción) *f*

Absorberzange ***f***
Eng: absorbing clamp *n*
Fra: pince d'absorption *f*
Spa: pinza absorbente *f*

Absorptionsanalysator ***m***
Eng: absorption analyzer *n*
Fra: analyseur à absorption *m*
Spa: analizador de absorción *m*

Absorptionsband ***n***
Eng: absorption band *n*
Fra: bande d'absorption *f*
Spa: cinta de absorción *f*

Absorptionskoeffizient ***m***
Eng: absorption coefficient *n*
Fra: coefficient d'absorption *m*
Spa: coeficiente de absorción *m*

Absorptionsschalldämpfer ***m***
Eng: absorption muffler *n*
Fra: silencieux à absorption *m*
Spa: silenciador de absorción *m*

Absperrglied (Kupplungskopf) ***n***
Eng: shutoff element (coupling head) *n*
Fra: obturateur (tête d'accouplement) *m*
Spa: elemento de cierre (cabeza de acoplamiento) *m*

Absperrhahn ***m***
Eng: cutoff valve *n*
Fra: robinet d'arrêt *m*
Spa: llave de cierre *f*

Absperrschieber ***m***
Eng: shutoff valve valve *n*
Fra: coulisseau d'arrêt *m*
Spa: corredera de cierre *f*

Absperrventil ***n***
Eng: shutoff valve *n*
Fra: clapet d'arrêt *m*
Spa: válvula de cierre *f*

Abspritzbecher ***m***
Eng: injection cup *n*
Fra: collecteur brise-jet *m*
Spa: vaso de inyección *m*

Abspritzdruck ***m***
Eng: injection pressure *n*
Fra: pression de pulvérisation *f*
Spa: presión de inyección *f*

Abspritzstelle ***f***
Eng: point of injection *n*
Fra: point d'injection *m*
Spa: punto de inyección *m*

ABS-Sollschlupf ***m***
Eng: nominal ABS slip *n*
Fra: glissement ABS théorique *m*
Spa: resbalamiento nominal del ABS *m*

Abstand (ACC) ***m***
Eng: distance (ACC) *n*
Fra: distance *m*
Spa: distancia *f*

Abstandmessung (ACC) ***f***
Eng: distance measurement (ACC) *n*
Fra: télémétrie *f*
Spa: medición de distancia *f*

Abstandsbegrenzer (ACC) ***m***
Eng: distance limiter (ACC) *n*
Fra: délimiteur de distance *m*
Spa: limitador de distancia *m*

Abstandsbuchse ***f***
Eng: spacer bushing *n*
Fra: douille d'écartement *f*
Spa: casquillo distanciador *m*

Abstandshalter ***m***
Eng: spacer *n*
Fra: entretoise *f*
Spa: separador *m*

Abstandshülse ***f***
Eng: spacer sleeve *n*
Fra: douille d'écartement *f*
Spa: manguito distanciador *m*

Abstandsmaß ***n***
Eng: gap dimension *n*
Fra: écartement *m*
Spa: medida de separación *f*

Abstandsregler (ACC) ***m***
Eng: distance controller (ACC) *n*
Fra: régulateur de distance *m*
Spa: regulador de distancia *m*

Abstandssensor (ACC) ***m***
Eng: ranging sensor (ACC) *n*
Fra: capteur de distance *m*
Spa: sensor de separación *m*

Abstandswarngerät (ACC) ***n***
Eng: proximity warning device *n*
Fra: avertisseur de distance de sécurité insuffisante *m*
Spa: aparato de aviso de distancia *m*

Deutsch

Abstelleinrichtung *f*
Eng: shutoff device *n*
Fra: dispositif d'arrêt *m*
Spa: dispositivo de parada *m*

Absteller *m*
Eng: shutoff device *n*
Fra: dispositif de coupure *m*
Spa: dispositivo de desconexión *m*

Abstellhahn *m*
Eng: shutoff valve *n*
Fra: robinet d'arrêt *m*
Spa: llave de desconexión *f*

Abstellhebel *m*
Eng: shutoff lever *n*
Fra: levier d'arrêt *m*
Spa: palanca de desconexión *f*

Abstellhub *m*
Eng: stop stroke *n*
Fra: course d'arrêt *f*
Spa: carrera de desconexión *f*

Abstellung *f*
Eng: shutoff *n*
Fra: arrêt *m*
Spa: desconexión *f*

Absterben *n*
Eng: stall *n*
Fra: calage (moteur) *m*
Spa: ahogo *m*

Absteuerbohrung (Dieseleinspritzung) *f*
Eng: spill port (diesel fuel injection) *n*
Fra: orifice de distribution *m*
Spa: taladro de regulación (inyección diesel) *m*

Absteuerkante (Dieseleinspritzung) *f*
Eng: spill edge (diesel fuel injection) *n*
Fra: rampe de distribution *f*
Spa: borde de regulación (inyección diesel) *m*

absteuern (Dieseleinspritzung) *v*
Eng: fuel delivery termination (diesel fuel injection) *n*
Fra: fin de refoulement (injection diesel) *f*
Spa: finalizar el suministro (inyección diesel) *v*

Absteuerquerschnitt (Dieseleinspritzung) *m*
Eng: cutoff bore (diesel fuel injection) *n*
Fra: orifice de décharge *m*
Spa: sección de regulación de caudal (inyección diesel) *f*

Absteuerstrahl (Dieseleinspritzung) *m*
Eng: cutoff jet (diesel fuel injection) *n*
Fra: jet de décharge *m*
Spa: haz de regulación (inyección diesel) *m*

Absteuerung (Dieseleinspritzung) *f*
Eng: end of delivery (diesel fuel injection) *n*
Fra: coupure progressive *f*
Spa: fin del suministro (inyección diesel) *m*

Abstrahlfläche *f*
Eng: radiation surface *n*
Fra: surface génératrice de bruit *f*
Spa: superficie de radiación *f*

Abstrahlgrad (Lüfter) *m*
Eng: noise emission level (fan) *n*
Fra: degré de rayonnement sonore (ventilateur) *m*
Spa: grado de radiación sonora (ventilador) *m*

Abstrahlung (EMV) *f*
Eng: radiation (EMC) *n*
Fra: rayonnement (CEM) *m*
Spa: radiación (compatibilidad electromagnética) *f*

Abstreifring *m*
Eng: scraper ring *n*
Fra: joint racleur *m*
Spa: anillo rascador *m*

Abströmung *f*
Eng: exhaust flow *n*
Fra: évent à écoulement *m*
Spa: flujo de salida *m*

abstufbar *adj*
Eng: graduable *adj*
Fra: modérable *adj*
Spa: graduable *adj*

Abstützpunkt (Bremsbacke) *m*
Eng: fulcrum (brake shoe) *n*
Fra: point d'appui (frein) *m*
Spa: punto de apoyo (zapata de freno) *m*

Abtaststift *m*
Eng: feeler pin *n*
Fra: palpeur *m*
Spa: pasador palpador *m*

Abtastzeit *f*
Eng: sampling time *n*
Fra: période d'échantillonnage *f*
Spa: periodo de exploración *m*

Abtastzeitmaxima *npl*
Eng: maximum sampling time *n*
Fra: temps maximum de détection *m*
Spa: periodos máximos de exploración *m*

Abtriebsdrehzahl *f*
Eng: output shaft speed *n*
Fra: régime de sortie *m*
Spa: número de revoluciones de salida *m*

Abtriebsrad *n*
Eng: driven gear *n*
Fra: pignon de sortie *m*
Spa: rueda de salida *f*

Abtriebswelle *f*
Eng: driven shaft *n*
Fra: arbre de sortie *m*
Spa: árbol de salida *m*

Abwälzbahn (Zündverteiler) *f*
Eng: rolling contact path (ignition distributor) *n*
Fra: chemin de roulement *m*
Spa: trayecto de rodadura (distribuidor de encendido) *m*

Abwärmenutzung *f*
Eng: waste-heat utilization *n*
Fra: récupération de la chaleur perdue *f*
Spa: aprovechamiento del calor de escape *m*

Abziehglocke *f*
Eng: extractor bell *n*
Fra: cloche d'extraction *f*
Spa: campana extractora *f*

Abziehhaken *m*
Eng: extractor hook *n*
Fra: crochet d'extraction *m*
Spa: gancho extractor *m*

Abziehvorrichtung *f*
Eng: extractor *n*
Fra: dispositif d'extraction *m*
Spa: dispositivo extractor *m*

Abziehzange *f*
Eng: puller collet *n*
Fra: pince d'extraction *f*
Spa: pinzas extractoras *fpl*

Abzugskraft *f*
Eng: pull off force *n*
Fra: force d'extraction *f*
Spa: fuerza de extracción *f*

Abzugsrichtung *f*
Eng: pull off direction *n*
Fra: sens d'extraction *m*
Spa: dirección de extracción *f*

Achsabstand (Fahrgestell) *m*
Eng: wheelbase (vehicle chassis) *n*
Fra: empattement (véhicule) *m*
(entraxe) *m*
Spa: distancia entre ejes (chasis) *f*
(batalla) *f*

Achsabstandsabweichung *f*
Eng: axial clearance *n*
Fra: écart d'entraxe *m*
Spa: divergencia de distancia entre ejes *f*

Achsantrieb (Kfz) *m*
Eng: final drive (motor vehicle) *n*
Fra: essieu moteur *m*
Spa: mando final (automóvil) *m*

Achse (Kfz) *f*
Eng: axle (motor vehicle) *n*
Fra: essieu (véhicule) *m*
Spa: eje (automóvil) *m*

Achseigenfrequenz *f*

Eng: characteristic frequency axle *n*
Fra: fréquence propre de l'essieu *f*
Spa: frecuencia propia del eje *f*

Achsgewicht ***n***
Eng: axle weight *n*
Fra: poids de l'essieu *m*
Spa: peso del eje *m*

Achskörper ***m***
Eng: axle housing *n*
Fra: corps d'essieu *m*
Spa: cuerpo del eje *m*

Achskraftverlagerung ***f***
Eng: axle load transfer *n*
Fra: report de charge *m*
Spa: desplazamiento de la fuerza del eje *m*

Achslast ***f***
Eng: axle load *n*
Fra: charge sur essieu *f*
Spa: carga del eje *f*

Achslastgeber ***m***
Eng: axle load sensor *n*
Fra: capteur de charge sur essieu *m*
Spa: transmisor de la carga del eje *m*

Achslastsensor ***m***
Eng: axle load sensor *n*
Fra: capteur de charge sur essieu *m*
Spa: sensor de la carga del eje *m*
(transmisor de la carga del eje) *m*

Achslastsignal ***n***
Eng: axle load signal *n*
Fra: signal de charge sur essieu *m*
Spa: señal de carga del eje *f*

Achslastverlagerung ***f***
Eng: axle load shift *n*
Fra: report de charge dynamique de l'essieu *m*
Spa: desplazamiento de la carga del eje *m*

Achslastverteilung ***f***
Eng: axle load distribution *n*
Fra: répartition de la charge par essieu *f*
Spa: distribución de la carga del eje *f*

Achsmessanlage ***f***
Eng: whee alignment indicator *n*
Fra: contrôleur de géométrie *m*
Spa: sistema de alineación de ejes *m*

Achsmessgerät ***n***
Eng: whee alignment unit *n*
Fra: contrôleur de géométrie *m*
Spa: indicador de alineación de ejes *m*

Achsplatte (Zündversteller) ***f***
Eng: support plate (ignition-advance mechanism) *n*
Fra: plateau-support (correcteur d'avance) *m*
Spa: placa soporte (variador de encendido) *f*

Achsresonanz ***f***
Eng: axle resonance *n*
Fra: résonance des essieux *f*
Spa: resonancia de ejes *f*

Achsschenkel ***m***
Eng: steering knuckle *n*
Fra: fusée d'essieu *f*
Spa: mangueta *f*

Achsschenkellager ***n***
Eng: steering-knuckle bearing *n*
Fra: roulement de fusée d'essieu *m*
Spa: cojinete de mangueta *m*

Achssensor ***m***
Eng: axle sensor *n*
Fra: capteur d'essieu *m*
Spa: sensor de eje *m*

Achsträger ***m***
Eng: axle support *n*
Fra: berceau *m*
Spa: soporte de eje *m*

Achsübersetzung ***f***
Eng: axle ratio *n*
Fra: rapport de démultiplication de pont *m*
Spa: desmultiplicación del eje *f*

Achsversetzung ***f***
Eng: axial offset *n*
Fra: déport d'essieu *m*
Spa: desplazamiento axial *f*

Achswelle ***f***
Eng: axle shaft *n*
Fra: arbre d'essieu *m*
Spa: semieje *m*

Adapterbox (Wischer) ***f***
Eng: adapter box (wipers) *n*
Fra: boîte d'adaptateurs (essuie-glace) *f*
Spa: caja adaptadora (limpiaparabrisas) *f*

Adapterkabel ***n***
Eng: adapter lead *n*
Fra: câble adaptateur *m*
Spa: cable adaptador *m*

Adapterleitung ***f***
Eng: adapter cable *n*
Fra: conduite d'adaptation *f*
Spa: conductor adaptador *m*

adaptive Fahrgeschwindigkeits-regelung, ACC ***f***
Eng: adaptive cruise control, ACC *n*
Fra: régulation auto-adaptative de la vitesse de roulage *f*
(régulation intelligente de la distance) *f*
Spa: regulador adaptable de la velocidad, ACC *m*

Additiv (Kraftstoff) ***n***
Eng: additive (fuel) *n*
Fra: additif (carburant) *m*
Spa: aditivo (combustible) *m*

Additive Gemischkorrektur ***f***
Eng: additive mixture correction *n*
Fra: correction additive du mélange *f*
Spa: corrección de mezcla aditiva *f*

Aderendhülse ***f***
Eng: ferrule *n*
Fra: embout *m*
Spa: manguito extremo de cable *m*

Adhäsion ***f***
Eng: adhesion *n*
Fra: adhésion *f*
(usure adhésive) *f*
Spa: adhesión *f*

Adsorption ***f***
Eng: adsorption *n*
Fra: adsorption *f*
Spa: absorción *f*

Aggregatefunktion ***f***
Eng: auxiliary equipment function *n*
Fra: fonction des appareils *f*
Spa: funcionamiento del grupo *m*

aggressives Medium ***n***
Eng: aggressive medium *n*
Fra: milieu corrosif *m*
Spa: medio agresivo *m*

Airbag (Sicherheitssystem) ***m***
Eng: airbag (safety system) *n*
Fra: coussin gonflable (système de retenue des passagers) *m*
Spa: airbag (sistema de seguridad) *m*

Airbag-Auslösegerät ***n***
Eng: airbag triggering unit *n*
Fra: déclencheur de coussin d'air *m*
Spa: disparador de airbag *m*

akkumulative Oberflächenzündung ***f***
Eng: runaway surface ignition *n*
Fra: allumage par point chaud *m*
Spa: encendido acumulativo de superficie *m*

Akkumulatorenbatterie ***f***
Eng: storage battery *n*
Fra: batterie d'accumulateurs *f*
Spa: batería de acumuladores *f*

Akkumulatoren-Ladestation ***f***
Eng: storage-battery charging station *n*
Fra: station de charge d'accumulateurs *f*
Spa: estación de carga de acumuladores *f*

Akkumulatorensäure ***f***
Eng: battery acid *n*
Fra: électrolyte d'accumulateur *m*
Spa: ácido de los acumuladores *m*

Akkupufferung ***f***
Eng: battery puffer *n*
Fra: alimentation tampon par accumulateur *f*
Spa: búfer de acumulador *m*

Aktive Hinterachskinematik ***f***
Eng: active rear-axle kinematics *n*

Deutsch

Fra: train arrière à effet autodirectionnel *m*
Spa: cinemática activa del eje trasero *m*

aktive Masse (Batterie) ***f***
Eng: active materials (battery) *n*
Fra: matière active (batterie) *f*
Spa: masa activa (batería) *f*

aktive Ruckeldämpfung, ARD ***f***
Eng: surge damping control *n*
Fra: amortissement actif des à-coups *m*
Spa: amortiguación activa de sacudidas *f*

aktiver Ruckeldämpfer ***m***
Eng: active surge damper *n*
Fra: amortisseur actif des à-coups *m*
Spa: amortiguador activo de sacudidas *m*

Aktivierungsenergie ***f***
Eng: activation energy *n*
Fra: énergie d'activation *f*
Spa: energía de activación *f*

Aktivierungssperre (Autoalarm) ***f***
Eng: activation blocking (car alarm) *n*
Fra: sécurité de mise en veille (alarme auto) *f*
Spa: bloqueo de activación (alarma de vehículo) *m*

Aktivkohlebehälter (Abgastechnik) ***m***
Eng: activated charcoal canister (emissions-control engineering) *n*
Fra: bac à charbon actif (technique des gaz d'échappement) *m*
Spa: depósito de carbón activo (técnica de gases de escape) *m*

Aktivkohlefilter ***m***
Eng: aktivated charcoal filter *n*
Fra: filtre à charbon actif *m*
Spa: filtro de carbón activo *m*

Aktivlautsprecher ***m***
Eng: active speaker *n*
Fra: haut-parleur actif *m*
Spa: altavoz activo *m*

Aktivsonar ***n***
Eng: active sonar *n*
Fra: sonar actif *m*
Spa: sonar activo *m*

Aktor ***m***
Eng: actuator *n*
Fra: actionneur *m*
(actuateur) *m*
Spa: actuador *m*

Aktorausführung ***f***
Eng: actuator type *n*
Fra: type d'actionneur *m*
Spa: modelo de actuador *m*

Aktorik ***f***
Eng: actuator engineering *n*
Fra: actionneurs *pl*
Spa: técnica de actuadores *f*

Aktorkapazität ***f***
Eng: actuator charge *n*
Fra: charge de l'actionneur *f*
Spa: capacidad del actuador *f*

Aktorkette ***f***
Eng: actuator chain *n*
Fra: chaîne d'actionnement *f*
Spa: cadena de actuadores *f*

Aktorspannung ***f***
Eng: actuator voltage *n*
Fra: tension de l'actionneur *f*
Spa: tensión del actuador *f*

Aktuatorik-Test ***m***
Eng: actuator test *n*
Fra: test des actionneurs *m*
Spa: ensayo de actuadores *m*

akustische Impedanz ***f***
Eng: acoustic impedance *n*
Fra: impédance acoustique *f*
Spa: impedancia acústica *f*

akustischer Kuppler ***m***
Eng: acoustic coupler *n*
Fra: coupleur acoustique *m*
Spa: acoplamiento acústico *m*

akustisches Warngerät ***n***
Eng: acoustic warning device *n*
Fra: avertisseur acoustique *m*
Spa: aparato acústico de alarma *m*

Alarm ***m***
Eng: alarm *n*
Fra: alarme *f*
Spa: alarma *f*

Alarmanlage (Autoalarm) ***f***
Eng: alarm system (car alarm) *n*
Fra: dispositif d'alarme *m*
Spa: instalación de alarma (alarma de vehículo) *f*

Alarmhorn (Autoalarm) ***n***
Eng: alarm horn (car alarm) *n*
Fra: avertisseur d'alarme *m*
Spa: bocina de la alarma (alarma de vehículo) *f*

Alarmschalter (Autoalarm) ***m***
Eng: alarm switch (car alarm) *n*
Fra: commutateur d'alarme *m*
Spa: interruptor de la alarma (alarma de vehículo) *m*

Alarmton (Autoalarm) ***m***
Eng: alarm tone (car alarm) *n*
Fra: tonalité d'alerte (alarme auto) *f*
Spa: tono de la alarma (alarma de vehículo) *m*

alkalischer Akkumulator ***m***
Eng: alkaline storage battery *n*
Fra: accumulateur alcalin *m*
Spa: acumulador alcalino *m*

Alkoholbetrieb ***m***
Eng: alcohol mode *n*
Fra: fonctionnement à l'alcool *m*
Spa: funcionamiento con alcohol *m*

Alkoholsensor ***m***
Eng: alcohol sensor *n*
Fra: capteur d'alcool *m*
Spa: sensor de alcohol *m*

Alldrehzahlregler (Dieseleinspritzung) ***m***
Eng: variable-speed governor (diesel fuel injection) *n*
Fra: régulateur toutes vitesses *m*
Spa: regulador de velocidad variable (inyección diesel) *m*

Allgemeine Betriebserlaubnis ***f***
Eng: General Certification *n*
Fra: homologation générale *f*
Spa: permiso general de circulación *m*

Allradantrieb ***m***
Eng: four wheel drive *n*
Fra: transmission intégrale *f*
Spa: tracción total *f*

Allradfahrzeug ***n***
Eng: four wheel drive vehicle *n*
Fra: véhicule à transmission intégrale *m*
Spa: vehículo de tracción total *f*

Allradlenkung ***l***
Eng: four wheel steering *n*
Fra: véhicule 4 roues directrices *m*
Spa: dirección de tracción total *f*

Allradsystem ***n***
Eng: all wheel drive system *n*
Fra: système de transmission intégrale *m*
Spa: sistema de tracción total *m*

Alternativkraftstoff ***m***
Eng: alternative fuel *n*
Fra: carburant de substitution *m*
Spa: combustible alternativo *m*

Alterungsbeständigkeit ***f***
Eng: resistance to aging *n*
Fra: tenue au vieillissement *f*
Spa: resistencia al envejecimiento *f*

Alterungserscheinungen ***fpl***
Eng: signs of aging *n*
Fra: traces de vieillissement *fpl*
Spa: síntomas de envejecimiento *mpl*

Alterungsschutz (Kraftstoff) ***m***
Eng: anti aging additive (fuel) *n*
Fra: protection contre le vieillissement (essence) *f*
Spa: aditivo antienvejecimiento (combustible) *m*

Alterungsschutzmittel ***n***
Eng: anti aging agent *n*
Fra: agent stabilisant *m*
Spa: protector antienvejecimiento *m*

Alterungsstabilität ***f***
Eng: aging stability *n*
Fra: résistance au vieillissement *f*
Spa: estabilidad de envejecimiento *f*

Alu-Druckgussgehäuse *n*
Eng: aluminum diecast housing *n*
Fra: boîtier en aluminium moulé sous pression *m*
Spa: carcasa de fundición a presión de aluminio *f*

Aluminium-Blech *n*
Eng: sheet aluminum *n*
Fra: tôle d'aluminium *f*
Spa: chapa de aluminio *f*

Aluminiumbronze *f*
Eng: aluminum bronze *n*
Fra: bronze d'aluminium *m*
Spa: bronce aluminio *m*

Aluminiumdraht *m*
Eng: aluminum wire *n*
Fra: fil d'aluminium *m*
Spa: alambre de aluminio *m*

Aluminium-Druckguss *m*
Eng: diecast aluminum *n*
Fra: aluminium moulé sous pression *m*
Spa: fundición a presión de aluminio *m*

Aluminium-Elektrolytkondensator *m*
Eng: aluminum electrolytic capacitor *n*
Fra: condensateur aluminium électrolytique *m*
Spa: condensador electrolítico de aluminio *m*

Aluminiumguss *m*
Eng: aluminum casting *n*
Fra: fonte d'aluminium *f*
Spa: fundición de aluminio *f*

Aluminiumlegierung *f*
Eng: aluminum alloy *n*
Fra: alliage d'aluminium *m*
Spa: aleación de aluminio *f*

Aluminiumrohr *n*
Eng: aluminum pipe *n*
Fra: tube d'aluminium *m*
Spa: tubo de aluminio *m*

Aluminium-Sandguss *m*
Eng: aluminum sand casting *n*
Fra: aluminium moulé au sable *m*
Spa: aluminio fundido en arena *m*

Aluminium-Schlauch *m*
Eng: aluminum hose *n*
Fra: flexible d'aluminium *m*
Spa: tubo flexible de aluminio *m*

Aluminium-Trocken-Elektrolytkondensator *m*
Eng: solid electrolyte aluminum capacitor *n*
Fra: condensateur aluminium à électrolyte solide *m*
Spa: condensador electrolítico seco de aluminio *m*

Ampere *n*
Eng: amps *npl*
Fra: ampères *m*
Spa: amperios *mpl*

Amperemeter *m*
Eng: ammeter *n*
Fra: ampèremètre *m*
Spa: amperímetro *m*

Amperestunde *f*
Eng: ampere hour *n*
Fra: ampère-heure *m*
Spa: amperios por hora *m*

Amperewindungszahl *f*
Eng: ampere turns *npl*
Fra: nombre d'ampères-tours *m*
Spa: número de amperios-vueltas *m*

Amphibienfahrzeug *n*
Eng: amphibious vehicle *n*
Fra: véhicule amphibie *m*
Spa: vehículo anfibio *m*

Amplitude *f*
Eng: amplitude *n*
Fra: amplitude *m*
Spa: amplitud *f*

Amplitudenverfahren *n*
Eng: amplitude method *n*
Fra: modulation d'amplitude *f*
Spa: método de amplitud *m*

Amplitudenverhältnis *n*
Eng: amplitude ratio *n*
Fra: rapport d'amplitudes *m*
Spa: relación de amplitudes *m*

Analog-Digital-Wandler *m*
Eng: analog digital converter *n*
Fra: convertisseur analogique-numérique *m*
Spa: convertidor analógico-digital *m*

Analogeingang *m*
Eng: anolog input *n*
Fra: entrée analogique *f*
Spa: entrada analógica *f*

Analogschaltung *f*
Eng: analog network *n*
Fra: circuit analogique *m*
Spa: circuito analógico *m*

Analogsignal *n*
Eng: analog signal *n*
Fra: signal analogique *m*
Spa: señal analógica *f*

Analogwertaufbereitung *f*
Eng: analog value conditioning *n*
Fra: conditionnement de valeur analogique *m*
Spa: preparación de valor analógico *f*

Analogwertauswertung *f*
Eng: analog value evaluation *n*
Fra: exploitation de valeur analogique *f*
Spa: evaluación de valor analógico *f*

Analogwerterfassung *f*
Eng: analog value sampling *n*
Fra: saisie de valeur analogique *f*
Spa: registro de valor analógico *m*

Analysator *m*
Eng: analyzer *n*
Fra: analyseur *m*
Spa: analizador *m*

Anbausatz *m*
Eng: mounting kit *n*
Fra: kit de montage *m*
Spa: juego de montaje *m*

Anbauscheinwerfer *m*
Eng: external fitting headlamp *n*
Fra: projecteur extérieur *m*
Spa: faro adosado *m*

Anbausteuergerät *n*
Eng: add on ECU *n*
Fra: calculateur rapporté *m*
Spa: unidad de control adosada *f*

Anbausteuergerät *n*
Eng: attached control unit *n*
Fra: calculateur adaptable *m*
Spa: unidad de control adosada *f*

Anbauteile *f*
Eng: attachments *n*
Fra: pièces d'adaptation *fpl*
Spa: piezas adosadas *fpl*

Anbremsvorgang *m*
Eng: initial braking *n*
Fra: évolution du freinage *f*
Spa: proceso de frenado *m*

Anfahrelement *n*
Eng: power take-up element *n*
Fra: embrayage *m*
Spa: elemento de arranque *m*

Anfahren *n*
Eng: starting *n*
Fra: démarrage *m*
Spa: arranque *m*

Anfahrhilfe (ASR) *f*
Eng: starting off aid (TCS) *n*
Fra: aide au démarrage *f*
Spa: ayuda de arranque (ASR) *f*

Anfahrverhalten (ASR) *n*
Eng: drive away behavior (TCS) *n*
Fra: comportement de démarrage *m*
Spa: comportamiento de arranque (ASR) *m*

Angehdrehzahl (drehende Maschinen) *f*
Eng: self excitation speed (rotating machines) *n*
Fra: vitesse d'auto-excitation (machines tournantes) *f*
Spa: velocidad de autoexcitación (máquinas rotativas) *f*

angeschmolzen *pp*
Eng: melted on *pp*
Fra: fondu (sur) *pp*
Spa: derretido *adj*

angeschweißt *pp*
Eng: welded on(to) *pp*
Fra: soudé (sur) *pp*
Spa: soldado *adj*

Deutsch

Deutsch

Angleichbeginn (Dieseleinspritzung) *m*
Eng: start of torque control (diesel fuel injection) *n*
Fra: début de correction de débit *m*
Spa: inicio de control de torque (inyección diesel) *m*

Angleichbereich (Dieseleinspritzung) *m*
Eng: torque control range *n*
Fra: plage de correction de débit *f*
Spa: rango de control de torque (inyección diesel) *m*

Angleichbolzen (Dieseleinspritzung) *m*
Eng: torque control shaft *n*
Fra: axe de correction de débit *m*
Spa: perno de control de torque (inyección diesel) *m*

Angleichende (Dieseleinspritzung) *n*
Eng: end of torque control *n*
Fra: fin de correction de débit *f*
Spa: fin de control de torque (inyección diesel) *m*

Angleichfeder (Dieseleinspritzung) *f*
Eng: torque control spring *n*
Fra: ressort correcteur de débit *m*
Spa: muelle de control de torque (inyección diesel) *m*

Angleichhebel (Dieseleinspritzung) *m*
Eng: torque control lever *n*
Fra: levier de correction de débit *m*
Spa: palanca de control de torque (inyección diesel) *f*

Angleichlasche (Dieseleinspritzung) *f*
Eng: torque control bar *n*
Fra: patte de correction *f*
Spa: barra de control de torque (inyección diesel) *f*

Angleichmenge (Dieseleinspritzung) *f*
Eng: torque control quantity *n*
Fra: débit correcteur *m*
Spa: caudal de control de torque (inyección diesel) *m*

Angleichrate (Dieseleinspritzung) *f*
Eng: torque control rate *n*
Fra: taux de correction de débit *m*
Spa: tasa de control de torque (inyección diesel) *f*

Angleichung (Dieseleinspritzung) *f*
Eng: torque control *n*
Fra: correction de débit *f*
Spa: control de torque (inyección diesel) *m*

Angleichventil (Dieseleinspritzung) *n*
Eng: torque control valve *n*
Fra: soupape de correction de débit *f*
Spa: válvula de control de torque (inyección diesel) *f*

Angleichverlauf (Dieseleinspritzung) *m*
Eng: torque control characteristic *n*
Fra: caractéristique de correction de débit *f*
Spa: característica de control de torque (inyección diesel) *f*

Angleichvorrichtung (Dieseleinspritzung) *f*
Eng: torque control mechanism *n*
Fra: correcteur de débit *m*
Spa: dispositivo de control de torque (inyección diesel) *m*

Angleichweg (Dieseleinspritzung) *m*
Eng: torque control travel *n*
Fra: course de correction de débit *f*
Spa: desplazamiento de control de torque (inyección diesel) *m*

Anhalteweg (Bremsvorgang) *m*
Eng: total braking distance (braking) *n*
Fra: distance d'arrêt *f*
(distance totale de freinage) *f*
Spa: recorrido hasta la parada (proceso de frenado) *m*
(distancia total de frenado) *f*

Anhaltezeit (Bremsvorgang) *f*
Eng: stopping time (braking) *n*
Fra: temps d'arrêt (freinage) *m*
Spa: tiempo hasta la parada (proceso de frenado) *m*

Anhänger *m*
Eng: trailer *n*
Fra: véhicule tracté *m*
(remorque) *f*
Spa: remolque *m*

Anhängeransteuerung *f*
Eng: trailer pilot control *n*
Fra: pilotage de la remorque *m*
Spa: activación de remolque *f*

Anhängerbetrieb *m*
Eng: trailer operation *n*
Fra: exploitation avec remorque *f*
Spa: marcha con remolque *f*

Anhänger-Bremsanlage *f*
Eng: trailer-brake system *n*
Fra: dispositif de freinage de remorque *m*
Spa: sistema de frenos del remolque *m*

Anhängerbremsausrüstung *f*
Eng: trailer braking equipment *n*
Fra: équipement de freinage de la remorque *m*
Spa: equipo de frenos del remolque *m*

Anhängerbremse *f*
Eng: trailer brake *n*
Fra: frein de remorque *m*
Spa: freno del remolque *m*

Anhängerbremsleitung *f*
Eng: trailer brake line *n*
Fra: conduite de frein de remorque *f*
Spa: tubería de frenos del remolque *f*

Anhängerbremsventil *n*
Eng: trailer brake valve *n*
Fra: valve de frein de remorque *f*
Spa: válvula del freno del remolque *f*

Anhängererkennung (ABS) *f*
Eng: trailer recognition (ABS) *n*
Fra: détection de la fonction « remorque » (ABS) *f*
Spa: detección del remolque (ABS) *f*

Anhängerkreis (Druckluftanlage) *m*
Eng: trailer circuit (compressed-air system) *n*
Fra: circuit de commande de la remorque (dispositif à air comprimé) *m*
Spa: circuito del remolque (sistema de aire comprimido) *m*

Anhängerkupplung *f*
Eng: trailer hitch *n*
Fra: accouplement de remorque *m*
Spa: enganche para remolque *m*

Anhängerrelaisventil *n*
Eng: trailer relay valve *n*
Fra: valve-relais de remorque *f*
Spa: válvula de relé del remolque *f*

Anhängersteuermodul, ASM *m*
Eng: trailer control module, TCM *n*
Fra: module de commande remorque *m*
Spa: módulo de control del remolque *m*

Anhängersteuerung *f*
Eng: trailer control *n*
Fra: commande de remorque *f*
Spa: control del remolque *m*

Anhängersteuerventil *n*
Eng: trailer control valve *n*
Fra: valve de commande de remorque *f*
Spa: válvula de control del remolque *f*

Anhängerversorgung *f*
Eng: trailer power supply *n*
Fra: alimentation de la remorque *f*
Spa: suministro de energía del remolque *m*

Anker *m*

Eng: armature *n*
Fra: induit *m*
Spa: inducido *m*

Ankerabbremsung ***f***
Eng: armature braking *n*
Fra: freinage de l'induit *m*
Spa: frenado del inducido *m*

Ankerblech ***n***
Eng: armature core disk *n*
Fra: tôle d'induit *f*
Spa: chapa de inducido *f*

Ankerbolzen ***m***
Eng: armature pin *n*
Fra: tige d'induit *f*
Spa: perno de inducido *m*

Ankerbuchse ***f***
Eng: armature sleeve *n*
Fra: douille d'induit *f*
Spa: casquillo de inducido *m*

Ankerfeder ***f***
Eng: armature spring *n*
Fra: ressort d'induit *m*
Spa: muelle de inducido *m*

Ankerhub ***m***
Eng: armature stroke *n*
Fra: course du noyau *f*
Spa: carrera del inducido *f*

Ankerkern ***m***
Eng: armature core *n*
Fra: noyau d'induit *m*
Spa: núcleo de inducido *m*

Ankerlamelle ***f***
Eng: armature lamitation *n*
Fra: lame d'induit (feuilleté) *f*
Spa: lámina de inducido *f*

Ankeroberfläche ***f***
Eng: armature surface *n*
Fra: surface de l'induit *f*
Spa: superficie del inducido *f*

Ankerpaket ***n***
Eng: armature stack *n*
Fra: noyau feuilleté d'induit *m*
Spa: paquete de chapas de inducido *m*

Ankerplatte ***f***
Eng: armature plate *n*
Fra: plaque d'ancrage *f*
Spa: placa de inducido *f*

Ankerrückwirkung ***f***
Eng: armature reaction *n*
Fra: réaction d'induit *f*
Spa: reacción del inducido *f*

Ankerstrom ***m***
Eng: armature current *n*
Fra: courant d'induit *m*
Spa: corriente del inducido *f*

Ankerwelle ***f***
Eng: armature shaft *n*
Fra: arbre d'induit *m*
Spa: árbol de inducido *m*

Ankerwicklung ***f***
Eng: armature winding *n*
Fra: enroulement d'induit *m*
Spa: bobina de inducido *f*

Ankerzweig ***m***
Eng: armature-winding path *n*
Fra: brin d'enroulement *m*
Spa: ramal del inducido *m*

Anlagebund ***m***
Eng: collar *n*
Fra: collerette *f*
Spa: collar *m*

Anlagefläche ***f***
Eng: contact face *n*
Fra: portée *f*
Spa: superficie de contacto *f*

Anlassdrehzahl ***f***
Eng: cranking speed *n*
Fra: régime de démarrage *m*
Spa: número de revoluciones al arranque *m*

Anlasssperre ***f***
Eng: starter interlock *n*
Fra: blocage antidémarrage *m*
Spa: bloqueo de arranque *m*

Anlassvorgang ***m***
Eng: starting *n*
(cranking) *n*
Fra: processus de démarrage *m*
Spa: proceso de arranque *m*

Anlauf-Hilfswicklung ***f***
Eng: auxiliary starting winding *n*
Fra: enroulement auxiliaire de démarrage *m*
Spa: bobina auxiliar de arranque *f*

Anlaufmoment ***n***
Eng: starting torque *n*
Fra: couple de démarrage *m*
Spa: torque de arranque *m*

Anlaufphase ***f***
Eng: warm up phase *n*
Fra: phase d'amorçage *f*
Spa: fase inicial *f*

Anlaufring ***m***
Eng: thrust ring *n*
Fra: bague antifriction *f*
Spa: anillo de tope *m*

Anlaufrolle ***f***
Eng: starter roller *n*
Fra: galet de friction *m*
Spa: rodillo de tope *m*

Anlaufscheibe (Starter) ***f***
Eng: thrust washer (starter) *n*
Fra: rondelle de friction (démarreur) *f*
Spa: arandela de tope (motor de arranque) *f*

Anlaufstrom ***m***
Eng: starting current *n*
Fra: courant de mise en route *m*
Spa: corriente de arranque *f*

Anlenkhebel (Hubschieberpumpe) ***m***
Eng: control-sleeve lever (control-sleeve fuel-injection pump) *n*
Fra: levier de positionnement (pompe d'injection en ligne à tiroirs) *m*
Spa: palanca articulada (bomba electromecánica de inyección) *f*

Anode ***f***
Eng: anode *n*
Fra: anode *f*
Spa: ánodo *m*

Anodenanschluss ***m***
Eng: anode terminal *n*
Fra: borne d'anode *f*
Spa: conexión del ánodo *f*

Anodenzündspannung ***f***
Eng: anode breakdown voltage *n*
Fra: tension d'allumage anode-cathode *f*
Spa: tensión de encendido del ánodo *f*

anodische Stromdichte ***f***
Eng: anodic current density *n*
Fra: densité de courant anodique *f*
Spa: densidad de corriente anódica *f*

anomale Verbrennung (bei Ottomotoren) ***f***
Eng: abnormal combustion *n*
Fra: combustion anormale *f*
Spa: combustión anormal (en motores de gasolina) *f*

Anpasseinrichtung ***f***
Eng: add on module *n*
Fra: groupe d'adaptation *m*
Spa: módulo intercalado *m*

Anpassschaltung ***f***
Eng: adapter circuit *n*
Fra: circuit d'adaptation *m*
Spa: circuito adaptador *m*

Anpassung ***f***
Eng: fitting *n*
Fra: adaptation *f*
Spa: adaptación *f*

Anpresskraft ***f***
Eng: downforce *n*
Fra: force d'application *f*
Spa: fuerza de apriete *f*

Anregungsamplitude ***f***
Eng: excitation amplitude *n*
Fra: amplitude d'excitation *f*
Spa: amplitud de excitación *f*

Anregungsenergie ***f***
Eng: excitation energy *n*
Fra: énergie d'excitation *f*
Spa: energía de excitación *f*

Anregungskennwert ***m***
Eng: excitation characteristic value *n*
Fra: valeur d'excitation *f*

Deutsch

Spa: valor característico de excitación *m*

Anregungspunkt ***m***
Eng: excitation point *n*
Fra: point excitateur *m*
Spa: punto de excitación *m*

Anreicherung (Luft-Kraftstoff-Gemisch) ***f***
Eng: mixture enrichment (air-fuel mixture) *n*
Fra: enrichissement du mélange (mélange air-carburant) *m*
Spa: enriquecimiento (mezcla aire-combustible) *m*
(enriquecimiento de mezcla) *m*

Anreicherungsfaktor (Luft-Kraftstoff-Gemisch) ***m***
Eng: enrichment factor (air-fuel mixture) *n*
Fra: facteur d'enrichissement (mélange air-carburant) *m*
Spa: factor de enriquecimiento (mezcla aire-combustible) *m*

Anreicherungsrate (Luft-Kraftstoff-Gemisch) ***f***
Eng: enrichment quantity (air-fuel mixture) *n*
Fra: taux d'enrichissement *m*
Spa: tasa de enriquecimiento (mezcla aire-combustible) *f*

Ansaugdeckel ***m***
Eng: intake cover *n*
Fra: couvercle d'aspiration *m*
(aspiration) *f*
Spa: tapa de aspiración *f*

Ansaugen ***n***
Eng: induction *n*
Fra: admission *f*
Spa: aspiración *f*

Ansaugfilter ***n***
Eng: intake filter *n*
Fra: filtre d'aspiration *m*
Spa: filtro de admisión *m*

Ansauggeräusch ***n***
Eng: intake noise *n*
Fra: bruit d'aspiration *m*
Spa: ruido de admisión *m*

Ansauggeräuschdämpfung ***f***
Eng: intake noise damping *n*
Fra: silencieux d'admission *m*
Spa: amortiguación del ruido de admisión *f*

Ansaughub (Verbrennungsmotor) ***m***
Eng: intake stroke (IC engine) *n*
Fra: course d'admission *f*
Spa: carrera de admisión (motor de combustión) *f*

Ansaugkanal (Verbrennungsmotor) ***m***
Eng: intake port (IC engine) *n*
Fra: canal d'admission *m*
Spa: canal de admisión (motor de combustión) *m*

Ansaugkrümmer (Verbrennungsmotor) ***m***
Eng: intake manifold (IC engine) *n*
Fra: collecteur d'admission *m*
Spa: colector de admisión (motor de combustión) *m*

Ansaugleistung ***f***
Eng: suction capacity *n*
Fra: capacité d'aspiration *f*
Spa: capacidad de aspiración *f*

Ansaugleitung ***f***
Eng: intake line *n*
Fra: conduit d'admission *m*
Spa: tubería de admisión *f*

Ansaugluft ***f***
Eng: intake air *n*
Fra: air d'admission *m*
Spa: aire de admisión *m*

Ansaugluft-Einlass ***m***
Eng: intake air inlet *v*
Fra: arrivée de l'air d'admission *f*
Spa: entrada de aire de admisión *f*

Ansaugluftsystem ***n***
Eng: air intake system *n*
Fra: système d'admission d'air *m*
Spa: sistema de admisión de aire *m*

Ansaugluftvorwärmer ***m***
Eng: intake air preheater *n*
Fra: système de préchauffage de l'air d'admission *m*
Spa: precalentador del aire de admisión *m*

Ansaugmengenzumessung ***f***
Eng: intake metering *n*
Fra: dosage à l'admission *m*
Spa: dosificación del caudal de admisión *m*
(medición de entrada) *f*

Ansaugphase ***f***
Eng: intake phase *n*
Fra: phase d'admission *f*
Spa: fase de admisión *f*

Ansaugquerschnitt ***m***
Eng: intake cross-section *n*
Fra: section d'admission *f*
Spa: sección de admisión *f*

Ansaugrohr ***n***
Eng: intake manifold *n*
Fra: tubulure d'aspiration *f*
Spa: tubo de admisión *m*

Ansaugstutzen ***m***
Eng: intake fitting *n*
Fra: tubulure d'admission *f*
Spa: tubuladura de admisión *f*

Ansaugsystem (Verbrennungsmotor) ***n***
Eng: air intake system (IC engine) *n*
Fra: système d'admission (moteur à combustion) *m*
Spa: sistema de admisión (motor de combustión) *m*

Ansaugtakt ***m***
Eng: induction stroke *n*
Fra: temps d'admission *m*
Spa: ciclo de admisión *m*

Ansaugtemperatur ***f***
Eng: intake temperature *n*
Fra: température d'admission *f*
Spa: temperatura de admisión *f*

Ansaugventil (Verbrennungsmotor) ***n***
Eng: intake valve (IC engine) *n*
Fra: soupape d'aspiration *f*
Spa: válvula de aspiración (motor de combustión) *f*

Ansaugweg ***m***
Eng: intake port *n*
Fra: course d'admission *f*
Spa: canal de admisión *m*

Anschlagbolzen ***m***
Eng: stop pin *n*
Fra: axe de butée *m*
Spa: perno de tope *m*

Anschlagbuchse ***f***
Eng: stop bushing *n*
Fra: douille de butée *f*
Spa: casquillo de tope *m*

Anschlagbund ***m***
Eng: stop collar *n*
Fra: collet de butée *m*
Spa: collar de tope *m*

Anschlagfeder ***f***
Eng: stop spring *n*
Fra: ressort de butée *m*
Spa: muelle de tope *m*

Anschlagfläche ***f***
Eng: stop surface *n*
Fra: surface d'arrêt *f*
Spa: superficie de tope *f*

Anschlaghebel (Reiheneinspritzpumpe) ***m***
Eng: stop lever (in-line fuel-injection pump) *n*
Fra: levier de butée (pompe d'injection en ligne) *m*
Spa: palanca de tope (bomba de inyección en serie) *f*

Anschlaghülse ***f***
Eng: stop sleeve *n*
Fra: douille de butée *f*
Spa: manguito de tope *m*

Anschlaglamelle ***f***
Eng: stop disc *n*
Fra: lame de butée *f*
Spa: disco de tope *m*

Anschlaglasche ***f***
Eng: stop strap *n*
Fra: patte de butée *f*
Spa: lengüeta de tope *f*

Anschlagnase ***f***
Eng: stop lug *n*

Fra: bossage-butée *m*
Spa: saliente de tope *m*

Anschlagnocken ***m***
Eng: stop cam *n*
Fra: came de butée *f*
Spa: leva de tope *f*

Anschlagplatte ***f***
Eng: stop plate *n*
Fra: plaque de butée *f*
Spa: placa de tope *f*

Anschlagpuffer ***m***
Eng: stop buffer *n*
Fra: butée élastique *f*
Spa: goma de tope *f*

Anschlagring (specification: function) ***m***
Eng: stop ring *n*
Fra: bague de butée *f*
Spa: anillo de tope (especificación: función) *m*

Anschlagscheibe ***f***
Eng: stop disc *n*
Fra: disque de butée *m*
Spa: arandela de tope *f*

Anschlagschraube ***f***
Eng: stop screw *n*
Fra: vis de butée *f*
Spa: tornillo de tope *m*

Anschlagstellwerk ***m***
Eng: stop adjustment mechanism *n*
Fra: commande de butée *f*
Spa: mecanismo de ajuste del tope *m*

Anschliff ***m***
Eng: specially ground pintle *n*
Fra: chanfrein *m*
Spa: sección pulida *f*

Anschluss ***m***
Eng: terminal *n*
Fra: borne *f*
Spa: terminal *m*

Anschlussbolzen ***m***
Eng: terminal stud *n*
Fra: tige de connexion *f*
Spa: perno de conexión *m*

Anschlussbuchse ***f***
Eng: connector bushing *n*
Fra: prise *f*
Spa: casquillo de conexión *m*

Anschlussdeckel ***m***
Eng: fitting cover *n*
Fra: couvercle-raccord *m*
Spa: tapa de conexión *f*

Anschlussfahne ***f***
Eng: terminal lug *n*
Fra: languette de connexion *f*
Spa: delga de conexión *f*

Anschlussflansch ***m***
Eng: connecting flange *n*
Fra: bride de raccordement *f*
Spa: brida de conexión *f*

Anschlussgehäuse ***n***
Eng: connection housing *n*
Fra: boîtier de connexion *m*
Spa: carcasa de conexión *f*

Anschlussgewinde ***n***
Eng: connecting thread *n*
Fra: filetage de raccordement *m*
Spa: rosca de conexión *f*

Anschlusskasten ***m***
Eng: terminal box *n*
Fra: boîte de jonction *f*
Spa: caja de conexión *f*

Anschlussklemme ***f***
Eng: terminal connector *n*
Fra: borne de connexion *f*
Spa: borne de conexión *m*

Anschlussleitung ***f***
Eng: connecting cable *n*
Fra: câble de connexion *m*
Spa: cable de conexión *m*

Anschlussmutter (Zündkerze) ***f***
Eng: terminal nut (spark plug) *n*
Fra: écrou de connexion *m*
Spa: rosca de conexión (bujía de encendido) *f*

Anschlussnippel ***m***
Eng: connection fitting *n*
Fra: raccord fileté *m*
Spa: niple de conexión *m*

Anschlusspin ***m***
Eng: connector pin *n*
Fra: broche de connexion *f*
Spa: pin de conexión *m*

Anschlussplan ***m***
Eng: terminal diagram *n*
Fra: schéma de connexion *m*
Spa: esquema de conexiones *m*

Anschlussplatte ***f***
Eng: connecting plate *n*
Fra: plaque de raccordement *f*
Spa: placa de conexión *f*

Anschlusspol (Batterie) ***m***
Eng: terminal post (battery) *n*
Fra: borne (batterie) *f*
Spa: polo de conexión (batería) *m*

Anschlusspunkt (Schaltplan) ***m***
Eng: terminal location (circuit diagram) *n*
Fra: borne (schéma) *f*
Spa: punto de conexión (esquema eléctrico) *m*

Anschlussrohr ***n***
Eng: connection pipe *n*
Fra: tuyau de raccordement *m*
Spa: tubo de conexión *m*

Anschlussschiene ***f***
Eng: connecting rail *n*
Fra: rail de raccordement *m*
Spa: riel de conexión *m*

Anschlussschraube ***f***
Eng: terminal screw *n*
Fra: vis de raccordement *f*
Spa: tornillo de conexión *m*

Anschlussstecker ***m***
Eng: connector *n*
Fra: fiche de connexion *f*
(*fiche*) *f*
Spa: conector *m*

Anschlussstift ***m***
Eng: connection pin *n*
Fra: broche de connexion *f*
Spa: pasador de conexión *m*

Anschlussstück ***n***
Eng: connecting piece *n*
Fra: raccord *m*
Spa: pieza de conexión *f*

Anschlussstutzen ***m***
Eng: fitting *n*
Fra: raccord *m*
Spa: tubuladura de empalme *f*

Anschlusszwischenstück ***n***
Eng: connection spacer *n*
Fra: adaptateur *m*
Spa: pieza intermedia de conexión *f*

Anschraubstutzen ***m***
Eng: screw on fitting *n*
Fra: tubulure à visser *f*
Spa: tubuladura de enroscar *f*

Ansprechdauer ***f***
Eng: initial response time *n*
Fra: temps de réponse initial *m*
Spa: periodo de respuesta *m*

Ansprechdruck ***m***
Eng: response pressure *n*
Fra: pression de réponse *f*
Spa: presión de respuesta *f*

Ansprechdruck ***m***
Eng: trigger pressure *n*
Fra: pression de réponse *f*
Spa: presión de respuesta *f*

Ansprechgrenze ***f***
Eng: response limit *n*
Fra: limite de réponse *f*
Spa: límite de respuesta *m*

Ansprechschwelle ***f***
Eng: response threshold *n*
Fra: seuil de réponse *m*
Spa: umbral de reacción *m*

Ansprechspannung ***f***
Eng: response voltage *n*
Fra: tension de réponse *f*
Spa: tensión de reacción *f*

Ansprechverhalten ***n***
Eng: response *n*
Fra: comportement de réponse *m*
Spa: comportamiento de reacción *m*

Ansprechverhalten der Lambda-Sonde ***f***
Eng: oxygen sensor response rate *n*
Fra: comportement de réponse de la sonde à oxygène *m*
Spa: comportamiento de reacción de la sonda Lambda *m*

Ansprechverzögerung ***f***

Eng: response delay *n*
Fra: délai de réponse *m*
Spa: retardo de reacción *m*

Ansprechweg ***m***
Eng: response travel *n*
Fra: course de réponse *f*
Spa: desplazamiento de reacción *m*

Ansprechzeit ***f***
Eng: response time *n*
Fra: temps de réponse *m*
Spa: tiempo de reacción *m*

anspringen (Verbrennungsmotor) ***v***
Eng: start (IC engine) *v*
Fra: démarrer (moteur à combustion) *v*
Spa: arrancar (motor de combustión) *v*

Ansteuerelektronik ***f***
Eng: triggering electronics *n*
Fra: électronique de pilotage *f*
Spa: sistema electrónico de activación *m*

Ansteuerleitung ***f***
Eng: control line *n*
Fra: câble de commande *m*
Spa: cable de activación *m*

Ansteuersignal ***n***
Eng: triggering signal *n*
Fra: signal de pilotage *m*
(signal pilote) *m*
Spa: señal de activación *f*

Ansteuerstrom ***m***
Eng: control current *n*
Fra: courant de pilotage *m*
Spa: corriente de activación *f*

Ansteuerung (ABS-Regelung) ***f***
Eng: activation (ABS control) *n*
Fra: pilotage (régulation ABS) *m*
Spa: activación (regulación ABS) *f*

Ansteuerung ***f***
Eng: control *n*
Fra: commande *f*
Spa: mando *m*

Ansteuerzeit ***f***
Eng: activation duration *n*
Fra: durée de pilotage *f*
Spa: tiempo de activación *m*

Anstiegsbegrenzung ***f***
Eng: rise limitation *n*
Fra: limitation de montée en amplitude (signal) *f*
Spa: limitación de subida *f*

Anstiegskoeffizient ***m***
Eng: rising slope coefficient *n*
Fra: coefficient d'accroissement *m*
Spa: coeficiente de subida *m*

Anstiegsschwellwert (Fahrpedalsensor) ***m***
Eng: increase threshold value (accelerator-pedal sensor) *n*
Fra: seuil croissant (capteur d'accélérateur) *m*
Spa: valor umbral de subida (sensor del acelerador) *m*

Anströmgeschwindigkeit ***f***
Eng: air-flow velocity *n*
Fra: vitesse d'attaque *f*
Spa: velocidad de entrada *f*

Anströmwinkel (Seitenwind) ***m***
Eng: angle of impact (crosswind) *n*
Fra: angle d'attaque (vent latéral) *m*
Spa: ángulo de entrada (viento lateral) *m*

Antenne ***f***
Eng: antenna *n*
Fra: antenne *f*
Spa: antena *f*

Antennenabstrahldiagramm ***n***
Eng: antenna emitting diagram *n*
Fra: diagramme de rayonnement *m*
Spa: diagrama de emisión de antena *m*

Antennenspeisepunkt ***m***
Eng: antenna feed point *n*
Fra: point d'alimentation de l'antenne *m*
Spa: punto de alimentación de antena *m*

Antennenverstärker ***m***
Eng: antenna amplifier *n*
Fra: amplificateur d'antenne *m*
Spa: amplificador de antena *f*

Antiblockiersystem (ABS) ***n***
Eng: antilock braking system (ABS) *n*
Fra: système antiblocage (ABS) *m*
(protection antiblocage) *f*
Spa: sistema antibloqueo de frenos (ABS) *m*
(protección antibloqueo) *f*

Antiklopfmittel ***n***
Eng: knock inhibitor *n*
Fra: agent antidétonant *m*
Spa: producto antidetonante *m*

Antiklopfregelung ***f***
Eng: anti knock control *n*
Fra: régulation anticliquetis *f*
Spa: regulación antidetonante *f*

antimagnetisch ***adj***
Eng: antimagnetic *n*
Fra: antimagnétique *m*
Spa: antimagnético *adj*

Antiruckeleingriff ***m***
Eng: surge damping intervention *n*
Fra: correction anti à-coups *f*
Spa: intervención antisacudidas *f*

Antiruckelfunktion ***f***
Eng: surge damping function *n*
Fra: fonction anti à-coups *f*
Spa: función antisacudidas *f*

Antiruckelregelung ***f***
Eng: surge damping control *n*
Fra: amortissement actif des à-coups *m*
Spa: regulación antisacudidas *f*

Antischaummittel ***n***
Eng: foam inhibitor *n*
(antifoaming agent) *n*
Fra: additif antimousse *m*
Spa: aditivo antiespumante *m*

Antrieb ***m***
Eng: drive *n*
Fra: transmission (correcteur de freinage) *f*
Spa: accionamiento *m*

Antriebsachse ***f***
Eng: powered axle *n*
Fra: essieu moteur *m*
Spa: eje de accionamiento *m*

Antriebsart ***f***
Eng: type of drive *n*
Fra: mode de propulsion *m*
Spa: tipo de tracción *m*

Antriebsbatterie ***f***
Eng: drive battery *n*
Fra: batterie de traction *f*
Spa: batería de tracción *f*

Antriebsdrehmoment ***n***
Eng: drive torque *n*
Fra: couple d'entraînement *m*
Spa: par motor *m*

Antriebsdrehzahl ***f***
Eng: drive RPM *n*
Fra: régime d'entraînement *m*
Spa: número de revoluciones de accionamiento *m*

Antriebseinheit ***f***
Eng: power unit *n*
Fra: groupe motopropulseur *m*
Spa: unidad de accionamiento *f*

Antriebsexzenter ***m***
Eng: drive eccentric *n*
Fra: excentrique d'entraînement *m*
Spa: excéntrica de accionamiento *f*

Antriebsflansch ***m***
Eng: drive flange *n*
Fra: bride d'entraînement *f*
Spa: brida de accionamiento *f*

Antriebsgeschwindigkeit ***f***
Eng: drive speed *n*
Fra: vitesse d'entraînement *f*
Spa: velocidad de accionamiento *f*

Antriebshebel (Niveaugeber) ***m***
Eng: transfer rod (level sensor) *n*
Fra: levier de transmission (capteur de niveau) *m*
Spa: palanca de accionamiento (transmisor de nivel) *f*

Antriebskeilriemen ***m***
Eng: drive belt *n*
Fra: courroie trapézoïdale de transmission *f*
Spa: correa trapezoidal de accionamiento *m*

Antriebskraft *f*
Eng: motive force *n*
Fra: force motrice *f*
Spa: fuerza motriz *f*
(fuerza de tracción) *f*

Antriebskupplung *f*
Eng: coupling assembly *n*
Fra: accouplement *m*
Spa: acoplamiento de accionamiento *m*

Antriebskurbel *f*
Eng: drive crank *n*
Fra: bielle d'entraînement *f*
Spa: acoplamiento de accionamiento *m*

Antriebskurbel *f*
Eng: pivot crank *n*
Fra: manivelle d'entraînement *f*
Spa: manivela de accionamiento *f*

Antriebslager (Generator) *n*
Eng: drive end shield (alternator) *n*
Fra: palier côté entraînement (alternateur) *m*
Spa: tapa del cojinete lado de accionamiento (alternador) *m*

Antriebslager (bei außengelagertem Starterritzel) *n*
Eng: pinion housing (for external starter pinion) *n*
Fra: flasque côté entraînement *m*
Spa: cojinete lado de accionamiento (con piñón de arranque externo) *m*

Antriebslager *n*
Eng: drive bearing *n*
Fra: flasque-palier côté entraînement *m*
Spa: cojinete lado de accionamiento *m*

Antriebsleistung *m*
Eng: drive power *n*
Fra: puissance d'entraînement *f*
Spa: potencia de accionamiento *f*

Antriebsmoment *n*
Eng: drive torque *n*
Fra: couple de traction *m*
Spa: par motor *m*
(par de tracción) *m*

Antriebsmomentsensierung *f*
Eng: drive torque sensing *n*
Fra: saisie du couple de traction *f*
Spa: sensor del par motor *m*

Antriebsmotor *m*
Eng: drive motor *n*
Fra: moteur d'entraînement *m*
Spa: motor de accionamiento *m*

Antriebsnockenwelle *f*
Eng: camshaft *n*
Fra: arbre à came d'entraînement *m*
Spa: árbol de levas de accionamiento *m*

Antriebsrad *n*
Eng: drive wheel *n*
Fra: pignon d'entraînement *m*
Spa: rueda de accionamiento *f*

Antriebsriemen *m*
Eng: drive belt *n*
Fra: courroie trapézoïdale d'entraînement *f*
(courroie d'entraînement) *f*
Spa: correa de accionamiento *f*

Antriebsritzel *n*
Eng: drive pinion *n*
Fra: pignon d'entraînement *m*
Spa: piñón de accionamiento *m*

Antriebsrolle (Rollenbremsprüfstand) *f*
Eng: drive roller (dynamic brake analyzer) *n*
Fra: rouleau d'entraînement (banc d'essai) *m*
Spa: rodillo de accionamiento (banco de pruebas de frenos de rodillos) *m*

Antriebsschlupf *m*
Eng: drive slip *n*
Fra: antipatinage à la traction *m*
Spa: resbalamiento de tracción *m*

Antriebsschlupfregelung *f*
Eng: tractrion control system, TCS *n*
Fra: régulation d'antipatinage *f*
Spa: control antideslizamiento de la tracción *m*

Antriebssteuerung *f*
Eng: traction control *n*
Fra: commande de traction *f*
Spa: control de tracción *m*

Antriebsstrang *m*
Eng: drivetrain *n*
Fra: chaîne cinématique *f*
(transmission) *f*
Spa: tren de tracción *m*

Antriebsvorrichtung *f*
Eng: drive assembly *n*
Fra: transmission *f*
Spa: dispositivo de accionamiento *m*

Antriebswelle *f*
Eng: drive shaft *n*
(input shaft) *n*
Fra: arbre d'entraînement *m*
(bride d'entraînement) *f*
Spa: árbol de accionamiento *m*

Antriebswellengelenk *n*
Eng: drive shaft joint *n*
Fra: joint d'arbre de transmission *m*
Spa: articulación del árbol de accionamiento *f*

anwenderprogrammiert *adj*
Eng: programmed by user *pp*
Fra: programmé par l'utilisateur *pp*
Spa: programado por el usuario *adj*

Anwurfmotor *m*
Eng: starting motor *n*
Fra: moteur de démarrage *m*
Spa: motor de arranque *m*

Anzeigediode *f*
Eng: display diode *n*
Fra: diode d'affichage *f*
Spa: diodo visualizador *m*

Anzeigeeinheit *f*
Eng: display unit *n*
Fra: unité d'affichage (ordinateur de bord) *f*
Spa: unidad visualizadora *f*

Anzeigeinstrument *n*
Eng: gauge *n*
Fra: indicateur *m*
Spa: instrumento visualizador *m*

Anzeigelampe *f*
Eng: function lamp *n*
Fra: témoin de fonctionnement *m*
Spa: testigo de aviso *m*
(luz indicadora) *f*

Anzeigeleuchte *f*
Eng: indicator lamp *n*
Fra: voyant lumineux *m*
Spa: luz indicadora *f*

Anzeigemodus *m*
Eng: display mode *n*
Fra: mode d'affichage *m*
Spa: modo de indicación *m*

Anziehdrehmoment *n*
Eng: tightening torque *n*
Fra: couple de serrage *m*
Spa: par de apriete *m*

Anzugskraft *f*
Eng: tightening force *n*
Fra: force initiale de démarrage *f*
Spa: fuerza de apriete *f*

Anzugsmoment (Elektromotor) *n*
Eng: breakaway torque (electric motor) *n*
Fra: couple de démarrage *m*
Spa: par de rotor bloqueado (motor eléctrico) *m*

Anzugszeit (Einspritzventil) *f*
Eng: pickup time (fuel injector) *n*
Fra: durée d'attraction (injecteur) *f*
Spa: duración de la activación (válvula de inyección) *f*

Applikation *f*
Eng: application engineering *n*
Fra: application *f*
Spa: aplicación *f*

Applikationshandbuch *n*
Eng: application manual *n*
Fra: manuel d'application *m*
Spa: manual de aplicación *m*

Applikationshinweis *m*
Eng: application instructions *npl*
Fra: notice d'application *f*
Spa: indicación de aplicación *f*

Applikationsrichtlinien *f*
Eng: application guidelines *npl*
Fra: directives d'application *fpl*

Deutsch

Deutsch

Spa: directivas de aplicación *fpl*

Aquaplaning (Reifen) ***n***
Eng: aquaplaning (tire) *n*
Fra: aquaplanage (pneu) *m*
Spa: acuaplaning (neumáticos) *m*

Arbeitsbereich ***m***
Eng: working range *n*
Fra: plage de fonctionnement *f*
Spa: rango de trabajo *m*

Arbeitsdrehzahlregelung ***f***
Eng: working speed control *n*
Fra: régulation du régime de travail *f*
Spa: regulación del régimen de trabajo *f*

Arbeitsdruck ***m***
Eng: operating pressure *n*
Fra: pression de travail *f*
Spa: presión de trabajo *f*

Arbeitsgas ***n***
Eng: working gas *n*
Fra: gaz moteur *m*
Spa: gas de trabajo *m*

Arbeitshub ***m***
Eng: working stroke *n*
Fra: course de combustion *f*
Spa: carrera de trabajo *f*

Arbeitskammer (Bremskraftverstärker) ***f***
Eng: working chamber (brake booster) *n*
Fra: chambre de travail (servofrein) *f*
Spa: cámara de trabajo (servofreno) *f*

Arbeitskolben ***m***
Eng: working piston *n*
Fra: piston de travail *m*
Spa: pistón de trabajo *m*

Arbeitsleuchte ***f***
Eng: working lamp *n*
Fra: lampe de travail *f*
Spa: lámpara de trabajo *f*

Arbeitsluftspalt (ABS-Magnetventil) ***m***
Eng: working air gap (ABS solenoid valve) *n*
Fra: entrefer (électrovalve ABS) *m*
Spa: entrehierro de trabajo (electroválvula del ABS) *m*

Arbeitsscheinwerfer ***m***
Eng: floodlamp *n*
Fra: projecteur de travail *m*
Spa: faro de trabajo *m*

Arbeitsspeicher (RAM) ***m***
Eng: main memory (RAM) *n*
(user memory) *n*
Fra: mémoire de travail (RAM) *f*
Spa: memoria de trabajo (RAM) *f*

Arbeitsstellung (Kontakte) ***f***
Eng: operating position *n*
Fra: position de travail *f*
Spa: posición de trabajo (contactos) *f*

Arbeitstakt ***m***
Eng: power cycle *n*
Fra: temps moteur *m*
Spa: ciclo de trabajo *m*

Arbeitstakt ***m***
Eng: power stroke *n*
Fra: cycle de travail *m*
Spa: ciclo de trabajo *m*

Arbeitswagen ***m***
Eng: work trolley *n*
Fra: servante d'atelier *f*
Spa: carro de trabajo *m*

Arbeitswert ***m***
Eng: working value *n*
Fra: temps de réparation *m*
Spa: valor de trabajo *m*

Arbeitszyklus (Verbrennungsmotor) ***m***
Eng: working cycle (IC engine) *n*
Fra: cycle de travail (moteur à combustion) *m*
Spa: ciclo de trabajo (motor de combustión) *m*

Arbeitszylinder ***m***
Eng: working cylinder *n*
Fra: vérin *m*
Spa: cilindro de trabajo *m*

Armaturen ***fpl***
Eng: fittings *npl*
Fra: instruments *mpl*
Spa: instrumentos *mpl*

Armaturenbrett ***n***
Eng: dashboard *n*
(instrument panel) *n*
Fra: tableau de bord *m*
(tableau d'instruments) *m*
Spa: tablero de instrumentos *m*

Armlehne ***f***
Eng: armrest *n*
Fra: accoudoir *m*
Spa: apoyabrazos *m*

Aromatengehalt ***m***
Eng: aromatic content *n*
Fra: teneur en aromatiques *m*
Spa: contenido de aromáticos *m*

Arretierstück ***n***
Eng: locking element *n*
Fra: pièce d'arrêt *f*
Spa: pieza de detención *f*

Arretierung ***f***
Eng: lock *n*
Fra: arrêtage *m*
Spa: enclavamiento *m*

A-Säule ***f***
Eng: A-pillar *n*
Fra: pied de caisse avant (montant A) *m*
Spa: pilar A *f*

ASR ***f***
Eng: traction control system (TCS) *n*
Fra: régulation d'antipatinage à la traction *f*
Spa: control antideslizamiento de la tracción ASR *m*

ASR ***f***
Eng: TCS *n*
Fra: ASR *a*
Spa: ASR *m*

ASR-Abschaltung ***f***
Eng: TCS shutoff *n*
Fra: déconnexion ASR *f*
Spa: desconexión ASR *f*

ASR-Drosselklappensteller ***m***
Eng: TCS throttle position control *n*
Fra: actionneur de papillon ASR *m*
Spa: elemento de ajuste de la mariposa ASR *m*

ASR-Sperrventil ***n***
Eng: TCS lock valve *n*
Fra: valve de barrage ASR *f*
Spa: válvula de bloqueo ASR *f*

asymmetrisches Abblendlicht (Scheinwerfer) ***n***
Eng: asymmetrical lower beam (headlamp) *n*
Fra: feu de croisement asymétrique *m*
Spa: luz de cruce asimétrica (faros) *f*

Asynchronantrieb ***m***
Eng: asynchronous drive *n*
Fra: entraînement asynchrone *m*
Spa: accionamiento asíncrono *m*

Asynchrongenerator ***m***
Eng: induction generator *n*
Fra: génératrice asynchrone *f*
Spa: alternador asíncrono *m*
(generador de inducción) *m*

atmosphärendruck- und lastabhängiger Förderbeginn ***m***
Eng: barometric pressure and load-dependent start of delivery *n*
Fra: début de refoulement en fonction de la pression atmosphérique et de la charge *m*
Spa: comienzo del suministro dependiente de la presión atmosférica y de la carga *m*

atmosphärendruckabhängiger Förderbeginn ***m***
Eng: ambient pressure-dependent port closing *n*
Fra: début de refoulement en fonction de la pression atmosphérique *m*
Spa: comienzo del suministro dependiente de la presión atmosférica *m*

atmosphärendruckabhängiger Volllastanschlag, ADA *m*
Eng: altitude pressure compensator *n*
Fra: correcteur altimétrique *m*
Spa: tope de plena carga dependiente de la presión atmosférica *m*

Atmosphärendruckanschluss *m*
Eng: atmospheric-pressure connection *n*
Fra: raccord à la pression atmosphérique *m*
Spa: conexión de presión atmosférica *f*

Atmosphärendrucksensor *m*
Eng: atmospheric-pressure sensor *n*
Fra: capteur de pression atmosphérique *m*
Spa: sensor de presión de atmósfera *m*

Atmungsraum (Membran) *m*
Eng: breathing space (diaphragm) *n*
Fra: côté secondaire (cylindre à membrane) *m*
Spa: espacio de respiración (membrana) *m*

Auffangbehälter *m*
Eng: collection container *n*
Fra: récipient de récupération *m*
Spa: recipiente colector *m*

Auffangschirm *m*
Eng: collector screen *n*
Fra: écran récepteur *m*
Spa: pantalla colectora *f*

aufgeladen *adj*
Eng: turbocharged *adj*
Fra: suralimenté *pp*
Spa: sobrealimentado *adj*

aufgewalzt *pp*
Eng: rolled on *pp*
Fra: appliqué par laminage *pp*
Spa:

Aufhängevorrichtung *f*
Eng: suspension device *n*
Fra: système de suspension *m*
Spa: dispositivo de suspensión *m*

Aufheizgeschwindigkeit (Glühkerze) *f*
Eng: preheating rate (glow plug) *n*
Fra: vitesse de chauffe *f*
Spa: velocidad de calentamiento (bujía de incandescencia) *f*

Aufheizkurve (Glühkerze) *f*
Eng: preheating curve (glow plug) *n*
Fra: courbe de chauffe *f*
Spa: curva de calentamiento (bujía de incandescencia) *f*

Aufklemmgeber *m*
Eng: clamp on sensor *n*
(inductive clamp sensor) *n*
Fra: capteur à pince *m*
Spa: transmisor de pinza *m*
(pinza de transmisión) *f*

Aufkohlen *n*
Eng: carburizing *n*
Fra: cémentation *f*
Spa: cementación *f*

Aufkohlungstemperatur *f*
Eng: carburizing temperature *n*
Fra: température de cémentation *f*
Spa: temperatura de cementación *f*

Auflademotor *m*
Eng: supercharged engine *n*
Fra: moteur suralimenté *m*
Spa: motor sobrealimentado *m*

aufladen (Verbrennungsmotor) *v*
Eng: supercharge (IC engine) *v*
Fra: suralimenter (moteur à combustion) *v*
Spa: sobrealimentar (motor de combustión) *v*

Aufladeverfahren (Verbrennungsmotor) *n*
Eng: supercharging process (IC engine) *n*
Fra: procédé de suralimentation *m*
Spa: proceso de sobrealimentación (motor de combustión) *m*

Aufladung (Verbrennungsmotor) *f*
Eng: supercharging (IC engine) *n*
Fra: suralimentation (moteur à combustion) *f*
Spa: sobrealimentación (motor de combustión) *f*

Auflagefläche *f*
Eng: contact surface *n*
Fra: surface d'appui *f*
Spa: superficie de apoyo *f*

Auflagekraftsteuerung (Wischeranlage) *f*
Eng: force distribution control (wiper system) *n*
Fra: commande de la force d'appui (essuie-glace) *f*
Spa: control de la fuerza de apoyo (limpiaparabrisas) *m*

Auflagepunkt (Wischeranlage) *m*
Eng: contact point (wiper system) *n*
Fra: point d'appui *m*
Spa: punto de apoyo (limpiaparabrisas) *m*

Auflauf-Bremsanlage *f*
Eng: inertia braking system *n*
Fra: dispositif de freinage à inertie *m*
Spa: sistema de freno de retención *m*

auflaufende Bremsbacke *f*
Eng: leading brake shoe *n*
Fra: mâchoire primaire *f*
Spa: zapata de freno primaria *f*

Auflaufrolle (Rollenbremsprüfstand) *f*
Eng: secondary roller (dynamic brake analyzer) *n*
Fra: rouleau suiveur (banc d'essai) *m*
Spa: rodillo secundario (banco de pruebas de frenos de rodillos) *m*

Aufliegerkupplung *f*
Eng: semi trailer coupling *n*
Fra: accouplement de semi-remorque *m*
Spa: enganche para semirremolque *m*

Aufnahme *f*
Eng: mounting *n*
Fra: logement *m*
Spa: alojamiento *m*

Aufnahmevorrichtung *f*
Eng: mount *n*
Fra: nez de centrage *m*
Spa: dispositivo de apoyo *m*

Aufnehmer *m*
Eng: mounting *n*
Fra: support *m*
Spa: captador *m*

Aufpralleffekt (Filter) *m*
Eng: impact (filter) *n*
Fra: effet d'impact (filtre) *m*
Spa: efecto de choque (filtro) *m*

Aufprallerkennung (Airbag) *f*
Eng: crash sensing (airbag) *n*
(impact detection) *n*
Fra: détection de collision (coussin gonflable) *f*
(détection d'impact) *f*
Spa: detección de choque (airbag) *f*

Aufpresskraft *f*
Eng: press-on force *nn*
Fra: effort d'emmanchement *f*
Spa: fuerza de introducción a presión *f*

Aufrollachse (Gurtstraffer) *f*
Eng: inertia-reel shaft (seat-belt tightener) *n*
Fra: axe d'enroulement *m*
Spa: eje de arrollado (pretensor del cinturón) *m*

Aufsatteldruck *m*
Eng: kingpin load *n*
Fra: pression d'accouplement *f*
Spa: presión de apoyo *f*

Aufsattelkupplung *f*
Eng: fifthwheel coupling *n*
Fra: sellette de semi-remorque *f*
Spa: acoplamiento de enganche *m*

Aufschaltgruppen *fpl*
Eng: add on modules *n*
Fra: groupes d'adaptation *mpl*
Spa: grupos de conexión adicional *mpl*

aufschaukeln (Kfz) *v*
Eng: pitch (motor vehicle) *v*

Deutsch

Deutsch

Fra: oscillation croissante (véhicule) *f*
Spa: incrementar las vibraciones (automóvil) *v*

Aufschlagbereich *m*
Eng: impact area *n*
Fra: zone de choc *f*
Spa: zona de impacto *f*

Aufspannbock *m*
Eng: clamping support *n*
(clamping support) *n*
Fra: support de fixation *m*
Spa: soporte de sujeción *m*

Aufspannfläche *f*
Eng: mounting surface *n*
Fra: plan de fixation *m*
Spa: superficie de sujeción *f*

Aufspannflansch *m*
Eng: clamping flange *n*
(clamping support) *n*
Fra: bride de fixation *f*
Spa: brida de sujeción *f*

Aufspannschiene *f*
Eng: mounting rail *n*
Fra: rail de fixation *m*
Spa: riel de sujeción *m*

Aufstandsfläche (Reifen) *f*
Eng: tire contact patch (tire) *n*
(footprint) *n*
Fra: surface de contact du pneu (pneu) *f*
Spa: superficie de contacto con el suelo (neumáticos) *f*

Auftragschweißen *n*
Eng: resurface welding *n*
Fra: rechargement par soudure *m*
Spa: soldadura de recargue *f*

Auftrieb *m*
Eng: lift *n*
Fra: portance *f*
Spa: ascención *f*

Aufzeichnung *f*
Eng: recording *n*
Fra: étalonnage *m*
Spa: grabación *f*

Aufziehvorrichtung *f*
Eng: tightening device *n*
Fra: dispositif d'emmanchement *m*
Spa: dispositivo de apriete *m*

Augenblickswert *m*
Eng: instantaneous value *n*
Fra: valeur instantanée *f*
Spa: valor instantáneo *m*

Augenpunkt *m*
Eng: eye point *n*
Fra: point de vision *m*
Spa: punto de ojo *m*

Ausbauhinweise *fpl*
Eng: disassembly instructions *npl*
Fra: instructions de dépose *fpl*
Spa: instrucciones de desmontaje *fpl*

Ausblaseventil *n*
Eng: blow off valve *n*
(pressure relief valve) *n*
Fra: soupape de décharge *f*
Spa: válvula de soplado *f*

Ausblastemperatursensor *m*
Eng: air exit temperature sensor *n*
Fra: sonde de température d'air évacué *f*
Spa: sensor de temperatura del aire soplado *m*

ausblenden *v*
Eng: suppress *v*
Fra: supprimer *v*
Spa: suprimir *v*

Ausblutung *f*
Eng: bleeding *n*
Fra: ressuage *m*
Spa: sangrado *m*

ausbrechen (Kfz) *v*
Eng: break away (motor vehicle) *v*
Fra: chasser (véhicule) *v*
Spa: derrapar (automóvil) *v*

Ausbreitungsgeschwindigkeit *f*
Eng: velocity of propagation *n*
Fra: vitesse de propagation *f*
Spa: velocidad de propagación *f*

Ausbreitungsrichtung *f*
Eng: direction of propagation *n*
Fra: direction de propagation *f*
Spa: dirección de propagación *f*

Ausdehnungskoeffizient *m*
Eng: coefficient of expansion *n*
Fra: coefficient de dilatation *m*
Spa: coeficiente de expansión *m*

Ausdrückdorn *m*
Eng: press out mandrel *n*
Fra: mandrin à chasser *m*
Spa: mandril extractor *m*

Ausfall *m*
Eng: failure *n*
Fra: défaillance *f*
Spa: fallo *m*

Ausfallanalyse *f*
Eng: failure analysis *n*
Fra: analyse de défaillance *f*
Spa: análisis de fallos *m*

Ausfalldatum *n*
Eng: failure date *n*
Fra: date de défaillance *f*
Spa: fecha de fallo *f*

Ausfallkriterium *n*
Eng: failure criterion *n*
Fra: critère de défaillance *m*
Spa: criterio de fallo *m*

Ausfallmechanismus *m*
Eng: failure mechanism *n*
Fra: mécanisme de défaillance (de l'incident) *m*
Spa: mecanismo de fallo *m*

Ausfallrate *f*
Eng: failure rate *n*
Fra: taux de défaillance *m*
Spa: tasa de fallos *f*

Ausfallsperre (Autoalarm) *f*
Eng: failure protection (car alarm) *n*
Fra: sécurité en cas de panne (alarme auto) *f*
Spa: bloqueo de fallos (alarma de vehículo) *m*

Ausfallüberwachung *f*
Eng: failure monitoring *n*
Fra: surveillance de panne *f*
Spa: supervisión de fallos *f*

Ausfallursache *f*
Eng: failure cause *n*
Fra: cause de défaillance *f*
Spa: causa del fallo *f*

Ausfallzeit *f*
Eng: downtime *n*
(non-productive time) *n*
Fra: durée de défaillance *f*
Spa: duración del fallo *f*

Ausflussquerschnitt *m*
Eng: outlet cross-section *n*
Fra: section d'écoulement *f*
Spa: sección del orificio de escape *f*

Ausführung *f*
Eng: type *n*
Fra: exécution *f*
Spa: versión *f*

Ausführungskennzahl *f*
Eng: type code *n*
Fra: code d'exécution *m*
Spa: código de ejecución *m*

Ausführungsqualität *f*
Eng: quality of manufacture *n*
Fra: qualité d'exécution *f*
Spa: calidad de ejecución *f*

Ausgangscode *m*
Eng: output code *n*
Fra: code de sortie *m*
Spa: código de salida *m*

Ausgangsfrequenz *f*
Eng: output frequency *n*
Fra: fréquence initiale *f*
Spa: frecuencia de salida *f*

Ausgangsgeschwindigkeit *f*
Eng: initial speed *n*
Fra: vitesse initiale *f*
Spa: velocidad de salida *f*

Ausgangsgrößen *fpl*
Eng: output variables *n*
(output quantity) *n*
Fra: grandeurs initiales *fpl*
Spa: magnitudes de salida *fpl*

Ausgangsmaterial *n*
Eng: basic material *n*
Fra: matériel de base *m*
Spa: material de partida *m*

Ausgangsschaltung (Steuergerät) *f*
Eng: output circuit (ECU) *n*
Fra: circuit de sortie (calculateur) *m*
Spa: circuito de salida (unidad de control) *m*

Ausgangssignal ***n***
Eng: output signal *n*
Fra: signal de sortie *m*
Spa: señal de salida *f*

Ausgangsspannung ***f***
Eng: output voltage *n*
Fra: tension de sortie *f*
Spa: tensión de salida *f*

Ausgangsstellung ***f***
Eng: basic position *n*
Fra: position initiale *f*
Spa: posición inicial *f*

Ausgangstemperatur ***m***
Eng: output temperature *n*
Fra: température de sortie *f*
Spa: temperatura inicial *f*

Ausgangswerte ***mpl***
Eng: starting values *npl*
Fra: valeurs initiales *fpl*
Spa: valores iniciales *mpl*

Ausgangszustand ***m***
Eng: initial state *n*
Fra: état initial *m*
Spa: estado inicial *m*

ausgehärtet ***pp***
Eng: cured *pp*
Fra: durci *pp*
Spa: endurecido *adj*

Ausgleichbehälter (Kfz-Kühler) ***m***
Eng: header tank *n*
(vehicle radiatior) *n*
Fra: vase d'expansion *m*
Spa: depósito de compensación (refrigerador del vehículo) *m*
(depósito de expansión) *m*

Ausgleichexzenter ***m***
Eng: compensating eccentric *n*
Fra: excentrique de compensation *m*
Spa: excéntrica de compensación *f*

Ausgleichgewicht ***n***
Eng: balance weight *n*
Fra: contrepoids *m*
Spa: contrapeso *m*

Ausgleichkolben ***m***
Eng: compensating piston *n*
Fra: piston de compensation *m*
Spa: pistón de compensación *m*

Ausgleichkupplung ***f***
Eng: flexible coupling *n*
Fra: accouplement flexible *m*
Spa: embrague flexible *m*

Ausgleichsbehälter (Bremsen) ***m***
Eng: expansion tank (brakes) *n*
Fra: réservoir de compensation (frein) *m*
Spa: depósito de compensación (frenos) *m*

Ausgleichsbohrung ***f***
Eng: balancing port *n*
Fra: orifice de compensation *m*
Spa: agujero de compensación *m*

Ausgleichsscheibe ***f***
Eng: shim *n*
Fra: cale de réglage *f*
Spa: arandela de ajuste *f*

Ausgleichsgetriebe (Kfz-Antriebsstrang) ***n***
Eng: differential (vehicle drivetrain) *n*
Fra: engrenage différentiel *m*
(différentiel) *m*
Spa: diferencial (tren de tracción del vehículo) *m*

Ausgleichsleitung ***f***
Eng: compensating cable *n*
Fra: câble de compensation *m*
Spa: cable de compensación *m*

Ausgleichsplatte ***f***
Eng: shim plate *n*
Fra: plaque de réglage *f*
Spa: placa de compensación *f*

Ausgleichsvolumen ***n***
Eng: compensation volume *n*
Fra: volume de compensation *m*
Spa: volumen de compensación *m*

Ausgleichswelle ***f***
Eng: balancer shaft *n*
Fra: arbre d'équilibrage *m*
(arbre secondaire) *m*
Spa: contraeje *m*
(árbol intermediario) *m*

Ausgleichswicklung ***f***
Eng: compensating winding *n*
Fra: enroulement de compensation *m*
Spa: devanado de compensación *m*

aushärten (Aushärten von Klebstoff) ***v***
Eng: cure *v*
Fra: durcir *v*
Spa: endurecimiento (endurecimiento de pegamento) *m*

Auskleiden ***n***
Eng: plastic coating *n*
Fra: revêtement plastique *m*
Spa: revestimiento *m*

Auslagern ***n***
Eng: aging process *n*
Fra: traitement de désursaturation *m*
Spa: proceso de envejecimiento *m*

Auslasskanal (Verbrennungsmotor) ***m***
Eng: exhaust port (IC engine) *n*
Fra: conduit d'échappement *m*
Spa: canal de escape (motor de combustión) *m*

Auslasskrümmer (Verbrennungsmotor) ***m***
Eng: exhaust manifold (IC engine) *n*
(exhaust branch) *n*
Fra: collecteur d'échappement *m*
Spa: colector de escape (motor de combustión) *m*

Auslassnockenwelle (Verbrennungsmotor) ***f***
Eng: exhaust camshaft (IC engine) *n*
Fra: arbre à cames d'échappement *m*
Spa: árbol de levas de escape (motor de combustión) *m*

Auslasstakt (Verbrennungsmotor) ***m***
Eng: exhaust stroke (IC engine) *n*
(exhaust cycle) *n*
Fra: temps d'échappement *m*
Spa: ciclo de escape (motor de combustión) *m*

Auslasstemperatur (Verbrennungsmotor) ***f***
Eng: exhaust temperature (IC engine) *nn*
Fra: température d'échappement *f*
Spa: temperatura de escape (motor de combustión) *f*

Auslassventil (Verbrennungsmotor) ***n***
Eng: exhaust valve (IC engine) *n*
Fra: soupape d'échappement (moteur à combustion) *f*
Spa: válvula de escape (motor de combustión) *f*

Auslassventilsitz ***m***
Eng: discharge-valve seat *n*
(delivery-valve seat) *n*
Fra: siège de soupape d'échappement *m*
Spa: asiento de válvula de descarga *m*
(asiento de válvula de presión) *m*

Auslenkung (Schwingung) ***f***
Eng: excursion (oscillation) *n*
Fra: amplitude (oscillation) *f*
Spa: desviación (vibración) *f*

Auslenkwinkel (Luftmengenmesser) ***m***
Eng: deflection angle (air-flow sensor) *n*
Fra: angle de déplacement (débitmètre d'air) *m*
Spa: ángulo de desviación (caudalímetro de aire) *m*

auslesen (Fehlercode) ***v***
Eng: read out (error code) *v*
Fra: visualiser (code de défaut) *v*
Spa: leer (código de avería) *v*

Ausleuchtung ***f***
Eng: illumination *n*
Fra: éclairement *m*
Spa: iluminación *f*

Auslösegerät (Gurtstraffer) ***n***

Deutsch

Deutsch

Eng: trigger unit (seat-belt tightener) *n*
Fra: déclencheur de prétensionneur *m*
Spa: mecanismo de disparo (pretensor del cinturón de seguridad) *m*

Auslösekriterium ***n***
Eng: triggering criterion *n*
Fra: critère de déclenchement *m*
Spa: criterio de disparo *m*

Auslöser (SAP) ***m***
Eng: initiator trigger *n*
Fra: déclencheur *m*
Spa: disparador (SAP) *m*

Auslöseschwelle ***f***
Eng: trigger threshold *n*
Fra: seuil de déclenchement *m*
Spa: umbral de disparo *m*

Auslösesystem ***n***
Eng: triggering system *n*
Fra: système de déclenchement *m*
Spa: sistema de disparo *m*

Auslösevorrichtung ***f***
Eng: tripping device *n*
Fra: dispositif de déclenchement *m*
Spa: dispositivo disparador *m*

Ausnutzungsgrad (Wickeltechnik) ***m***
Eng: power/space ratio (winding techniques) *n*
Fra: rendement (technique d'enroulement) *m*
Spa: coeficiente de aprovechamiento (técnica de bobinado) *m*

Auspuffanlage (Verbrennungsmotor) ***f***
Eng: exhaust system (IC engine) *n*
Fra: système d'échappement *m*
Spa: sistema de escape (motor de combustión) *m*

Auspuffdrossel (Verbrennungsmotor) ***f***
Eng: exhaust choke (IC engine) *n*
Fra: étranglement sur échappement *m*
Spa: choque de escape (motor de combustión) *m*

Auspuffhub (Verbrennungsmotor) ***m***
Eng: exhaust stroke (IC engine) *n*
Fra: course d'échappement *f*
Spa: carrera de escape (motor de combustión) *m*

Auspuffklappe (Motorbremse) ***f***
Eng: butterfly valve (engine brake) *n*
(exhaust flap) *n*
Fra: volet-obturateur d'échappement *m*
Spa: mariposa de escape (freno motor) *f*

Auspuffklappe ***f***
Eng: exhaust flap *n*
Fra: volet d'échappement (frein moteur) *m*
(obturateur d'échappement) *m*
Spa: mariposa de escape *f*

Auspuffkrümmer (Verbrennungsmotor) ***m***
Eng: exhaust manifold *n*
(exhaust branch) *n*
Fra: collecteur d'échappement *m*
Spa: colector de escape (motor de combustión) *m*

Auspuffleitung (Verbrennungsmotor) ***f***
Eng: exhaust pipe *n*
Fra: conduite d'échappement *f*
Spa: tubería de escape (motor de combustión) *f*

Auspufföffnung (Verbrennungsmotor) ***f***
Eng: tailspout *n*
(tail pipe) *n*
Fra: ouverture d'échappement *f*
Spa: agujero de escape (motor de combustión) *m*

Auspuffrohr (Verbrennungsmotor) ***n***
Eng: exhaust pipe *n*
(exhaust tube) *n*
Fra: tuyau d'échappement *m*
(conduite d'échappement) *f*
Spa: tubo de escape (motor de combustión) *m*
(tubo de descarga) *m*

Auspuffschalldämpfer (Verbrennungsmotor) ***m***
Eng: exhaust muffler *n*
Fra: silencieux d'échappement *m*
Spa: silenciador de escape (motor de combustión) *m*

Auspuffschlauch (Verbrennungsmotor) ***m***
Eng: exhaust hose *n*
Fra: flexible d'échappement *m*
Spa: tubo flexible de escape (motor de combustión) *m*

Auspufftopf (Verbrennungsmotor) ***m***
Eng: muffler *n*
(silencer) *n*
Fra: silencieux *m*
Spa: silenciador (motor de combustión) *m*

Ausregelzeit ***f***
Eng: settling time *n*
Fra: délai de régulation *m*
Spa: tiempo de regulación *m*

Ausrichtspiegel (Lichttechnik) ***m***
Eng: alignment mirror (lighting) *n*
Fra: rétroviseur orientable *m*
Spa: espejo de alineación (técnica de iluminación) *m*

Ausrichtung (SAP) ***f***
Eng: alignment *n*
Fra: orientation *f*
Spa: alineación (SAP) *f*

Ausrückhebellager ***n***
Eng: release lever bearing *n*
Fra: fourchette de débrayage *f*
Spa: cojinete de la palanca de desembrague *m*

Ausrücklager ***n***
Eng: throwout bearing *n*
Fra: butée de débrayage *f*
Spa: cojinete de desembrague *m*

Ausrückring ***m***
Eng: disengaging ring *n*
Fra: bague de débrayage *f*
Spa: anillo de desembrague *m*

Ausschaltschwelle ***f***
Eng: shutoff threshold *n*
Fra: seuil de coupure *m*
Spa: umbral de desconexión *m*

Ausscheidungshärte ***f***
Eng: precipitation hardening *n*
Fra: recuit de précipitation *m*
Spa: endurecimiento por precipitación *m*

Ausschuss ***m***
Eng: scrap *n*
Fra: mise au rebut *f*
Spa: desechos *mpl*
(rechazo) *m*

Außenanbau ***m***
Eng: external mounting *n*
Fra: montage extérieur *m*
Spa: montaje exterior *m*

außenbelüftet ***adj***
Eng: externally cooled *adj*
Fra: à refroidissement externe *loc*
Spa: ventilado externamente *adj*

Außenbordmotor ***m***
Eng: outboard engine *n*
Fra: moteur hors-bord *m*
Spa: motor fuera de borda *m*

Außendom (Zündverteiler) ***m***
Eng: outer tower (ignition distributor) *n*
Fra: cheminée (allumeur) *f*
Spa: torre exterior (distribuidor de encendido) *f*

Außendurchmesser ***m***
Eng: outside diameter *n*
Fra: diamètre extérieur *m*
Spa: diámetro exterior *m*

Außenfüllventil ***n***
Eng: external filler valve *n*
Fra: vanne de remplissage extérieure *f*
Spa: válvula exterior de llenado *f*

Außengewinde *n*
Eng: external thread *n*
(male thread) *n*
Fra: filetage extérieur *m*
Spa: rosca exterior *f*

Außenläufer *m*
Eng: outer rotor *n*
Fra: rotor extérieur *m*
Spa: rotor exterior *m*

Außenleuchte *f*
Eng: exterior lamp *n*
Fra: lampe extérieure *f*
Spa: lámpara exterior *f*

Außenluftdruck *m*
Eng: outside air pressure *n*
Fra: pression atmosphérique ambiante *f*
Spa: presión del aire exterior *f*

Außenmantel (Kabel) *m*
Eng: outer sheath *n*
Fra: enveloppe externe *f*
Spa: envoltura exterior (cable) *f*

Außenmaß *n*
Eng: overall dimension *n*
Fra: cote extérieure *f*
Spa: medida exterior *f*

Außenschale (Katalysator) *f*
Eng: outer wrap (catalyst) *n*
Fra: enveloppe extérieure (catalyseur) *f*
Spa: capa exterior (catalizador) *f*

Außentemperatur *f*
Eng: outside temperature *n*
Fra: température extérieure *f*
Spa: temperatura exterior *f*

außerstädtischer Fahrzyklus *m*
Eng: Extra Urban Driving Cycle, EUDC *n*
Fra: cycle de conduite extra-urbain *m*
Spa: ciclo de marcha extra-urbano, EUDC *m*

Aussetzbelastung *f*
Eng: intermittent loading *n*
Fra: charge intermittente *f*
Spa: carga intermitente *f*

Aussetzbetrieb (elektrische Maschinen) *m*
Eng: intermittent-periodic duty (electrical machines) *n*
Fra: fonctionnement intermittent (machines électriques) *m*
Spa: régimen de operación intermitente (máquinas eléctricas) *m*

Aussetzer (Verbrennungsmotor) *m*
Eng: misfiring (IC engine) *n*
Fra: ratés *mpl*
Spa: fallo de combustión (motor de combustión) *m*

Aussetzererkennung *f*
Eng: misfire detection *n*
Fra: détection de ratés *f*
Spa: detección de fallos de combustión *f*

Aussparung *f*
Eng: recess *n*
Fra: évidement *m*
Spa: entalladura *f*

ausspuren (Starter) *v*
Eng: demesh (starter) *v*
Fra: désengrènement (pignon) *m*
Spa: desengranar (motor de arranque) *v*

Ausstattung *f*
Eng: equipment *n*
Fra: équipement *m*
Spa: equipamiento *m*

Ausstattungsvariante *f*
Eng: trim level *n*
Fra: variante d'équipement *f*
Spa: variante de equipamiento *f*

Aussteuerdruck (Bremskraftverstärker) *m*
Eng: output pressure (brake booster) *n*
Fra: pression maximale (servofrein) *f*
Spa: presión máxima (servofreno) *f*

aussteuern (Bremskraft) *v*
Eng: output (braking force) *v*
Fra: piloter (force de freinage) *v*
Spa: modular (fuerza de frenado) *v*

Aussteuerpunkt *m*
Eng: control point *n*
Fra: point de régulation finale *m*
Spa: punto de regulación final *m*

Ausstoßtakt *m*
Eng: exhaust cycle *n*
(exhaust stroke) *n*
Fra: temps d'échappement *m*
Spa: ciclo de escape *m*

Austausch-Erzeugnis *n*
Eng: exchange product *n*
Fra: produit d'échange standard *m*
Spa: producto de intercambio *m*

Austauschgenerator *m*
Eng: exchange alternator *n*
Fra: alternateur d'échange standard *m*
Spa: alternador de recambio *m*

Austrittskante *f*
Eng: outlet edge *n*
Fra: arête de sortie *f*
Spa: borde de salida *m*

Austrittsklappe *f*
Eng: outlet flap *n*
Fra: volet de sortie *m*
Spa: chapaleta de salida *f*

Ausweichglied *n*
Eng: override link *n*
Fra: élément bypass *m*
Spa: miembro desviador *m*

Ausweichkolben *m*
Eng: bypass piston *n*
Fra: piston amortisseur *m*
Spa: pistón reciprocante *m*

Auswerfer *m*
Eng: ejector *n*
Fra: éjecteur *m*
Spa: eyector *m*

Auswerteeinheit *f*
Eng: evaluation unit *n*
Fra: bloc d'exploitation *m*
Spa: unidad de evaluación *f*

Auswerteelektronik *f*
Eng: evaluation electronics *npl*
Fra: électronique d'évaluation *f*
Spa: sistema electrónico de evaluación *m*

Auswertegerät *n*
Eng: evaluation unit *n*
Fra: analyseur *m*
Spa: aparato de evaluación *m*

auswerten *v*
Eng: to evaluate *v*
Fra: évaluer *v*
Spa: evaluar *v*

Auswertschaltgerät *n*
Eng: signal evaluation module *n*
Fra: module électronique d'évaluation *m*
Spa: bloque electrónico de evaluación *m*

Auswertschaltung *f*
Eng: evaluation circuit *n*
Fra: circuit d'exploitation *m*
Spa: circuito de evaluación *m*

Ausziehvorrichtung *f*
Eng: puller *n*
Fra: dispositif d'extraction *m*
Spa: dispositivo extractor *m*

Auto-Alarmanlage *n*
Eng: car alarm *n*
Fra: alarme auto *f*
Spa: alarma del vehículo *f*

Autofahrer-Rundfunkinformation *f*
Eng: traffic update *n*
Fra: système info trafic *m*
Spa: información radiofónica sobre el tráfico *f*

Autogas *n*
Eng: liquefied petroleum gas, LPG *n*
(liquid gas) *n*
Fra: gaz de pétrole liquéfié, GPL *m*
Spa: gas para automóviles *m*
(gas líquido) *m*

Autolautsprecher *m*
Eng: automotive speaker *n*
Fra: haut-parleur *m*
Spa: altavoz de automóvil *m*

Automatikgetriebe *n*
Eng: automatic transmission *n*
Fra: boîte de vitesses automatique *f*
Spa: cambio automático *m*

Deutsch

Deutsch

Automatikgurt *m*
Eng: automatic seat belt *n*
Fra: ceinture automatique *f*
Spa: cinturón automático *m*

automatische UKW-Störunterdrückung *f*
Eng: automatic VHF interference suppression *n*
Fra: suppression automatique des parasites FM *f*
Spa: supresión automática de parásitos de onda ultracorta *f*

automatische Brems-Differenzialsperre *f*
Eng: automatic brake-force differential lock *n*
Fra: blocage automatique du différentiel *m*
Spa: bloqueo del diferencial de frenado automático *m*

automatische Bremse *f*
Eng: automatic brake *n*
Fra: frein automatique *m*
Spa: freno automático *m*

automatische lastabhängige Bremskraftregelung *f*
Eng: automatic load-sensitive braking-force metering *n*
Fra: régulation automatique de la force de freinage en fonction de la charge *f*
(correction automatique de la force de freinage en fonction de la charge) *f*
Spa: regulación automática de la fuerza de frenado en función de la carga *f*

Automatische Leuchtweitenregulierung *f*
Eng: automatic headlight range control *n*
Fra: correcteur automatique de site des projecteurs *m*
Spa: regulación automática del alcance de las luces *f*

automatische Startmenge *f*
Eng: automatic starting quantity *n*
Fra: surcharge automatique au démarrage *f*
Spa: caudal automático de arranque *m*

Automobilindustrie *f*
Eng: automotive industry *n*
Fra: industrie automobile *f*
Spa: industria automovilística *f*

Axial-Kegelrollenlager *n*
Eng: tapered-roller thrust bearing *n*
Fra: butée à rouleaux coniques *f*
Spa: cojinete axial de rodillos cónicos *m*

Axial-Kolbenmaschine *f*
Eng: axial piston machine *n*
Fra: machine à pistons axiaux *f*
Spa: máquina de pistones axiales *f*

Axialkolbenmotor *m*
Eng: axial piston motor *n*
Fra: moteur à pistons axiaux *m*
Spa: motor de pistones axiales *m*

Axialkolbenpumpe *f*
Eng: axial piston pump *n*
Fra: pompe à piston axial *f*
Spa: bomba de pistones axiales *f*

Axialkolben-Verteilereinspritzpumpe *f*
Eng: axial piston distributor pump *n*
Fra: pompe d'injection distributrice à piston axial *f*
Spa: bomba de inyección rotativa de pistones axiales *f*

Axialkraft *f*
Eng: axial force *n*
Fra: effort axial *m*
Spa: fuerza axial *f*

Axiallager *n*
Eng: axial bearing *n*
(thrust bearing) *n*
Fra: butée axiale *f*
Spa: cojinete axial *m*

Axiallüfter *m*
Eng: axial fan *n*
Fra: ventilateur axial *m*
Spa: ventilado axial *m*

Axialnocken (Radialkolbenpumpe) *m*
Eng: axial cam (radial-piston pump) *n*
Fra: came axiale (pompe à pistons radiaux) *f*
Spa: leva axial (bomba de émbolos radiales) *f*

Axialnut *f*
Eng: axial groove *n*
Fra: rainure axiale *f*
Spa: ranura axial *f*

Axial-Rillenkugellager *n*
Eng: deep groove ball thrust bearing *n*
Fra: butée à billes à gorges profondes *f*
Spa: rodamiento axial rígido de bolas *m*

Axialschieber *m*
Eng: adjusting blade *n*
Fra: ailette à orientation variable *f*
Spa: aleta de orientación variable *f*

Axialschlag *m*
Eng: axial run-out *n*
Fra: voile *m*
Spa: alabeo *m*

Axialspiel *n*
Eng: axial clearance *n*
(end play) *n*
Fra: jeu axial *m*
Spa: juego axial *m*

Axialteilung *f*
Eng: axial pitch *n*
Fra: pas axial *m*
Spa: paso axial *m*

Axial-Zylinderrollenlager *n*
Eng: cylindrical-roller thrust bearing *n*
Fra: butée à rouleaux cylindriques *f*
Spa: cojinete axial de rodillos cilíndricos *m*

Azetylen-Sauerstoff-Brenner *m*
Eng: oxyacetylene burner *n*
Fra: chalumeau oxyacétylénique *m*
Spa: quemador oxiacetilénico *m*

B

Backe (Bremsen) *f*
Eng: shoe (brakes) *n*
Fra: mâchoire-électrode *f*
Spa: zapata (frenos) *f*

Backenbremse (Bremsen) *f*
Eng: shoe brake (brakes) *n*
Fra: frein à mâchoires *m*
Spa: freno de zapatas (frenos) *m*

Backenkennwert (Bremsen) *m*
Eng: shoe factor (brakes) *n*
Fra: facteur de mâchoire (frein) *m*
Spa: factor de zapata (frenos) *m*

Bagger *m*
Eng: excavator *n*
Fra: pelleteuse *f*
Spa: excavadora *f*

Bainitisieren *n*
Eng: austempering *n*
Fra: trempe bainitique *f*
Spa: temple bainítico *m*

Bainit-Stufe *f*
Eng: bainite stage *n*
Fra: phase bainitique *f*
Spa: nivel de bainita *m*

Bajonettverbindung *f*
Eng: bayonet connection *n*
Fra: coupleur à baïonnette *m*
Spa: conexión de bayoneta *f*

Bajonettverschluss *m*
Eng: bayonet catch *n*
Fra: fermeture à baïonnette *f*
Spa: cierre de bayoneta *m*

Balgdruck *m*
Eng: bellows pressure *n*
Fra: pression soufflet *f*
Spa: presión del fuelle *f*

Bananenstecker *m*
Eng: banana plug *n*
Fra: fiche banane *f*
Spa: enchufe banana *m*

Bandbreite *f*
Eng: bandwidth *n*
Fra: bande passante *f*
Spa: amplitud de banda *f*

Bandgerät ***n***
Eng: tape recorder *n*
Fra: enregistreur à bande *m*
Spa: grabadora de cintas *f*

Bandpass ***m***
Eng: bandpass *n*
Fra: passe-bande *m*
Spa: pasabanda *m*

Bandpassfilter ***m***
Eng: bandpass filter *n*
Fra: filtre passe-bande *m*
Spa: filtro pasabanda *m*

Bandpassrauschen ***n***
Eng: bandpass noise *n*
Fra: bruit passe-bande *m*
Spa: ruido pasabanda *m*

Barometerdose ***f***
Eng: barometric capsule *n*
Fra: capsule barométrique *f*
Spa: cápsula barométrica *f*

Basiselektrode ***f***
Eng: base electrode *n*
Fra: électrode de base *f*
Spa: electrodo básico *m*

Basiszündwinkel ***m***
Eng: basic ignition timing *n*
Fra: angle d'allumage de base *m*
Spa: ángulo de encendido básico *m*

Batterie ***f***
Eng: battery *n*
Fra: batterie *f*
Spa: batería *f*

Batterieabdeckkappe ***f***
Eng: battery protective cover *n*
Fra: cache protège-batterie *m*
Spa: cubierta protectora de la batería *f*

Batterieausfall ***m***
Eng: battery failure *n*
Fra: panne de batterie *f*
Spa: fallo de la batería *m*

Batterieentladung ***f***
Eng: battery discharge *n*
Fra: décharge de la batterie *f*
Spa: descarga de la batería *f*

Batteriehauptschalter ***m***
Eng: battery main switch *n*
Fra: commutateur général de batterie *m*
Spa: interruptor principal de la batería *m*

Batteriekabel ***n***
Eng: battery cable *n*
Fra: câble de batterie *m*
Spa: cable de la batería *m*

Batteriekapazität ***f***
Eng: battery capacity *n*
Fra: capacité de batterie *f*
Spa: capacidad de la batería *f*

Batterieklemme ***f***
Eng: battery terminal *n*
(battery-cable terminal) *n*
Fra: cosse de batterie (batterie) *f*
Spa: borne de batería *m*

Batterieladegerät ***n***
Eng: battery charger *n*
Fra: chargeur de batterie (batterie) *m*
Spa: cargador de batería *m*

Batterie-Ladespannung ***f***
Eng: battery charge voltage *n*
Fra: tension de charge de batterie *f*
Spa: tensión de carga de la batería *f*

Batterieladestrom ***m***
Eng: battery charging current *n*
Fra: courant de charge de batterie *m*
Spa: corriente de carga de la batería *f*

Batterieladezustand ***m***
Eng: battery charge level *n*
Fra: état de charge de la batterie *m*
Spa: estado de carga de la batería *m*

Batterieladung ***f***
Eng: battery charge *n*
(charging) *n*
Fra: charge de la batterie (batterie) *f*
(charge) *f*
Spa: carga de la batería *f*

Batterielebensdauer ***f***
Eng: battery life *n*
Fra: durée de vie de la batterie *f*
Spa: duración de la batería *f*

Batterie-Minusanschluss ***m***
Eng: negative battery terminal *n*
Fra: borne « moins » de la batterie *f*
Spa: conexión negativa de batería *f*

Batterieminuspol ***m***
Eng: battery negative pole *n*
Fra: pôle « moins » de la batterie *f*
Spa: polo negativo de la batería *m*

Batterie-Plusanschluss ***m***
Eng: positive battery terminal *n*
Fra: borne « plus » de la batterie *f*
Spa: conexión positiva de batería *f*

Batteriepluspol ***m***
Eng: battery positive pole *n*
Fra: pôle « plus » de la batterie *f*
Spa: polo positivo de la batería *m*

Batteriesäure ***f***
Eng: electrolyte *n*
Fra: électrolyte *m*
Spa: ácido de la batería *m*
(electrolito) *m*

Batterieschalter ***m***
Eng: battery master switch *n*
Fra: robinet de batterie *m*
Spa: interruptor de la batería *m*

Batterie-Set ***n***
Eng: battery set *n*
Fra: kit batterie *m*
Spa: juego de baterías *m*

Batteriespannung ***f***
Eng: battery voltage *n*
(battery voltage) *n*
Fra: tension de batterie *f*
Spa: tensión de la batería *f*

Batteriestrom ***m***
Eng: battery current *n*
Fra: courant de batterie *m*
Spa: corriente de la batería *f*

Batterietrennrelais ***n***
Eng: battery cutoff relay *n*
Fra: relais de découplage de batterie *m*
Spa: relé de la batería *m*

Batterie-Trennschalter ***m***
Eng: battery disconnect switch *n*
Fra: disjoncteur de batterie *m*
Spa: seccionador de batería *m*

Batterietrog ***m***
Eng: battery tray *n*
Fra: bac de batterie *m*
Spa: cubeta de la batería *f*

Batterieumschaltrelais ***n***
Eng: battery changeover relay *n*
Fra: inverseur de batteries *m*
Spa: relé de conmutación de la batería *m*

Batterieumschaltung ***f***
Eng: battery changeover *n*
Fra: commutation de batteries *f*
Spa: conmutación de la batería *f*

Batterieverschleißanzeige ***f***
Eng: battery wear indicator *n*
Fra: témoin d'usure de batterie *m*
Spa: indicación de desgaste de la batería *f*

Batterie-Verteilerkasten ***m***
Eng: battery distributor box *n*
Fra: boîte de distribution de batterie *f*
Spa: caja de distribución de batería *f*

Batteriezange ***f***
Eng: battery nut pliers *n*
Fra: pince crocodile *f*
Spa: pinzas de batería *fpl*

Batteriezündung (Zündung) ***f***
Eng: battery ignition (ignition) *n*
Fra: allumage par batterie *m*
Spa: encendido por batería (encendido) *m*

Bauartgenehmigung ***f***
Eng: design certification *n*
Fra: homologation de type *f*
Spa: homologación de tipo *f*

Bauartgeschwindigkeit ***f***
Eng: rated speed *n*
Fra: vitesse de déplacement *f*
(vitesse de rotation nominale) *f*
Spa: velocidad nominal *f*

Bauform ***f***
Eng: structural shape *n*

Deutsch

Deutsch

Fra: forme de construction *f*
Spa: forma constructiva *f*

Baugruppe *f*
Eng: assembly *n*
Fra: sous-ensemble *m*
Spa: grupo constructivo *m*

Baujahr *n*
Eng: build year *n*
Fra: année de construction *f*
Spa: año de fabricación *m*

Baukasten *m*
Eng: module *n*
Fra: module *m*
Spa: módulo *m*

Baukastensystem *n*
Eng: modular system *n*
(unit assembly system) *n*
Fra: système modulaire *m*
Spa: sistema modular *m*

Baumaschine *f*
Eng: cunstruction machine *n*
Fra: engin de chantier *m*
Spa: máquina de construcción *f*

Baureihe *f*
Eng: type range *n*
Fra: série *f*
Spa: serie *f*

Baureihe *f*
Eng: series *n*
Fra: série *f*
Spa: serie *f*

Bauteil *n*
Eng: component *n*
Fra: composant (appareil) *m*
Spa: componente *m*

Bauteileprüfung *f*
Eng: component testing *n*
Fra: test des composants *m*
Spa: ensayo de componentes *f*

Beanspruchung *f*
Eng: stress *n*
(loading) *n*
Fra: contrainte *f*
(sollicitation) *f*
Spa: esfuerzo *m*
(solicitación) *f*

Beckengurt *m*
Eng: shoulder belt *n*
Fra: sangle abdominale *f*
Spa: cinturón abdominal *m*

bedarfabhängiger Volumenstrom *m*
Eng: demand dependent volumetric flow *n*
Fra: débit volumique en fonction des besoins *m*
Spa: flujo volumétrico según necesidad *m*

Bedieneinheit (Fahrdatenrechner) *f*
Eng: control unit (trip computer) *n*
Fra: unité de sélection (ordinateur de bord) *f*
Spa: panel de mandos (ordenador de datos de viaje) *m*
(unidad de mando) *f*

Bedienoberfläche *f*
Eng: user interface *n*
Fra: interface graphique *f*
Spa: interface de usuario *f*

Bedienschalter *m*
Eng: operating switch *n*
Fra: commutateur de commande *m*
Spa: interruptor de manejo *m*

Bedientastatur *f*
Eng: keyboard *n*
Fra: clavier de commande *m*
Spa: teclado de manejo *m*

Bedienteil *n*
Eng: control element *n*
Fra: clavier opérateur *m*
Spa: elemento de mando *m*

Bedienungsanleitung *f*
Eng: operating instructions *npl*
Fra: notice d'utilisation *f*
Spa: instrucciones de servicio *fpl*
(manual de manejo) *m*

Bedienungssicherheit *f*
Eng: operational safety *n*
Fra: sécurité de commande *f*
Spa: seguridad de manejo *f*

Befestigungsflansch *m*
Eng: mounting flange *n*
Fra: bride de fixation *f*
Spa: brida de fijación *f*

Befestigungshalter *m*
Eng: mounting piece *n*
Fra: support de fixation *m*
Spa: soporte de fijación *m*

Befestigungslasche *f*
Eng: mounting bracket *n*
(fixing clip) *n*
Fra: patte de fixation *f*
Spa: lengüeta de fijación *f*

Befestigungsleiste *f*
Eng: securing strip *n*
Fra: baguette de fixation *f*
Spa: regleta de fijación *f*

Befestigungsmutter *f*
Eng: fixing nut *n*
Fra: écrou de fixation *m*
Spa: tuerca de fijación *f*

Befestigungsöse *f*
Eng: fixing eye *n*
Fra: anneau de fixation *m*
Spa: argolla de fijación *f*

Befestigungsschraube *f*
Eng: mounting screw *n*
Fra: vis de fixation *f*
Spa: tornillo de fijación *m*

Begrenzer *m*
Eng: reducer *n*
(limiter) *n*
Fra: limiteur *m*
Spa: limitador *m*

Begrenzungslicht *n*
Eng: side marker lamp *n*
Fra: feu de position *m*
Spa: luz de delimitación *f*
(luz de posición) *f*

Behälter (Logistik) *m*
Eng: reservoir (logistics) *n*
Fra: contenant (logistique) *m*
Spa: depósito (logística) *m*

Beharrungsdrehzahl *f*
Eng: steady state speed *n*
Fra: vitesse d'équilibre *f*
Spa: velocidad de régimen permanente *f*

Beharrungstemperatur *f*
Eng: equilibrium temperature *n*
(steady-state temperature) *n*
Fra: température d'équilibre *f*
Spa: temperatura de régimen permanente *f*

Beharrungszustand *m*
Eng: steady state condition *n*
Fra: état d'équilibre *m*
Spa: condición de régimen permanente *f*

beheizte Lambda-Sonde, LSH *f*
Eng: heated lambda sensor, LSH *n*
Fra: sonde à oxygène chauffée *f*
Spa: sonda Lambda calefactada, LSH *f*

Beifahrerairbag *m*
Eng: passenger airbag *n*
Fra: coussin gonflable côté passager *m*
Spa: airbag del acompañante *m*

Beifahrerseite *f*
Eng: passenger side *n*
Fra: coté passager AV *m*
Spa: lado del acompañante *m*

Beiwert *m*
Eng: coefficient *n*
Fra: coefficient *m*
Spa: coeficiente *m*

Beladung *f*
Eng: load *n*
Fra: chargement *m*
Spa: carga *f*

beladungsabhängige Tankentlüftung (Abgastechnik) *f*
Eng: saturation based canister purge *n*
(emissions control technology) *n*
Fra: dégazage du réservoir en fonction du chargement *m*
Spa: purga de aire del depósito en función de la carga (técnica de gases de escape) *f*

Beladungszustand *m*
Eng: laden state (motor vehicle) *n*
Fra: état de chargement (véhicule) *m*

Spa: estado de carga *m*

Belagstärke (Bremsen) ***f***
Eng: lining thickness (brakes) *n*
Fra: épaisseur de garniture *f*
Spa: espesor del forro (frenos) *m*

Belagträgerplatte (Bremsen) ***f***
Eng: lining support plate (brakes) *n*
Fra: plaque-support de garniture *f*
Spa: placa portaforros (frenos) *f*

Belagverschleiß (Bremsen) ***m***
Eng: lining wear (brakes) *n*
Fra: usure de garniture de frein *f*
Spa: desgaste del forro (frenos) *m*

Belagverschleißsensor (Bremsen) ***m***
Eng: lining wear sensor (brakes) *n*
(wear indicator) *n*
Fra: capteur d'usure de garniture (garniture de frein) *m*
Spa: sensor de desgaste del forro (frenos) *m*

belastetes Testverfahren ***n***
Eng: under load test *n*
Fra: méthode de test par fort courant *f*
Spa: método de ensayo bajo carga *m*

Belastungsgrad ***m***
Eng: load factor *n*
Fra: facteur de charge *m*
Spa: factor de carga *m*

Belastungskennlinie ***f***
Eng: load characteristic *n*
Fra: caractéristique de charge *f*
Spa: característica de carga *f*

Belastungswiderstand ***m***
Eng: load resistor *n*
Fra: résistance de charge *f*
Spa: resistencia de carga *f*

Belastungszeit ***f***
Eng: load period *n*
Fra: temps de charge *m*
Spa: tiempo de carga *m*

Beleuchtung (Kfz) ***f***
Eng: lighting (motor vehicle) *n*
Fra: éclairage (automobile) *m*
Spa: iluminación (automóvil) *f*

Belüftungsbohrung ***f***
Eng: ventilation bore *n*
Fra: alésage d'aération *m*
Spa: taladro de ventilación *m*

Belüftungs-Magnetventil ***n***
Eng: ventilation solenoid *n*
Fra: électrovalve d'aération *f*
Spa: electroválvula de ventilación *f*

Belüftungsöffnung ***f***
Eng: ventilation opening *n*
Fra: orifice de ventilation *m*
(orifice d'aération) *m*
Spa: abertura de ventilación *f*
(abertura de purga de aire) *f*

Belüftungsschlitz ***m***
Eng: ventilation slot *n*
Fra: évent *m*
Spa: ranura de ventilación *f*

Belüftungsventil ***n***
Eng: breather valve *n*
Fra: valve de ventilation *f*
Spa: válvula de ventilación *f*

Benetzbarkeit ***f***
Eng: wettability *n*
Fra: mouillabilité *f*
Spa: mojabilidad *f*

Benutzereinstellung (SAP) ***f***
Eng: user setting *n*
Fra: réglage utilisateur *m*
Spa: ajuste de usuario (SAP) *m*

Benutzerhandbuch (SAP) ***n***
Eng: user manual *nn*
Fra: manuel utilisateur *m*
Spa: manual del usuario (SAP) *m*

Benutzerkennung ***f***
Eng: user ID *n*
Fra: code utilisateur *m*
Spa: identificación del usuario *f*

Benzindirekteinspritzung ***f***
Eng: gasoline direct injection *n*
Fra: injection directe d'essence *f*
Spa: inyección directa de gasolina *f*

Benzineinspritzung ***f***
Eng: gasoline injection *n*
Fra: injection d'essence *f*
Spa: inyección de gasolina *f*

Benzinmotor ***m***
Eng: gasoline engine *n*
Fra: moteur à essence *m*
Spa: motor de gasolina *m*

Bereifung ***f***
Eng: tires *npl*
Fra: train de pneumatiques *m*
Spa: neumáticos *mpl*

Bergabbeschleunigen ***n***
Eng: downgrade acceleration *n*
Fra: accélération en descente *f*
Spa: aceleración cuesta abajo *f*

Bergaufbeschleunigen ***n***
Eng: upgrade acceleration *n*
Fra: accélération en côte *f*
Spa: aceleración cuesta arriba *f*

Bergaufbremsen ***n***
Eng: braking on upgrade *n*
Fra: freinage en côte *m*
Spa: frenado cuesta arriba *m*

Berstdruck ***m***
Eng: burst pressure *n*
Fra: pression d'éclatement *f*
Spa: presión de rotura *f*

Beschaufelung ***f***
Eng: blading *n*
Fra: aubage *m*
Spa: paletas *fpl*

Beschichtung ***f***
Eng: coating *n*
Fra: revêtement *m*
Spa: recubrimiento *m*

Beschlag ***m***
Eng: misting over *n*
Fra: embuage *m*
Spa: herraje *m*

beschleunigen ***v***
Eng: accelerate *v*
Fra: accélération *f*
Spa: acelerar *v*

Beschleunigung ***f***
Eng: acceleration *n*
Fra: accélération *f*
Spa: aceleración *f*

Beschleunigungsanreicherung ***f***
Eng: acceleration enrichment *n*
Fra: enrichissement à l'accélération *m*
Spa: enriquecimiento de aceleración *m*

Beschleunigungsaufnehmer ***m***
Eng: acceleration sensor *n*
Fra: accéléromètre *m*
Spa: captador de aceleración *m*

Beschleunigungsklopfen ***n***
Eng: acceleration knock *n*
Fra: cliquetis à l'accélération *m*
Spa: picado al acelerar *m*

Beschleunigungsloch ***n***
Eng: flat spot *n*
Fra: trou à l'accélération *m*
Spa: intervalo sin aceleración *m*

Beschleunigungspumpe ***f***
Eng: accelerator pump *n*
Fra: pompe d'accélération *f*
Spa: bomba de aceleración *f*

Beschleunigungsruckeln ***n***
Eng: acceleration shake *n*
Fra: à-coups à l'accélération *m*
Spa: sacudidas de aceleración *fpl*

Beschleunigungssensor ***m***
Eng: acceleration sensor *n*
Fra: capteur d'accélération *m*
(accéléromètre) *m*
Spa: sensor de aceleración *m*

Beschleunigungsüberschuss ***m***
Eng: acceleration reserve *n*
Fra: réserve d'accélération *f*
Spa: reserva de aceleración *f*

Beschleunigungswiderstand ***m***
Eng: acceleration resistance *n*
Fra: résistance à l'accélération *f*
Spa: resistencia de aceleración *f*

betätigen (Bremsen) ***v***
Eng: apply (brakes) *v*
Fra: actionner (frein) *v*
(appliquer) *v*
Spa: accionar (frenos) *v*
(poner) *v*

Betätigung ***f***
Eng: operation *n*
Fra: commande *f*
Spa: accionamiento *m*

Betätigungsdauer ***f***
Eng: duration of application *n*

Deutsch

Deutsch

Fra: durée d'actionnement *f*
Spa: duración de accionamiento *f*

Betätigungsdruck ***m***
Eng: applied pressure *n*
Fra: pression d'actionnement *f*
Spa: presión de accionamiento *f*

Betätigungseinrichtung (Bremsanlage) ***f***
Eng: control (braking system) *n*
Fra: commande (dispositif de freinage) *f*
Spa: dispositivo de accionamiento (sistema de frenos) *m*

Betätigungshebel ***m***
Eng: actuating lever *n*
(control lever) *n*
Fra: levier de commande *m*
Spa: palanca de accionamiento *f*

Betätigungskraft ***f***
Eng: control force *n*
(operating force) *n*
Fra: force de commande *f*
Spa: fuerza de accionamiento *f*

Betätigungsmoment ***n***
Eng: operating torque *n*
Fra: couple de braquage *m*
Spa: par de accionamiento *m*

Betätigungsstange ***f***
Eng: actuating rod *n*
Fra: tige d'actionnement *f*
Spa: varilla de accionamiento *f*

Betätigungsventil ***n***
Eng: control valve *n*
Fra: valve de commande *f*
Spa: válvula de accionamiento *f*
(válvula de control) *f*

Betätigungswelle ***f***
Eng: actuating shaft *n*
Fra: arbre de commande *m*
Spa: árbol de accionamiento *m*

Betätigungszylinder ***m***
Eng: actuating cylinder *n*
Fra: vérin d'actionnement *m*
Spa: cilindro de accionamiento *m*

Betriebsanleitung ***f***
Eng: operating instructions *npl*
Fra: notice d'utilisation *f*
Spa: instrucciones de servicio *mpl*

Betriebsartenkennfeld ***n***
Eng: operating mode map *n*
Fra: cartographie des modes de fonctionnement *f*
Spa: diagrama característico de modos de operación *m*

Betriebsartenumschaltung ***f***
Eng: operating mode switch-over *n*
Fra: changement de mode de fonctionnement du moteur *m*
Spa: conmutación de modo de operación *f*

Betriebsartenwechsel ***m***
Eng: operating mode switch-over *n*
Fra: changement de mode de fonctionnement du moteur *m*
Spa: cambio de modo de operación *m*

Betriebsartschalter ***m***
Eng: mode switch *n*
Fra: sélecteur de mode de fonctionnement *m*
Spa: interruptor de modos de operación *m*

Betriebsbedingungen ***fpl***
Eng: operating conditions *n*
Fra: conditions opératoires *fpl*
Spa: condiciones de operación *fpl*

Betriebs-Bremsanlage ***f***
Eng: service brake system *n*
Fra: dispositif de freinage de service *m*
Spa: instalación de freno de servicio *f*

Betriebsbremskreis ***m***
Eng: service brake circuit *n*
Fra: circuit de freinage de service *m*
Spa: circuito del freno de servicio *m*

Betriebsbremsung ***f***
Eng: service brake application *n*
Fra: freinage de service *m*
Spa: aplicación del freno de servicio *f*

Betriebsbremsventil ***n***
Eng: service brake valve *n*
Fra: valve de frein de service *f*
Spa: válvula del freno de servicio *f*

Betriebsdatenerfassung ***f***
Eng: operating data acquisition *n*
Fra: saisie des paramètres de fonctionnement *f*
Spa: recogida de datos de operación *f*

Betriebsdatenverarbeitung ***f***
Eng: operating-data processing *n*
Fra: traitement des paramètres de fonctionnement *m*
Spa: procesamiento de datos de operación *m*

Betriebsdauer ***f***
Eng: period of use *n*
Fra: durée de fonctionnement *f*
Spa: tiempo de servicio *m*

Betriebsdauer ***f***
Eng: operating time *n*
Fra: durée de fonctionnement *f*
Spa: tiempo de servicio *f*

Betriebsdruck ***m***
Eng: operating pressure *n*
Fra: pression de fonctionnement *f*
Spa: presión de servicio *f*

Betriebselektronik ***f***
Eng: operating electronics *npl*
Fra: électronique d'exploitation *f*
Spa: electrónica de servicio *f*

Betriebsfrequenz ***f***
Eng: operating frequency *n*
Fra: fréquence d'utilisation *f*
Spa: frecuencia de operación *f*

Betriebsfunknetz ***n***
Eng: private mobile radio, PMR *n*
Fra: réseau de radiocommunication professionnelle *m*
Spa: red privada de radio *f*

Betriebskennlinie ***f***
Eng: operating characteristic *n*
Fra: caractéristique de fonctionnement *f*
Spa: curva característica de operación *f*

Betriebsmittelbedarf ***m***
Eng: resources requirement *n*
Fra: besoin en équipements *m*
Spa: necesidad de medios de producción *f*

Betriebsmodus ***m***
Eng: mode of operation *n*
Fra: mode de fonctionnement *m*
Spa: modo de operación *m*

Betriebsparameter ***m***
Eng: operating parameter *n*
Fra: paramètre de fonctionnement *m*
Spa: parámetro de operación *m*

Betriebssicherheit ***f***
Eng: functional security *n*
Fra: sûreté de fonctionnement *f*
Spa: seguridad de operación *f*

Betriebsspannung ***f***
Eng: operating voltage *n*
Fra: tension de fonctionnement *f*
Spa: tensión de servicio *f*

Betriebsstoffe ***mpl***
Eng: indirect materials and supplies *npl*
Fra: fluides et lubrifiants *mpl*
Spa: materiales auxiliares de producción *mpl*

Betriebsstrom ***m***
Eng: operating current *n*
Fra: courant nominal *m*
Spa: corriente de servicio *f*

Betriebsstundenzähler ***m***
Eng: operating time meter *n*
Fra: compteur horaire *m*
Spa: contador de horas de servicio *m*

Betriebszustand ***m***
Eng: operating status *n*
Fra: conditions de fonctionnement *fpl*
Spa: estado de servicio *m*

Beugungsgitter ***n***
Eng: diffraction grating *n*
Fra: réseau de diffraction *m*
Spa: rejilla de difracción *f*

Beule ***f***

Eng: dent *n*
Fra: bosse *f*
Spa: abolladura *f*

beurteilende Statistik ***f***
Eng: rating statistics *n*
Fra: statistique analytique *f*
Spa: estadística analítica *f*

Beutel (Abgastechnik) ***m***
Eng: sample bag (emissions-control engineering) *n*
Fra: sac de collecte *m*
Spa: bolsa de muestras (técnica de gases de escape) *f*

beweglicher Ladungsträger ***m***
Eng: charge carrier *n*
Fra: porteur de charge mobile *m*
Spa: portador de carga *m*

Bewegungsdetektor (Autoalarm) ***m***
Eng: motion detector (car alarm) *n*
Fra: détecteur de mouvement (alarme auto) *m*
Spa: detector de movimiento (alarma de vehículo) *m*

Bewegungsenergie ***f***
Eng: kinetic energy *n*
Fra: énergie cinétique *f*
Spa: energía cinética *f*

Bewegungserkennung (Autoalarm) ***f***
Eng: motion detection (car alarm) *n*
Fra: détection de mouvement *f*
Spa: detección de movimiento (alarma de vehículo) *f*

Bewegungsgröße ***f***
Eng: motion variable *n*
Fra: grandeur de déplacement *f*
Spa: magnitud de movimiento *f*

Bewegungsrichtung ***f***
Eng: direction of motion *n*
Fra: sens de déplacement *m*
Spa: dirección de movimiento *f*

Bezugsgröße (SAP) ***f***
Eng: allocation base *n*
Fra: grandeur de référence *f*
Spa: magnitud de referencia (SAP) *f*

Bezugsmarke ***f***
Eng: reference mark *n*
Fra: repère de référence *m*
Spa: marca de referencia *f*

Bezugsmarkensensor (Zündung) ***m***
Eng: reference-mark sensor (ignition) *n*
Fra: capteur de repère de référence (allumage) *m*
(capteur de repère de consigne) *m*
Spa: sensor de marca de referencia (encendido) *m*

Bezugsmasse (Bordnetz) ***f***
Eng: reference ground (vehicle electrical system) *n*
Fra: masse de référence (circuit de bord) *f*
Spa: masa de referencia (red de a bordo) *f*

B-Härte ***f***
Eng: B hardness *n*
Fra: dureté B *f*
Spa: dureza B *f*

Bidruckpumpe ***f***
Eng: dual pressure pump *n*
Fra: pompe bi-pression *f*
Spa: bomba de doble presión *f*

Bidruckpumpe ***f***
Eng: bi-pressure pump *n*
Fra: pompe bi-pression *f*
Spa: bomba de doble presión *f*

Biegebalken ***m***
Eng: bending beam *n*
Fra: barreau sollicité en flexion *m*
Spa: barra de flexión *f*

Biegebeanspruchung ***f***
Eng: bending stress *n*
(flexural stress) *n*
Fra: sollicitation en flexion *f*
Spa: solicitación a flexión *f*

Biegefestigkeit ***f***
Eng: bending strength *n*
(flexural strength) *n*
Fra: résistance à la flexion *f*
Spa: resistencia a la flexión *f*

Biegefließgrenze ***f***
Eng: elastic limit under bending *n*
Fra: limite élastique en flexion *f*
Spa: límite elástico bajo flexión *m*

Biegemoment ***n***
Eng: bending moment *n*
(flexural torque) *n*
Fra: moment de flexion *m*
Spa: momento flector *m*

Biegespannung ***f***
Eng: bending stress *n*
Fra: contrainte en flexion *f*
Spa: esfuerzo de flexión *m*

Biegewechselfestigkeit ***f***
Eng: fatigue strength under reversed bending stress *n*
Fra: résistance à la flexion alternée *f*
Spa: resistencia a la fatiga por flexión alternativa *f*

Biegung ***f***
Eng: bend *n*
Fra: flexion *f*
Spa: flexión *f*

Bifokalreflektor (Scheinwerfer) ***m***
Eng: bifocal reflector (headlamp) *n*
Fra: réflecteur bifocal *m*
Spa: reflector bifocal (faros) *m*

Bildpunktelektrode ***f***
Eng: pixel electrode *n*
Fra: électrode de contrôle de point d'image *f*
Spa: electrodo de punto de imagen *m*
(electrodo de píxel) *m*

Bildschirm (Lighttechnik) ***m***
Eng: screen (lighting) *n*
Fra: écran (Logistik) *m*
Spa: pantalla (técnica de iluminación) *f*

Bildsensor ***m***
Eng: imaging sensor *n*
Fra: capteur d'image *m*
Spa: sensor de imagen *m*

Bi-Metall ***n***
Eng: bimetallic element *n*
Fra: élément bilame *m*
Spa: bimetal *m*

Bimetallthermometer ***n***
Eng: bimetallic thermometer *n*
Fra: thermomètre à bilame *m*
Spa: termómetro bimetálico *m*

Bindemittel ***n***
Eng: binder *n*
Fra: liant *m*
Spa: aglutinante *m*

Bingham-Körper ***m***
Eng: bingham body *n*
Fra: corps plastique de Bingham *m*
Spa: cuerpo Bingham *m*

Bipolarplatte ***f***
Eng: bipolar plate *n*
Fra: plaque bipolaire *f*
Spa: placa bipolar *f*

Bipolartechnik ***f***
Eng: bipolar technology *n*
Fra: technique bipolaire *f*
Spa: técnica bipolar *f*

Bi-Xenon (Scheinwerfer) ***n***
Eng: bi-xenon (leadlamp) *n*
Fra: bi-xénon (projecteur) *m*
Spa: bixenón (faros) *m*

Blasensensor ***m***
Eng: bubble sensor *n*
Fra: capteur à bulle *m*
Spa: sensor de burbuja *m*

Blasmagnet (Leistungsrelais) ***m***
Eng: blowout magnet (power relay) *n*
Fra: aimant de soufflage (relais de puissance) *m*
Spa: imán de soplado (relé de potencia) *m*

Blattfeder ***f***
Eng: leaf spring *n*
Fra: ressort à lames *m*
Spa: ballesta *f*

Blaurauch ***m***
Eng: blue smoke *n*
Fra: fumées bleues *fpl*
Spa: humo azul *m*

Blechmutter ***f***
Eng: plate nut *n*
Fra: écrou à tôle *m*

Deutsch

Spa: tuerca de chapa *f*

Blechpaket *n*
Eng: laminated core *n*
Fra: noyau feuilleté *m*
Spa: conjunto de láminas *m*

Blechronde *f*
Eng: circular blank *n*
Fra: flan *m*
Spa: rodaja de chapa *f*

Blechschalen-Abgaskrümmer *m*
Eng: sheet-metal manifold *n*
Fra: collecteur d'échappement embouti et soudé *m*
Spa: colector de gases de escape de chapa *m*

Blechschraube *f*
Eng: self tapping screw *n*
Fra: vis à tôle *f*
Spa: tornillo para chapa *m*

bleiarmes Benzin *n*
Eng: low lead gasoline *n*
Fra: essence sans plomb *f*
Spa: gasolina de bajo plomo *f*

Bleiasche *f*
Eng: lead ash *n*
Fra: cendres de plomb *fpl*
Spa: cenizas de plomo *fpl*

Bleibatterie *f*
Eng: lead storage battery *n*
Fra: batterie au plomb *f*
Spa: batería de plomo *f*

Bleidraht *m*
Eng: lead wire *n*
Fra: fil de plomb *m*
Spa: alambre de plomo *m*

bleifrei (Benzin) *adj*
Eng: unleaded (gasoline) *pp*
Fra: sans plomb (essence) *loc*
Spa: sin plomo (gasolina) *loc*

Bleigitter (Batterie) *n*
Eng: lead grid (battery) *n*
Fra: grille de plomb (batterie) *f*
Spa: rejilla de plomo (batería) *f*

Blei-Kalzium-Batterie *f*
Eng: lead calcium battery *n*
Fra: batterie plomb-calcium *f*
Spa: batería de plomo-calcio *f*

Blendung (Scheinwerfer) *f*
Eng: glare (headlamp) *n*
Fra: éblouissement (projecteur) *m*
Spa: deslumbramiento (faros) *m*

Blendwirkung (Scheinwerfer) *f*
Eng: glare effect (headlamp) *n*
Fra: effet d'éblouissement (projecteur) *m*
Spa: efecto deslumbrante (faros) *m*

Blickfeld *n*
Eng: field of vision *n*
Fra: champ de vision *m*
Spa: campo visual *m*

Blindkupplung *f*
Eng: coupling holder *n*
Fra: accouplement borgne *m*
Spa: acoplamiento reactivo *m*

Blindleistung *f*
Eng: reactive power *n*
(wattless power) *n*
Fra: puissance réactive *f*
Spa: potencia reactiva *f*

Blindleitwert *m*
Eng: susceptance *n*
Fra: susceptance *f*
Spa: susceptancia *f*

Blindniet *m*
Eng: pop rivet *n*
Fra: rivet aveugle *m*
Spa: remache ciego *m*

Blindstopfen *m*
Eng: dummy plug *n*
Fra: bouchon cuvette *m*
Spa: tapón ciego *m*

Blindstrom *m*
Eng: reactive current *n*
(wattless current) *n*
Fra: courant réactif *m*
Spa: corriente reactiva *f*

Blindwiderstand *m*
Eng: reactance *n*
Fra: réactance *f*
Spa: reactancia *f*

Blinkadapter (Anhänger-ABS) *m*
Eng: flashing adapter (trailer ABS) *n*
Fra: adaptateur clignotant (ABS pour remorques) *m*
Spa: adaptador intermitente (ABS de remolque) *m*

Blinkanlage *f*
Eng: hazard-warning device *n*
Fra: centrale clignotante *f*
Spa: instalación de luces intermitentes *f*

Blinkanlage *f*
Eng: turn signal system *n*
Fra: centrale clignotante *f*
Spa: instalación de luces intermitentes *f*

Blinkcode *m*
Eng: flashing code *n*
Fra: code clignotant *m*
Spa: código intermitente *m*

Blinkerschalter *m*
Eng: turn signal indicator switch *n*
Fra: manette des clignotants *f*
Spa: interruptor de intermitentes *m*

Blinkfrequenz *f*
Eng: flash frequency *n*
Fra: fréquence de clignotement *f*
Spa: frecuencia de la luz intermitente *f*

Blinkgeber *m*
Eng: turn signal flasher *n*
Fra: centrale clignotante *f*
Spa: generador de impulsos luminosos *m*

Blinkleuchte *f*
Eng: turn signal lamp *n*
Fra: clignotant *m*
Spa: lámpara intermitente *f*

Blinklicht *n*
Eng: turn signal *n*
Fra: feu clignotant *m*
Spa: luz intermitente *f*

Blinksignal *n*
Eng: flashing signal *n*
Fra: signal clignotant *m*
Spa: señal intermitente *f*

Blisterverpackung *f*
Eng: blister pack *n*
Fra: emballage blister *m*
Spa: envase blister *m*

Blitzkennleuchte *f*
Eng: flash identification lamp *n*
Fra: feu à éclats *m*
Spa: luz de identificación de destellos *f*

Blitzröhre *f*
Eng: flash tube *n*
Fra: lampe à éclats *f*
Spa: lámpara relámpago *f*

Blockbatterie *f*
Eng: compound battery *n*
Fra: batterie monobloc *f*
Spa: batería monobloque *f*

Blockierbeginn (ABS) *m*
Eng: start of lock up (ABS) *n*
Fra: début du blocage (ABS) *m*
Spa: comienzo de bloqueo (ABS) *m*

Blockierdruck (Bremsen) *m*
Eng: locking pressure (brakes) *n*
Fra: pression de blocage (frein) *f*
Spa: presión de bloqueo (frenos) *f*

Blockieren (Rad) *v*
Eng: wheel lock (wheel) *n*
Fra: blocage (roue) *m*
Spa: bloqueo (rueda) *m*

Blockiergrenze (Rad) *f*
Eng: wheel lock limit (wheel) *n*
Fra: limite de blocage (roue) *f*
Spa: límite de bloqueo (rueda) *m*

Blockierneigung (Rad) *f*
Eng: incipient lock (wheel) *n*
Fra: tendance au blocage (roue) *f*
Spa: tendencia al bloqueo (rueda) *f*

Blockiertest *m*
Eng: stall test *n*
Fra: test de blocage *m*
Spa: ensayo de bloqueo *m*

Blockschaltbild *n*
Eng: block diagram *n*
Fra: schéma synoptique *m*
Spa: diagrama de bloques *m*

Blockwegeventil *n*
Eng: stack type directional control valve *n*
Fra: bloc-distributeurs *m*

Spa: válvula distribuidora de bloque *f*

Bodenfreiheit (Kfz) ***f***
Eng: ground clearance (motor vehicle) *n*
Fra: garde au sol (véhicule) *f*
Spa: altura libre sobre el suelo (automóvil) *f*

Bodenhaftung (Kfz) ***f***
Eng: road surface adhesion (motor vehicle) *n*
Fra: adhérence au sol *f*
Spa: adherencia a la calzada (automóvil) *f*

Bodenleiste (Batterie) ***f***
Eng: bottom rail (battery) *n*
Fra: rebord de fixation (cylindre moteur) *m*
Spa: reborde de fijación (batería) *m*

Bodenmatte ***f***
Eng: floor mat *n*
Fra: tapis de sol *m*
Spa: alfombrilla *f*

Bodenventil ***n***
Eng: floor valve *n*
Fra: clapet de fond *m*
Spa: válvula de fondo *f*

Bodenverkleidung ***f***
Eng: underbody panel *n*
Fra: revêtement sous caisse *m*
Spa: revestimiento del piso *m*

bogenverzahnt ***adj***
Eng: curve toothed *adj*
Fra: à denture hypoïde *loc*
Spa: de dentado hipoidal *loc*

Bohrung (Motorzylinder) ***f***
Eng: bore (engine cylinder) *n*
Fra: alésage (cylindre moteur) *m*
Spa: taladro (cilindro de motor) *m*

Bohrung ***f***
Eng: hole *n*
Fra: trou taraudé *m*
Spa: taladro *m*

Bolzen ***m***
Eng: stud *n*
Fra: boulon *m*
Spa: perno *m*

Bondanschluss ***m***
Eng: bonded connection *n*
Fra: fil de liaison par soudure anodique *m*
Spa: conexión por adherencia *f*

Bootsmotor ***m***
Eng: marine engine *n*
Fra: moteur de bateau *m*
Spa: motor de barco *m*

Bordcomputer ***m***
Eng: on-board computer *n*
Fra: ordinateur de bord *m*
Spa: ordenador de a bordo *m*
(ordenador de datos de viaje) *m*

Bördelnaht ***f***
Eng: raised seam *n*
Fra: joint bordé *m*
Spa: costura de rebordear *f*

Bordladegerät ***n***
Eng: on board battery charger *n*
Fra: chargeur de bord *m*
Spa: cargador de a bordo *m*

Bordnetz ***n***
Eng: vehicle electrical system *n*
Fra: réseau de bord *m*
Spa: red de a bordo *f*
(sistema eléctrico del vehículo) *m*

Bordnetzbatterie ***f***
Eng: electrical system battery *n*
Fra: batterie de bord *f*
Spa: batería de la red de a bordo *f*

Bordnetzbetrieb ***m***
Eng: vehicle electrical system operation *n*
Fra: fonctionnement du réseau de bord *m*
Spa: operación de la red de a bordo *f*

Bordnetzmanagement ***n***
Eng: vehicle electrical system management *n*
Fra: gestion du réseau de bord *f*
Spa: gestión de la red de a bordo *f*

Bordnetzspannung ***f***
Eng: vehicle system voltage *n*
Fra: tension du circuit de bord *f*
Spa: tensión de la red de a bordo *f*

Bordnetzumrichter ***m***
Eng: vehicle electrical system converter *n*
Fra: convertisseur de réseau de bord *m*
Spa: convertidor de la red de a bordo *m*

Bordspannung ***f***
Eng: vehicle power supply *n*
Fra: tension de bord *f*
Spa: tensión de a bordo *f*

Borieren ***n***
Eng: boron treatment *n*
Fra: boruration *f*
Spa: tratamiento con boro *m*

Botschaftsformat (CAN) ***n***
Eng: message format (CAN) *n*
Fra: format de message (multiplexage) *m*
Spa: formato de mensaje (CAN) *m*

Bowdenzug ***m***
Eng: Bowden cable *n*
Fra: câble sous gaine *m*
Spa: cable Bowden *m*

Boxermotor ***m***
Eng: opposed cylinder engine *n*
(boxer engine) *n*
Fra: moteur à cylindres opposés et horizontaux *m*
Spa: motor de cilindros opuestos *m*
(motor boxer) *m*

Boxfilter ***n***
Eng: box type fuel filter *n*
Fra: filtre-box *m*
Spa: filtro-box *m*

Brandschutz ***m***
Eng: fire protection *n*
Fra: protection contre le feu *f*
Spa: protección contra incendios *f*

Brechzahl (Lichttechnik) ***f***
Eng: refractive index (lighting) *n*
Fra: indice de réfraction *m*
Spa: índice de refracción (técnica de iluminación) *m*

Breitbandantenne ***f***
Eng: broad band antenna *n*
Fra: antenne à large bande *f*
Spa: antena de banda ancha *f*

Breitbandgrenzwert ***m***
Eng: broad band limit value *n*
Fra: valeur limite du spectre à large bande *f*
Spa: valor límite de banda ancha *m*

Breitband-Lambdasonde ***f***
Eng: broadband lambda sensor *n*
(broad-band lambda sensor) *n*
Fra: sonde à oxygène à large bande *f*
Spa: sonda Lambda de banda ancha *f*

Breitband-Rauschprüfung ***f***
Eng: broadband noice test *n*
Fra: contrôle de bruit large bande *m*
Spa: ensayo de ruidos de banda ancha *m*

Breitbandsonde ***f***
Eng: broadband sensor *n*
Fra: sonde à large bande *f*
Spa: sonda de banda ancha *f*

Breitbandstörer ***m***
Eng: broadband interferer *n*
Fra: perturbateur à bande large *m*
Spa: fuente de interferencias de banda ancha *f*

Breitbandstörung ***f***
Eng: broadband interference *n*
Fra: perturbation à large bande *f*
Spa: interferencia de banda ancha *f*

Bremsabdeckblech ***n***
Eng: brake cover plate (brakes) *n*
Fra: tôle de protection des freins *f*
Spa: chapa cobertera de freno *f*

Bremsabrieb ***m***
Eng: brake dust *n*
Fra: traces d'abrasion dues au freinage *fpl*
Spa: finos de abrasión de frenado *mpl*

Bremsabstimmung ***f***

Deutsch

Eng: brake calibration *n*
Fra: équilibrage des freins *m*
Spa: calibración de frenos *f*

Bremsaggregateprüfstand ***m***
Eng: brake equipment test bench *n*
Fra: banc d'essai pour équipement pneumatique de freinage *m*
Spa: banco de pruebas para el grupo de frenos *m*

Bremsanlage ***f***
Eng: brake system *v*
Fra: dispositif de freinage *m*
Spa: sistema de frenos *m*

Bremsanlage entlüften ***f/v***
Eng: bleed brake system *n*
Fra: purge du système de freinage *f*
Spa: purgar sistema de frenos *v*

Bremsassistent ***m***
Eng: brake assistant *n*
Fra: assistance au freinage *f*
Spa: asistente de frenado *m*

Bremsausrüstung ***f***
Eng: brake equipment *n*
Fra: équipement de freinage *m*
Spa: equipo de frenos *m*

Bremsbacke ***f***
Eng: brake shoe *n*
Fra: segment de frein *m*
Spa: zapata de freno *f*

Bremsbackenlager ***n***
Eng: brake shoe pin bushing *n*
Fra: coussinet d'axe de segment de frein *m*
Spa: apoyo de las zapatas de freno *m*

Bremsbackensatz ***m***
Eng: brake shoe set *n*
Fra: jeu de segments de frein *m*
Spa: juego de zapatas de freno *m*

Bremsband ***n***
Eng: brake band *n*
Fra: bande de frein *f*
Spa: cinta de freno *f*

Bremsbeginn ***m***
Eng: start of braking *n*
Fra: début du freinage *m*
Spa: inicio del frenado *m*

Bremsbelag (Trommelbremse) ***m***
Eng: brake lining (drum brake) *n*
Fra: garniture de frein *f*
Spa: forro de freno (freno de tambor) *m*

Bremsbelag (Scheibenbremse) ***m***
Eng: brake pad (disc brake) *n*
Fra: garniture de frein *f*
Spa: pastilla de freno (freno de disco) *f*

Bremsbelagverschleißsensor ***m***
Eng: brake pad wear sensor *n*
Fra: capteur d'usure des garnitures de frein *m*
Spa: sensor de desgaste de pastilla de freno *m*

Bremsbelagverschleiß-Warnleuchte ***f***
Eng: brake pad wear warning lamp *n*
Fra: témoin d'avertissement d'usure des garnitures de frein *m*
Spa: luz de aviso de desgaste de pastilla de freno *f*

Brems-Differenzialsperre ***f***
Eng: brake force differential lock *n*
Fra: blocage du différentiel *m*
Spa: bloqueo diferencial de la fuerza de frenado *m*

Bremsdruck ***m***
Eng: brake pressure *n*
Fra: pression de freinage *f*
Spa: presión de frenado *f*

Bremsdruckmodulation ***f***
Eng: brake pressure modulation *n*
(braking-force metering) *n*
Fra: modulation de la force de freinage *f*
Spa: modulación de la presión de frenado *f*

Bremsdruckprüfgerät ***n***
Eng: brake pressure tester *n*
Fra: testeur de pression de freinage *m*
Spa: comprobador de la presión de frenado *m*

Bremsdruckregelung ***f***
Eng: brake pressure control *n*
Fra: régulation de la pression de freinage *f*
Spa: regulación de la presión de frenado *f*

Bremsdrucksensor ***m***
Eng: brake pressure sensor *n*
Fra: capteur de pression de freinage *m*
Spa: sensor de la presión de frenado *m*

Bremse ***f***
Eng: brake *n*
Fra: frein *m*
Spa: freno *m*

Bremsenabstimmung ***f***
Eng: brake balance *n*
Fra: adaptation des freins (aux différents véhicules) *f*
Spa: calibración de frenos *f*

Bremsenansprechdauer ***f***
Eng: brake response time *n*
Fra: temps de réponse des freins *m*
Spa: tiempo de reacción de los frenos *m*

Bremsenansprechung ***f***
Eng: brake response *n*
Fra: réponse initiale des freins *f*
Spa: reacción de los frenos *f*

Bremsende ***n***
Eng: end of braking *n*
Fra: fin de freinage *f*
Spa: fin del frenado *m*

Bremsendienst ***m***
Eng: brake repair service *n*
Fra: service « freins » *m*
Spa: servicio de frenos *m*

Bremseneingriff (ASR) ***m***
Eng: brake intervention (TCS) *n*
Fra: intervention sur les freins (ASR) *f*
Spa: intervención del sistema de frenos (ASR) *f*

Bremsenergie ***f***
Eng: brake energy *n*
Fra: énergie de freinage *f*
Spa: energía de frenado *f*

Bremsenfading ***n***
Eng: fading *n*
Fra: évanouissement des freins *m*
Spa: fading de frenado *m*

Bremsenkennwert ***m***
Eng: brake coefficient *n*
Fra: facteur de frein *m*
Spa: característica de frenado *f*

Bremsennachstellung ***f***
Eng: brake adjustment *n*
Fra: rattrapage de jeu (frein) *m*
Spa: ajuste de frenos *m*

Bremsenprüfung ***f***
Eng: brake test *n*
Fra: essai de freinage *m*
Spa: comprobación de frenos *f*

Bremsenschwelldauer ***f***
Eng: pressure build-up time *n*
Fra: temps d'accroissement de la force de freinage *m*
Spa: tiempo de formación de la presión de frenado *m*

Bremsensonderuntersuchung ***f***
Eng: braking system special inspection *n*
Fra: contrôle spécial des freins *m*
Spa: inspección especial del sistema de frenos *f*

Bremsentester ***m***
Eng: brake tester *n*
Fra: contrôleur de freins *m*
Spa: comprobador de frenos *m*

Bremsen-Überhitzung ***f***
Eng: brake overheating *n*
Fra: surchauffe des freins *f*
Spa: sobrecalentamiento de frenos *m*

Bremsen-Warnleuchte ***f***
Eng: brake warning lamp *n*
Fra: témoin d'avertissement des freins *m*
Spa: luz de aviso de frenos *f*

Bremsfading ***n***

Eng: fading *n*
Fra: fading (frein) *m*
Spa: fading de frenado *m*

Bremsflüssigkeit ***f***
Eng: brake fluid *n*
Fra: liquide de frein *m*
Spa: líquido de frenos *m*

Bremsflüssigkeitsbehälter ***m***
Eng: brake fluid reservoir *n*
Fra: réservoir de liquide de frein *m*
Spa: depósito de líquido de frenos *m*

Bremsflüssigkeitsniveausensor ***m***
Eng: brake fluid level sensor *n*
Fra: capteur de niveau de liquide de frein *m*
Spa: sensor de nivel del líquido de frenos *m*

Bremsflüssigkeitsstand ***m***
Eng: brake fluid level *n*
Fra: niveau de liquide de frein *m*
Spa: nivel del líquido de frenos *m*

Bremsgestänge ***n***
Eng: brake control linkage *n*
Fra: timonerie de frein *f*
Spa: varillaje de freno *m*

Bremsgestänge ***n***
Eng: brake control linkage *n*
Fra: timonerie de frein *f*
Spa: varillaje de freno *m*

Bremshebel ***m***
Eng: brake lever *n*
Fra: levier de frein *m*
Spa: palanca de freno *f*

Bremshydraulik ***f***
Eng: brake hydraulics *n*
Fra: hydraulique de freinage *f*
Spa: sistema hidráulico de los frenos *m*

Bremshysterese ***f***
Eng: braking hysteresis *n*
Fra: hystérésis du freinage *f*
Spa: histéresis de frenado *f*

Bremskenndaten ***fpl***
Eng: brake specifications *npl*
Fra: caractéristiques du freinage *fpl*
Spa: especificaciones de los frenos *fpl*

Bremskolben ***m***
Eng: brake piston *n*
Fra: piston de frein *m*
Spa: pistón de freno *m*

Bremskontakt ***m***
Eng: brake contact *n*
Fra: contacteur de freins *m*
Spa: contacto de freno *m*

Bremskraft ***f***
Eng: braking force *n*
Fra: force de freinage *f*
Spa: fuerza de frenado *f*

Bremskraftanpassung ***f***
Eng: braking force adjustment *n*
Fra: adaptation de la force de freinage *f*
Spa: ajuste de la fuerza de frenado *m*

Bremskraftbegrenzer ***m***
Eng: braking force limiter *n*
Fra: limiteur de force de freinage *m*
Spa: limitador de la fuerza de frenado *m*

Bremskraftminderer ***m***
Eng: braking force reducer *n*
Fra: réducteur de freinage *m*
Spa: reductor de la fuerza de frenado *m*

Bremskraftregelung ***f***
Eng: brake pressure control *n*
Fra: régulation de la force de freinage *f*
(modulation de la force de freinage) *f*
Spa: regulación de la fuerza de frenado *f*

Bremskraftregler ***m***
Eng: brake force regulator *n*
Fra: modulateur de freinage *m*
Spa: regulador de la fuerza de frenado *m*

Bremskraftsteuerung ***f***
Eng: braking force control *n*
Fra: commande de la force de freinage *f*
Spa: control de la fuerza de frenado *m*

Bremskraftverstärker (Pkw) ***m***
Eng: brake booster (passenger car) *n*
Fra: servofrein (voiture) *m*
Spa: amplificador de la fuerza de frenado (turismo) *m*

Bremskraftverteiler ***m***
Eng: braking force metering device *n*
Fra: répartiteur de force de freinage *m*
Spa: distribuidor de la fuerza de frenado *m*

Bremskraftverteilung ***f***
Eng: braking force distribution *n*
Fra: répartition de la force de freinage *f*
Spa: distribución de la fuerza de frenado *f*

Bremskreis ***m***
Eng: brake circuit *n*
Fra: circuit de freinage *m*
Spa: circuito de freno *m*

Bremskreisaufteilung ***f***
Eng: brake circuit configuration *n*
Fra: répartition des circuits de freinage *f*
Spa: configuración del circuito de freno *f*

Bremskühlung ***f***
Eng: brake cooling *n*
Fra: refroidissement des freins *m*
Spa: refrigeración de frenos *f*

Bremskupplungskopf ***m***
Eng: coupling head brakes *n*
Fra: tête d'accouplement « frein » *f*
Spa: cabezal del acoplamiento del freno *m*

Bremslast (Rollenprüfstand) ***f***
Eng: retarding force (chassis dynamometer) *n*
Fra: charge de freinage (banc d'essai) *f*
Spa: carga de frenado (banco de pruebas de rodillos) *f*

Bremsleistung ***f***
Eng: instantaneous braking power *n*
Fra: puissance instantanée de freinage *f*
Spa: potencia de frenado *f*

Bremsleitung ***f***
Eng: brake line *n*
Fra: conduite de frein (en général) *f*
Spa: tubería de freno *f*

Bremsleuchte ***f***
Eng: stop lamp *n*
Fra: feu de stop *m*
Spa: luz de freno *f*

Bremsmoment ***n***
Eng: braking torque *n*
Fra: couple de freinage *m*
Spa: par de frenado *m*

Bremsnickabstützung ***f***
Eng: anti dive mechanism *n*
Fra: dispositif anti-plongée *m*
Spa: reductor del cabeceo de frenado *m*

Bremsnocken ***m***
Eng: brake cam *n*
Fra: came de frein *f*
Spa: leva de freno *f*

Bremspedal ***n***
Eng: brake pedal *n*
Fra: pédale de frein *f*
Spa: pedal de freno *m*

Bremsprüfstand (Bremsenprüfstand) ***m***
Eng: brake dynamometer *n*
(brake test stand) *n*
Fra: banc d'essai de freinage *m*
Spa: banco de pruebas de frenos (banco de pruebas de frenos) *m*

Bremsprüfung ***f***
Eng: brake test *n*
Fra: essai des freins *m*
Spa: comprobación de frenos *f*

Bremsregelfunktion ***f***
Eng: brake control function *n*
(locking differential) *n*
Fra: fonction de régulation de freinage *f*
Spa: función de regulación de frenado *f*

Deutsch

Bremsregelkreis (ASR) *m*
Eng: brake control circuit (TCS) *n*
Fra: circuit de régulation du freinage (ASR) *m*
Spa: circuito de regulación de frenado (ASR) *m*

Bremsregelung *f*
Eng: brake control system *n*
Fra: régulation de freinage *f*
Spa: regulación de frenado *f*

Bremsregler (ASR) *m*
Eng: brake controller (TCS) *n*
Fra: régulateur de freinage (ASR) *m*
Spa: regulador de frenado (ASR) *m*

Bremsrotor *m*
Eng: braking rotor *n*
Fra: rotor de freinage *m*
Spa: rotor de frenado *m*

Bremssattel *m*
Eng: brake caliper *n*
Fra: étrier de frein à disque *m*
Spa: pinza de freno *f*

Bremssattel-Set *n*
Eng: brake caliper set *n*
Fra: kit d'étrier de frein *m*
Spa: juego de pinzas de freno *m*

Bremsscheibe *f*
Eng: brake disc *n*
Fra: disque de frein *m*
Spa: disco de freno *m*

Bremsschlauch *m*
Eng: brake hose *n*
Fra: flexible de frein *m*
Spa: latiguillo de freno *m*

Bremsschlupf *m*
Eng: brake slip *n*
Fra: glissement au freinage *m*
Spa: resbalamiento de frenos *m*

Bremsseil *n*
Eng: brake cable *n*
Fra: câble de frein *m*
Spa: cable de freno *m*

Bremssollmoment *n*
Eng: setpoint braking torque *n*
Fra: couple de freinage de consigne *m*
Spa: par nominal de frenado *m*

Bremsstator *m*
Eng: braking stator *n*
Fra: stator de freinage *m*
Spa: estator de frenado *m*

Bremsstellung *f*
Eng: brake applied mode *n*
Fra: position de freinage *f*
Spa: posición de frenos aplicados *f*

Bremsträger *m*
Eng: brake anchor plate *n*
Fra: support de frein (frein) *m*
Spa: placa portafrenos *f*

Bremstrommel *f*
Eng: brake drum *n*
Fra: tambour de frein (frein) *m*
Spa: tambor de freno *m*

Brems-Unterdrucksensor *m*
Eng: brake vacuum sensor *n*
Fra: capteur de frein à dépression *m*
Spa: sensor de depresión de freno *m*

Bremsventil *n*
Eng: brake valve *n*
Fra: valve de frein *f*
Spa: válvula de freno *f*

Bremsverhalten *n*
Eng: braking response *n*
Fra: comportement au freinage *m*
Spa: comportamiento de frenado *m*

Bremsverschleißsensor *m*
Eng: brake wear sensor *n*
Fra: capteur d'usure des freins *m*
Spa: sensor de desgaste de freno *m*

Bremsverstärker (Nfz) *m*
Eng: brake servo-unit cylinder (commercial vehicles) *n*
Fra: cylindre de servofrein (véhicules utilitaires) *m*
Spa: servofreno (vehículo industrial) *m*

Bremsverzögerung *f*
Eng: braking deceleration *n*
Fra: décélération au freinage *f*
Spa: deceleración de frenado *f*

Bremswärme *f*
Eng: braking heat *n*
Fra: chaleur de freinage *f*
Spa: calor de frenado *m*

Bremsweg *m*
Eng: braking distance *n*
Fra: distance de freinage *f*
Spa: distancia de frenado *f*

Bremswertsensor *m*
Eng: braking value sensor *n*
Fra: capteur de freinage *m*
Spa: sensor del valor de frenado *m*

Bremswicklung *f*
Eng: brake winding *n*
Fra: enroulement de freinage *m*
Spa: bobina de freno *f*

Bremswiderstand *m*
Eng: braking resistance *n*
Fra: résistance de freinage *f*
Spa: resistencia de freno *f*

Bremswirkung *f*
Eng: braking effect *n*
Fra: effet de freinage *m*
Spa: efecto de frenado *m*

Bremswirkungsdauer *f*
Eng: active braking time *n*
(effective braking time) *n*
Fra: temps de freinage actif *m*
Spa: duración del efecto de frenado *f*

Bremszange *f*
Eng: brake pliers *n*
Fra: étrier de frein *m*
Spa: mordaza de freno *f*
(caliper) *m*

Bremszeit *f*
Eng: braking time *n*
(total braking time) *n*
Fra: temps de freinage *m*
(temps total de freinage) *m*
Spa: tiempo de frenado *m*

Bremszyklus *m*
Eng: brake cycle *n*
Fra: cycle de freinage *m*
Spa: ciclo de frenado *m*

Bremszylinder *m*
Eng: brake cylinder *n*
Fra: cylindre de frein *m*
Spa: cilindro de freno *m*

Bremszylinderdruck *m*
Eng: brake cylinder pressure *n*
Fra: pression dans le cylindre de frein *f*
Spa: presión de cilindro de freno *f*

brennbarer Bereich *m*
Eng: combustible range *n*
Fra: zone combustible *f*
Spa: rango inflamable *m*

Brennbeginn *m*
Eng: combustion start *n*
Fra: début de combustion *m*
Spa: inicio de la combustión *m*

Brenndauer (Kraftstoff-Luft-Gemisch) *f*
Eng: combustion time (air-fuel mixture) *n*
Fra: durée de combustion (mélange air-carburant) *f*
Spa: duración de la combustión (mezcla aire-combustible) *f*

Brenner *m*
Eng: burner *n*
Fra: chalumeau *m*
Spa: quemador *m*

Brennerflamme *f*
Eng: flame heating *n*
Fra: flamme de chalumeau *f*
Spa: llama de quemador *f*

Brenngas *n*
Eng: combustion gas *n*
Fra: gaz combustible *m*
Spa: gas combustible *m*

Brenngeschwindigkeit *f*
Eng: rate of combustion *n*
Fra: vitesse de combustion *f*
Spa: velocidad de combustión *f*

Brennkammer (Abgastester) *f*
Eng: burner (emissions testing) *n*
Fra: chambre de combustion (émissions) *f*
Spa: cámara de combustión (comprobador de gases de escape) *f*

Brennpunkt (Scheinwerfer) *m*
Eng: focal point (headlamp) *n*
Fra: foyer (projecteur) *m*

Spa: punto focal (faros) *m*

Brennpunkt ***m***
Eng: flash point *n*
Fra: point de feu *m*
(point d'éclair) *m*
Spa: punto de llama *m*

Brennraum (Verbrennungsmotor) ***m***
Eng: combustion chamber (IC engine) *n*
Fra: chambre de combustion (moteur à combustion) *f*
Spa: cámara de combustión (motor de combustión) *f*

Brennraumablagerungen ***fpl***
Eng: combustion deposits *n*
Fra: dépôts dans la chambre de combustion *mpl*
Spa: sedimentaciones en la cámara de combustión *fpl*

Brennraumdruck ***m***
Eng: combustion chamber pressure *n*
Fra: pression dans la chambre de combustion *f*
Spa: presión de la cámara de combustión *f*

Brennraum-Drucksensor ***m***
Eng: combustion chamber pressure sensor *n*
Fra: capteur de pression de chambre de combustion *m*
Spa: sensor de presión de la cámara de combustión *m*

Brennraumform ***f***
Eng: combustion chamber shape *n*
Fra: forme de la chambre de combustion *f*
Spa: forma de la cámara de combustión *f*

Brennraumgegendruck ***m***
Eng: combustion chamber back pressure *n*
Fra: contrepression dans la chambre de combustion *f*
Spa: contrapresión de la cámara de combustión *f*

Brennraumgestaltung ***f***
Eng: combustion chamber design *n*
Fra: forme de la chambre de combustion *f*
Spa: diseño de la cámara de combustión *m*

Brennspannung (Zündkerze) ***f***
Eng: spark voltage (spark plug) *n*
Fra: tension d'arc (bougie d'allumage) *f*
Spa: tensión de ignición (bujía de encendido) *f*

Brennspannung ***f***
Eng: firing voltage *n*
Fra: tension de combustion *f*
Spa: tensión de ignición *f*

Brennstoffzelle ***f***
Eng: fuel cell *n*
Fra: pile à combustible *f*
Spa: pila de combustible *f*

Brennverfahren ***n***
Eng: combustion process *n*
Fra: procédé de combustion *m*
Spa: proceso de combustión *m*

Brennweite (Scheinwerfer) ***f***
Eng: focal length (headlamp) *n*
Fra: distance focale (projecteur) *f*
Spa: longitud focal (faros) *f*

Brennwert ***m***
Eng: gross calorific value *n*
Fra: pouvoir calorifique supérieur, PCS *m*
Spa: poder calorífico *m*

Bruchdehnung ***f***
Eng: elongation at fracture *n*
Fra: allongement à la rupture *m*
Spa: elongación a la fractura *f*

Brückenschaltung ***f***
Eng: bridge circuit *n*
Fra: circuit en pont *m*
Spa: conmutación por puente *f*

Brückenzug ***m***
Eng: platform road train *n*
Fra: train routier spécial *m*
Spa: tren de carretera *m*

brummen (Funkstörung) ***v***
Eng: hum (radio disturbance) *v*
Fra: ronflement (perturbation) *m*
Spa: zumbar (interferencias de radio) *v*

B-Säule ***f***
Eng: b-pillar *n*
Fra: pied de caisse milieu (montant B) *m*
Spa: pilar B *m*

Buchse ***f***
Eng: bushing *n*
Fra: coussinet *m*
Spa: casquillo *m*

Buchsenpumpe ***f***
Eng: high pressure gear pump *n*
Fra: pompe hydraulique à engrenages *f*
Spa: bomba de casquillo *f*

Buckelschweißen ***n***
Eng: projection welding *n*
Fra: soudage par bossages *m*
Spa: soldadura de proyección *f*

Bügelfeder ***f***
Eng: spring clip *n*
Fra: ressort-étrier *m*
Spa: muelle de sujeción *m*

Bügelgriff ***m***
Eng: strap shaped handle *n*
Fra: poignée *f*
Spa: asidero de puente *m*

Bügelkralle (Wischer) ***f***
Eng: bracket clamp (wipers) *n*
Fra: griffe de palonnier (essuie-glace) *f*
Spa: garra tipo estribo (limpiaparabrisas) *f*

Bündelfunknetz ***n***
Eng: trunked radio network *n*
Fra: réseau radio à ressources partagées *m*
Spa: red de radio de haz de canales *f*

Bürstenfeuer ***n***
Eng: brush arcing *n*
Fra: étincelles de commutation (aux balais) *fpl*
Spa: chispeo entre escobillas y anillos *m*

Bürstenhalter (Akustik CAE) ***m***
Eng: brush holder *n*
Fra: porte-balais *m*
Spa: portaescobillas (acústica CAE) *f*

Bürstenhalterplatte ***f***
Eng: brush holder plate *n*
Fra: plateau porte-balais *m*
Spa: placa portaescobillas *f*

bürstenloser Induktionsmotor ***m***
Eng: brushless induction motor *n*
Fra: moteur à induction sans balais *m*
Spa: motor de inducción sin escobillas *m*

Bürstenschleifer (Potentiometer) ***f***
Eng: pick off brush (potentiometer) *n*
Fra: balai de captage (potentiomètre) *m*
Spa: cursor de captación (potenciómetro) *m*
(escobilla de toma) *f*

Bürstenträger ***m***
Eng: brush holder *n*
Fra: porte-balais *m*
Spa: portaescobillas *m*

Bürstenverschleiß ***m***
Eng: brush wear *n*
Fra: usure des balais *f*
Spa: desgaste de escobillas *m*

Busanhänger ***m***
Eng: bus trailer *n*
Fra: remorque d'autocar *f*
Spa: remolque de autobús *m*

Buskonfiguration (CAN) ***f***
Eng: bus configuration (CAN) *n*
Fra: configuration du bus (multiplexage) *f*
Spa: configuración de bus (CAN) *f*

Bussteuerung (CAN) ***f***
Eng: bus controller (CAN) *n*
Fra: contrôleur de bus *m*
Spa: control por bus (CAN) *m*

Busstruktur (CAN) ***f***

Deutsch

Eng: bus topology (CAN) *n*
Fra: structure du bus (multiplexage) *f*
Spa: estructura de bus (CAN) *f*

Busvergabe (CAN) ***f***
Eng: bus arbitration (CAN) *n*
Fra: affectation du bus (multiplexage) *f*
Spa: asignación de bus (CAN) *f*

Bypassbohrung ***f***
Eng: bypass bore *n*
Fra: orifice de dérivation *m*
Spa: taladro de desviación *m*

Bypassleitung ***f***
Eng: bypass line *n*
Fra: conduit by-pass *m*
Spa: línea de desviación *f*

Bypassluftregelung ***f***
Eng: bypass air control *n*
Fra: régulation de l'air de dérivation *f*
Spa: regulación de aire de desviación *f*

Bypass-Stopfen ***m***
Eng: bypass plug *n*
Fra: bouchon by-pass *m*
Spa: tapón de bypass *m*

Bypassventil ***n***
Eng: bypass valve *n*
(wastegate) *n*
Fra: valve by-pass *f*
(valve de dérivation) *f*
Spa: válvula de bypass *f*

C

CAN-Baustein ***m***
Eng: CAN module *n*
Fra: module CAN *m*
Spa: módulo CAN *m*

CAN-Kommunikation ***f***
Eng: CAN communcations *n*
Fra: communication CAN *f*
Spa: comunicación CAN *f*

CAN-Schnittstelle ***f***
Eng: CAN interface *n*
Fra: Interface CAN *f*
Spa: interfaz CAN *f*

Carnot-Kreisprozess ***m***
Eng: carnot cycle *n*
Fra: cycle de Carnot *m*
Spa: ciclo de Carnot *m*

Cetanzahl, CZ ***f***
Eng: cetane number, CN *n*
Fra: indice de cétane *m*
Spa: índice de cetano *m*
(número de cetanos) *m*

Chassissysteme ***npl***
Eng: chassis systems *npl*
Fra: systèmes de régulation du châssis *mpl*
Spa: sistemas de chasis *mpl*

Checkliste ***f***
Eng: checklist *n*
Fra: check-liste *f*
Spa: lista de comprobación *f*

Chopperscheibe ***f***
Eng: rotating chopper *n*
Fra: disque vibreur *m*
Spa: contacto vibrador *m*
(disco interruptor) *m*

Cloudpoint (Mineralöl) ***m***
Eng: cloud point (mineral oil) *n*
Fra: point de trouble (huile minérale) *m*
Spa: punto de enturbamiento (aceite mineral) *m*
(punto de niebla) *m*

Cockpit-Instrument ***n***
Eng: cockpit instrument *n*
Fra: instrument du poste de pilotage *m*
Spa: instrumento de la cabina de mando *m*

Codescheibe ***f***
Eng: code disk *n*
Fra: disque de codage *m*
Spa: disco de código *m*

Codiereinheit ***f***
Eng: code unit *n*
Fra: centrale de codage *f*
Spa: unidad codificadora *f*

Codierstecker ***m***
Eng: coding plug *n*
Fra: connecteur à module de codage *m*
Spa: enchufe de codificación *m*

CO-Gehalt ***m***
Eng: CO content *n*
Fra: teneur en CO *f*
Spa: contenido de CO *m*

Common Rail Hochdruckpumpe ***f***
Eng: common rail high-pressure pump *n*
Fra: pompe haute pression « Common Rail » *f*
Spa: bomba de alta presión Common Rail *f*

Common Rail Hochdruckverteilerleiste ***f***
Eng: common rail high-pressure fuel rail *n*
Fra: rampe distributrice haute pression « Common Rail » *f*
Spa: distribuidor de alta presión Common Rail *m*

Common Rail Injektor ***m***
Eng: common rail injector *n*
Fra: injecteur « Common Rail » *m*
Spa: inyector de alta presión Common Rail *m*

Common Rail Leitung ***f***
Eng: common rail pipe *n*
Fra: conduite « Common Rail » *f*
Spa: tubería Common Rail *f*

Common Rail Pumpe ***f***
Eng: common rail pump *n*
Fra: pompe « Common Rail » *f*
Spa: bomba de Common Rail *f*

Common Rail System, CRS ***n***
Eng: common rail system, CRS *n*
Fra: système d'injection à accumulateur « Common Rail » *m*
Spa: sistema Common Rail, CRS *m*

Common Rail, CR ***n***
Eng: common rail system, CR *n*
Fra: système d'injection à accumulateur « Common Rail » *m*
Spa: Common Rail, CR *m*

Compact-Generator ***m***
Eng: compact alternator *n*
Fra: alternateur compact *m*
Spa: alternador compacto *m*

Computer Aided Design, CAD ***n***
Eng: Computer Aided Design, CAD *n*
Fra: conception assistée par ordinateur, CAO *f*
Spa: Computer Aided Design, CAD *m*

Computer Aided Lighting, CAL ***n***
Eng: Computer Aided Lighting, CAL *n*
Fra: éclairage assisté par ordinateur *m*
Spa: Computer Aided Lighting, CAL *f*

Controller Area Network, CAN ***n***
Eng: Controller Area Network, CAN *n*
Fra: bus de multiplexage CAN *m*
Spa: Controller Area Network, CAN *f*

Crashabschaltung ***f***
Eng: fuel supply crash cutoff *n*
Fra: coupure de l'alimentation en carburant en cas de collision *f*
Spa: corte de combustible en colisión *m*

Crash-Ausgang ***m***
Eng: crash output *n*
Fra: sortie « collision » *f*
Spa: salida de datos de colisión *f*

Crashsensor ***m***
Eng: crash sensor *n*
Fra: capteur de collision *m*
Spa: sensor de colisión *m*

Crashverhalten ***n***
Eng: crash behavior *n*
Fra: réaction aux accidents *f*
Spa: comportamiento de colisión *m*

crimpen ***v***
Eng: crimp *v*
Fra: sertir *v*
Spa: engastar *v*

Crimpverbindung *f*
Eng: crimped connection *n*
Fra: sertissage *m*
Spa: conexión engastada *f*

Crimpwerkzeug *n*
Eng: crimping tool *n*
Fra: pince à sertir *f*
Spa: útil de engaste *m*

C-Säule *f*
Eng: C-pillar *n*
Fra: pied de caisse arrière (montant C) *m*
Spa: pilar C *m*

CVT-Getriebe *n*
Eng: CVT transmission *n*
Fra: transmission CVT *f*
Spa: transmisión variable continua CVT *f*

D

Dach-Airbag *m*
Eng: roof airbag *n*
Fra: airbag rideau *m*
Spa: airbag de techo *m*

Dacheindrücktest *m*
Eng: car roof crush test *n*
Fra: test d'enfoncement du toit *m*
Spa: ensayo de hundimiento del techo *m*

Dachelektrode (Zündkerze) *f*
Eng: front electrode (spark plug) *n*
Fra: électrode frontale (bougie d'allumage) *f*
Spa: electrodo frontal (bujía de encendido) *m*

Dachinnenauskleidung *f*
Eng: headliner *n*
Fra: ciel de pavillon *m*
Spa: revestimiento interior del techo *m*

Dachkonsole *f*
Eng: roof console *n*
Fra: console de toit *f*
Spa: consola de techo *f*

Dachrahmen *m*
Eng: roof frame *n*
Fra: baie de toit *f*
Spa: bastidor del techo *m*

Dachrahmenleuchte *f*
Eng: rail lamp *n*
Fra: témoin de baie de toit *m*
Spa: lámpara del bastidor del techo *f*

Dachsäule *f*
Eng: roof pillar *n*
Fra: montant de toit *m*
Spa: pilar del techo *m*

dämmend *adj*
Eng: insulating *adj*
Fra: insonorisant *adj*
Spa: aislante *adj*

Dämmmatte *f*
Eng: insulating material *n*
Fra: tapis isolant *m*
Spa: estera aislante *f*

Dampfblase *f*
Eng: vapor bubble *n*
Fra: bulle *f*
Spa: burbuja de vapor *f*

Dampfblasenbildung *f*
Eng: vapor bubble formation *n*
Fra: percolation *f*
Spa: formación de burbujas de vapor *f*

Dampfdruck (Benzin) *m*
Eng: vapor pressure (gasoline) *n*
Fra: pression de vapeur (essence) *f*
Spa: presión de vapor (gasolina) *f*

Dämpfer (ABS/ASR) *m*
Eng: damper (ABS/TCS) *n*
Fra: amortisseur (ABS/ASR) *m*
Spa: amortiguador (ABS/ASR) *m*

Dämpferkraft *f*
Eng: damping force *n*
Fra: force de l'amortisseur *f*
Spa: fuerza de amortiguación *f*

Dämpferplatte *f*
Eng: damping plate *n*
Fra: plaque d'amortissement *f*
Spa: placa amortiguadora *f*

Dampfphaseninhibitor *m*
Eng: vapor phase inhibitor *n*
Fra: inhibiteur de corrosion volatil *m*
Spa: inhibidor de fase de vapor *m*

Dampfschicht *f*
Eng: vapor layer *n*
Fra: couche vaporisée *f*
Spa: capa de vapor *f*

Dämpfung (Luftfederung) *f*
Eng: damping (air suspension) *n*
Fra: amortissement (suspension pneumatique) *m*
Spa: amortiguación (suspensión neumática) *f*

Dämpfungsdrossel *f*
Eng: damping throttle *n*
Fra: orifice calibré *m*
Spa: estrangulador de amortiguación *m*

Dämpfungsglied *n*
Eng: attenuator *n*
Fra: élément d'amortissement *m*
Spa: atenuador *m*

Dämpfungsgrad *m*
Eng: damping ratio *n*
Fra: taux d'amortissement *m*
Spa: grado de amortiguación *m*

Dämpfungskammer (Luftfederventil) *f*
Eng: damping chamber (height-control chamber) *n*
Fra: chambre d'amortissement (valve de nivellement) *f*
Spa: cámara de amortiguación (válvula de suspensión neumática) *f*

Dämpfungskoeffizient *m*
Eng: damping coefficient *n*
Fra: coefficient d'amortissement *m*
Spa: coeficiente de amortiguación *m*

Dämpfungskonstante *f*
Eng: damping factor *n*
Fra: visquance *f*
Spa: constante de amortiguación *f*

Dämpfungspuffer *m*
Eng: damper *n*
Fra: tampon d'amortissement *m*
Spa: compensador de amortiguación *m*

Dämpfungsverlauf *m*
Eng: damping curve *n*
Fra: courbe d'atténuation *f*
Spa: curva de amortiguación *f*

Datenaustauschformat *n*
Eng: data interchange format *n*
Fra: format d'échange des données *m*
Spa: formato de intercambio de datos *m*

Datenauswertung *f*
Eng: data evaluation *n*
Fra: évaluation des données *f*
Spa: evaluación de datos *f*

Datenblatt *n*
Eng: technical specification sheet *n*
Fra: fiche de données *f*
Spa: hoja de especificaciones técnicas *f*

Datenbus *m*
Eng: data bus *n*
Fra: bus de données *m*
Spa: bus de datos *m*

Datenfernübertragung, DFÜ *f*
Eng: Electronic Data Interchange, EDI *n*
Fra: échange de données informatisées (EDI) *m*
Spa: teletransmisión de datos *f*

Datenleitung *f*
Eng: data line *n*
Fra: ligne de données *f*
Spa: línea de datos *f*

Datenmodul *m*
Eng: operating-data module *n*
Fra: module de données *m*
Spa: módulo de datos *m*

Datenrahmen (CAN) *m*
Eng: data frame (CAN) *n*
Fra: trame de données (multiplexage) *f*
Spa: trama de datos (CAN) *f*

Datenrate *f*
Eng: data rate *n*
(bit rate) *n*
(transfer rate) *n*

Deutsch

Fra: vitesse de transmission *f*
Spa: tasa de transmisión de datos *f*

Datenspeicher ***m***
Eng: data memory *n*
Fra: mémoire de données *f*
Spa: memoria de datos *f*

Datenübertragung ***f***
Eng: data transfer *n*
(data transfer) *n*
Fra: transmission de données *f*
Spa: transmisión de datos *f*

Datenverarbeitung ***f***
Eng: data processing *n*
Fra: traitement des données *m*
Spa: procesamiento de datos *m*

Dauerbeanspruchung ***f***
Eng: continuous loading *n*
Fra: contrainte permanente *f*
(sollicitation permanente) *f*
Spa: solicitación continua *f*

Dauerbetrieb (elektrische Maschinen) ***m***
Eng: continuous running-duty type (electrical machines) *n*
Fra: fonctionnement permanent (machines électriques) *m*
Spa: servicio continuo (máquinas eléctricas) *m*

Dauerbetriebstemperaturbereich ***m***
Eng: sustained temperature range *n*
Fra: plage de températures de fonctionnement permanent *f*
Spa: rango de temperatura de servicio continuo *m*

Dauerbremsanlage ***f***
Eng: additional retarding braking system *n*
(continuous-operation braking system) *n*
Fra: dispositif de freinage additionnel de ralentissement *m*
Spa: sistema de frenada continua *m*

Dauerbremsdruck ***m***
Eng: sustained braking pressure *n*
Fra: pression de freinage continue *f*
Spa: presión de frenada continua *f*

Dauerbremse ***f***
Eng: retarder *n*
Fra: ralentisseur *m*
Spa: freno continuo *m*

Dauerbremsung ***f***
Eng: continuous braking *n*
Fra: freinage prolongé *m*
Spa: frenada continua *f*

Dauerbruch ***m***
Eng: fatigue fracture *n*
Fra: rupture par fatigue *f*
Spa: fractura por fatiga *f*

Dauerdrehmoment ***n***
Eng: continuous torque *n*
Fra: couple permanent *m*
Spa: par continuo *m*

Dauereinspritzung ***f***
Eng: continuous injection *n*
Fra: injection continue *f*
Spa: inyección continua *f*

Dauerfestigkeit ***f***
Eng: fatigue limit *n*
Fra: résistance à la fatigue *f*
Spa: resistencia a la fatiga *f*

Dauerfestigkeit ***f***
Eng: durability *n*
Fra: durabilité *f*
Spa: resistencia a la fatiga *f*

Dauerfestigkeitsprüfung ***f***
Eng: endurance test *n*
Fra: test d'endurance *m*
Spa: ensayo de resistencia a la fatiga *m*

Dauerfestigkeitsschaubild ***n***
Eng: fatigue limit diagram *n*
Fra: diagramme d'endurance de Goodman-Smith *m*
Spa: diagrama de resistencia a la fatiga *m*

dauerglühen ***v***
Eng: continuous glowing *v*
Fra: incandescence permanente *f*
Spa: incandescencia continua *f*

Dauerladung (Batterieladung) ***f***
Eng: trickle charging (battery charge) *n*
Fra: charge permanente (charge de batterie) *f*
Spa: carga continua (carga de batería) *f*

Dauerlauf ***m***
Eng: continuous running *n*
Fra: fonctionnement continu *m*
Spa: marcha continua *f*

Dauerlauferprobung ***f***
Eng: endurance test *n*
Fra: essai d'endurance *m*
(test d'endurance) *m*
Spa: ensayo de larga duración *m*

Dauerleistungsdichte ***f***
Eng: force density level *n*
Fra: puissance volumique en service continu *f*
Spa: densidad de potencia continua *f*

Dauerlicht ***n***
Eng: continuous light *n*
Fra: éclairage continu *m*
Spa: luz continua *f*

Dauermagnet ***m***
Eng: permanent magnet *n*
Fra: aimant permanent *m*
Spa: imán permanente *m*

Dauermagneterregung ***f***
Eng: permanent magnet excitation *n*
Fra: excitation par aimant permanent *f*
Spa: excitación de imán permanente *f*

Dauerschmierung ***f***
Eng: permanent lubrication *n*
Fra: graissage à vie *m*
Spa: lubricación permanente *f*

Dauerschwingfestigkeit ***f***
Eng: endurance limit *n*
Fra: limite d'endurance *f*
Spa: resistencia a la fatiga por vibración *f*

Dauerstandfestigkeit ***f***
Eng: fatigue strength *n*
Fra: résistance aux contraintes alternées *f*
(durabilité) *f*
(tenue à la fatigue) *f*
Spa: resistencia a la fatiga *f*
(resistencia alternante) *f*

Dauerton (Autoalarm) ***m***
Eng: continuous tone (car alarm) *n*
Fra: tonalité continue (alarme auto) *f*
Spa: tono continuo (alarma de vehículo) *m*

Dauerverbraucher ***m***
Eng: continuous load *n*
(permanent load) *n*
Fra: récepteur permanent *m*
Spa: consumidor permanente *m*
(carga permanente) *f*

Deckanstrich ***m***
Eng: protective coat *n*
Fra: couche de finition *f*
Spa: capa protectora *f*

Deckblech ***n***
Eng: cover plate *n*
Fra: tôle de recouvrement *f*
Spa: chapa cobertera *f*

Deckenleseleuchte ***f***
Eng: overhead reading lamp *n*
Fra: spot de lecture sur plafonnier *m*
Spa: lámpara de lectura de techo *f*

Deckenleuchte ***f***
Eng: dome lamp *n*
Fra: plafonnier *m*
Spa: lámpara de techo *f*

Deckschicht ***f***
Eng: protective layer *n*
Fra: couche de finition *f*
Spa: capa protectora *f*

Defekterkennung ***f***
Eng: defect detection *n*
Fra: détection de défaut *f*
Spa: detección de defecto *f*

Deformationsverhalten ***n***
Eng: deformation behavior *f*
Fra: comportement à la déformation *m*

Spa: comportamiento de deformación *m*

Defrosterdüse ***f***
Eng: defroster vent *n*
Fra: bouche de dégivrage *f*
Spa: boquilla de deshielo *f*

Dehngrenze ***f***
Eng: yield strength *n*
Fra: limite d'élasticité *f*
Spa: límite de deformación *m*

Dehnmessstreifen ***m***
Eng: strain gauge *n*
Fra: jauge de contrainte *f*
(jauge extensométrique) *f*
Spa: banda extensométrica *f*

Dehnstoffelement ***n***
Eng: expansion element *n*
Fra: élément thermostatique *m*
Spa: elemento termostático *m*

Dehnstoffregelung ***f***
Eng: expansion control *n*
Fra: régulation thermostatique *f*
Spa: regulación de elongación *f*

Dehnung (Aktoren) ***f***
Eng: elongation (actuators) *n*
Fra: allongement (actionneurs) *m*
Spa: elongación (actuadores) *f*

Dehnung ***f***
Eng: expansion *n*
Fra: rapport d'allongement *m*
Spa: expansión *f*

dehnungsarm (Keilriemen) ***adj***
Eng: low stretch (V-belt) *n*
Fra: peu extensible (courroie trapézoïdale) *loc*
Spa: de baja elongación (correa trapezoidal) *loc*

Dehnwiderstand ***m***
Eng: strain gauge resistor *n*
Fra: jauge piézorésistive *m*
Spa: resistencia a la elongación *f*

Deichsel ***f***
Eng: drawbar *n*
Fra: timon *m*
Spa: barra de remolque *f*

Deichselanhänger ***m***
Eng: drawbar trailer *n*
Fra: remorque à timon *f*
Spa: remolque de barra *m*

DeNO$_X$-Katalysator ***m***
Eng: lean NO$_X$ catalayst *n*
Fra: catalyseur à accumulateur de NO$_X$ *m*
Spa: catalizador de NO$_X$ *m*

Depowered Airbag ***m***
Eng: depowered airbag *n*
Fra: coussin gonflable à puissance réduite *m*
Spa: airbag de potencia reducida *m*

Diagnose ***f***
Eng: diagnostics *n*
Fra: diagnostic *m*
Spa: diagnóstico *m*

Diagnoseablauf ***m***
Eng: diagnostic procedure *n*
Fra: procédure de diagnostic *f*
Spa: procedimiento de diagnóstico *m*

Diagnoseanschluss ***m***
Eng: diagnostics port *n*
Fra: port de diagnostic *m*
Spa: conexión de diagnóstico *f*

Diagnoseanschluss (OBD) ***m***
Eng: diagnostic socket (OBD) *n*
Fra: prise de diagnostic (OBD) *f*
Spa: conexión de diagnóstico (OBD) *f*

Diagnoseanzeige ***f***
Eng: diagnosis display *n*
Fra: affichage diagnostic *m*
Spa: display de diagnóstico *m*

Diagnoseausgabe ***f***
Eng: diagnosis output *n*
Fra: sortie de diagnostic *f*
Spa: salida de diagnóstico *f*

Diagnoseauswertegerät ***n***
Eng: diagnostics evaluation unit *n*
Fra: lecteur de diagnostic *m*
Spa: aparato de evaluación de diagnóstico *m*

Diagnoselampe ***f***
Eng: diagnosis lamp *n*
Fra: lampe de diagnostic *f*
(voyant de diagnostic) *m*
Spa: luz de diagnóstico *m*

Diagnoseleitung ***f***
Eng: diagnostic cable *n*
Fra: câble de diagnostic *m*
Spa: cable de diagnóstico *m*

Diagnosemodul ***n***
Eng: diagnosis module *n*
Fra: module de diagnostic *m*
Spa: módulo de diagnóstico *m*

Diagnoseschnittstelle (elektronische Systeme) ***f***
Eng: diagnosis interface (electronic systems) *n*
Fra: interface de diagnostic (systèmes électroniques) *f*
Spa: interfaz de diagnóstico (sistemas electrónicos) *f*

Diagnosesteckdose ***f***
Eng: diagnosis socket *n*
Fra: prise de diagnostic *f*
Spa: caja de enchufe de diagnóstico *f*

Diagnosestecker ***m***
Eng: diagnosis connector *n*
Fra: fiche de diagnostic *f*
Spa: enchufe de diagnóstico *m*

Diagnose-Taster ***m***
Eng: diagnosis button *n*
Fra: touche de diagnostic *f*
Spa: botón de diagnóstico *m*

Diagnosetestgerät ***n***
Eng: diagnosis tester *n*
Fra: testeur de diagnostic *m*
Spa: comprobador de diagnóstico *m*

Diagnoseverfahren ***n***
Eng: diagnostic procedure *n*
Fra: procédure de diagnostic *f*
Spa: procedimiento de diagnóstico *m*

Diagonalreifen ***mpl***
Eng: cross ply tires *npl*
Fra: pneu diagonal *m*
Spa: neumáticos diagonales *mpl*

Diagramm ***n***
Eng: diagram *n*
Fra: diagramme *m*
Spa: diagrama *m*

Diagrammscheibe (Tachograph) ***f***
Eng: tachograph chart (tachograph) *n*
Fra: disque d'enregistrement (tachygraphe) *m*
Spa: disco de diagramas (tacógrafo) *m*

Dichte ***f***
Eng: density *n*
Fra: masse volumique *f*
Spa: densidad *f*

Dichtfläche ***f***
Eng: sealing surface *n*
Fra: surface d'étanchéité *f*
Spa: superficie estanqueizante *f*

Dichtflansch ***m***
Eng: sealing flange *n*
Fra: flasque d'étanchéité *m*
Spa: brida estanqueizante *f*

Dichtgummi ***n***
Eng: rubber seal *n*
Fra: caoutchouc d'étanchéité *m*
Spa: junta de goma *f*

Dichtheitsprüfung ***f***
Eng: leak test *n*
Fra: contrôle d'étanchéité *m*
Spa: comprobación de estanqueidad *f*

Dichtkonus ***m***
Eng: sealing cone *n*
Fra: cône d'étanchéité *m*
Spa: cono estanqueizante *m*

Dichtlippe ***f***
Eng: sealing lip *n*
Fra: lèvre d'étanchéité *f*
Spa: labio obturador *m*

Dichtmanschette ***f***
Eng: cup seal *n*
Fra: garniture *f*
Spa: manguito obturador *m*

Dichtmittel ***n***
Eng: sealant *n*
Fra: produit d'étanchéité *m*
Spa: impermeabilizante *m*

Dichtrahmen ***m***

Deutsch

Deutsch

Eng: sealing gasket *n*
Fra: cadre d'étanchéité *m*
Spa: marco estanqueizante *m*

Dichtring ***m***
Eng: sealing ring *n*
Fra: joint circulaire *m*
Spa: anillo obturador *m*

Dichtscheibe ***f***
Eng: gasket *n*
Fra: rondelle d'étanchéité *f*
Spa: arandela de junta *f*

Dichtsitz ***m***
Eng: seal seat *n*
Fra: siège d'étanchéité *m*
Spa: asiento de junta *m*

Dichtung ***f***
Eng: seal *n*
(gasket) *n*
Fra: joint *m*
Spa: junta *f*

Dichtungsgummi ***n***
Eng: rubber seal *n*
Fra: caoutchouc d'étanchéité *m*
Spa: junta de goma *f*

Dichtungskappe ***f***
Eng: sealing cap *n*
Fra: calotte d'étanchéité *f*
Spa: caperuza estanqueizante *f*

Dichtungsmasse ***f***
Eng: sealing washer *n*
Fra: masse d'étanchéité *f*
Spa: pasta obturante *f*

Dichtungsmaterial ***n***
Eng: sealing material *n*
Fra: matériau d'étanchéité *m*
Spa: material estanqueizante *m*

Dickschicht-Dehnwiderstand ***m***
Eng: thick film strain gauge *n*
Fra: jauge extensométrique à couches épaisses *f*
Spa: resistencia a la elongación de capa gruesa *f*

Dickschicht-Drucksensor ***m***
Eng: thick film pressure sensor *n*
Fra: capteur de pression à couches épaisses *m*
Spa: sensor de presión de capa gruesa *m*

Dickschicht-Membran ***f***
Eng: thick film diaphragm *n*
Fra: membrane à couches épaisses *f*
Spa: membrana de capa gruesa *f*

Dickschichttechnik ***f***
Eng: thick film techniques *npl*
Fra: technologie à couches épaisses *f*
Spa: técnica de capa gruesa *f*

Diebstahl-Alarmanlage ***f***
Eng: theft deterrent system *n*
Fra: dispositif d'alarme antivol *m*
Spa: sistema de alarma antirrobo *m*

Diebstahlschutz ***m***
Eng: theft deterrence feature *n*
Fra: dispositif antivol *m*
Spa: protección antirrobo *f*

Diebstahlsicherung ***f***
Eng: theft deterrence *n*
Fra: sécurité antivol *f*
Spa: seguro antirrobo *m*

Diebstahlwarnanlage ***f***
Eng: anti theft alarm system *n*
Fra: dispositif d'alarme antivol *m*
Spa: alarma antirrobo *f*

dielektrische Verluste ***mpl***
Eng: dielectric losses *npl*
Fra: pertes diélectriques *f*
Spa: pérdidas dieléctricas *fpl*

Dielektrizitätskonstante ***f***
Eng: dielectric constant *n*
Fra: constante diélectrique *f*
Spa: constante dieléctrica *f*

Dielektrizitätszahl ***f***
Eng: relative permittivity *n*
Fra: permittivité électrique relative *f*
Spa: permitividad relativa *f*

Dieselaggregat ***n***
Eng: diesel power unit *n*
Fra: groupe diesel *m*
Spa: grupo Diesel *m*

Dieselanlage ***f***
Eng: diesel engine system *n*
Fra: équipement diesel *m*
Spa: sistema con motor Diesel *m*

Diesel-ATL-Motor ***m***
Eng: turbocharged diesel engine *n*
Fra: moteur diesel turbocompressé *m*
Spa: motor Diesel turbocargado *m*

dieselbeständig ***adj***
Eng: diesel fuel resistant *ppr*
Fra: résistant au gazole *ppr*
Spa: resistente al combustible Diesel *adj*

Dieseldirekteinspritzung ***f***
Eng: diesel direct injection *n*
Fra: injection directe diesel *f*
Spa: inyección directa Diesel *f*

Diesel-Einspritzanlage ***f***
Eng: diesel-fuel injection system *n*
Fra: système d'injection diesel *m*
Spa: sistema de inyección Diesel *m*

Dieseleinspritzpumpe ***f***
Eng: diesel fuel injection pump *n*
Fra: pompe d'injection diesel *f*
Spa: bomba de inyección Diesel *f*

Dieseleinspritzung ***f***
Eng: diesel fuel injection, DFI *n*
Fra: injection diesel *f*
Spa: inyección Diesel *f*

Diesel-Einspritzventil ***n***
Eng: diesel fuel injector *n*
Fra: injecteur diesel *m*
Spa: válvula de inyección Diesel *f*

Dieselkraftstoff ***m***
Eng: diesel fuel *n*
Fra: gazole *m*
Spa: combustible Diesel *m*

Dieselmotor ***m***
Eng: diesel engine *n*
Fra: moteur diesel *m*
Spa: motor Diesel *m*

Dieselmotor mit direkter Einspritzung ***m***
Eng: direct injection diesel engine *n*
Fra: moteur diesel à injection directe *m*
Spa: motor Diesel de inyección directa *m*

Dieselmotor mit Lufteinblasung ***m***
Eng: air injection diesel engine *n*
Fra: moteur diesel à insufflation d'air *m*
Spa: motor Diesel con inyección de aire *m*

Diesel-Partikel-Filter ***m***
Eng: diesel particle filter *n*
Fra: filtre à particules diesel *m*
Spa: filtro de partículas Diesel *m*

Dieselrauch ***m***
Eng: diesel smoke *n*
Fra: fumées diesel *fpl*
Spa: humos de Diesel *mpl*

Dieselregelung (Dieselmotor) ***f***
Eng: governing (diesel engine) *n*
Fra: régulation diesel (moteur diesel) *f*
Spa: regulación Diesel (motor Diesel) *f*

Diesel-Saugmotor ***m***
Eng: naturally aspirated diesel engine *n*
Fra: moteur diesel atmosphérique *m*
Spa: motor atmosférico Diesel *m*

Differenzialgetriebe ***n***
Eng: differential gear *n*
Fra: pont différentiel *m*
Spa: engranaje diferencial *m*

Differenzialsperre ***f***
Eng: differential lock *n*
Fra: blocage de différentiel *m*
Spa: bloqueo del diferencial *m*

Differenzialverstärkung ***f***
Eng: differential amplification *n*
Fra: gain différentiel *m*
Spa: amplificación diferencial *f*

Differenzdruck ***m***
Eng: differential pressure *n*
Fra: pression différentielle *f*
Spa: presión diferencial *f*

Differenzdruckschalter ***m***
Eng: differential pressure switch *n*
Fra: contacteur différentiel *m*
Spa: presostato de presión diferencial *m*

Differenzdrucksensor *m*
Eng: differential pressure sensor *n*
Fra: capteur de pression différentielle *m*
Spa: sensor de presión diferencial *m*

Differenzdruckventil *n*
Eng: differential pressure valve *n*
Fra: régulateur de pression différentielle *m*
Spa: válvula de presión diferencial *f*

Differenzgeschwindigkeit *f*
Eng: differential speed *n*
Fra: vitesse différentielle *f*
Spa: velocidad diferencial *f*

Differenzialdrosselsensor *m*
Eng: differential throttle sensor *n*
Fra: capteur à inductance différentielle *m*
Spa: sensor de estrangulador diferencial *m*

Differenzial-Feldplattensensor *m*
Eng: differential magnetoresistive sensor *n*
Fra: capteur différentiel magnétorésistif *m*
Spa: sensor diferencial magnetoresistivo *m*

Differenzialgleichung *f*
Eng: differential equation *n*
Fra: équation différentielle de mouvement *f*
Spa: ecuación diferencial *f*

Differenzialsensor *m*
Eng: differential sensor *n*
Fra: capteur différentiel *m*
Spa: sensor diferencial *m*

Differenzialsperre *f*
Eng: differential lock *n*
Fra: blocage des différentiels *m*
Spa: bloqueador de diferencial *m*
(cierre diferencial) *m*

Differenzsollmoment *n*
Eng: desired/setpoint speed differential *n*
Fra: couple différentiel de consigne *m*
Spa: par diferencial nominal *m*

Differenzverstärker *m*
Eng: differential amplifier *n*
(difference amplifier) *n*
Fra: amplificateur différentiel *m*
Spa: amplificador diferencial *m*

Diffusionseffekt (Filter) *m*
Eng: diffusion (filter) *n*
Fra: effet de diffusion (filtre) *m*
Spa: efecto de difusión (filtro) *m*

Diffusionsglühen *n*
Eng: homogenizing *n*
Fra: recuit de diffusion *m*
Spa: recocido por difusión *m*
(homogeneización) *f*

Diffusionsspalt *m*
Eng: diffusion gap *n*
Fra: fente de diffusion *f*
Spa: ranura de difusión *f*

Digital Audio Broadcasting, DAB *f*
Eng: digital audio broadcasting, DAB *n*
Fra: radio numérique, DAB *f*
Spa: Digital Audio Broadcasting, DAB *m*

Digitalinstrument *n*
Eng: digital instrument *n*
Fra: instrument numérique *m*
Spa: instrumento digital *m*

Digitalisierungsabstand *m*
Eng: digitizing cutoff *n*
Fra: écart de numérisation *m*
Spa: distancia de digitalización *f*

Digitalschaltung *f*
Eng: digital circuit *n*
Fra: circuit numérique *m*
Spa: circuito digital *m*

Digitalsignal *n*
Eng: digital signal *n*
Fra: signal numérique *m*
Spa: señal digital *f*

Diode *f*
Eng: diode *n*
Fra: diode *f*
Spa: diodo *m*

Dipolmoment *n*
Eng: dipole moment *n*
Fra: moment dipolaire *m*
Spa: momento dipolar *m*

direkte Einspritzung *f*
Eng: direct injection *n*
Fra: injection directe *f*
Spa: inyección directa *f*

Direkteinspritzer *m*
Eng: direct injection *n*
Fra: moteur à injection directe *m*
Spa: motor de inyección directa *m*

Direkteinspritzmotor *m*
Eng: direct-injection (DI) engine *n*
Fra: moteur à injection directe *m*
Spa: motor de inyección directa *m*

Direkteinspritzsystem *n*
Eng: direct-injection (DI) system *n*
Fra: système d'injection directe *m*
Spa: sistema de inyección directa *m*

Direkteinspritzung *f*
Eng: direct injection *n*
Fra: injection directe *f*
Spa: inyección directa *f*

Direkteinspritzung, DI *f*
Eng: direct injection, DI *n*
Fra: injection directe (moteur diesel) *f*
Spa: inyección directa *f*

Direkteinspritzverfahren *n*
Eng: direct injection (DI) process *n*
Fra: procédé d'injection directe *m*
Spa: método de inyección directa *m*

Direktsteller *m*
Eng: direct action control element *n*
Fra: convertisseur direct *m*
Spa: actuador de acción directa *m*

Dispersionsschicht *f*
Eng: dispersion coating *n*
Fra: couche de dispersion *f*
Spa: capa de dispersión *f*

Display-Treiber *m*
Eng: display driver *n*
Fra: pilotage visuel *m*
Spa: driver de visualizador *m*

Distanzhülse *f*
Eng: spacer sleeve *n*
Fra: douille entretoise *f*
Spa: manguito distanciador *m*

Distanzring *m*
Eng: spacer ring *n*
(intermediate ring) *n*
Fra: bague-entretoise *f*
Spa: anillo distanciador *m*

Distanzrohr *n*
Eng: spacer tube *n*
Fra: douille d'espacement *f*
Spa: tubo distanciador *m*

Distanzscheibe *f*
Eng: spacer *n*
Fra: cale d'épaisseur *f*
Spa: disco distanciador *m*

Divisions-Steuer-Multivibrator *m*
Eng: division control multivibrator *n*
Fra: multivibrateur-diviseur de commande *m*
Spa: multivibrador de control de división *m*

Doppelachsaggregat *n*
Eng: tandem axle assembly *n*
Fra: essieu tandem *m*
Spa: grupo doble eje *m*

Doppelachsmodul *m*
Eng: tandem axle module *n*
Fra: module d'essieu double (remorque) *m*
Spa: módulo doble eje *m*

Doppel-Auspuffanlage *f*
Eng: dual exhaust system *n*
Fra: système à double pot d'échappement *m*
Spa: sistema de escape doble *m*

doppelbereifte Achse *f*
Eng: twin tire axle *n*
Fra: essieu jumelé *m*
Spa: eje con neumáticos gemelos *m*

Doppelbettkatalysator *m*
Eng: dual bed catalytic converter *n*
Fra: catalyseur à double lit *m*
Spa: catalizador de doble cama *m*

Doppeldeckerbus *m*
Eng: double decker bus *n*
Fra: autobus à impériale *m*
Spa: autobús de doble piso *m*

Deutsch

Doppeldichtung *f*
Eng: double seal *n*
Fra: double joint *m*
Spa: junta doble *f*

Doppeleinspritzung *f*
Eng: double injection *n*
Fra: double injection *f*
Spa: inyección doble *f*

Doppelfunkenspule *f*
Eng: dual spark ignition coil *n*
Fra: bobine d'allumage à deux sorties *f*
Spa: bobina de chispa doble *f*

Doppelfunken-Zündspule *f*
Eng: double spark coil *n*
Fra: bobine d'allumage à deux sorties *f*
Spa: bobina de encendido de chispa doble *f*

Doppelkolbenspeicher (ASR) *m*
Eng: twin plunger accumulator (TCS) *n*
Fra: accumulateur à double piston *m*
Spa: acumulador de doble pistón (ASR) *m*

Doppelkonus (Einspritzdüse) *m*
Eng: dual cone (injectionnozzle) *n*
Fra: cône double *m*
Spa: cono doble (inyector) *m*

Doppelkonus-Synchronisierung *f*
Eng: dual band synchromesh *n*
Fra: synchroniseur à double cône *m*
Spa: sincronización de cono doble *f*

Doppel-Kreiskolbenmotor *m*
Eng: twin rotary engine *n*
Fra: moteur birotor à pistons rotatifs *m*
Spa: motor rotativo doble *m*

Doppelleitung *f*
Eng: twin conductor *n*
Fra: conducteur double *m*
Spa: conductor doble *m*

Doppelmagnetventil *n*
Eng: double solenoid-operated valve *n*
Fra: électrovalve double *f*
Spa: electroválvula doble *f*

Doppelnadeldüse *f*
Eng: twin needle nozzle *n*
Fra: injecteur à deux aiguilles *m*
Spa: inyector de aguja doble *m*

Doppelnockenantrieb *m*
Eng: twin cam drive *n*
Fra: entraînement à double came *m*
Spa: accionamiento de leva doble *m*

Doppelquerlenker *m*
Eng: double wishbone axle *n*
Fra: double bras de suspension transversal *m*
Spa: barra transversal doble *f*
(brazo de suspensión doble) *m*

Doppelrohrauspuffanlage *m*
Eng: dual exhaust system *n*
Fra: système d'échappement double *m*
Spa: sistema de escape de tubo doble *m*

Doppelschlussmotor *m*
Eng: compound motor *n*
Fra: moteur à excitation compound *m*
Spa: motor compound *m*

Doppelsitzventil *n*
Eng: double-seat valve *n*
Fra: valve à double siège *f*
Spa: válvula de doble asiento *f*

Doppeltonhorn *n*
Eng: twin tone horn *n*
Fra: avertisseur sonore à bi-tonalité *m*
Spa: bocina de dos tonos *f*

Doppelvergaser *m*
Eng: dual carburetor *n*
(duplex caburetor) *n*
Fra: double carburateur *m*
Spa: carburador doble *m*

Doppelzündung *f*
Eng: dual ignition *n*
Fra: double allumage *m*
Spa: encendido doble *m*

Dosiereinsatz *m*
Eng: metering insert *n*
Fra: élément doseur *m*
Spa: elemento dosificador *m*

Dosierpumpe *f*
Eng: metering pump *n*
Fra: pompe de dosage *f*
Spa: bomba dosificadora *f*

Dosierung *f*
Eng: meter *v*
Fra: dosage *m*
Spa: dosificación *f*

Dosierventil *n*
Eng: metering valve *n*
Fra: vanne de dosage *f*
Spa: válvula dosificadora *f*

Drahtdurchmesser *m*
Eng: wire diameter *n*
Fra: diamètre de fil *m*
Spa: diámetro de alambre *m*

Drahtelektrode *f*
Eng: wire electrode *n*
Fra: fil-électrode *m*
Spa: electrodo de alambre *m*

Drahtgeflecht *n*
Eng: wire mesh *n*
Fra: treillis de fil *m*
Spa: malla de alambre *f*

Drahtgestricklagerung (Katalysator) *f*
Eng: wire knit mounting (catalytic converter) *n*
Fra: enveloppe en laine d'acier *f*
Spa: malla metálica amortiguadora (catalizador) *f*

Drahtsieb *n*
Eng: wire sieve *n*
Fra: tamis métallique *m*
Spa: tamiz metálico *m*

Drall *m*
Eng: swirl *n*
Fra: tourbillon *m*
(écoulement tourbillonnaire) *m*
Spa: remolino *m*
(flujo en remolino) *m*

Dralldüse *f*
Eng: swirl nozzle *n*
Fra: buse à effet giratoire *f*
Spa: inyector de paso espiral *m*

Dralleinsatz *m*
Eng: swirl insert *n*
Fra: élément de turbulence *m*
Spa: inserto de paso espiral *m*

Drallkanal *m*
Eng: swirl duct *n*
Fra: conduit de turbulence *m*
Spa: canal de paso espiral *m*

Drallklappe *f*
Eng: swirl flap *n*
Fra: volet de turbulence *m*
Spa: mariposa espiral *f*

Drallklappen-Unterdruckdose *f*
Eng: swirl flap vacuum unit *n*
Fra: capsule à dépression de volet de turbulence *f*
Spa: cápsula de depresión de mariposa espiral *f*

Drallniveausteller *m*
Eng: swirl actuator *n*
Fra: actionneur de turbulence *m*
Spa: variador del nivel de torsión *m*

Drallniveausteuerung *f*
Eng: swirl control *n*
Fra: commande de turbulence *f*
Spa: control del nivel de torsión *m*

Drallscheibe *f*
Eng: swirl induction plate *n*
Fra: rondelle de swirl (injecteur haute pression) *f*
Spa: arandela de torsión *f*

Drallsteller (Radialkolbenpumpe) *m*
Eng: swirl actuator (radial-piston pump) *n*
Fra: actionneur à effet giratoire (pompe à pistons radiaux) *m*
Spa: variador de torsión (bomba de émbolos radiales) *m*

Drallströmung *f*
Eng: swirl *n*
Fra: écoulement tourbillonnaire *m*
Spa: flujo helicoidal *m*

Dralltopf *m*
Eng: swirl plate *n*

Fra: pot de giration *m*
Spa: cámara de flujo helicoidal *f*

Drehanker *m*
Eng: rotating armature *n*
Fra: induit rotatif *m*
Spa: inducido giratorio *m*

Drehankerrelais *n*
Eng: rotating armature relay *n*
Fra: relais à armature pivotante *m*
Spa: relé del inducido giratorio *m*

Drehantrieb (Türbetätigung) *m*
Eng: rotary actuator (door control) *n*
Fra: commande de pivotement des portes (commande des portes) *f*
Spa: accionamiento giratorio (accionamiento de puerta) *m*

Drehbacke (Trommelbremse) *f*
Eng: rotating shoe (drum brake) *n*
Fra: mâchoire pivotante (frein à tambour) *f*
Spa: zapata giratoria (freno de tambor) *f*

Drehbeschleunigung *f*
Eng: angular acceleration *n*
Fra: accélération angulaire *f*
Spa: aceleración angular *f*

Drehdeckel (Kupplungskopf) *m*
Eng: swivel cover (coupling head) *n*
Fra: couvercle pivotant (tête d'accouplement) *m*
Spa: tapa giratoria (cabeza de acoplamiento) *f*

Drehfeder *f*
Eng: coil spring *n*
Fra: ressort de torsion *m*
Spa: muelle de torsión *m*

Drehfeder *f*
Eng: torsion spring *n*
Fra: ressort de torsion *m*
Spa: muelle de torsión *m*

Drehfederkonstante *f*
Eng: torsional spring rate *n*
Fra: rigidité torsionnelle *f*
Spa: coeficiente de rigidez torsional *m*

Drehgriff *m*
Eng: rotary handle *n*
Fra: poignée tournante *f*
Spa: empuñadura giratoria *f*

Drehknopfventil *n*
Eng: rotary knob valve *n*
Fra: valve à bouton rotatif *f*
Spa: válvula de botón giratorio *f*

Drehkolben *m*
Eng: rotary piston *n*
Fra: piston rotatif *m*
Spa: émbolo giratorio *m*

Drehkolben-Gebläse *n*
Eng: rotary piston blower *n*
(Roots blower) *n*
Fra: soufflante à piston rotatif *f*
Spa: soplador de émbolo giratorio *m*

Drehkraft *f*
Eng: torsional force *n*
Fra: force de rotation *f*
Spa: fuerza de torsión *f*

Drehmagnet *m*
Eng: rotary magnet *n*
Fra: aimant rotatif *m*
Spa: electroimán de giro *m*

Drehmagnetstellwerk *n*
Eng: rotary magnet actuator *n*
Fra: actionneur à aimant rotatif *m*
Spa: variador magnético rotativo *m*

Drehmoment *n*
Eng: torque *n*
Fra: couple *m*
Spa: par *m*

Drehmomentbegrenzung *f*
Eng: torque limitation *n*
Fra: limitation de couple *f*
Spa: limitación de par *f*

Drehmomenteingriff *m*
Eng: torque intervention *n*
Fra: action sur le couple *f*
Spa: intervención de par *f*

Drehmomenthebel (Rollenbremsprüfstand) *m*
Eng: torque lever (dynamic brake analyzer) *n*
Fra: levier dynamométrique (banc d'essai) *m*
Spa: palanca de par (banco de pruebas de frenos de rodillos) *f*

Drehmomentkennlinie *f*
Eng: torque characteristic curve *n*
Fra: caractéristique de couple *f*
Spa: curva característica del par *f*

Drehmomentmessung *f*
Eng: torque measurement *n*
Fra: mesure de couple *f*
Spa: medición de par *f*

Drehmomentregelung *f*
Eng: torque control *n*
Fra: régulation du couple *f*
Spa: regulación de par *f*

Drehmomentschlüssel *m*
Eng: torque wrench *n*
Fra: clé dynamométrique *f*
Spa: llave dinamométrica *f*

Drehmomentsensor *m*
Eng: torque sensor *n*
Fra: capteur de couple *m*
(couplemètre) *m*
Spa: sensor de par *m*

Drehmoment-Steuerung *f*
Eng: torque control *n*
Fra: commande du couple *f*
Spa: control de par *m*

Drehmomentverlauf *m*
Eng: torque curve *n*
Fra: courbe de couple *f*
Spa: evolución del par *f*

Drehmomentwandler *m*
Eng: torque convertor *n*
Fra: convertisseur de couple *m*
Spa: convertidor de par *m*

Drehnocken *m*
Eng: rotary cam *n*
Fra: came rotative *f*
Spa: leva giratoria *f*

Drehpotentiometer *n*
Eng: rotary potentiometer *n*
Fra: potentiomètre rotatif *m*
Spa: potenciómetro giratorio *m*

Drehpunkt *m*
Eng: pivot *n*
Fra: centre de rotation *m*
Spa: punto de giro *m*

Drehrate *f*
Eng: yaw rate *n*
Fra: vitesse de lacet *f*
Spa: velocidad de giro *f*

Drehratesensor *m*
Eng: yaw rate sensor *n*
(yaw sensor) *n*
Fra: capteur de (vitesse de) lacet *m*
(capteur de lacet) *m*
Spa: sensor de velocidad de giro *m*

Drehrichtung *f*
Eng: direction of rotation *n*
Fra: sens de rotation *m*
Spa: sentido de giro *m*

Drehschalter *m*
Eng: rotary switch *n*
(turn switch) *n*
Fra: commutateur rotatif *m*
Spa: interruptor giratorio *m*

Drehschieber *m*
Eng: rotating slide *n*
Fra: tiroir rotatif *m*
Spa: corredera giratoria *f*
(distribuidor giratorio) *m*

Drehschwingungsdämpfer *m*
Eng: rotary oscillation damper *n*
Fra: amortisseur de vibrations torsionnelles *m*
Spa: antivibrador torsional *m*

Drehspindel *f*
Eng: rotary spindle *n*
Fra: broche pivotante *f*
Spa: husillo giratorio *m*

Drehstab *m*
Eng: torsion bar *n*
(torsion-bar spring) *n*
Fra: barre de torsion *f*
Spa: barra de torsión *f*

Drehstabfeder *f*
Eng: torsion bar spring *n*
Fra: barre de torsion *f*
Spa: muelle de barra de torsión *m*

Drehsteller (KE-Jetronic) *m*
Eng: rotary actuator (KE-Jetronic) *n*

Deutsch

Fra: actionneur rotatif (KE-Jetronic) *m*
Spa: actuador giratorio (KE-Jetronic) *m*

Drehstellwerk ***n***
Eng: rotary actuator *n*
Fra: capteur angulaire *m*
Spa: variador giratorio *m*

Drehstrom ***m***
Eng: three phase current *n*
Fra: courant alternatif triphasé *m*
(courant triphasé) *m*
Spa: corriente trifásica *f*

Drehstromasynchronmotor ***m***
Eng: three phase asynchronous motor *n*
(three-phase induction motor) *n*
Fra: moteur asynchrone triphasé *m*
Spa: motor asíncrono trifásico *m*

Drehstromgenerator ***m***
Eng: alternator *n*
Fra: alternateur triphasé *m*
Spa: alternador trifásico *m*

Drehstrommaschine ***f***
Eng: three phase machine *n*
Fra: machine à courant triphasé *f*
Spa: máquina trifásica *f*

Drehstrommotor ***m***
Eng: three phase AC motor *n*
Fra: moteur triphasé *m*
Spa: motor trifásico *m*

Drehstromwicklung ***f***
Eng: three phase winding *n*
Fra: enroulement triphasé *m*
Spa: bobinado trifásico *m*

Drehwinkel ***m***
Eng: angle of rotation *n*
Fra: angle de rotation *m*
Spa: ángulo de giro *m*

Drehwinkel ***m***
Eng: rotational angle *n*
Fra: angle de rotation *m*
Spa: ángulo de giro *m*

Drehwinkelsensor ***m***
Eng: angle-of-rotation sensor *n*
Fra: capteur angulaire *m*
Spa: sensor de ángulo de giro *m*

Drehzahl ***f***
Eng: engine speed *n*
Fra: régime *m*
Spa: número de revoluciones *m*

Drehzahlbegrenzung ***f***
Eng: engine speed limitation *n*
Fra: limitation de la vitesse de rotation *f*
Spa: limitación del número de revoluciones *f*

Drehzahlfühler ***m***
Eng: speed sensor *n*
Fra: capteur de régime *m*
Spa: sensor de revoluciones *m*

Drehzahlgrenze ***f***
Eng: engine speed limit *n*
Fra: régime limite *m*
Spa: límite de revoluciones del motor *m*

Drehzahlmesser (Kfz) ***m***
Eng: rev counter (motor vehicle) *n*
(r.p.m. counter) *n*
Fra: compte-tours (véhicule) *m*
Spa: cuentarrevoluciones (automóvil) *m*

Drehzahlregelung ***f***
Eng: RPM control *n*
Fra: régulation de la vitesse de rotation *f*
(régulation de vitesse) *f*
Spa: regulación del número de revoluciones *f*

Drehzahlregler (Dieseleinspritzung) ***m***
Eng: governor (diesel fuel injection) *n*
Fra: régulateur de régime (injection diesel) *m*
Spa: regulador del número de revoluciones (inyección Diesel) *m*

Drehzahlschwelle ***f***
Eng: engine speed threshold *n*
Fra: seuil de régime *m*
Spa: umbral de revoluciones *m*

Drehzahlsignal ***n***
Eng: engine speed signal *n*
Fra: signal de régime *m*
Spa: señal del número de revoluciones *f*

Drehzahl-Sollwertgeber ***m***
Eng: engine speed setpoint sensor *n*
Fra: consignateur de régime *m*
Spa: transmisor de la velocidad de giro nominal *m*

Drehzahlüberwachung ***f***
Eng: engine speed monitoring *n*
Fra: surveillance du régime *f*
Spa: supervisión de la velocidad del motor *f*

Drehzahlverstellung ***f***
Eng: engine speed advance *n*
Fra: correction en fonction du régime *f*
Spa: regulación del número de revoluciones *f*

Dreiachsfahrzeug ***n***
Eng: three axle vehicle *n*
Fra: véhicule à trois essieux *m*
Spa: vehículo de tres ejes *m*

Dreieckschaltung ***f***
Eng: delta connection *n*
Fra: montage en triangle *m*
Spa: conexión en triángulo *f*

Dreifachkonus-Synchronisierung ***f***
Eng: triple cone synchromesh clutch *n*
Fra: synchroniseur à triple cône *m*
Spa: sincronización de cono triple *f*

Dreifach-Wegeventilblock ***m***
Eng: triple directional-control-valve block *n*
Fra: bloc-distributeur triple *m*
Spa: bloque triple de válvulas distribuidoras *m*

Dreiflügelventil ***n***
Eng: triple fluted valve *n*
Fra: vanne à trois ailettes *f*
Spa: válvula de tres vías *f*

Dreikammerleuchte ***f***
Eng: three chamber lamp *n*
Fra: lanterne à trois compartiments *f*
Spa: lámpara de tres cámaras *f*

Dreikreis-Schutzventil ***n***
Eng: triple circuit protection valve *n*
Fra: valve de sécurité à trois circuits *f*
Spa: válvula de seguridad de tres circuitos *f*

Dreipunkt-Automatikgurt ***m***
Eng: three point inertia-reel belt *n*
Fra: ceinture automatique à trois points d'ancrage *f*
Spa: cinturón automático de tres puntos de apoyo *m*

Dreistofflager ***n***
Eng: trimetal bearing *n*
Fra: palier trimétal *m*
Spa: cojinete de tres aleaciones *m*

Dreiwegekatalysator ***m***
Eng: three way catalytic converter, TWC *n*
Fra: catalyseur trois voies *m*
Spa: catalizador de tres vías *m*

Drei-Wege-Stromregelventil ***n***
Eng: three way flow-control valve *n*
Fra: régulateur de débit à 3 voies *m*
Spa: válvula reguladora de caudal de tres vías *f*

Drei-Wege-Vorsteuerventil ***n***
Eng: three way pilot-operated directional-control valve *n*
Fra: distributeur pilote à 3 voies *m*
Spa: válvula preselectora de tres vías *f*

Drift ***f***
Eng: drift *n*
Fra: dérive *f*
Spa: deriva *f*

Driftgeschwindigkeit ***f***
Eng: drift velocity *n*
Fra: vitesse de dérive *f*
Spa: velocidad de deriva *f*

drillgewickelt ***adj***
Eng: twist-wound *adj*
Fra: torsadé *adj*

Spa: de par trenzado *loc*

Droselbohrung ***f***
Eng: throttling bore *n*
Fra: frein de réaspiration (pompe haute pression) *m*
Spa: taladro de estrangulación *m*

Drossel ***f***
Eng: throttle *n*
Fra: papillon *m*
Spa: estrangulador *m*

Drosselbohrung ***f***
Eng: calibrated restriction *n*
(throttle bore) *n*
Fra: orifice calibré *m*
(orifice d'étranglement) *m*
Spa: taladro de estrangulación *m*

Drosselbolzen ***m***
Eng: throttle pin *n*
Fra: axe d'étranglement *m*
Spa: perno de estrangulación *m*

Drosselhub ***m***
Eng: throttling stroke *n*
Fra: plage d'étranglement *f*
Spa: carrera de estrangulación *f*

Drosselklappe (Verbrennungsmotor) ***f***
Eng: throttle valve (IC engine) *n*
Fra: papillon des gaz (moteur à combustion) *m*
Spa: mariposa (motor de combustión) *f*

Drosselklappeantrieb ***m***
Eng: throttle valve driver *n*
Fra: entraîneur de papillon *m*
Spa: accionamiento de la mariposa *m*

Drosselklappen-Anschlagschraube ***f***
Eng: throttle valve stop screw *n*
Fra: vis de butée de papillon *f*
Spa: tornillo de tope de la mariposa *m*

Drosselklappenansteller ***m***
Eng: throttle valve actuator *n*
Fra: actionneur de papillon *m*
Spa: actuador de la mariposa *m*

Drosselklappeneingriff (ASR) ***m***
Eng: throttle valve intervention (TCS) *n*
Fra: intervention sur le papillon (ASR) *f*
Spa: intervención de la mariposa (ASR) *f*

Drosselklappengeber ***m***
Eng: throttle valve sensor *n*
Fra: capteur de papillon *m*
Spa: transmisor de la mariposa *m*

Drosselklappengestänge ***n***
Eng: throttle valve shaft *n*
Fra: tringlerie de papillon *f*
Spa: varillaje de la mariposa *m*

Drosselklappenpositionsgeber ***m***
Eng: throttle valve position sensor *n*
Fra: capteur de position de papillon *m*
Spa: transmisor de posición de la mariposa *m*

Drosselklappenpotentiometer ***n***
Eng: throttle valve potentiometer *n*
Fra: potentiomètre de papillon *m*
Spa: potenciómetro de la mariposa *m*

Drosselklappenregelung ***f***
Eng: throttle valve control *n*
Fra: régulation du papillon *f*
Spa: regulación de la mariposa *f*

Drosselklappenschalter ***m***
Eng: throttle valve switch *n*
Fra: contacteur de papillon *m*
Spa: interruptor de la mariposa *m*

Drosselklappenschließdämpfer ***m***
Eng: throttle valve closure damper *n*
Fra: amortisseur de fermeture du papillon *m*
Spa: amortiguador de cierre de la mariposa *m*

Drosselklappenstellmotor ***m***
Eng: throttle valve positioning motor *n*
Fra: servomoteur de papillon *m*
Spa: servomotor de mariposa *m*

Drosselklappenstellung ***f***
Eng: throttle valve position *n*
Fra: position du papillon *f*
Spa: posición de la mariposa *f*

Drosselklappenstutzen ***m***
Eng: throttle valve assembly *n*
Fra: boîtier de papillon *m*
Spa: tubuladura de la mariposa *f*

Drosselklappenwelle ***f***
Eng: throttle valve shaft *n*
Fra: axe de papillon *m*
Spa: eje de la mariposa *m*

Drosselklappenwinkel ***m***
Eng: throttle valve angle *n*
Fra: angle de papillon *m*
Spa: ángulo de la mariposa *m*

Drosselklappeöffnung ***f***
Eng: throttle valve opening *n*
Fra: ouverture du papillon *f*
Spa: abertura de la mariposa *f*

Drosselklappe-Potentiometer-Ersatzbetrieb ***m***
Eng: throttle valve potentiometer limp home mode *n*
Fra: mode dégradé du potentiomètre de papillon *m*
Spa: modo reducido del potenciómetro de la mariposa *m*

drosseln ***v***
Eng: choke *v*
Fra: étrangler *v*
Spa: estrangular *v*

Drosselrückschlagventil ***n***
Eng: throttle type non-return valve *n*
Fra: clapet de non-retour à étranglement *m*
Spa: válvula de retención y estrangulación *f*

Drosselschraube ***f***
Eng: throttle screw *n*
Fra: vis-pointeau *f*
(vis à étranglement) *f*
Spa: tornillo de estrangulación *m*

Drosselspalt ***m***
Eng: throttling gap *n*
Fra: fente d'étranglement *f*
Spa: ranura de estrangulación *f*

Drosselspule ***f***
Eng: inductance coil *n*
Fra: bobine de self *f*
Spa: bobina de inductancia *f*

Drosselspule ***f***
Eng: choke coil *n*
Fra: bobine de self *f*
Spa: bobina de inductancia *f*

Drosselsteuerung ***f***
Eng: throttle control *n*
Fra: commande par papillon (commande des portes) *f*
(commande des portes) *f*
Spa: control de estrangulación *m*

Drosselung ***f***
Eng: throttle action *n*
Fra: étranglement *m*
Spa: entrangulación *f*

Drosselventil (Türbetätigung) ***n***
Eng: throttle valve (door control) *n*
Fra: valve d'amortissement (commande des portes) *f*
Spa: válvula de estrangulación (accionamiento de puerta) *f*

Drosselverlust ***m***
Eng: throttling loss *n*
Fra: pertes par étranglement *fpl*
Spa: pérdida de estrangulación *f*

Drosselvorrichtung ***f***
Eng: throttle device *n*
Fra: papillon motorisé *m*
(dispositif d'étranglement) *m*
Spa: dispositivo de estrangulación *m*

Drosselzapfen ***m***
Eng: throttling pintle *n*
Fra: téton d'étranglement *m*
Spa: espiga de estrangulación *f*

Drosselzapfendüse ***f***
Eng: throttling pintle nozzle *n*
Fra: injecteur à téton et étranglement *m*
Spa: inyector de espiga de estrangulación *m*

Druckabbau ***m***
Eng: pressure drop *n*
Fra: baisse de pression *f*

Deutsch

Spa: descenso de presión *m*

Druckabbaustufe (ABS) ***f***
Eng: pressure reduction step (ABS) *n*
Fra: palier de baisse de pression (ABS) *m*
Spa: etapa de reducción de presión (ABS) *f*

Druckabbauventil ***n***
Eng: pressure relief valve *n*
Fra: électrovanne de baisse de pression *f*
Spa: válvula de alivio de presión *f*

Druckabfall ***m***
Eng: pressure drop *n*
(pressure differential) *n*
Fra: perte de charge *f*
(chute de pression) *f*
Spa: caída de presión *f*

druckabhängig ***adj***
Eng: pressure-sensitive *adj*
Fra: asservi à la pression *pp*
Spa: dependiente de la presión *adj*

Druckabsenkung ***f***
Eng: pressure reduction *n*
Fra: baisse de pression *f*
Spa: reducción de presión *f*

Druckänderung ***f***
Eng: pressure change *n*
Fra: modification de la pression *f*
Spa: cambio de presión *m*

Druckanschluss (Einspritzpumpe) ***m***
Eng: pressure connection (fuel-injection pump) *n*
Fra: raccord de refoulement (pompe d'injection) *m*
Spa: conexión de presión (bomba de inyección) *f*

Druckanschluss ***m***
Eng: pressure terminal *n*
Fra: raccord de pression *m*
Spa: conexión de presión *f*

Druckanstieg ***m***
Eng: pressure increase *n*
Fra: montée en pression *f*
Spa: aumento de presión *m*

Druckaufbau ***m***
Eng: pressure build-up *n*
(pressure tise) *n*
Fra: établissement de la pression *m*
Spa: formación de presión *f*

Druckausgleich ***m***
Eng: pressure compensation *n*
Fra: compensation de pression *f*
Spa: compensación de presión *f*

Druckausgleichscheibe (Einspritzdüse) ***f***
Eng: pressure-compensation disc (nozzle) *n*
Fra: cale de réglage de pression (injecteur) *f*
Spa: disco de compensación de presión (inyector) *m*

Druckausgleichselement ***n***
Eng: pressure equalization element *n*
(pressure compensation) *n*
Fra: compensateur de pression *m*
Spa: elemento de compensación de presión *m*

Druckbeaufschlagung ***f***
Eng: pressurization *n*
Fra: mise sous pression *f*
Spa: presurización *f*

Druckbegrenzer ***m***
Eng: pressure limiter *n*
Fra: limiteur de pression *m*
Spa: limitador de presión *m*

Druckbehälter ***m***
Eng: pressure vessel *n*
Fra: cuve sous pression *f*
Spa: depósito a presión *m*

Druckbolzen ***m***
Eng: pressure pin *n*
Fra: tige-poussoir *f*
Spa: perno de presión *m*

Druckdämpfer (Jetronic) ***m***
Eng: fuel pressure attenuator (Jetronic) *n*
Fra: amortisseur de pression du carburant (Jetronic) *m*
Spa: amortiguador de presión (Jetronic) *m*

Druckdose ***f***
Eng: aneroid capsule *n*
(diaphragm unit) *n*
(vacuum unit) *n*
Fra: capsule manométrique *f*
Spa: cápsula de presión *f*

Druckeinstellscheibe ***f***
Eng: pressure-adjusting shim *n*
Fra: rondelle de compensation de pression *f*
Spa: disco de ajuste de presión *m*

Druckeinwirkung ***f***
Eng: pressure effect *n*
Fra: effet de la pression *m*
Spa: efecto de la presión *m*

Druckenergie ***f***
Eng: pressure energy *n*
(static pressure) *n*
Fra: pression statique *f*
Spa: energía de presión *f*

Druckentlastung ***f***
Eng: pressure relief *n*
Fra: délestage de pression *m*
Spa: alivio de presión *m*

Druckerzeugung ***f***
Eng: pressure generation *n*
Fra: génération de la pression *f*
Spa: generación de presión *f*

Druckfeder ***f***
Eng: compression spring *n*
Fra: ressort de pression *m*
Spa: muelle de compresión *m*

Druckfeder ***f***
Eng: pressure spring *n*
Fra: ressort de pression *m*
Spa: muelle de compresión *m*

Druckförderung (Druckluft) ***f***
Eng: pressure delivery (compressed air) *n*
Fra: refoulement (air comprimé) *m*
Spa: entrega de presión (aire comprimido) *f*

Druckfügen ***n***
Eng: pressurized clinching *n*
Fra: clinchage *m*
Spa: unión a presión *f*

Druckfühler ***m***
Eng: pressure sensor *n*
Fra: sonde de pression *f*
Spa: sensor de presión *m*

Druckgeber ***m***
Eng: pressure sensor *n*
Fra: capteur de pression *m*
Spa: transmisor de presión *m*

Druckgefälle ***n***
Eng: pressure differential *n*
Fra: chute de pression *f*
Spa: caída de presión *f*

druckgießen ***v***
Eng: pressure diecasting *v*
Fra: mouler sous pression *v*
Spa: fundir a presión *v*

Druckhaltephase (ABS) ***f***
Eng: pressure holding phase (ABS) *n*
Fra: phase de maintien de la pression (ABS) *m*
Spa: fase de parada de presión (ABS) *f*

Druckhalteventil (Dieseleinspritzung) ***n***
Eng: pressure holding valve (diesel fuel injection) *n*
Fra: soupape de maintien de la pression (injection diesel) *f*
Spa: válvula mantenedora de presión (inyección Diesel) *f*

Druckhalteventil ***n***
Eng: pressure sustaining valve *n*
Fra: clapet de maintien de pression *m*
Spa: válvula mantenedora de presión *f*

Druckkammer (Einspritzdüse) ***f***
Eng: pressure chamber (injection nozzle) *n*
Fra: chambre de pression (injecteur) *f*
Spa: cámara de presión (inyector) *f*

Druckkanal ***m***
Eng: pressure passage *n*
Fra: canal de refoulement *m*

Spa: canal de presión *m*

Druckknopfventil ***n***
Eng: push button valve *n*
Fra: distributeur à bouton-poussoir *m*
Spa: válvula de pulsador *f*

Druckkolben (Scheibenbremse) ***m***
Eng: piston (disc brake) *n*
Fra: piston (frein à disque) *m*
Spa: émbolo impelente (freno de disco) *m*

Druckkorrekturkennfeld ***n***
Eng: pressure correction map *n*
Fra: cartographie de correction de pression *f*
Spa: campo de características de corrección de presión *m*

Druckkreis ***m***
Eng: pressure circuit *n*
Fra: circuit de pression *m*
Spa: circuito de presión *m*

Drucklager ***n***
Eng: thrust block *n*
Fra: palier de butée *m*
Spa: cojinete de presión *m*

Druckleitung ***f***
Eng: fuel injection tubing *n*
(high-pressure line) *n*
Fra: tuyau de refoulement *m*
Spa: tubería de presión *f*

Druckluft ***f***
Eng: compressed air *n*
Fra: air comprimé *m*
Spa: aire comprimido *m*

Druckluftanlage ***f***
Eng: compressed air system *n*
Fra: dispositif à air comprimé *m*
Spa: sistema de aire comprimido *m*

Druckluftbehälter ***m***
Eng: compressed air cylinder *n*
Fra: réservoir d'air comprimé *m*
Spa: depósito de aire comprimido *m*

Druckluft-Bremsanlage ***f***
Eng: compressed air braking system *n*
Fra: dispositif de freinage à air comprimé *m*
Spa: sistema de frenos de aire comprimido *m*

Druckluftbremse ***f***
Eng: compressed air brake *n*
(pneumatic brake) *n*
Fra: frein à air comprimé *m*
Spa: freno de aire comprimido *m*

Druckluft-Fremdkraft-Bremsanlage mit hydraulischer Übertragungseinrichtung ***f***
Eng: air over hydraulic braking system *n*
Fra: dispositif de freinage hydraulique à commande par air comprimé *m*
Spa: sistema de freno hidráulico-neumático *m*

Druckluftgerät ***n***
Eng: pneumatic equipment *n*
Fra: équipement pneumatique *m*
Spa: equipo de aire comprimido *m*

Drucklufthammer ***m***
Eng: pneumatic hammer *n*
Fra: marteau-piqueur *m*
Spa: martillo de aire comprimido *m*

Druckluft-Hilfskraft-Bremsanlage ***f***
Eng: air assisted braking system *n*
Fra: dispositif de freinage hydraulique assisté par air comprimé *m*
Spa: sistema de freno asistido por aire comprimido *m*

Druckluftkreis ***m***
Eng: compressed air circuit *n*
Fra: circuit d'air comprimé *m*
Spa: circuito de aire comprimido *m*

Druckluftverbraucher ***m***
Eng: compressed air load *n*
Fra: récepteur d'air comprimé *m*
Spa: consumidor de aire comprimido *m*

Druckluftversorgung ***f***
Eng: compressed air supply *n*
Fra: alimentation en air comprimé *f*
Spa: suministro de aire comprimido *m*

Druckluftvorrat ***m***
Eng: compressed air reserve *n*
Fra: réserve d'air comprimé *f*
Spa: reserva de aire comprimido *f*

Druckluftvorratskreis ***m***
Eng: compressed-air supply circuit *n*
Fra: circuit d'alimentation (air comprimé) *m*
Spa: circuito de reserva de aire comprimido *m*

Druckmagnet ***m***
Eng: pushing electromagnet *n*
Fra: électro-aimant de poussée *m*
Spa: electroimán de empuje *m*

Druckmembran ***f***
Eng: pressure diaphragm *n*
Fra: membrane de pression *f*
Spa: membrana de presión *f*

Druckmessgerät ***n***
Eng: pressure gauge *n*
Fra: manomètre *m*
Spa: medidor de presión *m*

Druckminderer (Bremse) ***m***
Eng: proportioning valve (brake) *n*
Fra: réducteur de pression de freinage (frein) *m*
Spa: reductor de presión (freno) *m*

Druckmodulator (ABS) ***m***
Eng: pressure modulator (ABS) *n*
Fra: modulateur de pression (ABS) *m*
Spa: modulador de presión (ABS) *m*

Druckölpumpe ***f***
Eng: pressure oil pump *n*
Fra: pompe de refoulement d'huile *f*
Spa: bomba de aceite a presión *f*

Druckplatte (Bremse) ***f***
Eng: pressure plate (brake) *n*
Fra: plateau de pression (frein) *m*
Spa: placa de presión (freno) *f*

Druckpumpe (Scheibenspüler) ***f***
Eng: pressure pump (windshield washer) *n*
Fra: pompe de refoulement (lave-glace) *f*
Spa: bomba de presión (lavacristales) *f*

Druckraum ***m***
Eng: high pressure chamber *n*
Fra: chambre de pression *f*
Spa: cámara de presión *f*

Druckraum ***m***
Eng: plunger chamber *n*
Fra: chambre de pression *f*
Spa: cámara de presión *f*

Druckregelmodul ***m***
Eng: pressure control module *n*
Fra: modulateur de pression *m*
Spa: módulo regulador de presión *m*

Druckregelung ***f***
Eng: pressure control *n*
Fra: régulation de pression *f*
Spa: regulación de presión *f*

Druckregelventil ***n***
Eng: pressure control valve *n*
Fra: soupape modulatrice de pression *f*
Spa: válvula de regulación de presión *f*

Druckregler ***m***
Eng: pressure regulator *n*
Fra: régulateur de pression *m*
Spa: regulador de presión *m*

Druckregler-Ventilblock ***m***
Eng: pressure regulator valve block *n*
Fra: bloc-valves de régulateur de pression *m*
Spa: bloque de válvulas del regulador de presión *m*

Druckschalter ***m***
Eng: pressure switch *n*
Fra: manocontact *m*
(pressostat) *m*
Spa: presostato *m*

Druckschlauch ***m***
Eng: pressure hose *n*
Fra: flexible de pression *m*
Spa: tubo flexible de presión *m*

Deutsch

Druckschulter (Düsennadel) *f*
Eng: pressure shoulder (nozzle needle) *n*
Fra: cône d'attaque (aiguille d'injecteur) *m*
Spa: hombro de presión (aguja de inyector) *m*

Druckschwankung *f*
Eng: pressure variation *n*
(pressure fluctuation) *n*
Fra: variation de pression *f*
Spa: variación de presión *f*

Druckschwellfestigkeit *f*
Eng: compression pulsating fatigue strength *n*
Fra: tenue aux ondes de pression *f*
Spa: resistencia a la fatiga por presión alternante *f*

Druckschwingung *f*
Eng: pressure pulsation *n*
Fra: pulsation de pression *f*
Spa: onda de presión *f*

Druckseite (Filter) *f*
Eng: pressure outlet (filter) *n*
Fra: côté refoulement (filtre) *m*
Spa: lado de presión (filtro) *m*

Drucksenkung *f*
Eng: pressure drop *n*
Fra: chute de pression *f*
Spa: disminución de presión *f*

Drucksensor *m*
Eng: pressure sensor *n*
Fra: capteur de pression *m*
Spa: sensor de presión *m*

Druckspannung *f*
Eng: compressive stress *n*
Fra: contrainte de compression *f*
Spa: esfuerzo de compresión *m*

Druckspeicher *m*
Eng: pressure accumulator *n*
Fra: accumulateur de pression *m*
Spa: acumulador de presión *m*

Druckstange *f*
Eng: push rod *n*
Fra: biellette *f*
(tige de poussoir) *f*
Spa: barra de presión *f*

Druckstangenkolben *m*
Eng: push rod piston *n*
Fra: piston à tige-poussoir *m*
(piston à tige de commande) *m*
Spa: émbolo de vástago de presión *m*

Drucksteller *m*
Eng: pressure actuator *n*
Fra: actionneur manométrique *m*
Spa: actuador de presión *m*

Drucksteuerventil (ABS) *n*
Eng: pressure control valve (ABS) *n*
Fra: valve modulatrice de pression (ABS) *f*
Spa: válvula de control de presión (ABS) *f*

Druckstift (Zweifeder-Düsenhalter) *m*
Eng: pressure pin (two-spring nozzle holder) *n*
Fra: poussoir (porte-injecteur à deux ressorts) *m*
Spa: espiga de presión (portainyectores de doble muelle) *f*

Druckstück (Kupplungskopf) *n*
Eng: thrust member (coupling head) *n*
Fra: pièce de pression (tête d'accouplement) *f*
Spa: pieza de empuje (cabeza de acoplamiento) *f*

Druckstutzen *m*
Eng: delivery connection *n*
Fra: tubulure de refoulement *f*
Spa: tubuladura de presión *f*

Drucktank *m*
Eng: pressure tank *n*
Fra: réservoir de pression *m*
Spa: tanque de presión *m*

Drucktaupunkt (Lufttrocknung) *m*
Eng: dew point (air drying) *n*
Fra: point de rosée sous pression (dessiccation de l'air) *m*
Spa: punto de rocío bajo presión (secado de aire) *m*

Druckumlaufschmierung *f*
Eng: forced feed lubrication system *n*
Fra: lubrification par circulation forcée *f*
Spa: lubricación de circulación forzada *f*

Druckventil (Einspritzpumpe) *n*
Eng: delivery valve (fuel-injection pump) *n*
Fra: clapet de refoulement (pompe d'injection) *m*
Spa: válvula de presión (bomba de inyección) *f*

Druckventilkolben *m*
Eng: delivery valve plunger *n*
Fra: piston de soupape de refoulement *m*
Spa: émbolo de válvula de presión *m*

Druckventilschaft *m*
Eng: delivery valve stem *n*
Fra: tige de soupape de refoulement *f*
Spa: vástago de válvula de presión *m*

Druckventilsitz *m*
Eng: delivery valve seat *n*
Fra: siège de soupape de refoulement *m*
Spa: asiento de válvula de presión *m*

Druckventilträger *m*
Eng: delivery valve support *n*
Fra: porte-soupape de refoulement *m*
Spa: soporte de válvula de presión *m*

Druckverlauf *m*
Eng: pressure characteristic *n*
Fra: courbe de pression *f*
Spa: evolución de la presión *f*

Druckverlust *m*
Eng: pressure loss *n*
Fra: perte de pression *f*
Spa: pérdida de presión *f*

Druckversorgung (ASR) *f*
Eng: pressure generator (TCS) *n*
Fra: générateur de pression (ASR) *m*
Spa: suministro de presión (ASR) *m*

Druckverteilung *f*
Eng: pressure distribution *n*
Fra: répartition de la pression *f*
Spa: distribuidor de presión *m*

Druckvoreilung *f*
Eng: pressure lead *n*
Fra: à avance de pression *loc*
Spa: adelanto de la presión *m*

Druckwandler *m*
Eng: vacuum converter *n*
Fra: convertisseur de pression *m*
Spa: convertidor de presión *m*

Druckwandler *m*
Eng: pressure transducer *n*
Fra: convertisseur de pression *m*
Spa: convertidor de presión *m*

Druckwelle *f*
Eng: pressure wave *n*
Fra: onde de pression *f*
Spa: onda de presión *f*

Druckwellenaufladung *f*
Eng: pressure wave supercharging *n*
Fra: suralimentation par ondes de pression *f*
Spa: sobrealimentación por ondas de presión *f*

Druckwellenlader *m*
Eng: pressure wave supercharger *n*
Fra: échangeur de pression *m*
Spa: sobrealimentador por ondas de presión *m*

Dünnschicht-Metallwiderstand *m*
Eng: thin film metallic resistor *n*
Fra: résistance métallique en couches minces *f*
Spa: resistencia metálica de película delgada *f*

Dünnschichttransistor *m*
Eng: thin film transistor *n*
Fra: transistor en couches minces *m*
Spa: transistor de película delgada *m*

Duo-Duplexbremse *f*
Eng: duo duplex brake *n*
Fra: frein duo-duplex *m*
Spa: freno duo-duplex *m*

Deutsch

Duo-Servobremse *f*
Eng: duo servo brake *n*
Fra: servofrein duo *m*
Spa: servofreno duo *m*

Duplexbremse *f*
Eng: duplex brake *n*
Fra: frein duplex *m*
Spa: freno dúplex *m*

durchdrehen (Antriebsrad) *v*
Eng: wheel spin (driven wheel) *n*
Fra: patiner (roue motrice) *v*
Spa: patinar (rueda motriz) *v*

durchdrehen (Verbrennungsmotor) *v*
Eng: cranking (IC engine) *n*
Fra: lancement (moteur à combustion) *m*
Spa: embalar (motor de combustión) *v*

Durchdrehwiderstand (Verbrennungsmotor) *m*
Eng: cranking resistance (IC engine) *n*
Fra: résistance de lancement du moteur (moteur à combustion) *f*
Spa: resistencia para arrancar (motor de combustión) *f*

Durchflussanzeiger *m*
Eng: flow indicator *n*
Fra: indicateur de débit *m*
Spa: indicador de caudal *m*

Durchflussbegrenzer *m*
Eng: flow limiter *n*
Fra: limiteur d'écoulement *m*
Spa: limitador de caudal *m*

Durchflussmesser *m*
Eng: flow sensor *n*
(flowmeter) *n*
Fra: débitmètre *m*
Spa: caudalímetro *m*

Durchflussmesser *m*
Eng: flowmeter *n*
Fra: débitmètre *m*
Spa: caudalímetro de aire *m*

Durchflussquerschnitt *m*
Eng: metering orifice *n*
Fra: section de passage *f*
Spa: sección de flujo *f*

Durchflusssensor (Heißfilm-Luftmassenmesser) *m*
Eng: flow sensor (hot-film air-mass meter) *n*
Fra: capteur de flux d'écoulement (débitmètre massique à film chaud) *m*
Spa: sensor de flujo (caudalímetro de aire de película caliente) *m*

Durchlasskennlinie (Gleichrichterdiode) *f*
Eng: on state characteristic (rectifier diode) *n*
Fra: caractéristique tension-courant à l'état passant (diode redresseuse) *f*
Spa: característica de paso (diodo rectificador) *f*

Durchlassspannung (Gleichrichterdiode) *f*
Eng: forward voltage (rectifier diode) *n*
Fra: tension à l'état passant (diode redresseuse) *f*
Spa: tensión de paso (diodo rectificador) *f*

Durchschlag *m*
Eng: punch *n*
Fra: décharge disruptive *f*
Spa: descarga disruptiva *f*

Durchschlagspannung *f*
Eng: breakdown voltage *n*
Fra: tension de claquage *f*
Spa: tensión de ruptura dieléctrica *f*

Durchspülungsverfahren *n*
Eng: flushing method *n*
Fra: méthode de balayage *f*
Spa: método de lavado de paso *m*

Durchströmprinzip *n*
Eng: throughflow principle *n*
Fra: principe de transfert *m*
Spa: principio de flujo de paso *m*

Duroplast *n*
Eng: duromer *n*
Fra: thermodurcissable *m*
Spa: duroplástico *m*

Düse (Dieseleinspritzung) *f*
Eng: nozzle (diesel fuel injection) *n*
Fra: injecteur (injection diesel) *m*
Spa: inyector (inyección Diesel) *m*

Düsenachse *f*
Eng: nozzle axis *n*
Fra: axe d'injecteur *m*
Spa: eje de inyector *m*

Düsenbohrung *f*
Eng: nozzle bore *n*
Fra: orifice de l'ajutage *m*
Spa: agujero de inyector *m*

Düsenfeder *f*
Eng: nozzle spring *n*
Fra: ressort d'injecteur *m*
Spa: muelle de inyector *m*

Düsenhalter *m*
Eng: nozzle holder assembly *n*
Fra: porte-injecteur *m*
Spa: portainyector *m*

Düsenkörper *m*
Eng: nozzle body *n*
Fra: corps d'injecteur *m*
Spa: cuerpo de inyector *m*

Düsenkuppe *f*
Eng: nozzle cone *n*
Fra: buse d'injecteur *f*
Spa: punta de inyector *f*

Düsennadel *f*
Eng: nozzle needle *n*
Fra: aiguille d'injecteur *f*
Spa: aguja de inyector *f*

Düsennadelhub *m*
Eng: needle lift *n*
Fra: levée de l'aiguille *f*
Spa: carrera de la aguja del inyector *f*

Düsennadelsitz *m*
Eng: nozzle-needle seat *n*
Fra: siège de l'aiguille d'injecteur *m*
Spa: asiento de la aguja del inyector *m*

Düsenöffnungsdruck *m*
Eng: nozzle-opening pressure *n*
Fra: pression d'ouverture de l'injecteur *f*
Spa: presión en la abertura del inyector *f*

Düsenprüfgerät *n*
Eng: nozzle tester *n*
Fra: contrôleur d'injecteurs *m*
Spa: aparato de comprobación de inyectores *m*

Düsenraum *m*
Eng: nozzle chamber *n*
Fra: chambre d'injecteur *f*
Spa: cámara de inyectores *f*

Düsenschaft *m*
Eng: nozzle stem *n*
Fra: fût d'injecteur *m*
Spa: vástago de inyector *m*

Düsenschließdruck *m*
Eng: nozzle closing pressure *n*
Fra: pression de fermeture d'injecteur *f*
Spa: presión de cierre de inyector *f*

Düsensitz *m*
Eng: nozzle seat *n*
Fra: siège d'injecteur *m*
Spa: asiento de inyector *m*

Düsenspannmutter *f*
Eng: nozzle retaining nut *n*
Fra: écrou-raccord d'injecteur *m*
(écrou de fixation d'injecteur) *m*
Spa: tuerca de sujeción de inyector *f*

Düsenstrahlrichtung *f*
Eng: spray direction *n*
Fra: direction du jet d'injecteur *f*
Spa: dirección de chorro del inyector *f*

Düsenverkokung *f*
Eng: nozzle coking *n*
Fra: calaminage des injecteurs *m*
Spa: coquización de inyector *f*

dynamische Achslast *f*
Eng: dynamic axle load *n*
Fra: charge dynamique par essieu *f*
Spa: carga dinámica de eje *f*

Deutsch

dynamische Aufladung *f*
Eng: dynamic supercharging *v*
Fra: suralimentation dynamique *f*
Spa: sobrealimentación dinámica *f*

dynamische Förderbeginn-Einstellung *f*
Eng: dynamic timing adjustment *n*
Fra: calage dynamique du début de refoulement *m*
Spa: ajuste dinámico del comienzo del suministro *m*

dynamische Gewichtsverlagerung *f*
Eng: dynamic weight transfer *n*
Fra: report de charge dynamique *m*
Spa: traslado dinámico de peso *m*

Dynamische Leuchtweitenregulierung *f*
Eng: dynamic headlight range control *n*
Fra: réglage dynamique de la portée d'éclairement *m*
Spa: regulación dinámica de alcance de luces *f*

dynamische Plausibilität *f*
Eng: dynamic plausibility *n*
Fra: plausibilité dynamique *f*
Spa: plausibilidad dinámica *f*

dynamische Vorsteuerung *f*
Eng: dynamic pilot control *n*
Fra: pilotage dynamique *m*
Spa: pilotaje dinámico *m*

dynamischer Funktionsbereich *m*
Eng: dynamic functional range, DFR *n*
Fra: plage de fonctionnement dynamique *f*
Spa: zona funcional dinámica *f*

E

Ebenheit *f*
Eng: flatness *n*
Fra: planéité *f*
Spa: planitud *f*

Edelgaslicht (Scheinwerfer) *n*
Eng: inert gas light (headlamp) *n*
Fra: éclairage par lampe à gaz rare *m*
Spa: luz de gas inerte (faros) *f*

Effektivhub *m*
Eng: effective stroke *n*
Fra: course effective *f*
Spa: carrera efectiva *f*

Effektivwert *m*
Eng: effective value *n*
Fra: valeur efficace *f*
Spa: valor efectivo *m*

EGAS *n*
Eng: electronic throttle control, ETC *n*
Fra: accélérateur électronique, EMS *m*
Spa: acelerador electrónico *m*

Eichgas *n*
Eng: calibrating gas *n*
Fra: gaz d'étalonnage *m*
Spa: gas de calibración *m*

Eigendiagnose *f*
Eng: self diagnosis *n*
Fra: autodiagnostic *m*
Spa: autodiagnóstico *m*

Eigendiagnose-Reizleitung *f*
Eng: self diagnosis initiate line *n*
Fra: câble d'activation de l'autodiagnostic *m*
Spa: línea de excitación del autodiagnóstico *f*

Eigenfrequenz *f*
Eng: natural frequency *n*
Fra: fréquence propre *f*
Spa: frecuencia natural *f*

Eigenlenkverhalten *n*
Eng: self steering effect *n*
Fra: comportement autodirectionnel *m*
(comportement élastocinématique) *m*
Spa: efecto de autoguiado *m*

Eigenschwingung *f*
Eng: natural oscillation *n*
Fra: oscillation libre *f*
Spa: oscilación natural *f*

Einbauanleitung *f*
Eng: installation instructions *npl*
Fra: notice de montage *f*
Spa: instrucciones de montaje *fpl*

einbaugleich *adj*
Eng: interchangeable *adj*
Fra: de montage identique *loc*
Spa: intercambiable *adj*

Einbaulage *f*
Eng: installation position *n*
Fra: position de montage *f*
Spa: posición de montaje *f*

Einbausatz *m*
Eng: mounting kit *n*
Fra: jeu de pièces de montage *m*
Spa: juego de montaje *m*

Einbauscheinwerfer *m*
Eng: flush fitting headlamp *n*
Fra: projecteur encastrable *m*
Spa: faro incorporado *m*

Einbereichsöl *n*
Eng: single grade engine oil *n*
Fra: huile monograde *f*
Spa: aceite monogrado *m*

Einbett-Dreiwegekatalysator *m*
Eng: single bed three-way catalytic converter *n*
Fra: catalyseur trois voies à lit unique (ou monobloc) *m*
Spa: catalizador de tres vías y una cama *m*

Einbettkatalysator *m*
Eng: single bed catalytic converter *n*
Fra: catalyseur à lit unique (ou monobloc) *m*
Spa: catalizador de una cama *m*

Einbett-Oxidationskatalysator *m*
Eng: single bed oxidation catalytic converter *n*
Fra: catalyseur d'oxydation à lit unique *m*
Spa: catalizador de oxidación de una cama *m*

einblasen (Sekundärluft) *v*
Eng: inject (secondary air) *v*
Fra: insuffler (air secondaire) *v*
Spa: inyectar (aire secundario) *v*

Einblasluft *f*
Eng: injection air *n*
Fra: air insufflé *m*
Spa: aire inyectado *m*

Einblattfeder *f*
Eng: single leaf spring *n*
Fra: ressort à lame simple *m*
Spa: muelle de una hoja *m*

Einfacheinspritzung *f*
Eng: single injection *n*
Fra: injection simple *f*
Spa: inyección simple *f*

Einfachfilter *n*
Eng: single stage filter *n*
Fra: filtre à un étage *m*
Spa: filtro simple *m*

Einfachfunkenstrecke *f*
Eng: single spark gap *n*
Fra: éclateur simple *m*
Spa: trayecto simple de chispa *m*

Einfachkonussynchronisierung *f*
Eng: single cone synchromesh clutch *n*
Fra: synchroniseur à simple cône *m*
Spa: sincronización de cono simple *f*

Einfeder-Düsenhalter *m*
Eng: single spring nozzle holder *n*
Fra: porte-injecteur à ressort unique *m*
Spa: portainyector de un muelle *m*

Einfederung *f*
Eng: spring compression *n*
Fra: débattement *m*
Spa: compresión de los elementos de suspensión *f*

Einflussgröße *f*
Eng: influencing variable *n*
Fra: paramètre d'influence *m*
Spa: magnitud influyente *f*

einflutig (Lüfter) *adj*
Eng: single flow (fan) *n*
Fra: monoflux (ventilateur) *adj*
Spa: de un solo flujo (ventilador) *loc*

Einfunktionsleuchte (Scheinwerfer) *f*

Eng: single function lamp (headlamp) *n*
Fra: feu à fonction unique *m*
Spa: lámpara de una sola función (faros) *f*

Eingangsfilter ***n***
Eng: input filter *n*
Fra: filtre d'entrée *m*
Spa: filtro de entrada *m*

Eingangsgröße ***f***
Eng: input variable *n*
Fra: grandeur d'entrée *f*
Spa: magnitud de entrada *f*

Eingangs-Sägezahn-Steuerspannung ***f***
Eng: input saw tooth control voltage *n*
Fra: tension de commande en dents de scie *f*
Spa: tensión de control de entrada en forma de diente de sierra *f*

Eingangsschaltung (Steuergerät) ***f***
Eng: input circuit (ECU) *n*
Fra: circuit d'entrée (calculateur) *m*
Spa: circuito de entrada (unidad de control) *m*

Eingangssignal ***n***
Eng: input signal *n*
Fra: signal d'entrée *m*
Spa: señal de entrada *f*

Eingangsspannung ***f***
Eng: input voltage *n*
Fra: tension d'entrée *f*
Spa: tensión de entrada *f*

Eingangsverstärker (Steuergerät) ***m***
Eng: input amplifier (ECU) *n*
Fra: amplificateur d'entrée (calculateur) *m*
Spa: amplificador de entrada (unidad de control) *m*

Eingangszustand ***m***
Eng: input state *n*
Fra: état initial *m*
Spa: estado de entrada *m*

Eingriff ***m***
Eng: intervention *n*
Fra: intervention *f*
Spa: intervención *f*

Eingriffsgrenze ***f***
Eng: action limit *n*
Fra: limite d'intervention *f*
Spa: límite de acción *m*

Einkanaldrucksteuerventil ***n***
Eng: single channel pressure modulation valve *n*
Fra: valve modulatrice de pression à un canal *f*
Spa: válvula de control de presión monocanal *f*

Einklemmschutz ***m***
Eng: finger protection *n*
Fra: protection antipincement *f*
Spa: protección antiaprisionamiento *f*

Einklemmsicherung (Kfz) ***f***
Eng: push in fuse (motor vehicle) *n*
Fra: dispositif antipincement (véhicule) *m*
Spa: seguro antiaprisionamiento (automóvil) *m*

einknicken (Sattelzug) ***v***
Eng: jacknife (semitrailer unit) *v*
Fra: se mettre en portefeuille (semi-remorque) *m*
Spa: doblarse (tractocamión articulado) *v*

Einkomponentenklebstoff ***m***
Eng: single component adhesive *n*
Fra: adhésif monocomposant *m*
Spa: adhesivo de un componente *m*

Einkontaktregler ***m***
Eng: single contact regulator *n*
Fra: régulateur monocontact *m*
Spa: regulador de un contacto *m*

Einkopplung (EMV) ***f***
Eng: couple (EMC) *v*
Fra: couplage (CEM) *m*
Spa: acople (compatibilidad electromagnética) *m*

Einkreis-Bremsanlage ***f***
Eng: single circuit braking system *n*
Fra: dispositif de freinage à transmission à circuit unique *m*
Spa: sistema de frenos de un circuito *m*

Einkreis-Kontrolle ***f***
Eng: single circuit monitoring *n*
Fra: contrôle à un circuit *m*
Spa: control de un circuito *m*

Einlass ***m***
Eng: intake *n*
Fra: admission *f*
(côté aspiration) *m*
Spa: admisión *f*

Einlassdrall (Saugrohr) ***m***
Eng: intake swirl (intake manifold) *n*
Fra: tourbillon à l'admission (collecteur d'admission) *m*
Spa: espiral de admisión (tubo de admisión) *f*

Einlasskanal (Verbrennungsmotor) ***m***
Eng: intake duct (IC engine) *n*
Fra: conduit d'admission *m*
Spa: canal de admisión (motor de combustión) *m*

Einlasskanal (Verbrennungsmotor) ***m***
Eng: intake passage (IC engine) *n*
Fra: conduit d'admission *m*
Spa: canal de admisión (motor de combustión) *m*

Einlasskanalabschaltung (Verbrennungsmotor) ***f***
Eng: intake port shutoff (IC engine) *n*
Fra: coupure du conduit d'admission *f*
Spa: desconexión de canal de admisión (motor de combustión) *f*

Einlasskrümmer (Verbrennungsmotor) ***m***
Eng: intake manifold (IC engine) *n*
Fra: collecteur d'admission *m*
Spa: colector de admisión (motor de combustión) *m*

Einlassnockenwelle (Verbrennungsmotor) ***f***
Eng: intake camshaft *n*
Fra: arbre à cames côté admission *m*
Spa: eje de levas de admisión (motor de combustión) *m*

Einlassquerschnitt (Verteilereinspritzpumpe) ***m***
Eng: inlet passage (distributor pump) *n*
Fra: section d'arrivée (pompe distributrice) *f*
Spa: sección de admisión (bomba de inyección rotativa) *f*

Einlasstakt (Verbrennungsmotor) ***m***
Eng: intake stroke *n*
Fra: temps d'admission *m*
Spa: ciclo de admisión (motor de combustión) *m*

Einlassventil (Verbrennungsmotor) ***n***
Eng: intake valve *n*
Fra: soupape d'admission *f*
(valve d'admission) *f*
Spa: válvula de admisión (motor de combustión) *f*

Einlassventilsitz (Verbrennungsmotor) ***m***
Eng: intake valve seat (IC engine) *n*
Fra: siège de soupape d'admission (moteur à combustion) *m*
Spa: asiento de válvula de admisión (motor de combustión) *m*

Einlauf ***m***
Eng: run in *n*
Fra: rodage *m*
Spa: rodaje *m*

einlaufen (Bremstrommel, Bremsscheibe) ***v***
Eng: score (brake drum, brake disc) *v*
Fra: trace d'usure (tambour, frein à disque) *f*
Spa: marca de uso (tambor de freno, disco de freno) *f*

Deutsch

Deutsch

Einlaufkrümmer (Verbrennungsmotor) *m*
Eng: inlet manifold (IC engine) *n*
Fra: collecteur d'alimentation *m*
Spa: colector de admisión (motor de combustión) *m*

Einlaufschicht *f*
Eng: penetration coating *n*
Fra: couche pénétrante *f*
Spa: capa de penetración *f*

Einlaufstelle (Bremstrommel, Bremsscheibe) *f*
Eng: scoring (brake drum, brake disc) *n*
Fra: trace d'usure (tambour, frein à disque) *f*
Spa: marca de uso (tambor de freno, disco de freno) *f*

Einleitungs-Bremsanlage *f*
Eng: single line braking system *n*
Fra: dispositif de freinage à conduite unique *m*
Spa: sistema de frenos de una línea *m*

Einlochdüse *f*
Eng: single orifice nozzle *n*
Fra: injecteur monotrou *m*
Spa: inyecctor de un agujero *m*

Einlocheinspritzventil *n*
Eng: single hole injector *n*
Fra: injecteur monotrou *m*
Spa: válvula de inyección de un agujero *f*

Einlochzumessung (Einspritzventil) *f*
Eng: single orifice metering (fuel injector) *n*
Fra: dosage monotrou (injecteur) *m*
Spa: dosificación de agujero simple (válvula de inyección) *f*

Einmassenschwinger *m*
Eng: single mass oscillator *n*
Fra: système à un seul degré de liberté *m*
Spa: oscilador de masa simple *m*

Einparkhilfe *f*
Eng: parking aid *n*
Fra: assistance au parcage *f*
Spa: ayuda para aparcar *f*

Einparkhilfe *f*
Eng: parking-aid assistant *n*
Fra: assistance au parcage *f*
Spa: ayuda para aparcar *f*

Einparkhilfssystem *n*
Eng: park pilot *n*
Fra: guide de parcage *m*
Spa: piloto de aparcamiento *m*

Einpassring *m*
Eng: fitting ring *n*
Fra: bague de centrage *f*
Spa: anillo de encaje *m*

Einphasemaschine *f*
Eng: single phase machine *n*
Fra: machine monophasée *f*
Spa: máquina monofásica *f*

Einphasenmotor mit Hilfswicklung *m*
Eng: split phase motor *n*
Fra: moteur monophasé à enroulement auxiliaire *m*
Spa: motor monofásico con devanado auxiliar *m*

Einphasen-Wechselstrom *m*
Eng: single phase alternating current *n*
Fra: courant alternatif monophasé *m*
Spa: corriente alterna monofásica *f*

einphasig *adj*
Eng: single phase *adj*
Fra: monophasé *adj*
Spa: monofásico *adj*

Einpressbuchse *f*
Eng: press in bushing *n*
Fra: douille emmanchée *f*
Spa: casquillo de presión *m*

Einpressdiode *f*
Eng: press in diode *n*
Fra: diode emmanchée *f*
Spa: diodo de presión *m*

Einpressdorn *m*
Eng: press in mandrel *n*
Fra: mandrin d'emmanchement *m*
Spa: mandril de presión *m*

Einpressmutter *f*
Eng: press in nut *n*
Fra: écrou à emmancher *m*
Spa: tuerca de presión *f*

Einpresswerkzeug *n*
Eng: press in tool *n*
Fra: outil à emmancher *m*
Spa: herramienta de inserción *f*

einrasten *v*
Eng: snap in *v*
Fra: s'encliqueter *v*
Spa: encastrar *v*

Einrohrdämpfer *m*
Eng: single tube shock absorber *n*
Fra: amortisseur monotube *m*
Spa: amortiguador monotubular *m*

Einrückhebel (Starter) *m*
Eng: engagement lever (starter) *n*
Fra: fourchette d'engrènement (démarreur) *f*
Spa: palanca de engrane (motor de arranque) *f*

Einrückmagnet (Starter) *m*
Eng: starting motor solenoid (starter) *n*
(engagement solenoid) *n*
Fra: électro-aimant d'engrènement (démarreur) *m*
(contacteur à solenoïde) *m*
Spa: electroimán de engrane (motor de arranque) *m*

Einrückmagnet (Starter) *m*
Eng: engagement solenoid (starter) *n*
Fra: contacteur à solénoïde *m*
Spa: electroimán de engrane (motor de arranque) *m*

Einrückrelais (Starter) *n*
Eng: solenoid switch (starter) *n*
Fra: contacteur électromagnétique (démarreur) *m*
Spa: relé de engrane (motor de arranque) *m*

Einrückrelais (Starter) *n*
Eng: engagement relay (starter) *n*
Fra: contacteur à solénoïde *m*
Spa: relé de engrane (motor de arranque) *m*

Einrückstange (Starter) *f*
Eng: engagement rod (starter) *n*
Fra: tige d'engrènement (démarreur) *f*
Spa: barra de engrane (motor de arranque) *f*

Einrückwiderstand (Starter) *m*
Eng: meshing resistance (starter) *n*
Fra: résistance à l'engrènement (démarreur) *f*
Spa: resistencia de engrane (motor de arranque) *f*

Einschaltautomatik *f*
Eng: automatic starting mechanism *n*
Fra: automatisme d'enclenchement *m*
Spa: sistema automático de conexión *m*

Einschaltbereich *m*
Eng: cut in area *n*
Fra: plage d'enclenchement *f*
Spa: zona de conexión *f*

Einschaltdauer *f*
Eng: operating time *n*
Fra: durée d'enclenchement *f*
(facteur de marche, FMdurée d'utilisation) *f*
Spa: tiempo de operación *m*

Einschaltdauer *f*
Eng: switch on duration *n*
Fra: facteur de marche *m*
Spa: tiempo de conexión *m*

Einschaltdrehzahl (Generator) *f*
Eng: cutting in speed (alternator) *n*
Fra: vitesse d'amorçage (alternateur) *f*
Spa: número de revoluciones de conexión (alternador) *m*

Einschaltdruck *m*
Eng: cut in pressure *n*
Fra: pression d'enclenchement *f*

Spa: presión de conexión *f*

Einschaltpunkt ***m***
Eng: cut in point *n*
Fra: point d'enclenchement *m*
Spa: punto de conexión *m*

Einschaltschwelle ***f***
Eng: switch on threshold *n*
Fra: seuil d'enclenchement *m*
Spa: umbral de conexión *m*

Einschaltstrom ***m***
Eng: cut in current *n*
Fra: courant de démarrage *m*
Spa: corriente de conexión *f*

Einscheibenkupplung ***f***
Eng: single plate clutch *n*
Fra: embrayage monodisque *m*
Spa: embrague monodisco *m*

Einscheiben-Sicherheitsglas, ESG ***n***
Eng: single pane toughened safety glass, TSG *n*
Fra: verre de sécurité trempé, VST *m*
Spa: cristal de seguridad monocapa *m*

Einschraubstutzen ***m***
Eng: screwed socket *n*
Fra: manchon fileté *m*
Spa: tubuladura roscada *f*

Einspannung ***f***
Eng: clamping *n*
Fra: encastrement *m*
Spa: sujeción *f*

Einspritzanlage ***f***
Eng: fuel injection installation *n*
Fra: équipement d'injection *m*
Spa: sistema de inyección *m*

Einspritzanlage ***f***
Eng: fuel injection system *n*
Fra: dispositif d'injection *m*
Spa: sistema de inyección *m*

Einspritzanpassung ***f***
Eng: injection adaptation *n*
Fra: adaptation de l'injection *f*
Spa: adaptación de la inyección *f*

Einspritzausblendung (Jetronic) ***f***
Eng: injection blank out (Jetronic) *n*
Fra: coupure de l'injection *f*
Spa: interrupción de la inyección (Jetronic) *f*

Einspritzausblendungszeit (Jetronic) ***f***
Eng: injection blank out period (Jetronic) *n*
Fra: durée de coupure de l'injection (Jetronic) *f*
Spa: tiempo de interrupción de la inyección (Jetronic) *m*

Einspritzausrüstung ***f***
Eng: fuel injection equipment *n*
Fra: équipement d'injection *m*
Spa: equipo de inyección *m*

Einspritzbeginn ***m***
Eng: start of injection *n*
Fra: début d'injection *m*
Spa: inicio de inyección *m*

Einspritzdauer ***f***
Eng: injection time *n*
(injection duration) *n*
Fra: durée d'injection *f*
Spa: tiempo de inyección *m*

Einspritzdauer ***f***
Eng: duration of injection *n*
Fra: durée d'injection *f*
Spa: tiempo de inyección *m*

Einspritzdruck ***m***
Eng: injection pressure *n*
Fra: pression d'injection *f*
Spa: presión de inyección *f*

Einspritzdüse ***f***
Eng: injection nozzle *n*
Fra: injecteur *m*
Spa: inyector *m*

Einspritzdüsenhalter ***m***
Eng: nozzle holder assembly *n*
Fra: porte-injecteur *m*
Spa: portainyector *m*

Einspritzfolge ***f***
Eng: injection sequence *n*
Fra: ordre d'injection *m*
Spa: secuencia de inyección *f*

Einspritzfördermenge ***f***
Eng: fuel quantity to be injected *n*
Fra: débit d'injection *m*
Spa: caudal a ser inyectado *m*

Einspritzgrundmenge ***f***
Eng: basic injection quantity *n*
Fra: débit d'injection de base *m*
Spa: caudal básico de inyección *m*

Einspritzimpuls ***m***
Eng: injection pulse *n*
Fra: impulsion d'injection *f*
Spa: impulso de inyección *m*

Einspritzleitung ***f***
Eng: fuel injection line *n*
(fuel-injection tubing) *n*
Fra: conduite d'injection *f*
Spa: línea de inyección *f*

Einspritzmenge ***f***
Eng: injected fuel quantitiy *n*
Fra: débit d'injection *m*
Spa: caudal de inyección *m*

Einspritzmengenindikator ***m***
Eng: injected fuel quantity indicator *n*
Fra: débitmètre instantané *m*
Spa: indicador del caudal de inyección *m*

Einspritzmengenstreuung ***f***
Eng: injected fuel quantity scatter *n*
Fra: dispersion des débits *f*
Spa: dispersión del caudal de inyección *f*

Einspritzmengenverlauf ***m***
Eng: rate of injection curve *n*
Fra: loi d'injection *f*
Spa: evolución del caudal de inyección *f*

Einspritzmotor ***m***
Eng: fuel injection engine *n*
Fra: moteur à injection *m*
Spa: motor de inyección *m*

Einspritznocken ***m***
Eng: injection cam *n*
Fra: came d'injection *f*
Spa: leva de inyección *f*

Einspritzpumpe ***f***
Eng: injection pump *n*
Fra: pompe d'injection *f*
Spa: bomba de inyección *f*

Einspritzpumpe ***f***
Eng: fuel injection pump *n*
Fra: pompe d'injection *f*
Spa: bomba de inyección *f*

Einspritzpumpen-Kombination ***f***
Eng: injection pump assembly *n*
Fra: ensemble de pompe d'injection *m*
Spa: combinación de bombas de inyección *f*

Einspritzpumpen-Prüfstand ***m***
Eng: injection pump test bench *n*
Fra: banc d'essai pour pompes d'injection *m*
Spa: banco de pruebas de bombas de inyección *m*

Einspritzrate ***f***
Eng: injection rate *n*
Fra: taux d'injection *m*
Spa: tasa de inyección *f*

Einspritzrichtung ***f***
Eng: injection direction *n*
Fra: sens d'injection *m*
Spa: dirección de inyección *f*

Einspritzsignal ***n***
Eng: injection signal *n*
Fra: signal d'injection *m*
Spa: señal de inyección *f*

Einspritzsteuerung ***f***
Eng: injection control *n*
Fra: commande d'injection *f*
Spa: control de inyección *m*

Einspritzstrahl ***m***
Eng: injection jet *n*
Fra: jet d'injection *m*
Spa: chorro de inyección *m*

Einspritzsystem ***n***
Eng: fuel injection system *n*
Fra: système d'injection *m*
Spa: sistema de inyección *m*

Einspritztakt ***m***
Eng: injection cycle *n*
Fra: cycle d'injection *m*
Spa: ciclo de inyección *m*

Einspritzventil ***n***
Eng: fuel injector *n*

Deutsch

Deutsch

Fra: injecteur *m*
Spa: válvula de inyección *f*

Einspritzverlauf ***m***
Eng: rate of discharge curve *n*
(injection pattern) *n*
Fra: loi d'injection *f*
Spa: evolución de la inyección *f*

Einspritzvolumen ***n***
Eng: injected fuel volume *n*
Fra: volume de carburant injecté *m*
Spa: volumen inyectado *m*

Einspritzvorgang ***m***
Eng: injection process *n*
Fra: injection *f*
Spa: proceso de inyección *m*

einspuren (Starterritzel) ***v***
Eng: mesh (starter pinion) *v*
Fra: engrènement (pignon) *m*
Spa: engranar (piñon del motor de arranque) *v*

Einspurfeder (Starter) ***f***
Eng: meshing spring (starter) *n*
Fra: ressort d'engrènement *m*
Spa: muelle de engrane (motor de arranque) *m*

Einspurgetriebe (Starter) ***n***
Eng: meshing drive (starter) *n*
Fra: lanceur *m*
Spa: transmisión de engrane (motor de arranque) *f*

Einstellgerät ***n***
Eng: calibrating unit *n*
Fra: appareil de réglage *m*
Spa: dispositivo de ajuste *m*

Einstellhebel (Verteilereinspritzpumpe) ***m***
Eng: control lever (distributor pump) *n*
Fra: levier de réglage (pompe distributrice) *m*
Spa: palanca de ajuste (bomba de inyección rotativa) *f*

Einstellhülse ***f***
Eng: setting sleeve *n*
Fra: manchon de réglage *m*
Spa: manguito de ajuste *m*

Einstellmaß ***n***
Eng: adjustment dimension *n*
Fra: cote de réglage *f*
Spa: medida de ajuste *f*

Einstellpotentiometer ***n***
Eng: adjusting potentiometer *n*
Fra: potentiomètre de réglage *m*
Spa: potenciómetro de ajuste *m*

Einstellschraube ***f***
Eng: adjusting screw *n*
Fra: vis de réglage *f*
Spa: tornillo de ajuste *m*

Einstellwert ***m***
Eng: setting value *n*
Fra: valeur de réglage *f*
Spa: valor de ajuste *m*

einsteuern (Bremskraft) ***v***
Eng: apply (braking force) *v*
Fra: moduler (force de freinage) *v*
Spa: aplicar (fuerza de frenado) *v*

Einstichkante ***f***
Eng: recessed edge *n*
Fra: rainure *f*
Spa: borde acanalado *m*

Einstrahl-Drosselzapfendüse ***f***
Eng: single jet throttling pintle nozzle *n*
Fra: injecteur monojet à téton et étranglement *m*
Spa: inyector estrangulador de espiga de un chorro *m*

Einstrahldüse ***f***
Eng: single-hole nozzle *n*
Fra: injecteur monojet *m*
Spa: inyector de un chorro *m*

Einstrahlfestigkeit (EMV) ***f***
Eng: resistance to incident radiation (EMC) *n*
Fra: tenue au rayonnement incident (CEM) *f*
Spa: resistencia a la radiación (compatibilidad electromagnética) *f*

Einstrahlung (EMV) ***f***
Eng: incident radiation (EMC) *n*
Fra: rayonnement incident (CEM) *m*
Spa: radiación incidente (compatibilidad electromagnética) *f*

einstufiges Getriebe ***n***
Eng: single stage transmission *n*
Fra: boîte mono-étagée *f*
Spa: cambio de reducción simple *m*

Einweggleichrichter ***m***
Eng: half wave rectifier *n*
Fra: redresseur demi-onde *m*
Spa: rectificador de vía simple *m*

Einwellen-Gasturbine ***f***
Eng: single shaft gas turbine *n*
Fra: turbine à gaz fixe *f*
Spa: turbina de gas monoarbol *f*

Einzelbuckelschweißung ***f***
Eng: single projection welding *n*
Fra: soudage par bossages simples *m*
Spa: soldadura de proyección simple *f*

Einzeleinspritzpumpe (PF) ***f***
Eng: single plunger fuel injection pump (PF) *n*
Fra: pompe d'injection monocylindrique (PF) *f*
Spa: bomba de inyección simple (PF) *f*

Einzeleinspritzpumpe ***f***
Eng: individual injection pump *n*
Fra: pompe d'injection unitaire *f*
Spa: bomba de inyección simple *f*

Einzeleinspritzung ***f***
Eng: multipoint fuel injection, MPI *n*
Fra: injection multipoint *f*
Spa: inyección multipunto *f*

Einzeleinspritzung ***f***
Eng: single shot injection *n*
Fra: injection multipoint *f*
Spa: inyección multipunto *f*

Einzelfunken-Zündspule ***f***
Eng: single spark ignition coil *n*
Fra: bobine d'allumage unitaire *f*
(bobine d'allumage à une sortie) *f*
Spa: bobina de encendido de una chispa *f*

Einzelimpulsaufladung ***f***
Eng: single pulse charging *n*
Fra: charge par impulsion unique *f*
Spa: sobrealimentación monoimpulso *f*

Einzelmessstrecke ***f***
Eng: sampling length *n*
Fra: longueur de base *f*
Spa: tramo de medición simple *m*

Einzelpolgenerator ***m***
Eng: salient pole alternator *n*
Fra: alternateur à pôles saillants *m*
Spa: alternador monopolar *m*

Einzelpolläufer ***m***
Eng: salient pole rotor *n*
Fra: rotor à pôles saillants *m*
Spa: rotor monopolar *m*

Einzelradaufhängung ***f***
Eng: independent suspension *n*
Fra: essieu à roues indépendantes *m*
Spa: suspensión de ruedas independiente *f*

Einzelspule ***f***
Eng: individual coil *n*
Fra: bobine unitaire *f*
Spa: bobina simple *f*

Einzelteilzeichnung ***f***
Eng: component part drawing *n*
Fra: vue éclatée (enroulement) *f*
Spa: dibujo de detalles *m*

Einzugswicklung ***f***
Eng: pull in winding *n*
Fra: enroulement d'appel *m*
Spa: devanado simple *m*

Einzylinderpumpe ***f***
Eng: single plunger pump *n*
Fra: pompe monocylindrique *f*
Spa: bomba monocilindro *f*

Eisenpaket ***n***
Eng: iron core *n*
Fra: noyau feuilleté *m*
Spa: núcleo de láminas de hierro *m*

Eisenverluste (Generator) ***mpl***
Eng: iron losses (alternator) *npl*
Fra: pertes fer (alternateur) *fpl*

Spa: pérdidas de hierro (alternador) *fpl*

Eisflockenpunkt ***m***
Eng: ice flaking point *n*
Fra: point de congélation *m*
Spa: punto de congelación *m*

elastische Kupplung ***f***
Eng: flexible coupling *n*
Fra: accouplement élastique *m*
Spa: embrague elástico *m*

Elastizitätsmodul ***n***
Eng: modulus of elasticity *n*
(elastic modulus) *n*
Fra: module d'élasticité longitudinale *m*
(module de glissement) *m*
(module de cisaillement) *m*
Spa: módulo de elasticidad *m*

Elastomerquellung (Bremsflüssigkeit) ***f***
Eng: elastomer swelling (brake fluid) *n*
Fra: gonflement des élastomères (liquide de frein) *m*
Spa: hinchamiento del elastómero (líquido de frenos) *m*

elektrisch löschbar ***adj***
Eng: electrically erasable *adj*
Fra: effaçable électriquement *adj*
Spa: borrable eléctricamente *adj*

elektrische Abschaltung ***f***
Eng: electrical shutoff *n*
Fra: stop électrique *m*
Spa: desconexión eléctrica *f*

elektrische Feldstärke ***f***
Eng: electric field strength *n*
Fra: intensité de champ électrique *f*
Spa: intensidad de campo eléctrico *f*

elektrische Flügelzellenpumpe ***f***
Eng: electric vane pump *n*
Fra: pompe à palettes électrique *f*
Spa: bomba eléctrica de aletas *f*

elektrische Flussdichte (Spezifikation) ***f***
Eng: electrical flux density *n*
Fra: induction (ou déplacement) électrique *f*
Spa: densidad de flujo eléctrico (especificación) *f*

elektrische Kraftfahrzeugausrüstung (Spezifikation) ***f***
Eng: automotive electrical equipment *n*
Fra: équipement électrique automobile *m*
Spa: equipo eléctrico de automóviles (especificación) *m*

elektrische Abstellvorrichtung, ELAB (ELAB) ***f***
Eng: solenoid operated shutoff *n*
Fra: dispositif d'arrêt électrique *m*
(dispositif d'arrêt électromagnétique) *m*
Spa: dispositivo eléctrico de desconexión (ELAB) *m*

elektrische Durchflutung ***f***
Eng: current linkage *n*
Fra: solénation *f*
Spa: corriente enlazada *f*

elektrische Feldkraft ***f***
Eng: electric field force *n*
Fra: force électrique *f*
Spa: fuerza del campo eléctrico *f*

elektrische Leitfähigkeit ***f***
Eng: electric conductivity *n*
Fra: conductivité *f*
Spa: conductividad eléctrica *f*

elektrische Polarisation ***f***
Eng: electric polarization *n*
Fra: polarisation électrique *f*
Spa: polarización eléctrica *f*

elektrische Verlustleistung ***f***
Eng: electrical power loss *n*
Fra: pertes de puissance *fpl*
Spa: pérdida de potencia eléctrica *f*

elektrischer Leitwert ***m***
Eng: conductance *n*
(equvalent conductance) *n*
Fra: conductance électrique *f*
(conductance) *f*
Spa: conductancia eléctrica *f*

elektrischer Wandlerkoeffizient ***m***
Eng: electric transducer coefficient *n*
Fra: coefficient électrique de conversion *m*
Spa: coeficiente eléctrico del convertidor *m*

elektrischer Widerstand ***m***
Eng: electrical resistance *n*
Fra: résistance électrique *f*
Spa: resistencia eléctrica *f*

elektrisches Feld ***n***
Eng: electric field *n*
Fra: champ électrique *m*
Spa: campo eléctrico *m*

Elektroabscheider ***m***
Eng: electrical separator *n*
Fra: séparateur électrique *m*
Spa: separador eléctrico *m*

elektroakustischer Wandler ***m***
Eng: electroacoustic transducer *n*
Fra: convertisseur électro-acoustique *m*
Spa: convertidor electroacústico *m*

Elektroblech ***n***
Eng: electrical sheet steel *n*
Fra: tôle magnétique *f*
Spa: chapa eléctrica *f*

Elektrode ***f***
Eng: electrode *n*
Fra: électrode *f*
Spa: electrodo *m*

Elektrodenabbrand (Zündkerze) ***m***
Eng: electrode erosion (spark plug) *n*
Fra: érosion des électrodes *f*
Spa: quemado de electrodo (bujía de encendido) *m*

Elektrodenabstand (Zündkerze) ***m***
Eng: electrode gap (spark plug) *n*
Fra: écartement des électrodes (bougie d'allumage) *m*
Spa: distancia del electrodo (bujía de encendido) *f*

Elektrodenabstandslehre (Zündkerze) ***f***
Eng: electrode gap gauge (spark plug) *n*
Fra: jauge d'épaisseur pour mesure d'écartement des électrodes *f*
Spa: galga de distancia del electrodo (bujía de encendido) *f*

Elektrodenausführung (Zündkerze) ***f***
Eng: electrode version (spark plug) *n*
Fra: type d'électrode *m*
Spa: tipo de electrodo (bujía de encendido) *m*

Elektrodenform (Zündkerze) ***f***
Eng: electrode shape (spark plug) *n*
Fra: forme des électrodes (bougie d'allumage) *f*
Spa: forma del electrodo (bujía de encendido) *f*

Elektrodenverschleiß (Zündkerze) ***m***
Eng: electrode wear (spark plug) *n*
Fra: usure des électrodes *f*
Spa: desgaste del electrodo (bujía de encendido) *m*

Elektrodenwerkstoff ***m***
Eng: electrode material *n*
Fra: matériau des électrodes *m*
Spa: material del electrodo *m*

elektrodynamischer Verlangsamer ***m***
Eng: electrodynamic retarder *n*
Fra: ralentisseur électromagnétique *m*
Spa: retardador electrodinámico (freno de corriente parásita) *m*

elektrodynamisches Prinzip ***n***
Eng: electrodynamic principle, EDP *n*
Fra: principe électrodynamique *m*
Spa: principio electrodinámico *m*

Elektrofahrzeug ***n***
Eng: electric vehicle, EV *n*
Fra: véhicule à traction électrique *m*
(véhicule électrique) *m*

Deutsch

Spa: vehículo eléctrico *m*

Elektroförderpumpe ***f***
Eng: electric supply pump *n*
Fra: pompe d'alimentation électrique *f*
Spa: bomba eléctrica de transporte *f*

elektrohydraulische Abstellvorrichtung ***f***
Eng: electrohydraulic shutoff device *n*
Fra: dispositif d'arrêt électrohydraulique *m*
Spa: dispositivo electrohidráulico de desconexión *m*

Elektrohydraulische Bremse ***f***
Eng: electrohydraulic brake *n*
Fra: frein électrohydraulique *m*
Spa: freno electrohidráulico *m*

elektrohydraulische Bremse, EHB ***a***
Eng: electrohydraulic braking system, EHB *n*
Fra: frein électrohydraulique, EHB *m*
Spa: sistema de freno electrohidráulico, EHB *m*

elektrohydraulischer Drucksteller ***m***
Eng: electrohydraulic pressure actuator *n*
Fra: actionneur de pression électrohydraulique *m*
Spa: actuador electrohidráulico de presión *m*

Elektrokompressor ***m***
Eng: electric compressor *n*
Fra: compresseur électrique *m*
Spa: compresor eléctrico *m*

Elektrokraftstoffpumpe ***f***
Eng: electric fuel pump *n*
Fra: pompe électrique à carburant *f*
Spa: bomba eléctrica de combustible *f*

Elektrokupplung ***f***
Eng: solenoid clutch *n*
Fra: embrayage électromagnétique *m*
Spa: embrague eléctrico *m*

Elektrolüfter ***m***
Eng: electric fan *n*
Fra: ventilateur électrique *m*
Spa: ventilador eléctrico *m*

Elektromagnet ***m***
Eng: electromagnet *n*
Fra: électro-aimant *m*
Spa: electroimán *m*

elektromagnetisch betätigtes Schaltventil ***n***
Eng: electromagnetically operated switching valve *n*
Fra: électrovanne de commande *f*
Spa: válvula de mando operada de forma electromagnética *f*

elektromagnetische Abstellvorrichtung ***f***
Eng: solenoid-operated shutoff *n*
Fra: dispositif d'arrêt électromagnétique *m*
Spa: dispositivo electromagnético de desconexión *m*

elektromagnetische Induktion ***f***
Eng: electromagnetic induction *n*
Fra: induction électromagnétique *f*
Spa: inducción electromagnética *f*

elektromagnetische Kompatibilität ***f***
Eng: electromagnetic compatibility, EMC *n*
Fra: compatibilité électromagnétique *f*
Spa: compatibilidad electromagnética *f*

elektromagnetische Kupplung ***f***
Eng: electromagnetic clutch *n*
Fra: embrayage électromagnétique *m*
Spa: embrague electromagnético *m*

elektromagnetische Startentriegelung ***f***
Eng: electromagnetic excess-fuel disengagement *n*
Fra: déverrouillage électromagnétique du débit de surcharge *m*
Spa: desbloqueo electromagnético de arranque *m*

elektromagnetische Störung ***f***
Eng: electromagnetic interference *n*
Fra: perturbation électromagnétique *f*
Spa: interferencia electromagnética *f*

elektromagnetische Verträglichkeit, EMV ***f***
Eng: electromagnetic compatibility, EMC *n*
Fra: compatibilité électromagnétique, CEM *f*
Spa: compatibilidad electromagnética *f*

elektromagnetisches Prinzip ***n***
Eng: electromagnetic principle, EMP *n*
Fra: principe électromagnétique *m*
Spa: principio electromagnético *m*

Elektromotor ***m***
Eng: electric motor *n*
Fra: moteur électrique *m*
Spa: motor eléctrico *m*

elektromotorische Abstellvorrichtung ***f***
Eng: electromotive shutoff device *n*
Fra: dispositif d'arrêt électromotorisé *m*
Spa: dispositivo electromotor de desconexión *m*

elektromotorische Kraft, EMK ***f***
Eng: electromotive force *n*
Fra: force électromotrice, f.é.m. *f*
(tension interne) *f*
Spa: fuerza electromotriz *f*

Elektroniklader (Batterie) ***m***
Eng: electronic charger (battery) *n*
Fra: chargeur électronique (batterie) *m*
Spa: cargador electrónico (batería) *m*

elektronisch geregelte Bremsanlage ***f***
Eng: electronically controlled braking system, ELB *n*
Fra: dispositif de freinage à régulation électronique *m*
Spa: sistema de frenos regulado electrónicamente *m*

elektronisch geregelte Luftfederung ***f***
Eng: electronically controlled pneumatic suspension, ELF *n*
Fra: suspension pneumatique à régulation électronique *f*
Spa: suspensión neumática regulada electrónicamente *f*

elektronische Zündung ***f***
Eng: electronic ignition system *n*
(semiconductor ignition system) *n*
Fra: allumage électronique *m*
Spa: encendido electrónico *m*

elektronische Zündverstellung ***f***
Eng: electronic spark advance *n*
Fra: correction électronique du point d'allumage *f*
Spa: variación electrónica del encendido *f*

elektronische Benzineinspritzung, Jetronic ***f***
Eng: electronic fuel injection *n*
(Jetronic) *n*
Fra: injection électronique d'essence, Jetronic *f*
Spa: inyección electrónica de gasolina, Jetronic *f*

elektronische Bremsdruckregelung ***f***
Eng: electronic braking-pressure control *n*
Fra: régulation électronique de pression de freinage *f*
Spa: regulación electrónica de la fuerza de frenado *f*

Elektronische Bremskraftverteilung ***f***

Eng: electronic braking-force distribution *n*
Fra: répartition électronique de la force de freinage *f*
Spa: distribución electrónica de fuerza de frenado *f*

elektronische Datenverarbeitung *f*
Eng: electronic data processing, EDP *n*
Fra: échange de données informatisées, EDI *m*
Spa: procesamiento electrónico de datos *m*

elektronische Dieselregelung, EDC *f*
Eng: electronic diesel control, EDC *n*
Fra: régulation électronique diesel, RED *f*
Spa: regulación electrónica Diesel *f*

elektronische Getriebesteuerung *f*
Eng: electronic transmission control *n*
Fra: commande électronique de boîte de vitesses *f*
Spa: control electrónico del cambio *m*

elektronische Hubwerksregelung, EHR *f*
Eng: electronic hoisting-gear control, EHR *n*
Fra: relevage électronique *m*
Spa: regulación electrónica del mecanismo de elevación *f*

elektronische Leerlaufregelung *f*
Eng: electronic idle-speed control *n*
Fra: régulation électronique du ralenti *f*
Spa: regulación electrónica de ralentí *f*

elektronische Motorfüllungssteuerung *f*
Eng: electronic throttle control *n*
Fra: commande électronique du moteur *f*
Spa: control electrónico de llenado del motor *m*

elektronische Motorsteuerung, Motronic *f*
Eng: electronic engine-management system, Motronic *n*
Fra: système électronique de gestion du moteur, Motronic *m*
Spa: control electrónico del motor, Motronic *m*

elektronische Spätverstellung, ESV *f*
Eng: electronic retard device *n*
Fra: retard à l'allumage électronique *m*
Spa: variación a retardo electrónica *f*

elektronische Zündanlage, EZ *f*
Eng: electronic ignition system *n*
Fra: allumage électronique, EZ *m*
Spa: sistema electrónico de encendido *m*

elektronischer Drehzahlbegrenzer *m*
Eng: electronic rotational-speed limiter *n*
Fra: limiteur de régime électronique *m*
Spa: limitador electrónico de revoluciones *m*

elektronischer Isodromregler *m*
Eng: electronic isodromic governor *n*
Fra: régulateur électronique isodromique *m*
Spa: regulador electrónico Isodrom *m*

elektronischer Impulsgeber (specification) *m*
Eng: electronic pulse generator *n*
Fra: générateur d'impulsions électronique *m*
Spa: generador electrónico de impulsos (especificación) *m*

elektronisches Automatikgetriebe *n*
Eng: electronic automatic transmission *n*
Fra: boîte de vitesses automatique à commande électronique *f*
Spa: cambio automático electrónico *m*

elektronisches Gaspedal *n*
Eng: electronic throttle control *n*
Fra: accélérateur électronique *m*
Spa: acelerador electrónico *m*

Elektronisches Stabilitäts-Programm, ESP *n*
Eng: electronic stability program, ESP *n*
Fra: contrôle dynamique de trajectoire *m*
Spa: programa electrónico de estabilidad, ESP *m*

elektronisches Steuergerät *n*
Eng: electronic control unit, ECU *n*
Fra: calculateur électronique *m*
Spa: unidad electrónica de control *f*

elektro-pneumatische Bremsanlage *f*
Eng: electropneumatic braking system *n*
Fra: dispositif de freinage électropneumatique *m*
Spa: sistema de frenos electroneumáticos *m*

Elektropumpe *f*
Eng: electric pump *npl*
Fra: pompe électrique *f*
Spa: bomba eléctrica *f*

Elektrostatik *f*
Eng: electrostatics *n*
Fra: électrostatique *f*
Spa: electrostática *f*

elektrostatische Aufladung *f*
Eng: electrostatic charge *n*
Fra: charge électrostatique *f*
Spa: carga electrostática *f*

elektrostatische Entladung *f*
Eng: electrostatic discharge, ESD *n*
Fra: décharge électrostatique *f*
Spa: descarga electrostática *f*

Elektrotauchlackierung *f*
Eng: electrophoretic enameling *n*
Fra: peinture par électrophorèse *f*
Spa: pintado catódico por inmersión *m*

Elementabschaltventil (Common Rail) *n*
Eng: element switchoff valve (common rail) *n*
Fra: électrovanne de désactivation d'élément (coussin d'air) *f*
Spa: válvula de desconexión de elemento (Common Rail) *f*

Elementkopf (Pumpenelement) *m*
Eng: plunger and barrel head (pump element) *n*
Fra: tête de l'élément de pompage (élément de pompage) *f*
Spa: cabezal de bomba (elemento de bomba) *m*

Elementraum (Common Rail) *m*
Eng: element chamber (common rail) *n*
Fra: chambre d'élément (« Common Rail ») *f*
Spa: cámara de elemento (Common Rail) *f*

Emailüberzug *m*
Eng: enamel coating *n*
Fra: revêtement en émail *m*
Spa: capa esmaltada *f*

Emissionswerte *mpl*
Eng: emission values *npl*
Fra: valeurs d'émission *fpl*
Spa: niveles de emisión *mpl*

Empfängerkammer (Abgastester) *f*
Eng: receiving chamber (CO test) *n*
Fra: collecteur (testeur de CO) *m*
Spa: cámara de recepción (comprobador de gases de escape) *f*

Empfänger-Wandler (Autoalarm) *m*
Eng: receiver transducer (car alarm) *n*

Deutsch

Fra: transducteur-récepteur (alarme auto) *m*
Spa: transductor receptor (alarma de vehículo) *m*

Empfangsfrequenz *f*
Eng: receive frequency *n*
Fra: fréquence de réception *f*
Spa: frecuencia de recepción *f*

Empfangssensor *m*
Eng: receive sensor *n*
Fra: capteur récepteur *m*
Spa: sensor de recepción *m*

Empfangsspule *f*
Eng: receiver coil *n*
Fra: bobine réceptrice *f*
Spa: bobina de recepción *f*

Empfindlichkeit (Messtechnik) *f*
Eng: sensitivity *n*
Fra: sensibilité *f*
Spa: sensibilidad (metrología) *f*

EMV-Test *m*
Eng: electromagnetic compatibility test *n*
(EMS test) *n*
Fra: test CEM *m*
Spa: ensayo de compatibilidad electromagnética *m*

Endabregelung (Einspritzpumpe) *f*
Eng: full load speed regulation (fuel-injection pump) *n*
Fra: coupure de vitesse maximale (pompe d'injection) *f*
Spa: regulación de limitación final *f*

Endabstellung (Wischermotor) *f*
Eng: self parking (wiper motor) *n*
Fra: arrêt en fin de course (moteur d'essuie-glace) *m*
Spa: parada en posición final (motor del limpiaparabrisas) *f*

Enddrehzahl *f*
Eng: high idle speed *n*
Fra: vitesse maximale à vide *f*
Spa: régimen superior de ralentí *m*

Enddrehzahlregler (Diesel-Regler) *m*
Eng: maximum speed governor (governor) *n*
Fra: régulateur de vitesse maximale *m*
Spa: regulador de régimen superior de ralentí (regulador Diesel) *m*

Endkontrolle *f*
Eng: final inspection *n*
Fra: contrôle final *m*
Spa: inspección final *f*

Endlage *f*
Eng: end position *n*
Fra: position de fin de course *f*
Spa: posición final *f*

Endlagenkupplung *f*
Eng: end position coupling *n*
Fra: coupleur de fin de course *m*
Spa: acoplamiento de posición final *m*

Endprüfung *f*
Eng: final inspection and test *n*
Fra: contrôle final *m*
Spa: comprobación final *f*

Endregelfeder (Diesel-Regler) *f*
Eng: maximum speed spring (governor) *n*
Fra: ressort de régulation de vitesse maximale *m*
Spa: muelle de régimen máximo (regulador Diesel) *m*

Endschalter *m*
Eng: limit switch *n*
Fra: contacteur de fin de course *m*
Spa: fin de carrera *m*

Endstufe *f*
Eng: output stage *n*
Fra: étage de sortie *m*
Spa: paso final *m*

Endstufenabschaltung *f*
Eng: power stage deactivation *n*
Fra: désactivation de l'étage de sortie *f*
Spa: desactivación de paso final *f*

Endverstärker *m*
Eng: output amplifier *n*
Fra: suramplificateur *m*
Spa: amplificador de salida *m*

Energieabfluss *m*
Eng: energy output *n*
Fra: départ d'énergie *m*
Spa: salida de energía *f*

Energieerzeugung *f*
Eng: power generation *n*
Fra: production d'énergie *f*
Spa: generación de energía *f*

Energiefluss *m*
Eng: flow of energy *n*
Fra: flux d'énergie *m*
Spa: flujo de energía *m*

Energiehaushalt (Kfz) *m*
Eng: energy balance (motor vehicle) *n*
Fra: bilan énergétique (véhicule) *m*
Spa: balance de energía (automóvil) *m*

Energiemanagement *n*
Eng: energy management *n*
Fra: gestion énergétique *f*
Spa: gestión de energía *f*

Energiequelle *f*
Eng: source of energy *n*
Fra: source d'énergie *f*
Spa: fuente de energía *f*

Energiereserve (Airbag) *f*
Eng: energy reserve (airbag triggering system) *n*
Fra: réserve d'énergie (coussin d'air) *f*
Spa: reserva de energía (airbag) *f*

Energiespeicher *m*
Eng: energy accumulator *n*
Fra: accumulateur d'énergie *m*
Spa: acumulador de energía *m*

Energiespeicherung *f*
Eng: energy storage *n*
Fra: accumulation de l'énergie *f*
Spa: almacenamiento de energía *m*

Energieumsetzung *f*
Eng: energy conversion *n*
Fra: conversion d'énergie *f*
Spa: transformación de energía *f*

Energieverbrauch *m*
Eng: energy consumption *n*
(power consumption) *n*
Fra: consommation énergétique *f*
Spa: consumo de energía *m*

Energieversorgung *f*
Eng: energy supply *n*
Fra: alimentation en énergie *f*
Spa: suministro de energía *m*

Energiezufuhr *f*
Eng: energy input *n*
Fra: apport d'énergie *m*
(arrivée d'énergie) *f*
Spa: entrada de energía *f*

Enfrosterklappe *f*
Eng: defrosting flap *n*
Fra: volet de dégivrage *m*
Spa: difusor de deshielo *m*

Entflammungsaussetzer *m*
Eng: ignition miss *n*
Fra: ratés d'inflammation *mpl*
Spa: fallo de ignición *m*

Entflammungsdauer *f*
Eng: flame front propagation time *n*
Fra: durée d'inflammation *f*
Spa: tiempo de ignición *m*

Entflammungsgrenze *f*
Eng: ignition limit *n*
Fra: limite d'inflammabilité *f*
Spa: límite de ignición *m*

Entflammungszeitpunkt *m*
Eng: mixture ignition point *n*
Fra: point d'inflammation *m*
Spa: punto de ignición *m*

Entfroster *m*
Eng: defroster *n*
Fra: dégivreur *m*
Spa: descongelador *m*

Entgasungsöffnung (Batterie) *f*
Eng: ventilation opening (battery) *n*
Fra: orifice de dégazage (batterie) *m*
Spa: orificio de purga de gases (batería) *m*

Entkoppelungsdrossel *f*
Eng: decoupling reactor *n*
Fra: inductance de découplage *f*
Spa: estrangulador de desacople *m*

Entkopplungsdiode *f*
Eng: decoupling diode *n*
Fra: diode de découplage *f*
Spa: diodo de desacople *m*

Entkopplungsring *m*
Eng: decoupling ring *n*
Fra: bague de découplage *f*
Spa: anillo de desacople *m*

entladen (Batterie) *v*
Eng: discharge (battery) *v*
Fra: décharger (batterie) *v*
Spa: descargar (batería) *v*

Entladenennstrom (Batterie) *m*
Eng: nominal discharge current rate (battery) *n*
Fra: courant nominal de décharge *m*
Spa: corriente nominal de descarga (batería) *f*

Entladeschlussspannung (Batterie) *f*
Eng: cutoff voltage (battery) *n*
Fra: tension de fin de décharge *f*
Spa: tensión final de descarga (batería) *f*

Entladeschlussspannung (Batterie) *f*
Eng: end point voltage (battery) *n*
Fra: tension de fin de décharge *f*
Spa: tensión final de descarga (batería) *f*

Entladestrom (Batterie) *m*
Eng: discharge current (battery) *n*
Fra: courant de décharge *m*
Spa: corriente de descarga (batería) *f*

Entladewiderstand (Batterie) *m*
Eng: discharge resistor (battery) *n*
Fra: résistance de décharge *f*
Spa: resistencia de descarga (batería) *f*

Entladung (Batterie) *f*
Eng: discharge (battery) *n*
Fra: décharge (batterie) *f*
Spa: descarga (batería) *f*

Entladungsdauer (Batterie) *f*
Eng: discharge time (battery) *n*
Fra: durée de décharge *f*
(temps de décharge) *m*
Spa: tiempo de descarga (batería) *m*

Entlastung (Batterie) *f*
Eng: load reduction *n*
Fra: délestage *m*
Spa: alivio de carga (batería) *m*

Entlastungsbund *m*
Eng: relief collar *n*
Fra: épaulement de détente *m*
Spa: collar de descarga *m*

Entlastungsbund *m*
Eng: retraction collar *n*
Fra: épaulement de décharge *m*
Spa: collar de descarga *m*

Entlastungshub *m*
Eng: retraction lift *n*
Fra: course de détente *f*
Spa: carrera de descarga *f*

Entlastungskolben *m*
Eng: retraction piston *n*
Fra: piston de détente *m*
Spa: pistón de descarga *m*

Entlastungstrichter *m*
Eng: relief funnel *n*
Fra: cône de décharge *m*
Spa: embudo de descarga *m*

Entlastungsvolumen (Verteilerpumpe) *n*
Eng: retraction volume (distributor pump) *n*
Fra: volume de décharge *m*
Spa: volumen de descarga (bomba de inyección rotativa) *m*

entlüften *v*
Eng: bleed *v*
Fra: purger *f*
(dégazage) *m*
Spa: purgar aire *v*

Entlüftergerät *n*
Eng: bleeding device *n*
Fra: appareil de purge *m*
Spa: aparato de purga de aire *m*

Entlüfterventil *n*
Eng: bleeder valve *n*
Fra: vanne de purge *f*
Spa: válvula de purga de aire *f*

Entlüftung *f*
Eng: vent *n*
Fra: purge *f*
Spa: evacuación de aire *f*

Entlüftungsbohrung *f*
Eng: vent bore *n*
Fra: orifice de purge d'air *m*
Spa: taladro de purga de aire *m*

Entlüftungshahn *m*
Eng: bleed cock *n*
Fra: robinet de purge *m*
Spa: llave de purga de aire *f*

Entlüftungsschlauch *m*
Eng: bleed hose *n*
Fra: flexible de purge *m*
Spa: manguera de purga de aire *f*

Entlüftungsschraube *f*
Eng: vent screw *n*
Fra: vis de purge d'air *f*
Spa: tornillo de purga de aire *m*

Entlüftungsschraube *f*
Eng: bleed screw *n*
Fra: vis de purge d'air *f*
Spa: tornillo de purga de aire *m*

Entlüftungsstutzen *m*
Eng: vent connection *n*
Fra: tubulure de mise à l'atmosphère *f*
Spa: tubuladura de purga de aire *f*

Entlüftungsventil *n*
Eng: bleeder valve *n*
Fra: valve de purge air *f*
(valve de dégazage) *f*
Spa: válvula de purga de aire *f*

Entlüftungsvorgang *m*
Eng: bleeding process *n*
Fra: procédure de purge *f*
Spa: proceso de purga de aire *m*

entmagnetisierend *adj*
Eng: demagnetizing *adj*
Fra: démagnétisant *adj*
Spa: desmagnetizante *adj*

Entmischungsvorgang *m*
Eng: bleeding procedure *n*
Fra: phénomène de démixtion *m*
Spa: proceso de segregación *m*

Entregung *f*
Eng: de-excitation *n*
Fra: désexcitation *f*
Spa: desexcitación *f*

Entriegelung (Nothahn) *f*
Eng: release (emergency valve) *n*
Fra: déverrouillage (robinet de secours) *m*
Spa: desbloqueo (grifo de emergencia) *m*

Entriegelungsschalter *m*
Eng: release switch *n*
Fra: commutateur de déverrouillage *m*
Spa: interruptor de desbloqueo *m*

entschärfen (Autoalarm) *v*
Eng: deprime (car alarm) *v*
Fra: désarmer (alarme auto) *v*
Spa: desconectar (alarma de vehículo) *v*

Entschwefelung *f*
Eng: desulfurization *v*
Fra: désulfuration *f*
Spa: desulfurización *f*

Entspannnungshub *m*
Eng: expansion stroke *n*
Fra: course de détente *f*
Spa: carrera de expansión *f*

Entspiegelung *f*
Eng: antireflection *n*
Fra: traitement antireflet *m*
Spa: supresión de reflejos *f*

Entstördrossel *f*
Eng: interference suppression choke *n*
Fra: self d'antiparasitage *f*
Spa: estrangulador antiparasitario *m*

Entstörfilter *n*
Eng: suppression filter *n*
Fra: filtre d'antiparasitage *m*
Spa: filtro antiparasitario *m*

Entstörgrad *n*
Eng: interference suppression level *n*
Fra: degré d'antiparasitage *m*

Deutsch

Deutsch

Spa: grado de supresión de interferencias *m*

Entstörklasse ***m***
Eng: interference suppression category *n*
Fra: classe d'antiparasitage *f*
Spa: clase de supresión de interferencias *f*

Entstörkondensator ***m***
Eng: noise suppression capacitor *n*
Fra: condensateur d'antiparasitage *m*
Spa: condensador antiparasitario *m*

Entstörmittel ***n***
Eng: interference suppressor *n*
Fra: éléments d'antiparasitage *mpl*
Spa: supresor de interferencias *m*

Entstörsatz ***m***
Eng: interference suppression kit *n*
Fra: jeu d'antiparasitage *m*
Spa: juego de supresión de interferencias *m*

Entstörstecker ***m***
Eng: noise suppression socket *n*
Fra: embout d'antiparasitage *m*
Spa: enchufe antiparasitario *m*

Entstörwiderstand ***m***
Eng: noise suppression resistor *n*
Fra: résistance d'antiparasitage *f*
Spa: resistencia antiparasitaria *f*

entwässern (Filter) ***v***
Eng: drain (filter) *v*
Fra: drainer (filtre) *v*
Spa: drenar (filtro) *v*

Entwässerung ***f***
Eng: water drainage *n*
Fra: purgeur *m*
Spa: drenaje de agua *m*

Entwässerungsventil ***n***
Eng: drain valve *n*
Fra: purgeur d'eau *m*
Spa: válvula de drenaje *f*

Entwässerungsventil ***n***
Eng: dewatering valve *n*
Fra: purgeur d'eau *m*
Spa: válvula de drenaje *f*

Equalizer ***m***
Eng: equalizer *n*
Fra: égaliseur *m*
Spa: ecualizador *m*

Erdbeschleunigung ***f***
Eng: gravitational acceleration *n*
Fra: accélération de la pesanteur *f*
Spa: aceleración de la gravedad *f*

Erdgas ***n***
Eng: natural gas *n*
Fra: gaz naturel, GNV *m*
Spa: gas natural *m*

Erdmagnetfeldsonde (Navigationssystem) ***f***
Eng: geomagnetic sensor (navigation system) *n*
Fra: sonde de champ magnétique terrestre (système de navigation) *f*
Spa: sensor del campo magnético de la tierra (sistema de navegación) *m*

Erdungsanlage ***f***
Eng: earthing system *n*
(grounding system) *n*
Fra: dispositif de mise à la terre *m*
Spa: sistema de puesta a tierra *m*

Erdungsklemme ***f***
Eng: earthing terminal *n*
(grounding terminal) *n*
Fra: borne de terre *f*
Spa: borne de puesta a tierra *m*

Erdungskontakt ***m***
Eng: earthing contact *n*
Fra: contact de terre *m*
Spa: contacto de puesta a tierra *m*

Erdungsleitung ***f***
Eng: earthing conductor *n*
Fra: câble de mise à la terre *m*
Spa: conductor de puesta a tierra *m*

ereignisgesteuert ***pp***
Eng: event driven *pp*
Fra: commandé par événements *pp*
Spa: controlado por eventos *pp*

Ereigniszähler ***m***
Eng: event counter *n*
Fra: compteur d'événements *m*
Spa: contador de eventos *m*

Erhaltungsladung ***f***
Eng: trickle charge *n*
Fra: charge de maintien *f*
Spa: carga de conservación *f*

Ermüdungsbruch ***m***
Eng: fatigue failure *n*
Fra: rupture par fatigue *f*
Spa: rotura por fatiga *f*

Ermüdungsfestigkeit ***f***
Eng: fatigue strength *n*
Fra: tenue à la fatigue *f*
Spa: resistencia a la fatiga *f*

Erregerdiode ***f***
Eng: excitation diode *n*
Fra: diode d'excitation *f*
Spa: diodo de excitación *m*

Erregerfeld ***n***
Eng: excitation field *n*
Fra: champ d'excitation *m*
Spa: campo de excitación *m*

Erregerfrequenz ***f***
Eng: excitation frequency *n*
Fra: fréquence d'excitation *f*
Spa: frecuencia de excitación *f*

Erregerspannung ***f***
Eng: excitation voltage *n*
Fra: tension d'excitation *f*
Spa: tensión de excitación *f*

Erregerspule ***f***
Eng: field coil *n*
Fra: bobinage d'excitation *m*
Spa: bobina de excitación *f*

Erregerstrom ***m***
Eng: excitation current *n*
Fra: courant d'excitation *m*
Spa: corriente de excitación *f*

Erregerstromkreis ***m***
Eng: excitation circuit *n*
Fra: circuit d'excitation *m*
Spa: circuito de corriente de excitación *m*

Erregersystem ***n***
Eng: excitation system *n*
Fra: système d'excitation *m*
Spa: sistema de excitación *m*

Erregerverluste ***mpl***
Eng: excitation losses *npl*
Fra: pertes d'excitation *fpl*
Spa: pérdidas de excitación *fpl*

Erregerwicklung ***f***
Eng: excitation winding *n*
Fra: enroulement d'excitation *m*
Spa: bobinado de excitación *m*

Erregung ***f***
Eng: excitation *n*
Fra: excitation *f*
Spa: excitación *f*

Erregungsfunktion ***f***
Eng: excitation function *n*
Fra: fonction d'excitation *f*
Spa: función de excitación *f*

Ersatzradmulde ***f***
Eng: spare wheel recess *n*
Fra: auge de roue de secours *f*
Spa: alojamiento de la rueda de repuesto *m*

Ersatzteil ***n***
Eng: spare part *n*
Fra: pièce de rechange *f*
Spa: pieza de repuesto *f*

Ersatzteilliste ***f***
Eng: spare parts list *n*
Fra: liste de pièces de rechange *f*
Spa: lista de piezas de repuesto *f*

Erstzulassung ***f***
Eng: first registration *n*
Fra: première immatriculation *f*
Spa: primera matriculación *f*

ESP, Elektronisches Stabilitätsprogramm ***n***
Eng: ESP *n*
Fra: ESP, contrôle dynamique de trajectoire *a*
Spa: ESP, programa electrónico de estabilidad *m*

Expansionsgefäß ***n***
Eng: expansion chamber *n*
Fra: vase d'expansion *m*
Spa: cámara de expansión *f*

Expansionsphase (Verbrennungsmotor) ***f***
Eng: expansion phase (IC engine) *n*

Fra: phase de détente (moteur à combustion) *f*
Spa: fase de expansión (motor de combustión) *f*

Expansionstakt (Verbrennungsmotor) ***m***
Eng: expansion stroke (IC engine) *n*
Fra: temps de détente *m*
Spa: ciclo de expansión (motor de combustión) *m*

Expansionsventil ***n***
Eng: expansion valve *n*
Fra: détendeur *m*
Spa: válvula de expansión *f*

Explosionsbild ***n***
Eng: exploded drawing *n*
Fra: vue éclatée *f*
Spa: dibujo de despiece *m*

Exzenter (Feststellbremsventil) ***m***
Eng: eccentric element (parking-brake valve) *n*
Fra: excentrique (valve de frein de stationnement) *m*
Spa: excéntrica (válvula de freno de estacionamiento) *f*

Exzenterbolzen ***m***
Eng: eccentric bolt *n*
Fra: axe excentré *m*
Spa: perno de excéntrica *m*

Exzenterhub ***m***
Eng: eccentric lift *n*
Fra: levée d'excentrique *f*
Spa: carrera de excéntrica *f*

Exzenternocken (Common Rail) ***m***
Eng: eccentric cam (common rail) *n*
Fra: came à excentrique (« Common Rail ») *f*
Spa: leva excéntrica (Common Rail) *f*

Exzenterring ***m***
Eng: eccentric ring *n*
Fra: bague excentrique *f*
Spa: anillo excéntrico *m*

Exzenterscheibe ***f***
Eng: eccentric disc *n*
Fra: disque excentrique *m*
Spa: disco excéntrico *m*

Exzenterscheibe ***f***
Eng: eccentric washer *n*
Fra: disque excentrique *m*
Spa: arandela excéntrica *f*

Exzenterwelle ***f***
Eng: eccentric shaft *n*
Fra: arbre à excentrique *m*
Spa: árbol excéntrico *m*

F

Facettenreflektor ***m***
Eng: facet type reflector *n*
Fra: réflecteur à facettes *m*
Spa: reflector faceteado *m*

Fächerkolben (Bremskraftregler) ***m***
Eng: fan type piston (braking-force regulator) *n*
Fra: piston à palettes (correcteur de freinage) *m*
Spa: pistón tipo abanico (regulador de la fuerza de frenado) *m*

Fahrbahnbeschaffenheit ***f***
Eng: road condition *n*
Fra: état de la chaussée *m*
Spa: condición de la calzada *f*

Fahrbahneinfluss ***m***
Eng: road factor *n*
Fra: effet de la chaussée *m*
Spa: influencia de la calzada *f*

Fahrbahnreibmoment ***n***
Eng: road frictional torque *n*
Fra: couple de frottement de la chaussée *m*
Spa: par de rozamiento de la calzada *m*

Fahrbahnverhältnis ***n***
Eng: road conditions *n*
Fra: état de la chaussée *m*
Spa: condiciones de la calzada *fpl*

Fahrbarkeit ***f***
Eng: driveability *n*
Fra: agrément de conduite *m*
Spa: facilidad de conducción *f*

Fahrbetrieb ***m***
Eng: vehicle operation *n*
Fra: conduite véhicule *f*
Spa: funcionamiento de marcha *m*

Fahrbetrieb ***m***
Eng: driving mode *n*
Fra: roulage *m*
Spa: servicio de marcha *m*

Fahrdatenrechner ***m***
Eng: on board computer *n*
Fra: ordinateur de bord *m*
Spa: ordenador de datos de viaje *m*

Fahrdiagramm ***n***
Eng: running diagram *n*
Fra: diagramme de conduite *m*
Spa: diagrama de marcha *m*

Fahrdynamik (Kfz) ***f***
Eng: dynamics of vehicular operation (motor vehicle) *n*
Fra: dynamique de roulage (véhicule) *f*
Spa: dinámica de marcha (automóvil) *f*

Fahrdynamik ***f***
Eng: driving dynamics *npl*
Fra: comportement dynamique (véhicule) *m*
Spa: dinámica de marcha *f*

Fahrdynamikregelung (ESP) ***f***
Eng: Electronic Stability Program *n*
Fra: régulation du comportement dynamique *f*
Spa: sistema de regulación de estabilidad (ESP) *m*

Fahrdynamikregler ***m***
Eng: vehicle dynamics controller *n*
Fra: régulateur de dynamique de roulage *m*
Spa: regulador de estabilidad *m*

Fahrerairbag ***m***
Eng: driver airbag *n*
Fra: coussin gonflable côté conducteur *m*
Spa: airbag del conductor *m*

Fahrerhaus ***n***
Eng: cab *n*
Fra: cabine de conduite *f*
Spa: cabina del conductor *f*

Fahrerinformationssystem ***n***
Eng: driver information system *n*
Fra: système d'information de l'automobiliste *m*
Spa: sistema de información del conductor *m*

Fahrertür ***f***
Eng: driver's door *n*
Fra: porte conducteur *f*
Spa: puerta del conductor *f*

Fahrerwunsch ***m***
Eng: driver command *n*
Fra: attente du conducteur *f*
Spa: deseo del conductor *m*

Fahrgastzelle ***f***
Eng: passenger cell *n*
Fra: habitacle *m*
Spa: habitáculo *m*

Fahrgeräuschwert ***m***
Eng: noise emissions level *n*
Fra: niveau de bruit en marche *m*
Spa: nivel de ruidos de marcha *m*

Fahrgeschwindigkeit ***f***
Eng: driving speed *n*
Fra: vitesse de roulage *f*
Spa: velocidad de marcha *f*

Fahrgeschwindigkeitsbegrenzer ***m***
Eng: vehicle speed limiter *n*
Fra: limiteur de vitesse de roulage *m*
Spa: limitador de velocidad de marcha *m*

Fahrgeschwindigkeitsbegrenzung ***f***
Eng: vehicle speed limitation *n*
Fra: limitation de la vitesse de roulage *f*
Spa: limitación de velocidad de marcha *f*

Fahrgeschwindigkeitsmesser ***m***
Eng: speedometer *n*
Fra: compteur de vitesse *m*
Spa: velocímetro *m*

Fahrgeschwindigkeitsmessung ***f***
Eng: vehicle-speed measurement *n*
Fra: mesure de la vitesse de roulage *f*

Deutsch

Spa: medición de velocidad de marcha *f*

Fahrgeschwindigkeitsregelung (Kfz) ***f***
Eng: cruise control (motor vehicle) *n*
Fra: régulation de la vitesse de roulage (véhicule) *f*
Spa: regulación de velocidad de marcha (automóvil) *f*

Fahrgeschwindigkeitsregler ***m***
Eng: vehicle speed controller *n*
Fra: régulateur de vitesse de roulage *m*
Spa: regulador de velocidad de marcha *m*

Fahrgestell ***n***
Eng: bare chassis *n*
Fra: châssis *m*
Spa: chasis *m*

Fahrgestell ***n***
Eng: chassis *n*
Fra: châssis *m*
Spa: chasis *m*

Fahrgestellnummer ***f***
Eng: chassis number *n*
Fra: numéro de châssis *m*
Spa: número de chasis *m*

Fahrkomfort ***m***
Eng: driving smoothness *n*
(driving comfort) *n*
Fra: confort de conduite *m*
Spa: confort de conducción *m*

Fahrpedal ***n***
Eng: accelerator pedal *n*
Fra: pédale d'accélérateur *f*
Spa: pedal acelerador *m*

Fahrpedalsensor ***m***
Eng: pedal travel sensor *n*
Fra: capteur d'accélérateur *m*
(capteur de course d'accélérateur) *m*
Spa: sensor del pedal acelerador *m*

Fahrpedalstellung ***f***
Eng: acceleratorpedal position *n*
Fra: position de l'accélérateur *f*
Spa: posición del acelerador *f*

Fahrreglerschalter ***m***
Eng: drive control switch *n*
Fra: commutateur régulateur de marche *m*
Spa: conmutador de regulador de marcha *m*

Fahrsicherheit ***f***
Eng: driving safety *n*
Fra: sécurité de conduite *f*
Spa: seguridad de conducción *f*

Fahrspur ***f***
Eng: lane *n*
Fra: trajectoire *f*
Spa: carril *m*

Fahrstabilität (Fahrverhalten) ***f***
Eng: directional stability (driveability) *n*
Fra: stabilité directionnelle (comportement de roulage) *f*
Spa: estabilidad de marcha (comportamiento en marcha) *f*

Fahrstellung ***f***
Eng: driving (non-braked) mode *n*
Fra: position de roulage *f*
Spa: posición de marcha *f*

Fahrstufe ***f***
Eng: gear selection *n*
Fra: rapport de roulage *m*
Spa: nivel de marcha *m*

Fahrtenschreiber ***m***
Eng: tachograph *n*
(try recorder) *n*
Fra: tachygraphe *m*
Spa: tacógrafo *m*

Fahrtrichtung ***f***
Eng: running direction *n*
(direction of travel) *n*
Fra: sens de déplacement *m*
(sens de roulement) *m*
Spa: dirección de marcha *f*

Fahrtrichtungsanzeiger ***m***
Eng: direction-indicator lamp *n*
(turn-signal lamp) *n*
Fra: feu indicateur de direction *m*
Spa: luz indicadora de dirección de marcha *f*

Fahrtrichtungsblinken ***n***
Eng: direction-indicator signal *n*
(turn-signal flashing) *n*
Fra: clignotement de direction *m*
(indication de changement de direction) *f*
Spa: luz intermitente de dirección de marcha *f*

Fahrverhalten (Kfz) ***n***
Eng: driveability (motor vehicle) *n*
Fra: motricité (véhicule) *f*
Spa: comportamiento en marcha (automóvil) *m*

Fahrverhalten (Kfz) ***n***
Eng: driving behaviour *n*
Fra: comportement routier (véhicule) *m*
Spa: comportamiento en marcha (automóvil) *m*

Fahrversuch ***m***
Eng: driving test *n*
(road test) *n*
Fra: essai routier *m*
Spa: ensayo de marcha *m*

Fahrwerk ***n***
Eng: suspension *n*
Fra: suspension *f*
Spa: chasis *m*

Fahrwerk ***n***
Eng: chassis *n*
Fra: châssis *m*
Spa: chasis *m*

Fahrwiderstand ***m***
Eng: total running resistance *n*
Fra: résistance totale à l'avancement *f*
Spa: resistencia a la marcha *f*

Fahrwiderstand ***m***
Eng: tractive resistance *n*
Fra: résistance totale à l'avancement *f*
Spa: resistencia a la marcha *f*

Fahrzeit ***f***
Eng: driving time *n*
Fra: temps de conduite *m*
Spa: tiempo de marcha *m*

Fahrzeug ***n***
Eng: vehicle *n*
Fra: véhicule *m*
Spa: vehículo *m*

Fahrzeug-Abstandsmessung ***f***
Eng: vehicle to-vehicle distance monitoring *n*
Fra: application télémétrique automobile *f*
Spa: medición de la distancia entre vehículos *f*

Fahrzeugaufbau ***m***
Eng: vehicle body *n*
Fra: carrosserie *f*
Spa: estructura del vehículo *f*

Fahrzeugbeschleunigung ***f***
Eng: vehicle acceleration *n*
Fra: accélération du véhicule *f*
Spa: aceleración del vehículo *f*

Fahrzeugdauerlauf ***m***
Eng: vehicle endurance test *n*
Fra: test d'endurance du véhicule *m*
Spa: ensayo de larga duración del vehículo *m*

Fahrzeugführung ***f***
Eng: vehicle handling *n*
Fra: guidage du véhicule *m*
Spa: manejo del vehículo *m*

Fahrzeuggeschwindigkeit ***f***
Eng: vehicle speed *n*
Fra: vitesse du véhicule *f*
Spa: velocidad del vehículo *f*

Fahrzeuggiersollmoment (ESP) ***n***
Eng: vehicle yaw-moment setpoint (ESP) *n*
Fra: moment de lacet de consigne du véhicule *m*
Spa: par nominal de guiñada del vehículo (ESP) *m*

Fahrzeughaltercode ***m***
Eng: vehicle owner code *n*
Fra: code du propriétaire du véhicule *m*
Spa: código del titular del vehículo *m*

Fahrzeughersteller ***m***

Eng: vehicle manufacturer *n*
Fra: constructeur automobile *m*
Spa: fabricante de vehículos *m*

Fahrzeughochachse *f*
Eng: vehicle vertical axis *n*
Fra: axe vertical du véhicule *m*
Spa: eje vertical del vehículo *m*

Fahrzeughydraulik *f*
Eng: automotive hydraulics *n*
Fra: hydraulique automobile *f*
Spa: sistema hidráulico del vehículo *m*

Fahrzeugidentifikationsnummer *f*
Eng: vehicle identification number, VIN *n*
Fra: numéro d'identification du véhicule *m*
Spa: número de identificación del vehículo *m*

Fahrzeuginbetriebnahme *f*
Eng: vehicle comissioning *v*
Fra: mise en service du véhicule *f*
Spa: puesta en marcha del vehículo *f*

Fahrzeuginnenraum *m*
Eng: passenger compartment *n*
Fra: habitacle du véhicule *m*
Spa: interior del vehículo *m*

Fahrzeugklasse *f*
Eng: vehicle category *n*
Fra: catégorie de véhicule *f*
Spa: categoría de vehículos *f*

Fahrzeugklasse *f*
Eng: vehicle class *n*
Fra: catégorie de véhicule *f*
Spa: categoría de vehículos *f*

Fahrzeuglängsbeschleunigung *f*
Eng: vehicle longitudinal acceleration *n*
Fra: accélération longitudinale du véhicule *f*
Spa: aceleración longitudinal del vehículo *f*

Fahrzeuglängsdynamik *f*
Eng: dynamics of linear motion (motor vehicle) *n*
Fra: dynamique longitudinale d'un véhicule *f*
Spa: dinámica longitudinal del vehículo *f*

Fahrzeuglängsverzögerung *f*
Eng: vehicle longitudinal deceleration *n*
Fra: décélération longitudinale du véhicule *f*
Spa: deceleración longitudinal del vehículo *f*

Fahrzeug-Masse (mechanisch) *f*
Eng: vehicle ground *n*
Fra: masse du véhicule (mécanique) *f*
Spa: masa del vehículo (mecánica) *f*

Fahrzeugmotor *m*
Eng: vehicle engine *n*
Fra: moteur de véhicule *m*
Spa: motor del vehículo *m*

Fahrzeugnavigation *f*
Eng: vehicle navigation *n*
Fra: navigation automobile *f*
Spa: navegación del vehículo *f*

Fahrzeugparameter *m*
Eng: vehicle parameter *n*
Fra: paramètre du véhicule *m*
Spa: parámetros del vehículo *mpl*

Fahrzeugpneumatik *f*
Eng: automotive pneumatics *n*
Fra: pneumatique automobile *f*
Spa: sistema neumático del vehículo *m*

Fahrzeugquerbeschleunigung *f*
Eng: vehicle lateral acceleration *n*
Fra: accélération transversale du véhicule *f*
Spa: aceleración transversal del vehículo *f*

Fahrzeugquerdynamik *f*
Eng: dynamics of lateral motion (motor vehicle) *n*
Fra: dynamique transversale d'un véhicule (véhicule) *f*
Spa: dinámica transversal del vehículo *f*

Fahrzeug-Sicherungssystem *n*
Eng: vehicle security system *n*
Fra: système de protection du véhicule *m*
Spa: sistema de seguridad del vehículo *m*

Fahrzeugsignal-Interface *n*
Eng: vehicle signal interface *n*
Fra: interface de signaux véhicule *f*
Spa: interfaz de señales del vehículo *f*

Fahrzeugstabilität (beim Bremsen) *f*
Eng: vehicle stability (during braking) *n*
Fra: stabilité du véhicule (au freinage) *f*
Spa: estabilidad del vehículo (al frenar) *f*

Fahrzeugtyp *m*
Eng: vehicle type *n*
Fra: type de véhicule *m*
Spa: tipo de vehículo *m*

Fahrzeugüberschlag *m*
Eng: vehicle rollover *n*
Fra: capotage du véhicule *m*
Spa: vuelco del vehículo *m*

Fahrzeugverzögerung *f*
Eng: vehicle deceleration *n*
Fra: décélération du véhicule *f*
Spa: deceleración del vehículo *f*

Fahrzyklus (Abgasprüfung) *m*
Eng: driving schedule (exhaust-gas test) *n*
Fra: cycle de conduite *m*
Spa: ciclo de ensayo (comprobación de gases de escape) *m*

Fahrzyklus *m*
Eng: driving cycle *n*
Fra: cycle de conduite (émissions) *m*
Spa: ciclo de ensayo *m*

Fall-Bremsanlage *f*
Eng: gravity braking system *n*
Fra: dispositif de freinage à commande par gravité *m*
Spa: sistema de frenos por gravedad *m*

Fallstrom-Luftmengenmesser *m*
Eng: downdraft air-flow sensor *n*
Fra: débitmètre d'air à flux inversé *m*
Spa: caudalímetro de aire de flujo descendente *m*

Fallstrom-Luftmengenmesser *m*
Eng: downdraught air flow meter *n*
Fra: débitmètre d'air à flux inversé *m*
Spa: caudalímetro de aire de flujo descendente *m*

Fallstrom-Vergaser *m*
Eng: downdraft carburetor *n*
Fra: carburateur inversé *m*
Spa: carburador descendente *m*

Falltank *m*
Eng: gravity feed fuel tank *n*
Fra: réservoir en charge *m*
Spa: depósito de flujo por gravedad *m*

Falltankbetrieb *m*
Eng: gravity feed fuel tank operation *n*
Fra: alimentation du réservoir par gravité *f*
Spa: servicio con depósito de flujo por gravedad *m*

Falschluft *f*
Eng: secondary air *n*
Fra: air parasite *m*
Spa: aire secundario *m*

Faltdichtring *f*
Eng: folded-wall seal ring *n*
Fra: joint à écraser *m*
Spa: junta anular plegada *f*

Faltenbalg *m*
Eng: gaiter seal *n*
Fra: soufflet *m*
Spa: fuelle *m*

Faltenbalg *m*
Eng: bellows *n*
Fra: soufflet *m*
Spa: fuelle *m*

Deutsch

Deutsch

Fanfare *f*
Eng: fanfare horn *n*
Fra: fanfare *f*
Spa: bocina *f*

Fanggrad *m*
Eng: retention rate *n*
Fra: taux de captage *m*
Spa: grado de retención de aceite *m*

Farbstoff-Laser *m*
Eng: dye laser *n*
Fra: laser à colorant *m*
Spa: láser colorante *m*

Farbtemperatur (Lichttechnik) *f*
Eng: color temperature (lighting) *n*
Fra: température de couleur (éclairage) *f*
Spa: temperatura de color (técnica de iluminación) *f*

Farbumschlag *m*
Eng: color change *n*
Fra: virage de couleur *m*
Spa: cambio de color *m*

Fase *f*
Eng: chamfer *n*
Fra: chanfrein *m*
Spa: bisel *m*

Faustsattel *m*
Eng: floating caliper *n*
(sliding caliper) *n*
Fra: étrier flottant *m*
Spa: pinza flotante *f*

Faustsattelbremse *f*
Eng: floating caliper brake *n*
(sliding caliper brake) *n*
Fra: frein à étrier flottant *m*
Spa: freno de pinza flotante *m*

Feder *f*
Eng: spring *n*
Fra: ressort *m*
Spa: muelle *m*

Federbein (Radaufhängung) *n*
Eng: suspension strut *n*
Fra: jambe de suspension *f*
Spa: pata telescópica (suspensión de rueda) *f*

Federbeinachse *f*
Eng: spring strut axle *n*
Fra: essieu à jambes de suspension *m*
Spa: pata telescópica *f*

Federbeindom *m*
Eng: suspension strut cap *n*
Fra: dôme de suspension *m*
Spa: domo de pata telescópica *m*

Federbeineinsatz *m*
Eng: spring strut insert *n*
Fra: insert de jambe de suspension *m*
Spa: inserto de pata telescópica *m*

Federbeingabel *f*
Eng: spring strut fork *n*
Fra: fourche de jambe de suspension *f*
Spa: horquilla de pata telescópica *f*

Federbruch *m*
Eng: spring fracture *n*
Fra: rupture de ressort *f*
Spa: rotura de muelle *f*

Federbügel *m*
Eng: spring clip *n*
Fra: étrier élastique *m*
Spa: abrazadera de ballesta *f*

Federelement (Luftfederung) *n*
Eng: suspension element (air suspension) *n*
Fra: élément de suspension (suspension pneumatique) *m*
Spa: elemento de muelle (suspensión neumática) *m*

Federhalter *m*
Eng: spring retainer *n*
Fra: coupelle *f*
(support de ressort) *m*
Spa: cápsula para muelle *f*

Federkammer (Kraftstoffdruckregler) *f*
Eng: pressure chamber (fuel-pressure regulator) *n*
Fra: chambre à ressort (régulateur de pression du carburant) *f*
Spa: cámara de presión (regulador de presión de combustible) *f*

Federkennlinie *f*
Eng: spring characteristic *n*
Fra: courbe caractéristique de ressort *f*
Spa: curva característica del resorte *f*

Federkolben (Luftfederventil) *m*
Eng: spring piston (height-control valve) *n*
Fra: piston (valve de nivellement) *m*
Spa: émbolo (válvula de suspensión neumática) *m*

Federkonstante *f*
Eng: spring constant *n*
Fra: constante de ressort *f*
Spa: coeficiente de rigidez *m*

Federkontakt *m*
Eng: spring contact *n*
Fra: ressort de contact *m*
Spa: contacto elástico *m*

Federkraft *f*
Eng: spring force *n*
Fra: force du ressort *f*
Spa: fuerza elástica *f*

Federlasche *f*
Eng: flexible mounting bracket *n*
Fra: patte de ressort *f*
Spa: gemela de ballesta *f*

federnder Leerlaufanschlag *m*
Eng: spring loaded idle-speed stop *n*
Fra: butée élastique de ralenti *f*
Spa: tope elástico de ralentí *m*

Federpaket *n*
Eng: spring assembly *n*
Fra: jeu de ressorts *m*
Spa: conjunto de resortes *m*

Federrate *f*
Eng: spring rate *n*
(spring stiffness) *n*
Fra: raideur de ressort *f*
Spa: relación de elasticidad *f*
(característica de la suspensión) *f*

Federraum *m*
Eng: spring chamber *n*
Fra: chambre de ressort *f*
Spa: cámara de resorte *f*

Federring *m*
Eng: lock washer *n*
Fra: rondelle Grower *f*
Spa: arandela de resorte *f*
(arandela grover) *f*

Federscheibe *f*
Eng: spring washer *n*
Fra: rondelle élastique *f*
Spa: arandela elástica *f*

Federschiene *f*
Eng: spring strip *n*
Fra: lame-ressort *f*
Spa: lámina flexible *f*

Federspanner *m*
Eng: spring tensioner *n*
Fra: compresseur de ressort *m*
Spa: tensor elástico *m*

Federspeicher *m*
Eng: spring type brake actuator *n*
Fra: accumulateur élastique *m*
(sphère accumulatrice) *f*
Spa: acumulador elástico *m*

Federspeicherzylinder (Bremse) *m*
Eng: spring type brake cylinder (brake) *n*
(spring-brake actuator) *n*
Fra: cylindre de frein à accumulateur élastique (frein) *m*
(cylindre à ressort accumulateur) *m*
Spa: cilindro de acumulador elástico (freno) *m*

Federteller *m*
Eng: spring seat *n*
Fra: cuvette de ressort *f*
Spa: platillo de muelle *m*

Federung *f*
Eng: suspension *n*
Fra: suspension *f*
Spa: suspensión *f*

Federvorspannung *f*
Eng: initial spring tension *n*
Fra: tension initiale du ressort *f*

Spa: tensión inicial de resorte *f*

Federvorspannung *f*
Eng: spring preload *n*
Fra: tension initiale du ressort *f*
Spa: tensión previa del muelle *f*

Federweg *m*
Eng: range of spring *n*
Fra: course de ressort *f*
Spa: carrera de suspensión *f*

Fehlbedienung *f*
Eng: erroneous operation *n*
Fra: erreur de commande *f*
Spa: manejo incorrecto *m*

Fehldiagnose *f*
Eng: false diagnosis *n*
Fra: diagnostic erroné *m*
Spa: diagnóstico incorrecto *m*

Fehlerabspeicherung *f*
Eng: error storage *n*
Fra: mémorisation des défauts *f*
Spa: memorización de averías *f*

Fehlerabstellung *f*
Eng: fault rectification *n*
Fra: élimination des non-conformités *f*
Spa: corrección de averías *f*

Fehleranalyse *f*
Eng: fault analysis *n*
Fra: analyse des non-conformités *f*
Spa: análisis de averías *m*

Fehleranzeige *f*
Eng: fault display *n*
Fra: affichage de défauts *m*
Spa: indicación de avería *f*

Fehlerart *f*
Eng: failure mode *n*
Fra: type de défaut *m*
Spa: tipo de avería *m*

Fehlerart *f*
Eng: fault type *n*
Fra: type de défaut *m*
Spa: tipo de avería (SAP) *m*

Fehlerart *f*
Eng: defect type *n*
Fra: type de défaut *m*
Spa: tipo de avería (SAP) *m*

Fehlerausgabe *f*
Eng: fault listing *n*
Fra: affichage des défauts *m*
Spa: listado de averías *m*

Fehlerbaum *m*
Eng: fault tree *n*
Fra: arbre de défaillances *m*
Spa: árbol de averías *m*

Fehlerbehandlung *f*
Eng: error handling *n*
Fra: traitement des défauts *m*
Spa: manejo de averías *m*

Fehlerbehebung *f*
Eng: fault correction *n*
Fra: élimination des défauts *f*
Spa: corrección de averías *f*

Fehlerbeseitigung *f*
Eng: fault clearing *n*
Fra: élimination des défauts *f*
Spa: eliminación de averías *f*

Fehlercode *m*
Eng: fault code *n*
Fra: code de dérangement (autodiagnostic) *m*
Spa: código de avería *m*

Fehlercodespeicher *m*
Eng: error code memory *n*
Fra: mémoire de défauts *f*
Spa: memoria de códigos de avería *f*

Fehlerdauerzähler *m*
Eng: fault duration counter *n*
Fra: compteur de durée de défauts *m*
Spa: contador de tiempos de avería *m*

Fehlerdiagnose *f*
Eng: error diagnosis *n*
Fra: diagnostic de défauts *m*
Spa: diagnóstico de averías *m*

Fehlereintrag *m*
Eng: fault code storage *n*
Fra: enregistrement de défaut *m*
Spa: registro de avería *m*

Fehlererkennung *f*
Eng: fault detection *n*
Fra: détection des défauts *f*
Spa: detección de avería *f*

Fehlererkennung *f*
Eng: error detection *n*
Fra: détection des défauts *f*
Spa: detección de avería *f*

Fehlerfolge *f*
Eng: failure consequence *n*
Fra: incidence du défaut *f*
Spa: secuencia de averías *f*

Fehlerfortpflanzung *f*
Eng: error propagation *n*
Fra: propagation du défaut *f*
Spa: propagación de averías *f*

Fehlerklasse *f*
Eng: error class *n*
Fra: catégorie de défaut *f*
Spa: clase de avería *f*

Fehlerklassifizierung *f*
Eng: classification of non conformance *n*
Fra: classification des défauts *f*
Spa: clasificación de averías *f*

Fehlerleuchte *f*
Eng: fault lamp *n*
Fra: témoin de défaut *m*
Spa: lámpara de averías *f*

Fehlermeldung *f*
Eng: error message *n*
Fra: message de défaut *m*
Spa: mensaje de avería *m*

Fehlermerkmal *n*
Eng: fault characteristic *n*
Fra: symptôme de défaut *m*
Spa: característica de avería *f*

Fehlerpfad *m*
Eng: error path *n*
Fra: chemin de défaut *m*
Spa: ruta de averías *f*

Fehlerschutzkodierung *f*
Eng: error protection coding *n*
Fra: codage convolutif *m*
Spa: codificación de protección contra averías *f*

Fehlersignal *n*
Eng: error signal *n*
Fra: signal de défaut *m*
Spa: señal de avería *f*

Fehlersimulation *f*
Eng: error simulation *n*
Fra: simulation des défauts *f*
Spa: simulación de averías *f*

Fehlerspeicher *m*
Eng: fault memory *n*
Fra: mémoire de défauts *f*
Spa: memoria de averías *f*

Fehlerspeichereintrag *m*
Eng: fault memory entry *n*
Fra: enregistrement dans la mémoire de défauts *m*
Spa: registro en memoria de averías *m*

Fehlersuchanleitung *f*
Eng: fault finding instructions *npl*
Fra: instructions de recherche des pannes *fpl*
Spa: instrucciones de búsqueda de averías *fpl*

Fehlersuche *f*
Eng: trouble shooting *n*
(debugging) *n*
Fra: recherche des pannes *f*
Spa: búsqueda de averías *f*

Fehlersuchplan *m*
Eng: trouble shooting chart *n*
Fra: plan de recherche des pannes *m*
Spa: esquema de localización de averías *m*

Fehlerursache *f*
Eng: failure cause *n*
Fra: cause de défaut *f*
Spa: causa de avería *f*

Fehlzündung *f*
Eng: misfiring *n*
Fra: ratés à l'allumage *mpl*
Spa: fallo de encendido *m*

Feinabstimmung *f*
Eng: fine tuning *n*
Fra: accord fin *m*
Spa: sintonización fina *f*

Feinfilter *n*
Eng: fine filter *n*
Fra: filtre fin *m*
Spa: filtro fino *m*

Deutsch

Deutsch

Feinfiltereinsatz ***m***
Eng: fine filter element *n*
Fra: cartouche filtrante fine *f*
Spa: cartucho de filtro fino *m*

Feinsieb ***n***
Eng: fine mesh strainer *n*
Fra: filtre-tamis fin *m*
Spa: tamiz fino *m*

Feldstärke ***f***
Eng: field strength *n*
Fra: champ magnétique *m*
Spa: intensidad de campo *f*

Felge (Fahrzeugrad) ***f***
Eng: rim (vehicle wheel) *n*
Fra: jante *f*
Spa: llanta (rueda de vehículo) *f*

Felgenbett (Fahrzeugrad) ***n***
Eng: rim base (vehicle wheel) *n*
Fra: base de jante *f*
Spa: base de llanta (rueda de vehículo) *f*

Felgendurchmesser (Fahrzeugrad) ***m***
Eng: rim diameter (vehicle wheel) *n*
Fra: diamètre de jante *m*
Spa: diámetro de llanta (rueda de vehículo) *m*

Felgenhorn (Fahrzeugrad) ***n***
Eng: rim flange (vehicle wheel) *n*
Fra: rebord de jante *m*
Spa: pestaña de llanta (rueda de vehículo) *f*

Felgenschulter (Fahrzeugrad) ***f***
Eng: rim bead seat (vehicle wheel) *n*
Fra: portée du talon *f*
Spa: hombro de llanta (rueda de vehículo) *m*

Fensterantrieb ***m***
Eng: power window drive *n*
Fra: opérateur de lève-vitre *m*
Spa: accionamiento de ventanilla *m*

Fensterheber ***m***
Eng: power window unit *n*
Fra: lève-vitre *m*
Spa: elevalunas *m*
(alzacristales) *m*

Fernentstörung ***f***
Eng: long distance interference suppression *n*
Fra: antiparasitage simple *m*
Spa: eliminación de interferencias a distancia *f*

Fernlicht (Scheinwerfer) ***n***
Eng: high beam (headlamp) *n*
(upper beam) *n*
Fra: faisceau route *m*
(feu de route) *m*
Spa: luz de carretera (faros) *f*

Fernscheinwerfer ***m***
Eng: driving lamp *n*
Fra: projecteur route *m*
Spa: faro de luz de carretera *m*

Ferritkern ***m***
Eng: ferrite core *n*
Fra: noyau de ferrite *m*
Spa: núcleo de ferrita *m*

Festsattel (Bremse) ***m***
Eng: fixed caliper (brakes) *n*
Fra: étrier fixe (frein) *m*
Spa: pinza fija (freno) *f*

Festsattelbremse ***f***
Eng: fixed caliper brake *n*
Fra: frein à étrier fixe *m*
Spa: freno de pinza fija *m*

Festschmierstoff ***m***
Eng: solid lubricant *n*
Fra: lubrifiant solide *m*
Spa: lubricante sólido *m*

Feststell-Bremsanlage ***f***
Eng: parking brake system *n*
Fra: dispositif de freinage de stationnement *m*
Spa: sistema de freno de estacionamiento *m*

Feststellbremsbetätigung ***f***
Eng: parking brake actuation *n*
Fra: commande du frein de stationnement *f*
Spa: accionamiento de freno de estacionamiento *m*

Feststellbremse ***f***
Eng: parking brake system *n*
Fra: frein de stationnement *m*
Spa: freno de estacionamiento *m*

Feststellbremskreis ***m***
Eng: parking brake circuit *n*
Fra: circuit de freinage de stationnement *m*
Spa: circuito de freno de estacionamiento *m*

Feststellbremsventil ***n***
Eng: parking brake valve *n*
Fra: valve de frein de stationnement *f*
Spa: válvula de freno de estacionamiento *f*

Feststoff-Testergebnis (Dieselrauch) ***n***
Eng: particulates test result (diesel smoke) *n*
Fra: résultat du test de particules (fumées diesel) *m*
Spa: resultado del ensayo de partículas (humo Diesel) *m*

Festwertregelung ***f***
Eng: fixed command control *n*
Fra: régulation de maintien *f*
Spa: regulación de valor fijo *f*

Festwertspeicher ***f***
Eng: read only memory, ROM *n*
Fra: mémoire morte *f*
Spa: memoria fija *f*

Festwiderstand ***m***
Eng: fixed resistor *n*
Fra: résistance électrique fixe *f*
Spa: resistencia fija *f*

fett (Luft-Kraftstoff-Gemisch) ***adj***
Eng: rich (air-fuel mixture) *adj*
Fra: riche (mélange air-carburant) *adj*
Spa: rica (mezcla aire-combustible) *adj*

fettes Abgas ***n***
Eng: rich exhaust gas *n*
Fra: gaz d'échappement riches *mpl*
Spa: gases de escape ricos *mpl*

fettes Gemisch ***n***
Eng: rich mixture *n*
Fra: mélange riche *m*
Spa: mezcla rica *f*

Fettpresse ***f***
Eng: grease gun *n*
Fra: presse à graisse *f*
Spa: bomba de engrase *f*

Feuchtesensor ***m***
Eng: humidity sensor *n*
Fra: capteur d'humidité *m*
Spa: sensor de humedad *m*

Feuerverzinken ***n***
Eng: hot dip galvanizing *n*
Fra: galvanisation à chaud *f*
Spa: galvanizado al fuego *pp*

Filter ***n***
Eng: filter *n*
Fra: filtre *m*
Spa: filtro *m*

Filterelement ***n***
Eng: filter element *n*
Fra: élément filtrant *m*
(cartouche filtrante) *f*
Spa: elemento de filtro *m*
(cartucho de filtro) *m*

Filterfläche ***f***
Eng: filter surface *n*
Fra: surface de filtration *f*
Spa: superficie filtrante *f*

Filtergehäuse ***n***
Eng: filter case *n*
Fra: carter de filtre *m*
Spa: cuerpo de filtro *m*

Filterheizung ***f***
Eng: filter heating *n*
Fra: réchauffage du filtre *m*
Spa: calefacción de filtro *f*

Filterkonstante ***f***
Eng: filter constant *n*
Fra: constante de filtrage *f*
Spa: constante de filtro *f*

Filterkuchen ***m***
Eng: filter cake *n*
Fra: gâteau de filtre *m*
Spa: torta de filtro *f*

Filtersieb ***n***
Eng: filter strainer *n*
Fra: crépine *f*
Spa: tamiz de filtro *m*

Filterstandzeit *f*
Eng: filter service life *n*
Fra: durabilité du filtre *f*
Spa: duración del filtro *f*

Filtertuch *n*
Eng: filter cloth *n*
Fra: tissu filtrant *m*
Spa: tela de filtro *f*

Filterverstopfung *f*
Eng: filter clogging *n*
Fra: colmatage du filtre *m*
Spa: obturación de filtro *f*

Filterwirkung *f*
Eng: filter effect *n*
Fra: effet de filtration *m*
Spa: efecto de filtro *m*

Filtrationsabscheider *m*
Eng: filtration separator *n*
Fra: séparateur à filtration *m*
Spa: separador de filtración *m*

Filzring *m*
Eng: felt washer *n*
Fra: rondelle de feutre *f*
Spa: anillo de fieltro *m*

Flachbandkabel *n*
Eng: ribbon cable *n*
Fra: câble ruban *m*
Spa: cable plano *m*

Flachbettfelge (Fahrzeugrad) *f*
Eng: flat-base rim (vehicle wheel) *n*
Fra: jante à base plate *f*
Spa: llanta de base plana (rueda de vehículo) *f*

Flachsitzventil *n*
Eng: flat seat valve *n*
Fra: soupape à siège plan *f*
Spa: válvula de asiento plano *f*

Flachstecker *m*
Eng: blade terminal *n*
Fra: fiche plate *f*
Spa: enchufe plano *m*

Flachstrom-Vergaser *m*
Eng: horizonta -draft carburetor *n*
Fra: carburateur horizontal *m*
Spa: carburador de flujo horizontal *m*

Flammaußenzone *f*
Eng: flame periphery *n*
Fra: zone de flamme périphérique *f*
Spa: zona exterior de la llama *f*

Flammenausbreitung *f*
Eng: flame spread *n*
Fra: propagation de la flamme *f*
Spa: propagación de llama *f*

Flammenweg *m*
Eng: flame travel *n*
Fra: course de flamme *f*
Spa: recorrido de llama *m*

Flammfront *f*
Eng: flame front *n*
Fra: front de la flamme *m*
Spa: frente de fuego *m*

Flammgeschwindigkeit *f*
Eng: flame velocity *n*
Fra: vitesse de propagation de la flamme *f*
Spa: velocidad de llama *f*

Flammglühdrahtkerze *f*
Eng: wire type flame glow plug *n*
Fra: bougie d'inflammation à filament *f*
Spa: bujía de llama de filamento *f*

Flammglühkerze *f*
Eng: flame glow plug *n*
Fra: bougie de préchauffage à flamme *f*
(bougie à flamme) *f*
Spa: bujía de llama *f*
(bujía de precalentamiento) *f*

Flammglühstiftkerze *f*
Eng: sheathed element flame glow plug *n*
Fra: bougie-crayon de préchauffage à flamme *f*
Spa: bujía de llama de espiga *f*

Flammkern (Zündkerze) *m*
Eng: arc (spark plug) *n*
Fra: cœur de la flamme (bougie d'allumage) *m*
Spa: arco (bujía de encendido) *m*

Flammlötung *f*
Eng: flame soldering *n*
Fra: brasage à la flamme *m*
Spa: soldadura a llama *f*

Flammzündkerze *f*
Eng: flame spark plug *n*
Fra: bougie de préchauffage à flamme *f*
Spa: bujía de encendido de llama *f*

flankenoffen (Keilriemen) *adj*
Eng: open flank (V-belt) *n*
Fra: à flanc ouvert (courroie trapézoïdale) *loc*
Spa: de flancos abiertos (correa trapezoidal) *loc*

Flankenspiel (Zahnrad) *n*
Eng: backlash (gear) *n*
Fra: jeu entre dents (engrenage) *m*
Spa: holgura de los flancos *f*

Flansch *m*
Eng: flange *n*
Fra: bride *f*
Spa: brida *f*

Flanschbefestigung *f*
Eng: flange mounting *n*
Fra: fixation par bride *f*
Spa: fijación por brida *f*

Flanschelement (Reiheneinspritzpumpe) *n*
Eng: barrel and-flange element (on-line fuel-injection pump) *n*
Fra: élément de pompage à bride *m*
Spa: elemento de brida (bomba de inyección en serie) *m*

Flanschlager *n*
Eng: flanged bearing *n*
Fra: flasque-palier *m*
Spa: cojinete con brida *m*

Flanschmagnetzünder *m*
Eng: flange mounted magneto *n*
Fra: magnéto à bride *f*
Spa: magneto con brida *m*

Flanschwelle *f*
Eng: flanged shaft *n*
Fra: arbre bridé *m*
Spa: árbol con brida *m*

Flanschzylinder *m*
Eng: flange cylinder *n*
Fra: vérin à bride *m*
Spa: cilindro con brida *m*

flexible Leitung *f*
Eng: flexible line *n*
Fra: tuyau flexible *m*
Spa: línea flexible *f*

Fliehgewicht *n*
Eng: flyweight *n*
Fra: masselotte *f*
Spa: peso centrífugo *m*

Fliehgewicht *n*
Eng: centrifugal weight *n*
Fra: masselotte *f*
Spa: peso centrífugo *m*

Fliehgewichtsbolzen *m*
Eng: flyweight bolt *n*
Fra: axe de masselottes *m*
Spa: perno de peso centrífugo *m*

Fliehgewichtsmesswerk *n*
Eng: flyweight speed-sensing element *n*
Fra: mécanisme de détection à masselottes *m*
Spa: dispositivo medidor de peso centrífugo *m*

Fliehkraft *f*
Eng: centrifugal force *n*
Fra: force centrifuge *f*
Spa: fuerza centrífuga *f*

Fliehkraftabscheider *m*
Eng: centrifugal separator *n*
Fra: séparateur centrifuge *m*
Spa: separador centrífugo *m*

Fliehkraftfeld *n*
Eng: centrifugal force field *n*
Fra: champ centrifuge *m*
Spa: campo de fuerza centrífuga *m*

fliehkraftgesteuerter Drehzahlregler (Fliehkraftregler) *m*
Eng: flyweight governor *n*
(mechanical governor) *n*
Fra: régulateur centrifuge *m*

Spa: regulador de revoluciones por fuerza centrífuga (regulador de fuerza centrífuga) *m*

Fliehkraftkupplung *f*
Eng: centrifugal clutch *n*
Fra: embrayage centrifuge *m*
Spa: embrague centrífugo *m*

Fliehkraftregler *m*
Eng: mechanical governor *n*
Fra: régulateur mécanique *m*
Spa: regulador de fuerza centrífuga *m*

Fliehkraft-Verstellregler *m*
Eng: mechanical variable-speed governor *n*
Fra: correcteur centrifuge *m*
Spa: regulador variador de fuerza centrífuga *m*

Fliehkraftverstellung *f*
Eng: centrifugal advance *n*
Fra: correction centrifuge *f*
Spa: veriación por fuerza centrífuga *f*

Fliehkraftzündversteller *m*
Eng: centrifugal advance mechanism *n*
Fra: correcteur d'avance centrifuge *m*
Spa: variador de encendido por fuerza centrífuga *m*

Fließdruck *m*
Eng: flow pressure *n*
Fra: pression d'écoulement *f*
Spa: presión de flujo *f*

fließgepresst *pp*
Eng: extruded *pp*
Fra: extrudé *pp*
Spa: extruido *pp*

Fließgrenze *f*
Eng: yield point *n*
Fra: limite apparente d'élasticité *f*
Spa: punto de fluencia *m*

Fließheck *n*
Eng: fastback *n*
Fra: carrosserie « fastback » (à deux volumes) *f*
Spa: zaga inclinada *f*
(carrocería fastback) *f*

Fließkurve *f*
Eng: flow curve *n*
Fra: courbe d'écoulement *f*
Spa: curva de fluencia *f*

Fließpressen *n*
Eng: extrusion *n*
Fra: extrusion *f*
Spa: extrusión *f*

Fließverbesserer *m*
Eng: flow improver *n*
Fra: fluidifiant *m*
Spa: mejorador de fluencia *m*

Flottenverbrauch *m*
Eng: corporate average fuel economy, CAFE *n*
Fra: consommation d'un parc automobile *f*
Spa: consumo medio por flota *m*

flüchtige organische Verbindungen *fpl*
Eng: volatile organic compounds *n*
Fra: composés organiques volatils (COV) *mpl*
Spa: compuestos orgánicos volátiles *mpl*

flüchtiger Schreib-/Lesespeicher (RAM) *m*
Eng: volatile read/write memory (RAM) *n*
Fra: mémoire vive (RAM) *f*
Spa: memoria volátil de escritura/lectura (RAM) *f*

Flügelmutter *f*
Eng: wing nut *n*
Fra: écrou à oreilles *m*
Spa: tuerca de mariposa *f*

Flügelrad *n*
Eng: impeller *n*
Fra: rotor *m*
Spa: rodete *m*

Flügelrad *n*
Eng: impeller wheel *n*
Fra: rotor *m*
Spa: rodete *m*

Flügelzellen-Förderpumpe *f*
Eng: vane type supply pump *n*
Fra: pompe d'alimentation à palettes *f*
Spa: bomba de alimentación de aletas *f*

Flügelzellenlader *m*
Eng: sliding vane supercharger *n*
Fra: compresseur à palettes *m*
Spa: turbocompresor celular de aletas *m*

Flügelzellenpumpe *f*
Eng: vane pump *n*
Fra: pompe à palettes *f*
Spa: bomba celular de aletas *f*

Flügelzellenrad *n*
Eng: vane pump actuator wheel *n*
Fra: roue à palettes *f*
Spa: rueda celular de aletas *f*

Fluor-Chlor-Kohlenwasserstoff, FCKW *m*
Eng: chlorofluorocarbon, CFC *n*
Fra: chlorofluorocarbones (CFC) *m*
Spa: hidrocarburo clorofluorado *m*
(clorofluorocarburo, CFC) *m*

Flurförderer *m*
Eng: conveyor belt *n*
Fra: chariot de manutention *m*
Spa: transportador de superficie *m*

Flurförderzeug (Logistik) *n*
Eng: industrial truck *n*
Fra: chariot de manutention *m*
Spa: carromato (logística) *m*

Flüssigkeitskühlung *f*
Eng: liquid cooling *n*
Fra: refroidissement liquide *m*
Spa: refrigeración por líquido *f*

Flüssigkeitskupplung *f*
Eng: fluid coupling *n*
Fra: embrayage hydraulique *m*
Spa: acoplamiento hidráulico *m*

Flüssigkeitsreibung *f*
Eng: fluid friction *n*
Fra: régime de lubrification fluide *m*
Spa: rozamiento hidráulico *m*

Flüssigkristallanzeige *f*
Eng: liquid crystal display, LCD *n*
Fra: afficheur à cristaux liquides *m*
Spa: display de cristal líquido *m*

Flutlichtstrahler *m*
Eng: floodlight *n*
Fra: projecteur d'ambiance *m*
Spa: proyector de luz difusa *m*

Folgefehler *m*
Eng: consequential error *n*
Fra: défaut consécutif *m*
Spa: error de secuencia *m*

Folgefunken *m*
Eng: follow up spark *n*
Fra: trains d'étincelles *mpl*
Spa: chispa de secuencia *f*

Folgeschaden *m*
Eng: consequential damage *n*
Fra: dommages consécutifs *mpl*
Spa: daño derivado *m*

Folgeschadenschutz (Überspannung) *m*
Eng: consequential-damage protection (overvoltage) *n*
Fra: protection contre les incidences (surtension) *f*
Spa: protección contra daños derivados (sobretensión) *f*

Fondaschenbecher *m*
Eng: rear ashtray *n*
Fra: cendrier arrière *m*
Spa: cenicero de la parte trasera *m*

Förderabstand (Pumpenelement) *m*
Eng: phasing (plunger-and-barrel assembly) *n*
Fra: phasage (élément de pompage) *m*
Spa: desfase (elemento de bomba) *m*

Förderbeginn (Einspritzpumpe) *m*
Eng: start of delivery (fuel-injection pump) *n*
Fra: début de refoulement (pompe d'injection) *m*
Spa: comienzo de suministro (bomba de inyección) *m*

Förderbeginngeber *m*
Eng: port closing sensor *n*

Fra: capteur de début de refoulement *m*
Spa: transmisor del comienzo de suministro *m*

Förderbeginnregelung ***f***
Eng: start of delivery control *n*
Fra: régulation du début de refoulement *f*
Spa: regulación del comienzo de suministro *f*

Förderbeginnversatz ***m***
Eng: start of delivery offset *n*
Fra: décalage du début de refoulement *m*
Spa: desplazamiento del comienzo de suministro *m*

Förderdauer ***f***
Eng: delivery period *n*
Fra: durée de refoulement *f*
Spa: tiempo de alimentación *m*

Förderdruck ***m***
Eng: delivery pressure *n*
Fra: pression de refoulement *f*
Spa: presión de alimentación *f*

Förderende ***n***
Eng: end of delivery *n*
(spill) *n*
Fra: fin de refoulement (pompe d'injection) *f*
Spa: fin de suministro *m*

Förderenderegelung ***f***
Eng: end of delivery control *n*
Fra: régulation de la fin de refoulement *f*
Spa: regulación del fin de suministro *f*

Förderendregelung ***f***
Eng: End of delivery control *n*
Fra: régulation de la fin de refoulement *f*
Spa: regulación del fin de suministro *f*

Förderhub ***m***
Eng: delivery stroke *n*
Fra: course de refoulement *f*
Spa: carrera de alimentación *f*

Förderkolben ***m***
Eng: delivery plunger *n*
Fra: piston de refoulement *m*
Spa: pistón alimentador *m*
(émbolo impelente) *m*

Förderleistung ***f***
Eng: delivery rate *n*
Fra: taux de refoulement *m*
Spa: caudal de suministro *m*

Fördermedium ***n***
Eng: flow medium *n*
Fra: fluide de refoulement *m*
Spa: medio transportado *m*

Fördermenge (Einspritzpumpe) ***f***
Eng: delivery quantity (fuel-injection pump) *n*
Fra: débit de refoulement *m*
Spa: caudal (bomba de inyección) *m*

Fördermengen-Kennlinie ***f***
Eng: fuel delivery curve *n*
Fra: courbe caractéristique des débits *f*
Spa: curva característica de caudal *f*

Fördermengenmessgerät ***n***
Eng: fuel delivery measurement device *n*
Fra: appareil de mesure du débit *m*
Spa: caudalímetro *m*

Fördermengenregelung ***f***
Eng: fuel delivery control *n*
Fra: régulation des débits d'injection *f*
(régulation débitmétrique) *f*
Spa: regulación de caudal *f*

Fördermengenverlauf ***m***
Eng: fuel delivery characteristics *npl*
Fra: courbe du débit d'injection *f*
Spa: evolución del caudal *f*

Förderphase ***f***
Eng: delivery phase *n*
Fra: phase de refoulement *f*
Spa: fase de suministro *f*

Förderpumpe (Kraftstoff) ***f***
Eng: supply pump (fuel) *n*
Fra: pompe d'alimentation (carburant) *f*
Spa: bomba de alimentación (combustible) *f*

Förderpumpendruck ***m***
Eng: supply pump pressure *n*
Fra: pression de transfert *f*
Spa: presión de la bomba de alimentación *f*

Förderrate ***f***
Eng: delivery rate *n*
(fuel-delivery rate) *n*
Fra: taux de refoulement *m*
Spa: caudal de suministro *m*

Förderschnecke ***f***
Eng: screw conveyor *n*
Fra: vis transporteuse *f*
Spa: tornillo transportador *m*

Förderwinkel am Nocken ***m***
Eng: cam angle of fuel-delivery *n*
Fra: angle de refoulement sur la came *m*
Spa: ángulo de alimentación en la leva *m*

Formänderungsarbeit (Reifen) ***f***
Eng: deformation process (tire) *n*
Fra: travail de déformation (pneu) *m*
Spa: trabajo de deformación (neumáticos) *m*

Freibrand (Zündkerze) ***m***
Eng: burn off (spark plug) *n*
Fra: autonettoyage *m*
(refoulement) *m*
Spa: combustión de autolimpieza (bujía de encendido) *f*

Freibrenngrenze (Zündkerze) ***f***
Eng: self cleaning temperature (spark plug) *n*
Fra: température d'autonettoyage *f*
Spa: temperatura de autolimpieza (bujía de encendido) *f*

Freiflächen-Reflektor (Scheinwerfer) ***m***
Eng: free form reflector (headlamp) *n*
(variable-focus reflector) *n*
(stepless reflector) *n*
Fra: réflecteur à surface libre *m*
Spa: reflector de superficie libre (faros) *m*

Freilauf (Starter) ***m***
Eng: roller type overrunning clutch (starter) *n*
Fra: roue libre *f*
Spa: rueda libre (motor de arranque) *f*

Freilauf ***m***
Eng: one way clutch *n*
Fra: coupleur à roue libre (démarreur) *m*
(dispositif de roue libre) *m*
Spa: rueda libre *f*

Freilaufdiode ***f***
Eng: free wheeling diode *n*
Fra: diode de récupération *f*
Spa: diodos de rueda libre *mpl*

Freilaufgetriebe (Starter) ***n***
Eng: overrunning clutch (starter) *n*
Fra: lanceur à roue libre (démarreur) *m*
Spa: mecanismo de rueda libre (motor de arranque) *m*

Freilaufkupplung ***f***
Eng: overrunning clutch *n*
Fra: embrayage à roue libre *m*
Spa: acoplamiento de rueda libre *m*

Freilaufnabe ***f***
Eng: overrunning hub *n*
Fra: moyeu à roue libre *m*
Spa: cubo de rueda libre *m*

Freilaufring ***m***
Eng: clutch shell *n*
Fra: bague de roue libre *f*
Spa: anillo de rueda libre *m*

Freilaufsystem ***n***
Eng: overrunning clutch *n*
Fra: dispositif de roue libre *m*
Spa: sistema de rueda libre *m*

Fremdantrieb ***m***
Eng: external drive *n*
Fra: entraînement extérieur *m*
Spa: accionamiento externo *m*

Fremdkraft (Bremsbetätigung) ***f***
Eng: external force (brake control) *n*

Deutsch

Fra: énergie externe (commande de frein) *f*
Spa: fuerza externa (accionamiento de freno) *f*

Fremdkraft-Bremsanlage ***f***
Eng: non muscular energy braking system *(power-brake system)* *n* *n*
Fra: dispositif de freinage à énergie non musculaire *m*
Spa: sistema de frenos de fuerza externa *m*

Fremdkraftlenkanlage ***f***
Eng: power steering system *n*
Fra: servodirection *f*
Spa: sistema de dirección de fuerza externa *m*

Fremdstartspannung (Spannung bei Fremdstart) ***f***
Eng: jump start voltage *n*
Fra: tension de démarrage externe *f*
Spa: tensión de arranque por cables de puente (tensión de arranque por cables de puente) *f*

Fremdzündung ***f***
Eng: externally supplied ignition *n*
Fra: allumage par appareillage externe *m*
Spa: encendido por dispositivo externo *m*

Fremdzündungsmotor ***m***
Eng: engine with externally supplied ignition *n*
Fra: moteur à allumage commandé *m*
Spa: motor encendido por dispositivo externo *m*

Frequenz ***f***
Eng: frequency *n*
Fra: fréquence *f*
Spa: frecuencia *f*

Frequenzbereich ***m***
Eng: frequency range *n*
Fra: plage de fréquences *f*
Spa: rango de frecuencia *m*

Frequenzgang ***m***
Eng: frequency response *n*
Fra: réponse en fréquence *f*
Spa: respuesta de frecuencia *f*

Frequenzmaßintervall ***n***
Eng: logarithmic frequency interval *n*
Fra: intervalle de fréquence en échelle logarithmique *m*
Spa: intervalo de frecuenzia *m*

Frequenzmesser ***m***
Eng: frequency meter *n*
Fra: fréquencemètre *m*
Spa: frecuencímetro *m*

Frequenzmodulation ***f***
Eng: frequency modulation, FM *n*
Fra: modulation de fréquence *f*
Spa: modulación de frecuencia *f*

Frequenzteiler ***m***
Eng: frequency divider *n*
Fra: diviseur de fréquence *m*
Spa: divisor de frecuencia *m*

Frequenzverhältnis ***n***
Eng: frequency response ratio *n*
Fra: rapport de fréquences *m*
Spa: transmitancia isócrona *f*

Frequenzwandler ***m***
Eng: frequency converter *n*
Fra: convertisseur de fréquence *m*
Spa: corvertidor de frecuencia *m*

Fresneloptik (Scheinwerfer) ***f***
Eng: fresnel optics (headlamp) *npl*
Fra: optique de Fresnel *f*
Spa: óptica escalonada (faros) *(óptica de Fresnel)* *f* *f*

Fressen ***n***
Eng: seizure *n*
Fra: grippage *m*
Spa: gripado *m*

Fressschutzadditive ***npl***
Eng: additive against scoring and seizure *n*
Fra: additif antigrippage *m*
Spa: aditivo antigripado *m*

Frischgas (Verbrennungsmotor) ***n***
Eng: fresh A/F mixture (IC engine) *n*
Fra: gaz frais (moteur à combustion) *mpl*
Spa: gas fresco (motor de combustión) *m*

Frischgas ***n***
Eng: fresh gas *n*
Fra: gaz frais (moteur à combustion) *mpl*
Spa: gas fresco *m*

Frischgasfüllung ***f***
Eng: fresh gas filling *n*
Fra: charge d'air frais *f*
Spa: llenado de gas fresco *m*

Frischladung ***f***
Eng: fresh charge *n*
Fra: charge fraîche *f*
Spa: carga fresca *f*

Frischluft ***f***
Eng: fresh air *n*
Fra: air frais *m*
Spa: aire fresco *m*

Frischluftanschluss ***m***
Eng: fresh air inlet *n*
Fra: raccord d'air frais *m*
Spa: conexión de aire fresco *f*

Frischluftfüllung ***f***
Eng: fresh air charge *n*
Fra: charge d'air frais *f*
Spa: llenado de aire fresco *m*

Frischluftklappe ***f***
Eng: fresh air valve *n*
Fra: volet d'air frais *m*
Spa: trampilla de aire fresco *f*

Frischluftmassenstrom ***m***
Eng: fresh air mass flow *n*
Fra: débit massique d'air frais *m*
Spa: flujo de masa de aire fresco *m*

Frischölschmierung ***f***
Eng: total loss lubrication *n*
Fra: lubrification à huile perdue *f*
Spa: lubricación a pérdida total *f*

Frontairbag ***m***
Eng: front airbag *n*
Fra: coussin gonflable avant *m*
Spa: airbag frontal *m*

Frontalaufprall ***m***
Eng: frontal impact *n*
Fra: choc frontal *m*
Spa: choque frontal *m*

Frontalaufprallsensor ***m***
Eng: frontal impact sensor *n*
Fra: capteur de choc frontal *m*
Spa: sensor de choque frontal *m*

Frontantrieb ***m***
Eng: front wheel drive *n*
Fra: traction avant *f*
Spa: tracción delantera *f*

Frontblende (Scheinwerfer) ***f***
Eng: front screen (headlamp) *n*
Fra: cache avant (projecteur) *m*
Spa: moldura delantera (faros) *f*

Frontlader ***m***
Eng: front lifter *n*
Fra: chargeur frontal *m*
Spa: cargador frontal *m*

Frontlenkerfahrzeug ***n***
Eng: cab over engine vehicle, COE *n*
Fra: véhicule à cabine avancée *m*
Spa: vehículo de cabina avanzada *m*

Frontleuchte ***f***
Eng: front light *n*
Fra: feu avant *m*
Spa: luz delantera *f*

Frontscheibe ***f***
Eng: windshield *(windscreen)* *n* *n*
Fra: pare-brise *m*
Spa: parabrisas *m*

Frontscheibenheizung ***f***
Eng: windshield heater *n*
Fra: chauffage de pare-brise *m*
Spa: calefacción del parabrisas *f*

Front-Wischblatt ***n***
Eng: front wiper blade *n*
Fra: raclette de pare-brise *f*
Spa: escobilla del limpiaparabrisas *f*

Front-Wischeranlage ***f***
Eng: windshield wiper system *n*
Fra: système d'essuie-glaces du pare-brise *m*
Spa: sistema limpiaparabrisas *m*

Frostschutzeinrichtung ***f***

Eng: antifreeze unit *n*
Fra: dispositif antigel *m*
Spa: dispositivo anticongelante *m*

Frostschutzmittel ***n***
Eng: antifreeze *n*
Fra: antigel *m*
Spa: medio anticongelante *m*

Frostschutzpumpe ***f***
Eng: antifreeze pump *n*
Fra: pompe antigel *f*
Spa: bomba anticongelante *f*

Frühausfall ***m***
Eng: early failure *n*
Fra: défaillance précoce *f*
(défaillance de jeunesse) *f*
Spa: fallo prematuro *m*

Frühdose (Zündverteiler) ***f***
Eng: advance unit (ignition distribution) *n*
Fra: capsule d'avance *f*
Spa: cápsula de avance (distribuidor de encendido) *f*

Frühverstellung (Einspritzbeginn) ***f***
Eng: advance (start of injection) *n*
Fra: avance (début d'injection) *f*
Spa: avance del encendido (inicio de inyección) *m*

Frühverstellung (Zündwinkel) ***f***
Eng: ignition advance (ignition angle) *n*
Fra: avance (angle d'allumage) *f*
Spa: avance del encendido (ángulo de encendido) *m*

Frühzündung ***f***
Eng: advanced ignition *n*
Fra: avance à l'allumage *f*
Spa: encendido avanzado *m*

Fühlerlehre ***f***
Eng: feeler gauge *n*
Fra: jauge d'épaisseur *f*
Spa: galga de espesores *f*

Führungsbolzen ***m***
Eng: guide pin *n*
Fra: axe de guidage *m*
Spa: perno guía *m*

Führungsbuchse ***f***
Eng: guide sleeve *n*
(guide bushing) *n*
Fra: douille de guidage *f*
Spa: casquillo guía *m*

Führungsbügel ***m***
Eng: guide bracket *n*
Fra: étrier de guidage *m*
Spa: estribo guía *m*

Führungsgröße ***f***
Eng: reference variable *n*
Fra: grandeur de référence *f*
Spa: magnitud de referencia *f*

Führungshebel ***m***
Eng: guide lever *n*
Fra: levier de guidage *m*
Spa: palanca guía *f*

Führungshülse ***f***
Eng: guide sleeve *n*
Fra: manchon de guidage *m*
Spa: manguito guía *m*

Führungsscheibe ***f***
Eng: guide washer *n*
Fra: rondelle de guidage *f*
Spa: arandela guía *f*

Führungsschiene ***f***
Eng: guide rail *n*
Fra: glissière *f*
Spa: riel guía *m*

Führungsschiene ***f***
Eng: guide rail *n*
Fra: glissière *f*
Spa: riel guía *m*

Führungsschlitz ***m***
Eng: guide slot *n*
Fra: rainure de guidage *f*
Spa: ranura guía *f*

Führungsstange ***f***
Eng: guide rod *n*
Fra: tige de guidage *f*
Spa: barra guía *f*

Fülldruck ***m***
Eng: filling pressure *n*
Fra: pression de remplissage *f*
Spa: presión de llenado *f*

Füllfaktor (drehende Maschinen) ***m***
Eng: slot fill factor (rotating machines) *n*
Fra: facteur de remplissage des rainures (machines tournantes) *m*
Spa: factor de llenado (máquinas rotativas) *m*

Füllphase ***f***
Eng: filling phase *n*
Fra: phase de remplissage *f*
Spa: fase de llenado *f*

Füllstandmessgerät ***n***
Eng: liquid-level measuring instrument *n*
Fra: indicateur de niveau *m*
Spa: medidor del nivel de llenado *m*

Füllstandsanzeige ***f***
Eng: fuel-level indicator *n*
Fra: jauge de niveau *f*
Spa: indicador del nivel de llenado *m*

Füllstandsgeber (Elektrokraftstoffpumpe) ***m***
Eng: level sensor (electric fuel pump) *n*
Fra: capteur de niveau (pompe électrique à carburant) *m*
Spa: transmisor del nivel de llenado (bomba eléctrica de combustible) *m*

Füllungsgrad (Batterie) ***m***
Eng: electrolyte level (battery) *n*
Fra: taux de remplissage (batterie) *m*
Spa: nivel de electrolito (batería) *m*

Füllungsgrad (Verbrennungsmotor) ***m***
Eng: volumetric efficiency (IC engine) *n*
Fra: taux de remplissage (batterie) *m*
Spa: eficiencia volumétrica (motor de combustión) *f*

Füllungsregelung (Luftversorgung) ***f***
Eng: charge adjustment (air supply) *n*
Fra: régulation du remplissage des cylindres (alimentation en air) *f*
Spa: regulación de llenado (alimentación de aire) *f*

Füllungssteuerung (EGAS) ***f***
Eng: cylinder charge control (EGAS) *n*
Fra: commande de remplissage (EGAS) *f*
Spa: control de llenado (EGAS) *m*

Fünf-Gang-Getriebe ***n***
Eng: five speed transmission *n*
Fra: boîte à 5 rapports *f*
Spa: cambio de cinco marchas *m*

Funkantenne ***f***
Eng: radio antenna *n*
Fra: antenne radio *f*
Spa: antena de radio *f*

Funkenbahn ***f***
Eng: creepage-discharge path *n*
Fra: éclateur *m*
Spa: trayectoria de chispa *f*

Funkendauer ***f***
Eng: spark duration *n*
Fra: durée de l'étincelle *f*
Spa: duración de chispa *f*

Funkendurchbruch (an den Elektroden) ***m***
Eng: flashover (at electrodes) *n*
Fra: éclatement de l'étincelle (aux électrodes) *m*
Spa: salto de chispa (en los electrodos) *m*

Funkenerosion ***f***
Eng: spark erosion *n*
Fra: érosion ionique *f*
Spa: electroerosión *f*

Funkenkopf ***m***
Eng: spark head *n*
Fra: tête de l'étincelle *f*
Spa: cabezal de erosión *m*

Funkenlage ***f***
Eng: spark position *n*
Fra: position de l'éclateur *f*
Spa: posición de la chispa *f*

Funkenlänge ***f***

Deutsch

Eng: spark length n
Fra: longueur d'étincelle f
Spa: longitud de la chispa f

Funkenschwanz *m*
Eng: spark tail n
Fra: queue de l'étincelle f
Spa: cola de la chispa f

Funkenstrecke *f*
Eng: spark gap n
Fra: distance d'éclatement f
Spa: explosor m

Funkenstrom *m*
Eng: spark current n
Fra: courant d'arc m
Spa: corriente de chispa f

Funkentstörgrad *m*
Eng: radio interference suppression level n
Fra: degré d'antiparasitage m
Spa: grado de protección antiparasitaria m
(grado de supresión de interferencias) m

Funkentstörung *f*
Eng: interference suppression n
Fra: antiparasitage m
Spa: protección antiparasitaria f
(supresión de interferencias) f

Funkenzahl *f*
Eng: sparking rate n
Fra: nombre d'étincelles m
Spa: número de chispas m

Funkenzieher *m*
Eng: spark drawer n
Fra: éclateur m
Spa: módulo de chispas m

Funkenzündung *f*
Eng: spark ignition n
Fra: allumage par étincelles m
Spa: encendido por chispa m

Funkfernbedienung *f*
Eng: radio remote control n
Fra: télécommande radio f
Spa: mando a distancia por radiofrecuencia m

Funk-Handsender (Autoalarm) *m*
Eng: radio hand transmitter (car alarm) n
Fra: émetteur manuel radio (alarme auto) m
Spa: transmisor manual de radio (alarma de vehículo) m

Funknetz *n*
Eng: radio network n
Fra: canal radio m
Spa: red de radio f

Funkstörleistung *f*
Eng: radio interference power n
(disturbance power) n
Fra: puissance parasite f
Spa: potencia de interferencia de radio f

Funkstörspannung *f*
Eng: radio interference voltage, RIV n
Fra: tension parasite f
Spa: tensión de interferencia de radio f

Funkstörung (Ursache) *f*
Eng: radio disturbance n
Fra: perturbation radioélectrique f
Spa: interferencia de radio (cuasa) f

Funkstörung (Wirkung) *f*
Eng: radio interference n
Fra: interférence radio f
Spa: interferencia de radio (efecto) f

Funktionsblock (Steuergerät) *m*
Eng: function module (ECU) n
Fra: bloc fonctionnel (calculateur) m
Spa: módulo funcional (unidad de control) m

Funktionserfüllung *f*
Eng: functionality n
Fra: opérabilité f
Spa: operabilidad f

Funktionsprüfung *f*
Eng: functional test n
Fra: test de fonctionnement m
Spa: comprobación de funcionamiento f

Funktionsstörung *f*
Eng: malfunction n
Fra: dysfonctionnement m
Spa: fallo de funcionamiento m

Funktionstest *m*
Eng: functional test n
Fra: test fonctionnel m
Spa: ensayo de funcionamiento m

Funktionsüberwachung *f*
Eng: function monitoring n
Fra: surveillance de fonctionnement f
Spa: vigilancia de funcionamiento f

Fußmatte *f*
Eng: footwell mat n
Fra: tapis de sol m
Spa: alfombrilla f

Fußraum *m*
Eng: footwell n
Fra: plancher m
Spa: espacio para los pies m

G

Gabelhebel (Starter) *m*
Eng: fork lever (starter) n
Fra: levier à fourche (démarreur) m
Spa: palanca de horquilla (motor de arranque) f

Gabelkopf *m*
Eng: fork head n
(clevis) n
Fra: chape f
Spa: cabeza de horquilla f

Gabelschlüssel *m*
Eng: open end wrench n
(fork wrench) n
Fra: clé à fourche f
Spa: llave fija de dos bocas f

Gabelschlüssel *m*
Eng: face wrench n
(spanner(GB)) n
Fra: clé à fourche f
Spa: llave fija de dos bocas f

Gabelstapler (Logistik) *m*
Eng: forklift truck n
(fork stacker) n
Fra: chariot élévateur à fourche (Logistik) m
Spa: carretilla elevadora (logística) f

Galvani-Spannung *f*
Eng: galvanic voltage n
Fra: tension galvanique f
Spa: tensión galvánica f

Gang (Kfz-Getriebe) *m*
Eng: gear n
Fra: rapport m
(pignon) m
Spa: marcha (cambio del vehículo) f

Ganganzeigeschalter (Kfz-Getriebe) *m*
Eng: gear indicator switch n
Fra: interrupteur-témoin de rapport de vitesse m
Spa: interruptor indicador de marcha (cambio del vehículo) m

Ganggruppe (Kfz-Getriebe) *f*
Eng: gear range n
Fra: groupe de vitesses m
Spa: grupo de marchas (cambio del vehículo) m

Gangschalter (Kfz-Getriebe) *m*
Eng: gear switch n
Fra: commande de changement de vitesse f
Spa: conmutador de marcha (cambio del vehículo) m

Gangschaltgetriebe (Kfz-Getriebe) *n*
Eng: manually stifted transmission n
Fra: boîte de vitesses mécanique f
Spa: cambio manual (cambio del vehículo) m

Gangschaltung *f*
Eng: gear shift n
Fra: commande des vitesses f
Spa: cambio de marcha m

Gangvorwahlschalter *m*

Eng: gear preselector switch *n*
Fra: présélecteur de vitesses *m*
Spa: interruptor preselector de marcha *m*

Garagentor-Antrieb ***m***
Eng: garage door drive *n*
Fra: commande de porte de garage *f*
Spa: accionamiento de puerta de garaje *m*

Garantie ***f***
Eng: Warranty *n*
Fra: garantie *f*
Spa: garantía *f*

Garantiefall ***m***
Eng: warranty claim *n*
Fra: cas de garantie *m*
Spa: caso de garantía *m*

Garantieverpflichtung ***f***
Eng: warranty obligation *n*
Fra: obligation de garantie *f*
Spa: obligación de garantía *f*

Gasannahme (Verbrennungsmotor) ***f***
Eng: throttle response (IC engine) *n*
Fra: admission des gaz (moteur à combustion) *f*
Spa: admisión de gas (motor de combustión) *f*

Gasauslassventil ***n***
Eng: gas discharge valve *n*
Fra: clapet d'évacuation de gaz *m*
Spa: válvula de descarga de gas *f*

Gasblasenbildung ***f***
Eng: formation of gas bubbles *n*
Fra: formation de bulles de gaz *f*
Spa: formación de burbujas de gas *f*

Gasdichte ***f***
Eng: gas density *n*
Fra: densité de gaz *f*
Spa: densidad de gas *f*

Gasdruck ***m***
Eng: gas pressure *n*
Fra: pression des gaz *f*
Spa: presión de gas *f*

Gasdruck-Stoßdämpfer ***m***
Eng: gas filled shock absorber *n*
Fra: amortisseur à pression de gaz *m*
Spa: amortiguador por gas a presión *m*

Gasentladung ***f***
Eng: gas discharge *n*
Fra: décharge électrique *f*
Spa: descarga de gas *f*

Gasentladungslampe ***f***
Eng: gas discharge lamp *n*
Fra: lampe à décharge dans un gaz *f*
Spa: lámpara de descarga de gas *f*
(lámpara de luminiscencia) *f*

Gasentladungsplasma ***n***
Eng: gas discharge plasma *n*
Fra: plasma à décharge gazeuse *m*
Spa: plasma de descarga de gas *m*

Gasgemisch ***n***
Eng: gas mixture *n*
Fra: mélange gazeux *m*
Spa: mezcla de gas *f*

Gasgenerator (Airbag) ***m***
Eng: gas inflator (airbag) *n*
Fra: générateur de gaz (coussin gonflable) *m*
Spa: generador de gas (airbag) *m*

Gasgestänge ***n***
Eng: accelerator lever linkage *n*
Fra: timonerie d'accélérateur *f*
Spa: varillaje del acelerador *m*

Gasgestänge ***n***
Eng: accelerator pedal linkage *n*
Fra: timonerie d'accélérateur *f*
Spa: varillaje del acelerador *m*

Gaskolbenspeicher (ASR) ***m***
Eng: piston gas accumulator (TCS) *n*
Fra: accumulateur de gaz à piston (ASR) *m*
Spa: acumulador de gas por pistón (ASR) *m*

Gas-Laser ***m***
Eng: gas laser *n*
Fra: laser à gaz *m*
Spa: láser de gas *m*

Gaslaufzeit (Lambda-Regelung) ***f***
Eng: gas travel time (lambda closed-loop control) *n*
Fra: temps de transit des gaz (régulation de richesse) *m*
Spa: tiempo de desplazamiento del gas (regulación Lambda) *m*

Gaspedal ***n***
Eng: accelerator pedal *n*
Fra: accélérateur *m*
Spa: pedal acelerador *m*

Gasphase ***f***
Eng: gaseous phase *n*
Fra: phase gazeuse *f*
Spa: fase gaseosa *f*

Gasungsspannung ***f***
Eng: gassing voltage *n*
Fra: tension de dégagement gazeux *f*
Spa: tensión de inicio de gasificación *f*

Gaswechsel ***m***
Eng: gas exchange *n*
Fra: renouvellement des gaz *m*
Spa: ciclo de admisión y escape *m*

Gaswechselverlust ***m***
Eng: charge cycle losses *npl*
Fra: pertes au renouvellement des gaz *fpl*
Spa: pérdidas en ciclo de admisión y escape *fpl*

Gaszug ***m***
Eng: throttle cable *n*
Fra: câble d'accélérateur *m*
Spa: cable del acelerador *m*

Gate-Oxid ***n***
Eng: gate oxide *n*
Fra: oxyde de grille *m*
Spa: óxido de compuerta *m*

gebeizt ***adj***
Eng: pickled *adj*
Fra: décapé *pp*
Spa: barnizado *adj*

Geber ***m***
Eng: sensor *n*
Fra: capteur *m*
Spa: transmisor *m*
(captador) *m*

Geberrad (Zündung) ***n***
Eng: trigger wheel (ignition) *n*
Fra: disque-cible (allumage) *m*
(noyau synchroniseur) *m*
Spa: rueda del transmisor (encendido) *f*
(rueda del captador) *f*

Geberrad ***n***
Eng: sensor ring *n*
Fra: roue crantée *f*
Spa: rueda del transmisor *f*
(rueda del captador) *f*

Geberspannung ***f***
Eng: pulse generator voltage *n*
Fra: tension du générateur d'impulsions *f*
Spa: tensión del generador de impulsos *f*

Geberzylinder (Bremse) ***m***
Eng: master cylinder (brakes) *n*
Fra: cylindre capteur (frein) *m*
Spa: cilindro maestro (freno) *m*

Gebläse ***n***
Eng: fan *n*
(blower) *n*
Fra: ventilateur *m*
Spa: soplador *m*
(turbina de aire) *f*

Gebläsemotor ***m***
Eng: blower motor *n*
Fra: moteur de soufflante *m*
Spa: motor del soplador *m*

Gebläseregler ***m***
Eng: blower control unit *n*
Fra: régulateur de ventilateur *m*
Spa: regulador del soplador *m*

Gebläsestufenschalter ***m***
Eng: blower stage switch *n*
Fra: bouton rotatif de débit d'air *m*
Spa: conmutador de nivel del soplador *m*

gedämpft ***adj***
Eng: damped *adj*

Deutsch

Deutsch

Fra: amorti *pp*
Spa: amortiguado *pp*

Gefährdungspotenzial ***n***
Eng: potential failure risk *n*
Fra: potentiel de risque *m*
Spa: potencial de peligro *m*

Gefällebremsung ***f***
Eng: downhill braking *n*
Fra: freinage en descente *m*
Spa: frenado cuesta abajo *m*

gefederte Masse ***f***
Eng: sprung weight *n*
Fra: masse suspendue *f*
Spa: masa amortiguada *f*

Gegendruck ***m***
Eng: back pressure reaction *n*
Fra: réaction de contre-pression *f*
Spa: contrapresión *f*

Gegendruck ***m***
Eng: back pressure *n*
Fra: contre-pression *f*
Spa: contrapresión *f*

Gegengewicht ***n***
Eng: counterweight *n*
Fra: masse d'équilibrage *f*
Spa: contrapeso *m*

Gegenkolbenmotor ***m***
Eng: opposed piston engine *n*
Fra: moteur à pistons opposés *m*
Spa: motor de pistones opuestos *m*

Gegenkörper ***m***
Eng: opposed body *n*
Fra: corps associé *m*
Spa: cuerpo opuesto *m*

Gegenkraft ***f***
Eng: counterforce *n*
(counterpressure) *n*
Fra: force réactive *f*
Spa: contrafuerza *f*

Gegenlaufsystem (Scheibenwischer) ***n***
Eng: opposed pattern wiper system (windshield wiper) *n*
Fra: système antagoniste (essuie-glace) *m*
Spa: sistema de movimiento antagónico (limpiaparabrisas) *m*

gegenlenken (Kfz) ***v***
Eng: countersteer (motor vehicle) *v*
Fra: contre-braquage (véhicule) *m*
Spa: maniobrar en sentido contrario (automóvil) *v*

Gegenstrom-Zylinderkopf ***m***
Eng: counterflow cylinder head *n*
Fra: culasse à flux opposés *f*
Spa: culata a contracorriente *f*

Gegenüberstellung ***f***
Eng: cross reference *n*
Fra: table de correspondance (acier) *f*
Spa: tabla de comparación *f*

geglüht ***pp***
Eng: annealed *adj*
Fra: recuit *pp*
Spa: recocido *adj*

Gehäuse (Leuchtkörper) ***n***
Eng: housing (lamps) *n*
Fra: boîtier (projecteur) *m*
Spa: caja (cuerpo luminoso) *f*

Gehäuseanschlag ***m***
Eng: housing stop *n*
Fra: butée sur carter *f*
Spa: tope de caja *m*

Gehäusebefestigung ***f***
Eng: housing mounting *n*
Fra: fixation sur carter *f*
Spa: fijación de caja *f*

Gel-Batterie ***f***
Eng: gel battery *n*
Fra: batterie gel *f*
Spa: batería de gel *f*

Gelenkbolzen ***m***
Eng: pivot pin *n*
Fra: axe de chape *m*
Spa: perno de articulación *m*

Gelenkbus ***m***
Eng: articulated bus *n*
Fra: autobus articulé *m*
Spa: autobús articulado *m*

Gelenk-Deichselanhänger ***m***
Eng: drawbar trailer *n*
Fra: remorque à timon articulé *f*
Spa: remolque articulado con barra *m*

Gelenkfahrzeug ***n***
Eng: articulated vehicle *n*
Fra: véhicule articulé *m*
Spa: vehículo articulado *m*

Gelenkgabel ***f***
Eng: link fork *n*
Fra: fourchette d'articulation *f*
Spa: horquilla articulada *f*

Gelenkkopf ***m***
Eng: swivel head *n*
Fra: tête d'articulation *f*
Spa: rótula *f*

Gelenkscheibe ***f***
Eng: flexible coupling *n*
Fra: flector *m*
Spa: disco flexible *m*
(junta de flector) *f*

Gelenkstange ***f***
Eng: articulated rod *n*
Fra: bielle *f*
Spa: barra articulada *f*

Gelenkstift ***m***
Eng: joint pin *n*
Fra: tige articulée *f*
Spa: pasador de articulación *m*

Gelenkwelle ***f***
Eng: universally jointed drive shaft *n*
Fra: arbre de transmission *m*
Spa: árbol de transmisión *m*
(árbol cardán) *m*

Gelenkwelle ***f***
Eng: cardan shaft *n*
Fra: arbre à cardan *m*
Spa: arbol de transmisión *m*
(árbol cardán) *m*

Gelenkwellendrehzahl ***f***
Eng: propshaft speed *n*
Fra: vitesse de l'arbre de transmission *f*
Spa: número de revoluciones de árbol de transmisión *m*

Gelfett ***n***
Eng: gel-type grease *n*
Fra: graisse à gélifiant *f*
Spa: grasa con gel *f*

Gemisch (Luft-Kraftstoff) ***n***
Eng: A/F mixture *n*
Fra: mélange gazeux *m*
Spa: mezcla (aire-combustible) *f*

Gemischabmagerung (Luft-Kraftstoff-Gemisch) ***f***
Eng: lean adjustment (air-fuel mixture) *n*
Fra: appauvrissement du mélange (mélange air-carburant) *m*
Spa: empobrecimiento de la mezcla (mezcla aire-combustible) *m*
(empobrecimiento) *m*

Gemischabweichung ***f***
Eng: mixture deviation *n*
Fra: écart de mélange *m*
Spa: divergencia de la mezcla *f*

Gemischanpassung ***f***
Eng: mixture adaptation *n*
Fra: adaptation du mélange *f*
Spa: adaptación de la mezcla *f*
(correción de la mezcla) *f*

Gemischanreicherung ***f***
Eng: mixture enrichment *n*
Fra: enrichissement du mélange *m*
Spa: enriquecimiento de la mezcla *m*

Gemischbildung ***f***
Eng: mixture formation *n*
Fra: formation du mélange *f*
(préparation du mélange) *f*
Spa: formación de la mezcla *f*

Gemischentflammungspunkt ***m***
Eng: mixture explosion point *n*
Fra: point d'inflammation du mélange *m*
Spa: punto de inflamación de la mezcla *m*

Gemischheizwert ***m***
Eng: calorific value of the combustible air-fuel mixture *n*
Fra: pouvoir calorifique inférieur du mélange *m*
Spa: poder calorífico de la mezcla *m*

Gemischkorrektur ***f***

Eng: mixture correction *n*
Fra: correction du mélange *f*
Spa: corrección de mezcla *f*

Gemischregelung ***f***
Eng: mixture control *n*
Fra: régulation du mélange *f*
Spa: regulación de mezcla *f*

Gemischregler (Jetronic) ***m***
Eng: mixture control unit (Jetronic) *n*
Fra: régulateur de mélange (Jetronic) *m*
Spa: regulador de mezcla (Jetronic) *m*

gemischte Übertragungseinrichtung (Bremsanlage) ***f***
Eng: combined transmission (braking system) *n*
Fra: transmission combinée (dispositif de freinage) *f*
Spa: transmisión combinada (sistema de frenos) *f*

gemischter Betrieb ***m***
Eng: mixed operation *n*
Fra: mode mixte *m*
Spa: servicio combinado *m*

Gemischturbulenz ***f***
Eng: mixture turbulence *n*
Fra: turbulence du mélange *f*
Spa: turbulencia de la mezcla *f*

Gemischverteilung ***f***
Eng: mixture distribution *n*
Fra: répartition du mélange *f*
Spa: distribución de la mezcla *f*

Gemischzumessung ***f***
Eng: air fuel mixture metering *v*
Fra: dosage du mélange *m*
Spa: dosificación de la mezcla *f*

Gemischzusammensetzung ***f***
Eng: mixture composition *n*
Fra: composition du mélange *f*
Spa: composición de la mezcla *f*

Generator ***m***
Eng: alternator *n*
Fra: alternateur *f*
Spa: alternador *m*

Generatorausgangsspannung ***f***
Eng: alternator output voltage *n*
Fra: tension de sortie de l'alternateur *f*
Spa: tensión de salida del alternador *f*

Generatordrehzahl ***f***
Eng: alternator speed *n*
Fra: vitesse de rotation de l'alternateur *f*
Spa: velociad de giro del alternador *f*

Generatorentregung ***f***
Eng: alternator de-excitation *n*
Fra: désexcitation de l'alternateur *f*
Spa: desexcitación del alternador *f*

Generatorkontrolle ***f***
Eng: alternator charge-indicator *n*
Fra: témoin d'alternateur *m*
Spa: control del alternador *m*

Generatorleistung ***f***
Eng: alternator output power *n*
Fra: puissance de l'alternateur *f*
Spa: potencia del alternador *f*

Generatorregler (Generator) ***m***
Eng: voltage regulator (alternator) *n*
Fra: régulateur de tension (alternateur) *m*
Spa: regulador del alternador (alternador) *m*

Generatorregler ***m***
Eng: alternator regulator (alternator) *n*
Fra: régulateur d'alternateur *m*
Spa: regulador del alternador *m*

Generatorspannung ***f***
Eng: alternator voltage (alternator) *n*
Fra: tension de l'alternateur *f*
Spa: tensión del alternador *f*

Generatorstrom ***m***
Eng: alternator current (alternator) *n*
Fra: débit de l'alternateur *m*
Spa: corriente del alternador *f*

Generatorstromkreis ***m***
Eng: main circuit (alternator) *n*
Fra: circuit principal (alternateur) *m*
Spa: circuito principal *m*

genormter Fahrzyklus ***m***
Eng: standard driving cycle *n*
Fra: cycle de conduite normalisé *m*
Spa: ciclo de marcha normalizado *m*

geometrische Fördermenge ***f***
Eng: geometric fuel delivery *n*
Fra: débit de refoulement géométrique *m*
Spa: caudal de alimentación geométrico *m*

geometrische Reichweite (Scheinwerfer) ***f***
Eng: geometric range (headlamp) *n*
Fra: portée géométrique (projecteur) *f*
Spa: alcance geométrico (faros) *m*

geometrischer Förderhub ***m***
Eng: geometric fuel-delivery stroke *n*
Fra: course de refoulement géométrique *f*
Spa: carrera de alimentación geométrica *f*

Geradeauslauf (Kfz) ***m***
Eng: straight running stability (motor vehicle) *n*
Fra: trajectoire rectiligne (véhicule) *f*
Spa: trayectoria recta (automóvil) *f*

Geradeausstabilität ***f***
Eng: straight running stability *n*
Fra: stabilité en ligne droite *f*
Spa: estabilidad en trayectoria recta *f*

Geradheit ***f***
Eng: straightness *n*
Fra: rectitude *f*
Spa: rectitud *f*

Geradverzahnung ***f***
Eng: straight tooth gearing *n*
Fra: denture droite *f*
Spa: dentado recto *m*

Gerätegruppe (Druckluftanlage) ***f***
Eng: component group (air-brake system) *n*
Fra: ensemble d'appareils de freinage (dispositif de freinage à air comprimé) *m*
Spa: grupo de aparatos (sistema de aire comprimido) *m*

Gerätewagen ***m***
Eng: equipment trolley *n*
Fra: chariot d'appareil *m*
Spa: vehículo con aparatos *m*

Geräuschdämpfer ***m***
Eng: silencer *n*
Fra: amortisseur de bruit *m*
Spa: silenciador *m*

Geräuschkapselung ***f***
Eng: noise encapsulation *n*
(noise-control encapsulation) *n*
Fra: encapsulage antibruit *m*
Spa: encapsulamiento insonorizante *m*

Geräuschmessung ***f***
Eng: sound level measurement *n*
Fra: mesure de bruit *f*
Spa: medición de ruido *f*

Geräuschminderung ***f***
Eng: noise suppression *n*
Fra: atténuation du bruit *f*
Spa: reducción de ruido *f*

Geräuschpegel ***m***
Eng: noise level *n*
Fra: niveau de bruit *m*
Spa: nivel de ruidos *m*

Geräuschprüfstand ***m***
Eng: noise level test bench *n*
Fra: banc d'essai acoustique *m*
Spa: banco de pruebas de ruidos *m*

Geräuschprüfung ***f***
Eng: noise level test *n*
Fra: essai de niveau sonore *m*
Spa: ensayo de nivel de ruidos *m*

geregelte Tankentlüftung ***f***
Eng: closed loop controlled tank purging *n*

Deutsch

Fra: dégazage du réservoir en boucle fermée *m*
Spa: purga regulada de aire del depósito *f*

Gesamtbremskraft *f*
Eng: total braking force *n*
Fra: force de freinage totale *f*
Spa: fuerza total de frenado *f*

Gesamtgewicht *n*
Eng: permissible total weight *n*
Fra: poids total admissible *m*
Spa: peso total *m*

Gesamthub *m*
Eng: plunger stroke *n*
Fra: course totale *f*
Spa: carrera total *f*

Gesamthubraum *m*
Eng: engine swept volume *n*
Fra: cylindrée totale *f*
Spa: cilindrada total *f*

Gesamtleistung *f*
Eng: overall performance *n*
Fra: puissance totale *f*
Spa: potencia total *f*

Gesamtmittelwert *m*
Eng: total mean value *n*
Fra: moyenne totale estimée *f*
Spa: valor promedio total *m*

Gesamtschadstoffkonzentration *f*
Eng: total concentration of harmful emissions *n*
Fra: concentration totale de polluants *f*
Spa: concentración total de sustancias nocivas *f*

Gesamtüberdeckung *f*
Eng: total contact ratio *n*
Fra: rapport total de conduite *m*
Spa: relación total de contacto *f*

Gesamtwirkungsgrad *m*
Eng: overall efficiency *n*
Fra: rendement total *m*
Spa: eficiencia total *f*

geschichtete Blattfeder *f*
Eng: multi leaf spring *n*
Fra: ressort à lames superposées *m*
Spa: ballesta multihojas *f*

geschichtete Gemischverteilung *f*
Eng: stratified mixture distribution *n*
Fra: stratification du mélange *f*
Spa: distribución estratificada de la mezcla *f*

geschirmt *adj*
Eng: shielded *pp*
Fra: blindé *pp*
Spa: apantallado/a *adj*

geschlossene Bauweise *f*
Eng: closed type design *n*
Fra: version fermée *f*
Spa: forma constructiva cerrada *f*

geschlossener Kühlkreislauf *m*
Eng: closed circuit cooling *n*
Fra: circuit de refroidissement fermé *m*
Spa: circuito cerrado de refrigeración *m*

Geschwindigkeit *f*
Eng: speed *n*
 (velocity) *n*
Fra: vitesse *f*
Spa: velocidad *f*

Geschwindigkeitsbegrenzung *f*
Eng: speed limiting *n*
Fra: limitation de vitesse *f*
Spa: limitación de velocidad *f*

Geschwindigkeitsdiagramm *n*
Eng: velocity diagram *n*
Fra: diagramme des vitesses *m*
Spa: diagrama de velocidad *m*

Geschwindigkeitsmesser *m*
Eng: speedometer *n*
Fra: compteur de vitesse *m*
Spa: velocímetro *m*

Geschwindigkeitsrampe *f*
Eng: vehicle speed ramp *n*
Fra: rampe de vitesse *f*
Spa: rampa de velocidad *f*

Geschwindigkeitsregelung *f*
Eng: cruise control *n*
Fra: régulateur de vitesse *m*
Spa: regulación de velocidad *f*

Geschwindigkeitssensor *m*
Eng: velocity sensor *n*
Fra: capteur de vitesse linéaire *m*
Spa: sensor de velocidad *m*

Geschwindigkeits-Sollgeber *m*
Eng: speed preselect, SP *n*
Fra: capteur de vitesse de consigne *m*
Spa: captador de velocidad nominal *m*

gesetzliche Vorschriften *fpl*
Eng: legal requirements *npl*
Fra: législation *f*
Spa: prescripciones legales *fpl*

Gestänge *n*
Eng: linkage *n*
Fra: tringlerie *f*
 (timonerie) *f*
Spa: varillaje *m*

Gestängesteller (Radbremse) *m*
Eng: slack adjuster (wheel brake) *n*
Fra: dispositif automatique de rattrapage de jeu (freins des roues) *f*
Spa: ajustador de varillaje (freno de rueda) *m*

gesteuerte Tankentlüftung *f*
Eng: open loop controlled tank purging *n*
Fra: dégazage du réservoir en boucle ouverte *m*
Spa: purga controlada de aire del depósito *f*

gesteuerte Muffendämpfung *f*
Eng: controlled sleeve damping *n*
Fra: amortisseur de manchon piloté *m*
Spa: amortiguación de manguitos controlada *f*

gestufte Startmenge *f*
Eng: graded start quantity *n*
Fra: surcharge étagée *f*
Spa: caudal escalonado de arranque *m*

gestufter Absteuerquerschnitt *m*
Eng: stepped spill port *n*
Fra: trou de fin d'injection étagé *m*
Spa: sección escalonada de regulación de caudal *f*

Getriebe *n*
Eng: transmission *n*
Fra: boîte de vitesses *f*
 (transmission) *f*
Spa: cambio *m*
 (caja de cambios) *f*

Getriebeart *f*
Eng: transmission type *n*
Fra: type de boîte de vitesses *m*
Spa: clase de cambio *f*

Getriebeausgangsmoment *n*
Eng: output torque of the transmission *n*
Fra: couple de sortie de la boîte de vitesses *m*
Spa: par de salida del cambio *m*

Getriebeausgangswelle *f*
Eng: transmission output shaft *n*
Fra: arbre de sortie de boîte de vitesses *m*
Spa: árbol de salida del cambio *m*

Getriebedifferenzialbremse *f*
Eng: differential brake *n*
Fra: frein de différentiel *m*
Spa: freno diferencial *m*

Getriebeeingangsmoment *n*
Eng: input torque of gearbox *n*
Fra: couple d'entrée de la boîte de vitesses *m*
Spa: par de entrada del cambio *m*

Getriebeeingriff *m*
Eng: transmission shift control *n*
Fra: intervention sur la boîte de vitesses *f*
Spa: control del cambio *m*

Getriebefahrstufe *f*
Eng: gearbox stage *n*
Fra: rapport de marche *m*
Spa: nivel de marcha del cambio *m*

Getriebemotor *m*
Eng: motor and gear assembly *n*
Fra: motoréducteur *m*
Spa: motorreductor *m*

Getriebemotor *m*

Eng: geared motor *n*
Fra: motoréducteur *m*
Spa: motorreductor *m*

Getriebeöl ***n***
Eng: transmission oil *n*
Fra: huile pour transmissions *f*
Spa: aceite del cambio *m*

Getriebesteuerung ***f***
Eng: transmission control *n*
Fra: commande de boîte de vitesses *f*
Spa: control del cambio *m*

Getriebeübersetzung ***f***
Eng: transmission ratio *n*
(gearbox step-up ratio) *n*
Fra: rapport de transmission de la boîte de vitesses *m*
(démultiplication de la boîte de vitesses) *f*
Spa: desmultiplicación de cambio *f*
(relación de transmisión del cambio) *f*

Getriebeverlust ***m***
Eng: transmission loss *n*
Fra: pertes de la boîte de vitesses *fpl*
Spa: pérdidas en el cambio *fpl*

Getriebewählhebel ***m***
Eng: selector lever *n*
Fra: sélecteur de rapport de vitesse *m*
Spa: palanca selectora de cambio *f*

gewichtete Schadstoffemission ***f***
Eng: weighted emissions *n*
Fra: émission pondérée de polluants *f*
Spa: emisión ponderada de sustancias nocivas *f*

Gewichtskraft ***f***
Eng: weight *n*
Fra: poids *m*
Spa: fuerza por peso *f*

Gewichtsverlagerung (Bremse) ***f***
Eng: weight transfer (brakes) *n*
Fra: report de charge (frein) *m*
Spa: traslación de peso (freno) *f*

Gewichtsverteilung (Bremse) ***f***
Eng: weight distribution (brakes) *n*
Fra: répartition du poids (frein) *f*
Spa: distribución de peso (freno) *f*

Gewindeachse ***f***
Eng: thread axis *n*
Fra: axe du filetage *m*
Spa: eje roscado *m*

Gewindeanschluss ***m***
Eng: threaded port *n*
Fra: orifice taraudé *m*
Spa: unión roscada *f*

Gewindeeinsatz ***m***
Eng: screw thread insert *n*
(threaded insert) *n*
Fra: filet rapporté *m*
Spa: inserto roscado *m*

Gewindehalsbefestigung ***f***
Eng: threaded-neck mounting *n*
Fra: fixation par bague filetée *f*
Spa: fijación de cuello roscado *f*

Gewindehülse ***f***
Eng: threaded sleeve *n*
Fra: corps fileté *m*
Spa: manguito roscado *m*

Gewindelänge ***f***
Eng: threaded length *n*
Fra: longueur du filetage *f*
Spa: longitud roscada *f*

Gewindemaß ***f***
Eng: thread dimension *n*
Fra: cote du filetage *f*
Spa: tamaño de la rosca *m*

Gewindering ***m***
Eng: threaded ring *n*
Fra: bague filetée *f*
Spa: anillo roscado *m*

Gewindestange ***f***
Eng: threaded rod *n*
Fra: tige filetée *f*
Spa: barra roscada *f*

Gewindestift ***m***
Eng: threaded pin *n*
Fra: goujon *m*
Spa: pasador roscado *m*

Gierachse (Kfz-Dynamik) ***f***
Eng: yaw axis (motor-vehicle dynamics) *n*
Fra: axe de lacet *m*
Spa: eje de guiñada (dinámica del automóvil) *m*

Gierbewegung (Kfz-Dynamik) ***f***
Eng: yaw motion (motor-vehicle dynamics) *n*
Fra: mouvement de lacet *m*
Spa: movimiento de guiñada (dinámica del automóvil) *m*

gieren (Kfz-Dynamik) ***v***
Eng: yaw (motor-vehicle dynamics) *v*
Fra: lacet (véhicule) *m*
Spa: guiñar (dinámica del automóvil) *v*

Giergeschwindigkeit (Kfz-Dynamik) ***f***
Eng: yaw velocity (motor-vehicle dynamics) *n*
Fra: vitesse de mise en lacet (dynamique d'un véhicule) *f*
Spa: velocidad de guiñada (dinámica del automóvil) *f*

Giermoment (Kfz-Dynamik) ***n***
Eng: yaw moment (motor-vehicle dynamics) *n*
Fra: moment de lacet *m*
Spa: par de guiñada (dinámica del automóvil) *m*

Giermomentaufbau (Kfz-Dynamik) ***m***
Eng: yaw moment build-up (motor-vehicle dynamics) *n*
Fra: formation du moment de lacet *f*
Spa: formación de par de guiñada (dinámica del automóvil) *f*

Giermomentaufbauverzögerung (Kfz-Dynamik) ***f***
Eng: yaw moment build-up delay (motor-vehicle dynamics) *n*
Fra: temporisation de la formation du couple de lacet *f*
Spa: retardo de formación de par de guiñada (dinámica del automóvil) *m*

Giermomentbegrenzung (Kfz-Dynamik) ***f***
Eng: yaw moment limitation (motor-vehicle dynamics) *n*
Fra: limitation du moment de lacet *f*
Spa: limitación del par de guiñada (dinámica del automóvil) *f*

Gierrate (Kfz-Dynamik) ***f***
Eng: yaw rate (motor-vehicle dynamics) *n*
Fra: taux de lacet *m*
Spa: tasa de guiñada (dinámica del automóvil) *f*

Gierreaktion (Kfz-Dynamik) ***f***
Eng: yaw response (motor-vehicle dynamics) *n*
Fra: variation de vitesse de lacet *f*
Spa: reacción de guiñada (dinámica del automóvil) *f*

Giersollgeschwindigkeit (Kfz-Dynamik) ***f***
Eng: nominal yaw rate (motor-vehicle dynamics) *n*
Fra: vitesse de lacet de consigne *f*
Spa: velocidad nominal de guiñada (dinámica del automóvil) *f*

Gierwinkel (Kfz-Dynamik) ***m***
Eng: yaw angle (motor-vehicle dynamics) *n*
Fra: angle d'embardée *m*
Spa: ángulo de guiñada (dinámica del automóvil) *m*

Gitterbox ***f***
Eng: meshed container *n*
Fra: conteneur à claire-voie *m*
Spa: caja de rejilla *f*

Glasbruchmelder (Autoalarm) ***m***
Eng: glass breakage detector (car alarm) *n*
Fra: détecteur de bris de glaces (alarme auto) *m*
Spa: detector de rotura de cristal (alarma de vehículo) *m*

Glasfaser, GF ***f***
Eng: glass fiber, GF *n*

Fra: fibre de verre *f*
Spa: fibra de vidrio *f*

glasfaserverstärkt ***adj***
Eng: glass fiber reinforced *pp*
Fra: renforcé de fibres de verre *pp*
Spa: reforzado con fibra de vidrio *pp*

Glaskeramik ***f***
Eng: glass ceramics *n*
Fra: vitrocéramique *f*
Spa: vitrocerámica *f*

Glasschmelze (elektrisch leitend) ***f***
Eng: conductive glass seal *n*
Fra: ciment à base de verre conducteur *m*
Spa: vidrio fundido (conductor eléctrico) *m*

Gleichdruckventil ***n***
Eng: constant-pressure valve *n*
Fra: clapet de refoulement à pression constante *m*
Spa: válvula a presión constante *f*

Gleichfeldeinstreuung ***f***
Eng: constant field pick-up *n*
Fra: perturbation par champ continu *f*
Spa: interpolación de campo continuo *f*

Gleichförderung ***f***
Eng: uniformity of fuel delivery *n*
Fra: égalisation des débits *f*
Spa: suministro uniforme de combustible *m*

gleichförmige Verzögerung ***f***
Eng: uniform deceleration *n*
Fra: décélération uniforme *f*
Spa: deceleración uniforme *f*

Gleichgewichtssiedepunkt ***m***
Eng: equilibrium boiling point *n*
Fra: point d'ébullition sec *m*
Spa: punto de ebullición de equilibrio *m*

Gleichlaufgelenk ***n***
Eng: constant velocity joint *n*
Fra: joint homocinétique *m*
Spa: articulación homocinética *f*
(junta homocinética) *f*

Gleichlaufprüfung ***f***
Eng: synchronization check *n*
Fra: test de synchronisme *m*
Spa: comprobación de sincronización *f*

Gleichlauf-Wischeranlage ***f***
Eng: tandem pattern wiper system *n*
Fra: système d'essuie-glace tandem *m*
Spa: sistema limpiaparabrisas de patrón en tándem *m*

Gleichraumventil ***n***
Eng: constant-volume valve *n*
Fra: clapet de refoulement à volume constant *m*
Spa: válvula de volumen constante *f*

Gleichrichter ***m***
Eng: rectifier *n*
Fra: redresseur (alternateur) *m*
Spa: rectificador *m*

Gleichrichterdiode ***f***
Eng: rectifier diode *n*
Fra: diode redresseuse *f*
Spa: diodo rectificador *m*

Gleichrichterverluste ***mpl***
Eng: rectifier losses *npl*
Fra: pertes redresseur *fpl*
Spa: pérdidas del rectificador *fpl*

Gleichrichtung ***f***
Eng: rectification *n*
Fra: redressement (courant alternatif) *m*
Spa: rectificación *f*

Gleichrichtwert ***m***
Eng: rectification value *n*
(rectified value) *n*
Fra: valeur de redressement *f*
Spa: valor de rectificación *m*

Gleichstrom ***m***
Eng: direct current *n*
Fra: courant continu *m*
Spa: corriente continua *f*

Gleichstromgenerator ***m***
Eng: direct current generator *n*
Fra: génératrice de courant continu *f*
Spa: dínamo de corriente continua *f*

Gleichstromkreis ***m***
Eng: direct current circuit *n*
Fra: circuit à courant continu *m*
Spa: circuito de corriente continua *m*

Gleichstrommaschine ***f***
Eng: direct current machine *n*
Fra: machine à courant continu *f*
Spa: máquina de corriente continua *f*

Gleichstrommotor ***m***
Eng: DC motor *n*
(direct-current motor) *n*
Fra: moteur à courant continu *m*
Spa: motor de corriente continua *m*

Gleichstrommotor ***m***
Eng: D.C. motor *n*
Fra: moteur à courant continu *m*
Spa: motor de corriente continua *m*

Gleichstrom-Reihenschlussantrieb ***m***
Eng: series-wound DC drive *n*
Fra: entraînement à courant continu à excitation série *m*
Spa: accionamiento de corriente continua de excitación en serie *m*

Gleichstromrelais ***n***
Eng: DC relay *n*
Fra: relais à courant continu *m*
Spa: relé de corriente continua *m*

Gleichstromspule ***f***
Eng: DC coil *n*
Fra: bobine à courant continu *f*
Spa: bobina de corriente continua *f*

Gleichstromspülung ***f***
Eng: uniflow scavenging *n*
Fra: balayage équicourant *m*
Spa: barrido equicorriente *m*

Gleichströmung ***f***
Eng: parallel flow *n*
Fra: courant parallèle *m*
Spa: flujo paralelo *m*

Gleichstromwandler ***m***
Eng: DC converter *n*
Fra: convertisseur de courant continu *m*
Spa: convertidor de corriente continua *m*

Gleichtaktsignal ***n***
Eng: common mode signal *n*
Fra: signal de mode commun *m*
Spa: señal de modo común *f*

Gleitbeanspruchung ***f***
Eng: sliding stress *n*
Fra: contrainte de glissement *f*
Spa: esfuerzo de deslizamiento *m*

Gleitbeschichtung ***f***
Eng: anti-friction coating *n*
Fra: revêtement de contact *m*
Spa: recubrimiento antideslizamiento *m*

Gleitfläche ***f***
Eng: sliding surface *n*
Fra: surface de glissement *f*
Spa: superficie de deslizamiento *f*

Gleitfunkenzündkerze ***f***
Eng: surface-gap spark plug *n*
Fra: bougie à étincelle glissante *f*
Spa: bujía de chispa deslizante *f*

Gleitgeschwindigkeit ***f***
Eng: sliding speed *n*
(sliding velocity) *n*
Fra: vitesse de glissement *f*
Spa: velocidad de deslizamiento *f*

Gleitlack ***m***
Eng: anti-friction coating *n*
(anti-friction paint) *n*
Fra: vernis de glissement *m*
Spa: pintura antifricción *f*

Gleitlager ***n***
Eng: friction bearing *n*
Fra: palier lisse *m*
Spa: cojinete de deslizamiento *m*

Gleitlagerbuchse ***f***
Eng: plain bearing bush *n*
Fra: coussinet de paliers *m*
Spa: casquillo de cojinete de deslizamiento *m*

Gleitmodul ***n***

Eng: shear modulus *n*
(modulus of regidity) *n*
Fra: module de glissement *m*
Spa: módulo de elasticidad a la cizalladura *m*

Gleitpaste *f*
Eng: slip paste *n*
Fra: pâte antigrippage *f*
Spa: pasta deslizante *f*

Gleitreibung *f*
Eng: sliding friction *n*
Fra: frottement de glissement *m*
Spa: rozamiento por deslizamiento *m*

Gleitreibungszahl *f*
Eng: coefficient of sliding friction *n*
Fra: coefficient de frottement de glissement *m*
Spa: coeficiente de rozamiento por deslizamiento *m*

Gleitschicht *f*
Eng: liner *n*
Fra: couche antifriction *f*
Spa: capa de deslizamiento *f*

Gleitschuh *m*
Eng: slipper *n*
Fra: patin *m*
Spa: patín *m*

Gleitstein *m*
Eng: sliding block *n*
Fra: tête coulissante *f*
Spa: corredera *f*

Gleitstößel *m*
Eng: sliding tappet *n*
Fra: poussoir coulissant *m*
Spa: impulsor deslizante *m*

Gleitstück (Bremszylinder) *n*
Eng: slider (brake cylinder) *n*
Fra: coulisseau (cylindre de frein) *m*
Spa: pieza deslizante (cilindro de freno) *f*

Gleitstück (Unterbrecherhebel) *n*
Eng: cam follower (breaker lever) *n*
Fra: toucheau (rupteur) *m*
Spa: seguidor de leva (palanca de ruptor) *m*

Gleitverschleiß *m*
Eng: sliding abrasion *n*
Fra: usure par glissement *f*
Spa: desgaste por deslizamiento *m*

Gleitvorgang *m*
Eng: slip *n*
Fra: glissement *m*
Spa: proceso de deslizamiento *m*

Gleitwiderstand (Rollenbremsprüfstand) *m*
Eng: slip resistance (dynamic brake analyzer) *n*
Fra: résistance de glissement (banc d'essai) *f*
Spa: resistencia de deslizamiento (banco de pruebas de frenos de rodillos) *f*

Glimmentladung *f*
Eng: glow discharge *n*
Fra: décharge d'arc *m*
Spa: descarga luminosa *f*

Glimmerkondensator *m*
Eng: mica capacitor *n*
Fra: condensateur au mica *m*
Spa: condensador de mica *m*

Glockenkurve *f*
Eng: bell shaped curve *n*
Fra: courbe en cloche *f*
Spa: curva en forma de campana *f*

Glühdauer *f*
Eng: glow duration *n*
Fra: durée d'incandescence *f*
Spa: duración de incandescencia *f*

Glühen *n*
Eng: annealing *n*
Fra: recuit *m*
Spa: recocido *m*

Glühkerze *f*
Eng: glow plug *n*
Fra: bougie de préchauffage *f*
Spa: bujía de incandescencia *f*

Glühkontrollleuchte *f*
Eng: glow plug warning lamp *n*
Fra: témoin de préchauffage *m*
Spa: lámpara de control de incandescencia *f*

Glühkörper *m*
Eng: glow-plug tip *n*
Fra: corps chauffant (crayon) *m*
Spa: cuerpo incandescente *m*

Glühlampe *f*
Eng: bulb *n*
(bulb) *n*
Fra: lampe à incandescence *f*
Spa: lámpara incandescente *f*

Glührohr *n*
Eng: glow tube *n*
Fra: tube incandescent *m*
Spa: tubo de incandescencia *m*

Glüh-Start-Schalter *m*
Eng: glow plug and starter switch *n*
Fra: commutateur de préchauffage-démarrage *m*
Spa: interruptor de precalentamiento y arranque *m*

Glühstift *m*
Eng: glow element *n*
Fra: crayon de préchauffage *m*
Spa: espiga de incandescencia *f*

Glühstift *m*
Eng: sheathed element *n*
Fra: crayon de préchauffage *m*
Spa: espiga de incandescencia *f*

Glühstiftkerze *f*
Eng: sheathed-element glow plug *n*
Fra: bougie-crayon de préchauffage *f*
Spa: bujía de espiga de incandescencia *f*

Glühüberwacher *m*
Eng: glow indicator *n*
Fra: contrôleur d'incandescence *m*
Spa: indicador de incandescencia *m*

Glühzeitablauf *m*
Eng: preheating sequence *n*
Fra: période de préchauffage *f*
Spa: terminación de tiempo de precalentamiento *f*

Glühzeitsteuergerät *n*
Eng: glow control unit *n*
Fra: module de commande du temps de préchauffage *m*
Spa: unidad de control de tiempo de precalentamiento *f*

Glühzündung *f*
Eng: auto ignition *n*
Fra: auto-allumage *m*
Spa: autoencendido *m*

Glykol-Bremsflüssigkeit *f*
Eng: glycol based brake fluid *n*
Fra: liquide de frein à base de glycol *m*
Spa: líquido de frenos a base de glicol *m*

Grad Kurbelwelle *n*
Eng: crankshaft angle *n*
Fra: angle vilebrequin *m*
Spa: ángulo del cigüeñal *m*

Gradientenabfall *m*
Eng: gradient decrease *n*
Fra: baisse de gradient *f*
Spa: decremento de gradiente *m*

Gradientenfaser *f*
Eng: graded index optical fiber *n*
Fra: fibre à gradient *f*
Spa: fibra multimodal *f*

Gradienten-Sensor *m*
Eng: gradient sensor *n*
Fra: capteur à gradient *m*
Spa: sensor de gradiente *m*

Graugussbremsscheibe *f*
Eng: gray cast iron brake disc *n*
Fra: disque de frein en fonte grise *m*
Spa: disco de freno de fundición gris *m*

Gravitationssensor *m*
Eng: gravitation sensor *n*
Fra: capteur inertiel *m*
Spa: sensor gravitacional *m*

Greiferrad *n*
Eng: strake wheel *n*
Fra: roue d'adhérence *f*
Spa: rueda todo terreno *f*

Greifring (Bremse) *m*
Eng: grip ring (brakes) *n*
Fra: bague d'attaque (frein) *f*
Spa: anillo de retención (freno) *m*

Deutsch

Deutsch

Grenzdrehzahl *f*
Eng: limit speed *n*
Fra: régime limite *m*
Spa: régimen límite *m*

Grenzfeldstärke *f*
Eng: limiting field strength *n*
Fra: champ limite *m*
Spa: intensidad límite de campo *f*

Grenzfrequenz (Regler) *f*
Eng: cutoff frequency (governor) *n*
Fra: fréquence limite (régulateur) *f*
Spa: frecuencia límite (regulador) *f*

Grenzlastspielzahl *f*
Eng: ultimate number of cycles *n*
Fra: nombre de cycles limite *m*
Spa: número de ciclos límite *m*

Grenzlehre *f*
Eng: limit gauge *n*
Fra: calibre entre/n'entre pas *m*
Spa: galga de límite *f*

Grenzreibung *f*
Eng: boundary friction *n*
Fra: frottement limite *m*
Spa: fricción límite *f*

Grenzschicht *f*
Eng: boundary layer *n*
Fra: couche interfaciale *f*
Spa: capa límite *f*

Grenzspannung *f*
Eng: limit stress *n*
Fra: contrainte limite *f*
Spa: tensión límite *f*

Grenzstromprinzip *n*
Eng: limit current principle *n*
Fra: principe du courant limite *m*
Spa: principio de corriente límite *m*

Grenztemperatur *f*
Eng: limit temperature *n*
Fra: température limite *f*
Spa: temperatura límite *f*

Grenzwellenlänge *f*
Eng: limit wavelength *n*
Fra: longueur d'onde de coupure *f*
Spa: longitud de onda límite *f*

Grenzwertregelung *f*
Eng: limiting-value control *n*
Fra: régulation de valeur limite *f*
Spa: regulación de valor límite *f*

Griffigkeit (Reifen) *f*
Eng: tire grip *n*
Fra: adhérence (pneu) *f*
Spa: agarre (neumáticos) *m*

Grobfilter *n*
Eng: course filter *n*
Fra: filtre grossier *m*
Spa: filtro grueso *m*

Großschaltkreis (Steuergerät) *m*
Eng: large scale integrated circit, LSI (ECU) *n*
Fra: circuit à haute intégration (calculateur) *m*
Spa: circuito integrado a gran escala (unidad de control) *m*

Grund-Einspritzung *f*
Eng: basic injection *n*
Fra: injection de base *f*
Spa: inyección básica *f*

Grundeinspritzzeit *f*
Eng: basic injection timing *n*
Fra: durée d'injection de base *f*
Spa: tiempo de inyección básica *m*

Grundeinstellung *f*
Eng: basic setting *n*
Fra: réglage de base *m*
Spa: ajuste básico *m*

Grundplatte *f*
Eng: base plate *n*
Fra: embase *f*
Spa: placa base *f*

Grundreflektor *m*
Eng: basic reflector *n*
Fra: réflecteur de base *m*
Spa: reflector básico *m*

Grundwerkstoff *m*
Eng: base material *n*
Fra: matériau de base *m*
Spa: material base *m*

Gruppeneinspritzung *f*
Eng: group injection *n*
Fra: injection groupée *f*
Spa: inyección por grupos de cilindros *f*

Gummibuchse *f*
Eng: rubber bushing *n*
Fra: douille caoutchouc *f*
Spa: casquillo de goma *m*

Gummidichtring *m*
Eng: rubber seal ring *n*
Fra: joint en caoutchouc *m*
Spa: junta anular de goma *f*

Gummidichtung *f*
Eng: rubber seal *n*
Fra: bague en caoutchouc *f*
Spa: junta de goma *f*

Gummieren *n*
Eng: rubber coating *n*
Fra: revêtement caoutchouté *m*
Spa: revestimiento de goma *m*

Gummilager *n*
Eng: rubber mount *n*
Fra: palier caoutchouc *m*
Spa: apoyo de goma *m*

Gummimanschette *f*
Eng: rubber sleeve *n*
Fra: douille en caoutchouc *f*
Spa: manguito de goma *m*

Gummirollbalg *m*
Eng: rubber bellows *n*
Fra: soufflet en caoutchouc *m*
Spa: fuelle neumático de goma *m*

Gummischeibe *f*
Eng: rubber disc *n*
Fra: rondelle en caoutchouc *f*
Spa: disco de goma *m*

Gummitülle *f*
Eng: rubber grommet *n*
Fra: passe-fil en caoutchouc *m*
Spa: boquilla de goma *f*

Gummiunterlage *f*
Eng: rubber pad *n*
Fra: support en caoutchouc *m*
Spa: asiento de goma *m*

Gunnoszillator-Einschaltsignal *n*
Eng: gunn oscillator switch-on signal *n*
Fra: signal d'activation de l'oscillateur Gunn *m*
Spa: señal de activación del oscilador Gunn *f*

Gurtbenutzungserkennung *f*
Eng: selt belt usage detection *n*
Fra: détection d'oubli de bouclage des ceintures *f*
Spa: detección de uso de cinturón *f*

Gurtbremse *f*
Eng: seat belt brake *n*
Fra: frein de ceinture de sécurité *m*
Spa: freno de cinturón de seguridad *m*

Gurtbringer *m*
Eng: seat belt extender *n*
Fra: serveur de ceinture *m*
Spa: aproximador de cinturón *m*

Gurtrolle *f*
Eng: belt reel *n*
Fra: enrouleur du prétensionneur *m*
Spa: rollo de cinturón *m*

Gurtschloss *n*
Eng: seat belt buckle *n*
Fra: verrou de ceinture *m*
Spa: cierre de cinturón de seguridad *m*

Gurtstraffer *m*
Eng: seat belt pretensioner *n*
Fra: prétensionneur de ceinture *m*
Spa: pretensor de cinturón de seguridad *m*

Gurtstraffer-Auslösegerät *n*
Eng: seat belt-tightener trigger unit *n*
Fra: déclencheur de prétensionneur *m*
Spa: disparador de pretensor de cinturón de seguridad *m*

Gurtverriegelung *f*
Eng: seat belt locking *n*
Fra: verrouillage de ceinture de sécurité *m*
Spa: enclavamiento de cinturón de seguridad *m*

Gusseisen *n*
Eng: cast iron *n*
Fra: fonte *f*
Spa: hierro fundido *m*

Gütefaktor *m*

Eng: quality factor n
Fra: facteur de qualité m
Spa: factor de calidad m

H

Haarriss **m**
Eng: hairline crack n
Fra: fissure capillaire f
Spa: fisura capilar f

Haftgrenze **f**
Eng: limit of adhesion n
Fra: limite d'adhérence f
Spa: límite de adherencia m

Haftreibung **f**
Eng: static friction n
Fra: frottement statique m
Spa: rozamiento estático m

Haftreibungsbeiwert **m**
Eng: coefficient of static friction n
Fra: coefficient d'adhérence m
Spa: coeficiente de rozamiento estático m

Haftreibungs-Schlupfkurve **f**
Eng: adhesion/slip curve n
Fra: courbe adhérence-glissement (pneu) f
Spa: curva adherencia-resbalamiento f

Haftreibungszahl (Reifen/Straße) **f**
Eng: coefficient of friction (tire/road) n
Fra: coefficient d'adhérence m
Spa: coeficiente de rozamiento por adherencia (neumáticos/calzada) m
(coeficiente de arrastre de fuerza) m

Hakenbefestigung (Scheibenwischer) **f**
Eng: hook type fastening (wipers) n
Fra: fixation par crochet (calculateur) f
Spa: fijación por gancho (limpiaparabrisas) f

Halbhohlniet **m**
Eng: semi-hollow rivet n
Fra: rivet bifurqué m
Spa: remache semihueco m

Halbleiter **m**
Eng: semiconductor n
Fra: semi-conducteur m
Spa: semiconductor m

Halbleiterlaser **m**
Eng: semiconductor laser n
Fra: laser à semi-conducteurs m
Spa: láser de semiconductor m

Halbleiterschicht **f**
Eng: semiconductor layer n
Fra: couche semi-conductrice f
Spa: capa semiconductora f

Halbleiterspeicher **m**
Eng: semiconductor memory chip n
Fra: mémoire à semi-conducteurs f
Spa: memoria de semiconductores f

Halbrundniet **m**
Eng: mushroom-head rivet n
Fra: rivet à tête ronde m
Spa: remache de cabeza semiredonda m

Halbstarrachse **f**
Eng: semi rigid axle n
Fra: essieu semi-rigide m
Spa: eje semirígido m

Hallabstand **m**
Eng: diffuse field distance n
Fra: distance critique f
Spa: distancia Hall f

Hall-Auslösesystem **n**
Eng: hall triggering system n
Fra: système de déclenchement Hall m
Spa: sistema de activación Hall m

Hall-Drehzahlsensor **m**
Eng: hall effect crankshaft sensor n
Fra: capteur de régime à effet Hall m
Spa: sensor de revoluciones Hall m

Hall-Effekt **m**
Eng: hall effect n
Fra: effet Hall m
Spa: efecto Hall m

Hall-Geber **m**
Eng: hall generator n
Fra: générateur de Hall m
Spa: transmisor Hall m

Hall-Schicht **f**
Eng: hall layer n
Fra: couche Hall f
Spa: capa Hall f

Hall-Schranke **f**
Eng: hall vane switch n
Fra: barrière Hall f
Spa: barrera Hall f

Hall-Sensor **m**
Eng: hall effect sensor n
Fra: capteur à effet Hall m
(capteur Hall) m
Spa: sensor Hall m

Halogenfüllung **f**
Eng: halogen charge n
Fra: charge d'halogène f
Spa: carga de halógeno f

Halogenlampe **f**
Eng: halogen lamp n
Fra: lampe à halogène f
Spa: lámpara halógena f

Halogenlicht **n**
Eng: halogen gas light n
Fra: éclairage par lampe à halogène m
Spa: luz halógena f

Halteband **n**
Eng: retaining belt n
Fra: collier de support m
Spa: cinta de retención f

Haltefeder **f**
Eng: retaining spring n
Fra: ressort de maintien m
Spa: muelle de retención m

Halteklammer **f**
Eng: retaining clip n
Fra: agrafe f
Spa: grapa de retención f

Halter **m**
Eng: retainer n
Fra: support m
Spa: retenedor m

Halterung **f**
Eng: mount n
(bracket) n
Fra: fixation f
Spa: soporte m

Haltestrom **m**
Eng: holding current n
Fra: courant de maintien m
Spa: corriente de retención f

Handbremsbacke **f**
Eng: handbrake shoe n
Fra: mâchoire de frein à main f
Spa: zapata de freno de mano f

Handbremse **f**
Eng: handbrake n
Fra: frein à main m
Spa: freno de mano m

Handbremshebel **m**
Eng: handbrake lever n
Fra: levier de frein à main m
Spa: palanca de freno de mano f

Handbremsseil **n**
Eng: handbrake cable n
Fra: câble de frein à main m
Spa: cable de freno de mano m

Handbremsventil **n**
Eng: handbrake valve n
Fra: valve de frein à main f
Spa: válvula de freno de mano f

Handförderpumpe **f**
Eng: hand primer pump n
Fra: pompe à main f
Spa: bomba de suministro manual f

Handschalter **m**
Eng: hand switch n
Fra: molette f
Spa: interruptor manual m

Handschaltgetriebe **n**
Eng: manual transmission n
(manual transmission) n
Fra: boîte de vitesses classique f
(boîte de vitesses classique) f
Spa: cambio manual m

Handscheinwerfer **m**
Eng: hand portable searchlight n
Fra: projecteur portable m
Spa: lámpara portátil f

Deutsch

Deutsch

Handschuhfach *n*
Eng: glove compartment *n*
Fra: boîte à gants *f*
Spa: guantera *f*

Handsender (Autoalarm) *m*
Eng: hand transmitter (car alarm) *n*
Fra: émetteur manuel (alarme auto) *m*
Spa: transmisor manual (alarma de vehículo) *m*

Handsender *m*
Eng: hand-held remote control *n*
Fra: émetteur manuel *m*
Spa: transmisor manual *m*

Handsteuergerät *n*
Eng: manual electric control unit, MECU *n*
Fra: boîtier de commande manuel *m*
Spa: unidad de control manual *f*

Hangabtriebskraft *f*
Eng: downgrade force *n*
Fra: force de déclivité *f*
Spa: fuerza inducida cuesta abajo *f*

Härte *f*
Eng: hardness *n*
Fra: dureté *f*
Spa: dureza *f*

Härtemessung *f*
Eng: hardness testing *n*
Fra: essai de dureté *m*
Spa: medición de dureza *f*

Härten *n*
Eng: hardening *n*
Fra: durcissement *m*
(durcissement par trempe) *m*
Spa: endurecimiento *m*

Härteprüfung *f*
Eng: hardness test *n*
Fra: test de dureté *m*
Spa: ensayo de dureza *m*

Härtetemperatur *f*
Eng: hardening temperature *n*
Fra: température de trempe *f*
Spa: temperatura de endurecimiento *f*

Hartgummi *m*
Eng: hard rubber *n*
Fra: caoutchouc dur *m*
Spa: goma dura *f*
(ebonita) *f*

Hartlötung *f*
Eng: hard soldering *n*
Fra: brasage fort *m*
Spa: soldadura amarilla *f*
(soldadura dura) *f*

Harz *n*
Eng: resin *n*
Fra: résine *f*
Spa: resina *f*

Haube (Motorhaube) *f*
Eng: hood *n*
(engine hood) *n*
Fra: capuchon *m*
Spa: caperuza (capó de motor) *f*

Haubenfahrzeug *n*
Eng: cab behind engine vehicle, CBE *n*
(CBE vehicle) *n*
Fra: camion à capot *m*
Spa: vehículo con capó *m*

Häufigkeitsdichte *f*
Eng: frequency density *n*
Fra: densité de fréquence *f*
Spa: densidad de frecuencia *f*

Hauptanschluss *m*
Eng: main terminal *n*
Fra: connexion principale *f*
Spa: conexión principal *f*

Hauptbremszylinder *m*
Eng: brake master cylinder, BMC *n*
Fra: maître-cylindre de frein *m*
(maître-cylindre de frein hydraulique) *m*
Spa: cilindro principal de freno *m*

Hauptbrennraum *m*
Eng: main combustion chamber *n*
Fra: chambre de combustion principale *f*
Spa: cámara de combustión principal *f*

Hauptdüse *f*
Eng: main jet *n*
Fra: gicleur principal *m*
Spa: boquilla principal *f*

Haupteinspritzung *f*
Eng: main injection *n*
Fra: injection principale *f*
Spa: inyección principal *f*

Hauptkatalysator *m*
Eng: primary catalytic converter *n*
Fra: catalyseur principal *m*
Spa: catalizador principal *m*

Hauptschlussmotor *m*
Eng: series motor *n*
(series-wound motor) *n*
Fra: moteur série *m*
Spa: motor de excitación en serie *m*

Hauptstrom (Generator) *m*
Eng: primary current (alternator) *n*
Fra: courant principal (alternateur) *m*
Spa: corriente principal (alternador) *f*

Hauptstromfilter *m*
Eng: full flow filter *n*
Fra: filtre de circuit principal *m*
Spa: filtro de caudal principal *m*

Hauptuntersuchung *f*
Eng: general inspection *n*
Fra: contrôle technique *m*
Spa: inspección general *f*

Hauptwicklung *f*
Eng: main winding *n*
(primary winding) *n*
Fra: enroulement principal *m*
Spa: bobinado principal *m*

Hebebühne *f*
Eng: lift platform *n*
Fra: pont élévateur *m*
Spa: plataforma elevadora *f*

Hebelarm *m*
Eng: lever arm *n*
Fra: bras de levier *m*
Spa: brazo de palanca *m*

Hebelstange *f*
Eng: lever rod *n*
Fra: tige de levier *f*
Spa: barra de palanca *f*

Hebezeug *n*
Eng: hoisting equipment *n*
Fra: engin de levage *m*
Spa: aparato elevador *m*

Heckabsicherung *f*
Eng: rear end protection *n*
Fra: surveillance arrière *f*
Spa: protección de la parte trasera *f*

Heckaufprall *m*
Eng: rear end impact *n*
Fra: choc arrière *m*
Spa: choque contra la parte trasera *m*

Heckaufprallversuch *m*
Eng: rear impact test *n*
Fra: test de choc arrière *m*
Spa: ensayo de choque contra la parte trasera *m*

Heckklappe *f*
Eng: trunk lid *n*
Fra: hayon *m*
Spa: portón trasero *m*

Heckklappenschloss *n*
Eng: tailgate lock *n*
Fra: serrure de hayon *f*
Spa: cerradura de portón trasero *f*

Heckleuchte (Schlussleuchte) *f*
Eng: tail lamp *n*
Fra: feu arrière *m*
Spa: luz trasera (piloto trasero) *f*

Heckscheibe *f*
Eng: rear window *n*
Fra: lunette arrière *f*
Spa: luneta trasera *f*

Heckscheibe *f*
Eng: rear windshield *n*
Fra: lunette arrière *f*
Spa: luneta trasera *f*

Heckscheibenheizungsschalter *m*
Eng: heated rear-window switch *n*
Fra: commutateur du chauffage de lunette arrière *m*
Spa: interruptor de calefacción de luneta trasera *m*

Heckscheibenwischer *m*
Eng: rear wiper *n*
Fra: essuie-glace arrière *m*

Spa: limpialunetas trasero *m*

Heckschürze ***f***
Eng: tailgate apron *n*
Fra: jupe arrière *f*
Spa: faldón trasero *m*

Heck-Wischblatt ***n***
Eng: rear window wiper blade *n*
Fra: raclette de lunette arrière *f*
Spa: raqueta trasera *f*

Heck-Wischeranlage ***f***
Eng: rear window wiper system *n*
Fra: système d'essuie-glaces de la lunette arrière *m*
Spa: sistema limpialunetas trasero *m*

Heißbenzinverhalten ***n***
Eng: hot fuel handling characteristics *npl*
Fra: comportement avec carburant chaud *m*
Spa: comportamiento con gasolina caliente *m*

Heißbremswirkung ***f***
Eng: effectiveness of hot brakes *n*
Fra: effet de freinage à chaud *m*
Spa: efectividad de los frenos en caliente *f*

heißfahren (Bremse) ***v***
Eng: overheat (brakes) *v*
Fra: surchauffer (frein) *v*
Spa: recalentar (freno) *v*

Heißfilm-Luftmassenmesser ***m***
Eng: hot film air-mass meter *n*
(hot-film air-mass sensor) *n*
Fra: débitmètre massique à film chaud *m*
(débitmètre d'air à film chaud) *m*
Spa: caudalímetro de aire por película caliente *m*

Heißfilmsensor ***m***
Eng: hot film sensor *n*
Fra: capteur à film chaud *m*
Spa: sensor por película caliente *m*

Heißförderung ***f***
Eng: hot fuel delivery *n*
Fra: refoulement à chaud *m*
Spa: suministro de combustible caliente *m*

Heißlaufverhalten (Verbrennungsmotor) ***n***
Eng: hot engine driving response (IC engine) *n*
Fra: comportement en surchauffe (moteur à combustion) *m*
Spa: comportamiento de marcha en caliente (motor de combustión) *m*

Heißstart ***m***
Eng: hot start *n*
Fra: démarrage à chaud *m*
Spa: arranque en caliente *m*

Heißstartbedingung ***f***
Eng: hot start condition *n*
Fra: condition de démarrage à chaud *f*
Spa: condición de arranque en caliente *f*

Heißstartmenge ***f***
Eng: hot start fuel quantity *n*
Fra: débit de démarrage à chaud *m*
Spa: caudal de arranque en caliente *m*

Heißstartverhalten ***f***
Eng: hot start response *n*
Fra: comportement au démarrage à chaud *m*
Spa: comportamiento de arranque en caliente *m*

Heißtest (Abgasprüfung) ***m***
Eng: hot test (exhaust-gas test) *n*
Fra: cycle départ à chaud (émissions) *m*
Spa: ensayo en caliente (comprobación de gases de escape) *m*

Heizautomatik ***f***
Eng: automatic heater *n*
Fra: chauffage automatique *m*
Spa: calefacción automática *f*

heizbare Heckscheibe ***f***
Eng: heated rear windshield *n*
Fra: lunette arrière chauffante *f*
Spa: luneta trasera calefactable *f*

Heizdraht ***m***
Eng: heating wire *n*
Fra: fil chauffant *m*
Spa: filamento de calefacción *m*

Heizelement ***n***
Eng: heater element *n*
Fra: élément chauffant *m*
Spa: elemento de calefacción *m*

Heizergebläse ***n***
Eng: heater blower *n*
Fra: ventilateur de chaufferette *m*
Spa: soplador calefactor *m*

Heizkörper ***m***
Eng: heater core *n*
Fra: radiateur *m*
Spa: calefactor *m*

Heizrohr ***n***
Eng: heating tube *n*
Fra: tube chauffant *m*
Spa: tubo calefactor *m*

Heizspannung ***f***
Eng: heating voltage *n*
Fra: tension de chauffage *f*
Spa: tensión de calefacción *f*

Heizstab (Lufttrockner) ***m***
Eng: heating element (air drier) *n*
Fra: tige chauffante (dessiccateur) *f*
Spa: varilla calefactora (secador de aire) *f*

Heizungsanlage ***f***
Eng: heater system *n*
Fra: chauffage *m*
Spa: sistema de calefacción *m*

Heizungsautomatik ***f***
Eng: automatic heater control *n*
Fra: système de chauffage automatique *m*
Spa: calefacción automática *f*

Heizungsregelung ***f***
Eng: heater control *n*
Fra: régulation du chauffage *f*
Spa: regulación de la calefacción *f*

Heizwasserpumpe ***f***
Eng: hot water pump *n*
Fra: pompe à eau chaude *f*
Spa: bomba de agua de calefacción *f*

Heizwasserventil ***n***
Eng: hot water valve *n*
Fra: vanne d'eau chaude *f*
Spa: válvula de agua caliente *f*

Heizwendel ***f***
Eng: helical heating wire *n*
Fra: filament chauffant hélicoïdal *m*
Spa: espiral de calefacción *f*

Heizwert ***m***
Eng: calorific value *n*
Fra: pouvoir calorifique inférieur, PCI *m*
Spa: poder calorífico *m*

Heizwicklung ***f***
Eng: heating coil *n*
(heating winding) *n*
Fra: enroulement chauffant *m*
Spa: bobinado de calefacción *m*

Heizwiderstand ***m***
Eng: heating resistor *n*
Fra: résistance chauffante *f*
Spa: resistencia de calefacción *f*

Helium-Laser ***m***
Eng: helium laser *n*
Fra: laser à l'hélium *m*
Spa: láser de helio *m*

Hell-Dunkel-Grenze (Scheinwerfer) ***f***
Eng: light dark cutoff (headlamp) *n*
Fra: limite clair-obscur (projecteur) *f*
Spa: límite claro-oscuro (faros) *m*

Hell-Dunkel-Kontrast (Scheinwerfer) ***m***
Eng: light dark cutoff contrast (headlamp) *n*
Fra: contraste entre clarté et obscurité (projecteur) *m*
Spa: contraste claro-oscuro (faros) *m*

Helligkeitsregelung (Scheinwerfer) ***f***
Eng: dimmer control (headlamp) *n*
Fra: régulation de la luminosité *f*
Spa: regulación de luminosidad (faros) *f*

Deutsch

Deutsch

Helligkeitsregler (Scheinwerfer) *m*
Eng: luminosity controller (headlamp) *n*
Fra: régulateur de luminosité (projecteur) *m*
Spa: regulador de luminosidad (faros) *m*

heterogene Gemischverteilung *f*
Eng: heterogeneous mixture distribution *n*
Fra: mélange hétérogène *m*
Spa: distribución heterogénea de mezcla *f*

Hilfs-Bremsanlage *f*
Eng: secondary brake system *n*
Fra: dispositif de freinage de secours *m*
Spa: sistema auxiliar de frenos *m*

Hilfsbremsleitung *f*
Eng: secondary brake line *n*
Fra: conduite de secours *f*
Spa: línea de freno auxiliar *f*

Hilfsbremsung *f*
Eng: secondary braking *n*
Fra: freinage de secours *m*
Spa: frenado auxiliar *m*

Hilfsbremsventil *n*
Eng: secondary brake valve *n*
Fra: valve de frein de secours *f*
Spa: válvula de freno auxiliar *f*

Hilfsbremswirkung *f*
Eng: secondary braking effect *n*
Fra: effet de freinage auxiliaire *m*
Spa: efecto de freno auxiliar *m*

Hilfskraft-Bremsanlage *f*
Eng: power assisted braking system *n*
Fra: dispositif de freinage assisté par énergie auxiliaire *m*
Spa: sistema de freno asistido *m*

Hilfskraftlenkanlage *f*
Eng: power assisted steering system *n*
(power steering) *n*
Fra: direction assistée *f*
Spa: sistema de dirección asistida *m*

Hilfspumpe *f*
Eng: auxiliary pump *n*
Fra: pompe auxiliaire *f*
Spa: bomba auxiliar *f*

Hilfssteuergröße *f*
Eng: auxiliary actuating variable *n*
Fra: grandeur convergente *f*
Spa: parámetro auxiliar de mando *m*

Hinterachsantrieb *m*
Eng: rear axle drive *n*
Fra: transmission arrière *f*
Spa: accionamiento por eje trasero *m*

Hinterachsdifferenzial *n*
Eng: rear axle differential *n*
Fra: différentiel de l'essieu arrière *m*
Spa: diferencial de eje trasero *m*

Hinterachse *f*
Eng: rear axle *n*
Fra: essieu arrière *m*
Spa: eje trasero *m*

Hinterachssperre *f*
Eng: rear axle lock *n*
Fra: blocage de l'essieu arrière *m*
Spa: bloqueador de diferencial de eje trasero *m*

Hinterachsübersetzung *f*
Eng: rear axle ratio *n*
Fra: démultiplication arrière *f*
Spa: desmultiplicación de eje trasero *f*

hinterer Kurbelwellendichtring *m*
Eng: rear crankshaft oil seal *n*
Fra: joint arrière de vilebrequin *m*
Spa: retén posterior del cigüeñal *m*

hinterer Nockenwellendichtring *m*
Eng: rear camshaft oil seal *n*
Fra: joint arrière d'arbre à cames *m*
Spa: retén posterior del árbol de levas *m*

Hinterradantrieb *m*
Eng: rear wheel drive *n*
Fra: propulsion arrière *f*
Spa: tracción a las ruedas traseras *f*

Hitzdraht (Luftmassenmesser) *m*
Eng: hot wire (air-mass meter) *n*
Fra: fil chaud (débitmètre massique) *m*
Spa: hilo caliente (caudalímetro de aire) *m*

Hitzdrahtanemometer *m*
Eng: hot wire anemometer *n*
Fra: anémomètre à fil chaud *m*
Spa: anemómetro de hilo caliente *m*

Hitzdraht-Luftmassenmesser *m*
Eng: hot wire air-mass meter *n*
Fra: débitmètre massique à fil chaud *m*
Spa: caudalímetro de aire de hilo caliente *m*

Hitzeschild *n*
Eng: heat shield *n*
Fra: écran thermique *m*
Spa: escudo térmico *m*

Hochdruck *m*
Eng: high pressure *n*
Fra: haute pression *f*
Spa: alta presión *f*

Hochdruckanschluss *m*
Eng: high pressure connection *n*
Fra: orifice haute pression *m*
Spa: conexión de alta presión *f*

Hochdruck-Bremsanlage *f*
Eng: high pressure braking system *n*
Fra: dispositif de freinage haute pression *m*
Spa: sistema de frenos de alta presión *m*

Hochdruckdirekteinspritzer *m*
Eng: high pressure direct injector *n*
Fra: moteur à injection directe haute pression *m*
Spa: inyector directo de alta presión *m*

Hochdruckeinspritzung *f*
Eng: high pressure fuel injection *n*
Fra: injection haute pression *f*
Spa: inyección a alta presión *f*

Hochdruckeinspritzventil *n*
Eng: high pressure injector *n*
Fra: injecteur haute pression *m*
Spa: válvula de inyección de alta presión *f*

Hochdruckfett *n*
Eng: high pressure grease *n*
Fra: graisse haute pression *f*
Spa: grasa de alta presión *f*

Hochdruckförderung *f*
Eng: high pressure delivery *n*
(high-pressure operation) *n*
Fra: refoulement haute pression *m*
Spa: suministro a alta presión *m*

Hochdruck-Kraftstoffsystem *n*
Eng: high pressure fuel system *n*
Fra: système d'alimentation en carburant haute pression *m*
Spa: sistema de combustible de alta presión *m*

Hochdruckkreis *m*
Eng: high pressure circuit *n*
Fra: circuit haute pression *m*
Spa: circuito de alta presión *m*

Hochdruckkreislauf *m*
Eng: high pressure circuit *n*
Fra: circuit haute pression *m*
Spa: circuito de alta presión *m*

Hochdruckladepumpe (ASR) *f*
Eng: high pressure charge pump (TCS) *n*
Fra: pompe de suralimentation haute pression (ASR) *f*
Spa: bomba de carga de alta presión (ASR) *f*

Hochdruckladepumpe *f*
Eng: high pressure supercharger *n*
Fra: pompe de suralimentation haute pression *f*
Spa: bomba de carga de alta presión *f*

Hochdruckleitung *f*
Eng: high pressure delivery line *n*
Fra: tuyauterie haute pression *f*
Spa: línea de alta presión *f*

Hochdruckmagnetventil *n*
Eng: high pressure solenoid valve *n*
Fra: électrovanne haute pression *f*
Spa: electroválvula de alta presión *f*

Hochdruckprüfung *f*
Eng: high pressure test *n*
Fra: essai de haute pression *m*

Spa: ensayo de alta presión *m*

Hochdruckpumpe *f*
Eng: high pressure pump *n*
(H.P. pump) *n*
Fra: pompe haute pression *f*
(pompe d'alimentation haute pression) *f*
Spa: bomba de alta presión *f*

Hochdruckraum (Einspritzpumpe) *m*
Eng: plunger chamber (fuel-injection pump) *n*
Fra: chambre de refoulement (pompe d'injection) *f*
Spa: cámara de alta presión (bomba de inyección) *f*

Hochdruckregelung *f*
Eng: high pressure control *n*
Fra: régulation haute pression *f*
Spa: regulación de alta presión *f*

Hochdrucksensor *m*
Eng: high pressure sensor *n*
Fra: capteur haute pression *m*
Spa: sensor de alta presión *m*

Hochdruckspeicher (Common Rail) *m*
Eng: high pressure accumulator (common rail) *n*
Fra: accumulateur haute pression (« Common Rail ») *m*
Spa: acumulador de alta presión (Common Rail) *m*

Hochdruck-Waschanlage *f*
Eng: high pressure washer system *n*
Fra: dispositif de lavage haute pression *m*
Spa: sistema de lavado a alta presión *m*

Hochdruckzulauf *m*
Eng: high pressure fuel supply *n*
Fra: arrivée de la haute pression *f*
Spa: alimentación de alta presión *f*

Hochfrequenzinduktivgeber *m*
Eng: high frequency inductive sensor *n*
Fra: capteur inductif haute fréquence *m*
Spa: transmisor inductivo de alta frecuencia *m*

Hochgeschwindigkeitsklopfen *n*
Eng: high speed knock *n*
Fra: cliquetis à haut régime *m*
Spa: picado a alta velocidad *m*

hochgesetzte Bremsleuchte (zusätzliche Bremsleuchte) *f*
Eng: auxiliary stop lamp (ignition angle) *n*
Fra: feu stop supplémentaire (angle d'allumage) *m*
Spa: luz adicional de freno (luz adicional de freno) *f*

Hochlaufdauer *f*
Eng: running up time *n*
Fra: temps de montée en régime *m*
Spa: duración de la aceleración *f*

Hochlaufdauer *f*
Eng: run up time *n*
Fra: temps de montée en régime *m*
Spa: duración de la aceleración *f*

hochlaufen (Verbrennungsmotor) *v*
Eng: run up to speed (IC engine) *v*
Fra: montée en régime (moteur à combustion) *f*
Spa: acelerar en el arranque (motor de combustión) *v*

Hochleistungs-Zündspule *f*
Eng: high performance ignition coil *n*
Fra: bobine d'allumage à hautes performances *f*
Spa: bobina de encendido de altas prestaciones *f*

Hochschaltung *f*
Eng: upshift *n*
Fra: montée des rapports *f*
Spa: puesta de una marcha superior *f*

Hochspannung *f*
Eng: high voltage *n*
Fra: haute tension *f*
Spa: alta tensión *f*

Hochspannungs-Kondensatorzündung *f*
Eng: capacitor discharge ignition (system), CDI *n*
Fra: allumage haute tension à décharge de condensateur *m*
Spa: encendido por descarga de condensador *m*

Hochspannungsleitung *f*
Eng: high voltage cable *n*
Fra: câble haute tension *m*
Spa: cable de alta tensión *m*

Hochspannungsverteiler *m*
Eng: high voltage distributor *n*
Fra: distributeur haute tension *m*
Spa: distribuidor de alta tensión *m*

Höchstdrehzahl *f*
Eng: high idle speed *n*
Fra: régime maximal *m*
Spa: régimen máximo *m*

Höchstgeschwindigkeit *f*
Eng: top speed *n*
Fra: vitesse maximale *f*
Spa: velocidad máxima *f*

Höchstgeschwindigkeits-begrenzung *f*
Eng: speed limit *n*
Fra: bridage de la vitesse maximale *m*
Spa: limitación de la velocidad máxima *f*

Hochtaktventil (ELB) *n*
Eng: pressure build up valve (ELB) *n*
Fra: valve à impulsions progressives (ELB) *f*
Spa: válvula de impulsos progresivos (ELB) *f*

Hochtöner *m*
Eng: tweeter *n*
Fra: haut-parleur d'aiguës *m*
Spa: altavoz de tonos agudos *m*

Hochtonhorn *n*
Eng: high tone horn *n*
Fra: avertisseur à tonalité aiguë *m*
Spa: bocina de tonos agudos *f*

Hochtreiber-Planetengetriebe *n*
Eng: step up planetary gear set *n*
Fra: multiplicateur épicycloïdal *m*
Spa: multiplicador de planetario *m*

Hochtriebretarder *m*
Eng: boost retarder *n*
Fra: ralentisseur surmultiplié *m*
Spa: retardador multiplicador *m*

Höhe über NN *f*
Eng: height above mean sea level *n*
Fra: altitude *f*
Spa: altura sobre NN *f*

Höhenanschlag *m*
Eng: altitude control *n*
Fra: correcteur altimétrique *m*
Spa: tope de altura *m*

Höhendose *f*
Eng: altitude capsule *n*
Fra: capsule altimétrique *f*
Spa: cápsula altimétrica *f*

Höhengeber *m*
Eng: altitude sensor *n*
Fra: capsule altimétrique *f*
Spa: transmisor altimétrico *m*

Höhengeber *m*
Eng: altimeter *n*
Fra: capsule altimétrique *f*
Spa: altímetro *m*

höhengesteuerter Volllastmengenanschlag *m*
Eng: altitude controlled full load stop *n*
Fra: butée de pleine charge en fonction de l'altitude *f*
Spa: tope de caudal de plena carga en función de la altura *m*

Höhen-Kompensation *f*
Eng: altitude compensation *n*
Fra: correction altimétrique *f*
Spa: compensación de altitud *f*

Höhenkontrolle *f*
Eng: height check *n*
Fra: contrôle altimétrique *m*
Spa: control de altitud *m*

Höhenkorrektur *f*
Eng: altitude compensation *n*
Fra: correction altimétrique *f*
Spa: compensación de altitud *f*

Deutsch

Deutsch

Höhenkorrektur *f*
Eng: altitude correction *n*
Fra: correction altimétrique *f*
Spa: corrección altimétrica *f*

Höhenschlag *m*
Eng: radial run out *n*
Fra: voile radial *m*
Spa: excentricidad radial *f*

Höhensensor *m*
Eng: altitude sensor *n*
Fra: capteur altimétrique *m*
(sonde altimétrique) *f*
Spa: sensor altimétrico *m*

Höhenstrahlung *f*
Eng: cosmic radiation *n*
Fra: rayonnement cosmique *m*
Spa: radiación cósmica *f*

Höhenverstellgetriebe *n*
Eng: height adjustment gearing *n*
Fra: réducteur de réglage en hauteur *m*
Spa: engranaje de regulación de altura *m*

Höhenverstellung *f*
Eng: height adjustment *n*
(vertical adjustment) *n*
Fra: réglage en hauteur *m*
Spa: regulación de altura *f*

Hohlachse *f*
Eng: hollow axle *n*
Fra: axe creux *m*
Spa: árbol hueco *m*

Hohlleiter *m*
Eng: hollow conductor *n*
Fra: conducteur creux *m*
Spa: conductor hueco *m*

Hohlniet *m*
Eng: hollow rivet *n*
Fra: rivet creux *m*
Spa: remache hueco *m*

Hohlrad *n*
Eng: internal gear (ring gear) *n*
Fra: roue à denture intérieure *f*
Spa: corona de dentado interior *f*

Hohlradpaarung *f*
Eng: internal gear pair *n*
Fra: engrenage intérieur *m*
Spa: engranaje interior *m*

Hohlschraube *f*
Eng: hollow screw *n*
Fra: vis creuse *f*
Spa: tornillo hueco *m*

Hologrammplatte *f*
Eng: hologram plate *n*
Fra: plaque photographique *f*
Spa: placa holográfica *f*

Homofokal-Reflektor (Scheinwerfer) *m*
Eng: homofocal reflector (headlamp) *n*
Fra: réflecteur homofocal *m*
Spa: reflector homofocal (faros) *m*

homogen *adj*
Eng: homogenous *n*
Fra: homogène *adj*
Spa: homogéneo *adj*

Homogen-Betrieb *m*
Eng: homogeneous operating mode *n*
Fra: mode homogène *m*
Spa: modo de operación homogéneo *m*

homogene Gemischverteilung *f*
Eng: homogeneous mixture distribution *n*
Fra: mélange homogène *m*
Spa: distribución homogénea de mezcla *f*

homogene Redundanz *f*
Eng: homogeneous redundancy *n*
Fra: redondance homogène *f*
Spa: redundancia homogénea *f*

Homogeneinspritzung *f*
Eng: homogeneous injection *n*
Fra: injection homogène *f*
Spa: inyección homogénea *f*

homogenes Gemisch *n*
Eng: homogeneous mixture *n*
Fra: mélange homogène *m*
Spa: mezcla homogénea *f*

Homogen-Klopfschutz *m*
Eng: homogeneous knock protection *n*
Fra: protection anticliquetis par homogénéisation du mélange *f*
Spa: protección homogénea de picado *f*

Homogen-Klopfschutz-Betrieb *m*
Eng: homogeneous knock protection mode *n*
Fra: mode homogène anticliquetis *m*
Spa: modo de protección homogénea de picado *m*

Homogen-Mager-Betrieb *m*
Eng: homogenous lean operating mode *n*
Fra: mode homogène pauvre *m*
Spa: modo de operación homogéneo con mezcla pobre *m*

Homogenmenge *f*
Eng: homogeneous amount *n*
Fra: quantité homogène *f*
Spa: caudal homogéneo *m*

Homogen-Schicht-Betrieb *m*
Eng: homogeneous stratified operating mode *n*
Fra: mode homogène stratifié *m*
Spa: modo de operación homogéneo estratificado *m*

Homologation *f*
Eng: homologation *n*
Fra: homologation *f*
Spa: homologación *f*

Horn *n*
Eng: horn *n*
Fra: avertisseur sonore *m*
Spa: bocina *f*

Hörschwelle *f*
Eng: threshold of audibility *n*
Fra: seuil d'audibilité *m*
Spa: umbral de audición *m*

Hub *m*
Eng: lift *n*
(stroke) *n*
(threw) *n*
Fra: levée *f*
(portance) *f*
Spa: carrera *f*

Hub am Förderende *m*
Eng: stroke at end of delivery *n*
Fra: levée en fin de refoulement *f*
Spa: carrera al final del suministro *f*

Hubanschlag *m*
Eng: lift stop *n*
Fra: butée de levée *f*
Spa: tope de carrera *m*

Hubbegrenzung *f*
Eng: stroke limiter *n*
Fra: limitation de course *f*
Spa: limitación de carrera *f*

Hub-Drehzähler *m*
Eng: stroke counting mechanism *n*
Fra: compteur de courses *m*
Spa: contador de carreras y revoluciones *m*

Hubkolben *m*
Eng: lifting piston *n*
Fra: piston *m*
Spa: pistón elevador *m*

Hubkolbeneinspritzpumpe *f*
Eng: piston injection pump *n*
Fra: pompe d'injection à piston *f*
Spa: bomba de inyección reciprocante *f*

Hubkolbenmotor *m*
Eng: reciprocating piston engine *n*
Fra: moteur à pistons alternatifs *m*
Spa: motor reciprocante *m*

Hubkolbenverdichter *m*
Eng: reciprocating piston supercharger *n*
Fra: compresseur à piston *m*
Spa: compresor de émbolo reciprocante *m*

Hubmagnet *m*
Eng: linear solenoid *n*
(tractive solenoid) *n*
(switching solenoid) *n*
Fra: électro-aimant de commande *m*
Spa: electroimán elevador *m*

Hubphase *f*
Eng: stroke phase *n*

Fra: série de courses *f*
Spa: fase de carrera *f*

Hubraum (Verbrennungsmotor) ***m***
Eng: engine displacement (IC engine) *n*
(charge volume) *n*
Fra: cylindrée (moteur à combustion) *f*
Spa: cilindrada (motor de combustión) *f*

Hubraumleistung (Verbrennungsmotor) ***f***
Eng: power output per liter (IC engine) *n*
Fra: puissance spécifique *f*
Spa: potencia por litro de cilindrada (motor de combustión) *f*

Hubscheibe ***f***
Eng: cam plate *n*
Fra: disque à cames *m*
Spa: disco de elevación *m*

Hubschieber ***m***
Eng: control sleeve *n*
Fra: tiroir de régulation *m*
Spa: corredera de elevación *f*

Hubschieberelement ***n***
Eng: control sleeve element *n*
Fra: élément à tiroir *m*
Spa: elemento de la corredera de elevación *m*

Hubschieberpumpe ***f***
Eng: control sleeve inline injection pump *n*
Fra: pompe d'injection en ligne à tiroirs *f*
Spa: bomba de inyección electromecánica *f*

Hubschieberpumpe ***f***
Eng: control sleeve pump *n*
Fra: pompe d'injection en ligne à tiroirs *f*
Spa: bomba de inyección de leva y corredera *f*

Hubschieber-Reiheneinspritzpumpe (PE) ***f***
Eng: control sleeve in line fuel injection pump (PE) *n*
Fra: pompe d'injection en ligne à tiroirs (PE) *f*
Spa: bomba de inyección electromecánica en línea (PE) *f*

Hubschieberstellwerk ***n***
Eng: control sleeve actuator *n*
Fra: actionneur des tiroirs *m*
Spa: mecanismo de ajuste de la corredera de elevación *m*

Hubschieber-Verstellwelle ***f***
Eng: control sleeve shaft *n*
Fra: arbre de déplacement des tiroirs *m*
Spa: eje de ajuste de la corredera de elevación *m*

Hubspannung ***f***
Eng: stress range *n*
Fra: plage de contrainte *f*
Spa: tensión de carrera *f*

Hubstapler ***m***
Eng: stacker truck *n*
Fra: chariot élévateur *m*
Spa: carretilla elevadora *f*

Hubvolumen (Verbrennungsmotor) ***n***
Eng: engine displacement (IC engine) *n*
(piston deplacement) *n*
Fra: cylindrée *f*
Spa: cilindrada (motor de combustión) *f*

Hubwelle ***f***
Eng: lifting shaft *n*
Fra: arbre de levage *m*
Spa: eje de elevación *m*

Hüftpunkt ***m***
Eng: hip point *n*
(H-point) *n*
Fra: point de référence de la hanche *m*
Spa: punto de referencia del asiento *m*

Hüllkurve ***f***
Eng: envelope *n*
Fra: courbe enveloppe *f*
Spa: envolvente *f*

Hülse ***f***
Eng: sleeve *n*
Fra: douille *f*
Spa: manguito *m*

Hupe ***f***
Eng: horn *n*
Fra: klaxon *m*
Spa: bocina *f*

Hutablage ***f***
Eng: parcel shelf *n*
Fra: plage arrière *f*
Spa: bandeja posterior *f*

Hutmutter ***f***
Eng: cap nut *n*
Fra: écrou borgne *m*
Spa: tuerca de sombrerete *f*

Hybridantrieb ***m***
Eng: hybrid drive *n*
Fra: traction hybride *f*
Spa: propulsión híbrida *f*

Hybrid-Elektrobus ***m***
Eng: hybrid electric bus *n*
Fra: autobus à propulsion électrique hybride *m*
Spa: autobús eléctrico híbrido *m*

Hybridregler ***m***
Eng: hybrid regulator *n*
Fra: régulateur hybride *m*
Spa: regulador híbrido *m*

Hybridschaltung ***f***
Eng: hybrid circuit *n*
Fra: circuit hybride *m*
Spa: circuito híbrido *m*

Hybridtechnik ***f***
Eng: hybrid technology *n*
Fra: technologie hybride *f*
Spa: tecnología híbrida *f*

Hydraulikbehälter ***m***
Eng: hydraulic fluid reservoir *n*
Fra: réservoir de fluide hydraulique *m*
Spa: depósito del sistema hidráulico *m*

Hydraulik-Bremskraftverstärker ***m***
Eng: hydraulic brake booster *n*
Fra: servofrein hydraulique *m*
Spa: servofreno hidráulico *m*

Hydraulikbremskreis ***m***
Eng: hydraulic brake circuit *n*
Fra: circuit de freinage hydraulique *m*
Spa: circuito de freno hidráulico *m*

Hydraulikflüssigkeit ***f***
Eng: hydraulic fluid *n*
Fra: fluide hydraulique *m*
Spa: líquido hidráulico *m*

Hydraulikleitung ***f***
Eng: hydraulic line *n*
Fra: conduite hydraulique *f*
Spa: tubería hidráulica *f*

Hydraulik-Radzylinder ***m***
Eng: wheel brake cylinder *n*
Fra: cylindre de roue de frein hydraulique *m*
Spa: cilindro de rueda hidráulico *m*

Hydraulikvorratsdruck ***m***
Eng: hydraulic reservoir pressure *n*
Fra: pression d'alimentation hydraulique *f*
Spa: presión hidráulica de reserva *f*

Hydraulikzylinder ***m***
Eng: hydraulic cylinder *n*
Fra: vérin hydraulique *m*
Spa: cilindro hidráulico *m*

hydraulisch betätigte Angleichung ***f***
Eng: hydraulically controlled torque control *n*
Fra: correcteur hydraulique de débit *m*
Spa: adaptación hidráulica de par *f*

hydraulische Abstellvorrichtung ***f***
Eng: hydraulic shut off device *n*
Fra: dispositif d'arrêt hydraulique *m*
Spa: dispositivo hidráulico de parada *m*

hydraulische Dämpfung ***f***
Eng: hydraulic damping *n*
Fra: amortissement hydraulique *m*
Spa: amortiguación hidráulica *f*

hydraulische Startverriegelung ***f***

Eng: hydraulic starting-quantity deactivator *n*
Fra: verrouillage hydraulique du débit de surcharge *m*
Spa: bloqueo hidráulico de arranque *m*

hydraulische Abstellvorrichtung ***f***
Eng: hydraulic shutoff device *n*
Fra: dispositif d'arrêt hydraulique *m*
Spa: dispositivo hidráulico de parada *m*

hydraulische Bremsanlage ***f***
Eng: hydraulic brake system *n*
Fra: système de freinage hydraulique *m*
Spa: sistema de frenos hidráulico *m*

hydraulischer Drehzahlregler ***m***
Eng: hydraulic governor *n*
Fra: régulateur de vitesse hydraulique *m*
Spa: regulador hidráulico de revoluciones *m*

hydraulischer Spritzversteller ***m***
Eng: hydraulic timing device *n*
Fra: variateur d'avance hydraulique *m*
Spa: variador hidráulico de avance de la inyección *m*

Hydroaggregat (ABS) ***n***
Eng: hydraulic modulator (ABS) *n*
Fra: groupe hydraulique *m*
Spa: grupo hidráulico (ABS) *m*

hydrodynamischer Verlangsamer ***m***
Eng: hydrodynamic retarder *n*
Fra: ralentisseur hydrodynamique *m*
Spa: retardador hidrodinámico *m*

Hydromotor ***m***
Eng: hydraulic motor *n*
Fra: moteur hydraulique *m*
Spa: motor hidráulico *m*

Hydropumpe ***f***
Eng: hydraulic pump *n*
Fra: pompe hydraulique *f*
Spa: bomba hidráulica *f*

Hydrospeicher ***m***
Eng: hydraulic accumulator *n*
Fra: accumulateur hydraulique *m*
Spa: acumulador hidráulico *m*

Hysterese ***f***
Eng: hysteresis *n*
Fra: hystérésis *f*
Spa: histéresis *f*

Hysteresekurve ***f***
Eng: hysteresis loop *n*
Fra: courbe d'hystérésis *f*
Spa: curva de histéresis *f*

Hysterese-Prüfung ***f***
Eng: hysteresis test *n*
Fra: contrôle d'hystérésis *m*
Spa: ensayo de histéresis *m*

Hystereseverlust ***f***
Eng: hysteresis loss *n*
Fra: perte par hystérésis *f*
Spa: pérdida de histéresis *f*

I

Impedanz ***f***
Eng: impedance *n*
Fra: impédance *f*
Spa: impedancia *f*

Imprägnierharzreste ***mpl***
Eng: impregnating resin residues *n*
Fra: restes de résine d'imprégnation *mpl*
Spa: residuos de resina de impregnación *mpl*

Imprägnierqualität ***f***
Eng: impregnation quality *n*
Fra: qualité d'imprégnation *f*
Spa: calidad de impregnación *f*

Imprägnierschicht ***f***
Eng: impregnation layer *n*
Fra: couche d'imprégnation *f*
Spa: capa de impregnación *f*

Imprägnierung ***f***
Eng: impregnation *n*
Fra: imprégnation *f*
Spa: impregnación *f*

Impulsamplitude ***f***
Eng: pulse amplitude *n*
Fra: amplitude de l'impulsion *f*
Spa: amplitud de impulsos *f*

Impulsaufladung ***f***
Eng: pulse turbocharging *v*
Fra: suralimentation pulsatoire *f*
Spa: sobrealimentación por impulsos *f*

Impulsdauer ***f***
Eng: pulse duration *n*
Fra: durée de l'impulsion *f*
(largeur d'impulsion) *f*
Spa: duración de impulsos *f*

Impulsfolge ***f***
Eng: pulse train *n*
Fra: train d'impulsions *m*
Spa: secuencia de impulsos *f*

Impulsform ***f***
Eng: pulse shape *n*
Fra: forme de l'impulsion *f*
Spa: forma de impulsos *f*

Impulsformer ***m***
Eng: pulse shaper *n*
Fra: conformateur d'impulsions *m*
Spa: modelador de impulsos *m*

Impulsformer ***m***
Eng: pulse shaping circuit *n*
Fra: conformateur d'impulsions *m*
Spa: circuito modelador de impulsos *m*

Impulsgeber ***m***
Eng: pulse generator *n*
Fra: générateur d'impulsions *m*
Spa: generador de impulsos *m*

Impulsgeberrad ***n***
Eng: trigger wheel *n*
Fra: rotor de synchronisation *m*
(noyau synchroniseur) *m*
(rotor à écrans) *m*
Spa: rueda del generador de impulsos *f*

Impulssteuerung ***f***
Eng: impulse control *n*
Fra: commande à impulsions *f*
Spa: control de impulsos *m*

Impulsteiler ***m***
Eng: pulse divider *n*
Fra: diviseur d'impulsions *m*
Spa: divisor de impulsos *m*

Impulszähler ***m***
Eng: pulse counter *n*
Fra: compteur d'impulsions *m*
Spa: contador de impulsos *m*

indirekte Einspritzung, IDI ***f***
Eng: indirect injection, IDI *n*
Fra: injection indirecte *f*
Spa: inyección indirecta, IDI *f*

Individualregelung ***f***
Eng: individual control, IR (ABS) *n*
Fra: régulation individuelle (ABS) *f*
Spa: regulación individual *f*

Induktion ***f***
Eng: induction *n*
Fra: induction *f*
Spa: inducción *f*

Induktionsgeber ***m***
Eng: induction-type pulse generator *n*
Fra: capteur inductif *m*
Spa: generador de impulsos por inducción *m*

Induktionsgesetz ***n***
Eng: Faraday's law *n*
Fra: loi de l'induction *f*
Spa: ley de inducción *f*
(ley de Faraday) *f*

Induktionshärten ***n***
Eng: induction hardening *n*
Fra: trempe par induction *f*
Spa: temple por inducción *m*

Induktionslöten ***n***
Eng: induction soldering *n*
Fra: brasage par induction *m*
Spa: soldadura por inducción *f*

Induktionsschleife ***f***
Eng: induction loop *n*
Fra: boucle inductive *f*
Spa: lazo de inducción *m*

Induktionsspannung ***f***
Eng: induction voltage *n*
Fra: tension d'induction *f*
Spa: tensión de inducción *f*

Induktionswicklung ***f***
Eng: induction coil *n*
Fra: enroulement d'induction *m*
Spa: bobinado de inducción *m*

Induktionszeit *f*
Eng: induction period *n*
Fra: période d'induction *f*
Spa: tiempo de inducción *m*

induktiver Drehzahlsensor *m*
Eng: inductive prm sensor *n*
Fra: capteur de régime inductif *m*
Spa: sensor inductivo de revoluciones *m*

induktiver Weggeber *m*
Eng: inductive position pick-up *n*
Fra: capteur de déplacement inductif *m*
Spa: captador inductivo de posición *m*

Induktivgeber *m*
Eng: induction type pulse generator *n*
Fra: capteur inductif *m*
(générateur inductif) *m*
Spa: generador de impulsos por inducción *m*

Induktivität *f*
Eng: inductance *n*
Fra: inductance *f*
Spa: inductancia *f*

Inertgas *n*
Eng: inert gas *n*
Fra: gaz inerte *m*
Spa: gas inerte *m*

Infrarot-Analysator *m*
Eng: infrared analyzer *n*
Fra: enregistreur infrarouge à absorption *m*
Spa: analizador por infrarrojos *m*

Infrarotfernbedienung *f*
Eng: infrared remote control *n*
Fra: télécommande infrarouge *f*
Spa: telemando por infrarrojos *m*

Infrarot-Handsender (Autoalarm) *m*
Eng: infrared hand transmitter (car alarm) *n*
Fra: émetteur manuel infrarouge (alarme auto) *m*
Spa: emisor manual de infrarrojos (alarma de vehículo) *m*

Infrarot-Zentralverriegelung *f*
Eng: infrared central locking *n*
Fra: verrouillage centralisé à infrarouge *m*
Spa: cierre centralizado por infrarrojos *m*

Injektor (Common Rail) *m*
Eng: injector (common rail) *n*
Fra: injecteur *m*
Spa: inyector (Common Rail) *m*

Innenbackenbremse *f*
Eng: internal shoe brake *n*
Fra: frein à segments à expansion interne *m*
Spa: freno de zapatas de expansión *m*

innenbelüftet (Bremsscheibe) *pp*
Eng: internally ventilated (brake disc) *pp*
Fra: ventilation interne (disque de frein) *f*
Spa: ventilado internamente (disco de freno) *adj*

Innendurchmesser *m*
Eng: inside diameter *n*
(internal diameter) *n*
Fra: diamètre intérieur *m*
Spa: diámetro interior *m*

Innengewinde *n*
Eng: internal thread *n*
Fra: taraudage *m*
Spa: rosca interna *f*

Innenkeilfreilauf *m*
Eng: inner wedge type overrunning clutch *n*
Fra: roue libre à coins coulissants *f*
Spa: rueda libre de cuña interna *f*

Innenkotflügel *m*
Eng: wheel well *n*
(wheel-arch inner panel) *n*
Fra: aile intérieure *f*
Spa: guardabarros interior *m*

Innenläufer *m*
Eng: inner rotor *n*
Fra: rotor intérieur *m*
Spa: rotor interior *m*

Innenraum *m*
Eng: interior *n*
(passenger compartment) *n*
Fra: habitacle *m*
Spa: habitáculo *m*
(interior del vehículo) *m*

Innenraumbeleuchtung *f*
Eng: interior lighting *n*
Fra: éclairage de l'habitacle *m*
Spa: iluminación de habitáculo *f*

Innenraumgebläse *n*
Eng: interior blower *n*
Fra: soufflante d'habitacle *f*
Spa: soplador de habitáculo *m*

Innenraumlampe *f*
Eng: interior lamp *n*
Fra: plafonnier *m*
Spa: lámpara del habitáculo *f*

Innenraumleuchte *f*
Eng: interior lamp *n*
Fra: plafonnier *m*
Spa: luz del habitáculo *f*

Innenraumsensierung (Autoalarm) *f*
Eng: passenger compartment sensing (car alarm) *n*
Fra: détection d'occupation de l'habitacle *f*
Spa: detección de ocupación del habitáculo (alarma de vehículo) *f*

Innenraumtemperatur *f*
Eng: interior temperature *n*
Fra: température de l'habitacle *f*
Spa: temperatura del habitáculo *f*

Innenraumüberwachung (Autoalarm) *f*
Eng: intrusion detection (car alarm) *n*
Fra: surveillance de l'habitacle (véhicule) *f*
Spa: supervisión del habitáculo (alarma de vehículo) *f*

Innensechskantschlüssel *m*
Eng: hexagon drive bit *n*
(allen key) *n*
Fra: clé mâle coudée pour vis à six pans creux *f*
Spa: llave con macho hexagonal *f*

Innensechskantschraube *f*
Eng: hexagon socket-head screw *n*
(allen screw) *n*
Fra: vis à six-pans creux *f*
Spa: tornillo con hexágono interior *m*

Innenverzahnung *f*
Eng: internal teeth *n*
Fra: denture intérieure *f*
Spa: dentado interior *m*

Innenzahnradpumpe *f*
Eng: internal-gear pump *n*
Fra: pompe à engrenage intérieur *f*
Spa: bomba de engranaje interior *f*

innere Abgasrückführung *f*
Eng: internal exhaust gas recirculation *n*
(internal EGR) *n*
Fra: recyclage interne des gaz d'échappement *m*
Spa: recirculación de gases de escape *f*

innere Sicherheit *f*
Eng: interior safety *n*
Fra: sécurité intérieure *f*
Spa: seguridad interior *f*

Insassenbefreiung *f*
Eng: occupant extrication *n*
Fra: désincarcération des occupants *f*
Spa: liberación de ocupantes *f*

Insassenklassifizierungsmatte *f*
Eng: occupant classification mat *n*
Fra: tapis sensitif *m*
Spa: estera de clasificación de ocupantes *f*

Insassen-Rückhaltesystem *n*
Eng: occupant protection system *n*
Fra: système de retenue des passagers *m*

Deutsch

Deutsch

Spa: sistema de retención de ocupantes *m*

Insassenschutzsystem ***n***
Eng: occupant protection system *n*
Fra: système de protection des passagers *m*
(système de retenue des passagers) *m*
Spa: sistema de protección de ocupantes *m*

Insassenvorverlagerung ***f***
Eng: occupant forward displacement *n*
Fra: avancement des passagers *m*
Spa: desplazamiento hacia adelante de los ocupantes *m*

Inspektion ***f***
Eng: inspection *n*
Fra: inspection *f*
Spa: inspección *f*

instabil ***adj***
Eng: unstable *adj*
Fra: instable *adj*
Spa: inestable *adj*

Instrumentenbrett (Instrumentenfeld) ***n***
Eng: instrument panel *n*
Fra: tableau de bord *m*
Spa: tablero de instrumentos (campo de instrumentos) *m*

Instrumentenleuchte ***f***
Eng: instrument panel lamp *n*
Fra: lampe de tableau de bord *f*
Spa: luz del tablero de instrumentos *f*

Instrumentenleuchten ***f***
Eng: instrument lamps *npl*
Fra: témoins des instruments *mpl*
Spa: luces de instrumentos *fpl*

Instrumententafel ***f***
Eng: instrument panel *n*
Fra: planche de bord *f*
Spa: tablero de instrumentos *m*

Intankpumpe ***f***
Eng: in tank pump *n*
Fra: pompe intégrée au réservoir *f*
Spa: bomba en depósito *f*

Intank-Vorförderpumpe ***f***
Eng: in tank priming pump *n*
Fra: pompe de préalimentation intégrée au réservoir *f*
Spa: bomba de prealimentación en depósito *f*

Integralbremsanlage ***f***
Eng: combination braking system *n*
Fra: dispositif de freinage combiné *m*
Spa: sistema de frenos combinado *m*

Integrationsstufe ***f***
Eng: integration level *n*
Fra: degré d'intégration *m*
Spa: nivel de combinación *m*

Interface akustische Warnung ***n***
Eng: acoustic warning interface *n*
Fra: interface signalisation acoustique *f*
Spa: interfaz de advertencia acústica *f*

Interface optische Warnung ***f***
Eng: visual warning interface *n*
Fra: interface signalisation optique *f*
Spa: interfaz de advertencia óptica *f*

Interferenz ***f***
Eng: interference *n*
Fra: interférence *f*
Spa: interferencia *f*

intermittierende Kraftstoffeinspritzung ***f***
Eng: intermittent fuel injection *n*
Fra: injection intermittente de carburant *f*
Spa: inyección intermitente de combustible *f*

Ionenstrom ***m***
Eng: ionic current *n*
Fra: courant ionique *m*
Spa: corriente iónica *f*

Isodromregler ***m***
Eng: isodromous governor *n*
Fra: régulateur isodromique *m*
Spa: regulador isodrómico *m*

Isolationsprüfung ***f***
Eng: insulation test *n*
Fra: test d'isolation *m*
Spa: comprobación del aislamiento *f*

Isolator (Zündkerze) ***m***
Eng: insulator (spark plug) *n*
Fra: isolant (bougie d'allumage) *m*
Spa: aislador (bujía de encendido) *m*

Isolatorfuß (Zündkerze) ***m***
Eng: insulator nose (spark plug) *n*
Fra: bec d'isolant (bougie d'allumage) *m*
Spa: base del aislador (bujía de encendido) *f*

Isolierband ***n***
Eng: insulating tape *n*
Fra: bande isolante *f*
Spa: cinta aislante *f*

Isolierdeckel (Zündverteiler) ***m***
Eng: insulating cover (ignition distributor) *n*
Fra: couvercle isolant (allumeur) *m*
Spa: tapa aislante (distribuidor de encendido) *f*

Isolierhülse ***f***
Eng: insulating sleeve *n*
Fra: manchon isolant *m*
Spa: manguito aislante *m*

Isolierkörper (Zündspule) ***m***
Eng: insulator (ignition coil) *n*
Fra: isolateur (bobine d'allumage) *m*
Spa: aislador (bujía de encendido) *m*

Isolierlack ***m***
Eng: insulating varnish *n*
Fra: vernis isolant *m*
Spa: pintura aislante *f*

Isolierpapier ***n***
Eng: insulating paper *n*
Fra: papier isolant *m*
Spa: papel aislante *m*

Isolierscheibe ***f***
Eng: insulating washer *n*
(insulator shim) *n*
Fra: rondelle isolante *f*
Spa: arandela aislante *f*

Isolierschlauch ***m***
Eng: insulating tubing *n*
Fra: gaine isolante *f*
Spa: tubo flexible aislante *m*

Isolierschlauch ***m***
Eng: insulating sheath *n*
Fra: gaine isolante *f*
Spa: tubo flexible aislante *m*

Isolierung ***f***
Eng: insulation *n*
Fra: isolation *f*
Spa: aislamiento *m*

Istdrehzahl ***f***
Eng: actual speed *n*
Fra: vitesse de rotation réelle *f*
Spa: número de revoluciones real *m*

Istwert ***m***
Eng: actual value *n*
(instantaneous value) *n*
Fra: valeur réelle *f*
Spa: valor real *m*

Istzustand ***m***
Eng: actual state *n*
Fra: état réel *m*
Spa: estado real *m*

Istzustand ***m***
Eng: current status *n*
Fra: état réel *m*
Spa: estado real *m*

J

Jetronic (elektronische Benzineinspritzung) ***f***
Eng: Jetronic (electronic fuel injection) *n*
Fra: Jetronic (injection électronique d'essence) *m*
Spa: Jetronic (inyección electrónica de gasolina) *m*

Justage ***f***
Eng: adjustment *n*
Fra: ajustage *m*
Spa: ajuste *m*

Justierplatte (Rollenbremsprüfstand) ***f***

Eng: adjustment plate (dynamic brake analyzer) *n*
Fra: plateau d'ajustage (banc d'essai) *m*
Spa: placa de ajuste (banco de pruebas de frenos de rodillos) *f*

K

Kabelanschluss ***m***
Eng: wiring connection *n*
Fra: connexion par câble *f*
Spa: conexión de cable *f*

Kabelanschluss ***m***
Eng: cable connection *n*
Fra: connexion câblée *f*
Spa: conexión de cable *f*

Kabelausgang ***m***
Eng: cable output *n*
Fra: sortie de câble *f*
Spa: salida de cable *f*

Kabelbaum ***m***
Eng: wiring harness *n*
Fra: faisceau de câbles *m*
Spa: mazo de cables *m*

Kabelbinder ***m***
Eng: cable tie *n*
Fra: collier de câble *m*
Spa: cinta para cables *f*

Kabelbruch ***m***
Eng: cable break *n*
Fra: rupture de câble *f*
Spa: rotura de cable *f*

Kabeldurchführung ***f***
Eng: cable lead through *n*
Fra: passage de câble *m*
Spa: pasacables *m*

Kabelhalter ***m***
Eng: cable clip *n*
Fra: attache de câble *f*
Spa: grapa para cables *f*

Kabelkanal ***m***
Eng: cable duct *n*
Fra: goulotte *f*
Spa: canal de cables *m*

Kabelquerschnitt ***m***
Eng: cable cross-section *n*
Fra: section de câble *f*
Spa: sección de cable *f*

Kabelschuh ***m***
Eng: cable lug *n*
Fra: cosse *f*
Spa: terminal de cable *m*

Käfigläufer ***m***
Eng: squirrel cage rotor *n*
Fra: rotor à cage *m*
Spa: rotor de jaula de ardilla *m*

Kalibriergas ***n***
Eng: calibrating gas *n*
Fra: gaz de calibrage *m*
Spa: gas de calibración *m*

Kalibrierung ***f***
Eng: calibration *n*
Fra: calibrage *m*
Spa: calibración *f*

Kalibrierventil ***n***
Eng: calibrating valve *n*
Fra: distributeur d'étalonnage *m*
Spa: válvula de calibración *f*

kalte Verbrennung ***f***
Eng: cold combustion *n*
Fra: combustion froide *f*
Spa: combustión en frío *f*

Kältefestigkeit ***f***
Eng: resistance to cold *n*
Fra: résistance au froid *f*
Spa: resistencia al frío *f*

Kältefließfähigkeit ***f***
Eng: cold-flow property *n*
Fra: fluidité à froid *f*
Spa: fluidez a bajas temperaturas *f*

Kältekompressor ***m***
Eng: refrigerant compressor *n*
Fra: compresseur frigorifique *m*
Spa: compresor frigorífico *m*

Kältemittel ***n***
Eng: refrigerant *n*
Fra: fluide frigorigène *m*
Spa: agente frigorífico *m*

Kältemitteldruck ***m***
Eng: refrigerant pressure *n*
Fra: pression du fluide frigorigène *f*
Spa: presión de agente frigorífico *f*

Kältemittelkreislauf ***m***
Eng: refrigerant circuit *n*
Fra: circuit de fluide frigorigène *m*
Spa: circuito de agente frigorífico *m*

Kältemittelverdampfer ***m***
Eng: refrigerant evaporator *n*
Fra: évaporateur de fluide frigorigène *m*
Spa: evaporador de agente frigorífico *m*

Kälteprüfstand ***m***
Eng: cold test test bench *n*
Fra: banc d'essai au froid *m*
Spa: banco de pruebas en frío *m*

Kälteprüfstrom (Batterie) ***m***
Eng: low temperature test current (battery) *n*
Fra: courant d'essai au froid (batterie) *m*
Spa: corriente de comprobación en frío (batería) *f*

Kälteviskosität ***f***
Eng: cold viscosity *n*
Fra: viscosité à basse température *f*
Spa: viscosidad en frío *f*

Kaltkathodenlampe ***f***
Eng: cold cathode lamp *n*
Fra: tube à cathode froide *m*
Spa: lámpara de cátodo frío *f*

Kaltkleber ***m***
Eng: cold adhesive *n*
Fra: colle à froid *f*
Spa: pegamento en frío *m*

Kaltlaufanreicherung ***f***
Eng: cold running enrichment *n*
Fra: enrichissement au fonctionnement à froid *m*
Spa: enriquecimiento de mezcla para marcha en frío *m*

Kaltnietung ***f***
Eng: cold riveting *n*
Fra: rivetage à froid *m*
Spa: remachado en frío *m*

Kaltschlamm ***m***
Eng: low temperature sludge *n*
Fra: cambouis *m*
Spa: lodo frío *m*

Kaltstart ***m***
Eng: cold start *n*
Fra: démarrage à froid *m*
Spa: arranque en frío *m*

Kaltstartanpassung ***f***
Eng: cold start compensation *n*
Fra: adaptation au démarrage à froid *f*
Spa: adaptación de arranque en frío *f*

Kaltstartanreicherung ***f***
Eng: cold start enrichment *n*
(starting enrichment) *n*
Fra: enrichissement de démarrage à froid *m*
Spa: enriquecimiento de mezcla para arranque en frío *m*

Kaltstartbeschleuniger ***m***
Eng: cold start accelerator *n*
Fra: accélérateur de démarrage à froid *m*
Spa: acelerador de arranque en frío *m*

Kaltstartdrehzahlanhebung ***f***
Eng: cold start fast idle *n*
Fra: élévation du régime pour démarrage à froid *f*
Spa: aumento de revoluciones en el arranque en frío *m*

Kaltstartdüse ***f***
Eng: cold start nozzle *n*
Fra: gicleur de départ à froid *m*
Spa: tobera de arranque en frío *f*

Kaltstarthilfe ***f***
Eng: cold start aid *n*
Fra: aide au démarrage à froid *f*
Spa: dispositivo de ayuda para arranque en frío *m*

Kaltstartsteuerung ***f***
Eng: cold start control *n*
Fra: commande de démarrage à froid *f*
Spa: control de arranque en frío *m*

Kaltstartventil ***n***
Eng: cold start valve *n*

Deutsch

Fra: injecteur de démarrage à froid *m*
Spa: válvula de arranque en frío *f*

Kammermotor ***m***
Eng: indirect injection engine, IDI *n*
Fra: moteur à injection indirecte *m*
Spa: motor de inyección indirecta *m*

Kanister ***m***
Eng: canister *n*
Fra: bidon *m*
Spa: bidón *m*

kantengesteuerte Einspritzpumpe ***f***
Eng: helix controlled injection pump *n*
Fra: pompe d'injection commandée par rampe de dosage *f*
Spa: bomba de inyección controlada por arista *f*

Kardangelenk ***n***
Eng: universal joint *n*
Fra: joint de cardan *m*
Spa: junta cardán *f*

Kardanwelle ***f***
Eng: propshaft *n*
Fra: arbre à cardan *m*
(arbre de transmission) *m*
Spa: árbol cardán *m*
(árbol de transmisión) *m*

Kardanwelle ***f***
Eng: cardan shaft *n*
Fra: arbre à cardan *m*
(arbre de transmission) *m*
Spa: árbol cardán *m*

Karkasslage ***f***
Eng: tire casing *n*
Fra: pli de carcasse *m*
Spa: capa de carcasa *f*

Karosserieaußenform ***f***
Eng: exterior body shape *n*
Fra: forme extérieure de la carrosserie *f*
Spa: forma exterior de la carrocería *f*

Karosserie-Elektrik ***f***
Eng: body electrics *n*
Fra: électricité de carrosserie *f*
Spa: electricidad de la carrocería *f*

Karosserie-Elektronik ***f***
Eng: body electronics *n*
Fra: électronique de carrosserie *f*
Spa: electrónica de la carrocería *f*

Kartenleseleuchte ***f***
Eng: map reading lamp *n*
Fra: liseuse *f*
Spa: luz de lectura de mapas *f*

Katalysator ***m***
Eng: catalytic converter *n*
Fra: catalyseur *m*
Spa: catalizador *m*

Katalysatorauslass ***m***
Eng: catalytic converter outlet *n*
Fra: sortie du catalyseur *f*
Spa: salida de catalizador *f*

Katalysatoreinlass ***m***
Eng: catalytic converter inlet *n*
Fra: entrée du catalyseur *f*
Spa: entrada de catalizador *f*

Katalysatorfenster ***n***
Eng: catalytic converter window *n*
Fra: créneau de pot catalytique *m*
Spa: ventana de catalizador *f*

Katalysatorheizung ***f***
Eng: catalyst heating system *n*
Fra: chauffage de catalyseur *m*
Spa: calefacción de catalizador *f*

Katalysatorrecycling ***n***
Eng: catalyst recycling *n*
Fra: recyclage des catalyseurs *m*
Spa: reciclaje de catalizador *m*

Katalysatorschutz ***m***
Eng: catalytic converter protection *n*
Fra: protection du catalyseur *f*
Spa: protección de catalizador *f*

Katalysatortemperatur ***f***
Eng: catalytic converter temperature *n*
Fra: température du catalyseur *f*
Spa: temperatura del catalizador *f*

Katalysatorwirkungsgrad ***m***
Eng: catalyst efficiency *n*
Fra: rendement du catalyseur *m*
Spa: rendimiento del catalizador *m*

katalytische Abgasnachbehandlung ***f***
Eng: catalytic exhaust gas aftertreatment *n*
Fra: post-traitement catalytique des gaz d'échappement *m*
Spa: tratamiento catalítico posterior de los gases de escape *m*

katalytische Beschichtung ***f***
Eng: catalytic layer *n*
Fra: revêtement catalytique *m*
Spa: capa catalítica *f*

katalytische Nachbehandlung ***f***
Eng: catalytic aftertreatment *n*
Fra: post-traitement catalytique *m*
Spa: tratamiento catalítico posterior *m*

katalytische Oxidation ***f***
Eng: catalytic oxidation *n*
Fra: oxydation catalytique *f*
Spa: oxidación catalítica *f*

katalytische Wirkung ***f***
Eng: catalytic effect *n*
Fra: action catalytique *f*
Spa: efecto catalítico *m*

kathodische Stromdichte ***f***
Eng: cathodic current density *n*
Fra: densité de courant cathodique *f*
Spa: densidad de corriente catódica *f*

Kavitation (Lochfraß) ***f***
Eng: cavitation (pitting corrosion) *n*
Fra: cavitation (formation de cavités gazeuses) *f*
Spa: cavitación (formación de picaduras) *f*

Kavitationserosion ***f***
Eng: cavitation erosion *n*
Fra: érosion par cavitation *f*
Spa: erosión por cavitación *f*

Kavitationsschaden ***m***
Eng: cavitation damage *n*
Fra: dommages par cavitation *mpl*
Spa: daños por cavitación *mpl*

Kegeldichtsitz ***m***
Eng: conical seat *n*
Fra: siège conique *m*
Spa: asiento cónico estanqueizante *m*
(asiento cónico) *m*

Kegelrad ***n***
Eng: bevel gear *n*
Fra: roue conique *f*
Spa: piñón cónico *m*

Kegelradgetriebe ***n***
Eng: bevel gear ring *n*
Fra: engrenage conique *m*
Spa: engranaje de ruedas cónicas *m*

Kegelradsatz ***m***
Eng: bevel gear set *n*
Fra: couple conique *m*
Spa: juego de ruedas cónicas *m*

Kegelstrahl ***m***
Eng: tapered spray *n*
Fra: jet conique *m*
Spa: chorro cónico *m*

Kegelstumpffeder ***f***
Eng: conical helical spring *n*
Fra: ressort en tronc de cône *m*
Spa: resorte helicoidal cónico *m*

Kegelwinkel ***m***
Eng: cone angle *n*
Fra: angle de cône *m*
Spa: ángulo de cono *m*

Kehrmaschine ***f***
Eng: street sweeper *n*
Fra: balayeuse *f*
Spa: barredera *f*

Keil ***m***
Eng: key *n*
Fra: clavette *f*
Spa: chaveta *f*

Keil ***m***
Eng: wedge *n*
Fra: coin *m*
Spa: cuña *f*

Keilbremse ***f***
Eng: wedge actuated brake *n*
Fra: frein à coin *m*
Spa: freno por cuña de expansión *m*

(freno con mecanismo de cuña de expansión) *m*

Keilreibbeiwert ***m***
Eng: wedge coefficient of friction *n*
Fra: coefficient d'adhérence par coincement *m*
Spa: coeficiente de fricción de cuña *m*

Keilriemen ***m***
Eng: V-belt *n*
Fra: courroie trapézoïdale *f*
Spa: correa trapezoidal *f*

Keilriemenantrieb ***m***
Eng: V-belt drive *n*
Fra: entraînement par courroie trapézoïdale *m*
Spa: accionamiento por correa trapezoidal *m*

Keilriemenscheibe ***f***
Eng: V-belt pulley *n*
Fra: poulie à gorge trapézoïdale *f*
Spa: polea *f*

Keilrippe ***f***
Eng: rib *n*
Fra: nervure *f*
Spa: nervio *m*
(nervadura) *f*

Keilrippenriemen ***m***
Eng: ribbed V-belt *n*
Fra: courroie poly-V *f*
Spa: correa trapezoidal de nervios *f*

Kenndaten ***f***
Eng: specifications *n*
Fra: données caractéristiques *fpl*
Spa: datos característicos *mpl*

Kennfeld ***n***
Eng: program map *n*
Fra: cartographie *f*
Spa: diagrama característico *m*

kennfeldgesteuert (Zündung) ***pp***
Eng: map controlled (ignition) *pp*
Fra: piloté par cartographie (allumage) *pp*
Spa: controlado por diagrama característico *pp*

Kennfeldkorrektur (Zündung) ***f***
Eng: program-map correction (ignition) *n*
Fra: correction cartographique *f*
Spa: corrección de diagrama característico *f*

Kennfeldregelung (Zündung) ***f***
Eng: map based control (ignition) *n*
Fra: régulation cartographique *f*
Spa: regulación por diagrama característico *f*

Kennfeldzündung (Zündung) ***f***
Eng: map controlled ignition (ignition) *n*
Fra: allumage cartographique *m*
Spa: encendido por diagrama característico *m*

Kennleuchte ***f***
Eng: identification lamp *n*
Fra: feu spécial d'avertissement *m*
Spa: luz de identificación *f*

Kennlinie ***f***
Eng: characteristic *n*
Fra: courbe caractéristique *f*
Spa: curva característica *f*

Kennlinie ***f***
Eng: characteristic curve *n*
Fra: courbe caractéristique *f*
Spa: curva característica *f*

Kennlinie ***f***
Eng: performance curve *n*
Fra: courbe caractéristique *f*
Spa: curva característica *f*

Kennzeichenbeleuchtung ***f***
Eng: license plate illumination *n*
Fra: éclairage de plaque d'immatriculation *m*
Spa: iluminación de matrícula *f*

Kennzeichenleuchte ***f***
Eng: license plate lamp *n*
Fra: feu d'éclairage de plaque d'immatriculation *m*
Spa: luz de matrícula *f*

Keramikkörper ***m***
Eng: ceramic element *n*
Fra: matrice en céramique *f*
Spa: elemento cerámico *m*

Keramikschicht (Lambda-Sonde) ***f***
Eng: ceramic layer (lambda oxygen sensor) *n*
Fra: couche de céramique (sonde à oxygène) *f*
Spa: capa cerámica *f*

Keramikträger ***m***
Eng: ceramic substrate *n*
Fra: support en céramique *m*
Spa: soporte en cerámica *m*

Kerbe ***f***
Eng: notch *n*
Fra: entaille *f*
Spa: entalladura *f*

Kerbschärfe ***f***
Eng: notch acuity *n*
Fra: acuité de l'entaille *f*
Spa: agudez de entalladura *f*

Kerbverzahnung ***f***
Eng: grooved toothing *n*
Fra: cannelure *f*
Spa: dentado por entalladura *m*

Kerbwirkung ***f***
Eng: notch effect *n*
Fra: effet des entailles *m*
Spa: efecto de entalladura *m*

Kerbwirkungszahl ***f***
Eng: fatigue strength reduction factor *n*
Fra: coefficient d'effet d'entaille *m*
Spa: factor de fatiga por efecto de entalladura *m*

Kernrautiefe ***f***
Eng: core peak to valley height *n*
Fra: intervalle pic-creux *m*
Spa: profundidad pico-valle *f*

Kerzengehäuse ***n***
Eng: spark plug shell *n*
Fra: culot de bougie *m*
Spa: armazón de bujía *f*

Kerzenstecker ***m***
Eng: spark plug connector *n*
Fra: embout de bougie *m*
Spa: terminal de bujía *m*

Kessel ***m***
Eng: boiler *n*
Fra: chaudière *f*
Spa: cuba *f*

Kettenantrieb ***m***
Eng: chain drive *n*
Fra: transmission à chaîne *f*
Spa: propulsión por cadena *f*

Kettenführung ***f***
Eng: chain guide *n*
Fra: guide-chaîne *m*
Spa: guía de cadena *f*

Kettenrad ***n***
Eng: sprocket *n*
(chain wheel) *n*
Fra: roue à chaîne *f*
Spa: rueda de cadena *f*

Kettenspanner S,F ***m***
Eng: chain tensioner S,F *n*
(chain adjuster) *n*
Fra: tendeur de chaîne S,F *m*
Spa: tensor de cadena *m*

Kickdown-Schalter ***m***
Eng: kick down switch *n*
Fra: contacteur de kick-down *m*
Spa: interruptor de kickdown *m*

Kilometerzähler ***m***
Eng: odometer *n*
(mileage indicator) *n*
Fra: compteur kilométrique *m*
Spa: cuentakilómetros *m*

kinetische Hemmung ***f***
Eng: kinetic inhibition *n*
Fra: inertie cinétique *f*
Spa: inhibición cinética *f*

Kipper ***m***
Eng: tipper *n*
Fra: benne *f*
Spa: volquete *m*

Kipper ***m***
Eng: rocker *n*
Fra: basculeur *m*
Spa: volquete *m*

Kippmoment ***n***
Eng: tilting moment *n*
Fra: couple de décrochage *m*
Spa: par de vuelco *m*

Kippstabilität ***f***
Eng: tipping resistance *n*
Fra: stabilité latérale *f*

Deutsch

Spa: resistencia al vuelco *f*

Klappscheinwerfer ***m***
Eng: concealed headlamp *n*
(retractable headlight) *n*
Fra: projecteur escamotable *m*
Spa: faro abatible *m*

Klaue (Kupplungskopf) ***f***
Eng: claw (coupling head) *n*
Fra: griffe (tête d'accouplement) *f*
Spa: garra (cabeza de acoplamiento) *f*

Klauenführung (Kupplungskopf) ***f***
Eng: claw guide (coupling head) *n*
Fra: glissière (tête d'accouplement) *f*
Spa: guía de garras (cabeza de acoplamiento) *f*

Klauenkupplung ***f***
Eng: dog coupling *n*
Fra: accouplement à griffes *m*
Spa: acoplamiento de garras *m*

Klauenpol ***m***
Eng: claw pole *n*
Fra: plateau à griffes *m*
Spa: polo de garras *m*

Klauenpolgenerator ***m***
Eng: claw pole alternator *n*
Fra: alternateur à rotor à griffes *m*
Spa: alternador de polos intercalados *m*

Klauenpolläufer ***m***
Eng: claw pole rotor *n*
Fra: rotor à griffes *m*
Spa: rotor de polos intercalados *m*

Klebeschild ***n***
Eng: adhesive label *n*
Fra: autocollant *m*
Spa: etiqueta adhesiva *f*

Klebeverbindung ***f***
Eng: adhesive connection *n*
Fra: joint collé *m*
Spa: unión pegada *f*

Kleinkraftrad ***n***
Eng: moped *n*
Fra: petit motocycle *m*
Spa: motociclo pequeño *m*

Kleinlader (Batterie) ***m***
Eng: small charger (battery) *n*
Fra: chargeur compact (batterie) *m*
Spa: cargador pequeño (batería) *m*

Kleinmotor ***m***
Eng: low power engine *n*
Fra: moteur de petite cylindrée *m*
Spa: motor pequeño *m*

Kleinschlepper ***m***
Eng: lightweight tractor *n*
Fra: motoculteur *m*
Spa: remolcador pequeño *m*

Klemme ***f***
Eng: terminal *n*
Fra: borne *f*
Spa: borne *m*

Klemmenbelegung ***f***
Eng: terminal allocation *n*
Fra: affectation des bornes *f*
Spa: ocupación de bornes *f*

Klemmenbezeichnung ***f***
Eng: terminal designation *n*
Fra: identification des bornes *f*
Spa: designación de bornes *m*

Klemmhülse (Drehzahlsensor) ***f***
Eng: spring sleeve (wheel-speed sensor) *n*
Fra: douille élastique (capteur de vitesse) *f*
Spa: manguito de apriete (sensor de revoluciones) *m*

Klemmhülse ***f***
Eng: terminal sleeve *n*
Fra: douille élastique (capteur de vitesse) *f*
Spa: manguito de apriete *m*

Klemmkraft ***f***
Eng: clamping pressure *n*
(clamping power) *n*
Fra: force de serrage *f*
Spa: fuerza de apriete *f*

Klemmplatte ***f***
Eng: mounting plate *n*
Fra: plaque sertie *f*
Spa: placa de sujeción *f*

Klemmschelle (Zündspule) ***f***
Eng: clamp (ignition coil) *n*
Fra: collier (bobine d'allumage) *m*
Spa: abrazadera de sujeción (bujía de encendido) *f*

Klemmschelle ***f***
Eng: clip *n*
Fra: collier (bobine d'allumage) *m*
Spa: abrazadera de sujeción *f*

Klemmschraube ***f***
Eng: clamping bolt *n*
Fra: vis de serrage *f*
Spa: tornillo de apriete *m*

Klimaanlage ***f***
Eng: air conditioning system *n*
Fra: climatiseur *m*
(conditionnement d'air) *m*
Spa: sistema de aire acondicionado *m*

Klimaautomatik ***f***
Eng: automatic air conditioning *n*
Fra: climatiseur automatique *m*
Spa: climatizador automático *m*

Klimabeständigkeit ***f***
Eng: climatic resistance *n*
Fra: tenue aux effets climatiques *f*
Spa: resistencia climática *f*

Klimakompressor ***m***
Eng: air conditioning compressor *n*
Fra: compresseur de climatiseur *m*
Spa: compresor de climatizador *m*

Klimaregelung ***f***
Eng: air conditioning *n*
Fra: régulation du climatiseur *m*
Spa: regulación de aire acondicionado *f*

klingeln (Verbrennungsmotor) ***v***
Eng: knock (IC engine) *v*
Fra: cliqueter (moteur à combustion) *v*
Spa: picar (motor de combustión) *v*

Klingelschutz (Verbrennungsmotor) ***m***
Eng: knock prevention (IC engine) *n*
Fra: protection anticognement *f*
Spa: protección de picado (motor de combustión) *f*

Klopfbremse (Verbrennungsmotor) ***f***
Eng: knock inhibitor (IC engine) *n*
Fra: agent antidétonant *m*
Spa: antidetonante (motor de combustión) *m*

klopfen (Verbrennungsmotor) ***v***
Eng: knock (IC engine) *v*
Fra: cliquetis (moteur à combustion) *m*
Spa: detonar (motor de combustión) *v*

klopfende Verbrennung (Verbrennungsmotor) ***f***
Eng: combustion knock (IC engine) *n*
Fra: combustion détonante *f*
Spa: combustión con detonaciones (motor de combustión) *f*

Klopferkennung (Verbrennungsmotor) ***f***
Eng: knock detection (IC engine) *n*
Fra: détection de cliquetis *f*
Spa: detección de detonaciones (motor de combustión) *f*

klopffest (Kraftstoff) ***adj***
Eng: knock resistant (fuel) *adj*
Fra: antidétonant (carburant) *adj*
Spa: resistente a detonaciones (combustible) *loc*

Klopffestigkeit ***f***
Eng: antiknock quality *n*
Fra: indétonance *f*
Spa: poder antidetonante *m*

Klopffestigkeit ***f***
Eng: knock resistance *n*
Fra: indétonance *f*
Spa: poder antidetonante *m*

Klopffestigkeit ***f***
Eng: anti knock rating *n*
Fra: indétonance *f*
Spa: poder antidetonante *m*

Klopfgrenze ***f***
Eng: knock limit *n*
Fra: limite de cliquetis *f*
Spa: límite de detonaciones *m*

Klopfneigung *f*
Eng: tendency to knock *n*
(knock tendency) *n*
Fra: tendance au cliquetis *f*
Spa: tendencia a detonar *f*

Klopfregelung *f*
Eng: knock control *n*
Fra: régulation anticliquetis *f*
Spa: regulación de detonaciones *f*

Klopfschutz *m*
Eng: knock protection *n*
Fra: protection anticliquetis *f*
Spa: protección antidetonaciones *f*

Klopfsensor *m*
Eng: knock sensor *n*
Fra: capteur de cliquetis *m*
Spa: sensor de detonaciones *m*

Klopfverhalten *n*
Eng: knock resistance *n*
Fra: pouvoir détonant *m*
Spa: comportamiento detonante *m*

Knickpunkt (Kennlinie) *m*
Eng: knee point (characteristic curve) *n*
Fra: coude (courbe caractéristique) *m*
Spa: punto de flexión (curva característica) *m*

Knickpunkt *m*
Eng: break point *n*
Fra: coude (courbe caractéristique) *m*
Spa: punto de flexión *m*

Knicksicherheit *f*
Eng: resistance to buckling *n*
Fra: sécurité au flambage *f*
Spa: seguridad contra el pandeo *f*

Knickspannung *f*
Eng: buckling strain *n*
Fra: contrainte de flambage *f*
Spa: tensión de pandeo *f*

Knickung *f*
Eng: buckling *n*
Fra: flambage *m*
Spa: pandeo *m*

Kniehebel *m*
Eng: toggle lever *n*
Fra: levier à rotule *m*
Spa: palanca acodada *f*

Kniepolster *n*
Eng: knee pad *n*
Fra: protège-genoux *m*
Spa: acolchado de rodillas *m*

Knieschutz *m*
Eng: knee protection *n*
Fra: protège-genoux *m*
Spa: protección de rodillas *f*

Knoophärte *f*
Eng: knoop hardness *n*
Fra: dureté Knoop *f*
Spa: dureza Knoop *f*

Knopfdiode *f*
Eng: button diode *n*
Fra: diode-bouton *f*
Spa: diodo de botón *m*

Knotenblech *n*
Eng: gusset plate *n*
Fra: équerre d'assemblage *f*
Spa: cartabón *m*

Kofferraumsicherung (Autoalarm) *f*
Eng: trunk protection (car alarm) *n*
Fra: protection du coffre (alarme auto) *f*
Spa: protección del maletero (alarma de vehículo) *f*

Kohlebürstensatz *m*
Eng: carbon brush set *n*
Fra: jeu de balais *m*
Spa: juego de escobillas *m*

Kohlendioxid *n*
Eng: carbon dioxide *n*
Fra: dioxyde de carbone *m*
Spa: dióxido de carbono *m*

Kohlenmonoxid *n*
Eng: carbon monoxide *n*
Fra: monoxyde de carbone *m*
Spa: monóxido de carbono *m*

Kohlenstoffbilanz *f*
Eng: carbon analysis *n*
Fra: bilan carbone *m*
Spa: balance de carbono *m*

Kohlenwasserstoff *m*
Eng: hydrocarbon, HC *n*
Fra: hydrocarbure *m*
Spa: hidrocarburo *m*

Kohlenwasserstofffilter *n*
Eng: hydrocarbon trap *n*
(HC trap) *n*
Fra: filtre à hydrocarbures *m*
Spa: filtro de hidrocarburos *m*

Kohleverflüssigung *f*
Eng: coal hydrogenation *n*
Fra: liquéfaction du charbon *f*
Spa: liquefación de carbón *f*

Koksrückstand *m*
Eng: carbon residue *n*
Fra: résidus charbonneux *m*
Spa: residuos de coque *mpl*

Kolben *m*
Eng: piston *n*
(plunger) *n*
Fra: piston *m*
Spa: pistón *m*

Kolbenbeschleunigung *f*
Eng: piston acceleration *n*
Fra: accélération du piston *f*
Spa: aceleración de pistón *f*

Kolbenbewegung *f*
Eng: piston stroke *n*
Fra: déplacement du piston *m*
Spa: movimiento de pistón *m*

Kolbenbohrung (Pumpenkolben) *f*
Eng: plunger passage (pump plunger) *n*
Fra: alésage de piston (piston de pompe) *m*
Spa: agujero de pistón (pistón de bomba) *m*

Kolbendruckregler *m*
Eng: plunger type pressure regulator *n*
Fra: régulateur de pression à piston *m*
Spa: regulador de presión por émbolo *m*

Kolbendurchmesser *m*
Eng: piston diameter *n*
Fra: diamètre du piston *m*
Spa: diámetro del pistón *m*

Kolben-Einspritzpumpe *f*
Eng: reciprocating fuel injection pump *n*
Fra: pompe d'injection alternative *f*
Spa: bomba de inyección reciprocante *f*

Kolbenfahne (Pumpenkolben) *f*
Eng: plunger control arm (pump plunger) *n*
Fra: entraîneur (piston de pompe) *m*
Spa: brazo de control de pistón (pistón de bomba) *m*

Kolbenfläche *f*
Eng: piston area *n*
Fra: surface active du piston *f*
Spa: área de pistón *f*

Kolbenförderpumpe *f*
Eng: piston pump *n*
Fra: pompe d'alimentation à piston *f*
Spa: bomba de alimentación de émbolo *f*

Kolbenfresser *m*
Eng: piston seizure *n*
Fra: grippage de piston *m*
Spa: gripado de pistón *m*

Kolbengeschwindigkeit *f*
Eng: piston speed *n*
Fra: vitesse du piston *f*
Spa: velocidad de pistón *f*

Kolbenhub *m*
Eng: plunger lift *n*
Fra: course du piston *f*
Spa: carrera de pistón *f*

Kolbenhub *m*
Eng: piston stroke *n*
Fra: course de piston *f*
Spa: carrera de pistón *f*

Kolbenhub bis Förderbeginn (Vorhub des Pumpenkolbens) *m*
Eng: plunger lift to cutoff port closing (pump plunger) *n*

Fra: précourse du piston (jusqu'au début de refoulement) *f*
Spa: carrera de pistón hasta el comienzo de suministro (precarrera del pistón de bomba) *f*

Kolbenhub bis Förderende (Pumpenkolben) *m*
Eng: plunger lift to spill port opening (pump plunger) *n*
Fra: course du piston en fin de refoulement (piston de pompe) *f*
Spa: carrera de pistón hasta el fin de suministro (pistón de bomba) *f*

Kolbenkraftmaschine *f*
Eng: piston engine *n*
Fra: moteur à pistons *m*
Spa: máquina alternativa *f*
(motor de émbolos) *m*

Kolbenmulde *f*
Eng: piston recess *n*
Fra: cavité du piston *f*
Spa: cavidad de pistón *f*

Kolbenpumpe *f*
Eng: plunger pump *n*
Fra: pompe à piston *f*
Spa: bomba de émbolo *f*

Kolbenring *m*
Eng: piston ring *n*
Fra: segment de piston *m*
Spa: aro de pistón *m*

Kolbenringlauffläche *f*
Eng: piston ring liner *n*
Fra: surface de frottement d'un segment de piston *f*
Spa: superficie de deslizamiento de aro de pistón *f*

Kolbenringnut *f*
Eng: piston ring groove *n*
Fra: rainure annulaire de piston *f*
Spa: ranura de aro de pistón *f*

Kolbenringnut *f*
Eng: ring shaped plunger groove *n*
Fra: rainure annulaire de piston *f*
Spa: ranura de aro de pistón *f*

Kolbenrückführfeder (Pumpenkolben) *f*
Eng: plunger return spring (pump plunger) *n*
Fra: ressort de rappel du piston (piston de pompe) *m*
Spa: resorte de retorno de pistón (pistón de bomba) *m*

Kolbenrücklauf (Pumpenkolben) *m*
Eng: plunger return stroke (pump plunger) *n*
Fra: course de retour du piston (piston de pompe) *f*
Spa: carrera de retorno de pistón (pistón de bomba) *f*

Kolbenschieber *m*
Eng: plunger *n*
Fra: piston-tiroir *m*
(bobine à noyau plongeur) *f*
Spa: válvula cilíndrica *f*

Kolbenstange (Verbrennungsmotor) *f*
Eng: piston rod (IC engine) *n*
(conrod) *n*
Fra: tige de piston (clapet de refoulement) *f*
Spa: biela (motor de combustión) *f*

Kolbenstellung *f*
Eng: piston position *n*
Fra: position du piston *f*
Spa: posición del pistón *f*

Kollektor *m*
Eng: collector *n*
Fra: collecteur *m*
Spa: colector *m*

Kollektorbahn *f*
Eng: collector track *n*
Fra: piste à résistance *f*
Spa: trayectoria del colector *f*

Kombibremszylinder *m*
Eng: combination brake cylinder *n*
Fra: cylindre de frein combiné *m*
Spa: cilindro de freno combinado *m*

Kombiinstrument *n*
Eng: instrument cluster *n*
Fra: combiné d'instruments *m*
Spa: cuadro de instrumentos *m*

Kombischalter *m*
Eng: combination switch *n*
Fra: commodo *m*
Spa: interruptor combinado *m*

Kombiwagen *m*
Eng: multi-purpose vehicle *n*
(station wagon) *n*
Fra: break *m*
Spa: vehículo combinado *m*

Komfortelektronik *f*
Eng: comfort and convenience electronics *npl*
Fra: électronique de confort *f*
Spa: sistema electrónico de confort *m*

Komfortfunktion *f*
Eng: comfort and convenience function *n*
Fra: fonction confort *f*
Spa: función de confort *f*

Komfortsysteme *npl*
Eng: comfort and convenience systems *npl*
Fra: systèmes de confort *mpl*
Spa: sistemas de confort *mpl*

Kommunikationsschnittstelle *f*
Eng: communication interface *n*
Fra: interface de communication *f*
Spa: interfaz de comunicación *f*

Kommutator *m*
Eng: commutator *n*
Fra: collecteur *m*
Spa: colector *m*

Kommutatorlager (Generator) *n*
Eng: commutator end shield (alternator) *n*
Fra: flasque côté collecteur (alternateur) *m*
Spa: apoyo de colector (alternador) *m*

Kommutierung *f*
Eng: commutation *n*
Fra: commutation *f*
(collecteur) *m*
Spa: conmutación *f*

Kommutierungsszone (Kohlebürste) *f*
Eng: commutating zone (carbon brush) *n*
Fra: partie commutateur (balai) *f*
Spa: zona de conmutación (escobilla de carbón) *f*

Komparator *m*
Eng: comparator *n*
Fra: comparateur *m*
Spa: comparador *m*

Kompensationsklappe *f*
Eng: compensation flap *n*
Fra: volet de compensation *m*
Spa: chapaleta de compensación *f*

Komponente *f*
Eng: components *n*
Fra: composant *m*
Spa: componente *m*

Kompressibilität *f*
Eng: compressibility *n*
Fra: compressibilité *f*
Spa: compresibilidad *f*

Kompressionsdruckmesser *m*
Eng: compression tester *n*
Fra: compressiomètre *m*
Spa: compresímetro *m*

Kompressionsendtemperatur *f*
Eng: final compression temperature *n*
Fra: température de fin de compression *f*
Spa: temperatura final de compresión *f*

Kompressionshub *m*
Eng: compression stroke *n*
Fra: course de compression *f*
(course de compression) *f*
Spa: carrera de compresión *f*

Kompressionstakt *m*
Eng: compression stroke *n*
Fra: temps de compression *m*
Spa: carrera de compresión *f*

Kompressionsvolumen *n*
Eng: compression volume *n*

(damping volume) *n*
Fra: volume de compression *m*
(volume d'amortissement) *m*
Spa: volumen de compresión *m*

Kompressor *m*
Eng: compressor *n*
Fra: compresseur *m*
Spa: compresor *m*

Kompressoraufladung (Verbrennungsmotor) *f*
Eng: supercharging (IC engine) *n*
Fra: suralimentation par compresseur *f*
Spa: sobrealimentación del compresor (motor de combustión) *f*

Kondensator *m*
Eng: capacitor *n*
Fra: condensateur *m*
Spa: condensador *m*

Kondensatorbremsung *f*
Eng: capacitor braking *n*
Fra: freinage capacitif *m*
Spa: frenado por condensador *pp*

Kondenswasserablauf *m*
Eng: condensate drain *n*
Fra: écoulement de l'eau de condensation *m*
Spa: salida de agua condensada *f*

Kondenswasserwanne *f*
Eng: condensate drip pan *n*
Fra: collecteur d'eau de condensation *m*
Spa: colector de agua condensada *m*

Konsole *f*
Eng: console *n*
Fra: console *f*
Spa: consola *f*

Konstantdrossel (Motorbremse) *f*
Eng: constant throttle (engine brake) *n*
Fra: étranglement constant (frein moteur) *m*
Spa: estrangulador constante *m*

Kontaktabbrand *m*
Eng: contact erosion *n*
Fra: érosion des contacts *f*
Spa: erosión por contacto *f*

Kontaktabstand *m*
Eng: contact gap *n*
Fra: espacement des contacts *m*
Spa: separación de contacto *f*

Kontaktelektrizität *f*
Eng: voltaic emf *n*
(voltaic electricity) *n*
Fra: électricité statique *f*
Spa: electricidad de contacto *f*

Kontaktfeder *f*
Eng: contact spring *n*
Fra: contact à ressort *m*
Spa: muelle de contacto *m*

Kontaktgeber *m*
Eng: pickup *n*
Fra: contacteur *m*
Spa: transmisor de contacto *m*

Kontaktkorrosion *f*
Eng: contact corrosion *n*
Fra: corrosion par contact *f*
Spa: corrosión por contacto *f*

Kontaktprellung *f*
Eng: contact chatter *n*
Fra: rebondissement des contacts *m*
Spa: rebote de contacto *m*

Kontaktregler *m*
Eng: contact regulator *n*
Fra: régulateur à vibreur *m*
Spa: regulador de contacto *m*

Kontaktregler *m*
Eng: contact controller *n*
Fra: régulateur à vibreur *m*
Spa: regulador de contacto *m*

Kontaktsatz (Zündung) *m*
Eng: contact set (ignition) *n*
Fra: jeu de contacts (allumage) *m*
Spa: juego de contacto (encendido) *m*

Kontaktstift *m*
Eng: contact pin *n*
Fra: tige de contact *f*
Spa: pin de contacto *m*

Kontermutter *f*
Eng: lock nut *n*
Fra: contre-écrou *m*
Spa: contratuerca *f*

Kontrollleuchte *f*
Eng: indicator lamp *n*
Fra: lampe de signalisation *f*
(lampe témoin) *f*
Spa: testigo de control *m*

Kontrollleuchte *f*
Eng: warning lamp *n*
Fra: lampe de signalisation *f*
(lampe témoin) *f*
Spa: lámpara de control *f*

Kontrollmaß *n*
Eng: control dimension *n*
Fra: cote de contrôle *f*
Spa: medida de referencia *f*

Konusanker *m*
Eng: conical armature *n*
Fra: induit plongeur *m*
Spa: inducido cónico *m*

Kopfairbag *m*
Eng: head airbag *n*
Fra: coussin gonflable protège-tête *m*
Spa: airbag para la cabeza *m*

Kopfhörer *m*
Eng: headphone *n*
Fra: écouteurs *mpl*
Spa: audífono *m*

Kopfkreis (Zahnrad) *m*
Eng: tip circle (gear) *n*
Fra: cercle de tête (engrenage) *m*
Spa: círculo exterior (rueda dentada) *m*

Kopfraum *m*
Eng: head room *n*
Fra: garde au toit *f*
Spa: espacio para la cabeza *m*

Kopfstütze *f*
Eng: head restraint *n*
Fra: appui-tête *m*
Spa: apoyacabezas *m*

Koppelfeder *f*
Eng: coupling spring *n*
Fra: ressort de couplage *m*
Spa: muelle de acoplamiento *m*

Koppelfedersteife *f*
Eng: coupling spring stiffness *n*
Fra: rigidité élastique *f*
Spa: rigidez del muelle de acoplamiento *f*

Koppelkraft *f*
Eng: coupling force *n*
Fra: force de couplage *f*
(force d'accouplement) *f*
Spa: fuerza de acoplamiento *f*

Koppelortungssystem (Navigationssystem) *n*
Eng: compound navigation (navigation system) *n*
Fra: système de localisation à l'estime (système de navigation) *m*
Spa: sistema de localización por punto de estima (sistema de navegación) *m*

Körperschall *m*
Eng: structure borne noise *n*
(borne sound) *n*
Fra: bruits d'impact *mpl*
Spa: sonido corpóreo *m*

Korrekturmenge *f*
Eng: correction quantity *n*
Fra: volume de correction *m*
Spa: cantidad de corrección *f*

Korrekturwert *m*
Eng: correction value *n*
Fra: valeur de correction *f*
Spa: valor de corrección *m*

Korrekturzündwinkel *m*
Eng: ignition adjustment angle *n*
Fra: angle d'allumage corrigé *m*
Spa: ángulo de corrección de encendido *m*

Korrosionsbeständigkeit *m*
Eng: corrosion resistance *n*
Fra: tenue à la corrosion *f*
Spa: resistencia a la corrosión *f*

korrosionsfest *adj*
Eng: resistant to corrosion *adj*
Fra: résistant à la corrosion *m*
Spa: resistente a la corrosión *adj*

Korrosionsfestigkeit *f*
Eng: corrosion resistance *n*

Deutsch

Deutsch

Fra: résistance à la corrosion *f*
Spa: resistencia a la corrosión *f*

Korrosionsprüfung *f*
Eng: corrosion testing *n*
Fra: essai de corrosion *m*
Spa: ensayo de corrosión *m*

Korrosionsschutz *m*
Eng: corrosion protection *n*
Fra: protection anticorrosion *f*
Spa: protección contra la corrosión *f*

Kotflügel *m*
Eng: fender *n*
Fra: panneau d'aile *m*
Spa: guardabarros *m*

Kraftbegrenzung *f*
Eng: force limitation device *n*
Fra: limiteur d'effort *m*
Spa: limitación de fuerza *f*

Kraftfahrzeug *n*
Eng: motor vehicle *n*
Fra: véhicule *m*
Spa: vehículo *m*

Kraftfahrzeugausrüstung *f*
Eng: automotive equipment *n*
Fra: équipement automobile *m*
Spa: equipo de vehículo *m*

Kraftfahrzeugbremsen *fpl*
Eng: motor vehicle brakes *npl*
(automotive brakes) *npl*
Fra: freins d'un véhicule à moteur *mpl*
Spa: frenos de vehículo *mpl*

Kraftfahrzeugleuchte *f*
Eng: motor vehicle lamp *n*
(automotive lamp) *n*
Fra: feu *m*
Spa: lámpara de vehículo *f*

Kraftmesseinrichtung (Rollenbremsprüfstand) *f*
Eng: load sensor (dynamic brake analyzer) *n*
Fra: dynamomètre (banc d'essai) *m*
Spa: dispositivo de medición de fuerza (banco de pruebas de frenos de rodillos) *m*

Kraftrad *n*
Eng: motorcycle *n*
Fra: motocyclette *f*
Spa: motocicleta *f*

Kraftschluss (Reifen/Straße) *m*
Eng: adhesion (tire/road) *n*
Fra: adhérence (pneu/route) *f*
Spa: arrastre de fuerza (neumático/calzada) *m*

Kraftstoff *m*
Eng: fuel *n*
Fra: carburant *m*
Spa: combustible *m*

Kraftstoffabsperrung *f*
Eng: fuel supply shutoff *n*
Fra: coupure du carburant *f*
Spa: corte de combustible *m*

Kraftstoffanschluss *m*
Eng: fuel supply connection *n*
Fra: raccord de carburant *m*
Spa: toma de combustible *f*

Kraftstoffanzeiger *m*
Eng: fuel gauge *n*
(fuel-level indicator) *n*
Fra: jauge à carburant *f*
Spa: indicador de combustible *m*

Kraftstoffbehälter *m*
Eng: fuel tank *n*
Fra: réservoir de carburant *m*
Spa: depósito de combustible *m*

kraftstoffbeständig *adj*
Eng: fuel resistant *n*
Fra: résistant au carburant *loc*
Spa: resistente al combustible *adj*

Kraftstoffdruck *m*
Eng: fuel pressure *n*
Fra: pression du carburant *f*
Spa: presión de combustible *f*

Kraftstoff-Druckdämpfer *m*
Eng: fuel pressure attenuator *n*
Fra: amortisseur de pression de carburant *m*
Spa: amortiguador de presión de combustible *m*

Kraftstoffdruckregler *m*
Eng: fuel pressure regulator *n*
Fra: régulateur de pression de carburant *m*
Spa: regulador de presión de combustible *m*

Kraftstoffdrucksensor *m*
Eng: fuel pressure sensor *n*
Fra: capteur de pression de carburant *m*
Spa: sensor de presión de combustible *m*

Kraftstoffeinspritzpumpe *f*
Eng: fuel injection pump *n*
Fra: pompe d'injection *f*
Spa: bomba de inyección de combustible *f*

Kraftstoffeinspritzung *f*
Eng: fuel injection *n*
Fra: injection de carburant *f*
(technique d'injection) *f*
Spa: inyección de combustible *f*

Kraftstofffilter *n*
Eng: fuel filter *n*
Fra: filtre à carburant *m*
Spa: filtro de combustible *m*

Kraftstofffiltereinsatz *m*
Eng: fuel filter element *n*
Fra: cartouche de filtre à carburant *f*
Spa: inserto del filtro de combustible *m*

Kraftstofffördermenge (Einspritzpumpe) *f*
Eng: fuel delivery quantity (fuel-injection pump) *n*
Fra: débit de refoulement (pompe d'injection) *m*
Spa: caudal de suministro de combustible (bomba de inyección) *m*

Kraftstoffförderpumpe *f*
Eng: fuel supply pump *n*
Fra: pompe d'alimentation *f*
Spa: bomba de suministro de combustible *f*

Kraftstoffförderung *f*
Eng: fuel supply and delivery *n*
Fra: refoulement du carburant *m*
Spa: suministro de combustible *m*

Kraftstoffförderung *f*
Eng: fuel delivery *n*
Fra: refoulement du carburant *m*
Spa: suministro de combustible *m*

Kraftstofffüllstandsanzeige *f*
Eng: fuel level indicator *n*
Fra: jauge à carburant *f*
Spa: indicación de nivel de llenado de combustible *f*

Kraftstofffüllstandsensor *m*
Eng: fuel level sensor *n*
Fra: capteur de niveau de carburant *m*
Spa: sensor de nivel de llenado de combustible *m*

kraftstoffgeführtes Brennverfahren *n*
Eng: fuel guided combustion process *n*
Fra: procédé d'injection assisté par carburant *m*
Spa: proceso de combustión guidado por combustible *m*

kraftstoffgekühlt *adj*
Eng: fuel cooled *adj*
Fra: refroidi par carburant *loc*
Spa: refrigerado por combustible *pp*

Kraftstoff-Hochdruckleitung *f*
Eng: high pressure fuel line *n*
Fra: conduite haute pression de carburant *f*
Spa: tubería de alta presión de combustible *f*

Kraftstoff-Hochdruckpumpe *f*
Eng: high pressure fuel pump *n*
Fra: pompe à carburant haute pression *f*
Spa: bomba de alta presión de combustible *f*

Kraftstoffkammer (Kraftstoffdruckregler) *f*
Eng: fuel chamber (fuel-pressure regulator) *n*
Fra: chambre à carburant (amortisseur de pression) *f*
Spa: cámara de combustible *f*

Kraftstoffkreislauf *m*
Eng: fuel circuit *n*
Fra: circuit de carburant *m*
Spa: circuito de combustible *m*

Kraftstoffleitung *f*
Eng: fuel line *n*
Fra: conduite de carburant *f*
Spa: tubería de combustible *f*

Kraftstoffluftabscheider *m*
Eng: fuel air separator *n*
Fra: séparateur d'air du carburant *m*
Spa: desgasificador del combustible *m*

Kraftstoff-Luftgemisch *n*
Eng: air/fuel mixture *n*
(A/F mixture) *n*
Fra: mélange air-carburant *m*
Spa: mezcla combustible-aire *f*

Kraftstoff-Luft-Verhältnis *n*
Eng: air/fuel ratio *n*
(A/F ratio) *n*
Fra: rapport air/carburant *m*
Spa: relación combustible/aire *f*

Kraftstoffmangelsensor *m*
Eng: fuel shortage sensor *n*
Fra: capteur de réserve de carburant *m*
Spa: sensor de combustible *m*

Kraftstoffmasse *f*
Eng: fuel mass *n*
Fra: masse de carburant *f*
Spa: masa de combustible *f*

Kraftstoff-Massenverbrauch *m*
Eng: fuel consumption by mass *n*
Fra: consommation massique de carburant *f*
Spa: consumo de masa de combustible *m*

Kraftstoff-Mehrmenge *f*
Eng: excess fuel *n*
Fra: surdébit de carburant *m*
Spa: cantidad adicional de combustible *f*

Kraftstoffmengenregelung *f*
Eng: fuel quantity control *n*
Fra: régulation du débit de carburant *f*
Spa: regulación del caudal de combustible *f*

Kraftstoffmengenteiler *m*
Eng: fuel distributor *n*
Fra: doseur-distributeur de carburant *m*
Spa: distribuidor-dosificador de combustible *m*

Kraftstoff-Niederdruckkreislauf *m*
Eng: low pressure fuel circuit *n*
Fra: circuit basse pression de carburant *m*
Spa: circuito de baja presión de combustible *m*

Kraftstoffpumpe *f*
Eng: fuel supply pump *n*
Fra: pompe à carburant (carburant) *f*
Spa: bomba de combustible *f*

Kraftstoffrückaufleitung *f*
Eng: fuel return line *n*
(fuel-return pipe) *n*
Fra: conduite de retour de carburant *f*
Spa: tubería de retorno de combustible *f*

Kraftstoffrückführventil *n*
Eng: fuel recirculation valve *n*
Fra: vanne de recyclage de carburant *f*
Spa: válvula de retorno de combustible *f*

Kraftstoffrücklauf *m*
Eng: fuel return line *n*
Fra: retour de carburant *m*
Spa: retorno de combustible *m*

Kraftstoffrückleitung *f*
Eng: fuel return line *n*
Fra: conduite de retour du carburant *f*
Spa: tubería de retorno de combustible *f*

Kraftstoffspeicher *m*
Eng: fuel accumulator *n*
Fra: accumulateur de carburant *m*
Spa: acumulador de combustible *m*

Kraftstofftank *m*
Eng: fuel tank *n*
Fra: réservoir de carburant *m*
Spa: depósito de combustible *m*

Kraftstofftemperaturfühler *m*
Eng: fuel temperature sensor *n*
Fra: sonde de température de carburant *f*
Spa: sonda de temperatura de combustible *f*

Kraftstoffüberlauftemperatur *f*
Eng: fuel overflow temperature *n*
Fra: température du trop-plein de carburant *f*
Spa: temperatura de rebose de combustible *f*

Kraftstoffverbrauch *m*
Eng: fuel consumption *n*
Fra: consommation de carburant *f*
Spa: consumo de combustible *m*

Kraftstoffverbrauchsanzeige *f*
Eng: fuel consumption indicator *n*
Fra: indicateur de consommation de carburant *m*
Spa: indicación de consumo de combustible *f*

Kraftstoffverdampfung *f*
Eng: fuel vaporization *n*
Fra: vaporisation du carburant *f*
Spa: evaporación de combustible *f*

Kraftstoffverdunstung *f*
Eng: evaporative emission *n*
Fra: évaporation du carburant *f*
Spa: vaporización de combustible *f*

Kraftstoffverdunstungs-Absperrventil *n*
Eng: evaporative emission shutoff valve *n*
Fra: robinet d'isolement des vapeurs de carburant *m*
Spa: válvula de cierre de vapores de combustible *f*

Kraftstoffverdunstungs-Rückhaltesystem *n*
Eng: evaporative-emissions control system *n*
Fra: système de retenue des vapeurs de carburant *m*
Spa: sistema de retención de vapores de combustible *m*

Kraftstoffversorgung *f*
Eng: fuel supply *n*
Fra: alimentation en carburant *f*
Spa: alimentación de combustible *f*

Kraftstoffverteiler *m*
Eng: fuel rail *n*
Fra: rampe distributrice de carburant *f*
(accumulateur haute pression) *f*
(répartiteur de carburant) *m*
Spa: distribuidor de combustible *m*

Kraftstoffverteilung *f*
Eng: fuel distribution *n*
Fra: répartition du carburant *f*
Spa: distribución de combustible *f*

Kraftstoffviskosität *f*
Eng: fuel viscosity *n*
Fra: viscosité du carburant *f*
Spa: viscosidad de combustible *f*

Kraftstoffvordruck *m*
Eng: fuel initial pressure *n*
Fra: pression initiale du carburant *f*
Spa: presión previa de combustible *f*

Kraftstoffvorfilter *m*
Eng: fuel prefilter *n*
Fra: préfiltre à carburant *m*
Spa: filtro previo de combustible *m*

Kraftstoffvorratsanzeige *f*
Eng: fuel gauge *n*
Fra: jauge à carburant *f*
Spa: indicador de reserva combustible *m*

Kraftstoffvorreiniger *m*
Eng: fuel prefilter *n*
Fra: préfiltre à carburant *m*
Spa: prefiltro de combustible *m*

Kraftstoffwandfilm *m*
Eng: fuel film *n*
Fra: film de carburant *m*
Spa: película de combustible *f*

Deutsch

Deutsch

Kraftstoffwasserabscheider *m*
Eng: fuel water separator *n*
Fra: séparateur d'eau du carburant *m*
Spa: separador agua-combustible *m*

Kraftstoffzerstäubung *f*
Eng: fuel atomization *n*
Fra: pulvérisation du carburant *f*
Spa: atomización de combustible *f*

Kraftstoffzufuhr *f*
Eng: fuel supply *n*
Fra: alimentation en carburant *f*
Spa: suministro de combustible *m*

Kraftstoffzulauf *m*
Eng: fuel inlet *n*
Fra: arrivée de carburant *f*
Spa: entrada de combustible *f*

Kraftstoff-Zusammensetzung *f*
Eng: fuel composition *n*
Fra: composition du carburant *f*
Spa: composición del combustible *f*

Kraftstoffzuteiler *m*
Eng: fuel rail *n*
Fra: répartiteur de carburant *m*
Spa: conjunto distribuidor de combustible *m*

Krallenbügel *m*
Eng: claw bracket *n*
Fra: palonnier à griffes *m*
Spa: estribo de garras *m*

Krallenschleifer *m*
Eng: claw type sliding contact *n*
Fra: curseur à griffes *m*
Spa: contacto deslizante con garras *m*

Kreisabsicherung (Bremssystem) *f*
Eng: circuit safeguard (braking system) *n*
Fra: protection des circuits d'alimentation (système de freinage) *f*
Spa: protección del circuito (sistema de frenos) *f*

Kreisdruck (ESP) *m*
Eng: circuit pressure (ESP) *n*
Fra: pression de circuit (ESP) *f*
Spa: presión del circuito (ESP) *f*

Kreiselpumpe *f*
Eng: centrifugal pump *n*
(flow-type pump) *n*
Fra: pompe centrifuge *f*
Spa: bomba centrífuga *f*

Kreisfrequenz *f*
Eng: angular frequency *n*
Fra: pulsation *f*
Spa: frecuencia angular *f*

Kreiskolbenmotor *m*
Eng: rotary engine *n*
Fra: moteur à piston rotatif *m*
Spa: motor rotativo *m*

Kreuzgelenk *n*
Eng: universal joint *n*
Fra: joint de cardan *m*
Spa: articulación en cruz *f*

Kreuzkopf *m*
Eng: cross head *n*
Fra: tête d'entraînement *f*
Spa: cruceta *f*

Kreuzlenker (Wischeranlage) *m*
Eng: transversely jointed linkage (wiper system) *n*
(four-bar linkage) *n*
Fra: articulation en croix (essuie-glace) *f*
Spa: articulación en cruz (limpiaparabrisas) *f*

Kreuzscheibe *f*
Eng: cam plate *n*
(yoke) *n*
Fra: croisillon *m*
Spa: disco en cruz *m*

Kriechstrom (Zündkerze) *m*
Eng: insulator flashover (spark plug) *n*
Fra: courant de fuite (bougie d'allumage) *m*
Spa: corriente de fuga (bujía de encendido) *f*

Kristalldiode *f*
Eng: crystal diode *n*
Fra: diode cristal *f*
Spa: diodo de cristal *m*

Kronensicherung *f*
Eng: crown lock *n*
Fra: arrêtoir crénelé *m*
Spa: protección de corona *f*

Kröpfung (Kurbelwelle) *f*
Eng: throw *n*
Fra: maneton *m*
Spa: acodamiento (cigüeñal) *m*

Kröpfung *f*
Eng: offset *n*
Fra: coude *m*
Spa: acodamiento *m*

Krümmer *m*
Eng: manifold *n*
Fra: coude *m*
Spa: colector *m*

Krümmungsfaktor *m*
Eng: curvature factor *n*
Fra: facteur de correction de courbure *m*
Spa: factor de curvatura *m*

Kryogentank *m*
Eng: cryogenic tank *n*
Fra: réservoir cryogénique *m*
Spa: depósito criogénico *m*

Kugelbolzen *m*
Eng: ball pin *n*
Fra: axe sphérique *m*
Spa: perno de rótula *m*

Kugelgelenk *n*
Eng: ball joint *n*
(spherical joint) *n*
Fra: articulation sphérique *f*
Spa: articulación esférica *f*

Kugelgelenklager *n*
Eng: ball and-socket bearing *n*
Fra: articulation à rotules *f*
Spa: cojinete de bolas sobre rótula *m*

Kugelkäfig (Türbetätigung) *m*
Eng: bearing cage (door control) *n*
Fra: cage à billes (commande des portes) *f*
Spa: caja de bolas (accionamiento de puerta) *f*

Kugelkopf *m*
Eng: ball head *n*
Fra: rotule *f*
Spa: cabeza esférica *f*

Kugellager *n*
Eng: ball bearing *n*
Fra: roulement à billes *m*
Spa: rodamiento de bolas *m*

Kugellagerfett *n*
Eng: ball bearing grease *n*
(roller-bearing grease) *n*
Fra: graisse à roulement *f*
Spa: grasa para rodamientos de bolas *f*

Kugelstrahlen *n*
Eng: shot peen *n*
Fra: grenaillage *m*
Spa: chorreado por perdigones *m*

Kugelumlauf-Hydrolenkung *f*
Eng: recirculating-ball power steering *n*
Fra: direction hydraulique à écrou à recirculation de billes *m*
Spa: dirección hidráulica de bolas circulantes *f*

Kugelumlauflenkung *f*
Eng: recirculating-ball steering *n*
Fra: direction à recirculation de billes *f*
Spa: dirección de bolas circulantes *f*

Kugelventil *n*
Eng: ball valve *n*
Fra: clapet à bille *m*
Spa: válvula de bola *f*

Kugelzapfen *m*
Eng: ball pivot *n*
Fra: tourillon sphérique *m*
Spa: gorrón esférico *m*

Kühlblech *n*
Eng: cooling plate *n*
Fra: refroidisseur *m*
Spa: chapa refrigerante *f*

Kühler *m*
Eng: radiator *n*
Fra: radiateur *m*
Spa: radiador *m*

Kühlergebläse *n*
Eng: radiator blower *n*
(radiator fan) *n*

Fra: ventilateur de radiateur *m*
Spa: ventilador del radiador *m*

Kühlergrill ***m***
Eng: radiator grill *n*
Fra: calandre *f*
Spa: calandra *f*

Kühlerlüfternachlauf ***m***
Eng: radiator fan run on *n*
Fra: post-fonctionnement du ventilateur de refroidissement *m*
Spa: marcha de inercia del ventilador del radiador *f*

Kühlflüssigkeit ***f***
Eng: coolant *n*
Fra: liquide de refroidissement *m*
Spa: líquido refrigerante *m*

Kühlgebläse ***n***
Eng: radiator fan *n*
Fra: ventilateur de refroidissement *m*
Spa: soplador de enfriamiento *m*

Kühlkörper ***m***
Eng: heat sink *n*
Fra: refroidisseur *m*
(radiateur à ailettes) *m*
Spa: cuerpo refrigerante *m*

Kühlleistung ***f***
Eng: cooling capacity *n*
Fra: capacité de refroidissement *f*
Spa: capacidad de enfriamiento *f*

Kühlluft ***f***
Eng: cooling air *n*
Fra: air de refroidissement *m*
Spa: aire de enfriamiento *m*

Kühlmittel ***n***
Eng: coolant *n*
Fra: liquide de refroidissement *m*
Spa: líquido refrigerante *m*

Kühlmittelkühler ***m***
Eng: coolant radiator *n*
Fra: radiateur d'eau *m*
Spa: radiador de líquido refrigerante *m*

Kühlmittelmangelanzeige ***f***
Eng: low coolant indicator *n*
Fra: indicateur de manque de liquide de refroidissement *m*
Spa: indicación de falta de líquido refrigerante *f*

Kühlmittelpumpe ***f***
Eng: coolant pump *n*
Fra: pompe de refroidissement *f*
(pompe à liquide de refroidissement) *f*
Spa: bomba de líquido refrigerante *f*

Kühlmittelstrom ***m***
Eng: coolant flow *n*
Fra: flux de l'agent de refroidissement *m*
Spa: flujo de líquido refrigerante *m*

Kühlmittel-Zusatzheizung ***f***
Eng: coolant auxiliary heater *n*
Fra: chauffage auxiliaire de liquide de refroidissement *m*
Spa: calefacción adicional de líquido refrigerante *f*

Kühlsystem ***n***
Eng: cooling system *n*
Fra: système de refroidissement *m*
Spa: sistema de refrigeración *m*

Kühlung ***f***
Eng: cooling *n*
Fra: refroidissement *m*
Spa: refrigeración *f*

Kühlwasser ***n***
Eng: cooling water *n*
Fra: eau de refroidissement *f*
Spa: líquido refrigerante *m*

Kühlwasseranschluss ***m***
Eng: water port *n*
Fra: raccord d'eau de refroidissement *m*
Spa: toma de líquido refrigerante *f*

Kühlwasserheizung ***f***
Eng: coolant heater *n*
Fra: chauffage d'eau de refroidissement *m*
Spa: calefacción de líquido refrigerante *f*

Kühlwasserkreislauf ***m***
Eng: coolant circuit *n*
Fra: circuit d'eau de refroidissement *m*
(circuit de réfrigération) *m*
Spa: circuito de líquido refrigerante *m*

Kühlwassertemperatur ***f***
Eng: coolant temperature *n*
Fra: température du liquide de refroidissement *m*
Spa: temperatura de líquido refrigerante *f*

Kulisse (Feststellbremsventil) ***f***
Eng: detent element (parking-brake valve) *n*
Fra: coulisse (valve de frein de stationnement) *f*
Spa: colisa (válvula de freno de estacionamiento) *f*

Kulissenführung (Diesel-Regler) ***f***
Eng: sliding block guide (governor) *n*
Fra: guide-coulisse (injection diesel) *m*
Spa: guía de colisa (regulador Diesel) *f*

Kunstkopf ***m***
Eng: artificial head *n*
Fra: tête artificielle *f*
Spa: cabezal artificial *f*

Kunstkopfaufnahme ***f***
Eng: artificial head recording *n*
Fra: enregistrement avec tête artificielle *m*
Spa: grabación con cabezal artificial *f*

Kunstoffgehäuse ***n***
Eng: plastic housing *n*
Fra: boîtier en plastique *m*
Spa: carcasa de plástico *f*

Kunststoffhaube ***f***
Eng: plastic hood *n*
Fra: capot en plastique *m*
Spa: caperuza de plástico *f*

Kunststoffverguss ***m***
Eng: plastic molding *n*
Fra: plastique moulé *m*
Spa: obturación de plástico *f*

Kupferdichtscheibe ***f***
Eng: copper gasket *n*
Fra: joint en cuivre *m*
Spa: arandela de junta de cobre *f*

Kupferkern (Zündkerze) ***m***
Eng: copper core (spark plug) *n*
Fra: noyau de cuivre (bougie d'allumage) *m*
Spa: núcleo de cobre (bujía de encendido) *m*

Kupferlackdraht ***m***
Eng: varnished copper wire *n*
Fra: fil de cuivre laqué *m*
Spa: alambre de cobre barnizado *m*

Kupferlegierung ***f***
Eng: copper alloy *n*
Fra: alliage cuivreux *m*
Spa: aleación de cobre *f*

Kupferlitze ***f***
Eng: copper braid *n*
Fra: toron en cuivre *m*
Spa: conductor de cobre trenzado *m*

Kupferpaste ***f***
Eng: copper paste *n*
Fra: pâte de cuivre *f*
Spa: pasta de cobre *f*

kupferplattiert ***adj***
Eng: copper clad *adj*
Fra: plaqué de cuivre *pp*
Spa: chapeado al cobre *adj*

Kupferspray ***m***
Eng: copper spray *n*
Fra: spray au cuivre *m*
Spa: aerosol de cobre *m*

Kupferverluste (Generator) ***mpl***
Eng: copper losses (alternator) *npl*
Fra: pertes cuivre (alternateur) *fpl*
Spa: pérdidas en el cobre (alternador) *fpl*

Kupplung ***f***
Eng: clutch *n*
(coupling) *n*
Fra: embrayage *m*
Spa: embrague *m*

Kupplungsanschluss ***m***
Eng: coupling port *n*

Fra: raccord d'accouplement *m*
Spa: conexión de acoplamiento *f*

Kupplungsdruckplatte ***f***
Eng: clutch pressure plate *n*
Fra: mécanisme d'embrayage *m*
Spa: plato de apriete del embrague *m*

Kupplungseingang ***m***
Eng: clutch input *n*
Fra: entrée embrayage *f*
Spa: entrada de embrague *f*

Kupplungsgehäuse ***n***
Eng: clutch housing *n*
Fra: carter d'embrayage *m*
Spa: caja de embrague *f*

Kupplungsglocke ***f***
Eng: clutch bell *n*
Fra: cloche d'embrayage *f*
Spa: campana de embrague *f*

Kupplungshälfte ***f***
Eng: coupling half *n*
Fra: demi-accouplement *m*
Spa: medio acoplamiento *m*

Kupplungskopf ***m***
Eng: coupling head *n*
Fra: tête d'accouplement *f*
Spa: cabeza de acoplamiento *f*

Kupplungslager ***n***
Eng: coupling bearing *n*
Fra: palier d'embrayage *m*
Spa: cojinete de embrague *m*

Kupplungslamelle ***f***
Eng: clutch plate *n*
Fra: disque d'embrayage *m*
Spa: disco de embrague *m*

Kupplungsmoment ***m***
Eng: clutch torque *n*
Fra: couple d'embrayage *m*
Spa: par de embrague *m*

Kupplungspedal ***n***
Eng: clutch pedal *n*
Fra: pédale d'embrayage *f*
Spa: pedal de embrague *m*

Kupplungsscheibe ***f***
Eng: clutch disk *n*
Fra: disque d'embrayage *m*
Spa: disco conducido del embrague *m*

Kupplungsübersetzung ***f***
Eng: clutch ratio *n*
Fra: démultiplication de l'embrayage *f*
Spa: desmultiplicación del embrague *f*

Kupplungsverlust ***m***
Eng: clutch loss *n*
Fra: perte de l'embrayage *f*
Spa: pérdidas en el embrague *fpl*

Kurbelgehäuse ***n***
Eng: crankcase *n*
Fra: carter *m*
Spa: bloque motor *m*
(cárter del cigüeñal) *m*

Kurbelgehäuseentlüftung ***f***
Eng: crankcase ventilation *n*
Fra: dégazage du carter-cylindres *m*
Spa: ventilación del bloque motor *f*

Kurbelgehäuseentlüftung ***f***
Eng: crankcase breather *n*
Fra: dégazage du carter-cylindres *m*
Spa: respiradero del bloque motor *m*

Kurbelgehäusegase ***npl***
Eng: crankcase blow by gases *n*
Fra: gaz de carter-cylindres *mpl*
Spa: gases del bloque motor *mpl*

Kurbeltrieb ***m***
Eng: crankshaft drive *n*
Fra: mécanisme d'embiellage *m*
Spa: mecanismo de cigüeñal *m*

Kurbelumdrehung ***f***
Eng: crankshaft revolution *n*
Fra: rotation du vilebrequin *f*
Spa: revolución del cigüeñal *f*

Kurbelwelle ***f***
Eng: crankshaft *n*
Fra: vilebrequin *m*
(manivelle) *f*
Spa: cigüeñal *m*

Kurbelwellen-Drehzahlsensor ***m***
Eng: crankshaft speed sensor *n*
Fra: capteur de vitesse de rotation du vilebrequin *m*
Spa: sensor de revoluciones del cigüeñal *m*

Kurbelwellengehäuse ***n***
Eng: crankcase *n*
Fra: carter-cylindres *m*
Spa: cárter de cigüeñal *m*
(bloque motor) *m*

Kurbelwellenlager ***n***
Eng: crankshaft bearing *n*
Fra: palier de vilebrequin *m*
Spa: cojinete de cigüeñal *m*

Kurbelwellenrad ***n***
Eng: crankshaft gear *n*
(crankshaft timing gear) *n*
Fra: pignon de vilebrequin *m*
Spa: rueda de cigüeñal *f*

Kurbelwellenstellung ***f***
Eng: crankshaft position *n*
Fra: position du vilebrequin *f*
Spa: posición del cigüeñal *f*

Kurbelwellenstörfrequenz ***f***
Eng: crankshaft disturbance frequency *n*
Fra: fréquence perturbatrice du vilebrequin *f*
Spa: frecuencia de perturbación del cigüeñal *f*

Kurbelwellenumdrehung ***f***
Eng: crankshaft revolution *n*
Fra: rotation du vilebrequin *f*
Spa: revolución del cigüeñal *f*

Kurbelwellenwinkel ***m***
Eng: degrees crankshaft *npl*
Fra: degrés vilebrequin *mpl*
Spa: ángulo del cigüeñal *m*

Kurbelwellenwinkel ***m***
Eng: crankshaft angle *n*
(crank angle) *n*
Fra: angle de vilebrequin *m*
Spa: ángulo del cigüeñal *m*

Kurbelwinkelsensor ***m***
Eng: crank angle sensor *n*
Fra: capteur d'angle vilebrequin *m*
Spa: sensor del ángulo del cigüeñal *m*

Kurvenbeschleunigung ***f***
Eng: lateral acceleration rate *n*
Fra: accélération en virage *f*
Spa: aceleración en curvas *f*

Kurvenbremsverhalten ***n***
Eng: curve braking behavior *n*
Fra: comportement au freinage en virage *m*
Spa: comportamiento de frenado en curvas *m*

Kurvenfahrt ***f***
Eng: cornering *ppr*
Fra: conduite en virage *f*
Spa: conducción en curvas *f*

Kurvengrenzgeschwindigkeit ***f***
Eng: cornering limit speed *n*
Fra: vitesse limite en virage *f*
Spa: velocidad límite en curvas *f*

Kurvenprofil ***n***
Eng: curve profile *n*
Fra: profil de courbe *m*
Spa: perfil de curva *m*

Kurvenradius (Fahrbahn) ***m***
Eng: radius of bend (road) *n*
(radius of curvature) *n*
Fra: rayon de courbure (virage) *m*
Spa: radio de curva (calzada) *m*

Kurzhub-Linearmotor ***m***
Eng: short stroke linear motor *n*
Fra: moteur linéaire à faible course *m*
Spa: motor lineal de carrera corta *m*

kurzschließen ***v***
Eng: short circuit *v*
Fra: court-circuiter *v*
Spa: cortocircuitar *v*

Kurzschluss ***m***
Eng: short circuit *n*
Fra: court-circuit *m*
Spa: cortocircuito *m*

kurzschlussfest ***adj***
Eng: short circuit resistant *adj*
Fra: résistant aux courts-circuits *loc*
Spa: resistente a cortocircuito *adj*

Kurzschlussfestigkeit ***f***
Eng: short circuit resistance *n*
Fra: tenue aux courts-circuits *f*
Spa: resistencia a cortocircuito *f*

Kurzschlussring ***m***

Eng: short circuiting ring *n*
Fra: bague de court-circuitage *f*
(bague de court-circuitage de mesure) *f*
Spa: anillo de cortocircuito *m*

kurzschlusssicher *adj*
Eng: insensitive to short-circuit *adj*
Fra: insensible aux courts-circuits *loc*
Spa: inmune a cortocircuito *adj*

Kurzschlussstrom *m*
Eng: short circuit current *n*
Fra: courant de court-circuit *m*
Spa: corriente de cortocircuito *f*

Kurzzeitbetrieb (elektrische Maschinen) *m*
Eng: short time duty type (electrical machines) *n*
Fra: fonctionnement de courte durée (machines électriques) *m*
Spa: funcionamiento de corta duración (máquinas eléctricas) *m*

Kurzzeitleistung *f*
Eng: short term power *n*
Fra: puissance momentanée *f*
Spa: potencia instantánea *f*

Kurzzeitverbraucher *m*
Eng: short term load *n*
Fra: récepteur à fonctionnement de courte durée *m*
Spa: consumidor de corta duración *m*

Kurzzeitverhalten *n*
Eng: short term behavior *n*
Fra: comportement à court terme *m*
Spa: comportamiento instantáneo *m*

L

Lackierstraße *f*
Eng: painting line *n*
Fra: ligne de peinture *f*
Spa: línea de pintura *f*

Lackschutzfolie *f*
Eng: paintwork protection film *n*
Fra: film de protection de la peinture *m*
Spa: lámina protectora de pintura *f*

Ladebetrieb (Batterieladung) *m*
Eng: charging mode (battery charge) *n*
Fra: mode « charge » (charge de batterie) *m*
Spa: modo de carga (carga de batería) *m*

Ladebilanz (Batterie) *f*
Eng: charge balance (battery) *n*
Fra: bilan de charge (batterie) *m*
Spa: balance de carga (batería) *m*

Ladebordwand *f*
Eng: platform lift *n*
Fra: hayon élévateur *m*
Spa: plataforma elevadora *f*

Ladedruck *m*
Eng: charge air pressure *n*
Fra: pression de suralimentation *f*
Spa: presión de sobrealimentación *f*

ladedruckabhängiger Vollastanschlag *m*
Eng: manifold pressure compensator *n*
Fra: limiteur de richesse *m*
Spa: tope de plena carga dependiente de la presión de sobrealimentación *m*

Ladedruckabschaltung *f*
Eng: charge air pressure cutoff *n*
Fra: coupure de la pression de suralimentation *f*
Spa: desconexión de presión de sobrealimentación *f*

Ladedruckanschlag *m*
Eng: manifold pressure compensator *n*
Fra: limiteur de richesse *m*
Spa: tope de presión de sobrealimentación *m*

Ladedruckanschlag *m*
Eng: charge air pressure stop *n*
Fra: limiteur de richesse *m*
Spa: tope de presión de sobrealimentación *m*

Ladedruckfühler *m*
Eng: boost pressure sensor, BPS *n*
Fra: capteur de pression de suralimentation *m*
Spa: sensor de presión de sobrealimentación *m*

Ladedruckregelung *f*
Eng: boost pressure control *n*
Fra: régulation de la pression de suralimentation *f*
Spa: regulación de presión de sobrealimentación *f*

Ladedruckregelventil *n*
Eng: boost pressure control valve *n*
(overflow valve) *n*
Fra: valve de décharge *f*
Spa: válvula reguladora de presión de sobrealimentación *f*

Ladedrucksteuersignal *n*
Eng: boost pressure control signal *n*
Fra: signal de commande pression de suralimentation *m*
Spa: señal de control de presión de sobrealimentación *f*

Ladekennlinie (Batterie) *f*
Eng: charging characteristic (battery) *n*
Fra: caractéristique de charge (batterie) *f*
Spa: característica de carga (batería) *f*

Ladekontrolllampe *f*
Eng: charge indicator lamp *n*
Fra: lampe témoin d'alternateur *f*
Spa: testigo de control de carga *m*

Ladeleitung *f*
Eng: charging cable *n*
Fra: câble de charge *m*
Spa: cable de carga *m*

Ladeluft *f*
Eng: boost air *n*
(charge air) *n*
Fra: air de suralimentation *m*
Spa: aire de sobrealimentación *m*

Ladeluftkühler *m*
Eng: charge air cooler *n*
(intercooler) *n*
Fra: refroidisseur d'air de suralimentation *m*
Spa: radiador de aire de sobrealimentación *m*

Ladeluft-Temperatur *f*
Eng: boost pressure temperature *n*
Fra: température de l'air de suralimentation *f*
Spa: temperatura del aire de sobrealimentación *f*

Ladespannung *f*
Eng: charge voltage *n*
Fra: tension de charge *f*
Spa: tensión de carga *f*

Ladestrom (Batterie) *m*
Eng: battery charge current (battery) *n*
Fra: courant de charge (batterie) *m*
(courant de charge de la batterie) *m*
Spa: corriente de carga (batería) *f*

Ladestrom *m*
Eng: charging current *n*
Fra: courant de charge (batterie) *m*
(courant de charge de la batterie) *m*
Spa: corriente de carga *f*

Ladezeit (Batterie) *f*
Eng: charging time (battery) *n*
Fra: temps de charge (batterie) *m*
Spa: tiempo de carga (batería) *m*

Ladezustand (Batterie) *m*
Eng: state of charge (battery) *n*
Fra: état de charge (batterie) *m*
Spa: estado de carga (batería) *m*

Ladezustandsanzeige *f*
Eng: charge indicator *n*
Fra: indicateur de charge *m*
Spa: indicador del estado de carga *m*

Ladungsbewegungsklappe *f*
Eng: swirl control valve *n*
Fra: volet de turbulence *m*
Spa: compuerta de alimentación *f*

Ladungsschichtung *f*
Eng: charge stratification *n*
Fra: stratification de la charge *f*
Spa: estratificación de carga *f*

Deutsch

Ladungsträger (Zündkerze) ***m***
Eng: charge carrier (spark plug) *n*
Fra: porteur de charge (bougie d'allumage) *m*
Spa: portador de carga (bujía de encendido) *m*

Ladungswechsel (Verbrennungsmotor) ***m***
Eng: charge cycle (IC engine) *n*
(gas-exchange process) *n*
Fra: alternance de charge *f*
(balayage des gaz) *m*
Spa: ciclo de admisión y escape (motor de combustión) *m*

Lageerkennung ***f***
Eng: position detector *n*
Fra: détection de position *f*
Spa: detección de posición *f*

Lager ***n***
Eng: bearing *n*
Fra: palier *m*
Spa: cojinete *m*

Lagerachse ***f***
Eng: bearing center *n*
Fra: axe de palier *m*
Spa: eje de cojinete *m*

Lagerbuchse ***f***
Eng: bushing *n*
Fra: coussinet *m*
Spa: casquillo de cojinete *m*

Lagerflansch ***m***
Eng: bearing flange *n*
Fra: flasque-palier *m*
Spa: brida de cojinete *f*

Lagergehäuse ***n***
Eng: bearing housing *n*
Fra: carter de palier *m*
Spa: alojamiento de cojinete *m*

Lagerspiel ***n***
Eng: bearing clearance *n*
Fra: jeu de palier *m*
Spa: juego en el cojinete *m*

Lambda-Kennfeld (Lambda-Regelung) ***n***
Eng: lambda program map (lambda closed-loop control) *n*
Fra: cartographie de richesse (lambda) *f*
Spa: diagrama característico Lambda (regulación Lambda) *m*

Lambda-Kennfeld ***n***
Eng: lambda map *n*
Fra: cartographie de richesse (lambda) *f*
Spa: diagrama característico Lambda *m*

Lambda-Regelung ***f***
Eng: lambda control *n*
Fra: régulation Lambda *f*
Spa: regulación Lambda *f*

Lambda-Sollwert (Siehe Eintrag "Lambdawert") ***m***
Eng: desired air/fuel ratio *n*
Fra: consigne Lambda *f*
Spa: valor nominal Lambda *m*

Lambda-Sonde ***f***
Eng: lambda oxygen sensor *n*
(lambda sensor) *n*
Fra: sonde à oxygène *f*
(sonde de richesse) *f*
Spa: sonda Lambda *f*

Lamellenbremse ***f***
Eng: clutch stop *n*
Fra: frein multidisques *m*
Spa: freno miltidisco *m*

Lamellenfreilauf ***m***
Eng: multi plate overrunning clutch *n*
Fra: embrayage multi-disques de roue libre *m*
Spa: rueda libre miltidisco *f*

Lamellenkontakt ***m***
Eng: lamination contact *n*
Fra: contact à lamelles *m*
Spa: contacto de láminas *m*

Lamellenkupplung ***f***
Eng: multi plate clutch *n*
Fra: embrayage multidisques *m*
Spa: embrague miltidisco *m*

Lamellenpaket (Generator) ***n***
Eng: stator lamination (alternator) *n*
Fra: paquet de lamelles de tôle (alternateur) *m*
Spa: conjunto de discos (alternador) *m*

Lamellenpaket ***n***
Eng: laminated core *n*
Fra: noyau feuilleté *m*
Spa: conjunto de discos *m*

Lampe ***f***
Eng: lamp *n*
Fra: lampe *f*
Spa: lámpara *f*

Lampenfassung ***f***
Eng: lamp socket *n*
Fra: douille de lampe *f*
Spa: portalámparas *m*

Lampentester ***m***
Eng: lamp tester *n*
Fra: testeur de lampe *m*
Spa: comprobador de lámparas *m*

Lampenträger ***m***
Eng: lamp holder *n*
Fra: porte-lampe *m*
Spa: soporte de lámpara *m*

Längsbeschleunigung ***f***
Eng: linear acceleration *n*
Fra: accélération longitudinale *f*
Spa: aceleración longitudinal *f*

Längsbeschleunigung ***f***
Eng: longitudinal acceleration *n*
Fra: accélération longitudinale *f*
Spa: aceleración longitudinal *f*

Längsdynamik ***f***
Eng: longitudinal dynamics *n*
Fra: dynamique longitudinale *f*
Spa: dinámica longitudinal *f*

Längskippmoment ***n***
Eng: longitudinal tilting moment *n*
Fra: moment de renversement *m*
Spa: momento de vuelco longitudinal *m*

Längsträgerprofil ***n***
Eng: side-member profile *n*
Fra: profil des longerons *m*
Spa: perfil de larguero *m*

Längsverstellgetriebe ***n***
Eng: longitudinal-adjustment gearing *n*
Fra: réducteur de réglage en approche *m*
Spa: caja de engranajes de ajuste longitudinal *f*

Langzeiterprobung ***f***
Eng: long-term tests *n*
Fra: tests longue durée *mpl*
Spa: ensayos de larga duración *mpl*

Langzeitverbraucher ***m***
Eng: long-time load *n*
Fra: récepteur longue durée *m*
Spa: consumidor de larga duración *m*

Laserschweißen ***n***
Eng: laser welding *n*
Fra: soudage par faisceau laser *m*
Spa: soldadura por láser *f*

Laserstrahl ***m***
Eng: laser beam *n*
Fra: faisceau laser *m*
Spa: rayo láser *m*

Lastabfall ***m***
Eng: load drop *n*
Fra: perte de charge *f*
Spa: caída de carga *f*

lastabhängig ***adj***
Eng: load-sensitive *adj*
Fra: asservi à la charge *pp*
Spa: dependiente de la carga *adj*

lastabhängiger Bremskraftregler ***m***
Eng: load dependent braking force regulator *n*
Fra: correcteur de freinage asservi à la charge *m*
Spa: regulador de fuerza de frenado en función de la carga *m*

lastabhängiger Förderbeginn ***m***
Eng: load dependent start of delivery *n*
Fra: initiateur de refoulement *m*
Spa: comienzo de suministro en función de la carga *m*

lastabhängiger Spritzbeginn ***m***

Eng: load dependent start of injection — n
Fra: début d'injection variable en fonction de la charge — m
Spa: comienzo de inyección en función de la carga — m

Lastabschalten — *f*
Eng: load cut off — n
Fra: coupure de charge — f
Spa: corte de carga — m

Lastabschaltung (Bordnetz) — *f*
Eng: load dump (vehicle electrical system) — n
Fra: délestage (circuit de bord) — m
Spa: desconexión de carga (red de a bordo) — f
(descargo de consumo) — m

Lastenheft (SAP) — *n*
Eng: specifications — npl
Fra: cahier des charges — m
Spa: pliego de condiciones (SAP) — m

Lastkraftwagen — *m*
Eng: truck — n
Fra: poids lourd — m
Spa: camión — m

Lastkraftwagenzug — *m*
Eng: road train — n
Fra: train d'utilitaires — m
Spa: tren de carretera — m

Lastschaltgetriebe — *n*
Eng: power shift transmission — n
Fra: boîte de vitesses à train épicycloïdal — f
Spa: caja de cambios bajo carga — f

Lastschlag-Dämpfer — *m*
Eng: power on/off damper — n
Fra: amortisseur d'à-coups de charge — m
Spa: amortiguador inversor de carga — m

Lastschlagdämpfung — *f*
Eng: load reversal damping — n
Fra: amortissement des à-coups de charge — m
Spa: amortiguación por inversión de carga — f

Lastwechsel — *m*
Eng: load changes — n
(throttle change) — n
Fra: transfert de charge — m
(variation de la charge) — f
Spa: cambio de carga — m

Lastwechsel — *m*
Eng: change of load — n
Fra: transfert de charge — m
(variation de la charge) — f
Spa: cambio de carga — m

Lastwechsel — *m*
Eng: load changes — n
Fra: alternance de charge — f
(variation de la charge) — f
Spa: cambio de carga — m

Lastwechselreaktion — *f*
Eng: load change reaction — n
Fra: réaction aux alternances de charge — f
Spa: reacción de cambio de carga — f

Lastzug — *m*
Eng: truck-trailer — n
Fra: train routier — m
Spa: combinación camión-remolque — f

Läufer — *m*
Eng: rotor (pressure supercharger) — n
Fra: rotor (échangeur de pression) — m
Spa: rotor — m

Läuferscheibe (Rollenzellenpumpe) — *f*
Eng: rotor plate (roller-cell pump) — n
Fra: rotor à cages (pompe multicellulaire à rouleaux) — m
Spa: disco de rotor (bomba multicelular a rodillos) — m

Läuferwelle — *f*
Eng: rotor shaft — n
Fra: arbre de rotor — m
Spa: árbol de rotor — m

Läuferwicklung — *f*
Eng: rotor winding — n
Fra: enroulement rotorique — m
Spa: devanado de rotor — m

Lauffläche (Bremstrommel, Bremsscheibe) — *f*
Eng: contact surface (brake drum, brake disc) — n
Fra: surface de friction (tambour, disque de frein) — f
Spa: superficie de contacto (tambor de freno, disco de freno) — f

Lauffläche — *f*
Eng: running surface — n
Fra: bande de roulement — f
Spa: superficie de rodadura — f

Laufgeräusch — *n*
Eng: running noise — n
Fra: bruits de fonctionnement — mpl
Spa: ruido de marcha — m

Laufkultur (Verbrennungsmotor) — *f*
Eng: smooth running (IC engine) — n
Fra: agrément de conduite (moteur à combustion) — m
Spa: suavidad de marcha (motor de combustión) — f

Laufleistung — *f*
Eng: running performance — n
Fra: kilométrage — m
Spa: kilometraje — m

Laufrad (Peripheralpumpe) — *n*
Eng: impeller ring (peripheral pump) — n
Fra: rotor (pompe à accélération périphérique) — m
Spa: rodete (bomba periférica) — m

Laufradschaufel (Elektrokraftstoffpumpe) — *f*
Eng: impeller blade (electric fuel pump) — n
Fra: ailette de rotor (pompe électrique à carburant) — f
Spa: pala de rodete (bomba eléctrica de combustible) — f

Laufruhe (Verbrennungsmotor) — *f*
Eng: smooth running (IC engine) — n
Fra: fonctionnement régulier (moteur à combustion) — m
(souplesse de fonctionnement) — f
Spa: suavidad de marcha (motor de combustión) — f

Laufruhe — *f*
Eng: quiet running — n
Fra: stabilité de fonctionnement — f
Spa: suavidad de marcha — f

Laufruheregelung — *f*
Eng: smooth running control — n
Fra: régulation de la stabilité de fonctionnement — f
Spa: regulación de suavidad de marcha — f

Laufruheregler — *m*
Eng: smooth running regulator — n
Fra: régulateur de stabilité de fonctionnement — m
Spa: regulador de suavidad de marcha — m

Laufunruhe — *f*
Eng: uneven running — v
Fra: instabilité de fonctionnement — f
Spa: giro inestable — m

Laufverhalten — *n*
Eng: tractability — n
Fra: comportement de marche — m
Spa: comportamiento de marcha — m

Laufverhalten — *n*
Eng: running performance — n
Fra: comportement de marche — m
Spa: comportamiento de marcha — m

Laufzeit — *f*
Eng: transit period — n
Fra: temps de propagation — m
Spa: tiempo de propagación — m

Läuterungszone — *f*
Eng: refining zone — n
Fra: zone d'affinage — f
Spa: zona de depuración — f

Lautsprecher — *m*
Eng: loudspeaker — n
Fra: haut-parleur — m
Spa: altavoz — m

Lautstärke — *f*
Eng: loudness level — n

Deutsch

Deutsch

Fra: volume sonore *m*
Spa: volumen *m*

Lebensdauer ***f***
Eng: service life *n*
Fra: durée de vie *f*
(durabilité) *f*
Spa: duración *f*

Leckage ***f***
Eng: leakage *n*
Fra: fuite *f*
Spa: fuga *f*

Leckageleitung ***f***
Eng: leakage line *n*
Fra: conduite de fuite *f*
Spa: línea de fugas *f*

Leck-Anschluss ***m***
Eng: leakage connection *n*
Fra: raccord de fuite *m*
Spa: conexión con fuga *f*

Leckgas ***n***
Eng: blowby gas *n*
Fra: gaz de fuite *mpl*
Spa: gas de fuga *m*

Leckkraftstoff ***m***
Eng: leak fuel *n*
Fra: carburant de fuite *m*
(combustible de fuite) *m*
Spa: combustible de fuga *m*

Leckkraftstoffmenge ***f***
Eng: leak fuel quantity *n*
Fra: débit de carburant de fuite *m*
Spa: caudal de fuga *m*

Leckkraftstoff-Rückführung ***f***
Eng: leakage-return duct *n*
Fra: canal de retour des fuites *m*
Spa: recuperación de combustible de fuga *f*

Leckkraftstoffsperre (Einspritzpumpe) ***f***
Eng: oil block (fuel-injection pump) *n*
Fra: barrage d'huile (pompe d'injection) *m*
Spa: bloqueo de combustible de fuga (bomba de inyección) *m*

Leckölanschluss ***m***
Eng: leakage fuel connection *n*
Fra: raccord d'huile de fuite *m*
Spa: conexión de aceite de fuga *f*

Lecköleiste ***f***
Eng: leakage return galley *n*
Fra: barrette d'huile de fuite *f*
Spa: regleta de aceite de fuga *f*

Leckölleitung ***f***
Eng: leakage fuel line *n*
Fra: conduite d'huile de fuite *f*
Spa: tubería de aceite de fuga *f*

Leckstrom ***m***
Eng: leakage flow *n*
Fra: courant de fuite *m*
Spa: corriente de fuga *f*

Leergasschalter ***m***
Eng: low idle switch *n*
Fra: contacteur de ralenti *m*
Spa: conmutador de ralentí *m*

Leergewicht ***n***
Eng: tare weight *n*
Fra: poids à vide *m*
Spa: peso en vacío *m*
(peso neto) *m*

Leergut (Logistik) ***n***
Eng: empties *npl*
Fra: emballages vides (Logistik) *mpl*
Spa: embalajes vacíos (logística) *mpl*

Leerlauf ***m***
Eng: idle *n*
Fra: ralenti *m*
Spa: ralentí *m*

Leerlauf- und Enddrehzahlregler ***m***
Eng: minimum maximum speed governor *n*
Fra: régulateur « mini-maxi » *m*
Spa: regulador de regímenes de ralentí y final *m*

Leerlaufabschaltventil ***n***
Eng: idle cut off valve *n*
Fra: coupe-ralenti *m*
Spa: válvula de corte de ralentí *f*

Leerlaufanhebung ***f***
Eng: idle speed increase *n*
Fra: ralenti accéléré *m*
Spa: elevación de régimen de ralentí *f*

Leerlaufanschlag ***m***
Eng: low idle stop *n*
Fra: butée de ralenti *f*
Spa: tope de ralentí *m*

Leerlaufanschlagschraube ***f***
Eng: idle speed stop screw *n*
Fra: vis de butée de ralenti *f*
Spa: tornillo de tope de ralentí *m*

Leerlaufbetrieb (Druckregler) ***m***
Eng: idle (pressure regulator) *v*
Fra: fonctionnement à vide (régulateur de pression) *m*
Spa: funcionamiento en vacío (regulador de presión) *m*

Leerlaufdrehsteller ***m***
Eng: rotary idle actuator *n*
Fra: actionneur rotatif de ralenti *m*
Spa: ajustador de ralentí *m*

Leerlaufdrehzahl ***f***
Eng: idle speed *n*
Fra: régime de ralenti *m*
Spa: régimen de ralentí *m*

Leerlaufdrehzahlanhebung ***f***
Eng: idle speed increase *n*
Fra: ralenti accéléré *m*
Spa: elevación de régimen de ralentí *f*

Leerlaufdüse ***f***
Eng: idling jet *n*
Fra: gicleur de ralenti *m*
Spa: surtidor de ralentí *m*

Leerlauf-Enddrehzahlregler ***m***
Eng: minimum-maximum speed governor *n*
Fra: régulateur « mini-maxi » *m*
Spa: regulador de regímenes de ralentí y final *m*

Leerlauf-Fördermenge ***f***
Eng: idle delivery *n*
Fra: débit de ralenti *m*
Spa: caudal de ralentí *m*

Leerlaufregelung ***f***
Eng: idle speed control *n*
(idle-speed regulation) *n*
Fra: régulation de la vitesse de ralenti *f*
(régulation du ralenti) *f*
Spa: regulación de ralentí *f*

Leerlauf-Solldrehzahl ***f***
Eng: low idle setpoint speed *n*
Fra: régime consigne de ralenti *m*
Spa: régimen nominal de ralentí *m*

Leerlaufspannung ***f***
Eng: open circuit voltage *n*
Fra: tension à vide *f*
Spa: tensión a circuito abierto *f*

Leerlaufstabilisator ***f***
Eng: idle speed control *n*
(idle stabilizer) *n*
Fra: stabilisateur de ralenti *m*
Spa: estabilizador de régimen de ralentí *m*

Leerlaufsteller ***m***
Eng: idle speed actuator *n*
(idle actuator) *n*
Fra: actionneur de ralenti *m*
Spa: actuador de régimen de ralentí *m*

Legierung ***f***
Eng: alloy *n*
Fra: alliage *m*
Spa: aleación *f*

Lehnenverstellung ***f***
Eng: backrest adjuster *n*
Fra: réglage du dossier de siège *m*
Spa: regulación de apoyabrazos *f*

leichtes Nutzkraftfahrzeug ***n***
Eng: light commercial vehicle *n*
Fra: véhicule utilitaire léger *m*
Spa: vehículo industrial ligero *m*

Leichtkraftrad ***n***
Eng: light motorcycle *n*
Fra: motocycle léger *m*
Spa: motocicleta ligera *f*

Leichtmetallfelge ***f***
Eng: light alloy riml *n*
Fra: jante en alliage léger *f*
Spa: llanta de aleación ligera *f*

Leichtmetallgehäuse ***n***
Eng: light metal housing *n*
Fra: carter en alliage léger *m*
Spa: caja de aleación ligera *f*

Leichtmetallrad ***n***

Eng: light alloy wheel *n*
Fra: roue en alliage léger *f*
Spa: llanta de aleación ligera *f*

Leiselaufvorrichtung ***f***
Eng: smooth idle device *n*
Fra: dispositif d'injection différée *m*
Spa: dispositivo de marcha silenciosa *m*

Leistungsabgabe (elektrische Maschinen) ***f***
Eng: power output (electrical machines) *n*
Fra: puissance débitée (machines électriques) *f*
Spa: potencia suministrada (máquinas eléctricas) *f*

Leistungsaufnahme ***f***
Eng: power input *n*
Fra: puissance absorbée *f*
Spa: potencia absorbida *f*

Leistungsendstufe (Steuergerät) ***f***
Eng: driver stage (ECU) *n*
Fra: étage de sortie (calculateur) *m*
Spa: paso final de potencia (unidad de control) *m*
(paso final) *m*

Leistungsendstufe ***f***
Eng: powerstage *n*
Fra: étage de puissance *m*
Spa: paso final de potencia *m*

Leistungsmodul ***n***
Eng: power module *n*
Fra: module de puissance *m*
Spa: módulo de potencia *m*

Leistungsprüfstand ***m***
Eng: vehicle performance tester *n*
Fra: banc d'essai de performances *m*
Spa: banco de pruebas de potencia *m*

Leistungssteller ***m***
Eng: actuator *n*
Fra: organe de puissance *m*
Spa: actuador de potencia *m*

Leistungsstufe (Steuergerät) ***f***
Eng: power stage (ECU) *n*
Fra: étage de puissance (calculateur) *m*
Spa: nivel de potencia (unidad de control) *m*

Leistungsverlust ***m***
Eng: performance drop *n*
(power loss) *n*
Fra: perte de puissance *f*
Spa: pérdida de potencia *f*

Leiterbahn ***f***
Eng: conductor track *n*
(conductor track) *n*
Fra: piste conductrice *f*
(piste de contact) *f*
Spa: vía de conductor *f*

Leiterfolie (Drehwinkelsensor) ***f***
Eng: conductive foil (angle of rotation sensor) *n*
Fra: feuille conductrice (capteur d'angle de rotation) *f*
Spa: lámina conductora (sensor de ángulo de giro) *f*

Leiterplatte ***f***
Eng: printed circuit board *n*
(pcb) *n*
Fra: carte à circuit imprimé *f*
(flan) *f*
(tôle plane) *m*
Spa: placa de circuito impreso *f*

Leiterquerschnitt ***m***
Eng: conductor cross section *n*
Fra: section du conducteur *f*
Spa: sección de conductor *f*

Leiterrahmen ***m***
Eng: ladder type frame *n*
Fra: cadre-échelle *m*
Spa: bastidor de travesaños *m*

Leiterrahmenfahrgestell ***n***
Eng: ladder type chassis *n*
Fra: châssis en échelle *m*
Spa: chasis tipo bastidor de travesaños *m*

Leitrad ***n***
Eng: stator *n*
Fra: réacteur *m*
Spa: reactor *m*

Leitschaufel ***f***
Eng: blade *n*
Fra: aube fixe *f*
Spa: pala directriz *f*

Leitstückläufer (Generator) ***m***
Eng: windingless rotor (alternator) *n*
Fra: rotor à pièce conductrice (alternateur) *m*
Spa: rotor sin devanados (alternador) *m*

Leitung ***f***
Eng: electric line *n*
(line) *n*
Fra: fil électrique *m*
Spa: línea eléctrica *f*

Leitungsberechnung ***f***
Eng: calculation of conductor sizes *n*
Fra: calcul des conducteurs *m*
Spa: cálculo de conductores *m*

Leitungsdruck ***m***
Eng: line pressure *n*
Fra: pression dans conduite *f*
Spa: presión en la tubería *f*

Leitungsverbinder ***m***
Eng: cable tie *n*
Fra: raccord de câbles *m*
Spa: conector de cables *m*

Leitungsverbindung ***f***
Eng: line connection *n*
(shunt) *n*
Fra: dérivation *f*
Spa: conexión de cables *f*

Leitungsverbindung ***f***
Eng: cable strapping *n*
Fra: dérivation *f*
Spa: conexión de cables *f*

Lenkachse ***f***
Eng: steering axle *n*
(steered axle) *n*
Fra: essieu directeur *m*
Spa: eje direccional *m*

Lenkanlage ***f***
Eng: steering system *n*
Fra: direction *f*
Spa: sistema de dirección *m*

Lenkarm ***m***
Eng: steering arm *n*
(pitman arm) *n*
Fra: bras de direction *m*
Spa: brazo de dirección *m*

lenkbar (Kfz) ***adj***
Eng: steerable (motor vehicle) *adj*
Fra: dirigeable (véhicule) *adj*
Spa: maniobrable (automóvil) *adj*

Lenkbarkeit ***f***
Eng: steerability *n*
Fra: dirigeabilité *f*
(manœuvrabilité) *f*
Spa: maniobrabilidad *f*

Lenkbarkeit ***f***
Eng: steering response *n*
Fra: dirigeabilité *f*
(manœuvrabilité) *f*
Spa: maniobrabilidad *f*

Lenkdrehachse ***f***
Eng: steering axis *n*
Fra: axe de pivotement de la direction *m*
Spa: eje de giro de la dirección *m*

Lenker ***m***
Eng: suspension arm *n*
Fra: bras de suspension *m*
Spa: brazo de la dirección *m*

Lenkfunktion ***f***
Eng: steering function *n*
Fra: fonction de braquage *f*
Spa: función de dirección *f*

Lenkgehäuse ***n***
Eng: steering gear housing *n*
(steering-gear box) *n*
Fra: boîtier de direction *m*
Spa: caja de dirección *f*

Lenkgeschwindigkeit ***f***
Eng: steering speed *n*
Fra: vitesse de braquage *f*
Spa: velocidad de dirección *f*

Lenkgetriebe ***n***
Eng: steering gear *n*
Fra: boîtier de direction *m*
Spa: engranaje de dirección *m*

Lenkhilfpumpe ***f***
Eng: power steering pump *n*

Fra: pompe de direction assistée *f*
Spa: bomba de servodirección *f*

Lenkmomentsensierung *f*
Eng: steering wheel torque sensing *n*
Fra: saisie du couple de braquage *f*
Spa: captación del par de dirección *f*

Lenkrad *n*
Eng: steering wheel *n*
Fra: volant de direction *m*
Spa: volante *m*

Lenkradmoment (Kfz-Dynamik) *n*
Eng: steering wheel force (vehicle dynamics) *n*
Fra: couple appliqué au volant de direction (dynamique d'un véhicule) *m*
Spa: par del volante (dinámica del automóvil) *m*

Lenkradwinkel *m*
Eng: steering wheel angle *n*
Fra: angle de rotation du volant *m*
Spa: ángulo de giro del volante *m*

Lenkradwinkelsensor (ESP) *m*
Eng: steering wheel angle sensor (ESP) *n*
Fra: capteur d'angle de braquage (ESP) *m*
Spa: sensor de ángulo de giro del volante (ESP) *m*

Lenkrollhalbmesser *m*
Eng: kingpin offset *n*
Fra: déport au sol *m*
Spa: radio de pivotamiento *m*

Lenkschloss *n*
Eng: steering lock *n*
(steering-column lock) *n*
Fra: antivol de direction *m*
Spa: bloqueo de dirección *m*

Lenkspindel *f*
Eng: steering spindle *n*
Fra: arbre de direction *m*
Spa: eje direccional *m*

Lenkspindel *f*
Eng: steering shaft *n*
(steering spindl) *n*
Fra: arbre de direction *m*
Spa: eje direccional *m*

Lenkstockhebel *m*
Eng: pitman arm *n*
Fra: bielle pendante *f*
Spa: brazo de mando de la dirección *m*

Lenkübersetzung *f*
Eng: steering ratio *n*
Fra: démultiplication de la direction *f*
Spa: desmultiplicación de la dirección *f*

Lenkung *f*
Eng: steering *n*
(steering system) *n*
Fra: direction *f*
Spa: dirección *f*

Lenkungsstoßdämpfer *m*
Eng: steering impact damper *n*
Fra: amortisseur de direction *m*
Spa: amortiguador de la dirección *m*

Lenkwinkel (Kfz-Dynamik) *m*
Eng: steering angle (vehicle dynamics) *n*
Fra: angle de braquage (dynamique d'un véhicule) *m*
Spa: ángulo de viraje (dinámica del automóvil) *m*

Lenkwinkelsensor *m*
Eng: steering angle sensor *n*
Fra: capteur d'angle de braquage *m*
Spa: sensor del ángulo de viraje *m*

Lenkwunsch *m*
Eng: steering input *n*
Fra: consigne de direction *f*
Spa: dato de entrada de dirección *m*

Lenkzylinder *m*
Eng: steering cylinder *n*
Fra: vérin de direction *m*
Spa: cilindro de dirección *m*

Leseleuchte *f*
Eng: reading light *n*
Fra: spot de lecture *m*
Spa: lámpara de lectura *f*

Leuchtdichte (Lichttechnik) *f*
Eng: luminance (lighting) *n*
Fra: luminance (éclairage) *f*
Spa: diodo luminoso (técnica de iluminación) *m*

Leuchtdiode *f*
Eng: light emitting diode, LED *n*
Fra: diode électroluminescente *f*
Spa: diodo luminoso *m*

Leuchte *f*
Eng: lamp *n*
Fra: feu *m*
Spa: lámpara *f*

Leuchte *f*
Eng: light *n*
Fra: feu de signalisation *m*
Spa: luz *f*

Leuchtengehäuse *n*
Eng: lamp housing *n*
Fra: boîtier de feu *m*
Spa: caja de unidad de iluminación *f*

Leuchtkörper *m*
Eng: light source *n*
Fra: lampe *f*
Spa: cuerpo luminoso *m*

Leuchtmittel *n*
Eng: illuminator *n*
Fra: éclairage *m*
Spa: elemento iluminador *m*

Leuchtstofflampe *f*
Eng: fluorescent lamp *n*
Fra: lampe fluorescente *f*
Spa: lámpara fluorescente *f*

Leuchtweite *f*
Eng: headlamp range *n*
Fra: portée d'éclairement *f*
Spa: alcance de luces *m*

Leuchtweiteeinstellung *f*
Eng: headlight leveling *n*
Fra: réglage de la portée d'éclairement *m*
Spa: ajuste del alcance de luces *m*

Leuchtweitenregelung *f*
Eng: headlight leveling control *n*
Fra: correcteur de site des projecteurs *m*
Spa: regulación del alcance de luces *f*

Lichtablenkung *f*
Eng: light deflection *n*
Fra: déviation de la lumière *f*
Spa: desviación de luz *f*

Lichtabsorptionsmessgerät *n*
Eng: opacimeter *n*
Fra: opacimètre *m*
Spa: opacímetro *m*

Lichtausbeute *f*
Eng: luminous efficiency *n*
(luminous efficacy) *n*
Fra: efficacité lumineuse *f*
(efficacité lumineuse relative photopique) *f*
Spa: rendimiento luminoso *m*

Lichtausbeute *f*
Eng: light yield *n*
Fra: rendement lumineux *m*
Spa: rendimiento luminoso *m*

Lichtaustrittsfläche (Lichttechnik) *f*
Eng: lens aperture area (lighting) *n*
Fra: surface de sortie de la lumière (éclairage) *f*
Spa: superficie de salida de luz (técnica de iluminación) *f*

Lichtbandeinheit *f*
Eng: lighting strip unit *n*
Fra: bande d'éclairage *f*
Spa: unidad de banda luminosa *f*

Lichtbogen *m*
Eng: arc *n*
Fra: arc jaillissant *m*
Spa: arco voltaico *m*

Lichtbogenentladung *f*
Eng: arc discharge *n*
Fra: décharge d'arc *f*
(arc de décharge) *m*
Spa: descarga de arco *f*

Lichthupe *f*
Eng: headlight flasher *n*
Fra: appel de phares *m*
Spa: avisador luminoso *m*

Lichtintensität *f*
Eng: light intensity *n*
Fra: Intensité lumineuse *f*

Spa: intensidad luminosa *f*

Lichtleitring (Autoalarm) ***m***
Eng: wire loop (car alarm) *n*
Fra: anneau lumineux (alarme auto) *m*
Spa: alambre en bucle (alarma de vehículo) *m*

Lichtscheibe (Leuchte) ***f***
Eng: lens (lamp) *n*
Fra: glace de diffusion (feu) *f*
Spa: cristal de dispersión (lámpara) *m*

Lichtschranke ***f***
Eng: photoelectric light barrier *n*
Fra: barrière photo-électrique *f*
Spa: barrera fotoeléctrica *f*

Lichtstärke ***f***
Eng: luminous intensity *n*
(light intensity) *n*
Fra: intensité lumineuse *f*
Spa: intensidad luminosa *f*

Lichtstrahl ***m***
Eng: light beam *n*
Fra: faisceau lumineux *m*
Spa: rayo de luz *m*

Lichtstrom ***m***
Eng: luminous flux *n*
Fra: flux lumineux *m*
Spa: flujo luminoso *m*

Lichttechnik ***f***
Eng: lighting technology *n*
(lighting) *n*
Fra: technique d'éclairage *f*
Spa: técnica de iluminación *f*

Lichtverteilung (Lichttechnik) ***f***
Eng: light pattern (lighting) *n*
Fra: répartition de la lumière (éclairage) *f*
Spa: distribución de iluminación (técnica de iluminación) *f*

Lichtverteilung ***f***
Eng: light distribution *n*
Fra: répartition de la lumière *f*
Spa: distribución de iluminación *f*

Lichtwellenleiter, LWL ***m***
Eng: optical fiber *n*
(optical waveguide) *n*
Fra: fibre optique *f*
Spa: cable de fibra óptica *m*

Lieferwagen ***m***
Eng: delivery van *n*
Fra: fourgonnette *f*
Spa: camioneta de reparto *f*

Limousine ***f***
Eng: saloon *n*
(limousine) *n*
Fra: berline *f*
Spa: berlina *f*

Linkslauf ***m***
Eng: counterclockwise rotation *n*
Fra: rotation à gauche *f*
Spa: giro a la izquierda *m*

Links-Rechtsverkehr ***m***
Eng: left/right-hand traffic *n*
Fra: circulation à gauche/à droite *f*
Spa: circulación por la izquierda/ por la derecha *f*

Linsenkopfschraube ***f***
Eng: oval-head screw *n*
Fra: vis à tête bombée *f*
Spa: tornillo cabeza de lenteja *m*

Litronic (Scheinwerfer mit Gasentladungslampe) ***f***
Eng: Litronic (headlamp system with gaseous-discharge lamp) *n*
Fra: Litronic (projecteur avec lampe à décharge) *m*
Spa: Litronic (faro con lámpara de descarga de gas) *m*

Litze ***f***
Eng: single core *n*
Fra: brin *m*
(âme souple) *f*
Spa: conductor trenzado *m*

Lkw ***m***
Eng: truck *n*
Fra: camion *m*
Spa: camión *m*

Lochbild ***n***
Eng: hole pattern *n*
Fra: plan de perçage *m*
Spa: disposición de agujeros *f*

Lochdüse ***f***
Eng: hole type nozzle *n*
Fra: injecteur à trou(s) *m*
Spa: inyector de orificios *m*

Lochform (Einspritzdüse) ***f***
Eng: spray hole shape (injector) *n*
Fra: forme des trous d'injection (injecteur) *f*
Spa: forma de los orificios (inyector) *f*

Lochfraßkorrosion ***f***
Eng: pitting corrosion *n*
Fra: corrosion perforante localisée *f*
(corrosion perforante) *f*
Spa: corrosión por picadura *f*

Lochfraßstelle ***f***
Eng: pitted area *n*
Fra: piqûre de corrosion *f*
Spa: lugar de corrosión por picadura *m*

Lochlänge (Einspritzdüse) ***f***
Eng: spray hole length (injector) *n*
Fra: longueur des trous d'injection *f*
Spa: longitud de orificio (inyector) *f*

Lochzapfendüse (Einspritzdüse) ***f***
Eng: hole pintle nozzle (injector) *n*
Fra: injecteur à téton perforé *m*
Spa: inyector de tetón perforado (inyector) *m*

Logikteil ***m***
Eng: logic unit *n*
Fra: unité logique *f*
Spa: unidad lógica *f*

Lot ***n***
Eng: solder *n*
Fra: métal d'apport *m*
Spa: soldante *m*
(metal de aporte) *m*

Lotdraht ***m***
Eng: wire solder *n*
Fra: fil de brasage *m*
Spa: alambre de soldadura *m*

Lötfett ***n***
Eng: soldering paste *n*
Fra: pâte à braser *f*
Spa: pasta de soldar *f*

Lötkolben ***m***
Eng: soldering iron *n*
Fra: fer à souder *m*
Spa: cautín *m*

Lötlampe ***f***
Eng: soldering lamp *n*
Fra: lampe à braser *f*
Spa: lámpara de soldar *f*

Lötstelle ***f***
Eng: soldering point *n*
Fra: joint à braser *m*
Spa: punto de soldadura *m*

Lötung ***f***
Eng: soldering *n*
Fra: brasure *f*
Spa: soldadura *f*

Lötverbindung ***f***
Eng: soldered connection *n*
Fra: connexion par soudage *f*
Spa: unión soldada *f*

Lötzinn ***n***
Eng: soldering tin *n*
Fra: alliage à base d'étain *m*
Spa: estaño para soldar *m*

Luftabscheider ***m***
Eng: air eliminator *n*
(air separator) *n*
Fra: purgeur d'air *m*
Spa: separador de aire *m*

Luftansaugstutzen ***m***
Eng: air intake fitting *n*
Fra: tubulure d'aspiration d'air *f*
Spa: tubuladura de aspiración de aire *f*

Luftanschluss ***m***
Eng: air connection *n*
Fra: orifice d'air *m*
Spa: conexión de aire *f*

Luftanströmung ***f***
Eng: air inflow *n*
Fra: afflux d'air *m*
Spa: flujo de entrada aire *m*

Luftbedarf (Verbrennungsmotor) ***m***

Deutsch

Deutsch

Eng: air requirement (IC engine) *n*
Fra: besoins en air (moteur à combustion) *mpl*
Spa: caudal necesario de aire (motor de combustión) *m*

Luftbehälter (Pneumatik) ***m***
Eng: compressed air reservoir (pneumatics) *n*
Fra: réservoir d'air comprimé (pneumatique) *m*
Spa: depósito de aire (neumática) *m*

luftdicht ***adj***
Eng: airtight *adj*
Fra: hermétique *adj*
Spa: hermético al aire *adj*

Luftdrall ***m***
Eng: air swirl *n*
Fra: mouvement tourbillonnaire *m*
Spa: remolino de aire *m*

Luftdruck ***m***
Eng: air pressure *n*
Fra: pression d'air *f*
Spa: presión de aire *f*

Luftdruckmesser ***m***
Eng: barometer *n*
Fra: manomètre d'air *m*
Spa: barómetro *m*

Luftdrucksensor ***m***
Eng: air pressure sensor *n*
Fra: capteur de pression d'air *m*
Spa: sensor de presión de aire *m*

Luftdurchsatz ***m***
Eng: air throughput *n*
Fra: débit d'air (disponible) *m*
Spa: flujo de aire *m*

Luftdurchsatz ***m***
Eng: rate of air flow *n*
Fra: débit d'air *m*
Spa: flujo de aire *m*

Lufteinlassklappe ***f***
Eng: air inlet valve *n*
Fra: volet d'admission d'air *m*
Spa: chapaleta de admisión de aire *f*

Lüfter ***m***
Eng: ventilator *n*
(*fan*) *n*
Fra: ventilateur *m*
Spa: ventilador *m*

Lüfterflügel ***m***
Eng: fan blades *n*
Fra: pâle de ventilateur *f*
Spa: aleta de ventilador *f*

Lüftermotor ***m***
Eng: fan motor *n*
Fra: moteur de ventilateur *m*
(*moteur de soufflante*) *m*
Spa: motor de ventilador *m*

Lüfternachlauf ***m***
Eng: fan afterrun *n*
Fra: post-fonctionnement du ventilateur *m*
Spa: giro por inercia del ventilador *m*

Lüfterschaufel ***f***
Eng: fan blade *n*
Fra: ailette *f*
Spa: aleta de ventilador *f*

Luftfeder ***f***
Eng: air spring *n*
Fra: ressort pneumatique *m*
(*soufflet de suspension*) *m*
Spa: muelle neumático *m*

Luftfederbalg ***m***
Eng: air spring bellows *n*
Fra: soufflet à air *m*
Spa: fuelle de suspensión neumática *m*

Luftfederung ***f***
Eng: pneumatic suspension *n*
Fra: suspension pneumatique *f*
Spa: suspensión neumática *f*

Luftfederventil ***n***
Eng: height-control valve *n*
Fra: valve de nivellement *f*
Spa: válvula de suspensión neumática *f*

Luftfilter ***n***
Eng: air filter *n*
Fra: filtre à air *m*
Spa: filtro de aire *m*

Luftfiltereinsatz ***m***
Eng: air filter element *n*
Fra: cartouche de filtre à air *f*
Spa: cartucho de filtro de aire *m*

Luftfiltereinsatz ***m***
Eng: air filter cartridge *n*
Fra: cartouche de filtre à air *f*
Spa: cartucho de filtro de aire *m*

Luftförderungsstellung (Druckregler) ***f***
Eng: air supply position (pressure regulator) *n*
Fra: position de refoulement (régulateur de pression) *f*
Spa: posición de suministro de aire (regulador de presión) *f*

Luftführung ***f***
Eng: air duct *n*
Fra: guidage d'air *m*
Spa: conducción de aire *f*

Luftfüllung ***f***
Eng: air charge *n*
Fra: charge d'air *f*
Spa: carga de aire *f*

Luftfunken (Zündkerze) ***m***
Eng: air gap (spark plug) *n*
Fra: étincelle dans l'air (bougie d'allumage) *f*
Spa: espacio de aire (bujía de encendido) *m*

Luftfunkenstrecke (Zündkerze) ***f***
Eng: spark air gap (spark plug) *n*
Fra: éclateur dans l'air (bougie d'allumage) *m*
Spa: recorrido de la chispa (bujía de encendido) *m*

luftgeführtes Brennverfahren ***n***
Eng: air guided combustion process *n*
Fra: procédé d'injection assisté par air *m*
Spa: proceso de combustión guiado por aire *m*

luftgekühlt ***pp***
Eng: air cooled *pp*
Fra: refroidi par air *pp*
Spa: refrigerado por aire *pp*

Luftgleitfunkenstrecke (Zündkerze) ***f***
Eng: semi-surface gap (spark plug) *n*
Fra: distance d'éclatement et de glissement (bougie d'allumage) *f*
Spa: recorrido deslizante de la chispa (bujía de encendido) *m*

Luftgleitfunkenstrecke ***f***
Eng: surface air gap *n*
Fra: distance d'éclatement et de glissement (bougie d'allumage) *f*
Spa: recorrido deslizante de la chispa *m*

Luftkammer ***f***
Eng: air chamber *n*
Fra: chambre d'air *f*
Spa: cámara de aire *f*

Luftklappe ***f***
Eng: air flap *n*
Fra: volet d'aération *m*
Spa: chapaleta de aire *f*

Luftklappensteller ***m***
Eng: air flap actuator *n*
Fra: actionneur de volet d'aération *m*
Spa: posicionador de la chapaleta de aire *m*

Luft-Kraftstoff-Gemisch ***n***
Eng: air fuel mixture *n*
(*A/F mixture)* *n*
Fra: mélange air-carburant *m*
Spa: mezcla aire-combustible *f*

Luft-Kraftstoff-Gemisch ***n***
Eng: air/fuel mixture *n*
Fra: mélange air-carburant *m*
Spa: mezcla aire-combustible *f*

Luft-Kraftstoff-Verhältnis ***n***
Eng: air fuel ratio *n*
(*A/F ratio)* *n*
Fra: rapport air/carburant *m*
Spa: relación aire-combustible *f*

Luft-Kraftstoff-Verhältnis ***n***
Eng: air/fuel ratio *n*
Fra: rapport air/carburant *m*

Spa: relación aire-combustible *f*

Luftkühlung ***f***
Eng: air cooling *n*
Fra: refroidissement par air *m*
Spa: refrigeración por aire *f*

Luftleitblech ***n***
Eng: air duct *n*
Fra: déflecteur *m*
Spa: chapa deflectora de aire *f*

Luftleitblech ***n***
Eng: air guide plate *n*
Fra: tôle chicane *f*
Spa: chapa deflectora de aire *f*

Luftleitung ***f***
Eng: air conduction *n*
Fra: conduction d'air *f*
Spa: tubería de aire *f*

Luftmangel (Luft-Kraftstoff-Gemisch) ***m***
Eng: air deficiency (air-fuel mixture) *n*
Fra: déficit d'air (mélange air-carburant) *m*
Spa: escasez de aire *f*

Luftmasse ***f***
Eng: air mass *n*
Fra: masse d'air *f*
Spa: masa de aire *f*

Luftmassendurchsatz ***m***
Eng: air-mass flow *n*
Fra: débit massique d'air *m*
Spa: caudal másico de aire *m*

Luftmassenmesser ***m***
Eng: air mass meter *n*
(air-mass meter) *n*
Fra: débitmètre massique d'air *m*
Spa: caudalímetro de aire *m*

Luftmassenstrom ***m***
Eng: air mass flow *n*
Fra: débit massique d'air *m*
Spa: flujo másico de aire *m*

Luftmenge ***f***
Eng: air flow rate *n*
Fra: débit d'air *m*
Spa: caudal de aire *m*

Luftmenge ***f***
Eng: air mass *n*
Fra: débit d'air *m*
Spa: caudal de aire *m*

Luftmengendurchsatz ***m***
Eng: air quantity flow *n*
Fra: débit volumique d'air *m*
Spa: caudal volumétrico de aire *m*

Luftmengenmesser ***m***
Eng: air flow sensor *n*
Fra: débitmètre d'air *m*
Spa: sonda volumétrica de aire *f*

Luft-Niveauregelung ***f***
Eng: air suspension level-control system *n*
Fra: correcteur d'assiette pneumatique *m*
Spa: regulación de nivel de aire *f*

Luftpumpe ***f***
Eng: air pump *n*
Fra: pompe à air *f*
Spa: bomba de aire *f*

Luftschall ***m***
Eng: airborne noise *n*
Fra: bruit aérien *m*
Spa: sonido transmitido por el aire *m*

Luftschall ***m***
Eng: airborne sound *n*
Fra: bruit aérien *m*
Spa: sonido transmitido por el aire *m*

Luftspalt ***m***
Eng: air gap *n*
Fra: entrefer *m*
Spa: entrehierro *m*

Luftspeicher-Dieselmotor ***m***
Eng: air chamber diesel engine *n*
Fra: moteur diesel à chambre d'air *m*
Spa: motor Diesel con cámara de aire *m*

Lüftspiel (Bremsbacke) ***n***
Eng: clearance (brake shoe) *n*
Fra: jeu (frein) *m*
Spa: holgura (zapata de freno) *f*

Luftsteuerung ***f***
Eng: intake air adjustment *n*
Fra: commande de l'air d'admission *f*
Spa: control de aire *m*

Lufttrichter (KE-Jetronic) ***m***
Eng: air funnel (KE-Jetronic) *n*
Fra: divergent d'air (KE-Jetronic) *m*
Spa: chimenea de aire (KE-Jetronic) *f*

Lufttrockner ***m***
Eng: air drier *n*
Fra: dessiccateur d'air *m*
Spa: secador de aire *m*

Luftüberschuss ***m***
Eng: excess air *n*
Fra: excès d'air *m*
Spa: exceso de aire *m*

Luftumfassung (Einspritzventil) ***f***
Eng: air shrouding (injector) *n*
Fra: enveloppe d'air (injecteur) *f*
Spa: baño de aire (válvula de inyección) *m*

Lüftung ***f***
Eng: ventilation *n*
Fra: ventilation *f*
Spa: ventilación *f*

Lüftungsanlage ***f***
Eng: ventilation system *n*
Fra: dispositif de ventilation *m*
Spa: sistema de ventilación *m*

Lüftungsventil ***n***
Eng: ventilation valve *n*
Fra: vanne de ventilation *f*
Spa: válvula de ventilación *f*

Luftverhältnis ***n***
Eng: excess air factor (lambda) *n*
Fra: coefficient d'air *m*
Spa: índice de aire *m*

Luftverhältnis ***n***
Eng: air ratio *n*
Fra: coefficient d'air *m*
Spa: índice de aire *m*

Luftversorgung ***f***
Eng: air supply *n*
Fra: alimentation en air *f*
Spa: suministro de aire *m*

Luftverwirbelung ***f***
Eng: air turbulence *n*
Fra: turbulence de l'air *f*
Spa: turbulencia de aire *f*

Luftwiderstand ***m***
Eng: aerodynamic drag *n*
Fra: résistance de l'air *f*
Spa: resistencia del aire *f*

Luftwiderstandsbeiwert ***m***
Eng: drag coefficient *n*
Fra: coefficient de pénétration dans l'air *m*
Spa: coeficiente de resistencia del aire *m*

Luftwirbel ***m***
Eng: air vortex *n*
Fra: tourbillon d'air *m*
Spa: torbellino de aire *m*

Luftzahl (Lambda-Regelung) ***f***
Eng: excess-air factor (lambda closed-loop control) *n*
Fra: coefficient d'air (lambda) *m*
Spa: índice de aire (regulación Lambda) *m*

Lupe ***f***
Eng: magnifying glass *n*
Fra: loupe *f*
Spa: lupa *f*

Luxmeter ***n***
Eng: luxmeter *n*
(photometer) *n*
Fra: luxmètre *m*
Spa: luxómetro *m*

M

mager (Luft-Kraftstoff-Gemisch) ***adj***
Eng: lean (air-fuel mixture) *adj*
Fra: pauvre (mélange air-carburant) *adj*
Spa: pobre (mezcla aire-combustible) *adj*

Magerbetrieb ***m***
Eng: lean operation mode *n*
Fra: fonctionnement avec mélange pauvre *m*
Spa: funcionamiento con mezcla pobre *m*

magerer Schichtbetrieb ***m***

Deutsch

Deutsch

Eng: stratified lean operation mode *n*
Fra: mode stratifié avec mélange pauvre *m*
Spa: funcionamiento estratificado con mezcla pobre *m*

mageres Gemisch ***n***
Eng: lean air fuel mixture *n*
Fra: mélange pauvre *m*
Spa: mezcla pobre *f*

Magerkatalysator ***m***
Eng: lean burn catalytic converter *n*
Fra: catalyseur pour mélange pauvre *m*
Spa: catalizador de mezcla pobre *m*

Magerkonzept ***n***
Eng: lean burn concept *n*
Fra: concept à mélange pauvre *m*
Spa: funcionamiento con mezcla pobre *m*

Magermix ***n***
Eng: lean air fuel mixture *n*
Fra: mélange pauvre *m*
Spa: mezcla pobre *f*

Magermotor ***m***
Eng: lean burn engine *n*
Fra: moteur pour mélange pauvre *m*
Spa: motor de mezcla pobre *m*

Magermotor ***m***
Eng: lean combustion engine *n*
Fra: moteur pour mélange pauvre *m*
Spa: motor de mezcla pobre *m*

Magersonde ***f***
Eng: lean sensor *n*
Fra: sonde pour mélange pauvre *f*
Spa: sonda de mezcla pobre *f*

Magnetanker ***m***
Eng: solenoid armature *n*
(armature) *n*
Fra: armature d'électro-aimant *f*
(noyau-plongeur) *m*
Spa: armadura de electroimán *f*

Magnetfeld ***n***
Eng: magnetic field *n*
(magnetic field strength) *n*
Fra: champ magnétique *m*
Spa: campo magnético *m*

Magnetfluss ***m***
Eng: magnetic flux *n*
Fra: flux magnétique *m*
Spa: flujo magnético *m*

Magnethalter ***m***
Eng: solenoid switch *n*
Fra: support magnétique *m*
Spa: soporte magnético *m*

magnetische Erregung ***f***
Eng: magnetic excitation *n*
Fra: excitation magnétique *f*
Spa: excitación magnética *f*

magnetische Feldkraft ***f***
Eng: magnetic field force *n*
Fra: force magnétique *f*
Spa: fuerza de campo magnético *f*

magnetische Flussdichte ***f***
Eng: magnetic flux density *n*
(flux density) *n*
Fra: induction magnétique *f*
Spa: densidad de flujo magnético *f*

magnetische Polarisation ***f***
Eng: magnetic polarization *n*
Fra: aimantation *f*
Spa: polarización magnética *f*

Magnetisierungskurve ***f***
Eng: magnetization curve *n*
Fra: courbe d'aimantation *f*
Spa: curva de magnetización *f*

Magnetisierungsverlust ***m***
Eng: magnetization loss *n*
Fra: pertes d'aimantation *fpl*
Spa: pérdidas de magnetización *fpl*

Magnetkern ***m***
Eng: magnetic core *n*
Fra: noyau magnétique *m*
Spa: núcleo magnético *m*

Magnetkreis ***m***
Eng: magnetic circuit *n*
Fra: circuit magnétique *m*
Spa: circuito magnético *m*

Magnetkupplung ***f***
Eng: solenoid operated coupling *n*
Fra: embrayage électromagnétique *m*
Spa: embrague electromagnético *m*

Magnetlager ***n***
Eng: magnet bearing *n*
Fra: palier magnétique *m*
Spa: cojinete magnético *m*

magnetoelastisch ***adj***
Eng: magnetoelastic *adj*
Fra: magnétostrictif *adj*
Spa: magnetoelástico *adj*

Magnetpulverkupplung ***f***
Eng: magnetic particle coupling *n*
Fra: embrayage électromagnétique à poudre *m*
Spa: embrague por polvo magnético *m*

Magnetschalter ***m***
Eng: solenoid operated switch *n*
(electromagnetic switch) *n*
Fra: contacteur électromagnétique *m*
Spa: interruptor electromagnético *m*

Magnetspule ***f***
Eng: solenoid coil *n*
(magnet coil) *n*
Fra: bobine magnétique *f*
(solénoïde) *m*
Spa: solenoide *m*

Magnetsteller ***n***
Eng: solenoid actuator *n*
Fra: actionneur électromagnétique *m*
Spa: actuador electromagnético *m*

Magnetventil ***n***
Eng: solenoid valve *n*
Fra: électrovalve *f*
Spa: electroválvula *f*

Magnetventilblock ***m***
Eng: solenoid valve block *n*
Fra: bloc d'électrovalves *m*
Spa: bloque de electroválvulas *m*

magnetventilgesteuerte Axialkolben-Verteilereinspritzpumpe ***f***
Eng: solenoid controlled axial piston distributor pump *n*
Fra: pompe d'injection distributrice à piston axial commandée par électrovanne *f*
Spa: bomba de inyección rotativa de émbolos axiales accionada por electroválvula *f*

magnetventilgesteuerte Radialkolben-Verteilereinspritzpumpe ***f***
Eng: solenoid controlled radial piston distributor pump *n*
Fra: pompe d'injection distributrice à pistons radiaux commandée par électrovanne *f*
Spa: bomba de inyección rotativa de émbolos radiales accionada por electroválvula *f*

Magnetventil-Steuergerät ***n***
Eng: solenoid valve control unit *n*
Fra: calculateur d'électrovannes *m*
Spa: unidad de control de electroválvula *f*

Magnetventilsteuerung ***f***
Eng: solenoid valve control *n*
Fra: commande par électrovanne *f*
Spa: control por electroválvula *m*

Magnetzünder ***m***
Eng: magneto *n*
Fra: magnéto *f*
Spa: magneto *m*

Makeup-Spiegelleuchte ***f***
Eng: vanity mirror lamp *n*
Fra: lampe du miroir de courtoisie *f*
Spa: lámpara del espejo de cortesía *f*

Manipulationsschutz ***m***
Eng: protection against manipulation *n*
Fra: protection contre manipulation *f*
Spa: protección contra manipulación *f*

Mantel ***m***
Eng: cladding *n*
Fra: gaine *f*
Spa: camisa *f*

Mantelblech (Zündspule) *n*
Eng: metal jacket (ignition coil) *n*
Fra: enveloppe à lamelles (bobine d'allumage) *f*
Spa: chapa de revestimiento (bobina de encendido) *f*

Mantelfläche *f*
Eng: lateral surface *n*
Fra: surface latérale *f*
Spa: superficie de revestimiento *f*

Masseanschluss *m*
Eng: ground connection *n*
Fra: connexion de masse *f*
Spa: conexión a masa *f*

Masseband *n*
Eng: ground strap *n*
Fra: tresse de masse *f*
Spa: cinta a masa *f*

Masseelektrode *f*
Eng: ground electrode *n*
Fra: électrode de masse *f*
Spa: electrodo de masa *m*

Masseleitung *f*
Eng: ground cable *n*
Fra: câble de mise à la masse *m*
(câble de retour à la masse) *m*
Spa: cable a masa *m*

Massenausgleich *m*
Eng: balancing of masses *n*
Fra: équilibrage des masses *m*
Spa: compensación de masas *f*

Massendrehmoment *n*
Eng: inertial torque *n*
(moment of inertia) *n*
Fra: moment d'inertie *m*
Spa: par de masas *m*

Massenkraft *f*
Eng: inertial force *n*
Fra: force d'inertie *f*
Spa: fuerza de inercia *f*

Massenkraftausgleich *m*
Eng: balancing of inertial forces *n*
Fra: équilibrage des masses d'inertie *m*
Spa: compensación de fuerza de inercia *f*

Massenstrom *m*
Eng: flow of mass *n*
(mass flow) *n*
Fra: débit massique *m*
Spa: corriente a masa *f*

Masserückführung *f*
Eng: ground return *n*
Fra: retour par la masse *m*
Spa: retorno a masa *m*

Masseschluss *m*
Eng: short to ground *n*
Fra: court-circuit à la masse *m*
Spa: cortocircuito a masa *m*

Masseverbindung *f*
Eng: ground connection *n*
Fra: mise à la terre *f*
Spa: conexión a masa *f*

Maßkonzeption *f*
Eng: dimensional layout *n*
Fra: dimensionnement *m*
Spa: estudio dimensional *m*

Maßtoleranz *f*
Eng: dimensional mass *n*
Fra: tolérance dimensionnelle *f*
Spa: tolerancia dimensional *f*

Maximaldrehmoment *n*
Eng: maximum tightening torque *n*
Fra: couple maximal *m*
Spa: par máximo *m*

Maximaldrehzahl *f*
Eng: maximum engine speed *n*
Fra: régime maximal *m*
Spa: régimen máximo *m*

Maximaldruck *m*
Eng: maximum pressure *n*
Fra: pression maximale *f*
Spa: presión máxima *f*

maximale Achslast (H: Last) *f*
Eng: maximum axle weight *n*
Fra: charge d'essieu maximale *f*
Spa: carga máxima sobre ejes (H: carga) *f*

mechanisch entriegelte Startmenge *f*
Eng: mechanically controlled starting quantity *n*
Fra: surcharge à déverrouillage mécanique *f*
Spa: caudal de arranque controlado mecánicamente *m*

mechanische Abstellvorrichtung *f*
Eng: mechanical shutoff device *n*
Fra: dispositif d'arrêt mécanique *m*
Spa: dispositivo mecánico de parada *m*

mechanische Aufladung *f*
Eng: mechanical supercharging *n*
Fra: suralimentation mécanique *f*
Spa: sobrealimentación mecánica *f*

mechanischer Drehzahlregler *m*
Eng: mechanical governor *n*
(flyweight governor) *n*
Fra: régulateur de vitesse mécanique *m*
Spa: regulador mecánico de revoluciones *m*

mechanischer Druckregler *m*
Eng: mechanical pressure regulator *n*
Fra: régulateur de pression mécanique *m*
Spa: regulador mecánico de presión *m*

Mechatronik *f*
Eng: mechatronics *n*
Fra: mécatronique *f*
Spa: mecatrónica *f*

Mehrbereichsöl *n*
Eng: multigrade oil *n*
Fra: huile multigrade *f*
Spa: aceite multigrado *m*

Mehrkammerleuchte *f*
Eng: multiple-compartment lamp *n*
Fra: feu à plusieurs compartiments *m*
Spa: lámpara multicámara *f*

Mehrkreis-Bremsanlage *f*
Eng: multi circuit braking system *n*
Fra: dispositif de freinage à circuits multiples *m*
Spa: sistema de frenos de varios circuitos *m*

Mehrleitungs-Bremsanlage *f*
Eng: multi line braking system *n*
Fra: dispositif de freinage à conduites multiples *m*
Spa: sistema de frenos de varias tuberías *m*

Mehrlochdüse *f*
Eng: multihole nozzle *n*
Fra: injecteur multitrous *m*
Spa: inyector de varios orificios *m*

Mehrlochzumessung (Einspritzventil) *f*
Eng: multi orifice metering (fuel injector) *n*
Fra: dosage multitrous (injecteur) *m*
Spa: dosificación de varios orificios (válvula de inyección) *f*

Mehrmenge *f*
Eng: additional fuel *n*
(enrichment) *n*
Fra: débit de surcharge *m*
Spa: caudal adicional *m*

Mehrmenge *f*
Eng: excess fuel *n*
Fra: débit de surcharge *m*
Spa: caudal adicional *m*

Mehrmengenanschlag *m*
Eng: excess fuel stop *n*
Fra: butée de surcharge *f*
Spa: tope de caudal adicional *m*

Mehrphasenwicklung *f*
Eng: polyphase winding *n*
Fra: enroulement multiphases *m*
Spa: devanado multifase *m*

Mehrscheibenkupplung *f*
Eng: multiplate clutch *n*
Fra: embrayage multidisques *m*
Spa: embrague multidisco *m*

Mehrstoffbetrieb *m*
Eng: multifuel operation *n*
Fra: fonctionnement polycarburant *m*
Spa: funcionamiento con varios combustibles *m*

Mehrstoffmotor *m*
Eng: multifuel engine *n*
Fra: moteur polycarburant *m*

Deutsch

Deutsch

Spa: motor multicarburante *m*

Mehrstoffpumpe ***f***
Eng: multifuel pump *n*
Fra: pompe polycarburant *f*
Spa: bomba multicarburante *f*

Mehrstufengetriebe ***n***
Eng: multi speed gearbox *n*
Fra: boîte de vitesses multi-étagée *f*
Spa: cambio multivelocidades *m*

Mehrzylinder-Einspritzpumpe ***f***
Eng: multiple plunger pump *n*
Fra: pompe d'injection multicylindrique *f*
Spa: bomba de inyección de varios cilindros *f*

Mehrzylindermotor ***m***
Eng: multiple-cylinder engine *n*
Fra: moteur multicylindres *m*
Spa: motor de varios cilindros *m*

Meißel ***m***
Eng: chisel *n*
Fra: burin *m*
Spa: cincel *m*

Membrandeckel ***m***
Eng: diaphragm cover *n*
Fra: couvercle de membrane *m*
Spa: tapa de la membrana *f*

Membrandose ***f***
Eng: diaphragm unit *n*
(aneroid capsule) *n*
Fra: capsule à membrane *f*
(capsule manométrique) *f*
Spa: cápsula de la membrana *f*

Membrandruckregler ***m***
Eng: diaphragm governor *n*
Fra: régulateur de pression à membrane *m*
Spa: regulador de presión de la membrana *m*

Membrandruckregler ***m***
Eng: diaphragm-type pressure regulator *n*
Fra: régulateur de pression à membrane *m*
Spa: regulador de presión de la membrana *m*

Membrankolben ***m***
Eng: diaphragm piston *n*
Fra: piston à joint embouti *m*
Spa: pistón de membrana *m*

Membranplatte ***f***
Eng: diaphragm plate *n*
Fra: plaque-membrane *f*
Spa: placa de membrana *f*

Membranpumpe ***f***
Eng: diaphragm pump *n*
Fra: pompe à membrane *f*
Spa: bomba de membrana *f*

Mengenabgleich ***m***
Eng: fuel quantity compensation *n*
Fra: étalonnage de débit *m*
Spa: compensación de caudal *f*

Mengenabstellung ***f***
Eng: fuel shutoff *n*
Fra: suspension de débit *f*
Spa: corte de caudal *m*

Mengenausgleichsregelung ***f***
Eng: fuel balancing control *n*
Fra: régulation d'équipartition des débits *f*
Spa: regulación de la compensación de caudal *f*

Mengendrift ***f***
Eng: fuel quantity drift *n*
Fra: dérive de débit *f*
Spa: variación de caudal *f*

Mengeneingriff ***m***
Eng: fuel quantity command *n*
Fra: action sur débit *f*
Spa: intervención en el caudal *f*

Mengenendstufe ***f***
Eng: fuel quantity power stage *n*
Fra: étage de sortie de débit *f*
Spa: paso final de caudal *m*

Mengeninkrement ***n***
Eng: fuel quantity increment *n*
Fra: incrément de débit *m*
Spa: incremento de caudal *m*

Mengenkennfeld ***n***
Eng: fuel quantity map *n*
Fra: cartographie de débit *f*
Spa: diagrama característico de caudal *m*

Mengenkorrektur ***f***
Eng: injected fuel quantity correction *n*
Fra: correction de débit d'injection *f*
Spa: corrección de caudal *f*

Mengenreduzierung ***f***
Eng: reduced delivery *n*
Fra: réduction de débit *f*
Spa: reducción de caudal *f*

Mengenregelung ***f***
Eng: fuel delivery control *n*
Fra: régulation de débit *f*
Spa: regulación de caudal *f*

Mengenschwellwert ***m***
Eng: fuel quantity threshold value *n*
Fra: valeur de seuil de débit *f*
Spa: valor de umbral de caudal *m*

Mengenstellersollwert ***m***
Eng: fuel quantity positioner setpoint value *n*
Fra: valeur consigne de l'actionneur de débit *f*
Spa: valor nominal de regulador de caudal *m*

Mengenstellglied ***n***
Eng: fuel quantity positioner *n*
Fra: actionneur de débit *m*
Spa: regulador de caudal *m*

Mengensteuerventil ***n***
Eng: fuel supply control valve *n*
Fra: électrovanne de débit *f*
Spa: válvula de control de caudal *f*

Mengenüberhöhung ***f***
Eng: excess fuel quantity *n*
Fra: surcroît de débit *m*
Spa: exceso de caudal *m*

Mengenwunsch ***m***
Eng: fuel quantity demand *n*
Fra: demande de débit *f*
Spa: demanda de caudal *f*

Mess- und Steuereinheit ***f***
Eng: measuring and control unit *n*
Fra: bloc de mesure et de commande *m*
Spa: unidad de medición y control *f*

Messbereich ***m***
Eng: measurement range *n*
Fra: plage de mesure *f*
Spa: rango de medición *m*

Messdatenerfassung ***f***
Eng: measuring data acquisition *n*
Fra: saisie des paramètres de mesure *f*
Spa: captación de datos de medición *f*

Messgas (Abgasprüfung) ***n***
Eng: test gas (exhaust-gas test) *n*
Fra: gaz de mesure (émissions) *m*
Spa: gas de prueba (comprobación de gases de escape) *m*

Messgröße ***f***
Eng: measured quantity *n*
(measured variable) *n*
Fra: grandeur mesurée *f*
Spa: magnitud de medición *f*

Messing ***n***
Eng: brass *n*
Fra: laiton *m*
Spa: latón *m*

Messkammer (Abgasprüfung) ***f***
Eng: measuring chamber (exhaust-gas test) *n*
Fra: chambre de mesure (gaz CO) *f*
Spa: cámara de medición (comprobación de gases de escape) *f*

Messküvette (Abgasprüfung) ***f***
Eng: measuring cell (exhaust-gas test) *n*
Fra: cuvette de mesure (émissions) *f*
Spa: cubeta de medición (comprobación de gases de escape) *f*

Messleitung ***f***
Eng: measuring cable *n*
(measuring lead) *n*
Fra: câble de mesure *m*
Spa: cable de medición *m*

Messmembran *f*
Eng: measurement diaphragm *n*
Fra: membrane de mesure *f*
Spa: membrana de medición *f*

Messpunkt *m*
Eng: measuring point *n*
Fra: point de mesure *m*
Spa: punto de medición *m*

Messsignal *n*
Eng: measurement signal *n*
Fra: signal de mesure *m*
Spa: señal de medición *f*

Messstrecke *f*
Eng: measurement path *n*
Fra: trajet de mesure *m*
Spa: sector de medición *f*

Messwert *m*
Eng: measured value *n*
Fra: valeur mesurée *f*
(mesurande) *f*
Spa: valor de medición *m*

Messwiderstand *m*
Eng: measuring shunt *n*
(shunt) *n*
Fra: résistance de mesure *f*
Spa: resistencia de medición *f*

Metallabscheidung *f*
Eng: metal deposition *n*
Fra: dépôt de métal *m*
Spa: separación metálica *f*

Metallabschirmkappe *f*
Eng: metal screening cover *n*
Fra: blindage métallique *m*
Spa: tapa metálica de blindaje *f*

Metallauflösung *f*
Eng: metal dissolution *n*
Fra: dissolution du métal *f*
Spa: disolución metálica *f*

Metallgeflecht (Katalysator) *n*
Eng: metal mesh (catalytic converter) *n*
Fra: grille métallique (catalyseur) *f*
Spa: malla metálica (catalizador) *f*

Metallspäne *f*
Eng: swarf *n*
Fra: copeaux métalliques *mpl*
Spa: viruta *f*

Midibus *m*
Eng: midibus *n*
Fra: autobus moyen courrier *m*
Spa: midibús *m*

Mikrocontroller, MC (Steuergerät) *m*
Eng: microcontroller, MC (ECU) *n*
Fra: microcontrôleur (calculateur) *m*
Spa: microcontrolador, MC (unidad de control) *m*

Mikro-Doppelkante (Wischgummi) *f*
Eng: double microedge (wiper blade) *n*
Fra: double micro-arête (raclette en caoutchouc) *f*
Spa: doble micro-borde (goma del limpiaparabrisas) *m*

mikromechanischer Drucksensor *m*
Eng: micro mechanical pressure sensor *n*
Fra: capteur de pression micromécanique *m*
Spa: sonda micromecánica de presión *f*

mikroporös *adj*
Eng: microporous *n*
Fra: microporeux *adj*
Spa: microporoso *adj*

Mikroprozessor *m*
Eng: microprocessor *n*
Fra: microprocesseur *m*
Spa: microprocesador *m*

Mikrorelais *n*
Eng: microrelay *n*
Fra: microrelais *m*
Spa: microrelé *m*

Mikroschalter *m*
Eng: microswitch *n*
Fra: microcontacteur *m*
Spa: microinterruptor *m*

Mindermengeneinsteller *m*
Eng: fuel flow reducing device *n*
Fra: réducteur de débit *m*
Spa: reductor de caudal *m*

Mindestabbremsung (Bremsen) *f*
Eng: minimum retardation (brakes) *n*
Fra: taux de freinage minimum *m*
Spa: frenado mínimo (frenos) *m*

Mindestbelagstärke (Bremsen) *f*
Eng: minimum brake pad thickness (brakes) *n*
Fra: épaisseur de garniture minimum *m*
Spa: espesor mínimo de forro (frenos) *m*

Mindestbremswirkung (Bremsen) *f*
Eng: minimum braking effect (brakes) *n*
Fra: freinage minimal *m*
Spa: efecto mínimo de frenado (frenos) *f*

Mindestspiel *n*
Eng: minimum clearance *n*
Fra: jeu minimal *m*
Spa: juego mínimo *m*

Mineralöl-Bremsflüssigkeit *f*
Eng: mineral oil based brake fluid *n*
Fra: liquide de frein à base d'huile minérale *m*
Spa: líquido de frenos a base de aceite mineral *m*

Minusdiode *f*
Eng: negative diode *n*
Fra: diode négative *f*
Spa: diodo negativo *m*

Minusplatte (Batterie) *f*
Eng: negative plate (battery) *n*
Fra: plaque négative (batterie) *f*
Spa: placa negativa (batería) *f*

Minutenring *m*
Eng: taper face compression ring *n*
Fra: segment à face conique *m*
Spa: aro de compresión con cara oblicua *m*

Mischkammer *f*
Eng: venturi *n*
Fra: chambre de mélange *f*
Spa: cámara de mezcla *f*

Mischluftklappe *f*
Eng: air mixture valve *n*
Fra: volet d'air mélangé *m*
Spa: trampilla de mezcla de aire *f*

Mischölabführung *f*
Eng: emulsion drain *n*
Fra: évacuation des émulsions *f*
Spa: evacuación de emulsión de aceite *f*

Mischreibung *f*
Eng: mixed friction *n*
Fra: régime de frottement mixte *m*
Spa: fricción mezclada *f*

Mischspannungsmotor *m*
Eng: pulsating voltage motor *n*
Fra: moteur à tension composée *m*
Spa: motor de tensión compuesta *m*

Mischungsverhältnis *n*
Eng: mixture ratio *n*
Fra: rapport de mélange *m*
Spa: relación de mezcla *f*

Mitnehmerbolzen (Luftfederventil) *m*
Eng: driver pin (height-control valve) *n*
Fra: axe d'entraînement (suspension pneumatique) *m*
Spa: perno de arrastre (válvula de suspensión neumática) *m*

Mitnehmerbuchse *f*
Eng: drive bushing *n*
Fra: douille d'entraînement *f*
Spa: casquillo de arrastre *m*

Mitnehmerflansch *m*
Eng: drive flange *n*
Fra: flasque d'entraînement *m*
Spa: brida de arrastre *f*

Mitnehmerklaue *f*
Eng: drive connector dog *n*
Fra: griffe d'entraînement *f*
Spa: garra de arrastre *f*

Mitnehmerscheibe *f*
Eng: drive connector plate *n*
Fra: disque d'entraînement *m*
Spa: plato de arrastre *m*

Mitnehmerwelle *f*
Eng: drive connector shaft *n*

Fra: arbre d'entraînement *m*
Spa: árbol de arrastre *m*

Mittelarmlehne ***f***
Eng: central armrest *n*
Fra: accoudoir central *m*
Spa: apoyabrazos central *m*

Mitteldom (Zündspule) ***m***
Eng: center tower (ignition coil) *n*
Fra: sortie centrale (bobine d'allumage) *f*
Spa: domo central (bujía de encendido) *m*

Mitteldruck ***m***
Eng: mean pressure *n*
Fra: pression moyenne *f*
Spa: presión media *f*

Mittelelektrode ***f***
Eng: center electrode *n*
Fra: électrode centrale *f*
Spa: electrodo central *m*

Mittelkonsole ***f***
Eng: center console *n*
Fra: console médiane *f*
Spa: consola central *f*

Mittelschalldämpfer ***m***
Eng: exhaust gas center silencer *n*
Fra: silencieux médian *m*
Spa: silenciador central *m*

Mittelspannung ***f***
Eng: medium voltage, MV *n*
Fra: tension moyenne *f*
Spa: media tensión *f*

Mittelstellung ***f***
Eng: intermediate setting *n*
Fra: position médiane *f*
Spa: posición intermedia *f*

Modulationsdruck (Getriebesteuerung) ***m***
Eng: modulation pressure (transmission control) *n*
Fra: pression de modulation (commande de boîte de vitesses) *f*
Spa: presión de modulación (control del cambio) *f*

Modulationsfaktor ***m***
Eng: modulation factor *n*
Fra: facteur de modulation *m*
Spa: factor de modulación *m*

Modultechnik ***f***
Eng: modular system *n*
Fra: technologie modulaire *f*
(technique modulaire) *f*
Spa: sistema modular *m*

Mofa ***n***
Eng: motor bicycle *n*
(moped) *n*
Fra: cyclomoteur *m*
Spa: velomotor *m*

Momentanforderung ***f***
Eng: torque demand *n*
Fra: demande de couple *f*
Spa: demanda de par *f*

Momentanverbrauch ***m***
Eng: instantaneous fuel consumption *n*
Fra: consommation instantanée *f*
Spa: consumo momentáneo *m*

Momentbegrenzung ***f***
Eng: torque limitation *n*
Fra: limitation de couple *f*
Spa: limitación de par *f*

Momenteingriff ***m***
Eng: torque intervention *n*
Fra: action sur le couple *f*
Spa: intervención en el par *f*

Momentenbilanz (ASR) ***f***
Eng: torque balance (TCS) *n*
Fra: bilan des couples des roues motrices (ASR) *m*
Spa: balance de par (ASR) *m*

Momentenregelung ***f***
Eng: torque control *n*
Fra: régulation du couple *f*
Spa: regulación de par *f*

Momentenverteilung ***f***
Eng: torque distribution *n*
Fra: répartition du couple *f*
Spa: distribución de par *f*

Monolith (Katalysator) ***m***
Eng: monolith (catalytic converter) *n*
Fra: support monolithique (catalyseur) *m*
Spa: monolito (catalizador) *m*

Monolithkatalysator ***m***
Eng: monolithic catalyst *n*
Fra: catalyseur monolithique *m*
Spa: catalizador monolítico *m*

Montagehinweis ***m***
Eng: assembly Instructions *n*
Fra: instructions de montage *fpl*
Spa: indicaciones de montaje *fpl*

Monteur ***m***
Eng: fitter *n*
(mechanic) *n*
Fra: installateur *m*
Spa: técnico de montaje *m*

Montierdorn ***m***
Eng: assembly mandrel *n*
Fra: mandrin de montage *m*
Spa: mandril de montaje *m*

Moped ***n***
Eng: moped *n*
Fra: vélomoteur *m*
Spa: ciclomotor *m*

Motor ***m***
Eng: engine *n*
Fra: moteur *m*
Spa: motor *m*

Motorabdeckung ***f***
Eng: engine cover *n*
Fra: capot moteur *m*
Spa: tapa del motor *f*

Motorabschaltung ***f***
Eng: engine shutoff *n*
Fra: coupure du moteur *m*
Spa: desconexión del motor *f*

Motoranpassung ***f***
Eng: engine adaptation *n*
Fra: adaptation du moteur *f*
Spa: adaptación de motor *f*

Motoraufhängung ***f***
Eng: engine suspension *n*
Fra: suspension du moteur *f*
Spa: suspensión de motor *f*

Motoraufhängungsdämpfung ***f***
Eng: engine mount damping *n*
Fra: amortissement de la suspension du moteur *m*
Spa: amortiguación de la suspensión de motor *f*

Motoraussetzer ***m***
Eng: engine misfire *n*
Fra: ratés du moteur *mpl*
Spa: fallos de motor *mpl*

Motorbetriebszustand ***m***
Eng: engine operating state *n*
Fra: état de fonctionnement du moteur *m*
Spa: estado de funcionamiento del motor *m*

Motorblock ***m***
Eng: engine block *n*
(cylinder block) *n*
Fra: bloc-moteur *m*
Spa: bloque del motor *m*

Motorbremsbetätigung ***f***
Eng: engine brake actuation *n*
Fra: commande du frein moteur *f*
Spa: accionamiento de freno de motor *m*

Motorbremse ***f***
Eng: exhaust brake *n*
(engine brake) *n*
Fra: ralentisseur sur échappement *m*
Spa: freno de motor *m*

Motorbremsmoment ***n***
Eng: engine braking torque *n*
Fra: couple de freinage du moteur *m*
Spa: par de frenado de motor *m*

Motorbremswirkung ***f***
Eng: engine braking action *n*
Fra: effet de frein moteur *m*
Spa: efecto de frenado de motor *m*

Motorbrennraum ***m***
Eng: combustion chamber, CC *n*
Fra: chambre de combustion du moteur *f*
Spa: cámara de combustión del motor *f*

Motordiagnose ***f***
Eng: engine diagnostics *n*
Fra: diagnostic moteur *m*
Spa: diagnóstico de motor *m*

Motordrehmoment *n*
Eng: crankshaft torque *n*
Fra: couple moteur *m*
Spa: par motor *m*

Motordrehmoment *n*
Eng: engine torque *n*
Fra: couple moteur *m*
Spa: par motor *m*

Motordrehzahl *f*
Eng: engine speed *n*
Fra: régime moteur *m*
Spa: número de revoluciones del motor *m*

Motordrehzahlbegrenzung *f*
Eng: engine speed limitation *n*
Fra: limitation du régime moteur *f*
Spa: limitación de número de revoluciones del motor *f*

Motordrehzahlsensor *m*
Eng: engine speed sensor *n*
Fra: capteur de régime moteur *m*
Spa: sensor de número de revoluciones del motor *m*

Motor-Druckverlust *m*
Eng: engine pressure loss *n*
Fra: perte de pression du moteur *f*
Spa: pérdida de presión del motor *f*

Motoreingriff (ASR) *m*
Eng: engine control intervention (TCS) *n*
Fra: intervention sur le moteur *f*
Spa: intervención en el motor (ASR) *f*

Motorelastizität (Verbrennungsmotor) *f*
Eng: engine flexibility (IC engine) *n*
Fra: élasticité du moteur (moteur à combustion) *f*
Spa: elasticidad del motor (motor de combustión) *f*

Motorelektronik *m*
Eng: engine electronics *n*
Fra: électronique moteur *f*
Spa: sistema electrónico del motor *m*

Motorentlüftung *m*
Eng: crankcase breather *n*
Fra: dispositif de dégazage du moteur *m*
Spa: ventilación del motor *f*

Motorfüllungssteuerung *m*
Eng: engine charge control *n*
Fra: commande de remplissage du moteur *f*
Spa: control de llenado del motor *m*

Motorgebläse *n*
Eng: motor blower *n*
Fra: motoventilateur *m*
Spa: soplador del motor *m*

Motorgehäuse (Akustik CAE) *n*
Eng: motor frame *n*
Fra: carcasse de moteur *f*
Spa: bloque motor (acústica CAE) *m*

Motor-Getriebe-Block *m*
Eng: engine/transmission assembly *n*
(power unit) *n*
Fra: groupe motopropulseur *m*
Spa: conjunto motor/cambio *m*

Motorhalter *m*
Eng: motor cradle *n*
Fra: support de moteur *m*
Spa: soporte de motor *m*

Motorhaube *f*
Eng: hood *n*
Fra: capot moteur *m*
Spa: capó del motor *m*

Motorhaubenverriegelung *f*
Eng: hood latch bracket *n*
Fra: verrouillage du capot moteur *m*
Spa: enclavamiento del capó del motor *m*

Motorhubvolumen *n*
Eng: engine capacity *n*
(engine swept volume) *n*
(piston displacement) *n*
Fra: cylindrée *f*
Spa: cilindrada del motor *f*

Motorkapselung *f*
Eng: engine encapsulation *n*
Fra: encapsulage du moteur *m*
Spa: encapsulamiento del motor *m*

Motorkennfeld *n*
Eng: engine map *n*
Fra: cartographie moteur *f*
Spa: diagrama característico del motor *m*

Motorklopfen *n*
Eng: engine knock *n*
Fra: cliquetis du moteur *m*
Spa: detonaciones del motor *fpl*

Motorkompression *f*
Eng: engine compression *n*
Fra: compression du moteur *f*
Spa: compresión del motor *f*

Motorkühlmittel *n*
Eng: engine coolant *n*
Fra: liquide de refroidissement du moteur *m*
Spa: líquido refrigerante de motor *m*

Motorlager *n*
Eng: engine bearing *n*
Fra: support moteur *m*
Spa: cojinete del motor *m*

Motorlast *f*
Eng: engine load *n*
Fra: charge du moteur *f*
Spa: carga del motor *f*

Motorleistung *f*
Eng: engine performance *n*
Fra: puissance du moteur *f*
Spa: potencia del motor *f*

Motormoment *n*
Eng: engine torque *n*
Fra: couple moteur *m*
Spa: par del motor *m*

Motormomentenanforderung *f*
Eng: engine torque demand *n*
Fra: demande de couple moteur *f*
Spa: demanda de par del motor *f*

Motornotlauf *m*
Eng: engine emergency operation *n*
Fra: fonctionnement en mode dégradé du moteur *m*
Spa: marcha de emergencia del motor *f*

Motor-Oktanzahl, MOZ *f*
Eng: motor octane number, MON *n*
Fra: indice d'octane moteur, MON *m*
Spa: octanaje del motor *m*

Motoröl *n*
Eng: engine oil *n*
(engine lub oil) *n*
Fra: huile moteur *f*
Spa: aceite del motor *m*

Motoröldruck *m*
Eng: engine oil pressure *n*
Fra: pression d'huile moteur *f*
Spa: presión de aceite del motor *f*

Motoröldruckmesser *m*
Eng: engine oil pressure gauge *n*
Fra: capteur de pression d'huile moteur *m*
Spa: medidor de presión de aceite del motor *m*

Motorölkreislauf *m*
Eng: engine oil circuit *n*
Fra: circuit d'huile moteur *m*
Spa: circuito de aceite del motor *m*

Motorölkühler *m*
Eng: engine oil cooler *n*
Fra: refroidisseur d'huile moteur *m*
Spa: radiador de aceite del motor *m*

Motorölstand *m*
Eng: engine oil level *n*
Fra: niveau d'huile moteur *m*
Spa: nivel de aceite del motor *m*

Motorrad *n*
Eng: motorcycle *n*
Fra: motocyclette *f*
Spa: motocicleta *f*

Motorraum *m*
Eng: engine compartment *n*
(engine bay) *n*
Fra: compartiment moteur *m*
Spa: compartimiento motor *m*

Motorriemenscheibe *f*
Eng: engine belt pulley *n*
Fra: poulie moteur *f*
Spa: polea de motor *f*

Motorschleppmoment *n*
Eng: engine drag torque *n*
Fra: couple d'inertie du moteur *m*
Spa: par de arrastre del motor *m*

Deutsch

Deutsch

Motorschleppmomentregelung *f*
Eng: engine drag-torque control *n*
Fra: régulation du couple d'inertie du moteur *f*
Spa: regulación de par de arrastre del motor *f*

Motorschmieröl-Kreislauf *m*
Eng: engine lube-oil circuit *n*
Fra: circuit de lubrification du moteur *m*
Spa: circuito de lubricación del motor *m*

Motorschmierung *f*
Eng: engine lubrication *n*
Fra: lubrification du moteur *f*
Spa: lubricación del motor *f*

Motorsteuergerät *n*
Eng: engine control unit *n*
(engine ECU) *n*
Fra: calculateur moteur *m*
Spa: unidad de control del motor *f*

Motorsteuerung *f*
Eng: engine management *n*
Fra: gestion des fonctions du moteur *f*
Spa: control del motor *m*

Motortester *m*
Eng: engine analyzer *n*
Fra: motortester *m*
Spa: comprobador de motores *m*

Motorträgheit *f*
Eng: engine inertia *n*
Fra: inertie du moteur *f*
Spa: inercia del motor *f*

Motorträgheitsmoment *n*
Eng: engine drag torque *n*
Fra: couple d'inertie du moteur *m*
Spa: momento de inercia del motor *m*

Motor-Verbrauchskennfeld *n*
Eng: engine fuel consumption graph *n*
Fra: diagramme de consommation du moteur *m*
Spa: curva característica de consumo del motor *f*

Motronic (elektronische Motorsteuerung) *f*
Eng: Motronic (electronic engine management) *n*
Fra: Motronic (système électronique de gestion du moteur) *m*
Spa: Motronic (control electrónico del motor) *m*

Muffenweg (Diesel-Regler) *m*
Eng: sliding-sleeve travel (governor) *n*
Fra: course du manchon central (injection diesel) *f*
Spa: carrera del manguito (regulador Diesel) *f*

Muldenwand *f*
Eng: piston-recess wall *n*
Fra: paroi de la cavité du piston *f*
Spa: pared de cavidad *f*

Multifunktionsanzeige *f*
Eng: multifunction display *n*
Fra: afficheur multifonctions *m*
Spa: visualizador multifuncional *m*

Multifunktionsregler *m*
Eng: multifunction controller *n*
Fra: régulateur multifonctions *m*
Spa: regulador multifuncional *m*

Multifunktionsschalter *m*
Eng: multifunction switch *n*
Fra: contacteur multifonctions *m*
Spa: interruptor multifuncional *m*

multiplikative Gemischkorrektur *f*
Eng: multiplicative A/F mixture correction *n*
Fra: correction multiplicative du mélange *f*
Spa: corrección multiplicativa de mezcla *f*

multiplikativer Abgleich *m*
Eng: multiplicative adjustment *n*
Fra: étalonnage multiplicatif *m*
Spa: ajuste multiplicativo *m*

Muskelkraft (Bremsbetätigung) *f*
Eng: muscular force (brake control) *n*
Fra: force musculaire (commande de frein) *f*
Spa: fuerza muscular (accionamiento de freno) *f*

Muskelkraft-Bremsanlage *f*
Eng: muscular energy braking system *n*
Fra: dispositif de freinage à énergie musculaire *m*
Spa: sistema de frenos por fuerza muscular *m*

Muskelkraftlenkanlage *f*
Eng: muscular energy steering system *n*
Fra: direction manuelle *f*
Spa: sistema de dirección por fuerza muscular *m*

N

Nabe *f*
Eng: hub *n*
Fra: moyeu *m*
Spa: cubo *m*

Nacheilung (Anhängerbremse) *f*
Eng: negative offset (trailer brake) *n*
Fra: retard de phase (frein de remorque) *m*
Spa: retardo de fase (freno de remolque) *m*

Nacheinspritzung *f*
Eng: secondary injection *n*
Fra: post-injection *f*
Spa: postinyección *f*

Nachentflammung *f*
Eng: post ignition *n*
Fra: post-allumage *m*
Spa: postinflamación *f*

Nachfilter *n*
Eng: secondary filter *n*
Fra: filtre secondaire *m*
Spa: filtro secundario *m*

Nachfördereffekt *m*
Eng: post delivery effect *n*
Fra: effet de post-refoulement *m*
Spa: efecto postsuministro *m*

Nachfördermenge *f*
Eng: post delivery quantity *n*
Fra: débit de post-refoulement *m*
Spa: caudal de postsuministro *m*

nachglühen *v*
Eng: post glow *n*
Fra: post-incandescence *f*
Spa: calentar posteriormente a incandescencia *v*

Nachglühzeit *f*
Eng: post glow time *n*
Fra: temps de post-incandescence *m*
(temps de post-chauffage) *m*
Spa: tiempo de postincandescencia *m*

Nachhallzeit *f*
Eng: reverberation time *n*
Fra: temps de réverbération *m*
Spa: tiempo de reverberación *m*

Nachheizphase *f*
Eng: hot soak phase *n*
Fra: phase de post-chauffage *f*
Spa: fase de recalentamiento *f*

Nachladeeffekt *m*
Eng: boost effect *n*
Fra: effet de « post-charge » *m*
Spa: efecto de recarga *m*

Nachlauf *m*
Eng: after run *n*
Fra: post-fonctionnement *m*
Spa: marcha por inercia *m*

Nachlaufachse *f*
Eng: trailing axle *n*
Fra: essieu suiveur *m*
Spa: eje de arrastre *m*

Nachlaufbohrung (Tandemhauptzylinder) *f*
Eng: snifter bore (tandem master cylinder) *n*
Fra: canal d'équilibrage (maître-cylindre tandem) *m*
Spa: comunicación de presiones (cilindro maestro tándem) *f*

Nachlaufbohrung *f*
Eng: replenishing port *n*
Fra: canal d'équilibrage *m*
Spa: comunicación de presiones *f*

Nachläufer *m*
Eng: dolly *n*

Fra: remorque à un essieu *f*
Spa: seguidor *m*

Nachlaufstrecke ***f***
Eng: caster offset *n*
Fra: chasse au sol *f*
Spa: avance *m*

Nachlaufwinkel ***m***
Eng: caster angle *n*
Fra: angle de chasse *m*
Spa: ángulo de avance *m*

Nachrüstsatz ***m***
Eng: supplementary equipment set *n*
Fra: kit d'équipement ultérieur *m*
Spa: juego de reequipamiento *m*

Nachrüstsatz ***m***
Eng: retrofit set *n*
Fra: kit d'équipement ultérieur *m*
Spa: juego de reequipamiento *m*

Nachsaugventil ***n***
Eng: replenishing valve *n*
Fra: clapet de réaspiration *m*
Spa: válvula de aspiración ulterior *f*

Nachschalldämpfer ***m***
Eng: rear muffler *n*
Fra: silencieux arrière *m*
Spa: silenciador final *m*

nachspritzen ***v***
Eng: post injection *n*
Fra: post-injection *f*
Spa: inyectar ulteriormente *v*

Nachspritzer (Dieseleinspritzung) ***m***
Eng: dribble (diesel fuel injection) *n*
Fra: post-injection *f*
Spa: inyección secundaria (inyección diesel) *f*

Nachspritzer ***m***
Eng: secondary injection *n*
Fra: bavage (injection diesel) *m*
Spa: inyección secundaria *f*

Nachstartphase ***f***
Eng: post start phase *n*
Fra: phase de post-démarrage *f*
Spa: fase posterior al arranque *f*

Nachstellung ***f***
Eng: adjustment *n*
Fra: rattrapage (de jeu) *m*
Spa: reajuste *m*

Nachstellvorrichtung ***f***
Eng: adjuster *n*
Fra: dispositif d'ajustage *m*
Spa: dispositivo de reajuste *m*

nachtropfen ***v***
Eng: fuel dribble *n*
Fra: bavage de carburant *m*
Spa: gotear ulteriormente *v*

Nachverbrennung ***f***
Eng: afterburning *n*
Fra: post-combustion *f*
Spa: postcombustión *f*

Nachzündung ***f***
Eng: post ignition *n*
Fra: retard à l'allumage *m*
Spa: retardo del encendido *m*

Nadelbewegungsfühler ***m***
Eng: needle motion sensor *n*
Fra: capteur de déplacement d'aiguille *m*
Spa: sensor de movimiento de aguja *m*

Nadelbewegungssensor ***m***
Eng: needle motion sensor *n*
Fra: capteur de déplacement d'aiguille *m*
Spa: sensor de movimiento de aguja *m*

Nadeldüse ***f***
Eng: needle jet *n*
Fra: gicleur à aiguille *m*
Spa: inyector de aguja *m*

Nadelführung ***f***
Eng: needle guide *n*
Fra: guide-aiguille *m*
Spa: guía de aguja *f*

Nadelgeschwindigkeitsfühler ***m***
Eng: needle velocity sensor, NVS *n*
Fra: capteur de vitesse d'aiguille *m*
Spa: sensor de velocidad de aguja *m*

Nadelhubgeber ***m***
Eng: needle lift sensor *n*
Fra: capteur de levée d'aiguille *m*
Spa: captador de la carrera de la aguja *m*

Nadellager ***n***
Eng: needle bearing *n*
Fra: roulement à aiguilles *m*
Spa: cojinete de agujas *m*

Nadelschließkraft ***f***
Eng: needle closing force *n*
Fra: force de fermeture de l'aiguille *f*
(pointeau du flotteur) *m*
Spa: fuerza de cierre de aguja *f*

Nadelventil ***n***
Eng: needle valve *n*
Fra: injecteur à aiguille *m*
Spa: válvula de aguja *f*

Nageln ***n***
Eng: diesel knock *n*
(knock) *n*
Fra: claquement *m*
Spa: traqueteo *m*

Nahentstörung ***f***
Eng: intensified interference suppression *n*
Fra: antiparasitage renforcé *m*
Spa: antiparasitaje reforzado *m*

Nasskorrosion ***f***
Eng: cold-condensate corrosion *n*
Fra: corrosion humide *f*
Spa: corrosión por condensados *f*

Nassreibwert ***m***
Eng: coefficient of wet friction *n*
Fra: coefficient de frottement humide *m*
Spa: coeficiente de fricción en húmedo *m*

Nasssiedepunkt (Bremsflüssigkeit) ***m***
Eng: wet boiling point (brake fluid) *n*
Fra: point d'ébullition liquide humidifié (liquide de frein) *m*
Spa: punto de ebullición en húmedo (líquido de frenos) *m*

Natriumdampflampe ***f***
Eng: sodium vapor lamp *n*
Fra: lampe à vapeur de sodium *f*
Spa: lámpara de vapor de sodio *f*

Navigationssystem ***n***
Eng: navigation system *n*
Fra: système de navigation *m*
Spa: sistema de navegación *m*

Nebelscheinwerfer ***m***
Eng: fog lamp *n*
Fra: projecteur antibrouillard *m*
Spa: faro antiniebla *m*

Nebelschlussleuchte ***f***
Eng: rear fog light *n*
Fra: feu arrière de brouillard *m*
Spa: luz trasera antiniebla *f*

Nebenantrieb ***m***
Eng: auxiliary power take-off *n*
Fra: entraînement auxiliaire *m*
Spa: toma de fuerza auxiliar *f*

Nebenantrieb ***m***
Eng: auxiliary drive *n*
(accessory drive) *n*
Fra: entraînement auxiliaire *m*
Spa: toma de fuerza auxiliar *f*

Nebenkammermotor ***m***
Eng: divided chamber engine *n*
(whirl-chamber engine) *n*
Fra: moteur à préchambre *m*
(moteur à chambre de turbulence) *m*
Spa: motor de cámara secundaria *m*

Nebenschlussmaschine ***f***
Eng: shunt-wound machine *n*
Fra: machine à excitation en dérivation *f*
Spa: máquina de exitación en derivación *f*

Nebenschlussmotor ***m***
Eng: shunt-wound motor *n*
Fra: moteur à excitation shunt *m*
Spa: motor de exitación en derivación *m*

Nebenschlusspfad ***m***
Eng: leakage path *n*
Fra: chemin de fuite *m*
Spa: trayectoria de fuga *f*

Nebenschlussquerschnitt (Drosselklappe) ***m***

Deutsch

Eng: bypass cross-section (throttle valve) *n*
Fra: canal en dérivation (papillon) *m*
Spa: sección de derivación (mariposa) *f*

Nebenschlusswicklung ***f***
Eng: shunt winding *n*
Fra: enroulement en dérivation *m*
Spa: bobinado en derivación *m*

Nebenstromfilter ***m***
Eng: bypass filter *n*
Fra: filtre de dérivation *m*
Spa: filtro de flujo secundario *m*

Nebenverbraucher (Druckluftanlage) ***mpl***
Eng: secondary loads (compressed-air system) *npl*
Fra: récepteurs auxiliaires (dispositif de freinage à air comprimé) *mpl*
Spa: consumidor secundario (sistema de aire comprimido) *m*

Nebenverbraucherkreis ***m***
Eng: ancillary circuit *n*
Fra: circuit des récepteurs auxiliaires *m*
Spa: circuito de consumidores secundarios *m*

negativer Lenkrollradius ***m***
Eng: negative steering offset *n*
Fra: déport négatif de l'axe du pivot de fusée *m*
Spa: radio de pivotamiento negativo *m*

negativer Temperaturkoeffizient, NTC ***m***
Eng: negative temperature coefficient, NTC *n*
Fra: coefficient de température négatif, CTN *m*
Spa: coeficiente de temperatura negativo *m*

Nehmerzylinder (Bremse) ***m***
Eng: slave cylinder (brake) *n*
Fra: cylindre récepteur (frein) *m*
Spa: cilindro receptor (freno) *m*

Neigung ***f***
Eng: slope *n*
(gradient) *n*
(incline) *n*
Fra: inclinaison *f*
Spa: inclinación *f*

Neigungssensor ***m***
Eng: tilt sensor *n*
Fra: capteur d'inclinaison *m*
(capteur à nivelle) *m*
Spa: sensor de inclinación *m*

Neigungswinkel ***m***
Eng: tilt angle *n*
Fra: angle d'inclinaison *m*
Spa: ángulo de inclinación *m*

Neigungswinkel ***m***
Eng: inclination angle *n*
Fra: angle d'inclinaison *m*
Spa: ángulo de inclinación *m*

Nenndrehmoment ***n***
Eng: nominal load torque *n*
Fra: couple nominal *m*
Spa: par nominal *m*

Nenndrehmoment ***n***
Eng: rated load torque *n*
Fra: couple nominal *m*
Spa: par nominal *m*

Nenndrehzahl ***f***
Eng: nominal speed *n*
(rated speed) *n*
Fra: vitesse de rotation nominale *f*
Spa: número de revoluciones nominal *m*
(velocidad de giro nominal) *f*

Nenndrehzahl ***f***
Eng: rated speed *n*
Fra: régime nominal *m*
Spa: número de revoluciones nominal *m*

Nenndruck ***m***
Eng: nominal pressure *n*
Fra: pression nominale *f*
Spa: presión nominal *m*

Nennkapazität (Batterie) ***f***
Eng: nominal capacity (battery) *n*
Fra: capacité nominale (batterie) *f*
Spa: capacidad nominal (batería) *f*

Nennlast ***f***
Eng: nominal load *n*
Fra: charge nominale *f*
Spa: carga nominal *f*

Nennleistung ***f***
Eng: rated output *n*
Fra: puissance nominale *f*
Spa: potencia nominal *f*

Nennspannung ***f***
Eng: nominal voltage *n*
Fra: tension nominale *f*
(contrainte nominale) *f*
Spa: tensión nominal *f*

Nennstrom ***m***
Eng: rated current *n*
Fra: courant de consigne *m*
Spa: corriente nominal *f*

Nennwert ***m***
Eng: nominal value *n*
(rated value) *n*
Fra: valeur nominale *f*
Spa: valor nominal *m*

Netzanschluss ***m***
Eng: mains connection *n*
Fra: connexion au secteur *f*
Spa: conexión a red *f*

Netzstecker ***m***
Eng: mains plug *n*
Fra: fiche secteur *f*
Spa: enchufe de la red *m*

Netzteil ***n***
Eng: network component *n*
Fra: bloc d'alimentation *m*
Spa: fuente de alimentación *f*

nicht abschmelzend ***adj***
Eng: non-melting *adj*
Fra: réfractaire *adj*
(non fusible) *adj*
Spa: refractario *adj*

nichtflüchtig ***adj***
Eng: non-volatile *adj*
Fra: non volatile *adj*
Spa: no volátil *adj*

Nicken ***n***
Eng: pitch *n*
Fra: tangage *m*
Spa: cabeceo *m*

Nickwinkel (Kfz Dynamik) ***m***
Eng: pitch angle (vehicle dynamics) *n*
Fra: angle de tangage (dynamique d'un véhicule) *m*
Spa: ángulo de cabeceo (dinámica del vehículo) *m*

Niederdruck-Bremsanlage ***f***
Eng: low pressure braking system *n*
Fra: dispositif de freinage à basse pression *m*
Spa: sistema de frenos de baja presión *m*

Niederdruckförderung ***f***
Eng: low pressure delivery *n*
Fra: refoulement basse pression *m*
Spa: suministro a baja presión *m*

Niederdruckkreislauf ***m***
Eng: low pressure circuit *n*
Fra: circuit basse pression *m*
Spa: circuito de baja presión *m*

Niederdruckprüfung (Radzylinder) ***f***
Eng: low pressure test (wheel-brake cylinder) *n*
Fra: essai de basse pression (cylindre de roue) *m*
Spa: ensayo de baja presión (cilindro de rueda) *m*

Niederdruckraum ***m***
Eng: low pressure chamber *n*
Fra: chambre basse pression *f*
Spa: cámara de baja presión *f*

Niederdruckschalter ***m***
Eng: low pressure switch *n*
Fra: pressostat basse pression *m*
Spa: interruptor de baja presión *m*

Niederdruckteil ***n***
Eng: low pressure stage *n*
Fra: étage basse pression *m*
Spa: parte de baja presión *f*

Niederdruckzulauf ***m***
Eng: low pressure fuel inlet *n*

Fra: arrivée basse pression *f*
Spa: alimentación de baja presión *f*

Niveaugeber (Luftfederung) ***m***
Eng: level sensor (air suspension) *n*
Fra: capteur de niveau (suspension pneumatique) *m*
Spa: captador de nivel (suspensión neumática) *m*

Niveauregelung ***f***
Eng: level control *n*
Fra: régulation de niveau *f*
Spa: regulación de nivel *f*

Nkw ***m***
Eng: commercial vehicle *n*
Fra: véhicule utilitaire *m*
Spa: vehículo industrial *m*

Nocken ***m***
Eng: cam *n*
Fra: came *f*
Spa: leva *f*

Nockenablauf ***m***
Eng: cam profile *n*
Fra: profil de came *m*
Spa: perfil de leva *m*

Nockenabstand ***m***
Eng: axial cam spacing *n*
Fra: espacement des cames *m*
Spa: distancia entre levas *f*

Nockenantrieb ***m***
Eng: operation by cam *n*
Fra: entraînement par came *m*
Spa: accionamiento por leva *m*

Nockenbremse ***f***
Eng: cam brake *n*
Fra: frein à cames *m*
Spa: freno de leva *m*

Nockenerhebung ***f***
Eng: cam lobe *n*
Fra: bossage de came *m*
Spa: elevación de leva *f*

Nockenfolge ***f***
Eng: cam sequence *n*
Fra: ordre des cames *m*
Spa: secuencia de levas *f*

Nockenform ***f***
Eng: cam shape *n*
Fra: forme de came *f*
Spa: forma de la leva *f*

Nockenhöhe ***f***
Eng: cam lift *n*
Fra: course de came *f*
Spa: altura de la leva *f*

Nockenhub ***m***
Eng: cam pitch *n*
Fra: levée de came *f*
Spa: carrera de leva *f*

Nockenhub ***m***
Eng: cam lift *n*
Fra: levée de came *f*
Spa: carrera de leva *f*

Nockenlaufbahn ***f***
Eng: cam track *n*
Fra: piste de came *f*
Spa: superficie de rodadura de la leva *f*

Nockenlaufrolle ***f***
Eng: camshaft roller *n*
Fra: galet de palpage de la came *m*
Spa: rodillo seguidor de leva *m*

Nockenring ***m***
Eng: cam ring *n*
Fra: bague à cames *f*
(bague de commande de cylindrée) *f*
Spa: anillo de leva *m*

Nockenscheibe ***f***
Eng: cam plate *n*
Fra: came-disque *f*
Spa: disco de levas *m*

Nockenversatz ***m***
Eng: angular cam spacing *n*
Fra: écart angulaire de came *m*
Spa: decalaje de levas *m*

Nockenwelle ***f***
Eng: camshaft *n*
Fra: arbre à cames *m*
(arbre à came d'entraînement) *m*
Spa: árbol de levas *m*

Nockenwellendrehzahl ***f***
Eng: camshaft rotational speed *n*
Fra: vitesse de rotation de l'arbre à cames *f*
Spa: velocidad de giro del árbol de levas *f*

Nockenwellen-Drehzahlsensor ***m***
Eng: camshaft speed sensor *n*
Fra: capteur de vitesse de rotation de l'arbre à cames *m*
Spa: sensor de velocidad de giro del árbol de levas *m*

Nockenwellen-Positionssensor ***m***
Eng: camshaft-position sensor *n*
Fra: capteur de position d'arbre à cames *m*
Spa: sensor de posición del árbol de levas *m*

Nockenwellenrad ***n***
Eng: camshaft gear *n*
Fra: pignon d'arbre à cames *m*
Spa: rueda de árbol de levas *f*

Nockenwellensteuerung ***f***
Eng: camshaft control *n*
Fra: commande de l'arbre à cames *f*
Spa: control de árbol de levas *m*

Nockenwellenumdrehung ***f***
Eng: camshaft revolution *n*
Fra: rotation de l'arbre à cames *f*
Spa: revolución del árbol de levas *f*

Nockenwellenumschaltung ***f***
Eng: camshaft lobe control *n*
Fra: variation du calage de l'arbre à cames *f*
Spa: conmutación del árbol de levas *f*

Nockenwellenverstellung ***f***
Eng: camshaft timing control *n*
Fra: déphasage de l'arbre à cames *m*
Spa: reajuste del árbol de levas *m*

Nockenwellen-Vorstehmaß ***n***
Eng: camshaft projection *n*
Fra: cote de dépassement de l'arbre à cames *f*
Spa: medida que sobresale el árbol de levas *f*

Nockenwinkel ***m***
Eng: angle of cam rotation *n*
Fra: angle de levée de came *m*
Spa: ángulo de rotación de leva *m*

Normalglühen ***n***
Eng: normalizing *n*
Fra: recuit de normalisation *m*
Spa: normalizado *m*

Normalhorn ***n***
Eng: standard horn *n*
Fra: avertisseur sonore standard *m*
Spa: bocina normal *f*

Normalniveau (Luftfederung) ***n***
Eng: normal level (air suspension) *n*
Fra: niveau normal (suspension pneumatique) *f*
Spa: nivel normal (suspensión neumática) *m*

Notabstellung ***f***
Eng: emergency shutoff *n*
Fra: arrêt d'urgence *m*
Spa: desconexión de emergencia *f*

Notbetrieb (Kfz) ***m***
Eng: limp home mode (motor vehicle) *n*
Fra: fonctionnement en mode dégradé *m*
Spa: marcha de emergencia (automóvil) *f*

Notbremsung ***f***
Eng: panic braking *n*
Fra: freinage en situation de panique *m*
Spa: frenado de emergencia *m*

Notbremsung ***f***
Eng: emergency braking *n*
Fra: freinage en situation de panique *m*
Spa: frenado de emergencia *m*

Notfahrbetrieb (Kfz) ***m***
Eng: limp home operation (motor vehicle) *n*
Fra: fonctionnement en mode dégradé *m*
Spa: marcha en modo de emergencia (automóvil) *f*

Notfahrstellregler ***m***
Eng: limp home position governor *n*

Deutsch

Deutsch

Fra: régulateur de roulage en mode incidenté *m*
Spa: regulador de marcha de emergencia *m*

Notlauf ***m***
Eng: limp home *n*
Fra: mode dégradé *m*
(mode incidenté) *m*
Spa: funcionamiento de emergencia *m*

Notlaufeigenschaft ***f***
Eng: limp home characteristic *n*
Fra: capacité de fonctionnement en mode dégradé *f*
Spa: característica de marcha de emergencia *f*

Notlauffunktion ***f***
Eng: limp home mode function *n*
Fra: fonction de secours *f*
Spa: función de marcha de emergencia *f*

Notstromaggregat ***n***
Eng: emergency power generator set *n*
Fra: groupe électrogène *m*
Spa: grupo electrógeno de emergencia *m*

NO_x-Anteil ***m***
Eng: NO_x percentile *n*
Fra: taux de NO_x *f*
Spa: contenido de NO_x *m*

NO_x-Ausspeicherung ***f***
Eng: NO_x removal *n*
Fra: extraction de NO_x *f*
Spa: descarga de NO_x a memoria externa *f*

NO_x-Einspeicherung ***f***
Eng: NO_x storage *n*
Fra: accumulation de NO_x *f*
Spa: almacenamiento de NO_x *m*

NO_x-Emission ***f***
Eng: NO_x emission *n*
Fra: émission de NO_x *f*
Spa: emisión de NO_x *f*

NO_x-Gehalt ***m***
Eng: NO_x content *n*
Fra: teneur en NO_x *f*
Spa: contenido de NO_x *m*

NO_x-Reduktion ***f***
Eng: NO_x reduction *n*
Fra: réduction des NO_x *f*
Spa: reducción de NO_x *f*

NO_x-Sättigung ***f***
Eng: NO_x saturation *n*
Fra: saturation en NO_x *f*
Spa: saturación de NO_x *f*

NO_x-Speicherkatalysator ***m***
Eng: NO_x storage catalyst *n*
Fra: catalyseur à accumulateur de NO_x *m*
Spa: catalizador almacenador de NO_x *m*

Nullförderung ***f***
Eng: zero delivery *n*
(zero-fuel quantity) *n*
Fra: débit nul *m*
Spa: suministro nulo *m*

Nullgas (Abgasprüftechnik) ***n***
Eng: zero gas (exhaust-gas test) *n*
Fra: gaz neutre (émissions) *m*
Spa: gas neutro (técnica de ensayo de gases de escape) *m*

Nulllastdrehzahl ***f***
Eng: no load speed *n*
(idle speed) *n*
Fra: vitesse à vide *f*
Spa: velocidad de giro de carga nula *f*

Nulllastverbrauch ***m***
Eng: no load consumption *n*
Fra: consommation à charge nulle *f*
Spa: consumo con carga nula *m*

Nulllinie ***f***
Eng: neutral axis *n*
Fra: fibre neutre *f*
Spa: línea neutra *f*

Nutzfahrzeug ***n***
Eng: commercial vehicle *n*
Fra: véhicule utilitaire *m*
Spa: vehículo industrial *m*

Nutzfluss ***m***
Eng: magnetic flux *n*
Fra: flux magnétique utile *m*
Spa: flujo magnético útil *m*

Nutzgröße ***f***
Eng: useful quantity *n*
Fra: grandeur utile *f*
Spa: magnitud útil *f*

Nutzhub ***m***
Eng: effective stroke *n*
Fra: course utile *f*
Spa: carrera efectiva *f*

Nutzlast (Zuladung) ***f***
Eng: payload *n*
Fra: charge utile *f*
Spa: carga útil *f*

Nutzlast ***f***
Eng: useful load *n*
(working load) *n*
Fra: charge utile *f*
Spa: carga útil *f*

Nutzleistung ***f***
Eng: effective power *n*
Fra: puissance effective *f*
Spa: potencia efectiva *f*

Nutzsignal ***n***
Eng: useful signal *n*
(wanted signal) *n*
Fra: signal utile *m*
Spa: señal útil *f*

Nutzungsdauer ***f***
Eng: operating time *n*
Fra: durée d'utilisation *f*
Spa: duración de servicio *f*

Nutzungsphase ***f***
Eng: utilization phase *n*
Fra: phase d'utilisation *f*
Spa: fase de uso *f*

O

OBD-Systemtests ***m***
Eng: OBD system tests *npl*
Fra: tests système OBD *mpl*
Spa: verificación de sistemas OBD *f*

Obenliegende Nockenwelle ***f***
Eng: overhead camshaft, OHC *n*
Fra: arbre à cames en tête *m*
Spa: árbol de levas superior *m*

obere Volllastdrehzahl ***f***
Eng: maximum full load speed *n*
Fra: vitesse maximale à pleine charge *f*
Spa: velocidad de giro máxima a plena carga *f*

oberer Totpunkt ***m***
Eng: top dead center, TDC *n*
Fra: point mort haut *m*
Spa: punto muerto superior *m*

Oberflächenermüdung ***f***
Eng: surface fatigue *n*
Fra: usure par fatigue *f*
Spa: fatiga superficial *f*

Oberflächenhärte ***f***
Eng: surface hardness *n*
Fra: dureté de surface *f*
Spa: dureza superficial *f*

Oberflächenrauigkeit ***f***
Eng: surface roughness *n*
Fra: rugosité de surface *f*
Spa: rugosidad superficial *f*

Oberkammer ***f***
Eng: upper chamber *n*
Fra: chambre supérieure *f*
Spa: cámara superior *f*

Oberschwingungen ***fpl***
Eng: harmonics *npl*
Fra: oscillations harmoniques *fpl*
Spa: oscilaciones armónicas *fpl*

Oberspannung ***f***
Eng: maximum stress *n*
Fra: contrainte maximale *f*
Spa: tensión máxima *f*

OC-Ventil ***n***
Eng: OC valve *n*
Fra: distributeur à centre ouvert *m*
Spa: válvula OC *f*

Öffnungsdauer (Einspritzventil) ***f***
Eng: opening period (fuel injector) *n*
Fra: durée d'ouverture (injecteur) *f*
Spa: duración de apertura (válvula de inyección) *f*

Öffnungsdruck ***m***
Eng: opening pressure *n*
Fra: pression d'ouverture *f*

Spa: presión de apertura *f*

Offsetaufprall ***m***
Eng: offset impact *n*
Fra: choc décalé *m*
Spa: choque fuera de eje *m*

Oktanzahl ***f***
Eng: octane number, ON *n*
Fra: indice d'octane *m*
Spa: índice de octano *m*

Oktanzahlanpassung ***f***
Eng: octane number adaptation *n*
Fra: adaptation de l'indice d'octane *f*
Spa: adaptación de índice de octano *f*

Oktanzahlstecker ***m***
Eng: octane number plug *n*
Fra: connecteur d'indice d'octane *m*
Spa: enchufe de índice de octano *m*

Ölabbau ***m***
Eng: oil degradation *n*
Fra: décomposition de l'huile *f*
Spa: descomposición de aceite *f*

Ölabscheider ***m***
Eng: oil separator *n*
Fra: séparateur d'huile *m*
Spa: separador de aceite *m*

Ölabstreifring (Verbrennungsmotor) ***m***
Eng: oil control ring (IC engine) *n*
(oil scraper ring) *n*
Fra: racleur d'huile *m*
Spa: aro rascador de aceite (motor de combustión) *m*

Ölbadluftfilter ***n***
Eng: oil bath air filter *n*
Fra: filtre à air à bain d'huile *m*
Spa: filtro de aire del baño de aceite *m*

Ölbehälter ***m***
Eng: oil reservoir *n*
Fra: réservoir d'huile *m*
Spa: depósito de aceite *m*

Öldruckbremse ***f***
Eng: hydraulic-actuated brake *n*
Fra: frein à commande hydraulique *m*
Spa: freno hidráulico *m*

Öldruckleitung ***f***
Eng: oil pressure pipe *n*
Fra: conduite de refoulement d'huile *f*
Spa: tubería de aceite a presión *f*

Öldruckwarnleuchte ***f***
Eng: oil pressure warning lamp *n*
Fra: témoin d'avertissement de pression d'huile *m*
Spa: lámpara de aviso de presión de aceite *f*

Öleinfüllstutzen ***m***
Eng: oil filler neck *n*
Fra: tubulure de remplissage d'huile *f*
Spa: boca de llenado de aceite *f*

Ölfilter ***n***
Eng: lube oil filter *n*
Fra: filtre à huile *m*
Spa: filtro de aceite *m*

Ölfiltereinsatz ***m***
Eng: lube oil filter element *n*
Fra: cartouche de filtre à huile *f*
Spa: elemento del filtro de aceite *m*

Ölkreislauf ***m***
Eng: oil circuit *n*
Fra: circuit d'huile *m*
Spa: circuito de aceite *m*

Ölkühler ***m***
Eng: oil cooler *n*
Fra: refroidisseur d'huile *m*
Spa: refrigerador de aceite *m*

Ölpeilstab ***m***
Eng: oil dipstick *n*
Fra: jauge d'huile *f*
Spa: varilla indicadora de nivel de aceite *f*

Ölqualität ***f***
Eng: oil grade *n*
Fra: qualité d'huile *f*
Spa: calidad del aceite *f*

Ölrückförderpumpe ***f***
Eng: oil return pump *n*
Fra: pompe de retour d'huile *f*
Spa: bomba de retorno de aceite *f*

Ölstand ***m***
Eng: oil level *n*
Fra: niveau d'huile *m*
Spa: nivel de aceite *m*

Ölstands-Anzeiger ***m***
Eng: oil gauge *n*
Fra: indicateur de niveau d'huile *m*
Spa: indicador de nivel de aceite *m*

Ölstrom ***m***
Eng: oil flow *n*
Fra: débit d'huile *m*
Spa: flujo de aceite *m*

Ölwanne ***f***
Eng: oil sump *n*
(oil pan) *n*
Fra: carter d'huile *m*
Spa: cárter de aceite *m*

Omnibuszug ***m***
Eng: passenger road train *n*
Fra: train routier à passagers *m*
Spa: tren de carretera de pasajeros *m*

On-Board-Diagnose ***f***
Eng: on board diagnostics, OBD *n*
Fra: diagnostic embarqué *m*
Spa: diagnóstico a bordo *m*

Open Center System ***n***
Eng: open center system *n*
Fra: système à centre ouvert *m*
Spa: sistema de centro abierto *m*

Ortung ***f***
Eng: positioning *n*
Fra: localisation *f*
Spa: localización *f*

Oszillator ***m***
Eng: oscillator *n*
Fra: oscillateur *m*
Spa: oscilador *m*

Oszilloskop ***n***
Eng: oscilloscope *n*
Fra: oscilloscope *m*
Spa: osciloscopio *m*

Ottokraftstoff ***m***
Eng: gasoline *n*
Fra: essence *f*
Spa: gasolina *f*

Ottomotor ***m***
Eng: gasoline engine *n*
(spark-ignition engine) *n*
(SI engine) *n*
Fra: moteur à essence *m*
(moteur à allumage par étincelle) *m*
Spa: motor de gasolina *m*

Overdrive-Schalter ***m***
Eng: overdrive switch *n*
Fra: interrupteur de surmultipliée *m*
Spa: interruptor de Overdrive *m*

Oxid-Reaktionsschicht ***f***
Eng: oxide reaction layer *n*
Fra: couche de réaction aux oxydes *f*
Spa: capa de reacción de óxido *f*

Oxydationskatalysator ***m***
Eng: oxidation catalytic converter *n*
Fra: catalyseur d'oxydation *m*
Spa: catalizador por oxidación *m*

P

Panhard-Stab ***m***
Eng: panhard rod *n*
Fra: barre Panhard *f*
Spa: barra Panhard *f*

Panikalarm (Autoalarm) ***m***
Eng: panic alarm (car alarm) *n*
Fra: alarme panique (alarme auto) *f*
Spa: alarma de pánico (alarma de vehículo) *f*

Panikschalter ***m***
Eng: panic switch (car alarm) *n*
Fra: commutateur antipanique *m*
Spa: interruptor para casos de pánico *m*

Pannenruf ***m***
Eng: breakdown call *n*
Fra: appel de dépannage *m*
Spa: llamada en caso de avería *f*

Panzerschlauch (Sonderzündspule) ***m***
Eng: armored hose (special ignition coil) *n*

Deutsch

Deutsch

Fra: flexible blindé (bobine d'allumage spéciale) *m*
Spa: tubo flexible blindado (bobina especial de encendido) *m*

Papiereinsatz (Luftfilter) ***m***
Eng: paper element (air filter) *n*
Fra: élément filtrant en papier (filtre à air) *m*
Spa: elemento de papel (filtro de aire) *m*

Papierluftfilter ***n***
Eng: paper air filter *n*
Fra: filtre à air en papier *m*
Spa: filtro de aire de papel *m*

Papierwickel (Kraftstofffilter) ***m***
Eng: paper element (fuel filter) *n*
Fra: rouleau de papier (filtre à carburant) *m*
Spa: rollo de papel (filtro de combustible) *m*

Parallelfilter ***n***
Eng: parallel filter *n*
Fra: filtre en parallèle *m*
Spa: filtro paralelo *m*

Parallelogramm-Wischarm ***m***
Eng: parallelogram wiper arm *n*
Fra: bras d'essuie-glace à parallélogramme *m*
Spa: brazo de limpiaparabrisas en paralelogramo *m*

Parallelschaltung ***f***
Eng: parallel connection *n*
Fra: montage en parallèle *m*
Spa: conexión en paralelo *f*

Park-Distanz-Kontrolle ***f***
Eng: park distance control *n*
Fra: contrôle de distance de stationnement *m*
Spa: control de distancia de aparcamiento *m*

Parkdose (Anhänger-ABS) ***f***
Eng: parking socket (trailer ABS) *n*
Fra: prise de stationnement (ABS pour remorque) *f*
Spa: tomacorriente de aparcamiento (ABS de remolque) *m*

Parkleuchte ***f***
Eng: parking lamp *n*
Fra: feu de stationnement *m*
Spa: lámpara de aparcamiento *f*

Partikel ***f***
Eng: particulate *n*
Fra: particule *f*
Spa: partícula *f*

Partikelemission ***f***
Eng: particulate emission *n*
Fra: émission de particules *f*
Spa: emisión de partículas *f*

Partikelfilter ***m***
Eng: particulate filter *n*
Fra: filtre à particules *m*
Spa: filtro de partículas *m*

passive Sicherheit ***f***
Eng: passive safety *n*
Fra: sécurité passive *f*
Spa: seguridad pasiva *f*

Pedalanschlag ***m***
Eng: pedal stop *n*
Fra: butée de pédale *f*
Spa: tope de pedal *m*

Pedalkraft ***f***
Eng: pedal force *n*
Fra: effort sur la pédale *m*
Spa: fuerza de pedal *f*

Pedalstütze (Bremsenprüfung) ***f***
Eng: pedal positioner (braking-system inspection) *n*
Fra: positionneur de pédale de frein (contrôle des freins) *m*
Spa: apoyo de pedal (comprobación de frenos) *m*

Pedalwegsimulator ***m***
Eng: pedal travel simulator *n*
Fra: simulateur de course de pédale *m*
Spa: simulador de recorrido del pedal *m*

Pedalwertgeber ***m***
Eng: pedal travel sensor *n*
Fra: capteur de position d'accélérateur *m*
Spa: captador de posición del pedal *m*

Periodendauer ***f***
Eng: period duration *n*
Fra: période (d'un signal) *f*
Spa: duración de período *f*

Permanentfeld ***n***
Eng: permanent magnet field *n*
Fra: excitation permanente *f*
Spa: campo permanente *m*

Permanentmagnet ***m***
Eng: permanent magnet *n*
Fra: aimant permanent *m*
Spa: imán permanente *m*

Permanentmagnetfeld ***n***
Eng: permanent magnet field *n*
Fra: excitation permanente *f*
Spa: campo de imán permanente *m*

Permeabilität ***f***
Eng: permeability *n*
Fra: perméabilité *f*
Spa: permeabilidad *f*

Permeabilitätszahl ***f***
Eng: relative permeability *n*
Fra: perméabilité relative *f*
Spa: permeabilidad relativa *f*

Personenkraftwagen ***m***
Eng: passenger car *n*
(automobile) *n*
(car) *n*
Fra: voiture particulière *f*
Spa: turismo *m*

Pfeilfall-Festigkeit ***f***
Eng: arrow drop strength *n*
Fra: tenue au choc à la torpille *f*
Spa: resistencia a caída de flechas *f*

Pflugkraftregelung ***f***
Eng: plow force control *n*
Fra: régulation de la force de charrue *f*
Spa: regulación de fuerza de arado *f*

Phasenabstimmung ***f***
Eng: phase matching *n*
Fra: équilibrage des phases *m*
Spa: armonización de fases *f*

Phasengeber ***m***
Eng: phase sensor *n*
Fra: capteur de phase *m*
Spa: captador de fase *m*

Phasenstrom ***m***
Eng: phase current *n*
Fra: courant de phase *m*
Spa: corriente de fase *f*

Phasenumwandlung ***f***
Eng: phase transformation *n*
Fra: conversion de phase *f*
Spa: transformación de fase *f*

Phasenverlust ***m***
Eng: phase loss *n*
Fra: perte de phase *f*
Spa: pérdida de fase *f*

Phasenverschiebung ***f***
Eng: phase displacement *n*
Fra: déphasage (entre deux grandeurs sinusoïdales) *m*
Spa: desplazamiento de fase *m*

Photoelement ***n***
Eng: photocell *n*
Fra: cellule photoélectrique *f*
Spa: célula fotoeléctrica *f*

Piezoeffekt ***m***
Eng: piezoelectric effect *n*
Fra: effet piézoélectrique *m*
Spa: efecto piezoeléctrico *m*

piezoelektrischer Schallaufnehmer ***m***
Eng: vibration sensor *n*
Fra: capteur piézoélectrique de vibrations *m*
Spa: captador piezoeléctrico de sonido *m*

Piezokeramikscheibe ***f***
Eng: piezoceramic water *n*
Fra: pastille piézocéramique *f*
Spa: placa cerámica piezoeléctrica *f*

Piezokeramikstreifen ***m***
Eng: piezoceramic strip *n*
Fra: lame piézocéramique *f*
Spa: tira cerámica piezoeléctrica *f*

Piezoventil ***n***
Eng: piezo valve *n*
Fra: vanne piézoélectrique *f*

Spa: válvula piezoeléctrica *f*

Pin ***m***
Eng: pin *n*
Fra: broche *f*
Spa: pin *m*

Pinbelegung ***f***
Eng: pin allocation *n*
Fra: affectation des broches *f*
Spa: ocupación de pines *f*

Pintaux-Düse ***f***
Eng: pintaux type nozzle *n*
Fra: injecteur Pintaux *m*
Spa: inyector Pintaux *m*

Pkw ***m***
Eng: passenger car *n*
(automobile) *n*
(car) *n*
Fra: voiture particulière *f*
Spa: turismo *m*

planare Breitband-Lambda-Sonde ***f***
Eng: planar wide band Lambda sensor *n*
Fra: sonde à oxygène planaire à large bande *f*
Spa: sonda Lambda de banda ancha planar *f*

planare Lambda-Sonde ***f***
Eng: planar lambda sensor *n*
(planar oxygen sensor) *n*
Fra: sonde à oxygène planaire *f*
Spa: sonda Lambda planar *f*

planare Zweizellen-Grenzstrom-Sonde ***f***
Eng: planar dual cell current limit sensor *n*
Fra: sonde planaire de courant limite à deux cellules *f*
Spa: sonda planar de corriente límite de dos celdas *f*

planares Sensorelement ***n***
Eng: planar sensor element *n*
Fra: élément capteur planaire *m*
Spa: elemento sensor planar *m*

Planar-Keramik ***f***
Eng: planar ceramics *n*
Fra: céramique planaire *f*
Spa: cerámica planar *f*

Planarsonde ***f***
Eng: planar Lambda sensor *n*
Fra: sonde planaire à oxygène *f*
Spa: sonda planar *f*

Planarsonde ***f***
Eng: planar sensor *n*
Fra: sonde planaire à oxygène *f*
Spa: sonda planar *f*

Planetengetriebe ***n***
Eng: planetary gear *n*
Fra: train épicycloïdal *m*
Spa: engranaje planetario *m*

Planetenrad ***n***
Eng: planet gear *n*
Fra: satellite *m*
Spa: rueda planetaria *f*
(piñón satélite) *m*

Planetenträger ***m***
Eng: planetary gear carrier *n*
Fra: porte-satellites *m*
Spa: soporte planetario *m*

Planlaufabweichung (Bremsscheibe) ***f***
Eng: side runout (brake disc) *n*
Fra: voilage (disque de frein) *m*
Spa: alabeo (disco de freno) *m*

Plasmapolymerisation ***f***
Eng: plasma polymerization *n*
Fra: polymérisation au plasma *f*
Spa: polimerización por plasma *f*

Plasmaspritzen ***n***
Eng: plasma spraying *n*
Fra: projection au plasma *f*
Spa: proyección por plasma *f*

Plasmastrahl ***m***
Eng: plasma beam *n*
Fra: jet de plasma *m*
Spa: rayo de plasma *m*

Platin ***n***
Eng: platinum *n*
Fra: platine *m*
Spa: platino *m*

Platinmittelelektrode (Zündkerze) ***f***
Eng: platinum center electrode (spark plug) *n*
Fra: électrode centrale en platine (bougie d'allumage) *f*
Spa: electrodo central de platino (bujía de encendido) *m*

Plattenkondensator ***m***
Eng: plate capacitor *n*
Fra: condensateur à plaques *m*
Spa: condensador de placas *m*

Plattieren ***n***
Eng: plating *n*
Fra: placage *m*
Spa: chapeado *m*

Pleuel ***n***
Eng: connecting rod *n*
(con-rod) *n*
(piston rod) *n*
Fra: bielle *f*
Spa: biela *f*

Pleuellager ***n***
Eng: connecting rod bearing *n*
Fra: coussinet de bielles *m*
Spa: cojinete de biela *m*

Pleuelstange ***f***
Eng: connecting rod *n*
Fra: bielle *f*
Spa: biela *f*

Plungerkolben ***m***
Eng: floating piston *n*
Fra: piston plongeur *m*
Spa: émbolo buzador *m*

Plusdiode ***f***
Eng: positive diode *n*
Fra: diode positive *f*
Spa: diodo positivo *m*

Pneumatikbremskreis ***m***
Eng: pneumatic brake circuit *n*
Fra: circuit de freinage pneumatique *m*
Spa: circuito neumático de frenado *m*

Pneumatikdruckbegrenzer ***m***
Eng: pneumatic pressure limiter *n*
Fra: limiteur de pression pneumatique *m*
Spa: limitador de presión neumática *m*

Pneumatikleitung ***f***
Eng: pneumatic line *n*
Fra: conduite pneumatique *f*
Spa: tubería neumática *f*

Pneumatikzylinder ***m***
Eng: pneumatic cylinder *n*
Fra: vérin pneumatique *m*
Spa: cilindro neumático *m*

pneumatische Abstellvorrichtung ***f***
Eng: pneumatic shutoff device *n*
Fra: dispositif d'arrêt pneumatique *m*
Spa: dispositivo neumático de parada *m*

pneumatische Bremsanlage ***f***
Eng: air brake system *n*
Fra: dispositif de freinage pneumatique *m*
Spa: sistema neumático de frenos *m*

pneumatische Federung ***f***
Eng: pneumatic suspension *n*
Fra: suspension pneumatique *f*
Spa: suspensión neumática *f*

Polabdeckkappe (Batterie) ***f***
Eng: terminal post cover (battery) *n*
Fra: capot de protection de borne (batterie) *m*
Spa: tapa protectora de bornes (batería) *f*

Polbrücke (Batterie) ***f***
Eng: plate strap (battery) *n*
Fra: barrette de jonction *f*
Spa: puente de conexión (batería) *m*

Poldurchgang ***m***
Eng: pole pass *n*
Fra: passage de pôle *m*
Spa: paso de polos *m*

Polfinger ***m***
Eng: pole finger *n*
Fra: extrémité polaire *f*
Spa: dedo de terminal *m*

Polfläche ***f***
Eng: pole face *n*
(pole surface) *n*
Fra: surface polaire *f*
Spa: superficie polar *f*

Deutsch

poliert *adj*
Eng: polished *adj*
Fra: poli *pp*
Spa: pulido *adj*

Polkern *m*
Eng: pole body *n*
Fra: noyau polaire *m*
Spa: núcleo de polo *m*

Polklaue *f*
Eng: pole claw *n*
Fra: griffe polaire *f*
Spa: garra de terminal *f*

Pollenfilter *n*
Eng: pollen filter *n*
Fra: filtre anti-pollen *m*
Spa: filtro de polen *m*

Polrad *n*
Eng: pole wheel *n*
Fra: roue polaire *f*
Spa: rueda polar *f*

Polschuh *m*
Eng: pole shoe *n*
Fra: épanouissement polaire *m*
Spa: terminal *m*

Polteilung *f*
Eng: pole pitch *n*
Fra: pas polaire *m*
Spa: distancia interpolar *f*
(paso polar) *m*

Polumschaltung *f*
Eng: pole changing *n*
Fra: commutation des pôles *f*
Spa: conmutación de polos *f*

Poly-Ellipsoid-Scheinwerfer, PES *a*
Eng: PES headlamp *n*
Fra: projecteur polyellipsoïde *a*
Spa: faro polielipsoide *m*

Polymergleitschicht *f*
Eng: polymer liner *n*
Fra: couche antifriction polymère *f*
Spa: capa polimérica antifricción *f*

Poly-V-Riemen *m*
Eng: ribbed V-belt *n*
Fra: courroie trapézoïdale à nervures *f*
Spa: polea trapezoidal nervada *f*

Polzahl *f*
Eng: number of poles *n*
Fra: nombre de pôles *m*
Spa: número de polos *m*

Pontonform (Kfz) *f*
Eng: conventional form (motor vehicle) *n*
Fra: carrosserie à trois volumes *f*
Spa: forma de pontón (automóvil) *f*

Porenweite (Filter) *f*
Eng: pore size (filter) *n*
Fra: porosité (filtre) *f*
Spa: tamaño de poros (filtro) *m*

Positionsleuchten *fpl*
Eng: clearance lights *npl*
(position lights) *npl*
Fra: feux de position *m*
Spa: lámparas de posición *fpl*

Positionsrückmeldung (ASR-Stellmotor) *f*
Eng: position feedback (TCS servomotor) *n*
Fra: confirmation de positionnement (servomoteur ASR) *f*
Spa: señal de respuesta de posición (servomotor ASR) *f*

Positionsschalter *m*
Eng: position switch *n*
Fra: contacteur de position *m*
Spa: interruptor de posición *m*

Positionssensor *m*
Eng: position sensor *n*
Fra: capteur de position *m*
Spa: sensor de posición *m*

positive Angleichung *f*
Eng: positive torque control *n*
Fra: correction de débit positive *f*
Spa: ajuste positivo *m*

positive Elektrode *f*
Eng: positive electrode *n*
Fra: électrode positive *f*
Spa: electrodo positivo *m*

positiver Temperaturkoeffizient *m*
Eng: positive temperature coefficent, PTC *n*
Fra: coefficient de température positif (CTP) *m*
Spa: coeficiente de temperatura positivo *m*

Potentiometer *m*
Eng: potentiometer *n*
Fra: potentiomètre *m*
Spa: potenciómetro *m*

Pralldämpfersystem *n*
Eng: shock absorber system *n*
Fra: système d'amortissement des chocs *m*
Spa: sistema amortiguador de choque *m*

Prallfläche (Dieseleinspritzung) *f*
Eng: baffle surface (diesel fuel injection) *n*
Fra: surface d'impact (injection diesel) *f*
Spa: superficie de choque (inyección diesel) *f*

Prallkante *f*
Eng: impact edge *n*
Fra: arête de rebond *f*
Spa: arista de choque *f*

Prallkappe (Einspritzventil) *f*
Eng: anti erosion cap (fuel injector) *n*
Fra: capuchon anti-érosion (injecteur) *m*
Spa: caperuza anti-erosión (válvula de inyección) *f*

Prallplatte (Drucksteller) *f*
Eng: baffle plate (pressure actuator) *n*
Fra: déflecteur (actionneur de pression) *m*
Spa: placa deflectora (ajustador de presión) *f*

Prallscheibe *f*
Eng: impact plate *n*
Fra: rondelle déflectrice *f*
Spa: arandela de rebotamiento *f*

Pralltopf *m*
Eng: baffle *n*
Fra: pot antichoc *m*
Spa: campana deformable *f*

Pratze *f*
Eng: lug *n*
(mounting bracket) *n*
Fra: patte de fixation *f*
Spa: garra *f*

Precrash-Erkennung *f*
Eng: precrash detection *n*
Fra: détection prévisionnelle de choc *f*
Spa: detección precolisión *f*

Prellzeit (Relais) *f*
Eng: bounce time (relay) *n*
Fra: temps de rebondissement (relais) *m*
Spa: tiempo de rebote (relé) *m*

Primärdruck *m*
Eng: primary pressure *n*
Fra: pression primaire *f*
Spa: presión primaria *f*

Primärkreis *m*
Eng: primary circuit *n*
Fra: circuit primaire *m*
Spa: circuito primario *m*

Primärleitung (Zündanlage) *f*
Eng: primary line (ignition system) *n*
Fra: câble de circuit primaire (allumage) *m*
Spa: cable primario (sistema de encendido) *m*

Primärmanschette *f*
Eng: primary cup seal *n*
Fra: manchette primaire *f*
Spa: manguito primario *m*

Primärpolfläche *f*
Eng: primary pole surface *n*
Fra: surface polaire primaire *f*
Spa: superficie polar primaria *f*

Primärretarder *m*
Eng: primary retarder *n*
Fra: ralentisseur primaire *m*
Spa: retardador primario *m*

Primärscheibe *f*
Eng: primary pulley *n*
(primary disk) *n*

Fra: poulie primaire *f*
Spa: polea primaria *f*

Primärspannung ***f***
Eng: primary voltage *n*
Fra: tension primaire *f*
Spa: tensión de primario *f*

Primärspule ***f***
Eng: primary winding *n*
Fra: enroulement primaire *m*
Spa: devanado primario *m*

Primärstrombegrenzung ***f***
Eng: primary current limitation *n*
Fra: régulation du courant primaire *f*
Spa: limitación de corriente de primario *f*

Primärwicklung ***f***
Eng: primary winding *n*
Fra: enroulement primaire *m*
Spa: arrollamiento primario *m*

Primärwiderstand ***m***
Eng: primary resistance *n*
Fra: résistance de l'enroulement primaire *f*
Spa: resistencia primaria *f*

Pritsche (Nfz) ***f***
Eng: flatbed (commercial vehicle) *n*
Fra: plateforme *f*
Spa: caja de carga (vehículo industrial) *f*

Pritschenfahrzeug (Nfz) ***n***
Eng: platform body vehicle (commercial vehicle) *n*
Fra: camion à plateau de transport *m*
Spa: camión de plataforma (vehículo industrial) *m*

Pritschenwagen (Nfz) ***m***
Eng: flatbed truck (commercial vehicle) *n*
Fra: camion-plateau *m*
Spa: camión plancha (vehículo industrial) *m*

Probefahrt ***f***
Eng: test drive *n*
(road test) *n*
Fra: parcours d'essai *m*
Spa: recorrido de prueba *m*

Profilgummi ***n***
Eng: profile rubber seal *n*
Fra: caoutchouc profilé *m*
Spa: goma perfilada *f*

Profilhöhe (Reifen) ***f***
Eng: tread depth (tire) *n*
Fra: profondeur de sculpture *f*
(profil) *f*
(sculpture) *m*
Spa: profundidad del perfil (neumáticos) *f*

Profilverschiebung ***f***
Eng: addendum modification *n*
Fra: déport de profil *m*
Spa: corrección del perfil *f*

Programmmodul ***m***
Eng: program module *n*
Fra: module de programme *m*
Spa: módulo de programa *m*

Programmwahlschalter ***m***
Eng: program selector *n*
Fra: sélecteur de programme *m*
Spa: conmutador selector de programa *m*

Projektionsoptik (Scheinwerfer) ***f***
Eng: projection optics (headlamp) *npl*
Fra: optique de projection (projecteur) *f*
Spa: óptica de proyección (faros) *f*

Proportionalventil (ASR) ***n***
Eng: proportioning valve (TCS) *n*
Fra: valve proportionnelle (ASR) *f*
Spa: válvula proporcional (ASR) *f*

Prüfablauf ***m***
Eng: test procedure *n*
Fra: déroulement du contrôle *m*
Spa: pasos de verificación *mpl*

Prüfadapter ***m***
Eng: test adapter *n*
Fra: adaptateur d'essai *m*
Spa: adaptador de comprobación *m*

Prüfanleitung ***f***
Eng: test instructions *npl*
Fra: notice d'essai *f*
Spa: instrucciones de comprobación *fpl*

Prüfanschluss (Druckluftbremse) ***m***
Eng: pressure test connection (compressed-air brake) *n*
Fra: raccord d'essai (frein à air comprimé) *m*
Spa: conexión de comprobación (freno de aire comprimido) *f*

Prüfanschluss ***m***
Eng: test connection *n*
Fra: raccord d'essai *m*
Spa: conexión de comprobación *f*

Prüfdauer ***f***
Eng: test duration *n*
Fra: durée d'essai *f*
Spa: duración del ensayo *f*

Prüfdüse ***f***
Eng: calibrating nozzle *n*
(test nozzle) *n*
Fra: injecteur d'essai *m*
Spa: inyector de ensayo *m*

Prüfdüsenhalter ***m***
Eng: calibrating nozzle holder assembly *n*
Fra: porte-injecteur d'essai *m*
Spa: portainyectores de ensayo *m*

Prüfeinrichtung ***f***
Eng: test equipment *n*
Fra: dispositif d'essai *m*
Spa: dispositivo de comprobación *m*

prüfen ***v***
Eng: to test *v*
Fra: contrôler *v*
Spa: comprobar *v*

Prüfgerät ***n***
Eng: test equipment *n*
Fra: appareil de contrôle *m*
Spa: comprobador *m*

Prüfgeschwindigkeit ***f***
Eng: test speed *n*
Fra: vitesse d'essai *f*
Spa: velocidad de comprobación *f*

Prüfimpuls ***m***
Eng: test pulse *n*
Fra: impulsion de contrôle *f*
Spa: impulso de comprobación *m*

Prüfkabel ***n***
Eng: test cable *n*
Fra: câble d'essai *m*
Spa: cable de comprobación *m*

Prüflast ***f***
Eng: test pressure *n*
Fra: charge d'essai *f*
Spa: carga de ensayo *f*

Prüfleitung (Einspritzpumpen-Prüfstand) ***f***
Eng: test lead (injection-pump test bench) *n*
Fra: conduite d'essai (banc d'essai des conduites) *f*
Spa: tubería de comprobación (banco de pruebas de bombas de inyección) *f*

Prüföl ***n***
Eng: calibrating oil *n*
Fra: huile d'essai *f*
Spa: aceite de comprobación *m*

Prüfparameter ***m***
Eng: test parameters *npl*
Fra: paramètre d'essai *m*
Spa: parámetros de comprobación *mpl*

Prüfplakette ***f***
Eng: inspection tag *n*
Fra: autocollant d'inspection *m*
Spa: placa de inspección *f*

Prüfplan ***m***
Eng: inspection planning *n*
Fra: plan de contrôle *m*
Spa: plan de comprobación *m*

Prüfprogramm (Abgasprüfung) ***n***
Eng: test program (exhaust-gas test) *n*
(inspection and test program) *n*
Fra: programme d'essai (émissions) *m*
Spa: programa de comprobación (comprobación de gases de escape) *m*

Prüfprotokoll ***n***
Eng: test record *n*
(test report) *n*

Deutsch

Fra: compte rendu d'essai *m*
Spa: informe de pruebas *m*

Prüfsoftware ***f***
Eng: test software *n*
Fra: logiciel d'essai *m*
Spa: software de comprobación *m*

Prüfspannung ***f***
Eng: test voltage *n*
Fra: tension d'essai *f*
Spa: tensión de ensayo *f*

Prüfspitze ***f***
Eng: test prod *n*
(test probe) *n*
Fra: pointe d'essai *f*
Spa: punta de comprobación *f*

Prüfstand ***m***
Eng: test bench *n*
Fra: banc d'essai *m*
Spa: banco de pruebas *m*

Prüfstellung (Feststellbremsventil) ***f***
Eng: test position (parking-brake valve) *n*
Fra: position de contrôle (valve de frein de stationnement) *f*
Spa: posición de ensayo (válvula de freno de estacionamiento) *f*

Prüftechnik ***f***
Eng: test technology *n*
Fra: technique de contrôle et d'essai *f*
Spa: técnica de verificación *f*

Prüfumfang ***m***
Eng: extent of inspection *n*
(scope of inspection) *n*
Fra: contrôles *mpl*
Spa: extensión de la comprobación *f*

Prüfvorschrift ***f***
Eng: test regulations *npl*
Fra: instructions d'essai *fpl*
Spa: prescripción de comprobación *f*

Prüfwerte ***mpl***
Eng: test specifications *npl*
Fra: valeurs d'essai *fpl*
Spa: valores de comprobación *mpl*

Prüfzeichen ***n***
Eng: mark of approval *n*
Fra: marque d'homologation *f*
Spa: sello de homologación *m*

Pufferbetrieb (Batterieladung) ***m***
Eng: floating-mode operation (battery charge) *n*
Fra: mode « tampon » (charge de batterie) *m*
Spa: funcionamiento en tampón (carga de batería) *m*

pulsen (Drucksteuerung) ***v***
Eng: pulsing (pressure control) *v*
Fra: par impulsion (pilotage de pression) *loc*
Spa: producir impulsos (control de presión) *v*

pulsierend (Drucksteuerung) ***ppr***
Eng: pulse-controlled (pressure) *pp*
Fra: par impulsions (modulation de pression) *loc*
Spa: por impulsos (control de presión) *loc*

pulsweitenmoduliert ***adj***
Eng: pulse width modulated, PWM *pp*
Fra: à largeur d'impulsion modulée *loc*
Spa: modulado en amplitud de impulsos, PWM *adj*

pulverbeschichtet ***pp***
Eng: powder coated *pp*
Fra: revêtement de poudre *m*
Spa: pintado a polvo *pp*

Pulverlack ***m***
Eng: powder based paint *n*
Fra: laque à base de poudre *f*
Spa: pintura en polvo *f*

Pumpe-Düse ***f***
Eng: unit injector *n*
Fra: injecteur-pompe *m*
Spa: bomba-inyector *f*

Pumpe-Leitung-Düse ***f***
Eng: unit pump *n*
Fra: pompe unitaire haute pression *f*
Spa: bomba-tubería-inyector *f*

Pumpenabtrieb ***m***
Eng: pump power take-off *n*
Fra: côté sortie de la pompe *m*
Spa: accionamiento de bomba *m*

Pumpen-Antriebswelle ***f***
Eng: pump drive shaft *n*
Fra: arbre d'entraînement de pompe *m*
Spa: árbol de accionamiento de bomba *m*

Pumpendruck ***m***
Eng: pump interior pressure *n*
Fra: pression à l'intérieur de la pompe *f*
Spa: presión de la bomba *f*

Pumpenelement (Einspritzpumpe) ***n***
Eng: pump element (fuel-injection pump) *n*
Fra: élément de pompage (pompe d'injection) *m*
Spa: elemento de bomba (bomba de inyección) *m*

Pumpenfördermenge ***f***
Eng: pump delivery quantity *n*
Fra: débit de refoulement de la pompe *m*
Spa: caudal de suministro de la bomba *m*

Pumpenförderraum ***m***
Eng: pump chamber *n*
Fra: chambre de refoulement de la pompe *f*
Spa: cámara de la bomba *f*

Pumpengehäuse ***n***
Eng: pump housing *n*
(pump body) *n*
Fra: corps de pompe *m*
Spa: cuerpo de la bomba *m*

Pumpengröße ***f***
Eng: pump size *n*
Fra: taille de pompe *f*
Spa: tamaño de la bomba *m*

Pumpenkennfeld ***n***
Eng: pump map *n*
Fra: cartographie pompe *f*
Spa: diagrama característico de la bomba *m*

Pumpenkolben (Einspritzpumpe) ***m***
Eng: pump piston (fuel-injection pump) *n*
Fra: piston de pompe (pompe d'injection) *m*
Spa: émbolo de bomba (bomba de inyección) *m*

Pumpenlängsachse ***f***
Eng: longitudinal pump axis *n*
Fra: axe longitudinal de la pompe *m*
Spa: eje longitudinal de bomba *m*

Pumpenmechanismus ***m***
Eng: pump mechanism *n*
Fra: mécanisme de pompe *m*
Spa: mecanismo de bomba *m*

Pumpenmotor (ABS-Hydroaggregat) ***m***
Eng: pump motor (ABS hydraulic modulator) *n*
Fra: moteur de pompe (groupe hydraulique ABS) *m*
Spa: motor de bomba (grupo hidráulico del ABS) *m*

Pumpenrad ***n***
Eng: pump rotor *n*
Fra: rotor de pompe *m*
Spa: impulsor de bomba *m*

Pumpenraum ***m***
Eng: pump interior *n*
Fra: intérieur de la pompe *m*
Spa: interior de la bomba *m*

Pumpenzylinder (Einspritzpumpe) ***m***
Eng: pump barrel (fuel-injection pump) *n*
Fra: cylindre de pompe (pompe d'injection) *m*
Spa: cilindro de bomba (bomba de inyección) *m*

Pumpgrenze ***f***
Eng: surge limit *n*
Fra: limite de pompage *f*
Spa: límite de bombeo *m*

Pumplichtquelle *f*
Eng: pumping light source *n*
Fra: source de pompage *f*
Spa: fuente luminosa de bombeo *f*

Pumpstrom *m*
Eng: pump current *n*
Fra: courant de pompage *m*
Spa: corriente de bombeo *f*

Pumpzelle *f*
Eng: pump cell *n*
Fra: cellule de pompage *f*
Spa: celda de bombeo *f*

Punktladung *f*
Eng: point charge *n*
Fra: charge ponctuelle *f*
Spa: carga puntual *f*

Q

Quarzoszillator *m*
Eng: quartz oscillator *n*
Fra: oscillateur à quartz *m*
Spa: oscilador de cuarzo *m*

Quarzthermometrie *f*
Eng: quartz thermometry *n*
Fra: thermométrie à quartz *m*
Spa: termometría de cuarzo *f*

Quellmattenlagerung (Katalysator) *f*
Eng: swelling mat mounting (catalytic converter) *n*
Fra: enveloppe à matelas gonflant *f*
Spa: apoyo de esterilla dilatable (catalizador) *m*

Quellung *f*
Eng: swelling *n*
Fra: gonflement *m*
Spa: hinchamiento *m*

Quench-Zone (Luft-Kraftstoff-Gemisch) *f*
Eng: quench zone (air-fuel mixture) *n*
Fra: zone de coincement (mélange air-carburant) *f*
Spa: zona de sofocación (mezcla aire-combustible) *f*

Querbeschleunigung *f*
Eng: lateral acceleration *n*
Fra: accélération transversale *f*
Spa: aceleración transversal *f*

Querbeschleunigungssensor (ESP) *m*
Eng: lateral acceleration sensor (ESP) *n*
Fra: capteur d'accélération transversale (ESP) *m*
Spa: sensor de aceleración transversal (ESP) *m*

Querbohrung *f*
Eng: transverse passage *n*
Fra: canal radial *m*
Spa: taladro transversal *m*

Querbolzen *m*
Eng: transverse bolt *n*
Fra: axe transversal *m*
Spa: perno transversal *m*

Querdrossel *f*
Eng: cross throttle *n*
Fra: étranglement transversal *m*
Spa: estrangulador transversal *m*

Querempfindlichkeit (Sensor) *f*
Eng: cross sensitivity (sensor) *n*
Fra: sensibilité transversale (capteur) *f*
Spa: sensibilidad transversal (sensor) *f*

Quergeschwindigkeit (Kfz-Dynamik) *f*
Eng: lateral velocity (vehicle dynamics) *n*
Fra: vitesse transversale (dynamique d'un véhicule) *f*
Spa: velocidad transversal (dinámica del automóvil) *f*

Querkippmoment *n*
Eng: transverse tilting moment *n*
Fra: moment de basculement transversal *m*
Spa: par transversal de vuelco *m*

Querkraft *f*
Eng: transverse force *n*
Fra: effort transversal *m*
Spa: fuerza transversal *f*

Querlenker *m*
Eng: transverse link *n*
(wishbone) *n*
Fra: bras oscillant transversal *m*
Spa: biela transversal *f*

Querschnittsfläche *f*
Eng: cross sectional area *n*
Fra: maître-couple *m*
Spa: área transversal *f*

Querspülung *f*
Eng: crossflow scavenging *n*
Fra: balayage transversal *m*
Spa: lavado transversal *m*

Querstabilisator *m*
Eng: anti roll bar *n*
(stabilizer bar) *n*
Fra: barre stabilisatrice *f*
Spa: estabilizador transversal *m*

Querstabilitätsachse (Kfz-Dynamik) *f*
Eng: roll axis (vehicle dynamics) *n*
Fra: axe de roulis (dynamique d'un véhicule) *m*
Spa: eje de estabilidad transversal (dinámica del automóvil) *m*

Querstrebe *f*
Eng: transverse strut *n*
Fra: bras transversal *m*
Spa: refuerzo transversal *m*

Querstrom-Kanalführung *f*
Eng: crossflow design *n*
Fra: conduit à flux transversal *m*
Spa: conducción de flujo transversal *f*

Querstrom-Zylinderkopf *m*
Eng: crossflow cylinder head *n*
Fra: culasse à flux transversal *f*
Spa: culata de flujo transversal *f*

Querträgerprofil *n*
Eng: cross member section *n*
Fra: profilé-traverse *m*
Spa: perfil de refuerzo transversal *m*

Quetschzange *f*
Eng: crimping tool *n*
Fra: pince à sertir *f*
Spa: tenazas para aplastar *fpl*

quietschen (Bremse) *v*
Eng: squeal (brake) *v*
Fra: grincer (frein) *m*
Spa: chirriar (freno) *v*

R

Rad- und Abschleppschutz (Autoalarm) *m*
Eng: wheel theft and tow away protection (car alarm) *n*
Fra: protection contre le vol des roues et le remorquage (alarme auto) *f*
Spa: protección de rueda y antiremolcado (alarma de vehículo) *f*

Radarsensor *m*
Eng: radar sensor *n*
Fra: capteur radar *m*
Spa: sensor de radar *m*

Radarsignal *n*
Eng: radar signal *n*
Fra: signal radar *m*
Spa: señal de radar *f*

Radaufhängung *f*
Eng: wheel suspension *n*
Fra: suspension de roue *f*
Spa: suspensión de rueda *f*

Radaufstandspunkt *m*
Eng: wheel contact point *n*
Fra: point de contact de la roue avec la chaussée *m*
Spa: punto de contacto rueda-calzada *m*

Radbeschleunigung *f*
Eng: wheel acceleration *n*
Fra: accélération périphérique des roues *f*
Spa: aceleración de la rueda *f*

Radblende *f*
Eng: wheel cap *n*
Fra: enjoliveur de roue *m*
Spa: embellecedor de rueda *m*

Radbremsdruck *m*
Eng: wheel brake pressure *n*
Fra: pression de freinage sur roue *f*
Spa: presión de frenado de rueda *f*

Radbremse *f*

Deutsch

Deutsch

Eng: wheel brake *n*
Fra: frein de roue *m*
Spa: freno de rueda *m*

Raddifferenzgeschwindigkeit *f*
Eng: wheel speed differential *n*
Fra: vitesse différentielle des roues *f*
Spa: velocidad diferencial de las ruedas *f*

Raddrehzahl *f*
Eng: wheel speed *n*
Fra: vitesse de rotation de la roue *f*
(vitesse de roue) *f*
Spa: número de revoluciones de rueda *m*

Raddrehzahlsensor *m*
Eng: wheel speed sensor *n*
Fra: capteur de vitesse de roue *m*
Spa: sensor de número de revoluciones de rueda *m*

Raddruckmodulator *m*
Eng: wheel pressure modulator *n*
Fra: modulateur de pression aux roues *m*
Spa: modulador de presión de ruedas *m*

Räderkurbelgetriebe *n*
Eng: crank wheel mechanism *n*
Fra: transmission à embiellage *f*
Spa: mecanismo rueda manivela *m*

Radialdichtung *f*
Eng: radial seal *n*
Fra: joint à lèvres *m*
Spa: junta radial *f*

Radialgebläse *n*
Eng: centrifugal fan *n*
(radial fan) *n*
Fra: ventilateur centrifuge *m*
Spa: soplador radial *m*

Radial-Kolbenmaschine *f*
Eng: radial piston machine *n*
Fra: machine à pistons radiaux *f*
Spa: máquina de émbolos radiales *f*

Radialkolbenpumpe *f*
Eng: radial piston pump *n*
Fra: pompe à pistons radiaux *f*
Spa: bomba de émbolos radiales *f*

Radialkolben-Verteilereinspritzpumpe (VR) *f*
Eng: radial piston pump *n*
Fra: pompe distributrice à pistons radiaux *f*
Spa: bomba de inyección rotativa de émbolos radiales (VR) *f*

Radiallüfter *m*
Eng: radial fan *n*
Fra: ventilateur centrifuge *m*
Spa: ventilador radial *m*

Radialreifen *m*
Eng: radial tires *npl*
(radial ply tires) *npl*
Fra: pneu radial *m*
Spa: neumáticos radiales *mpl*

Radialverdichter *m*
Eng: radial compressor *n*
Fra: compresseur radial *m*
Spa: compresor radial *m*

Radialwellendichtring *m*
Eng: radial shaft seal *n*
Fra: joint à lèvres avec ressort *m*
Spa: retén radial para árboles *m*

Radioentstörung *f*
Eng: radio interference suppression *n*
Fra: antiparasitage de l'autoradio *m*
Spa: eliminación de interferencias de radio *f*

Radio-Navigations-System *n*
Eng: radio navigation system *n*
Fra: système de radionavigation *m*
Spa: sistema de radionavegación *m*

Radkasten *m*
Eng: wheel housing *n*
(wheel arch) *n*
Fra: passage de roue *m*
Spa: caja pasarruedas *f*

Radlager *n*
Eng: wheel bearing *n*
Fra: roulement de roue *m*
Spa: cojinete de rueda *m*

Radlagerspiel *n*
Eng: wheel bearing play *n*
Fra: jeu du palier de roue *m*
Spa: juego del cojinete de rueda *m*

Radlast *f*
Eng: wheel load *n*
Fra: charge de la roue *f*
Spa: carga de la rueda *f*

Radlastsensor *m*
Eng: wheel load sensor *n*
Fra: capteur de débattement de roue *m*
Spa: sensor de carga de la rueda *m*

Radmutter *f*
Eng: wheel nut *n*
Fra: écrou de roue *m*
Spa: tuerca de rueda *f*

Radnabe *f*
Eng: wheel hub *n*
Fra: moyeu de roue *m*
Spa: cubo de rueda *m*

Radschlupf-Überwachung *f*
Eng: wheel slip monitoring *n*
Fra: surveillance de glissement des roues *f*
Spa: vigilancia de deslizamiento de rueda *f*

Radschutz (Autoalarm) *m*
Eng: wheel theft protection (car alarm) *n*
Fra: protection contre le vol des roues (alarme auto) *f*
Spa: protección antirrobo de ruedas (alarma de vehículo) *f*

Radschwenkachse (Kfz-Dynamik) *f*
Eng: wheel swivel angle (vehicle dynamics) *n*
Fra: axe de pivotement de roue (dynamique d'un véhicule) *m*
Spa: ángulo de giro de rueda (dinámica del automóvil) *m*

Radstand *m*
Eng: wheelbase *n*
Fra: empattement *m*
Spa: distancia entre ejes *f*

Radträgheitsmoment *n*
Eng: wheel moment of inertia *n*
Fra: couple d'inertie de la roue *m*
Spa: momento de inercia de la rueda *m*

Radumfangsverzögerung *f*
Eng: wheel deceleration *n*
Fra: décélération périphérique des roues *f*
Spa: deceleración periférica de la rueda *f*

Radunwucht *f*
Eng: wheel imbalance *n*
Fra: balourd des roues *m*
Spa: desequilibrio de la rueda *m*

Radzylinder *m*
Eng: wheel brake cylinder *n*
Fra: cylindre de frein de roue *m*
Spa: bombín de rueda *m*

Rahmen *m*
Eng: frame *n*
Fra: châssis *m*
Spa: bastidor *m*

Rahmenknoten *m*
Eng: frame junction *n*
Fra: jambe de force de châssis *f*
Spa: nodo de bastidor *m*

Rahmenlängsträger *m*
Eng: side member *n*
Fra: longeron du châssis *m*
Spa: larguero de bastidor *m*

Rahmensattelbremse *f*
Eng: fixed caliper brake system *n*
Fra: frein à cadre-étrier *m*
Spa: freno de pinza fija *m*

Rahmenträger *m*
Eng: frame rail *n*
Fra: support de cadre *m*
Spa: soporte del bastidor *m*

Raildruck *m*
Eng: rail pressure *n*
Fra: pression « rail » *f*
Spa: presión del conducto *f*

Raildrucksensor (Common Rail) *m*
Eng: rail pressure sensor (common rail) *n*
Fra: capteur de pression « rail » (« Common Rail ») *m*
Spa: sensor de presión del conducto (Common Rail) *m*

Raildrucksollwert *m*
Eng: rail pressure setpoint *n*
Fra: consigne de pression « rail » *f*
Spa: valor nominal de presión Rail *m*

Raildrucküberwachung *f*
Eng: rail pressure monitoring *n*
Fra: surveillance de la pression « rail » *f*
Spa: supervisión de presión Rail *f*

Rampenfunktion *f*
Eng: ramp function *n*
Fra: fonction rampe *f*
Spa: función rampa *f*

Rampenverlauf (Lambda-Regelung) *m*
Eng: ramp progression (lambda closed-loop control) *n*
Fra: évolution en rampe (régulation de richesse) *f*
Spa: progresión en rampa (regulación Lambda) *f*

Rändelschraube *f*
Eng: knurled screw *n*
Fra: vis à tête moletée *f*
Spa: tornillo moleteado *m*

Randfaser *f*
Eng: surface zone *n*
Fra: fibre externe *f*
Spa: fibra externa *f*

Randhärtetemperatur *f*
Eng: surface hardening temperature *n*
Fra: température de trempe superficielle *f*
Spa: temperatura de endurecimiento superficial *f*

Randschichthärte *f*
Eng: surface hardening *n*
(surface hardness) *n*
Fra: trempe superficielle *f*
Spa: dureza de capa superficial *f*

Rastbolzen *m*
Eng: ratchet pin *n*
(blocking pin) *n*
Fra: axe d'arrêt *m*
(axe de blocage) *m*
Spa: perno de enclavamiento *m*

Rastfeder *f*
Eng: locking spring *n*
(stop-spring) *n*
Fra: ressort à cran d'arrêt *m*
(ressort d'arrêt) *m*
Spa: resorte de encastre *m*

Rastfeder *f*
Eng: detent spring *n*
Fra: ressort à cran d'arrêt *m*
(ressort d'arrêt) *m*
Spa: resorte de encastre *m*

Raststellung (Ventil) *f*
Eng: detent position (valve) *n*
Fra: crantage (valve) *m*
Spa: posición de enclavamiento (válvula) *f*

Rauchbegrenzeranschlag *m*
Eng: smoke limiting stop *n*
Fra: butée de limitation de fumée *f*
Spa: tope limitador de humos *m*

Rauchbegrenzung *f*
Eng: smoke limitation *n*
Fra: limitation de l'émission de fumées *f*
Spa: limitación de humos *f*

Rauchgastester *m*
Eng: smoke meter *n*
Fra: fumimètre *m*
Spa: comprobador de gases de escape (medición de opacidad) *m*

Rauchgrenze *f*
Eng: smoke limit *n*
Fra: limite d'émission de fumées *f*
Spa: límite de emisión de humos *m*

Rauchmessung *f*
Eng: smoke measurement *n*
Fra: analyse des fumées diesel *f*
Spa: medición de gases de escape *f*

Rauchprüfung *f*
Eng: smoke emission test *n*
Fra: test d'émission de fumées *m*
Spa: comprobación de gases de escape *f*

Rauchstoß *m*
Eng: cloud of smoke *n*
Fra: émission de fumées *f*
Spa: bocanada de humo *f*

Rauchwert *m*
Eng: smoke emission value *n*
Fra: valeur d'émission de fumées *f*
Spa: valor de emisión de humos *m*

Rauchwertmessgerät *n*
Eng: smoke emission test equipment *n*
(smoke tester) *n*
(smokemeter) *n*
Fra: fumimètre *m*
(opacimètre) *m*
Spa: medidor del valor de emisión de humos *m*

Rauheitsprofil *n*
Eng: roughness profile *n*
(R profile) *n*
Fra: profil de rugosité *m*
Spa: perfil de rugosidad *m*

Rauhtiefe *f*
Eng: surface roughness depth *n*
Fra: profondeur de rugosité *f*
Spa: profundidad de rugosidad *f*

Raumladungsdichte *f*
Eng: volume density of charge *n*
Fra: densité de charge spatiale *f*
Spa: densidad de carga espacial *f*

Raumladungszone *f*
Eng: space charge region *n*
Fra: zone de charge spatiale *f*
Spa: zona de carga espacial *f*

Raumwinkel *m*
Eng: solid angle *n*
Fra: angle solide *m*
Spa: ángulo sólido *m*

rauschen (Funkstörung) *v*
Eng: background noise (radio disturbance) *n*
Fra: bruit de fond (perturbation) *m*
Spa: tener ruidos de fondo (interferencia de radio) *v*

Reaktanz *f*
Eng: reactance *n*
Fra: réactance *f*
Spa: reactancia *f*

Reaktionsdauer (Bremsbetätigung) *f*
Eng: reaction time (brake control) *n*
Fra: temps de réaction (commande de frein) *m*
Spa: tiempo de reacción (accionamiento de freno) *m*

Reaktionsfeder (Feststellbremsventil) *f*
Eng: reaction spring (parking-brake valve) *n*
Fra: ressort de rappel (valve de frein de stationnement) *m*
Spa: muelle de reacción (válvula de freno de estacionamiento) *m*

Reaktionskammer *f*
Eng: reaction chamber *n*
Fra: chambre de réaction *f*
Spa: cámara de reacción *f*

Reaktionskolben *m*
Eng: reaction piston *n*
Fra: piston de rappel *m*
Spa: émbolo de reacción *m*

Reaktionskraft (Bremse) *f*
Eng: reaction force (brakes) *n*
Fra: force de réaction (frein) *f*
Spa: fuerza de reacción (freno) *f*

Reaktionsmoment (Bremsprüfung) *n*
Eng: reaction torque (braking-system inspection) *n*
Fra: couple de réaction (contrôle des freins) *m*
Spa: par de reacción (comprobación de frenos) *m*

Reaktionszeit *f*
Eng: response time *n*
Fra: temps de réaction *m*
Spa: tiempo de respuesta *m*

Rechtslauf *m*
Eng: clockwise rotation *n*
Fra: rotation à droite *f*
Spa: rotación en sentido horario *f*

Reduktionskatalysator *m*
Eng: reduction catalytic converter *n*
Fra: catalyseur de réduction *m*

Deutsch

Spa: catalizador por reducción *m*

Reduktionsmittel ***n***
Eng: reducing agent *n*
Fra: agent réducteur *m*
Spa: agente reductor *m*

Reduzierhülse ***f***
Eng: reducing sleeve *n*
Fra: douille de réduction *f*
Spa: manguito reductor *m*

Reduziersignal (ASR) ***n***
Eng: reduction signal (TCS) *n*
Fra: signal de réduction (ASR) *m*
Spa: señal de reducción (ASR) *f*

Reduzierventil ***n***
Eng: reducing valve *n*
Fra: réducteur de pression *m*
Spa: válvula reductora *f*

Referenzdruck ***m***
Eng: reference pressure *n*
Fra: pression de référence *f*
Spa: presión de referencia *f*

Referenzgas (Lambda-Regelung) ***n***
Eng: reference gas (lambda closed-loop control) *n*
Fra: gaz de référence (régulation de richesse) *m*
Spa: gas de referencia (regulación Lambda) *m*

Referenzgeschwindigkeit ***f***
Eng: reference speed *n*
Fra: vitesse de référence *f*
Spa: velocidad de referencia *f*

Referenzkurzschlussring ***m***
Eng: reference short circuiting ring *n*
Fra: bague de court-circuitage de référence *f*
(bague inductive de référence) *f*
Spa: anillo de cortocircuito de referencia *m*

Referenzspannung ***f***
Eng: reference voltage *n*
Fra: tension de référence *f*
Spa: tensión de referencia *f*

Referenzstrom ***m***
Eng: reference current *n*
Fra: courant de référence *m*
Spa: corriente de referencia *f*

Reflektor (Scheinwerfer) ***m***
Eng: reflector (headlamp) *n*
Fra: réflecteur *m*
Spa: reflector (faros) *m*

Reflektoroptik ***f***
Eng: reflector optics *npl*
Fra: optique de réflexion *f*
Spa: óptica de reflexión *f*

Reflexionsschalldämpfer ***m***
Eng: reflection muffler *n*
Fra: silencieux à réflexion *m*
Spa: silenciador de reflexión *m*

Reflexionsschalldämpfer ***m***
Eng: baffle silencer *n*
(resonator-type muffler) *n*
Fra: silencieux à réflexion *m*
Spa: silenciador de reflexión *m*

Reflexionsschicht ***f***
Eng: reflective layer *n*
Fra: couche réfléchissante *f*
Spa: capa reflectora *f*

Reflexlichtschranke ***f***
Eng: photoelectric reflected light barrier *n*
Fra: cellule optique à réflexion *f*
Spa: barrera de luz reflejada *f*

Reformierungsreaktion ***f***
Eng: gas reforming reaction *n*
Fra: reformage *m*
Spa: reacción de reforming *f*

Regelabweichung ***f***
Eng: governor deviation *n*
Fra: écart de régulation *m*
Spa: desviación de regulación *f*

Regelabweichung ***f***
Eng: control variance *n*
(system deviation) *n*
Fra: écart de réglage *m*
Spa: desviación de regulación *f*

Regelbereich ***m***
Eng: control range *n*
Fra: plage de régulation *f*
Spa: campo de regulación *m*

Regelbetrieb ***m***
Eng: closed loop control *n*
Fra: mode régulation *m*
Spa: modo de regulación *m*

Regeldrossel ***f***
Eng: control throttle *n*
Fra: pointeau de réglage *m*
Spa: bobina de regulación *f*

Regeleinrichtung ***f***
Eng: control setup *n*
Fra: équipement de régulation *m*
Spa: equipo de control *m*

Regelelektronik ***f***
Eng: control electronics *n*
Fra: électronique de régulation *f*
Spa: electrónica de regulación *f*

Regelfeder (Diesel-Regler) ***f***
Eng: governor spring *n*
Fra: ressort de régulation (injection diesel) *m*
Spa: resorte de regulación (regulador Diesel) *m*

Regelfeder ***f***
Eng: control spring *n*
Fra: ressort de régulation *m*
Spa: resorte de regulación *m*

Regelgrößе ***f***
Eng: controlled variable (closed-loop control) *n*
Fra: grandeur réglée *f*
Spa: magnitud de regulación *f*

Regelgruppe (Diesel-Regler) ***f***
Eng: flyweight assembly (mechanical governor) *n*
Fra: bloc de régulation (injection diesel) *m*
Spa: bloque de regulación (regulador Diesel) *m*

Regelhebel (Diesel-Regler) ***m***
Eng: variable fulcrum lever (mechanical governor) *n*
Fra: levier à coulisse (injection diesel) *m*
Spa: palanca de regulación (regulador Diesel) *f*

Regelhebel ***m***
Eng: control lever *n*
Fra: levier de régulation *m*
Spa: palanca de regulación *f*

Regelhülse (Einspritzpumpe) ***f***
Eng: control sleeve (fuel-injection pump) *n*
Fra: douille de réglage (pompe d'injection) *f*
Spa: manguito de regulación (bomba de inyección) *m*

Regelkanal (ABS-Hydroaggregat) ***m***
Eng: control channel (ABS hydraulic modulator) *n*
Fra: canal de régulation (groupe hydraulique ABS) *f*
Spa: canal de regulación (grupo hidráulico del ABS) *m*

Regelkreis ***m***
Eng: control loop *n*
Fra: boucle de régulation *f*
Spa: lazo de regulación *m*

Regelmembran ***f***
Eng: control diaphragm *n*
Fra: membrane de régulation *f*
Spa: membrana reguladora *f*

Regelpumpe ***f***
Eng: regulating pump *n*
Fra: pompe de régulation *f*
Spa: bomba reguladora *f*

Regelschaltung ***f***
Eng: control loop *n*
Fra: boucle d'asservissement *f*
Spa: circuito de regulación *m*

Regelschieber (Verteiler-einspritzpumpe) ***m***
Eng: control collar (distributor pump) *n*
Fra: tiroir de régulation (pompe distributrice) *m*
Spa: corredera reguladora (bomba de inyección rotativa) *f*

Regelschieberweggeber ***m***
Eng: control collar position sensor *n*
Fra: capteur de course du tiroir de régulation *m*
Spa: sensor de posición de corredera reguladora *m*

Regelschwelle *f*
Eng: control threshold *n*
Fra: seuil de régulation *m*
Spa: magnitud umbral de regulación *f*

Regelsignal *n*
Eng: control signal (closed loop) *n*
Fra: signal de régulation *m*
Spa: señal de regulación *f*

Regelspannung *f*
Eng: regulator response voltage *n*
Fra: tension de régulation *f*
Spa: tensión reguladora *f*

Regelstange (Einspritzpumpe) *f*
Eng: control rack *n*
Fra: tige de réglage (pompe d'injection en ligne) *f*
Spa: varilla de regulación (bomba de inyección) *f*

Regelstangenanschlag (Einspritzpumpe) *m*
Eng: control rack stop (fuel-injection pump) *n*
(control-rod stop) *n*
Fra: butée de la tige de réglage (pompe d'injection) *f*
Spa: tope de varilla de regulación (bomba de inyección) *m*

Regelstangenweg (Einspritzpumpe) *m*
Eng: control rack travel (fuel-injection pump) *n*
Fra: course de régulation *f*
Spa: recorrido de la varilla de regulación (bomba de inyección) *m*

Regeltoleranz *f*
Eng: control tolerance *n*
Fra: tolérance de régulation *f*
Spa: tolerancia de regulación *f*

Regelung *f*
Eng: regulation *n*
Fra: régulation *f*
Spa: regulación *f*

Regelventil *n*
Eng: control valve (open loop) *n*
Fra: vanne de régulation *f*
Spa: válvula reguladora *f*

Regelverhältnis (Bremsventil) *n*
Eng: control ratio (brake valve) *n*
Fra: rapport de régulation (valve de frein) *m*
Spa: relación de regulación (válvula de freno) *f*

Regelweganzeige *f*
Eng: rack travel indication *n*
Fra: indicateur de course de régulation *m*
Spa: lectura del recorrido de regulación *f*

Regelwegbegrenzungsanschlag *m*
Eng: rack travel limiting stop *n*
Fra: butée de limitation de course de régulation *f*
Spa: tope limitador de recorrido de regulación *m*

Regelwegsensor *m*
Eng: rack travel sensor *n*
Fra: capteur de course de régulation *m*
Spa: sensor de recorrido de regulación *m*

Regelwiderstand *m*
Eng: regulating resistor *n*
Fra: résistance de régulation *f*
Spa: resistencia de regulación *f*

Regelzyklus *m*
Eng: control cycle *n*
Fra: cycle de régulation *m*
Spa: ciclo de regulación *m*

Regenerationsdrossel (Lufttrockner) *f*
Eng: regeneration throttle (air drier) *n*
Fra: étranglement de régénération (dessiccateur) *m*
Spa: estrangulador de regeneración (secador de aire) *m*

Regenerationsluftbehälter *m*
Eng: regeneration air tank *n*
Fra: réservoir d'air de régénération *m*
Spa: depósito de aire de regeneración *m*

Regeneriergasstrom *m*
Eng: regeneration gas flow *n*
Fra: flux de gaz régénérateur *m*
Spa: flujo de gas de regeneración *m*

Regensensor *m*
Eng: rain sensor *n*
Fra: capteur de pluie *m*
Spa: sensor de lluvia *m*

Registeraufladung *f*
Eng: sequential supercharging *n*
Fra: suralimentation séquentielle *f*
Spa: sobrealimentación escalonada *f*

Registerresonanzaufladung *f*
Eng: register resonance pressure charging *n*
Fra: suralimentation par collecteur de résonance *f*
Spa: sobrealimentación variable por resonancia *f*

Registersaugrohr *n*
Eng: register induction tube *n*
Fra: tubulure d'admission à géométrie variable *f*
Spa: tubo de admisión variable por resonancia *m*

Registervergaser *m*
Eng: two stage carburetor *n*
Fra: carburateur étagé *m*
Spa: carburador de dos etapas *m*

Regler *m*
Eng: regulator *n*
Fra: régulateur *m*
Spa: regulador *m*

Reglercharakteristik *f*
Eng: governor characteristics (mechanical governor) *n*
Fra: caractéristique du régulateur *f*
Spa: característica del regulador *f*

Reglerdeckel *m*
Eng: governor cover (mechanical governor) *n*
Fra: couvercle de régulateur *m*
Spa: tapa del regulador *f*

Reglergestänge *n*
Eng: governor linkage (mechanical governor) *n*
Fra: tringlerie du régulateur *f*
Spa: varillaje del regulador *m*

Reglergruppe *f*
Eng: governor assembly (mechanical governor) *n*
Fra: bloc régulateur *m*
Spa: grupo regulador *m*

Reglerkennfeld *n*
Eng: governor characteristic curves (mechanical governor) *n*
Fra: cartographie du régulateur *f*
Spa: diagrama característico del regulador *m*

Reglerlogik (Steuergerät) *f*
Eng: controller logic (ECU) *n*
Fra: logique de régulation (calculateur) *f*
Spa: lógica del regulador (unidad de control) *f*

Reglermuffe (Diesel-Regler) *f*
Eng: sliding sleeve (governor) *n*
Fra: manchon central (injection diesel) *m*
Spa: manguito del regulador (regulador Diesel) *m*

Reglernabe *f*
Eng: governor hub (mechanical governor) *n*
Fra: moyeu de régulateur *m*
Spa: cubo del regulador *m*

Reglerparameter *m*
Eng: control parameter (mechanical governor) *n*
Fra: paramètre de régulation *m*
Spa: parámetros del regulador *mpl*

Regulierschalter *m*
Eng: regulator switch *n*
Fra: molette de correcteur de site *f*
Spa: interruptor regulador *m*

Regulierschraube *f*
Eng: idle mixture screw *n*
Fra: vis de richesse de ralenti *f*
Spa: tornillo regulador *m*

Reibbelag *m*
Eng: friction lining *n*
Fra: garniture de friction *f*
Spa: forro de fricción *m*

Reibdruck *m*
Eng: friction pressure *n*
Fra: pression de friction *f*
Spa: presión de fricción *f*

Reibeigenschaft (Bremsbelag) *f*
Eng: friction properties (brake lining) *n*
Fra: propriété de friction (garniture de frein) *f*
Spa: propiedades de fricción (forro de freno) *fpl*

Reibenergie *f*
Eng: friction energy *n*
Fra: énergie de frottement *f*
Spa: energía de fricción *f*

Reibfaktor *m*
Eng: friction factor *n*
Fra: facteur de friction *m*
Spa: factor de fricción *m*

Reibgeräusch *n*
Eng: friction noise *n*
Fra: bruit de friction *m*
Spa: ruido de fricción *m*

Reibhärten *n*
Eng: friction hardening *n*
Fra: trempe par friction *f*
Spa: endurecimiento por fricción *m*

Reibkorrosion *f*
Eng: fretting corrosion *n*
Fra: corrosion par frottement *f*
Spa: corrosión por fricción *f*

Reibkraft *f*
Eng: frictional force *n*
Fra: force de friction *f*
Spa: fuerza de fricción *f*

Reibleistung *f*
Eng: friction loss *n*
Fra: perte par frottement *f*
Spa: pérdidas por fricción *fpl*

Reibmoment *n*
Eng: friction torque *n*
Fra: couple de frottement *m*
Spa: momento de fricción *m*

Reibpaarung *f*
Eng: friction pairing *n*
Fra: couple de friction *m*
Spa: cupla de fricción *f*

Reibscheibe *f*
Eng: friction plate *n*
Fra: disque de friction *m*
Spa: disco de fricción *m*

Reibung *f*
Eng: friction *n*
Fra: frottement *m*
(frottement par glissement) *m*
Spa: fricción *f*

reibungsarm *adj*
Eng: low friction *n*
Fra: à faible frottement *loc*
Spa: de baja fricción *adj*

Reibungsbremse *f*
Eng: friction brake *n*
Fra: frein à friction *m*
Spa: freno de fricción *m*

Reibungselektrizität *f*
Eng: triboelectricity *n*
Fra: triboélectricité *f*
Spa: triboelectricidad *f*

reibungsfrei *adj*
Eng: frictionless *adj*
Fra: sans frottement *loc*
Spa: sin fricción *loc*

Reibungskraft *f*
Eng: friction force *n*
Fra: force de frottement *f*
Spa: fuerza de fricción *f*

Reibungskupplung *f*
Eng: friction clutch *n*
Fra: embrayage monodisque *m*
Spa: embrague de fricción *m*

Reibungsminderer *m*
Eng: friction reducer *n*
Fra: réducteur de frottement *m*
Spa: reductor de fricción *m*

Reibungsverlust *m*
Eng: friction loss *n*
Fra: perte par frottement *f*
Spa: pérdidas por fricción *fpl*

Reibungszahl *f*
Eng: coefficient of friction *n*
(friction value) *n*
Fra: coefficient de frottement *m*
(coefficient d'adhérence) *m*
Spa: coeficiente de fricción *m*

Reibwertpaarung *f*
Eng: friction coefficient matching *n*
Fra: couple d'adhérence *m*
Spa: apareamiento por coeficiente de fricción *m*

Reibwertpotenzial *n*
Eng: friction coefficient potential *n*
Fra: potentiel d'adhérence *m*
Spa: potencial por coeficiente de fricción *m*

Reichweite (Scheinwerfer) *f*
Eng: range (headlamp) *n*
Fra: portée (projecteur) *f*
Spa: alcance (faros) *m*

Reifenarbeitspunkt *m*
Eng: tire working point *n*
Fra: point de travail du pneumatique *m*
Spa: punto de trabajo del neumático *m*

Reifenaufstandsfläche *f*
Eng: tire contact patch *n*
Fra: surface de contact du pneumatique *f*
Spa: superficie de contacto del neumático *f*

Reifenaufstandskraft *f*
Eng: vertical tire force *n*
Fra: force verticale du pneumatique *f*
Spa: fuerza vertical del neumático *f*

Reifenbremskraft *f*
Eng: tire braking force *n*
Fra: force de freinage du pneumatique *f*
Spa: fuerza de frenado del neumático *f*

Reifendruck *m*
Eng: tire pressure *n*
Fra: pression de gonflage *f*
(pression du pneumatique) *f*
Spa: presión de neumáticos *f*

Reifenfüllanschluss *m*
Eng: tire inflation fitting *n*
Fra: raccord de gonflage des pneumatiques *m*
Spa: empalme de inflado de neumáticos *m*

Reifenfülleinrichtung *f*
Eng: tire inflation device *n*
Fra: dispositif de gonflage des pneumatiques *m*
Spa: dispositivo de inflado de neumáticos *m*

Reifenfüllschlauch *m*
Eng: tire inflation hose *n*
Fra: flexible de gonflage des pneumatiques *m*
Spa: tubo flexible de inflado de neumáticos *m*

Reifengröße *f*
Eng: tire size *n*
Fra: taille de pneu *f*
Spa: tamaño de neumáticos *m*

Reifenkontrollsystem *n*
Eng: tire pressure monitoring system *n*
Fra: système de contrôle des pneumatiques *m*
Spa: sistema de supervisión de neumáticos *m*

Reifenkraft *f*
Eng: tire force *n*
Fra: force de freinage au roulement des pneumatiques *f*
Spa: fuerza del neumático *f*

Reifennachlauf *m*
Eng: caster *n*
Fra: chasse du pneumatique *f*
Spa: giro por inercia del neumático *m*

Reifenschlupf (Reifen) *m*
Eng: tire slip (tire) *n*
Fra: glissement (pneu) *m*
Spa: resbalamiento de neumático (neumáticos) *m*

Reifenseitenkraft *f*
Eng: lateral tire force *n*

Fra: force latérale du pneumatique *f*
Spa: fuerza lateral de neumático *f*

Reifensteifigkeit *f*
Eng: tire rigidity *n*
Fra: rigidité du pneumatique *f*
Spa: rigidez de neumático *f*

Reifenverschleiß *m*
Eng: tire wear *n*
Fra: usure du pneumatique *f*
Spa: desgaste de neumático *m*

Reiheneinspritzpumpe (PE) *f*
Eng: in-line fuel injection pump (PE) *n*
(in-line dump) *n*
Fra: pompe d'injection en ligne (PE) *f*
Spa: bomba de inyección en serie (PE) *f*

Reihenmotor *m*
Eng: in-line engine *n*
(straight engine) *n*
Fra: moteur en ligne *m*
Spa: motor en línea *m*

Reihenschaltung *f*
Eng: series connection *n*
Fra: montage en série *m*
Spa: conexión en serie *f*

Reihenschlussmaschine *f*
Eng: series wound machine *n*
Fra: machine à excitation série *f*
Spa: máquina de exitación en serie *f*

Reihenschlusswicklung *f*
Eng: series winding *n*
Fra: enroulement série *m*
Spa: arrollamiento en serie *m*

Reinigungsadditiv (Benzin) *n*
Eng: detergent additive (gasoline) *n*
Fra: agent détergent (essence) *m*
Spa: aditivo detergente (gasolina) *m*

Reinigungsbereich (Wischer) *m*
Eng: cleansed area (wipers) *n*
Fra: zone de balayage *f*
Spa: zona de limpieza (limpiaparabrisas) *f*

Reinseite (Filter) *f*
Eng: clean side (filter) *n*
Fra: côté propre (filtre) *m*
Spa: lado limpio (filtro) *m*

Reisebus *m*
Eng: tour bus *n*
Fra: autocar grand tourisme *m*
Spa: autocar *m*

Reizleitung (Eigendiagnose) *f*
Eng: initiate line (self-diagnosis) *n*
Fra: câble d'activation de l'autodiagnostic (autodiagnostic) *m*
Spa: cable de excitación (autodiagnóstico) *m*

Rekristallisationsglühen *n*
Eng: recrystallization annealing *n*
Fra: recuit de recristallisation *m*
Spa: recocido de recristalización *m*

Relais *n*
Eng: relay *n*
Fra: relais *m*
Spa: relé *m*

Relaisanker *m*
Eng: relay armature *n*
Fra: armature de relais *f*
Spa: armadura de relé *f*

Relais-Endstufe *f*
Eng: relay output stage *n*
(power relay) *n*
Fra: relais de puissance *m*
Spa: paso final de relé *m*

Relaisgehäuse *n*
Eng: relay housing *n*
Fra: corps de relais *m*
Spa: carcasa de relé *f*

Relaiskasten *m*
Eng: relay box *n*
Fra: boîte à relais *f*
Spa: caja de relés *f*

Relaiskolben *m*
Eng: relay piston *n*
Fra: piston-relais *m*
Spa: émbolo de relé *m*

Relaiskombination *f*
Eng: relay combination *n*
Fra: module relais *m*
Spa: combinación de relés *f*

Relaisspule *f*
Eng: relay coil *n*
Fra: bobine de relais *f*
Spa: bobina del relé *f*

Relativgeschwindigkeit *f*
Eng: relative speed *n*
Fra: vitesse relative *f*
Spa: velocidad relativa *f*

Relaxationsversuch *m*
Eng: static relaxation test *n*
Fra: essai de relaxation statique *m*
Spa: ensayo de relajación estática *m*

Remanenz *f*
Eng: residual magnetism *n*
Fra: rémanence *f*
(magnétisme restant) *m*
Spa: magnetismo residual *m*

Reparatur *f*
Eng: repair *n*
Fra: réparation *f*
Spa: reparación *f*

Reparatursatz *m*
Eng: repair kit *n*
Fra: kit de remise en état *m*
Spa: juego de reparación *m*

Research-Oktanzahl, ROZ *f*
Eng: research octane number, RON *n*
Fra: indice d'octane recherche, RON *m*
Spa: índice de octano de investigación, RON *m*

Reserveradmulde *f*
Eng: spare wheel recess *n*
(spare-wheel well) *n*
Fra: auge de roue de secours *f*
Spa: alojamiento de la rueda de reserva *m*

Resonanzaufladung *f*
Eng: tuned intake pressure charging *n*
Fra: suralimentation par résonance *f*
Spa: sobrealimentación por resonancia *f*

Resonanzdämpfer *m*
Eng: resonance damper *n*
Fra: amortisseur de résonance *m*
Spa: amortiguador de resonancia *m*

Resonanzfrequenz *f*
Eng: resonant frequency *n*
Fra: fréquence de résonance *f*
Spa: frecuencia de resonancia *f*

Resonanzkammer *f*
Eng: resonance chamber *n*
Fra: boîte à résonance *f*
Spa: cámara de resonancia *f*

Resonanzklappe *f*
Eng: resonance valve *n*
Fra: clapet de résonance *m*
Spa: mariposa de resonancia *f*

Resonanzrohr *n*
Eng: resonance tube *n*
(tuned tube) *n*
Fra: tube à résonance *f*
Spa: tubo de resonancia *m*

Resonanzschärfe *f*
Eng: resonance sharpness *n*
Fra: facteur de qualité *m*
Spa: agudeza de resonancia *f*

Restbremswirkung *f*
Eng: residual braking *n*
Fra: effet résiduel de freinage *m*
Spa: efecto residual de frenado *m*

Restdruck *m*
Eng: residual pressure *n*
Fra: pression résiduelle *f*
Spa: presión residual *f*

Restgas *n*
Eng: residual exhaust gas *n*
Fra: gaz résiduels *mpl*
Spa: gases de escape residuales *mpl*

Resthub (Pumpenelement) *m*
Eng: residual stroke (plunger-and-barrel assembly) *n*
Fra: course restante (élément de pompage) *f*
Spa: carrera restante (elemento de bomba) *f*

Restluftspalt *m*
Eng: residual air gap *n*
Fra: fente d'air résiduel *f*

Deutsch

Deutsch

Spa: intersticio de aire residual *m*

Restmenge *f*
Eng: remaining quantity *n*
(residual quantity) *n*
Fra: débit résiduel *m*
Spa: caudal residual *m*

Restpulsation *f*
Eng: residual pulsation *n*
Fra: pulsation résiduelle *f*
Spa: pulsación residual *f*

Restsauerstoff (Abgas) *m*
Eng: exhaust gas oxygen *n*
Fra: oxygène résiduel (gaz d'échappement) *m*
Spa: oxígeno residual (gases de escape) *m*

Reststrom *m*
Eng: residual flow *n*
Fra: débit résiduel *m*
Spa: flujo residual *m*

Retarderbetrieb *m*
Eng: retarder operation *n*
Fra: mode ralentisseur *m*
Spa: modo retardador *m*

Retarderfolie *f*
Eng: retarder film *n*
Fra: film retardateur *m*
Spa: película del retardador *f*

Retarderrelais *n*
Eng: retarder relay *n*
Fra: relais de ralentisseur *m*
Spa: relé retardador *m*

Riccati-Regler *m*
Eng: Riccati controller *n*
Fra: régulateur Riccati *m*
Spa: regulador Riccati *m*

Richtungskoppler *m*
Eng: directional coupler *n*
Fra: coupleur directionnel *m*
Spa: acoplador direccional *m*

Richtungstoleranz *f*
Eng: tolerance of direction *n*
Fra: tolérance d'orientation *f*
Spa: tolerancia de dirección *f*

Riefenfläche *f*
Eng: score area *n*
Fra: surface striée *f*
Spa: superficie de neumático *f*

Riefentiefe *f*
Eng: score depth *n*
Fra: profondeur de creux *f*
Spa: profundidad de neumático *f*

Riemenantrieb *m*
Eng: belt drive *n*
(belt transmission) *n*
Fra: entraînement par courroie *m*
Spa: accionamiento por correa *m*

Riemenbreite *f*
Eng: belt width *n*
Fra: largeur de courroie *f*
Spa: anchura de correa *f*

Riemenquerschnitt *m*
Eng: belt cross section *n*
Fra: courroie en coupe *f*
Spa: sección transversal de correa *f*

Riemenscheibe *f*
Eng: belt pulley *n*
(pulley) *n*
Fra: poulie d'entraînement *f*
Spa: polea *f*

Riemenschlupf *m*
Eng: belt slip *n*
Fra: glissement de courroie *m*
Spa: resbalamiento de correa *m*

Riemenspanner *m*
Eng: belt tensioner *n*
Fra: tendeur de courroie *m*
Spa: tensor de correa *m*

Riementrieb *m*
Eng: belt drive *n*
Fra: transmission à courroie *f*
Spa: accionamiento por correa *m*

Riemenüberstand *m*
Eng: belt runout *n*
Fra: porte-à-faux de la courroie *m*
Spa: saliente de la correa *f*

Riemenvorspannung *f*
Eng: belt pretension *n*
Fra: prétension de courroie *f*
Spa: pretensión de la correa *f*

Rille *f*
Eng: groove *n*
Fra: rainure *f*
Spa: surco *m*

Rillenlager *n*
Eng: grooved sliding bearing *n*
Fra: palier à rainures *m*
Spa: rodamiento radial rígido *m*

Rillenquerschnitt *m*
Eng: groove cross section *n*
Fra: nervure en coupe *f*
Spa: sección transversal del surco *f*

Ringkanal *m*
Eng: annular groove *n*
Fra: canal annulaire *m*
Spa: canal anular *m*

Ringleitung *f*
Eng: ring main *n*
Fra: conduite annulaire *f*
Spa: conducción en anillo *f*

Ringmagnet *m*
Eng: ring magnet *n*
Fra: aimant torique *m*
Spa: imán anular *m*

Ringnut *f*
Eng: ring groove *n*
Fra: rainure annulaire *f*
Spa: ranura anular *f*

Ringparabel *f*
Eng: ring parabola *n*
Fra: parabole annulaire *f*
Spa: parábola anular *f*

Ringschlüssel *m*
Eng: ring spanner *n*
(ring wrench) *n*
Fra: clé polygonale *f*
Spa: llave de boca estrellada *f*

Ringschmierkanal *m*
Eng: annular lubrication channel *n*
Fra: conduit annulaire de lubrification *m*
Spa: canal anular de lubricación *m*

Ringspalt *m*
Eng: annular orifice *n*
Fra: fente annulaire *f*
Spa: intersticio anular *m*

Ringspaltzumessung (Einspritzventil) *f*
Eng: ring gap metering (fuel injector) *n*
Fra: dosage par fente annulaire (injecteur) *m*
Spa: dosificación por intersticio anular (válvula de inyección) *f*

Rippenkühlkörper *m*
Eng: ribbed heat sink *n*
Fra: refroidisseur nervuré *m*
Spa: cuerpo refrigerante con nervaduras *m*

Riss *m*
Eng: crack *n*
Fra: fissure *f*
Spa: grieta *f*

Ritzel *n*
Eng: pinion *n*
(gear) *n*
Fra: pignon *m*
Spa: piñón *m*

Ritzelabstand *m*
Eng: pinion spacing *n*
Fra: écartement pignon-couronne dentée *m*
Spa: distancia del piñón *f*

Ritzellagerung *f*
Eng: pinion bearing *n*
Fra: roulement du pignon d'attaque *m*
Spa: cojinete del piñón *m*

Ritzelverdrehung *f*
Eng: pinion rotation *n*
Fra: rotation du pignon *f*
Spa: giro del piñón *m*

Ritzelvorschub (Starter) *m*
Eng: pinion advance (starter) *n*
Fra: avance du pignon (démarreur) *f*
Spa: avance del piñón (motor de arranque) *m*

Ritzelwelle *f*
Eng: pinion shaft *n*
Fra: queue de pignon *f*
Spa: eje del piñón *m*

Ritzelzahn *m*
Eng: pinion tooth *n*
Fra: dent du pignon *f*
Spa: diente del piñón *m*

Rohemission *f*
Eng: untreated emission *n*
Fra: émission brute *f*
Spa: emisión en bruto *f*

Rohöl *n*
Eng: crude oil *n*
Fra: pétrole brut *m*
Spa: aceite crudo *m*

Rohrleitung *f*
Eng: tubing *n*
Fra: conduite *f*
Spa: tubería *f*

Rohrniet *m*
Eng: tubular rivet *n*
Fra: rivet tubulaire *m*
Spa: remache tubular *m*

Rohrschlange *f*
Eng: coiled pipe *n*
(coiled tube) *n*
Fra: serpentin *m*
Spa: serpentín *m*

Rohrverschraubung *f*
Eng: pipe fitting *n*
Fra: raccord vissé *m*
Spa: racor de tubo *m*

Rollbalg (Luftfeder) *m*
Eng: roll bellows (air spring) *n*
Fra: soufflet en U (suspension) *m*
Spa: fuelle neumático (muelle neumático) *m*

Rolle *f*
Eng: roller *n*
Fra: molette tournante *f*
Spa: rodillo *m*

Rollenbremsprüfstand *m*
Eng: dynamic brake analyzer *n*
Fra: banc d'essai à rouleaux pour freins *m*
Spa: banco de pruebas de frenos de rodillos *m*

Rollendurchmesser *m*
Eng: roller diameter *n*
Fra: diamètre de rouleau *m*
Spa: diámetro de rodillo *m*

Rollengleitkurve *f*
Eng: roller race *n*
Fra: rampe de travail *f*
Spa: curva de deslizamiento de rodillos *f*

Rollenlager *n*
Eng: rolling element *n*
Fra: roulement à rouleaux *m*
Spa: cojinete de rodillos *m*

Rollenlaufbahn *f*
Eng: roller path *n*
Fra: surface de guidage des rouleaux *f*
Spa: guía de rodillos *f*

Rollenprüfstand *m*
Eng: chassis dynamometer *n*
Fra: banc d'essai à rouleaux *m*
Spa: banco de pruebas de rodillos *m*

Rollenprüfstand *m*
Eng: roller type test bench *n*
Fra: banc d'essai à rouleaux *m*
Spa: banco de pruebas de rodillos *m*

Rollenprüfstands-Modus *m*
Eng: roller dynamometer mode *n*
Fra: mode banc d'essai à rouleaux *m*
Spa: modo de banco de pruebas de rodillos *m*

Rollensatz (Rollenbremsprüfstand) *m*
Eng: roller set (dynamic brake analyzer) *n*
Fra: jeu de rouleaux (banc d'essai) *m*
Spa: juego de rodillos (banco de pruebas de frenos de rodillos) *m*

Rollenschuh *m*
Eng: roller support *n*
Fra: talon de galet *m*
Spa: soporte de rodillos *m*

Rollenstößel *m*
Eng: roller tappet *n*
Fra: poussoir à galet *m*
Spa: empujador de rodillos *m*

Rollenstößel-Einspritzpumpe *f*
Eng: roller type fuel injection pump *n*
Fra: pompe d'injection à galet *f*
Spa: bomba de inyección de rodillos *f*

Rollenstößelspalt *m*
Eng: roller tappet gap *n*
Fra: fente du poussoir à galet *f*
Spa: intersticio de empujador de rodillos *m*

Rollenzellenpumpe *f*
Eng: roller cell pump *n*
Fra: pompe multicellulaire à rouleaux *f*
Spa: bomba multicelular a rodillos *f*

Rollgeschwindigkeit *f*
Eng: roll velocity *n*
Fra: vitesse de roulis *f*
Spa: velocidad de rodadura *f*

Rollmoment *n*
Eng: rolling moment *n*
Fra: moment de lacet *m*
(couple de roulis) *m*
Spa: momento de rodadura *m*

Rollreibung *f*
Eng: rolling friction *n*
Fra: frottement au roulement *m*
Spa: fricción de rodadura *f*

Rollsperre *f*
Eng: rollback limiter *n*
Fra: antiroulage *m*
Spa: bloqueo antirodadura *m*

Rollstartsperre *f*
Eng: roll start block *n*
Fra: dispositif antidémarrage *m*
Spa: bloqueo de arranque por rodadura *m*

Rollwiderstand *m*
Eng: rolling resistance *n*
Fra: résistance au roulement *f*
Spa: resistencia a la rodadura *f*

Rollwiderstandsbeiwert *m*
Eng: coefficient of rolling resistance *n*
Fra: coefficient de résistance au roulement *m*
Spa: coeficiente de resistencia a la rodadura *m*

Roots-Gebläse *f*
Eng: Roots blower *n*
Fra: soufflante Roots *f*
(soufflante à piston rotatif) *f*
Spa: soplador Roots *m*

Roots-Lader *m*
Eng: Roots supercharger *n*
Fra: compresseur Roots *m*
Spa: turbocompresor Roots *m*

Rostbildung *f*
Eng: rust formation *n*
Fra: formation de rouille *f*
Spa: formación de óxido *f*

Rostgrad *m*
Eng: rust level *n*
Fra: degré d'enrouillement *m*
Spa: grado de oxidación *m*

Rostlöser *m*
Eng: rust remover *n*
Fra: dissolvant antirouille *m*
Spa: removedor de óxido *m*

Rotationsachse *f*
Eng: rotational axis *n*
Fra: axe de rotation *m*
Spa: eje de rotación *m*

Rotationskolbenverdichter *m*
Eng: rotary piston supercharger *n*
Fra: compresseur à piston rotatif *m*
Spa: turbocompresor rotativo de pistones *m*

Rotorluftspalt *m*
Eng: rotor gap *n*
Fra: entrefer du rotor *m*
Spa: entrehierro de rotor *m*

Rotormagnet *m*
Eng: rotor magnet *n*
Fra: aimant rotorique *m*
Spa: imán de rotor *m*

Routenberechnung (Navigationssystem) *f*
Eng: route computation (vehicle navigation system) *n*
Fra: calcul d'itinéraire *m*
Spa: cálculo de ruta (sistema de navegación) *m*

Rubin-Laser *m*
Eng: ruby laser *n*
Fra: laser à rubis *m*

Deutsch

Spa: láser de rubí *m*

Rückdrehmoment ***n***
Eng: reaction torque *n*
Fra: moment de réaction *m*
Spa: par de reacción *m*

Ruckeldämpfung ***f***
Eng: surge-damping function *n*
(surge damping) *n*
Fra: amortissement des à-coups *m*
Spa: amortiguación de sacudidas *f*

ruckeln ***v***
Eng: buck *v*
Fra: à-coups *mpl*
Spa: sacudirse *v*

Ruckelschwingung ***f***
Eng: bucking oscillations *npl*
Fra: vibrations dues aux à-coups *fpl*
Spa: vibración con sacudidas *f*

Rückfahrhilfe ***f***
Eng: back up assistance *n*
Fra: assistance de marche arrière *f*
Spa: dispositivo de ayuda de marcha atrás *m*

Rückfahrleuchte ***f***
Eng: reversing lamp *n*
(back-up lamp) *n*
Fra: feu de marche arrière *m*
Spa: luz de marcha atrás *f*

Rückfahrsperre ***f***
Eng: reverse gear locking *n*
(back-up locking) *n*
Fra: verrou de marche arrière *m*
Spa: bloqueo de marcha atrás *m*

Rückförderprinzip (ABS) ***n***
Eng: return principle (ABS) *n*
Fra: principe de reflux (ABS) *m*
Spa: principio de retorno (ABS) *m*

Rückförderpumpe ***f***
Eng: return pump *n*
Fra: pompe de retour *f*
Spa: bomba de retorno *f*

Rückführverstärkung (ESP) ***f***
Eng: return amplification (ESP) *n*
Fra: amplification de retour (ESP) *f*
Spa: amplificación de retorno (ESP) *f*

Rückhalteeinrichtung ***f***
Eng: retainer *n*
Fra: dispositif de retenue *m*
(anneau d'arrêt) *m*
Spa: dispositivo de retención *m*

Rückhaltesystem ***n***
Eng: restraint system *n*
(passenger restraint system) *n*
Fra: système de retenue *m*
Spa: sistema de retención *m*

Rückhalteventil ***n***
Eng: backup valve *n*
Fra: valve de secours *f*
Spa: válvula de retención *f*

Rückhaltkreis ***m***
Eng: retention circuit *n*
Fra: circuit de retenue *m*
Spa: circuito de retención *m*

Rückholfeder ***f***
Eng: return spring *n*
Fra: ressort de rappel *m*
Spa: muelle de retorno *m*

Rückhub ***m***
Eng: return stroke *n*
Fra: course de retour *f*
Spa: carrera de retorno *f*

Rückkoppelung (Regelung) ***f***
Eng: feedback (control) *n*
Fra: réaction (régulation) *f*
Spa: retroalimentación (regulación) *f*

Rücklauf (ABS-Magnetventil) ***m***
Eng: return line (ABS solenoid valve) *n*
Fra: retour (électrovalve ABS) *m*
Spa: retorno (electroválvula del ABS) *m*

Rücklaufanschluss ***m***
Eng: return connection *n*
Fra: raccord de retour *m*
Spa: conexión de retorno *f*

Rücklaufbohrung ***f***
Eng: return passage *n*
Fra: orifice de retour *m*
Spa: taladro de retorno *m*

rücklauffreies Kraftstoffsystem ***n***
Eng: returnless fuel system, RLFS *n*
Fra: système d'alimentation en carburant sans retour *m*
Spa: sistema de combustible sin retorno *m*

Rücklaufleitung ***f***
Eng: return line *n*
Fra: conduite de retour *f*
Spa: tubería de retorno *f*

Rücklaufnut ***f***
Eng: return groove *n*
Fra: rainure de retour *f*
Spa: ranura de retorno *f*

Rücklaufsammler ***m***
Eng: return manifold *n*
Fra: collecteur de retour *m*
Spa: colector de retorno *m*

Rücklauftemperaturregelung ***f***
Eng: return flow temperature control *n*
Fra: régulation de la température de retour *f*
Spa: regulación de temperatura de retorno *f*

Rückmeldung (ABS-Regelung) ***f***
Eng: feedback signal (ABS control) *n*
Fra: confirmation (régulation ABS) *f*
Spa: señal de respuesta (regulación del ABS) *f*

Rückprallhöhe ***f***
Eng: rebound height *n*
Fra: hauteur de rebondissement *f*
Spa: altura de rebote *f*

Rückschaltung ***f***
Eng: downshift *n*
Fra: rétrogradation *f*
(descente des rapports) *f*
Spa: cambio a marcha inferior *m*

Rückschlagventil ***n***
Eng: non return valve *n*
Fra: clapet de non-retour *m*
Spa: válvula de retención *f*

Rückschluss ***m***
Eng: magnetic yoke *n*
Fra: culasse magnétique *f*
(culasse) *f*
Spa: enclavamiento recíproco *m*

Rückspülung ***f***
Eng: air backflush *n*
Fra: balayage de retour *m*
Spa: lavado a contracorriente *m*

Rückstelldruck ***m***
Eng: retraction pressure *n*
Fra: pression de rappel *f*
Spa: presión de reposicionamiento *f*

Rückstelleinrichtung ***f***
Eng: return mechanism *n*
Fra: dispositif de rappel *m*
Spa: dispositivo reposicionador *m*

Rückstellkraft ***f***
Eng: return force *n*
Fra: force de rappel *f*
Spa: fuerza de reposicionamiento *f*

Rückstellmoment (Reifen) ***n***
Eng: aligning torque (tire) *n*
(return torque) *n*
Fra: couple de rappel (pneu) *m*
(moment d'auto-alignement) *m*
Spa: par de reposicionamiento (neumáticos) *m*
(par de reposicionamiento de neumático) *m*

Rückstoßenergie ***f***
Eng: energy of impact *n*
Fra: énergie de choc *f*
Spa: energía de retroceso *f*

Rückstrahler ***m***
Eng: reflector (headlamp) *n*
Fra: catadioptre *m*
Spa: reflector trasero *m*

Rückströmdrossel ***f***
Eng: return flow restriction *n*
Fra: frein de réaspiration *m*
Spa: estrangulador de reflujo *m*

Rückströmdrosselventil ***n***
Eng: orifice check valve *n*
(return-flow throttle valve) *n*

Fra: soupape à frein de réaspiration *f*
Spa: válvula estranguladora de reflujo *f*

Rückstromsperre (Gleichrichtung) ***f***
Eng: reverse current block (rectification) *n*
Fra: isolement (redressement) *m*
Spa: bloqueo de corriene de retorno (rectificación) *m*

Rückwärtsgang ***m***
Eng: reverse gear *n*
(reverse) *n*
Fra: marche arrière *f*
Spa: marcha atrás *f*

Rückwärtsgangsperre ***f***
Eng: reverse gear lockout *n*
(reverce-gear interlock) *n*
Fra: blocage de marche arrière *m*
Spa: bloqueo de marcha atrás *m*

Rückzugfeder ***f***
Eng: return spring *n*
(refracting spring) *n*
Fra: ressort de rappel *m*
Spa: muelle recuperador *m*

ruhend ***adj***
Eng: static *adj*
Fra: statique *adj*
Spa: estático *adj*

Ruhepotenzial ***n***
Eng: open circuit potential *n*
Fra: potentiel de repos *m*
Spa: potencial de reposo *m*

Ruhespannung (Batterie) ***f***
Eng: steady state voltage (battery) *n*
Fra: tension au repos (batterie) *f*
Spa: tensión en reposo (batería) *f*

Ruhestellung ***f***
Eng: initial position *n*
Fra: position de repos *f*
Spa: posición de reposo *f*

Ruhestrom ***m***
Eng: peak coil current *n*
Fra: courant de repos *m*
Spa: corriente de reposo *f*

Ruhestrom ***m***
Eng: no load current *n*
Fra: courant de repos *m*
Spa: corriente de reposo *f*

Ruhestromabschaltung ***f***
Eng: closed circuit current deactivation *n*
Fra: coupure du courant de repos *f*
Spa: desconexión de corriente de reposo *f*

Rundinstrument ***n***
Eng: circular instrument *n*
Fra: cadran *m*
Spa: instrumento circular *m*

Rundlauf ***m***
Eng: true running *n*
Fra: concentricité *f*
Spa: concentricidad *f*

Rundlaufabweichung ***f***
Eng: radial run-out *n*
Fra: faux-rond *m*
Spa: excentricidad *f*

Rundlauffehler ***m***
Eng: concentricity *n*
Fra: ovalisation *f*
Spa: error de concentricidad *m*

Rundlauftoleranz ***f***
Eng: tolerance of concentricity *n*
Fra: tolérance de battement radial *f*
Spa: tolerancia de concentricidad *f*

Rundstecker ***m***
Eng: pin terminal *n*
Fra: fiche ronde *f*
Spa: clavija redonda *f*

Rundsteckerhülse ***f***
Eng: pin receptable *n*
Fra: fiche femelle ronde *f*
Spa: hembrilla redonda *f*

Rundumkennleuchte ***f***
Eng: rotating beacon *n*
Fra: gyrophare *m*
Spa: luz omnidireccional de identificación *f*

Rundumüberwachung ***f***
Eng: all-round monitoring *n*
Fra: surveillance périmétrique intégrale *f*
Spa: vigilancia en todas las direcciones *f*

Ruß ***m***
Eng: soot *n*
Fra: suie *f*
Spa: hollín *m*

Rußabbrand ***m***
Eng: soot burn-off *n*
Fra: combustion de la suie *f*
Spa: quemado de hollín *m*

Rußabbrennfilter ***m***
Eng: soot burn-off filter *n*
Fra: filtre d'oxydation de particules *m*
Spa: filtro de quemado de hollín con oxidación *m*

Rußabscheider ***m***
Eng: soot separator *n*
Fra: séparateur de particules de suie *m*
Spa: separador de hollín *m*

Rußbildung ***f***
Eng: soot production *n*
(soot formation) *n*
Fra: formation de suie *f*
Spa: formación de hollín *f*

Rußemission ***f***
Eng: soot emission *n*
Fra: émission de particules de suie *f*
Spa: emisión de hollín *f*

Rußfilter ***m***
Eng: particulate filter *n*
Fra: filtre pour particules de suie *m*
Spa: filtro de hollín *m*

Rußpartikel ***n***
Eng: soot particle *n*
Fra: particules de suie *fpl*
Spa: partículas de hollín *fpl*

Rußpartikelemission ***f***
Eng: particulate-soot emission *n*
Fra: émission de particules de suie *f*
Spa: emisión de partículas de hollín *f*

Rußpartikelfilter ***n***
Eng: particulate-soot filter *n*
Fra: filtre à particules *m*
Spa: filtro de partículas de hollín *m*

Rußzahl ***f***
Eng: carbon number *n*
Fra: indice de suie *m*
Spa: índice de hollín *m*

rüttelfest (Batterie) ***adj***
Eng: vibration proof (battery) *adj*
Fra: insensible aux secousses (batterie) *loc*
Spa: inmune a vibraciones (batería) *adj*

S

Sackloch (Einspritzventil) ***n***
Eng: blind hole (fuel injector) *n*
Fra: trou borgne (injecteur) *m*
(sac d'injecteur) *m*
Spa: agujero ciego (válvula de inyección) *m*

Sacklochdüse ***f***
Eng: blind hole nozzle *n*
Fra: injecteur à trou borgne *m*
Spa: inyector de agujero ciego *m*

Sacklochelement ***n***
Eng: blind hole pumping element *n*
Fra: élément à trou borgne *m*
Spa: elemento de agujero ciego *m*

Salzsprühtest ***m***
Eng: salt spray test *n*
Fra: test au brouillard salin *m*
Spa: ensayo con pulverización de sal *m*

Sammelbehälter ***m***
Eng: common plenum chamber *n*
Fra: réservoir collecteur *m*
Spa: depósito colector *m*

Sammelsaugrohr ***n***
Eng: intake manifold *n*
Fra: collecteur d'admission *m*
Spa: múltiple de admisión *m*

Satellitenortungssystem (Navigationssystem) ***n***
Eng: satellite positioning system (navigation system) *n*

Deutsch

Deutsch

Fra: système de localisation par satellite (système de navigation) *m*
Spa: sistema de localización por satélite (sistema de navegación) *m*

Sattelbefestigung *f*
Eng: cradle mounting *n*
Fra: fixation par berceau *f*
Spa: fijación con placa de apoyo *f*

Sattelkraftfahrzeug *n*
Eng: articulated road train *n*
Fra: train routier articulé *m*
Spa: tractocamión con semirremolque *m*

Sattelschlepper *m*
Eng: seminartrailer tractor *n*
Fra: semi-remorque *m*
Spa: cabeza tractora *f*

Sattelzug *m*
Eng: semitrailer *n*
Fra: semi-remorque *m*
Spa: tractocamión articulado *m*

Sattelzugmaschine *f*
Eng: tractor unit *n*
Fra: tracteur de semi-remorque *m*
Spa: tractocamión *m*

Sättigung *f*
Eng: saturation *n*
Fra: saturation *f*
Spa: saturación *f*

Sättigungsmenge (Luftfeuchtigkeit) *f*
Eng: saturation point (water content) *n*
Fra: quantité de saturation (humidité de l'air) *f*
Spa: cantidad de saturación (humedad del aire) *f*

Sauerstoffanteil *m*
Eng: oxygen part *n*
Fra: taux d'oxygène *m*
Spa: contenido de oxígeno *m*

Sauerstoffspeicher *m*
Eng: oxygen storage *n*
Fra: accumulateur d'oxygène *m*
Spa: almacenamiento de oxígeno *m*

Sauerstoffspeicherfähigkeit *f*
Eng: oxygen storage capacity *n*
Fra: capacité d'accumulation d'oxygène *f*
Spa: capacidad de almacenamiento de oxígeno *f*

Sauerstoffüberschuss *m*
Eng: oxygen excess *n*
Fra: excédent d'oxygène *m*
Spa: exceso de oxígeno *m*

Sauganschluss *m*
Eng: suction connection *n*
Fra: raccord d'aspiration *m*
Spa: empalme de aspiración *m*

Saugbohrung (Leitungseinbaupumpe) *f*
Eng: inlet port (in-line pump) *n*
Fra: orifice d'admission (pompe d'injection en ligne) *m*
Spa: orificio de aspiración (bomba integrada a tubería) *m*

Saugdämpfer *m*
Eng: intake damper *n*
Fra: amortisseur d'admission *m*
Spa: amortiguador de aspiración *m*

Saugdrossel *f*
Eng: suction throttle *n*
Fra: gicleur d'aspiration *m*
Spa: estrangulador de aspiración *m*

Saugdrosseleinheit *f*
Eng: inlet metering unit *n*
Fra: unité de gicleur d'aspiration *f*
Spa: unidad estranguladora de aspiración *f*

Saugdruck *m*
Eng: suction pressure *n*
Fra: pression d'aspiration *f*
Spa: presión de aspiración *f*

Sauggebläse *n*
Eng: intake fan *n*
Fra: ventilateur d'aspiration *m*
Spa: soplador de aspiración *m*

Saughub (Verbrennungsmotor) *m*
Eng: intake stroke (IC engine) *n*
(induction stroke) *n*
Fra: course d'admission (moteur à combution) *f*
Spa: carrera de admisión (motor de combustión) *f*

Saughub *m*
Eng: suction stroke *n*
Fra: course d'admission *f*
Spa: carrera de admisión *f*

Saugkanal (Verbrennungsmotor) *m*
Eng: intake port (IC engine) *n*
(induction port) *n*
Fra: canal d'admission *m*
Spa: canal de aspiración (motor de combustión) *f*

Saugleitung *f*
Eng: suction pipe *n*
Fra: conduit d'admission *m*
Spa: tubería de aspiración *f*

Saugloch *n*
Eng: inlet port *n*
(suction engine) *n*
Fra: orifice d'aspiration *m*
Spa: agujero de aspiración *m*

Saugmotor *m*
Eng: naturally aspirated engine *n*
Fra: moteur à aspiration naturelle *m*
Spa: motor atmosférico *m*

Saugpumpe *f*
Eng: suction pump *n*
Fra: pompe aspirante *f*
Spa: bomba de aspiración *f*

Saugraum (Einspritzpumpe) *m*
Eng: fuel gallery (fuel-injection pump) *n*
Fra: galerie d'alimentation (pompe d'injection) *f*
Spa: cámara de admisión (bomba de inyección) *f*

Saugraumspülung (Einspritzpumpe) *f*
Eng: fuel gallery flushing (fuel-injection pump) *n*
Fra: balayage de la galerie d'alimentation *m*
Spa: lavado de cámara de admisión (bomba de inyección) *m*

Saugraumvolumen *n*
Eng: fuel gallery volume *n*
Fra: volume de la galerie d'admission *m*
Spa: volumen de cámara de admisión *m*

Saugresonator *m*
Eng: suction resonator *n*
Fra: résonateur d'admission *m*
Spa: resonador de admisión *m*

Saugrohr *n*
Eng: intake manifold *n*
(induction manifold) *n*
Fra: collecteur d'admission *m*
(conduit d'admission) *m*
Spa: tubo de admisión *m*
(codo de admisión) *m*

Saugrohrdruck *m*
Eng: intake manifold pressure *n*
(induction-manifold pressure) *n*
Fra: pression d'admission *f*
Spa: presión del tubo de admisión *f*

Saugrohrdrucksensor *m*
Eng: intake manifold pressure sensor *n*
Fra: capteur de pression d'admission *m*
Spa: sensor de presión del tubo de aspiración *m*

Saugrohreinspritzung *f*
Eng: manifold injection *n*
Fra: injection indirecte dans le collecteur d'admission *f*
Spa: inyección en el tubo de admisión *f*

Saugrohrklappe *f*
Eng: intake manifold flap *n*
Fra: volet d'admission *m*
Spa: chapaleta del tubo de admisión *f*

Saugrohrpulsation *f*
Eng: intake manifold pulsation *n*
Fra: pulsations dans le collecteur d'admission *fpl*

Spa: pulsación del tubo de admisión *f*

Saugrohrrückzündung ***f***
Eng: backfiring *n*
Fra: retour d'allumage *m*
Spa: retorno de la llama por el tubo de admisión *m*

Saugrohrumschaltsystem ***n***
Eng: variable tract intake manifold *n*
Fra: système d'admission variable *m*
Spa: sistema de conmutación de tubo de admisión *m*

Saugrohrvorwärmung ***f***
Eng: intake manifold preheating *n*
Fra: préchauffage du collecteur d'admission *m*
Spa: precalentamiento del tubo de admisión *m*

Saugrohrzwischenflansch ***m***
Eng: intermediate intake manifold flange *n*
Fra: bride intermédiaire de collecteur d'admission *f*
Spa: brida intermedia del tubo de admisión *f*

Saugstrahlpumpe ***f***
Eng: suction jet pump *n*
Fra: pompe auto-aspirante *f*
Spa: bomba de chorro aspirante *f*

Saugtrakt ***m***
Eng: intake system *n*
Fra: circuit d'admission *m*
Spa: tramo de aspiración *m*

Saugventil (Kraftstoffförderpumpe) ***n***
Eng: suction valve (fuel-supply pump) *n*
Fra: soupape d'aspiration (pompe d'alimentation) *f*
Spa: válvula de aspiración *f*

Säure (Batterie) ***f***
Eng: acid (battery) *n*
(electrolyte) *n*
Fra: électrolyte (batterie) *m*
Spa: ácido (batería) *m*

Säurebildung ***f***
Eng: acid formation *n*
Fra: formation d'acide *f*
Spa: formación de ácido *f*

Säuredichte (Batterie) ***f***
Eng: electrolyte density (battery) *n*
Fra: densité de l'électrolyte *f*
Spa: densidad de electrolito (batería) *f*

Säurekonzentration (Batterie) ***f***
Eng: specific gravity of electrolyte (battery) *n*
Fra: densité de l'électrolyte (batterie) *f*
Spa: concentración de electrolito (batería) *f*

Säureprüfer (Batterie) ***m***
Eng: hydrometer (battery) *n*
(acid tester) *n*
Fra: pèse-acide (batterie) *m*
Spa: comprobador de electrolito (batería) *m*

Säureschutzfett (Batterie) ***n***
Eng: acid proof grease (battery) *n*
Fra: graisse antiacide *f*
Spa: grasa protectora resistente al electrolito (batería) *f*

Säurestandsanzeiger (Batterie) ***m***
Eng: acid level indicator (battery) *n*
Fra: indicateur de niveau d'électrolyte *m*
Spa: indicador de nivel de electrolito (batería) *m*

Säurewerte (Batterie) ***fpl***
Eng: electrolyte values (battery) *npl*
Fra: indices des acides (batterie) *mpl*
Spa: valores de electrolito (batería) *mpl*

Schadstoffanteil ***m***
Eng: toxic constituents *npl*
Fra: taux de polluants *m*
Spa: contenido de sustancias nocivas *m*

schadstoffarm ***adj***
Eng: low emission *adj*
Fra: à faibles taux de polluants *loc*
Spa: poco contaminante *adj*

Schadstoffausstoß ***m***
Eng: pollutant emission *n*
Fra: rejet de polluants *m*
(émission de polluants) *f*
Spa: emisión de sustancias nocivas *f*

Schadstoffe (Motorabgas) ***mpl***
Eng: pollutants (exhaust gas) *npl*
Fra: polluants (gaz d'échappement) *mpl*
Spa: sustancias nocivas (gases de escape del motor) *fpl*

Schallabsorption ***f***
Eng: sound absorption *n*
Fra: absorption sonore *f*
Spa: absorción de sonido *f*

Schalldämmung ***f***
Eng: sound insulation *n*
Fra: isolation phonique *f*
Spa: insonorización *f*

Schalldämpfer (Druckregler) ***m***
Eng: silencer (pressure regulator) *n*
Fra: silencieux (régulateur de pression) *m*
Spa: silenciador (regulador de presión) *m*

Schalldämpfer ***m***
Eng: muffler *n*
Fra: silencieux *m*
Spa: silenciador *m*

Schalldämpfer ***m***
Eng: exhaust muffler *n*
Fra: silencieux *m*
Spa: silenciador *m*

Schalldämpferaufhängung ***f***
Eng: muffler hanger assembly *n*
Fra: fixation du silencieux *f*
Spa: conjunto de suspensión del silenciador *m*

Schalldämpfung ***f***
Eng: sound absorption *n*
Fra: amortissement acoustique *m*
Spa: atenuación acústica *f*

Schalldichte ***f***
Eng: sound density *n*
Fra: densité acoustique *f*
Spa: densidad acústica *f*

Schalldruck ***m***
Eng: sound pressure *n*
Fra: pression acoustique *f*
Spa: presión acústica *f*

Schalldruckpegel ***m***
Eng: sound pressure level *n*
Fra: niveau de pression acoustique *m*
Spa: nivel de presión acústica *m*

Schallemission ***f***
Eng: sound emission *n*
Fra: émission sonore *m*
Spa: emisión acústica *f*

Schallgeschwindigkeit ***f***
Eng: velocity of sound *n*
Fra: vitesse du son *f*
Spa: velocidad del sonido *f*

Schallimpedanz ***f***
Eng: acoustic impedance *n*
Fra: impédance acoustique *f*
Spa: impedancia acústica *f*

Schallisolierung ***f***
Eng: soundproofing *n*
Fra: isolation acoustique *f*
Spa: aislamiento acústico *m*

Schallpegelmesser ***m***
Eng: sound level meter *n*
Fra: sonomètre *m*
Spa: medidor de nivel sonoro *m*

Schallquelle ***f***
Eng: acoustic source *n*
Fra: source acoustique *f*
Spa: fuente sonora *f*

Schaltbild ***n***
Eng: symbol *n*
Fra: symbole graphique *m*
Spa: esquema de conexiones *m*

Schaltdruck ***m***
Eng: switched pressure *n*
Fra: pression de commande *f*
Spa: presión de conexión *f*

Schalter ***m***
Eng: switch *n*
Fra: interrupteur *m*
Spa: interruptor *m*

Schaltgerät (Zündschaltgerät) ***n***

Deutsch

Eng: ignition trigger box *n*
Fra: centrale de commande *f*
Spa: bloque electrónico (bloque electrónico de encendido) *m*

Schaltgetriebe ***n***
Eng: manual transmission *n*
(manual transmission) *n*
Fra: boîte de vitesses classique *f*
Spa: cambio manual *m*

Schalthebel (Schaltgetriebe) ***m***
Eng: shift lever (manually shifted transmission) *n*
Fra: levier sélecteur *m*
Spa: palanca de cambio (cambio manual) *f*

Schalthebel (Schaltgetriebe) ***m***
Eng: gear stick (manually shifted transmission) *n*
Fra: levier de sélection *m*
Spa: palanca de cambio (cambio manual) *f*

Schalthebelmanschette (Schaltgetriebe) ***f***
Eng: gear stick gaiter (manually shifted transmission) *n*
Fra: soufflet du levier de vitesses *m*
Spa: manguito de la palanca de cambio (cambio manual) *m*

Schaltkasten ***m***
Eng: switch box *n*
Fra: boîte de commande *f*
Spa: caja de conexiones *f*

Schaltkreis ***m***
Eng: control circuit *n*
Fra: circuit de régulation *m*
Spa: circuito *m*

Schaltkreis ***m***
Eng: circuit *n*
(electric circut) *n*
Fra: circuit électrique *m*
Spa: circuito *m*

Schaltkulisse ***f***
Eng: contoured switching guide *n*
Fra: grille de passage de vitesses *f*
Spa: colisa de mando *f*

Schaltkulisse ***f***
Eng: gearshift gate *n*
(shifting gate) *n*
Fra: coulisse de contact *f*
Spa: colisa de mando *f*

Schaltplan ***m***
Eng: circuit diagram *n*
Fra: schéma électrique *m*
Spa: esquema eléctrico *m*

Schaltprogramm (Getriebesteuerung) ***n***
Eng: shifting program (transmission control) *n*
Fra: programme de sélection *m*
Spa: programa de cambio de marchas (control de cambio) *m*

Schaltpunkt (Getriebesteuerung) ***m***
Eng: shifting point (transmission control) *n*
(gear change point) *n*
Fra: seuil de passage de vitesse *m*
Spa: punto de cambio de marcha (control de cambio) *m*

Schaltrhythmus ***m***
Eng: switching frequency *n*
Fra: rythme de commutation *m*
Spa: frecuencia de conmutación *f*

Schaltstange (Schaltgetriebe) ***f***
Eng: gear stick (manually shifted transmission) *n*
Fra: tige de commande *f*
Spa: barra de mando (cambio manual) *f*

Schaltung ***f***
Eng: circuit *n*
Fra: circuit *m*
(commutation) *f*
Spa: circuito *m*

Schaltventil ***n***
Eng: switching valve *n*
Fra: vanne de commande *f*
Spa: válvula de mando *f*

Schaltwippe ***f***
Eng: rocker *n*
Fra: bascule de commutation *f*
Spa: pulsador basculante de mando *m*

Scharfschaltung (Autoalarm) ***f***
Eng: priming (car alarm) *n*
(prime) *n*
Fra: mise en veille (alarme auto) *f*
(amorçage) *m*
Spa: activación (alarma de vehículo) *f*

Schaufelkranz (Elektrokraftstoffpumpe) ***m***
Eng: blade ring (electric fuel pump) *n*
Fra: couronne à palettes (pompe électrique à carburant) *f*
Spa: corona de álabes (bomba eléctrica de combustible) *f*

Schaufellader ***m***
Eng: shovel loader *n*
(power loader) *n*
Fra: pelleteuse *f*
Spa: cargadora de pala *f*

Schaufelrad (hydrodynamischer Verlangsamer) ***n***
Eng: blade wheel (hydrodynamic retarder) *n*
Fra: roue à palettes (ralentisseur hydrodynamique) *f*
Spa: rueda de álabes (retardador hidrodinámico) *f*

Schaufelraum (hydrodynamischer Verlangsamer) ***m***
Eng: rotor chamber (hydrodynamic retarder) *n*
Fra: volume entre les palettes du rotor (ralentisseur hydrodynamique) *m*
Spa: cámara de los álabes (retardador hidrodinámico) *f*

Schauglas ***n***
Eng: viewing window *n*
Fra: verre-regard *m*
Spa: mirilla *f*

Schaumdämpfer ***m***
Eng: anti foaming agent *n*
Fra: agent antimousse *m*
Spa: antiespumante *m*

Scheibenbremsbelag ***m***
Eng: disc brake pad *n*
Fra: garniture de frein à disque *f*
Spa: pastilla de freno de disco *f*

Scheibenbremse ***f***
Eng: disc brake *n*
Fra: frein à disque *m*
Spa: freno de disco *m*

Scheibenreinigung ***f***
Eng: windshield and rear-window cleaning *n*
Fra: nettoyage des vitres *m*
Spa: limpieza de cristales *f*

Scheibenspüler ***m***
Eng: windshield washer *n*
Fra: lave-glace *m*
Spa: lavaparabrisas *m*

Scheibenwischer ***m***
Eng: windshield wiper *n*
Fra: essuie-glace *m*
Spa: limpiaparabrisas *m*

Scheibenwischer-Wischfeld ***n***
Eng: windshield wiper pattern *n*
Fra: champ de balayage des essuie-glaces *m*
Spa: campo de barrido del limpiaparabrisas *m*

Scheinwerfer ***m***
Eng: headlamp *n*
Fra: projecteur *m*
Spa: faro *m*

Scheinwerferaufnahme ***f***
Eng: headlamp housing assembly *n*
Fra: cuvelage de projecteur *m*
Spa: alojamiento de faro *m*

Scheinwerferaufnahme ***f***
Eng: headlamp mounting *n*
Fra: cuvelage de projecteur *m*
Spa: alojamiento de faro *m*

Scheinwerferbaugruppe ***f***
Eng: headlamp subassembly *n*
Fra: bloc d'éclairage *m*
Spa: grupo constructivo de faro *m*

Scheinwerfereinsatz ***m***
Eng: headlight unit *n*
(headlamp insert) *n*
Fra: bloc optique *m*

Spa: conjunto de faro *m*

Scheinwerfer-Einstellprüfgerät (Scheinwerfereinstellgerät) ***n***
Eng: headlight aiming device *n*
Fra: réglophare *m*
Spa: comprobador de alineación del faro (aparato alineador de faros) *m*

Scheinwerfereinstellung ***f***
Eng: headlamp adjustment *n*
(headlight aiming) *n*
Fra: réglage des projecteurs *m*
Spa: alineación de faros *f*

Scheinwerfergehäuse ***n***
Eng: headlamp housing *n*
Fra: boîtier de projecteur *m*
Spa: caja de faro *f*

Scheinwerferreinigungsanlage ***f***
Eng: headlamp wash wipe system *n*
Fra: lavophare *m*
Spa: sistema de limpieza de faros *m*

Scheinwerferstreuscheibe ***f***
Eng: headlamp lens *n*
Fra: diffuseur de projecteur *m*
Spa: cristal de dispersión del faro *m*

Scheinwerfersystem ***n***
Eng: headlamp system *n*
Fra: système de projecteurs *m*
Spa: sistema de faros *m*

Scheinwerfer-Waschanlage ***f***
Eng: headlamp washer system *n*
Fra: lavophare *m*
Spa: sistema lavafaros *m*

Scheinwerfer-Wischeranlage ***f***
Eng: headlamp wiper system *n*
Fra: nettoyeur de projecteurs *m*
Spa: sistema limpiafaros *m*

Schichtbetrieb ***m***
Eng: stratified charge operation *n*
Fra: fonctionnement en charge stratifiée *m*
Spa: funcionamiento a carga estratificada *m*

Schichtbetrieb ***m***
Eng: stratified charge operating mode *n*
Fra: fonctionnement en charge stratifiée *m*
Spa: funcionamiento a carga estratificada *m*

Schichtdicke ***f***
Eng: layer thickness *n*
(coating thickness) *n*
Fra: épaisseur de couche *f*
Spa: espesor de capa *m*

Schicht-Katheizen ***n***
Eng: stratified catalyst heating operating mode *n*
Fra: mode stratifié de chauffage *m*
Spa: calentamiento estratificado del catalizador *m*

Schichtlademotor ***m***
Eng: stratified charge engine *n*
Fra: moteur à charge stratifiée *m*
Spa: motor de carga estratificada *m*

Schichtladewolke ***f***
Eng: stratified charge cloud *n*
Fra: nuage de charge stratifiée *m*
Spa: nube de carga estratificada *f*

Schichtladung ***f***
Eng: stratified charge *n*
Fra: charge stratifiée *f*
Spa: carga estratificada *f*

Schiebebetrieb ***m***
Eng: overrun *n*
Fra: mode stratifié *m*
Spa: régimen de deceleración *m*
(régimen de marcha por inercia) *m*

Schiebedach ***n***
Eng: sliding sunroof *n*
Fra: toit ouvrant *m*
Spa: techo corredizo *m*

Schiebedach ***n***
Eng: sliding roof *n*
Fra: toit ouvrant *m*
Spa: techo corredizo *m*

Schiebedachantrieb ***m***
Eng: power sunroof drive unit *n*
Fra: commande de toit ouvrant *m*
Spa: accionamiento de techo corredizo *m*

schieben (Fahrzeug, beim Lenken) ***v***
Eng: push (out to the side, vehicle) *v*
Fra: pousser (voiture, en braquage) *v*
Spa: empujar (vehículo, al maniobrar dirección) *v*

schirmen (Entstörung) ***v***
Eng: shield (interference suppression) *v*
Fra: blinder (antiparasitage) *v*
Spa: blindar (antiparasitaje) *v*

Schlagbeanspruchung ***f***
Eng: impact stress *n*
Fra: contrainte de roulement *f*
Spa: esfuerzo de impacto *m*

Schlagdämpfung ***f***
Eng: impact damping *n*
Fra: amortissement des chocs *m*
Spa: amortiguación de impacto *f*

schlagfest ***adj***
Eng: shockproof *adj*
(impact-resistant) *adj*
Fra: résistant aux chocs *loc*
Spa: resistente al impacto *adj*

Schlagfestigkeit ***f***
Eng: impact strength *n*
Fra: tenue aux chocs *f*
Spa: resistencia al impacto *f*

Schlammtest ***m***
Eng: sludge test *n*
Fra: test de boues *m*
Spa: ensayo de lodos *m*

Schlauch ***m***
Eng: hose *n*
Fra: chambre à air *f*
Spa: tubo flexible *m*

Schlauchklemme ***f***
Eng: hose clamp *n*
Fra: collier de serrage *m*
Spa: abrazadera para tubo flexible *f*

Schlauchleitung ***f***
Eng: hose *n*
Fra: tuyau flexible *m*
Spa: tubo flexible *m*

Schlechtwegerkennung ***f***
Eng: rough road recognition *n*
Fra: détection d'une chaussée accidentée *f*
Spa: detección de camino en mal estado *f*

Schleiferabgriff (Potentiometer) ***m***
Eng: wiper tap (potentiometer) *n*
Fra: curseur de contact *m*
Spa: toma del cursor (potenciómetro) *f*

Schleiferabgriff (Potentiometer) ***m***
Eng: wiper pick off (potentiometer) *n*
Fra: curseur de contact *m*
Spa: toma del cursor (potenciómetro) *f*

Schleiferarm (Drosselklappengeber) ***m***
Eng: wiper arm (throttle-valve sensor) *n*
Fra: curseur (actionneur de papillon) *m*
Spa: brazo del cursor (transmisor de la mariposa) *m*

Schleiferhebel (Potentiometer) ***m***
Eng: wiper lever (potentiometer) *n*
Fra: levier du curseur (potentiomètre) *m*
Spa: palanca del cursor (potenciómetro) *f*

Schleifkontakt ***m***
Eng: sliding contact *n*
Fra: contact par curseur *m*
Spa: contacto deslizante *m*

Schleifring ***m***
Eng: slipring *n*
(collector ring) *n*
Fra: bague glissante *f*
Spa: anillo de deslizamiento *m*

Schleppbetrieb ***m***
Eng: trailing throttle *n*
Fra: fonctionnement moteur entraîné *m*
Spa: régimen de arrastre *m*

Schleppfeder ***f***
Eng: drag spring *n*
Fra: ressort compensateur *m*

Deutsch

Deutsch

Spa: muelle de arrastre *m*

Schlepphebel (Ventilsteuerung) *m*
Eng: rocker arm (valve timing) *n*
Fra: levier oscillant (commande des soupapes) *m*
Spa: palanca de arrastre (control de válvula) *f*

Schleppkolben *m*
Eng: drag piston *n*
Fra: piston de réaction *m*
Spa: pistón de arrastre *m*

Schleppmoment *n*
Eng: drag torque *n*
Fra: couple résistant *m*
Spa: momento de arrastre *m*

Schleudern *n*
Eng: skidding *n*
Fra: dérapage *m*
(glissement de déformation) *m*
Spa: derrape *m*

Schleuderprüfung *f*
Eng: overspeed test *n*
Fra: essai de dérapage *m*
Spa: ensayo de derrape *m*

Schließer (elektrischer Schalter) *m*
Eng: NO contact (electrical switch, normally open) *n*
Fra: contact à fermeture (interrupteur électrique) *m*
Spa: contacto normalmente abierto (interruptor eléctrico) *m*

Schließer *m*
Eng: NO relay *n*
Fra: contact à fermeture *m*
Spa: contacto normalmente abierto *m*

Schließwinkel *m*
Eng: dwell angle *n*
Fra: angle de came *m*
Spa: ángulo de cierre *m*

Schließwinkelkennfeld *n*
Eng: dwell angle map *n*
Fra: cartographie de l'angle de came *f*
Spa: diagrama característico del ángulo de cierre *m*

Schließwinkeltester *m*
Eng: dwell angle meter *n*
Fra: testeur d'angle de came *m*
Spa: comprobador del ángulo de cierre *m*

Schließzeit (Zündung) *f*
Eng: dwell period (ignition) *n*
Fra: temps de fermeture (allumage) *m*
Spa: tiempo de cierre (encendido) *m*

Schließzylinder *m*
Eng: closing cylinder *n*
Fra: barillet *m*
Spa: cilindro de cierre *m*

Schlossstraffer *m*
Eng: buckle tightener *n*
Fra: prétensionneur de boucle *m*
Spa: pretensor de cierre del cinturón *m*

Schlosszylinder (Sonderzündspule) *m*
Eng: lock barrel (special ignition coil) *n*
Fra: serrure à barillet (bobine d'allumage spéciale) *f*
Spa: cilindro de cierre (bobina especial de encendido) *m*

Schlupf (Rad) *m*
Eng: wheel slip (wheel) *n*
Fra: glissement *m*
Spa: resbalamiento (rueda) *m*

Schlupf *m*
Eng: slip *n*
Fra: patinage *m*
Spa: resbalamiento *m*

Schlupfabschaltung *f*
Eng: override device *n*
Fra: déconnexion de glissement *f*
Spa: corte en resbalamiento *m*

Schlupfregelung *f*
Eng: slip control *n*
Fra: régulation antipatinage *f*
Spa: regulación de resbalamiento *f*

Schlupfregelung (Antriebs-schlupfregelung) *f*
Eng: traction control *n*
Fra: commande de traction *f*
Spa: regulación de resbalamiento (control antideslizamiento de la tracción) *f*

Schlupfregler (ESP) *m*
Eng: slip controller (ESP) *n*
Fra: régulateur de glissement (ESP) *m*
Spa: regulador de resbalamiento (ESP) *m*

Schlupfschaltschwelle (ABS) *f*
Eng: slip switching threshold (ABS) *n*
Fra: seuil de glissement (ABS) *m*
Spa: umbral de conexión en resbalamiento (ABS) *m*

Schlüsselschalter *m*
Eng: key operated switch *n*
Fra: interrupteur à clé *m*
Spa: interruptor por llave *m*

Schlüsselweite (SW) *f*
Eng: across flats, AF *n*
Fra: ouverture de clé (surplats) *f*
Spa: ancho de boca *m*

Schlussglühen *n*
Eng: final annealing *n*
Fra: recuit final *m*
Spa: recocido final *m*

Schlussleuchte *f*
Eng: tail light *n*
Fra: feu arrière *m*
Spa: piloto trasero *m*

Schmalbandgrenzwert *m*
Eng: narrow band limit value *n*
Fra: valeur limite du spectre à bande étroite *f*
Spa: valor límite de banda estrecha *m*

Schmalbandstörung *f*
Eng: narrow band interference *n*
Fra: perturbation à bande étroite *f*
Spa: interferencia de banda estrecha *f*

Schmalkeilriemen *m*
Eng: narrow V-belt *n*
Fra: courroie trapézoïdale étroite *f*
Spa: correa trapezoidal estrecha *f*

Schmelzsicherung *f*
Eng: fusible link *n*
Fra: fusible *m*
Spa: plomo fusible *m*

Schmierfähigkeit *f*
Eng: lubricity *n*
Fra: pouvoir lubrifiant *m*
Spa: lubricabilidad *f*

Schmierfett *n*
Eng: lubricating grease *n*
Fra: graisse lubrifiante *f*
Spa: grasa lubricante *f*

Schmierfilm *m*
Eng: lubricant layer *n*
Fra: film lubrifiant *m*
Spa: película lubricante *f*

Schmierkreis *m*
Eng: lubrication circuit *n*
Fra: circuit de lubrification *m*
Spa: circuito de lubricación *m*

Schmiermittel *n*
Eng: lubricant *n*
Fra: lubrifiant *m*
Spa: lubricante *m*

Schmieröl *n*
Eng: lube oil *n*
Fra: huile lubrifiante *f*
Spa: aceite lubricante *m*

Schmieröldruck *m*
Eng: lube oil pressure *n*
Fra: pression d'huile lubrifiante *f*
Spa: presión de aceite lubricante *f*

Schmierölkreislauf *m*
Eng: engine lubricating circuit *n*
(engine lube-oil circuit) *n*
Fra: circuit d'huile lubrifiante *m*
Spa: circuito de aceite lubricante *m*

Schmierölpumpe *f*
Eng: lube oil pump *n*
Fra: pompe à huile de graissage *f*
Spa: bomba de aceite lubricante *f*

Schmierölrücklauf *m*
Eng: lube oil return *n*
Fra: retour de l'huile de graissage *m*
Spa: retorno de aceite lubricante *m*

Schmierölzulauf *m*
Eng: lube oil inlet *n*
Fra: arrivée de l'huile de graissage *f*
Spa: alimentación de aceite lubricante *f*

Schmierplan *m*
Eng: lubrication diagram *n*
(lubrication chart) *n*
Fra: schéma de graissage *m*
Spa: esquema de lubricación *m*

Schmierpumpe *f*
Eng: lubricating pump *n*
Fra: pompe de graissage *f*
Spa: bomba de lubricación *f*

Schmierstoff *m*
Eng: lubricant *n*
Fra: lubrifiant *m*
Spa: lubricante *m*

Schmierstoffzusatz *m*
Eng: lubrication additive *n*
Fra: additif lubrifiant *m*
Spa: aditivo de lubricante *m*

Schmiervorrichtung *f*
Eng: lubricator *n*
Fra: dispositif de graissage *m*
Spa: lubricador *m*

Schmutzfänger *m*
Eng: fender flap *n*
(mud flap) *n*
Fra: garde-boue *m*
Spa: faldón guardabarros *m*

Schmutzsensor *m*
Eng: dirt sensor *n*
Fra: capteur d'encrassement *m*
Spa: sensor de suciedad *m*

Schnappverbindung *f*
Eng: snap on connection *n*
Fra: liaison à déclic *f*
Spa: conexión rápida *f*

Schnappverschluss *m*
Eng: snap fastening *n*
Fra: bouchon à déclic *m*
Spa: cierre de golpe *m*

Schneckengetriebe *n*
Eng: worm gear pair *n*
Fra: engrenage à vis sans fin *m*
Spa: engranaje sinfín *m*

Schnecken-Getriebemotor *m*
Eng: worm drive motor *n*
Fra: motoréducteur à vis sans fin *m*
Spa: motorreductor de engranaje sinfín *m*

Schneckenrad *n*
Eng: worm gear *n*
Fra: roue à denture hélicoïdale *f*
Spa: rueda helicoidal *f*

Schneckenrad *n*
Eng: worm wheel *n*
Fra: vis sans fin *f*
Spa: rueda helicoidal *f*

Schnellentlüftungsventil (Bremse) *n*
Eng: rapid bleeder valve (brakes) *n*
Fra: purgeur rapide (frein) *m*
Spa: válvula de desaireación rápida (freno) *f*

Schnellkupplung *f*
Eng: rapid coupling *n*
Fra: accouplement rapide *m*
Spa: acoplamiento rápido *m*

Schnelllader (Batterie) *m*
Eng: battery boost charger (battery) *n*
Fra: chargeur rapide *m*
Spa: cargador rápido (batería) *m*

Schnellladung (Batterie) *f*
Eng: boost charge (battery) *n*
Fra: charge rapide (batterie) *f*
Spa: carga rápida (batería) *f*

schnelllaufend (Dieselmotor) *adj*
Eng: high speed (diesel engine) *adj*
Fra: à régime rapide (moteur diesel) *adj*
Spa: de alta velocidad *loc*

schnelllaufender Dieselmotor *m*
Eng: high speed diesel engine *n*
Fra: moteur diesel à régime rapide *m*
Spa: motor Diesel de alta velocidad *m*

Schnelllöseventil (Bremse) *n*
Eng: quick release valve (brakes) *n*
Fra: valve de desserrage rapide (frein) *f*
Spa: válvula de accionamiento rápido (freno) *f*

Schnelllot *n*
Eng: quick solder *n*
Fra: soudure à l'étain *f*
Spa: soldante rápido *m*

Schnellstart *m*
Eng: rapid starting *n*
Fra: démarrage rapide *m*
Spa: arranque rápido *m*

Schnellstartanlage (Dieselfahrzeuge) *f*
Eng: rapid starting system (diesel vehicles) *n*
Fra: dispositif de démarrage rapide (véhicules diesel) *m*
Spa: sistema de arranque rápido (vehículos Diesel) *m*

Schnellstartanlage *f*
Eng: rapid start equipment *n*
Fra: dispositif de démarrage rapide *m*
Spa: sistema de arranque rápido *m*

Schnellstartlader (Batterie) *m*
Eng: rapid start charger (battery) *n*
Fra: chargeur de démarrage rapide (batterie) *m*
Spa: cargador de arranque rápido (batería) *m*

Schnittstelle *f*
Eng: interface *n*
Fra: interface *f*
Spa: interfaz *f*

Schnittzeichnung *f*
Eng: sectional drawing *n*
Fra: dessin en coupe *m*
Spa: dibujo de corte *m*

Schnorchel (Bremsventil) *m*
Eng: snorkel (brake valve) *n*
Fra: reniflard (valve de frein) *m*
Spa: esnórquel (válvula de freno) *m*

Schockprüfung *f*
Eng: mechanical shock test *n*
(shock test) *n*
Fra: test de tenue aux chocs *m*
Spa: ensayo de impacto *m*

Schocksensor (Autoalarm) *m*
Eng: shock sensor (car alarm) *n*
Fra: capteur de choc (alarme auto) *m*
Spa: sensor de impacto (alarma de vehículo) *m*

Schockventil *n*
Eng: shock absorber *n*
Fra: clapet antichoc *m*
Spa: válvula de impacto *f*

Schotter *m*
Eng: gravel *n*
Fra: macadam *m*
Spa: grava *f*
(balasto) *m*

Schrägheck (Kfz) *n*
Eng: hatchback (motor vehicle) *n*
(fastback) *n*
Fra: carrosserie bicorps *f*
Spa: zaga inclinada (automóvil) *f*

Schräglauf *m*
Eng: slip angle *n*
Fra: dérive latérale *f*
Spa: marcha oblicua *f*

Schräglaufwinkel (Kfz-Dynamik) *m*
Eng: slip angle (vehicle dynamics) *n*
Fra: angle de dérive (dynamique d'un véhicule) *m*
Spa: ángulo de marcha oblicua (dinámica del automóvil) *f*

Schrägschulter-Düse *f*
Eng: chamfered shoulder nozzle *n*
Fra: injecteur à portée oblique *m*
Spa: inyector de pestaña inclinada *m*

Schrägschulterfelge *f*
Eng: 5° tapered bead seat *n*
Fra: jante à portée de talon conique à 5° *f*
Spa: llanta de pestañas inclinadas *f*

Schrägverzahnung *f*
Eng: helical teeth *n*
Fra: denture hélicoïdale *f*
Spa: dentado oblicuo *m*

Schraubachse (Kfz) *f*
Eng: axis of rotation (motor vehicle) *n*

Deutsch

Deutsch

Fra: axe de vissage (véhicule) *m*
Spa: eje de rotación (automóvil) *m*

Schraube ***f***
Eng: screw *n*
Fra: vis *f*
Spa: tornillo *m*

Schraubendruckfeder ***f***
Eng: helical compression spring *n*
Fra: ressort hélicoïdal de compression *m*
Spa: resorte helicoidal de compresión *m*

Schraubenfeder ***f***
Eng: helical spring *n*
(coil spring) *n*
Fra: ressort hélicoïdal *m*
Spa: resorte helicoidal *m*

Schraubenkopf ***m***
Eng: screw head *n*
Fra: tête de vis *f*
Spa: cabeza de tornillo *f*

Schraubenrad ***n***
Eng: helical wheel *n*
Fra: roue hélicoïdale *f*
Spa: rueda helicoidal *f*

Schraubenrad ***n***
Eng: impeller wheel *n*
Fra: roue hélicoïdale *f*
Spa: rueda helicoidal *f*

Schraubenschlüssel ***m***
Eng: wrench *n*
(spanner) *n*
Fra: clé *f*
Spa: llave *f*

Schraubenverdichter ***m***
Eng: screw type supercharger *n*
Fra: compresseur à vis *m*
Spa: compresor helicoidal *m*

Schraubtrieb-Starter ***m***
Eng: Bendix type starter *n*
Fra: démarreur à lanceur à inertie *m*
Spa: motor de arranque tipo Bendix *m*

Schraubtrieb-Starter ***m***
Eng: inertia drive starter *n*
Fra: démarreur à lanceur à inertie *m*
Spa: motor de arranque tipo Bendix *m*

Schrittmotor ***m***
Eng: stepping motor *n*
(stepper motor) *n*
Fra: moteur pas à pas *m*
Spa: motor paso a paso *m*

Schrumpfschlauch ***m***
Eng: heat shrink hose *n*
Fra: flexible thermorétractable *m*
Spa: tubo flexible termocontráctil *m*

Schrumpfung ***f***
Eng: shrinkage *n*
Fra: rétraction *f*
Spa: contracción *f*

Schub ***m***
Eng: shear *n*
Fra: cisaillement *m*
Spa: cizallamiento *f*

Schub (Kfz) ***m***
Eng: overrun (motor vehicle) *n*
Fra: cisaillement *m*
Spa: empuje (automóvil) *m*

Schubabschaltung ***f***
Eng: overrun fuel cutoff *n*
Fra: coupure d'injection en décélération *f*
Spa: corte de combustible en deceleración *m*

Schubanker ***m***
Eng: sliding armature *n*
Fra: induit coulissant (démarreur) *m*
Spa: inducido deslizante *m*

Schubbetrieb ***m***
Eng: overrun *n*
Fra: régime de décélération *m*
Spa: régimen de retención *m*
(marcha por empuje) *f*

Schubbetrieb ***m***
Eng: trailing throttle *n*
Fra: régime de décélération *m*
Spa: régimen de retención *m*
(marcha por empuje) *f*

Schubbetrieb ***m***
Eng: overrun conditions *n*
Fra: régime de décélération *f*
Spa: régimen de retención *m*

Schubfließgrenze ***f***
Eng: elastic limit under shear *n*
Fra: limite d'écoulement plastique *f*
Spa: límite de fluencia en cizallamiento *m*

Schubgliederband ***n***
Eng: metal push strap (CVT) *n*
Fra: courroie métallique travaillant en poussée (transmission CVT) *f*
Spa: correa metálica de empuje *f*

Schubgliederband ***n***
Eng: pushbelt (CVT) *n*
Fra: courroie métallique travaillant en poussée (transmission CVT) *f*
Spa: correa metálica de empuje *f*

Schubkraft ***f***
Eng: shear force *n*
Fra: effort de cisaillement *m*
Spa: fuerza de corte *f*

Schubphase ***f***
Eng: overrun phase *n*
Fra: phase de déplacement axial (démarreur) *f*
Spa: fase de empuje *f*

Schub-Schraubtrieb-Starter ***m***
Eng: pre-engaged-drive starter *n*
Fra: démarreur à commande positive électromécanique *m*
Spa: arrancador con piñón de empuje y giro *m*

Schubspannung ***f***
Eng: shear stress *n*
Fra: contrainte de cisaillement *f*
Spa: esfuerzo de cizallamiento *m*

Schubtrieb-Starter ***m***
Eng: sliding gear starter *n*
Fra: démarreur à pignon coulissant *m*
Spa: arrancador de piñón corredizo *m*

Schubüberwachung ***f***
Eng: overrun monitoring *n*
Fra: surveillance du déplacement axial *f*
Spa: supervisión de empuje *f*

Schultergurt ***m***
Eng: shoulder strap *n*
Fra: sangle thoracique *f*
Spa: cinturón de hombros *m*

Schultergurtstraffer ***m***
Eng: shoulder belt tightener *n*
Fra: prétensionneur de sangle thoracique *m*
Spa: pretensor del cinturón de hombros *m*

Schürze ***f***
Eng: skirt *n*
Fra: jupe *f*
Spa: faldón *m*

Schüttelbeanspruchung ***f***
Eng: vibration loading *n*
Fra: sollicitations dues aux secousses *fpl*
Spa: solicitación por sacudidas *f*

Schüttelbelastung ***f***
Eng: vibration load *n*
Fra: sollicitations dues aux secousses *fpl*
Spa: carga por sacudidas *f*

Schüttelfestigkeit ***f***
Eng: vibration strength *n*
Fra: résistance aux secousses *f*
Spa: resistencia a sacudidas *f*

Schüttelfestigkeit ***f***
Eng: vibration resistance *n*
Fra: tenue aux secousses *f*
Spa: resistencia a sacudidas *f*

Schutzart ***f***
Eng: degree of protection *n*
Fra: degré de protection *m*
Spa: clase de protección *f*

Schutzbalg ***m***
Eng: protective bellows *n*
Fra: soufflet de protection *m*
Spa: fuelle protector *m*

Schutzdeckel ***m***
Eng: protective cover *n*
Fra: couvercle protecteur *m*

Spa: tapa protectora *f*

Schutzhaube ***f***
Eng: protective hood *n*
Fra: capot de protection *m*
Spa: caperuza protectora *f*

Schutzschicht ***f***
Eng: protective film *n*
Fra: couche protectrice *f*
Spa: capa protectora *f*

Schützstrebe ***f***
Eng: protective strut *n*
Fra: barre de soutien *f*
Spa: traviesa protectora *f*

Schwachstelle ***f***
Eng: problem area *n*
Fra: point faible *m*
Spa: punto débil *m*

Schwarzrauch ***m***
Eng: black smoke *n*
Fra: fumées noires *fpl*
Spa: humo negro *m*

Schwärzung ***f***
Eng: blackening *n*
Fra: noircissement *m*
Spa: ennegrecimiento *m*

Schwärzungszahl ***f***
Eng: smoke number *n*
Fra: indice de noircissement *m*
Spa: índice de ennegrecimiento *m*

Schwefelgehalt ***n***
Eng: sulfur content *n*
Fra: teneur en soufre *f*
Spa: contenido de azufre *m*

Schwelldauer (Bremsvorgang) ***f***
Eng: pressure build-up time (braking) *n*
Fra: temps d'accroissement (freinage) *m*
Spa: tiempo de transición (proceso de frenado) *m*

Schwellendrehzahl ***f***
Eng: threshold speed *n*
Fra: régime de seuil *m*
Spa: número de revoluciones umbral *m*

Schwellenspannung ***f***
Eng: threshold voltage *n*
Fra: tension de seuil *f*
Spa: tensión umbral *f*

Schweller ***m***
Eng: door sill *n*
Fra: bas de caisse *m*
Spa: umbral de puerta *m*

Schwellerblech ***n***
Eng: door sill scuff plate *n*
Fra: tôle de pas de marche *f*
Spa: chapa de umbral de puerta *f*

Schwenkarm ***m***
Eng: swivel arm *n*
Fra: bras pivotant *m*
Spa: brazo oscilante *m*

Schwenkhebel ***m***
Eng: swiveling lever *n*
Fra: levier pivotant *m*
Spa: palanca oscilante *f*

Schwenklager ***n***
Eng: drag bearing *n*
Fra: pivot de fusée *m*
Spa: cojinete oscilante *m*

Schwenkscheibeneinheit ***f***
Eng: swash plate unit *n*
Fra: unité à plateau inclinable *f*
Spa: unidad de plato oscilante *f*

Schwerkraftrichtung ***f***
Eng: direction of gravitational force *n*
Fra: sens de la gravité *m*
Spa: dirección de la fuerza de gravedad *f*

Schwerkraft-Ventil ***n***
Eng: gravity valve *n*
Fra: vanne à gravité *f*
Spa: válvula por gravedad *f*

Schwerpunkt ***m***
Eng: center of gravity *n*
Fra: centre de gravité *m*
Spa: centro de gravedad *m*

Schwerpunktverlagerung ***f***
Eng: displacement of the center of gravity *n*
Fra: déplacement du centre de gravité *m*
Spa: desplazamiento del centro de gravedad *m*

Schwimmer ***m***
Eng: float *n*
Fra: flotteur *m*
Spa: flotador *m*

Schwimmernadel ***f***
Eng: float needle *n*
Fra: pointeau de flotteur *m*
Spa: aguja de flotador *f*

Schwimmerschalter ***m***
Eng: float actuated switch *n*
Fra: effort de cisaillement *m*
Spa: interruptor de flotador *m*

Schwimmkolben ***m***
Eng: float piston *n*
Fra: piston flotteur *m*
Spa: émbolo flotante *m*

Schwimmkreis (Tandemhauptzylinder) ***m***
Eng: floating circuit (tandem master cylinder) *n*
Fra: circuit flottant (maître-cylindre tandem) *m*
Spa: circuito flotante (cilindro maestro tándem) *m*

Schwimmrahmen (Bremse) ***m***
Eng: sliding caliper frame (brakes) *n*
Fra: cadre flottant *m*
Spa: marco flotante (freno) *m*

Schwimmrahmensattel (Bremse) ***m***
Eng: sliding caliper (brakes) *n*
Fra: étrier à cadre flottant *m*
Spa: pinza de marco flotante (freno) *f*

Schwimmsattel (Bremse) ***m***
Eng: floating caliper (brakes) *n*
Fra: étrier flottant (frein) *m*
Spa: pinza flotante (freno) *f*

Schwimmsattelbremse ***f***
Eng: floating caliper brake system *n*
Fra: frein à étrier flottant *m*
Spa: freno de pinza flotante *m*

Schwingmetall ***n***
Eng: rubber metal connection *n*
Fra: bloc métallo-caoutchouc *m*
Spa: caucho-metal *m*

Schwingrohr ***n***
Eng: intake runner *n*
Fra: pipe d'admission *f*
Spa: tubo de efecto vibratorio *m*

Schwingsaugrohr ***n***
Eng: oscillatory intake passage *n*
Fra: collecteur d'admission à oscillation *m*
Spa: tubo de admisión de efecto vibratorio *m*

Schwingsaugrohr-Aufladung ***f***
Eng: ram effect supercharging *v*
Fra: suralimentation par oscillation d'admission *f*
Spa: sobrealimentación por tubo de efecto vibratorio *f*

Schwingtür (Omnibus) ***f***
Eng: swinging door (bus) *n*
Fra: porte va-et-vient (autobus) *f*
Spa: puerta levadiza basculante (autocar) *f*

Schwingung ***f***
Eng: vibration *n*
Fra: vibration *f*
(contrainte de vibration) *f*
Spa: vibración *f*

Schwingungsamplitude ***f***
Eng: vibration amplitude *n*
Fra: amplitude d'oscillation *f*
Spa: amplitud de vibración *f*

Schwingungsdämpfer ***m***
Eng: vibration damper *n*
Fra: amortisseur de vibrations *m*
Spa: amortiguador de vibración *m*

Schwingungsfestigkeit ***f***
Eng: resistance to vibration *n*
Fra: tenue aux vibrations *f*
Spa: resistencia a la vibración *f*

Schwingungsgyrometer ***n***
Eng: oscillation gyrometer *n*
Fra: gyromètre à vibration *m*
Spa: girómetro de vibración *m*

Schwingungsisolierung ***f***
Eng: vibration isolation *n*
Fra: isolement vibratoire *m*
Spa: aislamiento de vibraciones *m*

Schwingungsmesser ***m***

Deutsch

Deutsch

Eng: vibration meter *n*
Fra: vibromètre *m*
Spa: medidor de vibraciones *m*

Schwingungsminderung *f*
Eng: vibration reduction *n*
Fra: atténuation des vibrations *f*
Spa: reducción de vibraciones *f*

Schwingungsrisskorrosion *f*
Eng: vibration corrosion cracking *n*
Fra: corrosion fissurante par fatigue *f*
Spa: corrosión de fisuras de vibración *f*

Schwungkraftstarter *m*
Eng: inertia starter *n*
(inertia starting motor) *n*
Fra: démarreur à inertie *m*
Spa: arranque por inercia *m*

Schwungmasse *f*
Eng: flywheel *n*
Fra: masse d'inertie *f*
(volant moteur) *m*
Spa: volante de inercia *m*

Schwungmasse *f*
Eng: flywheel mass *n*
Fra: masse d'inertie *f*
(volant moteur) *m*
Spa: masa de inercia *f*

Schwungrad *n*
Eng: flywheel *n*
Fra: volant moteur *m*
Spa: volante de inercia *m*

Schwungradreduziergetriebe *n*
Eng: flywheel reduction gear *n*
Fra: réducteur de volant *m*
Spa: engranaje reductor del volante de inercia *m*

Schwungscheibe *f*
Eng: flywheel *n*
Fra: volant d'inertie *m*
Spa: disco volante *m*

Sechskantmutter *f*
Eng: hexagon nut *n*
Fra: écrou hexagonal *m*
Spa: tuerca hexagonal *f*

Sechskantschraube *f*
Eng: hexagon bolt *n*
Fra: vis à tête hexagonale *f*
Spa: tornillo de cabeza hexagonal *m*

Seilzug (Feststellbremse) *m*
Eng: brake cable (parking brake) *n*
Fra: câble de frein (frein de stationnement) *m*
Spa: cable de freno (freno de estacionamiento) *m*

Seilzug *m*
Eng: Bowden cable *n*
Fra: transmission à câble souple *f*
Spa: cable Bowden *m*

Seilzug *m*
Eng: control cable *n*
Fra: câble de commande *m*
Spa: cable de mando *m*

Seitenairbag *m*
Eng: side airbag *n*
Fra: coussin gonflable latéral *m*
Spa: airbag lateral *m*

Seitenaufprall *m*
Eng: side impact *n*
Fra: choc latéral *m*
Spa: choque lateral *m*

Seitenaufprallsensor *m*
Eng: side impact sensor *n*
Fra: capteur de chocs latéraux *m*
Spa: sensor de choque lateral *m*

Seitenelektrode (Zündkerze) *f*
Eng: side electrode (spark plug) *n*
Fra: électrode latérale (bougie d'allumage) *f*
Spa: electrodo lateral (bujía de encendido) *m*

Seitenführungskraft *f*
Eng: lateral force *n*
(cornering force) *n*
Fra: force de guidage latérale *f*
Spa: fuerza de guiado lateral *f*

Seitenkraft *f*
Eng: side force *n*
Fra: force latérale *f*
Spa: fuerza lateral *f*

Seitenkraftbeiwert *m*
Eng: lateral force coefficient *n*
Fra: coefficient de force latérale *m*
Spa: coeficiente de fuerza lateral *m*

Seitenmarkierungsleuchte *f*
Eng: side marker light *n*
Fra: feu de position latéral *m*
Spa: lámpara de delimitación lateral *f*

Seitenwind *m*
Eng: crosswind *n*
Fra: vent latéral *m*
Spa: viento lateral *m*

Seitenwind-Giermomentbeiwert *m*
Eng: crosswind induced yaw coefficient *n*
Fra: coefficient du moment de lacet par vent latéral *m*
Spa: coeficiente de par de guiñada por viento lateral *m*

Seitenwindkraft *f*
Eng: crosswind force *n*
Fra: force du vent latéral *f*
Spa: fuerza del viento lateral *f*

Seitenwindkraftbeiwert *m*
Eng: crosswind force coefficient *n*
Fra: coefficient de la force du vent latéral *m*
Spa: coeficiente de fuerza del viento lateral *m*

Sekundärdruck (Bremse) *m*
Eng: secondary pressure (brake) *n*
Fra: pression secondaire (frein) *f*
Spa: presión secundaria (freno) *f*

Sekundärkreis *m*
Eng: secondary circuit *n*
Fra: circuit secondaire *m*
Spa: circuito secundario *m*

Sekundärluft *f*
Eng: secondary air *n*
Fra: air secondaire *m*
Spa: aire secundario *m*

Sekundärluftansaugung *f*
Eng: secondary air induction *n*
Fra: insufflation d'air secondaire *f*
Spa: aspiración de aire secundario *f*

Sekundärlufteinblasung *f*
Eng: secondary air injection *n*
Fra: insufflation d'air secondaire *f*
Spa: insuflación de aire secundario *f*

Sekundärluft-Magnetventil *n*
Eng: secondary air solenoid valve *n*
Fra: électrovanne d'air secondaire *f*
Spa: electroválvula de aire secundario *f*

Sekundärluftpumpe *f*
Eng: secondary air pump *n*
Fra: pompe d'insufflation d'air secondaire *f*
Spa: bomba de aire secundario *f*

Sekundärluftspalt *m*
Eng: secondary air gap *n*
Fra: entrefer secondaire *m*
Spa: intersticio de aire secundario *m*

Sekundärluftsystem *n*
Eng: secondary air system *n*
Fra: système d'insufflation d'air secondaire *m*
Spa: sistema de aire secundario *m*

Sekundärluftventil *n*
Eng: secondary air valve *n*
Fra: électrovalve d'air secondaire *f*
Spa: válvula de aire secundario *f*

Sekundärmanschette *f*
Eng: secondary cup seal *n*
Fra: manchette secondaire *f*
Spa: retén secundario *m*

Sekundärpolfläche *f*
Eng: secondary pole surface *n*
Fra: surface polaire secondaire *f*
Spa: superficie polar secundaria *f*

Sekundärretarder *m*
Eng: secondary retarder *n*
Fra: ralentisseur secondaire *m*
Spa: retardador secundario *m*

Sekundärseite (Druckluftgeräte) *f*
Eng: secondary side (compressed-air components) *n*
Fra: côté secondaire (dispositifs à air comprimé) *m*
Spa: lado secundario (aparatos de aire comprimido) *m*

Sekundärspannung *f*
Eng: secondary voltage *n*
Fra: tension secondaire *f*

Spa: tensión secundaria *f*

Sekundärstrom ***m***
Eng: secondary current *n*
Fra: courant secondaire *m*
Spa: corriente secundaria *f*

Sekundärwicklung ***f***
Eng: secondary winding *n*
Fra: enroulement secondaire *m*
Spa: devanado de secundario *m*

Selbstadaption ***f***
Eng: self adaptation *n*
Fra: auto-adaptation *f*
Spa: autoadaptación *f*

Selbstaufladung ***f***
Eng: self charging *ppr*
Fra: auto-suralimentation *f*
Spa: autosobrealimentación *f*

Selbstentladung (Batterie) ***f***
Eng: self discharge (battery) *n*
Fra: décharge spontanée (batterie) *f*
Spa: autodescarga (batería) *f*

Selbstentzündung ***f***
Eng: auto ignition *n*
Fra: auto-inflammation *f*
Spa: inflamación espontánea *f*

Selbsterregung (drehende Maschinen) ***f***
Eng: self excitation (rotating machines) *n*
Fra: auto-excitation (machines tournantes) *f*
Spa: autoexcitación (máquinas rotativas) *f*

selbsthemmend ***adj***
Eng: self inhibiting *adj*
Fra: autobloquant *adj*
Spa: autoinhibidor *adj*

Selbstinduktion ***f***
Eng: self induction *n*
Fra: auto-induction *f*
Spa: autoinducción *f*

Selbstlauf ***m***
Eng: sustained operation *n*
Fra: fonctionnement autonome *m*
Spa: funcionamiento autónomo *m*

selbstregelnd ***ppr***
Eng: self governing *ppr*
Fra: autorégulation *f*
Spa: autoregulado *ppr*

selbstreinigend ***adj***
Eng: self cleaning *ppr*
Fra: autonettoyant *adj*
Spa: autolimpiante *adj*

selbstschmierend ***adj***
Eng: self lubricating *adj*
Fra: autolubrifiant *adj*
Spa: autolubricante *adj*

Selbsttest ***m***
Eng: self test *n*
Fra: test automatique *m*
Spa: autoensayo *m*

Selbstüberwachung ***f***
Eng: self monitoring *n*
Fra: autosurveillance *f*
Spa: autovigilancia *f*

Selbstverstärkung (Bremskraft) ***f***
Eng: self amplification (braking force) *n*
Fra: auto-amplification (force de freinage) *f*
Spa: autoamplificación (fuerza de frenado) *f*

Selbstzündgrenze ***f***
Eng: auto ignition threshold *n*
Fra: seuil d'auto-inflammation *m*
Spa: límite de autoignición *m*

Selbstzündtemperatur ***f***
Eng: auto ignition temperature *n*
Fra: température d'auto-allumage *f*
Spa: temperatura de autoignición *f*

Selbstzündung ***f***
Eng: auto ignition *n*
(compression ignition, CI) *n*
Fra: auto-inflammation *f*
Spa: autoignición *f*

Selbstzündungsmotor ***m***
Eng: compression ignition engine (CI engine) *n*
Fra: moteur à allumage par compression *m*
Spa: motor de autoignición *m*

Selektivkatalysator ***m***
Eng: selective catalytic converter *n*
Fra: catalyseur sélectif *m*
Spa: catalizador selectivo *m*

Sende-/Empfangslogik ***f***
Eng: transmit/receive logic *n*
Fra: logique émission/réception *f*
Spa: lógica de emisión/recepción *f*

Sendebefehl ***m***
Eng: transmit command *n*
Fra: signal d'émission *m*
Spa: orden de emisión *f*

Sendefrequenz ***f***
Eng: transmit frequency *n*
Fra: fréquence d'émission *f*
Spa: frecuencia de emisión *f*

Sendeimpuls ***m***
Eng: transmit pulse *n*
Fra: impulsion d'émission *f*
Spa: impulso de emisión *m*

Sendersignal ***n***
Eng: transmitter signal *n*
Fra: signal émetteur *m*
Spa: señal del emisor *f*

Senkkerbnagel ***m***
Eng: countersunk flat-head nail *n*
Fra: clou cannelé à tête fraisée *m*
Spa: clavo avellanado estriado *m*

Senkniet ***m***
Eng: countersunk rivet *n*
Fra: rivet à tête fraisée *m*
Spa: remache avellanado *m*

Senkschraube ***f***
Eng: countersunk screw *n*
(flat-lead screw) *n*
Fra: vis à tête fraisée *f*
Spa: tornillo avellanado *m*

Sensierachse ***f***
Eng: sensing axis *n*
Fra: axe de détection *m*
Spa: eje de detección *m*

Sensor ***m***
Eng: sensor *n*
Fra: capteur *m*
Spa: sensor *m*

Sensorauswerteelektronik ***f***
Eng: sensor evaluation electronics *n*
Fra: electronique d'évaluation des capteurs *f*
Spa: electrónica de evaluación del sensor *f*

Sensorauswertung ***f***
Eng: sensor evaluation *n*
Fra: analyse des signaux de capteur *f*
Spa: evaluación de sensor *f*

Sensorcharakteristik ***f***
Eng: sensor characteristic *n*
Fra: caractéristique de capteur *f*
Spa: característica del sensor *f*

Sensorchip ***m***
Eng: sensor chip *n*
Fra: puce capteur *f*
Spa: chip del sensor *m*

Sensorik ***f***
Eng: sensor technology *n*
Fra: capteurs *pl*
Spa: técnica de sensores *f*

Sensor-Interface ***n***
Eng: sensor interface *n*
Fra: interface capteurs *f*
Spa: interfaz de sensor *f*

Sensorkennlinie ***f***
Eng: sensor curve *n*
Fra: courbe caractéristique de capteur *f*
Spa: curva característica del sensor *f*

Sensorplausibilität ***f***
Eng: sensor plausibility *n*
Fra: plausibilité du signal du capteur *f*
Spa: plausibilidad del sensor *f*

Sensorspannung ***f***
Eng: sensor voltage *n*
Fra: tension du capteur *f*
Spa: tensión del sensor *f*

Separator (Batterie) ***m***
Eng: separator (battery) *n*
Fra: séparateur (batterie) *m*
Spa: separador (batería) *m*

sequenzielle Einspritzung ***f***
Eng: sequential fuel injection *n*
Fra: injection séquentielle *f*

Deutsch

Deutsch

Spa: inyección secuencial *f*

sequenziell ***adj***
Eng: sequential *adj*
Fra: séquentiel *adj*
Spa: secuencial *adj*

seriell ***adj***
Eng: serial *adj*
Fra: sériel *adj*
Spa: serial *adj*

serielle Schnittstelle ***f***
Eng: serial interface *n*
Fra: interface série *f*
Spa: interfaz serial *f*

Serienausführung ***f***
Eng: series fabrication type *n*
Fra: version de série *f*
Spa: modelo de serie *m*

Seriennummer ***f***
Eng: serial number *n*
Fra: numéro de série *m*
Spa: número de serie *m*

Servicecode ***m***
Eng: service code *n*
Fra: code service *m*
Spa: código de servicio *m*

Service-Intervall-Anzeige ***f***
Eng: service reminder indicator, SRI *n*
Fra: indicateur de périodicité d'entretien *m*
Spa: indicación de intervalos de servicio *f*

Serviceleuchte ***f***
Eng: service lamp *n*
Fra: témoin de service *m*
Spa: lámpara de servicio *f*

Service-Unterlagen ***fpl***
Eng: service documents *npl*
Fra: documents S.A.V. *mpl*
Spa: documentación de servicio *f*

Servoantrieb ***m***
Eng: drive unit *n*
(servo drive) *n*
Fra: servocommande *f*
Spa: servoaccionamiento *m*

Servobremse (Trommelbremse) ***f***
Eng: servo brake (drum brake) *n*
Fra: servofrein (frein à tambour) *m*
Spa: servofreno (freno de tambor) *m*

Servoeinspritzpumpe ***f***
Eng: servo fuel-injection pump *n*
Fra: servopompe d'injection *f*
Spa: servobomba de inyección *f*

Servokupplung ***f***
Eng: servoclutch *n*
Fra: servo-embrayage *m*
Spa: servoembrague *m*

Servolenkung ***f***
Eng: power steering *n*
Fra: direction assistée *f*
Spa: servodirección *f*

Servoölpumpe ***f***
Eng: servo oil pump *n*
(power-assisted steering) *n*
Fra: servopompe à huile *f*
Spa: servobomba de aceite *f*

Servoventil ***n***
Eng: servo valve *n*
Fra: vanne commandée par servomoteur *f*
Spa: servoválvula *f*

Shorehärte ***f***
Eng: shore hardness *n*
Fra: dureté Shore *f*
Spa: dureza Shore *f*

Shuttle-Zumessung ***f***
Eng: displacement metering *n*
Fra: dosage par déplacement *m*
Spa: dosificación por desplazamiento *f*

Sicherheitsabstand (Kolbenkopf) ***m***
Eng: head clearance (piston) *n*
Fra: jeu d'extrémité supérieure (piston) *m*
Spa: distancia de seguridad (cabeza de pistón) *f*

Sicherheitseinrichtung ***f***
Eng: safety device *n*
Fra: dispositif de sécurité *m*
Spa: dispositivo de seguridad *m*

Sicherheitselektronik ***f***
Eng: safety and security electronics *npl*
Fra: électronique de sécurité *f*
Spa: electrónica de seguridad *f*

Sicherheitsglas ***n***
Eng: safety glass *n*
Fra: verre de sécurité *m*
Spa: cristal de seguridad *m*

Sicherheitsgurt ***m***
Eng: seat belt *n*
Fra: ceinture de sécurité *f*
(sangle) *f*
Spa: cinturón de seguridad *m*

Sicherheitshinweise ***mpl***
Eng: safety instructions *npl*
Fra: consignes de sécurité *fpl*
Spa: indicaciones de seguridad *fpl*

Sicherheitskraftstoffabschaltung ***f***
Eng: fuel safety shutoff *n*
Fra: coupure de sécurité de l'alimentation en carburant *f*
Spa: desconexión de seguridad del combustible *f*

Sicherheitsmodus ***m***
Eng: safety mode *n*
Fra: mode « sécurité » *m*
Spa: modo de seguridad *m*

Sicherheitssystem ***n***
Eng: safety and security system *n*
Fra: système de sécurité *m*
Spa: sistema de seguridad *m*

Sicherheitsventil (Lufttrockner) ***n***
Eng: safety valve (air drier) *n*
Fra: valve de sécurité (dessiccateur) *f*
Spa: válvula de seguridad (secador de aire) *f*

Sicherheitsvorschriften ***fpl***
Eng: safety regulations *npl*
Fra: prescriptions de sécurité *fpl*
Spa: prescripciones de seguridad *fpl*

Sicherung ***f***
Eng: fuse *n*
Fra: fusible *m*
Spa: fusible *m*

Sicherungsdose ***f***
Eng: fuse box *n*
Fra: boîte à fusibles *f*
Spa: caja de fusibles *f*

Sicherungsdruck ***m***
Eng: safety pressure *n*
Fra: pression de sécurité *f*
Spa: presión de seguridad *f*

Sicherungskeil ***m***
Eng: locking wedge *n*
Fra: cale de sécurité *f*
Spa: cuña de seguridad *f*

Sicherungsscheibe ***f***
Eng: locking washer *n*
(lock washer) *n*
Fra: rondelle d'arrêt *f*
Spa: disco de seguridad *m*

Sicherungsschraube ***m***
Eng: retaining screw *n*
(locking screw) *n*
Fra: vis de fixation *f*
Spa: tornillo de seguridad *m*

Sicherungsstift ***m***
Eng: safety pin *n*
Fra: goupille d'arrêt *f*
Spa: espiga de seguro *f*

Sichtprüfung ***f***
Eng: visual inspection *n*
(visual inspection) *n*
Fra: contrôle visuel *m*
Spa: comprobación visual *f*

Sichttrübung ***f***
Eng: impairment of vision *n*
Fra: manque de visibilité *m*
Spa: enturbamiento de la visión *m*

Sichtweite ***f***
Eng: visual range *n*
Fra: visibilité *f*
Spa: visibilidad *f*

Sieb ***n***
Eng: sieve *n*
(strainer) *n*
Fra: tamis *m*
Spa: tamiz *m*

Siebeffekt (Filter) ***m***
Eng: straining (filter) *n*
Fra: effet de filtrage (filtre) *m*
Spa: efecto de tamiz (filtro) *m*

Siebeinsatz ***m***
Eng: strainer element *n*

Fra: crépine *f*
Spa: elemento de tamiz *m*

Siebfilter (Kraftstoffförderpumpe) ***n***
Eng: strainer (fuel-supply pump) *n*
Fra: crépine (pompe d'alimentation) *f*
Spa: filtro de tamiz (bomba de alimentación de combustible) *m*

Siedebereich ***m***
Eng: boiling range *n*
Fra: domaine d'ébullition *m*
Spa: margen de ebullición *m*

Siedepunkt ***m***
Eng: boiling point *n*
Fra: point d'ébullition *m*
Spa: punto de ebullición *m*

Siedetemperatur ***f***
Eng: boiling temperature *n*
Fra: température d'ébullition *f*
Spa: temperatura de ebullición *f*

Signal ***n***
Eng: signal *n*
Fra: signal *m*
Spa: señal *f*

Signalanlage ***f***
Eng: signaling system *n*
Fra: dispositif de signalisation *m*
Spa: sistema de señalización *m*

Signalaufbereitung ***f***
Eng: signal conditioning *n*
Fra: conditionnement des signaux *m*
Spa: acondicionamiento de señales *m*

Signalerfassung ***f***
Eng: signal acquisition *n*
Fra: saisie des signaux *f*
Spa: registro de señales *m*

Signalfehler ***m***
Eng: signal error *n*
Fra: erreur de signal *f*
Spa: error de señal *m*

Signalfluss ***m***
Eng: current flow *n*
Fra: flux de signaux *m*
Spa: flujo de señales *m*

Signalhorn ***n***
Eng: horn *n*
(horn) *n*
Fra: signal d'avertisseur sonore *m*
Spa: bocina *f*

Signalverstärkung ***f***
Eng: signal amplification *n*
Fra: gain de signal *m*
Spa: amplificación de señal *f*

Signalwandler ***m***
Eng: signal transducer *n*
Fra: convertisseur de signaux *m*
Spa: convertidor de señales *m*

Simplexbremse ***f***
Eng: simplex brake *n*
Fra: frein simplex *m*
Spa: freno simplex *m*

Sinterbronze ***f***
Eng: sintered bronze *n*
Fra: bronze fritté *m*
Spa: bronce sinterizado *m*

Sinterbronzelager ***n***
Eng: sintered bronze bearing *n*
Fra: palier fritté en bronze *m*
Spa: cojinete de bronce sinterizado *m*

Sinterbuchse ***f***
Eng: sintered metal bushing *n*
Fra: douille frittée *f*
Spa: casquillo sinterizado *m*

sinterkeramisch ***adj***
Eng: sintered ceramic *adj*
Fra: en céramique frittée *loc*
Spa: sinterizado cerámico *adj*

Sinterlager ***n***
Eng: sintered bearing *n*
Fra: palier fritté *m*
Spa: cojinete sinterizado *m*

Sintermetall ***n***
Eng: sintered metal *n*
Fra: métal fritté *m*
Spa: metal sinterizado *m*

Sintern ***n***
Eng: sintering *n*
Fra: frittage *m*
Spa: sinterización *f*

Sinusgenerator ***m***
Eng: sine wave generator *n*
Fra: générateur d'ondes sinusoïdales *m*
Spa: generador de frecuencias senoidales *m*

Sinuskurve ***f***
Eng: sine curve *n*
Fra: sinusoïde *f*
Spa: curva senoidal *f*

Sinusschwingung ***f***
Eng: sinusoidal oscillation *n*
Fra: onde sinusoïdale *f*
Spa: oscilación senoidal *f*

Sitzbelegungserkennung ***f***
Eng: seat-occupant detection *n*
Fra: détection d'occupation de siège *f*
Spa: detección de ocupación de asiento *f*

Sitzbezugspunkt ***m***
Eng: seating reference point, SRP *n*
Fra: point de référence de place assise *m*
Spa: punto de referencia de asiento *m*

Sitzdurchmesser ***m***
Eng: nozzle seat diameter *n*
Fra: diamètre du siège d'injecteur *m*
Spa: diámetro del asiento *m*

Sitzform ***f***
Eng: seat type *n*
Fra: forme de siège *m*
Spa: forma del asiento *f*

Sitzheizung ***f***
Eng: seat heating *n*
Fra: chauffage de siège *m*
Spa: calefacción de asiento *f*

Sitzlochdüse ***f***
Eng: sac less (vco) nozzle *n*
Fra: injecteur à siège perforé *m*
Spa: inyector con orificio de asiento *m*

Sitzlochdüse ***f***
Eng: valve covered orifice nozzle *n*
Fra: injecteur à siège perforé *m*
Spa: inyector con orificio de asiento *m*

Sitzpositionsschalter ***m***
Eng: seating position switsch *n*
Fra: commutateur de position de siège *m*
Spa: interruptor de posición de conducción *m*

Sitzventil ***n***
Eng: poppet valve *n*
Fra: distributeur à clapet *m*
Spa: válvula de asiento *f*

Sitzverankerung ***f***
Eng: seat anchor *n*
Fra: point d'ancrage de siège *m*
Spa: anclaje de asiento *m*

Sitzverstellung ***f***
Eng: seat adjustment *n*
Fra: réglage des sièges *m*
Spa: ajuste de asiento *m*

Sollbremsmoment ***n***
Eng: nominal brake torque *n*
Fra: consigne de couple de freinage *f*
Spa: par nominal de frenado *m*

Solldrehzahl ***f***
Eng: set speed *n*
Fra: consigne de régime *f*
Spa: número de revoluciones nominal *m*

Solldrehzahl ***f***
Eng: setpoint speed *n*
Fra: régime prescrit *m*
Spa: número de revoluciones nominal *m*

Solldruck ***m***
Eng: desired pressure *n*
Fra: consigne de pression *f*
Spa: presión nominal *f*

Sollgeschwindigkeit ***f***
Eng: desired speed *n*
(setpoint speed) *n*
Fra: consigne de vitesse *f*
Spa: velocidad nominal *f*

Sollstrom ***m***
Eng: nominal current *n*

Deutsch

Deutsch

Fra: courant nominal *m*
Spa: corriente nominal *f*

Sollverhalten ***n***
Eng: nominal behavior *n*
Fra: comportement théorique *m*
Spa: comportamiento nominal *m*

Sollwert ***m***
Eng: setpoint value *n*
Fra: consigne *f*
Spa: valor nominal *m*

Sollwert/Istwertvergleich ***m***
Eng: setpoint/actual comparison *n*
Fra: comparaison consigne/ valeur réelle *f*
Spa: comparación valor nominal/ valor real *f*

Sollwertbestimmung ***f***
Eng: computation of setpoint values *n*
Fra: détermination de la consigne *f*
Spa: determinación de valor nominal *f*

Sollwertgeber ***m***
Eng: desired value generator *n*
(setpoint generator) *n*
Fra: consignateur *m*
Spa: transmisor de valor nominal *m*

Sollwertspeicher ***m***
Eng: setpoint memory *n*
Fra: mémoire consignes *m*
Spa: memoria de valor nominal *f*

Sollwertsteller ***m***
Eng: setpoint control *n*
Fra: consignateur *m*
Spa: regulador de valor nominal *m*

Sollwertverzögerung ***f***
Eng: setpoint value delay *n*
Fra: temporisation de consigne *f*
Spa: retardo de valor nominal *m*

Sollzündwinkel ***m***
Eng: desired ignition timing *n*
Fra: consigne angle d'allumage *f*
Spa: ángulo nominal de encendido *m*

Solofahrzeug ***n***
Eng: rigid vehicle *n*
(single vehicle) *n*
Fra: véhicule sans remorque *m*
Spa: vehículo rígido *m*

Sonderelektrode ***f***
Eng: special electrode *n*
Fra: électrode spéciale *f*
Spa: electrodo especial *m*

Sondermodell ***n***
Eng: special model *n*
Fra: modèle spécial *m*
Spa: modelo especial *m*

Sonderuntersuchung ***f***
Eng: special examination *n*
Fra: contrôle spécifique (frein) *m*
Spa: inspección especial *f*

Sonderwerkzeug ***n***
Eng: special tool *n*
Fra: outil spécial *m*
Spa: herramienta especial *f*

Sonderzubehör ***n***
Eng: special accessories *npl*
Fra: accessoire spécial *m*
Spa: accesorios especiales *mpl*

Sonnenrad ***n***
Eng: sun gear *n*
Fra: planétaire *m*
Spa: rueda principal *f*

Spaltfilter ***n***
Eng: edge filter *n*
Fra: filtre à disques *m*
Spa: filtro de rendijas *m*

Spaltkorrosion ***f***
Eng: crevice corrosion *n*
Fra: corrosion fissurante *f*
Spa: corrosión de rendijas *f*

Spaltmaß (Dieseleinspritzung) ***n***
Eng: gap dimension (diesel fuel injection) *n*
Fra: cote d'écartement (injection diesel) *f*
Spa: medida de intersticio (inyección diesel) *f*

Spaltmaß ***n***
Eng: gap size *n*
Fra: écartement *m*
Spa: medida de intersticio *f*

Spannband ***n***
Eng: clamping band *n*
Fra: collier de serrage *m*
Spa: cinta de sujeción *f*

Spannbügel ***m***
Eng: hold down clamp *n*
Fra: étrier de fixation *m*
Spa: estribo de sujeción *m*

Spannhebel ***m***
Eng: tensioning lever *n*
Fra: levier de tension *m*
Spa: palanca de sujeción *f*

Spannkraft (Bremsbelag) ***f***
Eng: application force (brake lining) *n*
Fra: force de serrage (garniture de frein) *f*
Spa: fuerza de aplicación (pastilla de frenos) *f*

Spannpratze ***f***
Eng: clamping claw *n*
Fra: mors de serrage *m*
Spa: garra de apriete *f*

Spannrolle ***f***
Eng: tensioning roller *n*
Fra: tendeur de courroie *m*
Spa: rodillo tensor *m*

Spannungsabfall (potential drop) ***m***
Eng: voltage drop *n*
Fra: chute de potentiel *f*
Spa: caída de tensión (caída de potencial) *f*

Spannungsabgriff (Niveaugeber) ***m***
Eng: contact wiper (level sensor) *n*
Fra: prise de tension (capteur de niveau) *f*
Spa: toma de tensión (transmisor del nivel) *f*

Spannungsbegrenzung ***f***
Eng: voltage limitation *n*
Fra: limitation de tension *f*
Spa: limitación de tensión *f*

Spannungseinbruch ***m***
Eng: voltage drop *n*
Fra: chute de tension *f*
Spa: caída de tensión *f*

spannungsfest ***adj***
Eng: surge proof *adj*
Fra: rigidité diélectrique *f*
Spa: resistente a tensiones eléctricas *adj*

Spannungsfestigkeit ***f***
Eng: electric strength *n*
Fra: résistance à la tension *f*
Spa: resistencia a tensiones eléctricas *adj*

Spannungskonstanthalter ***m***
Eng: voltage stabilizer *n*
Fra: stabilisateur de tension *m*
Spa: estabilizador de tensión *m*

Spannungsmesser ***m***
Eng: voltmeter *n*
Fra: voltmètre *m*
Spa: voltímetro *m*

Spannungsregler (Generator) ***m***
Eng: voltage regulator (alternator) *n*
Fra: régulateur de tension *m*
Spa: regulador de tensión (alternador) *m*

Spannungsrissbildung ***f***
Eng: formation of stress crack *n*
Fra: fissure de contrainte *f*
Spa: formación de fisuras de tensión *f*

Spannungsrisskorrosion ***f***
Eng: stress corrosion cracking *n*
Fra: corrosion fissurante par contrainte mécanique *f*
Spa: corrosión de fisuras de tensión *f*

Spannungsspitze (Elektronik) ***f***
Eng: voltage peak *n*
Fra: pointe de tension *f*
Spa: pico de tensión (electrónica) *m*

Spannungsspitze (Mechanik) ***f***
Eng: stress concentration *n*
Fra: pic de contrainte *m*
Spa: concentración de tensiones (mecánica) *f*

Spannungsstabilisierung ***f***
Eng: voltage stabilization *n*
Fra: stabilisation de la tension *f*
Spa: estabilización de tensión *f*

Spannungstester ***m***

Eng: voltage tester *n*
Fra: voltmètre *m*
Spa: comprobador de tensión *m*

Spannungsverlust ***m***
Eng: voltage loss *n*
Fra: perte de tension *f*
Spa: pérdidas de tensión *fpl*

Spannungsversorgung ***f***
Eng: power supply *n*
Fra: alimentation en tension *f*
Spa: alimentación de tensión *f*

Spannungswandler ***m***
Eng: voltage transformer *n*
Fra: convertisseur de tension *m*
Spa: transformador de tensión *m*

Spannvorrichtung ***f***
Eng: clamping fixture *n*
Fra: dispositif tendeur *m*
Spa: dispositivo de sujeción *m*

Spätverstellung (Zündwinkel) ***f***
Eng: ignition retard (ignition angle) *n*
Fra: correction dans le sens « retard » (angle d'allumage) *m*
Spa: variación hacia retardo (ángulo de encendido) *f*

Spätverstellung (Zündwinkel) ***f***
Eng: retardation (ignition angle) *n*
Fra: correction dans le sens « retard » *f*
Spa: variación hacia retardo (ángulo de encendido) *f*

Spätzündung (Zündwinkel) ***f***
Eng: spark retard (ignition angle) *n*
Fra: retard à l'allumage *m*
Spa: encendido retardado (ángulo de encendido) *m*

Speichenrad ***n***
Eng: spoked wheel *n*
Fra: roue à rayons *f*
Spa: rueda de radios *f*

Speicheraktivität ***f***
Eng: storage activity *n*
Fra: phase de mémorisation *f*
Spa: actividad de acumulación *f*

Speicherdichte ***f***
Eng: storage density *n*
Fra: densité d'énergie *f*
Spa: densidad de acumulación *f*

Speicherdruck ***m***
Eng: storage pressure *n*
Fra: pression de l'accumulateur *f*
Spa: presión del acumulador *f*

Speichereinspritzpumpe ***f***
Eng: accumulator fuel injection pump *n*
Fra: pompe d'injection à accumulateur *f*
Spa: bomba de inyección de acumulador *f*

Speichereinspritzsystem ***n***
Eng: accumulator injection system *n*
Fra: système d'injection à accumulateur haute pression *m*
Spa: sistema de inyección de acumulador *m*

Speicherelektrode ***f***
Eng: storage electrode *n*
Fra: électrode de stockage *f*
Spa: electrodo acumulador *m*

Speichergröße ***f***
Eng: memory capacity *n*
Fra: capacité mémoire *f*
Spa: capacidad de memoria *f*

Speicherkapazität ***f***
Eng: storage capacity *n*
(memory capacity) *n*
Fra: capacité de stockage *f*
Spa: capacidad de almacenamiento *f*

Speicherkatalysator ***m***
Eng: accumulator type catalytic converter *n*
Fra: catalyseur à accumulation *m*
Spa: catalizador acumulador *m*

Speicherkondensator ***m***
Eng: accumulator condenser *n*
Fra: condensateur d'accumulation *m*
Spa: condensador acumulador *m*

Speicherschaltung (Rollenbremsprüfstand) ***f***
Eng: memory circuit (dynamic brake analyzer) *n*
Fra: circuit de mémorisation (banc d'essai) *m*
Spa: circuito de memoria (banco de pruebas de frenos de rodillos) *m*

Speicherüberströmventil ***n***
Eng: accumulator overflow valve *n*
Fra: soupape de décharge de l'accumulateur *f*
Spa: válvula de rebose de acumulador *f*

Speicherventil ***n***
Eng: compensation valve *n*
Fra: soupape de compensation *f*
Spa: válvula del acumulador *f*

Speicherventil ***n***
Eng: accumulator valve *n*
Fra: soupape de compensation *f*
Spa: válvula del acumulador *f*

spektrale Beschleunigungsdichte ***f***
Eng: spectral acceleration density *n*
Fra: densité spectrale d'accélération *f*
Spa: densidad espectral de aceleración *f*

Sperrausgleichgetriebe ***n***
Eng: differential lock *n*
(locking differential) *n*
Fra: différentiel autobloquant *m*
Spa: diferencial de bloqueo *m*

Sperrdiode ***f***
Eng: blocking diode *n*
(block diode) *n*
Fra: diode d'isolement *f*
Spa: diodo de bloqueo *m*

Sperrkennlinie ***f***
Eng: off state characteristic *n*
Fra: caractéristique à l'état bloqué *f*
Spa: curva característica de bloqueo *f*

Sperrmagnet ***m***
Eng: shut down solenoid *n*
Fra: électro-aimant de blocage *m*
Spa: electroimán de bloqueo *m*

Sperrmomentberechnung ***f***
Eng: calculation of lock up torque *n*
Fra: calcul du couple de blocage *m*
Spa: cálculo del par de bloqueo *m*

Sperrölzulaufbohrung ***f***
Eng: blocking oil inlet passage *n*
Fra: orifice d'admission du carburant de barrage *m*
Spa: orificio de entrada de aceite de bloqueo *m*

Sperrrad ***n***
Eng: ratchet wheel *n*
Fra: roue à cliquet *f*
Spa: rueda de trinquete *f*

Sperrschicht ***f***
Eng: depletion layer *n*
(barrier junction) *n*
Fra: couche de déplétion *f*
(jonction) *f*
Spa: capa barrera *f*

Sperrspannung (Diode) ***f***
Eng: reverse voltage (diode) *n*
Fra: tension inverse (diode) *f*
Spa: tensión inversa (diodo) *f*

Sperrspannung (Halbleiter) ***f***
Eng: off state voltage (semiconductor) *n*
Fra: tension à l'état bloqué *f*
Spa: tensión de bloqueo (semiconductor) *f*

Sperrsynchronisierung ***f***
Eng: synchronizer assembly *n*
Fra: synchroniseur à verrouillage *m*
Spa: sincronización de seguridad *f*

Sperrventil ***n***
Eng: check valve *n*
Fra: valve d'arrêt *f*
Spa: válvula de cierre *f*

Spezialanhänger ***m***
Eng: special trailer *n*
Fra: remorque spéciale *f*
Spa: remolque especial *m*

Spezialwerkzeug ***n***
Eng: special tool *n*
Fra: outil spécial *m*
Spa: herramienta especial *f*

Deutsch

Spiegelglas *n*
Eng: mirror glass *n*
Fra: glace de rétroviseur *f*
Spa: cristal de espejo *m*

Spiegelheizung *f*
Eng: mirror heating *n*
Fra: chauffage de rétroviseur *m*
Spa: calefacción del espejo *f*

Spiegel-Verstellschalter *m*
Eng: mirror adjust switch *n*
Fra: commutateur de réglage de rétroviseur *m*
Spa: interruptor de ajuste de espejo *m*

Spiegelverstellung *f*
Eng: mirror adjuster *n*
Fra: réglage de rétroviseur *m*
Spa: ajuste de espejo *m*

Spindel *f*
Eng: spindle *n*
Fra: broche *f*
Spa: husillo *m*

Spiralfeder *f*
Eng: spiral spring *n*
Fra: ressort hélicöidal *m*
Spa: muelle espiral *m*

Spiralgehäuse *n*
Eng: spiral housing *n*
Fra: carter hélicoïde *m*
Spa: carcasa en espiral *f*

Spiral-Kältemittelkompressor *k*
Eng: spiral type refrigerant compressor *n*
Fra: compresseur frigorifique spiral *m*
Spa: compresor de agente frigorífico en espiral *m*

Spirallader *m*
Eng: spiral type supercharger *n*
Fra: compresseur à hélicoïde *m*
Spa: turbocompresor de espiral *m*

Spitzenbelastung *f*
Eng: peak load *n*
Fra: charge de pointe *f*
Spa: carga máxima *f*

Spitzendrehmoment *n*
Eng: peak torque *n*
Fra: couple de pointe *m*
Spa: par máximo *m*

Spitzendruck *m*
Eng: peak injection pressure *n*
Fra: pression de pointe *f*
Spa: presión máxima *f*

Spitzenhöhe *f*
Eng: peak height *n*
Fra: hauteur de pic *f*
Spa: altura máxima *f*

Spitzenwertpegel *m*
Eng: peak value level *n*
Fra: niveau de valeur de pointe *m*
Spa: nivel de valor máximo *m*

Spitzkerbe *f*
Eng: V notch *n*
Fra: entaille en V *f*
Spa: entalladura en V *f*

Splint *m*
Eng: split pin *n*
(cotter pin) *n*
Fra: goupille fendue *f*
Spa: pasador abierto *m*

Spoiler *m*
Eng: spoiler *n*
Fra: becquet *m*
Spa: spoiler *m*

Sportmotor *m*
Eng: sports engine *n*
Fra: moteur de sport *m*
Spa: motor deportivo *m*

Sprachausgabebaustein *m*
Eng: voice output chip *n*
Fra: synthétiseur vocal *m*
Spa: chip de emisión de voz *m*

Sprachauswahl *f*
Eng: language selection *n*
Fra: sélection de la langue *f*
Spa: selección de idioma *f*

Spreizkeil (Bremse) *m*
Eng: wedge (brake) *n*
Fra: coin d'écartement *m*
Spa: cuña extensible (freno) *f*

Spreizungswinkel *m*
Eng: kingpin angle *n*
Fra: angle d'inclinaison de l'axe de pivot *m*
Spa: ángulo de inclinación del eje de pivote *m*

Sprengniet *m*
Eng: explosive rivet *n*
Fra: rivet explosif *m*
Spa: remache explosivo *m*

Sprengring *m*
Eng: circlip *n*
(snap ring) *n*
Fra: jonc d'arrêt *m*
Spa: anillo de retención *m*

Spritzbeginn (Kraftstoffeinspritzung) *m*
Eng: start of injection (fuel injection) *n*
Fra: début d'injection *m*
Spa: comienzo de la inyección *m*

Spritzbeginnregelung (Kraftstoffeinspritzung) *f*
Eng: start of injection control (fuel injection) *n*
Fra: régulation du début d'injection *f*
Spa: regulación del comienzo de la inyección (inyección de combustible) *f*

Spritzdämpfer (Kraftstoffeinspritzung) *m*
Eng: injection damper (fuel injection) *n*
Fra: brise-jet *m*
Spa: amortiguador de inyección (inyección de combustible) *m*

Spritzdämpfer (Kraftstoffeinspritzung) *m*
Eng: spray damper (fuel injection) *n*
Fra: brise-jet *m*
Spa: amortiguador de inyección (inyección de combustible) *m*

Spritzdauer (Kraftstoffeinspritzung) *f*
Eng: duration of injection (fuel injection) *n*
(injection time) *n*
Fra: durée d'injection *f*
Spa: duración de la inyección (inyección de combustible) *f*

Spritzdüse (Scheibenwaschanlage) *f*
Eng: nozzle (windshield washer) *n*
Fra: gicleur (lavophare) *m*
Spa: eyector (sistema lavacristales) *m*

Spritzende (Kraftstoffeinspritzung) *n*
Eng: end of injection (fuel injection) *n*
Fra: fin d'injection *f*
Spa: fin de la inyección (inyección de combustible) *m*

Spritzfolge (Kraftstoffeinspritzung) *f*
Eng: injection sequence (fuel injection) *n*
Fra: ordre d'injection *m*
Spa: secuencia de inyección (inyección de combustible) *f*

Spritzloch (Kraftstoffeinspritzung) *n*
Eng: spray hole (fuel injection) *n*
(injection orifice) *n*
Fra: trou d'injection *m*
Spa: orificio de inyección (inyección de combustible) *m*

Spritzlochkegelwinkel (Kraftstoffeinspritzung) *m*
Eng: spray hole cone angle (fuel injection) *n*
Fra: angle des trous d'injection *m*
Spa: ángulo de cono del orificio de inyección (inyección de combustible) *m*

Spritzlochkegelwinkel (Kraftstoffeinspritzung) *m*
Eng: spray angle (fuel injection) *n*
Fra: angle des trous d'injection *m*
Spa: ángulo de cono del orificio de inyección (inyección de combustible) *m*

Spritzlochscheibe (Kraftstoffeinspritzung) *f*

Eng: spray orifice disk (fuel injection) *n*
(orifice plate) *n*
Fra: pastille perforée *f*
Spa: disco del orificio de inyección (inyección de combustible) *m*

Spritzrate (Kraftstoffeinspritzung) ***f***
Eng: injection rate (fuel injection) *n*
Fra: taux d'injection *m*
Spa: tasa de inyección (inyección de combustible) *f*

Spritzschutz ***m***
Eng: splash guard *n*
Fra: déflecteur *m*
Spa: protección contra salpicaduras *f*

Spritzversteller (Kraftstoffeinspritzung) ***m***
Eng: timing device (fuel injection) *n*
Fra: variateur d'avance à l'injection *m*
(variateur d'avance) *m*
Spa: variador de avance de la inyección (inyección de combustible) *m*

Spritzversteller-Magnetventil (Kraftstoffeinspritzung) ***n***
Eng: timing device solenoid valve (fuel injection) *n*
Fra: électrovanne de variateur d'avance *f*
Spa: electroválvula de variador de avance de la inyección (inyección de combustible) *f*

Spritzverzug (Kraftstoffeinspritzung) ***m***
Eng: injection lag (fuel injection) *n*
Fra: délai d'injection *m*
Spa: retardo de inyección (inyección de combustible) *m*

Spritzwasserschutz ***m***
Eng: splash guard *n*
Fra: protection contre les projections d'eau *f*
Spa: protección contra salpicadura de agua *f*

Spritzwinkel (Kraftstoffeinspritzung) ***m***
Eng: spray dispersal angle (fuel injection) *n*
Fra: angle du cône d'injection *m*
Spa: ángulo de proyección (inyección de combustible) *m*

Spritzwinkel (Kraftstoffeinspritzung) ***m***
Eng: spray angle (fuel injection) *n*
Fra: angle du cône d'injection *m*
Spa: ángulo de proyección (inyección de combustible) *m*

Sprungüberdeckung ***f***
Eng: overlap ratio *n*
Fra: rapport de recouvrement *m*
Spa: relación de superposición *f*

Spule ***f***
Eng: coil *n*
Fra: bobine *f*
(spire) *f*
Spa: bobina *f*

Spulenkern ***m***
Eng: coil core *n*
Fra: noyau de bobine *m*
Spa: núcleo de bobina *m*

Spulen-Zündanlage ***f***
Eng: coil ignition equipment *n*
Fra: dispositif d'allumage par bobine *m*
Spa: sistema de encendido por bobina *m*

Spulenzündung, SZ ***f***
Eng: coil ignition, CI *n*
Fra: allumage par bobine *m*
Spa: encendido por bobina *m*

Spülgrad ***n***
Eng: scavenge efficiency *n*
Fra: taux de balayage *m*
Spa: grado de expulsión *m*

Spülluft ***f***
Eng: purge air *n*
Fra: air de balayage *m*
Spa: aire de purga *m*

Spülpumpe ***f***
Eng: scavenging pump *n*
Fra: pompe de balayage *f*
Spa: bomba de enjuague *f*

Spülstrom ***m***
Eng: scavenging flow *n*
Fra: flux de balayage *m*
Spa: flujo de expulsión *m*

Spurbreite ***f***
Eng: track width *n*
Fra: voie *f*
Spa: ancho de vía *m*

Spurführung ***f***
Eng: lateral guidance *n*
Fra: tenue de cap *f*
Spa: conducción transversal *f*

Spurkreisradius ***m***
Eng: turning radius *n*
Fra: rayon du cercle de braquage *m*
Spa: radio de viraje *m*

Spurstange ***f***
Eng: tie rod *n*
Fra: barre d'accouplement *f*
(bielle de direction) *f*
Spa: barra de acoplamiento *f*

Spurtreue (Kfz) ***f***
Eng: vehicle stability (staying in lane) *n*
Fra: trajectoire (véhicule) *f*
Spa: estabilidad direccional (automóvil) *f*

Stabantenne ***f***
Eng: rod antenna *n*
Fra: antenne-fouet *f*
Spa: antena de varilla *f*

Stabausdehnungsthermometer ***n***
Eng: solid expansion thermometer *n*
Fra: thermomètre à dilatation de tige solide *m*
Spa: termómetro de dilatación de varilla *m*

Stabfilter ***n***
Eng: edge type filter *n*
Fra: filtre-tige *m*
Spa: filtro de varilla *m*

Stabglühkerze ***f***
Eng: rod type glow plug *n*
Fra: bougie-crayon de préchauffage *f*
Spa: bujía de espiga *f*

Stabilisator ***m***
Eng: stabilizer *n*
Fra: stabilisateur *m*
Spa: estabilizador *m*

Stabilisierungssystem ***n***
Eng: electronic stability program, ESP *n*
Fra: contrôle dynamique de trajectoire *m*
Spa: programa electrónico de estabilidad, ESP *m*

Stabwicklung ***f***
Eng: bar winding *n*
Fra: enroulement-tige *m*
Spa: devanado de barras *m*

Stabzündspule ***f***
Eng: pencil coil *n*
Fra: bobine-tige *f*
Spa: bobina de encendido de barra *f*

Stadtomnibus ***m***
Eng: city bus *n*
Fra: autobus urbain *m*
Spa: autocar urbano *m*

Stahlfederung ***f***
Eng: steel-spring suspension *n*
Fra: suspension à ressorts *f*
Spa: suspensión de acero *f*

Stahlfelge ***f***
Eng: steel rim *n*
Fra: jante en acier *f*
Spa: llanta de acero *f*

Stahlronde ***f***
Eng: round steel plate *n*
Fra: flan circulaire *m*
Spa: placa redonda de acero *f*

Ständerdrehfeld ***n***
Eng: rotating stator field *n*
Fra: champ tournant statorique *m*
Spa: campo giratorio del estator *m*

Ständergehäuse ***n***
Eng: stator housing *n*
Fra: carcasse statorique *f*

Spa: carcasa de estator *f*

Ständerpaket ***n***
Eng: stator core *n*
Fra: noyau statorique *m*
Spa: núcleo de estator *m*

Ständerstrom ***m***
Eng: stator current *n*
Fra: courant statorique *m*
Spa: corriente de estator *f*

Ständerwicklung ***f***
Eng: stator winding *n*
Fra: enroulement statorique *m*
Spa: devanado de estator *m*

Standgeräusch ***n***
Eng: noise emission from stationary vehicles *n*
Fra: bruit à l'arrêt *m*
Spa: ruido estacionario *m*

Standheizung ***f***
Eng: auxiliary heater *n*
Fra: chauffage auxiliaire *m*
Spa: calefacción independiente *f*

Standlicht ***n***
Eng: side marker light *n*
Fra: feu de position *m*
Spa: luz de posición *f*

Starktonhorn ***n***
Eng: supertone horn *n*
Fra: avertisseur surpuissant *m*
Spa: bocina supersonante *f*

Starrachse ***f***
Eng: solid axle *n*
(rigid axle) *n*
Fra: essieu rigide *m*
Spa: eje rígido *m*

Starrachse ***f***
Eng: rigid axis *n*
Fra: essieu rigide *m*
Spa: eje rígido *m*

Startabwurfdrehzahl ***f***
Eng: starting cutout speed *n*
Fra: régime en fin de démarrage *m*
Spa: número de revoluciones de desengrane de arranque *m*

Startabwurfsperrzeit ***f***
Eng: starting cutout *n*
Fra: verrouillage en fin de démarrage *m*
Spa: tiempo de bloqueo de desengrane de arranque *m*

Startanlage ***f***
Eng: starting system *n*
Fra: équipement de démarrage *m*
Spa: sistema de arranque *m*

Startanreicherung ***f***
Eng: starting enrichment *n*
Fra: enrichissement de démarrage à froid *m*
Spa: enriquecimiento para el arranque *m*

Startanreicherung ***f***
Eng: start mixture enrichment *n*
Fra: enrichissement de démarrage à froid *m*
Spa: enriquecimiento para el arranque *m*

Startbereitschaftsanzeige (Dieselmotor) ***f***
Eng: ready to start indicator (diesel engine) *n*
Fra: indicateur de disponibilité de démarrage (moteur diesel) *m*
Spa: indicador de disposición de arranque (motor Diesel) *m*

Startbetrieb ***m***
Eng: starting operation *n*
Fra: démarrage (opération) *m*
Spa: modo de arranque *m*

Startdrehzahl ***f***
Eng: cranking speed *n*
Fra: vitesse de démarrage *f*
Spa: número de revoluciones de arranque *m*

Startdrehzahlanhebung ***f***
Eng: cranking speed increase *n*
Fra: régime accéléré de démarrage *m*
Spa: aumento del número de revoluciones de arranque *m*

Starter ***m***
Eng: starter *n*
Fra: démarreur *m*
(moteur de démarreur) *m*
Spa: motor de arranque *m*

Starterbatterie ***f***
Eng: starter battery *n*
(starter) *n*
Fra: batterie de démarrage *f*
Spa: batería de arranque *f*

Starterdrehmoment ***n***
Eng: starter motor torque *n*
Fra: couple du démarreur *m*
Spa: par del motor de arranque *m*

Starterklappe ***f***
Eng: choke *n*
Fra: volet de starter *m*
Spa: mariposa de estárter *f*
(choque) *m*

Starterrelais ***m***
Eng: starter motor relay *n*
Fra: relais de démarreur *m*
Spa: relé de motor de arranque *m*

Starterritzel ***n***
Eng: starter pinion *n*
Fra: pignon du démarreur *m*
Spa: piñón del motor de arranque *m*

Starterzahnkranz ***m***
Eng: starter ring gear *n*
Fra: couronne dentée du démarreur *f*
Spa: corona dentada del motor de arranque *f*

Startfähigkeit ***f***
Eng: startability *n*
Fra: capacité de démarrage *f*
Spa: capacidad de arranque *f*

Startglühen ***n***
Eng: glow plug start assist *n*
Fra: préchauffage-démarrage *m*
Spa: precalentamiento de arranque *m*

Startgrenztemperatur ***f***
Eng: minimum starting temperature *n*
Fra: température limite de démarrage *f*
Spa: temperatura mínima de arranque *f*

Starthebel ***m***
Eng: starting lever *n*
Fra: levier de démarrage *m*
Spa: palanca de arranque *f*

Starthilfe ***f***
Eng: start assist measure *n*
Fra: auxiliaire de démarrage *m*
Spa: arranque mediante alimentación externa *m*

Starthilfe ***f***
Eng: start assistance *n*
Fra: démarrage de fortune *m*
Spa: arranque mediante alimentación externa *m*

Starthilfsanlage ***f***
Eng: start assist system *n*
Fra: dispositif auxiliaire de démarrage *m*
Spa: sistema auxiliar de arranque *m*

Starthilfskabel ***n***
Eng: battery jumper cable *n*
Fra: câble d'aide au démarrage *m*
Spa: cable de puente *m*

Startkatalysator ***m***
Eng: primary catalytic converter *n*
Fra: catalyseur primaire *m*
Spa: catalizador previo *m*

Startleistung ***f***
Eng: starting power *n*
Fra: puissance de démarrage *f*
Spa: potencia de arranque *f*

Startmehrmenge ***f***
Eng: excess fuel for starting *n*
Fra: surdébit de démarrage *m*
Spa: caudal adicional de arranque *m*

Startmenge ***f***
Eng: start quantity *n*
Fra: débit de démarrage *m*
Spa: caudal de arranque *m*

Startmengenabgleich ***m***
Eng: startingl quantity compensation *n*
Fra: étalonnage du débit de démarrage *m*
Spa: compensación de caudal de arranque *f*

Startmengenanschlag ***m***
Eng: start quantity stop *n*

Fra: butée de débit de surcharge au démarrage *f*
Spa: tope de caudal de arranque *m*

Startmengenbegrenzung ***f***
Eng: start quantity limitation *n*
Fra: limitation du débit de surcharge au démarrage *f*
Spa: limitación del caudal de arranque *f*

Startmengenberechnung ***f***
Eng: start quantity calculation *n*
Fra: calcul du débit de surcharge au démarrage *m*
Spa: cálculo del caudal de arranque *m*

Startmengenentriegelung ***f***
Eng: start quantity release *n*
Fra: déblocage du débit de surcharge au démarrage *m*
Spa: desbloqueo del caudal de arranque *m*

Startmengenerhöhung ***f***
Eng: start quantity increase *n*
Fra: élévation du débit de surcharge au démarrage *f*
Spa: aumento del caudal de arranque *m*

Startmengenverriegelung ***f***
Eng: start quantity locking device *n*
Fra: blocage du débit de surcharge au démarrage *m*
Spa: bloqueo del caudal de arranque *m*

Startmengenverstellweg ***m***
Eng: start quantity stop travel *n*
Fra: course de surcharge au démarrage *f*
Spa: carrera de ajuste del caudal de arranque *f*

Startmengenvorrichtung ***f***
Eng: excess fuel device *n*
Fra: dispositif de débit de surcharge au démarrage *m*
Spa: dispositivo de caudal de arranque *m*

Startmengenvorsteuerung ***f***
Eng: excess fuel preset *n*
Fra: pilotage du débit de surcharge *m*
Spa: preajuste del caudal de arranque *m*

Startmindestdrehzahl ***f***
Eng: minimum starting speed *n*
Fra: vitesse de rotation minimale du démarrage *f*
Spa: número de revoluciones mínimo de arranque *m*

Startnut (Pumpenelement) ***f***
Eng: starting groove (plunger-and-barrel assembly) *n*
Fra: encoche d'autoretard (élément de pompage) *f*
Spa: ranura de arranque (elemento de bomba) *f*

Startphase ***f***
Eng: starting phase *n*
Fra: phase de démarrage *f*
Spa: fase de arranque *f*

Startregelweg ***m***
Eng: starting rack travel *n*
Fra: course de régulation au démarrage *f*
Spa: carrera de regulación de arranque *f*

Startrelais ***n***
Eng: starting relay *n*
Fra: relais de démarrage *m*
Spa: relé de arranque *m*

Startschalter ***m***
Eng: ignition/starting switch *n*
Fra: commutateur d'allumage-démarrage *m*
Spa: interruptor de arranque *m*

Startspannungsanhebung ***f***
Eng: starting voltage increase *n*
Fra: élévation de tension au démarrage *f*
Spa: aumento de la tensión de arranque *m*

Startsperreinrichtung ***f***
Eng: start locking unit *n*
Fra: dispositif de blocage du démarreur *m*
Spa: dispositivo de bloqueo de arranque *m*

Startsperrrelais ***n***
Eng: start locking relay *n*
Fra: relais de blocage du démarreur *m*
Spa: relé de bloqueo de arranque *m*

Startsperrrelais ***n***
Eng: start inhibit relay *n*
Fra: relais de blocage du démarreur *m*
Spa: relé de bloqueo de arranque *m*

Startsteuerung ***f***
Eng: starting control *n*
(start control) *n*
Fra: commande de démarrage *f*
Spa: control de arranque *m*

Start-Stop-Automatik ***f***
Eng: automatic start-stop mechanism *n*
Fra: automatisme start-stop *m*
Spa: mecanismo automático de arranque/parada *m*

Startsystem ***n***
Eng: starting system *n*
Fra: système de démarrage *m*
Spa: sistema de arranque *m*

Starttemperatur ***f***
Eng: starting temperature *n*
Fra: température de démarrage *f*
Spa: temperatura de arranque *f*

Starttemperaturgrenze ***f***
Eng: start temperature limit *n*
Fra: limite de température de démarrage *f*
Spa: límite de temperatura de arranque *m*

Startverhalten ***n***
Eng: starting response *n*
Fra: comportement au démarrage *m*
Spa: comportamiento de arranque *m*

Startverriegelung ***f***
Eng: start quantity deactivator *n*
Fra: verrouillage du débit de surcharge *m*
Spa: bloqueo de arranque *m*

Startverriegelung ***f***
Eng: start quantity locking device *n*
Fra: verrouillage du démarrage *m*
Spa: bloqueo de arranque *m*

Startwiederholsperre ***f***
Eng: start repeating block *n*
Fra: anti-répétiteur de démarrage *m*
Spa: bloqueo de repetición de arranque *m*

Startwinkel ***m***
Eng: starting angle *n*
Fra: angle de démarrage *m*
Spa: ángulo de arranque *m*

Stationärbetrieb ***m***
Eng: stationary applications *n*
Fra: mode stationnaire *m*
Spa: funcionamiento estacionario *m*

Statische Leuchtweitenregulierung ***f***
Eng: static headlight range control *n*
Fra: correcteur statique de portée d'éclairement *m*
Spa: regulación estática del alcance de luces *f*

Stator (Generator) ***m***
Eng: stator (alternator) *n*
Fra: stator (alternateur) *m*
Spa: estator (alternador) *m*

Staub- und Pollenfilter ***n***
Eng: dust and pollen filter *n*
Fra: filtre à pollens et antipoussière *m*
Spa: filtro de polvo y polen *m*

staubgeschützt ***adj***
Eng: dust protected *pp*
Fra: protégé contre la poussière *pp*
Spa: protegido contra polvo *pp*

Staubkappe ***f***
Eng: dust cap *n*
Fra: capuchon antipoussière *m*
Spa: caperuza guardapolvo *f*

Staubmanschette ***f***
Eng: dust sleeve *n*
Fra: garniture anti-poussière *f*
Spa: guarnición guardapolvo *f*

Staubsammelbehälter (Filter) ***m***

Deutsch

Eng: dust bowl (filter) *n*
Fra: collecteur de poussière (filtre) *m*
Spa: recolector de polvo (filtro) *m*

Staubschutzdeckel ***m***
Eng: dust protection cover *n*
Fra: couvercle antipoussière *m*
Spa: tapa protectora contra polvo *f*

Stauchgrenze ***f***
Eng: compressive yield point *n*
Fra: limite élastique à la compression *f*
Spa: límite elástico a la compresión *m*

Staudruck ***m***
Eng: dynamic pressure *n*
Fra: pression dynamique *f*
Spa: presión dinámica *f*

Stauklappe (L-Jetronic) ***f***
Eng: sensor plate (L-Jetronic) *n*
Fra: volet-sonde (L-Jetronic) *m*
Spa: placa sonda (L-Jetronic) *f*

Stauklappe ***f***
Eng: airflow sensor plate *n*
Fra: volet-sonde (L-Jetronic) *m*
Spa: placa sonda *f*

Stauscheibe (K-Jetronic) ***f***
Eng: sensor plate (K-Jetronic) *n*
Fra: plateau-sonde (K-Jetronic) *m*
Spa: plato sonda (K-Jetronic) *m*

Steckanschluss ***m***
Eng: plug connection *n*
Fra: connecteur mâle *m*
Spa: conexión de enchufe *f*

Steckbefestigung (Wischer) ***f***
Eng: snap in fastening (wipers) *n*
Fra: fixation par enfichage (essuie-glace) *f*
Spa: fijación por enchufe (limpiaparabrisas) *f*

Steckbefestigung ***f***
Eng: snap fastening *n*
Fra: fixation par enfichage *f*
Spa: fijación por enchufe *f*

Steckbuchse ***f***
Eng: plug socket *n*
(receptacle) *n*
Fra: prise femelle *f*
Spa: hembrilla *f*

Steckdose ***f***
Eng: socket *n*
Fra: prise *f*
Spa: caja de enchufe *f*

Stecker ***m***
Eng: plug *n*
Fra: connecteur *m*
Spa: enchufe *m*

Steckerbelegung ***f***
Eng: connection-pin assignment *n*
Fra: affectation du connecteur *f*
Spa: ocupación de pines *f*

Steckerbelegung ***f***
Eng: plug pin allocation *n*
Fra: brochage du connecteur *m*
Spa: ocupación de pines *f*

Steckerbuchse ***f***
Eng: plug socket *n*
Fra: contact femelle *m*
Spa: hembrilla *f*

Steckercodierung ***f***
Eng: plug code *n*
Fra: codage des fiches *m*
Spa: codificación de enchufes *f*

Steckergehäuse ***n***
Eng: plug housing *n*
Fra: boîtier de connecteur *m*
Spa: caja de enchufe *f*

Steckergehäuse ***n***
Eng: plug body *n*
Fra: boîtier de connecteur *m*
Spa: cuerpo de enchufe *m*

Steckergehäuse ***n***
Eng: connector shell *n*
Fra: boîtier de connecteur *m*
Spa: caja de enchufe *f*

Steckerstift ***m***
Eng: connector pin *n*
Fra: contact mâle *m*
Spa: pin de enchufe *m*

Steckhülse ***f***
Eng: receptable *n*
(terminal socket) *n*
Fra: fiche femelle *f*
Spa: hembrilla de contacto *f*

Steckhülsengehäuse ***n***
Eng: socket housing *n*
Fra: boîtier pour fiches femelles *m*
Spa: caja de hembrillas de contacto *f*

Steckkontakt ***m***
Eng: plug in contact *n*
Fra: fiche de contact *f*
Spa: contacto enchufable *m*

Stecknuss ***f***
Eng: nut driver *n*
Fra: clé à douille *f*
Spa: inserto de llave de tubo *m*

Steckpumpe ***f***
Eng: plug in pump *n*
Fra: pompe enfichable *f*
Spa: bomba intercalable *f*

Steckschlüssel ***m***
Eng: socket wrench *n*
(socket spanner) *n*
Fra: clé à douille *f*
Spa: llave tubular *f*

Steckschlüsseleinsatz ***m***
Eng: wrench socket *n*
Fra: douille *f*
Spa: inserto de llave tubular *m*

Steckschnabelbefestigung (Wischer) ***f***
Eng: snap in nib fastening (wipers) *n*
Fra: fixation par bec enfichable (essuie-glace) *f*
Spa: fijación por pico enchufable *f*

Steckverbinder ***m***
Eng: plug connector *n*
(plug-in connection) *n*
Fra: connecteur *m*
Spa: enchufe pasador *m*

Steckverbindung ***f***
Eng: plug in connection *n*
Fra: connecteur *m*
Spa: conexión por enchufe *f*

Stehbolzen ***m***
Eng: stud *n*
Fra: boulon fileté *m*
Spa: espárrago *m*

Steifigkeit ***f***
Eng: rigidity *n*
Fra: rigidité *f*
Spa: rigidez *f*

Steigstrom-Luftmengenmesser ***m***
Eng: updraft air flow sensor *n*
Fra: débitmètre d'air à flux ascendant *m*
Spa: caudalímetro de aire de flujo vertical *m*

Steigung ***f***
Eng: gradient *n*
Fra: pente *f*
Spa: gradiente *m*

Steigung ***f***
Eng: lead *n*
(pitch) *n*
Fra: pente *f*
Spa: elevación *f*

Steigung ***f***
Eng: slope *n*
(gradient) *n*
(upgrade) *n*
Fra: pente *f*
Spa: inclinación *f*

Steigungsabgleich ***m***
Eng: progression rate adjustment *n*
Fra: ajustage de la pente *m*
Spa: compensación de la pendiente *f*

Steigungsleistung ***f***
Eng: climbing power *n*
(hill-climbing capacity) *n*
Fra: puissance en côte *f*
Spa: potencia en ascenso *f*

Steigungswiderstand ***m***
Eng: climbing resistance *n*
Fra: résistance en côte *f*
Spa: resistencia al ascenso *f*

Steigungswinkel ***m***
Eng: gradient angle *n*
(angle of ascent) *n*
Fra: angle d'inclinaison de la montée *m*
(angle de pente) *m*
Spa: ángulo de inclinación *m*

(*ángulo de pendiente*) *m*

Steilgewinde ***n***
Eng: helical spline *n*
Fra: filetage à pas rapide *m*
Spa: rosca de paso rápido *f*

Steilschulterfelge ***f***
Eng: 15° tapered bead seat *n*
Fra: jante à base creuse avec portée de talon à 15° *f*
Spa: llanta de garganta profunda *f*

steinschlagfest ***adj***
Eng: resistant to stone impact *adj*
Fra: résistant aux gravillons *loc*
Spa: resistente al impacto de piedras *adj*

Stellbereich ***m***
Eng: setting range *n*
(*adjustment range*) *n*
Fra: plage de réglage *f*
Spa: margen de ajuste *m*

Stelleingriff ***m***
Eng: actuator adjustment *n*
Fra: intervention par positionnement *f*
Spa: intervención de ajuste *f*

Stelleinrichtung (ASR) ***f***
Eng: final control element (TCS) *n*
Fra: actionneur de réglage (ASR) *m*
Spa: dispositivo de ajuste (ASR) *m*

Stellelement ***n***
Eng: adjustment mechanism *n*
(*control element*) *n*
Fra: actionneur de correction *m*
(*élément de commande*) *m*
(*organe d'actionnement*) *m*
Spa: elemento de ajuste *m*

Steller ***m***
Eng: actuator *n*
Fra: actionneur *m*
Spa: regulador *m*

Stellfenster (Leerlaufsteller) ***n***
Eng: actuator window (idle actuator) *n*
Fra: fenêtre de régulation (actionneur de ralenti) *f*
Spa: ventana de ajuste (ajustador de ralentí) *f*

Stellgenauigkeit ***f***
Eng: positioning accuracy *n*
Fra: précision de réglage *f*
Spa: exactitud de ajuste *f*

Stellgeschwindigkeit ***f***
Eng: positioning rate *n*
Fra: vitesse de régulation *f*
Spa: velocidad de ajuste *f*

Stellglied ***n***
Eng: actuator *n*
(*final controlling element*) *n*
(*actuator mechanism*) *n*
Fra: actionneur *m*
(*élément de réglage final*) *m*
Spa: actuador *m*

Stellgröße ***f***
Eng: manipulated variable *n*
Fra: grandeur réglante *f*
Spa: magnitud de ajuste *f*

Stellgröße ***f***
Eng: correcting variable *n*
Fra: paramètre de réglage *m*
Spa: magnitud de ajuste *f*

Stellgrößenbegrenzung ***f***
Eng: correcting variable limit *n*
Fra: limitation des grandeurs réglantes *f*
Spa: limitación de la magnitud de ajuste *f*

Stellhub ***m***
Eng: control stroke travel *n*
Fra: course de réglage *f*
Spa: carrera de ajuste *f*

Stellkolben ***m***
Eng: positioning piston *n*
Fra: piston de positionnement *m*
Spa: émbolo de ajuste *m*

Stellleistungsdichte ***f***
Eng: control force density *n*
(*power density*) *n*
Fra: puissance volumique *f*
Spa: densidad de potencia de ajuste *f*

Stellmagnet ***m***
Eng: actuator solenoid *n*
Fra: électro-aimant de positionnement *m*
Spa: electroimán de ajuste *m*

Stellmotor ***m***
Eng: servomotor *n*
Fra: servomoteur *m*
Spa: servomotor *m*

Stellschalter ***m***
Eng: detent switch *n*
Fra: interrupteur à retour non automatique *m*
Spa: interruptor de ajuste *m*

Stellschraube ***f***
Eng: setscrew *n*
Fra: vis de réglage *f*
Spa: tornillo de ajuste *m*

Stellschraube ***f***
Eng: adjusting screw *n*
Fra: vis d'ajustage *f*
Spa: tornillo de ajuste *m*

Stellsignal ***n***
Eng: command signal *n*
Fra: signal de réglage *m*
Spa: señal de ajuste *f*

Stellsignal ***n***
Eng: actuator signal *n*
(*acuating signal*) *n*
Fra: signal de réglage *m*
Spa: señal de ajuste *f*

Stellwelle ***f***
Eng: actuator shaft *n*
Fra: axe de positionnement *m*
Spa: eje de posicionamiento *m*

Stellwerk ***n***
Eng: actuator mechanism *n*
Fra: actionneur *m*
Spa: posicionador *m*

Stellwerkjoch ***m***
Eng: actuator fastening flange *n*
Fra: noyau d'actionneur *m*
Spa: culata de posicionador *f*

Stellwerkrotor ***m***
Eng: actuator rotor *n*
Fra: rotor d'actionneur *m*
Spa: rotor de posicionador *m*

Stellwinkel ***m***
Eng: control angle *n*
Fra: angle de réglage *m*
Spa: ángulo de ajuste *m*

Stellzylinder (ASR) ***m***
Eng: positioning cylinder (TCS) *n*
Fra: cylindre positionneur (ASR) *m*
Spa: cilindro de ajuste (ASR) *m*

Stempel ***m***
Eng: punch *n*
Fra: poinçon *m*
Spa: punzón *m*

Sternfilterelement ***n***
Eng: radial vee form filter element *n*
Fra: cartouche filtrante en étoile *f*
Spa: elemento de filtro en estrella *m*

sterngefaltet ***adj***
Eng: spiral vee shaped *adj*
Fra: plié en étoile *pp*
Spa: plegado en estrella *m*

Sternmotor (Verbrennungsmotor) ***m***
Eng: radial engine (IC engine) *n*
Fra: moteur en étoile *m*
Spa: motor en estrella (motor de combustión) *m*

Sternpunkt ***m***
Eng: neutral point *n*
(*star point*) *n*
Fra: point neutre *m*
Spa: punto neutro *m*

Sternschaltung ***f***
Eng: star connection *n*
Fra: montage en étoile *m*
Spa: conexión en estrella *f*

Steueranschluss ***m***
Eng: control connection *n*
Fra: raccord de commande *m*
Spa: conexión de control *f*

Steuerbefehl (Steuergerät) ***m***
Eng: control command (ECU) *n*
Fra: instruction de commande (calculateur) *f*
Spa: instrucción de mando (unidad de control) *f*

Steuerbolzen (Luftfederventil) ***m***
Eng: control pin (height-control valve) *n*

Deutsch

Fra: axe de commande (valve de nivellement) *m*
Spa: pasador de mando (válvula de suspensión neumática) *m*

Steuerdose *f*
Eng: aneroid capsule *n*
Fra: capsule de commande *f*
Spa: cápsula de mando *f*

Steuerdrossel *f*
Eng: metering slit *n*
Fra: calibrage de commande *m*
Spa: estrangulador de control *m*

Steuerdruck *m*
Eng: control pressure *n*
Fra: pression de commande *f*
Spa: presión de control *f*

Steuergerät *n*
Eng: electronic control unit, ECU *n*
Fra: centrale de commande *f*
Spa: unidad de control *f*

Steuergerätebox *f*
Eng: control unit box *n*
Fra: boîtier de calculateurs *m*
Spa: caja de unidades de control *f*

Steuergerätefreischaltung *f*
Eng: control unit enabling *n*
Fra: activation du calculateur *f*
Spa: habilitación de unidades de control *f*

Steuergeräteinitialisierung *f*
Eng: control unit initialization *n*
Fra: initialisation du calculateur *f*
Spa: inicialización de unidades de control *f*

Steuergerätnachlauf *m*
Eng: ECU after run *n*
Fra: post-fonctionnement du calculateur *m*
Spa: búsqueda de equilibrio de unidad de control *f*

Steuergröße *f*
Eng: controlled variable (open-loop control) *n*
Fra: paramètre de commande *m*
Spa: parámetro de mando *m*

Steuerimpuls (Steuergerät) *m*
Eng: control pulse (ECU) *n*
Fra: impulsion de commande (calculateur) *f*
Spa: impulso de mando (unidad de control) *m*

Steuerkante (Pumpenelement) *f*
Eng: helix (plunger-and-barrel assembly) *n*
(timing edge) *n*
Fra: rampe hélicoïdale (élément de pompage) *f*
Spa: borde de distribución (elemento de bomba) *m*

Steuerkanten-Zumessung (Pumpenelement) *f*
Eng: port and helix metering (plunger-and-barrel assembly) *n*
Fra: dosage par rampe et trou *m*
Spa: dosificación por borde de distribución (elemento de bomba) *f*

Steuerkegel *m*
Eng: control cone *n*
Fra: cône de commande *m*
Spa: cono de control *m*

Steuerkette *f*
Eng: open control loop *n*
Fra: boucle de commande *f*
(chaîne de commande) *f*
Spa: cadena de control *f*

Steuerkette *f*
Eng: timing chain *n*
Fra: chaîne de commande *f*
Spa: cadena de control *f*

Steuerkolben *m*
Eng: control plunger *n*
Fra: piston de commande *m*
Spa: émbolo de control *m*

Steuerleitung *f*
Eng: control line *n*
Fra: câble-pilote *m*
Spa: línea de control *f*

Steuermagnet *m*
Eng: control magnet *n*
Fra: aimant de commande *m*
Spa: imán de mando *f*

Steuernut *f*
Eng: control groove *n*
(distributor slot) *n*
Fra: rainure de distribution *f*
Spa: ranura de mando *f*

Steuerparameter *m*
Eng: control parameter *n*
Fra: paramètre de commande *m*
Spa: parámetro de mando *m*

Steuerrelais *n*
Eng: control relay *n*
Fra: relais de commande *m*
Spa: relé de mando *m*

Steuerschalter *m*
Eng: control switch *n*
Fra: contacteur de commande *m*
Spa: interruptor de mando *m*

Steuerschieber *m*
Eng: valve spool *n*
Fra: tiroir de distribution *m*
Spa: corredera de distribución *f*

Steuersignal *n*
Eng: control signal (open loop) *n*
Fra: signal de commande *m*
Spa: señal de control *f*

Steuerspule *f*
Eng: control winding *n*
Fra: bobine de commande *f*
Spa: bobina de control *f*

Steuerstrecke *f*
Eng: open loop controlled system *n*
Fra: système commandé *m*
Spa: distancia de mando *f*

Steuerung *f*
Eng: control *n*
(open-loop control) *n*
Fra: commande *f*
Spa: control *m*

Steuerungselektronik *f*
Eng: control electronics *npl*
Fra: électronique de commande *f*
Spa: electrónica de control *f*

Steuerventil *n*
Eng: control valve *n*
Fra: valve de commande *f*
Spa: válvula de control *f*

Steuerzapfen *m*
Eng: control journal *n*
Fra: pivot de distribution *m*
Spa: pivote de distribución *m*

Steuerzeit *f*
Eng: control time *n*
Fra: temps de réglage *m*
(temps de commande) *m*
Spa: tiempo de control *m*

Stickoxid *n*
Eng: nitric oxide *n*
Fra: oxyde d'azote *m*
Spa: óxido nítrico *m*

Stick-Slip *n*
Eng: stick slip *n*
Fra: broutement saccadé *m*
(stick slip) *m*
Spa: stick-slip *m*

Stickstoffanreicherung *f*
Eng: nitrogen enrichment *n*
Fra: enrichissement en azote *m*
Spa: enriquecimiento de nitrógeno *m*

Stift *m*
Eng: pin *n*
Fra: goujon *m*
Spa: pasador *m*

Stiftgehäuse *n*
Eng: pin housing *n*
Fra: boîtier à contacts mâles *m*
Spa: caja de clavijas *f*

Stillstandszeit *f*
Eng: idle period *n*
Fra: temps d'arrêt *m*
Spa: tiempo de parada *m*

Stirnfläche *f*
Eng: end face *n*
Fra: surface frontale *f*
Spa: superficie frontal *f*

Stirnflanschbefestigung *f*
Eng: flange mounting *n*
Fra: fixation par bride frontale *f*
Spa: fijación por brida frontal *f*

Stirnrad *n*
Eng: spur gear *n*
Fra: roue à denture droite *f*

Spa: rueda dentada recta *f*

Stirnradgetriebe *n*
Eng: spur gear drive *n*
Fra: engrenage cylindrique *m*
Spa: engranaje de piñones rectos *m*

Stirnradgetriebe *n*
Eng: cylindrical-gear pair *n*
Fra: boîte à train d'engrenages parallèles *f*
Spa: engranaje de piñones rectos *m*

Stirnverzahnung *f*
Eng: spur gear *n*
Fra: engrenage à denture droite *m* *(roue cylindrique)* *f*
Spa: dentado recto *m*

Stirnzahnfreilauf *m*
Eng: spur gear overrunning clutch *n*
Fra: roue libre à denture droite *f*
Spa: rueda libre de dientes rectos *f*

stöchiometrisch *adj*
Eng: stoichiometric *adj*
Fra: stœchiométrique *adj*
Spa: estequiométrico *adj*

Stoppanschlag (Dieseleinspritzung) *m*
Eng: shutoff stop (diesel fuel injection) *n*
Fra: butée de stop (injection diesel) *f*
Spa: tope de parada (inyección diesel) *m*

Stoppbremsung *f*
Eng: braking to a standstill *n*
Fra: freinage d'arrêt *m*
Spa: frenada de parada *f*

Stopphebel *m*
Eng: stop lever *n*
Fra: levier d'arrêt *m*
Spa: palanca de parada *f*

Stopp-Position *f*
Eng: stop setting *n*
Fra: position de stop *f*
Spa: posición de parada *f*

Stoppuhr *f*
Eng: stopwatch *n*
Fra: chronomètre *m*
Spa: cronómetro *m*

Stopstellung *f*
Eng: stop setting *n*
Fra: position d'arrêt *f*
Spa: posición de parada *f*

Störabstrahlung (EMV) *f*
Eng: interference radiation (EMC) *n*
Fra: rayonnement de signaux perturbateurs (CEM) *m*
Spa: radiación de interferencias (compatibilidad electromagnética) *f*

störarm *adj*
Eng: interference resistant *adj*
Fra: peu sensible aux perturbations *loc*
Spa: resistente a interferencias *adj*

Störbereich *n*
Eng: disturbance range *n*
Fra: étendue de la perturbation *f*
Spa: intervalo de perturbación *m*

störempfindlich *adj*
Eng: susceptible to interference *n*
Fra: sensible aux perturbations *loc*
Spa: sensible a interferencias *adj*

Störenergie (EMV) *f*
Eng: interference energy (EMC) *n*
Fra: énergie perturbatrice (CEM) *f*
Spa: energía de interferencia (compatibilidad electromagnética) *f*

Störfeld *n*
Eng: noise field *n* *(interference field)* *n*
Fra: champ parasitaire *m*
Spa: campo perturbador *m*

Störfeldstärke *f*
Eng: interference field strength *n*
Fra: intensité du champ perturbateur *f*
Spa: intensidad del campo perturbador *f*

Störgröße (Regelung und Steuerung) *m*
Eng: disturbance value (regulation and control) *n*
Fra: grandeur perturbatrice (régulation) *f*
Spa: magnitud de perturbación (regulación y control) *f*

Störkraft *f*
Eng: interference factor *n*
Fra: action parasite *f*
Spa: fuerza perturbadora *f*

Störkrafthebelarm *m*
Eng: deflection force lever arm *n*
Fra: bras de levier des forces de réaction *m*
Spa: brazo de palanca de fuerza de reacción *m*

Störort *m*
Eng: disturbance point *n*
Fra: point de perturbation *m*
Spa: lugar de perturbación *m*

Störpegel (EMV) *m*
Eng: interference level (EMC) *n*
Fra: niveau de perturbations (CEM) *m*
Spa: nivel de perturbación (compatibilidad electromagnética) *m*

Störquelle (EMV) *f*
Eng: radio interference source (EMC) *n*
Fra: source de perturbations (CEM) *f*
Spa: fuente de interferencias (compatibilidad electromagnética) *f*

Störsenke (EMV) *f*
Eng: susceptible device (EMC) *n*
Fra: capteur de perturbations (CEM) *m*
Spa: embudo de interferencias (compatibilidad electromagnética) *m*

störsicher *adj*
Eng: interference proof *adj*
Fra: insensible aux perturbations *loc*
Spa: seguro contra interferencias *m*

Störsignal *n*
Eng: interference signal *n*
Fra: signal parasite *m*
Spa: señal perturbadora *f*

Störspannung (EMV) *f*
Eng: radio interference voltage (EMC) *n*
Fra: tension perturbatrice (CEM) *f*
Spa: tensión perturbadora (compatibilidad electromagnética) *f*

Störstrom (EMV) *m*
Eng: interference current (EMC) *n*
Fra: courant perturbateur (CEM) *m*
Spa: corriente perturbadora (compatibilidad electromagnética) *f*

Störung *f*
Eng: interference *n*
Fra: défaillance *f*
Spa: interferencia *f*

Störwelle (EMV) *f*
Eng: interference wave (EMC) *n*
Fra: onde perturbatrice (CEM) *f*
Spa: onda de interferencia (compatibilidad electromagnética) *f*

Stoßdämpfer (Kfz) *m*
Eng: shock absorber (motor vehicle) *n*
Fra: amortisseur (véhicule) *m*
Spa: amortiguador (automóvil) *m*

Stoßdämpferdruck *m*
Eng: shock absorber pressure *n*
Fra: pression des amortisseurs *f*
Spa: presión de amortiguador *m*

Stößel (Türbetätigung) *m*
Eng: push rod (door control) *n*
Fra: poussoir (commande des portes) *m*
Spa: empujador (activación de puerta) *m*

Stößel (Ventiltrieb) *m*
Eng: tappet (valve gear) *n*
Fra: poussoir (commande des portes) *m*
Spa: empujador *m*

Stößelkolben *m*

Deutsch

Deutsch

Eng: tappet plunger *n*
Fra: piston-poussoir *m*
Spa: pistón empujador *m*

Stößelkörper ***m***
Eng: roller tappet shell *n*
Fra: corps de poussoir *m*
Spa: cuerpo de empujador *m*

Stößelrolle ***f***
Eng: tappet roller *n*
Fra: galet de poussoir *m*
Spa: rodillo de empujador *m*

Stößelstange ***f***
Eng: push rod *n*
Fra: tige-poussoir *f*
Spa: varilla de empuje *f*

Stoßfänger ***m***
Eng: bumper *n*
Fra: pare-chocs *m*
(bouclier) *m*
Spa: paragolpes *m*

Stoßschutzleiste ***f***
Eng: protective molding rail *n*
Fra: bande antichoc *f*
Spa: banda antigolpes *f*

Stoßsensor ***m***
Eng: impact sensor *n*
Fra: capteur de choc *m*
Spa: sensor de choques *m*

Stoßstange ***f***
Eng: bumper *n*
Fra: pare-chocs *m*
Spa: parachoques *m*

Stoßstangen-Steuerung (Verbrennungsmotor) ***f***
Eng: push rod assembly (IC engine) *n*
Fra: commande par tige et culbuteur *f*
Spa: control por varillas de empuje (motor de combustión) *m*

Strahlaufbereitung (Kraftstoffeinspritzung) ***f***
Eng: spray preparation (fuel injection) *n*
Fra: conditionnement du jet *m*
Spa: preparación del chorro (inyección de combustible) *f*

Strahlaufweitung (Scheinwerfer) ***f***
Eng: beam expansion (headlamp) *n*
Fra: divergence angulaire du faisceau *f*
Spa: ensanchamiento del chorro (faros) *m*

Strahlbild (Kraftstoffeinspritzung) ***n***
Eng: spray pattern (fuel injection) *n*
Fra: aspect du jet *m*
Spa: forma del chorro (inyección de combustible) *f*

Strahlbild (Kraftstoffeinspritzung) ***n***
Eng: jet pattern (fuel injection) *n*
Fra: aspect du jet *m*
Spa: apariencia del chorro (inyección de combustible) *f*

Strahldauer (Kraftstoffeinspritzung) ***n***
Eng: spray duration (fuel injection) *n*
Fra: durée d'injection *f*
Spa: duración del chorro (inyección de combustible) *f*

Strahldüse ***f***
Eng: jet *n*
Fra: buse d'éjection *f*
Spa: inyector a chorro *m*

Strahldüse ***f***
Eng: jet nozzle *n*
Fra: buse d'éjection *f*
Spa: inyector a chorro *m*

Strahlenregler ***m***
Eng: straight line controller *n*
Fra: correcteur à divergence *m*
Spa: controlador de divergencia *m*

Strahlform (Kraftstoffeinspritzung) ***f***
Eng: spray shape (fuel injection) *n*
Fra: forme du jet (injection) *f*
Spa: forma del chorro (inyección de combustible) *f*

strahlgeführt (Kraftstoffeinspritzung) ***adj***
Eng: jet directed (fuel injection) *adj*
Fra: assisté par jet d'air *pp*
Spa: guiado por chorro (inyección de combustible) *pp*

strahlgeführt (Kraftstoffeinspritzung) ***adj***
Eng: spray guided (fuel injection) *adj*
Fra: assisté par jet d'air *pp*
Spa: guiado por chorro (inyección de combustible) *pp*

strahlgeführtes Brennverfahren (Kraftstoffeinspritzung) ***n***
Eng: spray guided combustion process (fuel injection) *n*
Fra: procédé d'injection assisté par jet d'air *m*
Spa: proceso de combustión guiado por chorro (inyección de combustible) *m*

Strahlgeometrie (Kraftstoffeinspritzung) ***f***
Eng: spray pattern (fuel injection) *n*
Fra: forme du jet *f*
Spa: geometría del chorro (inyección de combustible) *f*

Strahllage (Kraftstoffeinspritzung) ***f***
Eng: nozzle jet position (fuel injection) *n*
Fra: position du jet *f*
Spa: posición del chorro (inyección de combustible) *f*

Strahlöffnungswinkel (Kraftstoffeinspritzung) ***m***
Eng: spray angle (fuel injection) *n*
Fra: angle d'ouverture du jet *m*
Spa: ángulo de apertura del chorro (inyección de combustible) *m*

Strahlpumpe ***f***
Eng: suction jet pump *n*
Fra: pompe auto-aspirante *f*
Spa: bomba de chorro *f*

Strahlpumpe ***f***
Eng: jet pump *n*
Fra: pompe auto-aspirante *f*
Spa: bomba de chorro *f*

Strahlrichter ***m***
Eng: jet alignment piece *n*
Fra: guide-jet *m*
Spa: alineador de chorro *m*

Strahlungsleistung ***f***
Eng: radiated power *n*
Fra: émittance énergétique *f*
Spa: potencia de radiación *f*

Strahlungsschutz ***m***
Eng: radiation shield *n*
Fra: protection contre les radiations *f*
Spa: protección contra radiaciones *f*

Strahlungsthermometer ***n***
Eng: radiation thermometer *n*
Fra: thermomètre à radiation *m*
Spa: termómetro por radiación *m*

Strahlwinkel ***m***
Eng: spray angle *n*
Fra: angle de jet *m*
Spa: ángulo del chorro *m*

Straßendecke ***f***
Eng: road surface *n*
Fra: revêtement routier *m*
(chaussée) *f*
Spa: firme *m*
(pavimento) *m*

Streufaktor ***m***
Eng: dispersion factor *n*
(leakage coefficient) *n*
Fra: coefficient de dispersion *m*
(coefficient de fuite) *m*
Spa: factor de dispersión *m*

Streufluss ***m***
Eng: leakage flux *n*
Fra: flux de fuite *m*
Spa: flujo de dispersión *m*

Streuflussverluste (magnetische) ***m***
Eng: magnetic leakage *n*
Fra: pertes de flux magnétique *fpl*
Spa: pérdidas del flujo de dispersión (magnéticas) *fpl*

Streuscheibe (Scheinwerfer) ***f***
Eng: lens (headlamp) *n*

Fra: diffuseur (projecteur) *m*
Spa: cristal de dispersión (faros) *m*

Streuteller ***m***
Eng: spreading plate *n*
Fra: épandeuse à disques *f*
Spa: plato de dispersión *m*

Stroboskopleuchte ***f***
Eng: stroboscope *n*
Fra: lampe stroboscopique *f*
Spa: lámpara estroboscópica *f*

Stromabgabe (Generator) ***f***
Eng: current output (alternator) *n*
(current delivery) *n*
Fra: débit (alternateur) *m*
Spa: suministro de corriente (alternador) *m*

Stromabnehmer ***m***
Eng: current collector *n*
Fra: collecteur de courant *m*
Spa: colector de corriente *m*

Stromaggregat ***n***
Eng: engine generator set *n*
Fra: groupe moto-générateur *m*
Spa: grupo electrógeno *m*

Stromaufnahme ***f***
Eng: current draw *n*
(current input) *n*
Fra: courant absorbé *m*
Spa: consumo de corriente *m*

Strombegrenzer ***m***
Eng: current limiter *n*
Fra: limiteur d'intensité *m*
Spa: limitador de corriente *m*

Strombegrenzungsventil ***n***
Eng: flow limiting valve *n*
Fra: limiteur de débit *m*
Spa: válvula limitadora de caudal *f*

Strombremse (Starter) ***f***
Eng: electric brake (starter) *n*
Fra: frein électrique (démarreur) *m*
Spa: freno eléctrico (motor de arranque) *m*

Stromerzeugungs-Aggregat ***n***
Eng: engine generator set *n*
Fra: groupe générateur *m*
Spa: grupo electrógeno *m*

stromgesteuert ***adj***
Eng: current controlled *adj*
Fra: commandé en courant *m*
Spa: controlado por corriente *pp*

Stromkreis ***m***
Eng: electric circuit *n*
Fra: circuit électrique *m*
Spa: circuito eléctrico *m*

Stromlaufplan ***m***
Eng: schematic diagram *n*
Fra: schéma des circuits *m*
Spa: esquema de circuito *m*

Stromlaufplan ***m***
Eng: circuit diagram *n*
Fra: schéma électrique *m*
Spa: esquema de circuito *m*

Stromlinienform ***f***
Eng: streamlined *n*
Fra: de forme aérodynamique *loc*
Spa: forma aerodinámica *f*

Strommessung ***f***
Eng: current measurement *n*
Fra: mesure de courant *f*
Spa: medición de corriente *f*

Stromregelventil ***n***
Eng: flow control valve *n*
Fra: régulateur de débit *m*
Spa: válvula reguladora de caudal *f*

Stromregler ***m***
Eng: current regulator *n*
Fra: régulateur de courant *m*
Spa: regulador de corriente *m*

Stromrichtung ***f***
Eng: current direction *n*
Fra: sens de circulation du courant *m*
Spa: dirección de corriente *f*

Stromschiene ***f***
Eng: bus bar *n*
Fra: barre de distribution *f*
Spa: barra colectora *f*

Stromschwankung ***f***
Eng: current fluctuation *n*
Fra: fluctuation du courant *f*
Spa: fluctuación de corriente *f*

Stromstärke ***f***
Eng: current intensity *n*
Fra: intensité *f*
Spa: intensidad de corriente *f*

Stromüberwachung ***f***
Eng: current monitoring *n*
Fra: surveillance du courant *f*
Spa: supervisión de corriente *f*

Strömungsgeräusch ***n***
Eng: flow noise *n*
Fra: bruit d'écoulement *m*
Spa: ruido de flujo *m*

Strömungsgeschwindigkeit ***f***
Eng: flow velocity *n*
Fra: vitesse d'écoulement *f*
Spa: velocidad de flujo *f*

Strömungsmaschine ***f***
Eng: turbo element *n*
Fra: turbomachine *f*
Spa: máquina hidrodinámica *f*

Strömungspumpe ***f***
Eng: flow type pump *n*
Fra: pompe centrifuge *f*
Spa: bomba centrífuga *f*

Strömungsquerschnitt ***m***
Eng: flow cross section *n*
Fra: section de passage de flux *f*
Spa: sección de caudal de paso *f*

Strömungsrichtung ***f***
Eng: flow direction *n*
Fra: sens d'écoulement *m*
Spa: sentido de flujo *m*

Strömungsverdichter ***m***
Eng: centrifugal turbo compressor *n*
(hydrokinetic flow compressor) *n*
Fra: compresseur centrifuge *m*
Spa: compresor centrífugo *m*

Strömungsverhältnis ***n***
Eng: airflow behavior *n*
Fra: comportement aérodynamique *m*
Spa: régimen de flujo *m*

Strömungsverhältnis ***n***
Eng: flow condition *n*
Fra: conditions d'écoulement *fpl*
Spa: régimen de flujo *m*

Strömungswiderstand ***m***
Eng: resistance to flow *n*
Fra: résistance à l'écoulement *f*
Spa: resistencia al flujo *f*

Strömungswiderstand ***m***
Eng: flow resistance *n*
Fra: résistance à l'écoulement *f*
Spa: resistencia al flujo *f*

Stromverlauf ***m***
Eng: current curve *n*
Fra: courbe de courant *f*
Spa: sentido de corriente *m*

Stromverteilerkasten ***m***
Eng: electrical distribution box *n*
Fra: boîte de distribution électrique *f*
Spa: caja de distribución eléctrica *f*

Stromzange ***f***
Eng: current clamp *n*
Fra: pince ampèremétrique *f*
Spa: pinzas de corriente *fpl*

Stromzufuhr ***f***
Eng: current supply *n*
Fra: alimentation électrique *f*
Spa: alimentación de corriente *f*

Stufendrehzahlregler ***m***
Eng: combination governor *n*
Fra: régulateur à échelons *m*
Spa: regulador escalonado de revoluciones *m*

Stufenheck ***n***
Eng: notchback *n*
Fra: carrosserie tricorps *f*
Spa: zaga escalonada *f*

Stufenkolben ***m***
Eng: stepped piston *n*
Fra: piston différentiel *m*
Spa: pistón diferencial *m*

Stufenreflektor (Scheinwerfer) ***m***
Eng: stepped reflector (headlamp) *n*
Fra: réflecteur étagé *m*
Spa: reflector escalonado (faros) *m*

Stützbetrieb (Batterieladung) ***m***
Eng: backup mode (battery charge) *n*
Fra: mode « soutien » (charge de batterie) *m*

Deutsch

Spa: modo de apoyo (carga de batería) *m*

Stützlager (Trommelbremse) ***n***
Eng: support bearing (drum brake) *n*
Fra: palier d'appui (frein à tambour) *m*
Spa: cojinete de apoyo (freno de tambor) *m*

Stützplatte (Filter) ***f***
Eng: support plate (filter) *n*
Fra: plaque-support (filtre) *f*
Spa: placa de apoyo (filtro) *f*

Stützring ***m***
Eng: support ring *n*
Fra: bague d'appui *f*
Spa: anillo de apoyo *m*

Stützrippe ***f***
Eng: support rib *n*
Fra: nervure d'appui *f*
Spa: nervadura de apoyo *f*

Stützschale ***f***
Eng: backing shell *n*
Fra: coquille-support *f*
Spa: casquillo de apoyo *m*

Stützscheibe ***f***
Eng: support plate *n*
Fra: disque support *m*
Spa: arandela de apoyo *f*

Stützstelle (Kennfeld) ***f***
Eng: data point (program map) *n*
Fra: point d'appui (cartographie) *m*
Spa: punto de apoyo (diagrama característico) *m*

Suchscheinwerfer ***m***
Eng: spot lamp *n*
Fra: projecteur de recherche *m*
Spa: faro de enfoque *m*

Summenkurve ***f***
Eng: cumulative frequency curve *n*
Fra: courbe des fréquences cumulées *f*
Spa: curva acumulativa *f*

Summer ***m***
Eng: buzzer *n*
Fra: ronfleur *m*
Spa: avisador acústico *m*

Supraleitfähigkeit ***f***
Eng: superconductivity *n*
Fra: supraconductivité *f*
Spa: superconductividad *f*

Swirl-Brennverfahren (Verbrennungsmotor) ***n***
Eng: swirl combustion process (IC engine) *n*
Fra: procédé d'injection assisté par swirl *m*
Spa: proceso de combustión Swirl (motor de combustión) *m*

Synchronantrieb ***m***
Eng: synchronous drive *n*
Fra: entraînement triphasé synchrone *m*
Spa: accionamiento síncrono *m*

Synchronantrieb ***m***
Eng: synchronous operation *n*
Fra: entraînement triphasé synchrone *m*
Spa: modo síncrono *m*

Synchronisation ***f***
Eng: synchronization *n*
Fra: synchronisation *f*
Spa: sincronización *f*

synchronisierter Asynchronmotor ***m***
Eng: synchronous induction motor *n*
Fra: moteur asynchrone synchronisé *m*
Spa: motor asíncrono sincronizado *m*

Synchronverlust ***m***
Eng: loss of synchronization *n*
Fra: perte de synchronisation *f*
Spa: pérdida de sincronización *f*

Systemdruck (Jetronic) ***m***
Eng: primary pressure (Jetronic) *n*
Fra: pression du système (Jetronic) *f*
Spa: presión del sistema (Jetronic) *f*

Systemdruckregler ***m***
Eng: primary pressure regulator *n*
Fra: régulateur de pression du système *m*
Spa: regulador de presión del sistema *m*

Systemperipherie ***f***
Eng: system peripheral equipment *n*
Fra: périphériques du système *mpl*
Spa: equipos periféricos del sistema *mpl*

Systemprüfadapter ***m***
Eng: system test adapter *n*
Fra: adaptateur d'essai système *m*
Spa: adaptador de comprobación de sistemas *m*

Systemverbund ***n***
Eng: composite system *n*
Fra: réseau d'interconnexion *m*
Spa: interconexión de sistemas *f*

Systemverträglichkeit ***f***
Eng: system compatibility *n*
Fra: compatibilité système *f*
Spa: compatibilidad de sistemas *f*

T

Tachogenerator ***m***
Eng: speedometer generator *n*
Fra: génératrice tachymétrique *f*
Spa: generador tacómetro *m*

Tachometer ***m***
Eng: speedometer *n*
Fra: compteur de vitesse *m*
Spa: tacómetro *m*

Tachowelle ***f***
Eng: speedometer shaft *n*
Fra: câble flexible de compteur de vitesse *m*
Spa: eje del tacómetro *m*

Tagfahrleuchte ***f***
Eng: daytime running lamp *n*
Fra: feu de roulage de jour *m*
Spa: lámpara de luz diurna *f*

takten (Radbremsdruck) ***v***
Eng: cyclical actuation (wheel brake-pressure) *n*
Fra: pilotage cyclique (pression de freinage) *m*
Spa: realizar ciclo (presión freno de rueda) *v*

Takten ***n***
Eng: operate on a timed cycle *v*
(cycle) *v*
Fra: pilotage cyclique (pression de freinage) *m*
Spa: realizar ciclo *v*

Taktfrequenz ***f***
Eng: timing frequency *n*
Fra: fréquence des impulsions *f*
Spa: frecuencia de ciclo *f*

Taktfrequenz ***f***
Eng: cycle frequency *n*
Fra: cadence de pilotage *f*
Spa: frecuencia de ciclo *f*

Taktventil ***n***
Eng: pulse valve *n*
Fra: électrovanne à rapport cyclique d'ouverture *f*
Spa: válvula de impulsos *f*

Taktventil ***n***
Eng: cycle valve *n*
Fra: valve de séquence *f*
Spa: válvula de impulsos *f*

Taktventil ***n***
Eng: timer valve *n*
Fra: valve de séquence *f*
Spa: válvula de impulsos *f*

Taktverhältnis ***n***
Eng: cycle ratio *n*
Fra: rapport cyclique *m*
Spa: relación de ciclo *f*

Tandemhauptzylinder (Bremsen) ***m***
Eng: tandem master cylinder (brakes) *n*
Fra: maître-cylindre tandem *m*
Spa: cilindro maestro tándem (frenos) *m*

Tandempumpe ***f***
Eng: tandem pump *n*
Fra: pompe tandem *f*
Spa: bomba tándem *f*

Tandemsensor HC/Lambda ***m***
Eng: combined HC/Lambda oxygen sensor *n*

Fra: sonde combinée HC/oxygène *f*
Spa: sensor combinado HC/ Lambda *m*

Tangentenkanal ***m***
Eng: tangential channel *n*
Fra: conduit tangentiel *m*
Spa: canal tangencial *m*

tangential ***adj***
Eng: tangential *n*
Fra: tangentiel *adj*
Spa: tangencial *adj*

Tangentialkraft ***f***
Eng: tangential force *n*
Fra: force tangentielle *f*
Spa: fuerza tangencial *f*

Tank ***m***
Eng: fuel tank *n*
Fra: réservoir *m*
Spa: depósito *m*

Tankbelüftung ***f***
Eng: tank ventilation *n*
Fra: dégazage du réservoir *m*
Spa: ventilación del depósito *f*

Tankdeckel ***m***
Eng: filler cap *n*
Fra: bouchon de réservoir *m*
Spa: tapa del depósito *f*

Tankdruck ***m***
Eng: fuel tank pressure *n*
Fra: pression dans le réservoir *f*
Spa: presión en el depósito *f*

Tankeinbaueinheit ***f***
Eng: in tank unit *n*
Fra: unité de puisage *f*
Spa: unidad incorporada en el depósito *f*

Tankeinbaupumpe ***f***
Eng: in tank pump *n*
Fra: pompe incorporée au réservoir *f*
Spa: bomba incorporada en el depósito *f*

Tankeinfüllstutzen ***m***
Eng: tank filler neck *n*
Fra: tubulure de remplissage du réservoir *f*
Spa: boca de llenado del depósito *f*

Tankentlüftung ***f***
Eng: tank ventilation *n*
Fra: dégazage du réservoir *m*
Spa: ventilación del depósito *f*

Tankentlüftung ***f***
Eng: tank purging *v*
Fra: dégazage du réservoir *m*
Spa: purga de aire del depósito *f*

Tankentlüftung (Abgastechnik) ***f***
Eng: canister purge (emissions control technologie) *n*
Fra: dégazage du réservoir *m*
Spa: purga de aire del depósito (técnica de gases de escape) *f*

Tankfüllstandsensor ***m***
Eng: fuel level sensor *n*
Fra: capteur de niveau de carburant *m*
Spa: sensor de nivel de llenado del depósito *m*

Tankleck-Diagnosesystem ***n***
Eng: tank leakage diagnostic system *n*
Fra: système de diagnostic de fuite du réservoir *m*
Spa: sistema de diagnóstico de fugas del depósito *m*

Tankreserveleuchte ***f***
Eng: reserve-fuel lamp *n*
Fra: témoin de réserve de carburant *m*
Spa: lámpara de reserva del depósito *f*

Tassenstößel ***m***
Eng: barrel tappet *n*
(bucket tappet) *n*
Fra: poussoir à coupelle *m*
Spa: taqué hueco *m*

Tassenstößel-Steuerung ***f***
Eng: overhead bucket tappet assembly *n*
Fra: commande par poussoirs à coupelle *f*
Spa: control de taqué hueco *m*

Taster ***m***
Eng: push button *n*
Fra: bouton-poussoir *m*
Spa: pulsador *m*

Taster ***m***
Eng: probe *n*
Fra: palpeur *m*
Spa: pulsador *m*

Tastrolle (Rollenbremsprüfstand) ***f***
Eng: sensor roller (dynamic brake analyzer) *n*
Fra: rouleau palpeur (banc d'essai) *m*
Spa: rodillo palpador (banco de pruebas de frenos de rodillos) *m*

Tastschalter ***m***
Eng: pushbutton switch *n*
Fra: bouton-poussoir *m*
Spa: interruptor pulsador *m*

Tastspitzenradius ***m***
Eng: stylus tip radius *n*
Fra: rayon de pointe de palpeur *m*
Spa: radio de la punta del palpador *m*

Taststrecke ***f***
Eng: profile length *n*
Fra: longueur de palpage *f*
Spa: longitud de palpación *f*

Tastverhältnis ***n***
Eng: on/off ratio *n*
(pulse duty factor) *n*
Fra: rapport cyclique d'impulsions *m*
(rapport cyclique) *m*
Spa: relación de impulsos *f*

Tauchanker ***m***
Eng: solenoid plunger *n*
Fra: induit plongeur *m*
Spa: inducido sumergido *m*

Tauchgefäß ***n***
Eng: immersion vessel *n*
Fra: cuve à immersion *f*
Spa: recipiente de inmersión *m*

Tauchgrundierung ***f***
Eng: dip priming *n*
Fra: apprêt par immersion *m*
Spa: imprimación por inmersión *f*

Tauchlöten ***n***
Eng: dip soldering *n*
Fra: brasage par immersion *m*
Spa: soldadura por inmersión *f*

Taumelscheibe ***f***
Eng: swash plate *n*
Fra: plateau oscillant *m*
Spa: disco oscilante *m*

Taupunkt ***m***
Eng: dew point *n*
Fra: point de rosée *m*
Spa: punto de rocío *m*

Teilbremsbereich ***m***
Eng: partial braking range *n*
Fra: plage de freinage partiel *f*
Spa: zona de frenado parcial *f*

Teilbremsdruck ***m***
Eng: partial braking pressure *n*
Fra: pression de freinage partielle *f*
Spa: presión de frenado parcial *f*

Teilbremsstellung ***f***
Eng: partially braked mode *n*
Fra: position de freinage partiel *f*
Spa: posición de frenado parcial *f*

Teilbremsung ***f***
Eng: partial braking *n*
Fra: freinage partiel *m*
Spa: frenado parcial *m*

teildurchlässig ***adj***
Eng: semi transparent *adj*
Fra: semi-réfléchissant *adj*
Spa: semitransparente *adj*

Teilesatz ***m***
Eng: parts set *n*
Fra: kit de pièces *m*
Spa: juego de piezas *m*

Teilesatz ***m***
Eng: parts kit *n*
Fra: kit de pièces *m*
Spa: juego de piezas *m*

Teilförderung ***f***
Eng: partial delivery *n*
Fra: débit partiel *m*
Spa: suministro parcial *m*

Teilkreis (Zahnrad) ***m***
Eng: reference circle (gear) *n*

Fra: cercle primitif de référence (engrenage) *m*
Spa: círculo primitivo (rueda dentada) *m*

Teilkreisdurchmesser (Zahnrad) ***m***
Eng: pitch diameter (gear) *n*
(reference diameter) *n*
Fra: diamètre primitif de référence *m*
Spa: diámetro del círculo primitivo (rueda dentada) *m*

Teillast (Verbrennungsmotor) ***f***
Eng: part load (IC engine) *n*
Fra: charge partielle (moteur à combustion) *f*
Spa: carga parcial (motor de combustión) *f*

Teillast ***f***
Eng: part throttle *n*
Fra: charge partielle *f*
Spa: carga parcial *f*

Teillastanreicherung ***f***
Eng: part load enrichment *n*
Fra: enrichissement en charge partielle *m*
Spa: enriquecimiento de carga parcial *m*

Teillastbereich ***m***
Eng: part load range *n*
Fra: plage de charge partielle *f*
Spa: zona de carga parcial *f*

Teillastbetrieb ***m***
Eng: part load operation *n*
Fra: fonctionnement en charge partielle *m*
Spa: funcionamiento a carga parcial *m*

Teillastdrehzahl ***f***
Eng: part load speed *n*
Fra: vitesse à charge partielle *f*
Spa: régimen de carga parcial *m*

Teillastdrehzahl ***f***
Eng: part load engine speed *n*
Fra: vitesse à charge partielle *f*
Spa: régimen de carga parcial *m*

Teil-Strom-Spannungskurve ***f***
Eng: partial current/voltage curve *n*
Fra: courbe partielle intensité/potentiel *f*
Spa: curva parcial corriente/tensión *f*

Teleskopfederkontakt ***m***
Eng: telescopic spring contact *n*
Fra: contact télescopique à ressort *m*
Spa: contacto telescópico de resorte *m*

Teleskopschwingungsdämpfer ***m***
Eng: telescopic shock absorber *n*
Fra: amortisseur télescopique *m*
Spa: antivibrador telescópico *m*

Tellerfeder ***f***
Eng: disc spring *n*
(spring plate) *n*
Fra: rondelle-ressort *f*
(ressort diaphragme) *m*
Spa: muelle de disco *m*

Tellerrad ***n***
Eng: crown wheel *n*
Fra: pignon d'attaque *m*
Spa: rueda plana *f*

Tellerrad ***n***
Eng: plate pulley *n*
Fra: couronne d'attaque *f*
Spa: rueda plana *f*

temperaturabhängige Grenzmenge ***f***
Eng: temperature dependent limit quantity *n*
Fra: débit limite en fonction de la température *m*
Spa: caudal límite dependiente de la temperatura *m*

temperaturabhängige Leerlaufanhebung ***f***
Eng: temperature controlled idle-speed increase *n*
Fra: correcteur de ralenti piloté par la température *m*
Spa: elevación de régimen de ralentí dependiente de la temperatura *f*

temperaturabhängige Leerlaufkorrektur ***f***
Eng: temperature dependent low idle correction *n*
Fra: correction de ralenti en fonction de la température *f*
Spa: corrección de ralentí dependiente de la temperatura *f*

temperaturabhängige Startmenge ***f***
Eng: temperature dependent excess fuel quantity *n*
Fra: surcharge variable en fonction de la température *f*
Spa: caudal de arranque dependiente de la temperatura *m*

temperaturabhängige Volllastmenge ***f***
Eng: temperature dependent full load fuel delivery *n*
Fra: débit de pleine charge dépendant de la température *m*
Spa: caudal de plena carga dependiente de la temperatura *m*

temperaturabhängige Wartezeit ***f***
Eng: temperature dependent waiting period *n*
Fra: temps d'attente en fonction de la température *m*
Spa: tiempo de espera dependiente de la temperatura *m*

temperaturabhängiger Leerlaufanschlag ***m***
Eng: temperature dependent low idle stop *n*
Fra: correcteur de ralenti (asservi à la température) *m*
Spa: tope de ralentí dependiente de la temperatura *m*

temperaturabhängiger Vollastanschlag ***m***
Eng: temperature dependent full load stop *n*
Fra: correcteur de pleine charge (asservi à la température) *m*
Spa: tope de plena carga dependiente de la temperatura *m*

temperaturabhängiger Startmengenanschlag ***m***
Eng: temperature dependent starting device *n*
(temperature-dependent starting stop) *n*
Fra: correcteur de surcharge en fonction de la température *m*
(correcteur de surcharge) *m*
Spa: tope del caudal de arranque dependiente de la temperatura *m*

temperaturabhängiges Mengeninkrement ***n***
Eng: temperature dependent quantity increment *n*
Fra: incrément de débit en fonction de la température *m*
Spa: incremento de caudal dependiente de la temperatura *m*

Temperaturbereich ***m***
Eng: temperature range *n*
Fra: plage de températures *f*
Spa: rango de temperatura *m*

Temperaturbeständigkeit ***f***
Eng: thermal resistance *n*
Fra: résistance thermique *f*
Spa: resistencia térmica *f*

Temperaturbeständigkeit ***f***
Eng: temperature stability *n*
(thermal stability) *n*
Fra: stabilité en température *f*
Spa: resistencia térmica *f*

Temperaturdifferenz ***f***
Eng: temperature difference *n*
Fra: écart de température *m*
Spa: diferencia de temperatura *f*

Temperaturgefälle ***n***
Eng: temperature gradient *n*
Fra: gradient de température *m*
Spa: gradiente de temperatura *m*

Temperaturklappen-Stellglied ***n***
Eng: temperature flap actuator *n*
Fra: actionneur de volet de température *m*
Spa: elemento de ajuste chapaleta de temperatura *m*

Temperaturkoeffizient ***m***
Eng: temperature coefficient *n*
Fra: coefficient de température *m*
Spa: coeficiente de temperatura *m*

Temperatur-Messzündkerze ***f***
Eng: thermocouple spark plug *n*
Fra: bougie thermocouple *f*
Spa: bujía medidora de temperatura *f*

Temperaturregler ***m***
Eng: temperature regulator *n*
(thermostat) *n*
Fra: thermostat *m*
(thermorégulateurvolet mélangeur de température) *m*
Spa: regulador de temperatura *m*

Temperaturschalter ***m***
Eng: thermostatic switch *n*
Fra: thermocontacteur *m*
Spa: interruptor térmico *m*

Temperaturschwelle ***f***
Eng: temperature threshold *n*
Fra: seuil de température *m*
Spa: umbral de temperatura *m*

Temperatursensor ***m***
Eng: temperature sensor *n*
Fra: sonde de température *m*
Spa: sensor de temperatura *m*

Temperatursteller ***m***
Eng: temperature actuator *n*
Fra: sélecteur de température *m*
Spa: ajustador de temperatura *m*

Temperaturwechselbeständigkeit ***f***
Eng: resistance to temperature shocks *n*
Fra: tenue aux chocs thermiques *f*
Spa: resistencia a cambios de temperatura *f*

Temperaturwechselfestigkeit ***f***
Eng: resistance to thermal cycling *n*
Fra: résistance aux chocs thermiques *f*
Spa: resistencia térmica alternativa *f*

Terzbandspektrum ***n***
Eng: third octave band spectrum *n*
Fra: spectre en tiers d'octaves *m*
Spa: espectro de banda de terceras *m*

Testverbrauch ***m***
Eng: test consumption *n*
Fra: consommation d'essai *f*
Spa: consumo de prueba *m*

Thermoelement ***n***
Eng: thermocouple *n*
Fra: thermocouple *m*
Spa: termocupla *f*

Thermomanagement ***n***
Eng: thermal management *n*
Fra: thermogestion *f*
Spa: gestión térmica *f*

Thermopilesensor ***m***
Eng: thermopile sensor *n*
Fra: capteur à thermopile *m*
Spa: sensor termopila *m*

Thermoplastfolie ***f***
Eng: thermoplastic film *n*
Fra: film thermoplastique *m*
Spa: película de termoplástico *f*

Thermoschock ***m***
Eng: thermal shock *n*
Fra: choc thermique *m*
Spa: choque térmico *m*

Thermoschockbeständigkeit ***f***
Eng: thermal shock resistance *n*
(resistance to thermal cycling) *n*
Fra: résistance aux chocs thermiques *f*
Spa: resistencia a choques térmicos *f*
(resistencia térmica alternativa) *f*

Thermosicherung ***f***
Eng: thermal cutout *n*
Fra: thermofusible *m*
Spa: fusible térmico *m*

Thermospannung ***f***
Eng: thermoelectric voltage *n*
(thermoelectric potential) *n*
Fra: potentiel thermoélectrique *m*
Spa: tensión termoeléctrica *f*

Thermostatventil ***n***
Eng: thermostatic valve *n*
Fra: valve thermostatique *f*
Spa: válvula termostática *f*

Thyristorzündung ***f***
Eng: capacitor-discharge ignition, CDI *n*
Fra: système d'allumage haute tension à décharge de condensateur *m*
(allumage à thyristor) *m*
Spa: encendido por tiristor *m*

Tiefbett ***n***
Eng: rim well *n*
Fra: base creuse *f*
Spa: plataforma baja *f*

Tiefbettfelge ***f***
Eng: drop center rim *n*
Fra: jante à base creuse *f*
Spa: llanta de garganta profunda *f*

Tiefenfilter ***n***
Eng: deep bed filter *n*
Fra: filtre en profondeur *m*
Spa: filtro de profundidad *m*

Tiefentladung (Batterie) ***f***
Eng: exhaustive discharge (battery) *n*
Fra: décharge en profondeur (batterie) *f*
Spa: descarga excesiva (batería) *f*

Tiefpassfilter (Steuergerät) ***n***
Eng: low pass filter (ECU) *n*
Fra: filtre passe-bas (calculateur) *m*
Spa: filtro de paso bajo (unidad de control) *m*

Tieftöner ***m***
Eng: woofer *n*
Fra: haut-parleur de basses *m*
Spa: altavoz de tonos graves *m*

Tieftonhorn ***n***
Eng: low tone horn *n*
Fra: avertisseur à tonalité grave *m*
Spa: bocina de tonos graves *f*

Tiefziehen ***n***
Eng: deep drawing method *n*
Fra: emboutissage *m*
Spa: embutición profunda *f*

Tilgermasse ***f***
Eng: absorption mass *n*
Fra: masse filtrante *f*
Spa: masa antivibración *f*

Toleranzbereich ***m***
Eng: tolerance band *n*
Fra: marge de tolérance *f*
Spa: margen de tolerancia *m*

Toleranzbereich ***m***
Eng: tolerance zone *n*
Fra: plage de tolérance *f*
Spa: margen de tolerancia *m*

Toleranzbreite ***f***
Eng: tolerance range *n*
Fra: bande de tolérance *f*
Spa: banda de tolerancia *f*

Toleranzgrenze ***f***
Eng: tolerance limit *n*
Fra: limite de tolérance *f*
Spa: límite de tolerancia *m*

Tonaudiogramm ***n***
Eng: tone audiogram *n*
Fra: audiogramme tonal *m*
Spa: audiograma de tonos *m*

Tonfolgeschalter ***m***
Eng: tone sequence control device *n*
Fra: relais commutateur de tonalités *m*
Spa: controlador de cadenciación de tonos *m*

Tonfolgesystem ***n***
Eng: tone sequence system *n*
Fra: système à tonalité séquentielle *m*
Spa: sistema de cadenciación de tonos *f*

Tonhöhe ***f***
Eng: pitch *n*
Fra: hauteur de son *f*
Spa: agudeza del sonido *f*

Topfbauart (Generator) ***f***

Deutsch

Eng: compact diode assembly model (alternator) *n*
Fra: type à bloc redresseur compact (alternateur) *m*
Spa: modelo cilíndrico compacto (alternador) *m*

Topf-Generator ***m***
Eng: compact diode assembly alternator *n*
Fra: alternateur à bloc redresseur compact *m*
Spa: alternador cilíndrico compacto *m*

Topfmagnet ***m***
Eng: pot magnet *n*
(induction cup) *n*
Fra: aimant tambour *m*
(induit en cloche) *m*
Spa: imán cilíndrico *m*

Topfmanschette (Radzylinder) ***f***
Eng: cup seal (wheel-brake cylinder) *n*
Fra: joint embouti (cylindre de roue) *m*
Spa: junta de copa (cilindro de rueda) *f*

Torquemotor ***m***
Eng: torque motor *n*
Fra: moteur-couple *m*
Spa: cupla motriz *f*

Torsionsdämpfer ***m***
Eng: torsion damper *n*
Fra: amortisseur de torsion *m*
Spa: amortiguador de torsión *m*

Torsionsfestigkeit ***f***
Eng: rotational damping coefficient *n*
Fra: résistance à la torsion *f*
Spa: resistencia a la torsión *f*

Torsionsfließgrenze ***f***
Eng: elastic limit under torsion *n*
Fra: limite élastique en torsion *f*
Spa: límite elástico a la torsión *m*

Torsionsgrenzspannung ***f***
Eng: torsional stress limit *n*
Fra: contrainte limite de torsion *f*
Spa: esfuerzo límite de torsión *m*

Torsionsspannung ***f***
Eng: torsional stress *n*
Fra: contrainte de torsion *f*
Spa: esfuerzo de torsión *m*

Torsionsstab ***m***
Eng: torsion rod *n*
(torsion bar) *n*
Fra: barre de torsion *f*
Spa: barra de torsión *f*

Torsionswechselfestigkeit ***f***
Eng: fatigue limit under reversed torsional stress *n*
Fra: résistance aux contraintes alternées de torsion *f*
Spa: resistencia a la fatiga por torsión alternativa *f*

Torusbalg (Luftfeder) ***m***
Eng: toroid bellows (air spring) *n*
Fra: ressort toroïde (suspension) *m*
Spa: fuelle tórico (muelle neumático) *m*

Totpunkt ***m***
Eng: dead center *n*
Fra: point mort *m*
Spa: punto muerto *m*

Totraum ***m***
Eng: clearance volume *n*
Fra: espace mort *m*
Spa: espacio muerto *m*

Totvolumen ***n***
Eng: dead volume *n*
Fra: volume mort *m*
Spa: volumen muerto *m*

Toxen ***n***
Eng: tox clinching *n*
Fra: clinchage par points TOX *m*
Spa: unión por puntos TOX *f*

Trägermaterial ***n***
Eng: substrate *n*
Fra: matériau support *m*
Spa: material soporte *m*

Trägerplatte (Hall-Auslösesystem) ***f***
Eng: carrying plate (Hall triggering system) *n*
Fra: plateau-support (système de déclenchement Hall) *m*
Spa: placa de soporte (sistema activador Hall) *f*

Trägersystem (Katalysator) ***n***
Eng: substrate system (catalytic converter) *n*
Fra: support (catalyseur) *m*
Spa: sistema portador (catalizador) *m*

Tragfähigkeit ***f***
Eng: load capacity *n*
Fra: capacité de charge *f*
Spa: capacidad de carga *f*

Transformator ***m***
Eng: transformer *n*
Fra: transformateur *m*
Spa: transformador *m*

Transistor ***m***
Eng: transistor *n*
Fra: transistor *m*
Spa: transistor *m*

Transistorregler ***m***
Eng: transistor regulator *n*
Fra: régulateur à transistors *m*
Spa: regulador transistorizado *m*

Transistorregler ***m***
Eng: transistor controller *n*
Fra: régulateur à transistors *m*
Spa: regulador transistorizado *m*

Transistorzündung mit Induktionsgeber ***f***
Eng: transistorized ignition with induction type pulse generator *n*
Fra: allumage transistorisé à capteur inductif *m*
Spa: encendido transistorizado con generador de impulsos por inducción *m*

Transistorzündung, TZ ***f***
Eng: transistorized ignition, TI *n*
Fra: allumage transistorisé *m*
Spa: encendido transistorizado *m*

Transponder ***m***
Eng: transponder *n*
Fra: transpondeur *m*
Spa: transpondedor *m*

Transpondersystem ***n***
Eng: transponder system *n*
Fra: système à transpondeur *m*
Spa: sistema transpondedor *m*

Transporter ***m***
Eng: van *n*
Fra: utilitaire polyvalent *m*
(transporteur) *m*
Spa: furgoneta *f*

Trapezring ***m***
Eng: keystone ring *n*
Fra: segment trapézoïdal *m*
Spa: anillo trapezoidal *m*

Treiber ***m***
Eng: driver *n*
Fra: circuit d'activation *m*
(coulisse) *f*
Spa: controlador *m*

Treibertransistor ***m***
Eng: driving transistor *n*
Fra: transistor d'attaque *m*
Spa: transistor excitador *m*

Treibhausgas ***n***
Eng: greenhouse gas *n*
Fra: gaz à effet de serre *m*
Spa: gas de invernadero *m*

Treibladung (Sicherheitsgurt) ***f***
Eng: propellant charge (seat belt) *n*
Fra: charge pyrotechnique *f*
Spa: carga propulsiva (cinturón de seguridad) *f*

Treibrad (Sicherheitsgurt) ***n***
Eng: driving wheel (seat belt) *n*
Fra: roue motrice *f*
Spa: rueda propulsora (cinturón de seguridad) *f*

Trennblech ***n***
Eng: separator *n*
Fra: tôle de séparation *f*
Spa: chapa separadora *f*

Trennkupplung ***f***
Eng: interrupting clutch *n*
Fra: embrayage de coupure *m*
Spa: embrague de separación *m*

Trennmanschette *f*
Eng: separating cup seal *n*
Fra: manchette de séparation *f*
Spa: manguito separador *m*

Trennschieber (Pumpenprüfstand) *m*
Eng: shut off slide (injection-pump test bench) *n*
Fra: vanne d'isolement (banc d'essai de pompes) *f*
Spa: corredera de separación (banco de pruebas de bombas) *f*

Trennventil *n*
Eng: isolating valve *n*
Fra: valve d'isolement *f*
Spa: válvula de separación *f*

tribologische Prüfkette *f*
Eng: tribological test sequence *n*
Fra: séquence de test tribologique *f*
Spa: secuencia tribológica de ensayo *f*

Tribosystem *n*
Eng: tribological system *n*
Fra: système tribologique *m*
Spa: sistema tribológico *m*

Trichterrohr *n*
Eng: funnel tube *n*
Fra: tuyau en entonnoir *m*
Spa: tubo embudo *m*

Triebkraft *f*
Eng: traction force *n*
(motive force) *n*
Fra: force motrice *f*
Spa: fuerza motriz *f*

Triebkraftbeiwert *m*
Eng: coefficient of traction force *n*
Fra: coefficient de traction *m*
Spa: coeficiente de tracción *m*

Triebstrang *m*
Eng: drivetrain *n*
Fra: transmission *f*
Spa: cadena cinemática *f*

Triebstrangschwingung *f*
Eng: drivetrain oscillation *n*
Fra: vibrations de la chaîne cinématique *fpl*
Spa: vibración de la cadena cinemática *f*

Trigger-Impulsgeber *m*
Eng: pulse generator trigger *n*
Fra: capteur de synchronisme *m*
Spa: generador de impulsos de disparo *m*

Triggerpegel *m*
Eng: trigger level *n*
Fra: bascule bistable *f*
Spa: nivel de disparo *m*

Triggerung *f*
Eng: triggering *n*
Fra: déclenchement *m*
Spa: disparo *m*

Trilokwandler *m*
Eng: trilok converter *n*
Fra: convertisseur Trilok *m*
Spa: convertidor Trilok *m*

Trittbrett *n*
Eng: running board *n*
Fra: marche-pied *m*
Spa: estribo *m*

Trittstufenleuchte *f*
Eng: step light *n*
Fra: lampe de marchepied *f*
Spa: luz de peldaño *f*

Trockenbatterie *f*
Eng: dry cell *n*
Fra: pile sèche *f*
Spa: batería seca *f*

Trockenelement *n*
Eng: dry cell *n*
Fra: élément de pile sèche *m*
Spa: elemento seco *m*

Trockengleitlager *n*
Eng: sliding contact bearing *n*
Fra: palier lisse fonctionnant à sec *m*
Spa: cojinete de deslizamiento en seco *m*

Trockenluftfilter *n*
Eng: dry air filter *n*
Fra: filtre à air sec *m*
Spa: filtro de aire seco *m*

Trockenmittel (Lufttrockner) *n*
Eng: desiccant (air drier) *n*
Fra: déshydratant (dessiccateur) *m*
Spa: desecante (secador de aire) *m*

Trockenreibwert *m*
Eng: coefficient of dry friction *n*
Fra: coefficient de frottement à sec *m*
Spa: coeficiente de fricción en seco *m*

Trockensiedepunkt (Bremsflüssigkeit) *m*
Eng: dry boiling point (brake fluid) *n*
Fra: point d'ébullition liquide sec (liquide de frein) *m*
Spa: punto de ebullición seco (líquido de frenos) *m*

Trockenwisch-Automatik *f*
Eng: automatic wash and wipe system *n*
Fra: essuyage-séchage automatique *m*
Spa: sistema automático de lavado y secado *m*

Trocknereinsatz *m*
Eng: desiccant insert *n*
Fra: cartouche dessiccante *f*
Spa: inserto desecante *m*

Trommelbremse *f*
Eng: drum brake *n*
Fra: frein à tambour *m*
Spa: freno de tambor *m*

Tropfkante (Spritzwasserschutz) *f*
Eng: drip rim (splash protection) *n*
Fra: pare-gouttes (projections d'eau) *m*
Spa: arista de goteo (protección contra salpicaduras de agua) *f*

Tropfpunkt *m*
Eng: dropping point *n*
Fra: point de goutte *m*
Spa: punto de goteo *m*

Trübung *f*
Eng: opacity *n*
Fra: opacité *f*
Spa: opacidad *f*

Trumkraft *f*
Eng: force on belt side *n*
Fra: force appliquée au brin *f*
Spa: fuerza en ramal de correa *f*

Tülle *f*
Eng: grommet *n*
(bush) *n*
Fra: passe-fils *m*
Spa: boquilla *f*

Tumble-Brennverfahren (Verbrennungsmotor) *n*
Eng: tumble pattern based combustion process (IC engine) *n*
Fra: procédé d'injection assisté par tumble *m*
Spa: proceso de combustión con flujo de cambios bruscos (motor de combustión) *m*

Tumble-Strömung (Verbrennungsmotor) *f*
Eng: tumble flow (IC engine) *n*
Fra: mouvement tourbillonnaire de type « tumble » *m*
Spa: flujo con cambios bruscos (motor de combustión) *m*

Türbetätigung (Omnibus) *f*
Eng: door control (bus) *n*
Fra: commande des portes (autobus) *f*
Spa: accionamiento de puerta (autocar) *m*

Turbinengehäuse *n*
Eng: turbine housing *n*
Fra: carter de turbine *m*
Spa: carcasa de turbina *f*

Turbolader *m*
Eng: exhaust gas turbocharger *n*
Fra: turbocompresseur *m*
Spa: turbocompresor *m*

Turboloch *n*
Eng: turbo lag *n*
Fra: trou de suralimentation *m*
Spa: agujero de sobrealimentación *m*

Turbomotor *m*
Eng: turbocharged engine *n*

Deutsch

Deutsch

Fra: moteur à turbocompresseur *m*
(*moteur suralimenté*) *m*
Spa: motor turbo *m*

Turboschubbegrenzung ***f***
Eng: turbo overrun limiting *n*
Fra: limitation de suralimentation en décélération *f*
Spa: limitación de sobrealimentación en deceleración *f*

Türflügelantrieb (Omnibus) ***m***
Eng: door section drive (bus) *n*
Fra: commande de vantail (autobus) *f*
Spa: accionamiento de hoja de puerta (autocar) *m*

Türkontaktschalter ***m***
Eng: door contact switch *n*
Fra: contacteur de feuillure de porte *m*
Spa: interruptor de contacto de puerta *m*

Türrahmen ***m***
Eng: door frame *n*
Fra: encadrement de portière *m*
Spa: marco de puerta *m*

Türscharnierlager ***n***
Eng: door hinge bearing *n*
Fra: charnière de portière *f*
Spa: cojinete de bisabra de puerta *m*

Türschlossheizung ***f***
Eng: door lock heating *n*
Fra: chauffage de serrure de porte *m*
Spa: calefacción de cerradura de puerta *f*

Typengenehmigung ***f***
Eng: type approval *n*
(*general certification*) *n*
Fra: homologation de type *m*
Spa: homologación de tipo *f*

Typformel ***f***
Eng: type designation *n*
Fra: formule de type *f*
Spa: fórmula de modelo *f*

Typprüfung ***f***
Eng: type test *n*
Fra: homologation *f*
Spa: ensayo de tipo *m*

Typschild ***n***
Eng: nameplate *n*
Fra: plaque signalétique *f*
Spa: placa de modelo *f*

Typzulassung ***f***
Eng: type approval *n*
Fra: homologation de type *f*
Spa: permiso de circulación del modelo *m*

U

überbremsen ***v***
Eng: overbrake *v*
Fra: surfreiner *v*
Spa: frenar excesivamente *v*

Überdeckung (Steuerschlitze) ***f***
Eng: overlap (metering slits) *n*
Fra: chevauchement (fentes d'étranglement) *m*
Spa: superposición (intersticio de mando) *f*

Überdrehzahl ***f***
Eng: overspeed *n*
(*excess speed*) *n*
Fra: surrégime *m*
Spa: régimen de giro excesivo *m*

Überdrehzahl ***f***
Eng: red zone speed *n*
Fra: surrégime *m*
Spa: régimen de giro excesivo *m*

Überdrehzahlerkennung ***f***
Eng: overspeed detection *n*
Fra: détection de surrégime *f*
Spa: detección de régimen de giro excesivo *f*

Überdrehzahlschutz ***m***
Eng: overspeed protection *n*
Fra: protection de surrégime *f*
Spa: protección contra régimen de giro excesivo *f*

Überdruck ***m***
Eng: gauge pressure *n*
(*excess pressure*) *n*
Fra: surpression *f*
Spa: sobrepresión *f*

Überdruck ***m***
Eng: overpressure *n*
Fra: pression relative *f*
Spa: sobrepresión *f*

Überdruckablassventil ***n***
Eng: overpressure relief valve *n*
Fra: soupape d'évacuation de surpression *f*
Spa: válvula de alivio de sobrepresión *f*

Übererregung ***f***
Eng: over excitation *n*
Fra: surexcitation *f*
Spa: sobreexcitación *f*

Überfallbügelbefestigung (Wischer) ***f***
Eng: hasp type fastening (wipers) *n*
Fra: fixation par contre-étrier (essuie-glace) *f*
Spa: fijación por gancho de empalme (limpiaparabrisas) *f*

Überfettung (Luft-Kraftstoff-Gemisch) ***f***
Eng: over enrichment (air-fuel mixture) *n*
Fra: mélange trop riche *m*
Spa: sobreenriquecimiento (mezcla aire-combustible) *m*

Überfettung ***f***
Eng: overgreasing *n*
Fra: enrichissement excessif *m*
Spa: lubricación excesiva *f*

Übergangsanreicherung ***f***
Eng: acceleration enrichment *n*
Fra: enrichissement à l'accélération *m*
Spa: enriquecimiento en aceleración *m*

Übergangskompensation ***f***
Eng: transient compensation *n*
Fra: compensation des réactions transitoires *f*
Spa: compensación de transición *f*

Übergangsphase (Abgasprüfung) ***f***
Eng: transition phase (exhaust-gas test) *n*
Fra: phase transitoire (émissions) *f*
Spa: fase de transición (comprobación de gases de escape) *f*

Übergangsverhalten ***n***
Eng: transition response *n*
(*transient response*) *n*
Fra: réaction transitoire *f*
Spa: comportamiento de transición *m*

Übergangsverhalten ***n***
Eng: transition behavior *n*
Fra: comportement transitoire *m*
Spa: comportamiento de transición *m*

Übergangswiderstand ***m***
Eng: contact resistance *n*
Fra: résistance de contact *f*
Spa: resistencia de contacto *f*

Überhitzung ***f***
Eng: overheating *n*
Fra: surchauffe *f*
Spa: sobrecalentamiento *m*

Überhitzungsschutz ***m***
Eng: overheating prevention *n*
Fra: protection contre les surchauffes *f*
Spa: protección contra sobrecalentamiento *f*

Überholen ***n***
Eng: passing *n*
(*overtaking*) *n*
Fra: dépassement *m*
Spa: adelantamiento *m*

Überholweg ***m***
Eng: passing distance *n*
Fra: distance de dépassement *f*
Spa: distancia de adelantamiento *f*

Überholzeit ***f***
Eng: passing time *n*
Fra: temps de dépassement *m*
Spa: tiempo de adelantamiento *m*

überladen (Batterie) ***v***
Eng: overcharge (battery) *v*
Fra: surcharger (batterie) *v*
Spa: sobrecargar (batería) *v*

Überladung (Batterie) *f*
Eng: overcharge (battery) *n*
Fra: surcharge (batterie) *f*
Spa: sobrecarga (batería) *v*

Überlagerung *f*
Eng: superposition *n*
Fra: superposition *f*
Spa: superposición *f*

Überlandomnibus *m*
Eng: intercity bus *n*
(touring coach) *n*
Fra: autobus interurbain *m*
Spa: autocar interurbano *m*

Überlastung *f*
Eng: overloading *n*
Fra: surcharge *f*
Spa: sobrecarga *f*

Überlauf *m*
Eng: overrun *n*
Fra: trop-plein *m*
Spa: rebose *m*

Überlaufdrossel *f*
Eng: overflow restriction *n*
Fra: calibrage de décharge *m*
Spa: estrangulador de rebose *m*

Überlaufventil *n*
Eng: overrun valve *n*
Fra: soupape de trop-plein *f*
Spa: válvula de rebose *f*

Überrollbügel *m*
Eng: rollover bar *n*
(roll bar) *n*
Fra: arceau de capotage *m*
(arceau de sécurité) *m*
Spa: arco de seguridad *m*

Überrollschutz *m*
Eng: rollover protection *n*
Fra: protection contre le renversement *f*
(protection anticapotage) *f*
Spa: protección antivuelco *f*

Überrollsensor *m*
Eng: rollover sensor *n*
Fra: capteur de capotage *m*
Spa: sensor de vuelco *m*

Überschlag *m*
Eng: rollover *n*
Fra: tonneau *m*
Spa: vuelco *m*

Überschlagspannung *f*
Eng: arcing voltage *n*
(ignition voltage) *n*
Fra: tension d'éclatement *f*
(tension d'allumage) *f*
Spa: potencial de chispa *m*

Übersetzung *f*
Eng: conversion ratio *n*
Fra: rapport de transmission *m*
Spa: desmultiplicación *f*

Übersetzungsbereich *m*
Eng: transmission ratio range *n*
Fra: plage de démultiplication *f*
Spa: margen de desmultiplicación *m*

Übersetzungsverhältnis (Windungszahl) *n*
Eng: turns ratio (number of coils) *n*
Fra: rapport de transformation *m*
Spa: relación de espiras (número de espiras) *f*

Übersetzungsverhältnis *n*
Eng: gear ratio *n*
(transmission ratio) *n*
Fra: rapport de démultiplication (nombre de spires) *m*
Spa: relación de desmultiplicación *f*

Überspannung *f*
Eng: overvoltage *n*
Fra: surtension *f*
Spa: sobretensión *f*

Überspannung *f*
Eng: excess voltage *n*
Fra: surtension *f*
Spa: sobretensión *f*

Überspannungsschutz *m*
Eng: overvoltage protection *n*
Fra: protection contre les surtensions *f*
Spa: protección contra sobretensiones *f*

Überspannungsschutz *m*
Eng: voltage stabilization relay *n*
Fra: protection contre les surtensions *f*
Spa: protección contra sobretensiones *f*

übersteuern (Kfz) *v*
Eng: oversteer (motor vehicle) *v*
Fra: survirer (véhicule) *m*
Spa: sobrevirar (automóvil) *v*

übersteuernd *adj*
Eng: oversteering *adj*
Fra: survireur *adj*
Spa: sobrevirador *adj*

Überströmbohrung *f*
Eng: overflow orifice *n*
Fra: orifice de balayage *m*
Spa: orificio de rebose *m*

Überströmdosierventil *n*
Eng: overflow metering valve *n*
Fra: soupape de dosage du débit de retour *f*
Spa: válvula dosificadora de rebose *f*

Überströmdrossel *f*
Eng: overflow restriction *n*
Fra: calibrage de décharge *m*
Spa: estrangulador de rebose *m*

Überströmdrosselventil *n*
Eng: overflow throttle valve *n*
Fra: soupape de décharge à calibrage *f*
Spa: válvula de estrangulación de rebose *f*

Überströmdruckregler *m*
Eng: overflow pressure regulator *n*
Fra: régulateur de pression à trop-plein *m*
Spa: regulador de presión *m*

Überströmkanal *m*
Eng: transfer passage *n*
Fra: canal de transfert *m*
Spa: canal de rebose *m*

Überströmleitung *f*
Eng: overflow line *n*
Fra: conduite de décharge *f*
Spa: conducto de rebose *m*

Überströmventil *n*
Eng: overflow valve *n*
Fra: soupape de décharge *f*
Spa: válvula de rebose *f*

Übertragungseinrichtung (Bremsanlage) *f*
Eng: transmission (braking system) *n*
Fra: dispositif de transmission (dispositif de freinage) *m*
Spa: dispositivo de transmisión (sistema de frenos) *m*

Übertragungsfunktion *f*
Eng: transfer function *n*
(transmission function) *n*
Fra: fonction de transfert *f*
Spa: función de transmisión *f*

Übertragungsglied *n*
Eng: transfer element *n*
Fra: élément régulateur *m*
Spa: elemento transmisor *m*

Übertragungsmedium (Bremsanlage) *n*
Eng: transmission agent (braking system) *n*
Fra: moyen de transmission (dispositif de freinage) *m*
Spa: medio de transmisión (sistema de frenos) *m*

Übertragungsrate (CAN) *f*
Eng: bit rate (CAN) *n*
(transfer rate) *n*
Fra: débit de transmission (multiplexage) *m*
Spa: velocidad de transferencia (CAN) *f*

Übertragungsstößel *m*
Eng: force transfer rod *n*
Fra: microtige *f*
Spa: empujador transmisor de fuerza *m*

Überwachungsparamenter *m*
Eng: monitoring parameters *n*
Fra: paramètre de surveillance *m*
Spa: parámetros de supervisión *mpl*

Überwurfmutter *f*
Eng: union nut *n*
(cap nut) *n*
Fra: écrou-raccord *m*
Spa: tuerca de racor *f*

Überwurfschraube ***f***
Eng: union bolt *n*
Fra: vis-raccord de montage *f*
Spa: tapón roscado *m*

Ultraschall ***m***
Eng: ultrasound *n*
Fra: ultrason *m*
Spa: ultrasonido *m*

Ultraschalldetektor (Autoalarm) ***m***
Eng: ultrasonic receiver (car alarm) *n*
Fra: détecteur à ultrasons (alarme auto) *m*
Spa: detector ultrasónico (alarma de vehículo) *m*

Ultraschallfeld (Autoalarm) ***n***
Eng: ultrasonic field (car alarm) *n*
Fra: champ ultrasonique (alarme auto) *m*
Spa: campo ultrasónico (alarma de vehículo) *m*

Ultraschall-Innenraumschutz (Autoalarm) ***m***
Eng: ultrasonic passenger compartment protection (car alarm) *n*
Fra: protection de l'habitacle par ultrasons (alarme auto) *f*
Spa: protección ultrasónica del habitáculo (alarma de vehículo) *f*

Ultraschall-Motor ***m***
Eng: ultrasonic motor *n*
Fra: moteur à ultrasons *m*
Spa: motor ultrasónico *m*

Ultraschallschweißen ***n***
Eng: ultrasonic welding *n*
Fra: soudage par ultrasons *m*
Spa: soldadura ultrasónica *f*

Ultraschallsensor ***m***
Eng: ultrasonic sensor *n*
Fra: capteur à ultrasons *m*
Spa: sensor ultrasónico *m*

Umdrehungszähler ***m***
Eng: revolution counter *n*
Fra: compte-tours *m*
Spa: cuentarrevoluciones *m*

Umfangsgeschwindigkeit ***f***
Eng: circumferential speed *n*
(peripheral velocity) *n*
Fra: vitesse périphérique *f*
Spa: velocidad periférica *f*

Umfangskraft ***f***
Eng: peripheral force *n*
Fra: force circonférentielle *f*
Spa: fuerza periférica *f*

Umfangswinkel ***m***
Eng: angle at the circumference *n*
Fra: angle circonférentiel *m*
Spa: ángulo inscrito *m*

Umformbarkeit ***f***
Eng: malleability *n*
Fra: déformabilité *f*
Spa: maleabilidad *f*

Umkehrspülung ***f***
Eng: loop scavenging *n*
Fra: balayage en boucle *m*
Spa: lavado por inversión de flujo *m*

Umleitventil ***n***
Eng: air bypass valve *n*
Fra: valve de dérivation *f*
Spa: válvula de desviación *f*

Umlenkhebel ***m***
Eng: reverse transfer lever *n*
Fra: levier de renvoi *m*
Spa: palanca de reenvío *f*

Umlenkrolle ***f***
Eng: guide pulley *n*
Fra: poulie de renvoi *f*
Spa: rodillo de reenvío *m*

Umlenkspiegel ***m***
Eng: refraction mirror *n*
Fra: déflecteur *m*
Spa: espejo reflector *m*

Umluftschalter ***m***
Eng: air-recirculation switch *n*
Fra: touche de recyclage d'air *f*
Spa: interruptor de recirculación de aire *m*

Umluftsteller ***m***
Eng: air-recirculation actuator *n*
Fra: commutateur de recyclage d'air *m*
Spa: ajustador de recirculación de aire *m*

ummantelt ***adj***
Eng: wrapped *adj*
(sheathed) *adj*
Fra: gainé *adj*
Spa: revestido *adj*

ummantelt ***adj***
Eng: clad *adj*
Fra: guipé *adj*
Spa: revestido *adj*

Umrechnungsformel ***f***
Eng: conversion formula *n*
Fra: formule de conversion *f*
Spa: fórmula de conversión *f*

Umrissleuchte ***f***
Eng: clearance lamp *n*
(side-marker lamp) *n*
Fra: feu d'encombrement *m*
Spa: luz de delimitación *f*

Umschaltglied (Türbetätigung) ***n***
Eng: switching element (door control) *n*
Fra: contact d'inversion (commande des portes) *m*
Spa: elemento de conmutación (accionamiento de puerta) *m*

Umschaltventil ***n***
Eng: switchover valve *n*
Fra: vanne de commutation *f*
Spa: válvula de conmutación *f*

Umschaltventil, USV ***n***
Eng: changeover valve *n*
Fra: valve de commutation *f*
Spa: válvula de conmutación *f*

Umschaltverlust ***m***
Eng: switching loss *n*
Fra: pertes de commutation *fpl*
Spa: pérdidas de conmutación *fpl*

Umschlingungswinkel (Keilriemen) ***m***
Eng: wrap angle (V-belt) *n*
Fra: angle d'enroulement (courroie trapézoïdale) *m*
Spa: ángulo de abrazo (correa trapezoidal) *m*

Umsteuerschalter ***m***
Eng: changeover switch *n*
(reversing switch) *n*
Fra: inverseur *m*
Spa: interruptor de inversión *m*

Umwälzpumpe ***f***
Eng: circulation pump *n*
(circulating pump) *n*
Fra: pompe de circulation *f*
Spa: bomba de circulación *f*

Umweltbelastung ***f***
Eng: environmental impact *n*
Fra: incompatibilité avec l'environnement *f*
Spa: contaminación ambiental *f*

Umweltbeständigkeit ***f***
Eng: environmental resistance *n*
Fra: résistance à l'environnement *f*
Spa: resistencia al medio ambiente *f*

umweltfreundlich ***adj***
Eng: non polluting *ppr*
Fra: compatible avec l'environnement *loc*
Spa: no contaminante *adj*

Umweltschutz ***m***
Eng: protection of the environment *n*
(environmental protection) *n*
Fra: protection de l'environnement *f*
Spa: protección del medio ambiente *f*

Umweltverträglichkeit ***f***
Eng: environmental compatibility *n*
Fra: compatibilité environnementale *f*
Spa: compatibilidad medioambiental *f*

Unfall ***m***
Eng: accident *n*
Fra: accident *m*
Spa: accidente *m*

Unfallfahrzeug ***n***
Eng: accident vehicle *n*
Fra: véhicule accidenté *m*
Spa: vehículo de accidente *m*

ungedämpft *adj*
Eng: undamped *adj*
Fra: non amorti *adj*
Spa: no amortiguado *adj*

ungeregelter Bereich *m*
Eng: uncontrolled range *n*
Fra: plage non régulée *f*
Spa: zona no regulada *f*

Ungleichförmigkeit *f*
Eng: pavement irregularity *n*
Fra: défaut d'uniformité *m*
Spa: irregularidad *f*

Unit Injector System, UIS *n*
Eng: unit injector system, UIS *n*
Fra: système injecteur-pompe *m*
(injecteur-pompe) m
Spa: Unit Injector System, UIS *m*

Unit Pump System, UPS *f*
Eng: unit pump system, UPS *n*
Fra: pompe unitaire haute pression *f*
(système pompe-conduite-injecteur) m
Spa: Unit Pump System, UPS *m*

unlegiert *adj*
Eng: unalloyed *adj*
Fra: non allié *adj*
Spa: no aleado *adj*

Unterboden *m*
Eng: underbody *n*
Fra: dessous de caisse *m*
Spa: bajos *mpl*

Unterbrecher (Zündung) *m*
Eng: ignition contact breaker *n*
Fra: rupteur (allumage) *m*
Spa: ruptor (encendido) *m*
(ruptor de encendido) m

Unterbrecherhebel (Zündung) *m*
Eng: breaker lever (ignition) *n*
(contact-breacker lever) n
Fra: linguet (allumage) *m*
Spa: palanca de ruptor (encendido) *f*

Unterbrecherkontakt (Zündung) *m*
Eng: distributor contact points (ignition) *npl*
(breacker points) n
Fra: contacts du rupteur (allumage) *mpl*
Spa: contacto de ruptor (encendido) *m*

Unterbrechernocken (Zündung) *m*
Eng: breaker cam (ignition) *n*
(contact-breacker cam) n
Fra: came de rupteur (allumage) *f*
Spa: leva de ruptor (encendido) *f*

Unterbrecherscheibe (Zündung) *f*
Eng: breaker disc (ignition) *n*
(contact-breacker disc) n
Fra: plateau de rupteur (allumage) *m*
Spa: disco de ruptor (encendido) *m*

Unterbrechung *f*
Eng: open circuit *n*
Fra: discontinuité électrique *f*
Spa: apertura de circuito *f*

Unterdruck *m*
Eng: vacuum *n*
Fra: dépression *f*
Spa: depresión *f*

Unterdruckbegrenzer (Jetronic) *m*
Eng: vacuum limiter (Jetronic) *n*
Fra: limiteur de dépression (Jetronic) *m*
Spa: limitador de depresión (Jetronic) *m*

Unterdruckbehälter *m*
Eng: vacuum reservoir *n*
(vacuum tank) n
Fra: réservoir à dépression *m*
Spa: recipiente de depresión *m*

Unterdruckbremse *f*
Eng: vacuum bracke *n*
Fra: frein à dépression *m*
Spa: freno por depresión *m*

Unterdruck-Bremskraftverstärker *m*
Eng: vacuum brake booster *n*
(vacuum booster) n
Fra: servofrein à dépression *m*
Spa: amplificador de freno por depresión *m*

Unterdruckdose *f*
Eng: vacuum unit *n*
Fra: capsule à dépression *f*
Spa: caja de depresión *f*

Unterdruck-Fremdkraft-Bremsanlage mit hydr. Übertragungseinrichtung *f*
Eng: vacuu over hydraulic braking system *n*
Fra: dispositif de freinage hydraulique à commande par dépression *m*
Spa: sistema de freno por depresión asistido *m*

Unterdruckgeber (Zündung) *m*
Eng: vacuum pickup (ignition) *n*
Fra: capteur de dépression (allumage) *m*
Spa: transmisor de depresión (encendido) *m*

Unterdruck-Hilfskraft-Bremsanlage mit hydraul. Übertragungseinrichtung *f*
Eng: vacuum assisted hydraulic braking system *n*
Fra: dispositif de freinage hydraulique assisté par dépression *m*
Spa: sistema de freno por depresión asistido con dispositivo hidráulico de transmisión *m*

Unterdruckleitung *f*
Eng: vacuum pipe *n*
(vacuum line) n
Fra: conduite à dépression *f*
Spa: tubería de depresión *f*

Unterdruckpumpe *f*
Eng: vacuum pump *n*
Fra: pompe à dépression *f*
Spa: bomba de depresión *f*

Unterdruck-Schutzventil *n*
Eng: vacuum/safety valve *n*
Fra: clapet de sécurité de dépression *m*
Spa: válvula de seguridad de depresión *f*

Unterdruckspeicher *m*
Eng: vacuum reservoir *n*
(vacuum tank) n
Fra: accumulateur à dépression *m*
Spa: acumulador de depresión *m*

Unterdrucksteller *m*
Eng: vacuum actuator *n*
Fra: actionneur à dépression *m*
Spa: actuador de depresión *m*

Unterdruckversteller *m*
Eng: vacuum control *n*
Fra: correcteur à dépression *m*
Spa: variador de depresión *m*

Unterdruckverstellung *f*
Eng: vacuum advance mechanism *n*
Fra: dispositif d'avance à dépression *m*
Spa: variación por depresión *f*
(variador de encendido por depresión) m

Unterdruckwandler *m*
Eng: vacuum transducer *n*
Fra: convertisseur à dépression *m*
Spa: convertidor por depresión *m*

untere Leerlaufdrehzahl *f*
Eng: low idle speed *n*
Fra: régime minimum à vide *m*
Spa: régimen inferior de ralentí *m*

untere Volllastdrehzahl *f*
Eng: minimum full load speed *n*
Fra: régime inférieur de pleine charge *m*
Spa: régimen inferior de plena carga *m*

Unterer Totpunkt, UT *m*
Eng: bottom dead center, BDC *n*
Fra: point mort bas, PMB *m*
Spa: punto muerto inferior *m*

Unterfahrschutzeinrichtung *f*
Eng: underride guard *n*
Fra: dispositif de protection anti-encastrement *m*
Spa: protección para impedir atascarse debajo de un camión *f*

Unterlegscheibe *f*
Eng: plain washer *n*

Deutsch

Fra: rondelle de calage *f*
Spa: arandela *f*

Untersetzungsgetriebe ***n***
Eng: reduction gear *n*
(reduction gearset) *n*
Fra: réducteur *m*
Spa: engranaje reductor *m*

Unterspannung ***f***
Eng: under voltage *n*
Fra: sous-tension *f*
Spa: subtensión *f*

untersteuern (Kfz) ***v***
Eng: understeer (motor vehicle) *v*
Fra: sous-virage (véhicule) *m*
Spa: subvirar (automóvil) *v*

Unterstützungskraft (Bremskraftverstärker) ***m***
Eng: assisting force (brake booster) *n*
Fra: force d'assistance (servofrein) *f*
Spa: fuerza de apoyo (servofreno) *f*

unverlierbarer Dichtring (Zündkerze) ***m***
Eng: captive gasket (spark plug) *n*
Fra: joint prisonnier (bougie d'allumage) *m*
Spa: anillo obturador imperdible (bujía de encendido) *m*

V

Vakuum-Bremsanlage ***f***
Eng: vacuum brake system *n*
Fra: dispositif de freinage à dépression *m*
Spa: sistema de freno por vacío *m*

Vakuumpumpe ***f***
Eng: vacuum pump *n*
Fra: pompe à dépression *f*
Spa: bomba de vacío *f*

variable Turbinengeometrie ***f***
Eng: variable turbine geometry, VTG *n*
Fra: turbine à géométrie variable *f*
Spa: geometría variable de la turbina *f*

Variable Ventilsteuerung ***f***
Eng: variable valve control *n*
Fra: distribution variable *f*
Spa: control de válvula variable *m*

variabler Ventiltrieb ***m***
Eng: variable valve timing *n*
Fra: système de distribution variable *m*
Spa: mando variable de válvula *m*

Variantencodierung ***f***
Eng: variant encoding *n*
Fra: codage des variantes *m*
Spa: codificación de variante *f*

Variantenvielfalt ***f***
Eng: type diversity *n*
Fra: diversité de variantes *f*
Spa: diversidad de variantes *f*

Ventil ***n***
Eng: valve *n*
Fra: valve *f*
Spa: válvula *f*

Ventilansteuermodus ***m***
Eng: valve triggering mode *n*
Fra: mode de pilotage des vannes *m*
Spa: modo de activación de válvula *m*

Ventilblock ***m***
Eng: valve block *n*
Fra: bloc-valves *m*
Spa: bloque de válvulas *m*

Ventildeckel ***m***
Eng: valve cover *n*
Fra: couvre-culasse *m*
Spa: tapa de válvula *f*

Ventildurchlass ***m***
Eng: valve throat *n*
Fra: diamètre de passage *m*
Spa: garganta de válvula *f*

Ventileinsatz ***m***
Eng: valve insert *n*
(valve core) *n*
Fra: élément de soupape *m*
Spa: inserto de válvula *m*

Ventilfeder ***f***
Eng: valve spring *n*
Fra: ressort de valve *m*
Spa: muelle de válvula *m*

Ventilführung ***f***
Eng: valve guide *n*
Fra: guide de soupape *m*
Spa: guía de válvula *f*

Ventilgehäuse ***n***
Eng: valve housing *n*
Fra: corps de valve *m*
Spa: carcasa de válvula *f*

Ventilgeschwindigkeit ***f***
Eng: valve velocity *n*
Fra: vitesse de soupape *f*
Spa: velocidad de válvula *f*

ventilgesteuerte Zumessung ***f***
Eng: valve metering *n*
Fra: dosage par valve *m*
Spa: dosificación por válvula *f*

Ventilhebelfeder ***f***
Eng: valve lever spring *n*
Fra: ressort de levier de soupape *m*
Spa: muelle de palanca de válvula *m*

Ventilhub ***m***
Eng: valve lift *n*
(valve travel) *n*
Fra: levée de soupape *f*
Spa: carrera de válvula *f*

Ventilhubsensor ***m***
Eng: valve lift sensor *n*
Fra: capteur de levée de soupape *m*
Spa: sensor de carrera de válvula *m*

Ventilkegel ***m***
Eng: valve cone *n*
(valve ball) *n*
Fra: cône de soupape *m*
Spa: cono de válvula *m*

Ventilkennlinie ***f***
Eng: valve characteristic curve *n*
Fra: courbe caractéristique de vanne *f*
Spa: curva característica de la válvula *f*

Ventilkolben ***m***
Eng: valve piston *n*
Fra: piston de soupape *m*
Spa: émbolo de válvula *m*

Ventilkörper ***m***
Eng: valve body *n*
Fra: corps d'injecteur *m*
Spa: cuerpo de válvula *m*

Ventilnadel ***f***
Eng: valve needle *n*
Fra: aiguille d'injecteur *f*
Spa: aguja de válvula *f*

Ventilnadelhub ***m***
Eng: valve needle displacement *n*
Fra: levée d'aiguille d'injecteur *f*
Spa: carrera de la aguja de válvula *f*

Ventilöffnungsdruck ***m***
Eng: valve opening pressure *n*
Fra: pression d'ouverture d'un injecteur *f*
Spa: presión de apertura de válvula *f*

Ventilöffnungszeit ***f***
Eng: valve opening time *n*
Fra: durée d'ouverture d'un injecteur *f*
Spa: tiempo de apertura de válvula *m*

Ventilplatte (Jetronic) ***f***
Eng: valve plate (Jetronic) *n*
Fra: plaque porte-soupape (Jetronic) *f*
Spa: placa de válvula (Jetronic) *f*

Ventilrelais (ABS) ***n***
Eng: valve relay (ABS) *n*
Fra: relais des électrovalves (ABS) *m*
Spa: relé de válvula (ABS) *m*

Ventilschaft ***m***
Eng: valve stem *n*
Fra: queue de soupape *f*
Spa: vástago de válvula *m*

Ventilsitz ***m***
Eng: valve seat *n*
Fra: siège de soupape *m*
Spa: asiento de válvula *m*

Ventilspiel ***n***
Eng: valve lash *n*
Fra: jeu de soupape *m*
Spa: juego de válvula *m*

Ventilspiel ***n***
Eng: valve clearance *n*
Fra: jeu de soupape *m*
Spa: juego de válvula *m*

Ventilsteuerdiagramm (Verbrennungsmotor) *n*
Eng: valve timing diagram (IC engine) *n*
Fra: diagramme de distribution (moteur à combustion) *m*
Spa: diagrama de regulación de válvulas (motor de combustión) *m*

Ventilsteuerkolben *m*
Eng: valve control plunger *n*
Fra: tige de commande d'injecteur *f*
Spa: émbolo de regulación de válvulas *m*

Ventilsteuerung (Verbrennungsmotor) *f*
Eng: valve timing (IC engine) *n*
Fra: commande des soupapes (moteur à combustion) *f*
Spa: regulación de válvulas (motor de combustión) *f*

Ventilsteuerung *f*
Eng: valve control *n*
Fra: distribution (moteur à combustion) *f*
Spa: regulación de válvulas *f*

Ventilstift *m*
Eng: valve pin *n*
Fra: tige de soupape *f*
Spa: pasador de válvula *m*

Ventilteller (Bremse) *m*
Eng: valve plate (brake) *n*
Fra: clapet (frein) *m*
Spa: platillo de válvula (freno) *m*

Ventilteller *m*
Eng: valve disk *n*
(valve head) *n*
Fra: clapet de soupape *m*
Spa: platillo de válvula *m*

Ventilträger *m*
Eng: valve holder *n*
Fra: porte-soupape *m*
Spa: portaválvulas *m*

Ventilträger *m*
Eng: valve carrier *n*
Fra: porte-soupape *m*
Spa: portaválvulas *m*

Ventiltrieb *m*
Eng: valve gear *n*
Fra: distribution (commande des soupapes) *f*
Spa: accionamiento de válvula *m*

Ventiltrieb *m*
Eng: valve train *n*
Fra: commande des soupapes *f*
Spa: accionamiento de válvula *m*

Ventilüberschneidung *f*
Eng: valve overlap *n*
Fra: croisement des soupapes *m*
Spa: interacción de válvulas *f*

Venturi-Düse *f*
Eng: venturi tube *n*
Fra: buse venturi *f*
(tube d'émulsion) *m*
Spa: tubo de Venturi *m*

Venturi-Mischgerät *n*
Eng: venturi mixing unit *n*
Fra: mélangeur à venturi *m*
Spa: mezclador Venturi *m*

Verbindungsleitung (Bremsanlage) *f*
Eng: connecting line (braking system) *n*
Fra: conduite de raccordement (dispositif de freinage) *f*
Spa: tubería de conexión (sistema de frenos) *f*

Verbindungsleitung *f*
Eng: connecting pipe *n*
Fra: conduite de raccordement *f*
Spa: tubería de conexión *f*

Verbindungsschlauch *m*
Eng: connecting hose *n*
Fra: tuyau de raccordement *m*
Spa: tubo flexible de conexión *m*

Verbindungsstange (Bremse) *f*
Eng: connecting rod (brake) *n*
Fra: biellette (frein) *f*
Spa: barra de unión (freno) *f*

verbleit (Benzin) *pp*
Eng: leaded (gasoline) *pp*
Fra: au plomb (essence) *loc*
Spa: con plomo (gasolina) *loc*

Verbleiung (Zündkerze) *f*
Eng: lead fouling (spark plug) *n*
Fra: dépôt de plomb (bougie d'allumage) *m*
Spa: emplomado (bujía de encendido) *m*

Verbraucherleistung *f*
Eng: electrical load requirements *n*
Fra: puissance des récepteurs *f*
Spa: potencia de consumidor *f*

Verbraucherstrom *m*
Eng: equipment current draw *n*
Fra: courant des récepteurs *m*
Spa: corriente de consumidor *f*

Verbrauchsoptimum *n*
Eng: optimal consumption *n*
Fra: consommation optimale *f*
Spa: consumo óptimo *m*

Verbrennungsablauf *m*
Eng: combustion characteristics *npl*
Fra: processus de combustion *m*
Spa: desarrollo de la combustión *m*

Verbrennungsablauf *m*
Eng: combustion process *n*
Fra: déroulement de la combustion *m*
Spa: proceso de combustión *m*

Verbrennungsaussetzer *m*
Eng: engine misfire *n*
Fra: ratés de combustion *mpl*
Spa: fallos de combustión *mpl*

Verbrennungsaussetzer-Erkennung *f*
Eng: engine misfire detection *n*
Fra: détection des ratés de combustion *f*
Spa: detección de fallos de combustión *f*

Verbrennungsdruck *m*
Eng: combustion pressure *n*
Fra: pression de combustion *f*
Spa: presión de combustión *f*

Verbrennungsdruckanstieg *m*
Eng: combustion pressure rise *n*
Fra: augmentation de la pression de combustion *f*
Spa: aumento de la presión de combustión *m*

Verbrennungsende *n*
Eng: end of combustion *n*
Fra: fin de combustion *f*
Spa: fin de combustión *m*

Verbrennungsgas *n*
Eng: combustion gas *n*
Fra: gaz combustible *m*
(gaz de combustion) *m*
Spa: gas de combustión *m*

Verbrennungsgemisch-aufbereitung *f*
Eng: combustion mixture formation *n*
Fra: préparation du mélange *f*
Spa: preparación de mezcla de combustión *f*

Verbrennungsgeräusch *n*
Eng: combustion noise *n*
Fra: bruit de combustion *m*
Spa: ruido de combustión *m*

Verbrennungshub *m*
Eng: working stroke *n*
Fra: temps de combustion *m*
Spa: carrera de combustión *f*

Verbrennungskraftmaschine *f*
Eng: internal combustion engine *n*
(IC engine) *n*
Fra: moteur à combustion interne *m*
Spa: máquina de combustión interna *f*

Verbrennungsluft *f*
Eng: combustion air *n*
Fra: air de combustion *m*
Spa: aire de combustión *m*

Verbrennungsmotor *m*
Eng: internal combustion engine *n*
(IC engine) *n*
Fra: moteur à combustion interne *m*
Spa: motor de combustión *m*

Verbrennungsraum *m*
Eng: combustion chamber *n*
Fra: chambre de combustion *f*

Deutsch

Spa: cámara de combustión *f*

Verbrennungsrückstände ***mpl***
Eng: combustion residues *npl*
(combustion desposit) *n*
Fra: résidus de la combustion *mpl*
Spa: residuos de combustión *mpl*

Verbrennungssteuerung ***f***
Eng: combustion control *n*
Fra: commande de la combustion *f*
Spa: control de combustión *m*

Verbrennungsverfahren ***n***
Eng: combustion system *n*
Fra: procédé de combustion *m*
Spa: método de combustión *m*

Verbrennungsvorgang ***m***
Eng: combustion process *n*
Fra: processus de combustion *m*
Spa: proceso de combustión *m*

Verbrennungswärme ***f***
Eng: combustion heat *n*
Fra: chaleur dégagée par la combustion *f*
Spa: calor de combustión *m*

Verbrennungswirkungsgrad ***n***
Eng: combustion efficiency *n*
Fra: rendement de combustion *m*
Spa: eficiencia de la combustión *f*

Verbundelektrode (Zündkerze) ***f***
Eng: compound electrode (spark plug) *n*
Fra: électrode composite (bougie d'allumage) *f*
Spa: electrodo compuesto (bujía de encendido) *m*

Verbundlager ***n***
Eng: composite bearing *n*
Fra: palier composite *m*
Spa: rodamiento compuesto *m*

Verbundmittelelektrode (Zündkerze) ***f***
Eng: compound center electrode (spark plug) *n*
Fra: électrode centrale composite (bougie d'allumage) *f*
Spa: electrodo central compuesto (bujía de encendido) *m*

Verbund-Sicherheitsglas, VSG ***n***
Eng: laminated safety glass, LSG *n*
Fra: verre de sécurité feuilleté, VSF *m*
Spa: cristal de seguridad compuesto *m*

Verdampfer ***m***
Eng: evaporator *n*
Fra: évaporateur *m*
Spa: evaporador *m*

Verdampfergebläse ***f***
Eng: evaporator fan *n*
Fra: pulseur *m*
Spa: soplador de evaporador *m*

Verdampferrohr ***n***
Eng: evaporator tube *n*
Fra: tuyau d'évaporateur *m*
Spa: tubo de evaporador *m*

Verdampferrohr ***n***
Eng: evaporator pipe *n*
Fra: tube de vaporisation *m*
Spa: tubo de evaporador *m*

Verdampfersieb ***n***
Eng: evaporator sieve *n*
Fra: crible de vaporisation *m*
Spa: tamiz de evaporador *m*

Verdampfungsmulde ***f***
Eng: evaporation recess *n*
Fra: cellule de vaporisation *f*
Spa: alojamiento de evaporador *m*

Verdampfungsverluste (Kraftstoffsystem) ***mpl***
Eng: evaporative losses (fuel system) *npl*
Fra: pertes par évaporation (alimentation en carburant) *fpl*
Spa: pérdidas de evaporación (sistema de combustible) *fpl*

Verdampfungswärme ***f***
Eng: heat of evaporation *n*
Fra: chaleur d'évaporation *f*
Spa: calor de evaporación *m*

Verdampfungszeit ***f***
Eng: vaporization time *n*
Fra: temps de vaporisation *m*
Spa: tiempo de evaporación *m*

Verdeckungseffekt ***m***
Eng: screening effect *n*
Fra: effet de masque *m*
Spa: efecto de ocultamiento *m*

Verdeckungswinkel ***m***
Eng: angle of obscuration *n*
Fra: angle mort *m*
Spa: ángulo muerto *m*

Verdichter ***m***
Eng: air compressor *n*
Fra: compresseur *m*
Spa: compresor de aire *m*

Verdichter ***m***
Eng: compressor *n*
Fra: compresseur *m*
Spa: compresor *m*

Verdichterrad ***n***
Eng: compressor impeller *n*
Fra: pignon de compresseur *m*
Spa: rueda de álabes del compresor *f*

Verdichterturbine ***f***
Eng: compressor turbine *n*
Fra: turbine de compresseur *f*
Spa: turbina del compresor *f*

Verdichtung (Verbrennungsmotor) ***m***
Eng: compression (IC engine) *n*
Fra: compression (moteur à combustion) *f*
Spa: compresión (motor de combustión) *f*

Verdichtungshub ***m***
Eng: compression stroke *n*
Fra: course de compression *f*
Spa: carrera de compresión *f*

Verdichtungsraum ***m***
Eng: compression space *n*
(compression volume) *n*
Fra: volume de compression *m*
Spa: cámara de compresión *f*

Verdichtungstakt (Verbrennungsmotor) ***m***
Eng: compression cycle (IC engine) *n*
Fra: temps de compression (moteur à combustion) *m*
Spa: ciclo de compresión (motor de combustión) *m*

Verdichtungsverhältnis ***n***
Eng: compression ratio *n*
(boost ratio) *n*
Fra: taux de compression *m*
Spa: relación de compresión *f*

Verdicker ***m***
Eng: thickener *n*
Fra: agent épaississant *m*
Spa: espesante *m*

Verdränger (Aufladung) ***m***
Eng: displacer element (supercharging) *n*
Fra: rotor excentré (suralimentation) *m*
Spa: rotor excéntrico (sobrealimentación) *m*

Verdrängerlader ***m***
Eng: positive displacement supercharger *n*
Fra: compresseur volumétrique *m*
Spa: turbocompresor volumétrico *m*
(turbocompresor de desplazamiento positivo) *m*

Verdrängerpumpe ***f***
Eng: positive displacement pump *n*
Fra: pompe volumétrique *f*
Spa: bomba volumétrica *f*
(bomba de desplazamiento positivo) *f*

Verdrängungsprinzip ***n***
Eng: displacement principle *n*
Fra: refoulement volumétrique *m*
Spa: principio de desplazamiento volumétrico *m*

Verdrängungsverdichter ***m***
Eng: positive displacement supercharger *n*
Fra: compresseur volumétrique *m*
Spa: compresor volumétrico *m*

Verdrehsicherung (Türbetätigung) ***f***
Eng: anti rotation element (door control) *n*
Fra: sécurité antirotation (commande des portes) *f*

Spa: seguro antigiro (accionamiento de puerta) *m*

Verdrehung ***f***
Eng: twisting *n*
Fra: torsion *f*
Spa: giro *m*

Verdünnung ***f***
Eng: dilution *n*
Fra: dilution *f*
Spa: dilución *f*

Verdunstungsemission ***f***
Eng: evaporative emission *n*
Fra: émissions par évaporation *fpl*
Spa: emisión por evaporación *f*

Verdunstungsprüfung ***f***
Eng: evaporative emissions test *n*
Fra: test d'évaporation *m*
Spa: comprobación de evaporación *f*

Vereisungsschutz (Drosselklappe) ***m***
Eng: icing protection (throttle valve) *n*
Fra: additif antigivre (papillon) *m*
Spa: protección anticongelante (mariposa) *f*

Verformung ***f***
Eng: deformation *n*
Fra: déformation *f*
Spa: deformación *f*

Verformungsfestigkeit ***f***
Eng: dimensional stability *n*
Fra: résistance à la déformation *f*
Spa: resistencia a la deformación *f*

Verformungsgrad ***m***
Eng: degree of deformation *n*
Fra: taux d'écrouissage *m*
Spa: grado de deformación *m*

Vergaser ***m***
Eng: carburetor *n*
Fra: carburateur *m*
Spa: carburador *m*

Vergasermotor ***m***
Eng: carburetor engine *n*
Fra: moteur à carburateur *m*
Spa: motor de carburador *m*

Vergussmasse (Batterie) ***f***
Eng: sealing compound (battery) *n*
Fra: masse d'enrobage (batterie) *f*
Spa: masilla obturadora (batería) *f*

Vergüten ***n***
Eng: quench and draw *n*
Fra: trempe et revenu *f*
Spa: bonificación *f*

Verkehrsleittechnik ***f***
Eng: traffic control engineering *n*
Fra: télématique routière *f*
(technique de radioguidage de la circulation) *f*
Spa: ingeniería de control del tráfico *f*

Verkehrsradar ***m***
Eng: traffic radar *n*
Fra: radar routier *m*
Spa: radar de tráfico *m*

Verkehrszeichenerkennung ***f***
Eng: road sign recognition *n*
Fra: détection de panneaux de signalisation *f*
Spa: señal de tráfico *f*

Verkleidung ***f***
Eng: cladding *n*
Fra: habillage *m*
Spa: revestimiento *m*

verkoken ***v***
Eng: coke *v*
Fra: calaminer *v*
Spa: coquizar *v*

Verkokung ***f***
Eng: coking *n*
Fra: calaminage *m*
Spa: coquización *f*

Verlagerungswinkel ***m***
Eng: displacement angle *n*
Fra: angle de déplacement *m*
Spa: ángulo de desplazamiento *m*

Verlustwärme ***f***
Eng: heat losses *npl*
Fra: chaleur de dissipation *f*
Spa: disipación de calor *f*

Verlustweg (Bremswirkung) ***m***
Eng: pre braking distance (braking action) *n*
Fra: course morte (effet de freinage) *f*
Spa: recorrido previo al frenado (efecto de frenado) *m*

Verlustzeit (Bremsvorgang) ***f***
Eng: dead time (braking action) *n*
Fra: temps mort (effet de freinage) *m*
Spa: tiempo muerto (proceso de frenado) *m*

Verpolung ***f***
Eng: polarity reversal *n*
Fra: inversion de polarité *f*
Spa: inversión de polaridad *f*

Verpolung ***f***
Eng: reverse polarity *n*
Fra: inversion de polarité *f*
Spa: inversión de polaridad *f*

Verpolungsschutz (Batterieladung) ***m***
Eng: reverse polarity protection (battery charge) *n*
Fra: protection contre l'inversion de polarité (charge de batterie) *f*
Spa: protección contra inversión de polaridad (carga de batería) *f*

verpolungssicher ***adj***
Eng: insensitive to reverse polarity *adj*
Fra: insensible à l'inversion de polarité *loc*
Spa: inmune a la inversión de polaridad *loc*

verriegeln ***v***
Eng: lock *v*
Fra: verrouiller *v*
Spa: bloquear *v*

Verriegelungsventil ***n***
Eng: locking valve *n*
Fra: valve de verrouillage *f*
Spa: válvula de bloqueo *f*

verschaltet ***ppr***
Eng: interconnected *v*
(connect up) *n*
Fra: interconnecté *pp*
Spa: mal conectado *loc*

Verschiebeflansch ***m***
Eng: sliding flange *n*
Fra: bride coulissante *f*
Spa: brida de desplazamiento *f*

Verschleiß ***m***
Eng: wear *n*
Fra: usure *f*
Spa: desgaste *m*

Verschleißfestigkeit ***f***
Eng: resistance to wear *n*
Fra: résistance à l'usure *f*
(tenue à l'usure) *f*
Spa: resistencia al desgaste *f*

verschleißfrei ***adj***
Eng: wear and tear resistant *adj*
Fra: sans usure *loc*
Spa: libre de desgaste *loc*

Verschleißkoeffizient ***m***
Eng: coefficient of wear *n*
Fra: coefficient d'usure *m*
Spa: coeficiente de desgaste *m*

Verschleißkontrolle (Bremsbelag) ***f***
Eng: wear inspection (brake lining) *n*
Fra: contrôle d'usure (garniture de frein) *m*
Spa: revisión de desgaste (forro de frenos) *f*

Verschleißschutz ***m***
Eng: wear protection *n*
Fra: protection contre l'usure *f*
Spa: protección antidesgaste *f*

Verschleißschutzwirkung ***f***
Eng: wear protection property *n*
Fra: pouvoir anti-usure *m*
Spa: efecto de protección antidesgaste *m*

Verschleißschutzzusatz ***m***
Eng: wear protection additive *n*
Fra: additif anti-usure *m*
Spa: aditivo de protección antidesgaste *m*

Verschleißteil ***n***
Eng: wearing part *n*

Deutsch

Deutsch

Fra: pièce d'usure *f*
Spa: pieza de desgaste *f*

Verschleißteil ***n***
Eng: consumable part *n*
Fra: pièce d'usure *f*
Spa: pieza de desgaste *f*

Verschluss ***m***
Eng: plug *n*
Fra: fermeture *f*
Spa: cierre *m*

Verschlussdeckel ***m***
Eng: cap *n*
Fra: couvercle *m*
Spa: tapa de cierre *f*

Verschlusskappe ***f***
Eng: plug cap *n*
Fra: capuchon de fermeture *m*
Spa: tapa roscada *f*

Verschlussscheibe ***f***
Eng: sealing washer *n*
Fra: rondelle d'obturation *f*
Spa: disco obturador *m*

Verschlussschraube ***f***
Eng: screw cap *n*
Fra: bouchon fileté *m*
Spa: tapón roscado *m*

Verschlussstopfen ***m***
Eng: sealing plug *n*
Fra: bouchon *m*
Spa: tapón *m*

Verschlussstopfen ***m***
Eng: plug stopper *n*
Fra: bouchon *m*
Spa: tapón *m*

Verschmutzung ***f***
Eng: dirt *n*
Fra: encrassement *m*
Spa: suciedad *f*

Verschraubung ***f***
Eng: screwed connection *n*
(threaded joint) *n*
Fra: raccord à vis *m*
Spa: unión roscada *f*

Verschrotten ***v***
Eng: scrap *v*
Fra: mise au rebut *f*
Spa: chatarra *f*

Verschwefelung ***f***
Eng: sulfur contamination *n*
Fra: sulfatation *f*
Spa: contaminación de azufre *f*

Versenk-Einbauraum ***m***
Eng: retraction space *n*
Fra: espace d'escamotage *m*
Spa: espacio de montaje retráctil *m*

Versorgungsbatterie ***f***
Eng: general purpose battery *n*
Fra: batterie d'alimentation *f*
Spa: batería de alimentación *f*

Versorgungsdruck (Jetronic) ***m***
Eng: supply pressure (Jetronic) *n*
Fra: pression d'alimentation (Jetronic) *f*
Spa: presión de alimentación (Jetronic) *f*

Versorgungsleitung ***f***
Eng: supply line *n*
Fra: câble d'alimentation *m*
Spa: línea de alimentación *f*

Versorgungsspannung ***f***
Eng: supply voltage *n*
Fra: tension d'alimentation *f*
Spa: tensión de alimentación *f*

Verspannung ***f***
Eng: deformation *n*
(distortion) *n*
Fra: déformation *f*
Spa: deformación por tensión *f*

verspannungsfrei ***adj***
Eng: free from distortion *adj*
Fra: sans déformation *loc*
Spa: libre de deformación *loc*

Versprödung ***f***
Eng: brittleness *n*
Fra: fragilisation *f*
Spa: fragilización *f*

Versprödungsgefahr ***f***
Eng: risk of brittleness *n*
Fra: risque de fragilisation *m*
Spa: peligro de fragilización *m*

Verstärker ***m***
Eng: amplifier *n*
Fra: amplificateur *m*
Spa: amplificador *m*

Verstärkerkolben ***m***
Eng: booster piston *n*
(servo-unit piston) *n*
Fra: piston amplificateur *m*
Spa: pistón amplificador *m*

Verstärkerraum ***m***
Eng: booster chamber *n*
Fra: chambre d'amplification *f*
Spa: cámara de amplificación *f*

Verstärkung ***f***
Eng: amplification *n*
Fra: gain (d'un signal) *m*
Spa: amplificación *f*

Verstärkungsfaktor (Bremskraftverstärker) ***m***
Eng: boost factor (brake booster) *n*
Fra: effet de renforcement de freinage (servofrein) *m*
Spa: factor de amplificación (servofreno) *m*

Verstärkungsfaktor ***m***
Eng: amplification factor *n*
Fra: gain (d'un signal) (servofrein) *m*
Spa: factor de amplificación *m*

Verstärkungsrippe ***f***
Eng: strengthening rib *n*
Fra: raidisseur nervuré *m*
Spa: nervadura de refuerzo *f*

Verstärkungszusatz ***m***
Eng: reinforcement additive *n*
Fra: additif de renforcement *m*
Spa: aditivo de refuerzo *m*

Versteifung ***f***
Eng: reinforcement plate *n*
Fra: raidisseur *f*
Spa: refuerzo *m*

Verstellantrieb ***m***
Eng: servo unit *n*
Fra: servocommande de positionnement *f*
Spa: accionamiento regulador *m*

verstellbar ***adj***
Eng: variable *adj*
Fra: variable *adj*
Spa: variable *adj*

Verstellbolzen ***m***
Eng: sliding bolt *n*
Fra: axe de réglage *m*
Spa: perno de ajuste *m*

Verstellcharakteristik ***f***
Eng: timing characteristic *n*
Fra: caractéristique d'avance *f*
Spa: característica de ajuste *f*

Verstelleinheit (Leuchtweiteregelung) ***f***
Eng: adjuster (headlight vertical-aim control) *n*
Fra: module de réglage (correcteur de site) *m*
Spa: unidad de ajuste (regulación de alcance de luces) *f*

Verstelleinrichtung ***f***
Eng: adjusting device *n*
Fra: dispositif de réglage *m*
Spa: dispositivo de ajuste *m*

Verstellexzenter ***m***
Eng: adjusting eccentric *n*
Fra: excentrique de réglage *m*
Spa: excéntrica de ajuste *f*

Verstellfunktion ***f***
Eng: adjustment function *n*
Fra: fonction de correction *f*
Spa: función de ajuste *f*

Verstellhebel (Reiheneinspritzpumpe) ***m***
Eng: control lever (in-line pump) *n*
Fra: levier de commande (pompe d'injection en ligne) *m*
Spa: palanca de ajuste (bomba de inyección en serie) *f*

Verstellhebelwelle (Reiheneinspritzpumpe) ***f***
Eng: control lever shaft (in-line pump) *n*
Fra: axe du levier de commande *m*
Spa: eje de la palanca de ajuste (bomba de inyección en serie) *m*

Verstellkolben ***m***
Eng: adjustment piston *n*

Fra: piston de réglage *m*
Spa: pistón de ajuste *m*

Verstellkraft (ABS-Magnetventil) ***f***
Eng: actuating force (ABS solenoid valve) *n*
Fra: force de réglage (électrovalve ABS) *f*
Spa: fuerza de ajuste (electroválvula del ABS) *f*

Verstellnocken ***m***
Eng: control cam *n*
Fra: came de réglage *f*
Spa: leva de ajuste *f*

Verstellpumpe ***f***
Eng: variable capacity pump *n*
Fra: pompe à cylindrée variable *f*
Spa: bomba ajustable *f*

Verstellregler ***m***
Eng: variable speed governor *n*
Fra: régulateur toutes vitesses *m*
Spa: regulador de mando *m*

Verstellregler ***m***
Eng: controller *n*
Fra: régulateur toutes vitesses *m*
Spa: regulador de mando *m*

Verstellring ***m***
Eng: adjusting ring *n*
Fra: anneau de réglage *m*
Spa: anillo de reglaje *m*

Verstellschieber ***m***
Eng: control slide *n*
Fra: curseur de réglage *m*
Spa: empujador de ajuste *m*

Verstellweg ***m***
Eng: control travel *n*
Fra: course de réglage *f*
Spa: carrera de ajuste *f*

Verstellwelle ***f***
Eng: setting shaft *n*
Fra: axe de correction *m*
Spa: eje de ajuste *m*

Verstellwinkel (Spritzversteller) ***m***
Eng: advance angle (timing device) *n*
Fra: angle d'avance (correcteur d'avance) *m*
Spa: ángulo de ajuste (variador de avance de la inyección) *m*

Verstellwinkel ***m***
Eng: adjustment angle *n*
Fra: angle d'avance (correcteur d'avance) *m*
Spa: ángulo de ajuste *m*

Verstopfung ***f***
Eng: blockage *n*
Fra: colmatage *m*
Spa: taponamiento *m*

Verteiler ***m***
Eng: distributor *n*
Fra: répartiteur *m*
Spa: distribuidor *m*

Verteilerbüchse ***f***
Eng: distributor head bushing *n*
Fra: chemise *f*
Spa: caja distribuidora *f*

Verteilereinspritzpumpe (VE) ***f***
Eng: distributor type injection pump *n*
Fra: pompe d'injection distributrice *f*
Spa: bomba de inyección rotativa (VE) *f*

Verteilerfinger (Zündung) ***m***
Eng: distributor rotor (ignition) *n*
Fra: rotor distributeur (allumage) *m*
Spa: rotor distribuidor (encendido) *m*

Verteilerflansch ***m***
Eng: distributor head flange *n*
Fra: flasque de distribution *m*
Spa: brida de distribución *f*

Verteilergehäuse ***n***
Eng: distributor body *n*
Fra: boîtier distributeur *m*
Spa: cuerpo de distribuidor *m*

Verteilergetriebe ***n***
Eng: transfer case *n*
Fra: boîte de transfert *f*
Spa: caja de transferencia *f*

Verteilergetriebe ***n***
Eng: distributor gearing *n*
Fra: boîte de transfert *f*
Spa: caja de transferencia *f*

Verteilerkappe (Zündung) ***f***
Eng: distributor cap (ignition) *n*
Fra: tête de distributeur *f*
Spa: tapa del distribuidor (encendido) *f*

Verteilerkasten ***m***
Eng: distributor box *n*
Fra: boîte de distribution *f*
Spa: caja de distribución *f*

Verteilerkolben ***m***
Eng: distributor plunger *n*
Fra: piston distributeur *m*
Spa: émbolo de distribución *m*

Verteilerkopf (Verteilereinspritzpumpe) ***m***
Eng: distributor head (distributor pump) *n*
Fra: tête hydraulique (pompe distributrice) *f*
Spa: cabezal distribuidor (bomba de inyección rotativa) *m*

verteilerlose Zündung ***f***
Eng: distributorless ignition (system) *n*
Fra: allumage statique *m*
Spa: encendido sin distribuidor *m*

Verteilerrohr (Einzeleinspritzung) ***n***
Eng: fuel distribution pipe (multipoint fuel injection) *n*
Fra: rampe d'injection (injection multipoint) *f*
Spa: tubo distribuidor (inyección individual) *m*

Verteilerrohr ***n***
Eng: fuel rail (Common Rail System) *n*
Fra: tube distributeur *m*
Spa: tubo distribuidor *m*

Verteilerstecker ***m***
Eng: distributor connector *n*
Fra: connecteur d'allumeur *m*
Spa: conector del distribuidor *m*

Verteilerwelle (Zündung) ***f***
Eng: distributor shaft (ignition) *n*
(ignition-distribution shaft) *n*
Fra: arbre d'allumeur *m*
Spa: eje del distribuidor (encendido) *m*

Vertragswerkstatt ***f***
Eng: authorized workshop *n*
Fra: concessionnaire *m*
Spa: taller autorizado *m*

Verunreinigung ***f***
Eng: contamination *n*
Fra: contamination *f*
Spa: contaminación *f*

Verwindungssteifigkeit ***f***
Eng: torsional rigidity *n*
Fra: raideur torsionnelle *f*
(résistance au gauchissement) *f*
Spa: rigidez a la torsión *f*

Verwirbelung ***f***
Eng: swirl effect *n*
Fra: turbulence *f*
Spa: turbulencia *f*

Verwirbelung ***f***
Eng: turbulence *n*
Fra: tourbillonnement *m*
Spa: turbulencia *f*

verzahnt ***ppr***
Eng: interlocked *v*
Fra: engréné *adj*
Spa: dentado *m*

Verzahnung ***f***
Eng: interlocking *n*
Fra: engrènement *m*
Spa: engrane *m*

Verzerrung ***f***
Eng: distortion *n*
Fra: distorsion *f*
Spa: distorsión *f*

Verzögerung (Bremsvorgang) ***f***
Eng: braking deceleration (braking action) *n*
Fra: décélération de freinage (effet de freinage) *f*
Spa: deceleración (proceso de frenado) *f*

Deutsch

Deutsch

verzögerungsabhängig (Druckminderer) *adj*
Eng: deceleration sensitive (brake-pressure regulating valve) *adj*
Fra: asservi à la décélération (réducteur de pression de freinage) *pp*
Spa: dependiente de la deceleración (reductor de presión) *loc*

Verzögerungsabmagerung *f*
Eng: trailing throttle lean adjustment *n*
Fra: appauvrissement en décélération *m*
Spa: empobrecimiento para deceleración *m*

Verzögerungsschaltung (Startventil) *f*
Eng: delay switch (start valve) *n*
Fra: circuit temporisateur *m*
Spa: circuito de retardo (válvula de arranque) *m*

Verzögerungsschaltung *f*
Eng: delay circuit *n*
Fra: circuit temporisateur *m*
Spa: circuito de retardo *m*

Verzwängung *f*
Eng: constraint *n*
Fra: couple d'alignement *m*
Spa: forzamiento *m*

V-Getriebe *n*
Eng: gear pair with modified center distance *n*
Fra: engrenage à entraxe modifié *m*
Spa: juego de engranajes con distancia entre centros no estándar *m*

Vibrationssensor *m*
Eng: vibration sensor *n*
Fra: capteur de vibrations *m*
Spa: sensor de vibración *m*

Vickershärte *f*
Eng: Vickers hardness *n*
Fra: dureté Vickers *f*
Spa: dureza Vickers *f*

Vielfachmessgerät *n*
Eng: multi purpose meter *n*
(multimeter) *n*
Fra: multimètre *m*
Spa: aparato de medición multipropósito *m*

Vielstoffmotor *m*
Eng: multifuel engine *n*
Fra: moteur polycarburant *m*
Spa: motor de combustibles múltiples *m*

Vielstoffpumpe *f*
Eng: multifuel pump *n*
Fra: pompe polycarburant *f*
Spa: bomba de combustibles múltiples *f*

Vielzweckleuchte *f*
Eng: multipurpose lamp *n*
Fra: baladeuse *f*
Spa: lámpara multipropósito *f*

Vierfunken-Zündspule *f*
Eng: four spark ignition coil *n*
Fra: bobine d'allumage à quatre sorties *f*
Spa: bobina de encendido de cuatro chispas *f*

Vier-Gang-Getriebe *n*
Eng: four speed transmission *n*
Fra: boîte à 4 rapports *f*
Spa: cambio de cuatro marchas *m*

Vierkantschlüssel *m*
Eng: square wrench *n*
(square spanner) *n*
Fra: clé à quatre pans *f*
Spa: llave de cabeza cuadrada *f*

Vierkreis-Schutzventil *n*
Eng: four circuit protection valve *n*
Fra: valve de sécurité à quatre circuits *f*
Spa: válvula de protección de cuatro circuitos *f*

Vierradantrieb *m*
Eng: four wheel drive, FWD *n*
Fra: transmission intégrale *f*
Spa: tracción total *f*

Vier-Takt-Motor (Verbrennungsmotor) *m*
Eng: four stroke engine (IC engine) *n*
Fra: moteur à quatre temps *m*
Spa: motor de cuatro tiempos (motor de combustión) *m*

Viertaktverfahren (Verbrennungsmotor) *n*
Eng: four stroke principle (IC engine) *n*
Fra: cycle à quatre temps *m*
Spa: ciclo de cuatro tiempos (motor de combustión) *m*

Vierventil-Technik (Verbrennungsmotor) *f*
Eng: four valve design (IC engine) *n*
Fra: système à quatre soupapes par cylindre *m*
Spa: técnica de cuatro válvulas (motor de combustión) *f*

Vierwegehahn *m*
Eng: four way cock *n*
Fra: robinet à quatre voies *m*
Spa: grifo de cuatro vías *m*

Vier-Wege-Vorsteuerventil *n*
Eng: four way pilot-operated directional-control valve *n*
Fra: distributeur pilote à 4 voies *m*
Spa: válvula preselectora de cuatro vías *f*

Viscokupplung (Allradantrieb) *f*
Eng: viscous coupling (all-wheel drive) *n*
Fra: viscocoupleur (transmission intégrale) *m*
Spa: embrague hidrodinámico (tracción total) *m*

Visierlinie *f*
Eng: orientation line *n*
Fra: ligne de visée *f*
Spa: línea de mira *f*

Viskosesperre (Allradantrieb) *f*
Eng: viscous lock (all-wheel drive) *n*
Fra: blocage par viscocoupleur (transmission intégrale) *m*
Spa: bloqueo viscoso (tracción total) *m*

Viskosität des Kraftstoffs *f*
Eng: fuel viscosity *n*
Fra: viscosité du carburant *f*
Spa: viscosidad del combustible *f*

Viskositätsklasse *f*
Eng: viscosity classification *n*
Fra: grade de viscosité *m*
Spa: grado de viscosidad *m*

V-Motor (Verbrennungsmotor) *m*
Eng: v-engine (IC engine) *n*
Fra: moteur en V *m*
Spa: motor en V (motor de combustión) *m*

V-Null-Getriebe *n*
Eng: gear pair at reference center distance *n*
Fra: engrenage à entraxe de référence *m*
Spa: juego de engranajes con distancia entre centros estándar *m*

Vollast *f*
Eng: full load *n*
Fra: pleine charge *f*
Spa: plena carga *f*

Vollbremsstellung *f*
Eng: fully braked mode *n*
Fra: position de freinage d'urgence *f*
Spa: posición de frenado a tope *f*

Vollbremsung *f*
Eng: emergency braking *n*
(full braking) *n*
(panic bracking) *n*
Fra: freinage d'urgence *m*
(freinage rapide) *m*
Spa: frenado a tope *m*

Vollbrückenschaltung *f*
Eng: full wave bridge *n*
Fra: montage en pont complet *m*
Spa: puente de onda plena *m*

Volldifferential-Kurzschlussringgeber *m*
Eng: full differential eddy-current sensor *n*

Fra: capteur différentiel à bague de court-circuitage *m*
Spa: transmisor del anillo de cortocircuito totalmente diferencial *m*

vollelektronische Zündung, VZ *f*
Eng: distributorless semiconductor ignition *n*
Fra: allumage électronique intégral *m*
Spa: encendido totalmente electrónico *m*

Vollförderung *f*
Eng: maximum delivery *n*
Fra: débit maximal *m*
(plein débit) *m*
Spa: suministro máximo *m*

vollgeschirmte Zündkerze *f*
Eng: fully shielded spark plug *n*
Fra: bougie totalement blindée *f*
Spa: bujía totalmente blindada *f*

Volllast *f*
Eng: wide-open throttle, WOT *n*
Fra: pleine charge *f*
Spa: plena carga *f*

Volllast *f*
Eng: full load *n*
Fra: pleine charge *f*
Spa: plena carga *f*

Volllastangleichung *f*
Eng: full load torque control *n*
Fra: correction de pleine charge *f*
Spa: adaptación de plena carga *f*

Volllastanreicherung *f*
Eng: full load enrichment *n*
Fra: enrichissement de pleine charge *m*
Spa: enriquecimiento para plena carga *m*

Volllastanschlag *m*
Eng: full load stop *n*
Fra: butée de débit maximal *f*
Spa: tope de plena carga *m*

Volllastbegrenzung *f*
Eng: full load limitation *n*
Fra: limitation du débit maximal *f*
Spa: limitación de plena carga *f*

Volllastbeschleunigung *f*
Eng: full load acceleration *n*
Fra: accélération à pleine charge *f*
Spa: aceleración de plena carga *f*

Volllastdrehzahl *f*
Eng: full load speed *n*
Fra: vitesse de pleine charge *f*
Spa: régimen de plena carga *m*

Volllasteinspritzmenge *f*
Eng: full load fuel quantity *n*
(full-load delivery) *n*
Fra: débit d'injection à pleine charge *m*
Spa: caudal de inyección de plena carga *m*

Volllasteinstellschraube *f*
Eng: full load screw *n*
Fra: vis de réglage de pleine charge *f*
Spa: tornillo de ajuste de plena carga *m*

Volllasterhöhung *f*
Eng: full load increase *n*
Fra: élévation de la pleine charge *f*
Spa: aumento de plena carga *m*

Volllastförderung *f*
Eng: full load delivery *n*
Fra: refoulement de pleine charge *m*
Spa: aumento de plena carga *m*

Volllastkennlinie *f*
Eng: full load curve *n*
Fra: courbe caractéristique de pleine charge *f*
Spa: curva característica de plena carga *f*

Volllastmenge *f*
Eng: full load delivery *n*
Fra: débit de pleine charge *m*
Spa: caudal de plena carga *m*

Volllastmengenanschlag *m*
Eng: full load stop *n*
Fra: butée de pleine charge *f*
Spa: tope de caudal de plena carga *m*

Volllastschalter *m*
Eng: full load switch *n*
Fra: contacteur de pleine charge *m*
Spa: interruptor de plena carga *m*

Volllastschraube *f*
Eng: full load screw *n*
Fra: vis de pleine charge *f*
Spa: tornillo de plena carga *m*

Volllaststellung *f*
Eng: full load position *n*
Fra: position de pleine charge *f*
Spa: posición de plena carga *f*

Vollverzögerung *f*
Eng: fully developed deceleration *n*
(maximum retardation) *n*
Fra: décélération totale *f*
Spa: deceleración total *f*

Vollweggleichrichtung *f*
Eng: full wave rectification *n*
Fra: redressement à deux alternances *m*
Spa: rectificación de onda completa *f*

Voltmeter *m*
Eng: voltmeter *n*
Fra: voltmètre *m*
Spa: voltímetro *m*

Volumendurchfluss *m*
Eng: volume flow rate *n*
(flow volume) *n*
Fra: débit volumique *m*
Spa: caudal volumétrico *m*

Volumendurchflussmesser *m*
Eng: volume flow sensor *n*
Fra: débitmètre volumique *m*
Spa: caudalímetro volumétrico *m*

Volumenstromkennwert *m*
Eng: volumetric flow factor *n*
Fra: valeur caractéristique du débit volumique *f*
Spa: valor característico del flujo volumétrico *m*

Vorabregelung *f*
Eng: pregoverning *n*
Fra: précoupure *f*
Spa: regulación previa *f*

Vorabscheider (Jetronic) *m*
Eng: preliminary filter (Jetronic) *n*
Fra: préséparateur (Jetronic) *m*
Spa: separador previo (Jetronic) *m*

Vorauslass *m*
Eng: predischarge *n*
Fra: bouffée d'échappement *f*
Spa: preapertura de escape *f*

Vorbeugungsmaßnahme *f*
Eng: preventive action *n*
Fra: mesure de précaution *f*
Spa: medida preventiva *f*

Vordämpfer *m*
Eng: predamper *n*
Fra: pré-amortisseur *m*
Spa: preamortiguador *m*

Vorderachse *f*
Eng: front axle *n*
Fra: essieu avant *m*
Spa: eje delantero *m*

Vorderradantrieb *m*
Eng: front wheel drive *n*
Fra: traction avant *f*
Spa: tracción delantera *f*

Vordruck (ESP) *m*
Eng: admission pressure (ESP) *n*
Fra: pression d'alimentation *f*
Spa: presión previa (ESP) *f*

Vordruckerhöhung *f*
Eng: initial pressure increase *n*
Fra: augmentation de la pression initiale *f*
Spa: aumento de la presión previa *m*

Vordruckprüfung (Radzylinder) *f*
Eng: latent pressure test (wheel-brake cylinder) *n*
Fra: essai de pression pilote *m*
Spa: comprobación de la presión previa (cilindro de rueda) *f*

Vordrucksensor *m*
Eng: brake pressure sensor *n*
Fra: capteur de pression d'alimentation *m*
Spa: sensor de la presión previa *m*

Vordruckventil *n*
Eng: admission pressure valve *n*
Fra: valve de pression d'admission *f*
Spa: válvula de presión previa *f*

Voreilung (Bremsdruck) *f*

Deutsch

Deutsch

Eng: pressure lead (bracking pressure) *n*
Fra: avance de pression *f*
Spa: adelanto del frenado (presión de frenado) *m*

Voreinspritzung *f*
Eng: pre injection *n*
(pilot injection) *n*
Fra: pré-injection *f*
(injection pilote) *f*
Spa: inyección previa *f*

Voreinspritzungsmenge *f*
Eng: pre injection quantity *n*
Fra: débit de pré-injection *m*
Spa: caudal de inyección previa *m*

Voreinspritzverlauf *m*
Eng: pre injection characteristic *n*
Fra: évolution de la pré-injection *f*
Spa: evolución de la inyección previa *f*

Vorentflammung *f*
Eng: pre ignition *n*
Fra: pré-allumage *m*
Spa: preignición *f*

Vorentprellzeit *f*
Eng: pre debouncing time *n*
Fra: durée de prétraitement antirebond *f*
Spa: tiempo de pre-rebote *m*

Vorentwässerung (Lufttrockner) *f*
Eng: initial drying (air drier) *n*
Fra: prédéshydratation (dessiccateur) *f*
Spa: drenaje previo (secador de aire) *m*

Vorerregermagnetfeld *n*
Eng: preexcitation magnetic field *n*
Fra: champ magnétique d'amorçage *m*
Spa: campo magnético de preexcitación *m*

Vorerregerstromkreis *m*
Eng: preexcitation circuit *n*
Fra: circuit d'amorçage *m*
Spa: circuito de preexcitación *m*

Vorerregung (drehende Maschinen) *f*
Eng: preexcitation (rotating machines) *n*
Fra: pré-excitation (machines tournantes) *f*
Spa: preexcitación (máquinas rotativas) *f*

Vorfilter (Lufttrockner) *n*
Eng: preliminary filter (air drier) *n*
Fra: préfiltre (dessiccateur) *m*
Spa: filtro previo (secador de aire) *m*

Vorfilter *n*
Eng: prefilter *n*
Fra: préfiltre *m*
Spa: filtro previo *m*

Vorfiltereinsatz *m*
Eng: preliminary filter element *n*
Fra: cartouche filtrante primaire *f*
Spa: cartucho de filtro previo *m*

Vorförderdruck *m*
Eng: predelivery pressure *n*
Fra: pression de prérefoulement *f*
Spa: presión de suministro previo *f*

Vorfördereffekt *m*
Eng: predelivery effect *n*
Fra: effet de prérefoulement *m*
Spa: efecto de suministro previo *m*

Vorfördermenge *f*
Eng: predelivery quantity *n*
Fra: débit de prérefoulement *m*
Spa: caudal de suministro previo *m*

Vorfördermenge *f*
Eng: prefeed quantity *n*
Fra: débit de prérefoulement *m*
Spa: caudal de suministro previo *m*

Vorförderpumpe *f*
Eng: presupply pump *n*
Fra: pompe de pré-alimentation *f*
Spa: bomba de suministro previo *f*

Vorförderpumpe *f*
Eng: priming pump *n*
Fra: pompe de pré-alimentation *f*
Spa: bomba de suministro previo *f*

Vorgelege *n*
Eng: reduction gear *n*
Fra: réducteur *m*
Spa: engranaje con árbol intermediario *m*

Vorgelegestarter *m*
Eng: reduction-gear starter *n*
Fra: démarreur à réducteur *m*
Spa: arrancador con engranaje reductor *m*

Vorglühanlage *f*
Eng: pre-glow system *n*
Fra: dispositif de préchauffage *m*
Spa: sistema de precalentamiento *m*

Vorglühanzeige *f*
Eng: pre-glow indicator *n*
Fra: témoin de préchauffage *m*
Spa: indicador de precalentamiento *m*

Vorglühdauer *f*
Eng: preheating time *n*
Fra: durée de préchauffage *f*
Spa: tiempo de precalentamiento *m*

Vorglühdauer *f*
Eng: preglow duration *n*
Fra: durée de préchauffage *f*
Spa: tiempo de precalentamiento *m*

Vorglühen *n*
Eng: preheating *n*
Fra: préchauffage *m*
Spa: precalentamiento *m*

vorglühen *v*
Eng: preheat *v*
Fra: préchauffer *v*
Spa: precalentar *v*

vorglühen *v*
Eng: preglowing *n*
Fra: préchauffer *v*
Spa: precalentar *v*

Vorglühgerät (Dieselmotor) *n*
Eng: preglow relay (diesel engine) *n*
Fra: appareil de préchauffage (moteur diesel) *m*
Spa: aparato de precalentamiento (motor Diesel) *m*

Vorglühzeit *f*
Eng: preglow time *n*
Fra: temps de préchauffage *m*
Spa: tiempo de precalentamiento *m*

Vorglühzeit *f*
Eng: preheating time *n*
Fra: temps de préchauffage *m*
Spa: tiempo de precalentamiento *m*

Vorhub (Pumpenkolben) *m*
Eng: plunger lift to port closing, LPC (pump plunger) *n*
Fra: précourse (piston de pompe) *f*
Spa: carrera previa (pistón de bomba) *f*

Vorhub *m*
Eng: prestroke travel *n*
Fra: précourse (piston de pompe) *f*
Spa: carrera previa *f*

Vorhubansteuerung *f*
Eng: LPC triggering *n*
Fra: commande de précourse *f*
Spa: activación de carrera previa *f*

Vorhubeinstellung *f*
Eng: LPC adjustment *n*
Fra: réglage de la précourse *m*
Spa: ajuste de carrera previa *m*

Vorhubeinstellung *f*
Eng: pre-stroke adjustment *n*
Fra: réglage de la précourse *m*
Spa: ajuste de carrera previa *m*

Vorhubstellwerk *n*
Eng: LPC actuator *n*
Fra: actionneur de précourse *m*
Spa: posicionador de carrera previa *m*

Vorhubsteuerung *f*
Eng: LPC control *n*
Fra: commande de précourse *f*
Spa: control de carrera previa *m*

Vorkammer *f*
Eng: prechamber *n*
(whirl chamber) *n*
Fra: préchambre *f*
Spa: precámara *f*

Vorkammer *f*
Eng: precombustion chamber *n*
Fra: préchambre *f*
Spa: precámara *f*

Vorkammer-Dieselmotor *m*
Eng: prechamber Diesel engine *n*
Fra: moteur diesel à préchambre *m*
Spa: motor Diesel de precámara *m*

Vorkammermotor *m*
Eng: prechamber engine *n*
Fra: moteur à préchambre *m*
Spa: motor de precámara *m*

Vorkammermotor *m*
Eng: precombustion chamber engine *n*
Fra: moteur à préchambre *m*
Spa: motor de precámara *m*

Vorkammerverfahren *n*
Eng: prechamber system *n*
Fra: procédé à préchambre *m*
Spa: método de precámara *m*

Vorkatalysator *m*
Eng: primary catalytic converter *n*
Fra: précatalyseur *m*
Spa: catalizador previo *m*

Vorladepumpe, VLP *f*
Eng: precharge pump, VLP *n*
Fra: pompe de précharge *f*
Spa: bomba de precarga *f*

Vorladeventil, VLV *n*
Eng: precharge valve, VLV *n*
Fra: vanne de précharge *f*
Spa: válvula de precarga *f*

Vorlaufachse *f*
Eng: leading axle *n*
Fra: essieu directeur *m*
Spa: eje empujador *m*

Vorlaufleitung *f*
Eng: flow pipe *n*
Fra: conduite d'amenée *f*
Spa: tubería de afluencia *f*

Vorlaufpumpe *f*
Eng: flow pump *n*
Fra: pompe d'alimentation *f*
Spa: bomba de flujo *f*

Vorlaufventil (Dieseleinspritzung) *n*
Eng: forwarddelivery valve (diesel fuel injection) *n*
Fra: clapet-pilote (injection diesel) *m*
Spa: válvula de suministro de avance (inyección diesel) *f*

Vorratsbehälter (Pneumatik) *m*
Eng: compressed-air reservoir (pneumatics) *n*
Fra: réservoir *m*
Spa: depósito de reserva (neumática) *m*

Vorratsdruck (Bremsen) *m*
Eng: supply pressure (brakes) *n*
Fra: pression d'alimentation (frein) *f*
Spa: presión de alimentación (Bremsen) *f*

Vorratskupplungskopf (Bremsen) *m*
Eng: coupling head supply (brakes) *n*
Fra: tête d'accouplement « alimentation » *f*
Spa: cabeza de acoplamiento de alimentación (Bremsen) *f*

Vorratsleitung (Zweileitungs-Bremsanlage) *f*
Eng: supply line (two-line braking system) *n*
Fra: conduite d'alimentation (dispositif de freinage à deux conduites) *f*
Spa: tubería de alimentación *f*

Vorratsluft *f*
Eng: supply air *n*
Fra: air d'alimentation *m*
Spa: aire de alimentación *m*

Vorreiniger *m*
Eng: preliminary filter *n*
Fra: préfiltre *m*
Spa: filtro previo *m*

Vorschädigung *f*
Eng: preliminary damage *n*
Fra: dommage initial *m*
Spa: daño previo *m*

Vorschalldämpfer *m*
Eng: front muffler *n*
Fra: silencieux avant *m*
Spa: silenciador previo *m*

Vorschaltdrossel *f*
Eng: series reactor *n*
Fra: inductance série *f*
Spa: reactancia adicional *f*

Vorschaltgerät (Gasentladungslampe/Zündung) *n*
Eng: ballast unit (gaseous-discharge lamp/ignition) *n*
Fra: module de commande (lampe à décharge dans un gaz) *m*
Spa: dispositivo cebador (lámpara descarga gas/encendido) *m*

Vorschaltmodul (Autoalarm) *m*
Eng: ballast module (car alarm) *n*
Fra: module de protection (alarme auto) *m*
Spa: módulo de reactancia (alarma de vehículo) *m*

Vorspanndruck *m*
Eng: initial pressure *n*
Fra: pression de précharge *f*
Spa: presión de precarga *f*

Vorspannkraft *f*
Eng: initial force *n*
Fra: tension initiale *f*
Spa: fuerza de precarga *f*

Vorspannung *f*
Eng: initial tension *n*
(pre-tension) *n*
Fra: tension initiale *f*
Spa: tensión inicial *f*

Vorspannzylinder *m*
Eng: booster cylinder *n*
(servo-unit cylinder) *n*
Fra: cylindre d'assistance *m*
Spa: cilindro de presión previa *m*

Vorspannzylinder *m*
Eng: pre tensioning cylinder *n*
Fra: cylindre d'assistance *m*
Spa: cilindro de presión previa *m*

Vorspur *f*
Eng: toe in *n*
Fra: pincement *m*
Spa: convergencia *f*

Vorstehmaß *n*
Eng: projection dimension *n*
Fra: cote de dépassement *f*
Spa: medida que sobresale *f*

Vorsteuerdruck *m*
Eng: pilot pressure *n*
Fra: pression pilote *f*
Spa: presión de pilotaje *f*

Vorsteuerfeder *f*
Eng: pilot spring force *n*
Fra: ressort pilote *m*
Spa: muelle de pilotaje *m*

Vorsteuerlogik *f*
Eng: precontrol logic *n*
Fra: logique de pilotage *f*
Spa: lógica de pilotaje *f*

Vorsteuerung (Nfz-ABS) *f*
Eng: pilot control (commercial-vehicle ABS) *n*
Fra: pilotage (ABS pour véhicules utilitaires) *m*
Spa: control de pilotaje (ABS de vehículo industrial) *m*

Vorsteuerventil (Bremskraftregler) *n*
Eng: pilot valve (load-sensing valve) *n*
Fra: valve pilote (correcteur de freinage) *f*
Spa: válvula piloto (regulador de la fuerza de frenado) *f*

Vorsteuerwinkel *m*
Eng: precontrol angle *n*
Fra: angle de pilotage *m*
Spa: ángulo de pilotaje *m*

Vortrieb (Kfz) *m*
Eng: accelerative force (motor vehicle) *n*
Fra: propulsion (véhicule) *f*
Spa: propulsión (automóvil) *f*

Vortriebskraft *f*
Eng: drive force *n*
Fra: force de propulsion *f*
Spa: fuerza de propulsión *f*

Vorverbrennung *f*
Eng: precombustion *n*
Fra: précombustion *f*
Spa: precombustión *f*

Vorverdichtung *f*
Eng: precompression *n*
Fra: précompression *f*

Deutsch

Deutsch

Spa: precompresión *f*

Vorverstärker ***m***
Eng: preamplifier *n*
Fra: préamplificateur *m*
Spa: preamplificador *m*

W

Wabenkeramik (Rußabbrennfilter) ***f***
Eng: honeycomb ceramic (soot burn-off filter) *n*
Fra: céramique en nid d'abeilles (filtre d'oxidation de particules) *f*
Spa: cerámica tipo panal de abeja (filtro de quemado de hollín) *f*

Wabenkörper (Rußabbrennfilter) ***m***
Eng: honeycomb (soot burn-off filter) *n*
Fra: matrice céramique en nid d'abeilles *f*
Spa: cuerpo alveolar (filtro de quemado de hollín) *m*

Wabenstruktur (Rußabbrennfilter) ***f***
Eng: honeycomb structure (soot burn-off filter) *n*
Fra: structure en nid d'abeilles *f*
Spa: estructura alveolar (filtro de quemado de hollín) *f*

Wachs ***n***
Eng: wax *n*
Fra: cire *f*
Spa: cera *f*

Wackelkontakt ***m***
Eng: loose contact *n*
Fra: faux contact *m*
Spa: contacto flojo *m*

Wackelkontakt ***m***
Eng: loose connection *n*
(intermittent contact) *n*
Fra: faux contact *m*
Spa: contacto flojo *m*

Wagenheber ***m***
Eng: jack *n*
Fra: cric *m*
Spa: gato *m*

Wagenheizer ***m***
Eng: vehicle heater *n*
Fra: chauffage d'habitacle *m*
Spa: calefactor de vehículo *m*

Walkpenetration ***f***
Eng: worked penetration *n*
Fra: pénétrabilité travaillée *f*
Spa: penetración trabajada *f*

Walkwiderstand ***m***
Eng: flexing resistance *n*
Fra: résistance à la friction *f*
Spa: resistencia a la flexión *f*

Wälzabweichung ***f***
Eng: total composite error *n*
Fra: erreur composée *f*
Spa: error compuesto *m*

Wälzkreis ***m***
Eng: pitch circle *n*
Fra: cercle primitif *m*
Spa: círculo primitivo *m*

Wälzlager ***n***
Eng: roller bearing *n*
Fra: palier à roulement *m*
Spa: rodamiento *m*

Wälzlagerfett ***n***
Eng: rolling bearing grease *n*
Fra: graisse pour roulements *f*
Spa: grasa para rodamientos *f*

Wandbenetzung (Saugrohr) ***f***
Eng: manifold wall fuel condensation *n*
Fra: humidification des parois *f*
Spa: humectación de las paredes (tubo de admisión) *f*

Wandfilm ***m***
Eng: fuel film *n*
Fra: film humidificateur *m*
Spa: película de aceite *f*

Wandfilmaufbau ***m***
Eng: fuel film formation *n*
Fra: formation du film humidificateur *f*
Spa: formación de película de aceite *f*

Wandfilmeffekt ***m***
Eng: fuel film effect *n*
Fra: phénomène d'humidification des parois *m*
Spa: efecto de película de aceite *m*

wandgeführt ***adj***
Eng: wall directed *adj*
Fra: assisté par paroi *pp*
Spa: dirigido por pared *pp*

wandgeführtes Brennverfahren ***n***
Eng: wall directed combustion process *n*
Fra: procédé d'injection assisté par paroi *m*
Spa: proceso de combustión dirigido por pared *m*

Wandler ***m***
Eng: converter *n*
Fra: convertisseur *m*
Spa: convertidor *m*

Wandler ***m***
Eng: transducer *n*
Fra: convertisseur *m*
Spa: transductor *m*

Wandlergetriebe ***n***
Eng: torque converter transmission *n*
Fra: boîte de vitesses à convertisseur de couple *f*
Spa: cambio por convertidor de par *m*

Wandlerüberbrückung ***f***
Eng: converter lockup *n*
Fra: pontage du convertisseur de couple *m*
Spa: anulación del convertidor *f*

Wandlerüberbrückungs-kupplung ***f***
Eng: converter lockup clutch *n*
Fra: embrayage de prise directe *m*
Spa: embrague de anulación del convertidor *m*

Wandung ***f***
Eng: end face *n*
(wall) *n*
Fra: paroi *f*
Spa: pared *f*

Wandwärmeverlust ***m***
Eng: wall heat loss *n*
Fra: déperdition de chaleur aux parois *f*
Spa: pérdida de calor por las paredes *f*

Wanken ***n***
Eng: roll *n*
Fra: roulis *m*
Spa: balanceo *m*

Wankwinkel (Kfz-Dynamik) ***m***
Eng: roll angle (vehicle dynamics) *n*
Fra: angle de roulis (dynamique d'un véhicule) *m*
Spa: ángulo de balanceo (dinámica del automóvil) *m*

Wannenbefestigung ***f***
Eng: cradle mounting *n*
Fra: fixation par berceau *f*
Spa: fijación ahondada *f*

Wannenbefestigung ***f***
Eng: sump attachment *n*
Fra: fixation par berceau *f*
Spa: fijación del cárter *f*

Wannenpumpe ***f***
Eng: cradle mounted pump *n*
Fra: pompe à fixation par berceau *f*
Spa: bomba con fijación ahondada *f*

Wärmeabführung ***f***
Eng: heat dissipation *n*
Fra: dissipation de la chaleur *f*
Spa: disipación de calor *f*

Wärmeaufnahme ***f***
Eng: heat absorption *n*
Fra: absorption de chaleur *f*
Spa: absorción de calor *f*

Wärmeaufnahmevermögen ***n***
Eng: heat absorbing property *n*
Fra: capacité d'absorption thermique *f*
Spa: capacidad de absorción de calor *f*

Wärmeausdehnung ***f***
Eng: thermal expansion *n*
Fra: dilatation thermique *f*
Spa: expansión térmica *f*

Wärmeausdehnungskoeffizient ***m***

Eng: coefficient of thermal expansion *n*
Fra: coefficient de dilatation thermique *m*
Spa: coeficiente de expansión térmica *m*

Wärmeaustausch ***m***
Eng: heat exchange *n*
Fra: échange de chaleur *m*
Spa: intercambio de calor *m*

Wärmebelastung ***f***
Eng: thermal load *n*
Fra: charge thermique *f*
Spa: carga térmica *f*

Wärmefreisetzung ***f***
Eng: heat release *n*
Fra: loi de libération d'énergie *f*
Spa: liberación de calor *f*

Wärmeisolation ***f***
Eng: thermal insulation *n*
Fra: isolation thermique *f*
Spa: aislamiento térmico *m*

Wärmeleitfähigkeit ***f***
Eng: thermal conductivity *n*
Fra: conductibilité thermique *f*
Spa: conductividad térmica *f*

Wärmeleitpaste ***f***
Eng: thermal conduction paste *n*
Fra: pâte thermoconductrice *f*
Spa: pasta termoconductora *f*

Wärmeleitung ***f***
Eng: heat conduction *n*
Fra: conduction thermique *f*
Spa: conducción térmica *f*

Wärmeleitweg ***m***
Eng: thermal conduction path *n*
Fra: chemin de conduction de la chaleur *m*
Spa: trayectoria de conducción térmica *f*

Wärmemenge ***f***
Eng: quantity of heat *n*
Fra: rendement thermodynamique *m*
Spa: cantidad de calor *f*

Wärmepumpe ***f***
Eng: heat pump *n*
Fra: pompe à chaleur *f*
Spa: bomba calorífica *f*

Wärmeschutz (Einspritzdüse) ***m***
Eng: heat shield (injection nozzle) *n*
Fra: isolation thermique *f*
Spa: protección antitérmica (inyector) *f*

Wärmeschutz ***m***
Eng: thermal protection *n*
Fra: isolation thermique (injecteur) *f*
Spa: protección antitérmica *f*

Wärmeschutzblech ***n***
Eng: heat shield *n*
Fra: plaque pare-chaleur *f*
Spa: chapa de protección antitérmica *f*

Wärmeschutzfilter ***n***
Eng: heat filter *n*
Fra: filtre calorifuge *m*
Spa: filtro antitérmico *m*

Wärmeschutzglas ***n***
Eng: heat absorption glass *n*
Fra: verre catathermique *m*
Spa: vidrio atérmico *m*

Wärmeschutzhülse (Einspritzdüse) ***f***
Eng: thermal protection sleeve (injection nozzle) *n*
Fra: manchon calorifuge (injecteur) *m*
Spa: casquillo de protección antitérmica (inyector) *m*

Wärmeschutzhütchen (Einspritzdüse) ***n***
Eng: thermal protection cap (injection nozzle) *n*
Fra: capuchon calorifuge (injecteur) *m*
Spa: copa de protección antitérmica (inyector) *f*

Wärmeschutzplättchen (Einspritzdüse) ***n***
Eng: thermal protection plate (injection nozzle) *n*
Fra: plaquette calorifuge (injecteur) *f*
Spa: plaquita de protección antitérmica (inyector) *f*

Wärmeschutzring ***m***
Eng: heat shield ring *n*
Fra: joint calorifuge *m*
Spa: anillo de protección antitérmica *m*

Wärmeschutzscheibe (Einspritzdüse) ***f***
Eng: thermal protection disk (injection nozzle) *n*
Fra: rondelle calorifuge (injecteur) *f*
Spa: cristal anticalorífico (inyector) *m*

Wärmespeichervermögen ***n***
Eng: thermal absorption capacity *n*
Fra: capacité thermique *f*
Spa: capacidad de acumulación de calor *f*

Wärmestrahlung ***f***
Eng: heat radiation *n*
Fra: rayonnement thermique *m*
Spa: radiación de calor *f*

Wärmestrom ***m***
Eng: heat flow *n*
Fra: flux thermique *m*
Spa: flujo térmico *m*

Wärmestromdichte ***f***
Eng: heat flow density *n*
Fra: densité de flux thermique *f*
Spa: densidad del flujo térmico *f*

Wärmetauscher (hydrodynamischer Verlangsamer) ***m***
Eng: heat exchanger (hydrodynamic retarder) *n*
Fra: échangeur de chaleur (ralentisseur hydrodynamique) *m*
Spa: intercambiador de calor (retardador hidrodinámico) *m*

Wärmeübergang ***m***
Eng: heat transfer *n*
(convection) *n*
Fra: transfert thermique *m*
Spa: transmisión térmica *f*

Wärmeübergangskoeffizient ***m***
Eng: heat transfer coefficient *n*
Fra: coefficient de transfert thermique *m*
Spa: coeficiente de transmisión térmica *m*

Wärmeübertragung ***f***
Eng: heat transfer *n*
Fra: transfert thermique *m*
Spa: transferencia de calor *f*

Wärmeverlust ***m***
Eng: heat loss *n*
Fra: déperdition de chaleur *f*
Spa: pérdida de calor *f*

Wärmewert (Zündkerze) ***m***
Eng: heat range (spark plug) *n*
Fra: degré thermique (bougie d'allumage) *m*
Spa: grado térmico (bujía de encendido) *m*

Wärmewert ***m***
Eng: thermal value *n*
Fra: degré thermique (bougie d'allumage) *m*
Spa: grado térmico *m*

Wärmewertkennzahl (Zündkerze) ***f***
Eng: heat range code number (spark plug) *n*
Fra: indice caractéristique du degré thermique (bougie d'allumage) *m*
Spa: índice del grado térmico (bujía de encendido) *m*

Warmlauf ***m***
Eng: warm up *v*
Fra: mise en action *f*
Spa: calentamiento *m*

Warmlaufanreicherung (Verbrennungsmotor) ***f***
Eng: warm up enrichment (IC engine) *n*
Fra: enrichissement de mise en action *m*

Spa: enriquecimiento de calentamiento (motor de combustión) *m*

Warmlaufphase (Verbrennungsmotor) *f*
Eng: warm up period (IC engine) *n*
Fra: période de mise en action (moteur à combustion) *f*
Spa: fase de calentamiento (motor de combustión) *f*

Warmlaufphase *f*
Eng: warming up phase *n*
Fra: période de mise en action (moteur à combustion) *f*
Spa: fase de calentamiento *f*

Warmlaufregler *m*
Eng: warm up regulator *n*
Fra: régulateur de mise en action *m*
Spa: regulador de calentamiento *m*

Warmstart *m*
Eng: hot start *n*
Fra: départ à chaud *m*
Spa: arranque en caliente *m*

Warnblinkanlage *f*
Eng: hazard warning light system *n*
Fra: dispositif de signalisation direction-détresse *m*
Spa: luces intermitentes de advertencia *fpl*

Warnblinkgeber *m*
Eng: hazard warning light flasher *n*
Fra: centrale mixte de direction-détresse *f*
Spa: transmisor de luces intermitentes de advertencia *m*

Warnblinkleuchte *f*
Eng: hazard warning light *n*
Fra: témoin de feux de détresse *m*
Spa: luz intermitente de advertencia *f*

Warnblinkrelais *n*
Eng: hazard warning light relay *n*
Fra: relais du signal de détresse *m*
Spa: relé de luces intermitentes de advertencia *m*

Warnblinkschalter *m*
Eng: hazard warning switch *n*
Fra: commutateur des feux de détresse *m*
Spa: interruptor de las luces intermitentes *m*

Warnblinkschalter *m*
Eng: hazard warning light switch *n*
Fra: touche de feux de détresse *f*
Spa: interruptor de las luces intermitentes *m*

Warnblinkschalter *m*
Eng: hazard warning switch *n*
Fra: commutateur des feux de détresse *m*
Spa: interruptor de las luces intermitentes *m*

Warndruckanzeiger *m*
Eng: low pressure indicator *n*
Fra: indicateur-avertisseur de pression *m*
Spa: indicador de presión de aviso *m*

Warndruckeinrichtung (Bremsen) *f*
Eng: low pressure warning device (brakes) *n*
Fra: dispositif d'alert (frein) *m*
Spa: dispositivo de pr ón de aviso (Bremsen) *m*

Warnkontakt *m*
Eng: alarm contact *n*
Fra: contact d'alerte (garniture de frein) *m*
Spa: contacto de advertencia *m*

Warnlampe *f*
Eng: warning lamp *n*
Fra: témoin d'alerte *m*
Spa: lámpara de aviso *f*

Warnsignal *n*
Eng: warning signal *n*
Fra: signal de détresse *m*
Spa: señal de advertencia *f*

Warnsummer *m*
Eng: buzzer *n*
Fra: vibreur *m*
Spa: señal acústica de advertencia *f*

Warnsummer *m*
Eng: warning buzzer *n*
Fra: vibreur *m*
Spa: señal acústica de advertencia *f*

Wartung *f*
Eng: maintenance *n*
Fra: entretien *m*
Spa: mantenimiento *m*

Wartung *f*
Eng: preventive maintenance *n*
Fra: maintenance *f*
Spa: mantenimiento *m*

wartungsarm *adj*
Eng: low maintenance *n*
Fra: à entretien minimal *loc*
Spa: de escaso mantenimiento *loc*

wartungsfrei *adj*
Eng: maintenance free *adj*
Fra: sans entretien *loc*
Spa: libre de mantenimiento *loc*

Wartungsplan *m*
Eng: maintenance schedule *n*
Fra: plan d'entretien *m*
Spa: plan de mantenimiento *m*

Wartungsvertrag *m*
Eng: maintenance contract *n*
Fra: contrat de maintenance *m*
Spa: contrato de mantenimiento *m*

Wartungsvorschrift *f*
Eng: maintenance instructions *npl*
Fra: notice d'entretien *f*
Spa: prescripción de mantenimiento *f*

Waschanlage *f*
Eng: wash system *n*
Fra: lave-glace *m*
Spa: instalación de lavado *f*

Wasserablassschraube *f*
Eng: drain screw *n*
(*water drain plug*) *n*
Fra: vis de purge d'eau *f*
Spa: tornillo de purga de agua *m*

Wasserabscheider *m*
Eng: water separator *n*
Fra: séparateur d'eau *m*
Spa: separador de agua *m*

Wasserabscheider *m*
Eng: water trap *n*
Fra: séparateur d'eau *m*
Spa: separador de agua *m*

Wasseranschluss *m*
Eng: water connection *n*
Fra: raccord d'eau *m*
Spa: conexión de agua *f*

Wasserdruckpumpe *f*
Eng: water-pressure pump *n*
Fra: pompe de refoulement d'eau *f*
Spa: bomba hidráulica *f*

Wassergehalt *m*
Eng: moisture content *n*
Fra: teneur en eau *f*
Spa: contenido de agua *m*

wassergekühlt *adj*
Eng: water-cooled *adj*
Fra: refroidi par eau *pp*
Spa: refrigerado por agua *pp*

Wasserkreislauf *m*
Eng: water circulation *n*
(*water circuit*) *n*
Fra: circuit d'eau *m*
Spa: circuito de agua *m*

Wasserpumpe *f*
Eng: water pump *n*
Fra: pompe à eau *f*
Spa: bomba de agua *f*

Wassertemperatur *f*
Eng: water temperature *n*
Fra: température d'eau *f*
Spa: temperatura del agua *f*

Wassertemperaturfühler *m*
Eng: water temperature sensor *n*
Fra: sonde de température d'eau *f*
Spa: sensor de temperatura del agua *m*

Wasserumwälzpumpe *f*
Eng: water circulating pump *n*
Fra: pompe de circulation d'eau *f*
Spa: bomba de circulación de agua *f*

Watfähigkeit *f*
Eng: wading capability *n*
Fra: guéabilité *f*
Spa: capacidad de vadeo *f*

Wechselaufbau *m*
Eng: interchangeable body *n*

Fra: carrosserie interchangeable *f*
Spa: estructura intercambiable *f*

Wechselbox (Filter) ***f***
Eng: fuel filter exchange box (filter) *n*
Fra: filtre-box interchangeable (filter) *m*
Spa: caja intercambiable (filtro) *f*

Wechselcode (Autoalarm) ***m***
Eng: changeable code (car alarm) *n*
Fra: code interchangeable (alarme auto) *m*
Spa: código variable (alarma de vehículo) *m*

Wechselfilter ***n***
Eng: easy change filter *n*
Fra: filtre à rechange rapide *m*
Spa: filtro intercambiable *m*

Wechselfilter ***n***
Eng: exchange filter *n*
Fra: filtre interchangeable *m*
Spa: filtro intercambiable *m*

Wechselintervall ***n***
Eng: change interval *n*
Fra: intervalle de vidange *m*
Spa: intervalo de cambio *m*

Wechselrichter ***m***
Eng: inverter *n*
Fra: onduleur *m*
Spa: inversor *m*

Wechselschalter ***m***
Eng: two way switch *n*
(changeover contact) *n*
Fra: inverseur *m*
Spa: conmutador alternativo *m*

Wechselspannung ***f***
Eng: alternating voltage *n*
Fra: tension alternative *f*
Spa: tensión alterna *f*

Wechselstrom ***m***
Eng: alternating current, AC *n*
Fra: courant alternatif *m*
Spa: corriente alterna *f*

Wechselstromkreis ***m***
Eng: alternating current circuit *n*
Fra: circuit à courant alternatif *m*
Spa: circuito de corriente alterna *m*

Wechselstrommaschine ***f***
Eng: alternating current machine *n*
Fra: machine à courant alternatif *f*
Spa: máquina de corriente alterna *f*

Wechselstromnetz ***n***
Eng: alternating current power line *n*
Fra: réseau à courant alternatif *m*
Spa: red de corriente alterna *f*

Wechselventil ***n***
Eng: shuttle valve *n*
Fra: sélecteur de circuit *m*
Spa: válvula alternativa *f*

Wechsler ***m***
Eng: changeover contact *n*
Fra: contact bidirectionnel *m*
(inverseur) *m*
Spa: cambiador *m*

Wegeventil ***n***
Eng: directional control valve *n*
Fra: distributeur *m*
Spa: válvula distribuidora *f*

Wegeventilblock ***m***
Eng: directional control valve block *n*
Fra: bloc-distributeur *m*
Spa: bloque de válvulas distribuidoras *m*

Wegfahrsperre (Autoalarm) ***f***
Eng: immobilizer (car alarm) *n*
Fra: blocage antidémarrage *m*
Spa: inmovilizador electrónico (alarma de vehículo) *m*

Weicheisen ***n***
Eng: soft iron *n*
Fra: fer doux *m*
Spa: hierro dulce *m*

Weicheisenkern ***m***
Eng: soft iron core *n*
Fra: noyau de fer *m*
Spa: núcleo de hierro dulce *m*

Weichglühen ***n***
Eng: soft annealing *n*
Fra: recuit d'adoucissement *m*
Spa: recocido de ablandamiento *m*

Weichlötung ***f***
Eng: soft soldering *n*
Fra: brasage tendre *m*
Spa: soldadura blanda *f*

Weichmagnet ***m***
Eng: soft magnetic material *n*
Fra: aimant doux *m*
Spa: material magnético suave *m*

weichmagnetisch ***adj***
Eng: soft magnetic *adj*
Fra: magnétique doux *adj*
Spa: magnético suave *adj*

Weitstrahlscheinwerfer ***m***
Eng: long range driving lamp *n*
Fra: projecteur longue portée *m*
Spa: faro de largo alcance *m*

Welle ***f***
Eng: shaft *n*
Fra: arbre *m*
Spa: eje *m*

Wellenantrieb ***m***
Eng: shaft drive *n*
Fra: entraînement par arbre *m*
Spa: accionamiento de eje *m*

Wellendichtring ***f***
Eng: shaft seal *n*
Fra: joint à lèvres *m*
Spa: anillo obturador de eje *m*

Wellenende ***n***
Eng: shaft end *n*
Fra: bout d'arbre *m*
Spa: extremo del eje *m*

Wellenlänge ***f***
Eng: wavelength *n*
Fra: longueur d'onde *f*
Spa: longitud de onda *f*

Wellenverbindung ***f***
Eng: sliding shaft coupling *n*
Fra: accouplement d'arbre *m*
Spa: conexión de ejes *f*

Welligkeit ***f***
Eng: surface ondulation *n*
Fra: ondulation *f*
Spa: ondulación *f*

Wendepunkt ***m***
Eng: reversal point *n*
Fra: point de rebroussement *m*
Spa: punto de inflexión *m*

Wendestufe ***f***
Eng: reversing mode *n*
Fra: train inverseur *m*
Spa: tren inversor *m*

Werkstattlader (Batterie) ***m***
Eng: workshop charger (battery) *n*
Fra: chargeur de garage (batterie) *m*
Spa: cargador de taller (batería) *m*

Werkstatttester ***m***
Eng: workshop tester *n*
Fra: testeur d'atelier *m*
Spa: comprobador de taller *m*

Wickelfiltereinsatz ***m***
Eng: spiral vee shaped filter element *n*
Fra: cartouche filtrante en rouleau *f*
Spa: cartucho de filtro enrollado *m*

Wickelkörper (Filter) ***m***
Eng: paper tube (filter) *n*
Fra: corps de filtre (filtre) *m*
Spa: carrete (filtro) *m*

Wickelkörper (Zündspule) ***m***
Eng: bobbin (ignition coil) *n*
Fra: corps d'enroulement (bobine d'allumage) *m*
Spa: bobina (bobina de encendido) *f*

Wickelschema ***n***
Eng: winding diagram *n*
Fra: schéma de bobinage *m*
Spa: diagrama de bobinado *m*

Wicklung ***f***
Eng: winding *n*
Fra: enroulement *m*
Spa: bobinado *m*

Widerstand ***m***
Eng: resistor *n*
Fra: résistance *f*
Spa: resistencia *f*

Widerstandspressschweißen ***n***
Eng: resistance pressure welding *n*
Fra: soudage électrique par pression *m*
Spa: soldadura eléctrica por presión *f*

Deutsch

Deutsch

Widerstandspunktschweißen *n*
Eng: resistance spot welding *n*
Fra: soudage par points *m*
Spa: soldadura eléctrica por puntos *f*

Widerstandsschweißen *n*
Eng: resistance welding *n*
Fra: soudage par résistance *m* *(brasage par résistance)* *m*
Spa: soldadura eléctrica por resistencia *f*

Widerstandsthermometer *n*
Eng: resistance thermometer *n*
Fra: thermomètre à résistance *m*
Spa: termómetro de resistencia *m*

Widerstandswert *m*
Eng: resistance value *n*
Fra: valeur ohmique *f*
Spa: valor de resistencia *m*

Widerstands-Zündleitung *f*
Eng: resistance ignition cable *n*
Fra: câble d'allumage résistif *m*
Spa: cable resistivo de encendido *m*

Wiegekolben *m*
Eng: rocking piston *n*
Fra: piston à fléau *f*
Spa: pistón de balancín *m*

Windgeräusch *n*
Eng: wind noise *n*
Fra: bruit dû au vent *m*
Spa: ruido del viento *m*

Windkanal *m*
Eng: wind tunnel *n*
Fra: soufflerie *f*
Spa: tunel aerodinámico *m*

Windkanalmessung *f*
Eng: wind tunnel measurement *n*
Fra: mesure en soufflerie *f*
Spa: medición en tunel aerodinámico *f*

Windlauf *m*
Eng: cowl panel *n*
Fra: déflecteur *m*
Spa: cortavientos *m*

Windschutzscheibe *f*
Eng: windshield *n*
Fra: pare-brise *m*
Spa: parabrisas *m*

Windungsschluss *m*
Eng: coil winding short circuit *n*
Fra: court-circuit entre spires *m*
Spa: cortocircuito entre espiras *m*

Windungsschluss *m*
Eng: inter turn short circuit *n*
Fra: court-circuit entre spires *m*
Spa: cortocircuito entre espiras *m*

Windungsschlussprüfgerät *n*
Eng: inter turn short circuit tester *n*
Fra: détecteur de courts-circuits entre spires *m*
Spa: comprobador de cortocircuito entre espiras *m*

Windungszahl *f*
Eng: number of coils *n*
Fra: nombre de tours des spires de l'enroulement *m*
Spa: número de espiras *m*

Windungszahl *f*
Eng: number of turns *n*
Fra: nombre de spires *m*
Spa: número de espiras *m*

Wirbelkammer (Verbrennungsmotor) *f*
Eng: whirl chamber (IC engine) *n*
Fra: chambre de turbulence *f* *(préchambre)* *f*
Spa: cámara de turbulencia (motor de combustión) *f*

Wirbelkammer-Dieselmotor *m*
Eng: whirl chamber diesel engine *n*
Fra: moteur diesel à chambre de turbulence *m*
Spa: motor Diesel de cámara de turbulencia *m*

Wirbelkammermotor (Verbrennungsmotor) *m*
Eng: whirl chamber engine (IC engine) *n*
Fra: moteur à chambre de turbulence *m*
Spa: motor de cámara de turbulencia (motor de combustión) *m*

Wirbelkammerverfahren (Verbrennungsmotor) *n*
Eng: whirl chamber system (IC engine) *n*
Fra: procédé d'injection à chambre de turbulence *m*
Spa: método de cámara de turbulencia (motor de combustión) *m*

Wirbelstrom *m*
Eng: eddy current *n*
Fra: courants de Foucault *mpl*
Spa: corriente parásita *f*

Wirbelstrombremse *f*
Eng: eddy current brake *n*
Fra: frein à courants de Foucault *m*
Spa: freno por corrientes parásitas *m*

Wirbelstromsensor *m*
Eng: eddy current sensor *n*
Fra: capteur à courants de Foucault *m*
Spa: sensor de corriente parásita *m*

Wirbelstromverlust *m*
Eng: eddy current loss *n*
Fra: pertes par courants de Foucault *fpl*
Spa: pérdidas por corrientes parásitas *fpl*

Wirkleistung *f*
Eng: active power *n*
Fra: puissance active *f*
Spa: potencia activa *f*

Wirkmembran *f*
Eng: transfer diaphragm *n*
Fra: membrane active *f*
Spa: membrana activa *f*

Wirkrichtung *f*
Eng: force transfer direction *n*
Fra: sens d'action *m*
Spa: sentido de acción *m*

Wirkschaltplan *m*
Eng: assembled representation diagram *n* *(block diagram)* *n*
Fra: schéma fonctionnel *m*
Spa: esquema funcional *m*

Wirkungsgrad *m*
Eng: efficiency *n*
Fra: rendement *m*
Spa: eficiencia *f*

Wischanlage *f*
Eng: wiper system *n*
Fra: essuie-glace *m*
Spa: sistema limpiaparabrisas *m*

Wischarm (Wischeranlage) *m*
Eng: wiper arm (wiper system) *n*
Fra: bras d'essuie-glace (essuie-glace) *m*
Spa: brazo del limpiaparabrisas (limpiaparabrisas) *m*

Wischblatt *n*
Eng: wiper blade *n*
Fra: balai d'essuie-glace *m* *(raclette d'essuie-glace)* *f*
Spa: raqueta limpiacristales *f*

Wischer *m*
Eng: wiper *n*
Fra: essuie-glace *m*
Spa: raqueta limpiacristales *f*

Wischeranlage *f*
Eng: wiper system *n*
Fra: équipement d'essuie-glace *m*
Spa: sistema limpiaparabrisas *m*

Wischermotor *m*
Eng: wiper motor *n*
Fra: moteur d'essuie-glace *m*
Spa: motor del limpiaparabrisas *m*

Wischerstufe *f*
Eng: wipe frequency *n*
Fra: vitesse de balayage *f*
Spa: velocidad del limpiaparabrisas *f*

Wischfeld *n*
Eng: wipe pattern *n*
Fra: champ de balayage *m*
Spa: campo de barrido del limpiaparabrisas *m*

Wischgummi *n*
Eng: wiper blade element *n*
Fra: lame racleuse *f*
Spa: escobilla de goma *f*

Wischhebel *m*
Eng: wiper arm *n*

Fra: bras d'essuyage *m*
Spa: palanca del limpiaparabrisas *f*

Wischintervallrelais ***n***
Eng: intermittent wiper relay *n*
Fra: relais cadenceur d'essuie-glace *m*
Spa: relé de intervalos del limpiaparabrisas *m*

Wischintervallschalter ***m***
Eng: intermittent wiper switch *n*
Fra: commutateur intermittent d'essuie-glace *m*
Spa: interruptor de intervalos de barrido *m*

Wischlippe ***f***
Eng: wiper element lip *n*
Fra: lèvre d'essuyage *f*
Spa: labio limpiador *m*

Wischperiode ***f***
Eng: wipe cycle *n*
Fra: cycle de balayage *m*
Spa: ciclo del limpiaparabrisas *m*

Wisch-Wasch-Anlage ***f***
Eng: wipe/wash system *n*
Fra: lave/essuie-projecteur *m*
Spa: limpia-lavaparabrisas *m*

Wischwinkel ***m***
Eng: wiping angle *n*
Fra: angle de balayage *m*
Spa: ángulo de estregado *m*

Wolfram-Inertgas-Schweißen ***n***
Eng: tungsten inert-gas welding *n*
Fra: soudage TIG *m*
Spa: soldadura de gas inerte de tungsteno *f*
(soldadura TIG) *f*

Wulst ***m***
Eng: bead *n*
Fra: talon *m*
Spa: talón *m*

X

X-Aufteilung ***f***
Eng: x distribution pattern *n*
Fra: répartition en X *f*
Spa: distribución en X *f*

Xenonleuchte ***f***
Eng: xenon light *n*
Fra: phare au xénon *m*
Spa: lámpara de xenón *f*

Xenonlicht ***n***
Eng: xenon light *n*
Fra: lumière au xénon *f*
Spa: luz de xenón *f*

Z

Zahnflanke ***f***
Eng: tooth flank *n*
Fra: flanc de dent *m*
Spa: flanco de diente *m*

Zahnfolge ***f***
Eng: tooth sequence *n*
Fra: succession de dents *f*
Spa: secuencia de dientes *f*

Zahnform ***f***
Eng: tooth shape *n*
Fra: forme de denture *f*
Spa: forma de diente *f*

Zahnfußbeanspruchung ***f***
Eng: root tooth load *n*
Fra: contrainte de flexion au pied *f*
Spa: carga en el pie del diente *f*

Zahnfußspannung ***f***
Eng: root stress *n*
Fra: contrainte de flexion *f*
Spa: esfuerzo en el pie del diente *f*

Zahnhöhe ***f***
Eng: addendum *n*
Fra: saillie *f*
Spa: altura de diente *f*

Zahnkette ***f***
Eng: tooth type chain *n*
Fra: chaîne crantée *f*
Spa: cadena dentada *f*

Zahnkranz ***m***
Eng: ring gear *n*
Fra: couronne dentée de volant *f*
Spa: corona dentada *f*

Zahnlücke ***f***
Eng: tooth space *n*
Fra: entredent *m*
Spa: espacio entre dientes *m*

Zahnnabe ***f***
Eng: toothed stub *n*
Fra: moyeu cannelé *m*
Spa: cubo dentado *m*

Zahnrad ***n***
Eng: gear *n*
(ring gear) *n*
Fra: roue dentée *f*
(pignon) *m*
Spa: rueda dentada *f*

Zahnrad ***n***
Eng: gear wheel *n*
Fra: roue d'engrenage *f*
Spa: rueda dentada *f*

Zahnradgetriebe ***n***
Eng: step up gear train *n*
Fra: boîte de vitesses à engrenages *f*
Spa: transmisión de engranajes *f*

Zahnradmotor ***m***
Eng: hydraulic gear motor *n*
Fra: moteur à engrenage *m*
Spa: motor de engranajes *m*

Zahnradpumpe ***f***
Eng: gear pump *n*
Fra: pompe à engrenage *f*
(pompe à carburant à engrenage) *f*
Spa: bomba de engranajes *f*

Zahnradstufengetriebe ***n***
Eng: fixed ratio gearbox *n*
Fra: boîte multi-étagée à engrenages *f*
Spa: caja de cambios de relación constante *f*

Zahnradwechselgetriebe ***n***
Eng: variable ratio gear transmission *n*
Fra: boîte à engrenages *f*
Spa: caja de cambios de relación variable *f*

Zahnriemen ***m***
Eng: toothed belt *n*
Fra: courroie dentée *f*
Spa: correa dentada *f*

Zahnstange ***f***
Eng: rack *n*
Fra: crémaillère *f*
Spa: barra de cremallera *f*

Zahnstangengetriebe ***n***
Eng: rack and pinion mechanism *n*
Fra: transmission à crémaillère *f*
Spa: engranaje de cremallera *m*

Zahnstangenhub ***m***
Eng: rack travel *n*
Fra: course de la crémaillère *f*
Spa: carrera de la barra de cremallera *f*

Zahnstangen-Hydrolenkung ***f***
Eng: rack and pinion steering system *n*
Fra: direction hydraulique à crémaillère *f*
Spa: dirección hidráulica de cremallera y piñón *f*

Zahnstangenlenkung ***f***
Eng: rack and pinion steering *n*
Fra: direction à crémaillère *f*
Spa: dirección de cremallera y piñón *f*

Zahnwelle ***f***
Eng: toothed shaft *n*
Fra: arbre cannelé *m*
Spa: árbol dentado *m*

Zahnwelle ***f***
Eng: splined shaft *n*
Fra: arbre cannelé *m*
Spa: árbol dentado *m*

Zange ***f***
Eng: pliers *n*
Fra: tenaille *f*
Spa: alicates *mpl*

Zapfendüse ***f***
Eng: pintle nozzle *n*
Fra: injecteur à téton *m*
Spa: inyector de tetón *m*

Zapfpistole ***f***
Eng: fuel-pump nozzle *n*
Fra: pistolet distributeur *m*
Spa: pistola de surtidor *f*

Zapfwelle ***f***
Eng: PTO shaft *n*
Fra: arbre de prise de force *m*
Spa: árbol de toma de fuerza *m*

Zeigerinstrument ***n***

Deutsch

Eng: needle instrument *n*
Fra: cadran à aiguille *m*
Spa: instrumento de aguja *m*

Zentralachsanhänger *m*
Eng: center axle trailer *n*
Fra: remorque à essieu central *m*
Spa: remolque con eje central *m*

Zentraldifferentialsperre *f*
Eng: central differential lock *n*
Fra: blocage de différentiel inter-ponts *m*
Spa: bloqueo de diferencial central *m*

Zentraleinheit (Fahrdatenrechner) *f*
Eng: central processing unit, CPU (on-board computer) *n*
Fra: unité de traitement (ordinateur de bord) *f*
Spa: unidad central de procesamiento (ordenador de datos de viaje) *f*

Zentral-Einspritzeinheit (Mono-Jetronic) *f*
Eng: central injection unit (Mono-Jetronic) *n*
Fra: unité d'injection monopoint (Mono-Jetronic) *f*
Spa: unidad central de inyección (Mono-Jetronic) *f*

Zentraleinspritzung *f*
Eng: single point injection, SPI *n*
Fra: injection monopoint *f*
Spa: inyección central *f*

Zentralelektronik *f*
Eng: central electronics *n*
Fra: système électronique central *m*
Spa: sistema electrónico central *m*

Zentralfilter *n*
Eng: centrally located air filter *n*
Fra: filtre central *m*
Spa: filtro central *m*

Zentralverriegelung *f*
Eng: central locking system *n*
Fra: verrouillage centralisé *m*
Spa: cierre centralizado *m*

Zentrierbund *m*
Eng: locating collar *n*
Fra: épaulement de centrage *m*
Spa: collar centrador *m*

Ziehkeil *m*
Eng: adjusting wedge *n*
Fra: clavette coulissante *f*
Spa: calce de tracción *m*

Zielauswahl *f*
Eng: destination selection (vehicle navigation system) *n*
Fra: programmation de destination *f*
Spa: selección de destino *f*

Zielführung *f*
Eng: route-guidance (vehicle navigation system) *n*
Fra: guidage jusqu'à destination *m*
Spa: guía al destino *f*

Zierblende *f*
Eng: fascia *n*
Fra: enjoliveur *m*
Spa: moldura decorativa *f*

Zierkappe *f*
Eng: decorative cap *n*
Fra: enjoliveur *m*
Spa: tapa decorativa *f*

Zierleiste *f*
Eng: molding *n*
(screen) *n*
Fra: enjoliveur *m*
Spa: moldura de adorno *f*

Zifferblatt *n*
Eng: dial face *n*
Fra: cadran *m*
Spa: cuadrante *m*

Zubehör *n*
Eng: accessory *n*
Fra: accessoire *m*
Spa: accesorios *mpl*

Zubehörsatz *m*
Eng: accessory set *n*
Fra: kit d'accessoires *m*
Spa: juego de accesorios *m*

Zugeigenspannung *f*
Eng: tensile stress *n*
Fra: contrainte de compression *f*
Spa: esfuerzo residual de tracción *m*

Zugfahrzeug *n*
Eng: tractor vehicle *n*
Fra: véhicule tracteur *m*
Spa: vehículo tractor *m*

Zugfahrzeug *n*
Eng: tractor unit *n*
Fra: véhicule tracteur *m*
Spa: vehículo tractor *m*

Zugfeder *f*
Eng: extension spring *n*
Fra: ressort de traction *m*
Spa: resorte de tracción *m*

Zugfestigkeit *f*
Eng: tensile strength *n*
Fra: résistance à la traction *f*
Spa: resistencia a la tracción *f*

Zugleistung *f*
Eng: drawbar power *n*
Fra: puissance de traction *f*
Spa: potencia de tracción *f*

Zugstange (Zündversteller) *f*
Eng: vacuum advance arm (advance mechanism) *n*
Fra: biellette (correcteur d'avance) *f*
Spa: barra de tracción (variador de encendido) *f*

Zugstrang *m*
Eng: tension member *n*
Fra: élément de traction *m*
Spa: ramal de tracción *m*

Zuheizer *m*
Eng: auxiliary heater *n*
Fra: chauffage d'appoint *m*
Spa: calefactor auxiliar *m*

zulässige Anhängelast *f*
Eng: premissible towed weight *n*
Fra: charge d'attelage autorisée *f*
Spa: carga remolcada permitida *f*

zulässiges Gesamtgewicht *n*
Eng: permitted vehicle weight *n*
(gross weight rating, GWR) *n*
Fra: poids total autorisé en charge *m*
Spa: peso total permitido *m*

Zulauf-Anschluss *m*
Eng: supply connection *n*
Fra: raccord d'arrivée *m*
Spa: empalme de alimentación *m*

Zulaufbohrung (Einspritzdüse) *f*
Eng: inlet passage (injection nozzle) *n*
Fra: orifice d'admission (injecteur) *m*
Spa: orificio de alimentación (inyector) *m*

Zulaufbohrung *f*
Eng: inlet hole *n*
(inlet port) *n*
Fra: canal d'arrivée *m*
Spa: orificio de alimentación *m*

Zulaufdosierventil *n*
Eng: inlet metering valve *n*
Fra: vanne de dosage d'admission *f*
Spa: válvula dosificadora de alimentación *f*

Zulaufdrossel *f*
Eng: input throttle *n*
Fra: étranglement d'arrivée *m*
Spa: estrangulador de alimentación *m*

Zulaufdruck *m*
Eng: inlet pressure *n*
Fra: pression d'arrivée *f*
Spa: presión de entrada *f*

Zulaufleitung *f*
Eng: inlet pipe *n*
Fra: conduite d'alimentation *f*
Spa: tubería de admisión *f*

Zulaufmessung *f*
Eng: inlet metering *n*
Fra: dosage à l'admission *m*
Spa: dosificación de entrada *f*

Zulaufquerschnitt (Verteilereinspritzpumpe) *m*
Eng: inlet port (distributor pump) *n*
Fra: canal d'admission (pompe distributrice) *m*
Spa: sección de admisión (bomba de inyección rotativa) *f*

Zuleitung *f*
Eng: supply lead *n*

(supply line) n
Fra: câble d'alimentation m
Spa: línea de alimentación f

Zumesskolben (KE-Jetronic) *m*
Eng: fuel metering plunger (KE-Jetronic) n
Fra: piston de dosage (KE-Jetronic) m
Spa: émbolo de dosificación (KE-Jetronic) m

Zumess-Schieber (KE-Jetronic) *m*
Eng: metering sleeve (KE-Jetronic) n
Fra: bague de dosage f
Spa: válvula corredera de dosificación (KE-Jetronic) f

Zumessschlitz (KE-Jetronic) *m*
Eng: fuel metering slit (KE-Jetronic) n
Fra: fente de dosage (KE-Jetronic) f
Spa: ranura de dosificación (KE-Jetronic) f

Zündabstand *m*
Eng: angular ignition spacing n
(ignition interval) n
Fra: période de l'allumage f
(intervalle d'allumage) m
Spa: distancia del encendido f

Zündanlage *f*
Eng: ignition system n
Fra: équipement d'allumage m
Spa: sistema de encendido m

Zündanlassschalter *m*
Eng: ignition start switch n
Fra: commutateur d'allumage-démarrage m
Spa: interruptor de encendido y arranque m

Zündauslösung (Impulsgeber) *f*
Eng: ignition triggering (pulse generator) n
Fra: déclenchement de l'allumage (générateur d'impulsions) m
Spa: activación del encendido (transmisor de impulsos) f

Zündausrüstung *f*
Eng: ignition equipment n
Fra: équipement d'allumage m
Spa: equipo de encendido m

Zündaussetzer *m*
Eng: misfiring n
Fra: ratés d'allumage mpl
Spa: fallo de encendido m

Zündaussetzererkennung *f*
Eng: misfire detection n
Fra: détection des ratés d'allumage f
Spa: detección de fallos de encendido f

Zündbeginn *m*
Eng: start of ignition n
Fra: début d'inflammation m
Spa: comienzo del encendido m

Zündendstufe *f*
Eng: ignition output stage n
Fra: étage de sortie d'allumage m
Spa: paso final de encendido m

Zündenergie *f*
Eng: ignition energy n
Fra: énergie d'allumage f
Spa: energía de encendido f

Zunder *m*
Eng: scaling n
Fra: calamine f
Spa: cascarilla f

zündfähig *adj*
Eng: ignitable n
Fra: inflammable adj
Spa: capaz de ignición loc

Zündfolge *f*
Eng: firing order n
Fra: ordre d'allumage m
Spa: orden de encendido m

Zündfunke *m*
Eng: ignition spark n
Fra: étincelle d'allumage f
Spa: chispa de encendido f

Zündgerät *n*
Eng: igniter n
Fra: module d'allumage m
Spa: aparato de encendido m

Zündgrenze *f*
Eng: ignition limit n
Fra: limite d'allumage f
Spa: límite de encendido m

Zündimpuls *m*
Eng: ignition pulse n
Fra: impulsion d'allumage f
Spa: impulso de encendido m

Zündkabel *n*
Eng: ignition lead n
(ignition cable) n
Fra: câble d'allumage m
Spa: cable de encendido m

Zündkammer *f*
Eng: ignition chamber n
Fra: chambre d'allumage f
Spa: cámara de encendido f

Zündkennfeld *n*
Eng: ignition map n
Fra: cartographie d'allumage f
Spa: campo característico de encendido m

Zündkerze *f*
Eng: spark plug n
Fra: bougie d'allumage f
Spa: bujía de encendido f

Zündkerzenentstörstecker *m*
Eng: spark plug suppressor n
Fra: embout de bougie d'allumage blindé à résistance incorporée m
Spa: conector antiparasitario de bujía m

Zündkerzenfuß *m*
Eng: spark plug firing end n
Fra: bec de bougie d'allumage m
Spa: extremo de encendido de la bujía m

Zündkerzengehäuse *n*
Eng: spark plug shell n
Fra: culot de bougie m
Spa: cuerpo de la bujía m

Zündkerzengewinde *n*
Eng: spark plug thread n
Fra: filetage de bougie d'allumage m
Spa: rosca de bujía f

Zündkerzenlehre *f*
Eng: spark plug-gap gauge n
Fra: jauge d'épaisseur (bougie d'allumage) f
Spa: galga de bujías f

Zündkerzenmulde *f*
Eng: spark plug recess n
Fra: logement de la bougie m
Spa: cavidad de la bujía f

Zündkerzenstecker *m*
Eng: spark plug connector n
Fra: embout de bougie m
Spa: conector de bujía m

Zündkerzenverschleiß *m*
Eng: spark plug wear n
Fra: usure de la bougie d'allumage f
Spa: desgaste de bujía m

Zündkondensator *m*
Eng: ignition capacitor n
(ignition condenser) n
Fra: condensateur d'allumage m
Spa: condensador de encendido m

Zündkontakt *m*
Eng: distributor contact points npl
Fra: contact d'allumage m
Spa: contacto de encendido m

Zündkreis *m*
Eng: ignition circuit n
Fra: circuit d'allumage m
Spa: circuito de encendido m

Zündkreisüberwachung *f*
Eng: ignition monitoring n
Fra: surveillance du circuit d'allumage f
Spa: supervisión del circuito de encendido f

Zündleitung *f*
Eng: high tension ignition cable n
Fra: câble d'allumage m
Spa: cable de encendido m

Zündlichtpistole *f*
Eng: stroboscopic lamp n
Fra: pistolet stroboscopique m
Spa: estroboscopio de encendido m

Zündmodul *n*
Eng: ignition module n

Fra: module d'allumage *m*
Spa: módulo de encendido *m*

Zündnocken ***m***
Eng: distributor cam *n*
Fra: came mobile *f*
Spa: leva del distribuidor de encendido *f*

Zündoszillograph ***m***
Eng: ignition oscillograph *n*
Fra: oscillographe d'allumage *m*
Spa: oscilógrafo de encendido *m*

Zündpille (Sicherheitssystem) ***f***
Eng: firing pellet (safety system) *n*
Fra: pastille explosive *f*
Spa: pastilla de ignición (sistema de seguridad) *f*

Zündschloss ***n***
Eng: ignition lock *n*
Fra: serrure de contact *f*
Spa: llave de encendido *f*

Zündschlüssel ***m***
Eng: ignition key *n*
(starter key) *n*
Fra: clé de contact *f*
Spa: llave de encendido *f*

Zündsicherheit ***f***
Eng: ignition reliability *n*
Fra: fiabilité d'allumage *f*
Spa: fiabilidad de encendido *f*

Zündspannung ***f***
Eng: ignition voltage *n*
(arcing voltage) *n*
Fra: tension d'allumage *f*
(tension d'éclatement) *f*
Spa: tensión de encendido *f*

Zündspannungsgeber ***m***
Eng: ignition voltage pick-up *n*
Fra: capteur de tension d'allumage *m*
Spa: captador de la tensión de encendido *m*

Zündspule ***f***
Eng: ignition coil *n*
Fra: bobine d'allumage *f*
Spa: bobina de encendido *f*

Zündstartschalter ***m***
Eng: ignition/starter switch *n*
Fra: commutateur d'allumage-démarrage *m*
Spa: conmutador de encendido y arranque *m*

Zündsteuergerät ***n***
Eng: ignition control unit *n*
Fra: calculateur d'allumage *m*
Spa: unidad de control de encendido *f*

Zündsystem ***n***
Eng: ignition system *n*
Fra: système d'allumage *m*
(équipement d'allumage) *m*
Spa: sistema de encendido *m*

Zündtemperatur ***f***
Eng: ignition temperature *n*
Fra: température d'inflammation *f*
Spa: temperatura de encendido *f*

Zündüberwachung ***f***
Eng: ignition monitoring *n*
Fra: surveillance de l'allumage *f*
Spa: supervisión del encendido *f*

Zündung ***f***
Eng: ignition *n*
Fra: allumage *m*
Spa: encendido *m*

Zündungseingriff ***m***
Eng: ignition adjustment *n*
Fra: intervention sur l'allumage *f*
Spa: intervención en el encendido *f*

Zündungsendstufe ***f***
Eng: ignition driver stage *n*
Fra: étage de sortie d'allumage *m*
Spa: paso final de encendido *m*

Zündunterbrecher ***m***
Eng: ignition contact breaker *n*
Fra: rupteur *m*
Spa: ruptor de encendido *m*

Zündversteller ***m***
Eng: spark advance mechanism *n*
Fra: dispositif d'avance *m*
Spa: variador de encendido *m*

Zündverstellung ***f***
Eng: ignition timing *n*
Fra: réglage de l'allumage *m*
Spa: regulación de encendido *f*

Zündverstellwinkel (Zündung) ***m***
Eng: advance angle (ignition) *n*
Fra: angle de correction (allumage) *m*
Spa: ángulo de variación del encendido (encendido) *m*

Zündverteiler ***m***
Eng: ignition distributor *n*
Fra: allumeur *m*
Spa: distribuidor de encendido *m*

Zündverteilerkappe ***f***
Eng: distributor cap *n*
Fra: tête d'allumeur *f*
Spa: caperuza del distribuidor de encendido *f*

Zündverteilerläufer ***m***
Eng: distributor rotor *n*
(ignition-distributor cap) *n*
Fra: rotor distributeur *m*
Spa: rotor del distribuidor de encendido *m*

Zündverteilernocken ***m***
Eng: distributor cam *n*
Fra: came d'allumage *f*
(came mobile) *f*
Spa: leva del distribuidor de encendido *f*

Zündverteilerwelle ***f***
Eng: distributor shaft *n*
Fra: arbre d'allumeur *m*
Spa: árbol del distribuidor de encendido *m*

Zündverzug ***m***
Eng: ignition lag *n*
Fra: délai d'inflammation *m*
Spa: retardo del encendido *m*

Zündvorgang ***m***
Eng: ignition process *n*
Fra: processus d'allumage *m*
Spa: proceso de encendido *m*

zündwillig ***adj***
Eng: ignitable *adj*
Fra: inflammable *adj*
Spa: de encendido fácil *loc*

Zündwilligkeit ***f***
Eng: ignition readiness *n*
Fra: inflammabilité *f*
Spa: facilidad de encendido *f*

Zündwinkel ***m***
Eng: ignition angle *n*
Fra: angle d'allumage *m*
Spa: ángulo de encendido *m*

Zündwinkeleingriff ***m***
Eng: ignition timing adjustment *n*
Fra: intervention sur l'angle d'allumage *f*
Spa: intervención en el ángulo de encendido *f*

Zündwinkel-Einstellung ***f***
Eng: ignition angle adjustment *n*
Fra: réglage de l'angle d'allumage *m*
Spa: ajuste del ángulo de encendido *m*

Zündwinkelkennfeld ***n***
Eng: ignition map *n*
Fra: cartographie d'allumage *f*
Spa: diagrama característico del ángulo de encendido *m*

Zündwinkelrücknahme ***f***
Eng: ignition retard *n*
Fra: décalage dans le sens « retard » de l'angle d'allumage *m*
Spa: reposición del ángulo de encendido *f*

Zündwinkelverstellung ***f***
Eng: ignition timing advance *n*
Fra: réglage de l'angle d'allumage *m*
Spa: regulación del ángulo de encendido *f*

Zündzeitpunkt ***m***
Eng: moment of ignition *n*
Fra: point d'allumage *m*
Spa: punto de encendido *m*

Zusatzaggregat ***n***
Eng: ancillary *n*
Fra: auxiliaire *m*
Spa: grupo adicional *m*

Zusatzbeleuchtung ***f***
Eng: auxiliary lighting *n*
Fra: éclairage additionnel *m*
Spa: iluminación adicional *f*

Zusatzbremse ***f***

Eng: auxiliary brake *n*
Fra: frein additionnel *m*
Spa: freno auxiliar *m*

Zusatz-Fernlichtscheinwerfer ***m***
Eng: auxiliary driving lamp *n*
Fra: projecteur route supplémentaire *m*
Spa: faro adicional de carretera *m*

Zusatzheizung ***f***
Eng: auxiliary heater *n*
Fra: chauffage auxiliaire *m*
Spa: calefacción adicional *f*

Zusatzluftmenge ***f***
Eng: auxiliary air *n*
Fra: volume d'air additionnel *m*
Spa: caudal adicional de aire *m*

Zusatzluftschieber ***m***
Eng: auxiliary air device *n*
Fra: commande d'air additionnel *f*
Spa: mariposa de aire adicional *f*

Zusatzluftschieber ***m***
Eng: auxiliary air slider *n*
Fra: tiroir d'air additionnel *m*
Spa: mariposa de aire adicional *f*

Zusatzluftventil ***n***
Eng: auxiliary air valve *n*
Fra: valve d'air additionnel *f*
Spa: válvula de aire adicional *f*

Zusatzreflektor ***m***
Eng: supplementary reflector *n*
Fra: réflecteur supplémentaire *m*
Spa: reflector adicional *m*

Zusatzscheinwerfer ***m***
Eng: auxiliary lamp *n*
Fra: projecteur complémentaire *m*
Spa: faro adicional *m*

Zusatzscheinwerfer ***m***
Eng: auxiliary headlamp *n*
Fra: projecteur additionnel *m*
Spa: faro adicional *m*

Zuverlässigkeitsprüfung ***f***
Eng: reliability test *n*
Fra: essai de fiabilité *m*
Spa: ensayo de fiabilidad *m*

Zweifederhalter ***m***
Eng: dual spring holder *n*
(two-spring nozzle holder) *n*
Fra: porte-injecteur à deux ressorts *m*
Spa: soporte de doble resorte *m*

Zweifunken-Zündspule ***f***
Eng: dual spark ignition coil *n*
Fra: bobine d'allumage à deux sorties *f*
Spa: bobina de encendido de doble chispa *f*

Zweikammerbetrieb (Vakuum-Bremsanlage) ***m***
Eng: dual chamber operation (vacuum-brake system) *n*
Fra: système à deux chambres (dispositif de freinage à dépression) *m*
Spa: funcionamiento con doble cámara (sistema de frenos por vacío) *m*

Zweikammerleuchte ***f***
Eng: two chamber lamp *n*
Fra: lanterne à deux compartiments *f*
Spa: luz de doble cámara *f*

Zweikreis-Betriebsbremsventil ***n***
Eng: dual circuit service brake valve *n*
Fra: valve de frein de service à double circuit *f*
Spa: válvula de freno de servicio de doble circuito *f*

Zweikreis-Bremsanlage ***f***
Eng: dual circuit braking system *n*
Fra: dispositif de freinage à transmission à double circuit *m*
Spa: sistema de frenos de doble circuito *m*

Zweikreis-Bremsgerät ***n***
Eng: dual circuit brake assembly *n*
Fra: groupe de freinage à double circuit *m*
Spa: aparato de freno de doble circuito *m*

Zweikreis-Hydrolenkung ***f***
Eng: dual circuit hydraulic steering *n*
Fra: direction hydraulique à deux circuits *f*
Spa: dirección hidráulica de doble circuito *f*

Zweikreis-Vorspannzylinder ***m***
Eng: dual circuit actuator cylinder for the brake master cylinder *n*
Fra: cylindre d'assistance à double circuit *m*
Spa: cilindro de presión previa de doble circuito *m*

Zweileitungs-Anhängersteuerventil ***n***
Eng: dual line trailer control valve *n*
Fra: valve de commande de remorque à deux conduites *f*
Spa: válvula de control de remolque de dos conductos *f*

Zweileitungs-Bremsanlage ***f***
Eng: dual line braking system *n*
Fra: dispositif de freinage à deux conduites *m*
Spa: sistema de frenos de dos conductos *m*

Zweilochelement ***n***
Eng: two port plunger and barrel assembly *n*
Fra: élément à deux orifices *m*
Spa: elemento de dos agujeros *m*

Zweimassenschwungrad ***n***
Eng: dual mass flywheel *n*
Fra: volant d'inertie à deux masses *m*
Spa: volante de inercia de dos masas *m*

Zwei-Takt-Motor (Verbrennungsmotor) ***m***
Eng: two stroke engine (IC engine) *n*
Fra: moteur à deux temps *m*
Spa: motor de dos tiempos (motor de combustión) *m*

Zweitaktverfahren (Verbrennungsmotor) ***n***
Eng: two-stroke principle (IC engine) *n*
Fra: cycle à deux temps *m*
Spa: ciclo de dos tiempos (motor de combustión) *m*

Zweiwegeventil (ASR) ***n***
Eng: two way directional control valve (TCS) *n*
Fra: distributeur à deux voies (ASR) *m*
Spa: válvula distribuidora de dos vías (ASR) *f*

Zweiwegeventil ***n***
Eng: two way valve *n*
Fra: distributeur à deux voies *m*
Spa: válvula distribuidora de dos vías *f*

Zweiweggleichrichter ***m***
Eng: full-wave rectifier *n*
Fra: redresseur pleine-onde *m*
Spa: rectificador de doble onda *m*

Zwillingsbereifung ***f***
Eng: twin tires *npl*
Fra: pneus jumelés *m*
Spa: ruedas gemelas *fpl*

Zwillingsbereifung ***f***
Eng: dual tires *npl*
Fra: pneus jumelés *mpl*
Spa: ruedas gemelas *fpl*

Zwillingsrad ***n***
Eng: twin wheel *n*
Fra: roue jumelée *f*
Spa: rueda gemela *f*

Zwillingsstromgehäuse ***n***
Eng: twin flow housing *n*
Fra: dispositif à flux jumelé *m*
Spa: carcasa de flujo gemelo *f*

Zwillingszündung ***f***
Eng: twin ignition *n*
(twin-plug ignition) *n*
Fra: double allumage *m*
Spa: encendido gemelo *m*

Zwischendrehzahl ***f***
Eng: intermediate speed *n*
Fra: régime intermédiaire *m*
Spa: régimen intermedio de revoluciones *m*

Deutsch

Zwischendrehzahl *f*
Eng: intermediate engine speed *n*
Fra: régime intermédiaire *m*
Spa: régimen intermedio de revoluciones *m*

Zwischendrehzahlanschlag *m*
Eng: intermediate speed stop *n*
Fra: butée de vitesses intermédiaires *f*
Spa: tope del régimen intermedio de revoluciones *m*

Zwischendrehzahlregelung *f*
Eng: intermediate speed regulation *n*
Fra: régulation de vitesses intermédiaires *f*
Spa: regulación del régimen intermedio de revoluciones *f*

Zwischengetriebe *n*
Eng: intermediate transmission *n*
Fra: boîte de transfert intermédiaire *f*
Spa: transmisión intermedia *f*

Zwischenkolben *m*
Eng: intermediate piston *n*
Fra: piston intermédiaire *m*
Spa: émbolo intermedio *m*

Zwischenring *m*
Eng: intermediate ring *n*
Fra: bague-entretoise *f*
Spa: anillo intermedio *m*

Zwischenscheibe *f*
Eng: intermediate disk *n*
Fra: disque intermédiaire *m*
Spa: disco intermedio *m*

Zyklon-Vorabscheider (Papierluftfilter) *m*
Eng: cyclone prefilter (paper filter) *n*
Fra: préséparateur à cyclone (filtre à air en papier) *m*
Spa: separador ciclónico previo (filtro de aire de papel) *m*

Zylinder *m*
Eng: cylinder *n*
Fra: cylindre *m*
Spa: cilindro *m*

Zylinderabschaltung *f*
Eng: cylinder shutoff *n*
Fra: coupure des cylindres *f*
Spa: desconexión de cilindros *f*

Zylinderachse *f*
Eng: cylinder axis *n*
Fra: axe de cylindre *m*
Spa: eje de cilindro *m*

Zylinderanker *m*
Eng: cylindrical armature *n*
Fra: induit cylindrique *m*
Spa: inducido cilíndrico *m*

Zylinderanordnung *f*
Eng: cylinder arrangement *n*
Fra: disposition des cylindres *f*
Spa: disposición de los cilindros *f*

Zylinderblock *m*
Eng: cylinder block *n*
Fra: bloc-cylindres *m*
Spa: bloque de cilindros *m*

Zylinderboden *m*
Eng: cylinder base *n*
Fra: fond du cylindre *m*
Spa: fondo de cilindro *m*

Zylinderbohrung *f*
Eng: cylinder bore *n*
Fra: alésage de cylindre *m*
Spa: orificio del cilindro *m*

Zylinderdeckel (Luftkompressor) *m*
Eng: cylinder head *n*
Fra: couvre-culasse (compresseur d'air) *m*
Spa: tapa de cilindro (compresor de aire) *f*
(culata) *f*

Zylinderfüllung *f*
Eng: cylinder charge *n*
Fra: remplissage du cylindre *m*
(charge du cylindre) *f*
Spa: llenado de los cilindros *m*

Zylindergehäuse *n*
Eng: cylinder housing *n*
Fra: carter de cylindre *m*
Spa: carcasa de cilindro *f*

Zylindergleichstellung *f*
Eng: cylinder torque equalization *n*
Fra: équipartition du couple des cylindres *m*
Spa: igualación de par de los cilindros *f*

Zylinderkammer *f*
Eng: cylinder chamber *n*
Fra: chambre du vérin *f*
Spa: cámara de cilindro *f*

Zylinderkopfdeckel (Verbrennungsmotor) *m*
Eng: cylinder head cover (IC engine) *n*
(rocker cover) *n*
Fra: couvre-culasse *m*
Spa: tapa de culata (motor de combustión) *f*

Zylinderkopfdichtung (Verbrennungsmotor) *f*
Eng: cylinder head gasket (IC engine) *n*
Fra: joint de culasse *m*
Spa: junta de culata (motor de combustión) *f*

Zylinderkopfhaube (Verbrennungsmotor) *f*
Eng: cylinder head cover (IC engine) *n*
Fra: couvre-culasse *m*
Spa: tapa de culata (motor de combustión) *f*

Zylinderkurbelgehäuse (Verbrennungsmotor) *n*
Eng: engine block (IC engine) *n*
Fra: carter-cylindres *m*
Spa: bloque motor (motor de combustión) *m*

Zylinderladung (Verbrennungsmotor) *f*
Eng: cylinder charge (IC engine) *n*
Fra: charge du cylindre *f*
Spa: carga de cilindro (motor de combustión) *f*

Zylinderleistung (Verbrennungsmotor) *f*
Eng: output per cylinder (IC engine) *n*
Fra: puissance par cylindre *f*
Spa: potencia por cilindro (motor de combustión) *f*

Zylinderlinse *f*
Eng: cylindrical lens *n*
Fra: lentille cylindrique *f*
Spa: lente cilíndrica *f*

15° tapered bead seat *n*
Ger: Steilschulterfelge *f*
Fre: jante à base creuse avec portée de talon à 15° *f*
Spa: llanta de garganta profunda *f*

5° tapered bead seat *n*
Ger: Schrägschulterfelge *f*
Fre: jante à portée de talon conique à 5° *f*
Spa: llanta de pestañas inclinadas *f*

A

abnormal combustion *n*
Ger: anomale Verbrennung (bei Ottomotoren) *f*
Fre: combustion anormale *f*
Spa: combustión anormal (en motores de gasolina) *f*

abrasion resistance *n*
Ger: Abriebfestigkeit *f*
Fre: résistance à l'abrasion *f*
Spa: resistencia a la abrasión *f*

abrasive wear *n*
Ger: Abrasionsverschleiß *m*
Fre: usure par abrasion *f*
Spa: desgaste abrasivo *m*

ABS *n*
Ger: ABS *n*
Fre: ABS *a*
Spa: ABS *m*

ABS indicator lamp *n*
Ger: ABS-Funktionskontrollleuchte *f*
Fre: lampe témoin de fonctionnement ABS *f*
Spa: testigo luminoso de funcionamiento del ABS *m*

absolute boost pressure dependent full load stop *n*
Ger: absolutdruckmessender, ladedruckabhängiger Volllastanschlag (Dieseleinspritzung) *m*
Fre: correcteur pneumatique à mesure de pression absolue *m*
Spa: tope de plena carga, medidor de la presión absoluta y dependiente de la presión de carga (inyección diesel) *m*

absolute pressure (diesel fuel injection) *n*
Ger: Absolutdruck *m*
Fre: pression absolue *f*
Spa: presión absoluta *f*

absolute pressure sensor *n*
Ger: Absolutdrucksensor *m*
Fre: capteur de pression absolue *m*
Spa: sensor de presión absoluta *m*

absolute value *n*
Ger: Absolutwert *m*
Fre: valeur absolue *f*
Spa: valor absoluto *m*

absorber layer *n*
Ger: Absorberschicht *f*
(Adsorptionsschicht) *f*
Fre: couche d'absorption *f*
Spa: capa absorbente *f*
(capa de absorción) *f*

absorbing clamp *n*
Ger: Absorberzange *f*
Fre: pince d'absorption *f*
Spa: pinza absorbente *f*

absorption analyzer *n*
Ger: Absorptionsanalysator *m*
Fre: analyseur à absorption *m*
Spa: analizador de absorción *m*

absorption band *n*
Ger: Absorptionsband *n*
Fre: bande d'absorption *f*
Spa: cinta de absorción *f*

absorption coefficient *n*
Ger: Absorptionskoeffizient *m*
Fre: coefficient d'absorption *m*
Spa: coeficiente de absorción *m*

absorption mass *n*
Ger: Tilgermasse *f*
Fre: masse filtrante *f*
Spa: masa antivibración *f*

absorption muffler *n*
Ger: Absorptionsschalldämpfer *m*
Fre: silencieux à absorption *m*
Spa: silenciador de absorción *m*

accelerate *v*
Ger: beschleunigen *v*
Fre: accélération *f*
Spa: acelerar *v*

acceleration *n*
Ger: Beschleunigung *f*
Fre: accélération *f*
Spa: aceleración *f*

acceleration enrichment *n*
Ger: Beschleunigungs-anreicherung *f*
Fre: enrichissement à l'accélération *m*
Spa: enriquecimiento de aceleración *m*

acceleration enrichment *n*
Ger: Übergangsanreicherung *f*
Fre: enrichissement à l'accélération *m*
Spa: enriquecimiento en aceleración *m*

acceleration knock *n*
Ger: Beschleunigungsklopfen *n*
Fre: cliquetis à accélération *m*
Spa: picado al acelerar *m*

acceleration reserve *n*
Ger: Beschleunigungsüberschuss *m*
Fre: réserve d'accélération *f*
Spa: reserva de aceleración *f*

acceleration resistance *n*
Ger: Beschleunigungswiderstand *m*
Fre: résistance à l'accélération *f*
Spa: resistencia de aceleración *f*

acceleration sensor *n*
Ger: Beschleunigungsaufnehmer *m*
Fre: accéléromètre *m*
Spa: captador de aceleración *m*

acceleration sensor *n*
Ger: Beschleunigungssensor *m*
(Beschleuni gungs-aufnehmer) *m*
Fre: capteur d'accélération *m*
(accéléromètre) *m*
Spa: sensor de aceleración *m*

acceleration shake *n*
Ger: Beschleunigungsruckeln *n*
Fre: à-coups à l'accélération *m*
Spa: sacudidas de aceleración *fpl*

accelerative force (motor vehicle) *n*
Ger: Vortrieb (Kfz) *m*
Fre: propulsion (véhicule) *f*
Spa: propulsión (automóvil) *f*

accelerator lever linkage *n*
Ger: Gasgestänge *n*
Fre: timonerie d'accélérateur *f*
Spa: varillaje del acelerador *m*

accelerator pedal *n*
Ger: Fahrpedal *n*
(Fahrfußhebel) *m*
Fre: pédale d'accélérateur *f*
Spa: pedal acelerador *m*

accelerator pedal *n*
Ger: Gaspedal *n*
Fre: accélérateur *m*
Spa: pedal acelerador *m*

accelerator pedal linkage *n*
Ger: Gasgestänge *n*
Fre: timonerie d'accélérateur *f*
Spa: varillaje del acelerador *m*

accelerator pump *n*
Ger: Beschleunigungspumpe *f*
Fre: pompe d'accélération *f*
Spa: bomba de aceleración *f*

acceleratorpedal position *n*
Ger: Fahrpedalstellung *f*
Fre: position de l'accélérateur *f*
Spa: posición del acelerador *f*

accessory *n*
Ger: Zubehör *n*
Fre: accessoire *m*
Spa: accesorios *mpl*

accessory set *n*
Ger: Zubehörsatz *m*
Fre: kit d'accessoires *m*
Spa: juego de accesorios *m*

accident *n*
Ger: Unfall *m*
Fre: accident *m*
Spa: accidente *m*

accident vehicle *n*
Ger: Unfallfahrzeug *n*
Fre: véhicule accidenté *m*
Spa: vehículo de accidente *m*

accumulator condenser *n*

English

Ger: Speicherkondensator *m*
Fre: condensateur d'accumulation *m*
Spa: condensador acumulador *m*

accumulator fuel injection pump *n*
Ger: Speichereinspritzpumpe *f*
Fre: pompe d'injection à accumulateur *f*
Spa: bomba de inyección de acumulador *f*

accumulator injection system *n*
Ger: Speichereinspritzsystem *n*
Fre: système d'injection à accumulateur haute pression *m*
Spa: sistema de inyección de acumulador *m*

accumulator overflow valve *n*
Ger: Speicherüberströmventil *n*
Fre: soupape de décharge de l'accumulateur *f*
Spa: válvula de rebose de acumulador *f*

accumulator type catalytic converter *n*
Ger: Speicherkatalysator *m*
Fre: catalyseur à accumulation *m*
Spa: catalizador acumulador *m*

accumulator valve *n*
Ger: Speicherventil *n*
Fre: soupape de compensation *f*
Spa: válvula del acumulador *f*

acid (battery) *n*
Ger: Säure (Batterie) *f*
Fre: électrolyte (batterie) *m*
Spa: ácido (batería) *m*

acid formation *n*
Ger: Säurebildung *f*
Fre: formation d'acide *f*
Spa: formación de ácido *f*

acid level indicator (battery) *n*
Ger: Säurestandsanzeiger (Batterie) *m*
Fre: indicateur de niveau d'électrolyte *m*
Spa: indicador de nivel de electrolito (batería) *m*

acid proof grease (battery) *n*
Ger: Säureschutzfett (Batterie) *n*
Fre: graisse antiacide *f*
Spa: grasa protectora resistente al electrolito (batería) *f*

acoustic coupler *n*
Ger: akustischer Kuppler *m*
Fre: coupleur acoustique *m*
Spa: acoplamiento acústico *m*

acoustic impedance *n*
Ger: akustische Impedanz *f*
Fre: impédance acoustique *f*
Spa: impedancia acústica *f*

acoustic impedance *n*
Ger: Schallimpedanz *f*
Fre: impédance acoustique *f*
Spa: impedancia acústica *f*

acoustic source *n*
Ger: Schallquelle *f*
Fre: source acoustique *f*
Spa: fuente sonora *f*

acoustic warning device *n*
Ger: akustisches Warngerät *n*
Fre: avertisseur acoustique *m*
Spa: aparato acústico de alarma *m*

acoustic warning interface *n*
Ger: Interface akustische Warnung *n*
Fre: interface signalisation acoustique *f*
Spa: interfaz de advertencia acústica *f*

across flats, AF *n*
Ger: Schlüsselweite (SW) *f*
Fre: ouverture de clé (surplats) *f*
Spa: ancho de boca *m*

action limit *n*
Ger: Eingriffsgrenze *f*
Fre: limite d'intervention *f*
Spa: límite de acción *m*

activated charcoal canister (emissions-control engineering) *n*
Ger: Aktivkohlebehälter (Abgastechnik) *m*
Fre: bac à charbon actif (technique des gaz d'échappement) *m*
Spa: depósito de carbón activo (técnica de gases de escape) *m*

activation (ABS control) *n*
Ger: Ansteuerung (ABS-Regelung) *f*
Fre: pilotage (régulation ABS) *m*
Spa: activación (regulación ABS) *f*

activation blocking (car alarm) *n*
Ger: Aktivierungssperre (Autoalarm) *f*
Fre: sécurité de mise en veille (alarme auto) *f*
Spa: bloqueo de activación (alarma de vehículo) *m*

activation duration *n*
Ger: Ansteuerzeit *f*
Fre: durée de pilotage *f*
Spa: tiempo de activación *m*

activation energy *n*
Ger: Aktivierungsenergie *f*
Fre: énergie d'activation *f*
Spa: energía de activación *f*

active braking time *n*
Ger: Bremswirkungsdauer *f*
Fre: temps de freinage actif *m*
Spa: duración del efecto de frenado *f*

active materials (battery) *n*
Ger: aktive Masse (Batterie) *f*
Fre: matière active (batterie) *f*
Spa: masa activa (batería) *f*

active power *n*
Ger: Wirkleistung *f*
Fre: puissance active *f*
Spa: potencia activa *f*

active rear-axle kinematics *n*
Ger: Aktive Hinterachskinematik *f*
Fre: train arrière à effet autodirectionnel *m*
Spa: cinemática activa del eje trasero *m*

active sonar *n*
Ger: Aktivsonar *n*
Fre: sonar actif *m*
Spa: sonar activo *m*

active speaker *n*
Ger: Aktivlautsprecher *m*
Fre: haut-parleur actif *m*
Spa: altavoz activo *m*

active surge damper *n*
Ger: aktiver Ruckeldämpfer *m*
Fre: amortisseur actif des à-coups *m*
Spa: amortiguador activo de sacudidas *m*

actual speed *n*
Ger: Istdrehzahl *f*
Fre: vitesse de rotation réelle *f*
Spa: número de revoluciones real *m*

actual state *n*
Ger: Istzustand *m*
Fre: état réel *m*
Spa: estado real *m*

actual value *n*
Ger: Istwert *m*
Fre: valeur réelle *f*
Spa: valor real *m*

actuating cylinder *n*
Ger: Betätigungszylinder *m*
Fre: vérin d'actionnement *m*
Spa: cilindro de accionamiento *m*

actuating force (ABS solenoid valve) *n*
Ger: Verstellkraft (ABS-Magnetventil) *f*
Fre: force de réglage (électrovalve ABS) *f*
Spa: fuerza de ajuste (electroválvula del ABS) *f*

actuating lever *n*
Ger: Betätigungshebel *m*
Fre: levier de commande *m*
Spa: palanca de accionamiento *f*

actuating rod *n*
Ger: Betätigungsstange *f*
Fre: tige d'actionnement *f*
Spa: varilla de accionamiento *f*

actuating shaft *n*
Ger: Betätigungswelle *f*
Fre: arbre de commande *m*
Spa: árbol de accionamiento *m*

actuator *n*
Ger: Aktor *m*
(Stellglied) *n*

Fre: actionneur m
(actuateur) m
Spa: actuador m

actuator n
Ger: Leistungssteller m
Fre: organe de puissance m
Spa: actuador de potencia m

actuator n
Ger: Steller m
Fre: actionneur m
Spa: regulador m

actuator n
Ger: Stellglied n
(Stellwerk) n
Fre: actionneur m
(élément de réglage final) m
Spa: actuador m

actuator adjustment n
Ger: Stelleingriff m
Fre: intervention par positionnement f
Spa: intervención de ajuste f

actuator chain n
Ger: Aktorkette f
Fre: chaîne d'actionnement f
Spa: cadena de actuadores f

actuator charge n
Ger: Aktorkapazität f
Fre: charge de l'actionneur f
Spa: capacidad del actuador f

actuator engineering n
Ger: Aktorik f
Fre: actionneurs pl
Spa: técnica de actuadores f

actuator fastening flange n
Ger: Stellwerkjoch m
Fre: noyau d'actionneur m
Spa: culata de posicionador f

actuator mechanism n
Ger: Stellwerk n
Fre: actionneur m
Spa: posicionador m

actuator rotor n
Ger: Stellwerkrotor m
Fre: rotor d'actionneur m
Spa: rotor de posicionador m

actuator shaft n
Ger: Stellwelle f
Fre: axe de positionnement m
Spa: eje de posicionamiento m

actuator signal n
Ger: Stellsignal n
Fre: signal de réglage m
Spa: señal de ajuste f

actuator solenoid n
Ger: Stellmagnet m
Fre: électro-aimant de positionnement m
Spa: electroimán de ajuste m

actuator test n
Ger: Aktuatorik-Test m
Fre: test des actionneurs m
Spa: ensayo de actuadores m

actuator type n
Ger: Aktorausführung f
Fre: type d'actionneur m
Spa: modelo de actuador m

actuator voltage n
Ger: Aktorspannung f
Fre: tension de l'actionneur f
Spa: tensión del actuador f

actuator window (idle actuator) n
Ger: Stellfenster (Leerlaufsteller) n
Fre: fenêtre de régulation (actionneur de ralenti) f
Spa: ventana de ajuste (ajustador de ralentí) f

adapter box (wipers) n
Ger: Adapterbox (Wischer) f
Fre: boîte d'adaptateurs (essuie-glace) f
Spa: caja adaptadora (limpiaparabrisas) f

adapter cable n
Ger: Adapterleitung f
Fre: conduite d'adaptation f
Spa: conductor adaptador m

adapter circuit n
Ger: Anpassschaltung f
Fre: circuit d'adaptation m
Spa: circuito adaptador m

adapter lead n
Ger: Adapterkabel n
Fre: câble adaptateur m
Spa: cable adaptador m

adaptive cruise control, ACC n
Ger: adaptive Fahrgeschwindigkeitsregelung, ACC f
(Abstandsregelung) f
Fre: régulation auto-adaptative de la vitesse de roulage f
(régulation intelligente de la distance) f
Spa: regulador adaptable de la velocidad, ACC m

add on ECU n
Ger: Anbausteuergerät n
Fre: calculateur rapporté m
Spa: unidad de control adosada f

add on module n
Ger: Anpasseinrichtung f
(Aufschaltgruppe) f
Fre: groupe d'adaptation m
Spa: módulo intercalado m

add on modules n
Ger: Aufschaltgruppen fpl
Fre: groupes d'adaptation mpl
Spa: grupos de conexión adicional mpl

addendum n
Ger: Zahnhöhe f
Fre: saillie f
Spa: altura de diente f

addendum modification n
Ger: Profilverschiebung f
Fre: déport de profil m
Spa: corrección del perfil f

additional fuel n
Ger: Mehrmenge f
Fre: débit de surcharge m
Spa: caudal adicional m

additional retarding braking system n
Ger: Dauerbremsanlage f
Fre: dispositif de freinage additionnel de ralentissement m
Spa: sistema de frenada continua m

additive (fuel) n
Ger: Additiv (Kraftstoff) n
(Zusatz) m
Fre: additif (carburant) m
Spa: aditivo (combustible) m

additive against scoring and seizure n
Ger: Fressschutzadditive npl
Fre: additif antigrippage m
Spa: aditivo antigripado m

additive mixture correction n
Ger: Additive Gemischkorrektur f
Fre: correction additive du mélange f
Spa: corrección de mezcla aditiva f

adhesion n
Ger: Adhäsion f
Fre: adhésion f
(usure adhésive) f
Spa: adhesión f

adhesion (tire/road) n
Ger: Kraftschluss (Reifen/Straße) m
Fre: adhérence (pneu/route) f
Spa: arrastre de fuerza (neumático/calzada) m

adhesion/slip curve n
Ger: Haftreibungs-Schlupfkurve f
(Kraftschluss-Schlupfkurve) f
Fre: courbe adhérence-glissement (pneu) f
Spa: curva adherencia-resbalamiento f

adhesive connection n
Ger: Klebeverbindung f
Fre: joint collé m
Spa: unión pegada f

adhesive label n
Ger: Klebeschild n
Fre: autocollant m
Spa: etiqueta adhesiva f

adjuster n
Ger: Nachstellvorrichtung f
Fre: dispositif d'ajustage m
Spa: dispositivo de reajuste m

adjuster (headlight vertical-aim control) n

English

Ger: Verstelleinheit (Leuchtweiteregelung) *f*
Fre: module de réglage (correcteur de site) *m*
Spa: unidad de ajuste (regulación de alcance de luces) *f*

adjusting blade *n*
Ger: Axialschieber *m*
(Drehschaufel) *f*
Fre: ailette à orientation variable *f*
Spa: aleta de orientación variable *f*

adjusting device *n*
Ger: Verstelleinrichtung *f*
Fre: dispositif de réglage *m*
Spa: dispositivo de ajuste *m*

adjusting eccentric *n*
Ger: Verstellexzenter *m*
Fre: excentrique de réglage *m*
Spa: excéntrica de ajuste *f*

adjusting potentiometer *n*
Ger: Einstellpotentiometer *n*
Fre: potentiomètre de réglage *m*
Spa: potenciómetro de ajuste *m*

adjusting ring *n*
Ger: Verstellring *m*
Fre: anneau de réglage *m*
Spa: anillo de reglaje *m*

adjusting screw *n*
Ger: Einstellschraube *f*
Fre: vis de réglage *f*
Spa: tornillo de ajuste *m*

adjusting screw *n*
Ger: Stellschraube *f*
Fre: vis d'ajustage *f*
Spa: tornillo de ajuste *m*

adjusting wedge *n*
Ger: Ziehkeil *m*
Fre: clavette coulissante *f*
Spa: calce de tracción *m*

adjustment *n*
Ger: Justage *f*
Fre: ajustage *m*
Spa: ajuste *m*

adjustment *n*
Ger: Nachstellung *f*
Fre: rattrapage (de jeu) *m*
Spa: reajuste *m*

adjustment angle *n*
Ger: Verstellwinkel *m*
Fre: angle d'avance (correcteur d'avance) *m*
Spa: ángulo de ajuste *m*

adjustment dimension *n*
Ger: Einstellmaß *n*
Fre: cote de réglage *f*
Spa: medida de ajuste *f*

adjustment function *n*
Ger: Verstellfunktion *f*
Fre: fonction de correction *f*
Spa: función de ajuste *f*

adjustment mechanism *n*
Ger: Stellelement *n*
Fre: actionneur de correction *m*
(élément de commande) *m*
(organe d'actionnement) *m*
Spa: elemento de ajuste *m*

adjustment piston *n*
Ger: Verstellkolben *m*
Fre: piston de réglage *m*
Spa: pistón de ajuste *m*

adjustment plate (dynamic brake analyzer) *n*
Ger: Justierplatte (Rollenbremsprüfstand) *f*
Fre: plateau d'ajustage (banc d'essai) *m*
Spa: placa de ajuste (banco de pruebas de frenos de rodillos) *f*

admission pressure (ESP) *n*
Ger: Vordruck (ESP) *m*
Fre: pression d'alimentation *f*
Spa: presión previa (ESP) *f*

admission pressure valve *n*
Ger: Vordruckventil *n*
Fre: valve de pression d'admission *f*
Spa: válvula de presión previa *f*

adsorption *n*
Ger: Adsorption *f*
Fre: adsorption *f*
Spa: absorción *f*

advance (start of injection) *n*
Ger: Frühverstellung (Einspritzbeginn) *f*
Fre: avance (début d'injection) *f*
Spa: avance del encendido (inicio de inyección) *m*

advance angle (timing device) *n*
Ger: Verstellwinkel (Spritzversteller) *m*
Fre: angle d'avance (correcteur d'avance) *m*
Spa: ángulo de ajuste (variador de avance de la inyección) *m*

advance angle (ignition) *n*
Ger: Zündverstellwinkel (Zündung) *m*
(Verstellwinkel) *m*
Fre: angle de correction (allumage) *m*
Spa: ángulo de variación del encendido (encendido) *m*

advance unit (ignition distribution) *n*
Ger: Frühdose (Zündverteiler) *f*
Fre: capsule d'avance *f*
Spa: cápsula de avance (distribuidor de encendido) *f*

advanced ignition *n*
Ger: Frühzündung *f*
Fre: avance à l'allumage *f*
Spa: encendido avanzado *m*

aerodynamic drag *n*
Ger: Luftwiderstand *m*
Fre: résistance de l'air *f*
Spa: resistencia del aire *f*

after run *n*
Ger: Nachlauf *m*
Fre: post-fonctionnement *m*
Spa: marcha por inercia *m*

afterburning *n*
Ger: Nachverbrennung *f*
Fre: post-combustion *f*
Spa: postcombustión *f*

aggressive medium *n*
Ger: aggressives Medium *n*
Fre: milieu corrosif *m*
Spa: medio agresivo *m*

aging process *n*
Ger: Auslagern *n*
Fre: traitement de désursaturation *m*
Spa: proceso de envejecimiento *m*

aging stability *n*
Ger: Alterungsstabilität *f*
Fre: résistance au vieillissement *f*
Spa: estabilidad de envejecimiento *f*

air assisted braking system *n*
Ger: Druckluft-Hilfskraft-Bremsanlage *f*
(Druckluft-Servobremsanlage) *f*
Fre: dispositif de freinage hydraulique assisté par air comprimé *m*
Spa: sistema de freno asistido por aire comprimido *m*

air backflush *n*
Ger: Rückspülung *f*
Fre: balayage de retour *m*
Spa: lavado a contracorriente *m*

air brake system *n*
Ger: pneumatische Bremsanlage *f*
Fre: dispositif de freinage pneumatique *m*
Spa: sistema neumático de frenos *m*

air bypass valve *n*
Ger: Umleitventil *n*
Fre: valve de dérivation *f*
Spa: válvula de desviación *f*

air chamber *n*
Ger: Luftkammer *f*
Fre: chambre d'air *f*
Spa: cámara de aire *f*

air chamber diesel engine *n*
Ger: Luftspeicher-Dieselmotor *m*
Fre: moteur diesel à chambre d'air *m*
Spa: motor Diesel con cámara de aire *m*

air charge *n*
Ger: Luftfüllung *f*
Fre: charge d'air *f*
Spa: carga de aire *f*

air compressor *n*

English

Ger: Verdichter *m*
(Luftkompressor) *m*
Fre: compresseur *m*
Spa: compresor de aire *m*

air conditioning *n*
Ger: Klimaregelung *f*
Fre: régulation du climatiseur *m*
Spa: regulación de aire acondicionado *f*

air conditioning compressor *n*
Ger: Klimakompressor *m*
Fre: compresseur de climatiseur *m*
Spa: compresor de climatizador *m*

air conditioning system *n*
Ger: Klimaanlage *f*
Fre: climatiseur *m*
(conditionnement d'air) *m*
Spa: sistema de aire acondicionado *m*

air conduction *n*
Ger: Luftleitung *f*
Fre: conduction d'air *f*
Spa: tubería de aire *f*

air connection *n*
Ger: Luftanschluss *m*
Fre: orifice d'air *m*
Spa: conexión de aire *f*

air cooled *pp*
Ger: luftgekühlt *pp*
Fre: refroidi par air *pp*
Spa: refrigerado por aire *pp*

air cooling *n*
Ger: Luftkühlung *f*
Fre: refroidissement par air *m*
Spa: refrigeración por aire *f*

air deficiency (air-fuel mixture) *n*
Ger: Luftmangel (Luft-Kraftstoff-Gemisch) *m*
Fre: déficit d'air (mélange air-carburant) *m*
Spa: escasez de aire *f*

air drier *n*
Ger: Lufttrockner *m*
Fre: dessiccateur d'air *m*
Spa: secador de aire *m*

air duct *n*
Ger: Luftführung *f*
Fre: guidage d'air *m*
Spa: conducción de aire *f*

air duct *n*
Ger: Luftleitblech *n*
Fre: déflecteur *m*
Spa: chapa deflectora de aire *f*

air eliminator *n*
Ger: Luftabscheider *m*
Fre: purgeur d'air *m*
Spa: separador de aire *m*

air exit temperature sensor *n*
Ger: Ausblastemperatursensor *m*
Fre: sonde de température d'air évacué *f*
Spa: sensor de temperatura del aire soplado *m*

air filter *n*
Ger: Luftfilter *n*
Fre: filtre à air *m*
Spa: filtro de aire *m*

air filter cartridge *n*
Ger: Luftfiltereinsatz *m*
Fre: cartouche de filtre à air *f*
Spa: cartucho de filtro de aire *m*

air filter element *n*
Ger: Luftfiltereinsatz *m*
Fre: cartouche de filtre à air *f*
Spa: cartucho de filtro de aire *m*

air flap *n*
Ger: Luftklappe *f*
Fre: volet d'aération *m*
Spa: chapaleta de aire *f*

air flap actuator *n*
Ger: Luftklappensteller *m*
Fre: actionneur de volet d'aération *m*
Spa: posicionador de la chapaleta de aire *m*

air flow rate *n*
Ger: Luftmenge *f*
Fre: débit d'air *m*
Spa: caudal de aire *m*

air flow sensor *n*
Ger: Luftmengenmesser *m*
Fre: débitmètre d'air *m*
Spa: sonda volumétrica de aire *f*

air fuel mixture *n*
Ger: Luft-Kraftstoff-Gemisch *n*
Fre: mélange air-carburant *m*
Spa: mezcla aire-combustible *f*

air fuel mixture metering *v*
Ger: Gemischzumessung *f*
Fre: dosage du mélange *m*
Spa: dosificación de la mezcla *f*

air fuel ratio *n*
Ger: Luft-Kraftstoff-Verhältnis *n*
Fre: rapport air/carburant *m*
Spa: relación aire-combustible *f*

air funnel (KE-Jetronic) *n*
Ger: Lufttrichter (KE-Jetronic) *m*
Fre: divergent d'air (KE-Jetronic) *m*
Spa: chimenea de aire (KE-Jetronic) *f*

air gap (spark plug) *n*
Ger: Luftfunken (Zündkerze) *m*
Fre: étincelle dans l'air (bougie d'allumage) *f*
Spa: espacio de aire (bujía de encendido) *m*

air gap *n*
Ger: Luftspalt *m*
Fre: entrefer *m*
Spa: entrehierro *m*

air guide plate *n*
Ger: Luftleitblech *n*
Fre: tôle chicane *f*
Spa: chapa deflectora de aire *f*

air guided combustion process *n*
Ger: luftgeführtes Brennverfahren *n*
Fre: procédé d'injection assisté par air *m*
Spa: proceso de combustión guiado por aire *m*

air inflow *n*
Ger: Luftanströmung *f*
Fre: afflux d'air *m*
Spa: flujo de entrada aire *m*

air injection diesel engine *n*
Ger: Dieselmotor mit Lufteinblasung *m*
Fre: moteur diesel à insufflation d'air *m*
Spa: motor Diesel con inyección de aire *m*

air inlet valve *n*
Ger: Lufteinlassklappe *f*
Fre: volet d'admission d'air *m*
Spa: chapaleta de admisión de aire *f*

air intake fitting *n*
Ger: Luftansaugstutzen *m*
Fre: tubulure d'aspiration d'air *f*
Spa: tubuladura de aspiración de aire *f*

air intake system *n*
Ger: Ansaugluftsystem *n*
(Ansaugsystem) *n*
Fre: système d'admission d'air *m*
Spa: sistema de admisión de aire *m*

air intake system (IC engine) *n*
Ger: Ansaugsystem (Verbrennungsmotor) *n*
(Ansaugluftsystem) *n*
Fre: système d'admission (moteur à combustion) *m*
Spa: sistema de admisión (motor de combustión) *m*

air mass *n*
Ger: Luftmasse *f*
Fre: masse d'air *f*
Spa: masa de aire *f*

air mass *n*
Ger: Luftmenge *f*
Fre: débit d'air *m*
Spa: caudal de aire *m*

air mass flow *n*
Ger: Luftmassenstrom *m*
Fre: débit massique d'air *m*
Spa: flujo másico de aire *m*

air mass meter *n*
Ger: Luftmassenmesser *m*
Fre: débitmètre massique d'air *m*
Spa: caudalímetro de aire *m*

air mixture valve *n*
Ger: Mischluftklappe *f*
Fre: volet d'air mélangé *m*
Spa: trampilla de mezcla de aire *f*

air over hydraulic braking system *n*

English

English

Ger: Druckluft-Fremdkraft-Bremsanlage mit hydraulischer Übertragungseinrichtung *f*
(pneumatische Fremdkraft-Bremsanlage mit hydraul. Übertragungseinrichtung) *f*
Fre: dispositif de freinage hydraulique à commande par air comprimé *m*
Spa: sistema de freno hidráulico-neumático *m*

air pressure *n*
Ger: Luftdruck *m*
Fre: pression d'air *f*
Spa: presión de aire *f*

air pressure sensor *n*
Ger: Luftdrucksensor *m*
Fre: capteur de pression d'air *m*
Spa: sensor de presión de aire *m*

air pump *n*
Ger: Luftpumpe *f*
Fre: pompe à air *f*
Spa: bomba de aire *f*

air quantity flow *n*
Ger: Luftmengendurchsatz *m*
Fre: débit volumique d'air *m*
Spa: caudal volumétrico de aire *m*

air ratio *n*
Ger: Luftverhältnis *n*
Fre: coefficient d'air *m*
Spa: índice de aire *m*

air requirement (IC engine) *n*
Ger: Luftbedarf (Verbrennungsmotor) *m*
Fre: besoins en air (moteur à combustion) *mpl*
Spa: caudal necesario de aire (motor de combustión) *m*

air shrouding (injector) *n*
Ger: Luftumfassung (Einspritzventil) *f*
Fre: enveloppe d'air (injecteur) *f*
Spa: baño de aire (válvula de inyección) *m*

air spring *n*
Ger: Luftfeder *f*
Fre: ressort pneumatique *m*
(soufflet de suspension) *m*
Spa: muelle neumático *m*

air spring bellows *n*
Ger: Luftfederbalg *m*
Fre: soufflet à air *m*
Spa: fuelle de suspensión neumática *m*

air supply *n*
Ger: Luftversorgung *f*
Fre: alimentation en air *f*
Spa: suministro de aire *m*

air supply position (pressure regulator) *n*
Ger: Luftförderungsstellung (Druckregler) *f*
Fre: position de refoulement (régulateur de pression) *f*
Spa: posición de suministro de aire (regulador de presión) *f*

air suspension level-control system *n*
Ger: Luft-Niveauregelung *f*
Fre: correcteur d'assiette pneumatique *m*
Spa: regulación de nivel de aire *f*

air swirl *n*
Ger: Luftdrall *m*
Fre: mouvement tourbillonnaire *m*
Spa: remolino de aire *m*

air throughput *n*
Ger: Luftdurchsatz *m*
Fre: débit d'air (disponible) *m*
Spa: flujo de aire *m*

air turbulence *n*
Ger: Luftverwirbelung *f*
Fre: turbulence de l'air *f*
Spa: turbulencia de aire *f*

air vortex *n*
Ger: Luftwirbel *m*
Fre: tourbillon d'air *m*
Spa: torbellino de aire *m*

air/fuel mixture *n*
Ger: Kraftstoff-Luftgemisch *n*
Fre: mélange air-carburant *m*
Spa: mezcla combustible-aire *f*

air/fuel mixture *n*
Ger: Luft-Kraftstoff-Gemisch *n*
Fre: mélange air-carburant *m*
Spa: mezcla aire-combustible *f*

air/fuel ratio *n*
Ger: Kraftstoff-Luftverhältnis *n*
Fre: rapport air/carburant *m*
Spa: relación combustible/aire *f*

air/fuel ratio *n*
Ger: Luft-Kraftstoff-Verhältnis *n*
Fre: rapport air/carburant *m*
Spa: relación aire-combustible *f*

airbag (safety system) *n*
Ger: Airbag (Sicherheitssystem) *m*
(Luftkissen) *n*
Fre: coussin gonflable (système de retenue des passagers) *m*
Spa: airbag (sistema de seguridad) *m*

airbag triggering unit *n*
Ger: Airbag-Auslösegerät *n*
Fre: déclencheur de coussin d'air *m*
Spa: disparador de airbag *m*

airborne noise *n*
Ger: Luftschall *m*
Fre: bruit aérien *m*
Spa: sonido transmitido por el aire *m*

airborne sound *n*
Ger: Luftschall *m*
Fre: bruit aérien *m*
Spa: sonido transmitido por el aire *m*

airflow behavior *n*
Ger: Strömungsverhältnis *n*
Fre: comportement aérodynamique *m*
Spa: régimen de flujo *m*

airflow sensor plate *n*
Ger: Stauklappe *f*
Fre: volet-sonde (L-Jetronic) *m*
Spa: placa sonda *f*

air-flow velocity *n*
Ger: Anströmgeschwindigkeit *f*
Fre: vitesse d'attaque *f*
Spa: velocidad de entrada *f*

air-mass flow *n*
Ger: Luftmassendurchsatz *m*
Fre: débit massique d'air *m*
Spa: caudal másico de aire *m*

air-recirculation actuator *n*
Ger: Umluftsteller *m*
Fre: commutateur de recyclage d'air *m*
Spa: ajustador de recirculación de aire *m*

air-recirculation switch *n*
Ger: Umluftschalter *m*
Fre: touche de recyclage d'air *f*
Spa: interruptor de recirculación de aire *m*

airtight ***adj***
Ger: luftdicht *adj*
Fre: hermétique *adj*
Spa: hermético al aire *adj*

aktivated charcoal filter *n*
Ger: Aktivkohlefilter *m*
Fre: filtre à charbon actif *m*
Spa: filtro de carbón activo *m*

alarm *n*
Ger: Alarm *m*
Fre: alarme *f*
Spa: alarma *f*

alarm contact *n*
Ger: Warnkontakt *m*
Fre: contact d'alerte (garniture de frein) *m*
Spa: contacto de advertencia *m*

alarm horn (car alarm) *n*
Ger: Alarmhorn (Autoalarm) *n*
Fre: avertisseur d'alarme *m*
Spa: bocina de la alarma (alarma de vehículo) *f*

alarm switch (car alarm) *n*
Ger: Alarmschalter (Autoalarm) *m*
Fre: commutateur d'alarme *m*
Spa: interruptor de la alarma (alarma de vehículo) *m*

alarm system (car alarm) *n*
Ger: Alarmanlage (Autoalarm) *f*
Fre: dispositif d'alarme *m*
Spa: instalación de alarma (alarma de vehículo) *f*

alarm tone (car alarm) *n*
Ger: Alarmton (Autoalarm) *m*
Fre: tonalité d'alerte (alarme auto) *f*
Spa: tono de la alarma (alarma de vehículo) *m*

alcohol mode *n*
Ger: Alkoholbetrieb *m*
Fre: fonctionnement à l'alcool *m*
Spa: funcionamiento con alcohol *m*

alcohol sensor *n*
Ger: Alkoholsensor *m*
Fre: capteur d'alcool *m*
Spa: sensor de alcohol *m*

aligning torque (tire) *n*
Ger: Rückstellmoment (Reifen) *n*
(Reifenrückstellmoment) *n*
Fre: couple de rappel (pneu) *m*
(moment d'auto-alignement) *m*
Spa: par de reposicionamiento (neumáticos) *m*
(par de reposicionamiento de neumático) *m*

alignment *n*
Ger: Ausrichtung (SAP) *f*
Fre: orientation *f*
Spa: alineación (SAP) *f*

alignment mirror (lighting) *n*
Ger: Ausrichtspiegel (Lichttechnik) *m*
Fre: rétroviseur orientable *m*
Spa: espejo de alineación (técnica de iluminación) *m*

alkaline storage battery *n*
Ger: alkalischer Akkumulator *m*
Fre: accumulateur alcalin *m*
Spa: acumulador alcalino *m*

all wheel drive system *n*
Ger: Allradsystem *n*
Fre: système de transmission intégrale *m*
Spa: sistema de tracción total *m*

allocation base *n*
Ger: Bezugsgröße (SAP) *f*
Fre: grandeur de référence *f*
Spa: magnitud de referencia (SAP) *f*

alloy *n*
Ger: Legierung *f*
Fre: alliage *m*
Spa: aleación *f*

all-round monitoring *n*
Ger: Rundumüberwachung *f*
Fre: surveillance périmétrique intégrale *f*
Spa: vigilancia en todas las direcciones *f*

alternating current circuit *n*
Ger: Wechselstromkreis *m*
Fre: circuit à courant alternatif *m*
Spa: circuito de corriente alterna *m*

alternating current machine *n*
Ger: Wechselstrommaschine *f*
Fre: machine à courant alternatif *f*
Spa: máquina de corriente alterna *f*

alternating current power line *n*
Ger: Wechselstromnetz *n*
Fre: réseau à courant alternatif *m*
Spa: red de corriente alterna *f*

alternating current, AC *n*
Ger: Wechselstrom *m*
Fre: courant alternatif *m*
Spa: corriente alterna *f*

alternating voltage *n*
Ger: Wechselspannung *f*
Fre: tension alternative *f*
Spa: tensión alterna *f*

alternative fuel *n*
Ger: Alternativkraftstoff *m*
Fre: carburant de substitution *m*
Spa: combustible alternativo *m*

alternator *n*
Ger: Drehstromgenerator *m*
Fre: alternateur triphasé *m*
Spa: alternador trifásico *m*

alternator *n*
Ger: Generator *m*
(Drehstromgenerator) *m*
Fre: alternateur *f*
Spa: alternador *m*

alternator charge-indicator *n*
Ger: Generatorkontrolle *f*
Fre: témoin d'alternateur *m*
Spa: control del alternador *m*

alternator current (alternator) *n*
Ger: Generatorstrom *m*
Fre: débit de l'alternateur *m*
Spa: corriente del alternador *f*

alternator de-excitation *n*
Ger: Generatorentregung *f*
Fre: désexcitation de l'alternateur *f*
Spa: desexcitación del alternador *f*

alternator output power *n*
Ger: Generatorleistung *f*
Fre: puissance de l'alternateur *f*
Spa: potencia del alternador *f*

alternator output voltage *n*
Ger: Generatorausgangsspannung *f*
Fre: tension de sortie de l'alternateur *f*
Spa: tensión de salida del alternador *f*

alternator regulator (alternator) *n*
Ger: Generatorregler *m*
Fre: régulateur d'alternateur *m*
Spa: regulador del alternador *m*

alternator speed *n*
Ger: Generatordrehzahl *f*
Fre: vitesse de rotation de l'alternateur *f*
Spa: velociad de giro del alternador *f*

alternator voltage (alternator) *n*
Ger: Generatorspannung *f*
Fre: tension de l'alternateur *f*
Spa: tensión del alternador *f*

altimeter *n*
Ger: Höhengeber *m*
Fre: capsule altimétrique *f*
Spa: altímetro *m*

altitude capsule *n*
Ger: Höhendose *f*
Fre: capsule altimétrique *f*
Spa: cápsula altimétrica *f*

altitude compensation *n*
Ger: Höhen-Kompensation *f*
Fre: correction altimétrique *f*
Spa: compensación de altitud *f*

altitude compensation *n*
Ger: Höhenkorrektur *f*
Fre: correction altimétrique *f*
Spa: compensación de altitud *f*

altitude control *n*
Ger: Höhenanschlag *m*
Fre: correcteur altimétrique *m*
Spa: tope de altura *m*

altitude controlled full load stop *n*
Ger: höhengesteuerter Volllastmengenanschlag *m*
Fre: butée de pleine charge en fonction de l'altitude *f*
Spa: tope de caudal de plena carga en función de la altura *m*

altitude correction *n*
Ger: Höhenkorrektur *f*
Fre: correction altimétrique *f*
Spa: corrección altimétrica *f*

altitude pressure compensator *n*
Ger: atmosphärendruckabhängiger Volllastanschlag, ADA *m*
Fre: correcteur altimétrique *m*
Spa: tope de plena carga dependiente de la presión atmosférica *m*

altitude sensor *n*
Ger: Höhengeber *m*
Fre: capsule altimétrique *f*
Spa: transmisor altimétrico *m*

altitude sensor *n*
Ger: Höhensensor *m*
(Höhengeber) *m*
Fre: capteur altimétrique *m*
(sonde altimétrique) *f*
Spa: sensor altimétrico *m*

aluminum alloy *n*
Ger: Aluminiumlegierung *f*
Fre: alliage d'aluminium *m*
Spa: aleación de aluminio *f*

aluminum bronze *n*
Ger: Aluminiumbronze *f*
Fre: bronze d'aluminium *m*
Spa: bronce aluminio *m*

aluminum casting *n*
Ger: Aluminiumguss *m*
Fre: fonte d'aluminium *f*

English

Spa: fundición de aluminio *f*

aluminum diecast housing *n*
Ger: Alu-Druckgussgehäuse *n*
Fre: boîtier en aluminium moulé sous pression *m*
Spa: carcasa de fundición a presión de aluminio *f*

aluminum electrolytic capacitor *n*
Ger: Aluminium-Elektrolytkondensator *m*
Fre: condensateur aluminium électrolytique *m*
Spa: condensador electrolítico de aluminio *m*

aluminum hose *n*
Ger: Aluminium-Schlauch *m*
Fre: flexible d'aluminium *m*
Spa: tubo flexible de aluminio *m*

aluminum pipe *n*
Ger: Aluminiumrohr *n*
Fre: tube d'aluminium *m*
Spa: tubo de aluminio *m*

aluminum sand casting *n*
Ger: Aluminium-Sandguss *m*
Fre: aluminium moulé au sable *m*
Spa: aluminio fundido en arena *m*

aluminum wire *n*
Ger: Aluminiumdraht *m*
Fre: fil d'aluminium *m*
Spa: alambre de aluminio *m*

ambient pressure-dependent port closing *n*
Ger: atmosphärendruckabhängiger Förderbeginn *m*
Fre: début de refoulement en fonction de la pression atmosphérique *m*
Spa: comienzo del suministro dependiente de la presión atmosférica *m*

ammeter *n*
Ger: Amperemeter *m*
Fre: ampèremètre *m*
Spa: amperímetro *m*

ampere hour *n*
Ger: Amperestunde *f*
Fre: ampère-heure *m*
Spa: amperios por hora *m*

ampere turns *npl*
Ger: Amperewindungszahl *f*
Fre: nombre d'ampères-tours *m*
Spa: número de amperios-vueltas *m*

amphibious vehicle *n*
Ger: Amphibienfahrzeug *n*
Fre: véhicule amphibie *m*
Spa: vehículo anfibio *m*

amplification *n*
Ger: Verstärkung *f*
Fre: gain (d'un signal) *m*
Spa: amplificación *f*

amplification factor *n*
Ger: Verstärkungsfaktor *m*
Fre: gain (d'un signal) (servofrein) *m*
Spa: factor de amplificación *m*

amplifier *n*
Ger: Verstärker *m*
Fre: amplificateur *m*
Spa: amplificador *m*

amplitude *n*
Ger: Amplitude *f*
Fre: amplitude *m*
Spa: amplitud *f*

amplitude method *n*
Ger: Amplitudenverfahren *n*
Fre: modulation d'amplitude *f*
Spa: método de amplitud *m*

amplitude ratio *n*
Ger: Amplitudenverhältnis *n*
Fre: rapport d'amplitudes *m*
Spa: relación de amplitudes *m*

amps *npl*
Ger: Ampere *n*
Fre: ampères *m*
Spa: amperios *mpl*

analog digital converter *n*
Ger: Analog-Digital-Wandler *m*
Fre: convertisseur analogique-numérique *m*
Spa: convertidor analógico-digital *m*

analog network *n*
Ger: Analogschaltung *f*
Fre: circuit analogique *m*
Spa: circuito analógico *m*

analog signal *n*
Ger: Analogsignal *n*
Fre: signal analogique *m*
Spa: señal analógica *f*

analog value conditioning *n*
Ger: Analogwertaufbereitung *f*
Fre: conditionnement de valeur analogique *m*
Spa: preparación de valor analógico *f*

analog value evaluation *n*
Ger: Analogwertauswertung *f*
Fre: exploitation de valeur analogique *f*
Spa: evaluación de valor analógico *f*

analog value sampling *n*
Ger: Analogwerterfassung *f*
Fre: saisie de valeur analogique *f*
Spa: registro de valor analógico *m*

analyzer *n*
Ger: Analysator *m*
Fre: analyseur *m*
Spa: analizador *m*

ancillary *n*
Ger: Zusatzaggregat *n*
Fre: auxiliaire *m*
Spa: grupo adicional *m*

ancillary circuit *n*
Ger: Nebenverbraucherkreis *m*
Fre: circuit des récepteurs auxiliaires *m*
Spa: circuito de consumidores secundarios *m*

anechoic chamber *n*
Ger: Absorberhalle *f*
(Absorberraum) *m*
Fre: salle anéchoïde *f*
(chambre anéchoïde) *f*
Spa: cámara anecoica *f*

aneroid capsule *n*
Ger: Druckdose *f*
(Membrandose) *f*
Fre: capsule manométrique *f*
Spa: cápsula de presión *f*

aneroid capsule *n*
Ger: Steuerdose *f*
Fre: capsule de commande *f*
Spa: cápsula de mando *f*

angle at the circumference *n*
Ger: Umfangswinkel *m*
Fre: angle circonférentiel *m*
Spa: ángulo inscrito *m*

angle of cam rotation *n*
Ger: Nockenwinkel *m*
Fre: angle de levée de came *m*
Spa: ángulo de rotación de leva *m*

angle of impact (crosswind) *n*
Ger: Anströmwinkel (Seitenwind) *m*
Fre: angle d'attaque (vent latéral) *m*
Spa: ángulo de entrada (viento lateral) *m*

angle of obscuration *n*
Ger: Verdeckungswinkel *m*
Fre: angle mort *m*
Spa: ángulo muerto *m*

angle of rotation *n*
Ger: Drehwinkel *m*
(Verdrillwinkel) *m*
Fre: angle de rotation *m*
Spa: ángulo de giro *m*

angle-of-rotation sensor *n*
Ger: Drehwinkelsensor *m*
Fre: capteur angulaire *m*
Spa: sensor de ángulo de giro *m*

angular acceleration *n*
Ger: Drehbeschleunigung *f*
(Winkelbeschleunigung) *f*
Fre: accélération angulaire *f*
Spa: aceleración angular *f*

angular cam spacing *n*
Ger: Nockenversatz *m*
(Nockenversetzung) *f*
Fre: écart angulaire de came *m*
Spa: decalaje de levas *m*

angular frequency *n*
Ger: Kreisfrequenz *f*
Fre: pulsation *f*
Spa: frecuencia angular *f*

angular ignition spacing *n*
Ger: Zündabstand *m*
Fre: période de l'allumage *f*

(intervalle d'allumage) m
Spa: distancia del encendido f

annealed *adj*
Ger: geglüht *pp*
Fre: recuit *pp*
Spa: recocido *adj*

annealing *n*
Ger: Glühen *n*
Fre: recuit *m*
Spa: recocido *m*

annular groove *n*
Ger: Ringkanal *m*
Fre: canal annulaire *m*
Spa: canal anular *m*

annular lubrication channel *n*
Ger: Ringschmierkanal *m*
Fre: conduit annulaire de lubrification *m*
Spa: canal anular de lubricación *m*

annular orifice *n*
Ger: Ringspalt *m*
Fre: fente annulaire *f*
Spa: intersticio anular *m*

anode *n*
Ger: Anode *f*
Fre: anode *f*
Spa: ánodo *m*

anode breakdown voltage *n*
Ger: Anodenzündspannung *f*
Fre: tension d'allumage anode-cathode *f*
Spa: tensión de encendido del ánodo *f*

anode terminal *n*
Ger: Anodenanschluss *m*
Fre: borne d'anode *f*
Spa: conexión del ánodo *f*

anodic current density *n*
Ger: anodische Stromdichte *f*
Fre: densité de courant anodique *f*
Spa: densidad de corriente anódica *f*

anolog input *n*
Ger: Analogeingang *m*
Fre: entrée analogique *f*
Spa: entrada analógica *f*

antenna *n*
Ger: Antenne *f*
Fre: antenne *f*
Spa: antena *f*

antenna amplifier *n*
Ger: Antennenverstärker *m*
Fre: amplificateur d'antenne *m*
Spa: amplificador de antena *f*

antenna emitting diagram *n*
Ger: Antennenabstrahldiagramm *n*
Fre: diagramme de rayonnement *m*
Spa: diagrama de emisión de antena *m*

antenna feed point *n*
Ger: Antennenspeisepunkt *m*
Fre: point d'alimentation de l'antenne *m*
Spa: punto de alimentación de antena *m*

anti aging additive (fuel) *n*
Ger: Alterungsschutz (Kraftstoff) *m*
Fre: protection contre le vieillissement (essence) *f*
Spa: aditivo antienvejecimiento (combustible) *m*

anti aging agent *n*
Ger: Alterungsschutzmittel *n*
Fre: agent stabilisant *m*
Spa: protector antienvejecimiento *m*

anti dive mechanism *n*
Ger: Bremsnickabstützung *f*
Fre: dispositif anti-plongée *m*
Spa: reductor del cabeceo de frenado *m*

anti erosion cap (fuel injector) *n*
Ger: Prallkappe (Einspritzventil) *f*
Fre: capuchon anti-érosion (injecteur) *m*
Spa: caperuza anti-erosión (válvula de inyección) *f*

anti foaming agent *n*
Ger: Schaumdämpfer *m*
Fre: agent antimousse *m*
Spa: antiespumante *m*

anti knock control *n*
Ger: Antiklopfregelung *f*
Fre: régulation anticliquetis *f*
Spa: regulación antidetonante *f*

anti knock rating *n*
Ger: Klopffestigkeit *f*
Fre: indétonance *f*
Spa: poder antidetonante *m*

anti roll bar *n*
Ger: Querstabilisator *m*
Fre: barre stabilisatrice *f*
Spa: estabilizador transversal *m*

anti rotation element (door control) *n*
Ger: Verdrehsicherung (Türbetätigung) *f*
Fre: sécurité antirotation (commande des portes) *f*
Spa: seguro antigiro (accionamiento de puerta) *m*

anti theft alarm system *n*
Ger: Diebstahlwarnanlage *f*
Fre: dispositif d'alarme antivol *m*
Spa: alarma antirrobo *f*

antifreeze *n*
Ger: Frostschutzmittel *n*
(*Gefrierschutzmittel*) *n*
Fre: antigel *m*
Spa: medio anticongelante *m*

antifreeze pump *n*
Ger: Frostschutzpumpe *f*
Fre: pompe antigel *f*
Spa: bomba anticongelante *f*

antifreeze unit *n*
Ger: Frostschutzeinrichtung *f*
(*Frostschutzvorrichtung*) *f*
Fre: dispositif antigel *m*
Spa: dispositivo anticongelante *m*

anti-friction coating *n*
Ger: Gleitbeschichtung *f*
Fre: revêtement de contact *m*
Spa: recubrimiento antideslizamiento *m*

anti-friction coating *n*
Ger: Gleitlack *m*
Fre: vernis de glissement *m*
Spa: pintura antifricción *f*

antiknock quality *n*
Ger: Klopffestigkeit *f*
Fre: indétonance *f*
Spa: poder antidetonante *m*

antilock brake *n*
Ger: ABS-Bremse *f*
Fre: frein ABS *m*
Spa: freno antibloqueo ABS *m*

antilock braking system (ABS) *n*
Ger: Antiblockiersystem (ABS) *n*
(*Blockierschutz*) *m*
Fre: système antiblocage (ABS) *m*
(*protection antiblocage*) *f*
Spa: sistema antibloqueo de frenos (ABS) *m*
(*protección antibloqueo*) *f*

antimagnetic *n*
Ger: antimagnetisch *adj*
Fre: antimagnétique *m*
Spa: antimagnético *adj*

antireflection *n*
Ger: Entspiegelung *f*
Fre: traitement antireflet *m*
Spa: supresión de reflejos *f*

A-pillar *n*
Ger: A-Säule *f*
Fre: pied de caisse avant (montant A) *m*
Spa: pilar A *f*

application engineering *n*
Ger: Applikation *f*
Fre: application *f*
Spa: aplicación *f*

application force (brake lining) *n*
Ger: Spannkraft (Bremsbelag) *f*
(*Anlegedruck*) *m*
Fre: force de serrage (garniture de frein) *f*
Spa: fuerza de aplicación (pastilla de frenos) *f*

application guidelines *npl*
Ger: Applikationsrichtlinien *f*
Fre: directives d'application *fpl*
Spa: directivas de aplicación *fpl*

application instructions *npl*
Ger: Applikationshinweis *m*
Fre: notice d'application *f*
Spa: indicación de aplicación *f*

English

English

application manual *n*
Ger: Applikationshandbuch *n*
Fre: manuel d'application *m*
Spa: manual de aplicación *m*

applied pressure *n*
Ger: Betätigungsdruck *m*
Fre: pression d'actionnement *f*
Spa: presión de accionamiento *f*

apply (brakes) *v*
Ger: betätigen (Bremsen) *v*
(anlegen) *v*
Fre: actionner (frein) *v*
(appliquer) *v*
Spa: accionar (frenos) *v*
(poner) *v*

apply (braking force) *v*
Ger: einsteuern (Bremskraft) *v*
Fre: moduler (force de freinage) *v*
Spa: aplicar (fuerza de frenado) *v*

aquaplaning (tire) *n*
Ger: Aquaplaning (Reifen) *n*
(Wasserglätte) *f*
Fre: aquaplanage (pneu) *m*
Spa: acuaplaning (neumáticos) *m*

arc (spark plug) *n*
Ger: Flammkern (Zündkerze) *m*
Fre: cœur de la flamme (bougie d'allumage) *m*
Spa: arco (bujía de encendido) *m*

arc *n*
Ger: Lichtbogen *m*
Fre: arc jaillissant *m*
Spa: arco voltaico *m*

arc discharge *n*
Ger: Lichtbogenentladung *f*
(Bogenentladung) *f*
Fre: décharge d'arc *f*
(arc de décharge) *m*
Spa: descarga de arco *f*

arcing voltage *n*
Ger: Überschlagspannung *f*
Fre: tension d'éclatement *f*
(tension d'allumage) *f*
Spa: potencial de chispa *m*

armature *n*
Ger: Anker *m*
Fre: induit *m*
Spa: inducido *m*

armature braking *n*
Ger: Ankerabbremsung *f*
Fre: freinage de l'induit *m*
Spa: frenado del inducido *m*

armature core *n*
Ger: Ankerkern *m*
Fre: noyau d'induit *m*
Spa: núcleo de inducido *m*

armature core disk *n*
Ger: Ankerblech *n*
Fre: tôle d'induit *f*
Spa: chapa de inducido *f*

armature current *n*
Ger: Ankerstrom *m*
Fre: courant d'induit *m*
Spa: corriente del inducido *f*

armature lamitation *n*
Ger: Ankerlamelle *f*
Fre: lame d'induit (feuilleté) *f*
Spa: lámina de inducido *f*

armature pin *n*
Ger: Ankerbolzen *m*
Fre: tige d'induit *f*
Spa: perno de inducido *m*

armature plate *n*
Ger: Ankerplatte *f*
Fre: plaque d'ancrage *f*
Spa: placa de inducido *f*

armature reaction *n*
Ger: Ankerrückwirkung *f*
Fre: réaction d'induit *f*
Spa: reacción del inducido *f*

armature shaft *n*
Ger: Ankerwelle *f*
Fre: arbre d'induit *m*
Spa: árbol de inducido *m*

armature sleeve *n*
Ger: Ankerbuchse *f*
Fre: douille d'induit *f*
Spa: casquillo de inducido *m*

armature spring *n*
Ger: Ankerfeder *f*
Fre: ressort d'induit *m*
Spa: muelle de inducido *m*

armature stack *n*
Ger: Ankerpaket *n*
Fre: noyau feuilleté d'induit *m*
Spa: paquete de chapas de inducido *m*

armature stroke *n*
Ger: Ankerhub *m*
Fre: course du noyau *f*
Spa: carrera del inducido *f*

armature surface *n*
Ger: Ankeroberfläche *f*
Fre: surface de l'induit *f*
Spa: superficie del inducido *f*

armature winding *n*
Ger: Ankerwicklung *f*
Fre: enroulement d'induit *m*
Spa: bobina de inducido *f*

armature-winding path *n*
Ger: Ankerzweig *m*
Fre: brin d'enroulement *m*
Spa: ramal del inducido *m*

armored hose (special ignition coil) *n*
Ger: Panzerschlauch (Sonderzündspule) *m*
Fre: flexible blindé (bobine d'allumage spéciale) *m*
Spa: tubo flexible blindado (bobina especial de encendido) *m*

armrest *n*
Ger: Armlehne *f*
Fre: accoudoir *m*
Spa: apoyabrazos *m*

aromatic content *n*
Ger: Aromatengehalt *m*
Fre: teneur en aromatiques *m*
Spa: contenido de aromáticos *m*

arrow drop strength *n*
Ger: Pfeilfall-Festigkeit *f*
Fre: tenue au choc à la torpille *f*
Spa: resistencia a caída de flechas *f*

articulated bus *n*
Ger: Gelenkbus *m*
Fre: autobus articulé *m*
Spa: autobús articulado *m*

articulated road train *n*
Ger: Sattelkraftfahrzeug *n*
Fre: train routier articulé *m*
Spa: tractocamión con semirremolque *m*

articulated rod *n*
Ger: Gelenkstange *f*
Fre: bielle *f*
Spa: barra articulada *f*

articulated vehicle *n*
Ger: Gelenkfahrzeug *n*
Fre: véhicule articulé *m*
Spa: vehículo articulado *m*

artificial head *n*
Ger: Kunstkopf *m*
Fre: tête artificielle *f*
Spa: cabezal artificial *f*

artificial head recording *n*
Ger: Kunstkopfaufnahme *f*
Fre: enregistrement avec tête artificielle *m*
Spa: grabación con cabezal artificial *f*

assembled representation diagram *n*
Ger: Wirkschaltplan *m*
(Übersichtsschaltplan) *m*
Fre: schéma fonctionnel *m*
Spa: esquema funcional *m*

assembly *n*
Ger: Baugruppe *f*
Fre: sous-ensemble *m*
Spa: grupo constructivo *m*

assembly Instructions *n*
Ger: Montagehinweis *m*
Fre: instructions de montage *fpl*
Spa: indicaciones de montaje *fpl*

assembly mandrel *n*
Ger: Montierdorn *m*
Fre: mandrin de montage *m*
Spa: mandril de montaje *m*

assisting force (brake booster) *n*
Ger: Unterstützungskraft (Bremskraftverstärker) *m*
Fre: force d'assistance (servofrein) *f*
Spa: fuerza de apoyo (servofreno) *f*

asymmetrical lower beam (headlamp) *n*
Ger: asymmetrisches Abblendlicht (Scheinwerfer) *n*
Fre: feu de croisement asymétrique *m*
Spa: luz de cruce asimétrica (faros) *f*

asynchronous drive *n*
Ger: Asynchronantrieb *m*
Fre: entraînement asynchrone *m*
Spa: accionamiento asíncrono *m*

atmospheric-pressure connection *n*
Ger: Atmosphärendruckanschluss *m*
Fre: raccord à la pression atmosphérique *m*
Spa: conexión de presión atmosférica *f*

atmospheric-pressure sensor *n*
Ger: Atmosphärendrucksensor *m*
(Atmosphärendruckfühler) *m*
Fre: capteur de pression atmosphérique *m*
Spa: sensor de presión de atmósfera *m*

attached control unit *n*
Ger: Anbausteuergerät *n*
Fre: calculateur adaptable *m*
Spa: unidad de control adosada *f*

attachments *n*
Ger: Anbauteile *f*
Fre: pièces d'adaptation *fpl*
Spa: piezas adosadas *fpl*

attenuator *n*
Ger: Dämpfungsglied *n*
Fre: élément d'amortissement *m*
Spa: atenuador *m*

austempering *n*
Ger: Bainitisieren *n*
Fre: trempe bainitique *f*
Spa: temple bainítico *m*

authorized workshop *n*
Ger: Vertragswerkstatt *f*
Fre: concessionnaire *m*
Spa: taller autorizado *m*

auto ignition *n*
Ger: Glühzündung *f*
(Selbstzündung) *f*
Fre: auto-allumage *m*
Spa: autoencendido *m*

auto ignition *n*
Ger: Selbstentzündung *f*
Fre: auto-inflammation *f*
Spa: inflamación espontánea *f*

auto ignition *n*
Ger: Selbstzündung *f*
Fre: auto-inflammation *f*
Spa: autoignición *f*

auto ignition temperature *n*
Ger: Selbstzündtemperatur *f*
Fre: température d'auto-allumage *f*
Spa: temperatura de autoignición *f*

auto ignition threshold *n*
Ger: Selbstzündgrenze *f*
Fre: seuil d'auto-inflammation *m*
Spa: límite de autoignición *m*

automatic air conditioning *n*
Ger: Klimaautomatik *f*
Fre: climatiseur automatique *m*
Spa: climatizador automático *m*

automatic brake *n*
Ger: automatische Bremse *f*
Fre: frein automatique *m*
Spa: freno automático *m*

automatic brake-force differential lock *n*
Ger: automatische Brems-Differenzialsperre *f*
Fre: blocage automatique du différentiel *m*
Spa: bloqueo del diferencial de frenado automático *m*

automatic headlight range control *n*
Ger: Automatische Leuchtweitenregulierung *f*
Fre: correcteur automatique de site des projecteurs *m*
Spa: regulación automática del alcance de las luces *f*

automatic heater *n*
Ger: Heizautomatik *f*
Fre: chauffage automatique *m*
Spa: calefacción automática *f*

automatic heater control *n*
Ger: Heizungsautomatik *f*
Fre: système de chauffage automatique *m*
Spa: calefacción automática *f*

automatic load-sensitive braking-force metering *n*
Ger: automatische lastabhängige Bremskraftregelung *f*
Fre: régulation automatique de la force de freinage en fonction de la charge *f*
(correction automatique de la force de freinage en fonction de la charge) *f*
Spa: regulación automática de la fuerza de frenado en función de la carga *f*

automatic seat belt *n*
Ger: Automatikgurt *m*
Fre: ceinture automatique *f*
Spa: cinturón automático *m*

automatic shutoff *n*
Ger: Abschaltautomatik *f*
Fre: automate de coupure *m*
Spa: dispositivo automático de desconexión *m*

automatic starting mechanism *n*
Ger: Einschaltautomatik *f*
Fre: automatisme d'enclenchement *m*
Spa: sistema automático de conexión *m*

automatic starting quantity *n*
Ger: automatische Startmenge *f*
Fre: surcharge automatique au démarrage *f*
Spa: caudal automático de arranque *m*

automatic start-stop mechanism *n*
Ger: Start-Stop-Automatik *f*
Fre: automatisme start-stop *m*
Spa: mecanismo automático de arranque/parada *m*

automatic transmission *n*
Ger: Automatikgetriebe *n*
Fre: boîte de vitesses automatique *f*
Spa: cambio automático *m*

automatic VHF interference suppression *n*
Ger: automatische UKW-Störunterdrückung *f*
Fre: suppression automatique des parasites FM *f*
Spa: supresión automática de parásitos de onda ultracorta *f*

automatic wash and wipe system *n*
Ger: Trockenwisch-Automatik *f*
Fre: essuyage-séchage automatique *m*
Spa: sistema automático de lavado y secado *m*

automotive electrical equipment *n*
Ger: elektrische Kraftfahrzeugausrüstung (Spezifikation) *f*
Fre: équipement électrique automobile *m*
Spa: equipo eléctrico de automóviles (especificación) *m*

automotive equipment *n*
Ger: Kraftfahrzeugausrüstung *f*
Fre: équipement automobile *m*
Spa: equipo de vehículo *m*

automotive hydraulics *n*
Ger: Fahrzeughydraulik *f*
Fre: hydraulique automobile *f*
Spa: sistema hidráulico del vehículo *m*

automotive industry *n*
Ger: Automobilindustrie *f*
Fre: industrie automobile *f*
Spa: industria automovilística *f*

automotive pneumatics *n*
Ger: Fahrzeugpneumatik *f*
Fre: pneumatique automobile *f*
Spa: sistema neumático del vehículo *m*

automotive speaker *n*
Ger: Autolautsprecher *m*
Fre: haut-parleur *m*

English

Spa: altavoz de automóvil *m*

auxiliary actuating variable *n*
Ger: Hilfssteuergröße *f*
Fre: grandeur convergente *f*
Spa: parámetro auxiliar de mando *m*

auxiliary air *n*
Ger: Zusatzluftmenge *f*
Fre: volume d'air additionnel *m*
Spa: caudal adicional de aire *m*

auxiliary air device *n*
Ger: Zusatzluftschieber *m*
Fre: commande d'air additionnel *f*
Spa: mariposa de aire adicional *f*

auxiliary air slider *n*
Ger: Zusatzluftschieber *m*
Fre: tiroir d'air additionnel *m*
Spa: mariposa de aire adicional *f*

auxiliary air valve *n*
Ger: Zusatzluftventil *n*
Fre: valve d'air additionnel *f*
Spa: válvula de aire adicional *f*

auxiliary brake *n*
Ger: Zusatzbremse *f*
Fre: frein additionnel *m*
Spa: freno auxiliar *m*

auxiliary drive *n*
Ger: Nebenantrieb *m*
Fre: entraînement auxiliaire *m*
Spa: toma de fuerza auxiliar *f*

auxiliary driving lamp *n*
Ger: Zusatz-Fernlichtscheinwerfer *m*
Fre: projecteur route supplémentaire *m*
Spa: faro adicional de carretera *m*

auxiliary equipment function *n*
Ger: Aggregatefunktion *f*
Fre: fonction des appareils *f*
Spa: funcionamiento del grupo *m*

auxiliary headlamp *n*
Ger: Zusatzscheinwerfer *m*
Fre: projecteur additionnel *m*
Spa: faro adicional *m*

auxiliary heater *n*
Ger: Standheizung *f*
Fre: chauffage auxiliaire *m*
Spa: calefacción independiente *f*

auxiliary heater *n*
Ger: Zuheizer *m*
Fre: chauffage d'appoint *m*
Spa: calefactor auxiliar *m*

auxiliary heater *n*
Ger: Zusatzheizung *f*
Fre: chauffage auxiliaire *m*
Spa: calefacción adicional *f*

auxiliary lamp *n*
Ger: Zusatzscheinwerfer *m*
Fre: projecteur complémentaire *m*
Spa: faro adicional *m*

auxiliary lighting *n*
Ger: Zusatzbeleuchtung *f*
Fre: éclairage additionnel *m*
Spa: iluminación adicional *f*

auxiliary power take-off *n*
Ger: Nebenantrieb *m*
Fre: entraînement auxiliaire *m*
Spa: toma de fuerza auxiliar *f*

auxiliary pump *n*
Ger: Hilfspumpe *f*
Fre: pompe auxiliaire *f*
Spa: bomba auxiliar *f*

auxiliary starting winding *n*
Ger: Anlauf-Hilfswicklung *f*
Fre: enroulement auxiliaire de démarrage *m*
Spa: bobina auxiliar de arranque *f*

auxiliary stop lamp (ignition angle) *n*
Ger: hochgesetzte Bremsleuchte (zusätzliche Bremsleuchte) *f*
(Zusatz-Bremsleuchte) *f*
Fre: feu stop supplémentaire (angle d'allumage) *m*
Spa: luz adicional de freno (luz adicional de freno) *f*

axial bearing *n*
Ger: Axiallager *n*
Fre: butée axiale *f*
Spa: cojinete axial *m*

axial cam (radial-piston pump) *n*
Ger: Axialnocken (Radialkolbenpumpe) *m*
Fre: came axiale (pompe à pistons radiaux) *f*
Spa: leva axial (bomba de émbolos radiales) *f*

axial cam spacing *n*
Ger: Nockenabstand *m*
Fre: espacement des cames *m*
Spa: distancia entre levas *f*

axial clearance *n*
Ger: Achsabstandsabweichung *f*
Fre: écart d'entraxe *m*
Spa: divergencia de distancia entre ejes *f*

axial clearance *n*
Ger: Axialspiel *n*
Fre: jeu axial *m*
Spa: juego axial *m*

axial fan *n*
Ger: Axiallüfter *m*
Fre: ventilateur axial *m*
Spa: ventilado axial *m*

axial force *n*
Ger: Axialkraft *f*
Fre: effort axial *m*
Spa: fuerza axial *f*

axial groove *n*
Ger: Axialnut *f*
Fre: rainure axiale *f*
Spa: ranura axial *f*

axial offset *n*
Ger: Achsversetzung *f*
Fre: déport d'essieu *m*
Spa: desplazamiento axial *f*

axial piston distributor pump *n*
Ger: Axialkolben-Verteilereinspritzpumpe *f*
(Axialkolben-Verteilerpumpe) *f*
Fre: pompe d'injection distributrice à piston axial *f*
Spa: bomba de inyección rotativa de pistones axiales *f*

axial piston machine *n*
Ger: Axial-Kolbenmaschine *f*
Fre: machine à pistons axiaux *f*
Spa: máquina de pistones axiales *f*

axial piston motor *n*
Ger: Axialkolbenmotor *m*
Fre: moteur à pistons axiaux *m*
Spa: motor de pistones axiales *m*

axial piston pump *n*
Ger: Axialkolbenpumpe *f*
Fre: pompe à piston axial *f*
Spa: bomba de pistones axiales *f*

axial pitch *n*
Ger: Axialteilung *f*
Fre: pas axial *m*
Spa: paso axial *m*

axial run-out *n*
Ger: Axialschlag *m*
Fre: voile *m*
Spa: alabeo *m*

axis of rotation (motor vehicle) *n*
Ger: Schraubachse (Kfz) *f*
Fre: axe de vissage (véhicule) *m*
Spa: eje de rotación (automóvil) *m*

axle (motor vehicle) *n*
Ger: Achse (Kfz) *f*
Fre: essieu (véhicule) *m*
Spa: eje (automóvil) *m*

axle housing *n*
Ger: Achskörper *m*
Fre: corps d'essieu *m*
Spa: cuerpo del eje *m*

axle load *n*
Ger: Achslast *f*
Fre: charge sur essieu *f*
Spa: carga del eje *f*

axle load distribution *n*
Ger: Achslastverteilung *f*
Fre: répartition de la charge par essieu *f*
Spa: distribución de la carga del eje *f*

axle load sensor *n*
Ger: Achslastgeber *m*
Fre: capteur de charge sur essieu *m*
Spa: transmisor de la carga del eje *m*

axle load sensor *n*
Ger: Achslastsensor *m*
(Achslastgeber) *m*
Fre: capteur de charge sur essieu *m*
Spa: sensor de la carga del eje *m*
(transmisor de la carga del eje) *m*

axle load shift *n*
Ger: Achslastverlagerung *f*
Fre: report de charge dynamique de l'essieu *m*
Spa: desplazamiento de la carga del eje *m*

axle load signal *n*
Ger: Achslastsignal *n*
Fre: signal de charge sur essieu *m*
Spa: señal de carga del eje *f*

axle load transfer *n*
Ger: Achskraftverlagerung *f*
Fre: report de charge *m*
Spa: desplazamiento de la fuerza del eje *m*

axle ratio *n*
Ger: Achsübersetzung *f*
Fre: rapport de démultiplication de pont *m*
Spa: desmultiplicación del eje *f*

axle resonance *n*
Ger: Achsresonanz *f*
Fre: résonance des essieux *f*
Spa: resonancia de ejes *f*

axle sensor *n*
Ger: Achssensor *m*
Fre: capteur d'essieu *m*
Spa: sensor de eje *m*

axle shaft *n*
Ger: Achswelle *f*
Fre: arbre d'essieu *m*
Spa: semieje *m*

axle support *n*
Ger: Achsträger *m*
Fre: berceau *m*
Spa: soporte de eje *m*

axle weight *n*
Ger: Achsgewicht *n*
Fre: poids de l'essieu *m*
Spa: peso del eje *m*

B

B hardness *n*
Ger: B-Härte *f*
Fre: dureté B *f*
Spa: dureza B *f*

back pressure *n*
Ger: Gegendruck *m*
Fre: contre-pression *f*
Spa: contrapresión *f*

back pressure reaction *n*
Ger: Gegendruck *m*
Fre: réaction de contre-pression *f*
Spa: contrapresión *f*

back up assistance *n*
Ger: Rückfahrhilfe *f*
Fre: assistance de marche arrière *f*
Spa: dispositivo de ayuda de marcha atrás *m*

backfiring *n*
Ger: Saugrohrrückzündung *f*
Fre: retour d'allumage *m*
Spa: retorno de la llama por el tubo de admisión *m*

background noise (radio disturbance) *n*
Ger: rauschen (Funkstörung) *v*
Fre: bruit de fond (perturbation) *m*
Spa: tener ruidos de fondo (interferencia de radio) *v*

backing shell *n*
Ger: Stützschale *f*
Fre: coquille-support *f*
Spa: casquillo de apoyo *m*

backlash (gear) *n*
Ger: Flankenspiel (Zahnrad) *n*
Fre: jeu entre dents (engrenage) *m*
Spa: holgura de los flancos *f*

backrest adjuster *n*
Ger: Lehnenverstellung *f*
Fre: réglage du dossier de siège *m*
Spa: regulación de apoyabrazos *f*

backup mode (battery charge) *n*
Ger: Stützbetrieb (Batterieladung) *m*
Fre: mode « soutien » (charge de batterie) *m*
Spa: modo de apoyo (carga de batería) *m*

backup valve *n*
Ger: Rückhalteventil *n*
Fre: valve de secours *f*
Spa: válvula de retención *f*

baffle *n*
Ger: Pralltopf *m*
Fre: pot antichoc *m*
Spa: campana deformable *f*

baffle plate (pressure actuator) *n*
Ger: Prallplatte (Drucksteller) *f*
Fre: déflecteur (actionneur de pression) *m*
Spa: placa deflectora (ajustador de presión) *f*

baffle silencer *n*
Ger: Reflexionsschalldämpfer *m*
Fre: silencieux à réflexion *m*
Spa: silenciador de reflexión *m*

baffle surface (diesel fuel injection) *n*
Ger: Prallfläche (Dieseleinspritzung) *f*
Fre: surface d'impact (injection diesel) *f*
Spa: superficie de choque (inyección diesel) *f*

bainite stage *n*
Ger: Bainit-Stufe *f*
Fre: phase bainitique *f*
Spa: nivel de bainita *m*

balance weight *n*
Ger: Ausgleichgewicht *n*
Fre: contrepoids *m*
Spa: contrapeso *m*

balancer shaft *n*
Ger: Ausgleichswelle (*Vorgelegewelle*) *f*
Fre: arbre d'équilibrage (*arbre secondaire*) *m*
Spa: contraeje (*árbol intermediario*) *m*

balancing of inertial forces *n*
Ger: Massenkraftausgleich *m*
Fre: équilibrage des masses d'inertie *m*
Spa: compensación de fuerza de inercia *f*

balancing of masses *n*
Ger: Massenausgleich *m*
Fre: équilibrage des masses *m*
Spa: compensación de masas *f*

balancing port *n*
Ger: Ausgleichsbohrung *f*
Fre: orifice de compensation *m*
Spa: agujero de compensación *m*

ball and-socket bearing *n*
Ger: Kugelgelenklager *n*
Fre: articulation à rotules *f*
Spa: cojinete de bolas sobre rótula *m*

ball bearing *n*
Ger: Kugellager *n*
Fre: roulement à billes *m*
Spa: rodamiento de bolas *m*

ball bearing grease *n*
Ger: Kugellagerfett *n*
Fre: graisse à roulement *f*
Spa: grasa para rodamientos de bolas *f*

ball head *n*
Ger: Kugelkopf (*Kugelbolzen*) *m*
Fre: rotule *f*
Spa: cabeza esférica *f*

ball joint *n*
Ger: Kugelgelenk *n*
Fre: articulation sphérique *f*
Spa: articulación esférica *f*

ball pin *n*
Ger: Kugelbolzen *m*
Fre: axe sphérique *m*
Spa: perno de rótula *m*

ball pivot *n*
Ger: Kugelzapfen *m*
Fre: tourillon sphérique *m*
Spa: gorrón esférico *m*

ball valve *n*
Ger: Kugelventil *n*
Fre: clapet à bille *m*
Spa: válvula de bola *f*

ballast module (car alarm) *n*
Ger: Vorschaltmodul (Autoalarm) *m*
Fre: module de protection (alarme auto) *m*
Spa: módulo de reactancia (alarma de vehículo) *m*

ballast unit (gaseous-discharge lamp/ignition) *n*

Ger: Vorschaltgerät (Gasentladungslampe/ Zündung) *n*
Fre: module de commande (lampe à décharge dans un gaz) *m*
Spa: dispositivo cebador (lámpara descarga gas/encendido) *m*

banana plug *n*
Ger: Bananenstecker *m*
Fre: fiche banane *f*
Spa: enchufe banana *m*

bandpass *n*
Ger: Bandpass *m*
Fre: passe-bande *m*
Spa: pasabanda *m*

bandpass filter *n*
Ger: Bandpassfilter *m*
Fre: filtre passe-bande *m*
Spa: filtro pasabanda *m*

bandpass noise *n*
Ger: Bandpassrauschen *n*
Fre: bruit passe-bande *m*
Spa: ruido pasabanda *m*

bandwidth *n*
Ger: Bandbreite *f*
Fre: bande passante *f*
Spa: amplitud de banda *f*

bar winding *n*
Ger: Stabwicklung *f*
Fre: enroulement-tige *m*
Spa: devanado de barras *m*

bare chassis *n*
Ger: Fahrgestell *n*
Fre: châssis *m*
Spa: chasis *m*

barometer *n*
Ger: Luftdruckmesser *m*
Fre: manomètre d'air *m*
Spa: barómetro *m*

barometric capsule *n*
Ger: Barometerdose *f*
Fre: capsule barométrique *f*
Spa: cápsula barométrica *f*

barometric pressure and load-dependent start of delivery *n*
Ger: atmosphärendruck- und lastabhängiger Förderbeginn *m*
Fre: début de refoulement en fonction de la pression atmosphérique et de la charge *m*
Spa: comienzo del suministro dependiente de la presión atmosférica y de la carga *m*

barrel and-flange element (on-line fuel-injection pump) *n*
Ger: Flanschelement (Reiheneinspritzpumpe) *n*
Fre: élément de pompage à bride *m*
Spa: elemento de brida (bomba de inyección en serie) *m*

barrel tappet *n*
Ger: Tassenstößel *m*
Fre: poussoir à coupelle *m*
Spa: taqué hueco *m*

base electrode *n*
Ger: Basiselektrode *f*
Fre: électrode de base *f*
Spa: electrodo básico *m*

base material *n*
Ger: Grundwerkstoff *m*
Fre: matériau de base *m*
Spa: material base *m*

base plate *n*
Ger: Grundplatte *f*
Fre: embase *f*
Spa: placa base *f*

basic ignition timing *n*
Ger: Basiszündwinkel *m*
Fre: angle d'allumage de base *m*
Spa: ángulo de encendido básico *m*

basic injection *n*
Ger: Grund-Einspritzung *f*
Fre: injection de base *f*
Spa: inyección básica *f*

basic injection quantity *n*
Ger: Einspritzgrundmenge *f*
(Grundeinspritzmenge) *f*
Fre: débit d'injection de base *m*
Spa: caudal básico de inyección *m*

basic injection timing *n*
Ger: Grundeinspritzzeit *f*
Fre: durée d'injection de base *f*
Spa: tiempo de inyección básica *m*

basic material *n*
Ger: Ausgangsmaterial *n*
Fre: matériel de base *m*
Spa: material de partida *m*

basic position *n*
Ger: Ausgangsstellung *f*
Fre: position initiale *f*
Spa: posición inicial *f*

basic reflector *n*
Ger: Grundreflektor *m*
Fre: réflecteur de base *m*
Spa: reflector básico *m*

basic setting *n*
Ger: Grundeinstellung *f*
Fre: réglage de base *m*
Spa: ajuste básico *m*

battery *n*
Ger: Batterie *f*
Fre: batterie *f*
Spa: batería *f*

battery acid *n*
Ger: Akkumulatorensäure *f*
Fre: électrolyte d'accumulateur *m*
Spa: ácido de los acumuladores *m*

battery boost charger (battery) *n*
Ger: Schnelllader (Batterie) *m*
Fre: chargeur rapide *m*
Spa: cargador rápido (batería) *m*

battery cable *n*
Ger: Batteriekabel *n*
Fre: câble de batterie *m*
Spa: cable de la batería *m*

battery capacity *n*
Ger: Batteriekapazität *f*
Fre: capacité de batterie *f*
Spa: capacidad de la batería *f*

battery changeover *n*
Ger: Batterieumschaltung *f*
Fre: commutation de batteries *f*
Spa: conmutación de la batería *f*

battery changeover relay *n*
Ger: Batterieumschaltrelais *n*
Fre: inverseur de batteries *m*
Spa: relé de conmutación de la batería *m*

battery charge *n*
Ger: Batterieladung *f*
Fre: charge de la batterie (batterie) *f*
(charge) *f*
Spa: carga de la batería *f*

battery charge current (battery) *n*
Ger: Ladestrom (Batterie) *m*
(Batterieladestrom) *m*
Fre: courant de charge (batterie) *m*
(courant de charge de la batterie) *m*
Spa: corriente de carga (batería) *f*

battery charge level *n*
Ger: Batterieladezustand *m*
Fre: état de charge de la batterie *m*
Spa: estado de carga de la batería *m*

battery charge voltage *n*
Ger: Batterie-Ladespannung *f*
Fre: tension de charge de batterie *f*
Spa: tensión de carga de la batería *f*

battery charger *n*
Ger: Batterieladegerät *n*
(Ladegerät) *n*
Fre: chargeur de batterie (batterie) *m*
Spa: cargador de batería *m*

battery charging current *n*
Ger: Batterieladestrom *m*
Fre: courant de charge de batterie *m*
Spa: corriente de carga de la batería *f*

battery current *n*
Ger: Batteriestrom *m*
Fre: courant de batterie *m*
Spa: corriente de la batería *f*

battery cutoff relay *n*
Ger: Batterietrennrelais *n*
Fre: relais de découplage de batterie *m*
Spa: relé de la batería *m*

battery discharge *n*
Ger: Batterieentladung *f*
Fre: décharge de la batterie *f*
Spa: descarga de la batería *f*

English

battery disconnect switch *n*
Ger: Batterie-Trennschalter *m*
Fre: disjoncteur de batterie *m*
Spa: seccionador de batería *m*

battery distributor box *n*
Ger: Batterie-Verteilerkasten *m*
Fre: boîte de distribution de batterie *f*
Spa: caja de distribución de batería *f*

battery failure *n*
Ger: Batterieausfall *m*
Fre: panne de batterie *f*
Spa: fallo de la batería *m*

battery ignition (ignition) *n*
Ger: Batteriezündung (Zündung) *f*
Fre: allumage par batterie *m*
Spa: encendido por batería (encendido) *m*

battery jumper cable *n*
Ger: Starthilfskabel *n*
Fre: câble d'aide au démarrage *m*
Spa: cable de puente *m*

battery life *n*
Ger: Batterielebensdauer *f*
Fre: durée de vie de la batterie *f*
Spa: duración de la batería *f*

battery main switch *n*
Ger: Batteriehauptschalter *m*
Fre: commutateur général de batterie *m*
Spa: interruptor principal de la batería *m*

battery master switch *n*
Ger: Batterieschalter *m*
Fre: robinet de batterie *m*
Spa: interruptor de la batería *m*

battery negative pole *n*
Ger: Batterieminuspol *m*
Fre: pôle « moins » de la batterie *f*
Spa: polo negativo de la batería *m*

battery nut pliers *n*
Ger: Batteriezange *f*
Fre: pince crocodile *f*
Spa: pinzas de batería *fpl*

battery positive pole *n*
Ger: Batteriepluspol *m*
Fre: pôle « plus » de la batterie *f*
Spa: polo positivo de la batería *m*

battery protective cover *n*
Ger: Batterieabdeckkappe *f*
Fre: cache protège-batterie *m*
Spa: cubierta protectora de la batería *f*

battery puffer *n*
Ger: Akkupufferung *f*
Fre: alimentation tampon par accumulateur *f*
Spa: búfer de acumulador *m*

battery set *n*
Ger: Batterie-Set *n*
Fre: kit batterie *m*
Spa: juego de baterías *m*

battery terminal *n*
Ger: Batterieklemme *f*
(Anschlussklemme) *f*
Fre: cosse de batterie (batterie) *f*
Spa: borne de batería *m*

battery tray *n*
Ger: Batterietrog *m*
Fre: bac de batterie *m*
Spa: cubeta de la batería *f*

battery voltage *n*
Ger: Batteriespannung *f*
Fre: tension de batterie *f*
Spa: tensión de la batería *f*

battery wear indicator *n*
Ger: Batterieverschleißanzeige *f*
Fre: témoin d'usure de batterie *m*
Spa: indicación de desgaste de la batería *f*

bayonet catch *n*
Ger: Bajonettverschluss *m*
Fre: fermeture à baïonnette *f*
Spa: cierre de bayoneta *m*

bayonet connection *n*
Ger: Bajonettverbindung *f*
Fre: coupleur à baïonnette *m*
Spa: conexión de bayoneta *f*

bead *n*
Ger: Wulst *m*
Fre: talon *m*
Spa: talón *m*

beam expansion (headlamp) *n*
Ger: Strahlaufweitung (Scheinwerfer) *f*
Fre: divergence angulaire du faisceau *f*
Spa: ensanchamiento del chorro (faros) *m*

bearing *n*
Ger: Lager *n*
Fre: palier *m*
Spa: cojinete *m*

bearing cage (door control) *n*
Ger: Kugelkäfig (Türbetätigung) *m*
Fre: cage à billes (commande des portes) *f*
Spa: caja de bolas (accionamiento de puerta) *f*

bearing center *n*
Ger: Lagerachse *f*
Fre: axe de palier *m*
Spa: eje de cojinete *m*

bearing clearance *n*
Ger: Lagerspiel *n*
Fre: jeu de palier *m*
Spa: juego en el cojinete *m*

bearing flange *n*
Ger: Lagerflansch *m*
Fre: flasque-palier *m*
Spa: brida de cojinete *f*

bearing housing *n*
Ger: Lagergehäuse *n*
Fre: carter de palier *m*
Spa: alojamiento de cojinete *m*

bell shaped curve *n*
Ger: Glockenkurve *f*
Fre: courbe en cloche *f*
Spa: curva en forma de campana *f*

bellows *n*
Ger: Faltenbalg *m*
Fre: soufflet *m*
Spa: fuelle *m*

bellows pressure *n*
Ger: Balgdruck *m*
Fre: pression soufflet *f*
Spa: presión del fuelle *f*

belt cross section *n*
Ger: Riemenquerschnitt *m*
Fre: courroie en coupe *f*
Spa: sección transversal de correa *f*

belt drive *n*
Ger: Riemenantrieb *m*
Fre: entraînement par courroie *m*
Spa: accionamiento por correa *m*

belt drive *n*
Ger: Riementrieb *m*
Fre: transmission à courroie *f*
Spa: accionamiento por correa *m*

belt pretension *n*
Ger: Riemenvorspannung *f*
Fre: prétension de courroie *f*
Spa: pretensión de la correa *f*

belt pulley *n*
Ger: Riemenscheibe *f*
Fre: poulie d'entraînement *f*
Spa: polea *f*

belt reel *n*
Ger: Gurtrolle *f*
Fre: enrouleur du prétensionneur *m*
Spa: rollo de cinturón *m*

belt runout *n*
Ger: Riemenüberstand *m*
Fre: porte-à-faux de la courroie *m*
Spa: saliente de la correa *f*

belt slip *n*
Ger: Riemenschlupf *m*
Fre: glissement de courroie *m*
Spa: resbalamiento de correa *m*

belt tensioner *n*
Ger: Riemenspanner *m*
Fre: tendeur de courroie *m*
Spa: tensor de correa *m*

belt width *n*
Ger: Riemenbreite *f*
Fre: largeur de courroie *f*
Spa: anchura de correa *f*

bend *n*
Ger: Biegung *f*
Fre: flexion *f*
Spa: flexión *f*

bending beam *n*
Ger: Biegebalken *m*
Fre: barreau sollicité en flexion *m*
Spa: barra de flexión *f*

English

bending moment ***n***
Ger: Biegemoment *n*
Fre: moment de flexion *m*
Spa: momento flector *m*

bending strength ***n***
Ger: Biegefestigkeit *f*
Fre: résistance à la flexion *f*
Spa: resistencia a la flexión *f*

bending stress ***n***
Ger: Biegebeanspruchung *f*
Fre: sollicitation en flexion *f*
Spa: solicitación a flexión *f*

bending stress ***n***
Ger: Biegespannung *f*
Fre: contrainte en flexion *f*
Spa: esfuerzo de flexión *m*

Bendix type starter ***n***
Ger: Schraubtrieb-Starter *m*
Fre: démarreur à lanceur à inertie *m*
Spa: motor de arranque tipo Bendix *m*

bevel gear ***n***
Ger: Kegelrad *n*
Fre: roue conique *f*
Spa: piñón cónico *m*

bevel gear ring ***n***
Ger: Kegelradgetriebe *n*
Fre: engrenage conique *m*
Spa: engranaje de ruedas cónicas *m*

bevel gear set ***n***
Ger: Kegelradsatz *m*
Fre: couple conique *m*
Spa: juego de ruedas cónicas *m*

bifocal reflector (headlamp) ***n***
Ger: Bifokalreflektor (Scheinwerfer) *m*
Fre: réflecteur bifocal *m*
Spa: reflector bifocal (faros) *m*

bimetallic element ***n***
Ger: Bi-Metall *n*
Fre: élément bilame *m*
Spa: bimetal *m*

bimetallic thermometer ***n***
Ger: Bimetallthermometer *n*
Fre: thermomètre à bilame *m*
Spa: termómetro bimetálico *m*

binder ***n***
Ger: Bindemittel *n*
Fre: liant *m*
Spa: aglutinante *m*

bingham body ***n***
Ger: Bingham-Körper *m*
Fre: corps plastique de Bingham *m*
Spa: cuerpo Bingham *m*

bipolar plate ***n***
Ger: Bipolarplatte *f*
Fre: plaque bipolaire *f*
Spa: placa bipolar *f*

bipolar technology ***n***
Ger: Bipolartechnik *f*
Fre: technique bipolaire *f*
Spa: técnica bipolar *f*

bi-pressure pump ***n***
Ger: Bidruckpumpe *f*
Fre: pompe bi-pression *f*
Spa: bomba de doble presión *f*

bit rate (CAN) ***n***
Ger: Übertragungsrate (CAN) *f*
Fre: débit de transmission (multiplexage) *m*
Spa: velocidad de transferencia (CAN) *f*

bi-xenon (leadlamp) ***n***
Ger: Bi-Xenon (Scheinwerfer) *n*
Fre: bi-xénon (projecteur) *m*
Spa: bixenón (faros) *m*

black smoke ***n***
Ger: Schwarzrauch *m*
Fre: fumées noires *fpl*
Spa: humo negro *m*

blackening ***n***
Ger: Schwärzung *f*
Fre: noircissement *m*
Spa: ennegrecimiento *m*

blade ***n***
Ger: Leitschaufel *f*
Fre: aube fixe *f*
Spa: pala directriz *f*

blade ring (electric fuel pump) ***n***
Ger: Schaufelkranz (Elektrokraftstoffpumpe) *m*
Fre: couronne à palettes (pompe électrique à carburant) *f*
Spa: corona de álabes (bomba eléctrica de combustible) *f*

blade terminal ***n***
Ger: Flachstecker *m*
Fre: fiche plate *f*
Spa: enchufe plano *m*

blade wheel (hydrodynamic retarder) ***n***
Ger: Schaufelrad (hydrodynamischer Verlangsamer) *n*
Fre: roue à palettes (ralentisseur hydrodynamique) *f*
Spa: rueda de álabes (retardador hidrodinámico) *f*

blading ***n***
Ger: Beschaufelung *f*
Fre: aubage *m*
Spa: paletas *fpl*

bleed ***v***
Ger: entlüften *v*
Fre: purger *f*
(dégazage) *m*
Spa: purgar aire *v*

bleed brake system ***n***
Ger: Bremsanlage entlüften *f/v*
Fre: purge du système de freinage *f*
Spa: purgar sistema de frenos *v*

bleed cock ***n***
Ger: Entlüftungshahn *m*
Fre: robinet de purge *m*
Spa: llave de purga de aire *f*

bleed hose ***n***
Ger: Entlüftungsschlauch *m*
Fre: flexible de purge *m*
Spa: manguera de purga de aire *f*

bleed screw ***n***
Ger: Entlüftungsschraube *f*
Fre: vis de purge d'air *f*
Spa: tornillo de purga de aire *m*

bleeder valve ***n***
Ger: Entlüfterventil *n*
Fre: vanne de purge *f*
Spa: válvula de purga de aire *f*

bleeder valve ***n***
Ger: Entlüftungsventil *n*
(Entgasungsventil) *n*
Fre: valve de purge air *f*
(valve de dégazage) *f*
Spa: válvula de purga de aire *f*

bleeding ***n***
Ger: Ausblutung *f*
Fre: ressuage *m*
Spa: sangrado *m*

bleeding device ***n***
Ger: Entlüftergerät *n*
Fre: appareil de purge *m*
Spa: aparato de purga de aire *m*

bleeding procedure ***n***
Ger: Entmischungsvorgang *m*
Fre: phénomène de démixtion *m*
Spa: proceso de segregación *m*

bleeding process ***n***
Ger: Entlüftungsvorgang *m*
Fre: procédure de purge *f*
Spa: proceso de purga de aire *m*

blind hole (fuel injector) ***n***
Ger: Sackloch (Einspritzventil) *n*
Fre: trou borgne (injecteur) *m*
(sac d'injecteur) *m*
Spa: agujero ciego (válvula de inyección) *m*

blind hole nozzle ***n***
Ger: Sacklochdüse *f*
Fre: injecteur à trou borgne *m*
Spa: inyector de agujero ciego *m*

blind hole pumping element ***n***
Ger: Sacklochelement *n*
Fre: élément à trou borgne *m*
Spa: elemento de agujero ciego *m*

blister pack ***n***
Ger: Blisterverpackung *f*
Fre: emballage blister *m*
Spa: envase blister *m*

block diagram ***n***
Ger: Blockschaltbild *n*
(Übersichtsschaltplan) *m*
Fre: schéma synoptique *m*
Spa: diagrama de bloques *m*

blockage ***n***
Ger: Verstopfung *f*
Fre: colmatage *m*
Spa: taponamiento *m*

blocking diode *n*
Ger: Sperrdiode *f*
Fre: diode d'isolement *f*
Spa: diodo de bloqueo *m*

blocking oil inlet passage *n*
Ger: Sperrölzulaufbohrung *f*
Fre: orifice d'admission du carburant de barrage *m*
Spa: orificio de entrada de aceite de bloqueo *m*

blow off (pressure regulator) *v*
Ger: abblasen (Druckregler) *v*
Fre: échappement d'air (régulateur de pression) *m*
Spa: descargar aire (regulador de presión) *v*

blow off fitting (pressure regulator) *n*
Ger: Abblasestutzen (Druckregler)
(Ablassstutzen) *m*
Fre: tubulure d'échappement (régulateur de pression) *f*
Spa: tubuladura de descarga (regulador de presión) *f*

blow off noise (pressure regulator) *n*
Ger: Abblasgeräusch (Druckregler) *n*
Fre: bruit d'échappement (régulateur de pression) *m*
Spa: ruido de descarga de aire (regulador de presión) *m*

blow off valve *n*
Ger: Ausblaseventil *n*
(Druckablassventil) *n*
(Überdruckventil) *n*
Fre: soupape de décharge *f*
Spa: válvula de soplado *f*

blowby gas *n*
Ger: Leckgas *n*
Fre: gaz de fuite *mpl*
Spa: gas de fuga *m*

blower control unit *n*
Ger: Gebläseregler *m*
Fre: régulateur de ventilateur *m*
Spa: regulador del soplador *m*

blower motor *n*
Ger: Gebläsemotor *m*
Fre: moteur de soufflante *m*
Spa: motor del soplador *m*

blower stage switch *n*
Ger: Gebläsestufenschalter *m*
Fre: bouton rotatif de débit d'air *m*
Spa: conmutador de nivel del soplador *m*

blowout magnet (power relay) *n*
Ger: Blasmagnet (Leistungsrelais) *m*
Fre: aimant de soufflage (relais de puissance) *m*
Spa: imán de soplado (relé de potencia) *m*

blue smoke *n*
Ger: Blaurauch *m*
Fre: fumées bleues *fpl*
Spa: humo azul *m*

bobbin (ignition coil) *n*
Ger: Wickelkörper (Zündspule) *m*
Fre: corps d'enroulement (bobine d'allumage) *m*
Spa: bobina (bobina de encendido) *f*

body electrics *n*
Ger: Karosserie-Elektrik *f*
Fre: électricité de carrosserie *f*
Spa: electricidad de la carrocería *f*

body electronics *n*
Ger: Karosserie-Elektronik *f*
Fre: électronique de carrosserie *f*
Spa: electrónica de la carrocería *f*

boiler *n*
Ger: Kessel *m*
Fre: chaudière *f*
Spa: cuba *f*

boiling point *n*
Ger: Siedepunkt *m*
Fre: point d'ébullition *m*
Spa: punto de ebullición *m*

boiling range *n*
Ger: Siedebereich *m*
Fre: domaine d'ébullition *m*
Spa: margen de ebullición *m*

boiling temperature *n*
Ger: Siedetemperatur *f*
Fre: température d'ébullition *f*
Spa: temperatura de ebullición *f*

bonded connection *n*
Ger: Bondanschluss *m*
Fre: fil de liaison par soudure anodique *m*
Spa: conexión por adherencia *f*

boost air *n*
Ger: Ladeluft *f*
Fre: air de suralimentation *m*
Spa: aire de sobrealimentación *m*

boost charge (battery) *n*
Ger: Schnellladung (Batterie) *f*
(Rapidladung) *f*
Fre: charge rapide (batterie) *f*
Spa: carga rápida (batería) *f*

boost effect *n*
Ger: Nachladeeffekt *m*
Fre: effet de « post-charge » *m*
Spa: efecto de recarga *m*

boost factor (brake booster) *n*
Ger: Verstärkungsfaktor (Bremskraftverstärker) *m*
Fre: effet de renforcement de freinage (servofrein) *m*
Spa: factor de amplificación (servofreno) *m*

boost pressure control *n*
Ger: Ladedruckregelung *f*
Fre: régulation de la pression de suralimentation *f*
Spa: regulación de presión de sobrealimentación *f*

boost pressure control signal *n*
Ger: Ladedrucksteuersignal *n*
Fre: signal de commande pression de suralimentation *m*
Spa: señal de control de presión de sobrealimentación *f*

boost pressure control valve *n*
Ger: Ladedruckregelventil *n*
(Überströmventil) *n*
Fre: valve de décharge *f*
Spa: válvula reguladora de presión de sobrealimentación *f*

boost pressure sensor, BPS *n*
Ger: Ladedruckfühler *m*
Fre: capteur de pression de suralimentation *m*
Spa: sensor de presión de sobrealimentación *m*

boost pressure temperature *n*
Ger: Ladeluft-Temperatur *f*
Fre: température de l'air de suralimentation *f*
Spa: temperatura del aire de sobrealimentación *f*

boost retarder *n*
Ger: Hochtriebretarder *m*
Fre: ralentisseur surmultiplié *m*
Spa: retardador multiplicador *m*

booster chamber *n*
Ger: Verstärkerraum *m*
Fre: chambre d'amplification *f*
Spa: cámara de amplificación *f*

booster cylinder *n*
Ger: Vorspannzylinder *m*
Fre: cylindre d'assistance *m*
Spa: cilindro de presión previa *m*

booster piston *n*
Ger: Verstärkerkolben *m*
Fre: piston amplificateur *m*
Spa: pistón amplificador *m*

bore (engine cylinder) *n*
Ger: Bohrung (Motorzylinder) *f*
Fre: alésage (cylindre moteur) *m*
Spa: taladro (cilindro de motor) *m*

boron treatment *n*
Ger: Borieren *n*
Fre: boruration *f*
Spa: tratamiento con boro *m*

bottom dead center, BDC *n*
Ger: Unterer Totpunkt, UT *m*
Fre: point mort bas, PMB *m*
Spa: punto muerto inferior *m*

bottom rail (battery) *n*
Ger: Bodenleiste (Batterie) *f*
Fre: rebord de fixation (cylindre moteur) *m*
Spa: reborde de fijación (batería) *m*

bounce time (relay) *n*

English

Ger: Prellzeit (Relais) *f*
Fre: temps de rebondissement (relais) *m*
Spa: tiempo de rebote (relé) *m*

boundary friction ***n***
Ger: Grenzreibung *f*
Fre: frottement limite *m*
Spa: fricción límite *f*

boundary layer ***n***
Ger: Grenzschicht *f*
Fre: couche interfaciale *f*
Spa: capa límite *f*

Bowden cable ***n***
Ger: Bowdenzug *m*
(Seilzug) *m*
Fre: câble sous gaine *m*
Spa: cable Bowden *m*

Bowden cable ***n***
Ger: Seilzug *m*
(Bowdenzug) *m*
Fre: transmission à câble souple *f*
Spa: cable Bowden *m*

box type fuel filter ***n***
Ger: Boxfilter *n*
Fre: filtre-box *m*
Spa: filtro-box *m*

b-pillar ***n***
Ger: B-Säule *f*
Fre: pied de caisse milieu (montant B) *m*
Spa: pilar B *m*

bracket clamp (wipers) ***n***
Ger: Bügelkralle (Wischer) *f*
Fre: griffe de palonnier (essuie-glace) *f*
Spa: garra tipo estribo (limpiaparabrisas) *f*

brake ***n***
Ger: Bremse *f*
Fre: frein *m*
Spa: freno *m*

brake adjustment ***n***
Ger: Bremsennachstellung *f*
Fre: rattrapage de jeu (frein) *m*
Spa: ajuste de frenos *m*

brake anchor plate ***n***
Ger: Bremsträger *m*
Fre: support de frein (frein) *m*
Spa: placa portafrenos *f*

brake applied mode ***n***
Ger: Bremsstellung *f*
Fre: position de freinage *f*
Spa: posición de frenos aplicados *f*

brake assistant ***n***
Ger: Bremsassistent *m*
Fre: assistance au freinage *f*
Spa: asistente de frenado *m*

brake balance ***n***
Ger: Bremsenabstimmung *f*
Fre: adaptation des freins (aux différents véhicules) *f*
Spa: calibración de frenos *f*

brake band ***n***
Ger: Bremsband *n*
Fre: bande de frein *f*
Spa: cinta de freno *f*

brake booster (passenger car) ***n***
Ger: Bremskraftverstärker (Pkw) *m*
Fre: servofrein (voiture) *m*
Spa: amplificador de la fuerza de frenado (turismo) *m*

brake cable ***n***
Ger: Bremsseil *n*
Fre: câble de frein *m*
Spa: cable de freno *m*

brake cable (parking brake) ***n***
Ger: Seilzug (Feststellbremse) *m*
(Bremsseil) *n*
Fre: câble de frein (frein de stationnement) *m*
Spa: cable de freno (freno de estacionamiento) *m*

brake calibration ***n***
Ger: Bremsabstimmung *f*
Fre: équilibrage des freins *m*
Spa: calibración de frenos *f*

brake caliper ***n***
Ger: Bremssattel *m*
Fre: étrier de frein à disque *m*
Spa: pinza de freno *f*

brake caliper set ***n***
Ger: Bremssattel-Set *n*
Fre: kit d'étrier de frein *m*
Spa: juego de pinzas de freno *m*

brake cam ***n***
Ger: Bremsnocken *m*
Fre: came de frein *f*
Spa: leva de freno *f*

brake circuit ***n***
Ger: Bremskreis *m*
Fre: circuit de freinage *m*
Spa: circuito de freno *m*

brake circuit configuration ***n***
Ger: Bremskreisaufteilung *f*
Fre: répartition des circuits de freinage *f*
Spa: configuración del circuito de freno *f*

brake coefficient ***n***
Ger: Bremsenkennwert *m*
Fre: facteur de frein *m*
Spa: característica de frenado *f*

brake contact ***n***
Ger: Bremskontakt *m*
Fre: contacteur de freins *m*
Spa: contacto de freno *m*

brake control circuit (TCS) ***n***
Ger: Bremsregelkreis (ASR) *m*
Fre: circuit de régulation du freinage (ASR) *m*
Spa: circuito de regulación de frenado (ASR) *m*

brake control function ***n***
Ger: Bremsregelfunktion *f*
Fre: fonction de régulation de freinage *f*
Spa: función de regulación de frenado *f*

brake control linkage ***n***
Ger: Bremsgestänge *n*
Fre: timonerie de frein *f*
Spa: varillaje de freno *m*

brake control linkage ***n***
Ger: Bremsgestänge *n*
Fre: timonerie de frein *f*
Spa: varillaje de freno *m*

brake control system ***n***
Ger: Bremsregelung *f*
Fre: régulation de freinage *f*
Spa: regulación de frenado *f*

brake controller (TCS) ***n***
Ger: Bremsregler (ASR) *m*
Fre: régulateur de freinage (ASR) *m*
Spa: regulador de frenado (ASR) *m*

brake cooling ***n***
Ger: Bremskühlung *f*
Fre: refroidissement des freins *m*
Spa: refrigeración de frenos *f*

brake cover plate (brakes) ***n***
Ger: Bremsabdeckblech *n*
Fre: tôle de protection des freins *f*
Spa: chapa cobertera de freno *f*

brake cycle ***n***
Ger: Bremszyklus *m*
Fre: cycle de freinage *m*
Spa: ciclo de frenado *m*

brake cylinder ***n***
Ger: Bremszylinder *m*
Fre: cylindre de frein *m*
Spa: cilindro de freno *m*

brake cylinder pressure ***n***
Ger: Bremszylinderdruck *m*
Fre: pression dans le cylindre de frein *f*
Spa: presión de cilindro de freno *f*

brake disc ***n***
Ger: Bremsscheibe *f*
Fre: disque de frein *m*
Spa: disco de freno *m*

brake drum ***n***
Ger: Bremstrommel *f*
(Trommel) *f*
Fre: tambour de frein (frein) *m*
Spa: tambor de freno *m*

brake dust ***n***
Ger: Bremsabrieb *m*
Fre: traces d'abrasion dues au freinage *fpl*
Spa: finos de abrasión de frenado *mpl*

brake dynamometer ***n***
Ger: Bremsprüfstand (Bremsenprüfstand) *m*
Fre: banc d'essai de freinage *m*
Spa: banco de pruebas de frenos (banco de pruebas de frenos) *m*

brake energy ***n***

English

Ger: Bremsenergie *f*
Fre: énergie de freinage *f*
Spa: energía de frenado *f*

brake equipment ***n***
Ger: Bremsausrüstung *f*
Fre: équipement de freinage *m*
Spa: equipo de frenos *m*

brake equipment test bench ***n***
Ger: Bremsaggregateprüfstand *m*
Fre: banc d'essai pour équipement pneumatique de freinage *m*
Spa: banco de pruebas para el grupo de frenos *m*

brake fluid ***n***
Ger: Bremsflüssigkeit *f*
Fre: liquide de frein *m*
Spa: líquido de frenos *m*

brake fluid level ***n***
Ger: Bremsflüssigkeitsstand *m*
Fre: niveau de liquide de frein *m*
Spa: nivel del líquido de frenos *m*

brake fluid level sensor ***n***
Ger: Bremsflüssigkeitsniveau-sensor *m*
Fre: capteur de niveau de liquide de frein *m*
Spa: sensor de nivel del líquido de frenos *m*

brake fluid reservoir ***n***
Ger: Bremsflüssigkeitsbehälter *m*
Fre: réservoir de liquide de frein *m*
Spa: depósito de líquido de frenos *m*

brake force differential lock ***n***
Ger: Brems-Differenzialsperre *f*
Fre: blocage du différentiel *m*
Spa: bloqueo diferencial de la fuerza de frenado *m*

brake force regulator ***n***
Ger: Bremskraftregler *m*
Fre: modulateur de freinage *m*
Spa: regulador de la fuerza de frenado *m*

brake hose ***n***
Ger: Bremsschlauch *m*
Fre: flexible de frein *m*
Spa: latiguillo de freno *m*

brake hydraulics ***n***
Ger: Bremshydraulik *f*
Fre: hydraulique de freinage *f*
Spa: sistema hidráulico de los frenos *m*

brake intervention (TCS) ***n***
Ger: Bremseneingriff (ASR) *m*
Fre: intervention sur les freins (ASR) *f*
Spa: intervención del sistema de frenos (ASR) *f*

brake lever ***n***
Ger: Bremshebel *m*
Fre: levier de frein *m*
Spa: palanca de freno *f*

brake line ***n***
Ger: Bremsleitung *f*
Fre: conduite de frein (en général) *f*
Spa: tubería de freno *f*

brake lining (drum brake) ***n***
Ger: Bremsbelag (Trommelbremse) *m*
Fre: garniture de frein *f*
Spa: forro de freno (freno de tambor) *m*

brake master cylinder, BMC ***n***
Ger: Hauptbremszylinder *m*
(Hydraulik-Hauptzylinder) *m*
Fre: maître-cylindre de frein *m*
(maître-cylindre de frein hydraulique) *m*
Spa: cilindro principal de freno *m*

brake overheating ***n***
Ger: Bremsen-Überhitzung *f*
Fre: surchauffe des freins *f*
Spa: sobrecalentamiento de frenos *m*

brake pad (disc brake) ***n***
Ger: Bremsbelag (Scheibenbremse) *m*
Fre: garniture de frein *f*
Spa: pastilla de freno (freno de disco) *f*

brake pad wear sensor ***n***
Ger: Bremsbelagverschleißsensor *m*
Fre: capteur d'usure des garnitures de frein *m*
Spa: sensor de desgaste de pastilla de freno *m*

brake pad wear warning lamp ***n***
Ger: Bremsbelagverschleiß-Warnleuchte *f*
Fre: témoin d'avertissement d'usure des garnitures de frein *m*
Spa: luz de aviso de desgaste de pastilla de freno *f*

brake pedal ***n***
Ger: Bremspedal *n*
Fre: pédale de frein *f*
Spa: pedal de freno *m*

brake piston ***n***
Ger: Bremskolben *m*
Fre: piston de frein *m*
Spa: pistón de freno *m*

brake pliers ***n***
Ger: Bremszange *f*
Fre: étrier de frein *m*
Spa: mordaza de freno *f*
(caliper) *m*

brake pressure ***n***
Ger: Bremsdruck *m*
Fre: pression de freinage *f*
Spa: presión de frenado *f*

brake pressure control ***n***
Ger: Bremsdruckregelung *f*
Fre: régulation de la pression de freinage *f*
Spa: regulación de la presión de frenado *f*

brake pressure control ***n***
Ger: Bremskraftregelung *f*
(Bremskraftzumessung) *f*
Fre: régulation de la force de freinage *f*
(modulation de la force de freinage) *f*
Spa: regulación de la fuerza de frenado *f*

brake pressure modulation ***n***
Ger: Bremsdruckmodulation *f*
Fre: modulation de la force de freinage *f*
Spa: modulación de la presión de frenado *f*

brake pressure sensor ***n***
Ger: Bremsdrucksensor *m*
Fre: capteur de pression de freinage *m*
Spa: sensor de la presión de frenado *m*

brake pressure sensor ***n***
Ger: Vordrucksensor *m*
Fre: capteur de pression d'alimentation *m*
Spa: sensor de la presión previa *m*

brake pressure tester ***n***
Ger: Bremsdruckprüfgerät *n*
Fre: testeur de pression de freinage *m*
Spa: comprobador de la presión de frenado *m*

brake repair service ***n***
Ger: Bremsendienst *m*
Fre: service « freins » *m*
Spa: servicio de frenos *m*

brake response ***n***
Ger: Bremsenansprechung *f*
Fre: réponse initiale des freins *f*
Spa: reacción de los frenos *f*

brake response time ***n***
Ger: Bremsenansprechdauer *f*
Fre: temps de réponse des freins *m*
Spa: tiempo de reacción de los frenos *m*

brake servo-unit cylinder (commercial vehicles) ***n***
Ger: Bremsverstärker (Nfz) *m*
Fre: cylindre de servofrein (véhicules utilitaires) *m*
Spa: servofreno (vehículo industrial) *m*

brake shoe ***n***
Ger: Bremsbacke *f*
Fre: segment de frein *m*
Spa: zapata de freno *f*

brake shoe pin bushing ***n***
Ger: Bremsbackenlager *n*

Fre: coussinet d'axe de segment de frein *m*
Spa: apoyo de las zapatas de freno *m*

brake shoe set ***n***
Ger: Bremsbackensatz *m*
Fre: jeu de segments de frein *m*
Spa: juego de zapatas de freno *m*

brake slip ***n***
Ger: Bremsschlupf *m*
Fre: glissement au freinage *m*
Spa: resbalamiento de frenos *m*

brake specifications ***npl***
Ger: Bremskenndaten *fpl*
Fre: caractéristiques du freinage *fpl*
Spa: especificaciones de los frenos *fpl*

brake system ***v***
Ger: Bremsanlage *f*
Fre: dispositif de freinage *m*
Spa: sistema de frenos *m*

brake test ***n***
Ger: Bremsenprüfung *f*
Fre: essai de freinage *m*
Spa: comprobación de frenos *f*

brake test ***n***
Ger: Bremsprüfung *f*
Fre: essai des freins *m*
Spa: comprobación de frenos *f*

brake tester ***n***
Ger: Bremsentester *m*
Fre: contrôleur de freins *m*
Spa: comprobador de frenos *m*

brake vacuum sensor ***n***
Ger: Brems-Unterdrucksensor *m*
Fre: capteur de frein à dépression *m*
Spa: sensor de depresión de freno *m*

brake valve ***n***
Ger: Bremsventil *n*
Fre: valve de frein *f*
Spa: válvula de freno *f*

brake warning lamp ***n***
Ger: Bremsen-Warnleuchte *f*
Fre: témoin d'avertissement des freins *m*
Spa: luz de aviso de frenos *f*

brake wear sensor ***n***
Ger: Bremsverschleißsensor *m*
Fre: capteur d'usure des freins *m*
Spa: sensor de desgaste de freno *m*

brake winding ***n***
Ger: Bremswicklung *f*
Fre: enroulement de freinage *m*
Spa: bobina de freno *f*

braking deceleration ***n***
Ger: Bremsverzögerung *f*
Fre: décélération au freinage *f*
Spa: deceleración de frenado *f*

braking deceleration (braking action) ***n***
Ger: Verzögerung (Bremsvorgang) *f*
(Bremsverzögerung) *f*
Fre: décélération de freinage (effet de freinage) *f*
Spa: deceleración (proceso de frenado) *f*

braking distance ***n***
Ger: Bremsweg *m*
Fre: distance de freinage *f*
Spa: distancia de frenado *f*

braking effect ***n***
Ger: Bremswirkung *f*
Fre: effet de freinage *m*
Spa: efecto de frenado *m*

braking factor ***n***
Ger: Abbremsung *f*
Fre: taux de freinage *m*
Spa: efecto de frenado *m*

braking force ***n***
Ger: Bremskraft *f*
Fre: force de freinage *f*
Spa: fuerza de frenado *f*

braking force adjustment ***n***
Ger: Bremskraftanpassung *f*
Fre: adaptation de la force de freinage *f*
Spa: ajuste de la fuerza de frenado *m*

braking force control ***n***
Ger: Bremskraftsteuerung *f*
Fre: commande de la force de freinage *f*
Spa: control de la fuerza de frenado *m*

braking force distribution ***n***
Ger: Bremskraftverteilung *f*
(Bremskraftaufteilung) *f*
Fre: répartition de la force de freinage *f*
Spa: distribución de la fuerza de frenado *f*

braking force limiter ***n***
Ger: Bremskraftbegrenzer *m*
Fre: limiteur de force de freinage *m*
Spa: limitador de la fuerza de frenado *m*

braking force metering device ***n***
Ger: Bremskraftverteiler *m*
Fre: répartiteur de force de freinage *m*
Spa: distribuidor de la fuerza de frenado *m*

braking force reducer ***n***
Ger: Bremskraftminderer *m*
Fre: réducteur de freinage *m*
Spa: reductor de la fuerza de frenado *m*

braking heat ***n***
Ger: Bremswärme *f*
Fre: chaleur de freinage *f*
Spa: calor de frenado *m*

braking hysteresis ***n***
Ger: Bremshysterese *f*
Fre: hystérésis du freinage *f*
Spa: histéresis de frenado *f*

braking on upgrade ***n***
Ger: Bergaufbremsen *n*
Fre: freinage en côte *m*
Spa: frenado cuesta arriba *m*

braking resistance ***n***
Ger: Bremswiderstand *m*
Fre: résistance de freinage *f*
Spa: resistencia de freno *f*

braking response ***n***
Ger: Bremsverhalten *n*
Fre: comportement au freinage *m*
Spa: comportamiento de frenado *m*

braking rotor ***n***
Ger: Bremsrotor *m*
Fre: rotor de freinage *m*
Spa: rotor de frenado *m*

braking stator ***n***
Ger: Bremsstator *m*
Fre: stator de freinage *m*
Spa: estator de frenado *m*

braking system special inspection ***n***
Ger: Bremsensonder-untersuchung *f*
Fre: contrôle spécial des freins *m*
Spa: inspección especial del sistema de frenos *f*

braking time ***n***
Ger: Bremszeit *f*
(Bremsdauer) *f*
(Gesamtbremsdauer) *f*
Fre: temps de freinage *m*
(temps total de freinage) *m*
Spa: tiempo de frenado *m*

braking to a standstill ***n***
Ger: Stoppbremsung *f*
Fre: freinage d'arrêt *m*
Spa: frenada de parada *f*

braking torque ***n***
Ger: Bremsmoment *n*
Fre: couple de freinage *m*
Spa: par de frenado *m*

braking value sensor ***n***
Ger: Bremswertsensor *m*
Fre: capteur de freinage *m*
Spa: sensor del valor de frenado *m*

brass ***n***
Ger: Messing *n*
Fre: laiton *m*
Spa: latón *m*

break away (motor vehicle) ***v***
Ger: ausbrechen (Kfz) *v*
Fre: chasser (véhicule) *v*
Spa: derrapar (automóvil) *v*

break point ***n***
Ger: Knickpunkt *m*
Fre: coude (courbe caractéristique) *m*
Spa: punto de flexión *m*

breakaway characteristic (diesel fuel injection) ***n***

English

Ger: Abregelverlauf (Dieseleinspritzung) *m*
Fre: caractéristique de coupure de débit *f*
Spa: característica de la limitación reguladora (inyección diesel) *f*

breakaway delivery (diesel fuel injection) *n*
Ger: Abregelmenge (Dieseleinspritzung) *f*
Fre: débit au moment de la coupure *m*
Spa: caudal de limitación reguladora (inyección diesel) *m*

breakaway edge (ignition) *n*
Ger: Abreißkante (Zündung) *f*
Fre: arête de rupture *f*
Spa: arista de ruptura (encendido) *f*

breakaway range (diesel fuel injection) *n*
Ger: Abregelbereich (Dieseleinspritzung) *m*
Fre: plage de coupure de débit *f*
Spa: rango de la limitación reguladora (inyección diesel) *m*

breakaway speed (diesel fuel injection) *n*
Ger: Abregeldrehzahl (Dieseleinspritzung) *f*
(Drehzahl im Abregelpunkt) *f*
Fre: régime de coupure *m*
Spa: régimen de limitación reguladora (inyección diesel) *m*
(número de revoluciones en el punto de limitación) *m*

breakaway torque (electric motor) *n*
Ger: Anzugsmoment (Elektromotor) *n*
Fre: couple de démarrage *m*
Spa: par de rotor bloqueado (motor eléctrico) *m*

breakdown call *n*
Ger: Pannenruf *m*
Fre: appel de dépannage *m*
Spa: llamada en caso de avería *f*

breakdown voltage *n*
Ger: Durchschlagspannung *f*
(Durchbruchspannung) *f*
Fre: tension de claquage *f*
Spa: tensión de ruptura dieléctrica *f*

breaker cam (ignition) *n*
Ger: Unterbrechernocken (Zündung) *m*
Fre: came de rupteur (allumage) *f*
Spa: leva de ruptor (encendido) *f*

breaker disc (ignition) *n*
Ger: Unterbrecherscheibe (Zündung) *f*
Fre: plateau de rupteur (allumage) *m*
Spa: disco de ruptor (encendido) *m*

breaker lever (ignition) *n*
Ger: Unterbrecherhebel (Zündung) *m*
Fre: linguet (allumage) *m*
Spa: palanca de ruptor (encendido) *f*

breather valve *n*
Ger: Belüftungsventil *n*
Fre: valve de ventilation *f*
Spa: válvula de ventilación *f*

breathing space (diaphragm) *n*
Ger: Atmungsraum (Membran) *m*
Fre: côté secondaire (cylindre à membrane) *m*
Spa: espacio de respiración (membrana) *m*

bridge circuit *n*
Ger: Brückenschaltung *f*
Fre: circuit en pont *m*
Spa: conmutación por puente *f*

brittleness *n*
Ger: Versprödung *f*
Fre: fragilisation *f*
Spa: fragilización *f*

broad band antenna *n*
Ger: Breitbandantenne *f*
Fre: antenne à large bande *f*
Spa: antena de banda ancha *f*

broad band limit value *n*
Ger: Breitbandgrenzwert *m*
Fre: valeur limite du spectre à large bande *f*
Spa: valor límite de banda ancha *m*

broadband interference *n*
Ger: Breitbandstörung *f*
Fre: perturbation à large bande *f*
Spa: interferencia de banda ancha *f*

broadband interferer *n*
Ger: Breitbandstörer *m*
Fre: perturbateur à bande large *m*
Spa: fuente de interferencias de banda ancha *f*

broadband lambda sensor *n*
Ger: Breitband-Lambdasonde *f*
Fre: sonde à oxygène à large bande *f*
Spa: sonda Lambda de banda ancha *f*

broadband noice test *n*
Ger: Breitband-Rauschprüfung *f*
Fre: contrôle de bruit large bande *m*
Spa: ensayo de ruidos de banda ancha *m*

broadband sensor *n*
Ger: Breitbandsonde *f*
Fre: sonde à large bande *f*
Spa: sonda de banda ancha *f*

brush arcing *n*
Ger: Bürstenfeuer *n*
Fre: étincelles de commutation (aux balais) *fpl*
Spa: chispeo entre escobillas y anillos *m*

brush holder *n*
Ger: Bürstenhalter (Akustik CAE) *m*
Fre: porte-balais *m*
Spa: portaescobillas (acústica CAE) *f*

brush holder *n*
Ger: Bürstenträger *m*
(Bürstenhalter) *m*
Fre: porte-balais *m*
Spa: portaescobillas *m*

brush holder plate *n*
Ger: Bürstenhalterplatte *f*
Fre: plateau porte-balais *m*
Spa: placa portaescobillas *f*

brush wear *n*
Ger: Bürstenverschleiß *m*
Fre: usure des balais *f*
Spa: desgaste de escobillas *m*

brushless induction motor *n*
Ger: bürstenloser Induktionsmotor *m*
Fre: moteur à induction sans balais *m*
Spa: motor de inducción sin escobillas *m*

bubble sensor *n*
Ger: Blasensensor *m*
Fre: capteur à bulle *m*
Spa: sensor de burbuja *m*

buck *v*
Ger: ruckeln *v*
Fre: à-coups *mpl*
Spa: sacudirse *v*

bucking oscillations *npl*
Ger: Ruckelschwingung *f*
Fre: vibrations dues aux à-coups *fpl*
Spa: vibración con sacudidas *f*

buckle tightener *n*
Ger: Schlossstraffer *m*
Fre: prétensionneur de boucle *m*
Spa: pretensor de cierre del cinturón *m*

buckling *n*
Ger: Knickung *f*
Fre: flambage *m*
Spa: pandeo *m*

buckling strain *n*
Ger: Knickspannung *f*
Fre: contrainte de flambage *f*
Spa: tensión de pandeo *f*

build year *n*
Ger: Baujahr *n*
Fre: année de construction *f*
Spa: año de fabricación *m*

bulb *n*
Ger: Glühlampe *f*
(Lampenkolben) *m*
Fre: lampe à incandescence *f*

English

Spa: lámpara incandescente *f*

bumper *n*
Ger: Stoßfänger *m*
Fre: pare-chocs *m*
(bouclier) *m*
Spa: paragolpes *m*

bumper *n*
Ger: Stoßstange *f*
Fre: pare-chocs *m*
Spa: parachoques *m*

burn off (spark plug) *n*
Ger: Freibrand (Zündkerze) *m*
(Abbrennen) *n*
Fre: autonettoyage *m*
(refoulement) *m*
Spa: combustión de autolimpieza (bujía de encendido) *f*

burn off resistor *n*
Ger: Abbrandwiderstand *m*
Fre: résistance anti-usure *f*
Spa: resistencia a las quemaduras *f*

burner *n*
Ger: Brenner *m*
Fre: chalumeau *m*
Spa: quemador *m*

burner (emissions testing) *n*
Ger: Brennkammer (Abgastester) *f*
Fre: chambre de combustion (émissions) *f*
Spa: cámara de combustión (comprobador de gases de escape) *f*

burst pressure *n*
Ger: Berstdruck *m*
Fre: pression d'éclatement *f*
Spa: presión de rotura *f*

bus arbitration (CAN) *n*
Ger: Busvergabe (CAN) *f*
Fre: affectation du bus (multiplexage) *f*
Spa: asignación de bus (CAN) *f*

bus bar *n*
Ger: Stromschiene *f*
Fre: barre de distribution *f*
Spa: barra colectora *f*

bus configuration (CAN) *n*
Ger: Buskonfiguration (CAN) *f*
Fre: configuration du bus (multiplexage) *f*
Spa: configuración de bus (CAN) *f*

bus controller (CAN) *n*
Ger: Bussteuerung (CAN) *f*
Fre: contrôleur de bus *m*
Spa: control por bus (CAN) *m*

bus topology (CAN) *n*
Ger: Busstruktur (CAN) *f*
Fre: structure du bus (multiplexage) *f*
Spa: estructura de bus (CAN) *f*

bus trailer *n*
Ger: Busanhänger *m*
Fre: remorque d'autocar *f*
Spa: remolque de autobús *m*

bushing *n*
Ger: Buchse *f*
(Lagerbuchse) *f*
Fre: coussinet *m*
Spa: casquillo *m*

bushing *n*
Ger: Lagerbuchse *f*
Fre: coussinet *m*
Spa: casquillo de cojinete *m*

butterfly valve (engine brake) *n*
Ger: Auspuffklappe (Motorbremse) *f*
(Drehklappe) *f*
Fre: volet-obturateur d'échappement *m*
Spa: mariposa de escape (freno motor) *f*

button diode *n*
Ger: Knopfdiode *f*
Fre: diode-bouton *f*
Spa: diodo de botón *m*

buzzer *n*
Ger: Summer *m*
Fre: ronfleur *m*
Spa: avisador acústico *m*

buzzer *n*
Ger: Warnsummer *m*
Fre: vibreur *m*
Spa: señal acústica de advertencia *f*

bypass air control *n*
Ger: Bypassluftregelung *f*
Fre: régulation de l'air de dérivation *f*
Spa: regulación de aire de desviación *f*

bypass bore *n*
Ger: Bypassbohrung *f*
Fre: orifice de dérivation *m*
Spa: taladro de desviación *m*

bypass cross-section (throttle valve) *n*
Ger: Nebenschlussquerschnitt (Drosselklappe) *m*
Fre: canal en dérivation (papillon) *m*
Spa: sección de derivación (mariposa) *f*

bypass filter *n*
Ger: Nebenstromfilter *m*
Fre: filtre de dérivation *m*
Spa: filtro de flujo secundario *m*

bypass line *n*
Ger: Bypassleitung *f*
Fre: conduit by-pass *m*
Spa: línea de desviación *f*

bypass piston *n*
Ger: Ausweichkolben *m*
Fre: piston amortisseur *m*
Spa: pistón reciprocante *m*

bypass plug *n*
Ger: Bypass-Stopfen *m*
Fre: bouchon by-pass *m*
Spa: tapón de bypass *m*

bypass valve *n*
Ger: Bypassventil *n*
Fre: valve by-pass *f*
(valve de dérivation) *f*
Spa: válvula de bypass *f*

C

cab *n*
Ger: Fahrerhaus *n*
Fre: cabine de conduite *f*
Spa: cabina del conductor *f*

cab behind engine vehicle, CBE *n*
Ger: Haubenfahrzeug *n*
Fre: camion à capot *m*
Spa: vehículo con capó *m*

cab over engine vehicle, COE *n*
Ger: Frontlenkerfahrzeug *n*
Fre: véhicule à cabine avancée *m*
Spa: vehículo de cabina avanzada *m*

cable break *n*
Ger: Kabelbruch *m*
Fre: rupture de câble *f*
Spa: rotura de cable *f*

cable clip *n*
Ger: Kabelhalter *m*
Fre: attache de câble *f*
Spa: grapa para cables *f*

cable connection *n*
Ger: Kabelanschluss *m*
Fre: connexion câblée *f*
Spa: conexión de cable *f*

cable cross-section *n*
Ger: Kabelquerschnitt *m*
Fre: section de câble *f*
Spa: sección de cable *f*

cable duct *n*
Ger: Kabelkanal *m*
Fre: goulotte *f*
Spa: canal de cables *m*

cable lead through *n*
Ger: Kabeldurchführung *f*
Fre: passage de câble *m*
Spa: pasacables *m*

cable lug *n*
Ger: Kabelschuh *m*
Fre: cosse *f*
Spa: terminal de cable *m*

cable output *n*
Ger: Kabelausgang *m*
Fre: sortie de câble *f*
Spa: salida de cable *f*

cable strapping *n*
Ger: Leitungsverbindung *f*
Fre: dérivation *f*
Spa: conexión de cables *f*

cable tie *n*
Ger: Kabelbinder *m*
Fre: collier de câble *m*
Spa: cinta para cables *f*

cable tie *n*

Ger: Leitungsverbinder *m*
Fre: raccord de câbles *m*
Spa: conector de cables *m*

calculation of conductor sizes ***n***
Ger: Leitungsberechnung *f*
Fre: calcul des conducteurs *m*
Spa: cálculo de conductores *m*

calculation of lock up torque ***n***
Ger: Sperrmomentberechnung *f*
Fre: calcul du couple de blocage *m*
Spa: cálculo del par de bloqueo *m*

calibrated restriction ***n***
Ger: Drosselbohrung *f*
Fre: orifice calibré *m*
(orifice d'étranglement) *m*
Spa: taladro de estrangulación *m*

calibrating gas ***n***
Ger: Eichgas *n*
Fre: gaz d'étalonnage *m*
Spa: gas de calibración *m*

calibrating gas ***n***
Ger: Kalibriergas *n*
(Eichgas) *n*
Fre: gaz de calibrage *m*
Spa: gas de calibración *m*

calibrating nozzle ***n***
Ger: Prüfdüse *f*
(Versuchsdüse) *f*
Fre: injecteur d'essai *m*
Spa: inyector de ensayo *m*

calibrating nozzle holder assembly ***n***
Ger: Prüfdüsenhalter *m*
Fre: porte-injecteur d'essai *m*
Spa: portainyectores de ensayo *m*

calibrating oil ***n***
Ger: Prüföl *n*
Fre: huile d'essai *f*
Spa: aceite de comprobación *m*

calibrating unit ***n***
Ger: Einstellgerät *n*
Fre: appareil de réglage *m*
Spa: dispositivo de ajuste *m*

calibrating valve ***n***
Ger: Kalibrierventil *n*
Fre: distributeur d'étalonnage *m*
Spa: válvula de calibración *f*

calibration ***n***
Ger: Kalibrierung *f*
Fre: calibrage *m*
Spa: calibración *f*

calorific value ***n***
Ger: Heizwert *m*
Fre: pouvoir calorifique inférieur, PCI *m*
Spa: poder calorífico *m*

calorific value of the combustible air-fuel mixture ***n***
Ger: Gemischheizwert *m*
Fre: pouvoir calorifique inférieur du mélange *m*
Spa: poder calorífico de la mezcla *m*

cam ***n***
Ger: Nocken *m*
Fre: came *f*
Spa: leva *f*

cam angle of fuel-delivery ***n***
Ger: Förderwinkel am Nocken *m*
Fre: angle de refoulement sur la came *m*
Spa: ángulo de alimentación en la leva *m*

cam brake ***n***
Ger: Nockenbremse *f*
Fre: frein à cames *m*
Spa: freno de leva *m*

cam follower (breaker lever) ***n***
Ger: Gleitstück (Unterbrecherhebel) *n*
Fre: toucheau (rupteur) *m*
Spa: seguidor de leva (palanca de ruptor) *m*

cam lift ***n***
Ger: Nockenhöhe *f*
Fre: course de came *f*
Spa: altura de la leva *f*

cam lift ***n***
Ger: Nockenhub *m*
Fre: levée de came *f*
Spa: carrera de leva *f*

cam lobe ***n***
Ger: Nockenerhebung *f*
Fre: bossage de came *m*
Spa: elevación de leva *f*

cam pitch ***n***
Ger: Nockenhub *m*
Fre: levée de came *f*
Spa: carrera de leva *f*

cam plate ***n***
Ger: Hubscheibe *f*
(Nockenscheibe) *f*
Fre: disque à cames *m*
Spa: disco de elevación *m*

cam plate ***n***
Ger: Kreuzscheibe *f*
Fre: croisillon *m*
Spa: disco en cruz *m*

cam plate ***n***
Ger: Nockenscheibe *f*
Fre: came-disque *f*
Spa: disco de levas *m*

cam profile ***n***
Ger: Nockenablauf *m*
Fre: profil de came *m*
Spa: perfil de leva *m*

cam ring ***n***
Ger: Nockenring *m*
(Hubring) *m*
Fre: bague à cames *f*
(bague de commande de cylindrée) *f*
Spa: anillo de leva *m*

cam sequence ***n***
Ger: Nockenfolge *f*
Fre: ordre des cames *m*
Spa: secuencia de levas *f*

cam shape ***n***
Ger: Nockenform *f*
Fre: forme de came *f*
Spa: forma de la leva *f*

cam track ***n***
Ger: Nockenlaufbahn *f*
Fre: piste de came *f*
Spa: superficie de rodadura de la leva *f*

camshaft ***n***
Ger: Antriebsnockenwelle *f*
Fre: arbre à came d'entraînement *m*
Spa: árbol de levas de accionamiento *m*

camshaft ***n***
Ger: Nockenwelle *f*
(Antriebsnockenwelle) *f*
Fre: arbre à cames *m*
(arbre à came d'entraînement) *m*
Spa: árbol de levas *m*

camshaft control ***n***
Ger: Nockenwellensteuerung *f*
Fre: commande de l'arbre à cames *f*
Spa: control de árbol de levas *m*

camshaft gear ***n***
Ger: Nockenwellenrad *n*
Fre: pignon d'arbre à cames *m*
Spa: rueda de árbol de levas *f*

camshaft lobe control ***n***
Ger: Nockenwellenumschaltung *f*
Fre: variation du calage de l'arbre à cames *f*
Spa: conmutación del árbol de levas *f*

camshaft projection ***n***
Ger: Nockenwellen-Vorstehmaß *n*
Fre: cote de dépassement de l'arbre à cames *f*
Spa: medida que sobresale el árbol de levas *f*

camshaft revolution ***n***
Ger: Nockenwellenumdrehung *f*
Fre: rotation de l'arbre à cames *f*
Spa: revolución del árbol de levas *f*

camshaft roller ***n***
Ger: Nockenlaufrolle *f*
Fre: galet de palpage de la came *m*
Spa: rodillo seguidor de leva *m*

camshaft rotational speed ***n***
Ger: Nockenwellendrehzahl *f*
Fre: vitesse de rotation de l'arbre à cames *f*
Spa: velocidad de giro del árbol de levas *f*

camshaft speed sensor ***n***
Ger: Nockenwellen-Drehzahlsensor *m*

English

Fre: capteur de vitesse de rotation de l'arbre à cames *m*
Spa: sensor de velocidad de giro del árbol de levas *m*

camshaft timing control ***n***
Ger: Nockenwellenverstellung *f*
Fre: déphasage de l'arbre à cames *m*
Spa: reajuste del árbol de levas *m*

camshaft-position sensor ***n***
Ger: Nockenwellen-Positionssensor *m*
Fre: capteur de position d'arbre à cames *m*
Spa: sensor de posición del árbol de levas *m*

CAN communcations ***n***
Ger: CAN-Kommunikation *f*
Fre: communication CAN *f*
Spa: comunicación CAN *f*

CAN interface ***n***
Ger: CAN-Schnittstelle *f*
Fre: Interface CAN *f*
Spa: interfaz CAN *f*

CAN module ***n***
Ger: CAN-Baustein *m*
Fre: module CAN *m*
Spa: módulo CAN *m*

canister ***n***
Ger: Kanister *m*
Fre: bidon *m*
Spa: bidón *m*

canister purge (emissions control technologie) ***n***
Ger: Tankentlüftung (Abgastechnik) *f*
Fre: dégazage du réservoir *m*
Spa: purga de aire del depósito (técnica de gases de escape) *f*

cap ***n***
Ger: Abdeckkappe (Scheinwerfer) *f*
(Strahlenblende) *f*
Fre: cache *m*
Spa: tapa de cubierta (faros) *f*
(pantalla para rayos) *f*

cap ***n***
Ger: Verschlussdeckel *m*
Fre: couvercle *m*
Spa: tapa de cierre *f*

cap nut ***n***
Ger: Hutmutter *f*
Fre: écrou borgne *m*
Spa: tuerca de sombrerete *f*

capacitor ***n***
Ger: Kondensator *m*
Fre: condensateur *m*
Spa: condensador *m*

capacitor braking ***n***
Ger: Kondensatorbremsung *f*
Fre: freinage capacitif *m*
Spa: frenado por condensador *pp*

capacitor discharge ignition (system), CDI ***n***
Ger: Hochspannungs-Kondensatorzündung *f*
Fre: allumage haute tension à décharge de condensateur *m*
Spa: encendido por descarga de condensador *m*

capacitor-discharge ignition, CDI ***n***
Ger: Thyristorzündung *f*
(Hochspannungs-Kondensatorzündung) *f*
Fre: système d'allumage haute tension à décharge de condensateur *m*
(allumage à thyristor) *m*
Spa: encendido por tiristor *m*

captive gasket (spark plug) ***n***
Ger: unverlierbarer Dichtring (Zündkerze) *m*
Fre: joint prisonnier (bougie d'allumage) *m*
Spa: anillo obturador imperdible (bujía de encendido) *m*

car alarm ***n***
Ger: Auto-Alarmanlage *n*
(Diebstahlwarnanlage) *f*
Fre: alarme auto *f*
Spa: alarma del vehículo *f*

car roof crush test ***n***
Ger: Dacheindrücktest *m*
Fre: test d'enfoncement du toit *m*
Spa: ensayo de hundimiento del techo *m*

carbon analysis ***n***
Ger: Kohlenstoffbilanz *f*
Fre: bilan carbone *m*
Spa: balance de carbono *m*

carbon brush set ***n***
Ger: Kohlebürstensatz *m*
Fre: jeu de balais *m*
Spa: juego de escobillas *m*

carbon dioxide ***n***
Ger: Kohlendioxid *n*
Fre: dioxyde de carbone *m*
Spa: dióxido de carbono *m*

carbon monoxide ***n***
Ger: Kohlenmonoxid *n*
Fre: monoxyde de carbone *m*
Spa: monóxido de carbono *m*

carbon number ***n***
Ger: Rußzahl *f*
Fre: indice de suie *m*
Spa: índice de hollín *m*

carbon residue ***n***
Ger: Koksrückstand *m*
Fre: résidus charbonneux *m*
Spa: residuos de coque *mpl*

carburetor ***n***
Ger: Vergaser *m*
Fre: carburateur *m*
Spa: carburador *m*

carburetor engine ***n***
Ger: Vergasermotor *m*
Fre: moteur à carburateur *m*
Spa: motor de carburador *m*

carburizing ***n***
Ger: Aufkohlen *n*
Fre: cémentation *f*
Spa: cementación *f*

carburizing temperature ***n***
Ger: Aufkohlungstemperatur *f*
Fre: température de cémentation *f*
Spa: temperatura de cementación *f*

cardan shaft ***n***
Ger: Gelenkwelle *f*
Fre: arbre à cardan *m*
Spa: arbol de transmisión *m*
(árbol cardán) *m*

cardan shaft ***n***
Ger: Kardanwelle *f*
Fre: arbre à cardan *m*
(arbre de transmission) *m*
Spa: árbol cardán *m*

carnot cycle ***n***
Ger: Carnot-Kreisprozess *m*
Fre: cycle de Carnot *m*
Spa: ciclo de Carnot *m*

carrying plate (Hall triggering system) ***n***
Ger: Trägerplatte (Hall-Auslösesystem) *f*
Fre: plateau-support (système de déclenchement Hall) *m*
Spa: placa de soporte (sistema activador Hall) *f*

cast iron ***n***
Ger: Gusseisen *n*
Fre: fonte *f*
Spa: hierro fundido *m*

caster ***n***
Ger: Reifennachlauf *m*
Fre: chasse du pneumatique *f*
Spa: giro por inercia del neumático *m*

caster angle ***n***
Ger: Nachlaufwinkel *m*
Fre: angle de chasse *m*
Spa: ángulo de avance *m*

caster offset ***n***
Ger: Nachlaufstrecke *f*
Fre: chasse au sol *f*
Spa: avance *m*

catalyst efficiency ***n***
Ger: Katalysatorwirkungsgrad *m*
Fre: rendement du catalyseur *m*
Spa: rendimiento del catalizador *m*

catalyst heating system ***n***
Ger: Katalysatorheizung *f*
Fre: chauffage de catalyseur *m*
Spa: calefacción de catalizador *f*

catalyst recycling ***n***
Ger: Katalysatorrecycling *n*
Fre: recyclage des catalyseurs *m*
Spa: reciclaje de catalizador *m*

catalytic aftertreatment *n*
Ger: katalytische Nachbehandlung *f*
Fre: post-traitement catalytique *m*
Spa: tratamiento catalítico posterior *m*

catalytic converter *n*
Ger: Abgas-Katalysator *m*
Fre: pot catalytique d'échappement *m*
Spa: catalizador de gases de escape *m*

catalytic converter *n*
Ger: Katalysator *m*
Fre: catalyseur *m*
Spa: catalizador *m*

catalytic converter inlet *n*
Ger: Katalysatoreinlass *m*
Fre: entrée du catalyseur *f*
Spa: entrada de catalizador *f*

catalytic converter outlet *n*
Ger: Katalysatorauslass *m*
Fre: sortie du catalyseur *f*
Spa: salida de catalizador *f*

catalytic converter protection *n*
Ger: Katalysatorschutz *m*
Fre: protection du catalyseur *f*
Spa: protección de catalizador *f*

catalytic converter temperature *n*
Ger: Katalysatortemperatur *f*
Fre: température du catalyseur *f*
Spa: temperatura del catalizador *f*

catalytic converter window *n*
Ger: Katalysatorfenster *n*
Fre: créneau de pot catalytique *m*
Spa: ventana de catalizador *f*

catalytic effect *n*
Ger: katalytische Wirkung *f*
Fre: action catalytique *f*
Spa: efecto catalítico *m*

catalytic exhaust converter *n*
Ger: Abgaskonverter *m*
Fre: convertisseur catalytique des gaz d'échappement *m*
Spa: convertidor catalítico de gases de escape *m*

catalytic exhaust gas aftertreatment *n*
Ger: katalytische Abgasnachbehandlung *f*
Fre: post-traitement catalytique des gaz d'échappement *m*
Spa: tratamiento catalítico posterior de los gases de escape *m*

catalytic layer *n*
Ger: katalytische Beschichtung *f*
Fre: revêtement catalytique *m*
Spa: capa catalítica *f*

catalytic oxidation *n*
Ger: katalytische Oxidation *f*
Fre: oxydation catalytique *f*
Spa: oxidación catalítica *f*

cathodic current density *n*
Ger: kathodische Stromdichte *f*
Fre: densité de courant cathodique *f*
Spa: densidad de corriente catódica *f*

cavitation (pitting corrosion) *n*
Ger: Kavitation (Lochfraß) *f*
Fre: cavitation (formation de cavités gazeuses) *f*
Spa: cavitación (formación de picaduras) *f*

cavitation damage *n*
Ger: Kavitationsschaden *m*
Fre: dommages par cavitation *mpl*
Spa: daños por cavitación *mpl*

cavitation erosion *n*
Ger: Kavitationserosion *f*
Fre: érosion par cavitation *f*
Spa: erosión por cavitación *f*

center axle trailer *n*
Ger: Zentralachsanhänger *m*
Fre: remorque à essieu central *m*
Spa: remolque con eje central *m*

center console *n*
Ger: Mittelkonsole *f*
Fre: console médiane *f*
Spa: consola central *f*

center electrode *n*
Ger: Mittelelektrode *f*
Fre: électrode centrale *f*
Spa: electrodo central *m*

center of gravity *n*
Ger: Schwerpunkt *m*
Fre: centre de gravité *m*
Spa: centro de gravedad *m*

center tower (ignition coil) *n*
Ger: Mitteldom (Zündspule) *m*
Fre: sortie centrale (bobine d'allumage) *f*
Spa: domo central (bujía de encendido) *m*

central armrest *n*
Ger: Mittelarmlehne *f*
Fre: accoudoir central *m*
Spa: apoyabrazos central *m*

central differential lock *n*
Ger: Zentraldifferentialsperre *f*
Fre: blocage de différentiel inter-ponts *m*
Spa: bloqueo de diferencial central *m*

central electronics *n*
Ger: Zentralelektronik *f*
Fre: système électronique central *m*
Spa: sistema electrónico central *m*

central injection unit (Mono-Jetronic) *n*
Ger: Zentral-Einspritzeinheit (Mono-Jetronic) *f*
Fre: unité d'injection monopoint (Mono-Jetronic) *f*
Spa: unidad central de inyección (Mono-Jetronic) *f*

central locking system *n*
Ger: Zentralverriegelung *f*
Fre: verrouillage centralisé *m*
Spa: cierre centralizado *m*

central processing unit, CPU (on-board computer) *n*
Ger: Zentraleinheit (Fahrdatenrechner) *f*
Fre: unité de traitement (ordinateur de bord) *f*
Spa: unidad central de procesamiento (ordenador de datos de viaje) *f*

centrally located air filter *n*
Ger: Zentralfilter *n*
Fre: filtre central *m*
Spa: filtro central *m*

centrifugal advance *n*
Ger: Fliehkraftverstellung *f*
Fre: correction centrifuge *f*
Spa: veriación por fuerza centrífuga *f*

centrifugal advance mechanism *n*
Ger: Fliehkraftzündversteller *m*
Fre: correcteur d'avance centrifuge *m*
Spa: variador de encendido por fuerza centrífuga *m*

centrifugal clutch *n*
Ger: Fliehkraftkupplung *f*
Fre: embrayage centrifuge *m*
Spa: embrague centrífugo *m*

centrifugal fan *n*
Ger: Radialgebläse *n*
Fre: ventilateur centrifuge *m*
Spa: soplador radial *m*

centrifugal force *n*
Ger: Fliehkraft *f*
Fre: force centrifuge *f*
Spa: fuerza centrífuga *f*

centrifugal force field *n*
Ger: Fliehkraftfeld *n*
Fre: champ centrifuge *m*
Spa: campo de fuerza centrífuga *m*

centrifugal pump *n*
Ger: Kreiselpumpe *f*
(Strömungspumpe) *f*
Fre: pompe centrifuge *f*
Spa: bomba centrífuga *f*

centrifugal separator *n*
Ger: Fliehkraftabscheider *m*
Fre: séparateur centrifuge *m*
Spa: separador centrífugo *m*

centrifugal turbo compressor *n*
Ger: Strömungsverdichter *m*
(Strömungslader) *m*
(Kreisellader) *m*
Fre: compresseur centrifuge *m*

English

Spa: compresor centrífugo *m*

centrifugal weight ***n***
Ger: Fliehgewicht *n*
Fre: masselotte *f*
Spa: peso centrífugo *m*

ceramic element ***n***
Ger: Keramikkörper *m*
Fre: matrice en céramique *f*
Spa: elemento cerámico *m*

ceramic layer (lambda oxygen sensor) ***n***
Ger: Keramikschicht (Lambda-Sonde) *f*
Fre: couche de céramique (sonde à oxygène) *f*
Spa: capa cerámica *f*

ceramic substrate ***n***
Ger: Keramikträger *m*
Fre: support en céramique *m*
Spa: soporte en cerámica *m*

cetane number, CN ***n***
Ger: Cetanzahl, CZ *f*
Fre: indice de cétane *m*
Spa: índice de cetano *m*
(número de cetanos) *m*

chain drive ***n***
Ger: Kettenantrieb *m*
Fre: transmission à chaîne *f*
Spa: propulsión por cadena *f*

chain guide ***n***
Ger: Kettenführung *f*
Fre: guide-chaîne *m*
Spa: guía de cadena *f*

chain tensioner S,F ***n***
Ger: Kettenspanner S,F *m*
Fre: tendeur de chaîne S,F *m*
Spa: tensor de cadena *m*

chamfer ***n***
Ger: Fase *f*
Fre: chanfrein *m*
Spa: bisel *m*

chamfered shoulder nozzle ***n***
Ger: Schrägschulter-Düse *f*
Fre: injecteur à portée oblique *m*
Spa: inyector de pestaña inclinada *m*

change interval ***n***
Ger: Wechselintervall *n*
Fre: intervalle de vidange *m*
Spa: intervalo de cambio *m*

change of load ***n***
Ger: Lastwechsel *m*
Fre: transfert de charge *m*
(variation de la charge) *f*
Spa: cambio de carga *m*

changeable code (car alarm) ***n***
Ger: Wechselcode (Autoalarm) *m*
Fre: code interchangeable (alarme auto) *m*
Spa: código variable (alarma de vehículo) *m*

changeover contact ***n***
Ger: Wechsler *m*
(Umschalter) *m*
Fre: contact bidirectionnel *m*
(inverseur) *m*
Spa: cambiador *m*

changeover switch ***n***
Ger: Umsteuerschalter *m*
Fre: inverseur *m*
Spa: interruptor de inversión *m*

changeover valve ***n***
Ger: Umschaltventil, USV *n*
Fre: valve de commutation *f*
Spa: válvula de conmutación *f*

characteristic ***n***
Ger: Kennlinie *f*
Fre: courbe caractéristique *f*
Spa: curva característica *f*

characteristic curve ***n***
Ger: Kennlinie *f*
Fre: courbe caractéristique *f*
Spa: curva característica *f*

characteristic frequency axle ***n***
Ger: Achseigenfrequenz *f*
Fre: fréquence propre de l'essieu *f*
Spa: frecuencia propia del eje *f*

charge adjustment (air supply) ***n***
Ger: Füllungsregelung (Luftversorgung) *f*
(Füllungseingriff) *d*
Fre: régulation du remplissage des cylindres (alimentation en air) *f*
Spa: regulación de llenado (alimentación de aire) *f*

charge air cooler ***n***
Ger: Ladeluftkühler *m*
Fre: refroidisseur d'air de suralimentation *m*
Spa: radiador de aire de sobrealimentación *m*

charge air pressure ***n***
Ger: Ladedruck *m*
(Ladeluftdruck) *m*
Fre: pression de suralimentation *f*
Spa: presión de sobrealimentación *f*

charge air pressure cutoff ***n***
Ger: Ladedruckabschaltung *f*
Fre: coupure de la pression de suralimentation *f*
Spa: desconexión de presión de sobrealimentación *f*

charge air pressure stop ***n***
Ger: Ladedruckanschlag *m*
Fre: limiteur de richesse *m*
Spa: tope de presión de sobrealimentación *m*

charge balance (battery) ***n***
Ger: Ladebilanz (Batterie) *f*
Fre: bilan de charge (batterie) *m*
Spa: balance de carga (batería) *m*

charge carrier ***n***
Ger: beweglicher Ladungsträger *m*
Fre: porteur de charge mobile *m*
Spa: portador de carga *m*

charge carrier (spark plug) ***n***
Ger: Ladungsträger (Zündkerze) *m*
Fre: porteur de charge (bougie d'allumage) *m*
Spa: portador de carga (bujía de encendido) *m*

charge cycle (IC engine) ***n***
Ger: Ladungswechsel (Verbrennungsmotor) *m*
Fre: alternance de charge *f*
(balayage des gaz) *m*
Spa: ciclo de admisión y escape (motor de combustión) *m*

charge cycle losses ***npl***
Ger: Gaswechselverlust *m*
Fre: pertes au renouvellement des gaz *fpl*
Spa: pérdidas en ciclo de admisión y escape *fpl*

charge indicator ***n***
Ger: Ladezustandsanzeige *f*
Fre: indicateur de charge *m*
Spa: indicador del estado de carga *m*

charge indicator lamp ***n***
Ger: Ladekontrolllampe *f*
(Generatorkontrollleuchte) *f*
Fre: lampe témoin d'alternateur *f*
Spa: testigo de control de carga *m*

charge stratification ***n***
Ger: Ladungsschichtung *f*
Fre: stratification de la charge *f*
Spa: estratificación de carga *f*

charge voltage ***n***
Ger: Ladespannung *f*
Fre: tension de charge *f*
Spa: tensión de carga *f*

charging cable ***n***
Ger: Ladeleitung *f*
Fre: câble de charge *m*
Spa: cable de carga *m*

charging characteristic (battery) ***n***
Ger: Ladekennlinie (Batterie) *f*
Fre: caractéristique de charge (batterie) *f*
Spa: característica de carga (batería) *f*

charging current ***n***
Ger: Ladestrom *m*
Fre: courant de charge (batterie) *m*
(courant de charge de la batterie) *m*
Spa: corriente de carga *f*

charging mode (battery charge) ***n***
Ger: Ladebetrieb (Batterieladung) *m*
Fre: mode « charge » (charge de batterie) *m*
Spa: modo de carga (carga de batería) *m*

charging time (battery) ***n***
Ger: Ladezeit (Batterie) *f*

English

Fre: temps de charge (batterie) *m*
Spa: tiempo de carga (batería) *m*

chassis ***n***
Ger: Fahrgestell *n*
Fre: châssis *m*
Spa: chasis *m*

chassis ***n***
Ger: Fahrwerk *n*
Fre: châssis *m*
Spa: chasis *m*

chassis dynamometer ***n***
Ger: Rollenprüfstand *m*
Fre: banc d'essai à rouleaux *m*
Spa: banco de pruebas de rodillos *m*

chassis number ***n***
Ger: Fahrgestellnummer *f*
Fre: numéro de châssis *m*
Spa: número de chasis *m*

chassis systems ***npl***
Ger: Chassissysteme *npl*
Fre: systèmes de régulation du châssis *mpl*
Spa: sistemas de chasis *mpl*

check valve ***n***
Ger: Sperrventil *n*
Fre: valve d'arrêt *f*
Spa: válvula de cierre *f*

checklist ***n***
Ger: Checkliste *f*
Fre: check-liste *f*
Spa: lista de comprobación *f*

chisel ***n***
Ger: Meißel *m*
Fre: burin *m*
Spa: cincel *m*

chlorofluorocarbon, CFC ***n***
Ger: Fluor-Chlor-Kohlenwasserstoff, FCKW *m*
Fre: chlorofluorocarbones (CFC) *m*
Spa: hidrocarburo clorofluorado *m*
(clorofluorocarburo, CFC) *m*

choke ***v***
Ger: drosseln *v*
Fre: étrangler *v*
Spa: estrangular *v*

choke ***n***
Ger: Starterklappe *f*
Fre: volet de starter *m*
Spa: mariposa de estárter *f*
(choque) *m*

choke coil ***n***
Ger: Drosselspule *f*
Fre: bobine de self *f*
Spa: bobina de inductancia *f*

circlip ***n***
Ger: Sprengring *m*
Fre: jonc d'arrêt *m*
Spa: anillo de retención *m*

circuit ***n***
Ger: Schaltkreis *m*
Fre: circuit électrique *m*
Spa: circuito *m*

circuit ***n***
Ger: Schaltung *f*
Fre: circuit *m*
(commutation) *f*
Spa: circuito *m*

circuit diagram ***n***
Ger: Schaltplan *m*
Fre: schéma électrique *m*
Spa: esquema eléctrico *m*

circuit diagram ***n***
Ger: Stromlaufplan *m*
Fre: schéma électrique *m*
Spa: esquema de circuito *m*

circuit pressure (ESP) ***n***
Ger: Kreisdruck (ESP) *m*
Fre: pression de circuit (ESP) *f*
Spa: presión del circuito (ESP) *f*

circuit safeguard (braking system) ***n***
Ger: Kreisabsicherung (Bremssystem) *f*
Fre: protection des circuits d'alimentation (système de freinage) *f*
Spa: protección del circuito (sistema de frenos) *f*

circular blank ***n***
Ger: Blechronde *f*
Fre: flan *m*
Spa: rodaja de chapa *f*

circular instrument ***n***
Ger: Rundinstrument *n*
Fre: cadran *m*
Spa: instrumento circular *m*

circulation pump ***n***
Ger: Umwälzpumpe *f*
Fre: pompe de circulation *f*
Spa: bomba de circulación *f*

circumferential speed ***n***
Ger: Umfangsgeschwindigkeit *f*
Fre: vitesse périphérique *f*
Spa: velocidad periférica *f*

city bus ***n***
Ger: Stadtomnibus *m*
Fre: autobus urbain *m*
Spa: autocar urbano *m*

clad ***adj***
Ger: ummantelt *adj*
Fre: guipé *adj*
Spa: revestido *adj*

cladding ***n***
Ger: Mantel *m*
Fre: gaine *f*
Spa: camisa *f*

cladding ***n***
Ger: Verkleidung *f*
Fre: habillage *m*
Spa: revestimiento *m*

clamp (ignition coil) ***n***
Ger: Klemmschelle (Zündspule) *f*
(Befestigungsschelle) *f*
Fre: collier (bobine d'allumage) *m*
Spa: abrazadera de sujeción (bujía de encendido) *f*

clamp on sensor ***n***
Ger: Aufklemmgeber *m*
(Zangengeber) *m*
Fre: capteur à pince *m*
Spa: transmisor de pinza *m*
(pinza de transmisión) *f*

clamping ***n***
Ger: Einspannung *f*
Fre: encastrement *m*
Spa: sujeción *f*

clamping band ***n***
Ger: Spannband *n*
Fre: collier de serrage *m*
Spa: cinta de sujeción *f*

clamping bolt ***n***
Ger: Klemmschraube *f*
Fre: vis de serrage *f*
Spa: tornillo de apriete *m*

clamping claw ***n***
Ger: Spannpratze *f*
Fre: mors de serrage *m*
Spa: garra de apriete *f*

clamping fixture ***n***
Ger: Spannvorrichtung *f*
Fre: dispositif tendeur *m*
Spa: dispositivo de sujeción *m*

clamping flange ***n***
Ger: Aufspannflansch *m*
Fre: bride de fixation *f*
Spa: brida de sujeción *f*

clamping pressure ***n***
Ger: Klemmkraft *f*
Fre: force de serrage *f*
Spa: fuerza de apriete *f*

clamping support ***n***
Ger: Aufspannbock *m*
Fre: support de fixation *m*
Spa: soporte de sujeción *m*

classification of non conformance ***n***
Ger: Fehlerklassifizierung *f*
Fre: classification des défauts *f*
Spa: clasificación de averías *f*

claw (coupling head) ***n***
Ger: Klaue (Kupplungskopf) *f*
Fre: griffe (tête d'accouplement) *f*
Spa: garra (cabeza de acoplamiento) *f*

claw bracket ***n***
Ger: Krallenbügel *m*
Fre: palonnier à griffes *m*
Spa: estribo de garras *m*

claw guide (coupling head) ***n***
Ger: Klauenführung (Kupplungskopf) *f*
Fre: glissière (tête d'accouplement) *f*
Spa: guía de garras (cabeza de acoplamiento) *f*

claw pole ***n***

English

Ger: Klauenpol *m*
(Polhälfte) *f*
Fre: plateau à griffes *m*
Spa: polo de garras *m*

claw pole alternator ***n***
Ger: Klauenpolgenerator *m*
Fre: alternateur à rotor à griffes *m*
Spa: alternador de polos intercalados *m*

claw pole rotor ***n***
Ger: Klauenpolläufer *m*
Fre: rotor à griffes *m*
Spa: rotor de polos intercalados *m*

claw type sliding contact ***n***
Ger: Krallenschleifer *m*
Fre: curseur à griffes *m*
Spa: contacto deslizante con garras *m*

clean side (filter) ***n***
Ger: Reinseite (Filter) *f*
Fre: côté propre (filtre) *m*
Spa: lado limpio (filtro) *m*

cleansed area (wipers) ***n***
Ger: Reinigungsbereich (Wischer) *m*
Fre: zone de balayage *f*
Spa: zona de limpieza (limpiaparabrisas) *f*

clearance (brake shoe) ***n***
Ger: Lüftspiel (Bremsbacke) *n*
Fre: jeu (frein) *m*
Spa: holgura (zapata de freno) *f*

clearance lamp ***n***
Ger: Umrissleuchte *f*
(Begrenzungslicht) *n*
Fre: feu d'encombrement *m*
Spa: luz de delimitación *f*

clearance lights ***npl***
Ger: Positionsleuchten *fpl*
Fre: feux de position *m*
Spa: lámparas de posición *fpl*

clearance volume ***n***
Ger: Totraum *m*
Fre: espace mort *m*
Spa: espacio muerto *m*

climatic resistance ***n***
Ger: Klimabeständigkeit *f*
Fre: tenue aux effets climatiques *f*
Spa: resistencia climática *f*

climbing power ***n***
Ger: Steigungsleistung *f*
(Bergsteigefähigkeit) *f*
Fre: puissance en côte *f*
Spa: potencia en ascenso *f*

climbing resistance ***n***
Ger: Steigungswiderstand *m*
Fre: résistance en côte *f*
Spa: resistencia al ascenso *f*

clip ***n***
Ger: Klemmschelle *f*
Fre: collier (bobine d'allumage) *m*
Spa: abrazadera de sujeción *f*

clockwise rotation ***n***
Ger: Rechtslauf *m*
Fre: rotation à droite *f*
Spa: rotación en sentido horario *f*

closed circuit cooling ***n***
Ger: geschlossener Kühlkreislauf *m*
Fre: circuit de refroidissement fermé *m*
Spa: circuito cerrado de refrigeración *m*

closed circuit current deactivation ***n***
Ger: Ruhestromabschaltung *f*
Fre: coupure du courant de repos *f*
Spa: desconexión de corriente de reposo *f*

closed loop control ***n***
Ger: Regelbetrieb *m*
Fre: mode régulation *m*
Spa: modo de regulación *m*

closed loop controlled tank purging ***n***
Ger: geregelte Tankentlüftung *f*
Fre: dégazage du réservoir en boucle fermée *m*
Spa: purga regulada de aire del depósito *f*

closed type design ***n***
Ger: geschlossene Bauweise *f*
Fre: version fermée *f*
Spa: forma constructiva cerrada *f*

closing cylinder ***n***
Ger: Schließzylinder *m*
Fre: barillet *m*
Spa: cilindro de cierre *m*

cloud of smoke ***n***
Ger: Rauchstoß *m*
Fre: émission de fumées *f*
Spa: bocanada de humo *f*

cloud point (mineral oil) ***n***
Ger: Cloudpoint (Mineralöl) *m*
Fre: point de trouble (huile minérale) *m*
Spa: punto de enturbamiento (aceite mineral) *m*
(punto de niebla) *m*

clutch ***n***
Ger: Kupplung *f*
Fre: embrayage *m*
Spa: embrague *m*

clutch bell ***n***
Ger: Kupplungsglocke *f*
Fre: cloche d'embrayage *f*
Spa: campana de embrague *f*

clutch disk ***n***
Ger: Kupplungsscheibe *f*
Fre: disque d'embrayage *m*
Spa: disco conducido del embrague *m*

clutch housing ***n***
Ger: Kupplungsgehäuse *n*
Fre: carter d'embrayage *m*
Spa: caja de embrague *f*

clutch input ***n***
Ger: Kupplungseingang *m*
Fre: entrée embrayage *f*
Spa: entrada de embrague *f*

clutch loss ***n***
Ger: Kupplungsverlust *m*
Fre: perte de l'embrayage *f*
Spa: pérdidas en el embrague *fpl*

clutch pedal ***n***
Ger: Kupplungspedal *n*
Fre: pédale d'embrayage *f*
Spa: pedal de embrague *m*

clutch plate ***n***
Ger: Kupplungslamelle *f*
Fre: disque d'embrayage *m*
Spa: disco de embrague *m*

clutch pressure plate ***n***
Ger: Kupplungsdruckplatte *f*
Fre: mécanisme d'embrayage *m*
Spa: plato de apriete del embrague *m*

clutch ratio ***n***
Ger: Kupplungsübersetzung *f*
Fre: démultiplication de l'embrayage *f*
Spa: desmultiplicación del embrague *f*

clutch shell ***n***
Ger: Freilaufring *m*
Fre: bague de roue libre *f*
Spa: anillo de rueda libre *m*

clutch stop ***n***
Ger: Lamellenbremse *f*
Fre: frein multidisques *m*
Spa: freno miltidisco *m*

clutch torque ***n***
Ger: Kupplungsmoment *m*
Fre: couple d'embrayage *m*
Spa: par de embrague *m*

CO content ***n***
Ger: CO-Gehalt *m*
Fre: teneur en CO *f*
Spa: contenido de CO *m*

coal hydrogenation ***n***
Ger: Kohleverflüssigung *f*
Fre: liquéfaction du charbon *f*
Spa: liquefación de carbón *f*

coating ***n***
Ger: Beschichtung *f*
Fre: revêtement *m*
Spa: recubrimiento *m*

cockpit instrument ***n***
Ger: Cockpit-Instrument *n*
Fre: instrument du poste de pilotage *m*
Spa: instrumento de la cabina de mando *m*

code disk ***n***
Ger: Codescheibe *f*
Fre: disque de codage *m*
Spa: disco de código *m*

code unit ***n***

English

Ger: Codiereinheit *f*
Fre: centrale de codage *f*
Spa: unidad codificadora *f*

coding plug ***n***
Ger: Codierstecker *m*
Fre: connecteur à module de codage *m*
Spa: enchufe de codificación *m*

coefficient ***n***
Ger: Beiwert *m*
Fre: coefficient *m*
Spa: coeficiente *m*

coefficient of dry friction ***n***
Ger: Trockenreibwert *m*
Fre: coefficient de frottement à sec *m*
Spa: coeficiente de fricción en seco *m*

coefficient of expansion ***n***
Ger: Ausdehnungskoeffizient *m*
Fre: coefficient de dilatation *m*
Spa: coeficiente de expansión *m*

coefficient of friction (tire/road) ***n***
Ger: Haftreibungszahl (Reifen/Straße) *f*
(Kraftschlussbeiwert) *m*
(Reibbeiwert) *m*
Fre: coefficient d'adhérence *m*
Spa: coeficiente de rozamiento por adherencia (neumáticos/calzada) *m*
(coeficiente de arrastre de fuerza) *m*

coefficient of friction ***n***
Ger: Reibungszahl *f*
(Reibwert) *m*
(Reibbeiwert) *m*
Fre: coefficient de frottement *m*
(coefficient d'adhérence) *m*
Spa: coeficiente de fricción *m*

coefficient of rolling resistance ***n***
Ger: Rollwiderstandsbeiwert *m*
Fre: coefficient de résistance au roulement *m*
Spa: coeficiente de resistencia a la rodadura *m*

coefficient of sliding friction ***n***
Ger: Gleitreibungszahl *f*
Fre: coefficient de frottement de glissement *m*
Spa: coeficiente de rozamiento por deslizamiento *m*

coefficient of static friction ***n***
Ger: Haftreibungsbeiwert *m*
(Reibbeiwert) *m*
Fre: coefficient d'adhérence *m*
Spa: coeficiente de rozamiento estático *m*

coefficient of thermal expansion ***n***
Ger: Wärmeausdehnungskoeffizient *m*
Fre: coefficient de dilatation thermique *m*
Spa: coeficiente de expansión térmica *m*

coefficient of traction force ***n***
Ger: Triebkraftbeiwert *m*
Fre: coefficient de traction *m*
Spa: coeficiente de tracción *m*

coefficient of wear ***n***
Ger: Verschleißkoeffizient *m*
Fre: coefficient d'usure *m*
Spa: coeficiente de desgaste *m*

coefficient of wet friction ***n***
Ger: Nassreibwert *m*
Fre: coefficient de frottement humide *m*
Spa: coeficiente de fricción en húmedo *m*

coil ***n***
Ger: Spule *f*
(Windung) *f*
Fre: bobine *f*
(spire) *f*
Spa: bobina *f*

coil core ***n***
Ger: Spulenkern *m*
Fre: noyau de bobine *m*
Spa: núcleo de bobina *m*

coil ignition equipment ***n***
Ger: Spulen-Zündanlage *f*
Fre: dispositif d'allumage par bobine *m*
Spa: sistema de encendido por bobina *m*

coil ignition, CI ***n***
Ger: Spulenzündung, SZ *f*
Fre: allumage par bobine *m*
Spa: encendido por bobina *m*

coil spring ***n***
Ger: Drehfeder *f*
Fre: ressort de torsion *m*
Spa: muelle de torsión *m*

coil winding short circuit ***n***
Ger: Windungsschluss *m*
Fre: court-circuit entre spires *m*
Spa: cortocircuito entre espiras *m*

coiled pipe ***n***
Ger: Rohrschlange *f*
Fre: serpentin *m*
Spa: serpentín *m*

coke ***v***
Ger: verkoken *v*
Fre: calaminer *v*
Spa: coquizar *v*

coking ***n***
Ger: Verkokung *f*
Fre: calaminage *m*
Spa: coquización *f*

cold adhesive ***n***
Ger: Kaltkleber *m*
Fre: colle à froid *f*
Spa: pegamento en frío *m*

cold cathode lamp ***n***
Ger: Kaltkathodenlampe *f*
Fre: tube à cathode froide *m*
Spa: lámpara de cátodo frío *f*

cold combustion ***n***
Ger: kalte Verbrennung *f*
Fre: combustion froide *f*
Spa: combustión en frío *f*

cold riveting ***n***
Ger: Kaltnietung *f*
Fre: rivetage à froid *m*
Spa: remachado en frío *m*

cold running enrichment ***n***
Ger: Kaltlaufanreicherung *f*
Fre: enrichissement au fonctionnement à froid *m*
Spa: enriquecimiento de mezcla para marcha en frío *m*

cold start ***n***
Ger: Kaltstart *m*
Fre: démarrage à froid *m*
Spa: arranque en frío *m*

cold start accelerator ***n***
Ger: Kaltstartbeschleuniger *m*
Fre: accélérateur de démarrage à froid *m*
Spa: acelerador de arranque en frío *m*

cold start aid ***n***
Ger: Kaltstarthilfe *f*
Fre: aide au démarrage à froid *f*
Spa: dispositivo de ayuda para arranque en frío *m*

cold start compensation ***n***
Ger: Kaltstartanpassung *f*
Fre: adaptation au démarrage à froid *f*
Spa: adaptación de arranque en frío *f*

cold start control ***n***
Ger: Kaltstartsteuerung *f*
Fre: commande de démarrage à froid *f*
Spa: control de arranque en frío *m*

cold start enrichment ***n***
Ger: Kaltstartanreicherung *f*
(Kaltstart-Gemischanreicherung) *f*
Fre: enrichissement de démarrage à froid *m*
Spa: enriquecimiento de mezcla para arranque en frío *m*

cold start fast idle ***n***
Ger: Kaltstartdrehzahlanhebung *f*
Fre: élévation du régime pour démarrage à froid *f*
Spa: aumento de revoluciones en el arranque en frío *m*

cold start nozzle ***n***
Ger: Kaltstartdüse *f*
Fre: gicleur de départ à froid *m*
Spa: tobera de arranque en frío *f*

cold start valve *n*
Ger: Kaltstartventil *n*
Fre: injecteur de démarrage à froid *m*
Spa: válvula de arranque en frío *f*

cold test test bench *n*
Ger: Kälteprüfstand *m*
Fre: banc d'essai au froid *m*
Spa: banco de pruebas en frío *m*

cold viscosity *n*
Ger: Kälteviskosität *f*
(Tieftemperaturviskosität) *f*
Fre: viscosité à basse température *f*
Spa: viscosidad en frío *f*

cold-condensate corrosion *n*
Ger: Nasskorrosion *f*
Fre: corrosion humide *f*
Spa: corrosión por condensados *f*

cold-flow property *n*
Ger: Kältefließfähigkeit *f*
Fre: fluidité à froid *f*
Spa: fluidez a bajas temperaturas *f*

collar *n*
Ger: Anlagebund *m*
Fre: collerette *f*
Spa: collar *m*

collection container *n*
Ger: Auffangbehälter *m*
Fre: récipient de récupération *m*
Spa: recipiente colector *m*

collector *n*
Ger: Kollektor *m*
Fre: collecteur *m*
Spa: colector *m*

collector screen *n*
Ger: Auffangschirm *m*
Fre: écran récepteur *m*
Spa: pantalla colectora *f*

collector track *n*
Ger: Kollektorbahn *f*
Fre: piste à résistance *f*
Spa: trayectoria del colector *f*

color change *n*
Ger: Farbumschlag *m*
Fre: virage de couleur *m*
Spa: cambio de color *m*

color temperature (lighting) *n*
Ger: Farbtemperatur (Lichttechnik) *f*
Fre: température de couleur (éclairage) *f*
Spa: temperatura de color (técnica de iluminación) *f*

combination brake cylinder *n*
Ger: Kombibremszylinder *m*
Fre: cylindre de frein combiné *m*
Spa: cilindro de freno combinado *m*

combination braking system *n*
Ger: Integralbremsanlage *f*
(Kombi-Bremsanlage) *f*
(Verbundbremsanlage) *f*
Fre: dispositif de freinage combiné *m*
Spa: sistema de frenos combinado *m*

combination governor *n*
Ger: Stufendrehzahlregler *m*
Fre: régulateur à échelons *m*
Spa: regulador escalonado de revoluciones *m*

combination switch *n*
Ger: Kombischalter *m*
Fre: commodo *m*
Spa: interruptor combinado *m*

combined HC/Lambda oxygen sensor *n*
Ger: Tandemsensor HC/Lambda *m*
Fre: sonde combinée HC/oxygène *f*
Spa: sensor combinado HC/Lambda *m*

combined transmission (braking system) *n*
Ger: gemischte Übertragungseinrichtung (Bremsanlage) *f*
Fre: transmission combinée (dispositif de freinage) *f*
Spa: transmisión combinada (sistema de frenos) *f*

combustible range *n*
Ger: brennbarer Bereich *m*
Fre: zone combustible *f*
Spa: rango inflamable *m*

combustion air *n*
Ger: Verbrennungsluft *f*
Fre: air de combustion *m*
Spa: aire de combustión *m*

combustion chamber (IC engine) *n*
Ger: Brennraum (Verbrennungsmotor) *m*
(Verbrennungsraum) *m*
Fre: chambre de combustion (moteur à combustion) *f*
Spa: cámara de combustión (motor de combustión) *f*

combustion chamber *n*
Ger: Verbrennungsraum *m*
Fre: chambre de combustion *f*
Spa: cámara de combustión *f*

combustion chamber back pressure *n*
Ger: Brennraumgegendruck *m*
Fre: contrepression dans la chambre de combustion *f*
Spa: contrapresión de la cámara de combustión *f*

combustion chamber design *n*
Ger: Brennraumgestaltung *f*
Fre: forme de la chambre de combustion *f*
Spa: diseño de la cámara de combustión *m*

combustion chamber pressure *n*
Ger: Brennraumdruck *m*
Fre: pression dans la chambre de combustion *f*
Spa: presión de la cámara de combustión *f*

combustion chamber pressure sensor *n*
Ger: Brennraum-Drucksensor *m*
Fre: capteur de pression de chambre de combustion *m*
Spa: sensor de presión de la cámara de combustión *m*

combustion chamber shape *n*
Ger: Brennraumform *f*
Fre: forme de la chambre de combustion *f*
Spa: forma de la cámara de combustión *f*

combustion chamber, CC *n*
Ger: Motorbrennraum *m*
Fre: chambre de combustion du moteur *f*
Spa: cámara de combustión del motor *f*

combustion characteristics *npl*
Ger: Verbrennungsablauf *m*
Fre: processus de combustion *m*
Spa: desarrollo de la combustión *m*

combustion control *n*
Ger: Verbrennungssteuerung *f*
Fre: commande de la combustion *f*
Spa: control de combustión *m*

combustion deposits *n*
Ger: Brennraumablagerungen *fpl*
Fre: dépôts dans la chambre de combustion *mpl*
Spa: sedimentaciones en la cámara de combustión *fpl*

combustion efficiency *n*
Ger: Verbrennungswirkungsgrad *n*
Fre: rendement de combustion *m*
Spa: eficiencia de la combustión *f*

combustion gas *n*
Ger: Brenngas *n*
Fre: gaz combustible *m*
Spa: gas combustible *m*

combustion gas *n*
Ger: Verbrennungsgas *n*
(Brenngas) *n*
Fre: gaz combustible *m*
(gaz de combustion) *m*
Spa: gas de combustión *m*

combustion heat *n*
Ger: Verbrennungswärme *f*
Fre: chaleur dégagée par la combustion *f*
Spa: calor de combustión *m*

combustion knock (IC engine) *n*
Ger: klopfende Verbrennung (Verbrennungsmotor) *f*
Fre: combustion détonante *f*

English

Spa: combustión con detonaciones (motor de combustión) *f*

combustion mixture formation *n*
Ger: Verbrennungsgemischaufbereitung *f*
Fre: préparation du mélange *f*
Spa: preparación de mezcla de combustión *f*

combustion noise *n*
Ger: Verbrennungsgeräusch *n*
Fre: bruit de combustion *m*
Spa: ruido de combustión *m*

combustion pressure *n*
Ger: Verbrennungsdruck *m*
Fre: pression de combustion *f*
Spa: presión de combustión *f*

combustion pressure rise *n*
Ger: Verbrennungsdruckanstieg *m*
Fre: augmentation de la pression de combustion *f*
Spa: aumento de la presión de combustión *m*

combustion process *n*
Ger: Brennverfahren *n*
Fre: procédé de combustion *m*
Spa: proceso de combustión *m*

combustion process *n*
Ger: Verbrennungsablauf *m*
Fre: déroulement de la combustion *m*
Spa: proceso de combustión *m*

combustion process *n*
Ger: Verbrennungsvorgang *m*
Fre: processus de combustion *m*
Spa: proceso de combustión *m*

combustion residues *npl*
Ger: Verbrennungsrückstände *mpl*
(Verbrennungsschmutzanfall) *m*
Fre: résidus de la combustion *mpl*
Spa: residuos de combustión *mpl*

combustion start *n*
Ger: Brennbeginn *m*
(Verbrennungsbeginn) *m*
Fre: début de combustion *m*
Spa: inicio de la combustión *m*

combustion system *n*
Ger: Verbrennungsverfahren *n*
Fre: procédé de combustion *m*
Spa: método de combustión *m*

combustion time (air-fuel mixture) *n*
Ger: Brenndauer (Kraftstoff-Luft-Gemisch) *f*
Fre: durée de combustion (mélange air-carburant) *f*
Spa: duración de la combustión (mezcla aire-combustible) *f*

comfort and convenience electronics *npl*
Ger: Komfortelektronik *f*
Fre: électronique de confort *f*
Spa: sistema electrónico de confort *m*

comfort and convenience function *n*
Ger: Komfortfunktion *f*
Fre: fonction confort *f*
Spa: función de confort *f*

comfort and convenience systems *npl*
Ger: Komfortsysteme *npl*
Fre: systèmes de confort *mpl*
Spa: sistemas de confort *mpl*

command signal *n*
Ger: Stellsignal *n*
Fre: signal de réglage *m*
Spa: señal de ajuste *f*

commercial vehicle *n*
Ger: Nkw *m*
Fre: véhicule utilitaire *m*
Spa: vehículo industrial *m*

commercial vehicle *n*
Ger: Nutzfahrzeug *n*
Fre: véhicule utilitaire *m*
Spa: vehículo industrial *m*

common mode signal *n*
Ger: Gleichtaktsignal *n*
Fre: signal de mode commun *m*
Spa: señal de modo común *f*

common plenum chamber *n*
Ger: Sammelbehälter *m*
Fre: réservoir collecteur *m*
Spa: depósito colector *m*

common rail high-pressure fuel rail *n*
Ger: Common Rail Hochdruckverteilerleiste *f*
Fre: rampe distributrice haute pression « Common Rail » *f*
Spa: distribuidor de alta presión Common Rail *m*

common rail high-pressure pump *n*
Ger: Common Rail Hochdruckpumpe *f*
Fre: pompe haute pression « Common Rail » *f*
Spa: bomba de alta presión Common Rail *f*

common rail injector *n*
Ger: Common Rail Injektor *m*
Fre: injecteur « Common Rail » *m*
Spa: inyector de alta presión Common Rail *m*

common rail pipe *n*
Ger: Common Rail Leitung *f*
Fre: conduite « Common Rail » *f*
Spa: tubería Common Rail *f*

common rail pump *n*
Ger: Common Rail Pumpe *f*
Fre: pompe « Common Rail » *f*
Spa: bomba de Common Rail *f*

common rail system, CR *n*
Ger: Common Rail, CR *n*
Fre: système d'injection à accumulateur « Common Rail » *m*
Spa: Common Rail, CR *m*

common rail system, CRS *n*
Ger: Common Rail System, CRS *n*
Fre: système d'injection à accumulateur « Common Rail » *m*
Spa: sistema Common Rail, CRS *m*

communication interface *n*
Ger: Kommunikationsschnittstelle *f*
Fre: interface de communication *f*
Spa: interfaz de comunicación *f*

commutating zone (carbon brush) *n*
Ger: Kommutierungsszone (Kohlebürste) *f*
Fre: partie commutateur (balai) *f*
Spa: zona de conmutación (escobilla de carbón) *f*

commutation *n*
Ger: Kommutierung *f*
(Stromwendung) *f*
Fre: commutation *f*
(collecteur) *m*
Spa: conmutación *f*

commutator *n*
Ger: Kommutator *m*
Fre: collecteur *m*
Spa: colector *m*

commutator end shield (alternator) *n*
Ger: Kommutatorlager (Generator) *n*
Fre: flasque côté collecteur (alternateur) *m*
Spa: apoyo de colector (alternador) *m*

compact alternator *n*
Ger: Compact-Generator *m*
Fre: alternateur compact *m*
Spa: alternador compacto *m*

compact diode assembly alternator *n*
Ger: Topf-Generator *m*
Fre: alternateur à bloc redresseur compact *m*
Spa: alternador cilíndrico compacto *m*

compact diode assembly model (alternator) *n*
Ger: Topfbauart (Generator) *f*
Fre: type à bloc redresseur compact (alternateur) *m*
Spa: modelo cilíndrico compacto (alternador) *m*

comparator *n*
Ger: Komparator *m*
Fre: comparateur *m*

English

Spa: comparador *m*

compensating cable *n*
Ger: Ausgleichsleitung *f*
Fre: câble de compensation *m*
Spa: cable de compensación *m*

compensating eccentric *n*
Ger: Ausgleichexzenter *m*
Fre: excentrique de compensation *m*
Spa: excéntrica de compensación *f*

compensating piston *n*
Ger: Ausgleichkolben *m*
Fre: piston de compensation *m*
Spa: pistón de compensación *m*

compensating winding *n*
Ger: Ausgleichswicklung *f*
Fre: enroulement de compensation *m*
Spa: devanado de compensación *m*

compensation flap *n*
Ger: Kompensationsklappe *f*
Fre: volet de compensation *m*
Spa: chapaleta de compensación *f*

compensation valve *n*
Ger: Speicherventil *n*
Fre: soupape de compensation *f*
Spa: válvula del acumulador *f*

compensation volume *n*
Ger: Ausgleichsvolumen *n*
Fre: volume de compensation *m*
Spa: volumen de compensación *m*

comperative emission analysis *n*
Ger: Abgas-Vergleichsmessung *f*
Fre: mesure comparative des gaz d'échappement *f*
Spa: medición comparativa de los gases de escape *f*

component *n*
Ger: Bauteil *n*
Fre: composant (appareil) *m*
Spa: componente *m*

component group (air-brake system) *n*
Ger: Gerätegruppe (Druckluftanlage) *f*
Fre: ensemble d'appareils de freinage (dispositif de freinage à air comprimé) *m*
Spa: grupo de aparatos (sistema de aire comprimido) *m*

component part drawing *n*
Ger: Einzelteilzeichnung *f*
Fre: vue éclatée (enroulement) *f*
Spa: dibujo de detalles *m*

component testing *n*
Ger: Bauteileprüfung *f*
Fre: test des composants *m*
Spa: ensayo de componentes *f*

components *n*
Ger: Komponente *f*
Fre: composant *m*
Spa: componente *m*

composite bearing *n*
Ger: Verbundlager *n*
Fre: palier composite *m*
Spa: rodamiento compuesto *m*

composite system *n*
Ger: Systemverbund *n*
Fre: réseau d'interconnexion *m*
Spa: interconexión de sistemas *f*

compound battery *n*
Ger: Blockbatterie *f*
Fre: batterie monobloc *f*
Spa: batería monobloque *f*

compound center electrode (spark plug) *n*
Ger: Verbundmittelelektrode (Zündkerze) *f*
Fre: électrode centrale composite (bougie d'allumage) *f*
Spa: electrodo central compuesto (bujía de encendido) *m*

compound electrode (spark plug) *n*
Ger: Verbundelektrode (Zündkerze) *f*
Fre: électrode composite (bougie d'allumage) *f*
Spa: electrodo compuesto (bujía de encendido) *m*

compound motor *n*
Ger: Doppelschlussmotor *m*
Fre: moteur à excitation compound *m*
Spa: motor compound *m*

compound navigation (navigation system) *n*
Ger: Koppelortungssystem (Navigationssystem) *n*
Fre: système de localisation à l'estime (système de navigation) *m*
Spa: sistema de localización por punto de estima (sistema de navegación) *m*

compressed air *n*
Ger: Druckluft *f*
Fre: air comprimé *m*
Spa: aire comprimido *m*

compressed air brake *n*
Ger: Druckluftbremse *f*
Fre: frein à air comprimé *m*
Spa: freno de aire comprimido *m*

compressed air braking system *n*
Ger: Druckluft-Bremsanlage *f*
Fre: dispositif de freinage à air comprimé *m*
Spa: sistema de frenos de aire comprimido *m*

compressed air circuit *n*
Ger: Druckluftkreis *m*
Fre: circuit d'air comprimé *m*
Spa: circuito de aire comprimido *m*

compressed air cylinder *n*
Ger: Druckluftbehälter *m*
Fre: réservoir d'air comprimé *m*
Spa: depósito de aire comprimido *m*

compressed air load *n*
Ger: Druckluftverbraucher *m*
Fre: récepteur d'air comprimé *m*
Spa: consumidor de aire comprimido *m*

compressed air reserve *n*
Ger: Druckluftvorrat *m*
(Luftvorrat) *m*
Fre: réserve d'air comprimé *f*
Spa: reserva de aire comprimido *f*

compressed air reservoir (pneumatics) *n*
Ger: Luftbehälter (Pneumatik) *m*
(Vorratsbehälter) *m*
Fre: réservoir d'air comprimé (pneumatique) *m*
Spa: depósito de aire (neumática) *m*

compressed air supply *n*
Ger: Druckluftversorgung *f*
Fre: alimentation en air comprimé *f*
Spa: suministro de aire comprimido *m*

compressed air system *n*
Ger: Druckluftanlage *f*
Fre: dispositif à air comprimé *m*
Spa: sistema de aire comprimido *m*

compressed-air reservoir (pneumatics) *n*
Ger: Vorratsbehälter (Pneumatik) *m*
Fre: réservoir *m*
Spa: depósito de reserva (neumática) *m*

compressed-air supply circuit *n*
Ger: Druckluftvorratskreis *m*
(Vorratskreis) *m*
Fre: circuit d'alimentation (air comprimé) *m*
Spa: circuito de reserva de aire comprimido *m*

compressibility *n*
Ger: Kompressibilität *f*
Fre: compressibilité *f*
Spa: compresibilidad *f*

compression (IC engine) *n*
Ger: Verdichtung (Verbrennungsmotor) *m*
(Kompressionsdruck) *f*
Fre: compression (moteur à combustion) *f*
Spa: compresión (motor de combustión) *f*

compression cycle (IC engine) *n*
Ger: Verdichtungstakt (Verbrennungsmotor) *m*
Fre: temps de compression (moteur à combustion) *m*
Spa: ciclo de compresión (motor de combustión) *m*

compression ignition engine (CI engine) *n*

English

Ger: Selbstzündungsmotor *m*
(Selbstzünder) *m*
Fre: moteur à allumage par compression *m*
Spa: motor de autoignición *m*

compression pulsating fatigue strength *n*
Ger: Druckschwellfestigkeit *f*
Fre: tenue aux ondes de pression *f*
Spa: resistencia a la fatiga por presión alternante *f*

compression ratio *n*
Ger: Verdichtungsverhältnis *n*
(Aufladegrad) *m*
Fre: taux de compression *m*
Spa: relación de compresión *f*

compression space *n*
Ger: Verdichtungsraum *m*
(Kompressionsvolumen) *n*
Fre: volume de compression *m*
Spa: cámara de compresión *f*

compression spring *n*
Ger: Druckfeder *f*
Fre: ressort de pression *m*
Spa: muelle de compresión *m*

compression stroke *n*
Ger: Kompressionshub *m*
(Kompressionstakt) *m*
(Verdichtungshub) *m*
Fre: course de compression *f*
(course de compression) *f*
Spa: carrera de compresión *f*

compression stroke *n*
Ger: Kompressionstakt *m*
Fre: temps de compression *m*
Spa: carrera de compresión *f*

compression stroke *n*
Ger: Verdichtungshub *m*
Fre: course de compression *f*
Spa: carrera de compresión *f*

compression tester *n*
Ger: Kompressionsdruckmesser *m*
Fre: compressiomètre *m*
Spa: compresímetro *m*

compression volume *n*
Ger: Kompressionsvolumen *n*
(Dämpfungsvolumen) *n*
Fre: volume de compression *m*
(volume d'amortissement) *m*
Spa: volumen de compresión *m*

compressive stress *n*
Ger: Druckspannung *f*
Fre: contrainte de compression *f*
Spa: esfuerzo de compresión *m*

compressive yield point *n*
Ger: Stauchgrenze *f*
Fre: limite élastique à la compression *f*
Spa: límite elástico a la compresión *m*

compressor *n*
Ger: Kompressor *m*
Fre: compresseur *m*
Spa: compresor *m*

compressor *n*
Ger: Verdichter *m*
Fre: compresseur *m*
Spa: compresor *m*

compressor impeller *n*
Ger: Verdichterrad *n*
Fre: pignon de compresseur *m*
Spa: rueda de álabes del compresor *f*

compressor turbine *n*
Ger: Verdichterturbine *f*
Fre: turbine de compresseur *f*
Spa: turbina del compresor *f*

computation of setpoint values *n*
Ger: Sollwertbestimmung *f*
Fre: détermination de la consigne *f*
Spa: determinación de valor nominal *f*

Computer Aided Design, CAD *n*
Ger: Computer Aided Design, CAD *n*
Fre: conception assistée par ordinateur, CAO *f*
Spa: Computer Aided Design, CAD *m*

Computer Aided Lighting, CAL *n*
Ger: Computer Aided Lighting, CAL *n*
Fre: éclairage assisté par ordinateur *m*
Spa: Computer Aided Lighting, CAL *f*

concealed headlamp *n*
Ger: Klappscheinwerfer *m*
Fre: projecteur escamotable *m*
Spa: faro abatible *m*

concentricity *n*
Ger: Rundlauffehler *m*
Fre: ovalisation *f*
Spa: error de concentricidad *m*

condensate drain *n*
Ger: Kondenswasserablauf *m*
Fre: écoulement de l'eau de condensation *m*
Spa: salida de agua condensada *f*

condensate drip pan *n*
Ger: Kondenswasserwanne *f*
Fre: collecteur d'eau de condensation *m*
Spa: colector de agua condensada *m*

conductance *n*
Ger: elektrischer Leitwert *m*
(Wirkleitwert) *m*
Fre: conductance électrique *f*
(conductance) *f*
Spa: conductancia eléctrica *f*

conductive foil (angle of rotation sensor) *n*
Ger: Leiterfolie (Drehwinkelsensor) *f*
Fre: feuille conductrice (capteur d'angle de rotation) *f*
Spa: lámina conductora (sensor de ángulo de giro) *f*

conductive glass seal *n*
Ger: Glasschmelze (elektrisch leitend) *f*
Fre: ciment à base de verre conducteur *m*
Spa: vidrio fundido (conductor eléctrico) *m*

conductor cross section *n*
Ger: Leiterquerschnitt *m*
Fre: section du conducteur *f*
Spa: sección de conductor *f*

conductor track *n*
Ger: Leiterbahn *f*
(Kontaktbahn) *f*
Fre: piste conductrice *f*
(piste de contact) *f*
Spa: vía de conductor *f*

cone angle *n*
Ger: Kegelwinkel *m*
Fre: angle de cône *m*
Spa: ángulo de cono *m*

conical armature *n*
Ger: Konusanker *m*
Fre: induit plongeur *m*
Spa: inducido cónico *m*

conical helical spring *n*
Ger: Kegelstumpffeder *f*
Fre: ressort en tronc de cône *m*
Spa: resorte helicoidal cónico *m*

conical seat *n*
Ger: Kegeldichtsitz *m*
(Kegelsitz) *m*
Fre: siège conique *m*
Spa: asiento cónico estanqueizante *m*
(asiento cónico) *m*

connecting cable *n*
Ger: Anschlussleitung *f*
Fre: câble de connexion *m*
Spa: cable de conexión *m*

connecting flange *n*
Ger: Anschlussflansch *m*
Fre: bride de raccordement *f*
Spa: brida de conexión *f*

connecting hose *n*
Ger: Verbindungsschlauch *m*
Fre: tuyau de raccordement *m*
Spa: tubo flexible de conexión *m*

connecting line (braking system) *n*
Ger: Verbindungsleitung (Bremsanlage) *f*
Fre: conduite de raccordement (dispositif de freinage) *f*
Spa: tubería de conexión (sistema de frenos) *f*

connecting piece *n*
Ger: Anschlussstück *n*
Fre: raccord *m*

English

Spa: pieza de conexión *f*

connecting pipe ***n***
Ger: Verbindungsleitung *f*
Fre: conduite de raccordement *f*
Spa: tubería de conexión *f*

connecting plate ***n***
Ger: Anschlussplatte *f*
Fre: plaque de raccordement *f*
Spa: placa de conexión *f*

connecting rail ***n***
Ger: Anschlussschiene *f*
Fre: rail de raccordement *m*
Spa: riel de conexión *m*

connecting rod ***n***
Ger: Pleuel *n*
(Pleuelstange) *f*
(Koppel) *f*
Fre: bielle *f*
Spa: biela *f*

connecting rod ***n***
Ger: Pleuelstange *f*
Fre: bielle *f*
Spa: biela *f*

connecting rod (brake) ***n***
Ger: Verbindungsstange (Bremse) *f*
Fre: biellette (frein) *f*
Spa: barra de unión (freno) *f*

connecting rod bearing ***n***
Ger: Pleuellager *n*
Fre: coussinet de bielles *m*
Spa: cojinete de biela *m*

connecting thread ***n***
Ger: Anschlussgewinde *n*
Fre: filetage de raccordement *m*
Spa: rosca de conexión *f*

connection fitting ***n***
Ger: Anschlussnippel *m*
Fre: raccord fileté *m*
Spa: niple de conexión *m*

connection housing ***n***
Ger: Anschlussgehäuse *n*
Fre: boîtier de connexion *m*
Spa: carcasa de conexión *f*

connection pin ***n***
Ger: Anschlussstift *m*
Fre: broche de connexion *f*
Spa: pasador de conexión *m*

connection pipe ***n***
Ger: Anschlussrohr *n*
Fre: tuyau de raccordement *m*
Spa: tubo de conexión *m*

connection spacer ***n***
Ger: Anschlusszwischenstück *n*
Fre: adaptateur *m*
Spa: pieza intermedia de conexión *f*

connection-pin assignment ***n***
Ger: Steckerbelegung *f*
Fre: affectation du connecteur *f*
Spa: ocupación de pines *f*

connector ***n***
Ger: Anschlussstecker *m*
(Stecker) *m*
Fre: fiche de connexion *f*
(fiche) *f*
Spa: conector *m*

connector bushing ***n***
Ger: Anschlussbuchse *f*
Fre: prise *f*
Spa: casquillo de conexión *m*

connector pin ***n***
Ger: Anschlusspin *m*
Fre: broche de connexion *f*
Spa: pin de conexión *m*

connector pin ***n***
Ger: Steckerstift *m*
Fre: contact mâle *m*
Spa: pin de enchufe *m*

connector shell ***n***
Ger: Steckergehäuse *n*
Fre: boîtier de connecteur *m*
Spa: caja de enchufe *f*

consequential damage ***n***
Ger: Folgeschaden *m*
Fre: dommages consécutifs *mpl*
Spa: daño derivado *m*

consequential error ***n***
Ger: Folgefehler *m*
Fre: défaut consécutif *m*
Spa: error de secuencia *m*

consequential-damage protection (overvoltage) ***n***
Ger: Folgeschadenschutz (Überspannung) *m*
Fre: protection contre les incidences (surtension) *f*
Spa: protección contra daños derivados (sobretensión) *f*

console ***n***
Ger: Konsole *f*
Fre: console *f*
Spa: consola *f*

constant field pick-up ***n***
Ger: Gleichfeldeinstreuung *f*
Fre: perturbation par champ continu *f*
Spa: interpolación de campo continuo *f*

constant throttle (engine brake) ***n***
Ger: Konstantdrossel (Motorbremse) *f*
Fre: étranglement constant (frein moteur) *m*
Spa: estrangulador constante *m*

constant velocity joint ***n***
Ger: Gleichlaufgelenk *n*
Fre: joint homocinétique *m*
Spa: articulación homocinética *f*
(junta homocinética) *f*

constant-pressure valve ***n***
Ger: Gleichdruckventil *n*
Fre: clapet de refoulement à pression constante *m*
Spa: válvula a presión constante *f*

constant-volume valve ***n***
Ger: Gleichraumventil *n*
Fre: clapet de refoulement à volume constant *m*
Spa: válvula de volumen constante *f*

constraint ***n***
Ger: Verzwängung *f*
Fre: couple d'alignement *m*
Spa: forzamiento *m*

consumable part ***n***
Ger: Verschleißteil *n*
Fre: pièce d'usure *f*
Spa: pieza de desgaste *f*

contact breaking spark (ignition) ***n***
Ger: Abreißfunke (Zündung) *m*
(Trennfunke) *m*
Fre: étincelle de rupture *f*
Spa: chispa de ruptura (encendido) *f*

contact chatter ***n***
Ger: Kontaktprellung *f*
Fre: rebondissement des contacts *m*
Spa: rebote de contacto *m*

contact controller ***n***
Ger: Kontaktregler *m*
Fre: régulateur à vibreur *m*
Spa: regulador de contacto *m*

contact corrosion ***n***
Ger: Kontaktkorrosion *f*
Fre: corrosion par contact *f*
Spa: corrosión por contacto *f*

contact erosion ***n***
Ger: Kontaktabbrand *m*
Fre: érosion des contacts *f*
Spa: erosión por contacto *f*

contact face ***n***
Ger: Anlagefläche *f*
Fre: portée *f*
Spa: superficie de contacto *f*

contact gap ***n***
Ger: Kontaktabstand *m*
Fre: espacement des contacts *m*
Spa: separación de contacto *f*

contact pin ***n***
Ger: Kontaktstift *m*
Fre: tige de contact *f*
Spa: pin de contacto *m*

contact point (wiper system) ***n***
Ger: Auflagepunkt (Wischeranlage) *m*
Fre: point d'appui *m*
Spa: punto de apoyo (limpiaparabrisas) *m*

contact regulator ***n***
Ger: Kontaktregler *m*
Fre: régulateur à vibreur *m*
Spa: regulador de contacto *m*

contact resistance ***n***
Ger: Übergangswiderstand *m*
Fre: résistance de contact *f*
Spa: resistencia de contacto *f*

contact set (ignition) *n*
Ger: Kontaktsatz (Zündung) *m*
Fre: jeu de contacts (allumage) *m*
Spa: juego de contacto (encendido) *m*

contact spring *n*
Ger: Kontaktfeder *f*
Fre: contact à ressort *m*
Spa: muelle de contacto *m*

contact surface *n*
Ger: Auflagefläche *f*
Fre: surface d'appui *f*
Spa: superficie de apoyo *f*

contact surface (brake drum, brake disc) *n*
Ger: Lauffläche (Bremstrommel, Bremsscheibe) *f*
Fre: surface de friction (tambour, disque de frein) *f*
Spa: superficie de contacto (tambor de freno, disco de freno) *f*

contact wiper (level sensor) *n*
Ger: Spannungsabgriff (Niveaugeber) *m*
Fre: prise de tension (capteur de niveau) *f*
Spa: toma de tensión (transmisor del nivel) *f*

contamination *n*
Ger: Verunreinigung *f*
Fre: contamination *f*
Spa: contaminación *f*

continuous braking *n*
Ger: Dauerbremsung *f*
Fre: freinage prolongé *m*
Spa: frenada continua *f*

continuous glowing *v*
Ger: dauerglühen *v*
Fre: incandescence permanente *f*
Spa: incandescencia continua *f*

continuous injection *n*
Ger: Dauereinspritzung *f*
Fre: injection continue *f*
Spa: inyección continua *f*

continuous light *n*
Ger: Dauerlicht *n*
Fre: éclairage continu *m*
Spa: luz continua *f*

continuous load *n*
Ger: Dauerverbraucher *m*
Fre: récepteur permanent *m*
Spa: consumidor permanente *m*
(carga permanente) *f*

continuous loading *n*
Ger: Dauerbeanspruchung *f*
Fre: contrainte permanente *f*
(sollicitation permanente) *f*
Spa: solicitación continua *f*

continuous running *n*
Ger: Dauerlauf *m*
Fre: fonctionnement continu *m*
Spa: marcha continua *f*

continuous running-duty type (electrical machines) *n*
Ger: Dauerbetrieb (elektrische Maschinen) *m*
Fre: fonctionnement permanent (machines électriques) *m*
Spa: servicio continuo (máquinas eléctricas) *m*

continuous tone (car alarm) *n*
Ger: Dauerton (Autoalarm) *m*
Fre: tonalité continue (alarme auto) *f*
Spa: tono continuo (alarma de vehículo) *m*

continuous torque *n*
Ger: Dauerdrehmoment *n*
Fre: couple permanent *m*
Spa: par continuo *m*

contoured switching guide *n*
Ger: Schaltkulisse *f*
Fre: grille de passage de vitesses *f*
Spa: colisa de mando *f*

control *n*
Ger: Ansteuerung *f*
Fre: commande *f*
Spa: mando *m*

control (braking system) *n*
Ger: Betätigungseinrichtung (Bremsanlage) *f*
Fre: commande (dispositif de freinage) *f*
Spa: dispositivo de accionamiento (sistema de frenos) *m*

control *n*
Ger: Steuerung *f*
Fre: commande *f*
Spa: control *m*

control angle *n*
Ger: Stellwinkel *m*
Fre: angle de réglage *m*
Spa: ángulo de ajuste *m*

control cable *n*
Ger: Seilzug *m*
Fre: câble de commande *m*
Spa: cable de mando *m*

control cam *n*
Ger: Verstellnocken *m*
Fre: came de réglage *f*
Spa: leva de ajuste *f*

control channel (ABS hydraulic modulator) *n*
Ger: Regelkanal (ABS-Hydroaggregat) *m*
Fre: canal de régulation (groupe hydraulique ABS) *f*
Spa: canal de regulación (grupo hidráulico del ABS) *m*

control circuit *n*
Ger: Schaltkreis *m*
Fre: circuit de régulation *m*
Spa: circuito *m*

control collar (distributor pump) *n*
Ger: Regelschieber (Verteilereinspritzpumpe) *m*
Fre: tiroir de régulation (pompe distributrice) *m*
Spa: corredera reguladora (bomba de inyección rotativa) *f*

control collar position sensor *n*
Ger: Regelschieberweggeber *m*
Fre: capteur de course du tiroir de régulation *m*
Spa: sensor de posición de corredera reguladora *m*

control command (ECU) *n*
Ger: Steuerbefehl (Steuergerät) *m*
(Stellbefehl) *m*
Fre: instruction de commande (calculateur) *f*
Spa: instrucción de mando (unidad de control) *f*

control cone *n*
Ger: Steuerkegel *m*
Fre: cône de commande *m*
Spa: cono de control *m*

control connection *n*
Ger: Steueranschluss *m*
Fre: raccord de commande *m*
Spa: conexión de control *f*

control current *n*
Ger: Ansteuerstrom *m*
(Steuerstrom) *m*
Fre: courant de pilotage *m*
Spa: corriente de activación *f*

control cycle *n*
Ger: Regelzyklus *m*
Fre: cycle de régulation *m*
Spa: ciclo de regulación *m*

control diaphragm *n*
Ger: Regelmembran *f*
Fre: membrane de régulation *f*
Spa: membrana reguladora *f*

control dimension *n*
Ger: Kontrollmaß *n*
Fre: cote de contrôle *f*
Spa: medida de referencia *f*

control electronics *n*
Ger: Regelelektronik *f*
Fre: électronique de régulation *f*
Spa: electrónica de regulación *f*

control electronics *npl*
Ger: Steuerungselektronik *f*
Fre: électronique de commande *f*
Spa: electrónica de control *f*

control element *n*
Ger: Bedienteil *n*
Fre: clavier opérateur *m*
Spa: elemento de mando *m*

control force *n*
Ger: Betätigungskraft *f*
Fre: force de commande *f*
Spa: fuerza de accionamiento *f*

English

control force density *n*
Ger: Stellleistungsdichte *f*
(Leistungsdichte) *f*
Fre: puissance volumique *f*
Spa: densidad de potencia de ajuste *f*

control groove *n*
Ger: Steuernut *f*
(Verteilernut) *f*
Fre: rainure de distribution *f*
Spa: ranura de mando *f*

control journal *n*
Ger: Steuerzapfen *m*
Fre: pivot de distribution *m*
Spa: pivote de distribución *m*

control lever (distributor pump) *n*
Ger: Einstellhebel (Verteilereinspritzpumpe) *m*
Fre: levier de réglage (pompe distributrice) *m*
Spa: palanca de ajuste (bomba de inyección rotativa) *f*

control lever *n*
Ger: Regelhebel *m*
Fre: levier de régulation *m*
Spa: palanca de regulación *f*

control lever (in-line pump) *n*
Ger: Verstellhebel (Reiheneinspritzpumpe) *m*
Fre: levier de commande (pompe d'injection en ligne) *m*
Spa: palanca de ajuste (bomba de inyección en serie) *f*

control lever shaft (in-line pump) *n*
Ger: Verstellhebelwelle (Reiheneinspritzpumpe) *f*
Fre: axe du levier de commande *m*
Spa: eje de la palanca de ajuste (bomba de inyección en serie) *m*

control line *n*
Ger: Ansteuerleitung *f*
Fre: câble de commande *m*
Spa: cable de activación *m*

control line *n*
Ger: Steuerleitung *f*
Fre: câble-pilote *m*
Spa: línea de control *f*

control loop *n*
Ger: Regelkreis *m*
Fre: boucle de régulation *f*
Spa: lazo de regulación *m*

control loop *n*
Ger: Regelschaltung *f*
Fre: boucle d'asservissement *f*
Spa: circuito de regulación *m*

control magnet *n*
Ger: Steuermagnet *m*
Fre: aimant de commande *m*
Spa: imán de mando *f*

control parameter (mechanical governor) *n*
Ger: Reglerparameter *m*
Fre: paramètre de régulation *m*
Spa: parámetros del regulador *mpl*

control parameter *n*
Ger: Steuerparameter *m*
Fre: paramètre de commande *m*
Spa: parámetro de mando *m*

control pin (height-control valve) *n*
Ger: Steuerbolzen (Luftfederventil) *m*
Fre: axe de commande (valve de nivellement) *m*
Spa: pasador de mando (válvula de suspensión neumática) *m*

control plunger *n*
Ger: Steuerkolben *m*
Fre: piston de commande *m*
Spa: émbolo de control *m*

control point *n*
Ger: Aussteuerpunkt *m*
Fre: point de régulation finale *m*
Spa: punto de regulación final *m*

control pressure *n*
Ger: Steuerdruck *m*
Fre: pression de commande *f*
Spa: presión de control *f*

control pulse (ECU) *n*
Ger: Steuerimpuls (Steuergerät) *m*
Fre: impulsion de commande (calculateur) *f*
Spa: impulso de mando (unidad de control) *m*

control rack *n*
Ger: Regelstange (Einspritzpumpe) *f*
Fre: tige de réglage (pompe d'injection en ligne) *f*
Spa: varilla de regulación (bomba de inyección) *f*

control rack stop (fuel-injection pump) *n*
Ger: Regelstangenanschlag (Einspritzpumpe) *m*
Fre: butée de la tige de réglage (pompe d'injection) *f*
Spa: tope de varilla de regulación (bomba de inyección) *m*

control rack travel (fuel-injection pump) *n*
Ger: Regelstangenweg (Einspritzpumpe) *m*
(Regelweg) *m*
Fre: course de régulation *f*
Spa: recorrido de la varilla de regulación (bomba de inyección) *m*

control range *n*
Ger: Regelbereich *m*
Fre: plage de régulation *f*
Spa: campo de regulación *m*

control ratio (brake valve) *n*
Ger: Regelverhältnis (Bremsventil) *n*
Fre: rapport de régulation (valve de frein) *m*
Spa: relación de regulación (válvula de freno) *f*

control relay *n*
Ger: Steuerrelais *n*
Fre: relais de commande *m*
Spa: relé de mando *m*

control setup *n*
Ger: Regeleinrichtung *f*
Fre: équipement de régulation *m*
Spa: equipo de control *m*

control signal (closed loop) *n*
Ger: Regelsignal *n*
Fre: signal de régulation *m*
Spa: señal de regulación *f*

control signal (open loop) *n*
Ger: Steuersignal *n*
Fre: signal de commande *m*
Spa: señal de control *f*

control sleeve *n*
Ger: Hubschieber *m*
Fre: tiroir de régulation *m*
Spa: corredera de elevación *f*

control sleeve (fuel-injection pump) *n*
Ger: Regelhülse (Einspritzpumpe) *f*
Fre: douille de réglage (pompe d'injection) *f*
Spa: manguito de regulación (bomba de inyección) *m*

control sleeve actuator *n*
Ger: Hubschieberstellwerk *n*
Fre: actionneur des tiroirs *m*
Spa: mecanismo de ajuste de la corredera de elevación *m*

control sleeve element *n*
Ger: Hubschieberelement *n*
Fre: élément à tiroir *m*
Spa: elemento de la corredera de elevación *m*

control sleeve in line fuel injection pump (PE) *n*
Ger: Hubschieber-Reiheneinspritzpumpe (PE) *f*
Fre: pompe d'injection en ligne à tiroirs (PE) *f*
Spa: bomba de inyección electromecánica en línea (PE) *f*

control sleeve inline injection pump *n*
Ger: Hubschieberpumpe *f*
Fre: pompe d'injection en ligne à tiroirs *f*
Spa: bomba de inyección electromecánica *f*

control sleeve pump *n*
Ger: Hubschieberpumpe *f*

English

Fre: pompe d'injection en ligne à tiroirs *f*
Spa: bomba de inyección de leva y corredera *f*

control sleeve shaft ***n***
Ger: Hubschieber-Verstellwelle *f*
Fre: arbre de déplacement des tiroirs *m*
Spa: eje de ajuste de la corredera de elevación *m*

control slide ***n***
Ger: Verstellschieber *m*
Fre: curseur de réglage *m*
Spa: empujador de ajuste *m*

control spring ***n***
Ger: Regelfeder *f*
Fre: ressort de régulation *m*
Spa: resorte de regulación *m*

control stroke travel ***n***
Ger: Stellhub *m*
Fre: course de réglage *f*
Spa: carrera de ajuste *f*

control switch ***n***
Ger: Steuerschalter *m*
Fre: contacteur de commande *m*
Spa: interruptor de mando *m*

control threshold ***n***
Ger: Regelschwelle *f*
Fre: seuil de régulation *m*
Spa: magnitud umbral de regulación *f*

control throttle ***n***
Ger: Regeldrossel *f*
Fre: pointeau de réglage *m*
Spa: bobina de regulación *f*

control time ***n***
Ger: Steuerzeit *f*
(Stellzeit) *f*
Fre: temps de réglage *m*
(temps de commande) *m*
Spa: tiempo de control *m*

control tolerance ***n***
Ger: Regeltoleranz *f*
Fre: tolérance de régulation *f*
Spa: tolerancia de regulación *f*

control travel ***n***
Ger: Verstellweg *m*
Fre: course de réglage *f*
Spa: carrera de ajuste *f*

control unit (trip computer) ***n***
Ger: Bedieneinheit (Fahrdatenrechner) *f*
Fre: unité de sélection (ordinateur de bord) *f*
Spa: panel de mandos (ordenador de datos de viaje) *m*
(unidad de mando) *f*

control unit box ***n***
Ger: Steuergerätebox *f*
Fre: boîtier de calculateurs *m*
Spa: caja de unidades de control *f*

control unit enabling ***n***
Ger: Steuergerätefreischaltung *f*
Fre: activation du calculateur *f*
Spa: habilitación de unidades de control *f*

control unit initialization ***n***
Ger: Steuergeräteinitialisierung *f*
Fre: initialisation du calculateur *f*
Spa: inicialización de unidades de control *f*

control valve ***n***
Ger: Betätigungsventil *n*
(Steuerventil) *n*
Fre: valve de commande *f*
Spa: válvula de accionamiento *f*
(válvula de control) *f*

control valve (open loop) ***n***
Ger: Regelventil *n*
Fre: vanne de régulation *f*
Spa: válvula reguladora *f*

control valve ***n***
Ger: Steuerventil *n*
Fre: valve de commande *f*
Spa: válvula de control *f*

control variance ***n***
Ger: Regelabweichung *f*
Fre: écart de réglage *m*
Spa: desviación de regulación *f*

control winding ***n***
Ger: Steuerspule *f*
Fre: bobine de commande *f*
Spa: bobina de control *f*

controlled sleeve damping ***n***
Ger: gesteuerte Muffendämpfung *f*
Fre: amortisseur de manchon piloté *m*
Spa: amortiguación de manguitos controlada *f*

controlled variable (closed-loop control) ***n***
Ger: Regelgröße *f*
Fre: grandeur réglée *f*
Spa: magnitud de regulación *f*

controlled variable (open-loop control) ***n***
Ger: Steuergröße *f*
Fre: paramètre de commande *m*
Spa: parámetro de mando *m*

controller ***n***
Ger: Verstellregler *m*
Fre: régulateur toutes vitesses *m*
Spa: regulador de mando *m*

Controller Area Network, CAN ***n***
Ger: Controller Area Network, CAN *n*
Fre: bus de multiplexage CAN *m*
Spa: Controller Area Network, CAN *f*

controller logic (ECU) ***n***
Ger: Reglerlogik (Steuergerät) *f*
Fre: logique de régulation (calculateur) *f*
Spa: lógica del regulador (unidad de control) *f*

control-sleeve lever (control-sleeve fuel-injection pump) ***n***
Ger: Anlenkhebel (Hubschieberpumpe) *m*
Fre: levier de positionnement (pompe d'injection en ligne à tiroirs) *m*
Spa: palanca articulada (bomba electromecánica de inyección) *f*

conventional form (motor vehicle) ***n***
Ger: Pontonform (Kfz) *f*
Fre: carrosserie à trois volumes *f*
Spa: forma de pontón (automóvil) *f*

conversion formula ***n***
Ger: Umrechnungsformel *f*
Fre: formule de conversion *f*
Spa: fórmula de conversión *f*

conversion ratio ***n***
Ger: Übersetzung *f*
Fre: rapport de transmission *m*
Spa: desmultiplicación *f*

converter ***n***
Ger: Wandler *m*
Fre: convertisseur *m*
Spa: convertidor *m*

converter lockup ***n***
Ger: Wandlerüberbrückung *f*
Fre: pontage du convertisseur de couple *m*
Spa: anulación del convertidor *f*

converter lockup clutch ***n***
Ger: Wandlerüberbrückungs-kupplung *f*
Fre: embrayage de prise directe *m*
Spa: embrague de anulación del convertidor *m*

conveyor belt ***n***
Ger: Flurförderer *m*
Fre: chariot de manutention *m*
Spa: transportador de superficie *m*

coolant ***n***
Ger: Kühlflüssigkeit *f*
Fre: liquide de refroidissement *m*
Spa: líquido refrigerante *m*

coolant ***n***
Ger: Kühlmittel *n*
(Kühlerflüssigkeit) *f*
Fre: liquide de refroidissement *m*
Spa: líquido refrigerante *m*

coolant auxiliary heater ***n***
Ger: Kühlmittel-Zusatzheizung *f*
Fre: chauffage auxiliaire de liquide de refroidissement *m*
Spa: calefacción adicional de líquido refrigerante *f*

coolant circuit ***n***
Ger: Kühlwasserkreislauf *m*

English

(*Kältemittelkreislauf*) *m*
Fre: circuit d'eau de refroidissement *m*
(*circuit de réfrigération*) *m*
Spa: circuito de líquido refrigerante *m*

coolant flow *n*
Ger: Kühlmittelstrom *m*
Fre: flux de l'agent de refroidissement *m*
Spa: flujo de líquido refrigerante *m*

coolant heater *n*
Ger: Kühlwasserheizung *f*
Fre: chauffage d'eau de refroidissement *m*
Spa: calefacción de líquido refrigerante *f*

coolant pump *n*
Ger: Kühlmittelpumpe *f*
(*Kühlpumpe*) *f*
Fre: pompe de refroidissement *f*
(*pompe à liquide de refroidissement*) *f*
Spa: bomba de líquido refrigerante *f*

coolant radiator *n*
Ger: Kühlmittelkühler *m*
Fre: radiateur d'eau *m*
Spa: radiador de líquido refrigerante *m*

coolant temperature *n*
Ger: Kühlwassertemperatur *f*
Fre: température du liquide de refroidissement *m*
Spa: temperatura de líquido refrigerante *f*

cooling *n*
Ger: Kühlung *f*
Fre: refroidissement *m*
Spa: refrigeración *f*

cooling air *n*
Ger: Kühlluft *f*
Fre: air de refroidissement *m*
Spa: aire de enfriamiento *m*

cooling capacity *n*
Ger: Kühlleistung *f*
Fre: capacité de refroidissement *f*
Spa: capacidad de enfriamiento *f*

cooling plate *n*
Ger: Kühlblech *n*
Fre: refroidisseur *m*
Spa: chapa refrigerante *f*

cooling system *n*
Ger: Kühlsystem *n*
Fre: système de refroidissement *m*
Spa: sistema de refrigeración *m*

cooling water *n*
Ger: Kühlwasser *n*
Fre: eau de refroidissement *f*
Spa: líquido refrigerante *m*

copper alloy *n*
Ger: Kupferlegierung *f*
Fre: alliage cuivreux *m*
Spa: aleación de cobre *f*

copper braid *n*
Ger: Kupferlitze *f*
Fre: toron en cuivre *m*
Spa: conductor de cobre trenzado *m*

copper clad *adj*
Ger: kupferplattiert *adj*
Fre: plaqué de cuivre *pp*
Spa: chapeado al cobre *adj*

copper core (spark plug) *n*
Ger: Kupferkern (Zündkerze) *m*
Fre: noyau de cuivre (bougie d'allumage) *m*
Spa: núcleo de cobre (bujía de encendido) *m*

copper gasket *n*
Ger: Kupferdichtscheibe *f*
Fre: joint en cuivre *m*
Spa: arandela de junta de cobre *f*

copper losses (alternator) *npl*
Ger: Kupferverluste (Generator) *mpl*
Fre: pertes cuivre (alternateur) *fpl*
Spa: pérdidas en el cobre (alternador) *fpl*

copper paste *n*
Ger: Kupferpaste *f*
Fre: pâte de cuivre *f*
Spa: pasta de cobre *f*

copper spray *n*
Ger: Kupferspray *m*
Fre: spray au cuivre *m*
Spa: aerosol de cobre *m*

core peak to valley height *n*
Ger: Kernrautiefe *f*
Fre: intervalle pic-creux *m*
Spa: profundidad pico-valle *f*

cornering *ppr*
Ger: Kurvenfahrt *f*
Fre: conduite en virage *f*
Spa: conducción en curvas *f*

cornering limit speed *n*
Ger: Kurvengrenzgeschwindigkeit *f*
Fre: vitesse limite en virage *f*
Spa: velocidad límite en curvas *f*

corporate average fuel economy, CAFE *n*
Ger: Flottenverbrauch *m*
Fre: consommation d'un parc automobile *f*
Spa: consumo medio por flota *m*

correcting variable *n*
Ger: Stellgröße *f*
Fre: paramètre de réglage *m*
Spa: magnitud de ajuste *f*

correcting variable limit *n*
Ger: Stellgrößenbegrenzung *f*
Fre: limitation des grandeurs réglantes *f*
Spa: limitación de la magnitud de ajuste *f*

correction quantity *n*
Ger: Korrekturmenge *f*
Fre: volume de correction *m*
Spa: cantidad de corrección *f*

correction value *n*
Ger: Korrekturwert *m*
Fre: valeur de correction *f*
Spa: valor de corrección *m*

corrosion protection *n*
Ger: Korrosionsschutz *m*
Fre: protection anticorrosion *f*
Spa: protección contra la corrosión *f*

corrosion resistance *n*
Ger: Korrosionsbeständigkeit *m*
Fre: tenue à la corrosion *f*
Spa: resistencia a la corrosión *f*

corrosion resistance *n*
Ger: Korrosionsfestigkeit *f*
Fre: résistance à la corrosion *f*
Spa: resistencia a la corrosión *f*

corrosion testing *n*
Ger: Korrosionsprüfung *f*
Fre: essai de corrosion *m*
Spa: ensayo de corrosión *m*

cosmic radiation *n*
Ger: Höhenstrahlung *f*
Fre: rayonnement cosmique *m*
Spa: radiación cósmica *f*

counterclockwise rotation *n*
Ger: Linkslauf *m*
Fre: rotation à gauche *f*
Spa: giro a la izquierda *m*

counterflow cylinder head *n*
Ger: Gegenstrom-Zylinderkopf *m*
Fre: culasse à flux opposés *f*
Spa: culata a contracorriente *f*

counterforce *n*
Ger: Gegenkraft *f*
Fre: force réactive *f*
Spa: contrafuerza *f*

countersteer (motor vehicle) *v*
Ger: gegenlenken (Kfz) *v*
(*gegensteuern*) *v*
Fre: contre-braquage (véhicule) *m*
Spa: maniobrar en sentido contrario (automóvil) *v*

countersunk flat-head nail *n*
Ger: Senkkerbnagel *m*
Fre: clou cannelé à tête fraisée *m*
Spa: clavo avellanado estriado *m*

countersunk rivet *n*
Ger: Senkniet *m*
Fre: rivet à tête fraisée *m*
Spa: remache avellanado *m*

countersunk screw *n*
Ger: Senkschraube *f*
Fre: vis à tête fraisée *f*
Spa: tornillo avellanado *m*

counterweight *n*
Ger: Gegengewicht *n*
Fre: masse d'équilibrage *f*
Spa: contrapeso *m*

English

couple (EMC) *v*
Ger: Einkopplung (EMV) *f*
Fre: couplage (CEM) *m*
Spa: acople (compatibilidad electromagnética) *m*

coupling assembly *n*
Ger: Antriebskupplung *f*
Fre: accouplement *m*
Spa: acoplamiento de accionamiento *m*

coupling bearing *n*
Ger: Kupplungslager *n*
Fre: palier d'embrayage *m*
Spa: cojinete de embrague *m*

coupling force *n*
Ger: Koppelkraft *f*
Fre: force de couplage *f*
(force d'accouplement) *f*
Spa: fuerza de acoplamiento *f*

coupling half *n*
Ger: Kupplungshälfte *f*
Fre: demi-accouplement *m*
Spa: medio acoplamiento *m*

coupling head *n*
Ger: Kupplungskopf *m*
Fre: tête d'accouplement *f*
Spa: cabeza de acoplamiento *f*

coupling head brakes *n*
Ger: Bremskupplungskopf *m*
Fre: tête d'accouplement « frein » *f*
Spa: cabezal del acoplamiento del freno *m*

coupling head supply (brakes) *n*
Ger: Vorratskupplungskopf (Bremsen) *m*
Fre: tête d'accouplement « alimentation » *f*
Spa: cabeza de acoplamiento de alimentación (Bremsen) *f*

coupling holder *n*
Ger: Blindkupplung *f*
Fre: accouplement borgne *m*
Spa: acoplamiento reactivo *m*

coupling port *n*
Ger: Kupplungsanschluss *m*
Fre: raccord d'accouplement *m*
Spa: conexión de acoplamiento *f*

coupling spring *n*
Ger: Koppelfeder *f*
Fre: ressort de couplage *m*
Spa: muelle de acoplamiento *m*

coupling spring stiffness *n*
Ger: Koppelfedersteife *f*
Fre: rigidité élastique *f*
Spa: rigidez del muelle de acoplamiento *f*

course filter *n*
Ger: Grobfilter *n*
Fre: filtre grossier *m*
Spa: filtro grueso *m*

cover disc *n*
Ger: Abdeckscheibe *f*
Fre: disque de recouvrement *m*
Spa: tapa de cubierta *f*

cover plate *n*
Ger: Deckblech *n*
Fre: tôle de recouvrement *f*
Spa: chapa cobertera *f*

cover rail *n*
Ger: Abdeckschiene *f*
Fre: rail de recouvrement *m*
Spa: riel de cubierta *m*

cover ring *n*
Ger: Abdeckring (Scheinwerfer) *m*
Fre: anneau de recouvrement *m*
Spa: anillo de cubierta (faros) *m*

cowl panel *n*
Ger: Windlauf *m*
Fre: déflecteur *m*
Spa: cortavientos *m*

C-pillar *n*
Ger: C-Säule *f*
Fre: pied de caisse arrière (montant C) *m*
Spa: pilar C *m*

crack *n*
Ger: Riss *m*
Fre: fissure *f*
Spa: grieta *f*

cradle mounted pump *n*
Ger: Wannenpumpe *f*
Fre: pompe à fixation par berceau *f*
Spa: bomba con fijación ahondada *f*

cradle mounting *n*
Ger: Sattelbefestigung *f*
Fre: fixation par berceau *f*
Spa: fijación con placa de apoyo *f*

cradle mounting *n*
Ger: Wannenbefestigung *f*
(Sattelbefestigung) *f*
Fre: fixation par berceau *f*
Spa: fijación ahondada *f*

crank angle sensor *n*
Ger: Kurbelwinkelsensor *m*
(Kurbelwinkelgeber) *m*
Fre: capteur d'angle vilebrequin *m*
Spa: sensor del ángulo del cigüeñal *m*

crank wheel mechanism *n*
Ger: Räderkurbelgetriebe *n*
Fre: transmission à embiellage *f*
Spa: mecanismo rueda manivela *m*

crankcase *n*
Ger: Kurbelgehäuse *n*
Fre: carter *m*
Spa: bloque motor *m*
(cárter del cigüeñal) *m*

crankcase *n*
Ger: Kurbelwellengehäuse *n*
Fre: carter-cylindres *m*
Spa: cárter de cigüeñal *m*
(bloque motor) *m*

crankcase blow by gases *n*
Ger: Kurbelgehäusegase *npl*
Fre: gaz de carter-cylindres *mpl*
Spa: gases del bloque motor *mpl*

crankcase breather *n*
Ger: Kurbelgehäuseentlüftung *f*
Fre: dégazage du carter-cylindres *m*
Spa: respiradero del bloque motor *m*

crankcase breather *n*
Ger: Motorentlüftung *m*
Fre: dispositif de dégazage du moteur *m*
Spa: ventilación del motor *f*

crankcase ventilation *n*
Ger: Kurbelgehäuseentlüftung *f*
Fre: dégazage du carter-cylindres *m*
Spa: ventilación del bloque motor *f*

cranking (IC engine) *n*
Ger: durchdrehen (Verbrennungsmotor) *v*
Fre: lancement (moteur à combustion) *m*
Spa: embalar (motor de combustión) *v*

cranking resistance (IC engine) *n*
Ger: Durchdrehwiderstand (Verbrennungsmotor) *m*
Fre: résistance de lancement du moteur (moteur à combustion) *f*
Spa: resistencia para arrancar (motor de combustión) *f*

cranking speed *n*
Ger: Anlassdrehzahl *f*
Fre: régime de démarrage *m*
Spa: número de revoluciones al arranque *m*

cranking speed *n*
Ger: Startdrehzahl *f*
Fre: vitesse de démarrage *f*
Spa: número de revoluciones de arranque *m*

cranking speed increase *n*
Ger: Startdrehzahlanhebung *f*
Fre: régime accéléré de démarrage *m*
Spa: aumento del número de revoluciones de arranque *m*

crankshaft *n*
Ger: Kurbelwelle *f*
(Kurbel) *f*
Fre: vilebrequin *m*
(manivelle) *f*
Spa: cigüeñal *m*

crankshaft angle *n*
Ger: Grad Kurbelwelle *n*
(Kurbelwinkel) *n*
Fre: angle vilebrequin *m*
Spa: ángulo del cigüeñal *m*

crankshaft angle *n*
Ger: Kurbelwellenwinkel *m*
Fre: angle de vilebrequin *m*
Spa: ángulo del cigüeñal *m*

English

English

crankshaft bearing *n*
Ger: Kurbelwellenlager *n*
Fre: palier de vilebrequin *m*
Spa: cojinete de cigüeñal *m*

crankshaft disturbance frequency *n*
Ger: Kurbelwellenstörfrequenz *f*
Fre: fréquence perturbatrice du vilebrequin *f*
Spa: frecuencia de perturbación del cigüeñal *f*

crankshaft drive *n*
Ger: Kurbeltrieb *m*
Fre: mécanisme d'embiellage *m*
Spa: mecanismo de cigüeñal *m*

crankshaft gear *n*
Ger: Kurbelwellenrad *n*
Fre: pignon de vilebrequin *m*
Spa: rueda de cigüeñal *f*

crankshaft position *n*
Ger: Kurbelwellenstellung *f*
Fre: position du vilebrequin *f*
Spa: posición del cigüeñal *f*

crankshaft revolution *n*
Ger: Kurbelumdrehung *f*
Fre: rotation du vilebrequin *f*
Spa: revolución del cigüeñal *f*

crankshaft revolution *n*
Ger: Kurbelwellenumdrehung *f*
Fre: rotation du vilebrequin *f*
Spa: revolución del cigüeñal *f*

crankshaft speed sensor *n*
Ger: Kurbelwellen-Drehzahlsensor *m*
Fre: capteur de vitesse de rotation du vilebrequin *m*
Spa: sensor de revoluciones del cigüeñal *m*

crankshaft torque *n*
Ger: Motordrehmoment *n*
Fre: couple moteur *m*
Spa: par motor *m*

crash behavior *n*
Ger: Crashverhalten *n*
Fre: réaction aux accidents *f*
Spa: comportamiento de colisión *m*

crash output *n*
Ger: Crash-Ausgang *m*
Fre: sortie « collision » *f*
Spa: salida de datos de colisión *f*

crash sensing (airbag) *n*
Ger: Aufprallerkennung (Airbag) *f*
(Aufpralldetektion) *f*
(Crashdiskriminierung) *f*
Fre: détection de collision (coussin gonflable) *f*
(détection d'impact) *f*
Spa: detección de choque (airbag) *f*

crash sensor *n*
Ger: Crashsensor *m*
Fre: capteur de collision *m*
Spa: sensor de colisión *m*

creepage-discharge path *n*
Ger: Funkenbahn *f*
Fre: éclateur *m*
Spa: trayectoria de chispa *f*

crevice corrosion *n*
Ger: Spaltkorrosion *f*
Fre: corrosion fissurante *f*
Spa: corrosión de rendijas *f*

crimp *v*
Ger: crimpen *v*
Fre: sertir *v*
Spa: engastar *v*

crimped connection *n*
Ger: Crimpverbindung *f*
Fre: sertissage *m*
Spa: conexión engastada *f*

crimping tool *n*
Ger: Crimpwerkzeug *n*
Fre: pince à sertir *f*
Spa: útil de engaste *m*

crimping tool *n*
Ger: Quetschzange *f*
Fre: pince à sertir *f*
Spa: tenazas para aplastar *fpl*

cross head *n*
Ger: Kreuzkopf *m*
Fre: tête d'entraînement *f*
Spa: cruceta *f*

cross member section *n*
Ger: Querträgerprofil *n*
Fre: profilé-traverse *m*
Spa: perfil de refuerzo transversal *m*

cross ply tires *npl*
Ger: Diagonalreifen *mpl*
Fre: pneu diagonal *m*
Spa: neumáticos diagonales *mpl*

cross reference *n*
Ger: Gegenüberstellung *f*
Fre: table de correspondance (acier) *f*
Spa: tabla de comparación *f*

cross sectional area *n*
Ger: Querschnittsfläche *f*
Fre: maître-couple *m*
Spa: área transversal *f*

cross sensitivity (sensor) *n*
Ger: Querempfindlichkeit (Sensor) *f*
Fre: sensibilité transversale (capteur) *f*
Spa: sensibilidad transversal (sensor) *f*

cross throttle *n*
Ger: Querdrossel *f*
Fre: étranglement transversal *m*
Spa: estrangulador transversal *m*

crossflow cylinder head *n*
Ger: Querstrom-Zylinderkopf *m*
Fre: culasse à flux transversal *f*
Spa: culata de flujo transversal *f*

crossflow design *n*
Ger: Querstrom-Kanalführung *f*
Fre: conduit à flux transversal *m*
Spa: conducción de flujo transversal *f*

crossflow scavenging *n*
Ger: Querspülung *f*
Fre: balayage transversal *m*
Spa: lavado transversal *m*

crosswind *n*
Ger: Seitenwind *m*
Fre: vent latéral *m*
Spa: viento lateral *m*

crosswind force *n*
Ger: Seitenwindkraft *f*
Fre: force du vent latéral *f*
Spa: fuerza del viento lateral *f*

crosswind force coefficient *n*
Ger: Seitenwindkraftbeiwert *m*
Fre: coefficient de la force du vent latéral *m*
Spa: coeficiente de fuerza del viento lateral *m*

crosswind induced yaw coefficient *n*
Ger: Seitenwind-Giermomentbeiwert *m*
Fre: coefficient du moment de lacet par vent latéral *m*
Spa: coeficiente de par de guiñada por viento lateral *m*

crown lock *n*
Ger: Kronensicherung *f*
Fre: arrêtoir crénelé *m*
Spa: protección de corona *f*

crown wheel *n*
Ger: Tellerrad *n*
Fre: pignon d'attaque *m*
Spa: rueda plana *f*

crude oil *n*
Ger: Rohöl *n*
Fre: pétrole brut *m*
Spa: aceite crudo *m*

cruise control (motor vehicle) *n*
Ger: Fahrgeschwindigkeits-regelung (Kfz) *f*
(Geschwindigkeitsregelung) *f*
Fre: régulation de la vitesse de roulage (véhicule) *f*
Spa: regulación de velocidad de marcha (automóvil) *f*

cruise control *n*
Ger: Geschwindigkeitsregelung *f*
Fre: régulateur de vitesse *m*
Spa: regulación de velocidad *f*

cryogenic tank *n*
Ger: Kryogentank *m*
Fre: réservoir cryogénique *m*
Spa: depósito criogénico *m*

crystal diode *n*
Ger: Kristalldiode *f*
Fre: diode cristal *f*
Spa: diodo de cristal *m*

cumulative frequency curve *n*

Ger: Summenkurve *f*
Fre: courbe des fréquences cumulées *f*
Spa: curva acumulativa *f*

cunstruction machine ***n***
Ger: Baumaschine *f*
Fre: engin de chantier *m*
Spa: máquina de construcción *f*

cup seal ***n***
Ger: Dichtmanschette *f*
Fre: garniture *f*
Spa: manguito obturador *m*

cup seal (wheel-brake cylinder) ***n***
Ger: Topfmanschette (Radzylinder) *f*
Fre: joint embouti (cylindre de roue) *m*
Spa: junta de copa (cilindro de rueda) *f*

cure ***v***
Ger: aushärten (Aushärten von Klebstoff) *v*
Fre: durcir *v*
Spa: endurecimiento (endurecimiento de pegamento) *m*

cured ***pp***
Ger: ausgehärtet *pp*
Fre: durci *pp*
Spa: endurecido *adj*

current clamp ***n***
Ger: Stromzange *f*
Fre: pince ampèremétrique *f*
Spa: pinzas de corriente *fpl*

current collector ***n***
Ger: Stromabnehmer *m*
Fre: collecteur de courant *m*
Spa: colector de corriente *m*

current controlled ***adj***
Ger: stromgesteuert *adj*
Fre: commandé en courant *m*
Spa: controlado por corriente *pp*

current curve ***n***
Ger: Stromverlauf *m*
Fre: courbe de courant *f*
Spa: sentido de corriente *m*

current direction ***n***
Ger: Stromrichtung *f*
Fre: sens de circulation du courant *m*
Spa: dirección de corriente *f*

current draw ***n***
Ger: Stromaufnahme *f*
Fre: courant absorbé *m*
Spa: consumo de corriente *m*

current flow ***n***
Ger: Signalfluss *m*
Fre: flux de signaux *m*
Spa: flujo de señales *m*

current fluctuation ***n***
Ger: Stromschwankung *f*
Fre: fluctuation du courant *f*
Spa: fluctuación de corriente *f*

current intensity ***n***
Ger: Stromstärke *f*
Fre: intensité *f*
Spa: intensidad de corriente *f*

current limiter ***n***
Ger: Strombegrenzer *m*
Fre: limiteur d'intensité *m*
Spa: limitador de corriente *m*

current linkage ***n***
Ger: elektrische Durchflutung *f*
Fre: solénation *f*
Spa: corriente enlazada *f*

current measurement ***n***
Ger: Strommessung *f*
Fre: mesure de courant *f*
Spa: medición de corriente *f*

current monitoring ***n***
Ger: Stromüberwachung *f*
Fre: surveillance du courant *f*
Spa: supervisión de corriente *f*

current output (alternator) ***n***
Ger: Stromabgabe (Generator) *f*
Fre: débit (alternateur) *m*
Spa: suministro de corriente (alternador) *m*

current regulator ***n***
Ger: Stromregler *m*
Fre: régulateur de courant *m*
Spa: regulador de corriente *m*

current status ***n***
Ger: Istzustand *m*
Fre: état réel *m*
Spa: estado real *m*

current supply ***n***
Ger: Stromzufuhr *f*
Fre: alimentation électrique *f*
Spa: alimentación de corriente *f*

curvature factor ***n***
Ger: Krümmungsfaktor *m*
Fre: facteur de correction de courbure *m*
Spa: factor de curvatura *m*

curve braking behavior ***n***
Ger: Kurvenbremsverhalten *n*
Fre: comportement au freinage en virage *m*
Spa: comportamiento de frenado en curvas *m*

curve profile ***n***
Ger: Kurvenprofil *n*
Fre: profil de courbe *m*
Spa: perfil de curva *m*

curve toothed ***adj***
Ger: bogenverzahnt *adj*
Fre: à denture hypoïde *loc*
Spa: de dentado hipoidal *loc*

cut in area ***n***
Ger: Einschaltbereich *m*
Fre: plage d'enclenchement *f*
Spa: zona de conexión *f*

cut in current ***n***
Ger: Einschaltstrom *m*
Fre: courant de démarrage *m*
Spa: corriente de conexión *f*

cut in point ***n***
Ger: Einschaltpunkt *m*
Fre: point d'enclenchement *m*
Spa: punto de conexión *m*

cut in pressure ***n***
Ger: Einschaltdruck *m*
Fre: pression d'enclenchement *f*
Spa: presión de conexión *f*

cutoff bore (diesel fuel injection) ***n***
Ger: Absteuerquerschnitt (Dieseleinspritzung) *m*
Fre: orifice de décharge *m*
Spa: sección de regulación de caudal (inyección diesel) *f*

cutoff elements ***n***
Ger: Abschaltelemente *n*
Fre: élément de coupure *m*
Spa: elementos de desconexión *mpl*

cutoff frequency (governor) ***n***
Ger: Grenzfrequenz (Regler) *f*
Fre: fréquence limite (régulateur) *f*
Spa: frecuencia límite (regulador) *f*

cutoff jet (diesel fuel injection) ***n***
Ger: Absteuerstrahl (Dieseleinspritzung) *m*
Fre: jet de décharge *m*
Spa: haz de regulación (inyección diesel) *m*

cutoff pressure ***n***
Ger: Abschaltdruck *m*
Fre: pression de coupure *f*
Spa: presión de descohnexión *f*

cutoff speed ***n***
Ger: Abschaltdrehzahl *f*
Fre: régime de coupure *m*
Spa: régimen de desconexión *m*

cutoff valve ***n***
Ger: Absperrhahn *m*
Fre: robinet d'arrêt *m*
Spa: llave de cierre *f*

cutoff voltage (battery) ***n***
Ger: Entladeschlussspannung (Batterie) *f*
Fre: tension de fin de décharge *f*
Spa: tensión final de descarga (batería) *f*

cut-out characteristic (EGR) ***n***
Ger: Abschaltkennlinie (AGR) *f*
Fre: caractéristique de coupure (EGR) *f*
Spa: característica de desconexión *f*

cutting in speed (alternator) ***n***
Ger: Einschaltdrehzahl (Generator) *f*
Fre: vitesse d'amorçage (alternateur) *f*
Spa: número de revoluciones de conexión (alternador) *m*

CVT transmission ***n***

English

Ger: CVT-Getriebe *n*
Fre: transmission CVT *f*
Spa: transmisión variable continua CVT *f*

cycle frequency ***n***
Ger: Taktfrequenz *f*
Fre: cadence de pilotage *f*
Spa: frecuencia de ciclo *f*

cycle ratio ***n***
Ger: Taktverhältnis *n*
Fre: rapport cyclique *m*
Spa: relación de ciclo *f*

cycle valve ***n***
Ger: Taktventil *n*
Fre: valve de séquence *f*
Spa: válvula de impulsos *f*

cyclical actuation (wheel brake-pressure) ***n***
Ger: takten (Radbremsdruck) *v*
Fre: pilotage cyclique (pression de freinage) *m*
Spa: realizar ciclo (presión freno de rueda) *v*

cyclone prefilter (paper filter) ***n***
Ger: Zyklon-Vorabscheider (Papierluftfilter) *m*
Fre: préséparateur à cyclone (filtre à air en papier) *m*
Spa: separador ciclónico previo (filtro de aire de papel) *m*

cylinder ***n***
Ger: Zylinder *m*
Fre: cylindre *m*
Spa: cilindro *m*

cylinder arrangement ***n***
Ger: Zylinderanordnung *f*
Fre: disposition des cylindres *f*
Spa: disposición de los cilindros *f*

cylinder axis ***n***
Ger: Zylinderachse *f*
Fre: axe de cylindre *m*
Spa: eje de cilindro *m*

cylinder base ***n***
Ger: Zylinderboden *m*
Fre: fond du cylindre *m*
Spa: fondo de cilindro *m*

cylinder block ***n***
Ger: Zylinderblock *m*
Fre: bloc-cylindres *m*
Spa: bloque de cilindros *m*

cylinder bore ***n***
Ger: Zylinderbohrung *f*
Fre: alésage de cylindre *m*
Spa: orificio del cilindro *m*

cylinder chamber ***n***
Ger: Zylinderkammer *f*
Fre: chambre du vérin *f*
Spa: cámara de cilindro *f*

cylinder charge ***n***
Ger: Zylinderfüllung *f*
(Zylinderladung) *f*
Fre: remplissage du cylindre *m*
(charge du cylindre) *f*
Spa: llenado de los cilindros *m*

cylinder charge (IC engine) ***n***
Ger: Zylinderladung (Verbrennungsmotor) *f*
Fre: charge du cylindre *f*
Spa: carga de cilindro (motor de combustión) *f*

cylinder charge control (EGAS) ***n***
Ger: Füllungssteuerung (EGAS) *f*
Fre: commande de remplissage (EGAS) *f*
Spa: control de llenado (EGAS) *m*

cylinder head ***n***
Ger: Zylinderdeckel (Luftkompressor) *m*
(Zylinderkopf) *m*
Fre: couvre-culasse (compresseur d'air) *m*
Spa: tapa de cilindro (compresor de aire) *f*
(culata) *f*

cylinder head cover (IC engine) ***n***
Ger: Zylinderkopfdeckel (Verbrennungsmotor) *m*
(Zylinderkopfhaube) *f*
Fre: couvre-culasse *m*
Spa: tapa de culata (motor de combustión) *f*

cylinder head cover (IC engine) ***n***
Ger: Zylinderkopfhaube (Verbrennungsmotor) *f*
Fre: couvre-culasse *m*
Spa: tapa de culata (motor de combustión) *f*

cylinder head gasket (IC engine) ***n***
Ger: Zylinderkopfdichtung (Verbrennungsmotor) *f*
Fre: joint de culasse *m*
Spa: junta de culata (motor de combustión) *f*

cylinder housing ***n***
Ger: Zylindergehäuse *n*
Fre: carter de cylindre *m*
Spa: carcasa de cilindro *f*

cylinder shutoff ***n***
Ger: Zylinderabschaltung *f*
(Zylinderausblendung) *f*
Fre: coupure des cylindres *f*
Spa: desconexión de cilindros *f*

cylinder torque equalization ***n***
Ger: Zylindergleichstellung *f*
Fre: équipartition du couple des cylindres *m*
Spa: igualación de par de los cilindros *f*

cylindrical armature ***n***
Ger: Zylinderanker *m*
Fre: induit cylindrique *m*
Spa: inducido cilíndrico *m*

cylindrical lens ***n***
Ger: Zylinderlinse *f*
Fre: lentille cylindrique *f*
Spa: lente cilíndrica *f*

cylindrical-gear pair ***n***
Ger: Stirnradgetriebe *n*
Fre: boîte à train d'engrenages parallèles *f*
Spa: engranaje de piñones rectos *m*

cylindrical-roller thrust bearing ***n***
Ger: Axial-Zylinderrollenlager *n*
Fre: butée à rouleaux cylindriques *f*
Spa: cojinete axial de rodillos cilíndricos *m*

D

D.C. motor ***n***
Ger: Gleichstrommotor *m*
Fre: moteur à courant continu *m*
Spa: motor de corriente continua *m*

damped ***adj***
Ger: gedämpft *adj*
Fre: amorti *pp*
Spa: amortiguado *pp*

damper (ABS/TCS) ***n***
Ger: Dämpfer (ABS/ASR) *m*
Fre: amortisseur (ABS/ASR) *m*
Spa: amortiguador (ABS/ASR) *m*

damper ***n***
Ger: Dämpfungspuffer *m*
Fre: tampon d'amortissement *m*
Spa: compensador de amortiguación *m*

damping (air suspension) ***n***
Ger: Dämpfung (Luftfederung) *f*
Fre: amortissement (suspension pneumatique) *m*
Spa: amortiguación (suspensión neumática) *f*

damping chamber (height-control chamber) ***n***
Ger: Dämpfungskammer (Luftfederventil) *f*
(Dämpfungsraum) *m*
Fre: chambre d'amortissement (valve de nivellement) *f*
Spa: cámara de amortiguación (válvula de suspensión neumática) *f*

damping coefficient ***n***
Ger: Dämpfungskoeffizient *m*
Fre: coefficient d'amortissement *m*
Spa: coeficiente de amortiguación *m*

damping curve ***n***
Ger: Dämpfungsverlauf *m*
Fre: courbe d'atténuation *f*
Spa: curva de amortiguación *f*

damping factor ***n***
Ger: Dämpfungskonstante *f*
Fre: visquance *f*
Spa: constante de amortiguación *f*

damping force ***n***
Ger: Dämpferkraft *f*

Fre: force de l'amortisseur *f*
Spa: fuerza de amortiguación *f*

damping plate *n*
Ger: Dämpferplatte *f*
Fre: plaque d'amortissement *f*
Spa: placa amortiguadora *f*

damping ratio *n*
Ger: Dämpfungsgrad *m*
Fre: taux d'amortissement *m*
Spa: grado de amortiguación *m*

damping throttle *n*
Ger: Dämpfungsdrossel *f*
Fre: orifice calibré *m*
Spa: estrangulador de amortiguación *m*

dashboard *n*
Ger: Armaturenbrett *n*
(Instrumententafel) *f*
Fre: tableau de bord *m*
(tableau d'instruments) *m*
Spa: tablero de instrumentos *m*

data bus *n*
Ger: Datenbus *m*
Fre: bus de données *m*
Spa: bus de datos *m*

data evaluation *n*
Ger: Datenauswertung *f*
Fre: évaluation des données *f*
Spa: evaluación de datos *f*

data frame (CAN) *n*
Ger: Datenrahmen (CAN) *m*
Fre: trame de données (multiplexage) *f*
Spa: trama de datos (CAN) *f*

data interchange format *n*
Ger: Datenaustauschformat *n*
Fre: format d'échange des données *m*
Spa: formato de intercambio de datos *m*

data line *n*
Ger: Datenleitung *f*
Fre: ligne de données *f*
Spa: línea de datos *f*

data memory *n*
Ger: Datenspeicher *m*
Fre: mémoire de données *f*
Spa: memoria de datos *f*

data point (program map) *n*
Ger: Stützstelle (Kennfeld) *f*
Fre: point d'appui (cartographie) *m*
Spa: punto de apoyo (diagrama característico) *m*

data processing *n*
Ger: Datenverarbeitung *f*
Fre: traitement des données *m*
Spa: procesamiento de datos *m*

data rate *n*
Ger: Datenrate *f*
(Übertragungsrate) *f*
Fre: vitesse de transmission *f*
Spa: tasa de transmisión de datos *f*

data transfer *n*
Ger: Datenübertragung *f*
Fre: transmission de données *f*
Spa: transmisión de datos *f*

daytime running lamp *n*
Ger: Tagfahrleuchte *f*
Fre: feu de roulage de jour *m*
Spa: lámpara de luz diurna *f*

DC coil *n*
Ger: Gleichstromspule *f*
Fre: bobine à courant continu *f*
Spa: bobina de corriente continua *f*

DC converter *n*
Ger: Gleichstromwandler *m*
Fre: convertisseur de courant continu *m*
Spa: convertidor de corriente continua *m*

DC motor *n*
Ger: Gleichstrommotor *m*
Fre: moteur à courant continu *m*
Spa: motor de corriente continua *m*

DC relay *n*
Ger: Gleichstromrelais *n*
Fre: relais à courant continu *m*
Spa: relé de corriente continua *m*

deactivation delay-time *n*
Ger: Abschaltverzögerung *f*
Fre: temporisation à la retombée (relais) *f*
Spa: retardo de desconexión *m*

dead center *n*
Ger: Totpunkt *m*
Fre: point mort *m*
Spa: punto muerto *m*

dead time (braking action) *n*
Ger: Verlustzeit (Bremsvorgang) *f*
(Verlustdauer) *f*
Fre: temps mort (effet de freinage) *m*
Spa: tiempo muerto (proceso de frenado) *m*

dead volume *n*
Ger: Totvolumen *n*
(Restvolumen) *n*
Fre: volume mort *m*
Spa: volumen muerto *m*

decay coefficient *n*
Ger: Abklingkoeffizient *m*
Fre: coefficient d'atténuation *m*
Spa: coeficiente de relajación *m*

deceleration sensitive (brake-pressure regulating valve) *adj*
Ger: verzögerungsabhängig (Druckminderer) *adj*
Fre: asservi à la décélération (réducteur de pression de freinage) *pp*
Spa: dependiente de la deceleración (reductor de presión) *loc*

decorative cap *n*
Ger: Zierkappe *f*
Fre: enjoliveur *m*
Spa: tapa decorativa *f*

decoupling diode *n*
Ger: Entkopplungsdiode *f*
Fre: diode de découplage *f*
Spa: diodo de desacople *m*

decoupling reactor *n*
Ger: Entkoppelungsdrossel *f*
Fre: inductance de découplage *f*
Spa: estrangulador de desacople *m*

decoupling ring *n*
Ger: Entkopplungsring *m*
Fre: bague de découplage *f*
Spa: anillo de desacople *m*

decrease threshold value (accelerator-pedal sensor) *n*
Ger: Abfallschwellwert (Fahrpedalsensor) *m*
Fre: seuil décroissant (capteur d'accélérateur) *m*
Spa: valor umbral de caída (sensor del pedal acelerador) *m*

deep bed filter *n*
Ger: Tiefenfilter *n*
Fre: filtre en profondeur *m*
Spa: filtro de profundidad *m*

deep drawing method *n*
Ger: Tiefziehen *n*
(Ziehverfahren) *n*
Fre: emboutissage *m*
Spa: embutición profunda *f*

deep groove ball thrust bearing *n*
Ger: Axial-Rillenkugellager *n*
Fre: butée à billes à gorges profondes *f*
Spa: rodamiento axial rígido de bolas *m*

de-excitation *n*
Ger: Entregung *f*
Fre: désexcitation *f*
Spa: desexcitación *f*

defect detection *n*
Ger: Defekterkennung *f*
Fre: détection de défaut *f*
Spa: detección de defecto *f*

defect type *n*
Ger: Fehlerart *f*
Fre: type de défaut *m*
Spa: tipo de avería (SAP) *m*

deflection angle (air-flow sensor) *n*
Ger: Auslenkwinkel (Luftmengenmesser) *m*
Fre: angle de déplacement (débitmètre d'air) *m*
Spa: ángulo de desviación (caudalímetro de aire) *m*

deflection force lever arm *n*
Ger: Störkrafthebelarm *m*
Fre: bras de levier des forces de réaction *m*

English

English

Spa: brazo de palanca de fuerza de reacción *m*

deformation *n*
Ger: Verformung *f*
(Verformbarkeit) *f*
(Formänderung) *f*
Fre: déformation *f*
Spa: deformación *f*

deformation *n*
Ger: Verspannung *f*
Fre: déformation *f*
Spa: deformación por tensión *f*

deformation behavior *f*
Ger: Deformationsverhalten *n*
Fre: comportement à la déformation *m*
Spa: comportamiento de deformación *m*

deformation process (tire) *n*
Ger: Formänderungsarbeit (Reifen) *f*
Fre: travail de déformation (pneu) *m*
Spa: trabajo de deformación (neumáticos) *m*

defroster *n*
Ger: Entfroster *m*
Fre: dégivreur *m*
Spa: descongelador *m*

defroster vent *n*
Ger: Defrosterdüse *f*
Fre: bouche de dégivrage *f*
Spa: boquilla de deshielo *f*

defrosting flap *n*
Ger: Enfrosterklappe *f*
Fre: volet de dégivrage *m*
Spa: difusor de deshielo *m*

degree of deformation *n*
Ger: Verformungsgrad *m*
Fre: taux d'écrouissage *m*
Spa: grado de deformación *m*

degree of protection *n*
Ger: Schutzart *f*
Fre: degré de protection *m*
Spa: clase de protección *f*

degrees crankshaft *npl*
Ger: Kurbelwellenwinkel *m*
Fre: degrés vilebrequin *mpl*
Spa: ángulo del cigüeñal *m*

delay circuit *n*
Ger: Verzögerungsschaltung *f*
Fre: circuit temporisateur *m*
Spa: circuito de retardo *m*

delay switch (start valve) *n*
Ger: Verzögerungsschaltung (Startventil) *f*
Fre: circuit temporisateur *m*
Spa: circuito de retardo (válvula de arranque) *m*

delivery connection *n*
Ger: Druckstutzen *m*
Fre: tubulure de refoulement *f*
Spa: tubuladura de presión *f*

delivery period *n*
Ger: Förderdauer *f*
Fre: durée de refoulement *f*
Spa: tiempo de alimentación *m*

delivery phase *n*
Ger: Förderphase *f*
Fre: phase de refoulement *f*
Spa: fase de suministro *f*

delivery plunger *n*
Ger: Förderkolben *m*
Fre: piston de refoulement *m*
Spa: pistón alimentador *m*
(émbolo impelente) *m*

delivery pressure *n*
Ger: Förderdruck *m*
Fre: pression de refoulement *f*
Spa: presión de alimentación *f*

delivery quantity (fuel-injection pump) *n*
Ger: Fördermenge (Einspritzpumpe) *f*
Fre: débit de refoulement *m*
Spa: caudal (bomba de inyección) *m*

delivery rate *n*
Ger: Förderleistung *f*
Fre: taux de refoulement *m*
Spa: caudal de suministro *m*

delivery rate *n*
Ger: Förderrate *f*
(Förderleistung) *f*
Fre: taux de refoulement *m*
Spa: caudal de suministro *m*

delivery stroke *n*
Ger: Förderhub *m*
Fre: course de refoulement *f*
Spa: carrera de alimentación *f*

delivery valve (fuel-injection pump) *n*
Ger: Druckventil (Einspritzpumpe) *n*
Fre: clapet de refoulement (pompe d'injection) *m*
Spa: válvula de presión (bomba de inyección) *f*

delivery valve plunger *n*
Ger: Druckventilkolben *m*
Fre: piston de soupape de refoulement *m*
Spa: émbolo de válvula de presión *m*

delivery valve seat *n*
Ger: Druckventilsitz *m*
Fre: siège de soupape de refoulement *m*
Spa: asiento de válvula de presión *m*

delivery valve stem *n*
Ger: Druckventilschaft *m*
Fre: tige de soupape de refoulement *f*
Spa: vástago de válvula de presión *m*

delivery valve support *n*
Ger: Druckventilträger *m*
Fre: porte-soupape de refoulement *m*
Spa: soporte de válvula de presión *m*

delivery van *n*
Ger: Lieferwagen *m*
Fre: fourgonnette *f*
Spa: camioneta de reparto *f*

delta connection *n*
Ger: Dreieckschaltung *f*
Fre: montage en triangle *m*
Spa: conexión en triángulo *f*

demagnetizing *adj*
Ger: entmagnetisierend *adj*
Fre: démagnétisant *adj*
Spa: desmagnetizante *adj*

demand dependent volumetric flow *n*
Ger: bedarfabhängiger Volumenstrom *m*
Fre: débit volumique en fonction des besoins *m*
Spa: flujo volumétrico según necesidad *m*

demesh (starter) *v*
Ger: ausspuren (Starter) *v*
Fre: désengrènement (pignon) *m*
Spa: desengranar (motor de arranque) *v*

density *n*
Ger: Dichte *f*
Fre: masse volumique *f*
Spa: densidad *f*

dent *n*
Ger: Beule *f*
Fre: bosse *f*
Spa: abolladura *f*

depletion layer *n*
Ger: Sperrschicht *f*
Fre: couche de déplétion *f*
(jonction) *f*
Spa: capa barrera *f*

deposit *n*
Ger: Ablagerung *f*
Fre: dépôt *m*
Spa: depósito *m*

depowered airbag *n*
Ger: Depowered Airbag *m*
Fre: coussin gonflable à puissance réduite *m*
Spa: airbag de potencia reducida *m*

deprime (car alarm) *v*
Ger: entschärfen (Autoalarm) *v*
Fre: désarmer (alarme auto) *v*
Spa: desconectar (alarma de vehículo) *v*

desiccant (air drier) *n*
Ger: Trockenmittel (Lufttrockner) *n*
Fre: déshydratant (dessiccateur) *m*
Spa: desecante (secador de aire) *m*

desiccant insert *n*
Ger: Trocknereinsatz *m*
Fre: cartouche dessiccante *f*

Spa: inserto desecante *m*

design certification ***n***
Ger: Bauartgenehmigung *f*
Fre: homologation de type *f*
Spa: homologación de tipo *f*

desired air/fuel ratio ***n***
Ger: Lambda-Sollwert (Siehe Eintrag "Lambdawert") *m*
Fre: consigne Lambda *f*
Spa: valor nominal Lambda *m*

desired ignition timing ***n***
Ger: Sollzündwinkel *m*
Fre: consigne angle d'allumage *f*
Spa: ángulo nominal de encendido *m*

desired pressure ***n***
Ger: Solldruck *m*
Fre: consigne de pression *f*
Spa: presión nominal *f*

desired speed ***n***
Ger: Sollgeschwindigkeit *f*
Fre: consigne de vitesse *f*
Spa: velocidad nominal *f*

desired value generator ***n***
Ger: Sollwertgeber *m*
Fre: consignateur *m*
Spa: transmisor de valor nominal *m*

desired/setpoint speed differential ***n***
Ger: Differenzsollmoment *n*
Fre: couple différentiel de consigne *m*
Spa: par diferencial nominal *m*

destination selection (vehicle navigation system) ***n***
Ger: Zielauswahl *f*
(Navigationssystem) *n*
Fre: programmation de destination *f*
Spa: selección de destino *f*

desulfurization ***v***
Ger: Entschwefelung *f*
Fre: désulfuration *f*
Spa: desulfurización *f*

detent element (parking-brake valve) ***n***
Ger: Kulisse (Feststellbremsventil) *f*
Fre: coulisse (valve de frein de stationnement) *f*
Spa: colisa (válvula de freno de estacionamiento) *f*

detent position (valve) ***n***
Ger: Raststellung (Ventil) *f*
Fre: crantage (valve) *m*
Spa: posición de enclavamiento (válvula) *f*

detent spring ***n***
Ger: Rastfeder *f*
Fre: ressort à cran d'arrêt *m*
(ressort d'arrêt) *m*
Spa: resorte de encastre *m*

detent switch ***n***
Ger: Stellschalter *m*
Fre: interrupteur à retour non automatique *m*
Spa: interruptor de ajuste *m*

detergent additive (gasoline) ***n***
Ger: Reinigungsadditiv (Benzin) *n*
Fre: agent détergent (essence) *m*
Spa: aditivo detergente (gasolina) *m*

dew point (air drying) ***n***
Ger: Drucktaupunkt (Lufttrocknung) *m*
Fre: point de rosée sous pression (dessiccation de l'air) *m*
Spa: punto de rocío bajo presión (secado de aire) *m*

dew point ***n***
Ger: Taupunkt *m*
Fre: point de rosée *m*
Spa: punto de rocío *m*

dewatering valve ***n***
Ger: Entwässerungsventil *n*
Fre: purgeur d'eau *m*
Spa: válvula de drenaje *f*

diagnosis button ***n***
Ger: Diagnose-Taster *m*
Fre: touche de diagnostic *f*
Spa: botón de diagnóstico *m*

diagnosis connector ***n***
Ger: Diagnosestecker *m*
Fre: fiche de diagnostic *f*
Spa: enchufe de diagnóstico *m*

diagnosis display ***n***
Ger: Diagnoseanzeige *f*
Fre: affichage diagnostic *m*
Spa: display de diagnóstico *m*

diagnosis interface (electronic systems) ***n***
Ger: Diagnoseschnittstelle (elektronische Systeme) *f*
(Diagnose-Interface) *n*
Fre: interface de diagnostic (systèmes électroniques) *f*
Spa: interfaz de diagnóstico (sistemas electrónicos) *f*

diagnosis lamp ***n***
Ger: Diagnoselampe *f*
Fre: lampe de diagnostic *f*
(voyant de diagnostic) *m*
Spa: luz de diagnóstico *m*

diagnosis module ***n***
Ger: Diagnosemodul *n*
Fre: module de diagnostic *m*
Spa: módulo de diagnóstico *m*

diagnosis output ***n***
Ger: Diagnoseausgabe *f*
Fre: sortie de diagnostic *f*
Spa: salida de diagnóstico *f*

diagnosis socket ***n***
Ger: Diagnosesteckdose *f*
Fre: prise de diagnostic *f*
Spa: caja de enchufe de diagnóstico *f*

diagnosis tester ***n***
Ger: Diagnosetestgerät *n*
Fre: testeur de diagnostic *m*
Spa: comprobador de diagnóstico *m*

diagnostic cable ***n***
Ger: Diagnoseleitung *f*
Fre: câble de diagnostic *m*
Spa: cable de diagnóstico *m*

diagnostic procedure ***n***
Ger: Diagnoseablauf *m*
Fre: procédure de diagnostic *f*
Spa: procedimiento de diagnóstico *m*

diagnostic procedure ***n***
Ger: Diagnoseverfahren *n*
Fre: procédure de diagnostic *f*
Spa: procedimiento de diagnóstico *m*

diagnostic socket (OBD) ***n***
Ger: Diagnoseanschluss (OBD) *m*
Fre: prise de diagnostic (OBD) *f*
Spa: conexión de diagnóstico (OBD) *f*

diagnostics ***n***
Ger: Diagnose *f*
Fre: diagnostic *m*
Spa: diagnóstico *m*

diagnostics evaluation unit ***n***
Ger: Diagnoseauswertegerät *n*
Fre: lecteur de diagnostic *m*
Spa: aparato de evaluación de diagnóstico *m*

diagnostics port ***n***
Ger: Diagnoseanschluss *m*
Fre: port de diagnostic *m*
Spa: conexión de diagnóstico *f*

diagram ***n***
Ger: Diagramm *n*
Fre: diagramme *m*
Spa: diagrama *m*

dial face ***n***
Ger: Zifferblatt *n*
Fre: cadran *m*
Spa: cuadrante *m*

diaphragm cover ***n***
Ger: Membrandeckel *m*
Fre: couvercle de membrane *m*
Spa: tapa de la membrana *f*

diaphragm governor ***n***
Ger: Membrandruckregler *m*
Fre: régulateur de pression à membrane *m*
Spa: regulador de presión de la membrana *m*

diaphragm piston ***n***
Ger: Membrankolben *m*
Fre: piston à joint embouti *m*
Spa: pistón de membrana *m*

diaphragm plate ***n***
Ger: Membranplatte *f*
Fre: plaque-membrane *f*
Spa: placa de membrana *f*

English

diaphragm pump *n*
Ger: Membranpumpe *f*
Fre: pompe à membrane *f*
Spa: bomba de membrana *f*

diaphragm unit *n*
Ger: Membrandose *f*
(Steuerdose) *f*
Fre: capsule à membrane *f*
(capsule manométrique) *f*
Spa: cápsula de la membrana *f*

diaphragm-type pressure regulator *n*
Ger: Membrandruckregler *m*
Fre: régulateur de pression à membrane *m*
Spa: regulador de presión de la membrana *m*

diecast aluminum *n*
Ger: Aluminium-Druckguss *m*
Fre: aluminium moulé sous pression *m*
Spa: fundición a presión de aluminio *m*

dielectric constant *n*
Ger: Dielektrizitätskonstante *f*
Fre: constante diélectrique *f*
Spa: constante dieléctrica *f*

dielectric losses *npl*
Ger: dielektrische Verluste *mpl*
Fre: pertes diélectriques *f*
Spa: pérdidas dieléctricas *fpl*

diesel direct injection *n*
Ger: Dieseldirekteinspritzung *f*
Fre: injection directe diesel *f*
Spa: inyección directa Diesel *f*

diesel engine *n*
Ger: Dieselmotor *m*
Fre: moteur diesel *m*
Spa: motor Diesel *m*

diesel engine system *n*
Ger: Dieselanlage *f*
Fre: équipement diesel *m*
Spa: sistema con motor Diesel *m*

diesel fuel *n*
Ger: Dieselkraftstoff *m*
Fre: gazole *m*
Spa: combustible Diesel *m*

diesel fuel injection pump *n*
Ger: Dieseleinspritzpumpe *f*
Fre: pompe d'injection diesel *f*
Spa: bomba de inyección Diesel *f*

diesel fuel injection, DFI *n*
Ger: Dieseleinspritzung *f*
Fre: injection diesel *f*
Spa: inyección Diesel *f*

diesel fuel injector *n*
Ger: Diesel-Einspritzventil *n*
Fre: injecteur diesel *m*
Spa: válvula de inyección Diesel *f*

diesel fuel resistant *ppr*
Ger: dieselbeständig *adj*
Fre: résistant au gazole *ppr*
Spa: resistente al combustible Diesel *adj*

diesel knock *n*
Ger: Nageln *n*
Fre: claquement *m*
Spa: traqueteo *m*

diesel particle filter *n*
Ger: Diesel-Partikel-Filter *m*
Fre: filtre à particules diesel *m*
Spa: filtro de partículas Diesel *m*

diesel power unit *n*
Ger: Dieselaggregat *n*
Fre: groupe diesel *m*
Spa: grupo Diesel *m*

diesel smoke *n*
Ger: Dieselrauch *m*
Fre: fumées diesel *fpl*
Spa: humos de Diesel *mpl*

diesel-fuel injection system *n*
Ger: Diesel-Einspritzanlage *f*
Fre: système d'injection diesel *m*
Spa: sistema de inyección Diesel *m*

differential (vehicle drivetrain) *n*
Ger: Ausgleichsgetriebe (Kfz-Antriebsstrang) *n*
(Differenzialgetriebe) *n*
Fre: engrenage différentiel *m*
(différentiel) *m*
Spa: diferencial (tren de tracción del vehículo) *m*

differential amplification *n*
Ger: Differenzialverstärkung *f*
Fre: gain différentiel *m*
Spa: amplificación diferencial *f*

differential amplifier *n*
Ger: Differenzverstärker *m*
Fre: amplificateur différentiel *m*
Spa: amplificador diferencial *m*

differential brake *n*
Ger: Getriebedifferenzialbremse *f*
Fre: frein de différentiel *m*
Spa: freno diferencial *m*

differential equation *n*
Ger: Differenzialgleichung *f*
Fre: équation différentielle de mouvement *f*
Spa: ecuación diferencial *f*

differential gear *n*
Ger: Differenzialgetriebe *n*
Fre: pont différentiel *m*
Spa: engranaje diferencial *m*

differential lock *n*
Ger: Differenzialsperre *f*
Fre: blocage de différentiel *m*
Spa: bloqueo del diferencial *m*

differential lock *n*
Ger: Differenzialsperre *f*
Fre: blocage des différentiels *m*
Spa: bloqueador de diferencial *m*
(cierre diferencial) *m*

differential lock *n*
Ger: Sperrausgleichgetriebe *n*
Fre: différentiel autobloquant *m*
Spa: diferencial de bloqueo *m*

differential magnetoresistive sensor *n*
Ger: Differenzial-Feldplattensensor *m*
Fre: capteur différentiel magnétorésistif *m*
Spa: sensor diferencial magnetoresistivo *m*

differential pressure *n*
Ger: Differenzdruck *m*
Fre: pression différentielle *f*
Spa: presión diferencial *f*

differential pressure sensor *n*
Ger: Differenzdrucksensor *m*
Fre: capteur de pression différentielle *m*
Spa: sensor de presión diferencial *m*

differential pressure switch *n*
Ger: Differenzdruckschalter *m*
Fre: contacteur différentiel *m*
Spa: presostato de presión diferencial *m*

differential pressure valve *n*
Ger: Differenzdruckventil *n*
Fre: régulateur de pression différentielle *m*
Spa: válvula de presión diferencial *f*

differential sensor *n*
Ger: Differenzialsensor *m*
Fre: capteur différentiel *m*
Spa: sensor diferencial *m*

differential speed *n*
Ger: Differenzgeschwindigkeit *f*
Fre: vitesse différentielle *f*
Spa: velocidad diferencial *f*

differential throttle sensor *n*
Ger: Differenzialdrosselsensor *m*
Fre: capteur à inductance différentielle *m*
Spa: sensor de estrangulador diferencial *m*

diffraction grating *n*
Ger: Beugungsgitter *n*
Fre: réseau de diffraction *m*
Spa: rejilla de difracción *f*

diffuse field distance *n*
Ger: Hallabstand *m*
Fre: distance critique *f*
Spa: distancia Hall *f*

diffusion (filter) *n*
Ger: Diffusionseffekt (Filter) *m*
Fre: effet de diffusion (filtre) *m*
Spa: efecto de difusión (filtro) *m*

diffusion gap *n*
Ger: Diffusionsspalt *m*
Fre: fente de diffusion *f*
Spa: ranura de difusión *f*

digital audio broadcasting, DAB *n*
Ger: Digital Audio Broadcasting, DAB *f*

Fre: radio numérique, DAB *f*
Spa: Digital Audio Broadcasting, DAB *m*

digital circuit *n*
Ger: Digitalschaltung *f*
Fre: circuit numérique *m*
Spa: circuito digital *m*

digital instrument *n*
Ger: Digitalinstrument *n*
Fre: instrument numérique *m*
Spa: instrumento digital *m*

digital signal *n*
Ger: Digitalsignal *n*
Fre: signal numérique *m*
Spa: señal digital *f*

digitizing cutoff *n*
Ger: Digitalisierungsabstand *m*
Fre: écart de numérisation *m*
Spa: distancia de digitalización *f*

dilution *n*
Ger: Verdünnung *f*
Fre: dilution *f*
Spa: dilución *f*

dimensional layout *n*
Ger: Maßkonzeption *f*
Fre: dimensionnement *m*
Spa: estudio dimensional *m*

dimensional mass *n*
Ger: Maßtoleranz *f*
Fre: tolérance dimensionnelle *f*
Spa: tolerancia dimensional *f*

dimensional stability *n*
Ger: Verformungsfestigkeit *f*
Fre: résistance à la déformation *f*
Spa: resistencia a la deformación *f*

dimmer control (headlamp) *n*
Ger: Helligkeitsregelung (Scheinwerfer) *f*
Fre: régulation de la luminosité *f*
Spa: regulación de luminosidad (faros) *f*

dimmer relay *n*
Ger: Abblendrelais *n*
Fre: relais de code *m*
Spa: relé regulador de luminosidad *m*

dimmer switch *n*
Ger: Abblendschalter *m*
Fre: commutateur de code *m*
Spa: interruptor de luz de cruce *m*

diode *n*
Ger: Diode *f*
Fre: diode *f*
Spa: diodo *m*

dip priming *n*
Ger: Tauchgrundierung *f*
Fre: apprêt par immersion *m*
Spa: imprimación por inmersión *f*

dip soldering *n*
Ger: Tauchlöten *n*
Fre: brasage par immersion *m*
Spa: soldadura por inmersión *f*

dipole moment *n*
Ger: Dipolmoment *n*
Fre: moment dipolaire *m*
Spa: momento dipolar *m*

direct action control element *n*
Ger: Direktsteller *m*
Fre: convertisseur direct *m*
Spa: actuador de acción directa *m*

direct current *n*
Ger: Gleichstrom *m*
Fre: courant continu *m*
Spa: corriente continua *f*

direct current circuit *n*
Ger: Gleichstromkreis *m*
Fre: circuit à courant continu *m*
Spa: circuito de corriente continua *m*

direct current generator *n*
Ger: Gleichstromgenerator *m*
Fre: génératrice de courant continu *f*
Spa: dínamo de corriente continua *f*

direct current machine *n*
Ger: Gleichstrommaschine *f*
Fre: machine à courant continu *f*
Spa: máquina de corriente continua *f*

direct injection *n*
Ger: direkte Einspritzung *f*
Fre: injection directe *f*
Spa: inyección directa *f*

direct injection *n*
Ger: Direkteinspritzer *m*
Fre: moteur à injection directe *m*
Spa: motor de inyección directa *m*

direct injection *n*
Ger: Direkteinspritzung *f*
Fre: injection directe *f*
Spa: inyección directa *f*

direct injection (DI) process *n*
Ger: Direkteinspritzverfahren *n*
Fre: procédé d'injection directe *m*
Spa: método de inyección directa *m*

direct injection diesel engine *n*
Ger: Dieselmotor mit direkter Einspritzung *m*
Fre: moteur diesel à injection directe *m*
Spa: motor Diesel de inyección directa *m*

direct injection, DI *n*
Ger: Direkteinspritzung, DI *f*
(direkte Einspritzung) *f*
Fre: injection directe (moteur diesel) *f*
Spa: inyección directa *f*

direct-injection (DI) engine *n*
Ger: Direkteinspritzmotor *m*
(Direkteinspritzer) *m*
Fre: moteur à injection directe *m*
Spa: motor de inyección directa *m*

direct-injection (DI) system *n*
Ger: Direkteinspritzsystem *n*
Fre: système d'injection directe *m*
Spa: sistema de inyección directa *m*

direction of gravitational force *n*
Ger: Schwerkraftrichtung *f*
Fre: sens de la gravité *m*
Spa: dirección de la fuerza de gravedad *f*

direction of motion *n*
Ger: Bewegungsrichtung *f*
Fre: sens de déplacement *m*
Spa: dirección de movimiento *f*

direction of propagation *n*
Ger: Ausbreitungsrichtung *f*
Fre: direction de propagation *f*
Spa: dirección de propagación *f*

direction of rotation *n*
Ger: Drehrichtung *f*
Fre: sens de rotation *m*
Spa: sentido de giro *m*

directional control valve *n*
Ger: Wegeventil *n*
Fre: distributeur *m*
Spa: válvula distribuidora *f*

directional control valve block *n*
Ger: Wegeventilblock *m*
Fre: bloc-distributeur *m*
Spa: bloque de válvulas distribuidoras *m*

directional coupler *n*
Ger: Richtungskoppler *m*
Fre: coupleur directionnel *m*
Spa: acoplador direccional *m*

directional stability (driveability) *n*
Ger: Fahrstabilität (Fahrverhalten) *f*
(Fahrtrichtungsstabilität) *f*
Fre: stabilité directionnelle (comportement de roulage) *f*
Spa: estabilidad de marcha (comportamiento en marcha) *f*

direction-indicator lamp *n*
Ger: Fahrtrichtungsanzeiger *m*
(Blinkleuchte) *f*
(Blinker) *m*
Fre: feu indicateur de direction *m*
Spa: luz indicadora de dirección de marcha *f*

direction-indicator signal *n*
Ger: Fahrtrichtungsblinken *n*
Fre: clignotement de direction *m*
(indication de changement de direction) *f*
Spa: luz intermitente de dirección de marcha *f*

dirt *n*
Ger: Verschmutzung *f*
Fre: encrassement *m*
Spa: suciedad *f*

dirt sensor *n*

English

Ger: Schmutzsensor *m*
Fre: capteur d'encrassement *m*
Spa: sensor de suciedad *m*

disassembly instructions ***npl***
Ger: Ausbauhinweise *fpl*
Fre: instructions de dépose *fpl*
Spa: instrucciones de desmontaje *fpl*

disc brake ***n***
Ger: Scheibenbremse *f*
Fre: frein à disque *m*
Spa: freno de disco *m*

disc brake pad ***n***
Ger: Scheibenbremsbelag *m*
Fre: garniture de frein à disque *f*
Spa: pastilla de freno de disco *f*

disc spring ***n***
Ger: Tellerfeder *f*
Fre: rondelle-ressort *f*
(ressort diaphragme) *m*
Spa: muelle de disco *m*

discharge (battery) ***v***
Ger: entladen (Batterie) *v*
Fre: décharger (batterie) *v*
Spa: descargar (batería) *v*

discharge (battery) ***n***
Ger: Entladung (Batterie) *f*
Fre: décharge (batterie) *f*
Spa: descarga (batería) *f*

discharge current (battery) ***n***
Ger: Entladestrom (Batterie) *m*
Fre: courant de décharge *m*
Spa: corriente de descarga (batería) *f*

discharge orifice ***n***
Ger: Ablassöffnung *m*
Fre: orifice d'écoulement *m*
Spa: orificio de evacuación *m*

discharge resistor (battery) ***n***
Ger: Entladewiderstand (Batterie) *m*
Fre: résistance de décharge *f*
Spa: resistencia de descarga (batería) *f*

discharge time (battery) ***n***
Ger: Entladungsdauer (Batterie) *f*
(Entladezeit) *f*
Fre: durée de décharge *f*
(temps de décharge) *m*
Spa: tiempo de descarga (batería) *m*

discharge-valve seat ***n***
Ger: Auslassventilsitz *m*
(Druckventilsitz) *m*
Fre: siège de soupape d'échappement *m*
Spa: asiento de válvula de descarga *m*
(asiento de válvula de presión) *m*

disengaging ring ***n***
Ger: Ausrückring *m*
Fre: bague de débrayage *f*
Spa: anillo de desembrague *m*

dispersion coating ***n***
Ger: Dispersionsschicht *f*
Fre: couche de dispersion *f*
Spa: capa de dispersión *f*

dispersion factor ***n***
Ger: Streufaktor *m*
Fre: coefficient de dispersion *m*
(coefficient de fuite) *m*
Spa: factor de dispersión *m*

displacement angle ***n***
Ger: Verlagerungswinkel *m*
Fre: angle de déplacement *m*
Spa: ángulo de desplazamiento *m*

displacement metering ***n***
Ger: Shuttle-Zumessung *f*
Fre: dosage par déplacement *m*
Spa: dosificación por desplazamiento *f*

displacement of the center of gravity ***n***
Ger: Schwerpunktverlagerung *f*
Fre: déplacement du centre de gravité *m*
Spa: desplazamiento del centro de gravedad *m*

displacement principle ***n***
Ger: Verdrängungsprinzip *n*
Fre: refoulement volumétrique *m*
Spa: principio de desplazamiento volumétrico *m*

displacer element (supercharging) ***n***
Ger: Verdränger (Aufladung) *m*
Fre: rotor excentré (suralimentation) *m*
Spa: rotor excéntrico (sobrealimentación) *m*

display diode ***n***
Ger: Anzeigediode *f*
Fre: diode d'affichage *f*
Spa: diodo visualizador *m*

display driver ***n***
Ger: Display-Treiber *m*
Fre: pilotage visuel *m*
Spa: driver de visualizador *m*

display mode ***n***
Ger: Anzeigemodus *m*
Fre: mode d'affichage *m*
Spa: modo de indicación *m*

display unit ***n***
Ger: Anzeigeeinheit *f*
Fre: unité d'affichage (ordinateur de bord) *f*
Spa: unidad visualizadora *f*

distance (ACC) ***n***
Ger: Abstand (ACC) *m*
Fre: distance *m*
Spa: distancia *f*

distance controller (ACC) ***n***
Ger: Abstandsregler (ACC) *m*
Fre: régulateur de distance *m*
Spa: regulador de distancia *m*

distance limiter (ACC) ***n***
Ger: Abstandsbegrenzer (ACC) *m*
Fre: délimiteur de distance *m*
Spa: limitador de distancia *m*

distance measurement (ACC) ***n***
Ger: Abstandmessung (ACC) *f*
Fre: télémétrie *f*
Spa: medición de distancia *f*

distortion ***n***
Ger: Verzerrung *f*
Fre: distorsion *f*
Spa: distorsión *f*

distributor ***n***
Ger: Verteiler *m*
Fre: répartiteur *m*
Spa: distribuidor *m*

distributor body ***n***
Ger: Verteilergehäuse *n*
Fre: boîtier distributeur *m*
Spa: cuerpo de distribuidor *m*

distributor box ***n***
Ger: Verteilerkasten *m*
Fre: boîte de distribution *f*
Spa: caja de distribución *f*

distributor cam ***n***
Ger: Zündnocken *m*
Fre: came mobile *f*
Spa: leva del distribuidor de encendido *f*

distributor cam ***n***
Ger: Zündverteilernocken *m*
(Zündnocken) *m*
Fre: came d'allumage *f*
(came mobile) *f*
Spa: leva del distribuidor de encendido *f*

distributor cap (ignition) ***n***
Ger: Verteilerkappe (Zündung) *f*
Fre: tête de distributeur *f*
Spa: tapa del distribuidor (encendido) *f*

distributor cap ***n***
Ger: Zündverteilerkappe *f*
(Verteilerkappe) *f*
Fre: tête d'allumeur *f*
Spa: caperuza del distribuidor de encendido *f*

distributor connector ***n***
Ger: Verteilerstecker *m*
(Zündverteilerstecker) *m*
Fre: connecteur d'allumeur *m*
Spa: conector del distribuidor *m*

distributor contact points (ignition) ***npl***
Ger: Unterbrecherkontakt (Zündung) *m*
(Zündkontakt) *m*
Fre: contacts du rupteur (allumage) *mpl*
Spa: contacto de ruptor (encendido) *m*

distributor contact points ***npl***
Ger: Zündkontakt *m*

Fre: contact d'allumage *m*
Spa: contacto de encendido *m*

distributor gearing ***n***
Ger: Verteilergetriebe *n*
Fre: boîte de transfert *f*
Spa: caja de transferencia *f*

distributor head (distributor pump) ***n***
Ger: Verteilerkopf (Verteiler-einspritzpumpe) *m*
Fre: tête hydraulique (pompe distributrice) *f*
Spa: cabezal distribuidor (bomba de inyección rotativa) *m*

distributor head bushing ***n***
Ger: Verteilerbüchse *f*
Fre: chemise *f*
Spa: caja distribuidora *f*

distributor head flange ***n***
Ger: Verteilerflansch *m*
Fre: flasque de distribution *m*
Spa: brida de distribución *f*

distributor plunger ***n***
Ger: Verteilerkolben *m*
Fre: piston distributeur *m*
Spa: émbolo de distribución *m*

distributor rotor (ignition) ***n***
Ger: Verteilerfinger (Zündung) *m*
(Verteilerläufer) m
(Zündverteilerläufer) m
Fre: rotor distributeur (allumage) *m*
Spa: rotor distribuidor (encendido) *m*

distributor rotor ***n***
Ger: Zündverteilerläufer *m*
Fre: rotor distributeur *m*
Spa: rotor del distribuidor de encendido *m*

distributor shaft (ignition) ***n***
Ger: Verteilerwelle (Zündung) *f*
Fre: arbre d'allumeur *m*
Spa: eje del distribuidor (encendido) *m*

distributor shaft ***n***
Ger: Zündverteilerwelle *f*
(Verteilerwelle) f
Fre: arbre d'allumeur *m*
Spa: árbol del distribuidor de encendido *m*

distributor type injection pump ***n***
Ger: Verteilereinspritzpumpe (VE) *f*
(Verteilpumpe) f
Fre: pompe d'injection distributrice *f*
Spa: bomba de inyección rotativa (VE) *f*

distributorless ignition (system) ***n***
Ger: verteilerlose Zündung *f*
Fre: allumage statique *m*
Spa: encendido sin distribuidor *m*

distributorless semiconductor ignition ***n***
Ger: vollelektronische Zündung, VZ *f*
Fre: allumage électronique intégral *m*
Spa: encendido totalmente electrónico *m*

disturbance point ***n***
Ger: Störort *m*
Fre: point de perturbation *m*
Spa: lugar de perturbación *m*

disturbance range ***n***
Ger: Störbereich *n*
Fre: étendue de la perturbation *f*
Spa: intervalo de perturbación *m*

disturbance value (regulation and control) ***n***
Ger: Störgröße (Regelung und Steuerung) *m*
Fre: grandeur perturbatrice (régulation) *f*
Spa: magnitud de perturbación (regulación y control) *f*

divided chamber engine ***n***
Ger: Nebenkammermotor *m*
(Wirbelkammermotor) m
Fre: moteur à préchambre *m*
(moteur à chambre de turbulence) m
Spa: motor de cámara secundaria *m*

division control multivibrator ***n***
Ger: Divisions-Steuer-Multivibrator *m*
Fre: multivibrateur-diviseur de commande *m*
Spa: multivibrador de control de división *m*

dog coupling ***n***
Ger: Klauenkupplung *f*
Fre: accouplement à griffes *m*
Spa: acoplamiento de garras *m*

dolly ***n***
Ger: Nachläufer *m*
Fre: remorque à un essieu *f*
Spa: seguidor *m*

dome lamp ***n***
Ger: Deckenleuchte *f*
Fre: plafonnier *m*
Spa: lámpara de techo *f*

door contact switch ***n***
Ger: Türkontaktschalter *m*
Fre: contacteur de feuillure de porte *m*
Spa: interruptor de contacto de puerta *m*

door control (bus) ***n***
Ger: Türbetätigung (Omnibus) *f*
Fre: commande des portes (autobus) *f*
Spa: accionamiento de puerta (autocar) *m*

door frame ***n***
Ger: Türrahmen *m*
Fre: encadrement de portière *m*
Spa: marco de puerta *m*

door hinge bearing ***n***
Ger: Türscharnierlager *n*
Fre: charnière de portière *f*
Spa: cojinete de bisabra de puerta *m*

door lock heating ***n***
Ger: Türschlossheizung *f*
Fre: chauffage de serrure de porte *m*
Spa: calefacción de cerradura de puerta *f*

door section drive (bus) ***n***
Ger: Türflügelantrieb (Omnibus) *m*
Fre: commande de vantail (autobus) *f*
Spa: accionamiento de hoja de puerta (autocar) *m*

door sill ***n***
Ger: Schweller *m*
Fre: bas de caisse *m*
Spa: umbral de puerta *m*

door sill scuff plate ***n***
Ger: Schwellerblech *n*
Fre: tôle de pas de marche *f*
Spa: chapa de umbral de puerta *f*

double decker bus ***n***
Ger: Doppeldeckerbus *m*
Fre: autobus à impériale *m*
Spa: autobús de doble piso *m*

double injection ***n***
Ger: Doppeleinspritzung *f*
Fre: double injection *f*
Spa: inyección doble *f*

double microedge (wiper blade) ***n***
Ger: Mikro-Doppelkante (Wischgummi) *f*
Fre: double micro-arête (raclette en caoutchouc) *f*
Spa: doble micro-borde (goma del limpiaparabrisas) *m*

double seal ***n***
Ger: Doppeldichtung *f*
Fre: double joint *m*
Spa: junta doble *f*

double solenoid-operated valve ***n***
Ger: Doppelmagnetventil *n*
Fre: électrovalve double *f*
Spa: electroválvula doble *f*

double spark coil ***n***
Ger: Doppelfunken-Zündspule *f*
Fre: bobine d'allumage à deux sorties *f*
Spa: bobina de encendido de chispa doble *f*

double wishbone axle ***n***
Ger: Doppelquerlenker *m*
Fre: double bras de suspension transversal *m*
Spa: barra transversal doble *f*
(brazo de suspensión doble) m

English

double-seat valve *n*
Ger: Doppelsitzventil *n*
Fre: valve à double siège *f*
Spa: válvula de doble asiento *f*

downdraft air-flow sensor *n*
Ger: Fallstrom-Luftmengenmesser *m*
Fre: débitmètre d'air à flux inversé *m*
Spa: caudalímetro de aire de flujo descendente *m*

downdraft carburetor *n*
Ger: Fallstrom-Vergaser *m*
Fre: carburateur inversé *m*
Spa: carburador descendente *m*

downdraught air flow meter *n*
Ger: Fallstrom-Luftmengenmesser *m*
Fre: débitmètre d'air à flux inversé *m*
Spa: caudalímetro de aire de flujo descendente *m*

downforce *n*
Ger: Anpresskraft *f*
Fre: force d'application *f*
Spa: fuerza de apriete *f*

downgrade acceleration *n*
Ger: Bergabbeschleunigen *n*
Fre: accélération en descente *f*
Spa: aceleración cuesta abajo *f*

downgrade force *n*
Ger: Hangabtriebskraft *f*
Fre: force de déclivité *f*
Spa: fuerza inducida cuesta abajo *f*

downhill braking *n*
Ger: Gefällebremsung *f*
Fre: freinage en descente *m*
Spa: frenado cuesta abajo *m*

downshift *n*
Ger: Rückschaltung *f*
Fre: rétrogradation *f*
(descente des rapports) *f*
Spa: cambio a marcha inferior *m*

downtime *n*
Ger: Ausfallzeit *f*
Fre: durée de défaillance *f*
Spa: duración del fallo *f*

drag bearing *n*
Ger: Schwenklager *n*
Fre: pivot de fusée *m*
Spa: cojinete oscilante *m*

drag coefficient *n*
Ger: Luftwiderstandsbeiwert *m*
Fre: coefficient de pénétration dans l'air *m*
Spa: coeficiente de resistencia del aire *m*

drag piston *n*
Ger: Schleppkolben *m*
Fre: piston de réaction *m*
Spa: pistón de arrastre *m*

drag spring *n*
Ger: Schleppfeder *f*
Fre: ressort compensateur *m*
Spa: muelle de arrastre *m*

drag torque *n*
Ger: Schleppmoment *n*
Fre: couple résistant *m*
Spa: momento de arrastre *m*

drain (filter) *v*
Ger: entwässern (Filter) *v*
Fre: drainer (filtre) *v*
Spa: drenar (filtro) *v*

drain cock *n*
Ger: Ablasshahn *m*
Fre: robinet de purge *m*
Spa: llave de purga *f*

drain connection (pressure regulator) *n*
Ger: Ablassstutzen (Druckregler) *m*
Fre: raccord de vidange *m*
Spa: tubuladura de evacuación (regulador de presión) *f*

drain hole *n*
Ger: Ablaufbohrung *f*
Fre: orifice d'écoulement *m*
Spa: agujero de drenaje *m*

drain opening *n*
Ger: Ablauföffnung *f*
Fre: ouverture de drainage *f*
Spa: salida de drenaje *f*

drain plug *n*
Ger: Ablassschraube *f*
Fre: vis de vidange *f*
Spa: tornillo de evacuación *m*

drain screw *n*
Ger: Wasserablassschraube *f*
Fre: vis de purge d'eau *f*
Spa: tornillo de purga de agua *m*

drain valve *n*
Ger: Ablassventil *n*
Fre: valve de décharge *f*
Spa: válvula de evacuación *f*

drain valve *n*
Ger: Entwässerungsventil *n*
(Wasserablassventil) *n*
Fre: purgeur d'eau *m*
Spa: válvula de drenaje *f*

drainage channel *n*
Ger: Ablaufrinne *f*
Fre: rigole *f*
Spa: canaleta de desagüe *f*

drainage pipe *n*
Ger: Ablaufrohr *n*
Fre: tuyau d'écoulement *m*
Spa: tubo de desagüe *m*

drawbar *n*
Ger: Deichsel *f*
Fre: timon *m*
Spa: barra de remolque *f*

drawbar power *n*
Ger: Zugleistung *f*
Fre: puissance de traction *f*
Spa: potencia de tracción *f*

drawbar trailer *n*
Ger: Deichselanhänger *m*
Fre: remorque à timon *f*
Spa: remolque de barra *m*

drawbar trailer *n*
Ger: Gelenk-Deichselanhänger *m*
Fre: remorque à timon articulé *f*
Spa: remolque articulado con barra *m*

dribble (diesel fuel injection) *n*
Ger: Nachspritzer (Dieseleinspritzung) *m*
Fre: post-injection *f*
Spa: inyección secundaria (inyección diesel) *f*

drift *n*
Ger: Drift *f*
Fre: dérive *f*
Spa: deriva *f*

drift velocity *n*
Ger: Driftgeschwindigkeit *f*
Fre: vitesse de dérive *f*
Spa: velocidad de deriva *f*

drip pan *n*
Ger: Ablaufschale *f*
Fre: gouttière *f*
Spa: bandeja de desagüe *f*

drip rim (splash protection) *n*
Ger: Tropfkante (Spritzwasserschutz) *f*
Fre: pare-gouttes (projections d'eau) *m*
Spa: arista de goteo (protección contra salpicaduras de agua) *f*

drive *n*
Ger: Antrieb *m*
Fre: transmission (correcteur de freinage) *f*
Spa: accionamiento *m*

drive assembly *n*
Ger: Antriebsvorrichtung *f*
Fre: transmission *f*
Spa: dispositivo de accionamiento *m*

drive away behavior (TCS) *n*
Ger: Anfahrverhalten (ASR) *n*
Fre: comportement de démarrage *m*
Spa: comportamiento de arranque (ASR) *m*

drive battery *n*
Ger: Antriebsbatterie *f*
Fre: batterie de traction *f*
Spa: batería de tracción *f*

drive bearing *n*
Ger: Antriebslager *n*
Fre: flasque-palier côté entraînement *m*
Spa: cojinete lado de accionamiento *m*

drive belt *n*
Ger: Antriebskeilriemen *m*
Fre: courroie trapézoïdale de transmission *f*

Spa: correa trapezoidal de accionamiento *m*

drive belt *n*
Ger: Antriebsriemen *m*
(Antriebskeilriemen) *m*
Fre: courroie trapézoïdale d'entraînement *f*
(courroie d'entraînement) *f*
Spa: correa de accionamiento *f*

drive bushing *n*
Ger: Mitnehmerbuchse *f*
Fre: douille d'entraînement *f*
Spa: casquillo de arrastre *m*

drive connector dog *n*
Ger: Mitnehmerklaue *f*
Fre: griffe d'entraînement *f*
Spa: garra de arrastre *f*

drive connector plate *n*
Ger: Mitnehmerscheibe *f*
Fre: disque d'entraînement *m*
Spa: plato de arrastre *m*

drive connector shaft *n*
Ger: Mitnehmerwelle *f*
Fre: arbre d'entraînement *m*
Spa: árbol de arrastre *m*

drive control switch *n*
Ger: Fahrreglerschalter *m*
Fre: commutateur régulateur de marche *m*
Spa: conmutador de regulador de marcha *m*

drive crank *n*
Ger: Antriebskurbel *f*
Fre: bielle d'entraînement *f*
Spa: acoplamiento de accionamiento *m*

drive eccentric *n*
Ger: Antriebsexzenter *m*
Fre: excentrique d'entraînement *m*
Spa: excéntrica de accionamiento *f*

drive end shield (alternator) *n*
Ger: Antriebslager (Generator) *n*
(Antriebslagerschild) *n*
Fre: palier côté entraînement (alternateur) *m*
Spa: tapa del cojinete lado de accionamiento (alternador) *m*

drive flange *n*
Ger: Antriebsflansch *m*
Fre: bride d'entraînement *f*
Spa: brida de accionamiento *f*

drive flange *n*
Ger: Mitnehmerflansch *m*
Fre: flasque d'entraînement *m*
Spa: brida de arrastre *f*

drive force *n*
Ger: Vortriebskraft *f*
Fre: force de propulsion *f*
Spa: fuerza de propulsión *f*

drive motor *n*
Ger: Antriebsmotor *m*
Fre: moteur d'entraînement *m*
Spa: motor de accionamiento *m*

drive pinion *n*
Ger: Antriebsritzel *n*
Fre: pignon d'entraînement *m*
Spa: piñón de accionamiento *m*

drive power *n*
Ger: Antriebsleistung *m*
Fre: puissance d'entraînement *f*
Spa: potencia de accionamiento *f*

drive roller (dynamic brake analyzer) *n*
Ger: Antriebsrolle (Rollenbremsprüfstand) *f*
(Laufrolle) *f*
Fre: rouleau d'entraînement (banc d'essai) *m*
Spa: rodillo de accionamiento (banco de pruebas de frenos de rodillos) *m*

drive RPM *n*
Ger: Antriebsdrehzahl *f*
Fre: régime d'entraînement *m*
Spa: número de revoluciones de accionamiento *m*

drive shaft *n*
Ger: Antriebswelle *f*
Fre: arbre d'entraînement *m*
(bride d'entraînement) *f*
Spa: árbol de accionamiento *m*

drive shaft joint *n*
Ger: Antriebswellengelenk *n*
Fre: joint d'arbre de transmission *m*
Spa: articulación del árbol de accionamiento *f*

drive slip *n*
Ger: Antriebsschlupf *m*
Fre: antipatinage à la traction *m*
Spa: resbalamiento de tracción *m*

drive speed *n*
Ger: Antriebsgeschwindigkeit *f*
Fre: vitesse d'entraînement *f*
Spa: velocidad de accionamiento *f*

drive torque *n*
Ger: Antriebsdrehmoment *n*
Fre: couple d'entraînement *m*
Spa: par motor *m*

drive torque *n*
Ger: Antriebsmoment *n*
(Antriebsdrehmoment) *n*
Fre: couple de traction *m*
Spa: par motor *m*
(par de tracción) *m*

drive torque sensing *n*
Ger: Antriebsmomentsensierung *f*
Fre: saisie du couple de traction *f*
Spa: sensor del par motor *m*

drive unit *n*
Ger: Servoantrieb *m*
Fre: servocommande *f*
Spa: servoaccionamiento *m*

drive wheel *n*
Ger: Antriebsrad *n*
Fre: pignon d'entraînement *m*
Spa: rueda de accionamiento *f*

driveability *n*
Ger: Fahrbarkeit *f*
Fre: agrément de conduite *m*
Spa: facilidad de conducción *f*

driveability (motor vehicle) *n*
Ger: Fahrverhalten (Kfz) *n*
Fre: motricité (véhicule) *f*
Spa: comportamiento en marcha (automóvil) *m*

driven gear *n*
Ger: Abtriebsrad *n*
Fre: pignon de sortie *m*
Spa: rueda de salida *f*

driven shaft *n*
Ger: Abtriebswelle *f*
Fre: arbre de sortie *m*
Spa: árbol de salida *m*

driver *n*
Ger: Treiber *m*
(Mitnehmer) *m*
Fre: circuit d'activation *m*
(coulisse) *f*
Spa: controlador *m*

driver airbag *n*
Ger: Fahrerairbag *m*
Fre: coussin gonflable côté conducteur *m*
Spa: airbag del conductor *m*

driver command *n*
Ger: Fahrerwunsch *m*
Fre: attente du conducteur *f*
Spa: deseo del conductor *m*

driver information system *n*
Ger: Fahrerinformationssystem *n*
Fre: système d'information de l'automobiliste *m*
Spa: sistema de información del conductor *m*

driver pin (height-control valve) *n*
Ger: Mitnehmerbolzen (Luftfederventil) *m*
Fre: axe d'entraînement (suspension pneumatique) *m*
Spa: perno de arrastre (válvula de suspensión neumática) *m*

driver stage (ECU) *n*
Ger: Leistungsendstufe (Steuergerät) *f*
(Endstufe) *f*
Fre: étage de sortie (calculateur) *m*
Spa: paso final de potencia (unidad de control) *m*
(paso final) *m*

driver's door *n*
Ger: Fahrertür *f*
Fre: porte conducteur *f*
Spa: puerta del conductor *f*

drivetrain *n*
Ger: Antriebsstrang *m*
(Triebstrang) *m*

English

Fre: chaîne cinématique *f*
(*transmission*) *f*
Spa: tren de tracción *m*

drivetrain ***n***
Ger: Triebstrang *m*
Fre: transmission *f*
Spa: cadena cinemática *f*

drivetrain oscillation ***n***
Ger: Triebstrangschwingung *f*
Fre: vibrations de la chaîne cinématique *fpl*
Spa: vibración de la cadena cinemática *f*

driving (non-braked) mode ***n***
Ger: Fahrstellung *f*
Fre: position de roulage *f*
Spa: posición de marcha *f*

driving behaviour ***n***
Ger: Fahrverhalten (Kfz) *n*
Fre: comportement routier (véhicule) *m*
Spa: comportamiento en marcha (automóvil) *m*

driving cycle ***n***
Ger: Fahrzyklus *m*
Fre: cycle de conduite (émissions) *m*
Spa: ciclo de ensayo *m*

driving dynamics ***npl***
Ger: Fahrdynamik *f*
Fre: comportement dynamique (véhicule) *m*
Spa: dinámica de marcha *f*

driving lamp ***n***
Ger: Fernscheinwerfer *m*
Fre: projecteur route *m*
Spa: faro de luz de carretera *m*

driving mode ***n***
Ger: Fahrbetrieb *m*
Fre: roulage *m*
Spa: servicio de marcha *m*

driving safety ***n***
Ger: Fahrsicherheit *f*
Fre: sécurité de conduite *f*
Spa: seguridad de conducción *f*

driving schedule (exhaust-gas test) ***n***
Ger: Fahrzyklus (Abgasprüfung) *m*
(*Fahrprogramm*) *n*
Fre: cycle de conduite *m*
Spa: ciclo de ensayo (comprobación de gases de escape) *m*

driving smoothness ***n***
Ger: Fahrkomfort *m*
Fre: confort de conduite *m*
Spa: confort de conducción *m*

driving speed ***n***
Ger: Fahrgeschwindigkeit *f*
Fre: vitesse de roulage *f*
Spa: velocidad de marcha *f*

driving test ***n***
Ger: Fahrversuch *m*
Fre: essai routier *m*
Spa: ensayo de marcha *m*

driving time ***n***
Ger: Fahrzeit *f*
Fre: temps de conduite *m*
Spa: tiempo de marcha *m*

driving transistor ***n***
Ger: Treibertransistor *m*
Fre: transistor d'attaque *m*
Spa: transistor excitador *m*

driving wheel (seat belt) ***n***
Ger: Treibrad (Sicherheitsgurt) *n*
Fre: roue motrice *f*
Spa: rueda propulsora (cinturón de seguridad) *f*

drop center rim ***n***
Ger: Tiefbettfelge *f*
Fre: jante à base creuse *f*
Spa: llanta de garganta profunda *f*

dropping point ***n***
Ger: Tropfpunkt *m*
Fre: point de goutte *m*
Spa: punto de goteo *m*

drum brake ***n***
Ger: Trommelbremse *f*
Fre: frein à tambour *m*
Spa: freno de tambor *m*

dry air filter ***n***
Ger: Trockenluftfilter *n*
Fre: filtre à air sec *m*
Spa: filtro de aire seco *m*

dry boiling point (brake fluid) ***n***
Ger: Trockensiedepunkt (Bremsflüssigkeit) *m*
Fre: point d'ébullition liquide sec (liquide de frein) *m*
Spa: punto de ebullición seco (líquido de frenos) *m*

dry cell ***n***
Ger: Trockenbatterie *f*
Fre: pile sèche *f*
Spa: batería seca *f*

dry cell ***n***
Ger: Trockenelement *n*
Fre: élément de pile sèche *m*
Spa: elemento seco *m*

dual band synchromesh ***n***
Ger: Doppelkonus-Synchronisierung *f*
Fre: synchroniseur à double cône *m*
Spa: sincronización de cono doble *f*

dual bed catalytic converter ***n***
Ger: Doppelbettkatalysator *m*
Fre: catalyseur à double lit *m*
Spa: catalizador de doble cama *m*

dual carburetor ***n***
Ger: Doppelvergaser *m*
Fre: double carburateur *m*
Spa: carburador doble *m*

dual chamber operation (vacuum-brake system) ***n***
Ger: Zweikammerbetrieb (Vakuum-Bremsanlage) *m*
Fre: système à deux chambres (dispositif de freinage à dépression) *m*
Spa: funcionamiento con doble cámara (sistema de frenos por vacío) *m*

dual circuit actuator cylinder for the brake master cylinder ***n***
Ger: Zweikreis-Vorspannzylinder *m*
Fre: cylindre d'assistance à double circuit *m*
Spa: cilindro de presión previa de doble circuito *m*

dual circuit brake assembly ***n***
Ger: Zweikreis-Bremsgerät *n*
Fre: groupe de freinage à double circuit *m*
Spa: aparato de freno de doble circuito *m*

dual circuit braking system ***n***
Ger: Zweikreis-Bremsanlage *f*
Fre: dispositif de freinage à transmission à double circuit *m*
Spa: sistema de frenos de doble circuito *m*

dual circuit hydraulic steering ***n***
Ger: Zweikreis-Hydrolenkung *f*
Fre: direction hydraulique à deux circuits *f*
Spa: dirección hidráulica de doble circuito *f*

dual circuit service brake valve ***n***
Ger: Zweikreis-Betriebsbremsventil *n*
Fre: valve de frein de service à double circuit *f*
Spa: válvula de freno de servicio de doble circuito *f*

dual cone (injectionnozzle) ***n***
Ger: Doppelkonus (Einspritzdüse) *m*
Fre: cône double *m*
Spa: cono doble (inyector) *m*

dual exhaust system ***n***
Ger: Doppel-Auspuffanlage *f*
Fre: système à double pot d'échappement *m*
Spa: sistema de escape doble *m*

dual exhaust system ***n***
Ger: Doppelrohrauspuffanlage *m*
Fre: système d'échappement double *m*
Spa: sistema de escape de tubo doble *m*

dual ignition ***n***
Ger: Doppelzündung *f*
Fre: double allumage *m*
Spa: encendido doble *m*

dual line braking system ***n***
Ger: Zweileitungs-Bremsanlage *f*

English

Fre: dispositif de freinage à deux conduites *m*
Spa: sistema de frenos de dos conductos *m*

dual line trailer control valve ***n***
Ger: Zweileitungs-Anhängersteuerventil *n*
Fre: valve de commande de remorque à deux conduites *f*
Spa: válvula de control de remolque de dos conductos *f*

dual mass flywheel ***n***
Ger: Zweimassenschwungrad *n*
Fre: volant d'inertie à deux masses *m*
Spa: volante de inercia de dos masas *m*

dual pressure pump ***n***
Ger: Bidruckpumpe *f*
Fre: pompe bi-pression *f*
Spa: bomba de doble presión *f*

dual spark ignition coil ***n***
Ger: Doppelfunkenspule *f*
(Doppelfunken-Zündspule) *f*
Fre: bobine d'allumage à deux sorties *f*
Spa: bobina de chispa doble *f*

dual spark ignition coil ***n***
Ger: Zweifunken-Zündspule *f*
Fre: bobine d'allumage à deux sorties *f*
Spa: bobina de encendido de doble chispa *f*

dual spring holder ***n***
Ger: Zweifederhalter *m*
(Zweifeder-Düsenhalter) *m*
Fre: porte-injecteur à deux ressorts *m*
Spa: soporte de doble resorte *m*

dual tires ***npl***
Ger: Zwillingsbereifung *f*
Fre: pneus jumelés *mpl*
Spa: ruedas gemelas *fpl*

dummy plug ***n***
Ger: Blindstopfen *m*
Fre: bouchon cuvette *m*
Spa: tapón ciego *m*

duo duplex brake ***n***
Ger: Duo-Duplexbremse *f*
Fre: frein duo-duplex *m*
Spa: freno duo-duplex *m*

duo servo brake ***n***
Ger: Duo-Servobremse *f*
Fre: servofrein duo *m*
Spa: servofreno duo *m*

duplex brake ***n***
Ger: Duplexbremse *f*
Fre: frein duplex *m*
Spa: freno dúplex *m*

durability ***n***
Ger: Dauerfestigkeit *f*
Fre: durabilité *f*
Spa: resistencia a la fatiga *f*

duration of application ***n***
Ger: Betätigungsdauer *f*
Fre: durée d'actionnement *f*
Spa: duración de accionamiento *f*

duration of injection ***n***
Ger: Einspritzdauer *f*
Fre: durée d'injection *f*
Spa: tiempo de inyección *m*

duration of injection (fuel injection) ***n***
Ger: Spritzdauer (Kraftstoffeinspritzung) *f*
Fre: durée d'injection *f*
Spa: duración de la inyección (inyección de combustible) *f*

duromer ***n***
Ger: Duroplast *n*
Fre: thermodurcissable *m*
Spa: duroplástico *m*

dust and pollen filter ***n***
Ger: Staub- und Pollenfilter *n*
Fre: filtre à pollens et antipoussière *m*
Spa: filtro de polvo y polen *m*

dust bowl (filter) ***n***
Ger: Staubsammelbehälter (Filter) *m*
(Staubtopf) *m*
Fre: collecteur de poussière (filtre) *m*
Spa: recolector de polvo (filtro) *m*

dust cap ***n***
Ger: Staubkappe *f*
Fre: capuchon antipoussière *m*
Spa: caperuza guardapolvo *f*

dust protected ***pp***
Ger: staubgeschützt *adj*
Fre: protégé contre la poussière *pp*
Spa: protegido contra polvo *pp*

dust protection cover ***n***
Ger: Staubschutzdeckel *m*
Fre: couvercle antipoussière *m*
Spa: tapa protectora contra polvo *f*

dust sleeve ***n***
Ger: Staubmanschette *f*
Fre: garniture anti-poussière *f*
Spa: guarnición guardapolvo *f*

dwell angle ***n***
Ger: Schließwinkel *m*
Fre: angle de came *m*
Spa: ángulo de cierre *m*

dwell angle map ***n***
Ger: Schließwinkelkennfeld *n*
Fre: cartographie de l'angle de came *f*
Spa: diagrama característico del ángulo de cierre *m*

dwell angle meter ***n***
Ger: Schließwinkeltester *m*
Fre: testeur d'angle de came *m*
Spa: comprobador del ángulo de cierre *m*

dwell period (ignition) ***n***
Ger: Schließzeit (Zündung) *f*
Fre: temps de fermeture (allumage) *m*
Spa: tiempo de cierre (encendido) *m*

dye laser ***n***
Ger: Farbstoff-Laser *m*
Fre: laser à colorant *m*
Spa: láser colorante *m*

dynamic axle load ***n***
Ger: dynamische Achslast *f*
Fre: charge dynamique par essieu *f*
Spa: carga dinámica de eje *f*

dynamic brake analyzer ***n***
Ger: Rollenbremsprüfstand *m*
Fre: banc d'essai à rouleaux pour freins *m*
Spa: banco de pruebas de frenos de rodillos *m*

dynamic functional range, DFR ***n***
Ger: dynamischer Funktionsbereich *m*
Fre: plage de fonctionnement dynamique *f*
Spa: zona funcional dinámica *f*

dynamic headlight range control ***n***
Ger: Dynamische Leuchtweitenregulierung *f*
Fre: réglage dynamique de la portée d'éclairement *m*
Spa: regulación dinámica de alcance de luces *f*

dynamic pilot control ***n***
Ger: dynamische Vorsteuerung *f*
Fre: pilotage dynamique *m*
Spa: pilotaje dinámico *m*

dynamic plausibility ***n***
Ger: dynamische Plausibilität *f*
Fre: plausibilité dynamique *f*
Spa: plausibilidad dinámica *f*

dynamic pressure ***n***
Ger: Staudruck *m*
Fre: pression dynamique *f*
Spa: presión dinámica *f*

dynamic supercharging ***v***
Ger: dynamische Aufladung *f*
Fre: suralimentation dynamique *f*
Spa: sobrealimentación dinámica *f*

dynamic timing adjustment ***n***
Ger: dynamische Förderbeginn-Einstellung *f*
Fre: calage dynamique du début de refoulement *m*
Spa: ajuste dinámico del comienzo del suministro *m*

dynamic weight transfer ***n***
Ger: dynamische Gewichtsverlagerung *f*
Fre: report de charge dynamique *m*
Spa: traslado dinámico de peso *m*

dynamics of lateral motion (motor vehicle) ***n***

English

Ger: Fahrzeugquerdynamik *f*
Fre: dynamique transversale d'un véhicule (véhicule) *f*
Spa: dinámica transversal del vehículo *f*

dynamics of linear motion (motor vehicle) *n*
Ger: Fahrzeuglängsdynamik *f*
Fre: dynamique longitudinale d'un véhicule *f*
Spa: dinámica longitudinal del vehículo *f*

dynamics of vehicular operation (motor vehicle) *n*
Ger: Fahrdynamik (Kfz) *f*
Fre: dynamique de roulage (véhicule) *f*
Spa: dinámica de marcha (automóvil) *f*

E

early failure *n*
Ger: Frühausfall *m*
Fre: défaillance précoce *f*
(défaillance de jeunesse) *f*
Spa: fallo prematuro *m*

earthing conductor *n*
Ger: Erdungsleitung *f*
Fre: câble de mise à la terre *m*
Spa: conductor de puesta a tierra *m*

earthing contact *n*
Ger: Erdungskontakt *m*
Fre: contact de terre *m*
Spa: contacto de puesta a tierra *m*

earthing system *n*
Ger: Erdungsanlage *f*
Fre: dispositif de mise à la terre *m*
Spa: sistema de puesta a tierra *m*

earthing terminal *n*
Ger: Erdungsklemme *f*
Fre: borne de terre *f*
Spa: borne de puesta a tierra *m*

easy change filter *n*
Ger: Wechselfilter *n*
Fre: filtre à rechange rapide *m*
Spa: filtro intercambiable *m*

eccentric bolt *n*
Ger: Exzenterbolzen *m*
Fre: axe excentré *m*
Spa: perno de excéntrica *m*

eccentric cam (common rail) *n*
Ger: Exzenternocken (Common Rail) *m*
Fre: came à excentrique (« Common Rail ») *f*
Spa: leva excéntrica (Common Rail) *f*

eccentric disc *n*
Ger: Exzenterscheibe *f*
Fre: disque excentrique *m*
Spa: disco excéntrico *m*

eccentric element (parking-brake valve) *n*
Ger: Exzenter (Feststellbremsventil) *m*
Fre: excentrique (valve de frein de stationnement) *m*
Spa: excéntrica (válvula de freno de estacionamiento) *f*

eccentric lift *n*
Ger: Exzenterhub *m*
Fre: levée d'excentrique *f*
Spa: carrera de excéntrica *f*

eccentric ring *n*
Ger: Exzenterring *m*
Fre: bague excentrique *f*
Spa: anillo excéntrico *m*

eccentric shaft *n*
Ger: Exzenterwelle *f*
Fre: arbre à excentrique *m*
Spa: árbol excéntrico *m*

eccentric washer *n*
Ger: Exzenterscheibe *f*
Fre: disque excentrique *m*
Spa: arandela excéntrica *f*

ECU after run *n*
Ger: Steuergerätnachlauf *m*
Fre: post-fonctionnement du calculateur *m*
Spa: búsqueda de equilibrio de unidad de control *f*

eddy current *n*
Ger: Wirbelstrom *m*
Fre: courants de Foucault *mpl*
Spa: corriente parásita *f*

eddy current brake *n*
Ger: Wirbelstrombremse *f*
Fre: frein à courants de Foucault *m*
Spa: freno por corrientes parásitas *m*

eddy current loss *n*
Ger: Wirbelstromverlust *m*
Fre: pertes par courants de Foucault *fpl*
Spa: pérdidas por corrientes parásitas *fpl*

eddy current sensor *n*
Ger: Wirbelstromsensor *m*
Fre: capteur à courants de Foucault *m*
Spa: sensor de corriente parásita *m*

edge filter *n*
Ger: Spaltfilter *n*
Fre: filtre à disques *m*
Spa: filtro de rendijas *m*

edge type filter *n*
Ger: Stabfilter *n*
Fre: filtre-tige *m*
Spa: filtro de varilla *m*

effective power *n*
Ger: Nutzleistung *f*
Fre: puissance effective *f*
Spa: potencia efectiva *f*

effective stroke *n*
Ger: Effektivhub *m*
(Nutzhub) *m*
Fre: course effective *f*
Spa: carrera efectiva *f*

effective stroke *n*
Ger: Nutzhub *m*
Fre: course utile *f*
Spa: carrera efectiva *f*

effective value *n*
Ger: Effektivwert *m*
Fre: valeur efficace *f*
Spa: valor efectivo *m*

effectiveness of hot brakes *n*
Ger: Heißbremswirkung *f*
Fre: effet de freinage à chaud *m*
Spa: efectividad de los frenos en caliente *f*

efficiency *n*
Ger: Wirkungsgrad *m*
Fre: rendement *m*
Spa: eficiencia *f*

ejector *n*
Ger: Auswerfer *m*
Fre: éjecteur *m*
Spa: eyector *m*

elastic limit under bending *n*
Ger: Biegefließgrenze *f*
Fre: limite élastique en flexion *f*
Spa: límite elástico bajo flexión *m*

elastic limit under shear *n*
Ger: Schubfließgrenze *f*
Fre: limite d'écoulement plastique *f*
Spa: límite de fluencia en cizallamiento *m*

elastic limit under torsion *n*
Ger: Torsionsfließgrenze *f*
Fre: limite élastique en torsion *f*
Spa: límite elástico a la torsión *m*

elastomer swelling (brake fluid) *n*
Ger: Elastomerquellung (Bremsflüssigkeit) *f*
Fre: gonflement des élastomères (liquide de frein) *m*
Spa: hinchamiento del elastómero (líquido de frenos) *m*

electric brake (starter) *n*
Ger: Strombremse (Starter) *f*
Fre: frein électrique (démarreur) *m*
Spa: freno eléctrico (motor de arranque) *m*

electric circuit *n*
Ger: Stromkreis *m*
Fre: circuit électrique *m*
Spa: circuito eléctrico *m*

electric compressor *n*
Ger: Elektrokompressor *m*
Fre: compresseur électrique *m*
Spa: compresor eléctrico *m*

electric conductivity *n*
Ger: elektrische Leitfähigkeit *f*
Fre: conductivité *f*

English

Spa: conductividad eléctrica *f*

electric fan *n*
Ger: Elektrolüfter *m*
Fre: ventilateur électrique *m*
Spa: ventilador eléctrico *m*

electric field *n*
Ger: elektrisches Feld *n*
Fre: champ électrique *m*
Spa: campo eléctrico *m*

electric field force *n*
Ger: elektrische Feldkraft *f*
Fre: force électrique *f*
Spa: fuerza del campo eléctrico *f*

electric field strength *n*
Ger: elektrische Feldstärke *f*
Fre: intensité de champ électrique *f*
Spa: intensidad de campo eléctrico *f*

electric fuel pump *n*
Ger: Elektrokraftstoffpumpe *f*
Fre: pompe électrique à carburant *f*
Spa: bomba eléctrica de combustible *f*

electric line *n*
Ger: Leitung *f*
Fre: fil électrique *m*
Spa: línea eléctrica *f*

electric motor *n*
Ger: Elektromotor *m*
Fre: moteur électrique *m*
Spa: motor eléctrico *m*

electric polarization *n*
Ger: elektrische Polarisation *f*
Fre: polarisation électrique *f*
Spa: polarización eléctrica *f*

electric pump *npl*
Ger: Elektropumpe *f*
Fre: pompe électrique *f*
Spa: bomba eléctrica *f*

electric strength *n*
Ger: Spannungsfestigkeit *f*
Fre: résistance à la tension *f*
Spa: resistencia a tensiones eléctricas *adj*

electric supply pump *n*
Ger: Elektroförderpumpe *f*
Fre: pompe d'alimentation électrique *f*
Spa: bomba eléctrica de transporte *f*

electric transducer coefficient *n*
Ger: elektrischer Wandlerkoeffizient *m*
Fre: coefficient électrique de conversion *m*
Spa: coeficiente eléctrico del convertidor *m*

electric vane pump *n*
Ger: elektrische Flügelzellenpumpe *f*
Fre: pompe à palettes électrique *f*
Spa: bomba eléctrica de aletas *f*

electric vehicle, EV *n*
Ger: Elektrofahrzeug *n*
(Elektrostraßenfahrzeug) *n*
(Elektrisch angetriebenes Fahrzeug) *n*
Fre: véhicule à traction électrique *m*
(véhicule électrique) *m*
Spa: vehículo eléctrico *m*

electrical distribution box *n*
Ger: Stromverteilerkasten *m*
Fre: boîte de distribution électrique *f*
Spa: caja de distribución eléctrica *f*

electrical flux density *n*
Ger: elektrische Flussdichte (Spezifikation) *f*
Fre: induction (ou déplacement) électrique *f*
Spa: densidad de flujo eléctrico (especificación) *f*

electrical load requirements *n*
Ger: Verbraucherleistung *f*
(Leistungsbedarf) *m*
Fre: puissance des récepteurs *f*
Spa: potencia de consumidor *f*

electrical power loss *n*
Ger: elektrische Verlustleistung *f*
Fre: pertes de puissance *fpl*
Spa: pérdida de potencia eléctrica *f*

electrical resistance *n*
Ger: elektrischer Widerstand *m*
Fre: résistance électrique *f*
Spa: resistencia eléctrica *f*

electrical separator *n*
Ger: Elektroabscheider *m*
Fre: séparateur électrique *m*
Spa: separador eléctrico *m*

electrical sheet steel *n*
Ger: Elektroblech *n*
Fre: tôle magnétique *f*
Spa: chapa eléctrica *f*

electrical shutoff *n*
Ger: elektrische Abschaltung *f*
Fre: stop électrique *m*
Spa: desconexión eléctrica *f*

electrical system battery *n*
Ger: Bordnetzbatterie *f*
Fre: batterie de bord *f*
Spa: batería de la red de a bordo *f*

electrically erasable *adj*
Ger: elektrisch löschbar *adj*
Fre: effaçable électriquement *adj*
Spa: borrable eléctricamente *adj*

electroacoustic transducer *n*
Ger: elektroakustischer Wandler *m*
Fre: convertisseur électro-acoustique *m*
Spa: convertidor electroacústico *m*

electrode *n*
Ger: Elektrode *f*
Fre: électrode *f*
Spa: electrodo *m*

electrode erosion (spark plug) *n*
Ger: Elektrodenabbrand (Zündkerze) *m*
Fre: érosion des électrodes *f*
Spa: quemado de electrodo (bujía de encendido) *m*

electrode gap (spark plug) *n*
Ger: Elektrodenabstand (Zündkerze) *m*
Fre: écartement des électrodes (bougie d'allumage) *m*
Spa: distancia del electrodo (bujía de encendido) *f*

electrode gap gauge (spark plug) *n*
Ger: Elektrodenabstandslehre (Zündkerze) *f*
Fre: jauge d'épaisseur pour mesure d'écartement des électrodes *f*
Spa: galga de distancia del electrodo (bujía de encendido) *f*

electrode material *n*
Ger: Elektrodenwerkstoff *m*
Fre: matériau des électrodes *m*
Spa: material del electrodo *m*

electrode shape (spark plug) *n*
Ger: Elektrodenform (Zündkerze) *f*
Fre: forme des électrodes (bougie d'allumage) *f*
Spa: forma del electrodo (bujía de encendido) *f*

electrode version (spark plug) *n*
Ger: Elektrodenausführung (Zündkerze) *f*
Fre: type d'électrode *m*
Spa: tipo de electrodo (bujía de encendido) *m*

electrode wear (spark plug) *n*
Ger: Elektrodenverschleiß (Zündkerze) *m*
Fre: usure des électrodes *f*
Spa: desgaste del electrodo (bujía de encendido) *m*

electrodynamic principle, EDP *n*
Ger: elektrodynamisches Prinzip *n*
Fre: principe électrodynamique *m*
Spa: principio electrodinámico *m*

electrodynamic retarder *n*
Ger: elektrodynamischer Verlangsamer *m*
(Wirbelstrombremse) *f*
Fre: ralentisseur électromagnétique *m*
Spa: retardador electrodinámico (freno de corriente parásita) *m*

electrohydraulic brake *n*
Ger: Elektrohydraulische Bremse *f*
Fre: frein électrohydraulique *m*
Spa: freno electrohidráulico *m*

English

English

electrohydraulic braking system, EHB *n*
Ger: elektrohydraulische Bremse, EHB *a*
Fre: frein électrohydraulique, EHB *m*
Spa: sistema de freno electrohidráulico, EHB *m*

electrohydraulic pressure actuator *n*
Ger: elektrohydraulischer Drucksteller *m*
Fre: actionneur de pression électrohydraulique *m*
Spa: actuador electrohidráulico de presión *m*

electrohydraulic shutoff device *n*
Ger: elektrohydraulische Abstellvorrichtung *f*
Fre: dispositif d'arrêt électrohydraulique *m*
Spa: dispositivo electrohidráulico de desconexión *m*

electrolyte *n*
Ger: Batteriesäure *f*
Fre: électrolyte *m*
Spa: ácido de la batería *m*
(electrolito) *m*

electrolyte density (battery) *n*
Ger: Säuredichte (Batterie) *f*
Fre: densité de l'électrolyte *f*
Spa: densidad de electrolito (batería) *f*

electrolyte level (battery) *n*
Ger: Füllungsgrad (Batterie) *m*
Fre: taux de remplissage (batterie) *m*
Spa: nivel de electrolito (batería) *m*

electrolyte values (battery) *npl*
Ger: Säurewerte (Batterie) *fpl*
Fre: indices des acides (batterie) *mpl*
Spa: valores de electrolito (batería) *mpl*

electromagnet *n*
Ger: Elektromagnet *m*
Fre: électro-aimant *m*
Spa: electroimán *m*

electromagnetic clutch *n*
Ger: elektromagnetische Kupplung *f*
Fre: embrayage électromagnétique *m*
Spa: embrague electromagnético *m*

electromagnetic compatibility test *n*
Ger: EMV-Test *m*
Fre: test CEM *m*
Spa: ensayo de compatibilidad electromagnética *m*

electromagnetic compatibility, EMC *n*
Ger: elektromagnetische Kompatibilität *f*
Fre: compatibilité électromagnétique *f*
Spa: compatibilidad electromagnética *f*

electromagnetic compatibility, EMC *n*
Ger: elektromagnetische Verträglichkeit, EMV *f*
Fre: compatibilité électromagnétique, CEM *f*
Spa: compatibilidad electromagnética *f*

electromagnetic excess-fuel disengagement *n*
Ger: elektromagnetische Startentriegelung *f*
Fre: déverrouillage électromagnétique du débit de surcharge *m*
Spa: desbloqueo electromagnético de arranque *m*

electromagnetic induction *n*
Ger: elektromagnetische Induktion *f*
Fre: induction électromagnétique *f*
Spa: inducción electromagnética *f*

electromagnetic interference *n*
Ger: elektromagnetische Störung *f*
Fre: perturbation électromagnétique *f*
Spa: interferencia electromagnética *f*

electromagnetic principle, EMP *n*
Ger: elektromagnetisches Prinzip *n*
Fre: principe électromagnétique *m*
Spa: principio electromagnético *m*

electromagnetically operated switching valve *n*
Ger: elektromagnetisch betätigtes Schaltventil *n*
Fre: électrovanne de commande *f*
Spa: válvula de mando operada de forma electromagnética *f*

electromotive force *n*
Ger: elektromotorische Kraft, EMK *f*
(Urspannung) *f*
Fre: force électromotrice, f.é.m. *f*
(tension interne) *f*
Spa: fuerza electromotriz *f*

electromotive shutoff device *n*
Ger: elektromotorische Abstellvorrichtung *f*
Fre: dispositif d'arrêt électromotorisé *m*
Spa: dispositivo electromotor de desconexión *m*

electronic automatic transmission *n*
Ger: elektronisches Automatikgetriebe *n*
Fre: boîte de vitesses automatique à commande électronique *f*
Spa: cambio automático electrónico *m*

electronic braking-force distribution *n*
Ger: Elektronische Bremskraftverteilung *f*
Fre: répartition électronique de la force de freinage *f*
Spa: distribución electrónica de fuerza de frenado *f*

electronic braking-pressure control *n*
Ger: elektronische Bremsdruckregelung *f*
Fre: régulation électronique de pression de freinage *f*
Spa: regulación electrónica de la fuerza de frenado *f*

electronic charger (battery) *n*
Ger: Elektroniklader (Batterie) *m*
Fre: chargeur électronique (batterie) *m*
Spa: cargador electrónico (batería) *m*

electronic control unit, ECU *n*
Ger: elektronisches Steuergerät *n*
(Steuergerät) *n*
Fre: calculateur électronique *m*
Spa: unidad electrónica de control *f*

electronic control unit, ECU *n*
Ger: Steuergerät *n*
Fre: centrale de commande *f*
Spa: unidad de control *f*

Electronic Data Interchange, EDI *n*
Ger: Datenfernübertragung, DFÜ *f*
Fre: échange de données informatisées (EDI) *m*
Spa: teletransmisión de datos *f*

electronic data processing, EDP *n*
Ger: elektronische Datenverarbeitung *f*
Fre: échange de données informatisées, EDI *m*
Spa: procesamiento electrónico de datos *m*

electronic diesel control, EDC *n*
Ger: elektronische Dieselregelung, EDC *f*
Fre: régulation électronique diesel, RED *f*
Spa: regulación electrónica Diesel *f*

electronic engine-management system, Motronic *n*
Ger: elektronische Motorsteuerung, Motronic *f*
Fre: système électronique de gestion du moteur, Motronic *m*

Spa: control electrónico del motor, Motronic *m*

electronic fuel injection *n*
Ger: elektronische Benzineinspritzung, Jetronic *f*
Fre: injection électronique d'essence, Jetronic *f*
Spa: inyección electrónica de gasolina, Jetronic *f*

electronic hoisting-gear control, EHR *n*
Ger: elektronische Hubwerksregelung, EHR *f*
Fre: relevage électronique *m*
Spa: regulación electrónica del mecanismo de elevación *f*

electronic idle-speed control *n*
Ger: elektronische Leerlaufregelung *f*
Fre: régulation électronique du ralenti *f*
Spa: regulación electrónica de ralentí *f*

electronic ignition system *n*
Ger: elektronische Zündung *f*
Fre: allumage électronique *m*
Spa: encendido electrónico *m*

electronic ignition system *n*
Ger: elektronische Zündanlage, EZ *f*
Fre: allumage électronique, EZ *m*
Spa: sistema electrónico de encendido *m*

electronic isodromic governor *n*
Ger: elektronischer Isodromregler *m*
Fre: régulateur électronique isodromique *m*
Spa: regulador electrónico Isodrom *m*

electronic pulse generator *n*
Ger: elektronischer Impulsgeber (specification) *m*
Fre: générateur d'impulsions électronique *m*
Spa: generador electrónico de impulsos (especificación) *m*

electronic retard device *n*
Ger: elektronische Spätverstellung, ESV *f*
Fre: retard à l'allumage électronique *m*
Spa: variación a retardo electrónica *f*

electronic rotational-speed limiter *n*
Ger: elektronischer Drehzahlbegrenzer *m*
Fre: limiteur de régime électronique *m*
Spa: limitador electrónico de revoluciones *m*

electronic spark advance *n*
Ger: elektronische Zündverstellung *f*
Fre: correction électronique du point d'allumage *f*
Spa: variación electrónica del encendido *f*

Electronic Stability Program *n*
Ger: Fahrdynamikregelung (ESP) *f*
Fre: régulation du comportement dynamique *f*
Spa: sistema de regulación de estabilidad (ESP) *m*

electronic stability program, ESP *n*
Ger: Elektronisches Stabilitäts-Programm, ESP *n*
(Fahrdynamikregelung) *f*
Fre: contrôle dynamique de trajectoire *m*
Spa: programa electrónico de estabilidad, ESP *m*

electronic stability program, ESP *n*
Ger: Stabilisierungssystem *n*
(Fahrdynamikregelung) *f*
Fre: contrôle dynamique de trajectoire *m*
Spa: programa electrónico de estabilidad, ESP *m*

electronic throttle control *n*
Ger: elektronische Motorfüllungssteuerung *f*
Fre: commande électronique du moteur *f*
Spa: control electrónico de llenado del motor *m*

electronic throttle control *n*
Ger: elektronisches Gaspedal *n*
Fre: accélérateur électronique *m*
Spa: acelerador electrónico *m*

electronic throttle control, ETC *n*
Ger: EGAS *n*
Fre: accélérateur électronique, EMS *m*
Spa: acelerador electrónico *m*

electronic transmission control *n*
Ger: elektronische Getriebesteuerung *f*
Fre: commande électronique de boîte de vitesses *f*
Spa: control electrónico del cambio *m*

electronically controlled braking system, ELB *n*
Ger: elektronisch geregelte Bremsanlage *f*
Fre: dispositif de freinage à régulation électronique *m*
Spa: sistema de frenos regulado electrónicamente *m*

electronically controlled pneumatic suspension, ELF *n*
Ger: elektronisch geregelte Luftfederung *f*
Fre: suspension pneumatique à régulation électronique *f*
Spa: suspensión neumática regulada electrónicamente *f*

electrophoretic enameling *n*
Ger: Elektrotauchlackierung *f*
Fre: peinture par électrophorèse *f*
Spa: pintado catódico por inmersión *m*

electropneumatic braking system *n*
Ger: elektro-pneumatische Bremsanlage *f*
Fre: dispositif de freinage électropneumatique *m*
Spa: sistema de frenos electroneumáticos *m*

electrostatic charge *n*
Ger: elektrostatische Aufladung *f*
Fre: charge électrostatique *f*
Spa: carga electrostática *f*

electrostatic discharge, ESD *n*
Ger: elektrostatische Entladung *f*
Fre: décharge électrostatique *f*
Spa: descarga electrostática *f*

electrostatics *n*
Ger: Elektrostatik *f*
Fre: électrostatique *f*
Spa: electrostática *f*

element chamber (common rail) *n*
Ger: Elementraum (Common Rail) *m*
Fre: chambre d'élément (« Common Rail ») *f*
Spa: cámara de elemento (Common Rail) *f*

element switchoff valve (common rail) *n*
Ger: Elementabschaltventil (Common Rail) *n*
Fre: électrovanne de désactivation d'élément (coussin d'air) *f*
Spa: válvula de desconexión de elemento (Common Rail) *f*

elongation (actuators) *n*
Ger: Dehnung (Aktoren) *f*
Fre: allongement (actionneurs) *m*
Spa: elongación (actuadores) *f*

elongation at fracture *n*
Ger: Bruchdehnung *f*
Fre: allongement à la rupture *m*
Spa: elongación a la fractura *f*

emergency braking *n*
Ger: Notbremsung *f*
Fre: freinage en situation de panique *m*
Spa: frenado de emergencia *m*

emergency braking *n*
Ger: Vollbremsung *f*
(Schnellbremsung) *f*
Fre: freinage d'urgence *m*
(freinage rapide) *m*

English

Spa: frenado a tope *m*

emergency power generator set ***n***
Ger: Notstromaggregat *n*
Fre: groupe électrogène *m*
Spa: grupo electrógeno de emergencia *m*

emergency shutoff ***n***
Ger: Notabstellung *f*
Fre: arrêt d'urgence *m*
Spa: desconexión de emergencia *f*

emission characteristics ***n***
Ger: Abgasverhalten *n*
Fre: comportement des gaz d'échappement *m*
Spa: comportamiento de los gases de escape *m*

emission control legislation ***n***
Ger: Abgasgesetzgebung *f*
(Abgasbestimmungen) *f*
(Abgasvorschriften) *f*
Fre: législation antipollution *f*
(réglementation antipollution) *f*
Spa: legislación de gases de escape *f*
(normativa de gases de escape) *fpl*

emission limits ***n***
Ger: Abgasgrenzwert *m*
Fre: valeur limite d'émission *f*
Spa: valor límite de gases de escape *m*

emission values ***npl***
Ger: Emissionswerte *mpl*
Fre: valeurs d'émission *fpl*
Spa: niveles de emisión *mpl*

emissions control engineering ***n***
Ger: Abgastechnik *f*
Fre: technique de dépollution *f*
Spa: ingeniería de control de emisiones *f*

emissions test cell (test chamber) ***n***
Ger: Abgasprüfzelle *f*
(Prüfzelle) *f*
Fre: cabine de simulation des gaz d'échappement *f*
Spa: celda de ensayo de gases de escape *f*
(celda de ensayo) *f*

empties ***npl***
Ger: Leergut (Logistik) *n*
Fre: emballages vides (Logistik) *mpl*
Spa: embalajes vacíos (logística) *mpl*

emulsion drain ***n***
Ger: Mischölabführung *f*
Fre: évacuation des émulsions *f*
Spa: evacuación de emulsión de aceite *f*

enamel coating ***n***
Ger: Emailüberzug *m*
Fre: revêtement en émail *m*
Spa: capa esmaltada *f*

end cover ***n***
Ger: Abschlussblende *f*
Fre: tôle d'obturation *f*
Spa: moldura de cierre *f*

end face ***n***
Ger: Stirnfläche *f*
Fre: surface frontale *f*
Spa: superficie frontal *f*

end face ***n***
Ger: Wandung *f*
Fre: paroi *f*
Spa: pared *f*

end of braking ***n***
Ger: Bremsende *n*
Fre: fin de freinage *f*
Spa: fin del frenado *m*

end of breakaway (diesel fuel injection) ***n***
Ger: Abregelende (Dieseleinspritzung) *n*
Fre: fin de coupure de débit *f*
Spa: final de la limitación reguladora (inyección diesel) *m*

end of combustion ***n***
Ger: Verbrennungsende *n*
Fre: fin de combustion *f*
Spa: fin de combustión *m*

end of delivery (diesel fuel injection) ***n***
Ger: Absteuerung (Dieseleinspritzung) *f*
Fre: coupure progressive *f*
Spa: fin del suministro (inyección diesel) *m*

end of delivery ***n***
Ger: Förderende *n*
Fre: fin de refoulement (pompe d'injection) *f*
Spa: fin de suministro *m*

end of delivery control ***n***
Ger: Förderenderegelung *f*
Fre: régulation de la fin de refoulement *f*
Spa: regulación del fin de suministro *f*

End of delivery control ***n***
Ger: Förderendregelung *f*
Fre: régulation de la fin de refoulement *f*
Spa: regulación del fin de suministro *f*

end of injection (fuel injection) ***n***
Ger: Spritzende (Kraftstoffeinspritzung) *n*
Fre: fin d'injection *f*
Spa: fin de la inyección (inyección de combustible) *m*

end of torque control ***n***
Ger: Angleichende (Dieseleinspritzung) *n*
Fre: fin de correction de débit *f*
Spa: fin de control de torque (inyección diesel) *m*

end plate ***n***
Ger: Abschlussplatte *f*
Fre: plaque de fermeture *f*
Spa: placa de cierre *f*

end point voltage (battery) ***n***
Ger: Entladeschlussspannung (Batterie) *f*
Fre: tension de fin de décharge *f*
Spa: tensión final de descarga (batería) *f*

end position ***n***
Ger: Endlage *f*
(Endstellung) *f*
Fre: position de fin de course *f*
Spa: posición final *f*

end position coupling ***n***
Ger: Endlagenkupplung *f*
Fre: coupleur de fin de course *m*
Spa: acoplamiento de posición final *m*

endurance limit ***n***
Ger: Dauerschwingfestigkeit *f*
Fre: limite d'endurance *f*
Spa: resistencia a la fatiga por vibración *f*

endurance test ***n***
Ger: Dauerfestigkeitsprüfung *f*
Fre: test d'endurance *m*
Spa: ensayo de resistencia a la fatiga *m*

endurance test ***n***
Ger: Dauerlauferprobung *f*
(Dauerprüfung) *m*
(Dauerlauftest) *m*
Fre: essai d'endurance *m*
(test d'endurance) *m*
Spa: ensayo de larga duración *m*

energy accumulator ***n***
Ger: Energiespeicher *m*
Fre: accumulateur d'énergie *m*
Spa: acumulador de energía *m*

energy balance (motor vehicle) ***n***
Ger: Energiehaushalt (Kfz) *m*
Fre: bilan énergétique (véhicule) *m*
Spa: balance de energía (automóvil) *m*

energy consumption ***n***
Ger: Energieverbrauch *m*
Fre: consommation énergétique *f*
Spa: consumo de energía *m*

energy conversion ***n***
Ger: Energieumsetzung *f*
Fre: conversion d'énergie *f*
Spa: transformación de energía *f*

energy input ***n***
Ger: Energiezufuhr *f*
(Energiezufluss) *m*
Fre: apport d'énergie *m*
(arrivée d'énergie) *f*
Spa: entrada de energía *f*

energy management ***n***
Ger: Energiemanagement *n*

English

Fre: gestion énergétique *f*
Spa: gestión de energía *f*

energy of impact ***n***
Ger: Rückstoßenergie *f*
Fre: énergie de choc *f*
Spa: energía de retroceso *f*

energy output ***n***
Ger: Energieabfluss *m*
Fre: départ d'énergie *m*
Spa: salida de energía *f*

energy reserve (airbag triggering system) ***n***
Ger: Energiereserve (Airbag) *f*
Fre: réserve d'énergie (coussin d'air) *f*
Spa: reserva de energía (airbag) *f*

energy storage ***n***
Ger: Energiespeicherung *f*
Fre: accumulation de l'énergie *f*
Spa: almacenamiento de energía *m*

energy supply ***n***
Ger: Energieversorgung *f*
Fre: alimentation en énergie *f*
Spa: suministro de energía *m*

engagement lever (starter) ***n***
Ger: Einrückhebel (Starter) *m*
Fre: fourchette d'engrènement (démarreur) *f*
Spa: palanca de engrane (motor de arranque) *f*

engagement relay (starter) ***n***
Ger: Einrückrelais (Starter) *n*
Fre: contacteur à solénoïde *m*
Spa: relé de engrane (motor de arranque) *m*

engagement rod (starter) ***n***
Ger: Einrückstange (Starter) *f*
Fre: tige d'engrènement (démarreur) *f*
Spa: barra de engrane (motor de arranque) *f*

engagement solenoid (starter) ***n***
Ger: Einrückmagnet (Starter) *m*
Fre: contacteur à solénoïde *m*
Spa: electroimán de engrane (motor de arranque) *m*

engine ***n***
Ger: Motor *m*
Fre: moteur *m*
Spa: motor *m*

engine adaptation ***n***
Ger: Motoranpassung *f*
Fre: adaptation du moteur *f*
Spa: adaptación de motor *f*

engine analyzer ***n***
Ger: Motortester *m*
(Motortestgerät) *n*
Fre: motortester *m*
Spa: comprobador de motores *m*

engine bearing ***n***
Ger: Motorlager *n*
Fre: support moteur *m*
Spa: cojinete del motor *m*

engine belt pulley ***n***
Ger: Motorriemenscheibe *f*
Fre: poulie moteur *f*
Spa: polea de motor *f*

engine block ***n***
Ger: Motorblock *m*
Fre: bloc-moteur *m*
Spa: bloque del motor *m*

engine block (IC engine) ***n***
Ger: Zylinderkurbelgehäuse (Verbrennungsmotor) *n*
Fre: carter-cylindres *m*
Spa: bloque motor (motor de combustión) *m*

engine brake actuation ***n***
Ger: Motorbremsbetätigung *f*
Fre: commande du frein moteur *f*
Spa: accionamiento de freno de motor *m*

engine braking action ***n***
Ger: Motorbremswirkung *f*
Fre: effet de frein moteur *m*
Spa: efecto de frenado de motor *m*

engine braking torque ***n***
Ger: Motorbremsmoment *n*
Fre: couple de freinage du moteur *m*
Spa: par de frenado de motor *m*

engine capacity ***n***
Ger: Motorhubvolumen *n*
Fre: cylindrée *f*
Spa: cilindrada del motor *f*

engine charge control ***n***
Ger: Motorfüllungssteuerung *m*
Fre: commande de remplissage du moteur *f*
Spa: control de llenado del motor *m*

engine compartment ***n***
Ger: Motorraum *m*
Fre: compartiment moteur *m*
Spa: compartimiento motor *m*

engine compression ***n***
Ger: Motorkompression *f*
Fre: compression du moteur *f*
Spa: compresión del motor *f*

engine control intervention (TCS) ***n***
Ger: Motoreingriff (ASR) *m*
Fre: intervention sur le moteur *f*
Spa: intervención en el motor (ASR) *f*

engine control unit ***n***
Ger: Motorsteuergerät *n*
Fre: calculateur moteur *m*
Spa: unidad de control del motor *f*

engine coolant ***n***
Ger: Motorkühlmittel *n*
Fre: liquide de refroidissement du moteur *m*
Spa: líquido refrigerante de motor *m*

engine cover ***n***
Ger: Motorabdeckung *f*
Fre: capot moteur *m*
Spa: tapa del motor *f*

engine diagnostics ***n***
Ger: Motordiagnose *f*
Fre: diagnostic moteur *m*
Spa: diagnóstico de motor *m*

engine displacement (IC engine) ***n***
Ger: Hubraum (Verbrennungsmotor) *m*
(Hubvolumen) *n*
Fre: cylindrée (moteur à combustion) *f*
Spa: cilindrada (motor de combustión) *f*

engine displacement (IC engine) ***n***
Ger: Hubvolumen (Verbrennungsmotor) *n*
Fre: cylindrée *f*
Spa: cilindrada (motor de combustión) *f*

engine drag torque ***n***
Ger: Motorschleppmoment *n*
Fre: couple d'inertie du moteur *m*
Spa: par de arrastre del motor *m*

engine drag torque ***n***
Ger: Motorträgheitsmoment *n*
(Motorschleppmoment) *n*
Fre: couple d'inertie du moteur *m*
Spa: momento de inercia del motor *m*

engine drag-torque control ***n***
Ger: Motorschleppmoment-regelung *f*
Fre: régulation du couple d'inertie du moteur *f*
Spa: regulación de par de arrastre del motor *f*

engine electronics ***n***
Ger: Motorelektronik *m*
Fre: électronique moteur *f*
Spa: sistema electrónico del motor *m*

engine emergency operation ***n***
Ger: Motornotlauf *m*
Fre: fonctionnement en mode dégradé du moteur *m*
Spa: marcha de emergencia del motor *f*

engine encapsulation ***n***
Ger: Motorkapselung *f*
Fre: encapsulage du moteur *m*
Spa: encapsulamiento del motor *m*

engine flexibility (IC engine) ***n***
Ger: Motorelastizität (Verbrennungsmotor) *f*
Fre: élasticité du moteur (moteur à combustion) *f*
Spa: elasticidad del motor (motor de combustión) *f*

engine fuel consumption graph ***n***
Ger: Motor-Verbrauchskennfeld *n*

English

Fre: diagramme de consommation du moteur *m*
Spa: curva característica de consumo del motor *f*

engine generator set ***n***
Ger: Stromaggregat *n*
Fre: groupe moto-générateur *m*
Spa: grupo electrógeno *m*

engine generator set ***n***
Ger: Stromerzeugungs-Aggregat *n*
Fre: groupe générateur *m*
Spa: grupo electrógeno *m*

engine inertia ***n***
Ger: Motorträgheit *f*
Fre: inertie du moteur *f*
Spa: inercia del motor *f*

engine knock ***n***
Ger: Motorklopfen *n*
Fre: cliquetis du moteur *m*
Spa: detonaciones del motor *fpl*

engine load ***n***
Ger: Motorlast *f*
Fre: charge du moteur *f*
Spa: carga del motor *f*

engine lube-oil circuit ***n***
Ger: Motorschmieröl-Kreislauf *m*
(Motorölkreislauf) *m*
(Schmierölkreislauf) *m*
Fre: circuit de lubrification du moteur *m*
Spa: circuito de lubricación del motor *m*

engine lubricating circuit ***n***
Ger: Schmierölkreislauf *m*
Fre: circuit d'huile lubrifiante *m*
Spa: circuito de aceite lubricante *m*

engine lubrication ***n***
Ger: Motorschmierung *f*
Fre: lubrification du moteur *f*
Spa: lubricación del motor *f*

engine management ***n***
Ger: Motorsteuerung *f*
(Motormanagement) *n*
Fre: gestion des fonctions du moteur *f*
Spa: control del motor *m*

engine map ***n***
Ger: Motorkennfeld *n*
Fre: cartographie moteur *f*
Spa: diagrama característico del motor *m*

engine misfire ***n***
Ger: Motoraussetzer *m*
Fre: ratés du moteur *mpl*
Spa: fallos de motor *mpl*

engine misfire ***n***
Ger: Verbrennungsaussetzer *m*
Fre: ratés de combustion *mpl*
Spa: fallos de combustión *mpl*

engine misfire detection ***n***
Ger: Verbrennungsaussetzer-Erkennung *f*
Fre: détection des ratés de combustion *f*
Spa: detección de fallos de combustión *f*

engine mount damping ***n***
Ger: Motoraufhängungs-dämpfung *f*
Fre: amortissement de la suspension du moteur *m*
Spa: amortiguación de la suspensión de motor *f*

engine oil ***n***
Ger: Motoröl *n*
Fre: huile moteur *f*
Spa: aceite del motor *m*

engine oil circuit ***n***
Ger: Motorölkreislauf *m*
Fre: circuit d'huile moteur *m*
Spa: circuito de aceite del motor *m*

engine oil cooler ***n***
Ger: Motorölkühler *m*
Fre: refroidisseur d'huile moteur *m*
Spa: radiador de aceite del motor *m*

engine oil level ***n***
Ger: Motorölstand *m*
Fre: niveau d'huile moteur *m*
Spa: nivel de aceite del motor *m*

engine oil pressure ***n***
Ger: Motoröldruck *m*
Fre: pression d'huile moteur *f*
Spa: presión de aceite del motor *f*

engine oil pressure gauge ***n***
Ger: Motoröldruckmesser *m*
Fre: capteur de pression d'huile moteur *m*
Spa: medidor de presión de aceite del motor *m*

engine operating state ***n***
Ger: Motorbetriebszustand *m*
Fre: état de fonctionnement du moteur *m*
Spa: estado de funcionamiento del motor *m*

engine performance ***n***
Ger: Motorleistung *f*
Fre: puissance du moteur *f*
Spa: potencia del motor *f*

engine pressure loss ***n***
Ger: Motor-Druckverlust *m*
Fre: perte de pression du moteur *f*
Spa: pérdida de presión del motor *f*

engine shutoff ***n***
Ger: Motorabschaltung *f*
Fre: coupure du moteur *m*
Spa: desconexión del motor *f*

engine speed ***n***
Ger: Drehzahl *f*
Fre: régime *m*
Spa: número de revoluciones *m*

engine speed ***n***
Ger: Motordrehzahl *f*
Fre: régime moteur *m*
Spa: número de revoluciones del motor *m*

engine speed advance ***n***
Ger: Drehzahlverstellung *f*
Fre: correction en fonction du régime *f*
Spa: regulación del número de revoluciones *f*

engine speed limit ***n***
Ger: Drehzahlgrenze *f*
Fre: régime limite *m*
Spa: límite de revoluciones del motor *m*

engine speed limitation ***n***
Ger: Drehzahlbegrenzung *f*
Fre: limitation de la vitesse de rotation *f*
Spa: limitación del número de revoluciones *f*

engine speed limitation ***n***
Ger: Motordrehzahlbegrenzung *f*
Fre: limitation du régime moteur *f*
Spa: limitación de número de revoluciones del motor *f*

engine speed monitoring ***n***
Ger: Drehzahlüberwachung *f*
Fre: surveillance du régime *f*
Spa: supervisión de la velocidad del motor *f*

engine speed sensor ***n***
Ger: Motordrehzahlsensor *m*
Fre: capteur de régime moteur *m*
Spa: sensor de número de revoluciones del motor *m*

engine speed setpoint sensor ***n***
Ger: Drehzahl-Sollwertgeber *m*
Fre: consignateur de régime *m*
Spa: transmisor de la velocidad de giro nominal *m*

engine speed signal ***n***
Ger: Drehzahlsignal *n*
Fre: signal de régime *m*
Spa: señal del número de revoluciones *f*

engine speed threshold ***n***
Ger: Drehzahlschwelle *f*
Fre: seuil de régime *m*
Spa: umbral de revoluciones *m*

engine suspension ***n***
Ger: Motoraufhängung *f*
Fre: suspension du moteur *f*
Spa: suspensión de motor *f*

engine swept volume ***n***
Ger: Gesamthubraum *m*
Fre: cylindrée totale *f*
Spa: cilindrada total *f*

engine torque ***n***
Ger: Motordrehmoment *n*
Fre: couple moteur *m*
Spa: par motor *m*

engine torque ***n***
Ger: Motormoment *n*

Fre: couple moteur *m*
Spa: par del motor *m*

engine torque demand ***n***
Ger: Motormomenten-anforderung *f*
Fre: demande de couple moteur *f*
Spa: demanda de par del motor *f*

engine with externally supplied ignition ***n***
Ger: Fremdzündungsmotor *m*
Fre: moteur à allumage commandé *m*
Spa: motor encendido por dispositivo externo *m*

engine/transmission assembly ***n***
Ger: Motor-Getriebe-Block *m*
(Antriebseinheit) *f*
Fre: groupe motopropulseur *m*
Spa: conjunto motor/cambio *m*

enrichment factor (air-fuel mixture) ***n***
Ger: Anreicherungsfaktor (Luft-Kraftstoff-Gemisch) *m*
Fre: facteur d'enrichissement (mélange air-carburant) *m*
Spa: factor de enriquecimiento (mezcla aire-combustible) *m*

enrichment quantity (air-fuel mixture) ***n***
Ger: Anreicherungsrate (Luft-Kraftstoff-Gemisch) *f*
Fre: taux d'enrichissement *m*
Spa: tasa de enriquecimiento (mezcla aire-combustible) *f*

envelope ***n***
Ger: Hüllkurve *f*
Fre: courbe enveloppe *f*
Spa: envolvente *f*

environmental compatibility ***n***
Ger: Umweltverträglichkeit *f*
Fre: compatibilité environnementale *f*
Spa: compatibilidad medioambiental *f*

environmental impact ***n***
Ger: Umweltbelastung *f*
(Umweltbeanspruchung) *f*
Fre: incompatibilité avec l'environnement *f*
Spa: contaminación ambiental *f*

environmental resistance ***n***
Ger: Umweltbeständigkeit *f*
Fre: résistance à l'environnement *f*
Spa: resistencia al medio ambiente *f*

equalizer ***n***
Ger: Equalizer *m*
Fre: égaliseur *m*
Spa: ecualizador *m*

equilibrium boiling point ***n***
Ger: Gleichgewichtssiedepunkt *m*
Fre: point d'ébullition sec *m*
Spa: punto de ebullición de equilibrio *m*

equilibrium temperature ***n***
Ger: Beharrungstemperatur *f*
Fre: température d'équilibre *f*
Spa: temperatura de régimen permanente *f*

equipment ***n***
Ger: Ausstattung *f*
Fre: équipement *m*
Spa: equipamiento *m*

equipment current draw ***n***
Ger: Verbraucherstrom *m*
Fre: courant des récepteurs *m*
Spa: corriente de consumidor *f*

equipment trolley ***n***
Ger: Gerätewagen *m*
Fre: chariot d'appareil *m*
Spa: vehículo con aparatos *m*

erroneous operation ***n***
Ger: Fehlbedienung *f*
Fre: erreur de commande *f*
Spa: manejo incorrecto *m*

error class ***n***
Ger: Fehlerklasse *f*
Fre: catégorie de défaut *f*
Spa: clase de avería *f*

error code memory ***n***
Ger: Fehlercodespeicher *m*
Fre: mémoire de défauts *f*
Spa: memoria de códigos de avería *f*

error detection ***n***
Ger: Fehlererkennung *f*
Fre: détection des défauts *f*
Spa: detección de avería *f*

error diagnosis ***n***
Ger: Fehlerdiagnose *f*
Fre: diagnostic de défauts *m*
Spa: diagnóstico de averías *m*

error handling ***n***
Ger: Fehlerbehandlung *f*
Fre: traitement des défauts *m*
Spa: manejo de averías *m*

error message ***n***
Ger: Fehlermeldung *f*
Fre: message de défaut *m*
Spa: mensaje de avería *m*

error path ***n***
Ger: Fehlerpfad *m*
Fre: chemin de défaut *m*
Spa: ruta de averías *f*

error propagation ***n***
Ger: Fehlerfortpflanzung *f*
Fre: propagation du défaut *f*
Spa: propagación de averías *f*

error protection coding ***n***
Ger: Fehlerschutzkodierung *f*
Fre: codage convolutif *m*
Spa: codificación de protección contra averías *f*

error signal ***n***
Ger: Fehlersignal *n*
Fre: signal de défaut *m*
Spa: señal de avería *f*

error simulation ***n***
Ger: Fehlersimulation *f*
Fre: simulation des défauts *f*
Spa: simulación de averías *f*

error storage ***n***
Ger: Fehlerabspeicherung *f*
Fre: mémorisation des défauts *f*
Spa: memorización de averías *f*

ESP ***n***
Ger: ESP, Elektronisches Stabilitätsprogramm *n*
Fre: ESP, contrôle dynamique de trajectoire *a*
Spa: ESP, programa electrónico de estabilidad *m*

evaluation circuit ***n***
Ger: Auswertschaltung *f*
Fre: circuit d'exploitation *m*
Spa: circuito de evaluación *m*

evaluation electronics ***npl***
Ger: Auswerteelektronik *f*
(Auswerteelektronik) *f*
Fre: électronique d'évaluation *f*
Spa: sistema electrónico de evaluación *m*

evaluation unit ***n***
Ger: Auswerteeinheit *f*
Fre: bloc d'exploitation *m*
Spa: unidad de evaluación *f*

evaluation unit ***n***
Ger: Auswertegerät *n*
Fre: analyseur *m*
Spa: aparato de evaluación *m*

evaporation recess ***n***
Ger: Verdampfungsmulde *f*
Fre: cellule de vaporisation *f*
Spa: alojamiento de evaporador *m*

evaporative emission ***n***
Ger: Kraftstoffverdunstung *f*
Fre: évaporation du carburant *f*
Spa: vaporización de combustible *f*

evaporative emission ***n***
Ger: Verdunstungsemission *f*
Fre: émissions par évaporation *fpl*
Spa: emisión por evaporación *f*

evaporative emission shutoff valve ***n***
Ger: Kraftstoffverdunstungs-Absperrventil *n*
Fre: robinet d'isolement des vapeurs de carburant *m*
Spa: válvula de cierre de vapores de combustible *f*

evaporative emissions test ***n***
Ger: Verdunstungsprüfung *f*
Fre: test d'évaporation *m*
Spa: comprobación de evaporación *f*

evaporative losses (fuel system) ***npl***

English

Ger: Verdampfungsverluste (Kraftstoffsystem) *mpl*
Fre: pertes par évaporation (alimentation en carburant) *fpl*
Spa: pérdidas de evaporación (sistema de combustible) *fpl*

evaporative-emissions control system ***n***
Ger: Kraftstoffverdunstungs-Rückhaltesystem *n*
Fre: système de retenue des vapeurs de carburant *m*
Spa: sistema de retención de vapores de combustible *m*

evaporator ***n***
Ger: Verdampfer *m*
Fre: évaporateur *m*
Spa: evaporador *m*

evaporator fan ***n***
Ger: Verdampfergebläse *f*
Fre: pulseur *m*
Spa: soplador de evaporador *m*

evaporator pipe ***n***
Ger: Verdampferrohr *n*
Fre: tube de vaporisation *m*
Spa: tubo de evaporador *m*

evaporator sieve ***n***
Ger: Verdampfersieb *n*
Fre: crible de vaporisation *m*
Spa: tamiz de evaporador *m*

evaporator tube ***n***
Ger: Verdampferrohr *n*
Fre: tuyau d'évaporateur *m*
Spa: tubo de evaporador *m*

event counter ***n***
Ger: Ereigniszähler *m*
Fre: compteur d'événements *m*
Spa: contador de eventos *m*

event driven ***pp***
Ger: ereignisgesteuert *pp*
Fre: commandé par événements *pp*
Spa: controlado por eventos *pp*

excavator ***n***
Ger: Bagger *m*
Fre: pelleteuse *f*
Spa: excavadora *f*

excess air ***n***
Ger: Luftüberschuss *m*
Fre: excès d'air *m*
Spa: exceso de aire *m*

excess air factor (lambda) ***n***
Ger: Luftverhältnis *n*
Fre: coefficient d'air *m*
Spa: índice de aire *m*

excess fuel ***n***
Ger: Kraftstoff-Mehrmenge *f*
Fre: surdébit de carburant *m*
Spa: cantidad adicional de combustible *f*

excess fuel ***n***
Ger: Mehrmenge *f*
Fre: débit de surcharge *m*
Spa: caudal adicional *m*

excess fuel device ***n***
Ger: Startmengenvorrichtung *f*
Fre: dispositif de débit de surcharge au démarrage *m*
Spa: dispositivo de caudal de arranque *m*

excess fuel for starting ***n***
Ger: Startmehrmenge *f*
Fre: surdébit de démarrage *m*
Spa: caudal adicional de arranque *m*

excess fuel preset ***n***
Ger: Startmengenvorsteuerung *f*
Fre: pilotage du débit de surcharge *m*
Spa: preajuste del caudal de arranque *m*

excess fuel quantity ***n***
Ger: Mengenüberhöhung *f*
Fre: surcroît de débit *m*
Spa: exceso de caudal *m*

excess fuel stop ***n***
Ger: Mehrmengenanschlag *m*
Fre: butée de surcharge *f*
Spa: tope de caudal adicional *m*

excess voltage ***n***
Ger: Überspannung *f*
Fre: surtension *f*
Spa: sobretensión *f*

excess-air factor (lambda closed-loop control) ***n***
Ger: Luftzahl (Lambda-Regelung) *f*
(Luftverhältnis) *n*
Fre: coefficient d'air (lambda) *m*
Spa: índice de aire (regulación Lambda) *m*

exchange alternator ***n***
Ger: Austauschgenerator *m*
Fre: alternateur d'échange standard *m*
Spa: alternador de recambio *m*

exchange filter ***n***
Ger: Wechselfilter *n*
Fre: filtre interchangeable *m*
Spa: filtro intercambiable *m*

exchange product ***n***
Ger: Austausch-Erzeugnis *n*
Fre: produit d'échange standard *m*
Spa: producto de intercambio *m*

excitation ***n***
Ger: Erregung *f*
Fre: excitation *f*
Spa: excitación *f*

excitation amplitude ***n***
Ger: Anregungsamplitude *f*
Fre: amplitude d'excitation *f*
Spa: amplitud de excitación *f*

excitation characteristic value ***n***
Ger: Anregungskennwert *m*
Fre: valeur d'excitation *f*
Spa: valor característico de excitación *m*

excitation circuit ***n***
Ger: Erregerstromkreis *m*
Fre: circuit d'excitation *m*
Spa: circuito de corriente de excitación *m*

excitation current ***n***
Ger: Erregerstrom *m*
Fre: courant d'excitation *m*
Spa: corriente de excitación *f*

excitation diode ***n***
Ger: Erregerdiode *f*
Fre: diode d'excitation *f*
Spa: diodo de excitación *m*

excitation energy ***n***
Ger: Anregungsenergie *f*
Fre: énergie d'excitation *f*
Spa: energía de excitación *f*

excitation field ***n***
Ger: Erregerfeld *n*
Fre: champ d'excitation *m*
Spa: campo de excitación *m*

excitation frequency ***n***
Ger: Erregerfrequenz *f*
(Anregungsfrequenz) *f*
Fre: fréquence d'excitation *f*
Spa: frecuencia de excitación *f*

excitation function ***n***
Ger: Erregungsfunktion *f*
Fre: fonction d'excitation *f*
Spa: función de excitación *f*

excitation losses ***npl***
Ger: Erregerverluste *mpl*
Fre: pertes d'excitation *fpl*
Spa: pérdidas de excitación *fpl*

excitation point ***n***
Ger: Anregungspunkt *m*
Fre: point excitateur *m*
Spa: punto de excitación *m*

excitation system ***n***
Ger: Erregersystem *n*
Fre: système d'excitation *m*
Spa: sistema de excitación *m*

excitation voltage ***n***
Ger: Erregerspannung *f*
Fre: tension d'excitation *f*
Spa: tensión de excitación *f*

excitation winding ***n***
Ger: Erregerwicklung *f*
Fre: enroulement d'excitation *m*
Spa: bobinado de excitación *m*

excursion (oscillation) ***n***
Ger: Auslenkung (Schwingung) *f*
Fre: amplitude (oscillation) *f*
Spa: desviación (vibración) *f*

exhaust brake ***n***
Ger: Motorbremse *f*
(Auspuffverlangsamer) *f*
(Motorbremsanlage) *m*
Fre: ralentisseur sur échappement *m*
Spa: freno de motor *m*

exhaust camshaft (IC engine) ***n***

English

Ger: Auslassnockenwelle (Verbrennungsmotor) *f*
Fre: arbre à cames d'échappement *m*
Spa: árbol de levas de escape (motor de combustión) *m*

exhaust choke (IC engine) ***n***
Ger: Auspuffdrossel (Verbrennungsmotor) *f*
Fre: étranglement sur échappement *m*
Spa: choque de escape (motor de combustión) *m*

exhaust cycle ***n***
Ger: Ausstoßtakt *m*
(Auspufftakt) *m*
Fre: temps d'échappement *m*
Spa: ciclo de escape *m*

exhaust emission test ***n***
Ger: Abgasuntersuchung *f*
Fre: contrôle antipollution *m*
Spa: análisis de los gases de escape *m*

exhaust emissions standard ***n***
Ger: Abgasnorm *f*
Fre: norme antipollution *f*
Spa: norma de gases de escape *f*

exhaust flap ***n***
Ger: Auspuffklappe *f*
Fre: volet d'échappement (frein moteur) *m*
(obturateur d'échappement) *m*
Spa: mariposa de escape *f*

exhaust flow ***n***
Ger: Abströmung *f*
Fre: évent à écoulement *m*
Spa: flujo de salida *m*

exhaust gas ***n***
Ger: Abgas *n*
Fre: gaz d'échappement *mpl*
Spa: gases de escape *mpl*

exhaust gas analysis ***n***
Ger: Abgasanalyse *f*
Fre: analyse des gaz d'échappement *f*
Spa: análisis de los gases de escape *m*

exhaust gas analysis techniques ***npl***
Ger: Abgasprüftechnik *f*
Fre: technique d'analyse des gaz d'échappement *f*
Spa: técnicas de ensayo de gases de escape *fpl*

exhaust gas analyzer ***n***
Ger: Abgasmessgerät *n*
(Abgasanalysator) *m*
Fre: analyseur de gaz d'échappement *m*
(appareil de mesure des gaz d'échappement) *m*
Spa: analizador de gases de escape *m*

exhaust gas analyzer ***n***
Ger: Abgastester *m*
Fre: testeur de gaz d'échappement *m*
Spa: comprobador de gases de escpae *m*

exhaust gas back pressure ***n***
Ger: Abgasgegendruck *m*
Fre: contre-pression des gaz d'échappement *f*
Spa: contrapresión de gases de escape *f*

exhaust gas back-pressure ratio ***n***
Ger: Abgasgegendruckverhältnis *n*
Fre: taux de contre-pression des gaz d'échappement *m*
Spa: relación de contrapresión de gases de escape *f*

exhaust gas center silencer ***n***
Ger: Mittelschalldämpfer *m*
Fre: silencieux médian *m*
Spa: silenciador central *m*

exhaust gas cleaning equipment ***n***
Ger: Abgasreinigungsanlage *f*
Fre: dispositif de dépollution *m*
Spa: equipo de depuración de gases de escape *m*

exhaust gas component ***n***
Ger: Abgasbestandteil *m*
Fre: constituant des gaz d'échappement *m*
Spa: componente de los gases de escape *m*

exhaust gas composition ***n***
Ger: Abgaszusammensetzung *f*
Fre: composition des gaz d'échappement *f*
Spa: composición de los gases de escape *f*

exhaust gas constituent ***n***
Ger: Abgaskomponente *f*
Fre: constituant des gaz d'échappement *m*
Spa: componente de los gases de escape *m*

exhaust gas differential pressure ***n***
Ger: Abgas-Differenzdruck *m*
Fre: pression différentielle d'échappement *f*
Spa: presión diferencial de gases de escape *f*

exhaust gas emission ***n***
Ger: Abgasemission *f*
(Abgasausstoß) *m*
Fre: émission de gaz d'échappement *f*
Spa: emisión de gases de escape *f*

exhaust gas emission rate ***n***
Ger: Abgasemissionswert *m*
Fre: taux d'émissions à l'échappement *m*
Spa: nivel de emisión de gases de escape *m*

exhaust gas heat exchanger ***n***
Ger: Abgaswärmeüberträger *m*
Fre: échangeur thermique *m*
Spa: intercambiador de calor de los gases de escape *m*

exhaust gas mass flow ***n***
Ger: Abgasmassenstrom *m*
Fre: débit massique des gaz d'échappement *m*
Spa: flujo másico de gases de escape *m*

exhaust gas oxygen ***n***
Ger: Restsauerstoff (Abgas) *m*
Fre: oxygène résiduel (gaz d'échappement) *m*
Spa: oxígeno residual (gases de escape) *m*

exhaust gas partial flow ***n***
Ger: Abgasteilstrom *m*
Fre: flux partiel de gaz d'échappement *m*
Spa: flujo parcial de gases de escape *m*

exhaust gas pressure ***n***
Ger: Abgasdruck *m*
Fre: pression d'échappement *f*
Spa: presión de gases de escape *f*

exhaust gas recirculation control ***n***
Ger: Abgasrückführregelung *f*
Fre: régulation du recyclage des gaz d'échappement *f*
Spa: regulación de retroalimentación de gases de escape *f*

exhaust gas recirculation positioner ***n***
Ger: Abgasrückführsteller *m*
Fre: actionneur de recyclage des gaz d'échappement *m*
Spa: actuador de retroalimentación de gases de escape *m*

exhaust gas recirculation rate ***n***
Ger: Abgasrückführrate *f*
Fre: taux de recyclage des gaz d'échappement *m*
Spa: tasa de retroalimentación de gases de escape *f*

exhaust gas recirculation valve ***n***
Ger: Abgasrückführungsventil *n*
Fre: électrovalve de recyclage des gaz d'échappement *f*
Spa: válvula de retroalimentación de gases de escape *f*

exhaust gas recirculation, EGR ***n***
Ger: Abgasrückführung, AGR *f*
Fre: recyclage des gaz d'échappement, RGE *m*
Spa: retroalimentación de gases de escape *f*

exhaust gas temperature ***n***
Ger: Abgastemperatur *f*

Fre: température des gaz d'échappement *f*
Spa: temperatura de gases de escape *f*

exhaust gas temperature gauge *n*
Ger: Abgastemperaturanzeige *f*
Fre: indicateur de température des gaz d'échappement *m*
Spa: lectura de la temperatura de gases de escape *f*

exhaust gas temperature limit *n*
Ger: Abgastemperaturbegrenzung *f*
Fre: limitation de température des gaz d'échappement *f*
Spa: limitación de la temperatura de gases de escape *f*

exhaust gas temperature sensor *n*
Ger: Abgastemperaturfühler *m*
Fre: sonde de température des gaz d'échappement *f*
Spa: sensor de temperatura de gases de escape *m*

exhaust gas test *n*
Ger: Abgasprüfung *f*
(Abgastest) *m*
Fre: analyse des gaz d'échappement *f*
(test des gaz d'échappement) *m*
Spa: comprobación de gases de escape *f*
(ensayo de gases de escape) *m*

exhaust gas test *n*
Ger: Abgastest *m*
Fre: test des gaz d'échappement *m*
Spa: ensayo de gases de escape *m*

exhaust gas treatment *n*
Ger: Abgasnachbehandlung *f*
Fre: post-traitement des gaz d'échappement *m*
Spa: tratamiento de los gases de escape *m*

exhaust gas treatment *n*
Ger: Abgasreinigung *f*
Fre: dépollution des gaz d'échappement *f*
Spa: depuración de los gases de escape *f*

exhaust gas turbine *n*
Ger: Abgasturbine *f*
Fre: turbine à gaz d'échappement *f*
Spa: turbina de gases de escape *f*

exhaust gas turbocharger *n*
Ger: Abgasturbolader *m*
(Turbolader) *m*
Fre: turbocompresseur *m*
Spa: turbocompresor de gases de escape *m*
(turbocompresor) *m*

exhaust gas turbocharger *n*
Ger: Turbolader *m*
Fre: turbocompresseur *m*
Spa: turbocompresor *m*

exhaust gas turbocharging *n*
Ger: Abgasturboaufladung *f*
Fre: suralimentation par turbocompresseur *f*
Spa: turboalimentación de gases de escape *f*

exhaust gas values *npl*
Ger: Abgaswerte *mpl*
Fre: valeurs d'émissions *fpl*
Spa: valores de los gases de escape *mpl*

exhaust gas volume *n*
Ger: Abgasvolumen *n*
Fre: volume des gaz d'échappement *m*
Spa: volumen de los gases de escape *m*

exhaust heat *n*
Ger: Abgaswärme *f*
Fre: chaleur des gaz d'échappement *f*
Spa: calor de los gases de escape *m*

exhaust hose *n*
Ger: Auspuffschlauch (Verbrennungsmotor) *m*
Fre: flexible d'échappement *m*
Spa: tubo flexible de escape (motor de combustión) *m*

exhaust manifold *n*
Ger: Abgaskrümmer *m*
(Krümmer) *m*
(Abgasrohrkrümmer) *m*
Fre: collecteur d'échappement *m*
Spa: colector de gases de escape *m*
(colector de escape) *m*

exhaust manifold (IC engine) *n*
Ger: Auslasskrümmer (Verbrennungsmotor) *m*
Fre: collecteur d'échappement *m*
Spa: colector de escape (motor de combustión) *m*

exhaust manifold *n*
Ger: Auspuffkrümmer (Verbrennungsmotor) *m*
Fre: collecteur d'échappement *m*
Spa: colector de escape (motor de combustión) *m*

exhaust measurement *n*
Ger: Abgasmessung *f*
Fre: mesure des gaz d'échappement *f*
Spa: medición de gases de escape *f*

exhaust muffler *n*
Ger: Auspuffschalldämpfer (Verbrennungsmotor) *m*
Fre: silencieux d'échappement *m*
Spa: silenciador de escape (motor de combustión) *m*

exhaust muffler *n*
Ger: Schalldämpfer *m*
Fre: silencieux *m*
Spa: silenciador *m*

exhaust pipe *n*
Ger: Abgasrohr *n*
Fre: pot d'échappement *m*
Spa: tubo de escape *m*

exhaust pipe *n*
Ger: Auspuffleitung (Verbrennungsmotor) *f*
Fre: conduite d'échappement *f*
Spa: tubería de escape (motor de combustión) *f*

exhaust pipe *n*
Ger: Auspuffrohr (Verbrennungsmotor) *n*
(Abgasrohr) *n*
(Abgasleitung) *f*
Fre: tuyau d'échappement *m*
(conduite d'échappement) *f*
Spa: tubo de escape (motor de combustión) *m*
(tubo de descarga) *m*

exhaust port (IC engine) *n*
Ger: Auslasskanal (Verbrennungsmotor) *m*
Fre: conduit d'échappement *m*
Spa: canal de escape (motor de combustión) *m*

exhaust setting *n*
Ger: Abgaseinstellung *f*
Fre: réglage de l'échappement *m*
Spa: ajuste de gases de escape *f*

exhaust stroke (IC engine) *n*
Ger: Auslasstakt (Verbrennungsmotor) *m*
Fre: temps d'échappement *m*
Spa: ciclo de escape (motor de combustión) *m*

exhaust stroke (IC engine) *n*
Ger: Auspuffhub (Verbrennungsmotor) *m*
Fre: course d'échappement *f*
Spa: carrera de escape (motor de combustión) *m*

exhaust system *n*
Ger: Abgasanlage *f*
Fre: système d'échappement *m*
Spa: sistema de gases de escape *m*

exhaust system *n*
Ger: Abgassystem *n*
Fre: système d'échappement *m*
Spa: sistema de gases de escape *m*

exhaust system (IC engine) *n*
Ger: Auspuffanlage (Verbrennungsmotor) *f*
Fre: système d'échappement *m*
Spa: sistema de escape (motor de combustión) *m*

exhaust temperature (IC engine) *nn*
Ger: Auslasstemperatur (Verbrennungsmotor) *f*
Fre: température d'échappement *f*
Spa: temperatura de escape (motor de combustión) *f*

exhaust valve (IC engine) *n*
Ger: Auslassventil (Verbrennungsmotor) *n*
Fre: soupape d'échappement (moteur à combustion) *f*
Spa: válvula de escape (motor de combustión) *f*

exhaustive discharge (battery) *n*
Ger: Tiefentladung (Batterie) *f*
Fre: décharge en profondeur (batterie) *f*
Spa: descarga excesiva (batería) *f*

expansion *n*
Ger: Dehnung *f*
Fre: rapport d'allongement *m*
Spa: expansión *f*

expansion chamber *n*
Ger: Expansionsgefäß *n*
Fre: vase d'expansion *m*
Spa: cámara de expansión *f*

expansion control *n*
Ger: Dehnstoffregelung *f*
Fre: régulation thermostatique *f*
Spa: regulación de elongación *f*

expansion element *n*
Ger: Dehnstoffelement *n*
Fre: élément thermostatique *m*
Spa: elemento termostático *m*

expansion phase (IC engine) *n*
Ger: Expansionsphase (Verbrennungsmotor) *f*
Fre: phase de détente (moteur à combustion) *f*
Spa: fase de expansión (motor de combustión) *f*

expansion stroke *n*
Ger: Entspannnungshub *m*
Fre: course de détente *f*
Spa: carrera de expansión *f*

expansion stroke (IC engine) *n*
Ger: Expansionstakt (Verbrennungsmotor) *m*
Fre: temps de détente *m*
Spa: ciclo de expansión (motor de combustión) *m*

expansion tank (brakes) *n*
Ger: Ausgleichsbehälter (Bremsen) *m*
Fre: réservoir de compensation (frein) *m*
Spa: depósito de compensación (frenos) *m*

expansion valve *n*
Ger: Expansionsventil *n*
Fre: détendeur *m*
Spa: válvula de expansión *f*

exploded drawing *n*
Ger: Explosionsbild *n*
Fre: vue éclatée *f*
Spa: dibujo de despiece *m*

explosive rivet *n*
Ger: Sprengniet *m*
Fre: rivet explosif *m*
Spa: remache explosivo *m*

extension spring *n*
Ger: Zugfeder *f*
Fre: ressort de traction *m*
Spa: resorte de tracción *m*

extent of inspection *n*
Ger: Prüfumfang *m*
Fre: contrôles *mpl*
Spa: extensión de la comprobación *f*

exterior body shape *n*
Ger: Karosserieaußenform *f*
Fre: forme extérieure de la carrosserie *f*
Spa: forma exterior de la carrocería *f*

exterior lamp *n*
Ger: Außenleuchte *f*
Fre: lampe extérieure *f*
Spa: lámpara exterior *f*

external drive *n*
Ger: Fremdantrieb *m*
Fre: entraînement extérieur *m*
Spa: accionamiento externo *m*

external filler valve *n*
Ger: Außenfüllventil *n*
Fre: vanne de remplissage extérieure *f*
Spa: válvula exterior de llenado *f*

external fitting headlamp *n*
Ger: Anbauscheinwerfer *m*
Fre: projecteur extérieur *m*
Spa: faro adosado *m*

external force (brake control) *n*
Ger: Fremdkraft (Bremsbetätigung) *f*
Fre: énergie externe (commande de frein) *f*
Spa: fuerza externa (accionamiento de freno) *f*

external mounting *n*
Ger: Außenanbau *m*
Fre: montage extérieur *m*
Spa: montaje exterior *m*

external thread *n*
Ger: Außengewinde *n*
Fre: filetage extérieur *m*
Spa: rosca exterior *f*

externally cooled *adj*
Ger: außenbelüftet *adj*
Fre: à refroidissement externe *loc*
Spa: ventilado externamente *adj*

externally supplied ignition *n*
Ger: Fremdzündung *f*
Fre: allumage par appareillage externe *m*
Spa: encendido por dispositivo externo *m*

Extra Urban Driving Cycle, EUDC *n*
Ger: außerstädtischer Fahrzyklus *m*
Fre: cycle de conduite extra-urbain *m*
Spa: ciclo de marcha extra-urbano, EUDC *m*

extraction connection *n*
Ger: Absaugstutzen *m*
Fre: raccord d'aspiration *m*
Spa: tubuladura de aspiración *f*

extraction duct *n*
Ger: Absaugkanal *m*
Fre: conduit d'aspiration *m*
Spa: canal de aspiración *m*

extractor *n*
Ger: Abziehvorrichtung *f*
Fre: dispositif d'extraction *m*
Spa: dispositivo extractor *m*

extractor bell *n*
Ger: Abziehglocke *f*
Fre: cloche d'extraction *f*
Spa: campana extractora *f*

extractor hook *n*
Ger: Abziehhaken *m*
Fre: crochet d'extraction *m*
Spa: gancho extractor *m*

extruded *pp*
Ger: fließgepresst *pp*
Fre: extrudé *pp*
Spa: extruido *pp*

extrusion *n*
Ger: Fließpressen *n*
Fre: extrusion *f*
Spa: extrusión *f*

eye point *n*
Ger: Augenpunkt *m*
Fre: point de vision *m*
Spa: punto de ojo *m*

F

face wrench *n*
Ger: Gabelschlüssel *m*
Fre: clé à fourche *f*
Spa: llave fija de dos bocas *f*

facet type reflector *n*
Ger: Facettenreflektor *m*
Fre: réflecteur à facettes *m*
Spa: reflector faceteado *m*

fading *n*
Ger: Bremsenfading *n*
Fre: évanouissement des freins *m*
Spa: fading de frenado *m*

fading *n*
Ger: Bremsfading *n*
(Fading) *n*
Fre: fading (frein) *m*
Spa: fading de frenado *m*

failure *n*
Ger: Ausfall *m*
Fre: défaillance *f*
Spa: fallo *m*

failure analysis *n*
Ger: Ausfallanalyse *f*
Fre: analyse de défaillance *f*

English

Spa: análisis de fallos *m*

failure cause *n*
Ger: Ausfallursache *f*
Fre: cause de défaillance *f*
Spa: causa del fallo *f*

failure cause *n*
Ger: Fehlerursache *f*
Fre: cause de défaut *f*
Spa: causa de avería *f*

failure consequence *n*
Ger: Fehlerfolge *f*
Fre: incidence du défaut *f*
Spa: secuencia de averías *f*

failure criterion *n*
Ger: Ausfallkriterium *n*
Fre: critère de défaillance *m*
Spa: criterio de fallo *m*

failure date *n*
Ger: Ausfalldatum *n*
Fre: date de défaillance *f*
Spa: fecha de fallo *f*

failure mechanism *n*
Ger: Ausfallmechanismus *m*
Fre: mécanisme de défaillance (de l'incident) *m*
Spa: mecanismo de fallo *m*

failure mode *n*
Ger: Fehlerart *f*
Fre: type de défaut *m*
Spa: tipo de avería *m*

failure monitoring *n*
Ger: Ausfallüberwachung *f*
Fre: surveillance de panne *f*
Spa: supervisión de fallos *f*

failure protection (car alarm) *n*
Ger: Ausfallsperre (Autoalarm) *f*
Fre: sécurité en cas de panne (alarme auto) *f*
Spa: bloqueo de fallos (alarma de vehículo) *m*

failure rate *n*
Ger: Ausfallrate *f*
Fre: taux de défaillance *m*
Spa: tasa de fallos *f*

false diagnosis *n*
Ger: Fehldiagnose *f*
Fre: diagnostic erroné *m*
Spa: diagnóstico incorrecto *m*

fan *n*
Ger: Gebläse *n*
(Lüfter) *m*
Fre: ventilateur *m*
Spa: soplador *m*
(turbina de aire) *f*

fan afterrun *n*
Ger: Lüfternachlauf *m*
Fre: post-fonctionnement du ventilateur *m*
Spa: giro por inercia del ventilador *m*

fan blade *n*
Ger: Lüfterschaufel *f*
Fre: ailette *f*
Spa: aleta de ventilador *f*

fan blades *n*
Ger: Lüfterflügel *m*
Fre: pâle de ventilateur *f*
Spa: aleta de ventilador *f*

fan motor *n*
Ger: Lüftermotor *m*
Fre: moteur de ventilateur *m*
(moteur de soufflante) *m*
Spa: motor de ventilador *m*

fan type piston (braking-force regulator) *n*
Ger: Fächerkolben (Bremskraftregler) *m*
Fre: piston à palettes (correcteur de freinage) *m*
Spa: pistón tipo abanico (regulador de la fuerza de frenado) *m*

fanfare horn *n*
Ger: Fanfare *f*
Fre: fanfare *f*
Spa: bocina *f*

Faraday's law *n*
Ger: Induktionsgesetz *n*
Fre: loi de l'induction *f*
Spa: ley de inducción *f*
(ley de Faraday) *f*

fascia *n*
Ger: Zierblende *f*
Fre: enjoliveur *m*
Spa: moldura decorativa *f*

fastback *n*
Ger: Fließheck *n*
Fre: carrosserie « fastback » (à deux volumes) *f*
Spa: zaga inclinada *f*
(carrocería fastback) *f*

fatigue failure *n*
Ger: Ermüdungsbruch *m*
Fre: rupture par fatigue *f*
Spa: rotura por fatiga *f*

fatigue fracture *n*
Ger: Dauerbruch *m*
Fre: rupture par fatigue *f*
Spa: fractura por fatiga *f*

fatigue limit *n*
Ger: Dauerfestigkeit *f*
Fre: résistance à la fatigue *f*
Spa: resistencia a la fatiga *f*

fatigue limit diagram *n*
Ger: Dauerfestigkeitsschaubild *n*
Fre: diagramme d'endurance de Goodman-Smith *m*
Spa: diagrama de resistencia a la fatiga *m*

fatigue limit under reversed torsional stress *n*
Ger: Torsionswechselfestigkeit *f*
(Wechselfestigkeit) *f*
Fre: résistance aux contraintes alternées de torsion *f*
Spa: resistencia a la fatiga por torsión alternativa *f*

fatigue strength *n*
Ger: Dauerstandfestigkeit *f*
(Wechselfestigkeit) *f*
(Ermüdungsfestigkeit) *f*
Fre: résistance aux contraintes alternées *f*
(durabilité) *f*
(tenue à la fatigue) *f*
Spa: resistencia a la fatiga *f*
(resistencia alternante) *f*

fatigue strength *n*
Ger: Ermüdungsfestigkeit *f*
Fre: tenue à la fatigue *f*
Spa: resistencia a la fatiga *f*

fatigue strength reduction factor *n*
Ger: Kerbwirkungszahl *f*
Fre: coefficient d'effet d'entaille *m*
Spa: factor de fatiga por efecto de entalladura *m*

fatigue strength under reversed bending stress *n*
Ger: Biegewechselfestigkeit *f*
Fre: résistance à la flexion alternée *f*
Spa: resistencia a la fatiga por flexión alternativa *f*

fault analysis *n*
Ger: Fehleranalyse *f*
Fre: analyse des non-conformités *f*
Spa: análisis de averías *m*

fault characteristic *n*
Ger: Fehlermerkmal *n*
Fre: symptôme de défaut *m*
Spa: característica de avería *f*

fault clearing *n*
Ger: Fehlerbeseitigung *f*
Fre: élimination des défauts *f*
Spa: eliminación de averías *f*

fault code *n*
Ger: Fehlercode *m*
Fre: code de dérangement (autodiagnostic) *m*
Spa: código de avería *m*

fault code storage *n*
Ger: Fehlereintrag *m*
Fre: enregistrement de défaut *m*
Spa: registro de avería *m*

fault correction *n*
Ger: Fehlerbehebung *f*
Fre: élimination des défauts *f*
Spa: corrección de averías *f*

fault detection *n*
Ger: Fehlererkennung *f*
Fre: détection des défauts *f*
Spa: detección de avería *f*

fault display *n*
Ger: Fehleranzeige *f*
Fre: affichage de défauts *m*

English

Spa: indicación de avería *f*

fault duration counter *n*
Ger: Fehlerdauerzähler *m*
Fre: compteur de durée de défauts *m*
Spa: contador de tiempos de avería *m*

fault finding instructions *npl*
Ger: Fehlersuchanleitung *f*
Fre: instructions de recherche des pannes *fpl*
Spa: instrucciones de búsqueda de averías *fpl*

fault lamp *n*
Ger: Fehlerleuchte *f*
Fre: témoin de défaut *m*
Spa: lámpara de averías *f*

fault listing *n*
Ger: Fehlerausgabe *f*
Fre: affichage des défauts *m*
Spa: listado de averías *m*

fault memory *n*
Ger: Fehlerspeicher *m*
Fre: mémoire de défauts *f*
Spa: memoria de averías *f*

fault memory entry *n*
Ger: Fehlerspeichereintrag *m*
Fre: enregistrement dans la mémoire de défauts *m*
Spa: registro en memoria de averías *m*

fault rectification *n*
Ger: Fehlerabstellung *f*
Fre: élimination des non-conformités *f*
Spa: corrección de averías *f*

fault tree *n*
Ger: Fehlerbaum *m*
Fre: arbre de défaillances *m*
Spa: árbol de averías *m*

fault type *n*
Ger: Fehlerart *f*
Fre: type de défaut *m*
Spa: tipo de avería (SAP) *m*

feedback (control) *n*
Ger: Rückkoppelung (Regelung) *f*
Fre: réaction (régulation) *f*
Spa: retroalimentación (regulación) *f*

feedback signal (ABS control) *n*
Ger: Rückmeldung (ABS-Regelung) *f*
Fre: confirmation (régulation ABS) *f*
Spa: señal de respuesta (regulación del ABS) *f*

feeler gauge *n*
Ger: Fühlerlehre *f*
Fre: jauge d'épaisseur *f*
Spa: galga de espesores *f*

feeler pin *n*
Ger: Abtaststift *m*
Fre: palpeur *m*
Spa: pasador palpador *m*

felt washer *n*
Ger: Filzring *m*
Fre: rondelle de feutre *f*
Spa: anillo de fieltro *m*

fender *n*
Ger: Kotflügel *m*
Fre: panneau d'aile *m*
Spa: guardabarros *m*

fender flap *n*
Ger: Schmutzfänger *m*
Fre: garde-boue *m*
Spa: faldón guardabarros *m*

ferrite core *n*
Ger: Ferritkern *m*
Fre: noyau de ferrite *m*
Spa: núcleo de ferrita *m*

ferrule *n*
Ger: Aderendhülse *f*
Fre: embout *m*
Spa: manguito extremo de cable *m*

field coil *n*
Ger: Erregerspule *f*
Fre: bobinage d'excitation *m*
Spa: bobina de excitación *f*

field of vision *n*
Ger: Blickfeld *n*
Fre: champ de vision *m*
Spa: campo visual *m*

field strength *n*
Ger: Feldstärke *f*
Fre: champ magnétique *m*
Spa: intensidad de campo *f*

fifthwheel coupling *n*
Ger: Aufsattelkupplung *f*
Fre: sellette de semi-remorque *f*
Spa: acoplamiento de enganche *m*

filler cap *n*
Ger: Tankdeckel *m*
Fre: bouchon de réservoir *m*
Spa: tapa del depósito *f*

filling phase *n*
Ger: Füllphase *f*
Fre: phase de remplissage *f*
Spa: fase de llenado *f*

filling pressure *n*
Ger: Fülldruck *m*
Fre: pression de remplissage *f*
Spa: presión de llenado *f*

filter *n*
Ger: Filter *n*
Fre: filtre *m*
Spa: filtro *m*

filter cake *n*
Ger: Filterkuchen *m*
Fre: gâteau de filtre *m*
Spa: torta de filtro *f*

filter case *n*
Ger: Filtergehäuse *n*
Fre: carter de filtre *m*
Spa: cuerpo de filtro *m*

filter clogging *n*
Ger: Filterverstopfung *f*
Fre: colmatage du filtre *m*
Spa: obturación de filtro *f*

filter cloth *n*
Ger: Filtertuch *n*
Fre: tissu filtrant *m*
Spa: tela de filtro *f*

filter constant *n*
Ger: Filterkonstante *f*
Fre: constante de filtrage *f*
Spa: constante de filtro *f*

filter effect *n*
Ger: Filterwirkung *f*
Fre: effet de filtration *m*
Spa: efecto de filtro *m*

filter element *n*
Ger: Filterelement *n*
(Filtereinsatz) *m*
Fre: élément filtrant *m*
(cartouche filtrante) *f*
Spa: elemento de filtro *m*
(cartucho de filtro) *m*

filter heating *n*
Ger: Filterheizung *f*
Fre: réchauffage du filtre *m*
Spa: calefacción de filtro *f*

filter service life *n*
Ger: Filterstandzeit *f*
Fre: durabilité du filtre *f*
Spa: duración del filtro *f*

filter strainer *n*
Ger: Filtersieb *n*
Fre: crépine *f*
Spa: tamiz de filtro *m*

filter surface *n*
Ger: Filterfläche *f*
Fre: surface de filtration *f*
Spa: superficie filtrante *f*

filtration efficiency (filter) *n*
Ger: Abscheidegüte (Filter) *f*
Fre: qualité de séparation (filtre) *f*
Spa: eficiencia de filtración (filtro) *f*

filtration separator *n*
Ger: Filtrationsabscheider *m*
Fre: séparateur à filtration *m*
Spa: separador de filtración *m*

final annealing *n*
Ger: Schlussglühen *n*
Fre: recuit final *m*
Spa: recocido final *m*

final compression temperature *n*
Ger: Kompressionsendtemperatur *f*
Fre: température de fin de compression *f*
Spa: temperatura final de compresión *f*

final control element (TCS) *n*
Ger: Stelleinrichtung (ASR) *f*
Fre: actionneur de réglage (ASR) *m*
Spa: dispositivo de ajuste (ASR) *m*

final drive (motor vehicle) *n*
Ger: Achsantrieb (Kfz) *m*
Fre: essieu moteur *m*
Spa: mando final (automóvil) *m*

final inspection *n*
Ger: Endkontrolle *f*
(Schlussprüfung) *f*
Fre: contrôle final *m*
Spa: inspección final *f*

final inspection and test *n*
Ger: Endprüfung *f*
Fre: contrôle final *m*
Spa: comprobación final *f*

fine filter *n*
Ger: Feinfilter *n*
Fre: filtre fin *m*
Spa: filtro fino *m*

fine filter element *n*
Ger: Feinfiltereinsatz *m*
Fre: cartouche filtrante fine *f*
Spa: cartucho de filtro fino *m*

fine mesh strainer *n*
Ger: Feinsieb *n*
Fre: filtre-tamis fin *m*
Spa: tamiz fino *m*

fine tuning *n*
Ger: Feinabstimmung *f*
Fre: accord fin *m*
Spa: sintonización fina *f*

finger protection *n*
Ger: Einklemmschutz *m*
Fre: protection antipincement *f*
Spa: protección antiaprisionamiento *f*

fire protection *n*
Ger: Brandschutz *m*
Fre: protection contre le feu *f*
Spa: protección contra incendios *f*

firing order *n*
Ger: Zündfolge *f*
Fre: ordre d'allumage *m*
Spa: orden de encendido *m*

firing pellet (safety system) *n*
Ger: Zündpille (Sicherheitssystem) *f*
Fre: pastille explosive *f*
Spa: pastilla de ignición (sistema de seguridad) *f*

firing voltage *n*
Ger: Brennspannung *f*
Fre: tension de combustion *f*
Spa: tensión de ignición *f*

first registration *n*
Ger: Erstzulassung *f*
Fre: première immatriculation *f*
Spa: primera matriculación *f*

fitter *n*
Ger: Monteur *m*
Fre: installateur *m*
Spa: técnico de montaje *m*

fitting *n*
Ger: Anpassung *f*
Fre: adaptation *f*
Spa: adaptación *f*

fitting *n*
Ger: Anschlussstutzen *m*
Fre: raccord *m*
Spa: tubuladura de empalme *f*

fitting cover *n*
Ger: Anschlussdeckel *m*
Fre: couvercle-raccord *m*
Spa: tapa de conexión *f*

fitting ring *n*
Ger: Einpassring *m*
Fre: bague de centrage *f*
Spa: anillo de encaje *m*

fittings *npl*
Ger: Armaturen *fpl*
Fre: instruments *mpl*
Spa: instrumentos *mpl*

five speed transmission *n*
Ger: Fünf-Gang-Getriebe *n*
Fre: boîte à 5 rapports *f*
Spa: cambio de cinco marchas *m*

fixed caliper (brakes) *n*
Ger: Festsattel (Bremse) *m*
Fre: étrier fixe (frein) *m*
Spa: pinza fija (freno) *f*

fixed caliper brake *n*
Ger: Festsattelbremse *f*
Fre: frein à étrier fixe *m*
Spa: freno de pinza fija *m*

fixed caliper brake system *n*
Ger: Rahmensattelbremse *f*
Fre: frein à cadre-étrier *m*
Spa: freno de pinza fija *m*

fixed command control *n*
Ger: Festwertregelung *f*
Fre: régulation de maintien *f*
Spa: regulación de valor fijo *f*

fixed ratio gearbox *n*
Ger: Zahnradstufengetriebe *n*
Fre: boîte multi-étagée à engrenages *f*
Spa: caja de cambios de relación constante *f*

fixed resistor *n*
Ger: Festwiderstand *m*
Fre: résistance électrique fixe *f*
Spa: resistencia fija *f*

fixing eye *n*
Ger: Befestigungsöse *f*
Fre: anneau de fixation *m*
Spa: argolla de fijación *f*

fixing nut *n*
Ger: Befestigungsmutter *f*
Fre: écrou de fixation *m*
Spa: tuerca de fijación *f*

flame front *n*
Ger: Flammfront *f*
(Flammoberfläche) *f*
Fre: front de la flamme *m*
Spa: frente de fuego *m*

flame front propagation time *n*
Ger: Entflammungsdauer *f*
Fre: durée d'inflammation *f*
Spa: tiempo de ignición *m*

flame glow plug *n*
Ger: Flammglühkerze *f*
(Anheizkerze) *f*
(Flammkerze) *f*
Fre: bougie de préchauffage à flamme *f*
(bougie à flamme) *f*
Spa: bujía de llama *f*
(bujía de precalentamiento) *f*

flame heating *n*
Ger: Brennerflamme *f*
Fre: flamme de chalumeau *f*
Spa: llama de quemador *f*

flame periphery *n*
Ger: Flammaußenzone *f*
Fre: zone de flamme périphérique *f*
Spa: zona exterior de la llama *f*

flame soldering *n*
Ger: Flammlötung *f*
Fre: brasage à la flamme *m*
Spa: soldadura a llama *f*

flame spark plug *n*
Ger: Flammzündkerze *f*
Fre: bougie de préchauffage à flamme *f*
Spa: bujía de encendido de llama *f*

flame spread *n*
Ger: Flammenausbreitung *f*
Fre: propagation de la flamme *f*
Spa: propagación de llama *f*

flame travel *n*
Ger: Flammenweg *m*
Fre: course de flamme *f*
Spa: recorrido de llama *m*

flame velocity *n*
Ger: Flammgeschwindigkeit *f*
Fre: vitesse de propagation de la flamme *f*
Spa: velocidad de llama *f*

flange *n*
Ger: Flansch *m*
Fre: bride *f*
Spa: brida *f*

flange cylinder *n*
Ger: Flanschzylinder *m*
Fre: vérin à bride *m*
Spa: cilindro con brida *m*

flange mounted magneto *n*
Ger: Flanschmagnetzünder *m*
Fre: magnéto à bride *f*
Spa: magneto con brida *m*

flange mounting *n*
Ger: Flanschbefestigung *f*
Fre: fixation par bride *f*
Spa: fijación por brida *f*

flange mounting *n*
Ger: Stirnflanschbefestigung *f*

English

Fre: fixation par bride frontale *f*
Spa: fijación por brida frontal *f*

flanged bearing ***n***
Ger: Flanschlager *n*
Fre: flasque-palier *m*
Spa: cojinete con brida *m*

flanged shaft ***n***
Ger: Flanschwelle *f*
Fre: arbre bridé *m*
Spa: árbol con brida *m*

flash butt welding ***n***
Ger: Abbrennstumpfschweißen *n*
Fre: soudage bout à bout par étincelage *m*
Spa: soldadura a tope por chispa *f*

flash frequency ***n***
Ger: Blinkfrequenz *f*
Fre: fréquence de clignotement *f*
Spa: frecuencia de la luz intermitente *f*

flash identification lamp ***n***
Ger: Blitzkennleuchte *f*
Fre: feu à éclats *m*
Spa: luz de identificación de destellos *f*

flash point ***n***
Ger: Brennpunkt *m*
(Flammpunkt) *m*
Fre: point de feu *m*
(point d'éclair) *m*
Spa: punto de llama *m*

flash tube ***n***
Ger: Blitzröhre *f*
Fre: lampe à éclats *f*
Spa: lámpara relámpago *f*

flashing adapter (trailer ABS) ***n***
Ger: Blinkadapter (Anhänger-ABS) *m*
Fre: adaptateur clignotant (ABS pour remorques) *m*
Spa: adaptador intermitente (ABS de remolque) *m*

flashing code ***n***
Ger: Blinkcode *m*
Fre: code clignotant *m*
Spa: código intermitente *m*

flashing signal ***n***
Ger: Blinksignal *n*
Fre: signal clignotant *m*
Spa: señal intermitente *f*

flashover (at electrodes) ***n***
Ger: Funkendurchbruch (an den Elektroden) *m*
(Funkenüberschlag) *m*
Fre: éclatement de l'étincelle (aux électrodes) *m*
Spa: salto de chispa (en los electrodos) *m*

flat seat valve ***n***
Ger: Flachsitzventil *n*
Fre: soupape à siège plan *f*
Spa: válvula de asiento plano *f*

flat spot ***n***
Ger: Beschleunigungsloch *n*
Fre: trou à l'accélération *m*
Spa: intervalo sin aceleración *m*

flat-base rim (vehicle wheel) ***n***
Ger: Flachbettfelge (Fahrzeugrad) *f*
Fre: jante à base plate *f*
Spa: llanta de base plana (rueda de vehículo) *f*

flatbed (commercial vehicle) ***n***
Ger: Pritsche (Nfz) *f*
Fre: plateforme *f*
Spa: caja de carga (vehículo industrial) *f*

flatbed truck (commercial vehicle) ***n***
Ger: Pritschenwagen (Nfz) *m*
Fre: camion-plateau *m*
Spa: camión plancha (vehículo industrial) *m*

flatness ***n***
Ger: Ebenheit *f*
Fre: planéité *f*
Spa: planitud *f*

flexible coupling ***n***
Ger: Ausgleichkupplung *f*
Fre: accouplement flexible *m*
Spa: embrague flexible *m*

flexible coupling ***n***
Ger: elastische Kupplung *f*
Fre: accouplement élastique *m*
Spa: embrague elástico *m*

flexible coupling ***n***
Ger: Gelenkscheibe *f*
Fre: flector *m*
Spa: disco flexible *m*
(junta de flector) *f*

flexible line ***n***
Ger: flexible Leitung *f*
Fre: tuyau flexible *m*
Spa: línea flexible *f*

flexible mounting bracket ***n***
Ger: Federlasche *f*
Fre: patte de ressort *f*
Spa: gemela de ballesta *f*

flexing resistance ***n***
Ger: Walkwiderstand *m*
Fre: résistance à la friction *f*
Spa: resistencia a la flexión *f*

float ***n***
Ger: Schwimmer *m*
Fre: flotteur *m*
Spa: flotador *m*

float actuated switch ***n***
Ger: Schwimmerschalter *m*
Fre: effort de cisaillement *m*
Spa: interruptor de flotador *m*

float needle ***n***
Ger: Schwimmernadel *f*
Fre: pointeau de flotteur *m*
Spa: aguja de flotador *f*

float piston ***n***
Ger: Schwimmkolben *m*
Fre: piston flotteur *m*
Spa: émbolo flotante *m*

floating caliper ***n***
Ger: Faustsattel *m*
Fre: étrier flottant *m*
Spa: pinza flotante *f*

floating caliper (brakes) ***n***
Ger: Schwimmsattel (Bremse) *m*
(Faustsattel) *m*
Fre: étrier flottant (frein) *m*
Spa: pinza flotante (freno) *f*

floating caliper brake ***n***
Ger: Faustsattelbremse *f*
Fre: frein à étrier flottant *m*
Spa: freno de pinza flotante *m*

floating caliper brake system ***n***
Ger: Schwimmsattelbremse *f*
Fre: frein à étrier flottant *m*
Spa: freno de pinza flotante *m*

floating circuit (tandem master cylinder) ***n***
Ger: Schwimmkreis (Tandemhauptzylinder) *m*
Fre: circuit flottant (maître-cylindre tandem) *m*
Spa: circuito flotante (cilindro maestro tándem) *m*

floating piston ***n***
Ger: Plungerkolben *m*
Fre: piston plongeur *m*
Spa: émbolo buzador *m*

floating-mode operation (battery charge) ***n***
Ger: Pufferbetrieb (Batterieladung) *m*
Fre: mode « tampon » (charge de batterie) *m*
Spa: funcionamiento en tampón (carga de batería) *m*

floodlamp ***n***
Ger: Arbeitsscheinwerfer *m*
Fre: projecteur de travail *m*
Spa: faro de trabajo *m*

floodlight ***n***
Ger: Flutlichtstrahler *m*
Fre: projecteur d'ambiance *m*
Spa: proyector de luz difusa *m*

floor mat ***n***
Ger: Bodenmatte *f*
Fre: tapis de sol *m*
Spa: alfombrilla *f*

floor valve ***n***
Ger: Bodenventil *n*
Fre: clapet de fond *m*
Spa: válvula de fondo *f*

flow condition ***n***
Ger: Strömungsverhältnis *n*
Fre: conditions d'écoulement *fpl*
Spa: régimen de flujo *m*

flow control valve ***n***
Ger: Stromregelventil *n*

English

Fre: régulateur de débit *m*
Spa: válvula reguladora de caudal *f*

flow cross section *n*
Ger: Strömungsquerschnitt *m*
Fre: section de passage de flux *f*
Spa: sección de caudal de paso *f*

flow curve *n*
Ger: Fließkurve *f*
Fre: courbe d'écoulement *f*
Spa: curva de fluencia *f*

flow direction *n*
Ger: Strömungsrichtung *f*
Fre: sens d'écoulement *m*
Spa: sentido de flujo *m*

flow improver *n*
Ger: Fließverbesserer *m*
Fre: fluidifiant *m*
Spa: mejorador de fluencia *m*

flow indicator *n*
Ger: Durchflussanzeiger *m*
Fre: indicateur de débit *m*
Spa: indicador de caudal *m*

flow limiter *n*
Ger: Durchflussbegrenzer *m*
Fre: limiteur d'écoulement *m*
Spa: limitador de caudal *m*

flow limiting valve *n*
Ger: Strombegrenzungsventil *n*
Fre: limiteur de débit *m*
Spa: válvula limitadora de caudal *f*

flow medium *n*
Ger: Fördermedium *n*
Fre: fluide de refoulement *m*
Spa: medio transportado *m*

flow noise *n*
Ger: Strömungsgeräusch *n*
Fre: bruit d'écoulement *m*
Spa: ruido de flujo *m*

flow of energy *n*
Ger: Energiefluss *m*
Fre: flux d'énergie *m*
Spa: flujo de energía *m*

flow of mass *n*
Ger: Massenstrom *m*
(Massendurchfluss) *m*
Fre: débit massique *m*
Spa: corriente a masa *f*

flow pipe *n*
Ger: Vorlaufleitung *f*
Fre: conduite d'amenée *f*
Spa: tubería de afluencia *f*

flow pressure *n*
Ger: Fließdruck *m*
Fre: pression d'écoulement *f*
Spa: presión de flujo *f*

flow pump *n*
Ger: Vorlaufpumpe *f*
Fre: pompe d'alimentation *f*
Spa: bomba de flujo *f*

flow resistance *n*
Ger: Strömungswiderstand *m*
Fre: résistance à l'écoulement *f*
Spa: resistencia al flujo *f*

flow sensor *n*
Ger: Durchflussmesser *m*
(Strömungsfühler) *m*
Fre: débitmètre *m*
Spa: caudalímetro *m*

flow sensor (hot-film air-mass meter) *n*
Ger: Durchflusssensor (Heißfilm-Luftmassenmesser) *m*
Fre: capteur de flux d'écoulement (débitmètre massique à film chaud) *m*
Spa: sensor de flujo (caudalímetro de aire de película caliente) *m*

flow type pump *n*
Ger: Strömungspumpe *f*
Fre: pompe centrifuge *f*
Spa: bomba centrífuga *f*

flow velocity *n*
Ger: Strömungsgeschwindigkeit *f*
Fre: vitesse d'écoulement *f*
Spa: velocidad de flujo *f*

flowmeter *n*
Ger: Durchflussmesser *m*
Fre: débitmètre *m*
Spa: caudalímetro de aire *m*

fluid coupling *n*
Ger: Flüssigkeitskupplung *f*
Fre: embrayage hydraulique *m*
Spa: acoplamiento hidráulico *m*

fluid friction *n*
Ger: Flüssigkeitsreibung *f*
Fre: régime de lubrification fluide *m*
Spa: rozamiento hidráulico *m*

fluorescent lamp *n*
Ger: Leuchtstofflampe *f*
Fre: lampe fluorescente *f*
Spa: lámpara fluorescente *f*

flush fitting headlamp *n*
Ger: Einbauscheinwerfer *m*
Fre: projecteur encastrable *m*
Spa: faro incorporado *m*

flushing method *n*
Ger: Durchspülungsverfahren *n*
Fre: méthode de balayage *f*
Spa: método de lavado de paso *m*

flyweight *n*
Ger: Fliehgewicht *n*
Fre: masselotte *f*
Spa: peso centrífugo *m*

flyweight assembly (mechanical governor) *n*
Ger: Regelgruppe (Diesel-Regler) *f*
(Regelteil) *n*
(Fliehgewichtsteil) *n*
Fre: bloc de régulation (injection diesel) *m*
Spa: bloque de regulación (regulador Diesel) *m*

flyweight bolt *n*
Ger: Fliehgewichtsbolzen *m*
Fre: axe de masselottes *m*
Spa: perno de peso centrífugo *m*

flyweight governor *n*
Ger: fliehkraftgesteuerter Drehzahlregler (Fliehkraftregler) *m*
(mechanischer Regler) *m*
Fre: régulateur centrifuge *m*
Spa: regulador de revoluciones por fuerza centrífuga (regulador de fuerza centrífuga) *m*

flyweight speed-sensing element *n*
Ger: Fliehgewichtsmesswerk *n*
Fre: mécanisme de détection à masselottes *m*
Spa: dispositivo medidor de peso centrífugo *m*

flywheel *n*
Ger: Schwungmasse *f*
(Schwungscheibe) *f*
(Schwungrad) *n*
Fre: masse d'inertie *f*
(volant moteur) *m*
Spa: volante de inercia *m*

flywheel *n*
Ger: Schwungrad *n*
Fre: volant moteur *m*
Spa: volante de inercia *m*

flywheel *n*
Ger: Schwungscheibe *f*
Fre: volant d'inertie *m*
Spa: disco volante *m*

flywheel mass *n*
Ger: Schwungmasse *f*
Fre: masse d'inertie *f*
(volant moteur) *m*
Spa: masa de inercia *f*

flywheel reduction gear *n*
Ger: Schwungradreduziergetriebe *n*
Fre: réducteur de volant *m*
Spa: engranaje reductor del volante de inercia *m*

foam inhibitor *n*
Ger: Antischaummittel *n*
(Entschaumer) *m*
Fre: additif antimousse *m*
Spa: aditivo antiespumante *m*

focal length (headlamp) *n*
Ger: Brennweite (Scheinwerfer) *f*
Fre: distance focale (projecteur) *f*
Spa: longitud focal (faros) *f*

focal point (headlamp) *n*
Ger: Brennpunkt (Scheinwerfer) *m*
Fre: foyer (projecteur) *m*
Spa: punto focal (faros) *m*

fog lamp *n*
Ger: Nebelscheinwerfer *m*
Fre: projecteur antibrouillard *m*
Spa: faro antiniebla *m*

folded-wall seal ring *n*
Ger: Faltdichtring *f*

English

Fre: joint à écraser *m*
Spa: junta anular plegada *f*

follow up spark *n*
Ger: Folgefunken *m*
Fre: trains d'étincelles *mpl*
Spa: chispa de secuencia *f*

footwell *n*
Ger: Fußraum *m*
Fre: plancher *m*
Spa: espacio para los pies *m*

footwell mat *n*
Ger: Fußmatte *f*
Fre: tapis de sol *m*
Spa: alfombrilla *f*

force density level *n*
Ger: Dauerleistungsdichte *f*
Fre: puissance volumique en service continu *f*
Spa: densidad de potencia continua *f*

force distribution control (wiper system) *n*
Ger: Auflagekraftsteuerung (Wischeranlage) *f*
Fre: commande de la force d'appui (essuie-glace) *f*
Spa: control de la fuerza de apoyo (limpiaparabrisas) *m*

force limitation device *n*
Ger: Kraftbegrenzung *f*
Fre: limiteur d'effort *m*
Spa: limitación de fuerza *f*

force on belt side *n*
Ger: Trumkraft *f*
Fre: force appliquée au brin *f*
Spa: fuerza en ramal de correa *f*

force transfer direction *n*
Ger: Wirkrichtung *f*
Fre: sens d'action *m*
Spa: sentido de acción *m*

force transfer rod *n*
Ger: Übertragungsstößel *m*
Fre: microtige *f*
Spa: empujador transmisor de fuerza *m*

forced feed lubrication system *n*
Ger: Druckumlaufschmierung *f*
Fre: lubrification par circulation forcée *f*
Spa: lubricación de circulación forzada *f*

fork head *n*
Ger: Gabelkopf *m*
Fre: chape *f*
Spa: cabeza de horquilla *f*

fork lever (starter) *n*
Ger: Gabelhebel (Starter) *m*
Fre: levier à fourche (démarreur) *m*
Spa: palanca de horquilla (motor de arranque) *f*

forklift truck *n*
Ger: Gabelstapler (Logistik) *m*
Fre: chariot élévateur à fourche (Logistik) *m*
Spa: carretilla elevadora (logística) *f*

formation of gas bubbles *n*
Ger: Gasblasenbildung *f*
Fre: formation de bulles de gaz *f*
Spa: formación de burbujas de gas *f*

formation of stress crack *n*
Ger: Spannungsrissbildung *f*
Fre: fissure de contrainte *f*
Spa: formación de fisuras de tensión *f*

forward voltage (rectifier diode) *n*
Ger: Durchlassspannung (Gleichrichterdiode) *f*
Fre: tension à l'état passant (diode redresseuse) *f*
Spa: tensión de paso (diodo rectificador) *f*

forwarddelivery valve (diesel fuel injection) *n*
Ger: Vorlaufventil (Dieseleinspritzung) *n*
Fre: clapet-pilote (injection diesel) *m*
Spa: válvula de suministro de avance (inyección diesel) *f*

four circuit protection valve *n*
Ger: Vierkreis-Schutzventil *n*
Fre: valve de sécurité à quatre circuits *f*
Spa: válvula de protección de cuatro circuitos *f*

four spark ignition coil *n*
Ger: Vierfunken-Zündspule *f*
Fre: bobine d'allumage à quatre sorties *f*
Spa: bobina de encendido de cuatro chispas *f*

four speed transmission *n*
Ger: Vier-Gang-Getriebe *n*
Fre: boîte à 4 rapports *f*
Spa: cambio de cuatro marchas *m*

four stroke engine (IC engine) *n*
Ger: Vier-Takt-Motor (Verbrennungsmotor) *m*
Fre: moteur à quatre temps *m*
Spa: motor de cuatro tiempos (motor de combustión) *m*

four stroke principle (IC engine) *n*
Ger: Viertaktverfahren (Verbrennungsmotor) *n*
(Viertaktprinzip) *n*
Fre: cycle à quatre temps *m*
Spa: ciclo de cuatro tiempos (motor de combustión) *m*

four valve design (IC engine) *n*
Ger: Vierventil-Technik (Verbrennungsmotor) *f*
Fre: système à quatre soupapes par cylindre *m*
Spa: técnica de cuatro válvulas (motor de combustión) *f*

four way pilot-operated directional-control valve *n*
Ger: Vier-Wege-Vorsteuerventil *n*
Fre: distributeur pilote à 4 voies *m*
Spa: válvula preselectora de cuatro vías *f*

four way cock *n*
Ger: Vierwegehahn *m*
Fre: robinet à quatre voies *m*
Spa: grifo de cuatro vías *m*

four wheel drive *n*
Ger: Allradantrieb *m*
Fre: transmission intégrale *f*
Spa: tracción total *f*

four wheel drive vehicle *n*
Ger: Allradfahrzeug *n*
Fre: véhicule à transmission intégrale *m*
Spa: vehículo de tracción total *f*

four wheel drive, FWD *n*
Ger: Vierradantrieb *m*
Fre: transmission intégrale *f*
Spa: tracción total *f*

four wheel steering *n*
Ger: Allradlenkung *l*
Fre: véhicule 4 roues directrices *m*
Spa: dirección de tracción total *f*

frame *n*
Ger: Rahmen *m*
(Unterbau) *m*
Fre: châssis *m*
Spa: bastidor *m*

frame junction *n*
Ger: Rahmenknoten *m*
Fre: jambe de force de châssis *f*
Spa: nodo de bastidor *m*

frame rail *n*
Ger: Rahmenträger *m*
Fre: support de cadre *m*
Spa: soporte del bastidor *m*

free form reflector (headlamp) *n*
Ger: Freiflächen-Reflektor (Scheinwerfer) *m*
(Reflektor ohne Stufen) *m*
Fre: réflecteur à surface libre *m*
Spa: reflector de superficie libre (faros) *m*

free from distortion *adj*
Ger: verspannungsfrei *adj*
Fre: sans déformation *loc*
Spa: libre de deformación *loc*

free wheeling diode *n*
Ger: Freilaufdiode *f*
Fre: diode de récupération *f*
Spa: diodos de rueda libre *mpl*

frequency *n*
Ger: Frequenz *f*
Fre: fréquence *f*

English

Spa: frecuencia *f*

frequency converter *n*
Ger: Frequenzwandler *m*
Fre: convertisseur de fréquence *m*
Spa: corvertidor de frecuencia *m*

frequency density *n*
Ger: Häufigkeitsdichte *f*
Fre: densité de fréquence *f*
Spa: densidad de frecuencia *f*

frequency divider *n*
Ger: Frequenzteiler *m*
Fre: diviseur de fréquence *m*
Spa: divisor de frecuencia *m*

frequency meter *n*
Ger: Frequenzmesser *m*
Fre: fréquencemètre *m*
Spa: frecuencímetro *m*

frequency modulation, FM *n*
Ger: Frequenzmodulation *f*
Fre: modulation de fréquence *f*
Spa: modulación de frecuencia *f*

frequency range *n*
Ger: Frequenzbereich *m*
Fre: plage de fréquences *f*
Spa: rango de frecuencia *m*

frequency response *n*
Ger: Frequenzgang *m*
Fre: réponse en fréquence *f*
Spa: respuesta de frecuencia *f*

frequency response ratio *n*
Ger: Frequenzverhältnis *n*
Fre: rapport de fréquences *m*
Spa: transmitancia isócrona *f*

fresh A/F mixture (IC engine) *n*
Ger: Frischgas (Verbrennungsmotor) *n*
Fre: gaz frais (moteur à combustion) *mpl*
Spa: gas fresco (motor de combustión) *m*

fresh air *n*
Ger: Frischluft *f*
Fre: air frais *m*
Spa: aire fresco *m*

fresh air charge *n*
Ger: Frischluftfüllung *f*
Fre: charge d'air frais *f*
Spa: llenado de aire fresco *m*

fresh air inlet *n*
Ger: Frischluftanschluss *m*
Fre: raccord d'air frais *m*
Spa: conexión de aire fresco *f*

fresh air mass flow *n*
Ger: Frischluftmassenstrom *m*
Fre: débit massique d'air frais *m*
Spa: flujo de masa de aire fresco *m*

fresh air valve *n*
Ger: Frischluftklappe *f*
Fre: volet d'air frais *m*
Spa: trampilla de aire fresco *f*

fresh charge *n*
Ger: Frischladung *f*
Fre: charge fraîche *f*
Spa: carga fresca *f*

fresh gas *n*
Ger: Frischgas *n*
Fre: gaz frais (moteur à combustion) *mpl*
Spa: gas fresco *m*

fresh gas filling *n*
Ger: Frischgasfüllung *f*
Fre: charge d'air frais *f*
Spa: llenado de gas fresco *m*

fresnel optics (headlamp) *npl*
Ger: Fresneloptik (Scheinwerfer) *f*
Fre: optique de Fresnel *f*
Spa: óptica escalonada (faros) *f*
(óptica de Fresnel) *f*

fretting corrosion *n*
Ger: Reibkorrosion *f*
Fre: corrosion par frottement *f*
Spa: corrosión por fricción *f*

friction *n*
Ger: Reibung *f*
(Wälzreibung) *f*
Fre: frottement *m*
(frottement par glissement) *m*
Spa: fricción *f*

friction bearing *n*
Ger: Gleitlager *n*
Fre: palier lisse *m*
Spa: cojinete de deslizamiento *m*

friction brake *n*
Ger: Reibungsbremse *f*
Fre: frein à friction *m*
Spa: freno de fricción *m*

friction clutch *n*
Ger: Reibungskupplung *f*
Fre: embrayage monodisque *m*
Spa: embrague de fricción *m*

friction coefficient matching *n*
Ger: Reibwertpaarung *f*
Fre: couple d'adhérence *m*
Spa: apareamiento por coeficiente de fricción *m*

friction coefficient potential *n*
Ger: Reibwertpotenzial *n*
Fre: potentiel d'adhérence *m*
Spa: potencial por coeficiente de fricción *m*

friction energy *n*
Ger: Reibenergie *f*
Fre: énergie de frottement *f*
Spa: energía de fricción *f*

friction factor *n*
Ger: Reibfaktor *m*
Fre: facteur de friction *m*
Spa: factor de fricción *m*

friction force *n*
Ger: Reibungskraft *f*
Fre: force de frottement *f*
Spa: fuerza de fricción *f*

friction hardening *n*
Ger: Reibhärten *n*
Fre: trempe par friction *f*
Spa: endurecimiento por fricción *m*

friction lining *n*
Ger: Reibbelag *m*
Fre: garniture de friction *f*
Spa: forro de fricción *m*

friction loss *n*
Ger: Reibleistung *f*
Fre: perte par frottement *f*
Spa: pérdidas por fricción *fpl*

friction loss *n*
Ger: Reibungsverlust *m*
Fre: perte par frottement *f*
Spa: pérdidas por fricción *fpl*

friction noise *n*
Ger: Reibgeräusch *n*
Fre: bruit de friction *m*
Spa: ruido de fricción *m*

friction pairing *n*
Ger: Reibpaarung *f*
Fre: couple de friction *m*
Spa: cupla de fricción *f*

friction plate *n*
Ger: Reibscheibe *f*
Fre: disque de friction *m*
Spa: disco de fricción *m*

friction pressure *n*
Ger: Reibdruck *m*
Fre: pression de friction *f*
Spa: presión de fricción *f*

friction properties (brake lining) *n*
Ger: Reibeigenschaft (Bremsbelag) *f*
Fre: propriété de friction (garniture de frein) *f*
Spa: propiedades de fricción (forro de freno) *fpl*

friction reducer *n*
Ger: Reibungsminderer *m*
Fre: réducteur de frottement *m*
Spa: reductor de fricción *m*

friction torque *n*
Ger: Reibmoment *n*
Fre: couple de frottement *m*
Spa: momento de fricción *m*

frictional force *n*
Ger: Reibkraft *f*
Fre: force de friction *f*
Spa: fuerza de fricción *f*

frictionless *adj*
Ger: reibungsfrei *adj*
Fre: sans frottement *loc*
Spa: sin fricción *loc*

front airbag *n*
Ger: Frontairbag *m*
Fre: coussin gonflable avant *m*
Spa: airbag frontal *m*

front axle *n*
Ger: Vorderachse *f*
Fre: essieu avant *m*
Spa: eje delantero *m*

front electrode (spark plug) *n*

Ger: Dachelektrode (Zündkerze) *f*
Fre: électrode frontale (bougie d'allumage) *f*
Spa: electrodo frontal (bujía de encendido) *m*

front lifter ***n***
Ger: Frontlader *m*
Fre: chargeur frontal *m*
Spa: cargador frontal *m*

front light ***n***
Ger: Frontleuchte *f*
Fre: feu avant *m*
Spa: luz delantera *f*

front muffler ***n***
Ger: Vorschalldämpfer *m*
Fre: silencieux avant *m*
Spa: silenciador previo *m*

front screen (headlamp) ***n***
Ger: Frontblende (Scheinwerfer) *f*
Fre: cache avant (projecteur) *m*
Spa: moldura delantera (faros) *f*

front wheel drive ***n***
Ger: Frontantrieb *m*
Fre: traction avant *f*
Spa: tracción delantera *f*

front wheel drive ***n***
Ger: Vorderradantrieb *m*
Fre: traction avant *f*
Spa: tracción delantera *f*

front wiper blade ***n***
Ger: Front-Wischblatt *n*
Fre: raclette de pare-brise *f*
Spa: escobilla del limpiaparabrisas *f*

frontal impact ***n***
Ger: Frontalaufprall *m*
Fre: choc frontal *m*
Spa: choque frontal *m*

frontal impact sensor ***n***
Ger: Frontalaufprallsensor *m*
Fre: capteur de choc frontal *m*
Spa: sensor de choque frontal *m*

fuel ***n***
Ger: Kraftstoff *m*
Fre: carburant *m*
Spa: combustible *m*

fuel accumulator ***n***
Ger: Kraftstoffspeicher *m*
Fre: accumulateur de carburant *m*
Spa: acumulador de combustible *m*

fuel air separator ***n***
Ger: Kraftstoffluftabscheider *m*
Fre: séparateur d'air du carburant *m*
Spa: desgasificador del combustible *m*

fuel atomization ***n***
Ger: Kraftstoffzerstäubung *f*
Fre: pulvérisation du carburant *f*
Spa: atomización de combustible *f*

fuel balancing control ***n***
Ger: Mengenausgleichsregelung *f*
Fre: régulation d'équipartition des débits *f*
Spa: regulación de la compensación de caudal *f*

fuel cell ***n***
Ger: Brennstoffzelle *f*
Fre: pile à combustible *f*
Spa: pila de combustible *f*

fuel chamber (fuel-pressure regulator) ***n***
Ger: Kraftstoffkammer (Kraftstoffdruckregler) *f*
Fre: chambre à carburant (amortisseur de pression) *f*
Spa: cámara de combustible *f*

fuel circuit ***n***
Ger: Kraftstoffkreislauf *m*
Fre: circuit de carburant *m*
Spa: circuito de combustible *m*

fuel composition ***n***
Ger: Kraftstoff-Zusammensetzung *f*
Fre: composition du carburant *f*
Spa: composición del combustible *f*

fuel consumption ***n***
Ger: Kraftstoffverbrauch *m*
Fre: consommation de carburant *f*
Spa: consumo de combustible *m*

fuel consumption by mass ***n***
Ger: Kraftstoff-Massenverbrauch *m*
Fre: consommation massique de carburant *f*
Spa: consumo de masa de combustible *m*

fuel consumption indicator ***n***
Ger: Kraftstoffverbrauchsanzeige *f*
Fre: indicateur de consommation de carburant *m*
Spa: indicación de consumo de combustible *f*

fuel cooled ***adj***
Ger: kraftstoffgekühlt *adj*
Fre: refroidi par carburant *loc*
Spa: refrigerado por combustible *pp*

fuel delivery ***n***
Ger: Kraftstoffförderung *f*
Fre: refoulement du carburant *m*
Spa: suministro de combustible *m*

fuel delivery characteristics ***npl***
Ger: Fördermengenverlauf *m*
Fre: courbe du débit d'injection *f*
Spa: evolución del caudal *f*

fuel delivery control ***n***
Ger: Fördermengenregelung *f*
(Mengenregelung) *f*
Fre: régulation des débits d'injection *f*
(régulation débitmétrique) *f*
Spa: regulación de caudal *f*

fuel delivery control ***n***
Ger: Mengenregelung *f*
Fre: régulation de débit *f*
Spa: regulación de caudal *f*

fuel delivery curve ***n***
Ger: Fördermengen-Kennlinie *f*
Fre: courbe caractéristique des débits *f*
Spa: curva característica de caudal *f*

fuel delivery measurement device ***n***
Ger: Fördermengenmessgerät *n*
Fre: appareil de mesure du débit *m*
Spa: caudalímetro *m*

fuel delivery quantity (fuel-injection pump) ***n***
Ger: Kraftstofffördermenge (Einspritzpumpe) *f*
(Fördermenge) *f*
Fre: débit de refoulement (pompe d'injection) *m*
Spa: caudal de suministro de combustible (bomba de inyección) *m*

fuel delivery termination (diesel fuel injection) ***n***
Ger: absteuern (Dieseleinspritzung) *v*
Fre: fin de refoulement (injection diesel) *f*
Spa: finalizar el suministro (inyección diesel) *v*

fuel distribution ***n***
Ger: Kraftstoffverteilung *f*
Fre: répartition du carburant *f*
Spa: distribución de combustible *f*

fuel distribution pipe (multipoint fuel injection) ***n***
Ger: Verteilerrohr (Einzeleinspritzung) *n*
(Kraftstoffverteilerstück) *n*
Fre: rampe d'injection (injection multipoint) *f*
Spa: tubo distribuidor (inyección individual) *m*

fuel distributor ***n***
Ger: Kraftstoffmengenteiler *m*
Fre: doseur-distributeur de carburant *m*
Spa: distribuidor-dosificador de combustible *m*

fuel dribble ***n***
Ger: nachtropfen *v*
Fre: bavage de carburant *m*
Spa: gotear ulteriormente *v*

fuel film ***n***
Ger: Kraftstoffwandfilm *m*
Fre: film de carburant *m*
Spa: película de combustible *f*

fuel film ***n***
Ger: Wandfilm *m*
Fre: film humidificateur *m*
Spa: película de aceite *f*

fuel film effect ***n***
Ger: Wandfilmeffekt *m*
Fre: phénomène d'humidification des parois *m*
Spa: efecto de película de aceite *m*

fuel film formation ***n***

English

Ger: Wandfilmaufbau *m*
Fre: formation du film humidificateur *f*
Spa: formación de película de aceite *f*

fuel filter *n*
Ger: Kraftstofffilter *n*
Fre: filtre à carburant *m*
Spa: filtro de combustible *m*

fuel filter element *n*
Ger: Kraftstofffiltereinsatz *m*
Fre: cartouche de filtre à carburant *f*
Spa: inserto del filtro de combustible *m*

fuel filter exchange box (filter) *n*
Ger: Wechselbox (Filter) *f*
Fre: filtre-box interchangeable (filter) *m*
Spa: caja intercambiable (filtro) *f*

fuel flow reducing device *n*
Ger: Mindermengeneinsteller *m*
Fre: réducteur de débit *m*
Spa: reductor de caudal *m*

fuel gallery (fuel-injection pump) *n*
Ger: Saugraum (Einspritzpumpe) *m*
(Pumpensaugraum) *m*
Fre: galerie d'alimentation (pompe d'injection) *f*
Spa: cámara de admisión (bomba de inyección) *f*

fuel gallery flushing (fuel-injection pump) *n*
Ger: Saugraumspülung (Einspritzpumpe) *f*
Fre: balayage de la galerie d'alimentation *m*
Spa: lavado de cámara de admisión (bomba de inyección) *m*

fuel gallery volume *n*
Ger: Saugraumvolumen *n*
Fre: volume de la galerie d'admission *m*
Spa: volumen de cámara de admisión *m*

fuel gauge *n*
Ger: Kraftstoffanzeiger *m*
Fre: jauge à carburant *f*
Spa: indicador de combustible *m*

fuel gauge *n*
Ger: Kraftstoffvorratsanzeige *f*
Fre: jauge à carburant *f*
Spa: indicador de reserva combustible *m*

fuel guided combustion process *n*
Ger: kraftstoffgeführtes Brennverfahren *n*
Fre: procédé d'injection assisté par carburant *m*
Spa: proceso de combustión guidado por combustible *m*

fuel initial pressure *n*
Ger: Kraftstoffvordruck *m*
Fre: pression initiale du carburant *f*
Spa: presión previa de combustible *f*

fuel injection *n*
Ger: Kraftstoffeinspritzung *f*
(Einspritztechnik) *f*
(Einspritzung) *f*
Fre: injection de carburant *f*
(technique d'injection) *f*
Spa: inyección de combustible *f*

fuel injection engine *n*
Ger: Einspritzmotor *m*
Fre: moteur à injection *m*
Spa: motor de inyección *m*

fuel injection equipment *n*
Ger: Einspritzausrüstung *f*
Fre: équipement d'injection *m*
Spa: equipo de inyección *m*

fuel injection installation *n*
Ger: Einspritzanlage *f*
Fre: équipement d'injection *m*
Spa: sistema de inyección *m*

fuel injection line *n*
Ger: Einspritzleitung *f*
Fre: conduite d'injection *f*
Spa: línea de inyección *f*

fuel injection pump *n*
Ger: Einspritzpumpe *f*
Fre: pompe d'injection *f*
Spa: bomba de inyección *f*

fuel injection pump *n*
Ger: Kraftstoffeinspritzpumpe *f*
(Einspritzpumpe) *f*
Fre: pompe d'injection *f*
Spa: bomba de inyección de combustible *f*

fuel injection system *n*
Ger: Einspritzanlage *f*
Fre: dispositif d'injection *m*
Spa: sistema de inyección *m*

fuel injection system *n*
Ger: Einspritzsystem *n*
Fre: système d'injection *m*
Spa: sistema de inyección *m*

fuel injection tubing *n*
Ger: Druckleitung *f*
(Druckrohr) *n*
(Einspritzleitung) *f*
Fre: tuyau de refoulement *m*
Spa: tubería de presión *f*

fuel injector *n*
Ger: Einspritzventil *n*
Fre: injecteur *m*
Spa: válvula de inyección *f*

fuel inlet *n*
Ger: Kraftstoffzulauf *m*
(Kraftstoffeinlass) *m*
Fre: arrivée de carburant *f*
Spa: entrada de combustible *f*

fuel level indicator *n*
Ger: Kraftstofffüllstandsanzeige *f*
Fre: jauge à carburant *f*
Spa: indicación de nivel de llenado de combustible *f*

fuel level sensor *n*
Ger: Kraftstofffüllstandsensor *m*
Fre: capteur de niveau de carburant *m*
Spa: sensor de nivel de llenado de combustible *m*

fuel level sensor *n*
Ger: Tankfüllstandsensor *m*
Fre: capteur de niveau de carburant *m*
Spa: sensor de nivel de llenado del depósito *m*

fuel line *n*
Ger: Kraftstoffleitung *f*
Fre: conduite de carburant *f*
Spa: tubería de combustible *f*

fuel mass *n*
Ger: Kraftstoffmasse *f*
Fre: masse de carburant *f*
Spa: masa de combustible *f*

fuel metering plunger (KE-Jetronic) *n*
Ger: Zumesskolben (KE-Jetronic) *m*
Fre: piston de dosage (KE-Jetronic) *m*
Spa: émbolo de dosificación (KE-Jetronic) *m*

fuel metering slit (KE-Jetronic) *n*
Ger: Zumessschlitz (KE-Jetronic) *m*
Fre: fente de dosage (KE-Jetronic) *f*
Spa: ranura de dosificación (KE-Jetronic) *f*

fuel overflow temperature *n*
Ger: Kraftstoffüberlauftemperatur *f*
Fre: température du trop-plein de carburant *f*
Spa: temperatura de rebose de combustible *f*

fuel prefilter *n*
Ger: Kraftstoffvorfilter *m*
Fre: préfiltre à carburant *m*
Spa: filtro previo de combustible *m*

fuel prefilter *n*
Ger: Kraftstoffvorreiniger *m*
Fre: préfiltre à carburant *m*
Spa: prefiltro de combustible *m*

fuel pressure *n*
Ger: Kraftstoffdruck *m*
Fre: pression du carburant *f*
Spa: presión de combustible *f*

fuel pressure attenuator (Jetronic) *n*
Ger: Druckdämpfer (Jetronic) *m*
(Kraftstoffdruckdämpfer) *m*
Fre: amortisseur de pression du carburant (Jetronic) *m*

Spa: amortiguador de presión (Jetronic) *m*

fuel pressure attenuator ***n***
Ger: Kraftstoff-Druckdämpfer *m*
Fre: amortisseur de pression de carburant *m*
Spa: amortiguador de presión de combustible *m*

fuel pressure regulator ***n***
Ger: Kraftstoffdruckregler *m*
Fre: régulateur de pression de carburant *m*
Spa: regulador de presión de combustible *m*

fuel pressure sensor ***n***
Ger: Kraftstoffdrucksensor *m*
Fre: capteur de pression de carburant *m*
Spa: sensor de presión de combustible *m*

fuel quantity command ***n***
Ger: Mengeneingriff *m*
Fre: action sur débit *f*
Spa: intervención en el caudal *f*

fuel quantity compensation ***n***
Ger: Mengenabgleich *m*
Fre: étalonnage de débit *m*
Spa: compensación de caudal *f*

fuel quantity control ***n***
Ger: Kraftstoffmengenregelung *f*
Fre: régulation du débit de carburant *f*
Spa: regulación del caudal de combustible *f*

fuel quantity demand ***n***
Ger: Mengenwunsch *m*
Fre: demande de débit *f*
Spa: demanda de caudal *f*

fuel quantity drift ***n***
Ger: Mengendrift *f*
Fre: dérive de débit *f*
Spa: variación de caudal *f*

fuel quantity increment ***n***
Ger: Mengeninkrement *n*
Fre: incrément de débit *m*
Spa: incremento de caudal *m*

fuel quantity map ***n***
Ger: Mengenkennfeld *n*
Fre: cartographie de débit *f*
Spa: diagrama característico de caudal *m*

fuel quantity positioner ***n***
Ger: Mengenstellglied *n*
(Mengenstellwerk) *n*
Fre: actionneur de débit *m*
Spa: regulador de caudal *m*

fuel quantity positioner setpoint value ***n***
Ger: Mengenstellersollwert *m*
Fre: valeur consigne de l'actionneur de débit *f*
Spa: valor nominal de regulador de caudal *m*

fuel quantity power stage ***n***
Ger: Mengenendstufe *f*
Fre: étage de sortie de débit *f*
Spa: paso final de caudal *m*

fuel quantity threshold value ***n***
Ger: Mengenschwellwert *m*
Fre: valeur de seuil de débit *f*
Spa: valor de umbral de caudal *m*

fuel quantity to be injected ***n***
Ger: Einspritzfördermenge *f*
Fre: débit d'injection *m*
Spa: caudal a ser inyectado *m*

fuel rail ***n***
Ger: Kraftstoffverteiler *m*
(Verteilerleiste) *f*
(Kraftstoffzuteiler) *m*
Fre: rampe distributrice de carburant *f*
(accumulateur haute pression) *f*
(répartiteur de carburant) *m*
Spa: distribuidor de combustible *m*

fuel rail ***n***
Ger: Kraftstoffzuteiler *m*
Fre: répartiteur de carburant *m*
Spa: conjunto distribuidor de combustible *m*

fuel rail (Common Rail System) ***n***
Ger: Verteilerrohr *n*
Fre: tube distributeur *m*
Spa: tubo distribuidor *m*

fuel recirculation valve ***n***
Ger: Kraftstoffrückführventil *n*
Fre: vanne de recyclage de carburant *f*
Spa: válvula de retorno de combustible *f*

fuel resistant ***n***
Ger: kraftstoffbeständig *adj*
Fre: résistant au carburant *loc*
Spa: resistente al combustible *adj*

fuel return line ***n***
Ger: Kraftstoffrückaufleitung *f*
Fre: conduite de retour de carburant *f*
Spa: tubería de retorno de combustible *f*

fuel return line ***n***
Ger: Kraftstoffrücklauf *m*
Fre: retour de carburant *m*
Spa: retorno de combustible *m*

fuel return line ***n***
Ger: Kraftstoffrückleitung *f*
Fre: conduite de retour du carburant *f*
Spa: tubería de retorno de combustible *f*

fuel safety shutoff ***n***
Ger: Sicherheitskraftstoff-abschaltung *f*
Fre: coupure de sécurité de l'alimentation en carburant *f*
Spa: desconexión de seguridad del combustible *f*

fuel shortage sensor ***n***
Ger: Kraftstoffmangelsensor *m*
Fre: capteur de réserve de carburant *m*
Spa: sensor de combustible *m*

fuel shutoff ***n***
Ger: Mengenabstellung *f*
Fre: suspension de débit *f*
Spa: corte de caudal *m*

fuel supply ***n***
Ger: Kraftstoffversorgung *f*
(Kraftstoffzufuhr) *f*
Fre: alimentation en carburant *f*
Spa: alimentación de combustible *f*

fuel supply ***n***
Ger: Kraftstoffzufuhr *f*
Fre: alimentation en carburant *f*
Spa: suministro de combustible *m*

fuel supply and delivery ***n***
Ger: Kraftstoffförderung *f*
Fre: refoulement du carburant *m*
Spa: suministro de combustible *m*

fuel supply connection ***n***
Ger: Kraftstoffanschluss *m*
Fre: raccord de carburant *m*
Spa: toma de combustible *f*

fuel supply control valve ***n***
Ger: Mengensteuerventil *n*
Fre: électrovanne de débit *f*
Spa: válvula de control de caudal *f*

fuel supply crash cutoff ***n***
Ger: Crashabschaltung *f*
Fre: coupure de l'alimentation en carburant en cas de collision *f*
Spa: corte de combustible en colisión *m*

fuel supply pump ***n***
Ger: Kraftstoffförderpumpe *f*
Fre: pompe d'alimentation *f*
Spa: bomba de suministro de combustible *f*

fuel supply pump ***n***
Ger: Kraftstoffpumpe *f*
(Kraftstoffförderpumpe) *f*
Fre: pompe à carburant (carburant) *f*
Spa: bomba de combustible *f*

fuel supply shutoff ***n***
Ger: Kraftstoffabsperrung *f*
Fre: coupure du carburant *f*
Spa: corte de combustible *m*

fuel tank ***n***
Ger: Kraftstoffbehälter *m*
(Kraftstofftank) *m*
Fre: réservoir de carburant *m*
Spa: depósito de combustible *m*

fuel tank ***n***
Ger: Kraftstofftank *m*

Fre: réservoir de carburant *m*
Spa: depósito de combustible *m*

fuel tank *n*
Ger: Tank *m*
Fre: réservoir *m*
Spa: depósito *m*

fuel tank pressure *n*
Ger: Tankdruck *m*
Fre: pression dans le réservoir *f*
Spa: presión en el depósito *f*

fuel temperature sensor *n*
Ger: Kraftstofftemperaturfühler *m*
Fre: sonde de température de carburant *f*
Spa: sonda de temperatura de combustible *f*

fuel vaporization *n*
Ger: Kraftstoffverdampfung *f*
Fre: vaporisation du carburant *f*
Spa: evaporación de combustible *f*

fuel viscosity *n*
Ger: Kraftstoffviskosität *f*
Fre: viscosité du carburant *f*
Spa: viscosidad de combustible *f*

fuel viscosity *n*
Ger: Viskosität des Kraftstoffs *f*
Fre: viscosité du carburant *f*
Spa: viscosidad del combustible *f*

fuel water separator *n*
Ger: Kraftstoffwasserabscheider *m*
Fre: séparateur d'eau du carburant *m*
Spa: separador agua-combustible *m*

fuel-level indicator *n*
Ger: Füllstandsanzeige *f*
Fre: jauge de niveau *f*
Spa: indicador del nivel de llenado *m*

fuel-pump nozzle *n*
Ger: Zapfpistole *f*
Fre: pistolet distributeur *m*
Spa: pistola de surtidor *f*

fulcrum (brake shoe) *n*
Ger: Abstützpunkt (Bremsbacke) *m*
Fre: point d'appui (frein) *m*
Spa: punto de apoyo (zapata de freno) *m*

full differential eddy-current sensor *n*
Ger: Volldifferential-Kurzschlussringgeber *m*
Fre: capteur différentiel à bague de court-circuitage *m*
Spa: transmisor del anillo de cortocircuito totalmente diferencial *m*

full flow filter *n*
Ger: Hauptstromfilter *m*
Fre: filtre de circuit principal *m*
Spa: filtro de caudal principal *m*

full load *n*
Ger: Vollast *f*
Fre: pleine charge *f*
Spa: plena carga *f*

full load *n*
Ger: Volllast *f*
Fre: pleine charge *f*
Spa: plena carga *f*

full load acceleration *n*
Ger: Volllastbeschleunigung *f*
Fre: accélération à pleine charge *f*
Spa: aceleración de plena carga *f*

full load curve *n*
Ger: Volllastkennlinie *f*
(Volllastcharakteristik) *f*
(Volllastkurve) *f*
Fre: courbe caractéristique de pleine charge *f*
Spa: curva característica de plena carga *f*

full load delivery *n*
Ger: Volllastförderung *f*
Fre: refoulement de pleine charge *m*
Spa: aumento de plena carga *m*

full load delivery *n*
Ger: Volllastmenge *f*
(Volllastfördermenge) *f*
(Volllasteinspritzmenge) *f*
Fre: débit de pleine charge *m*
Spa: caudal de plena carga *m*

full load enrichment *n*
Ger: Volllastanreicherung *f*
Fre: enrichissement de pleine charge *m*
Spa: enriquecimiento para plena carga *m*

full load fuel quantity *n*
Ger: Volllasteinspritzmenge *f*
Fre: débit d'injection à pleine charge *m*
Spa: caudal de inyección de plena carga *m*

full load increase *n*
Ger: Volllasterhöhung *f*
Fre: élévation de la pleine charge *f*
Spa: aumento de plena carga *m*

full load limitation *n*
Ger: Volllastbegrenzung *f*
Fre: limitation du débit maximal *f*
Spa: limitación de plena carga *f*

full load position *n*
Ger: Volllaststellung *f*
Fre: position de pleine charge *f*
Spa: posición de plena carga *f*

full load screw *n*
Ger: Volllasteinstellschraube *f*
(Volllastschraube) *f*
Fre: vis de réglage de pleine charge *f*
Spa: tornillo de ajuste de plena carga *m*

full load screw *n*
Ger: Volllastschraube *f*
Fre: vis de pleine charge *f*
Spa: tornillo de plena carga *m*

full load speed *n*
Ger: Volllastdrehzahl *f*
Fre: vitesse de pleine charge *f*
Spa: régimen de plena carga *m*

full load speed regulation (fuel-injection pump) *n*
Ger: Endabregelung (Einspritzpumpe) *f*
Fre: coupure de vitesse maximale (pompe d'injection) *f*
Spa: regulación de limitación final *f*

full load stop *n*
Ger: Volllastanschlag *m*
(Maximal-Mengenanschlag) *m*
(Volllastmengenanschlag) *m*
Fre: butée de débit maximal *f*
Spa: tope de plena carga *m*

full load stop *n*
Ger: Volllastmengenanschlag *m*
Fre: butée de pleine charge *f*
Spa: tope de caudal de plena carga *m*

full load switch *n*
Ger: Volllastschalter *m*
Fre: contacteur de pleine charge *m*
Spa: interruptor de plena carga *m*

full load torque control *n*
Ger: Volllastangleichung *f*
Fre: correction de pleine charge *f*
Spa: adaptación de plena carga *f*

full wave bridge *n*
Ger: Vollbrückenschaltung *f*
Fre: montage en pont complet *m*
Spa: puente de onda plena *m*

full wave rectification *n*
Ger: Vollweggleichrichtung *f*
(Zweiweggleichrichtung) *f*
Fre: redressement à deux alternances *m*
Spa: rectificación de onda completa *f*

full-wave rectifier *n*
Ger: Zweiweggleichrichter *m*
Fre: redresseur pleine-onde *m*
Spa: rectificador de doble onda *m*

fully braked mode *n*
Ger: Vollbremsstellung *f*
Fre: position de freinage d'urgence *f*
Spa: posición de frenado a tope *f*

fully developed deceleration *n*
Ger: Vollverzögerung *f*
Fre: décélération totale *f*
Spa: deceleración total *f*

fully shielded spark plug *n*
Ger: vollgeschirmte Zündkerze *f*
Fre: bougie totalement blindée *f*
Spa: bujía totalmente blindada *f*

function lamp *n*
Ger: Anzeigelampe *f*

English

(*Anzeigeleuchte*) *f*
(*Funktionskontrollleuchte*) *f*
Fre: témoin de fonctionnement *m*
Spa: testigo de aviso *m*
(*luz indicadora*) *f*

function module (ECU) ***n***
Ger: Funktionsblock (Steuergerät) *m*
Fre: bloc fonctionnel (calculateur) *m*
Spa: módulo funcional (unidad de control) *m*

function monitoring ***n***
Ger: Funktionsüberwachung *f*
Fre: surveillance de fonctionnement *f*
Spa: vigilancia de funcionamiento *f*

functional security ***n***
Ger: Betriebssicherheit *f*
Fre: sûreté de fonctionnement *f*
Spa: seguridad de operación *f*

functional test ***n***
Ger: Funktionsprüfung *f*
Fre: test de fonctionnement *m*
Spa: comprobación de funcionamiento *f*

functional test ***n***
Ger: Funktionstest *m*
Fre: test fonctionnel *m*
Spa: ensayo de funcionamiento *m*

functionality ***n***
Ger: Funktionserfüllung *f*
Fre: opérabilité *f*
Spa: operabilidad *f*

funnel tube ***n***
Ger: Trichterrohr *n*
Fre: tuyau en entonnoir *m*
Spa: tubo embudo *m*

fuse ***n***
Ger: Sicherung *f*
Fre: fusible *m*
Spa: fusible *m*

fuse box ***n***
Ger: Sicherungsdose *f*
Fre: boîte à fusibles *f*
Spa: caja de fusibles *f*

fusible link ***n***
Ger: Schmelzsicherung *f*
Fre: fusible *m*
Spa: plomo fusible *m*

G

gaiter seal ***n***
Ger: Faltenbalg *m*
Fre: soufflet *m*
Spa: fuelle *m*

galvanic voltage ***n***
Ger: Galvani-Spannung *f*
Fre: tension galvanique *f*
Spa: tensión galvánica *f*

gap dimension ***n***
Ger: Abstandsmaß *n*
Fre: écartement *m*
Spa: medida de separación *f*

gap dimension (diesel fuel injection) ***n***
Ger: Spaltmaß (Dieseleinspritzung) *n*
Fre: cote d'écartement (injection diesel) *f*
Spa: medida de intersticio (inyección diesel) *f*

gap size ***n***
Ger: Spaltmaß *n*
Fre: écartement *m*
Spa: medida de intersticio *f*

garage door drive ***n***
Ger: Garagentor-Antrieb *m*
Fre: commande de porte de garage *f*
Spa: accionamiento de puerta de garaje *m*

gas density ***n***
Ger: Gasdichte *f*
Fre: densité de gaz *f*
Spa: densidad de gas *f*

gas discharge ***n***
Ger: Gasentladung *f*
Fre: décharge électrique *f*
Spa: descarga de gas *f*

gas discharge lamp ***n***
Ger: Gasentladungslampe *f*
Fre: lampe à décharge dans un gaz *f*
Spa: lámpara de descarga de gas *f*
(*lámpara de luminiscencia*) *f*

gas discharge plasma ***n***
Ger: Gasentladungsplasma *n*
Fre: plasma à décharge gazeuse *m*
Spa: plasma de descarga de gas *m*

gas discharge valve ***n***
Ger: Gasauslassventil *n*
Fre: clapet d'évacuation de gaz *m*
Spa: válvula de descarga de gas *f*

gas exchange ***n***
Ger: Gaswechsel *m*
Fre: renouvellement des gaz *m*
Spa: ciclo de admisión y escape *m*

gas filled shock absorber ***n***
Ger: Gasdruck-Stoßdämpfer *m*
Fre: amortisseur à pression de gaz *m*
Spa: amortiguador por gas a presión *m*

gas inflator (airbag) ***n***
Ger: Gasgenerator (Airbag) *m*
Fre: générateur de gaz (coussin gonflable) *m*
Spa: generador de gas (airbag) *m*

gas laser ***n***
Ger: Gas-Laser *m*
Fre: laser à gaz *m*
Spa: láser de gas *m*

gas mixture ***n***
Ger: Gasgemisch *n*
Fre: mélange gazeux *m*
Spa: mezcla de gas *f*

gas pressure ***n***
Ger: Gasdruck *m*
Fre: pression des gaz *f*
Spa: presión de gas *f*

gas reforming reaction ***n***
Ger: Reformierungsreaktion *f*
Fre: reformage *m*
Spa: reacción de reforming *f*

gas travel time (lambda closed-loop control) ***n***
Ger: Gaslaufzeit (Lambda-Regelung) *f*
Fre: temps de transit des gaz (régulation de richesse) *m*
Spa: tiempo de desplazamiento del gas (regulación Lambda) *m*

gaseous phase ***n***
Ger: Gasphase *f*
Fre: phase gazeuse *f*
Spa: fase gaseosa *f*

gasket ***n***
Ger: Dichtscheibe *f*
Fre: rondelle d'étanchéité *f*
Spa: arandela de junta *f*

gasoline ***n***
Ger: Ottokraftstoff *m*
(*Benzin*) *n*
Fre: essence *f*
Spa: gasolina *f*

gasoline direct injection ***n***
Ger: Benzindirekteinspritzung *f*
Fre: injection directe d'essence *f*
Spa: inyección directa de gasolina *f*

gasoline engine ***n***
Ger: Benzinmotor *m*
Fre: moteur à essence *m*
Spa: motor de gasolina *m*

gasoline engine ***n***
Ger: Ottomotor *m*
Fre: moteur à essence *m*
(*moteur à allumage par étincelle*) *m*
Spa: motor de gasolina *m*

gasoline injection ***n***
Ger: Benzineinspritzung *f*
Fre: injection d'essence *f*
Spa: inyección de gasolina *f*

gassing voltage ***n***
Ger: Gasungsspannung *f*
Fre: tension de dégagement gazeux *f*
Spa: tensión de inicio de gasificación *f*

gate oxide ***n***
Ger: Gate-Oxid *n*
Fre: oxyde de grille *m*
Spa: óxido de compuerta *m*

gauge ***n***
Ger: Anzeigeinstrument *n*
Fre: indicateur *m*

English

Spa: instrumento visualizador *m*

gauge pressure *n*
Ger: Überdruck *m*
Fre: surpression *f*
Spa: sobrepresión *f*

gear *n*
Ger: Gang (Kfz-Getriebe) *m*
Fre: rapport *m*
(pignon) *m*
Spa: marcha (cambio del vehículo) *f*

gear *n*
Ger: Zahnrad *n*
Fre: roue dentée *f*
(pignon) *m*
Spa: rueda dentada *f*

gear indicator switch *n*
Ger: Ganganzeigeschalter (Kfz-Getriebe) *m*
Fre: interrupteur-témoin de rapport de vitesse *m*
Spa: interruptor indicador de marcha (cambio del vehículo) *m*

gear pair at reference center distance *n*
Ger: V-Null-Getriebe *n*
Fre: engrenage à entraxe de référence *m*
Spa: juego de engranajes con distancia entre centros estándar *m*

gear pair with modified center distance *n*
Ger: V-Getriebe *n*
Fre: engrenage à entraxe modifié *m*
Spa: juego de engranajes con distancia entre centros no estándar *m*

gear preselector switch *n*
Ger: Gangvorwahlschalter *m*
Fre: présélecteur de vitesses *m*
Spa: interruptor preselector de marcha *m*

gear pump *n*
Ger: Zahnradpumpe *f*
(Zahnradkraftstoffpumpe) *f*
Fre: pompe à engrenage *f*
(pompe à carburant à engrenage) *f*
Spa: bomba de engranajes *f*

gear range *n*
Ger: Ganggruppe (Kfz-Getriebe) *f*
Fre: groupe de vitesses *m*
Spa: grupo de marchas (cambio del vehículo) *m*

gear ratio *n*
Ger: Übersetzungsverhältnis *n*
Fre: rapport de démultiplication (nombre de spires) *m*
Spa: relación de desmultiplicación *f*

gear selection *n*
Ger: Fahrstufe *f*
Fre: rapport de roulage *m*
Spa: nivel de marcha *m*

gear shift *n*
Ger: Gangschaltung *f*
Fre: commande des vitesses *f*
Spa: cambio de marcha *m*

gear stick (manually shifted transmission) *n*
Ger: Schalthebel (Schaltgetriebe) *m*
Fre: levier de sélection *m*
Spa: palanca de cambio (cambio manual) *f*

gear stick (manually shifted transmission) *n*
Ger: Schaltstange (Schaltgetriebe) *f*
Fre: tige de commande *f*
Spa: barra de mando (cambio manual) *f*

gear stick gaiter (manually shifted transmission) *n*
Ger: Schalthebelmanschette (Schaltgetriebe) *f*
Fre: soufflet du levier de vitesses *m*
Spa: manguito de la palanca de cambio (cambio manual) *m*

gear switch *n*
Ger: Gangschalter (Kfz-Getriebe) *m*
Fre: commande de changement de vitesse *f*
Spa: conmutador de marcha (cambio del vehículo) *m*

gear wheel *n*
Ger: Zahnrad *n*
Fre: roue d'engrenage *f*
Spa: rueda dentada *f*

gearbox stage *n*
Ger: Getriebefahrstufe *f*
Fre: rapport de marche *m*
Spa: nivel de marcha del cambio *m*

geared motor *n*
Ger: Getriebemotor *m*
Fre: motoréducteur *m*
Spa: motorreductor *m*

gearshift gate *n*
Ger: Schaltkulisse *f*
Fre: coulisse de contact *f*
Spa: colisa de mando *f*

gel battery *n*
Ger: Gel-Batterie *f*
Fre: batterie gel *f*
Spa: batería de gel *f*

gel-type grease *n*
Ger: Gelfett *n*
Fre: graisse à gélifiant *f*
Spa: grasa con gel *f*

General Certification *n*
Ger: Allgemeine Betriebserlaubnis *f*
(Typengenehmigung) *f*
Fre: homologation générale *f*
Spa: permiso general de circulación *m*

general inspection *n*
Ger: Hauptuntersuchung *f*
Fre: contrôle technique *m*
Spa: inspección general *f*

general purpose battery *n*
Ger: Versorgungsbatterie *f*
Fre: batterie d'alimentation *f*
Spa: batería de alimentación *f*

geomagnetic sensor (navigation system) *n*
Ger: Erdmagnetfeldsonde (Navigationssystem) *f*
Fre: sonde de champ magnétique terrestre (système de navigation) *f*
Spa: sensor del campo magnético de la tierra (sistema de navegación) *m*

geometric fuel delivery *n*
Ger: geometrische Fördermenge *f*
Fre: débit de refoulement géométrique *m*
Spa: caudal de alimentación geométrico *m*

geometric fuel-delivery stroke *n*
Ger: geometrischer Förderhub *m*
Fre: course de refoulement géométrique *f*
Spa: carrera de alimentación geométrica *f*

geometric range (headlamp) *n*
Ger: geometrische Reichweite (Scheinwerfer) *f*
Fre: portée géométrique (projecteur) *f*
Spa: alcance geométrico (faros) *m*

glare (headlamp) *n*
Ger: Blendung (Scheinwerfer) *f*
Fre: éblouissement (projecteur) *m*
Spa: deslumbramiento (faros) *m*

glare effect (headlamp) *n*
Ger: Blendwirkung (Scheinwerfer) *f*
Fre: effet d'éblouissement (projecteur) *m*
Spa: efecto deslumbrante (faros) *m*

glass breakage detector (car alarm) *n*
Ger: Glasbruchmelder (Autoalarm) *m*
Fre: détecteur de bris de glaces (alarme auto) *m*
Spa: detector de rotura de cristal (alarma de vehículo) *m*

glass ceramics *n*
Ger: Glaskeramik *f*
Fre: vitrocéramique *f*
Spa: vitrocerámica *f*

glass fiber reinforced *pp*
Ger: glasfaserverstärkt *adj*
Fre: renforcé de fibres de verre *pp*
Spa: reforzado con fibra de vidrio *pp*

English

glass fiber, GF *n*
Ger: Glasfaser, GF *f*
Fre: fibre de verre *f*
Spa: fibra de vidrio *f*

glove compartment *n*
Ger: Handschuhfach *n*
Fre: boîte à gants *f*
Spa: guantera *f*

glow control unit *n*
Ger: Glühzeitsteuergerät *n*
Fre: module de commande du temps de préchauffage *m*
Spa: unidad de control de tiempo de precalentamiento *f*

glow discharge *n*
Ger: Glimmentladung *f*
Fre: décharge d'arc *m*
Spa: descarga luminosa *f*

glow duration *n*
Ger: Glühdauer *f*
Fre: durée d'incandescence *f*
Spa: duración de incandescencia *f*

glow element *n*
Ger: Glühstift *m*
Fre: crayon de préchauffage *m*
Spa: espiga de incandescencia *f*

glow indicator *n*
Ger: Glühüberwacher *m*
Fre: contrôleur d'incandescence *m*
Spa: indicador de incandescencia *m*

glow plug *n*
Ger: Glühkerze *f*
Fre: bougie de préchauffage *f*
Spa: bujía de incandescencia *f*

glow plug and starter switch *n*
Ger: Glüh-Start-Schalter *m*
Fre: commutateur de préchauffage-démarrage *m*
Spa: interruptor de precalentamiento y arranque *m*

glow plug start assist *n*
Ger: Startglühen *n*
Fre: préchauffage-démarrage *m*
Spa: precalentamiento de arranque *m*

glow plug warning lamp *n*
Ger: Glühkontrollleuchte *f*
Fre: témoin de préchauffage *m*
Spa: lámpara de control de incandescencia *f*

glow tube *n*
Ger: Glührohr *n*
Fre: tube incandescent *m*
Spa: tubo de incandescencia *m*

glow-plug tip *n*
Ger: Glühkörper *m*
Fre: corps chauffant (crayon) *m*
Spa: cuerpo incandescente *m*

glycol based brake fluid *n*
Ger: Glykol-Bremsflüssigkeit *f*
Fre: liquide de frein à base de glycol *m*
Spa: líquido de frenos a base de glicol *m*

governing (diesel engine) *n*
Ger: Dieselregelung (Dieselmotor) *f*
Fre: régulation diesel (moteur diesel) *f*
Spa: regulación Diesel (motor Diesel) *f*

governor (diesel fuel injection) *n*
Ger: Drehzahlregler (Dieseleinspritzung) *m*
(Fliehkraftregler) *m*
Fre: régulateur de régime (injection diesel) *m*
Spa: regulador del número de revoluciones (inyección Diesel) *m*

governor assembly (mechanical governor) *n*
Ger: Reglergruppe *f*
Fre: bloc régulateur *m*
Spa: grupo regulador *m*

governor characteristic curves (mechanical governor) *n*
Ger: Reglerkennfeld *n*
Fre: cartographie du régulateur *f*
Spa: diagrama característico del regulador *m*

governor characteristics (mechanical governor) *n*
Ger: Reglercharakteristik *f*
Fre: caractéristique du régulateur *f*
Spa: característica del regulador *f*

governor cover (mechanical governor) *n*
Ger: Reglerdeckel *m*
Fre: couvercle de régulateur *m*
Spa: tapa del regulador *f*

governor deviation *n*
Ger: Regelabweichung *f*
Fre: écart de régulation *m*
Spa: desviación de regulación *f*

governor hub (mechanical governor) *n*
Ger: Reglernabe *f*
Fre: moyeu de régulateur *m*
Spa: cubo del regulador *m*

governor linkage (mechanical governor) *n*
Ger: Reglergestänge *n*
Fre: tringlerie du régulateur *f*
Spa: varillaje del regulador *m*

governor spring *n*
Ger: Regelfeder (Diesel-Regler) *f*
Fre: ressort de régulation (injection diesel) *m*
Spa: resorte de regulación (regulador Diesel) *m*

graded index optical fiber *n*
Ger: Gradientenfaser *f*
Fre: fibre à gradient *f*
Spa: fibra multimodal *f*

graded start quantity *n*
Ger: gestufte Startmenge *f*
Fre: surcharge étagée *f*
Spa: caudal escalonado de arranque *m*

gradient *n*
Ger: Steigung *f*
Fre: pente *f*
Spa: gradiente *m*

gradient angle *n*
Ger: Steigungswinkel *m*
(Gefällwinkel) *m*
Fre: angle d'inclinaison de la montée *m*
(angle de pente) *m*
Spa: ángulo de inclinación *m*
(ángulo de pendiente) *m*

gradient decrease *n*
Ger: Gradientenabfall *m*
Fre: baisse de gradient *f*
Spa: decremento de gradiente *m*

gradient sensor *n*
Ger: Gradienten-Sensor *m*
Fre: capteur à gradient *m*
Spa: sensor de gradiente *m*

graduable *adj*
Ger: abstufbar *adj*
(stufbar) *adj*
Fre: modérable *adj*
Spa: graduable *adj*

gravel *n*
Ger: Schotter *m*
Fre: macadam *m*
Spa: grava *f*
(balasto) *m*

gravitation sensor *n*
Ger: Gravitationssensor *m*
Fre: capteur inertiel *m*
Spa: sensor gravitacional *m*

gravitational acceleration *n*
Ger: Erdbeschleunigung *f*
Fre: accélération de la pesanteur *f*
Spa: aceleración de la gravedad *f*

gravity braking system *n*
Ger: Fall-Bremsanlage *f*
Fre: dispositif de freinage à commande par gravité *m*
Spa: sistema de frenos por gravedad *m*

gravity feed fuel tank *n*
Ger: Falltank *m*
Fre: réservoir en charge *m*
Spa: depósito de flujo por gravedad *m*

gravity feed fuel tank operation *n*
Ger: Falltankbetrieb *m*
Fre: alimentation du réservoir par gravité *f*
Spa: servicio con depósito de flujo por gravedad *m*

gravity valve *n*

English

Ger: Schwerkraft-Ventil *n*
Fre: vanne à gravité *f*
Spa: válvula por gravedad *f*

gray cast iron brake disc *n*
Ger: Graugussbremsscheibe *f*
Fre: disque de frein en fonte grise *m*
Spa: disco de freno de fundición gris *m*

grease gun *n*
Ger: Fettpresse *f*
Fre: presse à graisse *f*
Spa: bomba de engrase *f*

greenhouse gas *n*
Ger: Treibhausgas *n*
Fre: gaz à effet de serre *m*
Spa: gas de invernadero *m*

grip ring (brakes) *n*
Ger: Greifring (Bremse) *m*
Fre: bague d'attaque (frein) *f*
Spa: anillo de retención (freno) *m*

grommet *n*
Ger: Tülle *f*
Fre: passe-fils *m*
Spa: boquilla *f*

groove *n*
Ger: Rille *f*
Fre: rainure *f*
Spa: surco *m*

groove cross section *n*
Ger: Rillenquerschnitt *m*
Fre: nervure en coupe *f*
Spa: sección transversal del surco *f*

grooved sliding bearing *n*
Ger: Rillenlager *n*
Fre: palier à rainures *m*
Spa: rodamiento radial rígido *m*

grooved toothing *n*
Ger: Kerbverzahnung *f*
Fre: cannelure *f*
Spa: dentado por entalladura *m*

gross calorific value *n*
Ger: Brennwert *m*
Fre: pouvoir calorifique supérieur, PCS *m*
Spa: poder calorífico *m*

ground cable *n*
Ger: Masseleitung *f*
(Masserückleitung) *f*
Fre: câble de mise à la masse *m*
(câble de retour à la masse) *m*
Spa: cable a masa *m*

ground clearance (motor vehicle) *n*
Ger: Bodenfreiheit (Kfz) *f*
Fre: garde au sol (véhicule) *f*
Spa: altura libre sobre el suelo (automóvil) *f*

ground connection *n*
Ger: Masseanschluss *m*
Fre: connexion de masse *f*
Spa: conexión a masa *f*

ground connection *n*
Ger: Masseverbindung *f*
Fre: mise à la terre *f*
Spa: conexión a masa *f*

ground electrode *n*
Ger: Masseelektrode *f*
Fre: électrode de masse *f*
Spa: electrodo de masa *m*

ground return *n*
Ger: Masserückführung *f*
Fre: retour par la masse *m*
Spa: retorno a masa *m*

ground strap *n*
Ger: Masseband *n*
Fre: tresse de masse *f*
Spa: cinta a masa *f*

group injection *n*
Ger: Gruppeneinspritzung *f*
Fre: injection groupée *f*
Spa: inyección por grupos de cilindros *f*

guide bracket *n*
Ger: Führungsbügel *m*
Fre: étrier de guidage *m*
Spa: estribo guía *m*

guide lever *n*
Ger: Führungshebel *m*
Fre: levier de guidage *m*
Spa: palanca guía *f*

guide pin *n*
Ger: Führungsbolzen *m*
(Führungsstift) *m*
Fre: axe de guidage *m*
Spa: perno guía *m*

guide pulley *n*
Ger: Umlenkrolle *f*
Fre: poulie de renvoi *f*
Spa: rodillo de reenvío *m*

guide rail *n*
Ger: Führungsschiene *f*
Fre: glissière *f*
Spa: riel guía *m*

guide rail *n*
Ger: Führungsschiene *f*
Fre: glissière *f*
Spa: riel guía *m*

guide rod *n*
Ger: Führungsstange *f*
Fre: tige de guidage *f*
Spa: barra guía *f*

guide sleeve *n*
Ger: Führungsbuchse *f*
Fre: douille de guidage *f*
Spa: casquillo guía *m*

guide sleeve *n*
Ger: Führungshülse *f*
Fre: manchon de guidage *m*
Spa: manguito guía *m*

guide slot *n*
Ger: Führungsschlitz *m*
Fre: rainure de guidage *f*
Spa: ranura guía *f*

guide washer *n*
Ger: Führungsscheibe *f*
Fre: rondelle de guidage *f*
Spa: arandela guía *f*

gunn oscillator switch-on signal *n*
Ger: Gunnoszillator-Einschaltsignal *n*
Fre: signal d'activation de l'oscillateur Gunn *m*
Spa: señal de activación del oscilador Gunn *f*

gusset plate *n*
Ger: Knotenblech *n*
Fre: équerre d'assemblage *f*
Spa: cartabón *m*

H

hairline crack *n*
Ger: Haarriss *m*
Fre: fissure capillaire *f*
Spa: fisura capilar *f*

half wave rectifier *n*
Ger: Einweggleichrichter *m*
Fre: redresseur demi-onde *m*
Spa: rectificador de vía simple *m*

hall effect *n*
Ger: Hall-Effekt *m*
Fre: effet Hall *m*
Spa: efecto Hall *m*

hall effect crankshaft sensor *n*
Ger: Hall-Drehzahlsensor *m*
Fre: capteur de régime à effet Hall *m*
Spa: sensor de revoluciones Hall *m*

hall effect sensor *n*
Ger: Hall-Sensor *m*
Fre: capteur à effet Hall *m*
(capteur Hall) *m*
Spa: sensor Hall *m*

hall generator *n*
Ger: Hall-Geber *m*
Fre: générateur de Hall *m*
Spa: transmisor Hall *m*

hall layer *n*
Ger: Hall-Schicht *f*
Fre: couche Hall *f*
Spa: capa Hall *f*

hall triggering system *n*
Ger: Hall-Auslösesystem *n*
Fre: système de déclenchement Hall *m*
Spa: sistema de activación Hall *m*

hall vane switch *n*
Ger: Hall-Schranke *f*
Fre: barrière Hall *f*
Spa: barrera Hall *f*

halogen charge *n*
Ger: Halogenfüllung *f*
Fre: charge d'halogène *f*
Spa: carga de halógeno *f*

halogen gas light *n*
Ger: Halogenlicht *n*
Fre: éclairage par lampe à halogène *m*

Spa: luz halógena *f*

halogen lamp ***n***
Ger: Halogenlampe *f*
Fre: lampe à halogène *f*
Spa: lámpara halógena *f*

hand portable searchlight ***n***
Ger: Handscheinwerfer *m*
Fre: projecteur portable *m*
Spa: lámpara portátil *f*

hand primer pump ***n***
Ger: Handförderpumpe *f*
(Handpumpe) f
Fre: pompe à main *f*
Spa: bomba de suministro manual *f*

hand switch ***n***
Ger: Handschalter *m*
Fre: molette *f*
Spa: interruptor manual *m*

hand transmitter (car alarm) ***n***
Ger: Handsender (Autoalarm) *m*
Fre: émetteur manuel (alarme auto) *m*
Spa: transmisor manual (alarma de vehículo) *m*

handbrake ***n***
Ger: Handbremse *f*
(Parkbremse) f
Fre: frein à main *m*
Spa: freno de mano *m*

handbrake cable ***n***
Ger: Handbremsseil *n*
Fre: câble de frein à main *m*
Spa: cable de freno de mano *m*

handbrake lever ***n***
Ger: Handbremshebel *m*
Fre: levier de frein à main *m*
Spa: palanca de freno de mano *f*

handbrake shoe ***n***
Ger: Handbremsbacke *f*
Fre: mâchoire de frein à main *f*
Spa: zapata de freno de mano *f*

handbrake valve ***n***
Ger: Handbremsventil *n*
Fre: valve de frein à main *f*
Spa: válvula de freno de mano *f*

hand-held remote control ***n***
Ger: Handsender *m*
Fre: émetteur manuel *m*
Spa: transmisor manual *m*

hard rubber ***n***
Ger: Hartgummi *m*
Fre: caoutchouc dur *m*
Spa: goma dura *f*
(ebonita) f

hard soldering ***n***
Ger: Hartlötung *f*
Fre: brasage fort *m*
Spa: soldadura amarilla *f*
(soldadura dura) f

hardening ***n***
Ger: Härten *n*
(Einhärtung) f
Fre: durcissement *m*
(durcissement par trempe) m
Spa: endurecimiento *m*

hardening temperature ***n***
Ger: Härtetemperatur *f*
Fre: température de trempe *f*
Spa: temperatura de endurecimiento *f*

hardness ***n***
Ger: Härte *f*
Fre: dureté *f*
Spa: dureza *f*

hardness test ***n***
Ger: Härteprüfung *f*
Fre: test de dureté *m*
Spa: ensayo de dureza *m*

hardness testing ***n***
Ger: Härtemessung *f*
Fre: essai de dureté *m*
Spa: medición de dureza *f*

harmonics ***npl***
Ger: Oberschwingungen *fpl*
Fre: oscillations harmoniques *fpl*
Spa: oscilaciones armónicas *fpl*

hasp type fastening (wipers) ***n***
Ger: Überfallbügelbefestigung (Wischer) *f*
Fre: fixation par contre-étrier (essuie-glace) *f*
Spa: fijación por gancho de empalme (limpiaparabrisas) *f*

hatchback (motor vehicle) ***n***
Ger: Schrägheck (Kfz) *n*
Fre: carrosserie bicorps *f*
Spa: zaga inclinada (automóvil) *f*

hazard warning light ***n***
Ger: Warnblinkleuchte *f*
Fre: témoin de feux de détresse *m*
Spa: luz intermitente de advertencia *f*

hazard warning light flasher ***n***
Ger: Warnblinkgeber *m*
Fre: centrale mixte de direction-détresse *f*
Spa: transmisor de luces intermitentes de advertencia *m*

hazard warning light relay ***n***
Ger: Warnblinkrelais *n*
Fre: relais du signal de détresse *m*
Spa: relé de luces intermitentes de advertencia *m*

hazard warning light switch ***n***
Ger: Warnblinkschalter *m*
Fre: touche de feux de détresse *f*
Spa: interruptor de las luces intermitentes *m*

hazard warning light system ***n***
Ger: Warnblinkanlage *f*
Fre: dispositif de signalisation direction-détresse *m*
Spa: luces intermitentes de advertencia *fpl*

hazard warning switch ***n***
Ger: Warnblinkschalter *m*
Fre: commutateur des feux de détresse *m*
Spa: interruptor de las luces intermitentes *m*

hazard warning switch ***n***
Ger: Warnblinkschalter *m*
Fre: commutateur des feux de détresse *m*
Spa: interruptor de las luces intermitentes *m*

hazard-warning device ***n***
Ger: Blinkanlage *f*
Fre: centrale clignotante *f*
Spa: instalación de luces intermitentes *f*

head airbag ***n***
Ger: Kopfairbag *m*
Fre: coussin gonflable protège-tête *m*
Spa: airbag para la cabeza *m*

head clearance (piston) ***n***
Ger: Sicherheitsabstand (Kolbenkopf) *m*
Fre: jeu d'extrémité supérieure (piston) *m*
Spa: distancia de seguridad (cabeza de pistón) *f*

head restraint ***n***
Ger: Kopfstütze *f*
Fre: appui-tête *m*
Spa: apoyacabezas *m*

head room ***n***
Ger: Kopfraum *m*
Fre: garde au toit *f*
Spa: espacio para la cabeza *m*

header tank ***n***
Ger: Ausgleichbehälter (Kfz-Kühler) *m*
Fre: vase d'expansion *m*
Spa: depósito de compensación (refrigerador del vehículo) *m*
(depósito de expansión) m

headlamp ***n***
Ger: Scheinwerfer *m*
Fre: projecteur *m*
Spa: faro *m*

headlamp adjustment ***n***
Ger: Scheinwerfereinstellung *f*
Fre: réglage des projecteurs *m*
Spa: alineación de faros *f*

headlamp housing ***n***
Ger: Scheinwerfergehäuse *n*
Fre: boîtier de projecteur *m*
Spa: caja de faro *f*

headlamp housing assembly ***n***
Ger: Scheinwerferaufnahme *f*
Fre: cuvelage de projecteur *m*
Spa: alojamiento de faro *m*

English

English

headlamp lens *n*
Ger: Scheinwerferstreuscheibe *f*
Fre: diffuseur de projecteur *m*
Spa: cristal de dispersión del faro *m*

headlamp mounting *n*
Ger: Scheinwerferaufnahme *f*
Fre: cuvelage de projecteur *m*
Spa: alojamiento de faro *m*

headlamp range *n*
Ger: Leuchtweite *f*
Fre: portée d'éclairement *f*
Spa: alcance de luces *m*

headlamp subassembly *n*
Ger: Scheinwerferbaugruppe *f*
Fre: bloc d'éclairage *m*
Spa: grupo constructivo de faro *m*

headlamp system *n*
Ger: Scheinwerfersystem *n*
Fre: système de projecteurs *m*
Spa: sistema de faros *m*

headlamp wash wipe system *n*
Ger: Scheinwerferreinigungsanlage *f*
Fre: lavophare *m*
Spa: sistema de limpieza de faros *m*

headlamp washer system *n*
Ger: Scheinwerfer-Waschanlage *f*
Fre: lavophare *m*
Spa: sistema lavafaros *m*

headlamp wiper system *n*
Ger: Scheinwerfer-Wischeranlage *f*
Fre: nettoyeur de projecteurs *m*
Spa: sistema limpiafaros *m*

headlight aiming device *n*
Ger: Scheinwerfer-Einstellprüfgerät (Scheinwerfereinstellgerät) *n*
Fre: réglophare *m*
Spa: comprobador de alineación del faro (aparato alineador de faros) *m*

headlight flasher *n*
Ger: Lichthupe *f*
Fre: appel de phares *m*
Spa: avisador luminoso *m*

headlight leveling *n*
Ger: Leuchtweiteeinstellung *f*
Fre: réglage de la portée d'éclairement *m*
Spa: ajuste del alcance de luces *m*

headlight leveling control *n*
Ger: Leuchtweitenregelung *f*
Fre: correcteur de site des projecteurs *m*
Spa: regulación del alcance de luces *f*

headlight unit *n*
Ger: Scheinwerfereinsatz *m*
Fre: bloc optique *m*
Spa: conjunto de faro *m*

headliner *n*
Ger: Dachinnenauskleidung *f*
Fre: ciel de pavillon *m*
Spa: revestimiento interior del techo *m*

headphone *n*
Ger: Kopfhörer *m*
Fre: écouteurs *mpl*
Spa: audífono *m*

heat absorbing property *n*
Ger: Wärmeaufnahmevermögen *n*
Fre: capacité d'absorption thermique *f*
Spa: capacidad de absorción de calor *f*

heat absorption *n*
Ger: Wärmeaufnahme *f*
Fre: absorption de chaleur *f*
Spa: absorción de calor *f*

heat absorption glass *n*
Ger: Wärmeschutzglas *n*
Fre: verre catathermique *m*
Spa: vidrio atérmico *m*

heat conduction *n*
Ger: Wärmeleitung *f*
Fre: conduction thermique *f*
Spa: conducción térmica *f*

heat dissipation *n*
Ger: Wärmeabführung *f*
Fre: dissipation de la chaleur *f*
Spa: disipación de calor *f*

heat exchange *n*
Ger: Wärmeaustausch *m*
Fre: échange de chaleur *m*
Spa: intercambio de calor *m*

heat exchanger (hydrodynamic retarder) *n*
Ger: Wärmetauscher (hydrodynamischer Verlangsamer) *m*
Fre: échangeur de chaleur (ralentisseur hydrodynamique) *m*
Spa: intercambiador de calor (retardador hidrodinámico) *m*

heat filter *n*
Ger: Wärmeschutzfilter *n*
Fre: filtre calorifuge *m*
Spa: filtro antitérmico *m*

heat flow *n*
Ger: Wärmestrom *m*
Fre: flux thermique *m*
Spa: flujo térmico *m*

heat flow density *n*
Ger: Wärmestromdichte *f*
Fre: densité de flux thermique *f*
Spa: densidad del flujo térmico *f*

heat loss *n*
Ger: Wärmeverlust *m*
Fre: déperdition de chaleur *f*
Spa: pérdida de calor *f*

heat losses *npl*
Ger: Verlustwärme *f*
(Wärmeverlust) *m*
Fre: chaleur de dissipation *f*
Spa: disipación de calor *f*

heat of evaporation *n*
Ger: Verdampfungswärme *f*
Fre: chaleur d'évaporation *f*
Spa: calor de evaporación *m*

heat pump *n*
Ger: Wärmepumpe *f*
Fre: pompe à chaleur *f*
Spa: bomba calorífica *f*

heat radiation *n*
Ger: Wärmestrahlung *f*
Fre: rayonnement thermique *m*
Spa: radiación de calor *f*

heat range (spark plug) *n*
Ger: Wärmewert (Zündkerze) *m*
Fre: degré thermique (bougie d'allumage) *m*
Spa: grado térmico (bujía de encendido) *m*

heat range code number (spark plug) *n*
Ger: Wärmewertkennzahl (Zündkerze) *f*
Fre: indice caractéristique du degré thermique (bougie d'allumage) *m*
Spa: índice del grado térmico (bujía de encendido) *m*

heat release *n*
Ger: Wärmefreisetzung *f*
Fre: loi de libération d'énergie *f*
Spa: liberación de calor *f*

heat shield *n*
Ger: Hitzeschild *n*
Fre: écran thermique *m*
Spa: escudo térmico *m*

heat shield (injection nozzle) *n*
Ger: Wärmeschutz (Einspritzdüse) *m*
Fre: isolation thermique *f*
Spa: protección antitérmica (inyector) *f*

heat shield *n*
Ger: Wärmeschutzblech *n*
Fre: plaque pare-chaleur *f*
Spa: chapa de protección antitérmica *f*

heat shield ring *n*
Ger: Wärmeschutzring *m*
Fre: joint calorifuge *m*
Spa: anillo de protección antitérmica *m*

heat shrink hose *n*
Ger: Schrumpfschlauch *m*
Fre: flexible thermorétractable *m*
Spa: tubo flexible termocontráctil *m*

heat sink *n*
Ger: Kühlkörper *m*
(Kühlblech) *n*
Fre: refroidisseur *m*
(radiateur à ailettes) *m*

Spa: cuerpo refrigerante *m*

heat transfer ***n***
Ger: Wärmeübergang *m*
Fre: transfert thermique *m*
Spa: transmisión térmica *f*

heat transfer ***n***
Ger: Wärmeübertragung *f*
Fre: transfert thermique *m*
Spa: transferencia de calor *f*

heat transfer coefficient ***n***
Ger: Wärmeübergangskoeffizient *m*
Fre: coefficient de transfert thermique *m*
Spa: coeficiente de transmisión térmica *m*

heated lambda sensor, LSH ***n***
Ger: beheizte Lambda-Sonde, LSH *f*
Fre: sonde à oxygène chauffée *f*
Spa: sonda Lambda calefactada, LSH *f*

heated rear windshield ***n***
Ger: heizbare Heckscheibe *f*
Fre: lunette arrière chauffante *f*
Spa: luneta trasera calefactable *f*

heated rear-window switch ***n***
Ger: Heckscheibenheizungs-schalter *m*
Fre: commutateur du chauffage de lunette arrière *m*
Spa: interruptor de calefacción de luneta trasera *m*

heater blower ***n***
Ger: Heizergebläse *n*
Fre: ventilateur de chaufferette *m*
Spa: soplador calefactor *m*

heater control ***n***
Ger: Heizungsregelung *f*
Fre: régulation du chauffage *f*
Spa: regulación de la calefacción *f*

heater core ***n***
Ger: Heizkörper *m*
Fre: radiateur *m*
Spa: calefactor *m*

heater element ***n***
Ger: Heizelement *n*
Fre: élément chauffant *m*
Spa: elemento de calefacción *m*

heater system ***n***
Ger: Heizungsanlage *f*
Fre: chauffage *m*
Spa: sistema de calefacción *m*

heating coil ***n***
Ger: Heizwicklung *f*
Fre: enroulement chauffant *m*
Spa: bobinado de calefacción *m*

heating element (air drier) ***n***
Ger: Heizstab (Lufttrockner) *m*
Fre: tige chauffante (dessiccateur) *f*
Spa: varilla calefactora (secador de aire) *f*

heating resistor ***n***
Ger: Heizwiderstand *m*
Fre: résistance chauffante *f*
Spa: resistencia de calefacción *f*

heating tube ***n***
Ger: Heizrohr *n*
Fre: tube chauffant *m*
Spa: tubo calefactor *m*

heating voltage ***n***
Ger: Heizspannung *f*
Fre: tension de chauffage *f*
Spa: tensión de calefacción *f*

heating wire ***n***
Ger: Heizdraht *m*
Fre: fil chauffant *m*
Spa: filamento de calefacción *m*

height above mean sea level ***n***
Ger: Höhe über NN *f*
Fre: altitude *f*
Spa: altura sobre NN *f*

height adjustment ***n***
Ger: Höhenverstellung *f*
Fre: réglage en hauteur *m*
Spa: regulación de altura *f*

height adjustment gearing ***n***
Ger: Höhenverstellgetriebe *n*
Fre: réducteur de réglage en hauteur *m*
Spa: engranaje de regulación de altura *m*

height check ***n***
Ger: Höhenkontrolle *f*
Fre: contrôle altimétrique *m*
Spa: control de altitud *m*

height-control valve ***n***
Ger: Luftfederventil *n*
Fre: valve de nivellement *f*
Spa: válvula de suspensión neumática *f*

helical compression spring ***n***
Ger: Schraubendruckfeder *f*
Fre: ressort hélicoïdal de compression *m*
Spa: resorte helicoidal de compresión *m*

helical heating wire ***n***
Ger: Heizwendel *f*
Fre: filament chauffant hélicoïdal *m*
Spa: espiral de calefacción *f*

helical spline ***n***
Ger: Steilgewinde *n*
Fre: filetage à pas rapide *m*
Spa: rosca de paso rápido *f*

helical spring ***n***
Ger: Schraubenfeder *f*
Fre: ressort hélicoïdal *m*
Spa: resorte helicoidal *m*

helical teeth ***n***
Ger: Schrägverzahnung *f*
Fre: denture hélicoïdale *f*
Spa: dentado oblicuo *m*

helical wheel ***n***
Ger: Schraubenrad *n*
Fre: roue hélicoïdale *f*
Spa: rueda helicoidal *f*

helium laser ***n***
Ger: Helium-Laser *m*
Fre: laser à l'hélium *m*
Spa: láser de helio *m*

helix (plunger-and-barrel assembly) ***n***
Ger: Steuerkante (Pumpenelement) *f*
(Schrägkante) *f*
Fre: rampe hélicoïdale (élément de pompage) *f*
Spa: borde de distribución (elemento de bomba) *m*

helix controlled injection pump ***n***
Ger: kantengesteuerte Einspritzpumpe *f*
Fre: pompe d'injection commandée par rampe de dosage *f*
Spa: bomba de inyección controlada por arista *f*

heterogeneous mixture distribution ***n***
Ger: heterogene Gemischverteilung *f*
Fre: mélange hétérogène *m*
Spa: distribución heterogénea de mezcla *f*

hexagon bolt ***n***
Ger: Sechskantschraube *f*
Fre: vis à tête hexagonale *f*
Spa: tornillo de cabeza hexagonal *m*

hexagon drive bit ***n***
Ger: Innensechskantschlüssel *m*
Fre: clé mâle coudée pour vis à six pans creux *f*
Spa: llave con macho hexagonal *f*

hexagon nut ***n***
Ger: Sechskantmutter *f*
Fre: écrou hexagonal *m*
Spa: tuerca hexagonal *f*

hexagon socket-head screw ***n***
Ger: Innensechskantschraube *f*
Fre: vis à six-pans creux *f*
Spa: tornillo con hexágono interior *m*

high beam (headlamp) ***n***
Ger: Fernlicht (Scheinwerfer) *n*
Fre: faisceau route *m*
(feu de route) *m*
Spa: luz de carretera (faros) *f*

high frequency inductive sensor ***n***
Ger: Hochfrequenzinduktivgeber *m*
Fre: capteur inductif haute fréquence *m*
Spa: transmisor inductivo de alta frecuencia *m*

high idle speed ***n***
Ger: Enddrehzahl *f*
(obere Leerlaufdrehzahl) *f*

English

(Höchstdrehzahl) f
Fre: vitesse maximale à vide f
Spa: régimen superior de ralentí m

high idle speed *n*
Ger: Höchstdrehzahl f
Fre: régime maximal m
Spa: régimen máximo m

high performance ignition coil *n*
Ger: Hochleistungs-Zündspule f
Fre: bobine d'allumage à hautes performances f
Spa: bobina de encendido de altas prestaciones f

high pressure *n*
Ger: Hochdruck m
Fre: haute pression f
Spa: alta presión f

high pressure accumulator (common rail) *n*
Ger: Hochdruckspeicher (Common Rail) m
Fre: accumulateur haute pression (« Common Rail ») m
Spa: acumulador de alta presión (Common Rail) m

high pressure braking system *n*
Ger: Hochdruck-Bremsanlage f
Fre: dispositif de freinage haute pression m
Spa: sistema de frenos de alta presión m

high pressure chamber *n*
Ger: Druckraum m
Fre: chambre de pression f
Spa: cámara de presión f

high pressure charge pump (TCS) *n*
Ger: Hochdruckladepumpe (ASR) f
Fre: pompe de suralimentation haute pression (ASR) f
Spa: bomba de carga de alta presión (ASR) f

high pressure circuit *n*
Ger: Hochdruckkreis m
Fre: circuit haute pression m
Spa: circuito de alta presión m

high pressure circuit *n*
Ger: Hochdruckkreislauf m
Fre: circuit haute pression m
Spa: circuito de alta presión m

high pressure connection *n*
Ger: Hochdruckanschluss m
Fre: orifice haute pression m
Spa: conexión de alta presión f

high pressure control *n*
Ger: Hochdruckregelung f
Fre: régulation haute pression f
Spa: regulación de alta presión f

high pressure delivery *n*
Ger: Hochdruckförderung f
(Hochdruckbetrieb) mf
Fre: refoulement haute pression m
Spa: suministro a alta presión m

high pressure delivery line *n*
Ger: Hochdruckleitung f
Fre: tuyauterie haute pression f
Spa: línea de alta presión f

high pressure direct injector *n*
Ger: Hochdruckdirekteinspritzer m
Fre: moteur à injection directe haute pression m
Spa: inyector directo de alta presión m

high pressure fuel injection *n*
Ger: Hochdruckeinspritzung f
Fre: injection haute pression f
Spa: inyección a alta presión f

high pressure fuel line *n*
Ger: Kraftstoff-Hochdruckleitung f
Fre: conduite haute pression de carburant f
Spa: tubería de alta presión de combustible f

high pressure fuel pump *n*
Ger: Kraftstoff-Hochdruckpumpe f
Fre: pompe à carburant haute pression f
Spa: bomba de alta presión de combustible f

high pressure fuel supply *n*
Ger: Hochdruckzulauf m
Fre: arrivée de la haute pression f
Spa: alimentación de alta presión f

high pressure fuel system *n*
Ger: Hochdruck-Kraftstoffsystem n
Fre: système d'alimentation en carburant haute pression m
Spa: sistema de combustible de alta presión m

high pressure gear pump *n*
Ger: Buchsenpumpe f
Fre: pompe hydraulique à engrenages f
Spa: bomba de casquillo f

high pressure grease *n*
Ger: Hochdruckfett n
Fre: graisse haute pression f
Spa: grasa de alta presión f

high pressure injector *n*
Ger: Hochdruckeinspritzventil n
Fre: injecteur haute pression m
Spa: válvula de inyección de alta presión f

high pressure pump *n*
Ger: Hochdruckpumpe f
(Hochdruckförderpumpe) f
Fre: pompe haute pression f
(pompe d'alimentation haute pression) f
Spa: bomba de alta presión f

high pressure sensor *n*
Ger: Hochdrucksensor m
Fre: capteur haute pression m
Spa: sensor de alta presión m

high pressure solenoid valve *n*
Ger: Hochdruckmagnetventil n
Fre: électrovanne haute pression f
Spa: electroválvula de alta presión f

high pressure supercharger *n*
Ger: Hochdruckladepumpe f
Fre: pompe de suralimentation haute pression f
Spa: bomba de carga de alta presión f

high pressure test *n*
Ger: Hochdruckprüfung f
Fre: essai de haute pression m
Spa: ensayo de alta presión m

high pressure washer system *n*
Ger: Hochdruck-Waschanlage f
Fre: dispositif de lavage haute pression m
Spa: sistema de lavado a alta presión m

high speed (diesel engine) *adj*
Ger: schnelllaufend (Dieselmotor) adj
Fre: à régime rapide (moteur diesel) adj
Spa: de alta velocidad loc

high speed diesel engine *n*
Ger: schnelllaufender Dieselmotor m
Fre: moteur diesel à régime rapide m
Spa: motor Diesel de alta velocidad m

high speed knock *n*
Ger: Hochgeschwindigkeits-klopfen n
Fre: cliquetis à haut régime m
Spa: picado a alta velocidad m

high tension ignition cable *n*
Ger: Zündleitung f
Fre: câble d'allumage m
Spa: cable de encendido m

high tone horn *n*
Ger: Hochtonhorn n
Fre: avertisseur à tonalité aiguë m
Spa: bocina de tonos agudos f

high voltage *n*
Ger: Hochspannung f
Fre: haute tension f
Spa: alta tensión f

high voltage cable *n*
Ger: Hochspannungsleitung f
Fre: câble haute tension m
Spa: cable de alta tensión m

high voltage distributor *n*
Ger: Hochspannungsverteiler m
Fre: distributeur haute tension m
Spa: distribuidor de alta tensión m

hip point *n*
Ger: Hüftpunkt m
(H-Punkt) m

English

Fre: point de référence de la hanche *m*
Spa: punto de referencia del asiento *m*

hoisting equipment ***n***
Ger: Hebezeug *n*
Fre: engin de levage *m*
Spa: aparato elevador *m*

hold down clamp ***n***
Ger: Spannbügel *m*
Fre: étrier de fixation *m*
Spa: estribo de sujeción *m*

holding current ***n***
Ger: Haltestrom *m*
Fre: courant de maintien *m*
Spa: corriente de retención *f*

hole ***n***
Ger: Bohrung *f*
Fre: trou taraudé *m*
Spa: taladro *m*

hole pattern ***n***
Ger: Lochbild *n*
Fre: plan de perçage *m*
Spa: disposición de agujeros *f*

hole pintle nozzle (injector) ***n***
Ger: Lochzapfendüse (Einspritzdüse) *f*
Fre: injecteur à téton perforé *m*
Spa: inyector de tetón perforado (inyector) *m*

hole type nozzle ***n***
Ger: Lochdüse *f*
Fre: injecteur à trou(s) *m*
Spa: inyector de orificios *m*

hollow axle ***n***
Ger: Hohlachse *f*
Fre: axe creux *m*
Spa: árbol hueco *m*

hollow conductor ***n***
Ger: Hohlleiter *m*
Fre: conducteur creux *m*
Spa: conductor hueco *m*

hollow rivet ***n***
Ger: Hohlniet *m*
Fre: rivet creux *m*
Spa: remache hueco *m*

hollow screw ***n***
Ger: Hohlschraube *f*
Fre: vis creuse *f*
Spa: tornillo hueco *m*

hologram plate ***n***
Ger: Hologrammplatte *f*
Fre: plaque photographique *f*
Spa: placa holográfica *f*

homofocal reflector (headlamp) ***n***
Ger: Homofokal-Reflektor (Scheinwerfer) *m*
Fre: réflecteur homofocal *m*
Spa: reflector homofocal (faros) *m*

homogeneous amount ***n***
Ger: Homogenmenge *f*
Fre: quantité homogène *f*
Spa: caudal homogéneo *m*

homogeneous injection ***n***
Ger: Homogeneinspritzung *f*
Fre: injection homogène *f*
Spa: inyección homogénea *f*

homogeneous knock protection ***n***
Ger: Homogen-Klopfschutz *m*
Fre: protection anticliquetis par homogénéisation du mélange *f*
Spa: protección homogénea de picado *f*

homogeneous knock protection mode ***n***
Ger: Homogen-Klopfschutz-Betrieb *m*
Fre: mode homogène anticliquetis *m*
Spa: modo de protección homogénea de picado *m*

homogeneous mixture ***n***
Ger: homogenes Gemisch *n*
Fre: mélange homogène *m*
Spa: mezcla homogénea *f*

homogeneous mixture distribution ***n***
Ger: homogene Gemischverteilung *f*
Fre: mélange homogène *m*
Spa: distribución homogénea de mezcla *f*

homogeneous operating mode ***n***
Ger: Homogen-Betrieb *m*
Fre: mode homogène *m*
Spa: modo de operación homogéneo *m*

homogeneous redundancy ***n***
Ger: homogene Redundanz *f*
Fre: redondance homogène *f*
Spa: redundancia homogénea *f*

homogeneous stratified operating mode ***n***
Ger: Homogen-Schicht-Betrieb *m*
Fre: mode homogène stratifié *m*
Spa: modo de operación homogéneo estratificado *m*

homogenizing ***n***
Ger: Diffusionsglühen *n*
Fre: recuit de diffusion *m*
Spa: recocido por difusión *(homogeneización)* *f*

homogenous ***n***
Ger: homogen *adj*
Fre: homogène *adj*
Spa: homogéneo *adj*

homogenous lean operating mode ***n***
Ger: Homogen-Mager-Betrieb *m*
Fre: mode homogène pauvre *m*
Spa: modo de operación homogéneo con mezcla pobre *m*

homologation ***n***
Ger: Homologation *f*
Fre: homologation *f*
Spa: homologación *f*

honeycomb (soot burn-off filter) ***n***
Ger: Wabenkörper (Rußabbrennfilter) *m*
Fre: matrice céramique en nid d'abeilles *f*
Spa: cuerpo alveolar (filtro de quemado de hollín) *m*

honeycomb ceramic (soot burn-off filter) ***n***
Ger: Wabenkeramik (Rußabbrennfilter) *f*
Fre: céramique en nid d'abeilles (filtre d'oxidation de particules) *f*
Spa: cerámica tipo panal de abeja (filtro de quemado de hollín) *f*

honeycomb structure (soot burn-off filter) ***n***
Ger: Wabenstruktur (Rußabbrennfilter) *f*
Fre: structure en nid d'abeilles *f*
Spa: estructura alveolar (filtro de quemado de hollín) *f*

hood ***n***
Ger: Abdeckhaube *f*
Fre: capot *m*
Spa: cubierta *f*

hood ***n***
Ger: Haube (Motorhaube) *f*
Fre: capuchon *m*
Spa: caperuza (capó de motor) *f*

hood ***n***
Ger: Motorhaube *f*
Fre: capot moteur *m*
Spa: capó del motor *m*

hood latch bracket ***n***
Ger: Motorhaubenverriegelung *f*
Fre: verrouillage du capot moteur *m*
Spa: enclavamiento del capó del motor *m*

hook type fastening (wipers) ***n***
Ger: Hakenbefestigung (Scheibenwischer) *f*
Fre: fixation par crochet (calculateur) *f*
Spa: fijación por gancho (limpiaparabrisas) *f*

horizonta -draft carburetor ***n***
Ger: Flachstrom-Vergaser *m*
Fre: carburateur horizontal *m*
Spa: carburador de flujo horizontal *m*

horn ***n***
Ger: Horn *n*
Fre: avertisseur sonore *m*
Spa: bocina *f*

horn ***n***
Ger: Hupe *f*

English

Fre: klaxon *m*
Spa: bocina *f*

horn *n*
Ger: Signalhorn *n*
Fre: signal d'avertisseur sonore *m*
Spa: bocina *f*

hose *n*
Ger: Schlauch *m*
Fre: chambre à air *f*
Spa: tubo flexible *m*

hose *n*
Ger: Schlauchleitung *f*
Fre: tuyau flexible *m*
Spa: tubo flexible *m*

hose clamp *n*
Ger: Schlauchklemme *f*
Fre: collier de serrage *m*
Spa: abrazadera para tubo flexible *f*

hot dip galvanizing *n*
Ger: Feuerverzinken *n*
Fre: galvanisation à chaud *f*
Spa: galvanizado al fuego *pp*

hot engine driving response (IC engine) *n*
Ger: Heißlaufverhalten (Verbrennungsmotor) *n*
Fre: comportement en surchauffe (moteur à combustion) *m*
Spa: comportamiento de marcha en caliente (motor de combustión) *m*

hot film air-mass meter *n*
Ger: Heißfilm-Luftmassenmesser *m*
Fre: débitmètre massique à film chaud *m*
(débitmètre d'air à film chaud) *m*
Spa: caudalímetro de aire por película caliente *m*

hot film sensor *n*
Ger: Heißfilmsensor *m*
Fre: capteur à film chaud *m*
Spa: sensor por película caliente *m*

hot fuel delivery *n*
Ger: Heißförderung *f*
Fre: refoulement à chaud *m*
Spa: suministro de combustible caliente *m*

hot fuel handling characteristics *npl*
Ger: Heißbenzinverhalten *n*
Fre: comportement avec carburant chaud *m*
Spa: comportamiento con gasolina caliente *m*

hot soak phase *n*
Ger: Nachheizphase *f*
Fre: phase de post-chauffage *f*
Spa: fase de recalentamiento *f*

hot start *n*
Ger: Heißstart *m*
Fre: démarrage à chaud *m*
Spa: arranque en caliente *m*

hot start *n*
Ger: Warmstart *m*
(Heißstart) *m*
Fre: départ à chaud *m*
Spa: arranque en caliente *m*

hot start condition *n*
Ger: Heißstartbedingung *f*
Fre: condition de démarrage à chaud *f*
Spa: condición de arranque en caliente *f*

hot start fuel quantity *n*
Ger: Heißstartmenge *f*
Fre: débit de démarrage à chaud *m*
Spa: caudal de arranque en caliente *m*

hot start response *n*
Ger: Heißstartverhalten *f*
Fre: comportement au démarrage à chaud *m*
Spa: comportamiento de arranque en caliente *m*

hot test (exhaust-gas test) *n*
Ger: Heißtest (Abgasprüfung) *m*
Fre: cycle départ à chaud (émissions) *m*
Spa: ensayo en caliente (comprobación de gases de escape) *m*

hot water pump *n*
Ger: Heizwasserpumpe *f*
Fre: pompe à eau chaude *f*
Spa: bomba de agua de calefacción *f*

hot water valve *n*
Ger: Heizwasserventil *n*
Fre: vanne d'eau chaude *f*
Spa: válvula de agua caliente *f*

hot wire (air-mass meter) *n*
Ger: Hitzdraht (Luftmassenmesser) *m*
Fre: fil chaud (débitmètre massique) *m*
Spa: hilo caliente (caudalímetro de aire) *m*

hot wire air-mass meter *n*
Ger: Hitzdraht-Luftmassenmesser *m*
Fre: débitmètre massique à fil chaud *m*
Spa: caudalímetro de aire de hilo caliente *m*

hot wire anemometer *n*
Ger: Hitzdrahtanemometer *m*
Fre: anémomètre à fil chaud *m*
Spa: anemómetro de hilo caliente *m*

housing (lamps) *n*
Ger: Gehäuse (Leuchtkörper) *n*
Fre: boîtier (projecteur) *m*
Spa: caja (cuerpo luminoso) *f*

housing mounting *n*
Ger: Gehäusebefestigung *f*
Fre: fixation sur carter *f*
Spa: fijación de caja *f*

housing stop *n*
Ger: Gehäuseanschlag *m*
Fre: butée sur carter *f*
Spa: tope de caja *m*

hub *n*
Ger: Nabe *f*
Fre: moyeu *m*
Spa: cubo *m*

hub puller (brakes) *n*
Ger: Abdrückvorrichtung (Bremsen) *f*
Fre: dispositif d'extraction *m*
Spa: dispositivo de extracción (frenos) *m*

hum (radio disturbance) *v*
Ger: brummen (Funkstörung) *v*
Fre: ronflement (perturbation) *m*
Spa: zumbar (interferencias de radio) *v*

humidity sensor *n*
Ger: Feuchtesensor *m*
Fre: capteur d'humidité *m*
Spa: sensor de humedad *m*

hybrid circuit *n*
Ger: Hybridschaltung *f*
Fre: circuit hybride *m*
Spa: circuito híbrido *m*

hybrid drive *n*
Ger: Hybridantrieb *m*
Fre: traction hybride *f*
Spa: propulsión híbrida *f*

hybrid electric bus *n*
Ger: Hybrid-Elektrobus *m*
Fre: autobus à propulsion électrique hybride *m*
Spa: autobús eléctrico híbrido *m*

hybrid regulator *n*
Ger: Hybridregler *m*
Fre: régulateur hybride *m*
Spa: regulador híbrido *m*

hybrid technology *n*
Ger: Hybridtechnik *f*
Fre: technologie hybride *f*
Spa: tecnología híbrida *f*

hydraulic accumulator *n*
Ger: Hydrospeicher *m*
Fre: accumulateur hydraulique *m*
Spa: acumulador hidráulico *m*

hydraulic brake booster *n*
Ger: Hydraulik-Bremskraftverstärker *m*
Fre: servofrein hydraulique *m*
Spa: servofreno hidráulico *m*

hydraulic brake circuit *n*
Ger: Hydraulikbremskreis *m*
Fre: circuit de freinage hydraulique *m*
Spa: circuito de freno hidráulico *m*

hydraulic brake system *n*
Ger: hydraulische Bremsanlage *f*

Fre: système de freinage hydraulique *m*
Spa: sistema de frenos hidráulico *m*

hydraulic cylinder *n*
Ger: Hydraulikzylinder *m*
Fre: vérin hydraulique *m*
Spa: cilindro hidráulico *m*

hydraulic damping *n*
Ger: hydraulische Dämpfung *f*
Fre: amortissement hydraulique *m*
Spa: amortiguación hidráulica *f*

hydraulic fluid *n*
Ger: Hydraulikflüssigkeit *f*
Fre: fluide hydraulique *m*
Spa: líquido hidráulico *m*

hydraulic fluid reservoir *n*
Ger: Hydraulikbehälter *m*
Fre: réservoir de fluide hydraulique *m*
Spa: depósito del sistema hidráulico *m*

hydraulic gear motor *n*
Ger: Zahnradmotor *m*
Fre: moteur à engrenage *m*
Spa: motor de engranajes *m*

hydraulic governor *n*
Ger: hydraulischer Drehzahlregler *m*
Fre: régulateur de vitesse hydraulique *m*
Spa: regulador hidráulico de revoluciones *m*

hydraulic line *n*
Ger: Hydraulikleitung *f*
Fre: conduite hydraulique *f*
Spa: tubería hidráulica *f*

hydraulic modulator (ABS) *n*
Ger: Hydroaggregat (ABS) *n*
Fre: groupe hydraulique *m*
Spa: grupo hidráulico (ABS) *m*

hydraulic motor *n*
Ger: Hydromotor *m*
Fre: moteur hydraulique *m*
Spa: motor hidráulico *m*

hydraulic pump *n*
Ger: Hydropumpe *f*
Fre: pompe hydraulique *f*
Spa: bomba hidráulica *f*

hydraulic reservoir pressure *n*
Ger: Hydraulikvorratsdruck *m*
Fre: pression d'alimentation hydraulique *f*
Spa: presión hidráulica de reserva *f*

hydraulic shut off device *n*
Ger: hydraulische Abstellvorrichtung *f*
Fre: dispositif d'arrêt hydraulique *m*
Spa: dispositivo hidráulico de parada *m*

hydraulic shutoff device *n*
Ger: hydraulische Abstellvorrichtung *f*
Fre: dispositif d'arrêt hydraulique *m*
Spa: dispositivo hidráulico de parada *m*

hydraulic starting-quantity deactivator *n*
Ger: hydraulische Startverriegelung *f*
Fre: verrouillage hydraulique du débit de surcharge *m*
Spa: bloqueo hidráulico de arranque *m*

hydraulic timing device *n*
Ger: hydraulischer Spritzversteller *m*
Fre: variateur d'avance hydraulique *m*
Spa: variador hidráulico de avance de la inyección *m*

hydraulic-actuated brake *n*
Ger: Öldruckbremse *f*
(hydraulische Bremse) *f*
Fre: frein à commande hydraulique *m*
Spa: freno hidráulico *m*

hydraulically controlled torque control *n*
Ger: hydraulisch betätigte Angleichung *f*
Fre: correcteur hydraulique de débit *m*
Spa: adaptación hidráulica de par *f*

hydrocarbon trap *n*
Ger: Kohlenwasserstofffilter *n*
Fre: filtre à hydrocarbures *m*
Spa: filtro de hidrocarburos *m*

hydrocarbon, HC *n*
Ger: Kohlenwasserstoff *m*
Fre: hydrocarbure *m*
Spa: hidrocarburo *m*

hydrodynamic retarder *n*
Ger: hydrodynamischer Verlangsamer *m*
Fre: ralentisseur hydrodynamique *m*
Spa: retardador hidrodinámico *m*

hydrometer (battery) *n*
Ger: Säureprüfer (Batterie) *m*
Fre: pèse-acide (batterie) *m*
Spa: comprobador de electrolito (batería) *m*

hysteresis *n*
Ger: Hysterese *f*
Fre: hystérésis *f*
Spa: histéresis *f*

hysteresis loop *n*
Ger: Hysteresekurve *f*
Fre: courbe d'hystérésis *f*
Spa: curva de histéresis *f*

hysteresis loss *n*
Ger: Hystereseverlust *f*
Fre: perte par hystérésis *f*
Spa: pérdida de histéresis *f*

hysteresis test *n*
Ger: Hysterese-Prüfung *f*
Fre: contrôle d'hystérésis *m*
Spa: ensayo de histéresis *m*

I

ice flaking point *n*
Ger: Eisflockenpunkt *m*
Fre: point de congélation *m*
Spa: punto de congelación *m*

icing protection (throttle valve) *n*
Ger: Vereisungsschutz (Drosselklappe) *m*
Fre: additif antigivre (papillon) *m*
Spa: protección anticongelante (mariposa) *f*

identification lamp *n*
Ger: Kennleuchte *f*
Fre: feu spécial d'avertissement *m*
Spa: luz de identificación *f*

idle *n*
Ger: Leerlauf *m*
Fre: ralenti *m*
Spa: ralentí *m*

idle (pressure regulator) *v*
Ger: Leerlaufbetrieb (Druckregler) *m*
Fre: fonctionnement à vide (régulateur de pression) *m*
Spa: funcionamiento en vacío (regulador de presión) *m*

idle cut off valve *n*
Ger: Leerlaufabschaltventil *n*
Fre: coupe-ralenti *m*
Spa: válvula de corte de ralentí *f*

idle delivery *n*
Ger: Leerlauf-Fördermenge *f*
(Leerlaufmenge) *f*
Fre: débit de ralenti *m*
Spa: caudal de ralentí *m*

idle mixture screw *n*
Ger: Regulierschraube *f*
Fre: vis de richesse de ralenti *f*
Spa: tornillo regulador *m*

idle period *n*
Ger: Stillstandszeit *f*
Fre: temps d'arrêt *m*
Spa: tiempo de parada *m*

idle speed *n*
Ger: Leerlaufdrehzahl *f*
Fre: régime de ralenti *m*
Spa: régimen de ralentí *m*

idle speed actuator *n*
Ger: Leerlaufsteller *m*
Fre: actionneur de ralenti *m*
Spa: actuador de régimen de ralentí *m*

idle speed control *n*
Ger: Leerlaufregelung *f*
(Leerlaufdrehzahlregelung) *f*
Fre: régulation de la vitesse de ralenti *f*
(régulation du ralenti) *f*
Spa: regulación de ralentí *f*

idle speed control *n*

English

Ger: Leerlaufstabilisator *f*
Fre: stabilisateur de ralenti *m*
Spa: estabilizador de régimen de ralentí *m*

idle speed increase *n*
Ger: Leerlaufanhebung *f*
Fre: ralenti accéléré *m*
Spa: elevación de régimen de ralentí *f*

idle speed increase *n*
Ger: Leerlaufdrehzahlanhebung *f*
Fre: ralenti accéléré *m*
Spa: elevación de régimen de ralentí *f*

idle speed stop screw *n*
Ger: Leerlaufanschlagschraube *f*
Fre: vis de butée de ralenti *f*
Spa: tornillo de tope de ralentí *m*

idling jet *n*
Ger: Leerlaufdüse *f*
Fre: gicleur de ralenti *m*
Spa: surtidor de ralentí *m*

ignitable *n*
Ger: zündfähig *adj*
Fre: inflammable *adj*
Spa: capaz de ignición *loc*

ignitable *adj*
Ger: zündwillig *adj*
Fre: inflammable *adj*
Spa: de encendido fácil *loc*

igniter *n*
Ger: Zündgerät *n*
Fre: module d'allumage *m*
Spa: aparato de encendido *m*

ignition *n*
Ger: Zündung *f*
(Entflammung) *f*
Fre: allumage *m*
Spa: encendido *m*

ignition adjustment *n*
Ger: Zündungseingriff *m*
Fre: intervention sur l'allumage *f*
Spa: intervención en el encendido *f*

ignition adjustment angle *n*
Ger: Korrekturzündwinkel *m*
Fre: angle d'allumage corrigé *m*
Spa: ángulo de corrección de encendido *m*

ignition advance (ignition angle) *n*
Ger: Frühverstellung (Zündwinkel) *f*
Fre: avance (angle d'allumage) *f*
Spa: avance del encendido (ángulo de encendido) *m*

ignition angle *n*
Ger: Zündwinkel *m*
Fre: angle d'allumage *m*
Spa: ángulo de encendido *m*

ignition angle adjustment *n*
Ger: Zündwinkel-Einstellung *f*
Fre: réglage de l'angle d'allumage *m*
Spa: ajuste del ángulo de encendido *m*

ignition capacitor *n*
Ger: Zündkondensator *m*
Fre: condensateur d'allumage *m*
Spa: condensador de encendido *m*

ignition chamber *n*
Ger: Zündkammer *f*
Fre: chambre d'allumage *f*
Spa: cámara de encendido *f*

ignition circuit *n*
Ger: Zündkreis *m*
Fre: circuit d'allumage *m*
Spa: circuito de encendido *m*

ignition coil *n*
Ger: Zündspule *f*
Fre: bobine d'allumage *f*
Spa: bobina de encendido *f*

ignition contact breaker *n*
Ger: Unterbrecher (Zündung) *m*
(Zündunterbrecher) *m*
Fre: rupteur (allumage) *m*
Spa: ruptor (encendido) *m*
(ruptor de encendido) *m*

ignition contact breaker *n*
Ger: Zündunterbrecher *m*
Fre: rupteur *m*
Spa: ruptor de encendido *m*

ignition control unit *n*
Ger: Zündsteuergerät *n*
Fre: calculateur d'allumage *m*
Spa: unidad de control de encendido *f*

ignition distributor *n*
Ger: Zündverteiler *m*
Fre: allumeur *m*
Spa: distribuidor de encendido *m*

ignition driver stage *n*
Ger: Zündungsendstufe *f*
Fre: étage de sortie d'allumage *m*
Spa: paso final de encendido *m*

ignition energy *n*
Ger: Zündenergie *f*
Fre: énergie d'allumage *f*
Spa: energía de encendido *f*

ignition equipment *n*
Ger: Zündausrüstung *f*
Fre: équipement d'allumage *m*
Spa: equipo de encendido *m*

ignition key *n*
Ger: Zündschlüssel *m*
Fre: clé de contact *f*
Spa: llave de encendido *f*

ignition lag *n*
Ger: Zündverzug *m*
Fre: délai d'inflammation *m*
Spa: retardo del encendido *m*

ignition lead *n*
Ger: Zündkabel *n*
Fre: câble d'allumage *m*
Spa: cable de encendido *m*

ignition limit *n*
Ger: Entflammungsgrenze *f*
Fre: limite d'inflammabilité *f*
Spa: límite de ignición *m*

ignition limit *n*
Ger: Zündgrenze *f*
Fre: limite d'allumage *f*
Spa: límite de encendido *m*

ignition lock *n*
Ger: Zündschloss *n*
Fre: serrure de contact *f*
Spa: llave de encendido *f*

ignition map *n*
Ger: Zündkennfeld *n*
(Zündwinkelkennfeld) *n*
Fre: cartographie d'allumage *f*
Spa: campo característico de encendido *m*

ignition map *n*
Ger: Zündwinkelkennfeld *n*
Fre: cartographie d'allumage *f*
Spa: diagrama característico del ángulo de encendido *m*

ignition miss *n*
Ger: Entflammungsaussetzer *m*
Fre: ratés d'inflammation *mpl*
Spa: fallo de ignición *m*

ignition module *n*
Ger: Zündmodul *n*
Fre: module d'allumage *m*
Spa: módulo de encendido *m*

ignition monitoring *n*
Ger: Zündkreisüberwachung *f*
Fre: surveillance du circuit d'allumage *f*
Spa: supervisión del circuito de encendido *f*

ignition monitoring *n*
Ger: Zündüberwachung *f*
Fre: surveillance de l'allumage *f*
Spa: supervisión del encendido *f*

ignition oscillograph *n*
Ger: Zündoszillograph *m*
Fre: oscillographe d'allumage *m*
Spa: oscilógrafo de encendido *m*

ignition output stage *n*
Ger: Zündendstufe *f*
Fre: étage de sortie d'allumage *m*
Spa: paso final de encendido *m*

ignition process *n*
Ger: Zündvorgang *m*
Fre: processus d'allumage *m*
Spa: proceso de encendido *m*

ignition pulse *n*
Ger: Zündimpuls *m*
Fre: impulsion d'allumage *f*
Spa: impulso de encendido *m*

ignition readiness *n*
Ger: Zündwilligkeit *f*
Fre: inflammabilité *f*
Spa: facilidad de encendido *f*

ignition reliability *n*
Ger: Zündsicherheit *f*

Fre: fiabilité d'allumage *f*
Spa: fiabilidad de encendido *f*

ignition retard (ignition angle) *n*
Ger: Spätverstellung (Zündwinkel) *f*
Fre: correction dans le sens « retard » (angle d'allumage) *m*
Spa: variación hacia retardo (ángulo de encendido) *f*

ignition retard *n*
Ger: Zündwinkelrücknahme *f*
Fre: décalage dans le sens « retard » de l'angle d'allumage *m*
Spa: reposición del ángulo de encendido *f*

ignition spark *n*
Ger: Zündfunke *m*
Fre: étincelle d'allumage *f*
Spa: chispa de encendido *f*

ignition start switch *n*
Ger: Zündanlassschalter *m*
Fre: commutateur d'allumage-démarrage *m*
Spa: interruptor de encendido y arranque *m*

ignition system *n*
Ger: Zündanlage *f*
Fre: équipement d'allumage *m*
Spa: sistema de encendido *m*

ignition system *n*
Ger: Zündsystem *n*
(Zündanlage) *f*
Fre: système d'allumage *m*
(équipement d'allumage) *m*
Spa: sistema de encendido *m*

ignition temperature *n*
Ger: Zündtemperatur *f*
Fre: température d'inflammation *f*
Spa: temperatura de encendido *f*

ignition timing *n*
Ger: Zündverstellung *f*
Fre: réglage de l'allumage *m*
Spa: regulación de encendido *f*

ignition timing adjustment *n*
Ger: Zündwinkeleingriff *m*
Fre: intervention sur l'angle d'allumage *f*
Spa: intervención en el ángulo de encendido *f*

ignition timing advance *n*
Ger: Zündwinkelverstellung *f*
Fre: réglage de l'angle d'allumage *m*
Spa: regulación del ángulo de encendido *f*

ignition trigger box *n*
Ger: Schaltgerät (Zündschaltgerät) *n*
Fre: centrale de commande *f*
Spa: bloque electrónico (bloque electrónico de encendido) *m*

ignition triggering (pulse generator) *n*
Ger: Zündauslösung (Impulsgeber) *f*
Fre: déclenchement de l'allumage (générateur d'impulsions) *m*
Spa: activación del encendido (transmisor de impulsos) *f*

ignition voltage *n*
Ger: Zündspannung *f*
(Überschlagspannung) *f*
Fre: tension d'allumage *f*
(tension d'éclatement) *f*
Spa: tensión de encendido *f*

ignition voltage pick-up *n*
Ger: Zündspannungsgeber *m*
Fre: capteur de tension d'allumage *m*
Spa: captador de la tensión de encendido *m*

ignition/starter switch *n*
Ger: Zündstartschalter *m*
(Zündschalter) *m*
Fre: commutateur d'allumage-démarrage *m*
Spa: conmutador de encendido y arranque *m*

ignition/starting switch *n*
Ger: Startschalter *m*
Fre: commutateur d'allumage-démarrage *m*
Spa: interruptor de arranque *m*

illumination *n*
Ger: Ausleuchtung *f*
Fre: éclairement *m*
Spa: iluminación *f*

illuminator *n*
Ger: Leuchtmittel *n*
Fre: éclairage *m*
Spa: elemento iluminador *m*

imaging sensor *n*
Ger: Bildsensor *m*
Fre: capteur d'image *m*
Spa: sensor de imagen *m*

immersion vessel *n*
Ger: Tauchgefäß *n*
Fre: cuve à immersion *f*
Spa: recipiente de inmersión *m*

immobilizer (car alarm) *n*
Ger: Wegfahrsperre (Autoalarm) *f*
Fre: blocage antidémarrage *m*
Spa: inmovilizador electrónico (alarma de vehículo) *m*

impact (filter) *n*
Ger: Aufpralleffekt (Filter) *m*
Fre: effet d'impact (filtre) *m*
Spa: efecto de choque (filtro) *m*

impact area *n*
Ger: Aufschlagbereich *m*
Fre: zone de choc *f*
Spa: zona de impacto *f*

impact damping *n*
Ger: Schlagdämpfung *f*
Fre: amortissement des chocs *m*
Spa: amortiguación de impacto *f*

impact edge *n*
Ger: Prallkante *f*
Fre: arête de rebond *f*
Spa: arista de choque *f*

impact plate *n*
Ger: Prallscheibe *f*
Fre: rondelle déflectrice *f*
Spa: arandela de rebotamiento *f*

impact sensor *n*
Ger: Stoßsensor *m*
Fre: capteur de choc *m*
Spa: sensor de choques *m*

impact strength *n*
Ger: Schlagfestigkeit *f*
Fre: tenue aux chocs *f*
Spa: resistencia al impacto *f*

impact stress *n*
Ger: Schlagbeanspruchung *f*
Fre: contrainte de roulement *f*
Spa: esfuerzo de impacto *m*

impairment of vision *n*
Ger: Sichttrübung *f*
Fre: manque de visibilité *m*
Spa: enturbamiento de la visión *m*

impedance *n*
Ger: Impedanz *f*
(Scheinwiderstand) *m*
Fre: impédance *f*
Spa: impedancia *f*

impeller *n*
Ger: Flügelrad *n*
Fre: rotor *m*
Spa: rodete *m*

impeller blade (electric fuel pump) *n*
Ger: Laufradschaufel (Elektrokraftstoffpumpe) *f*
Fre: ailette de rotor (pompe électrique à carburant) *f*
Spa: pala de rodete (bomba eléctrica de combustible) *f*

impeller ring (peripheral pump) *n*
Ger: Laufrad (Peripheralpumpe) *n*
Fre: rotor (pompe à accélération périphérique) *m*
Spa: rodete (bomba periférica) *m*

impeller wheel *n*
Ger: Flügelrad *n*
Fre: rotor *m*
Spa: rodete *m*

impeller wheel *n*
Ger: Schraubenrad *n*
Fre: roue hélicoïdale *f*
Spa: rueda helicoidal *f*

impregnating resin residues *n*
Ger: Imprägnierharzreste *mpl*
Fre: restes de résine d'imprégnation *mpl*
Spa: residuos de resina de impregnación *mpl*

impregnation *n*

English

Ger: Imprägnierung *f*
Fre: imprégnation *f*
Spa: impregnación *f*

impregnation layer *n*
Ger: Imprägnierschicht *f*
Fre: couche d'imprégnation *f*
Spa: capa de impregnación *f*

impregnation quality *n*
Ger: Imprägnierqualität *f*
Fre: qualité d'imprégnation *f*
Spa: calidad de impregnación *f*

impulse control *n*
Ger: Impulssteuerung *f*
Fre: commande à impulsions *f*
Spa: control de impulsos *m*

in tank priming pump *n*
Ger: Intank-Vorförderpumpe *f*
Fre: pompe de préalimentation intégrée au réservoir *f*
Spa: bomba de prealimentación en depósito *f*

in tank pump *n*
Ger: Intankpumpe *f*
Fre: pompe intégrée au réservoir *f*
Spa: bomba en depósito *f*

in tank pump *n*
Ger: Tankeinbaupumpe *f*
Fre: pompe incorporée au réservoir *f*
Spa: bomba incorporada en el depósito *f*

in tank unit *n*
Ger: Tankeinbaueinheit *f*
Fre: unité de puisage *f*
Spa: unidad incorporada en el depósito *f*

incident radiation (EMC) *n*
Ger: Einstrahlung (EMV) *f*
Fre: rayonnement incident (CEM) *m*
Spa: radiación incidente (compatibilidad electromagnética) *f*

incipient lock (wheel) *n*
Ger: Blockierneigung (Rad) *f*
Fre: tendance au blocage (roue) *f*
Spa: tendencia al bloqueo (rueda) *f*

inclination angle *n*
Ger: Neigungswinkel *m*
Fre: angle d'inclinaison *m*
Spa: ángulo de inclinación *m*

increase threshold value (accelerator-pedal sensor) *n*
Ger: Anstiegsschwellwert (Fahrpedalsensor) *m*
Fre: seuil croissant (capteur d'accélérateur) *m*
Spa: valor umbral de subida (sensor del acelerador) *m*

independent suspension *n*
Ger: Einzelradaufhängung *f*
Fre: essieu à roues indépendantes *m*
Spa: suspensión de ruedas independiente *f*

indicator lamp *n*
Ger: Anzeigeleuchte *f*
Fre: voyant lumineux *m*
Spa: luz indicadora *f*

indicator lamp *n*
Ger: Kontrollleuchte (*Informationslampe*) *f*
Fre: lampe de signalisation (*lampe témoin*) *f*
Spa: testigo de control *m*

indirect injection engine, IDI *n*
Ger: Kammermotor *m*
Fre: moteur à injection indirecte *m*
Spa: motor de inyección indirecta *m*

indirect injection, IDI *n*
Ger: indirekte Einspritzung, IDI *f*
Fre: injection indirecte *f*
Spa: inyección indirecta, IDI *f*

indirect materials and supplies *npl*
Ger: Betriebsstoffe *mpl*
Fre: fluides et lubrifiants *mpl*
Spa: materiales auxiliares de producción *mpl*

individual coil *n*
Ger: Einzelspule *f*
Fre: bobine unitaire *f*
Spa: bobina simple *f*

individual control, IR (ABS) *n*
Ger: Individualregelung (*Einzelradregelung*) *f*
Fre: régulation individuelle (ABS) *f*
Spa: regulación individual *f*

individual injection pump *n*
Ger: Einzeleinspritzpumpe *f*
Fre: pompe d'injection unitaire *f*
Spa: bomba de inyección simple *f*

inductance *n*
Ger: Induktivität *f*
Fre: inductance *f*
Spa: inductancia *f*

inductance coil *n*
Ger: Drosselspule *f*
Fre: bobine de self *f*
Spa: bobina de inductancia *f*

induction *n*
Ger: Ansaugen *n*
Fre: admission *f*
Spa: aspiración *f*

induction *n*
Ger: Induktion *f*
Fre: induction *f*
Spa: inducción *f*

induction coil *n*
Ger: Induktionswicklung *f*
Fre: enroulement d'induction *m*
Spa: bobinado de inducción *m*

induction generator *n*
Ger: Asynchrongenerator *m*
Fre: génératrice asynchrone *f*
Spa: alternador asíncrono (*generador de inducción*) *m*

induction hardening *n*
Ger: Induktionshärten *n*
Fre: trempe par induction *f*
Spa: temple por inducción *m*

induction loop *n*
Ger: Induktionsschleife *f*
Fre: boucle inductive *f*
Spa: lazo de inducción *m*

induction period *n*
Ger: Induktionszeit *f*
Fre: période d'induction *f*
Spa: tiempo de inducción *m*

induction soldering *n*
Ger: Induktionslöten *n*
Fre: brasage par induction *m*
Spa: soldadura por inducción *f*

induction stroke *n*
Ger: Ansaugtakt *m*
Fre: temps d'admission *m*
Spa: ciclo de admisión *m*

induction type pulse generator *n*
Ger: Induktivgeber (*Induktionsgeber*) *m*
Fre: capteur inductif (*générateur inductif*) *m*
Spa: generador de impulsos por inducción *m*

induction voltage *n*
Ger: Induktionsspannung *f*
Fre: tension d'induction *f*
Spa: tensión de inducción *f*

induction-type pulse generator *n*
Ger: Induktionsgeber *m*
Fre: capteur inductif *m*
Spa: generador de impulsos por inducción *m*

inductive position pick-up *n*
Ger: induktiver Weggeber *m*
Fre: capteur de déplacement inductif *m*
Spa: captador inductivo de posición *m*

inductive prm sensor *n*
Ger: induktiver Drehzahlsensor *m*
Fre: capteur de régime inductif *m*
Spa: sensor inductivo de revoluciones *m*

industrial truck *n*
Ger: Flurförderzeug (Logistik) *n*
Fre: chariot de manutention *m*
Spa: carromato (logística) *m*

inert gas *n*
Ger: Inertgas *n*
Fre: gaz inerte *m*
Spa: gas inerte *m*

inert gas light (headlamp) *n*
Ger: Edelgaslicht (Scheinwerfer) *n*
Fre: éclairage par lampe à gaz rare *m*
Spa: luz de gas inerte (faros) *f*

English

inertia braking system *n*
Ger: Auflauf-Bremsanlage *f*
(Auflaufbremse) *f*
Fre: dispositif de freinage à inertie *m*
Spa: sistema de freno de retención *m*

inertia drive starter *n*
Ger: Schraubtrieb-Starter *m*
Fre: démarreur à lanceur à inertie *m*
Spa: motor de arranque tipo Bendix *m*

inertia starter *n*
Ger: Schwungkraftstarter *m*
Fre: démarreur à inertie *m*
Spa: arranque por inercia *m*

inertial force *n*
Ger: Massenkraft *f*
Fre: force d'inertie *f*
Spa: fuerza de inercia *f*

inertial torque *n*
Ger: Massendrehmoment *n*
(Massenmoment) *n*
(Trägheitsmoment) *n*
Fre: moment d'inertie *m*
Spa: par de masas *m*

inertia-reel shaft (seat-belt tightener) *n*
Ger: Aufrollachse (Gurtstraffer) *f*
Fre: axe d'enroulement *m*
Spa: eje de arrollado (pretensor del cinturón) *m*

influencing variable *n*
Ger: Einflussgröße *f*
Fre: paramètre d'influence *m*
Spa: magnitud influyente *f*

infrared analyzer *n*
Ger: Infrarot-Analysator *m*
Fre: enregistreur infrarouge à absorption *m*
Spa: analizador por infrarrojos *m*

infrared central locking *n*
Ger: Infrarot-Zentralverriegelung *f*
Fre: verrouillage centralisé à infrarouge *m*
Spa: cierre centralizado por infrarrojos *m*

infrared hand transmitter (car alarm) *n*
Ger: Infrarot-Handsender (Autoalarm) *m*
Fre: émetteur manuel infrarouge (alarme auto) *m*
Spa: emisor manual de infrarrojos (alarma de vehículo) *m*

infrared remote control *n*
Ger: Infrarotfernbedienung *f*
Fre: télécommande infrarouge *f*
Spa: telemando por infrarrojos *m*

initial braking *n*
Ger: Anbremsvorgang *m*
Fre: évolution du freinage *f*
Spa: proceso de frenado *m*

initial drying (air drier) *n*
Ger: Vorentwässerung (Lufttrockner) *f*
Fre: prédéshydratation (dessiccateur) *f*
Spa: drenaje previo (secador de aire) *m*

initial force *n*
Ger: Vorspannkraft *f*
Fre: tension initiale *f*
Spa: fuerza de precarga *f*

initial position *n*
Ger: Ruhestellung *f*
Fre: position de repos *f*
Spa: posición de reposo *f*

initial pressure *n*
Ger: Vorspanndruck *m*
Fre: pression de précharge *f*
Spa: presión de precarga *f*

initial pressure increase *n*
Ger: Vordruckerhöhung *f*
Fre: augmentation de la pression initiale *f*
Spa: aumento de la presión previa *m*

initial response time *n*
Ger: Ansprechdauer *f*
Fre: temps de réponse initial *m*
Spa: periodo de respuesta *m*

initial speed *n*
Ger: Ausgangsgeschwindigkeit *f*
Fre: vitesse initiale *f*
Spa: velocidad de salida *f*

initial spring tension *n*
Ger: Federvorspannung *f*
Fre: tension initiale du ressort *f*
Spa: tensión inicial de resorte *f*

initial state *n*
Ger: Ausgangszustand *m*
Fre: état initial *m*
Spa: estado inicial *m*

initial tension *n*
Ger: Vorspannung *f*
Fre: tension initiale *f*
Spa: tensión inicial *f*

initiate line (self-diagnosis) *n*
Ger: Reizleitung (Eigendiagnose) *f*
Fre: câble d'activation de l'autodiagnostic (autodiagnostic) *m*
Spa: cable de excitación (autodiagnóstico) *m*

initiator trigger *n*
Ger: Auslöser (SAP) *m*
Fre: déclencheur *m*
Spa: disparador (SAP) *m*

inject (secondary air) *v*
Ger: einblasen (Sekundärluft) *v*
Fre: insuffler (air secondaire) *v*
Spa: inyectar (aire secundario) *v*

injected fuel quantitiy *n*
Ger: Einspritzmenge *f*
(Kraftstoffeinspritzmenge) *f*
Fre: débit d'injection *m*
Spa: caudal de inyección *m*

injected fuel quantity correction *n*
Ger: Mengenkorrektur *f*
Fre: correction de débit d'injection *f*
Spa: corrección de caudal *f*

injected fuel quantity indicator *n*
Ger: Einspritzmengenindikator *m*
Fre: débitmètre instantané *m*
Spa: indicador del caudal de inyección *m*

injected fuel quantity scatter *n*
Ger: Einspritzmengenstreuung *f*
Fre: dispersion des débits *f*
Spa: dispersión del caudal de inyección *f*

injected fuel volume *n*
Ger: Einspritzvolumen *n*
Fre: volume de carburant injecté *m*
Spa: volumen inyectado *m*

injection adaptation *n*
Ger: Einspritzanpassung *f*
Fre: adaptation de l'injection *f*
Spa: adaptación de la inyección *f*

injection air *n*
Ger: Einblasluft *f*
Fre: air insufflé *m*
Spa: aire inyectado *m*

injection blank out (Jetronic) *n*
Ger: Einspritzausblendung (Jetronic) *f*
Fre: coupure de l'injection *f*
Spa: interrupción de la inyección (Jetronic) *f*

injection blank out period (Jetronic) *n*
Ger: Einspritzausblendungszeit (Jetronic) *f*
Fre: durée de coupure de l'injection (Jetronic) *f*
Spa: tiempo de interrupción de la inyección (Jetronic) *m*

injection cam *n*
Ger: Einspritznocken *m*
Fre: came d'injection *f*
Spa: leva de inyección *f*

injection control *n*
Ger: Einspritzsteuerung *f*
Fre: commande d'injection *f*
Spa: control de inyección *m*

injection cup *n*
Ger: Abspritzbecher *m*
Fre: collecteur brise-jet *m*
Spa: vaso de inyección *m*

injection cycle *n*
Ger: Einspritztakt *m*
Fre: cycle d'injection *m*
Spa: ciclo de inyección *m*

injection damper (fuel injection) *n*
Ger: Spritzdämpfer (Kraftstoffeinspritzung) *m*

English

Fre: brise-jet *m*
Spa: amortiguador de inyección (inyección de combustible) *m*

injection direction *n*
Ger: Einspritzrichtung *f*
Fre: sens d'injection *m*
Spa: dirección de inyección *f*

injection jet *n*
Ger: Einspritzstrahl *m*
Fre: jet d'injection *m*
Spa: chorro de inyección *m*

injection lag (fuel injection) *n*
Ger: Spritzverzug (Kraftstoffeinspritzung) *m*
Fre: délai d'injection *m*
Spa: retardo de inyección (inyección de combustible) *m*

injection nozzle *n*
Ger: Einspritzdüse *f*
Fre: injecteur *m*
Spa: inyector *m*

injection pressure *n*
Ger: Abspritzdruck *m*
Fre: pression de pulvérisation *f*
Spa: presión de inyección *f*

injection pressure *n*
Ger: Einspritzdruck *m*
Fre: pression d'injection *f*
Spa: presión de inyección *f*

injection process *n*
Ger: Einspritzvorgang *m*
Fre: injection *f*
Spa: proceso de inyección *m*

injection pulse *n*
Ger: Einspritzimpuls *m*
Fre: impulsion d'injection *f*
Spa: impulso de inyección *m*

injection pump *n*
Ger: Einspritzpumpe *f*
Fre: pompe d'injection *f*
Spa: bomba de inyección *f*

injection pump assembly *n*
Ger: Einspritzpumpen-Kombination *f*
Fre: ensemble de pompe d'injection *m*
Spa: combinación de bombas de inyección *f*

injection pump test bench *n*
Ger: Einspritzpumpen-Prüfstand *m*
Fre: banc d'essai pour pompes d'injection *m*
Spa: banco de pruebas de bombas de inyección *m*

injection rate *n*
Ger: Einspritzrate *f*
(Spritzrate) *f*
Fre: taux d'injection *m*
Spa: tasa de inyección *f*

injection rate (fuel injection) *n*
Ger: Spritzrate (Kraftstoffeinspritzung) *f*
Fre: taux d'injection *m*
Spa: tasa de inyección (inyección de combustible) *f*

injection sequence *n*
Ger: Einspritzfolge *f*
(Spritzfolge) *f*
Fre: ordre d'injection *m*
Spa: secuencia de inyección *f*

injection sequence (fuel injection) *n*
Ger: Spritzfolge (Kraftstoffeinspritzung) *f*
Fre: ordre d'injection *m*
Spa: secuencia de inyección (inyección de combustible) *f*

injection signal *n*
Ger: Einspritzsignal *n*
Fre: signal d'injection *m*
Spa: señal de inyección *f*

injection time *n*
Ger: Einspritzdauer *f*
(Einspritzzeit) *f*
(Spritzdauer) *f*
Fre: durée d'injection *f*
Spa: tiempo de inyección *m*

injector (common rail) *n*
Ger: Injektor (Common Rail) *m*
Fre: injecteur *m*
Spa: inyector (Common Rail) *m*

inlet hole *n*
Ger: Zulaufbohrung *f*
Fre: canal d'arrivée *m*
Spa: orificio de alimentación *m*

inlet manifold (IC engine) *n*
Ger: Einlaufkrümmer (Verbrennungsmotor) *m*
Fre: collecteur d'alimentation *m*
Spa: colector de admisión (motor de combustión) *m*

inlet metering *n*
Ger: Zulaufmessung *f*
Fre: dosage à l'admission *m*
Spa: dosificación de entrada *f*

inlet metering unit *n*
Ger: Saugdrosseleinheit *f*
Fre: unité de gicleur d'aspiration *f*
Spa: unidad estranguladora de aspiración *f*

inlet metering valve *n*
Ger: Zulaufdosierventil *n*
Fre: vanne de dosage d'admission *f*
Spa: válvula dosificadora de alimentación *f*

inlet passage (distributor pump) *n*
Ger: Einlassquerschnitt (Verteilereinspritzpumpe) *m*
Fre: section d'arrivée (pompe distributrice) *f*
Spa: sección de admisión (bomba de inyección rotativa) *f*

inlet passage (injection nozzle) *n*
Ger: Zulaufbohrung (Einspritzdüse) *f*
Fre: orifice d'admission (injecteur) *m*
Spa: orificio de alimentación (inyector) *m*

inlet pipe *n*
Ger: Zulaufleitung *f*
Fre: conduite d'alimentation *f*
Spa: tubería de admisión *f*

inlet port (in-line pump) *n*
Ger: Saugbohrung (Leitungseinbaupumpe) *f*
(Saugloch) *n*
Fre: orifice d'admission (pompe d'injection en ligne) *m*
Spa: orificio de aspiración (bomba integrada a tubería) *m*

inlet port *n*
Ger: Saugloch *n*
Fre: orifice d'aspiration *m*
Spa: agujero de aspiración *m*

inlet port (distributor pump) *n*
Ger: Zulaufquerschnitt (Verteilereinspritzpumpe) *m*
Fre: canal d'admission (pompe distributrice) *m*
Spa: sección de admisión (bomba de inyección rotativa) *f*

inlet pressure *n*
Ger: Zulaufdruck *m*
Fre: pression d'arrivée *f*
Spa: presión de entrada *f*

in-line engine *n*
Ger: Reihenmotor *m*
Fre: moteur en ligne *m*
Spa: motor en línea *m*

in-line fuel injection pump (PE) *n*
Ger: Reiheneinspritzpumpe (PE) *f*
(Reihenpumpe) *f*
Fre: pompe d'injection en ligne (PE) *f*
Spa: bomba de inyección en serie (PE) *f*

inner rotor *n*
Ger: Innenläufer *m*
Fre: rotor intérieur *m*
Spa: rotor interior *m*

inner wedge type overrunning clutch *n*
Ger: Innenkeilfreilauf *m*
Fre: roue libre à coins coulissants *f*
Spa: rueda libre de cuña interna *f*

input amplifier (ECU) *n*
Ger: Eingangsverstärker (Steuergerät) *m*
Fre: amplificateur d'entrée (calculateur) *m*
Spa: amplificador de entrada (unidad de control) *m*

input circuit (ECU) *n*

Ger: Eingangsschaltung (Steuergerät) *f*
(Eingangsbeschaltung) *f*
Fre: circuit d'entrée (calculateur) *m*
Spa: circuito de entrada (unidad de control) *m*

input filter ***n***
Ger: Eingangsfilter *n*
Fre: filtre d'entrée *m*
Spa: filtro de entrada *m*

input saw tooth control voltage ***n***
Ger: Eingangs-Sägezahn-Steuerspannung *f*
Fre: tension de commande en dents de scie *f*
Spa: tensión de control de entrada en forma de diente de sierra *f*

input signal ***n***
Ger: Eingangssignal *n*
Fre: signal d'entrée *m*
Spa: señal de entrada *f*

input state ***n***
Ger: Eingangszustand *m*
Fre: état initial *m*
Spa: estado de entrada *m*

input throttle ***n***
Ger: Zulaufdrossel *f*
Fre: étranglement d'arrivée *m*
Spa: estrangulador de alimentación *m*

input torque of gearbox ***n***
Ger: Getriebeeingangsmoment *n*
Fre: couple d'entrée de la boîte de vitesses *m*
Spa: par de entrada del cambio *m*

input variable ***n***
Ger: Eingangsgröße *f*
Fre: grandeur d'entrée *f*
Spa: magnitud de entrada *f*

input voltage ***n***
Ger: Eingangsspannung *f*
Fre: tension d'entrée *f*
Spa: tensión de entrada *f*

insensitive to reverse polarity ***adj***
Ger: verpolungssicher *adj*
Fre: insensible à l'inversion de polarité *loc*
Spa: inmune a la inversión de polaridad *loc*

insensitive to short-circuit ***adj***
Ger: kurzschlusssicher *adj*
Fre: insensible aux courts-circuits *loc*
Spa: inmune a cortocircuito *adj*

inside diameter ***n***
Ger: Innendurchmesser *m*
Fre: diamètre intérieur *m*
Spa: diámetro interior *m*

inspection ***n***
Ger: Inspektion *f*
Fre: inspection *f*
Spa: inspección *f*

inspection planning ***n***
Ger: Prüfplan *m*
Fre: plan de contrôle *m*
Spa: plan de comprobación *m*

inspection report ***n***
Ger: Abnahmeprüfprotokoll *n*
Fre: protocole de recette *m*
Spa: informe de recepción *m*

inspection tag ***n***
Ger: Prüfplakette *f*
Fre: autocollant d'inspection *m*
Spa: placa de inspección *f*

installation instructions ***npl***
Ger: Einbauanleitung *f*
(Montageanleitung) *f*
Fre: notice de montage *f*
Spa: instrucciones de montaje *fpl*

installation position ***n***
Ger: Einbaulage *f*
Fre: position de montage *f*
Spa: posición de montaje *f*

instantaneous braking power ***n***
Ger: Bremsleistung *f*
Fre: puissance instantanée de freinage *f*
Spa: potencia de frenado *f*

instantaneous fuel consumption ***n***
Ger: Momentanverbrauch *m*
Fre: consommation instantanée *f*
Spa: consumo momentáneo *m*

instantaneous value ***n***
Ger: Augenblickswert *m*
Fre: valeur instantanée *f*
Spa: valor instantáneo *m*

instrument cluster ***n***
Ger: Kombiinstrument *n*
Fre: combiné d'instruments *m*
Spa: cuadro de instrumentos *m*

instrument lamps ***npl***
Ger: Instrumentenleuchten *f*
Fre: témoins des instruments *mpl*
Spa: luces de instrumentos *fpl*

instrument panel ***n***
Ger: Instrumentenbrett (Instrumentenfeld) *n*
Fre: tableau de bord *m*
Spa: tablero de instrumentos (campo de instrumentos) *m*

instrument panel ***n***
Ger: Instrumententafel *f*
Fre: planche de bord *f*
Spa: tablero de instrumentos *m*

instrument panel lamp ***n***
Ger: Instrumentenleuchte *f*
Fre: lampe de tableau de bord *f*
Spa: luz del tablero de instrumentos *f*

insulating ***adj***
Ger: dämmend *adj*
Fre: insonorisant *adj*
Spa: aislante *adj*

insulating cover (ignition distributor) ***n***
Ger: Isolierdeckel (Zündverteiler) *m*
Fre: couvercle isolant (allumeur) *m*
Spa: tapa aislante (distribuidor de encendido) *f*

insulating material ***n***
Ger: Dämmmatte *f*
Fre: tapis isolant *m*
Spa: estera aislante *f*

insulating paper ***n***
Ger: Isolierpapier *n*
Fre: papier isolant *m*
Spa: papel aislante *m*

insulating sheath ***n***
Ger: Isolierschlauch *m*
Fre: gaine isolante *f*
Spa: tubo flexible aislante *m*

insulating sleeve ***n***
Ger: Isolierhülse *f*
Fre: manchon isolant *m*
Spa: manguito aislante *m*

insulating tape ***n***
Ger: Isolierband *n*
Fre: bande isolante *f*
Spa: cinta aislante *f*

insulating tubing ***n***
Ger: Isolierschlauch *m*
Fre: gaine isolante *f*
Spa: tubo flexible aislante *m*

insulating varnish ***n***
Ger: Isolierlack *m*
Fre: vernis isolant *m*
Spa: pintura aislante *f*

insulating washer ***n***
Ger: Isolierscheibe *f*
Fre: rondelle isolante *f*
Spa: arandela aislante *f*

insulation ***n***
Ger: Isolierung *f*
Fre: isolation *f*
Spa: aislamiento *m*

insulation test ***n***
Ger: Isolationsprüfung *f*
Fre: test d'isolation *m*
Spa: comprobación del aislamiento *f*

insulator (spark plug) ***n***
Ger: Isolator (Zündkerze) *m*
Fre: isolant (bougie d'allumage) *m*
Spa: aislador (bujía de encendido) *m*

insulator (ignition coil) ***n***
Ger: Isolierkörper (Zündspule) *m*
Fre: isolateur (bobine d'allumage) *m*
Spa: aislador (bujía de encendido) *m*

insulator flashover (spark plug) ***n***
Ger: Kriechstrom (Zündkerze) *m*
Fre: courant de fuite (bougie d'allumage) *m*
Spa: corriente de fuga (bujía de encendido) *f*

insulator nose (spark plug) ***n***
Ger: Isolatorfuß (Zündkerze) *m*

Fre: bec d'isolant (bougie d'allumage) *m*
Spa: base del aislador (bujía de encendido) *f*

intake *n*
Ger: Einlass *m*
(Saugseite) *f*
Fre: admission *f*
(côté aspiration) *m*
Spa: admisión *f*

intake air *n*
Ger: Ansaugluft *f*
Fre: air d'admission *m*
Spa: aire de admisión *m*

intake air adjustment *n*
Ger: Luftsteuerung *f*
Fre: commande de l'air d'admission *f*
Spa: control de aire *m*

intake air inlet *v*
Ger: Ansaugluft-Einlass *m*
Fre: arrivée de l'air d'admission *f*
Spa: entrada de aire de admisión *f*

intake air preheater *n*
Ger: Ansaugluftvorwärmer *m*
Fre: système de préchauffage de l'air d'admission *m*
Spa: precalentador del aire de admisión *m*

intake camshaft *n*
Ger: Einlassnockenwelle (Verbrennungsmotor) *f*
Fre: arbre à cames côté admission *m*
Spa: eje de levas de admisión (motor de combustión) *m*

intake cover *n*
Ger: Ansaugdeckel *m*
Fre: couvercle d'aspiration *m*
(aspiration) *f*
Spa: tapa de aspiración *f*

intake cross-section *n*
Ger: Ansaugquerschnitt *m*
Fre: section d'admission *f*
Spa: sección de admisión *f*

intake damper *n*
Ger: Saugdämpfer *m*
Fre: amortisseur d'admission *m*
Spa: amortiguador de aspiración *m*

intake duct (IC engine) *n*
Ger: Einlasskanal (Verbrennungsmotor) *m*
Fre: conduit d'admission *m*
Spa: canal de admisión (motor de combustión) *m*

intake fan *n*
Ger: Sauggebläse *n*
(Ansauggebläse) *n*
Fre: ventilateur d'aspiration *m*
Spa: soplador de aspiración *m*

intake filter *n*
Ger: Ansaugfilter *n*
(Saugfilter) *m*
Fre: filtre d'aspiration *m*
Spa: filtro de admisión *m*

intake fitting *n*
Ger: Ansaugstutzen *m*
(Einzelschwingrohr) *n*
Fre: tubulure d'admission *f*
Spa: tubuladura de admisión *f*

intake line *n*
Ger: Ansaugleitung *f*
Fre: conduit d'admission *m*
Spa: tubería de admisión *f*

intake manifold (IC engine) *n*
Ger: Ansaugkrümmer (Verbrennungsmotor) *m*
Fre: collecteur d'admission *m*
Spa: colector de admisión (motor de combustión) *m*

intake manifold *n*
Ger: Ansaugrohr *n*
Fre: tubulure d'aspiration *f*
Spa: tubo de admisión *m*

intake manifold (IC engine) *n*
Ger: Einlasskrümmer (Verbrennungsmotor) *m*
Fre: collecteur d'admission *m*
Spa: colector de admisión (motor de combustión) *m*

intake manifold *n*
Ger: Sammelsaugrohr *n*
Fre: collecteur d'admission *m*
Spa: múltiple de admisión *m*

intake manifold *n*
Ger: Saugrohr *n*
(Ansaugkrümmer) *m*
(Ansaugrohr) *n*
Fre: collecteur d'admission *m*
(conduit d'admission) *m*
Spa: tubo de admisión *m*
(codo de admisión) *m*

intake manifold flap *n*
Ger: Saugrohrklappe *f*
Fre: volet d'admission *m*
Spa: chapaleta del tubo de admisión *f*

intake manifold preheating *n*
Ger: Saugrohrvorwärmung *f*
Fre: préchauffage du collecteur d'admission *m*
Spa: precalentamiento del tubo de admisión *m*

intake manifold pressure *n*
Ger: Saugrohrdruck *m*
Fre: pression d'admission *f*
Spa: presión del tubo de admisión *f*

intake manifold pressure sensor *n*
Ger: Saugrohrdrucksensor *m*
Fre: capteur de pression d'admission *m*
Spa: sensor de presión del tubo de aspiración *m*

intake manifold pulsation *n*
Ger: Saugrohrpulsation *f*
Fre: pulsations dans le collecteur d'admission *fpl*
Spa: pulsación del tubo de admisión *f*

intake metering *n*
Ger: Ansaugmengenzumessung *f*
(Zulaufmessung) *f*
Fre: dosage à l'admission *m*
Spa: dosificación del caudal de admisión *m*
(medición de entrada) *f*

intake noise *n*
Ger: Ansauggeräusch *n*
Fre: bruit d'aspiration *m*
Spa: ruido de admisión *m*

intake noise damping *n*
Ger: Ansauggeräuschdämpfung *f*
Fre: silencieux d'admission *m*
Spa: amortiguación del ruido de admisión *f*

intake passage (IC engine) *n*
Ger: Einlasskanal (Verbrennungsmotor) *m*
Fre: conduit d'admission *m*
Spa: canal de admisión (motor de combustión) *m*

intake phase *n*
Ger: Ansaugphase *f*
Fre: phase d'admission *f*
Spa: fase de admisión *f*

intake port (IC engine) *n*
Ger: Ansaugkanal (Vrebrennungsmotor) *m*
(Ansaugweg) *m*
Fre: canal d'admission *m*
Spa: canal de admisión (motor de combustión) *m*

intake port *n*
Ger: Ansaugweg *m*
Fre: course d'admission *f*
Spa: canal de admisión *m*

intake port (IC engine) *n*
Ger: Saugkanal (Verbrennungsmotor) *m*
Fre: canal d'admission *m*
Spa: canal de aspiración (motor de combustión) *f*

intake port shutoff (IC engine) *n*
Ger: Einlasskanalabschaltung (Verbrennungsmotor) *f*
Fre: coupure du conduit d'admission *f*
Spa: desconexión de canal de admisión (motor de combustión) *f*

intake runner *n*
Ger: Schwingrohr *n*
Fre: pipe d'admission *f*
Spa: tubo de efecto vibratorio *m*

intake stroke (IC engine) *n*
Ger: Ansaughub (Vrebrennungsmotor) *m*

English

Fre: course d'admission *f*
Spa: carrera de admisión (motor de combustión) *f*

intake stroke *n*
Ger: Einlasstakt (Verbrennungsmotor) *m*
Fre: temps d'admission *m*
Spa: ciclo de admisión (motor de combustión) *m*

intake stroke (IC engine) *n*
Ger: Saughub (Verbrennungsmotor) *m*
(Ansaughub) *m*
Fre: course d'admission (moteur à combution) *f*
Spa: carrera de admisión (motor de combustión) *f*

intake swirl (intake manifold) *n*
Ger: Einlassdrall (Saugrohr) *m*
Fre: tourbillon à l'admission (collecteur d'admission) *m*
Spa: espiral de admisión (tubo de admisión) *f*

intake system *n*
Ger: Saugtrakt *m*
Fre: circuit d'admission *m*
Spa: tramo de aspiración *m*

intake temperature *n*
Ger: Ansaugtemperatur *f*
Fre: température d'admission *f*
Spa: temperatura de admisión *f*

intake valve (IC engine) *n*
Ger: Ansaugventil (Verbrennungsmotor) *n*
(Einlassventil) *n*
Fre: soupape d'aspiration *f*
Spa: válvula de aspiración (motor de combustión) *f*

intake valve *n*
Ger: Einlassventil (Verbrennungsmotor) *n*
Fre: soupape d'admission *f*
(valve d'admission) *f*
Spa: válvula de admisión (motor de combustión) *f*

intake valve seat (IC engine) *n*
Ger: Einlassventilsitz (Verbrennungsmotor) *m*
(Einlasssitz) *m*
Fre: siège de soupape d'admission (moteur à combustion) *m*
Spa: asiento de válvula de admisión (motor de combustión) *m*

integration level *n*
Ger: Integrationsstufe *f*
Fre: degré d'intégration *m*
Spa: nivel de combinación *m*

intensified interference suppression *n*
Ger: Nahentstörung *f*
Fre: antiparasitage renforcé *m*
Spa: antiparasitaje reforzado *m*

inter turn short circuit *n*
Ger: Windungsschluss *m*
Fre: court-circuit entre spires *m*
Spa: cortocircuito entre espiras *m*

inter turn short circuit tester *n*
Ger: Windungsschlussprüfgerät *n*
Fre: détecteur de courts-circuits entre spires *m*
Spa: comprobador de cortocircuito entre espiras *m*

interchangeable *adj*
Ger: einbaugleich *adj*
Fre: de montage identique *loc*
Spa: intercambiable *adj*

interchangeable body *n*
Ger: Wechselaufbau *m*
Fre: carrosserie interchangeable *f*
Spa: estructura intercambiable *f*

intercity bus *n*
Ger: Überlandomnibus *m*
Fre: autobus interurbain *m*
Spa: autocar interurbano *m*

interconnected *v*
Ger: verschaltet *ppr*
Fre: interconnecté *pp*
Spa: mal conectado *loc*

interface *n*
Ger: Schnittstelle *f*
Fre: interface *f*
Spa: interfaz *f*

interference *n*
Ger: Interferenz *f*
Fre: interférence *f*
Spa: interferencia *f*

interference *n*
Ger: Störung *f*
Fre: défaillance *f*
Spa: interferencia *f*

interference current (EMC) *n*
Ger: Störstrom (EMV) *m*
Fre: courant perturbateur (CEM) *m*
Spa: corriente perturbadora (compatibilidad electromagnética) *f*

interference energy (EMC) *n*
Ger: Störenergie (EMV) *f*
Fre: énergie perturbatrice (CEM) *f*
Spa: energía de interferencia (compatibilidad electromagnética) *f*

interference factor *n*
Ger: Störkraft *f*
Fre: action parasite *f*
Spa: fuerza perturbadora *f*

interference field strength *n*
Ger: Störfeldstärke *f*
Fre: intensité du champ perturbateur *f*
Spa: intensidad del campo perturbador *f*

interference level (EMC) *n*
Ger: Störpegel (EMV) *m*
(Funkstörspannungspegel) *m*
Fre: niveau de perturbations (CEM) *m*
Spa: nivel de perturbación (compatibilidad electromagnética) *m*

interference proof *adj*
Ger: störsicher *adj*
Fre: insensible aux perturbations *loc*
Spa: seguro contra interferencias *m*

interference radiation (EMC) *n*
Ger: Störabstrahlung (EMV) *f*
(Störstrahlung) *f*
Fre: rayonnement de signaux perturbateurs (CEM) *m*
Spa: radiación de interferencias (compatibilidad electromagnética) *f*

interference resistant *adj*
Ger: störarm *adj*
Fre: peu sensible aux perturbations *loc*
Spa: resistente a interferencias *adj*

interference signal *n*
Ger: Störsignal *n*
Fre: signal parasite *m*
Spa: señal perturbadora *f*

interference suppression *n*
Ger: Funkentstörung *f*
(Störunterdrückung) *f*
(Entstörung) *f*
Fre: antiparasitage *m*
Spa: protección antiparasitaria *f*
(supresión de interferencias) *f*

interference suppression category *n*
Ger: Entstörklasse *m*
Fre: classe d'antiparasitage *f*
Spa: clase de supresión de interferencias *f*

interference suppression choke *n*
Ger: Entstördrossel *f*
Fre: self d'antiparasitage *f*
Spa: estrangulador antiparasitario *m*

interference suppression kit *n*
Ger: Entstörsatz *m*
Fre: jeu d'antiparasitage *m*
Spa: juego de supresión de interferencias *m*

interference suppression level *n*
Ger: Entstörgrad *n*
Fre: degré d'antiparasitage *m*
Spa: grado de supresión de interferencias *m*

interference suppressor *n*
Ger: Entstörmittel *n*
Fre: éléments d'antiparasitage *mpl*
Spa: supresor de interferencias *m*

interference wave (EMC) *n*
Ger: Störwelle (EMV) *f*

English

Fre: onde perturbatrice (CEM) *f*
Spa: onda de interferencia (compatibilidad electromagnética) *f*

interior ***n***
Ger: Innenraum *m*
Fre: habitacle *m*
Spa: habitáculo *m*
(interior del vehículo) *m*

interior blower ***n***
Ger: Innenraumgebläse *n*
Fre: soufflante d'habitacle *f*
Spa: soplador de habitáculo *m*

interior lamp ***n***
Ger: Innenraumlampe *f*
Fre: plafonnier *m*
Spa: lámpara del habitáculo *f*

interior lamp ***n***
Ger: Innenraumleuchte *f*
Fre: plafonnier *m*
Spa: luz del habitáculo *f*

interior lighting ***n***
Ger: Innenraumbeleuchtung *f*
Fre: éclairage de l'habitacle *m*
Spa: iluminación de habitáculo *f*

interior safety ***n***
Ger: innere Sicherheit *f*
Fre: sécurité intérieure *f*
Spa: seguridad interior *f*

interior temperature ***n***
Ger: Innenraumtemperatur *f*
Fre: température de l'habitacle *f*
Spa: temperatura del habitáculo *f*

interlocked ***v***
Ger: verzahnt *ppr*
Fre: engréné *adj*
Spa: dentado *m*

interlocking ***n***
Ger: Verzahnung *f*
Fre: engrènement *m*
Spa: engrane *m*

intermediate disk ***n***
Ger: Zwischenscheibe *f*
Fre: disque intermédiaire *m*
Spa: disco intermedio *m*

intermediate engine speed ***n***
Ger: Zwischendrehzahl *f*
Fre: régime intermédiaire *m*
Spa: régimen intermedio de revoluciones *m*

intermediate intake manifold flange ***n***
Ger: Saugrohrzwischenflansch *m*
Fre: bride intermédiaire de collecteur d'admission *f*
Spa: brida intermedia del tubo de admisión *f*

intermediate piston ***n***
Ger: Zwischenkolben *m*
Fre: piston intermédiaire *m*
Spa: émbolo intermedio *m*

intermediate ring ***n***
Ger: Zwischenring *m*
Fre: bague-entretoise *f*
Spa: anillo intermedio *m*

intermediate setting ***n***
Ger: Mittelstellung *f*
Fre: position médiane *f*
Spa: posición intermedia *f*

intermediate speed ***n***
Ger: Zwischendrehzahl *f*
Fre: régime intermédiaire *m*
Spa: régimen intermedio de revoluciones *m*

intermediate speed regulation ***n***
Ger: Zwischendrehzahlregelung *f*
Fre: régulation de vitesses intermédiaires *f*
Spa: regulación del régimen intermedio de revoluciones *f*

intermediate speed stop ***n***
Ger: Zwischendrehzahlanschlag *m*
Fre: butée de vitesses intermédiaires *f*
Spa: tope del régimen intermedio de revoluciones *m*

intermediate transmission ***n***
Ger: Zwischengetriebe *n*
Fre: boîte de transfert intermédiaire *f*
Spa: transmisión intermedia *f*

intermittent fuel injection ***n***
Ger: intermittierende Kraftstoffeinspritzung *f*
Fre: injection intermittente de carburant *f*
Spa: inyección intermitente de combustible *f*

intermittent loading ***n***
Ger: Aussetzbelastung *f*
Fre: charge intermittente *f*
Spa: carga intermitente *f*

intermittent wiper relay ***n***
Ger: Wischintervallrelais *n*
Fre: relais cadenceur d'essuie-glace *m*
Spa: relé de intervalos del limpiaparabrisas *m*

intermittent wiper switch ***n***
Ger: Wischintervallschalter *m*
Fre: commutateur intermittent d'essuie-glace *m*
Spa: interruptor de intervalos de barrido *m*

intermittent-periodic duty (electrical machines) ***n***
Ger: Aussetzbetrieb (elektrische Maschinen) *m*
Fre: fonctionnement intermittent (machines électriques) *m*
Spa: régimen de operación intermitente (máquinas eléctricas) *m*

internal combustion engine ***n***
Ger: Verbrennungskraftmaschine *f*
Fre: moteur à combustion interne *m*
Spa: máquina de combustión interna *f*

internal combustion engine ***n***
Ger: Verbrennungsmotor *m*
(Verbrennungskraftmaschine) *f*
Fre: moteur à combustion interne *m*
Spa: motor de combustión *m*

internal exhaust gas recirculation ***n***
Ger: innere Abgasrückführung *f*
Fre: recyclage interne des gaz d'échappement *m*
Spa: recirculación de gases de escape *f*

internal gear (ring gear) ***n***
Ger: Hohlrad *n*
Fre: roue à denture intérieure *f*
Spa: corona de dentado interior *f*

internal gear pair ***n***
Ger: Hohlradpaarung *f*
Fre: engrenage intérieur *m*
Spa: engranaje interior *m*

internal shoe brake ***n***
Ger: Innenbackenbremse *f*
Fre: frein à segments à expansion interne *m*
Spa: freno de zapatas de expansión *m*

internal teeth ***n***
Ger: Innenverzahnung *f*
Fre: denture intérieure *f*
Spa: dentado interior *m*

internal thread ***n***
Ger: Innengewinde *n*
Fre: taraudage *m*
Spa: rosca interna *f*

internal-gear pump ***n***
Ger: Innenzahnradpumpe *f*
Fre: pompe à engrenage intérieur *f*
Spa: bomba de engranaje interior *f*

internally ventilated (brake disc) ***pp***
Ger: innenbelüftet (Bremsscheibe) *pp*
Fre: ventilation interne (disque de frein) *f*
Spa: ventilado internamente (disco de freno) *adj*

interrupting clutch ***n***
Ger: Trennkupplung *f*
Fre: embrayage de coupure *m*
Spa: embrague de separación *m*

intervention ***n***
Ger: Eingriff *m*
Fre: intervention *f*
Spa: intervención *f*

intrusion detection (car alarm) ***n***
Ger: Innenraumüberwachung (Autoalarm) *f*

Fre: surveillance de l'habitacle (véhicule) *f*
Spa: supervisión del habitáculo (alarma de vehículo) *f*

inverter ***n***
Ger: Wechselrichter *m*
Fre: onduleur *m*
Spa: inversor *m*

ionic current ***n***
Ger: Ionenstrom *m*
Fre: courant ionique *m*
Spa: corriente iónica *f*

iron core ***n***
Ger: Eisenpaket *n*
Fre: noyau feuilleté *m*
Spa: núcleo de láminas de hierro *m*

iron losses (alternator) ***npl***
Ger: Eisenverluste (Generator) *mpl*
Fre: pertes fer (alternateur) *fpl*
Spa: pérdidas de hierro (alternador) *fpl*

isodromous governor ***n***
Ger: Isodromregler *m*
Fre: régulateur isodromique *m*
Spa: regulador isodrómico *m*

isolating valve ***n***
Ger: Trennventil *n*
Fre: valve d'isolement *f*
Spa: válvula de separación *f*

J

jack ***n***
Ger: Wagenheber *m*
Fre: cric *m*
Spa: gato *m*

jacknife (semitrailer unit) ***v***
Ger: einknicken (Sattelzug) *v*
(Jacknifing) *n*
Fre: se mettre en portefeuille (semi-remorque) *m*
Spa: doblarse (tractocamión articulado) *v*

jet ***n***
Ger: Strahldüse *f*
Fre: buse d'éjection *f*
Spa: inyector a chorro *m*

jet alignment piece ***n***
Ger: Strahlrichter *m*
Fre: guide-jet *m*
Spa: alineador de chorro *m*

jet directed (fuel injection) ***adj***
Ger: strahlgeführt (Kraftstoffeinspritzung) *adj*
Fre: assisté par jet d'air *pp*
Spa: guiado por chorro (inyección de combustible) *pp*

jet nozzle ***n***
Ger: Strahldüse *f*
Fre: buse d'éjection *f*
Spa: inyector a chorro *m*

jet pattern (fuel injection) ***n***
Ger: Strahlbild (Kraftstoffeinspritzung) *n*
Fre: aspect du jet *m*
Spa: apariencia del chorro (inyección de combustible) *f*

jet pump ***n***
Ger: Strahlpumpe *f*
Fre: pompe auto-aspirante *f*
Spa: bomba de chorro *f*

Jetronic (electronic fuel injection) ***n***
Ger: Jetronic (elektronische Benzineinspritzung) *f*
Fre: Jetronic (injection électronique d'essence) *m*
Spa: Jetronic (inyección electrónica de gasolina) *m*

joint pin ***n***
Ger: Gelenkstift *m*
Fre: tige articulée *f*
Spa: pasador de articulación *m*

jump start voltage ***n***
Ger: Fremdstartspannung (Spannung bei Fremdstart) *f*
Fre: tension de démarrage externe *f*
Spa: tensión de arranque por cables de puente (tensión de arranque por cables de puente) *f*

K

key ***n***
Ger: Keil *m*
Fre: clavette *f*
Spa: chaveta *f*

key operated switch ***n***
Ger: Schlüsselschalter *m*
Fre: interrupteur à clé *m*
Spa: interruptor por llave *m*

keyboard ***n***
Ger: Bedientastatur *f*
Fre: clavier de commande *m*
Spa: teclado de manejo *m*

keystone ring ***n***
Ger: Trapezring *m*
Fre: segment trapézoïdal *m*
Spa: anillo trapezoidal *m*

kick down switch ***n***
Ger: Kickdown-Schalter *m*
Fre: contacteur de kick-down *m*
Spa: interruptor de kickdown *m*

kinetic energy ***n***
Ger: Bewegungsenergie *f*
Fre: énergie cinétique *f*
Spa: energía cinética *f*

kinetic inhibition ***n***
Ger: kinetische Hemmung *f*
Fre: inertie cinétique *f*
Spa: inhibición cinética *f*

kingpin angle ***n***
Ger: Spreizungswinkel *m*
Fre: angle d'inclinaison de l'axe de pivot *m*
Spa: ángulo de inclinación del eje de pivote *m*

kingpin load ***n***
Ger: Aufsatteldruck *m*
Fre: pression d'accouplement *f*
Spa: presión de apoyo *f*

kingpin offset ***n***
Ger: Lenkrollhalbmesser *m*
Fre: déport au sol *m*
Spa: radio de pivotamiento *m*

knee pad ***n***
Ger: Kniepolster *n*
Fre: protège-genoux *m*
Spa: acolchado de rodillas *m*

knee point (characteristic curve) ***n***
Ger: Knickpunkt (Kennlinie) *m*
Fre: coude (courbe caractéristique) *m*
Spa: punto de flexión (curva característica) *m*

knee protection ***n***
Ger: Knieschutz *m*
Fre: protège-genoux *m*
Spa: protección de rodillas *f*

knock (IC engine) ***v***
Ger: klingeln (Verbrennungsmotor) *v*
Fre: cliqueter (moteur à combustion) *v*
Spa: picar (motor de combustión) *v*

knock (IC engine) ***v***
Ger: klopfen (Verbrennungsmotor) *v*
Fre: cliquetis (moteur à combustion) *m*
Spa: detonar (motor de combustión) *v*

knock control ***n***
Ger: Klopfregelung *f*
Fre: régulation anticliquetis *f*
Spa: regulación de detonaciones *f*

knock detection (IC engine) ***n***
Ger: Klopferkennung (Verbrennungsmotor) *f*
Fre: détection de cliquetis *f*
Spa: detección de detonaciones (motor de combustión) *f*

knock inhibitor ***n***
Ger: Antiklopfmittel *n*
Fre: agent antidétonant *m*
Spa: producto antidetonante *m*

knock inhibitor (IC engine) ***n***
Ger: Klopfbremse (Verbrennungsmotor) *f*
Fre: agent antidétonant *m*
Spa: antidetonante (motor de combustión) *m*

knock limit ***n***
Ger: Klopfgrenze *f*
Fre: limite de cliquetis *f*

English

Spa: límite de detonaciones *m*

knock prevention (IC engine) ***n***
Ger: Klingelschutz (Verbrennungsmotor) *m*
Fre: protection anticognement *f*
Spa: protección de picado (motor de combustión) *f*

knock protection ***n***
Ger: Klopfschutz *m*
Fre: protection anticliquetis *f*
Spa: protección antidetonaciones *f*

knock resistance ***n***
Ger: Klopffestigkeit *f*
Fre: indétonance *f*
Spa: poder antidetonante *m*

knock resistance ***n***
Ger: Klopfverhalten *n*
Fre: pouvoir détonant *m*
Spa: comportamiento detonante *m*

knock resistant (fuel) ***adj***
Ger: klopffest (Kraftstoff) *adj*
Fre: antidétonant (carburant) *adj*
Spa: resistente a detonaciones (combustible) *loc*

knock sensor ***n***
Ger: Klopfsensor *m*
(Körperschallaufnehmer) *m*
Fre: capteur de cliquetis *m*
Spa: sensor de detonaciones *m*

knoop hardness ***n***
Ger: Knoophärte *f*
Fre: dureté Knoop *f*
Spa: dureza Knoop *f*

knurled screw ***n***
Ger: Rändelschraube *f*
Fre: vis à tête moletée *f*
Spa: tornillo moleteado *m*

L

ladder type chassis ***n***
Ger: Leiterrahmenfahrgestell *n*
Fre: châssis en échelle *m*
Spa: chasis tipo bastidor de travesaños *m*

ladder type frame ***n***
Ger: Leiterrahmen *m*
Fre: cadre-échelle *m*
Spa: bastidor de travesaños *m*

laden state (motor vehicle) ***n***
Ger: Beladungszustand *m*
Fre: état de chargement (véhicule) *m*
Spa: estado de carga *m*

lambda control ***n***
Ger: Lambda-Regelung *f*
Fre: régulation Lambda *f*
Spa: regulación Lambda *f*

lambda map ***n***
Ger: Lambda-Kennfeld *n*
Fre: cartographie de richesse (lambda) *f*
Spa: diagrama característico Lambda *m*

lambda oxygen sensor ***n***
Ger: Lambda-Sonde *f*
(Sauerstoff-Lambda-Sonde) *f*
Fre: sonde à oxygène *f*
(sonde de richesse) *f*
Spa: sonda Lambda *f*

lambda program map (lambda closed-loop control) ***n***
Ger: Lambda-Kennfeld (Lambda-Regelung) *n*
Fre: cartographie de richesse (lambda) *f*
Spa: diagrama característico Lambda (regulación Lambda) *m*

laminated core ***n***
Ger: Blechpaket *n*
Fre: noyau feuilleté *m*
Spa: conjunto de láminas *m*

laminated core ***n***
Ger: Lamellenpaket *n*
Fre: noyau feuilleté *m*
Spa: conjunto de discos *m*

laminated safety glass, LSG ***n***
Ger: Verbund-Sicherheitsglas, VSG *n*
Fre: verre de sécurité feuilleté, VSF *m*
Spa: cristal de seguridad compuesto *m*

lamination contact ***n***
Ger: Lamellenkontakt *m*
Fre: contact à lamelles *m*
Spa: contacto de láminas *m*

lamp ***n***
Ger: Lampe *f*
Fre: lampe *f*
Spa: lámpara *f*

lamp ***n***
Ger: Leuchte *f*
Fre: feu *m*
Spa: lámpara *f*

lamp holder ***n***
Ger: Lampenträger *m*
Fre: porte-lampe *m*
Spa: soporte de lámpara *m*

lamp housing ***n***
Ger: Leuchtengehäuse *n*
Fre: boîtier de feu *m*
Spa: caja de unidad de iluminación *f*

lamp socket ***n***
Ger: Lampenfassung *f*
Fre: douille de lampe *f*
Spa: portalámparas *m*

lamp tester ***n***
Ger: Lampentester *m*
Fre: testeur de lampe *m*
Spa: comprobador de lámparas *m*

lane ***n***
Ger: Fahrspur *f*
Fre: trajectoire *f*
Spa: carril *m*

language selection ***n***
Ger: Sprachauswahl *f*
Fre: sélection de la langue *f*
Spa: selección de idioma *f*

large scale integrated circit, LSI (ECU) ***n***
Ger: Großschaltkreis (Steuergerät) *m*
Fre: circuit à haute intégration (calculateur) *m*
Spa: circuito integrado a gran escala (unidad de control) *m*

laser beam ***n***
Ger: Laserstrahl *m*
Fre: faisceau laser *m*
Spa: rayo láser *m*

laser welding ***n***
Ger: Laserschweißen *n*
Fre: soudage par faisceau laser *m*
Spa: soldadura por láser *f*

latent pressure test (wheel-brake cylinder) ***n***
Ger: Vordruckprüfung (Radzylinder) *f*
Fre: essai de pression pilote *m*
Spa: comprobación de la presión previa (cilindro de rueda) *f*

lateral acceleration ***n***
Ger: Querbeschleunigung *f*
Fre: accélération transversale *f*
Spa: aceleración transversal *f*

lateral acceleration rate ***n***
Ger: Kurvenbeschleunigung *f*
Fre: accélération en virage *f*
Spa: aceleración en curvas *f*

lateral acceleration sensor (ESP) ***n***
Ger: Querbeschleunigungssensor (ESP) *m*
Fre: capteur d'accélération transversale (ESP) *m*
Spa: sensor de aceleración transversal (ESP) *m*

lateral force ***n***
Ger: Seitenführungskraft *f*
Fre: force de guidage latérale *f*
Spa: fuerza de guiado lateral *f*

lateral force coefficient ***n***
Ger: Seitenkraftbeiwert *m*
Fre: coefficient de force latérale *m*
Spa: coeficiente de fuerza lateral *m*

lateral guidance ***n***
Ger: Spurführung *f*
Fre: tenue de cap *f*
Spa: conducción transversal *f*

lateral surface ***n***
Ger: Mantelfläche *f*
Fre: surface latérale *f*
Spa: superficie de revestimiento *f*

English

lateral tire force ***n***
Ger: Reifenseitenkraft *f*
(Reifenquerkraft) *f*
Fre: force latérale du pneumatique *f*
Spa: fuerza lateral de neumático *f*

lateral velocity (vehicle dynamics) ***n***
Ger: Quergeschwindigkeit (Kfz-Dynamik) *f*
Fre: vitesse transversale (dynamique d'un véhicule) *f*
Spa: velocidad transversal (dinámica del automóvil) *f*

layer thickness ***n***
Ger: Schichtdicke *f*
Fre: épaisseur de couche *f*
Spa: espesor de capa *m*

lead ***n***
Ger: Steigung *f*
Fre: pente *f*
Spa: elevación *f*

lead ash ***n***
Ger: Bleiasche *f*
Fre: cendres de plomb *fpl*
Spa: cenizas de plomo *fpl*

lead calcium battery ***n***
Ger: Blei-Kalzium-Batterie *f*
Fre: batterie plomb-calcium *f*
Spa: batería de plomo-calcio *f*

lead fouling (spark plug) ***n***
Ger: Verbleiung (Zündkerze) *f*
Fre: dépôt de plomb (bougie d'allumage) *m*
Spa: emplomado (bujía de encendido) *m*

lead grid (battery) ***n***
Ger: Bleigitter (Batterie) *n*
Fre: grille de plomb (batterie) *f*
Spa: rejilla de plomo (batería) *f*

lead storage battery ***n***
Ger: Bleibatterie *f*
(Blei-Akkumulator) *m*
Fre: batterie au plomb *f*
Spa: batería de plomo *f*

lead wire ***n***
Ger: Bleidraht *m*
Fre: fil de plomb *m*
Spa: alambre de plomo *m*

leaded (gasoline) ***pp***
Ger: verbleit (Benzin) *pp*
Fre: au plomb (essence) *loc*
Spa: con plomo (gasolina) *loc*

leading axle ***n***
Ger: Vorlaufachse *f*
Fre: essieu directeur *m*
Spa: eje empujador *m*

leading brake shoe ***n***
Ger: auflaufende Bremsbacke *f*
Fre: mâchoire primaire *f*
Spa: zapata de freno primaria *f*

leaf spring ***n***
Ger: Blattfeder *f*
Fre: ressort à lames *m*
Spa: ballesta *f*

leak fuel ***n***
Ger: Leckkraftstoff *m*
(Lecköl) *n*
Fre: carburant de fuite *m*
(combustible de fuite) *m*
Spa: combustible de fuga *m*

leak fuel quantity ***n***
Ger: Leckkraftstoffmenge *f*
(Leckmenge) *f*
Fre: débit de carburant de fuite *m*
Spa: caudal de fuga *m*

leak test ***n***
Ger: Dichtheitsprüfung *f*
Fre: contrôle d'étanchéité *m*
Spa: comprobación de estanqueidad *f*

leakage ***n***
Ger: Leckage *f*
Fre: fuite *f*
Spa: fuga *f*

leakage connection ***n***
Ger: Leck-Anschluss *m*
Fre: raccord de fuite *m*
Spa: conexión con fuga *f*

leakage flow ***n***
Ger: Leckstrom *m*
Fre: courant de fuite *m*
Spa: corriente de fuga *f*

leakage flux ***n***
Ger: Streufluss *m*
Fre: flux de fuite *m*
Spa: flujo de dispersión *m*

leakage fuel connection ***n***
Ger: Leckölanschluss *m*
Fre: raccord d'huile de fuite *m*
Spa: conexión de aceite de fuga *f*

leakage fuel line ***n***
Ger: Leckölleitung *f*
Fre: conduite d'huile de fuite *f*
Spa: tubería de aceite de fuga *f*

leakage line ***n***
Ger: Leckageleitung *f*
Fre: conduite de fuite *f*
Spa: línea de fugas *f*

leakage path ***n***
Ger: Nebenschlusspfad *m*
(Kriechweg) *m*
Fre: chemin de fuite *m*
Spa: trayectoria de fuga *f*

leakage return galley ***n***
Ger: Leckölleiste *f*
Fre: barrette d'huile de fuite *f*
Spa: regleta de aceite de fuga *f*

leakage-return duct ***n***
Ger: Leckkraftstoff-Rückführung *f*
(Leckrückführung) *m*
(Leckölrücklauf) *f*
Fre: canal de retour des fuites *m*
Spa: recuperación de combustible de fuga *f*

lean (air-fuel mixture) ***adj***
Ger: mager (Luft-Kraftstoff-Gemisch) *adj*
Fre: pauvre (mélange air-carburant) *adj*
Spa: pobre (mezcla aire-combustible) *adj*

lean adjustment (air-fuel mixture) ***n***
Ger: Gemischabmagerung (Luft-Kraftstoff-Gemisch) *f*
(Abmagerung) *f*
Fre: appauvrissement du mélange (mélange air-carburant) *m*
Spa: empobrecimiento de la mezcla (mezcla aire-combustible) *m*
(empobrecimiento) *m*

lean air fuel mixture ***n***
Ger: mageres Gemisch *n*
Fre: mélange pauvre *m*
Spa: mezcla pobre *f*

lean air fuel mixture ***n***
Ger: Magermix *n*
Fre: mélange pauvre *m*
Spa: mezcla pobre *f*

lean burn catalytic converter ***n***
Ger: Magerkatalysator *m*
Fre: catalyseur pour mélange pauvre *m*
Spa: catalizador de mezcla pobre *m*

lean burn concept ***n***
Ger: Magerkonzept *n*
Fre: concept à mélange pauvre *m*
Spa: funcionamiento con mezcla pobre *m*

lean burn engine ***n***
Ger: Magermotor *m*
Fre: moteur pour mélange pauvre *m*
Spa: motor de mezcla pobre *m*

lean combustion engine ***n***
Ger: Magermotor *m*
Fre: moteur pour mélange pauvre *m*
Spa: motor de mezcla pobre *m*

lean NO_x catalayst ***n***
Ger: $DeNO_x$-Katalysator *m*
Fre: catalyseur à accumulateur de NO_x *m*
Spa: catalizador de NO_x *m*

lean off (air-fuel mixture) ***v***
Ger: abmagern (Luft-Kraftstoff-Gemisch) *v*
Fre: appauvrir (mélange air-carburant) *v*
Spa: empobrecer (mezcla aire-combustible) *v*

lean operation mode ***n***
Ger: Magerbetrieb *m*
Fre: fonctionnement avec mélange pauvre *m*

English

Spa: funcionamiento con mezcla pobre *m*

lean sensor ***n***
Ger: Magersonde *f*
Fre: sonde pour mélange pauvre *f*
Spa: sonda de mezcla pobre *f*

leaning (air-fuel mixture) ***v***
Ger: Abmagerung (Luft-Kraftstoff-Gemisch) *f*
Fre: appauvrissement *m*
Spa: empobrecimiento (mezcla aire-combustible) *m*

left/right-hand traffic ***n***
Ger: Links-Rechtsverkehr *m*
Fre: circulation à gauche/à droite *f*
Spa: circulación por la izquierda/por la derecha *f*

legal requirements ***npl***
Ger: gesetzliche Vorschriften *fpl*
Fre: législation *f*
Spa: prescripciones legales *fpl*

lens (headlamp) ***n***
Ger: Abschlussscheibe (Scheinwerfer) *f*
Fre: verre de protection *m*
Spa: cristal de cierre (faro) *m*

lens (lamp) ***n***
Ger: Lichtscheibe (Leuchte) *f*
Fre: glace de diffusion (feu) *f*
Spa: cristal de dispersión (lámpara) *m*

lens (headlamp) ***n***
Ger: Streuscheibe (Scheinwerfer) *f*
(Streulinse) *f*
Fre: diffuseur (projecteur) *m*
Spa: cristal de dispersión (faros) *m*

lens aperture area (lighting) ***n***
Ger: Lichtaustrittsfläche (Lichttechnik) *f*
Fre: surface de sortie de la lumière (éclairage) *f*
Spa: superficie de salida de luz (técnica de iluminación) *f*

level control ***n***
Ger: Niveauregelung *f*
Fre: régulation de niveau *f*
Spa: regulación de nivel *f*

level sensor (electric fuel pump) ***n***
Ger: Füllstandsgeber (Elektrokraftstoffpumpe) *m*
(Tankstandsgeber) *m*
Fre: capteur de niveau (pompe électrique à carburant) *m*
Spa: transmisor del nivel de llenado (bomba eléctrica de combustible) *m*

level sensor (air suspension) ***n***
Ger: Niveaugeber (Luftfederung) *m*
Fre: capteur de niveau (suspension pneumatique) *m*
Spa: captador de nivel (suspensión neumática) *m*

lever arm ***n***
Ger: Hebelarm *m*
Fre: bras de levier *m*
Spa: brazo de palanca *m*

lever rod ***n***
Ger: Hebelstange *f*
Fre: tige de levier *f*
Spa: barra de palanca *f*

license plate illumination ***n***
Ger: Kennzeichenbeleuchtung *f*
Fre: éclairage de plaque d'immatriculation *m*
Spa: iluminación de matrícula *f*

license plate lamp ***n***
Ger: Kennzeichenleuchte *f*
Fre: feu d'éclairage de plaque d'immatriculation *m*
Spa: luz de matrícula *f*

lift ***n***
Ger: Auftrieb *m*
Fre: portance *f*
Spa: ascención *f*

lift ***n***
Ger: Hub *m*
(Auftrieb) *m*
Fre: levée *f*
(portance) *f*
Spa: carrera *f*

lift platform ***n***
Ger: Hebebühne *f*
Fre: pont élévateur *m*
Spa: plataforma elevadora *f*

lift stop ***n***
Ger: Hubanschlag *m*
Fre: butée de levée *f*
Spa: tope de carrera *m*

lifting piston ***n***
Ger: Hubkolben *m*
Fre: piston *m*
Spa: pistón elevador *m*

lifting shaft ***n***
Ger: Hubwelle *f*
Fre: arbre de levage *m*
Spa: eje de elevación *m*

light ***n***
Ger: Leuchte *f*
Fre: feu de signalisation *m*
Spa: luz *f*

light alloy riml ***n***
Ger: Leichtmetallfelge *f*
Fre: jante en alliage léger *f*
Spa: llanta de aleación ligera *f*

light alloy wheel ***n***
Ger: Leichtmetallrad *n*
Fre: roue en alliage léger *f*
Spa: llanta de aleación ligera *f*

light beam ***n***
Ger: Lichtstrahl *m*
Fre: faisceau lumineux *m*
Spa: rayo de luz *m*

light commercial vehicle ***n***
Ger: leichtes Nutzkraftfahrzeug *n*
Fre: véhicule utilitaire léger *m*
Spa: vehículo industrial ligero *m*

light dark cutoff (headlamp) ***n***
Ger: Hell-Dunkel-Grenze (Scheinwerfer) *f*
Fre: limite clair-obscur (projecteur) *f*
Spa: límite claro-oscuro (faros) *m*

light dark cutoff contrast (headlamp) ***n***
Ger: Hell-Dunkel-Kontrast (Scheinwerfer) *m*
Fre: contraste entre clarté et obscurité (projecteur) *m*
Spa: contraste claro-oscuro (faros) *m*

light deflection ***n***
Ger: Lichtablenkung *f*
Fre: déviation de la lumière *f*
Spa: desviación de luz *f*

light distribution ***n***
Ger: Lichtverteilung *f*
Fre: répartition de la lumière *f*
Spa: distribución de iluminación *f*

light emitting diode, LED ***n***
Ger: Leuchtdiode *f*
Fre: diode électroluminescente *f*
Spa: diodo luminoso *m*

light intensity ***n***
Ger: Lichtintensität *f*
Fre: Intensité lumineuse *f*
Spa: intensidad luminosa *f*

light metal housing ***n***
Ger: Leichtmetallgehäuse *n*
Fre: carter en alliage léger *m*
Spa: caja de aleación ligera *f*

light motorcycle ***n***
Ger: Leichtkraftrad *n*
Fre: motocycle léger *m*
Spa: motocicleta ligera *f*

light pattern (lighting) ***n***
Ger: Lichtverteilung (Lichttechnik) *f*
Fre: répartition de la lumière (éclairage) *f*
Spa: distribución de iluminación (técnica de iluminación) *f*

light source ***n***
Ger: Leuchtkörper *m*
Fre: lampe *f*
Spa: cuerpo luminoso *m*

light yield ***n***
Ger: Lichtausbeute *f*
Fre: rendement lumineux *m*
Spa: rendimiento luminoso *m*

lighting (motor vehicle) ***n***
Ger: Beleuchtung (Kfz) *f*
Fre: éclairage (automobile) *m*
Spa: iluminación (automóvil) *f*

lighting strip unit ***n***
Ger: Lichtbandeinheit *f*
Fre: bande d'éclairage *f*

Spa: unidad de banda luminosa *f*

lighting technology ***n***
Ger: Lichttechnik *f*
Fre: technique d'éclairage *f*
Spa: técnica de iluminación *f*

lightweight tractor ***n***
Ger: Kleinschlepper *m*
Fre: motoculteur *m*
Spa: remolcador pequeño *m*

limit current principle ***n***
Ger: Grenzstromprinzip *n*
Fre: principe du courant limite *m*
Spa: principio de corriente límite *m*

limit gauge ***n***
Ger: Grenzlehre *f*
Fre: calibre entre/n'entre pas *m*
Spa: galga de límite *f*

limit of adhesion ***n***
Ger: Haftgrenze *f*
Fre: limite d'adhérence *f*
Spa: límite de adherencia *m*

limit speed ***n***
Ger: Grenzdrehzahl *f*
Fre: régime limite *m*
Spa: régimen límite *m*

limit stress ***n***
Ger: Grenzspannung *f*
(Grenzbeanspruchung) *f*
Fre: contrainte limite *f*
Spa: tensión límite *f*

limit switch ***n***
Ger: Endschalter *m*
Fre: contacteur de fin de course *m*
Spa: fin de carrera *m*

limit temperature ***n***
Ger: Grenztemperatur *f*
Fre: température limite *f*
Spa: temperatura límite *f*

limit wavelength ***n***
Ger: Grenzwellenlänge *f*
Fre: longueur d'onde de coupure *f*
Spa: longitud de onda límite *f*

limiting field strength ***n***
Ger: Grenzfeldstärke *f*
Fre: champ limite *m*
Spa: intensidad límite de campo *f*

limiting-value control ***n***
Ger: Grenzwertregelung *f*
Fre: régulation de valeur limite *f*
Spa: regulación de valor límite *f*

limp home ***n***
Ger: Notlauf *m*
Fre: mode dégradé *m*
(mode incidenté) *m*
Spa: funcionamiento de emergencia *m*

limp home characteristic ***n***
Ger: Notlaufeigenschaft *f*
Fre: capacité de fonctionnement en mode dégradé *f*
Spa: característica de marcha de emergencia *f*

limp home mode (motor vehicle) ***n***
Ger: Notbetrieb (Kfz) *m*
Fre: fonctionnement en mode dégradé *m*
Spa: marcha de emergencia (automóvil) *f*

limp home mode function ***n***
Ger: Notlauffunktion *f*
Fre: fonction de secours *f*
Spa: función de marcha de emergencia *f*

limp home operation (motor vehicle) ***n***
Ger: Notfahrbetrieb (Kfz) *m*
Fre: fonctionnement en mode dégradé *m*
Spa: marcha en modo de emergencia (automóvil) *f*

limp home position governor ***n***
Ger: Notfahrstellregler *m*
Fre: régulateur de roulage en mode incidenté *m*
Spa: regulador de marcha de emergencia *m*

line connection ***n***
Ger: Leitungsverbindung *f*
(Nebenschluss) *m*
Fre: dérivation *f*
Spa: conexión de cables *f*

line pressure ***n***
Ger: Leitungsdruck *m*
Fre: pression dans conduite *f*
Spa: presión en la tubería *f*

linear acceleration ***n***
Ger: Längsbeschleunigung *f*
Fre: accélération longitudinale *f*
Spa: aceleración longitudinal *f*

linear solenoid ***n***
Ger: Hubmagnet *m*
(Schaltmagnet) *m*
Fre: électro-aimant de commande *m*
Spa: electroimán elevador *m*

liner ***n***
Ger: Gleitschicht *f*
(Laufschicht) *f*
Fre: couche antifriction *f*
Spa: capa de deslizamiento *f*

lining support plate (brakes) ***n***
Ger: Belagträgerplatte (Bremsen) *f*
Fre: plaque-support de garniture *f*
Spa: placa portaforros (frenos) *f*

lining thickness (brakes) ***n***
Ger: Belagstärke (Bremsen) *f*
Fre: épaisseur de garniture *f*
Spa: espesor del forro (frenos) *m*

lining wear (brakes) ***n***
Ger: Belagverschleiß (Bremsen) *m*
Fre: usure de garniture de frein *f*
Spa: desgaste del forro (frenos) *m*

lining wear sensor (brakes) ***n***
Ger: Belagverschleißsensor (Bremsen) *m*
(Verschleißsensor) *m*
Fre: capteur d'usure de garniture (garniture de frein) *m*
Spa: sensor de desgaste del forro (frenos) *m*

link fork ***n***
Ger: Gelenkgabel *f*
Fre: fourchette d'articulation *f*
Spa: horquilla articulada *f*

linkage ***n***
Ger: Gestänge *n*
Fre: tringlerie *f*
(timonerie) *f*
Spa: varillaje *m*

liquefied petroleum gas, LPG ***n***
Ger: Autogas *n*
(Flüssiggas) *n*
Fre: gaz de pétrole liquéfié, GPL *m*
Spa: gas para automóviles *m*
(gas líquido) *m*

liquid cooling ***n***
Ger: Flüssigkeitskühlung *f*
Fre: refroidissement liquide *m*
Spa: refrigeración por líquido *f*

liquid crystal display, LCD ***n***
Ger: Flüssigkristallanzeige *f*
Fre: afficheur à cristaux liquides *m*
Spa: display de cristal líquido *m*

liquid-level measuring instrument ***n***
Ger: Füllstandmessgerät *n*
Fre: indicateur de niveau *m*
Spa: medidor del nivel de llenado *m*

Litronic (headlamp system with gaseous-discharge lamp) ***n***
Ger: Litronic (Scheinwerfer mit Gasentladungslampe) *f*
Fre: Litronic (projecteur avec lampe à décharge) *m*
Spa: Litronic (faro con lámpara de descarga de gas) *m*

load ***n***
Ger: Beladung *f*
Fre: chargement *m*
Spa: carga *f*

load capacity ***n***
Ger: Tragfähigkeit *f*
Fre: capacité de charge *f*
Spa: capacidad de carga *f*

load change reaction ***n***
Ger: Lastwechselreaktion *f*
Fre: réaction aux alternances de charge *f*
Spa: reacción de cambio de carga *f*

load changes ***n***
Ger: Lastwechsel *m*
Fre: transfert de charge *m*
(variation de la charge) *f*
Spa: cambio de carga *m*

load changes ***n***

English

Ger: Lastwechsel *m*
Fre: alternance de charge *f*
(variation de la charge) *f*
Spa: cambio de carga *m*

load characteristic ***n***
Ger: Belastungskennlinie *f*
Fre: caractéristique de charge *f*
Spa: característica de carga *f*

load cut off ***n***
Ger: Lastabschalten *f*
Fre: coupure de charge *f*
Spa: corte de carga *m*

load dependent braking force regulator ***n***
Ger: lastabhängiger Bremskraftregler *m*
Fre: correcteur de freinage asservi à la charge *m*
Spa: regulador de fuerza de frenado en función de la carga *m*

load dependent start of delivery ***n***
Ger: lastabhängiger Förderbeginn *m*
Fre: initiateur de refoulement *m*
Spa: comienzo de suministro en función de la carga *m*

load dependent start of injection ***n***
Ger: lastabhängiger Spritzbeginn *m*
Fre: début d'injection variable en fonction de la charge *m*
Spa: comienzo de inyección en función de la carga *m*

load drop ***n***
Ger: Lastabfall *m*
Fre: perte de charge *f*
Spa: caída de carga *f*

load dump (vehicle electrical system) ***n***
Ger: Lastabschaltung (Bordnetz) *f*
(Lastabwurf) *m*
Fre: délestage (circuit de bord) *m*
Spa: desconexión de carga (red de a bordo) *f*
(descargo de consumo) *m*

load factor ***n***
Ger: Belastungsgrad *m*
Fre: facteur de charge *m*
Spa: factor de carga *m*

load period ***n***
Ger: Belastungszeit *f*
Fre: temps de charge *m*
Spa: tiempo de carga *m*

load reduction ***n***
Ger: Entlastung (Batterie) *f*
Fre: délestage *m*
Spa: alivio de carga (batería) *m*

load resistor ***n***
Ger: Belastungswiderstand *m*
Fre: résistance de charge *f*
Spa: resistencia de carga *f*

load reversal damping ***n***
Ger: Lastschlagdämpfung *f*
Fre: amortissement des à-coups de charge *m*
Spa: amortiguación por inversión de carga *f*

load sensor (dynamic brake analyzer) ***n***
Ger: Kraftmesseinrichtung (Rollenbremsprüfstand) *f*
Fre: dynamomètre (banc d'essai) *m*
Spa: dispositivo de medición de fuerza (banco de pruebas de frenos de rodillos) *m*

load-sensitive ***adj***
Ger: lastabhängig *adj*
Fre: asservi à la charge *pp*
Spa: dependiente de la carga *adj*

locating collar ***n***
Ger: Zentrierbund *m*
Fre: épaulement de centrage *m*
Spa: collar centrador *m*

lock ***n***
Ger: Arretierung *f*
Fre: arrêtage *m*
Spa: enclavamiento *m*

lock ***v***
Ger: verriegeln *v*
Fre: verrouiller *v*
Spa: bloquear *v*

lock barrel (special ignition coil) ***n***
Ger: Schlosszylinder (Sonderzündspule) *m*
Fre: serrure à barillet (bobine d'allumage spéciale) *f*
Spa: cilindro de cierre (bobina especial de encendido) *m*

lock nut ***n***
Ger: Kontermutter *f*
Fre: contre-écrou *m*
Spa: contratuerca *f*

lock washer ***n***
Ger: Federring *m*
Fre: rondelle Grower *f*
Spa: arandela de resorte *f*
(arandela grover) *f*

locking element ***n***
Ger: Arretierstück *n*
Fre: pièce d'arrêt *f*
Spa: pieza de detención *f*

locking pressure (brakes) ***n***
Ger: Blockierdruck (Bremsen) *m*
Fre: pression de blocage (frein) *f*
Spa: presión de bloqueo (frenos) *f*

locking spring ***n***
Ger: Rastfeder *f*
Fre: ressort à cran d'arrêt *m*
(ressort d'arrêt) *m*
Spa: resorte de encastre *m*

locking valve ***n***
Ger: Verriegelungsventil *n*
Fre: valve de verrouillage *f*
Spa: válvula de bloqueo *f*

locking washer ***n***
Ger: Sicherungsscheibe *f*
Fre: rondelle d'arrêt *f*
Spa: disco de seguridad *m*

locking wedge ***n***
Ger: Sicherungskeil *m*
Fre: cale de sécurité *f*
Spa: cuña de seguridad *f*

logarithmic frequency interval ***n***
Ger: Frequenzmaßintervall *n*
Fre: intervalle de fréquence en échelle logarithmique *m*
Spa: intervalo de frecuenzia *m*

logic unit ***n***
Ger: Logikteil *m*
Fre: unité logique *f*
Spa: unidad lógica *f*

long distance interference suppression ***n***
Ger: Fernentstörung *f*
Fre: antiparasitage simple *m*
Spa: eliminación de interferencias a distancia *f*

long range driving lamp ***n***
Ger: Weitstrahlscheinwerfer *m*
Fre: projecteur longue portée *m*
Spa: faro de largo alcance *m*

longitudinal acceleration ***n***
Ger: Längsbeschleunigung *f*
Fre: accélération longitudinale *f*
Spa: aceleración longitudinal *f*

longitudinal dynamics ***n***
Ger: Längsdynamik *f*
Fre: dynamique longitudinale *f*
Spa: dinámica longitudinal *f*

longitudinal pump axis ***n***
Ger: Pumpenlängsachse *f*
Fre: axe longitudinal de la pompe *m*
Spa: eje longitudinal de bomba *m*

longitudinal tilting moment ***n***
Ger: Längskippmoment *n*
Fre: moment de renversement *m*
Spa: momento de vuelco longitudinal *m*

longitudinal-adjustment gearing ***n***
Ger: Längsverstellgetriebe *n*
Fre: réducteur de réglage en approche *m*
Spa: caja de engranajes de ajuste longitudinal *f*

long-term tests ***n***
Ger: Langzeiterprobung *f*
Fre: tests longue durée *mpl*
Spa: ensayos de larga duración *mpl*

long-time load ***n***
Ger: Langzeitverbraucher *m*
Fre: récepteur longue durée *m*
Spa: consumidor de larga duración *m*

loop scavenging ***n***
Ger: Umkehrspülung *f*
Fre: balayage en boucle *m*
Spa: lavado por inversión de flujo *m*

loose connection *n*
Ger: Wackelkontakt *m*
Fre: faux contact *m*
Spa: contacto flojo *m*

loose contact *n*
Ger: Wackelkontakt *m*
Fre: faux contact *m*
Spa: contacto flojo *m*

loss of synchronization *n*
Ger: Synchronverlust *m*
Fre: perte de synchronisation *f*
Spa: pérdida de sincronización *f*

loudness level *n*
Ger: Lautstärke *f*
Fre: volume sonore *m*
Spa: volumen *m*

loudspeaker *n*
Ger: Lautsprecher *m*
Fre: haut-parleur *m*
Spa: altavoz *m*

low beam *n*
Ger: Abblendlicht *n*
Fre: feu de croisement *m*
Spa: luz de cruce *f*

low beam headlamp *n*
Ger: Abblendscheinwerfer *m*
Fre: projecteur de croisement *m*
Spa: faro de luz de cruce *m*

low coolant indicator *n*
Ger: Kühlmittelmangelanzeige *f*
Fre: indicateur de manque de liquide de refroidissement *m*
Spa: indicación de falta de líquido refrigerante *f*

low emission *adj*
Ger: schadstoffarm *adj*
Fre: à faibles taux de polluants *loc*
Spa: poco contaminante *adj*

low friction *n*
Ger: reibungsarm *adj*
Fre: à faible frottement *loc*
Spa: de baja fricción *adj*

low idle setpoint speed *n*
Ger: Leerlauf-Solldrehzahl *f*
Fre: régime consigne de ralenti *m*
Spa: régimen nominal de ralentí *m*

low idle speed *n*
Ger: untere Leerlaufdrehzahl *f*
Fre: régime minimum à vide *m*
Spa: régimen inferior de ralentí *m*

low idle stop *n*
Ger: Leerlaufanschlag *m*
Fre: butée de ralenti *f*
Spa: tope de ralentí *m*

low idle switch *n*
Ger: Leergasschalter *m*
Fre: contacteur de ralenti *m*
Spa: conmutador de ralentí *m*

low lead gasoline *n*
Ger: bleiarmes Benzin *n*
Fre: essence sans plomb *f*
Spa: gasolina de bajo plomo *f*

low maintenance *n*
Ger: wartungsarm *adj*
Fre: à entretien minimal *loc*
Spa: de escaso mantenimiento *loc*

low pass filter (ECU) *n*
Ger: Tiefpassfilter (Steuergerät) *n*
Fre: filtre passe-bas (calculateur) *m*
Spa: filtro de paso bajo (unidad de control) *m*

low power engine *n*
Ger: Kleinmotor *m*
Fre: moteur de petite cylindrée *m*
Spa: motor pequeño *m*

low pressure braking system *n*
Ger: Niederdruck-Bremsanlage *f*
Fre: dispositif de freinage à basse pression *m*
Spa: sistema de frenos de baja presión *m*

low pressure chamber *n*
Ger: Niederdruckraum *m*
Fre: chambre basse pression *f*
Spa: cámara de baja presión *f*

low pressure circuit *n*
Ger: Niederdruckkreislauf *m*
Fre: circuit basse pression *m*
Spa: circuito de baja presión *m*

low pressure delivery *n*
Ger: Niederdruckförderung *f*
Fre: refoulement basse pression *m*
Spa: suministro a baja presión *m*

low pressure fuel circuit *n*
Ger: Kraftstoff-Niederdruckkreislauf *m*
Fre: circuit basse pression de carburant *m*
Spa: circuito de baja presión de combustible *m*

low pressure fuel inlet *n*
Ger: Niederdruckzulauf *m*
Fre: arrivée basse pression *f*
Spa: alimentación de baja presión *f*

low pressure indicator *n*
Ger: Warndruckanzeiger *m*
Fre: indicateur-avertisseur de pression *m*
Spa: indicador de presión de aviso *m*

low pressure stage *n*
Ger: Niederdruckteil *n*
Fre: étage basse pression *m*
Spa: parte de baja presión *f*

low pressure switch *n*
Ger: Niederdruckschalter *m*
Fre: pressostat basse pression *m*
Spa: interruptor de baja presión *m*

low pressure test (wheel-brake cylinder) *n*
Ger: Niederdruckprüfung (Radzylinder) *f*
Fre: essai de basse pression (cylindre de roue) *m*
Spa: ensayo de baja presión (cilindro de rueda) *m*

low pressure warning device (brakes) *n*
Ger: Warndruckeinrichtung (Bremsen) *f*
Fre: dispositif d'alerte (frein) *m*
Spa: dispositivo de presión de aviso (Bremsen) *m*

low stretch (V-belt) *n*
Ger: dehnungsarm (Keilriemen) *adj*
Fre: peu extensible (courroie trapézoïdale) *loc*
Spa: de baja elongación (correa trapezoidal) *loc*

low temperature sludge *n*
Ger: Kaltschlamm *m*
Fre: cambouis *m*
Spa: lodo frío *m*

low temperature test current (battery) *n*
Ger: Kälteprüfstrom (Batterie) *m*
(*Batteriekälteprüfstrom*) *m*
Fre: courant d'essai au froid (batterie) *m*
Spa: corriente de comprobación en frío (batería) *f*

low tone horn *n*
Ger: Tieftonhorn *n*
Fre: avertisseur à tonalité grave *m*
Spa: bocina de tonos graves *f*

LPC actuator *n*
Ger: Vorhubstellwerk *n*
Fre: actionneur de précourse *m*
Spa: posicionador de carrera previa *m*

LPC adjustment *n*
Ger: Vorhubeinstellung *f*
Fre: réglage de la précourse *m*
Spa: ajuste de carrera previa *m*

LPC control *n*
Ger: Vorhubsteuerung *f*
Fre: commande de précourse *f*
Spa: control de carrera previa *m*

LPC triggering *n*
Ger: Vorhubansteuerung *f*
Fre: commande de précourse *f*
Spa: activación de carrera previa *f*

lube oil *n*
Ger: Schmieröl *n*
Fre: huile lubrifiante *f*
Spa: aceite lubricante *m*

lube oil filter *n*
Ger: Ölfilter *n*
Fre: filtre à huile *m*
Spa: filtro de aceite *m*

lube oil filter element *n*
Ger: Ölfiltereinsatz *m*
Fre: cartouche de filtre à huile *f*
Spa: elemento del filtro de aceite *m*

lube oil inlet *n*
Ger: Schmierölzulauf *m*

English

Fre: arrivée de l'huile de graissage *f*
Spa: alimentación de aceite lubricante *f*

lube oil pressure ***n***
Ger: Schmieröldruck *m*
Fre: pression d'huile lubrifiante *f*
Spa: presión de aceite lubricante *f*

lube oil pump ***n***
Ger: Schmierölpumpe *f*
Fre: pompe à huile de graissage *f*
Spa: bomba de aceite lubricante *f*

lube oil return ***n***
Ger: Schmierölrücklauf *m*
Fre: retour de l'huile de graissage *m*
Spa: retorno de aceite lubricante *m*

lubricant ***n***
Ger: Schmiermittel *n*
Fre: lubrifiant *m*
Spa: lubricante *m*

lubricant ***n***
Ger: Schmierstoff *m*
Fre: lubrifiant *m*
Spa: lubricante *m*

lubricant layer ***n***
Ger: Schmierfilm *m*
Fre: film lubrifiant *m*
Spa: película lubricante *f*

lubricating grease ***n***
Ger: Schmierfett *n*
Fre: graisse lubrifiante *f*
Spa: grasa lubricante *f*

lubricating pump ***n***
Ger: Schmierpumpe *f*
Fre: pompe de graissage *f*
Spa: bomba de lubricación *f*

lubrication additive ***n***
Ger: Schmierstoffzusatz *m*
Fre: additif lubrifiant *m*
Spa: aditivo de lubricante *m*

lubrication circuit ***n***
Ger: Schmierkreis *m*
Fre: circuit de lubrification *m*
Spa: circuito de lubricación *m*

lubrication diagram ***n***
Ger: Schmierplan *m*
Fre: schéma de graissage *m*
Spa: esquema de lubricación *m*

lubricator ***n***
Ger: Abschmiergerät *n*
Fre: graisseur *m*
Spa: lubricador *m*

lubricator ***n***
Ger: Schmiervorrichtung *f*
Fre: dispositif de graissage *m*
Spa: lubricador *m*

lubricity ***n***
Ger: Schmierfähigkeit *f*
Fre: pouvoir lubrifiant *m*
Spa: lubricabilidad *f*

lug ***n***
Ger: Pratze *f*
(Befestigungslasche) *f*
Fre: patte de fixation *f*
Spa: garra *f*

luminance (lighting) ***n***
Ger: Leuchtdichte (Lichttechnik) *f*
Fre: luminance (éclairage) *f*
Spa: diodo luminoso (técnica de iluminación) *m*

luminosity controller (headlamp) ***n***
Ger: Helligkeitsregler (Scheinwerfer) *m*
Fre: régulateur de luminosité (projecteur) *m*
Spa: regulador de luminosidad (faros) *m*

luminous efficiency ***n***
Ger: Lichtausbeute *f*
(Hellempfindlichkeitsgrad) *m*
Fre: efficacité lumineuse *f*
(efficacité lumineuse relative photopique) *f*
Spa: rendimiento luminoso *m*

luminous flux ***n***
Ger: Lichtstrom *m*
Fre: flux lumineux *m*
Spa: flujo luminoso *m*

luminous intensity ***n***
Ger: Lichtstärke *f*
(Beleuchtungsstärke) *f*
Fre: intensité lumineuse *f*
Spa: intensidad luminosa *f*

luxmeter ***n***
Ger: Luxmeter *n*
Fre: luxmètre *m*
Spa: luxómetro *m*

M

magnet bearing ***n***
Ger: Magnetlager *n*
Fre: palier magnétique *m*
Spa: cojinete magnético *m*

magnetic circuit ***n***
Ger: Magnetkreis *m*
Fre: circuit magnétique *m*
Spa: circuito magnético *m*

magnetic core ***n***
Ger: Magnetkern *m*
Fre: noyau magnétique *m*
Spa: núcleo magnético *m*

magnetic excitation ***n***
Ger: magnetische Erregung *f*
Fre: excitation magnétique *f*
Spa: excitación magnética *f*

magnetic field ***n***
Ger: Magnetfeld *n*
(magnetische Feldstärke) *f*
Fre: champ magnétique *m*
Spa: campo magnético *m*

magnetic field force ***n***
Ger: magnetische Feldkraft *f*
Fre: force magnétique *f*
Spa: fuerza de campo magnético *f*

magnetic flux ***n***
Ger: Magnetfluss *m*
Fre: flux magnétique *m*
Spa: flujo magnético *m*

magnetic flux ***n***
Ger: Nutzfluss *m*
Fre: flux magnétique utile *m*
Spa: flujo magnético útil *m*

magnetic flux density ***n***
Ger: magnetische Flussdichte *f*
(Flussdichte) *f*
Fre: induction magnétique *f*
Spa: densidad de flujo magnético *f*

magnetic leakage ***n***
Ger: Streuflussverluste (magnetische) *m*
Fre: pertes de flux magnétique *fpl*
Spa: pérdidas del flujo de dispersión (magnéticas) *fpl*

magnetic particle coupling ***n***
Ger: Magnetpulverkupplung *f*
Fre: embrayage électromagnétique à poudre *m*
Spa: embrague por polvo magnético *m*

magnetic polarization ***n***
Ger: magnetische Polarisation *f*
(Magnetisierung) *f*
Fre: aimantation *f*
Spa: polarización magnética *f*

magnetic yoke ***n***
Ger: Rückschluss *m*
(Eisenrückschluss) *m*
Fre: culasse magnétique *f*
(culasse) *f*
Spa: enclavamiento recíproco *m*

magnetization curve ***n***
Ger: Magnetisierungskurve *f*
Fre: courbe d'aimantation *f*
Spa: curva de magnetización *f*

magnetization loss ***n***
Ger: Magnetisierungsverlust *m*
Fre: pertes d'aimantation *fpl*
Spa: pérdidas de magnetización *fpl*

magneto ***n***
Ger: Magnetzünder *m*
Fre: magnéto *f*
Spa: magneto *m*

magnetoelastic ***adj***
Ger: magnetoelastisch *adj*
Fre: magnétostrictif *adj*
Spa: magnetoelástico *adj*

magnifying glass ***n***
Ger: Lupe *f*
Fre: loupe *f*
Spa: lupa *f*

main circuit (alternator) ***n***
Ger: Generatorstromkreis *m*
(Hauptstromkreis) *m*
Fre: circuit principal (alternateur) *m*
Spa: circuito principal *m*

main combustion chamber *n*
Ger: Hauptbrennraum *m*
(Hauptverbrennungsraum) *m*
Fre: chambre de combustion principale *f*
Spa: cámara de combustión principal *f*

main injection *n*
Ger: Haupteinspritzung *f*
Fre: injection principale *f*
Spa: inyección principal *f*

main jet *n*
Ger: Hauptdüse *f*
Fre: gicleur principal *m*
Spa: boquilla principal *f*

main memory (RAM) *n*
Ger: Arbeitsspeicher (RAM) *m*
Fre: mémoire de travail (RAM) *f*
Spa: memoria de trabajo (RAM) *f*

main terminal *n*
Ger: Hauptanschluss *m*
Fre: connexion principale *f*
Spa: conexión principal *f*

main winding *n*
Ger: Hauptwicklung *f*
Fre: enroulement principal *m*
Spa: bobinado principal *m*

mains connection *n*
Ger: Netzanschluss *m*
Fre: connexion au secteur *f*
Spa: conexión a red *f*

mains plug *n*
Ger: Netzstecker *m*
Fre: fiche secteur *f*
Spa: enchufe de la red *m*

maintenance *n*
Ger: Wartung *f*
Fre: entretien *m*
Spa: mantenimiento *m*

maintenance contract *n*
Ger: Wartungsvertrag *m*
Fre: contrat de maintenance *m*
Spa: contrato de mantenimiento *m*

maintenance free *adj*
Ger: wartungsfrei *adj*
Fre: sans entretien *loc*
Spa: libre de mantenimiento *loc*

maintenance instructions *npl*
Ger: Wartungsvorschrift *f*
Fre: notice d'entretien *f*
Spa: prescripción de mantenimiento *f*

maintenance schedule *n*
Ger: Wartungsplan *m*
Fre: plan d'entretien *m*
Spa: plan de mantenimiento *m*

malfunction *n*
Ger: Funktionsstörung *f*
Fre: dysfonctionnement *m*
Spa: fallo de funcionamiento *m*

malleability *n*
Ger: Umformbarkeit *f*
Fre: déformabilité *f*
Spa: maleabilidad *f*

manifold *n*
Ger: Krümmer *m*
Fre: coude *m*
Spa: colector *m*

manifold injection *n*
Ger: Saugrohreinspritzung *f*
Fre: injection indirecte dans le collecteur d'admission *f*
Spa: inyección en el tubo de admisión *f*

manifold pressure compensator *n*
Ger: ladedruckabhängiger Vollastanschlag *m*
(Ladedruckanschlag) *m*
Fre: limiteur de richesse *m*
Spa: tope de plena carga dependiente de la presión de sobrealimentación *m*

manifold pressure compensator *n*
Ger: Ladedruckanschlag *m*
Fre: limiteur de richesse *m*
Spa: tope de presión de sobrealimentación *m*

manifold wall fuel condensation *n*
Ger: Wandbenetzung (Saugrohr) *f*
(Wandfilmbildung) *f*
Fre: humidification des parois *f*
Spa: humectación de las paredes (tubo de admisión) *f*

manipulated variable *n*
Ger: Stellgröße *f*
Fre: grandeur réglante *f*
Spa: magnitud de ajuste *f*

manual electric control unit, MECU *n*
Ger: Handsteuergerät *n*
Fre: boîtier de commande manuel *m*
Spa: unidad de control manual *f*

manual transmission *n*
Ger: Handschaltgetriebe *n*
(Schaltgetriebe) *n*
(Gangschaltgetriebe) *n*
Fre: boîte de vitesses classique *f*
(boîte de vitesses classique) *f*
Spa: cambio manual *m*

manual transmission *n*
Ger: Schaltgetriebe *n*
Fre: boîte de vitesses classique *f*
Spa: cambio manual *m*

manually stifted transmission *n*
Ger: Gangschaltgetriebe (Kfz-Getriebe) *n*
(Schaltgetriebe) *n*
Fre: boîte de vitesses mécanique *f*
Spa: cambio manual (cambio del vehículo) *m*

map based control (ignition) *n*
Ger: Kennfeldregelung (Zündung) *f*
Fre: régulation cartographique *f*
Spa: regulación por diagrama característico *f*

map controlled (ignition) *pp*
Ger: kennfeldgesteuert (Zündung) *pp*
Fre: piloté par cartographie (allumage) *pp*
Spa: controlado por diagrama característico *pp*

map controlled ignition (ignition) *n*
Ger: Kennfeldzündung (Zündung) *f*
Fre: allumage cartographique *m*
Spa: encendido por diagrama característico *m*

map reading lamp *n*
Ger: Kartenleseleuchte *f*
Fre: liseuse *f*
Spa: luz de lectura de mapas *f*

marine engine *n*
Ger: Bootsmotor *m*
Fre: moteur de bateau *m*
Spa: motor de barco *m*

mark of approval *n*
Ger: Prüfzeichen *n*
Fre: marque d'homologation *f*
Spa: sello de homologación *m*

master cylinder (brakes) *n*
Ger: Geberzylinder (Bremse) *m*
Fre: cylindre capteur (frein) *m*
Spa: cilindro maestro (freno) *m*

maximum axle weight *n*
Ger: maximale Achslast (H: Last) *f*
Fre: charge d'essieu maximale *f*
Spa: carga máxima sobre ejes (H: carga) *f*

maximum delivery *n*
Ger: Vollförderung *f*
Fre: débit maximal *m*
(plein débit) *m*
Spa: suministro máximo *m*

maximum engine speed *n*
Ger: Maximaldrehzahl *f*
Fre: régime maximal *m*
Spa: régimen máximo *m*

maximum full load speed *n*
Ger: obere Volllastdrehzahl *f*
Fre: vitesse maximale à pleine charge *f*
Spa: velocidad de giro máxima a plena carga *f*

maximum pressure *n*
Ger: Maximaldruck *m*
Fre: pression maximale *f*
Spa: presión máxima *f*

maximum sampling time *n*
Ger: Abtastzeitmaxima *npl*
Fre: temps maximum de détection *m*

English

English

Spa: periodos máximos de exploración *m*

maximum speed governor (governor) *n*
Ger: Enddrehzahlregler (Diesel-Regler) *m*
Fre: régulateur de vitesse maximale *m*
Spa: regulador de régimen superior de ralentí (regulador Diesel) *m*

maximum speed spring (governor) *n*
Ger: Endregelfeder (Diesel-Regler) *f*
Fre: ressort de régulation de vitesse maximale *m*
Spa: muelle de régimen máximo (regulador Diesel) *m*

maximum stress *n*
Ger: Oberspannung *f*
Fre: contrainte maximale *f*
Spa: tensión máxima *f*

maximum tightening torque *n*
Ger: Maximaldrehmoment *n*
Fre: couple maximal *m*
Spa: par máximo *m*

mean pressure *n*
Ger: Mitteldruck *m*
Fre: pression moyenne *f*
Spa: presión media *f*

measured quantity *n*
Ger: Messgröße *f*
Fre: grandeur mesurée *f*
Spa: magnitud de medición *f*

measured value *n*
Ger: Messwert *m*
Fre: valeur mesurée *f*
(mesurande) *f*
Spa: valor de medición *m*

measurement diaphragm *n*
Ger: Messmembran *f*
Fre: membrane de mesure *f*
Spa: membrana de medición *f*

measurement path *n*
Ger: Messstrecke *f*
Fre: trajet de mesure *m*
Spa: sector de medición *f*

measurement range *n*
Ger: Messbereich *m*
Fre: plage de mesure *f*
Spa: rango de medición *m*

measurement signal *n*
Ger: Messsignal *n*
Fre: signal de mesure *m*
Spa: señal de medición *f*

measuring and control unit *n*
Ger: Mess- und Steuereinheit *f*
Fre: bloc de mesure et de commande *m*
Spa: unidad de medición y control *f*

measuring cable *n*
Ger: Messleitung *f*
Fre: câble de mesure *m*
Spa: cable de medición *m*

measuring cell (exhaust-gas test) *n*
Ger: Messküvette (Abgasprüfung) *f*
Fre: cuvette de mesure (émissions) *f*
Spa: cubeta de medición (comprobación de gases de escape) *f*

measuring chamber (exhaust-gas test) *n*
Ger: Messkammer (Abgasprüfung) *f*
Fre: chambre de mesure (gaz CO) *f*
Spa: cámara de medición (comprobación de gases de escape) *f*

measuring data acquisition *n*
Ger: Messdatenerfassung *f*
Fre: saisie des paramètres de mesure *f*
Spa: captación de datos de medición *f*

measuring point *n*
Ger: Messpunkt *m*
(Meßstelle) *f*
Fre: point de mesure *m*
Spa: punto de medición *m*

measuring shunt *n*
Ger: Messwiderstand *m*
Fre: résistance de mesure *f*
Spa: resistencia de medición *f*

mechanical governor *n*
Ger: Fliehkraftregler *m*
(mechanischer Regler) *m*
Fre: régulateur mécanique *m*
Spa: regulador de fuerza centrífuga *m*

mechanical governor *n*
Ger: mechanischer Drehzahlregler *m*
(Fliehkraftregler) *m*
Fre: régulateur de vitesse mécanique *m*
Spa: regulador mecánico de revoluciones *m*

mechanical pressure regulator *n*
Ger: mechanischer Druckregler *m*
Fre: régulateur de pression mécanique *m*
Spa: regulador mecánico de presión *m*

mechanical shock test *n*
Ger: Schockprüfung *f*
Fre: test de tenue aux chocs *m*
Spa: ensayo de impacto *m*

mechanical shutoff device *n*
Ger: mechanische Abstellvorrichtung *f*
Fre: dispositif d'arrêt mécanique *m*
Spa: dispositivo mecánico de parada *m*

mechanical supercharging *n*
Ger: mechanische Aufladung *f*
Fre: suralimentation mécanique *f*
Spa: sobrealimentación mecánica *f*

mechanical variable-speed governor *n*
Ger: Fliehkraft-Verstellregler *m*
Fre: correcteur centrifuge *m*
Spa: regulador variador de fuerza centrífuga *m*

mechanically controlled starting quantity *n*
Ger: mechanisch entriegelte Startmenge *f*
Fre: surcharge à déverrouillage mécanique *f*
Spa: caudal de arranque controlado mecánicamente *m*

mechatronics *n*
Ger: Mechatronik *f*
Fre: mécatronique *f*
Spa: mecatrónica *f*

medium voltage, MV *n*
Ger: Mittelspannung *f*
Fre: tension moyenne *f*
Spa: media tensión *f*

melted on ***pp***
Ger: angeschmolzen *pp*
Fre: fondu (sur) *pp*
Spa: derretido *adj*

melting loss *n*
Ger: Abbrand *m*
Fre: usure *f*
Spa: merma por combustión *m*

memory capacity *n*
Ger: Speichergröße *f*
Fre: capacité mémoire *f*
Spa: capacidad de memoria *f*

memory circuit (dynamic brake analyzer) *n*
Ger: Speicherschaltung (Rollenbremsprüfstand) *f*
Fre: circuit de mémorisation (banc d'essai) *m*
Spa: circuito de memoria (banco de pruebas de frenos de rodillos) *m*

mesh (starter pinion) *v*
Ger: einspuren (Starterritzel) *v*
Fre: engrènement (pignon) *m*
Spa: engranar (piñon del motor de arranque) *v*

meshed container *n*
Ger: Gitterbox *f*
Fre: conteneur à claire-voie *m*
Spa: caja de rejilla *f*

meshing drive (starter) *n*
Ger: Einspurgetriebe (Starter) *n*
Fre: lanceur *m*

Spa: transmisión de engrane (motor de arranque) *f*

meshing resistance (starter) *n*
Ger: Einrückwiderstand (Starter) *m*
Fre: résistance à l'engrènement (démarreur) *f*
Spa: resistencia de engrane (motor de arranque) *f*

meshing spring (starter) *n*
Ger: Einspurfeder (Starter) *f*
Fre: ressort d'engrènement *m*
Spa: muelle de engrane (motor de arranque) *m*

message format (CAN) *n*
Ger: Botschaftsformat (CAN) *n*
Fre: format de message (multiplexage) *m*
Spa: formato de mensaje (CAN) *m*

metal deposition *n*
Ger: Metallabscheidung *f*
Fre: dépôt de métal *m*
Spa: separación metálica *f*

metal dissolution *n*
Ger: Metallauflösung *f*
Fre: dissolution du métal *f*
Spa: disolución metálica *f*

metal jacket (ignition coil) *n*
Ger: Mantelblech (Zündspule) *n*
Fre: enveloppe à lamelles (bobine d'allumage) *f*
Spa: chapa de revestimiento (bobina de encendido) *f*

metal mesh (catalytic converter) *n*
Ger: Metallgeflecht (Katalysator) *n*
Fre: grille métallique (catalyseur) *f*
Spa: malla metálica (catalizador) *f*

metal push strap (CVT) *n*
Ger: Schubgliederband *n*
Fre: courroie métallique travaillant en poussée (transmission CVT) *f*
Spa: correa metálica de empuje *f*

metal screening cover *n*
Ger: Metallabschirmkappe *f*
Fre: blindage métallique *m*
Spa: tapa metálica de blindaje *f*

meter *v*
Ger: Dosierung *f*
Fre: dosage *m*
Spa: dosificación *f*

metering insert *n*
Ger: Dosiereinsatz *m*
Fre: élément doseur *m*
Spa: elemento dosificador *m*

metering orifice *n*
Ger: Durchflussquerschnitt *m*
Fre: section de passage *f*
Spa: sección de flujo *f*

metering pump *n*
Ger: Dosierpumpe *f*
Fre: pompe de dosage *f*
Spa: bomba dosificadora *f*

metering sleeve (KE-Jetronic) *n*
Ger: Zumess-Schieber (KE-Jetronic) *m*
Fre: bague de dosage *f*
Spa: válvula corredera de dosificación (KE-Jetronic) *f*

metering slit *n*
Ger: Steuerdrossel *f*
Fre: calibrage de commande *m*
Spa: estrangulador de control *m*

metering valve *n*
Ger: Dosierventil *n*
Fre: vanne de dosage *f*
Spa: válvula dosificadora *f*

mica capacitor *n*
Ger: Glimmerkondensator *m*
Fre: condensateur au mica *m*
Spa: condensador de mica *m*

micro mechanical pressure sensor *n*
Ger: mikromechanischer Drucksensor *m*
Fre: capteur de pression micromécanique *m*
Spa: sonda micromecánica de presión *f*

microcontroller, MC (ECU) *n*
Ger: Mikrocontroller, MC (Steuergerät) *m*
Fre: microcontrôleur (calculateur) *m*
Spa: microcontrolador, MC (unidad de control) *m*

microporous *n*
Ger: mikroporös *adj*
Fre: microporeux *adj*
Spa: microporoso *adj*

microprocessor *n*
Ger: Mikroprozessor *m*
Fre: microprocesseur *m*
Spa: microprocesador *m*

microrelay *n*
Ger: Mikrorelais *n*
Fre: microrelais *m*
Spa: microrelé *m*

microswitch *n*
Ger: Mikroschalter *m*
Fre: microcontacteur *m*
Spa: microinterruptor *m*

midibus *n*
Ger: Midibus *m*
Fre: autobus moyen courrier *m*
Spa: midibús *m*

mineral oil based brake fluid *n*
Ger: Mineralöl-Bremsflüssigkeit *f*
Fre: liquide de frein à base d'huile minérale *m*
Spa: líquido de frenos a base de aceite mineral *m*

minimum brake pad thickness (brakes) *n*
Ger: Mindestbelagstärke (Bremsen) *f*
Fre: épaisseur de garniture minimum *m*
Spa: espesor mínimo de forro (frenos) *m*

minimum braking effect (brakes) *n*
Ger: Mindestbremswirkung (Bremsen) *f*
Fre: freinage minimal *m*
Spa: efecto mínimo de frenado (frenos) *f*

minimum clearance *n*
Ger: Mindestspiel *n*
Fre: jeu minimal *m*
Spa: juego mínimo *m*

minimum full load speed *n*
Ger: untere Volllastdrehzahl *f*
Fre: régime inférieur de pleine charge *m*
Spa: régimen inferior de plena carga *m*

minimum maximum speed governor *n*
Ger: Leerlauf- und Enddrehzahlregler *m*
Fre: régulateur « mini-maxi » *m*
Spa: regulador de regímenes de ralentí y final *m*

minimum retardation (brakes) *n*
Ger: Mindestabbremsung (Bremsen) *f*
Fre: taux de freinage minimum *m*
Spa: frenado mínimo (frenos) *m*

minimum starting speed *n*
Ger: Startmindestdrehzahl *f*
Fre: vitesse de rotation minimale du démarrage *f*
Spa: número de revoluciones mínimo de arranque *m*

minimum starting temperature *n*
Ger: Startgrenztemperatur *f*
Fre: température limite de démarrage *f*
Spa: temperatura mínima de arranque *f*

minimum-maximum speed governor *n*
Ger: Leerlauf-Enddrehzahlregler *m*
Fre: régulateur « mini-maxi » *m*
Spa: regulador de regímenes de ralentí y final *m*

mirror adjust switch *n*
Ger: Spiegel-Verstellschalter *m*
Fre: commutateur de réglage de rétroviseur *m*
Spa: interruptor de ajuste de espejo *m*

mirror adjuster *n*
Ger: Spiegelverstellung *f*
Fre: réglage de rétroviseur *m*
Spa: ajuste de espejo *m*

mirror glass *n*
Ger: Spiegelglas *n*
Fre: glace de rétroviseur *f*
Spa: cristal de espejo *m*

mirror heating *n*
Ger: Spiegelheizung *f*
Fre: chauffage de rétroviseur *m*
Spa: calefacción del espejo *f*

misfire detection *n*
Ger: Aussetzererkennung *f*
Fre: détection de ratés *f*
Spa: detección de fallos de combustión *f*

misfire detection *n*
Ger: Zündaussetzererkennung *f*
Fre: détection des ratés d'allumage *f*
Spa: detección de fallos de encendido *f*

misfiring (IC engine) *n*
Ger: Aussetzer (Verbrennungsmotor) *m*
Fre: ratés *mpl*
Spa: fallo de combustión (motor de combustión) *m*

misfiring *n*
Ger: Fehlzündung *f*
Fre: ratés à l'allumage *mpl*
Spa: fallo de encendido *m*

misfiring *n*
Ger: Zündaussetzer *m*
(Fehlzündung) *f*
Fre: ratés d'allumage *mpl*
Spa: fallo de encendido *m*

misting over *n*
Ger: Beschlag *m*
Fre: embuage *m*
Spa: herraje *m*

mixed friction *n*
Ger: Mischreibung *f*
Fre: régime de frottement mixte *m*
Spa: fricción mezclada *f*

mixed operation *n*
Ger: gemischter Betrieb *m*
Fre: mode mixte *m*
Spa: servicio combinado *m*

mixture adaptation *n*
Ger: Gemischanpassung *f*
(Gemischkorrektur) *f*
(Gemischadaption) *f*
Fre: adaptation du mélange *f*
Spa: adaptación de la mezcla *f*
(correción de la mezcla) *f*

mixture composition *n*
Ger: Gemischzusammensetzung *f*
Fre: composition du mélange *f*
Spa: composición de la mezcla *f*

mixture control *n*
Ger: Gemischregelung *f*
Fre: régulation du mélange *f*
Spa: regulación de mezcla *f*

mixture control unit (Jetronic) *n*
Ger: Gemischregler (Jetronic) *m*
Fre: régulateur de mélange (Jetronic) *m*
Spa: regulador de mezcla (Jetronic) *m*

mixture correction *n*
Ger: Gemischkorrektur *f*
Fre: correction du mélange *f*
Spa: corrección de mezcla *f*

mixture deviation *n*
Ger: Gemischabweichung *f*
Fre: écart de mélange *m*
Spa: divergencia de la mezcla *f*

mixture distribution *n*
Ger: Gemischverteilung *f*
Fre: répartition du mélange *f*
Spa: distribución de la mezcla *f*

mixture enrichment (air-fuel mixture) *n*
Ger: Anreicherung (Luft-Kraftstoff-Gemisch) *f*
(Gemischanreicherung) *f*
Fre: enrichissement du mélange (mélange air-carburant) *m*
Spa: enriquecimiento (mezcla aire-combustible) *m*
(enriquecimiento de mezcla) *m*

mixture enrichment *n*
Ger: Gemischanreicherung *f*
Fre: enrichissement du mélange *m*
Spa: enriquecimiento de la mezcla *m*

mixture explosion point *n*
Ger: Gemischentflammungspunkt *m*
Fre: point d'inflammation du mélange *m*
Spa: punto de inflamación de la mezcla *m*

mixture formation *n*
Ger: Gemischbildung *f*
(Gemischaufbereitung) *f*
Fre: formation du mélange *f*
(préparation du mélange) *f*
Spa: formación de la mezcla *f*

mixture ignition point *n*
Ger: Entflammungszeitpunkt *m*
Fre: point d'inflammation *m*
Spa: punto de ignición *m*

mixture ratio *n*
Ger: Mischungsverhältnis *n*
Fre: rapport de mélange *m*
Spa: relación de mezcla *f*

mixture turbulence *n*
Ger: Gemischturbulenz *f*
Fre: turbulence du mélange *f*
Spa: turbulencia de la mezcla *f*

mode of operation *n*
Ger: Betriebsmodus *m*
Fre: mode de fonctionnement *m*
Spa: modo de operación *m*

mode switch *n*
Ger: Betriebsartschalter *m*
Fre: sélecteur de mode de fonctionnement *m*
Spa: interruptor de modos de operación *m*

modular system *n*
Ger: Baukastensystem *n*
Fre: système modulaire *m*
Spa: sistema modular *m*

modular system *n*
Ger: Modultechnik *f*
(Baukasten-System) *n*
Fre: technologie modulaire *f*
(technique modulaire) *f*
Spa: sistema modular *m*

modulation factor *n*
Ger: Modulationsfaktor *m*
Fre: facteur de modulation *m*
Spa: factor de modulación *m*

modulation pressure (transmission control) *n*
Ger: Modulationsdruck (Getriebesteuerung) *m*
Fre: pression de modulation (commande de boîte de vitesses) *f*
Spa: presión de modulación (control del cambio) *f*

module *n*
Ger: Baukasten *m*
Fre: module *m*
Spa: módulo *m*

modulus of elasticity *n*
Ger: Elastizitätsmodul *n*
Fre: module d'élasticité longitudinale *m*
(module de glissement) *m*
(module de cisaillement) *m*
Spa: módulo de elasticidad *m*

moisture content *n*
Ger: Wassergehalt *m*
Fre: teneur en eau *f*
Spa: contenido de agua *m*

molding *n*
Ger: Zierleiste *f*
(Zierblende) *f*
Fre: enjoliveur *m*
Spa: moldura de adorno *f*

moment of ignition *n*
Ger: Zündzeitpunkt *m*
Fre: point d'allumage *m*
Spa: punto de encendido *m*

monitoring parameters *n*
Ger: Überwachungsparamenter *m*
Fre: paramètre de surveillance *m*
Spa: parámetros de supervisión *mpl*

monolith (catalytic converter) *n*
Ger: Monolith (Katalysator) *m*
Fre: support monolithique (catalyseur) *m*
Spa: monolito (catalizador) *m*

monolithic catalyst *n*
Ger: Monolithkatalysator *m*

Fre: catalyseur monolithique *m*
Spa: catalizador monolítico *m*

moped ***n***
Ger: Kleinkraftrad *n*
Fre: petit motocycle *m*
Spa: motociclo pequeño *m*

moped ***n***
Ger: Moped *n*
Fre: vélomoteur *m*
Spa: ciclomotor *m*

motion detection (car alarm) ***n***
Ger: Bewegungserkennung (Autoalarm) *f*
Fre: détection de mouvement *f*
Spa: detección de movimiento (alarma de vehículo) *f*

motion detector (car alarm) ***n***
Ger: Bewegungsdetektor (Autoalarm) *m*
Fre: détecteur de mouvement (alarme auto) *m*
Spa: detector de movimiento (alarma de vehículo) *m*

motion variable ***n***
Ger: Bewegungsgröße *f*
Fre: grandeur de déplacement *f*
Spa: magnitud de movimiento *f*

motive force ***n***
Ger: Antriebskraft *f*
Fre: force motrice *f*
Spa: fuerza motriz *f*
(fuerza de tracción) *f*

motor and gear assembly ***n***
Ger: Getriebemotor *m*
Fre: motoréducteur *m*
Spa: motorreductor *m*

motor bicycle ***n***
Ger: Mofa *n*
Fre: cyclomoteur *m*
Spa: velomotor *m*

motor blower ***n***
Ger: Motorgebläse *n*
Fre: motoventilateur *m*
Spa: soplador del motor *m*

motor cradle ***n***
Ger: Motorhalter *m*
Fre: support de moteur *m*
Spa: soporte de motor *m*

motor frame ***n***
Ger: Motorgehäuse (Akustik CAE) *n*
Fre: carcasse de moteur *f*
Spa: bloque motor (acústica CAE) *m*

motor octane number, MON ***n***
Ger: Motor-Oktanzahl, MOZ *f*
Fre: indice d'octane moteur, MON *m*
Spa: octanaje del motor *m*

motor vehicle ***n***
Ger: Kraftfahrzeug *n*
Fre: véhicule *m*
Spa: vehículo *m*

motor vehicle brakes ***npl***
Ger: Kraftfahrzeugbremsen *fpl*
Fre: freins d'un véhicule à moteur *mpl*
Spa: frenos de vehículo *mpl*

motor vehicle lamp ***n***
Ger: Kraftfahrzeugleuchte *f*
Fre: feu *m*
Spa: lámpara de vehículo *f*

motorcycle ***n***
Ger: Kraftrad *n*
(Krad) *n*
Fre: motocyclette *f*
Spa: motocicleta *f*

motorcycle ***n***
Ger: Motorrad *n*
Fre: motocyclette *f*
Spa: motocicleta *f*

Motronic (electronic engine management) ***n***
Ger: Motronic (elektronische Motorsteuerung) *f*
Fre: Motronic (système électronique de gestion du moteur) *m*
Spa: Motronic (control electrónico del motor) *m*

mount ***n***
Ger: Aufnahmevorrichtung *f*
Fre: nez de centrage *m*
Spa: dispositivo de apoyo *m*

mount ***n***
Ger: Halterung *f*
Fre: fixation *f*
Spa: soporte *m*

mounting ***n***
Ger: Aufnahme *f*
Fre: logement *m*
Spa: alojamiento *m*

mounting ***n***
Ger: Aufnehmer *m*
Fre: support *m*
Spa: captador *m*

mounting bracket ***n***
Ger: Befestigungslasche *f*
Fre: patte de fixation *f*
Spa: lengüeta de fijación *f*

mounting flange ***n***
Ger: Befestigungsflansch *m*
Fre: bride de fixation *f*
Spa: brida de fijación *f*

mounting kit ***n***
Ger: Anbausatz *m*
Fre: kit de montage *m*
Spa: juego de montaje *m*

mounting kit ***n***
Ger: Einbausatz *m*
Fre: jeu de pièces de montage *m*
Spa: juego de montaje *m*

mounting piece ***n***
Ger: Befestigungshalter *m*
Fre: support de fixation *m*
Spa: soporte de fijación *m*

mounting plate ***n***
Ger: Klemmplatte *f*
Fre: plaque sertie *f*
Spa: placa de sujeción *f*

mounting rail ***n***
Ger: Aufspannschiene *f*
Fre: rail de fixation *m*
Spa: riel de sujeción *m*

mounting screw ***n***
Ger: Befestigungsschraube *f*
Fre: vis de fixation *f*
Spa: tornillo de fijación *m*

mounting surface ***n***
Ger: Aufspannfläche *f*
Fre: plan de fixation *m*
Spa: superficie de sujeción *f*

muffler ***n***
Ger: Auspufftopf (Verbrennungsmotor) *m*
Fre: silencieux *m*
Spa: silenciador (motor de combustión) *m*

muffler ***n***
Ger: Schalldämpfer *m*
Fre: silencieux *m*
Spa: silenciador *m*

muffler hanger assembly ***n***
Ger: Schalldämpferaufhängung *f*
Fre: fixation du silencieux *f*
Spa: conjunto de suspensión del silenciador *m*

multi circuit braking system ***n***
Ger: Mehrkreis-Bremsanlage *f*
Fre: dispositif de freinage à circuits multiples *m*
Spa: sistema de frenos de varios circuitos *m*

multi leaf spring ***n***
Ger: geschichtete Blattfeder *f*
Fre: ressort à lames superposées *m*
Spa: ballesta multihojas *f*

multi line braking system ***n***
Ger: Mehrleitungs-Bremsanlage *f*
Fre: dispositif de freinage à conduites multiples *m*
Spa: sistema de frenos de varias tuberías *m*

multi orifice metering (fuel injector) ***n***
Ger: Mehrlochzumessung (Einspritzventil) *f*
Fre: dosage multitrous (injecteur) *m*
Spa: dosificación de varios orificios (válvula de inyección) *f*

multi plate clutch ***n***
Ger: Lamellenkupplung *f*
Fre: embrayage multidisques *m*
Spa: embrague miltidisco *m*

multi plate overrunning clutch ***n***
Ger: Lamellenfreilauf *m*

Fre: embrayage multi-disques de roue libre *m*
Spa: rueda libre miltidisco *f*

multi purpose meter *n*
Ger: Vielfachmessgerät *n*
Fre: multimètre *m*
Spa: aparato de medición multipropósito *m*

multi speed gearbox *n*
Ger: Mehrstufengetriebe *n*
Fre: boîte de vitesses multi-étagée *f*
Spa: cambio multivelocidades *m*

multifuel engine *n*
Ger: Mehrstoffmotor *m*
Fre: moteur polycarburant *m*
Spa: motor multicarburante *m*

multifuel engine *n*
Ger: Vielstoffmotor *m*
(Mehrstoffmotor) *m*
Fre: moteur polycarburant *m*
Spa: motor de combustibles múltiples *m*

multifuel operation *n*
Ger: Mehrstoffbetrieb *m*
Fre: fonctionnement polycarburant *m*
Spa: funcionamiento con varios combustibles *m*

multifuel pump *n*
Ger: Mehrstoffpumpe *f*
(Vielstoffpumpe) *f*
Fre: pompe polycarburant *f*
Spa: bomba multicarburante *f*

multifuel pump *n*
Ger: Vielstoffpumpe *f*
Fre: pompe polycarburant *f*
Spa: bomba de combustibles múltiples *f*

multifunction controller *n*
Ger: Multifunktionsregler *m*
Fre: régulateur multifonctions *m*
Spa: regulador multifuncional *m*

multifunction display *n*
Ger: Multifunktionsanzeige *f*
Fre: afficheur multifonctions *m*
Spa: visualizador multifuncional *m*

multifunction switch *n*
Ger: Multifunktionsschalter *m*
Fre: contacteur multifonctions *m*
Spa: interruptor multifuncional *m*

multigrade oil *n*
Ger: Mehrbereichsöl *n*
Fre: huile multigrade *f*
Spa: aceite multigrado *m*

multihole nozzle *n*
Ger: Mehrlochdüse *f*
Fre: injecteur multitrous *m*
Spa: inyector de varios orificios *m*

multiplate clutch *n*
Ger: Mehrscheibenkupplung *f*
(Lamellenkupplung) *f*
Fre: embrayage multidisques *m*
Spa: embrague multidisco *m*

multiple plunger pump *n*
Ger: Mehrzylinder-Einspritzpumpe *f*
Fre: pompe d'injection multicylindrique *f*
Spa: bomba de inyección de varios cilindros *f*

multiple-compartment lamp *n*
Ger: Mehrkammerleuchte *f*
Fre: feu à plusieurs compartiments *m*
Spa: lámpara multicámara *f*

multiple-cylinder engine *n*
Ger: Mehrzylindermotor *m*
Fre: moteur multicylindres *m*
Spa: motor de varios cilindros *m*

multiplicative A/F mixture correction *n*
Ger: multiplikative Gemischkorrektur *f*
Fre: correction multiplicative du mélange *f*
Spa: corrección multiplicativa de mezcla *f*

multiplicative adjustment *n*
Ger: multiplikativer Abgleich *m*
Fre: étalonnage multiplicatif *m*
Spa: ajuste multiplicativo *m*

multipoint fuel injection, MPI *n*
Ger: Einzeleinspritzung *f*
Fre: injection multipoint *f*
Spa: inyección multipunto *f*

multipurpose lamp *n*
Ger: Vielzweckleuchte *f*
Fre: baladeuse *f*
Spa: lámpara multipropósito *f*

multi-purpose vehicle *n*
Ger: Kombiwagen *m*
Fre: break *m*
Spa: vehículo combinado *m*

muscular energy braking system *n*
Ger: Muskelkraft-Bremsanlage *f*
Fre: dispositif de freinage à énergie musculaire *m*
Spa: sistema de frenos por fuerza muscular *m*

muscular energy steering system *n*
Ger: Muskelkraftlenkanlage *f*
Fre: direction manuelle *f*
Spa: sistema de dirección por fuerza muscular *m*

muscular force (brake control) *n*
Ger: Muskelkraft (Bremsbetätigung) *f*
Fre: force musculaire (commande de frein) *f*
Spa: fuerza muscular (accionamiento de freno) *f*

mushroom-head rivet *n*
Ger: Halbrundniet *m*
Fre: rivet à tête ronde *m*
Spa: remache de cabeza semiredonda *m*

N

nameplate *n*
Ger: Typschild *n*
Fre: plaque signalétique *f*
Spa: placa de modelo *f*

narrow band interference *n*
Ger: Schmalbandstörung *f*
Fre: perturbation à bande étroite *f*
Spa: interferencia de banda estrecha *f*

narrow band limit value *n*
Ger: Schmalbandgrenzwert *m*
Fre: valeur limite du spectre à bande étroite *f*
Spa: valor límite de banda estrecha *m*

narrow V-belt *n*
Ger: Schmalkeilriemen *m*
Fre: courroie trapézoïdale étroite *f*
Spa: correa trapezoidal estrecha *f*

natural frequency *n*
Ger: Eigenfrequenz *f*
Fre: fréquence propre *f*
Spa: frecuencia natural *f*

natural gas *n*
Ger: Erdgas *n*
Fre: gaz naturel, GNV *m*
Spa: gas natural *m*

natural oscillation *n*
Ger: Eigenschwingung *f*
Fre: oscillation libre *f*
Spa: oscilación natural *f*

naturally aspirated diesel engine *n*
Ger: Diesel-Saugmotor *m*
Fre: moteur diesel atmosphérique *m*
Spa: motor atmosférico Diesel *m*

naturally aspirated engine *n*
Ger: Saugmotor *m*
Fre: moteur à aspiration naturelle *m*
Spa: motor atmosférico *m*

navigation system *n*
Ger: Navigationssystem *n*
Fre: système de navigation *m*
Spa: sistema de navegación *m*

needle bearing *n*
Ger: Nadellager *n*
Fre: roulement à aiguilles *m*
Spa: cojinete de agujas *m*

needle closing force *n*
Ger: Nadelschließkraft *f*
Fre: force de fermeture de l'aiguille *f*
(pointeau du flotteur) *m*
Spa: fuerza de cierre de aguja *f*

needle guide *n*
Ger: Nadelführung *f*
Fre: guide-aiguille *m*
Spa: guía de aguja *f*

needle instrument *n*

English

Ger: Zeigerinstrument *n*
Fre: cadran à aiguille *m*
Spa: instrumento de aguja *m*

needle jet ***n***
Ger: Nadeldüse *f*
Fre: gicleur à aiguille *m*
Spa: inyector de aguja *m*

needle lift ***n***
Ger: Düsennadelhub *m*
(Nadelhub) *m*
Fre: levée de l'aiguille *f*
Spa: carrera de la aguja del inyector *f*

needle lift sensor ***n***
Ger: Nadelhubgeber *m*
Fre: capteur de levée d'aiguille *m*
Spa: captador de la carrera de la aguja *m*

needle motion sensor ***n***
Ger: Nadelbewegungsfühler *m*
(Nadelbewegungssensor) *m*
Fre: capteur de déplacement d'aiguille *m*
Spa: sensor de movimiento de aguja *m*

needle motion sensor ***n***
Ger: Nadelbewegungssensor *m*
Fre: capteur de déplacement d'aiguille *m*
Spa: sensor de movimiento de aguja *m*

needle valve ***n***
Ger: Nadelventil *n*
(Schwimmernadelventil) *n*
Fre: injecteur à aiguille *m*
Spa: válvula de aguja *f*

needle velocity sensor, NVS ***n***
Ger: Nadelgeschwindigkeitsfühler *m*
Fre: capteur de vitesse d'aiguille *m*
Spa: sensor de velocidad de aguja *m*

negative battery terminal ***n***
Ger: Batterie-Minusanschluss *m*
Fre: borne « moins » de la batterie *f*
Spa: conexión negativa de batería *f*

negative diode ***n***
Ger: Minusdiode *f*
Fre: diode négative *f*
Spa: diodo negativo *m*

negative offset (trailer brake) ***n***
Ger: Nacheilung (Anhängerbremse) *f*
Fre: retard de phase (frein de remorque) *m*
Spa: retardo de fase (freno de remolque) *m*

negative plate (battery) ***n***
Ger: Minusplatte (Batterie) *f*
Fre: plaque négative (batterie) *f*
Spa: placa negativa (batería) *f*

negative steering offset ***n***
Ger: negativer Lenkrollradius *m*
Fre: déport négatif de l'axe du pivot de fusée *m*
Spa: radio de pivotamiento negativo *m*

negative temperature coefficient, NTC ***n***
Ger: negativer Temperaturkoeffizient, NTC *m*
Fre: coefficient de température négatif, CTN *m*
Spa: coeficiente de temperatura negativo *m*

network component ***n***
Ger: Netzteil *n*
Fre: bloc d'alimentation *m*
Spa: fuente de alimentación *f*

neutral axis ***n***
Ger: Nulllinie *f*
Fre: fibre neutre *f*
Spa: línea neutra *f*

neutral point ***n***
Ger: Sternpunkt *m*
Fre: point neutre *m*
Spa: punto neutro *m*

nitric oxide ***n***
Ger: Stickoxid *n*
Fre: oxyde d'azote *m*
Spa: óxido nítrico *m*

nitrogen enrichment ***n***
Ger: Stickstoffanreicherung *f*
Fre: enrichissement en azote *m*
Spa: enriquecimiento de nitrógeno *m*

NO contact (electrical switch, normally open) ***n***
Ger: Schließer (elektrischer Schalter) *m*
Fre: contact à fermeture (interrupteur électrique) *m*
Spa: contacto normalmente abierto (interruptor eléctrico) *m*

no load consumption ***n***
Ger: Nulllastverbrauch *m*
Fre: consommation à charge nulle *f*
Spa: consumo con carga nula *m*

no load current ***n***
Ger: Ruhestrom *m*
Fre: courant de repos *m*
Spa: corriente de reposo *f*

no load speed ***n***
Ger: Nulllastdrehzahl *f*
Fre: vitesse à vide *f*
Spa: velocidad de giro de carga nula *f*

NO relay ***n***
Ger: Schließer *m*
Fre: contact à fermeture *m*
Spa: contacto normalmente abierto *m*

noise emission from stationary vehicles ***n***
Ger: Standgeräusch *n*
Fre: bruit à l'arrêt *m*
Spa: ruido estacionario *m*

noise emission level (fan) ***n***
Ger: Abstrahlgrad (Lüfter) *m*
Fre: degré de rayonnement sonore (ventilateur) *m*
Spa: grado de radiación sonora (ventilador) *m*

noise emissions level ***n***
Ger: Fahrgeräuschwert *m*
Fre: niveau de bruit en marche *m*
Spa: nivel de ruidos de marcha *m*

noise encapsulation ***n***
Ger: Geräuschkapselung *f*
(Lärmschutzkapselung) *f*
Fre: encapsulage antibruit *m*
Spa: encapsulamiento insonorizante *m*

noise field ***n***
Ger: Störfeld *n*
Fre: champ parasitaire *m*
Spa: campo perturbador *m*

noise level ***n***
Ger: Geräuschpegel *m*
Fre: niveau de bruit *m*
Spa: nivel de ruidos *m*

noise level test ***n***
Ger: Geräuschprüfung *f*
Fre: essai de niveau sonore *m*
Spa: ensayo de nivel de ruidos *m*

noise level test bench ***n***
Ger: Geräuschprüfstand *m*
Fre: banc d'essai acoustique *m*
Spa: banco de pruebas de ruidos *m*

noise suppression ***n***
Ger: Geräuschminderung *f*
Fre: atténuation du bruit *f*
Spa: reducción de ruido *f*

noise suppression capacitor ***n***
Ger: Entstörkondensator *m*
Fre: condensateur d'antiparasitage *m*
Spa: condensador antiparasitario *m*

noise suppression resistor ***n***
Ger: Entstörwiderstand *m*
Fre: résistance d'antiparasitage *f*
Spa: resistencia antiparasitaria *f*

noise suppression socket ***n***
Ger: Entstörstecker *m*
Fre: embout d'antiparasitage *m*
Spa: enchufe antiparasitario *m*

nominal ABS slip ***n***
Ger: ABS-Sollschlupf *m*
Fre: glissement ABS théorique *m*
Spa: resbalamiento nominal del ABS *m*

nominal behavior ***n***
Ger: Sollverhalten *n*
Fre: comportement théorique *m*

English

Spa: comportamiento nominal *m*

nominal brake torque *n*
Ger: Sollbremsmoment *n*
Fre: consigne de couple de freinage *f*
Spa: par nominal de frenado *m*

nominal capacity (battery) *n*
Ger: Nennkapazität (Batterie) *f*
(Nennleistung) *f*
(Batteriekapazität) *f*
Fre: capacité nominale (batterie) *f*
Spa: capacidad nominal (batería) *f*

nominal current *n*
Ger: Sollstrom *m*
Fre: courant nominal *m*
Spa: corriente nominal *f*

nominal discharge current rate (battery) *n*
Ger: Entladenennstrom (Batterie) *m*
Fre: courant nominal de décharge *m*
Spa: corriente nominal de descarga (batería) *f*

nominal load *n*
Ger: Nennlast *f*
Fre: charge nominale *f*
Spa: carga nominal *f*

nominal load torque *n*
Ger: Nenndrehmoment *n*
Fre: couple nominal *m*
Spa: par nominal *m*

nominal pressure *n*
Ger: Nenndruck *m*
Fre: pression nominale *f*
Spa: presión nominal *m*

nominal speed *n*
Ger: Nenndrehzahl *f*
Fre: vitesse de rotation nominale *f*
Spa: número de revoluciones nominal *m*
(velocidad de giro nominal) *f*

nominal value *n*
Ger: Nennwert *m*
Fre: valeur nominale *f*
Spa: valor nominal *m*

nominal voltage *n*
Ger: Nennspannung *f*
Fre: tension nominale *f*
(contrainte nominale) *f*
Spa: tensión nominal *f*

nominal yaw rate (motor-vehicle dynamics) *n*
Ger: Giersollgeschwindigkeit (Kfz-Dynamik) *f*
Fre: vitesse de lacet de consigne *f*
Spa: velocidad nominal de guiñada (dinámica del automóvil) *f*

non muscular energy braking system *n*
Ger: Fremdkraft-Bremsanlage *f*
Fre: dispositif de freinage à énergie non musculaire *m*
Spa: sistema de frenos de fuerza externa *m*

non polluting *ppr*
Ger: umweltfreundlich *adj*
(umweltverträglich) *adj*
Fre: compatible avec l'environnement *loc*
Spa: no contaminante *adj*

non return valve *n*
Ger: Rückschlagventil *n*
Fre: clapet de non-retour *m*
Spa: válvula de retención *f*

non-melting *adj*
Ger: nicht abschmelzend *adj*
Fre: réfractaire *adj*
(non fusible) *adj*
Spa: refractario *adj*

non-volatile *adj*
Ger: nichtflüchtig *adj*
Fre: non volatile *adj*
Spa: no volátil *adj*

normal level (air suspension) *n*
Ger: Normalniveau (Luftfederung) *n*
Fre: niveau normal (suspension pneumatique) *f*
Spa: nivel normal (suspensión neumática) *m*

normalizing *n*
Ger: Normalglühen *n*
Fre: recuit de normalisation *m*
Spa: normalizado *m*

notch *n*
Ger: Kerbe *f*
Fre: entaille *f*
Spa: entalladura *f*

notch acuity *n*
Ger: Kerbschärfe *f*
Fre: acuité de l'entaille *f*
Spa: agudez de entalladura *f*

notch effect *n*
Ger: Kerbwirkung *f*
Fre: effet des entailles *m*
Spa: efecto de entalladura *m*

notchback *n*
Ger: Stufenheck *n*
Fre: carrosserie tricorps *f*
Spa: zaga escalonada *f*

NO_x content *n*
Ger: NO_x-Gehalt *m*
Fre: teneur en NO_x *f*
Spa: contenido de NO_x *m*

NO_x emission *n*
Ger: NO_x-Emission *f*
Fre: émission de NO_x *f*
Spa: emisión de NO_x *f*

NO_x percentile *n*
Ger: NO_x-Anteil *m*
Fre: taux de NO_x *f*
Spa: contenido de NO_x *m*

NO_x reduction *n*
Ger: NO_x-Reduktion *f*
Fre: réduction des NO_x *f*
Spa: reducción de NO_x *f*

NO_x removal *n*
Ger: NO_x-Ausspeicherung *f*
Fre: extraction de NO_x *f*
Spa: descarga de NO_x a memoria externa *f*

NO_x saturation *n*
Ger: NO_x-Sättigung *f*
Fre: saturation en NO_x *f*
Spa: saturación de NO_x *f*

NO_x storage *n*
Ger: NO_x-Einspeicherung *f*
Fre: accumulation de NO_x *f*
Spa: almacenamiento de NO_x *m*

NO_x storage catalyst *n*
Ger: NO_x-Speicherkatalysator *m*
Fre: catalyseur à accumulateur de NO_x *m*
Spa: catalizador almacenador de NO_x *m*

nozzle (diesel fuel injection) *n*
Ger: Düse (Dieseleinspritzung) *f*
(Einspritzdüse) *f*
Fre: injecteur (injection diesel) *m*
Spa: inyector (inyección Diesel) *m*

nozzle (windshield washer) *n*
Ger: Spritzdüse (Scheibenwaschanlage) *f*
Fre: gicleur (lavophare) *m*
Spa: eyector (sistema lavacristales) *m*

nozzle axis *n*
Ger: Düsenachse *f*
Fre: axe d'injecteur *m*
Spa: eje de inyector *m*

nozzle body *n*
Ger: Düsenkörper *m*
Fre: corps d'injecteur *m*
Spa: cuerpo de inyector *m*

nozzle bore *n*
Ger: Düsenbohrung *f*
Fre: orifice de l'ajutage *m*
Spa: agujero de inyector *m*

nozzle chamber *n*
Ger: Düsenraum *m*
Fre: chambre d'injecteur *f*
Spa: cámara de inyectores *f*

nozzle closing pressure *n*
Ger: Düsenschließdruck *m*
Fre: pression de fermeture d'injecteur *f*
Spa: presión de cierre de inyector *f*

nozzle coking *n*
Ger: Düsenverkokung *f*
Fre: calaminage des injecteurs *m*
Spa: coquización de inyector *f*

nozzle cone *n*
Ger: Düsenkuppe *f*
Fre: buse d'injecteur *f*

English

Spa: punta de inyector *f*

nozzle holder assembly ***n***
Ger: Düsenhalter *m*
(Einspritzdüsenhalter) *m*
Fre: porte-injecteur *m*
Spa: portainyector *m*

nozzle holder assembly ***n***
Ger: Einspritzdüsenhalter *m*
Fre: porte-injecteur *m*
Spa: portainyector *m*

nozzle jet position (fuel injection) ***n***
Ger: Strahllage (Kraftstoffeinspritzung) *f*
Fre: position du jet *f*
Spa: posición del chorro (inyección de combustible) *f*

nozzle needle ***n***
Ger: Düsennadel *f*
Fre: aiguille d'injecteur *f*
Spa: aguja de inyector *f*

nozzle retaining nut ***n***
Ger: Düsenspannmutter *f*
(Düsenüberwurfmutter) *f*
Fre: écrou-raccord d'injecteur *m*
(écrou de fixation d'injecteur) *m*
Spa: tuerca de sujeción de inyector *f*

nozzle seat ***n***
Ger: Düsensitz *m*
Fre: siège d'injecteur *m*
Spa: asiento de inyector *m*

nozzle seat diameter ***n***
Ger: Sitzdurchmesser *m*
Fre: diamètre du siège d'injecteur *m*
Spa: diámetro del asiento *m*

nozzle spring ***n***
Ger: Düsenfeder *f*
Fre: ressort d'injecteur *m*
Spa: muelle de inyector *m*

nozzle stem ***n***
Ger: Düsenschaft *m*
Fre: fût d'injecteur *m*
Spa: vástago de inyector *m*

nozzle tester ***n***
Ger: Düsenprüfgerät *n*
Fre: contrôleur d'injecteurs *m*
Spa: aparato de comprobación de inyectores *m*

nozzle-needle seat ***n***
Ger: Düsennadelsitz *m*
Fre: siège de l'aiguille d'injecteur *m*
Spa: asiento de la aguja del inyector *m*

nozzle-opening pressure ***n***
Ger: Düsenöffnungsdruck *m*
Fre: pression d'ouverture de l'injecteur *f*
Spa: presión en la abertura del inyector *f*

number of coils ***n***
Ger: Windungszahl *f*
Fre: nombre de tours des spires de l'enroulement *m*
Spa: número de espiras *m*

number of poles ***n***
Ger: Polzahl *f*
Fre: nombre de pôles *m*
Spa: número de polos *m*

number of turns ***n***
Ger: Windungszahl *f*
Fre: nombre de spires *m*
Spa: número de espiras *m*

nut driver ***n***
Ger: Stecknuss *f*
Fre: clé à douille *f*
Spa: inserto de llave de tubo *m*

O

OBD system tests ***npl***
Ger: OBD-Systemtests *m*
Fre: tests système OBD *mpl*
Spa: verificación de sistemas OBD *f*

OC valve ***n***
Ger: OC-Ventil *n*
Fre: distributeur à centre ouvert *m*
Spa: válvula OC *f*

occupant classification mat ***n***
Ger: Insassenklassifizierungsmatte *f*
Fre: tapis sensitif *m*
Spa: estera de clasificación de ocupantes *f*

occupant extrication ***n***
Ger: Insassenbefreiung *f*
Fre: désincarcération des occupants *f*
Spa: liberación de ocupantes *f*

occupant forward displacement ***n***
Ger: Insassenvorverlagerung *f*
Fre: avancement des passagers *m*
Spa: desplazamiento hacia adelante de los ocupantes *m*

occupant protection system ***n***
Ger: Insassen-Rückhaltesystem *n*
Fre: système de retenue des passagers *m*
Spa: sistema de retención de ocupantes *m*

occupant protection system ***n***
Ger: Insassenschutzsystem *n*
(Insassen-Rückhaltesystem) *n*
Fre: système de protection des passagers *m*
(système de retenue des passagers) *m*
Spa: sistema de protección de ocupantes *m*

octane number adaptation ***n***
Ger: Oktanzahlanpassung *f*
Fre: adaptation de l'indice d'octane *f*
Spa: adaptación de índice de octano *f*

octane number plug ***n***
Ger: Oktanzahlstecker *m*
Fre: connecteur d'indice d'octane *m*
Spa: enchufe de índice de octano *m*

octane number, ON ***n***
Ger: Oktanzahl *f*
Fre: indice d'octane *m*
Spa: índice de octano *m*

odometer ***n***
Ger: Kilometerzähler *m*
Fre: compteur kilométrique *m*
Spa: cuentakilómetros *m*

off state characteristic ***n***
Ger: Sperrkennlinie *f*
Fre: caractéristique à l'état bloqué *f*
Spa: curva característica de bloqueo *f*

off state voltage (semiconductor) ***n***
Ger: Sperrspannung (Halbleiter) *f*
Fre: tension à l'état bloqué *f*
Spa: tensión de bloqueo (semiconductor) *f*

offset ***n***
Ger: Kröpfung *f*
Fre: coude *m*
Spa: acodamiento *m*

offset impact ***n***
Ger: Offsetaufprall *m*
Fre: choc décalé *m*
Spa: choque fuera de eje *m*

oil bath air filter ***n***
Ger: Ölbadluftfilter *n*
Fre: filtre à air à bain d'huile *m*
Spa: filtro de aire del baño de aceite *m*

oil block (fuel-injection pump) ***n***
Ger: Leckkraftstoffsperre (Einspritzpumpe) *f*
(Lecksperre) *f*
(Ölsperre) *f*
Fre: barrage d'huile (pompe d'injection) *m*
Spa: bloqueo de combustible de fuga (bomba de inyección) *m*

oil circuit ***n***
Ger: Ölkreislauf *m*
Fre: circuit d'huile *m*
Spa: circuito de aceite *m*

oil control ring (IC engine) ***n***
Ger: Ölabstreifring (Verbrennungsmotor) *m*
Fre: racleur d'huile *m*
Spa: aro rascador de aceite (motor de combustión) *m*

oil cooler ***n***
Ger: Ölkühler *m*
Fre: refroidisseur d'huile *m*
Spa: refrigerador de aceite *m*

oil degradation ***n***
Ger: Ölabbau *m*
Fre: décomposition de l'huile *f*
Spa: descomposición de aceite *f*

English

oil dipstick *n*
Ger: Ölpeilstab *m*
Fre: jauge d'huile *f*
Spa: varilla indicadora de nivel de aceite *f*

oil filler neck *n*
Ger: Öleinfüllstutzen *m*
Fre: tubulure de remplissage d'huile *f*
Spa: boca de llenado de aceite *f*

oil flow *n*
Ger: Ölstrom *m*
Fre: débit d'huile *m*
Spa: flujo de aceite *m*

oil gauge *n*
Ger: Ölstands-Anzeiger *m*
Fre: indicateur de niveau d'huile *m*
Spa: indicador de nivel de aceite *m*

oil grade *n*
Ger: Ölqualität *f*
Fre: qualité d'huile *f*
Spa: calidad del aceite *f*

oil level *n*
Ger: Ölstand *m*
Fre: niveau d'huile *m*
Spa: nivel de aceite *m*

oil pressure pipe *n*
Ger: Öldruckleitung *f*
Fre: conduite de refoulement d'huile *f*
Spa: tubería de aceite a presión *f*

oil pressure warning lamp *n*
Ger: Öldruckwarnleuchte *f*
Fre: témoin d'avertissement de pression d'huile *m*
Spa: lámpara de aviso de presión de aceite *f*

oil reservoir *n*
Ger: Ölbehälter *m*
Fre: réservoir d'huile *m*
Spa: depósito de aceite *m*

oil return pump *n*
Ger: Ölrückförderpumpe *f*
Fre: pompe de retour d'huile *f*
Spa: bomba de retorno de aceite *f*

oil separator *n*
Ger: Ölabscheider *m*
Fre: séparateur d'huile *m*
Spa: separador de aceite *m*

oil sump *n*
Ger: Ölwanne *f*
Fre: carter d'huile *m*
Spa: cárter de aceite *m*

on board battery charger *n*
Ger: Bordladegerät *n*
Fre: chargeur de bord *m*
Spa: cargador de a bordo *m*

on board computer *n*
Ger: Fahrdatenrechner *m*
Fre: ordinateur de bord *m*
Spa: ordenador de datos de viaje *m*

on board diagnostics, OBD *n*
Ger: On-Board-Diagnose *f*
Fre: diagnostic embarqué *m*
Spa: diagnóstico a bordo *m*

on state characteristic (rectifier diode) *n*
Ger: Durchlasskennlinie (Gleichrichterdiode) *f*
Fre: caractéristique tension-courant à l'état passant (diode redresseuse) *f*
Spa: característica de paso (diodo rectificador) *f*

on/off ratio *n*
Ger: Tastverhältnis *n*
Fre: rapport cyclique d'impulsions *m*
(rapport cyclique) *m*
Spa: relación de impulsos *f*

on-board computer *n*
Ger: Bordcomputer *m*
(Fahrdatenrechner) *m*
(Bordrechner) *m*
Fre: ordinateur de bord *m*
Spa: ordenador de a bordo *m*
(ordenador de datos de viaje) *m*

one way clutch *n*
Ger: Freilauf *m*
Fre: coupleur à roue libre (démarreur) *m*
(dispositif de roue libre) *m*
Spa: rueda libre *f*

opacimeter *n*
Ger: Lichtabsorptionsmessgerät *n*
Fre: opacimètre *m*
Spa: opacímetro *m*

opacity *n*
Ger: Trübung *f*
Fre: opacité *f*
Spa: opacidad *f*

open center system *n*
Ger: Open Center System *n*
Fre: système à centre ouvert *m*
Spa: sistema de centro abierto *m*

open circuit *n*
Ger: Unterbrechung *f*
Fre: discontinuité électrique *f*
Spa: apertura de circuito *f*

open circuit potential *n*
Ger: Ruhepotenzial *n*
Fre: potentiel de repos *m*
Spa: potencial de reposo *m*

open circuit voltage *n*
Ger: Leerlaufspannung *f*
Fre: tension à vide *f*
Spa: tensión a circuito abierto *f*

open control loop *n*
Ger: Steuerkette *f*
Fre: boucle de commande *f*
(chaîne de commande) *f*
Spa: cadena de control *f*

open end wrench *n*
Ger: Gabelschlüssel *m*
Fre: clé à fourche *f*
Spa: llave fija de dos bocas *f*

open flank (V-belt) *n*
Ger: flankenoffen (Keilriemen) *adj*
Fre: à flanc ouvert (courroie trapézoïdale) *loc*
Spa: de flancos abiertos (correa trapezoidal) *loc*

open loop controlled system *n*
Ger: Steuerstrecke *f*
Fre: système commandé *m*
Spa: distancia de mando *f*

open loop controlled tank purging *n*
Ger: gesteuerte Tankentlüftung *f*
Fre: dégazage du réservoir en boucle ouverte *m*
Spa: purga controlada de aire del depósito *f*

opening period (fuel injector) *n*
Ger: Öffnungsdauer (Einspritzventil) *f*
Fre: durée d'ouverture (injecteur) *f*
Spa: duración de apertura (válvula de inyección) *f*

opening pressure *n*
Ger: Öffnungsdruck *m*
Fre: pression d'ouverture *f*
Spa: presión de apertura *f*

operate on a timed cycle *v*
Ger: Takten *n*
Fre: pilotage cyclique (pression de freinage) *m*
Spa: realizar ciclo *v*

operating characteristic *n*
Ger: Betriebskennlinie *f*
Fre: caractéristique de fonctionnement *f*
Spa: curva característica de operación *f*

operating conditions *n*
Ger: Betriebsbedingungen *fpl*
Fre: conditions opératoires *fpl*
Spa: condiciones de operación *fpl*

operating current *n*
Ger: Betriebsstrom *m*
Fre: courant nominal *m*
Spa: corriente de servicio *f*

operating data acquisition *n*
Ger: Betriebsdatenerfassung *f*
Fre: saisie des paramètres de fonctionnement *f*
Spa: recogida de datos de operación *f*

operating electronics *npl*
Ger: Betriebselektronik *f*
Fre: électronique d'exploitation *f*
Spa: electrónica de servicio *f*

operating frequency *n*
Ger: Betriebsfrequenz *f*
Fre: fréquence d'utilisation *f*

English

Spa: frecuencia de operación *f*

operating instructions ***npl***
Ger: Bedienungsanleitung *f*
Fre: notice d'utilisation *f*
Spa: instrucciones de servicio *fpl*
(manual de manejo) *m*

operating instructions ***npl***
Ger: Betriebsanleitung *f*
(Bedienungsanleitung) *f*
Fre: notice d'utilisation *f*
Spa: instrucciones de servicio *mpl*

operating mode map ***n***
Ger: Betriebsartenkennfeld *n*
Fre: cartographie des modes de fonctionnement *f*
Spa: diagrama característico de modos de operación *m*

operating mode switch-over ***n***
Ger: Betriebsartenumschaltung *f*
Fre: changement de mode de fonctionnement du moteur *m*
Spa: conmutación de modo de operación *f*

operating mode switch-over ***n***
Ger: Betriebsartenwechsel *m*
Fre: changement de mode de fonctionnement du moteur *m*
Spa: cambio de modo de operación *m*

operating parameter ***n***
Ger: Betriebsparameter *m*
Fre: paramètre de fonctionnement *m*
Spa: parámetro de operación *m*

operating position ***n***
Ger: Arbeitsstellung (Kontakte) *f*
Fre: position de travail *f*
Spa: posición de trabajo (contactos) *f*

operating pressure ***n***
Ger: Arbeitsdruck *m*
Fre: pression de travail *f*
Spa: presión de trabajo *f*

operating pressure ***n***
Ger: Betriebsdruck *m*
Fre: pression de fonctionnement *f*
Spa: presión de servicio *f*

operating status ***n***
Ger: Betriebszustand *m*
Fre: conditions de fonctionnement *fpl*
Spa: estado de servicio *m*

operating switch ***n***
Ger: Bedienschalter *m*
Fre: commutateur de commande *m*
Spa: interruptor de manejo *m*

operating time ***n***
Ger: Betriebsdauer *f*
Fre: durée de fonctionnement *f*
Spa: tiempo de servicio *f*

operating time ***n***
Ger: Einschaltdauer *f*
(Nutzungsdauer) *f*
Fre: durée d'enclenchement *f*
(facteur de marche, *f*
FMdurée d'utilisation)
Spa: tiempo de operación *m*

operating time ***n***
Ger: Nutzungsdauer *f*
Fre: durée d'utilisation *f*
Spa: duración de servicio *f*

operating time meter ***n***
Ger: Betriebsstundenzähler *m*
Fre: compteur horaire *m*
Spa: contador de horas de servicio *m*

operating torque ***n***
Ger: Betätigungsmoment *n*
Fre: couple de braquage *m*
Spa: par de accionamiento *m*

operating voltage ***n***
Ger: Betriebsspannung *f*
Fre: tension de fonctionnement *f*
Spa: tensión de servicio *f*

operating-data module ***n***
Ger: Datenmodul *m*
Fre: module de données *m*
Spa: módulo de datos *m*

operating-data processing ***n***
Ger: Betriebsdatenverarbeitung *f*
Fre: traitement des paramètres de fonctionnement *m*
Spa: procesamiento de datos de operación *m*

operation ***n***
Ger: Betätigung *f*
Fre: commande *f*
Spa: accionamiento *m*

operation by cam ***n***
Ger: Nockenantrieb *m*
Fre: entraînement par came *m*
Spa: accionamiento por leva *m*

operational safety ***n***
Ger: Bedienungssicherheit *f*
Fre: sécurité de commande *f*
Spa: seguridad de manejo *f*

opposed body ***n***
Ger: Gegenkörper *m*
Fre: corps associé *m*
Spa: cuerpo opuesto *m*

opposed cylinder engine ***n***
Ger: Boxermotor *m*
Fre: moteur à cylindres opposés et horizontaux *m*
Spa: motor de cilindros opuestos *m*
(motor boxer) *m*

opposed pattern wiper system (windshield wiper) ***n***
Ger: Gegenlaufsystem (Scheibenwischer) *n*
Fre: système antagoniste (essuie-glace) *m*
Spa: sistema de movimiento antagónico (limpiaparabrisas) *m*

opposed piston engine ***n***
Ger: Gegenkolbenmotor *m*
Fre: moteur à pistons opposés *m*
Spa: motor de pistones opuestos *m*

optical fiber ***n***
Ger: Lichtwellenleiter, LWL *m*
Fre: fibre optique *f*
Spa: cable de fibra óptica *m*

optical imaging unit ***n***
Ger: Abbildungsoptik *f*
Fre: optique de focalisation *f*
Spa: óptica de reproducción *f*

optimal consumption ***n***
Ger: Verbrauchsoptimum *n*
Fre: consommation optimale *f*
Spa: consumo óptimo *m*

orientation line ***n***
Ger: Visierlinie *f*
Fre: ligne de visée *f*
Spa: línea de mira *f*

orifice check valve ***n***
Ger: Rückströmdrosselventil *n*
Fre: soupape à frein de réaspiration *f*
Spa: válvula estranguladora de reflujo *f*

oscillation gyrometer ***n***
Ger: Schwingungsgyrometer *n*
Fre: gyromètre à vibration *m*
Spa: girómetro de vibración *m*

oscillator ***n***
Ger: Oszillator *m*
Fre: oscillateur *m*
Spa: oscilador *m*

oscillatory intake passage ***n***
Ger: Schwingsaugrohr *n*
Fre: collecteur d'admission à oscillation *m*
Spa: tubo de admisión de efecto vibratorio *m*

oscilloscope ***n***
Ger: Oszilloskop *n*
Fre: oscilloscope *m*
Spa: osciloscopio *m*

outboard engine ***n***
Ger: Außenbordmotor *m*
Fre: moteur hors-bord *m*
Spa: motor fuera de borda *m*

outer rim (headlamps) ***n***
Ger: Abdeckrahmen *m*
Fre: collerette *f*
Spa: bastidor de cubierta *m*

outer rotor ***n***
Ger: Außenläufer *m*
Fre: rotor extérieur *m*
Spa: rotor exterior *m*

outer sheath ***n***
Ger: Außenmantel (Kabel) *m*
Fre: enveloppe externe *f*

English

Spa: envoltura exterior (cable) *f*

outer tower (ignition distributor) *n*
Ger: Außendom (Zündverteiler) *m*
Fre: cheminée (allumeur) *f*
Spa: torre exterior (distribuidor de encendido) *f*

outer wrap (catalyst) *n*
Ger: Außenschale (Katalysator) *f*
Fre: enveloppe extérieure (catalyseur) *f*
Spa: capa exterior (catalizador) *f*

outlet bore (electric fuel pump) *n*
Ger: Abflussbohrung (Elektrokraftstoffpumpe) *f*
Fre: canal de sortie (pompe électrique à carburant) *m*
Spa: taladro de desagüe (electrobomba de combustible) *m*

outlet cross-section *n*
Ger: Ausflussquerschnitt *m*
Fre: section d'écoulement *f*
Spa: sección del orificio de escape *f*

outlet edge *n*
Ger: Austrittskante *f*
Fre: arête de sortie *f*
Spa: borde de salida *m*

outlet flap *n*
Ger: Austrittsklappe *f*
Fre: volet de sortie *m*
Spa: chapaleta de salida *f*

output (braking force) *v*
Ger: aussteuern (Bremskraft) *v*
Fre: piloter (force de freinage) *v*
Spa: modular (fuerza de frenado) *v*

output amplifier *n*
Ger: Endverstärker *m*
Fre: suramplificateur *m*
Spa: amplificador de salida *m*

output circuit (ECU) *n*
Ger: Ausgangsschaltung (Steuergerät) *f*
Fre: circuit de sortie (calculateur) *m*
Spa: circuito de salida (unidad de control) *m*

output code *n*
Ger: Ausgangscode *m*
Fre: code de sortie *m*
Spa: código de salida *m*

output frequency *n*
Ger: Ausgangsfrequenz *f*
Fre: fréquence initiale *f*
Spa: frecuencia de salida *f*

output per cylinder (IC engine) *n*
Ger: Zylinderleistung (Verbrennungsmotor) *f*
Fre: puissance par cylindre *f*
Spa: potencia por cilindro (motor de combustión) *f*

output pressure (brake booster) *n*
Ger: Aussteuerdruck (Bremskraftverstärker) *m*
Fre: pression maximale (servofrein) *f*
Spa: presión máxima (servofreno) *f*

output shaft speed *n*
Ger: Abtriebsdrehzahl *f*
Fre: régime de sortie *m*
Spa: número de revoluciones de salida *m*

output signal *n*
Ger: Ausgangssignal *n*
Fre: signal de sortie *m*
Spa: señal de salida *f*

output stage *n*
Ger: Endstufe *f*
Fre: étage de sortie *m*
Spa: paso final *m*

output temperature *n*
Ger: Ausgangstemperatur *m*
Fre: température de sortie *f*
Spa: temperatura inicial *f*

output throttle *n*
Ger: Ablaufdrossel *f*
Fre: étranglement de sortie *m*
Spa: estrangulador de drenaje *m*

output torque of the transmission *n*
Ger: Getriebeausgangsmoment *n*
Fre: couple de sortie de la boîte de vitesses *m*
Spa: par de salida del cambio *m*

output variables *n*
Ger: Ausgangsgrößen *fpl*
Fre: grandeurs initiales *fpl*
Spa: magnitudes de salida *fpl*

output voltage *n*
Ger: Ausgangsspannung *f*
Fre: tension de sortie *f*
Spa: tensión de salida *f*

outside air pressure *n*
Ger: Außenluftdruck *m*
Fre: pression atmosphérique ambiante *f*
Spa: presión del aire exterior *f*

outside diameter *n*
Ger: Außendurchmesser *m*
Fre: diamètre extérieur *m*
Spa: diámetro exterior *m*

outside temperature *n*
Ger: Außentemperatur *f*
Fre: température extérieure *f*
Spa: temperatura exterior *f*

oval-head screw *n*
Ger: Linsenkopfschraube *f*
Fre: vis à tête bombée *f*
Spa: tornillo cabeza de lenteja *m*

over enrichment (air-fuel mixture) *n*
Ger: Überfettung (Luft-Kraftstoff-Gemisch) *f*
Fre: mélange trop riche *m*
Spa: sobreenriquecimiento (mezcla aire-combustible) *m*

over excitation *n*
Ger: Übererregung *f*
Fre: surexcitation *f*
Spa: sobreexcitación *f*

overall dimension *n*
Ger: Außenmaß *n*
Fre: cote extérieure *f*
Spa: medida exterior *f*

overall efficiency *n*
Ger: Gesamtwirkungsgrad *m*
Fre: rendement total *m*
Spa: eficiencia total *f*

overall performance *n*
Ger: Gesamtleistung *f*
Fre: puissance totale *f*
Spa: potencia total *f*

overbrake *v*
Ger: überbremsen *v*
Fre: surfreiner *v*
Spa: frenar excesivamente *v*

overcharge (battery) *v*
Ger: überladen (Batterie) *v*
Fre: surcharger (batterie) *v*
Spa: sobrecargar (batería) *v*

overcharge (battery) *n*
Ger: Überladung (Batterie) *f*
Fre: surcharge (batterie) *f*
Spa: sobrecarga (batería) *v*

overdrive switch *n*
Ger: Overdrive-Schalter *m*
Fre: interrupteur de surmultipliée *m*
Spa: interruptor de Overdrive *m*

overflow line *n*
Ger: Überströmleitung *f*
Fre: conduite de décharge *f*
Spa: conducto de rebose *m*

overflow metering valve *n*
Ger: Überströmdosierventil *n*
Fre: soupape de dosage du débit de retour *f*
Spa: válvula dosificadora de rebose *f*

overflow orifice *n*
Ger: Überströmbohrung *f*
Fre: orifice de balayage *m*
Spa: orificio de rebose *m*

overflow pressure regulator *n*
Ger: Überströmdruckregler *m*
Fre: régulateur de pression à trop-plein *m*
Spa: regulador de presión *m*

overflow restriction *n*
Ger: Überlaufdrossel *f*
(*Überströmdrossel*) *f*
Fre: calibrage de décharge *m*
Spa: estrangulador de rebose *m*

overflow restriction *n*
Ger: Überströmdrossel *f*
Fre: calibrage de décharge *m*
Spa: estrangulador de rebose *m*

overflow throttle valve *n*
Ger: Überströmdrosselventil *n*

English

Fre: soupape de décharge à calibrage *f*
Spa: válvula de estrangulación de rebose *f*

overflow valve ***n***
Ger: Überströmventil *n*
Fre: soupape de décharge *f*
Spa: válvula de rebose *f*

overgreasing ***n***
Ger: Überfettung *f*
Fre: enrichissement excessif *m*
Spa: lubricación excesiva *f*

overhead bucket tappet assembly ***n***
Ger: Tassenstößel-Steuerung *f*
Fre: commande par poussoirs à coupelle *f*
Spa: control de taqué hueco *m*

overhead camshaft, OHC ***n***
Ger: Obenliegende Nockenwelle *f*
Fre: arbre à cames en tête *m*
Spa: árbol de levas superior *m*

overhead reading lamp ***n***
Ger: Deckenleseleuchte *f*
Fre: spot de lecture sur plafonnier *m*
Spa: lámpara de lectura de techo *f*

overheat (brakes) ***v***
Ger: heißfahren (Bremse) *v*
Fre: surchauffer (frein) *v*
Spa: recalentar (freno) *v*

overheating ***n***
Ger: Überhitzung *f*
Fre: surchauffe *f*
Spa: sobrecalentamiento *m*

overheating prevention ***n***
Ger: Überhitzungsschutz *m*
Fre: protection contre les surchauffes *f*
Spa: protección contra sobrecalentamiento *f*

overlap (metering slits) ***n***
Ger: Überdeckung (Steuerschlitze) *f*
Fre: chevauchement (fentes d'étranglement) *m*
Spa: superposición (intersticio de mando) *f*

overlap ratio ***n***
Ger: Sprungüberdeckung *f*
Fre: rapport de recouvrement *m*
Spa: relación de superposición *f*

overloading ***n***
Ger: Überlastung *f*
Fre: surcharge *f*
Spa: sobrecarga *f*

overpressure ***n***
Ger: Überdruck *m*
Fre: pression relative *f*
Spa: sobrepresión *f*

overpressure relief valve ***n***
Ger: Überdruckablassventil *n*
Fre: soupape d'évacuation de surpression *f*
Spa: válvula de alivio de sobrepresión *f*

override device ***n***
Ger: Schlupfabschaltung *f*
Fre: déconnexion de glissement *f*
Spa: corte en resbalamiento *m*

override link ***n***
Ger: Ausweichglied *n*
Fre: élément bypass *m*
Spa: miembro desviador *m*

overrun ***n***
Ger: Schiebebetrieb *m*
Fre: mode stratifié *m*
Spa: régimen de deceleración *m*
(régimen de marcha por inercia) *m*

overrun (motor vehicle) ***n***
Ger: Schub (Kfz) *m*
Fre: cisaillement *m*
Spa: empuje (automóvil) *m*

overrun ***n***
Ger: Schubbetrieb *m*
(Schiebebetrieb) *m*
Fre: régime de décélération *m*
Spa: régimen de retención *m*
(marcha por empuje) *f*

overrun ***n***
Ger: Überlauf *m*
Fre: trop-plein *m*
Spa: rebose *m*

overrun conditions ***n***
Ger: Schubbetrieb *m*
Fre: régime de décélération *f*
Spa: régimen de retención *m*

overrun fuel cutoff ***n***
Ger: Schubabschaltung *f*
Fre: coupure d'injection en décélération *f*
Spa: corte de combustible en deceleración *m*

overrun monitoring ***n***
Ger: Schubüberwachung *f*
Fre: surveillance du déplacement axial *f*
Spa: supervisión de empuje *f*

overrun phase ***n***
Ger: Schubphase *f*
Fre: phase de déplacement axial (démarreur) *f*
Spa: fase de empuje *f*

overrun valve ***n***
Ger: Überlaufventil *n*
Fre: soupape de trop-plein *f*
Spa: válvula de rebose *f*

overrunning clutch (starter) ***n***
Ger: Freilaufgetriebe (Starter) *n*
Fre: lanceur à roue libre (démarreur) *m*
Spa: mecanismo de rueda libre (motor de arranque) *m*

overrunning clutch ***n***
Ger: Freilaufkupplung *f*
Fre: embrayage à roue libre *m*
Spa: acoplamiento de rueda libre *m*

overrunning clutch ***n***
Ger: Freilaufsystem *n*
Fre: dispositif de roue libre *m*
Spa: sistema de rueda libre *m*

overrunning hub ***n***
Ger: Freilaufnabe *f*
Fre: moyeu à roue libre *m*
Spa: cubo de rueda libre *m*

overspeed ***n***
Ger: Überdrehzahl *f*
Fre: surrégime *m*
Spa: régimen de giro excesivo *m*

overspeed detection ***n***
Ger: Überdrehzahlerkennung *f*
Fre: détection de surrégime *f*
Spa: detección de régimen de giro excesivo *f*

overspeed protection ***n***
Ger: Überdrehzahlschutz *m*
Fre: protection de surrégime *f*
Spa: protección contra régimen de giro excesivo *f*

overspeed test ***n***
Ger: Schleuderprüfung *f*
Fre: essai de dérapage *m*
Spa: ensayo de derrape *m*

oversteer (motor vehicle) ***v***
Ger: übersteuern (Kfz) *v*
Fre: survirer (véhicule) *m*
Spa: sobrevirar (automóvil) *v*

oversteering ***adj***
Ger: übersteuernd *adj*
Fre: survireur *adj*
Spa: sobrevirador *adj*

overvoltage ***n***
Ger: Überspannung *f*
Fre: surtension *f*
Spa: sobretensión *f*

overvoltage protection ***n***
Ger: Überspannungsschutz *m*
Fre: protection contre les surtensions *f*
Spa: protección contra sobretensiones *f*

oxidation catalytic converter ***n***
Ger: Oxydationskatalysator *m*
Fre: catalyseur d'oxydation *m*
Spa: catalizador por oxidación *m*

oxide reaction layer ***n***
Ger: Oxid-Reaktionsschicht *f*
Fre: couche de réaction aux oxydes *f*
Spa: capa de reacción de óxido *f*

oxyacetylene burner ***n***
Ger: Azetylen-Sauerstoff-Brenner *m*
Fre: chalumeau oxyacétylénique *m*
Spa: quemador oxiacetilénico *m*

oxygen excess ***n***
Ger: Sauerstoffüberschuss *m*
Fre: excédent d'oxygène *m*

English

Spa: exceso de oxígeno *m*

oxygen part *n*
Ger: Sauerstoffanteil *m*
Fre: taux d'oxygène *m*
Spa: contenido de oxígeno *m*

oxygen sensor response rate *n*
Ger: Ansprechverhalten der Lambda-Sonde *f*
Fre: comportement de réponse de la sonde à oxygène *m*
Spa: comportamiento de reacción de la sonda Lambda *m*

oxygen storage *n*
Ger: Sauerstoffspeicher *m*
Fre: accumulateur d'oxygène *m*
Spa: almacenamiento de oxígeno *m*

oxygen storage capacity *n*
Ger: Sauerstoffspeicherfähigkeit *f*
Fre: capacité d'accumulation d'oxygène *f*
Spa: capacidad de almacenamiento de oxígeno *f*

P

painting line *n*
Ger: Lackierstraße *f*
Fre: ligne de peinture *f*
Spa: línea de pintura *f*

paintwork protection film *n*
Ger: Lackschutzfolie *f*
Fre: film de protection de la peinture *m*
Spa: lámina protectora de pintura *f*

panhard rod *n*
Ger: Panhard-Stab *m*
Fre: barre Panhard *f*
Spa: barra Panhard *f*

panic alarm (car alarm) *n*
Ger: Panikalarm (Autoalarm) *m*
Fre: alarme panique (alarme auto) *f*
Spa: alarma de pánico (alarma de vehículo) *f*

panic braking *n*
Ger: Notbremsung *f*
(Gewaltbremsung) *f*
(Panikbremsung) *f*
Fre: freinage en situation de panique *m*
Spa: frenado de emergencia *m*

panic switch (car alarm) *n*
Ger: Panikschalter *m*
Fre: commutateur antipanique *m*
Spa: interruptor para casos de pánico *m*

paper air filter *n*
Ger: Papierluftfilter *n*
Fre: filtre à air en papier *m*
Spa: filtro de aire de papel *m*

paper element (air filter) *n*
Ger: Papiereinsatz (Luftfilter) *m*
Fre: élément filtrant en papier (filtre à air) *m*
Spa: elemento de papel (filtro de aire) *m*

paper element (fuel filter) *n*
Ger: Papierwickel (Kraftstofffilter) *m*
Fre: rouleau de papier (filtre à carburant) *m*
Spa: rollo de papel (filtro de combustible) *m*

paper tube (filter) *n*
Ger: Wickelkörper (Filter) *m*
Fre: corps de filtre (filtre) *m*
Spa: carrete (filtro) *m*

parallel connection *n*
Ger: Parallelschaltung *f*
Fre: montage en parallèle *m*
Spa: conexión en paralelo *f*

parallel filter *n*
Ger: Parallelfilter *n*
Fre: filtre en parallèle *m*
Spa: filtro paralelo *m*

parallel flow *n*
Ger: Gleichströmung *f*
Fre: courant parallèle *m*
Spa: flujo paralelo *m*

parallelogram wiper arm *n*
Ger: Parallelogramm-Wischarm *m*
Fre: bras d'essuie-glace à parallélogramme *m*
Spa: brazo de limpiaparabrisas en paralelogramo *m*

parcel shelf *n*
Ger: Hutablage *f*
Fre: plage arrière *f*
Spa: bandeja posterior *f*

park distance control *n*
Ger: Park-Distanz-Kontrolle *f*
Fre: contrôle de distance de stationnement *m*
Spa: control de distancia de aparcamiento *m*

park pilot *n*
Ger: Einparkhilfssystem *n*
(Park-Pilot) *m*
Fre: guide de parcage *m*
Spa: piloto de aparcamiento *m*

parking aid *n*
Ger: Einparkhilfe *f*
Fre: assistance au parcage *f*
Spa: ayuda para aparcar *f*

parking brake actuation *n*
Ger: Feststellbremsbetätigung *f*
Fre: commande du frein de stationnement *f*
Spa: accionamiento de freno de estacionamiento *m*

parking brake circuit *n*
Ger: Feststellbremskreis *m*
Fre: circuit de freinage de stationnement *m*
Spa: circuito de freno de estacionamiento *m*

parking brake system *n*
Ger: Feststell-Bremsanlage *f*
Fre: dispositif de freinage de stationnement *m*
Spa: sistema de freno de estacionamiento *m*

parking brake system *n*
Ger: Feststellbremse *f*
Fre: frein de stationnement *m*
Spa: freno de estacionamiento *m*

parking brake valve *n*
Ger: Feststellbremsventil *n*
Fre: valve de frein de stationnement *f*
Spa: válvula de freno de estacionamiento *f*

parking lamp *n*
Ger: Parkleuchte *f*
(Parklicht) *f*
Fre: feu de stationnement *m*
Spa: lámpara de aparcamiento *f*

parking socket (trailer ABS) *n*
Ger: Parkdose (Anhänger-ABS) *f*
Fre: prise de stationnement (ABS pour remorque) *f*
Spa: tomacorriente de aparcamiento (ABS de remolque) *m*

parking-aid assistant *n*
Ger: Einparkhilfe *f*
Fre: assistance au parcage *f*
Spa: ayuda para aparcar *f*

part load (IC engine) *n*
Ger: Teillast (Verbrennungsmotor) *f*
Fre: charge partielle (moteur à combustion) *f*
Spa: carga parcial (motor de combustión) *f*

part load engine speed *n*
Ger: Teillastdrehzahl *f*
Fre: vitesse à charge partielle *f*
Spa: régimen de carga parcial *m*

part load enrichment *n*
Ger: Teillastanreicherung *f*
Fre: enrichissement en charge partielle *m*
Spa: enriquecimiento de carga parcial *m*

part load operation *n*
Ger: Teillastbetrieb *m*
Fre: fonctionnement en charge partielle *m*
Spa: funcionamiento a carga parcial *m*

part load range *n*
Ger: Teillastbereich *m*
Fre: plage de charge partielle *f*
Spa: zona de carga parcial *f*

part load speed *n*

Ger: Teillastdrehzahl *f*
Fre: vitesse à charge partielle *f*
Spa: régimen de carga parcial *m*

part throttle *n*
Ger: Teillast *f*
Fre: charge partielle *f*
Spa: carga parcial *f*

partial braking *n*
Ger: Teilbremsung *f*
Fre: freinage partiel *m*
Spa: frenado parcial *m*

partial braking pressure *n*
Ger: Teilbremsdruck *m*
Fre: pression de freinage partielle *f*
Spa: presión de frenado parcial *f*

partial braking range *n*
Ger: Teilbremsbereich *m*
Fre: plage de freinage partiel *f*
Spa: zona de frenado parcial *f*

partial current/voltage curve *n*
Ger: Teil-Strom-Spannungskurve *f*
Fre: courbe partielle intensité/potentiel *f*
Spa: curva parcial corriente/tensión *f*

partial delivery *n*
Ger: Teilförderung *f*
Fre: débit partiel *m*
Spa: suministro parcial *m*

partially braked mode *n*
Ger: Teilbremsstellung *f*
Fre: position de freinage partiel *f*
Spa: posición de frenado parcial *f*

particulate *n*
Ger: Partikel *f*
Fre: particule *f*
Spa: partícula *f*

particulate emission *n*
Ger: Partikelemission *f*
Fre: émission de particules *f*
Spa: emisión de partículas *f*

particulate filter *n*
Ger: Partikelfilter *m*
Fre: filtre à particules *m*
Spa: filtro de partículas *m*

particulate filter *n*
Ger: Rußfilter *m*
Fre: filtre pour particules de suie *m*
Spa: filtro de hollín *m*

particulates test result (diesel smoke) *n*
Ger: Feststoff-Testergebnis (Dieselrauch) *n*
Fre: résultat du test de particules (fumées diesel) *m*
Spa: resultado del ensayo de partículas (humo Diesel) *m*

particulate-soot emission *n*
Ger: Rußpartikelemission *f*
Fre: émission de particules de suie *f*
Spa: emisión de partículas de hollín *f*

particulate-soot filter *n*
Ger: Rußpartikelfilter *n*
Fre: filtre à particules *m*
Spa: filtro de partículas de hollín *m*

partition *n*
Ger: Abschottung *f*
Fre: isolation *f*
Spa: separación *f*

parts kit *n*
Ger: Teilesatz *m*
Fre: kit de pièces *m*
Spa: juego de piezas *m*

parts set *n*
Ger: Teilesatz *m*
Fre: kit de pièces *m*
Spa: juego de piezas *m*

passenger airbag *n*
Ger: Beifahrerairbag *m*
Fre: coussin gonflable côté passager *m*
Spa: airbag del acompañante *m*

passenger car *n*
Ger: Personenkraftwagen *m*
Fre: voiture particulière *f*
Spa: turismo *m*

passenger car *n*
Ger: Pkw *m*
Fre: voiture particulière *f*
Spa: turismo *m*

passenger cell *n*
Ger: Fahrgastzelle *f*
Fre: habitacle *m*
Spa: habitáculo *m*

passenger compartment *n*
Ger: Fahrzeuginnenraum *m*
Fre: habitacle du véhicule *m*
Spa: interior del vehículo *m*

passenger compartment sensing (car alarm) *n*
Ger: Innenraumsensierung (Autoalarm) *f*
Fre: détection d'occupation de l'habitacle *f*
Spa: detección de ocupación del habitáculo (alarma de vehículo) *f*

passenger road train *n*
Ger: Omnibuszug *m*
Fre: train routier à passagers *m*
Spa: tren de carretera de pasajeros *m*

passenger side *n*
Ger: Beifahrerseite *f*
Fre: coté passager AV *m*
Spa: lado del acompañante *m*

passing *n*
Ger: Überholen *n*
(Vorbeifahren) *n*
Fre: dépassement *m*
Spa: adelantamiento *m*

passing distance *n*
Ger: Überholweg *m*
Fre: distance de dépassement *f*
Spa: distancia de adelantamiento *f*

passing time *n*
Ger: Überholzeit *f*
Fre: temps de dépassement *m*
Spa: tiempo de adelantamiento *m*

passive safety *n*
Ger: passive Sicherheit *f*
Fre: sécurité passive *f*
Spa: seguridad pasiva *f*

pavement irregularity *n*
Ger: Ungleichförmigkeit *f*
Fre: défaut d'uniformité *m*
Spa: irregularidad *f*

payload *n*
Ger: Nutzlast (Zuladung) *f*
Fre: charge utile *f*
Spa: carga útil *f*

peak coil current *n*
Ger: Ruhestrom *m*
Fre: courant de repos *m*
Spa: corriente de reposo *f*

peak height *n*
Ger: Spitzenhöhe *f*
Fre: hauteur de pic *f*
Spa: altura máxima *f*

peak injection pressure *n*
Ger: Spitzendruck *m*
Fre: pression de pointe *f*
Spa: presión máxima *f*

peak load *n*
Ger: Spitzenbelastung *f*
Fre: charge de pointe *f*
Spa: carga máxima *f*

peak torque *n*
Ger: Spitzendrehmoment *n*
Fre: couple de pointe *m*
Spa: par máximo *m*

peak value level *n*
Ger: Spitzenwertpegel *m*
Fre: niveau de valeur de pointe *m*
Spa: nivel de valor máximo *m*

pedal force *n*
Ger: Pedalkraft *f*
Fre: effort sur la pédale *m*
Spa: fuerza de pedal *f*

pedal positioner (braking-system inspection) *n*
Ger: Pedalstütze (Bremsenprüfung) *f*
Fre: positionneur de pédale de frein (contrôle des freins) *m*
Spa: apoyo de pedal (comprobación de frenos) *m*

pedal stop *n*
Ger: Pedalanschlag *m*
Fre: butée de pédale *f*
Spa: tope de pedal *m*

pedal travel sensor *n*
Ger: Fahrpedalsensor *m*
(Pedalwertgeber) *m*

English

(Pedalwegsensor) *m*
Fre: capteur d'accélérateur *m*
(capteur de course d'accélérateur) *m*
Spa: sensor del pedal acelerador *m*

pedal travel sensor ***n***
Ger: Pedalwertgeber *m*
Fre: capteur de position d'accélérateur *m*
Spa: captador de posición del pedal *m*

pedal travel simulator ***n***
Ger: Pedalwegsimulator *m*
Fre: simulateur de course de pédale *m*
Spa: simulador de recorrido del pedal *m*

pencil coil ***n***
Ger: Stabzündspule *f*
Fre: bobine-tige *f*
Spa: bobina de encendido de barra *f*

penetration coating ***n***
Ger: Einlaufschicht *f*
Fre: couche pénétrante *f*
Spa: capa de penetración *f*

performance curve ***n***
Ger: Kennlinie *f*
Fre: courbe caractéristique *f*
Spa: curva característica *f*

performance drop ***n***
Ger: Leistungsverlust *m*
Fre: perte de puissance *f*
Spa: pérdida de potencia *f*

period duration ***n***
Ger: Periodendauer *f*
Fre: période (d'un signal) *f*
Spa: duración de período *f*

period of use ***n***
Ger: Betriebsdauer *f*
Fre: durée de fonctionnement *f*
Spa: tiempo de servicio *m*

peripheral force ***n***
Ger: Umfangskraft *f*
Fre: force circonférentielle *f*
Spa: fuerza periférica *f*

permanent lubrication ***n***
Ger: Dauerschmierung *f*
Fre: graissage à vie *m*
Spa: lubricación permanente *f*

permanent magnet ***n***
Ger: Dauermagnet *m*
Fre: aimant permanent *m*
Spa: imán permanente *m*

permanent magnet ***n***
Ger: Permanentmagnet *m*
(Dauermagnet) *m*
Fre: aimant permanent *m*
Spa: imán permanente *m*

permanent magnet excitation ***n***
Ger: Dauermagneterregung *f*
(Permanentmagneterregung) *f*
Fre: excitation par aimant permanent *f*
Spa: excitación de imán permanente *f*

permanent magnet field ***n***
Ger: Permanentfeld *n*
Fre: excitation permanente *f*
Spa: campo permanente *m*

permanent magnet field ***n***
Ger: Permanentmagnetfeld *n*
Fre: excitation permanente *f*
Spa: campo de imán permanente *m*

permeability ***n***
Ger: Permeabilität *f*
Fre: perméabilité *f*
Spa: permeabilidad *f*

permissible total weight ***n***
Ger: Gesamtgewicht *n*
(Gesamtgewichtskraft) *f*
Fre: poids total admissible *m*
Spa: peso total *m*

permitted vehicle weight ***n***
Ger: zulässiges Gesamtgewicht *n*
Fre: poids total autorisé en charge *m*
Spa: peso total permitido *m*

PES headlamp ***n***
Ger: Poly-Ellipsoid-Scheinwerfer, PES *a*
Fre: projecteur polyellipsoïde *a*
Spa: faro polielipsoide *m*

phase current ***n***
Ger: Phasenstrom *m*
Fre: courant de phase *m*
Spa: corriente de fase *f*

phase displacement ***n***
Ger: Phasenverschiebung *f*
Fre: déphasage (entre deux grandeurs sinusoïdales) *m*
Spa: desplazamiento de fase *m*

phase loss ***n***
Ger: Phasenverlust *m*
Fre: perte de phase *f*
Spa: pérdida de fase *f*

phase matching ***n***
Ger: Phasenabstimmung *f*
Fre: équilibrage des phases *m*
Spa: armonización de fases *f*

phase sensor ***n***
Ger: Phasengeber *m*
(Phasensensor) *m*
Fre: capteur de phase *m*
Spa: captador de fase *m*

phase transformation ***n***
Ger: Phasenumwandlung *f*
Fre: conversion de phase *f*
Spa: transformación de fase *f*

phasing (plunger-and-barrel assembly) ***n***
Ger: Förderabstand (Pumpenelement) *m*
(Versatz) *m*
Fre: phasage (élément de pompage) *m*
Spa: desfase (elemento de bomba) *m*

photocell ***n***
Ger: Photoelement *n*
Fre: cellule photoélectrique *f*
Spa: célula fotoeléctrica *f*

photoelectric light barrier ***n***
Ger: Lichtschranke *f*
Fre: barrière photo-électrique *f*
Spa: barrera fotoeléctrica *f*

photoelectric reflected light barrier ***n***
Ger: Reflexlichtschranke *f*
Fre: cellule optique à réflexion *f*
Spa: barrera de luz reflejada *f*

pick off brush (potentiometer) ***n***
Ger: Bürstenschleifer (Potentiometer) *f*
(Abgriffbürste) *m*
Fre: balai de captage (potentiomètre) *m*
Spa: cursor de captación (potenciómetro) *m*
(escobilla de toma) *f*

pickled ***adj***
Ger: gebeizt *adj*
Fre: décapé *pp*
Spa: barnizado *adj*

pickup ***n***
Ger: Kontaktgeber *m*
Fre: contacteur *m*
Spa: transmisor de contacto *m*

pickup time (fuel injector) ***n***
Ger: Anzugszeit (Einspritzventil) *f*
Fre: durée d'attraction (injecteur) *f*
Spa: duración de la activación (válvula de inyección) *f*

piezo valve ***n***
Ger: Piezoventil *n*
Fre: vanne piézoélectrique *f*
Spa: válvula piezoeléctrica *f*

piezoceramic strip ***n***
Ger: Piezokeramikstreifen *m*
Fre: lame piézocéramique *f*
Spa: tira cerámica piezoeléctrica *f*

piezoceramic water ***n***
Ger: Piezokeramikscheibe *f*
Fre: pastille piézocéramique *f*
Spa: placa cerámica piezoeléctrica *f*

piezoelectric effect ***n***
Ger: Piezoeffekt *m*
Fre: effet piézoélectrique *m*
Spa: efecto piezoeléctrico *m*

pilot control (commercial-vehicle ABS) ***n***
Ger: Vorsteuerung (Nfz-ABS) *f*
Fre: pilotage (ABS pour véhicules utilitaires) *m*
Spa: control de pilotaje (ABS de vehículo industrial) *m*

English

pilot pressure *n*
Ger: Vorsteuerdruck *m*
Fre: pression pilote *f*
Spa: presión de pilotaje *f*

pilot spring force *n*
Ger: Vorsteuerfeder *f*
Fre: ressort pilote *m*
Spa: muelle de pilotaje *m*

pilot valve (load-sensing valve) *n*
Ger: Vorsteuerventil (Bremskraftregler) *n*
Fre: valve pilote (correcteur de freinage) *f*
Spa: válvula piloto (regulador de la fuerza de frenado) *f*

pin *n*
Ger: Pin *m*
Fre: broche *f*
Spa: pin *m*

pin *n*
Ger: Stift *m*
Fre: goujon *m*
Spa: pasador *m*

pin allocation *n*
Ger: Pinbelegung *f*
Fre: affectation des broches *f*
Spa: ocupación de pines *f*

pin housing *n*
Ger: Stiftgehäuse *n*
Fre: boîtier à contacts mâles *m*
Spa: caja de clavijas *f*

pin receptable *n*
Ger: Rundsteckerhülse *f*
Fre: fiche femelle ronde *f*
Spa: hembrilla redonda *f*

pin terminal *n*
Ger: Rundstecker *m*
Fre: fiche ronde *f*
Spa: clavija redonda *f*

pinion *n*
Ger: Ritzel *n*
(Zahnrad) *n*
Fre: pignon *m*
Spa: piñón *m*

pinion advance (starter) *n*
Ger: Ritzelvorschub (Starter) *m*
Fre: avance du pignon (démarreur) *f*
Spa: avance del piñón (motor de arranque) *m*

pinion bearing *n*
Ger: Ritzellagerung *f*
Fre: roulement du pignon d'attaque *m*
Spa: cojinete del piñón *m*

pinion housing (for external starter pinion) *n*
Ger: Antriebslager (bei außengelagertem Starterritzel) *n*
Fre: flasque côté entraînement *m*
Spa: cojinete lado de accionamiento (con piñón de arranque externo) *m*

pinion rotation *n*
Ger: Ritzelverdrehung *f*
Fre: rotation du pignon *f*
Spa: giro del piñón *m*

pinion shaft *n*
Ger: Ritzelwelle *f*
(Ritzelschaft) *m*
Fre: queue de pignon *f*
Spa: eje del piñón *m*

pinion spacing *n*
Ger: Ritzelabstand *m*
Fre: écartement pignon-couronne dentée *m*
Spa: distancia del piñón *f*

pinion tooth *n*
Ger: Ritzelzahn *m*
Fre: dent du pignon *f*
Spa: diente del piñón *m*

pintaux type nozzle *n*
Ger: Pintaux-Düse *f*
Fre: injecteur Pintaux *m*
Spa: inyector Pintaux *m*

pintle nozzle *n*
Ger: Zapfendüse *f*
Fre: injecteur à téton *m*
Spa: inyector de tetón *m*

pipe fitting *n*
Ger: Rohrverschraubung *f*
Fre: raccord vissé *m*
Spa: racor de tubo *m*

piston (disc brake) *n*
Ger: Druckkolben (Scheibenbremse) *m*
Fre: piston (frein à disque) *m*
Spa: émbolo impelente (freno de disco) *m*

piston *n*
Ger: Kolben *m*
Fre: piston *m*
Spa: pistón *m*

piston acceleration *n*
Ger: Kolbenbeschleunigung *f*
Fre: accélération du piston *f*
Spa: aceleración de pistón *f*

piston area *n*
Ger: Kolbenfläche *f*
Fre: surface active du piston *f*
Spa: área de pistón *f*

piston diameter *n*
Ger: Kolbendurchmesser *m*
Fre: diamètre du piston *m*
Spa: diámetro del pistón *m*

piston engine *n*
Ger: Kolbenkraftmaschine *f*
(Kolbenmotor) *f*
Fre: moteur à pistons *m*
Spa: máquina alternativa *f*
(motor de émbolos) *m*

piston gas accumulator (TCS) *n*
Ger: Gaskolbenspeicher (ASR) *m*
Fre: accumulateur de gaz à piston (ASR) *m*
Spa: acumulador de gas por pistón (ASR) *m*

piston injection pump *n*
Ger: Hubkolbeneinspritzpumpe *f*
Fre: pompe d'injection à piston *f*
Spa: bomba de inyección reciprocante *f*

piston position *n*
Ger: Kolbenstellung *f*
Fre: position du piston *f*
Spa: posición del pistón *f*

piston pump *n*
Ger: Kolbenförderpumpe *f*
Fre: pompe d'alimentation à piston *f*
Spa: bomba de alimentación de émbolo *f*

piston recess *n*
Ger: Kolbenmulde *f*
Fre: cavité du piston *f*
Spa: cavidad de pistón *f*

piston ring *n*
Ger: Kolbenring *m*
Fre: segment de piston *m*
Spa: aro de pistón *m*

piston ring groove *n*
Ger: Kolbenringnut *f*
Fre: rainure annulaire de piston *f*
Spa: ranura de aro de pistón *f*

piston ring liner *n*
Ger: Kolbenringlauffläche *f*
Fre: surface de frottement d'un segment de piston *f*
Spa: superficie de deslizamiento de aro de pistón *f*

piston rod (IC engine) *n*
Ger: Kolbenstange (Verbrennungsmotor) *f*
Fre: tige de piston (clapet de refoulement) *f*
Spa: biela (motor de combustión) *f*

piston seizure *n*
Ger: Kolbenfresser *m*
Fre: grippage de piston *m*
Spa: gripado de pistón *m*

piston speed *n*
Ger: Kolbengeschwindigkeit *f*
Fre: vitesse du piston *f*
Spa: velocidad de pistón *f*

piston stroke *n*
Ger: Kolbenbewegung *f*
Fre: déplacement du piston *m*
Spa: movimiento de pistón *m*

piston stroke *n*
Ger: Kolbenhub *m*
Fre: course de piston *f*
Spa: carrera de pistón *f*

piston-recess wall *n*
Ger: Muldenwand *f*

English

Fre: paroi de la cavité du piston *f*
Spa: pared de cavidad *f*

pitch (motor vehicle) ***v***
Ger: aufschaukeln (Kfz) *v*
Fre: oscillation croissante (véhicule) *f*
Spa: incrementar las vibraciones (automóvil) *v*

pitch ***n***
Ger: Nicken *n*
Fre: tangage *m*
Spa: cabeceo *m*

pitch ***n***
Ger: Tonhöhe *f*
Fre: hauteur de son *f*
Spa: agudeza del sonido *f*

pitch angle (vehicle dynamics) ***n***
Ger: Nickwinkel (Kfz Dynamik) *m*
Fre: angle de tangage (dynamique d'un véhicule) *m*
Spa: ángulo de cabeceo (dinámica del vehículo) *m*

pitch circle ***n***
Ger: Wälzkreis *m*
Fre: cercle primitif *m*
Spa: círculo primitivo *m*

pitch diameter (gear) ***n***
Ger: Teilkreisdurchmesser (Zahnrad) *m*
Fre: diamètre primitif de référence *m*
Spa: diámetro del círculo primitivo (rueda dentada) *m*

pitman arm ***n***
Ger: Lenkstockhebel *m*
Fre: bielle pendante *f*
Spa: brazo de mando de la dirección *m*

pitted area ***n***
Ger: Lochfraßstelle *f*
Fre: piqûre de corrosion *f*
Spa: lugar de corrosión por picadura *m*

pitting corrosion ***n***
Ger: Lochfraßkorrosion *f*
(Lochkorrosion) *f*
Fre: corrosion perforante localisée *f*
(corrosion perforante) *f*
Spa: corrosión por picadura *f*

pivot ***n***
Ger: Drehpunkt *m*
Fre: centre de rotation *m*
Spa: punto de giro *m*

pivot crank ***n***
Ger: Antriebskurbel *f*
Fre: manivelle d'entraînement *f*
Spa: manivela de accionamiento *f*

pivot pin ***n***
Ger: Gelenkbolzen *m*
Fre: axe de chape *m*
Spa: perno de articulación *m*

pixel electrode ***n***
Ger: Bildpunktelektrode *f*
Fre: électrode de contrôle de point d'image *f*
Spa: electrodo de punto de imagen *m*
(electrodo de píxel) *m*

plain bearing bush ***n***
Ger: Gleitlagerbuchse *f*
Fre: coussinet de paliers *m*
Spa: casquillo de cojinete de deslizamiento *m*

plain washer ***n***
Ger: Unterlegscheibe *f*
Fre: rondelle de calage *f*
Spa: arandela *f*

planar ceramics ***n***
Ger: Planar-Keramik *f*
Fre: céramique planaire *f*
Spa: cerámica planar *f*

planar dual cell current limit sensor ***n***
Ger: planare Zweizellen-Grenzstrom-Sonde *f*
Fre: sonde planaire de courant limite à deux cellules *f*
Spa: sonda planar de corriente límite de dos celdas *f*

planar lambda sensor ***n***
Ger: planare Lambda-Sonde *f*
Fre: sonde à oxygène planaire *f*
Spa: sonda Lambda planar *f*

planar Lambda sensor ***n***
Ger: Planarsonde *f*
(planare Lambda-Sonde) *f*
Fre: sonde planaire à oxygène *f*
Spa: sonda planar *f*

planar sensor ***n***
Ger: Planarsonde *f*
Fre: sonde planaire à oxygène *f*
Spa: sonda planar *f*

planar sensor element ***n***
Ger: planares Sensorelement *n*
Fre: élément capteur planaire *m*
Spa: elemento sensor planar *m*

planar wide band Lambda sensor ***n***
Ger: planare Breitband-Lambda-Sonde *f*
Fre: sonde à oxygène planaire à large bande *f*
Spa: sonda Lambda de banda ancha planar *f*

planet gear ***n***
Ger: Planetenrad *n*
(Umlaufrad) *n*
Fre: satellite *m*
Spa: rueda planetaria *f*
(piñón satélite) *m*

planetary gear ***n***
Ger: Planetengetriebe *n*
Fre: train épicycloïdal *m*
Spa: engranaje planetario *m*

planetary gear carrier ***n***
Ger: Planetenträger *m*
Fre: porte-satellites *m*
Spa: soporte planetario *m*

plasma beam ***n***
Ger: Plasmastrahl *m*
Fre: jet de plasma *m*
Spa: rayo de plasma *m*

plasma polymerization ***n***
Ger: Plasmapolymerisation *f*
Fre: polymérisation au plasma *f*
Spa: polimerización por plasma *f*

plasma spraying ***n***
Ger: Plasmaspritzen *n*
Fre: projection au plasma *f*
Spa: proyección por plasma *f*

plastic coating ***n***
Ger: Auskleiden *n*
Fre: revêtement plastique *m*
Spa: revestimiento *m*

plastic hood ***n***
Ger: Kunststoffhaube *f*
Fre: capot en plastique *m*
Spa: caperuza de plástico *f*

plastic housing ***n***
Ger: Kunstoffgehäuse *n*
Fre: boîtier en plastique *m*
Spa: carcasa de plástico *f*

plastic molding ***n***
Ger: Kunststoffverguss *m*
Fre: plastique moulé *m*
Spa: obturación de plástico *f*

plate capacitor ***n***
Ger: Plattenkondensator *m*
Fre: condensateur à plaques *m*
Spa: condensador de placas *m*

plate nut ***n***
Ger: Blechmutter *f*
Fre: écrou à tôle *m*
Spa: tuerca de chapa *f*

plate pulley ***n***
Ger: Tellerrad *n*
Fre: couronne d'attaque *f*
Spa: rueda plana *f*

plate strap (battery) ***n***
Ger: Polbrücke (Batterie) *f*
Fre: barrette de jonction *f*
Spa: puente de conexión (batería) *m*

platform body vehicle (commercial vehicle) ***n***
Ger: Pritschenfahrzeug (Nfz) *n*
Fre: camion à plateau de transport *m*
Spa: camión de plataforma (vehículo industrial) *m*

platform lift ***n***
Ger: Ladebordwand *f*
Fre: hayon élévateur *m*
Spa: plataforma elevadora *f*

platform road train ***n***
Ger: Brückenzug *m*
Fre: train routier spécial *m*

Spa: tren de carretera *m*

plating *n*
Ger: Plattieren *n*
Fre: placage *m*
Spa: chapeado *m*

platinum *n*
Ger: Platin *n*
Fre: platine *m*
Spa: platino *m*

platinum center electrode (spark plug) *n*
Ger: Platinmittelelektrode (Zündkerze) *f*
Fre: électrode centrale en platine (bougie d'allumage) *f*
Spa: electrodo central de platino (bujía de encendido) *m*

pliers *n*
Ger: Zange *f*
Fre: tenaille *f*
Spa: alicates *mpl*

plow force control *n*
Ger: Pflugkraftregelung *f*
Fre: régulation de la force de charrue *f*
Spa: regulación de fuerza de arado *f*

plug *n*
Ger: Stecker *m*
Fre: connecteur *m*
Spa: enchufe *m*

plug *n*
Ger: Verschluss *m*
Fre: fermeture *f*
Spa: cierre *m*

plug body *n*
Ger: Steckergehäuse *n*
Fre: boîtier de connecteur *m*
Spa: cuerpo de enchufe *m*

plug cap *n*
Ger: Verschlusskappe *f*
Fre: capuchon de fermeture *m*
Spa: tapa roscada *f*

plug code *n*
Ger: Steckercodierung *f*
Fre: codage des fiches *m*
Spa: codificación de enchufes *f*

plug connection *n*
Ger: Steckanschluss *m*
Fre: connecteur mâle *m*
Spa: conexión de enchufe *f*

plug connector *n*
Ger: Steckverbinder *m*
Fre: connecteur *m*
Spa: enchufe pasador *m*

plug housing *n*
Ger: Steckergehäuse *n*
Fre: boîtier de connecteur *m*
Spa: caja de enchufe *f*

plug in connection *n*
Ger: Steckverbindung *f*
Fre: connecteur *m*
Spa: conexión por enchufe *f*

plug in contact *n*
Ger: Steckkontakt *m*
Fre: fiche de contact *f*
Spa: contacto enchufable *m*

plug in pump *n*
Ger: Steckpumpe *f*
Fre: pompe enfichable *f*
Spa: bomba intercalable *f*

plug pin allocation *n*
Ger: Steckerbelegung *f*
Fre: brochage du connecteur *m*
Spa: ocupación de pines *f*

plug socket *n*
Ger: Steckbuchse *f*
Fre: prise femelle *f*
Spa: hembrilla *f*

plug socket *n*
Ger: Steckerbuchse *f*
Fre: contact femelle *m*
Spa: hembrilla *f*

plug stopper *n*
Ger: Verschlussstopfen *m*
Fre: bouchon *m*
Spa: tapón *m*

plunger *n*
Ger: Kolbenschieber *m*
(Tauchspule) *f*
Fre: piston-tiroir *m*
(bobine à noyau plongeur) *f*
Spa: válvula cilíndrica *f*

plunger and barrel head (pump element) *n*
Ger: Elementkopf (Pumpenelement) *m*
Fre: tête de l'élément de pompage (élément de pompage) *f*
Spa: cabezal de bomba (elemento de bomba) *m*

plunger chamber *n*
Ger: Druckraum *m*
Fre: chambre de pression *f*
Spa: cámara de presión *f*

plunger chamber (fuel-injection pump) *n*
Ger: Hochdruckraum (Einspritzpumpe) *m*
(Druckraum) *m*
Fre: chambre de refoulement (pompe d'injection) *f*
Spa: cámara de alta presión (bomba de inyección) *f*

plunger control arm (pump plunger) *n*
Ger: Kolbenfahne (Pumpenkolben) *f*
(Kolbenlenkarm) *m*
Fre: entraîneur (piston de pompe) *m*
Spa: brazo de control de pistón (pistón de bomba) *m*

plunger lift *n*
Ger: Kolbenhub *m*
(Kolbenweg) *m*
Fre: course du piston *f*
Spa: carrera de pistón *f*

plunger lift to cutoff port closing (pump plunger) *n*
Ger: Kolbenhub bis Förderbeginn (Vorhub des Pumpenkolbens) *m*
Fre: précourse du piston (jusqu'au début de refoulement) *f*
Spa: carrera de pistón hasta el comienzo de suministro (precarrera del pistón de bomba) *f*

plunger lift to port closing, LPC (pump plunger) *n*
Ger: Vorhub (Pumpenkolben) *m*
Fre: précourse (piston de pompe) *f*
Spa: carrera previa (pistón de bomba) *f*

plunger lift to spill port opening (pump plunger) *n*
Ger: Kolbenhub bis Förderende (Pumpenkolben) *m*
Fre: course du piston en fin de refoulement (piston de pompe) *f*
Spa: carrera de pistón hasta el fin de suministro (pistón de bomba) *f*

plunger passage (pump plunger) *n*
Ger: Kolbenbohrung (Pumpenkolben) *f*
Fre: alésage de piston (piston de pompe) *m*
Spa: agujero de pistón (pistón de bomba) *m*

plunger pump *n*
Ger: Kolbenpumpe *f*
Fre: pompe à piston *f*
Spa: bomba de émbolo *f*

plunger return spring (pump plunger) *n*
Ger: Kolbenrückführfeder (Pumpenkolben) *f*
(Kolbenfeder) *f*
Fre: ressort de rappel du piston (piston de pompe) *m*
Spa: resorte de retorno de pistón (pistón de bomba) *m*

plunger return stroke (pump plunger) *n*
Ger: Kolbenrücklauf (Pumpenkolben) *m*
Fre: course de retour du piston (piston de pompe) *f*
Spa: carrera de retorno de pistón (pistón de bomba) *f*

plunger stroke *n*
Ger: Gesamthub *m*

English

English

Fre: course totale *f*
Spa: carrera total *f*

plunger type pressure regulator ***n***
Ger: Kolbendruckregler *m*
Fre: régulateur de pression à piston *m*
Spa: regulador de presión por émbolo *m*

pneumatic brake circuit ***n***
Ger: Pneumatikbremskreis *m*
Fre: circuit de freinage pneumatique *m*
Spa: circuito neumático de frenado *m*

pneumatic cylinder ***n***
Ger: Pneumatikzylinder *m*
Fre: vérin pneumatique *m*
Spa: cilindro neumático *m*

pneumatic equipment ***n***
Ger: Druckluftgerät *n*
Fre: équipement pneumatique *m*
Spa: equipo de aire comprimido *m*

pneumatic hammer ***n***
Ger: Drucklufthammer *m*
Fre: marteau-piqueur *m*
Spa: martillo de aire comprimido *m*

pneumatic line ***n***
Ger: Pneumatikleitung *f*
Fre: conduite pneumatique *f*
Spa: tubería neumática *f*

pneumatic pressure limiter ***n***
Ger: Pneumatikdruckbegrenzer *m*
Fre: limiteur de pression pneumatique *m*
Spa: limitador de presión neumática *m*

pneumatic shutoff device ***n***
Ger: pneumatische Abstellvorrichtung *f*
Fre: dispositif d'arrêt pneumatique *m*
Spa: dispositivo neumático de parada *m*

pneumatic suspension ***n***
Ger: Luftfederung *f*
Fre: suspension pneumatique *f*
Spa: suspensión neumática *f*

pneumatic suspension ***n***
Ger: pneumatische Federung *f*
Fre: suspension pneumatique *f*
Spa: suspensión neumática *f*

point charge ***n***
Ger: Punktladung *f*
Fre: charge ponctuelle *f*
Spa: carga puntual *f*

point of injection ***n***
Ger: Abspritzstelle *f*
Fre: point d'injection *m*
Spa: punto de inyección *m*

polarity reversal ***n***
Ger: Verpolung *f*
Fre: inversion de polarité *f*
Spa: inversión de polaridad *f*

pole body ***n***
Ger: Polkern *m*
(Polschaft) *m*
Fre: noyau polaire *m*
Spa: núcleo de polo *m*

pole changing ***n***
Ger: Polumschaltung *f*
Fre: commutation des pôles *f*
Spa: conmutación de polos *f*

pole claw ***n***
Ger: Polklaue *f*
Fre: griffe polaire *f*
Spa: garra de terminal *f*

pole face ***n***
Ger: Polfläche *f*
Fre: surface polaire *f*
Spa: superficie polar *f*

pole finger ***n***
Ger: Polfinger *m*
Fre: extrémité polaire *f*
Spa: dedo de terminal *m*

pole pass ***n***
Ger: Poldurchgang *m*
Fre: passage de pôle *m*
Spa: paso de polos *m*

pole pitch ***n***
Ger: Polteilung *f*
Fre: pas polaire *m*
Spa: distancia interpolar *f*
(paso polar) *m*

pole shoe ***n***
Ger: Polschuh *m*
Fre: épanouissement polaire *m*
Spa: terminal *m*

pole wheel ***n***
Ger: Polrad *n*
Fre: roue polaire *f*
Spa: rueda polar *f*

polished ***adj***
Ger: poliert *adj*
Fre: poli *pp*
Spa: pulido *adj*

pollen filter ***n***
Ger: Pollenfilter *n*
Fre: filtre anti-pollen *m*
Spa: filtro de polen *m*

pollutant emission ***n***
Ger: Schadstoffausstoß *m*
(Schadstoffemission) *f*
Fre: rejet de polluants *m*
(émission de polluants) *f*
Spa: emisión de sustancias nocivas *f*

pollutants (exhaust gas) ***npl***
Ger: Schadstoffe (Motorabgas) *mpl*
Fre: polluants (gaz d'échappement) *mpl*
Spa: sustancias nocivas (gases de escape del motor) *fpl*

polymer liner ***n***
Ger: Polymergleitschicht *f*
Fre: couche antifriction polymère *f*
Spa: capa polimérica antifricción *f*

polyphase winding ***n***
Ger: Mehrphasenwicklung *f*
Fre: enroulement multiphases *m*
Spa: devanado multifase *m*

pop rivet ***n***
Ger: Blindniet *m*
Fre: rivet aveugle *m*
Spa: remache ciego *m*

poppet valve ***n***
Ger: Sitzventil *n*
Fre: distributeur à clapet *m*
Spa: válvula de asiento *f*

pore size (filter) ***n***
Ger: Porenweite (Filter) *f*
(Porengröße) *f*
Fre: porosité (filtre) *f*
Spa: tamaño de poros (filtro) *m*

port and helix metering (plunger-and-barrel assembly) ***n***
Ger: Steuerkanten-Zumessung (Pumpenelement) *f*
Fre: dosage par rampe et trou *m*
Spa: dosificación por borde de distribución (elemento de bomba) *f*

port closing sensor ***n***
Ger: Förderbeginngeber *m*
Fre: capteur de début de refoulement *m*
Spa: transmisor del comienzo de suministro *m*

position detector ***n***
Ger: Lageerkennung *f*
Fre: détection de position *f*
Spa: detección de posición *f*

position feedback (TCS servomotor) ***n***
Ger: Positionsrückmeldung (ASR-Stellmotor) *f*
Fre: confirmation de positionnement (servomoteur ASR) *f*
Spa: señal de respuesta de posición (servomotor ASR) *f*

position sensor ***n***
Ger: Positionssensor *m*
(Positionsgeber) *m*
(Lagesensor) *m*
Fre: capteur de position *m*
Spa: sensor de posición *m*

position switch ***n***
Ger: Positionsschalter *m*
Fre: contacteur de position *m*
Spa: interruptor de posición *m*

positioning ***n***
Ger: Ortung *f*
Fre: localisation *f*
Spa: localización *f*

positioning accuracy ***n***
Ger: Stellgenauigkeit *f*

Fre: précision de réglage *f*
Spa: exactitud de ajuste *f*

positioning cylinder (TCS) *n*
Ger: Stellzylinder (ASR) *m*
Fre: cylindre positionneur (ASR) *m*
Spa: cilindro de ajuste (ASR) *m*

positioning piston *n*
Ger: Stellkolben *m*
Fre: piston de positionnement *m*
Spa: émbolo de ajuste *m*

positioning rate *n*
Ger: Stellgeschwindigkeit *f*
Fre: vitesse de régulation *f*
Spa: velocidad de ajuste *f*

positive battery terminal *n*
Ger: Batterie-Plusanschluss *m*
Fre: borne « plus » de la batterie *f*
Spa: conexión positiva de batería *f*

positive diode *n*
Ger: Plusdiode *f*
Fre: diode positive *f*
Spa: diodo positivo *m*

positive displacement pump *n*
Ger: Verdrängerpumpe *f*
Fre: pompe volumétrique *f*
Spa: bomba volumétrica *f*
(bomba de desplazamiento positivo) *f*

positive displacement supercharger *n*
Ger: Verdrängerlader *m*
Fre: compresseur volumétrique *m*
Spa: turbocompresor volumétrico *m*
(turbocompresor de desplazamiento positivo) *m*

positive displacement supercharger *n*
Ger: Verdrängungsverdichter *m*
Fre: compresseur volumétrique *m*
Spa: compresor volumétrico *m*

positive electrode *n*
Ger: positive Elektrode *f*
Fre: électrode positive *f*
Spa: electrodo positivo *m*

positive temperature coefficent, PTC *n*
Ger: positiver Temperaturkoeffizient *m*
Fre: coefficient de température positif (CTP) *m*
Spa: coeficiente de temperatura positivo *m*

positive torque control *n*
Ger: positive Angleichung *f*
Fre: correction de débit positive *f*
Spa: ajuste positivo *m*

post delivery effect *n*
Ger: Nachfördereffekt *m*
Fre: effet de post-refoulement *m*
Spa: efecto postsuministro *m*

post delivery quantity *n*
Ger: Nachfördermenge *f*
Fre: débit de post-refoulement *m*
Spa: caudal de postsuministro *m*

post glow *n*
Ger: nachglühen *v*
Fre: post-incandescence *f*
Spa: calentar posteriormente a incandescencia *v*

post glow time *n*
Ger: Nachglühzeit *f*
Fre: temps de post-incandescence *m*
(temps de post-chauffage) *m*
Spa: tiempo de postincandescencia *m*

post ignition *n*
Ger: Nachentflammung *f*
Fre: post-allumage *m*
Spa: postinflamación *f*

post ignition *n*
Ger: Nachzündung *f*
Fre: retard à l'allumage *m*
Spa: retardo del encendido *m*

post injection *n*
Ger: nachspritzen *v*
Fre: post-injection *f*
Spa: inyectar ulteriormente *v*

post start phase *n*
Ger: Nachstartphase *f*
(Nachstart) *m*
Fre: phase de post-démarrage *f*
Spa: fase posterior al arranque *f*

pot magnet *n*
Ger: Topfmagnet *m*
Fre: aimant tambour *m*
(induit en cloche) *m*
Spa: imán cilíndrico *m*

potential failure risk *n*
Ger: Gefährdungspotenzial *n*
Fre: potentiel de risque *m*
Spa: potencial de peligro *m*

potentiometer *n*
Ger: Potentiometer *m*
Fre: potentiomètre *m*
Spa: potenciómetro *m*

powder based paint *n*
Ger: Pulverlack *m*
Fre: laque à base de poudre *f*
Spa: pintura en polvo *f*

powder coated *pp*
Ger: pulverbeschichtet *pp*
Fre: revêtement de poudre *m*
Spa: pintado a polvo *pp*

power assisted braking system *n*
Ger: Hilfskraft-Bremsanlage *f*
(Servo-Bremsanlage) *f*
Fre: dispositif de freinage assisté par énergie auxiliaire *m*
Spa: sistema de freno asistido *m*

power assisted steering system *n*
Ger: Hilfskraftlenkanlage *f*
(Servolenkung) *f*
Fre: direction assistée *f*
Spa: sistema de dirección asistida *m*

power cycle *n*
Ger: Arbeitstakt *m*
Fre: temps moteur *m*
Spa: ciclo de trabajo *m*

power generation *n*
Ger: Energieerzeugung *f*
Fre: production d'énergie *f*
Spa: generación de energía *f*

power input *n*
Ger: Leistungsaufnahme *f*
Fre: puissance absorbée *f*
Spa: potencia absorbida *f*

power module *n*
Ger: Leistungsmodul *n*
Fre: module de puissance *m*
Spa: módulo de potencia *m*

power on/off damper *n*
Ger: Lastschlag-Dämpfer *m*
Fre: amortisseur d'à-coups de charge *m*
Spa: amortiguador inversor de carga *m*

power output (electrical machines) *n*
Ger: Leistungsabgabe (elektrische Maschinen) *f*
(abgegebene Leistung) *f*
Fre: puissance débitée (machines électriques) *f*
Spa: potencia suministrada (máquinas eléctricas) *f*

power output per liter (IC engine) *n*
Ger: Hubraumleistung (Verbrennungsmotor) *f*
Fre: puissance spécifique *f*
Spa: potencia por litro de cilindrada (motor de combustión) *f*

power shift transmission *n*
Ger: Lastschaltgetriebe *n*
Fre: boîte de vitesses à train épicycloïdal *f*
Spa: caja de cambios bajo carga *f*

power stage (ECU) *n*
Ger: Leistungsstufe (Steuergerät) *f*
Fre: étage de puissance (calculateur) *m*
Spa: nivel de potencia (unidad de control) *m*

power stage deactivation *n*
Ger: Endstufenabschaltung *f*
Fre: désactivation de l'étage de sortie *f*
Spa: desactivación de paso final *f*

power steering *n*
Ger: Servolenkung *f*
Fre: direction assistée *f*
Spa: servodirección *f*

power steering pump *n*
Ger: Lenkhilfpumpe *f*
Fre: pompe de direction assistée *f*

English

Spa: bomba de servodirección *f*

power steering system *n*
Ger: Fremdkraftlenkanlage *f*
Fre: servodirection *f*
Spa: sistema de dirección de fuerza externa *m*

power stroke *n*
Ger: Arbeitstakt *m*
Fre: cycle de travail *m*
Spa: ciclo de trabajo *m*

power sunroof drive unit *n*
Ger: Schiebedachantrieb *m*
(Dachantrieb) *m*
Fre: commande de toit ouvrant *m*
Spa: accionamiento de techo corredizo *m*

power supply *n*
Ger: Spannungsversorgung *f*
Fre: alimentation en tension *f*
Spa: alimentación de tensión *f*

power take-up element *n*
Ger: Anfahrelement *n*
Fre: embrayage *m*
Spa: elemento de arranque *m*

power unit *n*
Ger: Antriebseinheit *f*
Fre: groupe motopropulseur *m*
Spa: unidad de accionamiento *f*

power window drive *n*
Ger: Fensterantrieb *m*
Fre: opérateur de lève-vitre *m*
Spa: accionamiento de ventanilla *m*

power window unit *n*
Ger: Fensterheber *m*
Fre: lève-vitre *m*
Spa: elevalunas *m*
(alzacristales) *m*

power/space ratio (winding techniques) *n*
Ger: Ausnutzungsgrad (Wickeltechnik) *m*
Fre: rendement (technique d'enroulement) *m*
Spa: coeficiente de aprovechamiento (técnica de bobinado) *m*

powered axle *n*
Ger: Antriebsachse *f*
(Triebachse) *f*
Fre: essieu moteur *m*
Spa: eje de accionamiento *m*

powerstage *n*
Ger: Leistungsendstufe *f*
Fre: étage de puissance *m*
Spa: paso final de potencia *m*

pre braking distance (braking action) *n*
Ger: Verlustweg (Bremswirkung) *m*
Fre: course morte (effet de freinage) *f*
Spa: recorrido previo al frenado (efecto de frenado) *m*

pre debouncing time *n*
Ger: Vorentprellzeit *f*
Fre: durée de prétraitement antirebond *f*
Spa: tiempo de pre-rebote *m*

pre ignition *n*
Ger: Vorentflammung *f*
Fre: pré-allumage *m*
Spa: preignición *f*

pre injection *n*
Ger: Voreinspritzung *f*
Fre: pré-injection *f*
(injection pilote) *f*
Spa: inyección previa *f*

pre injection characteristic *n*
Ger: Voreinspritzverlauf *m*
Fre: évolution de la pré-injection *f*
Spa: evolución de la inyección previa *f*

pre injection quantity *n*
Ger: Voreinspritzungsmenge *f*
Fre: débit de pré-injection *m*
Spa: caudal de inyección previa *m*

pre tensioning cylinder *n*
Ger: Vorspannzylinder *m*
Fre: cylindre d'assistance *m*
Spa: cilindro de presión previa *m*

preamplifier *n*
Ger: Vorverstärker *m*
Fre: préamplificateur *m*
Spa: preamplificador *m*

prechamber *n*
Ger: Vorkammer *f*
(Nebenkammer) *f*
Fre: préchambre *f*
Spa: precámara *f*

prechamber Diesel engine *n*
Ger: Vorkammer-Dieselmotor *m*
Fre: moteur diesel à préchambre *m*
Spa: motor Diesel de precámara *m*

prechamber engine *n*
Ger: Vorkammermotor *m*
Fre: moteur à préchambre *m*
Spa: motor de precámara *m*

prechamber system *n*
Ger: Vorkammerverfahren *n*
Fre: procédé à préchambre *m*
Spa: método de precámara *m*

precharge pump, VLP *n*
Ger: Vorladepumpe, VLP *f*
Fre: pompe de précharge *f*
Spa: bomba de precarga *f*

precharge valve, VLV *n*
Ger: Vorladeventil, VLV *n*
Fre: vanne de précharge *f*
Spa: válvula de precarga *f*

precipitation hardening *n*
Ger: Ausscheidungshärte *f*
Fre: recuit de précipitation *m*
Spa: endurecimiento por precipitación *m*

precombustion *n*
Ger: Vorverbrennung *f*
Fre: précombustion *f*
Spa: precombustión *f*

precombustion chamber *n*
Ger: Vorkammer *f*
Fre: préchambre *f*
Spa: precámara *f*

precombustion chamber engine *n*
Ger: Vorkammermotor *m*
Fre: moteur à préchambre *m*
Spa: motor de precámara *m*

precompression *n*
Ger: Vorverdichtung *f*
Fre: précompression *f*
Spa: precompresión *f*

precontrol angle *n*
Ger: Vorsteuerwinkel *m*
Fre: angle de pilotage *m*
Spa: ángulo de pilotaje *m*

precontrol logic *n*
Ger: Vorsteuerlogik *f*
Fre: logique de pilotage *f*
Spa: lógica de pilotaje *f*

precrash detection *n*
Ger: Precrash-Erkennung *f*
Fre: détection prévisionnelle de choc *f*
Spa: detección precolisión *f*

predamper *n*
Ger: Vordämpfer *m*
Fre: pré-amortisseur *m*
Spa: preamortiguador *m*

predelivery effect *n*
Ger: Vorfördereffekt *m*
Fre: effet de prérefoulement *m*
Spa: efecto de suministro previo *m*

predelivery pressure *n*
Ger: Vorförderdruck *m*
Fre: pression de prérefoulement *f*
Spa: presión de suministro previo *f*

predelivery quantity *n*
Ger: Vorfördermenge *f*
Fre: débit de prérefoulement *m*
Spa: caudal de suministro previo *m*

predischarge *n*
Ger: Vorauslass *m*
Fre: bouffée d'échappement *f*
Spa: preapertura de escape *f*

pre-engaged-drive starter *n*
Ger: Schub-Schraubtrieb-Starter *m*
Fre: démarreur à commande positive électromécanique *m*
Spa: arrancador con piñón de empuje y giro *m*

preexcitation (rotating machines) *n*
Ger: Vorerregung (drehende Maschinen) *f*
Fre: pré-excitation (machines tournantes) *f*
Spa: preexcitación (máquinas rotativas) *f*

preexcitation circuit *n*
Ger: Vorerregerstromkreis *m*
Fre: circuit d'amorçage *m*
Spa: circuito de preexcitación *m*

preexcitation magnetic field *n*
Ger: Vorerregermagnetfeld *n*
Fre: champ magnétique d'amorçage *m*
Spa: campo magnético de preexcitación *m*

prefeed quantity *n*
Ger: Vorfördermenge *f*
Fre: débit de prérefoulement *m*
Spa: caudal de suministro previo *m*

prefilter *n*
Ger: Vorfilter *n*
Fre: préfiltre *m*
Spa: filtro previo *m*

preglow duration *n*
Ger: Vorglühdauer *f*
Fre: durée de préchauffage *f*
Spa: tiempo de precalentamiento *m*

pre-glow indicator *n*
Ger: Vorglühanzeige *f*
Fre: témoin de préchauffage *m*
Spa: indicador de precalentamiento *m*

preglow relay (diesel engine) *n*
Ger: Vorglühgerät (Dieselmotor) *n*
Fre: appareil de préchauffage (moteur diesel) *m*
Spa: aparato de precalentamiento (motor Diesel) *m*

pre-glow system *n*
Ger: Vorglühanlage *f*
Fre: dispositif de préchauffage *m*
Spa: sistema de precalentamiento *m*

preglow time *n*
Ger: Vorglühzeit *f*
Fre: temps de préchauffage *m*
Spa: tiempo de precalentamiento *m*

preglowing *n*
Ger: vorglühen *v*
Fre: préchauffer *v*
Spa: precalentar *v*

pregoverning *n*
Ger: Vorabregelung *f*
Fre: précoupure *f*
Spa: regulación previa *f*

preheat *v*
Ger: vorglühen *v*
Fre: préchauffer *v*
Spa: precalentar *v*

preheating *n*
Ger: Vorglühen *n*
Fre: préchauffage *m*
Spa: precalentamiento *m*

preheating curve (glow plug) *n*
Ger: Aufheizkurve (Glühkerze) *f*
Fre: courbe de chauffe *f*
Spa: curva de calentamiento (bujía de incandescencia) *f*

preheating rate (glow plug) *n*
Ger: Aufheizgeschwindigkeit (Glühkerze) *f*
Fre: vitesse de chauffe *f*
Spa: velocidad de calentamiento (bujía de incandescencia) *f*

preheating sequence *n*
Ger: Glühzeitablauf *m*
Fre: période de préchauffage *f*
Spa: terminación de tiempo de precalentamiento *f*

preheating time *n*
Ger: Vorglühdauer *f*
(Vorglühzeit) *f*
(Glühzeit) *f*
Fre: durée de préchauffage *f*
Spa: tiempo de precalentamiento *m*

preheating time *n*
Ger: Vorglühzeit *f*
Fre: temps de préchauffage *m*
Spa: tiempo de precalentamiento *m*

preliminary damage *n*
Ger: Vorschädigung *f*
Fre: dommage initial *m*
Spa: daño previo *m*

preliminary filter (Jetronic) *n*
Ger: Vorabscheider (Jetronic) *m*
Fre: préséparateur (Jetronic) *m*
Spa: separador previo (Jetronic) *m*

preliminary filter (air drier) *n*
Ger: Vorfilter (Lufttrockner) *n*
(Vorreiniger) *m*
Fre: préfiltre (dessiccateur) *m*
Spa: filtro previo (secador de aire) *m*

preliminary filter *n*
Ger: Vorreiniger *m*
Fre: préfiltre *m*
Spa: filtro previo *m*

preliminary filter element *n*
Ger: Vorfiltereinsatz *m*
Fre: cartouche filtrante primaire *f*
Spa: cartucho de filtro previo *m*

premissible towed weight *n*
Ger: zulässige Anhängelast *f*
Fre: charge d'attelage autorisée *f*
Spa: carga remolcada permitida *f*

press in bushing *n*
Ger: Einpressbuchse *f*
Fre: douille emmanchée *f*
Spa: casquillo de presión *m*

press in diode *n*
Ger: Einpressdiode *f*
Fre: diode emmanchée *f*
Spa: diodo de presión *m*

press in mandrel *n*
Ger: Einpressdorn *m*
Fre: mandrin d'emmanchement *m*
Spa: mandril de presión *m*

press in nut *n*
Ger: Einpressmutter *f*
Fre: écrou à emmancher *m*
Spa: tuerca de presión *f*

press in tool *n*
Ger: Einpresswerkzeug *n*
Fre: outil à emmancher *m*
Spa: herramienta de inserción *f*

press out mandrel *n*
Ger: Ausdrückdorn *m*
Fre: mandrin à chasser *m*
Spa: mandril extractor *m*

press-on force *nn*
Ger: Aufpresskraft *f*
Fre: effort d'emmanchement *f*
Spa: fuerza de introducción a presión *f*

pressure accumulator *n*
Ger: Druckspeicher *m*
Fre: accumulateur de pression *m*
Spa: acumulador de presión *m*

pressure actuator *n*
Ger: Drucksteller *m*
Fre: actionneur manométrique *m*
Spa: actuador de presión *m*

pressure build up valve (ELB) *n*
Ger: Hochtaktventil (ELB) *n*
Fre: valve à impulsions progressives (ELB) *f*
Spa: válvula de impulsos progresivos (ELB) *f*

pressure build-up *n*
Ger: Druckaufbau *m*
Fre: établissement de la pression *m*
Spa: formación de presión *f*

pressure build-up time *n*
Ger: Bremsenschwelldauer *f*
Fre: temps d'accroissement de la force de freinage *m*
Spa: tiempo de formación de la presión de frenado *m*

pressure build-up time (braking) *n*
Ger: Schwelldauer (Bremsvorgang) *f*
(Schwellzeit) *f*
Fre: temps d'accroissement (freinage) *m*
Spa: tiempo de transición (proceso de frenado) *m*

pressure chamber (injection nozzle) *n*
Ger: Druckkammer (Einspritzdüse) *f*
(Düsen-Druckkammer) *f*
Fre: chambre de pression (injecteur) *f*
Spa: cámara de presión (inyector) *f*

pressure chamber (fuel-pressure regulator) *n*
Ger: Federkammer (Kraftstoffdruckregler) *f*
Fre: chambre à ressort (régulateur de pression du carburant) *f*

English

Spa: cámara de presión (regulador de presión de combustible) *f*

pressure change ***n***
Ger: Druckänderung *f*
Fre: modification de la pression *f*
Spa: cambio de presión *m*

pressure characteristic ***n***
Ger: Druckverlauf *m*
Fre: courbe de pression *f*
Spa: evolución de la presión *f*

pressure circuit ***n***
Ger: Druckkreis *m*
Fre: circuit de pression *m*
Spa: circuito de presión *m*

pressure compensation ***n***
Ger: Druckausgleich *m*
Fre: compensation de pression *f*
Spa: compensación de presión *f*

pressure connection (fuel-injection pump) ***n***
Ger: Druckanschluss (Einspritzpumpe) *m*
Fre: raccord de refoulement (pompe d'injection) *m*
Spa: conexión de presión (bomba de inyección) *f*

pressure control ***n***
Ger: Druckregelung *f*
Fre: régulation de pression *f*
Spa: regulación de presión *f*

pressure control module ***n***
Ger: Druckregelmodul *m*
Fre: modulateur de pression *m*
Spa: módulo regulador de presión *m*

pressure control valve ***n***
Ger: Druckregelventil *n*
Fre: soupape modulatrice de pression *f*
Spa: válvula de regulación de presión *f*

pressure control valve (ABS) ***n***
Ger: Drucksteuerventil (ABS) *n*
Fre: valve modulatrice de pression (ABS) *f*
Spa: válvula de control de presión (ABS) *f*

pressure correction map ***n***
Ger: Druckkorrekturkennfeld *n*
Fre: cartographie de correction de pression *f*
Spa: campo de características de corrección de presión *m*

pressure delivery (compressed air) ***n***
Ger: Druckförderung (Druckluft) *f*
Fre: refoulement (air comprimé) *m*
Spa: entrega de presión (aire comprimido) *f*

pressure diaphragm ***n***
Ger: Druckmembran *f*
Fre: membrane de pression *f*
Spa: membrana de presión *f*

pressure diecasting ***v***
Ger: druckgießen *v*
Fre: mouler sous pression *v*
Spa: fundir a presión *v*

pressure differential ***n***
Ger: Druckgefälle *n*
Fre: chute de pression *f*
Spa: caída de presión *f*

pressure distribution ***n***
Ger: Druckverteilung *f*
Fre: répartition de la pression *f*
Spa: distribuidor de presión *m*

pressure drop ***n***
Ger: Druckabbau *m*
Fre: baisse de pression *f*
Spa: descenso de presión *m*

pressure drop ***n***
Ger: Druckabfall *m*
(Druckgefälle) *n*
(Drucksenkung) *f*
Fre: perte de charge *f*
(chute de pression) *f*
Spa: caída de presión *f*

pressure drop ***n***
Ger: Drucksenkung *f*
Fre: chute de pression *f*
Spa: disminución de presión *f*

pressure effect ***n***
Ger: Druckeinwirkung *f*
Fre: effet de la pression *m*
Spa: efecto de la presión *m*

pressure energy ***n***
Ger: Druckenergie *f*
(Standdruck) *m*
Fre: pression statique *f*
Spa: energía de presión *f*

pressure equalization element ***n***
Ger: Druckausgleichselement *n*
Fre: compensateur de pression *m*
Spa: elemento de compensación de presión *m*

pressure gauge ***n***
Ger: Druckmessgerät *n*
(Druckmesser) *m*
Fre: manomètre *m*
Spa: medidor de presión *m*

pressure generation ***n***
Ger: Druckerzeugung *f*
Fre: génération de la pression *f*
Spa: generación de presión *f*

pressure generator (TCS) ***n***
Ger: Druckversorgung (ASR) *f*
Fre: générateur de pression (ASR) *m*
Spa: suministro de presión (ASR) *m*

pressure holding phase (ABS) ***n***
Ger: Druckhaltephase (ABS) *f*
Fre: phase de maintien de la pression (ABS) *m*
Spa: fase de parada de presión (ABS) *f*

pressure holding valve (diesel fuel injection) ***n***
Ger: Druckhalteventil (Dieseleinspritzung) *n*
Fre: soupape de maintien de la pression (injection diesel) *f*
Spa: válvula mantenedora de presión (inyección Diesel) *f*

pressure hose ***n***
Ger: Druckschlauch *m*
Fre: flexible de pression *m*
Spa: tubo flexible de presión *m*

pressure increase ***n***
Ger: Druckanstieg *m*
(Druckaufbau) *m*
Fre: montée en pression *f*
Spa: aumento de presión *m*

pressure lead (bracking pressure) ***n***
Ger: Voreilung (Bremsdruck) *f*
Fre: avance de pression *f*
Spa: adelanto del frenado (presión de frenado) *m*

pressure lead ***n***
Ger: Druckvoreilung *f*
(Voreilung) *f*
Fre: à avance de pression *loc*
Spa: adelanto de la presión *m*

pressure limiter ***n***
Ger: Druckbegrenzer *m*
(Druckbegrenzungsventil) *m*
Fre: limiteur de pression *m*
Spa: limitador de presión *m*

pressure loss ***n***
Ger: Druckverlust *m*
Fre: perte de pression *f*
Spa: pérdida de presión *f*

pressure modulator (ABS) ***n***
Ger: Druckmodulator (ABS) *m*
Fre: modulateur de pression (ABS) *m*
Spa: modulador de presión (ABS) *m*

pressure oil pump ***n***
Ger: Druckölpumpe *f*
Fre: pompe de refoulement d'huile *f*
Spa: bomba de aceite a presión *f*

pressure outlet (filter) ***n***
Ger: Druckseite (Filter) *f*
Fre: côté refoulement (filtre) *m*
Spa: lado de presión (filtro) *m*

pressure passage ***n***
Ger: Druckkanal *m*
Fre: canal de refoulement *m*
Spa: canal de presión *m*

pressure pin ***n***
Ger: Druckbolzen *m*
Fre: tige-poussoir *f*
Spa: perno de presión *m*

pressure pin (two-spring nozzle holder) ***n***
Ger: Druckstift (Zweifeder-Düsenhalter) *m*

Fre: poussoir (porte-injecteur à deux ressorts) *m*
Spa: espiga de presión (portainyectores de doble muelle) *f*

pressure plate (brake) ***n***
Ger: Druckplatte (Bremse) *f*
Fre: plateau de pression (frein) *m*
Spa: placa de presión (freno) *f*

pressure pulsation ***n***
Ger: Druckschwingung *f*
Fre: pulsation de pression *f*
Spa: onda de presión *f*

pressure pump (windshield washer) ***n***
Ger: Druckpumpe (Scheibenspüler) *f*
Fre: pompe de refoulement (lave-glace) *f*
Spa: bomba de presión (lavacristales) *f*

pressure reduction ***n***
Ger: Druckabsenkung *f*
Fre: baisse de pression *f*
Spa: reducción de presión *f*

pressure reduction step (ABS) ***n***
Ger: Druckabbaustufe (ABS) *f*
Fre: palier de baisse de pression (ABS) *m*
Spa: etapa de reducción de presión (ABS) *f*

pressure regulator ***n***
Ger: Druckregler *m*
Fre: régulateur de pression *m*
Spa: regulador de presión *m*

pressure regulator valve block ***n***
Ger: Druckregler-Ventilblock *m*
Fre: bloc-valves de régulateur de pression *m*
Spa: bloque de válvulas del regulador de presión *m*

pressure relief ***n***
Ger: Druckentlastung *f*
Fre: délestage de pression *m*
Spa: alivio de presión *m*

pressure relief valve ***n***
Ger: Druckabbauventil *n*
Fre: électrovanne de baisse de pression *f*
Spa: válvula de alivio de presión *f*

pressure sensor ***n***
Ger: Druckfühler *m*
Fre: sonde de pression *f*
Spa: sensor de presión *m*

pressure sensor ***n***
Ger: Druckgeber *m*
Fre: capteur de pression *m*
Spa: transmisor de presión *m*

pressure sensor ***n***
Ger: Drucksensor *m*
(Druckgeber) *m*
(Druckfühler) *m*
Fre: capteur de pression *m*
Spa: sensor de presión *m*

pressure shoulder (nozzle needle) ***n***
Ger: Druckschulter (Düsennadel) *f*
Fre: cône d'attaque (aiguille d'injecteur) *m*
Spa: hombro de presión (aguja de inyector) *m*

pressure spring ***n***
Ger: Druckfeder *f*
Fre: ressort de pression *m*
Spa: muelle de compresión *m*

pressure sustaining valve ***n***
Ger: Druckhalteventil *n*
Fre: clapet de maintien de pression *m*
Spa: válvula mantenedora de presión *f*

pressure switch ***n***
Ger: Druckschalter *m*
Fre: manocontact *m*
(pressostat) *m*
Spa: presostato *m*

pressure tank ***n***
Ger: Drucktank *m*
Fre: réservoir de pression *m*
Spa: tanque de presión *m*

pressure terminal ***n***
Ger: Druckanschluss *m*
Fre: raccord de pression *m*
Spa: conexión de presión *f*

pressure test connection (compressed-air brake) ***n***
Ger: Prüfanschluss (Druckluftbremse) *m*
Fre: raccord d'essai (frein à air comprimé) *m*
Spa: conexión de comprobación (freno de aire comprimido) *f*

pressure transducer ***n***
Ger: Druckwandler *m*
Fre: convertisseur de pression *m*
Spa: convertidor de presión *m*

pressure variation ***n***
Ger: Druckschwankung *f*
Fre: variation de pression *f*
Spa: variación de presión *f*

pressure vessel ***n***
Ger: Druckbehälter *m*
Fre: cuve sous pression *f*
Spa: depósito a presión *m*

pressure wave ***n***
Ger: Druckwelle *f*
Fre: onde de pression *f*
Spa: onda de presión *f*

pressure wave supercharger ***n***
Ger: Druckwellenlader *m*
Fre: échangeur de pression *m*
Spa: sobrealimentador por ondas de presión *m*

pressure wave supercharging ***n***
Ger: Druckwellenaufladung *f*
Fre: suralimentation par ondes de pression *f*
Spa: sobrealimentación por ondas de presión *f*

pressure-adjusting shim ***n***
Ger: Druckeinstellscheibe *f*
Fre: rondelle de compensation de pression *f*
Spa: disco de ajuste de presión *m*

pressure-compensation disc (nozzle) ***n***
Ger: Druckausgleichscheibe (Einspritzdüse) *f*
Fre: cale de réglage de pression (injecteur) *f*
Spa: disco de compensación de presión (inyector) *m*

pressure-sensitive ***adj***
Ger: druckabhängig *adj*
Fre: asservi à la pression *pp*
Spa: dependiente de la presión *adj*

pressurization ***n***
Ger: Druckbeaufschlagung *f*
Fre: mise sous pression *f*
Spa: presurización *f*

pressurized clinching ***n***
Ger: Druckfügen *n*
Fre: clinchage *m*
Spa: unión a presión *f*

pre-stroke adjustment ***n***
Ger: Vorhubeinstellung *f*
Fre: réglage de la précourse *m*
Spa: ajuste de carrera previa *m*

prestroke travel ***n***
Ger: Vorhub *m*
Fre: précourse (piston de pompe) *f*
Spa: carrera previa *f*

presupply pump ***n***
Ger: Vorförderpumpe *f*
Fre: pompe de pré-alimentation *f*
Spa: bomba de suministro previo *f*

preventive action ***n***
Ger: Vorbeugungsmaßnahme *f*
Fre: mesure de précaution *f*
Spa: medida preventiva *f*

preventive maintenance ***n***
Ger: Wartung *f*
Fre: maintenance *f*
Spa: mantenimiento *m*

primary catalytic converter ***n***
Ger: Hauptkatalysator *m*
Fre: catalyseur principal *m*
Spa: catalizador principal *m*

primary catalytic converter ***n***
Ger: Startkatalysator *m*
Fre: catalyseur primaire *m*
Spa: catalizador previo *m*

primary catalytic converter ***n***
Ger: Vorkatalysator *m*
Fre: précatalyseur *m*
Spa: catalizador previo *m*

primary circuit *n*
Ger: Primärkreis *m*
Fre: circuit primaire *m*
Spa: circuito primario *m*

primary cup seal *n*
Ger: Primärmanschette *f*
Fre: manchette primaire *f*
Spa: manguito primario *m*

primary current (alternator) *n*
Ger: Hauptstrom (Generator) *m*
Fre: courant principal (alternateur) *m*
Spa: corriente principal (alternador) *f*

primary current limitation *n*
Ger: Primärstrombegrenzung *f*
Fre: régulation du courant primaire *f*
Spa: limitación de corriente de primario *f*

primary line (ignition system) *n*
Ger: Primärleitung (Zündanlage) *f*
Fre: câble de circuit primaire (allumage) *m*
Spa: cable primario (sistema de encendido) *m*

primary pole surface *n*
Ger: Primärpolfläche *f*
Fre: surface polaire primaire *f*
Spa: superficie polar primaria *f*

primary pressure *n*
Ger: Primärdruck *m*
Fre: pression primaire *f*
Spa: presión primaria *f*

primary pressure (Jetronic) *n*
Ger: Systemdruck (Jetronic) *m*
Fre: pression du système (Jetronic) *f*
Spa: presión del sistema (Jetronic) *f*

primary pressure regulator *n*
Ger: Systemdruckregler *m*
Fre: régulateur de pression du système *m*
Spa: regulador de presión del sistema *m*

primary pulley *n*
Ger: Primärscheibe *f*
Fre: poulie primaire *f*
Spa: polea primaria *f*

primary resistance *n*
Ger: Primärwiderstand *m*
Fre: résistance de l'enroulement primaire *f*
Spa: resistencia primaria *f*

primary retarder *n*
Ger: Primärretarder *m*
Fre: ralentisseur primaire *m*
Spa: retardador primario *m*

primary voltage *n*
Ger: Primärspannung *f*
Fre: tension primaire *f*
Spa: tensión de primario *f*

primary winding *n*
Ger: Primärspule *f*
(Primärwicklung) *f*
Fre: enroulement primaire *m*
Spa: devanado primario *m*

primary winding *n*
Ger: Primärwicklung *f*
Fre: enroulement primaire *m*
Spa: arrollamiento primario *m*

priming (car alarm) *n*
Ger: Scharfschaltung (Autoalarm) *f*
Fre: mise en veille (alarme auto) *f*
(amorçage) *m*
Spa: activación (alarma de vehículo) *f*

priming pump *n*
Ger: Vorförderpumpe *f*
Fre: pompe de pré-alimentation *f*
Spa: bomba de suministro previo *f*

printed circuit board *n*
Ger: Leiterplatte *f*
(Platine) *f*
Fre: carte à circuit imprimé *f*
(flan) *f*
(tôle plane) *m*
Spa: placa de circuito impreso *f*

private mobile radio, PMR *n*
Ger: Betriebsfunknetz *n*
Fre: réseau de radiocommunication professionnelle *m*
Spa: red privada de radio *f*

probe *n*
Ger: Taster *m*
Fre: palpeur *m*
Spa: pulsador *m*

problem area *n*
Ger: Schwachstelle *f*
Fre: point faible *m*
Spa: punto débil *m*

profile length *n*
Ger: Taststrecke *f*
Fre: longueur de palpage *f*
Spa: longitud de palpación *f*

profile rubber seal *n*
Ger: Profilgummi *n*
Fre: caoutchouc profilé *m*
Spa: goma perfilada *f*

program map *n*
Ger: Kennfeld *n*
Fre: cartographie *f*
Spa: diagrama característico *m*

program module *n*
Ger: Programmmodul *m*
Fre: module de programme *m*
Spa: módulo de programa *m*

program selector *n*
Ger: Programmwahlschalter *m*
Fre: sélecteur de programme *m*
Spa: conmutador selector de programa *m*

program-map correction (ignition) *n*
Ger: Kennfeldkorrektur (Zündung) *f*
Fre: correction cartographique *f*
Spa: corrección de diagrama característico *f*

programmed by user *pp*
Ger: anwenderprogrammiert *adj*
Fre: programmé par l'utilisateur *pp*
Spa: programado por el usuario *adj*

progression rate adjustment *n*
Ger: Steigungsabgleich *m*
Fre: ajustage de la pente *m*
Spa: compensación de la pendiente *f*

projection dimension *n*
Ger: Vorstehmaß *n*
Fre: cote de dépassement *f*
Spa: medida que sobresale *f*

projection optics (headlamp) *npl*
Ger: Projektionsoptik (Scheinwerfer) *f*
Fre: optique de projection (projecteur) *f*
Spa: óptica de proyección (faros) *f*

projection welding *n*
Ger: Buckelschweißen *n*
Fre: soudage par bossages *m*
Spa: soldadura de proyección *f*

propellant charge (seat belt) *n*
Ger: Treibladung (Sicherheitsgurt) *f*
Fre: charge pyrotechnique *f*
Spa: carga propulsiva (cinturón de seguridad) *f*

proportioning valve (brake) *n*
Ger: Druckminderer (Bremse) *m*
(Bremsdruckminderer) *m*
Fre: réducteur de pression de freinage (frein) *m*
Spa: reductor de presión (freno) *m*

proportioning valve (TCS) *n*
Ger: Proportionalventil (ASR) *n*
Fre: valve proportionnelle (ASR) *f*
Spa: válvula proporcional (ASR) *f*

propshaft *n*
Ger: Kardanwelle *f*
(Gelenkwelle) *f*
Fre: arbre à cardan *m*
(arbre de transmission) *m*
Spa: árbol cardán *m*
(árbol de transmisión) *m*

propshaft speed *n*
Ger: Gelenkwellendrehzahl *f*
Fre: vitesse de l'arbre de transmission *f*
Spa: número de revoluciones de árbol de transmisión *m*

protection against manipulation *n*
Ger: Manipulationsschutz *m*

Fre: protection contre manipulation *f*
Spa: protección contra manipulación *f*

protection area (park pilot) ***n***
Ger: Absicherungsbereich (Park-Pilot) *m*
Fre: périmètre de protection *m*
Spa: zona de protección (piloto de aparcamiento) *f*

protection of the environment ***n***
Ger: Umweltschutz *m*
Fre: protection de l'environnement *f*
Spa: protección del medio ambiente *f*

protective bellows ***n***
Ger: Schutzbalg *m*
Fre: soufflet de protection *m*
Spa: fuelle protector *m*

protective coat ***n***
Ger: Deckanstrich *m*
Fre: couche de finition *f*
Spa: capa protectora *f*

protective cover ***n***
Ger: Schutzdeckel *m*
Fre: couvercle protecteur *m*
Spa: tapa protectora *f*

protective film ***n***
Ger: Schutzschicht *f*
Fre: couche protectrice *f*
Spa: capa protectora *f*

protective hood ***n***
Ger: Schutzhaube *f*
Fre: capot de protection *m*
Spa: caperuza protectora *f*

protective layer ***n***
Ger: Deckschicht *f*
Fre: couche de finition *f*
Spa: capa protectora *f*

protective molding rail ***n***
Ger: Stoßschutzleiste *f*
Fre: bande antichoc *f*
Spa: banda antigolpes *f*

protective strut ***n***
Ger: Schützstrebe *f*
Fre: barre de soutien *f*
Spa: traviesa protectora *f*

proximity warning device ***n***
Ger: Abstandswarngerät (ACC) *n*
Fre: avertisseur de distance de sécurité insuffisante *m*
Spa: aparato de aviso de distancia *m*

PTO shaft ***n***
Ger: Zapfwelle *f*
Fre: arbre de prise de force *m*
Spa: árbol de toma de fuerza *m*

pull in winding ***n***
Ger: Einzugswicklung *f*
Fre: enroulement d'appel *m*
Spa: devanado simple *m*

pull off direction ***n***
Ger: Abzugsrichtung *f*
Fre: sens d'extraction *m*
Spa: dirección de extracción *f*

pull off force ***n***
Ger: Abzugskraft *f*
Fre: force d'extraction *f*
Spa: fuerza de extracción *f*

puller ***n***
Ger: Ausziehvorrichtung *f*
Fre: dispositif d'extraction *m*
Spa: dispositivo extractor *m*

puller collet ***n***
Ger: Abziehzange *f*
Fre: pince d'extraction *f*
Spa: pinzas extractoras *fpl*

pull-off screw ***n***
Ger: Abdrückschraube *f*
Fre: vis de déblocage *m*
Spa: tornillo de desmontaje *m*

pulsating voltage motor ***n***
Ger: Mischspannungsmotor *m*
Fre: moteur à tension composée *m*
Spa: motor de tensión compuesta *m*

pulse amplitude ***n***
Ger: Impulsamplitude *f*
Fre: amplitude de l'impulsion *f*
Spa: amplitud de impulsos *f*

pulse counter ***n***
Ger: Impulszähler *m*
Fre: compteur d'impulsions *m*
Spa: contador de impulsos *m*

pulse divider ***n***
Ger: Impulsteiler *m*
Fre: diviseur d'impulsions *m*
Spa: divisor de impulsos *m*

pulse duration ***n***
Ger: Impulsdauer *f*
(Pulsdauer) *f*
Fre: durée de l'impulsion *f*
(largeur d'impulsion) *f*
Spa: duración de impulsos *f*

pulse generator ***n***
Ger: Impulsgeber *m*
(Taktgeber) *m*
Fre: générateur d'impulsions *m*
Spa: generador de impulsos *m*

pulse generator trigger ***n***
Ger: Trigger-Impulsgeber *m*
Fre: capteur de synchronisme *m*
Spa: generador de impulsos de disparo *m*

pulse generator voltage ***n***
Ger: Geberspannung *f*
Fre: tension du générateur d'impulsions *f*
Spa: tensión del generador de impulsos *f*

pulse shape ***n***
Ger: Impulsform *f*
Fre: forme de l'impulsion *f*
Spa: forma de impulsos *f*

pulse shaper ***n***
Ger: Impulsformer *m*
Fre: conformateur d'impulsions *m*
Spa: modelador de impulsos *m*

pulse shaping circuit ***n***
Ger: Impulsformer *m*
Fre: conformateur d'impulsions *m*
Spa: circuito modelador de impulsos *m*

pulse train ***n***
Ger: Impulsfolge *f*
Fre: train d'impulsions *m*
Spa: secuencia de impulsos *f*

pulse turbocharging ***v***
Ger: Impulsaufladung *f*
(Stoßaufladung) *f*
Fre: suralimentation pulsatoire *f*
Spa: sobrealimentación por impulsos *f*

pulse valve ***n***
Ger: Taktventil *n*
Fre: électrovanne à rapport cyclique d'ouverture *f*
Spa: válvula de impulsos *f*

pulse width modulated, PWM ***pp***
Ger: pulsweitenmoduliert *adj*
Fre: à largeur d'impulsion modulée *loc*
Spa: modulado en amplitud de impulsos, PWM *adj*

pulse-controlled (pressure) ***pp***
Ger: pulsierend (Drucksteuerung) *ppr*
(gepulst) *pp*
Fre: par impulsions (modulation de pression) *loc*
Spa: por impulsos (control de presión) *loc*

pulsing (pressure control) ***v***
Ger: pulsen (Drucksteuerung) *v*
Fre: par impulsion (pilotage de pression) *loc*
Spa: producir impulsos (control de presión) *v*

pump barrel (fuel-injection pump) ***n***
Ger: Pumpenzylinder (Einspritzpumpe) *m*
Fre: cylindre de pompe (pompe d'injection) *m*
Spa: cilindro de bomba (bomba de inyección) *m*

pump cell ***n***
Ger: Pumpzelle *f*
Fre: cellule de pompage *f*
Spa: celda de bombeo *f*

pump chamber ***n***
Ger: Pumpenförderraum *m*
Fre: chambre de refoulement de la pompe *f*
Spa: cámara de la bomba *f*

pump current ***n***
Ger: Pumpstrom *m*
Fre: courant de pompage *m*

English

Spa: corriente de bombeo *f*

pump delivery quantity ***n***
Ger: Pumpenfördermenge *f*
Fre: débit de refoulement de la pompe *m*
Spa: caudal de suministro de la bomba *m*

pump drive shaft ***n***
Ger: Pumpen-Antriebswelle *f*
Fre: arbre d'entraînement de pompe *m*
Spa: árbol de accionamiento de bomba *m*

pump element (fuel-injection pump) ***n***
Ger: Pumpenelement (Einspritzpumpe) *n*
(Einspritzelement) *n*
Fre: élément de pompage (pompe d'injection) *m*
Spa: elemento de bomba (bomba de inyección) *m*

pump housing ***n***
Ger: Pumpengehäuse *n*
Fre: corps de pompe *m*
Spa: cuerpo de la bomba *m*

pump interior ***n***
Ger: Pumpenraum *m*
Fre: intérieur de la pompe *m*
Spa: interior de la bomba *m*

pump interior pressure ***n***
Ger: Pumpendruck *m*
Fre: pression à l'intérieur de la pompe *f*
Spa: presión de la bomba *f*

pump map ***n***
Ger: Pumpenkennfeld *n*
Fre: cartographie pompe *f*
Spa: diagrama característico de la bomba *m*

pump mechanism ***n***
Ger: Pumpenmechanismus *m*
Fre: mécanisme de pompe *m*
Spa: mecanismo de bomba *m*

pump motor (ABS hydraulic modulator) ***n***
Ger: Pumpenmotor (ABS-Hydroaggregat) *m*
Fre: moteur de pompe (groupe hydraulique ABS) *m*
Spa: motor de bomba (grupo hidráulico del ABS) *m*

pump piston (fuel-injection pump) ***n***
Ger: Pumpenkolben (Einspritzpumpe) *m*
Fre: piston de pompe (pompe d'injection) *m*
Spa: émbolo de bomba (bomba de inyección) *m*

pump power take-off ***n***
Ger: Pumpenabtrieb *m*
Fre: côté sortie de la pompe *m*
Spa: accionamiento de bomba *m*

pump rotor ***n***
Ger: Pumpenrad *n*
Fre: rotor de pompe *m*
Spa: impulsor de bomba *m*

pump size ***n***
Ger: Pumpengröße *f*
Fre: taille de pompe *f*
Spa: tamaño de la bomba *m*

pumping light source ***n***
Ger: Pumplichtquelle *f*
Fre: source de pompage *f*
Spa: fuente luminosa de bombeo *f*

punch ***n***
Ger: Durchschlag *m*
Fre: décharge disruptive *f*
Spa: descarga disruptiva *f*

punch ***n***
Ger: Stempel *m*
Fre: poinçon *m*
Spa: punzón *m*

purge air ***n***
Ger: Spülluft *f*
Fre: air de balayage *m*
Spa: aire de purga *m*

push (out to the side, vehicle) ***v***
Ger: schieben (Fahrzeug, beim Lenken) *v*
Fre: pousser (voiture, en braquage) *v*
Spa: empujar (vehículo, al maniobrar dirección) *v*

push button ***n***
Ger: Taster *m*
Fre: bouton-poussoir *m*
Spa: pulsador *m*

push button valve ***n***
Ger: Druckknopfventil *n*
Fre: distributeur à bouton-poussoir *m*
Spa: válvula de pulsador *f*

push in fuse (motor vehicle) ***n***
Ger: Einklemmsicherung (Kfz) *f*
Fre: dispositif antipincement (véhicule) *m*
Spa: seguro antiaprisionamiento (automóvil) *m*

push rod ***n***
Ger: Druckstange *f*
(Druckstangenkolben) *m*
Fre: biellette *f*
(tige de poussoir) *f*
Spa: barra de presión *f*

push rod (door control) ***n***
Ger: Stößel (Türbetätigung) *m*
Fre: poussoir (commande des portes) *m*
Spa: empujador (activación de puerta) *m*

push rod ***n***
Ger: Stößelstange *f*
Fre: tige-poussoir *f*
Spa: varilla de empuje *f*

push rod assembly (IC engine) ***n***
Ger: Stoßstangen-Steuerung (Verbrennungsmotor) *f*
Fre: commande par tige et culbuteur *f*
Spa: control por varillas de empuje (motor de combustión) *m*

push rod piston ***n***
Ger: Druckstangenkolben *m*
Fre: piston à tige-poussoir *m*
(piston à tige de commande) *m*
Spa: émbolo de vástago de presión *m*

pushbelt (CVT) ***n***
Ger: Schubgliederband *n*
Fre: courroie métallique travaillant en poussée (transmission CVT) *f*
Spa: correa metálica de empuje *f*

pushbutton switch ***n***
Ger: Tastschalter *m*
Fre: bouton-poussoir *m*
Spa: interruptor pulsador *m*

pushing electromagnet ***n***
Ger: Druckmagnet *m*
Fre: électro-aimant de poussée *m*
Spa: electroimán de empuje *m*

Q

quality factor ***n***
Ger: Gütefaktor *m*
Fre: facteur de qualité *m*
Spa: factor de calidad *m*

quality of manufacture ***n***
Ger: Ausführungsqualität *f*
Fre: qualité d'exécution *f*
Spa: calidad de ejecución *f*

quantity of heat ***n***
Ger: Wärmemenge *f*
Fre: rendement thermodynamique *m*
Spa: cantidad de calor *f*

quartz oscillator ***n***
Ger: Quarzoszillator *m*
Fre: oscillateur à quartz *m*
Spa: oscilador de cuarzo *m*

quartz thermometry ***n***
Ger: Quarzthermometrie *f*
Fre: thermométrie à quartz *m*
Spa: termometría de cuarzo *f*

quench and draw ***n***
Ger: Vergüten *n*
Fre: trempe et revenu *f*
Spa: bonificación *f*

quench zone (air-fuel mixture) ***n***
Ger: Quench-Zone (Luft-Kraftstoff-Gemisch) *f*

Fre: zone de coincement (mélange air-carburant) *f*
Spa: zona de sofocación (mezcla aire-combustible) *f*

quick release valve (brakes) ***n***
Ger: Schnelllöseventil (Bremse) *n*
Fre: valve de desserrage rapide (frein) *f*
Spa: válvula de accionamiento rápido (freno) *f*

quick solder ***n***
Ger: Schnelllot *n*
(Sickerlot) *n*
Fre: soudure à l'étain *f*
Spa: soldante rápido *m*

quiet running ***n***
Ger: Laufruhe *f*
Fre: stabilité de fonctionnement *f*
Spa: suavidad de marcha *f*

R

rack ***n***
Ger: Zahnstange *f*
Fre: crémaillère *f*
Spa: barra de cremallera *f*

rack and pinion mechanism ***n***
Ger: Zahnstangengetriebe *n*
Fre: transmission à crémaillère *f*
Spa: engranaje de cremallera *m*

rack and pinion steering ***n***
Ger: Zahnstangenlenkung *f*
Fre: direction à crémaillère *f*
Spa: dirección de cremallera y piñón *f*

rack and pinion steering system ***n***
Ger: Zahnstangen-Hydrolenkung *f*
Fre: direction hydraulique à crémaillère *f*
Spa: dirección hidráulica de cremallera y piñón *f*

rack travel ***n***
Ger: Zahnstangenhub *m*
Fre: course de la crémaillère *f*
Spa: carrera de la barra de cremallera *f*

rack travel indication ***n***
Ger: Regelweganzeige *f*
Fre: indicateur de course de régulation *m*
Spa: lectura del recorrido de regulación *f*

rack travel limiting stop ***n***
Ger: Regelwegbegrenzungsanschlag *m*
Fre: butée de limitation de course de régulation *f*
Spa: tope limitador de recorrido de regulación *m*

rack travel sensor ***n***
Ger: Regelwegsensor *m*
(Regelweggeber) *m*
(Regelstangenweggeber) *m*
Fre: capteur de course de régulation *m*
Spa: sensor de recorrido de regulación *m*

radar sensor ***n***
Ger: Radarsensor *m*
Fre: capteur radar *m*
Spa: sensor de radar *m*

radar signal ***n***
Ger: Radarsignal *n*
Fre: signal radar *m*
Spa: señal de radar *f*

radial compressor ***n***
Ger: Radialverdichter *m*
Fre: compresseur radial *m*
Spa: compresor radial *m*

radial engine (IC engine) ***n***
Ger: Sternmotor (Verbrennungsmotor) *m*
Fre: moteur en étoile *m*
Spa: motor en estrella (motor de combustión) *m*

radial fan ***n***
Ger: Radiallüfter *m*
Fre: ventilateur centrifuge *m*
Spa: ventilador radial *m*

radial piston machine ***n***
Ger: Radial-Kolbenmaschine *f*
Fre: machine à pistons radiaux *f*
Spa: máquina de émbolos radiales *f*

radial piston pump ***n***
Ger: Radialkolbenpumpe *f*
Fre: pompe à pistons radiaux *f*
Spa: bomba de émbolos radiales *f*

radial piston pump ***n***
Ger: Radialkolben-Verteilereinspritzpumpe (VR) *f*
Fre: pompe distributrice à pistons radiaux *f*
Spa: bomba de inyección rotativa de émbolos radiales (VR) *f*

radial run out ***n***
Ger: Höhenschlag *m*
Fre: voile radial *m*
Spa: excentricidad radial *f*

radial run-out ***n***
Ger: Rundlaufabweichung *f*
Fre: faux-rond *m*
Spa: excentricidad *f*

radial seal ***n***
Ger: Radialdichtung *f*
Fre: joint à lèvres *m*
Spa: junta radial *f*

radial shaft seal ***n***
Ger: Radialwellendichtring *m*
Fre: joint à lèvres avec ressort *m*
Spa: retén radial para árboles *m*

radial tires ***npl***
Ger: Radialreifen *m*
Fre: pneu radial *m*
Spa: neumáticos radiales *mpl*

radial vee form filter element ***n***
Ger: Sternfilterelement *n*
Fre: cartouche filtrante en étoile *f*
Spa: elemento de filtro en estrella *m*

radiated power ***n***
Ger: Strahlungsleistung *f*
Fre: émittance énergétique *f*
Spa: potencia de radiación *f*

radiation (EMC) ***n***
Ger: Abstrahlung (EMV) *f*
Fre: rayonnement (CEM) *m*
Spa: radiación (compatibilidad electromagnética) *f*

radiation shield ***n***
Ger: Strahlungsschutz *m*
Fre: protection contre les radiations *f*
Spa: protección contra radiaciones *f*

radiation surface ***n***
Ger: Abstrahlfläche *f*
Fre: surface génératrice de bruit *f*
Spa: superficie de radiación *f*

radiation thermometer ***n***
Ger: Strahlungsthermometer *n*
Fre: thermomètre à radiation *m*
Spa: termómetro por radiación *m*

radiator ***n***
Ger: Kühler *m*
Fre: radiateur *m*
Spa: radiador *m*

radiator blower ***n***
Ger: Kühlergebläse *n*
(Kühlerventilator) *m*
(Kühlerlüfter) *m*
Fre: ventilateur de radiateur *m*
Spa: ventilador del radiador *m*

radiator fan ***n***
Ger: Kühlgebläse *n*
Fre: ventilateur de refroidissement *m*
Spa: soplador de enfriamiento *m*

radiator fan run on ***n***
Ger: Kühlerlüfternachlauf *m*
Fre: post-fonctionnement du ventilateur de refroidissement *m*
Spa: marcha de inercia del ventilador del radiador *f*

radiator grill ***n***
Ger: Kühlergrill *m*
Fre: calandre *f*
Spa: calandra *f*

radio antenna ***n***
Ger: Funkantenne *f*
Fre: antenne radio *f*
Spa: antena de radio *f*

radio disturbance ***n***
Ger: Funkstörung (Ursache) *f*
Fre: perturbation radioélectrique *f*
Spa: interferencia de radio (cuasa) *f*

English

radio hand transmitter (car alarm) *n*
Ger: Funk-Handsender (Autoalarm) *m*
Fre: émetteur manuel radio (alarme auto) *m*
Spa: transmisor manual de radio (alarma de vehículo) *m*

radio interference *n*
Ger: Funkstörung (Wirkung) *f*
Fre: interférence radio *f*
Spa: interferencia de radio (efecto) *f*

radio interference power *n*
Ger: Funkstörleistung *f*
Fre: puissance parasite *f*
Spa: potencia de interferencia de radio *f*

radio interference source (EMC) *n*
Ger: Störquelle (EMV) *f*
Fre: source de perturbations (CEM) *f*
Spa: fuente de interferencias (compatibilidad electromagnética) *f*

radio interference suppression *n*
Ger: Radioentstörung *f*
Fre: antiparasitage de l'autoradio *m*
Spa: eliminación de interferencias de radio *f*

radio interference suppression level *n*
Ger: Funkentstörgrad *m*
Fre: degré d'antiparasitage *m*
Spa: grado de protección antiparasitaria *m*
(grado de supresión de interferencias) *m*

radio interference voltage (EMC) *n*
Ger: Störspannung (EMV) *f*
(Funkstörspannung) *f*
Fre: tension perturbatrice (CEM) *f*
Spa: tensión perturbadora (compatibilidad electromagnética) *f*

radio interference voltage, RIV *n*
Ger: Funkstörspannung *f*
Fre: tension parasite *f*
Spa: tensión de interferencia de radio *f*

radio navigation system *n*
Ger: Radio-Navigations-System *n*
Fre: système de radionavigation *m*
Spa: sistema de radionavegación *m*

radio network *n*
Ger: Funknetz *n*
Fre: canal radio *m*
Spa: red de radio *f*

radio remote control *n*
Ger: Funkfernbedienung *f*
Fre: télécommande radio *f*
Spa: mando a distancia por radiofrecuencia *m*

radius of bend (road) *n*
Ger: Kurvenradius (Fahrbahn) *m*
(Krümmungsradius) *m*
Fre: rayon de courbure (virage) *m*
Spa: radio de curva (calzada) *m*

rail lamp *n*
Ger: Dachrahmenleuchte *f*
Fre: témoin de baie de toit *m*
Spa: lámpara del bastidor del techo *f*

rail pressure *n*
Ger: Raildruck *m*
Fre: pression « rail » *f*
Spa: presión del conducto *f*

rail pressure monitoring *n*
Ger: Raildrucküberwachung *f*
Fre: surveillance de la pression « rail » *f*
Spa: supervisión de presión Rail *f*

rail pressure sensor (common rail) *n*
Ger: Raildrucksensor (Common Rail) *m*
Fre: capteur de pression « rail » (« Common Rail ») *m*
Spa: sensor de presión del conducto (Common Rail) *m*

rail pressure setpoint *n*
Ger: Raildrucksollwert *m*
Fre: consigne de pression « rail » *f*
Spa: valor nominal de presión Rail *m*

rain sensor *n*
Ger: Regensensor *m*
Fre: capteur de pluie *m*
Spa: sensor de lluvia *m*

raised seam *n*
Ger: Bördelnaht *f*
Fre: joint bordé *m*
Spa: costura de rebordear *f*

ram effect supercharging *v*
Ger: Schwingsaugrohr-Aufladung *f*
Fre: suralimentation par oscillation d'admission *f*
Spa: sobrealimentación por tubo de efecto vibratorio *f*

ramp function *n*
Ger: Rampenfunktion *f*
Fre: fonction rampe *f*
Spa: función rampa *f*

ramp progression (lambda closed-loop control) *n*
Ger: Rampenverlauf (Lambda-Regelung) *m*
Fre: évolution en rampe (régulation de richesse) *f*
Spa: progresión en rampa (regulación Lambda) *f*

range (headlamp) *n*
Ger: Reichweite (Scheinwerfer) *f*
Fre: portée (projecteur) *f*
Spa: alcance (faros) *m*

range of spring *n*
Ger: Federweg *m*
Fre: course de ressort *f*
Spa: carrera de suspensión *f*

ranging sensor (ACC) *n*
Ger: Abstandssensor (ACC) *m*
Fre: capteur de distance *m*
Spa: sensor de separación *m*

rapid bleeder valve (brakes) *n*
Ger: Schnellentlüftungsventil (Bremse) *n*
Fre: purgeur rapide (frein) *m*
Spa: válvula de desaireación rápida (freno) *f*

rapid coupling *n*
Ger: Schnellkupplung *f*
Fre: accouplement rapide *m*
Spa: acoplamiento rápido *m*

rapid start charger (battery) *n*
Ger: Schnellstartlader (Batterie) *m*
Fre: chargeur de démarrage rapide (batterie) *m*
Spa: cargador de arranque rápido (batería) *m*

rapid start equipment *n*
Ger: Schnellstartanlage *f*
Fre: dispositif de démarrage rapide *m*
Spa: sistema de arranque rápido *m*

rapid starting *n*
Ger: Schnellstart *m*
Fre: démarrage rapide *m*
Spa: arranque rápido *m*

rapid starting system (diesel vehicles) *n*
Ger: Schnellstartanlage (Dieselfahrzeuge) *f*
Fre: dispositif de démarrage rapide (véhicules diesel) *m*
Spa: sistema de arranque rápido (vehículos Diesel) *m*

ratchet pin *n*
Ger: Rastbolzen *m*
(Rastbolzen) *m*
Fre: axe d'arrêt *m*
(axe de blocage) *m*
Spa: perno de enclavamiento *m*

ratchet wheel *n*
Ger: Sperrrad *n*
Fre: roue à cliquet *f*
Spa: rueda de trinquete *f*

rate of air flow *n*
Ger: Luftdurchsatz *m*
Fre: débit d'air *m*
Spa: flujo de aire *m*

rate of combustion *n*
Ger: Brenngeschwindigkeit *f*
Fre: vitesse de combustion *f*
Spa: velocidad de combustión *f*

rate of discharge curve *n*

Ger: Einspritzverlauf *m*
(Einspritzmengenverlauf) *m*
Fre: loi d'injection *f*
Spa: evolución de la inyección *f*

rate of injection curve *n*
Ger: Einspritzmengenverlauf *m*
Fre: loi d'injection *f*
Spa: evolución del caudal de inyección *f*

rated current *n*
Ger: Nennstrom *m*
Fre: courant de consigne *m*
Spa: corriente nominal *f*

rated load torque *n*
Ger: Nenndrehmoment *n*
Fre: couple nominal *m*
Spa: par nominal *m*

rated output *n*
Ger: Nennleistung *f*
Fre: puissance nominale *f*
Spa: potencia nominal *f*

rated speed *n*
Ger: Bauartgeschwindigkeit *f*
(Nenndrehzahl) *f*
Fre: vitesse de déplacement *f*
(vitesse de rotation nominale) *f*
Spa: velocidad nominal *f*

rated speed *n*
Ger: Nenndrehzahl *f*
Fre: régime nominal *m*
Spa: número de revoluciones nominal *m*

rating statistics *n*
Ger: beurteilende Statistik *f*
Fre: statistique analytique *f*
Spa: estadística analítica *f*

reactance *n*
Ger: Blindwiderstand *m*
Fre: réactance *f*
Spa: reactancia *f*

reactance *n*
Ger: Reaktanz *f*
Fre: réactance *f*
Spa: reactancia *f*

reaction chamber *n*
Ger: Reaktionskammer *f*
Fre: chambre de réaction *f*
Spa: cámara de reacción *f*

reaction force (brakes) *n*
Ger: Reaktionskraft (Bremse) *f*
Fre: force de réaction (frein) *f*
Spa: fuerza de reacción (freno) *f*

reaction piston *n*
Ger: Reaktionskolben *m*
Fre: piston de rappel *m*
Spa: émbolo de reacción *m*

reaction spring (parking-brake valve) *n*
Ger: Reaktionsfeder (Feststellbremsventil) *f*
Fre: ressort de rappel (valve de frein de stationnement) *m*
Spa: muelle de reacción (válvula de freno de estacionamiento) *m*

reaction time (brake control) *n*
Ger: Reaktionsdauer (Bremsbetätigung) *f*
Fre: temps de réaction (commande de frein) *m*
Spa: tiempo de reacción (accionamiento de freno) *m*

reaction torque (braking-system inspection) *n*
Ger: Reaktionsmoment (Bremsprüfung) *n*
Fre: couple de réaction (contrôle des freins) *m*
Spa: par de reacción (comprobación de frenos) *m*

reaction torque *n*
Ger: Rückdrehmoment *n*
Fre: moment de réaction *m*
Spa: par de reacción *m*

reactive current *n*
Ger: Blindstrom *m*
Fre: courant réactif *m*
Spa: corriente reactiva *f*

reactive power *n*
Ger: Blindleistung *f*
Fre: puissance réactive *f*
Spa: potencia reactiva *f*

read only memory, ROM *n*
Ger: Festwertspeicher *f*
Fre: mémoire morte *f*
Spa: memoria fija *f*

read out (error code) *v*
Ger: auslesen (Fehlercode) *v*
Fre: visualiser (code de défaut) *v*
Spa: leer (código de avería) *v*

reading light *n*
Ger: Leseleuchte *f*
Fre: spot de lecture *m*
Spa: lámpara de lectura *f*

ready to start indicator (diesel engine) *n*
Ger: Startbereitschaftsanzeige (Dieselmotor) *f*
Fre: indicateur de disponibilité de démarrage (moteur diesel) *m*
Spa: indicador de disposición de arranque (motor Diesel) *m*

rear ashtray *n*
Ger: Fondaschenbecher *m*
Fre: cendrier arrière *m*
Spa: cenicero de la parte trasera *m*

rear axle *n*
Ger: Hinterachse *f*
Fre: essieu arrière *m*
Spa: eje trasero *m*

rear axle differential *n*
Ger: Hinterachsdifferenzial *n*
Fre: différentiel de l'essieu arrière *m*
Spa: diferencial de eje trasero *m*

rear axle drive *n*
Ger: Hinterachsantrieb *m*
Fre: transmission arrière *f*
Spa: accionamiento por eje trasero *m*

rear axle lock *n*
Ger: Hinterachssperre *f*
Fre: blocage de l'essieu arrière *m*
Spa: bloqueador de diferencial de eje trasero *m*

rear axle ratio *n*
Ger: Hinterachsübersetzung *f*
Fre: démultiplication arrière *f*
Spa: desmultiplicación de eje trasero *f*

rear camshaft oil seal *n*
Ger: hinterer Nockenwellendichtring *m*
Fre: joint arrière d'arbre à cames *m*
Spa: retén posterior del árbol de levas *m*

rear crankshaft oil seal *n*
Ger: hinterer Kurbelwellendichtring *m*
Fre: joint arrière de vilebrequin *m*
Spa: retén posterior del cigüeñal *m*

rear end impact *n*
Ger: Heckaufprall *m*
Fre: choc arrière *m*
Spa: choque contra la parte trasera *m*

rear end protection *n*
Ger: Heckabsicherung *f*
Fre: surveillance arrière *f*
Spa: protección de la parte trasera *f*

rear fog light *n*
Ger: Nebelschlussleuchte *f*
Fre: feu arrière de brouillard *m*
Spa: luz trasera antiniebla *f*

rear impact test *n*
Ger: Heckaufprallversuch *m*
Fre: test de choc arrière *m*
Spa: ensayo de choque contra la parte trasera *m*

rear muffler *n*
Ger: Nachschalldämpfer *m*
Fre: silencieux arrière *m*
Spa: silenciador final *m*

rear wheel drive *n*
Ger: Hinterradantrieb *m*
Fre: propulsion arrière *f*
Spa: tracción a las ruedas traseras *f*

rear window *n*
Ger: Heckscheibe *f*
Fre: lunette arrière *f*
Spa: luneta trasera *f*

rear window wiper blade *n*
Ger: Heck-Wischblatt *n*
Fre: raclette de lunette arrière *f*
Spa: raqueta trasera *f*

rear window wiper system *n*

Ger: Heck-Wischeranlage *f*
Fre: système d'essuie-glaces de la lunette arrière *m*
Spa: sistema limpialunetas trasero *m*

rear windshield *n*
Ger: Heckscheibe *f*
Fre: lunette arrière *f*
Spa: luneta trasera *f*

rear wiper *n*
Ger: Heckscheibenwischer *m*
Fre: essuie-glace arrière *m*
Spa: limpialunetas trasero *m*

rebound height *n*
Ger: Rückprallhöhe *f*
Fre: hauteur de rebondissement *f*
Spa: altura de rebote *f*

receive frequency *n*
Ger: Empfangsfrequenz *f*
Fre: fréquence de réception *f*
Spa: frecuencia de recepción *f*

receive sensor *n*
Ger: Empfangssensor *m*
Fre: capteur récepteur *m*
Spa: sensor de recepción *m*

receiver coil *n*
Ger: Empfangsspule *f*
Fre: bobine réceptrice *f*
Spa: bobina de recepción *f*

receiver transducer (car alarm) *n*
Ger: Empfänger-Wandler (Autoalarm) *m*
Fre: transducteur-récepteur (alarme auto) *m*
Spa: transductor receptor (alarma de vehículo) *m*

receiving chamber (CO test) *n*
Ger: Empfängerkammer (Abgastester) *f*
Fre: collecteur (testeur de CO) *m*
Spa: cámara de recepción (comprobador de gases de escape) *f*

receptable *n*
Ger: Steckhülse *f*
Fre: fiche femelle *f*
Spa: hembrilla de contacto *f*

recess *n*
Ger: Aussparung *f*
Fre: évidement *m*
Spa: entalladura *f*

recessed edge *n*
Ger: Einstichkante *f*
Fre: rainure *f*
Spa: borde acanalado *m*

reciprocating fuel injection pump *n*
Ger: Kolben-Einspritzpumpe *f*
Fre: pompe d'injection alternative *f*
Spa: bomba de inyección reciprocante *f*

reciprocating piston engine *n*
Ger: Hubkolbenmotor *m*
Fre: moteur à pistons alternatifs *m*
Spa: motor reciprocante *m*

reciprocating piston supercharger *n*
Ger: Hubkolbenverdichter *m*
Fre: compresseur à piston *m*
Spa: compresor de émbolo reciprocante *m*

recirculating-ball power steering *n*
Ger: Kugelumlauf-Hydrolenkung *f*
Fre: direction hydraulique à écrou à recirculation de billes *m*
Spa: dirección hidráulica de bolas circulantes *f*

recirculating-ball steering *n*
Ger: Kugelumlauflenkung *f*
Fre: direction à recirculation de billes *f*
Spa: dirección de bolas circulantes *f*

recording *n*
Ger: Aufzeichnung *f*
Fre: étalonnage *m*
Spa: grabación *f*

recrystallization annealing *n*
Ger: Rekristallisationsglühen *n*
Fre: recuit de recristallisation *m*
Spa: recocido de recristalización *m*

rectification *n*
Ger: Gleichrichtung *f*
Fre: redressement (courant alternatif) *m*
Spa: rectificación *f*

rectification value *n*
Ger: Gleichrichtwert *m*
Fre: valeur de redressement *f*
Spa: valor de rectificación *m*

rectifier *n*
Ger: Gleichrichter *m*
Fre: redresseur (alternateur) *m*
Spa: rectificador *m*

rectifier diode *n*
Ger: Gleichrichterdiode *f*
Fre: diode redresseuse *f*
Spa: diodo rectificador *m*

rectifier losses *npl*
Ger: Gleichrichterverluste *mpl*
Fre: pertes redresseur *fpl*
Spa: pérdidas del rectificador *fpl*

red zone speed *n*
Ger: Überdrehzahl *f*
Fre: surrégime *m*
Spa: régimen de giro excesivo *m*

reduced delivery *n*
Ger: Mengenreduzierung *f*
(Mindermenge) *w*
Fre: réduction de débit *f*
Spa: reducción de caudal *f*

reducer *n*
Ger: Begrenzer *m*
(Minderer) *m*
Fre: limiteur *m*
Spa: limitador *m*

reducing agent *n*
Ger: Reduktionsmittel *n*
Fre: agent réducteur *m*
Spa: agente reductor *m*

reducing sleeve *n*
Ger: Reduzierhülse *f*
Fre: douille de réduction *f*
Spa: manguito reductor *m*

reducing valve *n*
Ger: Reduzierventil *n*
Fre: réducteur de pression *m*
Spa: válvula reductora *f*

reduction catalytic converter *n*
Ger: Reduktionskatalysator *m*
Fre: catalyseur de réduction *m*
Spa: catalizador por reducción *m*

reduction gear *n*
Ger: Untersetzungsgetriebe *n*
(Reduziergetriebe) *m*
(Minderer) *m*
Fre: réducteur *m*
Spa: engranaje reductor *m*

reduction gear *n*
Ger: Vorgelege *n*
Fre: réducteur *m*
Spa: engranaje con árbol intermediario *m*

reduction of exhaust emissions *n*
Ger: Abgasverbesserung *f*
Fre: amélioration des émissions *f*
Spa: reducción de las emisiones de escape *f*

reduction signal (TCS) *n*
Ger: Reduziersignal (ASR) *n*
Fre: signal de réduction (ASR) *m*
Spa: señal de reducción (ASR) *f*

reduction-gear starter *n*
Ger: Vorgelegestarter *m*
Fre: démarreur à réducteur *m*
Spa: arrancador con engranaje reductor *m*

reference circle (gear) *n*
Ger: Teilkreis (Zahnrad) *m*
Fre: cercle primitif de référence (engrenage) *m*
Spa: círculo primitivo (rueda dentada) *m*

reference current *n*
Ger: Referenzstrom *m*
Fre: courant de référence *m*
Spa: corriente de referencia *f*

reference gas (lambda closed-loop control) *n*
Ger: Referenzgas (Lambda-Regelung) *n*
Fre: gaz de référence (régulation de richesse) *m*
Spa: gas de referencia (regulación Lambda) *m*

reference ground (vehicle electrical system) *n*
Ger: Bezugsmasse (Bordnetz) *f*
Fre: masse de référence (circuit de bord) *f*
Spa: masa de referencia (red de a bordo) *f*

reference mark *n*
Ger: Bezugsmarke *f*
Fre: repère de référence *m*
Spa: marca de referencia *f*

reference pressure *n*
Ger: Referenzdruck *m*
Fre: pression de référence *f*
Spa: presión de referencia *f*

reference short circuiting ring *n*
Ger: Referenzkurzschlussring *m*
Fre: bague de court-circuitage de référence *f*
(bague inductive de référence) *f*
Spa: anillo de cortocircuito de referencia *m*

reference speed *n*
Ger: Referenzgeschwindigkeit *f*
Fre: vitesse de référence *f*
Spa: velocidad de referencia *f*

reference variable *n*
Ger: Führungsgröße *f*
Fre: grandeur de référence *f*
Spa: magnitud de referencia *f*

reference voltage *n*
Ger: Referenzspannung *f*
Fre: tension de référence *f*
Spa: tensión de referencia *f*

reference-mark sensor (ignition) *n*
Ger: Bezugsmarkensensor (Zündung) *m*
Fre: capteur de repère de référence (allumage) *m*
(capteur de repère de consigne) *m*
Spa: sensor de marca de referencia (encendido) *m*

refining zone *n*
Ger: Läuterungszone *f*
Fre: zone d'affinage *f*
Spa: zona de depuración *f*

reflection muffler *n*
Ger: Reflexionsschalldämpfer *m*
Fre: silencieux à réflexion *m*
Spa: silenciador de reflexión *m*

reflective layer *n*
Ger: Reflexionsschicht *f*
Fre: couche réfléchissante *f*
Spa: capa reflectora *f*

reflector (headlamp) *n*
Ger: Reflektor (Scheinwerfer) *m*
Fre: réflecteur *m*
Spa: reflector (faros) *m*

reflector (headlamp) *n*
Ger: Rückstrahler *m*
(Scheinwerfer) *m*
Fre: catadioptre *m*
Spa: reflector trasero *m*

reflector optics *npl*
Ger: Reflektoroptik *f*
Fre: optique de réflexion *f*
Spa: óptica de reflexión *f*

refraction mirror *n*
Ger: Umlenkspiegel *m*
Fre: déflecteur *m*
Spa: espejo reflector *m*

refractive index (lighting) *n*
Ger: Brechzahl (Lichttechnik) *f*
Fre: indice de réfraction *m*
Spa: índice de refracción (técnica de iluminación) *m*

refrigerant *n*
Ger: Kältemittel *n*
Fre: fluide frigorigène *m*
Spa: agente frigorífico *m*

refrigerant circuit *n*
Ger: Kältemittelkreislauf *m*
Fre: circuit de fluide frigorigène *m*
Spa: circuito de agente frigorífico *m*

refrigerant compressor *n*
Ger: Kältekompressor *m*
Fre: compresseur frigorifique *m*
Spa: compresor frigorífico *m*

refrigerant evaporator *n*
Ger: Kältemittelverdampfer *m*
Fre: évaporateur de fluide frigorigène *m*
Spa: evaporador de agente frigorífico *m*

refrigerant pressure *n*
Ger: Kältemitteldruck *m*
Fre: pression du fluide frigorigène *f*
Spa: presión de agente frigorífico *f*

regeneration air tank *n*
Ger: Regenerationsluftbehälter *m*
Fre: réservoir d'air de régénération *m*
Spa: depósito de aire de regeneración *m*

regeneration gas flow *n*
Ger: Regeneriergasstrom *m*
Fre: flux de gaz régénérateur *m*
Spa: flujo de gas de regeneración *m*

regeneration throttle (air drier) *n*
Ger: Regenerationsdrossel (Lufttrockner) *f*
Fre: étranglement de régénération (dessiccateur) *m*
Spa: estrangulador de regeneración (secador de aire) *m*

register induction tube *n*
Ger: Registersaugrohr *n*
Fre: tubulure d'admission à géométrie variable *f*
Spa: tubo de admisión variable por resonancia *m*

register resonance pressure charging *n*
Ger: Registerresonanzaufladung *f*
Fre: suralimentation par collecteur de résonance *f*
Spa: sobrealimentación variable por resonancia *f*

regulate (diesel fuel injection) *v*
Ger: abregeln (Dieseleinspritzung) *v*
Fre: fin de régulation (injection diesel) *f*
Spa: regular (inyección diesel) *v*

regulating pump *n*
Ger: Regelpumpe *f*
Fre: pompe de régulation *f*
Spa: bomba reguladora *f*

regulating resistor *n*
Ger: Regelwiderstand *m*
Fre: résistance de régulation *f*
Spa: resistencia de regulación *f*

regulation *n*
Ger: Regelung *f*
Fre: régulation *f*
Spa: regulación *f*

regulator *n*
Ger: Regler *m*
Fre: régulateur *m*
Spa: regulador *m*

regulator response voltage *n*
Ger: Regelspannung *f*
Fre: tension de régulation *f*
Spa: tensión reguladora *f*

regulator switch *n*
Ger: Regulierschalter *m*
Fre: molette de correcteur de site *f*
Spa: interruptor regulador *m*

reinforcement additive *n*
Ger: Verstärkungszusatz *m*
Fre: additif de renforcement *m*
Spa: aditivo de refuerzo *m*

reinforcement plate *n*
Ger: Versteifung *f*
Fre: raidisseur *f*
Spa: refuerzo *m*

relative permeability *n*
Ger: Permeabilitätszahl *f*
Fre: perméabilité relative *f*
Spa: permeabilidad relativa *f*

relative permittivity *n*
Ger: Dielektrizitätszahl *f*
Fre: permittivité électrique relative *f*
Spa: permitividad relativa *f*

relative speed *n*
Ger: Relativgeschwindigkeit *f*
Fre: vitesse relative *f*
Spa: velocidad relativa *f*

relay *n*
Ger: Relais *n*

English

Fre: relais *m*
Spa: relé *m*

relay armature *n*
Ger: Relaisanker *m*
Fre: armature de relais *f*
Spa: armadura de relé *f*

relay box *n*
Ger: Relaiskasten *m*
Fre: boîte à relais *f*
Spa: caja de relés *f*

relay coil *n*
Ger: Relaisspule *f*
Fre: bobine de relais *f*
Spa: bobina del relé *f*

relay combination *n*
Ger: Relaiskombination *f*
Fre: module relais *m*
Spa: combinación de relés *f*

relay housing *n*
Ger: Relaisgehäuse *n*
Fre: corps de relais *m*
Spa: carcasa de relé *f*

relay output stage *n*
Ger: Relais-Endstufe *f* *(Leistungsrelais)* *n*
Fre: relais de puissance *m*
Spa: paso final de relé *m*

relay piston *n*
Ger: Relaiskolben *m*
Fre: piston-relais *m*
Spa: émbolo de relé *m*

release (emergency valve) *n*
Ger: Entriegelung (Nothahn) *f*
Fre: déverrouillage (robinet de secours) *m*
Spa: desbloqueo (grifo de emergencia) *m*

release lever bearing *n*
Ger: Ausrückhebellager *n*
Fre: fourchette de débrayage *f*
Spa: cojinete de la palanca de desembrague *m*

release switch *n*
Ger: Entriegelungsschalter *m*
Fre: commutateur de déverrouillage *m*
Spa: interruptor de desbloqueo *m*

release time (fuel injector) *n*
Ger: Abfallzeit (Einspritzventil) *f*
Fre: temps de fermeture (injecteur) *m*
Spa: tiempo de vuelta al reposo (válvula de inyección) *m*

reliability test *n*
Ger: Zuverlässigkeitsprüfung *f*
Fre: essai de fiabilité *m*
Spa: ensayo de fiabilidad *m*

relief collar *n*
Ger: Entlastungsbund *m*
Fre: épaulement de détente *m*
Spa: collar de descarga *m*

relief funnel *n*
Ger: Entlastungstrichter *m*
Fre: cône de décharge *m*
Spa: embudo de descarga *m*

remaining quantity *n*
Ger: Restmenge *f*
Fre: débit résiduel *m*
Spa: caudal residual *m*

repair *n*
Ger: Reparatur *f*
Fre: réparation *f*
Spa: reparación *f*

repair kit *n*
Ger: Reparatursatz *m*
Fre: kit de remise en état *m*
Spa: juego de reparación *m*

replenishing port *n*
Ger: Nachlaufbohrung *f*
Fre: canal d'équilibrage *m*
Spa: comunicación de presiones *f*

replenishing valve *n*
Ger: Nachsaugventil *n*
Fre: clapet de réaspiration *m*
Spa: válvula de aspiración ulterior *f*

research octane number, RON *n*
Ger: Research-Oktanzahl, ROZ *f*
Fre: indice d'octane recherche, RON *m*
Spa: índice de octano de investigación, RON *m*

reserve-fuel lamp *n*
Ger: Tankreserveleuchte *f*
Fre: témoin de réserve de carburant *m*
Spa: lámpara de reserva del depósito *f*

reservoir (logistics) *n*
Ger: Behälter (Logistik) *m*
Fre: contenant (logistique) *m*
Spa: depósito (logística) *m*

residual air gap *n*
Ger: Restluftspalt *m*
Fre: fente d'air résiduel *f*
Spa: intersticio de aire residual *m*

residual braking *n*
Ger: Restbremswirkung *f*
Fre: effet résiduel de freinage *m*
Spa: efecto residual de frenado *m*

residual exhaust gas *n*
Ger: Restgas *n*
Fre: gaz résiduels *mpl*
Spa: gases de escape residuales *mpl*

residual flow *n*
Ger: Reststrom *m*
Fre: débit résiduel *m*
Spa: flujo residual *m*

residual magnetism *n*
Ger: Remanenz *f* *(Restmagnetismus)* *m*
Fre: rémanence *f* *(magnétisme restant)* *m*
Spa: magnetismo residual *m*

residual pressure *n*
Ger: Restdruck *m*
Fre: pression résiduelle *f*
Spa: presión residual *f*

residual pulsation *n*
Ger: Restpulsation *f*
Fre: pulsation résiduelle *f*
Spa: pulsación residual *f*

residual stroke (plunger-and-barrel assembly) *n*
Ger: Resthub (Pumpenelement) *m*
Fre: course restante (élément de pompage) *f*
Spa: carrera restante (elemento de bomba) *f*

resin *n*
Ger: Harz *n*
Fre: résine *f*
Spa: resina *f*

resistance ignition cable *n*
Ger: Widerstands-Zündleitung *f*
Fre: câble d'allumage résistif *m*
Spa: cable resistivo de encendido *m*

resistance pressure welding *n*
Ger: Widerstandspressschweißen *n*
Fre: soudage électrique par pression *m*
Spa: soldadura eléctrica por presión *f*

resistance spot welding *n*
Ger: Widerstandspunktschweißen *n*
Fre: soudage par points *m*
Spa: soldadura eléctrica por puntos *f*

resistance thermometer *n*
Ger: Widerstandsthermometer *n*
Fre: thermomètre à résistance *m*
Spa: termómetro de resistencia *m*

resistance to aging *n*
Ger: Alterungsbeständigkeit *f*
Fre: tenue au vieillissement *f*
Spa: resistencia al envejecimiento *f*

resistance to buckling *n*
Ger: Knicksicherheit *f*
Fre: sécurité au flambage *f*
Spa: seguridad contra el pandeo *f*

resistance to cold *n*
Ger: Kältefestigkeit *f*
Fre: résistance au froid *f*
Spa: resistencia al frío *f*

resistance to flow *n*
Ger: Strömungswiderstand *m*
Fre: résistance à l'écoulement *f*
Spa: resistencia al flujo *f*

resistance to incident radiation (EMC) *n*
Ger: Einstrahlfestigkeit (EMV) *f*
Fre: tenue au rayonnement incident (CEM) *f*
Spa: resistencia a la radiación (compatibilidad electromagnética) *f*

resistance to temperature shocks *n*

Ger: Temperaturwechsel-beständigkeit *f*
Fre: tenue aux chocs thermiques *f*
Spa: resistencia a cambios de temperatura *f*

resistance to thermal cycling *n*
Ger: Temperaturwechselfestigkeit *f*
Fre: résistance aux chocs thermiques *f*
Spa: resistencia térmica alternativa *f*

resistance to vibration *n*
Ger: Schwingungsfestigkeit *f*
Fre: tenue aux vibrations *f*
Spa: resistencia a la vibración *f*

resistance to wear *n*
Ger: Verschleißfestigkeit *f*
(*Verschleißwiderstand*) *m*
Fre: résistance à l'usure *f*
(*tenue à l'usure*) *f*
Spa: resistencia al desgaste *f*

resistance value *n*
Ger: Widerstandswert *m*
Fre: valeur ohmique *f*
Spa: valor de resistencia *m*

resistance welding *n*
Ger: Widerstandsschweißen *n*
(*Widerstandslöten*) *n*
Fre: soudage par résistance *m*
(*brasage par résistance*) *m*
Spa: soldadura eléctrica por resistencia *f*

resistant to corrosion *adj*
Ger: korrosionsfest *adj*
Fre: résistant à la corrosion *m*
Spa: resistente a la corrosión *adj*

resistant to stone impact *adj*
Ger: steinschlagfest *adj*
Fre: résistant aux gravillons *loc*
Spa: resistente al impacto de piedras *adj*

resistor *n*
Ger: Widerstand *m*
Fre: résistance *f*
Spa: resistencia *f*

resonance chamber *n*
Ger: Resonanzkammer *f*
(*Resonanzbehälter*) *m*
Fre: boîte à résonance *f*
Spa: cámara de resonancia *f*

resonance damper *n*
Ger: Resonanzdämpfer *m*
Fre: amortisseur de résonance *m*
Spa: amortiguador de resonancia *m*

resonance sharpness *n*
Ger: Resonanzschärfe *f*
Fre: facteur de qualité *m*
Spa: agudeza de resonancia *f*

resonance tube *n*
Ger: Resonanzrohr *n*
Fre: tube à résonance *f*
Spa: tubo de resonancia *m*

resonance valve *n*
Ger: Resonanzklappe *f*
Fre: clapet de résonance *m*
Spa: mariposa de resonancia *f*

resonant frequency *n*
Ger: Resonanzfrequenz *f*
Fre: fréquence de résonance *f*
Spa: frecuencia de resonancia *f*

resources requirement *n*
Ger: Betriebsmittelbedarf *m*
Fre: besoin en équipements *m*
Spa: necesidad de medios de producción *f*

response *n*
Ger: Ansprechverhalten *n*
Fre: comportement de réponse *m*
Spa: comportamiento de reacción *m*

response delay *n*
Ger: Ansprechverzögerung *f*
Fre: délai de réponse *m*
Spa: retardo de reacción *m*

response limit *n*
Ger: Ansprechgrenze *f*
Fre: limite de réponse *f*
Spa: límite de respuesta *m*

response pressure *n*
Ger: Ansprechdruck *m*
Fre: pression de réponse *f*
Spa: presión de respuesta *f*

response threshold *n*
Ger: Ansprechschwelle *f*
Fre: seuil de réponse *m*
Spa: umbral de reacción *m*

response time *n*
Ger: Ansprechzeit *f*
(*Totzeit*) *f*
Fre: temps de réponse *m*
Spa: tiempo de reacción *m*

response time *n*
Ger: Reaktionszeit *f*
Fre: temps de réaction *m*
Spa: tiempo de respuesta *m*

response travel *n*
Ger: Ansprechweg *m*
Fre: course de réponse *f*
Spa: desplazamiento de reacción *m*

response voltage *n*
Ger: Ansprechspannung *f*
Fre: tension de réponse *f*
Spa: tensión de reacción *f*

restraint system *n*
Ger: Rückhaltesystem *n*
Fre: système de retenue *m*
Spa: sistema de retención *m*

resurface welding *n*
Ger: Auftragschweißen *n*
Fre: rechargement par soudure *m*
Spa: soldadura de recargue *f*

retainer *n*
Ger: Halter *m*
Fre: support *m*
Spa: retenedor *m*

retainer *n*
Ger: Rückhalteeinrichtung *f*
(*Sicherungsring*) *m*
Fre: dispositif de retenue *m*
(*anneau d'arrêt*) *m*
Spa: dispositivo de retención *m*

retaining belt *n*
Ger: Halteband *n*
Fre: collier de support *m*
Spa: cinta de retención *f*

retaining clip *n*
Ger: Halteklammer *f*
Fre: agrafe *f*
Spa: grapa de retención *f*

retaining screw *n*
Ger: Sicherungsschraube *m*
Fre: vis de fixation *f*
Spa: tornillo de seguridad *m*

retaining spring *n*
Ger: Haltefeder *f*
Fre: ressort de maintien *m*
Spa: muelle de retención *m*

retardation (ignition angle) *n*
Ger: Spätverstellung (Zündwinkel) *f*
Fre: correction dans le sens « retard » *f*
Spa: variación hacia retardo (ángulo de encendido) *f*

retarder *n*
Ger: Dauerbremse *f*
(*Verlangsamer*) *m*
(*Retarder*) *m*
Fre: ralentisseur *m*
Spa: freno continuo *m*

retarder film *n*
Ger: Retarderfolie *f*
Fre: film retardateur *m*
Spa: película del retardador *f*

retarder operation *n*
Ger: Retarderbetrieb *m*
Fre: mode ralentisseur *m*
Spa: modo retardador *m*

retarder relay *n*
Ger: Retarderrelais *n*
(*Dauerbremsrelais*) *n*
Fre: relais de ralentisseur *m*
Spa: relé retardador *m*

retarding force (chassis dynamometer) *n*
Ger: Bremslast (Rollenprüfstand) *f*
Fre: charge de freinage (banc d'essai) *f*
Spa: carga de frenado (banco de pruebas de rodillos) *f*

retention circuit *n*
Ger: Rückhaltkreis *m*
Fre: circuit de retenue *m*
Spa: circuito de retención *m*

retention rate *n*
Ger: Fanggrad *m*
Fre: taux de captage *m*

Spa: grado de retención de aceite *m*

retraction collar *n*
Ger: Entlastungsbund *m*
Fre: épaulement de décharge *m*
Spa: collar de descarga *m*

retraction lift *n*
Ger: Entlastungshub *m*
Fre: course de détente *f*
Spa: carrera de descarga *f*

retraction piston *n*
Ger: Entlastungskolben *m*
Fre: piston de détente *m*
Spa: pistón de descarga *m*

retraction pressure *n*
Ger: Rückstelldruck *m*
Fre: pression de rappel *f*
Spa: presión de reposicionamiento *f*

retraction space *n*
Ger: Versenk-Einbauraum *m*
Fre: espace d'escamotage *m*
Spa: espacio de montaje retráctil *m*

retraction volume (distributor pump) *n*
Ger: Entlastungsvolumen (Verteilerpumpe) *n*
(*Volumenentlastung)* *f*
Fre: volume de décharge *m*
Spa: volumen de descarga (bomba de inyección rotativa) *m*

retrofit set *n*
Ger: Nachrüstsatz *m*
Fre: kit d'équipement ultérieur *m*
Spa: juego de reequipamiento *m*

return amplification (ESP) *n*
Ger: Rückführverstärkung (ESP) *f*
Fre: amplification de retour (ESP) *f*
Spa: amplificación de retorno (ESP) *f*

return connection *n*
Ger: Rücklaufanschluss *m*
Fre: raccord de retour *m*
Spa: conexión de retorno *f*

return flow restriction *n*
Ger: Rückströmdrossel *f*
Fre: frein de réaspiration *m*
Spa: estrangulador de reflujo *m*

return flow temperature control *n*
Ger: Rücklauftemperaturregelung *f*
Fre: régulation de la température de retour *f*
Spa: regulación de temperatura de retorno *f*

return force *n*
Ger: Rückstellkraft *f*
Fre: force de rappel *f*
Spa: fuerza de reposicionamiento *f*

return groove *n*
Ger: Rücklaufnut *f*
Fre: rainure de retour *f*
Spa: ranura de retorno *f*

return line (ABS solenoid valve) *n*
Ger: Rücklauf (ABS-Magnetventil) *m*
Fre: retour (électrovalve ABS) *m*
Spa: retorno (electroválvula del ABS) *m*

return line *n*
Ger: Rücklaufleitung *f*
Fre: conduite de retour *f*
Spa: tubería de retorno *f*

return manifold *n*
Ger: Rücklaufsammler *m*
Fre: collecteur de retour *m*
Spa: colector de retorno *m*

return mechanism *n*
Ger: Rückstelleinrichtung *f*
Fre: dispositif de rappel *m*
Spa: dispositivo reposicionador *m*

return passage *n*
Ger: Rücklaufbohrung *f*
Fre: orifice de retour *m*
Spa: taladro de retorno *m*

return principle (ABS) *n*
Ger: Rückförderprinzip (ABS) *n*
Fre: principe de reflux (ABS) *m*
Spa: principio de retorno (ABS) *m*

return pump *n*
Ger: Rückförderpumpe *f*
Fre: pompe de retour *f*
Spa: bomba de retorno *f*

return spring *n*
Ger: Rückholfeder *f*
Fre: ressort de rappel *m*
Spa: muelle de retorno *m*

return spring *n*
Ger: Rückzugfeder *f*
Fre: ressort de rappel *m*
Spa: muelle recuperador *m*

return stroke *n*
Ger: Rückhub *m*
Fre: course de retour *f*
Spa: carrera de retorno *f*

returnless fuel system, RLFS *n*
Ger: rücklauffreies Kraftstoffsystem *n*
Fre: système d'alimentation en carburant sans retour *m*
Spa: sistema de combustible sin retorno *m*

rev counter (motor vehicle) *n*
Ger: Drehzahlmesser (Kfz) *m*
Fre: compte-tours (véhicule) *m*
Spa: cuentarrevoluciones (automóvil) *m*

reverberation time *n*
Ger: Nachhallzeit *f*
Fre: temps de réverbération *m*
Spa: tiempo de reverberación *m*

reversal point *n*
Ger: Wendepunkt *m*
Fre: point de rebroussement *m*
Spa: punto de inflexión *m*

reverse current block (rectification) *n*
Ger: Rückstromsperre (Gleichrichtung) *f*
Fre: isolement (redressement) *m*
Spa: bloqueo de corriene de retorno (rectificación) *m*

reverse gear *n*
Ger: Rückwärtsgang *m*
Fre: marche arrière *f*
Spa: marcha atrás *f*

reverse gear locking *n*
Ger: Rückfahrsperre *f*
Fre: verrou de marche arrière *m*
Spa: bloqueo de marcha atrás *m*

reverse gear lockout *n*
Ger: Rückwärtsgangsperre *f*
Fre: blocage de marche arrière *m*
Spa: bloqueo de marcha atrás *m*

reverse polarity *n*
Ger: Verpolung *f*
Fre: inversion de polarité *f*
Spa: inversión de polaridad *f*

reverse polarity protection (battery charge) *n*
Ger: Verpolungsschutz (Batterieladung) *m*
(*Polschutz)* *m*
Fre: protection contre l'inversion de polarité (charge de batterie) *f*
Spa: protección contra inversión de polaridad (carga de batería) *f*

reverse transfer lever *n*
Ger: Umlenkhebel *m*
Fre: levier de renvoi *m*
Spa: palanca de reenvío *f*

reverse voltage (diode) *n*
Ger: Sperrspannung (Diode) *f*
Fre: tension inverse (diode) *f*
Spa: tensión inversa (diodo) *f*

reversing lamp *n*
Ger: Rückfahrleuchte *f*
(*Rückfahrscheinwerfer)* *m*
Fre: feu de marche arrière *m*
Spa: luz de marcha atrás *f*

reversing mode *n*
Ger: Wendestufe *f*
Fre: train inverseur *m*
Spa: tren inversor *m*

revolution counter *n*
Ger: Umdrehungszähler *m*
Fre: compte-tours *m*
Spa: cuentarrevoluciones *m*

rib *n*
Ger: Keilrippe *f*
(*Rippe)* *f*
Fre: nervure *f*
Spa: nervio *m*
(*nervadura)* *f*

ribbed heat sink ***n***
Ger: Rippenkühlkörper *m*
Fre: refroidisseur nervuré *m*
Spa: cuerpo refrigerante con nervaduras *m*

ribbed V-belt ***n***
Ger: Keilrippenriemen *m*
Fre: courroie poly-V *f*
Spa: correa trapezoidal de nervios *f*

ribbed V-belt ***n***
Ger: Poly-V-Riemen *m*
(Keilrippenriemen) *m*
Fre: courroie trapézoïdale à nervures *f*
Spa: polea trapezoidal nervada *f*

ribbon cable ***n***
Ger: Flachbandkabel *n*
Fre: câble ruban *m*
Spa: cable plano *m*

Riccati controller ***n***
Ger: Riccati-Regler *m*
Fre: régulateur Riccati *m*
Spa: regulador Riccati *m*

rich (air-fuel mixture) ***adj***
Ger: fett (Luft-Kraftstoff-Gemisch) *adj*
Fre: riche (mélange air-carburant) *adj*
Spa: rica (mezcla aire-combustible) *adj*

rich exhaust gas ***n***
Ger: fettes Abgas *n*
Fre: gaz d'échappement riches *mpl*
Spa: gases de escape ricos *mpl*

rich mixture ***n***
Ger: fettes Gemisch *n*
Fre: mélange riche *m*
Spa: mezcla rica *f*

rigid axis ***n***
Ger: Starrachse *f*
Fre: essieu rigide *m*
Spa: eje rígido *m*

rigid vehicle ***n***
Ger: Solofahrzeug *n*
Fre: véhicule sans remorque *m*
Spa: vehículo rígido *m*

rigidity ***n***
Ger: Steifigkeit *f*
Fre: rigidité *f*
Spa: rigidez *f*

rim (vehicle wheel) ***n***
Ger: Felge (Fahrzeugrad) *f*
Fre: jante *f*
Spa: llanta (rueda de vehículo) *f*

rim base (vehicle wheel) ***n***
Ger: Felgenbett (Fahrzeugrad) *n*
Fre: base de jante *f*
Spa: base de llanta (rueda de vehículo) *f*

rim bead seat (vehicle wheel) ***n***
Ger: Felgenschulter (Fahrzeugrad) *f*
Fre: portée du talon *f*
Spa: hombro de llanta (rueda de vehículo) *m*

rim diameter (vehicle wheel) ***n***
Ger: Felgendurchmesser (Fahrzeugrad) *m*
Fre: diamètre de jante *m*
Spa: diámetro de llanta (rueda de vehículo) *m*

rim flange (vehicle wheel) ***n***
Ger: Felgenhorn (Fahrzeugrad) *n*
Fre: rebord de jante *m*
Spa: pestaña de llanta (rueda de vehículo) *f*

rim well ***n***
Ger: Tiefbett *n*
Fre: base creuse *f*
Spa: plataforma baja *f*

ring gap metering (fuel injector) ***n***
Ger: Ringspaltzumessung (Einspritzventil) *f*
Fre: dosage par fente annulaire (injecteur) *m*
Spa: dosificación por intersticio anular (válvula de inyección) *f*

ring gear ***n***
Ger: Zahnkranz *m*
(Schwungradzahnkranz) *m*
Fre: couronne dentée de volant *f*
Spa: corona dentada *f*

ring groove ***n***
Ger: Ringnut *f*
Fre: rainure annulaire *f*
Spa: ranura anular *f*

ring magnet ***n***
Ger: Ringmagnet *m*
Fre: aimant torique *m*
Spa: imán anular *m*

ring main ***n***
Ger: Ringleitung *f*
Fre: conduite annulaire *f*
Spa: conducción en anillo *f*

ring parabola ***n***
Ger: Ringparabel *f*
Fre: parabole annulaire *f*
Spa: parábola anular *f*

ring shaped plunger groove ***n***
Ger: Kolbenringnut *f*
Fre: rainure annulaire de piston *f*
Spa: ranura de aro de pistón *f*

ring spanner ***n***
Ger: Ringschlüssel *m*
Fre: clé polygonale *f*
Spa: llave de boca estrellada *f*

rise limitation ***n***
Ger: Anstiegsbegrenzung *f*
Fre: limitation de montée en amplitude (signal) *f*
Spa: limitación de subida *f*

rising slope coefficient ***n***
Ger: Anstiegskoeffizient *m*
Fre: coefficient d'accroissement *m*
Spa: coeficiente de subida *m*

risk of brittleness ***n***
Ger: Versprödungsgefahr *f*
Fre: risque de fragilisation *m*
Spa: peligro de fragilización *m*

road condition ***n***
Ger: Fahrbahnbeschaffenheit *f*
Fre: état de la chaussée *m*
Spa: condición de la calzada *f*

road conditions ***n***
Ger: Fahrbahnverhältnis *n*
Fre: état de la chaussée *m*
Spa: condiciones de la calzada *fpl*

road factor ***n***
Ger: Fahrbahneinfluss *m*
Fre: effet de la chaussée *m*
Spa: influencia de la calzada *f*

road frictional torque ***n***
Ger: Fahrbahnreibmoment *n*
Fre: couple de frottement de la chaussée *m*
Spa: par de rozamiento de la calzada *m*

road sign recognition ***n***
Ger: Verkehrszeichenerkennung *f*
Fre: détection de panneaux de signalisation *f*
Spa: señal de tráfico *f*

road surface ***n***
Ger: Straßendecke *f*
(Fahrbahn) *f*
Fre: revêtement routier *m*
(chaussée) *f*
Spa: firme *m*
(pavimento) *m*

road surface adhesion (motor vehicle) ***n***
Ger: Bodenhaftung (Kfz) *f*
Fre: adhérence au sol *f*
Spa: adherencia a la calzada (automóvil) *f*

road train ***n***
Ger: Lastkraftwagenzug *m*
Fre: train d'utilitaires *m*
Spa: tren de carretera *m*

rocker ***n***
Ger: Kipper *m*
Fre: basculeur *m*
Spa: volquete *m*

rocker ***n***
Ger: Schaltwippe *f*
Fre: bascule de commutation *f*
Spa: pulsador basculante de mando *m*

rocker arm (valve timing) ***n***
Ger: Schlepphebel (Ventilsteuerung) *m*
Fre: levier oscillant (commande des soupapes) *m*
Spa: palanca de arrastre (control de válvula) *f*

rocking piston ***n***
Ger: Wiegekolben *m*

English

Fre: piston à fléau *f*
Spa: pistón de balancín *m*

rod antenna ***n***
Ger: Stabantenne *f*
Fre: antenne-fouet *f*
Spa: antena de varilla *f*

rod type glow plug ***n***
Ger: Stabglühkerze *f*
Fre: bougie-crayon de préchauffage *f*
Spa: bujía de espiga *f*

roll ***n***
Ger: Wanken *n*
Fre: roulis *m*
Spa: balanceo *m*

roll angle (vehicle dynamics) ***n***
Ger: Wankwinkel (Kfz-Dynamik) *m*
Fre: angle de roulis (dynamique d'un véhicule) *m*
Spa: ángulo de balanceo (dinámica del automóvil) *m*

roll axis (vehicle dynamics) ***n***
Ger: Querstabilitätsachse (Kfz-Dynamik) *f*
(Rollachse) *f*
(Wankachse) *f*
Fre: axe de roulis (dynamique d'un véhicule) *m*
Spa: eje de estabilidad transversal (dinámica del automóvil) *m*

roll bellows (air spring) ***n***
Ger: Rollbalg (Luftfeder) *m*
Fre: soufflet en U (suspension) *m*
Spa: fuelle neumático (muelle neumático) *m*

roll start block ***n***
Ger: Rollstartsperre *f*
Fre: dispositif antidémarrage *m*
Spa: bloqueo de arranque por rodadura *m*

roll velocity ***n***
Ger: Rollgeschwindigkeit *f*
Fre: vitesse de roulis *f*
Spa: velocidad de rodadura *f*

rollback limiter ***n***
Ger: Rollsperre *f*
Fre: antiroulage *m*
Spa: bloqueo antirodadura *m*

rolled on ***pp***
Ger: aufgewalzt *pp*
Fre: appliqué par laminage *pp*
Spa:

roller ***n***
Ger: Rolle *f*
Fre: molette tournante *f*
Spa: rodillo *m*

roller bearing ***n***
Ger: Wälzlager *n*
Fre: palier à roulement *m*
Spa: rodamiento *m*

roller cell pump ***n***
Ger: Rollenzellenpumpe *f*
Fre: pompe multicellulaire à rouleaux *f*
Spa: bomba multicelular a rodillos *f*

roller diameter ***n***
Ger: Rollendurchmesser *m*
Fre: diamètre de rouleau *m*
Spa: diámetro de rodillo *m*

roller dynamometer mode ***n***
Ger: Rollenprüfstands-Modus *m*
Fre: mode banc d'essai à rouleaux *m*
Spa: modo de banco de pruebas de rodillos *m*

roller path ***n***
Ger: Rollenlaufbahn *f*
Fre: surface de guidage des rouleaux *f*
Spa: guía de rodillos *f*

roller race ***n***
Ger: Rollengleitkurve *f*
Fre: rampe de travail *f*
Spa: curva de deslizamiento de rodillos *f*

roller set (dynamic brake analyzer) ***n***
Ger: Rollensatz (Rollenbremsprüfstand) *m*
(Rollenpaar) *n*
Fre: jeu de rouleaux (banc d'essai) *m*
Spa: juego de rodillos (banco de pruebas de frenos de rodillos) *m*

roller support ***n***
Ger: Rollenschuh *m*
Fre: talon de galet *m*
Spa: soporte de rodillos *m*

roller tappet ***n***
Ger: Rollenstößel *m*
Fre: poussoir à galet *m*
Spa: empujador de rodillos *m*

roller tappet gap ***n***
Ger: Rollenstößelspalt *m*
Fre: fente du poussoir à galet *f*
Spa: intersticio de empujador de rodillos *m*

roller tappet shell ***n***
Ger: Stößelkörper *m*
Fre: corps de poussoir *m*
Spa: cuerpo de empujador *m*

roller type fuel injection pump ***n***
Ger: Rollenstößel-Einspritzpumpe *f*
Fre: pompe d'injection à galet *f*
Spa: bomba de inyección de rodillos *f*

roller type overrunning clutch (starter) ***n***
Ger: Freilauf (Starter) *m*
(Rollenfreilauf) *m*
Fre: roue libre *f*
Spa: rueda libre (motor de arranque) *f*

roller type test bench ***n***
Ger: Rollenprüfstand *m*
Fre: banc d'essai à rouleaux *m*
Spa: banco de pruebas de rodillos *m*

rolling bearing grease ***n***
Ger: Wälzlagerfett *n*
Fre: graisse pour roulements *f*
Spa: grasa para rodamientos *f*

rolling contact path (ignition distributor) ***n***
Ger: Abwälzbahn (Zündverteiler) *f*
Fre: chemin de roulement *m*
Spa: trayecto de rodadura (distribuidor de encendido) *m*

rolling element ***n***
Ger: Rollenlager *n*
Fre: roulement à rouleaux *m*
Spa: cojinete de rodillos *m*

rolling friction ***n***
Ger: Rollreibung *f*
Fre: frottement au roulement *m*
Spa: fricción de rodadura *f*

rolling moment ***n***
Ger: Rollmoment *n*
(schlingerndes Moment) *n*
Fre: moment de lacet *m*
(couple de roulis) *m*
Spa: momento de rodadura *m*

rolling movement ***n***
Ger: Abrollbewegung *f*
Fre: mouvement de rotation *m*
Spa: movimiento de rodamiento *m*

rolling resistance ***n***
Ger: Rollwiderstand *m*
Fre: résistance au roulement *f*
Spa: resistencia a la rodadura *f*

rollover ***n***
Ger: Überschlag *m*
Fre: tonneau *m*
Spa: vuelco *m*

rollover bar ***n***
Ger: Überrollbügel *m*
(Schutzbügel) *m*
Fre: arceau de capotage *m*
(arceau de sécurité) *m*
Spa: arco de seguridad *m*

rollover protection ***n***
Ger: Überrollschutz *m*
(Überschlagschutz) *m*
(Überschlagschutzsystem) *n*
Fre: protection contre le renversement *f*
(protection anticapotage) *f*
Spa: protección antivuelco *f*

rollover sensor ***n***
Ger: Überrollsensor *m*
Fre: capteur de capotage *m*
Spa: sensor de vuelco *m*

roof airbag ***n***
Ger: Dach-Airbag *m*

English

Fre: airbag rideau *m*
Spa: airbag de techo *m*

roof console *n*
Ger: Dachkonsole *f*
Fre: console de toit *f*
Spa: consola de techo *f*

roof frame *n*
Ger: Dachrahmen *m*
Fre: baie de toit *f*
Spa: bastidor del techo *m*

roof pillar *n*
Ger: Dachsäule *f*
Fre: montant de toit *m*
Spa: pilar del techo *m*

root stress *n*
Ger: Zahnfußspannung *f*
Fre: contrainte de flexion *f*
Spa: esfuerzo en el pie del diente *f*

root tooth load *n*
Ger: Zahnfußbeanspruchung *f*
Fre: contrainte de flexion au pied *f*
Spa: carga en el pie del diente *f*

Roots blower *n*
Ger: Roots-Gebläse *f*
Fre: soufflante Roots *f*
(soufflante à piston rotatif) *f*
Spa: soplador Roots *m*

Roots supercharger *n*
Ger: Roots-Lader *m*
Fre: compresseur Roots *m*
Spa: turbocompresor Roots *m*

rotary actuator (door control) *n*
Ger: Drehantrieb (Türbetätigung) *m*
Fre: commande de pivotement des portes (commande des portes) *f*
Spa: accionamiento giratorio (accionamiento de puerta) *m*

rotary actuator (KE-Jetronic) *n*
Ger: Drehsteller (KE-Jetronic) *m*
Fre: actionneur rotatif (KE-Jetronic) *m*
Spa: actuador giratorio (KE-Jetronic) *m*

rotary actuator *n*
Ger: Drehstellwerk *n*
Fre: capteur angulaire *m*
Spa: variador giratorio *m*

rotary cam *n*
Ger: Drehnocken *m*
Fre: came rotative *f*
Spa: leva giratoria *f*

rotary engine *n*
Ger: Kreiskolbenmotor *m*
Fre: moteur à piston rotatif *m*
Spa: motor rotativo *m*

rotary handle *n*
Ger: Drehgriff *m*
Fre: poignée tournante *f*
Spa: empuñadura giratoria *f*

rotary idle actuator *n*
Ger: Leerlaufdrehsteller *m*
Fre: actionneur rotatif de ralenti *m*
Spa: ajustador de ralentí *m*

rotary knob valve *n*
Ger: Drehknopfventil *n*
Fre: valve à bouton rotatif *f*
Spa: válvula de botón giratorio *f*

rotary magnet *n*
Ger: Drehmagnet *m*
Fre: aimant rotatif *m*
Spa: electroimán de giro *m*

rotary magnet actuator *n*
Ger: Drehmagnetstellwerk *n*
Fre: actionneur à aimant rotatif *m*
Spa: variador magnético rotativo *m*

rotary oscillation damper *n*
Ger: Drehschwingungsdämpfer *m*
Fre: amortisseur de vibrations torsionnelles *m*
Spa: antivibrador torsional *m*

rotary piston *n*
Ger: Drehkolben *m*
Fre: piston rotatif *m*
Spa: émbolo giratorio *m*

rotary piston blower *n*
Ger: Drehkolben-Gebläse *n*
(Roots-Gebläse) *f*
Fre: soufflante à piston rotatif *f*
Spa: soplador de émbolo giratorio *m*

rotary piston supercharger *n*
Ger: Rotationskolbenverdichter *m*
(Rotationskolbenlader) *m*
Fre: compresseur à piston rotatif *m*
Spa: turbocompresor rotativo de pistones *m*

rotary potentiometer *n*
Ger: Drehpotentiometer *n*
Fre: potentiomètre rotatif *m*
Spa: potenciómetro giratorio *m*

rotary spindle *n*
Ger: Drehspindel *f*
Fre: broche pivotante *f*
Spa: husillo giratorio *m*

rotary switch *n*
Ger: Drehschalter *m*
Fre: commutateur rotatif *m*
Spa: interruptor giratorio *m*

rotating armature *n*
Ger: Drehanker *m*
Fre: induit rotatif *m*
Spa: inducido giratorio *m*

rotating armature relay *n*
Ger: Drehankerrelais *n*
Fre: relais à armature pivotante *m*
Spa: relé del inducido giratorio *m*

rotating beacon *n*
Ger: Rundumkennleuchte *f*
Fre: gyrophare *m*
Spa: luz omnidireccional de identificación *f*

rotating chopper *n*
Ger: Chopperscheibe *f*
Fre: disque vibreur *m*
Spa: contacto vibrador *m*
(disco interruptor) *m*

rotating shoe (drum brake) *n*
Ger: Drehbacke (Trommelbremse) *f*
Fre: mâchoire pivotante (frein à tambour) *f*
Spa: zapata giratoria (freno de tambor) *f*

rotating slide *n*
Ger: Drehschieber *m*
Fre: tiroir rotatif *m*
Spa: corredera giratoria *f*
(distribuidor giratorio) *m*

rotating stator field *n*
Ger: Ständerdrehfeld *n*
Fre: champ tournant statorique *m*
Spa: campo giratorio del estator *m*

rotational angle *n*
Ger: Drehwinkel *m*
Fre: angle de rotation *m*
Spa: ángulo de giro *m*

rotational axis *n*
Ger: Rotationsachse *f*
Fre: axe de rotation *m*
Spa: eje de rotación *m*

rotational damping coefficient *n*
Ger: Torsionsfestigkeit *f*
(Drehdämpfungskonstante) *f*
Fre: résistance à la torsion *f*
Spa: resistencia a la torsión *f*

rotor (pressure supercharger) *n*
Ger: Läufer *m*
(Rotor) *n*
Fre: rotor (échangeur de pression) *m*
Spa: rotor *m*

rotor chamber (hydrodynamic retarder) *n*
Ger: Schaufelraum (hydrodynamischer Verlangsamer) *m*
Fre: volume entre les palettes du rotor (ralentisseur hydrodynamique) *m*
Spa: cámara de los álabes (retardador hidrodinámico) *f*

rotor gap *n*
Ger: Rotorluftspalt *m*
Fre: entrefer du rotor *m*
Spa: entrehierro de rotor *m*

rotor magnet *n*
Ger: Rotormagnet *m*
Fre: aimant rotorique *m*
Spa: imán de rotor *m*

rotor plate (roller-cell pump) *n*
Ger: Läuferscheibe (Rollenzellenpumpe) *f*
Fre: rotor à cages (pompe multicellulaire à rouleaux) *m*

Spa: disco de rotor (bomba multicelular a rodillos) *m*

rotor shaft ***n***
Ger: Läuferwelle *f*
Fre: arbre de rotor *m*
Spa: árbol de rotor *m*

rotor winding ***n***
Ger: Läuferwicklung *f*
Fre: enroulement rotorique *m*
Spa: devanado de rotor *m*

rough road recognition ***n***
Ger: Schlechtwegerkennung *f*
Fre: détection d'une chaussée accidentée *f*
Spa: detección de camino en mal estado *f*

roughness profile ***n***
Ger: Rauheitsprofil *n*
Fre: profil de rugosité *m*
Spa: perfil de rugosidad *m*

round steel plate ***n***
Ger: Stahlronde *f*
Fre: flan circulaire *m*
Spa: placa redonda de acero *f*

route computation (vehicle navigation system) ***n***
Ger: Routenberechnung (Navigationssystem) *f*
Fre: calcul d'itinéraire *m*
Spa: cálculo de ruta (sistema de navegación) *m*

route-guidance (vehicle navigation system) ***n***
Ger: Zielführung *f*
(Navigationssystem) *n*
Fre: guidage jusqu'à destination *m*
Spa: guía al destino *f*

RPM control ***n***
Ger: Drehzahlregelung *f*
Fre: régulation de la vitesse de rotation *f*
(régulation de vitesse) *f*
Spa: regulación del número de revoluciones *f*

rubber bellows ***n***
Ger: Gummirollbalg *m*
Fre: soufflet en caoutchouc *m*
Spa: fuelle neumático de goma *m*

rubber bushing ***n***
Ger: Gummibuchse *f*
Fre: douille caoutchouc *f*
Spa: casquillo de goma *m*

rubber coating ***n***
Ger: Gummieren *n*
Fre: revêtement caoutchouté *m*
Spa: revestimiento de goma *m*

rubber disc ***n***
Ger: Gummischeibe *f*
Fre: rondelle en caoutchouc *f*
Spa: disco de goma *m*

rubber grommet ***n***
Ger: Gummitülle *f*
Fre: passe-fil en caoutchouc *m*
Spa: boquilla de goma *f*

rubber metal connection ***n***
Ger: Schwingmetall *n*
Fre: bloc métallo-caoutchouc *m*
Spa: caucho-metal *m*

rubber mount ***n***
Ger: Gummilager *n*
Fre: palier caoutchouc *m*
Spa: apoyo de goma *m*

rubber pad ***n***
Ger: Gummiunterlage *f*
Fre: support en caoutchouc *m*
Spa: asiento de goma *m*

rubber seal ***n***
Ger: Dichtgummi *n*
Fre: caoutchouc d'étanchéité *m*
Spa: junta de goma *f*

rubber seal ***n***
Ger: Dichtungsgummi *n*
Fre: caoutchouc d'étanchéité *m*
Spa: junta de goma *f*

rubber seal ***n***
Ger: Gummidichtung *f*
Fre: bague en caoutchouc *f*
Spa: junta de goma *f*

rubber seal ring ***n***
Ger: Gummidichtring *m*
Fre: joint en caoutchouc *m*
Spa: junta anular de goma *f*

rubber sleeve ***n***
Ger: Gummimanschette *f*
Fre: douille en caoutchouc *f*
Spa: manguito de goma *m*

ruby laser ***n***
Ger: Rubin-Laser *m*
Fre: laser à rubis *m*
Spa: láser de rubí *m*

run in ***n***
Ger: Einlauf *m*
Fre: rodage *m*
Spa: rodaje *m*

run up time ***n***
Ger: Hochlaufdauer *f*
Fre: temps de montée en régime *m*
Spa: duración de la aceleración *f*

run up to speed (IC engine) ***v***
Ger: hochlaufen (Verbrennungsmotor) *v*
Fre: montée en régime (moteur à combustion) *f*
Spa: acelerar en el arranque (motor de combustión) *v*

runaway surface ignition ***n***
Ger: akkumulative Oberflächenzündung *f*
Fre: allumage par point chaud *m*
Spa: encendido acumulativo de superficie *m*

running board ***n***
Ger: Trittbrett *n*
Fre: marche-pied *m*
Spa: estribo *m*

running diagram ***n***
Ger: Fahrdiagramm *n*
Fre: diagramme de conduite *m*
Spa: diagrama de marcha *m*

running direction ***n***
Ger: Fahrtrichtung *f*
(Rollrichtung) *f*
Fre: sens de déplacement *m*
(sens de roulement) *m*
Spa: dirección de marcha *f*

running noise ***n***
Ger: Laufgeräusch *n*
Fre: bruits de fonctionnement *mpl*
Spa: ruido de marcha *m*

running performance ***n***
Ger: Laufleistung *f*
Fre: kilométrage *m*
Spa: kilometraje *m*

running performance ***n***
Ger: Laufverhalten *n*
Fre: comportement de marche *m*
Spa: comportamiento de marcha *m*

running surface ***n***
Ger: Lauffläche *f*
Fre: bande de roulement *f*
Spa: superficie de rodadura *f*

running up time ***n***
Ger: Hochlaufdauer *f*
Fre: temps de montée en régime *m*
Spa: duración de la aceleración *f*

rust formation ***n***
Ger: Rostbildung *f*
Fre: formation de rouille *f*
Spa: formación de óxido *f*

rust level ***n***
Ger: Rostgrad *m*
Fre: degré d'enrouillement *m*
Spa: grado de oxidación *m*

rust remover ***n***
Ger: Rostlöser *m*
Fre: dissolvant antirouille *m*
Spa: removedor de óxido *m*

S

sac less (vco) nozzle ***n***
Ger: Sitzlochdüse *f*
Fre: injecteur à siège perforé *m*
Spa: inyector con orificio de asiento *m*

safety and security electronics ***npl***
Ger: Sicherheitselektronik *f*
Fre: électronique de sécurité *f*
Spa: electrónica de seguridad *f*

safety and security system ***n***
Ger: Sicherheitssystem *n*
Fre: système de sécurité *m*
Spa: sistema de seguridad *m*

safety device ***n***
Ger: Sicherheitseinrichtung *f*
Fre: dispositif de sécurité *m*
Spa: dispositivo de seguridad *m*

safety glass *n*
Ger: Sicherheitsglas *n*
Fre: verre de sécurité *m*
Spa: cristal de seguridad *m*

safety instructions *npl*
Ger: Sicherheitshinweise *mpl*
Fre: consignes de sécurité *fpl*
Spa: indicaciones de seguridad *fpl*

safety mode *n*
Ger: Sicherheitsmodus *m*
Fre: mode « sécurité » *m*
Spa: modo de seguridad *m*

safety pin *n*
Ger: Sicherungsstift *m*
Fre: goupille d'arrêt *f*
Spa: espiga de seguro *f*

safety pressure *n*
Ger: Sicherungsdruck *m*
Fre: pression de sécurité *f*
Spa: presión de seguridad *f*

safety regulations *npl*
Ger: Sicherheitsvorschriften *fpl*
Fre: prescriptions de sécurité *fpl*
Spa: prescripciones de seguridad *fpl*

safety valve (air drier) *n*
Ger: Sicherheitsventil (Lufttrockner) *n*
Fre: valve de sécurité (dessiccateur) *f*
Spa: válvula de seguridad (secador de aire) *f*

salient pole alternator *n*
Ger: Einzelpolgenerator *m*
Fre: alternateur à pôles saillants *m*
Spa: alternador monopolar *m*

salient pole rotor *n*
Ger: Einzelpolläufer *m*
Fre: rotor à pôles saillants *m*
Spa: rotor monopolar *m*

saloon *n*
Ger: Limousine *f*
Fre: berline *f*
Spa: berlina *f*

salt spray test *n*
Ger: Salzsprühtest *m*
Fre: test au brouillard salin *m*
Spa: ensayo con pulverización de sal *m*

sample bag (emissions-control engineering) *n*
Ger: Beutel (Abgastechnik) *m*
Fre: sac de collecte *m*
Spa: bolsa de muestras (técnica de gases de escape) *f*

sampling length *n*
Ger: Einzelmessstrecke *f*
Fre: longueur de base *f*
Spa: tramo de medición simple *m*

sampling time *n*
Ger: Abtastzeit *f*
Fre: période d'échantillonnage *f*
Spa: periodo de exploración *m*

satellite positioning system (navigation system) *n*
Ger: Satellitenortungssystem (Navigationssystem) *n*
Fre: système de localisation par satellite (système de navigation) *m*
Spa: sistema de localización por satélite (sistema de navegación) *m*

saturation *n*
Ger: Sättigung *f*
Fre: saturation *f*
Spa: saturación *f*

saturation based canister purge *n*
Ger: beladungsabhängige Tankentlüftung (Abgastechnik) *f*
Fre: dégazage du réservoir en fonction du chargement *m*
Spa: purga de aire del depósito en función de la carga (técnica de gases de escape) *f*

saturation point (water content) *n*
Ger: Sättigungsmenge (Luftfeuchtigkeit) *f*
Fre: quantité de saturation (humidité de l'air) *f*
Spa: cantidad de saturación (humedad del aire) *f*

scaling *n*
Ger: Zunder *m*
Fre: calamine *f*
Spa: cascarilla *f*

scavenge efficiency *n*
Ger: Spülgrad *n*
Fre: taux de balayage *m*
Spa: grado de expulsión *m*

scavenging flow *n*
Ger: Spülstrom *m*
Fre: flux de balayage *m*
Spa: flujo de expulsión *m*

scavenging pump *n*
Ger: Spülpumpe *f*
Fre: pompe de balayage *f*
Spa: bomba de enjuague *f*

schematic diagram *n*
Ger: Stromlaufplan *m*
Fre: schéma des circuits *m*
Spa: esquema de circuito *m*

score (brake drum, brake disc) *v*
Ger: einlaufen (Bremstrommel, Bremsscheibe) *v*
Fre: trace d'usure (tambour, frein à disque) *f*
Spa: marca de uso (tambor de freno, disco de freno) *f*

score area *n*
Ger: Riefenfläche *f*
Fre: surface striée *f*
Spa: superficie de neumático *f*

score depth *n*
Ger: Riefentiefe *f*
Fre: profondeur de creux *f*
Spa: profundidad de neumático *f*

scoring (brake drum, brake disc) *n*
Ger: Einlaufstelle (Bremstrommel, Bremsscheibe) *f*
Fre: trace d'usure (tambour, frein à disque) *f*
Spa: marca de uso (tambor de freno, disco de freno) *f*

scrap *n*
Ger: Ausschuss *m*
Fre: mise au rebut *f*
Spa: desechos *mpl*
(rechazo) *m*

scrap *v*
Ger: Verschrotten *v*
Fre: mise au rebut *f*
Spa: chatarra *f*

scraper ring *n*
Ger: Abstreifring *m*
Fre: joint racleur *m*
Spa: Anillo rascador *m*

screen (lighting) *n*
Ger: Bildschirm (Lichttechnik) *m*
Fre: écran (Logistik) *m*
Spa: pantalla (técnica de iluminación) *f*

screening effect *n*
Ger: Verdeckungseffekt *m*
Fre: effet de masque *m*
Spa: efecto de ocultamiento *m*

screw *n*
Ger: Schraube *f*
Fre: vis *f*
Spa: tornillo *m*

screw cap *n*
Ger: Verschlussschraube *f*
Fre: bouchon fileté *m*
Spa: tapón roscado *m*

screw conveyor *n*
Ger: Förderschnecke *f*
Fre: vis transporteuse *f*
Spa: tornillo transportador *m*

screw head *n*
Ger: Schraubenkopf *m*
Fre: tête de vis *f*
Spa: cabeza de tornillo *f*

screw on fitting *n*
Ger: Anschraubstutzen *m*
Fre: tubulure à visser *f*
Spa: tubuladura de enroscar *f*

screw thread insert *n*
Ger: Gewindeeinsatz *m*
Fre: filet rapporté *m*
Spa: inserto roscado *m*

screw type supercharger *n*
Ger: Schraubenverdichter *m*
Fre: compresseur à vis *m*
Spa: compresor helicoidal *m*

screwed connection *n*
Ger: Verschraubung *f*

English

Fre: raccord à vis *m*
Spa: unión roscada *f*

screwed socket ***n***
Ger: Einschraubstutzen *m*
Fre: manchon fileté *m*
Spa: tubuladura roscada *f*

seal ***v***
Ger: abdichten *v*
Fre: étancher *v*
Spa: estanqueizar *v*

seal ***n***
Ger: Dichtung *f*
Fre: joint *m*
Spa: junta *f*

seal seat ***n***
Ger: Dichtsitz *m*
Fre: siège d'étanchéité *m*
Spa: asiento de junta *m*

sealant ***n***
Ger: Dichtmittel *n*
Fre: produit d'étanchéité *m*
Spa: impermeabilizante *m*

sealing cap (wheel-brake cylinder) ***n***
Ger: Abdichtstulpe (Radzylinder) *f*
Fre: manchon d'étanchéité (cylindre de roue) *m*
Spa: manguito estanqueizante (bombín de rueda) *m*

sealing cap ***n***
Ger: Dichtungskappe *f*
Fre: calotte d'étanchéité *f*
Spa: caperuza estanqueizante *f*

sealing compound (battery) ***n***
Ger: Vergussmasse (Batterie) *f*
Fre: masse d'enrobage (batterie) *f*
Spa: masilla obturadora (batería) *f*

sealing cone ***n***
Ger: Dichtkonus *m*
(Dichtkegel) *m*
Fre: cône d'étanchéité *m*
Spa: cono estanqueizante *m*

sealing device ***n***
Ger: Abdichtvorrichtung *f*
Fre: dispositif d'étanchéité *m*
Spa: dispositivo estanqueizante *m*

sealing diaphragm ***n***
Ger: Abdichtungsmembrane *v*
Fre: membrane d'étanchéité *f*
Spa: membrana estanqueizante *f*

sealing flange ***n***
Ger: Dichtflansch *m*
Fre: flasque d'étanchéité *m*
Spa: brida estanqueizante *f*

sealing gasket ***n***
Ger: Dichtrahmen *m*
Fre: cadre d'étanchéité *m*
Spa: marco estanqueizante *m*

sealing lip ***n***
Ger: Dichtlippe *f*
Fre: lèvre d'étanchéité *f*
Spa: labio obturador *m*

sealing material ***n***
Ger: Dichtungsmaterial *n*
Fre: matériau d'étanchéité *m*
Spa: material estanqueizante *m*

sealing plug ***n***
Ger: Verschlussstopfen *m*
Fre: bouchon *m*
Spa: tapón *m*

sealing ring ***n***
Ger: Dichtring *m*
Fre: joint circulaire *m*
Spa: anillo obturador *m*

sealing surface ***n***
Ger: Dichtfläche *f*
Fre: surface d'étanchéité *f*
Spa: superficie estanqueizante *f*

sealing washer ***n***
Ger: Abdichtscheibe *f*
Fre: rondelle d'étanchéité *f*
Spa: disco estanqueizante *m*

sealing washer ***n***
Ger: Dichtungsmasse *f*
Fre: masse d'étanchéité *f*
Spa: pasta obturante *f*

sealing washer ***n***
Ger: Verschlussscheibe *f*
Fre: rondelle d'obturation *f*
Spa: disco obturador *m*

seat adjustment ***n***
Ger: Sitzverstellung *f*
Fre: réglage des sièges *m*
Spa: ajuste de asiento *m*

seat anchor ***n***
Ger: Sitzverankerung *f*
Fre: point d'ancrage de siège *m*
Spa: anclaje de asiento *m*

seat belt ***n***
Ger: Sicherheitsgurt *m*
(Gurtband) *n*
Fre: ceinture de sécurité *f*
(sangle) *f*
Spa: cinturón de seguridad *m*

seat belt brake ***n***
Ger: Gurtbremse *f*
Fre: frein de ceinture de sécurité *m*
Spa: freno de cinturón de seguridad *m*

seat belt buckle ***n***
Ger: Gurtschloss *n*
Fre: verrou de ceinture *m*
Spa: cierre de cinturón de seguridad *m*

seat belt extender ***n***
Ger: Gurtbringer *m*
Fre: serveur de ceinture *m*
Spa: aproximador de cinturón *m*

seat belt locking ***n***
Ger: Gurtverriegelung *f*
Fre: verrouillage de ceinture de sécurité *m*
Spa: enclavamiento de cinturón de seguridad *m*

seat belt pretensioner ***n***
Ger: Gurtstraffer *m*
Fre: prétensionneur de ceinture *m*
Spa: pretensor de cinturón de seguridad *m*

seat belt-tightener trigger unit ***n***
Ger: Gurtstraffer-Auslösegerät *n*
Fre: déclencheur de prétensionneur *m*
Spa: disparador de pretensor de cinturón de seguridad *m*

seat heating ***n***
Ger: Sitzheizung *f*
Fre: chauffage de siège *m*
Spa: calefacción de asiento *f*

seat type ***n***
Ger: Sitzform *f*
Fre: forme de siège *m*
Spa: forma del asiento *f*

seating position switsch ***n***
Ger: Sitzpositionsschalter *m*
Fre: commutateur de position de siège *m*
Spa: interruptor de posición de conducción *m*

seating reference point, SRP ***n***
Ger: Sitzbezugspunkt *m*
Fre: point de référence de place assise *m*
Spa: punto de referencia de asiento *m*

seat-occupant detection ***n***
Ger: Sitzbelegungserkennung *f*
Fre: détection d'occupation de siège *f*
Spa: detección de ocupación de asiento *f*

secondary air ***n***
Ger: Falschluft *f*
Fre: air parasite *m*
Spa: aire secundario *m*

secondary air ***n***
Ger: Sekundärluft *f*
Fre: air secondaire *m*
Spa: aire secundario *m*

secondary air gap ***n***
Ger: Sekundärluftspalt *m*
Fre: entrefer secondaire *m*
Spa: intersticio de aire secundario *m*

secondary air induction ***n***
Ger: Sekundärluftansaugung *f*
Fre: insufflation d'air secondaire *f*
Spa: aspiración de aire secundario *f*

secondary air injection ***n***
Ger: Sekundärlufteinblasung *f*
Fre: insufflation d'air secondaire *f*
Spa: insuflación de aire secundario *f*

secondary air pump ***n***
Ger: Sekundärluftpumpe *f*
Fre: pompe d'insufflation d'air secondaire *f*

English

Spa: bomba de aire secundario *f*

secondary air solenoid valve ***n***
Ger: Sekundärluft-Magnetventil *n*
Fre: électrovanne d'air secondaire *f*
Spa: electroválvula de aire secundario *f*

secondary air system ***n***
Ger: Sekundärluftsystem *n*
Fre: système d'insufflation d'air secondaire *m*
Spa: sistema de aire secundario *m*

secondary air valve ***n***
Ger: Sekundärluftventil *n*
Fre: électrovalve d'air secondaire *f*
Spa: válvula de aire secundario *f*

secondary brake line ***n***
Ger: Hilfsbremsleitung *f*
Fre: conduite de secours *f*
Spa: línea de freno auxiliar *f*

secondary brake system ***n***
Ger: Hilfs-Bremsanlage *f*
Fre: dispositif de freinage de secours *m*
Spa: sistema auxiliar de frenos *m*

secondary brake valve ***n***
Ger: Hilfsbremsventil *n*
Fre: valve de frein de secours *f*
Spa: válvula de freno auxiliar *f*

secondary braking ***n***
Ger: Hilfsbremsung *f*
Fre: freinage de secours *m*
Spa: frenado auxiliar *m*

secondary braking effect ***n***
Ger: Hilfsbremswirkung *f*
Fre: effet de freinage auxiliaire *m*
Spa: efecto de freno auxiliar *m*

secondary circuit ***n***
Ger: Sekundärkreis *m*
Fre: circuit secondaire *m*
Spa: circuito secundario *m*

secondary cup seal ***n***
Ger: Sekundärmanschette *f*
Fre: manchette secondaire *f*
Spa: retén secundario *m*

secondary current ***n***
Ger: Sekundärstrom *m*
Fre: courant secondaire *m*
Spa: corriente secundaria *f*

secondary filter ***n***
Ger: Nachfilter *n*
Fre: filtre secondaire *m*
Spa: filtro secundario *m*

secondary injection ***n***
Ger: Nacheinspritzung *f*
Fre: post-injection *f*
Spa: postinyección *f*

secondary injection ***n***
Ger: Nachspritzer *m*
Fre: bavage (injection diesel) *m*
Spa: inyección secundaria *f*

secondary loads (compressed-air system) ***npl***
Ger: Nebenverbraucher (Druckluftanlage) *mpl*
Fre: récepteurs auxiliaires (dispositif de freinage à air comprimé) *mpl*
Spa: consumidor secundario (sistema de aire comprimido) *m*

secondary pole surface ***n***
Ger: Sekundärpolfläche *f*
Fre: surface polaire secondaire *f*
Spa: superficie polar secundaria *f*

secondary pressure (brake) ***n***
Ger: Sekundärdruck (Bremse) *m*
Fre: pression secondaire (frein) *f*
Spa: presión secundaria (freno) *f*

secondary retarder ***n***
Ger: Sekundärretarder *m*
Fre: ralentisseur secondaire *m*
Spa: retardador secundario *m*

secondary roller (dynamic brake analyzer) ***n***
Ger: Auflaufrolle (Rollenbremsprüfstand) *f*
Fre: rouleau suiveur (banc d'essai) *m*
Spa: rodillo secundario (banco de pruebas de frenos de rodillos) *m*

secondary side (compressed-air components) ***n***
Ger: Sekundärseite (Druckluftgeräte) *f*
Fre: côté secondaire (dispositifs à air comprimé) *m*
Spa: lado secundario (aparatos de aire comprimido) *m*

secondary voltage ***n***
Ger: Sekundärspannung *f*
Fre: tension secondaire *f*
Spa: tensión secundaria *f*

secondary winding ***n***
Ger: Sekundärwicklung *f*
(Sekundärspule) *f*
Fre: enroulement secondaire *m*
Spa: devanado de secundario *m*

sectional drawing ***n***
Ger: Schnittzeichnung *f*
Fre: dessin en coupe *m*
Spa: dibujo de corte *m*

securing strip ***n***
Ger: Befestigungsleiste *f*
Fre: baguette de fixation *f*
Spa: regleta de fijación *f*

seizure ***n***
Ger: Fressen *n*
Fre: grippage *m*
Spa: gripado *m*

selective catalytic converter ***n***
Ger: Selektivkatalysator *m*
Fre: catalyseur sélectif *m*
Spa: catalizador selectivo *m*

selector lever ***n***
Ger: Getriebewählhebel *m*
Fre: sélecteur de rapport de vitesse *m*
Spa: palanca selectora de cambio *f*

self adaptation ***n***
Ger: Selbstadaption *f*
Fre: auto-adaptation *f*
Spa: autoadaptación *f*

self amplification (braking force) ***n***
Ger: Selbstverstärkung (Bremskraft) *f*
Fre: auto-amplification (force de freinage) *f*
Spa: autoamplificación (fuerza de frenado) *f*

self charging ***ppr***
Ger: Selbstaufladung *f*
Fre: auto-suralimentation *f*
Spa: autosobrealimentación *f*

self cleaning ***ppr***
Ger: selbstreinigend *adj*
Fre: autonettoyant *adj*
Spa: autolimpiante *adj*

self cleaning temperature (spark plug) ***n***
Ger: Freibrenngrenze (Zündkerze) *f*
(Freibrenntemperatur) *f*
Fre: température d'autonettoyage *f*
Spa: temperatura de autolimpieza (bujía de encendido) *f*

self diagnosis ***n***
Ger: Eigendiagnose *f*
Fre: autodiagnostic *m*
Spa: autodiagnóstico *m*

self diagnosis initiate line ***n***
Ger: Eigendiagnose-Reizleitung *f*
(Reizleitung) *f*
Fre: câble d'activation de l'autodiagnostic *m*
Spa: línea de excitación del autodiagnóstico *f*

self discharge (battery) ***n***
Ger: Selbstentladung (Batterie) *f*
Fre: décharge spontanée (batterie) *f*
Spa: autodescarga (batería) *f*

self excitation (rotating machines) ***n***
Ger: Selbsterregung (drehende Maschinen) *f*
Fre: auto-excitation (machines tournantes) *f*
Spa: autoexcitación (máquinas rotativas) *f*

self excitation speed (rotating machines) ***n***
Ger: Angehdrehzahl (drehende Maschinen) *f*
Fre: vitesse d'auto-excitation (machines tournantes) *f*

Spa: velocidad de autoexcitación (máquinas rotativas) *f*

self governing ***ppr***
Ger: selbstregelnd *ppr*
Fre: autorégulation *f*
Spa: autoregulado *ppr*

self induction ***n***
Ger: Selbstinduktion *f*
Fre: auto-induction *f*
Spa: autoinducción *f*

self inhibiting ***adj***
Ger: selbsthemmend *adj*
Fre: autobloquant *adj*
Spa: autoinhibidor *adj*

self lubricating ***adj***
Ger: selbstschmierend *adj*
Fre: autolubrifiant *adj*
Spa: autolubricante *adj*

self monitoring ***n***
Ger: Selbstüberwachung *f*
Fre: autosurveillance *f*
Spa: autovigilancia *f*

self parking (wiper motor) ***n***
Ger: Endabstellung (Wischermotor) *f*
Fre: arrêt en fin de course (moteur d'essuie-glace) *m*
Spa: parada en posición final (motor del limpiaparabrisas) *f*

self steering effect ***n***
Ger: Eigenlenkverhalten *n*
Fre: comportement autodirectionnel *m*
(comportement élastocinématique) *m*
Spa: efecto de autoguiado *m*

self tapping screw ***n***
Ger: Blechschraube *f*
Fre: vis à tôle *f*
Spa: tornillo para chapa *m*

self test ***n***
Ger: Selbsttest *m*
Fre: test automatique *m*
Spa: autoensayo *m*

selt belt usage detection ***n***
Ger: Gurtbenutzungserkennung *f*
Fre: détection d'oubli de bouclage des ceintures *f*
Spa: detección de uso de cinturón *f*

semi rigid axle ***n***
Ger: Halbstarrachse *f*
Fre: essieu semi-rigide *m*
Spa: eje semirígido *m*

semi trailer coupling ***n***
Ger: Aufliegerkupplung *f*
Fre: accouplement de semi-remorque *m*
Spa: enganche para semirremolque *m*

semi transparent ***adj***
Ger: teildurchlässig *adj*
Fre: semi-réfléchissant *adj*
Spa: semitransparente *adj*

semiconductor ***n***
Ger: Halbleiter *m*
Fre: semi-conducteur *m*
Spa: semiconductor *m*

semiconductor laser ***n***
Ger: Halbleiterlaser *m*
Fre: laser à semi-conducteurs *m*
Spa: láser de semiconductor *m*

semiconductor layer ***n***
Ger: Halbleiterschicht *f*
Fre: couche semi-conductrice *f*
Spa: capa semiconductora *f*

semiconductor memory chip ***n***
Ger: Halbleiterspeicher *m*
Fre: mémoire à semi-conducteurs *f*
Spa: memoria de semiconductores *f*

semi-hollow rivet ***n***
Ger: Halbhohlniet *m*
Fre: rivet bifurqué *m*
Spa: remache semihueco *m*

seminartrailer tractor ***n***
Ger: Sattelschlepper *m*
Fre: semi-remorque *m*
Spa: cabeza tractora *f*

semi-surface gap (spark plug) ***n***
Ger: Luftgleitfunkenstrecke (Zündkerze) *f*
Fre: distance d'éclatement et de glissement (bougie d'allumage) *f*
Spa: recorrido deslizante de la chispa (bujía de encendido) *m*

semitrailer ***n***
Ger: Sattelzug *m*
Fre: semi-remorque *m*
Spa: tractocamión articulado *m*

sensing axis ***n***
Ger: Sensierachse *f*
Fre: axe de détection *m*
Spa: eje de detección *m*

sensitivity ***n***
Ger: Empfindlichkeit (Messtechnik) *f*
Fre: sensibilité *f*
Spa: sensibilidad (metrología) *f*

sensor ***n***
Ger: Geber *m*
(Messfühler) *m*
(Sensor) *m*
Fre: capteur *m*
Spa: transmisor *m*
(captador) *m*

sensor ***n***
Ger: Sensor *m*
Fre: capteur *m*
Spa: sensor *m*

sensor characteristic ***n***
Ger: Sensorcharakteristik *f*
Fre: caractéristique de capteur *f*
Spa: característica del sensor *f*

sensor chip ***n***
Ger: Sensorchip *m*
Fre: puce capteur *f*
Spa: chip del sensor *m*

sensor curve ***n***
Ger: Sensorkennlinie *f*
Fre: courbe caractéristique de capteur *f*
Spa: curva característica del sensor *f*

sensor evaluation ***n***
Ger: Sensorauswertung *f*
Fre: analyse des signaux de capteur *f*
Spa: evaluación de sensor *f*

sensor evaluation electronics ***n***
Ger: Sensorauswerteelektronik *f*
Fre: electronique d'évaluation des capteurs *f*
Spa: electrónica de evaluación del sensor *f*

sensor interface ***n***
Ger: Sensor-Interface *n*
Fre: interface capteurs *f*
Spa: interfaz de sensor *f*

sensor plate (L-Jetronic) ***n***
Ger: Stauklappe (L-Jetronic) *f*
Fre: volet-sonde (L-Jetronic) *m*
Spa: placa sonda (L-Jetronic) *f*

sensor plate (K-Jetronic) ***n***
Ger: Stauscheibe (K-Jetronic) *f*
Fre: plateau-sonde (K-Jetronic) *m*
Spa: plato sonda (K-Jetronic) *m*

sensor plausibility ***n***
Ger: Sensorplausibilität *f*
Fre: plausibilité du signal du capteur *f*
Spa: plausibilidad del sensor *f*

sensor ring ***n***
Ger: Geberrad *n*
Fre: roue crantée *f*
Spa: rueda del transmisor *f*
(rueda del captador) *f*

sensor roller (dynamic brake analyzer) ***n***
Ger: Tastrolle (Rollenbremsprüfstand) *f*
Fre: rouleau palpeur (banc d'essai) *m*
Spa: rodillo palpador (banco de pruebas de frenos de rodillos) *m*

sensor technology ***n***
Ger: Sensorik *f*
Fre: capteurs *pl*
Spa: técnica de sensores *f*

sensor voltage ***n***
Ger: Sensorspannung *f*
Fre: tension du capteur *f*
Spa: tensión del sensor *f*

separating cup seal ***n***
Ger: Trennmanschette *f*

Fre: manchette de séparation *f*
Spa: manguito separador *m*

separator (battery) ***n***
Ger: Separator (Batterie) *m*
(Abscheider) *m*
Fre: séparateur (batterie) *m*
Spa: separador (batería) *m*

separator ***n***
Ger: Trennblech *n*
Fre: tôle de séparation *f*
Spa: chapa separadora *f*

sequential ***adj***
Ger: sequenziell *adj*
Fre: séquentiel *adj*
Spa: secuencial *adj*

sequential fuel injection ***n***
Ger: sequenzielle Einspritzung *f*
Fre: injection séquentielle *f*
Spa: inyección secuencial *f*

sequential supercharging ***n***
Ger: Registeraufladung *f*
Fre: suralimentation séquentielle *f*
Spa: sobrealimentación escalonada *f*

serial ***adj***
Ger: seriell *adj*
Fre: sériel *adj*
Spa: serial *adj*

serial interface ***n***
Ger: serielle Schnittstelle *f*
Fre: interface série *f*
Spa: interfaz serial *f*

serial number ***n***
Ger: Seriennummer *f*
Fre: numéro de série *m*
Spa: número de serie *m*

series ***n***
Ger: Baureihe *f*
Fre: série *f*
Spa: serie *f*

series connection ***n***
Ger: Reihenschaltung *f*
Fre: montage en série *m*
Spa: conexión en serie *f*

series fabrication type ***n***
Ger: Serienausführung *f*
Fre: version de série *f*
Spa: modelo de serie *m*

series motor ***n***
Ger: Hauptschlussmotor *m*
(Reihenschlussmotor) *m*
Fre: moteur série *m*
Spa: motor de excitación en serie *m*

series reactor ***n***
Ger: Vorschaltdrossel *f*
Fre: inductance série *f*
Spa: reactancia adicional *f*

series winding ***n***
Ger: Reihenschlusswicklung *f*
Fre: enroulement série *m*
Spa: arrollamiento en serie *m*

series wound machine ***n***
Ger: Reihenschlussmaschine *f*
Fre: machine à excitation série *f*
Spa: máquina de exitación en serie *f*

series-wound DC drive ***n***
Ger: Gleichstrom-Reihenschlussantrieb *m*
Fre: entraînement à courant continu à excitation série *m*
Spa: accionamiento de corriente continua de excitación en serie *m*

service brake application ***n***
Ger: Betriebsbremsung *f*
Fre: freinage de service *m*
Spa: aplicación del freno de servicio *f*

service brake circuit ***n***
Ger: Betriebsbremskreis *m*
Fre: circuit de freinage de service *m*
Spa: circuito del freno de servicio *m*

service brake system ***n***
Ger: Betriebs-Bremsanlage *f*
(Fußbremse) *f*
Fre: dispositif de freinage de service *m*
Spa: instalación de freno de servicio *f*

service brake valve ***n***
Ger: Betriebsbremsventil *n*
Fre: valve de frein de service *f*
Spa: válvula del freno de servicio *f*

service code ***n***
Ger: Servicecode *m*
Fre: code service *m*
Spa: código de servicio *m*

service documents ***npl***
Ger: Service-Unterlagen *fpl*
Fre: documents S.A.V. *mpl*
Spa: documentación de servicio *f*

service lamp ***n***
Ger: Serviceleuchte *f*
Fre: témoin de service *m*
Spa: lámpara de servicio *f*

service life ***n***
Ger: Lebensdauer *f*
Fre: durée de vie *f*
(durabilité) *f*
Spa: duración *f*

service reminder indicator, SRI ***n***
Ger: Service-Intervall-Anzeige *f*
Fre: indicateur de périodicité d'entretien *m*
Spa: indicación de intervalos de servicio *f*

servo brake (drum brake) ***n***
Ger: Servobremse (Trommelbremse) *f*
Fre: servofrein (frein à tambour) *m*
Spa: servofreno (freno de tambor) *m*

servo fuel-injection pump ***n***
Ger: Servoeinspritzpumpe *f*
Fre: servopompe d'injection *f*
Spa: servobomba de inyección *f*

servo oil pump ***n***
Ger: Servoölpumpe *f*
Fre: servopompe à huile *f*
Spa: servobomba de aceite *f*

servo unit ***n***
Ger: Verstellantrieb *m*
Fre: servocommande de positionnement *f*
Spa: accionamiento regulador *m*

servo valve ***n***
Ger: Servoventil *n*
Fre: vanne commandée par servomoteur *f*
Spa: servoválvula *f*

servoclutch ***n***
Ger: Servokupplung *f*
Fre: servo-embrayage *m*
Spa: servoembrague *m*

servomotor ***n***
Ger: Stellmotor *m*
(Verstellmotor) *m*
Fre: servomoteur *m*
Spa: servomotor *m*

set speed ***n***
Ger: Solldrehzahl *f*
Fre: consigne de régime *f*
Spa: número de revoluciones nominal *m*

setpoint braking torque ***n***
Ger: Bremssollmoment *n*
Fre: couple de freinage de consigne *m*
Spa: par nominal de frenado *m*

setpoint control ***n***
Ger: Sollwertsteller *m*
Fre: consignateur *m*
Spa: regulador de valor nominal *m*

setpoint memory ***n***
Ger: Sollwertspeicher *m*
Fre: mémoire consignes *m*
Spa: memoria de valor nominal *f*

setpoint speed ***n***
Ger: Solldrehzahl *f*
Fre: régime prescrit *m*
Spa: número de revoluciones nominal *m*

setpoint value ***n***
Ger: Sollwert *m*
Fre: consigne *f*
Spa: valor nominal *m*

setpoint value delay ***n***
Ger: Sollwertverzögerung *f*
Fre: temporisation de consigne *f*
Spa: retardo de valor nominal *m*

setpoint/actual comparison ***n***
Ger: Sollwert/Istwertvergleich *m*
Fre: comparaison consigne/valeur réelle *f*
Spa: comparación valor nominal/valor real *f*

setscrew *n*
Ger: Stellschraube *f*
Fre: vis de réglage *f*
Spa: tornillo de ajuste *m*

setting range *n*
Ger: Stellbereich *m*
(Verstellbereich) *m*
Fre: plage de réglage *f*
Spa: margen de ajuste *m*

setting shaft *n*
Ger: Verstellwelle *f*
Fre: axe de correction *m*
Spa: eje de ajuste *m*

setting sleeve *n*
Ger: Einstellhülse *f*
Fre: manchon de réglage *m*
Spa: manguito de ajuste *m*

setting value *n*
Ger: Einstellwert *m*
Fre: valeur de réglage *f*
Spa: valor de ajuste *m*

settling time *n*
Ger: Ausregelzeit *f*
Fre: délai de régulation *m*
Spa: tiempo de regulación *m*

shaft *n*
Ger: Welle *f*
Fre: arbre *m*
Spa: eje *m*

shaft drive *n*
Ger: Wellenantrieb *m*
Fre: entraînement par arbre *m*
Spa: accionamiento de eje *m*

shaft end *n*
Ger: Wellenende *n*
Fre: bout d'arbre *m*
Spa: extremo del eje *m*

shaft seal *n*
Ger: Wellendichtring *f*
Fre: joint à lèvres *m*
Spa: anillo obturador de eje *m*

shear *n*
Ger: Schub *m*
Fre: cisaillement *m*
Spa: cizallamiento *f*

shear bolt *n*
Ger: Abreissschraube *f*
Fre: vis à point de rupture *f*
Spa: tornillo de desgarre *m*

shear force *n*
Ger: Schubkraft *f*
(Scherkraft) *f*
Fre: effort de cisaillement *m*
Spa: fuerza de corte *f*

shear modulus *n*
Ger: Gleitmodul *n*
Fre: module de glissement *m*
Spa: módulo de elasticidad a la cizalladura *m*

shear stress *n*
Ger: Schubspannung *f*
Fre: contrainte de cisaillement *f*
Spa: esfuerzo de cizallamiento *m*

sheathed element *n*
Ger: Glühstift *m*
Fre: crayon de préchauffage *m*
Spa: espiga de incandescencia *f*

sheathed element flame glow plug *n*
Ger: Flammglühstiftkerze *f*
Fre: bougie-crayon de préchauffage à flamme *f*
Spa: bujía de llama de espiga *f*

sheathed-element glow plug *n*
Ger: Glühstiftkerze *f*
Fre: bougie-crayon de préchauffage *f*
Spa: bujía de espiga de incandescencia *f*

sheet aluminum *n*
Ger: Aluminium-Blech *n*
Fre: tôle d'aluminium *f*
Spa: chapa de aluminio *f*

sheet-metal manifold *n*
Ger: Blechschalen-Abgaskrümmer *m*
Fre: collecteur d'échappement embouti et soudé *m*
Spa: colector de gases de escape de chapa *m*

shield *n*
Ger: Abschirmung *f*
(Kapselung) *f*
Fre: blindage *m*
Spa: apantallado *m*
(blindaje) *m*

shield (interference suppression) *v*
Ger: schirmen (Entstörung) *v*
Fre: blinder (antiparasitage) *v*
Spa: blindar (antiparasitaje) *v*

shielded *pp*
Ger: geschirmt *adj*
Fre: blindé *pp*
Spa: apantallado/a *adj*

shielding cover (ignition distributor) *n*
Ger: Abschirmhaube (Zündverteiler) *f*
Fre: calotte de blindage (allumeur) *f*
Spa: caperuza de apantallado (distribuidor de encendido) *f*

shielding plate *n*
Ger: Abschirmplatte *f*
Fre: plaque de blindage *f*
Spa: placa de apantallado *f*

shielding ring *n*
Ger: Abschirmring *m*
Fre: bague de blindage *f*
Spa: anillo de apantallado *m*

shielding sleeve *n*
Ger: Abschirmhülse *f*
Fre: manchon de blindage *m*
Spa: manguito de apantallado *m*

shift lever (manually shifted transmission) *n*
Ger: Schalthebel (Schaltgetriebe) *m*
Fre: levier sélecteur *m*
Spa: palanca de cambio (cambio manual) *f*

shifting point (transmission control) *n*
Ger: Schaltpunkt (Getriebesteuerung) *m*
Fre: seuil de passage de vitesse *m*
Spa: punto de cambio de marcha (control de cambio) *m*

shifting program (transmission control) *n*
Ger: Schaltprogramm (Getriebesteuerung) *n*
Fre: programme de sélection *m*
Spa: programa de cambio de marchas (control de cambio) *m*

shim *n*
Ger: Ausgleichscheibe *f*
Fre: cale de réglage *f*
Spa: arandela de ajuste *f*

shim plate *n*
Ger: Ausgleichsplatte *f*
Fre: plaque de réglage *f*
Spa: placa de compensación *f*

shock absorber *n*
Ger: Schockventil *n*
Fre: clapet antichoc *m*
Spa: válvula de impacto *f*

shock absorber (motor vehicle) *n*
Ger: Stoßdämpfer (Kfz) *m*
Fre: amortisseur (véhicule) *m*
Spa: amortiguador (automóvil) *m*

shock absorber pressure *n*
Ger: Stoßdämpferdruck *m*
Fre: pression des amortisseurs *f*
Spa: presión de amortiguador *m*

shock absorber system *n*
Ger: Pralldämpfersystem *n*
Fre: système d'amortissement des chocs *m*
Spa: sistema amortiguador de choque *m*

shock sensor (car alarm) *n*
Ger: Schocksensor (Autoalarm) *m*
Fre: capteur de choc (alarme auto) *m*
Spa: sensor de impacto (alarma de vehículo) *m*

shockproof *adj*
Ger: schlagfest *adj*
Fre: résistant aux chocs *loc*
Spa: resistente al impacto *adj*

shoe (brakes) *n*
Ger: Backe (Bremsen) *f*
Fre: mâchoire-électrode *f*
Spa: zapata (frenos) *f*

shoe brake (brakes) *n*
Ger: Backenbremse (Bremsen) *f*

English

Fre: frein à mâchoires *m*
Spa: freno de zapatas (frenos) *m*

shoe factor (brakes) ***n***
Ger: Backenkennwert (Bremsen) *m*
Fre: facteur de mâchoire (frein) *m*
Spa: factor de zapata (frenos) *m*

shore hardness ***n***
Ger: Shorehärte *f*
Fre: dureté Shore *f*
Spa: dureza Shore *f*

short circuit ***v***
Ger: kurzschließen *v*
Fre: court-circuiter *v*
Spa: cortocircuitar *v*

short circuit ***n***
Ger: Kurzschluss *m*
Fre: court-circuit *m*
Spa: cortocircuito *m*

short circuit current ***n***
Ger: Kurzschlussstrom *m*
Fre: courant de court-circuit *m*
Spa: corriente de cortocircuito *f*

short circuit resistance ***n***
Ger: Kurzschlussfestigkeit *f*
Fre: tenue aux courts-circuits *f*
Spa: resistencia a cortocircuito *f*

short circuit resistant ***adj***
Ger: kurzschlussfest *adj*
Fre: résistant aux courts-circuits *loc*
Spa: resistente a cortocircuito *adj*

short circuiting ring ***n***
Ger: Kurzschlussring *m*
(Messkurzschlussring) *m*
Fre: bague de court-circuitage *f*
(bague de court-circuitage de mesure) *f*
Spa: anillo de cortocircuito *m*

short stroke linear motor ***n***
Ger: Kurzhub-Linearmotor *m*
Fre: moteur linéaire à faible course *m*
Spa: motor lineal de carrera corta *m*

short term behavior ***n***
Ger: Kurzzeitverhalten *n*
Fre: comportement à court terme *m*
Spa: comportamiento instantáneo *m*

short term load ***n***
Ger: Kurzzeitverbraucher *m*
Fre: récepteur à fonctionnement de courte durée *m*
Spa: consumidor de corta duración *m*

short term power ***n***
Ger: Kurzzeitleistung *f*
Fre: puissance momentanée *f*
Spa: potencia instantánea *f*

short time duty type (electrical machines) ***n***
Ger: Kurzzeitbetrieb (elektrische Maschinen) *m*
Fre: fonctionnement de courte durée (machines électriques) *m*
Spa: funcionamiento de corta duración (máquinas eléctricas) *m*

short to ground ***n***
Ger: Masseschluss *m*
Fre: court-circuit à la masse *m*
Spa: cortocircuito a masa *m*

shot peen ***n***
Ger: Kugelstrahlen *n*
Fre: grenaillage *m*
Spa: chorreado por perdigones *m*

shoulder belt ***n***
Ger: Beckengurt *m*
Fre: sangle abdominale *f*
Spa: cinturón abdominal *m*

shoulder belt tightener ***n***
Ger: Schultergurtstraffer *m*
Fre: prétensionneur de sangle thoracique *m*
Spa: pretensor del cinturón de hombros *m*

shoulder strap ***n***
Ger: Schultergurt *m*
Fre: sangle thoracique *f*
Spa: cinturón de hombros *m*

shovel loader ***n***
Ger: Schaufellader *m*
Fre: pelleteuse *f*
Spa: cargadora de pala *f*

shrinkage ***n***
Ger: Schrumpfung *f*
Fre: rétraction *f*
Spa: contracción *f*

shunt winding ***n***
Ger: Nebenschlusswicklung *f*
Fre: enroulement en dérivation *m*
Spa: bobinado en derivación *m*

shunt-wound machine ***n***
Ger: Nebenschlussmaschine *f*
Fre: machine à excitation en dérivation *f*
Spa: máquina de exitación en derivación *f*

shunt-wound motor ***n***
Ger: Nebenschlussmotor *m*
Fre: moteur à excitation shunt *m*
Spa: motor de exitación en derivación *m*

shut down solenoid ***n***
Ger: Sperrmagnet *m*
Fre: électro-aimant de blocage *m*
Spa: electroimán de bloqueo *m*

shut off slide (injection-pump test bench) ***n***
Ger: Trennschieber (Pumpenprüfstand) *m*
Fre: vanne d'isolement (banc d'essai de pompes) *f*
Spa: corredera de separación (banco de pruebas de bombas) *f*

shutoff (governor) ***n***
Ger: Abschaltung (Regler) *f*
(Abstellung) *f*
Fre: coupure (régulateur) *f*
(arrêt) *m*
Spa: corte (regulador) *m*
(cierre) *m*

shutoff ***n***
Ger: Abstellung *f*
Fre: arrêt *m*
Spa: desconexión *f*

shutoff device ***n***
Ger: Abschaltvorrichtung *f*
Fre: dispositif de coupure *m*
Spa: dispositivo de desconexión *m*

shutoff device ***n***
Ger: Abstelleinrichtung *f*
(Abstellvorrichtung) *f*
Fre: dispositif d'arrêt *m*
Spa: dispositivo de parada *m*

shutoff device ***n***
Ger: Absteller *m*
Fre: dispositif de coupure *m*
Spa: dispositivo de desconexión *m*

shutoff element (coupling head) ***n***
Ger: Absperrglied (Kupplungskopf) *n*
(Schließglied) *n*
Fre: obturateur (tête d'accouplement) *m*
Spa: elemento de cierre (cabeza de acoplamiento) *m*

shutoff lever ***n***
Ger: Abstellhebel *m*
Fre: levier d'arrêt *m*
Spa: palanca de desconexión *f*

shutoff relay ***n***
Ger: Abschaltrelais *n*
Fre: relais de coupure *m*
Spa: relé de desconexión *m*

shutoff stop (diesel fuel injection) ***n***
Ger: Stoppanschlag (Dieseleinspritzung) *m*
Fre: butée de stop (injection diesel) *f*
Spa: tope de parada (inyección diesel) *m*

shutoff threshold ***n***
Ger: Ausschaltschwelle *f*
Fre: seuil de coupure *m*
Spa: umbral de desconexión *m*

shutoff valve ***n***
Ger: Abschaltventil *n*
(Absperrventil) *n*
Fre: valve de barrage *f*
Spa: válvula de corte *m*
(válvula de cierre) *f*

shutoff valve ***n***
Ger: Absperrventil *n*
Fre: clapet d'arrêt *m*
Spa: válvula de cierre *f*

shutoff valve ***n***

English

Ger: Abstellhahn *m*
Fre: robinet d'arrêt *m*
Spa: llave de desconexión *f*

shutoff valve valve *n*
Ger: Absperrschieber *m*
Fre: coulisseau d'arrêt *m*
Spa: corredera de cierre *f*

shuttle valve *n*
Ger: Wechselventil *n*
Fre: sélecteur de circuit *m*
Spa: válvula alternativa *f*

side airbag *n*
Ger: Seitenairbag *m*
Fre: coussin gonflable latéral *m*
Spa: airbag lateral *m*

side electrode (spark plug) *n*
Ger: Seitenelektrode (Zündkerze) *f*
Fre: électrode latérale (bougie d'allumage) *f*
Spa: electrodo lateral (bujía de encendido) *m*

side force *n*
Ger: Seitenkraft *f*
Fre: force latérale *f*
Spa: fuerza lateral *f*

side impact *n*
Ger: Seitenaufprall *m*
Fre: choc latéral *m*
Spa: choque lateral *m*

side impact sensor *n*
Ger: Seitenaufprallsensor *m*
Fre: capteur de chocs latéraux *m*
Spa: sensor de choque lateral *m*

side marker lamp *n*
Ger: Begrenzungslicht *n*
(Standlicht) *n*
(Begrenzungsleuchte) *f*
Fre: feu de position *m*
Spa: luz de delimitación *f*
(luz de posición) *f*

side marker light *n*
Ger: Seitenmarkierungsleuchte *f*
Fre: feu de position latéral *m*
Spa: lámpara de delimitación lateral *f*

side marker light *n*
Ger: Standlicht *n*
Fre: feu de position *m*
Spa: luz de posición *f*

side member *n*
Ger: Rahmenlängsträger *m*
Fre: longeron du châssis *m*
Spa: larguero de bastidor *m*

side runout (brake disc) *n*
Ger: Planlaufabweichung (Bremsscheibe) *f*
(Seitenschlag) *m*
Fre: voilage (disque de frein) *m*
Spa: alabeo (disco de freno) *m*

side-member profile *n*
Ger: Längsträgerprofil *n*
Fre: profil des longerons *m*
Spa: perfil de larguero *m*

sieve *n*
Ger: Sieb *n*
Fre: tamis *m*
Spa: tamiz *m*

signal *n*
Ger: Signal *n*
Fre: signal *m*
Spa: señal *f*

signal acquisition *n*
Ger: Signalerfassung *f*
Fre: saisie des signaux *f*
Spa: registro de señales *m*

signal amplification *n*
Ger: Signalverstärkung *f*
Fre: gain de signal *m*
Spa: amplificación de señal *f*

signal conditioning *n*
Ger: Signalaufbereitung *f*
Fre: conditionnement des signaux *m*
Spa: acondicionamiento de señales *m*

signal error *n*
Ger: Signalfehler *m*
Fre: erreur de signal *f*
Spa: error de señal *m*

signal evaluation module *n*
Ger: Auswertschaltgerät *n*
Fre: module électronique d'évaluation *m*
Spa: bloque electrónico de evaluación *m*

signal transducer *n*
Ger: Signalwandler *m*
Fre: convertisseur de signaux *m*
Spa: convertidor de señales *m*

signaling system *n*
Ger: Signalanlage *f*
Fre: dispositif de signalisation *m*
Spa: sistema de señalización *m*

signs of aging *n*
Ger: Alterungserscheinungen *fpl*
Fre: traces de vieillissement *fpl*
Spa: síntomas de envejecimiento *mpl*

silencer *n*
Ger: Geräuschdämpfer *m*
Fre: amortisseur de bruit *m*
Spa: silenciador *m*

silencer (pressure regulator) *n*
Ger: Schalldämpfer (Druckregler) *m*
Fre: silencieux (régulateur de pression) *m*
Spa: silenciador (regulador de presión) *m*

simplex brake *n*
Ger: Simplexbremse *f*
(Simplex-Trommelbremse) *f*
Fre: frein simplex *m*
Spa: freno simplex *m*

sine curve *n*
Ger: Sinuskurve *f*
Fre: sinusoïde *f*
Spa: curva senoidal *f*

sine wave generator *n*
Ger: Sinusgenerator *m*
Fre: générateur d'ondes sinusoïdales *m*
Spa: generador de frecuencias senoidales *m*

single bed catalytic converter *n*
Ger: Einbettkatalysator *m*
Fre: catalyseur à lit unique (ou monobloc) *m*
Spa: catalizador de una cama *m*

single bed oxidation catalytic converter *n*
Ger: Einbett-Oxidationskatalysator *m*
Fre: catalyseur d'oxydation à lit unique *m*
Spa: catalizador de oxidación de una cama *m*

single bed three-way catalytic converter *n*
Ger: Einbett-Dreiwegekatalysator *m*
Fre: catalyseur trois voies à lit unique (ou monobloc) *m*
Spa: catalizador de tres vías y una cama *m*

single channel pressure modulation valve *n*
Ger: Einkanaldrucksteuerventil *n*
Fre: valve modulatrice de pression à un canal *f*
Spa: válvula de control de presión monocanal *f*

single circuit braking system *n*
Ger: Einkreis-Bremsanlage *f*
Fre: dispositif de freinage à transmission à circuit unique *m*
Spa: sistema de frenos de un circuito *m*

single circuit monitoring *n*
Ger: Einkreis-Kontrolle *f*
Fre: contrôle à un circuit *m*
Spa: control de un circuito *m*

single component adhesive *n*
Ger: Einkomponentenklebstoff *m*
Fre: adhésif monocomposant *m*
Spa: adhesivo de un componente *m*

single cone synchromesh clutch *n*
Ger: Einfachkonus-synchronisierung *f*
Fre: synchroniseur à simple cône *m*
Spa: sincronización de cono simple *f*

single contact regulator *n*
Ger: Einkontaktregler *m*
Fre: régulateur monocontact *m*
Spa: regulador de un contacto *m*

single core *n*
Ger: Litze *f*
(Einzelader) *m*

English

Fre:	brin	*m*
	(âme souple)	*f*
Spa:	conductor trenzado	*m*
single flow (fan)		***n***
Ger:	einflutig (Lüfter)	*adj*
Fre:	monoflux (ventilateur)	*adj*
Spa:	de un solo flujo (ventilador)	*loc*
single function lamp (headlamp)		***n***
Ger:	Einfunktionsleuchte (Scheinwerfer)	*f*
Fre:	feu à fonction unique	*m*
Spa:	lámpara de una sola función (faros)	*f*
single grade engine oil		***n***
Ger:	Einbereichsöl	*n*
Fre:	huile monograde	*f*
Spa:	aceite monogrado	*m*
single hole injector		***n***
Ger:	Einlocheinspritzventil	*n*
Fre:	injecteur monotrou	*m*
Spa:	válvula de inyección de un agujero	*f*
single injection		***n***
Ger:	Einfacheinspritzung	*f*
Fre:	injection simple	*f*
Spa:	inyección simple	*f*
single jet throttling pintle nozzle		***n***
Ger:	Einstrahl-Drosselzapfendüse	*f*
Fre:	injecteur monojet à téton et étranglement	*m*
Spa:	inyector estrangulador de espiga de un chorro	*m*
single leaf spring		***n***
Ger:	Einblattfeder	*f*
Fre:	ressort à lame simple	*m*
Spa:	muelle de una hoja	*m*
single line braking system		***n***
Ger:	Einleitungs-Bremsanlage	*f*
Fre:	dispositif de freinage à conduite unique	*m*
Spa:	sistema de frenos de una línea	*m*
single mass oscillator		***n***
Ger:	Einmassenschwinger	*m*
Fre:	système à un seul degré de liberté	*m*
Spa:	oscilador de masa simple	*m*
single orifice metering (fuel injector)		***n***
Ger:	Einlochzumessung (Einspritzventil)	*f*
Fre:	dosage monotrou (injecteur)	*m*
Spa:	dosificación de agujero simple (válvula de inyección)	*f*
single orifice nozzle		***n***
Ger:	Einlochdüse	*f*
Fre:	injecteur monotrou	*m*
Spa:	inyecctor de un agujero	*m*
single pane toughened safety glass, TSG		***n***
Ger:	Einscheiben-Sicherheitsglas, ESG	*n*
Fre:	verre de sécurité trempé, VST	*m*
Spa:	cristal de seguridad monocapa	*m*
single phase		***adj***
Ger:	einphasig	*adj*
Fre:	monophasé	*adj*
Spa:	monofásico	*adj*
single phase alternating current		***n***
Ger:	Einphasen-Wechselstrom	*m*
Fre:	courant alternatif monophasé	*m*
Spa:	corriente alterna monofásica	*f*
single phase machine		***n***
Ger:	Einphasemaschine	*f*
Fre:	machine monophasée	*f*
Spa:	máquina monofásica	*f*
single plate clutch		***n***
Ger:	Einscheibenkupplung	*f*
Fre:	embrayage monodisque	*m*
Spa:	embrague monodisco	*m*
single plunger fuel injection pump (PF)		***n***
Ger:	Einzeleinspritzpumpe (PF)	*f*
	(Einzylinder-Einspritzpumpe)	*f*
Fre:	pompe d'injection monocylindrique (PF)	*f*
Spa:	bomba de inyección simple (PF)	*f*
single plunger pump		***n***
Ger:	Einzylinderpumpe	*f*
Fre:	pompe monocylindrique	*f*
Spa:	bomba monocilindro	*f*
single point injection, SPI		***n***
Ger:	Zentraleinspritzung	*f*
Fre:	injection monopoint	*f*
Spa:	inyección central	*f*
single projection welding		***n***
Ger:	Einzelbuckelschweißung	*f*
Fre:	soudage par bossages simples	*m*
Spa:	soldadura de proyección simple	*f*
single pulse charging		***n***
Ger:	Einzelimpulsaufladung	*f*
Fre:	charge par impulsion unique	*f*
Spa:	sobrealimentación monoimpulso	*f*
single shaft gas turbine		***n***
Ger:	Einwellen-Gasturbine	*f*
Fre:	turbine à gaz fixe	*f*
Spa:	turbina de gas monoarbol	*f*
single shot injection		***n***
Ger:	Einzeleinspritzung	*f*
Fre:	injection multipoint	*f*
Spa:	inyección multipunto	*f*
single spark gap		***n***
Ger:	Einfachfunkenstrecke	*f*
Fre:	éclateur simple	*m*
Spa:	trayecto simple de chispa	*m*
single spark ignition coil		***n***
Ger:	Einzelfunken-Zündspule	*f*
Fre:	bobine d'allumage unitaire	*f*
	(bobine d'allumage à une sortie)	*f*
Spa:	bobina de encendido de una chispa	*f*
single spring nozzle holder		***n***
Ger:	Einfeder-Düsenhalter	*m*
Fre:	porte-injecteur à ressort unique	*m*
Spa:	portainyector de un muelle	*m*
single stage filter		***n***
Ger:	Einfachfilter	*n*
Fre:	filtre à un étage	*m*
Spa:	filtro simple	*m*
single stage transmission		***n***
Ger:	einstufiges Getriebe	*n*
Fre:	boîte mono-étagée	*f*
Spa:	cambio de reducción simple	*m*
single tube shock absorber		***n***
Ger:	Einrohrdämpfer	*m*
Fre:	amortisseur monotube	*m*
Spa:	amortiguador monotubular	*m*
single-hole nozzle		***n***
Ger:	Einstrahldüse	*f*
Fre:	injecteur monojet	*m*
Spa:	inyector de un chorro	*m*
sintered bearing		***n***
Ger:	Sinterlager	*n*
Fre:	palier fritté	*m*
Spa:	cojinete sinterizado	*m*
sintered bronze		***n***
Ger:	Sinterbronze	*f*
Fre:	bronze fritté	*m*
Spa:	bronce sinterizado	*m*
sintered bronze bearing		***n***
Ger:	Sinterbronzelager	*n*
Fre:	palier fritté en bronze	*m*
Spa:	cojinete de bronce sinterizado	*m*
sintered ceramic		***adj***
Ger:	sinterkeramisch	*adj*
Fre:	en céramique frittée	*loc*
Spa:	sinterizado cerámico	*adj*
sintered metal		***n***
Ger:	Sintermetall	*n*
Fre:	métal fritté	*m*
Spa:	metal sinterizado	*m*
sintered metal bushing		***n***
Ger:	Sinterbuchse	*f*
Fre:	douille frittée	*f*
Spa:	casquillo sinterizado	*m*
sintering		***n***
Ger:	Sintern	*n*
Fre:	frittage	*m*
Spa:	sinterización	*f*
sinusoidal oscillation		***n***
Ger:	Sinusschwingung	*f*
Fre:	onde sinusoïdale	*f*
Spa:	oscilación senoidal	*f*
skidding		***n***
Ger:	Schleudern	*n*
	(Formänderungsschlupf)	*m*

English

Fre: dérapage *m*
(*glissement de déformation*) *m*
Spa: derrape *m*

skirt *n*
Ger: Schürze *f*
Fre: jupe *f*
Spa: faldón *m*

slack adjuster (wheel brake) *n*
Ger: Gestängesteller (Radbremse) *m*
Fre: dispositif automatique de rattrapage de jeu (freins des roues) *f*
Spa: ajustador de varillaje (freno de rueda) *m*

slave cylinder (brake) *n*
Ger: Nehmerzylinder (Bremse) *m*
Fre: cylindre récepteur (frein) *m*
Spa: cilindro receptor (freno) *m*

sleeve *n*
Ger: Hülse *f*
Fre: douille *f*
Spa: manguito *m*

slider (brake cylinder) *n*
Ger: Gleitstück (Bremszylinder) *n*
Fre: coulisseau (cylindre de frein) *m*
Spa: pieza deslizante (cilindro de freno) *f*

sliding abrasion *n*
Ger: Gleitverschleiß *m*
Fre: usure par glissement *f*
Spa: desgaste por deslizamiento *m*

sliding armature *n*
Ger: Schubanker *m*
Fre: induit coulissant (démarreur) *m*
Spa: inducido deslizante *m*

sliding block *n*
Ger: Gleitstein *m*
Fre: tête coulissante *f*
Spa: corredera *f*

sliding block guide (governor) *n*
Ger: Kulissenführung (Diesel-Regler) *f*
Fre: guide-coulisse (injection diesel) *m*
Spa: guía de colisa (regulador Diesel) *f*

sliding bolt *n*
Ger: Verstellbolzen *m*
Fre: axe de réglage *m*
Spa: perno de ajuste *m*

sliding caliper (brakes) *n*
Ger: Schwimmrahmensattel (Bremse) *m*
Fre: étrier à cadre flottant *m*
Spa: pinza de marco flotante (freno) *f*

sliding caliper frame (brakes) *n*
Ger: Schwimmrahmen (Bremse) *m*
Fre: cadre flottant *m*
Spa: marco flotante (freno) *m*

sliding contact *n*
Ger: Schleifkontakt *m*
Fre: contact par curseur *m*
Spa: contacto deslizante *m*

sliding contact bearing *n*
Ger: Trockengleitlager *n*
Fre: palier lisse fonctionnant à sec *m*
Spa: cojinete de deslizamiento en seco *m*

sliding flange *n*
Ger: Verschiebeflansch *m*
Fre: bride coulissante *f*
Spa: brida de desplazamiento *f*

sliding friction *n*
Ger: Gleitreibung *f*
Fre: frottement de glissement *m*
Spa: rozamiento por deslizamiento *m*

sliding gear starter *n*
Ger: Schubtrieb-Starter *m*
Fre: démarreur à pignon coulissant *m*
Spa: arrancador de piñón corredizo *m*

sliding roof *n*
Ger: Schiebedach *n*
Fre: toit ouvrant *m*
Spa: techo corredizo *m*

sliding shaft coupling *n*
Ger: Wellenverbindung *f*
Fre: accouplement d'arbre *m*
Spa: conexión de ejes *f*

sliding sleeve (governor) *n*
Ger: Reglermuffe (Diesel-Regler) *f*
Fre: manchon central (injection diesel) *m*
Spa: manguito del regulador (regulador Diesel) *m*

sliding speed *n*
Ger: Gleitgeschwindigkeit *f*
Fre: vitesse de glissement *f*
Spa: velocidad de deslizamiento *f*

sliding stress *n*
Ger: Gleitbeanspruchung *f*
Fre: contrainte de glissement *f*
Spa: esfuerzo de deslizamiento *m*

sliding sunroof *n*
Ger: Schiebedach *n*
Fre: toit ouvrant *m*
Spa: techo corredizo *m*

sliding surface *n*
Ger: Gleitfläche *f*
Fre: surface de glissement *f*
Spa: superficie de deslizamiento *f*

sliding tappet *n*
Ger: Gleitstößel *m*
Fre: poussoir coulissant *m*
Spa: impulsor deslizante *m*

sliding vane supercharger *n*
Ger: Flügelzellenlader *m*
Fre: compresseur à palettes *m*
Spa: turbocompresor celular de aletas *m*

sliding-sleeve travel (governor) *n*
Ger: Muffenweg (Diesel-Regler) *m*
Fre: course du manchon central (injection diesel) *f*
Spa: carrera del manguito (regulador Diesel) *f*

slip *n*
Ger: Gleitvorgang *m*
Fre: glissement *m*
Spa: proceso de deslizamiento *m*

slip *n*
Ger: Schlupf *m*
Fre: patinage *m*
Spa: resbalamiento *m*

slip angle *n*
Ger: Schräglauf *m*
Fre: dérive latérale *f*
Spa: marcha oblicua *f*

slip angle (vehicle dynamics) *n*
Ger: Schräglaufwinkel (Kfz-Dynamik) *m*
Fre: angle de dérive (dynamique d'un véhicule) *m*
Spa: ángulo de marcha oblicua (dinámica del automóvil) *f*

slip control *n*
Ger: Schlupfregelung *f*
Fre: régulation antipatinage *f*
Spa: regulación de resbalamiento *f*

slip controller (ESP) *n*
Ger: Schlupfregler (ESP) *m*
Fre: régulateur de glissement (ESP) *m*
Spa: regulador de resbalamiento (ESP) *m*

slip paste *n*
Ger: Gleitpaste *f*
Fre: pâte antigrippage *f*
Spa: pasta deslizante *f*

slip resistance (dynamic brake analyzer) *n*
Ger: Gleitwiderstand (Rollenbremsprüfstand) *m*
Fre: résistance de glissement (banc d'essai) *f*
Spa: resistencia de deslizamiento (banco de pruebas de frenos de rodillos) *f*

slip switching threshold (ABS) *n*
Ger: Schlupfschaltschwelle (ABS) *f*
Fre: seuil de glissement (ABS) *m*
Spa: umbral de conexión en resbalamiento (ABS) *m*

slipper *n*
Ger: Gleitschuh *m*
Fre: patin *m*
Spa: patín *m*

slipring *n*
Ger: Schleifring *m*
Fre: bague glissante *f*

English

Spa: anillo de deslizamiento *m*

slope ***n***
Ger: Neigung *f*
Fre: inclinaison *f*
Spa: inclinación *f*

slope ***n***
Ger: Steigung *f*
Fre: pente *f*
Spa: inclinación *f*

slot fill factor (rotating machines) ***n***
Ger: Füllfaktor (drehende Maschinen) *m*
(Nutfüllfaktor) *m*
Fre: facteur de remplissage des rainures (machines tournantes) *m*
Spa: factor de llenado (máquinas rotativas) *m*

sludge test ***n***
Ger: Schlammtest *m*
Fre: test de boues *m*
Spa: ensayo de lodos *m*

small charger (battery) ***n***
Ger: Kleinlader (Batterie) *m*
Fre: chargeur compact (batterie) *m*
Spa: cargador pequeño (batería) *m*

smoke emission test ***n***
Ger: Rauchprüfung *f*
Fre: test d'émission de fumées *m*
Spa: comprobación de gases de escape *f*

smoke emission test equipment ***n***
Ger: Rauchwertmessgerät *n*
(Rauchgastester) *m*
Fre: fumimètre *m*
(opacimètre) *m*
Spa: medidor del valor de emisión de humos *m*

smoke emission value ***n***
Ger: Rauchwert *m*
Fre: valeur d'émission de fumées *f*
Spa: valor de emisión de humos *m*

smoke limit ***n***
Ger: Rauchgrenze *f*
Fre: limite d'émission de fumées *f*
Spa: límite de emisión de humos *m*

smoke limitation ***n***
Ger: Rauchbegrenzung *f*
Fre: limitation de l'émission de fumées *f*
Spa: limitación de humos *f*

smoke limiting stop ***n***
Ger: Rauchbegrenzeranschlag *m*
Fre: butée de limitation de fumée *f*
Spa: tope limitador de humos *m*

smoke measurement ***n***
Ger: Rauchmessung *f*
Fre: analyse des fumées diesel *f*
Spa: medición de gases de escape *f*

smoke meter ***n***
Ger: Rauchgastester *m*
Fre: fumimètre *m*
Spa: comprobador de gases de escape (medición de opacidad) *m*

smoke number ***n***
Ger: Schwärzungszahl *f*
(Schwärzungsziffer) *f*
Fre: indice de noircissement *m*
Spa: índice de ennegrecimiento *m*

smooth idle device ***n***
Ger: Leiselaufvorrichtung *f*
Fre: dispositif d'injection différée *m*
Spa: dispositivo de marcha silenciosa *m*

smooth running (IC engine) ***n***
Ger: Laufkultur (Verbrennungsmotor) *f*
Fre: agrément de conduite (moteur à combustion) *m*
Spa: suavidad de marcha (motor de combustión) *f*

smooth running (IC engine) ***n***
Ger: Laufruhe (Verbrennungsmotor) *f*
(Rundlauf) *m*
Fre: fonctionnement régulier (moteur à combustion) *m*
(souplesse de fonctionnement) *f*
Spa: suavidad de marcha (motor de combustión) *f*

smooth running control ***n***
Ger: Laufruheregelung *f*
Fre: régulation de la stabilité de fonctionnement *f*
Spa: regulación de suavidad de marcha *f*

smooth running regulator ***n***
Ger: Laufruheregler *m*
Fre: régulateur de stabilité de fonctionnement *m*
Spa: regulador de suavidad de marcha *m*

snap fastening ***n***
Ger: Schnappverschluss *m*
Fre: bouchon à déclic *m*
Spa: cierre de golpe *m*

snap fastening ***n***
Ger: Steckbefestigung *f*
Fre: fixation par enfichage *f*
Spa: fijación por enchufe *f*

snap in ***v***
Ger: einrasten *v*
Fre: s'encliqueter *v*
Spa: encastrar *v*

snap in fastening (wipers) ***n***
Ger: Steckbefestigung (Wischer) *f*
Fre: fixation par enfichage (essuie-glace) *f*
Spa: fijación por enchufe (limpiaparabrisas) *f*

snap in nib fastening (wipers) ***n***
Ger: Steckschnabelbefestigung (Wischer) *f*
Fre: fixation par bec enfichable (essuie-glace) *f*
Spa: fijación por pico enchufable *f*

snap on connection ***n***
Ger: Schnappverbindung *f*
Fre: liaison à déclic *f*
Spa: conexión rápida *f*

snifter bore (tandem master cylinder) ***n***
Ger: Nachlaufbohrung (Tandemhauptzylinder) *f*
Fre: canal d'équilibrage (maître-cylindre tandem) *m*
Spa: comunicación de presiones (cilindro maestro tándem) *f*

snorkel (brake valve) ***n***
Ger: Schnorchel (Bremsventil) *m*
Fre: reniflard (valve de frein) *m*
Spa: esnórquel (válvula de freno) *m*

socket ***n***
Ger: Steckdose *f*
Fre: prise *f*
Spa: caja de enchufe *f*

socket housing ***n***
Ger: Steckhülsengehäuse *n*
Fre: boîtier pour fiches femelles *m*
Spa: caja de hembrillas de contacto *f*

socket wrench ***n***
Ger: Steckschlüssel *m*
Fre: clé à douille *f*
Spa: llave tubular *f*

sodium vapor lamp ***n***
Ger: Natriumdampflampe *f*
Fre: lampe à vapeur de sodium *f*
Spa: lámpara de vapor de sodio *f*

soft annealing ***n***
Ger: Weichglühen *n*
Fre: recuit d'adoucissement *m*
Spa: recocido de ablandamiento *m*

soft iron ***n***
Ger: Weicheisen *n*
Fre: fer doux *m*
Spa: hierro dulce *m*

soft iron core ***n***
Ger: Weicheisenkern *m*
(Eisenkern) *m*
Fre: noyau de fer *m*
Spa: núcleo de hierro dulce *m*

soft magnetic ***adj***
Ger: weichmagnetisch *adj*
Fre: magnétique doux *adj*
Spa: magnético suave *adj*

soft magnetic material ***n***
Ger: Weichmagnet *m*
Fre: aimant doux *m*
Spa: material magnético suave *m*

soft soldering ***n***
Ger: Weichlötung *f*
Fre: brasage tendre *m*

English

Spa: soldadura blanda *f*

solder *n*
Ger: Lot *n*
Fre: métal d'apport *m*
Spa: soldante *m*
(metal de aporte) *m*

soldered connection *n*
Ger: Lötverbindung *f*
Fre: connexion par soudage *f*
Spa: unión soldada *f*

soldering *n*
Ger: Lötung *f*
Fre: brasure *f*
Spa: soldadura *f*

soldering iron *n*
Ger: Lötkolben *m*
Fre: fer à souder *m*
Spa: cautín *m*

soldering lamp *n*
Ger: Lötlampe *f*
Fre: lampe à braser *f*
Spa: lámpara de soldar *f*

soldering paste *n*
Ger: Lötfett *n*
Fre: pâte à braser *f*
Spa: pasta de soldar *f*

soldering point *n*
Ger: Lötstelle *f*
Fre: joint à braser *m*
Spa: punto de soldadura *m*

soldering tin *n*
Ger: Lötzinn *n*
Fre: alliage à base d'étain *m*
Spa: estaño para soldar *m*

solenoid actuator *n*
Ger: Magnetsteller *n*
Fre: actionneur électromagnétique *m*
Spa: actuador electromagnético *m*

solenoid armature *n*
Ger: Magnetanker *m*
Fre: armature d'électro-aimant *f*
(noyau-plongeur) *m*
Spa: armadura de electroimán *f*

solenoid clutch *n*
Ger: Elektrokupplung *f*
Fre: embrayage électromagnétique *m*
Spa: embrague eléctrico *m*

solenoid coil *n*
Ger: Magnetspule *f*
Fre: bobine magnétique *f*
(solénoïde) *m*
Spa: solenoide *m*

solenoid controlled axial piston distributor pump *n*
Ger: magnetventilgesteuerte Axialkolben-Verteilereinspritzpumpe *f*
Fre: pompe d'injection distributrice à piston axial commandée par électrovanne *f*
Spa: bomba de inyección rotativa de émbolos axiales accionada por electroválvula *f*

solenoid controlled radial piston distributor pump *n*
Ger: magnetventilgesteuerte Radialkolben-Verteilereinspritzpumpe *f*
Fre: pompe d'injection distributrice à pistons radiaux commandée par électrovanne *f*
Spa: bomba de inyección rotativa de émbolos radiales accionada por electroválvula *f*

solenoid operated coupling *n*
Ger: Magnetkupplung *f*
Fre: embrayage électromagnétique *m*
Spa: embrague electromagnético *m*

solenoid operated shutoff *n*
Ger: elektrische Abstellvorrichtung, ELAB (ELAB) *f*
Fre: dispositif d'arrêt électrique *m*
(dispositif d'arrêt électromagnétique) *m*
Spa: dispositivo eléctrico de desconexión (ELAB) *m*

solenoid operated switch *n*
Ger: Magnetschalter *m*
Fre: contacteur électromagnétique *m*
Spa: interruptor electromagnético *m*

solenoid plunger *n*
Ger: Tauchanker *m*
Fre: induit plongeur *m*
Spa: inducido sumergido *m*

solenoid switch (starter) *n*
Ger: Einrückrelais (Starter) *n*
Fre: contacteur électromagnétique (démarreur) *m*
Spa: relé de engrane (motor de arranque) *m*

solenoid switch *n*
Ger: Magnethalter *m*
Fre: support magnétique *m*
Spa: soporte magnético *m*

solenoid valve *n*
Ger: Magnetventil *n*
Fre: électrovalve *f*
Spa: electroválvula *f*

solenoid valve block *n*
Ger: Magnetventilblock *m*
Fre: bloc d'électrovalves *m*
Spa: bloque de electroválvulas *m*

solenoid valve control *n*
Ger: Magnetventilsteuerung *f*
Fre: commande par électrovanne *f*
Spa: control por electroválvula *m*

solenoid valve control unit *n*
Ger: Magnetventil-Steuergerät *n*
Fre: calculateur d'électrovannes *m*
Spa: unidad de control de electroválvula *f*

solenoid-operated shutoff *n*
Ger: elektromagnetische Abstellvorrichtung *f*
Fre: dispositif d'arrêt électromagnétique *m*
Spa: dispositivo electromagnético de desconexión *m*

solid angle *n*
Ger: Raumwinkel *m*
Fre: angle solide *m*
Spa: ángulo sólido *m*

solid axle *n*
Ger: Starrachse *f*
Fre: essieu rigide *m*
Spa: eje rígido *m*

solid electrolyte aluminum capacitor *n*
Ger: Aluminium-Trocken-Elektrolykondensator *m*
Fre: condensateur aluminium à électrolyte solide *m*
Spa: condensador electrolítico seco de aluminio *m*

solid expansion thermometer *n*
Ger: Stabausdehnungs-thermometer *n*
Fre: thermomètre à dilatation de tige solide *m*
Spa: termómetro de dilatación de varilla *m*

solid lubricant *n*
Ger: Festschmierstoff *m*
Fre: lubrifiant solide *m*
Spa: lubricante sólido *m*

soot *n*
Ger: Ruß *m*
Fre: suie *f*
Spa: hollín *m*

soot burn-off *n*
Ger: Rußabbrand *m*
Fre: combustion de la suie *f*
Spa: quemado de hollín *m*

soot burn-off filter *n*
Ger: Rußabbrennfilter *m*
Fre: filtre d'oxydation de particules *m*
Spa: filtro de quemado de hollín con oxidación *m*

soot emission *n*
Ger: Rußemission *f*
Fre: émission de particules de suie *f*
Spa: emisión de hollín *f*

soot particle *n*

English

Ger: Rußpartikel *n*
Fre: particules de suie *fpl*
Spa: partículas de hollín *fpl*

soot production ***n***
Ger: Rußbildung *f*
Fre: formation de suie *f*
Spa: formación de hollín *f*

soot separator ***n***
Ger: Rußabscheider *m*
Fre: séparateur de particules de suie *m*
Spa: separador de hollín *m*

sound absorption ***n***
Ger: Schallabsorption *f*
Fre: absorption sonore *f*
Spa: absorción de sonido *f*

sound absorption ***n***
Ger: Schalldämpfung *f*
Fre: amortissement acoustique *m*
Spa: atenuación acústica *f*

sound density ***n***
Ger: Schalldichte *f*
Fre: densité acoustique *f*
Spa: densidad acústica *f*

sound emission ***n***
Ger: Schallemission *f*
Fre: émission sonore *m*
Spa: emisión acústica *f*

sound insulation ***n***
Ger: Schalldämmung *f*
Fre: isolation phonique *f*
Spa: insonorización *f*

sound level measurement ***n***
Ger: Geräuschmessung *f*
Fre: mesure de bruit *f*
Spa: medición de ruido *f*

sound level meter ***n***
Ger: Schallpegelmesser *m*
Fre: sonomètre *m*
Spa: medidor de nivel sonoro *m*

sound pressure ***n***
Ger: Schalldruck *m*
Fre: pression acoustique *f*
Spa: presión acústica *f*

sound pressure level ***n***
Ger: Schalldruckpegel *m*
Fre: niveau de pression acoustique *m*
Spa: nivel de presión acústica *m*

soundproofing ***n***
Ger: Schallisolierung *f*
Fre: isolation acoustique *f*
Spa: aislamiento acústico *m*

source of energy ***n***
Ger: Energiequelle *f*
Fre: source d'énergie *f*
Spa: fuente de energía *f*

space charge region ***n***
Ger: Raumladungszone *f*
Fre: zone de charge spatiale *f*
Spa: zona de carga espacial *f*

spacer ***n***
Ger: Abstandshalter *m*
Fre: entretoise *f*
Spa: separador *m*

spacer ***n***
Ger: Distanzscheibe *f*
Fre: cale d'épaisseur *f*
Spa: disco distanciador *m*

spacer bushing ***n***
Ger: Abstandsbuchse *f*
Fre: douille d'écartement *f*
Spa: casquillo distanciador *m*

spacer ring ***n***
Ger: Distanzring *m*
(Abstandsring) *m*
(Zwischenring) *m*
Fre: bague-entretoise *f*
Spa: anillo distanciador *m*

spacer sleeve ***n***
Ger: Abstandshülse *f*
Fre: douille d'écartement *f*
Spa: manguito distanciador *m*

spacer sleeve ***n***
Ger: Distanzhülse *f*
Fre: douille entretoise *f*
Spa: manguito distanciador *m*

spacer tube ***n***
Ger: Distanzrohr *n*
Fre: douille d'espacement *f*
Spa: tubo distanciador *m*

spare part ***n***
Ger: Ersatzteil *n*
Fre: pièce de rechange *f*
Spa: pieza de repuesto *f*

spare parts list ***n***
Ger: Ersatzteilliste *f*
Fre: liste de pièces de rechange *f*
Spa: lista de piezas de repuesto *f*

spare wheel recess ***n***
Ger: Ersatzradmulde *f*
Fre: auge de roue de secours *f*
Spa: alojamiento de la rueda de repuesto *m*

spare wheel recess ***n***
Ger: Reserveradmulde *f*
Fre: auge de roue de secours *f*
Spa: alojamiento de la rueda de reserva *m*

spark advance mechanism ***n***
Ger: Zündversteller *m*
Fre: dispositif d'avance *m*
Spa: variador de encendido *m*

spark air gap (spark plug) ***n***
Ger: Luftfunkenstrecke (Zündkerze) *f*
Fre: éclateur dans l'air (bougie d'allumage) *m*
Spa: recorrido de la chispa (bujía de encendido) *m*

spark current ***n***
Ger: Funkenstrom *m*
Fre: courant d'arc *m*
Spa: corriente de chispa *f*

spark drawer ***n***
Ger: Funkenzieher *m*
Fre: éclateur *m*
Spa: módulo de chispas *m*

spark duration ***n***
Ger: Funkendauer *f*
(Brenndauer) *f*
Fre: durée de l'étincelle *f*
Spa: duración de chispa *f*

spark erosion ***n***
Ger: Funkenerosion *f*
Fre: érosion ionique *f*
Spa: electroerosión *f*

spark gap ***n***
Ger: Funkenstrecke *f*
Fre: distance d'éclatement *f*
Spa: explosor *m*

spark head ***n***
Ger: Funkenkopf *m*
Fre: tête de l'étincelle *f*
Spa: cabezal de erosión *m*

spark ignition ***n***
Ger: Funkenzündung *f*
Fre: allumage par étincelles *m*
Spa: encendido por chispa *m*

spark length ***n***
Ger: Funkenlänge *f*
Fre: longueur d'étincelle *f*
Spa: longitud de la chispa *f*

spark plug ***n***
Ger: Zündkerze *f*
Fre: bougie d'allumage *f*
Spa: bujía de encendido *f*

spark plug connector ***n***
Ger: Kerzenstecker *m*
Fre: embout de bougie *m*
Spa: terminal de bujía *m*

spark plug connector ***n***
Ger: Zündkerzenstecker *m*
(Kerzenstecker) *m*
Fre: embout de bougie *m*
Spa: conector de bujía *m*

spark plug firing end ***n***
Ger: Zündkerzenfuß *m*
Fre: bec de bougie d'allumage *m*
Spa: extremo de encendido de la bujía *m*

spark plug recess ***n***
Ger: Zündkerzenmulde *f*
Fre: logement de la bougie *m*
Spa: cavidad de la bujía *f*

spark plug shell ***n***
Ger: Kerzengehäuse *n*
Fre: culot de bougie *m*
Spa: armazón de bujía *f*

spark plug shell ***n***
Ger: Zündkerzengehäuse *n*
(Kerzengehäuse) *n*
Fre: culot de bougie *m*
Spa: cuerpo de la bujía *m*

spark plug suppressor ***n***
Ger: Zündkerzenentstörstecker *m*

English

Fre: embout de bougie d'allumage blindé à résistance incorporée *m*
Spa: conector antiparasitario de bujía *m*

spark plug thread ***n***
Ger: Zündkerzengewinde *n*
Fre: filetage de bougie d'allumage *m*
Spa: rosca de bujía *f*

spark plug wear ***n***
Ger: Zündkerzenverschleiß *m*
Fre: usure de la bougie d'allumage *f*
Spa: desgaste de bujía *m*

spark plug-gap gauge ***n***
Ger: Zündkerzenlehre *f*
Fre: jauge d'épaisseur (bougie d'allumage) *f*
Spa: galga de bujías *f*

spark position ***n***
Ger: Funkenlage *f*
Fre: position de l'éclateur *f*
Spa: posición de la chispa *f*

spark retard (ignition angle) ***n***
Ger: Spätzündung (Zündwinkel) *f*
Fre: retard à l'allumage *m*
Spa: encendido retardado (ángulo de encendido) *m*

spark tail ***n***
Ger: Funkenschwanz *m*
Fre: queue de l'étincelle *f*
Spa: cola de la chispa *f*

spark voltage (spark plug) ***n***
Ger: Brennspannung (Zündkerze) *f*
Fre: tension d'arc (bougie d'allumage) *f*
Spa: tensión de ignición (bujía de encendido) *f*

sparking rate ***n***
Ger: Funkenzahl *f*
Fre: nombre d'étincelles *m*
Spa: número de chispas *m*

special accessories ***npl***
Ger: Sonderzubehör *n*
Fre: accessoire spécial *m*
Spa: accesorios especiales *mpl*

special electrode ***n***
Ger: Sonderelektrode *f*
Fre: électrode spéciale *f*
Spa: electrodo especial *m*

special examination ***n***
Ger: Sonderuntersuchung *f*
Fre: contrôle spécifique (frein) *m*
Spa: inspección especial *f*

special model ***n***
Ger: Sondermodell *n*
Fre: modèle spécial *m*
Spa: modelo especial *m*

special tool ***n***
Ger: Sonderwerkzeug *n*
Fre: outil spécial *m*
Spa: herramienta especial *f*

special tool ***n***
Ger: Spezialwerkzeug *n*
Fre: outil spécial *m*
Spa: herramienta especial *f*

special trailer ***n***
Ger: Spezialanhänger *m*
Fre: remorque spéciale *f*
Spa: remolque especial *m*

specially ground pintle ***n***
Ger: Anschliff *m*
Fre: chanfrein *m*
Spa: sección pulida *f*

specific gravity of electrolyte (battery) ***n***
Ger: Säurekonzentration (Batterie) *f*
(Säuredichte) *f*
Fre: densité de l'électrolyte (batterie) *f*
Spa: concentración de electrolito (batería) *f*

specifications ***n***
Ger: Kenndaten *f*
Fre: données caractéristiques *fpl*
Spa: datos característicos *mpl*

specifications ***npl***
Ger: Lastenheft (SAP) *n*
Fre: cahier des charges *m*
Spa: pliego de condiciones (SAP) *m*

spectral acceleration density ***n***
Ger: spektrale Beschleunigungsdichte *f*
Fre: densité spectrale d'accélération *f*
Spa: densidad espectral de aceleración *f*

speed ***n***
Ger: Geschwindigkeit *f*
Fre: vitesse *f*
Spa: velocidad *f*

speed limit ***n***
Ger: Höchstgeschwindigkeits-begrenzung *f*
Fre: bridage de la vitesse maximale *m*
Spa: limitación de la velocidad máxima *f*

speed limiting ***n***
Ger: Geschwindigkeitsbegrenzung *f*
Fre: limitation de vitesse *f*
Spa: limitación de velocidad *f*

speed preselect, SP ***n***
Ger: Geschwindigkeits-Sollgeber *m*
Fre: capteur de vitesse de consigne *m*
Spa: captador de velocidad nominal *m*

speed regulation breakaway (diesel fuel injection) ***n***
Ger: Abregelung (Dieseleinspritzung) *f*
Fre: coupure de débit *f*
Spa: regulación limitadora (inyección diesel) *m*

speed sensor ***n***
Ger: Drehzahlfühler *m*
Fre: capteur de régime *m*
Spa: sensor de revoluciones *m*

speedometer ***n***
Ger: Fahrgeschwindigkeitsmesser *m*
Fre: compteur de vitesse *m*
Spa: velocímetro *m*

speedometer ***n***
Ger: Geschwindigkeitsmesser *m*
Fre: compteur de vitesse *m*
Spa: velocímetro *m*

speedometer ***n***
Ger: Tachometer *m*
Fre: compteur de vitesse *m*
Spa: tacómetro *m*

speedometer generator ***n***
Ger: Tachogenerator *m*
Fre: génératrice tachymétrique *f*
Spa: generador tacómetro *m*

speedometer shaft ***n***
Ger: Tachowelle *f*
Fre: câble flexible de compteur de vitesse *m*
Spa: eje del tacómetro *m*

spill edge (diesel fuel injection) ***n***
Ger: Absteuerkante (Dieseleinspritzung) *f*
Fre: rampe de distribution *f*
Spa: borde de regulación (inyección diesel) *m*

spill port (diesel fuel injection) ***n***
Ger: Absteuerbohrung (Dieseleinspritzung) *f*
(Steuerbohrung) *f*
Fre: orifice de distribution *m*
Spa: taladro de regulación (inyección diesel) *m*

spindle ***n***
Ger: Spindel *f*
Fre: broche *f*
Spa: husillo *m*

spiral housing ***n***
Ger: Spiralgehäuse *n*
Fre: carter hélicoïde *m*
Spa: carcasa en espiral *f*

spiral spring ***n***
Ger: Spiralfeder *f*
Fre: ressort hélicöidal *m*
Spa: muelle espiral *m*

spiral type refrigerant compressor ***n***
Ger: Spiral-Kältemittelkompressor *k*
Fre: compresseur frigorifique spiral *m*
Spa: compresor de agente frigorífico en espiral *m*

spiral type supercharger ***n***
Ger: Spirallader *m*

Fre: compresseur à hélicoïde *m*
Spa: turbocompresor de espiral *m*

spiral vee shaped ***adj***
Ger: sterngefaltet *adj*
Fre: plié en étoile *pp*
Spa: plegado en estrella *m*

spiral vee shaped filter element ***n***
Ger: Wickelfiltereinsatz *m*
Fre: cartouche filtrante en rouleau *f*
Spa: cartucho de filtro enrollado *m*

splash guard ***n***
Ger: Spritzschutz *m*
Fre: déflecteur *m*
Spa: protección contra salpicaduras *f*

splash guard ***n***
Ger: Spritzwasserschutz *m*
Fre: protection contre les projections d'eau *f*
Spa: protección contra salpicadura de agua *f*

splined shaft ***n***
Ger: Zahnwelle *f*
Fre: arbre cannelé *m*
Spa: árbol dentado *m*

split phase motor ***n***
Ger: Einphasenmotor mit Hilfswicklung *m*
Fre: moteur monophasé à enroulement auxiliaire *m*
Spa: motor monofásico con devanado auxiliar *m*

split pin ***n***
Ger: Splint *m*
Fre: goupille fendue *f*
Spa: pasador abierto *m*

spoiler ***n***
Ger: Spoiler *m*
Fre: becquet *m*
Spa: spoiler *m*

spoked wheel ***n***
Ger: Speichenrad *n*
Fre: roue à rayons *f*
Spa: rueda de radios *f*

sports engine ***n***
Ger: Sportmotor *m*
Fre: moteur de sport *m*
Spa: motor deportivo *m*

spot lamp ***n***
Ger: Suchscheinwerfer *m*
Fre: projecteur de recherche *m*
Spa: faro de enfoque *m*

spray angle (fuel injection) ***n***
Ger: Spritzlochkegelwinkel (Kraftstoffeinspritzung) *m*
Fre: angle des trous d'injection *m*
Spa: ángulo de cono del orificio de inyección (inyección de combustible) *m*

spray angle (fuel injection) ***n***
Ger: Spritzwinkel (Kraftstoffeinspritzung) *m*
Fre: angle du cône d'injection *m*
Spa: ángulo de proyección (inyección de combustible) *m*

spray angle (fuel injection) ***n***
Ger: Strahlöffnungswinkel (Kraftstoffeinspritzung) *m*
Fre: angle d'ouverture du jet *m*
Spa: ángulo de apertura del chorro (inyección de combustible) *m*

spray angle ***n***
Ger: Strahlwinkel *m*
Fre: angle de jet *m*
Spa: ángulo del chorro *m*

spray damper (fuel injection) ***n***
Ger: Spritzdämpfer (Kraftstoffeinspritzung) *m*
Fre: brise-jet *m*
Spa: amortiguador de inyección (inyección de combustible) *m*

spray direction ***n***
Ger: Düsenstrahlrichtung *f*
Fre: direction du jet d'injecteur *f*
Spa: dirección de chorro del inyector *f*

spray dispersal angle (fuel injection) ***n***
Ger: Spritzwinkel (Kraftstoffeinspritzung) *m*
(Strahlkegelwinkel) *m*
(Strahlwinkel) *m*
Fre: angle du cône d'injection *m*
Spa: ángulo de proyección (inyección de combustible) *m*

spray duration (fuel injection) ***n***
Ger: Strahldauer (Kraftstoffeinspritzung) *n*
Fre: durée d'injection *f*
Spa: duración del chorro (inyección de combustible) *f*

spray guided (fuel injection) ***adj***
Ger: strahlgeführt (Kraftstoffeinspritzung) *adj*
Fre: assisté par jet d'air *pp*
Spa: guiado por chorro (inyección de combustible) *pp*

spray guided combustion process (fuel injection) ***n***
Ger: strahlgeführtes Brennverfahren (Kraftstoffeinspritzung) *n*
Fre: procédé d'injection assisté par jet d'air *m*
Spa: proceso de combustión guiado por chorro (inyección de combustible) *m*

spray hole (fuel injection) ***n***
Ger: Spritzloch (Kraftstoffeinspritzung) *n*
Fre: trou d'injection *m*
Spa: orificio de inyección (inyección de combustible) *m*

spray hole cone angle (fuel injection) ***n***
Ger: Spritzlochkegelwinkel (Kraftstoffeinspritzung) *m*
Fre: angle des trous d'injection *m*
Spa: ángulo de cono del orificio de inyección (inyección de combustible) *m*

spray hole length (injector) ***n***
Ger: Lochlänge (Einspritzdüse) *f*
Fre: longueur des trous d'injection *f*
Spa: longitud de orificio (inyector) *f*

spray hole shape (injector) ***n***
Ger: Lochform (Einspritzdüse) *f*
Fre: forme des trous d'injection (injecteur) *f*
Spa: forma de los orificios (inyector) *f*

spray orifice disk (fuel injection) ***n***
Ger: Spritzlochscheibe (Kraftstoffeinspritzung) *f*
(Lochplatte) *f*
Fre: pastille perforée *f*
Spa: disco del orificio de inyección (inyección de combustible) *m*

spray pattern (fuel injection) ***n***
Ger: Strahlbild (Kraftstoffeinspritzung) *n*
Fre: aspect du jet *m*
Spa: forma del chorro (inyección de combustible) *f*

spray pattern (fuel injection) ***n***
Ger: Strahlgeometrie (Kraftstoffeinspritzung) *f*
Fre: forme du jet *f*
Spa: geometría del chorro (inyección de combustible) *f*

spray preparation (fuel injection) ***n***
Ger: Strahlaufbereitung (Kraftstoffeinspritzung) *f*
Fre: conditionnement du jet *m*
Spa: preparación del chorro (inyección de combustible) *f*

spray shape (fuel injection) ***n***
Ger: Strahlform (Kraftstoffeinspritzung) *f*
Fre: forme du jet (injection) *f*
Spa: forma del chorro (inyección de combustible) *f*

spreading plate ***n***
Ger: Streuteller *m*
Fre: épandeuse à disques *f*
Spa: plato de dispersión *m*

spring ***n***
Ger: Feder *f*
Fre: ressort *m*
Spa: muelle *m*

spring assembly *n*
Ger: Federpaket *n*
Fre: jeu de ressorts *m*
Spa: conjunto de resortes *m*

spring chamber *n*
Ger: Federraum *m*
Fre: chambre de ressort *f*
Spa: cámara de resorte *f*

spring characteristic *n*
Ger: Federkennlinie *f*
Fre: courbe caractéristique de ressort *f*
Spa: curva característica del resorte *f*

spring clip *n*
Ger: Bügelfeder *f*
Fre: ressort-étrier *m*
Spa: muelle de sujeción *m*

spring clip *n*
Ger: Federbügel *m*
Fre: étrier élastique *m*
Spa: abrazadera de ballesta *f*

spring compression *n*
Ger: Einfederung *f*
Fre: débattement *m*
Spa: compresión de los elementos de suspensión *f*

spring constant *n*
Ger: Federkonstante *f*
Fre: constante de ressort *f*
Spa: coeficiente de rigidez *m*

spring contact *n*
Ger: Federkontakt *m*
Fre: ressort de contact *m*
Spa: contacto elástico *m*

spring force *n*
Ger: Federkraft *f*
Fre: force du ressort *f*
Spa: fuerza elástica *f*

spring fracture *n*
Ger: Federbruch *m*
Fre: rupture de ressort *f*
Spa: rotura de muelle *f*

spring loaded idle-speed stop *n*
Ger: federnder Leerlaufanschlag *m*
Fre: butée élastique de ralenti *f*
Spa: tope elástico de ralentí *m*

spring piston (height-control valve) *n*
Ger: Federkolben (Luftfederventil) *m*
Fre: piston (valve de nivellement) *m*
Spa: émbolo (válvula de suspensión neumática) *m*

spring preload *n*
Ger: Federvorspannung *f*
Fre: tension initiale du ressort *f*
Spa: tensión previa del muelle *f*

spring rate *n*
Ger: Federrate *f*
(Federsteifigkeit) *f*
Fre: raideur de ressort *f*
Spa: relación de elasticidad *f*
(característica de la suspensión) *f*

spring retainer *n*
Ger: Federhalter *m*
(Federkapsel) *f*
Fre: coupelle *f*
(support de ressort) *m*
Spa: cápsula para muelle *f*

spring seat *n*
Ger: Federteller *m*
Fre: cuvette de ressort *f*
Spa: platillo de muelle *m*

spring sleeve (wheel-speed sensor) *n*
Ger: Klemmhülse (Drehzahlsensor) *f*
(Federhülse) *f*
Fre: douille élastique (capteur de vitesse) *f*
Spa: manguito de apriete (sensor de revoluciones) *m*

spring strip *n*
Ger: Federschiene *f*
Fre: lame-ressort *f*
Spa: lámina flexible *f*

spring strut axle *n*
Ger: Federbeinachse *f*
Fre: essieu à jambes de suspension *m*
Spa: pata telescópica *f*

spring strut fork *n*
Ger: Federbeingabel *f*
Fre: fourche de jambe de suspension *f*
Spa: horquilla de pata telescópica *f*

spring strut insert *n*
Ger: Federbeineinsatz *m*
Fre: insert de jambe de suspension *m*
Spa: inserto de pata telescópica *m*

spring tensioner *n*
Ger: Federspanner *m*
Fre: compresseur de ressort *m*
Spa: tensor elástico *m*

spring type brake actuator *n*
Ger: Federspeicher *m*
Fre: accumulateur élastique *m*
(sphère accumulatrice) *f*
Spa: acumulador elástico *m*

spring type brake cylinder (brake) *n*
Ger: Federspeicherzylinder (Bremse) *m*
Fre: cylindre de frein à accumulateur élastique (frein) *m*
(cylindre à ressort accumulateur) *m*
Spa: cilindro de acumulador elástico (freno) *m*

spring washer *n*
Ger: Federscheibe *f*
Fre: rondelle élastique *f*
Spa: arandela elástica *f*

sprocket *n*
Ger: Kettenrad *n*
Fre: roue à chaîne *f*
Spa: rueda de cadena *f*

sprung weight *n*
Ger: gefederte Masse *f*
Fre: masse suspendue *f*
Spa: masa amortiguada *f*

spur gear *n*
Ger: Stirnrad *n*
Fre: roue à denture droite *f*
Spa: rueda dentada recta *f*

spur gear *n*
Ger: Stirnverzahnung *f*
(Stirnrad) *n*
Fre: engrenage à denture droite *m*
(roue cylindrique) *f*
Spa: dentado recto *m*

spur gear drive *n*
Ger: Stirnradgetriebe *n*
Fre: engrenage cylindrique *m*
Spa: engranaje de piñones rectos *m*

spur gear overrunning clutch *n*
Ger: Stirnzahnfreilauf *m*
Fre: roue libre à denture droite *f*
Spa: rueda libre de dientes rectos *f*

square wrench *n*
Ger: Vierkantschlüssel *m*
Fre: clé à quatre pans *f*
Spa: llave de cabeza cuadrada *f*

squeal (brake) *v*
Ger: quietschen (Bremse) *v*
Fre: grincer (frein) *m*
Spa: chirriar (freno) *v*

squirrel cage rotor *n*
Ger: Käfigläufer *m*
Fre: rotor à cage *m*
Spa: rotor de jaula de ardilla *m*

stabilizer *n*
Ger: Stabilisator *m*
Fre: stabilisateur *m*
Spa: estabilizador *m*

stack type directional control valve *n*
Ger: Blockwegeventil *n*
Fre: bloc-distributeurs *m*
Spa: válvula distribuidora de bloque *f*

stacker truck *n*
Ger: Hubstapler *m*
Fre: chariot élévateur *m*
Spa: carretilla elevadora *f*

stall *n*
Ger: Absterben *n*
Fre: calage (moteur) *m*
Spa: ahogo *m*

stall test *n*
Ger: Blockiertest *m*
Fre: test de blocage *m*

English

Spa: ensayo de bloqueo *m*

standard driving cycle *n*
Ger: genormter Fahrzyklus *m*
Fre: cycle de conduite normalisé *m*
Spa: ciclo de marcha normalizado *m*

standard horn *n*
Ger: Normalhorn *n*
Fre: avertisseur sonore standard *m*
Spa: bocina normal *f*

star connection *n*
Ger: Sternschaltung *f*
Fre: montage en étoile *m*
Spa: conexión en estrella *f*

start (IC engine) *v*
Ger: anspringen (Verbrennungsmotor) *v*
Fre: démarrer (moteur à combustion) *v*
Spa: arrancar (motor de combustión) *v*

start assist measure *n*
Ger: Starthilfe *f*
Fre: auxiliaire de démarrage *m*
Spa: arranque mediante alimentación externa *m*

start assist system *n*
Ger: Starthilfsanlage *f*
Fre: dispositif auxiliaire de démarrage *m*
Spa: sistema auxiliar de arranque *m*

start assistance *n*
Ger: Starthilfe *f*
Fre: démarrage de fortune *m*
Spa: arranque mediante alimentación externa *m*

start inhibit relay *n*
Ger: Startsperrrelais *n*
Fre: relais de blocage du démarreur *m*
Spa: relé de bloqueo de arranque *m*

start locking relay *n*
Ger: Startsperrrelais *n*
Fre: relais de blocage du démarreur *m*
Spa: relé de bloqueo de arranque *m*

start locking unit *n*
Ger: Startsperreinrichtung *f*
Fre: dispositif de blocage du démarreur *m*
Spa: dispositivo de bloqueo de arranque *m*

start mixture enrichment *n*
Ger: Startanreicherung *f*
Fre: enrichissement de démarrage à froid *m*
Spa: enriquecimiento para el arranque *m*

start of braking *n*
Ger: Bremsbeginn *m*
Fre: début du freinage *m*
Spa: inicio del frenado *m*

start of breakaway (diesel fuel injection) *n*
Ger: Abregelbeginn (Dieseleinspritzung) *m*
Fre: début de coupure de débit *m*
Spa: inicio de la limitación reguladora (inyección diesel) *m*

start of delivery (fuel-injection pump) *n*
Ger: Förderbeginn (Einspritzpumpe) *m*
Fre: début de refoulement (pompe d'injection) *m*
Spa: comienzo de suministro (bomba de inyección) *m*

start of delivery control *n*
Ger: Förderbeginnregelung *f*
Fre: régulation du début de refoulement *f*
Spa: regulación del comienzo de suministro *f*

start of delivery offset *n*
Ger: Förderbeginnversatz *m*
Fre: décalage du début de refoulement *m*
Spa: desplazamiento del comienzo de suministro *m*

start of ignition *n*
Ger: Zündbeginn *m*
Fre: début d'inflammation *m*
Spa: comienzo del encendido *m*

start of injection *n*
Ger: Einspritzbeginn *m*
(Spritzbeginn) *m*
Fre: début d'injection *m*
Spa: inicio de inyección *m*

start of injection (fuel injection) *n*
Ger: Spritzbeginn (Kraftstoffeinspritzung) *m*
Fre: début d'injection *m*
Spa: comienzo de la inyección *m*

start of injection control (fuel injection) *n*
Ger: Spritzbeginnregelung (Kraftstoffeinspritzung) *f*
Fre: régulation du début d'injection *f*
Spa: regulación del comienzo de la inyección (inyección de combustible) *f*

start of lock up (ABS) *n*
Ger: Blockierbeginn (ABS) *m*
Fre: début du blocage (ABS) *m*
Spa: comienzo de bloqueo (ABS) *m*

start of torque control (diesel fuel injection) *n*
Ger: Angleichbeginn (Dieseleinspritzung) *m*
Fre: début de correction de débit *m*
Spa: inicio de control de torque (inyección diesel) *m*

start quantity *n*
Ger: Startmenge *f*
Fre: débit de démarrage *m*
Spa: caudal de arranque *m*

start quantity calculation *n*
Ger: Startmengenberechnung *f*
Fre: calcul du débit de surcharge au démarrage *m*
Spa: cálculo del caudal de arranque *m*

start quantity deactivator *n*
Ger: Startverriegelung *f*
Fre: verrouillage du débit de surcharge *m*
Spa: bloqueo de arranque *m*

start quantity increase *n*
Ger: Startmengenerhöhung *f*
Fre: élévation du débit de surcharge au démarrage *f*
Spa: aumento del caudal de arranque *m*

start quantity limitation *n*
Ger: Startmengenbegrenzung *f*
Fre: limitation du débit de surcharge au démarrage *f*
Spa: limitación del caudal de arranque *f*

start quantity locking device *n*
Ger: Startmengenverriegelung *f*
Fre: blocage du débit de surcharge au démarrage *m*
Spa: bloqueo del caudal de arranque *m*

start quantity locking device *n*
Ger: Startverriegelung *f*
Fre: verrouillage du démarrage *m*
Spa: bloqueo de arranque *m*

start quantity release *n*
Ger: Startmengenentriegelung *f*
(Startentriegelung) *f*
Fre: déblocage du débit de surcharge au démarrage *m*
Spa: desbloqueo del caudal de arranque *m*

start quantity stop *n*
Ger: Startmengenanschlag *m*
Fre: butée de débit de surcharge au démarrage *f*
Spa: tope de caudal de arranque *m*

start quantity stop travel *n*
Ger: Startmengenverstellweg *m*
Fre: course de surcharge au démarrage *f*
Spa: carrera de ajuste del caudal de arranque *f*

start repeating block *n*
Ger: Startwiederholsperre *f*
Fre: anti-répétiteur de démarrage *m*
Spa: bloqueo de repetición de arranque *m*

start temperature limit *n*
Ger: Starttemperaturgrenze *f*

Fre: limite de température de démarrage *f*
Spa: límite de temperatura de arranque *m*

startability ***n***
Ger: Startfähigkeit *f*
Fre: capacité de démarrage *f*
Spa: capacidad de arranque *f*

starter ***n***
Ger: Starter *m*
(Anlasser) *m*
(Startermotor) *m*
Fre: démarreur *m*
(moteur de démarreur) *m*
Spa: motor de arranque *m*

starter battery ***n***
Ger: Starterbatterie *f*
Fre: batterie de démarrage *f*
Spa: batería de arranque *f*

starter interlock ***n***
Ger: Anlasssperre *f*
Fre: blocage antidémarrage *m*
Spa: bloqueo de arranque *m*

starter motor relay ***n***
Ger: Starterrelais *m*
Fre: relais de démarreur *m*
Spa: relé de motor de arranque *m*

starter motor torque ***n***
Ger: Starterdrehmoment *n*
Fre: couple du démarreur *m*
Spa: par del motor de arranque *m*

starter pinion ***n***
Ger: Starterritzel *n*
Fre: pignon du démarreur *m*
Spa: piñón del motor de arranque *m*

starter ring gear ***n***
Ger: Starterzahnkranz *m*
Fre: couronne dentée du démarreur *f*
Spa: corona dentada del motor de arranque *f*

starter roller ***n***
Ger: Anlaufrolle *f*
Fre: galet de friction *m*
Spa: rodillo de tope *m*

starting ***n***
Ger: Anfahren *n*
Fre: démarrage *m*
Spa: arranque *m*

starting ***n***
Ger: Anlassvorgang *m*
Fre: processus de démarrage *m*
Spa: proceso de arranque *m*

starting angle ***n***
Ger: Startwinkel *m*
Fre: angle de démarrage *m*
Spa: ángulo de arranque *m*

starting control ***n***
Ger: Startsteuerung *f*
(Startlaufsteuerung) *f*
Fre: commande de démarrage *f*
Spa: control de arranque *m*

starting current ***n***
Ger: Anlaufstrom *m*
Fre: courant de mise en route *m*
Spa: corriente de arranque *f*

starting cutout ***n***
Ger: Startabwurfsperrzeit *f*
Fre: verrouillage en fin de démarrage *m*
Spa: tiempo de bloqueo de desengrane de arranque *m*

starting cutout speed ***n***
Ger: Startabwurfdrehzahl *f*
Fre: régime en fin de démarrage *m*
Spa: número de revoluciones de desengrane de arranque *m*

starting enrichment ***n***
Ger: Startanreicherung *f*
(Startanhebung) *f*
Fre: enrichissement de démarrage à froid *m*
Spa: enriquecimiento para el arranque *m*

starting groove (plunger-and-barrel assembly) ***n***
Ger: Startnut (Pumpenelement) *f*
Fre: encoche d'autoretard (élément de pompage) *f*
Spa: ranura de arranque (elemento de bomba) *f*

starting lever ***n***
Ger: Starthebel *m*
Fre: levier de démarrage *m*
Spa: palanca de arranque *f*

starting motor ***n***
Ger: Anwurfmotor *m*
Fre: moteur de démarrage *m*
Spa: motor de arranque *m*

starting motor solenoid (starter) ***n***
Ger: Einrückmagnet (Starter) *m*
Fre: électro-aimant d'engrènement (démarreur) *m*
(contacteur à solenoïde) *m*
Spa: electroimán de engrane (motor de arranque) *m*

starting off aid (TCS) ***n***
Ger: Anfahrhilfe (ASR) *f*
Fre: aide au démarrage *f*
Spa: ayuda de arranque (ASR) *f*

starting operation ***n***
Ger: Startbetrieb *m*
Fre: démarrage (opération) *m*
Spa: modo de arranque *m*

starting phase ***n***
Ger: Startphase *f*
Fre: phase de démarrage *f*
Spa: fase de arranque *f*

starting power ***n***
Ger: Startleistung *f*
Fre: puissance de démarrage *f*
Spa: potencia de arranque *f*

starting rack travel ***n***
Ger: Startregelweg *m*
Fre: course de régulation au démarrage *f*
Spa: carrera de regulación de arranque *f*

starting relay ***n***
Ger: Startrelais *n*
Fre: relais de démarrage *m*
Spa: relé de arranque *m*

starting response ***n***
Ger: Startverhalten *n*
Fre: comportement au démarrage *m*
Spa: comportamiento de arranque *m*

starting system ***n***
Ger: Startanlage *f*
Fre: équipement de démarrage *m*
Spa: sistema de arranque *m*

starting system ***n***
Ger: Startsystem *n*
Fre: système de démarrage *m*
Spa: sistema de arranque *m*

starting temperature ***n***
Ger: Starttemperatur *f*
Fre: température de démarrage *f*
Spa: temperatura de arranque *f*

starting torque ***n***
Ger: Anlaufmoment *n*
Fre: couple de démarrage *m*
Spa: torque de arranque *m*

starting values ***npl***
Ger: Ausgangswerte *mpl*
Fre: valeurs initiales *fpl*
Spa: valores iniciales *mpl*

starting voltage increase ***n***
Ger: Startspannungsanhebung *f*
Fre: élévation de tension au démarrage *f*
Spa: aumento de la tensión de arranque *m*

startingl quantity compensation ***n***
Ger: Startmengenabgleich *m*
Fre: étalonnage du débit de démarrage *m*
Spa: compensación de caudal de arranque *f*

state of charge (battery) ***n***
Ger: Ladezustand (Batterie) *m*
Fre: état de charge (batterie) *m*
Spa: estado de carga (batería) *m*

static ***adj***
Ger: ruhend *adj*
Fre: statique *adj*
Spa: estático *adj*

static friction ***n***
Ger: Haftreibung *f*
Fre: frottement statique *m*
Spa: rozamiento estático *m*

static headlight range control ***n***
Ger: Statische Leuchtweitenregulierung *f*
Fre: correcteur statique de portée d'éclairement *m*

Spa: regulación estática del alcance de luces *f*

static relaxation test ***n***
Ger: Relaxationsversuch *m*
Fre: essai de relaxation statique *m*
Spa: ensayo de relajación estática *m*

stationary applications ***n***
Ger: Stationärbetrieb *m*
Fre: mode stationnaire *m*
Spa: funcionamiento estacionario *m*

stator ***n***
Ger: Leitrad *n*
Fre: réacteur *m*
Spa: reactor *m*

stator (alternator) ***n***
Ger: Stator (Generator) *m*
(Ständer) *m*
Fre: stator (alternateur) *m*
Spa: estator (alternador) *m*

stator core ***n***
Ger: Ständerpaket *n*
(Ständerblechpaket) *n*
Fre: noyau statorique *m*
Spa: núcleo de estator *m*

stator current ***n***
Ger: Ständerstrom *m*
Fre: courant statorique *m*
Spa: corriente de estator *f*

stator housing ***n***
Ger: Ständergehäuse *n*
(Polgehäuse) *n*
Fre: carcasse statorique *f*
Spa: carcasa de estator *f*

stator lamination (alternator) ***n***
Ger: Lamellenpaket (Generator) *n*
(Ständerblechpaket) *n*
Fre: paquet de lamelles de tôle (alternateur) *m*
Spa: conjunto de discos (alternador) *m*

stator winding ***n***
Ger: Ständerwicklung *f*
(Statorwicklung) *f*
Fre: enroulement statorique *m*
Spa: devanado de estator *m*

steady state condition ***n***
Ger: Beharrungszustand *m*
Fre: état d'équilibre *m*
Spa: condición de régimen permanente *f*

steady state speed ***n***
Ger: Beharrungsdrehzahl *f*
Fre: vitesse d'équilibre *f*
Spa: velocidad de régimen permanente *f*

steady state voltage (battery) ***n***
Ger: Ruhespannung (Batterie) *f*
(Batteriespannung) *f*
Fre: tension au repos (batterie) *f*
Spa: tensión en reposo (batería) *f*

steel rim ***n***
Ger: Stahlfelge *f*
Fre: jante en acier *f*
Spa: llanta de acero *f*

steel-spring suspension ***n***
Ger: Stahlfederung *f*
Fre: suspension à ressorts *f*
Spa: suspensión de acero *f*

steerability ***n***
Ger: Lenkbarkeit *f*
(Lenkfähigkeit) *f*
Fre: dirigeabilité *f*
(manœuvrabilité) *f*
Spa: maniobrabilidad *f*

steerable (motor vehicle) ***adj***
Ger: lenkbar (Kfz) *adj*
Fre: dirigeable (véhicule) *adj*
Spa: maniobrable (automóvil) *adj*

steering ***n***
Ger: Lenkung *f*
Fre: direction *f*
Spa: dirección *f*

steering angle (vehicle dynamics) ***n***
Ger: Lenkwinkel (Kfz-Dynamik) *m*
Fre: angle de braquage (dynamique d'un véhicule) *m*
Spa: ángulo de viraje (dinámica del automóvil) *m*

steering angle sensor ***n***
Ger: Lenkwinkelsensor *m*
Fre: capteur d'angle de braquage *m*
Spa: sensor del ángulo de viraje *m*

steering arm ***n***
Ger: Lenkarm *m*
Fre: bras de direction *m*
Spa: brazo de dirección *m*

steering axis ***n***
Ger: Lenkdrehachse *f*
Fre: axe de pivotement de la direction *m*
Spa: eje de giro de la dirección *m*

steering axle ***n***
Ger: Lenkachse *f*
Fre: essieu directeur *m*
Spa: eje direccional *m*

steering cylinder ***n***
Ger: Lenkzylinder *m*
Fre: vérin de direction *m*
Spa: cilindro de dirección *m*

steering function ***n***
Ger: Lenkfunktion *f*
Fre: fonction de braquage *f*
Spa: función de dirección *f*

steering gear ***n***
Ger: Lenkgetriebe *n*
Fre: boîtier de direction *m*
Spa: engranaje de dirección *m*

steering gear housing ***n***
Ger: Lenkgehäuse *n*
Fre: boîtier de direction *m*
Spa: caja de dirección *f*

steering impact damper ***n***
Ger: Lenkungsstoßdämpfer *m*
Fre: amortisseur de direction *m*
Spa: amortiguador de la dirección *m*

steering input ***n***
Ger: Lenkwunsch *m*
Fre: consigne de direction *f*
Spa: dato de entrada de dirección *m*

steering knuckle ***n***
Ger: Achsschenkel *m*
Fre: fusée d'essieu *f*
Spa: mangueta *f*

steering lock ***n***
Ger: Lenkschloss *n*
Fre: antivol de direction *m*
Spa: bloqueo de dirección *m*

steering ratio ***n***
Ger: Lenkübersetzung *f*
Fre: démultiplication de la direction *f*
Spa: desmultiplicación de la dirección *f*

steering response ***n***
Ger: Lenkbarkeit *f*
Fre: dirigeabilité *f*
(manœuvrabilité) *f*
Spa: maniobrabilidad *f*

steering shaft ***n***
Ger: Lenkspindel *f*
Fre: arbre de direction *m*
Spa: eje direccional *m*

steering speed ***n***
Ger: Lenkgeschwindigkeit *f*
Fre: vitesse de braquage *f*
Spa: velocidad de dirección *f*

steering spindle ***n***
Ger: Lenkspindel *f*
Fre: arbre de direction *m*
Spa: eje direccional *m*

steering system ***n***
Ger: Lenkanlage *f*
Fre: direction *f*
Spa: sistema de dirección *m*

steering wheel ***n***
Ger: Lenkrad *n*
Fre: volant de direction *m*
Spa: volante *m*

steering wheel angle ***n***
Ger: Lenkradwinkel *m*
Fre: angle de rotation du volant *m*
Spa: ángulo de giro del volante *m*

steering wheel angle sensor (ESP) ***n***
Ger: Lenkradwinkelsensor (ESP) *m*
Fre: capteur d'angle de braquage (ESP) *m*
Spa: sensor de ángulo de giro del volante (ESP) *m*

steering wheel force (vehicle dynamics) ***n***
Ger: Lenkradmoment (Kfz-Dynamik) *n*
Fre: couple appliqué au volant de direction (dynamique d'un véhicule) *m*

English

Spa: par del volante (dinámica del automóvil) *m*

steering wheel torque sensing *n*
Ger: Lenkmomentsensierung *f*
Fre: saisie du couple de braquage *f*
Spa: captación del par de dirección *f*

steering-knuckle bearing *n*
Ger: Achsschenkellager *n*
Fre: roulement de fusée d'essieu *m*
Spa: cojinete de mangueta *m*

step light *n*
Ger: Trittstufenleuchte *f*
Fre: lampe de marchepied *f*
Spa: luz de peldaño *f*

step up gear train *n*
Ger: Zahnradgetriebe *n*
Fre: boîte de vitesses à engrenages *f*
Spa: transmisión de engranajes *f*

step up planetary gear set *n*
Ger: Hochtreiber-Planetengetriebe *n*
Fre: multiplicateur épicycloïdal *m*
Spa: multiplicador de planetario *m*

stepped piston *n*
Ger: Stufenkolben *m*
Fre: piston différentiel *m*
Spa: pistón diferencial *m*

stepped reflector (headlamp) *n*
Ger: Stufenreflektor (Scheinwerfer) *m*
Fre: réflecteur étagé *m*
Spa: reflector escalonado (faros) *m*

stepped spill port *n*
Ger: gestufter Absteuerquerschnitt *m*
Fre: trou de fin d'injection étagé *m*
Spa: sección escalonada de regulación de caudal *f*

stepping motor *n*
Ger: Schrittmotor *m*
Fre: moteur pas à pas *m*
Spa: motor paso a paso *m*

stick slip *n*
Ger: Stick-Slip *n*
(Ruckgleiten) *n*
Fre: broutement saccadé *m*
(stick slip) *m*
Spa: stick-slip *m*

stoichiometric ***adj***
Ger: stöchiometrisch *adj*
Fre: stœchiométrique *adj*
Spa: estequiométrico *adj*

stop adjustment mechanism *n*
Ger: Anschlagstellwerk *m*
Fre: commande de butée *f*
Spa: mecanismo de ajuste del tope *m*

stop buffer *n*
Ger: Anschlagpuffer *m*
Fre: butée élastique *f*
Spa: goma de tope *f*

stop bushing *n*
Ger: Anschlagbuchse *f*
Fre: douille de butée *f*
Spa: casquillo de tope *m*

stop cam *n*
Ger: Anschlagnocken *m*
Fre: came de butée *f*
Spa: leva de tope *f*

stop collar *n*
Ger: Anschlagbund *m*
Fre: collet de butée *m*
Spa: collar de tope *m*

stop disc *n*
Ger: Anschlaglamelle *f*
Fre: lame de butée *f*
Spa: disco de tope *m*

stop disc *n*
Ger: Anschlagscheibe *f*
Fre: disque de butée *m*
Spa: arandela de tope *f*

stop lamp *n*
Ger: Bremsleuchte *f*
(Bremslicht) *n*
Fre: feu de stop *m*
Spa: luz de freno *f*

stop lever (in-line fuel-injection pump) *n*
Ger: Anschlaghebel (Reiheneinspritzpumpe) *m*
Fre: levier de butée (pompe d'injection en ligne) *m*
Spa: palanca de tope (bomba de inyección en serie) *f*

stop lever *n*
Ger: Stopphebel *m*
(Abstellhebel) *m*
Fre: levier d'arrêt *m*
Spa: palanca de parada *f*

stop lug *n*
Ger: Anschlagnase *f*
Fre: bossage-butée *m*
Spa: saliente de tope *m*

stop pin *n*
Ger: Anschlagbolzen *m*
Fre: axe de butée *m*
Spa: perno de tope *m*

stop plate *n*
Ger: Anschlagplatte *f*
Fre: plaque de butée *f*
Spa: placa de tope *f*

stop ring *n*
Ger: Anschlagring (specification: function) *m*
Fre: bague de butée *f*
Spa: anillo de tope (especificación: función) *m*

stop screw *n*
Ger: Anschlagschraube *f*
Fre: vis de butée *f*
Spa: tornillo de tope *m*

stop setting *n*
Ger: Stopp-Position *f*
(Stopp-Stellung) *f*
(Stopp-Lage) *f*
Fre: position de stop *f*
Spa: posición de parada *f*

stop setting *n*
Ger: Stopstellung *f*
Fre: position d'arrêt *f*
Spa: posición de parada *f*

stop sleeve *n*
Ger: Anschlaghülse *f*
Fre: douille de butée *f*
Spa: manguito de tope *m*

stop spring *n*
Ger: Anschlagfeder *f*
Fre: ressort de butée *m*
Spa: muelle de tope *m*

stop strap *n*
Ger: Anschlaglasche *f*
Fre: patte de butée *f*
Spa: lengüeta de tope *f*

stop stroke *n*
Ger: Abstellhub *m*
Fre: course d'arrêt *f*
Spa: carrera de desconexión *f*

stop surface *n*
Ger: Anschlagfläche *f*
Fre: surface d'arrêt *f*
Spa: superficie de tope *f*

stopping time (braking) *n*
Ger: Anhaltezeit (Bremsvorgang) *f*
Fre: temps d'arrêt (freinage) *m*
Spa: tiempo hasta la parada (proceso de frenado) *m*

stopwatch *n*
Ger: Stoppuhr *f*
Fre: chronomètre *m*
Spa: cronómetro *m*

storage activity *n*
Ger: Speicheraktivität *f*
Fre: phase de mémorisation *f*
Spa: actividad de acumulación *f*

storage battery *n*
Ger: Akkumulatorenbatterie *f*
Fre: batterie d'accumulateurs *f*
Spa: batería de acumuladores *f*

storage capacity *n*
Ger: Speicherkapazität *f*
Fre: capacité de stockage *f*
Spa: capacidad de almacenamiento *f*

storage density *n*
Ger: Speicherdichte *f*
Fre: densité d'énergie *f*
Spa: densidad de acumulación *f*

storage electrode *n*
Ger: Speicherelektrode *f*
Fre: électrode de stockage *f*
Spa: electrodo acumulador *m*

storage pressure *n*
Ger: Speicherdruck *m*
Fre: pression de l'accumulateur *f*
Spa: presión del acumulador *f*

storage-battery charging station *n*

English

Ger: Akkumulatoren-Ladestation *f*
Fre: station de charge d'accumulateurs *f*
Spa: estación de carga de acumuladores *f*

straight line controller *n*
Ger: Strahlenregler *m*
Fre: correcteur à divergence *m*
Spa: controlador de divergencia *m*

straight running stability (motor vehicle) *n*
Ger: Geradeauslauf (Kfz) *m*
Fre: trajectoire rectiligne (véhicule) *f*
Spa: trayectoria recta (automóvil) *f*

straight running stability *n*
Ger: Geradeausstabilität *f*
Fre: stabilité en ligne droite *f*
Spa: estabilidad en trayectoria recta *f*

straight tooth gearing *n*
Ger: Geradverzahnung *f*
Fre: denture droite *f*
Spa: dentado recto *m*

straightness *n*
Ger: Geradheit *f*
Fre: rectitude *f*
Spa: rectitud *f*

strain gauge *n*
Ger: Dehnmessstreifen *m*
Fre: jauge de contrainte *f*
(jauge extensométrique) *f*
Spa: banda extensométrica *f*

strain gauge resistor *n*
Ger: Dehnwiderstand *m*
Fre: jauge piézorésistive *m*
Spa: resistencia a la elongación *f*

strainer (fuel-supply pump) *n*
Ger: Siebfilter (Kraftstoffförderpumpe) *n*
Fre: crépine (pompe d'alimentation) *f*
Spa: filtro de tamiz (bomba de alimentación de combustible) *m*

strainer element *n*
Ger: Siebeinsatz *m*
Fre: crépine *f*
Spa: elemento de tamiz *m*

straining (filter) *n*
Ger: Siebeffekt (Filter) *m*
Fre: effet de filtrage (filtre) *m*
Spa: efecto de tamiz (filtro) *m*

strake wheel *n*
Ger: Greiferrad *n*
Fre: roue d'adhérence *f*
Spa: rueda todo terreno *f*

strap shaped handle *n*
Ger: Bügelgriff *m*
Fre: poignée *f*
Spa: asidero de puente *m*

stratified catalyst heating operating mode *n*
Ger: Schicht-Katheizen *n*
Fre: mode stratifié de chauffage *m*
Spa: calentamiento estratificado del catalizador *m*

stratified charge *n*
Ger: Schichtladung *f*
Fre: charge stratifiée *f*
Spa: carga estratificada *f*

stratified charge cloud *n*
Ger: Schichtladewolke *f*
Fre: nuage de charge stratifiée *m*
Spa: nube de carga estratificada *f*

stratified charge engine *n*
Ger: Schichtlademotor *m*
Fre: moteur à charge stratifiée *m*
Spa: motor de carga estratificada *m*

stratified charge operating mode *n*
Ger: Schichtbetrieb *m*
Fre: fonctionnement en charge stratifiée *m*
Spa: funcionamiento a carga estratificada *m*

stratified charge operation *n*
Ger: Schichtbetrieb *m*
Fre: fonctionnement en charge stratifiée *m*
Spa: funcionamiento a carga estratificada *m*

stratified lean operation mode *n*
Ger: magerer Schichtbetrieb *m*
Fre: mode stratifié avec mélange pauvre *m*
Spa: funcionamiento estratificado con mezcla pobre *m*

stratified mixture distribution *n*
Ger: geschichtete Gemischverteilung *f*
Fre: stratification du mélange *f*
Spa: distribución estratificada de la mezcla *f*

streamlined *n*
Ger: Stromlinienform *f*
Fre: de forme aérodynamique *loc*
Spa: forma aerodinámica *f*

street sweeper *n*
Ger: Kehrmaschine *f*
Fre: balayeuse *f*
Spa: barredera *f*

strengthening rib *n*
Ger: Verstärkungsrippe *f*
(Versteifungsrippe) *f*
Fre: raidisseur nervuré *m*
Spa: nervadura de refuerzo *f*

stress *n*
Ger: Beanspruchung *f*
Fre: contrainte *f*
(sollicitation) *f*
Spa: esfuerzo *m*
(solicitación) *f*

stress concentration *n*
Ger: Spannungsspitze (Mechanik) *f*
Fre: pic de contrainte *m*
Spa: concentración de tensiones (mecánica) *f*

stress corrosion cracking *n*
Ger: Spannungsrisskorrosion *f*
Fre: corrosion fissurante par contrainte mécanique *f*
Spa: corrosión de fisuras de tensión *f*

stress range *n*
Ger: Hubspannung *f*
Fre: plage de contrainte *f*
Spa: tensión de carrera *f*

strip the insulation *v*
Ger: abisolieren *v*
Fre: dénuder *v*
Spa: desaislar *v*

stroboscope *n*
Ger: Stroboskopleuchte *f*
Fre: lampe stroboscopique *f*
Spa: lámpara estroboscópica *f*

stroboscopic lamp *n*
Ger: Zündlichtpistole *f*
Fre: pistolet stroboscopique *m*
Spa: estroboscopio de encendido *m*

stroke at end of delivery *n*
Ger: Hub am Förderende *m*
Fre: levée en fin de refoulement *f*
Spa: carrera al final del suministro *f*

stroke counting mechanism *n*
Ger: Hub-Drehzähler *m*
Fre: compteur de courses *m*
Spa: contador de carreras y revoluciones *m*

stroke limiter *n*
Ger: Hubbegrenzung *f*
(Hubkontrolle) *f*
Fre: limitation de course *f*
Spa: limitación de carrera *f*

stroke phase *n*
Ger: Hubphase *f*
Fre: série de courses *f*
Spa: fase de carrera *f*

structural shape *n*
Ger: Bauform *f*
Fre: forme de construction *f*
Spa: forma constructiva *f*

structure borne noise *n*
Ger: Körperschall *m*
Fre: bruits d'impact *mpl*
Spa: sonido corpóreo *m*

stud *n*
Ger: Bolzen *m*
Fre: boulon *m*
Spa: perno *m*

stud *n*
Ger: Stehbolzen *m*
Fre: boulon fileté *m*
Spa: espárrago *m*

stylus tip radius *n*
Ger: Tastspitzenradius *m*

English

Fre: rayon de pointe de palpeur *m*
Spa: radio de la punta del palpador *m*

substrate ***n***
Ger: Trägermaterial *n*
Fre: matériau support *m*
Spa: material soporte *m*

substrate system (catalytic converter) ***n***
Ger: Trägersystem (Katalysator) *n*
Fre: support (catalyseur) *m*
Spa: sistema portador (catalizador) *m*

suction capacity ***n***
Ger: Ansaugleistung *f*
Fre: capacité d'aspiration *f*
Spa: capacidad de aspiración *f*

suction connection ***n***
Ger: Sauganschluss *m*
Fre: raccord d'aspiration *m*
Spa: empalme de aspiración *m*

suction cover ***n***
Ger: Absaugdeckel *m*
Fre: couvercle d'aspiration *m*
Spa: tapa de aspiración *f*

suction device ***n***
Ger: Absaugvorrichtung *f*
Fre: dispositif d'aspiration *m*
Spa: dispositivo de aspiración *m*

suction jet pump ***n***
Ger: Saugstrahlpumpe *f*
Fre: pompe auto-aspirante *f*
Spa: bomba de chorro aspirante *f*

suction jet pump ***n***
Ger: Strahlpumpe *f*
Fre: pompe auto-aspirante *f*
Spa: bomba de chorro *f*

suction pipe ***n***
Ger: Saugleitung *f*
Fre: conduit d'admission *m*
Spa: tubería de aspiración *f*

suction pressure ***n***
Ger: Saugdruck *m*
Fre: pression d'aspiration *f*
Spa: presión de aspiración *f*

suction pump ***n***
Ger: Saugpumpe *f*
Fre: pompe aspirante *f*
Spa: bomba de aspiración *f*

suction resonator ***n***
Ger: Saugresonator *m*
Fre: résonateur d'admission *m*
Spa: resonador de admisión *m*

suction stroke ***n***
Ger: Saughub *m*
Fre: course d'admission *f*
Spa: carrera de admisión *f*

suction throttle ***n***
Ger: Saugdrossel *f*
Fre: gicleur d'aspiration *m*
Spa: estrangulador de aspiración *m*

suction valve (fuel-supply pump) ***n***
Ger: Saugventil (Kraftstofffórderpumpe) *n*
Fre: soupape d'aspiration (pompe d'alimentation) *f*
Spa: válvula de aspiración *f*

sulfur contamination ***n***
Ger: Verschwefelung *f*
Fre: sulfatation *f*
Spa: contaminación de azufre *f*

sulfur content ***n***
Ger: Schwefelgehalt *n*
Fre: teneur en soufre *f*
Spa: contenido de azufre *m*

sump attachment ***n***
Ger: Wannenbefestigung *f*
Fre: fixation par berceau *f*
Spa: fijación del cárter *f*

sun gear ***n***
Ger: Sonnenrad *n*
Fre: planétaire *m*
Spa: rueda principal *f*

supercharge (IC engine) ***v***
Ger: aufladen (Verbrennungsmotor) *v*
Fre: suralimenter (moteur à combustion) *v*
Spa: sobrealimentar (motor de combustión) *v*

supercharged engine ***n***
Ger: Auflademotor *m*
(ATL-Motor) *m*
Fre: moteur suralimenté *m*
Spa: motor sobrealimentado *m*

supercharging (IC engine) ***n***
Ger: Aufladung (Verbrennungsmotor) *f*
Fre: suralimentation (moteur à combustion) *f*
Spa: sobrealimentación (motor de combustión) *f*

supercharging (IC engine) ***n***
Ger: Kompressoraufladung (Verbrennungsmotor) *f*
Fre: suralimentation par compresseur *f*
Spa: sobrealimentación del compresor (motor de combustión) *f*

supercharging process (IC engine) ***n***
Ger: Aufladeverfahren (Verbrennungsmotor) *n*
Fre: procédé de suralimentation *m*
Spa: proceso de sobrealimentación (motor de combustión) *m*

superconductivity ***n***
Ger: Supraleitfähigkeit *f*
Fre: supraconductivité *f*
Spa: superconductividad *f*

superposition ***n***
Ger: Überlagerung *f*
Fre: superposition *f*
Spa: superposición *f*

supertone horn ***n***
Ger: Starktonhorn *n*
Fre: avertisseur surpuissant *m*
Spa: bocina supersonante *f*

supplementary equipment set ***n***
Ger: Nachrüstsatz *m*
Fre: kit d'équipement ultérieur *m*
Spa: juego de reequipamiento *m*

supplementary reflector ***n***
Ger: Zusatzreflektor *m*
Fre: réflecteur supplémentaire *m*
Spa: reflector adicional *m*

supply air ***n***
Ger: Vorratsluft *f*
Fre: air d'alimentation *m*
Spa: aire de alimentación *m*

supply connection ***n***
Ger: Zulauf-Anschluss *m*
Fre: raccord d'arrivée *m*
Spa: empalme de alimentación *m*

supply lead ***n***
Ger: Zuleitung *f*
Fre: câble d'alimentation *m*
Spa: línea de alimentación *f*

supply line ***n***
Ger: Versorgungsleitung *f*
Fre: câble d'alimentation *m*
Spa: línea de alimentación *f*

supply line (two-line braking system) ***n***
Ger: Vorratsleitung (Zweileitungs-Bremsanlage) *f*
(Versorgungsleitung) *f*
Fre: conduite d'alimentation (dispositif de freinage à deux conduites) *f*
Spa: tubería de alimentación *f*

supply pressure (Jetronic) ***n***
Ger: Versorgungsdruck (Jetronic) *m*
Fre: pression d'alimentation (Jetronic) *f*
Spa: presión de alimentación (Jetronic) *f*

supply pressure (brakes) ***n***
Ger: Vorratsdruck (Bremsen) *m*
(Primärdruck) *m*
Fre: pression d'alimentation (frein) *f*
Spa: presión de alimentación (Bremsen) *f*

supply pump (fuel) ***n***
Ger: Förderpumpe (Kraftstoff) *f*
Fre: pompe d'alimentation (carburant) *f*
Spa: bomba de alimentación (combustible) *f*

supply pump pressure ***n***
Ger: Förderpumpendruck *m*
Fre: pression de transfert *f*

Spa: presión de la bomba de alimentación *f*

supply voltage *n*
Ger: Versorgungsspannung *f*
Fre: tension d'alimentation *f*
Spa: tensión de alimentación *f*

support bearing (drum brake) *n*
Ger: Stützlager (Trommelbremse) *n*
Fre: palier d'appui (frein à tambour) *m*
Spa: cojinete de apoyo (freno de tambor) *m*

support plate (ignition-advance mechanism) *n*
Ger: Achsplatte (Zündversteller) *f*
Fre: plateau-support (correcteur d'avance) *m*
Spa: placa soporte (variador de encendido) *f*

support plate (filter) *n*
Ger: Stützplatte (Filter) *f*
Fre: plaque-support (filtre) *f*
Spa: placa de apoyo (filtro) *f*

support plate *n*
Ger: Stützscheibe *f*
Fre: disque support *m*
Spa: arandela de apoyo *f*

support rib *n*
Ger: Stützrippe *f*
Fre: nervure d'appui *f*
Spa: nervadura de apoyo *f*

support ring *n*
Ger: Stützring *m*
Fre: bague d'appui *f*
Spa: anillo de apoyo *m*

suppress *v*
Ger: ausblenden *v*
Fre: supprimer *v*
Spa: suprimir *v*

suppression filter *n*
Ger: Entstörfilter *n*
Fre: filtre d'antiparasitage *m*
Spa: filtro antiparasitario *m*

surface air gap *n*
Ger: Luftgleitfunkenstrecke *f*
Fre: distance d'éclatement et de glissement (bougie d'allumage) *f*
Spa: recorrido deslizante de la chispa *m*

surface fatigue *n*
Ger: Oberflächenermüdung *f*
Fre: usure par fatigue *f*
Spa: fatiga superficial *f*

surface hardening *n*
Ger: Randschichthärte *f*
(Oberflächenhärte) *f*
Fre: trempe superficielle *f*
Spa: dureza de capa superficial *f*

surface hardening temperature *n*
Ger: Randhärtetemperatur *f*
Fre: température de trempe superficielle *f*
Spa: temperatura de endurecimiento superficial *f*

surface hardness *n*
Ger: Oberflächenhärte *f*
Fre: dureté de surface *f*
Spa: dureza superficial *f*

surface ondulation *n*
Ger: Welligkeit *f*
Fre: ondulation *f*
Spa: ondulación *f*

surface roughness *n*
Ger: Oberflächenrauigkeit *f*
Fre: rugosité de surface *f*
Spa: rugosidad superficial *f*

surface roughness depth *n*
Ger: Rauhtiefe *f*
Fre: profondeur de rugosité *f*
Spa: profundidad de rugosidad *f*

surface zone *n*
Ger: Randfaser *f*
Fre: fibre externe *f*
Spa: fibra externa *f*

surface-gap spark plug *n*
Ger: Gleitfunkenzündkerze *f*
Fre: bougie à étincelle glissante *f*
Spa: bujía de chispa deslizante *f*

surge damping control *n*
Ger: aktive Ruckeldämpfung, ARD *f*
(Antiruckelregelung) *f*
Fre: amortissement actif des à-coups *m*
Spa: amortiguación activa de sacudidas *f*

surge damping control *n*
Ger: Antiruckelregelung *f*
Fre: amortissement actif des à-coups *m*
Spa: regulación antisacudidas *f*

surge damping function *n*
Ger: Antiruckelfunktion *f*
Fre: fonction anti à-coups *f*
Spa: función antisacudidas *f*

surge damping intervention *n*
Ger: Antiruckeleingriff *m*
Fre: correction anti à-coups *f*
Spa: intervención antisacudidas *f*

surge limit *n*
Ger: Pumpgrenze *f*
Fre: limite de pompage *f*
Spa: límite de bombeo *m*

surge proof *adj*
Ger: spannungsfest *adj*
Fre: rigidité diélectrique *f*
Spa: resistente a tensiones eléctricas *adj*

surge-damping function *n*
Ger: Ruckeldämpfung *f*
(Antiruckelfunktion) *f*
Fre: amortissement des à-coups *m*
Spa: amortiguación de sacudidas *f*

susceptance *n*
Ger: Blindleitwert *m*
Fre: susceptance *f*
Spa: susceptancia *f*

susceptible device (EMC) *n*
Ger: Störsenke (EMV) *f*
Fre: capteur de perturbations (CEM) *m*
Spa: embudo de interferencias (compatibilidad electromagnética) *m*

susceptible to interference *n*
Ger: störempfindlich *adj*
Fre: sensible aux perturbations *loc*
Spa: sensible a interferencias *adj*

suspension *n*
Ger: Fahrwerk *n*
Fre: suspension *f*
Spa: chasis *m*

suspension *n*
Ger: Federung *f*
Fre: suspension *f*
Spa: suspensión *f*

suspension arm *n*
Ger: Lenker *m*
Fre: bras de suspension *m*
Spa: brazo de la dirección *m*

suspension device *n*
Ger: Aufhängevorrichtung *f*
Fre: système de suspension *m*
Spa: dispositivo de suspensión *m*

suspension element (air suspension) *n*
Ger: Federelement (Luftfederung) *n*
Fre: élément de suspension (suspension pneumatique) *m*
Spa: elemento de muelle (suspensión neumática) *m*

suspension strut *n*
Ger: Federbein (Radaufhängung) *n*
Fre: jambe de suspension *f*
Spa: pata telescópica (suspensión de rueda) *f*

suspension strut cap *n*
Ger: Federbeindom *m*
Fre: dôme de suspension *m*
Spa: domo de pata telescópica *m*

sustained braking pressure *n*
Ger: Dauerbremsdruck *m*
Fre: pression de freinage continue *f*
Spa: presión de frenada continua *f*

sustained operation *n*
Ger: Selbstlauf *m*
Fre: fonctionnement autonome *m*
Spa: funcionamiento autónomo *m*

sustained temperature range *n*
Ger: Dauerbetriebstemperaturbereich *m*
Fre: plage de températures de fonctionnement permanent *f*

English

Spa: rango de temperatura de servicio continuo *m*

swarf *n*
Ger: Metallspäne *f*
Fre: copeaux métalliques *mpl*
Spa: viruta *f*

swash plate *n*
Ger: Taumelscheibe *f*
Fre: plateau oscillant *m*
Spa: disco oscilante *m*

swash plate unit *n*
Ger: Schwenkscheibeneinheit *f*
Fre: unité à plateau inclinable *f*
Spa: unidad de plato oscilante *f*

swelling *n*
Ger: Quellung *f*
Fre: gonflement *m*
Spa: hinchamiento *m*

swelling mat mounting (catalytic converter) *n*
Ger: Quellmattenlagerung (Katalysator) *f*
Fre: enveloppe à matelas gonflant *f*
Spa: apoyo de esterilla dilatable (catalizador) *m*

swinging door (bus) *n*
Ger: Schwingtür (Omnibus) *f*
Fre: porte va-et-vient (autobus) *f*
Spa: puerta levadiza basculante (autocar) *f*

swirl *n*
Ger: Drall *m*
(Drallströmung) *f*
Fre: tourbillon *m*
(écoulement tourbillonnaire) *m*
Spa: remolino *m*
(flujo en remolino) *m*

swirl *n*
Ger: Drallströmung *f*
Fre: écoulement tourbillonnaire *m*
Spa: flujo helicoidal *m*

swirl actuator *n*
Ger: Drallniveausteller *m*
Fre: actionneur de turbulence *m*
Spa: variador del nivel de torsión *m*

swirl actuator (radial-piston pump) *n*
Ger: Drallsteller (Radialkolbenpumpe) *m*
Fre: actionneur à effet giratoire (pompe à pistons radiaux) *m*
Spa: variador de torsión (bomba de émbolos radiales) *m*

swirl combustion process (IC engine) *n*
Ger: Swirl-Brennverfahren (Verbrennungsmotor) *n*
Fre: procédé d'injection assisté par swirl *m*
Spa: proceso de combustión Swirl (motor de combustión) *m*

swirl control *n*
Ger: Drallniveausteuerung *f*
Fre: commande de turbulence *f*
Spa: control del nivel de torsión *m*

swirl control valve *n*
Ger: Ladungsbewegungsklappe *f*
Fre: volet de turbulence *m*
Spa: compuerta de alimentación *f*

swirl duct *n*
Ger: Drallkanal *m*
Fre: conduit de turbulence *m*
Spa: canal de paso espiral *m*

swirl effect *n*
Ger: Verwirbelung *f*
Fre: turbulence *f*
Spa: turbulencia *f*

swirl flap *n*
Ger: Drallklappe *f*
Fre: volet de turbulence *m*
Spa: mariposa espiral *f*

swirl flap vacuum unit *n*
Ger: Drallklappen-Unterdruckdose *f*
Fre: capsule à dépression de volet de turbulence *f*
Spa: cápsula de depresión de mariposa espiral *f*

swirl induction plate *n*
Ger: Drallscheibe *f*
Fre: rondelle de swirl (injecteur haute pression) *f*
Spa: arandela de torsión *f*

swirl insert *n*
Ger: Dralleinsatz *m*
Fre: élément de turbulence *m*
Spa: inserto de paso espiral *m*

swirl nozzle *n*
Ger: Dralldüse *f*
Fre: buse à effet giratoire *f*
Spa: inyector de paso espiral *m*

swirl plate *n*
Ger: Dralltopf *m*
Fre: pot de giration *m*
Spa: cámara de flujo helicoidal *f*

switch *n*
Ger: Schalter *m*
Fre: interrupteur *m*
Spa: interruptor *m*

switch box *n*
Ger: Schaltkasten *m*
Fre: boîte de commande *f*
Spa: caja de conexiones *f*

switch on duration *n*
Ger: Einschaltdauer *f*
Fre: facteur de marche *m*
Spa: tiempo de conexión *m*

switch on threshold *n*
Ger: Einschaltschwelle *f*
Fre: seuil d'enclenchement *m*
Spa: umbral de conexión *m*

switched pressure *n*
Ger: Schaltdruck *m*
Fre: pression de commande *f*
Spa: presión de conexión *f*

switching element (door control) *n*
Ger: Umschaltglied (Türbetätigung) *n*
Fre: contact d'inversion (commande des portes) *m*
Spa: elemento de conmutación (accionamiento de puerta) *m*

switching frequency *n*
Ger: Schaltrhythmus *m*
Fre: rythme de commutation *m*
Spa: frecuencia de conmutación *f*

switching loss *n*
Ger: Umschaltverlust *m*
Fre: pertes de commutation *fpl*
Spa: pérdidas de conmutación *fpl*

switching valve *n*
Ger: Schaltventil *n*
Fre: vanne de commande *f*
Spa: válvula de mando *f*

switchoff point *n*
Ger: Abschaltpunkt *m*
Fre: point de coupure *m*
Spa: punto de desconexión *m*

switchoff signal *n*
Ger: Abschaltsignal *n*
Fre: signal de coupure *m*
Spa: señal de desconexión *f*

switchoff torque *n*
Ger: Abschaltmoment *n*
Fre: couple de coupure *m*
Spa: par de desconexión *m*

switchover valve *n*
Ger: Umschaltventil *n*
Fre: vanne de commutation *f*
Spa: válvula de conmutación *f*

swivel arm *n*
Ger: Schwenkarm *m*
Fre: bras pivotant *m*
Spa: brazo oscilante *m*

swivel cover (coupling head) *n*
Ger: Drehdeckel (Kupplungskopf) *m*
Fre: couvercle pivotant (tête d'accouplement) *m*
Spa: tapa giratoria (cabeza de acoplamiento) *f*

swivel head *n*
Ger: Gelenkkopf *m*
Fre: tête d'articulation *f*
Spa: rótula *f*

swiveling lever *n*
Ger: Schwenkhebel *m*
Fre: levier pivotant *m*
Spa: palanca oscilante *f*

symbol *n*
Ger: Schaltbild *n*
(Schaltzeichen) *n*
Fre: symbole graphique *m*
Spa: esquema de conexiones *m*

synchronization *n*
Ger: Synchronisation *f*

English

Fre: synchronisation *f*
Spa: sincronización *f*

synchronization check *n*
Ger: Gleichlaufprüfung *f*
Fre: test de synchronisme *m*
Spa: comprobación de sincronización *f*

synchronizer assembly *n*
Ger: Sperrsynchronisierung *f*
Fre: synchroniseur à verrouillage *m*
Spa: sincronización de seguridad *f*

synchronous drive *n*
Ger: Synchronantrieb *m*
Fre: entraînement triphasé synchrone *m*
Spa: accionamiento síncrono *m*

synchronous induction motor *n*
Ger: synchronisierter Asynchronmotor *m*
Fre: moteur asynchrone synchronisé *m*
Spa: motor asíncrono sincronizado *m*

synchronous operation *n*
Ger: Synchronantrieb *m*
(Synchronbetrieb) *m*
Fre: entraînement triphasé synchrone *m*
Spa: modo síncrono *m*

system compatibility *n*
Ger: Systemverträglichkeit *f*
Fre: compatibilité système *f*
Spa: compatibilidad de sistemas *f*

system peripheral equipment *n*
Ger: Systemperipherie *f*
Fre: périphériques du système *mpl*
Spa: equipos periféricos del sistema *mpl*

system test adapter *n*
Ger: Systemprüfadapter *m*
Fre: adaptateur d'essai système *m*
Spa: adaptador de comprobación de sistemas *m*

T

tachograph *n*
Ger: Fahrtenschreiber *m*
(Fahrtschreiber *m*
Tachograph)
Fre: tachygraphe *m*
Spa: tacógrafo *m*

tachograph chart (tachograph) *n*
Ger: Diagrammscheibe (Tachograph) *f*
Fre: disque d'enregistrement (tachygraphe) *m*
Spa: disco de diagramas (tacógrafo) *m*

tail lamp *n*
Ger: Heckleuchte (Schlussleuchte) *f*
Fre: feu arrière *m*
Spa: luz trasera (piloto trasero) *f*

tail light *n*
Ger: Schlussleuchte *f*
(Schlusslicht) *n*
(Heckleuchte) *f*
Fre: feu arrière *m*
Spa: piloto trasero *m*

tailgate apron *n*
Ger: Heckschürze *f*
Fre: jupe arrière *f*
Spa: faldón trasero *m*

tailgate lock *n*
Ger: Heckklappenschloss *n*
Fre: serrure de hayon *f*
Spa: cerradura de portón trasero *f*

tailspout *n*
Ger: Auspufföffnung (Verbrennungsmotor) *f*
Fre: ouverture d'échappement *f*
Spa: agujero de escape (motor de combustión) *m*

tandem axle assembly *n*
Ger: Doppelachsaggregat *n*
Fre: essieu tandem *m*
Spa: grupo doble eje *m*

tandem axle module *n*
Ger: Doppelachsmodul *m*
Fre: module d'essieu double (remorque) *m*
Spa: módulo doble eje *m*

tandem master cylinder (brakes) *n*
Ger: Tandemhauptzylinder (Bremsen) *m*
Fre: maître-cylindre tandem *m*
Spa: cilindro maestro tándem (frenos) *m*

tandem pattern wiper system *n*
Ger: Gleichlauf-Wischeranlage *f*
Fre: système d'essuie-glace tandem *m*
Spa: sistema limpiaparabrisas de patrón en tándem *m*

tandem pump *n*
Ger: Tandempumpe *f*
Fre: pompe tandem *f*
Spa: bomba tándem *f*

tangential *n*
Ger: tangential *adj*
Fre: tangentiel *adj*
Spa: tangencial *adj*

tangential channel *n*
Ger: Tangentenkanal *m*
Fre: conduit tangentiel *m*
Spa: canal tangencial *m*

tangential force *n*
Ger: Tangentialkraft *f*
Fre: force tangentielle *f*
Spa: fuerza tangencial *f*

tank filler neck *n*
Ger: Tankeinfüllstutzen *m*
Fre: tubulure de remplissage du réservoir *f*
Spa: boca de llenado del depósito *f*

tank leakage diagnostic system *n*
Ger: Tankleck-Diagnosesystem *n*
Fre: système de diagnostic de fuite du réservoir *m*
Spa: sistema de diagnóstico de fugas del depósito *m*

tank purging *v*
Ger: Tankentlüftung *f*
Fre: dégazage du réservoir *m*
Spa: purga de aire del depósito *f*

tank ventilation *n*
Ger: Tankbelüftung *f*
Fre: dégazage du réservoir *m*
Spa: ventilación del depósito *f*

tank ventilation *n*
Ger: Tankentlüftung *f*
Fre: dégazage du réservoir *m*
Spa: ventilación del depósito *f*

tape recorder *n*
Ger: Bandgerät *n*
Fre: enregistreur à bande *m*
Spa: grabadora de cintas *f*

taper face compression ring *n*
Ger: Minutenring *m*
Fre: segment à face conique *m*
Spa: aro de compresión con cara oblicua *m*

tapered spray *n*
Ger: Kegelstrahl *m*
Fre: jet conique *m*
Spa: chorro cónico *m*

tapered-roller thrust bearing *n*
Ger: Axial-Kegelrollenlager *n*
Fre: butée à rouleaux coniques *f*
Spa: cojinete axial de rodillos cónicos *m*

tappet (valve gear) *n*
Ger: Stößel (Ventiltrieb) *m*
Fre: poussoir (commande des portes) *m*
Spa: empujador *m*

tappet plunger *n*
Ger: Stößelkolben *m*
Fre: piston-poussoir *m*
Spa: pistón empujador *m*

tappet roller *n*
Ger: Stößelrolle *f*
Fre: galet de poussoir *m*
Spa: rodillo de empujador *m*

tare weight *n*
Ger: Leergewicht *n*
Fre: poids à vide *m*
Spa: peso en vacío *m*
(peso neto) *m*

TCS *n*
Ger: ASR *f*
Fre: ASR *a*
Spa: ASR *m*

TCS lock valve *n*
Ger: ASR-Sperrventil *n*
Fre: valve de barrage ASR *f*
Spa: válvula de bloqueo ASR *f*

TCS shutoff *n*
Ger: ASR-Abschaltung *f*
Fre: déconnexion ASR *f*
Spa: desconexión ASR *f*

TCS throttle position control *n*
Ger: ASR-Drosselklappensteller *m*
Fre: actionneur de papillon ASR *m*
Spa: elemento de ajuste de la mariposa ASR *m*

technical specification sheet *n*
Ger: Datenblatt *n*
Fre: fiche de données *f*
Spa: hoja de especificaciones técnicas *f*

telescopic shock absorber *n*
Ger: Teleskopschwingungsdämpfer *m*
Fre: amortisseur télescopique *m*
Spa: antivibrador telescópico *m*

telescopic spring contact *n*
Ger: Teleskopfederkontakt *m*
Fre: contact télescopique à ressort *m*
Spa: contacto telescópico de resorte *m*

temperature actuator *n*
Ger: Temperatursteller *m*
Fre: sélecteur de température *m*
Spa: ajustador de temperatura *m*

temperature coefficient *n*
Ger: Temperaturkoeffizient *m*
Fre: coefficient de température *m*
Spa: coeficiente de temperatura *m*

temperature controlled idle-speed increase *n*
Ger: temperaturabhängige Leerlaufanhebung *f*
Fre: correcteur de ralenti piloté par la température *m*
Spa: elevación de régimen de ralentí dependiente de la temperatura *f*

temperature dependent excess fuel quantity *n*
Ger: temperaturabhängige Startmenge *f*
Fre: surcharge variable en fonction de la température *f*
Spa: caudal de arranque dependiente de la temperatura *m*

temperature dependent full load fuel delivery *n*
Ger: temperaturabhängige Volllastmenge *f*
Fre: débit de pleine charge dépendant de la température *m*
Spa: caudal de plena carga dependiente de la temperatura *m*

temperature dependent full load stop *n*
Ger: temperaturabhängiger Vollastanschlag *m*
Fre: correcteur de pleine charge (asservi à la température) *m*
Spa: tope de plena carga dependiente de la temperatura *m*

temperature dependent limit quantity *n*
Ger: temperaturabhängige Grenzmenge *f*
Fre: débit limite en fonction de la température *m*
Spa: caudal límite dependiente de la temperatura *m*

temperature dependent low idle correction *n*
Ger: temperaturabhängige Leerlaufkorrektur *f*
Fre: correction de ralenti en fonction de la température *f*
Spa: corrección de ralentí dependiente de la temperatura *f*

temperature dependent low idle stop *n*
Ger: temperaturabhängiger Leerlaufanschlag *m*
Fre: correcteur de ralenti (asservi à la température) *m*
Spa: tope de ralentí dependiente de la temperatura *m*

temperature dependent quantity increment *n*
Ger: temperaturabhängiges Mengeninkrement *n*
Fre: incrément de débit en fonction de la température *m*
Spa: incremento de caudal dependiente de la temperatura *m*

temperature dependent starting device *n*
Ger: temperaturabhängiger Startmengenanschlag *m*
(temperaturabhängiger Startanschlag) *m*
Fre: correcteur de surcharge en fonction de la température *m*
(correcteur de surcharge) *m*
Spa: tope del caudal de arranque dependiente de la temperatura *m*

temperature dependent waiting period *n*
Ger: temperaturabhängige Wartezeit *f*
Fre: temps d'attente en fonction de la température *m*
Spa: tiempo de espera dependiente de la temperatura *m*

temperature difference *n*
Ger: Temperaturdifferenz *f*
Fre: écart de température *m*
Spa: diferencia de temperatura *f*

temperature flap actuator *n*
Ger: Temperaturklappen-Stellglied *n*
Fre: actionneur de volet de température *m*
Spa: elemento de ajuste chapaleta de temperatura *m*

temperature gradient *n*
Ger: Temperaturgefälle *n*
Fre: gradient de température *m*
Spa: gradiente de temperatura *m*

temperature range *n*
Ger: Temperaturbereich *m*
Fre: plage de températures *f*
Spa: rango de temperatura *m*

temperature regulator *n*
Ger: Temperaturregler *m*
(Thermostat) *m*
Fre: thermostat *m*
(thermorégulateurvolet mélangeur de température) *m*
Spa: regulador de temperatura *m*

temperature sensor *n*
Ger: Temperatursensor *m*
(Temperaturmessfühler) *m*
(Temperaturfühler) *m*
Fre: sonde de température *m*
Spa: sensor de temperatura *m*

temperature stability *n*
Ger: Temperaturbeständigkeit *f*
Fre: stabilité en température *f*
Spa: resistencia térmica *f*

temperature threshold *n*
Ger: Temperaturschwelle *f*
Fre: seuil de température *m*
Spa: umbral de temperatura *m*

tendency to knock *n*
Ger: Klopfneigung *f*
Fre: tendance au cliquetis *f*
Spa: tendencia a detonar *f*

tensile strength *n*
Ger: Zugfestigkeit *f*
Fre: résistance à la traction *f*
Spa: resistencia a la tracción *f*

tensile stress *n*
Ger: Zugeigenspannung *f*
Fre: contrainte de compression *f*
Spa: esfuerzo residual de tracción *m*

tension member *n*
Ger: Zugstrang *m*
Fre: élément de traction *m*
Spa: ramal de tracción *m*

tensioning lever *n*
Ger: Spannhebel *m*
(Federspannhebel) *m*
Fre: levier de tension *m*
Spa: palanca de sujeción *f*

tensioning roller *n*

English

Ger: Spannrolle *f*
Fre: tendeur de courroie *m*
Spa: rodillo tensor *m*

terminal *n*
Ger: Anschluss *m*
Fre: borne *f*
Spa: terminal *m*

terminal *n*
Ger: Klemme *f*
Fre: borne *f*
Spa: borne *m*

terminal allocation *n*
Ger: Klemmenbelegung *f*
Fre: affectation des bornes *f*
Spa: ocupación de bornes *f*

terminal box *n*
Ger: Anschlusskasten *m*
Fre: boîte de jonction *f*
Spa: caja de conexión *f*

terminal connector *n*
Ger: Anschlussklemme *f*
Fre: borne de connexion *f*
Spa: borne de conexión *m*

terminal designation *n*
Ger: Klemmenbezeichnung *f*
Fre: identification des bornes *f*
Spa: designación de bornes *m*

terminal diagram *n*
Ger: Anschlussplan *m*
Fre: schéma de connexion *m*
Spa: esquema de conexiones *m*

terminal location (circuit diagram) *n*
Ger: Anschlusspunkt (Schaltplan) *m*
Fre: borne (schéma) *f*
Spa: punto de conexión (esquema eléctrico) *m*

terminal lug *n*
Ger: Anschlussfahne *f*
Fre: languette de connexion *f*
Spa: delga de conexión *f*

terminal nut (spark plug) *n*
Ger: Anschlussmutter (Zündkerze) *f*
Fre: écrou de connexion *m*
Spa: rosca de conexión (bujía de encendido) *f*

terminal post (battery) *n*
Ger: Anschlusspol (Batterie) *m*
(Endpol) *m*
Fre: borne (batterie) *f*
Spa: polo de conexión (batería) *m*

terminal post cover (battery) *n*
Ger: Polabdeckkappe (Batterie) *f*
Fre: capot de protection de borne (batterie) *m*
Spa: tapa protectora de bornes (batería) *f*

terminal screw *n*
Ger: Anschlussschraube *f*
Fre: vis de raccordement *f*
Spa: tornillo de conexión *m*

terminal sleeve *n*
Ger: Klemmhülse *f*
Fre: douille élastique (capteur de vitesse) *f*
Spa: manguito de apriete *m*

terminal stud *n*
Ger: Anschlussbolzen *m*
Fre: tige de connexion *f*
Spa: perno de conexión *m*

test adapter *n*
Ger: Prüfadapter *m*
Fre: adaptateur d'essai *m*
Spa: adaptador de comprobación *m*

test bench *n*
Ger: Prüfstand *m*
Fre: banc d'essai *m*
Spa: banco de pruebas *m*

test cable *n*
Ger: Prüfkabel *n*
Fre: câble d'essai *m*
Spa: cable de comprobación *m*

test connection *n*
Ger: Prüfanschluss *m*
Fre: raccord d'essai *m*
Spa: conexión de comprobación *f*

test consumption *n*
Ger: Testverbrauch *m*
Fre: consommation d'essai *f*
Spa: consumo de prueba *m*

test drive *n*
Ger: Probefahrt *f*
Fre: parcours d'essai *m*
Spa: recorrido de prueba *m*

test duration *n*
Ger: Prüfdauer *f*
Fre: durée d'essai *f*
Spa: duración del ensayo *f*

test equipment *n*
Ger: Prüfeinrichtung *f*
Fre: dispositif d'essai *m*
Spa: dispositivo de comprobación *m*

test equipment *n*
Ger: Prüfgerät *n*
Fre: appareil de contrôle *m*
Spa: comprobador *m*

test gas (exhaust-gas test) *n*
Ger: Messgas (Abgasprüfung) *n*
Fre: gaz de mesure (émissions) *m*
Spa: gas de prueba (comprobación de gases de escape) *m*

test instructions *npl*
Ger: Prüfanleitung *f*
Fre: notice d'essai *f*
Spa: instrucciones de comprobación *fpl*

test lead (injection-pump test bench) *n*
Ger: Prüfleitung (Einspritzpumpen-Prüfstand) *f*
Fre: conduite d'essai (banc d'essai des conduites) *f*
Spa: tubería de comprobación (banco de pruebas de bombas de inyección) *f*

test parameters *npl*
Ger: Prüfparameter *m*
Fre: paramètre d'essai *m*
Spa: parámetros de comprobación *mpl*

test position (parking-brake valve) *n*
Ger: Prüfstellung (Feststellbremsventil) *f*
Fre: position de contrôle (valve de frein de stationnement) *f*
Spa: posición de ensayo (válvula de freno de estacionamiento) *f*

test pressure *n*
Ger: Prüflast *f*
Fre: charge d'essai *f*
Spa: carga de ensayo *f*

test procedure *n*
Ger: Prüfablauf *m*
Fre: déroulement du contrôle *m*
Spa: pasos de verificación *mpl*

test prod *n*
Ger: Prüfspitze *f*
Fre: pointe d'essai *f*
Spa: punta de comprobación *f*

test program (exhaust-gas test) *n*
Ger: Prüfprogramm (Abgasprüfung) *n*
Fre: programme d'essai (émissions) *m*
Spa: programa de comprobación (comprobación de gases de escape) *m*

test pulse *n*
Ger: Prüfimpuls *m*
Fre: impulsion de contrôle *f*
Spa: impulso de comprobación *m*

test record *n*
Ger: Prüfprotokoll *n*
(Prüfbericht) *m*
Fre: compte rendu d'essai *m*
Spa: informe de pruebas *m*

test regulations *npl*
Ger: Prüfvorschrift *f*
Fre: instructions d'essai *fpl*
Spa: prescripción de comprobación *f*

test software *n*
Ger: Prüfsoftware *f*
Fre: logiciel d'essai *m*
Spa: software de comprobación *m*

test specifications *npl*
Ger: Prüfwerte *mpl*
Fre: valeurs d'essai *fpl*
Spa: valores de comprobación *mpl*

test speed *n*
Ger: Prüfgeschwindigkeit *f*

English

Fre: vitesse d'essai *f*
Spa: velocidad de comprobación *f*

test technology ***n***
Ger: Prüftechnik *f*
Fre: technique de contrôle et d'essai *f*
Spa: técnica de verificación *f*

test voltage ***n***
Ger: Prüfspannung *f*
Fre: tension d'essai *f*
Spa: tensión de ensayo *f*

theft deterrence ***n***
Ger: Diebstahlsicherung *f*
Fre: sécurité antivol *f*
Spa: seguro antirrobo *m*

theft deterrence feature ***n***
Ger: Diebstahlschutz *m*
(Diebstahlsicherung) f
Fre: dispositif antivol *m*
Spa: protección antirrobo *f*

theft deterrent system ***n***
Ger: Diebstahl-Alarmanlage *f*
Fre: dispositif d'alarme antivol *m*
Spa: sistema de alarma antirrobo *m*

thermal absorption capacity ***n***
Ger: Wärmespeichervermögen *n*
Fre: capacité thermique *f*
Spa: capacidad de acumulación de calor *f*

thermal conduction paste ***n***
Ger: Wärmeleitpaste *f*
Fre: pâte thermoconductrice *f*
Spa: pasta termoconductora *f*

thermal conduction path ***n***
Ger: Wärmeleitweg *m*
Fre: chemin de conduction de la chaleur *m*
Spa: trayectoria de conducción térmica *f*

thermal conductivity ***n***
Ger: Wärmeleitfähigkeit *f*
(Wärmeableitvermögen) n
Fre: conductibilité thermique *f*
Spa: conductividad térmica *f*

thermal cutout ***n***
Ger: Thermosicherung *f*
Fre: thermofusible *m*
Spa: fusible térmico *m*

thermal expansion ***n***
Ger: Wärmeausdehnung *f*
Fre: dilatation thermique *f*
Spa: expansión térmica *f*

thermal insulation ***n***
Ger: Wärmeisolation *f*
Fre: isolation thermique *f*
Spa: aislamiento térmico *m*

thermal load ***n***
Ger: Wärmebelastung *f*
Fre: charge thermique *f*
Spa: carga térmica *f*

thermal management ***n***
Ger: Thermomanagement *n*
Fre: thermogestion *f*
Spa: gestión térmica *f*

thermal protection ***n***
Ger: Wärmeschutz *m*
Fre: isolation thermique (injecteur) *f*
Spa: protección antitérmica *f*

thermal protection cap (injection nozzle) ***n***
Ger: Wärmeschutzhütchen (Einspritzdüse) *n*
Fre: capuchon calorifuge (injecteur) *m*
Spa: copa de protección antitérmica (inyector) *f*

thermal protection disk (injection nozzle) ***n***
Ger: Wärmeschutzscheibe (Einspritzdüse) *f*
Fre: rondelle calorifuge (injecteur) *f*
Spa: cristal anticalorífico (inyector) *m*

thermal protection plate (injection nozzle) ***n***
Ger: Wärmeschutzplättchen (Einspritzdüse) *n*
Fre: plaquette calorifuge (injecteur) *f*
Spa: plaquita de protección antitérmica (inyector) *f*

thermal protection sleeve (injection nozzle) ***n***
Ger: Wärmeschutzhülse (Einspritzdüse) *f*
Fre: manchon calorifuge (injecteur) *m*
Spa: casquillo de protección antitérmica (inyector) *m*

thermal resistance ***n***
Ger: Temperaturbeständigkeit *f*
(Wärmedurchlass-widerstand) m
Fre: résistance thermique *f*
Spa: resistencia térmica *f*

thermal shock ***n***
Ger: Thermoschock *m*
Fre: choc thermique *m*
Spa: choque térmico *m*

thermal shock resistance ***n***
Ger: Thermoschockbeständigkeit *f*
(Temperaturwechsel-festigkeit) f
Fre: résistance aux chocs thermiques *f*
Spa: resistencia a choques térmicos *f*
(resistencia térmica alternativa) f

thermal value ***n***
Ger: Wärmewert *m*
Fre: degré thermique (bougie d'allumage) *m*
Spa: grado térmico *m*

thermocouple ***n***
Ger: Thermoelement *n*
Fre: thermocouple *m*
Spa: termocupla *f*

thermocouple spark plug ***n***
Ger: Temperatur-Messzündkerze *f*
(Messzündkerze) f
Fre: bougie thermocouple *f*
Spa: bujía medidora de temperatura *f*

thermoelectric voltage ***n***
Ger: Thermospannung *f*
Fre: potentiel thermoélectrique *m*
Spa: tensión termoeléctrica *f*

thermopile sensor ***n***
Ger: Thermopilesensor *m*
Fre: capteur à thermopile *m*
Spa: sensor termopila *m*

thermoplastic film ***n***
Ger: Thermoplastfolie *f*
Fre: film thermoplastique *m*
Spa: película de termoplástico *f*

thermostatic switch ***n***
Ger: Temperaturschalter *m*
(Thermoschalter) m
Fre: thermocontacteur *m*
Spa: interruptor térmico *m*

thermostatic valve ***n***
Ger: Thermostatventil *n*
Fre: valve thermostatique *f*
Spa: válvula termostática *f*

thick film diaphragm ***n***
Ger: Dickschicht-Membran *f*
Fre: membrane à couches épaisses *f*
Spa: membrana de capa gruesa *f*

thick film pressure sensor ***n***
Ger: Dickschicht-Drucksensor *m*
Fre: capteur de pression à couches épaisses *m*
Spa: sensor de presión de capa gruesa *m*

thick film strain gauge ***n***
Ger: Dickschicht-Dehnwiderstand *m*
Fre: jauge extensométrique à couches épaisses *f*
Spa: resistencia a la elongación de capa gruesa *f*

thick film techniques ***npl***
Ger: Dickschichttechnik *f*
Fre: technologie à couches épaisses *f*
Spa: técnica de capa gruesa *f*

thickener ***n***
Ger: Verdicker *m*
Fre: agent épaississant *m*
Spa: espesante *m*

thin film metallic resistor ***n***

Ger: Dünnschicht-Metallwiderstand *m*
Fre: résistance métallique en couches minces *f*
Spa: resistencia metálica de película delgada *f*

thin film transistor *n*
Ger: Dünnschichttransistor *m*
(Dünnfilmtransistor) *m*
Fre: transistor en couches minces *m*
Spa: transistor de película delgada *m*

third octave band spectrum *n*
Ger: Terzbandspektrum *n*
Fre: spectre en tiers d'octaves *m*
Spa: espectro de banda de terceras *m*

thread axis *n*
Ger: Gewindeachse *f*
Fre: axe du filetage *m*
Spa: eje roscado *m*

thread dimension *n*
Ger: Gewindemaß *f*
Fre: cote du filetage *f*
Spa: tamaño de la rosca *m*

threaded length *n*
Ger: Gewindelänge *f*
Fre: longueur du filetage *f*
Spa: longitud roscada *f*

threaded pin *n*
Ger: Gewindestift *m*
Fre: goujon *m*
Spa: pasador roscado *m*

threaded port *n*
Ger: Gewindeanschluss *m*
Fre: orifice taraudé *m*
Spa: unión roscada *f*

threaded ring *n*
Ger: Gewindering *m*
Fre: bague filetée *f*
Spa: anillo roscado *m*

threaded rod *n*
Ger: Gewindestange *f*
Fre: tige filetée *f*
Spa: barra roscada *f*

threaded sleeve *n*
Ger: Gewindehülse *f*
Fre: corps fileté *m*
Spa: manguito roscado *m*

threaded-neck mounting *n*
Ger: Gewindehalsbefestigung *f*
Fre: fixation par bague filetée *f*
Spa: fijación de cuello roscado *f*

three axle vehicle *n*
Ger: Dreiachsfahrzeug *n*
Fre: véhicule à trois essieux *m*
Spa: vehículo de tres ejes *m*

three chamber lamp *n*
Ger: Dreikammerleuchte *f*
Fre: lanterne à trois compartiments *f*
Spa: lámpara de tres cámaras *f*

three phase AC motor *n*
Ger: Drehstrommotor *m*
Fre: moteur triphasé *m*
Spa: motor trifásico *m*

three phase asynchronous motor *n*
Ger: Drehstromasynchronmotor *m*
Fre: moteur asynchrone triphasé *m*
Spa: motor asíncrono trifásico *m*

three phase current *n*
Ger: Drehstrom *m*
Fre: courant alternatif triphasé *m*
(courant triphasé) *m*
Spa: corriente trifásica *f*

three phase machine *n*
Ger: Drehstrommaschine *f*
Fre: machine à courant triphasé *f*
Spa: máquina trifásica *f*

three phase winding *n*
Ger: Drehstromwicklung *f*
(Dreiphasenwicklung) *f*
Fre: enroulement triphasé *m*
Spa: bobinado trifásico *m*

three point inertia-reel belt *n*
Ger: Dreipunkt-Automatikgurt *m*
Fre: ceinture automatique à trois points d'ancrage *f*
Spa: cinturón automático de tres puntos de apoyo *m*

three way catalytic converter, TWC *n*
Ger: Dreiwegekatalysator *m*
Fre: catalyseur trois voies *m*
Spa: catalizador de tres vías *m*

three way flow-control valve *n*
Ger: Drei-Wege-Stromregelventil *n*
Fre: régulateur de débit à 3 voies *m*
Spa: válvula reguladora de caudal de tres vías *f*

three way pilot-operated directional-control valve *n*
Ger: Drei-Wege-Vorsteuerventil *n*
Fre: distributeur pilote à 3 voies *m*
Spa: válvula preselectora de tres vías *f*

threshold of audibility *n*
Ger: Hörschwelle *f*
Fre: seuil d'audibilité *m*
Spa: umbral de audición *m*

threshold speed *n*
Ger: Schwellendrehzahl *f*
Fre: régime de seuil *m*
Spa: número de revoluciones umbral *m*

threshold voltage *n*
Ger: Schwellenspannung *f*
Fre: tension de seuil *f*
Spa: tensión umbral *f*

throttle *n*
Ger: Drossel *f*
Fre: papillon *m*
Spa: estrangulador *m*

throttle action *n*
Ger: Drosselung *f*
Fre: étranglement *m*
Spa: entrangulación *f*

throttle cable *n*
Ger: Gaszug *m*
Fre: câble d'accélérateur *m*
Spa: cable del acelerador *m*

throttle control *n*
Ger: Drosselsteuerung *f*
(Drosselregelung) *f*
Fre: commande par papillon (commande des portes) *f*
(commande des portes) *f*
Spa: control de estrangulación *m*

throttle device *n*
Ger: Drosselvorrichtung *f*
Fre: papillon motorisé *m*
(dispositif d'étranglement) *m*
Spa: dispositivo de estrangulación *m*

throttle pin *n*
Ger: Drosselbolzen *m*
Fre: axe d'étranglement *m*
Spa: perno de estrangulación *m*

throttle response (IC engine) *n*
Ger: Gasannahme (Verbrennungsmotor) *f*
Fre: admission des gaz (moteur à combustion) *f*
Spa: admisión de gas (motor de combustión) *f*

throttle screw *n*
Ger: Drosselschraube *f*
Fre: vis-pointeau *f*
(vis à étranglement) *f*
Spa: tornillo de estrangulación *m*

throttle type non-return valve *n*
Ger: Drosselrückschlagventil *n*
Fre: clapet de non-retour à étranglement *m*
Spa: válvula de retención y estrangulación *f*

throttle valve (IC engine) *n*
Ger: Drosselklappe (Verbrennungsmotor) *f*
Fre: papillon des gaz (moteur à combustion) *m*
Spa: mariposa (motor de combustión) *f*

throttle valve (door control) *n*
Ger: Drosselventil (Türbetätigung) *n*
Fre: valve d'amortissement (commande des portes) *f*
Spa: válvula de estrangulación (accionamiento de puerta) *f*

throttle valve actuator *n*
Ger: Drosselklappenansteller *m*
(Drosselklappensteller) *m*
Fre: actionneur de papillon *m*
Spa: actuador de la mariposa *m*

throttle valve angle *n*
Ger: Drosselklappenwinkel *m*
Fre: angle de papillon *m*
Spa: ángulo de la mariposa *m*

English

throttle valve assembly *n*
Ger: Drosselklappenstutzen *m*
Fre: boîtier de papillon *m*
Spa: tubuladura de la mariposa *f*

throttle valve closure damper *n*
Ger: Drosselklappen-schließdämpfer *m*
Fre: amortisseur de fermeture du papillon *m*
Spa: amortiguador de cierre de la mariposa *m*

throttle valve control *n*
Ger: Drosselklappenregelung *f*
Fre: régulation du papillon *f*
Spa: regulación de la mariposa *f*

throttle valve driver *n*
Ger: Drosselklappeantrieb *m*
Fre: entraîneur de papillon *m*
Spa: accionamiento de la mariposa *m*

throttle valve intervention (TCS) *n*
Ger: Drosselklappeneingriff (ASR) *m*
Fre: intervention sur le papillon (ASR) *f*
Spa: intervención de la mariposa (ASR) *f*

throttle valve opening *n*
Ger: Drosselklappeöffnung *f*
Fre: ouverture du papillon *f*
Spa: abertura de la mariposa *f*

throttle valve position *n*
Ger: Drosselklappenstellung *f*
Fre: position du papillon *f*
Spa: posición de la mariposa *f*

throttle valve position sensor *n*
Ger: Drosselklappen-positionsgeber *m*
Fre: capteur de position de papillon *m*
Spa: transmisor de posición de la mariposa *m*

throttle valve positioning motor *n*
Ger: Drosselklappenstellmotor *m*
Fre: servomoteur de papillon *m*
Spa: servomotor de mariposa *m*

throttle valve potentiometer *n*
Ger: Drosselklappen-potentiometer *n*
Fre: potentiomètre de papillon *m*
Spa: potenciómetro de la mariposa *m*

throttle valve potentiometer limp home mode *n*
Ger: Drosselklappe-Potentiometer-Ersatzbetrieb *m*
Fre: mode dégradé du potentiomètre de papillon *m*
Spa: modo reducido del potenciómetro de la mariposa *m*

throttle valve sensor *n*
Ger: Drosselklappengeber *m*
(Drosselklappensensor) *m*
Fre: capteur de papillon *m*
Spa: transmisor de la mariposa *m*

throttle valve shaft *n*
Ger: Drosselklappengestänge *n*
Fre: tringlerie de papillon *f*
Spa: varillaje de la mariposa *m*

throttle valve shaft *n*
Ger: Drosselklappenwelle *f*
Fre: axe de papillon *m*
Spa: eje de la mariposa *m*

throttle valve stop screw *n*
Ger: Drosselklappen-Anschlagschraube *f*
Fre: vis de butée de papillon *f*
Spa: tornillo de tope de la mariposa *m*

throttle valve switch *n*
Ger: Drosselklappenschalter *m*
Fre: contacteur de papillon *m*
Spa: interruptor de la mariposa *m*

throttling bore *n*
Ger: Droselbohrung *f*
Fre: frein de réaspiration (pompe haute pression) *m*
Spa: taladro de estrangulación *m*

throttling gap *n*
Ger: Drosselspalt *m*
Fre: fente d'étranglement *f*
Spa: ranura de estrangulación *f*

throttling loss *n*
Ger: Drosselverlust *m*
Fre: pertes par étranglement *fpl*
Spa: pérdida de estrangulación *f*

throttling pintle *n*
Ger: Drosselzapfen *m*
Fre: téton d'étranglement *m*
Spa: espiga de estrangulación *f*

throttling pintle nozzle *n*
Ger: Drosselzapfendüse *f*
Fre: injecteur à téton et étranglement *m*
Spa: inyector de espiga de estrangulación *m*

throttling stroke *n*
Ger: Drosselhub *m*
Fre: plage d'étranglement *f*
Spa: carrera de estrangulación *f*

throughflow principle *n*
Ger: Durchströmprinzip *n*
Fre: principe de transfert *m*
Spa: principio de flujo de paso *m*

throw *n*
Ger: Kröpfung (Kurbelwelle) *f*
Fre: maneton *m*
Spa: acodamiento (cigüeñal) *m*

throwout bearing *n*
Ger: Ausrücklager *n*
Fre: butée de débrayage *f*
Spa: cojinete de desembrague *m*

thrust block *n*
Ger: Drucklager *n*
Fre: palier de butée *m*
Spa: cojinete de presión *m*

thrust member (coupling head) *n*
Ger: Druckstück (Kupplungskopf) *n*
Fre: pièce de pression (tête d'accouplement) *f*
Spa: pieza de empuje (cabeza de acoplamiento) *f*

thrust ring *n*
Ger: Anlaufring *m*
Fre: bague antifriction *f*
Spa: anillo de tope *m*

thrust washer (starter) *n*
Ger: Anlaufscheibe (Starter) *f*
Fre: rondelle de friction (démarreur) *f*
Spa: arandela de tope (motor de arranque) *f*

tie rod *n*
Ger: Spurstange *f*
(Lenkschubstange) *f*
Fre: barre d'accouplement *f*
(bielle de direction) *f*
Spa: barra de acoplamiento *f*

tightening device *n*
Ger: Aufziehvorrichtung *f*
Fre: dispositif d'emmanchement *m*
Spa: dispositivo de apriete *m*

tightening force *n*
Ger: Anzugskraft *f*
Fre: force initiale de démarrage *f*
Spa: fuerza de apriete *f*

tightening torque *n*
Ger: Anziehdrehmoment *n*
Fre: couple de serrage *m*
Spa: par de apriete *m*

tilt angle *n*
Ger: Neigungswinkel *m*
(Schrägwinkel) *m*
Fre: angle d'inclinaison *m*
Spa: ángulo de inclinación *m*

tilt sensor *n*
Ger: Neigungssensor *m*
(Kippsensor) *m*
Fre: capteur d'inclinaison *m*
(capteur à nivelle) *m*
Spa: sensor de inclinación *m*

tilting moment *n*
Ger: Kippmoment *n*
Fre: couple de décrochage *m*
Spa: par de vuelco *m*

timer valve *n*
Ger: Taktventil *n*
Fre: valve de séquence *f*
Spa: válvula de impulsos *f*

timing chain *n*
Ger: Steuerkette *f*
Fre: chaîne de commande *f*
Spa: cadena de control *f*

timing characteristic *n*

Ger: Verstellcharakteristik *f*
Fre: caractéristique d'avance *f*
Spa: característica de ajuste *f*

timing device (fuel injection) ***n***
Ger: Spritzversteller (Kraftstoffeinspritzung) *(Förderbeginnversteller)* *m* *m*
Fre: variateur d'avance à l'injection *(variateur d'avance)* *m* *m*
Spa: variador de avance de la inyección (inyección de combustible) *m*

timing device solenoid valve (fuel injection) ***n***
Ger: Spritzversteller-Magnetventil (Kraftstoffeinspritzung) *n*
Fre: électrovanne de variateur d'avance *f*
Spa: electroválvula de variador de avance de la inyección (inyección de combustible) *f*

timing frequency ***n***
Ger: Taktfrequenz *f*
Fre: fréquence des impulsions *f*
Spa: frecuencia de ciclo *f*

tip circle (gear) ***n***
Ger: Kopfkreis (Zahnrad) *m*
Fre: cercle de tête (engrenage) *m*
Spa: círculo exterior (rueda dentada) *m*

tipper ***n***
Ger: Kipper *m*
Fre: benne *f*
Spa: volquete *m*

tipping resistance ***n***
Ger: Kippstabilität *f*
Fre: stabilité latérale *f*
Spa: resistencia al vuelco *f*

tire braking force ***n***
Ger: Reifenbremskraft *f*
Fre: force de freinage du pneumatique *f*
Spa: fuerza de frenado del neumático *f*

tire casing ***n***
Ger: Karkasslage *f*
Fre: pli de carcasse *m*
Spa: capa de carcasa *f*

tire contact patch (tire) ***n***
Ger: Aufstandsfläche (Reifen) *f*
Fre: surface de contact du pneu (pneu) *f*
Spa: superficie de contacto con el suelo (neumáticos) *f*

tire contact patch ***n***
Ger: Reifenaufstandsfläche *f*
Fre: surface de contact du pneumatique *f*
Spa: superficie de contacto del neumático *f*

tire force ***n***
Ger: Reifenkraft *f*
Fre: force de freinage au roulement des pneumatiques *f*
Spa: fuerza del neumático *f*

tire grip ***n***
Ger: Griffigkeit (Reifen) *f*
Fre: adhérence (pneu) *f*
Spa: agarre (neumáticos) *m*

tire inflation device ***n***
Ger: Reifenfülleinrichtung *f*
Fre: dispositif de gonflage des pneumatiques *m*
Spa: dispositivo de inflado de neumáticos *m*

tire inflation fitting ***n***
Ger: Reifenfüllanschluss *m*
Fre: raccord de gonflage des pneumatiques *m*
Spa: empalme de inflado de neumáticos *m*

tire inflation hose ***n***
Ger: Reifenfüllschlauch *m*
Fre: flexible de gonflage des pneumatiques *m*
Spa: tubo flexible de inflado de neumáticos *m*

tire pressure ***n***
Ger: Reifendruck *m*
Fre: pression de gonflage *(pression du pneumatique)* *f* *f*
Spa: presión de neumáticos *f*

tire pressure monitoring system ***n***
Ger: Reifenkontrollsystem *n*
Fre: système de contrôle des pneumatiques *m*
Spa: sistema de supervisión de neumáticos *m*

tire rigidity ***n***
Ger: Reifensteifigkeit *f*
Fre: rigidité du pneumatique *f*
Spa: rigidez de neumático *f*

tire size ***n***
Ger: Reifengröße *f*
Fre: taille de pneu *f*
Spa: tamaño de neumáticos *m*

tire slip (tire) ***n***
Ger: Reifenschlupf (Reifen) *m*
Fre: glissement (pneu) *m*
Spa: resbalamiento de neumático (neumáticos) *m*

tire wear ***n***
Ger: Reifenverschleiß *m*
Fre: usure du pneumatique *f*
Spa: desgaste de neumático *m*

tire working point ***n***
Ger: Reifenarbeitspunkt *m*
Fre: point de travail du pneumatique *m*
Spa: punto de trabajo del neumático *m*

tires ***npl***
Ger: Bereifung *f*
Fre: train de pneumatiques *m*
Spa: neumáticos *mpl*

to evaluate ***v***
Ger: auswerten *v*
Fre: évaluer *v*
Spa: evaluar *v*

to test ***v***
Ger: prüfen *v*
Fre: contrôler *v*
Spa: comprobar *v*

toe in ***n***
Ger: Vorspur *f*
Fre: pincement *m*
Spa: convergencia *f*

toggle lever ***n***
Ger: Kniehebel *m*
Fre: levier à rotule *m*
Spa: palanca acodada *f*

tolerance band ***n***
Ger: Toleranzbereich *m*
Fre: marge de tolérance *f*
Spa: margen de tolerancia *m*

tolerance limit ***n***
Ger: Toleranzgrenze *f*
Fre: limite de tolérance *f*
Spa: límite de tolerancia *m*

tolerance of concentricity ***n***
Ger: Rundlauftoleranz *f*
Fre: tolérance de battement radial *f*
Spa: tolerancia de concentricidad *f*

tolerance of direction ***n***
Ger: Richtungstoleranz *f*
Fre: tolérance d'orientation *f*
Spa: tolerancia de dirección *f*

tolerance range ***n***
Ger: Toleranzbreite *f*
Fre: bande de tolérance *f*
Spa: banda de tolerancia *f*

tolerance zone ***n***
Ger: Toleranzbereich *m*
Fre: plage de tolérance *f*
Spa: margen de tolerancia *m*

tone audiogram ***n***
Ger: Tonaudiogramm *n*
Fre: audiogramme tonal *m*
Spa: audiograma de tonos *m*

tone sequence control device ***n***
Ger: Tonfolgeschalter *m*
Fre: relais commutateur de tonalités *m*
Spa: controlador de cadenciación de tonos *m*

tone sequence system ***n***
Ger: Tonfolgesystem *n*
Fre: système à tonalité séquentielle *m*
Spa: sistema de cadenciación de tonos *f*

tooth flank ***n***
Ger: Zahnflanke *f*
Fre: flanc de dent *m*
Spa: flanco de diente *m*

English

English

tooth sequence *n*
Ger: Zahnfolge *f*
Fre: succession de dents *f*
Spa: secuencia de dientes *f*

tooth shape *n*
Ger: Zahnform *f*
Fre: forme de denture *f*
Spa: forma de diente *f*

tooth space *n*
Ger: Zahnlücke *f*
Fre: entredent *m*
Spa: espacio entre dientes *m*

tooth type chain *n*
Ger: Zahnkette *f*
Fre: chaîne crantée *f*
Spa: cadena dentada *f*

toothed belt *n*
Ger: Zahnriemen *m*
Fre: courroie dentée *f*
Spa: correa dentada *f*

toothed shaft *n*
Ger: Zahnwelle *f*
Fre: arbre cannelé *m*
Spa: árbol dentado *m*

toothed stub *n*
Ger: Zahnnabe *f*
Fre: moyeu cannelé *m*
Spa: cubo dentado *m*

top dead center, TDC *n*
Ger: oberer Totpunkt *m*
Fre: point mort haut *m*
Spa: punto muerto superior *m*

top speed *n*
Ger: Höchstgeschwindigkeit *f*
Fre: vitesse maximale *f*
Spa: velocidad máxima *f*

toroid bellows (air spring) *n*
Ger: Torusbalg (Luftfeder) *m*
(Torusbalgfeder) *f*
(Torusfeder) *f*
Fre: ressort toroïde (suspension) *m*
Spa: fuelle tórico (muelle neumático) *m*

torque *n*
Ger: Drehmoment *n*
Fre: couple *m*
Spa: par *m*

torque balance (TCS) *n*
Ger: Momentenbilanz (ASR) *f*
Fre: bilan des couples des roues motrices (ASR) *m*
Spa: balance de par (ASR) *m*

torque characteristic curve *n*
Ger: Drehmomentkennlinie *f*
Fre: caractéristique de couple *f*
Spa: curva característica del par *f*

torque control *n*
Ger: Angleichung (Dieseleinspritzung) *f*
Fre: correction de débit *f*
Spa: control de torque (inyección diesel) *m*

torque control *n*
Ger: Drehmomentregelung *f*
Fre: régulation du couple *f*
Spa: regulación de par *f*

torque control *n*
Ger: Drehmoment-Steuerung *f*
Fre: commande du couple *f*
Spa: control de par *m*

torque control *n*
Ger: Momentenregelung *f*
Fre: régulation du couple *f*
Spa: regulación de par *f*

torque control bar *n*
Ger: Angleichlasche (Dieseleinspritzung) *f*
Fre: patte de correction *f*
Spa: barra de control de torque (inyección diesel) *f*

torque control characteristic *n*
Ger: Angleichverlauf (Dieseleinspritzung) *m*
Fre: caractéristique de correction de débit *f*
Spa: característica de control de torque (inyección diesel) *f*

torque control lever *n*
Ger: Angleichhebel (Dieseleinspritzung) *m*
Fre: levier de correction de débit *m*
Spa: palanca de control de torque (inyección diesel) *f*

torque control mechanism *n*
Ger: Angleichvorrichtung (Dieseleinspritzung) *f*
Fre: correcteur de débit *m*
Spa: dispositivo de control de torque (inyección diesel) *m*

torque control quantity *n*
Ger: Angleichmenge (Dieseleinspritzung) *f*
Fre: débit correcteur *m*
Spa: caudal de control de torque (inyección diesel) *m*

torque control range *n*
Ger: Angleichbereich (Dieseleinspritzung) *m*
Fre: plage de correction de débit *f*
Spa: rango de control de torque (inyección diesel) *m*

torque control rate *n*
Ger: Angleichrate (Dieseleinspritzung) *f*
Fre: taux de correction de débit *m*
Spa: tasa de control de torque (inyección diesel) *f*

torque control shaft *n*
Ger: Angleichbolzen (Dieseleinspritzung) *m*
Fre: axe de correction de débit *m*
Spa: perno de control de torque (inyección diesel) *m*

torque control spring *n*
Ger: Angleichfeder (Dieseleinspritzung) *f*
Fre: ressort correcteur de débit *m*
Spa: muelle de control de torque (inyección diesel) *m*

torque control travel *n*
Ger: Angleichweg (Dieseleinspritzung) *m*
Fre: course de correction de débit *f*
Spa: desplazamiento de control de torque (inyección diesel) *m*

torque control valve *n*
Ger: Angleichventil (Dieseleinspritzung) *n*
Fre: soupape de correction de débit *f*
Spa: válvula de control de torque (inyección diesel) *f*

torque converter transmission *n*
Ger: Wandlergetriebe *n*
Fre: boîte de vitesses à convertisseur de couple *f*
Spa: cambio por convertidor de par *m*

torque convertor *n*
Ger: Drehmomentwandler *m*
Fre: convertisseur de couple *m*
Spa: convertidor de par *m*

torque curve *n*
Ger: Drehmomentverlauf *m*
Fre: courbe de couple *f*
Spa: evolución del par *f*

torque demand *n*
Ger: Momentanforderung *f*
Fre: demande de couple *f*
Spa: demanda de par *f*

torque distribution *n*
Ger: Momentenverteilung *f*
Fre: répartition du couple *f*
Spa: distribución de par *f*

torque intervention *n*
Ger: Drehmomenteingriff *m*
Fre: action sur le couple *f*
Spa: intervención de par *f*

torque intervention *n*
Ger: Momenteingriff *m*
Fre: action sur le couple *f*
Spa: intervención en el par *f*

torque lever (dynamic brake analyzer) *n*
Ger: Drehmomenthebel (Rollenbremsprüfstand) *m*
Fre: levier dynamométrique (banc d'essai) *m*
Spa: palanca de par (banco de pruebas de frenos de rodillos) *f*

torque limitation *n*
Ger: Drehmomentbegrenzung *f*
Fre: limitation de couple *f*
Spa: limitación de par *f*

torque limitation *n*

Ger: Momentbegrenzung *f*
Fre: limitation de couple *f*
Spa: limitación de par *f*

torque measurement ***n***
Ger: Drehmomentmessung *f*
Fre: mesure de couple *f*
Spa: medición de par *f*

torque motor ***n***
Ger: Torquemotor *m*
Fre: moteur-couple *m*
Spa: cupla motriz *f*

torque sensor ***n***
Ger: Drehmomentsensor *m*
Fre: capteur de couple *m*
(couplemètre) *m*
Spa: sensor de par *m*

torque wrench ***n***
Ger: Drehmomentschlüssel *m*
Fre: clé dynamométrique *f*
Spa: llave dinamométrica *f*

torsion bar ***n***
Ger: Drehstab *m*
(Drehstabfeder) *f*
Fre: barre de torsion *f*
Spa: barra de torsión *f*

torsion bar spring ***n***
Ger: Drehstabfeder *f*
Fre: barre de torsion *f*
Spa: muelle de barra de torsión *m*

torsion damper ***n***
Ger: Torsionsdämpfer *m*
Fre: amortisseur de torsion *m*
Spa: amortiguador de torsión *m*

torsion rod ***n***
Ger: Torsionsstab *m*
Fre: barre de torsion *f*
Spa: barra de torsión *f*

torsion spring ***n***
Ger: Drehfeder *f*
Fre: ressort de torsion *m*
Spa: muelle de torsión *m*

torsional force ***n***
Ger: Drehkraft *f*
Fre: force de rotation *f*
Spa: fuerza de torsión *f*

torsional rigidity ***n***
Ger: Verwindungssteifigkeit *f*
(Drehsteife) *f*
Fre: raideur torsionnelle *f*
(résistance au gauchissement) *f*
Spa: rigidez a la torsión *f*

torsional spring rate ***n***
Ger: Drehfederkonstante *f*
Fre: rigidité torsionnelle *f*
Spa: coeficiente de rigidez torsional *m*

torsional stress ***n***
Ger: Torsionsspannung *f*
Fre: contrainte de torsion *f*
Spa: esfuerzo de torsión *m*

torsional stress limit ***n***
Ger: Torsionsgrenzspannung *f*
Fre: contrainte limite de torsion *f*
Spa: esfuerzo límite de torsión *m*

total braking distance (braking) ***n***
Ger: Anhalteweg (Bremsvorgang) *m*
(Gesamtbremsweg) *m*
Fre: distance d'arrêt *f*
(distance totale de freinage) *f*
Spa: recorrido hasta la parada (proceso de frenado) *m*
(distancia total de frenado) *f*

total braking force ***n***
Ger: Gesamtbremskraft *f*
Fre: force de freinage totale *f*
Spa: fuerza total de frenado *f*

total composite error ***n***
Ger: Wälzabweichung *f*
Fre: erreur composée *f*
Spa: error compuesto *m*

total concentration of harmful emissions ***n***
Ger: Gesamtschadstoff-konzentration *f*
Fre: concentration totale de polluants *f*
Spa: concentración total de sustancias nocivas *f*

total contact ratio ***n***
Ger: Gesamtüberdeckung *f*
Fre: rapport total de conduite *m*
Spa: relación total de contacto *f*

total loss lubrication ***n***
Ger: Frischölschmierung *f*
Fre: lubrification à huile perdue *f*
Spa: lubricación a pérdida total *f*

total mean value ***n***
Ger: Gesamtmittelwert *m*
Fre: moyenne totale estimée *f*
Spa: valor promedio total *m*

total running resistance ***n***
Ger: Fahrwiderstand *m*
(Gesamtfahrwiderstand) *m*
Fre: résistance totale à l'avancement *f*
Spa: resistencia a la marcha *f*

tour bus ***n***
Ger: Reisebus *m*
(Reiseomnibus) *m*
Fre: autocar grand tourisme *m*
Spa: autocar *m*

tow away protection (car alarm) ***n***
Ger: Abschleppschutz (Autoalarm) *m*
Fre: protection contre le remorquage (alarme auto) *f*
Spa: protección contra el remolcado (alarma de vehículo) *f*

tow rope ***n***
Ger: Abschleppseil *n*
Fre: câble de remorquage *m*
Spa: cable para remolcar *m*

towing ***n***
Ger: Abschleppen *n*
Fre: remorquage *m*
Spa: remolcado *m*

tox clinching ***n***
Ger: Toxen *n*
(Toxfügen) *n*
Fre: clinchage par points TOX *m*
Spa: unión por puntos TOX *f*

toxic constituents ***npl***
Ger: Schadstoffanteil *m*
Fre: taux de polluants *m*
Spa: contenido de sustancias nocivas *m*

track width ***n***
Ger: Spurbreite *f*
Fre: voie *f*
Spa: ancho de vía *m*

tractability ***n***
Ger: Laufverhalten *n*
Fre: comportement de marche *m*
Spa: comportamiento de marcha *m*

traction control ***n***
Ger: Antriebssteuerung *f*
Fre: commande de traction *f*
Spa: control de tracción *m*

traction control ***n***
Ger: Schlupfregelung (Antriebs-schlupfregelung) *f*
Fre: commande de traction *f*
Spa: regulación de resbalamiento (control antideslizamiento de la tracción) *f*

traction control system (TCS) ***n***
Ger: ASR *f*
Fre: régulation d'antipatinage à la traction *f*
Spa: control antideslizamiento de la tracción ASR *m*

traction force ***n***
Ger: Triebkraft *f*
Fre: force motrice *f*
Spa: fuerza motriz *f*

tractive resistance ***n***
Ger: Fahrwiderstand *m*
Fre: résistance totale à l'avancement *f*
Spa: resistencia a la marcha *f*

tractor unit ***n***
Ger: Sattelzugmaschine *f*
Fre: tracteur de semi-remorque *m*
Spa: tractocamión *m*

tractor unit ***n***
Ger: Zugfahrzeug *n*
Fre: véhicule tracteur *m*
Spa: vehículo tractor *m*

tractor vehicle ***n***
Ger: Zugfahrzeug *n*
(Schlepper) *m*
(Zugmaschine) *m*
Fre: véhicule tracteur *m*
Spa: vehículo tractor *m*

English

tractrion control system, TCS *n*
Ger: Antriebsschlupfregelung *f*
(Antriebsschlupfregler) *f*
Fre: régulation d'antipatinage *f*
Spa: control antideslizamiento de la tracción *m*

traffic control engineering *n*
Ger: Verkehrsleittechnik *f*
(Verkehrstelematik) *f*
Fre: télématique routière *f*
(technique de radioguidage de la circulation) *f*
Spa: ingeniería de control del tráfico *f*

traffic radar *n*
Ger: Verkehrsradar *m*
Fre: radar routier *m*
Spa: radar de tráfico *m*

traffic update *n*
Ger: Autofahrer-Rundfunkinformation *f*
Fre: système info trafic *m*
Spa: información radiofónica sobre el tráfico *f*

trailer *n*
Ger: Anhänger *m*
(Anhängefahrzeug) *n*
Fre: véhicule tracté *m*
(remorque) *f*
Spa: remolque *m*

trailer brake *n*
Ger: Anhängerbremse *f*
Fre: frein de remorque *m*
Spa: freno del remolque *m*

trailer brake line *n*
Ger: Anhängerbremsleitung *f*
Fre: conduite de frein de remorque *f*
Spa: tubería de frenos del remolque *f*

trailer brake valve *n*
Ger: Anhängerbremsventil *n*
Fre: valve de frein de remorque *f*
Spa: válvula del freno del remolque *f*

trailer braking equipment *n*
Ger: Anhängerbremsausrüstung *f*
Fre: équipement de freinage de la remorque *m*
Spa: equipo de frenos del remolque *m*

trailer circuit (compressed-air system) *n*
Ger: Anhängerkreis (Druckluftanlage) *m*
Fre: circuit de commande de la remorque (dispositif à air comprimé) *m*
Spa: circuito del remolque (sistema de aire comprimido) *m*

trailer control *n*
Ger: Anhängersteuerung *f*
Fre: commande de remorque *f*
Spa: control del remolque *m*

trailer control module, TCM *n*
Ger: Anhängersteuermodul, ASM *m*
Fre: module de commande remorque *m*
Spa: módulo de control del remolque *m*

trailer control valve *n*
Ger: Anhängersteuerventil *n*
Fre: valve de commande de remorque *f*
Spa: válvula de control del remolque *f*

trailer hitch *n*
Ger: Anhängerkupplung *f*
Fre: accouplement de remorque *m*
Spa: enganche para remolque *m*

trailer operation *n*
Ger: Anhängerbetrieb *m*
Fre: exploitation avec remorque *f*
Spa: marcha con remolque *f*

trailer pilot control *n*
Ger: Anhängeransteuerung *f*
Fre: pilotage de la remorque *m*
Spa: activación de remolque *f*

trailer power supply *n*
Ger: Anhängerversorgung *f*
Fre: alimentation de la remorque *f*
Spa: suministro de energía del remolque *m*

trailer recognition (ABS) *n*
Ger: Anhängererkennung (ABS) *f*
Fre: détection de la fonction « remorque » (ABS) *f*
Spa: detección del remolque (ABS) *f*

trailer relay valve *n*
Ger: Anhängerrelaisventil *n*
Fre: valve-relais de remorque *f*
Spa: válvula de relé del remolque *f*

trailer-brake system *n*
Ger: Anhänger-Bremsanlage *f*
Fre: dispositif de freinage de remorque *m*
Spa: sistema de frenos del remolque *m*

trailing axle *n*
Ger: Nachlaufachse *f*
Fre: essieu suiveur *m*
Spa: eje de arrastre *m*

trailing brake shoe (brakes) *n*
Ger: ablaufende Bremsbacke (Bremsen) *f*
Fre: mâchoire secondaire *f*
Spa: zapata de freno secundaria (frenos) *f*

trailing throttle *n*
Ger: Schleppbetrieb *m*
Fre: fonctionnement moteur entraîné *m*
Spa: régimen de arrastre *m*

trailing throttle *n*
Ger: Schubbetrieb *m*
(Schiebebetrieb) *m*
Fre: régime de décélération *m*
Spa: régimen de retención *m*
(marcha por empuje) *f*

trailing throttle lean adjustment *n*
Ger: Verzögerungsabmagerung *f*
Fre: appauvrissement en décélération *m*
Spa: empobrecimiento para deceleración *m*

transducer *n*
Ger: Wandler *m*
Fre: convertisseur *m*
Spa: transductor *m*

transfer case *n*
Ger: Verteilergetriebe *n*
Fre: boîte de transfert *f*
Spa: caja de transferencia *f*

transfer diaphragm *n*
Ger: Wirkmembran *f*
(Reaktionsmembran) *f*
Fre: membrane active *f*
Spa: membrana activa *f*

transfer element *n*
Ger: Übertragungsglied *n*
Fre: élément régulateur *m*
Spa: elemento transmisor *m*

transfer function *n*
Ger: Übertragungsfunktion *f*
Fre: fonction de transfert *f*
Spa: función de transmisión *f*

transfer passage *n*
Ger: Überströmkanal *m*
Fre: canal de transfert *m*
Spa: canal de rebose *m*

transfer rod (level sensor) *n*
Ger: Antriebshebel (Niveaugeber) *m*
Fre: levier de transmission (capteur de niveau) *m*
Spa: palanca de accionamiento (transmisor de nivel) *f*

transformer *n*
Ger: Transformator *m*
Fre: transformateur *m*
Spa: transformador *m*

transient compensation *n*
Ger: Übergangskompensation *f*
Fre: compensation des réactions transitoires *f*
Spa: compensación de transición *f*

transistor *n*
Ger: Transistor *m*
Fre: transistor *m*
Spa: transistor *m*

transistor controller *n*
Ger: Transistorregler *m*
Fre: régulateur à transistors *m*
Spa: regulador transistorizado *m*

transistor regulator *n*

Ger: Transistorregler *m*
Fre: régulateur à transistors *m*
Spa: regulador transistorizado *m*

transistorized ignition with induction type pulse generator ***n***
Ger: Transistorzündung mit Induktionsgeber *f*
Fre: allumage transistorisé à capteur inductif *m*
Spa: encendido transistorizado con generador de impulsos por inducción *m*

transistorized ignition, TI ***n***
Ger: Transistorzündung, TZ *f*
Fre: allumage transistorisé *m*
Spa: encendido transistorizado *m*

transit period ***n***
Ger: Laufzeit *f*
Fre: temps de propagation *m*
Spa: tiempo de propagación *m*

transition behavior ***n***
Ger: Übergangsverhalten *n*
Fre: comportement transitoire *m*
Spa: comportamiento de transición *m*

transition phase (exhaust-gas test) ***n***
Ger: Übergangsphase (Abgasprüfung) *f*
Fre: phase transitoire (émissions) *f*
Spa: fase de transición (comprobación de gases de escape) *f*

transition response ***n***
Ger: Übergangsverhalten *n*
Fre: réaction transitoire *f*
Spa: comportamiento de transición *m*

transmission ***n***
Ger: Getriebe *n*
(Wechselgetriebe) *n*
Fre: boîte de vitesses *f*
(transmission) *f*
Spa: cambio *m*
(caja de cambios) *f*

transmission (braking system) ***n***
Ger: Übertragungseinrichtung (Bremsanlage) *f*
Fre: dispositif de transmission (dispositif de freinage) *m*
Spa: dispositivo de transmisión (sistema de frenos) *m*

transmission agent (braking system) ***n***
Ger: Übertragungsmedium (Bremsanlage) *n*
Fre: moyen de transmission (dispositif de freinage) *m*
Spa: medio de transmisión (sistema de frenos) *m*

transmission control ***n***
Ger: Getriebesteuerung *f*
Fre: commande de boîte de vitesses *f*
Spa: control del cambio *m*

transmission loss ***n***
Ger: Getriebeverlust *m*
Fre: pertes de la boîte de vitesses *fpl*
Spa: pérdidas en el cambio *fpl*

transmission oil ***n***
Ger: Getriebeöl *n*
Fre: huile pour transmissions *f*
Spa: aceite del cambio *m*

transmission output shaft ***n***
Ger: Getriebeausgangswelle *f*
Fre: arbre de sortie de boîte de vitesses *m*
Spa: árbol de salida del cambio *m*

transmission ratio ***n***
Ger: Getriebeübersetzung *f*
Fre: rapport de transmission de la boîte de vitesses *m*
(démultiplication de la boîte de vitesses) *f*
Spa: desmultiplicación de cambio *f*
(relación de transmisión del cambio) *f*

transmission ratio range ***n***
Ger: Übersetzungsbereich *m*
Fre: plage de démultiplication *f*
Spa: margen de desmultiplicación *m*

transmission shift control ***n***
Ger: Getriebeeingriff *m*
(Getriebesteuerung) *f*
Fre: intervention sur la boîte de vitesses *f*
Spa: control del cambio *m*

transmission type ***n***
Ger: Getriebeart *f*
Fre: type de boîte de vitesses *m*
Spa: clase de cambio *f*

transmit command ***n***
Ger: Sendebefehl *m*
Fre: signal d'émission *m*
Spa: orden de emisión *f*

transmit frequency ***n***
Ger: Sendefrequenz *f*
Fre: fréquence d'émission *f*
Spa: frecuencia de emisión *f*

transmit pulse ***n***
Ger: Sendeimpuls *m*
Fre: impulsion d'émission *f*
Spa: impulso de emisión *m*

transmit/receive logic ***n***
Ger: Sende-/Empfangslogik *f*
Fre: logique émission/réception *f*
Spa: lógica de emisión/recepción *f*

transmitter signal ***n***
Ger: Sendersignal *n*
Fre: signal émetteur *m*
Spa: señal del emisor *f*

transponder ***n***
Ger: Transponder *m*
Fre: transpondeur *m*
Spa: transpondedor *m*

transponder system ***n***
Ger: Transpondersystem *n*
Fre: système à transpondeur *m*
Spa: sistema transpondedor *m*

transverse bolt ***n***
Ger: Querbolzen *m*
Fre: axe transversal *m*
Spa: perno transversal *m*

transverse force ***n***
Ger: Querkraft *f*
Fre: effort transversal *m*
Spa: fuerza transversal *f*

transverse link ***n***
Ger: Querlenker *m*
Fre: bras oscillant transversal *m*
Spa: biela transversal *f*

transverse passage ***n***
Ger: Querbohrung *f*
Fre: canal radial *m*
Spa: taladro transversal *m*

transverse strut ***n***
Ger: Querstrebe *f*
Fre: bras transversal *m*
Spa: refuerzo transversal *m*

transverse tilting moment ***n***
Ger: Querkippmoment *n*
Fre: moment de basculement transversal *m*
Spa: par transversal de vuelco *m*

transversely jointed linkage (wiper system) ***n***
Ger: Kreuzlenker (Wischeranlage) *m*
Fre: articulation en croix (essuie-glace) *f*
Spa: articulación en cruz (limpiaparabrisas) *f*

tread depth (tire) ***n***
Ger: Profilhöhe (Reifen) *f*
(Profil) *n*
Fre: profondeur de sculpture *f*
(profil) *f*
(sculpture) *m*
Spa: profundidad del perfil (neumáticos) *f*

triboelectricity ***n***
Ger: Reibungselektrizität *f*
Fre: triboélectricité *f*
Spa: triboelectricidad *f*

tribological system ***n***
Ger: Tribosystem *n*
Fre: système tribologique *m*
Spa: sistema tribológico *m*

tribological test sequence ***n***
Ger: tribologische Prüfkette *f*
Fre: séquence de test tribologique *f*
Spa: secuencia tribológica de ensayo *f*

trickle charge ***n***
Ger: Erhaltungsladung *f*
Fre: charge de maintien *f*
Spa: carga de conservación *f*

English

trickle charging (battery charge) *n*
Ger: Dauerladung (Batterieladung) *f*
Fre: charge permanente (charge de batterie) *f*
Spa: carga continua (carga de batería) *f*

trigger level *n*
Ger: Triggerpegel *m*
Fre: bascule bistable *f*
Spa: nivel de disparo *m*

trigger pressure *n*
Ger: Ansprechdruck *m*
Fre: pression de réponse *f*
Spa: presión de respuesta *f*

trigger threshold *n*
Ger: Auslöseschwelle *f*
Fre: seuil de déclenchement *m*
Spa: umbral de disparo *m*

trigger unit (seat-belt tightener) *n*
Ger: Auslösegerät (Gurtstraffer) *n*
Fre: déclencheur de prétensionneur *m*
Spa: mecanismo de disparo (pretensor del cinturón de seguridad) *m*

trigger wheel (ignition) *n*
Ger: Geberrad (Zündung) *n*
(Zahnscheibe) *f*
Fre: disque-cible (allumage) *m*
(noyau synchroniseur) *m*
Spa: rueda del transmisor (encendido) *f*
(rueda del captador) *f*

trigger wheel *n*
Ger: Impulsgeberrad *n*
(Blendenrotor) *m*
Fre: rotor de synchronisation *m*
(noyau synchroniseur) *m*
(rotor à écrans) *m*
Spa: rueda del generador de impulsos *f*

triggering *n*
Ger: Triggerung *f*
Fre: déclenchement *m*
Spa: disparo *m*

triggering criterion *n*
Ger: Auslösekriterium *n*
Fre: critère de déclenchement *m*
Spa: criterio de disparo *m*

triggering electronics *n*
Ger: Ansteuerelektronik *f*
Fre: électronique de pilotage *f*
Spa: sistema electrónico de activación *m*

triggering signal *n*
Ger: Ansteuersignal *n*
(Ansteuerimpuls) *m*
Fre: signal de pilotage *m*
(signal pilote) *m*
Spa: señal de activación *f*

triggering system *n*
Ger: Auslösesystem *n*
Fre: système de déclenchement *m*
Spa: sistema de disparo *m*

trilok converter *n*
Ger: Trilokwandler *m*
Fre: convertisseur Trilok *m*
Spa: convertidor Trilok *m*

trim level *n*
Ger: Ausstattungsvariante *f*
Fre: variante d'équipement *f*
Spa: variante de equipamiento *f*

trimetal bearing *n*
Ger: Dreistofflager *n*
Fre: palier trimétal *m*
Spa: cojinete de tres aleaciones *m*

trimming resistor *n*
Ger: Abgleichwiderstand *m*
Fre: résistance de calibrage *f*
Spa: resistencia de ajuste *f*

triple circuit protection valve *n*
Ger: Dreikreis-Schutzventil *n*
Fre: valve de sécurité à trois circuits *f*
Spa: válvula de seguridad de tres circuitos *f*

triple cone synchromesh clutch *n*
Ger: Dreifachkonus-Synchronisierung *f*
Fre: synchroniseur à triple cône *m*
Spa: sincronización de cono triple *f*

triple directional-control-valve block *n*
Ger: Dreifach-Wegeventilblock *m*
Fre: bloc-distributeur triple *m*
Spa: bloque triple de válvulas distribuidoras *m*

triple fluted valve *n*
Ger: Dreiflügelventil *n*
Fre: vanne à trois ailettes *f*
Spa: válvula de tres vías *f*

tripping device *n*
Ger: Auslösevorrichtung *f*
Fre: dispositif de déclenchement *m*
Spa: dispositivo disparador *m*

trouble shooting *n*
Ger: Fehlersuche *f*
Fre: recherche des pannes *f*
Spa: búsqueda de averías *f*

trouble shooting chart *n*
Ger: Fehlersuchplan *m*
Fre: plan de recherche des pannes *m*
Spa: esquema de localización de averías *m*

truck *n*
Ger: Lastkraftwagen *m*
Fre: poids lourd *m*
Spa: camión *m*

truck *n*
Ger: Lkw *m*
Fre: camion *m*
Spa: camión *m*

truck-trailer *n*
Ger: Lastzug *m*
Fre: train routier *m*
Spa: combinación camión-remolque *f*

true running *n*
Ger: Rundlauf *m*
Fre: concentricité *f*
Spa: concentricidad *f*

trunk lid *n*
Ger: Heckklappe *f*
Fre: hayon *m*
Spa: portón trasero *m*

trunk protection (car alarm) *n*
Ger: Kofferraumsicherung (Autoalarm) *f*
Fre: protection du coffre (alarme auto) *f*
Spa: protección del maletero (alarma de vehículo) *f*

trunked radio network *n*
Ger: Bündelfunknetz *n*
Fre: réseau radio à ressources partagées *m*
Spa: red de radio de haz de canales *f*

tubing *n*
Ger: Rohrleitung *f*
Fre: conduite *f*
Spa: tubería *f*

tubular rivet *n*
Ger: Rohrniet *m*
Fre: rivet tubulaire *m*
Spa: remache tubular *m*

tumble flow (IC engine) *n*
Ger: Tumble-Strömung (Verbrennungsmotor) *f*
Fre: mouvement tourbillonnaire de type « tumble » *m*
Spa: flujo con cambios bruscos (motor de combustión) *m*

tumble pattern based combustion process (IC engine) *n*
Ger: Tumble-Brennverfahren (Verbrennungsmotor) *n*
Fre: procédé d'injection assisté par tumble *m*
Spa: proceso de combustión con flujo de cambios bruscos (motor de combustión) *m*

tuned intake pressure charging *n*
Ger: Resonanzaufladung *f*
Fre: suralimentation par résonance *f*
Spa: sobrealimentación por resonancia *f*

tungsten inert-gas welding *n*
Ger: Wolfram-Inertgas-Schweißen *n*
Fre: soudage TIG *m*
Spa: soldadura de gas inerte de tungsteno *f*
(soldadura TIG) *f*

turbine housing *n*
Ger: Turbinengehäuse *n*
Fre: carter de turbine *m*
Spa: carcasa de turbina *f*

turbo element *n*
Ger: Strömungsmaschine *f*
Fre: turbomachine *f*
Spa: máquina hidrodinámica *f*

turbo lag *n*
Ger: Turboloch *n*
Fre: trou de suralimentation *m*
Spa: agujero de sobrealimentación *m*

turbo overrun limiting *n*
Ger: Turboschubbegrenzung *f*
Fre: limitation de suralimentation en décélération *f*
Spa: limitación de sobrealimentación en deceleración *f*

turbocharged *adj*
Ger: aufgeladen *adj*
Fre: suralimenté *pp*
Spa: sobrealimentado *adj*

turbocharged diesel engine *n*
Ger: Diesel-ATL-Motor *m*
Fre: moteur diesel turbocompressé *m*
Spa: motor Diesel turbocargado *m*

turbocharged engine *n*
Ger: Turbomotor *m*
(ATL-Motor) *m*
Fre: moteur à turbocompresseur *m*
(moteur suralimenté) *m*
Spa: motor turbo *m*

turbulence *n*
Ger: Verwirbelung *f*
Fre: tourbillonnement *m*
Spa: turbulencia *f*

turn signal *n*
Ger: Blinklicht *n*
Fre: feu clignotant *m*
Spa: luz intermitente *f*

turn signal flasher *n*
Ger: Blinkgeber *m*
Fre: centrale clignotante *f*
Spa: generador de impulsos luminosos *m*

turn signal indicator switch *n*
Ger: Blinkerschalter *m*
Fre: manette des clignotants *f*
Spa: interruptor de intermitentes *m*

turn signal lamp *n*
Ger: Blinkleuchte *f*
Fre: clignotant *m*
Spa: lámpara intermitente *f*

turn signal system *n*
Ger: Blinkanlage *f*
Fre: centrale clignotante *f*
Spa: instalación de luces intermitentes *f*

turning radius *n*
Ger: Spurkreisradius *m*
Fre: rayon du cercle de braquage *m*
Spa: radio de viraje *m*

turns ratio (number of coils) *n*
Ger: Übersetzungsverhältnis (Windungszahl) *n*
(Windungsverhältnis) *n*
Fre: rapport de transformation *m*
Spa: relación de espiras (número de espiras) *f*

tweeter *n*
Ger: Hochtöner *m*
Fre: haut-parleur d'aiguës *m*
Spa: altavoz de tonos agudos *m*

twin cam drive *n*
Ger: Doppelnockenantrieb *m*
Fre: entraînement à double came *m*
Spa: accionamiento de leva doble *m*

twin conductor *n*
Ger: Doppelleitung *f*
Fre: conducteur double *m*
Spa: conductor doble *m*

twin flow housing *n*
Ger: Zwillingsstromgehäuse *n*
Fre: dispositif à flux jumelé *m*
Spa: carcasa de flujo gemelo *f*

twin ignition *n*
Ger: Zwillingszündung *f*
Fre: double allumage *m*
Spa: encendido gemelo *m*

twin needle nozzle *n*
Ger: Doppelnadeldüse *f*
Fre: injecteur à deux aiguilles *m*
Spa: inyector de aguja doble *m*

twin plunger accumulator (TCS) *n*
Ger: Doppelkolbenspeicher (ASR) *m*
Fre: accumulateur à double piston *m*
Spa: acumulador de doble pistón (ASR) *m*

twin rotary engine *n*
Ger: Doppel-Kreiskolbenmotor *m*
Fre: moteur birotor à pistons rotatifs *m*
Spa: motor rotativo doble *m*

twin tire axle *n*
Ger: doppelbereifte Achse *f*
Fre: essieu jumelé *m*
Spa: eje con neumáticos gemelos *m*

twin tires *npl*
Ger: Zwillingsbereifung *f*
Fre: pneus jumelés *m*
Spa: ruedas gemelas *fpl*

twin tone horn *n*
Ger: Doppeltonhorn *n*
Fre: avertisseur sonore à bitonalité *m*
Spa: bocina de dos tonos *f*

twin wheel *n*
Ger: Zwillingsrad *n*
Fre: roue jumelée *f*
Spa: rueda gemela *f*

twisting *n*
Ger: Verdrehung *f*
Fre: torsion *f*
Spa: giro *m*

twist-wound *adj*
Ger: drillgewickelt *adj*
Fre: torsadé *adj*
Spa: de par trenzado *loc*

two chamber lamp *n*
Ger: Zweikammerleuchte *f*
Fre: lanterne à deux compartiments *f*
Spa: luz de doble cámara *f*

two port plunger and barrel assembly *n*
Ger: Zweilochelement *n*
Fre: élément à deux orifices *m*
Spa: elemento de dos agujeros *m*

two stage carburetor *n*
Ger: Registervergaser *m*
Fre: carburateur étagé *m*
Spa: carburador de dos etapas *m*

two stroke engine (IC engine) *n*
Ger: Zwei-Takt-Motor (Verbrennungsmotor) *m*
Fre: moteur à deux temps *m*
Spa: motor de dos tiempos (motor de combustión) *m*

two way directional control valve (TCS) *n*
Ger: Zweiwegeventil (ASR) *n*
Fre: distributeur à deux voies (ASR) *m*
Spa: válvula distribuidora de dos vías (ASR) *f*

two way switch *n*
Ger: Wechselschalter *m*
(Umschalter) *m*
Fre: inverseur *m*
Spa: conmutador alternativo *m*

two way valve *n*
Ger: Zweiwegeventil *n*
Fre: distributeur à deux voies *m*
Spa: válvula distribuidora de dos vías *f*

two-stroke principle (IC engine) *n*
Ger: Zweitaktverfahren (Verbrennungsmotor) *n*
Fre: cycle à deux temps *m*
Spa: ciclo de dos tiempos (motor de combustión) *m*

type *n*
Ger: Ausführung *f*
Fre: exécution *f*
Spa: versión *f*

type approval *n*
Ger: Typengenehmigung *f*
Fre: homologation de type *m*
Spa: homologación de tipo *f*

type approval *n*
Ger: Typzulassung *f*

English

Fre: homologation de type *f*
Spa: permiso de circulación del modelo *m*

type code *n*
Ger: Ausführungskennzahl *f*
Fre: code d'exécution *m*
Spa: código de ejecución *m*

type designation *n*
Ger: Typformel *f*
Fre: formule de type *f*
Spa: fórmula de modelo *f*

type diversity *n*
Ger: Variantenvielfalt *f*
Fre: diversité de variantes *f*
Spa: diversidad de variantes *f*

type of drive *n*
Ger: Antriebsart *f*
Fre: mode de propulsion *m*
Spa: tipo de tracción *m*

type range *n*
Ger: Baureihe *f*
Fre: série *f*
Spa: serie *f*

type test *n*
Ger: Typprüfung *f*
Fre: homologation *f*
Spa: ensayo de tipo *m*

English

U

ultimate number of cycles *n*
Ger: Grenzlastspielzahl *f*
Fre: nombre de cycles limite *m*
Spa: número de ciclos límite *m*

ultrasonic field (car alarm) *n*
Ger: Ultraschallfeld (Autoalarm) *n*
Fre: champ ultrasonique (alarme auto) *m*
Spa: campo ultrasónico (alarma de vehículo) *m*

ultrasonic motor *n*
Ger: Ultraschall-Motor *m*
Fre: moteur à ultrasons *m*
Spa: motor ultrasónico *m*

ultrasonic passenger compartment protection (car alarm) *n*
Ger: Ultraschall-Innenraumschutz (Autoalarm) *m*
Fre: protection de l'habitacle par ultrasons (alarme auto) *f*
Spa: protección ultrasónica del habitáculo (alarma de vehículo) *f*

ultrasonic receiver (car alarm) *n*
Ger: Ultraschalldetektor (Autoalarm) *m*
Fre: détecteur à ultrasons (alarme auto) *m*
Spa: detector ultrasónico (alarma de vehículo) *m*

ultrasonic sensor *n*
Ger: Ultraschallsensor *m*
Fre: capteur à ultrasons *m*
Spa: sensor ultrasónico *m*

ultrasonic welding *n*
Ger: Ultraschallschweißen *n*
Fre: soudage par ultrasons *m*
Spa: soldadura ultrasónica *f*

ultrasound *n*
Ger: Ultraschall *m*
Fre: ultrason *m*
Spa: ultrasonido *m*

unalloyed *adj*
Ger: unlegiert *adj*
Fre: non allié *adj*
Spa: no aleado *adj*

uncontrolled range *n*
Ger: ungeregelter Bereich *m*
Fre: plage non régulée *f*
Spa: zona no regulada *f*

undamped *adj*
Ger: ungedämpft *adj*
Fre: non amorti *adj*
Spa: no amortiguado *adj*

under load test *n*
Ger: belastetes Testverfahren *n*
Fre: méthode de test par fort courant *f*
Spa: método de ensayo bajo carga *m*

under voltage *n*
Ger: Unterspannung *f*
Fre: sous-tension *f*
Spa: subtensión *f*

underbody *n*
Ger: Unterboden *m*
Fre: dessous de caisse *m*
Spa: bajos *mpl*

underbody panel *n*
Ger: Bodenverkleidung *f*
Fre: revêtement sous caisse *m*
Spa: revestimiento del piso *m*

underride guard *n*
Ger: Unterfahrschutzeinrichtung *f*
Fre: dispositif de protection anti-encastrement *m*
Spa: protección para impedir atascarse debajo de un camión *f*

understeer (motor vehicle) *v*
Ger: untersteuern (Kfz) *v*
Fre: sous-virage (véhicule) *m*
Spa: subvirar (automóvil) *v*

uneven running *v*
Ger: Laufunruhe *f*
Fre: instabilité de fonctionnement *f*
Spa: giro inestable *m*

uniflow scavenging *n*
Ger: Gleichstromspülung *f*
Fre: balayage équicourant *m*
Spa: barrido equicorriente *m*

uniform deceleration *n*
Ger: gleichförmige Verzögerung *f*
Fre: décélération uniforme *f*
Spa: deceleración uniforme *f*

uniformity of fuel delivery *n*
Ger: Gleichförderung *f*
Fre: égalisation des débits *f*
Spa: suministro uniforme de combustible *m*

union bolt *n*
Ger: Überwurfschraube *f*
Fre: vis-raccord de montage *f*
Spa: tapón roscado *m*

union nut *n*
Ger: Überwurfmutter *f*
Fre: écrou-raccord *m*
Spa: tuerca de racor *f*

unit injector *n*
Ger: Pumpe-Düse *f*
Fre: injecteur-pompe *m*
Spa: bomba-inyector *f*

unit injector system, UIS *n*
Ger: Unit Injector System, UIS *n*
(Pumpe-Düse) *f*
(Pumpe-Düse-Einheit) *f*
Fre: système injecteur-pompe *m*
(injecteur-pompe) *m*
Spa: Unit Injector System, UIS *m*

unit pump *n*
Ger: Pumpe-Leitung-Düse *f*
Fre: pompe unitaire haute pression *f*
Spa: bomba-tubería-inyector *f*

unit pump system, UPS *n*
Ger: Unit Pump System, UPS *f*
(Pumpe-Leitung-Düse) *f*
Fre: pompe unitaire haute pression *f*
(système pompe-conduite-injecteur) *m*
Spa: Unit Pump System, UPS *m*

universal joint *n*
Ger: Kardangelenk *n*
Fre: joint de cardan *m*
Spa: junta cardán *f*

universal joint *n*
Ger: Kreuzgelenk *n*
Fre: joint de cardan *m*
Spa: articulación en cruz *f*

universally jointed drive shaft *n*
Ger: Gelenkwelle *f*
Fre: arbre de transmission *m*
Spa: árbol de transmisión *m*
(árbol cardán) *m*

unleaded (gasoline) *pp*
Ger: bleifrei (Benzin) *adj*
(unverbleit) *pp*
Fre: sans plomb (essence) *loc*
Spa: sin plomo (gasolina) *loc*

unstable *adj*
Ger: instabil *adj*
Fre: instable *adj*
Spa: inestable *adj*

untreated emission *n*

Ger: Rohemission *f*
Fre: émission brute *f*
Spa: emisión en bruto *f*

updraft air flow sensor *n*
Ger: Steigstrom-Luftmengenmesser *m*
Fre: débitmètre d'air à flux ascendant *m*
Spa: caudalímetro de aire de flujo vertical *m*

upgrade acceleration *n*
Ger: Bergaufbeschleunigen *n*
Fre: accélération en côte *f*
Spa: aceleración cuesta arriba *f*

upper chamber *n*
Ger: Oberkammer *f*
Fre: chambre supérieure *f*
Spa: cámara superior *f*

upshift *n*
Ger: Hochschaltung *f*
Fre: montée des rapports *f*
Spa: puesta de una marcha superior *f*

useful load *n*
Ger: Nutzlast *f*
Fre: charge utile *f*
Spa: carga útil *f*

useful quantity *n*
Ger: Nutzgröße *f*
Fre: grandeur utile *f*
Spa: magnitud útil *f*

useful signal *n*
Ger: Nutzsignal *n*
Fre: signal utile *m*
Spa: señal útil *f*

user ID *n*
Ger: Benutzerkennung *f*
Fre: code utilisateur *m*
Spa: identificación del usuario *f*

user interface *n*
Ger: Bedienoberfläche *f*
Fre: interface graphique *f*
Spa: interface de usuario *f*

user manual *nn*
Ger: Benutzerhandbuch (SAP) *n*
Fre: manuel utilisateur *m*
Spa: manual del usuario (SAP) *m*

user setting *n*
Ger: Benutzereinstellung (SAP) *f*
Fre: réglage utilisateur *m*
Spa: ajuste de usuario (SAP) *m*

utilization phase *n*
Ger: Nutzungsphase *f*
Fre: phase d'utilisation *f*
Spa: fase de uso *f*

V

V notch *n*
Ger: Spitzkerbe *f*
Fre: entaille en V *f*
Spa: entalladura en V *f*

vacuu over hydraulic braking system *n*
Ger: Unterdruck-Fremdkraft-Bremsanlage mit hydr. Übertragungseinrichtung *f*
Fre: dispositif de freinage hydraulique à commande par dépression *m*
Spa: sistema de freno por depresión asistido *m*

vacuum *n*
Ger: Unterdruck *m*
Fre: dépression *f*
Spa: depresión *f*

vacuum actuator *n*
Ger: Unterdrucksteller *m*
Fre: actionneur à dépression *m*
Spa: actuador de depresión *m*

vacuum advance arm (advance mechanism) *n*
Ger: Zugstange (Zündversteller) *f*
Fre: biellette (correcteur d'avance) *f*
Spa: barra de tracción (variador de encendido) *f*

vacuum advance mechanism *n*
Ger: Unterdruckverstellung *f*
(Unterdruckzündversteller) *m*
Fre: dispositif d'avance à dépression *m*
Spa: variación por depresión *f*
(variador de encendido por depresión) *m*

vacuum assisted hydraulic braking system *n*
Ger: Unterdruck-Hilfskraft-Bremsanlage mit hydraul. Übertragungseinrichtung *f*
Fre: dispositif de freinage hydraulique assisté par dépression *m*
Spa: sistema de freno por depresión asistido con dispositivo hidráulico de transmisión *m*

vacuum bracke *n*
Ger: Unterdruckbremse *f*
Fre: frein à dépression *m*
Spa: freno por depresión *m*

vacuum brake booster *n*
Ger: Unterdruck-Bremskraftverstärker *m*
Fre: servofrein à dépression *m*
Spa: amplificador de freno por depresión *m*

vacuum brake system *n*
Ger: Vakuum-Bremsanlage *f*
Fre: dispositif de freinage à dépression *m*
Spa: sistema de freno por vacío *m*

vacuum control *n*
Ger: Unterdruckversteller *m*
Fre: correcteur à dépression *m*
Spa: variador de depresión *m*

vacuum converter *n*
Ger: Druckwandler *m*
Fre: convertisseur de pression *m*
Spa: convertidor de presión *m*

vacuum limiter (Jetronic) *n*
Ger: Unterdruckbegrenzer (Jetronic) *m*
Fre: limiteur de dépression (Jetronic) *m*
Spa: limitador de depresión (Jetronic) *m*

vacuum pickup (ignition) *n*
Ger: Unterdruckgeber (Zündung) *m*
Fre: capteur de dépression (allumage) *m*
Spa: transmisor de depresión (encendido) *m*

vacuum pipe *n*
Ger: Unterdruckleitung *f*
Fre: conduite à dépression *f*
Spa: tubería de depresión *f*

vacuum pump *n*
Ger: Unterdruckpumpe *f*
Fre: pompe à dépression *f*
Spa: bomba de depresión *f*

vacuum pump *n*
Ger: Vakuumpumpe *f*
(Unterdruckpumpe) *f*
Fre: pompe à dépression *f*
Spa: bomba de vacío *f*

vacuum reservoir *n*
Ger: Unterdruckbehälter *m*
Fre: réservoir à dépression *m*
Spa: recipiente de depresión *m*

vacuum reservoir *n*
Ger: Unterdruckspeicher *m*
Fre: accumulateur à dépression *m*
Spa: acumulador de depresión *m*

vacuum transducer *n*
Ger: Unterdruckwandler *m*
Fre: convertisseur à dépression *m*
Spa: convertidor por depresión *m*

vacuum unit *n*
Ger: Unterdruckdose *f*
(Druckdose) *f*
Fre: capsule à dépression *f*
Spa: caja de depresión *f*

vacuum/safety valve *n*
Ger: Unterdruck-Schutzventil *n*
Fre: clapet de sécurité de dépression *m*
Spa: válvula de seguridad de depresión *f*

valve *n*
Ger: Ventil *n*
Fre: valve *f*
Spa: válvula *f*

valve block *n*
Ger: Ventilblock *m*
Fre: bloc-valves *m*

Spa: bloque de válvulas *m*

valve body *n*
Ger: Ventilkörper *m*
Fre: corps d'injecteur *m*
Spa: cuerpo de válvula *m*

valve carrier *n*
Ger: Ventilträger *m*
Fre: porte-soupape *m*
Spa: portaválvulas *m*

valve characteristic curve *n*
Ger: Ventilkennlinie *f*
Fre: courbe caractéristique de vanne *f*
Spa: curva característica de la válvula *f*

valve clearance *n*
Ger: Ventilspiel *n*
Fre: jeu de soupape *m*
Spa: juego de válvula *m*

valve cone *n*
Ger: Ventilkegel *m*
Fre: cône de soupape *m*
Spa: cono de válvula *m*

valve control *n*
Ger: Ventilsteuerung *f*
Fre: distribution (moteur à combustion) *f*
Spa: regulación de válvulas *f*

valve control plunger *n*
Ger: Ventilsteuerkolben *m*
Fre: tige de commande d'injecteur *f*
Spa: émbolo de regulación de válvulas *m*

valve cover *n*
Ger: Ventildeckel *m*
Fre: couvre-culasse *m*
Spa: tapa de válvula *f*

valve covered orifice nozzle *n*
Ger: Sitzlochdüse *f*
Fre: injecteur à siège perforé *m*
Spa: inyector con orificio de asiento *m*

valve disk *n*
Ger: Ventilteller *m*
Fre: clapet de soupape *m*
Spa: platillo de válvula *m*

valve gear *n*
Ger: Ventiltrieb *m*
Fre: distribution (commande des soupapes) *f*
Spa: accionamiento de válvula *m*

valve guide *n*
Ger: Ventilführung *f*
Fre: guide de soupape *m*
Spa: guía de válvula *f*

valve holder *n*
Ger: Ventilträger *m*
Fre: porte-soupape *m*
Spa: portaválvulas *m*

valve housing *n*
Ger: Ventilgehäuse *n*
Fre: corps de valve *m*
Spa: carcasa de válvula *f*

valve insert *n*
Ger: Ventileinsatz *m*
Fre: élément de soupape *m*
Spa: inserto de válvula *m*

valve lash *n*
Ger: Ventilspiel *n*
Fre: jeu de soupape *m*
Spa: juego de válvula *m*

valve lever spring *n*
Ger: Ventilhebelfeder *f*
Fre: ressort de levier de soupape *m*
Spa: muelle de palanca de válvula *m*

valve lift *n*
Ger: Ventilhub *m*
Fre: levée de soupape *f*
Spa: carrera de válvula *f*

valve lift sensor *n*
Ger: Ventilhubsensor *m*
Fre: capteur de levée de soupape *m*
Spa: sensor de carrera de válvula *m*

valve metering *n*
Ger: ventilgesteuerte Zumessung *f*
Fre: dosage par valve *m*
Spa: dosificación por válvula *f*

valve needle *n*
Ger: Ventilnadel *f*
Fre: aiguille d'injecteur *f*
Spa: aguja de válvula *f*

valve needle displacement *n*
Ger: Ventilnadelhub *m*
Fre: levée d'aiguille d'injecteur *f*
Spa: carrera de la aguja de válvula *f*

valve opening pressure *n*
Ger: Ventilöffnungsdruck *m*
Fre: pression d'ouverture d'un injecteur *f*
Spa: presión de apertura de válvula *f*

valve opening time *n*
Ger: Ventilöffnungszeit *f*
Fre: durée d'ouverture d'un injecteur *f*
Spa: tiempo de apertura de válvula *m*

valve overlap *n*
Ger: Ventilüberschneidung *f*
Fre: croisement des soupapes *m*
Spa: interacción de válvulas *f*

valve pin *n*
Ger: Ventilstift *m*
Fre: tige de soupape *f*
Spa: pasador de válvula *m*

valve piston *n*
Ger: Ventilkolben *m*
Fre: piston de soupape *m*
Spa: émbolo de válvula *m*

valve plate (Jetronic) *n*
Ger: Ventilplatte (Jetronic) *f*
Fre: plaque porte-soupape (Jetronic) *f*
Spa: placa de válvula (Jetronic) *f*

valve plate (brake) *n*
Ger: Ventilteller (Bremse) *m*
Fre: clapet (frein) *m*
Spa: platillo de válvula (freno) *m*

valve relay (ABS) *n*
Ger: Ventilrelais (ABS) *n*
Fre: relais des électrovalves (ABS) *m*
Spa: relé de válvula (ABS) *m*

valve seat *n*
Ger: Ventilsitz *m*
Fre: siège de soupape *m*
Spa: asiento de válvula *m*

valve spool *n*
Ger: Steuerschieber *m*
Fre: tiroir de distribution *m*
Spa: corredera de distribución *f*

valve spring *n*
Ger: Ventilfeder *f*
Fre: ressort de valve *m*
Spa: muelle de válvula *m*

valve stem *n*
Ger: Ventilschaft *m*
Fre: queue de soupape *f*
Spa: vástago de válvula *m*

valve throat *n*
Ger: Ventildurchlass *m*
Fre: diamètre de passage *m*
Spa: garganta de válvula *f*

valve timing (IC engine) *n*
Ger: Ventilsteuerung (Verbrennungsmotor) *f*
Fre: commande des soupapes (moteur à combustion) *f*
Spa: regulación de válvulas (motor de combustión) *f*

valve timing diagram (IC engine) *n*
Ger: Ventilsteuerdiagramm (Verbrennungsmotor) *n*
Fre: diagramme de distribution (moteur à combustion) *m*
Spa: diagrama de regulación de válvulas (motor de combustión) *m*

valve train *n*
Ger: Ventiltrieb *m*
Fre: commande des soupapes *f*
Spa: accionamiento de válvula *m*

valve triggering mode *n*
Ger: Ventilansteuermodus *m*
Fre: mode de pilotage des vannes *m*
Spa: modo de activación de válvula *m*

valve velocity *n*
Ger: Ventilgeschwindigkeit *f*
Fre: vitesse de soupape *f*
Spa: velocidad de válvula *f*

van *n*
Ger: Transporter *m*
Fre: utilitaire polyvalent *m*
(transporteur) *m*
Spa: furgoneta *f*

English

vane pump *n*
Ger: Flügelzellenpumpe *f*
Fre: pompe à palettes *f*
Spa: bomba celular de aletas *f*

vane pump actuator wheel *n*
Ger: Flügelzellenrad *n*
Fre: roue à palettes *f*
Spa: rueda celular de aletas *f*

vane type supply pump *n*
Ger: Flügelzellen-Förderpumpe *f*
Fre: pompe d'alimentation à palettes *f*
Spa: bomba de alimentación de aletas *f*

vanity mirror lamp *n*
Ger: Makeup-Spiegelleuchte *f*
Fre: lampe du miroir de courtoisie *f*
Spa: lámpara del espejo de cortesía *f*

vapor bubble *n*
Ger: Dampfblase *f*
Fre: bulle *f*
Spa: burbuja de vapor *f*

vapor bubble formation *n*
Ger: Dampfblasenbildung *f*
Fre: percolation *f*
Spa: formación de burbujas de vapor *f*

vapor layer *n*
Ger: Dampfschicht *f*
Fre: couche vaporisée *f*
Spa: capa de vapor *f*

vapor phase inhibitor *n*
Ger: Dampfphaseninhibitor *m*
Fre: inhibiteur de corrosion volatil *m*
Spa: inhibidor de fase de vapor *m*

vapor pressure (gasoline) *n*
Ger: Dampfdruck (Benzin) *m*
Fre: pression de vapeur (essence) *f*
Spa: presión de vapor (gasolina) *f*

vaporization time *n*
Ger: Verdampfungszeit *f*
Fre: temps de vaporisation *m*
Spa: tiempo de evaporación *m*

variable *adj*
Ger: verstellbar *adj*
Fre: variable *adj*
Spa: variable *adj*

variable capacity pump *n*
Ger: Verstellpumpe *f*
Fre: pompe à cylindrée variable *f*
Spa: bomba ajustable *f*

variable fulcrum lever (mechanical governor) *n*
Ger: Regelhebel (Diesel-Regler) *m*
Fre: levier à coulisse (injection diesel) *m*
Spa: palanca de regulación (regulador Diesel) *f*

variable ratio gear transmission *n*
Ger: Zahnradwechselgetriebe *n*
Fre: boîte à engrenages *f*
Spa: caja de cambios de relación variable *f*

variable speed governor *n*
Ger: Verstellregler *m*
Fre: régulateur toutes vitesses *m*
Spa: regulador de mando *m*

variable tract intake manifold *n*
Ger: Saugrohrumschaltsystem *n*
(Saugrohrumschaltung) *f*
Fre: système d'admission variable *m*
Spa: sistema de conmutación de tubo de admisión *m*

variable turbine geometry, VTG *n*
Ger: variable Turbinengeometrie *f*
Fre: turbine à géométrie variable *f*
Spa: geometría variable de la turbina *f*

variable valve control *n*
Ger: Variable Ventilsteuerung *f*
Fre: distribution variable *f*
Spa: control de válvula variable *m*

variable valve timing *n*
Ger: variabler Ventiltrieb *m*
Fre: système de distribution variable *m*
Spa: mando variable de válvula *m*

variable-speed governor (diesel fuel injection) *n*
Ger: Alldrehzahlregler (Dieseleinspritzung) *m*
Fre: régulateur toutes vitesses *m*
Spa: regulador de velocidad variable (inyección diesel) *m*

variant encoding *n*
Ger: Variantencodierung *f*
Fre: codage des variantes *m*
Spa: codificación de variante *f*

varnished copper wire *n*
Ger: Kupferlackdraht *m*
Fre: fil de cuivre laqué *m*
Spa: alambre de cobre barnizado *m*

V-belt *n*
Ger: Keilriemen *m*
Fre: courroie trapézoïdale *f*
Spa: correa trapezoidal *f*

V-belt drive *n*
Ger: Keilriemenantrieb *m*
Fre: entraînement par courroie trapézoïdale *m*
Spa: accionamiento por correa trapezoidal *m*

V-belt pulley *n*
Ger: Keilriemenscheibe *f*
Fre: poulie à gorge trapézoïdale *f*
Spa: polea *f*

vehicle *n*
Ger: Fahrzeug *n*
Fre: véhicule *m*
Spa: vehículo *m*

vehicle acceleration *n*
Ger: Fahrzeugbeschleunigung *f*
Fre: accélération du véhicule *f*
Spa: aceleración del vehículo *f*

vehicle body *n*
Ger: Fahrzeugaufbau *m*
Fre: carrosserie *f*
Spa: estructura del vehículo *f*

vehicle category *n*
Ger: Fahrzeugklasse *f*
Fre: catégorie de véhicule *f*
Spa: categoría de vehículos *f*

vehicle class *n*
Ger: Fahrzeugklasse *f*
Fre: catégorie de véhicule *f*
Spa: categoría de vehículos *f*

vehicle comissioning *v*
Ger: Fahrzeuginbetriebnahme *f*
Fre: mise en service du véhicule *f*
Spa: puesta en marcha del vehículo *f*

vehicle deceleration *n*
Ger: Fahrzeugverzögerung *f*
Fre: décélération du véhicule *f*
Spa: deceleración del vehículo *f*

vehicle dynamics controller *n*
Ger: Fahrdynamikregler *m*
Fre: régulateur de dynamique de roulage *m*
Spa: regulador de estabilidad *m*

vehicle electrical system *n*
Ger: Bordnetz *n*
Fre: réseau de bord *m*
Spa: red de a bordo *f*
(sistema eléctrico del vehículo) *m*

vehicle electrical system converter *n*
Ger: Bordnetzumrichter *m*
Fre: convertisseur de réseau de bord *m*
Spa: convertidor de la red de a bordo *m*

vehicle electrical system management *n*
Ger: Bordnetzmanagement *n*
Fre: gestion du réseau de bord *f*
Spa: gestión de la red de a bordo *f*

vehicle electrical system operation *n*
Ger: Bordnetzbetrieb *m*
Fre: fonctionnement du réseau de bord *m*
Spa: operación de la red de a bordo *f*

vehicle endurance test *n*
Ger: Fahrzeugdauerlauf *m*
Fre: test d'endurance du véhicule *m*
Spa: ensayo de larga duración del vehículo *m*

vehicle engine *n*
Ger: Fahrzeugmotor *m*
Fre: moteur de véhicule *m*

English

Spa: motor del vehículo *m*

vehicle ground ***n***
Ger: Fahrzeug-Masse (mechanisch) *f*
(Masse) *f*
Fre: masse du véhicule (mécanique) *f*
Spa: masa del vehículo (mecánica) *f*

vehicle handling ***n***
Ger: Fahrzeugführung *f*
Fre: guidage du véhicule *m*
Spa: manejo del vehículo *m*

vehicle heater ***n***
Ger: Wagenheizer *m*
(Wagenheizung) *f*
Fre: chauffage d'habitacle *m*
Spa: calefactor de vehículo *m*

vehicle identification number, VIN ***n***
Ger: Fahrzeugidentifikations-nummer *f*
Fre: numéro d'identification du véhicule *m*
Spa: número de identificación del vehículo *m*

vehicle lateral acceleration ***n***
Ger: Fahrzeugquerbeschleunigung *f*
Fre: accélération transversale du véhicule *f*
Spa: aceleración transversal del vehículo *f*

vehicle longitudinal acceleration ***n***
Ger: Fahrzeuglängs-beschleunigung *f*
Fre: accélération longitudinale du véhicule *f*
Spa: aceleración longitudinal del vehículo *f*

vehicle longitudinal deceleration ***n***
Ger: Fahrzeuglängsverzögerung *f*
Fre: décélération longitudinale du véhicule *f*
Spa: deceleración longitudinal del vehículo *f*

vehicle manufacturer ***n***
Ger: Fahrzeughersteller *m*
Fre: constructeur automobile *m*
Spa: fabricante de vehículos *m*

vehicle navigation ***n***
Ger: Fahrzeugnavigation *f*
Fre: navigation automobile *f*
Spa: navegación del vehículo *f*

vehicle operation ***n***
Ger: Fahrbetrieb *m*
Fre: conduite véhicule *f*
Spa: funcionamiento de marcha *m*

vehicle owner code ***n***
Ger: Fahrzeughaltercode *m*
Fre: code du propriétaire du véhicule *m*
Spa: código del titular del vehículo *m*

vehicle parameter ***n***
Ger: Fahrzeugparameter *m*
Fre: paramètre du véhicule *m*
Spa: parámetros del vehículo *mpl*

vehicle performance tester ***n***
Ger: Leistungsprüfstand *m*
Fre: banc d'essai de performances *m*
Spa: banco de pruebas de potencia *m*

vehicle power supply ***n***
Ger: Bordspannung *f*
Fre: tension de bord *f*
Spa: tensión de a bordo *f*

vehicle rollover ***n***
Ger: Fahrzeugüberschlag *m*
Fre: capotage du véhicule *m*
Spa: vuelco del vehículo *m*

vehicle security system ***n***
Ger: Fahrzeug-Sicherungssystem *n*
Fre: système de protection du véhicule *m*
Spa: sistema de seguridad del vehículo *m*

vehicle signal interface ***n***
Ger: Fahrzeugsignal-Interface *n*
Fre: interface de signaux véhicule *f*
Spa: interfaz de señales del vehículo *f*

vehicle speed ***n***
Ger: Fahrzeuggeschwindigkeit *f*
Fre: vitesse du véhicule *f*
Spa: velocidad del vehículo *f*

vehicle speed controller ***n***
Ger: Fahrgeschwindigkeitsregler *m*
Fre: régulateur de vitesse de roulage *m*
Spa: regulador de velocidad de marcha *m*

vehicle speed limitation ***n***
Ger: Fahrgeschwindigkeits-begrenzung *f*
Fre: limitation de la vitesse de roulage *f*
Spa: limitación de velocidad de marcha *f*

vehicle speed limiter ***n***
Ger: Fahrgeschwindigkeits-begrenzer *m*
Fre: limiteur de vitesse de roulage *m*
Spa: limitador de velocidad de marcha *m*

vehicle speed ramp ***n***
Ger: Geschwindigkeitsrampe *f*
Fre: rampe de vitesse *f*
Spa: rampa de velocidad *f*

vehicle stability (during braking) ***n***
Ger: Fahrzeugstabilität (beim Bremsen) *f*
Fre: stabilité du véhicule (au freinage) *f*
Spa: estabilidad del vehículo (al frenar) *f*

vehicle stability (staying in lane) ***n***
Ger: Spurtreue (Kfz) *f*
Fre: trajectoire (véhicule) *f*
Spa: estabilidad direccional (automóvil) *f*

vehicle system voltage ***n***
Ger: Bordnetzspannung *f*
Fre: tension du circuit de bord *f*
Spa: tensión de la red de a bordo *f*

vehicle to-vehicle distance monitoring ***n***
Ger: Fahrzeug-Abstandsmessung *f*
Fre: application télémétrique automobile *f*
Spa: medición de la distancia entre vehículos *f*

vehicle type ***n***
Ger: Fahrzeugtyp *m*
Fre: type de véhicule *m*
Spa: tipo de vehículo *m*

vehicle vertical axis ***n***
Ger: Fahrzeughochachse *f*
(Hochachse) *f*
Fre: axe vertical du véhicule *m*
Spa: eje vertical del vehículo *m*

vehicle yaw-moment setpoint (ESP) ***n***
Ger: Fahrzeuggiersollmoment (ESP) *n*
Fre: moment de lacet de consigne du véhicule *m*
Spa: par nominal de guiñada del vehículo (ESP) *m*

vehicle-speed measurement ***n***
Ger: Fahrgeschwindigkeits-messung *f*
Fre: mesure de la vitesse de roulage *f*
Spa: medición de velocidad de marcha *f*

velocity diagram ***n***
Ger: Geschwindigkeitsdiagramm *n*
Fre: diagramme des vitesses *m*
Spa: diagrama de velocidad *m*

velocity of propagation ***n***
Ger: Ausbreitungsgeschwindigkeit *f*
Fre: vitesse de propagation *f*
Spa: velocidad de propagación *f*

velocity of sound ***n***
Ger: Schallgeschwindigkeit *f*
Fre: vitesse du son *f*
Spa: velocidad del sonido *f*

velocity sensor ***n***
Ger: Geschwindigkeitssensor *m*
Fre: capteur de vitesse linéaire *m*
Spa: sensor de velocidad *m*

v-engine (IC engine) ***n***
Ger: V-Motor (Verbrennungsmotor) *m*
Fre: moteur en V *m*

English

Spa: motor en V (motor de combustión) *m*

vent *n*
Ger: Entlüftung *f*
Fre: purge *f*
Spa: evacuación de aire *f*

vent bore *n*
Ger: Entlüftungsbohrung *f*
Fre: orifice de purge d'air *m*
Spa: taladro de purga de aire *m*

vent connection *n*
Ger: Entlüftungsstutzen *m*
Fre: tubulure de mise à l'atmosphère *f*
Spa: tubuladura de purga de aire *f*

vent screw *n*
Ger: Entlüftungsschraube *f*
Fre: vis de purge d'air *f*
Spa: tornillo de purga de aire *m*

ventilation *n*
Ger: Lüftung *f*
Fre: ventilation *f*
Spa: ventilación *f*

ventilation bore *n*
Ger: Belüftungsbohrung *f*
Fre: alésage d'aération *m*
Spa: taladro de ventilación *m*

ventilation opening *n*
Ger: Belüftungsöffnung *f*
(Entlüftungsöffnung) f
Fre: orifice de ventilation *m*
(orifice d'aération) m
Spa: abertura de ventilación *f*
(abertura de purga de aire) f

ventilation opening (battery) *n*
Ger: Entgasungsöffnung (Batterie) *f*
Fre: orifice de dégazage (batterie) *m*
Spa: orificio de purga de gases (batería) *m*

ventilation slot *n*
Ger: Belüftungsschlitz *m*
Fre: évent *m*
Spa: ranura de ventilación *f*

ventilation solenoid *n*
Ger: Belüftungs-Magnetventil *n*
Fre: électrovalve d'aération *f*
Spa: electroválvula de ventilación *f*

ventilation system *n*
Ger: Lüftungsanlage *f*
Fre: dispositif de ventilation *m*
Spa: sistema de ventilación *m*

ventilation valve *n*
Ger: Lüftungsventil *n*
Fre: vanne de ventilation *f*
Spa: válvula de ventilación *f*

ventilator *n*
Ger: Lüfter *m*
Fre: ventilateur *m*
Spa: ventilador *m*

venturi *n*
Ger: Mischkammer *f*
Fre: chambre de mélange *f*
Spa: cámara de mezcla *f*

venturi mixing unit *n*
Ger: Venturi-Mischgerät *n*
Fre: mélangeur à venturi *m*
Spa: mezclador Venturi *m*

venturi tube *n*
Ger: Venturi-Düse *f*
(Mischrohr) n
Fre: buse venturi *f*
(tube d'émulsion) m
Spa: tubo de Venturi *m*

vertical tire force *n*
Ger: Reifenaufstandskraft *f*
Fre: force verticale du pneumatique *f*
Spa: fuerza vertical del neumático *f*

vibration *n*
Ger: Schwingung *f*
(Schüttelbeanspruchung) f
Fre: vibration *f*
(contrainte de vibration) f
Spa: vibración *f*

vibration amplitude *n*
Ger: Schwingungsamplitude *f*
Fre: amplitude d'oscillation *f*
Spa: amplitud de vibración *f*

vibration corrosion cracking *n*
Ger: Schwingungsrisskorrosion *f*
Fre: corrosion fissurante par fatigue *f*
Spa: corrosión de fisuras de vibración *f*

vibration damper *n*
Ger: Schwingungsdämpfer *m*
Fre: amortisseur de vibrations *m*
Spa: amortiguador de vibración *m*

vibration isolation *n*
Ger: Schwingungsisolierung *f*
Fre: isolement vibratoire *m*
Spa: aislamiento de vibraciones *m*

vibration load *n*
Ger: Schüttelbelastung *f*
Fre: sollicitations dues aux secousses *fpl*
Spa: carga por sacudidas *f*

vibration loading *n*
Ger: Schüttelbeanspruchung *f*
Fre: sollicitations dues aux secousses *fpl*
Spa: solicitación por sacudidas *f*

vibration meter *n*
Ger: Schwingungsmesser *m*
Fre: vibromètre *m*
Spa: medidor de vibraciones *m*

vibration proof (battery) ***adj***
Ger: rüttelfest (Batterie) *adj*
Fre: insensible aux secousses (batterie) *loc*
Spa: inmune a vibraciones (batería) *adj*

vibration reduction *n*
Ger: Schwingungsminderung *f*
Fre: atténuation des vibrations *f*
Spa: reducción de vibraciones *f*

vibration resistance *n*
Ger: Schüttelfestigkeit *f*
Fre: tenue aux secousses *f*
Spa: resistencia a sacudidas *f*

vibration sensor *n*
Ger: piezoelektrischer Schallaufnehmer *m*
Fre: capteur piézoélectrique de vibrations *m*
Spa: captador piezoeléctrico de sonido *m*

vibration sensor *n*
Ger: Vibrationssensor *m*
Fre: capteur de vibrations *m*
Spa: sensor de vibración *m*

vibration strength *n*
Ger: Schüttelfestigkeit *f*
Fre: résistance aux secousses *f*
Spa: resistencia a sacudidas *f*

Vickers hardness *n*
Ger: Vickershärte *f*
Fre: dureté Vickers *f*
Spa: dureza Vickers *f*

viewing window *n*
Ger: Schauglas *n*
Fre: verre-regard *m*
Spa: mirilla *f*

viscosity classification *n*
Ger: Viskositätsklasse *f*
Fre: grade de viscosité *m*
Spa: grado de viscosidad *m*

viscous coupling (all-wheel drive) *n*
Ger: Viscokupplung (Allradantrieb) *f*
Fre: viscocoupleur (transmission intégrale) *m*
Spa: embrague hidrodinámico (tracción total) *m*

viscous lock (all-wheel drive) *n*
Ger: Viskosesperre (Allradantrieb) *f*
Fre: blocage par viscocoupleur (transmission intégrale) *m*
Spa: bloqueo viscoso (tracción total) *m*

visual inspection *n*
Ger: Sichtprüfung *f*
Fre: contrôle visuel *m*
Spa: comprobación visual *f*

visual range *n*
Ger: Sichtweite *f*
Fre: visibilité *f*
Spa: visibilidad *f*

visual warning interface *n*
Ger: Interface optische Warnung *f*
Fre: interface signalisation optique *f*

English

Spa: interfaz de advertencia óptica *f*

voice output chip *n*
Ger: Sprachausgabebaustein *m*
Fre: synthétiseur vocal *m*
Spa: chip de emisión de voz *m*

volatile organic compounds *n*
Ger: flüchtige organische Verbindungen *fpl*
Fre: composés organiques volatils (COV) *mpl*
Spa: compuestos orgánicos volátiles *mpl*

volatile read/write memory (RAM) *n*
Ger: flüchtiger Schreib-/Lesespeicher (RAM) *m*
Fre: mémoire vive (RAM) *f*
Spa: memoria volátil de escritura/lectura (RAM) *f*

voltage drop *n*
Ger: Spannungsabfall (potential drop) *m*
Fre: chute de potentiel *f*
Spa: caída de tensión (caída de potencial) *f*

voltage drop *n*
Ger: Spannungseinbruch *m*
(Spannungsfall) *m*
Fre: chute de tension *f*
Spa: caída de tensión *f*

voltage limitation *n*
Ger: Spannungsbegrenzung *f*
Fre: limitation de tension *f*
Spa: limitación de tensión *f*

voltage loss *n*
Ger: Spannungsverlust *m*
Fre: perte de tension *f*
Spa: pérdidas de tensión *fpl*

voltage peak *n*
Ger: Spannungsspitze (Elektronik) *f*
Fre: pointe de tension *f*
Spa: pico de tensión (electrónica) *m*

voltage regulator (alternator) *n*
Ger: Generatorregler (Generator) *m*
(Spannungsregler) *m*
Fre: régulateur de tension (alternateur) *m*
Spa: regulador del alternador (alternador) *m*

voltage regulator (alternator) *n*
Ger: Spannungsregler (Generator) *m*
Fre: régulateur de tension *m*
Spa: regulador de tensión (alternador) *m*

voltage stabilization *n*
Ger: Spannungsstabilisierung *f*
Fre: stabilisation de la tension *f*
Spa: estabilización de tensión *f*

voltage stabilization relay *n*
Ger: Überspannungsschutz *m*
Fre: protection contre les surtensions *f*
Spa: protección contra sobretensiones *f*

voltage stabilizer *n*
Ger: Spannungskonstanthalter *m*
(Spannungsstabilisator) *m*
Fre: stabilisateur de tension *m*
Spa: estabilizador de tensión *m*

voltage tester *n*
Ger: Spannungstester *m*
Fre: voltmètre *m*
Spa: comprobador de tensión *m*

voltage transformer *n*
Ger: Spannungswandler *m*
Fre: convertisseur de tension *m*
Spa: transformador de tensión *m*

voltaic emf *n*
Ger: Kontaktelektrizität *f*
Fre: électricité statique *f*
Spa: electricidad de contacto *f*

voltmeter *n*
Ger: Spannungsmesser *m*
Fre: voltmètre *m*
Spa: voltímetro *m*

voltmeter *n*
Ger: Voltmeter *m*
Fre: voltmètre *m*
Spa: voltímetro *m*

volume density of charge *n*
Ger: Raumladungsdichte *f*
Fre: densité de charge spatiale *f*
Spa: densidad de carga espacial *f*

volume flow rate *n*
Ger: Volumendurchfluss *m*
Fre: débit volumique *m*
Spa: caudal volumétrico *m*

volume flow sensor *n*
Ger: Volumendurchflussmesser *m*
Fre: débitmètre volumique *m*
Spa: caudalímetro volumétrico *m*

volumetric efficiency (IC engine) *n*
Ger: Füllungsgrad (Verbrennungsmotor) *m*
(Liefergrad) *m*
Fre: taux de remplissage (batterie) *m*
Spa: eficiencia volumétrica (motor de combustión) *f*

volumetric flow factor *n*
Ger: Volumenstromkennwert *m*
Fre: valeur caractéristique du débit volumique *f*
Spa: valor característico del flujo volumétrico *m*

W

wading capability *n*
Ger: Watfähigkeit *f*
Fre: guéabilité *f*
Spa: capacidad de vadeo *f*

wall directed *adj*
Ger: wandgeführt *adj*
Fre: assisté par paroi *pp*
Spa: dirigido por pared *pp*

wall directed combustion process *n*
Ger: wandgeführtes Brennverfahren *n*
Fre: procédé d'injection assisté par paroi *m*
Spa: proceso de combustión dirigido por pared *m*

wall heat loss *n*
Ger: Wandwärmeverlust *m*
Fre: déperdition de chaleur aux parois *f*
Spa: pérdida de calor por las paredes *f*

warm up *v*
Ger: Warmlauf *m*
Fre: mise en action *f*
Spa: calentamiento *m*

warm up enrichment (IC engine) *n*
Ger: Warmlaufanreicherung (Verbrennungsmotor) *f*
Fre: enrichissement de mise en action *m*
Spa: enriquecimiento de calentamiento (motor de combustión) *m*

warm up period (IC engine) *n*
Ger: Warmlaufphase (Verbrennungsmotor) *f*
(Warmlaufzeit) *f*
Fre: période de mise en action (moteur à combustion) *f*
Spa: fase de calentamiento (motor de combustión) *f*

warm up phase *n*
Ger: Anlaufphase *f*
Fre: phase d'amorçage *f*
Spa: fase inicial *f*

warm up regulator *n*
Ger: Warmlaufregler *m*
Fre: régulateur de mise en action *m*
Spa: regulador de calentamiento *m*

warming up phase *n*
Ger: Warmlaufphase *f*
Fre: période de mise en action (moteur à combustion) *f*
Spa: fase de calentamiento *f*

warning buzzer *n*
Ger: Warnsummer *m*
Fre: vibreur *m*
Spa: señal acústica de advertencia *f*

warning lamp *n*
Ger: Kontrollleuchte *f*
Fre: lampe de signalisation *f*
(lampe témoin) *f*
Spa: lámpara de control *f*

warning lamp *n*
Ger: Warnlampe *f*
Fre: témoin d'alerte *m*

English

Spa: lámpara de aviso *f*

warning signal *n*
Ger: Warnsignal *n*
Fre: signal de détresse *m*
Spa: señal de advertencia *f*

Warranty *n*
Ger: Garantie *f*
Fre: garantie *f*
Spa: garantía *f*

warranty claim *n*
Ger: Garantiefall *m*
Fre: cas de garantie *m*
Spa: caso de garantía *m*

warranty obligation *n*
Ger: Garantieverpflichtung *f*
Fre: obligation de garantie *f*
Spa: obligación de garantía *f*

wash system *n*
Ger: Waschanlage *f*
Fre: lave-glace *m*
Spa: instalación de lavado *f*

waste-heat utilization *n*
Ger: Abwärmenutzung *f*
Fre: récupération de la chaleur perdue *f*
Spa: aprovechamiento del calor de escape *m*

water circulating pump *n*
Ger: Wasserumwälzpumpe *f*
Fre: pompe de circulation d'eau *f*
Spa: bomba de circulación de agua *f*

water circulation *n*
Ger: Wasserkreislauf *m*
Fre: circuit d'eau *m*
Spa: circuito de agua *m*

water connection *n*
Ger: Wasseranschluss *m*
Fre: raccord d'eau *m*
Spa: conexión de agua *f*

water drainage *n*
Ger: Entwässerung *f*
Fre: purgeur *m*
Spa: drenaje de agua *m*

water port *n*
Ger: Kühlwasseranschluss *m*
Fre: raccord d'eau de refroidissement *m*
Spa: toma de líquido refrigerante *f*

water pump *n*
Ger: Wasserpumpe *f*
Fre: pompe à eau *f*
Spa: bomba de agua *f*

water separator *n*
Ger: Wasserabscheider *m*
Fre: séparateur d'eau *m*
Spa: separador de agua *m*

water temperature *n*
Ger: Wassertemperatur *f*
Fre: température d'eau *f*
Spa: temperatura del agua *f*

water temperature sensor *n*
Ger: Wassertemperaturfühler *m*
Fre: sonde de température d'eau *f*
Spa: sensor de temperatura del agua *m*

water trap *n*
Ger: Wasserabscheider *m*
Fre: séparateur d'eau *m*
Spa: separador de agua *m*

water-cooled *adj*
Ger: wassergekühlt *adj*
Fre: refroidi par eau *pp*
Spa: refrigerado por agua *pp*

water-pressure pump *n*
Ger: Wasserdruckpumpe *f*
Fre: pompe de refoulement d'eau *f*
Spa: bomba hidráulica *f*

wavelength *n*
Ger: Wellenlänge *f*
Fre: longueur d'onde *f*
Spa: longitud de onda *f*

wax *n*
Ger: Wachs *n*
Fre: cire *f*
Spa: cera *f*

wear *n*
Ger: Verschleiß *m*
Fre: usure *f*
Spa: desgaste *m*

wear and tear resistant *adj*
Ger: verschleißfrei *adj*
Fre: sans usure *loc*
Spa: libre de desgaste *loc*

wear inspection (brake lining) *n*
Ger: Verschleißkontrolle (Bremsbelag) *f*
Fre: contrôle d'usure (garniture de frein) *m*
Spa: revisión de desgaste (forro de frenos) *f*

wear protection *n*
Ger: Verschleißschutz *m*
Fre: protection contre l'usure *f*
Spa: protección antidesgaste *f*

wear protection additive *n*
Ger: Verschleißschutzzusatz *m*
Fre: additif anti-usure *m*
Spa: aditivo de protección antidesgaste *m*

wear protection property *n*
Ger: Verschleißschutzwirkung *f*
Fre: pouvoir anti-usure *m*
Spa: efecto de protección antidesgaste *m*

wearing part *n*
Ger: Verschleißteil *n*
Fre: pièce d'usure *f*
Spa: pieza de desgaste *f*

wedge *n*
Ger: Keil *m*
Fre: coin *m*
Spa: cuña *f*

wedge (brake) *n*
Ger: Spreizkeil (Bremse) *m*
Fre: coin d'écartement *m*
Spa: cuña extensible (freno) *f*

wedge actuated brake *n*
Ger: Keilbremse *f*
(Spreizkeilbremse) f
Fre: frein à coin *m*
Spa: freno por cuña de expansión *m*
(freno con mecanismo de cuña de expansión) m

wedge coefficient of friction *n*
Ger: Keilreibbeiwert *m*
Fre: coefficient d'adhérence par coincement *m*
Spa: coeficiente de fricción de cuña *m*

weight *n*
Ger: Gewichtskraft *f*
Fre: poids *m*
Spa: fuerza por peso *f*

weight distribution (brakes) *n*
Ger: Gewichtsverteilung (Bremse) *f*
Fre: répartition du poids (frein) *f*
Spa: distribución de peso (freno) *f*

weight transfer (brakes) *n*
Ger: Gewichtsverlagerung (Bremse) *f*
Fre: report de charge (frein) *m*
Spa: traslación de peso (freno) *f*

weighted emissions *n*
Ger: gewichtete Schadstoffemission *f*
Fre: émission pondérée de polluants *f*
Spa: emisión ponderada de sustancias nocivas *f*

welded on(to) *pp*
Ger: angeschweißt *pp*
Fre: soudé (sur) *pp*
Spa: soldado *adj*

wet boiling point (brake fluid) *n*
Ger: Nasssiedepunkt (Bremsflüssigkeit) *m*
Fre: point d'ébullition liquide humidifié (liquide de frein) *m*
Spa: punto de ebullición en húmedo (líquido de frenos) *m*

wettability *n*
Ger: Benetzbarkeit *f*
Fre: mouillabilité *f*
Spa: mojabilidad *f*

whee alignment indicator *n*
Ger: Achsmessanlage *f*
Fre: contrôleur de géométrie *m*
Spa: sistema de alineación de ejes *m*

whee alignment unit *n*
Ger: Achsmessgerät *n*
Fre: contrôleur de géométrie *m*
Spa: indicador de alineación de ejes *m*

wheel acceleration *n*
Ger: Radbeschleunigung *f*

English

(Radumfangs-beschleunigung) *f*
Fre: accélération périphérique des roues *f*
Spa: aceleración de la rueda *f*

wheel bearing ***n***
Ger: Radlager *n*
Fre: roulement de roue *m*
Spa: cojinete de rueda *m*

wheel bearing play ***n***
Ger: Radlagerspiel *n*
Fre: jeu du palier de roue *m*
Spa: juego del cojinete de rueda *m*

wheel brake ***n***
Ger: Radbremse *f*
Fre: frein de roue *m*
Spa: freno de rueda *m*

wheel brake cylinder ***n***
Ger: Hydraulik-Radzylinder *m*
Fre: cylindre de roue de frein hydraulique *m*
Spa: cilindro de rueda hidráulico *m*

wheel brake cylinder ***n***
Ger: Radzylinder *m*
(Radbremszylinder) *m*
Fre: cylindre de frein de roue *m*
Spa: bombín de rueda *m*

wheel brake pressure ***n***
Ger: Radbremsdruck *m*
Fre: pression de freinage sur roue *f*
Spa: presión de frenado de rueda *f*

wheel cap ***n***
Ger: Radblende *f*
Fre: enjoliveur de roue *m*
Spa: embellecedor de rueda *m*

wheel contact point ***n***
Ger: Radaufstandspunkt *m*
Fre: point de contact de la roue avec la chaussée *m*
Spa: punto de contacto rueda-calzada *m*

wheel deceleration ***n***
Ger: Radumfangsverzögerung *f*
(Radverzögerung) *f*
Fre: décélération périphérique des roues *f*
Spa: deceleración periférica de la rueda *f*

wheel housing ***n***
Ger: Radkasten *m*
(Radlauf) *m*
Fre: passage de roue *m*
Spa: caja pasarruedas *f*

wheel hub ***n***
Ger: Radnabe *f*
Fre: moyeu de roue *m*
Spa: cubo de rueda *m*

wheel imbalance ***n***
Ger: Radunwucht *f*
Fre: balourd des roues *m*
Spa: desequilibrio de la rueda *m*

wheel load ***n***
Ger: Radlast *f*
Fre: charge de la roue *f*
Spa: carga de la rueda *f*

wheel load sensor ***n***
Ger: Radlastsensor *m*
Fre: capteur de débattement de roue *m*
Spa: sensor de carga de la rueda *m*

wheel lock (wheel) ***n***
Ger: Blockieren (Rad) *v*
(Blockiervorgang) *m*
Fre: blocage (roue) *m*
Spa: bloqueo (rueda) *m*

wheel lock limit (wheel) ***n***
Ger: Blockiergrenze (Rad) *f*
Fre: limite de blocage (roue) *f*
Spa: límite de bloqueo (rueda) *m*

wheel moment of inertia ***n***
Ger: Radträgheitsmoment *n*
Fre: couple d'inertie de la roue *m*
Spa: momento de inercia de la rueda *m*

wheel nut ***n***
Ger: Radmutter *f*
Fre: écrou de roue *m*
Spa: tuerca de rueda *f*

wheel pressure modulator ***n***
Ger: Raddruckmodulator *m*
Fre: modulateur de pression aux roues *m*
Spa: modulador de presión de ruedas *m*

wheel slip (wheel) ***n***
Ger: Schlupf (Rad) *m*
Fre: glissement *m*
Spa: resbalamiento (rueda) *m*

wheel slip monitoring ***n***
Ger: Radschlupf-Überwachung *f*
Fre: surveillance de glissement des roues *f*
Spa: vigilancia de deslizamiento de rueda *f*

wheel speed ***n***
Ger: Raddrehzahl *f*
(Radumfangs-geschwindigkeit) *f*
(Radgeschwindigkeit) *f*
Fre: vitesse de rotation de la roue *f*
(vitesse de roue) *f*
Spa: número de revoluciones de rueda *m*

wheel speed differential ***n***
Ger: Raddifferenzgeschwindigkeit *f*
Fre: vitesse différentielle des roues *f*
Spa: velocidad diferencial de las ruedas *f*

wheel speed sensor ***n***
Ger: Raddrehzahlsensor *m*
Fre: capteur de vitesse de roue *m*
Spa: sensor de número de revoluciones de rueda *m*

wheel spin (driven wheel) ***n***
Ger: durchdrehen (Antriebsrad) *v*
Fre: patiner (roue motrice) *v*
Spa: patinar (rueda motriz) *v*

wheel suspension ***n***
Ger: Radaufhängung *f*
Fre: suspension de roue *f*
Spa: suspensión de rueda *f*

wheel swivel angle (vehicle dynamics) ***n***
Ger: Radschwenkachse (Kfz-Dynamik) *f*
Fre: axe de pivotement de roue (dynamique d'un véhicule) *m*
Spa: ángulo de giro de rueda (dinámica del automóvil) *m*

wheel theft and tow away protection (car alarm) ***n***
Ger: Rad- und Abschleppschutz (Autoalarm) *m*
Fre: protection contre le vol des roues et le remorquage (alarme auto) *f*
Spa: protección de rueda y antiremolcado (alarma de vehículo) *f*

wheel theft protection (car alarm) ***n***
Ger: Radschutz (Autoalarm) *m*
Fre: protection contre le vol des roues (alarme auto) *f*
Spa: protección antirrobo de ruedas (alarma de vehículo) *f*

wheel well ***n***
Ger: Innenkotflügel *m*
Fre: aile intérieure *f*
Spa: guardabarros interior *m*

wheelbase (vehicle chassis) ***n***
Ger: Achsabstand (Fahrgestell) *m*
(Radstand) *m*
Fre: empattement (véhicule) *m*
(entraxe) *m*
Spa: distancia entre ejes (chasis) *f*
(batalla) *f*

wheelbase ***n***
Ger: Radstand *m*
Fre: empattement *m*
Spa: distancia entre ejes *f*

whirl chamber (IC engine) ***n***
Ger: Wirbelkammer (Verbrennungsmotor) *f*
(Nebenbrennraum) *m*
(Nebenkammer) *f*
Fre: chambre de turbulence *f*
(préchambre) *f*
Spa: cámara de turbulencia (motor de combustión) *f*

whirl chamber diesel engine ***n***
Ger: Wirbelkammer-Dieselmotor *m*
Fre: moteur diesel à chambre de turbulence *m*

Spa: motor Diesel de cámara de turbulencia *m*

whirl chamber engine (IC engine) ***n***
Ger: Wirbelkammermotor (Verbrennungsmotor) *m*
Fre: moteur à chambre de turbulence *m*
Spa: motor de cámara de turbulencia (motor de combustión) *m*

whirl chamber system (IC engine) ***n***
Ger: Wirbelkammerverfahren (Verbrennungsmotor) *n*
Fre: procédé d'injection à chambre de turbulence *m*
Spa: método de cámara de turbulencia (motor de combustión) *m*

wide-open throttle, WOT ***n***
Ger: Volllast *f*
Fre: pleine charge *f*
Spa: plena carga *f*

wind noise ***n***
Ger: Windgeräusch *n*
Fre: bruit dû au vent *m*
Spa: ruido del viento *m*

wind tunnel ***n***
Ger: Windkanal *m*
Fre: soufflerie *f*
Spa: tunel aerodinámico *m*

wind tunnel measurement ***n***
Ger: Windkanalmessung *f*
Fre: mesure en soufflerie *f*
Spa: medición en tunel aerodinámico *f*

winding ***n***
Ger: Wicklung *f*
Fre: enroulement *m*
Spa: bobinado *m*

winding diagram ***n***
Ger: Wickelschema *n*
Fre: schéma de bobinage *m*
Spa: diagrama de bobinado *m*

windingless rotor (alternator) ***n***
Ger: Leitstückläufer (Generator) *m*
Fre: rotor à pièce conductrice (alternateur) *m*
Spa: rotor sin devanados (alternador) *m*

windshield ***n***
Ger: Frontscheibe *f*
Fre: pare-brise *m*
Spa: parabrisas *m*

windshield ***n***
Ger: Windschutzscheibe *f*
(Frontscheibe) *f*
Fre: pare-brise *m*
Spa: parabrisas *m*

windshield and rear-window cleaning ***n***
Ger: Scheibenreinigung *f*
Fre: nettoyage des vitres *m*
Spa: limpieza de cristales *f*

windshield heater ***n***
Ger: Frontscheibenheizung *f*
Fre: chauffage de pare-brise *m*
Spa: calefacción del parabrisas *f*

windshield washer ***n***
Ger: Scheibenspüler *m*
Fre: lave-glace *m*
Spa: lavaparabrisas *m*

windshield wiper ***n***
Ger: Scheibenwischer *m*
(Wischer) *m*
Fre: essuie-glace *m*
Spa: limpiaparabrisas *m*

windshield wiper pattern ***n***
Ger: Scheibenwischer-Wischfeld *n*
Fre: champ de balayage des essuie-glaces *m*
Spa: campo de barrido del limpiaparabrisas *m*

windshield wiper system ***n***
Ger: Front-Wischeranlage *f*
Fre: système d'essuie-glaces du pare-brise *m*
Spa: sistema limpiaparabrisas *m*

wing nut ***n***
Ger: Flügelmutter *f*
Fre: écrou à oreilles *m*
Spa: tuerca de mariposa *f*

wipe cycle ***n***
Ger: Wischperiode *f*
Fre: cycle de balayage *m*
Spa: ciclo del limpiaparabrisas *m*

wipe frequency ***n***
Ger: Wischerstufe *f*
Fre: vitesse de balayage *f*
Spa: velocidad del limpiaparabrisas *f*

wipe pattern ***n***
Ger: Wischfeld *n*
Fre: champ de balayage *m*
Spa: campo de barrido del limpiaparabrisas *m*

wipe/wash system ***n***
Ger: Wisch-Wasch-Anlage *f*
Fre: lave/essuie-projecteur *m*
Spa: limpia-lavaparabrisas *m*

wiper ***n***
Ger: Wischer *m*
Fre: essuie-glace *m*
Spa: raqueta limpiacristales *f*

wiper arm (throttle-valve sensor) ***n***
Ger: Schleiferarm (Drosselklappengeber) *m*
Fre: curseur (actionneur de papillon) *m*
Spa: brazo del cursor (transmisor de la mariposa) *m*

wiper arm (wiper system) ***n***
Ger: Wischarm (Wischeranlage) *m*
Fre: bras d'essuie-glace (essuie-glace) *m*
Spa: brazo del limpiaparabrisas (limpiaparabrisas) *m*

wiper arm ***n***
Ger: Wischhebel *m*
Fre: bras d'essuyage *m*
Spa: palanca del limpiaparabrisas *f*

wiper blade ***n***
Ger: Wischblatt *n*
Fre: balai d'essuie-glace *m*
(raclette d'essuie-glace) *f*
Spa: raqueta limpiacristales *f*

wiper blade element ***n***
Ger: Wischgummi *n*
Fre: lame racleuse *f*
Spa: escobilla de goma *f*

wiper element lip ***n***
Ger: Wischlippe *f*
Fre: lèvre d'essuyage *f*
Spa: labio limpiador *m*

wiper lever (potentiometer) ***n***
Ger: Schleiferhebel (Potentiometer) *m*
Fre: levier du curseur (potentiomètre) *m*
Spa: palanca del cursor (potenciómetro) *f*

wiper motor ***n***
Ger: Wischermotor *m*
(Scheibenwischermotor) *m*
Fre: moteur d'essuie-glace *m*
Spa: motor del limpiaparabrisas *m*

wiper pick off (potentiometer) ***n***
Ger: Schleiferabgriff (Potentiometer) *m*
Fre: curseur de contact *m*
Spa: toma del cursor (potenciómetro) *f*

wiper system ***n***
Ger: Wischanlage *f*
Fre: essuie-glace *m*
Spa: sistema limpiaparabrisas *m*

wiper system ***n***
Ger: Wischeranlage *f*
(Scheibenwischeranlage) *f*
Fre: équipement d'essuie-glace *m*
Spa: sistema limpiaparabrisas *m*

wiper tap (potentiometer) ***n***
Ger: Schleiferabgriff (Potentiometer) *m*
Fre: curseur de contact *m*
Spa: toma del cursor (potenciómetro) *f*

wiping angle ***n***
Ger: Wischwinkel *m*
Fre: angle de balayage *m*
Spa: ángulo de estregado *m*

wire diameter ***n***
Ger: Drahtdurchmesser *m*
Fre: diamètre de fil *m*
Spa: diámetro de alambre *m*

English

wire electrode *n*
Ger: Drahtelektrode *f*
Fre: fil-électrode *m*
Spa: electrodo de alambre *m*

wire knit mounting (catalytic converter) *n*
Ger: Drahtgestricklagerung (Katalysator) *f*
Fre: enveloppe en laine d'acier *f*
Spa: malla metálica amortiguadora (catalizador) *f*

wire loop (car alarm) *n*
Ger: Lichtleitring (Autoalarm) *m*
Fre: anneau lumineux (alarme auto) *m*
Spa: alambre en bucle (alarma de vehículo) *m*

wire mesh *n*
Ger: Drahtgeflecht *n*
Fre: treillis de fil *m*
Spa: malla de alambre *f*

wire sieve *n*
Ger: Drahtsieb *n*
Fre: tamis métallique *m*
Spa: tamiz metálico *m*

wire solder *n*
Ger: Lotdraht *m*
Fre: fil de brasage *m*
Spa: alambre de soldadura *m*

wire stripper *n*
Ger: Abisolierzange *f*
Fre: pince à dénuder *f*
Spa: pinzas pelacables *fpl*

wire type flame glow plug *n*
Ger: Flammglühdrahtkerze *f*
Fre: bougie d'inflammation à filament *f*
Spa: bujía de llama de filamento *f*

wiring connection *n*
Ger: Kabelanschluss *m*
Fre: connexion par câble *f*
Spa: conexión de cable *f*

wiring harness *n*
Ger: Kabelbaum *m*
Fre: faisceau de câbles *m*
Spa: mazo de cables *m*

woofer *n*
Ger: Tieftöner *m*
Fre: haut-parleur de basses *m*
Spa: altavoz de tonos graves *m*

work trolley *n*
Ger: Arbeitswagen *m*
Fre: servante d'atelier *f*
Spa: carro de trabajo *m*

worked penetration *n*
Ger: Walkpenetration *f*
Fre: pénétrabilité travaillée *f*
Spa: penetración trabajada *f*

working air gap (ABS solenoid valve) *n*
Ger: Arbeitsluftspalt (ABS-Magnetventil) *m*
Fre: entrefer (électrovalve ABS) *m*
Spa: entrehierro de trabajo (electroválvula del ABS) *m*

working chamber (brake booster) *n*
Ger: Arbeitskammer (Bremskraftverstärker) *f*
Fre: chambre de travail (servofrein) *f*
Spa: cámara de trabajo (servofreno) *f*

working cycle (IC engine) *n*
Ger: Arbeitszyklus (Verbrennungsmotor) *m*
Fre: cycle de travail (moteur à combustion) *m*
Spa: ciclo de trabajo (motor de combustión) *m*

working cylinder *n*
Ger: Arbeitszylinder *m*
Fre: vérin *m*
Spa: cilindro de trabajo *m*

working gas *n*
Ger: Arbeitsgas *n*
Fre: gaz moteur *m*
Spa: gas de trabajo *m*

working lamp *n*
Ger: Arbeitsleuchte *f*
Fre: lampe de travail *f*
Spa: lámpara de trabajo *f*

working piston *n*
Ger: Arbeitskolben *m*
Fre: piston de travail *m*
Spa: pistón de trabajo *m*

working range *n*
Ger: Arbeitsbereich *m*
Fre: plage de fonctionnement *f*
Spa: rango de trabajo *m*

working speed control *n*
Ger: Arbeitsdrehzahlregelung *f*
Fre: régulation du régime de travail *f*
Spa: regulación del régimen de trabajo *f*

working stroke *n*
Ger: Arbeitshub *m*
(Verbrennungshub) *m*
Fre: course de combustion *f*
Spa: carrera de trabajo *f*

working stroke *n*
Ger: Verbrennungshub *m*
Fre: temps de combustion *m*
Spa: carrera de combustión *f*

working value *n*
Ger: Arbeitswert *m*
Fre: temps de réparation *m*
Spa: valor de trabajo *m*

workshop charger (battery) *n*
Ger: Werkstattlader (Batterie) *m*
Fre: chargeur de garage (batterie) *m*
Spa: cargador de taller (batería) *m*

workshop tester *n*
Ger: Werkstatttester *m*
Fre: testeur d'atelier *m*
Spa: comprobador de taller *m*

worm drive motor *n*
Ger: Schnecken-Getriebemotor *m*
Fre: motoréducteur à vis sans fin *m*
Spa: motorreductor de engranaje sinfín *m*

worm gear *n*
Ger: Schneckenrad *n*
Fre: roue à denture hélicoïdale *f*
Spa: rueda helicoidal *f*

worm gear pair *n*
Ger: Schneckengetriebe *n*
Fre: engrenage à vis sans fin *m*
Spa: engranaje sinfín *m*

worm wheel *n*
Ger: Schneckenrad *n*
Fre: vis sans fin *f*
Spa: rueda helicoidal *f*

wrap angle (V-belt) *n*
Ger: Umschlingungswinkel (Keilriemen) *m*
Fre: angle d'enroulement (courroie trapézoïdale) *m*
Spa: ángulo de abrazo (correa trapezoidal) *m*

wrapped *adj*
Ger: ummantelt *adj*
Fre: gainé *adj*
Spa: revestido *adj*

wrench *n*
Ger: Schraubenschlüssel *m*
Fre: clé *f*
Spa: llave *f*

wrench socket *n*
Ger: Steckschlüsseleinsatz *m*
Fre: douille *f*
Spa: inserto de llave tubular *m*

X

x distribution pattern *n*
Ger: X-Aufteilung *f*
Fre: répartition en X *f*
Spa: distribución en X *f*

xenon light *n*
Ger: Xenonleuchte *f*
Fre: phare au xénon *m*
Spa: lámpara de xenón *f*

xenon light *n*
Ger: Xenonlicht *n*
Fre: lumière au xénon *f*
Spa: luz de xenón *f*

Y

yaw (motor-vehicle dynamics) *v*
Ger: gieren (Kfz-Dynamik) *v*
Fre: lacet (véhicule) *m*
Spa: guiñar (dinámica del automóvil) *v*

yaw angle (motor-vehicle dynamics) *n*

Ger: Gierwinkel (Kfz-Dynamik) *m*
Fre: angle d'embardée *m*
Spa: ángulo de guiñada (dinámica del automóvil) *m*

yaw axis (motor-vehicle dynamics) ***n***
Ger: Gierachse (Kfz-Dynamik) *f*
Fre: axe de lacet *m*
Spa: eje de guiñada (dinámica del automóvil) *m*

yaw moment (motor-vehicle dynamics) ***n***
Ger: Giermoment (Kfz-Dynamik) *n*
Fre: moment de lacet *m*
Spa: par de guiñada (dinámica del automóvil) *m*

yaw moment build-up (motor-vehicle dynamics) ***n***
Ger: Giermomentaufbau (Kfz-Dynamik) *m*
Fre: formation du moment de lacet *f*
Spa: formación de par de guiñada (dinámica del automóvil) *f*

yaw moment build-up delay (motor-vehicle dynamics) ***n***
Ger: Giermomentaufbau-verzögerung (Kfz-Dynamik) *f*
Fre: temporisation de la formation du couple de lacet *f*
Spa: retardo de formación de par de guiñada (dinámica del automóvil) *m*

yaw moment limitation (motor-vehicle dynamics) ***n***
Ger: Giermomentbegrenzung (Kfz-Dynamik) *f*
Fre: limitation du moment de lacet *f*
Spa: limitación del par de guiñada (dinámica del automóvil) *f*

yaw motion (motor-vehicle dynamics) ***n***
Ger: Gierbewegung (Kfz-Dynamik) *f*
Fre: mouvement de lacet *m*
Spa: movimiento de guiñada (dinámica del automóvil) *m*

yaw rate ***n***
Ger: Drehrate *f*
Fre: vitesse de lacet *f*
Spa: velocidad de giro *f*

yaw rate (motor-vehicle dynamics) ***n***
Ger: Gierrate (Kfz-Dynamik) *f*
Fre: taux de lacet *m*
Spa: tasa de guiñada (dinámica del automóvil) *f*

yaw rate sensor ***n***
Ger: Drehratesensor *m*
(Giergeschwindigkeitssensor) *m*
Fre: capteur de (vitesse de) lacet *m*
(capteur de lacet) *m*
Spa: sensor de velocidad de giro *m*

yaw response (motor-vehicle dynamics) ***n***
Ger: Gierreaktion (Kfz-Dynamik) *f*
Fre: variation de vitesse de lacet *f*
Spa: reacción de guiñada (dinámica del automóvil) *f*

yaw velocity (motor-vehicle dynamics) ***n***
Ger: Giergeschwindigkeit (Kfz-Dynamik) *f*
Fre: vitesse de mise en lacet (dynamique d'un véhicule) *f*
Spa: velocidad de guiñada (dinámica del automóvil) *f*

yield point ***n***
Ger: Fließgrenze *f*
(Streckgrenze) *f*
Fre: limite apparente d'élasticité *f*
Spa: punto de fluencia *m*

yield strength ***n***
Ger: Dehngrenze *f*
Fre: limite d'élasticité *f*
Spa: límite de deformación *m*

Z

zero delivery ***n***
Ger: Nullförderung *f*
(Nullmenge) *f*
Fre: débit nul *m*
Spa: suministro nulo *m*

zero gas (exhaust-gas test) ***n***
Ger: Nullgas (Abgasprüftechnik) *n*
Fre: gaz neutre (émissions) *m*
Spa: gas neutro (técnica de ensayo de gases de escape) *m*

English

A

à denture hypoïde *loc*
All: bogenverzahnt *adj*
Ang: curve toothed *adj*
Esp: de dentado hipoidal *loc*

à entretien minimal *loc*
All: wartungsarm *adj*
Ang: low maintenance *n*
Esp: de escaso mantenimiento *loc*

à faible frottement *loc*
All: reibungsarm *adj*
Ang: low friction *n*
Esp: de baja fricción *adj*

à faibles taux de polluants *loc*
All: schadstoffarm *adj*
Ang: low emission *adj*
Esp: poco contaminante *adj*

à flanc ouvert (courroie trapézoïdale) *loc*
All: flankenoffen (Keilriemen) *adj*
Ang: open flank (V-belt) *n*
Esp: de flancos abiertos (correa trapezoidal) *loc*

à largeur d'impulsion modulée *loc*
All: pulsweitenmoduliert *adj*
Ang: pulse width modulated, PWM *pp*
Esp: modulado en amplitud de impulsos, PWM *adj*

à refroidissement externe *loc*
All: außenbelüftet *adj*
Ang: externally cooled *adj*
Esp: ventilado externamente *adj*

à régime rapide (moteur diesel) *adj*
All: schnelllaufend (Dieselmotor) *adj*
Ang: high speed (diesel engine) *adj*
Esp: de alta velocidad *loc*

ABS *a*
All: ABS *n*
Ang: ABS *n*
Esp: ABS *m*

absorption de chaleur *f*
All: Wärmeaufnahme *f*
Ang: heat absorption *n*
Esp: absorción de calor *f*

absorption sonore *f*
All: Schallabsorption *f*
Ang: sound absorption *n*
Esp: absorción de sonido *f*

accélérateur *m*
All: Gaspedal *n*
Ang: accelerator pedal *n*
Esp: pedal acelerador *m*

accélérateur de démarrage à froid *m*
All: Kaltstartbeschleuniger *m*
Ang: cold start accelerator *n*
Esp: acelerador de arranque en frío *m*

accélérateur électronique *m*
All: elektronisches Gaspedal *n*
Ang: electronic throttle control *n*
Esp: acelerador electrónico *m*

accélérateur électronique, EMS *m*
All: EGAS *n*
Ang: electronic throttle control, ETC *n*
Esp: acelerador electrónico *m*

accélération *f*
All: beschleunigen *v*
Ang: accelerate *v*
Esp: acelerar *v*

accélération *f*
All: Beschleunigung *f*
Ang: acceleration *n*
Esp: aceleración *f*

accélération à pleine charge *f*
All: Volllastbeschleunigung *f*
Ang: full load acceleration *n*
Esp: aceleración de plena carga *f*

accélération angulaire *f*
All: Drehbeschleunigung *f*
(Winkelbeschleunigung) *f*
Ang: angular acceleration *n*
Esp: aceleración angular *f*

accélération de la pesanteur *f*
All: Erdbeschleunigung *f*
Ang: gravitational acceleration *n*
Esp: aceleración de la gravedad *f*

accélération du piston *f*
All: Kolbenbeschleunigung *f*
Ang: piston acceleration *n*
Esp: aceleración de pistón *f*

accélération du véhicule *f*
All: Fahrzeugbeschleunigung *f*
Ang: vehicle acceleration *n*
Esp: aceleración del vehículo *f*

accélération en côte *f*
All: Bergaufbeschleunigen *n*
Ang: upgrade acceleration *n*
Esp: aceleración cuesta arriba *f*

accélération en descente *f*
All: Bergabbeschleunigen *n*
Ang: downgrade acceleration *n*
Esp: aceleración cuesta abajo *f*

accélération en virage *f*
All: Kurvenbeschleunigung *f*
Ang: lateral acceleration rate *n*
Esp: aceleración en curvas *f*

accélération longitudinale *f*
All: Längsbeschleunigung *f*
Ang: linear acceleration *n*
Esp: aceleración longitudinal *f*

accélération longitudinale *f*
All: Längsbeschleunigung *f*
Ang: longitudinal acceleration *n*
Esp: aceleración longitudinal *f*

accélération longitudinale du véhicule *f*
All: Fahrzeuglängs-beschleunigung *f*
Ang: vehicle longitudinal acceleration *n*
Esp: aceleración longitudinal del vehículo *f*

accélération périphérique des roues *f*
All: Radbeschleunigung *f*
(Radumfangs-beschleunigung) *f*
Ang: wheel acceleration *n*
Esp: aceleración de la rueda *f*

accélération transversale *f*
All: Querbeschleunigung *f*
Ang: lateral acceleration *n*
Esp: aceleración transversal *f*

accélération transversale du véhicule *f*
All: Fahrzeugquerbeschleunigung *f*
Ang: vehicle lateral acceleration *n*
Esp: aceleración transversal del vehículo *f*

accéléromètre *m*
All: Beschleunigungsaufnehmer *m*
Ang: acceleration sensor *n*
Esp: captador de aceleración *m*

accessoire *m*
All: Zubehör *n*
Ang: accessory *n*
Esp: accesorios *mpl*

accessoire spécial *m*
All: Sonderzubehör *n*
Ang: special accessories *npl*
Esp: accesorios especiales *mpl*

accident *m*
All: Unfall *m*
Ang: accident *n*
Esp: accidente *m*

accord fin *m*
All: Feinabstimmung *f*
Ang: fine tuning *n*
Esp: sintonización fina *f*

accoudoir *m*
All: Armlehne *f*
Ang: armrest *n*
Esp: apoyabrazos *m*

accoudoir central *m*
All: Mittelarmlehne *f*
Ang: central armrest *n*
Esp: apoyabrazos central *m*

accouplement *m*
All: Antriebskupplung *f*
Ang: coupling assembly *n*
Esp: acoplamiento de accionamiento *m*

accouplement à griffes *m*
All: Klauenkupplung *f*
Ang: dog coupling *n*
Esp: acoplamiento de garras *m*

accouplement borgne *m*
All: Blindkupplung *f*
Ang: coupling holder *n*
Esp: acoplamiento reactivo *m*

accouplement d'arbre *m*
All: Wellenverbindung *f*

Français

Ang: sliding shaft coupling *n*
Esp: conexión de ejes *f*

accouplement de remorque ***m***
All: Anhängerkupplung *f*
Ang: trailer hitch *n*
Esp: enganche para remolque *m*

accouplement de semi-remorque ***m***
All: Aufliegerkupplung *f*
Ang: semi trailer coupling *n*
Esp: enganche para semirremolque *m*

accouplement élastique ***m***
All: elastische Kupplung *f*
Ang: flexible coupling *n*
Esp: embrague elástico *m*

accouplement flexible ***m***
All: Ausgleichkupplung *f*
Ang: flexible coupling *n*
Esp: embrague flexible *m*

accouplement rapide ***m***
All: Schnellkupplung *f*
Ang: rapid coupling *n*
Esp: acoplamiento rápido *m*

accumulateur à dépression ***m***
All: Unterdruckspeicher *m*
Ang: vacuum reservoir *n*
(vacuum tank) *n*
Esp: acumulador de depresión *m*

accumulateur à double piston ***m***
All: Doppelkolbenspeicher (ASR) *m*
Ang: twin plunger accumulator (TCS) *n*
Esp: acumulador de doble pistón (ASR) *m*

accumulateur alcalin ***m***
All: alkalischer Akkumulator *m*
Ang: alkaline storage battery *n*
Esp: acumulador alcalino *m*

accumulateur de carburant ***m***
All: Kraftstoffspeicher *m*
Ang: fuel accumulator *n*
Esp: acumulador de combustible *m*

accumulateur de gaz à piston (ASR) ***m***
All: Gaskolbenspeicher (ASR) *m*
Ang: piston gas accumulator (TCS) *n*
Esp: acumulador de gas por pistón (ASR) *m*

accumulateur de pression ***m***
All: Druckspeicher *m*
Ang: pressure accumulator *n*
Esp: acumulador de presión *m*

accumulateur d'énergie ***m***
All: Energiespeicher *m*
Ang: energy accumulator *n*
Esp: acumulador de energía *m*

accumulateur d'oxygène ***m***
All: Sauerstoffspeicher *m*
Ang: oxygen storage *n*
Esp: almacenamiento de oxígeno *m*

accumulateur élastique ***m***
All: Federspeicher *m*
Ang: spring type brake actuator *n*
Esp: acumulador elástico *m*

accumulateur haute pression (« Common Rail ») ***m***
All: Hochdruckspeicher (Common Rail) *m*
Ang: high pressure accumulator (common rail) *n*
Esp: acumulador de alta presión (Common Rail) *m*

accumulateur hydraulique ***m***
All: Hydrospeicher *m*
Ang: hydraulic accumulator *n*
Esp: acumulador hidráulico *m*

accumulation de l'énergie ***f***
All: Energiespeicherung *f*
Ang: energy storage *n*
Esp: almacenamiento de energía *m*

accumulation de NO_x ***f***
All: NO_x-Einspeicherung *f*
Ang: NO_x storage *n*
Esp: almacenamiento de NO_x *m*

à-coups ***mpl***
All: ruckeln *v*
Ang: buck *v*
Esp: sacudirse *v*

à-coups à l'accélération ***m***
All: Beschleunigungsruckeln *n*
Ang: acceleration shake *n*
Esp: sacudidas de aceleración *fpl*

action catalytique ***f***
All: katalytische Wirkung *f*
Ang: catalytic effect *n*
Esp: efecto catalítico *m*

action parasite ***f***
All: Störkraft *f*
Ang: interference factor *n*
Esp: fuerza perturbadora *f*

action sur débit ***f***
All: Mengeneingriff *m*
Ang: fuel quantity command *n*
Esp: intervención en el caudal *f*

action sur le couple ***f***
All: Drehmomenteingriff *m*
Ang: torque intervention *n*
Esp: intervención de par *f*

action sur le couple ***f***
All: Momenteingriff *m*
Ang: torque intervention *n*
Esp: intervención en el par *f*

actionner (frein) ***v***
All: betätigen (Bremsen) *v*
(anlegen) *v*
Ang: apply (brakes) *v*
Esp: accionar (frenos) *v*
(poner) *v*

actionneur ***m***
All: Aktor *m*
(Stellglied) *n*
Ang: actuator *n*
Esp: actuador *m*

actionneur ***m***
All: Steller *m*
Ang: actuator *n*
Esp: regulador *m*

actionneur ***m***
All: Stellglied *n*
(Stellwerk) *n*
Ang: actuator *n*
(final controlling element) *n*
(actuator mechanism) *n*
Esp: actuador *m*

actionneur ***m***
All: Stellwerk *n*
Ang: actuator mechanism *n*
Esp: posicionador *m*

actionneur à aimant rotatif ***m***
All: Drehmagnetstellwerk *n*
Ang: rotary magnet actuator *n*
Esp: variador magnético rotativo *m*

actionneur à dépression ***m***
All: Unterdrucksteller *m*
Ang: vacuum actuator *n*
Esp: actuador de depresión *m*

actionneur à effet giratoire (pompe à pistons radiaux) ***m***
All: Drallsteller (Radialkolbenpumpe) *m*
Ang: swirl actuator (radial-piston pump) *n*
Esp: variador de torsión (bomba de émbolos radiales) *m*

actionneur de correction ***m***
All: Stellelement *n*
Ang: adjustment mechanism *n*
(control element) *n*
Esp: elemento de ajuste *m*

actionneur de débit ***m***
All: Mengenstellglied *n*
(Mengenstellwerk) *n*
Ang: fuel quantity positioner *n*
Esp: regulador de caudal *m*

actionneur de papillon ***m***
All: Drosselklappenansteller *m*
(Drosselklappensteller) *m*
Ang: throttle valve actuator *n*
Esp: actuador de la mariposa *m*

actionneur de papillon ASR ***m***
All: ASR-Drosselklappensteller *m*
Ang: TCS throttle position control *n*
Esp: elemento de ajuste de la mariposa ASR *m*

actionneur de précourse ***m***
All: Vorhubstellwerk *n*
Ang: LPC actuator *n*
Esp: posicionador de carrera previa *m*

actionneur de pression électrohydraulique ***m***
All: elektrohydraulischer Drucksteller *m*
Ang: electrohydraulic pressure actuator *n*

Français

Esp: actuador electrohidráulico de presión *m*

actionneur de ralenti ***m***
All: Leerlaufsteller *m*
Ang: idle speed actuator *n*
(idle actuator) *n*
Esp: actuador de régimen de ralentí *m*

actionneur de recyclage des gaz d'échappement ***m***
All: Abgasrückführsteller *m*
Ang: exhaust gas recirculation positioner *n*
Esp: actuador de retroalimentación de gases de escape *m*

actionneur de réglage (ASR) ***m***
All: Stelleinrichtung (ASR) *f*
Ang: final control element (TCS) *n*
Esp: dispositivo de ajuste (ASR) *m*

actionneur de turbulence ***m***
All: Drallniveausteller *m*
Ang: swirl actuator *n*
Esp: variador del nivel de torsión *m*

actionneur de volet d'aération ***m***
All: Luftklappensteller *m*
Ang: air flap actuator *n*
Esp: posicionador de la chapaleta de aire *m*

actionneur de volet de température ***m***
All: Temperaturklappen-Stellglied *n*
Ang: temperature flap actuator *n*
Esp: elemento de ajuste chapaleta de temperatura *m*

actionneur des tiroirs ***m***
All: Hubschieberstellwerk *n*
Ang: control sleeve actuator *n*
Esp: mecanismo de ajuste de la corredera de elevación *m*

actionneur électromagnétique ***m***
All: Magnetsteller *n*
Ang: solenoid actuator *n*
Esp: actuador electromagnético *m*

actionneur manométrique ***m***
All: Drucksteller *m*
Ang: pressure actuator *n*
Esp: actuador de presión *m*

actionneur rotatif (KE-Jetronic) ***m***
All: Drehsteller (KE-Jetronic) *m*
Ang: rotary actuator (KE-Jetronic) *n*
Esp: actuador giratorio (KE-Jetronic) *m*

actionneur rotatif de ralenti ***m***
All: Leerlaufdrehsteller *m*
Ang: rotary idle actuator *n*
Esp: ajustador de ralentí *m*

actionneurs ***pl***
All: Aktorik *f*
Ang: actuator engineering *n*
Esp: técnica de actuadores *f*

activation du calculateur ***f***
All: Steuergerätefreischaltung *f*
Ang: control unit enabling *n*
Esp: habilitación de unidades de control *f*

acuité de l'entaille ***f***
All: Kerbschärfe *f*
Ang: notch acuity *n*
Esp: agudez de entalladura *f*

adaptateur ***m***
All: Anschlusszwischenstück *n*
Ang: connection spacer *n*
Esp: pieza intermedia de conexión *f*

adaptateur clignotant (ABS pour remorques) ***m***
All: Blinkadapter (Anhänger-ABS) *m*
Ang: flashing adapter (trailer ABS) *n*
Esp: adaptador intermitente (ABS de remolque) *m*

adaptateur d'essai ***m***
All: Prüfadapter *m*
Ang: test adapter *n*
Esp: adaptador de comprobación *m*

adaptateur d'essai système ***m***
All: Systemprüfadapter *m*
Ang: system test adapter *n*
Esp: adaptador de comprobación de sistemas *m*

adaptation ***f***
All: Anpassung *f*
Ang: fitting *n*
Esp: adaptación *f*

adaptation au démarrage à froid ***f***
All: Kaltstartanpassung *f*
Ang: cold start compensation *n*
Esp: adaptación de arranque en frío *f*

adaptation de la force de freinage ***f***
All: Bremskraftanpassung *f*
Ang: braking force adjustment *n*
Esp: ajuste de la fuerza de frenado *m*

adaptation de l'indice d'octane ***f***
All: Oktanzahlanpassung *f*
Ang: octane number adaptation *n*
Esp: adaptación de índice de octano *f*

adaptation de l'injection ***f***
All: Einspritzanpassung *f*
Ang: injection adaptation *n*
Esp: adaptación de la inyección *f*

adaptation des freins (aux différents véhicules) ***f***
All: Bremsenabstimmung *f*
Ang: brake balance *n*
Esp: calibración de frenos *f*

adaptation du mélange ***f***
All: Gemischanpassung *f*
(Gemischkorrektur) *f*
(Gemischadaption) *f*
Ang: mixture adaptation *n*
Esp: adaptación de la mezcla *f*
(correción de la mezcla) *f*

adaptation du moteur ***f***
All: Motoranpassung *f*
Ang: engine adaptation *n*
Esp: adaptación de motor *f*

additif (carburant) ***m***
All: Additiv (Kraftstoff) *n*
(Zusatz) *m*
Ang: additive (fuel) *n*
Esp: aditivo (combustible) *m*

additif antigivre (papillon) ***m***
All: Vereisungsschutz (Drosselklappe) *m*
Ang: icing protection (throttle valve) *n*
Esp: protección anticongelante (mariposa) *f*

additif antigrippage ***m***
All: Fressschutzadditive *npl*
Ang: additive against scoring and seizure *n*
Esp: aditivo antigripado *m*

additif antimousse ***m***
All: Antischaummittel *n*
(Entschaumer) *m*
Ang: foam inhibitor *n*
(antifoaming agent) *n*
Esp: aditivo antiespumante *m*

additif anti-usure ***m***
All: Verschleißschutzzusatz *m*
Ang: wear protection additive *n*
Esp: aditivo de protección antidesgaste *m*

additif de renforcement ***m***
All: Verstärkungszusatz *m*
Ang: reinforcement additive *n*
Esp: aditivo de refuerzo *m*

additif lubrifiant ***m***
All: Schmierstoffzusatz *m*
Ang: lubrication additive *n*
Esp: aditivo de lubricante *m*

adhérence (pneu) ***f***
All: Griffigkeit (Reifen) *f*
Ang: tire grip *n*
Esp: agarre (neumáticos) *m*

adhérence (pneu/route) ***f***
All: Kraftschluss (Reifen/Straße) *m*
Ang: adhesion (tire/road) *n*
Esp: arrastre de fuerza (neumático/calzada) *m*

adhérence au sol ***f***
All: Bodenhaftung (Kfz) *f*
Ang: road surface adhesion (motor vehicle) *n*
Esp: adherencia a la calzada (automóvil) *f*

adhésif monocomposant ***m***
All: Einkomponentenklebstoff *m*
Ang: single component adhesive *n*
Esp: adhesivo de un componente *m*

adhésion ***f***

Français

All: Adhäsion *f*
Ang: adhesion *n*
Esp: adhesión *f*

admission ***f***
All: Ansaugen *n*
Ang: induction *n*
Esp: aspiración *f*

admission ***f***
All: Einlass *m*
(Saugseite) *f*
Ang: intake *n*
Esp: admisión *f*

admission des gaz (moteur à combustion) ***f***
All: Gasannahme (Verbrennungsmotor) *f*
Ang: throttle response (IC engine) *n*
Esp: admisión de gas (motor de combustión) *f*

adsorption ***f***
All: Adsorption *f*
Ang: adsorption *n*
Esp: absorción *f*

affectation des bornes ***f***
All: Klemmenbelegung *f*
Ang: terminal allocation *n*
Esp: ocupación de bornes *f*

affectation des broches ***f***
All: Pinbelegung *f*
Ang: pin allocation *n*
Esp: ocupación de pines *f*

affectation du bus (multiplexage) ***f***
All: Busvergabe (CAN) *f*
Ang: bus arbitration (CAN) *n*
Esp: asignación de bus (CAN) *f*

affectation du connecteur ***f***
All: Steckerbelegung *f*
Ang: connection-pin assignment *n*
Esp: ocupación de pines *f*

affichage de défauts ***m***
All: Fehleranzeige *f*
Ang: fault display *n*
Esp: indicación de avería *f*

affichage des défauts ***m***
All: Fehlerausgabe *f*
Ang: fault listing *n*
Esp: listado de averías *m*

affichage diagnostic ***m***
All: Diagnoseanzeige *f*
Ang: diagnosis display *n*
Esp: display de diagnóstico *m*

afficheur à cristaux liquides ***m***
All: Flüssigkristallanzeige *f*
Ang: liquid crystal display, LCD *n*
Esp: display de cristal líquido *m*

afficheur multifonctions ***m***
All: Multifunktionsanzeige *f*
Ang: multifunction display *n*
Esp: visualizador multifuncional *m*

afflux d'air ***m***
All: Luftanströmung *f*
Ang: air inflow *n*
Esp: flujo de entrada aire *m*

agent antidétonant ***m***
All: Antiklopfmittel *n*
Ang: knock inhibitor *n*
Esp: producto antidetonante *m*

agent antidétonant ***m***
All: Klopfbremse (Verbrennungsmotor) *f*
Ang: knock inhibitor (IC engine) *n*
Esp: antidetonante (motor de combustión) *m*

agent antimousse ***m***
All: Schaumdämpfer *m*
Ang: anti foaming agent *n*
Esp: antiespumante *m*

agent détergent (essence) ***m***
All: Reinigungsadditiv (Benzin) *n*
Ang: detergent additive (gasoline) *n*
Esp: aditivo detergente (gasolina) *m*

agent épaississant ***m***
All: Verdicker *m*
Ang: thickener *n*
Esp: espesante *m*

agent réducteur ***m***
All: Reduktionsmittel *n*
Ang: reducing agent *n*
Esp: agente reductor *m*

agent stabilisant ***m***
All: Alterungsschutzmittel *n*
Ang: anti aging agent *n*
Esp: protector antienvejecimiento *m*

agrafe ***f***
All: Halteklammer *f*
Ang: retaining clip *n*
Esp: grapa de retención *f*

agrément de conduite ***m***
All: Fahrbarkeit *f*
Ang: driveability *n*
Esp: facilidad de conducción *f*

agrément de conduite (moteur à combustion) ***m***
All: Laufkultur (Verbrennungsmotor) *f*
Ang: smooth running (IC engine) *n*
Esp: suavidad de marcha (motor de combustión) *f*

aide au démarrage ***f***
All: Anfahrhilfe (ASR) *f*
Ang: starting off aid (TCS) *n*
Esp: ayuda de arranque (ASR) *f*

aide au démarrage à froid ***f***
All: Kaltstarthilfe *f*
Ang: cold start aid *n*
Esp: dispositivo de ayuda para arranque en frío *m*

aiguille d'injecteur ***f***
All: Düsennadel *f*
Ang: nozzle needle *n*
Esp: aguja de inyector *f*

aiguille d'injecteur ***f***
All: Ventilnadel *f*
Ang: valve needle *n*
Esp: aguja de válvula *f*

aile intérieure ***f***
All: Innenkotflügel *m*
Ang: wheel well *n*
(wheel-arch inner panel) *n*
Esp: guardabarros interior *m*

ailette ***f***
All: Lüfterschaufel *f*
Ang: fan blade *n*
Esp: aleta de ventilador *f*

ailette à orientation variable ***f***
All: Axialschieber *m*
(Drehschaufel) *f*
Ang: adjusting blade *n*
Esp: aleta de orientación variable *f*

ailette de rotor (pompe électrique à carburant) ***f***
All: Laufradschaufel (Elektrokraftstoffpumpe) *f*
Ang: impeller blade (electric fuel pump) *n*
Esp: pala de rodete (bomba eléctrica de combustible) *f*

aimant de commande ***m***
All: Steuermagnet *m*
Ang: control magnet *n*
Esp: imán de mando *f*

aimant de soufflage (relais de puissance) ***m***
All: Blasmagnet (Leistungsrelais) *m*
Ang: blowout magnet (power relay) *n*
Esp: imán de soplado (relé de potencia) *m*

aimant doux ***m***
All: Weichmagnet *m*
Ang: soft magnetic material *n*
Esp: material magnético suave *m*

aimant permanent ***m***
All: Dauermagnet *m*
Ang: permanent magnet *n*
Esp: imán permanente *m*

aimant permanent ***m***
All: Permanentmagnet *m*
(Dauermagnet) *m*
Ang: permanent magnet *n*
Esp: imán permanente *m*

aimant rotatif ***m***
All: Drehmagnet *m*
Ang: rotary magnet *n*
Esp: electroimán de giro *m*

aimant rotorique ***m***
All: Rotormagnet *m*
Ang: rotor magnet *n*
Esp: imán de rotor *m*

aimant tambour ***m***
All: Topfmagnet *m*
Ang: pot magnet *n*
(induction cup) *n*
Esp: imán cilíndrico *m*

aimant torique ***m***
All: Ringmagnet *m*

Ang: ring magnet *n*
Esp: imán anular *m*

aimantation ***f***
All: magnetische Polarisation *f*
(Magnetisierung) *f*
Ang: magnetic polarization *n*
Esp: polarización magnética *f*

air comprimé ***m***
All: Druckluft *f*
Ang: compressed air *n*
Esp: aire comprimido *m*

air d'admission ***m***
All: Ansaugluft *f*
Ang: intake air *n*
Esp: aire de admisión *m*

air d'alimentation ***m***
All: Vorratsluft *f*
Ang: supply air *n*
Esp: aire de alimentación *m*

air de balayage ***m***
All: Spülluft *f*
Ang: purge air *n*
Esp: aire de purga *m*

air de combustion ***m***
All: Verbrennungsluft *f*
Ang: combustion air *n*
Esp: aire de combustión *m*

air de refroidissement ***m***
All: Kühlluft *f*
Ang: cooling air *n*
Esp: aire de enfriamiento *m*

air de suralimentation ***m***
All: Ladeluft *f*
Ang: boost air *n*
(charge air) *n*
Esp: aire de sobrealimentación *m*

air frais ***m***
All: Frischluft *f*
Ang: fresh air *n*
Esp: aire fresco *m*

air insufflé ***m***
All: Einblasluft *f*
Ang: injection air *n*
Esp: aire inyectado *m*

air parasite ***m***
All: Falschluft *f*
Ang: secondary air *n*
Esp: aire secundario *m*

air secondaire ***m***
All: Sekundärluft *f*
Ang: secondary air *n*
Esp: aire secundario *m*

airbag rideau ***m***
All: Dach-Airbag *m*
Ang: roof airbag *n*
Esp: airbag de techo *m*

ajustage ***m***
All: Justage *f*
Ang: adjustment *n*
Esp: ajuste *m*

ajustage de la pente ***m***
All: Steigungsabgleich *m*
Ang: progression rate adjustment *n*
Esp: compensación de la pendiente *f*

alarme ***f***
All: Alarm *m*
Ang: alarm *n*
Esp: alarma *f*

alarme auto ***f***
All: Auto-Alarmanlage *n*
(Diebstahlwarnanlage) *f*
Ang: car alarm *n*
Esp: alarma del vehículo *f*

alarme panique (alarme auto) ***f***
All: Panikalarm (Autoalarm) *m*
Ang: panic alarm (car alarm) *n*
Esp: alarma de pánico (alarma de vehículo) *f*

alésage (cylindre moteur) ***m***
All: Bohrung (Motorzylinder) *f*
Ang: bore (engine cylinder) *n*
Esp: taladro (cilindro de motor) *m*

alésage d'aération ***m***
All: Belüftungsbohrung *f*
Ang: ventilation bore *n*
Esp: taladro de ventilación *m*

alésage de cylindre ***m***
All: Zylinderbohrung *f*
Ang: cylinder bore *n*
Esp: orificio del cilindro *m*

alésage de piston (piston de pompe) ***m***
All: Kolbenbohrung (Pumpenkolben) *f*
Ang: plunger passage (pump plunger) *n*
Esp: agujero de pistón (pistón de bomba) *m*

alimentation de la remorque ***f***
All: Anhängerversorgung *f*
Ang: trailer power supply *n*
Esp: suministro de energía del remolque *m*

alimentation du réservoir par gravité ***f***
All: Falltankbetrieb *m*
Ang: gravity feed fuel tank operation *n*
Esp: servicio con depósito de flujo por gravedad *m*

alimentation électrique ***f***
All: Stromzufuhr *f*
Ang: current supply *n*
Esp: alimentación de corriente *f*

alimentation en air ***f***
All: Luftversorgung *f*
Ang: air supply *n*
Esp: suministro de aire *m*

alimentation en air comprimé ***f***
All: Druckluftversorgung *f*
Ang: compressed air supply *n*
Esp: suministro de aire comprimido *m*

alimentation en carburant ***f***
All: Kraftstoffversorgung *f*
(Kraftstoffzufuhr) *f*
Ang: fuel supply *n*
Esp: alimentación de combustible *f*

alimentation en carburant ***f***
All: Kraftstoffzufuhr *f*
Ang: fuel supply *n*
Esp: suministro de combustible *m*

alimentation en énergie ***f***
All: Energieversorgung *f*
Ang: energy supply *n*
Esp: suministro de energía *m*

alimentation en tension ***f***
All: Spannungsversorgung *f*
Ang: power supply *n*
Esp: alimentación de tensión *f*

alimentation tampon par accumulateur ***f***
All: Akkupufferung *f*
Ang: battery puffer *n*
Esp: búfer de acumulador *m*

alliage ***m***
All: Legierung *f*
Ang: alloy *n*
Esp: aleación *f*

alliage à base d'étain ***m***
All: Lötzinn *n*
Ang: soldering tin *n*
Esp: estaño para soldar *m*

alliage cuivreux ***m***
All: Kupferlegierung *f*
Ang: copper alloy *n*
Esp: aleación de cobre *f*

alliage d'aluminium ***m***
All: Aluminiumlegierung *f*
Ang: aluminum alloy *n*
Esp: aleación de aluminio *f*

allongement (actionneurs) ***m***
All: Dehnung (Aktoren) *f*
Ang: elongation (actuators) *n*
Esp: elongación (actuadores) *f*

allongement à la rupture ***m***
All: Bruchdehnung *f*
Ang: elongation at fracture *n*
Esp: elongación a la fractura *f*

allumage ***m***
All: Zündung *f*
(Entflammung) *f*
Ang: ignition *n*
Esp: encendido *m*

allumage cartographique ***m***
All: Kennfeldzündung (Zündung) *f*
Ang: map controlled ignition (ignition) *n*
Esp: encendido por diagrama característico *m*

allumage électronique ***m***
All: elektronische Zündung *f*
Ang: electronic ignition system *n*

Français

(semiconductor ignition system) n
Esp: encendido electrónico m

allumage électronique intégral **m**
All: vollelektronische Zündung, VZ f
Ang: distributorless semiconductor ignition n
Esp: encendido totalmente electrónico m

allumage électronique, EZ **m**
All: elektronische Zündanlage, EZ f
Ang: electronic ignition system n
Esp: sistema electrónico de encendido m

allumage haute tension à décharge de condensateur **m**
All: Hochspannungs-Kondensatorzündung f
Ang: capacitor discharge ignition (system), CDI n
Esp: encendido por descarga de condensador m

allumage par appareillage externe **m**
All: Fremdzündung f
Ang: externally supplied ignition n
Esp: encendido por dispositivo externo m

allumage par batterie **m**
All: Batteriezündung (Zündung) f
Ang: battery ignition (ignition) n
Esp: encendido por batería (encendido) m

allumage par bobine **m**
All: Spulenzündung, SZ f
Ang: coil ignition, CI n
Esp: encendido por bobina m

allumage par étincelles **m**
All: Funkenzündung f
Ang: spark ignition n
Esp: encendido por chispa m

allumage par point chaud **m**
All: akkumulative Oberflächenzündung f
Ang: runaway surface ignition n
Esp: encendido acumulativo de superficie m

allumage statique **m**
All: verteilerlose Zündung f
Ang: distributorless ignition (system) n
Esp: encendido sin distribuidor m

allumage transistorisé **m**
All: Transistorzündung, TZ f
Ang: transistorized ignition, TI n
Esp: encendido transistorizado m

allumage transistorisé à capteur inductif **m**
All: Transistorzündung mit Induktionsgeber f
Ang: transistorized ignition with induction type pulse generator n
Esp: encendido transistorizado con generador de impulsos por inducción m

allumeur **m**
All: Zündverteiler m
Ang: ignition distributor n
Esp: distribuidor de encendido m

alternance de charge ***f***
All: Ladungswechsel (Verbrennungsmotor) m
Ang: charge cycle (IC engine) n
(gas-exchange process) n
Esp: ciclo de admisión y escape (motor de combustión) m

alternance de charge ***f***
All: Lastwechsel m
Ang: load changes n
Esp: cambio de carga m

alternateur ***f***
All: Generator m
(Drehstromgenerator) m
Ang: alternator n
Esp: alternador m

alternateur à bloc redresseur compact **m**
All: Topf-Generator m
Ang: compact diode assembly alternator n
Esp: alternador cilíndrico compacto m

alternateur à pôles saillants **m**
All: Einzelpolgenerator m
Ang: salient pole alternator n
Esp: alternador monopolar m

alternateur à rotor à griffes **m**
All: Klauenpolgenerator m
Ang: claw pole alternator n
Esp: alternador de polos intercalados m

alternateur compact **m**
All: Compact-Generator m
Ang: compact alternator n
Esp: alternador compacto m

alternateur d'échange standard **m**
All: Austauschgenerator m
Ang: exchange alternator n
Esp: alternador de recambio m

alternateur triphasé **m**
All: Drehstromgenerator m
Ang: alternator n
Esp: alternador trifásico m

altitude ***f***
All: Höhe über NN f
Ang: height above mean sea level n
Esp: altura sobre NN f

aluminium moulé au sable **m**
All: Aluminium-Sandguss m
Ang: aluminum sand casting n
Esp: aluminio fundido en arena m

aluminium moulé sous pression **m**
All: Aluminium-Druckguss m
Ang: diecast aluminum n
Esp: fundición a presión de aluminio m

amélioration des émissions ***f***
All: Abgasverbesserung f
Ang: reduction of exhaust emissions n
Esp: reducción de las emisiones de escape f

amorti ***pp***
All: gedämpft adj
Ang: damped adj
Esp: amortiguado pp

amortissement (suspension pneumatique) **m**
All: Dämpfung (Luftfederung) f
Ang: damping (air suspension) n
Esp: amortiguación (suspensión neumática) f

amortissement acoustique **m**
All: Schalldämpfung f
Ang: sound absorption n
Esp: atenuación acústica f

amortissement actif des à-coups **m**
All: aktive Ruckeldämpfung, ARD f
(Antiruckelregelung) f
Ang: surge damping control n
Esp: amortiguación activa de sacudidas f

amortissement actif des à-coups **m**
All: Antiruckelregelung f
Ang: surge damping control n
Esp: regulación antisacudidas f

amortissement de la suspension du moteur **m**
All: Motoraufhängungs-dämpfung f
Ang: engine mount damping n
Esp: amortiguación de la suspensión de motor f

amortissement des à-coups **m**
All: Ruckeldämpfung f
(Antiruckelfunktion) f
Ang: surge-damping function n
(surge damping) n
Esp: amortiguación de sacudidas f

amortissement des à-coups de charge **m**
All: Lastschlagdämpfung f
Ang: load reversal damping n
Esp: amortiguación por inversión de carga f

amortissement des chocs **m**
All: Schlagdämpfung f
Ang: impact damping n
Esp: amortiguación de impacto f

amortissement hydraulique **m**
All: hydraulische Dämpfung f
Ang: hydraulic damping n

Français

Esp: amortiguación hidráulica *f*

amortisseur (ABS/ASR) ***m***
All: Dämpfer (ABS/ASR) *m*
Ang: damper (ABS/TCS) *n*
Esp: amortiguador (ABS/ASR) *m*

amortisseur (véhicule) ***m***
All: Stoßdämpfer (Kfz) *m*
Ang: shock absorber (motor vehicle) *n*
Esp: amortiguador (automóvil) *m*

amortisseur à pression de gaz ***m***
All: Gasdruck-Stoßdämpfer *m*
Ang: gas filled shock absorber *n*
Esp: amortiguador por gas a presión *m*

amortisseur actif des à-coups ***m***
All: aktiver Ruckeldämpfer *m*
Ang: active surge damper *n*
Esp: amortiguador activo de sacudidas *m*

amortisseur d'à-coups de charge ***m***
All: Lastschlag-Dämpfer *m*
Ang: power on/off damper *n*
Esp: amortiguador inversor de carga *m*

amortisseur d'admission ***m***
All: Saugdämpfer *m*
Ang: intake damper *n*
Esp: amortiguador de aspiración *m*

amortisseur de bruit ***m***
All: Geräuschdämpfer *m*
Ang: silencer *n*
Esp: silenciador *m*

amortisseur de direction ***m***
All: Lenkungsstoßdämpfer *m*
Ang: steering impact damper *n*
Esp: amortiguador de la dirección *m*

amortisseur de fermeture du papillon ***m***
All: Drosselklappenschließdämpfer *m*
Ang: throttle valve closure damper *n*
Esp: amortiguador de cierre de la mariposa *m*

amortisseur de manchon piloté ***m***
All: gesteuerte Muffendämpfung *f*
Ang: controlled sleeve damping *n*
Esp: amortiguación de manguitos controlada *f*

amortisseur de pression de carburant ***m***
All: Kraftstoff-Druckdämpfer *m*
Ang: fuel pressure attenuator *n*
Esp: amortiguador de presión de combustible *m*

amortisseur de pression du carburant (Jetronic) ***m***
All: Druckdämpfer (Jetronic) *m*
(Kraftstoffdruckdämpfer) *m*
Ang: fuel pressure attenuator (Jetronic) *n*
Esp: amortiguador de presión (Jetronic) *m*

amortisseur de résonance ***m***
All: Resonanzdämpfer *m*
Ang: resonance damper *n*
Esp: amortiguador de resonancia *m*

amortisseur de torsion ***m***
All: Torsionsdämpfer *m*
Ang: torsion damper *n*
Esp: amortiguador de torsión *m*

amortisseur de vibrations ***m***
All: Schwingungsdämpfer *m*
Ang: vibration damper *n*
Esp: amortiguador de vibración *m*

amortisseur de vibrations torsionnelles ***m***
All: Drehschwingungsdämpfer *m*
Ang: rotary oscillation damper *n*
Esp: antivibrador torsional *m*

amortisseur monotube ***m***
All: Einrohrdämpfer *m*
Ang: single tube shock absorber *n*
Esp: amortiguador monotubular *m*

amortisseur télescopique ***m***
All: Teleskopschwingungsdämpfer *m*
Ang: telescopic shock absorber *n*
Esp: antivibrador telescópico *m*

ampère-heure ***m***
All: Amperestunde *f*
Ang: ampere hour *n*
Esp: amperios por hora *m*

ampèremètre ***m***
All: Amperemeter *m*
Ang: ammeter *n*
Esp: amperímetro *m*

ampères ***m***
All: Ampere *n*
Ang: amps *npl*
Esp: amperios *mpl*

amplificateur ***m***
All: Verstärker *m*
Ang: amplifier *n*
Esp: amplificador *m*

amplificateur d'antenne ***m***
All: Antennenverstärker *m*
Ang: antenna amplifier *n*
Esp: amplificador de antena *f*

amplificateur d'entrée (calculateur) ***m***
All: Eingangsverstärker (Steuergerät) *m*
Ang: input amplifier (ECU) *n*
Esp: amplificador de entrada (unidad de control) *m*

amplificateur différentiel ***m***
All: Differenzverstärker *m*
Ang: differential amplifier *n*
(difference amplifier) *n*
Esp: amplificador diferencial *m*

amplification de retour (ESP) ***f***
All: Rückführverstärkung (ESP) *f*
Ang: return amplification (ESP) *n*
Esp: amplificación de retorno (ESP) *f*

amplitude ***m***
All: Amplitude *f*
Ang: amplitude *n*
Esp: amplitud *f*

amplitude (oscillation) ***f***
All: Auslenkung (Schwingung) *f*
Ang: excursion (oscillation) *n*
Esp: desviación (vibración) *f*

amplitude de l'impulsion ***f***
All: Impulsamplitude *f*
Ang: pulse amplitude *n*
Esp: amplitud de impulsos *f*

amplitude d'excitation ***f***
All: Anregungsamplitude *f*
Ang: excitation amplitude *n*
Esp: amplitud de excitación *f*

amplitude d'oscillation ***f***
All: Schwingungsamplitude *f*
Ang: vibration amplitude *n*
Esp: amplitud de vibración *f*

analyse de défaillance ***f***
All: Ausfallanalyse *f*
Ang: failure analysis *n*
Esp: análisis de fallos *m*

analyse des fumées diesel ***f***
All: Rauchmessung *f*
Ang: smoke measurement *n*
Esp: medición de gases de escape *f*

analyse des gaz d'échappement ***f***
All: Abgasanalyse *f*
Ang: exhaust gas analysis *n*
Esp: análisis de los gases de escape *m*

analyse des gaz d'échappement ***f***
All: Abgasprüfung *f*
(Abgastest) *m*
Ang: exhaust gas test *n*
Esp: comprobación de gases de escape *f*
(ensayo de gases de escape) *m*

analyse des non-conformités ***f***
All: Fehleranalyse *f*
Ang: fault analysis *n*
Esp: análisis de averías *m*

analyse des signaux de capteur ***f***
All: Sensorauswertung *f*
Ang: sensor evaluation *n*
Esp: evaluación de sensor *f*

analyseur ***m***
All: Analysator *m*
Ang: analyzer *n*
Esp: analizador *m*

analyseur ***m***
All: Auswertegerät *n*
Ang: evaluation unit *n*
Esp: aparato de evaluación *m*

analyseur à absorption ***m***
All: Absorptionsanalysator *m*
Ang: absorption analyzer *n*
Esp: analizador de absorción *m*

Français

analyseur de gaz d'échappement *m*
All: Abgasmessgerät *n*
(Abgasanalysator) *m*
Ang: exhaust gas analyzer *n*
Esp: analizador de gases de escape *m*

anémomètre à fil chaud *m*
All: Hitzdrahtanemometer *m*
Ang: hot wire anemometer *n*
Esp: anemómetro de hilo caliente *m*

angle circonférentiel *m*
All: Umfangswinkel *m*
Ang: angle at the circumference *n*
Esp: ángulo inscrito *m*

angle d'allumage *m*
All: Zündwinkel *m*
Ang: ignition angle *n*
Esp: ángulo de encendido *m*

angle d'allumage corrigé *m*
All: Korrekturzündwinkel *m*
Ang: ignition adjustment angle *n*
Esp: ángulo de corrección de encendido *m*

angle d'allumage de base *m*
All: Basiszündwinkel *m*
Ang: basic ignition timing *n*
Esp: ángulo de encendido básico *m*

angle d'attaque (vent latéral) *m*
All: Anströmwinkel (Seitenwind) *m*
Ang: angle of impact (crosswind) *n*
Esp: ángulo de entrada (viento lateral) *m*

angle d'avance (correcteur d'avance) *m*
All: Verstellwinkel (Spritzversteller) *m*
Ang: advance angle (timing device) *n*
Esp: ángulo de ajuste (variador de avance de la inyección) *m*

angle d'avance (correcteur d'avance) *m*
All: Verstellwinkel *m*
Ang: adjustment angle *n*
Esp: ángulo de ajuste *m*

angle de balayage *m*
All: Wischwinkel *m*
Ang: wiping angle *n*
Esp: ángulo de estregado *m*

angle de braquage (dynamique d'un véhicule) *m*
All: Lenkwinkel (Kfz-Dynamik) *m*
Ang: steering angle (vehicle dynamics) *n*
Esp: ángulo de viraje (dinámica del automóvil) *m*

angle de came *m*
All: Schließwinkel *m*
Ang: dwell angle *n*
Esp: ángulo de cierre *m*

angle de chasse *m*
All: Nachlaufwinkel *m*
Ang: caster angle *n*
Esp: ángulo de avance *m*

angle de cône *m*
All: Kegelwinkel *m*
Ang: cone angle *n*
Esp: ángulo de cono *m*

angle de correction (allumage) *m*
All: Zündverstellwinkel (Zündung) *m*
(Verstellwinkel) *m*
Ang: advance angle (ignition) *n*
Esp: ángulo de variación del encendido (encendido) *m*

angle de démarrage *m*
All: Startwinkel *m*
Ang: starting angle *n*
Esp: ángulo de arranque *m*

angle de déplacement (débitmètre d'air) *m*
All: Auslenkwinkel (Luftmengenmesser) *m*
Ang: deflection angle (air-flow sensor) *n*
Esp: ángulo de desviación (caudalímetro de aire) *m*

angle de déplacement *m*
All: Verlagerungswinkel *m*
Ang: displacement angle *n*
Esp: ángulo de desplazamiento *m*

angle de dérive (dynamique d'un véhicule) *m*
All: Schräglaufwinkel (Kfz-Dynamik) *m*
Ang: slip angle (vehicle dynamics) *n*
Esp: ángulo de marcha oblicua (dinámica del automóvil) *f*

angle de jet *m*
All: Strahlwinkel *m*
Ang: spray angle *n*
Esp: ángulo del chorro *m*

angle de levée de came *m*
All: Nockenwinkel *m*
Ang: angle of cam rotation *n*
Esp: ángulo de rotación de leva *m*

angle de papillon *m*
All: Drosselklappenwinkel *m*
Ang: throttle valve angle *n*
Esp: ángulo de la mariposa *m*

angle de pilotage *m*
All: Vorsteuerwinkel *m*
Ang: precontrol angle *n*
Esp: ángulo de pilotaje *m*

angle de refoulement sur la came *m*
All: Förderwinkel am Nocken *m*
Ang: cam angle of fuel-delivery *n*
Esp: ángulo de alimentación en la leva *m*

angle de réglage *m*
All: Stellwinkel *m*
Ang: control angle *n*
Esp: ángulo de ajuste *m*

angle de rotation *m*
All: Drehwinkel *m*
(Verdrillwinkel) *m*
Ang: angle of rotation *n*
Esp: ángulo de giro *m*

angle de rotation *m*
All: Drehwinkel *m*
Ang: rotational angle *n*
Esp: ángulo de giro *m*

angle de rotation du volant *m*
All: Lenkradwinkel *m*
Ang: steering wheel angle *n*
Esp: ángulo de giro del volante *m*

angle de roulis (dynamique d'un véhicule) *m*
All: Wankwinkel (Kfz-Dynamik) *m*
Ang: roll angle (vehicle dynamics) *n*
Esp: ángulo de balanceo (dinámica del automóvil) *m*

angle de tangage (dynamique d'un véhicule) *m*
All: Nickwinkel (Kfz Dynamik) *m*
Ang: pitch angle (vehicle dynamics) *n*
Esp: ángulo de cabeceo (dinámica del vehículo) *m*

angle de vilebrequin *m*
All: Kurbelwellenwinkel *m*
Ang: crankshaft angle *n*
(crank angle) *n*
Esp: ángulo del cigüeñal *m*

angle d'embardée *m*
All: Gierwinkel (Kfz-Dynamik) *m*
Ang: yaw angle (motor-vehicle dynamics) *n*
Esp: ángulo de guiñada (dinámica del automóvil) *m*

angle d'enroulement (courroie trapézoïdale) *m*
All: Umschlingungswinkel (Keilriemen) *m*
Ang: wrap angle (V-belt) *n*
Esp: ángulo de abrazo (correa trapezoidal) *m*

angle des trous d'injection *m*
All: Spritzlochkegelwinkel (Kraftstoffeinspritzung) *m*
Ang: spray hole cone angle (fuel injection) *n*
Esp: ángulo de cono del orificio de inyección (inyección de combustible) *m*

angle des trous d'injection *m*
All: Spritzlochkegelwinkel (Kraftstoffeinspritzung) *m*
Ang: spray angle (fuel injection) *n*
Esp: ángulo de cono del orificio de inyección (inyección de combustible) *m*

angle d'inclinaison *m*
All: Neigungswinkel *m*
(Schrägwinkel) *m*
Ang: tilt angle *n*
Esp: ángulo de inclinación *m*

Français

angle d'inclinaison *m*
All: Neigungswinkel *m*
Ang: inclination angle *n*
Esp: ángulo de inclinación *m*

angle d'inclinaison de la montée *m*
All: Steigungswinkel *m*
(Gefällwinkel) *m*
Ang: gradient angle *n*
(angle of ascent) *n*
Esp: ángulo de inclinación *m*
(ángulo de pendiente) *m*

angle d'inclinaison de l'axe de pivot *m*
All: Spreizungswinkel *m*
Ang: kingpin angle *n*
Esp: ángulo de inclinación del eje de pivote *m*

angle d'ouverture du jet *m*
All: Strahlöffnungswinkel (Kraftstoffeinspritzung) *m*
Ang: spray angle (fuel injection) *n*
Esp: ángulo de apertura del chorro (inyección de combustible) *m*

angle du cône d'injection *m*
All: Spritzwinkel (Kraftstoffeinspritzung) *m*
(Strahlkegelwinkel) *m*
(Strahlwinkel) *m*
Ang: spray dispersal angle (fuel injection) *n*
Esp: ángulo de proyección (inyección de combustible) *m*

angle du cône d'injection *m*
All: Spritzwinkel (Kraftstoffeinspritzung) *m*
Ang: spray angle (fuel injection) *n*
Esp: ángulo de proyección (inyección de combustible) *m*

angle mort *m*
All: Verdeckungswinkel *m*
Ang: angle of obscuration *n*
Esp: ángulo muerto *m*

angle solide *m*
All: Raumwinkel *m*
Ang: solid angle *n*
Esp: ángulo sólido *m*

angle vilebrequin *m*
All: Grad Kurbelwelle *n*
(Kurbelwinkel) *n*
Ang: crankshaft angle *n*
Esp: ángulo del cigüeñal *m*

anneau de fixation *m*
All: Befestigungsöse *f*
Ang: fixing eye *n*
Esp: argolla de fijación *f*

anneau de recouvrement *m*
All: Abdeckring (Scheinwerfer) *m*
Ang: cover ring *n*
Esp: anillo de cubierta (faros) *m*

anneau de réglage *m*
All: Verstellring *m*
Ang: adjusting ring *n*
Esp: anillo de reglaje *m*

anneau lumineux (alarme auto) *m*
All: Lichtleitring (Autoalarm) *m*
Ang: wire loop (car alarm) *n*
Esp: alambre en bucle (alarma de vehículo) *m*

année de construction *f*
All: Baujahr *n*
Ang: build year *n*
Esp: año de fabricación *m*

anode *f*
All: Anode *f*
Ang: anode *n*
Esp: ánodo *m*

antenne *f*
All: Antenne *f*
Ang: antenna *n*
Esp: antena *f*

antenne à large bande *f*
All: Breitbandantenne *f*
Ang: broad band antenna *n*
Esp: antena de banda ancha *f*

antenne radio *f*
All: Funkantenne *f*
Ang: radio antenna *n*
Esp: antena de radio *f*

antenne-fouet *f*
All: Stabantenne *f*
Ang: rod antenna *n*
Esp: antena de varilla *f*

antidétonant (carburant) *adj*
All: klopffest (Kraftstoff) *adj*
Ang: knock resistant (fuel) *adj*
Esp: resistente a detonaciones (combustible) *loc*

antigel *m*
All: Frostschutzmittel *n*
(Gefrierschutzmittel) *n*
Ang: antifreeze *n*
Esp: medio anticongelante *m*

antimagnétique *m*
All: antimagnetisch *adj*
Ang: antimagnetic *n*
Esp: antimagnético *adj*

antiparasitage *m*
All: Funkentstörung *f*
(Störunterdrückung) *f*
(Entstörung) *f*
Ang: interference suppression *n*
Esp: protección antiparasitaria *f*
(supresión de interferencias) *f*

antiparasitage de l'autoradio *m*
All: Radioentstörung *f*
Ang: radio interference suppression *n*
Esp: eliminación de interferencias de radio *f*

antiparasitage renforcé *m*
All: Nahentstörung *f*
Ang: intensified interference suppression *n*
Esp: antiparasitaje reforzado *m*

antiparasitage simple *m*
All: Fernentstörung *f*
Ang: long distance interference suppression *n*
Esp: eliminación de interferencias a distancia *f*

antipatinage à la traction *m*
All: Antriebsschlupf *m*
Ang: drive slip *n*
Esp: resbalamiento de tracción *m*

anti-répétiteur de démarrage *m*
All: Startwiederholsperre *f*
Ang: start repeating block *n*
Esp: bloqueo de repetición de arranque *m*

antiroulage *m*
All: Rollsperre *f*
Ang: rollback limiter *n*
Esp: bloqueo antirodadura *m*

antivol de direction *m*
All: Lenkschloss *n*
Ang: steering lock *n*
(steering-column lock) *n*
Esp: bloqueo de dirección *m*

appareil de contrôle *m*
All: Prüfgerät *n*
Ang: test equipment *n*
Esp: comprobador *m*

appareil de mesure du débit *m*
All: Fördermengenmessgerät *n*
Ang: fuel delivery measurement device *n*
Esp: caudalímetro *m*

appareil de préchauffage (moteur diesel) *m*
All: Vorglühgerät (Dieselmotor) *n*
Ang: preglow relay (diesel engine) *n*
Esp: aparato de precalentamiento (motor Diesel) *m*

appareil de purge *m*
All: Entlüftergerät *n*
Ang: bleeding device *n*
Esp: aparato de purga de aire *m*

appareil de réglage *m*
All: Einstellgerät *n*
Ang: calibrating unit *n*
Esp: dispositivo de ajuste *m*

appauvrir (mélange air-carburant) *v*
All: abmagern (Luft-Kraftstoff-Gemisch) *v*
Ang: lean off (air-fuel mixture) *v*
Esp: empobrecer (mezcla aire-combustible) *v*

appauvrissement *m*
All: Abmagerung (Luft-Kraftstoff-Gemisch) *f*
Ang: leaning (air-fuel mixture) *v*

Esp: empobrecimiento (mezcla aire-combustible) *m*

appauvrissement du mélange (mélange air-carburant) ***m***
All: Gemischabmagerung (Luft-Kraftstoff-Gemisch) *f*
(Abmagerung) *f*
Ang: lean adjustment (air-fuel mixture) *n*
Esp: empobrecimiento de la mezcla (mezcla aire-combustible) *m*
(empobrecimiento) *m*

appauvrissement en décélération ***m***
All: Verzögerungsabmagerung *f*
Ang: trailing throttle lean adjustment *n*
Esp: empobrecimiento para deceleración *m*

appel de dépannage ***m***
All: Pannenruf *m*
Ang: breakdown call *n*
Esp: llamada en caso de avería *f*

appel de phares ***m***
All: Lichthupe *f*
Ang: headlight flasher *n*
Esp: avisador luminoso *m*

application ***f***
All: Applikation *f*
Ang: application engineering *n*
Esp: aplicación *f*

application télémétrique automobile ***f***
All: Fahrzeug-Abstandsmessung *f*
Ang: vehicle to-vehicle distance monitoring *n*
Esp: medición de la distancia entre vehículos *f*

appliqué par laminage ***pp***
All: aufgewalzt *pp*
Ang: rolled on *pp*
Esp:

apport d'énergie ***m***
All: Energiezufuhr *f*
(Energiezufluss) *m*
Ang: energy input *n*
Esp: entrada de energía *f*

apprêt par immersion ***m***
All: Tauchgrundierung *f*
Ang: dip priming *n*
Esp: imprimación por inmersión *f*

appui-tête ***m***
All: Kopfstütze *f*
Ang: head restraint *n*
Esp: apoyacabezas *m*

aquaplanage (pneu) ***m***
All: Aquaplaning (Reifen) *n*
(Wasserglätte) *f*
Ang: aquaplaning (tire) *n*
Esp: acuaplaning (neumáticos) *m*

arbre ***m***
All: Welle *f*
Ang: shaft *n*
Esp: eje *m*

arbre à came d'entraînement ***m***
All: Antriebsnockenwelle *f*
Ang: camshaft *n*
Esp: árbol de levas de accionamiento *m*

arbre à cames ***m***
All: Nockenwelle *f*
(Antriebsnockenwelle) *f*
Ang: camshaft *n*
Esp: árbol de levas *m*

arbre à cames côté admission ***m***
All: Einlassnockenwelle (Verbrennungsmotor) *f*
Ang: intake camshaft *n*
Esp: eje de levas de admisión (motor de combustión) *m*

arbre à cames d'échappement ***m***
All: Auslassnockenwelle (Verbrennungsmotor) *f*
Ang: exhaust camshaft (IC engine) *n*
Esp: árbol de levas de escape (motor de combustión) *m*

arbre à cames en tête ***m***
All: Obenliegende Nockenwelle *f*
Ang: overhead camshaft, OHC *n*
Esp: árbol de levas superior *m*

arbre à cardan ***m***
All: Gelenkwelle *f*
Ang: cardan shaft *n*
Esp: arbol de transmisión *m*
(árbol cardán) *m*

arbre à cardan ***m***
All: Kardanwelle *f*
(Gelenkwelle) *f*
Ang: propshaft *n*
Esp: árbol cardán *m*
(árbol de transmisión) *m*

arbre à cardan ***m***
All: Kardanwelle *f*
Ang: cardan shaft *n*
Esp: árbol cardán *m*

arbre à excentrique ***m***
All: Exzenterwelle *f*
Ang: eccentric shaft *n*
Esp: árbol excéntrico *m*

arbre bridé ***m***
All: Flanschwelle *f*
Ang: flanged shaft *n*
Esp: árbol con brida *m*

arbre cannelé ***m***
All: Zahnwelle *f*
Ang: toothed shaft *n*
Esp: árbol dentado *m*

arbre cannelé ***m***
All: Zahnwelle *f*
Ang: splined shaft *n*
Esp: árbol dentado *m*

arbre d'allumeur ***m***
All: Verteilerwelle (Zündung) *f*
Ang: distributor shaft (ignition) *n*
(ignition-distribution shaft) *n*
Esp: eje del distribuidor (encendido) *m*

arbre d'allumeur ***m***
All: Zündverteilerwelle *f*
(Verteilerwelle) *f*
Ang: distributor shaft *n*
Esp: árbol del distribuidor de encendido *m*

arbre de commande ***m***
All: Betätigungswelle *f*
Ang: actuating shaft *n*
Esp: árbol de accionamiento *m*

arbre de défaillances ***m***
All: Fehlerbaum *m*
Ang: fault tree *n*
Esp: árbol de averías *m*

arbre de déplacement des tiroirs ***m***
All: Hubschieber-Verstellwelle *f*
Ang: control sleeve shaft *n*
Esp: eje de ajuste de la corredera de elevación *m*

arbre de direction ***m***
All: Lenkspindel *f*
Ang: steering spindle *n*
Esp: eje direccional *m*

arbre de direction ***m***
All: Lenkspindel *f*
Ang: steering shaft *n*
(steering spinal) *n*
Esp: eje direccional *m*

arbre de levage ***m***
All: Hubwelle *f*
Ang: lifting shaft *n*
Esp: eje de elevación *m*

arbre de prise de force ***m***
All: Zapfwelle *f*
Ang: PTO shaft *n*
Esp: árbol de toma de fuerza *m*

arbre de rotor ***m***
All: Läuferwelle *f*
Ang: rotor shaft *n*
Esp: árbol de rotor *m*

arbre de sortie ***m***
All: Abtriebswelle *f*
Ang: driven shaft *n*
Esp: árbol de salida *m*

arbre de sortie de boîte de vitesses ***m***
All: Getriebeausgangswelle *f*
Ang: transmission output shaft *n*
Esp: árbol de salida del cambio *m*

arbre de transmission ***m***
All: Gelenkwelle *f*
Ang: universally jointed drive shaft *n*
Esp: árbol de transmisión *m*
(árbol cardán) *m*

arbre d'entraînement ***m***
All: Antriebswelle *f*

Français

Ang: drive shaft n
(input shaft) n
Esp: árbol de accionamiento m

arbre d'entraînement **m**
All: Mitnehmerwelle f
Ang: drive connector shaft n
Esp: árbol de arrastre m

arbre d'entraînement de pompe **m**
All: Pumpen-Antriebswelle f
Ang: pump drive shaft n
Esp: árbol de accionamiento de bomba m

arbre d'équilibrage **m**
All: Ausgleichswelle f
(Vorgelegewelle) f
Ang: balancer shaft n
Esp: contraeje m
(árbol intermediario) m

arbre d'essieu **m**
All: Achswelle f
Ang: axle shaft n
Esp: semieje m

arbre d'induit **m**
All: Ankerwelle f
Ang: armature shaft n
Esp: árbol de inducido m

arc jaillissant **m**
All: Lichtbogen m
Ang: arc n
Esp: arco voltaico m

arceau de capotage **m**
All: Überrollbügel m
(Schutzbügel) m
Ang: rollover bar n
(roll bar) n
Esp: arco de seguridad m

arête de rebond **f**
All: Prallkante f
Ang: impact edge n
Esp: arista de choque f

arête de rupture **f**
All: Abreißkante (Zündung) f
Ang: breakaway edge (ignition) n
Esp: arista de ruptura (encendido) f

arête de sortie **f**
All: Austrittskante f
Ang: outlet edge n
Esp: borde de salida m

armature de relais **f**
All: Relaisanker m
Ang: relay armature n
Esp: armadura de relé f

armature d'électro-aimant **f**
All: Magnetanker m
Ang: solenoid armature n
(armature) n
Esp: armadura de electroimán f

arrêt **m**
All: Abstellung f
Ang: shutoff n
Esp: desconexión f

arrêt d'urgence **m**
All: Notabstellung f
Ang: emergency shutoff n
Esp: desconexión de emergencia f

arrêt en fin de course (moteur d'essuie-glace) **m**
All: Endabstellung (Wischermotor) f
Ang: self parking (wiper motor) n
Esp: parada en posición final (motor del limpiaparabrisas) f

arrêtage **m**
All: Arretierung f
Ang: lock n
Esp: enclavamiento m

arrêtoir crénelé **m**
All: Kronensicherung f
Ang: crown lock n
Esp: protección de corona f

arrivée basse pression **f**
All: Niederdruckzulauf m
Ang: low pressure fuel inlet n
Esp: alimentación de baja presión f

arrivée de carburant **f**
All: Kraftstoffzulauf m
(Kraftstoffeinlass) m
Ang: fuel inlet n
Esp: entrada de combustible f

arrivée de la haute pression **f**
All: Hochdruckzulauf m
Ang: high pressure fuel supply n
Esp: alimentación de alta presión f

arrivée de l'air d'admission **f**
All: Ansaugluft-Einlass m
Ang: intake air inlet v
Esp: entrada de aire de admisión f

arrivée de l'huile de graissage **f**
All: Schmierölzulauf m
Ang: lube oil inlet n
Esp: alimentación de aceite lubricante f

articulation à rotules **f**
All: Kugelgelenklager n
Ang: ball and-socket bearing n
Esp: cojinete de bolas sobre rótula m

articulation en croix (essuie-glace) **f**
All: Kreuzlenker (Wischeranlage) m
Ang: transversely jointed linkage (wiper system) n
(four-bar linkage) n
Esp: articulación en cruz (limpiaparabrisas) f

articulation sphérique **f**
All: Kugelgelenk n
Ang: ball joint n
(spherical joint) n
Esp: articulación esférica f

aspect du jet **m**
All: Strahlbild (Kraftstoffeinspritzung) n
Ang: spray pattern (fuel injection) n
Esp: forma del chorro (inyección de combustible) f

aspect du jet **m**
All: Strahlbild (Kraftstoffeinspritzung) n
Ang: jet pattern (fuel injection) n
Esp: apariencia del chorro (inyección de combustible) f

ASR **a**
All: ASR f
Ang: TCS n
Esp: ASR m

asservi à la charge **pp**
All: lastabhängig adj
Ang: load-sensitive adj
Esp: dependiente de la carga adj

asservi à la décélération (réducteur de pression de freinage) **pp**
All: verzögerungsabhängig (Druckminderer) adj
Ang: deceleration sensitive (brake-pressure regulating valve) adj
Esp: dependiente de la deceleración (reductor de presión) loc

asservi à la pression **pp**
All: druckabhängig adj
Ang: pressure-sensitive adj
Esp: dependiente de la presión adj

assistance au freinage **f**
All: Bremsassistent m
Ang: brake assistant n
Esp: asistente de frenado m

assistance au parcage **f**
All: Einparkhilfe f
Ang: parking aid n
Esp: ayuda para aparcar f

assistance au parcage **f**
All: Einparkhilfe f
Ang: parking-aid assistant n
Esp: ayuda para aparcar f

assistance de marche arrière **f**
All: Rückfahrhilfe f
Ang: back up assistance n
Esp: dispositivo de ayuda de marcha atrás m

assisté par jet d'air **pp**
All: strahlgeführt (Kraftstoffeinspritzung) adj
Ang: jet directed (fuel injection) adj
Esp: guiado por chorro (inyección de combustible) pp

assisté par jet d'air **pp**
All: strahlgeführt (Kraftstoffeinspritzung) adj
Ang: spray guided (fuel injection) adj
Esp: guiado por chorro (inyección de combustible) pp

assisté par paroi **pp**
All: wandgeführt adj
Ang: wall directed adj

Français

Esp: dirigido por pared *pp*

attache de câble ***f***
All: Kabelhalter *m*
Ang: cable clip *n*
Esp: grapa para cables *f*

attente du conducteur ***f***
All: Fahrerwunsch *m*
Ang: driver command *n*
Esp: deseo del conductor *m*

atténuation des vibrations ***f***
All: Schwingungsminderung *f*
Ang: vibration reduction *n*
Esp: reducción de vibraciones *f*

atténuation du bruit ***f***
All: Geräuschminderung *f*
Ang: noise suppression *n*
Esp: reducción de ruido *f*

au plomb (essence) ***loc***
All: verbleit (Benzin) *pp*
Ang: leaded (gasoline) *pp*
Esp: con plomo (gasolina) *loc*

aubage ***m***
All: Beschaufelung *f*
Ang: blading *n*
Esp: paletas *fpl*

aube fixe ***f***
All: Leitschaufel *f*
Ang: blade *n*
Esp: pala directriz *f*

audiogramme tonal ***m***
All: Tonaudiogramm *n*
Ang: tone audiogram *n*
Esp: audiograma de tonos *m*

auge de roue de secours ***f***
All: Ersatzradmulde *f*
Ang: spare wheel recess *n*
Esp: alojamiento de la rueda de repuesto *m*

auge de roue de secours ***f***
All: Reserveradmulde *f*
Ang: spare wheel recess *n*
(spare-wheel well) *n*
Esp: alojamiento de la rueda de reserva *m*

augmentation de la pression de combustion ***f***
All: Verbrennungsdruckanstieg *m*
Ang: combustion pressure rise *n*
Esp: aumento de la presión de combustión *m*

augmentation de la pression initiale ***f***
All: Vordruckerhöhung *f*
Ang: initial pressure increase *n*
Esp: aumento de la presión previa *m*

auto-adaptation ***f***
All: Selbstadaption *f*
Ang: self adaptation *n*
Esp: autoadaptación *f*

auto-allumage ***m***
All: Glühzündung *f*
(Selbstzündung) *f*
Ang: auto ignition *n*
Esp: autoencendido *m*

auto-amplification (force de freinage) ***f***
All: Selbstverstärkung (Bremskraft) *f*
Ang: self amplification (braking force) *n*
Esp: autoamplificación (fuerza de frenado) *f*

autobloquant ***adj***
All: selbsthemmend *adj*
Ang: self inhibiting *adj*
Esp: autoinhibidor *adj*

autobus à impériale ***m***
All: Doppeldeckerbus *m*
Ang: double decker bus *n*
Esp: autobús de doble piso *m*

autobus à propulsion électrique hybride ***m***
All: Hybrid-Elektrobus *m*
Ang: hybrid electric bus *n*
Esp: autobús eléctrico híbrido *m*

autobus articulé ***m***
All: Gelenkbus *m*
Ang: articulated bus *n*
Esp: autobús articulado *m*

autobus interurbain ***m***
All: Überlandomnibus *m*
Ang: intercity bus *n*
(touring coach) *n*
Esp: autocar interurbano *m*

autobus moyen courrier ***m***
All: Midibus *m*
Ang: midibus *n*
Esp: midibús *m*

autobus urbain ***m***
All: Stadtomnibus *m*
Ang: city bus *n*
Esp: autocar urbano *m*

autocar grand tourisme ***m***
All: Reisebus *m*
(Reiseomnibus) *m*
Ang: tour bus *n*
Esp: autocar *m*

autocollant ***m***
All: Klebeschild *n*
Ang: adhesive label *n*
Esp: etiqueta adhesiva *f*

autocollant d'inspection ***m***
All: Prüfplakette *f*
Ang: inspection tag *n*
Esp: placa de inspección *f*

autodiagnostic ***m***
All: Eigendiagnose *f*
Ang: self diagnosis *n*
Esp: autodiagnóstico *m*

auto-excitation (machines tournantes) ***f***
All: Selbsterregung (drehende Maschinen) *f*
Ang: self excitation (rotating machines) *n*
Esp: autoexcitación (máquinas rotativas) *f*

auto-induction ***f***
All: Selbstinduktion *f*
Ang: self induction *n*
Esp: autoinducción *f*

auto-inflammation ***f***
All: Selbstentzündung *f*
Ang: auto ignition *n*
Esp: inflamación espontánea *f*

auto-inflammation ***f***
All: Selbstzündung *f*
Ang: auto ignition *n*
(compression ignition, CI) *n*
Esp: autoignición *f*

autolubrifiant ***adj***
All: selbstschmierend *adj*
Ang: self lubricating *adj*
Esp: autolubricante *adj*

automate de coupure ***m***
All: Abschaltautomatik *f*
Ang: automatic shutoff *n*
Esp: dispositivo automático de desconexión *m*

automatisme d'enclenchement ***m***
All: Einschaltautomatik *f*
Ang: automatic starting mechanism *n*
Esp: sistema automático de conexión *m*

automatisme start-stop ***m***
All: Start-Stop-Automatik *f*
Ang: automatic start-stop mechanism *n*
Esp: mecanismo automático de arranque/parada *m*

autonettoyage ***m***
All: Freibrand (Zündkerze) *m*
(Abbrennen) *n*
Ang: burn off (spark plug) *n*
Esp: combustión de autolimpieza (bujía de encendido) *f*

autonettoyant ***adj***
All: selbstreinigend *adj*
Ang: self cleaning *ppr*
Esp: autolimpiante *adj*

autorégulation ***f***
All: selbstregelnd *ppr*
Ang: self governing *ppr*
Esp: autoregulado *ppr*

auto-suralimentation ***f***
All: Selbstaufladung *f*
Ang: self charging *ppr*
Esp: autosobrealimentación *f*

autosurveillance ***f***
All: Selbstüberwachung *f*
Ang: self monitoring *n*
Esp: autovigilancia *f*

auxiliaire ***m***
All: Zusatzaggregat *n*

Français

Ang: ancillary *n*
Esp: grupo adicional *m*

auxiliaire de démarrage ***m***
All: Starthilfe *f*
Ang: start assist measure *n*
Esp: arranque mediante alimentación externa *m*

avance (début d'injection) ***f***
All: Frühverstellung (Einspritzbeginn) *f*
Ang: advance (start of injection) *n*
Esp: avance del encendido (inicio de inyección) *m*

avance (angle d'allumage) ***f***
All: Frühverstellung (Zündwinkel) *f*
Ang: ignition advance (ignition angle) *n*
Esp: avance del encendido (ángulo de encendido) *m*

avance à l'allumage ***f***
All: Frühzündung *f*
Ang: advanced ignition *n*
Esp: encendido avanzado *m*

avance de pression ***f***
All: Voreilung (Bremsdruck) *f*
Ang: pressure lead (bracking pressure) *n*
Esp: adelanto del frenado (presión de frenado) *m*

avance du pignon (démarreur) ***f***
All: Ritzelvorschub (Starter) *m*
Ang: pinion advance (starter) *n*
Esp: avance del piñón (motor de arranque) *m*

avancement des passagers ***m***
All: Insassenvorverlagerung *f*
Ang: occupant forward displacement *n*
Esp: desplazamiento hacia adelante de los ocupantes *m*

avertisseur à tonalité aiguë ***m***
All: Hochtonhorn *n*
Ang: high tone horn *n*
Esp: bocina de tonos agudos *f*

avertisseur à tonalité grave ***m***
All: Tieftonhorn *n*
Ang: low tone horn *n*
Esp: bocina de tonos graves *f*

avertisseur acoustique ***m***
All: akustisches Warngerät *n*
Ang: acoustic warning device *n*
Esp: aparato acústico de alarma *m*

avertisseur d'alarme ***m***
All: Alarmhorn (Autoalarm) *n*
Ang: alarm horn (car alarm) *n*
Esp: bocina de la alarma (alarma de vehículo) *f*

avertisseur de distance de sécurité insuffisante ***m***
All: Abstandswarngerät (ACC) *n*
Ang: proximity warning device *n*
Esp: aparato de aviso de distancia *m*

avertisseur sonore ***m***
All: Horn *n*
Ang: horn *n*
Esp: bocina *f*

avertisseur sonore à bi-tonalité ***m***
All: Doppeltonhorn *n*
Ang: twin tone horn *n*
Esp: bocina de dos tonos *f*

avertisseur sonore standard ***m***
All: Normalhorn *n*
Ang: standard horn *n*
Esp: bocina normal *f*

avertisseur surpuissant ***m***
All: Starktonhorn *n*
Ang: supertone horn *n*
Esp: bocina supersonante *f*

axe creux ***m***
All: Hohlachse *f*
Ang: hollow axle *n*
Esp: árbol hueco *m*

axe d'arrêt ***m***
All: Rastbolzen *m*
(Rastbolzen) *m*
Ang: ratchet pin *n*
(blocking pin) *n*
Esp: perno de enclavamiento *m*

axe de butée ***m***
All: Anschlagbolzen *m*
Ang: stop pin *n*
Esp: perno de tope *m*

axe de chape ***m***
All: Gelenkbolzen *m*
Ang: pivot pin *n*
Esp: perno de articulación *m*

axe de commande (valve de nivellement) ***m***
All: Steuerbolzen (Luftfederventil) *m*
Ang: control pin (height-control valve) *n*
Esp: pasador de mando (válvula de suspensión neumática) *m*

axe de correction ***m***
All: Verstellwelle *f*
Ang: setting shaft *n*
Esp: eje de ajuste *m*

axe de correction de débit ***m***
All: Angleichbolzen (Dieseleinspritzung) *m*
Ang: torque control shaft *n*
Esp: perno de control de torque (inyección diesel) *m*

axe de cylindre ***m***
All: Zylinderachse *f*
Ang: cylinder axis *n*
Esp: eje de cilindro *m*

axe de détection ***m***
All: Sensierachse *f*
Ang: sensing axis *n*
Esp: eje de detección *m*

axe de guidage ***m***
All: Führungsbolzen *m*
(Führungsstift) *m*
Ang: guide pin *n*
Esp: perno guía *m*

axe de lacet ***m***
All: Gierachse (Kfz-Dynamik) *f*
Ang: yaw axis (motor-vehicle dynamics) *n*
Esp: eje de guiñada (dinámica del automóvil) *m*

axe de masselottes ***m***
All: Fliehgewichtsbolzen *m*
Ang: flyweight bolt *n*
Esp: perno de peso centrífugo *m*

axe de palier ***m***
All: Lagerachse *f*
Ang: bearing center *n*
Esp: eje de cojinete *m*

axe de papillon ***m***
All: Drosselklappenwelle *f*
Ang: throttle valve shaft *n*
Esp: eje de la mariposa *m*

axe de pivotement de la direction ***m***
All: Lenkdrehachse *f*
Ang: steering axis *n*
Esp: eje de giro de la dirección *m*

axe de pivotement de roue (dynamique d'un véhicule) ***m***
All: Radschwenkachse (Kfz-Dynamik) *f*
Ang: wheel swivel angle (vehicle dynamics) *n*
Esp: ángulo de giro de rueda (dinámica del automóvil) *m*

axe de positionnement ***m***
All: Stellwelle *f*
Ang: actuator shaft *n*
Esp: eje de posicionamiento *m*

axe de réglage ***m***
All: Verstellbolzen *m*
Ang: sliding bolt *n*
Esp: perno de ajuste *m*

axe de rotation ***m***
All: Rotationsachse *f*
Ang: rotational axis *n*
Esp: eje de rotación *m*

axe de roulis (dynamique d'un véhicule) ***m***
All: Querstabilitätsachse (Kfz-Dynamik) *f*
(Rollachse) *f*
(Wankachse) *f*
Ang: roll axis (vehicle dynamics) *n*
Esp: eje de estabilidad transversal (dinámica del automóvil) *m*

axe de vissage (véhicule) ***m***
All: Schraubachse (Kfz) *f*
Ang: axis of rotation (motor vehicle) *n*
Esp: eje de rotación (automóvil) *m*

axe d'enroulement ***m***
All: Aufrollachse (Gurtstraffer) *f*

Français

Ang: inertia-reel shaft (seat-belt tightener) *n*
Esp: eje de arrollado (pretensor del cinturón) *m*

axe d'entraînement (suspension pneumatique) *m*
All: Mitnehmerbolzen (Luftfederventil) *m*
Ang: driver pin (height-control valve) *n*
Esp: perno de arrastre (válvula de suspensión neumática) *m*

axe d'étranglement *m*
All: Drosselbolzen *m*
Ang: throttle pin *n*
Esp: perno de estrangulación *m*

axe d'injecteur *m*
All: Düsenachse *f*
Ang: nozzle axis *n*
Esp: eje de inyector *m*

axe du filetage *m*
All: Gewindeachse *f*
Ang: thread axis *n*
Esp: eje roscado *m*

axe du levier de commande *m*
All: Verstellhebelwelle (Reiheneinspritzpumpe) *f*
Ang: control lever shaft (in-line pump) *n*
Esp: eje de la palanca de ajuste (bomba de inyección en serie) *m*

axe excentré *m*
All: Exzenterbolzen *m*
Ang: eccentric bolt *n*
Esp: perno de excéntrica *m*

axe longitudinal de la pompe *m*
All: Pumpenlängsachse *f*
Ang: longitudinal pump axis *n*
Esp: eje longitudinal de bomba *m*

axe sphérique *m*
All: Kugelbolzen *m*
Ang: ball pin *n*
Esp: perno de rótula *m*

axe transversal *m*
All: Querbolzen *m*
Ang: transverse bolt *n*
Esp: perno transversal *m*

axe vertical du véhicule *m*
All: Fahrzeughochachse *f*
(Hochachse) *f*
Ang: vehicle vertical axis *n*
Spa: eje vertical del vehículo *m*

B

bac à charbon actif (technique des gaz d'échappement) *m*
All: Aktivkohlebehälter (Abgastechnik) *m*
Ang: activated charcoal canister (emissions-control engineering) *n*
Esp: depósito de carbón activo (técnica de gases de escape) *m*

bac de batterie *m*
All: Batterietrog *m*
Ang: battery tray *n*
Esp: cubeta de la batería *f*

bague à cames *f*
All: Nockenring *m*
(Hubring) *m*
Ang: cam ring *n*
Esp: anillo de leva *m*

bague antifriction *f*
All: Anlaufring *m*
Ang: thrust ring *n*
Esp: anillo de tope *m*

bague d'appui *f*
All: Stützring *m*
Ang: support ring *n*
Esp: anillo de apoyo *m*

bague d'attaque (frein) *f*
All: Greifring (Bremse) *m*
Ang: grip ring (brakes) *n*
Esp: anillo de retención (freno) *m*

bague de blindage *f*
All: Abschirmring *m*
Ang: shielding ring *n*
Esp: anillo de apantallado *m*

bague de butée *f*
All: Anschlagring (specification: function) *m*
Ang: stop ring *n*
Esp: anillo de tope (especificación: función) *m*

bague de centrage *f*
All: Einpassring *m*
Ang: fitting ring *n*
Esp: anillo de encaje *m*

bague de court-circuitage *f*
All: Kurzschlussring *m*
(Messkurzschlussring) *m*
Ang: short circuiting ring *n*
Esp: anillo de cortocircuito *m*

bague de court-circuitage de référence *f*
All: Referenzkurzschlussring *m*
Ang: reference short circuiting ring *n*
Esp: anillo de cortocircuito de referencia *m*

bague de débrayage *f*
All: Ausrückring *m*
Ang: disengaging ring *n*
Esp: anillo de desembrague *m*

bague de découplage *f*
All: Entkopplungsring *m*
Ang: decoupling ring *n*
Esp: anillo de desacople *m*

bague de dosage *f*
All: Zumess-Schieber (KE-Jetronic) *m*
Ang: metering sleeve (KE-Jetronic) *n*
Esp: válvula corredera de dosificación (KE-Jetronic) *f*

bague de roue libre *f*
All: Freilaufring *m*
Ang: clutch shell *n*
Esp: anillo de rueda libre *m*

bague en caoutchouc *f*
All: Gummidichtung *f*
Ang: rubber seal *n*
Esp: junta de goma *f*

bague excentrique *f*
All: Exzenterring *m*
Ang: eccentric ring *n*
Esp: anillo excéntrico *m*

bague filetée *f*
All: Gewindering *m*
Ang: threaded ring *n*
Esp: anillo roscado *m*

bague glissante *f*
All: Schleifring *m*
Ang: slipring *n*
(collector ring) *n*
Esp: anillo de deslizamiento *m*

bague-entretoise *f*
All: Distanzring *m*
(Abstandsring) *m*
(Zwischenring) *m*
Ang: spacer ring *n*
(intermediate ring) *n*
Esp: anillo distanciador *m*

bague-entretoise *f*
All: Zwischenring *m*
Ang: intermediate ring *n*
Esp: anillo intermedio *m*

baguette de fixation *f*
All: Befestigungsleiste *f*
Ang: securing strip *n*
Esp: regleta de fijación *f*

baie de toit *f*
All: Dachrahmen *m*
Ang: roof frame *n*
Esp: bastidor del techo *m*

baisse de gradient *f*
All: Gradientenabfall *m*
Ang: gradient decrease *n*
Esp: decremento de gradiente *m*

baisse de pression *f*
All: Druckabbau *m*
Ang: pressure drop *n*
Esp: descenso de presión *m*

baisse de pression *f*
All: Druckabsenkung *f*
Ang: pressure reduction *n*
Esp: reducción de presión *f*

baladeuse *f*
All: Vielzweckleuchte *f*
Ang: multipurpose lamp *n*
Esp: lámpara multipropósito *f*

balai de captage (potentiomètre) *m*
All: Bürstenschleifer (Potentiometer) *f*
(Abgriffbürste) *m*

Ang: pick off brush (potentiometer) *n*
Esp: cursor de captación (potenciómetro) *m*
(escobilla de toma) *f*

balai d'essuie-glace *m*
All: Wischblatt *n*
Ang: wiper blade *n*
Esp: raqueta limpiacristales *f*

balayage de la galerie d'alimentation *m*
All: Saugraumspülung (Einspritzpumpe) *f*
Ang: fuel gallery flushing (fuel-injection pump) *n*
Esp: lavado de cámara de admisión (bomba de inyección) *m*

balayage de retour *m*
All: Rückspülung *f*
Ang: air backflush *n*
Esp: lavado a contracorriente *m*

balayage en boucle *m*
All: Umkehrspülung *f*
Ang: loop scavenging *n*
Esp: lavado por inversión de flujo *m*

balayage équicourant *m*
All: Gleichstromspülung *f*
Ang: uniflow scavenging *n*
Esp: barrido equicorriente *m*

balayage transversal *m*
All: Querspülung *f*
Ang: crossflow scavenging *n*
Esp: lavado transversal *m*

balayeuse *f*
All: Kehrmaschine *f*
Ang: street sweeper *n*
Esp: barredera *f*

balourd des roues *m*
All: Radunwucht *f*
Ang: wheel imbalance *n*
Esp: desequilibrio de la rueda *m*

banc d'essai *m*
All: Prüfstand *m*
Ang: test bench *n*
Esp: banco de pruebas *m*

banc d'essai à rouleaux *m*
All: Rollenprüfstand *m*
Ang: chassis dynamometer *n*
Esp: banco de pruebas de rodillos *m*

banc d'essai à rouleaux *m*
All: Rollenprüfstand *m*
Ang: roller type test bench *n*
Esp: banco de pruebas de rodillos *m*

banc d'essai à rouleaux pour freins *m*
All: Rollenbremsprüfstand *m*
Ang: dynamic brake analyzer *n*
Esp: banco de pruebas de frenos de rodillos *m*

banc d'essai acoustique *m*
All: Geräuschprüfstand *m*
Ang: noise level test bench *n*
Esp: banco de pruebas de ruidos *m*

banc d'essai au froid *m*
All: Kälteprüfstand *m*
Ang: cold test test bench *n*
Esp: banco de pruebas en frío *m*

banc d'essai de freinage *m*
All: Bremsprüfstand (Bremsenprüfstand) *m*
Ang: brake dynamometer *n*
(brake test stand) *n*
Esp: banco de pruebas de frenos (banco de pruebas de frenos) *m*

banc d'essai de performances *m*
All: Leistungsprüfstand *m*
Ang: vehicle performance tester *n*
Esp: banco de pruebas de potencia *m*

banc d'essai pour équipement pneumatique de freinage *m*
All: Bremsaggregateprüfstand *m*
Ang: brake equipment test bench *n*
Esp: banco de pruebas para el grupo de frenos *m*

banc d'essai pour pompes d'injection *m*
All: Einspritzpumpen-Prüfstand *m*
Ang: injection pump test bench *n*
Esp: banco de pruebas de bombas de inyección *m*

bande antichoc *f*
All: Stoßschutzleiste *f*
Ang: protective molding rail *n*
Esp: banda antigolpes *f*

bande d'absorption *f*
All: Absorptionsband *n*
Ang: absorption band *n*
Esp: cinta de absorción *f*

bande de frein *f*
All: Bremsband *n*
Ang: brake band *n*
Esp: cinta de freno *f*

bande de roulement *f*
All: Lauffläche *f*
Ang: running surface *n*
Esp: superficie de rodadura *f*

bande de tolérance *f*
All: Toleranzbreite *f*
Ang: tolerance range *n*
Esp: banda de tolerancia *f*

bande d'éclairage *f*
All: Lichtbandeinheit *f*
Ang: lighting strip unit *n*
Esp: unidad de banda luminosa *f*

bande isolante *f*
All: Isolierband *n*
Ang: insulating tape *n*
Esp: cinta aislante *f*

bande passante *f*
All: Bandbreite *f*
Ang: bandwidth *n*
Esp: amplitud de banda *f*

barillet *m*
All: Schließzylinder *m*
Ang: closing cylinder *n*
Esp: cilindro de cierre *m*

barrage d'huile (pompe d'injection) *m*
All: Leckkraftstoffsperre (Einspritzpumpe) *f*
(Lecksperre) *f*
(Ölsperre) *f*
Ang: oil block (fuel-injection pump) *n*
Esp: bloqueo de combustible de fuga (bomba de inyección) *m*

barre d'accouplement *f*
All: Spurstange *f*
(Lenkschubstange) *f*
Ang: tie rod *n*
Esp: barra de acoplamiento *f*

barre de distribution *f*
All: Stromschiene *f*
Ang: bus bar *n*
Esp: barra colectora *f*

barre de soutien *f*
All: Schützstrebe *f*
Ang: protective strut *n*
Esp: traviesa protectora *f*

barre de torsion *f*
All: Drehstab *m*
(Drehstabfeder) *f*
Ang: torsion bar *n*
(torsion-bar spring) *n*
Esp: barra de torsión *f*

barre de torsion *f*
All: Drehstabfeder *f*
Ang: torsion bar spring *n*
Esp: muelle de barra de torsión *m*

barre de torsion *f*
All: Torsionsstab *m*
Ang: torsion rod *n*
(torsion bar) *n*
Esp: barra de torsión *f*

barre Panhard *f*
All: Panhard-Stab *m*
Ang: panhard rod *n*
Esp: barra Panhard *f*

barre stabilisatrice *f*
All: Querstabilisator *m*
Ang: anti roll bar *n*
(stabilizer bar) *n*
Esp: estabilizador transversal *m*

barreau sollicité en flexion *m*
All: Biegebalken *m*
Ang: bending beam *n*
Esp: barra de flexión *f*

barrette de jonction *f*
All: Polbrücke (Batterie) *f*
Ang: plate strap (battery) *n*
Esp: puente de conexión (batería) *m*

barrette d'huile de fuite *f*
All: Leckölleiste *f*
Ang: leakage return galley *n*

Français

Esp: regleta de aceite de fuga *f*

barrière Hall *f*
All: Hall-Schranke *f*
Ang: hall vane switch *n*
Esp: barrera Hall *f*

barrière photo-électrique *f*
All: Lichtschranke *f*
Ang: photoelectric light barrier *n*
Esp: barrera fotoeléctrica *f*

bas de caisse *m*
All: Schweller *m*
Ang: door sill *n*
Esp: umbral de puerta *m*

bascule bistable *f*
All: Triggerpegel *m*
Ang: trigger level *n*
Esp: nivel de disparo *m*

bascule de commutation *f*
All: Schaltwippe *f*
Ang: rocker *n*
Esp: pulsador basculante de mando *m*

basculeur *m*
All: Kipper *m*
Ang: rocker *n*
Esp: volquete *m*

base creuse *f*
All: Tiefbett *n*
Ang: rim well *n*
Esp: plataforma baja *f*

base de jante *f*
All: Felgenbett (Fahrzeugrad) *n*
Ang: rim base (vehicle wheel) *n*
Esp: base de llanta (rueda de vehículo) *f*

batterie *f*
All: Batterie *f*
Ang: battery *n*
Esp: batería *f*

batterie au plomb *f*
All: Bleibatterie *f*
(Blei-Akkumulator) *m*
Ang: lead storage battery *n*
Esp: batería de plomo *f*

batterie d'accumulateurs *f*
All: Akkumulatorenbatterie *f*
Ang: storage battery *n*
Esp: batería de acumuladores *f*

batterie d'alimentation *f*
All: Versorgungsbatterie *f*
Ang: general purpose battery *n*
Esp: batería de alimentación *f*

batterie de bord *f*
All: Bordnetzbatterie *f*
Ang: electrical system battery *n*
Esp: batería de la red de a bordo *f*

batterie de démarrage *f*
All: Starterbatterie *f*
Ang: starter battery *n*
(starter) *n*
Esp: batería de arranque *f*

batterie de traction *f*
All: Antriebsbatterie *f*
Ang: drive battery *n*
Esp: batería de tracción *f*

batterie gel *f*
All: Gel-Batterie *f*
Ang: gel battery *n*
Esp: batería de gel *f*

batterie monobloc *f*
All: Blockbatterie *f*
Ang: compound battery *n*
Esp: batería monobloque *f*

batterie plomb-calcium *f*
All: Blei-Kalzium-Batterie *f*
Ang: lead calcium battery *n*
Esp: batería de plomo-calcio *f*

bavage (injection diesel) *m*
All: Nachspritzer *m*
Ang: secondary injection *n*
Esp: inyección secundaria *f*

bavage de carburant *m*
All: nachtropfen *v*
Ang: fuel dribble *n*
Esp: gotear ulteriormente *v*

bec de bougie d'allumage *m*
All: Zündkerzenfuß *m*
Ang: spark plug firing end *n*
Esp: extremo de encendido de la bujía *m*

bec d'isolant (bougie d'allumage) *m*
All: Isolatorfuß (Zündkerze) *m*
Ang: insulator nose (spark plug) *n*
Esp: base del aislador (bujía de encendido) *f*

becquet *m*
All: Spoiler *m*
Ang: spoiler *n*
Esp: spoiler *m*

benne *f*
All: Kipper *m*
Ang: tipper *n*
Esp: volquete *m*

berceau *m*
All: Achsträger *m*
Ang: axle support *n*
Esp: soporte de eje *m*

berline *f*
All: Limousine *f*
Ang: saloon *n*
(limousine) *n*
Esp: berlina *f*

besoin en équipements *m*
All: Betriebsmittelbedarf *m*
Ang: resources requirement *n*
Esp: necesidad de medios de producción *f*

besoins en air (moteur à combustion) *mpl*
All: Luftbedarf (Verbrennungsmotor) *m*
Ang: air requirement (IC engine) *n*
Esp: caudal necesario de aire (motor de combustión) *m*

bidon *m*
All: Kanister *m*
Ang: canister *n*
Esp: bidón *m*

bielle *f*
All: Gelenkstange *f*
Ang: articulated rod *n*
Esp: barra articulada *f*

bielle *f*
All: Pleuel *n*
(Pleuelstange) *f*
(Koppel) *f*
Ang: connecting rod *n*
(con-rod) *n*
(piston rod) *n*
Esp: biela *f*

bielle *f*
All: Pleuelstange *f*
Ang: connecting rod *n*
Esp: biela *f*

bielle d'entraînement *f*
All: Antriebskurbel *f*
Ang: drive crank *n*
Esp: acoplamiento de accionamiento *m*

bielle pendante *f*
All: Lenkstockhebel *m*
Ang: pitman arm *n*
Esp: brazo de mando de la dirección *m*

biellette *f*
All: Druckstange *f*
(Druckstangenkolben) *m*
Ang: push rod *n*
Esp: barra de presión *f*

biellette (frein) *f*
All: Verbindungsstange (Bremse) *f*
Ang: connecting rod (brake) *n*
Esp: barra de unión (freno) *f*

biellette (correcteur d'avance) *f*
All: Zugstange (Zündversteller) *f*
Ang: vacuum advance arm (advance mechanism) *n*
Esp: barra de tracción (variador de encendido) *f*

bilan carbone *m*
All: Kohlenstoffbilanz *f*
Ang: carbon analysis *n*
Esp: balance de carbono *m*

bilan de charge (batterie) *m*
All: Ladebilanz (Batterie) *f*
Ang: charge balance (battery) *n*
Esp: balance de carga (batería) *m*

bilan des couples des roues motrices (ASR) *m*
All: Momentenbilanz (ASR) *f*
Ang: torque balance (TCS) *n*
Esp: balance de par (ASR) *m*

bilan énergétique (véhicule) *m*
All: Energiehaushalt (Kfz) *m*
Ang: energy balance (motor vehicle) *n*

Français

Esp: balance de energía (automóvil) *m*

bi-xénon (projecteur) ***m***
All: Bi-Xenon (Scheinwerfer) *n*
Ang: bi-xenon (leadlamp) *n*
Esp: bixenón (faros) *m*

blindage ***m***
All: Abschirmung *f*
(Kapselung) *f*
Ang: shield *n*
Esp: apantallado *m*
(blindaje) *m*

blindage métallique ***m***
All: Metallabschirmkappe *f*
Ang: metal screening cover *n*
Esp: tapa metálica de blindaje *f*

blindé ***pp***
All: geschirmt *adj*
Ang: shielded *pp*
Esp: apantallado/a *adj*

blinder (antiparasitage) ***v***
All: schirmen (Entstörung) *v*
Ang: shield (interference suppression) *v*
Esp: blindar (antiparasitaje) *v*

bloc d'alimentation ***m***
All: Netzteil *n*
Ang: network component *n*
Esp: fuente de alimentación *f*

bloc de mesure et de commande ***m***
All: Mess- und Steuereinheit *f*
Ang: measuring and control unit *n*
Esp: unidad de medición y control *f*

bloc de régulation (injection diesel) ***m***
All: Regelgruppe (Diesel-Regler) *f*
(Regelteil) *n*
(Fliehgewichtsteil) *n*
Ang: flyweight assembly (mechanical governor) *n*
Esp: bloque de regulación (regulador Diesel) *m*

bloc d'éclairage ***m***
All: Scheinwerferbaugruppe *f*
Ang: headlamp subassembly *n*
Esp: grupo constructivo de faro *m*

bloc d'électrovalves ***m***
All: Magnetventilblock *m*
Ang: solenoid valve block *n*
Esp: bloque de electroválvulas *m*

bloc d'exploitation ***m***
All: Auswerteeinheit *f*
Ang: evaluation unit *n*
Esp: unidad de evaluación *f*

bloc fonctionnel (calculateur) ***m***
All: Funktionsblock (Steuergerät) *m*
Ang: function module (ECU) *n*
Esp: módulo funcional (unidad de control) *m*

bloc métallo-caoutchouc ***m***
All: Schwingmetall *n*
Ang: rubber metal connection *n*
Esp: caucho-metal *m*

bloc optique ***m***
All: Scheinwerfereinsatz *m*
Ang: headlight unit *n*
(headlamp insert) *n*
Esp: conjunto de faro *m*

bloc régulateur ***m***
All: Reglergruppe *f*
Ang: governor assembly (mechanical governor) *n*
Esp: grupo regulador *m*

blocage (roue) ***m***
All: Blockieren (Rad) *v*
(Blockiervorgang) *m*
Ang: wheel lock (wheel) *n*
Esp: bloqueo (rueda) *m*

blocage antidémarrage ***m***
All: Anlasssperre *f*
Ang: starter interlock *n*
Esp: bloqueo de arranque *m*

blocage antidémarrage ***m***
All: Wegfahrsperre (Autoalarm) *f*
Ang: immobilizer (car alarm) *n*
Esp: inmovilizador electrónico (alarma de vehículo) *m*

blocage automatique du différentiel ***m***
All: automatische Brems-Differenzialsperre, *f*
Ang: automatic brake-force differential lock *n*
Esp: bloqueo del diferencial de frenado automático *m*

blocage de différentiel ***m***
All: Differenzialsperre *f*
Ang: differential lock *n*
Esp: bloqueo del diferencial *m*

blocage de différentiel inter-ponts ***m***
All: Zentraldifferenzialsperre *f*
Ang: central differential lock *n*
Esp: bloqueo de diferencial central *m*

blocage de l'essieu arrière ***m***
All: Hinterachssperre *f*
Ang: rear axle lock *n*
Esp: bloqueador de diferencial de eje trasero *m*

blocage de marche arrière ***m***
All: Rückwärtsgangsperre *f*
Ang: reverse gear lockout *n*
(reverce-gear interlock) *n*
Esp: bloqueo de marcha atrás *m*

blocage des différentiels ***m***
All: Differenzialsperre *f*
Ang: differential lock *n*
Esp: bloqueador de diferencial *m*
(cierre diferencial) *m*

blocage du débit de surcharge au démarrage ***m***
All: Startmengenverriegelung *f*
Ang: start quantity locking device *n*
Esp: bloqueo del caudal de arranque *m*

blocage du différentiel ***m***
All: Brems-Differenzialsperre *f*
Ang: brake force differential lock *n*
Esp: bloqueo diferencial de la fuerza de frenado *m*

blocage par viscocoupleur (transmission intégrale) ***m***
All: Viskosesperre (Allradantrieb) *f*
Ang: viscous lock (all-wheel drive) *n*
Esp: bloqueo viscoso (tracción total) *m*

bloc-cylindres ***m***
All: Zylinderblock *m*
Ang: cylinder block *n*
Esp: bloque de cilindros *m*

bloc-distributeur ***m***
All: Wegeventilblock *m*
Ang: directional control valve block *n*
Esp: bloque de válvulas distribuidoras *m*

bloc-distributeur triple ***m***
All: Dreifach-Wegeventilblock *m*
Ang: triple directional-control-valve block *n*
Esp: bloque triple de válvulas distribuidoras *m*

bloc-distributeurs ***m***
All: Blockwegeventil *n*
Ang: stack type directional control valve *n*
Esp: válvula distribuidora de bloque *f*

bloc-moteur ***m***
All: Motorblock *m*
Ang: engine block *n*
(cylinder block) *n*
Esp: bloque del motor *m*

bloc-valves ***m***
All: Ventilblock *m*
Ang: valve block *n*
Esp: bloque de válvulas *m*

bloc-valves de régulateur de pression ***m***
All: Druckregler-Ventilblock *m*
Ang: pressure regulator valve block *n*
Esp: bloque de válvulas del regulador de presión *m*

bobinage d'excitation ***m***
All: Erregerspule *f*
Ang: field coil *n*
Esp: bobina de excitación *f*

bobine ***f***
All: Spule *f*
(Windung) *f*
Ang: coil *n*
Esp: bobina *f*

bobine à courant continu *f*
All: Gleichstromspule *f*
Ang: DC coil *n*
Esp: bobina de corriente continua *f*

bobine d'allumage *f*
All: Zündspule *f*
Ang: ignition coil *n*
Esp: bobina de encendido *f*

bobine d'allumage à deux sorties *f*
All: Doppelfunkenspule *f*
(Doppelfunken-Zündspule) *f*
Ang: dual spark ignition coil *n*
Esp: bobina de chispa doble *f*

bobine d'allumage à deux sorties *f*
All: Doppelfunken-Zündspule *f*
Ang: double spark coil *n*
Esp: bobina de encendido de chispa doble *f*

bobine d'allumage à deux sorties *f*
All: Zweifunken-Zündspule *f*
Ang: dual spark ignition coil *n*
Esp: bobina de encendido de doble chispa *f*

bobine d'allumage à hautes performances *f*
All: Hochleistungs-Zündspule *f*
Ang: high performance ignition coil *n*
Esp: bobina de encendido de altas prestaciones *f*

bobine d'allumage à quatre sorties *f*
All: Vierfunken-Zündspule *f*
Ang: four spark ignition coil *n*
Esp: bobina de encendido de cuatro chispas *f*

bobine d'allumage unitaire *f*
All: Einzelfunken-Zündspule *f*
Ang: single spark ignition coil *n*
Esp: bobina de encendido de una chispa *f*

bobine de commande *f*
All: Steuerspule *f*
Ang: control winding *n*
Esp: bobina de control *f*

bobine de relais *f*
All: Relaisspule *f*
Ang: relay coil *n*
Esp: bobina del relé *f*

bobine de self *f*
All: Drosselspule *f*
Ang: inductance coil *n*
Esp: bobina de inductancia *f*

bobine de self *f*
All: Drosselspule *f*
Ang: choke coil *n*
Esp: bobina de inductancia *f*

bobine magnétique *f*
All: Magnetspule *f*
Ang: solenoid coil *n*
(magnet coil) *n*
Esp: solenoide *m*

bobine réceptrice *f*
All: Empfangsspule *f*
Ang: receiver coil *n*
Esp: bobina de recepción *f*

bobine unitaire *f*
All: Einzelspule *f*
Ang: individual coil *n*
Esp: bobina simple *f*

bobine-tige *f*
All: Stabzündspule *f*
Ang: pencil coil *n*
Esp: bobina de encendido de barra *f*

boîte à 4 rapports *f*
All: Vier-Gang-Getriebe *n*
Ang: four speed transmission *n*
Esp: cambio de cuatro marchas *m*

boîte à 5 rapports *f*
All: Fünf-Gang-Getriebe *n*
Ang: five speed transmission *n*
Esp: cambio de cinco marchas *m*

boîte à engrenages *f*
All: Zahnradwechselgetriebe *n*
Ang: variable ratio gear transmission *n*
Esp: caja de cambios de relación variable *f*

boîte à fusibles *f*
All: Sicherungsdose *f*
Ang: fuse box *n*
Esp: caja de fusibles *f*

boîte à gants *f*
All: Handschuhfach *n*
Ang: glove compartment *n*
Esp: guantera *f*

boîte à relais *f*
All: Relaiskasten *m*
Ang: relay box *n*
Esp: caja de relés *f*

boîte à résonance *f*
All: Resonanzkammer *f*
(Resonanzbehälter) *m*
Ang: resonance chamber *n*
Esp: cámara de resonancia *f*

boîte à train d'engrenages parallèles *f*
All: Stirnradgetriebe *n*
Ang: cylindrical-gear pair *n*
Esp: engranaje de piñones rectos *m*

boîte d'adaptateurs (essuie-glace) *f*
All: Adapterbox (Wischer) *f*
Ang: adapter box (wipers) *n*
Esp: caja adaptadora (limpiaparabrisas) *f*

boîte de commande *f*
All: Schaltkasten *m*
Ang: switch box *n*
Esp: caja de conexiones *f*

boîte de distribution *f*
All: Verteilerkasten *m*
Ang: distributor box *n*
Esp: caja de distribución *f*

boîte de distribution de batterie *f*
All: Batterie-Verteilerkasten *m*
Ang: battery distributor box *n*
Esp: caja de distribución de batería *f*

boîte de distribution électrique *f*
All: Stromverteilerkasten *m*
Ang: electrical distribution box *n*
Esp: caja de distribución eléctrica *f*

boîte de jonction *f*
All: Anschlusskasten *m*
Ang: terminal box *n*
Esp: caja de conexión *f*

boîte de transfert *f*
All: Verteilergetriebe *n*
Ang: transfer case *n*
Esp: caja de transferencia *f*

boîte de transfert *f*
All: Verteilergetriebe *n*
Ang: distributor gearing *n*
Esp: caja de transferencia *f*

boîte de transfert intermédiaire *f*
All: Zwischengetriebe *n*
Ang: intermediate transmission *n*
Esp: transmisión intermedia *f*

boîte de vitesses *f*
All: Getriebe *n*
(Wechselgetriebe) *n*
Ang: transmission *n*
Esp: cambio *m*
(caja de cambios) *f*

boîte de vitesses à convertisseur de couple *f*
All: Wandlergetriebe *n*
Ang: torque converter transmission *n*
Esp: cambio por convertidor de par *m*

boîte de vitesses à engrenages *f*
All: Zahnradgetriebe *n*
Ang: step up gear train *n*
Esp: transmisión de engranajes *f*

boîte de vitesses à train épicycloïdal *f*
All: Lastschaltgetriebe *n*
Ang: power shift transmission *n*
Esp: caja de cambios bajo carga *f*

boîte de vitesses automatique *f*
All: Automatikgetriebe *n*
Ang: automatic transmission *n*
Esp: cambio automático *m*

boîte de vitesses automatique à commande électronique *f*
All: elektronisches Automatikgetriebe *n*
Ang: electronic automatic transmission *n*
Esp: cambio automático electrónico *m*

boîte de vitesses classique *f*
All: Handschaltgetriebe *n*
(Schaltgetriebe) *n*

Français

(Gangschaltgetriebe) *n*
Ang: manual transmission *n*
(manual transmission) *n*
Esp: cambio manual *m*

boîte de vitesses classique ***f***
All: Schaltgetriebe *n*
Ang: manual transmission *n*
(manual transmission) *n*
Esp: cambio manual *m*

boîte de vitesses mécanique ***f***
All: Gangschaltgetriebe (Kfz-Getriebe) *n*
(Schaltgetriebe) *n*
Ang: manually stifted transmission *n*
Esp: cambio manual (cambio del vehículo) *m*

boîte de vitesses multi-étagée ***f***
All: Mehrstufengetriebe *n*
Ang: multi speed gearbox *n*
Esp: cambio multivelocidades *m*

boîte mono-étagée ***f***
All: einstufiges Getriebe *n*
Ang: single stage transmission *n*
Esp: cambio de reducción simple *m*

boîte multi-étagée à engrenages ***f***
All: Zahnradstufengetriebe *n*
Ang: fixed ratio gearbox *n*
Esp: caja de cambios de relación constante *f*

boîtier (projecteur) ***m***
All: Gehäuse (Leuchtkörper) *n*
Ang: housing (lamps) *n*
Esp: caja (cuerpo luminoso) *f*

boîtier à contacts mâles ***m***
All: Stiftgehäuse *n*
Ang: pin housing *n*
Esp: caja de clavijas *f*

boîtier de calculateurs ***m***
All: Steuergerätebox *f*
Ang: control unit box *n*
Esp: caja de unidades de control *f*

boîtier de commande manuel ***m***
All: Handsteuergerät *n*
Ang: manual electric control unit, MECU *n*
Esp: unidad de control manual *f*

boîtier de connecteur ***m***
All: Steckergehäuse *n*
Ang: plug housing *n*
Esp: caja de enchufe *f*

boîtier de connecteur ***m***
All: Steckergehäuse *n*
Ang: plug body *n*
Esp: cuerpo de enchufe *m*

boîtier de connecteur ***m***
All: Steckergehäuse *n*
Ang: connector shell *n*
Esp: caja de enchufe *f*

boîtier de connexion ***m***
All: Anschlussgehäuse *n*
Ang: connection housing *n*
Esp: carcasa de conexión *f*

boîtier de direction ***m***
All: Lenkgehäuse *n*
Ang: steering gear housing *n*
(steering-gear box) *n*
Esp: caja de dirección *f*

boîtier de direction ***m***
All: Lenkgetriebe *n*
Ang: steering gear *n*
Esp: engranaje de dirección *m*

boîtier de feu ***m***
All: Leuchtengehäuse *n*
Ang: lamp housing *n*
Esp: caja de unidad de iluminación *f*

boîtier de papillon ***m***
All: Drosselklappenstutzen *m*
Ang: throttle valve assembly *n*
Esp: tubuladura de la mariposa *f*

boîtier de projecteur ***m***
All: Scheinwerfergehäuse *n*
Ang: headlamp housing *n*
Esp: caja de faro *f*

boîtier distributeur ***m***
All: Verteilergehäuse *n*
Ang: distributor body *n*
Esp: cuerpo de distribuidor *m*

boîtier en aluminium moulé sous pression ***m***
All: Alu-Druckgussgehäuse *n*
Ang: aluminum diecast housing *n*
Esp: carcasa de fundición a presión de aluminio *f*

boîtier en plastique ***m***
All: Kunstoffgehäuse *n*
Ang: plastic housing *n*
Esp: carcasa de plástico *f*

boîtier pour fiches femelles ***m***
All: Steckhülsengehäuse *n*
Ang: socket housing *n*
Esp: caja de hembrillas de contacto *f*

borne ***f***
All: Anschluss *m*
Ang: terminal *n*
Esp: terminal *m*

borne (batterie) ***f***
All: Anschlusspol (Batterie) *m*
(Endpol) *m*
Ang: terminal post (battery) *n*
Esp: polo de conexión (batería) *m*

borne (schéma) ***f***
All: Anschlusspunkt (Schaltplan) *m*
Ang: terminal location (circuit diagram) *n*
Esp: punto de conexión (esquema eléctrico) *m*

borne ***f***
All: Klemme *f*
Ang: terminal *n*
Esp: borne *m*

borne « moins » de la batterie ***f***
All: Batterie-Minusanschluss *m*
Ang: negative battery terminal *n*
Esp: conexión negativa de batería *f*

borne « plus » de la batterie ***f***
All: Batterie-Plusanschluss *m*
Ang: positive battery terminal *n*
Esp: conexión positiva de batería *f*

borne d'anode ***f***
All: Anodenanschluss *m*
Ang: anode terminal *n*
Esp: conexión del ánodo *f*

borne de connexion ***f***
All: Anschlussklemme *f*
Ang: terminal connector *n*
Esp: borne de conexión *m*

borne de terre ***f***
All: Erdungsklemme *f*
Ang: earthing terminal *n*
(grounding terminal) *n*
Esp: borne de puesta a tierra *m*

boruration ***f***
All: Borieren *n*
Ang: boron treatment *n*
Esp: tratamiento con boro *m*

bossage de came ***m***
All: Nockenerhebung *f*
Ang: cam lobe *n*
Esp: elevación de leva *f*

bossage-butée ***m***
All: Anschlagnase *f*
Ang: stop lug *n*
Esp: saliente de tope *m*

bosse ***f***
All: Beule *f*
Ang: dent *n*
Esp: abolladura *f*

bouche de dégivrage ***f***
All: Defrosterdüse *f*
Ang: defroster vent *n*
Esp: boquilla de deshielo *f*

bouchon ***m***
All: Verschlussstopfen *m*
Ang: sealing plug *n*
Esp: tapón *m*

bouchon ***m***
All: Verschlussstopfen *m*
Ang: plug stopper *n*
Esp: tapón *m*

bouchon à déclic ***m***
All: Schnappverschluss *m*
Ang: snap fastening *n*
Esp: cierre de golpe *m*

bouchon by-pass ***m***
All: Bypass-Stopfen *m*
Ang: bypass plug *n*
Esp: tapón de bypass *m*

bouchon cuvette ***m***
All: Blindstopfen *m*
Ang: dummy plug *n*
Esp: tapón ciego *m*

bouchon de réservoir ***m***
All: Tankdeckel *m*

Français

Ang: filler cap *n*
Esp: tapa del depósito *f*

bouchon fileté ***m***
All: Verschlussschraube *f*
Ang: screw cap *n*
Esp: tapón roscado *m*

boucle d'asservissement ***f***
All: Regelschaltung *f*
Ang: control loop *n*
Esp: circuito de regulación *m*

boucle de commande ***f***
All: Steuerkette *f*
Ang: open control loop *n*
Esp: cadena de control *f*

boucle de régulation ***f***
All: Regelkreis *m*
Ang: control loop *n*
Esp: lazo de regulación *m*

boucle inductive ***f***
All: Induktionsschleife *f*
Ang: induction loop *n*
Esp: lazo de inducción *m*

bouffée d'échappement ***f***
All: Vorauslass *m*
Ang: predischarge *n*
Esp: preapertura de escape *f*

bougie à étincelle glissante ***f***
All: Gleitfunkenzündkerze *f*
Ang: surface-gap spark plug *n*
Esp: bujía de chispa deslizante *f*

bougie d'allumage ***f***
All: Zündkerze *f*
Ang: spark plug *n*
Esp: bujía de encendido *f*

bougie de préchauffage ***f***
All: Glühkerze *f*
Ang: glow plug *n*
Esp: bujía de incandescencia *f*

bougie de préchauffage à flamme ***f***
All: Flammglühkerze *f*
(Anheizkerze) *f*
(Flammkerze) *f*
Ang: flame glow plug *n*
Esp: bujía de llama *f*
(bujía de precalentamiento) *f*

bougie de préchauffage à flamme ***f***
All: Flammzündkerze *f*
Ang: flame spark plug *n*
Esp: bujía de encendido de llama *f*

bougie d'inflammation à filament ***f***
All: Flammglühdrahtkerze *f*
Ang: wire type flame glow plug *n*
Esp: bujía de llama de filamento *f*

bougie thermocouple ***f***
All: Temperatur-Messzündkerze *f*
(Messzündkerze) *f*
Ang: thermocouple spark plug *n*
Esp: bujía medidora de temperatura *f*

bougie totalement blindée ***f***
All: vollgeschirmte Zündkerze *f*
Ang: fully shielded spark plug *n*
Esp: bujía totalmente blindada *f*

bougie-crayon de préchauffage ***f***
All: Glühstiftkerze *f*
Ang: sheathed-element glow plug *n*
Esp: bujía de espiga de incandescencia *f*

bougie-crayon de préchauffage ***f***
All: Stabglühkerze *f*
Ang: rod type glow plug *n*
Esp: bujía de espiga *f*

bougie-crayon de préchauffage à flamme ***f***
All: Flammglühstiftkerze *f*
Ang: sheathed element flame glow plug *n*
Esp: bujía de llama de espiga *f*

boulon ***m***
All: Bolzen *m*
Ang: stud *n*
Esp: perno *m*

boulon fileté ***m***
All: Stehbolzen *m*
Ang: stud *n*
Esp: espárrago *m*

bout d'arbre ***m***
All: Wellenende *n*
Ang: shaft end *n*
Esp: extremo del eje *m*

bouton rotatif de débit d'air ***m***
All: Gebläsestufenschalter *m*
Ang: blower stage switch *n*
Esp: conmutador de nivel del soplador *m*

bouton-poussoir ***m***
All: Taster *m*
Ang: push button *n*
Esp: pulsador *m*

bouton-poussoir ***m***
All: Tastschalter *m*
Ang: pushbutton switch *n*
Esp: interruptor pulsador *m*

bras de direction ***m***
All: Lenkarm *m*
Ang: steering arm *n*
(pitman arm) *n*
Esp: brazo de dirección *m*

bras de levier ***m***
All: Hebelarm *m*
Ang: lever arm *n*
Esp: brazo de palanca *m*

bras de levier des forces de réaction ***m***
All: Störkrafthebelarm *m*
Ang: deflection force lever arm *n*
Esp: brazo de palanca de fuerza de reacción *m*

bras de suspension ***m***
All: Lenker *m*
Ang: suspension arm *n*
Esp: brazo de la dirección *m*

bras d'essuie-glace (essuie-glace) ***m***
All: Wischarm (Wischeranlage) *m*
Ang: wiper arm (wiper system) *n*
Esp: brazo del limpiaparabrisas (limpiaparabrisas) *m*

bras d'essuie-glace à parallélogramme ***m***
All: Parallelogramm-Wischarm *m*
Ang: parallelogram wiper arm *n*
Esp: brazo de limpiaparabrisas en paralelogramo *m*

bras d'essuyage ***m***
All: Wischhebel *m*
Ang: wiper arm *n*
Esp: palanca del limpiaparabrisas *f*

bras oscillant transversal ***m***
All: Querlenker *m*
Ang: transverse link *n*
(wishbone) *n*
Esp: biela transversal *f*

bras pivotant ***m***
All: Schwenkarm *m*
Ang: swivel arm *n*
Esp: brazo oscilante *m*

bras transversal ***m***
All: Querstrebe *f*
Ang: transverse strut *n*
Esp: refuerzo transversal *m*

brasage à la flamme ***m***
All: Flammlötung *f*
Ang: flame soldering *n*
Esp: soldadura a llama *f*

brasage fort ***m***
All: Hartlötung *f*
Ang: hard soldering *n*
Esp: soldadura amarilla *f*
(soldadura dura) *f*

brasage par immersion ***m***
All: Tauchlöten *n*
Ang: dip soldering *n*
Esp: soldadura por inmersión *f*

brasage par induction ***m***
All: Induktionslöten *n*
Ang: induction soldering *n*
Esp: soldadura por inducción *f*

brasage tendre ***m***
All: Weichlötung *f*
Ang: soft soldering *n*
Esp: soldadura blanda *f*

brasure ***f***
All: Lötung *f*
Ang: soldering *n*
Esp: soldadura *f*

break ***m***
All: Kombiwagen *m*
Ang: multi-purpose vehicle *n*
(station wagon) *n*
Esp: vehículo combinado *m*

bridage de la vitesse maximale ***m***
All: Höchstgeschwindigkeits-begrenzung *f*
Ang: speed limit *n*

Français

Esp: limitación de la velocidad máxima *f*

bride *f*
All: Flansch *m*
Ang: flange *n*
Esp: brida *f*

bride coulissante *f*
All: Verschiebeflansch *m*
Ang: sliding flange *n*
Esp: brida de desplazamiento *f*

bride de fixation *f*
All: Aufspannflansch *m*
Ang: clamping flange *n*
(clamping support) *n*
Esp: brida de sujeción *f*

bride de fixation *f*
All: Befestigungsflansch *m*
Ang: mounting flange *n*
Esp: brida de fijación *f*

bride de raccordement *f*
All: Anschlussflansch *m*
Ang: connecting flange *n*
Esp: brida de conexión *f*

bride d'entraînement *f*
All: Antriebsflansch *m*
Ang: drive flange *n*
Esp: brida de accionamiento *f*

bride intermédiaire de collecteur d'admission *f*
All: Saugrohrzwischenflansch *m*
Ang: intermediate intake manifold flange *n*
Esp: brida intermedia del tubo de admisión *f*

brin *m*
All: Litze *f*
(Einzelader) *m*
Ang: single core *n*
Esp: conductor trenzado *m*

brin d'enroulement *m*
All: Ankerzweig *m*
Ang: armature-winding path *n*
Esp: ramal del inducido *m*

brise-jet *m*
All: Spritzdämpfer (Kraftstoffeinspritzung) *m*
Ang: injection damper (fuel injection) *n*
Esp: amortiguador de inyección (inyección de combustible) *m*

brise-jet *m*
All: Spritzdämpfer (Kraftstoffeinspritzung) *m*
Ang: spray damper (fuel injection) *n*
Esp: amortiguador de inyección (inyección de combustible) *m*

brochage du connecteur *m*
All: Steckerbelegung *f*
Ang: plug pin allocation *n*
Esp: ocupación de pines *f*

broche *f*
All: Pin *m*
Ang: pin *n*
Esp: pin *m*

broche *f*
All: Spindel *f*
Ang: spindle *n*
Esp: husillo *m*

broche de connexion *f*
All: Anschlusspin *m*
Ang: connector pin *n*
Esp: pin de conexión *m*

broche de connexion *f*
All: Anschlussstift *m*
Ang: connection pin *n*
Esp: pasador de conexión *m*

broche pivotante *f*
All: Drehspindel *f*
Ang: rotary spindle *n*
Esp: husillo giratorio *m*

bronze d'aluminium *m*
All: Aluminiumbronze *f*
Ang: aluminum bronze *n*
Esp: bronce aluminio *m*

bronze fritté *m*
All: Sinterbronze *f*
Ang: sintered bronze *n*
Esp: bronce sinterizado *m*

broutement saccadé *m*
All: Stick-Slip *n*
(Ruckgleiten) *n*
Ang: stick slip *n*
Esp: stick-slip *m*

bruit à l'arrêt *m*
All: Standgeräusch *n*
Ang: noise emission from stationary vehicles *n*
Esp: ruido estacionario *m*

bruit aérien *m*
All: Luftschall *m*
Ang: airborne noise *n*
Esp: sonido transmitido por el aire *m*

bruit aérien *m*
All: Luftschall *m*
Ang: airborne sound *n*
Esp: sonido transmitido por el aire *m*

bruit d'aspiration *m*
All: Ansauggeräusch *n*
Ang: intake noise *n*
Esp: ruido de admisión *m*

bruit de combustion *m*
All: Verbrennungsgeräusch *n*
Ang: combustion noise *n*
Esp: ruido de combustión *m*

bruit de fond (perturbation) *m*
All: rauschen (Funkstörung) *v*
Ang: background noise (radio disturbance) *n*
Esp: tener ruidos de fondo (interferencia de radio) *v*

bruit de friction *m*
All: Reibgeräusch *n*
Ang: friction noise *n*
Esp: ruido de fricción *m*

bruit d'échappement (régulateur de pression) *m*
All: Abblasgeräusch (Druckregler) *n*
Ang: blow off noise (pressure regulator) *n*
Esp: ruido de descarga de aire (regulador de presión) *m*

bruit d'écoulement *m*
All: Strömungsgeräusch *n*
Ang: flow noise *n*
Esp: ruido de flujo *m*

bruit dû au vent *m*
All: Windgeräusch *n*
Ang: wind noise *n*
Esp: ruido del viento *m*

bruit passe-bande *m*
All: Bandpassrauschen *n*
Ang: bandpass noise *n*
Esp: ruido pasabanda *m*

bruits de fonctionnement *mpl*
All: Laufgeräusch *n*
Ang: running noise *n*
Esp: ruido de marcha *m*

bruits d'impact *mpl*
All: Körperschall *m*
Ang: structure borne noise *n*
(borne sound) *n*
Esp: sonido corpóreo *m*

bulle *f*
All: Dampfblase *f*
Ang: vapor bubble *n*
Esp: burbuja de vapor *f*

burin *m*
All: Meißel *m*
Ang: chisel *n*
Esp: cincel *m*

bus de données *m*
All: Datenbus *m*
Ang: data bus *n*
Esp: bus de datos *m*

bus de multiplexage CAN *m*
All: Controller Area Network, CAN *n*
Ang: Controller Area Network, CAN *n*
Esp: Controller Area Network, CAN *f*

buse à effet giratoire *f*
All: Dralldüse *f*
Ang: swirl nozzle *n*
Esp: inyector de paso espiral *m*

buse d'éjection *f*
All: Strahldüse *f*
Ang: jet *n*
Esp: inyector a chorro *m*

buse d'éjection *f*
All: Strahldüse *f*
Ang: jet nozzle *n*
Esp: inyector a chorro *m*

buse d'injecteur *f*
All: Düsenkuppe *f*
Ang: nozzle cone *n*
Esp: punta de inyector *f*

buse venturi *f*
All: Venturi-Düse *f*
(Mischrohr) *n*
Ang: venturi tube *n*
Esp: tubo de Venturi *m*

butée à billes à gorges profondes *f*
All: Axial-Rillenkugellager *n*
Ang: deep groove ball thrust bearing *n*
Esp: rodamiento axial rígido de bolas *m*

butée à rouleaux coniques *f*
All: Axial-Kegelrollenlager *n*
Ang: tapered-roller thrust bearing *n*
Esp: cojinete axial de rodillos cónicos *m*

butée à rouleaux cylindriques *f*
All: Axial-Zylinderrollenlager *n*
Ang: cylindrical-roller thrust bearing *n*
Esp: cojinete axial de rodillos cilíndricos *m*

butée axiale *f*
All: Axiallager *n*
Ang: axial bearing *n*
(thrust bearing) *n*
Esp: cojinete axial *m*

butée de débit de surcharge au démarrage *f*
All: Startmengenanschlag *m*
Ang: start quantity stop *n*
Esp: tope de caudal de arranque *m*

butée de débit maximal *f*
All: Volllastanschlag *m*
(Maximal-Mengen-anschlag) *m*
(Volllastmengenanschlag) *m*
Ang: full load stop *n*
Esp: tope de plena carga *m*

butée de débrayage *f*
All: Ausrücklager *n*
Ang: throwout bearing *n*
Esp: cojinete de desembrague *m*

butée de la tige de réglage (pompe d'injection) *f*
All: Regelstangenanschlag (Einspritzpumpe) *m*
Ang: control rack stop (fuel-injection pump) *n*
(control-rod stop) *n*
Esp: tope de varilla de regulación (bomba de inyección) *m*

butée de levée *f*
All: Hubanschlag *m*
Ang: lift stop *n*
Esp: tope de carrera *m*

butée de limitation de course de régulation *f*
All: Regelwegbegrenzungs-anschlag *m*
Ang: rack travel limiting stop *n*
Esp: tope limitador de recorrido de regulación *m*

butée de limitation de fumée *f*
All: Rauchbegrenzeranschlag *m*
Ang: smoke limiting stop *n*
Esp: tope limitador de humos *m*

butée de pédale *f*
All: Pedalanschlag *m*
Ang: pedal stop *n*
Esp: tope de pedal *m*

butée de pleine charge *f*
All: Volllastmengenanschlag *m*
Ang: full load stop *n*
Esp: tope de caudal de plena carga *m*

butée de pleine charge en fonction de l'altitude *f*
All: höhengesteuerter Volllastmengenanschlag *m*
Ang: altitude controlled full load stop *n*
Esp: tope de caudal de plena carga en función de la altura *m*

butée de ralenti *f*
All: Leerlaufanschlag *m*
Ang: low idle stop *n*
Esp: tope de ralentí *m*

butée de stop (injection diesel) *f*
All: Stoppanschlag (Dieseleinspritzung) *m*
Ang: shutoff stop (diesel fuel injection) *n*
Esp: tope de parada (inyección diesel) *m*

butée de surcharge *f*
All: Mehrmengenanschlag *m*
Ang: excess fuel stop *n*
Esp: tope de caudal adicional *m*

butée de vitesses intermédiaires *f*
All: Zwischendrehzahlanschlag *m*
Ang: intermediate speed stop *n*
Esp: tope del régimen intermedio de revoluciones *m*

butée élastique *f*
All: Anschlagpuffer *m*
Ang: stop buffer *n*
Esp: goma de tope *f*

butée élastique de ralenti *f*
All: federnder Leerlaufanschlag *m*
Ang: spring loaded idle-speed stop *n*
Esp: tope elástico de ralentí *m*

butée sur carter *f*
All: Gehäuseanschlag *m*
Ang: housing stop *n*
Spa: tope de caja *m*

C

cabine de conduite *f*
All: Fahrerhaus *n*
Ang: cab *n*
Esp: cabina del conductor *f*

cabine de simulation des gaz d'échappement *f*
All: Abgasprüfzelle *f*
(Prüfzelle) *f*
Ang: emissions test cell (test chamber) *n*
Esp: celda de ensayo de gases de escape *f*
(celda de ensayo) *f*

câble adaptateur *m*
All: Adapterkabel *n*
Ang: adapter lead *n*
Esp: cable adaptador *m*

câble d'accélérateur *m*
All: Gaszug *m*
Ang: throttle cable *n*
Esp: cable del acelerador *m*

câble d'activation de l'autodiagnostic *m*
All: Eigendiagnose-Reizleitung *f*
(Reizleitung) *f*
Ang: self diagnosis initiate line *n*
Esp: línea de excitación del autodiagnóstico *f*

câble d'activation de l'autodiagnostic (autodiagnostic) *m*
All: Reizleitung (Eigendiagnose) *f*
Ang: initiate line (self-diagnosis) *n*
Esp: cable de excitación (autodiagnóstico) *m*

câble d'aide au démarrage *m*
All: Starthilfskabel *n*
Ang: battery jumper cable *n*
Esp: cable de puente *m*

câble d'alimentation *m*
All: Versorgungsleitung *f*
Ang: supply line *n*
Esp: línea de alimentación *f*

câble d'alimentation *m*
All: Zuleitung *f*
Ang: supply lead *n*
(supply line) *n*
Esp: línea de alimentación *f*

câble d'allumage *m*
All: Zündkabel *n*
Ang: ignition lead *n*
(ignition cable) *n*
Esp: cable de encendido *m*

câble d'allumage *m*
All: Zündleitung *f*
Ang: high tension ignition cable *n*
Esp: cable de encendido *m*

câble d'allumage résistif *m*
All: Widerstands-Zündleitung *f*
Ang: resistance ignition cable *n*
Esp: cable resistivo de encendido *m*

câble de batterie *m*
All: Batteriekabel *n*
Ang: battery cable *n*
Esp: cable de la batería *m*

câble de charge *m*

Français

All: Ladeleitung *f*
Ang: charging cable *n*
Esp: cable de carga *m*

câble de circuit primaire (allumage) ***m***
All: Primärleitung (Zündanlage) *f*
Ang: primary line (ignition system) *n*
Esp: cable primario (sistema de encendido) *m*

câble de commande ***m***
All: Ansteuerleitung *f*
Ang: control line *n*
Esp: cable de activación *m*

câble de commande ***m***
All: Seilzug *m*
Ang: control cable *n*
Esp: cable de mando *m*

câble de compensation ***m***
All: Ausgleichsleitung *f*
Ang: compensating cable *n*
Esp: cable de compensación *m*

câble de connexion ***m***
All: Anschlussleitung *f*
Ang: connecting cable *n*
Esp: cable de conexión *m*

câble de diagnostic ***m***
All: Diagnoseleitung *f*
Ang: diagnostic cable *n*
Esp: cable de diagnóstico *m*

câble de frein ***m***
All: Bremsseil *n*
Ang: brake cable *n*
Esp: cable de freno *m*

câble de frein (frein de stationnement) ***m***
All: Seilzug (Feststellbremse) *m*
(Bremsseil) *n*
Ang: brake cable (parking brake) *n*
Esp: cable de freno (freno de estacionamiento) *m*

câble de frein à main ***m***
All: Handbremsseil *n*
Ang: handbrake cable *n*
Esp: cable de freno de mano *m*

câble de mesure ***m***
All: Messleitung *f*
Ang: measuring cable *n*
(measuring lead) *n*
Esp: cable de medición *m*

câble de mise à la masse ***m***
All: Masseleitung *f*
(Masserückleitung) *f*
Ang: ground cable *n*
Esp: cable a masa *m*

câble de mise à la terre ***m***
All: Erdungsleitung *f*
Ang: earthing conductor *n*
Esp: conductor de puesta a tierra *m*

câble de remorquage ***m***
All: Abschleppseil *n*
Ang: tow rope *n*
Esp: cable para remolcar *m*

câble d'essai ***m***
All: Prüfkabel *n*
Ang: test cable *n*
Esp: cable de comprobación *m*

câble flexible de compteur de vitesse ***m***
All: Tachowelle *f*
Ang: speedometer shaft *n*
Esp: eje del tacómetro *m*

câble haute tension ***m***
All: Hochspannungsleitung *f*
Ang: high voltage cable *n*
Esp: cable de alta tensión *m*

câble ruban ***m***
All: Flachbandkabel *n*
Ang: ribbon cable *n*
Esp: cable plano *m*

câble sous gaine ***m***
All: Bowdenzug *m*
(Seilzug) *m*
Ang: Bowden cable *n*
Esp: cable Bowden *m*

câble-pilote ***m***
All: Steuerleitung *f*
Ang: control line *n*
Esp: línea de control *f*

cache ***m***
All: Abdeckkappe (Scheinwerfer) *f*
(Strahlenblende) *f*
Ang: cap *n*
Esp: tapa de cubierta (faros) *f*
(pantalla para rayos) *f*

cache avant (projecteur) ***m***
All: Frontblende (Scheinwerfer) *f*
Ang: front screen (headlamp) *n*
Esp: moldura delantera (faros) *f*

cache protège-batterie ***m***
All: Batterieabdeckkappe *f*
Ang: battery protective cover *n*
Esp: cubierta protectora de la batería *f*

cadence de pilotage ***f***
All: Taktfrequenz *f*
Ang: cycle frequency *n*
Esp: frecuencia de ciclo *f*

cadran ***m***
All: Rundinstrument *n*
Ang: circular instrument *n*
Esp: instrumento circular *m*

cadran ***m***
All: Zifferblatt *n*
Ang: dial face *n*
Esp: cuadrante *m*

cadran à aiguille ***m***
All: Zeigerinstrument *n*
Ang: needle instrument *n*
Esp: instrumento de aguja *m*

cadre d'étanchéité ***m***
All: Dichtrahmen *m*
Ang: sealing gasket *n*
Esp: marco estanqueizante *m*

cadre flottant ***m***
All: Schwimmrahmen (Bremse) *m*
Ang: sliding caliper frame (brakes) *n*
Esp: marco flotante (freno) *m*

cadre-échelle ***m***
All: Leiterrahmen *m*
Ang: ladder type frame *n*
Esp: bastidor de travesaños *m*

cage à billes (commande des portes) ***f***
All: Kugelkäfig (Türbetätigung) *m*
Ang: bearing cage (door control) *n*
Esp: caja de bolas (accionamiento de puerta) *f*

cahier des charges ***m***
All: Lastenheft (SAP) *n*
Ang: specifications *npl*
Esp: pliego de condiciones (SAP) *m*

calage (moteur) ***m***
All: Absterben *n*
Ang: stall *n*
Esp: ahogo *m*

calage dynamique du début de refoulement ***m***
All: dynamische Förderbeginn-Einstellung *f*
Ang: dynamic timing adjustment *n*
Esp: ajuste dinámico del comienzo del suministro *m*

calaminage ***m***
All: Verkokung *f*
Ang: coking *n*
Esp: coquización *f*

calaminage des injecteurs ***m***
All: Düsenverkokung *f*
Ang: nozzle coking *n*
Esp: coquización de inyector *f*

calamine ***f***
All: Zunder *m*
Ang: scaling *n*
Esp: cascarilla *f*

calaminer ***v***
All: verkoken *v*
Ang: coke *v*
Esp: coquizar *v*

calandre ***f***
All: Kühlergrill *m*
Ang: radiator grill *n*
Esp: calandra *f*

calcul des conducteurs ***m***
All: Leitungsberechnung *f*
Ang: calculation of conductor sizes *n*
Esp: cálculo de conductores *m*

calcul d'itinéraire ***m***
All: Routenberechnung (Navigationssystem) *f*
Ang: route computation (vehicle navigation system) *n*
Esp: cálculo de ruta (sistema de navegación) *m*

calcul du couple de blocage ***m***

Français

All: Sperrmomentberechnung *f*
Ang: calculation of lock up torque *n*
Esp: cálculo del par de bloqueo *m*

calcul du débit de surcharge au démarrage ***m***
All: Startmengenberechnung *f*
Ang: start quantity calculation *n*
Esp: cálculo del caudal de arranque *m*

calculateur adaptable ***m***
All: Anbausteuergerät *n*
Ang: attached control unit *n*
Esp: unidad de control adosada *f*

calculateur d'allumage ***m***
All: Zündsteuergerät *n*
Ang: ignition control unit *n*
Esp: unidad de control de encendido *f*

calculateur d'électrovannes ***m***
All: Magnetventil-Steuergerät *n*
Ang: solenoid valve control unit *n*
Esp: unidad de control de electroválvula *f*

calculateur électronique ***m***
All: elektronisches Steuergerät *n*
(Steuergerät) *n*
Ang: electronic control unit, ECU *n*
Esp: unidad electrónica de control *f*

calculateur moteur ***m***
All: Motorsteuergerät *n*
Ang: engine control unit *n*
(engine ECU) *n*
Esp: unidad de control del motor *f*

calculateur rapporté ***m***
All: Anbausteuergerät *n*
Ang: add on ECU *n*
Esp: unidad de control adosada *f*

cale de réglage ***f***
All: Ausgleichscheibe *f*
Ang: shim *n*
Esp: arandela de ajuste *f*

cale de réglage de pression (injecteur) ***f***
All: Druckausgleichscheibe (Einspritzdüse) *f*
Ang: pressure-compensation disc (nozzle) *n*
Esp: disco de compensación de presión (inyector) *m*

cale de sécurité ***f***
All: Sicherungskeil *m*
Ang: locking wedge *n*
Esp: cuña de seguridad *f*

cale d'épaisseur ***f***
All: Distanzscheibe *f*
Ang: spacer *n*
Esp: disco distanciador *m*

calibrage ***m***
All: Kalibrierung *f*
Ang: calibration *n*
Esp: calibración *f*

calibrage de commande ***m***
All: Steuerdrossel *f*
Ang: metering slit *n*
Esp: estrangulador de control *m*

calibrage de décharge ***m***
All: Überlaufdrossel *f*
(Überströmdrossel) *f*
Ang: overflow restriction *n*
Esp: estrangulador de rebose *m*

calibrage de décharge ***m***
All: Überströmdrossel *f*
Ang: overflow restriction *n*
Esp: estrangulador de rebose *m*

calibre entre/n'entre pas ***m***
All: Grenzlehre *f*
Ang: limit gauge *n*
Esp: galga de límite *f*

calotte de blindage (allumeur) ***f***
All: Abschirmhaube (Zündverteiler) *f*
Ang: shielding cover (ignition distributor) *n*
Esp: caperuza de apantallado (distribuidor de encendido) *f*

calotte d'étanchéité ***f***
All: Dichtungskappe *f*
Ang: sealing cap *n*
Esp: caperuza estanqueizante *f*

cambouis ***m***
All: Kaltschlamm *m*
Ang: low temperature sludge *n*
Esp: lodo frío *m*

came ***f***
All: Nocken *m*
Ang: cam *n*
Esp: leva *f*

came à excentrique (« Common Rail ») ***f***
All: Exzenternocken (Common Rail) *m*
Ang: eccentric cam (common rail) *n*
Esp: leva excéntrica (Common Rail) *f*

came axiale (pompe à pistons radiaux) ***f***
All: Axialnocken (Radialkolbenpumpe) *m*
Ang: axial cam (radial-piston pump) *n*
Esp: leva axial (bomba de émbolos radiales) *f*

came d'allumage ***f***
All: Zündverteilernocken *m*
(Zündnocken) *m*
Ang: distributor cam *n*
Esp: leva del distribuidor de encendido *f*

came de butée ***f***
All: Anschlagnocken *m*
Ang: stop cam *n*
Esp: leva de tope *f*

came de frein ***f***
All: Bremsnocken *m*
Ang: brake cam *n*
Esp: leva de freno *f*

came de réglage ***f***
All: Verstellnocken *m*
Ang: control cam *n*
Esp: leva de ajuste *f*

came de rupteur (allumage) ***f***
All: Unterbrechernocken (Zündung) *m*
Ang: breaker cam (ignition) *n*
(contact-breacker cam) *n*
Esp: leva de ruptor (encendido) *f*

came d'injection ***f***
All: Einspritznocken *m*
Ang: injection cam *n*
Esp: leva de inyección *f*

came mobile ***f***
All: Zündnocken *m*
Ang: distributor cam *n*
Esp: leva del distribuidor de encendido *f*

came rotative ***f***
All: Drehnocken *m*
Ang: rotary cam *n*
Esp: leva giratoria *f*

came-disque ***f***
All: Nockenscheibe *f*
Ang: cam plate *n*
Esp: disco de levas *m*

camion ***m***
All: Lkw *m*
Ang: truck *n*
Esp: camión *m*

camion à capot ***m***
All: Haubenfahrzeug *n*
Ang: cab behind engine vehicle, CBE *n*
(CBE vehicle) *n*
Esp: vehículo con capó *m*

camion à plateau de transport ***m***
All: Pritschenfahrzeug (Nfz) *n*
Ang: platform body vehicle (commercial vehicle) *n*
Esp: camión de plataforma (vehículo industrial) *m*

camion-plateau ***m***
All: Pritschenwagen (Nfz) *m*
Ang: flatbed truck (commercial vehicle) *n*
Esp: camión plancha (vehículo industrial) *m*

canal annulaire ***m***
All: Ringkanal *m*
Ang: annular groove *n*
Esp: canal anular *m*

canal d'admission ***m***
All: Ansaugkanal (Verbrennungsmotor) *m*
(Ansaugweg) *m*
Ang: intake port (IC engine) *n*

Français

Esp: canal de admisión (motor de combustión) *m*

canal d'admission *m*
All: Saugkanal (Verbrennungsmotor) *m*
Ang: intake port (IC engine) *n*
(induction port) *n*
Esp: canal de aspiración (motor de combustión) *f*

canal d'admission (pompe distributrice) *m*
All: Zulaufquerschnitt (Verteilereinspritzpumpe) *m*
Ang: inlet port (distributor pump) *n*
Esp: sección de admisión (bomba de inyección rotativa) *f*

canal d'arrivée *m*
All: Zulaufbohrung *f*
Ang: inlet hole *n*
(inlet port) *n*
Esp: orificio de alimentación *m*

canal de refoulement *m*
All: Druckkanal *m*
Ang: pressure passage *n*
Esp: canal de presión *m*

canal de régulation (groupe hydraulique ABS) *f*
All: Regelkanal (ABS-Hydroaggregat) *m*
Ang: control channel (ABS hydraulic modulator) *n*
Esp: canal de regulación (grupo hidráulico del ABS) *m*

canal de retour des fuites *m*
All: Leckkraftstoff-Rückführung *f*
(Leckrückführung) *m*
(Leckölrücklauf) *f*
Ang: leakage-return duct *n*
Esp: recuperación de combustible de fuga *f*

canal de sortie (pompe électrique à carburant) *m*
All: Abflussbohrung (Elektrokraftstoffpumpe) *f*
Ang: outlet bore (electric fuel pump) *n*
Esp: taladro de desagüe (electrobomba de combustible) *m*

canal de transfert *m*
All: Überströmkanal *m*
Ang: transfer passage *n*
Esp: canal de rebose *m*

canal d'équilibrage (maître-cylindre tandem) *m*
All: Nachlaufbohrung (Tandemhauptzylinder) *f*
Ang: snifter bore (tandem master cylinder) *n*
Esp: comunicación de presiones (cilindro maestro tándem) *f*

canal d'équilibrage *m*
All: Nachlaufbohrung *f*
Ang: replenishing port *n*
Esp: comunicación de presiones *f*

canal en dérivation (papillon) *m*
All: Nebenschlussquerschnitt (Drosselklappe) *m*
Ang: bypass cross-section (throttle valve) *n*
Esp: sección de derivación (mariposa) *f*

canal radial *m*
All: Querbohrung *f*
Ang: transverse passage *n*
Esp: taladro transversal *m*

canal radio *m*
All: Funknetz *n*
Ang: radio network *n*
Esp: red de radio *f*

cannelure *f*
All: Kerbverzahnung *f*
Ang: grooved toothing *n*
Esp: dentado por entalladura *m*

caoutchouc d'étanchéité *m*
All: Dichtgummi *n*
Ang: rubber seal *n*
Esp: junta de goma *f*

caoutchouc d'étanchéité *m*
All: Dichtungsgummi *n*
Ang: rubber seal *n*
Esp: junta de goma *f*

caoutchouc dur *m*
All: Hartgummi *m*
Ang: hard rubber *n*
Esp: goma dura *f*
(ebonita) *f*

caoutchouc profilé *m*
All: Profilgummi *n*
Ang: profile rubber seal *n*
Esp: goma perfilada *f*

capacité d'absorption thermique *f*
All: Wärmeaufnahmevermögen *n*
Ang: heat absorbing property *n*
Esp: capacidad de absorción de calor *f*

capacité d'accumulation d'oxygène *f*
All: Sauerstoffspeicherfähigkeit *f*
Ang: oxygen storage capacity *n*
Esp: capacidad de almacenamiento de oxígeno *f*

capacité d'aspiration *f*
All: Ansaugleistung *f*
Ang: suction capacity *n*
Esp: capacidad de aspiración *f*

capacité de batterie *f*
All: Batteriekapazität *f*
Ang: battery capacity *n*
Esp: capacidad de la batería *f*

capacité de charge *f*
All: Tragfähigkeit *f*
Ang: load capacity *n*
Esp: capacidad de carga *f*

capacité de démarrage *f*
All: Startfähigkeit *f*
Ang: startability *n*
Esp: capacidad de arranque *f*

capacité de fonctionnement en mode dégradé *f*
All: Notlaufeigenschaft *f*
Ang: limp home characteristic *n*
Esp: característica de marcha de emergencia *f*

capacité de refroidissement *f*
All: Kühlleistung *f*
Ang: cooling capacity *n*
Esp: capacidad de enfriamiento *f*

capacité de stockage *f*
All: Speicherkapazität *f*
Ang: storage capacity *n*
(memory capacity) *n*
Esp: capacidad de almacenamiento *f*

capacité mémoire *f*
All: Speichergröße *f*
Ang: memory capacity *n*
Esp: capacidad de memoria *f*

capacité nominale (batterie) *f*
All: Nennkapazität (Batterie) *f*
(Nennleistung) *f*
(Batteriekapazität) *f*
Ang: nominal capacity (battery) *n*
Esp: capacidad nominal (batería) *f*

capacité thermique *f*
All: Wärmespeichervermögen *n*
Ang: thermal absorption capacity *n*
Esp: capacidad de acumulación de calor *f*

capot *m*
All: Abdeckhaube *f*
Ang: hood *n*
Esp: cubierta *f*

capot de protection *m*
All: Schutzhaube *f*
Ang: protective hood *n*
Esp: caperuza protectora *f*

capot de protection de borne (batterie) *m*
All: Polabdeckkappe (Batterie) *f*
Ang: terminal post cover (battery) *n*
Esp: tapa protectora de bornes (batería) *f*

capot en plastique *m*
All: Kunststoffhaube *f*
Ang: plastic hood *n*
Esp: caperuza de plástico *f*

capot moteur *m*
All: Motorabdeckung *f*
Ang: engine cover *n*
Esp: tapa del motor *f*

capot moteur *m*
All: Motorhaube *f*
Ang: hood *n*
Esp: capó del motor *m*

capotage du véhicule *m*

Français

All: Fahrzeugüberschlag *m*
Ang: vehicle rollover *n*
Esp: vuelco del vehículo *m*

capsule à dépression ***f***
All: Unterdruckdose *f*
(Druckdose) *f*
Ang: vacuum unit *n*
Esp: caja de depresión *f*

capsule à dépression de volet de turbulence ***f***
All: Drallklappen-Unterdruckdose *f*
Ang: swirl flap vacuum unit *n*
Esp: cápsula de depresión de mariposa espiral *f*

capsule à membrane ***f***
All: Membrandose *f*
(Steuerdose) *f*
Ang: diaphragm unit *n*
(aneroid capsule) *n*
Esp: cápsula de la membrana *f*

capsule altimétrique ***f***
All: Höhendose *f*
Ang: altitude capsule *n*
Esp: cápsula altimétrica *f*

capsule altimétrique ***f***
All: Höhengeber *m*
Ang: altitude sensor *n*
Esp: transmisor altimétrico *m*

capsule altimétrique ***f***
All: Höhengeber *m*
Ang: altimeter *n*
Esp: altímetro *m*

capsule barométrique ***f***
All: Barometerdose *f*
Ang: barometric capsule *n*
Esp: cápsula barométrica *f*

capsule d'avance ***f***
All: Frühdose (Zündverteiler) *f*
Ang: advance unit (ignition distribution) *n*
Esp: cápsula de avance (distribuidor de encendido) *f*

capsule de commande ***f***
All: Steuerdose *f*
Ang: aneroid capsule *n*
Esp: cápsula de mando *f*

capsule manométrique ***f***
All: Druckdose *f*
(Membrandose) *f*
Ang: aneroid capsule *n*
(diaphragm unit) *n*
(vacuum unit) *n*
Esp: cápsula de presión *f*

capteur ***m***
All: Geber *m*
(Messfühler) *m*
(Sensor) *m*
Ang: sensor *n*
Esp: transmisor *m*
(captador) *m*

capteur ***m***
All: Sensor *m*
Ang: sensor *n*
Esp: sensor *m*

capteur à bulle ***m***
All: Blasensensor *m*
Ang: bubble sensor *n*
Esp: sensor de burbuja *m*

capteur à courants de Foucault ***m***
All: Wirbelstromsensor *m*
Ang: eddy current sensor *n*
Esp: sensor de corriente parásita *m*

capteur à effet Hall ***m***
All: Hall-Sensor *m*
Ang: hall effect sensor *n*
Esp: sensor Hall *m*

capteur à film chaud ***m***
All: Heißfilmsensor *m*
Ang: hot film sensor *n*
Esp: sensor por película caliente *m*

capteur à gradient ***m***
All: Gradienten-Sensor *m*
Ang: gradient sensor *n*
Esp: sensor de gradiente *m*

capteur à inductance différentielle ***m***
All: Differenzialdrosselsensor *m*
Ang: differential throttle sensor *n*
Esp: sensor de estrangulador diferencial *m*

capteur à pince ***m***
All: Aufklemmgeber *m*
(Zangengeber) *m*
Ang: clamp on sensor *n*
(inductive clamp sensor) *n*
Esp: transmisor de pinza *m*
(pinza de transmisión) *f*

capteur à thermopile ***m***
All: Thermopilesensor *m*
Ang: thermopile sensor *n*
Esp: sensor termopila *m*

capteur à ultrasons ***m***
All: Ultraschallsensor *m*
Ang: ultrasonic sensor *n*
Esp: sensor ultrasónico *m*

capteur altimétrique ***m***
All: Höhensensor *m*
(Höhengeber) *m*
Ang: altitude sensor *n*
Esp: sensor altimétrico *m*

capteur angulaire ***m***
All: Drehstellwerk *n*
Ang: rotary actuator *n*
Esp: variador giratorio *m*

capteur angulaire ***m***
All: Drehwinkelsensor *m*
Ang: angle-of-rotation sensor *n*
Esp: sensor de ángulo de giro *m*

capteur d'accélérateur ***m***
All: Fahrpedalsensor *m*
(Pedalwertgeber) *m*
(Pedalwegsensor) *m*
Ang: pedal travel sensor *n*
Esp: sensor del pedal acelerador *m*

capteur d'accélération ***m***
All: Beschleunigungssensor *m*
(Beschleunigungs-aufnehmer) *m*
Ang: acceleration sensor *n*
Esp: sensor de aceleración *m*

capteur d'accélération transversale (ESP) ***m***
All: Querbeschleunigungssensor (ESP) *m*
Ang: lateral acceleration sensor (ESP) *n*
Esp: sensor de aceleración transversal (ESP) *m*

capteur d'alcool ***m***
All: Alkoholsensor *m*
Ang: alcohol sensor *n*
Esp: sensor de alcohol *m*

capteur d'angle de braquage (ESP) ***m***
All: Lenkradwinkelsensor (ESP) *m*
Ang: steering wheel angle sensor (ESP) *n*
Esp: sensor de ángulo de giro del volante (ESP) *m*

capteur d'angle de braquage ***m***
All: Lenkwinkelsensor *m*
Ang: steering angle sensor *n*
Esp: sensor del ángulo de viraje *m*

capteur d'angle vilebrequin ***m***
All: Kurbelwinkelsensor *m*
(Kurbelwinkelgeber) *m*
Ang: crank angle sensor *n*
Esp: sensor del ángulo del cigüeñal *m*

capteur de (vitesse de) lacet ***m***
All: Drehratesensor *m*
(Giergeschwindigkeits-sensor) *m*
Ang: yaw rate sensor *n*
(yaw sensor) *n*
Esp: sensor de velocidad de giro *m*

capteur de capotage ***m***
All: Überrollsensor *m*
Ang: rollover sensor *n*
Esp: sensor de vuelco *m*

capteur de charge sur essieu ***m***
All: Achslastgeber *m*
Ang: axle load sensor *n*
Esp: transmisor de la carga del eje *m*

capteur de charge sur essieu ***m***
All: Achslastsensor *m*
(Achslastgeber) *m*
Ang: axle load sensor *n*
Esp: sensor de la carga del eje *m*
(transmisor de la carga del eje) *m*

capteur de choc (alarme auto) ***m***
All: Schocksensor (Autoalarm) *m*
Ang: shock sensor (car alarm) *n*

Français

Esp: sensor de impacto (alarma de vehículo) *m*

capteur de choc ***m***
All: Stoßsensor *m*
Ang: impact sensor *n*
Esp: sensor de choques *m*

capteur de choc frontal ***m***
All: Frontalaufprallsensor *m*
Ang: frontal impact sensor *n*
Esp: sensor de choque frontal *m*

capteur de chocs latéraux ***m***
All: Seitenaufprallsensor *m*
Ang: side impact sensor *n*
Esp: sensor de choque lateral *m*

capteur de cliquetis ***m***
All: Klopfsensor *m*
(Körperschallaufnehmer) *m*
Ang: knock sensor *n*
Esp: sensor de detonaciones *m*

capteur de collision ***m***
All: Crashsensor *m*
Ang: crash sensor *n*
Esp: sensor de colisión *m*

capteur de couple ***m***
All: Drehmomentsensor *m*
Ang: torque sensor *n*
Esp: sensor de par *m*

capteur de course de régulation ***m***
All: Regelwegsensor *m*
(Regelweggeber) *m*
(Regelstangenweggeber) *m*
Ang: rack travel sensor *n*
Esp: sensor de recorrido de regulación *m*

capteur de course du tiroir de régulation ***m***
All: Regelschieberweggeber *m*
Ang: control collar position sensor *n*
Esp: sensor de posición de corredera reguladora *m*

capteur de débattement de roue ***m***
All: Radlastsensor *m*
Ang: wheel load sensor *n*
Esp: sensor de carga de la rueda *m*

capteur de début de refoulement ***m***
All: Förderbeginngeber *m*
Ang: port closing sensor *n*
Esp: transmisor del comienzo de suministro *m*

capteur de déplacement d'aiguille ***m***
All: Nadelbewegungsfühler *m*
(Nadelbewegungssensor) *m*
Ang: needle motion sensor *n*
Esp: sensor de movimiento de aguja *m*

capteur de déplacement d'aiguille ***m***
All: Nadelbewegungssensor *m*
Ang: needle motion sensor *n*
Esp: sensor de movimiento de aguja *m*

capteur de déplacement inductif ***m***
All: induktiver Weggeber *m*
Ang: inductive position pick-up *n*
Esp: captador inductivo de posición *m*

capteur de dépression (allumage) ***m***
All: Unterdruckgeber (Zündung) *m*
Ang: vacuum pickup (ignition) *n*
Esp: transmisor de depresión (encendido) *m*

capteur de distance ***m***
All: Abstandssensor (ACC) *m*
Ang: ranging sensor (ACC) *n*
Esp: sensor de separación *m*

capteur de flux d'écoulement (débitmètre massique à film chaud) ***m***
All: Durchflusssensor (Heißfilm-Luftmassenmesser) *m*
Ang: flow sensor (hot-film air-mass meter) *n*
Esp: sensor de flujo (caudalímetro de aire de película caliente) *m*

capteur de frein à dépression ***m***
All: Brems-Unterdrucksensor *m*
Ang: brake vacuum sensor *n*
Esp: sensor de depresión de freno *m*

capteur de freinage ***m***
All: Bremswertsensor *m*
Ang: braking value sensor *n*
Esp: sensor del valor de frenado *m*

capteur de levée d'aiguille ***m***
All: Nadelhubgeber *m*
Ang: needle lift sensor *n*
Esp: captador de la carrera de la aguja *m*

capteur de levée de soupape ***m***
All: Ventilhubsensor *m*
Ang: valve lift sensor *n*
Esp: sensor de carrera de válvula *m*

capteur de niveau (pompe électrique à carburant) ***m***
All: Füllstandsgeber (Elektrokraftstoffpumpe) *m*
(Tankstandsgeber) *m*
Ang: level sensor (electric fuel pump) *n*
Esp: transmisor del nivel de llenado (bomba eléctrica de combustible) *m*

capteur de niveau (suspension pneumatique) ***m***
All: Niveaugeber (Luftfederung) *m*
Ang: level sensor (air suspension) *n*
Esp: captador de nivel (suspensión neumática) *m*

capteur de niveau de carburant ***m***
All: Kraftstofffüllstandsensor *m*
Ang: fuel level sensor *n*
Esp: sensor de nivel de llenado de combustible *m*

capteur de niveau de carburant ***m***
All: Tankfüllstandsensor *m*
Ang: fuel level sensor *n*
Esp: sensor de nivel de llenado del depósito *m*

capteur de niveau de liquide de frein ***m***
All: Bremsflüssigkeitsniveau-sensor *m*
Ang: brake fluid level sensor *n*
Esp: sensor de nivel del líquido de frenos *m*

capteur de papillon ***m***
All: Drosselklappengeber *m*
(Drosselklappensensor) *m*
Ang: throttle valve sensor *n*
Esp: transmisor de la mariposa *m*

capteur de perturbations (CEM) ***m***
All: Störsenke (EMV) *f*
Ang: susceptible device (EMC) *n*
Esp: embudo de interferencias (compatibilidad electromagnética) *m*

capteur de phase ***m***
All: Phasengeber *m*
(Phasensensor) *m*
Ang: phase sensor *n*
Esp: captador de fase *m*

capteur de pluie ***m***
All: Regensensor *m*
Ang: rain sensor *n*
Esp: sensor de lluvia *m*

capteur de position ***m***
All: Positionssensor *m*
(Positionsgeber) *m*
(Lagesensor) *m*
Ang: position sensor *n*
Esp: sensor de posición *m*

capteur de position d'accélérateur ***m***
All: Pedalwertgeber *m*
Ang: pedal travel sensor *n*
Esp: captador de posición del pedal *m*

capteur de position d'arbre à cames ***m***
All: Nockenwellen-Positionssensor *m*
Ang: camshaft-position sensor *n*
Esp: sensor de posición del árbol de levas *m*

capteur de position de papillon ***m***
All: Drosselklappenpositions-geber *m*
Ang: throttle valve position sensor *n*
Esp: transmisor de posición de la mariposa *m*

capteur de pression ***m***
All: Druckgeber *m*
Ang: pressure sensor *n*
Esp: transmisor de presión *m*

capteur de pression ***m***
All: Drucksensor *m*
(Druckgeber) *m*
(Druckfühler) *m*

Français

Ang: pressure sensor *n*
Esp: sensor de presión *m*

capteur de pression « rail » (« Common Rail ») ***m***
All: Raildrucksensor (Common Rail) *m*
Ang: rail pressure sensor (common rail) *n*
Esp: sensor de presión del conducto (Common Rail) *m*

capteur de pression à couches épaisses ***m***
All: Dickschicht-Drucksensor *m*
Ang: thick film pressure sensor *n*
Esp: sensor de presión de capa gruesa *m*

capteur de pression absolue ***m***
All: Absolutdrucksensor *m*
Ang: absolute pressure sensor *n*
Esp: sensor de presión absoluta *m*

capteur de pression atmosphérique ***m***
All: Atmosphärendrucksensor *m*
(Atmosphärendruckfühler) *m*
Ang: atmospheric-pressure sensor *n*
Esp: sensor de presión de atmósfera *m*

capteur de pression d'admission ***m***
All: Saugrohrdrucksensor *m*
Ang: intake manifold pressure sensor *n*
Esp: sensor de presión del tubo de aspiración *m*

capteur de pression d'air ***m***
All: Luftdrucksensor *m*
Ang: air pressure sensor *n*
Esp: sensor de presión de aire *m*

capteur de pression d'alimentation ***m***
All: Vordrucksensor *m*
Ang: brake pressure sensor *n*
Esp: sensor de la presión previa *m*

capteur de pression de carburant ***m***
All: Kraftstoffdrucksensor *m*
Ang: fuel pressure sensor *n*
Esp: sensor de presión de combustible *m*

capteur de pression de chambre de combustion ***m***
All: Brennraum-Drucksensor *m*
Ang: combustion chamber pressure sensor *n*
Esp: sensor de presión de la cámara de combustión *m*

capteur de pression de freinage ***m***
All: Bremsdrucksensor *m*
Ang: brake pressure sensor *n*
Esp: sensor de la presión de frenado *m*

capteur de pression de suralimentation ***m***
All: Ladedruckfühler *m*
Ang: boost pressure sensor, BPS *n*
Esp: sensor de presión de sobrealimentación *m*

capteur de pression d'huile moteur ***m***
All: Motoröldruckmesser *m*
Ang: engine oil pressure gauge *n*
Esp: medidor de presión de aceite del motor *m*

capteur de pression différentielle ***m***
All: Differenzdrucksensor *m*
Ang: differential pressure sensor *n*
Esp: sensor de presión diferencial *m*

capteur de pression micromécanique ***m***
All: mikromechanischer Drucksensor *m*
Ang: micro mechanical pressure sensor *n*
Esp: sonda micromecánica de presión *f*

capteur de régime ***m***
All: Drehzahlfühler *m*
Ang: speed sensor *n*
Esp: sensor de revoluciones *m*

capteur de régime à effet Hall ***m***
All: Hall-Drehzahlsensor *m*
Ang: hall effect crankshaft sensor *n*
Esp: sensor de revoluciones Hall *m*

capteur de régime inductif ***m***
All: induktiver Drehzahlsensor *m*
Ang: inductive prm sensor *n*
Esp: sensor inductivo de revoluciones *m*

capteur de régime moteur ***m***
All: Motordrehzahlsensor *m*
Ang: engine speed sensor *n*
Esp: sensor de número de revoluciones del motor *m*

capteur de repère de référence (allumage) ***m***
All: Bezugsmarkensensor (Zündung) *m*
Ang: reference-mark sensor (ignition) *n*
Esp: sensor de marca de referencia (encendido) *m*

capteur de réserve de carburant ***m***
All: Kraftstoffmangelsensor *m*
Ang: fuel shortage sensor *n*
Esp: sensor de combustible *m*

capteur de synchronisme ***m***
All: Trigger-Impulsgeber *m*
Ang: pulse generator trigger *n*
Esp: generador de impulsos de disparo *m*

capteur de tension d'allumage ***m***
All: Zündspannungsgeber *m*
Ang: ignition voltage pick-up *n*
Esp: captador de la tensión de encendido *m*

capteur de vibrations ***m***
All: Vibrationssensor *m*
Ang: vibration sensor *n*
Esp: sensor de vibración *m*

capteur de vitesse d'aiguille ***m***
All: Nadelgeschwindigkeitsfühler *m*
Ang: needle velocity sensor, NVS *n*
Esp: sensor de velocidad de aguja *m*

capteur de vitesse de consigne ***m***
All: Geschwindigkeits-Sollgeber *m*
Ang: speed preselect, SP *n*
Esp: captador de velocidad nominal *m*

capteur de vitesse de rotation de l'arbre à cames ***m***
All: Nockenwellen-Drehzahlsensor *m*
Ang: camshaft speed sensor *n*
Esp: sensor de velocidad de giro del árbol de levas *m*

capteur de vitesse de rotation du vilebrequin ***m***
All: Kurbelwellen-Drehzahlsensor *m*
Ang: crankshaft speed sensor *n*
Esp: sensor de revoluciones del cigüeñal *m*

capteur de vitesse de roue ***m***
All: Raddrehzahlsensor *m*
Ang: wheel speed sensor *n*
Esp: sensor de número de revoluciones de rueda *m*

capteur de vitesse linéaire ***m***
All: Geschwindigkeitssensor *m*
Ang: velocity sensor *n*
Esp: sensor de velocidad *m*

capteur d'encrassement ***m***
All: Schmutzsensor *m*
Ang: dirt sensor *n*
Esp: sensor de suciedad *m*

capteur d'essieu ***m***
All: Achssensor *m*
Ang: axle sensor *n*
Esp: sensor de eje *m*

capteur d'humidité ***m***
All: Feuchtesensor *m*
Ang: humidity sensor *n*
Esp: sensor de humedad *m*

capteur différentiel ***m***
All: Differenzialsensor *m*
Ang: differential sensor *n*
Esp: sensor diferencial *m*

capteur différentiel à bague de court-circuitage ***m***
All: Volldifferenzial-Kurzschlussringgeber *m*
Ang: full differential eddy-current sensor *n*
Esp: transmisor del anillo de cortocircuito totalmente diferencial *m*

capteur différentiel magnétorésistif ***m***

Français

All: Differenzial-Feldplattensensor *m*
Ang: differential magnetoresistive sensor *n*
Esp: sensor diferencial magnetoresistivo *m*

capteur d'image ***m***
All: Bildsensor *m*
Ang: imaging sensor *n*
Esp: sensor de imagen *m*

capteur d'inclinaison ***m***
All: Neigungssensor *m*
(Kippsensor) *m*
Ang: tilt sensor *n*
Esp: sensor de inclinación *m*

capteur d'usure de garniture (garniture de frein) ***m***
All: Belagverschleißsensor (Bremsen) *m*
(Verschleißsensor) *m*
Ang: lining wear sensor (brakes) *n*
(wear indicator) *n*
Esp: sensor de desgaste del forro (frenos) *m*

capteur d'usure des freins ***m***
All: Bremsverschleißsensor *m*
Ang: brake wear sensor *n*
Esp: sensor de desgaste de freno *m*

capteur d'usure des garnitures de frein ***m***
All: Bremsbelagverschleißsensor *m*
Ang: brake pad wear sensor *n*
Esp: sensor de desgaste de pastilla de freno *m*

capteur haute pression ***m***
All: Hochdrucksensor *m*
Ang: high pressure sensor *n*
Esp: sensor de alta presión *m*

capteur inductif ***m***
All: Induktionsgeber *m*
Ang: induction-type pulse generator *n*
Esp: generador de impulsos por inducción *m*

capteur inductif ***m***
All: Induktivgeber *m*
(Induktionsgeber) *m*
Ang: induction type pulse generator *n*
Esp: generador de impulsos por inducción *m*

capteur inductif haute fréquence ***m***
All: Hochfrequenzinduktivgeber *m*
Ang: high frequency inductive sensor *n*
Esp: transmisor inductivo de alta frecuencia *m*

capteur inertiel ***m***
All: *Gravitationssensor* *m*
Ang: gravitation sensor *n*
Esp: sensor gravitacional *m*

capteur piézoélectrique de vibrations ***m***
All: piezoelektrischer Schallaufnehmer *m*
Ang: vibration sensor *n*
Esp: captador piezoeléctrico de sonido *m*

capteur radar ***m***
All: Radarsensor *m*
Ang: radar sensor *n*
Esp: sensor de radar *m*

capteur récepteur ***m***
All: Empfangssensor *m*
Ang: receive sensor *n*
Esp: sensor de recepción *m*

capteurs ***pl***
All: Sensorik *f*
Ang: sensor technology *n*
Esp: técnica de sensores *f*

capuchon ***m***
All: Haube (Motorhaube) *f*
Ang: hood *n*
(engine hood) *n*
Esp: caperuza (capó de motor) *f*

capuchon anti-érosion (injecteur) ***m***
All: Prallkappe (Einspritzventil) *f*
Ang: anti erosion cap (fuel injector) *n*
Esp: caperuza anti-erosión (válvula de inyección) *f*

capuchon antipoussière ***m***
All: Staubkappe *f*
Ang: dust cap *n*
Esp: caperuza guardapolvo *f*

capuchon calorifuge (injecteur) ***m***
All: Wärmeschutzhütchen (Einspritzdüse) *n*
Ang: thermal protection cap (injection nozzle) *n*
Esp: copa de protección antitérmica (inyector) *f*

capuchon de fermeture ***m***
All: Verschlusskappe *f*
Ang: plug cap *n*
Esp: tapa roscada *f*

caractéristique à l'état bloqué ***f***
All: Sperrkennlinie *f*
Ang: off state characteristic *n*
Esp: curva característica de bloqueo *f*

caractéristique d'avance ***f***
All: Verstellcharakteristik *f*
Ang: timing characteristic *n*
Esp: característica de ajuste *f*

caractéristique de capteur ***f***
All: Sensorcharakteristik *f*
Ang: sensor characteristic *n*
Esp: característica del sensor *f*

caractéristique de charge ***f***
All: Belastungskennlinie *f*
Ang: load characteristic *n*
Esp: característica de carga *f*

caractéristique de charge (batterie) ***f***
All: Ladekennlinie (Batterie) *f*
Ang: charging characteristic (battery) *n*
Esp: característica de carga (batería) *f*

caractéristique de correction de débit ***f***
All: Angleichverlauf (Dieseleinspritzung) *m*
Ang: torque control characteristic *n*
Esp: característica de control de torque (inyección diesel) *f*

caractéristique de couple ***f***
All: Drehmomentkennlinie *f*
Ang: torque characteristic curve *n*
Esp: curva característica del par *f*

caractéristique de coupure (EGR) ***f***
All: Abschaltkennlinie (AGR) *f*
Ang: cut-out characteristic (EGR) *n*
Esp: característica de desconexión *f*

caractéristique de coupure de débit ***f***
All: Abregelverlauf (Dieseleinspritzung) *m*
Ang: breakaway characteristic (diesel fuel injection) *n*
Esp: característica de la limitación reguladora (inyección diesel) *f*

caractéristique de fonctionnement ***f***
All: Betriebskennlinie *f*
Ang: operating characteristic *n*
Esp: curva característica de operación *f*

caractéristique du régulateur ***f***
All: Reglercharakteristik *f*
Ang: governor characteristics (mechanical governor) *n*
Esp: característica del regulador *f*

caractéristique tension-courant à l'état passant (diode redresseuse) ***f***
All: Durchlasskennlinie (Gleichrichterdiode) *f*
Ang: on state characteristic (rectifier diode) *n*
Esp: característica de paso (diodo rectificador) *f*

caractéristiques du freinage ***fpl***
All: Bremskenndaten *fpl*
Ang: brake specifications *npl*
Esp: especificaciones de los frenos *fpl*

carburant ***m***
All: Kraftstoff *m*
Ang: fuel *n*
Esp: combustible *m*

carburant de fuite ***m***
All: Leckkraftstoff *m*
(Lecköl) *n*
Ang: leak fuel *n*

Français

Esp: combustible de fuga *m*

carburant de substitution ***m***
All: Alternativkraftstoff *m*
Ang: alternative fuel *n*
Esp: combustible alternativo *m*

carburateur ***m***
All: Vergaser *m*
Ang: carburetor *n*
Esp: carburador *m*

carburateur étagé ***m***
All: Registervergaser *m*
Ang: two stage carburetor *n*
Esp: carburador de dos etapas *m*

carburateur horizontal ***m***
All: Flachstrom-Vergaser *m*
Ang: horizonta -draft carburetor *n*
Esp: carburador de flujo horizontal *m*

carburateur inversé ***m***
All: Fallstrom-Vergaser *m*
Ang: downdraft carburetor *n*
Esp: carburador descendente *m*

carcasse de moteur ***f***
All: Motorgehäuse (Akustik CAE) *n*
Ang: motor frame *n*
Esp: bloque motor (acústica CAE) *m*

carcasse statorique ***f***
All: Ständergehäuse *n*
(Polgehäuse) *n*
Ang: stator housing *n*
Esp: carcasa de estator *f*

carrosserie ***f***
All: Fahrzeugaufbau *m*
Ang: vehicle body *n*
Esp: estructura del vehículo *f*

carrosserie « fastback » (à deux volumes) ***f***
All: Fließheck *n*
Ang: fastback *n*
Esp: zaga inclinada *f*
(carrocería fastback) *f*

carrosserie à trois volumes ***f***
All: Pontonform (Kfz) *f*
Ang: conventional form (motor vehicle) *n*
Esp: forma de pontón (automóvil) *f*

carrosserie bicorps ***f***
All: Schrägheck (Kfz) *n*
Ang: hatchback (motor vehicle) *n*
(fastback) *n*
Esp: zaga inclinada (automóvil) *f*

carrosserie interchangeable ***f***
All: Wechselaufbau *m*
Ang: interchangeable body *n*
Esp: estructura intercambiable *f*

carrosserie tricorps ***f***
All: Stufenheck *n*
Ang: notchback *n*
Esp: zaga escalonada *f*

carte à circuit imprimé ***f***
All: Leiterplatte *f*
(Platine) *f*
Ang: printed circuit board *n*
(pcb) *n*
Esp: placa de circuito impreso *f*

carter ***m***
All: Kurbelgehäuse *n*
Ang: crankcase *n*
Esp: bloque motor *m*
(cárter del cigüeñal) *m*

carter de cylindre ***m***
All: Zylindergehäuse *n*
Ang: cylinder housing *n*
Esp: carcasa de cilindro *f*

carter de filtre ***m***
All: Filtergehäuse *n*
Ang: filter case *n*
Esp: cuerpo de filtro *m*

carter de palier ***m***
All: Lagergehäuse *n*
Ang: bearing housing *n*
Esp: alojamiento de cojinete *m*

carter de turbine ***m***
All: Turbinengehäuse *n*
Ang: turbine housing *n*
Esp: carcasa de turbina *f*

carter d'embrayage ***m***
All: Kupplungsgehäuse *n*
Ang: clutch housing *n*
Esp: caja de embrague *f*

carter d'huile ***m***
All: Ölwanne *f*
Ang: oil sump *n*
(oil pan) *n*
Esp: cárter de aceite *m*

carter en alliage léger ***m***
All: Leichtmetallgehäuse *n*
Ang: light metal housing *n*
Esp: caja de aleación ligera *f*

carter hélicoïde ***m***
All: Spiralgehäuse *n*
Ang: spiral housing *n*
Esp: carcasa en espiral *f*

carter-cylindres ***m***
All: Kurbelwellengehäuse *n*
Ang: crankcase *n*
Esp: cárter de cigüeñal *m*
(bloque motor) *m*

carter-cylindres ***m***
All: Zylinderkurbelgehäuse (Verbrennungsmotor) *n*
Ang: engine block (IC engine) *n*
Esp: bloque motor (motor de combustión) *m*

cartographie ***f***
All: Kennfeld *n*
Ang: program map *n*
Esp: diagrama característico *m*

cartographie d'allumage ***f***
All: Zündkennfeld *n*
(Zündwinkelkennfeld) *n*
Ang: ignition map *n*
Esp: campo característico de encendido *m*

cartographie d'allumage ***f***
All: Zündwinkelkennfeld *n*
Ang: ignition map *n*
Esp: diagrama característico del ángulo de encendido *m*

cartographie de correction de pression ***f***
All: Druckkorrekturkennfeld *n*
Ang: pressure correction map *n*
Esp: campo de características de corrección de presión *m*

cartographie de débit ***f***
All: Mengenkennfeld *n*
Ang: fuel quantity map *n*
Esp: diagrama característico de caudal *m*

cartographie de l'angle de came ***f***
All: Schließwinkelkennfeld *n*
Ang: dwell angle map *n*
Esp: diagrama característico del ángulo de cierre *m*

cartographie de richesse (lambda) ***f***
All: Lambda-Kennfeld (Lambda-Regelung) *n*
Ang: lambda program map (lambda closed-loop control) *n*
Esp: diagrama característico Lambda (regulación Lambda) *m*

cartographie de richesse (lambda) ***f***
All: Lambda-Kennfeld *n*
Ang: lambda map *n*
Esp: diagrama característico Lambda *m*

cartographie des modes de fonctionnement ***f***
All: Betriebsartenkennfeld *n*
Ang: operating mode map *n*
Esp: diagrama característico de modos de operación *m*

cartographie du régulateur ***f***
All: Reglerkennfeld *n*
Ang: governor characteristic curves (mechanical governor) *n*
Esp: diagrama característico del regulador *m*

cartographie moteur ***f***
All: Motorkennfeld *n*
Ang: engine map *n*
Esp: diagrama característico del motor *m*

cartographie pompe ***f***
All: Pumpenkennfeld *n*
Ang: pump map *n*

Français

Esp: diagrama característico de la bomba *m*

cartouche de filtre à air *f*
All: Luftfiltereinsatz *m*
Ang: air filter element *n*
Esp: cartucho de filtro de aire *m*

cartouche de filtre à air *f*
All: Luftfiltereinsatz *m*
Ang: air filter cartridge *n*
Esp: cartucho de filtro de aire *m*

cartouche de filtre à carburant *f*
All: Kraftstofffiltereinsatz *m*
Ang: fuel filter element *n*
Esp: inserto del filtro de combustible *m*

cartouche de filtre à huile *f*
All: Ölfiltereinsatz *m*
Ang: lube oil filter element *n*
Esp: elemento del filtro de aceite *m*

cartouche dessiccante *f*
All: Trocknereinsatz *m*
Ang: desiccant insert *n*
Esp: inserto desecante *m*

cartouche filtrante en étoile *f*
All: Sternfilterelement *n*
Ang: radial vee form filter element *n*
Esp: elemento de filtro en estrella *m*

cartouche filtrante en rouleau *f*
All: Wickelfiltereinsatz *m*
Ang: spiral vee shaped filter element *n*
Esp: cartucho de filtro enrollado *m*

cartouche filtrante fine *f*
All: Feinfiltereinsatz *m*
Ang: fine filter element *n*
Esp: cartucho de filtro fino *m*

cartouche filtrante primaire *f*
All: Vorfiltereinsatz *m*
Ang: preliminary filter element *n*
Esp: cartucho de filtro previo *m*

cas de garantie *m*
All: Garantiefall *m*
Ang: warranty claim *n*
Esp: caso de garantía *m*

catadioptre *m*
All: Rückstrahler *m*
(Scheinwerfer) *m*
Ang: reflector (headlamp) *n*
Esp: reflector trasero *m*

catalyseur *m*
All: Katalysator *m*
Ang: catalytic converter *n*
Esp: catalizador *m*

catalyseur à accumulateur de NO_x *m*
All: $DeNO_x$-Katalysator *m*
Ang: lean NO_x catalayst *n*
Esp: catalizador de NO_x *m*

catalyseur à accumulateur de NO_x *m*
All: NO_x-Speicherkatalysator *m*
Ang: NO_x storage catalyst *n*
Esp: catalizador almacenador de NO_x *m*

catalyseur à accumulation *m*
All: Speicherkatalysator *m*
Ang: accumulator type catalytic converter *n*
Esp: catalizador acumulador *m*

catalyseur à double lit *m*
All: Doppelbettkatalysator *m*
Ang: dual bed catalytic converter *n*
Esp: catalizador de doble cama *m*

catalyseur à lit unique (ou monobloc) *m*
All: Einbettkatalysator *m*
Ang: single bed catalytic converter *n*
Esp: catalizador de una cama *m*

catalyseur de réduction *m*
All: Reduktionskatalysator *m*
Ang: reduction catalytic converter *n*
Esp: catalizador por reducción *m*

catalyseur d'oxydation *m*
All: Oxydationskatalysator *m*
Ang: oxidation catalytic converter *n*
Esp: catalizador por oxidación *m*

catalyseur d'oxydation à lit unique *m*
All: Einbett-Oxidationskatalysator *m*
Ang: single bed oxidation catalytic converter *n*
Esp: catalizador de oxidación de una cama *m*

catalyseur monolithique *m*
All: Monolithkatalysator *m*
Ang: monolithic catalyst *n*
Esp: catalizador monolítico *m*

catalyseur pour mélange pauvre *m*
All: Magerkatalysator *m*
Ang: lean burn catalytic converter *n*
Esp: catalizador de mezcla pobre *m*

catalyseur primaire *m*
All: Startkatalysator *m*
Ang: primary catalytic converter *n*
Esp: catalizador previo *m*

catalyseur principal *m*
All: Hauptkatalysator *m*
Ang: primary catalytic converter *n*
Esp: catalizador principal *m*

catalyseur sélectif *m*
All: Selektivkatalysator *m*
Ang: selective catalytic converter *n*
Esp: catalizador selectivo *m*

catalyseur trois voies *m*
All: Dreiwegekatalysator *m*
Ang: three way catalytic converter, TWC *n*
Esp: catalizador de tres vías *m*

catalyseur trois voies à lit unique (ou monobloc) *m*
All: Einbett-Dreiwegekatalysator *m*
Ang: single bed three-way catalytic converter *n*
Esp: catalizador de tres vías y una cama *m*

catégorie de défaut *f*
All: Fehlerklasse *f*
Ang: error class *n*
Esp: clase de avería *f*

catégorie de véhicule *f*
All: Fahrzeugklasse *f*
Ang: vehicle category *n*
Esp: categoría de vehículos *f*

catégorie de véhicule *f*
All: Fahrzeugklasse *f*
Ang: vehicle class *n*
Esp: categoría de vehículos *f*

cause de défaillance *f*
All: Ausfallursache *f*
Ang: failure cause *n*
Esp: causa del fallo *f*

cause de défaut *f*
All: Fehlerursache *f*
Ang: failure cause *n*
Esp: causa de avería *f*

cavitation (formation de cavités gazeuses) *f*
All: Kavitation (Lochfraß) *f*
Ang: cavitation (pitting corrosion) *n*
Esp: cavitación (formación de picaduras) *f*

cavité du piston *f*
All: Kolbenmulde *f*
Ang: piston recess *n*
Esp: cavidad de pistón *f*

ceinture automatique *f*
All: Automatikgurt *m*
Ang: automatic seat belt *n*
Esp: cinturón automático *m*

ceinture automatique à trois points d'ancrage *f*
All: Dreipunkt-Automatikgurt *m*
Ang: three point inertia-reel belt *n*
Esp: cinturón automático de tres puntos de apoyo *m*

ceinture de sécurité *f*
All: Sicherheitsgurt *m*
(Gurtband) *n*
Ang: seat belt *n*
Esp: cinturón de seguridad *m*

cellule de pompage *f*
All: Pumpzelle *f*
Ang: pump cell *n*
Esp: celda de bombeo *f*

cellule de vaporisation *f*
All: Verdampfungsmulde *f*
Ang: evaporation recess *n*
Esp: alojamiento de evaporador *m*

cellule optique à réflexion *f*
All: Reflexlichtschranke *f*
Ang: photoelectric reflected light barrier *n*
Esp: barrera de luz reflejada *f*

cellule photoélectrique *f*
All: Photoelement *n*

Ang: photocell n
Esp: célula fotoeléctrica f

cémentation f
All: Aufkohlen n
Ang: carburizing n
Esp: cementación f

cendres de plomb fpl
All: Bleiasche f
Ang: lead ash n
Esp: cenizas de plomo fpl

cendrier arrière m
All: Fondaschenbecher m
Ang: rear ashtray n
Esp: cenicero de la parte trasera m

centrale clignotante f
All: Blinkanlage f
Ang: hazard-warning device n
Esp: instalación de luces intermitentes f

centrale clignotante f
All: Blinkanlage f
Ang: turn signal system n
Esp: instalación de luces intermitentes f

centrale clignotante f
All: Blinkgeber m
Ang: turn signal flasher n
Esp: generador de impulsos luminosos m

centrale de codage f
All: Codiereinheit f
Ang: code unit n
Esp: unidad codificadora f

centrale de commande f
All: Schaltgerät (Zündschaltgerät) n
Ang: ignition trigger box n
Esp: bloque electrónico (bloque electrónico de encendido) m

centrale de commande f
All: Steuergerät n
Ang: electronic control unit, ECU n
Esp: unidad de control f

centrale mixte de direction-détresse f
All: Warnblinkgeber m
Ang: hazard warning light flasher n
Esp: transmisor de luces intermitentes de advertencia m

centre de gravité m
All: Schwerpunkt m
Ang: center of gravity n
Esp: centro de gravedad m

centre de rotation m
All: Drehpunkt m
Ang: pivot n
Esp: punto de giro m

céramique en nid d'abeilles (filtre d'oxidation de particules) f
All: Wabenkeramik (Rußabbrennfilter) f
Ang: honeycomb ceramic (soot burn-off filter) n
Esp: cerámica tipo panal de abeja (filtro de quemado de hollín) f

céramique planaire f
All: Planar-Keramik f
Ang: planar ceramics n
Esp: cerámica planar f

cercle de tête (engrenage) m
All: Kopfkreis (Zahnrad) m
Ang: tip circle (gear) n
Esp: círculo exterior (rueda dentada) m

cercle primitif m
All: Wälzkreis m
Ang: pitch circle n
Esp: círculo primitivo m

cercle primitif de référence (engrenage) m
All: Teilkreis (Zahnrad) m
Ang: reference circle (gear) n
Esp: círculo primitivo (rueda dentada) m

chaîne cinématique f
All: Antriebsstrang m
(Triebstrang) m
Ang: drivetrain n
Esp: tren de tracción m

chaîne crantée f
All: Zahnkette f
Ang: tooth type chain n
Esp: cadena dentada f

chaîne d'actionnement f
All: Aktorkette f
Ang: actuator chain n
Esp: cadena de actuadores f

chaîne de commande f
All: Steuerkette f
Ang: timing chain n
Esp: cadena de control f

chaleur de dissipation f
All: Verlustwärme f
(Wärmeverlust) m
Ang: heat losses npl
Esp: disipación de calor f

chaleur de freinage f
All: Bremswärme f
Ang: braking heat n
Esp: calor de frenado m

chaleur dégagée par la combustion f
All: Verbrennungswärme f
Ang: combustion heat n
Esp: calor de combustión m

chaleur des gaz d'échappement f
All: Abgaswärme f
Ang: exhaust heat n
Esp: calor de los gases de escape m

chaleur d'évaporation f
All: Verdampfungswärme f
Ang: heat of evaporation n
Esp: calor de evaporación m

chalumeau m
All: Brenner m
Ang: burner n
Esp: quemador m

chalumeau oxyacétylénique m
All: Azetylen-Sauerstoff-Brenner m
Ang: oxyacetylene burner n
Esp: quemador oxiacetilénico m

chambre à air f
All: Schlauch m
Ang: hose n
Esp: tubo flexible m

chambre à carburant (amortisseur de pression) f
All: Kraftstoffkammer (Kraftstoffdruckregler) f
Ang: fuel chamber (fuel-pressure regulator) n
Esp: cámara de combustible f

chambre à ressort (régulateur de pression du carburant) f
All: Federkammer (Kraftstoffdruckregler) f
Ang: pressure chamber (fuel-pressure regulator) n
Esp: cámara de presión (regulador de presión de combustible) f

chambre basse pression f
All: Niederdruckraum m
Ang: low pressure chamber n
Esp: cámara de baja presión f

chambre d'air f
All: Luftkammer f
Ang: air chamber n
Esp: cámara de aire f

chambre d'allumage f
All: Zündkammer f
Ang: ignition chamber n
Esp: cámara de encendido f

chambre d'amortissement (valve de nivellement) f
All: Dämpfungskammer (Luftfederventil) f
(Dämpfungsraum) m
Ang: damping chamber (height-control chamber) n
Esp: cámara de amortiguación (válvula de suspensión neumática) f

chambre d'amplification f
All: Verstärkerraum m
Ang: booster chamber n
Esp: cámara de amplificación f

chambre de combustion (émissions) f
All: Brennkammer (Abgastester) f
Ang: burner (emissions testing) n
Esp: cámara de combustión (comprobador de gases de escape) f

chambre de combustion (moteur à combustion) *f*
All: Brennraum (Verbrennungsmotor) *m*
(Verbrennungsraum) *m*
Ang: combustion chamber (IC engine) *n*
Esp: cámara de combustión (motor de combustión) *f*

chambre de combustion *f*
All: Verbrennungsraum *m*
Ang: combustion chamber *n*
Esp: cámara de combustión *f*

chambre de combustion du moteur *f*
All: Motorbrennraum *m*
Ang: combustion chamber, CC *n*
Esp: cámara de combustión del motor *f*

chambre de combustion principale *f*
All: Hauptbrennraum *m*
(Hauptverbrennungsraum) *m*
Ang: main combustion chamber *n*
Esp: cámara de combustión principal *f*

chambre de mélange *f*
All: Mischkammer *f*
Ang: venturi *n*
Esp: cámara de mezcla *f*

chambre de mesure (gaz CO) *f*
All: Messkammer (Abgasprüfung) *f*
Ang: measuring chamber (exhaust-gas test) *n*
Esp: cámara de medición (comprobación de gases de escape) *f*

chambre de pression (injecteur) *f*
All: Druckkammer (Einspritzdüse) *f*
(Düsen-Druckkammer) *f*
Ang: pressure chamber (injection nozzle) *n*
Esp: cámara de presión (inyector) *f*

chambre de pression *f*
All: Druckraum *m*
Ang: high pressure chamber *n*
Esp: cámara de presión *f*

chambre de pression *f*
All: Druckraum *m*
Ang: plunger chamber *n*
Esp: cámara de presión *f*

chambre de réaction *f*
All: Reaktionskammer *f*
Ang: reaction chamber *n*
Esp: cámara de reacción *f*

chambre de refoulement (pompe d'injection) *f*
All: Hochdruckraum (Einspritzpumpe) *m*
(Druckraum) *m*
Ang: plunger chamber (fuel-injection pump) *n*
Esp: cámara de alta presión (bomba de inyección) *f*

chambre de refoulement de la pompe *f*
All: Pumpenförderraum *m*
Ang: pump chamber *n*
Esp: cámara de la bomba *f*

chambre de ressort *f*
All: Federraum *m*
Ang: spring chamber *n*
Esp: cámara de resorte *f*

chambre de travail (servofrein) *f*
All: Arbeitskammer (Bremskraftverstärker) *f*
Ang: working chamber (brake booster) *n*
Esp: cámara de trabajo (servofreno) *f*

chambre de turbulence *f*
All: Wirbelkammer (Verbrennungsmotor) *f*
(Nebenbrennraum) *m*
(Nebenkammer) *f*
Ang: whirl chamber (IC engine) *n*
Esp: cámara de turbulencia (motor de combustión) *f*

chambre d'élément (« Common Rail ») *f*
All: Elementraum (Common Rail) *m*
Ang: element chamber (common rail) *n*
Esp: cámara de elemento (Common Rail) *f*

chambre d'injecteur *f*
All: Düsenraum *m*
Ang: nozzle chamber *n*
Esp: cámara de inyectores *f*

chambre du vérin *f*
All: Zylinderkammer *f*
Ang: cylinder chamber *n*
Esp: cámara de cilindro *f*

chambre supérieure *f*
All: Oberkammer *f*
Ang: upper chamber *n*
Esp: cámara superior *f*

champ centrifuge *m*
All: Fliehkraftfeld *n*
Ang: centrifugal force field *n*
Esp: campo de fuerza centrífuga *m*

champ de balayage *m*
All: Wischfeld *n*
Ang: wipe pattern *n*
Esp: campo de barrido del limpiaparabrisas *m*

champ de balayage des essuie-glaces *m*
All: Scheibenwischer-Wischfeld *n*
Ang: windshield wiper pattern *n*
Esp: campo de barrido del limpiaparabrisas *m*

champ de vision *m*
All: Blickfeld *n*
Ang: field of vision *n*
Esp: campo visual *m*

champ d'excitation *m*
All: Erregerfeld *n*
Ang: excitation field *n*
Esp: campo de excitación *m*

champ électrique *m*
All: elektrisches Feld *n*
Ang: electric field *n*
Esp: campo eléctrico *m*

champ limite *m*
All: Grenzfeldstärke *f*
Ang: limiting field strength *n*
Esp: intensidad límite de campo *f*

champ magnétique *m*
All: Feldstärke *f*
Ang: field strength *n*
Esp: intensidad de campo *f*

champ magnétique *m*
All: Magnetfeld *n*
(magnetische Feldstärke) *f*
Ang: magnetic field *n*
(magnetic field strength) *n*
Esp: campo magnético *m*

champ magnétique d'amorçage *m*
All: Vorerregermagnetfeld *n*
Ang: preexcitation magnetic field *n*
Esp: campo magnético de preexcitación *m*

champ parasitaire *m*
All: Störfeld *n*
Ang: noise field *n*
(interference field) *n*
Esp: campo perturbador *m*

champ tournant statorique *m*
All: Ständerdrehfeld *n*
Ang: rotating stator field *n*
Esp: campo giratorio del estator *m*

champ ultrasonique (alarme auto) *m*
All: Ultraschallfeld (Autoalarm) *n*
Ang: ultrasonic field (car alarm) *n*
Esp: campo ultrasónico (alarma de vehículo) *m*

chanfrein *m*
All: Anschliff *m*
Ang: specially ground pintle *n*
Esp: sección pulida *f*

chanfrein *m*
All: Fase *f*
Ang: chamfer *n*
Esp: bisel *m*

changement de mode de fonctionnement du moteur *m*
All: Betriebsartenumschaltung *f*
Ang: operating mode switch-over *n*
Esp: conmutación de modo de operación *f*

changement de mode de fonctionnement du moteur *m*
All: Betriebsartenwechsel *m*
Ang: operating mode switch-over *n*
Esp: cambio de modo de operación *m*

chape *f*
All: Gabelkopf *m*
Ang: fork head *n*
(clevis) *n*
Esp: cabeza de horquilla *f*

charge d'air *f*
All: Luftfüllung *f*
Ang: air charge *n*
Esp: carga de aire *f*

charge d'air frais *f*
All: Frischgasfüllung *f*
Ang: fresh gas filling *n*
Esp: llenado de gas fresco *m*

charge d'air frais *f*
All: Frischluftfüllung *f*
Ang: fresh air charge *n*
Esp: llenado de aire fresco *m*

charge d'attelage autorisée *f*
All: zulässige Anhängelast *f*
Ang: premissible towed weight *n*
Esp: carga remolcada permitida *f*

charge de freinage (banc d'essai) *f*
All: Bremslast (Rollenprüfstand) *f*
Ang: retarding force (chassis dynamometer) *n*
Esp: carga de frenado (banco de pruebas de rodillos) *f*

charge de la batterie (batterie) *f*
All: Batterieladung *f*
Ang: battery charge *n*
(charging) *n*
Esp: carga de la batería *f*

charge de la roue *f*
All: Radlast *f*
Ang: wheel load *n*
Esp: carga de la rueda *f*

charge de l'actionneur *f*
All: Aktorkapazität *f*
Ang: actuator charge *n*
Esp: capacidad del actuador *f*

charge de maintien *f*
All: Erhaltungsladung *f*
Ang: trickle charge *n*
Esp: carga de conservación *f*

charge de pointe *f*
All: Spitzenbelastung *f*
Ang: peak load *n*
Esp: carga máxima *f*

charge d'essai *f*
All: Prüflast *f*
Ang: test pressure *n*
Esp: carga de ensayo *f*

charge d'essieu maximale *f*
All: maximale Achslast (H: Last) *f*
Ang: maximum axle weight *n*
Esp: carga máxima sobre ejes (H: carga) *f*

charge d'halogène *f*
All: Halogenfüllung *f*
Ang: halogen charge *n*
Esp: carga de halógeno *f*

charge du cylindre *f*
All: Zylinderladung (Verbrennungsmotor) *f*
Ang: cylinder charge (IC engine) *n*
Esp: carga de cilindro (motor de combustión) *f*

charge du moteur *f*
All: Motorlast *f*
Ang: engine load *n*
Esp: carga del motor *f*

charge dynamique par essieu *f*
All: dynamische Achslast *f*
Ang: dynamic axle load *n*
Esp: carga dinámica de eje *f*

charge électrostatique *f*
All: elektrostatische Aufladung *f*
Ang: electrostatic charge *n*
Esp: carga electrostática *f*

charge fraîche *f*
All: Frischladung *f*
Ang: fresh charge *n*
Esp: carga fresca *f*

charge intermittente *f*
All: Aussetzbelastung *f*
Ang: intermittent loading *n*
Esp: carga intermitente *f*

charge nominale *f*
All: Nennlast *f*
Ang: nominal load *n*
Esp: carga nominal *f*

charge par impulsion unique *f*
All: Einzelimpulsaufladung *f*
Ang: single pulse charging *n*
Esp: sobrealimentación monoimpulso *f*

charge partielle (moteur à combustion) *f*
All: Teillast (Verbrennungsmotor) *f*
Ang: part load (IC engine) *n*
Esp: carga parcial (motor de combustión) *f*

charge partielle *f*
All: Teillast *f*
Ang: part throttle *n*
Esp: carga parcial *f*

charge permanente (charge de batterie) *f*
All: Dauerladung (Batterieladung) *f*
Ang: trickle charging (battery charge) *n*
Esp: carga continua (carga de batería) *f*

charge ponctuelle *f*
All: Punktladung *f*
Ang: point charge *n*
Esp: carga puntual *f*

charge pyrotechnique *f*
All: Treibladung (Sicherheitsgurt) *f*
Ang: propellant charge (seat belt) *n*
Esp: carga propulsiva (cinturón de seguridad) *f*

charge rapide (batterie) *f*
All: Schnellladung (Batterie) *f*
(Rapidladung) *f*
Ang: boost charge (battery) *n*
Esp: carga rápida (batería) *f*

charge stratifiée *f*
All: Schichtladung *f*
Ang: stratified charge *n*
Esp: carga estratificada *f*

charge sur essieu *f*
All: Achslast *f*
Ang: axle load *n*
Esp: carga del eje *f*

charge thermique *f*
All: Wärmebelastung *f*
Ang: thermal load *n*
Esp: carga térmica *f*

charge utile *f*
All: Nutzlast (Zuladung) *f*
Ang: payload *n*
Esp: carga útil *f*

charge utile *f*
All: Nutzlast *f*
Ang: useful load *n*
(working load) *n*
Esp: carga útil *f*

chargement *m*
All: Beladung *f*
Ang: load *n*
Esp: carga *f*

chargeur compact (batterie) *m*
All: Kleinlader (Batterie) *m*
Ang: small charger (battery) *n*
Esp: cargador pequeño (batería) *m*

chargeur de batterie (batterie) *m*
All: Batterieladegerät *n*
(Ladegerät) *n*
Ang: battery charger *n*
Esp: cargador de batería *m*

chargeur de bord *m*
All: Bordladegerät *n*
Ang: on board battery charger *n*
Esp: cargador de a bordo *m*

chargeur de démarrage rapide (batterie) *m*
All: Schnellstartlader (Batterie) *m*
Ang: rapid start charger (battery) *n*
Esp: cargador de arranque rápido (batería) *m*

chargeur de garage (batterie) *m*
All: Werkstattlader (Batterie) *m*
Ang: workshop charger (battery) *n*
Esp: cargador de taller (batería) *m*

chargeur électronique (batterie) *m*

Français

All: Elektroniklader (Batterie) *m*
Ang: electronic charger (battery) *n*
Esp: cargador electrónico (batería) *m*

chargeur frontal ***m***
All: Frontlader *m*
Ang: front lifter *n*
Esp: cargador frontal *m*

chargeur rapide ***m***
All: Schnelllader (Batterie) *m*
Ang: battery boost charger (battery) *n*
Esp: cargador rápido (batería) *m*

chariot d'appareil ***m***
All: Gerätewagen *m*
Ang: equipment trolley *n*
Esp: vehículo con aparatos *m*

chariot de manutention ***m***
All: Flurförderer *m*
Ang: conveyor belt *n*
Esp: transportador de superficie *m*

chariot de manutention ***m***
All: Flurförderzeug (Logistik) *n*
Ang: industrial truck *n*
Esp: carromato (logística) *m*

chariot élévateur ***m***
All: Hubstapler *m*
Ang: stacker truck *n*
Esp: carretilla elevadora *f*

chariot élévateur à fourche (Logistik) ***m***
All: Gabelstapler (Logistik) *m*
Ang: forklift truck *n*
(fork stacker) *n*
Esp: carretilla elevadora (logística) *f*

charnière de portière ***f***
All: Türscharnierlager *n*
Ang: door hinge bearing *n*
Esp: cojinete de bisabra de puerta *m*

chasse au sol ***f***
All: Nachlaufstrecke *f*
Ang: caster offset *n*
Esp: avance *m*

chasse du pneumatique ***f***
All: Reifennachlauf *m*
Ang: caster *n*
Esp: giro por inercia del neumático *m*

chasser (véhicule) ***v***
All: ausbrechen (Kfz) *v*
Ang: break away (motor vehicle) *v*
Esp: derrapar (automóvil) *v*

châssis ***m***
All: Fahrgestell *n*
Ang: bare chassis *n*
Esp: chasis *m*

châssis ***m***
All: Fahrgestell *n*
Ang: chassis *n*
Esp: chasis *m*

châssis ***m***
All: Fahrwerk *n*
Ang: chassis *n*
Esp: chasis *m*

châssis ***m***
All: Rahmen *m*
(Unterbau) *m*
Ang: frame *n*
Esp: bastidor *m*

châssis en échelle ***m***
All: Leiterrahmenfahrgestell *n*
Ang: ladder type chassis *n*
Esp: chasis tipo bastidor de travesaños *m*

chaudière ***f***
All: Kessel *m*
Ang: boiler *n*
Esp: cuba *f*

chauffage ***m***
All: Heizungsanlage *f*
Ang: heater system *n*
Esp: sistema de calefacción *m*

chauffage automatique ***m***
All: Heizautomatik *f*
Ang: automatic heater *n*
Esp: calefacción automática *f*

chauffage auxiliaire ***m***
All: Standheizung *f*
Ang: auxiliary heater *n*
Esp: calefacción independiente *f*

chauffage auxiliaire ***m***
All: Zusatzheizung *f*
Ang: auxiliary heater *n*
Esp: calefacción adicional *f*

chauffage auxiliaire de liquide de refroidissement ***m***
All: Kühlmittel-Zusatzheizung *f*
Ang: coolant auxiliary heater *n*
Esp: calefacción adicional de líquido refrigerante *f*

chauffage d'appoint ***m***
All: Zuheizer *m*
Ang: auxiliary heater *n*
Esp: calefactor auxiliar *m*

chauffage de catalyseur ***m***
All: Katalysatorheizung *f*
Ang: catalyst heating system *n*
Esp: calefacción de catalizador *f*

chauffage de pare-brise ***m***
All: Frontscheibenheizung *f*
Ang: windshield heater *n*
Esp: calefacción del parabrisas *f*

chauffage de rétroviseur ***m***
All: Spiegelheizung *f*
Ang: mirror heating *n*
Esp: calefacción del espejo *f*

chauffage de serrure de porte ***m***
All: Türschlossheizung *f*
Ang: door lock heating *n*
Esp: calefacción de cerradura de puerta *f*

chauffage de siège ***m***
All: Sitzheizung *f*
Ang: seat heating *n*
Esp: calefacción de asiento *f*

chauffage d'eau de refroidissement ***m***
All: Kühlwasserheizung *f*
Ang: coolant heater *n*
Esp: calefacción de líquido refrigerante *f*

chauffage d'habitacle ***m***
All: Wagenheizer *m*
(Wagenheizung) *f*
Ang: vehicle heater *n*
Esp: calefactor de vehículo *m*

check-liste ***f***
All: Checkliste *f*
Ang: checklist *n*
Esp: lista de comprobación *f*

chemin de conduction de la chaleur ***m***
All: Wärmeleitweg *m*
Ang: thermal conduction path *n*
Esp: trayectoria de conducción térmica *f*

chemin de défaut ***m***
All: Fehlerpfad *m*
Ang: error path *n*
Esp: ruta de averías *f*

chemin de fuite ***m***
All: Nebenschlusspfad *m*
(Kriechweg) *m*
Ang: leakage path *n*
Esp: trayectoria de fuga *f*

chemin de roulement ***m***
All: Abwälzbahn (Zündverteiler) *f*
Ang: rolling contact path (ignition distributor) *n*
Esp: trayecto de rodadura (distribuidor de encendido) *m*

cheminée (allumeur) ***f***
All: Außendom (Zündverteiler) *m*
Ang: outer tower (ignition distributor) *n*
Esp: torre exterior (distribuidor de encendido) *f*

chemise ***f***
All: Verteilerbüchse *f*
Ang: distributor head bushing *n*
Esp: caja distribuidora *f*

chevauchement (fentes d'étranglement) ***m***
All: Überdeckung (Steuerschlitze) *f*
Ang: overlap (metering slits) *n*
Esp: superposición (intersticio de mando) *f*

chlorofluorocarbones (CFC) ***m***
All: Fluor-Chlor-Kohlenwasserstoff, FCKW *m*
Ang: chlorofluorocarbon, CFC *n*
Esp: hidrocarburo clorofluorado *m*
(clorofluorocarburo, CFC) *m*

choc arrière ***m***

All: Heckaufprall m
Ang: rear end impact n
Esp: choque contra la parte trasera m

choc décalé ***m***
All: Offsetaufprall m
Ang: offset impact n
Esp: choque fuera de eje m

choc frontal ***m***
All: Frontalaufprall m
Ang: frontal impact n
Esp: choque frontal m

choc latéral ***m***
All: Seitenaufprall m
Ang: side impact n
Esp: choque lateral m

choc thermique ***m***
All: Thermoschock m
Ang: thermal shock n
Esp: choque térmico m

chronomètre ***m***
All: Stoppuhr f
Ang: stopwatch n
Esp: cronómetro m

chute de potentiel ***f***
All: Spannungsabfall (potential drop) m
Ang: voltage drop n
Esp: caída de tensión (caída de potencial) f

chute de pression ***f***
All: Druckgefälle n
Ang: pressure differential n
Esp: caída de presión f

chute de pression ***f***
All: Drucksenkung f
Ang: pressure drop n
Esp: disminución de presión f

chute de tension ***f***
All: Spannungseinbruch m
(Spannungsfall) m
Ang: voltage drop n
Esp: caída de tensión f

ciel de pavillon ***m***
All: Dachinnenauskleidung f
Ang: headliner n
Esp: revestimiento interior del techo m

ciment à base de verre conducteur ***m***
All: Glasschmelze (elektrisch leitend) f
Ang: conductive glass seal n
Esp: vidrio fundido (conductor eléctrico) m

circuit ***m***
All: Schaltung f
Ang: circuit n
Esp: circuito m

circuit à courant alternatif ***m***
All: Wechselstromkreis m
Ang: alternating current circuit n
Esp: circuito de corriente alterna m

circuit à courant continu ***m***
All: Gleichstromkreis m
Ang: direct current circuit n
Esp: circuito de corriente continua m

circuit à haute intégration (calculateur) ***m***
All: Großschaltkreis (Steuergerät) m
Ang: large scale integrated circit, LSI (ECU) n
Esp: circuito integrado a gran escala (unidad de control) m

circuit analogique ***m***
All: Analogschaltung f
Ang: analog network n
Esp: circuito analógico m

circuit basse pression ***m***
All: Niederdruckkreislauf m
Ang: low pressure circuit n
Esp: circuito de baja presión m

circuit basse pression de carburant ***m***
All: Kraftstoff-Niederdruckkreislauf m
Ang: low pressure fuel circuit n
Esp: circuito de baja presión de combustible m

circuit d'activation ***m***
All: Treiber m
(Mitnehmer) m
Ang: driver n
Esp: controlador m

circuit d'adaptation ***m***
All: Anpassschaltung f
Ang: adapter circuit n
Esp: circuito adaptador m

circuit d'admission ***m***
All: Saugtrakt m
Ang: intake system n
Esp: tramo de aspiración m

circuit d'air comprimé ***m***
All: Druckluftkreis m
Ang: compressed air circuit n
Esp: circuito de aire comprimido m

circuit d'alimentation (air comprimé) ***m***
All: Druckluftvorratskreis m
(Vorratskreis) m
Ang: compressed-air supply circuit n
Esp: circuito de reserva de aire comprimido m

circuit d'allumage ***m***
All: Zündkreis m
Ang: ignition circuit n
Esp: circuito de encendido m

circuit d'amorçage ***m***
All: Vorerregerstromkreis m
Ang: preexcitation circuit n
Esp: circuito de preexcitación m

circuit de carburant ***m***
All: Kraftstoffkreislauf m
Ang: fuel circuit n
Esp: circuito de combustible m

circuit de commande de la remorque (dispositif à air comprimé) ***m***
All: Anhängerkreis (Druckluftanlage) m
Ang: trailer circuit (compressed-air system) n
Esp: circuito del remolque (sistema de aire comprimido) m

circuit de fluide frigorigène ***m***
All: Kältemittelkreislauf m
Ang: refrigerant circuit n
Esp: circuito de agente frigorífico m

circuit de freinage ***m***
All: Bremskreis m
Ang: brake circuit n
Esp: circuito de freno m

circuit de freinage de service ***m***
All: Betriebsbremskreis m
Ang: service brake circuit n
Esp: circuito del freno de servicio m

circuit de freinage de stationnement ***m***
All: Feststellbremskreis m
Ang: parking brake circuit n
Esp: circuito de freno de estacionamiento m

circuit de freinage hydraulique ***m***
All: Hydraulikbremskreis m
Ang: hydraulic brake circuit n
Esp: circuito de freno hidráulico m

circuit de freinage pneumatique ***m***
All: Pneumatikbremskreis m
Ang: pneumatic brake circuit n
Esp: circuito neumático de frenado m

circuit de lubrification ***m***
All: Schmierkreis m
Ang: lubrication circuit n
Esp: circuito de lubricación m

circuit de lubrification du moteur ***m***
All: Motorschmieröl-Kreislauf m
(Motorölkreislauf) m
(Schmierölkreislauf) m
Ang: engine lube-oil circuit n
Esp: circuito de lubricación del motor m

circuit de mémorisation (banc d'essai) ***m***
All: Speicherschaltung (Rollenbremsprüfstand) f
Ang: memory circuit (dynamic brake analyzer) n
Esp: circuito de memoria (banco de pruebas de frenos de rodillos) m

Français

circuit de pression *m*
All: Druckkreis *m*
Ang: pressure circuit *n*
Esp: circuito de presión *m*

circuit de refroidissement fermé *m*
All: geschlossener Kühlkreislauf *m*
Ang: closed circuit cooling *n*
Esp: circuito cerrado de refrigeración *m*

circuit de régulation *m*
All: Schaltkreis *m*
Ang: control circuit *n*
Esp: circuito *m*

circuit de régulation du freinage (ASR) *m*
All: Bremsregelkreis (ASR) *m*
Ang: brake control circuit (TCS) *n*
Esp: circuito de regulación de frenado (ASR) *m*

circuit de retenue *m*
All: Rückhaltkreis *m*
Ang: retention circuit *n*
Esp: circuito de retención *m*

circuit de sortie (calculateur) *m*
All: Ausgangsschaltung (Steuergerät) *f*
Ang: output circuit (ECU) *n*
Esp: circuito de salida (unidad de control) *m*

circuit d'eau *m*
All: Wasserkreislauf *m*
Ang: water circulation *n*
(water circuit) *n*
Esp: circuito de agua *m*

circuit d'eau de refroidissement *m*
All: Kühlwasserkreislauf *m*
(Kältemittelkreislauf) *m*
Ang: coolant circuit *n*
Esp: circuito de líquido refrigerante *m*

circuit d'entrée (calculateur) *m*
All: Eingangsschaltung (Steuergerät) *f*
(Eingangsbeschaltung) *f*
Ang: input circuit (ECU) *n*
Esp: circuito de entrada (unidad de control) *m*

circuit des récepteurs auxiliaires *m*
All: Nebenverbraucherkreis *m*
Ang: ancillary circuit *n*
Esp: circuito de consumidores secundarios *m*

circuit d'excitation *m*
All: Erregerstromkreis *m*
Ang: excitation circuit *n*
Esp: circuito de corriente de excitación *m*

circuit d'exploitation *m*
All: Auswertschaltung *f*
Ang: evaluation circuit *n*
Esp: circuito de evaluación *m*

circuit d'huile *m*
All: Ölkreislauf *m*
Ang: oil circuit *n*
Esp: circuito de aceite *m*

circuit d'huile lubrifiante *m*
All: Schmierölkreislauf *m*
Ang: engine lubricating circuit *n*
(engine lube-oil circuit) *n*
Esp: circuito de aceite lubricante *m*

circuit d'huile moteur *m*
All: Motorölkreislauf *m*
Ang: engine oil circuit *n*
Esp: circuito de aceite del motor *m*

circuit électrique *m*
All: Schaltkreis *m*
Ang: circuit *n*
(electric circut) *n*
Esp: circuito *m*

circuit électrique *m*
All: Stromkreis *m*
Ang: electric circuit *n*
Esp: circuito eléctrico *m*

circuit en pont *m*
All: Brückenschaltung *f*
Ang: bridge circuit *n*
Esp: conmutación por puente *f*

circuit flottant (maître-cylindre tandem) *m*
All: Schwimmkreis (Tandemhauptzylinder) *m*
Ang: floating circuit (tandem master cylinder) *n*
Esp: circuito flotante (cilindro maestro tándem) *m*

circuit haute pression *m*
All: Hochdruckkreis *m*
Ang: high pressure circuit *n*
Esp: circuito de alta presión *m*

circuit haute pression *m*
All: Hochdruckkreislauf *m*
Ang: high pressure circuit *n*
Esp: circuito de alta presión *m*

circuit hybride *m*
All: Hybridschaltung *f*
Ang: hybrid circuit *n*
Esp: circuito híbrido *m*

circuit magnétique *m*
All: Magnetkreis *m*
Ang: magnetic circuit *n*
Esp: circuito magnético *m*

circuit numérique *m*
All: Digitalschaltung *f*
Ang: digital circuit *n*
Esp: circuito digital *m*

circuit primaire *m*
All: Primärkreis *m*
Ang: primary circuit *n*
Esp: circuito primario *m*

circuit principal (alternateur) *m*
All: Generatorstromkreis *m*
(Hauptstromkreis) *m*
Ang: main circuit (alternator) *n*
Esp: circuito principal *m*

circuit secondaire *m*
All: Sekundärkreis *m*
Ang: secondary circuit *n*
Esp: circuito secundario *m*

circuit temporisateur *m*
All: Verzögerungsschaltung (Startventil) *f*
Ang: delay switch (start valve) *n*
Esp: circuito de retardo (válvula de arranque) *m*

circuit temporisateur *m*
All: Verzögerungsschaltung *f*
Ang: delay circuit *n*
Esp: circuito de retardo *m*

circulation à gauche/à droite *f*
All: Links-Rechtsverkehr *m*
Ang: left/right-hand traffic *n*
Esp: circulación por la izquierda/por la derecha *f*

cire *f*
All: Wachs *n*
Ang: wax *n*
Esp: cera *f*

cisaillement *m*
All: Schub *m*
Ang: shear *n*
Esp: cizallamiento *f*

cisaillement *m*
All: Schub (Kfz) *m*
Ang: overrun (motor vehicle) *n*
Esp: empuje (automóvil) *m*

clapet (frein) *m*
All: Ventilteller (Bremse) *m*
Ang: valve plate (brake) *n*
Esp: platillo de válvula (freno) *m*

clapet à bille *m*
All: Kugelventil *n*
Ang: ball valve *n*
Esp: válvula de bola *f*

clapet antichoc *m*
All: Schockventil *n*
Ang: shock absorber *n*
Esp: válvula de impacto *f*

clapet d'arrêt *m*
All: Absperrventil *n*
Ang: shutoff valve *n*
Esp: válvula de cierre *f*

clapet de fond *m*
All: Bodenventil *n*
Ang: floor valve *n*
Esp: válvula de fondo *f*

clapet de maintien de pression *m*
All: Druckhalteventil *n*
Ang: pressure sustaining valve *n*
Esp: válvula mantenedora de presión *f*

clapet de non-retour *m*
All: Rückschlagventil *n*
Ang: non return valve *n*
Esp: válvula de retención *f*

clapet de non-retour à étranglement *m*

Français

All: Drosselrückschlagventil *n*
Ang: throttle type non-return valve *n*
Esp: válvula de retención y estrangulación *f*

clapet de réaspiration ***m***
All: Nachsaugventil *n*
Ang: replenishing valve *n*
Esp: válvula de aspiración ulterior *f*

clapet de refoulement (pompe d'injection) ***m***
All: Druckventil (Einspritzpumpe) *n*
Ang: delivery valve (fuel-injection pump) *n*
Esp: válvula de presión (bomba de inyección) *f*

clapet de refoulement à pression constante ***m***
All: Gleichdruckventil *n*
Ang: constant-pressure valve *n*
Esp: válvula a presión constante *f*

clapet de refoulement à volume constant ***m***
All: Gleichraumventil *n*
Ang: constant-volume valve *n*
Esp: válvula de volumen constante *f*

clapet de résonance ***m***
All: Resonanzklappe *f*
Ang: resonance valve *n*
Esp: mariposa de resonancia *f*

clapet de sécurité de dépression ***m***
All: Unterdruck-Schutzventil *n*
Ang: vacuum/safety valve *n*
Esp: válvula de seguridad de depresión *f*

clapet de soupape ***m***
All: Ventilteller *m*
Ang: valve disk *n*
(valve head) *n*
Esp: platillo de válvula *m*

clapet d'évacuation de gaz ***m***
All: Gasauslassventil *n*
Ang: gas discharge valve *n*
Esp: válvula de descarga de gas *f*

clapet-pilote (injection diesel) ***m***
All: Vorlaufventil (Dieseleinspritzung) *n*
Ang: forwarddelivery valve (diesel fuel injection) *n*
Esp: válvula de suministro de avance (inyección diesel) *f*

claquement ***m***
All: Nageln *n*
Ang: diesel knock *n*
(knock) *n*
Esp: traqueteo *m*

classe d'antiparasitage ***f***
All: Entstörklasse *m*
Ang: interference suppression category *n*
Esp: clase de supresión de interferencias *f*

classification des défauts ***f***
All: Fehlerklassifizierung *f*
Ang: classification of non conformance *n*
Esp: clasificación de averías *f*

clavette ***f***
All: Keil *m*
Ang: key *n*
Esp: chaveta *f*

clavette coulissante ***f***
All: Ziehkeil *m*
Ang: adjusting wedge *n*
Esp: calce de tracción *m*

clavier de commande ***m***
All: Bedientastatur *f*
Ang: keyboard *n*
Esp: teclado de manejo *m*

clavier opérateur ***m***
All: Bedienteil *n*
Ang: control element *n*
Esp: elemento de mando *m*

clé ***f***
All: Schraubenschlüssel *m*
Ang: wrench *n*
(spanner) *n*
Esp: llave *f*

clé à douille ***f***
All: Stecknuss *f*
Ang: nut driver *n*
Esp: inserto de llave de tubo *m*

clé à douille ***f***
All: Steckschlüssel *m*
Ang: socket wrench *n*
(socket spanner) *n*
Esp: llave tubular *f*

clé à fourche ***f***
All: Gabelschlüssel *m*
Ang: open end wrench *n*
(fork wrench) *n*
Esp: llave fija de dos bocas *f*

clé à fourche ***f***
All: Gabelschlüssel *m*
Ang: face wrench *n*
(spanner(GB)) *n*
Esp: llave fija de dos bocas *f*

clé à quatre pans ***f***
All: Vierkantschlüssel *m*
Ang: square wrench *n*
(square spanner) *n*
Esp: llave de cabeza cuadrada *f*

clé de contact ***f***
All: Zündschlüssel *m*
Ang: ignition key *n*
(starter key) *n*
Esp: llave de encendido *f*

clé dynamométrique ***f***
All: Drehmomentschlüssel *m*
Ang: torque wrench *n*
Esp: llave dinamométrica *f*

clé mâle coudée pour vis à six pans creux ***f***
All: Innensechskantschlüssel *m*
Ang: hexagon drive bit *n*
(allen key) *n*
Esp: llave con macho hexagonal *f*

clé polygonale ***f***
All: Ringschlüssel *m*
Ang: ring spanner *n*
(ring wrench) *n*
Esp: llave de boca estrellada *f*

clignotant ***m***
All: Blinkleuchte *f*
Ang: turn signal lamp *n*
Esp: lámpara intermitente *f*

clignotement de direction ***m***
All: Fahrtrichtungsblinken *n*
Ang: direction-indicator signal *n*
(turn-signal flashing) *n*
Esp: luz intermitente de dirección de marcha *f*

climatiseur ***m***
All: Klimaanlage *f*
Ang: air conditioning system *n*
Esp: sistema de aire acondicionado *m*

climatiseur automatique ***m***
All: Klimaautomatik *f*
Ang: automatic air conditioning *n*
Esp: climatizador automático *m*

clinchage ***m***
All: Druckfügen *n*
Ang: pressurized clinching *n*
Esp: unión a presión *f*

clinchage par points TOX ***m***
All: Toxen *n*
(Toxfügen) *n*
Ang: tox clinching *n*
Esp: unión por puntos TOX *f*

cliqueter (moteur à combustion) ***v***
All: klingeln (Verbrennungsmotor) *v*
Ang: knock (IC engine) *v*
Esp: picar (motor de combustión) *v*

cliquetis (moteur à combustion) ***m***
All: klopfen (Verbrennungsmotor) *v*
Ang: knock (IC engine) *v*
Esp: detonar (motor de combustión) *v*

cliquetis à haut régime ***m***
All: Hochgeschwindigkeits-klopfen *n*
Ang: high speed knock *n*
Esp: picado a alta velocidad *m*

cliquetis à l'accélération ***m***
All: Beschleunigungsklopfen *n*
Ang: acceleration knock *n*
Esp: picado al acelerar *m*

cliquetis du moteur ***m***
All: Motorklopfen *n*
Ang: engine knock *n*

Esp: detonaciones del motor *fpl*

cloche d'embrayage ***f***
All: Kupplungsglocke *f*
Ang: clutch bell *n*
Esp: campana de embrague *f*

cloche d'extraction ***f***
All: Abziehglocke *f*
Ang: extractor bell *n*
Esp: campana extractora *f*

clou cannelé à tête fraisée ***m***
All: Senkkerbnagel *m*
Ang: countersunk flat-head nail *n*
Esp: clavo avellanado estriado *m*

codage convolutif ***m***
All: Fehlerschutzcodierung *f*
Ang: error protection coding *n*
Esp: codificación de protección contra averías *f*

codage des fiches ***m***
All: Steckercodierung *f*
Ang: plug code *n*
Esp: codificación de enchufes *f*

codage des variantes ***m***
All: Variantencodierung *f*
Ang: variant encoding *n*
Esp: codificación de variante *f*

code clignotant ***m***
All: Blinkcode *m*
Ang: flashing code *n*
Esp: código intermitente *m*

code de dérangement (autodiagnostic) ***m***
All: Fehlercode *m*
Ang: fault code *n*
Esp: código de avería *m*

code de sortie ***m***
All: Ausgangscode *m*
Ang: output code *n*
Esp: código de salida *m*

code d'exécution ***m***
All: Ausführungskennzahl *f*
Ang: type code *n*
Esp: código de ejecución *m*

code du propriétaire du véhicule ***m***
All: Fahrzeughaltercode *m*
Ang: vehicle owner code *n*
Esp: código del titular del vehículo *m*

code interchangeable (alarme auto) ***m***
All: Wechselcode (Autoalarm) *m*
Ang: changeable code (car alarm) *n*
Esp: código variable (alarma de vehículo) *m*

code service ***m***
All: Servicecode *m*
Ang: service code *n*
Esp: código de servicio *m*

code utilisateur ***m***
All: Benutzerkennung *f*
Ang: user ID *n*
Esp: identificación del usuario *f*

coefficient ***m***
All: Beiwert *m*
Ang: coefficient *n*
Esp: coeficiente *m*

coefficient d'absorption ***m***
All: Absorptionskoeffizient *m*
Ang: absorption coefficient *n*
Esp: coeficiente de absorción *m*

coefficient d'accroissement ***m***
All: Anstiegskoeffizient *m*
Ang: rising slope coefficient *n*
Esp: coeficiente de subida *m*

coefficient d'adhérence ***m***
All: Haftreibungsbeiwert *m*
(Reibbeiwert) *m*
Ang: coefficient of static friction *n*
Esp: coeficiente de rozamiento estático *m*

coefficient d'adhérence ***m***
All: Haftreibungszahl (Reifen/Straße) *f*
(Kraftschlussbeiwert) *m*
(Reibbeiwert) *m*
Ang: coefficient of friction (tire/road) *n*
Esp: coeficiente de rozamiento por adherencia (neumáticos/calzada) *m*
(coeficiente de arrastre de fuerza) *m*

coefficient d'adhérence par coincement ***m***
All: Keilreibbeiwert *m*
Ang: wedge coefficient of friction *n*
Esp: coeficiente de fricción de cuña *m*

coefficient d'air ***m***
All: Luftverhältnis *n*
Ang: excess air factor (lambda) *n*
Esp: índice de aire *m*

coefficient d'air ***m***
All: Luftverhältnis *n*
Ang: air ratio *n*
Esp: índice de aire *m*

coefficient d'air (lambda) ***m***
All: Luftzahl (Lambda-Regelung) *f*
(Luftverhältnis) *n*
Ang: excess-air factor (lambda closed-loop control) *n*
Esp: índice de aire (regulación Lambda) *m*

coefficient d'amortissement ***m***
All: Dämpfungskoeffizient *m*
Ang: damping coefficient *n*
Esp: coeficiente de amortiguación *m*

coefficient d'atténuation ***m***
All: Abklingkoeffizient *m*
Ang: decay coefficient *n*
Esp: coeficiente de relajación *m*

coefficient de dilatation ***m***
All: Ausdehnungskoeffizient *m*
Ang: coefficient of expansion *n*
Esp: coeficiente de expansión *m*

coefficient de dilatation thermique ***m***
All: Wärmeausdehnungskoeffizient *m*
Ang: coefficient of thermal expansion *n*
Esp: coeficiente de expansión térmica *m*

coefficient de dispersion ***m***
All: Streufaktor *m*
Ang: dispersion factor *n*
(leakage coefficient) *n*
Esp: factor de dispersión *m*

coefficient de force latérale ***m***
All: Seitenkraftbeiwert *m*
Ang: lateral force coefficient *n*
Esp: coeficiente de fuerza lateral *m*

coefficient de frottement ***m***
All: Reibungszahl *f*
(Reibwert) *m*
(Reibbeiwert) *m*
Ang: coefficient of friction *n*
(friction value) *n*
Esp: coeficiente de fricción *m*

coefficient de frottement à sec ***m***
All: Trockenreibwert *m*
Ang: coefficient of dry friction *n*
Esp: coeficiente de fricción en seco *m*

coefficient de frottement de glissement ***m***
All: Gleitreibungszahl *f*
Ang: coefficient of sliding friction *n*
Esp: coeficiente de rozamiento por deslizamiento *m*

coefficient de frottement humide ***m***
All: Nassreibwert *m*
Ang: coefficient of wet friction *n*
Esp: coeficiente de fricción en húmedo *m*

coefficient de la force du vent latéral ***m***
All: Seitenwindkraftbeiwert *m*
Ang: crosswind force coefficient *n*
Esp: coeficiente de fuerza del viento lateral *m*

coefficient de pénétration dans l'air ***m***
All: Luftwiderstandsbeiwert *m*
Ang: drag coefficient *n*
Esp: coeficiente de resistencia del aire *m*

coefficient de résistance au roulement ***m***
All: Rollwiderstandsbeiwert *m*
Ang: coefficient of rolling resistance *n*
Esp: coeficiente de resistencia a la rodadura *m*

coefficient de température ***m***
All: Temperaturkoeffizient *m*

Ang: temperature coefficient *n*
Esp: coeficiente de temperatura *m*

coefficient de température négatif, CTN ***m***
All: negativer Temperaturkoeffizient, NTC *m*
Ang: negative temperature coefficient, NTC *n*
Esp: coeficiente de temperatura negativo *m*

coefficient de température positif (CTP) ***m***
All: positiver Temperaturkoeffizient *m*
Ang: positive temperature coefficent, PTC *n*
Esp: coeficiente de temperatura positivo *m*

coefficient de traction ***m***
All: Triebkraftbeiwert *m*
Ang: coefficient of traction force *n*
Esp: coeficiente de tracción *m*

coefficient de transfert thermique ***m***
All: Wärmeübergangskoeffizient *m*
Ang: heat transfer coefficient *n*
Esp: coeficiente de transmisión térmica *m*

coefficient d'effet d'entaille ***m***
All: Kerbwirkungszahl *f*
Ang: fatigue strength reduction factor *n*
Esp: factor de fatiga por efecto de entalladura *m*

coefficient du moment de lacet par vent latéral ***m***
All: Seitenwind-Giermomentbeiwert *m*
Ang: crosswind induced yaw coefficient *n*
Esp: coeficiente de par de guiñada por viento lateral *m*

coefficient d'usure ***m***
All: Verschleißkoeffizient *m*
Ang: coefficient of wear *n*
Esp: coeficiente de desgaste *m*

coefficient électrique de conversion ***m***
All: elektrischer Wandlerkoeffizient *m*
Ang: electric transducer coefficient *n*
Esp: coeficiente eléctrico del convertidor *m*

cœur de la flamme (bougie d'allumage) ***m***
All: Flammkern (Zündkerze) *m*
Ang: arc (spark plug) *n*
Esp: arco (bujía de encendido) *m*

coin ***m***
All: Keil *m*
Ang: wedge *n*
Esp: cuña *f*

coin d'écartement ***m***
All: Spreizkeil (Bremse) *m*
Ang: wedge (brake) *n*
Esp: cuña extensible (freno) *f*

colle à froid ***f***
All: Kaltkleber *m*
Ang: cold adhesive *n*
Esp: pegamento en frío *m*

collecteur (testeur de CO) ***m***
All: Empfängerkammer (Abgastester) *f*
Ang: receiving chamber (CO test) *n*
Esp: cámara de recepción (comprobador de gases de escape) *f*

collecteur ***m***
All: Kollektor *m*
Ang: collector *n*
Esp: colector *m*

collecteur ***m***
All: Kommutator *m*
Ang: commutator *n*
Esp: colector *m*

collecteur brise-jet ***m***
All: Abspritzbecher *m*
Ang: injection cup *n*
Esp: vaso de inyección *m*

collecteur d'admission ***m***
All: Ansaugkrümmer (Vrebrennungsmotor) *m*
Ang: intake manifold (IC engine) *n*
Esp: colector de admisión (motor de combustión) *m*

collecteur d'admission ***m***
All: Einlasskrümmer (Verbrennungsmotor) *m*
Ang: intake manifold (IC engine) *n*
Esp: colector de admisión (motor de combustión) *m*

collecteur d'admission ***m***
All: Sammelsaugrohr *n*
Ang: intake manifold *n*
Esp: múltiple de admisión *m*

collecteur d'admission ***m***
All: Saugrohr *n*
(Ansaugkrümmer) *m*
(Ansaugrohr) *n*
Ang: intake manifold *n*
(induction manifold) *n*
Esp: tubo de admisión *m*
(codo de admisión) *m*

collecteur d'admission à oscillation ***m***
All: Schwingsaugrohr *n*
Ang: oscillatory intake passage *n*
Esp: tubo de admisión de efecto vibratorio *m*

collecteur d'alimentation ***m***
All: Einlaufkrümmer (Verbrennungsmotor) *m*
Ang: inlet manifold (IC engine) *n*
Esp: colector de admisión (motor de combustión) *m*

collecteur de courant ***m***
All: Stromabnehmer *m*
Ang: current collector *n*
Esp: colector de corriente *m*

collecteur de poussière (filtre) ***m***
All: Staubsammelbehälter (Filter) *m*
(Staubtopf) *m*
Ang: dust bowl (filter) *n*
Esp: recolector de polvo (filtro) *m*

collecteur de retour ***m***
All: Rücklaufsammler *m*
Ang: return manifold *n*
Esp: colector de retorno *m*

collecteur d'eau de condensation ***m***
All: Kondenswasserwanne *f*
Ang: condensate drip pan *n*
Esp: colector de agua condensada *m*

collecteur d'échappement ***m***
All: Abgaskrümmer *m*
(Krümmer) *m*
(Abgasrohrkrümmer) *m*
Ang: exhaust manifold *n*
(manifold) *n*
Esp: colector de gases de escape *m*
(colector de escape) *m*

collecteur d'échappement ***m***
All: Auslasskrümmer (Verbrennungsmotor) *m*
Ang: exhaust manifold (IC engine) *n*
(exhaust branch) *n*
Esp: colector de escape (motor de combustión) *m*

collecteur d'échappement ***m***
All: Auspuffkrümmer (Verbrennungsmotor) *m*
Ang: exhaust manifold *n*
(exhaust branch) *n*
Esp: colector de escape (motor de combustión) *m*

collecteur d'échappement embouti et soudé ***m***
All: Blechschalen-Abgaskrümmer *m*
Ang: sheet-metal manifold *n*
Esp: colector de gases de escape de chapa *m*

collerette ***f***
All: Abdeckrahmen *m*
Ang: outer rim (headlamps) *n*
Esp: bastidor de cubierta *m*

collerette ***f***
All: Anlagebund *m*
Ang: collar *n*
Esp: collar *m*

collet de butée ***m***
All: Anschlagbund *m*
Ang: stop collar *n*
Esp: collar de tope *m*

collier (bobine d'allumage) ***m***
All: Klemmschelle (Zündspule) *f*

Français

(Befestigungsschelle) *f*
Ang: clamp (ignition coil) *n*
Esp: abrazadera de sujeción (bujía de encendido) *f*

collier (bobine d'allumage) ***m***
All: Klemmschelle *f*
Ang: clip *n*
Esp: abrazadera de sujeción *f*

collier de câble ***m***
All: Kabelbinder *m*
Ang: cable tie *n*
Esp: cinta para cables *f*

collier de serrage ***m***
All: Schlauchklemme *f*
Ang: hose clamp *n*
Esp: abrazadera para tubo flexible *f*

collier de serrage ***m***
All: Spannband *n*
Ang: clamping band *n*
Esp: cinta de sujeción *f*

collier de support ***m***
All: Halteband *n*
Ang: retaining belt *n*
Esp: cinta de retención *f*

colmatage ***m***
All: Verstopfung *f*
Ang: blockage *n*
Esp: taponamiento *m*

colmatage du filtre ***m***
All: Filterverstopfung *f*
Ang: filter clogging *n*
Esp: obturación de filtro *f*

combiné d'instruments ***m***
All: Kombiinstrument *n*
Ang: instrument cluster *n*
Esp: cuadro de instrumentos *m*

combustion anormale ***f***
All: anomale Verbrennung (bei Ottomotoren) *f*
Ang: abnormal combustion *n*
Esp: combustión anormal (en motores de gasolina) *f*

combustion de la suie ***f***
All: Rußabbrand *m*
Ang: soot burn-off *n*
Esp: quemado de hollín *m*

combustion détonante ***f***
All: klopfende Verbrennung (Verbrennungsmotor) *f*
Ang: combustion knock (IC engine) *n*
Esp: combustión con detonaciones (motor de combustión) *f*

combustion froide ***f***
All: kalte Verbrennung *f*
Ang: cold combustion *n*
Esp: combustión en frío *f*

commande ***f***
All: Ansteuerung *f*
Ang: control *n*
Esp: mando *m*

commande ***f***
All: Betätigung *f*
Ang: operation *n*
Esp: accionamiento *m*

commande (dispositif de freinage) ***f***
All: Betätigungseinrichtung (Bremsanlage) *f*
Ang: control (braking system) *n*
Esp: dispositivo de accionamiento (sistema de frenos) *m*

commande ***f***
All: Steuerung *f*
Ang: control *n*
(open-loop control) *n*
Esp: control *m*

commande à impulsions ***f***
All: Impulssteuerung *f*
Ang: impulse control *n*
Esp: control de impulsos *m*

commande d'air additionnel ***f***
All: Zusatzluftschieber *m*
Ang: auxiliary air device *n*
Esp: mariposa de aire adicional *f*

commande de boîte de vitesses ***f***
All: Getriebesteuerung *f*
Ang: transmission control *n*
Esp: control del cambio *m*

commande de butée ***f***
All: Anschlagstellwerk *m*
Ang: stop adjustment mechanism *n*
Esp: mecanismo de ajuste del tope *m*

commande de changement de vitesse ***f***
All: Gangschalter (Kfz-Getriebe) *m*
Ang: gear switch *n*
Esp: conmutador de marcha (cambio del vehículo) *m*

commande de démarrage ***f***
All: Startsteuerung *f*
(Startlaufsteuerung) *f*
Ang: starting control *n*
(start control) *n*
Esp: control de arranque *m*

commande de démarrage à froid ***f***
All: Kaltstartsteuerung *f*
Ang: cold start control *n*
Esp: control de arranque en frío *m*

commande de la combustion ***f***
All: Verbrennungssteuerung *f*
Ang: combustion control *n*
Esp: control de combustión *m*

commande de la force d'appui (essuie-glace) ***f***
All: Auflagekraftsteuerung (Wischeranlage) *f*
Ang: force distribution control (wiper system) *n*
Esp: control de la fuerza de apoyo (limpiaparabrisas) *m*

commande de la force de freinage ***f***
All: Bremskraftsteuerung *f*
Ang: braking force control *n*
Esp: control de la fuerza de frenado *m*

commande de l'air d'admission ***f***
All: Luftsteuerung *f*
Ang: intake air adjustment *n*
Esp: control de aire *m*

commande de l'arbre à cames ***f***
All: Nockenwellensteuerung *f*
Ang: camshaft control *n*
Esp: control de árbol de levas *m*

commande de pivotement des portes (commande des portes) ***f***
All: Drehantrieb (Türbetätigung) *m*
Ang: rotary actuator (door control) *n*
Esp: accionamiento giratorio (accionamiento de puerta) *m*

commande de porte de garage ***f***
All: Garagentor-Antrieb *m*
Ang: garage door drive *n*
Esp: accionamiento de puerta de garaje *m*

commande de précourse ***f***
All: Vorhubansteuerung *f*
Ang: LPC triggering *n*
Esp: activación de carrera previa *f*

commande de précourse ***f***
All: Vorhubsteuerung *f*
Ang: LPC control *n*
Esp: control de carrera previa *m*

commande de remorque ***f***
All: Anhängersteuerung *f*
Ang: trailer control *n*
Esp: control del remolque *m*

commande de remplissage (EGAS) ***f***
All: Füllungssteuerung (EGAS) *f*
Ang: cylinder charge control (EGAS) *n*
Esp: control de llenado (EGAS) *m*

commande de remplissage du moteur ***f***
All: Motorfüllungssteuerung *m*
Ang: engine charge control *n*
Esp: control de llenado del motor *m*

commande de toit ouvrant ***m***
All: Schiebedachantrieb *m*
(Dachantrieb) *m*
Ang: power sunroof drive unit *n*
Esp: accionamiento de techo corredizo *m*

commande de traction ***f***
All: Antriebssteuerung *f*
Ang: traction control *n*
Esp: control de tracción *m*

commande de traction ***f***
All: Schlupfregelung (Antriebs-schlupfregelung) *f*
Ang: traction control *n*

Français

Esp: regulación de resbalamiento (control antideslizamiento de la tracción) *f*

commande de turbulence *f*
All: Drallniveausteuerung *f*
Ang: swirl control *n*
Esp: control del nivel de torsión *m*

commande de vantail (autobus) *f*
All: Türflügelantrieb (Omnibus) *m*
Ang: door section drive (bus) *n*
Esp: accionamiento de hoja de puerta (autocar) *m*

commande des portes (autobus) *f*
All: Türbetätigung (Omnibus) *f*
Ang: door control (bus) *n*
Esp: accionamiento de puerta (autocar) *m*

commande des soupapes (moteur à combustion) *f*
All: Ventilsteuerung (Verbrennungsmotor) *f*
Ang: valve timing (IC engine) *n*
Esp: regulación de válvulas (motor de combustión) *f*

commande des soupapes *f*
All: Ventiltrieb *m*
Ang: valve train *n*
Esp: accionamiento de válvula *m*

commande des vitesses *f*
All: Gangschaltung *f*
Ang: gear shift *n*
Esp: cambio de marcha *m*

commande d'injection *f*
All: Einspritzsteuerung *f*
Ang: injection control *n*
Esp: control de inyección *m*

commande du couple *f*
All: Drehmoment-Steuerung *f*
Ang: torque control *n*
Esp: control de par *m*

commande du frein de stationnement *f*
All: Feststellbremsbetätigung *f*
Ang: parking brake actuation *n*
Esp: accionamiento de freno de estacionamiento *m*

commande du frein moteur *f*
All: Motorbremsbetätigung *f*
Ang: engine brake actuation *n*
Esp: accionamiento de freno de motor *m*

commande électronique de boîte de vitesses *f*
All: elektronische Getriebesteuerung *f*
Ang: electronic transmission control *n*
Esp: control electrónico del cambio *m*

commande électronique du moteur *f*
All: elektronische Motorfüllungssteuerung *f*
Ang: electronic throttle control *n*
Esp: control electrónico de llenado del motor *m*

commandé en courant *m*
All: stromgesteuert *adj*
Ang: current controlled *adj*
Esp: controlado por corriente *pp*

commande par électrovanne *f*
All: Magnetventilsteuerung *f*
Ang: solenoid valve control *n*
Esp: control por electroválvula *m*

commandé par événements *pp*
All: ereignisgesteuert *pp*
Ang: event driven *pp*
Esp: controlado por eventos *pp*

commande par papillon (commande des portes) *f*
All: Drosselsteuerung *f* (*Drosselregelung*) *f*
Ang: throttle control *n*
Esp: control de estrangulación *m*

commande par poussoirs à coupelle *f*
All: Tassenstößel-Steuerung *f*
Ang: overhead bucket tappet assembly *n*
Esp: control de taqué hueco *m*

commande par tige et culbuteur *f*
All: Stoßstangen-Steuerung (Verbrennungsmotor) *f*
Ang: push rod assembly (IC engine) *n*
Esp: control por varillas de empuje (motor de combustión) *m*

commodo *m*
All: Kombischalter *m*
Ang: combination switch *n*
Esp: interruptor combinado *m*

communication CAN *f*
All: CAN-Kommunikation *f*
Ang: CAN communcations *n*
Esp: comunicación CAN *f*

commutateur antipanique *m*
All: Panikschalter *m*
Ang: panic switch (car alarm) *n*
Esp: interruptor para casos de pánico *m*

commutateur d'alarme *m*
All: Alarmschalter (Autoalarm) *m*
Ang: alarm switch (car alarm) *n*
Esp: interruptor de la alarma (alarma de vehículo) *m*

commutateur d'allumage-démarrage *m*
All: Startschalter *m*
Ang: ignition/starting switch *n*
Esp: interruptor de arranque *m*

commutateur d'allumage-démarrage *m*
All: Zündanlassschalter *m*
Ang: ignition start switch *n*
Esp: interruptor de encendido y arranque *m*

commutateur d'allumage-démarrage *m*
All: Zündstartschalter *m* (*Zündschalter*) *m*
Ang: ignition/starter switch *n*
Esp: conmutador de encendido y arranque *m*

commutateur de code *m*
All: Abblendschalter *m*
Ang: dimmer switch *n*
Esp: interruptor de luz de cruce *m*

commutateur de commande *m*
All: Bedienschalter *m*
Ang: operating switch *n*
Esp: interruptor de manejo *m*

commutateur de déverrouillage *m*
All: Entriegelungsschalter *m*
Ang: release switch *n*
Esp: interruptor de desbloqueo *m*

commutateur de position de siège *m*
All: Sitzpositionsschalter *m*
Ang: seating position switsch *n*
Esp: interruptor de posición de conducción *m*

commutateur de préchauffage-démarrage *m*
All: Glüh-Start-Schalter *m*
Ang: glow plug and starter switch *n*
Esp: interruptor de precalentamiento y arranque *m*

commutateur de recyclage d'air *m*
All: Umluftsteller *m*
Ang: air-recirculation actuator *n*
Esp: ajustador de recirculación de aire *m*

commutateur de réglage de rétroviseur *m*
All: Spiegel-Verstellschalter *m*
Ang: mirror adjust switch *n*
Esp: interruptor de ajuste de espejo *m*

commutateur des feux de détresse *m*
All: Warnblinkschalter *m*
Ang: hazard warning switch *n*
Esp: interruptor de las luces intermitentes *m*

commutateur des feux de détresse *m*
All: Warnblinkschalter *m*
Ang: hazard warning switch *n*
Esp: interruptor de las luces intermitentes *m*

commutateur du chauffage de lunette arrière *m*
All: Heckscheibenheizungs-schalter *m*

Français

Ang: heated rear-window switch *n*
Esp: interruptor de calefacción de luneta trasera *m*

commutateur général de batterie *m*
All: Batteriehauptschalter *m*
Ang: battery main switch *n*
Esp: interruptor principal de la batería *m*

commutateur intermittent d'essuie-glace *m*
All: Wischintervallschalter *m*
Ang: intermittent wiper switch *n*
Esp: interruptor de intervalos de barrido *m*

commutateur régulateur de marche *m*
All: Fahrreglerschalter *m*
Ang: drive control switch *n*
Esp: conmutador de regulador de marcha *m*

commutateur rotatif *m*
All: Drehschalter *m*
Ang: rotary switch *n*
(turn switch) *n*
Esp: interruptor giratorio *m*

commutation *f*
All: Kommutierung *f*
(Stromwendung) *f*
Ang: commutation *n*
Esp: conmutación *f*

commutation de batteries *f*
All: Batterieumschaltung *f*
Ang: battery changeover *n*
Esp: conmutación de la batería *f*

commutation des pôles *f*
All: Polumschaltung *f*
Ang: pole changing *n*
Esp: conmutación de polos *f*

comparaison consigne/valeur réelle *f*
All: Sollwert/Istwertvergleich *m*
Ang: setpoint/actual comparison *n*
Esp: comparación valor nominal/ valor real *f*

comparateur *m*
All: Komparator *m*
Ang: comparator *n*
Esp: comparador *m*

compartiment moteur *m*
All: Motorraum *m*
Ang: engine compartment *n*
(engine bay) *n*
Esp: compartimiento motor *m*

compatibilité électromagnétique *f*
All: elektromagnetische Kompatibilität *f*
Ang: electromagnetic compatibility, EMC *n*
Esp: compatibilidad electromagnética *f*

compatibilité électromagnétique, CEM *f*
All: elektromagnetische Verträglichkeit, EMV *f*
Ang: electromagnetic compatibility, EMC *n*
Esp: compatibilidad electromagnética *f*

compatibilité environnementale *f*
All: Umweltverträglichkeit *f*
Ang: environmental compatibility *n*
Esp: compatibilidad medioambiental *f*

compatibilité système *f*
All: Systemverträglichkeit *f*
Ang: system compatibility *n*
Esp: compatibilidad de sistemas *f*

compatible avec l'environnement *loc*
All: umweltfreundlich *adj*
(umweltverträglich) *adj*
Ang: non polluting *ppr*
Esp: no contaminante *adj*

compensateur de pression *m*
All: Druckausgleichselement *n*
Ang: pressure equalization element *n*
(pressure compensation) *n*
Esp: elemento de compensación de presión *m*

compensation de pression *f*
All: Druckausgleich *m*
Ang: pressure compensation *n*
Esp: compensación de presión *f*

compensation des réactions transitoires *f*
All: Übergangskompensation *f*
Ang: transient compensation *n*
Esp: compensación de transición *f*

comportement à court terme *m*
All: Kurzzeitverhalten *n*
Ang: short term behavior *n*
Esp: comportamiento instantáneo *m*

comportement à la déformation *m*
All: Deformationsverhalten *n*
Ang: deformation behavior *f*
Esp: comportamiento de deformación *m*

comportement aérodynamique *m*
All: Strömungsverhältnis *n*
Ang: airflow behavior *n*
Esp: régimen de flujo *m*

comportement au démarrage *m*
All: Startverhalten *n*
Ang: starting response *n*
Esp: comportamiento de arranque *m*

comportement au démarrage à chaud *m*
All: Heißstartverhalten *f*
Ang: hot start response *n*
Esp: comportamiento de arranque en caliente *m*

comportement au freinage *m*
All: Bremsverhalten *n*
Ang: braking response *n*
Esp: comportamiento de frenado *m*

comportement au freinage en virage *m*
All: Kurvenbremsverhalten *n*
Ang: curve braking behavior *n*
Esp: comportamiento de frenado en curvas *m*

comportement autodirectionnel *m*
All: Eigenlenkverhalten *n*
Ang: self steering effect *n*
Esp: efecto de autoguiado *m*

comportement avec carburant chaud *m*
All: Heißbenzinverhalten *n*
Ang: hot fuel handling characteristics *npl*
Esp: comportamiento con gasolina caliente *m*

comportement de démarrage *m*
All: Anfahrverhalten (ASR) *n*
Ang: drive away behavior (TCS) *n*
Esp: comportamiento de arranque (ASR) *m*

comportement de marche *m*
All: Laufverhalten *n*
Ang: tractability *n*
Esp: comportamiento de marcha *m*

comportement de marche *m*
All: Laufverhalten *n*
Ang: running performance *n*
Esp: comportamiento de marcha *m*

comportement de réponse *m*
All: Ansprechverhalten *n*
Ang: response *n*
Esp: comportamiento de reacción *m*

comportement de réponse de la sonde à oxygène *m*
All: Ansprechverhalten der Lambda-Sonde *f*
Ang: oxygen sensor response rate *n*
Esp: comportamiento de reacción de la sonda Lambda *m*

comportement des gaz d'échappement *m*
All: Abgasverhalten *n*
Ang: emission characteristics *n*
Esp: comportamiento de los gases de escape *m*

comportement dynamique (véhicule) *m*
All: Fahrdynamik *f*
Ang: driving dynamics *npl*
Esp: dinámica de marcha *f*

comportement en surchauffe (moteur à combustion) *m*
All: Heißlaufverhalten (Verbrennungsmotor) *n*
Ang: hot engine driving response (IC engine) *n*

Français

Esp: comportamiento de marcha en caliente (motor de combustión) *m*

comportement routier (véhicule) ***m***
All: Fahrverhalten (Kfz) *n*
Ang: driving behaviour *n*
Esp: comportamiento en marcha (automóvil) *m*

comportement théorique ***m***
All: Sollverhalten *n*
Ang: nominal behavior *n*
Esp: comportamiento nominal *m*

comportement transitoire ***m***
All: Übergangsverhalten *n*
Ang: transition behavior *n*
Esp: comportamiento de transición *m*

composant (appareil) ***m***
All: Bauteil *n*
Ang: component *n*
Esp: componente *m*

composant ***m***
All: Komponente *f*
Ang: components *n*
Esp: componente *m*

composés organiques volatils (COV) ***mpl***
All: flüchtige organische Verbindungen *fpl*
Ang: volatile organic compounds *n*
Esp: compuestos orgánicos volátiles *mpl*

composition des gaz d'échappement ***f***
All: Abgaszusammensetzung *f*
Ang: exhaust gas composition *n*
Esp: composición de los gases de escape *f*

composition du carburant ***f***
All: Kraftstoff-Zusammensetzung *f*
Ang: fuel composition *n*
Esp: composición del combustible *f*

composition du mélange ***f***
All: Gemischzusammensetzung *f*
Ang: mixture composition *n*
Esp: composición de la mezcla *f*

compresseur ***m***
All: Kompressor *m*
Ang: compressor *n*
Esp: compresor *m*

compresseur ***m***
All: Verdichter *m*
(Luftkompressor) *m*
Ang: air compressor *n*
Esp: compresor de aire *m*

compresseur ***m***
All: Verdichter *m*
Ang: compressor *n*
Esp: compresor *m*

compresseur à hélicoïde ***m***
All: Spirallader *m*
Ang: spiral type supercharger *n*
Esp: turbocompresor de espiral *m*

compresseur à palettes ***m***
All: Flügelzellenlader *m*
Ang: sliding vane supercharger *n*
Esp: turbocompresor celular de aletas *m*

compresseur à piston ***m***
All: Hubkolbenverdichter *m*
Ang: reciprocating piston supercharger *n*
Esp: compresor de émbolo reciprocante *m*

compresseur à piston rotatif ***m***
All: Rotationskolbenverdichter *m*
(Rotationskolbenlader) *m*
Ang: rotary piston supercharger *n*
Esp: turbocompresor rotativo de pistones *m*

compresseur à vis ***m***
All: Schraubenverdichter *m*
Ang: screw type supercharger *n*
Esp: compresor helicoidal *m*

compresseur centrifuge ***m***
All: Strömungsverdichter *m*
(Strömungslader) *m*
(Kreisellader) *m*
Ang: centrifugal turbo compressor *n*
(hydrokinetic flow compressor) *n*
Esp: compresor centrífugo *m*

compresseur de climatiseur ***m***
All: Klimakompressor *m*
Ang: air conditioning compressor *n*
Esp: compresor de climatizador *m*

compresseur de ressort ***m***
All: Federspanner *m*
Ang: spring tensioner *n*
Esp: tensor elástico *m*

compresseur électrique ***m***
All: Elektrokompressor *m*
Ang: electric compressor *n*
Esp: compresor eléctrico *m*

compresseur frigorifique ***m***
All: Kältekompressor *m*
Ang: refrigerant compressor *n*
Esp: compresor frigorífico *m*

compresseur frigorifique spiral ***m***
All: Spiral-Kältemittelkompressor *k*
Ang: spiral type refrigerant compressor *n*
Esp: compresor de agente frigorífico en espiral *m*

compresseur radial ***m***
All: Radialverdichter *m*
Ang: radial compressor *n*
Esp: compresor radial *m*

compresseur Roots ***m***
All: Roots-Lader *m*
Ang: Roots supercharger *n*
Esp: turbocompresor Roots *m*

compresseur volumétrique ***m***
All: Verdrängerlader *m*
Ang: positive displacement supercharger *n*
Esp: turbocompresor volumétrico *m*
(turbocompresor de desplazamiento positivo) *m*

compresseur volumétrique ***m***
All: Verdrängungsverdichter *m*
Ang: positive displacement supercharger *n*
Esp: compresor volumétrico *m*

compressibilité ***f***
All: Kompressibilität *f*
Ang: compressibility *n*
Esp: compresibilidad *f*

compressiomètre ***m***
All: Kompressionsdruckmesser *m*
Ang: compression tester *n*
Esp: compresímetro *m*

compression (moteur à combustion) ***f***
All: Verdichtung (Verbrennungsmotor) *m*
(Kompressionsdruck) *f*
Ang: compression (IC engine) *n*
Esp: compresión (motor de combustión) *f*

compression du moteur ***f***
All: Motorkompression *f*
Ang: engine compression *n*
Esp: compresión del motor *f*

compte rendu d'essai ***m***
All: Prüfprotokoll *n*
(Prüfbericht) *m*
Ang: test record *n*
(test report) *n*
Esp: informe de pruebas *m*

compte-tours (véhicule) ***m***
All: Drehzahlmesser (Kfz) *m*
Ang: rev counter (motor vehicle) *n*
(r.p.m. counter) *n*
Esp: cuentarrevoluciones (automóvil) *m*

compte-tours ***m***
All: Umdrehungszähler *m*
Ang: revolution counter *n*
Esp: cuentarrevoluciones *m*

compteur de courses ***m***
All: Hub-Drehzähler *m*
Ang: stroke counting mechanism *n*
Esp: contador de carreras y revoluciones *m*

compteur de durée de défauts ***m***
All: Fehlerdauerzähler *m*
Ang: fault duration counter *n*
Esp: contador de tiempos de avería *m*

compteur de vitesse ***m***
All: Fahrgeschwindigkeitsmesser *m*
Ang: speedometer *n*
Esp: velocímetro *m*

compteur de vitesse ***m***

Français

All: Geschwindigkeitsmesser *m*
Ang: speedometer *n*
Esp: velocímetro *m*

compteur de vitesse ***m***
All: Tachometer *m*
Ang: speedometer *n*
Esp: tacómetro *m*

compteur d'événements ***m***
All: Ereigniszähler *m*
Ang: event counter *n*
Esp: contador de eventos *m*

compteur d'impulsions ***m***
All: Impulszähler *m*
Ang: pulse counter *n*
Esp: contador de impulsos *m*

compteur horaire ***m***
All: Betriebsstundenzähler *m*
Ang: operating time meter *n*
Esp: contador de horas de servicio *m*

compteur kilométrique ***m***
All: Kilometerzähler *m*
Ang: odometer *n*
(mileage indicator) *n*
Esp: cuentakilómetros *m*

concentration totale de polluants ***f***
All: Gesamtschadstoff-konzentration *f*
Ang: total concentration of harmful emissions *n*
Esp: concentración total de sustancias nocivas *f*

concentricité ***f***
All: Rundlauf *m*
Ang: true running *n*
Esp: concentricidad *f*

concept à mélange pauvre ***m***
All: Magerkonzept *n*
Ang: lean burn concept *n*
Esp: funcionamiento con mezcla pobre *m*

conception assistée par ordinateur, CAO ***f***
All: Computer Aided Design, CAD *n*
Ang: Computer Aided Design, CAD *n*
Esp: Computer Aided Design, CAD *m*

concessionnaire ***m***
All: Vertragswerkstatt *f*
Ang: authorized workshop *n*
Esp: taller autorizado *m*

condensateur ***m***
All: Kondensator *m*
Ang: capacitor *n*
Esp: condensador *m*

condensateur à plaques ***m***
All: Plattenkondensator *m*
Ang: plate capacitor *n*
Esp: condensador de placas *m*

condensateur aluminium à électrolyte solide ***m***
All: Aluminium-Trocken-Elektrolykondensator *m*
Ang: solid electrolyte aluminum capacitor *n*
Esp: condensador electrolítico seco de aluminio *m*

condensateur aluminium électrolytique ***m***
All: Aluminium-Elektrolytkondensator *m*
Ang: aluminum electrolytic capacitor *n*
Esp: condensador electrolítico de aluminio *m*

condensateur au mica ***m***
All: Glimmerkondensator *m*
Ang: mica capacitor *n*
Esp: condensador de mica *m*

condensateur d'accumulation ***m***
All: Speicherkondensator *m*
Ang: accumulator condenser *n*
Esp: condensador acumulador *m*

condensateur d'allumage ***m***
All: Zündkondensator *m*
Ang: ignition capacitor *n*
(ignition condenser) *n*
Esp: condensador de encendido *m*

condensateur d'antiparasitage ***m***
All: Entstörkondensator *m*
Ang: noise suppression capacitor *n*
Esp: condensador antiparasitario *m*

condition de démarrage à chaud ***f***
All: Heißstartbedingung *f*
Ang: hot start condition *n*
Esp: condición de arranque en caliente *f*

conditionnement de valeur analogique ***m***
All: Analogwertaufbereitung *f*
Ang: analog value conditioning *n*
Esp: preparación de valor analógico *f*

conditionnement des signaux ***m***
All: Signalaufbereitung *f*
Ang: signal conditioning *n*
Esp: acondicionamiento de señales *m*

conditionnement du jet ***m***
All: Strahlaufbereitung (Kraftstoffeinspritzung) *f*
Ang: spray preparation (fuel injection) *n*
Esp: preparación del chorro (inyección de combustible) *f*

conditions de fonctionnement ***fpl***
All: Betriebszustand *m*
Ang: operating status *n*
Esp: estado de servicio *m*

conditions d'écoulement ***fpl***
All: Strömungsverhältnis *n*
Ang: flow condition *n*
Esp: régimen de flujo *m*

conditions opératoires ***fpl***
All: Betriebsbedingungen *fpl*
Ang: operating conditions *n*
Esp: condiciones de operación *fpl*

conductance électrique ***f***
All: elektrischer Leitwert *m*
(Wirkleitwert) *m*
Ang: conductance *n*
(equvalent conductance) *n*
Esp: conductancia eléctrica *f*

conducteur creux ***m***
All: Hohlleiter *m*
Ang: hollow conductor *n*
Esp: conductor hueco *m*

conducteur double ***m***
All: Doppelleitung *f*
Ang: twin conductor *n*
Esp: conductor doble *m*

conductibilité thermique ***f***
All: Wärmeleitfähigkeit *f*
(Wärmeableitvermögen) *n*
Ang: thermal conductivity *n*
Esp: conductividad térmica *f*

conduction d'air ***f***
All: Luftleitung *f*
Ang: air conduction *n*
Esp: tubería de aire *f*

conduction thermique ***f***
All: Wärmeleitung *f*
Ang: heat conduction *n*
Esp: conducción térmica *f*

conductivité ***f***
All: elektrische Leitfähigkeit *f*
Ang: electric conductivity *n*
Esp: conductividad eléctrica *f*

conduit à flux transversal ***m***
All: Querstrom-Kanalführung *f*
Ang: crossflow design *n*
Esp: conducción de flujo transversal *f*

conduit annulaire de lubrification ***m***
All: Ringschmierkanal *m*
Ang: annular lubrication channel *n*
Esp: canal anular de lubricación *m*

conduit by-pass ***m***
All: Bypassleitung *f*
Ang: bypass line *n*
Esp: línea de desviación *f*

conduit d'admission ***m***
All: Ansaugleitung *f*
Ang: intake line *n*
Esp: tubería de admisión *f*

conduit d'admission ***m***
All: Einlasskanal (Verbrennungsmotor) *m*
Ang: intake duct (IC engine) *n*
Esp: canal de admisión (motor de combustión) *m*

conduit d'admission ***m***

Français

All: Einlasskanal (Verbrennungsmotor) *m*
Ang: intake passage (IC engine) *n*
Esp: canal de admisión (motor de combustión) *m*

conduit d'admission ***m***
All: Saugleitung *f*
Ang: suction pipe *n*
Esp: tubería de aspiración *f*

conduit d'aspiration ***m***
All: Absaugkanal *m*
Ang: extraction duct *n*
Esp: canal de aspiración *m*

conduit de turbulence ***m***
All: Drallkanal *m*
Ang: swirl duct *n*
Esp: canal de paso espiral *m*

conduit d'échappement ***m***
All: Auslasskanal (Verbrennungsmotor) *m*
Ang: exhaust port (IC engine) *n*
Esp: canal de escape (motor de combustión) *m*

conduit tangentiel ***m***
All: Tangentenkanal *m*
Ang: tangential channel *n*
Esp: canal tangencial *m*

conduite ***f***
All: Rohrleitung *f*
Ang: tubing *n*
Esp: tubería *f*

conduite « Common Rail » ***f***
All: Common Rail Leitung *f*
Ang: common rail pipe *n*
Esp: tubería Common Rail *f*

conduite à dépression ***f***
All: Unterdruckleitung *f*
Ang: vacuum pipe *n*
(vacuum line) *n*
Esp: tubería de depresión *f*

conduite annulaire ***f***
All: Ringleitung *f*
Ang: ring main *n*
Esp: conducción en anillo *f*

conduite d'adaptation ***f***
All: Adapterleitung *f*
Ang: adapter cable *n*
Esp: conductor adaptador *m*

conduite d'alimentation (dispositif de freinage à deux conduites) ***f***
All: Vorratsleitung (Zweileitungs-Bremsanlage) *f*
(Versorgungsleitung) *f*
Ang: supply line (two-line braking system) *n*
Esp: tubería de alimentación *f*

conduite d'alimentation ***f***
All: Zulaufleitung *f*
Ang: inlet pipe *n*
Esp: tubería de admisión *f*

conduite d'amenée ***f***
All: Vorlaufleitung *f*
Ang: flow pipe *n*
Esp: tubería de afluencia *f*

conduite de carburant ***f***
All: Kraftstoffleitung *f*
Ang: fuel line *n*
Esp: tubería de combustible *f*

conduite de décharge ***f***
All: Überströmleitung *f*
Ang: overflow line *n*
Esp: conducto de rebose *m*

conduite de frein (en général) ***f***
All: Bremsleitung *f*
Ang: brake line *n*
Esp: tubería de freno *f*

conduite de frein de remorque ***f***
All: Anhängerbremsleitung *f*
Ang: trailer brake line *n*
Esp: tubería de frenos del remolque *f*

conduite de fuite ***f***
All: Leckageleitung *f*
Ang: leakage line *n*
Esp: línea de fugas *f*

conduite de raccordement (dispositif de freinage) ***f***
All: Verbindungsleitung (Bremsanlage) *f*
Ang: connecting line (braking system) *n*
Esp: tubería de conexión (sistema de frenos) *f*

conduite de raccordement ***f***
All: Verbindungsleitung *f*
Ang: connecting pipe *n*
Esp: tubería de conexión *f*

conduite de refoulement d'huile ***f***
All: Öldruckleitung *f*
Ang: oil pressure pipe *n*
Esp: tubería de aceite a presión *f*

conduite de retour ***f***
All: Rücklaufleitung *f*
Ang: return line *n*
Esp: tubería de retorno *f*

conduite de retour de carburant ***f***
All: Kraftstoffrückaufleitung *f*
Ang: fuel return line *n*
(fuel-return pipe) *n*
Esp: tubería de retorno de combustible *f*

conduite de retour du carburant ***f***
All: Kraftstoffrückleitung *f*
Ang: fuel return line *n*
Esp: tubería de retorno de combustible *f*

conduite de secours ***f***
All: Hilfsbremsleitung *f*
Ang: secondary brake line *n*
Esp: línea de freno auxiliar *f*

conduite d'échappement ***f***
All: Auspuffleitung (Verbrennungsmotor) *f*
Ang: exhaust pipe *n*
Esp: tubería de escape (motor de combustión) *f*

conduite d'essai (banc d'essai des conduites) ***f***
All: Prüfleitung (Einspritzpumpen-Prüfstand) *f*
Ang: test lead (injection-pump test bench) *n*
Esp: tubería de comprobación (banco de pruebas de bombas de inyección) *f*

conduite d'huile de fuite ***f***
All: Leckölleitung *f*
Ang: leakage fuel line *n*
Esp: tubería de aceite de fuga *f*

conduite d'injection ***f***
All: Einspritzleitung *f*
Ang: fuel injection line *n*
(fuel-injection tubing) *n*
Esp: línea de inyección *f*

conduite en virage ***f***
All: Kurvenfahrt *f*
Ang: cornering *ppr*
Esp: conducción en curvas *f*

conduite haute pression de carburant ***f***
All: Kraftstoff-Hochdruckleitung *f*
Ang: high pressure fuel line *n*
Esp: tubería de alta presión de combustible *f*

conduite hydraulique ***f***
All: Hydraulikleitung *f*
Ang: hydraulic line *n*
Esp: tubería hidráulica *f*

conduite pneumatique ***f***
All: Pneumatikleitung *f*
Ang: pneumatic line *n*
Esp: tubería neumática *f*

conduite véhicule ***f***
All: Fahrbetrieb *m*
Ang: vehicle operation *n*
Esp: funcionamiento de marcha *m*

cône d'attaque (aiguille d'injecteur) ***m***
All: Druckschulter (Düsennadel) *f*
Ang: pressure shoulder (nozzle needle) *n*
Esp: hombro de presion (aguja de inyector) *m*

cône de commande ***m***
All: Steuerkegel *m*
Ang: control cone *n*
Esp: cono de control *m*

cône de décharge ***m***
All: Entlastungstrichter *m*
Ang: relief funnel *n*
Esp: embudo de descarga *m*

cône de soupape ***m***
All: Ventilkegel *m*
Ang: valve cone *n*

Français

(valve ball) *n*
Esp: cono de válvula *m*

cône d'étanchéité ***m***
All: Dichtkonus *m*
(Dichtkegel) *m*
Ang: sealing cone *n*
Esp: cono estanqueizante *m*

cône double ***m***
All: Doppelkonus *m*
(Einspritzdüse)
Ang: dual cone (injectionnozzle) *n*
Esp: cono doble (inyector) *m*

configuration du bus (multiplexage) ***f***
All: Buskonfiguration (CAN) *f*
Ang: bus configuration (CAN) *n*
Esp: configuración de bus (CAN) *f*

confirmation (régulation ABS) ***f***
All: Rückmeldung (ABS-Regelung) *f*
Ang: feedback signal (ABS control) *n*
Esp: señal de respuesta (regulación del ABS) *f*

confirmation de positionnement (servomoteur ASR) ***f***
All: Positionsrückmeldung (ASR-Stellmotor) *f*
Ang: position feedback (TCS servomotor) *n*
Esp: señal de respuesta de posición (servomotor ASR) *f*

conformateur d'impulsions ***m***
All: Impulsformer *m*
Ang: pulse shaper *n*
Esp: modelador de impulsos *m*

conformateur d'impulsions ***m***
All: Impulsformer *m*
Ang: pulse shaping circuit *n*
Esp: circuito modelador de impulsos *m*

confort de conduite ***m***
All: Fahrkomfort *m*
Ang: driving smoothness *n*
(driving comfort) *n*
Esp: confort de conducción *m*

connecteur ***m***
All: Stecker *m*
Ang: plug *n*
Esp: enchufe *m*

connecteur ***m***
All: Steckverbinder *m*
Ang: plug connector *n*
(plug-in connection) *n*
Esp: enchufe pasador *m*

connecteur ***m***
All: Steckverbindung *f*
Ang: plug in connection *n*
Esp: conexión por enchufe *f*

connecteur à module de codage ***m***
All: Codierstecker *m*
Ang: coding plug *n*
Esp: enchufe de codificación *m*

connecteur d'allumeur ***m***
All: Verteilerstecker *m*
(Zündverteilerstecker) *m*
Ang: distributor connector *n*
Esp: conector del distribuidor *m*

connecteur d'indice d'octane ***m***
All: Oktanzahlstecker *m*
Ang: octane number plug *n*
Esp: enchufe de índice de octano *m*

connecteur mâle ***m***
All: Steckanschluss *m*
Ang: plug connection *n*
Esp: conexión de enchufe *f*

connexion au secteur ***f***
All: Netzanschluss *m*
Ang: mains connection *n*
Esp: conexión a red *f*

connexion câblée ***f***
All: Kabelanschluss *m*
Ang: cable connection *n*
Esp: conexión de cable *f*

connexion de masse ***f***
All: Masseanschluss *m*
Ang: ground connection *n*
Esp: conexión a masa *f*

connexion par câble ***f***
All: Kabelanschluss *m*
Ang: wiring connection *n*
Esp: conexión de cable *f*

connexion par soudage ***f***
All: Lötverbindung *f*
Ang: soldered connection *n*
Esp: unión soldada *f*

connexion principale ***f***
All: Hauptanschluss *m*
Ang: main terminal *n*
Esp: conexión principal *f*

consignateur ***m***
All: Sollwertgeber *m*
Ang: desired value generator *n*
(setpoint generator) *n*
Esp: transmisor de valor nominal *m*

consignateur ***m***
All: Sollwertsteller *m*
Ang: setpoint control *n*
Esp: regulador de valor nominal *m*

consignateur de régime ***m***
All: Drehzahl-Sollwertgeber *m*
Ang: engine speed setpoint sensor *n*
Esp: transmisor de la velocidad de giro nominal *m*

consigne ***f***
All: Sollwert *m*
Ang: setpoint value *n*
Esp: valor nominal *m*

consigne angle d'allumage ***f***
All: Sollzündwinkel *m*
Ang: desired ignition timing *n*
Esp: ángulo nominal de encendido *m*

consigne de couple de freinage ***f***
All: Sollbremsmoment *n*
Ang: nominal brake torque *n*
Esp: par nominal de frenado *m*

consigne de direction ***f***
All: Lenkwunsch *m*
Ang: steering input *n*
Esp: dato de entrada de dirección *m*

consigne de pression ***f***
All: Solldruck *m*
Ang: desired pressure *n*
Esp: presión nominal *f*

consigne de pression « rail » ***f***
All: Raildrucksollwert *m*
Ang: rail pressure setpoint *n*
Esp: valor nominal de presión Rail *m*

consigne de régime ***f***
All: Solldrehzahl *f*
Ang: set speed *n*
Esp: número de revoluciones nominal *m*

consigne de vitesse ***f***
All: Sollgeschwindigkeit *f*
Ang: desired speed *n*
(setpoint speed) *n*
Esp: velocidad nominal *f*

consigne Lambda ***f***
All: Lambda-Sollwert (siehe Eintrag « Lambdawert ») *m*
Ang: desired air/fuel ratio *n*
Esp: valor nominal Lambda *m*

consignes de sécurité ***fpl***
All: Sicherheitshinweise *mpl*
Ang: safety instructions *npl*
Esp: indicaciones de seguridad *fpl*

console ***f***
All: Konsole *f*
Ang: console *n*
Esp: consola *f*

console de toit ***f***
All: Dachkonsole *f*
Ang: roof console *n*
Esp: consola de techo *f*

console médiane ***f***
All: Mittelkonsole *f*
Ang: center console *n*
Esp: consola central *f*

consommation à charge nulle ***f***
All: Nulllastverbrauch *m*
Ang: no load consumption *n*
Esp: consumo con carga nula *m*

consommation de carburant ***f***
All: Kraftstoffverbrauch *m*
Ang: fuel consumption *n*
Esp: consumo de combustible *m*

consommation d'essai ***f***
All: Testverbrauch *m*
Ang: test consumption *n*
Esp: consumo de prueba *m*

consommation d'un parc automobile ***f***
All: Flottenverbrauch *m*

Français

Ang: corporate average fuel economy, CAFE *n*
Esp: consumo medio por flota *m*

consommation énergétique *f*
All: Energieverbrauch *m*
Ang: energy consumption *n*
(power consumption) *n*
Esp: consumo de energía *m*

consommation instantanée *f*
All: Momentanverbrauch *m*
Ang: instantaneous fuel consumption *n*
Esp: consumo momentáneo *m*

consommation massique de carburant *f*
All: Kraftstoff-Massenverbrauch *m*
Ang: fuel consumption by mass *n*
Esp: consumo de masa de combustible *m*

consommation optimale *f*
All: Verbrauchsoptimum *n*
Ang: optimal consumption *n*
Esp: consumo óptimo *m*

constante de filtrage *f*
All: Filterkonstante *f*
Ang: filter constant *n*
Esp: constante de filtro *f*

constante de ressort *f*
All: Federkonstante *f*
Ang: spring constant *n*
Esp: coeficiente de rigidez *m*

constante diélectrique *f*
All: Dielektrizitätskonstante *f*
Ang: dielectric constant *n*
Esp: constante dieléctrica *f*

constituant des gaz d'échappement *m*
All: Abgasbestandteil *m*
Ang: exhaust gas component *n*
Esp: componente de los gases de escape *m*

constituant des gaz d'échappement *m*
All: Abgaskomponente *f*
Ang: exhaust gas constituent *n*
Esp: componente de los gases de escape *m*

constructeur automobile *m*
All: Fahrzeughersteller *m*
Ang: vehicle manufacturer *n*
Esp: fabricante de vehículos *m*

contact à fermeture (interrupteur électrique) *m*
All: Schließer (elektrischer Schalter) *m*
Ang: NO contact (electrical switch, normally open) *n*
Esp: contacto normalmente abierto (interruptor eléctrico) *m*

contact à fermeture *m*
All: Schließer *m*
Ang: NO relay *n*
Esp: contacto normalmente abierto *m*

contact à lamelles *m*
All: Lamellenkontakt *m*
Ang: lamination contact *n*
Esp: contacto de láminas *m*

contact à ressort *m*
All: Kontaktfeder *f*
Ang: contact spring *n*
Esp: muelle de contacto *m*

contact bidirectionnel *m*
All: Wechsler *m*
(Umschalter) *m*
Ang: changeover contact *n*
Esp: cambiador *m*

contact d'alerte (garniture de frein) *m*
All: Warnkontakt *m*
Ang: alarm contact *n*
Esp: contacto de advertencia *m*

contact d'allumage *m*
All: Zündkontakt *m*
Ang: distributor contact points *npl*
Esp: contacto de encendido *m*

contact de terre *m*
All: Erdungskontakt *m*
Ang: earthing contact *n*
Esp: contacto de puesta a tierra *m*

contact d'inversion (commande des portes) *m*
All: Umschaltglied (Türbetätigung) *n*
Ang: switching element (door control) *n*
Esp: elemento de conmutación (accionamiento de puerta) *m*

contact femelle *m*
All: Steckerbuchse *f*
Ang: plug socket *n*
Esp: hembrilla *f*

contact mâle *m*
All: Steckerstift *m*
Ang: connector pin *n*
Esp: pin de enchufe *m*

contact par curseur *m*
All: Schleifkontakt *m*
Ang: sliding contact *n*
Esp: contacto deslizante *m*

contact télescopique à ressort *m*
All: Teleskopfederkontakt *m*
Ang: telescopic spring contact *n*
Esp: contacto telescópico de resorte *m*

contacteur *m*
All: Kontaktgeber *m*
Ang: pickup *n*
Esp: transmisor de contacto *m*

contacteur à solénoïde *m*
All: Einrückmagnet (Starter) *m*
Ang: engagement solenoid (starter) *n*
Esp: electroimán de engrane (motor de arranque) *m*

contacteur à solénoïde *m*
All: Einrückrelais (Starter) *n*
Ang: engagement relay (starter) *n*
Esp: relé de engrane (motor de arranque) *m*

contacteur de commande *m*
All: Steuerschalter *m*
Ang: control switch *n*
Esp: interruptor de mando *m*

contacteur de feuillure de porte *m*
All: Türkontaktschalter *m*
Ang: door contact switch *n*
Esp: interruptor de contacto de puerta *m*

contacteur de fin de course *m*
All: Endschalter *m*
Ang: limit switch *n*
Esp: fin de carrera *m*

contacteur de freins *m*
All: Bremskontakt *m*
Ang: brake contact *n*
Esp: contacto de freno *m*

contacteur de kick-down *m*
All: Kickdown-Schalter *m*
Ang: kick down switch *n*
Esp: interruptor de kickdown *m*

contacteur de papillon *m*
All: Drosselklappenschalter *m*
Ang: throttle valve switch *n*
Esp: interruptor de la mariposa *m*

contacteur de pleine charge *m*
All: Volllastschalter *m*
Ang: full load switch *n*
Esp: interruptor de plena carga *m*

contacteur de position *m*
All: Positionsschalter *m*
Ang: position switch *n*
Esp: interruptor de posición *m*

contacteur de ralenti *m*
All: Leergasschalter *m*
Ang: low idle switch *n*
Esp: conmutador de ralentí *m*

contacteur différentiel *m*
All: Differenzdruckschalter *m*
Ang: differential pressure switch *n*
Esp: presostato de presión diferencial *m*

contacteur électromagnétique (démarreur) *m*
All: Einrückrelais (Starter) *n*
Ang: solenoid switch (starter) *n*
Esp: relé de engrane (motor de arranque) *m*

contacteur électromagnétique *m*
All: Magnetschalter *m*
Ang: solenoid operated switch *n*
(electromagnetic switch) *n*
Esp: interruptor electromagnético *m*

contacteur multifonctions *m*
All: Multifunktionsschalter *m*

Français

Ang: multifunction switch *n*
Esp: interruptor multifuncional *m*

contacts du rupteur (allumage) ***mpl***
All: Unterbrecherkontakt (Zündung) *m*
(Zündkontakt) *m*
Ang: distributor contact points (ignition) *npl*
(breacker points) *n*
Esp: contacto de ruptor (encendido) *m*

contamination ***f***
All: Verunreinigung *f*
Ang: contamination *n*
Esp: contaminación *f*

contenant (logistique) ***m***
All: Behälter (Logistik) *m*
Ang: reservoir (logistics) *n*
Esp: depósito (logística) *m*

conteneur à claire-voie ***m***
All: Gitterbox *f*
Ang: meshed container *n*
Esp: caja de rejilla *f*

contrainte ***f***
All: Beanspruchung *f*
Ang: stress *n*
(loading) *n*
Esp: esfuerzo *m*
(solicitación) *f*

contrainte de cisaillement ***f***
All: Schubspannung *f*
Ang: shear stress *n*
Esp: esfuerzo de cizallamiento *m*

contrainte de compression ***f***
All: Druckspannung *f*
Ang: compressive stress *n*
Esp: esfuerzo de compresión *m*

contrainte de compression ***f***
All: Zugeigenspannung *f*
Ang: tensile stress *n*
Esp: esfuerzo residual de tracción *m*

contrainte de flambage ***f***
All: Knickspannung *f*
Ang: buckling strain *n*
Esp: tensión de pandeo *f*

contrainte de flexion ***f***
All: Zahnfußspannung *f*
Ang: root stress *n*
Esp: esfuerzo en el pie del diente *f*

contrainte de flexion au pied ***f***
All: Zahnfußbeanspruchung *f*
Ang: root tooth load *n*
Esp: carga en el pie del diente *f*

contrainte de glissement ***f***
All: Gleitbeanspruchung *f*
Ang: sliding stress *n*
Esp: esfuerzo de deslizamiento *m*

contrainte de roulement ***f***
All: Schlagbeanspruchung *f*
Ang: impact stress *n*
Esp: esfuerzo de impacto *m*

contrainte de torsion ***f***
All: Torsionsspannung *f*
Ang: torsional stress *n*
Esp: esfuerzo de torsión *m*

contrainte en flexion ***f***
All: Biegespannung *f*
Ang: bending stress *n*
Esp: esfuerzo de flexión *m*

contrainte limite ***f***
All: Grenzspannung *f*
(Grenzbeanspruchung) *f*
Ang: limit stress *n*
Esp: tensión límite *f*

contrainte limite de torsion ***f***
All: Torsionsgrenzspannung *f*
Ang: torsional stress limit *n*
Esp: esfuerzo límite de torsión *m*

contrainte maximale ***f***
All: Oberspannung *f*
Ang: maximum stress *n*
Esp: tensión máxima *f*

contrainte permanente ***f***
All: Dauerbeanspruchung *f*
Ang: continuous loading *n*
Esp: solicitación continua *f*

contraste entre clarté et obscurité (projecteur) ***m***
All: Hell-Dunkel-Kontrast (Scheinwerfer) *m*
Ang: light dark cutoff contrast (headlamp) *n*
Esp: contraste claro-oscuro (faros) *m*

contrat de maintenance ***m***
All: Wartungsvertrag *m*
Ang: maintenance contract *n*
Esp: contrato de mantenimiento *m*

contre-braquage (véhicule) ***m***
All: gegenlenken (Kfz) *v*
(gegensteuern) *v*
Ang: countersteer (motor vehicle) *v*
Esp: maniobrar en sentido contrario (automóvil) *v*

contre-écrou ***m***
All: Kontermutter *f*
Ang: lock nut *n*
Esp: contratuerca *f*

contrepoids ***m***
All: Ausgleichgewicht *n*
Ang: balance weight *n*
Esp: contrapeso *m*

contre-pression ***f***
All: Gegendruck *m*
Ang: back pressure *n*
Esp: contrapresión *f*

contrepression dans la chambre de combustion ***f***
All: Brennraumgegendruck *m*
Ang: combustion chamber back pressure *n*
Esp: contrapresión de la cámara de combustión *f*

contre-pression des gaz d'échappement ***f***
All: Abgasgegendruck *m*
Ang: exhaust gas back pressure *n*
Esp: contrapresión de gases de escape *f*

contrôle à un circuit ***m***
All: Einkreis-Kontrolle *f*
Ang: single circuit monitoring *n*
Esp: control de un circuito *m*

contrôle altimétrique ***m***
All: Höhenkontrolle *f*
Ang: height check *n*
Esp: control de altitud *m*

contrôle antipollution ***m***
All: Abgasuntersuchung *f*
Ang: exhaust emission test *n*
Esp: análisis de los gases de escape *m*

contrôle de bruit large bande ***m***
All: Breitband-Rauschprüfung *f*
Ang: broadband noice test *n*
Esp: ensayo de ruidos de banda ancha *m*

contrôle de distance de stationnement ***m***
All: Park-Distanz-Kontrolle *f*
Ang: park distance control *n*
Esp: control de distancia de aparcamiento *m*

contrôle d'étanchéité ***m***
All: Dichtheitsprüfung *f*
Ang: leak test *n*
Esp: comprobación de estanqueidad *f*

contrôle d'hystérésis ***m***
All: Hysterese-Prüfung *f*
Ang: hysteresis test *n*
Esp: ensayo de histéresis *m*

contrôle d'usure (garniture de frein) ***m***
All: Verschleißkontrolle (Bremsbelag) *f*
Ang: wear inspection (brake lining) *n*
Esp: revisión de desgaste (forro de frenos) *f*

contrôle dynamique de trajectoire ***m***
All: Elektronisches Stabilitäts-Programm, ESP *n*
(Fahrdynamikregelung) *f*
Ang: electronic stability program, ESP *n*
Esp: programa electrónico de estabilidad, ESP *m*

contrôle dynamique de trajectoire ***m***
All: Stabilisierungssystem *n*
(Fahrdynamikregelung) *f*
Ang: electronic stability program, ESP *n*

Français

Esp: programa electrónico de estabilidad, ESP *m*

contrôle final ***m***
All: Endkontrolle *f*
(Schlussprüfung) *f*
Ang: final inspection *n*
Esp: inspección final *f*

contrôle final ***m***
All: Endprüfung *f*
Ang: final inspection and test *n*
Esp: comprobación final *f*

contrôle spécial des freins ***m***
All: Bremsensonder-untersuchung *f*
Ang: braking system special inspection *n*
Esp: inspección especial del sistema de frenos *f*

contrôle spécifique (frein) ***m***
All: Sonderuntersuchung *f*
Ang: special examination *n*
Esp: inspección especial *f*

contrôle technique ***m***
All: Hauptuntersuchung *f*
Ang: general inspection *n*
Esp: inspección general *f*

contrôle visuel ***m***
All: Sichtprüfung *f*
Ang: visual inspection *n*
(visual inspection) *n*
Esp: comprobación visual *f*

contrôler ***v***
All: prüfen *v*
Ang: to test *v*
Esp: comprobar *v*

contrôles ***mpl***
All: Prüfumfang *m*
Ang: extent of inspection *n*
(scope of inspection) *n*
Esp: extensión de la comprobación *f*

contrôleur de bus ***m***
All: Bussteuerung (CAN) *f*
Ang: bus controller (CAN) *n*
Esp: control por bus (CAN) *m*

contrôleur de freins ***m***
All: Bremsentester *m*
Ang: brake tester *n*
Esp: comprobador de frenos *m*

contrôleur de géométrie ***m***
All: Achsmessanlage *f*
Ang: whee alignment indicator *n*
Esp: sistema de alineación de ejes *m*

contrôleur de géométrie ***m***
All: Achsmessgerät *n*
Ang: whee alignment unit *n*
Esp: indicador de alineación de ejes *m*

contrôleur d'incandescence ***m***
All: Glühüberwacher *m*
Ang: glow indicator *n*
Esp: indicador de incandescencia *m*

contrôleur d'injecteurs ***m***
All: Düsenprüfgerät *n*
Ang: nozzle tester *n*
Esp: aparato de comprobación de inyectores *m*

conversion de phase ***f***
All: Phasenumwandlung *f*
Ang: phase transformation *n*
Esp: transformación de fase *f*

conversion d'énergie ***f***
All: Energieumsetzung *f*
Ang: energy conversion *n*
Esp: transformación de energía *f*

convertisseur ***m***
All: Wandler *m*
Ang: converter *n*
Esp: convertidor *m*

convertisseur ***m***
All: Wandler *m*
Ang: transducer *n*
Esp: transductor *m*

convertisseur à dépression ***m***
All: Unterdruckwandler *m*
Ang: vacuum transducer *n*
Esp: convertidor por depresión *m*

convertisseur analogique-numérique ***m***
All: Analog-Digital-Wandler *m*
Ang: analog digital converter *n*
Esp: convertidor analógico-digital *m*

convertisseur catalytique des gaz d'échappement ***m***
All: Abgaskonverter *m*
Ang: catalytic exhaust converter *n*
Esp: convertidor catalítico de gases de escape *m*

convertisseur de couple ***m***
All: Drehmomentwandler *m*
Ang: torque convertor *n*
Esp: convertidor de par *m*

convertisseur de courant continu ***m***
All: Gleichstromwandler *m*
Ang: DC converter *n*
Esp: convertidor de corriente continua *m*

convertisseur de fréquence ***m***
All: Frequenzwandler *m*
Ang: frequency converter *n*
Esp: corvertidor de frecuencia *m*

convertisseur de pression ***m***
All: Druckwandler *m*
Ang: vacuum converter *n*
Esp: convertidor de presión *m*

convertisseur de pression ***m***
All: Druckwandler *m*
Ang: pressure transducer *n*
Esp: convertidor de presión *m*

convertisseur de réseau de bord ***m***
All: Bordnetzumrichter *m*
Ang: vehicle electrical system converter *n*
Esp: convertidor de la red de a bordo *m*

convertisseur de signaux ***m***
All: Signalwandler *m*
Ang: signal transducer *n*
Esp: convertidor de señales *m*

convertisseur de tension ***m***
All: Spannungswandler *m*
Ang: voltage transformer *n*
Esp: transformador de tensión *m*

convertisseur direct ***m***
All: Direktsteller *m*
Ang: direct action control element *n*
Esp: actuador de acción directa *m*

convertisseur électro-acoustique ***m***
All: elektroakustischer Wandler *m*
Ang: electroacoustic transducer *n*
Esp: convertidor electroacústico *m*

convertisseur Trilok ***m***
All: Trilokwandler *m*
Ang: trilok converter *n*
Esp: convertidor Trilok *m*

copeaux métalliques ***mpl***
All: Metallspäne *f*
Ang: swarf *n*
Esp: viruta *f*

coquille-support ***f***
All: Stützschale *f*
Ang: backing shell *n*
Esp: casquillo de apoyo *m*

corps associé ***m***
All: Gegenkörper *m*
Ang: opposed body *n*
Esp: cuerpo opuesto *m*

corps chauffant (crayon) ***m***
All: Glühkörper *m*
Ang: glow-plug tip *n*
Esp: cuerpo incandescente *m*

corps de filtre (filtre) ***m***
All: Wickelkörper (Filter) *m*
Ang: paper tube (filter) *n*
Esp: carrete (filtro) *m*

corps de pompe ***m***
All: Pumpengehäuse *n*
Ang: pump housing *n*
(pump body) *n*
Esp: cuerpo de la bomba *m*

corps de poussoir ***m***
All: Stößelkörper *m*
Ang: roller tappet shell *n*
Esp: cuerpo de empujador *m*

corps de relais ***m***
All: Relaisgehäuse *n*
Ang: relay housing *n*
Esp: carcasa de relé *f*

corps de valve ***m***
All: Ventilgehäuse *n*
Ang: valve housing *n*
Esp: carcasa de válvula *f*

corps d'enroulement (bobine d'allumage) ***m***
All: Wickelkörper (Zündspule) *m*

Français

Ang: bobbin (ignition coil) *n*
Esp: bobina (bobina de encendido) *f*

corps d'essieu ***m***
All: Achskörper *m*
Ang: axle housing *n*
Esp: cuerpo del eje *m*

corps d'injecteur ***m***
All: Düsenkörper *m*
Ang: nozzle body *n*
Esp: cuerpo de inyector *m*

corps d'injecteur ***m***
All: Ventilkörper *m*
Ang: valve body *n*
Esp: cuerpo de válvula *m*

corps fileté ***m***
All: Gewindehülse *f*
Ang: threaded sleeve *n*
Esp: manguito roscado *m*

corps plastique de Bingham ***m***
All: Bingham-Körper *m*
Ang: bingham body *n*
Esp: cuerpo Bingham *m*

correcteur à dépression ***m***
All: Unterdruckversteller *m*
Ang: vacuum control *n*
Esp: variador de depresión *m*

correcteur à divergence ***m***
All: Strahlenregler *m*
Ang: straight line controller *n*
Esp: controlador de divergencia *m*

correcteur altimétrique ***m***
All: atmosphärendruckabhängiger Volllastanschlag, ADA *m*
Ang: altitude pressure compensator *n*
Esp: tope de plena carga dependiente de la presión atmosférica *m*

correcteur altimétrique ***m***
All: Höhenanschlag *m*
Ang: altitude control *n*
Esp: tope de altura *m*

correcteur automatique de site des projecteurs ***m***
All: Automatische Leuchtweitenregulierung *f*
Ang: automatic headlight range control *n*
Esp: regulación automática del alcance de las luces *f*

correcteur centrifuge ***m***
All: Fliehkraft-Verstellregler *m*
Ang: mechanical variable-speed governor *n*
Esp: regulador variador de fuerza centrífuga *m*

correcteur d'assiette pneumatique ***m***
All: Luft-Niveauregelung *f*
Ang: air suspension level-control system *n*
Esp: regulación de nivel de aire *f*

correcteur d'avance centrifuge ***m***
All: Fliehkraftzündversteller *m*
Ang: centrifugal advance mechanism *n*
Esp: variador de encendido por fuerza centrífuga *m*

correcteur de débit ***m***
All: Angleichvorrichtung (Dieseleinspritzung) *f*
Ang: torque control mechanism *n*
Esp: dispositivo de control de torque (inyección diesel) *m*

correcteur de freinage asservi à la charge ***m***
All: lastabhängiger Bremskraftregler *m*
Ang: load dependent braking force regulator *n*
Esp: regulador de fuerza de frenado en función de la carga *m*

correcteur de pleine charge (asservi à la température) ***m***
All: temperaturabhängiger Vollastanschlag *m*
Ang: temperature dependent full load stop *n*
Esp: tope de plena carga dependiente de la temperatura *m*

correcteur de ralenti (asservi à la température) ***m***
All: temperaturabhängiger Leerlaufanschlag *m*
Ang: temperature dependent low idle stop *n*
Esp: tope de ralentí dependiente de la temperatura *m*

correcteur de ralenti piloté par la température ***m***
All: temperaturabhängige Leerlaufanhebung *f*
Ang: temperature controlled idle-speed increase *n*
Esp: elevación de régimen de ralentí dependiente de la temperatura *f*

correcteur de site des projecteurs ***m***
All: Leuchtweitenregelung *f*
Ang: headlight leveling control *n*
Esp: regulación del alcance de luces *f*

correcteur de surcharge en fonction de la température ***m***
All: temperaturabhängiger Startmengenanschlag *m*
(temperaturabhängiger Startanschlag) *m*
Ang: temperature dependent starting device *n*
(temperature-dependent starting stop) *n*
Esp: tope del caudal de arranque dependiente de la temperatura *m*

correcteur hydraulique de débit ***m***
All: hydraulisch betätigte Angleichung *f*
Ang: hydraulically controlled torque control *n*
Esp: adaptación hidráulica de par *f*

correcteur pneumatique à mesure de pression absolue ***m***
All: absolutdruckmessender, ladedruckabhängiger Volllastanschlag (Dieseleinspritzung) *m*
Ang: absolute boost pressure dependent full load stop *n*
Esp: tope de plena carga, medidor de la presión absoluta y dependiente de la presión de carga (inyección diesel) *m*

correcteur statique de portée d'éclairement ***m***
All: Statische Leuchtweitenregulierung *f*
Ang: static headlight range control *n*
Esp: regulación estática del alcance de luces *f*

correction additive du mélange ***f***
All: Additive Gemischkorrektur *f*
Ang: additive mixture correction *n*
Esp: corrección de mezcla aditiva *f*

correction altimétrique ***f***
All: Höhen-Kompensation *f*
Ang: altitude compensation *n*
Esp: compensación de altitud *f*

correction altimétrique ***f***
All: Höhenkorrektur *f*
Ang: altitude compensation *n*
Esp: compensación de altitud *f*

correction altimétrique ***f***
All: Höhenkorrektur *f*
Ang: altitude correction *n*
Esp: corrección altimétrica *f*

correction anti à-coups ***f***
All: Antiruckeleingriff *m*
Ang: surge damping intervention *n*
Esp: intervención antisacudidas *f*

correction cartographique ***f***
All: Kennfeldkorrektur (Zündung) *f*
Ang: program-map correction (ignition) *n*
Esp: corrección de diagrama característico *f*

correction centrifuge ***f***
All: Fliehkraftverstellung *f*
Ang: centrifugal advance *n*
Esp: veriación por fuerza centrífuga *f*

correction dans le sens « retard » (angle d'allumage) *m*
All: Spätverstellung (Zündwinkel) *f*
Ang: ignition retard (ignition angle) *n*
Esp: variación hacia retardo (ángulo de encendido) *f*

correction dans le sens « retard » *f*
All: Spätverstellung (Zündwinkel) *f*
Ang: retardation (ignition angle) *n*
Esp: variación hacia retardo (ángulo de encendido) *f*

correction de débit *f*
All: Angleichung (Dieseleinspritzung) *f*
Ang: torque control *n*
Esp: control de torque (inyección diesel) *m*

correction de débit d'injection *f*
All: Mengenkorrektur *f*
Ang: injected fuel quantity correction *n*
Esp: corrección de caudal *f*

correction de débit positive *f*
All: positive Angleichung *f*
Ang: positive torque control *n*
Esp: ajuste positivo *m*

correction de pleine charge *f*
All: Volllastangleichung *f*
Ang: full load torque control *n*
Esp: adaptación de plena carga *f*

correction de ralenti en fonction de la température *f*
All: temperaturabhängige Leerlaufkorrektur *f*
Ang: temperature dependent low idle correction *n*
Esp: corrección de ralentí dependiente de la temperatura *f*

correction du mélange *f*
All: Gemischkorrektur *f*
Ang: mixture correction *n*
Esp: corrección de mezcla *f*

correction électronique du point d'allumage *f*
All: elektronische Zündverstellung *f*
Ang: electronic spark advance *n*
Esp: variación electrónica del encendido *f*

correction en fonction du régime *f*
All: Drehzahlverstellung *f*
Ang: engine speed advance *n*
Esp: regulación del número de revoluciones *f*

correction multiplicative du mélange *f*
All: multiplikative Gemischkorrektur *f*
Ang: multiplicative A/F mixture correction *n*
Esp: corrección multiplicativa de mezcla *f*

corrosion fissurante *f*
All: Spaltkorrosion *f*
Ang: crevice corrosion *n*
Esp: corrosión de rendijas *f*

corrosion fissurante par contrainte mécanique *f*
All: Spannungsrisskorrosion *f*
Ang: stress corrosion cracking *n*
Esp: corrosión de fisuras de tensión *f*

corrosion fissurante par fatigue *f*
All: Schwingungsrisskorrosion *f*
Ang: vibration corrosion cracking *n*
Esp: corrosión de fisuras de vibración *f*

corrosion humide *f*
All: Nasskorrosion *f*
Ang: cold-condensate corrosion *n*
Esp: corrosión por condensados *f*

corrosion par contact *f*
All: Kontaktkorrosion *f*
Ang: contact corrosion *n*
Esp: corrosión por contacto *f*

corrosion par frottement *f*
All: Reibkorrosion *f*
Ang: fretting corrosion *n*
Esp: corrosión por fricción *f*

corrosion perforante localisée *f*
All: Lochfraßkorrosion *f*
(Lochkorrosion) *f*
Ang: pitting corrosion *n*
Esp: corrosión por picadura *f*

cosse *f*
All: Kabelschuh *m*
Ang: cable lug *n*
Esp: terminal de cable *m*

cosse de batterie (batterie) *f*
All: Batterieklemme *f*
(Anschlussklemme) *f*
Ang: battery terminal *n*
(battery-cable terminal) *n*
Esp: borne de batería *m*

cote de contrôle *f*
All: Kontrollmaß *n*
Ang: control dimension *n*
Esp: medida de referencia *f*

cote de dépassement *f*
All: Vorstehmaß *n*
Ang: projection dimension *n*
Esp: medida que sobresale *f*

cote de dépassement de l'arbre à cames *f*
All: Nockenwellen-Vorstehmaß *n*
Ang: camshaft projection *n*
Esp: medida que sobresale el árbol de levas *f*

cote de réglage *f*
All: Einstellmaß *n*
Ang: adjustment dimension *n*
Esp: medida de ajuste *f*

cote d'écartement (injection diesel) *f*
All: Spaltmaß (Dieseleinspritzung) *n*
Ang: gap dimension (diesel fuel injection) *n*
Esp: medida de intersticio (inyección diesel) *f*

cote du filetage *f*
All: Gewindemaß *f*
Ang: thread dimension *n*
Esp: tamaño de la rosca *m*

cote extérieure *f*
All: Außenmaß *n*
Ang: overall dimension *n*
Esp: medida exterior *f*

coté passager AV *m*
All: Beifahrerseite *f*
Ang: passenger side *n*
Esp: lado del acompañante *m*

côté propre (filtre) *m*
All: Reinseite (Filter) *f*
Ang: clean side (filter) *n*
Esp: lado limpio (filtro) *m*

côté refoulement (filtre) *m*
All: Druckseite (Filter) *f*
Ang: pressure outlet (filter) *n*
Esp: lado de presión (filtro) *m*

côté secondaire (cylindre à membrane) *m*
All: Atmungsraum (Membran) *m*
Ang: breathing space (diaphragm) *n*
Esp: espacio de respiración (membrana) *m*

côté secondaire (dispositifs à air comprimé) *m*
All: Sekundärseite (Druckluftgeräte) *f*
Ang: secondary side (compressed-air components) *n*
Esp: lado secundario (aparatos de aire comprimido) *m*

côté sortie de la pompe *m*
All: Pumpenabtrieb *m*
Ang: pump power take-off *n*
Esp: accionamiento de bomba *m*

couche antifriction *f*
All: Gleitschicht *f*
(Laufschicht) *f*
Ang: liner *n*
Esp: capa de deslizamiento *f*

couche antifriction polymère *f*
All: Polymergleitschicht *f*
Ang: polymer liner *n*
Esp: capa polimérica antifricción *f*

couche d'absorption *f*
All: Absorberschicht *f*
(Adsorptionsschicht) *f*
Ang: absorber layer *n*
(adsorption layer) *n*

Français

Esp: capa absorbente *f*
(capa de absorción) f

couche de céramique (sonde à oxygène) *f*
All: Keramikschicht (Lambda-Sonde) *f*
Ang: ceramic layer (lambda oxygen sensor) *n*
Esp: capa cerámica *f*

couche de déplétion *f*
All: Sperrschicht *f*
Ang: depletion layer *n*
(barrier junction) n
Esp: capa barrera *f*

couche de dispersion *f*
All: Dispersionsschicht *f*
Ang: dispersion coating *n*
Esp: capa de dispersión *f*

couche de finition *f*
All: Deckanstrich *m*
Ang: protective coat *n*
Esp: capa protectora *f*

couche de finition *f*
All: Deckschicht *f*
Ang: protective layer *n*
Esp: capa protectora *f*

couche de réaction aux oxydes *f*
All: Oxid-Reaktionsschicht *f*
Ang: oxide reaction layer *n*
Esp: capa de reacción de óxido *f*

couche d'imprégnation *f*
All: Imprägnierschicht *f*
Ang: impregnation layer *n*
Esp: capa de impregnación *f*

couche Hall *f*
All: Hall-Schicht *f*
Ang: hall layer *n*
Esp: capa Hall *f*

couche interfaciale *f*
All: Grenzschicht *f*
Ang: boundary layer *n*
Esp: capa límite *f*

couche pénétrante *f*
All: Einlaufschicht *f*
Ang: penetration coating *n*
Esp: capa de penetración *f*

couche protectrice *f*
All: Schutzschicht *f*
Ang: protective film *n*
Esp: capa protectora *f*

couche réfléchissante *f*
All: Reflexionsschicht *f*
Ang: reflective layer *n*
Esp: capa reflectora *f*

couche semi-conductrice *f*
All: Halbleiterschicht *f*
Ang: semiconductor layer *n*
Esp: capa semiconductora *f*

couche vaporisée *f*
All: Dampfschicht *f*
Ang: vapor layer *n*
Esp: capa de vapor *f*

coude (courbe caractéristique) ***m***
All: Knickpunkt (Kennlinie) *m*
Ang: knee point (characteristic curve) *n*
Esp: punto de flexión (curva característica) *m*

coude (courbe caractéristique) ***m***
All: Knickpunkt *m*
Ang: break point *n*
Esp: punto de flexión *m*

coude ***m***
All: Kröpfung *f*
Ang: offset *n*
Esp: acodamiento *m*

coude ***m***
All: Krümmer *m*
Ang: manifold *n*
Esp: colector *m*

coulisse (valve de frein de stationnement) *f*
All: Kulisse (Feststellbremsventil) *f*
Ang: detent element (parking-brake valve) *n*
Esp: colisa (válvula de freno de estacionamiento) *f*

coulisse de contact *f*
All: Schaltkulisse *f*
Ang: gearshift gate *n*
(shifting gate) n
Esp: colisa de mando *f*

coulisseau (cylindre de frein) ***m***
All: Gleitstück (Bremszylinder) *n*
Ang: slider (brake cylinder) *n*
Esp: pieza deslizante (cilindro de freno) *f*

coulisseau d'arrêt ***m***
All: Absperrschieber *m*
Ang: shutoff valve valve *n*
Esp: corredera de cierre *f*

coupelle *f*
All: Federhalter *m*
(Federkapsel) f
Ang: spring retainer *n*
Esp: cápsula para muelle *f*

coupe-ralenti ***m***
All: Leerlaufabschaltventil *n*
Ang: idle cut off valve *n*
Esp: válvula de corte de ralentí *f*

couplage (CEM) ***m***
All: Einkopplung (EMV) *f*
Ang: couple (EMC) *v*
Esp: acople (compatibilidad electromagnética) *m*

couple ***m***
All: Drehmoment *n*
Ang: torque *n*
Esp: par *m*

couple appliqué au volant de direction (dynamique d'un véhicule) ***m***
All: Lenkradmoment (Kfz-Dynamik) *n*
Ang: steering wheel force (vehicle dynamics) *n*
Esp: par del volante (dinámica del automóvil) *m*

couple conique ***m***
All: Kegelradsatz *m*
Ang: bevel gear set *n*
Esp: juego de ruedas cónicas *m*

couple d'adhérence ***m***
All: Reibwertpaarung *f*
Ang: friction coefficient matching *n*
Esp: apareamiento por coeficiente de fricción *m*

couple d'alignement ***m***
All: Verzwängung *f*
Ang: constraint *n*
Esp: forzamiento *m*

couple de braquage ***m***
All: Betätigungsmoment *n*
Ang: operating torque *n*
Esp: par de accionamiento *m*

couple de coupure ***m***
All: Abschaltmoment *n*
Ang: switchoff torque *n*
Esp: par de desconexión *m*

couple de décrochage ***m***
All: Kippmoment *n*
Ang: tilting moment *n*
Esp: par de vuelco *m*

couple de démarrage ***m***
All: Anlaufmoment *n*
Ang: starting torque *n*
Esp: torque de arranque *m*

couple de démarrage ***m***
All: Anzugsmoment (Elektromotor) *n*
Ang: breakaway torque (electric motor) *n*
Esp: par de rotor bloqueado (motor eléctrico) *m*

couple de freinage ***m***
All: Bremsmoment *n*
Ang: braking torque *n*
Esp: par de frenado *m*

couple de freinage de consigne ***m***
All: Bremssollmoment *n*
Ang: setpoint braking torque *n*
Esp: par nominal de frenado *m*

couple de freinage du moteur ***m***
All: Motorbremsmoment *n*
Ang: engine braking torque *n*
Esp: par de frenado de motor *m*

couple de friction ***m***
All: Reibpaarung *f*
Ang: friction pairing *n*
Esp: cupla de fricción *f*

couple de frottement ***m***
All: Reibmoment *n*
Ang: friction torque *n*
Esp: momento de fricción *m*

couple de frottement de la chaussée ***m***

Français

All: Fahrbahnreibmoment *n*
Ang: road frictional torque *n*
Esp: par de rozamiento de la calzada *m*

couple de pointe ***m***
All: Spitzendrehmoment *n*
Ang: peak torque *n*
Esp: par máximo *m*

couple de rappel (pneu) ***m***
All: Rückstellmoment (Reifen) *n*
(Reifenrückstellmoment) *n*
Ang: aligning torque (tire) *n*
(return torque) *n*
Esp: par de reposicionamiento (neumáticos) *m*
(par de reposicionamiento de neumático) *m*

couple de réaction (contrôle des freins) ***m***
All: Reaktionsmoment (Bremsprüfung) *n*
Ang: reaction torque (braking-system inspection) *n*
Esp: par de reacción (comprobación de frenos) *m*

couple de serrage ***m***
All: Anziehdrehmoment *n*
Ang: tightening torque *n*
Esp: par de apriete *m*

couple de sortie de la boîte de vitesses ***m***
All: Getriebeausgangsmoment *n*
Ang: output torque of the transmission *n*
Esp: par de salida del cambio *m*

couple de traction ***m***
All: Antriebsmoment *n*
(Antriebsdrehmoment) *n*
Ang: drive torque *n*
Esp: par motor *m*
(par de tracción) *m*

couple d'embrayage ***m***
All: Kupplungsmoment *m*
Ang: clutch torque *n*
Esp: par de embrague *m*

couple d'entraînement ***m***
All: Antriebsdrehmoment *n*
Ang: drive torque *n*
Esp: par motor *m*

couple d'entrée de la boîte de vitesses ***m***
All: Getriebeeingangsmoment *n*
Ang: input torque of gearbox *n*
Esp: par de entrada del cambio *m*

couple différentiel de consigne ***m***
All: Differenzsollmoment *n*
Ang: desired/setpoint speed differential *n*
Esp: par diferencial nominal *m*

couple d'inertie de la roue ***m***
All: Radträgheitsmoment *n*
Ang: wheel moment of inertia *n*
Esp: momento de inercia de la rueda *m*

couple d'inertie du moteur ***m***
All: Motorschleppmoment *n*
Ang: engine drag torque *n*
Esp: par de arrastre del motor *m*

couple d'inertie du moteur ***m***
All: Motorträgheitsmoment *n*
(Motorschleppmoment) *n*
Ang: engine drag torque *n*
Esp: momento de inercia del motor *m*

couple du démarreur ***m***
All: Starterdrehmoment *n*
Ang: starter motor torque *n*
Esp: par del motor de arranque *m*

couple maximal ***m***
All: Maximaldrehmoment *n*
Ang: maximum tightening torque *n*
Esp: par máximo *m*

couple moteur ***m***
All: Motordrehmoment *n*
Ang: crankshaft torque *n*
Esp: par motor *m*

couple moteur ***m***
All: Motordrehmoment *n*
Ang: engine torque *n*
Esp: par motor *m*

couple moteur ***m***
All: Motormoment *n*
Ang: engine torque *n*
Esp: par del motor *m*

couple nominal ***m***
All: Nenndrehmoment *n*
Ang: nominal load torque *n*
Esp: par nominal *m*

couple nominal ***m***
All: Nenndrehmoment *n*
Ang: rated load torque *n*
Esp: par nominal *m*

couple permanent ***m***
All: Dauerdrehmoment *n*
Ang: continuous torque *n*
Esp: par continuo *m*

couple résistant ***m***
All: Schleppmoment *n*
Ang: drag torque *n*
Esp: momento de arrastre *m*

coupleur à baïonnette ***m***
All: Bajonettverbindung *f*
Ang: bayonet connection *n*
Esp: conexión de bayoneta *f*

coupleur à roue libre (démarreur) ***m***
All: Freilauf *m*
Ang: one way clutch *n*
Esp: rueda libre *f*

coupleur acoustique ***m***
All: akustischer Kuppler *m*
Ang: acoustic coupler *n*
Esp: acoplamiento acústico *m*

coupleur de fin de course ***m***
All: Endlagenkupplung *f*
Ang: end position coupling *n*
Esp: acoplamiento de posición final *m*

coupleur directionnel ***m***
All: Richtungskoppler *m*
Ang: directional coupler *n*
Esp: acoplador direccional *m*

coupure (régulateur) ***f***
All: Abschaltung (Regler) *f*
(Abstellung) *f*
Ang: shutoff (governor) *n*
Esp: corte (regulador) *m*
(cierre) *m*

coupure de charge ***f***
All: Lastabschalten *f*
Ang: load cut off *n*
Esp: corte de carga *m*

coupure de débit ***f***
All: Abregelung (Dieseleinspritzung) *f*
Ang: speed regulation breakaway (diesel fuel injection) *n*
Esp: regulación limitadora (inyección diesel) *m*

coupure de la pression de suralimentation ***f***
All: Ladedruckabschaltung *f*
Ang: charge air pressure cutoff *n*
Esp: desconexión de presión de sobrealimentación *f*

coupure de l'alimentation en carburant en cas de collision ***f***
All: Crashabschaltung *f*
Ang: fuel supply crash cutoff *n*
Esp: corte de combustible en colisión *m*

coupure de l'injection ***f***
All: Einspritzausblendung (Jetronic) *f*
Ang: injection blank out (Jetronic) *n*
Esp: interrupción de la inyección (Jetronic) *f*

coupure de sécurité de l'alimentation en carburant ***f***
All: Sicherheitskraftstoffabschaltung *f*
Ang: fuel safety shutoff *n*
Esp: desconexión de seguridad del combustible *f*

coupure de vitesse maximale (pompe d'injection) ***f***
All: Endabregelung (Einspritzpumpe) *f*
Ang: full load speed regulation (fuel-injection pump) *n*
Esp: regulación de limitación final *f*

coupure des cylindres ***f***
All: Zylinderabschaltung *f*
(Zylinderausblendung) *f*

Français

Ang: cylinder shutoff *n*
Esp: desconexión de cilindros *f*

coupure d'injection en décélération ***f***
All: Schubabschaltung *f*
Ang: overrun fuel cutoff *n*
Esp: corte de combustible en deceleración *m*

coupure du carburant ***f***
All: Kraftstoffabsperrung *f*
Ang: fuel supply shutoff *n*
Esp: corte de combustible *m*

coupure du conduit d'admission ***f***
All: Einlasskanalabschaltung (Verbrennungsmotor) *f*
Ang: intake port shutoff (IC engine) *n*
Esp: desconexión de canal de admisión (motor de combustión) *f*

coupure du courant de repos ***f***
All: Ruhestromabschaltung *f*
Ang: closed circuit current deactivation *n*
Esp: desconexión de corriente de reposo *f*

coupure du moteur ***m***
All: Motorabschaltung *f*
Ang: engine shutoff *n*
Esp: desconexión del motor *f*

coupure progressive ***f***
All: Absteuerung (Dieseleinspritzung) *f*
Ang: end of delivery (diesel fuel injection) *n*
Esp: fin del suministro (inyección diesel) *m*

courant absorbé ***m***
All: Stromaufnahme *f*
Ang: current draw *n*
(current input) *n*
Esp: consumo de corriente *m*

courant alternatif ***m***
All: Wechselstrom *m*
Ang: alternating current, AC *n*
Esp: corriente alterna *f*

courant alternatif monophasé ***m***
All: Einphasen-Wechselstrom *m*
Ang: single phase alternating current *n*
Esp: corriente alterna monofásica *f*

courant alternatif triphasé ***m***
All: Drehstrom *m*
Ang: three phase current *n*
Esp: corriente trifásica *f*

courant continu ***m***
All: Gleichstrom *m*
Ang: direct current *n*
Esp: corriente continua *f*

courant d'arc ***m***
All: Funkenstrom *m*
Ang: spark current *n*
Esp: corriente de chispa *f*

courant de batterie ***m***
All: Batteriestrom *m*
Ang: battery current *n*
Esp: corriente de la batería *f*

courant de charge (batterie) ***m***
All: Ladestrom (Batterie) *m*
(Batterieladestrom) *m*
Ang: battery charge current (battery) *n*
Esp: corriente de carga (batería) *f*

courant de charge (batterie) ***m***
All: Ladestrom *m*
Ang: charging current *n*
Esp: corriente de carga *f*

courant de charge de batterie ***m***
All: Batterieladestrom *m*
Ang: battery charging current *n*
Esp: corriente de carga de la batería *f*

courant de consigne ***m***
All: Nennstrom *m*
Ang: rated current *n*
Esp: corriente nominal *f*

courant de court-circuit ***m***
All: Kurzschlussstrom *m*
Ang: short circuit current *n*
Esp: corriente de cortocircuito *f*

courant de décharge ***m***
All: Entladestrom (Batterie) *m*
Ang: discharge current (battery) *n*
Esp: corriente de descarga (batería) *f*

courant de démarrage ***m***
All: Einschaltstrom *m*
Ang: cut in current *n*
Esp: corriente de conexión *f*

courant de fuite (bougie d'allumage) ***m***
All: Kriechstrom (Zündkerze) *m*
Ang: insulator flashover (spark plug) *n*
Esp: corriente de fuga (bujía de encendido) *f*

courant de fuite ***m***
All: Leckstrom *m*
Ang: leakage flow *n*
Esp: corriente de fuga *f*

courant de maintien ***m***
All: Haltestrom *m*
Ang: holding current *n*
Esp: corriente de retención *f*

courant de mise en route ***m***
All: Anlaufstrom *m*
Ang: starting current *n*
Esp: corriente de arranque *f*

courant de phase ***m***
All: Phasenstrom *m*
Ang: phase current *n*
Esp: corriente de fase *f*

courant de pilotage ***m***
All: Ansteuerstrom *m*
(Steuerstrom) *m*
Ang: control current *n*
Esp: corriente de activación *f*

courant de pompage ***m***
All: Pumpstrom *m*
Ang: pump current *n*
Esp: corriente de bombeo *f*

courant de référence ***m***
All: Referenzstrom *m*
Ang: reference current *n*
Esp: corriente de referencia *f*

courant de repos ***m***
All: Ruhestrom *m*
Ang: peak coil current *n*
Esp: corriente de reposo *f*

courant de repos ***m***
All: Ruhestrom *m*
Ang: no load current *n*
Esp: corriente de reposo *f*

courant des récepteurs ***m***
All: Verbraucherstrom *m*
Ang: equipment current draw *n*
Esp: corriente de consumidor *f*

courant d'essai au froid (batterie) ***m***
All: Kälteprüfstrom (Batterie) *m*
(Batteriekälteprüfstrom) *m*
Ang: low temperature test current (battery) *n*
Esp: corriente de comprobación en frío (batería) *f*

courant d'excitation ***m***
All: Erregerstrom *m*
Ang: excitation current *n*
Esp: corriente de excitación *f*

courant d'induit ***m***
All: Ankerstrom *m*
Ang: armature current *n*
Esp: corriente del inducido *f*

courant ionique ***m***
All: Ionenstrom *m*
Ang: ionic current *n*
Esp: corriente iónica *f*

courant nominal ***m***
All: Betriebsstrom *m*
Ang: operating current *n*
Esp: corriente de servicio *f*

courant nominal ***m***
All: Sollstrom *m*
Ang: nominal current *n*
Esp: corriente nominal *f*

courant nominal de décharge ***m***
All: Entladenennstrom (Batterie) *m*
Ang: nominal discharge current rate (battery) *n*
Esp: corriente nominal de descarga (batería) *f*

courant parallèle ***m***
All: Gleichströmung *f*
Ang: parallel flow *n*
Esp: flujo paralelo *m*

courant perturbateur (CEM) ***m***
All: Störstrom (EMV) *m*

Ang: interference current (EMC) *n*
Esp: corriente perturbadora (compatibilidad electromagnética) *f*

courant principal (alternateur) *m*
All: Hauptstrom (Generator) *m*
Ang: primary current (alternator) *n*
Esp: corriente principal (alternador) *f*

courant réactif *m*
All: Blindstrom *m*
Ang: reactive current *n*
(wattless current) *n*
Esp: corriente reactiva *f*

courant secondaire *m*
All: Sekundärstrom *m*
Ang: secondary current *n*
Esp: corriente secundaria *f*

courant statorique *m*
All: Ständerstrom *m*
Ang: stator current *n*
Esp: corriente de estator *f*

courants de Foucault *mpl*
All: Wirbelstrom *m*
Ang: eddy current *n*
Esp: corriente parásita *f*

courbe adhérence-glissement (pneu) *f*
All: Haftreibungs-Schlupfkurve *f*
(Kraftschluss-Schlupfkurve) *f*
Ang: adhesion/slip curve *n*
Esp: curva adherencia-resbalamiento *f*

courbe caractéristique *f*
All: Kennlinie *f*
Ang: characteristic *n*
Esp: curva característica *f*

courbe caractéristique *f*
All: Kennlinie *f*
Ang: characteristic curve *n*
Esp: curva característica *f*

courbe caractéristique *f*
All: Kennlinie *f*
Ang: performance curve *n*
Esp: curva característica *f*

courbe caractéristique de capteur *f*
All: Sensorkennlinie *f*
Ang: sensor curve *n*
Esp: curva característica del sensor *f*

courbe caractéristique de pleine charge *f*
All: Volllastkennlinie *f*
(Volllastcharakteristik) *f*
(Volllastkurve) *f*
Ang: full load curve *n*
Esp: curva característica de plena carga *f*

courbe caractéristique de ressort *f*
All: Federkennlinie *f*
Ang: spring characteristic *n*
Esp: curva característica del resorte *f*

courbe caractéristique de vanne *f*
All: Ventilkennlinie *f*
Ang: valve characteristic curve *n*
Esp: curva característica de la válvula *f*

courbe caractéristique des débits *f*
All: Fördermengen-Kennlinie *f*
Ang: fuel delivery curve *n*
Esp: curva característica de caudal *f*

courbe d'aimantation *f*
All: Magnetisierungskurve *f*
Ang: magnetization curve *n*
Esp: curva de magnetización *f*

courbe d'atténuation *f*
All: Dämpfungsverlauf *m*
Ang: damping curve *n*
Esp: curva de amortiguación *f*

courbe de chauffe *f*
All: Aufheizkurve (Glühkerze) *f*
Ang: preheating curve (glow plug) *n*
Esp: curva de calentamiento (bujía de incandescencia) *f*

courbe de couple *f*
All: Drehmomentverlauf *m*
Ang: torque curve *n*
Esp: evolución del par *f*

courbe de courant *f*
All: Stromverlauf *m*
Ang: current curve *n*
Esp: sentido de corriente *m*

courbe de pression *f*
All: Druckverlauf *m*
Ang: pressure characteristic *n*
Esp: evolución de la presión *f*

courbe d'écoulement *f*
All: Fließkurve *f*
Ang: flow curve *n*
Esp: curva de fluencia *f*

courbe des fréquences cumulées *f*
All: Summenkurve *f*
Ang: cumulative frequency curve *n*
Esp: curva acumulativa *f*

courbe d'hystérésis *f*
All: Hysteresekurve *f*
Ang: hysteresis loop *n*
Esp: curva de histéresis *f*

courbe du débit d'injection *f*
All: Fördermengenverlauf *m*
Ang: fuel delivery characteristics *npl*
Esp: evolución del caudal *f*

courbe en cloche *f*
All: Glockenkurve *f*
Ang: bell shaped curve *n*
Esp: curva en forma de campana *f*

courbe enveloppe *f*
All: Hüllkurve *f*
Ang: envelope *n*
Esp: envolvente *f*

courbe partielle intensité/potentiel *f*
All: Teil-Strom-Spannungskurve *f*
Ang: partial current/voltage curve *n*
Esp: curva parcial corriente/tensión *f*

couronne à palettes (pompe électrique à carburant) *f*
All: Schaufelkranz (Elektrokraftstoffpumpe) *m*
Ang: blade ring (electric fuel pump) *n*
Esp: corona de álabes (bomba eléctrica de combustible) *f*

couronne d'attaque *f*
All: Tellerrad *n*
Ang: plate pulley *n*
Esp: rueda plana *f*

couronne dentée de volant *f*
All: Zahnkranz *m*
(Schwungradzahnkranz) *m*
Ang: ring gear *n*
Esp: corona dentada *f*

couronne dentée du démarreur *f*
All: Starterzahnkranz *m*
Ang: starter ring gear *n*
Esp: corona dentada del motor de arranque *f*

courroie dentée *f*
All: Zahnriemen *m*
Ang: toothed belt *n*
Esp: correa dentada *f*

courroie en coupe *f*
All: Riemenquerschnitt *m*
Ang: belt cross section *n*
Esp: sección transversal de correa *f*

courroie métallique travaillant en poussée (transmission CVT) *f*
All: Schubgliederband *n*
Ang: metal push strap (CVT) *n*
Esp: correa metálica de empuje *f*

courroie métallique travaillant en poussée (transmission CVT) *f*
All: Schubgliederband *n*
Ang: pushbelt (CVT) *n*
Esp: correa metálica de empuje *f*

courroie poly-V *f*
All: Keilrippenriemen *m*
Ang: ribbed V-belt *n*
Esp: correa trapezoidal de nervios *f*

courroie trapézoïdale *f*
All: Keilriemen *m*
Ang: V-belt *n*
Esp: correa trapezoidal *f*

courroie trapézoïdale à nervures *f*
All: Poly-V-Riemen *m*
(Keilrippenriemen) *m*
Ang: ribbed V-belt *n*
Esp: polea trapezoidal nervada *f*

courroie trapézoïdale de transmission *f*
All: Antriebskeilriemen *m*
Ang: drive belt *n*

Esp: correa trapezoidal de accionamiento *m*

courroie trapézoïdale d'entraînement *f*
All: Antriebsriemen *m*
(Antriebskeilriemen) *m*
Ang: drive belt *n*
Esp: correa de accionamiento *f*

courroie trapézoïdale étroite *f*
All: Schmalkeilriemen *m*
Ang: narrow V-belt *n*
Esp: correa trapezoidal estrecha *f*

course d'admission *f*
All: Ansaughub (Verbrennungsmotor) *m*
Ang: intake stroke (IC engine) *n*
Esp: carrera de admisión (motor de combustión) *f*

course d'admission *f*
All: Ansaugweg *m*
Ang: intake port *n*
Esp: canal de admisión *m*

course d'admission (moteur à combution) *f*
All: Saughub (Verbrennungsmotor) *m*
(Ansaughub) *m*
Ang: intake stroke (IC engine) *n*
(induction stroke) *n*
Esp: carrera de admisión (motor de combustión) *f*

course d'admission *f*
All: Saughub *m*
Ang: suction stroke *n*
Esp: carrera de admisión *f*

course d'arrêt *f*
All: Abstellhub *m*
Ang: stop stroke *n*
Esp: carrera de desconexión *f*

course de came *f*
All: Nockenhöhe *f*
Ang: cam lift *n*
Esp: altura de la leva *f*

course de combustion *f*
All: Arbeitshub *m*
(Verbrennungshub) *m*
Ang: working stroke *n*
Esp: carrera de trabajo *f*

course de compression *f*
All: Kompressionshub *m*
(Kompressionstakt) *m*
(Verdichtungshub) *m*
Ang: compression stroke *n*
Esp: carrera de compresión *f*

course de compression *f*
All: Verdichtungshub *m*
Ang: compression stroke *n*
Esp: carrera de compresión *f*

course de correction de débit *f*
All: Angleichweg (Dieseleinspritzung) *m*
Ang: torque control travel *n*
Esp: desplazamiento de control de torque (inyección diesel) *m*

course de détente *f*
All: Entlastungshub *m*
Ang: retraction lift *n*
Esp: carrera de descarga *f*

course de détente *f*
All: Entspannnungshub *m*
Ang: expansion stroke *n*
Esp: carrera de expansión *f*

course de flamme *f*
All: Flammenweg *m*
Ang: flame travel *n*
Esp: recorrido de llama *m*

course de la crémaillère *f*
All: Zahnstangenhub *m*
Ang: rack travel *n*
Esp: carrera de la barra de cremallera *f*

course de piston *f*
All: Kolbenhub *m*
Ang: piston stroke *n*
Esp: carrera de pistón *f*

course de refoulement *f*
All: Förderhub *m*
Ang: delivery stroke *n*
Esp: carrera de alimentación *f*

course de refoulement géométrique *f*
All: geometrischer Förderhub *m*
Ang: geometric fuel-delivery stroke *n*
Esp: carrera de alimentación geométrica *f*

course de réglage *f*
All: Stellhub *m*
Ang: control stroke travel *n*
Esp: carrera de ajuste *f*

course de réglage *f*
All: Verstellweg *m*
Ang: control travel *n*
Esp: carrera de ajuste *f*

course de régulation *f*
All: Regelstangenweg (Einspritzpumpe) *m*
(Regelweg) *m*
Ang: control rack travel (fuel-injection pump) *n*
Esp: recorrido de la varilla de regulación (bomba de inyección) *m*

course de régulation au démarrage *f*
All: Startregelweg *m*
Ang: starting rack travel *n*
Esp: carrera de regulación de arranque *f*

course de réponse *f*
All: Ansprechweg *m*
Ang: response travel *n*
Esp: desplazamiento de reacción *m*

course de ressort *f*
All: Federweg *m*
Ang: range of spring *n*
Esp: carrera de suspensión *f*

course de retour *f*
All: Rückhub *m*
Ang: return stroke *n*
Esp: carrera de retorno *f*

course de retour du piston (piston de pompe) *f*
All: Kolbenrücklauf (Pumpenkolben) *m*
Ang: plunger return stroke (pump plunger) *n*
Esp: carrera de retorno de pistón (pistón de bomba) *f*

course de surcharge au démarrage *f*
All: Startmengenverstellweg *m*
Ang: start quantity stop travel *n*
Esp: carrera de ajuste del caudal de arranque *f*

course d'échappement *f*
All: Auspuffhub (Verbrennungsmotor) *m*
Ang: exhaust stroke (IC engine) *n*
Esp: carrera de escape (motor de combustión) *m*

course du manchon central (injection diesel) *f*
All: Muffenweg (Diesel-Regler) *m*
Ang: sliding-sleeve travel (governor) *n*
Esp: carrera del manguito (regulador Diesel) *f*

course du noyau *f*
All: Ankerhub *m*
Ang: armature stroke *n*
Esp: carrera del inducido *f*

course du piston *f*
All: Kolbenhub *m*
(Kolbenweg) *m*
Ang: plunger lift *n*
Esp: carrera de pistón *f*

course du piston en fin de refoulement (piston de pompe) *f*
All: Kolbenhub bis Förderende (Pumpenkolben) *m*
Ang: plunger lift to spill port opening (pump plunger) *n*
Esp: carrera de pistón hasta el fin de suministro (pistón de bomba) *f*

course effective *f*
All: Effektivhub *m*
(Nutzhub) *m*
Ang: effective stroke *n*
Esp: carrera efectiva *f*

course morte (effet de freinage) *f*
All: Verlustweg (Bremswirkung) *m*
Ang: pre braking distance (braking action) *n*

Français

Esp: recorrido previo al frenado (efecto de frenado) *m*

course restante (élément de pompage) *f*
All: Resthub (Pumpenelement) *m*
Ang: residual stroke (plunger-and-barrel assembly) *n*
Esp: carrera restante (elemento de bomba) *f*

course totale *f*
All: Gesamthub *m*
Ang: plunger stroke *n*
Esp: carrera total *f*

course utile *f*
All: Nutzhub *m*
Ang: effective stroke *n*
Esp: carrera efectiva *f*

court-circuit *m*
All: Kurzschluss *m*
Ang: short circuit *n*
Esp: cortocircuito *m*

court-circuit à la masse *m*
All: Masseschluss *m*
Ang: short to ground *n*
Esp: cortocircuito a masa *m*

court-circuit entre spires *m*
All: Windungsschluss *m*
Ang: coil winding short circuit *n*
Esp: cortocircuito entre espiras *m*

court-circuit entre spires *m*
All: Windungsschluss *m*
Ang: inter turn short circuit *n*
Esp: cortocircuito entre espiras *m*

court-circuiter *v*
All: kurzschließen *v*
Ang: short circuit *v*
Esp: cortocircuitar *v*

coussin gonflable (système de retenue des passagers) *m*
All: Airbag (Sicherheitssystem) *m*
(*Luftkissen)* *n*
Ang: airbag (safety system) *n*
Esp: airbag (sistema de seguridad) *m*

coussin gonflable à puissance réduite *m*
All: Depowered Airbag *m*
Ang: depowered airbag *n*
Esp: airbag de potencia reducida *m*

coussin gonflable avant *m*
All: Frontairbag *m*
Ang: front airbag *n*
Esp: airbag frontal *m*

coussin gonflable côté conducteur *m*
All: Fahrerairbag *m*
Ang: driver airbag *n*
Esp: airbag del conductor *m*

coussin gonflable côté passager *m*
All: Beifahrerairbag *m*
Ang: passenger airbag *n*
Esp: airbag del acompañante *m*

coussin gonflable latéral *m*
All: Seitenairbag *m*
Ang: side airbag *n*
Esp: airbag lateral *m*

coussin gonflable protège-tête *m*
All: Kopfairbag *m*
Ang: head airbag *n*
Esp: airbag para la cabeza *m*

coussinet *m*
All: Buchse *f*
(Lagerbuchse) *f*
Ang: bushing *n*
Esp: casquillo *m*

coussinet *m*
All: Lagerbuchse *f*
Ang: bushing *n*
Esp: casquillo de cojinete *m*

coussinet d'axe de segment de frein *m*
All: Bremsbackenlager *n*
Ang: brake shoe pin bushing *n*
Esp: apoyo de las zapatas de freno *m*

coussinet de bielles *m*
All: Pleuellager *n*
Ang: connecting rod bearing *n*
Esp: cojinete de biela *m*

coussinet de paliers *m*
All: Gleitlagerbuchse *f*
Ang: plain bearing bush *n*
Esp: casquillo de cojinete de deslizamiento *m*

couvercle *m*
All: Verschlussdeckel *m*
Ang: cap *n*
Esp: tapa de cierre *f*

couvercle antipoussière *m*
All: Staubschutzdeckel *m*
Ang: dust protection cover *n*
Esp: tapa protectora contra polvo *f*

couvercle d'aspiration *m*
All: Absaugdeckel *m*
Ang: suction cover *n*
Esp: tapa de aspiración *f*

couvercle d'aspiration *m*
All: Ansaugdeckel *m*
Ang: intake cover *n*
Esp: tapa de aspiración *f*

couvercle de membrane *m*
All: Membrandeckel *m*
Ang: diaphragm cover *n*
Esp: tapa de la membrana *f*

couvercle de régulateur *m*
All: Reglerdeckel *m*
Ang: governor cover (mechanical governor) *n*
Esp: tapa del regulador *f*

couvercle isolant (allumeur) *m*
All: Isolierdeckel (Zündverteiler) *m*
Ang: insulating cover (ignition distributor) *n*
Esp: tapa aislante (distribuidor de encendido) *f*

couvercle pivotant (tète d'accouplement) *m*
All: Drehdeckel (Kupplungskopf) *m*
Ang: swivel cover (coupling head) *n*
Esp: tapa giratoria (cabeza de acoplamiento) *f*

couvercle protecteur *m*
All: Schutzdeckel *m*
Ang: protective cover *n*
Esp: tapa protectora *f*

couvercle-raccord *m*
All: Anschlussdeckel *m*
Ang: fitting cover *n*
Esp: tapa de conexión *f*

couvre-culasse *m*
All: Ventildeckel *m*
Ang: valve cover *n*
Esp: tapa de válvula *f*

couvre-culasse (compresseur d'air) *m*
All: Zylinderdeckel (Luftkompressor) *m*
(Zylinderkopf) *m*
Ang: cylinder head *n*
Esp: tapa de cilindro (compresor de aire) *f*
(culata) *f*

couvre-culasse *m*
All: Zylinderkopfdeckel (Verbrennungsmotor) *m*
(Zylinderkopfhaube) *f*
Ang: cylinder head cover (IC engine) *n*
(rocker cover) *n*
Esp: tapa de culata (motor de combustión) *f*

couvre-culasse *m*
All: Zylinderkopfhaube (Verbrennungsmotor) *f*
Ang: cylinder head cover (IC engine) *n*
Esp: tapa de culata (motor de combustión) *f*

crantage (valve) *m*
All: Raststellung (Ventil) *f*
Ang: detent position (valve) *n*
Esp: posición de enclavamiento (válvula) *f*

crayon de préchauffage *m*
All: Glühstift *m*
Ang: glow element *n*
Esp: espiga de incandescencia *f*

crayon de préchauffage *m*
All: Glühstift *m*
Ang: sheathed element *n*
Esp: espiga de incandescencia *f*

crémaillère *f*
All: Zahnstange *f*
Ang: rack *n*
Esp: barra de cremallera *f*

créneau de pot catalytique *m*
All: Katalysatorfenster *n*

Français

Ang: catalytic converter window *n*
Esp: ventana de catalizador *f*

crépine ***f***
All: Filtersieb *n*
Ang: filter strainer *n*
Esp: tamiz de filtro *m*

crépine ***f***
All: Siebeinsatz *m*
Ang: strainer element *n*
Esp: elemento de tamiz *m*

crépine (pompe d'alimentation) ***f***
All: Siebfilter (Kraftstoffförderpumpe) *n*
Ang: strainer (fuel-supply pump) *n*
Esp: filtro de tamiz (bomba de alimentación de combustible) *m*

crible de vaporisation ***m***
All: Verdampfersieb *n*
Ang: evaporator sieve *n*
Esp: tamiz de evaporador *m*

cric ***m***
All: Wagenheber *m*
Ang: jack *n*
Esp: gato *m*

critère de déclenchement ***m***
All: Auslösekriterium *n*
Ang: triggering criterion *n*
Esp: criterio de disparo *m*

critère de défaillance ***m***
All: Ausfallkriterium *n*
Ang: failure criterion *n*
Esp: criterio de fallo *m*

crochet d'extraction ***m***
All: Abziehhaken *m*
Ang: extractor hook *n*
Esp: gancho extractor *m*

croisement des soupapes ***m***
All: Ventilüberschneidung *f*
Ang: valve overlap *n*
Esp: interacción de válvulas *f*

croisillon ***m***
All: Kreuzscheibe *f*
Ang: cam plate *n*
(yoke) *n*
Esp: disco en cruz *m*

culasse à flux opposés ***f***
All: Gegenstrom-Zylinderkopf *m*
Ang: counterflow cylinder head *n*
Esp: culata a contracorriente *f*

culasse à flux transversal ***f***
All: Querstrom-Zylinderkopf *m*
Ang: crossflow cylinder head *n*
Esp: culata de flujo transversal *f*

culasse magnétique ***f***
All: Rückschluss *m*
(Eisenrückschluss) *m*
Ang: magnetic yoke *n*
Esp: enclavamiento recíproco *m*

culot de bougie ***m***
All: Kerzengehäuse *n*
Ang: spark plug shell *n*
Esp: armazón de bujía *f*

culot de bougie ***m***
All: Zündkerzengehäuse *n*
(Kerzengehäuse) *n*
Ang: spark plug shell *n*
Esp: cuerpo de la bujía *m*

curseur (actionneur de papillon) ***m***
All: Schleiferarm (Drosselklappengeber) *m*
Ang: wiper arm (throttle-valve sensor) *n*
Esp: brazo del cursor (transmisor de la mariposa) *m*

curseur à griffes ***m***
All: Krallenschleifer *m*
Ang: claw type sliding contact *n*
Esp: contacto deslizante con garras *m*

curseur de contact ***m***
All: Schleiferabgriff (Potentiometer) *m*
Ang: wiper tap (potentiometer) *n*
Esp: toma del cursor (potenciómetro) *f*

curseur de contact ***m***
All: Schleiferabgriff (Potentiometer) *m*
Ang: wiper pick off (potentiometer) *n*
Esp: toma del cursor (potenciómetro) *f*

curseur de réglage ***m***
All: Verstellschieber *m*
Ang: control slide *n*
Esp: empujador de ajuste *m*

cuve à immersion ***f***
All: Tauchgefäß *n*
Ang: immersion vessel *n*
Esp: recipiente de inmersión *m*

cuve sous pression ***f***
All: Druckbehälter *m*
Ang: pressure vessel *n*
Esp: depósito a presión *m*

cuvelage de projecteur ***m***
All: Scheinwerferaufnahme *f*
Ang: headlamp housing assembly *n*
Esp: alojamiento de faro *m*

cuvelage de projecteur ***m***
All: Scheinwerferaufnahme *f*
Ang: headlamp mounting *n*
Esp: alojamiento de faro *m*

cuvette de mesure (émissions) ***f***
All: Messküvette (Abgasprüfung) *f*
Ang: measuring cell (exhaust-gas test) *n*
Esp: cubeta de medición (comprobación de gases de escape) *f*

cuvette de ressort ***f***
All: Federteller *m*
Ang: spring seat *n*
Esp: platillo de muelle *m*

cycle à deux temps ***m***
All: Zweitaktverfahren (Verbrennungsmotor) *n*
Ang: two-stroke principle (IC engine) *n*
Esp: ciclo de dos tiempos (motor de combustión) *m*

cycle à quatre temps ***m***
All: Viertaktverfahren (Verbrennungsmotor) *n*
(Viertaktprinzip) *n*
Ang: four stroke principle (IC engine) *n*
Esp: ciclo de cuatro tiempos (motor de combustión) *m*

cycle de balayage ***m***
All: Wischperiode *f*
Ang: wipe cycle *n*
Esp: ciclo del limpiaparabrisas *m*

cycle de Carnot ***m***
All: Carnot-Kreisprozess *m*
Ang: carnot cycle *n*
Esp: ciclo de Carnot *m*

cycle de conduite ***m***
All: Fahrzyklus (Abgasprüfung) *m*
(Fahrprogramm) *n*
Ang: driving schedule (exhaust-gas test) *n*
Esp: ciclo de ensayo (comprobación de gases de escape) *m*

cycle de conduite (émissions) ***m***
All: Fahrzyklus *m*
Ang: driving cycle *n*
Esp: ciclo de ensayo *m*

cycle de conduite extra-urbain ***m***
All: außerstädtischer Fahrzyklus *m*
Ang: Extra Urban Driving Cycle, EUDC *n*
Esp: ciclo de marcha extra-urbano, EUDC *m*

cycle de conduite normalisé ***m***
All: genormter Fahrzyklus *m*
Ang: standard driving cycle *n*
Esp: ciclo de marcha normalizado *m*

cycle de freinage ***m***
All: Bremszyklus *m*
Ang: brake cycle *n*
Esp: ciclo de frenado *m*

cycle de régulation ***m***
All: Regelzyklus *m*
Ang: control cycle *n*
Esp: ciclo de regulación *m*

cycle de travail ***m***
All: Arbeitstakt *m*
Ang: power stroke *n*
Esp: ciclo de trabajo *m*

cycle de travail (moteur à combustion) ***m***
All: Arbeitszyklus (Verbrennungsmotor) *m*
Ang: working cycle (IC engine) *n*

Français

Esp: ciclo de trabajo (motor de combustión) *m*

cycle départ à chaud (émissions) ***m***
All: Heißtest (Abgasprüfung) *m*
Ang: hot test (exhaust-gas test) *n*
Esp: ensayo en caliente (comprobación de gases de escape) *m*

cycle d'injection ***m***
All: Einspritztakt *m*
Ang: injection cycle *n*
Esp: ciclo de inyección *m*

cyclomoteur ***m***
All: Mofa *n*
Ang: motor bicycle *n*
(moped) *n*
Esp: velomotor *m*

cylindre ***m***
All: Zylinder *m*
Ang: cylinder *n*
Esp: cilindro *m*

cylindre capteur (frein) ***m***
All: Geberzylinder (Bremse) *m*
Ang: master cylinder (brakes) *n*
Esp: cilindro maestro (freno) *m*

cylindre d'assistance ***m***
All: Vorspannzylinder *m*
Ang: booster cylinder *n*
(servo-unit cylinder) *n*
Esp: cilindro de presión previa *m*

cylindre d'assistance ***m***
All: Vorspannzylinder *m*
Ang: pre tensioning cylinder *n*
Esp: cilindro de presión previa *m*

cylindre d'assistance à double circuit ***m***
All: Zweikreis-Vorspannzylinder *m*
Ang: dual circuit actuator cylinder for the brake master cylinder *n*
Esp: cilindro de presión previa de doble circuito *m*

cylindre de frein ***m***
All: Bremszylinder *m*
Ang: brake cylinder *n*
Esp: cilindro de freno *m*

cylindre de frein à accumulateur élastique (frein) ***m***
All: Federspeicherzylinder (Bremse) *m*
Ang: spring type brake cylinder (brake) *n*
(spring-brake actuator) *n*
Esp: cilindro de acumulador elástico (freno) *m*

cylindre de frein combiné ***m***
All: Kombibremszylinder *m*
Ang: combination brake cylinder *n*
Esp: cilindro de freno combinado *m*

cylindre de frein de roue ***m***
All: Radzylinder *m*
(Radbremszylinder) *m*
Ang: wheel brake cylinder *n*
Esp: bombín de rueda *m*

cylindre de pompe (pompe d'injection) ***m***
All: Pumpenzylinder (Einspritzpumpe) *m*
Ang: pump barrel (fuel-injection pump) *n*
Esp: cilindro de bomba (bomba de inyección) *m*

cylindre de roue de frein hydraulique ***m***
All: Hydraulik-Radzylinder *m*
Ang: wheel brake cylinder *n*
Esp: cilindro de rueda hidráulico *m*

cylindre de servofrein (véhicules utilitaires) ***m***
All: Bremsverstärker (Nfz) *m*
Ang: brake servo-unit cylinder (commercial vehicles) *n*
Esp: servofreno (vehículo industrial) *m*

cylindre positionneur (ASR) ***m***
All: Stellzylinder (ASR) *m*
Ang: positioning cylinder (TCS) *n*
Esp: cilindro de ajuste (ASR) *m*

cylindre récepteur (frein) ***m***
All: Nehmerzylinder (Bremse) *m*
Ang: slave cylinder (brake) *n*
Esp: cilindro receptor (freno) *m*

cylindrée (moteur à combustion) ***f***
All: Hubraum (Verbrennungsmotor) *m*
(Hubvolumen) *n*
Ang: engine displacement (IC engine) *n*
(charge volume) *n*
Esp: cilindrada (motor de combustión) *f*

cylindrée ***f***
All: Hubvolumen (Verbrennungsmotor) *n*
Ang: engine displacement (IC engine) *n*
(piston deplacement) *n*
Esp: cilindrada (motor de combustión) *f*

cylindrée ***f***
All: Motorhubvolumen *n*
Ang: engine capacity *n*
(engine swept volume) *n*
(piston displacement) *n*
Esp: cilindrada del motor *f*

cylindrée totale ***f***
All: Gesamthubraum *m*
Ang: engine swept volume *n*
Spa: cilindrada total *f*

D

date de défaillance ***f***
All: Ausfalldatum *n*
Ang: failure date *n*
Esp: fecha de fallo *f*

de forme aérodynamique ***loc***
All: Stromlinienform *f*
Ang: streamlined *n*
Esp: forma aerodinámica *f*

de montage identique ***loc***
All: einbaugleich *adj*
Ang: interchangeable *adj*
Esp: intercambiable *adj*

débattement ***m***
All: Einfederung *f*
Ang: spring compression *n*
Esp: compresión de los elementos de suspensión *f*

débit (alternateur) ***m***
All: Stromabgabe (Generator) *f*
Ang: current output (alternator) *n*
(current delivery) *n*
Esp: suministro de corriente (alternador) *m*

débit au moment de la coupure ***m***
All: Abregelmenge (Dieseleinspritzung) *f*
Ang: breakaway delivery (diesel fuel injection) *n*
Esp: caudal de limitación reguladora (inyección diesel) *m*

débit correcteur ***m***
All: Angleichmenge (Dieseleinspritzung) *f*
Ang: torque control quantity *n*
Esp: caudal de control de torque (inyección diesel) *m*

débit d'air (disponible) ***m***
All: Luftdurchsatz *m*
Ang: air throughput *n*
Esp: flujo de aire *m*

débit d'air ***m***
All: Luftdurchsatz *m*
Ang: rate of air flow *n*
Esp: flujo de aire *m*

débit d'air ***m***
All: Luftmenge *f*
Ang: air flow rate *n*
Esp: caudal de aire *m*

débit d'air ***m***
All: Luftmenge *f*
Ang: air mass *n*
Esp: caudal de aire *m*

débit de carburant de fuite ***m***
All: Leckkraftstoffmenge *f*
(Leckmenge) *f*
Ang: leak fuel quantity *n*
Esp: caudal de fuga *m*

débit de démarrage ***m***
All: Startmenge *f*
Ang: start quantity *n*
Esp: caudal de arranque *m*

débit de démarrage à chaud ***m***
All: Heißstartmenge *f*
Ang: hot start fuel quantity *n*
Esp: caudal de arranque en caliente *m*

Français

débit de l'alternateur ***m***
All: Generatorstrom *m*
Ang: alternator current (alternator) *n*
Esp: corriente del alternador *f*

débit de pleine charge ***m***
All: Volllastmenge *f*
(Volllastfördermenge) *f*
(Volllasteinspritzmenge) *f*
Ang: full load delivery *n*
Esp: caudal de plena carga *m*

débit de pleine charge dépendant de la température ***m***
All: temperaturabhängige Volllastmenge *f*
Ang: temperature dependent full load fuel delivery *n*
Esp: caudal de plena carga dependiente de la temperatura *m*

débit de post-refoulement ***m***
All: Nachfördermenge *f*
Ang: post delivery quantity *n*
Esp: caudal de postsuministro *m*

débit de pré-injection ***m***
All: Voreinspritzungsmenge *f*
Ang: pre injection quantity *n*
Esp: caudal de inyección previa *m*

débit de prérefoulement ***m***
All: Vorfördermenge *f*
Ang: predelivery quantity *n*
Esp: caudal de suministro previo *m*

débit de prérefoulement ***m***
All: Vorfördermenge *f*
Ang: prefeed quantity *n*
Esp: caudal de suministro previo *m*

débit de ralenti ***m***
All: Leerlauf-Fördermenge *f*
(Leerlaufmenge) *f*
Ang: idle delivery *n*
Esp: caudal de ralentí *m*

débit de refoulement ***m***
All: Fördermenge (Einspritzpumpe) *f*
Ang: delivery quantity (fuel-injection pump) *n*
Esp: caudal (bomba de inyección) *m*

débit de refoulement (pompe d'injection) ***m***
All: Kraftstofffördermenge (Einspritzpumpe) *f*
(Fördermenge) *f*
Ang: fuel delivery quantity (fuel-injection pump) *n*
Esp: caudal de suministro de combustible (bomba de inyección) *m*

débit de refoulement de la pompe ***m***
All: Pumpenfördermenge *f*
Ang: pump delivery quantity *n*
Esp: caudal de suministro de la bomba *m*

débit de refoulement géométrique ***m***
All: geometrische Fördermenge *f*
Ang: geometric fuel delivery *n*
Esp: caudal de alimentación geométrico *m*

débit de surcharge ***m***
All: Mehrmenge *f*
Ang: additional fuel *n*
(enrichment) *n*
Esp: caudal adicional *m*

débit de surcharge ***m***
All: Mehrmenge *f*
Ang: excess fuel *n*
Esp: caudal adicional *m*

débit de transmission (multiplexage) ***m***
All: Übertragungsrate (CAN) *f*
Ang: bit rate (CAN) *n*
(transfer rate) *n*
Esp: velocidad de transferencia (CAN) *f*

débit d'huile ***m***
All: Ölstrom *m*
Ang: oil flow *n*
Esp: flujo de aceite *m*

débit d'injection ***m***
All: Einspritzfördermenge *f*
Ang: fuel quantity to be injected *n*
Esp: caudal a ser inyectado *m*

débit d'injection ***m***
All: Einspritzmenge *f*
(Kraftstoffeinspritzmenge) *f*
Ang: injected fuel quantitiy *n*
Esp: caudal de inyección *m*

débit d'injection à pleine charge ***m***
All: Volllasteinspritzmenge *f*
Ang: full load fuel quantity *n*
(full-load delivery) *n*
Esp: caudal de inyección de plena carga *m*

débit d'injection de base ***m***
All: Einspritzgrundmenge *f*
(Grundeinspritzmenge) *f*
Ang: basic injection quantity *n*
Esp: caudal básico de inyección *m*

débit limite en fonction de la température ***m***
All: temperaturabhängige Grenzmenge *f*
Ang: temperature dependent limit quantity *n*
Esp: caudal límite dependiente de la temperatura *m*

débit massique ***m***
All: Massenstrom *m*
(Massendurchfluss) *m*
Ang: flow of mass *n*
(mass flow) *n*
Esp: corriente a masa *f*

débit massique d'air ***m***
All: Luftmassendurchsatz *m*
Ang: air-mass flow *n*
Esp: caudal másico de aire *m*

débit massique d'air ***m***
All: Luftmassenstrom *m*
Ang: air mass flow *n*
Esp: flujo másico de aire *m*

débit massique d'air frais ***m***
All: Frischluftmassenstrom *m*
Ang: fresh air mass flow *n*
Esp: flujo de masa de aire fresco *m*

débit massique des gaz d'échappement ***m***
All: Abgasmassenstrom *m*
Ang: exhaust gas mass flow *n*
Esp: flujo másico de gases de escape *m*

débit maximal ***m***
All: Vollförderung *f*
Ang: maximum delivery *n*
Esp: suministro máximo *m*

débit nul ***m***
All: Nullförderung *f*
(Nullmenge) *f*
Ang: zero delivery *n*
(zero-fuel quantity) *n*
Esp: suministro nulo *m*

débit partiel ***m***
All: Teilförderung *f*
Ang: partial delivery *n*
Esp: suministro parcial *m*

débit résiduel ***m***
All: Restmenge *f*
Ang: remaining quantity *n*
(residual quantity) *n*
Esp: caudal residual *m*

débit résiduel ***m***
All: Reststrom *m*
Ang: residual flow *n*
Esp: flujo residual *m*

débit volumique ***m***
All: Volumendurchfluss *m*
Ang: volume flow rate *n*
(flow volume) *n*
Esp: caudal volumétrico *m*

débit volumique d'air ***m***
All: Luftmengendurchsatz *m*
Ang: air quantity flow *n*
Esp: caudal volumétrico de aire *m*

débit volumique en fonction des besoins ***m***
All: bedarfabhängiger Volumenstrom *m*
Ang: demand dependent volumetric flow *n*
Esp: flujo volumétrico según necesidad *m*

débitmètre ***m***
All: Durchflussmesser *m*
(Strömungsfühler) *m*
Ang: flow sensor *n*
(flowmeter) *n*
Esp: caudalímetro *m*

débitmètre *m*
All: Durchflussmesser *m*
Ang: flowmeter *n*
Esp: caudalímetro de aire *m*

débitmètre d'air *m*
All: Luftmengenmesser *m*
Ang: air flow sensor *n*
Esp: sonda volumétrica de aire *f*

débitmètre d'air à flux ascendant *m*
All: Steigstrom-Luftmengenmesser *m*
Ang: updraft air flow sensor *n*
Esp: caudalímetro de aire de flujo vertical *m*

débitmètre d'air à flux inversé *m*
All: Fallstrom-Luftmengenmesser *m*
Ang: downdraft air-flow sensor *n*
Esp: caudalímetro de aire de flujo descendente *m*

débitmètre d'air à flux inversé *m*
All: Fallstrom-Luftmengenmesser *m*
Ang: downdraught air flow meter *n*
Esp: caudalímetro de aire de flujo descendente *m*

débitmètre instantané *m*
All: Einspritzmengenindikator *m*
Ang: injected fuel quantity indicator *n*
Esp: indicador del caudal de inyección *m*

débitmètre massique à fil chaud *m*
All: Hitzdraht-Luftmassenmesser *m*
Ang: hot wire air-mass meter *n*
Esp: caudalímetro de aire de hilo caliente *m*

débitmètre massique à film chaud *m*
All: Heißfilm-Luftmassenmesser *m*
Ang: hot film air-mass meter *n*
(hot-film air-mass sensor) *n*
Esp: caudalímetro de aire por película caliente *m*

débitmètre massique d'air *m*
All: Luftmassenmesser *m*
Ang: air mass meter *n*
(air-mass meter) *n*
Esp: caudalímetro de aire *m*

débitmètre volumique *m*
All: Volumendurchflussmesser *m*
Ang: volume flow sensor *n*
Esp: caudalímetro volumétrico *m*

déblocage du débit de surcharge au démarrage *m*
All: Startmengenentriegelung *f*
(Startentriegelung) *f*
Ang: start quantity release *n*
Esp: desbloqueo del caudal de arranque *m*

début de combustion *m*
All: Brennbeginn *m*
(Verbrennungsbeginn) *m*
Ang: combustion start *n*
Esp: inicio de la combustión *m*

début de correction de débit *m*
All: Angleichbeginn (Dieseleinspritzung) *m*
Ang: start of torque control (diesel fuel injection) *n*
Esp: inicio de control de torque (inyección diesel) *m*

début de coupure de débit *m*
All: Abregelbeginn (Dieseleinspritzung) *m*
Ang: start of breakaway (diesel fuel injection) *n*
Esp: inicio de la limitación reguladora (inyección diesel) *m*

début de refoulement (pompe d'injection) *m*
All: Förderbeginn (Einspritzpumpe) *m*
Ang: start of delivery (fuel-injection pump) *n*
Esp: comienzo de suministro (bomba de inyección) *m*

début de refoulement en fonction de la pression atmosphérique *m*
All: atmosphärendruckabhängiger Förderbeginn *m*
Ang: ambient pressure-dependent port closing *n*
Esp: comienzo del suministro dependiente de la presión atmosférica *m*

début de refoulement en fonction de la pression atmosphérique et de la charge *m*
All: atmosphärendruck- und lastabhängiger Förderbeginn *m*
Ang: barometric pressure and load-dependent start of delivery *n*
Esp: comienzo del suministro dependiente de la presión atmosférica y de la carga *m*

début d'inflammation *m*
All: Zündbeginn *m*
Ang: start of ignition *n*
Esp: comienzo del encendido *m*

début d'injection *m*
All: Einspritzbeginn *m*
(Spritzbeginn) *m*
Ang: start of injection *n*
Esp: inicio de inyección *m*

début d'injection *m*
All: Spritzbeginn (Kraftstoffeinspritzung) *m*
Ang: start of injection (fuel injection) *n*
Esp: comienzo de la inyección *m*

début d'injection variable en fonction de la charge *m*
All: lastabhängiger Spritzbeginn *m*
Ang: load dependent start of injection *n*
Esp: comienzo de inyección en función de la carga *m*

début du blocage (ABS) *m*
All: Blockierbeginn (ABS) *m*
Ang: start of lock up (ABS) *n*
Esp: comienzo de bloqueo (ABS) *m*

début du freinage *m*
All: Bremsbeginn *m*
Ang: start of braking *n*
Esp: inicio del frenado *m*

décalage dans le sens « retard » de l'angle d'allumage *m*
All: Zündwinkelrücknahme *f*
Ang: ignition retard *n*
Esp: reposición del ángulo de encendido *f*

décalage du début de refoulement *m*
All: Förderbeginnversatz *m*
Ang: start of delivery offset *n*
Esp: desplazamiento del comienzo de suministro *m*

décapé *pp*
All: gebeizt *adj*
Ang: pickled *adj*
Esp: barnizado *adj*

décélération au freinage *f*
All: Bremsverzögerung *f*
Ang: braking deceleration *n*
Esp: deceleración de frenado *f*

décélération de freinage (effet de freinage) *f*
All: Verzögerung (Bremsvorgang) *f*
(Bremsverzögerung) *f*
Ang: braking deceleration (braking action) *n*
Esp: deceleración (proceso de frenado) *f*

décélération du véhicule *f*
All: Fahrzeugverzögerung *f*
Ang: vehicle deceleration *n*
Esp: deceleración del vehículo *f*

décélération longitudinale du véhicule *f*
All: Fahrzeuglängsverzögerung *f*
Ang: vehicle longitudinal deceleration *n*
Esp: deceleración longitudinal del vehículo *f*

décélération périphérique des roues *f*
All: Radumfangsverzögerung *f*
(Radverzögerung) *f*
Ang: wheel deceleration *n*
Esp: deceleración periférica de la rueda *f*

décélération totale *f*
All: Vollverzögerung *f*

Français

Ang: fully developed deceleration *(maximum retardation)* n n
Esp: deceleración total f

décélération uniforme **f**
All: gleichförmige Verzögerung f
Ang: uniform deceleration n
Esp: deceleración uniforme f

décharge (batterie) **f**
All: Entladung (Batterie) f
Ang: discharge (battery) n
Esp: descarga (batería) f

décharge d'arc **m**
All: Glimmentladung f
Ang: glow discharge n
Esp: descarga luminosa f

décharge d'arc **f**
All: Lichtbogenentladung f *(Bogenentladung)* f
Ang: arc discharge n
Esp: descarga de arco f

décharge de la batterie **f**
All: Batterieentladung f
Ang: battery discharge n
Esp: descarga de la batería f

décharge disruptive **f**
All: Durchschlag m
Ang: punch n
Esp: descarga disruptiva f

décharge électrique **f**
All: Gasentladung f
Ang: gas discharge n
Esp: descarga de gas f

décharge électrostatique **f**
All: elektrostatische Entladung f
Ang: electrostatic discharge, ESD n
Esp: descarga electrostática f

décharge en profondeur (batterie) **f**
All: Tiefentladung (Batterie) f
Ang: exhaustive discharge (battery) n
Esp: descarga excesiva (batería) f

décharge spontanée (batterie) **f**
All: Selbstentladung (Batterie) f
Ang: self discharge (battery) n
Esp: autodescarga (batería) f

décharger (batterie) **v**
All: entladen (Batterie) v
Ang: discharge (battery) v
Esp: descargar (batería) v

déclenchement **m**
All: Triggerung f
Ang: triggering n
Esp: disparo m

déclenchement de l'allumage (générateur d'impulsions) **m**
All: Zündauslösung (Impulsgeber) f
Ang: ignition triggering (pulse generator) n
Esp: activación del encendido (transmisor de impulsos) f

déclencheur **m**
All: Auslöser (SAP) m
Ang: initiator trigger n
Esp: disparador (SAP) m

déclencheur de coussin d'air **m**
All: Airbag-Auslösegerät n
Ang: airbag triggering unit n
Esp: disparador de airbag m

déclencheur de prétensionneur **m**
All: Auslösegerät (Gurtstraffer) n
Ang: trigger unit (seat-belt tightener) n
Esp: mecanismo de disparo (pretensor del cinturón de seguridad) m

déclencheur de prétensionneur **m**
All: Gurtstraffer-Auslösegerät n
Ang: seat belt-tightener trigger unit n
Esp: disparador de pretensor de cinturón de seguridad m

décomposition de l'huile **f**
All: Ölabbau m
Ang: oil degradation n
Esp: descomposición de aceite f

déconnexion ASR **f**
All: ASR-Abschaltung f
Ang: TCS shutoff n
Esp: desconexión ASR f

déconnexion de glissement **f**
All: Schlupfabschaltung f
Ang: override device n
Esp: corte en resbalamiento m

défaillance **f**
All: Ausfall m
Ang: failure n
Esp: fallo m

défaillance **f**
All: Störung f
Ang: interference n
Esp: interferencia f

défaillance précoce **f**
All: Frühausfall m
Ang: early failure n
Esp: fallo prematuro m

défaut consécutif **m**
All: Folgefehler m
Ang: consequential error n
Esp: error de secuencia m

défaut d'uniformité **m**
All: Ungleichförmigkeit f
Ang: pavement irregularity n
Esp: irregularidad f

déficit d'air (mélange air-carburant) **m**
All: Luftmangel (Luft-Kraftstoff-Gemisch) m
Ang: air deficiency (air-fuel mixture) n
Esp: escasez de aire f

déflecteur **m**
All: Luftleitblech n
Ang: air duct n
Esp: chapa deflectora de aire f

déflecteur (actionneur de pression) **m**
All: Prallplatte (Drucksteller) f
Ang: baffle plate (pressure actuator) n
Esp: placa deflectora (ajustador de presión) f

déflecteur **m**
All: Spritzschutz m
Ang: splash guard n
Esp: protección contra salpicaduras f

déflecteur **m**
All: Umlenkspiegel m
Ang: refraction mirror n
Esp: espejo reflector m

déflecteur **m**
All: Windlauf m
Ang: cowl panel n
Esp: cortavientos m

déformabilité **f**
All: Umformbarkeit f
Ang: malleability n
Esp: maleabilidad f

déformation **f**
All: Verformung f *(Verformbarkeit)* f *(Formänderung)* f
Ang: deformation n
Esp: deformación f

déformation **f**
All: Verspannung f
Ang: deformation n *(distortion)* n
Esp: deformación por tensión f

dégazage du carter-cylindres **m**
All: Kurbelgehäuseentlüftung f
Ang: crankcase ventilation n
Esp: ventilación del bloque motor f

dégazage du carter-cylindres **m**
All: Kurbelgehäuseentlüftung f
Ang: crankcase breather n
Esp: respiradero del bloque motor m

dégazage du réservoir **m**
All: Tankbelüftung f
Ang: tank ventilation n
Esp: ventilación del depósito f

dégazage du réservoir **m**
All: Tankentlüftung f
Ang: tank ventilation n
Esp: ventilación del depósito f

dégazage du réservoir **m**
All: Tankentlüftung f
Ang: tank purging v
Esp: purga de aire del depósito f

dégazage du réservoir **m**
All: Tankentlüftung (Abgastechnik) f
Ang: canister purge (emissions control technologie) n

Français

Esp: purga de aire del depósito (técnica de gases de escape) *f*

dégazage du réservoir en boucle fermée ***m***
All: geregelte Tankentlüftung *f*
Ang: closed loop controlled tank purging *n*
Esp: purga regulada de aire del depósito *f*

dégazage du réservoir en boucle ouverte ***m***
All: gesteuerte Tankentlüftung *f*
Ang: open loop controlled tank purging *n*
Esp: purga controlada de aire del depósito *f*

dégazage du réservoir en fonction du chargement ***m***
All: beladungsabhängige Tankentlüftung (Abgastechnik) *f*
Ang: saturation based canister purge *n*
(emissions control technology) *n*
Esp: purga de aire del depósito en función de la carga (técnica de gases de escape) *f*

dégivreur ***m***
All: Entfroster *m*
Ang: defroster *n*
Esp: descongelador *m*

degré d'antiparasitage ***m***
All: Entstörgrad *n*
Ang: interference suppression level *n*
Esp: grado de supresión de interferencias *m*

degré d'antiparasitage ***m***
All: Funkentstörgrad *m*
Ang: radio interference suppression level *n*
Esp: grado de protección antiparasitaria *m*
(grado de supresión de interferencias) *m*

degré de protection ***m***
All: Schutzart *f*
Ang: degree of protection *n*
Esp: clase de protección *f*

degré de rayonnement sonore (ventilateur) ***m***
All: Abstrahlgrad (Lüfter) *m*
Ang: noise emission level (fan) *n*
Esp: grado de radiación sonora (ventilador) *m*

degré d'enrouillement ***m***
All: Rostgrad *m*
Ang: rust level *n*
Esp: grado de oxidación *m*

degré d'intégration ***m***
All: Integrationsstufe *f*
Ang: integration level *n*
Esp: nivel de combinación *m*

degré thermique (bougie d'allumage) ***m***
All: Wärmewert (Zündkerze) *m*
Ang: heat range (spark plug) *n*
Esp: grado térmico (bujía de encendido) *m*

degré thermique (bougie d'allumage) ***m***
All: Wärmewert *m*
Ang: thermal value *n*
Esp: grado térmico *m*

degrés vilebrequin ***mpl***
All: Kurbelwellenwinkel *m*
Ang: degrees crankshaft *npl*
Esp: ángulo del cigüeñal *m*

délai de régulation ***m***
All: Ausregelzeit *f*
Ang: settling time *n*
Esp: tiempo de regulación *m*

délai de réponse ***m***
All: Ansprechverzögerung *f*
Ang: response delay *n*
Esp: retardo de reacción *m*

délai d'inflammation ***m***
All: Zündverzug *m*
Ang: ignition lag *n*
Esp: retardo del encendido *m*

délai d'injection ***m***
All: Spritzverzug (Kraftstoffeinspritzung) *m*
Ang: injection lag (fuel injection) *n*
Esp: retardo de inyección (inyección de combustible) *m*

délestage ***m***
All: Entlastung (Batterie) *f*
Ang: load reduction *n*
Esp: alivio de carga (batería) *m*

délestage (circuit de bord) ***m***
All: Lastabschaltung (Bordnetz) *f*
(Lastabwurf) *m*
Ang: load dump (vehicle electrical system) *n*
Esp: desconexión de carga (red de a bordo) *f*
(descargo de consumo) *m*

délestage de pression ***m***
All: Druckentlastung *f*
Ang: pressure relief *n*
Esp: alivio de presión *m*

délimiteur de distance ***m***
All: Abstandsbegrenzer (ACC) *m*
Ang: distance limiter (ACC) *n*
Esp: limitador de distancia *m*

démagnétisant ***adj***
All: entmagnetisierend *adj*
Ang: demagnetizing *adj*
Esp: desmagnetizante *adj*

demande de couple ***f***
All: Momentanforderung *f*
Ang: torque demand *n*
Esp: demanda de par *f*

demande de couple moteur ***f***
All: Motormomentenanforderung *f*
Ang: engine torque demand *n*
Esp: demanda de par del motor *f*

demande de débit ***f***
All: Mengenwunsch *m*
Ang: fuel quantity demand *n*
Esp: demanda de caudal *f*

démarrage ***m***
All: Anfahren *n*
Ang: starting *n*
Esp: arranque *m*

démarrage (opération) ***m***
All: Startbetrieb *m*
Ang: starting operation *n*
Esp: modo de arranque *m*

démarrage à chaud ***m***
All: Heißstart *m*
Ang: hot start *n*
Esp: arranque en caliente *m*

démarrage à froid ***m***
All: Kaltstart *m*
Ang: cold start *n*
Esp: arranque en frío *m*

démarrage de fortune ***m***
All: Starthilfe *f*
Ang: start assistance *n*
Esp: arranque mediante alimentación externa *m*

démarrage rapide ***m***
All: Schnellstart *m*
Ang: rapid starting *n*
Esp: arranque rápido *m*

démarrer (moteur à combustion) ***v***
All: anspringen (Verbrennungsmotor) *v*
Ang: start (IC engine) *v*
Esp: arrancar (motor de combustión) *v*

démarreur ***m***
All: Starter *m*
(Anlasser) *m*
(Startermotor) *m*
Ang: starter *n*
Esp: motor de arranque *m*

démarreur à commande positive électromécanique ***m***
All: Schub-Schraubtrieb-Starter *m*
Ang: pre-engaged-drive starter *n*
Esp: arrancador con piñón de empuje y giro *m*

démarreur à inertie ***m***
All: Schwungkraftstarter *m*
Ang: inertia starter *n*
(inertia starting motor) *n*
Esp: arranque por inercia *m*

démarreur à lanceur à inertie ***m***
All: Schraubtrieb-Starter *m*
Ang: Bendix type starter *n*

Français

Esp: motor de arranque tipo Bendix *m*

démarreur à lanceur à inertie ***m***
All: Schraubtrieb-Starter *m*
Ang: inertia drive starter *n*
Esp: motor de arranque tipo Bendix *m*

démarreur à pignon coulissant ***m***
All: Schubtrieb-Starter *m*
Ang: sliding gear starter *n*
Esp: arrancador de piñón corredizo *m*

démarreur à réducteur ***m***
All: Vorgelegestarter *m*
Ang: reduction-gear starter *n*
Esp: arrancador con engranaje reductor *m*

demi-accouplement ***m***
All: Kupplungshälfte *f*
Ang: coupling half *n*
Esp: medio acoplamiento *m*

démultiplication arrière ***f***
All: Hinterachsübersetzung *f*
Ang: rear axle ratio *n*
Esp: desmultiplicación de eje trasero *f*

démultiplication de la direction ***f***
All: Lenkübersetzung *f*
Ang: steering ratio *n*
Esp: desmultiplicación de la dirección *f*

démultiplication de l'embrayage ***f***
All: Kupplungsübersetzung *f*
Ang: clutch ratio *n*
Esp: desmultiplicación del embrague *f*

densité acoustique ***f***
All: Schalldichte *f*
Ang: sound density *n*
Esp: densidad acústica *f*

densité de charge spatiale ***f***
All: Raumladungsdichte *f*
Ang: volume density of charge *n*
Esp: densidad de carga espacial *f*

densité de courant anodique ***f***
All: anodische Stromdichte *f*
Ang: anodic current density *n*
Esp: densidad de corriente anódica *f*

densité de courant cathodique ***f***
All: kathodische Stromdichte *f*
Ang: cathodic current density *n*
Esp: densidad de corriente catódica *f*

densité de flux thermique ***f***
All: Wärmestromdichte *f*
Ang: heat flow density *n*
Esp: densidad del flujo térmico *f*

densité de fréquence ***f***
All: Häufigkeitsdichte *f*
Ang: frequency density *n*
Esp: densidad de frecuencia *f*

densité de gaz ***f***
All: Gasdichte *f*
Ang: gas density *n*
Esp: densidad de gas *f*

densité de l'électrolyte ***f***
All: Säuredichte (Batterie) *f*
Ang: electrolyte density (battery) *n*
Esp: densidad de electrolito (batería) *f*

densité de l'électrolyte (batterie) ***f***
All: Säurekonzentration (Batterie) *f*
(Säuredichte) *f*
Ang: specific gravity of electrolyte (battery) *n*
Esp: concentración de electrolito (batería) *f*

densité d'énergie ***f***
All: Speicherdichte *f*
Ang: storage density *n*
Esp: densidad de acumulación *f*

densité spectrale d'accélération ***f***
All: spektrale Beschleunigungsdichte *f*
Ang: spectral acceleration density *n*
Esp: densidad espectral de aceleración *f*

dent du pignon ***f***
All: Ritzelzahn *m*
Ang: pinion tooth *n*
Esp: diente del piñón *m*

denture droite ***f***
All: Geradverzahnung *f*
Ang: straight tooth gearing *n*
Esp: dentado recto *m*

denture hélicoïdale ***f***
All: Schrägverzahnung *f*
Ang: helical teeth *n*
Esp: dentado oblicuo *m*

denture intérieure ***f***
All: Innenverzahnung *f*
Ang: internal teeth *n*
Esp: dentado interior *m*

dénuder ***v***
All: abisolieren *v*
Ang: strip the insulation *v*
Esp: desaislar *v*

départ à chaud ***m***
All: Warmstart *m*
(Heißstart) *m*
Ang: hot start *n*
Esp: arranque en caliente *m*

départ d'énergie ***m***
All: Energieabfluss *m*
Ang: energy output *n*
Esp: salida de energía *f*

dépassement ***m***
All: Überholen *n*
(Vorbeifahren) *n*
Ang: passing *n*
(overtaking) *n*
Esp: adelantamiento *m*

déperdition de chaleur ***f***
All: Wärmeverlust *m*
Ang: heat loss *n*
Esp: pérdida de calor *f*

déperdition de chaleur aux parois ***f***
All: Wandwärmeverlust *m*
Ang: wall heat loss *n*
Esp: pérdida de calor por las paredes *f*

déphasage (entre deux grandeurs sinusoïdales) ***m***
All: Phasenverschiebung *f*
Ang: phase displacement *n*
Esp: desplazamiento de fase *m*

déphasage de l'arbre à cames ***m***
All: Nockenwellenverstellung *f*
Ang: camshaft timing control *n*
Esp: reajuste del árbol de levas *m*

déplacement du centre de gravité ***m***
All: Schwerpunktverlagerung *f*
Ang: displacement of the center of gravity *n*
Esp: desplazamiento del centro de gravedad *m*

déplacement du piston ***m***
All: Kolbenbewegung *f*
Ang: piston stroke *n*
Esp: movimiento de pistón *m*

dépollution des gaz d'échappement ***f***
All: Abgasreinigung *f*
Ang: exhaust gas treatment *n*
Esp: depuración de los gases de escape *f*

déport au sol ***m***
All: Lenkrollhalbmesser *m*
Ang: kingpin offset *n*
Esp: radio de pivotamiento *m*

déport de profil ***m***
All: Profilverschiebung *f*
Ang: addendum modification *n*
Esp: corrección del perfil *f*

déport d'essieu ***m***
All: Achsversetzung *f*
Ang: axial offset *n*
Esp: desplazamiento axial *f*

déport négatif de l'axe du pivot de fusée ***m***
All: negativer Lenkrollradius *m*
Ang: negative steering offset *n*
Esp: radio de pivotamiento negativo *m*

dépôt ***m***
All: Ablagerung *f*
Ang: deposit *n*
Esp: depósito *m*

dépôt de métal ***m***
All: Metallabscheidung *f*
Ang: metal deposition *n*
Esp: separación metálica *f*

Français

dépôt de plomb (bougie d'allumage) *m*
All: Verbleiung (Zündkerze) *f*
Ang: lead fouling (spark plug) *n*
Esp: emplomado (bujía de encendido) *m*

dépôts dans la chambre de combustion *mpl*
All: Brennraumablagerungen *fpl*
Ang: combustion deposits *n*
Esp: sedimentaciones en la cámara de combustión *fpl*

dépression *f*
All: Unterdruck *m*
Ang: vacuum *n*
Esp: depresión *f*

dérapage *m*
All: Schleudern *n*
(Formänderungsschlupf) *m*
Ang: skidding *n*
Esp: derrape *m*

dérivation *f*
All: Leitungsverbindung *f*
(Nebenschluss) *m*
Ang: line connection *n*
(shunt) *n*
Esp: conexión de cables *f*

dérivation *f*
All: Leitungsverbindung *f*
Ang: cable strapping *n*
Esp: conexión de cables *f*

dérive *f*
All: Drift *f*
Ang: drift *n*
Esp: deriva *f*

dérive de débit *f*
All: Mengendrift *f*
Ang: fuel quantity drift *n*
Esp: variación de caudal *f*

dérive latérale *f*
All: Schräglauf *m*
Ang: slip angle *n*
Esp: marcha oblicua *f*

déroulement de la combustion *m*
All: Verbrennungsablauf *m*
Ang: combustion process *n*
Esp: proceso de combustión *m*

déroulement du contrôle *m*
All: Prüfablauf *m*
Ang: test procedure *n*
Esp: pasos de verificación *mpl*

désactivation de l'étage de sortie *f*
All: Endstufenabschaltung *f*
Ang: power stage deactivation *n*
Esp: desactivación de paso final *f*

désarmer (alarme auto) *v*
All: entschärfen (Autoalarm) *v*
Ang: deprime (car alarm) *v*
Esp: desconectar (alarma de vehículo) *v*

désengrènement (pignon) *m*
All: ausspuren (Starter) *v*
Ang: demesh (starter) *v*
Esp: desengranar (motor de arranque) *v*

désexcitation *f*
All: Entregung *f*
Ang: de-excitation *n*
Esp: desexcitación *f*

désexcitation de l'alternateur *f*
All: Generatorentregung *f*
Ang: alternator de-excitation *n*
Esp: desexcitación del alternador *f*

déshydratant (dessiccateur) *m*
All: Trockenmittel (Lufttrockner) *n*
Ang: desiccant (air drier) *n*
Esp: desecante (secador de aire) *m*

désincarcération des occupants *f*
All: Insassenbefreiung *f*
Ang: occupant extrication *n*
Esp: liberación de ocupantes *f*

dessiccateur d'air *m*
All: Lufttrockner *m*
Ang: air drier *n*
Esp: secador de aire *m*

dessin en coupe *m*
All: Schnittzeichnung *f*
Ang: sectional drawing *n*
Esp: dibujo de corte *m*

dessous de caisse *m*
All: Unterboden *m*
Ang: underbody *n*
Esp: bajos *mpl*

désulfuration *f*
All: Entschwefelung *f*
Ang: desulfurization *v*
Esp: desulfurización *f*

détecteur à ultrasons (alarme auto) *m*
All: Ultraschalldetektor (Autoalarm) *m*
Ang: ultrasonic receiver (car alarm) *n*
Esp: detector ultrasónico (alarma de vehículo) *m*

détecteur de bris de glaces (alarme auto) *m*
All: Glasbruchmelder (Autoalarm) *m*
Ang: glass breakage detector (car alarm) *n*
Esp: detector de rotura de cristal (alarma de vehículo) *m*

détecteur de courts-circuits entre spires *m*
All: Windungsschlussprüfgerät *n*
Ang: inter turn short circuit tester *n*
Esp: comprobador de cortocircuito entre espiras *m*

détecteur de mouvement (alarme auto) *m*
All: Bewegungsdetektor (Autoalarm) *m*
Ang: motion detector (car alarm) *n*
Esp: detector de movimiento (alarma de vehículo) *m*

détection de cliquetis *f*
All: Klopferkennung (Verbrennungsmotor) *f*
Ang: knock detection (IC engine) *n*
Esp: detección de detonaciones (motor de combustión) *f*

détection de collision (coussin gonflable) *f*
All: Aufprallerkennung (Airbag) *f*
(Aufpralldetektion) *f*
(Crashdiskriminierung) *f*
Ang: crash sensing (airbag) *n*
(impact detection) *n*
Esp: detección de choque (airbag) *f*

détection de défaut *f*
All: Defekterkennung *f*
Ang: defect detection *n*
Esp: detección de defecto *f*

détection de la fonction « remorque » (ABS) *f*
All: Anhängererkennung (ABS) *f*
Ang: trailer recognition (ABS) *n*
Esp: detección del remolque (ABS) *f*

détection de mouvement *f*
All: Bewegungserkennung (Autoalarm) *f*
Ang: motion detection (car alarm) *n*
Esp: detección de movimiento (alarma de vehículo) *f*

détection de panneaux de signalisation *f*
All: Verkehrszeichenerkennung *f*
Ang: road sign recognition *n*
Esp: señal de tráfico *f*

détection de position *f*
All: Lageerkennung *f*
Ang: position detector *n*
Esp: detección de posición *f*

détection de ratés *f*
All: Aussetzererkennung *f*
Ang: misfire detection *n*
Esp: detección de fallos de combustión *f*

détection de surrégime *f*
All: Überdrehzahlerkennung *f*
Ang: overspeed detection *n*
Esp: detección de régimen de giro excesivo *f*

détection des défauts *f*
All: Fehlererkennung *f*
Ang: fault detection *n*
Esp: detección de avería *f*

détection des défauts *f*
All: Fehlererkennung *f*
Ang: error detection *n*
Esp: detección de avería *f*

détection des ratés d'allumage *f*
All: Zündaussetzererkennung *f*
Ang: misfire detection *n*

Français

Esp: detección de fallos de encendido *f*

détection des ratés de combustion *f*
All: Verbrennungsaussetzer-Erkennung *f*
Ang: engine misfire detection *n*
Esp: detección de fallos de combustión *f*

détection d'occupation de l'habitacle *f*
All: Innenraumsensierung (Autoalarm) *f*
Ang: passenger compartment sensing (car alarm) *n*
Esp: detección de ocupación del habitáculo (alarma de vehículo) *f*

détection d'occupation de siège *f*
All: Sitzbelegungserkennung *f*
Ang: seat-occupant detection *n*
Esp: detección de ocupación de asiento *f*

détection d'oubli de bouclage des ceintures *f*
All: Gurtbenutzungserkennung *f*
Ang: selt belt usage detection *n*
Esp: detección de uso de cinturón *f*

détection d'une chaussée accidentée *f*
All: Schlechtwegerkennung *f*
Ang: rough road recognition *n*
Esp: detección de camino en mal estado *f*

détection prévisionnelle de choc *f*
All: Precrash-Erkennung *f*
Ang: precrash detection *n*
Esp: detección precolisión *f*

détendeur *m*
All: Expansionsventil *n*
Ang: expansion valve *n*
Esp: válvula de expansión *f*

détermination de la consigne *f*
All: Sollwertbestimmung *f*
Ang: computation of setpoint values *n*
Esp: determinación de valor nominal *f*

déverrouillage (robinet de secours) *m*
All: Entriegelung (Nothahn) *f*
Ang: release (emergency valve) *n*
Esp: desbloqueo (grifo de emergencia) *m*

déverrouillage électromagnétique du débit de surcharge *m*
All: elektromagnetische Startentriegelung *f*
Ang: electromagnetic excess-fuel disengagement *n*
Esp: desbloqueo electromagnético de arranque *m*

déviation de la lumière *f*
All: Lichtablenkung *f*
Ang: light deflection *n*
Esp: desviación de luz *f*

diagnostic *m*
All: Diagnose *f*
Ang: diagnostics *n*
Esp: diagnóstico *m*

diagnostic de défauts *m*
All: Fehlerdiagnose *f*
Ang: error diagnosis *n*
Esp: diagnóstico de averías *m*

diagnostic embarqué *m*
All: On-Board-Diagnose *f*
Ang: on board diagnostics, OBD *n*
Esp: diagnóstico a bordo *m*

diagnostic erroné *m*
All: Fehldiagnose *f*
Ang: false diagnosis *n*
Esp: diagnóstico incorrecto *m*

diagnostic moteur *m*
All: Motordiagnose *f*
Ang: engine diagnostics *n*
Esp: diagnóstico de motor *m*

diagramme *m*
All: Diagramm *n*
Ang: diagram *n*
Esp: diagrama *m*

diagramme de conduite *m*
All: Fahrdiagramm *n*
Ang: running diagram *n*
Esp: diagrama de marcha *m*

diagramme de consommation du moteur *m*
All: Motor-Verbrauchskennfeld *n*
Ang: engine fuel consumption graph *n*
Esp: curva característica de consumo del motor *f*

diagramme de distribution (moteur à combustion) *m*
All: Ventilsteuerdiagramm (Verbrennungsmotor) *n*
Ang: valve timing diagram (IC engine) *n*
Esp: diagrama de regulación de válvulas (motor de combustión) *m*

diagramme de rayonnement *m*
All: Antennenabstrahldiagramm *n*
Ang: antenna emitting diagram *n*
Esp: diagrama de emisión de antena *m*

diagramme d'endurance de Goodman-Smith *m*
All: Dauerfestigkeitsschaubild *n*
Ang: fatigue limit diagram *n*
Esp: diagrama de resistencia a la fatiga *m*

diagramme des vitesses *m*
All: Geschwindigkeitsdiagramm *n*
Ang: velocity diagram *n*
Esp: diagrama de velocidad *m*

diamètre de fil *m*
All: Drahtdurchmesser *m*
Ang: wire diameter *n*
Esp: diámetro de alambre *m*

diamètre de jante *m*
All: Felgendurchmesser (Fahrzeugrad) *m*
Ang: rim diameter (vehicle wheel) *n*
Esp: diámetro de llanta (rueda de vehículo) *m*

diamètre de passage *m*
All: Ventildurchlass *m*
Ang: valve throat *n*
Esp: garganta de válvula *f*

diamètre de rouleau *m*
All: Rollendurchmesser *m*
Ang: roller diameter *n*
Esp: diámetro de rodillo *m*

diamètre du piston *m*
All: Kolbendurchmesser *m*
Ang: piston diameter *n*
Esp: diámetro del pistón *m*

diamètre du siège d'injecteur *m*
All: Sitzdurchmesser *m*
Ang: nozzle seat diameter *n*
Esp: diámetro del asiento *m*

diamètre extérieur *m*
All: Außendurchmesser *m*
Ang: outside diameter *n*
Esp: diámetro exterior *m*

diamètre intérieur *m*
All: Innendurchmesser *m*
Ang: inside diameter *n*
(internal diameter) *n*
Esp: diámetro interior *m*

diamètre primitif de référence *m*
All: Teilkreisdurchmesser (Zahnrad) *m*
Ang: pitch diameter (gear) *n*
(reference diameter) *n*
Esp: diámetro del círculo primitivo (rueda dentada) *m*

différentiel autobloquant *m*
All: Sperrausgleichgetriebe *n*
Ang: differential lock *n*
(locking differential) *n*
Esp: diferencial de bloqueo *m*

différentiel de l'essieu arrière *m*
All: Hinterachsdifferenzial *n*
Ang: rear axle differential *n*
Esp: diferencial de eje trasero *m*

diffuseur (projecteur) *m*
All: Streuscheibe (Scheinwerfer) *f*
(Streulinse) *f*
Ang: lens (headlamp) *n*
Esp: cristal de dispersión (faros) *m*

diffuseur de projecteur *m*
All: Scheinwerferstreuscheibe *f*
Ang: headlamp lens *n*

Français

Esp: cristal de dispersión del faro *m*

dilatation thermique *f*
All: Wärmeausdehnung *f*
Ang: thermal expansion *n*
Esp: expansión térmica *f*

dilution *f*
All: Verdünnung *f*
Ang: dilution *n*
Esp: dilución *f*

dimensionnement *m*
All: Maßkonzeption *f*
Ang: dimensional layout *n*
Esp: estudio dimensional *m*

diode *f*
All: Diode *f*
Ang: diode *n*
Esp: diodo *m*

diode cristal *f*
All: Kristalldiode *f*
Ang: crystal diode *n*
Esp: diodo de cristal *m*

diode d'affichage *f*
All: Anzeigediode *f*
Ang: display diode *n*
Esp: diodo visualizador *m*

diode de découplage *f*
All: Entkopplungsdiode *f*
Ang: decoupling diode *n*
Esp: diodo de desacople *m*

diode de récupération *f*
All: Freilaufdiode *f*
Ang: free wheeling diode *n*
Esp: diodos de rueda libre *mpl*

diode d'excitation *f*
All: Erregerdiode *f*
Ang: excitation diode *n*
Esp: diodo de excitación *m*

diode d'isolement *f*
All: Sperrdiode *f*
Ang: blocking diode *n*
(block diode) *n*
Esp: diodo de bloqueo *m*

diode électroluminescente *f*
All: Leuchtdiode *f*
Ang: light emitting diode, LED *n*
Esp: diodo luminoso *m*

diode emmanchée *f*
All: Einpressdiode *f*
Ang: press in diode *n*
Esp: diodo de presión *m*

diode négative *f*
All: Minusdiode *f*
Ang: negative diode *n*
Esp: diodo negativo *m*

diode positive *f*
All: Plusdiode *f*
Ang: positive diode *n*
Esp: diodo positivo *m*

diode redresseuse *f*
All: Gleichrichterdiode *f*
Ang: rectifier diode *n*
Esp: diodo rectificador *m*

diode-bouton *f*
All: Knopfdiode *f*
Ang: button diode *n*
Esp: diodo de botón *m*

dioxyde de carbone *m*
All: Kohlendioxid *n*
Ang: carbon dioxide *n*
Esp: dióxido de carbono *m*

direction *f*
All: Lenkanlage *f*
Ang: steering system *n*
Esp: sistema de dirección *m*

direction *f*
All: Lenkung *f*
Ang: steering *n*
(steering system) *n*
Esp: dirección *f*

direction à crémaillère *f*
All: Zahnstangenlenkung *f*
Ang: rack and pinion steering *n*
Esp: dirección de cremallera y piñón *f*

direction à recirculation de billes *f*
All: Kugelumlauflenkung *f*
Ang: recirculating-ball steering *n*
Esp: dirección de bolas circulantes *f*

direction assistée *f*
All: Hilfskraftlenkanlage *f*
(Servolenkung) *f*
Ang: power assisted steering system *n*
(power steering) *n*
Esp: sistema de dirección asistida *m*

direction assistée *f*
All: Servolenkung *f*
Ang: power steering *n*
Esp: servodirección *f*

direction de propagation *f*
All: Ausbreitungsrichtung *f*
Ang: direction of propagation *n*
Esp: dirección de propagación *f*

direction du jet d'injecteur *f*
All: Düsenstrahlrichtung *f*
Ang: spray direction *n*
Esp: dirección de chorro del inyector *f*

direction hydraulique à crémaillère *f*
All: Zahnstangen-Hydrolenkung *f*
Ang: rack and pinion steering system *n*
Esp: dirección hidráulica de cremallera y piñón *f*

direction hydraulique à deux circuits *f*
All: Zweikreis-Hydrolenkung *f*
Ang: dual circuit hydraulic steering *n*
Esp: dirección hidráulica de doble circuito *f*

direction hydraulique à écrou à recirculation de billes *m*
All: Kugelumlauf-Hydrolenkung *f*
Ang: recirculating-ball power steering *n*
Esp: dirección hidráulica de bolas circulantes *f*

direction manuelle *f*
All: Muskelkraftlenkanlage *f*
Ang: muscular energy steering system *n*
Esp: sistema de dirección por fuerza muscular *m*

directives d'application *fpl*
All: Applikationsrichtlinien *f*
Ang: application guidelines *npl*
Esp: directivas de aplicación *fpl*

dirigeabilité *f*
All: Lenkbarkeit *f*
(Lenkfähigkeit) *f*
Ang: steerability *n*
Esp: maniobrabilidad *f*

dirigeabilité *f*
All: Lenkbarkeit *f*
Ang: steering response *n*
Esp: maniobrabilidad *f*

dirigeable (véhicule) *adj*
All: lenkbar (Kfz) *adj*
Ang: steerable (motor vehicle) *adj*
Esp: maniobrable (automóvil) *adj*

discontinuité électrique *f*
All: Unterbrechung *f*
Ang: open circuit *n*
Esp: apertura de circuito *f*

disjoncteur de batterie *m*
All: Batterie-Trennschalter *m*
Ang: battery disconnect switch *n*
Esp: seccionador de batería *m*

dispersion des débits *f*
All: Einspritzmengenstreuung *f*
Ang: injected fuel quantity scatter *n*
Esp: dispersión del caudal de inyección *f*

dispositif à air comprimé *m*
All: Druckluftanlage *f*
Ang: compressed air system *n*
Esp: sistema de aire comprimido *m*

dispositif à flux jumelé *m*
All: Zwillingsstromgehäuse *n*
Ang: twin flow housing *n*
Esp: carcasa de flujo gemelo *f*

dispositif antidémarrage *m*
All: Rollstartsperre *f*
Ang: roll start block *n*
Esp: bloqueo de arranque por rodadura *m*

dispositif antigel *m*
All: Frostschutzeinrichtung *f*
(Frostschutzvorrichtung) *f*
Ang: antifreeze unit *n*
Esp: dispositivo anticongelante *m*

Français

dispositif antipincement (véhicule) *m*
All: Einklemmsicherung (Kfz) *f*
Ang: push in fuse (motor vehicle) *n*
Esp: seguro antiaprisionamiento (automóvil) *m*

dispositif anti-plongée *m*
All: Bremsnickabstützung *f*
Ang: anti dive mechanism *n*
Esp: reductor del cabeceo de frenado *m*

dispositif antivol *m*
All: Diebstahlschutz *m*
(Diebstahlsicherung) *f*
Ang: theft deterrence feature *n*
Esp: protección antirrobo *f*

dispositif automatique de rattrapage de jeu (freins des roues) *f*
All: Gestängesteller (Radbremse) *m*
Ang: slack adjuster (wheel brake) *n*
Esp: ajustador de varillaje (freno de rueda) *m*

dispositif auxiliaire de démarrage *m*
All: Starthilfsanlage *f*
Ang: start assist system *n*
Esp: sistema auxiliar de arranque *m*

dispositif d'ajustage *m*
All: Nachstellvorrichtung *f*
Ang: adjuster *n*
Esp: dispositivo de reajuste *m*

dispositif d'alarme *m*
All: Alarmanlage (Autoalarm) *f*
Ang: alarm system (car alarm) *n*
Esp: instalación de alarma (alarma de vehículo) *f*

dispositif d'alarme antivol *m*
All: Diebstahl-Alarmanlage *f*
Ang: theft deterrent system *n*
Esp: sistema de alarma antirrobo *m*

dispositif d'alarme antivol *m*
All: Diebstahlwarnanlage *f*
Ang: anti theft alarm system *n*
Esp: alarma antirrobo *f*

dispositif d'alerte (frein) *m*
All: Warndruckeinrichtung (Bremsen) *f*
Ang: low pressure warning device (brakes) *n*
Esp: dispositivo de presión de aviso (Bremsen) *m*

dispositif d'allumage par bobine *m*
All: Spulen-Zündanlage *f*
Ang: coil ignition equipment *n*
Esp: sistema de encendido por bobina *m*

dispositif d'arrêt *m*
All: Abstelleinrichtung *f*
(Abstellvorrichtung) *f*
Ang: shutoff device *n*
Esp: dispositivo de parada *m*

dispositif d'arrêt électrique *m*
All: elektrische Abstellvorrichtung, ELAB (ELAB) *f*
Ang: solenoid operated shutoff *n*
Esp: dispositivo eléctrico de desconexión (ELAB) *m*

dispositif d'arrêt électrohydraulique *m*
All: elektrohydraulische Abstellvorrichtung *f*
Ang: electrohydraulic shutoff device *n*
Esp: dispositivo electrohidráulico de desconexión *m*

dispositif d'arrêt électromagnétique *m*
All: elektromagnetische Abstellvorrichtung *f*
Ang: solenoid-operated shutoff *n*
Esp: dispositivo electromagnético de desconexión *m*

dispositif d'arrêt électromotorisé *m*
All: elektromotorische Abstellvorrichtung *f*
Ang: electromotive shutoff device *n*
Esp: dispositivo electromotor de desconexión *m*

dispositif d'arrêt hydraulique *m*
All: hydraulische Abstellvorrichtung *f*
Ang: hydraulic shut off device *n*
Esp: dispositivo hidráulico de parada *m*

dispositif d'arrêt hydraulique *m*
All: hydraulische Abstellvorrichtung *f*
Ang: hydraulic shutoff device *n*
Esp: dispositivo hidráulico de parada *m*

dispositif d'arrêt mécanique *m*
All: mechanische Abstellvorrichtung *f*
Ang: mechanical shutoff device *n*
Esp: dispositivo mecánico de parada *m*

dispositif d'arrêt pneumatique *m*
All: pneumatische Abstellvorrichtung *f*
Ang: pneumatic shutoff device *n*
Esp: dispositivo neumático de parada *m*

dispositif d'aspiration *m*
All: Absaugvorrichtung *f*
Ang: suction device *n*
Esp: dispositivo de aspiración *m*

dispositif d'avance *m*
All: Zündversteller *m*
Ang: spark advance mechanism *n*
Esp: variador de encendido *m*

dispositif d'avance à dépression *m*
All: Unterdruckverstellung *f*
(Unterdruckzündversteller) *m*
Ang: vacuum advance mechanism *n*
Esp: variación por depresión *f*
(variador de encendido por depresión) *m*

dispositif de blocage du démarreur *m*
All: Startsperreinrichtung *f*
Ang: start locking unit *n*
Esp: dispositivo de bloqueo de arranque *m*

dispositif de coupure *m*
All: Abschaltvorrichtung *f*
Ang: shutoff device *n*
Esp: dispositivo de desconexión *m*

dispositif de coupure *m*
All: Absteller *m*
Ang: shutoff device *n*
Esp: dispositivo de desconexión *m*

dispositif de débit de surcharge au démarrage *m*
All: Startmengenvorrichtung *f*
Ang: excess fuel device *n*
Esp: dispositivo de caudal de arranque *m*

dispositif de déclenchement *m*
All: Auslösevorrichtung *f*
Ang: tripping device *n*
Esp: dispositivo disparador *m*

dispositif de dégazage du moteur *m*
All: Motorentlüftung *m*
Ang: crankcase breather *n*
Esp: ventilación del motor *f*

dispositif de démarrage rapide (véhicules diesel) *m*
All: Schnellstartanlage (Dieselfahrzeuge) *f*
Ang: rapid starting system (diesel vehicles) *n*
Esp: sistema de arranque rápido (vehículos Diesel) *m*

dispositif de démarrage rapide *m*
All: Schnellstartanlage *f*
Ang: rapid start equipment *n*
Esp: sistema de arranque rápido *m*

dispositif de dépollution *m*
All: Abgasreinigungsanlage *f*
Ang: exhaust gas cleaning equipment *n*
Esp: equipo de depuración de gases de escape *m*

dispositif de freinage *m*
All: Bremsanlage *f*
Ang: brake system *v*
Esp: sistema de frenos *m*

dispositif de freinage à air comprimé *m*
All: Druckluft-Bremsanlage *f*
Ang: compressed air braking system *n*
Esp: sistema de frenos de aire comprimido *m*

Français

dispositif de freinage à basse pression *m*
All: Niederdruck-Bremsanlage *f*
Ang: low pressure braking system *n*
Esp: sistema de frenos de baja presión *m*

dispositif de freinage à circuits multiples *m*
All: Mehrkreis-Bremsanlage *f*
Ang: multi circuit braking system *n*
Esp: sistema de frenos de varios circuitos *m*

dispositif de freinage à commande par gravité *m*
All: Fall-Bremsanlage *f*
Ang: gravity braking system *n*
Esp: sistema de frenos por gravedad *m*

dispositif de freinage à conduite unique *m*
All: Einleitungs-Bremsanlage *f*
Ang: single line braking system *n*
Esp: sistema de frenos de una línea *m*

dispositif de freinage à conduites multiples *m*
All: Mehrleitungs-Bremsanlage *f*
Ang: multi line braking system *n*
Esp: sistema de frenos de varias tuberías *m*

dispositif de freinage à dépression *m*
All: Vakuum-Bremsanlage *f*
Ang: vacuum brake system *n*
Esp: sistema de freno por vacío *m*

dispositif de freinage à deux conduites *m*
All: Zweileitungs-Bremsanlage *f*
Ang: dual line braking system *n*
Esp: sistema de frenos de dos conductos *m*

dispositif de freinage à énergie musculaire *m*
All: Muskelkraft-Bremsanlage *f*
Ang: muscular energy braking system *n*
Esp: sistema de frenos por fuerza muscular *m*

dispositif de freinage à énergie non musculaire *m*
All: Fremdkraft-Bremsanlage *f*
Ang: non muscular energy braking system *n*
(power-brake system) *n*
Esp: sistema de frenos de fuerza externa *m*

dispositif de freinage à inertie *m*
All: Auflauf-Bremsanlage *f*
(Auflaufbremse) *f*
Ang: inertia braking system *n*
Esp: sistema de freno de retención *m*

dispositif de freinage à régulation électronique *m*
All: elektronisch geregelte Bremsanlage *f*
Ang: electronically controlled braking system, ELB *n*
Esp: sistema de frenos regulado electrónicamente *m*

dispositif de freinage à transmission à circuit unique *m*
All: Einkreis-Bremsanlage *f*
Ang: single circuit braking system *n*
Esp: sistema de frenos de un circuito *m*

dispositif de freinage à transmission à double circuit *m*
All: Zweikreis-Bremsanlage *f*
Ang: dual circuit braking system *n*
Esp: sistema de frenos de doble circuito *m*

dispositif de freinage additionnel de ralentissement *m*
All: Dauerbremsanlage *f*
Ang: additional retarding braking system *n*
(continuous-operation braking system) *n*
Esp: sistema de frenada continua *m*

dispositif de freinage assisté par énergie auxiliaire *m*
All: Hilfskraft-Bremsanlage *f*
(Servo-Bremsanlage) *f*
Ang: power assisted braking system *n*
Esp: sistema de freno asistido *m*

dispositif de freinage combiné *m*
All: Integralbremsanlage *f*
(Kombi-Bremsanlage) *f*
(Verbundbremsanlage) *f*
Ang: combination braking system *n*
Esp: sistema de frenos combinado *m*

dispositif de freinage de remorque *m*
All: Anhänger-Bremsanlage *f*
Ang: trailer-brake system *n*
Esp: sistema de frenos del remolque *m*

dispositif de freinage de secours *m*
All: Hilfs-Bremsanlage *f*
Ang: secondary brake system *n*
Esp: sistema auxiliar de frenos *m*

dispositif de freinage de service *m*
All: Betriebs-Bremsanlage *f*
(Fußbremse) *f*
Ang: service brake system *n*
Esp: instalación de freno de servicio *f*

dispositif de freinage de stationnement *m*
All: Feststell-Bremsanlage *f*
Ang: parking brake system *n*
Esp: sistema de freno de estacionamiento *m*

dispositif de freinage électropneumatique *m*
All: elektro-pneumatische Bremsanlage *f*
Ang: electropneumatic braking system *n*
Esp: sistema de frenos electroneumáticos *m*

dispositif de freinage haute pression *m*
All: Hochdruck-Bremsanlage *f*
Ang: high pressure braking system *n*
Esp: sistema de frenos de alta presión *m*

dispositif de freinage hydraulique à commande par air comprimé *m*
All: Druckluft-Fremdkraft-Bremsanlage mit hydraulischer Übertragungseinrichtung *f*
(pneumatische Fremdkraft-Bremsanlage mit hydraul. Übertragungseinrichtung) *f*
Ang: air over hydraulic braking system *n*
Esp: sistema de freno hidráulico-neumático *m*

dispositif de freinage hydraulique à commande par dépression *m*
All: Unterdruck-Fremdkraft-Bremsanlage mit hydr. Übertragungseinrichtung *f*
Ang: vacuu over hydraulic braking system *n*
Esp: sistema de freno por depresión asistido *m*

dispositif de freinage hydraulique assisté par air comprimé *m*
All: Druckluft-Hilfskraft-Bremsanlage *f*
(Druckluft-Servobremsanlage) *f*
Ang: air assisted braking system *n*
Esp: sistema de freno asistido por aire comprimido *m*

dispositif de freinage hydraulique assisté par dépression *m*
All: Unterdruck-Hilfskraft-Bremsanlage mit hydraul. Übertragungseinrichtung *f*
Ang: vacuum assisted hydraulic braking system *n*
Esp: sistema de freno por depresión asistido con dispositivo hidráulico de transmisión *m*

Français

dispositif de freinage pneumatique *m*
All: pneumatische Bremsanlage *f*
Ang: air brake system *n*
Esp: sistema neumático de frenos *m*

dispositif de gonflage des pneumatiques *m*
All: Reifenfülleinrichtung *f*
Ang: tire inflation device *n*
Esp: dispositivo de inflado de neumáticos *m*

dispositif de graissage *m*
All: Schmiervorrichtung *f*
Ang: lubricator *n*
Esp: lubricador *m*

dispositif de lavage haute pression *m*
All: Hochdruck-Waschanlage *f*
Ang: high pressure washer system *n*
Esp: sistema de lavado a alta presión *m*

dispositif de mise à la terre *m*
All: Erdungsanlage *f*
Ang: earthing system *n*
(grounding system) *n*
Esp: sistema de puesta a tierra *m*

dispositif de préchauffage *m*
All: Vorglühanlage *f*
Ang: pre-glow system *n*
Esp: sistema de precalentamiento *m*

dispositif de protection anti-encastrement *m*
All: Unterfahrschutzeinrichtung *f*
Ang: underride guard *n*
Esp: protección para impedir atascarse debajo de un camión *f*

dispositif de rappel *m*
All: Rückstelleinrichtung *f*
Ang: return mechanism *n*
Esp: dispositivo reposicionador *m*

dispositif de réglage *m*
All: Verstelleinrichtung *f*
Ang: adjusting device *n*
Esp: dispositivo de ajuste *m*

dispositif de retenue *m*
All: Rückhalteeinrichtung *f*
(Sicherungsring) *m*
Ang: retainer *n*
Esp: dispositivo de retención *m*

dispositif de roue libre *m*
All: Freilaufsystem *n*
Ang: overrunning clutch *n*
Esp: sistema de rueda libre *m*

dispositif de sécurité *m*
All: Sicherheitseinrichtung *f*
Ang: safety device *n*
Esp: dispositivo de seguridad *m*

dispositif de signalisation *m*
All: Signalanlage *f*
Ang: signaling system *n*
Esp: sistema de señalización *m*

dispositif de signalisation direction-détresse *m*
All: Warnblinkanlage *f*
Ang: hazard warning light system *n*
Esp: luces intermitentes de advertencia *fpl*

dispositif de transmission (dispositif de freinage) *m*
All: Übertragungseinrichtung (Bremsanlage) *f*
Ang: transmission (braking system) *n*
Esp: dispositivo de transmisión (sistema de frenos) *m*

dispositif de ventilation *m*
All: Lüftungsanlage *f*
Ang: ventilation system *n*
Esp: sistema de ventilación *m*

dispositif d'emmanchement *m*
All: Aufziehvorrichtung *f*
Ang: tightening device *n*
Esp: dispositivo de apriete *m*

dispositif d'essai *m*
All: Prüfeinrichtung *f*
Ang: test equipment *n*
Esp: dispositivo de comprobación *m*

dispositif d'étanchéité *m*
All: Abdichtvorrichtung *f*
Ang: sealing device *n*
Esp: dispositivo estanqueizante *m*

dispositif d'extraction *m*
All: Abdrückvorrichtung (Bremsen) *f*
Ang: hub puller (brakes) *n*
Esp: dispositivo de extracción (frenos) *m*

dispositif d'extraction *m*
All: Abziehvorrichtung *f*
Ang: extractor *n*
Esp: dispositivo extractor *m*

dispositif d'extraction *m*
All: Ausziehvorrichtung *f*
Ang: puller *n*
Esp: dispositivo extractor *m*

dispositif d'injection *m*
All: Einspritzanlage *f*
Ang: fuel injection system *n*
Esp: sistema de inyección *m*

dispositif d'injection différée *m*
All: Leiselaufvorrichtung *f*
Ang: smooth idle device *n*
Esp: dispositivo de marcha silenciosa *m*

dispositif tendeur *m*
All: Spannvorrichtung *f*
Ang: clamping fixture *n*
Esp: dispositivo de sujeción *m*

disposition des cylindres *f*
All: Zylinderanordnung *f*
Ang: cylinder arrangement *n*
Esp: disposición de los cilindros *f*

disque à cames *m*
All: Hubscheibe *f*
(Nockenscheibe) *f*
Ang: cam plate *n*
Esp: disco de elevación *m*

disque de butée *m*
All: Anschlagscheibe *f*
Ang: stop disc *n*
Esp: arandela de tope *f*

disque de codage *m*
All: Codescheibe *f*
Ang: code disk *n*
Esp: disco de código *m*

disque de frein *m*
All: Bremsscheibe *f*
Ang: brake disc *n*
Esp: disco de freno *m*

disque de frein en fonte grise *m*
All: Graugussbremsscheibe *f*
Ang: gray cast iron brake disc *n*
Esp: disco de freno de fundición gris *m*

disque de friction *m*
All: Reibscheibe *f*
Ang: friction plate *n*
Esp: disco de fricción *m*

disque de recouvrement *m*
All: Abdeckscheibe *f*
Ang: cover disc *n*
Esp: tapa de cubierta *f*

disque d'embrayage *m*
All: Kupplungslamelle *f*
Ang: clutch plate *n*
Esp: disco de embrague *m*

disque d'embrayage *m*
All: Kupplungsscheibe *f*
Ang: clutch disk *n*
Esp: disco conducido del embrague *m*

disque d'enregistrement (tachygraphe) *m*
All: Diagrammscheibe (Tachograph) *f*
Ang: tachograph chart (tachograph) *n*
Esp: disco de diagramas (tacógrafo) *m*

disque d'entraînement *m*
All: Mitnehmerscheibe *f*
Ang: drive connector plate *n*
Esp: plato de arrastre *m*

disque excentrique *m*
All: Exzenterscheibe *f*
Ang: eccentric disc *n*
Esp: disco excéntrico *m*

disque excentrique *m*
All: Exzenterscheibe *f*
Ang: eccentric washer *n*
Esp: arandela excéntrica *f*

disque intermédiaire *m*
All: Zwischenscheibe *f*
Ang: intermediate disk *n*
Esp: disco intermedio *m*

Français

disque support ***m***
All: Stützscheibe *f*
Ang: support plate *n*
Esp: arandela de apoyo *f*

disque vibreur ***m***
All: Chopperscheibe *f*
Ang: rotating chopper *n*
Esp: contacto vibrador *m*
(disco interruptor) *m*

disque-cible (allumage) ***m***
All: Geberrad (Zündung) *n*
(Zahnscheibe) *f*
Ang: trigger wheel (ignition) *n*
Esp: rueda del transmisor (encendido) *f*
(rueda del captador) *f*

dissipation de la chaleur ***f***
All: Wärmeabführung *f*
Ang: heat dissipation *n*
Esp: disipación de calor *f*

dissolution du métal ***f***
All: Metallauflösung *f*
Ang: metal dissolution *n*
Esp: disolución metálica *f*

dissolvant antirouille ***m***
All: Rostlöser *m*
Ang: rust remover *n*
Esp: removedor de óxido *m*

distance ***m***
All: Abstand (ACC) *m*
Ang: distance (ACC) *n*
Esp: distancia *f*

distance critique ***f***
All: Hallabstand *m*
Ang: diffuse field distance *n*
Esp: distancia Hall *f*

distance d'arrêt ***f***
All: Anhalteweg (Bremsvorgang) *m*
(Gesamtbremsweg) *m*
Ang: total braking distance (braking) *n*
Esp: recorrido hasta la parada (proceso de frenado) *m*
(distancia total de frenado) *f*

distance de dépassement ***f***
All: Überholweg *m*
Ang: passing distance *n*
Esp: distancia de adelantamiento *f*

distance de freinage ***f***
All: Bremsweg *m*
Ang: braking distance *n*
Esp: distancia de frenado *f*

distance d'éclatement ***f***
All: Funkenstrecke *f*
Ang: spark gap *n*
Esp: explosor *m*

distance d'éclatement et de glissement (bougie d'allumage) ***f***
All: Luftgleitfunkenstrecke (Zündkerze) *f*
Ang: semi-surface gap (spark plug) *n*
Esp: recorrido deslizante de la chispa (bujía de encendido) *m*

distance d'éclatement et de glissement (bougie d'allumage) ***f***
All: Luftgleitfunkenstrecke *f*
Ang: surface air gap *n*
Esp: recorrido deslizante de la chispa *m*

distance focale (projecteur) ***f***
All: Brennweite (Scheinwerfer) *f*
Ang: focal length (headlamp) *n*
Esp: longitud focal (faros) *f*

distorsion ***f***
All: Verzerrung *f*
Ang: distortion *n*
Esp: distorsión *f*

distributeur ***m***
All: Wegeventil *n*
Ang: directional control valve *n*
Esp: válvula distribuidora *f*

distributeur à bouton-poussoir ***m***
All: Druckknopfventil *n*
Ang: push button valve *n*
Esp: válvula de pulsador *f*

distributeur à centre ouvert ***m***
All: OC-Ventil *n*
Ang: OC valve *n*
Esp: válvula OC *f*

distributeur à clapet ***m***
All: Sitzventil *n*
Ang: poppet valve *n*
Esp: válvula de asiento *f*

distributeur à deux voies (ASR) ***m***
All: Zweiwegeventil (ASR) *n*
Ang: two way directional control valve (TCS) *n*
Esp: válvula distribuidora de dos vías (ASR) *f*

distributeur à deux voies ***m***
All: Zweiwegeventil *n*
Ang: two way valve *n*
Esp: válvula distribuidora de dos vías *f*

distributeur d'étalonnage ***m***
All: Kalibrierventil *n*
Ang: calibrating valve *n*
Esp: válvula de calibración *f*

distributeur haute tension ***m***
All: Hochspannungsverteiler *m*
Ang: high voltage distributor *n*
Esp: distribuidor de alta tensión *m*

distributeur pilote à 3 voies ***m***
All: Drei-Wege-Vorsteuerventil *n*
Ang: three way pilot-operated directional-control valve *n*
Esp: válvula preselectora de tres vías *f*

distributeur pilote à 4 voies ***m***
All: Vier-Wege-Vorsteuerventil *n*
Ang: four way pilot-operated directional-control valve *n*
Esp: válvula preselectora de cuatro vías *f*

distribution (moteur à combustion) ***f***
All: Ventilsteuerung *f*
Ang: valve control *n*
Esp: regulación de válvulas *f*

distribution (commande des soupapes) ***f***
All: Ventiltrieb *m*
Ang: valve gear *n*
Esp: accionamiento de válvula *m*

distribution variable ***f***
All: Variable Ventilsteuerung *f*
Ang: variable valve control *n*
Esp: control de válvula variable *m*

divergence angulaire du faisceau ***f***
All: Strahlaufweitung (Scheinwerfer) *f*
Ang: beam expansion (headlamp) *n*
Esp: ensanchamiento del chorro (faros) *m*

divergent d'air (KE-Jetronic) ***m***
All: Lufttrichter (KE-Jetronic) *m*
Ang: air funnel (KE-Jetronic) *n*
Esp: chimenea de aire (KE-Jetronic) *f*

diversité de variantes ***f***
All: Variantenvielfalt *f*
Ang: type diversity *n*
Esp: diversidad de variantes *f*

diviseur de fréquence ***m***
All: Frequenzteiler *m*
Ang: frequency divider *n*
Esp: divisor de frecuencia *m*

diviseur d'impulsions ***m***
All: Impulsteiler *m*
Ang: pulse divider *n*
Esp: divisor de impulsos *m*

documents S.A.V. ***mpl***
All: Service-Unterlagen *fpl*
Ang: service documents *npl*
Esp: documentación de servicio *f*

domaine d'ébullition ***m***
All: Siedebereich *m*
Ang: boiling range *n*
Esp: margen de ebullición *m*

dôme de suspension ***m***
All: Federbeindom *m*
Ang: suspension strut cap *n*
Esp: domo de pata telescópica *m*

dommage initial ***m***
All: Vorschädigung *f*
Ang: preliminary damage *n*
Esp: daño previo *m*

dommages consécutifs ***mpl***
All: Folgeschaden *m*
Ang: consequential damage *n*
Esp: daño derivado *m*

dommages par cavitation ***mpl***
All: Kavitationsschaden *m*
Ang: cavitation damage *n*

Français

Esp: daños por cavitación *mpl*

données caractéristiques ***fpl***
All: Kenndaten *f*
Ang: specifications *n*
Esp: datos característicos *mpl*

dosage ***m***
All: Dosierung *f*
Ang: meter *v*
Esp: dosificación *f*

dosage à l'admission ***m***
All: Ansaugmengenzumessung *f*
(Zulaufmessung) *f*
Ang: intake metering *n*
Esp: dosificación del caudal de admisión *m*
(medición de entrada) *f*

dosage à l'admission ***m***
All: Zulaufmessung *f*
Ang: inlet metering *n*
Esp: dosificación de entrada *f*

dosage du mélange ***m***
All: Gemischzumessung *f*
Ang: air fuel mixture metering *v*
Esp: dosificación de la mezcla *f*

dosage monotrou (injecteur) ***m***
All: Einlochzumessung (Einspritzventil) *f*
Ang: single orifice metering (fuel injector) *n*
Esp: dosificación de agujero simple (válvula de inyección) *f*

dosage multitrous (injecteur) ***m***
All: Mehrlochzumessung (Einspritzventil) *f*
Ang: multi orifice metering (fuel injector) *n*
Esp: dosificación de varios orificios (válvula de inyección) *f*

dosage par déplacement ***m***
All: Shuttle-Zumessung *f*
Ang: displacement metering *n*
Esp: dosificación por desplazamiento *f*

dosage par fente annulaire (injecteur) ***m***
All: Ringspaltzumessung (Einspritzventil) *f*
Ang: ring gap metering (fuel injector) *n*
Esp: dosificación por intersticio anular (válvula de inyección) *f*

dosage par rampe et trou ***m***
All: Steuerkanten-Zumessung (Pumpenelement) *f*
Ang: port and helix metering (plunger-and-barrel assembly) *n*
Esp: *dosificación por borde de* distribución (elemento de bomba) *f*

dosage par valve ***m***
All: ventilgesteuerte Zumessung *f*
Ang: valve metering *n*
Esp: dosificación por válvula *f*

doseur-distributeur de carburant ***m***
All: Kraftstoffmengenteiler *m*
Ang: fuel distributor *n*
Esp: distribuidor-dosificador de combustible *m*

double allumage ***m***
All: Doppelzündung *f*
Ang: dual ignition *n*
Esp: encendido doble *m*

double allumage ***m***
All: Zwillingszündung *f*
Ang: twin ignition *n*
(twin-plug ignition) *n*
Esp: encendido gemelo *m*

double bras de suspension transversal ***m***
All: Doppelquerlenker *m*
Ang: double wishbone axle *n*
Esp: barra transversal doble *f*
(brazo de suspensión doble) *m*

double carburateur ***m***
All: Doppelvergaser *m*
Ang: dual carburetor *n*
(duplex caburetor) *n*
Esp: carburador doble *m*

double injection ***f***
All: Doppeleinspritzung *f*
Ang: double injection *n*
Esp: inyección doble *f*

double joint ***m***
All: Doppeldichtung *f*
Ang: double seal *n*
Esp: junta doble *f*

double micro-arête (raclette en caoutchouc) ***f***
All: Mikro-Doppelkante (Wischgummi) *f*
Ang: double microedge (wiper blade) *n*
Esp: doble micro-borde (goma del limpiaparabrisas) *m*

douille ***f***
All: Hülse *f*
Ang: sleeve *n*
Esp: manguito *m*

douille ***f***
All: Steckschlüsseleinsatz *m*
Ang: wrench socket *n*
Esp: inserto de llave tubular *m*

douille caoutchouc ***f***
All: Gummibuchse *f*
Ang: rubber bushing *n*
Esp: casquillo de goma *m*

douille de butée ***f***
All: Anschlagbuchse *f*
Ang: stop bushing *n*
Esp: casquillo de tope *m*

douille de butée ***f***
All: Anschlaghülse *f*
Ang: stop sleeve *n*
Esp: manguito de tope *m*

douille de guidage ***f***
All: Führungsbuchse *f*
Ang: guide sleeve *n*
(guide bushing) *n*
Esp: casquillo guía *m*

douille de lampe ***f***
All: Lampenfassung *f*
Ang: lamp socket *n*
Esp: portalámparas *m*

douille de réduction ***f***
All: Reduzierhülse *f*
Ang: reducing sleeve *n*
Esp: manguito reductor *m*

douille de réglage (pompe d'injection) ***f***
All: Regelhülse (Einspritzpumpe) *f*
Ang: control sleeve (fuel-injection pump) *n*
Esp: manguito de regulación (bomba de inyección) *m*

douille d'écartement ***f***
All: Abstandsbuchse *f*
Ang: spacer bushing *n*
Esp: casquillo distanciador *m*

douille d'écartement ***f***
All: Abstandshülse *f*
Ang: spacer sleeve *n*
Esp: manguito distanciador *m*

douille d'entraînement ***f***
All: Mitnehmerbuchse *f*
Ang: drive bushing *n*
Esp: casquillo de arrastre *m*

douille d'espacement ***f***
All: Distanzrohr *n*
Ang: spacer tube *n*
Esp: tubo distanciador *m*

douille d'induit ***f***
All: Ankerbuchse *f*
Ang: armature sleeve *n*
Esp: casquillo de inducido *m*

douille élastique (capteur de vitesse) ***f***
All: Klemmhülse (Drehzahlsensor) *f*
(Federhülse) *f*
Ang: spring sleeve (wheel-speed sensor) *n*
Esp: manguito de apriete (sensor de revoluciones) *m*

douille élastique (capteur de vitesse) ***f***
All: Klemmhülse *f*
Ang: terminal sleeve *n*
Esp: manguito de apriete *m*

douille emmanchée ***f***
All: Einpressbuchse *f*
Ang: press in bushing *n*
Esp: casquillo de presión *m*

douille en caoutchouc ***f***
All: Gummimanschette *f*

Français

Ang: rubber sleeve *n*
Esp: manguito de goma *m*

douille entretoise *f*
All: Distanzhülse *f*
Ang: spacer sleeve *n*
Esp: manguito distanciador *m*

douille frittée *f*
All: Sinterbuchse *f*
Ang: sintered metal bushing *n*
Esp: casquillo sinterizado *m*

drainer (filtre) *v*
All: entwässern (Filter) *v*
Ang: drain (filter) *v*
Esp: drenar (filtro) *v*

durabilité *f*
All: Dauerfestigkeit *f*
Ang: durability *n*
Esp: resistencia a la fatiga *f*

durabilité du filtre *f*
All: Filterstandzeit *f*
Ang: filter service life *n*
Esp: duración del filtro *f*

durci *pp*
All: ausgehärtet *pp*
Ang: cured *pp*
Esp: endurecido *adj*

durcir *v*
All: aushärten (Aushärten von Klebstoff) *v*
Ang: cure *v*
Esp: endurecimiento (endurecimiento de pegamento) *m*

durcissement *m*
All: Härten *n*
(Einhärtung) *f*
Ang: hardening *n*
Esp: endurecimiento *m*

durée d'actionnement *f*
All: Betätigungsdauer *f*
Ang: duration of application *n*
Esp: duración de accionamiento *f*

durée d'attraction (injecteur) *f*
All: Anzugszeit (Einspritzventil) *f*
Ang: pickup time (fuel injector) *n*
Esp: duración de la activación (válvula de inyección) *f*

durée de combustion (mélange air-carburant) *f*
All: Brenndauer (Kraftstoff-Luft-Gemisch) *f*
Ang: combustion time (air-fuel mixture) *n*
Esp: duración de la combustión (mezcla aire-combustible) *f*

durée de coupure de l'injection (Jetronic) *f*
All: Einspritzausblendungszeit (Jetronic) *f*
Ang: injection blank out period (Jetronic) *n*
Esp: tiempo de interrupción de la inyección (Jetronic) *m*

durée de décharge *f*
All: Entladungsdauer (Batterie) *f*
(Entladezeit) *f*
Ang: discharge time (battery) *n*
Esp: tiempo de descarga (batería) *m*

durée de défaillance *f*
All: Ausfallzeit *f*
Ang: downtime *n*
(non-productive time) *n*
Esp: duración del fallo *f*

durée de fonctionnement *f*
All: Betriebsdauer *f*
Ang: period of use *n*
Esp: tiempo de servicio *m*

durée de fonctionnement *f*
All: Betriebsdauer *f*
Ang: operating time *n*
Esp: tiempo de servicio *f*

durée de l'étincelle *f*
All: Funkendauer *f*
(Brenndauer) *f*
Ang: spark duration *n*
Esp: duración de chispa *f*

durée de l'impulsion *f*
All: Impulsdauer *f*
(Pulsdauer) *f*
Ang: pulse duration *n*
Esp: duración de impulsos *f*

durée de pilotage *f*
All: Ansteuerzeit *f*
Ang: activation duration *n*
Esp: tiempo de activación *m*

durée de préchauffage *f*
All: Vorglühdauer *f*
(Vorglühzeit) *f*
(Glühzeit) *f*
Ang: preheating time *n*
Esp: tiempo de precalentamiento *m*

durée de préchauffage *f*
All: Vorglühdauer *f*
Ang: preglow duration *n*
Esp: tiempo de precalentamiento *m*

durée de prétraitement antirebond *f*
All: Vorentprellzeit *f*
Ang: pre debouncing time *n*
Esp: tiempo de pre-rebote *m*

durée de refoulement *f*
All: Förderdauer *f*
Ang: delivery period *n*
Esp: tiempo de alimentación *m*

durée de vie *f*
All: Lebensdauer *f*
Ang: service life *n*
Esp: duración *f*

durée de vie de la batterie *f*
All: Batterielebensdauer *f*
Ang: battery life *n*
Esp: duración de la batería *f*

durée d'enclenchement *f*
All: Einschaltdauer *f*
(Nutzungsdauer) *f*
Ang: operating time *n*
Esp: tiempo de operación *m*

durée d'essai *f*
All: Prüfdauer *f*
Ang: test duration *n*
Esp: duración del ensayo *f*

durée d'incandescence *f*
All: Glühdauer *f*
Ang: glow duration *n*
Esp: duración de incandescencia *f*

durée d'inflammation *f*
All: Entflammungsdauer *f*
Ang: flame front propagation time *n*
Esp: tiempo de ignición *m*

durée d'injection *f*
All: Einspritzdauer *f*
(Einspritzzeit) *f*
(Spritzdauer) *f*
Ang: injection time *n*
(injection duration) *n*
Esp: tiempo de inyección *m*

durée d'injection *f*
All: Einspritzdauer *f*
Ang: duration of injection *n*
Esp: tiempo de inyección *m*

durée d'injection *f*
All: Spritzdauer (Kraftstoffeinspritzung) *f*
Ang: duration of injection (fuel injection) *n*
(injection time) *n*
Esp: duración de la inyección (inyección de combustible) *f*

durée d'injection *f*
All: Strahldauer (Kraftstoffeinspritzung) *n*
Ang: spray duration (fuel injection) *n*
Esp: duración del chorro (inyección de combustible) *f*

durée d'injection de base *f*
All: Grundeinspritzzeit *f*
Ang: basic injection timing *n*
Esp: tiempo de inyección básica *m*

durée d'ouverture (injecteur) *f*
All: Öffnungsdauer (Einspritzventil) *f*
Ang: opening period (fuel injector) *n*
Esp: duración de apertura (válvula de inyección) *f*

durée d'ouverture d'un injecteur *f*
All: Ventilöffnungszeit *f*
Ang: valve opening time *n*
Esp: tiempo de apertura de válvula *m*

durée d'utilisation *f*
All: Nutzungsdauer *f*
Ang: operating time *n*
Esp: duración de servicio *f*

dureté *f*
All: Härte *f*
Ang: hardness *n*
Esp: dureza *f*

dureté B *f*
All: B-Härte *f*
Ang: B hardness *n*
Esp: dureza B *f*

dureté de surface *f*
All: Oberflächenhärte *f*
Ang: surface hardness *n*
Esp: dureza superficial *f*

dureté Knoop *f*
All: Knoophärte *f*
Ang: knoop hardness *n*
Esp: dureza Knoop *f*

dureté Shore *f*
All: Shorehärte *f*
Ang: shore hardness *n*
Esp: dureza Shore *f*

dureté Vickers *f*
All: Vickershärte *f*
Ang: Vickers hardness *n*
Esp: dureza Vickers *f*

dynamique de roulage (véhicule) *f*
All: Fahrdynamik (Kfz) *f*
Ang: dynamics of vehicular operation (motor vehicle) *n*
Esp: dinámica de marcha (automóvil) *f*

dynamique longitudinale *f*
All: Längsdynamik *f*
Ang: longitudinal dynamics *n*
Esp: dinámica longitudinal *f*

dynamique longitudinale d'un véhicule *f*
All: Fahrzeuglängsdynamik *f*
Ang: dynamics of linear motion (motor vehicle) *n*
Esp: dinámica longitudinal del vehículo *f*

dynamique transversale d'un véhicule (véhicule) *f*
All: Fahrzeugquerdynamik *f*
Ang: dynamics of lateral motion (motor vehicle) *n*
Esp: dinámica transversal del vehículo *f*

dynamomètre (banc d'essai) *m*
All: Kraftmesseinrichtung (Rollenbremsprüfstand) *f*
Ang: load sensor (dynamic brake analyzer) *n*
Esp: dispositivo de medición de fuerza (banco de pruebas de frenos de rodillos) *m*

dysfonctionnement *m*
All: Funktionsstörung *f*
Ang: malfunction *n*
Spa: fallo de funcionamiento *m*

E

eau de refroidissement *f*
All: Kühlwasser *n*
Ang: cooling water *n*
Esp: líquido refrigerante *m*

éblouissement (projecteur) *m*
All: Blendung (Scheinwerfer) *f*
Ang: glare (headlamp) *n*
Esp: deslumbramiento (faros) *m*

écart angulaire de came *m*
All: Nockenversatz *m*
(Nockenversetzung) *f*
Ang: angular cam spacing *n*
Esp: decalaje de levas *m*

écart de mélange *m*
All: Gemischabweichung *f*
Ang: mixture deviation *n*
Esp: divergencia de la mezcla *f*

écart de numérisation *m*
All: Digitalisierungsabstand *m*
Ang: digitizing cutoff *n*
Esp: distancia de digitalización *f*

écart de réglage *m*
All: Regelabweichung *f*
Ang: control variance *n*
(system deviation) *n*
Esp: desviación de regulación *f*

écart de régulation *m*
All: Regelabweichung *f*
Ang: governor deviation *n*
Esp: desviación de regulación *f*

écart de température *m*
All: Temperaturdifferenz *f*
Ang: temperature difference *n*
Esp: diferencia de temperatura *f*

écart d'entraxe *m*
All: Achsabstandsabweichung *f*
Ang: axial clearance *n*
Esp: divergencia de distancia entre ejes *f*

écartement *m*
All: Abstandsmaß *n*
Ang: gap dimension *n*
Esp: medida de separación *f*

écartement *m*
All: Spaltmaß *n*
Ang: gap size *n*
Esp: medida de intersticio *f*

écartement des électrodes (bougie d'allumage) *m*
All: Elektrodenabstand (Zündkerze) *m*
Ang: electrode gap (spark plug) *n*
Esp: distancia del electrodo (bujía de encendido) *f*

écartement pignon-couronne dentée *m*
All: Ritzelabstand *m*
Ang: pinion spacing *n*
Esp: distancia del piñón *f*

échange de chaleur *m*
All: Wärmeaustausch *m*
Ang: heat exchange *n*
Esp: intercambio de calor *m*

échange de données informatisées (EDI) *m*
All: Datenfernübertragung, DFÜ *f*
Ang: Electronic Data Interchange, EDI *n*
Esp: teletransmisión de datos *f*

échange de données informatisées, EDI *m*
All: elektronische Datenverarbeitung *f*
Ang: electronic data processing, EDP *n*
Esp: procesamiento electrónico de datos *m*

échangeur de chaleur (ralentisseur hydrodynamique) *m*
All: Wärmetauscher (hydrodynamischer Verlangsamer) *m*
Ang: heat exchanger (hydrodynamic retarder) *n*
Esp: intercambiador de calor (retardador hidrodinámico) *m*

échangeur de pression *m*
All: Druckwellenlader *m*
Ang: pressure wave supercharger *n*
Esp: sobrealimentador por ondas de presión *m*

échangeur thermique *m*
All: Abgaswärmeüberträger *m*
Ang: exhaust gas heat exchanger *n*
Esp: intercambiador de calor de los gases de escape *m*

échappement d'air (régulateur de pression) *m*
All: abblasen (Druckregler) *v*
Ang: blow off (pressure regulator) *v*
Esp: descargar aire (regulador de presión) *v*

éclairage (automobile) *m*
All: Beleuchtung (Kfz) *f*
Ang: lighting (motor vehicle) *n*
Esp: iluminación (automóvil) *f*

éclairage *m*
All: Leuchtmittel *n*
Ang: illuminator *n*
Esp: elemento iluminador *m*

éclairage additionnel *m*
All: Zusatzbeleuchtung *f*
Ang: auxiliary lighting *n*
Esp: iluminación adicional *f*

éclairage assisté par ordinateur *m*
All: Computer Aided Lighting, CAL *n*
Ang: Computer Aided Lighting, CAL *n*
Esp: Computer Aided Lighting, CAL *f*

éclairage continu *m*

Français

All: Dauerlicht *n*
Ang: continuous light *n*
Esp: luz continua *f*

éclairage de l'habitacle ***m***
All: Innenraumbeleuchtung *f*
Ang: interior lighting *n*
Esp: iluminación de habitáculo *f*

éclairage de plaque d'immatriculation ***m***
All: Kennzeichenbeleuchtung *f*
Ang: license plate illumination *n*
Esp: iluminación de matrícula *f*

éclairage par lampe à gaz rare ***m***
All: Edelgaslicht (Scheinwerfer) *n*
Ang: inert gas light (headlamp) *n*
Esp: luz de gas inerte (faros) *f*

éclairage par lampe à halogène ***m***
All: Halogenlicht *n*
Ang: halogen gas light *n*
Esp: luz halógena *f*

éclairement ***m***
All: Ausleuchtung *f*
Ang: illumination *n*
Esp: iluminación *f*

éclatement de l'étincelle (aux électrodes) ***m***
All: Funkendurchbruch (an den Elektroden) *m*
(Funkenüberschlag) *m*
Ang: flashover (at electrodes) *n*
Esp: salto de chispa (en los electrodos) *m*

éclateur ***m***
All: Funkenbahn *f*
Ang: creepage-discharge path *n*
Esp: trayectoria de chispa *f*

éclateur ***m***
All: Funkenzieher *m*
Ang: spark drawer *n*
Esp: módulo de chispas *m*

éclateur dans l'air (bougie d'allumage) ***m***
All: Luftfunkenstrecke (Zündkerze) *f*
Ang: spark air gap (spark plug) *n*
Esp: recorrido de la chispa (bujía de encendido) *m*

éclateur simple ***m***
All: Einfachfunkenstrecke *f*
Ang: single spark gap *n*
Esp: trayecto simple de chispa *m*

écoulement de l'eau de condensation ***m***
All: Kondenswasserablauf *m*
Ang: condensate drain *n*
Esp: salida de agua condensada *f*

écoulement tourbillonnaire ***m***
All: Drallströmung *f*
Ang: swirl *n*
Esp: flujo helicoidal *m*

écouteurs ***mpl***
All: Kopfhörer *m*
Ang: headphone *n*
Esp: audífono *m*

écran (Logistik) ***m***
All: Bildschirm (Lighttechnik) *m*
Ang: screen (lighting) *n*
Esp: pantalla (técnica de iluminación) *f*

écran récepteur ***m***
All: Auffangschirm *m*
Ang: collector screen *n*
Esp: pantalla colectora *f*

écran thermique ***m***
All: Hitzeschild *n*
Ang: heat shield *n*
Esp: escudo térmico *m*

écrou à emmancher ***m***
All: Einpressmutter *f*
Ang: press in nut *n*
Esp: tuerca de presión *f*

écrou à oreilles ***m***
All: Flügelmutter *f*
Ang: wing nut *n*
Esp: tuerca de mariposa *f*

écrou à tôle ***m***
All: Blechmutter *f*
Ang: plate nut *n*
Esp: tuerca de chapa *f*

écrou borgne ***m***
All: Hutmutter *f*
Ang: cap nut *n*
Esp: tuerca de sombrerete *f*

écrou de connexion ***m***
All: Anschlussmutter (Zündkerze) *f*
Ang: terminal nut (spark plug) *n*
Esp: rosca de conexión (bujía de encendido) *f*

écrou de fixation ***m***
All: Befestigungsmutter *f*
Ang: fixing nut *n*
Esp: tuerca de fijación *f*

écrou de roue ***m***
All: Radmutter *f*
Ang: wheel nut *n*
Esp: tuerca de rueda *f*

écrou hexagonal ***m***
All: Sechskantmutter *f*
Ang: hexagon nut *n*
Esp: tuerca hexagonal *f*

écrou-raccord ***m***
All: Überwurfmutter *f*
Ang: union nut *n*
(cap nut) *n*
Esp: tuerca de racor *f*

écrou-raccord d'injecteur ***m***
All: Düsenspannmutter *f*
(Düsenüberwurfmutter) *f*
Ang: nozzle retaining nut *n*
Esp: tuerca de sujeción de inyector *f*

effaçable électriquement ***adj***
All: elektrisch löschbar *adj*
Ang: electrically erasable *adj*
Esp: borrable eléctricamente *adj*

effet de « post-charge » ***m***
All: Nachladeeffekt *m*
Ang: boost effect *n*
Esp: efecto de recarga *m*

effet de diffusion (filtre) ***m***
All: Diffusionseffekt (Filter) *m*
Ang: diffusion (filter) *n*
Esp: efecto de difusión (filtro) *m*

effet de filtrage (filtre) ***m***
All: Siebeffekt (Filter) *m*
Ang: straining (filter) *n*
Esp: efecto de tamiz (filtro) *m*

effet de filtration ***m***
All: Filterwirkung *f*
Ang: filter effect *n*
Esp: efecto de filtro *m*

effet de frein moteur ***m***
All: Motorbremswirkung *f*
Ang: engine braking action *n*
Esp: efecto de frenado de motor *m*

effet de freinage ***m***
All: Bremswirkung *f*
Ang: braking effect *n*
Esp: efecto de frenado *m*

effet de freinage à chaud ***m***
All: Heißbremswirkung *f*
Ang: effectiveness of hot brakes *n*
Esp: efectividad de los frenos en caliente *f*

effet de freinage auxiliaire ***m***
All: Hilfsbremswirkung *f*
Ang: secondary braking effect *n*
Esp: efecto de freno auxiliar *m*

effet de la chaussée ***m***
All: Fahrbahneinfluss *m*
Ang: road factor *n*
Esp: influencia de la calzada *f*

effet de la pression ***m***
All: Druckeinwirkung *f*
Ang: pressure effect *n*
Esp: efecto de la presión *m*

effet de masque ***m***
All: Verdeckungseffekt *m*
Ang: screening effect *n*
Esp: efecto de ocultamiento *m*

effet de post-refoulement ***m***
All: Nachfördereffekt *m*
Ang: post delivery effect *n*
Esp: efecto postsuministro *m*

effet de prérefoulement ***m***
All: Vorfördereffekt *m*
Ang: predelivery effect *n*
Esp: efecto de suministro previo *m*

effet de renforcement de freinage (servofrein) ***m***
All: Verstärkungsfaktor (Bremskraftverstärker) *m*
Ang: boost factor (brake booster) *n*
Esp: factor de amplificación (servofreno) *m*

effet d'éblouissement (projecteur) *m*
All: Blendwirkung (Scheinwerfer) *f*
Ang: glare effect (headlamp) *n*
Esp: efecto deslumbrante (faros) *m*

effet des entailles *m*
All: Kerbwirkung *f*
Ang: notch effect *n*
Esp: efecto de entalladura *m*

effet d'impact (filtre) *m*
All: Aufpralleffekt (Filter) *m*
Ang: impact (filter) *n*
Esp: efecto de choque (filtro) *m*

effet Hall *m*
All: Hall-Effekt *m*
Ang: hall effect *n*
Esp: efecto Hall *m*

effet piézoélectrique *m*
All: Piezoeffekt *m*
Ang: piezoelectric effect *n*
Esp: efecto piezoeléctrico *m*

effet résiduel de freinage *m*
All: Restbremswirkung *f*
Ang: residual braking *n*
Esp: efecto residual de frenado *m*

efficacité lumineuse *f*
All: Lichtausbeute *f*
(Hellempfindlichkeitsgrad) *m*
Ang: luminous efficiency *n*
(luminous efficacy) *n*
Esp: rendimiento luminoso *m*

effort axial *m*
All: Axialkraft *f*
Ang: axial force *n*
Esp: fuerza axial *f*

effort de cisaillement *m*
All: Schubkraft *f*
(Scherkraft) *f*
Ang: shear force *n*
Esp: fuerza de corte *f*

effort de cisaillement *m*
All: Schwimmerschalter *m*
Ang: float actuated switch *n*
Esp: interruptor de flotador *m*

effort d'emmanchement *f*
All: Aufpresskraft *f*
Ang: press-on force *nn*
Esp: fuerza de introducción a presión *f*

effort sur la pédale *m*
All: Pedalkraft *f*
Ang: pedal force *n*
Esp: fuerza de pedal *f*

effort transversal *m*
All: Querkraft *f*
Ang: transverse force *n*
Esp: fuerza transversal *f*

égalisation des débits *f*
All: Gleichförderung *f*
Ang: uniformity of fuel delivery *n*
Esp: suministro uniforme de combustible *m*

égaliseur *m*
All: Equalizer *m*
Ang: equalizer *n*
Esp: ecualizador *m*

éjecteur *m*
All: Auswerfer *m*
Ang: ejector *n*
Esp: eyector *m*

élasticité du moteur (moteur à combustion) *f*
All: Motorelastizität (Verbrennungsmotor) *f*
Ang: engine flexibility (IC engine) *n*
Esp: elasticidad del motor (motor de combustión) *f*

électricité de carrosserie *f*
All: Karosserie-Elektrik *f*
Ang: body electrics *n*
Esp: electricidad de la carrocería *f*

électricité statique *f*
All: Kontaktelektrizität *f*
Ang: voltaic emf *n*
(voltaic electricity) *n*
Esp: electricidad de contacto *f*

électro-aimant *m*
All: Elektromagnet *m*
Ang: electromagnet *n*
Esp: electroimán *m*

électro-aimant de blocage *m*
All: Sperrmagnet *m*
Ang: shut down solenoid *n*
Esp: electroimán de bloqueo *m*

électro-aimant de commande *m*
All: Hubmagnet *m*
(Schaltmagnet) *m*
Ang: linear solenoid *n*
(tractive solenoid) *n*
(switching solenoid) *n*
Esp: electroimán elevador *m*

électro-aimant de positionnement *m*
All: Stellmagnet *m*
Ang: actuator solenoid *n*
Esp: electroimán de ajuste *m*

électro-aimant de poussée *m*
All: Druckmagnet *m*
Ang: pushing electromagnet *n*
Esp: electroimán de empuje *m*

électro-aimant d'engrènement (démarreur) *m*
All: Einrückmagnet (Starter) *m*
Ang: starting motor solenoid (starter) *n*
(engagement solenoid) *n*
Esp: electroimán de engrane (motor de arranque) *m*

électrode *f*
All: Elektrode *f*
Ang: electrode *n*
Esp: electrodo *m*

électrode centrale *f*
All: Mittelelektrode *f*
Ang: center electrode *n*
Esp: electrodo central *m*

électrode centrale composite (bougie d'allumage) *f*
All: Verbundmittelelektrode (Zündkerze) *f*
Ang: compound center electrode (spark plug) *n*
Esp: electrodo central compuesto (bujía de encendido) *m*

électrode centrale en platine (bougie d'allumage) *f*
All: Platinmittelelektrode (Zündkerze) *f*
Ang: platinum center electrode (spark plug) *n*
Esp: electrodo central de platino (bujía de encendido) *m*

électrode composite (bougie d'allumage) *f*
All: Verbundelektrode (Zündkerze) *f*
Ang: compound electrode (spark plug) *n*
Esp: electrodo compuesto (bujía de encendido) *m*

électrode de base *f*
All: Basiselektrode *f*
Ang: base electrode *n*
Esp: electrodo básico *m*

électrode de contrôle de point d'image *f*
All: Bildpunktelektrode *f*
Ang: pixel electrode *n*
Esp: electrodo de punto de imagen *m*
(electrodo de píxel) *m*

électrode de masse *f*
All: Masseelektrode *f*
Ang: ground electrode *n*
Esp: electrodo de masa *m*

électrode de stockage *f*
All: Speicherelektrode *f*
Ang: storage electrode *n*
Esp: electrodo acumulador *m*

électrode frontale (bougie d'allumage) *f*
All: Dachelektrode (Zündkerze) *f*
Ang: front electrode (spark plug) *n*
Esp: electrodo frontal (bujía de encendido) *m*

électrode latérale (bougie d'allumage) *f*
All: Seitenelektrode (Zündkerze) *f*
Ang: side electrode (spark plug) *n*
Esp: electrodo lateral (bujía de encendido) *m*

électrode positive *f*
All: positive Elektrode *f*
Ang: positive electrode *n*

Français

Esp: electrodo positivo *m*

électrode spéciale *f*
All: Sonderelektrode *f*
Ang: special electrode *n*
Esp: electrodo especial *m*

électrolyte *m*
All: Batteriesäure *f*
Ang: electrolyte *n*
Esp: ácido de la batería *m*
(electrolito) *m*

électrolyte (batterie) *m*
All: Säure (Batterie) *f*
Ang: acid (battery) *n*
(electrolyte) *n*
Esp: ácido (batería) *m*

électrolyte d'accumulateur *m*
All: Akkumulatorensäure *f*
Ang: battery acid *n*
Esp: ácido de los acumuladores *m*

électronique de carrosserie *f*
All: Karosserie-Elektronik *f*
Ang: body electronics *n*
Esp: electrónica de la carrocería *f*

électronique de commande *f*
All: Steuerungselektronik *f*
Ang: control electronics *npl*
Esp: electrónica de control *f*

électronique de confort *f*
All: Komfortelektronik *f*
Ang: comfort and convenience electronics *npl*
Esp: sistema electrónico de confort *m*

électronique de pilotage *f*
All: Ansteuerelektronik *f*
Ang: triggering electronics *n*
Esp: sistema electrónico de activación *m*

électronique de régulation *f*
All: Regelelektronik *f*
Ang: control electronics *n*
Esp: electrónica de regulación *f*

électronique de sécurité *f*
All: Sicherheitselektronik *f*
Ang: safety and security electronics *npl*
Esp: electrónica de seguridad *f*

électronique d'évaluation *f*
All: Auswerteelektronik *f*
(Auswerteelektronik) *f*
Ang: evaluation electronics *npl*
Esp: sistema electrónico de evaluación *m*

electronique d'évaluation des capteurs *f*
All: Sensorauswerteelektronik *f*
Ang: sensor evaluation electronics *n*
Esp: electrónica de evaluación del sensor *f*

électronique d'exploitation *f*
All: Betriebselektronik *f*
Ang: operating electronics *npl*
Esp: electrónica de servicio *f*

électronique moteur *f*
All: Motorelektronik *m*
Ang: engine electronics *n*
Esp: sistema electrónico del motor *m*

électrostatique *f*
All: Elektrostatik *f*
Ang: electrostatics *n*
Esp: electrostática *f*

électrovalve *f*
All: Magnetventil *n*
Ang: solenoid valve *n*
Esp: electroválvula *f*

électrovalve d'aération *f*
All: Belüftungs-Magnetventil *n*
Ang: ventilation solenoid *n*
Esp: electroválvula de ventilación *f*

électrovalve d'air secondaire *f*
All: Sekundärluftventil *n*
Ang: secondary air valve *n*
Esp: válvula de aire secundario *f*

électrovalve de recyclage des gaz d'échappement *f*
All: Abgasrückführungsventil *n*
Ang: exhaust gas recirculation valve *n*
(EGR valve) *n*
Esp: válvula de retroalimentación de gases de escape *f*

électrovalve double *f*
All: Doppelmagnetventil *n*
Ang: double solenoid-operated valve *n*
Esp: electroválvula doble *f*

électrovanne à rapport cyclique d'ouverture *f*
All: Taktventil *n*
Ang: pulse valve *n*
Esp: válvula de impulsos *f*

électrovanne d'air secondaire *f*
All: Sekundärluft-Magnetventil *n*
Ang: secondary air solenoid valve *n*
Esp: electroválvula de aire secundario *f*

électrovanne de baisse de pression *f*
All: Druckabbauventil *n*
Ang: pressure relief valve *n*
Esp: válvula de alivio de presión *f*

électrovanne de commande *f*
All: elektromagnetisch betätigtes Schaltventil *n*
Ang: electromagnetically operated switching valve *n*
Esp: válvula de mando operada de forma electromagnética *f*

électrovanne de débit *f*
All: Mengensteuerventil *n*
Ang: fuel supply control valve *n*
Esp: válvula de control de caudal *f*

électrovanne de désactivation d'élément (coussin d'air) *f*
All: Elementabschaltventil (Common Rail) *n*
Ang: element switchoff valve (common rail) *n*
Esp: válvula de desconexión de elemento (Common Rail) *f*

électrovanne de variateur d'avance *f*
All: Spritzversteller-Magnetventil (Kraftstoffeinspritzung) *n*
Ang: timing device solenoid valve (fuel injection) *n*
Esp: electroválvula de variador de avance de la inyección (inyección de combustible) *f*

électrovanne haute pression *f*
All: Hochdruckmagnetventil *n*
Ang: high pressure solenoid valve *n*
Esp: electroválvula de alta presión *f*

élément à deux orifices *m*
All: Zweilochelement *n*
Ang: two port plunger and barrel assembly *n*
Esp: elemento de dos agujeros *m*

élément à tiroir *m*
All: Hubschieberelement *n*
Ang: control sleeve element *n*
Esp: elemento de la corredera de elevación *m*

élément à trou borgne *m*
All: Sacklochelement *n*
Ang: blind hole pumping element *n*
Esp: elemento de agujero ciego *m*

élément bilame *m*
All: Bi-Metall *n*
Ang: bimetallic element *n*
Esp: bimetal *m*

élément bypass *m*
All: Ausweichglied *n*
Ang: override link *n*
Esp: miembro desviador *m*

élément capteur planaire *m*
All: planares Sensorelement *n*
Ang: planar sensor element *n*
Esp: elemento sensor planar *m*

élément chauffant *m*
All: Heizelement *n*
Ang: heater element *n*
Esp: elemento de calefacción *m*

élément d'amortissement *m*
All: Dämpfungsglied *n*
Ang: attenuator *n*
Esp: atenuador *m*

élément de coupure *m*
All: Abschaltelemente *n*
Ang: cutoff elements *n*
Esp: elementos de desconexión *mpl*

élément de pile sèche *m*
All: Trockenelement *n*
Ang: dry cell *n*

Français

Esp: elemento seco *m*

élément de pompage (pompe d'injection) ***m***
All: Pumpenelement (Einspritzpumpe) *n*
(Einspritzelement) *n*
Ang: pump element (fuel-injection pump) *n*
Esp: elemento de bomba (bomba de inyección) *m*

élément de pompage à bride ***m***
All: Flanschelement (Reiheneinspritzpumpe) *n*
Ang: barrel and-flange element (on-line fuel-injection pump) *n*
Esp: elemento de brida (bomba de inyección en serie) *m*

élément de soupape ***m***
All: Ventileinsatz *m*
Ang: valve insert *n*
(valve core) *n*
Esp: inserto de válvula *m*

élément de suspension (suspension pneumatique) ***m***
All: Federelement (Luftfederung) *n*
Ang: suspension element (air suspension) *n*
Esp: elemento de muelle (suspensión neumática) *m*

élément de traction ***m***
All: Zugstrang *m*
Ang: tension member *n*
Esp: ramal de tracción *m*

élément de turbulence ***m***
All: Dralleinsatz *m*
Ang: swirl insert *n*
Esp: inserto de paso espiral *m*

élément doseur ***m***
All: Dosiereinsatz *m*
Ang: metering insert *n*
Esp: elemento dosificador *m*

élément filtrant ***m***
All: Filterelement *n*
(Filtereinsatz) *m*
Ang: filter element *n*
Esp: elemento de filtro *m*
(cartucho de filtro) *m*

élément filtrant en papier (filtre à air) ***m***
All: Papiereinsatz (Luftfilter) *m*
Ang: paper element (air filter) *n*
Esp: elemento de papel (filtro de aire) *m*

élément régulateur ***m***
All: Übertragungsglied *n*
Ang: transfer element *n*
Esp: elemento transmisor *m*

élément thermostatique ***m***
All: Dehnstoffelement *n*
Ang: expansion element *n*
Esp: elemento termostático *m*

éléments d'antiparasitage ***mpl***
All: Entstörmittel *n*
Ang: interference suppressor *n*
Esp: supresor de interferencias *m*

élévation de la pleine charge ***f***
All: Volllasterhöhung *f*
Ang: full load increase *n*
Esp: aumento de plena carga *m*

élévation de tension au démarrage ***f***
All: Startspannungsanhebung *f*
Ang: starting voltage increase *n*
Esp: aumento de la tensión de arranque *m*

élévation du débit de surcharge au démarrage ***f***
All: Startmengenerhöhung *f*
Ang: start quantity increase *n*
Esp: aumento del caudal de arranque *m*

élévation du régime pour démarrage à froid ***f***
All: Kaltstartdrehzahlanhebung *f*
Ang: cold start fast idle *n*
Esp: aumento de revoluciones en el arranque en frío *m*

élimination des défauts ***f***
All: Fehlerbehebung *f*
Ang: fault correction *n*
Esp: corrección de averías *f*

élimination des défauts ***f***
All: Fehlerbeseitigung *f*
Ang: fault clearing *n*
Esp: eliminación de averías *f*

élimination des non-conformités ***f***
All: Fehlerabstellung *f*
Ang: fault rectification *n*
Esp: corrección de averías *f*

emballage blister ***m***
All: Blisterverpackung *f*
Ang: blister pack *n*
Esp: envase blister *m*

emballages vides (logistique) ***mpl***
All: Leergut (Logistik) *n*
Ang: empties (logistics) *npl*
Esp: embalajes vacíos (logística) *mpl*

embase ***f***
All: Grundplatte *f*
Ang: base plate *n*
Esp: placa base *f*

embout ***m***
All: Aderendhülse *f*
Ang: ferrule *n*
Esp: manguito extremo de cable *m*

embout d'antiparasitage ***m***
All: Entstörstecker *m*
Ang: noise suppression socket *n*
Esp: enchufe antiparasitario *m*

embout de bougie ***m***
All: Kerzenstecker *m*
Ang: spark plug connector *n*
Esp: terminal de bujía *m*

embout de bougie ***m***
All: Zündkerzenstecker *m*
(Kerzenstecker) *m*
Ang: spark plug connector *n*
Esp: conector de bujía *m*

embout de bougie d'allumage blindé à résistance incorporée ***m***
All: Zündkerzenentstörstecker *m*
Ang: spark plug suppressor *n*
Esp: conector antiparasitario de bujía *m*

emboutissage ***m***
All: Tiefziehen *n*
(Ziehverfahren) *n*
Ang: deep drawing method *n*
Esp: embutición profunda *f*

embrayage ***m***
All: Anfahrelement *n*
Ang: power take-up element *n*
Esp: elemento de arranque *m*

embrayage ***m***
All: Kupplung *f*
Ang: clutch *n*
(coupling) *n*
Esp: embrague *m*

embrayage à roue libre ***m***
All: Freilaufkupplung *f*
Ang: overrunning clutch *n*
Esp: acoplamiento de rueda libre *m*

embrayage centrifuge ***m***
All: Fliehkraftkupplung *f*
Ang: centrifugal clutch *n*
Esp: embrague centrífugo *m*

embrayage de coupure ***m***
All: Trennkupplung *f*
Ang: interrupting clutch *n*
Esp: embrague de separación *m*

embrayage de prise directe ***m***
All: Wandlerüberbrückungs-kupplung *f*
Ang: converter lockup clutch *n*
Esp: embrague de anulación del convertidor *m*

embrayage électromagnétique ***m***
All: Elektrokupplung *f*
Ang: solenoid clutch *n*
Esp: embrague eléctrico *m*

embrayage électromagnétique ***m***
All: elektromagnetische Kupplung *f*
Ang: electromagnetic clutch *n*
Esp: embrague electromagnético *m*

embrayage électromagnétique ***m***
All: Magnetkupplung *f*
Ang: solenoid operated coupling *n*
Esp: embrague electromagnético *m*

embrayage électromagnétique à poudre ***m***
All: Magnetpulverkupplung *f*
Ang: magnetic particle coupling *n*
Esp: embrague por polvo magnético *m*

embrayage hydraulique *m*
All: Flüssigkeitskupplung *f*
Ang: fluid coupling *n*
Esp: acoplamiento hidráulico *m*

embrayage monodisque *m*
All: Einscheibenkupplung *f*
Ang: single plate clutch *n*
Esp: embrague monodisco *m*

embrayage monodisque *m*
All: Reibungskupplung *f*
Ang: friction clutch *n*
Esp: embrague de fricción *m*

embrayage multidisques *m*
All: Lamellenkupplung *f*
Ang: multi plate clutch *n*
Esp: embrague miltidisco *m*

embrayage multidisques *m*
All: Mehrscheibenkupplung *f*
(Lamellenkupplung) *f*
Ang: multiplate clutch *n*
Esp: embrague multidisco *m*

embrayage multi-disques de roue libre *m*
All: Lamellenfreilauf *m*
Ang: multi plate overrunning clutch *n*
Esp: rueda libre miltidisco *f*

embuage *m*
All: Beschlag *m*
Ang: misting over *n*
Esp: herraje *m*

émetteur manuel (alarme auto) *m*
All: Handsender (Autoalarm) *m*
Ang: hand transmitter (car alarm) *n*
Esp: transmisor manual (alarma de vehículo) *m*

émetteur manuel *m*
All: Handsender *m*
Ang: hand-held remote control *n*
Esp: transmisor manual *m*

émetteur manuel infrarouge (alarme auto) *m*
All: Infrarot-Handsender (Autoalarm) *m*
Ang: infrared hand transmitter (car alarm) *n*
Esp: emisor manual de infrarrojos (alarma de vehículo) *m*

émetteur manuel radio (alarme auto) *m*
All: Funk-Handsender (Autoalarm) *m*
Ang: radio hand transmitter (car alarm) *n*
Esp: transmisor manual de radio (alarma de vehículo) *m*

émission brute *f*
All: Rohemission *f*
Ang: untreated emission *n*
Esp: emisión en bruto *f*

émission de fumées *f*
All: Rauchstoß *m*
Ang: cloud of smoke *n*
Esp: bocanada de humo *f*

émission de gaz d'échappement *f*
All: Abgasemission *f*
(Abgasausstoß) *m*
Ang: exhaust gas emission *n*
Esp: emisión de gases de escape *f*

émission de NO_x *f*
All: NO_x-Emission *f*
Ang: NO_x emission *n*
Esp: emisión de NO_x *f*

émission de particules *f*
All: Partikelemission *f*
Ang: particulate emission *n*
Esp: emisión de partículas *f*

émission de particules de suie *f*
All: Rußemission *f*
Ang: soot emission *n*
Esp: emisión de hollín *f*

émission de particules de suie *f*
All: Rußpartikelemission *f*
Ang: particulate-soot emission *n*
Esp: emisión de partículas de hollín *f*

émission pondérée de polluants *f*
All: gewichtete Schadstoffemission *f*
Ang: weighted emissions *n*
Esp: emisión ponderada de sustancias nocivas *f*

émission sonore *m*
All: Schallemission *f*
Ang: sound emission *n*
Esp: emisión acústica *f*

émissions par évaporation *fpl*
All: Verdunstungsemission *f*
Ang: evaporative emission *n*
Esp: emisión por evaporación *f*

émittance énergétique *f*
All: Strahlungsleistung *f*
Ang: radiated power *n*
Esp: potencia de radiación *f*

empattement (véhicule) *m*
All: Achsabstand (Fahrgestell) *m*
(Radstand) *m*
Ang: wheelbase (vehicle chassis) *n*
Esp: distancia entre ejes (chasis) *f*
(batalla) *f*

empattement *m*
All: Radstand *m*
Ang: wheelbase *n*
Esp: distancia entre ejes *f*

en céramique frittée *loc*
All: sinterkeramisch *adj*
Ang: sintered ceramic *adj*
Esp: sinterizado cerámico *adj*

encadrement de portière *m*
All: Türrahmen *m*
Ang: door frame *n*
Esp: marco de puerta *m*

encapsulage antibruit *m*
All: Geräuschkapselung *f*
(Lärmschutzkapselung) *f*
Ang: noise encapsulation *n*
(noise-control encapsulation) *n*
Esp: encapsulamiento insonorizante *m*

encapsulage du moteur *m*
All: Motorkapselung *f*
Ang: engine encapsulation *n*
Esp: encapsulamiento del motor *m*

encastrement *m*
All: Einspannung *f*
Ang: clamping *n*
Esp: sujeción *f*

encoche d'autoretard (élément de pompage) *f*
All: Startnut (Pumpenelement) *f*
Ang: starting groove (plunger-and-barrel assembly) *n*
Esp: ranura de arranque (elemento de bomba) *f*

encrassement *m*
All: Verschmutzung *f*
Ang: dirt *n*
Esp: suciedad *f*

énergie cinétique *f*
All: Bewegungsenergie *f*
Ang: kinetic energy *n*
Esp: energía cinética *f*

énergie d'activation *f*
All: Aktivierungsenergie *f*
Ang: activation energy *n*
Esp: energía de activación *f*

énergie d'allumage *f*
All: Zündenergie *f*
Ang: ignition energy *n*
Esp: energía de encendido *f*

énergie de choc *f*
All: Rückstoßenergie *f*
Ang: energy of impact *n*
Esp: energía de retroceso *f*

énergie de freinage *f*
All: Bremsenergie *f*
Ang: brake energy *n*
Esp: energía de frenado *f*

énergie de frottement *f*
All: Reibenergie *f*
Ang: friction energy *n*
Esp: energía de fricción *f*

énergie d'excitation *f*
All: Anregungsenergie *f*
Ang: excitation energy *n*
Esp: energía de excitación *f*

énergie externe (commande de frein) *f*
All: Fremdkraft (Bremsbetätigung) *f*
Ang: external force (brake control) *n*
Esp: fuerza externa (accionamiento de freno) *f*

énergie perturbatrice (CEM) *f*

All: Störenergie (EMV) *f*
Ang: interference energy (EMC) *n*
Esp: energía de interferencia (compatibilidad electromagnética) *f*

engin de chantier ***m***
All: Baumaschine *f*
Ang: cunstruction machine *n*
Esp: máquina de construcción *f*

engin de levage ***m***
All: Hebezeug *n*
Ang: hoisting equipment *n*
Esp: aparato elevador *m*

engrenage à denture droite ***m***
All: Stirnverzahnung *f*
(*Stirnrad*) *n*
Ang: spur gear *n*
Esp: dentado recto *m*

engrenage à entraxe de référence ***m***
All: V-Null-Getriebe *n*
Ang: gear pair at reference center distance *n*
Esp: juego de engranajes con distancia entre centros estándar *m*

engrenage à entraxe modifié ***m***
All: V-Getriebe *n*
Ang: gear pair with modified center distance *n*
Esp: juego de engranajes con distancia entre centros no estándar *m*

engrenage à vis sans fin ***m***
All: Schneckengetriebe *n*
Ang: worm gear pair *n*
Esp: engranaje sinfín *m*

engrenage conique ***m***
All: Kegelradgetriebe *n*
Ang: bevel gear ring *n*
Esp: engranaje de ruedas cónicas *m*

engrenage cylindrique ***m***
All: Stirnradgetriebe *n*
Ang: spur gear drive *n*
Esp: engranaje de piñones rectos *m*

engrenage différentiel ***m***
All: Ausgleichsgetriebe (Kfz-Antriebsstrang) *n*
(*Differenzialgetriebe*) *n*
Ang: differential (vehicle drivetrain) *n*
Esp: diferencial (tren de tracción del vehículo) *m*

engrenage intérieur ***m***
All: Hohlradpaarung *f*
Ang: internal gear pair *n*
Esp: engranaje interior *m*

engréné ***adj***
All: verzahnt *ppr*
Ang: interlocked *v*
Esp: dentado *m*

engrènement (pignon) ***m***
All: einspuren (Starterritzel) *v*
Ang: mesh (starter pinion) *v*
Esp: engranar (piñon del motor de arranque) *v*

engrènement ***m***
All: Verzahnung *f*
Ang: interlocking *n*
Esp: engrane *m*

enjoliveur ***m***
All: Zierblende *f*
Ang: fascia *n*
Esp: moldura decorativa *f*

enjoliveur ***m***
All: Zierkappe *f*
Ang: decorative cap *n*
Esp: tapa decorativa *f*

enjoliveur ***m***
All: Zierleiste *f*
(*Zierblende*) *f*
Ang: molding *n*
(*screen*) *n*
Esp: moldura de adorno *f*

enjoliveur de roue ***m***
All: Radblende *f*
Ang: wheel cap *n*
Esp: embellecedor de rueda *m*

enregistrement avec tête artificielle ***m***
All: Kunstkopfaufnahme *f*
Ang: artificial head recording *n*
Esp: grabación con cabezal artificial *f*

enregistrement dans la mémoire de défauts ***m***
All: Fehlerspeichereintrag *m*
Ang: fault memory entry *n*
Esp: registro en memoria de averías *m*

enregistrement de défaut ***m***
All: Fehlereintrag *m*
Ang: fault code storage *n*
Esp: registro de avería *m*

enregistreur à bande ***m***
All: Bandgerät *n*
Ang: tape recorder *n*
Esp: grabadora de cintas *f*

enregistreur infrarouge à absorption ***m***
All: Infrarot-Analysator *m*
Ang: infrared analyzer *n*
Esp: analizador por infrarrojos *m*

enrichissement à l'accélération ***m***
All: Beschleunigungs-anreicherung *f*
Ang: acceleration enrichment *n*
Esp: enriquecimiento de aceleración *m*

enrichissement à l'accélération ***m***
All: Übergangsanreicherung *f*
Ang: acceleration enrichment *n*
Esp: enriquecimiento en aceleración *m*

enrichissement au fonctionnement à froid ***m***
All: Kaltlaufanreicherung *f*
Ang: cold running enrichment *n*
Esp: enriquecimiento de mezcla para marcha en frío *m*

enrichissement de démarrage à froid ***m***
All: Kaltstartanreicherung *f*
(*Kaltstart-Gemischanreicherung*) *f*
Ang: cold start enrichment *n*
(*starting enrichment*) *n*
Esp: enriquecimiento de mezcla para arranque en frío *m*

enrichissement de démarrage à froid ***m***
All: Startanreicherung *f*
(*Startanhebung*) *f*
Ang: starting enrichment *n*
Esp: enriquecimiento para el arranque *m*

enrichissement de démarrage à froid ***m***
All: Startanreicherung *f*
Ang: start mixture enrichment *n*
Esp: enriquecimiento para el arranque *m*

enrichissement de mise en action ***m***
All: Warmlaufanreicherung (Verbrennungsmotor) *f*
Ang: warm up enrichment (IC engine) *n*
Esp: enriquecimiento de calentamiento (motor de combustión) *m*

enrichissement de pleine charge ***m***
All: Volllastanreicherung *f*
Ang: full load enrichment *n*
Esp: enriquecimiento para plena carga *m*

enrichissement du mélange (mélange air-carburant) ***m***
All: Anreicherung (Luft-Kraftstoff-Gemisch) *f*
(*Gemischanreicherung*) *f*
Ang: mixture enrichment (air-fuel mixture) *n*
Esp: enriquecimiento (mezcla aire-combustible) *m*
(*enriquecimiento de mezcla*) *m*

enrichissement du mélange ***m***
All: Gemischanreicherung *f*
Ang: mixture enrichment *n*
Esp: enriquecimiento de la mezcla *m*

enrichissement en azote ***m***
All: Stickstoffanreicherung *f*
Ang: nitrogen enrichment *n*
Esp: enriquecimiento de nitrógeno *m*

enrichissement en charge partielle *m*
All: Teillastanreicherung *f*
Ang: part load enrichment *n*
Esp: enriquecimiento de carga parcial *m*

enrichissement excessif *m*
All: Überfettung *f*
Ang: overgreasing *n*
Esp: lubricación excesiva *f*

enroulement *m*
All: Wicklung *f*
Ang: winding *n*
Esp: bobinado *m*

enroulement auxiliaire de démarrage *m*
All: Anlauf-Hilfswicklung *f*
Ang: auxiliary starting winding *n*
Esp: bobina auxiliar de arranque *f*

enroulement chauffant *m*
All: Heizwicklung *f*
Ang: heating coil *n*
(heating winding) *n*
Esp: bobinado de calefacción *m*

enroulement d'appel *m*
All: Einzugswicklung *f*
Ang: pull in winding *n*
Esp: devanado simple *m*

enroulement de compensation *m*
All: Ausgleichswicklung *f*
Ang: compensating winding *n*
Esp: devanado de compensación *m*

enroulement de freinage *m*
All: Bremswicklung *f*
Ang: brake winding *n*
Esp: bobina de freno *f*

enroulement d'excitation *m*
All: Erregerwicklung *f*
Ang: excitation winding *n*
Esp: bobinado de excitación *m*

enroulement d'induction *m*
All: Induktionswicklung *f*
Ang: induction coil *n*
Esp: bobinado de inducción *m*

enroulement d'induit *m*
All: Ankerwicklung *f*
Ang: armature winding *n*
Esp: bobina de inducido *f*

enroulement en dérivation *m*
All: Nebenschlusswicklung *f*
Ang: shunt winding *n*
Esp: bobinado en derivación *m*

enroulement multiphases *m*
All: Mehrphasenwicklung *f*
Ang: polyphase winding *n*
Esp: devanado multifase *m*

enroulement primaire *m*
All: Primärspule *f*
(Primärwicklung) *f*
Ang: primary winding *n*
Esp: devanado primario *m*

enroulement primaire *m*
All: Primärwicklung *f*
Ang: primary winding *n*
Esp: arrollamiento primario *m*

enroulement principal *m*
All: Hauptwicklung *f*
Ang: main winding *n*
(primary winding) *n*
Esp: bobinado principal *m*

enroulement rotorique *m*
All: Läuferwicklung *f*
Ang: rotor winding *n*
Esp: devanado de rotor *m*

enroulement secondaire *m*
All: Sekundärwicklung *f*
(Sekundärspule) *f*
Ang: secondary winding *n*
Esp: devanado de secundario *m*

enroulement série *m*
All: Reihenschlusswicklung *f*
Ang: series winding *n*
Esp: arrollamiento en serie *m*

enroulement statorique *m*
All: Ständerwicklung *f*
(Statorwicklung) *f*
Ang: stator winding *n*
Esp: devanado de estator *m*

enroulement triphasé *m*
All: Drehstromwicklung *f*
(Dreiphasenwicklung) *f*
Ang: three phase winding *n*
Esp: bobinado trifásico *m*

enroulement-tige *m*
All: Stabwicklung *f*
Ang: bar winding *n*
Esp: devanado de barras *m*

enrouleur du prétensionneur *m*
All: Gurtrolle *f*
Ang: belt reel *n*
Esp: rollo de cinturón *m*

ensemble d'appareils de freinage (dispositif de freinage à air comprimé) *m*
All: Gerätegruppe (Druckluftanlage) *f*
Ang: component group (air-brake system) *n*
Esp: grupo de aparatos (sistema de aire comprimido) *m*

ensemble de pompe d'injection *m*
All: Einspritzpumpen-Kombination *f*
Ang: injection pump assembly *n*
Esp: combinación de bombas de inyección *f*

entaille *f*
All: Kerbe *f*
Ang: notch *n*
Esp: entalladura *f*

entaille en V *f*
All: Spitzkerbe *f*
Ang: V notch *n*
Esp: entalladura en V *f*

entraînement à courant continu à excitation série *m*
All: Gleichstrom-Reihenschlussantrieb *m*
Ang: series-wound DC drive *n*
Esp: accionamiento de corriente continua de excitación en serie *m*

entraînement à double came *m*
All: Doppelnockenantrieb *m*
Ang: twin cam drive *n*
Esp: accionamiento de leva doble *m*

entraînement asynchrone *m*
All: Asynchronantrieb *m*
Ang: asynchronous drive *n*
Esp: accionamiento asíncrono *m*

entraînement auxiliaire *m*
All: Nebenantrieb *m*
Ang: auxiliary power take-off *n*
Esp: toma de fuerza auxiliar *f*

entraînement auxiliaire *m*
All: Nebenantrieb *m*
Ang: auxiliary drive *n*
(accessory drive) *n*
Esp: toma de fuerza auxiliar *f*

entraînement extérieur *m*
All: Fremdantrieb *m*
Ang: external drive *n*
Esp: accionamiento externo *m*

entraînement par arbre *m*
All: Wellenantrieb *m*
Ang: shaft drive *n*
Esp: accionamiento de eje *m*

entraînement par came *m*
All: Nockenantrieb *m*
Ang: operation by cam *n*
Esp: accionamiento por leva *m*

entraînement par courroie *m*
All: Riemenantrieb *m*
Ang: belt drive *n*
(belt transmission) *n*
Esp: accionamiento por correa *m*

entraînement par courroie trapézoïdale *m*
All: Keilriemenantrieb *m*
Ang: V-belt drive *n*
Esp: accionamiento por correa trapezoidal *m*

entraînement triphasé synchrone *m*
All: Synchronantrieb *m*
Ang: synchronous drive *n*
Esp: accionamiento síncrono *m*

entraînement triphasé synchrone *m*
All: Synchronantrieb *m*
(Synchronbetrieb) *m*
Ang: synchronous operation *n*
Esp: modo síncrono *m*

entraîneur (piston de pompe) *m*
All: Kolbenfahne (Pumpenkolben) *f*
(Kolbenlenkarm) *m*

Français

Ang: plunger control arm (pump plunger) *n*
Esp: brazo de control de pistón (pistón de bomba) *m*

entraîneur de papillon ***m***
All: Drosselklappeantrieb *m*
Ang: throttle valve driver *n*
Esp: accionamiento de la mariposa *m*

entredent ***m***
All: Zahnlücke *f*
Ang: tooth space *n*
Esp: espacio entre dientes *m*

entrée analogique ***f***
All: Analogeingang *m*
Ang: anolog input *n*
Esp: entrada analógica *f*

entrée du catalyseur ***f***
All: Katalysatoreinlass *m*
Ang: catalytic converter inlet *n*
Esp: entrada de catalizador *f*

entrée embrayage ***f***
All: Kupplungseingang *m*
Ang: clutch input *n*
Esp: entrada de embrague *f*

entrefer (électrovalve ABS) ***m***
All: Arbeitsluftspalt (ABS-Magnetventil) *m*
Ang: working air gap (ABS solenoid valve) *n*
Esp: entrehierro de trabajo (electroválvula del ABS) *m*

entrefer ***m***
All: Luftspalt *m*
Ang: air gap *n*
Esp: entrehierro *m*

entrefer du rotor ***m***
All: Rotorluftspalt *m*
Ang: rotor gap *n*
Esp: entrehierro de rotor *m*

entrefer secondaire ***m***
All: Sekundärluftspalt *m*
Ang: secondary air gap *n*
Esp: intersticio de aire secundario *m*

entretien ***m***
All: Wartung *f*
Ang: maintenance *n*
Esp: mantenimiento *m*

entretoise ***f***
All: Abstandshalter *m*
Ang: spacer *n*
Esp: separador *m*

enveloppe à lamelles (bobine d'allumage) ***f***
All: Mantelblech (Zündspule) *n*
Ang: metal jacket (ignition coil) *n*
Esp: chapa de revestimiento (bobina de encendido) *f*

enveloppe à matelas gonflant ***f***
All: Quellmattenlagerung (Katalysator) *f*
Ang: swelling mat mounting (catalytic converter) *n*
Esp: apoyo de esterilla dilatable (catalizador) *m*

enveloppe d'air (injecteur) ***f***
All: Luftumfassung (Einspritzventil) *f*
Ang: air shrouding (injector) *n*
Esp: baño de aire (válvula de inyección) *m*

enveloppe en laine d'acier ***f***
All: Drahtgestricklagerung (Katalysator) *f*
Ang: wire knit mounting (catalytic converter) *n*
Esp: malla metálica amortiguadora (catalizador) *f*

enveloppe extérieure (catalyseur) ***f***
All: Außenschale (Katalysator) *f*
Ang: outer wrap (catalyst) *n*
Esp: capa exterior (catalizador) *f*

enveloppe externe ***f***
All: Außenmantel (Kabel) *m*
Ang: outer sheath *n*
Esp: envoltura exterior (cable) *f*

épaisseur de couche ***f***
All: Schichtdicke *f*
Ang: layer thickness *n*
(coating thickness) *n*
Esp: espesor de capa *m*

épaisseur de garniture ***f***
All: Belagstärke (Bremsen) *f*
Ang: lining thickness (brakes) *n*
Esp: espesor del forro (frenos) *m*

épaisseur de garniture minimum ***m***
All: Mindestbelagstärke (Bremsen) *f*
Ang: minimum brake pad thickness (brakes) *n*
Esp: espesor mínimo de forro (frenos) *m*

épandeuse à disques ***f***
All: Streuteller *m*
Ang: spreading plate *n*
Esp: plato de dispersión *m*

épanouissement polaire ***m***
All: Polschuh *m*
Ang: pole shoe *n*
Esp: terminal *m*

épaulement de centrage ***m***
All: Zentrierbund *m*
Ang: locating collar *n*
Esp: collar centrador *m*

épaulement de décharge ***m***
All: Entlastungsbund *m*
Ang: retraction collar *n*
Esp: collar de descarga *m*

épaulement de détente ***m***
All: Entlastungsbund *m*
Ang: relief collar *n*
Esp: collar de descarga *m*

équation différentielle de mouvement ***f***
All: Differenzialgleichung *f*
Ang: differential equation *n*
Esp: ecuación diferencial *f*

équerre d'assemblage ***f***
All: Knotenblech *n*
Ang: gusset plate *n*
Esp: cartabón *m*

équilibrage des freins ***m***
All: Bremsabstimmung *f*
Ang: brake calibration *n*
Esp: calibración de frenos *f*

équilibrage des masses ***m***
All: Massenausgleich *m*
Ang: balancing of masses *n*
Esp: compensación de masas *f*

équilibrage des masses d'inertie ***m***
All: Massenkraftausgleich *m*
Ang: balancing of inertial forces *n*
Esp: compensación de fuerza de inercia *f*

équilibrage des phases ***m***
All: Phasenabstimmung *f*
Ang: phase matching *n*
Esp: armonización de fases *f*

équipartition du couple des cylindres ***m***
All: Zylindergleichstellung *f*
Ang: cylinder torque equalization *n*
Esp: igualación de par de los cilindros *f*

équipement ***m***
All: Ausstattung *f*
Ang: equipment *n*
Esp: equipamiento *m*

équipement automobile ***m***
All: Kraftfahrzeugausrüstung *f*
Ang: automotive equipment *n*
Esp: equipo de vehículo *m*

équipement d'allumage ***m***
All: Zündanlage *f*
Ang: ignition system *n*
Esp: sistema de encendido *m*

équipement d'allumage ***m***
All: Zündausrüstung *f*
Ang: ignition equipment *n*
Esp: equipo de encendido *m*

équipement de démarrage ***m***
All: Startanlage *f*
Ang: starting system *n*
Esp: sistema de arranque *m*

équipement de freinage ***m***
All: Bremsausrüstung *f*
Ang: brake equipment *n*
Esp: equipo de frenos *m*

équipement de freinage de la remorque ***m***
All: Anhängerbremsausrüstung *f*
Ang: trailer braking equipment *n*
Esp: equipo de frenos del remolque *m*

équipement de régulation *m*
All: Regeleinrichtung *f*
Ang: control setup *n*
Esp: equipo de control *m*

équipement d'essuie-glace *m*
All: Wischeranlage *f*
(Scheibenwischeranlage) *f*
Ang: wiper system *n*
Esp: sistema limpiaparabrisas *m*

équipement diesel *m*
All: Dieselanlage *f*
Ang: diesel engine system *n*
Esp: sistema con motor Diesel *m*

équipement d'injection *m*
All: Einspritzanlage *f*
Ang: fuel injection installation *n*
Esp: sistema de inyección *m*

équipement d'injection *m*
All: Einspritzausrüstung *f*
Ang: fuel injection equipment *n*
Esp: equipo de inyección *m*

équipement électrique automobile *m*
All: elektrische Kraftfahrzeugausrüstung (Spezifikation) *f*
Ang: automotive electrical equipment *n*
Esp: equipo eléctrico de automóviles (especificación) *m*

équipement pneumatique *m*
All: Druckluftgerät *n*
Ang: pneumatic equipment *n*
Esp: equipo de aire comprimido *m*

érosion des contacts *f*
All: Kontaktabbrand *m*
Ang: contact erosion *n*
Esp: erosión por contacto *f*

érosion des électrodes *f*
All: Elektrodenabbrand (Zündkerze) *m*
Ang: electrode erosion (spark plug) *n*
Esp: quemado de electrodo (bujía de encendido) *m*

érosion ionique *f*
All: Funkenerosion *f*
Ang: spark erosion *n*
Esp: electroerosión *f*

érosion par cavitation *f*
All: Kavitationserosion *f*
Ang: cavitation erosion *n*
Esp: erosión por cavitación *f*

erreur composée *f*
All: Wälzabweichung *f*
Ang: total composite error *n*
Esp: error compuesto *m*

erreur de commande *f*
All: Fehlbedienung *f*
Ang: erroneous operation *n*
Esp: manejo incorrecto *m*

erreur de signal *f*
All: Signalfehler *m*
Ang: signal error *n*
Esp: error de señal *m*

ESP, contrôle dynamique de trajectoire *a*
All: ESP, Elektronisches Stabilitäts-Programm *n*
Ang: ESP *n*
Esp: ESP, programa electrónico de estabilidad *m*

espace d'escamotage *m*
All: Versenk-Einbauraum *m*
Ang: retraction space *n*
Esp: espacio de montaje retráctil *m*

espace mort *m*
All: Totraum *m*
Ang: clearance volume *n*
Esp: espacio muerto *m*

espacement des cames *m*
All: Nockenabstand *m*
Ang: axial cam spacing *n*
Esp: distancia entre levas *f*

espacement des contacts *m*
All: Kontaktabstand *m*
Ang: contact gap *n*
Esp: separación de contacto *f*

essai de basse pression (cylindre de roue) *m*
All: Niederdruckprüfung (Radzylinder) *f*
Ang: low pressure test (wheel-brake cylinder) *n*
Esp: ensayo de baja presión (cilindro de rueda) *m*

essai de corrosion *m*
All: Korrosionsprüfung *f*
Ang: corrosion testing *n*
Esp: ensayo de corrosión *m*

essai de dérapage *m*
All: Schleuderprüfung *f*
Ang: overspeed test *n*
Esp: ensayo de derrape *m*

essai de dureté *m*
All: Härtemessung *f*
Ang: hardness testing *n*
Esp: medición de dureza *f*

essai de fiabilité *m*
All: Zuverlässigkeitsprüfung *f*
Ang: reliability test *n*
Esp: ensayo de fiabilidad *m*

essai de freinage *m*
All: Bremsenprüfung *f*
Ang: brake test *n*
Esp: comprobación de frenos *f*

essai de haute pression *m*
All: Hochdruckprüfung *f*
Ang: high pressure test *n*
Esp: ensayo de alta presión *m*

essai de niveau sonore *m*
All: Geräuschprüfung *f*
Ang: noise level test *n*
Esp: ensayo de nivel de ruidos *m*

essai de pression pilote *m*
All: Vordruckprüfung (Radzylinder) *f*
Ang: latent pressure test (wheel-brake cylinder) *n*
Esp: comprobación de la presión previa (cilindro de rueda) *f*

essai de relaxation statique *m*
All: Relaxationsversuch *m*
Ang: static relaxation test *n*
Esp: ensayo de relajación estática *m*

essai d'endurance *m*
All: Dauerlauferprobung *f*
(Dauerprüfung) *m*
(Dauerlauftest) *m*
Ang: endurance test *n*
Esp: ensayo de larga duración *m*

essai des freins *m*
All: Bremsprüfung *f*
Ang: brake test *n*
Esp: comprobación de frenos *f*

essai routier *m*
All: Fahrversuch *m*
Ang: driving test *n*
(road test) *n*
Esp: ensayo de marcha *m*

essence *f*
All: Ottokraftstoff *m*
(Benzin) *n*
Ang: gasoline *n*
Esp: gasolina *f*

essence sans plomb *f*
All: bleiarmes Benzin *n*
Ang: low lead gasoline *n*
Esp: gasolina de bajo plomo *f*

essieu (véhicule) *m*
All: Achse (Kfz) *f*
Ang: axle (motor vehicle) *n*
Esp: eje (automóvil) *m*

essieu à jambes de suspension *m*
All: Federbeinachse *f*
Ang: spring strut axle *n*
Esp: pata telescópica *f*

essieu à roues indépendantes *m*
All: Einzelradaufhängung *f*
Ang: independent suspension *n*
Esp: suspensión de ruedas independiente *f*

essieu arrière *m*
All: Hinterachse *f*
Ang: rear axle *n*
Esp: eje trasero *m*

essieu avant *m*
All: Vorderachse *f*
Ang: front axle *n*
Esp: eje delantero *m*

essieu directeur *m*
All: Lenkachse *f*
Ang: steering axle *n*
(steered axle) *n*
Esp: eje direccional *m*

essieu directeur *m*

Français

All: Vorlaufachse *f*
Ang: leading axle *n*
Esp: eje empujador *m*

essieu jumelé ***m***
All: doppelbereifte Achse *f*
Ang: twin tire axle *n*
Esp: eje con neumáticos gemelos *m*

essieu moteur ***m***
All: Achsantrieb (Kfz) *m*
Ang: final drive (motor vehicle) *n*
Esp: mando final (automóvil) *m*

essieu moteur ***m***
All: Antriebsachse *f*
(Triebachse) *f*
Ang: powered axle *n*
Esp: eje de accionamiento *m*

essieu rigide ***m***
All: Starrachse *f*
Ang: solid axle *n*
(rigid axle) *n*
Esp: eje rígido *m*

essieu rigide ***m***
All: Starrachse *f*
Ang: rigid axis *n*
Esp: eje rígido *m*

essieu semi-rigide ***m***
All: Halbstarrachse *f*
Ang: semi rigid axle *n*
Esp: eje semirígido *m*

essieu suiveur ***m***
All: Nachlaufachse *f*
Ang: trailing axle *n*
Esp: eje de arrastre *m*

essieu tandem ***m***
All: Doppelachsaggregat *n*
Ang: tandem axle assembly *n*
Esp: grupo doble eje *m*

essuie-glace ***m***
All: Scheibenwischer *m*
(Wischer) *m*
Ang: windshield wiper *n*
Esp: limpiaparabrisas *m*

essuie-glace ***m***
All: Wischanlage *f*
Ang: wiper system *n*
Esp: sistema limpiaparabrisas *m*

essuie-glace ***m***
All: Wischer *m*
Ang: wiper *n*
Esp: raqueta limpiacristales *f*

essuie-glace arrière ***m***
All: Heckscheibenwischer *m*
Ang: rear wiper *n*
Esp: limpialunetas trasero *m*

essuyage-séchage automatique ***m***
All: Trockenwisch-Automatik *f*
Ang: automatic wash and wipe system *n*
Esp: sistema automático de lavado y secado *m*

établissement de la pression ***m***
All: Druckaufbau *m*
Ang: pressure build-up *n*
(pressure tise) *n*
Esp: formación de presión *f*

étage basse pression ***m***
All: Niederdruckteil *n*
Ang: low pressure stage *n*
Esp: parte de baja presión *f*

étage de puissance ***m***
All: Leistungsendstufe *f*
Ang: powerstage *n*
Esp: paso final de potencia *m*

étage de puissance (calculateur) ***m***
All: Leistungsstufe (Steuergerät) *f*
Ang: power stage (ECU) *n*
Esp: nivel de potencia (unidad de control) *m*

étage de sortie ***m***
All: Endstufe *f*
Ang: output stage *n*
Esp: paso final *m*

étage de sortie (calculateur) ***m***
All: Leistungsendstufe (Steuergerät) *f*
(Endstufe) *f*
Ang: driver stage (ECU) *n*
Esp: paso final de potencia (unidad de control) *m*
(paso final) *m*

étage de sortie d'allumage ***m***
All: Zündendstufe *f*
Ang: ignition output stage *n*
Esp: paso final de encendido *m*

étage de sortie d'allumage ***m***
All: Zündungsendstufe *f*
Ang: ignition driver stage *n*
Esp: paso final de encendido *m*

étage de sortie de débit ***f***
All: Mengenendstufe *f*
Ang: fuel quantity power stage *n*
Esp: paso final de caudal *m*

étalonnage ***m***
All: Aufzeichnung *f*
Ang: recording *n*
Esp: grabación *f*

étalonnage de débit ***m***
All: Mengenabgleich *m*
Ang: fuel quantity compensation *n*
Esp: compensación de caudal *f*

étalonnage du débit de démarrage ***m***
All: Startmengenabgleich *m*
Ang: startingl quantity compensation *n*
Esp: compensación de caudal de arranque *f*

étalonnage multiplicatif ***m***
All: multiplikativer Abgleich *m*
Ang: multiplicative adjustment *n*
Esp: ajuste multiplicativo *m*

étancher ***v***
All: abdichten *v*
Ang: seal *v*
Esp: estanqueizar *v*

état de charge (batterie) ***m***
All: Ladezustand (Batterie) *m*
Ang: state of charge (battery) *n*
Esp: estado de carga (batería) *m*

état de charge de la batterie ***m***
All: Batterieladezustand *m*
Ang: battery charge level *n*
Esp: estado de carga de la batería *m*

état de chargement (véhicule) ***m***
All: Beladungszustand *m*
Ang: laden state (motor vehicle) *n*
Esp: estado de carga *m*

état de fonctionnement du moteur ***m***
All: Motorbetriebszustand *m*
Ang: engine operating state *n*
Esp: estado de funcionamiento del motor *m*

état de la chaussée ***m***
All: Fahrbahnbeschaffenheit *f*
Ang: road condition *n*
Esp: condición de la calzada *f*

état de la chaussée ***m***
All: Fahrbahnverhältnis *n*
Ang: road conditions *n*
Esp: condiciones de la calzada *fpl*

état d'équilibre ***m***
All: Beharrungszustand *m*
Ang: steady state condition *n*
Esp: condición de régimen permanente *f*

état initial ***m***
All: Ausgangszustand *m*
Ang: initial state *n*
Esp: estado inicial *m*

état initial ***m***
All: Eingangszustand *m*
Ang: input state *n*
Esp: estado de entrada *m*

état réel ***m***
All: Istzustand *m*
Ang: actual state *n*
Esp: estado real *m*

état réel ***m***
All: Istzustand *m*
Ang: current status *n*
Esp: estado real *m*

étendue de la perturbation ***f***
All: Störbereich *n*
Ang: disturbance range *n*
Esp: intervalo de perturbación *m*

étincelle d'allumage ***f***
All: Zündfunke *m*
Ang: ignition spark *n*
Esp: chispa de encendido *f*

étincelle dans l'air (bougie d'allumage) ***f***
All: Luftfunken (Zündkerze) *m*
Ang: air gap (spark plug) *n*
Esp: espacio de aire (bujía de encendido) *m*

étincelle de rupture *f*
All: Abreißfunke (Zündung) *m*
(Trennfunke) *m*
Ang: contact breaking spark (ignition) *n*
Esp: chispa de ruptura (encendido) *f*

étincelles de commutation (aux balais) *fpl*
All: Bürstenfeuer *n*
Ang: brush arcing *n*
Esp: chispeo entre escobillas y anillos *m*

étranglement *m*
All: Drosselung *f*
Ang: throttle action *n*
Esp: entrangulación *f*

étranglement constant (frein moteur) *m*
All: Konstantdrossel (Motorbremse) *f*
Ang: constant throttle (engine brake) *n*
Esp: estrangulador constante *m*

étranglement d'arrivée *m*
All: Zulaufdrossel *f*
Ang: input throttle *n*
Esp: estrangulador de alimentación *m*

étranglement de régénération (dessiccateur) *m*
All: Regenerationsdrossel (Lufttrockner) *f*
Ang: regeneration throttle (air drier) *n*
Esp: estrangulador de regeneración (secador de aire) *m*

étranglement de sortie *m*
All: Ablaufdrossel *f*
Ang: output throttle *n*
Esp: estrangulador de drenaje *m*

étranglement sur échappement *m*
All: Auspuffdrossel (Verbrennungsmotor) *f*
Ang: exhaust choke (IC engine) *n*
Esp: choque de escape (motor de combustión) *m*

étranglement transversal *m*
All: Querdrossel *f*
Ang: cross throttle *n*
Esp: estrangulador transversal *m*

étrangler *v*
All: drosseln *v*
Ang: choke *v*
Esp: estrangular *v*

étrier à cadre flottant *m*
All: Schwimmrahmensattel (Bremse) *m*
Ang: sliding caliper (brakes) *n*
Esp: pinza de marco flotante (freno) *f*

étrier de fixation *m*
All: Spannbügel *m*
Ang: hold down clamp *n*
Esp: estribo de sujeción *m*

étrier de frein *m*
All: Bremszange *f*
Ang: brake pliers *n*
Esp: mordaza de freno *f*
(caliper) *m*

étrier de frein à disque *m*
All: Bremssattel *m*
Ang: brake caliper *n*
Esp: pinza de freno *f*

étrier de guidage *m*
All: Führungsbügel *m*
Ang: guide bracket *n*
Esp: estribo guía *m*

étrier élastique *m*
All: Federbügel *m*
Ang: spring clip *n*
Esp: abrazadera de ballesta *f*

étrier fixe (frein) *m*
All: Festsattel (Bremse) *m*
Ang: fixed caliper (brakes) *n*
Esp: pinza fija (freno) *f*

étrier flottant *m*
All: Faustsattel *m*
Ang: floating caliper *n*
(sliding caliper) *n*
Esp: pinza flotante *f*

étrier flottant (frein) *m*
All: Schwimmsattel (Bremse) *m*
(Faustsattel) *m*
Ang: floating caliper (brakes) *n*
Esp: pinza flotante (freno) *f*

évacuation des émulsions *f*
All: Mischölabführung *f*
Ang: emulsion drain *n*
Esp: evacuación de emulsión de aceite *f*

évaluation des données *f*
All: Datenauswertung *f*
Ang: data evaluation *n*
Esp: evaluación de datos *f*

évaluer *v*
All: auswerten *v*
Ang: to evaluate *v*
Esp: evaluar *v*

évanouissement des freins *m*
All: Bremsenfading *n*
Ang: fading *n*
Esp: fading de frenado *m*

évaporateur *m*
All: Verdampfer *m*
Ang: evaporator *n*
Esp: evaporador *m*

évaporateur de fluide frigorigène *m*
All: Kältemittelverdampfer *m*
Ang: refrigerant evaporator *n*
Esp: evaporador de agente frigorífico *m*

évaporation du carburant *f*
All: Kraftstoffverdunstung *f*
Ang: evaporative emission *n*
Esp: vaporización de combustible *f*

évent *m*
All: Belüftungsschlitz *m*
Ang: ventilation slot *n*
Esp: ranura de ventilación *f*

évent à écoulement *m*
All: Abströmung *f*
Ang: exhaust flow *n*
Esp: flujo de salida *m*

évidement *m*
All: Aussparung *f*
Ang: recess *n*
Esp: entalladura *f*

évolution de la pré-injection *f*
All: Voreinspritzverlauf *m*
Ang: pre injection characteristic *n*
Esp: evolución de la inyección previa *f*

évolution du freinage *f*
All: Anbremsvorgang *m*
Ang: initial braking *n*
Esp: proceso de frenado *m*

évolution en rampe (régulation de richesse) *f*
All: Rampenverlauf (Lambda-Regelung) *m*
Ang: ramp progression (lambda closed-loop control) *n*
Esp: progresión en rampa (regulación Lambda) *f*

excédent d'oxygène *m*
All: Sauerstoffüberschuss *m*
Ang: oxygen excess *n*
Esp: exceso de oxígeno *m*

excentrique (valve de frein de stationnement) *m*
All: Exzenter (Feststellbremsventil) *m*
Ang: eccentric element (parking-brake valve) *n*
Esp: excéntrica (válvula de freno de estacionamiento) *f*

excentrique de compensation *m*
All: Ausgleichexzenter *m*
Ang: compensating eccentric *n*
Esp: excéntrica de compensación *f*

excentrique de réglage *m*
All: Verstellexzenter *m*
Ang: adjusting eccentric *n*
Esp: excéntrica de ajuste *f*

excentrique d'entraînement *m*
All: Antriebsexzenter *m*
Ang: drive eccentric *n*
Esp: excéntrica de accionamiento *f*

excès d'air *m*
All: Luftüberschuss *m*
Ang: excess air *n*
Esp: exceso de aire *m*

excitation *f*
All: Erregung *f*

Ang: excitation *n*
Esp: excitación *f*

excitation magnétique ***f***
All: magnetische Erregung *f*
Ang: magnetic excitation *n*
Esp: excitación magnética *f*

excitation par aimant permanent ***f***
All: Dauermagneterregung *f*
(Permanentmagneterregung) *f*
Ang: permanent magnet excitation *n*
Esp: excitación de imán permanente *f*

excitation permanente ***f***
All: Permanentfeld *n*
Ang: permanent magnet field *n*
Esp: campo permanente *m*

excitation permanente ***f***
All: Permanentmagnetfeld *n*
Ang: permanent magnet field *n*
Esp: campo de imán permanente *m*

exécution ***f***
All: Ausführung *f*
Ang: type *n*
Esp: versión *f*

exploitation avec remorque ***f***
All: Anhängerbetrieb *m*
Ang: trailer operation *n*
Esp: marcha con remolque *f*

exploitation de valeur analogique ***f***
All: Analogwertauswertung *f*
Ang: analog value evaluation *n*
Esp: evaluación de valor analógico *f*

extraction de NO_x ***f***
All: NO_x-Ausspeicherung *f*
Ang: NO_x removal *n*
Esp: descarga de NO_x a memoria externa *f*

extrémité polaire ***f***
All: Polfinger *m*
Ang: pole finger *n*
Esp: dedo de terminal *m*

extrudé ***pp***
All: fließgepresst *pp*
Ang: extruded *pp*
Esp: extruido *pp*

extrusion ***f***
All: Fließpressen *n*
Ang: extrusion *n*
Spa: extrusión *f*

F

facteur de charge ***m***
All: Belastungsgrad *m*
Ang: load factor *n*
Esp: factor de carga *m*

facteur de correction de courbure ***m***
All: Krümmungsfaktor *m*
Ang: curvature factor *n*
Esp: factor de curvatura *m*

facteur de frein ***m***
All: Bremsenkennwert *m*
Ang: brake coefficient *n*
Esp: característica de frenado *f*

facteur de friction ***m***
All: Reibfaktor *m*
Ang: friction factor *n*
Esp: factor de fricción *m*

facteur de mâchoire (frein) ***m***
All: Backenkennwert (Bremsen) *m*
Ang: shoe factor (brakes) *n*
Esp: factor de zapata (frenos) *m*

facteur de marche ***m***
All: Einschaltdauer *f*
Ang: switch on duration *n*
Esp: tiempo de conexión *m*

facteur de modulation ***m***
All: Modulationsfaktor *m*
Ang: modulation factor *n*
Esp: factor de modulación *m*

facteur de qualité ***m***
All: Gütefaktor *m*
Ang: quality factor *n*
Esp: factor de calidad *m*

facteur de qualité ***m***
All: Resonanzschärfe *f*
Ang: resonance sharpness *n*
Esp: agudeza de resonancia *f*

facteur de remplissage des rainures (machines tournantes) ***m***
All: Füllfaktor (drehende Maschinen) *m*
(Nutfüllfaktor) *m*
Ang: slot fill factor (rotating machines) *n*
Esp: factor de llenado (máquinas rotativas) *m*

facteur d'enrichissement (mélange air-carburant) ***m***
All: Anreicherungsfaktor (Luft-Kraftstoff-Gemisch) *m*
Ang: enrichment factor (air-fuel mixture) *n*
Esp: factor de enriquecimiento (mezcla aire-combustible) *m*

fading (frein) ***m***
All: Bremsfading *n*
(Fading) *n*
Ang: fading *n*
Esp: fading de frenado *m*

faisceau de câbles ***m***
All: Kabelbaum *m*
Ang: wiring harness *n*
Esp: mazo de cables *m*

faisceau laser ***m***
All: Laserstrahl *m*
Ang: laser beam *n*
Esp: rayo láser *m*

faisceau lumineux ***m***
All: Lichtstrahl *m*
Ang: light beam *n*
Esp: rayo de luz *m*

faisceau route ***m***
All: Fernlicht (Scheinwerfer) *n*
Ang: high beam (headlamp) *n*
(upper beam) *n*
Esp: luz de carretera (faros) *f*

fanfare ***f***
All: Fanfare *f*
Ang: fanfare horn *n*
Esp: bocina *f*

faux contact ***m***
All: Wackelkontakt *m*
Ang: loose contact *n*
Esp: contacto flojo *m*

faux contact ***m***
All: Wackelkontakt *m*
Ang: loose connection *n*
(intermittent contact) *n*
Esp: contacto flojo *m*

faux-rond ***m***
All: Rundlaufabweichung *f*
Ang: radial run-out *n*
Esp: excentricidad *f*

fenêtre de régulation (actionneur de ralenti) ***f***
All: Stellfenster (Leerlaufsteller) *n*
Ang: actuator window (idle actuator) *n*
Esp: ventana de ajuste (ajustador de ralentí) *f*

fente annulaire ***f***
All: Ringspalt *m*
Ang: annular orifice *n*
Esp: intersticio anular *m*

fente d'air résiduel ***f***
All: Restluftspalt *m*
Ang: residual air gap *n*
Esp: intersticio de aire residual *m*

fente de diffusion ***f***
All: Diffusionsspalt *m*
Ang: diffusion gap *n*
Esp: ranura de difusión *f*

fente de dosage (KE-Jetronic) ***f***
All: Zumessschlitz (KE-Jetronic) *m*
Ang: fuel metering slit (KE-Jetronic) *n*
Esp: ranura de dosificación (KE-Jetronic) *f*

fente d'étranglement ***f***
All: Drosselspalt *m*
Ang: throttling gap *n*
Esp: ranura de estrangulación *f*

fente du poussoir à galet ***f***
All: Rollenstößelspalt *m*
Ang: roller tappet gap *n*
Esp: intersticio de empujador de rodillos *m*

fer à souder ***m***
All: Lötkolben *m*
Ang: soldering iron *n*
Esp: cautín *m*

fer doux ***m***
All: Weicheisen *n*

Français

Ang: soft iron *n*
Esp: hierro dulce *m*

fermeture *f*
All: Verschluss *m*
Ang: plug *n*
Esp: cierre *m*

fermeture à baïonnette *f*
All: Bajonettverschluss *m*
Ang: bayonet catch *n*
Esp: cierre de bayoneta *m*

feu *m*
All: Kraftfahrzeugleuchte *f*
Ang: motor vehicle lamp *n*
(automotive lamp) *n*
Esp: lámpara de vehículo *f*

feu *m*
All: Leuchte *f*
Ang: lamp *n*
Esp: lámpara *f*

feu à éclats *m*
All: Blitzkennleuchte *f*
Ang: flash identification lamp *n*
Esp: luz de identificación de destellos *f*

feu à fonction unique *m*
All: Einfunktionsleuchte (Scheinwerfer) *f*
Ang: single function lamp (headlamp) *n*
Esp: lámpara de una sola función (faros) *f*

feu à plusieurs compartiments *m*
All: Mehrkammerleuchte *f*
Ang: multiple-compartment lamp *n*
Esp: lámpara multicámara *f*

feu arrière *m*
All: Heckleuchte (Schlussleuchte) *f*
Ang: tail lamp *n*
Esp: luz trasera (piloto trasero) *f*

feu arrière *m*
All: Schlussleuchte *f*
(Schlusslicht) *n*
(Heckleuchte) *f*
Ang: tail light *n*
Esp: piloto trasero *m*

feu arrière de brouillard *m*
All: Nebelschlussleuchte *f*
Ang: rear fog light *n*
Esp: luz trasera antiniebla *f*

feu avant *m*
All: Frontleuchte *f*
Ang: front light *n*
Esp: luz delantera *f*

feu clignotant *m*
All: Blinklicht *n*
Ang: turn signal *n*
Esp: luz intermitente *f*

feu de croisement *m*
All: Abblendlicht *n*
Ang: low beam *n*
Esp: luz de cruce *f*

feu de croisement asymétrique *m*
All: asymmetrisches Abblendlicht (Scheinwerfer) *n*
Ang: asymmetrical lower beam (headlamp) *n*
Esp: luz de cruce asimétrica (faros) *f*

feu de marche arrière *m*
All: Rückfahrleuchte *f*
(Rückfahrscheinwerfer) *m*
Ang: reversing lamp *n*
(back-up lamp) *n*
Esp: luz de marcha atrás *f*

feu de position *m*
All: Begrenzungslicht *n*
(Standlicht) *n*
(Begrenzungsleuchte) *f*
Ang: side marker lamp *n*
Esp: luz de delimitación *f*
(luz de posición) *f*

feu de position *m*
All: Standlicht *n*
Ang: side marker light *n*
Esp: luz de posición *f*

feu de position latéral *m*
All: Seitenmarkierungsleuchte *f*
Ang: side marker light *n*
Esp: lámpara de delimitación lateral *f*

feu de roulage de jour *m*
All: Tagfahrleuchte *f*
Ang: daytime running lamp *n*
Esp: lámpara de luz diurna *f*

feu de signalisation *m*
All: Leuchte *f*
Ang: light *n*
Esp: luz *f*

feu de stationnement *m*
All: Parkleuchte *f*
(Parklicht) *f*
Ang: parking lamp *n*
Esp: lámpara de aparcamiento *f*

feu de stop *m*
All: Bremsleuchte *f*
(Bremslicht) *n*
Ang: stop lamp *n*
Esp: luz de freno *f*

feu d'éclairage de plaque d'immatriculation *m*
All: Kennzeichenleuchte *f*
Ang: license plate lamp *n*
Esp: luz de matrícula *f*

feu d'encombrement *m*
All: Umrissleuchte *f*
(Begrenzungslicht) *n*
Ang: clearance lamp *n*
(side-marker lamp) *n*
Esp: luz de delimitación *f*

feu indicateur de direction *m*
All: Fahrtrichtungsanzeiger *m*
(Blinkleuchte) *f*
(Blinker) *m*
Ang: direction-indicator lamp *n*
(turn-signal lamp) *n*
Esp: luz indicadora de dirección de marcha *f*

feu spécial d'avertissement *m*
All: Kennleuchte *f*
Ang: identification lamp *n*
Esp: luz de identificación *f*

feu stop supplémentaire (angle d'allumage) *m*
All: hochgesetzte Bremsleuchte (zusätzliche Bremsleuchte) *f*
(Zusatz-Bremsleuchte) *f*
Ang: auxiliary stop lamp (ignition angle) *n*
Esp: luz adicional de freno (luz adicional de freno) *f*

feuille conductrice (capteur d'angle de rotation) *f*
All: Leiterfolie (Drehwinkelsensor) *f*
Ang: conductive foil (angle of rotation sensor) *n*
Esp: lámina conductora (sensor de ángulo de giro) *f*

feux de position *m*
All: Positionsleuchten *fpl*
Ang: clearance lights *npl*
(position lights) *npl*
Esp: lámparas de posición *fpl*

fiabilité d'allumage *f*
All: Zündsicherheit *f*
Ang: ignition reliability *n*
Esp: fiabilidad de encendido *f*

fibre à gradient *f*
All: Gradientenfaser *f*
Ang: graded index optical fiber *n*
Esp: fibra multimodal *f*

fibre de verre *f*
All: Glasfaser, GF *f*
Ang: glass fiber, GF *n*
Esp: fibra de vidrio *f*

fibre externe *f*
All: Randfaser *f*
Ang: surface zone *n*
Esp: fibra externa *f*

fibre neutre *f*
All: Nulllinie *f*
Ang: neutral axis *n*
Esp: línea neutra *f*

fibre optique *f*
All: Lichtwellenleiter, LWL *m*
Ang: optical fiber *n*
(optical waveguide) *n*
Esp: cable de fibra óptica *m*

fiche banane *f*
All: Bananenstecker *m*
Ang: banana plug *n*
Esp: enchufe banana *m*

fiche de connexion *f*
All: Anschlussstecker *m*
(Stecker) *m*
Ang: connector *n*

Français

Esp: conector *m*

fiche de contact *f*
All: Steckkontakt *m*
Ang: plug in contact *n*
Esp: contacto enchufable *m*

fiche de diagnostic *f*
All: Diagnosestecker *m*
Ang: diagnosis connector *n*
Esp: enchufe de diagnóstico *m*

fiche de données *f*
All: Datenblatt *n*
Ang: technical specification sheet *n*
Esp: hoja de especificaciones técnicas *f*

fiche femelle *f*
All: Steckhülse *f*
Ang: receptable *n*
(terminal socket) n
Esp: hembrilla de contacto *f*

fiche femelle ronde *f*
All: Rundsteckerhülse *f*
Ang: pin receptable *n*
Esp: hembrilla redonda *f*

fiche plate *f*
All: Flachstecker *m*
Ang: blade terminal *n*
Esp: enchufe plano *m*

fiche ronde *f*
All: Rundstecker *m*
Ang: pin terminal *n*
Esp: clavija redonda *f*

fiche secteur *f*
All: Netzstecker *m*
Ang: mains plug *n*
Esp: enchufe de la red *m*

fil chaud (débitmètre massique) *m*
All: Hitzdraht (Luftmassenmesser) *m*
Ang: hot wire (air-mass meter) *n*
Esp: hilo caliente (caudalímetro de aire) *m*

fil chauffant *m*
All: Heizdraht *m*
Ang: heating wire *n*
Esp: filamento de calefacción *m*

fil d'aluminium *m*
All: Aluminiumdraht *m*
Ang: aluminum wire *n*
Esp: alambre de aluminio *m*

fil de brasage *m*
All: Lotdraht *m*
Ang: wire solder *n*
Esp: alambre de soldadura *m*

fil de cuivre laqué *m*
All: Kupferlackdraht *m*
Ang: varnished copper wire *n*
Esp: alambre de cobre barnizado *m*

fil de liaison par soudure anodique *m*
All: Bondanschluss *m*
Ang: bonded connection *n*
Esp: conexión por adherencia *f*

fil de plomb *m*
All: Bleidraht *m*
Ang: lead wire *n*
Esp: alambre de plomo *m*

fil électrique *m*
All: Leitung *f*
Ang: electric line *n*
(line) n
Esp: línea eléctrica *f*

filament chauffant hélicoïdal *m*
All: Heizwendel *f*
Ang: helical heating wire *n*
Esp: espiral de calefacción *f*

fil-électrode *m*
All: Drahtelektrode *f*
Ang: wire electrode *n*
Esp: electrodo de alambre *m*

filet rapporté *m*
All: Gewindeeinsatz *m*
Ang: screw thread insert *n*
(threaded insert) n
Esp: inserto roscado *m*

filetage à pas rapide *m*
All: Steilgewinde *n*
Ang: helical spline *n*
Esp: rosca de paso rápido *f*

filetage de bougie d'allumage *m*
All: Zündkerzengewinde *n*
Ang: spark plug thread *n*
Esp: rosca de bujía *f*

filetage de raccordement *m*
All: Anschlussgewinde *n*
Ang: connecting thread *n*
Esp: rosca de conexión *f*

filetage extérieur *m*
All: Außengewinde *n*
Ang: external thread *n*
(male thread) n
Esp: rosca exterior *f*

film de carburant *m*
All: Kraftstoffwandfilm *m*
Ang: fuel film *n*
Esp: película de combustible *f*

film de protection de la peinture *m*
All: Lackschutzfolie *f*
Ang: paintwork protection film *n*
Esp: lámina protectora de pintura *f*

film humidificateur *m*
All: Wandfilm *m*
Ang: fuel film *n*
Esp: película de aceite *f*

film lubrifiant *m*
All: Schmierfilm *m*
Ang: lubricant layer *n*
Esp: película lubricante *f*

film retardateur *m*
All: Retarderfolie *f*
Ang: retarder film *n*
Esp: película del retardador *f*

film thermoplastique *m*
All: Thermoplastfolie *f*
Ang: thermoplastic film *n*
Esp: película de termoplástico *f*

filtre *m*
All: Filter *n*
Ang: filter *n*
Esp: filtro *m*

filtre à air *m*
All: Luftfilter *n*
Ang: air filter *n*
Esp: filtro de aire *m*

filtre à air à bain d'huile *m*
All: Ölbadluftfilter *n*
Ang: oil bath air filter *n*
Esp: filtro de aire del baño de aceite *m*

filtre à air en papier *m*
All: Papierluftfilter *n*
Ang: paper air filter *n*
Esp: filtro de aire de papel *m*

filtre à air sec *m*
All: Trockenluftfilter *n*
Ang: dry air filter *n*
Esp: filtro de aire seco *m*

filtre à carburant *m*
All: Kraftstofffilter *n*
Ang: fuel filter *n*
Esp: filtro de combustible *m*

filtre à charbon actif *m*
All: Aktivkohlefilter *m*
Ang: aktivated charcoal filter *n*
Esp: filtro de carbón activo *m*

filtre à disques *m*
All: Spaltfilter *n*
Ang: edge filter *n*
Esp: filtro de rendijas *m*

filtre à huile *m*
All: Ölfilter *n*
Ang: lube oil filter *n*
Esp: filtro de aceite *m*

filtre à hydrocarbures *m*
All: Kohlenwasserstofffilter *n*
Ang: hydrocarbon trap *n*
(HC trap) n
Esp: filtro de hidrocarburos *m*

filtre à particules *m*
All: Partikelfilter *m*
Ang: particulate filter *n*
Esp: filtro de partículas *m*

filtre à particules *m*
All: Rußpartikelfilter *n*
Ang: particulate-soot filter *n*
Esp: filtro de partículas de hollín *m*

filtre à particules diesel *m*
All: Diesel-Partikel-Filter *m*
Ang: diesel particle filter *n*
Esp: filtro de partículas Diesel *m*

filtre à pollens et antipoussière *m*
All: Staub- und Pollenfilter *n*
Ang: dust and pollen filter *n*
Esp: filtro de polvo y polen *m*

filtre à rechange rapide *m*
All: Wechselfilter *n*
Ang: easy change filter *n*

Français

Esp: filtro intercambiable *m*

filtre à un étage ***m***
All: Einfachfilter *n*
Ang: single stage filter *n*
Esp: filtro simple *m*

filtre anti-pollen ***m***
All: Pollenfilter *n*
Ang: pollen filter *n*
Esp: filtro de polen *m*

filtre calorifuge ***m***
All: Wärmeschutzfilter *n*
Ang: heat filter *n*
Esp: filtro antitérmico *m*

filtre central ***m***
All: Zentralfilter *n*
Ang: centrally located air filter *n*
Esp: filtro central *m*

filtre d'antiparasitage ***m***
All: Entstörfilter *n*
Ang: suppression filter *n*
Esp: filtro antiparasitario *m*

filtre d'aspiration ***m***
All: Ansaugfilter *n*
(Saugfilter) *m*
Ang: intake filter *n*
Esp: filtro de admisión *m*

filtre de circuit principal ***m***
All: Hauptstromfilter *m*
Ang: full flow filter *n*
Esp: filtro de caudal principal *m*

filtre de dérivation ***m***
All: Nebenstromfilter *m*
Ang: bypass filter *n*
Esp: filtro de flujo secundario *m*

filtre d'entrée ***m***
All: Eingangsfilter *n*
Ang: input filter *n*
Esp: filtro de entrada *m*

filtre d'oxydation de particules ***m***
All: Rußabbrennfilter *m*
Ang: soot burn-off filter *n*
Esp: filtro de quemado de hollín con oxidación *m*

filtre en parallèle ***m***
All: Parallelfilter *n*
Ang: parallel filter *n*
Esp: filtro paralelo *m*

filtre en profondeur ***m***
All: Tiefenfilter *n*
Ang: deep bed filter *n*
Esp: filtro de profundidad *m*

filtre fin ***m***
All: Feinfilter *n*
Ang: fine filter *n*
Esp: filtro fino *m*

filtre grossier ***m***
All: Grobfilter *n*
Ang: course filter *n*
Esp: filtro grueso *m*

filtre interchangeable ***m***
All: Wechselfilter *n*
Ang: exchange filter *n*
Esp: filtro intercambiable *m*

filtre passe-bande ***m***
All: Bandpassfilter *m*
Ang: bandpass filter *n*
Esp: filtro pasabanda *m*

filtre passe-bas (calculateur) ***m***
All: Tiefpassfilter (Steuergerät) *n*
Ang: low pass filter (ECU) *n*
Esp: filtro de paso bajo (unidad de control) *m*

filtre pour particules de suie ***m***
All: Rußfilter *m*
Ang: particulate filter *n*
Esp: filtro de hollín *m*

filtre secondaire ***m***
All: Nachfilter *n*
Ang: secondary filter *n*
Esp: filtro secundario *m*

filtre-box ***m***
All: Boxfilter *n*
Ang: box type fuel filter *n*
Esp: filtro-box *m*

filtre-box interchangeable (filter) ***m***
All: Wechselbox (Filter) *f*
Ang: fuel filter exchange box (filter) *n*
Esp: caja intercambiable (filtro) *f*

filtre-tamis fin ***m***
All: Feinsieb *n*
Ang: fine mesh strainer *n*
Esp: tamiz fino *m*

filtre-tige ***m***
All: Stabfilter *n*
Ang: edge type filter *n*
Esp: filtro de varilla *m*

fin de combustion ***f***
All: Verbrennungsende *n*
Ang: end of combustion *n*
Esp: fin de combustión *m*

fin de correction de débit ***f***
All: Angleichende (Dieseleinspritzung) *n*
Ang: end of torque control *n*
Esp: fin de control de torque (inyección diesel) *m*

fin de coupure de débit ***f***
All: Abregelende (Dieseleinspritzung) *n*
Ang: end of breakaway (diesel fuel injection) *n*
Esp: final de la limitación reguladora (inyección diesel) *m*

fin de freinage ***f***
All: Bremsende *n*
Ang: end of braking *n*
Esp: fin del frenado *m*

fin de refoulement (injection diesel) ***f***
All: absteuern (Dieseleinspritzung) *v*
Ang: fuel delivery termination (diesel fuel injection) *n*
Esp: finalizar el suministro (inyección diesel) *v*

fin de refoulement (pompe d'injection) ***f***
All: Förderende *n*
Ang: end of delivery *n*
(spill) *n*
Esp: fin de suministro *m*

fin de régulation (injection diesel) ***f***
All: abregeln (Dieseleinspritzung) *v*
Ang: regulate (diesel fuel injection) *v*
Esp: regular (inyección diesel) *v*

fin d'injection ***f***
All: Spritzende (Kraftstoffeinspritzung) *n*
Ang: end of injection (fuel injection) *n*
Esp: fin de la inyección (inyección de combustible) *m*

fissure ***f***
All: Riss *m*
Ang: crack *n*
Esp: grieta *f*

fissure capillaire ***f***
All: Haarriss *m*
Ang: hairline crack *n*
Esp: fisura capilar *f*

fissure de contrainte ***f***
All: Spannungsrissbildung *f*
Ang: formation of stress crack *n*
Esp: formación de fisuras de tensión *f*

fixation ***f***
All: Halterung *f*
Ang: mount *n*
(bracket) *n*
Esp: soporte *m*

fixation du silencieux ***f***
All: Schalldämpferaufhängung *f*
Ang: muffler hanger assembly *n*
Esp: conjunto de suspensión del silenciador *m*

fixation par bague filetée ***f***
All: Gewindehalsbefestigung *f*
Ang: threaded-neck mounting *n*
Esp: fijación de cuello roscado *f*

fixation par bec enfichable (essuie-glace) ***f***
All: Steckschnabelbefestigung (Wischer) *f*
Ang: snap in nib fastening (wipers) *n*
Esp: fijación por pico enchufable *f*

fixation par berceau ***f***
All: Sattelbefestigung *f*
Ang: cradle mounting *n*
Esp: fijación con placa de apoyo *f*

fixation par berceau ***f***
All: Wannenbefestigung *f*

Français

(Sattelbefestigung) *f*
Ang: cradle mounting *n*
Esp: fijación ahondada *f*

fixation par berceau ***f***
All: Wannenbefestigung *f*
Ang: sump attachment *n*
Esp: fijación del cárter *f*

fixation par bride ***f***
All: Flanschbefestigung *f*
Ang: flange mounting *n*
Esp: fijación por brida *f*

fixation par bride frontale ***f***
All: Stirnflanschbefestigung *f*
Ang: flange mounting *n*
Esp: fijación por brida frontal *f*

fixation par contre-étrier (essuie-glace) ***f***
All: Überfallbügelbefestigung (Wischer) *f*
Ang: hasp type fastening (wipers) *n*
Esp: fijación por gancho de empalme (limpiaparabrisas) *f*

fixation par crochet (calculateur) ***f***
All: Hakenbefestigung (Scheibenwischer) *f*
Ang: hook type fastening (wipers) *n*
Esp: fijación por gancho (limpiaparabrisas) *f*

fixation par enfichage (essuie-glace) ***f***
All: Steckbefestigung (Wischer) *f*
Ang: snap in fastening (wipers) *n*
Esp: fijación por enchufe (limpiaparabrisas) *f*

fixation par enfichage ***f***
All: Steckbefestigung *f*
Ang: snap fastening *n*
Esp: fijación por enchufe *f*

fixation sur carter ***f***
All: Gehäusebefestigung *f*
Ang: housing mounting *n*
Esp: fijación de caja *f*

flambage ***m***
All: Knickung *f*
Ang: buckling *n*
Esp: pandeo *m*

flamme de chalumeau ***f***
All: Brennerflamme *f*
Ang: flame heating *n*
Esp: llama de quemador *f*

flan ***m***
All: Blechronde *f*
Ang: circular blank *n*
Esp: rodaja de chapa *f*

flan circulaire ***m***
All: Stahlronde *f*
Ang: round steel plate *n*
Esp: placa redonda de acero *f*

flanc de dent ***m***
All: Zahnflanke *f*
Ang: tooth flank *n*
Esp: flanco de diente *m*

flasque côté collecteur (alternateur) ***m***
All: Kommutatorlager (Generator) *n*
Ang: commutator end shield (alternator) *n*
Esp: apoyo de colector (alternador) *m*

flasque côté entraînement ***m***
All: Antriebslager (bei außengelagertem Starterritzel) *n*
Ang: pinion housing (for external starter pinion) *n*
Esp: cojinete lado de accionamiento (con piñón de arranque externo) *m*

flasque de distribution ***m***
All: Verteilerflansch *m*
Ang: distributor head flange *n*
Esp: brida de distribución *f*

flasque d'entraînement ***m***
All: Mitnehmerflansch *m*
Ang: drive flange *n*
Esp: brida de arrastre *f*

flasque d'étanchéité ***m***
All: Dichtflansch *m*
Ang: sealing flange *n*
Esp: brida estanqueizante *f*

flasque-palier ***m***
All: Flanschlager *n*
Ang: flanged bearing *n*
Esp: cojinete con brida *m*

flasque-palier ***m***
All: Lagerflansch *m*
Ang: bearing flange *n*
Esp: brida de cojinete *f*

flasque-palier côté entraînement ***m***
All: Antriebslager *n*
Ang: drive bearing *n*
Esp: cojinete lado de accionamiento *m*

flector ***m***
All: Gelenkscheibe *f*
Ang: flexible coupling *n*
Esp: disco flexible *(junta de flector)* *m* *f*

flexible blindé (bobine d'allumage spéciale) ***m***
All: Panzerschlauch (Sonderzündspule) *m*
Ang: armored hose (special ignition coil) *n*
Esp: tubo flexible blindado (bobina especial de encendido) *m*

flexible d'aluminium ***m***
All: Aluminium-Schlauch *m*
Ang: aluminum hose *n*
Esp: tubo flexible de aluminio *m*

flexible de frein ***m***
All: Bremsschlauch *m*
Ang: brake hose *n*
Esp: latiguillo de freno *m*

flexible de gonflage des pneumatiques ***m***
All: Reifenfüllschlauch *m*
Ang: tire inflation hose *n*
Esp: tubo flexible de inflado de neumáticos *m*

flexible de pression ***m***
All: Druckschlauch *m*
Ang: pressure hose *n*
Esp: tubo flexible de presión *m*

flexible de purge ***m***
All: Entlüftungsschlauch *m*
Ang: bleed hose *n*
Esp: manguera de purga de aire *f*

flexible d'échappement ***m***
All: Auspuffschlauch (Verbrennungsmotor) *m*
Ang: exhaust hose *n*
Esp: tubo flexible de escape (motor de combustión) *m*

flexible thermorétractable ***m***
All: Schrumpfschlauch *m*
Ang: heat shrink hose *n*
Esp: tubo flexible termocontráctil *m*

flexion ***f***
All: Biegung *f*
Ang: bend *n*
Esp: flexión *f*

flotteur ***m***
All: Schwimmer *m*
Ang: float *n*
Esp: flotador *m*

fluctuation du courant ***f***
All: Stromschwankung *f*
Ang: current fluctuation *n*
Esp: fluctuación de corriente *f*

fluide de refoulement ***m***
All: Fördermedium *n*
Ang: flow medium *n*
Esp: medio transportado *m*

fluide frigorigène ***m***
All: Kältemittel *n*
Ang: refrigerant *n*
Esp: agente frigorífico *m*

fluide hydraulique ***m***
All: Hydraulikflüssigkeit *f*
Ang: hydraulic fluid *n*
Esp: líquido hidráulico *m*

fluides et lubrifiants ***mpl***
All: Betriebsstoffe *mpl*
Ang: indirect materials and supplies *npl*
Esp: materiales auxiliares de producción *mpl*

fluidifiant ***m***
All: Fließverbesserer *m*
Ang: flow improver *n*
Esp: mejorador de fluencia *m*

fluidité à froid ***f***
All: Kältefließfähigkeit *f*

Ang: cold-flow property *n*
Esp: fluidez a bajas temperaturas *f*

flux de balayage ***m***
All: Spülstrom *m*
Ang: scavenging flow *n*
Esp: flujo de expulsión *m*

flux de fuite ***m***
All: Streufluss *m*
Ang: leakage flux *n*
Esp: flujo de dispersión *m*

flux de gaz régénérateur ***m***
All: Regeneriergasstrom *m*
Ang: regeneration gas flow *n*
Esp: flujo de gas de regeneración *m*

flux de l'agent de refroidissement ***m***
All: Kühlmittelstrom *m*
Ang: coolant flow *n*
Esp: flujo de líquido refrigerante *m*

flux de signaux ***m***
All: Signalfluss *m*
Ang: current flow *n*
Esp: flujo de señales *m*

flux d'énergie ***m***
All: Energiefluss *m*
Ang: flow of energy *n*
Esp: flujo de energía *m*

flux lumineux ***m***
All: Lichtstrom *m*
Ang: luminous flux *n*
Esp: flujo luminoso *m*

flux magnétique ***m***
All: Magnetfluss *m*
Ang: magnetic flux *n*
Esp: flujo magnético *m*

flux magnétique utile ***m***
All: Nutzfluss *m*
Ang: magnetic flux *n*
Esp: flujo magnético útil *m*

flux partiel de gaz d'échappement ***m***
All: Abgasteilstrom *m*
Ang: exhaust gas partial flow *n*
Esp: flujo parcial de gases de escape *m*

flux thermique ***m***
All: Wärmestrom *m*
Ang: heat flow *n*
Esp: flujo térmico *m*

fonction anti à-coups ***f***
All: Antiruckelfunktion *f*
Ang: surge damping function *n*
Esp: función antisacudidas *f*

fonction confort ***f***
All: Komfortfunktion *f*
Ang: comfort and convenience function *n*
Esp: función de confort *f*

fonction de braquage ***f***
All: Lenkfunktion *f*
Ang: steering function *n*
Esp: función de dirección *f*

fonction de correction ***f***
All: Verstellfunktion *f*
Ang: adjustment function *n*
Esp: función de ajuste *f*

fonction de régulation de freinage ***f***
All: Bremsregelfunktion *f*
Ang: brake control function *n*
(locking differential) *n*
Esp: función de regulación de frenado *f*

fonction de secours ***f***
All: Notlauffunktion *f*
Ang: limp home mode function *n*
Esp: función de marcha de emergencia *f*

fonction de transfert ***f***
All: Übertragungsfunktion *f*
Ang: transfer function *n*
(transmission function) *n*
Esp: función de transmisión *f*

fonction des appareils ***f***
All: Aggregatefunktion *f*
Ang: auxiliary equipment function *n*
Esp: funcionamiento del grupo *m*

fonction d'excitation ***f***
All: Erregungsfunktion *f*
Ang: excitation function *n*
Esp: función de excitación *f*

fonction rampe ***f***
All: Rampenfunktion *f*
Ang: ramp function *n*
Esp: función rampa *f*

fonctionnement à l'alcool ***m***
All: Alkoholbetrieb *m*
Ang: alcohol mode *n*
Esp: funcionamiento con alcohol *m*

fonctionnement à vide (régulateur de pression) ***m***
All: Leerlaufbetrieb (Druckregler) *m*
Ang: idle (pressure regulator) *v*
Esp: funcionamiento en vacío (regulador de presión) *m*

fonctionnement autonome ***m***
All: Selbstlauf *m*
Ang: sustained operation *n*
Esp: funcionamiento autónomo *m*

fonctionnement avec mélange pauvre ***m***
All: Magerbetrieb *m*
Ang: lean operation mode *n*
Esp: funcionamiento con mezcla pobre *m*

fonctionnement continu ***m***
All: Dauerlauf *m*
Ang: continuous running *n*
Esp: marcha continua *f*

fonctionnement de courte durée (machines électriques) ***m***
All: Kurzzeitbetrieb (elektrische Maschinen) *m*
Ang: short time duty type (electrical machines) *n*
Esp: funcionamiento de corta duración (máquinas eléctricas) *m*

fonctionnement du réseau de bord ***m***
All: Bordnetzbetrieb *m*
Ang: vehicle electrical system operation *n*
Esp: operación de la red de a bordo *f*

fonctionnement en charge partielle ***m***
All: Teillastbetrieb *m*
Ang: part load operation *n*
Esp: funcionamiento a carga parcial *m*

fonctionnement en charge stratifiée ***m***
All: Schichtbetrieb *m*
Ang: stratified charge operation *n*
Esp: funcionamiento a carga estratificada *m*

fonctionnement en charge stratifiée ***m***
All: Schichtbetrieb *m*
Ang: stratified charge operating mode *n*
Esp: funcionamiento a carga estratificada *m*

fonctionnement en mode dégradé ***m***
All: Notbetrieb (Kfz) *m*
Ang: limp home mode (motor vehicle) *n*
Esp: marcha de emergencia (automóvil) *f*

fonctionnement en mode dégradé ***m***
All: Notfahrbetrieb (Kfz) *m*
Ang: limp home operation (motor vehicle) *n*
Esp: marcha en modo de emergencia (automóvil) *f*

fonctionnement en mode dégradé du moteur ***m***
All: Motornotlauf *m*
Ang: engine emergency operation *n*
Esp: marcha de emergencia del motor *f*

fonctionnement intermittent (machines électriques) ***m***
All: Aussetzbetrieb (elektrische Maschinen) *m*
Ang: intermittent-periodic duty (electrical machines) *n*
Esp: régimen de operación intermitente (máquinas eléctricas) *m*

fonctionnement moteur entraîné ***m***
All: Schleppbetrieb *m*

Français

Ang: trailing throttle *n*
Esp: régimen de arrastre *m*

fonctionnement permanent (machines électriques) *m*
All: Dauerbetrieb (elektrische Maschinen) *m*
Ang: continuous running-duty type (electrical machines) *n*
Esp: servicio continuo (máquinas eléctricas) *m*

fonctionnement polycarburant *m*
All: Mehrstoffbetrieb *m*
Ang: multifuel operation *n*
Esp: funcionamiento con varios combustibles *m*

fonctionnement régulier (moteur à combustion) *m*
All: Laufruhe (Verbrennungsmotor) *f*
(Rundlauf) *m*
Ang: smooth running (IC engine) *n*
Esp: suavidad de marcha (motor de combustión) *f*

fond du cylindre *m*
All: Zylinderboden *m*
Ang: cylinder base *n*
Esp: fondo de cilindro *m*

fondu (sur) *pp*
All: angeschmolzen *pp*
Ang: melted on *pp*
Esp: derretido *adj*

fonte *f*
All: Gusseisen *n*
Ang: cast iron *n*
Esp: hierro fundido *m*

fonte d'aluminium *f*
All: Aluminiumguss *m*
Ang: aluminum casting *n*
Esp: fundición de aluminio *f*

force appliquée au brin *f*
All: Trumkraft *f*
Ang: force on belt side *n*
Esp: fuerza en ramal de correa *f*

force centrifuge *f*
All: Fliehkraft *f*
Ang: centrifugal force *n*
Esp: fuerza centrífuga *f*

force circonférentielle *f*
All: Umfangskraft *f*
Ang: peripheral force *n*
Esp: fuerza periférica *f*

force d'application *f*
All: Anpresskraft *f*
Ang: downforce *n*
Esp: fuerza de apriete *f*

force d'assistance (servofrein) *f*
All: Unterstützungskraft (Bremskraftverstärker) *m*
Ang: assisting force (brake booster) *n*
Esp: fuerza de apoyo (servofreno) *f*

force de commande *f*
All: Betätigungskraft *f*
Ang: control force *n*
(operating force) *n*
Esp: fuerza de accionamiento *f*

force de couplage *f*
All: Koppelkraft *f*
Ang: coupling force *n*
Esp: fuerza de acoplamiento *f*

force de déclivité *f*
All: Hangabtriebskraft *f*
Ang: downgrade force *n*
Esp: fuerza inducida cuesta abajo *f*

force de fermeture de l'aiguille *f*
All: Nadelschließkraft *f*
Ang: needle closing force *n*
Esp: fuerza de cierre de aguja *f*

force de freinage *f*
All: Bremskraft *f*
Ang: braking force *n*
Esp: fuerza de frenado *f*

force de freinage au roulement des pneumatiques *f*
All: Reifenkraft *f*
Ang: tire force *n*
Esp: fuerza del neumático *f*

force de freinage du pneumatique *f*
All: Reifenbremskraft *f*
Ang: tire braking force *n*
Esp: fuerza de frenado del neumático *f*

force de freinage totale *f*
All: Gesamtbremskraft *f*
Ang: total braking force *n*
Esp: fuerza total de frenado *f*

force de friction *f*
All: Reibkraft *f*
Ang: frictional force *n*
Esp: fuerza de fricción *f*

force de frottement *f*
All: Reibungskraft *f*
Ang: friction force *n*
Esp: fuerza de fricción *f*

force de guidage latérale *f*
All: Seitenführungskraft *f*
Ang: lateral force *n*
(cornering force) *n*
Esp: fuerza de guiado lateral *f*

force de l'amortisseur *f*
All: Dämpferkraft *f*
Ang: damping force *n*
Esp: fuerza de amortiguación *f*

force de propulsion *f*
All: Vortriebskraft *f*
Ang: drive force *n*
Esp: fuerza de propulsión *f*

force de rappel *f*
All: Rückstellkraft *f*
Ang: return force *n*
Esp: fuerza de reposicionamiento *f*

force de réaction (frein) *f*
All: Reaktionskraft (Bremse) *f*
Ang: reaction force (brakes) *n*
Esp: fuerza de reacción (freno) *f*

force de réglage (électrovalve ABS) *f*
All: Verstellkraft (ABS-Magnetventil) *f*
Ang: actuating force (ABS solenoid valve) *n*
Esp: fuerza de ajuste (electroválvula del ABS) *f*

force de rotation *f*
All: Drehkraft *f*
Ang: torsional force *n*
Esp: fuerza de torsión *f*

force de serrage *f*
All: Klemmkraft *f*
Ang: clamping pressure *n*
(clamping power) *n*
Esp: fuerza de apriete *f*

force de serrage (garniture de frein) *f*
All: Spannkraft (Bremsbelag) *f*
(Anlegedruck) *m*
Ang: application force (brake lining) *n*
Esp: fuerza de aplicación (pastilla de frenos) *f*

force d'extraction *f*
All: Abzugskraft *f*
Ang: pull off force *n*
Esp: fuerza de extracción *f*

force d'inertie *f*
All: Massenkraft *f*
Ang: inertial force *n*
Esp: fuerza de inercia *f*

force du ressort *f*
All: Federkraft *f*
Ang: spring force *n*
Esp: fuerza elástica *f*

force du vent latéral *f*
All: Seitenwindkraft *f*
Ang: crosswind force *n*
Esp: fuerza del viento lateral *f*

force électrique *f*
All: elektrische Feldkraft *f*
Ang: electric field force *n*
Esp: fuerza del campo eléctrico *f*

force électromotrice, f.é.m. *f*
All: elektromotorische Kraft, EMK *f*
(Urspannung) *f*
Ang: electromotive force *n*
Esp: fuerza electromotriz *f*

force initiale de démarrage *f*
All: Anzugskraft *f*
Ang: tightening force *n*
Esp: fuerza de apriete *f*

force latérale *f*
All: Seitenkraft *f*
Ang: side force *n*
Esp: fuerza lateral *f*

force latérale du pneumatique *f*
All: Reifenseitenkraft *f*

Français

(Reifenquerkraft) *f*
Ang: lateral tire force *n*
Esp: fuerza lateral de neumático *f*

force magnétique *f*
All: magnetische Feldkraft *f*
Ang: magnetic field force *n*
Esp: fuerza de campo magnético *f*

force motrice *f*
All: Antriebskraft *f*
Ang: motive force *n*
Esp: fuerza motriz *f*
(fuerza de tracción) *f*

force motrice *f*
All: Triebkraft *f*
Ang: traction force *n*
(motive force) *n*
Esp: fuerza motriz *f*

force musculaire (commande de frein) *f*
All: Muskelkraft (Bremsbetätigung) *f*
Ang: muscular force (brake control) *n*
Esp: fuerza muscular (accionamiento de freno) *f*

force réactive *f*
All: Gegenkraft *f*
Ang: counterforce *n*
(counterpressure) *n*
Esp: contrafuerza *f*

force tangentielle *f*
All: Tangentialkraft *f*
Ang: tangential force *n*
Esp: fuerza tangencial *f*

force verticale du pneumatique *f*
All: Reifenaufstandskraft *f*
Ang: vertical tire force *n*
Esp: fuerza vertical del neumático *f*

format de message (multiplexage) *m*
All: Botschaftsformat (CAN) *n*
Ang: message format (CAN) *n*
Esp: formato de mensaje (CAN) *m*

format d'échange des données *m*
All: Datenaustauschformat *n*
Ang: data interchange format *n*
Esp: formato de intercambio de datos *m*

formation d'acide *f*
All: Säurebildung *f*
Ang: acid formation *n*
Esp: formación de ácido *f*

formation de bulles de gaz *f*
All: Gasblasenbildung *f*
Ang: formation of gas bubbles *n*
Esp: formación de burbujas de gas *f*

formation de rouille *f*
All: Rostbildung *f*
Ang: rust formation *n*
Esp: formación de óxido *f*

formation de suie *f*
All: Rußbildung *f*
Ang: soot production *n*
(soot formation) *n*
Esp: formación de hollín *f*

formation du film humidificateur *f*
All: Wandfilmaufbau *m*
Ang: fuel film formation *n*
Esp: formación de película de aceite *f*

formation du mélange *f*
All: Gemischbildung *f*
(Gemischaufbereitung) *f*
Ang: mixture formation *n*
Esp: formación de la mezcla *f*

formation du moment de lacet *f*
All: Giermomentaufbau (Kfz-Dynamik) *m*
Ang: yaw moment build-up (motor-vehicle dynamics) *n*
Esp: formación de par de guiñada (dinámica del automóvil) *f*

forme de came *f*
All: Nockenform *f*
Ang: cam shape *n*
Esp: forma de la leva *f*

forme de construction *f*
All: Bauform *f*
Ang: structural shape *n*
Esp: forma constructiva *f*

forme de denture *f*
All: Zahnform *f*
Ang: tooth shape *n*
Esp: forma de diente *f*

forme de la chambre de combustion *f*
All: Brennraumform *f*
Ang: combustion chamber shape *n*
Esp: forma de la cámara de combustión *f*

forme de la chambre de combustion *f*
All: Brennraumgestaltung *f*
Ang: combustion chamber design *n*
Esp: diseño de la cámara de combustión *m*

forme de l'impulsion *f*
All: Impulsform *f*
Ang: pulse shape *n*
Esp: forma de impulsos *f*

forme de siège *m*
All: Sitzform *f*
Ang: seat type *n*
Esp: forma del asiento *f*

forme des électrodes (bougie d'allumage) *f*
All: Elektrodenform (Zündkerze) *f*
Ang: electrode shape (spark plug) *n*
Esp: forma del electrodo (bujía de encendido) *f*

forme des trous d'injection (injecteur) *f*
All: Lochform (Einspritzdüse) *f*
Ang: spray hole shape (injector) *n*
Esp: forma de los orificios (inyector) *f*

forme du jet (injection) *f*
All: Strahlform (Kraftstoffeinspritzung) *f*
Ang: spray shape (fuel injection) *n*
Esp: forma del chorro (inyección de combustible) *f*

forme du jet *f*
All: Strahlgeometrie (Kraftstoffeinspritzung) *f*
Ang: spray pattern (fuel injection) *n*
Esp: geometría del chorro (inyección de combustible) *f*

forme extérieure de la carrosserie *f*
All: Karosserieaußenform *f*
Ang: exterior body shape *n*
Esp: forma exterior de la carrocería *f*

formule de conversion *f*
All: Umrechnungsformel *f*
Ang: conversion formula *n*
Esp: fórmula de conversión *f*

formule de type *f*
All: Typformel *f*
Ang: type designation *n*
Esp: fórmula de modelo *f*

fourche de jambe de suspension *f*
All: Federbeingabel *f*
Ang: spring strut fork *n*
Esp: horquilla de pata telescópica *f*

fourchette d'articulation *f*
All: Gelenkgabel *f*
Ang: link fork *n*
Esp: horquilla articulada *f*

fourchette de débrayage *f*
All: Ausrückhebellager *n*
Ang: release lever bearing *n*
Esp: cojinete de la palanca de desembrague *m*

fourchette d'engrènement (démarreur) *f*
All: Einrückhebel (Starter) *m*
Ang: engagement lever (starter) *n*
Esp: palanca de engrane (motor de arranque) *f*

fourgonnette *f*
All: Lieferwagen *m*
Ang: delivery van *n*
Esp: camioneta de reparto *f*

foyer (projecteur) *m*
All: Brennpunkt (Scheinwerfer) *m*
Ang: focal point (headlamp) *n*
Esp: punto focal (faros) *m*

fragilisation *f*
All: Versprödung *f*
Ang: brittleness *n*
Esp: fragilización *f*

frein *m*
All: Bremse *f*
Ang: brake *n*

Français

Esp: freno *m*

frein à air comprimé *m*
All: Druckluftbremse *f*
Ang: compressed air brake *n*
(pneumatic brake) *n*
Esp: freno de aire comprimido *m*

frein à cadre-étrier *m*
All: Rahmensattelbremse *f*
Ang: fixed caliper brake system *n*
Esp: freno de pinza fija *m*

frein à cames *m*
All: Nockenbremse *f*
Ang: cam brake *n*
Esp: freno de leva *m*

frein à coin *m*
All: Keilbremse *f*
(Spreizkeilbremse) *f*
Ang: wedge actuated brake *n*
Esp: freno por cuña de expansión *m*
(freno con mecanismo de cuña de expansión) *m*

frein à commande hydraulique *m*
All: Öldruckbremse *f*
(hydraulische Bremse) *f*
Ang: hydraulic-actuated brake *n*
Esp: freno hidráulico *m*

frein à courants de Foucault *m*
All: Wirbelstrombremse *f*
Ang: eddy current brake *n*
Esp: freno por corrientes parásitas *m*

frein à dépression *m*
All: Unterdruckbremse *f*
Ang: vacuum bracke *n*
Esp: freno por depresión *m*

frein à disque *m*
All: Scheibenbremse *f*
Ang: disc brake *n*
Esp: freno de disco *m*

frein à étrier fixe *m*
All: Festsattelbremse *f*
Ang: fixed caliper brake *n*
Esp: freno de pinza fija *m*

frein à étrier flottant *m*
All: Faustsattelbremse *f*
Ang: floating caliper brake *n*
(sliding caliper brake) *n*
Esp: freno de pinza flotante *m*

frein à étrier flottant *m*
All: Schwimmsattelbremse *f*
Ang: floating caliper brake system *n*
Esp: freno de pinza flotante *m*

frein à friction *m*
All: Reibungsbremse *f*
Ang: friction brake *n*
Esp: freno de fricción *m*

frein à mâchoires *m*
All: Backenbremse (Bremsen) *f*
Ang: shoe brake (brakes) *n*
Esp: freno de zapatas (frenos) *m*

frein à main *m*
All: Handbremse *f*
(Parkbremse) *f*
Ang: handbrake *n*
Esp: freno de mano *m*

frein à segments à expansion interne *m*
All: Innenbackenbremse *f*
Ang: internal shoe brake *n*
Esp: freno de zapatas de expansión *m*

frein à tambour *m*
All: Trommelbremse *f*
Ang: drum brake *n*
Esp: freno de tambor *m*

frein ABS *m*
All: ABS-Bremse *f*
Ang: antilock brake *n*
Esp: freno antibloqueo ABS *m*

frein additionnel *m*
All: Zusatzbremse *f*
Ang: auxiliary brake *n*
Esp: freno auxiliar *m*

frein automatique *m*
All: automatische Bremse *f*
Ang: automatic brake *n*
Esp: freno automático *m*

frein de ceinture de sécurité *m*
All: Gurtbremse *f*
Ang: seat belt brake *n*
Esp: freno de cinturón de seguridad *m*

frein de différentiel *m*
All: Getriebedifferenzialbremse *f*
Ang: differential brake *n*
Esp: freno diferencial *m*

frein de réaspiration (pompe haute pression) *m*
All: Droselbohrung *f*
Ang: throttling bore *n*
Esp: taladro de estrangulación *m*

frein de réaspiration *m*
All: Rückströmdrossel *f*
Ang: return flow restriction *n*
Esp: estrangulador de reflujo *m*

frein de remorque *m*
All: Anhängerbremse *f*
Ang: trailer brake *n*
Esp: freno del remolque *m*

frein de roue *m*
All: Radbremse *f*
Ang: wheel brake *n*
Esp: freno de rueda *m*

frein de stationnement *m*
All: Feststellbremse *f*
Ang: parking brake system *n*
Esp: freno de estacionamiento *m*

frein duo-duplex *m*
All: Duo-Duplexbremse *f*
Ang: duo duplex brake *n*
Esp: freno duo-duplex *m*

frein duplex *m*
All: Duplexbremse *f*
Ang: duplex brake *n*
Esp: freno dúplex *m*

frein électrique (démarreur) *m*
All: Strombremse (Starter) *f*
Ang: electric brake (starter) *n*
Esp: freno eléctrico (motor de arranque) *m*

frein électrohydraulique *m*
All: Elektrohydraulische Bremse *f*
Ang: electrohydraulic brake *n*
Esp: freno electrohidráulico *m*

frein électrohydraulique, EHB *m*
All: elektrohydraulische Bremse, EHB *a*
Ang: electrohydraulic braking system, EHB *n*
Esp: sistema de freno electrohidráulico, EHB *m*

frein multidisques *m*
All: Lamellenbremse *f*
Ang: clutch stop *n*
Esp: freno miltidisco *m*

frein simplex *m*
All: Simplexbremse *f*
(Simplex-Trommelbremse) *f*
Ang: simplex brake *n*
Esp: freno simplex *m*

freinage capacitif *m*
All: Kondensatorbremsung *f*
Ang: capacitor braking *n*
Esp: frenado por condensador *pp*

freinage d'arrêt *m*
All: Stoppbremsung *f*
Ang: braking to a standstill *n*
Esp: frenada de parada *f*

freinage de l'induit *m*
All: Ankerabbremsung *f*
Ang: armature braking *n*
Esp: frenado del inducido *m*

freinage de secours *m*
All: Hilfsbremsung *f*
Ang: secondary braking *n*
Esp: frenado auxiliar *m*

freinage de service *m*
All: Betriebsbremsung *f*
Ang: service brake application *n*
Esp: aplicación del freno de servicio *f*

freinage d'urgence *m*
All: Vollbremsung *f*
(Schnellbremsung) *f*
Ang: emergency braking *n*
(full braking) *n*
(panic bracking) *n*
Esp: frenado a tope *m*

freinage en côte *m*
All: Bergaufbremsen *n*
Ang: braking on upgrade *n*
Esp: frenado cuesta arriba *m*

freinage en descente *m*
All: Gefällebremsung *f*
Ang: downhill braking *n*
Esp: frenado cuesta abajo *m*

freinage en situation de panique *m*

Français

All: Notbremsung *f*
(*Gewaltbremsung*) *f*
(*Panikbremsung*) *f*
Ang: panic braking *n*
Esp: frenado de emergencia *m*

freinage en situation de panique ***m***
All: Notbremsung *f*
Ang: emergency braking *n*
Esp: frenado de emergencia *m*

freinage minimal ***m***
All: Mindestbremswirkung (Bremsen) *f*
Ang: minimum braking effect (brakes) *n*
Esp: efecto mínimo de frenado (frenos) *f*

freinage partiel ***m***
All: Teilbremsung *f*
Ang: partial braking *n*
Esp: frenado parcial *m*

freinage prolongé ***m***
All: Dauerbremsung *f*
Ang: continuous braking *n*
Esp: frenada continua *f*

freins d'un véhicule à moteur ***mpl***
All: Kraftfahrzeugbremsen *fpl*
Ang: motor vehicle brakes *npl*
(*automotive brakes*) *npl*
Esp: frenos de vehículo *mpl*

fréquence ***f***
All: Frequenz *f*
Ang: frequency *n*
Esp: frecuencia *f*

fréquence de clignotement ***f***
All: Blinkfrequenz *f*
Ang: flash frequency *n*
Esp: frecuencia de la luz intermitente *f*

fréquence de réception ***f***
All: Empfangsfrequenz *f*
Ang: receive frequency *n*
Esp: frecuencia de recepción *f*

fréquence de résonance ***f***
All: Resonanzfrequenz *f*
Ang: resonant frequency *n*
Esp: frecuencia de resonancia *f*

fréquence d'émission ***f***
All: Sendefrequenz *f*
Ang: transmit frequency *n*
Esp: frecuencia de emisión *f*

fréquence des impulsions ***f***
All: Taktfrequenz *f*
Ang: timing frequency *n*
Esp: frecuencia de ciclo *f*

fréquence d'excitation ***f***
All: Erregerfrequenz *f*
(*Anregungsfrequenz*) *f*
Ang: excitation frequency *n*
Esp: frecuencia de excitación *f*

fréquence d'utilisation ***f***
All: Betriebsfrequenz *f*
Ang: operating frequency *n*
Esp: frecuencia de operación *f*

fréquence initiale ***f***
All: Ausgangsfrequenz *f*
Ang: output frequency *n*
Esp: frecuencia de salida *f*

fréquence limite (régulateur) ***f***
All: Grenzfrequenz (Regler) *f*
Ang: cutoff frequency (governor) *n*
Esp: frecuencia límite (regulador) *f*

fréquence perturbatrice du vilebrequin ***f***
All: Kurbelwellenstörfrequenz *f*
Ang: crankshaft disturbance frequency *n*
Esp: frecuencia de perturbación del cigüeñal *f*

fréquence propre ***f***
All: Eigenfrequenz *f*
Ang: natural frequency *n*
Esp: frecuencia natural *f*

fréquence propre de l'essieu ***f***
All: Achseigenfrequenz *f*
Ang: characteristic frequency axle *n*
Esp: frecuencia propia del eje *f*

fréquencemètre ***m***
All: Frequenzmesser *m*
Ang: frequency meter *n*
Esp: frecuencímetro *m*

frittage ***m***
All: Sintern *n*
Ang: sintering *n*
Esp: sinterización *f*

front de la flamme ***m***
All: Flammfront *f*
(*Flammoberfläche*) *f*
Ang: flame front *n*
Esp: frente de fuego *m*

frottement ***m***
All: Reibung *f*
(*Wälzreibung*) *f*
Ang: friction *n*
Esp: fricción *f*

frottement au roulement ***m***
All: Rollreibung *f*
Ang: rolling friction *n*
Esp: fricción de rodadura *f*

frottement de glissement ***m***
All: Gleitreibung *f*
Ang: sliding friction *n*
Esp: rozamiento por deslizamiento *m*

frottement limite ***m***
All: Grenzreibung *f*
Ang: boundary friction *n*
Esp: fricción límite *f*

frottement statique ***m***
All: Haftreibung *f*
Ang: static friction *n*
Esp: rozamiento estático *m*

fuite ***f***
All: Leckage *f*
Ang: leakage *n*
Esp: fuga *f*

fumées bleues ***fpl***
All: Blaurauch *m*
Ang: blue smoke *n*
Esp: humo azul *m*

fumées diesel ***fpl***
All: Dieselrauch *m*
Ang: diesel smoke *n*
Esp: humos de Diesel *mpl*

fumées noires ***fpl***
All: Schwarzrauch *m*
Ang: black smoke *n*
Esp: humo negro *m*

fumimètre ***m***
All: Rauchgastester *m*
Ang: smoke meter *n*
Esp: comprobador de gases de escape (medición de opacidad) *m*

fumimètre ***m***
All: Rauchwertmessgerät *n*
(*Rauchgastester*) *m*
Ang: smoke emission test equipment *n*
(*smoke tester*) *n*
(*smokemeter*) *n*
Esp: medidor del valor de emisión de humos *m*

fusée d'essieu ***f***
All: Achsschenkel *m*
Ang: steering knuckle *n*
Esp: mangueta *f*

fusible ***m***
All: Schmelzsicherung *f*
Ang: fusible link *n*
Esp: plomo fusible *m*

fusible ***m***
All: Sicherung *f*
Ang: fuse *n*
Esp: fusible *m*

fût d'injecteur ***m***
All: Düsenschaft *m*
Ang: nozzle stem *n*
Spa: vástago de inyector *m*

G

gain (d'un signal) ***m***
All: Verstärkung *f*
Ang: amplification *n*
Esp: amplificación *f*

gain (d'un signal) (servofrein) ***m***
All: Verstärkungsfaktor *m*
Ang: amplification factor *n*
Esp: factor de amplificación *m*

gain de signal ***m***
All: Signalverstärkung *f*
Ang: signal amplification *n*
Esp: amplificación de señal *f*

gain différentiel ***m***
All: Differenzialverstärkung *f*
Ang: differential amplification *n*

Français

Esp: amplificación diferencial *f*

gaine *f*
All: Mantel *m*
Ang: cladding *n*
Esp: camisa *f*

gainé *adj*
All: ummantelt *adj*
Ang: wrapped *adj*
(sheathed) *adj*
Esp: revestido *adj*

gaine isolante *f*
All: Isolierschlauch *m*
Ang: insulating tubing *n*
Esp: tubo flexible aislante *m*

gaine isolante *f*
All: Isolierschlauch *m*
Ang: insulating sheath *n*
Esp: tubo flexible aislante *m*

galerie d'alimentation (pompe d'injection) *f*
All: Saugraum (Einspritzpumpe) *m*
(Pumpensaugraum) *m*
Ang: fuel gallery (fuel-injection pump) *n*
Esp: cámara de admisión (bomba de inyección) *f*

galet de friction *m*
All: Anlaufrolle *f*
Ang: starter roller *n*
Esp: rodillo de tope *m*

galet de palpage de la came *m*
All: Nockenlaufrolle *f*
Ang: camshaft roller *n*
Esp: rodillo seguidor de leva *m*

galet de poussoir *m*
All: Stößelrolle *f*
Ang: tappet roller *n*
Esp: rodillo de empujador *m*

galvanisation à chaud *f*
All: Feuerverzinken *n*
Ang: hot dip galvanizing *n*
Esp: galvanizado al fuego *pp*

garantie *f*
All: Garantie *f*
Ang: Warranty *n*
Esp: garantía *f*

garde au sol (véhicule) *f*
All: Bodenfreiheit (Kfz) *f*
Ang: ground clearance (motor vehicle) *n*
Esp: altura libre sobre el suelo (automóvil) *f*

garde au toit *f*
All: Kopfraum *m*
Ang: head room *n*
Esp: espacio para la cabeza *m*

garde-boue *m*
All: Schmutzfänger *m*
Ang: fender flap *n*
(mud flap) *n*
Esp: faldón guardabarros *m*

garniture *f*
All: Dichtmanschette *f*
Ang: cup seal *n*
Esp: manguito obturador *m*

garniture anti-poussière *f*
All: Staubmanschette *f*
Ang: dust sleeve *n*
Esp: guarnición guardapolvo *f*

garniture de frein *f*
All: Bremsbelag (Trommelbremse) *m*
Ang: brake lining (drum brake) *n*
Esp: forro de freno (freno de tambor) *m*

garniture de frein *f*
All: Bremsbelag (Scheibenbremse) *m*
Ang: brake pad (disc brake) *n*
Esp: pastilla de freno (freno de disco) *f*

garniture de frein à disque *f*
All: Scheibenbremsbelag *m*
Ang: disc brake pad *n*
Esp: pastilla de freno de disco *f*

garniture de friction *f*
All: Reibbelag *m*
Ang: friction lining *n*
Esp: forro de fricción *m*

gâteau de filtre *m*
All: Filterkuchen *m*
Ang: filter cake *n*
Esp: torta de filtro *f*

gaz à effet de serre *m*
All: Treibhausgas *n*
Ang: greenhouse gas *n*
Esp: gas de invernadero *m*

gaz combustible *m*
All: Brenngas *n*
Ang: combustion gas *n*
Esp: gas combustible *m*

gaz combustible *m*
All: Verbrennungsgas *n*
(Brenngas) *n*
Ang: combustion gas *n*
Esp: gas de combustión *m*

gaz de calibrage *m*
All: Kalibriergas *n*
(Eichgas) *n*
Ang: calibrating gas *n*
Esp: gas de calibración *m*

gaz de carter-cylindres *mpl*
All: Kurbelgehäusegase *npl*
Ang: crankcase blow by gases *n*
Esp: gases del bloque motor *mpl*

gaz de fuite *mpl*
All: Leckgas *n*
Ang: blowby gas *n*
Esp: gas de fuga *m*

gaz de mesure (émissions) *m*
All: Messgas (Abgasprüfung) *n*
Ang: test gas (exhaust-gas test) *n*
Esp: gas de prueba (comprobación de gases de escape) *m*

gaz de pétrole liquéfié, GPL *m*
All: Autogas *n*
(Flüssiggas) *n*
Ang: liquefied petroleum gas, LPG *n*
(liquid gas) *n*
Esp: gas para automóviles *m*
(gas líquido) *m*

gaz de référence (régulation de richesse) *m*
All: Referenzgas (Lambda-Regelung) *n*
Ang: reference gas (lambda closed-loop control) *n*
Esp: gas de referencia (regulación Lambda) *m*

gaz d'échappement *mpl*
All: Abgas *n*
Ang: exhaust gas *n*
Esp: gases de escape *mpl*

gaz d'échappement riches *mpl*
All: fettes Abgas *n*
Ang: rich exhaust gas *n*
Esp: gases de escape ricos *mpl*

gaz d'étalonnage *m*
All: Eichgas *n*
Ang: calibrating gas *n*
Esp: gas de calibración *m*

gaz frais (moteur à combustion) *mpl*
All: Frischgas (Verbrennungsmotor) *n*
Ang: fresh A/F mixture (IC engine) *n*
Esp: gas fresco (motor de combustión) *m*

gaz frais (moteur à combustion) *mpl*
All: Frischgas *n*
Ang: fresh gas *n*
Esp: gas fresco *m*

gaz inerte *m*
All: Inertgas *n*
Ang: inert gas *n*
Esp: gas inerte *m*

gaz moteur *m*
All: Arbeitsgas *n*
Ang: working gas *n*
Esp: gas de trabajo *m*

gaz naturel, GNV *m*
All: Erdgas *n*
Ang: natural gas *n*
Esp: gas natural *m*

gaz neutre (émissions) *m*
All: Nullgas (Abgasprüftechnik) *n*
Ang: zero gas (exhaust-gas test) *n*
Esp: gas neutro (técnica de ensayo de gases de escape) *m*

gaz résiduels *mpl*
All: Restgas *n*
Ang: residual exhaust gas *n*
Esp: gases de escape residuales *mpl*

Français

gazole ***m***
All: Dieselkraftstoff *m*
Ang: diesel fuel *n*
Esp: combustible Diesel *m*

générateur de gaz (coussin gonflable) ***m***
All: Gasgenerator (Airbag) *m*
Ang: gas inflator (airbag) *n*
Esp: generador de gas (airbag) *m*

générateur de Hall ***m***
All: Hall-Geber *m*
Ang: hall generator *n*
Esp: transmisor Hall *m*

générateur de pression (ASR) ***m***
All: Druckversorgung (ASR) *f*
Ang: pressure generator (TCS) *n*
Esp: suministro de presión (ASR) *m*

générateur d'impulsions ***m***
All: Impulsgeber *m*
(Taktgeber) *m*
Ang: pulse generator *n*
Esp: generador de impulsos *m*

générateur d'impulsions électronique ***m***
All: elektronischer Impulsgeber (specification) *m*
Ang: electronic pulse generator *n*
Esp: generador electrónico de impulsos (especificación) *m*

générateur d'ondes sinusoïdales ***m***
All: Sinusgenerator *m*
Ang: sine wave generator *n*
Esp: generador de frecuencias senoidales *m*

génération de la pression ***f***
All: Druckerzeugung *f*
Ang: pressure generation *n*
Esp: generación de presión *f*

génératrice asynchrone ***f***
All: Asynchrongenerator *m*
Ang: induction generator *n*
Esp: alternador asíncrono *m*
(generador de inducción) *m*

génératrice de courant continu ***f***
All: Gleichstromgenerator *m*
Ang: direct current generator *n*
Esp: dínamo de corriente continua *f*

génératrice tachymétrique ***f***
All: Tachogenerator *m*
Ang: speedometer generator *n*
Esp: generador tacómetro *m*

gestion des fonctions du moteur ***f***
All: Motorsteuerung *f*
(Motormanagement) *n*
Ang: engine management *n*
Esp: control del motor *m*

gestion du réseau de bord ***f***
All: Bordnetzmanagement *n*
Ang: vehicle electrical system management *n*
Esp: gestión de la red de a bordo *f*

gestion énergétique ***f***
All: Energiemanagement *n*
Ang: energy management *n*
Esp: gestión de energía *f*

gicleur (lavophare) ***m***
All: Spritzdüse (Scheibenwaschanlage) *f*
Ang: nozzle (windshield washer) *n*
Esp: eyector (sistema lavacristales) *m*

gicleur à aiguille ***m***
All: Nadeldüse *f*
Ang: needle jet *n*
Esp: inyector de aguja *m*

gicleur d'aspiration ***m***
All: Saugdrossel *f*
Ang: suction throttle *n*
Esp: estrangulador de aspiración *m*

gicleur de départ à froid ***m***
All: Kaltstartdüse *f*
Ang: cold start nozzle *n*
Esp: tobera de arranque en frío *f*

gicleur de ralenti ***m***
All: Leerlaufdüse *f*
Ang: idling jet *n*
Esp: surtidor de ralentí *m*

gicleur principal ***m***
All: Hauptdüse *f*
Ang: main jet *n*
Esp: boquilla principal *f*

glace de diffusion (feu) ***f***
All: Lichtscheibe (Leuchte) *f*
Ang: lens (lamp) *n*
Esp: cristal de dispersión (lámpara) *m*

glace de rétroviseur ***f***
All: Spiegelglas *n*
Ang: mirror glass *n*
Esp: cristal de espejo *m*

glissement ***m***
All: Gleitvorgang *m*
Ang: slip *n*
Esp: proceso de deslizamiento *m*

glissement (pneu) ***m***
All: Reifenschlupf (Reifen) *m*
Ang: tire slip (tire) *n*
Esp: resbalamiento de neumático (neumáticos) *m*

glissement ***m***
All: Schlupf (Rad) *m*
Ang: wheel slip (wheel) *n*
Esp: resbalamiento (rueda) *m*

glissement ABS théorique ***m***
All: ABS-Sollschlupf *m*
Ang: nominal ABS slip *n*
Esp: resbalamiento nominal del ABS *m*

glissement au freinage ***m***
All: Bremsschlupf *m*
Ang: brake slip *n*
Esp: resbalamiento de frenos *m*

glissement de courroie ***m***
All: Riemenschlupf *m*
Ang: belt slip *n*
Esp: resbalamiento de correa *m*

glissière ***f***
All: Führungsschiene *f*
Ang: guide rail *n*
Esp: riel guía *m*

glissière ***f***
All: Führungsschiene *f*
Ang: guide rail *n*
Esp: riel guía *m*

glissière (tête d'accouplement) ***f***
All: Klauenführung (Kupplungskopf) *f*
Ang: claw guide (coupling head) *n*
Esp: guía de garras (cabeza de acoplamiento) *f*

gonflement ***m***
All: Quellung *f*
Ang: swelling *n*
Esp: hinchamiento *m*

gonflement des élastomères (liquide de frein) ***m***
All: Elastomerquellung (Bremsflüssigkeit) *f*
Ang: elastomer swelling (brake fluid) *n*
Esp: hinchamiento del elastómero (líquido de frenos) *m*

goujon ***m***
All: Gewindestift *m*
Ang: threaded pin *n*
Esp: pasador roscado *m*

goujon ***m***
All: Stift *m*
Ang: pin *n*
Esp: pasador *m*

goulotte ***f***
All: Kabelkanal *m*
Ang: cable duct *n*
Esp: canal de cables *m*

goupille d'arrêt ***f***
All: Sicherungsstift *m*
Ang: safety pin *n*
Esp: espiga de seguro *f*

goupille fendue ***f***
All: Splint *m*
Ang: split pin *n*
(cotter pin) *n*
Esp: pasador abierto *m*

gouttière ***f***
All: Ablaufschale *f*
Ang: drip pan *n*
Esp: bandeja de desagüe *f*

grade de viscosité ***m***
All: Viskositätsklasse *f*
Ang: viscosity classification *n*
Esp: grado de viscosidad *m*

gradient de température ***m***
All: Temperaturgefälle *n*
Ang: temperature gradient *n*
Esp: gradiente de temperatura *m*

Français

graissage à vie *m*
All: Dauerschmierung *f*
Ang: permanent lubrication *n*
Esp: lubricación permanente *f*

graisse à gélifiant *f*
All: Gelfett *n*
Ang: gel-type grease *n*
Esp: grasa con gel *f*

graisse à roulement *f*
All: Kugellagerfett *n*
Ang: ball bearing grease *n*
(roller-bearing grease) *n*
Esp: grasa para rodamientos de bolas *f*

graisse antiacide *f*
All: Säureschutzfett (Batterie) *n*
Ang: acid proof grease (battery) *n*
Esp: grasa protectora resistente al electrolito (batería) *f*

graisse haute pression *f*
All: Hochdruckfett *n*
Ang: high pressure grease *n*
Esp: grasa de alta presión *f*

graisse lubrifiante *f*
All: Schmierfett *n*
Ang: lubricating grease *n*
Esp: grasa lubricante *f*

graisse pour roulements *f*
All: Wälzlagerfett *n*
Ang: rolling bearing grease *n*
Esp: grasa para rodamientos *f*

graisseur *m*
All: Abschmiergerät *n*
Ang: lubricator *n*
Esp: lubricador *m*

grandeur convergente *f*
All: Hilfssteuergröße *f*
Ang: auxiliary actuating variable *n*
Esp: parámetro auxiliar de mando *m*

grandeur de déplacement *f*
All: Bewegungsgröße *f*
Ang: motion variable *n*
Esp: magnitud de movimiento *f*

grandeur de référence *f*
All: Bezugsgröße (SAP) *f*
Ang: allocation base *n*
Esp: magnitud de referencia (SAP) *f*

grandeur de référence *f*
All: Führungsgröße *f*
Ang: reference variable *n*
Esp: magnitud de referencia *f*

grandeur d'entrée *f*
All: Eingangsgröße *f*
Ang: input variable *n*
Esp: magnitud de entrada *f*

grandeur mesurée *f*
All: Messgröße *f*
Ang: measured quantity *n*
(measured variable) *n*
Esp: magnitud de medición *f*

grandeur perturbatrice (régulation) *f*
All: Störgröße (Regelung und Steuerung) *m*
Ang: disturbance value (regulation and control) *n*
Esp: magnitud de perturbación (regulación y control) *f*

grandeur réglante *f*
All: Stellgröße *f*
Ang: manipulated variable *n*
Esp: magnitud de ajuste *f*

grandeur réglée *f*
All: Regelgröße *f*
Ang: controlled variable (closed-loop control) *n*
Esp: magnitud de regulación *f*

grandeur utile *f*
All: Nutzgröße *f*
Ang: useful quantity *n*
Esp: magnitud útil *f*

grandeurs initiales *fpl*
All: Ausgangsgrößen *fpl*
Ang: output variables *n*
(output quantity) *n*
Esp: magnitudes de salida *fpl*

grenaillage *m*
All: Kugelstrahlen *n*
Ang: shot peen *n*
Esp: chorreado por perdigones *m*

griffe (tête d'accouplement) *f*
All: Klaue (Kupplungskopf) *f*
Ang: claw (coupling head) *n*
Esp: garra (cabeza de acoplamiento) *f*

griffe de palonnier (essuie-glace) *f*
All: Bügelkralle (Wischer) *f*
Ang: bracket clamp (wipers) *n*
Esp: garra tipo estribo (limpiaparabrisas) *f*

griffe d'entraînement *f*
All: Mitnehmerklaue *f*
Ang: drive connector dog *n*
Esp: garra de arrastre *f*

griffe polaire *f*
All: Polklaue *f*
Ang: pole claw *n*
Esp: garra de terminal *f*

grille de passage de vitesses *f*
All: Schaltkulisse *f*
Ang: contoured switching guide *n*
Esp: colisa de mando *f*

grille de plomb (batterie) *f*
All: Bleigitter (Batterie) *n*
Ang: lead grid (battery) *n*
Esp: rejilla de plomo (batería) *f*

grille métallique (catalyseur) *f*
All: Metallgeflecht (Katalysator) *n*
Ang: metal mesh (catalytic converter) *n*
Esp: malla metálica (catalizador) *f*

grincer (frein) *m*
All: quietschen (Bremse) *v*
Ang: squeal (brake) *v*
Esp: chirriar (freno) *v*

grippage *m*
All: Fressen *n*
Ang: seizure *n*
Esp: gripado *m*

grippage de piston *m*
All: Kolbenfresser *m*
Ang: piston seizure *n*
Esp: gripado de pistón *m*

groupe d'adaptation *m*
All: Anpasseinrichtung *f*
(Aufschaltgruppe) *f*
Ang: add on module *n*
Esp: módulo intercalado *m*

groupe de freinage à double circuit *m*
All: Zweikreis-Bremsgerät *n*
Ang: dual circuit brake assembly *n*
Esp: aparato de freno de doble circuito *m*

groupe de vitesses *m*
All: Ganggruppe (Kfz-Getriebe) *f*
Ang: gear range *n*
Esp: grupo de marchas (cambio del vehículo) *m*

groupe diesel *m*
All: Dieselaggregat *n*
Ang: diesel power unit *n*
Esp: grupo Diesel *m*

groupe électrogène *m*
All: Notstromaggregat *n*
Ang: emergency power generator set *n*
Esp: grupo electrógeno de emergencia *m*

groupe générateur *m*
All: Stromerzeugungs-Aggregat *n*
Ang: engine generator set *n*
Esp: grupo electrógeno *m*

groupe hydraulique *m*
All: Hydroaggregat (ABS) *n*
Ang: hydraulic modulator (ABS) *n*
Esp: grupo hidráulico (ABS) *m*

groupe moto-générateur *m*
All: Stromaggregat *n*
Ang: engine generator set *n*
Esp: grupo electrógeno *m*

groupe motopropulseur *m*
All: Antriebseinheit *f*
Ang: power unit *n*
Esp: unidad de accionamiento *f*

groupe motopropulseur *m*
All: Motor-Getriebe-Block *m*
(Antriebseinheit) *f*
Ang: engine/transmission assembly *n*
(power unit) *n*
Esp: conjunto motor/cambio *m*

groupes d'adaptation *mpl*
All: Aufschaltgruppen *fpl*

Français

Ang: add on modules n
Esp: grupos de conexión adicional mpl

guéabilité *f*
All: Watfähigkeit *f*
Ang: wading capability *n*
Esp: capacidad de vadeo *f*

guidage d'air *m*
All: Luftführung *f*
Ang: air duct *n*
Esp: conducción de aire *f*

guidage du véhicule *m*
All: Fahrzeugführung *f*
Ang: vehicle handling *n*
Esp: manejo del vehículo *m*

guidage jusqu'à destination *m*
All: Zielführung *(Navigationssystem)* *f* *n*
Ang: route-guidance (vehicle navigation system) *n*
Esp: guía al destino *f*

guide de parcage *m*
All: Einparkhilfssystem *(Park-Pilot)* *n* *m*
Ang: park pilot *n*
Esp: piloto de aparcamiento *m*

guide de soupape *m*
All: Ventilführung *f*
Ang: valve guide *n*
Esp: guía de válvula *f*

guide-aiguille *m*
All: Nadelführung *f*
Ang: needle guide *n*
Esp: guía de aguja *f*

guide-chaîne *m*
All: Kettenführung *f*
Ang: chain guide *n*
Esp: guía de cadena *f*

guide-coulisse (injection diesel) *m*
All: Kulissenführung (Diesel-Regler) *f*
Ang: sliding block guide (governor) *n*
Esp: guía de colisa (regulador Diesel) *f*

guide-jet *m*
All: Strahlrichter *m*
Ang: jet alignment piece *n*
Esp: alineador de chorro *m*

guipé *adj*
All: ummantelt *adj*
Ang: clad *adj*
Esp: revestido *adj*

gyromètre à vibration *m*
All: Schwingungsgyrometer *n*
Ang: oscillation gyrometer *n*
Esp: girómetro de vibración *m*

gyrophare *m*
All: Rundumkennleuchte *f*
Ang: rotating beacon *n*
Spa: luz omnidireccional de identificación *f*

H

habillage *m*
All: Verkleidung *f*
Ang: cladding *n*
Esp: revestimiento *m*

habitacle *m*
All: Fahrgastzelle *f*
Ang: passenger cell *n*
Esp: habitáculo *m*

habitacle *m*
All: Innenraum *m*
Ang: interior *(passenger compartment)* *n* *n*
Esp: habitáculo *(interior del vehículo)* *m* *m*

habitacle du véhicule *m*
All: Fahrzeuginnenraum *m*
Ang: passenger compartment *n*
Esp: interior del vehículo *m*

haute pression *f*
All: Hochdruck *m*
Ang: high pressure *n*
Esp: alta presión *f*

haute tension *f*
All: Hochspannung *f*
Ang: high voltage *n*
Esp: alta tensión *f*

hauteur de pic *f*
All: Spitzenhöhe *f*
Ang: peak height *n*
Esp: altura máxima *f*

hauteur de rebondissement *f*
All: Rückprallhöhe *f*
Ang: rebound height *n*
Esp: altura de rebote *f*

hauteur de son *f*
All: Tonhöhe *f*
Ang: pitch *n*
Esp: agudeza del sonido *f*

haut-parleur *m*
All: Autolautsprecher *m*
Ang: automotive speaker *n*
Esp: altavoz de automóvil *m*

haut-parleur *m*
All: Lautsprecher *m*
Ang: loudspeaker *n*
Esp: altavoz *m*

haut-parleur actif *m*
All: Aktivlautsprecher *m*
Ang: active speaker *n*
Esp: altavoz activo *m*

haut-parleur d'aiguës *m*
All: Hochtöner *m*
Ang: tweeter *n*
Esp: altavoz de tonos agudos *m*

haut-parleur de basses *m*
All: Tieftöner *m*
Ang: woofer *n*
Esp: altavoz de tonos graves *m*

hayon *m*
All: Heckklappe *f*
Ang: trunk lid *n*
Esp: portón trasero *m*

hayon élévateur *m*
All: Ladebordwand *f*
Ang: platform lift *n*
Esp: plataforma elevadora *f*

hermétique *adj*
All: luftdicht *adj*
Ang: airtight *adj*
Esp: hermético al aire *adj*

homogène *adj*
All: homogen *adj*
Ang: homogenous *n*
Esp: homogéneo *adj*

homologation *f*
All: Homologation *f*
Ang: homologation *n*
Esp: homologación *f*

homologation *f*
All: Typprüfung *f*
Ang: type test *n*
Esp: ensayo de tipo *m*

homologation de type *f*
All: Bauartgenehmigung *f*
Ang: design certification *n*
Esp: homologación de tipo *f*

homologation de type *m*
All: Typengenehmigung *f*
Ang: type approval *(general certification)* *n* *n*
Esp: homologación de tipo *f*

homologation de type *f*
All: Typzulassung *f*
Ang: type approval *n*
Esp: permiso de circulación del modelo *m*

homologation générale *f*
All: Allgemeine Betriebserlaubnis *(Typengenehmigung)* *f* *f*
Ang: General Certification *n*
Esp: permiso general de circulación *m*

huile d'essai *f*
All: Prüföl *n*
Ang: calibrating oil *n*
Esp: aceite de comprobación *m*

huile lubrifiante *f*
All: Schmieröl *n*
Ang: lube oil *n*
Esp: aceite lubricante *m*

huile monograde *f*
All: Einbereichsöl *n*
Ang: single grade engine oil *n*
Esp: aceite monogrado *m*

huile moteur *f*
All: Motoröl *n*
Ang: engine oil *(engine lub oil)* *n* *n*
Esp: aceite del motor *m*

huile multigrade *f*
All: Mehrbereichsöl *n*
Ang: multigrade oil *n*

Français

Esp: aceite multigrado *m*

huile pour transmissions *f*
All: Getriebeöl *n*
Ang: transmission oil *n*
Esp: aceite del cambio *m*

humidification des parois *f*
All: Wandbenetzung (Saugrohr) *f*
(Wandfilmbildung) *f*
Ang: manifold wall fuel condensation *n*
Esp: humectación de las paredes (tubo de admisión) *f*

hydraulique automobile *f*
All: Fahrzeughydraulik *f*
Ang: automotive hydraulics *n*
Esp: sistema hidráulico del vehículo *m*

hydraulique de freinage *f*
All: Bremshydraulik *f*
Ang: brake hydraulics *n*
Esp: sistema hidráulico de los frenos *m*

hydrocarbure *m*
All: Kohlenwasserstoff *m*
Ang: hydrocarbon, HC *n*
Esp: hidrocarburo *m*

hystérésis *f*
All: Hysterese *f*
Ang: hysteresis *n*
Esp: histéresis *f*

hystérésis du freinage *f*
All: Bremshysterese *f*
Ang: braking hysteresis *n*
Spa: histéresis de frenado *f*

I

identification des bornes *f*
All: Klemmenbezeichnung *f*
Ang: terminal designation *n*
Esp: designación de bornes *m*

impédance *f*
All: Impedanz *f*
(Scheinwiderstand) *m*
Ang: impedance *n*
Esp: impedancia *f*

impédance acoustique *f*
All: akustische Impedanz *f*
Ang: acoustic impedance *n*
Esp: impedancia acústica *f*

impédance acoustique *f*
All: Schallimpedanz *f*
Ang: acoustic impedance *n*
Esp: impedancia acústica *f*

imprégnation *f*
All: Imprägnierung *f*
Ang: impregnation *n*
Esp: impregnación *f*

impulsion d'allumage *f*
All: Zündimpuls *m*
Ang: ignition pulse *n*
Esp: impulso de encendido *m*

impulsion de commande (calculateur) *f*
All: Steuerimpuls (Steuergerät) *m*
Ang: control pulse (ECU) *n*
Esp: impulso de mando (unidad de control) *m*

impulsion de contrôle *f*
All: Prüfimpuls *m*
Ang: test pulse *n*
Esp: impulso de comprobación *m*

impulsion d'émission *f*
All: Sendeimpuls *m*
Ang: transmit pulse *n*
Esp: impulso de emisión *m*

impulsion d'injection *f*
All: Einspritzimpuls *m*
Ang: injection pulse *n*
Esp: impulso de inyección *m*

incandescence permanente *f*
All: dauerglühen *v*
Ang: continuous glowing *v*
Esp: incandescencia continua *f*

incidence du défaut *f*
All: Fehlerfolge *f*
Ang: failure consequence *n*
Esp: secuencia de averías *f*

inclinaison *f*
All: Neigung *f*
Ang: slope *n*
(gradient) *n*
(incline) *n*
Esp: inclinación *f*

incompatibilité avec l'environnement *f*
All: Umweltbelastung *f*
(Umweltbeanspruchung) *f*
Ang: environmental impact *n*
Esp: contaminación ambiental *f*

incrément de débit *m*
All: Mengeninkrement *n*
Ang: fuel quantity increment *n*
Esp: incremento de caudal *m*

incrément de débit en fonction de la température *m*
All: temperaturabhängiges Mengeninkrement *n*
Ang: temperature dependent quantity increment *n*
Esp: incremento de caudal dependiente de la temperatura *m*

indétonance *f*
All: Klopffestigkeit *f*
Ang: antiknock quality *n*
Esp: poder antidetonante *m*

indétonance *f*
All: Klopffestigkeit *f*
Ang: knock resistance *n*
Esp: poder antidetonante *m*

indétonance *f*
All: Klopffestigkeit *f*
Ang: anti knock rating *n*
Esp: poder antidetonante *m*

indicateur *m*
All: Anzeigeinstrument *n*
Ang: gauge *n*
Esp: instrumento visualizador *m*

indicateur de charge *m*
All: Ladezustandsanzeige *f*
Ang: charge indicator *n*
Esp: indicador del estado de carga *m*

indicateur de consommation de carburant *m*
All: Kraftstoffverbrauchsanzeige *f*
Ang: fuel consumption indicator *n*
Esp: indicación de consumo de combustible *f*

indicateur de course de régulation *m*
All: Regelweganzeige *f*
Ang: rack travel indication *n*
Esp: lectura del recorrido de regulación *f*

indicateur de débit *m*
All: Durchflussanzeiger *m*
Ang: flow indicator *n*
Esp: indicador de caudal *m*

indicateur de disponibilité de démarrage (moteur diesel) *m*
All: Startbereitschaftsanzeige (Dieselmotor) *f*
Ang: ready to start indicator (diesel engine) *n*
Esp: indicador de disposición de arranque (motor Diesel) *m*

indicateur de manque de liquide de refroidissement *m*
All: Kühlmittelmangelanzeige *f*
Ang: low coolant indicator *n*
Esp: indicación de falta de líquido refrigerante *f*

indicateur de niveau *m*
All: Füllstandmessgerät *n*
Ang: liquid-level measuring instrument *n*
Esp: medidor del nivel de llenado *m*

indicateur de niveau d'électrolyte *m*
All: Säurestandsanzeiger (Batterie) *m*
Ang: acid level indicator (battery) *n*
Esp: indicador de nivel de electrolito (batería) *m*

indicateur de niveau d'huile *m*
All: Ölstands-Anzeiger *m*
Ang: oil gauge *n*
Esp: indicador de nivel de aceite *m*

indicateur de périodicité d'entretien *m*
All: Service-Intervall-Anzeige *f*
Ang: service reminder indicator, SRI *n*
Esp: indicación de intervalos de servicio *f*

Français

indicateur de température des gaz d'échappement *m*
All: Abgastemperaturanzeige *f*
Ang: exhaust gas temperature gauge *n*
Esp: lectura de la temperatura de gases de escape *f*

indicateur-avertisseur de pression *m*
All: Warndruckanzeiger *m*
Ang: low pressure indicator *n*
Esp: indicador de presión de aviso *m*

indice caractéristique du degré thermique (bougie d'allumage) *m*
All: Wärmewertkennzahl (Zündkerze) *f*
Ang: heat range code number (spark plug) *n*
Esp: índice del grado térmico (bujía de encendido) *m*

indice de cétane *m*
All: Cetanzahl, CZ *f*
Ang: cetane number, CN *n*
Esp: índice de cetano *m*
(número de cetanos) *m*

indice de noircissement *m*
All: Schwärzungszahl *f*
(Schwärzungsziffer) *f*
Ang: smoke number *n*
Esp: índice de ennegrecimiento *m*

indice de réfraction *m*
All: Brechzahl (Lichttechnik) *f*
Ang: refractive index (lighting) *n*
Esp: índice de refracción (técnica de iluminación) *m*

indice de suie *m*
All: Rußzahl *f*
Ang: carbon number *n*
Esp: índice de hollín *m*

indice d'octane *m*
All: Oktanzahl *f*
Ang: octane number, ON *n*
Esp: índice de octano *m*

indice d'octane moteur, MON *m*
All: Motor-Oktanzahl, MOZ *f*
Ang: motor octane number, MON *n*
Esp: octanaje del motor *m*

indice d'octane recherche, RON *m*
All: Research-Oktanzahl, ROZ *f*
Ang: research octane number, RON *n*
Esp: índice de octano de investigación, RON *m*

indices des acides (batterie) *mpl*
All: Säurewerte (Batterie) *fpl*
Ang: electrolyte values (battery) *npl*
Esp: valores de electrolito (batería) *mpl*

inductance *f*
All: Induktivität *f*
Ang: inductance *n*
Esp: inductancia *f*

inductance de découplage *f*
All: Entkoppelungsdrossel *f*
Ang: decoupling reactor *n*
Esp: estrangulador de desacople *m*

inductance série *f*
All: Vorschaltdrossel *f*
Ang: series reactor *n*
Esp: reactancia adicional *f*

induction *f*
All: Induktion *f*
Ang: induction *n*
Esp: inducción *f*

induction (ou déplacement) électrique *f*
All: elektrische Flussdichte (Spezifikation) *f*
Ang: electrical flux density *n*
Esp: densidad de flujo eléctrico (especificación) *f*

induction électromagnétique *f*
All: elektromagnetische Induktion *f*
Ang: electromagnetic induction *n*
Esp: inducción electromagnética *f*

induction magnétique *f*
All: magnetische Flussdichte *f*
(Flussdichte) *f*
Ang: magnetic flux density *n*
(flux density) *n*
Esp: densidad de flujo magnético *f*

induit *m*
All: Anker *m*
Ang: armature *n*
Esp: inducido *m*

induit coulissant (démarreur) *m*
All: Schubanker *m*
Ang: sliding armature *n*
Esp: inducido deslizante *m*

induit cylindrique *m*
All: Zylinderanker *m*
Ang: cylindrical armature *n*
Esp: inducido cilíndrico *m*

induit plongeur *m*
All: Konusanker *m*
Ang: conical armature *n*
Esp: inducido cónico *m*

induit plongeur *m*
All: Tauchanker *m*
Ang: solenoid plunger *n*
Esp: inducido sumergido *m*

induit rotatif *m*
All: Drehanker *m*
Ang: rotating armature *n*
Esp: inducido giratorio *m*

industrie automobile *f*
All: Automobilindustrie *f*
Ang: automotive industry *n*
Esp: industria automovilística *f*

inertie cinétique *f*
All: kinetische Hemmung *f*
Ang: kinetic inhibition *n*
Esp: inhibición cinética *f*

inertie du moteur *f*
All: Motorträgheit *f*
Ang: engine inertia *n*
Esp: inercia del motor *f*

inflammabilité *f*
All: Zündwilligkeit *f*
Ang: ignition readiness *n*
Esp: facilidad de encendido *f*

inflammable *adj*
All: zündfähig *adj*
Ang: ignitable *n*
Esp: capaz de ignición *loc*

inflammable *adj*
All: zündwillig *adj*
Ang: ignitable *adj*
Esp: de encendido fácil *loc*

inhibiteur de corrosion volatil *m*
All: Dampfphaseninhibitor *m*
Ang: vapor phase inhibitor *n*
Esp: inhibidor de fase de vapor *m*

initialisation du calculateur *f*
All: Steuergeräteinitialisierung *f*
Ang: control unit initialization *n*
Esp: inicialización de unidades de control *f*

initiateur de refoulement *m*
All: lastabhängiger Förderbeginn *m*
Ang: load dependent start of delivery *n*
Esp: comienzo de suministro en función de la carga *m*

injecteur (injection diesel) *m*
All: Düse (Dieseleinspritzung) *f*
(Einspritzdüse) *f*
Ang: nozzle (diesel fuel injection) *n*
Esp: inyector (inyección Diesel) *m*

injecteur *m*
All: Einspritzdüse *f*
Ang: injection nozzle *n*
Esp: inyector *m*

injecteur *m*
All: Einspritzventil *n*
Ang: fuel injector *n*
Esp: válvula de inyección *f*

injecteur *m*
All: Injektor (Common Rail) *m*
Ang: injector (common rail) *n*
Esp: inyector (Common Rail) *m*

injecteur « Common Rail » *m*
All: Common Rail Injektor *m*
Ang: common rail injector *n*
Esp: inyector de alta presión Common Rail *m*

injecteur à aiguille *m*
All: Nadelventil *n*
(Schwimmernadelventil) *n*
Ang: needle valve *n*
Esp: válvula de aguja *f*

injecteur à deux aiguilles *m*
All: Doppelnadeldüse *f*
Ang: twin needle nozzle *n*
Esp: inyector de aguja doble *m*

Français

injecteur à portée oblique *m*
All: Schrägschulter-Düse *f*
Ang: chamfered shoulder nozzle *n*
Esp: inyector de pestaña inclinada *m*

injecteur à siège perforé *m*
All: Sitzlochdüse *f*
Ang: sac less (vco) nozzle *n*
Esp: inyector con orificio de asiento *m*

injecteur à siège perforé *m*
All: Sitzlochdüse *f*
Ang: valve covered orifice nozzle *n*
Esp: inyector con orificio de asiento *m*

injecteur à téton *m*
All: Zapfendüse *f*
Ang: pintle nozzle *n*
Esp: inyector de tetón *m*

injecteur à téton et étranglement *m*
All: Drosselzapfendüse *f*
Ang: throttling pintle nozzle *n*
Esp: inyector de espiga de estrangulación *m*

injecteur à téton perforé *m*
All: Lochzapfendüse (Einspritzdüse) *f*
Ang: hole pintle nozzle (injector) *n*
Esp: inyector de tetón perforado (inyector) *m*

injecteur à trou borgne *m*
All: Sacklochdüse *f*
Ang: blind hole nozzle *n*
Esp: inyector de agujero ciego *m*

injecteur à trou(s) *m*
All: Lochdüse *f*
Ang: hole type nozzle *n*
Esp: inyector de orificios *m*

injecteur de démarrage à froid *m*
All: Kaltstartventil *n*
Ang: cold start valve *n*
Esp: válvula de arranque en frío *f*

injecteur d'essai *m*
All: Prüfdüse *f*
(Versuchsdüse) *f*
Ang: calibrating nozzle *n*
(test nozzle) *n*
Esp: inyector de ensayo *m*

injecteur diesel *m*
All: Diesel-Einspritzventil *n*
Ang: diesel fuel injector *n*
Esp: válvula de inyección Diesel *f*

injecteur haute pression *m*
All: Hochdruckeinspritzventil *n*
Ang: high pressure injector *n*
Esp: válvula de inyección de alta presión *f*

injecteur monojet *m*
All: Einstrahldüse *f*
Ang: single-hole nozzle *n*
Esp: inyector de un chorro *m*

injecteur monojet à téton et étranglement *m*
All: Einstrahl-Drosselzapfendüse *f*
Ang: single jet throttling pintle nozzle *n*
Esp: inyector estrangulador de espiga de un chorro *m*

injecteur monotrou *m*
All: Einlochdüse *f*
Ang: single orifice nozzle *n*
Esp: inyecctor de un agujero *m*

injecteur monotrou *m*
All: Einlocheinspritzventil *n*
Ang: single hole injector *n*
Esp: válvula de inyección de un agujero *f*

injecteur multitrous *m*
All: Mehrlochdüse *f*
Ang: multihole nozzle *n*
Esp: inyector de varios orificios *m*

injecteur Pintaux *m*
All: Pintaux-Düse *f*
Ang: pintaux type nozzle *n*
Esp: inyector Pintaux *m*

injecteur-pompe *m*
All: Pumpe-Düse *f*
Ang: unit injector *n*
Esp: bomba-inyector *f*

injection *f*
All: Einspritzvorgang *m*
Ang: injection process *n*
Esp: proceso de inyección *m*

injection continue *f*
All: Dauereinspritzung *f*
Ang: continuous injection *n*
Esp: inyección continua *f*

injection de base *f*
All: Grund-Einspritzung *f*
Ang: basic injection *n*
Esp: inyección básica *f*

injection de carburant *f*
All: Kraftstoffeinspritzung *f*
(Einspritztechnik) *f*
(Einspritzung) *f*
Ang: fuel injection *n*
Esp: inyección de combustible *f*

injection d'essence *f*
All: Benzineinspritzung *f*
Ang: gasoline injection *n*
Esp: inyección de gasolina *f*

injection diesel *f*
All: Dieseleinspritzung *f*
Ang: diesel fuel injection, DFI *n*
Esp: inyección Diesel *f*

injection directe *f*
All: direkte Einspritzung *f*
Ang: direct injection *n*
Esp: inyección directa *f*

injection directe *f*
All: Direkteinspritzung *f*
Ang: direct injection *n*
Esp: inyección directa *f*

injection directe (moteur diesel) *f*
All: Direkteinspritzung, DI *f*
(direkte Einspritzung) *f*
Ang: direct injection, DI *n*
Esp: inyección directa *f*

injection directe d'essence *f*
All: Benzindirekteinspritzung *f*
Ang: gasoline direct injection *n*
Esp: inyección directa de gasolina *f*

injection directe diesel *f*
All: Dieseldirekteinspritzung *f*
Ang: diesel direct injection *n*
Esp: inyección directa Diesel *f*

injection électronique d'essence, Jetronic *f*
All: elektronische Benzineinspritzung, Jetronic *f*
Ang: electronic fuel injection *n*
(Jetronic) *n*
Esp: inyección electrónica de gasolina, Jetronic *f*

injection groupée *f*
All: Gruppeneinspritzung *f*
Ang: group injection *n*
Esp: inyección por grupos de cilindros *f*

injection haute pression *f*
All: Hochdruckeinspritzung *f*
Ang: high pressure fuel injection *n*
Esp: inyección a alta presión *f*

injection homogène *f*
All: Homogeneinspritzung *f*
Ang: homogeneous injection *n*
Esp: inyección homogénea *f*

injection indirecte *f*
All: indirekte Einspritzung, IDI *f*
Ang: indirect injection, IDI *n*
Esp: inyección indirecta, IDI *f*

injection indirecte dans le collecteur d'admission *f*
All: Saugrohreinspritzung *f*
Ang: manifold injection *n*
Esp: inyección en el tubo de admisión *f*

injection intermittente de carburant *f*
All: intermittierende Kraftstoffeinspritzung *f*
Ang: intermittent fuel injection *n*
Esp: inyección intermitente de combustible *f*

injection monopoint *f*
All: Zentraleinspritzung *f*
Ang: single point injection, SPI *n*
Esp: inyección central *f*

injection multipoint *f*
All: Einzeleinspritzung *f*
Ang: multipoint fuel injection, MPI *n*
Esp: inyección multipunto *f*

injection multipoint *f*
All: Einzeleinspritzung *f*
Ang: single shot injection *n*
Esp: inyección multipunto *f*

Français

injection principale *f*
All: Haupteinspritzung *f*
Ang: main injection *n*
Esp: inyección principal *f*

injection séquentielle *f*
All: sequenzielle Einspritzung *f*
Ang: sequential fuel injection *n*
Esp: inyección secuencial *f*

injection simple *f*
All: Einfacheinspritzung *f*
Ang: single injection *n*
Esp: inyección simple *f*

insensible à l'inversion de polarité *loc*
All: verpolungssicher *adj*
Ang: insensitive to reverse polarity *adj*
Esp: inmune a la inversión de polaridad *loc*

insensible aux courts-circuits *loc*
All: kurzschlusssicher *adj*
Ang: insensitive to short-circuit *adj*
Esp: inmune a cortocircuito *adj*

insensible aux perturbations *loc*
All: störsicher *adj*
Ang: interference proof *adj*
Esp: seguro contra interferencias *m*

insensible aux secousses (batterie) *loc*
All: rüttelfest (Batterie) *adj*
Ang: vibration proof (battery) *adj*
Esp: inmune a vibraciones (batería) *adj*

insert de jambe de suspension *m*
All: Federbeineinsatz *m*
Ang: spring strut insert *n*
Esp: inserto de pata telescópica *m*

insonorisant *adj*
All: dämmend *adj*
Ang: insulating *adj*
Esp: aislante *adj*

inspection *f*
All: Inspektion *f*
Ang: inspection *n*
Esp: inspección *f*

instabilité de fonctionnement *f*
All: Laufunruhe *f*
Ang: uneven running *v*
Esp: giro inestable *m*

instable *adj*
All: instabil *adj*
Ang: unstable *adj*
Esp: inestable *adj*

installateur *m*
All: Monteur *m*
Ang: fitter *n*
(mechanic) *n*
Esp: técnico de montaje *m*

instruction de commande (calculateur) *f*
All: Steuerbefehl (Steuergerät) *m*
(Stellbefehl) *m*
Ang: control command (ECU) *n*
Esp: instrucción de mando (unidad de control) *f*

instructions de dépose *fpl*
All: Ausbauhinweise *fpl*
Ang: disassembly instructions *npl*
Esp: instrucciones de desmontaje *fpl*

instructions de montage *fpl*
All: Montagehinweis *m*
Ang: assembly Instructions *n*
Esp: indicaciones de montaje *fpl*

instructions de recherche des pannes *fpl*
All: Fehlersuchanleitung *f*
Ang: fault finding instructions *npl*
Esp: instrucciones de búsqueda de averías *fpl*

instructions d'essai *fpl*
All: Prüfvorschrift *f*
Ang: test regulations *npl*
Esp: prescripción de comprobación *f*

instrument du poste de pilotage *m*
All: Cockpit-Instrument *n*
Ang: cockpit instrument *n*
Esp: instrumento de la cabina de mando *m*

instrument numérique *m*
All: Digitalinstrument *n*
Ang: digital instrument *n*
Esp: instrumento digital *m*

instruments *mpl*
All: Armaturen *fpl*
Ang: fittings *npl*
Esp: instrumentos *mpl*

insufflation d'air secondaire *f*
All: Sekundärluftansaugung *f*
Ang: secondary air induction *n*
Esp: aspiración de aire secundario *f*

insufflation d'air secondaire *f*
All: Sekundärlufteinblasung *f*
Ang: secondary air injection *n*
Esp: insuflación de aire secundario *f*

insuffler (air secondaire) *v*
All: einblasen (Sekundärluft) *v*
Ang: inject (secondary air) *v*
Esp: inyectar (aire secundario) *v*

intensité *f*
All: Stromstärke *f*
Ang: current intensity *n*
Esp: intensidad de corriente *f*

intensité de champ électrique *f*
All: elektrische Feldstärke *f*
Ang: electric field strength *n*
Esp: intensidad de campo eléctrico *f*

intensité du champ perturbateur *f*
All: Störfeldstärke *f*
Ang: interference field strength *n*
Esp: intensidad del campo perturbador *f*

Intensité lumineuse *f*
All: Lichtintensität *f*
Ang: light intensity *n*
Esp: intensidad luminosa *f*

intensité lumineuse *f*
All: Lichtstärke *f*
(Beleuchtungsstärke) *f*
Ang: luminous intensity *n*
(light intensity) *n*
Esp: intensidad luminosa *f*

interconnecté *pp*
All: verschaltet *ppr*
Ang: interconnected *v*
(connect up) *n*
Esp: mal conectado *loc*

interface *f*
All: Schnittstelle *f*
Ang: interface *n*
Esp: interfaz *f*

Interface CAN *f*
All: CAN-Schnittstelle *f*
Ang: CAN interface *n*
Esp: interfaz CAN *f*

interface capteurs *f*
All: Sensor-Interface *n*
Ang: sensor interface *n*
Esp: interfaz de sensor *f*

interface de communication *f*
All: Kommunikations-schnittstelle *f*
Ang: communication interface *n*
Esp: interfaz de comunicación *f*

interface de diagnostic (systèmes électroniques) *f*
All: Diagnoseschnittstelle (elektronische Systeme) *f*
(Diagnose-Interface) *n*
Ang: diagnosis interface (electronic systems) *n*
Esp: interfaz de diagnóstico (sistemas electrónicos) *f*

interface de signaux véhicule *f*
All: Fahrzeugsignal-Interface *n*
Ang: vehicle signal interface *n*
Esp: interfaz de señales del vehículo *f*

interface graphique *f*
All: Bedienoberfläche *f*
Ang: user interface *n*
Esp: interface de usuario *f*

interface série *f*
All: serielle Schnittstelle *f*
Ang: serial interface *n*
Esp: interfaz serial *f*

interface signalisation acoustique *f*
All: Interface akustische Warnung *n*
Ang: acoustic warning interface *n*
Esp: interfaz de advertencia acústica *f*

interface signalisation optique *f*
All: Interface optische Warnung *f*
Ang: visual warning interface *n*

Français

Esp: interfaz de advertencia óptica *f*

interférence ***f***
All: Interferenz *f*
Ang: interference *n*
Esp: interferencia *f*

interférence radio ***f***
All: Funkstörung (Wirkung) *f*
Ang: radio interference *n*
Esp: interferencia de radio (efecto) *f*

intérieur de la pompe ***m***
All: Pumpenraum *m*
Ang: pump interior *n*
Esp: interior de la bomba *m*

interrupteur ***m***
All: Schalter *m*
Ang: switch *n*
Esp: interruptor *m*

interrupteur à clé ***m***
All: Schlüsselschalter *m*
Ang: key operated switch *n*
Esp: interruptor por llave *m*

interrupteur à retour non automatique ***m***
All: Stellschalter *m*
Ang: detent switch *n*
Esp: interruptor de ajuste *m*

interrupteur de surmultipliée ***m***
All: Overdrive-Schalter *m*
Ang: overdrive switch *n*
Esp: interruptor de Overdrive *m*

interrupteur-témoin de rapport de vitesse ***m***
All: Ganganzeigeschalter (Kfz-Getriebe) *m*
Ang: gear indicator switch *n*
Esp: interruptor indicador de marcha (cambio del vehículo) *m*

intervalle de fréquence en échelle logarithmique ***m***
All: Frequenzmaßintervall *n*
Ang: logarithmic frequency interval *n*
Esp: intervalo de frecuencia *m*

intervalle de vidange ***m***
All: Wechselintervall *n*
Ang: change interval *n*
Esp: intervalo de cambio *m*

intervalle pic-creux ***m***
All: Kernrautiefe *f*
Ang: core peak to valley height *n*
Esp: profundidad pico-valle *f*

intervention ***f***
All: Eingriff *m*
Ang: intervention *n*
Esp: intervención *f*

intervention par positionnement ***f***
All: Stelleingriff *m*
Ang: actuator adjustment *n*
Esp: intervención de ajuste *f*

intervention sur la boîte de vitesses ***f***
All: Getriebeeingriff *m*
(Getriebesteuerung) *f*
Ang: transmission shift control *n*
Esp: control del cambio *m*

intervention sur l'allumage ***f***
All: Zündungseingriff *m*
Ang: ignition adjustment *n*
Esp: intervención en el encendido *f*

intervention sur l'angle d'allumage ***f***
All: Zündwinkeleingriff *m*
Ang: ignition timing adjustment *n*
Esp: intervención en el ángulo de encendido *f*

intervention sur le moteur ***f***
All: Motoreingriff (ASR) *m*
Ang: engine control intervention (TCS) *n*
Esp: intervención en el motor (ASR) *f*

intervention sur le papillon (ASR) ***f***
All: Drosselklappeneingriff (ASR) *m*
Ang: throttle valve intervention (TCS) *n*
Esp: intervención de la mariposa (ASR) *f*

intervention sur les freins (ASR) ***f***
All: Bremseneingriff (ASR) *m*
Ang: brake intervention (TCS) *n*
Esp: intervención del sistema de frenos (ASR) *f*

inverseur ***m***
All: Umsteuerschalter *m*
Ang: changeover switch *n*
(reversing switch) *n*
Esp: interruptor de inversión *m*

inverseur ***m***
All: Wechselschalter *m*
(Umschalter) *m*
Ang: two way switch *n*
(changeover contact) *n*
Esp: conmutador alternativo *m*

inverseur de batteries ***m***
All: Batterieumschaltrelais *n*
Ang: battery changeover relay *n*
Esp: relé de conmutación de la batería *m*

inversion de polarité ***f***
All: Verpolung *f*
Ang: polarity reversal *n*
Esp: inversión de polaridad *f*

inversion de polarité ***f***
All: Verpolung *f*
Ang: reverse polarity *n*
Esp: inversión de polaridad *f*

isolant (bougie d'allumage) ***m***
All: Isolator (Zündkerze) *m*
Ang: insulator (spark plug) *n*
Esp: aislador (bujía de encendido) *m*

isolateur (bobine d'allumage) ***m***
All: Isolierkörper (Zündspule) *m*
Ang: insulator (ignition coil) *n*
Esp: aislador (bujía de encendido) *m*

isolation ***f***
All: Abschottung *f*
Ang: partition *n*
Esp: separación *f*

isolation ***f***
All: Isolierung *f*
Ang: insulation *n*
Esp: aislamiento *m*

isolation acoustique ***f***
All: Schallisolierung *f*
Ang: soundproofing *n*
Esp: aislamiento acústico *m*

isolation phonique ***f***
All: Schalldämmung *f*
Ang: sound insulation *n*
Esp: insonorización *f*

isolation thermique ***f***
All: Wärmeisolation *f*
Ang: thermal insulation *n*
Esp: aislamiento térmico *m*

isolation thermique ***f***
All: Wärmeschutz (Einspritzdüse) *m*
Ang: heat shield (injection nozzle) *n*
Esp: protección antitérmica (inyector) *f*

isolation thermique (injecteur) ***f***
All: Wärmeschutz *m*
Ang: thermal protection *n*
Esp: protección antitérmica *f*

isolement (redressement) ***m***
All: Rückstromsperre (Gleichrichtung) *f*
Ang: reverse current block (rectification) *n*
Esp: bloqueo de corriene de retorno (rectificación) *m*

isolement vibratoire ***m***
All: Schwingungsisolierung *f*
Ang: vibration isolation *n*
Spa: aislamiento de vibraciones *m*

J

jambe de force de châssis ***f***
All: Rahmenknoten *m*
Ang: frame junction *n*
Esp: nodo de bastidor *m*

jambe de suspension ***f***
All: Federbein (Radaufhängung) *n*
Ang: suspension strut *n*
Esp: pata telescópica (suspensión de rueda) *f*

jante ***f***
All: Felge (Fahrzeugrad) *f*
Ang: rim (vehicle wheel) *n*
Esp: llanta (rueda de vehículo) *f*

jante à base creuse ***f***

Français

All: Tiefbettfelge *f*
Ang: drop center rim *n*
Esp: llanta de garganta profunda *f*

jante à base creuse avec portée de talon à 15° *f*
All: Steilschulterfelge *f*
Ang: 15° tapered bead seat *n*
Esp: llanta de garganta profunda *f*

jante à base plate *f*
All: Flachbettfelge (Fahrzeugrad) *f*
Ang: flat-base rim (vehicle wheel) *n*
Esp: llanta de base plana (rueda de vehículo) *f*

jante à portée de talon conique à 5° *f*
All: Schrägschulterfelge *f*
Ang: 5° tapered bead seat *n*
Esp: llanta de pestañas inclinadas *f*

jante en acier *f*
All: Stahlfelge *f*
Ang: steel rim *n*
Esp: llanta de acero *f*

jante en alliage léger *f*
All: Leichtmetallfelge *f*
Ang: light alloy riml *n*
Esp: llanta de aleación ligera *f*

jauge à carburant *f*
All: Kraftstoffanzeiger *m*
Ang: fuel gauge *n*
(fuel-level indicator) *n*
Esp: indicador de combustible *m*

jauge à carburant *f*
All: Kraftstofffüllstandsanzeige *f*
Ang: fuel level indicator *n*
Esp: indicación de nivel de llenado de combustible *f*

jauge à carburant *f*
All: Kraftstoffvorratsanzeige *f*
Ang: fuel gauge *n*
Esp: indicador de reserva combustible *m*

jauge de contrainte *f*
All: Dehnmessstreifen *m*
Ang: strain gauge *n*
Esp: banda extensométrica *f*

jauge de niveau *f*
All: Füllstandsanzeige *f*
Ang: fuel-level indicator *n*
Esp: indicador del nivel de llenado *m*

jauge d'épaisseur *f*
All: Fühlerlehre *f*
Ang: feeler gauge *n*
Esp: galga de espesores *f*

jauge d'épaisseur (bougie d'allumage) *f*
All: Zündkerzenlehre *f*
Ang: spark plug-gap gauge *n*
Esp: galga de bujías *f*

jauge d'épaisseur pour mesure d'écartement des électrodes *f*
All: Elektrodenabstandslehre (Zündkerze) *f*
Ang: electrode gap gauge (spark plug) *n*
Esp: galga de distancia del electrodo (bujía de encendido) *f*

jauge d'huile *f*
All: Ölpeilstab *m*
Ang: oil dipstick *n*
Esp: varilla indicadora de nivel de aceite *f*

jauge extensométrique à couches épaisses *f*
All: Dickschicht-Dehnwiderstand *m*
Ang: thick film strain gauge *n*
Esp: resistencia a la elongación de capa gruesa *f*

jauge piézorésistive *m*
All: Dehnwiderstand *m*
Ang: strain gauge resistor *n*
Esp: resistencia a la elongación *f*

jet conique *m*
All: Kegelstrahl *m*
Ang: tapered spray *n*
Esp: chorro cónico *m*

jet de décharge *m*
All: Absteuerstrahl (Dieseleinspritzung) *m*
Ang: cutoff jet (diesel fuel injection) *n*
Esp: haz de regulación (inyección diesel) *m*

jet de plasma *m*
All: Plasmastrahl *m*
Ang: plasma beam *n*
Esp: rayo de plasma *m*

jet d'injection *m*
All: Einspritzstrahl *m*
Ang: injection jet *n*
Esp: chorro de inyección *m*

Jetronic (injection électronique d'essence) *m*
All: Jetronic (elektronische Benzineinspritzung) *f*
Ang: Jetronic (electronic fuel injection) *n*
Esp: Jetronic (inyección electrónica de gasolina) *m*

jeu (frein) *m*
All: Lüftspiel (Bremsbacke) *n*
Ang: clearance (brake shoe) *n*
Esp: holgura (zapata de freno) *f*

jeu axial *m*
All: Axialspiel *n*
Ang: axial clearance *n*
(end play) *n*
Esp: juego axial *m*

jeu d'antiparasitage *m*
All: Entstörsatz *m*
Ang: interference suppression kit *n*
Esp: juego de supresión de interferencias *m*

jeu de balais *m*
All: Kohlebürstensatz *m*
Ang: carbon brush set *n*
Esp: juego de escobillas *m*

jeu de contacts (allumage) *m*
All: Kontaktsatz (Zündung) *m*
Ang: contact set (ignition) *n*
Esp: juego de contacto (encendido) *m*

jeu de palier *m*
All: Lagerspiel *n*
Ang: bearing clearance *n*
Esp: juego en el cojinete *m*

jeu de pièces de montage *m*
All: Einbausatz *m*
Ang: mounting kit *n*
Esp: juego de montaje *m*

jeu de ressorts *m*
All: Federpaket *n*
Ang: spring assembly *n*
Esp: conjunto de resortes *m*

jeu de rouleaux (banc d'essai) *m*
All: Rollensatz (Rollenbremsprüfstand) *m*
(Rollenpaar) *n*
Ang: roller set (dynamic brake analyzer) *n*
Esp: juego de rodillos (banco de pruebas de frenos de rodillos) *m*

jeu de segments de frein *m*
All: Bremsbackensatz *m*
Ang: brake shoe set *n*
Esp: juego de zapatas de freno *m*

jeu de soupape *m*
All: Ventilspiel *n*
Ang: valve lash *n*
Esp: juego de válvula *m*

jeu de soupape *m*
All: Ventilspiel *n*
Ang: valve clearance *n*
Esp: juego de válvula *m*

jeu d'extrémité supérieure (piston) *m*
All: Sicherheitsabstand (Kolbenkopf) *m*
Ang: head clearance (piston) *n*
Esp: distancia de seguridad (cabeza de pistón) *f*

jeu du palier de roue *m*
All: Radlagerspiel *n*
Ang: wheel bearing play *n*
Esp: juego del cojinete de rueda *m*

jeu entre dents (engrenage) *m*
All: Flankenspiel (Zahnrad) *n*
Ang: backlash (gear) *n*
Esp: holgura de los flancos *f*

jeu minimal *m*
All: Mindestspiel *n*
Ang: minimum clearance *n*

Français

Esp: juego mínimo *m*

joint *m*
All: Dichtung *f*
Ang: seal *n*
(gasket) *n*
Esp: junta *f*

joint à braser *m*
All: Lötstelle *f*
Ang: soldering point *n*
Esp: punto de soldadura *m*

joint à écraser *m*
All: Faltdichtring *f*
Ang: folded-wall seal ring *n*
Esp: junta anular plegada *f*

joint à lèvres *m*
All: Radialdichtung *f*
Ang: radial seal *n*
Esp: junta radial *f*

joint à lèvres *m*
All: Wellendichtring *f*
Ang: shaft seal *n*
Esp: anillo obturador de eje *m*

joint à lèvres avec ressort *m*
All: Radialwellendichtring *m*
Ang: radial shaft seal *n*
Esp: retén radial para árboles *m*

joint arrière d'arbre à cames *m*
All: hinterer Nockenwellendichtring *m*
Ang: rear camshaft oil seal *n*
Esp: retén posterior del árbol de levas *m*

joint arrière de vilebrequin *m*
All: hinterer Kurbelwellendichtring *m*
Ang: rear crankshaft oil seal *n*
Esp: retén posterior del cigüeñal *m*

joint bordé *m*
All: Bördelnaht *f*
Ang: raised seam *n*
Esp: costura de rebordear *f*

joint calorifuge *m*
All: Wärmeschutzring *m*
Ang: heat shield ring *n*
Esp: anillo de protección antitérmica *m*

joint circulaire *m*
All: Dichtring *m*
Ang: sealing ring *n*
Esp: anillo obturador *m*

joint collé *m*
All: Klebeverbindung *f*
Ang: adhesive connection *n*
Esp: unión pegada *f*

joint d'arbre de transmission *m*
All: Antriebswellengelenk *n*
Ang: drive shaft joint *n*
Esp: articulación del árbol de accionamiento *f*

joint de cardan *m*
All: Kardangelenk *n*
Ang: universal joint *n*
Esp: junta cardán *f*

joint de cardan *m*
All: Kreuzgelenk *n*
Ang: universal joint *n*
Esp: articulación en cruz *f*

joint de culasse *m*
All: Zylinderkopfdichtung (Verbrennungsmotor) *f*
Ang: cylinder head gasket (IC engine) *n*
Esp: junta de culata (motor de combustión) *f*

joint embouti (cylindre de roue) *m*
All: Topfmanschette (Radzylinder) *f*
Ang: cup seal (wheel-brake cylinder) *n*
Esp: junta de copa (cilindro de rueda) *f*

joint en caoutchouc *m*
All: Gummidichtring *m*
Ang: rubber seal ring *n*
Esp: junta anular de goma *f*

joint en cuivre *m*
All: Kupferdichtscheibe *f*
Ang: copper gasket *n*
Esp: arandela de junta de cobre *f*

joint homocinétique *m*
All: Gleichlaufgelenk *n*
Ang: constant velocity joint *n*
Esp: articulación homocinética *f*
(junta homocinética) *f*

joint prisonnier (bougie d'allumage) *m*
All: unverlierbarer Dichtring (Zündkerze) *m*
Ang: captive gasket (spark plug) *n*
Esp: anillo obturador imperdible (bujía de encendido) *m*

joint racleur *m*
All: Abstreifring *m*
Ang: scraper ring *n*
Esp: anillo rascador *m*

jonc d'arrêt *m*
All: Sprengring *m*
Ang: circlip *n*
(snap ring) *n*
Esp: anillo de retención *m*

jupe *f*
All: Schürze *f*
Ang: skirt *n*
Esp: faldón *m*

jupe arrière *f*
All: Heckschürze *f*
Ang: tailgate apron *n*
Spa: faldón trasero *m*

K

kilométrage *m*
All: Laufleistung *f*
Ang: running performance *n*
Esp: kilometraje *m*

kit batterie *m*
All: Batterie-Set *n*
Ang: battery set *n*
Esp: juego de baterías *m*

kit d'accessoires *m*
All: Zubehörsatz *m*
Ang: accessory set *n*
Esp: juego de accesorios *m*

kit de montage *m*
All: Anbausatz *m*
Ang: mounting kit *n*
Esp: juego de montaje *m*

kit de pièces *m*
All: Teilesatz *m*
Ang: parts set *n*
Esp: juego de piezas *m*

kit de pièces *m*
All: Teilesatz *m*
Ang: parts kit *n*
Esp: juego de piezas *m*

kit de remise en état *m*
All: Reparatursatz *m*
Ang: repair kit *n*
Esp: juego de reparación *m*

kit d'équipement ultérieur *m*
All: Nachrüstsatz *m*
Ang: supplementary equipment set *n*
Esp: juego de reequipamiento *m*

kit d'équipement ultérieur *m*
All: Nachrüstsatz *m*
Ang: retrofit set *n*
Esp: juego de reequipamiento *m*

kit d'étrier de frein *m*
All: Bremssattel-Set *n*
Ang: brake caliper set *n*
Esp: juego de pinzas de freno *m*

klaxon *m*
All: Hupe *f*
Ang: horn *n*
Spa: bocina *f*

L

lacet (véhicule) *m*
All: gieren (Kfz-Dynamik) *v*
Ang: yaw (motor-vehicle dynamics) *v*
Esp: guiñar (dinámica del automóvil) *v*

laiton *m*
All: Messing *n*
Ang: brass *n*
Esp: latón *m*

lame de butée *f*
All: Anschlaglamelle *f*
Ang: stop disc *n*
Esp: disco de tope *m*

lame d'induit (feuilleté) *f*
All: Ankerlamelle *f*
Ang: armature lamitation *n*
Esp: lámina de inducido *f*

lame piézocéramique *f*

Français

All: Piezokeramikstreifen *m*
Ang: piezoceramic strip *n*
Esp: tira cerámica piezoeléctrica *f*

lame racleuse *f*
All: Wischgummi *n*
Ang: wiper blade element *n*
Esp: escobilla de goma *f*

lame-ressort *f*
All: Federschiene *f*
Ang: spring strip *n*
Esp: lámina flexible *f*

lampe *f*
All: Lampe *f*
Ang: lamp *n*
Esp: lámpara *f*

lampe *f*
All: Leuchtkörper *m*
Ang: light source *n*
Esp: cuerpo luminoso *m*

lampe à braser *f*
All: Lötlampe *f*
Ang: soldering lamp *n*
Esp: lámpara de soldar *f*

lampe à décharge dans un gaz *f*
All: Gasentladungslampe *f*
Ang: gas discharge lamp *n*
Esp: lámpara de descarga de gas *f*
(lámpara de luminiscencia) *f*

lampe à éclats *f*
All: Blitzröhre *f*
Ang: flash tube *n*
Esp: lámpara relámpago *f*

lampe à halogène *f*
All: Halogenlampe *f*
Ang: halogen lamp *n*
Esp: lámpara halógena *f*

lampe à incandescence *f*
All: Glühlampe *f*
(Lampenkolben) *m*
Ang: bulb *n*
(bulb) *n*
Esp: lámpara incandescente *f*

lampe à vapeur de sodium *f*
All: Natriumdampflampe *f*
Ang: sodium vapor lamp *n*
Esp: lámpara de vapor de sodio *f*

lampe de diagnostic *f*
All: Diagnoselampe *f*
Ang: diagnosis lamp *n*
Esp: luz de diagnóstico *m*

lampe de marchepied *f*
All: Trittstufenleuchte *f*
Ang: step light *n*
Esp: luz de peldaño *f*

lampe de signalisation *f*
All: Kontrollleuchte *f*
(Informationslampe) *f*
Ang: indicator lamp *n*
Esp: testigo de control *m*

lampe de signalisation *f*
All: Kontrollleuchte *f*
Ang: warning lamp *n*
Esp: lámpara de control *f*

lampe de tableau de bord *f*
All: Instrumentenleuchte *f*
Ang: instrument panel lamp *n*
Esp: luz del tablero de instrumentos *f*

lampe de travail *f*
All: Arbeitsleuchte *f*
Ang: working lamp *n*
Esp: lámpara de trabajo *f*

lampe du miroir de courtoisie *f*
All: Makeup-Spiegelleuchte *f*
Ang: vanity mirror lamp *n*
Esp: lámpara del espejo de cortesía *f*

lampe extérieure *f*
All: Außenleuchte *f*
Ang: exterior lamp *n*
Esp: lámpara exterior *f*

lampe fluorescente *f*
All: Leuchtstofflampe *f*
Ang: fluorescent lamp *n*
Esp: lámpara fluorescente *f*

lampe stroboscopique *f*
All: Stroboskopleuchte *f*
Ang: stroboscope *n*
Esp: lámpara estroboscópica *f*

lampe témoin d'alternateur *f*
All: Ladekontrolllampe *f*
(Generatorkontrollleuchte) *f*
Ang: charge indicator lamp *n*
Esp: testigo de control de carga *m*

lampe témoin de fonctionnement ABS *f*
All: ABS-Funktionskontrollleuchte *f*
Ang: ABS indicator lamp *n*
Esp: testigo luminoso de funcionamiento del ABS *m*

lancement (moteur à combustion) *m*
All: durchdrehen (Verbrennungsmotor) *v*
Ang: cranking (IC engine) *n*
Esp: embalar (motor de combustión) *v*

lanceur *m*
All: Einspurgetriebe (Starter) *n*
Ang: meshing drive (starter) *n*
Esp: transmisión de engrane (motor de arranque) *f*

lanceur à roue libre (démarreur) *m*
All: Freilaufgetriebe (Starter) *n*
Ang: overrunning clutch (starter) *n*
Esp: mecanismo de rueda libre (motor de arranque) *m*

languette de connexion *f*
All: Anschlussfahne *f*
Ang: terminal lug *n*
Esp: delga de conexión *f*

lanterne à deux compartiments *f*
All: Zweikammerleuchte *f*
Ang: two chamber lamp *n*
Esp: luz de doble cámara *f*

lanterne à trois compartiments *f*
All: Dreikammerleuchte *f*
Ang: three chamber lamp *n*
Esp: lámpara de tres cámaras *f*

laque à base de poudre *f*
All: Pulverlack *m*
Ang: powder based paint *n*
Esp: pintura en polvo *f*

largeur de courroie *f*
All: Riemenbreite *f*
Ang: belt width *n*
Esp: anchura de correa *f*

laser à colorant *m*
All: Farbstoff-Laser *m*
Ang: dye laser *n*
Esp: láser colorante *m*

laser à gaz *m*
All: Gas-Laser *m*
Ang: gas laser *n*
Esp: láser de gas *m*

laser à l'hélium *m*
All: Helium-Laser *m*
Ang: helium laser *n*
Esp: láser de helio *m*

laser à rubis *m*
All: Rubin-Laser *m*
Ang: ruby laser *n*
Esp: láser de rubí *m*

laser à semi-conducteurs *m*
All: Halbleiterlaser *m*
Ang: semiconductor laser *n*
Esp: láser de semiconductor *m*

lave/essuie-projecteur *m*
All: Wisch-Wasch-Anlage *f*
Ang: wipe/wash system *n*
Esp: limpia-lavaparabrisas *m*

lave-glace *m*
All: Scheibenspüler *m*
Ang: windshield washer *n*
Esp: lavaparabrisas *m*

lave-glace *m*
All: Waschanlage *f*
Ang: wash system *n*
Esp: instalación de lavado *f*

lavophare *m*
All: Scheinwerferreinigungs-anlage *f*
Ang: headlamp wash wipe system *n*
Esp: sistema de limpieza de faros *m*

lavophare *m*
All: Scheinwerfer-Waschanlage *f*
Ang: headlamp washer system *n*
Esp: sistema lavafaros *m*

lecteur de diagnostic *m*
All: Diagnoseauswertegerät *n*
Ang: diagnostics evaluation unit *n*
Esp: aparato de evaluación de diagnóstico *m*

législation *f*
All: gesetzliche Vorschriften *fpl*

Français

Ang: legal requirements *npl*
Esp: prescripciones legales *fpl*

législation antipollution ***f***
All: Abgasgesetzgebung *f*
(Abgasbestimmungen) f
(Abgasvorschriften) f
Ang: emission control legislation *n*
Esp: legislación de gases de escape *f*
(normativa de gases de escape) fpl

lentille cylindrique ***f***
All: Zylinderlinse *f*
Ang: cylindrical lens *n*
Esp: lente cilíndrica *f*

levée ***f***
All: Hub *m*
(Auftrieb) m
Ang: lift *n*
(stroke) n
(threw) n
Esp: carrera *f*

levée d'aiguille d'injecteur ***f***
All: Ventilnadelhub *m*
Ang: valve needle displacement *n*
Esp: carrera de la aguja de válvula *f*

levée de came ***f***
All: Nockenhub *m*
Ang: cam pitch *n*
Esp: carrera de leva *f*

levée de came ***f***
All: Nockenhub *m*
Ang: cam lift *n*
Esp: carrera de leva *f*

levée de l'aiguille ***f***
All: Düsennadelhub *m*
(Nadelhub) m
Ang: needle lift *n*
Esp: carrera de la aguja del inyector *f*

levée de soupape ***f***
All: Ventilhub *m*
Ang: valve lift *n*
(valve travel) n
Esp: carrera de válvula *f*

levée d'excentrique ***f***
All: Exzenterhub *m*
Ang: eccentric lift *n*
Esp: carrera de excéntrica *f*

levée en fin de refoulement ***f***
All: Hub am Förderende *m*
Ang: stroke at end of delivery *n*
Esp: carrera al final del suministro *f*

lève-vitre ***m***
All: Fensterheber *m*
Ang: power window unit *n*
Esp: elevalunas *m*
(alzacristales) m

levier à coulisse (injection diesel) ***m***
All: Regelhebel (Diesel-Regler) *m*
Ang: variable fulcrum lever (mechanical governor) *n*
Esp: palanca de regulación (regulador Diesel) *f*

levier à fourche (démarreur) ***m***
All: Gabelhebel (Starter) *m*
Ang: fork lever (starter) *n*
Esp: palanca de horquilla (motor de arranque) *f*

levier à rotule ***m***
All: Kniehebel *m*
Ang: toggle lever *n*
Esp: palanca acodada *f*

levier d'arrêt ***m***
All: Abstellhebel *m*
Ang: shutoff lever *n*
Esp: palanca de desconexión *f*

levier d'arrêt ***m***
All: Stopphebel *m*
(Abstellhebel) m
Ang: stop lever *n*
Esp: palanca de parada *f*

levier de butée (pompe d'injection en ligne) ***m***
All: Anschlaghebel (Reiheneinspritzpumpe) *m*
Ang: stop lever (in-line fuel-injection pump) *n*
Esp: palanca de tope (bomba de inyección en serie) *f*

levier de commande ***m***
All: Betätigungshebel *m*
Ang: actuating lever *n*
(control lever) n
Esp: palanca de accionamiento *f*

levier de commande (pompe d'injection en ligne) ***m***
All: Verstellhebel (Reiheneinspritzpumpe) *m*
Ang: control lever (in-line pump) *n*
Esp: palanca de ajuste (bomba de inyección en serie) *f*

levier de correction de débit ***m***
All: Angleichhebel (Dieseleinspritzung) *m*
Ang: torque control lever *n*
Esp: palanca de control de torque (inyección diesel) *f*

levier de démarrage ***m***
All: Starthebel *m*
Ang: starting lever *n*
Esp: palanca de arranque *f*

levier de frein ***m***
All: Bremshebel *m*
Ang: brake lever *n*
Esp: palanca de freno *f*

levier de frein à main ***m***
All: Handbremshebel *m*
Ang: handbrake lever *n*
Esp: palanca de freno de mano *f*

levier de guidage ***m***
All: Führungshebel *m*
Ang: guide lever *n*
Esp: palanca guía *f*

levier de positionnement (pompe d'injection en ligne à tiroirs) ***m***
All: Anlenkhebel (Hubschieberpumpe) *m*
Ang: control-sleeve lever (control-sleeve fuel-injection pump) *n*
Esp: palanca articulada (bomba electromecánica de inyección) *f*

levier de réglage (pompe distributrice) ***m***
All: Einstellhebel (Verteiler-einspritzpumpe) *m*
Ang: control lever (distributor pump) *n*
Esp: palanca de ajuste (bomba de inyección rotativa) *f*

levier de régulation ***m***
All: Regelhebel *m*
Ang: control lever *n*
Esp: palanca de regulación *f*

levier de renvoi ***m***
All: Umlenkhebel *m*
Ang: reverse transfer lever *n*
Esp: palanca de reenvío *f*

levier de sélection ***m***
All: Schalthebel (Schaltgetriebe) *m*
Ang: gear stick (manually shifted transmission) *n*
Esp: palanca de cambio (cambio manual) *f*

levier de tension ***m***
All: Spannhebel *m*
(Federspannhebel) m
Ang: tensioning lever *n*
Esp: palanca de sujeción *f*

levier de transmission (capteur de niveau) ***m***
All: Antriebshebel (Niveaugeber) *m*
Ang: transfer rod (level sensor) *n*
Esp: palanca de accionamiento (transmisor de nivel) *f*

levier du curseur (potentiomètre) ***m***
All: Schleiferhebel (Potentiometer) *m*
Ang: wiper lever (potentiometer) *n*
Esp: palanca del cursor (potenciómetro) *f*

levier dynamométrique (banc d'essai) ***m***
All: Drehmomenthebel (Rollenbremsprüfstand) *m*
Ang: torque lever (dynamic brake analyzer) *n*
Esp: palanca de par (banco de pruebas de frenos de rodillos) *f*

levier oscillant (commande des soupapes) ***m***
All: Schlepphebel (Ventilsteuerung) *m*
Ang: rocker arm (valve timing) *n*

Esp: palanca de arrastre (control de válvula) *f*

levier pivotant ***m***
All: Schwenkhebel *m*
Ang: swiveling lever *n*
Esp: palanca oscilante *f*

levier sélecteur ***m***
All: Schalthebel (Schaltgetriebe) *m*
Ang: shift lever (manually shifted transmission) *n*
Esp: palanca de cambio (cambio manual) *f*

lèvre d'essuyage ***f***
All: Wischlippe *f*
Ang: wiper element lip *n*
Esp: labio limpiador *m*

lèvre d'étanchéité ***f***
All: Dichtlippe *f*
Ang: sealing lip *n*
Esp: labio obturador *m*

liaison à déclic ***f***
All: Schnappverbindung *f*
Ang: snap on connection *n*
Esp: conexión rápida *f*

liant ***m***
All: Bindemittel *n*
Ang: binder *n*
Esp: aglutinante *m*

ligne de données ***f***
All: Datenleitung *f*
Ang: data line *n*
Esp: línea de datos *f*

ligne de peinture ***f***
All: Lackierstraße *f*
Ang: painting line *n*
Esp: línea de pintura *f*

ligne de visée ***f***
All: Visierlinie *f*
Ang: orientation line *n*
Esp: línea de mira *f*

limitation de couple ***f***
All: Drehmomentbegrenzung *f*
Ang: torque limitation *n*
Esp: limitación de par *f*

limitation de couple ***f***
All: Momentbegrenzung *f*
Ang: torque limitation *n*
Esp: limitación de par *f*

limitation de course ***f***
All: Hubbegrenzung *f*
(Hubkontrolle) *f*
Ang: stroke limiter *n*
Esp: limitación de carrera *f*

limitation de la vitesse de rotation ***f***
All: Drehzahlbegrenzung *f*
Ang: engine speed limitation *n*
Esp: limitación del número de revoluciones *f*

limitation de la vitesse de roulage ***f***
All: Fahrgeschwindigkeits-begrenzung *f*
Ang: vehicle speed limitation *n*
Esp: limitación de velocidad de marcha *f*

limitation de l'émission de fumées ***f***
All: Rauchbegrenzung *f*
Ang: smoke limitation *n*
Esp: limitación de humos *f*

limitation de montée en amplitude (signal) ***f***
All: Anstiegsbegrenzung *f*
Ang: rise limitation *n*
Esp: limitación de subida *f*

limitation de suralimentation en décélération ***f***
All: Turboschubbegrenzung *f*
Ang: turbo overrun limiting *n*
Esp: limitación de sobrealimentación en deceleración *f*

limitation de température des gaz d'échappement ***f***
All: Abgastemperaturbegrenzung *f*
Ang: exhaust gas temperature limit *n*
Esp: limitación de la temperatura de gases de escape *f*

limitation de tension ***f***
All: Spannungsbegrenzung *f*
Ang: voltage limitation *n*
Esp: limitación de tensión *f*

limitation de vitesse ***f***
All: Geschwindigkeitsbegrenzung *f*
Ang: speed limiting *n*
Esp: limitación de velocidad *f*

limitation des grandeurs réglantes ***f***
All: Stellgrößenbegrenzung *f*
Ang: correcting variable limit *n*
Esp: limitación de la magnitud de ajuste *f*

limitation du débit de surcharge au démarrage ***f***
All: Startmengenbegrenzung *f*
Ang: start quantity limitation *n*
Esp: limitación del caudal de arranque *f*

limitation du débit maximal ***f***
All: Volllastbegrenzung *f*
Ang: full load limitation *n*
Esp: limitación de plena carga *f*

limitation du moment de lacet ***f***
All: Giermomentbegrenzung (Kfz-Dynamik) *f*
Ang: yaw moment limitation (motor-vehicle dynamics) *n*
Esp: limitación del par de guiñada (dinámica del automóvil) *f*

limitation du régime moteur ***f***
All: Motordrehzahlbegrenzung *f*
Ang: engine speed limitation *n*
Esp: limitación de número de revoluciones del motor *f*

limite apparente d'élasticité ***f***
All: Fließgrenze *f*
(Streckgrenze) *f*
Ang: yield point *n*
Esp: punto de fluencia *m*

limite clair-obscur (projecteur) ***f***
All: Hell-Dunkel-Grenze (Scheinwerfer) *f*
Ang: light dark cutoff (headlamp) *n*
Esp: límite claro-oscuro (faros) *m*

limite d'adhérence ***f***
All: Haftgrenze *f*
Ang: limit of adhesion *n*
Esp: límite de adherencia *m*

limite d'allumage ***f***
All: Zündgrenze *f*
Ang: ignition limit *n*
Esp: límite de encendido *m*

limite de blocage (roue) ***f***
All: Blockiergrenze (Rad) *f*
Ang: wheel lock limit (wheel) *n*
Esp: límite de bloqueo (rueda) *m*

limite de cliquetis ***f***
All: Klopfgrenze *f*
Ang: knock limit *n*
Esp: límite de detonaciones *m*

limite de pompage ***f***
All: Pumpgrenze *f*
Ang: surge limit *n*
Esp: límite de bombeo *m*

limite de réponse ***f***
All: Ansprechgrenze *f*
Ang: response limit *n*
Esp: límite de respuesta *m*

limite de température de démarrage ***f***
All: Starttemperaturgrenze *f*
Ang: start temperature limit *n*
Esp: límite de temperatura de arranque *m*

limite de tolérance ***f***
All: Toleranzgrenze *f*
Ang: tolerance limit *n*
Esp: límite de tolerancia *m*

limite d'écoulement plastique ***f***
All: Schubfließgrenze *f*
Ang: elastic limit under shear *n*
Esp: límite de fluencia en cizallamiento *m*

limite d'élasticité ***f***
All: Dehngrenze *f*
Ang: yield strength *n*
Esp: límite de deformación *m*

limite d'émission de fumées ***f***
All: Rauchgrenze *f*
Ang: smoke limit *n*
Esp: límite de emisión de humos *m*

limite d'endurance ***f***
All: Dauerschwingfestigkeit *f*
Ang: endurance limit *n*

Français

Esp: resistencia a la fatiga por vibración *f*

limite d'inflammabilité ***f***
All: Entflammungsgrenze *f*
Ang: ignition limit *n*
Esp: límite de ignición *m*

limite d'intervention ***f***
All: Eingriffsgrenze *f*
Ang: action limit *n*
Esp: límite de acción *m*

limite élastique à la compression ***f***
All: Stauchgrenze *f*
Ang: compressive yield point *n*
Esp: límite elástico a la compresión *m*

limite élastique en flexion ***f***
All: Biegefließgrenze *f*
Ang: elastic limit under bending *n*
Esp: límite elástico bajo flexión *m*

limite élastique en torsion ***f***
All: Torsionsfließgrenze *f*
Ang: elastic limit under torsion *n*
Esp: límite elástico a la torsión *m*

limiteur ***m***
All: Begrenzer *m*
(Minderer) *m*
Ang: reducer *n*
(limiter) *n*
Esp: limitador *m*

limiteur de débit ***m***
All: Strombegrenzungsventil *n*
Ang: flow limiting valve *n*
Esp: válvula limitadora de caudal *f*

limiteur de dépression (Jetronic) ***m***
All: Unterdruckbegrenzer (Jetronic) *m*
Ang: vacuum limiter (Jetronic) *n*
Esp: limitador de depresión (Jetronic) *m*

limiteur de force de freinage ***m***
All: Bremskraftbegrenzer *m*
Ang: braking force limiter *n*
Esp: limitador de la fuerza de frenado *m*

limiteur de pression ***m***
All: Druckbegrenzer *m*
(Druckbegrenzungsventil) *m*
Ang: pressure limiter *n*
Esp: limitador de presión *m*

limiteur de pression pneumatique ***m***
All: Pneumatikdruckbegrenzer *m*
Ang: pneumatic pressure limiter *n*
Esp: limitador de presión neumática *m*

limiteur de régime électronique ***m***
All: elektronischer Drehzahlbegrenzer *m*
Ang: electronic rotational-speed limiter *n*
Esp: limitador electrónico de revoluciones *m*

limiteur de richesse ***m***
All: ladedruckabhängiger Vollastanschlag *m*
(Ladedruckanschlag) *m*
Ang: manifold pressure compensator *n*
Esp: tope de plena carga dependiente de la presión de sobrealimentación *m*

limiteur de richesse ***m***
All: Ladedruckanschlag *m*
Ang: manifold pressure compensator *n*
Esp: tope de presión de sobrealimentación *m*

limiteur de richesse ***m***
All: Ladedruckanschlag *m*
Ang: charge air pressure stop *n*
Esp: tope de presión de sobrealimentación *m*

limiteur de vitesse de roulage ***m***
All: Fahrgeschwindigkeits-begrenzer *m*
Ang: vehicle speed limiter *n*
Esp: limitador de velocidad de marcha *m*

limiteur d'écoulement ***m***
All: Durchflussbegrenzer *m*
Ang: flow limiter *n*
Esp: limitador de caudal *m*

limiteur d'effort ***m***
All: Kraftbegrenzung *f*
Ang: force limitation device *n*
Esp: limitación de fuerza *f*

limiteur d'intensité ***m***
All: Strombegrenzer *m*
Ang: current limiter *n*
Esp: limitador de corriente *m*

linguet (allumage) ***m***
All: Unterbrecherhebel (Zündung) *m*
Ang: breaker lever (ignition) *n*
(contact-breacker lever) *n*
Esp: palanca de ruptor (encendido) *f*

liquéfaction du charbon ***f***
All: Kohleverflüssigung *f*
Ang: coal hydrogenation *n*
Esp: liquefación de carbón *f*

liquide de frein ***m***
All: Bremsflüssigkeit *f*
Ang: brake fluid *n*
Esp: líquido de frenos *m*

liquide de frein à base de glycol ***m***
All: Glykol-Bremsflüssigkeit *f*
Ang: glycol based brake fluid *n*
Esp: líquido de frenos a base de glicol *m*

liquide de frein à base d'huile minérale ***m***
All: Mineralöl-Bremsflüssigkeit *f*
Ang: mineral oil based brake fluid *n*
Esp: líquido de frenos a base de aceite mineral *m*

liquide de refroidissement ***m***
All: Kühlflüssigkeit *f*
Ang: coolant *n*
Esp: líquido refrigerante *m*

liquide de refroidissement ***m***
All: Kühlmittel *n*
(Kühlerflüssigkeit) *f*
Ang: coolant *n*
Esp: líquido refrigerante *m*

liquide de refroidissement du moteur ***m***
All: Motorkühlmittel *n*
Ang: engine coolant *n*
Esp: líquido refrigerante de motor *m*

liseuse ***f***
All: Kartenleseleuchte *f*
Ang: map reading lamp *n*
Esp: luz de lectura de mapas *f*

liste de pièces de rechange ***f***
All: Ersatzteilliste *f*
Ang: spare parts list *n*
Esp: lista de piezas de repuesto *f*

Litronic (projecteur avec lampe à décharge) ***m***
All: Litronic (Scheinwerfer mit Gasentladungslampe) *f*
Ang: Litronic (headlamp system with gaseous-discharge lamp) *n*
Esp: Litronic (faro con lámpara de descarga de gas) *m*

localisation ***f***
All: Ortung *f*
Ang: positioning *n*
Esp: localización *f*

logement ***m***
All: Aufnahme *f*
Ang: mounting *n*
Esp: alojamiento *m*

logement de la bougie ***m***
All: Zündkerzenmulde *f*
Ang: spark plug recess *n*
Esp: cavidad de la bujía *f*

logiciel d'essai ***m***
All: Prüfsoftware *f*
Ang: test software *n*
Esp: software de comprobación *m*

logique de pilotage ***f***
All: Vorsteuerlogik *f*
Ang: precontrol logic *n*
Esp: lógica de pilotaje *f*

logique de régulation (calculateur) ***f***
All: Reglerlogik (Steuergerät) *f*
Ang: controller logic (ECU) *n*
Esp: lógica del regulador (unidad de control) *f*

logique émission/réception ***f***
All: Sende-/Empfangslogik *f*
Ang: transmit/receive logic *n*

Français

Esp: lógica de emisión/recepción *f*

loi de libération d'énergie *f*
All: Wärmefreisetzung *f*
Ang: heat release *n*
Esp: liberación de calor *f*

loi de l'induction *f*
All: Induktionsgesetz *n*
Ang: Faraday's law *n*
Esp: ley de inducción *f*
(ley de Faraday) *f*

loi d'injection *f*
All: Einspritzmengenverlauf *m*
Ang: rate of injection curve *n*
Esp: evolución del caudal de inyección *f*

loi d'injection *f*
All: Einspritzverlauf *m*
(Einspritzmengenverlauf) *m*
Ang: rate of discharge curve *n*
(injection pattern) *n*
Esp: evolución de la inyección *f*

longeron du châssis *m*
All: Rahmenlängsträger *m*
Ang: side member *n*
Esp: larguero de bastidor *m*

longueur de base *f*
All: Einzelmessstrecke *f*
Ang: sampling length *n*
Esp: tramo de medición simple *m*

longueur de palpage *f*
All: Taststrecke *f*
Ang: profile length *n*
Esp: longitud de palpación *f*

longueur des trous d'injection *f*
All: Lochlänge (Einspritzdüse) *f*
Ang: spray hole length (injector) *n*
Esp: longitud de orificio (inyector) *f*

longueur d'étincelle *f*
All: Funkenlänge *f*
Ang: spark length *n*
Esp: longitud de la chispa *f*

longueur d'onde *f*
All: Wellenlänge *f*
Ang: wavelength *n*
Esp: longitud de onda *f*

longueur d'onde de coupure *f*
All: Grenzwellenlänge *f*
Ang: limit wavelength *n*
Esp: longitud de onda límite *f*

longueur du filetage *f*
All: Gewindelänge *f*
Ang: threaded length *n*
Esp: longitud roscada *f*

loupe *f*
All: Lupe *f*
Ang: magnifying glass *n*
Esp: lupa *f*

lubrifiant *m*
All: Schmiermittel *n*
Ang: lubricant *n*
Esp: lubricante *m*

lubrifiant *m*
All: Schmierstoff *m*
Ang: lubricant *n*
Esp: lubricante *m*

lubrifiant solide *m*
All: Festschmierstoff *m*
Ang: solid lubricant *n*
Esp: lubricante sólido *m*

lubrification à huile perdue *f*
All: Frischölschmierung *f*
Ang: total loss lubrication *n*
Esp: lubricación a pérdida total *f*

lubrification du moteur *f*
All: Motorschmierung *f*
Ang: engine lubrication *n*
Esp: lubricación del motor *f*

lubrification par circulation forcée *f*
All: Druckumlaufschmierung *f*
Ang: forced feed lubrication system *n*
Esp: lubricación de circulación forzada *f*

lumière au xénon *f*
All: Xenonlicht *n*
Ang: xenon light *n*
Esp: luz de xenón *f*

luminance (éclairage) *f*
All: Leuchtdichte (Lichttechnik) *f*
Ang: luminance (lighting) *n*
Esp: diodo luminoso (técnica de iluminación) *m*

lunette arrière *f*
All: Heckscheibe *f*
Ang: rear window *n*
Esp: luneta trasera *f*

lunette arrière *f*
All: Heckscheibe *f*
Ang: rear windshield *n*
Esp: luneta trasera *f*

lunette arrière chauffante *f*
All: heizbare Heckscheibe *f*
Ang: heated rear windshield *n*
Esp: luneta trasera calefactable *f*

luxmètre *m*
All: Luxmeter *n*
Ang: luxmeter *n*
(photometer) *n*
Spa: luxómetro *m*

M

macadam *m*
All: Schotter *m*
Ang: gravel *n*
Esp: grava *f*
(balasto) *m*

machine à courant alternatif *f*
All: Wechselstrommaschine *f*
Ang: alternating current machine *n*
Esp: máquina de corriente alterna *f*

machine à courant continu *f*
All: Gleichstrommaschine *f*
Ang: direct current machine *n*
Esp: máquina de corriente continua *f*

machine à courant triphasé *f*
All: Drehstrommaschine *f*
Ang: three phase machine *n*
Esp: máquina trifásica *f*

machine à excitation en dérivation *f*
All: Nebenschlussmaschine *f*
Ang: shunt-wound machine *n*
Esp: máquina de exitación en derivación *f*

machine à excitation série *f*
All: Reihenschlussmaschine *f*
Ang: series wound machine *n*
Esp: máquina de exitación en serie *f*

machine à pistons axiaux *f*
All: Axial-Kolbenmaschine *f*
Ang: axial piston machine *n*
Esp: máquina de pistones axiales *f*

machine à pistons radiaux *f*
All: Radial-Kolbenmaschine *f*
Ang: radial piston machine *n*
Esp: máquina de émbolos radiales *f*

machine monophasée *f*
All: Einphasemaschine *f*
Ang: single phase machine *n*
Esp: máquina monofásica *f*

mâchoire de frein à main *f*
All: Handbremsbacke *f*
Ang: handbrake shoe *n*
Esp: zapata de freno de mano *f*

mâchoire pivotante (frein à tambour) *f*
All: Drehbacke (Trommelbremse) *f*
Ang: rotating shoe (drum brake) *n*
Esp: zapata giratoria (freno de tambor) *f*

mâchoire primaire *f*
All: auflaufende Bremsbacke *f*
Ang: leading brake shoe *n*
Esp: zapata de freno primaria *f*

mâchoire secondaire *f*
All: ablaufende Bremsbacke (Bremsen) *f*
Ang: trailing brake shoe (brakes) *n*
(secondary shee) *n*
Esp: zapata de freno secundaria (frenos) *f*

mâchoire-électrode *f*
All: Backe (Bremsen) *f*
Ang: shoe (brakes) *n*
Esp: zapata (frenos) *f*

magnétique doux *adj*
All: weichmagnetisch *adj*
Ang: soft magnetic *adj*
Esp: magnético suave *adj*

magnéto *f*
All: Magnetzünder *m*

Français

Ang: magneto *n*
Esp: magneto *m*

magnéto à bride ***f***
All: Flanschmagnetzünder *m*
Ang: flange mounted magneto *n*
Esp: magneto con brida *m*

magnétostrictif ***adj***
All: magnetoelastisch *adj*
Ang: magnetoelastic *adj*
Esp: magnetoelástico *adj*

maintenance ***f***
All: Wartung *f*
Ang: preventive maintenance *n*
Esp: mantenimiento *m*

maître-couple ***m***
All: Querschnittsfläche *f*
Ang: cross sectional area *n*
Esp: área transversal *f*

maître-cylindre de frein ***m***
All: Hauptbremszylinder *m*
(Hydraulik-Hauptzylinder) *m*
Ang: brake master cylinder, BMC *n*
Esp: cilindro principal de freno *m*

maître-cylindre tandem ***m***
All: Tandemhauptzylinder (Bremsen) *m*
Ang: tandem master cylinder (brakes) *n*
Esp: cilindro maestro tándem (frenos) *m*

manchette de séparation ***f***
All: Trennmanschette *f*
Ang: separating cup seal *n*
Esp: manguito separador *m*

manchette primaire ***f***
All: Primärmanschette *f*
Ang: primary cup seal *n*
Esp: manguito primario *m*

manchette secondaire ***f***
All: Sekundärmanschette *f*
Ang: secondary cup seal *n*
Esp: retén secundario *m*

manchon calorifuge (injecteur) ***m***
All: Wärmeschutzhülse (Einspritzdüse) *f*
Ang: thermal protection sleeve (injection nozzle) *n*
Esp: casquillo de protección antitérmica (inyector) *m*

manchon central (injection diesel) ***m***
All: Reglermuffe (Diesel-Regler) *f*
Ang: sliding sleeve (governor) *n*
Esp: manguito del regulador (regulador Diesel) *m*

manchon de blindage ***m***
All: Abschirmhülse *f*
Ang: shielding sleeve *n*
Esp: manguito de apantallado *m*

manchon de guidage ***m***
All: Führungshülse *f*
Ang: guide sleeve *n*
Esp: manguito guía *m*

manchon de réglage ***m***
All: Einstellhülse *f*
Ang: setting sleeve *n*
Esp: manguito de ajuste *m*

manchon d'étanchéité (cylindre de roue) ***m***
All: Abdichtstulpe (Radzylinder) *f*
Ang: sealing cap (wheel-brake cylinder) *n*
Esp: manguito estanqueizante (bombín de rueda) *m*

manchon fileté ***m***
All: Einschraubstutzen *m*
Ang: screwed socket *n*
Esp: tubuladura roscada *f*

manchon isolant ***m***
All: Isolierhülse *f*
Ang: insulating sleeve *n*
Esp: manguito aislante *m*

mandrin à chasser ***m***
All: Ausdrückdorn *m*
Ang: press out mandrel *n*
Esp: mandril extractor *m*

mandrin de montage ***m***
All: Montierdorn *m*
Ang: assembly mandrel *n*
Esp: mandril de montaje *m*

mandrin d'emmanchement ***m***
All: Einpressdorn *m*
Ang: press in mandrel *n*
Esp: mandril de presión *m*

maneton ***m***
All: Kröpfung (Kurbelwelle) *f*
Ang: throw *n*
Esp: acodamiento (cigüeñal) *m*

manette des clignotants ***f***
All: Blinkerschalter *m*
Ang: turn signal indicator switch *n*
Esp: interruptor de intermitentes *m*

manivelle d'entraînement ***f***
All: Antriebskurbel *f*
Ang: pivot crank *n*
Esp: manivela de accionamiento *f*

manocontact ***m***
All: Druckschalter *m*
Ang: pressure switch *n*
Esp: presostato *m*

manomètre ***m***
All: Druckmessgerät *n*
(Druckmesser) *m*
Ang: pressure gauge *n*
Esp: medidor de presión *m*

manomètre d'air ***m***
All: Luftdruckmesser *m*
Ang: barometer *n*
Esp: barómetro *m*

manque de visibilité ***m***
All: Sichttrübung *f*
Ang: impairment of vision *n*
Esp: enturbamiento de la visión *m*

manuel d'application ***m***
All: Applikationshandbuch *n*
Ang: application manual *n*
Esp: manual de aplicación *m*

manuel utilisateur ***m***
All: Benutzerhandbuch (SAP) *n*
Ang: user manual *nn*
Esp: manual del usuario (SAP) *m*

marche arrière ***f***
All: Rückwärtsgang *m*
Ang: reverse gear *n*
(reverse) *n*
Esp: marcha atrás *f*

marche-pied ***m***
All: Trittbrett *n*
Ang: running board *n*
Esp: estribo *m*

marge de tolérance ***f***
All: Toleranzbereich *m*
Ang: tolerance band *n*
Esp: margen de tolerancia *m*

marque d'homologation ***f***
All: Prüfzeichen *n*
Ang: mark of approval *n*
Esp: sello de homologación *m*

marteau-piqueur ***m***
All: Drucklufthammer *m*
Ang: pneumatic hammer *n*
Esp: martillo de aire comprimido *m*

masse d'air ***f***
All: Luftmasse *f*
Ang: air mass *n*
Esp: masa de aire *f*

masse de carburant ***f***
All: Kraftstoffmasse *f*
Ang: fuel mass *n*
Esp: masa de combustible *f*

masse de référence (circuit de bord) ***f***
All: Bezugsmasse (Bordnetz) *f*
Ang: reference ground (vehicle electrical system) *n*
Esp: masa de referencia (red de a bordo) *f*

masse d'enrobage (batterie) ***f***
All: Vergussmasse (Batterie) *f*
Ang: sealing compound (battery) *n*
Esp: masilla obturadora (batería) *f*

masse d'équilibrage ***f***
All: Gegengewicht *n*
Ang: counterweight *n*
Esp: contrapeso *m*

masse d'étanchéité ***f***
All: Dichtungsmasse *f*
Ang: sealing washer *n*
Esp: pasta obturante *f*

masse d'inertie ***f***
All: Schwungmasse *f*
(Schwungscheibe) *f*
(Schwungrad) *n*
Ang: flywheel *n*
Esp: volante de inercia *m*

masse d'inertie ***f***

Français

All: Schwungmasse *f*
Ang: flywheel mass *n*
Esp: masa de inercia *f*

masse du véhicule (mécanique) ***f***
All: Fahrzeug-Masse (mechanisch) *f*
(*Masse*) *f*
Ang: vehicle ground *n*
Esp: masa del vehículo (mecánica) *f*

masse filtrante ***f***
All: Tilgermasse *f*
Ang: absorption mass *n*
Esp: masa antivibración *f*

masse suspendue ***f***
All: gefederte Masse *f*
Ang: sprung weight *n*
Esp: masa amortiguada *f*

masse volumique ***f***
All: Dichte *f*
Ang: density *n*
Esp: densidad *f*

masselotte ***f***
All: Fliehgewicht *n*
Ang: flyweight *n*
Esp: peso centrífugo *m*

masselotte ***f***
All: Fliehgewicht *n*
Ang: centrifugal weight *n*
Esp: peso centrífugo *m*

matériau de base ***m***
All: Grundwerkstoff *m*
Ang: base material *n*
Esp: material base *m*

matériau des électrodes ***m***
All: Elektrodenwerkstoff *m*
Ang: electrode material *n*
Esp: material del electrodo *m*

matériau d'étanchéité ***m***
All: Dichtungsmaterial *n*
Ang: sealing material *n*
Esp: material estanqueizante *m*

matériau support ***m***
All: Trägermaterial *n*
Ang: substrate *n*
Esp: material soporte *m*

matériel de base ***m***
All: Ausgangsmaterial *n*
Ang: basic material *n*
Esp: material de partida *m*

matière active (batterie) ***f***
All: aktive Masse (Batterie) *f*
Ang: active materials (battery) *n*
Esp: masa activa (batería) *f*

matrice céramique en nid d'abeilles ***f***
All: Wabenkörper (Rußabbrennfilter) *m*
Ang: honeycomb (soot burn-off filter) *n*
Esp: cuerpo alveolar (filtro de quemado de hollín) *m*

matrice en céramique ***f***
All: Keramikkörper *m*
Ang: ceramic element *n*
Esp: elemento cerámico *m*

mécanisme de défaillance (de l'incident) ***m***
All: Ausfallmechanismus *m*
Ang: failure mechanism *n*
Esp: mecanismo de fallo *m*

mécanisme de détection à masselottes ***m***
All: Fliehgewichtsmesswerk *n*
Ang: flyweight speed-sensing element *n*
Esp: dispositivo medidor de peso centrífugo *m*

mécanisme de pompe ***m***
All: Pumpenmechanismus *m*
Ang: pump mechanism *n*
Esp: mecanismo de bomba *m*

mécanisme d'embiellage ***m***
All: Kurbeltrieb *m*
Ang: crankshaft drive *n*
Esp: mecanismo de cigüeñal *m*

mécanisme d'embrayage ***m***
All: Kupplungsdruckplatte *f*
Ang: clutch pressure plate *n*
Esp: plato de apriete del embrague *m*

mécatronique ***f***
All: Mechatronik *f*
Ang: mechatronics *n*
Esp: mecatrónica *f*

mélange air-carburant ***m***
All: Kraftstoff-Luft-Gemisch *n*
Ang: air/fuel mixture *n*
(*A/F mixture*) *n*
Esp: mezcla combustible-aire *f*

mélange air-carburant ***m***
All: Luft-Kraftstoff-Gemisch *n*
Ang: air fuel mixture *n*
(*A/F mixture*) *n*
Esp: mezcla aire-combustible *f*

mélange air-carburant ***m***
All: Luft-Kraftstoff-Gemisch *n*
Ang: air/fuel mixture *n*
Esp: mezcla aire-combustible *f*

mélange gazeux ***m***
All: Gasgemisch *n*
Ang: gas mixture *n*
Esp: mezcla de gas *f*

mélange gazeux ***m***
All: Gemisch (Luft-Kraftstoff) *n*
Ang: A/F mixture *n*
Esp: mezcla (aire-combustible) *f*

mélange hétérogène ***m***
All: heterogene Gemischverteilung *f*
Ang: heterogeneous mixture distribution *n*
Esp: distribución heterogénea de mezcla *f*

mélange homogène ***m***
All: homogene Gemischverteilung *f*
Ang: homogeneous mixture distribution *n*
Esp: distribución homogénea de mezcla *f*

mélange homogène ***m***
All: homogenes Gemisch *n*
Ang: homogeneous mixture *n*
Esp: mezcla homogénea *f*

mélange pauvre ***m***
All: mageres Gemisch *n*
Ang: lean air fuel mixture *n*
Esp: mezcla pobre *f*

mélange pauvre ***m***
All: Magermix *n*
Ang: lean air fuel mixture *n*
Esp: mezcla pobre *f*

mélange riche ***m***
All: fettes Gemisch *n*
Ang: rich mixture *n*
Esp: mezcla rica *f*

mélange trop riche ***m***
All: Überfettung (Luft-Kraftstoff-Gemisch) *f*
Ang: over enrichment (air-fuel mixture) *n*
Esp: sobreenriquecimiento (mezcla aire-combustible) *m*

mélangeur à venturi ***m***
All: Venturi-Mischgerät *n*
Ang: venturi mixing unit *n*
Esp: mezclador Venturi *m*

membrane à couches épaisses ***f***
All: Dickschicht-Membran *f*
Ang: thick film diaphragm *n*
Esp: membrana de capa gruesa *f*

membrane active ***f***
All: Wirkmembran *f*
(*Reaktionsmembran*) *f*
Ang: transfer diaphragm *n*
Esp: membrana activa *f*

membrane de mesure ***f***
All: Messmembran *f*
Ang: measurement diaphragm *n*
Esp: membrana de medición *f*

membrane de pression ***f***
All: Druckmembran *f*
Ang: pressure diaphragm *n*
Esp: membrana de presión *f*

membrane de régulation ***f***
All: Regelmembran *f*
Ang: control diaphragm *n*
Esp: membrana reguladora *f*

membrane d'étanchéité ***f***
All: Abdichtungsmembrane *v*
Ang: sealing diaphragm *n*
Esp: membrana estanqueizante *f*

mémoire à semi-conducteurs ***f***
All: Halbleiterspeicher *m*
Ang: semiconductor memory chip *n*

Esp: memoria de semiconductores *f*

mémoire consignes ***m***
All: Sollwertspeicher *m*
Ang: setpoint memory *n*
Esp: memoria de valor nominal *f*

mémoire de défauts ***f***
All: Fehlercodespeicher *m*
Ang: error code memory *n*
Esp: memoria de códigos de avería *f*

mémoire de défauts ***f***
All: Fehlerspeicher *m*
Ang: fault memory *n*
Esp: memoria de averías *f*

mémoire de données ***f***
All: Datenspeicher *m*
Ang: data memory *n*
Esp: memoria de datos *f*

mémoire de travail (RAM) ***f***
All: Arbeitsspeicher (RAM) *m*
Ang: main memory (RAM) *n*
(user memory) *n*
Esp: memoria de trabajo (RAM) *f*

mémoire morte ***f***
All: Festwertspeicher *f*
Ang: read only memory, ROM *n*
Esp: memoria fija *f*

mémoire vive (RAM) ***f***
All: flüchtiger Schreib-/Lesespeicher (RAM) *m*
Ang: volatile read/write memory (RAM) *n*
Esp: memoria volátil de escritura/lectura (RAM) *f*

mémorisation des défauts ***f***
All: Fehlerabspeicherung *f*
Ang: error storage *n*
Esp: memorización de averías *f*

message de défaut ***m***
All: Fehlermeldung *f*
Ang: error message *n*
Esp: mensaje de avería *m*

mesure comparative des gaz d'échappement ***f***
All: Abgas-Vergleichsmessung *f*
Ang: comperative emission analysis *n*
Esp: medición comparativa de los gases de escape *f*

mesure de bruit ***f***
All: Geräuschmessung *f*
Ang: sound level measurement *n*
Esp: medición de ruido *f*

mesure de couple ***f***
All: Drehmomentmessung *f*
Ang: torque measurement *n*
Esp: medición de par *f*

mesure de courant ***f***
All: Strommessung *f*
Ang: current measurement *n*
Esp: medición de corriente *f*

mesure de la vitesse de roulage ***f***
All: Fahrgeschwindigkeits-messung *f*
Ang: vehicle-speed measurement *n*
Esp: medición de velocidad de marcha *f*

mesure de précaution ***f***
All: Vorbeugungsmaßnahme *f*
Ang: preventive action *n*
Esp: medida preventiva *f*

mesure des gaz d'échappement ***f***
All: Abgasmessung *f*
Ang: exhaust measurement *n*
Esp: medición de gases de escape *f*

mesure en soufflerie ***f***
All: Windkanalmessung *f*
Ang: wind tunnel measurement *n*
Esp: medición en tunel aerodinámico *f*

métal d'apport ***m***
All: Lot *n*
Ang: solder *n*
Esp: soldante *m*
(metal de aporte) *m*

métal fritté ***m***
All: Sintermetall *n*
Ang: sintered metal *n*
Esp: metal sinterizado *m*

méthode de balayage ***f***
All: Durchspülungsverfahren *n*
Ang: flushing method *n*
Esp: método de lavado de paso *m*

méthode de test par fort courant ***f***
All: belastetes Testverfahren *n*
Ang: under load test *n*
Esp: método de ensayo bajo carga *m*

microcontacteur ***m***
All: Mikroschalter *m*
Ang: microswitch *n*
Esp: microinterruptor *m*

microcontrôleur (calculateur) ***m***
All: Mikrocontroller, MC (Steuergerät) *m*
Ang: microcontroller, MC (ECU) *n*
Esp: microcontrolador, MC (unidad de control) *m*

microporeux ***adj***
All: mikroporös *adj*
Ang: microporous *n*
Esp: microporoso *adj*

microprocesseur ***m***
All: Mikroprozessor *m*
Ang: microprocessor *n*
Esp: microprocesador *m*

microrelais ***m***
All: Mikrorelais *n*
Ang: microrelay *n*
Esp: microrelé *m*

microtige ***f***
All: Übertragungsstößel *m*
Ang: force transfer rod *n*
Esp: empujador transmisor de fuerza *m*

milieu corrosif ***m***
All: aggressives Medium *n*
Ang: aggressive medium *n*
Esp: medio agresivo *m*

mise à la terre ***f***
All: Masseverbindung *f*
Ang: ground connection *n*
Esp: conexión a masa *f*

mise au rebut ***f***
All: Ausschuss *m*
Ang: scrap *n*
Esp: desechos *mpl*
(rechazo) *m*

mise au rebut ***f***
All: Verschrotten *v*
Ang: scrap *v*
Esp: chatarra *f*

mise en action ***f***
All: Warmlauf *m*
Ang: warm up *v*
Esp: calentamiento *m*

mise en service du véhicule ***f***
All: Fahrzeuginbetriebnahme *f*
Ang: vehicle comissioning *v*
Esp: puesta en marcha del vehículo *f*

mise en veille (alarme auto) ***f***
All: Scharfschaltung (Autoalarm) *f*
Ang: priming (car alarm) *n*
(prime) *n*
Esp: activación (alarma de vehículo) *f*

mise sous pression ***f***
All: Druckbeaufschlagung *f*
Ang: pressurization *n*
Esp: presurización *f*

mode « charge » (charge de batterie) ***m***
All: Ladebetrieb (Batterieladung) *m*
Ang: charging mode (battery charge) *n*
Esp: modo de carga (carga de batería) *m*

mode « sécurité » ***m***
All: Sicherheitsmodus *m*
Ang: safety mode *n*
Esp: modo de seguridad *m*

mode « soutien » (charge de batterie) ***m***
All: Stützbetrieb (Batterieladung) *m*
Ang: backup mode (battery charge) *n*
Esp: modo de apoyo (carga de batería) *m*

mode « tampon » (charge de batterie) ***m***
All: Pufferbetrieb (Batterieladung) *m*
Ang: floating-mode operation (battery charge) *n*

Français

Esp: funcionamiento en tampón (carga de batería) *m*

mode banc d'essai à rouleaux ***m***
All: Rollenprüfstands-Modus *m*
Ang: roller dynamometer mode *n*
Esp: modo de banco de pruebas de rodillos *m*

mode d'affichage ***m***
All: Anzeigemodus *m*
Ang: display mode *n*
Esp: modo de indicación *m*

mode de fonctionnement ***m***
All: Betriebsmodus *m*
Ang: mode of operation *n*
Esp: modo de operación *m*

mode de pilotage des vannes ***m***
All: Ventilansteuermodus *m*
Ang: valve triggering mode *n*
Esp: modo de activación de válvula *m*

mode de propulsion ***m***
All: Antriebsart *f*
Ang: type of drive *n*
Esp: tipo de tracción *m*

mode dégradé ***m***
All: Notlauf *m*
Ang: limp home *n*
Esp: funcionamiento de emergencia *m*

mode dégradé du potentiomètre de papillon ***m***
All: Drosselklappe-Potentiometer-Ersatzbetrieb *m*
Ang: throttle valve potentiometer limp home mode *n*
Esp: modo reducido del potenciómetro de la mariposa *m*

mode homogène ***m***
All: Homogen-Betrieb *m*
Ang: homogeneous operating mode *n*
Esp: modo de operación homogéneo *m*

mode homogène anticliquetis ***m***
All: Homogen-Klopfschutz-Betrieb *m*
Ang: homogeneous knock protection mode *n*
Esp: modo de protección homogénea de picado *m*

mode homogène pauvre ***m***
All: Homogen-Mager-Betrieb *m*
Ang: homogenous lean operating mode *n*
Esp: modo de operación homogéneo con mezcla pobre *m*

mode homogène stratifié ***m***
All: Homogen-Schicht-Betrieb *m*
Ang: homogeneous stratified operating mode *n*
Esp: modo de operación homogéneo estratificado *m*

mode mixte ***m***
All: gemischter Betrieb *m*
Ang: mixed operation *n*
Esp: servicio combinado *m*

mode ralentisseur ***m***
All: Retarderbetrieb *m*
Ang: retarder operation *n*
Esp: modo retardador *m*

mode régulation ***m***
All: Regelbetrieb *m*
Ang: closed loop control *n*
Esp: modo de regulación *m*

mode stationnaire ***m***
All: Stationärbetrieb *m*
Ang: stationary applications *n*
Esp: funcionamiento estacionario *m*

mode stratifié ***m***
All: Schiebebetrieb *m*
Ang: overrun *n*
Esp: régimen de deceleración *m*
(régimen de marcha por inercia) *m*

mode stratifié avec mélange pauvre ***m***
All: magerer Schichtbetrieb *m*
Ang: stratified lean operation mode *n*
Esp: funcionamiento estratificado con mezcla pobre *m*

mode stratifié de chauffage ***m***
All: Schicht-Katheizen *n*
Ang: stratified catalyst heating operating mode *n*
Esp: calentamiento estratificado del catalizador *m*

modèle spécial ***m***
All: Sondermodell *n*
Ang: special model *n*
Esp: modelo especial *m*

modérable ***adj***
All: abstufbar *adj*
(stufbar) *adj*
Ang: graduable *adj*
Esp: graduable *adj*

modification de la pression ***f***
All: Druckänderung *f*
Ang: pressure change *n*
Esp: cambio de presión *m*

modulateur de pression ***m***
All: Druckregelmodul *m*
Ang: pressure control module *n*
Esp: módulo regulador de presión *m*

modulateur de freinage ***m***
All: Bremskraftregler *m*
Ang: brake force regulator *n*
Esp: regulador de la fuerza de frenado *m*

modulateur de pression (ABS) ***m***
All: Druckmodulator (ABS) *m*
Ang: pressure modulator (ABS) *n*
Esp: modulador de presión (ABS) *m*

modulateur de pression aux roues ***m***
All: Raddruckmodulator *m*
Ang: wheel pressure modulator *n*
Esp: modulador de presión de ruedas *m*

modulation d'amplitude ***f***
All: Amplitudenverfahren *n*
Ang: amplitude method *n*
Esp: método de amplitud *m*

modulation de fréquence ***f***
All: Frequenzmodulation *f*
Ang: frequency modulation, FM *n*
Esp: modulación de frecuencia *f*

modulation de la force de freinage ***f***
All: Bremsdruckmodulation *f*
Ang: brake pressure modulation *n*
(braking-force metering) *n*
Esp: modulación de la presión de frenado *f*

module ***m***
All: Baukasten *m*
Ang: module *n*
Esp: módulo *m*

module CAN ***m***
All: CAN-Baustein *m*
Ang: CAN module *n*
Esp: módulo CAN *m*

module d'allumage ***m***
All: Zündgerät *n*
Ang: igniter *n*
Esp: aparato de encendido *m*

module d'allumage ***m***
All: Zündmodul *n*
Ang: ignition module *n*
Esp: módulo de encendido *m*

module de commande (lampe à décharge dans un gaz) ***m***
All: Vorschaltgerät (Gasentladungslampe/Zündung) *n*
Ang: ballast unit (gaseous-discharge lamp/ignition) *n*
Esp: dispositivo cebador (lámpara descarga gas/encendido) *m*

module de commande du temps de préchauffage ***m***
All: Glühzeitsteuergerät *n*
Ang: glow control unit *n*
Esp: unidad de control de tiempo de precalentamiento *f*

module de commande remorque ***m***
All: Anhängersteuermodul, ASM *m*
Ang: trailer control module, TCM *n*
Esp: módulo de control del remolque *m*

module de diagnostic ***m***
All: Diagnosemodul *n*
Ang: diagnosis module *n*
Esp: módulo de diagnóstico *m*

module de données ***m***
All: Datenmodul *m*
Ang: operating-data module *n*
Esp: módulo de datos *m*

module de glissement ***m***
All: Gleitmodul *n*
Ang: shear modulus *n*
(modulus of regidity) *n*
Esp: módulo de elasticidad a la cizalladura *m*

module de programme ***m***
All: Programmmodul *m*
Ang: program module *n*
Esp: módulo de programa *m*

module de protection (alarme auto) ***m***
All: Vorschaltmodul (Autoalarm) *m*
Ang: ballast module (car alarm) *n*
Esp: módulo de reactancia (alarma de vehículo) *m*

module de puissance ***m***
All: Leistungsmodul *n*
Ang: power module *n*
Esp: módulo de potencia *m*

module de réglage (correcteur de site) ***m***
All: Verstelleinheit (Leuchtweiteregelung) *f*
Ang: adjuster (headlight vertical-aim control) *n*
Esp: unidad de ajuste (regulación de alcance de luces) *f*

module d'élasticité longitudinale ***m***
All: Elastizitätsmodul *n*
Ang: modulus of elasticity *n*
(elastic modulus) *n*
Esp: módulo de elasticidad *m*

module d'essieu double (remorque) ***m***
All: Doppelachsmodul *m*
Ang: tandem axle module *n*
Esp: módulo doble eje *m*

module électronique d'évaluation ***m***
All: Auswertschaltgerät *n*
Ang: signal evaluation module *n*
Esp: bloque electrónico de evaluación *m*

module relais ***m***
All: Relaiskombination *f*
Ang: relay combination *n*
Esp: combinación de relés *f*

moduler (force de freinage) ***v***
All: einsteuern (Bremskraft) *v*
Ang: apply (braking force) *v*
Esp: aplicar (fuerza de frenado) *v*

molette ***f***
All: Handschalter *m*
Ang: hand switch *n*
Esp: interruptor manual *m*

molette de correcteur de site ***f***
All: Regulierschalter *m*
Ang: regulator switch *n*
Esp: interruptor regulador *m*

molette tournante ***f***
All: Rolle *f*
Ang: roller *n*
Esp: rodillo *m*

moment de basculement transversal ***m***
All: Querkippmoment *n*
Ang: transverse tilting moment *n*
Esp: par transversal de vuelco *m*

moment de flexion ***m***
All: Biegemoment *n*
Ang: bending moment *n*
(flexural torque) *n*
Esp: momento flector *m*

moment de lacet ***m***
All: Giermoment (Kfz-Dynamik) *n*
Ang: yaw moment (motor-vehicle dynamics) *n*
Esp: par de guiñada (dinámica del automóvil) *m*

moment de lacet ***m***
All: Rollmoment *n*
(schlingerndes Moment) *n*
Ang: rolling moment *n*
Esp: momento de rodadura *m*

moment de lacet de consigne du véhicule ***m***
All: Fahrzeuggiersollmoment (ESP) *n*
Ang: vehicle yaw-moment setpoint (ESP) *n*
Esp: par nominal de guiñada del vehículo (ESP) *m*

moment de réaction ***m***
All: Rückdrehmoment *n*
Ang: reaction torque *n*
Esp: par de reacción *m*

moment de renversement ***m***
All: Längskippmoment *n*
Ang: longitudinal tilting moment *n*
Esp: momento de vuelco longitudinal *m*

moment d'inertie ***m***
All: Massendrehmoment *n*
(Massenmoment) *n*
(Trägheitsmoment) *n*
Ang: inertial torque *n*
(moment of inertia) *n*
Esp: par de masas *m*

moment dipolaire ***m***
All: Dipolmoment *n*
Ang: dipole moment *n*
Esp: momento dipolar *m*

monoflux (ventilateur) ***adj***
All: einflutig (Lüfter) *adj*
Ang: single flow (fan) *n*
Esp: de un solo flujo (ventilador) *loc*

monophasé ***adj***
All: einphasig *adj*
Ang: single phase *adj*
Esp: monofásico *adj*

monoxyde de carbone ***m***
All: Kohlenmonoxid *n*
Ang: carbon monoxide *n*
Esp: monóxido de carbono *m*

montage en étoile ***m***
All: Sternschaltung *f*
Ang: star connection *n*
Esp: conexión en estrella *f*

montage en parallèle ***m***
All: Parallelschaltung *f*
Ang: parallel connection *n*
Esp: conexión en paralelo *f*

montage en pont complet ***m***
All: Vollbrückenschaltung *f*
Ang: full wave bridge *n*
Esp: puente de onda plena *m*

montage en série ***m***
All: Reihenschaltung *f*
Ang: series connection *n*
Esp: conexión en serie *f*

montage en triangle ***m***
All: Dreieckschaltung *f*
Ang: delta connection *n*
Esp: conexión en triángulo *f*

montage extérieur ***m***
All: Außenanbau *m*
Ang: external mounting *n*
Esp: montaje exterior *m*

montant de toit ***m***
All: Dachsäule *f*
Ang: roof pillar *n*
Esp: pilar del techo *m*

montée des rapports ***f***
All: Hochschaltung *f*
Ang: upshift *n*
Esp: puesta de una marcha superior *f*

montée en pression ***f***
All: Druckanstieg *m*
(Druckaufbau) *m*
Ang: pressure increase *n*
Esp: aumento de presión *m*

montée en régime (moteur à combustion) ***f***
All: hochlaufen (Verbrennungsmotor) *v*
Ang: run up to speed (IC engine) *v*
Esp: acelerar en el arranque (motor de combustión) *v*

mors de serrage ***m***
All: Spannpratze *f*
Ang: clamping claw *n*
Esp: garra de apriete *f*

moteur ***m***
All: Motor *m*
Ang: engine *n*
Esp: motor *m*

moteur à allumage commandé ***m***
All: Fremdzündungsmotor *m*
Ang: engine with externally supplied ignition *n*

Français

Esp: motor encendido por dispositivo externo *m*

moteur à allumage par compression ***m***
All: Selbstzündungsmotor *m*
(Selbstzünder) *m*
Ang: compression ignition engine (CI engine) *n*
Esp: motor de autoignición *m*

moteur à aspiration naturelle ***m***
All: Saugmotor *m*
Ang: naturally aspirated engine *n*
Esp: motor atmosférico *m*

moteur à carburateur ***m***
All: Vergasermotor *m*
Ang: carburetor engine *n*
Esp: motor de carburador *m*

moteur à chambre de turbulence ***m***
All: Wirbelkammermotor (Verbrennungsmotor) *m*
Ang: whirl chamber engine (IC engine) *n*
Esp: motor de cámara de turbulencia (motor de combustión) *m*

moteur à charge stratifiée ***m***
All: Schichtlademotor *m*
Ang: stratified charge engine *n*
Esp: motor de carga estratificada *m*

moteur à combustion interne ***m***
All: Verbrennungskraftmaschine *f*
Ang: internal combustion engine *n*
(IC engine) *n*
Esp: máquina de combustión interna *f*

moteur à combustion interne ***m***
All: Verbrennungsmotor *m*
(Verbrennungskraft-maschine) *f*
Ang: internal combustion engine *n*
(IC engine) *n*
Esp: motor de combustión *m*

moteur à courant continu ***m***
All: Gleichstrommotor *m*
Ang: DC motor *n*
(direct-current motor) *n*
Esp: motor de corriente continua *m*

moteur à courant continu ***m***
All: Gleichstrommotor *m*
Ang: D.C. motor *n*
Esp: motor de corriente continua *m*

moteur à cylindres opposés et horizontaux ***m***
All: Boxermotor *m*
Ang: opposed cylinder engine *n*
(boxer engine) *n*
Esp: motor de cilindros opuestos *m*
(motor boxer) *m*

moteur à deux temps ***m***
All: Zwei-Takt-Motor (Verbrennungsmotor) *m*
Ang: two stroke engine (IC engine) *n*
Esp: motor de dos tiempos (motor de combustión) *m*

moteur à engrenage ***m***
All: Zahnradmotor *m*
Ang: hydraulic gear motor *n*
Esp: motor de engranajes *m*

moteur à essence ***m***
All: Benzinmotor *m*
Ang: gasoline engine *n*
Esp: motor de gasolina *m*

moteur à essence ***m***
All: Ottomotor *m*
Ang: gasoline engine *n*
(spark-ignition engine) *n*
(SI engine) *n*
Esp: motor de gasolina *m*

moteur à excitation compound ***m***
All: Doppelschlussmotor *m*
Ang: compound motor *n*
Esp: motor compound *m*

moteur à excitation shunt ***m***
All: Nebenschlussmotor *m*
Ang: shunt-wound motor *n*
Esp: motor de exitación en derivación *m*

moteur à induction sans balais ***m***
All: bürstenloser Induktionsmotor *m*
Ang: brushless induction motor *n*
Esp: motor de inducción sin escobillas *m*

moteur à injection ***m***
All: Einspritzmotor *m*
Ang: fuel injection engine *n*
Esp: motor de inyección *m*

moteur à injection directe ***m***
All: Direkteinspritzer *m*
Ang: direct injection *n*
Esp: motor de inyección directa *m*

moteur à injection directe ***m***
All: Direkteinspritzmotor *m*
(Direkteinspritzer) *m*
Ang: direct-injection (DI) engine *n*
Esp: motor de inyección directa *m*

moteur à injection directe haute pression ***m***
All: Hochdruckdirekteinspritzer *m*
Ang: high pressure direct injector *n*
Esp: inyector directo de alta presión *m*

moteur à injection indirecte ***m***
All: Kammermotor *m*
Ang: indirect injection engine, IDI *n*
Esp: motor de inyección indirecta *m*

moteur à piston rotatif ***m***
All: Kreiskolbenmotor *m*
Ang: rotary engine *n*
Esp: motor rotativo *m*

moteur à pistons ***m***
All: Kolbenkraftmaschine *f*
(Kolbenmotor) *f*
Ang: piston engine *n*
Esp: máquina alternativa *f*
(motor de émbolos) *m*

moteur à pistons alternatifs ***m***
All: Hubkolbenmotor *m*
Ang: reciprocating piston engine *n*
Esp: motor reciprocante *m*

moteur à pistons axiaux ***m***
All: Axialkolbenmotor *m*
Ang: axial piston motor *n*
Esp: motor de pistones axiales *m*

moteur à pistons opposés ***m***
All: Gegenkolbenmotor *m*
Ang: opposed piston engine *n*
Esp: motor de pistones opuestos *m*

moteur à préchambre ***m***
All: Nebenkammermotor *m*
(Wirbelkammermotor) *m*
Ang: divided chamber engine *n*
(whirl-chamber engine) *n*
Esp: motor de cámara secundaria *m*

moteur à préchambre ***m***
All: Vorkammermotor *m*
Ang: prechamber engine *n*
Esp: motor de precámara *m*

moteur à préchambre ***m***
All: Vorkammermotor *m*
Ang: precombustion chamber engine *n*
Esp: motor de precámara *m*

moteur à quatre temps ***m***
All: Vier-Takt-Motor (Verbrennungsmotor) *m*
Ang: four stroke engine (IC engine) *n*
Esp: motor de cuatro tiempos (motor de combustión) *m*

moteur à tension composée ***m***
All: Mischspannungsmotor *m*
Ang: pulsating voltage motor *n*
Esp: motor de tensión compuesta *m*

moteur à turbocompresseur ***m***
All: Turbomotor *m*
(ATL-Motor) *m*
Ang: turbocharged engine *n*
Esp: motor turbo *m*

moteur à ultrasons ***m***
All: Ultraschall-Motor *m*
Ang: ultrasonic motor *n*
Esp: motor ultrasónico *m*

moteur asynchrone synchronisé ***m***
All: synchronisierter Asynchronmotor *m*
Ang: synchronous induction motor *n*
Esp: motor asíncrono sincronizado *m*

moteur asynchrone triphasé ***m***
All: Drehstromasynchronmotor *m*
Ang: three phase asynchronous motor *n*

Français

(three-phase induction motor) *n*
Esp: motor asíncrono trifásico *m*

moteur birotor à pistons rotatifs ***m***
All: Doppel-Kreiskolbenmotor *m*
Ang: twin rotary engine *n*
Esp: motor rotativo doble *m*

moteur de bateau ***m***
All: Bootsmotor *m*
Ang: marine engine *n*
Esp: motor de barco *m*

moteur de démarrage ***m***
All: Anwurfmotor *m*
Ang: starting motor *n*
Esp: motor de arranque *m*

moteur de petite cylindrée ***m***
All: Kleinmotor *m*
Ang: low power engine *n*
Esp: motor pequeño *m*

moteur de pompe (groupe hydraulique ABS) ***m***
All: Pumpenmotor (ABS-Hydroaggregat) *m*
Ang: pump motor (ABS hydraulic modulator) *n*
Esp: motor de bomba (grupo hidráulico del ABS) *m*

moteur de soufflante ***m***
All: Gebläsemotor *m*
Ang: blower motor *n*
Esp: motor del soplador *m*

moteur de sport ***m***
All: Sportmotor *m*
Ang: sports engine *n*
Esp: motor deportivo *m*

moteur de véhicule ***m***
All: Fahrzeugmotor *m*
Ang: vehicle engine *n*
Esp: motor del vehículo *m*

moteur de ventilateur ***m***
All: Lüftermotor *m*
Ang: fan motor *n*
Esp: motor de ventilador *m*

moteur d'entraînement ***m***
All: Antriebsmotor *m*
Ang: drive motor *n*
Esp: motor de accionamiento *m*

moteur d'essuie-glace ***m***
All: Wischermotor *m*
(Scheibenwischermotor) *m*
Ang: wiper motor *n*
Esp: motor del limpiaparabrisas *m*

moteur diesel ***m***
All: Dieselmotor *m*
Ang: diesel engine *n*
Esp: motor Diesel *m*

moteur diesel à chambre d'air ***m***
All: Luftspeicher-Dieselmotor *m*
Ang: air chamber diesel engine *n*
Esp: motor Diesel con cámara de aire *m*

moteur diesel à chambre de turbulence ***m***
All: Wirbelkammer-Dieselmotor *m*
Ang: whirl chamber diesel engine *n*
Esp: motor Diesel de cámara de turbulencia *m*

moteur diesel à injection directe ***m***
All: Dieselmotor mit direkter Einspritzung *m*
Ang: direct injection diesel engine *n*
Esp: motor Diesel de inyección directa *m*

moteur diesel à insufflation d'air ***m***
All: Dieselmotor mit Lufteinblasung *m*
Ang: air injection diesel engine *n*
Esp: motor Diesel con inyección de aire *m*

moteur diesel à préchambre ***m***
All: Vorkammer-Dieselmotor *m*
Ang: prechamber Diesel engine *n*
Esp: motor Diesel de precámara *m*

moteur diesel à régime rapide ***m***
All: schnelllaufender Dieselmotor *m*
Ang: high speed diesel engine *n*
Esp: motor Diesel de alta velocidad *m*

moteur diesel atmosphérique ***m***
All: Diesel-Saugmotor *m*
Ang: naturally aspirated diesel engine *n*
Esp: motor atmosférico Diesel *m*

moteur diesel turbocompressé ***m***
All: Diesel-ATL-Motor *m*
Ang: turbocharged diesel engine *n*
Esp: motor Diesel turbocargado *m*

moteur électrique ***m***
All: Elektromotor *m*
Ang: electric motor *n*
Esp: motor eléctrico *m*

moteur en étoile ***m***
All: Sternmotor (Verbrennungsmotor) *m*
Ang: radial engine (IC engine) *n*
Esp: motor en estrella (motor de combustión) *m*

moteur en ligne ***m***
All: Reihenmotor *m*
Ang: in-line engine *n*
(straight engine) *n*
Esp: motor en línea *m*

moteur en V ***m***
All: V-Motor (Verbrennungsmotor) *m*
Ang: v-engine (IC engine) *n*
Esp: motor en V (motor de combustión) *m*

moteur hors-bord ***m***
All: Außenbordmotor *m*
Ang: outboard engine *n*
Esp: motor fuera de borda *m*

moteur hydraulique ***m***
All: Hydromotor *m*
Ang: hydraulic motor *n*
Esp: motor hidráulico *m*

moteur linéaire à faible course ***m***
All: Kurzhub-Linearmotor *m*
Ang: short stroke linear motor *n*
Esp: motor lineal de carrera corta *m*

moteur monophasé à enroulement auxiliaire ***m***
All: Einphasenmotor mit Hilfswicklung *m*
Ang: split phase motor *n*
Esp: motor monofásico con devanado auxiliar *m*

moteur multicylindres ***m***
All: Mehrzylindermotor *m*
Ang: multiple-cylinder engine *n*
Esp: motor de varios cilindros *m*

moteur pas à pas ***m***
All: Schrittmotor *m*
Ang: stepping motor *n*
(stepper motor) *n*
Esp: motor paso a paso *m*

moteur polycarburant ***m***
All: Mehrstoffmotor *m*
Ang: multifuel engine *n*
Esp: motor multicarburante *m*

moteur polycarburant ***m***
All: Vielstoffmotor *m*
(Mehrstoffmotor) *m*
Ang: multifuel engine *n*
Esp: motor de combustibles múltiples *m*

moteur pour mélange pauvre ***m***
All: Magermotor *m*
Ang: lean burn engine *n*
Esp: motor de mezcla pobre *m*

moteur pour mélange pauvre ***m***
All: Magermotor *m*
Ang: lean combustion engine *n*
Esp: motor de mezcla pobre *m*

moteur série ***m***
All: Hauptschlussmotor *m*
(Reihenschlussmotor) *m*
Ang: series motor *n*
(series-wound motor) *n*
Esp: motor de excitación en serie *m*

moteur suralimenté ***m***
All: Auflademotor *m*
(ATL-Motor) *m*
Ang: supercharged engine *n*
Esp: motor sobrealimentado *m*

moteur triphasé ***m***
All: Drehstrommotor *m*
Ang: three phase AC motor *n*
Esp: motor trifásico *m*

moteur-couple ***m***
All: Torquemotor *m*
Ang: torque motor *n*
Esp: cupla motriz *f*

motoculteur ***m***

Français

All: Kleinschlepper *m*
Ang: lightweight tractor *n*
Esp: remolcador pequeño *m*

motocycle léger ***m***
All: Leichtkraftrad *n*
Ang: light motorcycle *n*
Esp: motocicleta ligera *f*

motocyclette ***f***
All: Kraftrad *n*
(Krad) *n*
Ang: motorcycle *n*
Esp: motocicleta *f*

motocyclette ***f***
All: Motorrad *n*
Ang: motorcycle *n*
Esp: motocicleta *f*

motoréducteur ***m***
All: Getriebemotor *m*
Ang: motor and gear assembly *n*
Esp: motorreductor *m*

motoréducteur ***m***
All: Getriebemotor *m*
Ang: geared motor *n*
Esp: motorreductor *m*

motoréducteur à vis sans fin ***m***
All: Schnecken-Getriebemotor *m*
Ang: worm drive motor *n*
Esp: motorreductor de engranaje sinfín *m*

motortester ***m***
All: Motortester *m*
(Motortestgerät) *n*
Ang: engine analyzer *n*
Esp: comprobador de motores *m*

motoventilateur ***m***
All: Motorgebläse *n*
Ang: motor blower *n*
Esp: soplador del motor *m*

motricité (véhicule) ***f***
All: Fahrverhalten (Kfz) *n*
Ang: driveability (motor vehicle) *n*
Esp: comportamiento en marcha (automóvil) *m*

Motronic (système électronique de gestion du moteur) ***m***
All: Motronic (elektronische Motorsteuerung) *f*
Ang: Motronic (electronic engine management) *n*
Esp: Motronic (control electrónico del motor) *m*

mouillabilité ***f***
All: Benetzbarkeit *f*
Ang: wettability *n*
Esp: mojabilidad *f*

mouler sous pression ***v***
All: druckgießen *v*
Ang: pressure diecasting *v*
Esp: fundir a presión *v*

mouvement de lacet ***m***
All: Gierbewegung (Kfz-Dynamik) *f*
Ang: yaw motion (motor-vehicle dynamics) *n*
Esp: movimiento de guiñada (dinámica del automóvil) *m*

mouvement de rotation ***m***
All: Abrollbewegung *f*
Ang: rolling movement *n*
Esp: movimiento de rodamiento *m*

mouvement tourbillonnaire ***m***
All: Luftdrall *m*
Ang: air swirl *n*
Esp: remolino de aire *m*

mouvement tourbillonnaire de type « tumble » ***m***
All: Tumble-Strömung (Verbrennungsmotor) *f*
Ang: tumble flow (IC engine) *n*
Esp: flujo con cambios bruscos (motor de combustión) *m*

moyen de transmission (dispositif de freinage) ***m***
All: Übertragungsmedium (Bremsanlage) *n*
Ang: transmission agent (braking system) *n*
Esp: medio de transmisión (sistema de frenos) *m*

moyenne totale estimée ***f***
All: Gesamtmittelwert *m*
Ang: total mean value *n*
Esp: valor promedio total *m*

moyeu ***m***
All: Nabe *f*
Ang: hub *n*
Esp: cubo *m*

moyeu à roue libre ***m***
All: Freilaufnabe *f*
Ang: overrunning hub *n*
Esp: cubo de rueda libre *m*

moyeu cannelé ***m***
All: Zahnnabe *f*
Ang: toothed stub *n*
Esp: cubo dentado *m*

moyeu de régulateur ***m***
All: Reglernabe *f*
Ang: governor hub (mechanical governor) *n*
Esp: cubo del regulador *m*

moyeu de roue ***m***
All: Radnabe *f*
Ang: wheel hub *n*
Esp: cubo de rueda *m*

multimètre ***m***
All: Vielfachmessgerät *n*
Ang: multi purpose meter *n*
(multimeter) *n*
Esp: aparato de medición multipropósito *m*

multiplicateur épicycloïdal ***m***
All: Hochtreiber-Planetengetriebe *n*
Ang: step up planetary gear set *n*
Esp: multiplicador de planetario *m*

multivibrateur-diviseur de commande ***m***
All: Divisions-Steuer-Multivibrator *m*
Ang: division control multivibrator *n*
Spa: multivibrador de control de división *m*

N

navigation automobile ***f***
All: Fahrzeugnavigation *f*
Ang: vehicle navigation *n*
Esp: navegación del vehículo *f*

nervure ***f***
All: Keilrippe *f*
(Rippe) *f*
Ang: rib *n*
Esp: nervio *m*
(nervadura) *f*

nervure d'appui ***f***
All: Stützrippe *f*
Ang: support rib *n*
Esp: nervadura de apoyo *f*

nervure en coupe ***f***
All: Rillenquerschnitt *m*
Ang: groove cross section *n*
Esp: sección transversal del surco *f*

nettoyage des vitres ***m***
All: Scheibenreinigung *f*
Ang: windshield and rear-window cleaning *n*
Esp: limpieza de cristales *f*

nettoyeur de projecteurs ***m***
All: Scheinwerfer-Wischeranlage *f*
Ang: headlamp wiper system *n*
Esp: sistema limpiafaros *m*

nez de centrage ***m***
All: Aufnahmevorrichtung *f*
Ang: mount *n*
Esp: dispositivo de apoyo *m*

niveau de bruit ***m***
All: Geräuschpegel *m*
Ang: noise level *n*
Esp: nivel de ruidos *m*

niveau de bruit en marche ***m***
All: Fahrgeräuschwert *m*
Ang: noise emissions level *n*
Esp: nivel de ruidos de marcha *m*

niveau de liquide de frein ***m***
All: Bremsflüssigkeitsstand *m*
Ang: brake fluid level *n*
Esp: nivel del líquido de frenos *m*

niveau de perturbations (CEM) ***m***
All: Störpegel (EMV) *m*
(Funkstörspannungspegel) *m*
Ang: interference level (EMC) *n*
Esp: nivel de perturbación (compatibilidad electromagnética) *m*

niveau de pression acoustique ***m***

All: Schalldruckpegel *m*
Ang: sound pressure level *n*
Esp: nivel de presión acústica *m*

niveau de valeur de pointe ***m***
All: Spitzenwertpegel *m*
Ang: peak value level *n*
Esp: nivel de valor máximo *m*

niveau d'huile ***m***
All: Ölstand *m*
Ang: oil level *n*
Esp: nivel de aceite *m*

niveau d'huile moteur ***m***
All: Motorölstand *m*
Ang: engine oil level *n*
Esp: nivel de aceite del motor *m*

niveau normal (suspension pneumatique) ***f***
All: Normalniveau (Luftfederung) *n*
Ang: normal level (air suspension) *n*
Esp: nivel normal (suspensión neumática) *m*

noircissement ***m***
All: Schwärzung *f*
Ang: blackening *n*
Esp: ennegrecimiento *m*

nombre d'ampères-tours ***m***
All: Amperewindungszahl *f*
Ang: ampere turns *npl*
Esp: número de amperios-vueltas *m*

nombre de cycles limite ***m***
All: Grenzlastspielzahl *f*
Ang: ultimate number of cycles *n*
Esp: número de ciclos límite *m*

nombre de pôles ***m***
All: Polzahl *f*
Ang: number of poles *n*
Esp: número de polos *m*

nombre de spires ***m***
All: Windungszahl *f*
Ang: number of turns *n*
Esp: número de espiras *m*

nombre de tours des spires de l'enroulement ***m***
All: Windungszahl *f*
Ang: number of coils *n*
Esp: número de espiras *m*

nombre d'étincelles ***m***
All: Funkenzahl *f*
Ang: sparking rate *n*
Esp: número de chispas *m*

non allié ***adj***
All: unlegiert *adj*
Ang: unalloyed *adj*
Esp: no aleado *adj*

non amorti ***adj***
All: ungedämpft *adj*
Ang: undamped *adj*
Esp: no amortiguado *adj*

non volatile ***adj***
All: nichtflüchtig *adj*
Ang: non-volatile *adj*
Esp: no volátil *adj*

norme antipollution ***f***
All: Abgasnorm *f*
Ang: exhaust emissions standard *n*
Esp: norma de gases de escape *f*

notice d'application ***f***
All: Applikationshinweis *m*
Ang: application instructions *npl*
Esp: indicación de aplicación *f*

notice de montage ***f***
All: Einbauanleitung *f*
(Montageanleitung) *f*
Ang: installation instructions *npl*
Esp: instrucciones de montaje *fpl*

notice d'entretien ***f***
All: Wartungsvorschrift *f*
Ang: maintenance instructions *npl*
Esp: prescripción de mantenimiento *f*

notice d'essai ***f***
All: Prüfanleitung *f*
Ang: test instructions *npl*
Esp: instrucciones de comprobación *fpl*

notice d'utilisation ***f***
All: Bedienungsanleitung *f*
Ang: operating instructions *npl*
Esp: instrucciones de servicio *fpl*
(manual de manejo) *m*

notice d'utilisation ***f***
All: Betriebsanleitung *f*
(Bedienungsanleitung) *f*
Ang: operating instructions *npl*
Esp: instrucciones de servicio *mpl*

noyau d'actionneur ***m***
All: Stellwerkjoch *m*
Ang: actuator fastening flange *n*
Esp: culata de posicionador *f*

noyau de bobine ***m***
All: Spulenkern *m*
Ang: coil core *n*
Esp: núcleo de bobina *m*

noyau de cuivre (bougie d'allumage) ***m***
All: Kupferkern (Zündkerze) *m*
Ang: copper core (spark plug) *n*
Esp: núcleo de cobre (bujía de encendido) *m*

noyau de fer ***m***
All: Weicheisenkern *m*
(Eisenkern) *m*
Ang: soft iron core *n*
Esp: núcleo de hierro dulce *m*

noyau de ferrite ***m***
All: Ferritkern *m*
Ang: ferrite core *n*
Esp: núcleo de ferrita *m*

noyau d'induit ***m***
All: Ankerkern *m*
Ang: armature core *n*
Esp: núcleo de inducido *m*

noyau feuilleté ***m***
All: Blechpaket *n*
Ang: laminated core *n*
Esp: conjunto de láminas *m*

noyau feuilleté ***m***
All: Eisenpaket *n*
Ang: iron core *n*
Esp: núcleo de láminas de hierro *m*

noyau feuilleté ***m***
All: Lamellenpaket *n*
Ang: laminated core *n*
Esp: conjunto de discos *m*

noyau feuilleté d'induit ***m***
All: Ankerpaket *n*
Ang: armature stack *n*
Esp: paquete de chapas de inducido *m*

noyau magnétique ***m***
All: Magnetkern *m*
Ang: magnetic core *n*
Esp: núcleo magnético *m*

noyau polaire ***m***
All: Polkern *m*
(Polschaft) *m*
Ang: pole body *n*
Esp: núcleo de polo *m*

noyau statorique ***m***
All: Ständerpaket *n*
(Ständerblechpaket) *n*
Ang: stator core *n*
Esp: núcleo de estator *m*

nuage de charge stratifiée ***m***
All: Schichtladewolke *f*
Ang: stratified charge cloud *n*
Esp: nube de carga estratificada *f*

numéro de châssis ***m***
All: Fahrgestellnummer *f*
Ang: chassis number *n*
Esp: número de chasis *m*

numéro de série ***m***
All: Seriennummer *f*
Ang: serial number *n*
Esp: número de serie *m*

numéro d'identification du véhicule ***m***
All: Fahrzeugidentifikationsnummer *f*
Ang: vehicle identification number, VIN *n*
Spa: número de identificación del vehículo *m*

O

obligation de garantie ***f***
All: Garantieverpflichtung *f*
Ang: warranty obligation *n*
Esp: obligación de garantía *f*

obturateur (tête d'accouplement) ***m***
All: Absperrglied (Kupplungskopf) *n*
(Schließglied) *n*
Ang: shutoff element (coupling head) *n*

Français

Esp: elemento de cierre (cabeza de acoplamiento) *m*

onde de pression ***f***
All: Druckwelle *f*
Ang: pressure wave *n*
Esp: onda de presión *f*

onde perturbatrice (CEM) ***f***
All: Störwelle (EMV) *f*
Ang: interference wave (EMC) *n*
Esp: onda de interferencia (compatibilidad electromagnética) *f*

onde sinusoïdale ***f***
All: Sinusschwingung *f*
Ang: sinusoidal oscillation *n*
Esp: oscilación senoidal *f*

ondulation ***f***
All: Welligkeit *f*
Ang: surface ondulation *n*
Esp: ondulación *f*

onduleur ***m***
All: Wechselrichter *m*
Ang: inverter *n*
Esp: inversor *m*

opacimètre ***m***
All: Lichtabsorptionsmessgerät *n*
Ang: opacimeter *n*
Esp: opacímetro *m*

opacité ***f***
All: Trübung *f*
Ang: opacity *n*
Esp: opacidad *f*

opérabilité ***f***
All: Funktionserfüllung *f*
Ang: functionality *n*
Esp: operabilidad *f*

opérateur de lève-vitre ***m***
All: Fensterantrieb *m*
Ang: power window drive *n*
Esp: accionamiento de ventanilla *m*

optique de focalisation ***f***
All: Abbildungsoptik *f*
Ang: optical imaging unit *n*
Esp: óptica de reproducción *f*

optique de Fresnel ***f***
All: Fresneloptik (Scheinwerfer) *f*
Ang: fresnel optics (headlamp) *npl*
Esp: óptica escalonada (faros) *f*
(óptica de Fresnel) *f*

optique de projection (projecteur) ***f***
All: Projektionsoptik (Scheinwerfer) *f*
Ang: projection optics (headlamp) *npl*
Esp: óptica de proyección (faros) *f*

optique de réflexion ***f***
All: Reflektoroptik *f*
Ang: reflector optics *npl*
Esp: óptica de reflexión *f*

ordinateur de bord ***m***
All: Bordcomputer *m*
(Fahrdatenrechner) *m*
(Bordrechner) *m*
Ang: on-board computer *n*
Esp: ordenador de a bordo *m*
(ordenador de datos de viaje) *m*

ordinateur de bord ***m***
All: Fahrdatenrechner *m*
Ang: on board computer *n*
Esp: ordenador de datos de viaje *m*

ordre d'allumage ***m***
All: Zündfolge *f*
Ang: firing order *n*
Esp: orden de encendido *m*

ordre des cames ***m***
All: Nockenfolge *f*
Ang: cam sequence *n*
Esp: secuencia de levas *f*

ordre d'injection ***m***
All: Einspritzfolge *f*
(Spritzfolge) *f*
Ang: injection sequence *n*
Esp: secuencia de inyección *f*

ordre d'injection ***m***
All: Spritzfolge (Kraftstoffeinspritzung) *f*
Ang: injection sequence (fuel injection) *n*
Esp: secuencia de inyección (inyección de combustible) *f*

organe de puissance ***m***
All: Leistungssteller *m*
Ang: actuator *n*
Esp: actuador de potencia *m*

orientation ***f***
All: Ausrichtung (SAP) *f*
Ang: alignment *n*
Esp: alineación (SAP) *f*

orifice calibré ***m***
All: Dämpfungsdrossel *f*
Ang: damping throttle *n*
Esp: estrangulador de amortiguación *m*

orifice calibré ***m***
All: Drosselbohrung *f*
Ang: calibrated restriction *n*
(throttle bore) *n*
Esp: taladro de estrangulación *m*

orifice d'admission (pompe d'injection en ligne) ***m***
All: Saugbohrung (Leitungseinbaupumpe) *f*
(Saugloch) *n*
Ang: inlet port (in-line pump) *n*
Esp: orificio de aspiración (bomba integrada a tubería) *m*

orifice d'admission (injecteur) ***m***
All: Zulaufbohrung (Einspritzdüse) *f*
Ang: inlet passage (injection nozzle) *n*
Esp: orificio de alimentación (inyector) *m*

orifice d'admission du carburant de barrage ***m***
All: Sperrölzulaufbohrung *f*
Ang: blocking oil inlet passage *n*
Esp: orificio de entrada de aceite de bloqueo *m*

orifice d'air ***m***
All: Luftanschluss *m*
Ang: air connection *n*
Esp: conexión de aire *f*

orifice d'aspiration ***m***
All: Saugloch *n*
Ang: inlet port *n*
(suction engine) *n*
Esp: agujero de aspiración *m*

orifice de balayage ***m***
All: Überströmbohrung *f*
Ang: overflow orifice *n*
Esp: orificio de rebose *m*

orifice de compensation ***m***
All: Ausgleichsbohrung *f*
Ang: balancing port *n*
Esp: agujero de compensación *m*

orifice de décharge ***m***
All: Absteuerquerschnitt (Dieseleinspritzung) *m*
Ang: cutoff bore (diesel fuel injection) *n*
Esp: sección de regulación de caudal (inyección diesel) *f*

orifice de dégazage (batterie) ***m***
All: Entgasungsöffnung (Batterie) *f*
Ang: ventilation opening (battery) *n*
Esp: orificio de purga de gases (batería) *m*

orifice de dérivation ***m***
All: Bypassbohrung *f*
Ang: bypass bore *n*
Esp: taladro de desviación *m*

orifice de distribution ***m***
All: Absteuerbohrung (Dieseleinspritzung) *f*
(Steuerbohrung) *f*
Ang: spill port (diesel fuel injection) *n*
Esp: taladro de regulación (inyección diesel) *m*

orifice de l'ajutage ***m***
All: Düsenbohrung *f*
Ang: nozzle bore *n*
Esp: agujero de inyector *m*

orifice de purge d'air ***m***
All: Entlüftungsbohrung *f*
Ang: vent bore *n*
Esp: taladro de purga de aire *m*

orifice de retour ***m***
All: Rücklaufbohrung *f*
Ang: return passage *n*
Esp: taladro de retorno *m*

orifice de ventilation ***m***
All: Belüftungsöffnung *f*

Français

(Entlüftungsöffnung) *f*
Ang: ventilation opening *n*
Esp: abertura de ventilación *f*
(abertura de purga de aire) *f*

orifice d'écoulement ***m***
All: Ablassöffnung *m*
Ang: discharge orifice *n*
Esp: orificio de evacuación *m*

orifice d'écoulement ***m***
All: Ablaufbohrung *f*
Ang: drain hole *n*
Esp: agujero de drenaje *m*

orifice haute pression ***m***
All: Hochdruckanschluss *m*
Ang: high pressure connection *n*
Esp: conexión de alta presión *f*

orifice taraudé ***m***
All: Gewindeanschluss *m*
Ang: threaded port *n*
Esp: unión roscada *f*

oscillateur ***m***
All: Oszillator *m*
Ang: oscillator *n*
Esp: oscilador *m*

oscillateur à quartz ***m***
All: Quarzoszillator *m*
Ang: quartz oscillator *n*
Esp: oscilador de cuarzo *m*

oscillation croissante (véhicule) ***f***
All: aufschaukeln (Kfz) *v*
Ang: pitch (motor vehicle) *v*
Esp: incrementar las vibraciones (automóvil) *v*

oscillation libre ***f***
All: Eigenschwingung *f*
Ang: natural oscillation *n*
Esp: oscilación natural *f*

oscillations harmoniques ***fpl***
All: Oberschwingungen *fpl*
Ang: harmonics *npl*
Esp: oscilaciones armónicas *fpl*

oscillographe d'allumage ***m***
All: Zündoszillograph *m*
Ang: ignition oscillograph *n*
Esp: oscilógrafo de encendido *m*

oscilloscope ***m***
All: Oszilloskop *n*
Ang: oscilloscope *n*
Esp: osciloscopio *m*

outil à emmancher ***m***
All: Einpresswerkzeug *n*
Ang: press in tool *n*
Esp: herramienta de inserción *f*

outil spécial ***m***
All: Sonderwerkzeug *n*
Ang: special tool *n*
Esp: herramienta especial *f*

outil spécial ***m***
All: Spezialwerkzeug *n*
Ang: special tool *n*
Esp: herramienta especial *f*

ouverture de clé (surplats) ***f***
All: Schlüsselweite (SW) *f*
Ang: across flats, AF *n*
Esp: ancho de boca *m*

ouverture de drainage ***f***
All: Ablauföffnung *f*
Ang: drain opening *n*
Esp: salida de drenaje *f*

ouverture d'échappement ***f***
All: Auspufföffnung (Verbrennungsmotor) *f*
Ang: tailspout *n*
(tail pipe) *n*
Esp: agujero de escape (motor de combustión) *m*

ouverture du papillon ***f***
All: Drosselklappeöffnung *f*
Ang: throttle valve opening *n*
Esp: abertura de la mariposa *f*

ovalisation ***f***
All: Rundlauffehler *m*
Ang: concentricity *n*
Esp: error de concentricidad *m*

oxydation catalytique ***f***
All: katalytische Oxidation *f*
Ang: catalytic oxidation *n*
Esp: oxidación catalítica *f*

oxyde d'azote ***m***
All: Stickoxid *n*
Ang: nitric oxide *n*
Esp: óxido nítrico *m*

oxyde de grille ***m***
All: Gate-Oxid *n*
Ang: gate oxide *n*
Esp: óxido de compuerta *m*

oxygène résiduel (gaz d'échappement) ***m***
All: Restsauerstoff (Abgas) *m*
Ang: exhaust gas oxygen *n*
Spa: oxígeno residual (gases de escape) *m*

P

pâle de ventilateur ***f***
All: Lüfterflügel *m*
Ang: fan blades *n*
Esp: aleta de ventilador *f*

palier ***m***
All: Lager *n*
Ang: bearing *n*
Esp: cojinete *m*

palier à rainures ***m***
All: Rillenlager *n*
Ang: grooved sliding bearing *n*
Esp: rodamiento radial rígido *m*

palier à roulement ***m***
All: Wälzlager *n*
Ang: roller bearing *n*
Esp: rodamiento *m*

palier caoutchouc ***m***
All: Gummilager *n*
Ang: rubber mount *n*
Esp: apoyo de goma *m*

palier composite ***m***
All: Verbundlager *n*
Ang: composite bearing *n*
Esp: rodamiento compuesto *m*

palier côté entraînement (alternateur) ***m***
All: Antriebslager (Generator) *n*
(Antriebslagerschild) *n*
Ang: drive end shield (alternator) *n*
Esp: tapa del cojinete lado de accionamiento (alternador) *m*

palier d'appui (frein à tambour) ***m***
All: Stützlager (Trommelbremse) *n*
Ang: support bearing (drum brake) *n*
Esp: cojinete de apoyo (freno de tambor) *m*

palier de baisse de pression (ABS) ***m***
All: Druckabbaustufe (ABS) *f*
Ang: pressure reduction step (ABS) *n*
Esp: etapa de reducción de presión (ABS) *f*

palier de butée ***m***
All: Drucklager *n*
Ang: thrust block *n*
Esp: cojinete de presión *m*

palier de vilebrequin ***m***
All: Kurbelwellenlager *n*
Ang: crankshaft bearing *n*
Esp: cojinete de cigüeñal *m*

palier d'embrayage ***m***
All: Kupplungslager *n*
Ang: coupling bearing *n*
Esp: cojinete de embrague *m*

palier fritté ***m***
All: Sinterlager *n*
Ang: sintered bearing *n*
Esp: cojinete sinterizado *m*

palier fritté en bronze ***m***
All: Sinterbronzelager *n*
Ang: sintered bronze bearing *n*
Esp: cojinete de bronce sinterizado *m*

palier lisse ***m***
All: Gleitlager *n*
Ang: friction bearing *n*
Esp: cojinete de deslizamiento *m*

palier lisse fonctionnant à sec ***m***
All: Trockengleitlager *n*
Ang: sliding contact bearing *n*
Esp: cojinete de deslizamiento en seco *m*

palier magnétique ***m***
All: Magnetlager *n*
Ang: magnet bearing *n*
Esp: cojinete magnético *m*

palier trimétal ***m***
All: Dreistofflager *n*
Ang: trimetal bearing *n*
Esp: cojinete de tres aleaciones *m*

palonnier à griffes ***m***

All: Krallenbügel *m*
Ang: claw bracket *n*
Esp: estribo de garras *m*

palpeur ***m***
All: Abtaststift *m*
Ang: feeler pin *n*
Esp: pasador palpador *m*

palpeur ***m***
All: Taster *m*
Ang: probe *n*
Esp: pulsador *m*

panne de batterie ***f***
All: Batterieausfall *m*
Ang: battery failure *n*
Esp: fallo de la batería *m*

panneau d'aile ***m***
All: Kotflügel *m*
Ang: fender *n*
Esp: guardabarros *m*

papier isolant ***m***
All: Isolierpapier *n*
Ang: insulating paper *n*
Esp: papel aislante *m*

papillon ***m***
All: Drossel *f*
Ang: throttle *n*
Esp: estrangulador *m*

papillon des gaz (moteur à combustion) ***m***
All: Drosselklappe (Verbrennungsmotor) *f*
Ang: throttle valve (IC engine) *n*
Esp: mariposa (motor de combustión) *f*

papillon motorisé ***m***
All: Drosselvorrichtung *f*
Ang: throttle device *n*
Esp: dispositivo de estrangulación *m*

paquet de lamelles de tôle (alternateur) ***m***
All: Lamellenpaket (Generator) *n*
(Ständerblechpaket) *n*
Ang: stator lamination (alternator) *n*
Esp: conjunto de discos (alternador) *m*

par impulsion (pilotage de pression) ***loc***
All: pulsen (Drucksteuerung) *v*
Ang: pulsing (pressure control) *v*
Esp: producir impulsos (control de presión) *v*

par impulsions (modulation de pression) ***loc***
All: pulsierend (Drucksteuerung) *ppr*
(gepulst) *pp*
Ang: pulse-controlled (pressure) *pp*
Esp: por impulsos (control de presión) *loc*

parabole annulaire ***f***
All: Ringparabel *f*
Ang: ring parabola *n*
Esp: parábola anular *f*

paramètre de commande ***m***
All: Steuergröße *f*
Ang: controlled variable (open-loop control) *n*
Esp: parámetro de mando *m*

paramètre de commande ***m***
All: Steuerparameter *m*
Ang: control parameter *n*
Esp: parámetro de mando *m*

paramètre de fonctionnement ***m***
All: Betriebsparameter *m*
Ang: operating parameter *n*
Esp: parámetro de operación *m*

paramètre de réglage ***m***
All: Stellgröße *f*
Ang: correcting variable *n*
Esp: magnitud de ajuste *f*

paramètre de régulation ***m***
All: Reglerparameter *m*
Ang: control parameter (mechanical governor) *n*
Esp: parámetros del regulador *mpl*

paramètre de surveillance ***m***
All: Überwachungsparamenter *m*
Ang: monitoring parameters *n*
Esp: parámetros de supervisión *mpl*

paramètre d'essai ***m***
All: Prüfparameter *m*
Ang: test parameters *npl*
Esp: parámetros de comprobación *mpl*

paramètre d'influence ***m***
All: Einflussgröße *f*
Ang: influencing variable *n*
Esp: magnitud influyente *f*

paramètre du véhicule ***m***
All: Fahrzeugparameter *m*
Ang: vehicle parameter *n*
Esp: parámetros del vehículo *mpl*

parcours d'essai ***m***
All: Probefahrt *f*
Ang: test drive *n*
(road test) *n*
Esp: recorrido de prueba *m*

pare-brise ***m***
All: Frontscheibe *f*
Ang: windshield *n*
(windscreen) *n*
Esp: parabrisas *m*

pare-brise ***m***
All: Windschutzscheibe *f*
(Frontscheibe) *f*
Ang: windshield *n*
Esp: parabrisas *m*

pare-chocs ***m***
All: Stoßfänger *m*
Ang: bumper *n*
Esp: paragolpes *m*

pare-chocs ***m***
All: Stoßstange *f*
Ang: bumper *n*
Esp: parachoques *m*

pare-gouttes (projections d'eau) ***m***
All: Tropfkante (Spritzwasserschutz) *f*
Ang: drip rim (splash protection) *n*
Esp: arista de goteo (protección contra salpicaduras de agua) *f*

paroi ***f***
All: Wandung *f*
Ang: end face *n*
(wall) *n*
Esp: pared *f*

paroi de la cavité du piston ***f***
All: Muldenwand *f*
Ang: piston-recess wall *n*
Esp: pared de cavidad *f*

particule ***f***
All: Partikel *f*
Ang: particulate *n*
Esp: partícula *f*

particules de suie ***fpl***
All: Rußpartikel *n*
Ang: soot particle *n*
Esp: partículas de hollín *fpl*

partie commutateur (balai) ***f***
All: Kommutierungsszone (Kohlebürste) *f*
Ang: commutating zone (carbon brush) *n*
Esp: zona de conmutación (escobilla de carbón) *f*

pas axial ***m***
All: Axialteilung *f*
Ang: axial pitch *n*
Esp: paso axial *m*

pas polaire ***m***
All: Polteilung *f*
Ang: pole pitch *n*
Esp: distancia interpolar *f*
(paso polar) *m*

passage de câble ***m***
All: Kabeldurchführung *f*
Ang: cable lead through *n*
Esp: pasacables *m*

passage de pôle ***m***
All: Poldurchgang *m*
Ang: pole pass *n*
Esp: paso de polos *m*

passage de roue ***m***
All: Radkasten *m*
(Radlauf) *m*
Ang: wheel housing *n*
(wheel arch) *n*
Esp: caja pasarruedas *f*

passe-bande ***m***
All: Bandpass *m*
Ang: bandpass *n*
Esp: pasabanda *m*

passe-fil en caoutchouc ***m***
All: Gummitülle *f*
Ang: rubber grommet *n*
Esp: boquilla de goma *f*

Français

passe-fils *m*
All: Tülle *f*
Ang: grommet *n*
(bush) *n*
Esp: boquilla *f*

pastille explosive *f*
All: Zündpille (Sicherheitssystem) *f*
Ang: firing pellet (safety system) *n*
Esp: pastilla de ignición (sistema de seguridad) *f*

pastille perforée *f*
All: Spritzlochscheibe (Kraftstoffeinspritzung) *f*
(Lochplatte) *f*
Ang: spray orifice disk (fuel injection) *n*
(orifice plate) *n*
Esp: disco del orificio de inyección (inyección de combustible) *m*

pastille piézocéramique *f*
All: Piezokeramikscheibe *f*
Ang: piezoceramic water *n*
Esp: placa cerámica piezoeléctrica *f*

pâte à braser *f*
All: Lötfett *n*
Ang: soldering paste *n*
Esp: pasta de soldar *f*

pâte antigrippage *f*
All: Gleitpaste *f*
Ang: slip paste *n*
Esp: pasta deslizante *f*

pâte de cuivre *f*
All: Kupferpaste *f*
Ang: copper paste *n*
Esp: pasta de cobre *f*

pâte thermoconductrice *f*
All: Wärmeleitpaste *f*
Ang: thermal conduction paste *n*
Esp: pasta termoconductora *f*

patin *m*
All: Gleitschuh *m*
Ang: slipper *n*
Esp: patín *m*

patinage *m*
All: Schlupf *m*
Ang: slip *n*
Esp: resbalamiento *m*

patiner (roue motrice) *v*
All: durchdrehen (Antriebsrad) *v*
Ang: wheel spin (driven wheel) *n*
Esp: patinar (rueda motriz) *v*

patte de butée *f*
All: Anschlaglasche *f*
Ang: stop strap *n*
Esp: lengüeta de tope *f*

patte de correction *f*
All: Angleichlasche (Dieseleinspritzung) *f*
Ang: torque control bar *n*
Esp: barra de control de torque (inyección diesel) *f*

patte de fixation *f*
All: Befestigungslasche *f*
Ang: mounting bracket *n*
(fixing clip) *n*
Esp: lengüeta de fijación *f*

patte de fixation *f*
All: Pratze *f*
(Befestigungslasche) *f*
Ang: lug *n*
(mounting bracket) *n*
Esp: garra *f*

patte de ressort *f*
All: Federlasche *f*
Ang: flexible mounting bracket *n*
Esp: gemela de ballesta *f*

pauvre (mélange air-carburant) *adj*
All: mager (Luft-Kraftstoff-Gemisch) *adj*
Ang: lean (air-fuel mixture) *adj*
Esp: pobre (mezcla aire-combustible) *adj*

pédale d'accélérateur *f*
All: Fahrpedal *n*
(Fahrfußhebel) *m*
Ang: accelerator pedal *n*
Esp: pedal acelerador *m*

pédale de frein *f*
All: Bremspedal *n*
Ang: brake pedal *n*
Esp: pedal de freno *m*

pédale d'embrayage *f*
All: Kupplungspedal *n*
Ang: clutch pedal *n*
Esp: pedal de embrague *m*

peinture par électrophorèse *f*
All: Elektrotauchlackierung *f*
Ang: electrophoretic enameling *n*
Esp: pintado catódico por inmersión *m*

pelleteuse *f*
All: Bagger *m*
Ang: excavator *n*
Esp: excavadora *f*

pelleteuse *f*
All: Schaufellader *m*
Ang: shovel loader *n*
(power loader) *n*
Esp: cargadora de pala *f*

pénétrabilité travaillée *f*
All: Walkpenetration *f*
Ang: worked penetration *n*
Esp: penetración trabajada *f*

pente *f*
All: Steigung *f*
Ang: gradient *n*
Esp: gradiente *m*

pente *f*
All: Steigung *f*
Ang: lead *n*
(pitch) *n*
Esp: elevación *f*

pente *f*
All: Steigung *f*
Ang: slope *n*
(gradient) *n*
(upgradc) *n*
Esp: inclinación *f*

percolation *f*
All: Dampfblasenbildung *f*
Ang: vapor bubble formation *n*
Esp: formación de burbujas de vapor *f*

périmètre de protection *m*
All: Absicherungsbereich (Park-Pilot) *m*
Ang: protection area (park pilot) *n*
Esp: zona de protección (piloto de aparcamiento) *f*

période (d'un signal) *f*
All: Periodendauer *f*
Ang: period duration *n*
Esp: duración de período *f*

période de l'allumage *f*
All: Zündabstand *m*
Ang: angular ignition spacing *n*
(ignition interval) *n*
Esp: distancia del encendido *f*

période de mise en action (moteur à combustion) *f*
All: Warmlaufphase (Verbrennungsmotor) *f*
(Warmlaufzeit) *f*
Ang: warm up period (IC engine) *n*
Esp: fase de calentamiento (motor de combustión) *f*

période de mise en action (moteur à combustion) *f*
All: Warmlaufphase *f*
Ang: warming up phase *n*
Esp: fase de calentamiento *f*

période de préchauffage *f*
All: Glühzeitablauf *m*
Ang: preheating sequence *n*
Esp: terminación de tiempo de precalentamiento *f*

période d'échantillonnage *f*
All: Abtastzeit *f*
Ang: sampling time *n*
Esp: periodo de exploración *m*

période d'induction *f*
All: Induktionszeit *f*
Ang: induction period *n*
Esp: tiempo de inducción *m*

périphériques du système *mpl*
All: Systemperipherie *f*
Ang: system peripheral equipment *n*
Esp: equipos periféricos del sistema *mpl*

perméabilité *f*
All: Permeabilität *f*
Ang: permeability *n*
Esp: permeabilidad *f*

Français

perméabilité relative *f*
All: Permeabilitätszahl *f*
Ang: relative permeability *n*
Esp: permeabilidad relativa *f*

permittivité électrique relative *f*
All: Dielektrizitätszahl *f*
Ang: relative permittivity *n*
Esp: permitividad relativa *f*

perte de charge *f*
All: Druckabfall *m*
(Druckgefälle) *n*
(Drucksenkung) *f*
Ang: pressure drop *n*
(pressure differential) *n*
Esp: caída de presión *f*

perte de charge *f*
All: Lastabfall *m*
Ang: load drop *n*
Esp: caída de carga *f*

perte de l'embrayage *f*
All: Kupplungsverlust *m*
Ang: clutch loss *n*
Esp: pérdidas en el embrague *fpl*

perte de phase *f*
All: Phasenverlust *m*
Ang: phase loss *n*
Esp: pérdida de fase *f*

perte de pression *f*
All: Druckverlust *m*
Ang: pressure loss *n*
Esp: pérdida de presión *f*

perte de pression du moteur *f*
All: Motor-Druckverlust *m*
Ang: engine pressure loss *n*
Esp: pérdida de presión del motor *f*

perte de puissance *f*
All: Leistungsverlust *m*
Ang: performance drop *n*
(power loss) *n*
Esp: pérdida de potencia *f*

perte de synchronisation *f*
All: Synchronverlust *m*
Ang: loss of synchronization *n*
Esp: pérdida de sincronización *f*

perte de tension *f*
All: Spannungsverlust *m*
Ang: voltage loss *n*
Esp: pérdidas de tensión *fpl*

perte par frottement *f*
All: Reibleistung *f*
Ang: friction loss *n*
Esp: pérdidas por fricción *fpl*

perte par frottement *f*
All: Reibungsverlust *m*
Ang: friction loss *n*
Esp: pérdidas por fricción *fpl*

perte par hystérésis *f*
All: Hystereseverlust *f*
Ang: hysteresis loss *n*
Esp: pérdida de histéresis *f*

pertes au renouvellement des gaz *fpl*
All: Gaswechselverlust *m*
Ang: charge cycle losses *npl*
Esp: pérdidas en ciclo de admisión y escape *fpl*

pertes cuivre (alternateur) *fpl*
All: Kupferverluste (Generator) *mpl*
Ang: copper losses (alternator) *npl*
Esp: pérdidas en el cobre (alternador) *fpl*

pertes d'aimantation *fpl*
All: Magnetisierungsverlust *m*
Ang: magnetization loss *n*
Esp: pérdidas de magnetización *fpl*

pertes de commutation *fpl*
All: Umschaltverlust *m*
Ang: switching loss *n*
Esp: pérdidas de conmutación *fpl*

pertes de flux magnétique *fpl*
All: Streuflussverluste (magnetische) *m*
Ang: magnetic leakage *n*
Esp: pérdidas del flujo de dispersión (magnéticas) *fpl*

pertes de la boîte de vitesses *fpl*
All: Getriebeverlust *m*
Ang: transmission loss *n*
Esp: pérdidas en el cambio *fpl*

pertes de puissance *fpl*
All: elektrische Verlustleistung *f*
Ang: electrical power loss *n*
Esp: pérdida de potencia eléctrica *f*

pertes d'excitation *fpl*
All: Erregerverluste *mpl*
Ang: excitation losses *npl*
Esp: pérdidas de excitación *fpl*

pertes diélectriques *f*
All: dielektrische Verluste *mpl*
Ang: dielectric losses *npl*
Esp: pérdidas dieléctricas *fpl*

pertes fer (alternateur) *fpl*
All: Eisenverluste (Generator) *mpl*
Ang: iron losses (alternator) *npl*
Esp: pérdidas de hierro (alternador) *fpl*

pertes par courants de Foucault *fpl*
All: Wirbelstromverlust *m*
Ang: eddy current loss *n*
Esp: pérdidas por corrientes parásitas *fpl*

pertes par étranglement *fpl*
All: Drosselverlust *m*
Ang: throttling loss *n*
Esp: pérdida de estrangulación *f*

pertes par évaporation (alimentation en carburant) *fpl*
All: Verdampfungsverluste (Kraftstoffsystem) *mpl*
Ang: evaporative losses (fuel system) *npl*
Esp: pérdidas de evaporación (sistema de combustible) *fpl*

pertes redresseur *fpl*
All: Gleichrichterverluste *mpl*
Ang: rectifier losses *npl*
Esp: pérdidas del rectificador *fpl*

perturbateur à bande large *m*
All: Breitbandstörer *m*
Ang: broadband interferer *n*
Esp: fuente de interferencias de banda ancha *f*

perturbation à bande étroite *f*
All: Schmalbandstörung *f*
Ang: narrow band interference *n*
Esp: interferencia de banda estrecha *f*

perturbation à large bande *f*
All: Breitbandstörung *f*
Ang: broadband interference *n*
Esp: interferencia de banda ancha *f*

perturbation électromagnétique *f*
All: elektromagnetische Störung *f*
Ang: electromagnetic interference *n*
Esp: interferencia electromagnética *f*

perturbation par champ continu *f*
All: Gleichfeldeinstreuung *f*
Ang: constant field pick-up *n*
Esp: interpolación de campo continuo *f*

perturbation radioélectrique *f*
All: Funkstörung (Ursache) *f*
Ang: radio disturbance *n*
Esp: interferencia de radio (cuasa) *f*

pèse-acide (batterie) *m*
All: Säureprüfer (Batterie) *m*
Ang: hydrometer (battery) *n*
(acid tester) *n*
Esp: comprobador de electrolito (batería) *m*

petit motocycle *m*
All: Kleinkraftrad *n*
Ang: moped *n*
Esp: motociclo pequeño *m*

pétrole brut *m*
All: Rohöl *n*
Ang: crude oil *n*
Esp: aceite crudo *m*

peu extensible (courroie trapézoïdale) *loc*
All: dehnungsarm (Keilriemen) *adj*
Ang: low stretch (V-belt) *n*
Esp: de baja elongación (correa trapezoidal) *loc*

peu sensible aux perturbations *loc*
All: störarm *adj*
Ang: interference resistant *adj*
Esp: resistente a interferencias *adj*

phare au xénon *m*
All: Xenonleuchte *f*
Ang: xenon light *n*
Esp: lámpara de xenón *f*

phasage (élément de pompage) *m*
All: Förderabstand (Pumpenelement) *m*

Français

(Versatz) *m*
Ang: phasing (plunger-and-barrel assembly) *n*
Esp: desfase (elemento de bomba) *m*

phase bainitique *f*
All: Bainit-Stufe *f*
Ang: bainite stage *n*
Esp: nivel de bainita *m*

phase d'admission *f*
All: Ansaugphase *f*
Ang: intake phase *n*
Esp: fase de admisión *f*

phase d'amorçage *f*
All: Anlaufphase *f*
Ang: warm up phase *n*
Esp: fase inicial *f*

phase de démarrage *f*
All: Startphase *f*
Ang: starting phase *n*
Esp: fase de arranque *f*

phase de déplacement axial (démarreur) *f*
All: Schubphase *f*
Ang: overrun phase *n*
Esp: fase de empuje *f*

phase de détente (moteur à combustion) *f*
All: Expansionsphase (Verbrennungsmotor) *f*
Ang: expansion phase (IC engine) *n*
Esp: fase de expansión (motor de combustión) *f*

phase de maintien de la pression (ABS) *m*
All: Druckhaltephase (ABS) *f*
Ang: pressure holding phase (ABS) *n*
Esp: fase de parada de presión (ABS) *f*

phase de mémorisation *f*
All: Speicheraktivität *f*
Ang: storage activity *n*
Esp: actividad de acumulación *f*

phase de post-chauffage *f*
All: Nachheizphase *f*
Ang: hot soak phase *n*
Esp: fase de recalentamiento *f*

phase de post-démarrage *f*
All: Nachstartphase *f*
(Nachstart) *m*
Ang: post start phase *n*
Esp: fase posterior al arranque *f*

phase de refoulement *f*
All: Förderphase *f*
Ang: delivery phase *n*
Esp: fase de suministro *f*

phase de remplissage *f*
All: Füllphase *f*
Ang: filling phase *n*
Esp: fase de llenado *f*

phase d'utilisation *f*
All: Nutzungsphase *f*
Ang: utilization phase *n*
Esp: fase de uso *f*

phase gazeuse *f*
All: Gasphase *f*
Ang: gaseous phase *n*
Esp: fase gaseosa *f*

phase transitoire (émissions) *f*
All: Übergangsphase (Abgasprüfung) *f*
Ang: transition phase (exhaust-gas test) *n*
Esp: fase de transición (comprobación de gases de escape) *f*

phénomène de démixtion *m*
All: Entmischungsvorgang *m*
Ang: bleeding procedure *n*
Esp: proceso de segregación *m*

phénomène d'humidification des parois *m*
All: Wandfilmeffekt *m*
Ang: fuel film effect *n*
Esp: efecto de película de aceite *m*

pic de contrainte *m*
All: Spannungsspitze (Mechanik) *f*
Ang: stress concentration *n*
Esp: concentración de tensiones (mecánica) *f*

pièce d'arrêt *f*
All: Arretierstück *n*
Ang: locking element *n*
Esp: pieza de detención *f*

pièce de pression (tête d'accouplement) *f*
All: Druckstück (Kupplungskopf) *n*
Ang: thrust member (coupling head) *n*
Esp: pieza de empuje (cabeza de acoplamiento) *f*

pièce de rechange *f*
All: Ersatzteil *n*
Ang: spare part *n*
Esp: pieza de repuesto *f*

pièce d'usure *f*
All: Verschleißteil *n*
Ang: wearing part *n*
Esp: pieza de desgaste *f*

pièce d'usure *f*
All: Verschleißteil *n*
Ang: consumable part *n*
Esp: pieza de desgaste *f*

pièces d'adaptation *fpl*
All: Anbauteile *f*
Ang: attachments *n*
Esp: piezas adosadas *fpl*

pied de caisse arrière (montant C) *m*
All: C-Säule *f*
Ang: C-pillar *n*
Esp: pilar C *m*

pied de caisse avant (montant A) *m*
All: A-Säule *f*
Ang: A-pillar *n*
Esp: pilar A *f*

pied de caisse milieu (montant B) *m*
All: B-Säule *f*
Ang: b-pillar *n*
Esp: pilar B *m*

pignon *m*
All: Ritzel *n*
(Zahnrad) *n*
Ang: pinion *n*
(gear) *n*
Esp: piñón *m*

pignon d'arbre à cames *m*
All: Nockenwellenrad *n*
Ang: camshaft gear *n*
Esp: rueda de árbol de levas *f*

pignon d'attaque *m*
All: Tellerrad *n*
Ang: crown wheel *n*
Esp: rueda plana *f*

pignon de compresseur *m*
All: Verdichterrad *n*
Ang: compressor impeller *n*
Esp: rueda de álabes del compresor *f*

pignon de sortie *m*
All: Abtriebsrad *n*
Ang: driven gear *n*
Esp: rueda de salida *f*

pignon de vilebrequin *m*
All: Kurbelwellenrad *n*
Ang: crankshaft gear *n*
(crankshaft timing gear) *n*
Esp: rueda de cigüeñal *f*

pignon d'entraînement *m*
All: Antriebsrad *n*
Ang: drive wheel *n*
Esp: rueda de accionamiento *f*

pignon d'entraînement *m*
All: Antriebsritzel *n*
Ang: drive pinion *n*
Esp: piñón de accionamiento *m*

pignon du démarreur *m*
All: Starterritzel *n*
Ang: starter pinion *n*
Esp: piñón del motor de arranque *m*

pile à combustible *f*
All: Brennstoffzelle *f*
Ang: fuel cell *n*
Esp: pila de combustible *f*

pile sèche *f*
All: Trockenbatterie *f*
Ang: dry cell *n*
Esp: batería seca *f*

pilotage (régulation ABS) *m*
All: Ansteuerung (ABS-Regelung) *f*
Ang: activation (ABS control) *n*
Esp: activación (regulación ABS) *f*

pilotage (ABS pour véhicules utilitaires) *m*

Français

All: Vorsteuerung (Nfz-ABS) *f*
Ang: pilot control (commercial-vehicle ABS) *n*
Esp: control de pilotaje (ABS de vehículo industrial) *m*

pilotage cyclique (pression de freinage) ***m***
All: takten (Radbremsdruck) *v*
Ang: cyclical actuation (wheel brake-pressure) *n*
Esp: realizar ciclo (presión freno de rueda) *v*

pilotage cyclique (pression de freinage) ***m***
All: Takten *n*
Ang: operate on a timed cycle *v*
(cycle) *v*
Esp: realizar ciclo *v*

pilotage de la remorque ***m***
All: Anhängeransteuerung *f*
Ang: trailer pilot control *n*
Esp: activación de remolque *f*

pilotage du débit de surcharge ***m***
All: Startmengenvorsteuerung *f*
Ang: excess fuel preset *n*
Esp: preajuste del caudal de arranque *m*

pilotage dynamique ***m***
All: dynamische Vorsteuerung *f*
Ang: dynamic pilot control *n*
Esp: pilotaje dinámico *m*

pilotage visuel ***m***
All: Display-Treiber *m*
Ang: display driver *n*
Esp: driver de visualizador *m*

piloté par cartographie (allumage) ***pp***
All: kennfeldgesteuert (Zündung) *pp*
Ang: map controlled (ignition) *pp*
Esp: controlado por diagrama característico *pp*

piloter (force de freinage) ***v***
All: aussteuern (Bremskraft) *v*
Ang: output (braking force) *v*
Esp: modular (fuerza de frenado) *v*

pince à dénuder ***f***
All: Abisolierzange *f*
Ang: wire stripper *n*
Esp: pinzas pelacables *fpl*

pince à sertir ***f***
All: Crimpwerkzeug *n*
Ang: crimping tool *n*
Esp: útil de engaste *m*

pince à sertir ***f***
All: Quetschzange *f*
Ang: crimping tool *n*
Esp: tenazas para aplastar *fpl*

pince ampèremétrique ***f***
All: Stromzange *f*
Ang: current clamp *n*
Esp: pinzas de corriente *fpl*

pince crocodile ***f***
All: Batteriezange *f*
Ang: battery nut pliers *n*
Esp: pinzas de batería *fpl*

pince d'absorption ***f***
All: Absorberzange *f*
Ang: absorbing clamp *n*
Esp: pinza absorbente *f*

pince d'extraction ***f***
All: Abziehzange *f*
Ang: puller collet *n*
Esp: pinzas extractoras *fpl*

pincement ***m***
All: Vorspur *f*
Ang: toe in *n*
Esp: convergencia *f*

pipe d'admission ***f***
All: Schwingrohr *n*
Ang: intake runner *n*
Esp: tubo de efecto vibratorio *m*

piqûre de corrosion ***f***
All: Lochfraßstelle *f*
Ang: pitted area *n*
Esp: lugar de corrosión por picadura *m*

piste à résistance ***f***
All: Kollektorbahn *f*
Ang: collector track *n*
Esp: trayectoria del colector *f*

piste conductrice ***f***
All: Leiterbahn *f*
(Kontaktbahn) *f*
Ang: conductor track *n*
(conductor track) *n*
Esp: vía de conductor *f*

piste de came ***f***
All: Nockenlaufbahn *f*
Ang: cam track *n*
Esp: superficie de rodadura de la leva *f*

pistolet distributeur ***m***
All: Zapfpistole *f*
Ang: fuel-pump nozzle *n*
Esp: pistola de surtidor *f*

pistolet stroboscopique ***m***
All: Zündlichtpistole *f*
Ang: stroboscopic lamp *n*
Esp: estroboscopio de encendido *m*

piston (frein à disque) ***m***
All: Druckkolben (Scheibenbremse) *m*
Ang: piston (disc brake) *n*
Esp: émbolo impelente (freno de disco) *m*

piston (valve de nivellement) ***m***
All: Federkolben (Luftfederventil) *m*
Ang: spring piston (height-control valve) *n*
Esp: émbolo (válvula de suspensión neumática) *m*

piston ***m***
All: Hubkolben *m*
Ang: lifting piston *n*
Esp: pistón elevador *m*

piston ***m***
All: Kolben *m*
Ang: piston *n*
(plunger) *n*
Esp: pistón *m*

piston à fléau ***f***
All: Wiegekolben *m*
Ang: rocking piston *n*
Esp: pistón de balancín *m*

piston à joint embouti ***m***
All: Membrankolben *m*
Ang: diaphragm piston *n*
Esp: pistón de membrana *m*

piston à palettes (correcteur de freinage) ***m***
All: Fächerkolben (Bremskraftregler) *m*
Ang: fan type piston (braking-force regulator) *n*
Esp: pistón tipo abanico (regulador de la fuerza de frenado) *m*

piston à tige-poussoir ***m***
All: Druckstangenkolben *m*
Ang: push rod piston *n*
Esp: émbolo de vástago de presión *m*

piston amortisseur ***m***
All: Ausweichkolben *m*
Ang: bypass piston *n*
Esp: pistón reciprocante *m*

piston amplificateur ***m***
All: Verstärkerkolben *m*
Ang: booster piston *n*
(servo-unit piston) *n*
Esp: pistón amplificador *m*

piston de commande ***m***
All: Steuerkolben *m*
Ang: control plunger *n*
Esp: émbolo de control *m*

piston de compensation ***m***
All: Ausgleichkolben *m*
Ang: compensating piston *n*
Esp: pistón de compensación *m*

piston de détente ***m***
All: Entlastungskolben *m*
Ang: retraction piston *n*
Esp: pistón de descarga *m*

piston de dosage (KE-Jetronic) ***m***
All: Zumesskolben (KE-Jetronic) *m*
Ang: fuel metering plunger (KE-Jetronic) *n*
Esp: émbolo de dosificación (KE-Jetronic) *m*

piston de frein ***m***
All: Bremskolben *m*
Ang: brake piston *n*
Esp: pistón de freno *m*

Français

piston de pompe (pompe d'injection) ***m***
All: Pumpenkolben (Einspritzpumpe) *m*
Ang: pump piston (fuel-injection pump) *n*
Esp: émbolo de bomba (bomba de inyección) *m*

piston de positionnement ***m***
All: Stellkolben *m*
Ang: positioning piston *n*
Esp: émbolo de ajuste *m*

piston de rappel ***m***
All: Reaktionskolben *m*
Ang: reaction piston *n*
Esp: émbolo de reacción *m*

piston de réaction ***m***
All: Schleppkolben *m*
Ang: drag piston *n*
Esp: pistón de arrastre *m*

piston de refoulement ***m***
All: Förderkolben *m*
Ang: delivery plunger *n*
Esp: pistón alimentador *m* *(émbolo impelente)* *m*

piston de réglage ***m***
All: Verstellkolben *m*
Ang: adjustment piston *n*
Esp: pistón de ajuste *m*

piston de soupape ***m***
All: Ventilkolben *m*
Ang: valve piston *n*
Esp: émbolo de válvula *m*

piston de soupape de refoulement ***m***
All: Druckventilkolben *m*
Ang: delivery valve plunger *n*
Esp: émbolo de válvula de presión *m*

piston de travail ***m***
All: Arbeitskolben *m*
Ang: working piston *n*
Esp: pistón de trabajo *m*

piston différentiel ***m***
All: Stufenkolben *m*
Ang: stepped piston *n*
Esp: pistón diferencial *m*

piston distributeur ***m***
All: Verteilerkolben *m*
Ang: distributor plunger *n*
Esp: émbolo de distribución *m*

piston flotteur ***m***
All: Schwimmkolben *m*
Ang: float piston *n*
Esp: émbolo flotante *m*

piston intermédiaire ***m***
All: Zwischenkolben *m*
Ang: intermediate piston *n*
Esp: émbolo intermedio *m*

piston plongeur ***m***
All: Plungerkolben *m*
Ang: floating piston *n*
Esp: émbolo buzador *m*

piston rotatif ***m***
All: Drehkolben *m*
Ang: rotary piston *n*
Esp: émbolo giratorio *m*

piston-poussoir ***m***
All: Stößelkolben *m*
Ang: tappet plunger *n*
Esp: pistón empujador *m*

piston-relais ***m***
All: Relaiskolben *m*
Ang: relay piston *n*
Esp: émbolo de relé *m*

piston-tiroir ***m***
All: Kolbenschieber *m* *(Tauchspule)* *f*
Ang: plunger *n*
Esp: válvula cilíndrica *f*

pivot de distribution ***m***
All: Steuerzapfen *m*
Ang: control journal *n*
Esp: pivote de distribución *m*

pivot de fusée ***m***
All: Schwenklager *n*
Ang: drag bearing *n*
Esp: cojinete oscilante *m*

placage ***m***
All: Plattieren *n*
Ang: plating *n*
Esp: chapeado *m*

plafonnier ***m***
All: Deckenleuchte *f*
Ang: dome lamp *n*
Esp: lámpara de techo *f*

plafonnier ***m***
All: Innenraumlampe *f*
Ang: interior lamp *n*
Esp: lámpara del habitáculo *f*

plafonnier ***m***
All: Innenraumleuchte *f*
Ang: interior lamp *n*
Esp: luz del habitáculo *f*

plage arrière ***f***
All: Hutablage *f*
Ang: parcel shelf *n*
Esp: bandeja posterior *f*

plage de charge partielle ***f***
All: Teillastbereich *m*
Ang: part load range *n*
Esp: zona de carga parcial *f*

plage de contrainte ***f***
All: Hubspannung *f*
Ang: stress range *n*
Esp: tensión de carrera *f*

plage de correction de débit ***f***
All: Angleichbereich (Dieseleinspritzung) *m*
Ang: torque control range *n*
Esp: rango de control de torque (inyección diesel) *m*

plage de coupure de débit ***f***
All: Abregelbereich (Dieseleinspritzung) *m*
Ang: breakaway range (diesel fuel injection) *n*
Esp: rango de la limitación reguladora (inyección diesel) *m*

plage de démultiplication ***f***
All: Übersetzungsbereich *m*
Ang: transmission ratio range *n*
Esp: margen de desmultiplicación *m*

plage de fonctionnement ***f***
All: Arbeitsbereich *m*
Ang: working range *n*
Esp: rango de trabajo *m*

plage de fonctionnement dynamique ***f***
All: dynamischer Funktionsbereich *m*
Ang: dynamic functional range, DFR *n*
Esp: zona funcional dinámica *f*

plage de freinage partiel ***f***
All: Teilbremsbereich *m*
Ang: partial braking range *n*
Esp: zona de frenado parcial *f*

plage de fréquences ***f***
All: Frequenzbereich *m*
Ang: frequency range *n*
Esp: rango de frecuencia *m*

plage de mesure ***f***
All: Messbereich *m*
Ang: measurement range *n*
Esp: rango de medición *m*

plage de réglage ***f***
All: Stellbereich *m* *(Verstellbereich)* *m*
Ang: setting range *n* *(adjustment range)* *n*
Esp: margen de ajuste *m*

plage de régulation ***f***
All: Regelbereich *m*
Ang: control range *n*
Esp: campo de regulación *m*

plage de températures ***f***
All: Temperaturbereich *m*
Ang: temperature range *n*
Esp: rango de temperatura *m*

plage de températures de fonctionnement permanent ***f***
All: Dauerbetriebstemperaturbereich *m*
Ang: sustained temperature range *n*
Esp: rango de temperatura de servicio continuo *m*

plage de tolérance ***f***
All: Toleranzbereich *m*
Ang: tolerance zone *n*
Esp: margen de tolerancia *m*

plage d'enclenchement ***f***
All: Einschaltbereich *m*
Ang: cut in area *n*
Esp: zona de conexión *f*

plage d'étranglement ***f***
All: Drosselhub *m*

Ang: throttling stroke *n*
Esp: carrera de estrangulación *f*

plage non régulée ***f***
All: ungeregelter Bereich *m*
Ang: uncontrolled range *n*
Esp: zona no regulada *f*

plan de contrôle ***m***
All: Prüfplan *m*
Ang: inspection planning *n*
Esp: plan de comprobación *m*

plan de fixation ***m***
All: Aufspannfläche *f*
Ang: mounting surface *n*
Esp: superficie de sujeción *f*

plan de perçage ***m***
All: Lochbild *n*
Ang: hole pattern *n*
Esp: disposición de agujeros *f*

plan de recherche des pannes ***m***
All: Fehlersuchplan *m*
Ang: trouble shooting chart *n*
Esp: esquema de localización de averías *m*

plan d'entretien ***m***
All: Wartungsplan *m*
Ang: maintenance schedule *n*
Esp: plan de mantenimiento *m*

planche de bord ***f***
All: Instrumententafel *f*
Ang: instrument panel *n*
Esp: tablero de instrumentos *m*

plancher ***m***
All: Fußraum *m*
Ang: footwell *n*
Esp: espacio para los pies *m*

planéité ***f***
All: Ebenheit *f*
Ang: flatness *n*
Esp: planitud *f*

planétaire ***m***
All: Sonnenrad *n*
Ang: sun gear *n*
Esp: rueda principal *f*

plaque bipolaire ***f***
All: Bipolarplatte *f*
Ang: bipolar plate *n*
Esp: placa bipolar *f*

plaque d'amortissement ***f***
All: Dämpferplatte *f*
Ang: damping plate *n*
Esp: placa amortiguadora *f*

plaque d'ancrage ***f***
All: Ankerplatte *f*
Ang: armature plate *n*
Esp: placa de inducido *f*

plaque de blindage ***f***
All: Abschirmplatte *f*
Ang: shielding plate *n*
Esp: placa de apantallado *f*

plaque de butée ***f***
All: Anschlagplatte *f*
Ang: stop plate *n*
Esp: placa de tope *f*

plaqué de cuivre ***pp***
All: kupferplattiert *adj*
Ang: copper clad *adj*
Esp: chapeado al cobre *adj*

plaque de fermeture ***f***
All: Abschlussplatte *f*
Ang: end plate *n*
Esp: placa de cierre *f*

plaque de raccordement ***f***
All: Anschlussplatte *f*
Ang: connecting plate *n*
Esp: placa de conexión *f*

plaque de réglage ***f***
All: Ausgleichsplatte *f*
Ang: shim plate *n*
Esp: placa de compensación *f*

plaque négative (batterie) ***f***
All: Minusplatte (Batterie) *f*
Ang: negative plate (battery) *n*
Esp: placa negativa (batería) *f*

plaque pare-chaleur ***f***
All: Wärmeschutzblech *n*
Ang: heat shield *n*
Esp: chapa de protección antitérmica *f*

plaque photographique ***f***
All: Hologrammplatte *f*
Ang: hologram plate *n*
Esp: placa holográfica *f*

plaque porte-soupape (Jetronic) ***f***
All: Ventilplatte (Jetronic) *f*
Ang: valve plate (Jetronic) *n*
Esp: placa de válvula (Jetronic) *f*

plaque sertie ***f***
All: Klemmplatte *f*
Ang: mounting plate *n*
Esp: placa de sujeción *f*

plaque signalétique ***f***
All: Typschild *n*
Ang: nameplate *n*
Esp: placa de modelo *f*

plaque-membrane ***f***
All: Membranplatte *f*
Ang: diaphragm plate *n*
Esp: placa de membrana *f*

plaque-support (filtre) ***f***
All: Stützplatte (Filter) *f*
Ang: support plate (filter) *n*
Esp: placa de apoyo (filtro) *f*

plaque-support de garniture ***f***
All: Belagträgerplatte (Bremsen) *f*
Ang: lining support plate (brakes) *n*
Esp: placa portaforros (frenos) *f*

plaquette calorifuge (injecteur) ***f***
All: Wärmeschutzplättchen (Einspritzdüse) *n*
Ang: thermal protection plate (injection nozzle) *n*
Esp: plaquita de protección antitérmica (inyector) *f*

plasma à décharge gazeuse ***m***
All: Gasentladungsplasma *n*
Ang: gas discharge plasma *n*
Esp: plasma de descarga de gas *m*

plastique moulé ***m***
All: Kunststoffverguss *m*
Ang: plastic molding *n*
Esp: obturación de plástico *f*

plateau à griffes ***m***
All: Klauenpol *m*
(Polhälfte) *f*
Ang: claw pole *n*
Esp: polo de garras *m*

plateau d'ajustage (banc d'essai) ***m***
All: Justierplatte (Rollenbremsprüfstand) *f*
Ang: adjustment plate (dynamic brake analyzer) *n*
Esp: placa de ajuste (banco de pruebas de frenos de rodillos) *f*

plateau de pression (frein) ***m***
All: Druckplatte (Bremse) *f*
Ang: pressure plate (brake) *n*
Esp: placa de presión (freno) *f*

plateau de rupteur (allumage) ***m***
All: Unterbrecherscheibe (Zündung) *f*
Ang: breaker disc (ignition) *n*
(contact-breacker disc) *n*
Esp: disco de ruptor (encendido) *m*

plateau oscillant ***m***
All: Taumelscheibe *f*
Ang: swash plate *n*
Esp: disco oscilante *m*

plateau porte-balais ***m***
All: Bürstenhalterplatte *f*
Ang: brush holder plate *n*
Esp: placa portaescobillas *f*

plateau-sonde (K-Jetronic) ***m***
All: Stauscheibe (K-Jetronic) *f*
Ang: sensor plate (K-Jetronic) *n*
Esp: plato sonda (K-Jetronic) *m*

plateau-support (correcteur d'avance) ***m***
All: Achsplatte (Zündversteller) *f*
Ang: support plate (ignition-advance mechanism) *n*
Esp: placa soporte (variador de encendido) *f*

plateau-support (système de déclenchement Hall) ***m***
All: Trägerplatte (Hall-Auslösesystem) *f*
Ang: carrying plate (Hall triggering system) *n*
Esp: placa de soporte (sistema activador Hall) *f*

plateforme ***f***
All: Pritsche (Nfz) *f*
Ang: flatbed (commercial vehicle) *n*
Esp: caja de carga (vehículo industrial) *f*

Français

platine *m*
All: Platin *n*
Ang: platinum *n*
Esp: platino *m*

plausibilité du signal du capteur *f*
All: Sensorplausibilität *f*
Ang: sensor plausibility *n*
Esp: plausibilidad del sensor *f*

plausibilité dynamique *f*
All: dynamische Plausibilität *f*
Ang: dynamic plausibility *n*
Esp: plausibilidad dinámica *f*

pleine charge *f*
All: Vollast *f*
Ang: full load *n*
Esp: plena carga *f*

pleine charge *f*
All: Volllast *f*
Ang: wide-open throttle, WOT *n*
Esp: plena carga *f*

pleine charge *f*
All: Volllast *f*
Ang: full load *n*
Esp: plena carga *f*

pli de carcasse *m*
All: Karkasslage *f*
Ang: tire casing *n*
Esp: capa de carcasa *f*

plié en étoile *pp*
All: sterngefaltet *adj*
Ang: spiral vee shaped *adj*
Esp: plegado en estrella *m*

pneu diagonal *m*
All: Diagonalreifen *mpl*
Ang: cross ply tires *npl*
Esp: neumáticos diagonales *mpl*

pneu radial *m*
All: Radialreifen *m*
Ang: radial tires *npl*
(radial ply tires) *npl*
Esp: neumáticos radiales *mpl*

pneumatique automobile *f*
All: Fahrzeugpneumatik *f*
Ang: automotive pneumatics *n*
Esp: sistema neumático del vehículo *m*

pneus jumelés *m*
All: Zwillingsbereifung *f*
Ang: twin tires *npl*
Esp: ruedas gemelas *fpl*

pneus jumelés *mpl*
All: Zwillingsbereifung *f*
Ang: dual tires *npl*
Esp: ruedas gemelas *fpl*

poids *m*
All: Gewichtskraft *f*
Ang: weight *n*
Esp: fuerza por peso *f*

poids à vide *m*
All: Leergewicht *n*
Ang: tare weight *n*
Esp: peso en vacío *m*
(peso neto) *m*

poids de l'essieu *m*
All: Achsgewicht *n*
Ang: axle weight *n*
Esp: peso del eje *m*

poids lourd *m*
All: Lastkraftwagen *m*
Ang: truck *n*
Esp: camión *m*

poids total admissible *m*
All: Gesamtgewicht *n*
(Gesamtgewichtskraft) *f*
Ang: permissible total weight *n*
Esp: peso total *m*

poids total autorisé en charge *m*
All: zulässiges Gesamtgewicht *n*
Ang: permitted vehicle weight *n*
(gross weight rating, GWR) *n*
Esp: peso total permitido *m*

poignée *f*
All: Bügelgriff *m*
Ang: strap shaped handle *n*
Esp: asidero de puente *m*

poignée tournante *f*
All: Drehgriff *m*
Ang: rotary handle *n*
Esp: empuñadura giratoria *f*

poinçon *m*
All: Stempel *m*
Ang: punch *n*
Esp: punzón *m*

point d'alimentation de l'antenne *m*
All: Antennenspeisepunkt *m*
Ang: antenna feed point *n*
Esp: punto de alimentación de antena *m*

point d'allumage *m*
All: Zündzeitpunkt *m*
Ang: moment of ignition *n*
Esp: punto de encendido *m*

point d'ancrage de siège *m*
All: Sitzverankerung *f*
Ang: seat anchor *n*
Esp: anclaje de asiento *m*

point d'appui (frein) *m*
All: Abstützpunkt (Bremsbacke) *m*
Ang: fulcrum (brake shoe) *n*
Esp: punto de apoyo (zapata de freno) *m*

point d'appui *m*
All: Auflagepunkt (Wischeranlage) *m*
Ang: contact point (wiper system) *n*
Esp: punto de apoyo (limpiaparabrisas) *m*

point d'appui (cartographie) *m*
All: Stützstelle (Kennfeld) *f*
Ang: data point (program map) *n*
Esp: punto de apoyo (diagrama característico) *m*

point de congélation *m*
All: Eisflockenpunkt *m*
Ang: ice flaking point *n*
Esp: punto de congelación *m*

point de contact de la roue avec la chaussée *m*
All: Radaufstandspunkt *m*
Ang: wheel contact point *n*
Esp: punto de contacto rueda-calzada *m*

point de coupure *m*
All: Abschaltpunkt *m*
Ang: switchoff point *n*
Esp: punto de desconexión *m*

point de feu *m*
All: Brennpunkt *m*
(Flammpunkt) *m*
Ang: flash point *n*
Esp: punto de llama *m*

point de goutte *m*
All: Tropfpunkt *m*
Ang: dropping point *n*
Esp: punto de goteo *m*

point de mesure *m*
All: Messpunkt *m*
(Messstelle) *f*
Ang: measuring point *n*
Esp: punto de medición *m*

point de perturbation *m*
All: Störort *m*
Ang: disturbance point *n*
Esp: lugar de perturbación *m*

point de rebroussement *m*
All: Wendepunkt *m*
Ang: reversal point *n*
Esp: punto de inflexión *m*

point de référence de la hanche *m*
All: Hüftpunkt *m*
(H-Punkt) *m*
Ang: hip point *n*
(H-point) *n*
Esp: punto de referencia del asiento *m*

point de référence de place assise *m*
All: Sitzbezugspunkt *m*
Ang: seating reference point, SRP *n*
Esp: punto de referencia de asiento *m*

point de régulation finale *m*
All: Aussteuerpunkt *m*
Ang: control point *n*
Esp: punto de regulación final *m*

point de rosée *m*
All: Taupunkt *m*
Ang: dew point *n*
Esp: punto de rocío *m*

point de rosée sous pression (dessiccation de l'air) *m*
All: Drucktaupunkt (Lufttrocknung) *m*
Ang: dew point (air drying) *n*
Esp: punto de rocío bajo presión (secado de aire) *m*

point de travail du pneumatique ***m***
All: Reifenarbeitspunkt *m*
Ang: tire working point *n*
Esp: punto de trabajo del neumático *m*

point de trouble (huile minérale) ***m***
All: Cloudpoint (Mineralöl) *m*
Ang: cloud point (mineral oil) *n*
Esp: punto de enturbamiento (aceite mineral) *(punto de niebla)* *m*

point de vision ***m***
All: Augenpunkt *m*
Ang: eye point *n*
Esp: punto de ojo *m*

point d'ébullition ***m***
All: Siedepunkt *m*
Ang: boiling point *n*
Esp: punto de ebullición *m*

point d'ébullition liquide humidifié (liquide de frein) ***m***
All: Nasssiedepunkt (Bremsflüssigkeit) *m*
Ang: wet boiling point (brake fluid) *n*
Esp: punto de ebullición en húmedo (líquido de frenos) *m*

point d'ébullition liquide sec (liquide de frein) ***m***
All: Trockensiedepunkt (Bremsflüssigkeit) *m*
Ang: dry boiling point (brake fluid) *n*
Esp: punto de ebullición seco (líquido de frenos) *m*

point d'ébullition sec ***m***
All: Gleichgewichtssiedepunkt *m*
Ang: equilibrium boiling point *n*
Esp: punto de ebullición de equilibrio *m*

point d'enclenchement ***m***
All: Einschaltpunkt *m*
Ang: cut in point *n*
Esp: punto de conexión *m*

point d'inflammation ***m***
All: Entflammungszeitpunkt *m*
Ang: mixture ignition point *n*
Esp: punto de ignición *m*

point d'inflammation du mélange ***m***
All: Gemischentflammungspunkt *m*
Ang: mixture explosion point *n*
Esp: punto de inflamación de la mezcla *m*

point d'injection ***m***
All: Abspritzstelle *f*
Ang: point of injection *n*
Esp: punto de inyección *m*

point excitateur ***m***
All: Anregungspunkt *m*
Ang: excitation point *n*
Esp: punto de excitación *m*

point faible ***m***
All: Schwachstelle *f*
Ang: problem area *n*
Esp: punto débil *m*

point mort ***m***
All: Totpunkt *m*
Ang: dead center *n*
Esp: punto muerto *m*

point mort bas, PMB ***m***
All: Unterer Totpunkt, UT *m*
Ang: bottom dead center, BDC *n*
Esp: punto muerto inferior *m*

point mort haut ***m***
All: oberer Totpunkt *m*
Ang: top dead center, TDC *n*
Esp: punto muerto superior *m*

point neutre ***m***
All: Sternpunkt *m*
Ang: neutral point *n*
(star point) *n*
Esp: punto neutro *m*

pointe de tension ***f***
All: Spannungsspitze (Elektronik) *f*
Ang: voltage peak *n*
Esp: pico de tensión (electrónica) *m*

pointe d'essai ***f***
All: Prüfspitze *f*
Ang: test prod *n*
(test probe) *n*
Esp: punta de comprobación *f*

pointeau de flotteur ***m***
All: Schwimmernadel *f*
Ang: float needle *n*
Esp: aguja de flotador *f*

pointeau de réglage ***m***
All: Regeldrossel *f*
Ang: control throttle *n*
Esp: bobina de regulación *f*

polarisation électrique ***f***
All: elektrische Polarisation *f*
Ang: electric polarization *n*
Esp: polarización eléctrica *f*

pôle « moins » de la batterie ***f***
All: Batterieminuspol *m*
Ang: battery negative pole *n*
Esp: polo negativo de la batería *m*

pôle « plus » de la batterie ***f***
All: Batteriepluspol *m*
Ang: battery positive pole *n*
Esp: polo positivo de la batería *m*

poli ***pp***
All: poliert *adj*
Ang: polished *adj*
Esp: pulido *adj*

polluants (gaz d'échappement) ***mpl***
All: Schadstoffe (Motorabgas) *mpl*
Ang: pollutants (exhaust gas) *npl*
Esp: sustancias nocivas (gases de escape del motor) *fpl*

polymérisation au plasma ***f***
All: Plasmapolymerisation *f*
Ang: plasma polymerization *n*
Esp: polimerización por plasma *f*

pompe « Common Rail » ***f***
All: Common Rail Pumpe *f*
Ang: common rail pump *n*
Esp: bomba de Common Rail *f*

pompe à air ***f***
All: Luftpumpe *f*
Ang: air pump *n*
Esp: bomba de aire *f*

pompe à carburant (carburant) ***f***
All: Kraftstoffpumpe *f*
(Kraftstoffförderpumpe) *f*
Ang: fuel supply pump *n*
Esp: bomba de combustible *f*

pompe à carburant haute pression ***f***
All: Kraftstoff-Hochdruckpumpe *f*
Ang: high pressure fuel pump *n*
Esp: bomba de alta presión de combustible *f*

pompe à chaleur ***f***
All: Wärmepumpe *f*
Ang: heat pump *n*
Esp: bomba calorífica *f*

pompe à cylindrée variable ***f***
All: Verstellpumpe *f*
Ang: variable capacity pump *n*
Esp: bomba ajustable *f*

pompe à dépression ***f***
All: Unterdruckpumpe *f*
Ang: vacuum pump *n*
Esp: bomba de depresión *f*

pompe à dépression ***f***
All: Vakuumpumpe *f*
(Unterdruckpumpe) *f*
Ang: vacuum pump *n*
Esp: bomba de vacío *f*

pompe à eau ***f***
All: Wasserpumpe *f*
Ang: water pump *n*
Esp: bomba de agua *f*

pompe à eau chaude ***f***
All: Heizwasserpumpe *f*
Ang: hot water pump *n*
Esp: bomba de agua de calefacción *f*

pompe à engrenage ***f***
All: Zahnradpumpe *f*
(Zahnradkraftstoffpumpe) *f*
Ang: gear pump *n*
Esp: bomba de engranajes *f*

pompe à engrenage intérieur ***f***
All: Innenzahnradpumpe *f*
Ang: internal-gear pump *n*
Esp: bomba de engranaje interior *f*

pompe à fixation par berceau ***f***
All: Wannenpumpe *f*
Ang: cradle mounted pump *n*
Esp: bomba con fijación ahondada *f*

pompe à huile de graissage ***f***

Français

All: Schmierölpumpe *f*
Ang: lube oil pump *n*
Esp: bomba de aceite lubricante *f*

pompe à main *f*
All: Handförderpumpe *f*
(Handpumpe) *f*
Ang: hand primer pump *n*
Esp: bomba de suministro manual *f*

pompe à membrane *f*
All: Membranpumpe *f*
Ang: diaphragm pump *n*
Esp: bomba de membrana *f*

pompe à palettes *f*
All: Flügelzellenpumpe *f*
Ang: vane pump *n*
Esp: bomba celular de aletas *f*

pompe à palettes électrique *f*
All: elektrische Flügelzellenpumpe *f*
Ang: electric vane pump *n*
Esp: bomba eléctrica de aletas *f*

pompe à piston *f*
All: Kolbenpumpe *f*
Ang: plunger pump *n*
Esp: bomba de émbolo *f*

pompe à piston axial *f*
All: Axialkolbenpumpe *f*
Ang: axial piston pump *n*
Esp: bomba de pistones axiales *f*

pompe à pistons radiaux *f*
All: Radialkolbenpumpe *f*
Ang: radial piston pump *n*
Esp: bomba de émbolos radiales *f*

pompe antigel *f*
All: Frostschutzpumpe *f*
Ang: antifreeze pump *n*
Esp: bomba anticongelante *f*

pompe aspirante *f*
All: Saugpumpe *f*
Ang: suction pump *n*
Esp: bomba de aspiración *f*

pompe auto-aspirante *f*
All: Saugstrahlpumpe *f*
Ang: suction jet pump *n*
Esp: bomba de chorro aspirante *f*

pompe auto-aspirante *f*
All: Strahlpumpe *f*
Ang: suction jet pump *n*
Esp: bomba de chorro *f*

pompe auto-aspirante *f*
All: Strahlpumpe *f*
Ang: jet pump *n*
Esp: bomba de chorro *f*

pompe auxiliaire *f*
All: Hilfspumpe *f*
Ang: auxiliary pump *n*
Esp: bomba auxiliar *f*

pompe bi-pression *f*
All: Bidruckpumpe *f*
Ang: dual pressure pump *n*
Esp: bomba de doble presión *f*

pompe bi-pression *f*
All: Bidruckpumpe *f*
Ang: bi-pressure pump *n*
Esp: bomba de doble presión *f*

pompe centrifuge *f*
All: Kreiselpumpe *f*
(Strömungspumpe) *f*
Ang: centrifugal pump *n*
(flow-type pump) *n*
Esp: bomba centrífuga *f*

pompe centrifuge *f*
All: Strömungspumpe *f*
Ang: flow type pump *n*
Esp: bomba centrífuga *f*

pompe d'accélération *f*
All: Beschleunigungspumpe *f*
Ang: accelerator pump *n*
Esp: bomba de aceleración *f*

pompe d'alimentation (carburant) *f*
All: Förderpumpe (Kraftstoff) *f*
Ang: supply pump (fuel) *n*
Esp: bomba de alimentación (combustible) *f*

pompe d'alimentation *f*
All: Kraftstoffförderpumpe *f*
Ang: fuel supply pump *n*
Esp: bomba de suministro de combustible *f*

pompe d'alimentation *f*
All: Vorlaufpumpe *f*
Ang: flow pump *n*
Esp: bomba de flujo *f*

pompe d'alimentation à palettes *f*
All: Flügelzellen-Förderpumpe *f*
Ang: vane type supply pump *n*
Esp: bomba de alimentación de aletas *f*

pompe d'alimentation à piston *f*
All: Kolbenförderpumpe *f*
Ang: piston pump *n*
Esp: bomba de alimentación de émbolo *f*

pompe d'alimentation électrique *f*
All: Elektroförderpumpe *f*
Ang: electric supply pump *n*
Esp: bomba eléctrica de transporte *f*

pompe de balayage *f*
All: Spülpumpe *f*
Ang: scavenging pump *n*
Esp: bomba de enjuague *f*

pompe de circulation *f*
All: Umwälzpumpe *f*
Ang: circulation pump *n*
(circulating pump) *n*
Esp: bomba de circulación *f*

pompe de circulation d'eau *f*
All: Wasserumwälzpumpe *f*
Ang: water circulating pump *n*
Esp: bomba de circulación de agua *f*

pompe de direction assistée *f*
All: Lenkhilfpumpe *f*
Ang: power steering pump *n*
Esp: bomba de servodirección *f*

pompe de dosage *f*
All: Dosierpumpe *f*
Ang: metering pump *n*
Esp: bomba dosificadora *f*

pompe de graissage *f*
All: Schmierpumpe *f*
Ang: lubricating pump *n*
Esp: bomba de lubricación *f*

pompe de pré-alimentation *f*
All: Vorförderpumpe *f*
Ang: presupply pump *n*
Esp: bomba de suministro previo *f*

pompe de pré-alimentation *f*
All: Vorförderpumpe *f*
Ang: priming pump *n*
Esp: bomba de suministro previo *f*

pompe de préalimentation intégrée au réservoir *f*
All: Intank-Vorförderpumpe *f*
Ang: in tank priming pump *n*
Esp: bomba de prealimentación en depósito *f*

pompe de précharge *f*
All: Vorladepumpe, VLP *f*
Ang: precharge pump, VLP *n*
Esp: bomba de precarga *f*

pompe de refoulement (lave-glace) *f*
All: Druckpumpe (Scheibenspüler) *f*
Ang: pressure pump (windshield washer) *n*
Esp: bomba de presión (lavacristales) *f*

pompe de refoulement d'eau *f*
All: Wasserdruckpumpe *f*
Ang: water-pressure pump *n*
Esp: bomba hidráulica *f*

pompe de refoulement d'huile *f*
All: Druckölpumpe *f*
Ang: pressure oil pump *n*
Esp: bomba de aceite a presión *f*

pompe de refroidissement *f*
All: Kühlmittelpumpe *f*
(Kühlpumpe) *f*
Ang: coolant pump *n*
Esp: bomba de líquido refrigerante *f*

pompe de régulation *f*
All: Regelpumpe *f*
Ang: regulating pump *n*
Esp: bomba reguladora *f*

pompe de retour *f*
All: Rückförderpumpe *f*
Ang: return pump *n*
Esp: bomba de retorno *f*

pompe de retour d'huile *f*
All: Ölrückförderpumpe *f*

Français

Ang: oil return pump *n*
Esp: bomba de retorno de aceite *f*

pompe de suralimentation haute pression (ASR) *f*
All: Hochdruckladepumpe (ASR) *f*
Ang: high pressure charge pump (TCS) *n*
Esp: bomba de carga de alta presión (ASR) *f*

pompe de suralimentation haute pression *f*
All: Hochdruckladepumpe *f*
Ang: high pressure supercharger *n*
Esp: bomba de carga de alta presión *f*

pompe d'injection *f*
All: Einspritzpumpe *f*
Ang: injection pump *n*
Esp: bomba de inyección *f*

pompe d'injection *f*
All: Einspritzpumpe *f*
Ang: fuel injection pump *n*
Esp: bomba de inyección *f*

pompe d'injection *f*
All: Kraftstoffeinspritzpumpe *f*
(Einspritzpumpe) *f*
Ang: fuel injection pump *n*
Esp: bomba de inyección de combustible *f*

pompe d'injection à accumulateur *f*
All: Speichereinspritzpumpe *f*
Ang: accumulator fuel injection pump *n*
Esp: bomba de inyección de acumulador *f*

pompe d'injection à galet *f*
All: Rollenstößel-Einspritzpumpe *f*
Ang: roller type fuel injection pump *n*
Esp: bomba de inyección de rodillos *f*

pompe d'injection à piston *f*
All: Hubkolbeneinspritzpumpe *f*
Ang: piston injection pump *n*
Esp: bomba de inyección reciprocante *f*

pompe d'injection alternative *f*
All: Kolben-Einspritzpumpe *f*
Ang: reciprocating fuel injection pump *n*
Esp: bomba de inyección reciprocante *f*

pompe d'injection commandée par rampe de dosage *f*
All: kantengesteuerte Einspritzpumpe *f*
Ang: helix controlled injection pump *n*
Esp: bomba de inyección controlada por arista *f*

pompe d'injection diesel *f*
All: Dieseleinspritzpumpe *f*
Ang: diesel fuel injection pump *n*
Esp: bomba de inyección Diesel *f*

pompe d'injection distributrice *f*
All: Verteilereinspritzpumpe (VE) *f*
(Verteilpumpe) *f*
Ang: distributor type injection pump *n*
Esp: bomba de inyección rotativa (VE) *f*

pompe d'injection distributrice à piston axial *f*
All: Axialkolben-Verteilereinspritzpumpe *f*
(Axialkolben-Verteilerpumpe) *f*
Ang: axial piston distributor pump *n*
Esp: bomba de inyección rotativa de pistones axiales *f*

pompe d'injection distributrice à piston axial commandée par électrovanne *f*
All: magnetventilgesteuerte Axialkolben-Verteilereinspritzpumpe *f*
Ang: solenoid controlled axial piston distributor pump *n*
Esp: bomba de inyección rotativa de émbolos axiales accionada por electroválvula *f*

pompe d'injection distributrice à pistons radiaux commandée par électrovanne *f*
All: magnetventilgesteuerte Radialkolben-Verteilereinspritzpumpe *f*
Ang: solenoid controlled radial piston distributor pump *n*
Esp: bomba de inyección rotativa de émbolos radiales accionada por electroválvula *f*

pompe d'injection en ligne (PE) *f*
All: Reiheneinspritzpumpe (PE) *f*
(Reihenpumpe) *f*
Ang: in-line fuel injection pump (PE) *n*
(in-line dump) *n*
Esp: bomba de inyección en serie (PE) *f*

pompe d'injection en ligne à tiroirs *f*
All: Hubschieberpumpe *f*
Ang: control sleeve inline injection pump *n*
Esp: bomba de inyección electromecánica *f*

pompe d'injection en ligne à tiroirs *f*
All: Hubschieberpumpe *f*
Ang: control sleeve pump *n*
Esp: bomba de inyección de leva y corredera *f*

pompe d'injection en ligne à tiroirs (PE) *f*
All: Hubschieber-Reiheneinspritzpumpe (PE) *f*
Ang: control sleeve in line fuel injection pump (PE) *n*
Esp: bomba de inyección electromecánica en línea (PE) *f*

pompe d'injection monocylindrique (PF) *f*
All: Einzeleinspritzpumpe (PF) *f*
(Einzylinder-Einspritzpumpe) *f*
Ang: single plunger fuel injection pump (PF) *n*
Esp: bomba de inyección simple (PF) *f*

pompe d'injection multicylindrique *f*
All: Mehrzylinder-Einspritzpumpe *f*
Ang: multiple plunger pump *n*
Esp: bomba de inyección de varios cilindros *f*

pompe d'injection unitaire *f*
All: Einzeleinspritzpumpe *f*
Ang: individual injection pump *n*
Esp: bomba de inyección simple *f*

pompe d'insufflation d'air secondaire *f*
All: Sekundärluftpumpe *f*
Ang: secondary air pump *n*
Esp: bomba de aire secundario *f*

pompe distributrice à pistons radiaux *f*
All: Radialkolben-Verteilereinspritzpumpe (VR) *f*
Ang: radial piston pump *n*
Esp: bomba de inyección rotativa de émbolos radiales (VR) *f*

pompe électrique *f*
All: Elektropumpe *f*
Ang: electric pump *npl*
Esp: bomba eléctrica *f*

pompe électrique à carburant *f*
All: Elektrokraftstoffpumpe *f*
Ang: electric fuel pump *n*
Esp: bomba eléctrica de combustible *f*

pompe enfichable *f*
All: Steckpumpe *f*
Ang: plug in pump *n*
Esp: bomba intercalable *f*

pompe haute pression *f*

Français

All: Hochdruckpumpe *f*
(Hochdruckförderpumpe) *f*
Ang: high pressure pump *n*
(H.P. pump) *n*
Esp: bomba de alta presión *f*

pompe haute pression « Common Rail » ***f***
All: Common Rail Hochdruckpumpe *f*
Ang: common rail high-pressure pump *n*
Esp: bomba de alta presión Common Rail *f*

pompe hydraulique ***f***
All: Hydropumpe *f*
Ang: hydraulic pump *n*
Esp: bomba hidráulica *f*

pompe hydraulique à engrenages ***f***
All: Buchsenpumpe *f*
Ang: high pressure gear pump *n*
Esp: bomba de casquillo *f*

pompe incorporée au réservoir ***f***
All: Tankeinbaupumpe *f*
Ang: in tank pump *n*
Esp: bomba incorporada en el depósito *f*

pompe intégrée au réservoir ***f***
All: Intankpumpe *f*
Ang: in tank pump *n*
Esp: bomba en depósito *f*

pompe monocylindrique ***f***
All: Einzylinderpumpe *f*
Ang: single plunger pump *n*
Esp: bomba monocilindro *f*

pompe multicellulaire à rouleaux ***f***
All: Rollenzellenpumpe *f*
Ang: roller cell pump *n*
Esp: bomba multicelular a rodillos *f*

pompe polycarburant ***f***
All: Mehrstoffpumpe *f*
(Vielstoffpumpe) *f*
Ang: multifuel pump *n*
Esp: bomba multicarburante *f*

pompe polycarburant ***f***
All: Vielstoffpumpe *f*
Ang: multifuel pump *n*
Esp: bomba de combustibles múltiples *f*

pompe tandem ***f***
All: Tandempumpe *f*
Ang: tandem pump *n*
Esp: bomba tándem *f*

pompe unitaire haute pression ***f***
All: Pumpe-Leitung-Düse *f*
Ang: unit pump *n*
Esp: bomba-tubería-inyector *f*

pompe unitaire haute pression ***f***
All: Unit Pump System, UPS *f*
(Pumpe-Leitung-Düse) *f*
Ang: unit pump system, UPS *n*
Esp: Unit Pump System, UPS *m*

pompe volumétrique ***f***
All: Verdrängerpumpe *f*
Ang: positive displacement pump *n*
Esp: bomba volumétrica *f*
(bomba de desplazamiento positivo) *f*

pont différentiel ***m***
All: Differenzialgetriebe *n*
Ang: differential gear *n*
Esp: engranaje diferencial *m*

pont élévateur ***m***
All: Hebebühne *f*
Ang: lift platform *n*
Esp: plataforma elevadora *f*

pontage du convertisseur de couple ***m***
All: Wandlerüberbrückung *f*
Ang: converter lockup *n*
Esp: anulación del convertidor *f*

porosité (filtre) ***f***
All: Porenweite (Filter) *f*
(Porengröße) *f*
Ang: pore size (filter) *n*
Esp: tamaño de poros (filtro) *m*

port de diagnostic ***m***
All: Diagnoseanschluss *m*
Ang: diagnostics port *n*
Esp: conexión de diagnóstico *f*

portance ***f***
All: Auftrieb *m*
Ang: lift *n*
Esp: ascención *f*

porte conducteur ***f***
All: Fahrertür *f*
Ang: driver's door *n*
Esp: puerta del conductor *f*

porte va-et-vient (autobus) ***f***
All: Schwingtür (Omnibus) *f*
Ang: swinging door (bus) *n*
Esp: puerta levadiza basculante (autocar) *f*

porte-à-faux de la courroie ***m***
All: Riemenüberstand *m*
Ang: belt runout *n*
Esp: saliente de la correa *f*

porte-balais ***m***
All: Bürstenhalter (Akustik CAE) *m*
Ang: brush holder *n*
Esp: portaescobillas (acústica CAE) *f*

porte-balais ***m***
All: Bürstenträger *m*
(Bürstenhalter) *m*
Ang: brush holder *n*
Esp: portaescobillas *m*

portée ***f***
All: Anlagefläche *f*
Ang: contact face *n*
Esp: superficie de contacto *f*

portée (projecteur) ***f***
All: Reichweite (Scheinwerfer) *f*
Ang: range (headlamp) *n*
Esp: alcance (faros) *m*

portée d'éclairement ***f***
All: Leuchtweite *f*
Ang: headlamp range *n*
Esp: alcance de luces *m*

portée du talon ***f***
All: Felgenschulter (Fahrzeugrad) *f*
Ang: rim bead seat (vehicle wheel) *n*
Esp: hombro de llanta (rueda de vehículo) *m*

portée géométrique (projecteur) ***f***
All: geometrische Reichweite (Scheinwerfer) *f*
Ang: geometric range (headlamp) *n*
Esp: alcance geométrico (faros) *m*

porte-injecteur ***m***
All: Düsenhalter *m*
(Einspritzdüsenhalter) *m*
Ang: nozzle holder assembly *n*
Esp: portainyector *m*

porte-injecteur ***m***
All: Einspritzdüsenhalter *m*
Ang: nozzle holder assembly *n*
Esp: portainyector *m*

porte-injecteur à deux ressorts ***m***
All: Zweifederhalter *m*
(Zweifeder-Düsenhalter) *m*
Ang: dual spring holder *n*
(two-spring nozzle holder) *n*
Esp: soporte de doble resorte *m*

porte-injecteur à ressort unique ***m***
All: Einfeder-Düsenhalter *m*
Ang: single spring nozzle holder *n*
Esp: portainyector de un muelle *m*

porte-injecteur d'essai ***m***
All: Prüfdüsenhalter *m*
Ang: calibrating nozzle holder assembly *n*
Esp: portainyectores de ensayo *m*

porte-lampe ***m***
All: Lampenträger *m*
Ang: lamp holder *n*
Esp: soporte de lámpara *m*

porte-satellites ***m***
All: Planetenträger *m*
Ang: planetary gear carrier *n*
Esp: soporte planetario *m*

porte-soupape ***m***
All: Ventilträger *m*
Ang: valve holder *n*
Esp: portaválvulas *m*

porte-soupape ***m***
All: Ventilträger *m*
Ang: valve carrier *n*
Esp: portaválvulas *m*

porte-soupape de refoulement ***m***
All: Druckventilträger *m*
Ang: delivery valve support *n*
Esp: soporte de válvula de presión *m*

porteur de charge (bougie d'allumage) ***m***
All: Ladungsträger (Zündkerze) *m*

Ang: charge carrier (spark plug) *n*
Esp: portador de carga (bujía de encendido) *m*

porteur de charge mobile ***m***
All: beweglicher Ladungsträger *m*
Ang: charge carrier *n*
Esp: portador de carga *m*

position d'arrêt ***f***
All: Stopstellung *f*
Ang: stop setting *n*
Esp: posición de parada *f*

position de contrôle (valve de frein de stationnement) ***f***
All: Prüfstellung (Feststellbremsventil) *f*
Ang: test position (parking-brake valve) *n*
Esp: posición de ensayo (válvula de freno de estacionamiento) *f*

position de fin de course ***f***
All: Endlage *f*
(Endstellung) *f*
Ang: end position *n*
Esp: posición final *f*

position de freinage ***f***
All: Bremsstellung *f*
Ang: brake applied mode *n*
Esp: posición de frenos aplicados *f*

position de freinage d'urgence ***f***
All: Vollbremsstellung *f*
Ang: fully braked mode *n*
Esp: posición de frenado a tope *f*

position de freinage partiel ***f***
All: Teilbremsstellung *f*
Ang: partially braked mode *n*
Esp: posición de frenado parcial *f*

position de l'accélérateur ***f***
All: Fahrpedalstellung *f*
Ang: acceleratorpedal position *n*
Esp: posición del acelerador *f*

position de l'éclateur ***f***
All: Funkenlage *f*
Ang: spark position *n*
Esp: posición de la chispa *f*

position de montage ***f***
All: Einbaulage *f*
Ang: installation position *n*
Esp: posición de montaje *f*

position de pleine charge ***f***
All: Volllaststellung *f*
Ang: full load position *n*
Esp: posición de plena carga *f*

position de refoulement (régulateur de pression) ***f***
All: Luftförderungsstellung (Druckregler) *f*
Ang: air supply position (pressure regulator) *n*
Esp: posición de suministro de aire (regulador de presión) *f*

position de repos ***f***
All: Ruhestellung *f*
Ang: initial position *n*
Esp: posición de reposo *f*

position de roulage ***f***
All: Fahrstellung *f*
Ang: driving (non-braked) mode *n*
Esp: posición de marcha *f*

position de stop ***f***
All: Stopp-Position *f*
(Stopp-Stellung) *f*
(Stopp-Lage) *f*
Ang: stop setting *n*
Esp: posición de parada *f*

position de travail ***f***
All: Arbeitsstellung (Kontakte) *f*
Ang: operating position *n*
Esp: posición de trabajo (contactos) *f*

position du jet ***f***
All: Strahllage (Kraftstoffeinspritzung) *f*
Ang: nozzle jet position (fuel injection) *n*
Esp: posición del chorro (inyección de combustible) *f*

position du papillon ***f***
All: Drosselklappenstellung *f*
Ang: throttle valve position *n*
Esp: posición de la mariposa *f*

position du piston ***f***
All: Kolbenstellung *f*
Ang: piston position *n*
Esp: posición del pistón *f*

position du vilebrequin ***f***
All: Kurbelwellenstellung *f*
Ang: crankshaft position *n*
Esp: posición del cigüeñal *f*

position initiale ***f***
All: Ausgangsstellung *f*
Ang: basic position *n*
Esp: posición inicial *f*

position médiane ***f***
All: Mittelstellung *f*
Ang: intermediate setting *n*
Esp: posición intermedia *f*

positionneur de pédale de frein (contrôle des freins) ***m***
All: Pedalstütze (Bremsenprüfung) *f*
Ang: pedal positioner (braking-system inspection) *n*
Esp: apoyo de pedal (comprobación de frenos) *m*

post-allumage ***m***
All: Nachentflammung *f*
Ang: post ignition *n*
Esp: postinflamación *f*

post-combustion ***f***
All: Nachverbrennung *f*
Ang: afterburning *n*
Esp: postcombustión *f*

post-fonctionnement ***m***
All: Nachlauf *m*
Ang: after run *n*
Esp: marcha por inercia *m*

post-fonctionnement du calculateur ***m***
All: Steuergerätnachlauf *m*
Ang: ECU after run *n*
Esp: búsqueda de equilibrio de unidad de control *f*

post-fonctionnement du ventilateur ***m***
All: Lüfternachlauf *m*
Ang: fan afterrun *n*
Esp: giro por inercia del ventilador *m*

post-fonctionnement du ventilateur de refroidissement ***m***
All: Kühlerlüfternachlauf *m*
Ang: radiator fan run on *n*
Esp: marcha de inercia del ventilador del radiador *f*

post-incandescence ***f***
All: nachglühen *v*
Ang: post glow *n*
Esp: calentar posteriormente a incandescencia *v*

post-injection ***f***
All: Nacheinspritzung *f*
Ang: secondary injection *n*
Esp: postinyección *f*

post-injection ***f***
All: nachspritzen *v*
Ang: post injection *n*
Esp: inyectar ulteriormente *v*

post-injection ***f***
All: Nachspritzer (Dieseleinspritzung) *m*
Ang: dribble (diesel fuel injection) *n*
Esp: inyección secundaria (inyección diesel) *f*

post-traitement catalytique ***m***
All: katalytische Nachbehandlung *f*
Ang: catalytic aftertreatment *n*
Esp: tratamiento catalítico posterior *m*

post-traitement catalytique des gaz d'échappement ***m***
All: katalytische Abgasnachbehandlung *f*
Ang: catalytic exhaust gas aftertreatment *n*
Esp: tratamiento catalítico posterior de los gases de escape *m*

post-traitement des gaz d'échappement ***m***
All: Abgasnachbehandlung *f*
Ang: exhaust gas treatment *n*
Esp: tratamiento de los gases de escape *m*

pot antichoc ***m***
All: Pralltopf *m*

Ang: baffle *n*
Esp: campana deformable *f*

pot catalytique d'échappement ***m***
All: Abgas-Katalysator *m*
Ang: catalytic converter *n*
Esp: catalizador de gases de escape *m*

pot de giration ***m***
All: Dralltopf *m*
Ang: swirl plate *n*
Esp: cámara de flujo helicoidal *f*

pot d'échappement ***m***
All: Abgasrohr *n*
Ang: exhaust pipe *n*
Esp: tubo de escape *m*

potentiel d'adhérence ***m***
All: Reibwertpotenzial *n*
Ang: friction coefficient potential *n*
Esp: potencial por coeficiente de fricción *m*

potentiel de repos ***m***
All: Ruhepotenzial *n*
Ang: open circuit potential *n*
Esp: potencial de reposo *m*

potentiel de risque ***m***
All: Gefährdungspotenzial *n*
Ang: potential failure risk *n*
Esp: potencial de peligro *m*

potentiel thermoélectrique ***m***
All: Thermospannung *f*
Ang: thermoelectric voltage *n*
(thermoelectric potential) *n*
Esp: tensión termoeléctrica *f*

potentiomètre ***m***
All: Potentiometer *m*
Ang: potentiometer *n*
Esp: potenciómetro *m*

potentiomètre de papillon ***m***
All: Drosselklappenpotentiometer *n*
Ang: throttle valve potentiometer *n*
Esp: potenciómetro de la mariposa *m*

potentiomètre de réglage ***m***
All: Einstellpotentiometer *n*
Ang: adjusting potentiometer *n*
Esp: potenciómetro de ajuste *m*

potentiomètre rotatif ***m***
All: Drehpotentiometer *n*
Ang: rotary potentiometer *n*
Esp: potenciómetro giratorio *m*

poulie à gorge trapézoïdale ***f***
All: Keilriemenscheibe *f*
Ang: V-belt pulley *n*
Esp: polea *f*

poulie de renvoi ***f***
All: Umlenkrolle *f*
Ang: guide pulley *n*
Esp: rodillo de reenvío *m*

poulie d'entraînement ***f***
All: Riemenscheibe *f*
Ang: belt pulley *n*
(pulley) *n*
Esp: polea *f*

poulie moteur ***f***
All: Motorriemenscheibe *f*
Ang: engine belt pulley *n*
Esp: polea de motor *f*

poulie primaire ***f***
All: Primärscheibe *f*
Ang: primary pulley *n*
(primary disk) *n*
Esp: polea primaria *f*

pousser (voiture, en braquage) ***v***
All: schieben (Fahrzeug, beim Lenken) *v*
Ang: push (out to the side, vehicle) *v*
Esp: empujar (vehículo, al maniobrar dirección) *v*

poussoir (porte-injecteur à deux ressorts) ***m***
All: Druckstift (Zweifeder-Düsenhalter) *m*
Ang: pressure pin (two-spring nozzle holder) *n*
Esp: espiga de presión (portainyectores de doble muelle) *f*

poussoir (commande des portes) ***m***
All: Stößel (Türbetätigung) *m*
Ang: push rod (door control) *n*
Esp: empujador (activación de puerta) *m*

poussoir (commande des portes) ***m***
All: Stößel (Ventiltrieb) *m*
Ang: tappet (valve gear) *n*
Esp: empujador *m*

poussoir à coupelle ***m***
All: Tassenstößel *m*
Ang: barrel tappet *n*
(bucket tappet) *n*
Esp: taqué hueco *m*

poussoir à galet ***m***
All: Rollenstößel *m*
Ang: roller tappet *n*
Esp: empujador de rodillos *m*

poussoir coulissant ***m***
All: Gleitstößel *m*
Ang: sliding tappet *n*
Esp: impulsor deslizante *m*

pouvoir anti-usure ***m***
All: Verschleißschutzwirkung *f*
Ang: wear protection property *n*
Esp: efecto de protección antidesgaste *m*

pouvoir calorifique inférieur du mélange ***m***
All: Gemischheizwert *m*
Ang: calorific value of the combustible air-fuel mixture *n*
Esp: poder calorífico de la mezcla *m*

pouvoir calorifique inférieur, PCI ***m***
All: Heizwert *m*
Ang: calorific value *n*
Esp: poder calorífico *m*

pouvoir calorifique supérieur, PCS ***m***
All: Brennwert *m*
Ang: gross calorific value *n*
Esp: poder calorífico *m*

pouvoir détonant ***m***
All: Klopfverhalten *n*
Ang: knock resistance *n*
Esp: comportamiento detonante *m*

pouvoir lubrifiant ***m***
All: Schmierfähigkeit *f*
Ang: lubricity *n*
Esp: lubricabilidad *f*

pré-allumage ***m***
All: Vorentflammung *f*
Ang: pre ignition *n*
Esp: preignición *f*

pré-amortisseur ***m***
All: Vordämpfer *m*
Ang: predamper *n*
Esp: preamortiguador *m*

préamplificateur ***m***
All: Vorverstärker *m*
Ang: preamplifier *n*
Esp: preamplificador *m*

précatalyseur ***m***
All: Vorkatalysator *m*
Ang: primary catalytic converter *n*
Esp: catalizador previo *m*

préchambre ***f***
All: Vorkammer *f*
(Nebenkammer) *f*
Ang: prechamber *n*
(whirl chamber) *n*
Esp: precámara *f*

préchambre ***f***
All: Vorkammer *f*
Ang: precombustion chamber *n*
Esp: precámara *f*

préchauffage ***m***
All: Vorglühen *n*
Ang: preheating *n*
Esp: precalentamiento *m*

préchauffage du collecteur d'admission ***m***
All: Saugrohrvorwärmung *f*
Ang: intake manifold preheating *n*
Esp: precalentamiento del tubo de admisión *m*

préchauffage-démarrage ***m***
All: Startglühen *n*
Ang: glow plug start assist *n*
Esp: precalentamiento de arranque *m*

préchauffer ***v***
All: vorglühen *v*
Ang: preheat *v*
Esp: precalentar *v*

préchauffer ***v***
All: vorglühen *v*

Ang: preglowing *n*
Esp: precalentar *v*

précision de réglage *f*
All: Stellgenauigkeit *f*
Ang: positioning accuracy *n*
Esp: exactitud de ajuste *f*

précombustion *f*
All: Vorverbrennung *f*
Ang: precombustion *n*
Esp: precombustión *f*

précompression *f*
All: Vorverdichtung *f*
Ang: precompression *n*
Esp: precompresión *f*

précoupure *f*
All: Vorabregelung *f*
Ang: pregoverning *n*
Esp: regulación previa *f*

précourse (piston de pompe) *f*
All: Vorhub (Pumpenkolben) *m*
Ang: plunger lift to port closing, LPC (pump plunger) *n*
Esp: carrera previa (pistón de bomba) *f*

précourse (piston de pompe) *f*
All: Vorhub *m*
Ang: prestroke travel *n*
Esp: carrera previa *f*

précourse du piston (jusqu'au début de refoulement) *f*
All: Kolbenhub bis Förderbeginn (Vorhub des Pumpenkolbens) *m*
Ang: plunger lift to cutoff port closing (pump plunger) *n*
Esp: carrera de pistón hasta el comienzo de suministro (precarrera del pistón de bomba) *f*

prédéshydratation (dessiccateur) *f*
All: Vorentwässerung (Lufttrockner) *f*
Ang: initial drying (air drier) *n*
Esp: drenaje previo (secador de aire) *m*

pré-excitation (machines tournantes) *f*
All: Vorerregung (drehende Maschinen) *f*
Ang: preexcitation (rotating machines) *n*
Esp: preexcitación (máquinas rotativas) *f*

préfiltre (dessiccateur) *m*
All: Vorfilter (Lufttrockner) *n*
(Vorreiniger) *m*
Ang: preliminary filter (air drier) *n*
Esp: filtro previo (secador de aire) *m*

préfiltre *m*
All: Vorfilter *n*
Ang: prefilter *n*
Esp: filtro previo *m*

préfiltre *m*
All: Vorreiniger *m*
Ang: preliminary filter *n*
Esp: filtro previo *m*

préfiltre à carburant *m*
All: Kraftstoffvorfilter *m*
Ang: fuel prefilter *n*
Esp: filtro previo de combustible *m*

préfiltre à carburant *m*
All: Kraftstoffvorreiniger *m*
Ang: fuel prefilter *n*
Esp: prefiltro de combustible *m*

pré-injection *f*
All: Voreinspritzung *f*
Ang: pre injection *n*
(pilot injection) *n*
Esp: inyección previa *f*

première immatriculation *f*
All: Erstzulassung *f*
Ang: first registration *n*
Esp: primera matriculación *f*

préparation du mélange *f*
All: Verbrennungsgemisch-aufbereitung *f*
Ang: combustion mixture formation *n*
Esp: preparación de mezcla de combustión *f*

prescriptions de sécurité *fpl*
All: Sicherheitsvorschriften *fpl*
Ang: safety regulations *npl*
Esp: prescripciones de seguridad *fpl*

présélecteur de vitesses *m*
All: Gangvorwahlschalter *m*
Ang: gear preselector switch *n*
Esp: interruptor preselector de marcha *m*

préséparateur (Jetronic) *m*
All: Vorabscheider (Jetronic) *m*
Ang: preliminary filter (Jetronic) *n*
Esp: separador previo (Jetronic) *m*

préséparateur à cyclone (filtre à air en papier) *m*
All: Zyklon-Vorabscheider (Papierluftfilter) *m*
Ang: cyclone prefilter (paper filter) *n*
Esp: separador ciclónico previo (filtro de aire de papel) *m*

presse à graisse *f*
All: Fettpresse *f*
Ang: grease gun *n*
Esp: bomba de engrase *f*

pression « rail » *f*
All: Raildruck *m*
Ang: rail pressure *n*
Esp: presión del conducto *f*

pression à l'intérieur de la pompe *f*
All: Pumpendruck *m*
Ang: pump interior pressure *n*
Esp: presión de la bomba *f*

pression absolue *f*
All: Absolutdruck *m*
Ang: absolute pressure (diesel fuel injection) *n*
Esp: presión absoluta *f*

pression acoustique *f*
All: Schalldruck *m*
Ang: sound pressure *n*
Esp: presión acústica *f*

pression atmosphérique ambiante *f*
All: Außenluftdruck *m*
Ang: outside air pressure *n*
Esp: presión del aire exterior *f*

pression d'accouplement *f*
All: Aufsatteldruck *m*
Ang: kingpin load *n*
Esp: presión de apoyo *f*

pression d'actionnement *f*
All: Betätigungsdruck *m*
Ang: applied pressure *n*
Esp: presión de accionamiento *f*

pression d'admission *f*
All: Saugrohrdruck *m*
Ang: intake manifold pressure *n*
(induction-manifold pressure) *n*
Esp: presión del tubo de admisión *f*

pression d'air *f*
All: Luftdruck *m*
Ang: air pressure *n*
Esp: presión de aire *f*

pression d'alimentation (Jetronic) *f*
All: Versorgungsdruck (Jetronic) *m*
Ang: supply pressure (Jetronic) *n*
Esp: presión de alimentación (Jetronic) *f*

pression d'alimentation *f*
All: Vordruck (ESP) *m*
Ang: admission pressure (ESP) *n*
Esp: presión previa (ESP) *f*

pression d'alimentation (frein) *f*
All: Vorratsdruck (Bremsen) *m*
(Primärdruck) *m*
Ang: supply pressure (brakes) *n*
Esp: presión de alimentación (Bremsen) *f*

pression d'alimentation hydraulique *f*
All: Hydraulikvorratsdruck *m*
Ang: hydraulic reservoir pressure *n*
Esp: presión hidráulica de reserva *f*

pression dans conduite *f*
All: Leitungsdruck *m*
Ang: line pressure *n*
Esp: presión en la tubería *f*

pression dans la chambre de combustion *f*
All: Brennraumdruck *m*
Ang: combustion chamber pressure *n*

Français

Esp: presión de la cámara de combustión *f*

pression dans le cylindre de frein *f*
All: Bremszylinderdruck *m*
Ang: brake cylinder pressure *n*
Esp: presión de cilindro de freno *f*

pression dans le réservoir *f*
All: Tankdruck *m*
Ang: fuel tank pressure *n*
Esp: presión en el depósito *f*

pression d'arrivée *f*
All: Zulaufdruck *m*
Ang: inlet pressure *n*
Esp: presión de entrada *f*

pression d'aspiration *f*
All: Saugdruck *m*
Ang: suction pressure *n*
Esp: presión de aspiración *f*

pression de blocage (frein) *f*
All: Blockierdruck (Bremsen) *m*
Ang: locking pressure (brakes) *n*
Esp: presión de bloqueo (frenos) *f*

pression de circuit (ESP) *f*
All: Kreisdruck (ESP) *m*
Ang: circuit pressure (ESP) *n*
Esp: presión del circuito (ESP) *f*

pression de combustion *f*
All: Verbrennungsdruck *m*
Ang: combustion pressure *n*
Esp: presión de combustión *f*

pression de commande *f*
All: Schaltdruck *m*
Ang: switched pressure *n*
Esp: presión de conexión *f*

pression de commande *f*
All: Steuerdruck *m*
Ang: control pressure *n*
Esp: presión de control *f*

pression de coupure *f*
All: Abschaltdruck *m*
Ang: cutoff pressure *n*
Esp: presión de descohnexión *f*

pression de fermeture d'injecteur *f*
All: Düsenschließdruck *m*
Ang: nozzle closing pressure *n*
Esp: presión de cierre de inyector *f*

pression de fonctionnement *f*
All: Betriebsdruck *m*
Ang: operating pressure *n*
Esp: presión de servicio *f*

pression de freinage *f*
All: Bremsdruck *m*
Ang: brake pressure *n*
Esp: presión de frenado *f*

pression de freinage continue *f*
All: Dauerbremsdruck *m*
Ang: sustained braking pressure *n*
Esp: presión de frenada continua *f*

pression de freinage partielle *f*
All: Teilbremsdruck *m*
Ang: partial braking pressure *n*
Esp: presión de frenado parcial *f*

pression de freinage sur roue *f*
All: Radbremsdruck *m*
Ang: wheel brake pressure *n*
Esp: presión de frenado de rueda *f*

pression de friction *f*
All: Reibdruck *m*
Ang: friction pressure *n*
Esp: presión de fricción *f*

pression de gonflage *f*
All: Reifendruck *m*
Ang: tire pressure *n*
Esp: presión de neumáticos *f*

pression de l'accumulateur *f*
All: Speicherdruck *m*
Ang: storage pressure *n*
Esp: presión del acumulador *f*

pression de modulation (commande de boîte de vitesses) *f*
All: Modulationsdruck (Getriebesteuerung) *m*
Ang: modulation pressure (transmission control) *n*
Esp: presión de modulación (control del cambio) *f*

pression de pointe *f*
All: Spitzendruck *m*
Ang: peak injection pressure *n*
Esp: presión máxima *f*

pression de précharge *f*
All: Vorspanndruck *m*
Ang: initial pressure *n*
Esp: presión de precarga *f*

pression de prérefoulement *f*
All: Vorförderdruck *m*
Ang: predelivery pressure *n*
Esp: presión de suministro previo *f*

pression de pulvérisation *f*
All: Abspritzdruck *m*
Ang: injection pressure *n*
Esp: presión de inyección *f*

pression de rappel *f*
All: Rückstelldruck *m*
Ang: retraction pressure *n*
Esp: presión de reposicionamiento *f*

pression de référence *f*
All: Referenzdruck *m*
Ang: reference pressure *n*
Esp: presión de referencia *f*

pression de refoulement *f*
All: Förderdruck *m*
Ang: delivery pressure *n*
Esp: presión de alimentación *f*

pression de remplissage *f*
All: Fülldruck *m*
Ang: filling pressure *n*
Esp: presión de llenado *f*

pression de réponse *f*
All: Ansprechdruck *m*
Ang: response pressure *n*
Esp: presión de respuesta *f*

pression de réponse *f*
All: Ansprechdruck *m*
Ang: trigger pressure *n*
Esp: presión de respuesta *f*

pression de sécurité *f*
All: Sicherungsdruck *m*
Ang: safety pressure *n*
Esp: presión de seguridad *f*

pression de suralimentation *f*
All: Ladedruck *m*
(Ladeluftdruck) *m*
Ang: charge air pressure *n*
Esp: presión de sobrealimentación *f*

pression de transfert *f*
All: Förderpumpendruck *m*
Ang: supply pump pressure *n*
Esp: presión de la bomba de alimentación *f*

pression de travail *f*
All: Arbeitsdruck *m*
Ang: operating pressure *n*
Esp: presión de trabajo *f*

pression de vapeur (essence) *f*
All: Dampfdruck (Benzin) *m*
Ang: vapor pressure (gasoline) *n*
Esp: presión de vapor (gasolina) *f*

pression d'échappement *f*
All: Abgasdruck *m*
Ang: exhaust gas pressure *n*
Esp: presión de gases de escape *f*

pression d'éclatement *f*
All: Berstdruck *m*
Ang: burst pressure *n*
Esp: presión de rotura *f*

pression d'écoulement *f*
All: Fließdruck *m*
Ang: flow pressure *n*
Esp: presión de flujo *f*

pression d'enclenchement *f*
All: Einschaltdruck *m*
Ang: cut in pressure *n*
Esp: presión de conexión *f*

pression des amortisseurs *f*
All: Stoßdämpferdruck *m*
Ang: shock absorber pressure *n*
Esp: presión de amortiguador *m*

pression des gaz *f*
All: Gasdruck *m*
Ang: gas pressure *n*
Esp: presión de gas *f*

pression d'huile lubrifiante *f*
All: Schmieröldruck *m*
Ang: lube oil pressure *n*
Esp: presión de aceite lubricante *f*

pression d'huile moteur *f*
All: Motoröldruck *m*
Ang: engine oil pressure *n*
Esp: presión de aceite del motor *f*

pression différentielle *f*
All: Differenzdruck *m*
Ang: differential pressure *n*
Esp: presión diferencial *f*

pression différentielle d'échappement *f*
All: Abgas-Differenzdruck *m*
Ang: exhaust gas differential pressure *n*
Esp: presión diferencial de gases de escape *f*

pression d'injection *f*
All: Einspritzdruck *m*
Ang: injection pressure *n*
Esp: presión de inyección *f*

pression d'ouverture *f*
All: Öffnungsdruck *m*
Ang: opening pressure *n*
Esp: presión de apertura *f*

pression d'ouverture de l'injecteur *f*
All: Düsenöffnungsdruck *m*
Ang: nozzle-opening pressure *n*
Esp: presión en la abertura del inyector *f*

pression d'ouverture d'un injecteur *f*
All: Ventilöffnungsdruck *m*
Ang: valve opening pressure *n*
Esp: presión de apertura de válvula *f*

pression du carburant *f*
All: Kraftstoffdruck *m*
Ang: fuel pressure *n*
Esp: presión de combustible *f*

pression du fluide frigorigène *f*
All: Kältemitteldruck *m*
Ang: refrigerant pressure *n*
Esp: presión de agente frigorífico *f*

pression du système (Jetronic) *f*
All: Systemdruck (Jetronic) *m*
Ang: primary pressure (Jetronic) *n*
Esp: presión del sistema (Jetronic) *f*

pression dynamique *f*
All: Staudruck *m*
Ang: dynamic pressure *n*
Esp: presión dinámica *f*

pression initiale du carburant *f*
All: Kraftstoffvordruck *m*
Ang: fuel initial pressure *n*
Esp: presión previa de combustible *f*

pression maximale (servofrein) *f*
All: Aussteuerdruck (Bremskraftverstärker) *m*
Ang: output pressure (brake booster) *n*
Esp: presión máxima (servofreno) *f*

pression maximale *f*
All: Maximaldruck *m*
Ang: maximum pressure *n*
Esp: presión máxima *f*

pression moyenne *f*
All: Mitteldruck *m*
Ang: mean pressure *n*
Esp: presión media *f*

pression nominale *f*
All: Nenndruck *m*
Ang: nominal pressure *n*
Esp: presión nominal *m*

pression pilote *f*
All: Vorsteuerdruck *m*
Ang: pilot pressure *n*
Esp: presión de pilotaje *f*

pression primaire *f*
All: Primärdruck *m*
Ang: primary pressure *n*
Esp: presión primaria *f*

pression relative *f*
All: Überdruck *m*
Ang: overpressure *n*
Esp: sobrepresión *f*

pression résiduelle *f*
All: Restdruck *m*
Ang: residual pressure *n*
Esp: presión residual *f*

pression secondaire (frein) *f*
All: Sekundärdruck (Bremse) *m*
Ang: secondary pressure (brake) *n*
Esp: presión secundaria (freno) *f*

pression soufflet *f*
All: Balgdruck *m*
Ang: bellows pressure *n*
Esp: presión del fuelle *f*

pression statique *f*
All: Druckenergie *f*
(Standdruck) *m*
Ang: pressure energy *n*
(static pressure) *n*
Esp: energía de presión *f*

pressostat basse pression *m*
All: Niederdruckschalter *m*
Ang: low pressure switch *n*
Esp: interruptor de baja presión *m*

prétension de courroie *f*
All: Riemenvorspannung *f*
Ang: belt pretension *n*
Esp: pretensión de la correa *f*

prétensionneur de boucle *m*
All: Schlossstraffer *m*
Ang: buckle tightener *n*
Esp: pretensor de cierre del cinturón *m*

prétensionneur de ceinture *m*
All: Gurtstraffer *m*
Ang: seat belt pretensioner *n*
Esp: pretensor de cinturón de seguridad *m*

prétensionneur de sangle thoracique *m*
All: Schultergurtstraffer *m*
Ang: shoulder belt tightener *n*
Esp: pretensor del cinturón de hombros *m*

principe de reflux (ABS) *m*
All: Rückförderprinzip (ABS) *n*
Ang: return principle (ABS) *n*
Esp: principio de retorno (ABS) *m*

principe de transfert *m*
All: Durchströmprinzip *n*
Ang: throughflow principle *n*
Esp: principio de flujo de paso *m*

principe du courant limite *m*
All: Grenzstromprinzip *n*
Ang: limit current principle *n*
Esp: principio de corriente límite *m*

principe électrodynamique *m*
All: elektrodynamisches Prinzip *n*
Ang: electrodynamic principle, EDP *n*
Esp: principio electrodinámico *m*

principe électromagnétique *m*
All: elektromagnetisches Prinzip *n*
Ang: electromagnetic principle, EMP *n*
Esp: principio electromagnético *m*

prise *f*
All: Anschlussbuchse *f*
Ang: connector bushing *n*
Esp: casquillo de conexión *m*

prise *f*
All: Steckdose *f*
Ang: socket *n*
Esp: caja de enchufe *f*

prise de diagnostic *f*
All: Diagnosesteckdose *f*
Ang: diagnosis socket *n*
Esp: caja de enchufe de diagnóstico *f*

prise de diagnostic (OBD) *f*
All: Diagnoseanschluss (OBD) *m*
Ang: diagnostic socket (OBD) *n*
Esp: conexión de diagnóstico (OBD) *f*

prise de stationnement (ABS pour remorque) *f*
All: Parkdose (Anhänger-ABS) *f*
Ang: parking socket (trailer ABS) *n*
Esp: tomacorriente de aparcamiento (ABS de remolque) *m*

prise de tension (capteur de niveau) *f*
All: Spannungsabgriff (Niveaugeber) *m*
Ang: contact wiper (level sensor) *n*
Esp: toma de tensión (transmisor del nivel) *f*

prise femelle *f*
All: Steckbuchse *f*
Ang: plug socket *n*
(receptacle) *n*
Esp: hembrilla *f*

procédé à préchambre *m*
All: Vorkammerverfahren *n*
Ang: prechamber system *n*
Esp: método de precámara *m*

procédé de combustion *m*
All: Brennverfahren *n*

Français

Ang: combustion process *n*
Esp: proceso de combustión *m*

procédé de combustion ***m***
All: Verbrennungsverfahren *n*
Ang: combustion system *n*
Esp: método de combustión *m*

procédé de suralimentation ***m***
All: Aufladeverfahren (Verbrennungsmotor) *n*
Ang: supercharging process (IC engine) *n*
Esp: proceso de sobrealimentación (motor de combustión) *m*

procédé d'injection à chambre de turbulence ***m***
All: Wirbelkammerverfahren (Verbrennungsmotor) *n*
Ang: whirl chamber system (IC engine) *n*
Esp: método de cámara de turbulencia (motor de combustión) *m*

procédé d'injection assisté par air ***m***
All: luftgeführtes Brennverfahren *n*
Ang: air guided combustion process *n*
Esp: proceso de combustión guiado por aire *m*

procédé d'injection assisté par carburant ***m***
All: kraftstoffgeführtes Brennverfahren *n*
Ang: fuel guided combustion process *n*
Esp: proceso de combustión guidado por combustible *m*

procédé d'injection assisté par jet d'air ***m***
All: strahlgeführtes Brennverfahren (Kraftstoffeinspritzung) *n*
Ang: spray guided combustion process (fuel injection) *n*
Esp: proceso de combustión guiado por chorro (inyección de combustible) *m*

procédé d'injection assisté par paroi ***m***
All: wandgeführtes Brennverfahren *n*
Ang: wall directed combustion process *n*
Esp: proceso de combustión dirigido por pared *m*

procédé d'injection assisté par swirl ***m***
All: Swirl-Brennverfahren (Verbrennungsmotor) *n*
Ang: swirl combustion process (IC engine) *n*
Esp: proceso de combustión Swirl (motor de combustión) *m*

procédé d'injection assisté par tumble ***m***
All: Tumble-Brennverfahren (Verbrennungsmotor) *n*
Ang: tumble pattern based combustion process (IC engine) *n*
Esp: proceso de combustión con flujo de cambios bruscos (motor de combustión) *m*

procédé d'injection directe ***m***
All: Direkteinspritzverfahren *n*
Ang: direct injection (DI) process *n*
Esp: método de inyección directa *m*

procédure de diagnostic ***f***
All: Diagnoseablauf *m*
Ang: diagnostic procedure *n*
Esp: procedimiento de diagnóstico *m*

procédure de diagnostic ***f***
All: Diagnoseverfahren *n*
Ang: diagnostic procedure *n*
Esp: procedimiento de diagnóstico *m*

procédure de purge ***f***
All: Entlüftungsvorgang *m*
Ang: bleeding process *n*
Esp: proceso de purga de aire *m*

processus d'allumage ***m***
All: Zündvorgang *m*
Ang: ignition process *n*
Esp: proceso de encendido *m*

processus de combustion ***m***
All: Verbrennungsablauf *m*
Ang: combustion characteristics *npl*
Esp: desarrollo de la combustión *m*

processus de combustion ***m***
All: Verbrennungsvorgang *m*
Ang: combustion process *n*
Esp: proceso de combustión *m*

processus de démarrage ***m***
All: Anlassvorgang *m*
Ang: starting *n*
(cranking) *n*
Esp: proceso de arranque *m*

production d'énergie ***f***
All: Energieerzeugung *f*
Ang: power generation *n*
Esp: generación de energía *f*

produit d'échange standard ***m***
All: Austausch-Erzeugnis *n*
Ang: exchange product *n*
Esp: producto de intercambio *m*

produit d'étanchéité ***m***
All: Dichtmittel *n*
Ang: sealant *n*
Esp: impermeabilizante *m*

profil de came ***m***
All: Nockenablauf *m*
Ang: cam profile *n*
Esp: perfil de leva *m*

profil de courbe ***m***
All: Kurvenprofil *n*
Ang: curve profile *n*
Esp: perfil de curva *m*

profil de rugosité ***m***
All: Rauheitsprofil *n*
Ang: roughness profile *n*
(R profile) *n*
Esp: perfil de rugosidad *m*

profil des longerons ***m***
All: Längsträgerprofil *n*
Ang: side-member profile *n*
Esp: perfil de larguero *m*

profilé-traverse ***m***
All: Querträgerprofil *n*
Ang: cross member section *n*
Esp: perfil de refuerzo transversal *m*

profondeur de creux ***f***
All: Riefentiefe *f*
Ang: score depth *n*
Esp: profundidad de neumático *f*

profondeur de rugosité ***f***
All: Rauhtiefe *f*
Ang: surface roughness depth *n*
Esp: profundidad de rugosidad *f*

profondeur de sculpture ***f***
All: Profilhöhe (Reifen) *f*
(Profil) *n*
Ang: tread depth (tire) *n*
Esp: profundidad del perfil (neumáticos) *f*

programmation de destination ***f***
All: Zielauswahl *f*
(Navigationssystem) *n*
Ang: destination selection (vehicle navigation system) *n*
Esp: selección de destino *f*

programme de sélection ***m***
All: Schaltprogramm (Getriebesteuerung) *n*
Ang: shifting program (transmission control) *n*
Esp: programa de cambio de marchas (control de cambio) *m*

programme d'essai (émissions) ***m***
All: Prüfprogramm (Abgasprüfung) *n*
Ang: test program (exhaust-gas test) *n*
(inspection and test program) *n*
Esp: programa de comprobación (comprobación de gases de escape) *m*

programmé par l'utilisateur ***pp***
All: anwenderprogrammiert *adj*
Ang: programmed by user *pp*
Esp: programado por el usuario *adj*

projecteur ***m***
All: Scheinwerfer *m*
Ang: headlamp *n*

Esp: faro *m*

projecteur additionnel ***m***
All: Zusatzscheinwerfer *m*
Ang: auxiliary headlamp *n*
Esp: faro adicional *m*

projecteur antibrouillard ***m***
All: Nebelscheinwerfer *m*
Ang: fog lamp *n*
Esp: faro antiniebla *m*

projecteur complémentaire ***m***
All: Zusatzscheinwerfer *m*
Ang: auxiliary lamp *n*
Esp: faro adicional *m*

projecteur d'ambiance ***m***
All: Flutlichtstrahler *m*
Ang: floodlight *n*
Esp: proyector de luz difusa *m*

projecteur de croisement ***m***
All: Abblendscheinwerfer *m*
Ang: low beam headlamp *n*
Esp: faro de luz de cruce *m*

projecteur de recherche ***m***
All: Suchscheinwerfer *m*
Ang: spot lamp *n*
Esp: faro de enfoque *m*

projecteur de travail ***m***
All: Arbeitsscheinwerfer *m*
Ang: floodlamp *n*
Esp: faro de trabajo *m*

projecteur encastrable ***m***
All: Einbauscheinwerfer *m*
Ang: flush fitting headlamp *n*
Esp: faro incorporado *m*

projecteur escamotable ***m***
All: Klappscheinwerfer *m*
Ang: concealed headlamp *n*
(retractable headlight) *n*
Esp: faro abatible *m*

projecteur extérieur ***m***
All: Anbauscheinwerfer *m*
Ang: external fitting headlamp *n*
Esp: faro adosado *m*

projecteur longue portée ***m***
All: Weitstrahlscheinwerfer *m*
Ang: long range driving lamp *n*
Esp: faro de largo alcance *m*

projecteur polyellipsoïde ***a***
All: Poly-Ellipsoid-Scheinwerfer, PES *a*
Ang: PES headlamp *n*
Esp: faro polielipsoide *m*

projecteur portable ***m***
All: Handscheinwerfer *m*
Ang: hand portable searchlight *n*
Esp: lámpara portátil *f*

projecteur route ***m***
All: Fernscheinwerfer *m*
Ang: driving lamp *n*
Esp: faro de luz de carretera *m*

projecteur route supplémentaire ***m***
All: Zusatz-Fernlichtscheinwerfer *m*
Ang: auxiliary driving lamp *n*
Esp: faro adicional de carretera *m*

projection au plasma ***f***
All: Plasmaspritzen *n*
Ang: plasma spraying *n*
Esp: proyección por plasma *f*

propagation de la flamme ***f***
All: Flammenausbreitung *f*
Ang: flame spread *n*
Esp: propagación de llama *f*

propagation du défaut ***f***
All: Fehlerfortpflanzung *f*
Ang: error propagation *n*
Esp: propagación de averías *f*

propriété de friction (garniture de frein) ***f***
All: Reibeigenschaft (Bremsbelag) *f*
Ang: friction properties (brake lining) *n*
Esp: propiedades de fricción (forro de freno) *fpl*

propulsion (véhicule) ***f***
All: Vortrieb (Kfz) *m*
Ang: accelerative force (motor vehicle) *n*
Esp: propulsión (automóvil) *f*

propulsion arrière ***f***
All: Hinterradantrieb *m*
Ang: rear wheel drive *n*
Esp: tracción a las ruedas traseras *f*

protection anticliquetis ***f***
All: Klopfschutz *m*
Ang: knock protection *n*
Esp: protección antidetonaciones *f*

protection anticliquetis par homogénéisation du mélange ***f***
All: Homogen-Klopfschutz *m*
Ang: homogeneous knock protection *n*
Esp: protección homogénea de picado *f*

protection anticognement ***f***
All: Klingelschutz (Verbrennungsmotor) *m*
Ang: knock prevention (IC engine) *n*
Esp: protección de picado (motor de combustión) *f*

protection anticorrosion ***f***
All: Korrosionsschutz *m*
Ang: corrosion protection *n*
Esp: protección contra la corrosión *f*

protection antipincement ***f***
All: Einklemmschutz *m*
Ang: finger protection *n*
Esp: protección antiaprisionamiento *f*

protection contre le feu ***f***
All: Brandschutz *m*
Ang: fire protection *n*
Esp: protección contra incendios *f*

protection contre le remorquage (alarme auto) ***f***
All: Abschleppschutz (Autoalarm) *m*
Ang: tow away protection (car alarm) *n*
Esp: protección contra el remolcado (alarma de vehículo) *f*

protection contre le renversement ***f***
All: Überrollschutz *m*
(Überschlagschutz) *m*
(Überschlagschutzsystem) *n*
Ang: rollover protection *n*
Esp: protección antivuelco *f*

protection contre le vieillissement (essence) ***f***
All: Alterungsschutz (Kraftstoff) *m*
Ang: anti aging additive (fuel) *n*
Esp: aditivo antienvejecimiento (combustible) *m*

protection contre le vol des roues (alarme auto) ***f***
All: Radschutz (Autoalarm) *m*
Ang: wheel theft protection (car alarm) *n*
Esp: protección antirrobo de ruedas (alarma de vehículo) *f*

protection contre le vol des roues et le remorquage (alarme auto) ***f***
All: Rad- und Abschleppschutz (Autoalarm) *m*
Ang: wheel theft and tow away protection (car alarm) *n*
Esp: protección de rueda y antiremolcado (alarma de vehículo) *f*

protection contre les incidences (surtension) ***f***
All: Folgeschadenschutz (Überspannung) *m*
Ang: consequential-damage protection (overvoltage) *n*
Esp: protección contra daños derivados (sobretensión) *f*

protection contre les projections d'eau ***f***
All: Spritzwasserschutz *m*
Ang: splash guard *n*
Esp: protección contra salpicadura de agua *f*

protection contre les radiations ***f***
All: Strahlungsschutz *m*
Ang: radiation shield *n*
Esp: protección contra radiaciones *f*

protection contre les surchauffes ***f***
All: Überhitzungsschutz *m*
Ang: overheating prevention *n*
Esp: protección contra sobrecalentamiento *f*

Français

protection contre les surtensions *f*
All: Überspannungsschutz *m*
Ang: overvoltage protection *n*
Esp: protección contra sobretensiones *f*

protection contre les surtensions *f*
All: Überspannungsschutz *m*
Ang: voltage stabilization relay *n*
Esp: protección contra sobretensiones *f*

protection contre l'inversion de polarité (charge de batterie) *f*
All: Verpolungsschutz (Batterieladung) *m*
(Polschutz) *m*
Ang: reverse polarity protection (battery charge) *n*
Esp: protección contra inversión de polaridad (carga de batería) *f*

protection contre l'usure *f*
All: Verschleißschutz *m*
Ang: wear protection *n*
Esp: protección antidesgaste *f*

protection contre manipulation *f*
All: Manipulationsschutz *m*
Ang: protection against manipulation *n*
Esp: protección contra manipulación *f*

protection de l'environnement *f*
All: Umweltschutz *m*
Ang: protection of the environment *n*
(environmental protection) *n*
Esp: protección del medio ambiente *f*

protection de l'habitacle par ultrasons (alarme auto) *f*
All: Ultraschall-Innenraumschutz (Autoalarm) *m*
Ang: ultrasonic passenger compartment protection (car alarm) *n*
Esp: protección ultrasónica del habitáculo (alarma de vehículo) *f*

protection de surrégime *f*
All: Überdrehzahlschutz *m*
Ang: overspeed protection *n*
Esp: protección contra régimen de giro excesivo *f*

protection des circuits d'alimentation (système de freinage) *f*
All: Kreisabsicherung (Bremssystem) *f*
Ang: circuit safeguard (braking system) *n*
Esp: protección del circuito (sistema de frenos) *f*

protection du catalyseur *f*
All: Katalysatorschutz *m*
Ang: catalytic converter protection *n*
Esp: protección de catalizador *f*

protection du coffre (alarme auto) *f*
All: Kofferraumsicherung (Autoalarm) *f*
Ang: trunk protection (car alarm) *n*
Esp: protección del maletero (alarma de vehículo) *f*

protégé contre la poussière *pp*
All: staubgeschützt *adj*
Ang: dust protected *pp*
Esp: protegido contra polvo *pp*

protège-genoux *m*
All: Kniepolster *n*
Ang: knee pad *n*
Esp: acolchado de rodillas *m*

protège-genoux *m*
All: Knieschutz *m*
Ang: knee protection *n*
Esp: protección de rodillas *f*

protocole de recette *m*
All: Abnahmeprüfprotokoll *n*
Ang: inspection report *n*
Esp: informe de recepción *m*

puce capteur *f*
All: Sensorchip *m*
Ang: sensor chip *n*
Esp: chip del sensor *m*

puissance absorbée *f*
All: Leistungsaufnahme *f*
Ang: power input *n*
Esp: potencia absorbida *f*

puissance active *f*
All: Wirkleistung *f*
Ang: active power *n*
Esp: potencia activa *f*

puissance de démarrage *f*
All: Startleistung *f*
Ang: starting power *n*
Esp: potencia de arranque *f*

puissance de l'alternateur *f*
All: Generatorleistung *f*
Ang: alternator output power *n*
Esp: potencia del alternador *f*

puissance de traction *f*
All: Zugleistung *f*
Ang: drawbar power *n*
Esp: potencia de tracción *f*

puissance débitée (machines électriques) *f*
All: Leistungsabgabe (elektrische Maschinen) *f*
(abgegebene Leistung) *f*
Ang: power output (electrical machines) *n*
Esp: potencia suministrada (máquinas eléctricas) *f*

puissance d'entraînement *f*
All: Antriebsleistung *m*
Ang: drive power *n*
Esp: potencia de accionamiento *f*

puissance des récepteurs *f*
All: Verbraucherleistung *f*
(Leistungsbedarf) *m*
Ang: electrical load requirements *n*
Esp: potencia de consumidor *f*

puissance du moteur *f*
All: Motorleistung *f*
Ang: engine performance *n*
Esp: potencia del motor *f*

puissance effective *f*
All: Nutzleistung *f*
Ang: effective power *n*
Esp: potencia efectiva *f*

puissance en côte *f*
All: Steigungsleistung *f*
(Bergsteigefähigkeit) *f*
Ang: climbing power *n*
(hill-climbing capacity) *n*
Esp: potencia en ascenso *f*

puissance instantanée de freinage *f*
All: Bremsleistung *f*
Ang: instantaneous braking power *n*
Esp: potencia de frenado *f*

puissance momentanée *f*
All: Kurzzeitleistung *f*
Ang: short term power *n*
Esp: potencia instantánea *f*

puissance nominale *f*
All: Nennleistung *f*
Ang: rated output *n*
Esp: potencia nominal *f*

puissance par cylindre *f*
All: Zylinderleistung (Verbrennungsmotor) *f*
Ang: output per cylinder (IC engine) *n*
Esp: potencia por cilindro (motor de combustión) *f*

puissance parasite *f*
All: Funkstörleistung *f*
Ang: radio interference power *n*
(disturbance power) *n*
Esp: potencia de interferencia de radio *f*

puissance réactive *f*
All: Blindleistung *f*
Ang: reactive power *n*
(wattless power) *n*
Esp: potencia reactiva *f*

puissance spécifique *f*
All: Hubraumleistung (Verbrennungsmotor) *f*
Ang: power output per liter (IC engine) *n*
Esp: potencia por litro de cilindrada (motor de combustión) *f*

puissance totale *f*
All: Gesamtleistung *f*
Ang: overall performance *n*

Esp: potencia total *f*

puissance volumique ***f***
All: Stellleistungsdichte *f*
(Leistungsdichte) *f*
Ang: control force density *n*
(power density) *n*
Esp: densidad de potencia de ajuste *f*

puissance volumique en service continu ***f***
All: Dauerleistungsdichte *f*
Ang: force density level *n*
Esp: densidad de potencia continua *f*

pulsation ***f***
All: Kreisfrequenz *f*
Ang: angular frequency *n*
Esp: frecuencia angular *f*

pulsation de pression ***f***
All: Druckschwingung *f*
Ang: pressure pulsation *n*
Esp: onda de presión *f*

pulsation résiduelle ***f***
All: Restpulsation *f*
Ang: residual pulsation *n*
Esp: pulsación residual *f*

pulsations dans le collecteur d'admission ***fpl***
All: Saugrohrpulsation *f*
Ang: intake manifold pulsation *n*
Esp: pulsación del tubo de admisión *f*

pulseur ***m***
All: Verdampfergebläse *f*
Ang: evaporator fan *n*
Esp: soplador de evaporador *m*

pulvérisation du carburant ***f***
All: Kraftstoffzerstäubung *f*
Ang: fuel atomization *n*
Esp: atomización de combustible *f*

purge ***f***
All: Entlüftung *f*
Ang: vent *n*
Esp: evacuación de aire *f*

purge du système de freinage ***f***
All: Bremsanlage entlüften *f/v*
Ang: bleed brake system *n*
Esp: purgar sistema de frenos *v*

purger ***f***
All: entlüften *v*
Ang: bleed *v*
Esp: purgar aire *v*

purgeur ***m***
All: Entwässerung *f*
Ang: water drainage *n*
Esp: drenaje de agua *m*

purgeur d'air ***m***
All: Luftabscheider *m*
Ang: air eliminator *n*
(air separator) *n*
Esp: separador de aire *m*

purgeur d'eau ***m***
All: Entwässerungsventil *n*
(Wasserablassventil) *n*
Ang: drain valve *n*
Esp: válvula de drenaje *f*

purgeur d'eau ***m***
All: Entwässerungsventil *n*
Ang: dewatering valve *n*
Esp: válvula de drenaje *f*

purgeur rapide (frein) ***m***
All: Schnellentlüftungsventil (Bremse) *n*
Ang: rapid bleeder valve (brakes) *n*
Spa: válvula de desaireación rápida (freno) *f*

Q

qualité de séparation (filtre) ***f***
All: Abscheidegüte (Filter) *f*
Ang: filtration efficiency (filter) *n*
Esp: eficiencia de filtración (filtro) *f*

qualité d'exécution ***f***
All: Ausführungsqualität *f*
Ang: quality of manufacture *n*
Esp: calidad de ejecución *f*

qualité d'huile ***f***
All: Ölqualität *f*
Ang: oil grade *n*
Esp: calidad del aceite *f*

qualité d'imprégnation ***f***
All: Imprägnierqualität *f*
Ang: impregnation quality *n*
Esp: calidad de impregnación *f*

quantité de saturation (humidité de l'air) ***f***
All: Sättigungsmenge (Luftfeuchtigkeit) *f*
Ang: saturation point (water content) *n*
Esp: cantidad de saturación (humedad del aire) *f*

quantité homogène ***f***
All: Homogenmenge *f*
Ang: homogeneous amount *n*
Esp: caudal homogéneo *m*

queue de l'étincelle ***f***
All: Funkenschwanz *m*
Ang: spark tail *n*
Esp: cola de la chispa *f*

queue de pignon ***f***
All: Ritzelwelle *f*
(Ritzelschaft) *m*
Ang: pinion shaft *n*
Esp: eje del piñón *m*

queue de soupape ***f***
All: Ventilschaft *m*
Ang: valve stem *n*
Spa: vástago de válvula *m*

R

raccord ***m***
All: Anschlussstück *n*
Ang: connecting piece *n*
Esp: pieza de conexión *f*

raccord ***m***
All: Anschlussstutzen *m*
Ang: fitting *n*
Esp: tubuladura de empalme *f*

raccord à la pression atmosphérique ***m***
All: Atmosphärendruckanschluss *m*
Ang: atmospheric-pressure connection *n*
Esp: conexión de presión atmosférica *f*

raccord à vis ***m***
All: Verschraubung *f*
Ang: screwed connection *n*
(threaded joint) *n*
Esp: unión roscada *f*

raccord d'accouplement ***m***
All: Kupplungsanschluss *m*
Ang: coupling port *n*
Esp: conexión de acoplamiento *f*

raccord d'air frais ***m***
All: Frischluftanschluss *m*
Ang: fresh air inlet *n*
Esp: conexión de aire fresco *f*

raccord d'arrivée ***m***
All: Zulauf-Anschluss *m*
Ang: supply connection *n*
Esp: empalme de alimentación *m*

raccord d'aspiration ***m***
All: Absaugstutzen *m*
Ang: extraction connection *n*
Esp: tubuladura de aspiración *f*

raccord d'aspiration ***m***
All: Sauganschluss *m*
Ang: suction connection *n*
Esp: empalme de aspiración *m*

raccord de câbles ***m***
All: Leitungsverbinder *m*
Ang: cable tie *n*
Esp: conector de cables *m*

raccord de carburant ***m***
All: Kraftstoffanschluss *m*
Ang: fuel supply connection *n*
Esp: toma de combustible *f*

raccord de commande ***m***
All: Steueranschluss *m*
Ang: control connection *n*
Esp: conexión de control *f*

raccord de fuite ***m***
All: Leck-Anschluss *m*
Ang: leakage connection *n*
Esp: conexión con fuga *f*

raccord de gonflage des pneumatiques ***m***
All: Reifenfüllanschluss *m*
Ang: tire inflation fitting *n*
Esp: empalme de inflado de neumáticos *m*

raccord de pression ***m***
All: Druckanschluss *m*

Français

Ang: pressure terminal *n*
Esp: conexión de presión *f*

raccord de refoulement (pompe d'injection) *m*
All: Druckanschluss (Einspritzpumpe) *m*
Ang: pressure connection (fuel-injection pump) *n*
Esp: conexión de presión (bomba de inyección) *f*

raccord de retour *m*
All: Rücklaufanschluss *m*
Ang: return connection *n*
Esp: conexión de retorno *f*

raccord de vidange *m*
All: Ablassstutzen (Druckregler) *m*
Ang: drain connection (pressure regulator) *n*
Esp: tubuladura de evacuación (regulador de presión) *f*

raccord d'eau *m*
All: Wasseranschluss *m*
Ang: water connection *n*
Esp: conexión de agua *f*

raccord d'eau de refroidissement *m*
All: Kühlwasseranschluss *m*
Ang: water port *n*
Esp: toma de líquido refrigerante *f*

raccord d'essai (frein à air comprimé) *m*
All: Prüfanschluss (Druckluftbremse) *m*
Ang: pressure test connection (compressed-air brake) *n*
Esp: conexión de comprobación (freno de aire comprimido) *f*

raccord d'essai *m*
All: Prüfanschluss *m*
Ang: test connection *n*
Esp: conexión de comprobación *f*

raccord d'huile de fuite *m*
All: Leckölanschluss *m*
Ang: leakage fuel connection *n*
Esp: conexión de aceite de fuga *f*

raccord fileté *m*
All: Anschlussnippel *m*
Ang: connection fitting *n*
Esp: niple de conexión *m*

raccord vissé *m*
All: Rohrverschraubung *f*
Ang: pipe fitting *n*
Esp: racor de tubo *m*

raclette de lunette arrière *f*
All: Heck-Wischblatt *n*
Ang: rear window wiper blade *n*
Esp: raqueta trasera *f*

raclette de pare-brise *f*
All: Front-Wischblatt *n*
Ang: front wiper blade *n*
Esp: escobilla del limpiaparabrisas *f*

racleur d'huile *m*
All: Ölabstreifring (Verbrennungsmotor) *m*
Ang: oil control ring (IC engine) *n*
(oil scraper ring) *n*
Esp: aro rascador de aceite (motor de combustión) *m*

radar routier *m*
All: Verkehrsradar *m*
Ang: traffic radar *n*
Esp: radar de tráfico *m*

radiateur *m*
All: Heizkörper *m*
Ang: heater core *n*
Esp: calefactor *m*

radiateur *m*
All: Kühler *m*
Ang: radiator *n*
Esp: radiador *m*

radiateur d'eau *m*
All: Kühlmittelkühler *m*
Ang: coolant radiator *n*
Esp: radiador de líquido refrigerante *m*

radio numérique, DAB *f*
All: Digital Audio Broadcasting, DAB *f*
Ang: digital audio broadcasting, DAB *n*
Esp: Digital Audio Broadcasting, DAB *m*

raideur de ressort *f*
All: Federrate *f*
(Federsteifigkeit) *f*
Ang: spring rate *n*
(spring stiffness) *n*
Esp: relación de elasticidad *f*
(característica de la suspensión) *f*

raideur torsionnelle *f*
All: Verwindungssteifigkeit *f*
(Drehsteife) *f*
Ang: torsional rigidity *n*
Esp: rigidez a la torsión *f*

raidisseur *f*
All: Versteifung *f*
Ang: reinforcement plate *n*
Esp: refuerzo *m*

raidisseur nervuré *m*
All: Verstärkungsrippe *f*
(Versteifungsrippe) *f*
Ang: strengthening rib *n*
Esp: nervadura de refuerzo *f*

rail de fixation *m*
All: Aufspannschiene *f*
Ang: mounting rail *n*
Esp: riel de sujeción *m*

rail de raccordement *m*
All: Anschlussschiene *f*
Ang: connecting rail *n*
Esp: riel de conexión *m*

rail de recouvrement *m*
All: Abdeckschiene *f*
Ang: cover rail *n*
Esp: riel de cubierta *m*

rainure *f*
All: Einstichkante *f*
Ang: recessed edge *n*
Esp: borde acanalado *m*

rainure *f*
All: Rille *f*
Ang: groove *n*
Esp: surco *m*

rainure annulaire *f*
All: Ringnut *f*
Ang: ring groove *n*
Esp: ranura anular *f*

rainure annulaire de piston *f*
All: Kolbenringnut *f*
Ang: piston ring groove *n*
Esp: ranura de aro de pistón *f*

rainure annulaire de piston *f*
All: Kolbenringnut *f*
Ang: ring shaped plunger groove *n*
Esp: ranura de aro de pistón *f*

rainure axiale *f*
All: Axialnut *f*
Ang: axial groove *n*
Esp: ranura axial *f*

rainure de distribution *f*
All: Steuernut *f*
(Verteilernut) *f*
Ang: control groove *n*
(distributor slot) *n*
Esp: ranura de mando *f*

rainure de guidage *f*
All: Führungsschlitz *m*
Ang: guide slot *n*
Esp: ranura guía *f*

rainure de retour *f*
All: Rücklaufnut *f*
Ang: return groove *n*
Esp: ranura de retorno *f*

ralenti *m*
All: Leerlauf *m*
Ang: idle *n*
Esp: ralentí *m*

ralenti accéléré *m*
All: Leerlaufanhebung *f*
Ang: idle speed increase *n*
Esp: elevación de régimen de ralentí *f*

ralenti accéléré *m*
All: Leerlaufdrehzahlanhebung *f*
Ang: idle speed increase *n*
Esp: elevación de régimen de ralentí *f*

ralentisseur *m*
All: Dauerbremse *f*
(Verlangsamer) *m*
(Retarder) *m*
Ang: retarder *n*
Esp: freno continuo *m*

ralentisseur électromagnétique *m*

Français

All: elektrodynamischer Verlangsamer *m*
(*Wirbelstrombremse*) *f*
Ang: electrodynamic retarder *n*
Esp: retardador electrodinámico (freno de corriente parásita) *m*

ralentisseur hydrodynamique ***m***
All: hydrodynamischer Verlangsamer *m*
Ang: hydrodynamic retarder *n*
Esp: retardador hidrodinámico *m*

ralentisseur primaire ***m***
All: Primärretarder *m*
Ang: primary retarder *n*
Esp: retardador primario *m*

ralentisseur secondaire ***m***
All: Sekundärretarder *m*
Ang: secondary retarder *n*
Esp: retardador secundario *m*

ralentisseur sur échappement ***m***
All: Motorbremse *f*
(*Auspuffverlangsamer*) *f*
(*Motorbremsanlage*) *m*
Ang: exhaust brake *n*
(*engine brake*) *n*
Esp: freno de motor *m*

ralentisseur surmultiplié ***m***
All: Hochtriebretarder *m*
Ang: boost retarder *n*
Esp: retardador multiplicador *m*

rampe de distribution ***f***
All: Absteuerkante (Dieseleinspritzung) *f*
Ang: spill edge (diesel fuel injection) *n*
Esp: borde de regulación (inyección diesel) *m*

rampe de travail ***f***
All: Rollengleitkurve *f*
Ang: roller race *n*
Esp: curva de deslizamiento de rodillos *f*

rampe de vitesse ***f***
All: Geschwindigkeitsrampe *f*
Ang: vehicle speed ramp *n*
Esp: rampa de velocidad *f*

rampe d'injection (injection multipoint) ***f***
All: Verteilerrohr (Einzeleinspritzung) *n*
(*Kraftstoffverteilerstück*) *n*
Ang: fuel distribution pipe (multipoint fuel injection) *n*
Esp: tubo distribuidor (inyección individual) *m*

rampe distributrice de carburant ***f***
All: Kraftstoffverteiler *m*
(*Verteilerleiste*) *f*
(*Kraftstoffzuteiler*) *m*
Ang: fuel rail *n*
Esp: distribuidor de combustible *m*

rampe distributrice haute pression « Common Rail » ***f***
All: Common Rail Hochdruckverteilerleiste *f*
Ang: common rail high-pressure fuel rail *n*
Esp: distribuidor de alta presión Common Rail *m*

rampe hélicoïdale (élément de pompage) ***f***
All: Steuerkante (Pumpenelement) *f*
(*Schrägkante*) *f*
Ang: helix (plunger-and-barrel assembly) *n*
(*timing edge*) *n*
Esp: borde de distribución (elemento de bomba) *m*

rapport ***m***
All: Gang (Kfz-Getriebe) *m*
Ang: gear *n*
Esp: marcha (cambio del vehículo) *f*

rapport air/carburant ***m***
All: Kraftstoff-Luft-Verhältnis *n*
Ang: air/fuel ratio *n*
(*A/F ratio*) *n*
Esp: relación combustible/aire *f*

rapport air/carburant ***m***
All: Luft-Kraftstoff-Verhältnis *n*
Ang: air fuel ratio *n*
(*A/F ratio*) *n*
Esp: relación aire-combustible *f*

rapport air/carburant ***m***
All: Luft-Kraftstoff-Verhältnis *n*
Ang: air/fuel ratio *n*
Esp: relación aire-combustible *f*

rapport cyclique ***m***
All: Taktverhältnis *n*
Ang: cycle ratio *n*
Esp: relación de ciclo *f*

rapport cyclique d'impulsions ***m***
All: Tastverhältnis *n*
Ang: on/off ratio *n*
(*pulse duty factor*) *n*
Esp: relación de impulsos *f*

rapport d'allongement ***m***
All: Dehnung *f*
Ang: expansion *n*
Esp: expansión *f*

rapport d'amplitudes ***m***
All: Amplitudenverhältnis *n*
Ang: amplitude ratio *n*
Esp: relación de amplitudes *m*

rapport de démultiplication (nombre de spires) ***m***
All: Übersetzungsverhältnis *n*
Ang: gear ratio *n*
(*transmission ratio*) *n*
Esp: relación de desmultiplicación *f*

rapport de démultiplication de pont ***m***
All: Achsübersetzung *f*
Ang: axle ratio *n*
Esp: desmultiplicación del eje *f*

rapport de fréquences ***m***
All: Frequenzverhältnis *n*
Ang: frequency response ratio *n*
Esp: transmitancia isócrona *f*

rapport de marche ***m***
All: Getriebefahrstufe *f*
Ang: gearbox stage *n*
Esp: nivel de marcha del cambio *m*

rapport de mélange ***m***
All: Mischungsverhältnis *n*
Ang: mixture ratio *n*
Esp: relación de mezcla *f*

rapport de recouvrement ***m***
All: Sprungüberdeckung *f*
Ang: overlap ratio *n*
Esp: relación de superposición *f*

rapport de régulation (valve de frein) ***m***
All: Regelverhältnis (Bremsventil) *n*
Ang: control ratio (brake valve) *n*
Esp: relación de regulación (válvula de freno) *f*

rapport de roulage ***m***
All: Fahrstufe *f*
Ang: gear selection *n*
Esp: nivel de marcha *m*

rapport de transformation ***m***
All: Übersetzungsverhältnis (Windungszahl) *n*
(*Windungsverhältnis*) *n*
Ang: turns ratio (number of coils) *n*
Esp: relación de espiras (número de espiras) *f*

rapport de transmission ***m***
All: Übersetzung *f*
Ang: conversion ratio *n*
Esp: desmultiplicación *f*

rapport de transmission de la boîte de vitesses ***m***
All: Getriebeübersetzung *f*
Ang: transmission ratio *n*
(*gearbox step-up ratio*) *n*
Esp: desmultiplicación de cambio *f*
(*relación de transmisión del cambio*) *f*

rapport total de conduite ***m***
All: Gesamtüberdeckung *f*
Ang: total contact ratio *n*
Esp: relación total de contacto *f*

ratés ***mpl***
All: Aussetzer (Verbrennungsmotor) *m*
Ang: misfiring (IC engine) *n*
Esp: fallo de combustión (motor de combustión) *m*

ratés à l'allumage ***mpl***
All: Fehlzündung *f*
Ang: misfiring *n*

Français

Esp: fallo de encendido *m*

ratés d'allumage ***mpl***
All: Zündaussetzer *m*
(Fehlzündung) *f*
Ang: misfiring *n*
Esp: fallo de encendido *m*

ratés de combustion ***mpl***
All: Verbrennungsaussetzer *m*
Ang: engine misfire *n*
Esp: fallos de combustión *mpl*

ratés d'inflammation ***mpl***
All: Entflammungsaussetzer *m*
Ang: ignition miss *n*
Esp: fallo de ignición *m*

ratés du moteur ***mpl***
All: Motoraussetzer *m*
Ang: engine misfire *n*
Esp: fallos de motor *mpl*

rattrapage (de jeu) ***m***
All: Nachstellung *f*
Ang: adjustment *n*
Esp: reajuste *m*

rattrapage de jeu (frein) ***m***
All: Bremsennachstellung *f*
Ang: brake adjustment *n*
Esp: ajuste de frenos *m*

rayon de courbure (virage) ***m***
All: Kurvenradius (Fahrbahn) *m*
(Krümmungsradius) *m*
Ang: radius of bend (road) *n*
(radius of curvature) *n*
Esp: radio de curva (calzada) *m*

rayon de pointe de palpeur ***m***
All: Tastspitzenradius *m*
Ang: stylus tip radius *n*
Esp: radio de la punta del palpador *m*

rayon du cercle de braquage ***m***
All: Spurkreisradius *m*
Ang: turning radius *n*
Esp: radio de viraje *m*

rayonnement (CEM) ***m***
All: Abstrahlung (EMV) *f*
Ang: radiation (EMC) *n*
Esp: radiación (compatibilidad electromagnética) *f*

rayonnement cosmique ***m***
All: Höhenstrahlung *f*
Ang: cosmic radiation *n*
Esp: radiación cósmica *f*

rayonnement de signaux perturbateurs (CEM) ***m***
All: Störabstrahlung (EMV) *f*
(Störstrahlung) *f*
Ang: interference radiation (EMC) *n*
Esp: radiación de interferencias (compatibilidad electromagnética) *f*

rayonnement incident (CEM) ***m***
All: Einstrahlung (EMV) *f*
Ang: incident radiation (EMC) *n*
Esp: radiación incidente (compatibilidad electromagnética) *f*

rayonnement thermique ***m***
All: Wärmestrahlung *f*
Ang: heat radiation *n*
Esp: radiación de calor *f*

réactance ***f***
All: Blindwiderstand *m*
Ang: reactance *n*
Esp: reactancia *f*

réactance ***f***
All: Reaktanz *f*
Ang: reactance *n*
Esp: reactancia *f*

réacteur ***m***
All: Leitrad *n*
Ang: stator *n*
Esp: reactor *m*

réaction (régulation) ***f***
All: Rückkoppelung (Regelung) *f*
Ang: feedback (control) *n*
Esp: retroalimentación (regulación) *f*

réaction aux accidents ***f***
All: Crashverhalten *n*
Ang: crash behavior *n*
Esp: comportamiento de colisión *m*

réaction aux alternances de charge ***f***
All: Lastwechselreaktion *f*
Ang: load change reaction *n*
Esp: reacción de cambio de carga *f*

réaction de contre-pression ***f***
All: Gegendruck *m*
Ang: back pressure reaction *n*
Esp: contrapresión *f*

réaction d'induit ***f***
All: Ankerrückwirkung *f*
Ang: armature reaction *n*
Esp: reacción del inducido *f*

réaction transitoire ***f***
All: Übergangsverhalten *n*
Ang: transition response *n*
(transient response) *n*
Esp: comportamiento de transición *m*

rebondissement des contacts ***m***
All: Kontaktprellung *f*
Ang: contact chatter *n*
Esp: rebote de contacto *m*

rebord de fixation (cylindre moteur) ***m***
All: Bodenleiste (Batterie) *f*
Ang: bottom rail (battery) *n*
Esp: reborde de fijación (batería) *m*

rebord de jante ***m***
All: Felgenhorn (Fahrzeugrad) *n*
Ang: rim flange (vehicle wheel) *n*
Esp: pestaña de llanta (rueda de vehículo) *f*

récepteur à fonctionnement de courte durée ***m***
All: Kurzzeitverbraucher *m*
Ang: short term load *n*
Esp: consumidor de corta duración *m*

récepteur d'air comprimé ***m***
All: Druckluftverbraucher *m*
Ang: compressed air load *n*
Esp: consumidor de aire comprimido *m*

récepteur longue durée ***m***
All: Langzeitverbraucher *m*
Ang: long-time load *n*
Esp: consumidor de larga duración *m*

récepteur permanent ***m***
All: Dauerverbraucher *m*
Ang: continuous load *n*
(permanent load) *n*
Esp: consumidor permanente *m*
(carga permanente) *f*

récepteurs auxiliaires (dispositif de freinage à air comprimé) ***mpl***
All: Nebenverbraucher (Druckluftanlage) *mpl*
Ang: secondary loads (compressed-air system) *npl*
Esp: consumidor secundario (sistema de aire comprimido) *m*

rechargement par soudure ***m***
All: Auftragschweißen *n*
Ang: resurface welding *n*
Esp: soldadura de recargue *f*

réchauffage du filtre ***m***
All: Filterheizung *f*
Ang: filter heating *n*
Esp: calefacción de filtro *f*

recherche des pannes ***f***
All: Fehlersuche *f*
Ang: trouble shooting *n*
(debugging) *n*
Esp: búsqueda de averías *f*

récipient de récupération ***m***
All: Auffangbehälter *m*
Ang: collection container *n*
Esp: recipiente colector *m*

rectitude ***f***
All: Geradheit *f*
Ang: straightness *n*
Esp: rectitud *f*

recuit ***pp***
All: geglüht *pp*
Ang: annealed *adj*
Esp: recocido *adj*

recuit ***m***
All: Glühen *n*
Ang: annealing *n*
Esp: recocido *m*

recuit d'adoucissement ***m***
All: Weichglühen *n*

Français

Ang: soft annealing *n*
Esp: recocido de ablandamiento *m*

recuit de diffusion ***m***
All: Diffusionsglühen *n*
Ang: homogenizing *n*
Esp: recocido por difusión *m* *(homogeneización) f*

recuit de normalisation ***m***
All: Normalglühen *n*
Ang: normalizing *n*
Esp: normalizado *m*

recuit de précipitation ***m***
All: Ausscheidungshärte *f*
Ang: precipitation hardening *n*
Esp: endurecimiento por precipitación *m*

recuit de recristallisation ***m***
All: Rekristallisationsglühen *n*
Ang: recrystallization annealing *n*
Esp: recocido de recristalización *m*

recuit final ***m***
All: Schlussglühen *n*
Ang: final annealing *n*
Esp: recocido final *m*

récupération de la chaleur perdue ***f***
All: Abwärmenutzung *f*
Ang: waste-heat utilization *n*
Esp: aprovechamiento del calor de escape *m*

recyclage des catalyseurs ***m***
All: Katalysatorrecycling *n*
Ang: catalyst recycling *n*
Esp: reciclaje de catalizador *m*

recyclage des gaz d'échappement, RGE ***m***
All: Abgasrückführung, AGR *f*
Ang: exhaust gas recirculation, EGR *n*
Esp: retroalimentación de gases de escape *f*

recyclage interne des gaz d'échappement ***m***
All: innere Abgasrückführung *f*
Ang: internal exhaust gas recirculation *n* *(internal EGR) n*
Esp: recirculación de gases de escape *f*

redondance homogène ***f***
All: homogene Redundanz *f*
Ang: homogeneous redundancy *n*
Esp: redundancia homogénea *f*

redressement (courant alternatif) ***m***
All: Gleichrichtung *f*
Ang: rectification *n*
Esp: rectificación *f*

redressement à deux alternances ***m***
All: Vollweggleichrichtung *f* *(Zweiweggleichrichtung) f*
Ang: full wave rectification *n*
Esp: rectificación de onda completa *f*

redresseur (alternateur) ***m***
All: Gleichrichter *m*
Ang: rectifier *n*
Esp: rectificador *m*

redresseur demi-onde ***m***
All: Einweggleichrichter *m*
Ang: half wave rectifier *n*
Esp: rectificador de vía simple *m*

redresseur pleine-onde ***m***
All: Zweiweggleichrichter *m*
Ang: full-wave rectifier *n*
Esp: rectificador de doble onda *m*

réducteur ***m***
All: Untersetzungsgetriebe *n* *(Reduziergetriebe) m* *(Minderer) m*
Ang: reduction gear *n* *(reduction gearset) n*
Esp: engranaje reductor *m*

réducteur ***m***
All: Vorgelege *n*
Ang: reduction gear *n*
Esp: engranaje con árbol intermediario *m*

réducteur de débit ***m***
All: Mindermengeneinsteller *m*
Ang: fuel flow reducing device *n*
Esp: reductor de caudal *m*

réducteur de freinage ***m***
All: Bremskraftminderer *m*
Ang: braking force reducer *n*
Esp: reductor de la fuerza de frenado *m*

réducteur de frottement ***m***
All: Reibungsminderer *m*
Ang: friction reducer *n*
Esp: reductor de fricción *m*

réducteur de pression ***m***
All: Reduzierventil *n*
Ang: reducing valve *n*
Esp: válvula reductora *f*

réducteur de pression de freinage (frein) ***m***
All: Druckminderer (Bremse) *m* *(Bremsdruckminderer) m*
Ang: proportioning valve (brake) *n*
Esp: reductor de presión (freno) *m*

réducteur de réglage en approche ***m***
All: Längsverstellgetriebe *n*
Ang: longitudinal-adjustment gearing *n*
Esp: caja de engranajes de ajuste longitudinal *f*

réducteur de réglage en hauteur ***m***
All: Höhenverstellgetriebe *n*
Ang: height adjustment gearing *n*
Esp: engranaje de regulación de altura *m*

réducteur de volant ***m***
All: Schwungradreduziergetriebe *n*
Ang: flywheel reduction gear *n*
Esp: engranaje reductor del volante de inercia *m*

réduction de débit ***f***
All: Mengenreduzierung *f* *(Mindermenge) w*
Ang: reduced delivery *n*
Esp: reducción de caudal *f*

réduction des NO_x ***f***
All: NO_x-Reduktion *f*
Ang: NO_x reduction *n*
Esp: reducción de NO_x *f*

réflecteur ***m***
All: Reflektor (Scheinwerfer) *m*
Ang: reflector (headlamp) *n*
Esp: reflector (faros) *m*

réflecteur à facettes ***m***
All: Facettenreflektor *m*
Ang: facet type reflector *n*
Esp: reflector faceteado *m*

réflecteur à surface libre ***m***
All: Freiflächen-Reflektor (Scheinwerfer) *m* *(Reflektor ohne Stufen) m*
Ang: free form reflector (headlamp) *n* *(variable-focus reflector) n* *(stepless reflector) n*
Esp: reflector de superficie libre (faros) *m*

réflecteur bifocal ***m***
All: Bifokalreflektor (Scheinwerfer) *m*
Ang: bifocal reflector (headlamp) *n*
Esp: reflector bifocal (faros) *m*

réflecteur de base ***m***
All: Grundreflektor *m*
Ang: basic reflector *n*
Esp: reflector básico *m*

réflecteur étagé ***m***
All: Stufenreflektor (Scheinwerfer) *m*
Ang: stepped reflector (headlamp) *n*
Esp: reflector escalonado (faros) *m*

réflecteur homofocal ***m***
All: Homofokal-Reflektor (Scheinwerfer) *m*
Ang: homofocal reflector (headlamp) *n*
Esp: reflector homofocal (faros) *m*

réflecteur supplémentaire ***m***
All: Zusatzreflektor *m*
Ang: supplementary reflector *n*
Esp: reflector adicional *m*

reformage ***m***
All: Reformierungsreaktion *f*
Ang: gas reforming reaction *n*
Esp: reacción de reforming *f*

refoulement (air comprimé) ***m***
All: Druckförderung (Druckluft) *f*
Ang: pressure delivery (compressed air) *n*

Français

Esp: entrega de presión (aire comprimido) *f*

refoulement à chaud ***m***
All: Heißförderung *f*
Ang: hot fuel delivery *n*
Esp: suministro de combustible caliente *m*

refoulement basse pression ***m***
All: Niederdruckförderung *f*
Ang: low pressure delivery *n*
Esp: suministro a baja presión *m*

refoulement de pleine charge ***m***
All: Volllastförderung *f*
Ang: full load delivery *n*
Esp: aumento de plena carga *m*

refoulement du carburant ***m***
All: Kraftstoffförderung *f*
Ang: fuel supply and delivery *n*
Esp: suministro de combustible *m*

refoulement du carburant ***m***
All: Kraftstoffförderung *f*
Ang: fuel delivery *n*
Esp: suministro de combustible *m*

refoulement haute pression ***m***
All: Hochdruckförderung *f*
(Hochdruckbetrieb) *mf*
Ang: high pressure delivery *n*
(high-pressure operation) *n*
Esp: suministro a alta presión *m*

refoulement volumétrique ***m***
All: Verdrängungsprinzip *n*
Ang: displacement principle *n*
Esp: principio de desplazamiento volumétrico *m*

réfractaire ***adj***
All: nicht abschmelzend *adj*
Ang: non-melting *adj*
Esp: refractario *adj*

refroidi par air ***pp***
All: luftgekühlt *pp*
Ang: air cooled *pp*
Esp: refrigerado por aire *pp*

refroidi par carburant ***loc***
All: kraftstoffgekühlt *adj*
Ang: fuel cooled *adj*
Esp: refrigerado por combustible *pp*

refroidi par eau ***pp***
All: wassergekühlt *adj*
Ang: water-cooled *adj*
Esp: refrigerado por agua *pp*

refroidissement ***m***
All: Kühlung *f*
Ang: cooling *n*
Esp: refrigeración *f*

refroidissement des freins ***m***
All: Bremskühlung *f*
Ang: brake cooling *n*
Esp: refrigeración de frenos *f*

refroidissement liquide ***m***
All: Flüssigkeitskühlung *f*
Ang: liquid cooling *n*
Esp: refrigeración por líquido *f*

refroidissement par air ***m***
All: Luftkühlung *f*
Ang: air cooling *n*
Esp: refrigeración por aire *f*

refroidisseur ***m***
All: Kühlblech *n*
Ang: cooling plate *n*
Esp: chapa refrigerante *f*

refroidisseur ***m***
All: Kühlkörper *m*
(Kühlblech) *n*
Ang: heat sink *n*
Esp: cuerpo refrigerante *m*

refroidisseur d'air de suralimentation ***m***
All: Ladeluftkühler *m*
Ang: charge air cooler *n*
(intercooler) *n*
Esp: radiador de aire de sobrealimentación *m*

refroidisseur d'huile ***m***
All: Ölkühler *m*
Ang: oil cooler *n*
Esp: refrigerador de aceite *m*

refroidisseur d'huile moteur ***m***
All: Motorölkühler *m*
Ang: engine oil cooler *n*
Esp: radiador de aceite del motor *m*

refroidisseur nervuré ***m***
All: Rippenkühlkörper *m*
Ang: ribbed heat sink *n*
Esp: cuerpo refrigerante con nervaduras *m*

régime ***m***
All: Drehzahl *f*
Ang: engine speed *n*
Esp: número de revoluciones *m*

régime accéléré de démarrage ***m***
All: Startdrehzahlanhebung *f*
Ang: cranking speed increase *n*
Esp: aumento del número de revoluciones de arranque *m*

régime consigne de ralenti ***m***
All: Leerlauf-Solldrehzahl *f*
Ang: low idle setpoint speed *n*
Esp: régimen nominal de ralentí *m*

régime de coupure ***m***
All: Abregeldrehzahl (Dieseleinspritzung) *f*
(Drehzahl im Abregelpunkt) *f*
Ang: breakaway speed (diesel fuel injection) *n*
Esp: régimen de limitación reguladora (inyección diesel) *m*
(número de revoluciones en el punto de limitación) *m*

régime de coupure ***m***
All: Abschaltdrehzahl *f*
Ang: cutoff speed *n*
Esp: régimen de desconexión *m*

régime de décélération ***m***
All: Schubbetrieb *m*
(Schiebebetrieb) *m*
Ang: overrun *n*
Esp: régimen de retención *m*
(marcha por empuje) *f*

régime de décélération ***m***
All: Schubbetrieb *m*
(Schiebebetrieb) *m*
Ang: trailing throttle *n*
Esp: régimen de retención *m*
(marcha por empuje) *f*

régime de décélération ***f***
All: Schubbetrieb *m*
Ang: overrun conditions *n*
Esp: régimen de retención *m*

régime de démarrage ***m***
All: Anlassdrehzahl *f*
Ang: cranking speed *n*
Esp: número de revoluciones al arranque *m*

régime de frottement mixte ***m***
All: Mischreibung *f*
Ang: mixed friction *n*
Esp: fricción mezclada *f*

régime de lubrification fluide ***m***
All: Flüssigkeitsreibung *f*
Ang: fluid friction *n*
Esp: rozamiento hidráulico *m*

régime de ralenti ***m***
All: Leerlaufdrehzahl *f*
Ang: idle speed *n*
Esp: régimen de ralentí *m*

régime de seuil ***m***
All: Schwellendrehzahl *f*
Ang: threshold speed *n*
Esp: número de revoluciones umbral *m*

régime de sortie ***m***
All: Abtriebsdrehzahl *f*
Ang: output shaft speed *n*
Esp: número de revoluciones de salida *m*

régime d'entraînement ***m***
All: Antriebsdrehzahl *f*
Ang: drive RPM *n*
Esp: número de revoluciones de accionamiento *m*

régime en fin de démarrage ***m***
All: Startabwurfdrehzahl *f*
Ang: starting cutout speed *n*
Esp: número de revoluciones de desengrane de arranque *m*

régime inférieur de pleine charge ***m***
All: untere Volllastdrehzahl *f*
Ang: minimum full load speed *n*
Esp: régimen inferior de plena carga *m*

régime intermédiaire ***m***
All: Zwischendrehzahl *f*
Ang: intermediate speed *n*
Esp: régimen intermedio de revoluciones *m*

Français

régime intermédiaire *m*
All: Zwischendrehzahl *f*
Ang: intermediate engine speed *n*
Esp: régimen intermedio de revoluciones *m*

régime limite *m*
All: Drehzahlgrenze *f*
Ang: engine speed limit *n*
Esp: límite de revoluciones del motor *m*

régime limite *m*
All: Grenzdrehzahl *f*
Ang: limit speed *n*
Esp: régimen límite *m*

régime maximal *m*
All: Höchstdrehzahl *f*
Ang: high idle speed *n*
Esp: régimen máximo *m*

régime maximal *m*
All: Maximaldrehzahl *f*
Ang: maximum engine speed *n*
Esp: régimen máximo *m*

régime minimum à vide *m*
All: untere Leerlaufdrehzahl *f*
Ang: low idle speed *n*
Esp: régimen inferior de ralentí *m*

régime moteur *m*
All: Motordrehzahl *f*
Ang: engine speed *n*
Esp: número de revoluciones del motor *m*

régime nominal *m*
All: Nenndrehzahl *f*
Ang: rated speed *n*
Esp: número de revoluciones nominal *m*

régime prescrit *m*
All: Solldrehzahl *f*
Ang: setpoint speed *n*
Esp: número de revoluciones nominal *m*

réglage de base *m*
All: Grundeinstellung *f*
Ang: basic setting *n*
Esp: ajuste básico *m*

réglage de la portée d'éclairement *m*
All: Leuchtweiteeinstellung *f*
Ang: headlight leveling *n*
Esp: ajuste del alcance de luces *m*

réglage de la précourse *m*
All: Vorhubeinstellung *f*
Ang: LPC adjustment *n*
Esp: ajuste de carrera previa *m*

réglage de la précourse *m*
All: Vorhubeinstellung *f*
Ang: pre-stroke adjustment *n*
Esp: ajuste de carrera previa *m*

réglage de l'allumage *m*
All: Zündverstellung *f*
Ang: ignition timing *n*
Esp: regulación de encendido *f*

réglage de l'angle d'allumage *m*
All: Zündwinkel-Einstellung *f*
Ang: ignition angle adjustment *n*
Esp: ajuste del ángulo de encendido *m*

réglage de l'angle d'allumage *m*
All: Zündwinkelverstellung *f*
Ang: ignition timing advance *n*
Esp: regulación del ángulo de encendido *f*

réglage de l'échappement *m*
All: Abgaseinstellung *f*
Ang: exhaust setting *n*
Esp: ajuste de gases de escape *f*

réglage de rétroviseur *m*
All: Spiegelverstellung *f*
Ang: mirror adjuster *n*
Esp: ajuste de espejo *m*

réglage des projecteurs *m*
All: Scheinwerfereinstellung *f*
Ang: headlamp adjustment *n*
(headlight aiming) *n*
Esp: alineación de faros *f*

réglage des sièges *m*
All: Sitzverstellung *f*
Ang: seat adjustment *n*
Esp: ajuste de asiento *m*

réglage du dossier de siège *m*
All: Lehnenverstellung *f*
Ang: backrest adjuster *n*
Esp: regulación de apoyabrazos *f*

réglage dynamique de la portée d'éclairement *m*
All: Dynamische Leuchtweitenregulierung *f*
Ang: dynamic headlight range control *n*
Esp: regulación dinámica de alcance de luces *f*

réglage en hauteur *m*
All: Höhenverstellung *f*
Ang: height adjustment *n*
(vertical adjustment) *n*
Esp: regulación de altura *f*

réglage utilisateur *m*
All: Benutzereinstellung (SAP) *f*
Ang: user setting *n*
Esp: ajuste de usuario (SAP) *m*

réglophare *m*
All: Scheinwerfer-Einstellprüfgerät (Scheinwerfereinstellgerät) *n*
Ang: headlight aiming device *n*
Esp: comprobador de alineación del faro (aparato alineador de faros) *m*

régulateur *m*
All: Regler *m*
Ang: regulator *n*
Esp: regulador *m*

régulateur « mini-maxi » *m*
All: Leerlauf- und Enddrehzahlregler *m*
Ang: minimum maximum speed governor *n*
Esp: regulador de regímenes de ralentí y final *m*

régulateur « mini-maxi » *m*
All: Leerlauf-Enddrehzahlregler *m*
Ang: minimum-maximum speed governor *n*
Esp: regulador de regímenes de ralentí y final *m*

régulateur à échelons *m*
All: Stufendrehzahlregler *m*
Ang: combination governor *n*
Esp: regulador escalonado de revoluciones *m*

régulateur à transistors *m*
All: Transistorregler *m*
Ang: transistor regulator *n*
Esp: regulador transistorizado *m*

régulateur à transistors *m*
All: Transistorregler *m*
Ang: transistor controller *n*
Esp: regulador transistorizado *m*

régulateur à vibreur *m*
All: Kontaktregler *m*
Ang: contact regulator *n*
Esp: regulador de contacto *m*

régulateur à vibreur *m*
All: Kontaktregler *m*
Ang: contact controller *n*
Esp: regulador de contacto *m*

régulateur centrifuge *m*
All: fliehkraftgesteuerter Drehzahlregler (Fliehkraftregler) *m*
(mechanischer Regler) *m*
Ang: flyweight governor *n*
(mechanical governor) *n*
Esp: regulador de revoluciones por fuerza centrífuga (regulador de fuerza centrífuga) *m*

régulateur d'alternateur *m*
All: Generatorregler *m*
Ang: alternator regulator (alternator) *n*
Esp: regulador del alternador *m*

régulateur de courant *m*
All: Stromregler *m*
Ang: current regulator *n*
Esp: regulador de corriente *m*

régulateur de débit *m*
All: Stromregelventil *n*
Ang: flow control valve *n*
Esp: válvula reguladora de caudal *f*

régulateur de débit à 3 voies *m*
All: Drei-Wege-Stromregelventil *n*
Ang: three way flow-control valve *n*
Esp: válvula reguladora de caudal de tres vías *f*

régulateur de distance *m*
All: Abstandsregler (ACC) *m*

Ang: distance controller (ACC) *n*
Esp: regulador de distancia *m*

régulateur de dynamique de roulage ***m***
All: Fahrdynamikregler *m*
Ang: vehicle dynamics controller *n*
Esp: regulador de estabilidad *m*

régulateur de freinage (ASR) ***m***
All: Bremsregler (ASR) *m*
Ang: brake controller (TCS) *n*
Esp: regulador de frenado (ASR) *m*

régulateur de glissement (ESP) ***m***
All: Schlupfregler (ESP) *m*
Ang: slip controller (ESP) *n*
Esp: regulador de resbalamiento (ESP) *m*

régulateur de luminosité (projecteur) ***m***
All: Helligkeitsregler (Scheinwerfer) *m*
Ang: luminosity controller (headlamp) *n*
Esp: regulador de luminosidad (faros) *m*

régulateur de mélange (Jetronic) ***m***
All: Gemischregler (Jetronic) *m*
Ang: mixture control unit (Jetronic) *n*
Esp: regulador de mezcla (Jetronic) *m*

régulateur de mise en action ***m***
All: Warmlaufregler *m*
Ang: warm up regulator *n*
Esp: regulador de calentamiento *m*

régulateur de pression ***m***
All: Druckregler *m*
Ang: pressure regulator *n*
Esp: regulador de presión *m*

régulateur de pression à membrane ***m***
All: Membrandruckregler *m*
Ang: diaphragm governor *n*
Esp: regulador de presión de la membrana *m*

régulateur de pression à membrane ***m***
All: Membrandruckregler *m*
Ang: diaphragm-type pressure regulator *n*
Esp: regulador de presión de la membrana *m*

régulateur de pression à piston ***m***
All: Kolbendruckregler *m*
Ang: plunger type pressure regulator *n*
Esp: regulador de presión por émbolo *m*

régulateur de pression à trop-plein ***m***
All: Überströmdruckregler *m*
Ang: overflow pressure regulator *n*
Esp: regulador de presión *m*

régulateur de pression de carburant ***m***
All: Kraftstoffdruckregler *m*
Ang: fuel pressure regulator *n*
Esp: regulador de presión de combustible *m*

régulateur de pression différentielle ***m***
All: Differenzdruckventil *n*
Ang: differential pressure valve *n*
Esp: válvula de presión diferencial *f*

régulateur de pression du système ***m***
All: Systemdruckregler *m*
Ang: primary pressure regulator *n*
Esp: regulador de presión del sistema *m*

régulateur de pression mécanique ***m***
All: mechanischer Druckregler *m*
Ang: mechanical pressure regulator *n*
Esp: regulador mecánico de presión *m*

régulateur de régime (injection diesel) ***m***
All: Drehzahlregler (Dieseleinspritzung) *m*
(Fliehkraftregler) *m*
Ang: governor (diesel fuel injection) *n*
Esp: regulador del número de revoluciones (inyección Diesel) *m*

régulateur de roulage en mode incidenté ***m***
All: Notfahrstellregler *m*
Ang: limp home position governor *n*
Esp: regulador de marcha de emergencia *m*

régulateur de stabilité de fonctionnement ***m***
All: Laufruheregler *m*
Ang: smooth running regulator *n*
Esp: regulador de suavidad de marcha *m*

régulateur de tension (alternateur) ***m***
All: Generatorregler (Generator) *m*
(Spannungsregler) *m*
Ang: voltage regulator (alternator) *n*
Esp: regulador del alternador (alternador) *m*

régulateur de tension ***m***
All: Spannungsregler (Generator) *m*
Ang: voltage regulator (alternator) *n*
Esp: regulador de tensión (alternador) *m*

régulateur de ventilateur ***m***
All: Gebläseregler *m*
Ang: blower control unit *n*
Esp: regulador del soplador *m*

régulateur de vitesse ***m***
All: Geschwindigkeitsregelung *f*
Ang: cruise control *n*
Esp: regulación de velocidad *f*

régulateur de vitesse de roulage ***m***
All: Fahrgeschwindigkeitsregler *m*
Ang: vehicle speed controller *n*
Esp: regulador de velocidad de marcha *m*

régulateur de vitesse hydraulique ***m***
All: hydraulischer Drehzahlregler *m*
Ang: hydraulic governor *n*
Esp: regulador hidráulico de revoluciones *m*

régulateur de vitesse maximale ***m***
All: Enddrehzahlregler (Diesel-Regler) *m*
Ang: maximum speed governor (governor) *n*
Esp: regulador de régimen superior de ralentí (regulador Diesel) *m*

régulateur de vitesse mécanique ***m***
All: mechanischer Drehzahlregler *m*
(Fliehkraftregler) *m*
Ang: mechanical governor *n*
(flyweight governor) *n*
Esp: regulador mecánico de revoluciones *m*

régulateur électronique isodromique ***m***
All: elektronischer Isodromregler *m*
Ang: electronic isodromic governor *n*
Esp: regulador electrónico Isodrom *m*

régulateur hybride ***m***
All: Hybridregler *m*
Ang: hybrid regulator *n*
Esp: regulador híbrido *m*

régulateur isodromique ***m***
All: Isodromregler *m*
Ang: isodromous governor *n*
Esp: regulador isodrómico *m*

régulateur mécanique ***m***
All: Fliehkraftregler *m*
(mechanischer Regler) *m*
Ang: mechanical governor *n*
Esp: regulador de fuerza centrífuga *m*

régulateur monocontact ***m***
All: Einkontaktregler *m*
Ang: single contact regulator *n*
Esp: regulador de un contacto *m*

régulateur multifonctions ***m***
All: Multifunktionsregler *m*
Ang: multifunction controller *n*
Esp: regulador multifuncional *m*

régulateur Riccati ***m***
All: Riccati-Regler *m*

Français

Ang: Riccati controller *n*
Esp: regulador Riccati *m*

régulateur toutes vitesses *m*
All: Alldrehzahlregler (Dieseleinspritzung) *m*
Ang: variable-speed governor (diesel fuel injection) *n*
Esp: regulador de velocidad variable (inyección diesel) *m*

régulateur toutes vitesses *m*
All: Verstellregler *m*
Ang: variable speed governor *n*
Esp: regulador de mando *m*

régulateur toutes vitesses *m*
All: Verstellregler *m*
Ang: controller *n*
Esp: regulador de mando *m*

régulation *f*
All: Regelung *f*
Ang: regulation *n*
Esp: regulación *f*

régulation anticliquetis *f*
All: Antiklopfregelung *f*
Ang: anti knock control *n*
Esp: regulación antidetonante *f*

régulation anticliquetis *f*
All: Klopfregelung *f*
Ang: knock control *n*
Esp: regulación de detonaciones *f*

régulation antipatinage *f*
All: Schlupfregelung *f*
Ang: slip control *n*
Esp: regulación de resbalamiento *f*

régulation auto-adaptative de la vitesse de roulage *f*
All: adaptive Fahrgeschwindigkeitsregelung, ACC *f*
(Abstandsregelung) *f*
Ang: adaptive cruise control, ACC *n*
Esp: regulador adaptable de la velocidad, ACC *m*

régulation automatique de la force de freinage en fonction de la charge *f*
All: automatische lastabhängige Bremskraftregelung *f*
Ang: automatic load-sensitive braking-force metering *n*
Esp: regulación automática de la fuerza de frenado en función de la carga *f*

régulation cartographique *f*
All: Kennfeldregelung (Zündung) *f*
Ang: map based control (ignition) *n*
Esp: regulación por diagrama característico *f*

régulation d'antipatinage *f*
All: Antriebsschlupfregelung *f*
(Antriebsschlupfregler) *f*
Ang: tractrion control system, TCS *n*
Esp: control antideslizamiento de la tracción *m*

régulation d'antipatinage à la traction *f*
All: ASR *f*
Ang: traction control system (TCS) *n*
Esp: control antideslizamiento de la tracción ASR *m*

régulation de débit *f*
All: Mengenregelung *f*
Ang: fuel delivery control *n*
Esp: regulación de caudal *f*

régulation de freinage *f*
All: Bremsregelung *f*
Ang: brake control system *n*
Esp: regulación de frenado *f*

régulation de la fin de refoulement *f*
All: Förderenderegelung *f*
Ang: end of delivery control *n*
Esp: regulación del fin de suministro *f*

régulation de la fin de refoulement *f*
All: Förderendregelung *f*
Ang: End of delivery control *n*
Esp: regulación del fin de suministro *f*

régulation de la force de charrue *f*
All: Pflugkraftregelung *f*
Ang: plow force control *n*
Esp: regulación de fuerza de arado *f*

régulation de la force de freinage *f*
All: Bremskraftregelung *f*
(Bremskraftzumessung) *f*
Ang: brake pressure control *n*
Esp: regulación de la fuerza de frenado *f*

régulation de la luminosité *f*
All: Helligkeitsregelung (Scheinwerfer) *f*
Ang: dimmer control (headlamp) *n*
Esp: regulación de luminosidad (faros) *f*

régulation de la pression de freinage *f*
All: Bremsdruckregelung *f*
Ang: brake pressure control *n*
Esp: regulación de la presión de frenado *f*

régulation de la pression de suralimentation *f*
All: Ladedruckregelung *f*
Ang: boost pressure control *n*
Esp: regulación de presión de sobrealimentación *f*

régulation de la stabilité de fonctionnement *f*
All: Laufruheregelung *f*
Ang: smooth running control *n*
Esp: regulación de suavidad de marcha *f*

régulation de la température de retour *f*
All: Rücklauftemperaturregelung *f*
Ang: return flow temperature control *n*
Esp: regulación de temperatura de retorno *f*

régulation de la vitesse de ralenti *f*
All: Leerlaufregelung *f*
(Leerlaufdrehzahlregelung) *f*
Ang: idle speed control *n*
(idle-speed regulation) *n*
Esp: regulación de ralentí *f*

régulation de la vitesse de rotation *f*
All: Drehzahlregelung *f*
Ang: RPM control *n*
Esp: regulación del número de revoluciones *f*

régulation de la vitesse de roulage (véhicule) *f*
All: Fahrgeschwindigkeits-regelung (Kfz) *f*
(Geschwindigkeitsregelung) *f*
Ang: cruise control (motor vehicle) *n*
Esp: regulación de velocidad de marcha (automóvil) *f*

régulation de l'air de dérivation *f*
All: Bypassluftregelung *f*
Ang: bypass air control *n*
Esp: regulación de aire de desviación *f*

régulation de maintien *f*
All: Festwertregelung *f*
Ang: fixed command control *n*
Esp: regulación de valor fijo *f*

régulation de niveau *f*
All: Niveauregelung *f*
Ang: level control *n*
Esp: regulación de nivel *f*

régulation de pression *f*
All: Druckregelung *f*
Ang: pressure control *n*
Esp: regulación de presión *f*

régulation de valeur limite *f*
All: Grenzwertregelung *f*
Ang: limiting-value control *n*
Esp: regulación de valor límite *f*

régulation de vitesses intermédiaires *f*
All: Zwischendrehzahlregelung *f*
Ang: intermediate speed regulation *n*
Esp: regulación del régimen intermedio de revoluciones *f*

régulation d'équipartition des débits *f*
All: Mengenausgleichsregelung *f*
Ang: fuel balancing control *n*

Français

Esp: regulación de la compensación de caudal *f*

régulation des débits d'injection *f*
All: Fördermengenregelung *f*
(Mengenregelung) *f*
Ang: fuel delivery control *n*
Esp: regulación de caudal *f*

régulation diesel (moteur diesel) *f*
All: Dieselregelung (Dieselmotor) *f*
Ang: governing (diesel engine) *n*
Esp: regulación Diesel (motor Diesel) *f*

régulation du chauffage *f*
All: Heizungsregelung *f*
Ang: heater control *n*
Esp: regulación de la calefacción *f*

régulation du climatiseur *m*
All: Klimaregelung *f*
Ang: air conditioning *n*
Esp: regulación de aire acondicionado *f*

régulation du comportement dynamique *f*
All: Fahrdynamikregelung (ESP) *f*
Ang: Electronic Stability Program *n*
Esp: sistema de regulación de estabilidad (ESP) *m*

régulation du couple *f*
All: Drehmomentregelung *f*
Ang: torque control *n*
Esp: regulación de par *f*

régulation du couple *f*
All: Momentenregelung *f*
Ang: torque control *n*
Esp: regulación de par *f*

régulation du couple d'inertie du moteur *f*
All: Motorschleppmoment-regelung *f*
Ang: engine drag-torque control *n*
Esp: regulación de par de arrastre del motor *f*

régulation du courant primaire *f*
All: Primärstrombegrenzung *f*
Ang: primary current limitation *n*
Esp: limitación de corriente de primario *f*

régulation du débit de carburant *f*
All: Kraftstoffmengenregelung *f*
Ang: fuel quantity control *n*
Esp: regulación del caudal de combustible *f*

régulation du début de refoulement *f*
All: Förderbeginnregelung *f*
Ang: start of delivery control *n*
Esp: regulación del comienzo de suministro *f*

régulation du début d'injection *f*
All: Spritzbeginnregelung (Kraftstoffeinspritzung) *f*
Ang: start of injection control (fuel injection) *n*
Esp: regulación del comienzo de la inyección (inyección de combustible) *f*

régulation du mélange *f*
All: Gemischregelung *f*
Ang: mixture control *n*
Esp: regulación de mezcla *f*

régulation du papillon *f*
All: Drosselklappenregelung *f*
Ang: throttle valve control *n*
Esp: regulación de la mariposa *f*

régulation du recyclage des gaz d'échappement *f*
All: Abgasrückführregelung *f*
Ang: exhaust gas recirculation control *n*
Esp: regulación de retroalimentación de gases de escape *f*

régulation du régime de travail *f*
All: Arbeitsdrehzahlregelung *f*
Ang: working speed control *n*
Esp: regulación del régimen de trabajo *f*

régulation du remplissage des cylindres (alimentation en air) *f*
All: Füllungsregelung (Luftversorgung) *f*
(Füllungseingriff) *d*
Ang: charge adjustment (air supply) *n*
Esp: regulación de llenado (alimentación de aire) *f*

régulation électronique de pression de freinage *f*
All: elektronische Bremsdruckregelung *f*
Ang: electronic braking-pressure control *n*
Esp: regulación electrónica de la fuerza de frenado *f*

régulation électronique diesel, RED *f*
All: elektronische Dieselregelung, EDC *f*
Ang: electronic diesel control, EDC *n*
Esp: regulación electrónica Diesel *f*

régulation électronique du ralenti *f*
All: elektronische Leerlaufregelung *f*
Ang: electronic idle-speed control *n*
Esp: regulación electrónica de ralentí *f*

régulation haute pression *f*
All: Hochdruckregelung *f*
Ang: high pressure control *n*
Esp: regulación de alta presión *f*

régulation individuelle (ABS) *f*
All: Individualregelung *f*
(Einzelradregelung) *f*
Ang: individual control, IR (ABS) *n*
Esp: regulación individual *f*

régulation Lambda *f*
All: Lambda-Regelung *f*
Ang: lambda control *n*
Esp: regulación Lambda *f*

régulation thermostatique *f*
All: Dehnstoffregelung *f*
Ang: expansion control *n*
Esp: regulación de elongación *f*

rejet de polluants *m*
All: Schadstoffausstoß *m*
(Schadstoffemission) *f*
Ang: pollutant emission *n*
Esp: emisión de sustancias nocivas *f*

relais *m*
All: Relais *n*
Ang: relay *n*
Esp: relé *m*

relais à armature pivotante *m*
All: Drehankerrelais *n*
Ang: rotating armature relay *n*
Esp: relé del inducido giratorio *m*

relais à courant continu *m*
All: Gleichstromrelais *n*
Ang: DC relay *n*
Esp: relé de corriente continua *m*

relais cadenceur d'essuie-glace *m*
All: Wischintervallrelais *n*
Ang: intermittent wiper relay *n*
Esp: relé de intervalos del limpiaparabrisas *m*

relais commutateur de tonalités *m*
All: Tonfolgeschalter *m*
Ang: tone sequence control device *n*
Esp: controlador de cadenciación de tonos *m*

relais de blocage du démarreur *m*
All: Startsperrrelais *n*
Ang: start locking relay *n*
Esp: relé de bloqueo de arranque *m*

relais de blocage du démarreur *m*
All: Startsperrrelais *n*
Ang: start inhibit relay *n*
Esp: relé de bloqueo de arranque *m*

relais de code *m*
All: Abblendrelais *n*
Ang: dimmer relay *n*
Esp: relé regulador de luminosidad *m*

relais de commande *m*
All: Steuerrelais *n*
Ang: control relay *n*
Esp: relé de mando *m*

relais de coupure *m*
All: Abschaltrelais *n*
Ang: shutoff relay *n*
(shutoff relay) *n*
Esp: relé de desconexión *m*

Français

relais de découplage de batterie *m*
All: Batterietrennrelais *n*
Ang: battery cutoff relay *n*
Esp: relé de la batería *m*

relais de démarrage *m*
All: Startrelais *n*
Ang: starting relay *n*
Esp: relé de arranque *m*

relais de démarreur *m*
All: Starterrelais *m*
Ang: starter motor relay *n*
Esp: relé de motor de arranque *m*

relais de puissance *m*
All: Relais-Endstufe *f*
(Leistungsrelais) *n*
Ang: relay output stage *n*
(power relay) *n*
Esp: paso final de relé *m*

relais de ralentisseur *m*
All: Retarderrelais *n*
(Dauerbremsrelais) *n*
Ang: retarder relay *n*
Esp: relé retardador *m*

relais des électrovalves (ABS) *m*
All: Ventilrelais (ABS) *n*
Ang: valve relay (ABS) *n*
Esp: relé de válvula (ABS) *m*

relais du signal de détresse *m*
All: Warnblinkrelais *n*
Ang: hazard warning light relay *n*
Esp: relé de luces intermitentes de advertencia *m*

relevage électronique *m*
All: elektronische Hubwerksregelung, EHR *f*
Ang: electronic hoisting-gear control, EHR *n*
Esp: regulación electrónica del mecanismo de elevación *f*

rémanence *f*
All: Remanenz *f*
(Restmagnetismus) *m*
Ang: residual magnetism *n*
Esp: magnetismo residual *m*

remorquage *m*
All: Abschleppen *n*
Ang: towing *n*
Esp: remolcado *m*

remorque à essieu central *m*
All: Zentralachsanhänger *m*
Ang: center axle trailer *n*
Esp: remolque con eje central *m*

remorque à timon *f*
All: Deichselanhänger *m*
Ang: drawbar trailer *n*
Esp: remolque de barra *m*

remorque à timon articulé *f*
All: Gelenk-Deichselanhänger *m*
Ang: drawbar trailer *n*
Esp: remolque articulado con barra *m*

remorque à un essieu *f*
All: Nachläufer *m*
Ang: dolly *n*
Esp: seguidor *m*

remorque d'autocar *f*
All: Busanhänger *m*
Ang: bus trailer *n*
Esp: remolque de autobús *m*

remorque spéciale *f*
All: Spezialanhänger *m*
Ang: special trailer *n*
Esp: remolque especial *m*

remplissage du cylindre *m*
All: Zylinderfüllung *f*
(Zylinderladung) *f*
Ang: cylinder charge *n*
Esp: llenado de los cilindros *m*

rendement (technique d'enroulement) *m*
All: Ausnutzungsgrad (Wickeltechnik) *m*
Ang: power/space ratio (winding techniques) *n*
Esp: coeficiente de aprovechamiento (técnica de bobinado) *m*

rendement *m*
All: Wirkungsgrad *m*
Ang: efficiency *n*
Esp: eficiencia *f*

rendement de combustion *m*
All: Verbrennungswirkungsgrad *n*
Ang: combustion efficiency *n*
Esp: eficiencia de la combustión *f*

rendement du catalyseur *m*
All: Katalysatorwirkungsgrad *m*
Ang: catalyst efficiency *n*
Esp: rendimiento del catalizador *m*

rendement lumineux *m*
All: Lichtausbeute *f*
Ang: light yield *n*
Esp: rendimiento luminoso *m*

rendement thermodynamique *m*
All: Wärmemenge *f*
Ang: quantity of heat *n*
Esp: cantidad de calor *f*

rendement total *m*
All: Gesamtwirkungsgrad *m*
Ang: overall efficiency *n*
Esp: eficiencia total *f*

renforcé de fibres de verre *pp*
All: glasfaserverstärkt *adj*
Ang: glass fiber reinforced *pp*
Esp: reforzado con fibra de vidrio *pp*

reniflard (valve de frein) *m*
All: Schnorchel (Bremsventil) *m*
Ang: snorkel (brake valve) *n*
Esp: esnórquel (válvula de freno) *m*

renouvellement des gaz *m*
All: Gaswechsel *m*
Ang: gas exchange *n*
Esp: ciclo de admisión y escape *m*

réparation *f*
All: Reparatur *f*
Ang: repair *n*
Esp: reparación *f*

répartiteur *m*
All: Verteiler *m*
Ang: distributor *n*
Esp: distribuidor *m*

répartiteur de carburant *m*
All: Kraftstoffzuteiler *m*
Ang: fuel rail *n*
Esp: conjunto distribuidor de combustible *m*

répartiteur de force de freinage *m*
All: Bremskraftverteiler *m*
Ang: braking force metering device *n*
Esp: distribuidor de la fuerza de frenado *m*

répartition de la charge par essieu *f*
All: Achslastverteilung *f*
Ang: axle load distribution *n*
Esp: distribución de la carga del eje *f*

répartition de la force de freinage *f*
All: Bremskraftverteilung *f*
(Bremskraftaufteilung) *f*
Ang: braking force distribution *n*
Esp: distribución de la fuerza de frenado *f*

répartition de la lumière (éclairage) *f*
All: Lichtverteilung (Lichttechnik) *f*
Ang: light pattern (lighting) *n*
Esp: distribución de iluminación (técnica de iluminación) *f*

répartition de la lumière *f*
All: Lichtverteilung *f*
Ang: light distribution *n*
Esp: distribución de iluminación *f*

répartition de la pression *f*
All: Druckverteilung *f*
Ang: pressure distribution *n*
Esp: distribuidor de presión *m*

répartition des circuits de freinage *f*
All: Bremskreisaufteilung *f*
Ang: brake circuit configuration *n*
Esp: configuración del circuito de freno *f*

répartition du carburant *f*
All: Kraftstoffverteilung *f*
Ang: fuel distribution *n*
Esp: distribución de combustible *f*

répartition du couple *f*
All: Momentenverteilung *f*
Ang: torque distribution *n*
Esp: distribución de par *f*

répartition du mélange *f*
All: Gemischverteilung *f*
Ang: mixture distribution *n*

Français

Esp: distribución de la mezcla *f*

répartition du poids (frein) ***f***
All: Gewichtsverteilung (Bremse) *f*
Ang: weight distribution (brakes) *n*
Esp: distribución de peso (freno) *f*

répartition électronique de la force de freinage ***f***
All: Elektronische Bremskraftverteilung *f*
Ang: electronic braking-force distribution *n*
Esp: distribución electrónica de fuerza de frenado *f*

répartition en X ***f***
All: X-Aufteilung *f*
Ang: x distribution pattern *n*
Esp: distribución en X *f*

repère de référence ***m***
All: Bezugsmarke *f*
Ang: reference mark *n*
Esp: marca de referencia *f*

réponse en fréquence ***f***
All: Frequenzgang *m*
Ang: frequency response *n*
Esp: respuesta de frecuencia *f*

réponse initiale des freins ***f***
All: Bremsenansprechung *f*
Ang: brake response *n*
Esp: reacción de los frenos *f*

report de charge ***m***
All: Achskraftverlagerung *f*
Ang: axle load transfer *n*
Esp: desplazamiento de la fuerza del eje *m*

report de charge (frein) ***m***
All: Gewichtsverlagerung (Bremse) *f*
Ang: weight transfer (brakes) *n*
Esp: traslación de peso (freno) *f*

report de charge dynamique ***m***
All: dynamische Gewichtsverlagerung *f*
Ang: dynamic weight transfer *n*
Esp: traslado dinámico de peso *m*

report de charge dynamique de l'essieu ***m***
All: Achslastverlagerung *f*
Ang: axle load shift *n*
Esp: desplazamiento de la carga del eje *m*

réseau à courant alternatif ***m***
All: Wechselstromnetz *n*
Ang: alternating current power line *n*
Esp: red de corriente alterna *f*

réseau de bord ***m***
All: Bordnetz *n*
Ang: vehicle electrical system *n*
Esp: red de a bordo *f*
(sistema eléctrico del vehículo) *m*

réseau de diffraction ***m***
All: Beugungsgitter *n*
Ang: diffraction grating *n*
Esp: rejilla de difracción *f*

réseau de radiocommunication professionnelle ***m***
All: Betriebsfunknetz *n*
Ang: private mobile radio, PMR *n*
Esp: red privada de radio *f*

réseau d'interconnexion ***m***
All: Systemverbund *n*
Ang: composite system *n*
Esp: interconexión de sistemas *f*

réseau radio à ressources partagées ***m***
All: Bündelfunknetz *n*
Ang: trunked radio network *n*
Esp: red de radio de haz de canales *f*

réserve d'accélération ***f***
All: Beschleunigungsüberschuss *m*
Ang: acceleration reserve *n*
Esp: reserva de aceleración *f*

réserve d'air comprimé ***f***
All: Druckluftvorrat *m*
(Luftvorrat) *m*
Ang: compressed air reserve *n*
Esp: reserva de aire comprimido *f*

réserve d'énergie (coussin d'air) ***f***
All: Energiereserve (Airbag) *f*
Ang: energy reserve (airbag triggering system) *n*
Esp: reserva de energía (airbag) *f*

réservoir ***m***
All: Tank *m*
Ang: fuel tank *n*
Esp: depósito *m*

réservoir ***m***
All: Vorratsbehälter (Pneumatik) *m*
Ang: compressed-air reservoir (pneumatics) *n*
Esp: depósito de reserva (neumática) *m*

réservoir à dépression ***m***
All: Unterdruckbehälter *m*
Ang: vacuum reservoir *n*
(vacuum tank) *n*
Esp: recipiente de depresión *m*

réservoir collecteur ***m***
All: Sammelbehälter *m*
Ang: common plenum chamber *n*
Esp: depósito colector *m*

réservoir cryogénique ***m***
All: Kryogentank *m*
Ang: cryogenic tank *n*
Esp: depósito criogénico *m*

réservoir d'air comprimé ***m***
All: Druckluftbehälter *m*
Ang: compressed air cylinder *n*
Esp: depósito de aire comprimido *m*

réservoir d'air comprimé (pneumatique) ***m***
All: Luftbehälter (Pneumatik) *m*
(Vorratsbehälter) *m*
Ang: compressed air reservoir (pneumatics) *n*
Esp: depósito de aire (neumática) *m*

réservoir d'air de régénération ***m***
All: Regenerationsluftbehälter *m*
Ang: regeneration air tank *n*
Esp: depósito de aire de regeneración *m*

réservoir de carburant ***m***
All: Kraftstoffbehälter *m*
(Kraftstofftank) *m*
Ang: fuel tank *n*
Esp: depósito de combustible *m*

réservoir de carburant ***m***
All: Kraftstofftank *m*
Ang: fuel tank *n*
Esp: depósito de combustible *m*

réservoir de compensation (frein) ***m***
All: Ausgleichsbehälter (Bremsen) *m*
Ang: expansion tank (brakes) *n*
Esp: depósito de compensación (frenos) *m*

réservoir de fluide hydraulique ***m***
All: Hydraulikbehälter *m*
Ang: hydraulic fluid reservoir *n*
Esp: depósito del sistema hidráulico *m*

réservoir de liquide de frein ***m***
All: Bremsflüssigkeitsbehälter *m*
Ang: brake fluid reservoir *n*
Esp: depósito de líquido de frenos *m*

réservoir de pression ***m***
All: Drucktank *m*
Ang: pressure tank *n*
Esp: tanque de presión *m*

réservoir d'huile ***m***
All: Ölbehälter *m*
Ang: oil reservoir *n*
Esp: depósito de aceite *m*

réservoir en charge ***m***
All: Falltank *m*
Ang: gravity feed fuel tank *n*
Esp: depósito de flujo por gravedad *m*

résidus charbonneux ***m***
All: Koksrückstand *m*
Ang: carbon residue *n*
Esp: residuos de coque *mpl*

résidus de la combustion ***mpl***
All: Verbrennungsrückstände *mpl*
(Verbrennungsschmutz-anfall) *m*
Ang: combustion residues *npl*
(combustion desposit) *n*
Esp: residuos de combustión *mpl*

résine ***f***
All: Harz *n*
Ang: resin *n*
Esp: resina *f*

Français

résistance *f*
All: Widerstand *m*
Ang: resistor *n*
Esp: resistencia *f*

résistance à la corrosion *f*
All: Korrosionsfestigkeit *f*
Ang: corrosion resistance *n*
Esp: resistencia a la corrosión *f*

résistance à la déformation *f*
All: Verformungsfestigkeit *f*
Ang: dimensional stability *n*
Esp: resistencia a la deformación *f*

résistance à la fatigue *f*
All: Dauerfestigkeit *f*
Ang: fatigue limit *n*
Esp: resistencia a la fatiga *f*

résistance à la flexion *f*
All: Biegefestigkeit *f*
Ang: bending strength *n*
(flexural strength) *n*
Esp: resistencia a la flexión *f*

résistance à la flexion alternée *f*
All: Biegewechselfestigkeit *f*
Ang: fatigue strength under reversed bending stress *n*
Esp: resistencia a la fatiga por flexión alternativa *f*

résistance à la friction *f*
All: Walkwiderstand *m*
Ang: flexing resistance *n*
Esp: resistencia a la flexión *f*

résistance à la tension *f*
All: Spannungsfestigkeit *f*
Ang: electric strength *n*
Esp: resistencia a tensiones eléctricas *adj*

résistance à la torsion *f*
All: Torsionsfestigkeit *f*
(Drehdämpfungskonstante) *f*
Ang: rotational damping coefficient *n*
Esp: resistencia a la torsión *f*

résistance à la traction *f*
All: Zugfestigkeit *f*
Ang: tensile strength *n*
Esp: resistencia a la tracción *f*

résistance à l'abrasion *f*
All: Abriebfestigkeit *f*
Ang: abrasion resistance *n*
Esp: resistencia a la abrasión *f*

résistance à l'accélération *f*
All: Beschleunigungswiderstand *m*
Ang: acceleration resistance *n*
Esp: resistencia de aceleración *f*

résistance à l'écoulement *f*
All: Strömungswiderstand *m*
Ang: resistance to flow *n*
Esp: resistencia al flujo *f*

résistance à l'écoulement *f*
All: Strömungswiderstand *m*
Ang: flow resistance *n*
Esp: resistencia al flujo *f*

résistance à l'engrènement (démarreur) *f*
All: Einrückwiderstand (Starter) *m*
Ang: meshing resistance (starter) *n*
Esp: resistencia de engrane (motor de arranque) *f*

résistance à l'environnement *f*
All: Umweltbeständigkeit *f*
Ang: environmental resistance *n*
Esp: resistencia al medio ambiente *f*

résistance à l'usure *f*
All: Verschleißfestigkeit *f*
(Verschleißwiderstand) *m*
Ang: resistance to wear *n*
Esp: resistencia al desgaste *f*

résistance anti-usure *f*
All: Abbrandwiderstand *m*
Ang: burn off resistor *n*
Esp: resistencia a las quemaduras *f*

résistance au froid *f*
All: Kältefestigkeit *f*
Ang: resistance to cold *n*
Esp: resistencia al frío *f*

résistance au roulement *f*
All: Rollwiderstand *m*
Ang: rolling resistance *n*
Esp: resistencia a la rodadura *f*

résistance au vieillissement *f*
All: Alterungsstabilität *f*
Ang: aging stability *n*
Esp: estabilidad de envejecimiento *f*

résistance aux chocs thermiques *f*
All: Temperaturwechselfestigkeit *f*
Ang: resistance to thermal cycling *n*
Esp: resistencia térmica alternativa *f*

résistance aux chocs thermiques *f*
All: Thermoschockbeständigkeit *f*
(Temperaturwechselfestigkeit) *f*
Ang: thermal shock resistance *n*
(resistance to thermal cycling) *n*
Esp: resistencia a choques térmicos *f*
(resistencia térmica alternativa) *f*

résistance aux contraintes alternées *f*
All: Dauerstandfestigkeit *f*
(Wechselfestigkeit) *f*
(Ermüdungsfestigkeit) *f*
Ang: fatigue strength *n*
Esp: resistencia a la fatiga *f*
(resistencia alternante) *f*

résistance aux contraintes alternées de torsion *f*
All: Torsionswechselfestigkeit *f*
(Wechselfestigkeit) *f*
Ang: fatigue limit under reversed torsional stress *n*
Esp: resistencia a la fatiga por torsión alternativa *f*

résistance aux secousses *f*
All: Schüttelfestigkeit *f*
Ang: vibration strength *n*
Esp: resistencia a sacudidas *f*

résistance chauffante *f*
All: Heizwiderstand *m*
Ang: heating resistor *n*
Esp: resistencia de calefacción *f*

résistance d'antiparasitage *f*
All: Entstörwiderstand *m*
Ang: noise suppression resistor *n*
Esp: resistencia antiparasitaria *f*

résistance de calibrage *f*
All: Abgleichwiderstand *m*
Ang: trimming resistor *n*
Esp: resistencia de ajuste *f*

résistance de charge *f*
All: Belastungswiderstand *m*
Ang: load resistor *n*
Esp: resistencia de carga *f*

résistance de contact *f*
All: Übergangswiderstand *m*
Ang: contact resistance *n*
Esp: resistencia de contacto *f*

résistance de décharge *f*
All: Entladewiderstand (Batterie) *m*
Ang: discharge resistor (battery) *n*
Esp: resistencia de descarga (batería) *f*

résistance de freinage *f*
All: Bremswiderstand *m*
Ang: braking resistance *n*
Esp: resistencia de freno *f*

résistance de glissement (banc d'essai) *f*
All: Gleitwiderstand (Rollenbremsprüfstand) *m*
Ang: slip resistance (dynamic brake analyzer) *n*
Esp: resistencia de deslizamiento (banco de pruebas de frenos de rodillos) *f*

résistance de l'air *f*
All: Luftwiderstand *m*
Ang: aerodynamic drag *n*
Esp: resistencia del aire *f*

résistance de lancement du moteur (moteur à combustion) *f*
All: Durchdrehwiderstand (Verbrennungsmotor) *m*
Ang: cranking resistance (IC engine) *n*
Esp: resistencia para arrancar (motor de combustión) *f*

résistance de l'enroulement primaire *f*
All: Primärwiderstand *m*
Ang: primary resistance *n*

Français

Esp: resistencia primaria *f*

résistance de mesure ***f***
All: Messwiderstand *m*
Ang: measuring shunt *n*
(shunt) *n*
Esp: resistencia de medición *f*

résistance de régulation ***f***
All: Regelwiderstand *m*
Ang: regulating resistor *n*
Esp: resistencia de regulación *f*

résistance électrique ***f***
All: elektrischer Widerstand *m*
Ang: electrical resistance *n*
Esp: resistencia eléctrica *f*

résistance électrique fixe ***f***
All: Festwiderstand *m*
Ang: fixed resistor *n*
Esp: resistencia fija *f*

résistance en côte ***f***
All: Steigungswiderstand *m*
Ang: climbing resistance *n*
Esp: resistencia al ascenso *f*

résistance métallique en couches minces ***f***
All: Dünnschicht-Metallwiderstand *m*
Ang: thin film metallic resistor *n*
Esp: resistencia metálica de película delgada *f*

résistance thermique ***f***
All: Temperaturbeständigkeit *f*
(Wärmedurchlass-widerstand) *m*
Ang: thermal resistance *n*
Esp: resistencia térmica *f*

résistance totale à l'avancement ***f***
All: Fahrwiderstand *m*
(Gesamtfahrwiderstand) *m*
Ang: total running resistance *n*
Esp: resistencia a la marcha *f*

résistance totale à l'avancement ***f***
All: Fahrwiderstand *m*
Ang: tractive resistance *n*
Esp: resistencia a la marcha *f*

résistant à la corrosion ***m***
All: korrosionsfest *adj*
Ang: resistant to corrosion *adj*
Esp: resistente a la corrosión *adj*

résistant au carburant ***loc***
All: kraftstoffbeständig *adj*
Ang: fuel resistant *n*
Esp: resistente al combustible *adj*

résistant au gazole ***ppr***
All: dieselbeständig *adj*
Ang: diesel fuel resistant *ppr*
Esp: resistente al combustible Diesel *adj*

résistant aux chocs ***loc***
All: schlagfest *adj*
Ang: shockproof *adj*
(impact-resistant) *adj*
Esp: resistente al impacto *adj*

résistant aux courts-circuits ***loc***
All: kurzschlussfest *adj*
Ang: short circuit resistant *adj*
Esp: resistente a cortocircuito *adj*

résistant aux gravillons ***loc***
All: steinschlagfest *adj*
Ang: resistant to stone impact *adj*
Esp: resistente al impacto de piedras *adj*

résonance des essieux ***f***
All: Achsresonanz *f*
Ang: axle resonance *n*
Esp: resonancia de ejes *f*

résonateur d'admission ***m***
All: Saugresonator *m*
Ang: suction resonator *n*
Esp: resonador de admisión *m*

ressort ***m***
All: Feder *f*
Ang: spring *n*
Esp: muelle *m*

ressort à cran d'arrêt ***m***
All: Rastfeder *f*
Ang: locking spring *n*
(stop-spring) *n*
Esp: resorte de encastre *m*

ressort à cran d'arrêt ***m***
All: Rastfeder *f*
Ang: detent spring *n*
Esp: resorte de encastre *m*

ressort à lame simple ***m***
All: Einblattfeder *f*
Ang: single leaf spring *n*
Esp: muelle de una hoja *m*

ressort à lames ***m***
All: Blattfeder *f*
Ang: leaf spring *n*
Esp: ballesta *f*

ressort à lames superposées ***m***
All: geschichtete Blattfeder *f*
Ang: multi leaf spring *n*
Esp: ballesta multihojas *f*

ressort compensateur ***m***
All: Schleppfeder *f*
Ang: drag spring *n*
Esp: muelle de arrastre *m*

ressort correcteur de débit ***m***
All: Angleichfeder (Dieseleinspritzung) *f*
Ang: torque control spring *n*
Esp: muelle de control de torque (inyección diesel) *m*

ressort de butée ***m***
All: Anschlagfeder *f*
Ang: stop spring *n*
Esp: muelle de tope *m*

ressort de contact ***m***
All: Federkontakt *m*
Ang: spring contact *n*
Esp: contacto elástico *m*

ressort de couplage ***m***
All: Koppelfeder *f*
Ang: coupling spring *n*
Esp: muelle de acoplamiento *m*

ressort de levier de soupape ***m***
All: Ventilhebelfeder *f*
Ang: valve lever spring *n*
Esp: muelle de palanca de válvula *m*

ressort de maintien ***m***
All: Haltefeder *f*
Ang: retaining spring *n*
Esp: muelle de retención *m*

ressort de pression ***m***
All: Druckfeder *f*
Ang: compression spring *n*
Esp: muelle de compresión *m*

ressort de pression ***m***
All: Druckfeder *f*
Ang: pressure spring *n*
Esp: muelle de compresión *m*

ressort de rappel (valve de frein de stationnement) ***m***
All: Reaktionsfeder (Feststellbremsventil) *f*
Ang: reaction spring (parking-brake valve) *n*
Esp: muelle de reacción (válvula de freno de estacionamiento) *m*

ressort de rappel ***m***
All: Rückholfeder *f*
Ang: return spring *n*
Esp: muelle de retorno *m*

ressort de rappel ***m***
All: Rückzugfeder *f*
Ang: return spring *n*
(refracting spring) *n*
Esp: muelle recuperador *m*

ressort de rappel du piston (piston de pompe) ***m***
All: Kolbenrückführfeder (Pumpenkolben) *f*
(Kolbenfeder) *f*
Ang: plunger return spring (pump plunger) *n*
Esp: resorte de retorno de pistón (pistón de bomba) *m*

ressort de régulation (injection diesel) ***m***
All: Regelfeder (Diesel-Regler) *f*
Ang: governor spring *n*
Esp: resorte de regulación (regulador Diesel) *m*

ressort de régulation ***m***
All: Regelfeder *f*
Ang: control spring *n*
Esp: resorte de regulación *m*

ressort de régulation de vitesse maximale ***m***
All: Endregelfeder (Diesel-Regler) *f*
Ang: maximum speed spring (governor) *n*
Esp: muelle de régimen máximo (regulador Diesel) *m*

Français

ressort de torsion *m*
All: Drehfeder *f*
Ang: coil spring *n*
Esp: muelle de torsión *m*

ressort de torsion *m*
All: Drehfeder *f*
Ang: torsion spring *n*
Esp: muelle de torsión *m*

ressort de traction *m*
All: Zugfeder *f*
Ang: extension spring *n*
Esp: resorte de tracción *m*

ressort de valve *m*
All: Ventilfeder *f*
Ang: valve spring *n*
Esp: muelle de válvula *m*

ressort d'engrènement *m*
All: Einspurfeder (Starter) *f*
Ang: meshing spring (starter) *n*
Esp: muelle de engrane (motor de arranque) *m*

ressort d'induit *m*
All: Ankerfeder *f*
Ang: armature spring *n*
Esp: muelle de inducido *m*

ressort d'injecteur *m*
All: Düsenfeder *f*
Ang: nozzle spring *n*
Esp: muelle de inyector *m*

ressort en tronc de cône *m*
All: Kegelstumpffeder *f*
Ang: conical helical spring *n*
Esp: resorte helicoidal cónico *m*

ressort hélicoïdal *m*
All: Schraubenfeder *f*
Ang: helical spring *n*
(coil spring) *n*
Esp: resorte helicoidal *m*

ressort hélicöidal *m*
All: Spiralfeder *f*
Ang: spiral spring *n*
Esp: muelle espiral *m*

ressort hélicoïdal de compression *m*
All: Schraubendruckfeder *f*
Ang: helical compression spring *n*
Esp: resorte helicoidal de compresión *m*

ressort pilote *m*
All: Vorsteuerfeder *f*
Ang: pilot spring force *n*
Esp: muelle de pilotaje *m*

ressort pneumatique *m*
All: Luftfeder *f*
Ang: air spring *n*
Esp: muelle neumático *m*

ressort toroïde (suspension) *m*
All: Torusbalg (Luftfeder) *m*
(Torusbalgfeder) *f*
(Torusfeder) *f*
Ang: toroid bellows (air spring) *n*
Esp: fuelle tórico (muelle neumático) *m*

ressort-étrier *m*
All: Bügelfeder *f*
Ang: spring clip *n*
Esp: muelle de sujeción *m*

ressuage *m*
All: Ausblutung *f*
Ang: bleeding *n*
Esp: sangrado *m*

restes de résine d'imprégnation *mpl*
All: Imprägnierharzreste *mpl*
Ang: impregnating resin residues *n*
Esp: residuos de resina de impregnación *mpl*

résultat du test de particules (fumées diesel) *m*
All: Feststoff-Testergebnis (Dieselrauch) *n*
Ang: particulates test result (diesel smoke) *n*
Esp: resultado del ensayo de partículas (humo Diesel) *m*

retard à l'allumage *m*
All: Nachzündung *f*
Ang: post ignition *n*
Esp: retardo del encendido *m*

retard à l'allumage *m*
All: Spätzündung (Zündwinkel) *f*
Ang: spark retard (ignition angle) *n*
Esp: encendido retardado (ángulo de encendido) *m*

retard à l'allumage électronique *m*
All: elektronische Spätverstellung, ESV *f*
Ang: electronic retard device *n*
Esp: variación a retardo electrónica *f*

retard de phase (frein de remorque) *m*
All: Nacheilung (Anhängerbremse) *f*
Ang: negative offset (trailer brake) *n*
Esp: retardo de fase (freno de remolque) *m*

retour (électrovalve ABS) *m*
All: Rücklauf (ABS-Magnetventil) *m*
Ang: return line (ABS solenoid valve) *n*
Esp: retorno (electroválvula del ABS) *m*

retour d'allumage *m*
All: Saugrohrrückzündung *f*
Ang: backfiring *n*
Esp: retorno de la llama por el tubo de admisión *m*

retour de carburant *m*
All: Kraftstoffrücklauf *m*
Ang: fuel return line *n*
Esp: retorno de combustible *m*

retour de l'huile de graissage *m*
All: Schmierölrücklauf *m*
Ang: lube oil return *n*
Esp: retorno de aceite lubricante *m*

retour par la masse *m*
All: Masserückführung *f*
Ang: ground return *n*
Esp: retorno a masa *m*

rétraction *f*
All: Schrumpfung *f*
Ang: shrinkage *n*
Esp: contracción *f*

rétrogradation *f*
All: Rückschaltung *f*
Ang: downshift *n*
Esp: cambio a marcha inferior *m*

rétroviseur orientable *m*
All: Ausrichtspiegel (Lichttechnik) *m*
Ang: alignment mirror (lighting) *n*
Esp: espejo de alineación (técnica de iluminación) *m*

revêtement *m*
All: Beschichtung *f*
Ang: coating *n*
Esp: recubrimiento *m*

revêtement caoutchouté *m*
All: Gummieren *n*
Ang: rubber coating *n*
Esp: revestimiento de goma *m*

revêtement catalytique *m*
All: katalytische Beschichtung *f*
Ang: catalytic layer *n*
Esp: capa catalítica *f*

revêtement de contact *m*
All: Gleitbeschichtung *f*
Ang: anti-friction coating *n*
Esp: recubrimiento antideslizamiento *m*

revêtement de poudre *m*
All: pulverbeschichtet *pp*
Ang: powder coated *pp*
Esp: pintado a polvo *pp*

revêtement en émail *m*
All: Emailüberzug *m*
Ang: enamel coating *n*
Esp: capa esmaltada *f*

revêtement plastique *m*
All: Auskleiden *n*
Ang: plastic coating *n*
Esp: revestimiento *m*

revêtement routier *m*
All: Straßendecke *f*
(Fahrbahn) *f*
Ang: road surface *n*
Esp: firme *m*
(pavimento) *m*

revêtement sous caisse *m*
All: Bodenverkleidung *f*
Ang: underbody panel *n*
Esp: revestimiento del piso *m*

riche (mélange air-carburant) *adj*
All: fett (Luft-Kraftstoff-Gemisch) *adj*
Ang: rich (air-fuel mixture) *adj*

Français

Esp: rica (mezcla aire-combustible) *adj*

rigidité *f*
All: Steifigkeit *f*
Ang: rigidity *n*
Esp: rigidez *f*

rigidité diélectrique *f*
All: spannungsfest *adj*
Ang: surge proof *adj*
Esp: resistente a tensiones eléctricas *adj*

rigidité du pneumatique *f*
All: Reifensteifigkeit *f*
Ang: tire rigidity *n*
Esp: rigidez de neumático *f*

rigidité élastique *f*
All: Koppelfedersteife *f*
Ang: coupling spring stiffness *n*
Esp: rigidez del muelle de acoplamiento *f*

rigidité torsionnelle *f*
All: Drehfederkonstante *f*
Ang: torsional spring rate *n*
Esp: coeficiente de rigidez torsional *m*

rigole *f*
All: Ablaufrinne *f*
Ang: drainage channel *n*
Esp: canaleta de desagüe *f*

risque de fragilisation *m*
All: Versprödungsgefahr *f*
Ang: risk of brittleness *n*
Esp: peligro de fragilización *m*

rivet à tête fraisée *m*
All: Senkniet *m*
Ang: countersunk rivet *n*
Esp: remache avellanado *m*

rivet à tête ronde *m*
All: Halbrundniet *m*
Ang: mushroom-head rivet *n*
Esp: remache de cabeza semiredonda *m*

rivet aveugle *m*
All: Blindniet *m*
Ang: pop rivet *n*
Esp: remache ciego *m*

rivet bifurqué *m*
All: Halbhohlniet *m*
Ang: semi-hollow rivet *n*
Esp: remache semihueco *m*

rivet creux *m*
All: Hohlniet *m*
Ang: hollow rivet *n*
Esp: remache hueco *m*

rivet explosif *m*
All: Sprengniet *m*
Ang: explosive rivet *n*
Esp: remache explosivo *m*

rivet tubulaire *m*
All: Rohrniet *m*
Ang: tubular rivet *n*
Esp: remache tubular *m*

rivetage à froid *m*
All: Kaltnietung *f*
Ang: cold riveting *n*
Esp: remachado en frío *m*

robinet à quatre voies *m*
All: Vierwegehahn *m*
Ang: four way cock *n*
Esp: grifo de cuatro vías *m*

robinet d'arrêt *m*
All: Absperrhahn *m*
Ang: cutoff valve *n*
Esp: llave de cierre *f*

robinet d'arrêt *m*
All: Abstellhahn *m*
Ang: shutoff valve *n*
Esp: llave de desconexión *f*

robinet de batterie *m*
All: Batterieschalter *m*
Ang: battery master switch *n*
Esp: interruptor de la batería *m*

robinet de purge *m*
All: Ablasshahn *m*
Ang: drain cock *n*
Esp: llave de purga *f*

robinet de purge *m*
All: Entlüftungshahn *m*
Ang: bleed cock *n*
Esp: llave de purga de aire *f*

robinet d'isolement des vapeurs de carburant *m*
All: Kraftstoffverdunstungs-Absperrventil *n*
Ang: evaporative emission shutoff valve *n*
Esp: válvula de cierre de vapores de combustible *f*

rodage *m*
All: Einlauf *m*
Ang: run in *n*
Esp: rodaje *m*

rondelle calorifuge (injecteur) *f*
All: Wärmeschutzscheibe (Einspritzdüse) *f*
Ang: thermal protection disk (injection nozzle) *n*
Esp: cristal anticalorífico (inyector) *m*

rondelle d'arrêt *f*
All: Sicherungsscheibe *f*
Ang: locking washer *n*
(lock washer) *n*
Esp: disco de seguridad *m*

rondelle de calage *f*
All: Unterlegscheibe *f*
Ang: plain washer *n*
Esp: arandela *f*

rondelle de compensation de pression *f*
All: Druckeinstellscheibe *f*
Ang: pressure-adjusting shim *n*
Esp: disco de ajuste de presión *m*

rondelle de feutre *f*
All: Filzring *m*
Ang: felt washer *n*
Esp: anillo de fieltro *m*

rondelle de friction (démarreur) *f*
All: Anlaufscheibe (Starter) *f*
Ang: thrust washer (starter) *n*
Esp: arandela de tope (motor de arranque) *f*

rondelle de guidage *f*
All: Führungsscheibe *f*
Ang: guide washer *n*
Esp: arandela guía *f*

rondelle de swirl (injecteur haute pression) *f*
All: Drallscheibe *f*
Ang: swirl induction plate *n*
Esp: arandela de torsión *f*

rondelle déflectrice *f*
All: Prallscheibe *f*
Ang: impact plate *n*
Esp: arandela de rebotamiento *f*

rondelle d'étanchéité *f*
All: Abdichtscheibe *f*
Ang: sealing washer *n*
Esp: disco estanqueizante *m*

rondelle d'étanchéité *f*
All: Dichtscheibe *f*
Ang: gasket *n*
Esp: arandela de junta *f*

rondelle d'obturation *f*
All: Verschlussscheibe *f*
Ang: sealing washer *n*
Esp: disco obturador *m*

rondelle élastique *f*
All: Federscheibe *f*
Ang: spring washer *n*
Esp: arandela elástica *f*

rondelle en caoutchouc *f*
All: Gummischeibe *f*
Ang: rubber disc *n*
Esp: disco de goma *m*

rondelle Grower *f*
All: Federring *m*
Ang: lock washer *n*
Esp: arandela de resorte *f*
(arandela grover) *f*

rondelle isolante *f*
All: Isolierscheibe *f*
Ang: insulating washer *n*
(insulator shim) *n*
Esp: arandela aislante *f*

rondelle-ressort *f*
All: Tellerfeder *f*
Ang: disc spring *n*
(spring plate) *n*
Esp: muelle de disco *m*

ronflement (perturbation) *m*
All: brummen (Funkstörung) *v*
Ang: hum (radio disturbance) *v*
Esp: zumbar (interferencias de radio) *v*

ronfleur *m*

All: Summer *m*
Ang: buzzer *n*
Esp: avisador acústico *m*

rotation à droite *f*
All: Rechtslauf *m*
Ang: clockwise rotation *n*
Esp: rotación en sentido horario *f*

rotation à gauche *f*
All: Linkslauf *m*
Ang: counterclockwise rotation *n*
Esp: giro a la izquierda *m*

rotation de l'arbre à cames *f*
All: Nockenwellenumdrehung *f*
Ang: camshaft revolution *n*
Esp: revolución del árbol de levas *f*

rotation du pignon *f*
All: Ritzelverdrehung *f*
Ang: pinion rotation *n*
Esp: giro del piñón *m*

rotation du vilebrequin *f*
All: Kurbelumdrehung *f*
Ang: crankshaft revolution *n*
Esp: revolución del cigüeñal *f*

rotation du vilebrequin *f*
All: Kurbelwellenumdrehung *f*
Ang: crankshaft revolution *n*
Esp: revolución del cigüeñal *f*

rotor *m*
All: Flügelrad *n*
Ang: impeller *n*
Esp: rodete *m*

rotor *m*
All: Flügelrad *n*
Ang: impeller wheel *n*
Esp: rodete *m*

rotor (échangeur de pression) *m*
All: Läufer *m*
(Rotor) *n*
Ang: rotor (pressure supercharger) *n*
Esp: rotor *m*

rotor (pompe à accélération périphérique) *m*
All: Laufrad (Peripheralpumpe) *n*
Ang: impeller ring (peripheral pump) *n*
Esp: rodete (bomba periférica) *m*

rotor à cage *m*
All: Käfigläufer *m*
Ang: squirrel cage rotor *n*
Esp: rotor de jaula de ardilla *m*

rotor à cages (pompe multicellulaire à rouleaux) *m*
All: Läuferscheibe (Rollenzellenpumpe) *f*
Ang: rotor plate (roller-cell pump) *n*
Esp: disco de rotor (bomba multicelular a rodillos) *m*

rotor à griffes *m*
All: Klauenpolläufer *m*
Ang: claw pole rotor *n*
Esp: rotor de polos intercalados *m*

rotor à pièce conductrice (alternateur) *m*
All: Leitstückläufer (Generator) *m*
Ang: windingless rotor (alternator) *n*
Esp: rotor sin devanados (alternador) *m*

rotor à pôles saillants *m*
All: Einzelpolläufer *m*
Ang: salient pole rotor *n*
Esp: rotor monopolar *m*

rotor d'actionneur *m*
All: Stellwerkrotor *m*
Ang: actuator rotor *n*
Esp: rotor de posicionador *m*

rotor de freinage *m*
All: Bremsrotor *m*
Ang: braking rotor *n*
Esp: rotor de frenado *m*

rotor de pompe *m*
All: Pumpenrad *n*
Ang: pump rotor *n*
Esp: impulsor de bomba *m*

rotor de synchronisation *m*
All: Impulsgeberrad *n*
(Blendenrotor) *m*
Ang: trigger wheel *n*
Esp: rueda del generador de impulsos *f*

rotor distributeur (allumage) *m*
All: Verteilerfinger (Zündung) *m*
(Verteilerläufer) *m*
(Zündverteilerläufer) *m*
Ang: distributor rotor (ignition) *n*
Esp: rotor distribuidor (encendido) *m*

rotor distributeur *m*
All: Zündverteilerläufer *m*
Ang: distributor rotor *n*
(ignition-distributor cap) *n*
Esp: rotor del distribuidor de encendido *m*

rotor excentré (suralimentation) *m*
All: Verdränger (Aufladung) *m*
Ang: displacer element (supercharging) *n*
Esp: rotor excéntrico (sobrealimentación) *m*

rotor extérieur *m*
All: Außenläufer *m*
Ang: outer rotor *n*
Esp: rotor exterior *m*

rotor intérieur *m*
All: Innenläufer *m*
Ang: inner rotor *n*
Esp: rotor interior *m*

rotule *f*
All: Kugelkopf *m*
(Kugelbolzen) *m*
Ang: ball head *n*
Esp: cabeza esférica *f*

roue à chaîne *f*
All: Kettenrad *n*
Ang: sprocket *n*
(chain wheel) *n*
Esp: rueda de cadena *f*

roue à cliquet *f*
All: Sperrrad *n*
Ang: ratchet wheel *n*
Esp: rueda de trinquete *f*

roue à denture droite *f*
All: Stirnrad *n*
Ang: spur gear *n*
Esp: rueda dentada recta *f*

roue à denture hélicoïdale *f*
All: Schneckenrad *n*
Ang: worm gear *n*
Esp: rueda helicoidal *f*

roue à denture intérieure *f*
All: Hohlrad *n*
Ang: internal gear (ring gear) *n*
Esp: corona de dentado interior *f*

roue à palettes *f*
All: Flügelzellenrad *n*
Ang: vane pump actuator wheel *n*
Esp: rueda celular de aletas *f*

roue à palettes (ralentisseur hydrodynamique) *f*
All: Schaufelrad (hydrodynamischer Verlangsamer) *n*
Ang: blade wheel (hydrodynamic retarder) *n*
Esp: rueda de álabes (retardador hidrodinámico) *f*

roue à rayons *f*
All: Speichenrad *n*
Ang: spoked wheel *n*
Esp: rueda de radios *f*

roue conique *f*
All: Kegelrad *n*
Ang: bevel gear *n*
Esp: piñón cónico *m*

roue crantée *f*
All: Geberrad *n*
Ang: sensor ring *n*
Esp: rueda del transmisor *f*
(rueda del captador) *f*

roue d'adhérence *f*
All: Greiferrad *n*
Ang: strake wheel *n*
Esp: rueda todo terreno *f*

roue d'engrenage *f*
All: Zahnrad *n*
Ang: gear wheel *n*
Esp: rueda dentada *f*

roue dentée *f*
All: Zahnrad *n*
Ang: gear *n*
(ring gear) *n*
Esp: rueda dentada *f*

roue en alliage léger *f*
All: Leichtmetallrad *n*
Ang: light alloy wheel *n*

Français

Esp: llanta de aleación ligera *f*

roue hélicoïdale ***f***
All: Schraubenrad *n*
Ang: helical wheel *n*
Esp: rueda helicoidal *f*

roue hélicoïdale ***f***
All: Schraubenrad *n*
Ang: impeller wheel *n*
Esp: rueda helicoidal *f*

roue jumelée ***f***
All: Zwillingsrad *n*
Ang: twin wheel *n*
Esp: rueda gemela *f*

roue libre ***f***
All: Freilauf (Starter) *m*
(Rollenfreilauf) *m*
Ang: roller type overrunning clutch (starter) *n*
Esp: rueda libre (motor de arranque) *f*

roue libre à coins coulissants ***f***
All: Innenkeilfreilauf *m*
Ang: inner wedge type overrunning clutch *n*
Esp: rueda libre de cuña interna *f*

roue libre à denture droite ***f***
All: Stirnzahnfreilauf *m*
Ang: spur gear overrunning clutch *n*
Esp: rueda libre de dientes rectos *f*

roue motrice ***f***
All: Treibrad (Sicherheitsgurt) *n*
Ang: driving wheel (seat belt) *n*
Esp: rueda propulsora (cinturón de seguridad) *f*

roue polaire ***f***
All: Polrad *n*
Ang: pole wheel *n*
Esp: rueda polar *f*

roulage ***m***
All: Fahrbetrieb *m*
Ang: driving mode *n*
Esp: servicio de marcha *m*

rouleau de papier (filtre à carburant) ***m***
All: Papierwickel (Kraftstofffilter) *m*
Ang: paper element (fuel filter) *n*
Esp: rollo de papel (filtro de combustible) *m*

rouleau d'entraînement (banc d'essai) ***m***
All: Antriebsrolle (Rollenbremsprüfstand) *f*
(Laufrolle) *f*
Ang: drive roller (dynamic brake analyzer) *n*
Esp: rodillo de accionamiento (banco de pruebas de frenos de rodillos) *m*

rouleau palpeur (banc d'essai) ***m***
All: Tastrolle (Rollenbremsprüfstand) *f*
Ang: sensor roller (dynamic brake analyzer) *n*
Esp: rodillo palpador (banco de pruebas de frenos de rodillos) *m*

rouleau suiveur (banc d'essai) ***m***
All: Auflaufrolle (Rollenbremsprüfstand) *f*
Ang: secondary roller (dynamic brake analyzer) *n*
Esp: rodillo secundario (banco de pruebas de frenos de rodillos) *m*

roulement à aiguilles ***m***
All: Nadellager *n*
Ang: needle bearing *n*
Esp: cojinete de agujas *m*

roulement à billes ***m***
All: Kugellager *n*
Ang: ball bearing *n*
Esp: rodamiento de bolas *m*

roulement à rouleaux ***m***
All: Rollenlager *n*
Ang: rolling element *n*
Esp: cojinete de rodillos *m*

roulement de fusée d'essieu ***m***
All: Achsschenkellager *n*
Ang: steering-knuckle bearing *n*
Esp: cojinete de mangueta *m*

roulement de roue ***m***
All: Radlager *n*
Ang: wheel bearing *n*
Esp: cojinete de rueda *m*

roulement du pignon d'attaque ***m***
All: Ritzellagerung *f*
Ang: pinion bearing *n*
Esp: cojinete del piñón *m*

roulis ***m***
All: Wanken *n*
Ang: roll *n*
Esp: balanceo *m*

rugosité de surface ***f***
All: Oberflächenrauigkeit *f*
Ang: surface roughness *n*
Esp: rugosidad superficial *f*

rupteur (allumage) ***m***
All: Unterbrecher (Zündung) *m*
(Zündunterbrecher) *m*
Ang: ignition contact breaker *n*
Esp: ruptor (encendido) *m*
(ruptor de encendido) *m*

rupteur ***m***
All: Zündunterbrecher *m*
Ang: ignition contact breaker *n*
Esp: ruptor de encendido *m*

rupture de câble ***f***
All: Kabelbruch *m*
Ang: cable break *n*
Esp: rotura de cable *f*

rupture de ressort ***f***
All: Federbruch *m*
Ang: spring fracture *n*
Esp: rotura de muelle *f*

rupture par fatigue ***f***
All: Dauerbruch *m*
Ang: fatigue fracture *n*
Esp: fractura por fatiga *f*

rupture par fatigue ***f***
All: Ermüdungsbruch *m*
Ang: fatigue failure *n*
Esp: rotura por fatiga *f*

rythme de commutation ***m***
All: Schaltrhythmus *m*
Ang: switching frequency *n*
Spa: frecuencia de conmutación *f*

S

sac de collecte ***m***
All: Beutel (Abgastechnik) *m*
Ang: sample bag (emissions-control engineering) *n*
Esp: bolsa de muestras (técnica de gases de escape) *f*

saillie ***f***
All: Zahnhöhe *f*
Ang: addendum *n*
Esp: altura de diente *f*

saisie de valeur analogique ***f***
All: Analogwerterfassung *f*
Ang: analog value sampling *n*
Esp: registro de valor analógico *m*

saisie des paramètres de fonctionnement ***f***
All: Betriebsdatenerfassung *f*
Ang: operating data acquisition *n*
Esp: recogida de datos de operación *f*

saisie des paramètres de mesure ***f***
All: Messdatenerfassung *f*
Ang: measuring data acquisition *n*
Esp: captación de datos de medición *f*

saisie des signaux ***f***
All: Signalerfassung *f*
Ang: signal acquisition *n*
Esp: registro de señales *m*

saisie du couple de braquage ***f***
All: Lenkmomentsensierung *f*
Ang: steering wheel torque sensing *n*
Esp: captación del par de dirección *f*

saisie du couple de traction ***f***
All: Antriebsmomentsensierung *f*
Ang: drive torque sensing *n*
Esp: sensor del par motor *m*

salle anéchoïde ***f***
All: Absorberhalle *f*
(Absorberraum) *m*
Ang: anechoic chamber *n*
(absorber room) *n*
Esp: cámara anecoica *f*

sangle abdominale ***f***
All: Beckengurt *m*
Ang: shoulder belt *n*

Français

Esp: cinturón abdominal *m*

sangle thoracique ***f***
All: Schultergurt *m*
Ang: shoulder strap *n*
Esp: cinturón de hombros *m*

sans déformation ***loc***
All: verspannungsfrei *adj*
Ang: free from distortion *adj*
Esp: libre de deformación *loc*

sans entretien ***loc***
All: wartungsfrei *adj*
Ang: maintenance free *adj*
Esp: libre de mantenimiento *loc*

sans frottement ***loc***
All: reibungsfrei *adj*
Ang: frictionless *adj*
Esp: sin fricción *loc*

sans plomb (essence) ***loc***
All: bleifrei (Benzin) *adj*
(unverbleit) *pp*
Ang: unleaded (gasoline) *pp*
Esp: sin plomo (gasolina) *loc*

sans usure ***loc***
All: verschleißfrei *adj*
Ang: wear and tear resistant *adj*
Esp: libre de desgaste *loc*

satellite ***m***
All: Planetenrad *n*
(Umlaufrad) *n*
Ang: planet gear *n*
Esp: rueda planetaria *f*
(piñón satélite) *m*

saturation ***f***
All: Sättigung *f*
Ang: saturation *n*
Esp: saturación *f*

saturation en NO_x ***f***
All: NO_x-Sättigung *f*
Ang: NO_x saturation *n*
Esp: saturación de NO_x *f*

schéma de bobinage ***m***
All: Wickelschema *n*
Ang: winding diagram *n*
Esp: diagrama de bobinado *m*

schéma de connexion ***m***
All: Anschlussplan *m*
Ang: terminal diagram *n*
Esp: esquema de conexiones *m*

schéma de graissage ***m***
All: Schmierplan *m*
Ang: lubrication diagram *n*
(lubrication chart) *n*
Esp: esquema de lubricación *m*

schéma des circuits ***m***
All: Stromlaufplan *m*
Ang: schematic diagram *n*
Esp: esquema de circuito *m*

schéma électrique ***m***
All: Schaltplan *m*
Ang: circuit diagram *n*
Esp: esquema eléctrico *m*

schéma électrique ***m***
All: Stromlaufplan *m*
Ang: circuit diagram *n*
Esp: esquema de circuito *m*

schéma fonctionnel ***m***
All: Wirkschaltplan *m*
(Übersichtsschaltplan) *m*
Ang: assembled representation diagram *n*
(block diagram) *n*
Esp: esquema funcional *m*

schéma synoptique ***m***
All: Blockschaltbild *n*
(Übersichtsschaltplan) *m*
Ang: block diagram *n*
Esp: diagrama de bloques *m*

se mettre en portefeuille (semi-remorque) ***m***
All: einknicken (Sattelzug) *v*
(Jackknifing) *n*
Ang: jacknife (semitrailer unit) *v*
Esp: doblarse (tractocamión articulado) *v*

section d'admission ***f***
All: Ansaugquerschnitt *m*
Ang: intake cross-section *n*
Esp: sección de admisión *f*

section d'arrivée (pompe distributrice) ***f***
All: Einlassquerschnitt (Verteiler-einspritzpumpe) *m*
Ang: inlet passage (distributor pump) *n*
Esp: sección de admisión (bomba de inyección rotativa) *f*

section de câble ***f***
All: Kabelquerschnitt *m*
Ang: cable cross-section *n*
Esp: sección de cable *f*

section de passage ***f***
All: Durchflussquerschnitt *m*
Ang: metering orifice *n*
Esp: sección de flujo *f*

section de passage de flux ***f***
All: Strömungsquerschnitt *m*
Ang: flow cross section *n*
Esp: sección de caudal de paso *f*

section d'écoulement ***f***
All: Ausflussquerschnitt *m*
Ang: outlet cross-section *n*
Esp: sección del orificio de escape *f*

section du conducteur ***f***
All: Leiterquerschnitt *m*
Ang: conductor cross section *n*
Esp: sección de conductor *f*

sécurité antirotation (commande des portes) ***f***
All: Verdrehsicherung (Türbetätigung) *f*
Ang: anti rotation element (door control) *n*
Esp: seguro antigiro (accionamiento de puerta) *m*

sécurité antivol ***f***
All: Diebstahlsicherung *f*
Ang: theft deterrence *n*
Esp: seguro antirrobo *m*

sécurité au flambage ***f***
All: Knicksicherheit *f*
Ang: resistance to buckling *n*
Esp: seguridad contra el pandeo *f*

sécurité de commande ***f***
All: Bedienungssicherheit *f*
Ang: operational safety *n*
Esp: seguridad de manejo *f*

sécurité de conduite ***f***
All: Fahrsicherheit *f*
Ang: driving safety *n*
Esp: seguridad de conducción *f*

sécurité de mise en veille (alarme auto) ***f***
All: Aktivierungssperre (Autoalarm) *f*
Ang: activation blocking (car alarm) *n*
Esp: bloqueo de activación (alarma de vehículo) *m*

sécurité en cas de panne (alarme auto) ***f***
All: Ausfallsperre (Autoalarm) *f*
Ang: failure protection (car alarm) *n*
Esp: bloqueo de fallos (alarma de vehículo) *m*

sécurité intérieure ***f***
All: innere Sicherheit *f*
Ang: interior safety *n*
Esp: seguridad interior *f*

sécurité passive ***f***
All: passive Sicherheit *f*
Ang: passive safety *n*
Esp: seguridad pasiva *f*

segment à face conique ***m***
All: Minutenring *m*
Ang: taper face compression ring *n*
Esp: aro de compresión con cara oblicua *m*

segment de frein ***m***
All: Bremsbacke *f*
Ang: brake shoe *n*
Esp: zapata de freno *f*

segment de piston ***m***
All: Kolbenring *m*
Ang: piston ring *n*
Esp: aro de pistón *m*

segment trapézoïdal ***m***
All: Trapezring *m*
Ang: keystone ring *n*
Esp: anillo trapezoidal *m*

sélecteur de circuit ***m***
All: Wechselventil *n*
Ang: shuttle valve *n*
Esp: válvula alternativa *f*

sélecteur de mode de fonctionnement ***m***
All: Betriebsartschalter *m*

Français

Ang: mode switch *n*
Esp: interruptor de modos de operación *m*

sélecteur de programme ***m***
All: Programmwahlschalter *m*
Ang: program selector *n*
Esp: conmutador selector de programa *m*

sélecteur de rapport de vitesse ***m***
All: Getriebewählhebel *m*
Ang: selector lever *n*
Esp: palanca selectora de cambio *f*

sélecteur de température ***m***
All: Temperatursteller *m*
Ang: temperature actuator *n*
Esp: ajustador de temperatura *m*

sélection de la langue ***f***
All: Sprachauswahl *f*
Ang: language selection *n*
Esp: selección de idioma *f*

self d'antiparasitage ***f***
All: Entstördrossel *f*
Ang: interference suppression choke *n*
Esp: estrangulador antiparasitario *m*

sellette de semi-remorque ***f***
All: Aufsattelkupplung *f*
Ang: fifthwheel coupling *n*
Esp: acoplamiento de enganche *m*

semi-conducteur ***m***
All: Halbleiter *m*
Ang: semiconductor *n*
Esp: semiconductor *m*

semi-réfléchissant ***adj***
All: teildurchlässig *adj*
Ang: semi transparent *adj*
Esp: semitransparente *adj*

semi-remorque ***m***
All: Sattelschlepper *m*
Ang: seminartrailer tractor *n*
Esp: cabeza tractora *f*

semi-remorque ***m***
All: Sattelzug *m*
Ang: semitrailer *n*
Esp: tractocamión articulado *m*

s'encliqueter ***v***
All: einrasten *v*
Ang: snap in *v*
Esp: encastrar *v*

sens d'écoulement ***m***
All: Strömungsrichtung *f*
Ang: flow direction *n*
Esp: sentido de flujo *m*

sens d'action ***m***
All: Wirkrichtung *f*
Ang: force transfer direction *n*
Esp: sentido de acción *m*

sens de circulation du courant ***m***
All: Stromrichtung *f*
Ang: current direction *n*
Esp: dirección de corriente *f*

sens de déplacement ***m***
All: Bewegungsrichtung *f*
Ang: direction of motion *n*
Esp: dirección de movimiento *f*

sens de déplacement ***m***
All: Fahrtrichtung *f*
(Rollrichtung) *f*
Ang: running direction *n*
(direction of travel) *n*
Esp: dirección de marcha *f*

sens de la gravité ***m***
All: Schwerkraftrichtung *f*
Ang: direction of gravitational force *n*
Esp: dirección de la fuerza de gravedad *f*

sens de rotation ***m***
All: Drehrichtung *f*
Ang: direction of rotation *n*
Esp: sentido de giro *m*

sens d'extraction ***m***
All: Abzugsrichtung *f*
Ang: pull off direction *n*
Esp: dirección de extracción *f*

sens d'injection ***m***
All: Einspritzrichtung *f*
Ang: injection direction *n*
Esp: dirección de inyección *f*

sensibilité ***f***
All: Empfindlichkeit (Messtechnik) *f*
Ang: sensitivity *n*
Esp: sensibilidad (metrología) *f*

sensibilité transversale (capteur) ***f***
All: Querempfindlichkeit (Sensor) *f*
Ang: cross sensitivity (sensor) *n*
Esp: sensibilidad transversal (sensor) *f*

sensible aux perturbations ***loc***
All: störempfindlich *adj*
Ang: susceptible to interference *n*
Esp: sensible a interferencias *adj*

séparateur (batterie) ***m***
All: Separator (Batterie) *m*
(Abscheider) *m*
Ang: separator (battery) *n*
Esp: separador (batería) *m*

séparateur à filtration ***m***
All: Filtrationsabscheider *m*
Ang: filtration separator *n*
Esp: separador de filtración *m*

séparateur centrifuge ***m***
All: Fliehkraftabscheider *m*
Ang: centrifugal separator *n*
Esp: separador centrífugo *m*

séparateur d'air du carburant ***m***
All: Kraftstoffluftabscheider *m*
Ang: fuel air separator *n*
Esp: desgasificador del combustible *m*

séparateur de particules de suie ***m***
All: Rußabscheider *m*
Ang: soot separator *n*
Esp: separador de hollín *m*

séparateur d'eau ***m***
All: Wasserabscheider *m*
Ang: water separator *n*
Esp: separador de agua *m*

séparateur d'eau ***m***
All: Wasserabscheider *m*
Ang: water trap *n*
Esp: separador de agua *m*

séparateur d'eau du carburant ***m***
All: Kraftstoffwasserabscheider *m*
Ang: fuel water separator *n*
Esp: separador agua-combustible *m*

séparateur d'huile ***m***
All: Ölabscheider *m*
Ang: oil separator *n*
Esp: separador de aceite *m*

séparateur électrique ***m***
All: Elektroabscheider *m*
Ang: electrical separator *n*
Esp: separador eléctrico *m*

séquence de test tribologique ***f***
All: tribologische Prüfkette *f*
Ang: tribological test sequence *n*
Esp: secuencia tribológica de ensayo *f*

séquentiel ***adj***
All: sequenziell *adj*
Ang: sequential *adj*
Esp: secuencial *adj*

série ***f***
All: Baureihe *f*
Ang: type range *n*
Esp: serie *f*

série ***f***
All: Baureihe *f*
Ang: series *n*
Esp: serie *f*

série de courses ***f***
All: Hubphase *f*
Ang: stroke phase *n*
Esp: fase de carrera *f*

sériel ***adj***
All: seriell *adj*
Ang: serial *adj*
Esp: serial *adj*

serpentin ***m***
All: Rohrschlange *f*
Ang: coiled pipe *n*
(coiled tube) *n*
Esp: serpentín *m*

serrure à barillet (bobine d'allumage spéciale) ***f***
All: Schlosszylinder (Sonderzündspule) *m*
Ang: lock barrel (special ignition coil) *n*
Esp: cilindro de cierre (bobina especial de encendido) *m*

serrure de contact ***f***
All: Zündschloss *n*

Français

Ang: ignition lock — n
Esp: llave de encendido — f

serrure de hayon — ***f***
All: Heckklappenschloss — n
Ang: tailgate lock — n
Esp: cerradura de portón trasero — f

sertir — ***v***
All: crimpen — v
Ang: crimp — v
Esp: engastar — v

sertissage — ***m***
All: Crimpverbindung — f
Ang: crimped connection — n
Esp: conexión engastada — f

servante d'atelier — ***f***
All: Arbeitswagen — m
Ang: work trolley — n
Esp: carro de trabajo — m

serveur de ceinture — ***m***
All: Gurtbringer — m
Ang: seat belt extender — n
Esp: aproximador de cinturón — m

service « freins » — ***m***
All: Bremsendienst — m
Ang: brake repair service — n
Esp: servicio de frenos — m

servocommande — ***f***
All: Servoantrieb — m
Ang: drive unit — n
(servo drive) — n
Esp: servoaccionamiento — m

servocommande de positionnement — ***f***
All: Verstellantrieb — m
Ang: servo unit — n
Esp: accionamiento regulador — m

servodirection — ***f***
All: Fremdkraftlenkanlage — f
Ang: power steering system — n
Esp: sistema de dirección de fuerza externa — m

servo-embrayage — ***m***
All: Servokupplung — f
Ang: servoclutch — n
Esp: servoembrague — m

servofrein (voiture) — ***m***
All: Bremskraftverstärker (Pkw) — m
Ang: brake booster (passenger car) — n
Esp: amplificador de la fuerza de frenado (turismo) — m

servofrein (frein à tambour) — ***m***
All: Servobremse (Trommelbremse) — f
Ang: servo brake (drum brake) — n
Esp: servofreno (freno de tambor) — m

servofrein à dépression — ***m***
All: Unterdruck-Bremskraftverstärker — m
Ang: vacuum brake booster — n
(vacuum booster) — n
Esp: amplificador de freno por depresión — m

servofrein duo — ***m***
All: Duo-Servobremse — f
Ang: duo servo brake — n
Esp: servofreno duo — m

servofrein hydraulique — ***m***
All: Hydraulik-Bremskraftverstärker — m
Ang: hydraulic brake booster — n
Esp: servofreno hidráulico — m

servomoteur — ***m***
All: Stellmotor — m
(Verstellmotor) — m
Ang: servomotor — n
Esp: servomotor — m

servomoteur de papillon — ***m***
All: Drosselklappenstellmotor — m
Ang: throttle valve positioning motor — n
Esp: servomotor de mariposa — m

servopompe à huile — ***f***
All: Servoölpumpe — f
Ang: servo oil pump — n
(power-assisted steering) — n
Esp: servobomba de aceite — f

servopompe d'injection — ***f***
All: Servoeinspritzpumpe — f
Ang: servo fuel-injection pump — n
Esp: servobomba de inyección — f

seuil croissant (capteur d'accélérateur) — ***m***
All: Anstiegsschwellwert (Fahrpedalsensor) — m
Ang: increase threshold value (accelerator-pedal sensor) — n
Esp: valor umbral de subida (sensor del acelerador) — m

seuil d'audibilité — ***m***
All: Hörschwelle — f
Ang: threshold of audibility — n
Esp: umbral de audición — m

seuil d'auto-inflammation — ***m***
All: Selbstzündgrenze — f
Ang: auto ignition threshold — n
Esp: límite de autoignición — m

seuil de coupure — ***m***
All: Ausschaltschwelle — f
Ang: shutoff threshold — n
Esp: umbral de desconexión — m

seuil de déclenchement — ***m***
All: Auslöseschwelle — f
Ang: trigger threshold — n
Esp: umbral de disparo — m

seuil de glissement (ABS) — ***m***
All: Schlupfschaltschwelle (ABS) — f
Ang: slip switching threshold (ABS) — n
Esp: umbral de conexión en resbalamiento (ABS) — m

seuil de passage de vitesse — ***m***
All: Schaltpunkt (Getriebesteuerung) — m
Ang: shifting point (transmission control) — n
(gear change point) — n
Esp: punto de cambio de marcha (control de cambio) — m

seuil de régime — ***m***
All: Drehzahlschwelle — f
Ang: engine speed threshold — n
Esp: umbral de revoluciones — m

seuil de régulation — ***m***
All: Regelschwelle — f
Ang: control threshold — n
Esp: magnitud umbral de regulación — f

seuil de réponse — ***m***
All: Ansprechschwelle — f
Ang: response threshold — n
Esp: umbral de reacción — m

seuil de température — ***m***
All: Temperaturschwelle — f
Ang: temperature threshold — n
Esp: umbral de temperatura — m

seuil décroissant (capteur d'accélérateur) — ***m***
All: Abfallschwellwert (Fahrpedalsensor) — m
Ang: decrease threshold value (accelerator-pedal sensor) — n
Esp: valor umbral de caída (sensor del pedal acelerador) — m

seuil d'enclenchement — ***m***
All: Einschaltschwelle — f
Ang: switch on threshold — n
Esp: umbral de conexión — m

siège conique — ***m***
All: Kegeldichtsitz — m
(Kegelsitz) — m
Ang: conical seat — n
Esp: asiento cónico estanqueizante — m
(asiento cónico) — m

siège de l'aiguille d'injecteur — ***m***
All: Düsennadelsitz — m
Ang: nozzle-needle seat — n
Esp: asiento de la aguja del inyector — m

siège de soupape — ***m***
All: Ventilsitz — m
Ang: valve seat — n
Esp: asiento de válvula — m

siège de soupape d'admission (moteur à combustion) — ***m***
All: Einlassventilsitz (Verbrennungsmotor) — m
(Einlasssitz) — m
Ang: intake valve seat (IC engine) — n
Esp: asiento de válvula de admisión (motor de combustión) — m

siège de soupape de refoulement — ***m***

Français

All: Druckventilsitz *m*
Ang: delivery valve seat *n*
Esp: asiento de válvula de presión *m*

siège de soupape d'échappement ***m***
All: Auslassventilsitz *m*
(Druckventilsitz) *m*
Ang: discharge-valve seat *n*
(delivery-valve seat) *n*
Esp: asiento de válvula de descarga *m*
(asiento de válvula de presión) *m*

siège d'étanchéité ***m***
All: Dichtsitz *m*
Ang: seal seat *n*
Esp: asiento de junta *m*

siège d'injecteur ***m***
All: Düsensitz *m*
Ang: nozzle seat *n*
Esp: asiento de inyector *m*

signal ***m***
All: Signal *n*
Ang: signal *n*
Esp: señal *f*

signal analogique ***m***
All: Analogsignal *n*
Ang: analog signal *n*
Esp: señal analógica *f*

signal clignotant ***m***
All: Blinksignal *n*
Ang: flashing signal *n*
Esp: señal intermitente *f*

signal d'activation de l'oscillateur Gunn ***m***
All: Gunnoszillator-Einschaltsignal *n*
Ang: gunn oscillator switch-on signal *n*
Esp: señal de activación del oscilador Gunn *f*

signal d'avertisseur sonore ***m***
All: Signalhorn *n*
Ang: horn *n*
(horn) *n*
Esp: bocina *f*

signal de charge sur essieu ***m***
All: Achslastsignal *n*
Ang: axle load signal *n*
Esp: señal de carga del eje *f*

signal de commande ***m***
All: Steuersignal *n*
Ang: control signal (open loop) *n*
Esp: señal de control *f*

signal de commande pression de suralimentation ***m***
All: Ladedrucksteuersignal *n*
Ang: boost pressure control signal *n*
Esp: señal de control de presión de sobrealimentación *f*

signal de coupure ***m***
All: Abschaltsignal *n*
Ang: switchoff signal *n*
Esp: señal de desconexión *f*

signal de défaut ***m***
All: Fehlersignal *n*
Ang: error signal *n*
Esp: señal de avería *f*

signal de détresse ***m***
All: Warnsignal *n*
Ang: warning signal *n*
Esp: señal de advertencia *f*

signal de mesure ***m***
All: Messsignal *n*
Ang: measurement signal *n*
Esp: señal de medición *f*

signal de mode commun ***m***
All: Gleichtaktsignal *n*
Ang: common mode signal *n*
Esp: señal de modo común *f*

signal de pilotage ***m***
All: Ansteuersignal *n*
(Ansteuerimpuls) *m*
Ang: triggering signal *n*
Esp: señal de activación *f*

signal de réduction (ASR) ***m***
All: Reduziersignal (ASR) *n*
Ang: reduction signal (TCS) *n*
Esp: señal de reducción (ASR) *f*

signal de régime ***m***
All: Drehzahlsignal *n*
Ang: engine speed signal *n*
Esp: señal del número de revoluciones *f*

signal de réglage ***m***
All: Stellsignal *n*
Ang: command signal *n*
Esp: señal de ajuste *f*

signal de réglage ***m***
All: Stellsignal *n*
Ang: actuator signal *n*
(acuating signal) *n*
Esp: señal de ajuste *f*

signal de régulation ***m***
All: Regelsignal *n*
Ang: control signal (closed loop) *n*
Esp: señal de regulación *f*

signal de sortie ***m***
All: Ausgangssignal *n*
Ang: output signal *n*
Esp: señal de salida *f*

signal d'émission ***m***
All: Sendebefehl *m*
Ang: transmit command *n*
Esp: orden de emisión *f*

signal d'entrée ***m***
All: Eingangssignal *n*
Ang: input signal *n*
Esp: señal de entrada *f*

signal d'injection ***m***
All: Einspritzsignal *n*
Ang: injection signal *n*
Esp: señal de inyección *f*

signal émetteur ***m***
All: Sendersignal *n*
Ang: transmitter signal *n*
Esp: señal del emisor *f*

signal numérique ***m***
All: Digitalsignal *n*
Ang: digital signal *n*
Esp: señal digital *f*

signal parasite ***m***
All: Störsignal *n*
Ang: interference signal *n*
Esp: señal perturbadora *f*

signal radar ***m***
All: Radarsignal *n*
Ang: radar signal *n*
Esp: señal de radar *f*

signal utile ***m***
All: Nutzsignal *n*
Ang: useful signal *n*
(wanted signal) *n*
Esp: señal útil *f*

silencieux ***m***
All: Auspufftopf (Verbrennungsmotor) *m*
Ang: muffler *n*
(silencer) *n*
Esp: silenciador (motor de combustión) *m*

silencieux (régulateur de pression) ***m***
All: Schalldämpfer (Druckregler) *m*
Ang: silencer (pressure regulator) *n*
Esp: silenciador (regulador de presión) *m*

silencieux ***m***
All: Schalldämpfer *m*
Ang: muffler *n*
Esp: silenciador *m*

silencieux ***m***
All: Schalldämpfer *m*
Ang: exhaust muffler *n*
Esp: silenciador *m*

silencieux à absorption ***m***
All: Absorptionsschalldämpfer *m*
Ang: absorption muffler *n*
Esp: silenciador de absorción *m*

silencieux à réflexion ***m***
All: Reflexionsschalldämpfer *m*
Ang: reflection muffler *n*
Esp: silenciador de reflexión *m*

silencieux à réflexion ***m***
All: Reflexionsschalldämpfer *m*
Ang: baffle silencer *n*
(resonator-type muffler) *n*
Esp: silenciador de reflexión *m*

silencieux arrière ***m***
All: Nachschalldämpfer *m*
Ang: rear muffler *n*
Esp: silenciador final *m*

silencieux avant ***m***
All: Vorschalldämpfer *m*
Ang: front muffler *n*
Esp: silenciador previo *m*

silencieux d'admission ***m***

All: Ansauggeräuschdämpfung *f*
Ang: intake noise damping *n*
Esp: amortiguación del ruido de admisión *f*

silencieux d'échappement *m*
All: Auspuffschalldämpfer (Verbrennungsmotor) *m*
Ang: exhaust muffler *n*
Esp: silenciador de escape (motor de combustión) *m*

silencieux médian *m*
All: Mittelschalldämpfer *m*
Ang: exhaust gas center silencer *n*
Esp: silenciador central *m*

simulateur de course de pédale *m*
All: Pedalwegsimulator *m*
Ang: pedal travel simulator *n*
Esp: simulador de recorrido del pedal *m*

simulation des défauts *f*
All: Fehlersimulation *f*
Ang: error simulation *n*
Esp: simulación de averías *f*

sinusoïde *f*
All: Sinuskurve *f*
Ang: sine curve *n*
Esp: curva senoidal *f*

solénation *f*
All: elektrische Durchflutung *f*
Ang: current linkage *n*
Esp: corriente enlazada *f*

sollicitation en flexion *f*
All: Biegebeanspruchung *f*
Ang: bending stress *n*
(flexural stress) *n*
Esp: solicitación a flexión *f*

sollicitations dues aux secousses *fpl*
All: Schüttelbeanspruchung *f*
Ang: vibration loading *n*
Esp: solicitación por sacudidas *f*

sollicitations dues aux secousses *fpl*
All: Schüttelbelastung *f*
Ang: vibration load *n*
Esp: carga por sacudidas *f*

sonar actif *m*
All: Aktivsonar *n*
Ang: active sonar *n*
Esp: sonar activo *m*

sonde à large bande *f*
All: Breitbandsonde *f*
Ang: broadband sensor *n*
Esp: sonda de banda ancha *f*

sonde à oxygène *f*
All: Lambda-Sonde *f*
(Sauerstoff-Lambda-Sonde) *f*
Ang: lambda oxygen sensor *n*
(lambda sensor) *n*
Esp: sonda Lambda *f*

sonde à oxygène à large bande *f*
All: Breitband-Lambdasonde *f*
Ang: broadband lambda sensor *n*
(broad-band lambda sensor) *n*
Esp: sonda Lambda de banda ancha *f*

sonde à oxygène chauffée *f*
All: beheizte Lambda-Sonde, LSH *f*
Ang: heated lambda sensor, LSH *n*
Esp: sonda Lambda calefactada, LSH *f*

sonde à oxygène planaire *f*
All: planare Lambda-Sonde *f*
Ang: planar lambda sensor *n*
(planar oxygen sensor) *n*
Esp: sonda Lambda planar *f*

sonde à oxygène planaire à large bande *f*
All: planare Breitband-Lambda-Sonde *f*
Ang: planar wide band Lambda sensor *n*
Esp: sonda Lambda de banda ancha planar *f*

sonde combinée HC/oxygène *f*
All: Tandemsensor HC/Lambda *m*
Ang: combined HC/Lambda oxygen sensor *n*
Esp: sensor combinado HC/Lambda *m*

sonde de champ magnétique terrestre (système de navigation) *f*
All: Erdmagnetfeldsonde (Navigationssystem) *f*
Ang: geomagnetic sensor (navigation system) *n*
Esp: sensor del campo magnético de la tierra (sistema de navegación) *m*

sonde de pression *f*
All: Druckfühler *m*
Ang: pressure sensor *n*
Esp: sensor de presión *m*

sonde de température *m*
All: Temperatursensor *m*
(Temperaturmessfühler) *m*
(Temperaturfühler) *m*
Ang: temperature sensor *n*
Esp: sensor de temperatura *m*

sonde de température d'air évacué *f*
All: Ausblastemperatursensor *m*
Ang: air exit temperature sensor *n*
Esp: sensor de temperatura del aire soplado *m*

sonde de température de carburant *f*
All: Kraftstofftemperaturfühler *m*
Ang: fuel temperature sensor *n*
Esp: sonda de temperatura de combustible *f*

sonde de température d'eau *f*
All: Wassertemperaturfühler *m*
Ang: water temperature sensor *n*
Esp: sensor de temperatura del agua *m*

sonde de température des gaz d'échappement *f*
All: Abgastemperaturfühler *m*
Ang: exhaust gas temperature sensor *n*
Esp: sensor de temperatura de gases de escape *m*

sonde planaire à oxygène *f*
All: Planarsonde *f*
(planare Lambda-Sonde) *f*
Ang: planar Lambda sensor *n*
Esp: sonda planar *f*

sonde planaire à oxygène *f*
All: Planarsonde *f*
Ang: planar sensor *n*
Esp: sonda planar *f*

sonde planaire de courant limite à deux cellules *f*
All: planare Zweizellen-Grenzstrom-Sonde *f*
Ang: planar dual cell current limit sensor *n*
Esp: sonda planar de corriente límite de dos celdas *f*

sonde pour mélange pauvre *f*
All: Magersonde *f*
Ang: lean sensor *n*
Esp: sonda de mezcla pobre *f*

sonomètre *m*
All: Schallpegelmesser *m*
Ang: sound level meter *n*
Esp: medidor de nivel sonoro *m*

sortie « collision » *f*
All: Crash-Ausgang *m*
Ang: crash output *n*
Esp: salida de datos de colisión *f*

sortie centrale (bobine d'allumage) *f*
All: Mitteldom (Zündspule) *m*
Ang: center tower (ignition coil) *n*
Esp: domo central (bujía de encendido) *m*

sortie de câble *f*
All: Kabelausgang *m*
Ang: cable output *n*
Esp: salida de cable *f*

sortie de diagnostic *f*
All: Diagnoseausgabe *f*
Ang: diagnosis output *n*
Esp: salida de diagnóstico *f*

sortie du catalyseur *f*
All: Katalysatorauslass *m*
Ang: catalytic converter outlet *n*
Esp: salida de catalizador *f*

soudage bout à bout par étincelage *m*
All: Abbrennstumpfschweißen *n*
Ang: flash butt welding *n*
Esp: soldadura a tope por chispa *f*

Français

soudage électrique par pression *m*
All: Widerstandspressschweißen *n*
Ang: resistance pressure welding *n*
Esp: soldadura eléctrica por presión *f*

soudage par bossages *m*
All: Buckelschweißen *n*
Ang: projection welding *n*
Esp: soldadura de proyección *f*

soudage par bossages simples *m*
All: Einzelbuckelschweißung *f*
Ang: single projection welding *n*
Esp: soldadura de proyección simple *f*

soudage par faisceau laser *m*
All: Laserschweißen *n*
Ang: laser welding *n*
Esp: soldadura por láser *f*

soudage par points *m*
All: Widerstandspunktschweißen *n*
Ang: resistance spot welding *n*
Esp: soldadura eléctrica por puntos *f*

soudage par résistance *m*
All: Widerstandsschweißen *n*
(Widerstandslöten) *n*
Ang: resistance welding *n*
Esp: soldadura eléctrica por resistencia *f*

soudage par ultrasons *m*
All: Ultraschallschweißen *n*
Ang: ultrasonic welding *n*
Esp: soldadura ultrasónica *f*

soudage TIG *m*
All: Wolfram-Inertgas-Schweißen *n*
Ang: tungsten inert-gas welding *n*
Esp: soldadura de gas inerte de tungsteno *(soldadura TIG)* *f*

soudé (sur) *pp*
All: angeschweißt *pp*
Ang: welded on(to) *pp*
Esp: soldado *adj*

soudure à l'étain *f*
All: Schnelllot *n*
(Sickerlot) *n*
Ang: quick solder *n*
Esp: soldante rápido *m*

soufflante à piston rotatif *f*
All: Drehkolben-Gebläse *n*
(Roots-Gebläse) *f*
Ang: rotary piston blower *n*
(Roots blower) *n*
Esp: soplador de émbolo giratorio *m*

soufflante d'habitacle *f*
All: Innenraumgebläse *n*
Ang: interior blower *n*
Esp: soplador de habitáculo *m*

soufflante Roots *f*
All: Roots-Gebläse *f*
Ang: Roots blower *n*
Esp: soplador Roots *m*

soufflerie *f*
All: Windkanal *m*
Ang: wind tunnel *n*
Esp: tunel aerodinámico *m*

soufflet *m*
All: Faltenbalg *m*
Ang: gaiter seal *n*
Esp: fuelle *m*

soufflet *m*
All: Faltenbalg *m*
Ang: bellows *n*
Esp: fuelle *m*

soufflet à air *m*
All: Luftfederbalg *m*
Ang: air spring bellows *n*
Esp: fuelle de suspensión neumática *m*

soufflet de protection *m*
All: Schutzbalg *m*
Ang: protective bellows *n*
Esp: fuelle protector *m*

soufflet du levier de vitesses *m*
All: Schalthebelmanschette (Schaltgetriebe) *f*
Ang: gear stick gaiter (manually shifted transmission) *n*
Esp: manguito de la palanca de cambio (cambio manual) *m*

soufflet en caoutchouc *m*
All: Gummirollbalg *m*
Ang: rubber bellows *n*
Esp: fuelle neumático de goma *m*

soufflet en U (suspension) *m*
All: Rollbalg (Luftfeder) *m*
Ang: roll bellows (air spring) *n*
Esp: fuelle neumático (muelle neumático) *m*

soupape à frein de réaspiration *f*
All: Rückströmdrosselventil *n*
Ang: orifice check valve *n*
(return-flow throttle valve) *n*
Esp: válvula estranguladora de reflujo *f*

soupape à siège plan *f*
All: Flachsitzventil *n*
Ang: flat seat valve *n*
Esp: válvula de asiento plano *f*

soupape d'admission *f*
All: Einlassventil (Verbrennungsmotor) *n*
Ang: intake valve *n*
Esp: válvula de admisión (motor de combustión) *f*

soupape d'aspiration *f*
All: Ansaugventil (Verbrennungsmotor) *n*
(Einlassventil) *n*
Ang: intake valve (IC engine) *n*
Esp: válvula de aspiración (motor de combustión) *f*

soupape d'aspiration (pompe d'alimentation) *f*
All: Saugventil (Kraftstoffförderpumpe) *n*
Ang: suction valve (fuel-supply pump) *n*
Esp: válvula de aspiración *f*

soupape de compensation *f*
All: Speicherventil *n*
Ang: compensation valve *n*
Esp: válvula del acumulador *f*

soupape de compensation *f*
All: Speicherventil *n*
Ang: accumulator valve *n*
Esp: válvula del acumulador *f*

soupape de correction de débit *f*
All: Angleichventil (Dieseleinspritzung) *n*
Ang: torque control valve *n*
Esp: válvula de control de torque (inyección diesel) *f*

soupape de décharge *f*
All: Ausblaseventil *n*
(Druckablassventil) *n*
(Überdruckventil) *n*
Ang: blow off valve *n*
(pressure relief valve) *n*
Esp: válvula de soplado *f*

soupape de décharge *f*
All: Überströmventil *n*
Ang: overflow valve *n*
Esp: válvula de rebose *f*

soupape de décharge à calibrage *f*
All: Überströmdrosselventil *n*
Ang: overflow throttle valve *n*
Esp: válvula de estrangulación de rebose *f*

soupape de décharge de l'accumulateur *f*
All: Speicherüberströmventil *n*
Ang: accumulator overflow valve *n*
Esp: válvula de rebose de acumulador *f*

soupape de dosage du débit de retour *f*
All: Überströmdosierventil *n*
Ang: overflow metering valve *n*
Esp: válvula dosificadora de rebose *f*

soupape de maintien de la pression (injection diesel) *f*
All: Druckhalteventil (Dieseleinspritzung) *n*
Ang: pressure holding valve (diesel fuel injection) *n*
Esp: válvula mantenedora de presión (inyección Diesel) *f*

soupape de trop-plein *f*
All: Überlaufventil *n*
Ang: overrun valve *n*
Esp: válvula de rebose *f*

Français

soupape d'échappement (moteur à combustion) *f*
All: Auslassventil (Verbrennungsmotor) *n*
Ang: exhaust valve (IC engine) *n*
Esp: válvula de escape (motor de combustión) *f*

soupape d'évacuation de surpression *f*
All: Überdruckablassventil *n*
Ang: overpressure relief valve *n*
Esp: válvula de alivio de sobrepresión *f*

soupape modulatrice de pression *f*
All: Druckregelventil *n*
Ang: pressure control valve *n*
Esp: válvula de regulación de presión *f*

source acoustique *f*
All: Schallquelle *f*
Ang: acoustic source *n*
Esp: fuente sonora *f*

source de perturbations (CEM) *f*
All: Störquelle (EMV) *f*
Ang: radio interference source (EMC) *n*
Esp: fuente de interferencias (compatibilidad electromagnética) *f*

source de pompage *f*
All: Pumplichtquelle *f*
Ang: pumping light source *n*
Esp: fuente luminosa de bombeo *f*

source d'énergie *f*
All: Energiequelle *f*
Ang: source of energy *n*
Esp: fuente de energía *f*

sous-ensemble *m*
All: Baugruppe *f*
Ang: assembly *n*
Esp: grupo constructivo *m*

sous-tension *f*
All: Unterspannung *f*
Ang: under voltage *n*
Esp: subtensión *f*

sous-virage (véhicule) *m*
All: untersteuern (Kfz) *v*
Ang: understeer (motor vehicle) *v*
Esp: subvirar (automóvil) *v*

spectre en tiers d'octaves *m*
All: Terzbandspektrum *n*
Ang: third octave band spectrum *n*
Esp: espectro de banda de terceras *m*

spot de lecture *m*
All: Leseleuchte *f*
Ang: reading light *n*
Esp: lámpara de lectura *f*

spot de lecture sur plafonnier *m*
All: Deckenleseleuchte *f*
Ang: overhead reading lamp *n*
Esp: lámpara de lectura de techo *f*

spray au cuivre *m*
All: Kupferspray *m*
Ang: copper spray *n*
Esp: aerosol de cobre *m*

stabilisateur *m*
All: Stabilisator *m*
Ang: stabilizer *n*
Esp: estabilizador *m*

stabilisateur de ralenti *m*
All: Leerlaufstabilisator *f*
Ang: idle speed control *n*
(idle stabilizer) *n*
Esp: estabilizador de régimen de ralentí *m*

stabilisateur de tension *m*
All: Spannungskonstanthalter *m*
(Spannungsstabilisator) *m*
Ang: voltage stabilizer *n*
Esp: estabilizador de tensión *m*

stabilisation de la tension *f*
All: Spannungsstabilisierung *f*
Ang: voltage stabilization *n*
Esp: estabilización de tensión *f*

stabilité de fonctionnement *f*
All: Laufruhe *f*
Ang: quiet running *n*
Esp: suavidad de marcha *f*

stabilité directionnelle (comportement de roulage) *f*
All: Fahrstabilität (Fahrverhalten) *f*
(Fahrtrichtungsstabilität) *f*
Ang: directional stability (driveability) *n*
Esp: estabilidad de marcha (comportamiento en marcha) *f*

stabilité du véhicule (au freinage) *f*
All: Fahrzeugstabilität (beim Bremsen) *f*
Ang: vehicle stability (during braking) *n*
Esp: estabilidad del vehículo (al frenar) *f*

stabilité en ligne droite *f*
All: Geradeausstabilität *f*
Ang: straight running stability *n*
Esp: estabilidad en trayectoria recta *f*

stabilité en température *f*
All: Temperaturbeständigkeit *f*
Ang: temperature stability *n*
(thermal stability) *n*
Esp: resistencia térmica *f*

stabilité latérale *f*
All: Kippstabilität *f*
Ang: tipping resistance *n*
Esp: resistencia al vuelco *f*

station de charge d'accumulateurs *f*
All: Akkumulatoren-Ladestation *f*
Ang: storage-battery charging station *n*
Esp: estación de carga de acumuladores *f*

statique *adj*
All: ruhend *adj*
Ang: static *adj*
Esp: estático *adj*

statistique analytique *f*
All: beurteilende Statistik *f*
Ang: rating statistics *n*
Esp: estadística analítica *f*

stator (alternateur) *m*
All: Stator (Generator) *m*
(Ständer) *m*
Ang: stator (alternator) *n*
Esp: estator (alternador) *m*

stator de freinage *m*
All: Bremsstator *m*
Ang: braking stator *n*
Esp: estator de frenado *m*

stœchiométrique *adj*
All: stöchiometrisch *adj*
Ang: stoichiometric *adj*
Esp: estequiométrico *adj*

stop électrique *m*
All: elektrische Abschaltung *f*
Ang: electrical shutoff *n*
Esp: desconexión eléctrica *f*

stratification de la charge *f*
All: Ladungsschichtung *f*
Ang: charge stratification *n*
Esp: estratificación de carga *f*

stratification du mélange *f*
All: geschichtete Gemischverteilung *f*
Ang: stratified mixture distribution *n*
Esp: distribución estratificada de la mezcla *f*

structure du bus (multiplexage) *f*
All: Busstruktur (CAN) *f*
Ang: bus topology (CAN) *n*
Esp: estructura de bus (CAN) *f*

structure en nid d'abeilles *f*
All: Wabenstruktur (Rußabbrennfilter) *f*
Ang: honeycomb structure (soot burn-off filter) *n*
Esp: estructura alveolar (filtro de quemado de hollín) *f*

succession de dents *f*
All: Zahnfolge *f*
Ang: tooth sequence *n*
Esp: secuencia de dientes *f*

suie *f*
All: Ruß *m*
Ang: soot *n*
Esp: hollín *m*

sulfatation *f*
All: Verschwefelung *f*
Ang: sulfur contamination *n*
Esp: contaminación de azufre *f*

superposition *f*

Français

All: Überlagerung *f*
Ang: superposition *n*
Esp: superposición *f*

support ***m***
All: Aufnehmer *m*
Ang: mounting *n*
Esp: captador *m*

support ***m***
All: Halter *m*
Ang: retainer *n*
Esp: retenedor *m*

support (catalyseur) ***m***
All: Trägersystem (Katalysator) *n*
Ang: substrate system (catalytic converter) *n*
Esp: sistema portador (catalizador) *m*

support de cadre ***m***
All: Rahmenträger *m*
Ang: frame rail *n*
Esp: soporte del bastidor *m*

support de fixation ***m***
All: Aufspannbock *m*
Ang: clamping support *n*
(clamping support) *n*
Esp: soporte de sujeción *m*

support de fixation ***m***
All: Befestigungshalter *m*
Ang: mounting piece *n*
Esp: soporte de fijación *m*

support de frein (frein) ***m***
All: Bremsträger *m*
Ang: brake anchor plate *n*
Esp: placa portafrenos *f*

support de moteur ***m***
All: Motorhalter *m*
Ang: motor cradle *n*
Esp: soporte de motor *m*

support en caoutchouc ***m***
All: Gummiunterlage *f*
Ang: rubber pad *n*
Esp: asiento de goma *m*

support en céramique ***m***
All: Keramikträger *m*
Ang: ceramic substrate *n*
Esp: soporte en cerámica *m*

support magnétique ***m***
All: Magnethalter *m*
Ang: solenoid switch *n*
Esp: soporte magnético *m*

support monolithique (catalyseur) ***m***
All: Monolith (Katalysator) *m*
Ang: monolith (catalytic converter) *n*
Esp: monolito (catalizador) *m*

support moteur ***m***
All: Motorlager *n*
Ang: engine bearing *n*
Esp: cojinete del motor *m*

suppression automatique des parasites FM ***f***
All: automatische UKW-Störunterdrückung *f*
Ang: automatic VHF interference suppression *n*
Esp: supresión automática de parásitos de onda ultracorta *f*

supprimer ***v***
All: ausblenden *v*
Ang: suppress *v*
Esp: suprimir *v*

supraconductivité ***f***
All: Supraleitfähigkeit *f*
Ang: superconductivity *n*
Esp: superconductividad *f*

suralimentation (moteur à combustion) ***f***
All: Aufladung (Verbrennungsmotor) *f*
Ang: supercharging (IC engine) *n*
Esp: sobrealimentación (motor de combustión) *f*

suralimentation dynamique ***f***
All: dynamische Aufladung *f*
Ang: dynamic supercharging *v*
Esp: sobrealimentación dinámica *f*

suralimentation mécanique ***f***
All: mechanische Aufladung *f*
Ang: mechanical supercharging *n*
Esp: sobrealimentación mecánica *f*

suralimentation par collecteur de résonance ***f***
All: Registerresonanzaufladung *f*
Ang: register resonance pressure charging *n*
Esp: sobrealimentación variable por resonancia *f*

suralimentation par compresseur ***f***
All: Kompressoraufladung (Verbrennungsmotor) *f*
Ang: supercharging (IC engine) *n*
Esp: sobrealimentación del compresor (motor de combustión) *f*

suralimentation par ondes de pression ***f***
All: Druckwellenaufladung *f*
Ang: pressure wave supercharging *n*
Esp: sobrealimentación por ondas de presión *f*

suralimentation par oscillation d'admission ***f***
All: Schwingsaugrohr-Aufladung *f*
Ang: ram effect supercharging *v*
Esp: sobrealimentación por tubo de efecto vibratorio *f*

suralimentation par résonance ***f***
All: Resonanzaufladung *f*
Ang: tuned intake pressure charging *n*
Esp: sobrealimentación por resonancia *f*

suralimentation par turbocompresseur ***f***
All: Abgasturboaufladung *f*
Ang: exhaust gas turbocharging *n*
Esp: turboalimentación de gases de escape *f*

suralimentation pulsatoire ***f***
All: Impulsaufladung *f*
(Stoßaufladung) *f*
Ang: pulse turbocharging *v*
Esp: sobrealimentación por impulsos *f*

suralimentation séquentielle ***f***
All: Registeraufladung *f*
Ang: sequential supercharging *n*
Esp: sobrealimentación escalonada *f*

suralimenté ***pp***
All: aufgeladen *adj*
Ang: turbocharged *adj*
Esp: sobrealimentado *adj*

suralimenter (moteur à combustion) ***v***
All: aufladen (Verbrennungsmotor) *v*
Ang: supercharge (IC engine) *v*
Esp: sobrealimentar (motor de combustión) *v*

suramplificateur ***m***
All: Endverstärker *m*
Ang: output amplifier *n*
Esp: amplificador de salida *m*

surcharge (batterie) ***f***
All: Überladung (Batterie) *f*
Ang: overcharge (battery) *n*
Esp: sobrecarga (batería) *v*

surcharge ***f***
All: Überlastung *f*
Ang: overloading *n*
Esp: sobrecarga *f*

surcharge à déverrouillage mécanique ***f***
All: mechanisch entriegelte Startmenge *f*
Ang: mechanically controlled starting quantity *n*
Esp: caudal de arranque controlado mecánicamente *m*

surcharge automatique au démarrage ***f***
All: automatische Startmenge *f*
Ang: automatic starting quantity *n*
Esp: caudal automático de arranque *m*

surcharge étagée ***f***
All: gestufte Startmenge *f*
Ang: graded start quantity *n*
Esp: caudal escalonado de arranque *m*

surcharge variable en fonction de la température ***f***

Français

All: temperaturabhängige Startmenge *f*
Ang: temperature dependent excess fuel quantity *n*
Esp: caudal de arranque dependiente de la temperatura *m*

surcharger (batterie) ***v***
All: überladen (Batterie) *v*
Ang: overcharge (battery) *v*
Esp: sobrecargar (batería) *v*

surchauffe ***f***
All: Überhitzung *f*
Ang: overheating *n*
Esp: sobrecalentamiento *m*

surchauffe des freins ***f***
All: Bremsen-Überhitzung *f*
Ang: brake overheating *n*
Esp: sobrecalentamiento de frenos *m*

surchauffer (frein) ***v***
All: heißfahren (Bremse) *v*
Ang: overheat (brakes) *v*
Esp: recalentar (freno) *v*

surcroît de débit ***m***
All: Mengenüberhöhung *f*
Ang: excess fuel quantity *n*
Esp: exceso de caudal *m*

surdébit de carburant ***m***
All: Kraftstoff-Mehrmenge *f*
Ang: excess fuel *n*
Esp: cantidad adicional de combustible *f*

surdébit de démarrage ***m***
All: Startmehrmenge *f*
Ang: excess fuel for starting *n*
Esp: caudal adicional de arranque *m*

sûreté de fonctionnement ***f***
All: Betriebssicherheit *f*
Ang: functional security *n*
Esp: seguridad de operación *f*

surexcitation ***f***
All: Übererregung *f*
Ang: over excitation *n*
Esp: sobreexcitación *f*

surface active du piston ***f***
All: Kolbenfläche *f*
Ang: piston area *n*
Esp: área de pistón *f*

surface d'appui ***f***
All: Auflagefläche *f*
Ang: contact surface *n*
Esp: superficie de apoyo *f*

surface d'arrêt ***f***
All: Anschlagfläche *f*
Ang: stop surface *n*
Esp: superficie de tope *f*

surface de contact du pneu (pneu) ***f***
All: Aufstandsfläche (Reifen) *f*
Ang: tire contact patch (tire) *n*
(footprint) *n*
Esp: superficie de contacto con el suelo (neumáticos) *f*

surface de contact du pneumatique ***f***
All: Reifenaufstandsfläche *f*
Ang: tire contact patch *n*
Esp: superficie de contacto del neumático *f*

surface de filtration ***f***
All: Filterfläche *f*
Ang: filter surface *n*
Esp: superficie filtrante *f*

surface de friction (tambour, disque de frein) ***f***
All: Lauffläche (Bremstrommel, Bremsscheibe) *f*
Ang: contact surface (brake drum, brake disc) *n*
Esp: superficie de contacto (tambor de freno, disco de freno) *f*

surface de frottement d'un segment de piston ***f***
All: Kolbenringlauffläche *f*
Ang: piston ring liner *n*
Esp: superficie de deslizamiento de aro de pistón *f*

surface de glissement ***f***
All: Gleitfläche *f*
Ang: sliding surface *n*
Esp: superficie de deslizamiento *f*

surface de guidage des rouleaux ***f***
All: Rollenlaufbahn *f*
Ang: roller path *n*
Esp: guía de rodillos *f*

surface de l'induit ***f***
All: Ankeroberfläche *f*
Ang: armature surface *n*
Esp: superficie del inducido *f*

surface de sortie de la lumière (éclairage) ***f***
All: Lichtaustrittsfläche (Lichttechnik) *f*
Ang: lens aperture area (lighting) *n*
Esp: superficie de salida de luz (técnica de iluminación) *f*

surface d'étanchéité ***f***
All: Dichtfläche *f*
Ang: sealing surface *n*
Esp: superficie estanqueizante *f*

surface d'impact (injection diesel) ***f***
All: Prallfläche (Dieseleinspritzung) *f*
Ang: baffle surface (diesel fuel injection) *n*
Esp: superficie de choque (inyección diesel) *f*

surface frontale ***f***
All: Stirnfläche *f*
Ang: end face *n*
Esp: superficie frontal *f*

surface génératrice de bruit ***f***
All: Abstrahlfläche *f*
Ang: radiation surface *n*
Esp: superficie de radiación *f*

surface latérale ***f***
All: Mantelfläche *f*
Ang: lateral surface *n*
Esp: superficie de revestimiento *f*

surface polaire ***f***
All: Polfläche *f*
Ang: pole face *n*
(pole surface) *n*
Esp: superficie polar *f*

surface polaire primaire ***f***
All: Primärpolfläche *f*
Ang: primary pole surface *n*
Esp: superficie polar primaria *f*

surface polaire secondaire ***f***
All: Sekundärpolfläche *f*
Ang: secondary pole surface *n*
Esp: superficie polar secundaria *f*

surface striée ***f***
All: Riefenfläche *f*
Ang: score area *n*
Esp: superficie de neumático *f*

surfreiner ***v***
All: überbremsen *v*
Ang: overbrake *v*
Esp: frenar excesivamente *v*

surpression ***f***
All: Überdruck *m*
Ang: gauge pressure *n*
(excess pressure) *n*
Esp: sobrepresión *f*

surrégime ***m***
All: Überdrehzahl *f*
Ang: overspeed *n*
(excess speed) *n*
Esp: régimen de giro excesivo *m*

surrégime ***m***
All: Überdrehzahl *f*
Ang: red zone speed *n*
Esp: régimen de giro excesivo *m*

surtension ***f***
All: Überspannung *f*
Ang: overvoltage *n*
Esp: sobretensión *f*

surtension ***f***
All: Überspannung *f*
Ang: excess voltage *n*
Esp: sobretensión *f*

surveillance arrière ***f***
All: Heckabsicherung *f*
Ang: rear end protection *n*
Esp: protección de la parte trasera *f*

surveillance de fonctionnement ***f***
All: Funktionsüberwachung *f*
Ang: function monitoring *n*
Esp: vigilancia de funcionamiento *f*

surveillance de glissement des roues ***f***
All: Radschlupf-Überwachung *f*

Français

Ang: wheel slip monitoring *n*
Esp: vigilancia de deslizamiento de rueda *f*

surveillance de la pression « rail » ***f***
All: Raildrucküberwachung *f*
Ang: rail pressure monitoring *n*
Esp: supervisión de presión Rail *f*

surveillance de l'allumage ***f***
All: Zündüberwachung *f*
Ang: ignition monitoring *n*
Esp: supervisión del encendido *f*

surveillance de l'habitacle (véhicule) ***f***
All: Innenraumüberwachung (Autoalarm) *f*
Ang: intrusion detection (car alarm) *n*
Esp: supervisión del habitáculo (alarma de vehículo) *f*

surveillance de panne ***f***
All: Ausfallüberwachung *f*
Ang: failure monitoring *n*
Esp: supervisión de fallos *f*

surveillance du circuit d'allumage ***f***
All: Zündkreisüberwachung *f*
Ang: ignition monitoring *n*
Esp: supervisión del circuito de encendido *f*

surveillance du courant ***f***
All: Stromüberwachung *f*
Ang: current monitoring *n*
Esp: supervisión de corriente *f*

surveillance du déplacement axial ***f***
All: Schubüberwachung *f*
Ang: overrun monitoring *n*
Esp: supervisión de empuje *f*

surveillance du régime ***f***
All: Drehzahlüberwachung *f*
Ang: engine speed monitoring *n*
Esp: supervisión de la velocidad del motor *f*

surveillance périmétrique intégrale ***f***
All: Rundumüberwachung *f*
Ang: all-round monitoring *n*
Esp: vigilancia en todas las direcciones *f*

survirer (véhicule) ***m***
All: übersteuern (Kfz) *v*
Ang: oversteer (motor vehicle) *v*
Esp: sobrevirar (automóvil) *v*

survireur ***adj***
All: übersteuernd *adj*
Ang: oversteering *adj*
Esp: sobrevirador *adj*

susceptance ***f***
All: Blindleitwert *m*
Ang: susceptance *n*
Esp: susceptancia *f*

suspension ***f***
All: Fahrwerk *n*
Ang: suspension *n*
Esp: chasis *m*

suspension ***f***
All: Federung *f*
Ang: suspension *n*
Esp: suspensión *f*

suspension à ressorts ***f***
All: Stahlfederung *f*
Ang: steel-spring suspension *n*
Esp: suspensión de acero *f*

suspension de débit ***f***
All: Mengenabstellung *f*
Ang: fuel shutoff *n*
Esp: corte de caudal *m*

suspension de roue ***f***
All: Radaufhängung *f*
Ang: wheel suspension *n*
Esp: suspensión de rueda *f*

suspension du moteur ***f***
All: Motoraufhängung *f*
Ang: engine suspension *n*
Esp: suspensión de motor *f*

suspension pneumatique ***f***
All: Luftfederung *f*
Ang: pneumatic suspension *n*
Esp: suspensión neumática *f*

suspension pneumatique ***f***
All: pneumatische Federung *f*
Ang: pneumatic suspension *n*
Esp: suspensión neumática *f*

suspension pneumatique à régulation électronique ***f***
All: elektronisch geregelte Luftfederung *f*
Ang: electronically controlled pneumatic suspension, ELF *n*
Esp: suspensión neumática regulada electrónicamente *f*

symbole graphique ***m***
All: Schaltbild *n*
(Schaltzeichen) *n*
Ang: symbol *n*
Esp: esquema de conexiones *m*

symptôme de défaut ***m***
All: Fehlermerkmal *n*
Ang: fault characteristic *n*
Esp: característica de avería *f*

synchronisation ***f***
All: Synchronisation *f*
Ang: synchronization *n*
Esp: sincronización *f*

synchroniseur à double cône ***m***
All: Doppelkonus-Synchronisierung *f*
Ang: dual band synchromesh *n*
Esp: sincronización de cono doble *f*

synchroniseur à simple cône ***m***
All: Einfachkonussynchronisierung *f*
Ang: single cone synchromesh clutch *n*
Esp: sincronización de cono simple *f*

synchroniseur à triple cône ***m***
All: Dreifachkonus-Synchronisierung *f*
Ang: triple cone synchromesh clutch *n*
Esp: sincronización de cono triple *f*

synchroniseur à verrouillage ***m***
All: Sperrsynchronisierung *f*
Ang: synchronizer assembly *n*
Esp: sincronización de seguridad *f*

synthétiseur vocal ***m***
All: Sprachausgabebaustein *m*
Ang: voice output chip *n*
Esp: chip de emisión de voz *m*

système à centre ouvert ***m***
All: Open Center System *n*
Ang: open center system *n*
Esp: sistema de centro abierto *m*

système à deux chambres (dispositif de freinage à dépression) ***m***
All: Zweikammerbetrieb (Vakuum-Bremsanlage) *m*
Ang: dual chamber operation (vacuum-brake system) *n*
Esp: funcionamiento con doble cámara (sistema de frenos por vacío) *m*

système à double pot d'échappement ***m***
All: Doppel-Auspuffanlage *f*
Ang: dual exhaust system *n*
Esp: sistema de escape doble *m*

système à quatre soupapes par cylindre ***m***
All: Vierventil-Technik (Verbrennungsmotor) *f*
Ang: four valve design (IC engine) *n*
Esp: técnica de cuatro válvulas (motor de combustión) *f*

système à tonalité séquentielle ***m***
All: Tonfolgesystem *n*
Ang: tone sequence system *n*
Esp: sistema de cadenciación de tonos *f*

système à transpondeur ***m***
All: Transpondersystem *n*
Ang: transponder system *n*
Esp: sistema transpondedor *m*

système à un seul degré de liberté ***m***
All: Einmassenschwinger *m*
Ang: single mass oscillator *n*
Esp: oscilador de masa simple *m*

système antagoniste (essuie-glace) ***m***
All: Gegenlaufsystem (Scheibenwischer) *n*
Ang: opposed pattern wiper system (windshield wiper) *n*

Français

Esp: sistema de movimiento antagónico (limpiaparabrisas) *m*

système antiblocage (ABS) ***m***
All: Antiblockiersystem (ABS) *n*
(Blockierschutz) *m*
Ang: antilock braking system (ABS) *n*
Esp: sistema antibloqueo de frenos (ABS) *m*
(protección antibloqueo) *f*

système commandé ***m***
All: Steuerstrecke *f*
Ang: open loop controlled system *n*
Esp: distancia de mando *f*

système d'admission (moteur à combustion) ***m***
All: Ansaugsystem (Verbrennungsmotor) *n*
(Ansaugluftsystem) *n*
Ang: air intake system (IC engine) *n*
Esp: sistema de admisión (motor de combustión) *m*

système d'admission d'air ***m***
All: Ansaugluftsystem *n*
(Ansaugsystem) *n*
Ang: air intake system *n*
Esp: sistema de admisión de aire *m*

système d'admission variable ***m***
All: Saugrohrumschaltsystem *n*
(Saugrohrumschaltung) *f*
Ang: variable tract intake manifold *n*
Esp: sistema de conmutación de tubo de admisión *m*

système d'alimentation en carburant haute pression ***m***
All: Hochdruck-Kraftstoffsystem *n*
Ang: high pressure fuel system *n*
Esp: sistema de combustible de alta presión *m*

système d'alimentation en carburant sans retour ***m***
All: rücklauffreies Kraftstoffsystem *n*
Ang: returnless fuel system, RLFS *n*
Esp: sistema de combustible sin retorno *m*

système d'allumage ***m***
All: Zündsystem *n*
(Zündanlage) *f*
Ang: ignition system *n*
Esp: sistema de encendido *m*

système d'allumage haute tension à décharge de condensateur ***m***
All: Thyristorzündung *f*
(Hochspannungs-Kondensatorzündung) *f*
Ang: capacitor-discharge ignition, CDI *n*
Esp: encendido por tiristor *m*

système d'amortissement des chocs ***m***
All: Pralldämpfersystem *n*
Ang: shock absorber system *n*
Esp: sistema amortiguador de choque *m*

système de chauffage automatique ***m***
All: Heizungsautomatik *f*
Ang: automatic heater control *n*
Esp: calefacción automática *f*

système de contrôle des pneumatiques ***m***
All: Reifenkontrollsystem *n*
Ang: tire pressure monitoring system *n*
Esp: sistema de supervisión de neumáticos *m*

système de déclenchement ***m***
All: Auslösesystem *n*
Ang: triggering system *n*
Esp: sistema de disparo *m*

système de déclenchement Hall ***m***
All: Hall-Auslösesystem *n*
Ang: hall triggering system *n*
Esp: sistema de activación Hall *m*

système de démarrage ***m***
All: Startsystem *n*
Ang: starting system *n*
Esp: sistema de arranque *m*

système de diagnostic de fuite du réservoir ***m***
All: Tankleck-Diagnosesystem *n*
Ang: tank leakage diagnostic system *n*
Esp: sistema de diagnóstico de fugas del depósito *m*

système de distribution variable ***m***
All: variabler Ventiltrieb *m*
Ang: variable valve timing *n*
Esp: mando variable de válvula *m*

système de freinage hydraulique ***m***
All: hydraulische Bremsanlage *f*
Ang: hydraulic brake system *n*
Esp: sistema de frenos hidráulico *m*

système de localisation à l'estime (système de navigation) ***m***
All: Koppelortungssystem (Navigationssystem) *n*
Ang: compound navigation (navigation system) *n*
Esp: sistema de localización por punto de estima (sistema de navegación) *m*

système de localisation par satellite (système de navigation) ***m***
All: Satellitenortungssystem (Navigationssystem) *n*
Ang: satellite positioning system (navigation system) *n*
Esp: sistema de localización por satélite (sistema de navegación) *m*

système de navigation ***m***
All: Navigationssystem *n*
Ang: navigation system *n*
Esp: sistema de navegación *m*

système de préchauffage de l'air d'admission ***m***
All: Ansaugluftvorwärmer *m*
Ang: intake air preheater *n*
Esp: precalentador del aire de admisión *m*

système de projecteurs ***m***
All: Scheinwerfersystem *n*
Ang: headlamp system *n*
Esp: sistema de faros *m*

système de protection des passagers ***m***
All: Insassenschutzsystem *n*
(Insassen-Rückhaltesystem) *n*
Ang: occupant protection system *n*
Esp: sistema de protección de ocupantes *m*

système de protection du véhicule ***m***
All: Fahrzeug-Sicherungssystem *n*
Ang: vehicle security system *n*
Esp: sistema de seguridad del vehículo *m*

système de radionavigation ***m***
All: Radio-Navigations-System *n*
Ang: radio navigation system *n*
Esp: sistema de radionavegación *m*

système de refroidissement ***m***
All: Kühlsystem *n*
Ang: cooling system *n*
Esp: sistema de refrigeración *m*

système de retenue ***m***
All: Rückhaltesystem *n*
Ang: restraint system *n*
(passenger restraint system) *n*
Esp: sistema de retención *m*

système de retenue des passagers ***m***
All: Insassen-Rückhaltesystem *n*
Ang: occupant protection system *n*
Esp: sistema de retención de ocupantes *m*

système de retenue des vapeurs de carburant ***m***
All: Kraftstoffverdunstungs-Rückhaltesystem *n*
Ang: evaporative-emissions control system *n*
Esp: sistema de retención de vapores de combustible *m*

système de sécurité ***m***
All: Sicherheitssystem *n*
Ang: safety and security system *n*
Esp: sistema de seguridad *m*

système de suspension ***m***

Français

All: Aufhängevorrichtung *f*
Ang: suspension device *n*
Esp: dispositivo de suspensión *m*

système de transmission intégrale ***m***
All: Allradsystem *n*
Ang: all wheel drive system *n*
Esp: sistema de tracción total *m*

système d'échappement ***m***
All: Abgasanlage *f*
Ang: exhaust system *n*
Esp: sistema de gases de escape *m*

système d'échappement ***m***
All: Abgassystem *n*
Ang: exhaust system *n*
(exhaust system) *n*
Esp: sistema de gases de escape *m*

système d'échappement ***m***
All: Auspuffanlage (Verbrennungsmotor) *f*
Ang: exhaust system (IC engine) *n*
Esp: sistema de escape (motor de combustión) *m*

système d'échappement double ***m***
All: Doppelrohrauspuffanlage *m*
Ang: dual exhaust system *n*
Esp: sistema de escape de tubo doble *m*

système d'essuie-glace tandem ***m***
All: Gleichlauf-Wischeranlage *f*
Ang: tandem pattern wiper system *n*
Esp: sistema limpiaparabrisas de patrón en tándem *m*

système d'essuie-glaces de la lunette arrière ***m***
All: Heck-Wischeranlage *f*
Ang: rear window wiper system *n*
Esp: sistema limpialunetas trasero *m*

système d'essuie-glaces du pare-brise ***m***
All: Front-Wischeranlage *f*
Ang: windshield wiper system *n*
Esp: sistema limpiaparabrisas *m*

système d'excitation ***m***
All: Erregersystem *n*
Ang: excitation system *n*
Esp: sistema de excitación *m*

système d'information de l'automobiliste ***m***
All: Fahrerinformationssystem *n*
Ang: driver information system *n*
Esp: sistema de información del conductor *m*

système d'injection ***m***
All: Einspritzsystem *n*
Ang: fuel injection system *n*
Esp: sistema de inyección *m*

système d'injection à accumulateur « Common Rail » ***m***
All: Common Rail System, CRS *n*
Ang: common rail system, CRS *n*
Esp: sistema Common Rail, CRS *m*

système d'injection à accumulateur « Common Rail » ***m***
All: Common Rail, CR *n*
Ang: common rail system, CR *n*
Esp: Common Rail, CR *m*

système d'injection à accumulateur haute pression ***m***
All: Speichereinspritzsystem *n*
Ang: accumulator injection system *n*
Esp: sistema de inyección de acumulador *m*

système d'injection diesel ***m***
All: Diesel-Einspritzanlage *f*
Ang: diesel-fuel injection system *n*
Esp: sistema de inyección Diesel *m*

système d'injection directe ***m***
All: Direkteinspritzsystem *n*
Ang: direct-injection (DI) system *n*
Esp: sistema de inyección directa *m*

système d'insufflation d'air secondaire ***m***
All: Sekundärluftsystem *n*
Ang: secondary air system *n*
Esp: sistema de aire secundario *m*

système électronique central ***m***
All: Zentralelektronik *f*
Ang: central electronics *n*
Esp: sistema electrónico central *m*

système électronique de gestion du moteur, Motronic ***m***
All: elektronische Motorsteuerung, Motronic *f*
Ang: electronic engine-management system, Motronic *n*
Esp: control electrónico del motor, Motronic *m*

système info trafic ***m***
All: Autofahrer-Rundfunkinformation *f*
Ang: traffic update *n*
Esp: información radiofónica sobre el tráfico *f*

système injecteur-pompe ***m***
All: Unit Injector System, UIS *n*
(Pumpe-Düse) *f*
(Pumpe-Düse-Einheit) *f*
Ang: unit injector system, UIS *n*
Esp: Unit Injector System, UIS *m*

système modulaire ***m***
All: Baukastensystem *n*
Ang: modular system *n*
(unit assembly system) *n*
Esp: sistema modular *m*

système tribologique ***m***
All: Tribosystem *n*
Ang: tribological system *n*
Esp: sistema tribológico *m*

systèmes de confort ***mpl***
All: Komfortsysteme *npl*
Ang: comfort and convenience systems *npl*
Esp: sistemas de confort *mpl*

systèmes de régulation du châssis ***mpl***
All: Chassissysteme *npl*
Ang: chassis systems *npl*
Spa: sistemas de chasis *mpl*

T

table de correspondance (acier) ***f***
All: Gegenüberstellung *f*
Ang: cross reference *n*
Esp: tabla de comparación *f*

tableau de bord ***m***
All: Armaturenbrett *n*
(Instrumententafel) *f*
Ang: dashboard *n*
(instrument panel) *n*
Esp: tablero de instrumentos *m*

tableau de bord ***m***
All: Instrumentenbrett (Instrumentenfeld) *n*
Ang: instrument panel *n*
Esp: tablero de instrumentos (campo de instrumentos) *m*

tachygraphe ***m***
All: Fahrtenschreiber *m*
(Fahrtschreiber Tachograph) *m*
Ang: tachograph *n*
(try recorder) *n*
Esp: tacógrafo *m*

taille de pneu ***f***
All: Reifengröße *f*
Ang: tire size *n*
Esp: tamaño de neumáticos *m*

taille de pompe ***f***
All: Pumpengröße *f*
Ang: pump size *n*
Esp: tamaño de la bomba *m*

talon ***m***
All: Wulst *m*
Ang: bead *n*
Esp: talón *m*

talon de galet ***m***
All: Rollenschuh *m*
Ang: roller support *n*
Esp: soporte de rodillos *m*

tambour de frein (frein) ***m***
All: Bremstrommel *f*
(Trommel) *f*
Ang: brake drum *n*
Esp: tambor de freno *m*

tamis ***m***
All: Sieb *n*
Ang: sieve *n*
(strainer) *n*
Esp: tamiz *m*

tamis métallique ***m***
All: Drahtsieb *n*
Ang: wire sieve *n*
Esp: tamiz metálico *m*

tampon d'amortissement *m*
All: Dämpfungspuffer *m*
Ang: damper *n*
Esp: compensador de amortiguación *m*

tangage *m*
All: Nicken *n*
Ang: pitch *n*
Esp: cabeceo *m*

tangentiel *adj*
All: tangential *adj*
Ang: tangential *n*
Esp: tangencial *adj*

tapis de sol *m*
All: Bodenmatte *f*
Ang: floor mat *n*
Esp: alfombrilla *f*

tapis de sol *m*
All: Fußmatte *f*
Ang: footwell mat *n*
Esp: alfombrilla *f*

tapis isolant *m*
All: Dämmmatte *f*
Ang: insulating material *n*
Esp: estera aislante *f*

tapis sensitif *m*
All: Insassenklassifizierungsmatte *f*
Ang: occupant classification mat *n*
Esp: estera de clasificación de ocupantes *f*

taraudage *m*
All: Innengewinde *n*
Ang: internal thread *n*
Esp: rosca interna *f*

taux d'amortissement *m*
All: Dämpfungsgrad *m*
Ang: damping ratio *n*
Esp: grado de amortiguación *m*

taux de balayage *m*
All: Spülgrad *n*
Ang: scavenge efficiency *n*
Esp: grado de expulsión *m*

taux de captage *m*
All: Fanggrad *m*
Ang: retention rate *n*
Esp: grado de retención de aceite *m*

taux de compression *m*
All: Verdichtungsverhältnis *n*
(Aufladegrad) *m*
Ang: compression ratio *n*
(boost ratio) *n*
Esp: relación de compresión *f*

taux de contre-pression des gaz d'échappement *m*
All: Abgasgegendruckverhältnis *n*
Ang: exhaust gas back-pressure ratio *n*
Esp: relación de contrapresión de gases de escape *f*

taux de correction de débit *m*
All: Angleichrate (Dieseleinspritzung) *f*
Ang: torque control rate *n*
Esp: tasa de control de torque (inyección diesel) *f*

taux de défaillance *m*
All: Ausfallrate *f*
Ang: failure rate *n*
Esp: tasa de fallos *f*

taux de freinage *m*
All: Abbremsung *f*
Ang: braking factor *n*
Esp: efecto de frenado *m*

taux de freinage minimum *m*
All: Mindestabbremsung (Bremsen) *f*
Ang: minimum retardation (brakes) *n*
Esp: frenado mínimo (frenos) *m*

taux de lacet *m*
All: Gierrate (Kfz-Dynamik) *f*
Ang: yaw rate (motor-vehicle dynamics) *n*
Esp: tasa de guiñada (dinámica del automóvil) *f*

taux de NO_x *f*
All: NO_x-Anteil *m*
Ang: NO_x percentile *n*
Esp: contenido de NO_x *m*

taux de polluants *m*
All: Schadstoffanteil *m*
Ang: toxic constituents *npl*
Esp: contenido de sustancias nocivas *m*

taux de recyclage des gaz d'échappement *m*
All: Abgasrückführrate *f*
Ang: exhaust gas recirculation rate *n*
Esp: tasa de retroalimentación de gases de escape *f*

taux de refoulement *m*
All: Förderleistung *f*
Ang: delivery rate *n*
Esp: caudal de suministro *m*

taux de refoulement *m*
All: Förderrate *f*
(Förderleistung) *f*
Ang: delivery rate *n*
(fuel-delivery rate) *n*
Esp: caudal de suministro *m*

taux de remplissage (batterie) *m*
All: Füllungsgrad (Batterie) *m*
Ang: electrolyte level (battery) *n*
Esp: nivel de electrolito (batería) *m*

taux de remplissage (batterie) *m*
All: Füllungsgrad (Verbrennungsmotor) *m*
(Liefergrad) *m*
Ang: volumetric efficiency (IC engine) *n*
Esp: eficiencia volumétrica (motor de combustión) *f*

taux d'écrouissage *m*
All: Verformungsgrad *m*
Ang: degree of deformation *n*
Esp: grado de deformación *m*

taux d'émissions à l'échappement *m*
All: Abgasemissionswert *m*
Ang: exhaust gas emission rate *n*
Esp: nivel de emisión de gases de escape *m*

taux d'enrichissement *m*
All: Anreicherungsrate (Luft-Kraftstoff-Gemisch) *f*
Ang: enrichment quantity (air-fuel mixture) *n*
Esp: tasa de enriquecimiento (mezcla aire-combustible) *f*

taux d'injection *m*
All: Einspritzrate *f*
(Spritzrate) *f*
Ang: injection rate *n*
Esp: tasa de inyección *f*

taux d'injection *m*
All: Spritzrate (Kraftstoffeinspritzung) *f*
Ang: injection rate (fuel injection) *n*
Esp: tasa de inyección (inyección de combustible) *f*

taux d'oxygène *m*
All: Sauerstoffanteil *m*
Ang: oxygen part *n*
Esp: contenido de oxígeno *m*

technique bipolaire *f*
All: Bipolartechnik *f*
Ang: bipolar technology *n*
Esp: técnica bipolar *f*

technique d'analyse des gaz d'échappement *f*
All: Abgasprüftechnik *f*
Ang: exhaust gas analysis techniques *npl*
Esp: técnicas de ensayo de gases de escape *fpl*

technique de contrôle et d'essai *f*
All: Prüftechnik *f*
Ang: test technology *n*
Esp: técnica de verificación *f*

technique de dépollution *f*
All: Abgastechnik *f*
Ang: emissions control engineering *n*
Esp: ingeniería de control de emisiones *f*

technique d'éclairage *f*
All: Lichttechnik *f*
Ang: lighting technology *n*
(lighting) *n*
Esp: técnica de iluminación *f*

technologie à couches épaisses *f*
All: Dickschichttechnik *f*
Ang: thick film techniques *npl*
Esp: técnica de capa gruesa *f*

technologie hybride *f*
All: Hybridtechnik *f*
Ang: hybrid technology *n*

Français

Esp: tecnología híbrida *f*

technologie modulaire ***f***
All: Modultechnik *f*
(Baukasten-System) *n*
Ang: modular system *n*
Esp: sistema modular *m*

télécommande infrarouge ***f***
All: Infrarotfernbedienung *f*
Ang: infrared remote control *n*
Esp: telemando por infrarrojos *m*

télécommande radio ***f***
All: Funkfernbedienung *f*
Ang: radio remote control *n*
Esp: mando a distancia por radiofrecuencia *m*

télématique routière ***f***
All: Verkehrsleittechnik *f*
(Verkehrstelematik) *f*
Ang: traffic control engineering *n*
Esp: ingeniería de control del tráfico *f*

télémétrie ***f***
All: Abstandmessung (ACC) *f*
Ang: distance measurement (ACC) *n*
Esp: medición de distancia *f*

témoin d'alerte ***m***
All: Warnlampe *f*
Ang: warning lamp *n*
Esp: lámpara de aviso *f*

témoin d'alternateur ***m***
All: Generatorkontrolle *f*
Ang: alternator charge-indicator *n*
Esp: control del alternador *m*

témoin d'avertissement de pression d'huile ***m***
All: Öldruckwarnleuchte *f*
Ang: oil pressure warning lamp *n*
Esp: lámpara de aviso de presión de aceite *f*

témoin d'avertissement des freins ***m***
All: Bremsen-Warnleuchte *f*
Ang: brake warning lamp *n*
Esp: luz de aviso de frenos *f*

témoin d'avertissement d'usure des garnitures de frein ***m***
All: Bremsbelagverschleiß-Warnleuchte *f*
Ang: brake pad wear warning lamp *n*
Esp: luz de aviso de desgaste de pastilla de freno *f*

témoin de baie de toit ***m***
All: Dachrahmenleuchte *f*
Ang: rail lamp *n*
Esp: lámpara del bastidor del techo *f*

témoin de défaut ***m***
All: Fehlerleuchte *f*
Ang: fault lamp *n*
Esp: lámpara de averías *f*

témoin de feux de détresse ***m***
All: Warnblinkleuchte *f*
Ang: hazard warning light *n*
Esp: luz intermitente de advertencia *f*

témoin de fonctionnement ***m***
All: Anzeigelampe *f*
(Anzeigeleuchte) *f*
(Funktionskontrollleuchte) *f*
Ang: function lamp *n*
Esp: testigo de aviso *m*
(luz indicadora) *f*

témoin de préchauffage ***m***
All: Glühkontrollleuchte *f*
Ang: glow plug warning lamp *n*
Esp: lámpara de control de incandescencia *f*

témoin de préchauffage ***m***
All: Vorglühanzeige *f*
Ang: pre-glow indicator *n*
Esp: indicador de precalentamiento *m*

témoin de réserve de carburant ***m***
All: Tankreserveleuchte *f*
Ang: reserve-fuel lamp *n*
Esp: lámpara de reserva del depósito *f*

témoin de service ***m***
All: Serviceleuchte *f*
Ang: service lamp *n*
Esp: lámpara de servicio *f*

témoin d'usure de batterie ***m***
All: Batterieverschleißanzeige *f*
Ang: battery wear indicator *n*
Esp: indicación de desgaste de la batería *f*

témoins des instruments ***mpl***
All: Instrumentenleuchten *f*
Ang: instrument lamps *npl*
Esp: luces de instrumentos *fpl*

température d'admission ***f***
All: Ansaugtemperatur *f*
Ang: intake temperature *n*
Esp: temperatura de admisión *f*

température d'auto-allumage ***f***
All: Selbstzündtemperatur *f*
Ang: auto ignition temperature *n*
Esp: temperatura de autoignición *f*

température d'autonettoyage ***f***
All: Freibrenngrenze (Zündkerze) *f*
(Freibrenntemperatur) *f*
Ang: self cleaning temperature (spark plug) *n*
Esp: temperatura de autolimpieza (bujía de encendido) *f*

température de cémentation ***f***
All: Aufkohlungstemperatur *f*
Ang: carburizing temperature *n*
Esp: temperatura de cementación *f*

température de couleur (éclairage) ***f***
All: Farbtemperatur (Lichttechnik) *f*
Ang: color temperature (lighting) *n*
Esp: temperatura de color (técnica de iluminación) *f*

température de démarrage ***f***
All: Starttemperatur *f*
Ang: starting temperature *n*
Esp: temperatura de arranque *f*

température de fin de compression ***f***
All: Kompressionsendtemperatur *f*
Ang: final compression temperature *n*
Esp: temperatura final de compresión *f*

température de l'air de suralimentation ***f***
All: Ladeluft-Temperatur *f*
Ang: boost pressure temperature *n*
Esp: temperatura del aire de sobrealimentación *f*

température de l'habitacle ***f***
All: Innenraumtemperatur *f*
Ang: interior temperature *n*
Esp: temperatura del habitáculo *f*

température de sortie ***f***
All: Ausgangstemperatur *m*
Ang: output temperature *n*
Esp: temperatura inicial *f*

température de trempe ***f***
All: Härtetemperatur *f*
Ang: hardening temperature *n*
Esp: temperatura de endurecimiento *f*

température de trempe superficielle ***f***
All: Randhärtetemperatur *f*
Ang: surface hardening temperature *n*
Esp: temperatura de endurecimiento superficial *f*

température d'eau ***f***
All: Wassertemperatur *f*
Ang: water temperature *n*
Esp: temperatura del agua *f*

température d'ébullition ***f***
All: Siedetemperatur *f*
Ang: boiling temperature *n*
Esp: temperatura de ebullición *f*

température d'échappement ***f***
All: Auslasstemperatur (Verbrennungsmotor) *f*
Ang: exhaust temperature (IC engine) *nn*
Esp: temperatura de escape (motor de combustión) *f*

température d'équilibre ***f***
All: Beharrungstemperatur *f*
Ang: equilibrium temperature *n*
(steady-state temperature) *n*

Esp: temperatura de régimen permanente *f*

température des gaz d'échappement *f*
All: Abgastemperatur *f*
Ang: exhaust gas temperature *n*
Esp: temperatura de gases de escape *f*

température d'inflammation *f*
All: Zündtemperatur *f*
Ang: ignition temperature *n*
Esp: temperatura de encendido *f*

température du catalyseur *f*
All: Katalysatortemperatur *f*
Ang: catalytic converter temperature *n*
Esp: temperatura del catalizador *f*

température du liquide de refroidissement *m*
All: Kühlwassertemperatur *f*
Ang: coolant temperature *n*
Esp: temperatura de líquido refrigerante *f*

température du trop-plein de carburant *f*
All: Kraftstoffüberlauftemperatur *f*
Ang: fuel overflow temperature *n*
Esp: temperatura de rebose de combustible *f*

température extérieure *f*
All: Außentemperatur *f*
Ang: outside temperature *n*
Esp: temperatura exterior *f*

température limite *f*
All: Grenztemperatur *f*
Ang: limit temperature *n*
Esp: temperatura límite *f*

température limite de démarrage *f*
All: Startgrenztemperatur *f*
Ang: minimum starting temperature *n*
Esp: temperatura mínima de arranque *f*

temporisation à la retombée (relais) *f*
All: Abschaltverzögerung *f*
Ang: deactivation delay-time *n*
Esp: retardo de desconexión *m*

temporisation de consigne *f*
All: Sollwertverzögerung *f*
Ang: setpoint value delay *n*
Esp: retardo de valor nominal *m*

temporisation de la formation du couple de lacet *f*
All: Giermomentaufbauverzögerung (Kfz-Dynamik) *f*
Ang: yaw moment build-up delay (motor-vehicle dynamics) *n*
Esp: retardo de formación de par de guiñada (dinámica del automóvil) *m*

temps d'admission *m*
All: Ansaugtakt *m*
Ang: induction stroke *n*
Esp: ciclo de admisión *m*

temps d'accroissement (freinage) *m*
All: Schwelldauer (Bremsvorgang) *f*
(Schwellzeit) *f*
Ang: pressure build-up time (braking) *n*
Esp: tiempo de transición (proceso de frenado) *m*

temps d'accroissement de la force de freinage *m*
All: Bremsenschwelldauer *f*
Ang: pressure build-up time *n*
Esp: tiempo de formación de la presión de frenado *m*

temps d'admission *m*
All: Einlasstakt (Verbrennungsmotor) *m*
Ang: intake stroke *n*
Esp: ciclo de admisión (motor de combustión) *m*

temps d'arrêt (freinage) *m*
All: Anhaltezeit (Bremsvorgang) *f*
Ang: stopping time (braking) *n*
Esp: tiempo hasta la parada (proceso de frenado) *m*

temps d'arrêt *m*
All: Stillstandszeit *f*
Ang: idle period *n*
Esp: tiempo de parada *m*

temps d'attente en fonction de la température *m*
All: temperaturabhängige Wartezeit *f*
Ang: temperature dependent waiting period *n*
Esp: tiempo de espera dependiente de la temperatura *m*

temps de charge *m*
All: Belastungszeit *f*
Ang: load period *n*
Esp: tiempo de carga *m*

temps de charge (batterie) *m*
All: Ladezeit (Batterie) *f*
Ang: charging time (battery) *n*
Esp: tiempo de carga (batería) *m*

temps de combustion *m*
All: Verbrennungshub *m*
Ang: working stroke *n*
Esp: carrera de combustión *f*

temps de compression *m*
All: Kompressionstakt *m*
Ang: compression stroke *n*
Esp: carrera de compresión *f*

temps de compression (moteur à combustion) *m*
All: Verdichtungstakt (Verbrennungsmotor) *m*
Ang: compression cycle (IC engine) *n*
Esp: ciclo de compresión (motor de combustión) *m*

temps de conduite *m*
All: Fahrzeit *f*
Ang: driving time *n*
Esp: tiempo de marcha *m*

temps de dépassement *m*
All: Überholzeit *f*
Ang: passing time *n*
Esp: tiempo de adelantamiento *m*

temps de détente *m*
All: Expansionstakt (Verbrennungsmotor) *m*
Ang: expansion stroke (IC engine) *n*
Esp: ciclo de expansión (motor de combustión) *m*

temps de fermeture (injecteur) *m*
All: Abfallzeit (Einspritzventil) *f*
Ang: release time (fuel injector) *n*
Esp: tiempo de vuelta al reposo (válvula de inyección) *m*

temps de fermeture (allumage) *m*
All: Schließzeit (Zündung) *f*
Ang: dwell period (ignition) *n*
Esp: tiempo de cierre (encendido) *m*

temps de freinage *m*
All: Bremszeit *f*
(Bremsdauer) *f*
(Gesamtbremsdauer) *f*
Ang: braking time *n*
(total braking time) *n*
Esp: tiempo de frenado *m*

temps de freinage actif *m*
All: Bremswirkungsdauer *f*
Ang: active braking time *n*
(effective braking time) *n*
Esp: duración del efecto de frenado *f*

temps de montée en régime *m*
All: Hochlaufdauer *f*
Ang: running up time *n*
Esp: duración de la aceleración *f*

temps de montée en régime *m*
All: Hochlaufdauer *f*
Ang: run up time *n*
Esp: duración de la aceleración *f*

temps de post-incandescence *m*
All: Nachglühzeit *f*
Ang: post glow time *n*
Esp: tiempo de postincandescencia *m*

temps de préchauffage *m*
All: Vorglühzeit *f*
Ang: preglow time *n*
Esp: tiempo de precalentamiento *m*

temps de préchauffage *m*
All: Vorglühzeit *f*
Ang: preheating time *n*
Esp: tiempo de precalentamiento *m*

temps de propagation *m*

Français

All: Laufzeit *f*
Ang: transit period *n*
Esp: tiempo de propagación *m*

temps de réaction (commande de frein) *m*
All: Reaktionsdauer (Bremsbetätigung) *f*
Ang: reaction time (brake control) *n*
Esp: tiempo de reacción (accionamiento de freno) *m*

temps de réaction *m*
All: Reaktionszeit *f*
Ang: response time *n*
Esp: tiempo de respuesta *m*

temps de rebondissement (relais) *m*
All: Prellzeit (Relais) *f*
Ang: bounce time (relay) *n*
Esp: tiempo de rebote (relé) *m*

temps de réglage *m*
All: Steuerzeit *f*
(Stellzeit) *f*
Ang: control time *n*
Esp: tiempo de control *m*

temps de réparation *m*
All: Arbeitswert *m*
Ang: working value *n*
Esp: valor de trabajo *m*

temps de réponse *m*
All: Ansprechzeit *f*
(Totzeit) *f*
Ang: response time *n*
Esp: tiempo de reacción *m*

temps de réponse des freins *m*
All: Bremsenansprechdauer *f*
Ang: brake response time *n*
Esp: tiempo de reacción de los frenos *m*

temps de réponse initial *m*
All: Ansprechdauer *f*
Ang: initial response time *n*
Esp: periodo de respuesta *m*

temps de réverbération *m*
All: Nachhallzeit *f*
Ang: reverberation time *n*
Esp: tiempo de reverberación *m*

temps de transit des gaz (régulation de richesse) *m*
All: Gaslaufzeit (Lambda-Regelung) *f*
Ang: gas travel time (lambda closed-loop control) *n*
Esp: tiempo de desplazamiento del gas (regulación Lambda) *m*

temps de vaporisation *m*
All: Verdampfungszeit *f*
Ang: vaporization time *n*
Esp: tiempo de evaporación *m*

temps d'échappement *m*
All: Auslasstakt (Verbrennungsmotor) *m*
Ang: exhaust stroke (IC engine) *n*
(exhaust cycle) *n*
Esp: ciclo de escape (motor de combustión) *m*

temps d'échappement *m*
All: Ausstoßtakt *m*
(Auspufftakt) *m*
Ang: exhaust cycle *n*
(exhaust stroke) *n*
Esp: ciclo de escape *m*

temps maximum de détection *m*
All: Abtastzeitmaxima *npl*
Ang: maximum sampling time *n*
Esp: periodos máximos de exploración *m*

temps mort (effet de freinage) *m*
All: Verlustzeit (Bremsvorgang) *f*
(Verlustdauer) *f*
Ang: dead time (braking action) *n*
Esp: tiempo muerto (proceso de frenado) *m*

temps moteur *m*
All: Arbeitstakt *m*
Ang: power cycle *n*
Esp: ciclo de trabajo *m*

tenaille *f*
All: Zange *f*
Ang: pliers *n*
Esp: alicates *mpl*

tendance au blocage (roue) *f*
All: Blockierneigung (Rad) *f*
Ang: incipient lock (wheel) *n*
Esp: tendencia al bloqueo (rueda) *f*

tendance au cliquetis *f*
All: Klopfneigung *f*
Ang: tendency to knock *n*
(knock tendency) *n*
Esp: tendencia a detonar *f*

tendeur de chaîne S,F *m*
All: Kettenspanner S,F *m*
Ang: chain tensioner S,F *n*
(chain adjuster) *n*
Esp: tensor de cadena *m*

tendeur de courroie *m*
All: Riemenspanner *m*
Ang: belt tensioner *n*
Esp: tensor de correa *m*

tendeur de courroie *m*
All: Spannrolle *f*
Ang: tensioning roller *n*
Esp: rodillo tensor *m*

teneur en aromatiques *m*
All: Aromatengehalt *m*
Ang: aromatic content *n*
Esp: contenido de aromáticos *m*

teneur en CO *f*
All: CO-Gehalt *m*
Ang: CO content *n*
Esp: contenido de CO *m*

teneur en eau *f*
All: Wassergehalt *m*
Ang: moisture content *n*
Esp: contenido de agua *m*

teneur en NO_x *f*
All: NO_x-Gehalt *m*
Ang: NO_x content *n*
Esp: contenido de NO_x *m*

teneur en soufre *f*
All: Schwefelgehalt *n*
Ang: sulfur content *n*
Esp: contenido de azufre *m*

tension à l'état bloqué *f*
All: Sperrspannung (Halbleiter) *f*
Ang: off state voltage (semiconductor) *n*
Esp: tensión de bloqueo (semiconductor) *f*

tension à l'état passant (diode redresseuse) *f*
All: Durchlassspannung (Gleichrichterdiode) *f*
Ang: forward voltage (rectifier diode) *n*
Esp: tensión de paso (diodo rectificador) *f*

tension à vide *f*
All: Leerlaufspannung *f*
Ang: open circuit voltage *n*
Esp: tensión a circuito abierto *f*

tension alternative *f*
All: Wechselspannung *f*
Ang: alternating voltage *n*
Esp: tensión alterna *f*

tension au repos (batterie) *f*
All: Ruhespannung (Batterie) *f*
(Batteriespannung) *f*
Ang: steady state voltage (battery) *n*
Esp: tensión en reposo (batería) *f*

tension d'alimentation *f*
All: Versorgungsspannung *f*
Ang: supply voltage *n*
Esp: tensión de alimentación *f*

tension d'allumage *f*
All: Zündspannung *f*
(Überschlagspannung) *f*
Ang: ignition voltage *n*
(arcing voltage) *n*
Esp: tensión de encendido *f*

tension d'allumage anode-cathode *f*
All: Anodenzündspannung *f*
Ang: anode breakdown voltage *n*
Esp: tensión de encendido del ánodo *f*

tension d'arc (bougie d'allumage) *f*
All: Brennspannung (Zündkerze) *f*
Ang: spark voltage (spark plug) *n*
Esp: tensión de ignición (bujía de encendido) *f*

tension de batterie *f*
All: Batteriespannung *f*
Ang: battery voltage *n*
(battery voltage) *n*
Esp: tensión de la batería *f*

tension de bord *f*

All: Bordspannung *f*
Ang: vehicle power supply *n*
Esp: tensión de a bordo *f*

tension de charge *f*
All: Ladespannung *f*
Ang: charge voltage *n*
Esp: tensión de carga *f*

tension de charge de batterie *f*
All: Batterie-Ladespannung *f*
Ang: battery charge voltage *n*
Esp: tensión de carga de la batería *f*

tension de chauffage *f*
All: Heizspannung *f*
Ang: heating voltage *n*
Esp: tensión de calefacción *f*

tension de claquage *f*
All: Durchschlagspannung *f*
(Durchbruchspannung) *f*
Ang: breakdown voltage *n*
Esp: tensión de ruptura dieléctrica *f*

tension de combustion *f*
All: Brennspannung *f*
Ang: firing voltage *n*
Esp: tensión de ignición *f*

tension de commande en dents de scie *f*
All: Eingangs-Sägezahn-Steuerspannung *f*
Ang: input saw tooth control voltage *n*
Esp: tensión de control de entrada en forma de diente de sierra *f*

tension de dégagement gazeux *f*
All: Gasungsspannung *f*
Ang: gassing voltage *n*
Esp: tensión de inicio de gasificación *f*

tension de démarrage externe *f*
All: Fremdstartspannung (Spannung bei Fremdstart) *f*
Ang: jump start voltage *n*
Esp: tensión de arranque por cables de puente (tensión de arranque por cables de puente) *f*

tension de fin de décharge *f*
All: Entladeschlussspannung (Batterie) *f*
Ang: cutoff voltage (battery) *n*
Esp: tensión final de descarga (batería) *f*

tension de fin de décharge *f*
All: Entladeschlussspannung (Batterie) *f*
Ang: end point voltage (battery) *n*
Esp: tensión final de descarga (batería) *f*

tension de fonctionnement *f*
All: Betriebsspannung *f*
Ang: operating voltage *n*
Esp: tensión de servicio *f*

tension de l'actionneur *f*
All: Aktorspannung *f*
Ang: actuator voltage *n*
Esp: tensión del actuador *f*

tension de l'alternateur *f*
All: Generatorspannung *f*
Ang: alternator voltage (alternator) *n*
Esp: tensión del alternador *f*

tension de référence *f*
All: Referenzspannung *f*
Ang: reference voltage *n*
Esp: tensión de referencia *f*

tension de régulation *f*
All: Regelspannung *f*
Ang: regulator response voltage *n*
Esp: tensión reguladora *f*

tension de réponse *f*
All: Ansprechspannung *f*
Ang: response voltage *n*
Esp: tensión de reacción *f*

tension de seuil *f*
All: Schwellenspannung *f*
Ang: threshold voltage *n*
Esp: tensión umbral *f*

tension de sortie *f*
All: Ausgangsspannung *f*
Ang: output voltage *n*
Esp: tensión de salida *f*

tension de sortie de l'alternateur *f*
All: Generatorausgangsspannung *f*
Ang: alternator output voltage *n*
Esp: tensión de salida del alternador *f*

tension d'éclatement *f*
All: Überschlagspannung *f*
Ang: arcing voltage *n*
(ignition voltage) *n*
Esp: potencial de chispa *m*

tension d'entrée *f*
All: Eingangsspannung *f*
Ang: input voltage *n*
Esp: tensión de entrada *f*

tension d'essai *f*
All: Prüfspannung *f*
Ang: test voltage *n*
Esp: tensión de ensayo *f*

tension d'excitation *f*
All: Erregerspannung *f*
Ang: excitation voltage *n*
Esp: tensión de excitación *f*

tension d'induction *f*
All: Induktionsspannung *f*
Ang: induction voltage *n*
Esp: tensión de inducción *f*

tension du capteur *f*
All: Sensorspannung *f*
Ang: sensor voltage *n*
Esp: tensión del sensor *f*

tension du circuit de bord *f*
All: Bordnetzspannung *f*
Ang: vehicle system voltage *n*
Esp: tensión de la red de a bordo *f*

tension du générateur d'impulsions *f*
All: Geberspannung *f*
Ang: pulse generator voltage *n*
Esp: tensión del generador de impulsos *f*

tension galvanique *f*
All: Galvani-Spannung *f*
Ang: galvanic voltage *n*
Esp: tensión galvánica *f*

tension initiale *f*
All: Vorspannkraft *f*
Ang: initial force *n*
Esp: fuerza de precarga *f*

tension initiale *f*
All: Vorspannung *f*
Ang: initial tension *n*
(pre-tension) *n*
Esp: tensión inicial *f*

tension initiale du ressort *f*
All: Federvorspannung *f*
Ang: initial spring tension *n*
Esp: tensión inicial de resorte *f*

tension initiale du ressort *f*
All: Federvorspannung *f*
Ang: spring preload *n*
Esp: tensión previa del muelle *f*

tension inverse (diode) *f*
All: Sperrspannung (Diode) *f*
Ang: reverse voltage (diode) *n*
Esp: tensión inversa (diodo) *f*

tension moyenne *f*
All: Mittelspannung *f*
Ang: medium voltage, MV *n*
Esp: media tensión *f*

tension nominale *f*
All: Nennspannung *f*
Ang: nominal voltage *n*
Esp: tensión nominal *f*

tension parasite *f*
All: Funkstörspannung *f*
Ang: radio interference voltage, RIV *n*
Esp: tensión de interferencia de radio *f*

tension perturbatrice (CEM) *f*
All: Störspannung (EMV) *f*
(Funkstörspannung) *f*
Ang: radio interference voltage (EMC) *n*
Esp: tensión perturbadora (compatibilidad electromagnética) *f*

tension primaire *f*
All: Primärspannung *f*
Ang: primary voltage *n*
Esp: tensión de primario *f*

tension secondaire *f*
All: Sekundärspannung *f*
Ang: secondary voltage *n*
Esp: tensión secundaria *f*

Français

tenue à la corrosion *f*
All: Korrosionsbeständigkeit *m*
Ang: corrosion resistance *n*
Esp: resistencia a la corrosión *f*

tenue à la fatigue *f*
All: Ermüdungsfestigkeit *f*
Ang: fatigue strength *n*
Esp: resistencia a la fatiga *f*

tenue au choc à la torpille *f*
All: Pfeilfall-Festigkeit *f*
Ang: arrow drop strength *n*
Esp: resistencia a caída de flechas *f*

tenue au rayonnement incident (CEM) *f*
All: Einstrahlfestigkeit (EMV) *f*
Ang: resistance to incident radiation (EMC) *n*
Esp: resistencia a la radiación (compatibilidad electromagnética) *f*

tenue au vieillissement *f*
All: Alterungsbeständigkeit *f*
Ang: resistance to aging *n*
Esp: resistencia al envejecimiento *f*

tenue aux chocs *f*
All: Schlagfestigkeit *f*
Ang: impact strength *n*
Esp: resistencia al impacto *f*

tenue aux chocs thermiques *f*
All: Temperaturwechsel-beständigkeit *f*
Ang: resistance to temperature shocks *n*
Esp: resistencia a cambios de temperatura *f*

tenue aux courts-circuits *f*
All: Kurzschlussfestigkeit *f*
Ang: short circuit resistance *n*
Esp: resistencia a cortocircuito *f*

tenue aux effets climatiques *f*
All: Klimabeständigkeit *f*
Ang: climatic resistance *n*
Esp: resistencia climática *f*

tenue aux ondes de pression *f*
All: Druckschwellfestigkeit *f*
Ang: compression pulsating fatigue strength *n*
Esp: resistencia a la fatiga por presión alternante *f*

tenue aux secousses *f*
All: Schüttelfestigkeit *f*
Ang: vibration resistance *n*
Esp: resistencia a sacudidas *f*

tenue aux vibrations *f*
All: Schwingungsfestigkeit *f*
Ang: resistance to vibration *n*
Esp: resistencia a la vibración *f*

tenue de cap *f*
All: Spurführung *f*
Ang: lateral guidance *n*
Esp: conducción transversal *f*

test au brouillard salin *m*
All: Salzsprühtest *m*
Ang: salt spray test *n*
Esp: ensayo con pulverización de sal *m*

test automatique *m*
All: Selbsttest *m*
Ang: self test *n*
Esp: autoensayo *m*

test CEM *m*
All: EMV-Test *m*
Ang: electromagnetic compatibility test *n*
(EMS test) *n*
Esp: ensayo de compatibilidad electromagnética *m*

test de blocage *m*
All: Blockiertest *m*
Ang: stall test *n*
Esp: ensayo de bloqueo *m*

test de boues *m*
All: Schlammtest *m*
Ang: sludge test *n*
Esp: ensayo de lodos *m*

test de choc arrière *m*
All: Heckaufprallversuch *m*
Ang: rear impact test *n*
Esp: ensayo de choque contra la parte trasera *m*

test de dureté *m*
All: Härteprüfung *f*
Ang: hardness test *n*
Esp: ensayo de dureza *m*

test de fonctionnement *m*
All: Funktionsprüfung *f*
Ang: functional test *n*
Esp: comprobación de funcionamiento *f*

test de synchronisme *m*
All: Gleichlaufprüfung *f*
Ang: synchronization check *n*
Esp: comprobación de sincronización *f*

test de tenue aux chocs *m*
All: Schockprüfung *f*
Ang: mechanical shock test *n*
(shock test) *n*
Esp: ensayo de impacto *m*

test d'émission de fumées *m*
All: Rauchprüfung *f*
Ang: smoke emission test *n*
Esp: comprobación de gases de escape *f*

test d'endurance *m*
All: Dauerfestigkeitsprüfung *f*
Ang: endurance test *n*
Esp: ensayo de resistencia a la fatiga *m*

test d'endurance du véhicule *m*
All: Fahrzeugdauerlauf *m*
Ang: vehicle endurance test *n*
Esp: ensayo de larga duración del vehículo *m*

test d'enfoncement du toit *m*
All: Dacheindrücktest *m*
Ang: car roof crush test *n*
Esp: ensayo de hundimiento del techo *m*

test des actionneurs *m*
All: Aktuatorik-Test *m*
Ang: actuator test *n*
Esp: ensayo de actuadores *m*

test des composants *m*
All: Bauteileprüfung *f*
Ang: component testing *n*
Esp: ensayo de componentes *f*

test des gaz d'échappement *m*
All: Abgastest *m*
Ang: exhaust gas test *n*
Esp: ensayo de gases de escape *m*

test d'évaporation *m*
All: Verdunstungsprüfung *f*
Ang: evaporative emissions test *n*
Esp: comprobación de evaporación *f*

test d'isolation *m*
All: Isolationsprüfung *f*
Ang: insulation test *n*
Esp: comprobación del aislamiento *f*

test fonctionnel *m*
All: Funktionstest *m*
Ang: functional test *n*
Esp: ensayo de funcionamiento *m*

testeur d'angle de came *m*
All: Schließwinkeltester *m*
Ang: dwell angle meter *n*
Esp: comprobador del ángulo de cierre *m*

testeur d'atelier *m*
All: Werkstatttester *m*
Ang: workshop tester *n*
Esp: comprobador de taller *m*

testeur de diagnostic *m*
All: Diagnosetestgerät *n*
Ang: diagnosis tester *n*
Esp: comprobador de diagnóstico *m*

testeur de gaz d'échappement *m*
All: Abgastester *m*
Ang: exhaust gas analyzer *n*
Esp: comprobador de gases de escpae *m*

testeur de lampe *m*
All: Lampentester *m*
Ang: lamp tester *n*
Esp: comprobador de lámparas *m*

testeur de pression de freinage *m*
All: Bremsdruckprüfgerät *n*
Ang: brake pressure tester *n*
Esp: comprobador de la presión de frenado *m*

tests longue durée *mpl*
All: Langzeiterprobung *f*
Ang: long-term tests *n*
Esp: ensayos de larga duración *mpl*

tests système OBD *mpl*
All: OBD-Systemtests *m*
Ang: OBD system tests *npl*
Esp: verificación de sistemas OBD *f*

tête artificielle *f*
All: Kunstkopf *m*
Ang: artificial head *n*
Esp: cabezal artificial *f*

tête coulissante *f*
All: Gleitstein *m*
Ang: sliding block *n*
Esp: corredera *f*

tête d'accouplement *f*
All: Kupplungskopf *m*
Ang: coupling head *n*
Esp: cabeza de acoplamiento *f*

tête d'accouplement « alimentation » *f*
All: Vorratskupplungskopf (Bremsen) *m*
Ang: coupling head supply (brakes) *n*
Esp: cabeza de acoplamiento de alimentación (Bremsen) *f*

tête d'accouplement « frein » *f*
All: Bremskupplungskopf *m*
Ang: coupling head brakes *n*
Esp: cabezal del acoplamiento del freno *m*

tête d'allumeur *f*
All: Zündverteilerkappe *f*
(Verteilerkappe) *f*
Ang: distributor cap *n*
Esp: caperuza del distribuidor de encendido *f*

tête d'articulation *f*
All: Gelenkkopf *m*
Ang: swivel head *n*
Esp: rótula *f*

tête de distributeur *f*
All: Verteilerkappe (Zündung) *f*
Ang: distributor cap (ignition) *n*
Esp: tapa del distribuidor (encendido) *f*

tête de l'élément de pompage (élément de pompage) *f*
All: Elementkopf (Pumpenelement) *m*
Ang: plunger and barrel head (pump element) *n*
Esp: cabezal de bomba (elemento de bomba) *m*

tête de l'étincelle *f*
All: Funkenkopf *m*
Ang: spark head *n*
Esp: cabezal de erosión *m*

tête de vis *f*
All: Schraubenkopf *m*
Ang: screw head *n*
Esp: cabeza de tornillo *f*

tête d'entraînement *f*
All: Kreuzkopf *m*
Ang: cross head *n*
Esp: cruceta *f*

tête hydraulique (pompe distributrice) *f*
All: Verteilerkopf (Verteiler-einspritzpumpe) *m*
Ang: distributor head (distributor pump) *n*
Esp: cabezal distribuidor (bomba de inyección rotativa) *m*

téton d'étranglement *m*
All: Drosselzapfen *m*
Ang: throttling pintle *n*
Esp: espiga de estrangulación *f*

thermocontacteur *m*
All: Temperaturschalter *m*
(Thermoschalter) *m*
Ang: thermostatic switch *n*
Esp: interruptor térmico *m*

thermocouple *m*
All: Thermoelement *n*
Ang: thermocouple *n*
Esp: termocupla *f*

thermodurcissable *m*
All: Duroplast *n*
Ang: duromer *n*
Esp: duroplástico *m*

thermofusible *m*
All: Thermosicherung *f*
Ang: thermal cutout *n*
Esp: fusible térmico *m*

thermogestion *f*
All: Thermomanagement *n*
Ang: thermal management *n*
Esp: gestión térmica *f*

thermomètre à bilame *m*
All: Bimetallthermometer *n*
Ang: bimetallic thermometer *n*
Esp: termómetro bimetálico *m*

thermomètre à dilatation de tige solide *m*
All: Stabausdehnungsthermo-meter *n*
Ang: solid expansion thermometer *n*
Esp: termómetro de dilatación de varilla *m*

thermomètre à radiation *m*
All: Strahlungsthermometer *n*
Ang: radiation thermometer *n*
Esp: termómetro por radiación *m*

thermomètre à résistance *m*
All: Widerstandsthermometer *n*
Ang: resistance thermometer *n*
Esp: termómetro de resistencia *m*

thermométrie à quartz *m*
All: Quarzthermometrie *f*
Ang: quartz thermometry *n*
Esp: termometría de cuarzo *f*

thermostat *m*
All: Temperaturregler *m*
(Thermostat) *m*
Ang: temperature regulator *n*
(thermostat) *n*
Esp: regulador de temperatura *m*

tige articulée *f*
All: Gelenkstift *m*
Ang: joint pin *n*
Esp: pasador de articulación *m*

tige chauffante (dessiccateur) *f*
All: Heizstab (Lufttrockner) *m*
Ang: heating element (air drier) *n*
Esp: varilla calefactora (secador de aire) *f*

tige d'actionnement *f*
All: Betätigungsstange *f*
Ang: actuating rod *n*
Esp: varilla de accionamiento *f*

tige de commande *f*
All: Schaltstange (Schaltgetriebe) *f*
Ang: gear stick (manually shifted transmission) *n*
Esp: barra de mando (cambio manual) *f*

tige de commande d'injecteur *f*
All: Ventilsteuerkolben *m*
Ang: valve control plunger *n*
Esp: émbolo de regulación de válvulas *m*

tige de connexion *f*
All: Anschlussbolzen *m*
Ang: terminal stud *n*
Esp: perno de conexión *m*

tige de contact *f*
All: Kontaktstift *m*
Ang: contact pin *n*
Esp: pin de contacto *m*

tige de guidage *f*
All: Führungsstange *f*
Ang: guide rod *n*
Esp: barra guía *f*

tige de levier *f*
All: Hebelstange *f*
Ang: lever rod *n*
Esp: barra de palanca *f*

tige de piston (clapet de refoulement) *f*
All: Kolbenstange (Verbrennungsmotor) *f*
Ang: piston rod (IC engine) *n*
(conrod) *n*
Esp: biela (motor de combustión) *f*

tige de réglage (pompe d'injection en ligne) *f*
All: Regelstange (Einspritzpumpe) *f*
Ang: control rack *n*
Esp: varilla de regulación (bomba de inyección) *f*

tige de soupape *f*
All: Ventilstift *m*
Ang: valve pin *n*
Esp: pasador de válvula *m*

tige de soupape de refoulement *f*

Français

All: Druckventilschaft *m*
Ang: delivery valve stem *n*
Esp: vástago de válvula de presión *m*

tige d'engrènement (démarreur) ***f***
All: Einrückstange (Starter) *f*
Ang: engagement rod (starter) *n*
Esp: barra de engrane (motor de arranque) *f*

tige d'induit ***f***
All: Ankerbolzen *m*
Ang: armature pin *n*
Esp: perno de inducido *m*

tige filetée ***f***
All: Gewindestange *f*
Ang: threaded rod *n*
Esp: barra roscada *f*

tige-poussoir ***f***
All: Druckbolzen *m*
Ang: pressure pin *n*
Esp: perno de presión *m*

tige-poussoir ***f***
All: Stößelstange *f*
Ang: push rod *n*
Esp: varilla de empuje *f*

timon ***m***
All: Deichsel *f*
Ang: drawbar *n*
Esp: barra de remolque *f*

timonerie d'accélérateur ***f***
All: Gasgestänge *n*
Ang: accelerator lever linkage *n*
Esp: varillaje del acelerador *m*

timonerie d'accélérateur ***f***
All: Gasgestänge *n*
Ang: accelerator pedal linkage *n*
Esp: varillaje del acelerador *m*

timonerie de frein ***f***
All: Bremsgestänge *n*
Ang: brake control linkage *n*
Esp: varillaje de freno *m*

timonerie de frein ***f***
All: Bremsgestänge *n*
Ang: brake control linkage *n*
Esp: varillaje de freno *m*

tiroir d'air additionnel ***m***
All: Zusatzluftschieber *m*
Ang: auxiliary air slider *n*
Esp: mariposa de aire adicional *f*

tiroir de distribution ***m***
All: Steuerschieber *m*
Ang: valve spool *n*
Esp: corredera de distribución *f*

tiroir de régulation ***m***
All: Hubschieber *m*
Ang: control sleeve *n*
Esp: corredera de elevación *f*

tiroir de régulation (pompe distributrice) ***m***
All: Regelschieber (Verteilereinspritzpumpe) *m*
Ang: control collar (distributor pump) *n*
Esp: corredera reguladora (bomba de inyección rotativa) *f*

tiroir rotatif ***m***
All: Drehschieber *m*
Ang: rotating slide *n*
Esp: corredera giratoria *f*
(distribuidor giratorio) *m*

tissu filtrant ***m***
All: Filtertuch *n*
Ang: filter cloth *n*
Esp: tela de filtro *f*

toit ouvrant ***m***
All: Schiebedach *n*
Ang: sliding sunroof *n*
Esp: techo corredizo *m*

toit ouvrant ***m***
All: Schiebedach *n*
Ang: sliding roof *n*
Esp: techo corredizo *m*

tôle chicane ***f***
All: Luftleitblech *n*
Ang: air guide plate *n*
Esp: chapa deflectora de aire *f*

tôle d'aluminium ***f***
All: Aluminium-Blech *n*
Ang: sheet aluminum *n*
Esp: chapa de aluminio *f*

tôle de pas de marche ***f***
All: Schwellerblech *n*
Ang: door sill scuff plate *n*
Esp: chapa de umbral de puerta *f*

tôle de protection des freins ***f***
All: Bremsabdeckblech *n*
Ang: brake cover plate (brakes) *n*
Esp: chapa cobertera de freno *f*

tôle de recouvrement ***f***
All: Deckblech *n*
Ang: cover plate *n*
Esp: chapa cobertera *f*

tôle de séparation ***f***
All: Trennblech *n*
Ang: separator *n*
Esp: chapa separadora *f*

tôle d'induit ***f***
All: Ankerblech *n*
Ang: armature core disk *n*
Esp: chapa de inducido *f*

tôle d'obturation ***f***
All: Abschlussblende *f*
Ang: end cover *n*
Esp: moldura de cierre *f*

tôle magnétique ***f***
All: Elektroblech *n*
Ang: electrical sheet steel *n*
Esp: chapa eléctrica *f*

tolérance de battement radial ***f***
All: Rundlauftoleranz *f*
Ang: tolerance of concentricity *n*
Esp: tolerancia de concentricidad *f*

tolérance de régulation ***f***
All: Regeltoleranz *f*
Ang: control tolerance *n*
Esp: tolerancia de regulación *f*

tolérance dimensionnelle ***f***
All: Maßtoleranz *f*
Ang: dimensional mass *n*
Esp: tolerancia dimensional *f*

tolérance d'orientation ***f***
All: Richtungstoleranz *f*
Ang: tolerance of direction *n*
Esp: tolerancia de dirección *f*

tonalité continue (alarme auto) ***f***
All: Dauerton (Autoalarm) *m*
Ang: continuous tone (car alarm) *n*
Esp: tono continuo (alarma de vehículo) *m*

tonalité d'alerte (alarme auto) ***f***
All: Alarmton (Autoalarm) *m*
Ang: alarm tone (car alarm) *n*
Esp: tono de la alarma (alarma de vehículo) *m*

tonneau ***m***
All: Überschlag *m*
Ang: rollover *n*
Esp: vuelco *m*

toron en cuivre ***m***
All: Kupferlitze *f*
Ang: copper braid *n*
Esp: conductor de cobre trenzado *m*

torsadé ***adj***
All: drillgewickelt *adj*
Ang: twist-wound *adj*
Esp: de par trenzado *loc*

torsion ***f***
All: Verdrehung *f*
Ang: twisting *n*
Esp: giro *m*

touche de diagnostic ***f***
All: Diagnose-Taster *m*
Ang: diagnosis button *n*
Esp: botón de diagnóstico *m*

touche de feux de détresse ***f***
All: Warnblinkschalter *m*
Ang: hazard warning light switch *n*
Esp: interruptor de las luces intermitentes *m*

touche de recyclage d'air ***f***
All: Umluftschalter *m*
Ang: air-recirculation switch *n*
Esp: interruptor de recirculación de aire *m*

toucheau (rupteur) ***m***
All: Gleitstück (Unterbrecherhebel) *n*
Ang: cam follower (breaker lever) *n*
Esp: seguidor de leva (palanca de ruptor) *m*

tourbillon ***m***
All: Drall *m*
(Drallströmung) *f*
Ang: swirl *n*
Esp: remolino *m*
(flujo en remolino) *m*

tourbillon à l'admission (collecteur d'admission) ***m***
All: Einlassdrall (Saugrohr) *m*
Ang: intake swirl (intake manifold) *n*
Esp: espiral de admisión (tubo de admisión) *f*

tourbillon d'air ***m***
All: Luftwirbel *m*
Ang: air vortex *n*
Esp: torbellino de aire *m*

tourbillonnement ***m***
All: Verwirbelung *f*
Ang: turbulence *n*
Esp: turbulencia *f*

tourillon sphérique ***m***
All: Kugelzapfen *m*
Ang: ball pivot *n*
Esp: gorrón esférico *m*

trace d'usure (tambour, frein à disque) ***f***
All: einlaufen (Bremstrommel, Bremsscheibe) *v*
Ang: score (brake drum, brake disc) *v*
Esp: marca de uso (tambor de freno, disco de freno) *f*

trace d'usure (tambour, frein à disque) ***f***
All: Einlaufstelle (Bremstrommel, Bremsscheibe) *f*
Ang: scoring (brake drum, brake disc) *n*
Esp: marca de uso (tambor de freno, disco de freno) *f*

traces d'abrasion dues au freinage ***fpl***
All: Bremsabrieb *m*
Ang: brake dust *n*
Esp: finos de abrasión de frenado *mpl*

traces de vieillissement ***fpl***
All: Alterungserscheinungen *fpl*
Ang: signs of aging *n*
Esp: síntomas de envejecimiento *mpl*

tracteur de semi-remorque ***m***
All: Sattelzugmaschine *f*
Ang: tractor unit *n*
Esp: tractocamión *m*

traction avant ***f***
All: Frontantrieb *m*
Ang: front wheel drive *n*
Esp: tracción delantera *f*

traction avant ***f***
All: Vorderradantrieb *m*
Ang: front wheel drive *n*
Esp: tracción delantera *f*

traction hybride ***f***
All: Hybridantrieb *m*
Ang: hybrid drive *n*
Esp: propulsión híbrida *f*

train arrière à effet autodirectionnel ***m***
All: Aktive Hinterachskinematik *f*
Ang: active rear-axle kinematics *n*
Esp: cinemática activa del eje trasero *m*

train de pneumatiques ***m***
All: Bereifung *f*
Ang: tires *npl*
Esp: neumáticos *mpl*

train d'impulsions ***m***
All: Impulsfolge *f*
Ang: pulse train *n*
Esp: secuencia de impulsos *f*

train d'utilitaires ***m***
All: Lastkraftwagenzug *m*
Ang: road train *n*
Esp: tren de carretera *m*

train épicycloïdal ***m***
All: Planetengetriebe *n*
Ang: planetary gear *n*
Esp: engranaje planetario *m*

train inverseur ***m***
All: Wendestufe *f*
Ang: reversing mode *n*
Esp: tren inversor *m*

train routier ***m***
All: Lastzug *m*
Ang: truck-trailer *n*
Esp: combinación camión-remolque *f*

train routier à passagers ***m***
All: Omnibuszug *m*
Ang: passenger road train *n*
Esp: tren de carretera de pasajeros *m*

train routier articulé ***m***
All: Sattelkraftfahrzeug *n*
Ang: articulated road train *n*
Esp: tractocamión con semirremolque *m*

train routier spécial ***m***
All: Brückenzug *m*
Ang: platform road train *n*
Esp: tren de carretera *m*

trains d'étincelles ***mpl***
All: Folgefunken *m*
Ang: follow up spark *n*
Esp: chispa de secuencia *f*

traitement antireflet ***m***
All: Entspiegelung *f*
Ang: antireflection *n*
Esp: supresión de reflejos *f*

traitement de désursaturation ***m***
All: Auslagern *n*
Ang: aging process *n*
Esp: proceso de envejecimiento *m*

traitement des défauts ***m***
All: Fehlerbehandlung *f*
Ang: error handling *n*
Esp: manejo de averías *m*

traitement des données ***m***
All: Datenverarbeitung *f*
Ang: data processing *n*
Esp: procesamiento de datos *m*

traitement des paramètres de fonctionnement ***m***
All: Betriebsdatenverarbeitung *f*
Ang: operating-data processing *n*
Esp: procesamiento de datos de operación *m*

trajectoire ***f***
All: Fahrspur *f*
Ang: lane *n*
Esp: carril *m*

trajectoire (véhicule) ***f***
All: Spurtreue (Kfz) *f*
Ang: vehicle stability (staying in lane) *n*
Esp: estabilidad direccional (automóvil) *f*

trajectoire rectiligne (véhicule) ***f***
All: Geradeauslauf (Kfz) *m*
Ang: straight running stability (motor vehicle) *n*
Esp: trayectoria recta (automóvil) *f*

trajet de mesure ***m***
All: Messstrecke *f*
Ang: measurement path *n*
Esp: sector de medición *f*

trame de données (multiplexage) ***f***
All: Datenrahmen (CAN) *m*
Ang: data frame (CAN) *n*
Esp: trama de datos (CAN) *f*

transducteur-récepteur (alarme auto) ***m***
All: Empfänger-Wandler (Autoalarm) *m*
Ang: receiver transducer (car alarm) *n*
Esp: transductor receptor (alarma de vehículo) *m*

transfert de charge ***m***
All: Lastwechsel *m*
Ang: load changes *n*
(throttle change) *n*
Esp: cambio de carga *m*

transfert de charge ***m***
All: Lastwechsel *m*
Ang: change of load *n*
Esp: cambio de carga *m*

transfert thermique ***m***
All: Wärmeübergang *m*
Ang: heat transfer *n*
(convection) *n*
Esp: transmisión térmica *f*

transfert thermique ***m***
All: Wärmeübertragung *f*
Ang: heat transfer *n*
Esp: transferencia de calor *f*

transformateur ***m***
All: Transformator *m*
Ang: transformer *n*
Esp: transformador *m*

transistor ***m***
All: Transistor *m*
Ang: transistor *n*

Français

Esp: transistor *m*

transistor d'attaque ***m***
All: Treibertransistor *m*
Ang: driving transistor *n*
Esp: transistor excitador *m*

transistor en couches minces ***m***
All: Dünnschichttransistor *m*
(Dünnfilmtransistor) *m*
Ang: thin film transistor *n*
Esp: transistor de película delgada *m*

transmission (correcteur de freinage) ***f***
All: Antrieb *m*
Ang: drive *n*
Esp: accionamiento *m*

transmission ***f***
All: Antriebsvorrichtung *f*
Ang: drive assembly *n*
Esp: dispositivo de accionamiento *m*

transmission ***f***
All: Triebstrang *m*
Ang: drivetrain *n*
Esp: cadena cinemática *f*

transmission à câble souple ***f***
All: Seilzug *m*
(Bowdenzug) *m*
Ang: Bowden cable *n*
Esp: cable Bowden *m*

transmission à chaîne ***f***
All: Kettenantrieb *m*
Ang: chain drive *n*
Esp: propulsión por cadena *f*

transmission à courroie ***f***
All: Riementrieb *m*
Ang: belt drive *n*
Esp: accionamiento por correa *m*

transmission à crémaillère ***f***
All: Zahnstangengetriebe *n*
Ang: rack and pinion mechanism *n*
Esp: engranaje de cremallera *m*

transmission à embiellage ***f***
All: Räderkurbelgetriebe *n*
Ang: crank wheel mechanism *n*
Esp: mecanismo rueda manivela *m*

transmission arrière ***f***
All: Hinterachsantrieb *m*
Ang: rear axle drive *n*
Esp: accionamiento por eje trasero *m*

transmission combinée (dispositif de freinage) ***f***
All: gemischte Übertragungseinrichtung (Bremsanlage) *f*
Ang: combined transmission (braking system) *n*
Esp: transmisión combinada (sistema de frenos) *f*

transmission CVT ***f***
All: CVT-Getriebe *n*
Ang: CVT transmission *n*
Esp: transmisión variable continua CVT *f*

transmission de données ***f***
All: Datenübertragung *f*
Ang: data transfer *n*
(data transfer) *n*
Esp: transmisión de datos *f*

transmission intégrale ***f***
All: Allradantrieb *m*
Ang: four wheel drive *n*
Esp: tracción total *f*

transmission intégrale ***f***
All: Vierradantrieb *m*
Ang: four wheel drive, FWD *n*
Esp: tracción total *f*

transpondeur ***m***
All: Transponder *m*
Ang: transponder *n*
Esp: transpondedor *m*

travail de déformation (pneu) ***m***
All: Formänderungsarbeit (Reifen) *f*
Ang: deformation process (tire) *n*
Esp: trabajo de deformación (neumáticos) *m*

treillis de fil ***m***
All: Drahtgeflecht *n*
Ang: wire mesh *n*
Esp: malla de alambre *f*

trempe bainitique ***f***
All: Bainitisieren *n*
Ang: austempering *n*
Esp: temple bainítico *m*

trempe et revenu ***f***
All: Vergüten *n*
Ang: quench and draw *n*
Esp: bonificación *f*

trempe par friction ***f***
All: Reibhärten *n*
Ang: friction hardening *n*
Esp: endurecimiento por fricción *m*

trempe par induction ***f***
All: Induktionshärten *n*
Ang: induction hardening *n*
Esp: temple por inducción *m*

trempe superficielle ***f***
All: Randschichthärte *f*
(Oberflächenhärte) *f*
Ang: surface hardening *n*
(surface hardness) *n*
Esp: dureza de capa superficial *f*

tresse de masse ***f***
All: Masseband *n*
Ang: ground strap *n*
Esp: cinta a masa *f*

triboélectricité ***f***
All: Reibungselektrizität *f*
Ang: triboelectricity *n*
Esp: triboelectricidad *f*

tringlerie ***f***
All: Gestänge *n*
Ang: linkage *n*
Esp: varillaje *m*

tringlerie de papillon ***f***
All: Drosselklappengestänge *n*
Ang: throttle valve shaft *n*
Esp: varillaje de la mariposa *m*

tringlerie du régulateur ***f***
All: Reglergestänge *n*
Ang: governor linkage (mechanical governor) *n*
Esp: varillaje del regulador *m*

trop-plein ***m***
All: Überlauf *m*
Ang: overrun *n*
Esp: rebose *m*

trou à l'accélération ***m***
All: Beschleunigungsloch *n*
Ang: flat spot *n*
Esp: intervalo sin aceleración *m*

trou borgne (injecteur) ***m***
All: Sackloch (Einspritzventil) *n*
Ang: blind hole (fuel injector) *n*
Esp: agujero ciego (válvula de inyección) *m*

trou de fin d'injection étagé ***m***
All: gestufter Absteuerquerschnitt *m*
Ang: stepped spill port *n*
Esp: sección escalonada de regulación de caudal *f*

trou de suralimentation ***m***
All: Turboloch *n*
Ang: turbo lag *n*
Esp: agujero de sobrealimentación *m*

trou d'injection ***m***
All: Spritzloch (Kraftstoffeinspritzung) *n*
Ang: spray hole (fuel injection) *n*
(injection orifice) *n*
Esp: orificio de inyección (inyección de combustible) *m*

trou taraudé ***m***
All: Bohrung *f*
Ang: hole *n*
Esp: taladro *m*

tube à cathode froide ***m***
All: Kaltkathodenlampe *f*
Ang: cold cathode lamp *n*
Esp: lámpara de cátodo frío *f*

tube à résonance ***f***
All: Resonanzrohr *n*
Ang: resonance tube *n*
(tuned tube) *n*
Esp: tubo de resonancia *m*

tube chauffant ***m***
All: Heizrohr *n*
Ang: heating tube *n*
Esp: tubo calefactor *m*

tube d'aluminium ***m***
All: Aluminiumrohr *n*
Ang: aluminum pipe *n*
Esp: tubo de aluminio *m*

tube de vaporisation ***m***

All: Verdampferrohr *n*
Ang: evaporator pipe *n*
Esp: tubo de evaporador *m*

tube distributeur ***m***
All: Verteilerrohr *n*
Ang: fuel rail (Common Rail System) *n*
Esp: tubo distribuidor *m*

tube incandescent ***m***
All: Glührohr *n*
Ang: glow tube *n*
Esp: tubo de incandescencia *m*

tubulure à visser ***f***
All: Anschraubstutzen *m*
Ang: screw on fitting *n*
Esp: tubuladura de enroscar *f*

tubulure d'admission ***f***
All: Ansaugstutzen *m*
(Einzelschwingrohr) *n*
Ang: intake fitting *n*
Esp: tubuladura de admisión *f*

tubulure d'admission à géométrie variable ***f***
All: Registersaugrohr *n*
Ang: register induction tube *n*
Esp: tubo de admisión variable por resonancia *m*

tubulure d'aspiration ***f***
All: Ansaugrohr *n*
Ang: intake manifold *n*
Esp: tubo de admisión *m*

tubulure d'aspiration d'air ***f***
All: Luftansaugstutzen *m*
Ang: air intake fitting *n*
Esp: tubuladura de aspiración de aire *f*

tubulure de mise à l'atmosphère ***f***
All: Entlüftungsstutzen *m*
Ang: vent connection *n*
Esp: tubuladura de purga de aire *f*

tubulure de refoulement ***f***
All: Druckstutzen *m*
Ang: delivery connection *n*
Esp: tubuladura de presión *f*

tubulure de remplissage d'huile ***f***
All: Öleinfüllstutzen *m*
Ang: oil filler neck *n*
Esp: boca de llenado de aceite *f*

tubulure de remplissage du réservoir ***f***
All: Tankeinfüllstutzen *m*
Ang: tank filler neck *n*
Esp: boca de llenado del depósito *f*

tubulure d'échappement (régulateur de pression) ***f***
All: Abblasestutzen (Druckregler) *m*
(Ablassstutzen) *m*
Ang: blow off fitting (pressure regulator) *n*
Esp: tubuladura de descarga (regulador de presión) *f*

turbine à gaz d'échappement ***f***
All: Abgasturbine *f*
Ang: exhaust gas turbine *n*
Esp: turbina de gases de escape *f*

turbine à gaz fixe ***f***
All: Einwellen-Gasturbine *f*
Ang: single shaft gas turbine *n*
Esp: turbina de gas monoarbol *f*

turbine à géométrie variable ***f***
All: variable Turbinengeometrie *f*
Ang: variable turbine geometry, VTG *n*
Esp: geometría variable de la turbina *f*

turbine de compresseur ***f***
All: Verdichterturbine *f*
Ang: compressor turbine *n*
Esp: turbina del compresor *f*

turbocompresseur ***m***
All: Abgasturbolader *m*
(Turbolader) *m*
Ang: exhaust gas turbocharger *n*
Esp: turbocompresor de gases de escape *m*
(turbocompresor) *m*

turbocompresseur ***m***
All: Turbolader *m*
Ang: exhaust gas turbocharger *n*
Esp: turbocompresor *m*

turbomachine ***f***
All: Strömungsmaschine *f*
Ang: turbo element *n*
Esp: máquina hidrodinámica *f*

turbulence ***f***
All: Verwirbelung *f*
Ang: swirl effect *n*
Esp: turbulencia *f*

turbulence de l'air ***f***
All: Luftverwirbelung *f*
Ang: air turbulence *n*
Esp: turbulencia de aire *f*

turbulence du mélange ***f***
All: Gemischturbulenz *f*
Ang: mixture turbulence *n*
Esp: turbulencia de la mezcla *f*

tuyau de raccordement ***m***
All: Anschlussrohr *n*
Ang: connection pipe *n*
Esp: tubo de conexión *m*

tuyau de raccordement ***m***
All: Verbindungsschlauch *m*
Ang: connecting hose *n*
Esp: tubo flexible de conexión *m*

tuyau de refoulement ***m***
All: Druckleitung *f*
(Druckrohr) *n*
(Einspritzleitung) *f*
Ang: fuel injection tubing *n*
(high-pressure line) *n*
Esp: tubería de presión *f*

tuyau d'échappement ***m***
All: Auspuffrohr (Verbrennungsmotor) *n*
(Abgasrohr) *n*
(Abgasleitung) *f*
Ang: exhaust pipe *n*
(exhaust tube) *n*
Esp: tubo de escape (motor de combustión) *m*
(tubo de descarga) *m*

tuyau d'écoulement ***m***
All: Ablaufrohr *n*
Ang: drainage pipe *n*
Esp: tubo de desagüe *m*

tuyau d'évaporateur ***m***
All: Verdampferrohr *n*
Ang: evaporator tube *n*
Esp: tubo de evaporador *m*

tuyau en entonnoir ***m***
All: Trichterrohr *n*
Ang: funnel tube *n*
Esp: tubo embudo *m*

tuyau flexible ***m***
All: flexible Leitung *f*
Ang: flexible line *n*
Esp: línea flexible *f*

tuyau flexible ***m***
All: Schlauchleitung *f*
Ang: hose *n*
Esp: tubo flexible *m*

tuyauterie haute pression ***f***
All: Hochdruckleitung *f*
Ang: high pressure delivery line *n*
Esp: línea de alta presión *f*

type à bloc redresseur compact (alternateur) ***m***
All: Topfbauart (Generator) *f*
Ang: compact diode assembly model (alternator) *n*
Esp: modelo cilíndrico compacto (alternador) *m*

type d'actionneur ***m***
All: Aktorausführung *f*
Ang: actuator type *n*
Esp: modelo de actuador *m*

type de boîte de vitesses ***m***
All: Getriebeart *f*
Ang: transmission type *n*
Esp: clase de cambio *f*

type de défaut ***m***
All: Fehlerart *f*
Ang: failure mode *n*
Esp: tipo de avería *m*

type de défaut ***m***
All: Fehlerart *f*
Ang: fault type *n*
Esp: tipo de avería (SAP) *m*

type de défaut ***m***
All: Fehlerart *f*
Ang: defect type *n*
Esp: tipo de avería (SAP) *m*

type de véhicule ***m***
All: Fahrzeugtyp *m*

Français

Ang: vehicle type *n*
Esp: tipo de vehículo *m*

type d'électrode *m*
All: Elektrodenausführung (Zündkerze) *f*
Ang: electrode version (spark plug) *n*
Spa: tipo de electrodo (bujía de encendido) *m*

U

ultrason *m*
All: Ultraschall *m*
Ang: ultrasound *n*
Esp: ultrasonido *m*

unité à plateau inclinable *f*
All: Schwenkscheibeneinheit *f*
Ang: swash plate unit *n*
Esp: unidad de plato oscilante *f*

unité d'affichage (ordinateur de bord) *f*
All: Anzeigeeinheit *f*
Ang: display unit *n*
Esp: unidad visualizadora *f*

unité de gicleur d'aspiration *f*
All: Saugdrosseleinheit *f*
Ang: inlet metering unit *n*
Esp: unidad estranguladora de aspiración *f*

unité de puisage *f*
All: Tankeinbaueinheit *f*
Ang: in tank unit *n*
Esp: unidad incorporada en el depósito *f*

unité de sélection (ordinateur de bord) *f*
All: Bedieneinheit (Fahrdatenrechner) *f*
Ang: control unit (trip computer) *n*
Esp: panel de mandos (ordenador de datos de viaje) *m*
(unidad de mando) *f*

unité de traitement (ordinateur de bord) *f*
All: Zentraleinheit (Fahrdatenrechner) *f*
Ang: central processing unit, CPU (on-board computer) *n*
Esp: unidad central de procesamiento (ordenador de datos de viaje) *f*

unité d'injection monopoint (Mono-Jetronic) *f*
All: Zentral-Einspritzeinheit (Mono-Jetronic) *f*
Ang: central injection unit (Mono-Jetronic) *n*
Esp: unidad central de inyección (Mono-Jetronic) *f*

unité logique *f*
All: Logikteil *m*
Ang: logic unit *n*
Esp: unidad lógica *f*

usure *f*
All: Abbrand *m*
Ang: melting loss *n*
Esp: merma por combustión *m*

usure *f*
All: Verschleiß *m*
Ang: wear *n*
Esp: desgaste *m*

usure de garniture de frein *f*
All: Belagverschleiß (Bremsen) *m*
Ang: lining wear (brakes) *n*
Esp: desgaste del forro (frenos) *m*

usure de la bougie d'allumage *f*
All: Zündkerzenverschleiß *m*
Ang: spark plug wear *n*
Esp: desgaste de bujía *m*

usure des balais *f*
All: Bürstenverschleiß *m*
Ang: brush wear *n*
Esp: desgaste de escobillas *m*

usure des électrodes *f*
All: Elektrodenverschleiß (Zündkerze) *m*
Ang: electrode wear (spark plug) *n*
Esp: desgaste del electrodo (bujía de encendido) *m*

usure du pneumatique *f*
All: Reifenverschleiß *m*
Ang: tire wear *n*
Esp: desgaste de neumático *m*

usure par abrasion *f*
All: Abrasionsverschleiß *m*
Ang: abrasive wear *n*
Esp: desgaste abrasivo *m*

usure par fatigue *f*
All: Oberflächenermüdung *f*
Ang: surface fatigue *n*
Esp: fatiga superficial *f*

usure par glissement *f*
All: Gleitverschleiß *m*
Ang: sliding abrasion *n*
Esp: desgaste por deslizamiento *m*

utilitaire polyvalent *m*
All: Transporter *m*
Ang: van *n*
Spa: furgoneta *f*

V

valeur absolue *f*
All: Absolutwert *m*
Ang: absolute value *n*
Esp: valor absoluto *m*

valeur caractéristique du débit volumique *f*
All: Volumenstromkennwert *m*
Ang: volumetric flow factor *n*
Esp: valor característico del flujo volumétrico *m*

valeur consigne de l'actionneur de débit *f*
All: Mengenstellersollwert *m*
Ang: fuel quantity positioner setpoint value *n*
Esp: valor nominal de regulador de caudal *m*

valeur de correction *f*
All: Korrekturwert *m*
Ang: correction value *n*
Esp: valor de corrección *m*

valeur de redressement *f*
All: Gleichrichtwert *m*
Ang: rectification value *n*
(rectified value) *n*
Esp: valor de rectificación *m*

valeur de réglage *f*
All: Einstellwert *m*
Ang: setting value *n*
Esp: valor de ajuste *m*

valeur de seuil de débit *f*
All: Mengenschwellwert *m*
Ang: fuel quantity threshold value *n*
Esp: valor de umbral de caudal *m*

valeur d'émission de fumées *f*
All: Rauchwert *m*
Ang: smoke emission value *n*
Esp: valor de emisión de humos *m*

valeur d'excitation *f*
All: Anregungskennwert *m*
Ang: excitation characteristic value *n*
Esp: valor característico de excitación *m*

valeur efficace *f*
All: Effektivwert *m*
Ang: effective value *n*
Esp: valor efectivo *m*

valeur instantanée *f*
All: Augenblickswert *m*
Ang: instantaneous value *n*
Esp: valor instantáneo *m*

valeur limite d'émission *f*
All: Abgasgrenzwert *m*
Ang: emission limits *n*
Esp: valor límite de gases de escape *m*

valeur limite du spectre à bande étroite *f*
All: Schmalbandgrenzwert *m*
Ang: narrow band limit value *n*
Esp: valor límite de banda estrecha *m*

valeur limite du spectre à large bande *f*
All: Breitbandgrenzwert *m*
Ang: broad band limit value *n*
Esp: valor límite de banda ancha *m*

valeur mesurée *f*
All: Messwert *m*
Ang: measured value *n*
Esp: valor de medición *m*

valeur nominale *f*
All: Nennwert *m*
Ang: nominal value *n*

(rated value) *n*
Esp: valor nominal *m*

valeur ohmique *f*
All: Widerstandswert *m*
Ang: resistance value *n*
Esp: valor de resistencia *m*

valeur réelle *f*
All: Istwert *m*
Ang: actual value *n*
(instantaneous value) *n*
Esp: valor real *m*

valeurs d'émission *fpl*
All: Emissionswerte *mpl*
Ang: emission values *npl*
Esp: niveles de emisión *mpl*

valeurs d'émissions *fpl*
All: Abgaswerte *mpl*
Ang: exhaust gas values *npl*
Esp: valores de los gases de escape *mpl*

valeurs d'essai *fpl*
All: Prüfwerte *mpl*
Ang: test specifications *npl*
Esp: valores de comprobación *mpl*

valeurs initiales *fpl*
All: Ausgangswerte *mpl*
Ang: starting values *npl*
Esp: valores iniciales *mpl*

valve *f*
All: Ventil *n*
Ang: valve *n*
Esp: válvula *f*

valve à bouton rotatif *f*
All: Drehknopfventil *n*
Ang: rotary knob valve *n*
Esp: válvula de botón giratorio *f*

valve à double siège *f*
All: Doppelsitzventil *n*
Ang: double-seat valve *n*
Esp: válvula de doble asiento *f*

valve à impulsions progressives (ELB) *f*
All: Hochtaktventil (ELB) *n*
Ang: pressure build up valve (ELB) *n*
Esp: válvula de impulsos progresivos (ELB) *f*

valve by-pass *f*
All: Bypassventil *n*
Ang: bypass valve *n*
(wastegate) *n*
Esp: válvula de bypass *f*

valve d'air additionnel *f*
All: Zusatzluftventil *n*
Ang: auxiliary air valve *n*
Esp: válvula de aire adicional *f*

valve d'amortissement (commande des portes) *f*
All: Drosselventil (Türbetätigung) *n*
Ang: throttle valve (door control) *n*
Esp: válvula de estrangulación (accionamiento de puerta) *f*

valve d'arrêt *f*
All: Sperrventil *n*
Ang: check valve *n*
Esp: válvula de cierre *f*

valve de barrage *f*
All: Abschaltventil *n*
(Absperrventil) *n*
Ang: shutoff valve *n*
Esp: válvula de corte *m*
(válvula de cierre) *f*

valve de barrage ASR *f*
All: ASR-Sperrventil *n*
Ang: TCS lock valve *n*
Esp: válvula de bloqueo ASR *f*

valve de commande *f*
All: Betätigungsventil *n*
(Steuerventil) *n*
Ang: control valve *n*
Esp: válvula de accionamiento *f*
(válvula de control) *f*

valve de commande *f*
All: Steuerventil *n*
Ang: control valve *n*
Esp: válvula de control *f*

valve de commande de remorque *f*
All: Anhängersteuerventil *n*
Ang: trailer control valve *n*
Esp: válvula de control del remolque *f*

valve de commande de remorque à deux conduites *f*
All: Zweileitungs-Anhängersteuerventil *n*
Ang: dual line trailer control valve *n*
Esp: válvula de control de remolque de dos conductos *f*

valve de commutation *f*
All: Umschaltventil, USV *n*
Ang: changeover valve *n*
Esp: válvula de conmutación *f*

valve de décharge *f*
All: Ablassventil *n*
Ang: drain valve *n*
Esp: válvula de evacuación *f*

valve de décharge *f*
All: Ladedruckregelventil *n*
(Überströmventil) *n*
Ang: boost pressure control valve *n*
(overflow valve) *n*
Esp: válvula reguladora de presión de sobrealimentación *f*

valve de dérivation *f*
All: Umleitventil *n*
Ang: air bypass valve *n*
Esp: válvula de desviación *f*

valve de desserrage rapide (frein) *f*
All: Schnelllöseventil (Bremse) *n*
Ang: quick release valve (brakes) *n*
Esp: válvula de accionamiento rápido (freno) *f*

valve de frein *f*
All: Bremsventil *n*
Ang: brake valve *n*
Esp: válvula de freno *f*

valve de frein à main *f*
All: Handbremsventil *n*
Ang: handbrake valve *n*
Esp: válvula de freno de mano *f*

valve de frein de remorque *f*
All: Anhängerbremsventil *n*
Ang: trailer brake valve *n*
Esp: válvula del freno del remolque *f*

valve de frein de secours *f*
All: Hilfsbremsventil *n*
Ang: secondary brake valve *n*
Esp: válvula de freno auxiliar *f*

valve de frein de service *f*
All: Betriebsbremsventil *n*
Ang: service brake valve *n*
Esp: válvula del freno de servicio *f*

valve de frein de service à double circuit *f*
All: Zweikreis-Betriebsbremsventil *n*
Ang: dual circuit service brake valve *n*
Esp: válvula de freno de servicio de doble circuito *f*

valve de frein de stationnement *f*
All: Feststellbremsventil *n*
Ang: parking brake valve *n*
Esp: válvula de freno de estacionamiento *f*

valve de nivellement *f*
All: Luftfederventil *n*
Ang: height-control valve *n*
Esp: válvula de suspensión neumática *f*

valve de pression d'admission *f*
All: Vordruckventil *n*
Ang: admission pressure valve *n*
Esp: válvula de presión previa *f*

valve de purge air *f*
All: Entlüftungsventil *n*
(Entgasungsventil) *n*
Ang: bleeder valve *n*
Esp: válvula de purga de aire *f*

valve de secours *f*
All: Rückhalteventil *n*
Ang: backup valve *n*
Esp: válvula de retención *f*

valve de sécurité (dessiccateur) *f*
All: Sicherheitsventil (Lufttrockner) *n*
Ang: safety valve (air drier) *n*
Esp: válvula de seguridad (secador de aire) *f*

valve de sécurité à quatre circuits *f*
All: Vierkreis-Schutzventil *n*
Ang: four circuit protection valve *n*
Esp: válvula de protección de cuatro circuitos *f*

valve de sécurité à trois circuits *f*

Français

All: Dreikreis-Schutzventil *n*
Ang: triple circuit protection valve *n*
Esp: válvula de seguridad de tres circuitos *f*

valve de séquence *f*
All: Taktventil *n*
Ang: cycle valve *n*
Esp: válvula de impulsos *f*

valve de séquence *f*
All: Taktventil *n*
Ang: timer valve *n*
Esp: válvula de impulsos *f*

valve de ventilation *f*
All: Belüftungsventil *n*
Ang: breather valve *n*
Esp: válvula de ventilación *f*

valve de verrouillage *f*
All: Verriegelungsventil *n*
Ang: locking valve *n*
Esp: válvula de bloqueo *f*

valve d'isolement *f*
All: Trennventil *n*
Ang: isolating valve *n*
Esp: válvula de separación *f*

valve modulatrice de pression (ABS) *f*
All: Drucksteuerventil (ABS) *n*
Ang: pressure control valve (ABS) *n*
Esp: válvula de control de presión (ABS) *f*

valve modulatrice de pression à un canal *f*
All: Einkanaldrucksteuerventil *n*
Ang: single channel pressure modulation valve *n*
Esp: válvula de control de presión monocanal *f*

valve pilote (correcteur de freinage) *f*
All: Vorsteuerventil (Bremskraftregler) *n*
Ang: pilot valve (load-sensing valve) *n*
Esp: válvula piloto (regulador de la fuerza de frenado) *f*

valve proportionnelle (ASR) *f*
All: Proportionalventil (ASR) *n*
Ang: proportioning valve (TCS) *n*
Esp: válvula proporcional (ASR) *f*

valve thermostatique *f*
All: Thermostatventil *n*
Ang: thermostatic valve *n*
Esp: válvula termostática *f*

valve-relais de remorque *f*
All: Anhängerrelaisventil *n*
Ang: trailer relay valve *n*
Esp: válvula de relé del remolque *f*

vanne à gravité *f*
All: Schwerkraft-Ventil *n*
Ang: gravity valve *n*
Esp: válvula por gravedad *f*

vanne à trois ailettes *f*
All: Dreiflügelventil *n*
Ang: triple fluted valve *n*
Esp: válvula de tres vías *f*

vanne commandée par servomoteur *f*
All: Servoventil *n*
Ang: servo valve *n*
Esp: servoválvula *f*

vanne de commande *f*
All: Schaltventil *n*
Ang: switching valve *n*
Esp: válvula de mando *f*

vanne de commutation *f*
All: Umschaltventil *n*
Ang: switchover valve *n*
Esp: válvula de conmutación *f*

vanne de dosage *f*
All: Dosierventil *n*
Ang: metering valve *n*
Esp: válvula dosificadora *f*

vanne de dosage d'admission *f*
All: Zulaufdosierventil *n*
Ang: inlet metering valve *n*
Esp: válvula dosificadora de alimentación *f*

vanne de précharge *f*
All: Vorladeventil, VLV *n*
Ang: precharge valve, VLV *n*
Esp: válvula de precarga *f*

vanne de purge *f*
All: Entlüfterventil *n*
Ang: bleeder valve *n*
Esp: válvula de purga de aire *f*

vanne de recyclage de carburant *f*
All: Kraftstoffrückführventil *n*
Ang: fuel recirculation valve *n*
Esp: válvula de retorno de combustible *f*

vanne de régulation *f*
All: Regelventil *n*
Ang: control valve (open loop) *n*
Esp: válvula reguladora *f*

vanne de remplissage extérieure *f*
All: Außenfüllventil *n*
Ang: external filler valve *n*
Esp: válvula exterior de llenado *f*

vanne de ventilation *f*
All: Lüftungsventil *n*
Ang: ventilation valve *n*
Esp: válvula de ventilación *f*

vanne d'eau chaude *f*
All: Heizwasserventil *n*
Ang: hot water valve *n*
Esp: válvula de agua caliente *f*

vanne d'isolement (banc d'essai de pompes) *f*
All: Trennschieber (Pumpenprüfstand) *m*
Ang: shut off slide (injection-pump test bench) *n*
Esp: corredera de separación (banco de pruebas de bombas) *f*

vanne piézoélectrique *f*
All: Piezoventil *n*
Ang: piezo valve *n*
Esp: válvula piezoeléctrica *f*

vaporisation du carburant *f*
All: Kraftstoffverdampfung *f*
Ang: fuel vaporization *n*
Esp: evaporación de combustible *f*

variable *adj*
All: verstellbar *adj*
Ang: variable *adj*
Esp: variable *adj*

variante d'équipement *f*
All: Ausstattungsvariante *f*
Ang: trim level *n*
Esp: variante de equipamiento *f*

variateur d'avance à l'injection *m*
All: Spritzversteller (Kraftstoffeinspritzung) *m*
(Förderbeginnversteller) *m*
Ang: timing device (fuel injection) *n*
Esp: variador de avance de la inyección (inyección de combustible) *m*

variateur d'avance hydraulique *m*
All: hydraulischer Spritzversteller *m*
Ang: hydraulic timing device *n*
Esp: variador hidráulico de avance de la inyección *m*

variation de pression *f*
All: Druckschwankung *f*
Ang: pressure variation *n*
(pressure fluctuation) *n*
Esp: variación de presión *f*

variation de vitesse de lacet *f*
All: Gierreaktion (Kfz-Dynamik) *f*
Ang: yaw response (motor-vehicle dynamics) *n*
Esp: reacción de guiñada (dinámica del automóvil) *f*

variation du calage de l'arbre à cames *f*
All: Nockenwellenumschaltung *f*
Ang: camshaft lobe control *n*
Esp: conmutación del árbol de levas *f*

vase d'expansion *m*
All: Ausgleichbehälter (Kfz-Kühler) *m*
Ang: header tank *n*
(vehicle radiatior) *n*
Esp: depósito de compensación (refrigerador del vehículo) *m*
(depósito de expansión) *m*

vase d'expansion *m*
All: Expansionsgefäß *n*
Ang: expansion chamber *n*
Esp: cámara de expansión *f*

véhicule *m*

Français

All: Fahrzeug *n*
Ang: vehicle *n*
Esp: vehículo *m*

véhicule ***m***
All: Kraftfahrzeug *n*
Ang: motor vehicle *n*
Esp: vehículo *m*

véhicule 4 roues directrices ***m***
All: Allradlenkung *l*
Ang: four wheel steering *n*
Esp: dirección de tracción total *f*

véhicule à cabine avancée ***m***
All: Frontlenkerfahrzeug *n*
Ang: cab over engine vehicle, COE *n*
Esp: vehículo de cabina avanzada *m*

véhicule à traction électrique ***m***
All: Elektrofahrzeug *n*
(Elektrostraßenfahrzeug) *n*
(Elektrisch angetriebenes Fahrzeug) *n*
Ang: electric vehicle, EV *n*
Esp: vehículo eléctrico *m*

véhicule à transmission intégrale ***m***
All: Allradfahrzeug *n*
Ang: four wheel drive vehicle *n*
Esp: vehículo de tracción total *f*

véhicule à trois essieux ***m***
All: Dreiachsfahrzeug *n*
Ang: three axle vehicle *n*
Esp: vehículo de tres ejes *m*

véhicule accidenté ***m***
All: Unfallfahrzeug *n*
Ang: accident vehicle *n*
Esp: vehículo de accidente *m*

véhicule amphibie ***m***
All: Amphibienfahrzeug *n*
Ang: amphibious vehicle *n*
Esp: vehículo anfibio *m*

véhicule articulé ***m***
All: Gelenkfahrzeug *n*
Ang: articulated vehicle *n*
Esp: vehículo articulado *m*

véhicule sans remorque ***m***
All: Solofahrzeug *n*
Ang: rigid vehicle *n*
(single vehicle) *n*
Esp: vehículo rígido *m*

véhicule tracté ***m***
All: Anhänger *m*
(Anhängefahrzeug) *n*
Ang: trailer *n*
Esp: remolque *m*

véhicule tracteur ***m***
All: Zugfahrzeug *n*
(Schlepper) *m*
(Zugmaschine) *m*
Ang: tractor vehicle *n*
Esp: vehículo tractor *m*

véhicule tracteur ***m***
All: Zugfahrzeug *n*
Ang: tractor unit *n*
Esp: vehículo tractor *m*

véhicule utilitaire ***m***
All: Nkw *m*
Ang: commercial vehicle *n*
Esp: vehículo industrial *m*

véhicule utilitaire ***m***
All: Nutzfahrzeug *n*
Ang: commercial vehicle *n*
Esp: vehículo industrial *m*

véhicule utilitaire léger ***m***
All: leichtes Nutzkraftfahrzeug *n*
Ang: light commercial vehicle *n*
Esp: vehículo industrial ligero *m*

vélomoteur ***m***
All: Moped *n*
Ang: moped *n*
Esp: ciclomotor *m*

vent latéral ***m***
All: Seitenwind *m*
Ang: crosswind *n*
Esp: viento lateral *m*

ventilateur ***m***
All: Gebläse *n*
(Lüfter) *m*
Ang: fan *n*
(blower) *n*
Esp: soplador *m*
(turbina de aire) *f*

ventilateur ***m***
All: Lüfter *m*
Ang: ventilator *n*
(fan) *n*
Esp: ventilador *m*

ventilateur axial ***m***
All: Axiallüfter *m*
Ang: axial fan *n*
Esp: ventilado axial *m*

ventilateur centrifuge ***m***
All: Radialgebläse *n*
Ang: centrifugal fan *n*
(radial fan) *n*
Esp: soplador radial *m*

ventilateur centrifuge ***m***
All: Radiallüfter *m*
Ang: radial fan *n*
Esp: ventilador radial *m*

ventilateur d'aspiration ***m***
All: Sauggebläse *n*
(Ansauggebläse) *n*
Ang: intake fan *n*
Esp: soplador de aspiración *m*

ventilateur de chaufferette ***m***
All: Heizergebläse *n*
Ang: heater blower *n*
Esp: soplador calefactor *m*

ventilateur de radiateur ***m***
All: Kühlergebläse *n*
(Kühlerventilator) *m*
(Kühlerlüfter) *m*
Ang: radiator blower *n*
(radiator fan) *n*
Esp: ventilador del radiador *m*

ventilateur de refroidissement ***m***
All: Kühlgebläse *n*
Ang: radiator fan *n*
Esp: soplador de enfriamiento *m*

ventilateur électrique ***m***
All: Elektrolüfter *m*
Ang: electric fan *n*
Esp: ventilador eléctrico *m*

ventilation ***f***
All: Lüftung *f*
Ang: ventilation *n*
Esp: ventilación *f*

ventilation interne (disque de frein) ***f***
All: innenbelüftet (Bremsscheibe) *pp*
Ang: internally ventilated (brake disc) *pp*
Esp: ventilado internamente (disco de freno) *adj*

vérin ***m***
All: Arbeitszylinder *m*
Ang: working cylinder *n*
Esp: cilindro de trabajo *m*

vérin à bride ***m***
All: Flanschzylinder *m*
Ang: flange cylinder *n*
Esp: cilindro con brida *m*

vérin d'actionnement ***m***
All: Betätigungszylinder *m*
Ang: actuating cylinder *n*
Esp: cilindro de accionamiento *m*

vérin de direction ***m***
All: Lenkzylinder *m*
Ang: steering cylinder *n*
Esp: cilindro de dirección *m*

vérin hydraulique ***m***
All: Hydraulikzylinder *m*
Ang: hydraulic cylinder *n*
Esp: cilindro hidráulico *m*

vérin pneumatique ***m***
All: Pneumatikzylinder *m*
Ang: pneumatic cylinder *n*
Esp: cilindro neumático *m*

vernis de glissement ***m***
All: Gleitlack *m*
Ang: anti-friction coating *n*
(anti-friction paint) *n*
Esp: pintura antifricción *f*

vernis isolant ***m***
All: Isolierlack *m*
Ang: insulating varnish *n*
Esp: pintura aislante *f*

verre catathermique ***m***
All: Wärmeschutzglas *n*
Ang: heat absorption glass *n*
Esp: vidrio atérmico *m*

verre de protection ***m***
All: Abschlussscheibe (Scheinwerfer) *f*
Ang: lens (headlamp) *n*
Esp: cristal de cierre (faro) *m*

verre de sécurité ***m***

Français

All: Sicherheitsglas *n*
Ang: safety glass *n*
Esp: cristal de seguridad *m*

verre de sécurité feuilleté, VSF ***m***
All: Verbund-Sicherheitsglas, VSG *n*
Ang: laminated safety glass, LSG *n*
Esp: cristal de seguridad compuesto *m*

verre de sécurité trempé, VST ***m***
All: Einscheiben-Sicherheitsglas, ESG *n*
Ang: single pane toughened safety glass, TSG *n*
Esp: cristal de seguridad monocapa *m*

verre-regard ***m***
All: Schauglas *n*
Ang: viewing window *n*
Esp: mirilla *f*

verrou de ceinture ***m***
All: Gurtschloss *n*
Ang: seat belt buckle *n*
Esp: cierre de cinturón de seguridad *m*

verrou de marche arrière ***m***
All: Rückfahrsperre *f*
Ang: reverse gear locking *n*
(back-up locking) *n*
Esp: bloqueo de marcha atrás *m*

verrouillage centralisé ***m***
All: Zentralverriegelung *f*
Ang: central locking system *n*
Esp: cierre centralizado *m*

verrouillage centralisé à infrarouge ***m***
All: Infrarot-Zentralverriegelung *f*
Ang: infrared central locking *n*
Esp: cierre centralizado por infrarrojos *m*

verrouillage de ceinture de sécurité ***m***
All: Gurtverriegelung *f*
Ang: seat belt locking *n*
Esp: enclavamiento de cinturón de seguridad *m*

verrouillage du capot moteur ***m***
All: Motorhaubenverriegelung *f*
Ang: hood latch bracket *n*
Esp: enclavamiento del capó del motor *m*

verrouillage du débit de surcharge ***m***
All: Startverriegelung *f*
Ang: start quantity deactivator *n*
Esp: bloqueo de arranque *m*

verrouillage du démarrage ***m***
All: Startverriegelung *f*
Ang: start quantity locking device *n*
Esp: bloqueo de arranque *m*

verrouillage en fin de démarrage ***m***
All: Startabwurfsperrzeit *f*
Ang: starting cutout *n*
Esp: tiempo de bloqueo de desengrane de arranque *m*

verrouillage hydraulique du débit de surcharge ***m***
All: hydraulische Startverriegelung *f*
Ang: hydraulic starting-quantity deactivator *n*
Esp: bloqueo hidráulico de arranque *m*

verrouiller ***v***
All: verriegeln *v*
Ang: lock *v*
Esp: bloquear *v*

version de série ***f***
All: Serienausführung *f*
Ang: series fabrication type *n*
Esp: modelo de serie *m*

version fermée ***f***
All: geschlossene Bauweise *f*
Ang: closed type design *n*
Esp: forma constructiva cerrada *f*

vibration ***f***
All: Schwingung *f*
(Schüttelbeanspruchung) *f*
Ang: vibration *n*
Esp: vibración *f*

vibrations de la chaîne cinématique ***fpl***
All: Triebstrangschwingung *f*
Ang: drivetrain oscillation *n*
Esp: vibración de la cadena cinemática *f*

vibrations dues aux à-coups ***fpl***
All: Ruckelschwingung *f*
Ang: bucking oscillations *npl*
Esp: vibración con sacudidas *f*

vibreur ***m***
All: Warnsummer *m*
Ang: buzzer *n*
Esp: señal acústica de advertencia *f*

vibreur ***m***
All: Warnsummer *m*
Ang: warning buzzer *n*
Esp: señal acústica de advertencia *f*

vibromètre ***m***
All: Schwingungsmesser *m*
Ang: vibration meter *n*
Esp: medidor de vibraciones *m*

vilebrequin ***m***
All: Kurbelwelle *f*
(Kurbel) *f*
Ang: crankshaft *n*
Esp: cigüeñal *m*

virage de couleur ***m***
All: Farbumschlag *m*
Ang: color change *n*
Esp: cambio de color *m*

vis ***f***
All: Schraube *f*
Ang: screw *n*
Esp: tornillo *m*

vis à point de rupture ***f***
All: Abreissschraube *f*
Ang: shear bolt *n*
Esp: tornillo de desgarre *m*

vis à six-pans creux ***f***
All: Innensechskantschraube *f*
Ang: hexagon socket-head screw *n*
(allen screw) *n*
Esp: tornillo con hexágono interior *m*

vis à tête bombée ***f***
All: Linsenkopfschraube *f*
Ang: oval-head screw *n*
Esp: tornillo cabeza de lenteja *m*

vis à tête fraisée ***f***
All: Senkschraube *f*
Ang: countersunk screw *n*
(flat-lead screw) *n*
Esp: tornillo avellanado *m*

vis à tête hexagonale ***f***
All: Sechskantschraube *f*
Ang: hexagon bolt *n*
Esp: tornillo de cabeza hexagonal *m*

vis à tête moletée ***f***
All: Rändelschraube *f*
Ang: knurled screw *n*
Esp: tornillo moleteado *m*

vis à tôle ***f***
All: Blechschraube *f*
Ang: self tapping screw *n*
Esp: tornillo para chapa *m*

vis creuse ***f***
All: Hohlschraube *f*
Ang: hollow screw *n*
Esp: tornillo hueco *m*

vis d'ajustage ***f***
All: Stellschraube *f*
Ang: adjusting screw *n*
Esp: tornillo de ajuste *m*

vis de butée ***f***
All: Anschlagschraube *f*
Ang: stop screw *n*
Esp: tornillo de tope *m*

vis de butée de papillon ***f***
All: Drosselklappen-Anschlagschraube *f*
Ang: throttle valve stop screw *n*
Esp: tornillo de tope de la mariposa *m*

vis de butée de ralenti ***f***
All: Leerlaufanschlagschraube *f*
Ang: idle speed stop screw *n*
Esp: tornillo de tope de ralentí *m*

vis de déblocage ***m***
All: Abdrückschraube *f*
Ang: pull-off screw *n*
Esp: tornillo de desmontaje *m*

vis de fixation ***f***
All: Befestigungsschraube *f*
Ang: mounting screw *n*
Esp: tornillo de fijación *m*

vis de fixation *f*
All: Sicherungsschraube *m*
Ang: retaining screw *n*
(locking screw) *n*
Esp: tornillo de seguridad *m*

vis de pleine charge *f*
All: Volllastschraube *f*
Ang: full load screw *n*
Esp: tornillo de plena carga *m*

vis de purge d'air *f*
All: Entlüftungsschraube *f*
Ang: vent screw *n*
Esp: tornillo de purga de aire *m*

vis de purge d'air *f*
All: Entlüftungsschraube *f*
Ang: bleed screw *n*
Esp: tornillo de purga de aire *m*

vis de purge d'eau *f*
All: Wasserablassschraube *f*
Ang: drain screw *n*
(water drain plug) *n*
Esp: tornillo de purga de agua *m*

vis de raccordement *f*
All: Anschlussschraube *f*
Ang: terminal screw *n*
Esp: tornillo de conexión *m*

vis de réglage *f*
All: Einstellschraube *f*
Ang: adjusting screw *n*
Esp: tornillo de ajuste *m*

vis de réglage *f*
All: Stellschraube *f*
Ang: setscrew *n*
Esp: tornillo de ajuste *m*

vis de réglage de pleine charge *f*
All: Volllasteinstellschraube *f*
(Volllastschraube) *f*
Ang: full load screw *n*
Esp: tornillo de ajuste de plena carga *m*

vis de richesse de ralenti *f*
All: Regulierschraube *f*
Ang: idle mixture screw *n*
Esp: tornillo regulador *m*

vis de serrage *f*
All: Klemmschraube *f*
Ang: clamping bolt *n*
Esp: tornillo de apriete *m*

vis de vidange *f*
All: Ablassschraube *f*
Ang: drain plug *n*
Esp: tornillo de evacuación *m*

vis sans fin *f*
All: Schneckenrad *n*
Ang: worm wheel *n*
Esp: rueda helicoidal *f*

vis transporteuse *f*
All: Förderschnecke *f*
Ang: screw conveyor *n*
Esp: tornillo transportador *m*

viscocoupleur (transmission intégrale) *m*
All: Viscokupplung (Allradantrieb) *f*
Ang: viscous coupling (all-wheel drive) *n*
Esp: embrague hidrodinámico (tracción total) *m*

viscosité à basse température *f*
All: Kälteviskosität *f*
(Tieftemperaturviskosität) *f*
Ang: cold viscosity *n*
Esp: viscosidad en frío *f*

viscosité du carburant *f*
All: Kraftstoffviskosität *f*
Ang: fuel viscosity *n*
Esp: viscosidad de combustible *f*

viscosité du carburant *f*
All: Viskosität des Kraftstoffs *f*
Ang: fuel viscosity *n*
Esp: viscosidad del combustible *f*

visibilité *f*
All: Sichtweite *f*
Ang: visual range *n*
Esp: visibilidad *f*

vis-pointeau *f*
All: Drosselschraube *f*
Ang: throttle screw *n*
Esp: tornillo de estrangulación *m*

visquance *f*
All: Dämpfungskonstante *f*
Ang: damping factor *n*
Esp: constante de amortiguación *f*

vis-raccord de montage *f*
All: Überwurfschraube *f*
Ang: union bolt *n*
Esp: tapón roscado *m*

visualiser (code de défaut) *v*
All: auslesen (Fehlercode) *v*
Ang: read out (error code) *v*
Esp: leer (código de avería) *v*

vitesse *f*
All: Geschwindigkeit *f*
Ang: speed *n*
(velocity) *n*
Esp: velocidad *f*

vitesse à charge partielle *f*
All: Teillastdrehzahl *f*
Ang: part load speed *n*
Esp: régimen de carga parcial *m*

vitesse à charge partielle *f*
All: Teillastdrehzahl *f*
Ang: part load engine speed *n*
Esp: régimen de carga parcial *m*

vitesse à vide *f*
All: Nulllastdrehzahl *f*
Ang: no load speed *n*
(idle speed) *n*
Esp: velocidad de giro de carga nula *f*

vitesse d'amorçage (alternateur) *f*
All: Einschaltdrehzahl (Generator) *f*
Ang: cutting in speed (alternator) *n*
Esp: número de revoluciones de conexión (alternador) *m*

vitesse d'attaque *f*
All: Anströmgeschwindigkeit *f*
Ang: air-flow velocity *n*
Esp: velocidad de entrada *f*

vitesse d'auto-excitation (machines tournantes) *f*
All: Angehdrehzahl (drehende Maschinen) *f*
Ang: self excitation speed (rotating machines) *n*
Esp: velocidad de autoexcitación (máquinas rotativas) *f*

vitesse de balayage *f*
All: Wischerstufe *f*
Ang: wipe frequency *n*
Esp: velocidad del limpiaparabrisas *f*

vitesse de braquage *f*
All: Lenkgeschwindigkeit *f*
Ang: steering speed *n*
Esp: velocidad de dirección *f*

vitesse de chauffe *f*
All: Aufheizgeschwindigkeit (Glühkerze) *f*
Ang: preheating rate (glow plug) *n*
Esp: velocidad de calentamiento (bujía de incandescencia) *f*

vitesse de combustion *f*
All: Brenngeschwindigkeit *f*
Ang: rate of combustion *n*
Esp: velocidad de combustión *f*

vitesse de démarrage *f*
All: Startdrehzahl *f*
Ang: cranking speed *n*
Esp: número de revoluciones de arranque *m*

vitesse de déplacement *f*
All: Bauartgeschwindigkeit *f*
(Nenndrehzahl) *f*
Ang: rated speed *n*
Esp: velocidad nominal *f*

vitesse de dérive *f*
All: Driftgeschwindigkeit *f*
Ang: drift velocity *n*
Esp: velocidad de deriva *f*

vitesse de glissement *f*
All: Gleitgeschwindigkeit *f*
Ang: sliding speed *n*
(sliding velocity) *n*
Esp: velocidad de deslizamiento *f*

vitesse de lacet *f*
All: Drehrate *f*
Ang: yaw rate *n*
Esp: velocidad de giro *f*

vitesse de lacet de consigne *f*
All: Giersollgeschwindigkeit (Kfz-Dynamik) *f*
Ang: nominal yaw rate (motor-vehicle dynamics) *n*

Français

Esp: velocidad nominal de guiñada (dinámica del automóvil) *f*

vitesse de l'arbre de transmission *f*
All: Gelenkwellendrehzahl *f*
Ang: propshaft speed *n*
Esp: número de revoluciones de árbol de transmisión *m*

vitesse de mise en lacet (dynamique d'un véhicule) *f*
All: Giergeschwindigkeit (Kfz-Dynamik) *f*
Ang: yaw velocity (motor-vehicle dynamics) *n*
Esp: velocidad de guiñada (dinámica del automóvil) *f*

vitesse de pleine charge *f*
All: Volllastdrehzahl *f*
Ang: full load speed *n*
Esp: régimen de plena carga *m*

vitesse de propagation *f*
All: Ausbreitungsgeschwindigkeit *f*
Ang: velocity of propagation *n*
Esp: velocidad de propagación *f*

vitesse de propagation de la flamme *f*
All: Flammgeschwindigkeit *f*
Ang: flame velocity *n*
Esp: velocidad de llama *f*

vitesse de référence *f*
All: Referenzgeschwindigkeit *f*
Ang: reference speed *n*
Esp: velocidad de referencia *f*

vitesse de régulation *f*
All: Stellgeschwindigkeit *f*
Ang: positioning rate *n*
Esp: velocidad de ajuste *f*

vitesse de rotation de la roue *f*
All: Raddrehzahl *f*
(Radumfangsgeschwindigkeit) *f*
(Radgeschwindigkeit) *f*
Ang: wheel speed *n*
Esp: número de revoluciones de rueda *m*

vitesse de rotation de l'alternateur *f*
All: Generatordrehzahl *f*
Ang: alternator speed *n*
Esp: velociad de giro del alternador *f*

vitesse de rotation de l'arbre à cames *f*
All: Nockenwellendrehzahl *f*
Ang: camshaft rotational speed *n*
Esp: velocidad de giro del árbol de levas *f*

vitesse de rotation minimale du démarrage *f*
All: Startmindestdrehzahl *f*
Ang: minimum starting speed *n*
Esp: número de revoluciones mínimo de arranque *m*

vitesse de rotation nominale *f*
All: Nenndrehzahl *f*
Ang: nominal speed *n*
(rated speed) *n*
Esp: número de revoluciones nominal *m*
(velocidad de giro nominal) *f*

vitesse de rotation réelle *f*
All: Istdrehzahl *f*
Ang: actual speed *n*
Esp: número de revoluciones real *m*

vitesse de roulage *f*
All: Fahrgeschwindigkeit *f*
Ang: driving speed *n*
Esp: velocidad de marcha *f*

vitesse de roulis *f*
All: Rollgeschwindigkeit *f*
Ang: roll velocity *n*
Esp: velocidad de rodadura *f*

vitesse de soupape *f*
All: Ventilgeschwindigkeit *f*
Ang: valve velocity *n*
Esp: velocidad de válvula *f*

vitesse de transmission *f*
All: Datenrate *f*
(Übertragungsrate) *f*
Ang: data rate *n*
(bit rate) *n*
(transfer rate) *n*
Esp: tasa de transmisión de datos *f*

vitesse d'écoulement *f*
All: Strömungsgeschwindigkeit *f*
Ang: flow velocity *n*
Esp: velocidad de flujo *f*

vitesse d'entraînement *f*
All: Antriebsgeschwindigkeit *f*
Ang: drive speed *n*
Esp: velocidad de accionamiento *f*

vitesse d'équilibre *f*
All: Beharrungsdrehzahl *f*
Ang: steady state speed *n*
Esp: velocidad de régimen permanente *f*

vitesse d'essai *f*
All: Prüfgeschwindigkeit *f*
Ang: test speed *n*
Esp: velocidad de comprobación *f*

vitesse différentielle *f*
All: Differenzgeschwindigkeit *f*
Ang: differential speed *n*
Esp: velocidad diferencial *f*

vitesse différentielle des roues *f*
All: Raddifferenzgeschwindigkeit *f*
Ang: wheel speed differential *n*
Esp: velocidad diferencial de las ruedas *f*

vitesse du piston *f*
All: Kolbengeschwindigkeit *f*
Ang: piston speed *n*
Esp: velocidad de pistón *f*

vitesse du son *f*
All: Schallgeschwindigkeit *f*
Ang: velocity of sound *n*
Esp: velocidad del sonido *f*

vitesse du véhicule *f*
All: Fahrzeuggeschwindigkeit *f*
Ang: vehicle speed *n*
Esp: velocidad del vehículo *f*

vitesse initiale *f*
All: Ausgangsgeschwindigkeit *f*
Ang: initial speed *n*
Esp: velocidad de salida *f*

vitesse limite en virage *f*
All: Kurvengrenzgeschwindigkeit *f*
Ang: cornering limit speed *n*
Esp: velocidad límite en curvas *f*

vitesse maximale *f*
All: Höchstgeschwindigkeit *f*
Ang: top speed *n*
Esp: velocidad máxima *f*

vitesse maximale à pleine charge *f*
All: obere Volllastdrehzahl *f*
Ang: maximum full load speed *n*
Esp: velocidad de giro máxima a plena carga *f*

vitesse maximale à vide *f*
All: Enddrehzahl *f*
(obere Leerlaufdrehzahl) *f*
(Höchstdrehzahl) *f*
Ang: high idle speed *n*
Esp: régimen superior de ralentí *m*

vitesse périphérique *f*
All: Umfangsgeschwindigkeit *f*
Ang: circumferential speed *n*
(peripheral velocity) *n*
Esp: velocidad periférica *f*

vitesse relative *f*
All: Relativgeschwindigkeit *f*
Ang: relative speed *n*
Esp: velocidad relativa *f*

vitesse transversale (dynamique d'un véhicule) *f*
All: Quergeschwindigkeit (Kfz-Dynamik) *f*
Ang: lateral velocity (vehicle dynamics) *n*
Esp: velocidad transversal (dinámica del automóvil) *f*

vitrocéramique *f*
All: Glaskeramik *f*
Ang: glass ceramics *n*
Esp: vitrocerámica *f*

voie *f*
All: Spurbreite *f*
Ang: track width *n*
Esp: ancho de vía *m*

voilage (disque de frein) *m*
All: Planlaufabweichung (Bremsscheibe) *f*
(Seitenschlag) *m*
Ang: side runout (brake disc) *n*

Esp: alabeo (disco de freno) *m*

voile **m**
All: Axialschlag *m*
Ang: axial run-out *n*
Esp: alabeo *m*

voile radial **m**
All: Höhenschlag *m*
Ang: radial run out *n*
Esp: excentricidad radial *f*

voiture particulière ***f***
All: Personenkraftwagen *m*
Ang: passenger car *n*
(automobile) *n*
(car) *n*
Esp: turismo *m*

voiture particulière ***f***
All: Pkw *m*
Ang: passenger car *n*
(automobile) *n*
(car) *n*
Esp: turismo *m*

volant de direction **m**
All: Lenkrad *n*
Ang: steering wheel *n*
Esp: volante *m*

volant d'inertie **m**
All: Schwungscheibe *f*
Ang: flywheel *n*
Esp: disco volante *m*

volant d'inertie à deux masses **m**
All: Zweimassenschwungrad *n*
Ang: dual mass flywheel *n*
Esp: volante de inercia de dos masas *m*

volant moteur **m**
All: Schwungrad *n*
Ang: flywheel *n*
Esp: volante de inercia *m*

volet d'admission **m**
All: Saugrohrklappe *f*
Ang: intake manifold flap *n*
Esp: chapaleta del tubo de admisión *f*

volet d'admission d'air **m**
All: Lufteinlassklappe *f*
Ang: air inlet valve *n*
Esp: chapaleta de admisión de aire *f*

volet d'aération **m**
All: Luftklappe *f*
Ang: air flap *n*
Esp: chapaleta de aire *f*

volet d'air frais **m**
All: Frischluftklappe *f*
Ang: fresh air valve *n*
Esp: trampilla de aire fresco *f*

volet d'air mélangé **m**
All: Mischluftklappe *f*
Ang: air mixture valve *n*
Esp: trampilla de mezcla de aire *f*

volet de compensation **m**
All: Kompensationsklappe *f*
Ang: compensation flap *n*
Esp: chapaleta de compensación *f*

volet de dégivrage **m**
All: Enfrosterklappe *f*
Ang: defrosting flap *n*
Esp: difusor de deshielo *m*

volet de sortie **m**
All: Austrittsklappe *f*
Ang: outlet flap *n*
Esp: chapaleta de salida *f*

volet de starter **m**
All: Starterklappe *f*
Ang: choke *n*
Esp: mariposa de estárter *f*
(choque) *m*

volet de turbulence **m**
All: Drallklappe *f*
Ang: swirl flap *n*
Esp: mariposa espiral *f*

volet de turbulence **m**
All: Ladungsbewegungsklappe *f*
Ang: swirl control valve *n*
Esp: compuerta de alimentación *f*

volet d'échappement (frein moteur) **m**
All: Auspuffklappe *f*
Ang: exhaust flap *n*
Esp: mariposa de escape *f*

volet-obturateur d'échappement **m**
All: Auspuffklappe (Motorbremse) *f*
(Drehklappe) *f*
Ang: butterfly valve (engine brake) *n*
(exhaust flap) *n*
Esp: mariposa de escape (freno motor) *f*

volet-sonde (L-Jetronic) **m**
All: Stauklappe (L-Jetronic) *f*
Ang: sensor plate (L-Jetronic) *n*
Esp: placa sonda (L-Jetronic) *f*

volet-sonde (L-Jetronic) **m**
All: Stauklappe *f*
Ang: airflow sensor plate *n*
Esp: placa sonda *f*

voltmètre **m**
All: Spannungsmesser *m*
Ang: voltmeter *n*
Esp: voltímetro *m*

voltmètre **m**
All: Spannungstester *m*
Ang: voltage tester *n*
Esp: comprobador de tensión *m*

voltmètre **m**
All: Voltmeter *m*
Ang: voltmeter *n*
Esp: voltímetro *m*

volume d'air additionnel **m**
All: Zusatzluftmenge *f*
Ang: auxiliary air *n*
Esp: caudal adicional de aire *m*

volume de carburant injecté **m**
All: Einspritzvolumen *n*
Ang: injected fuel volume *n*
Esp: volumen inyectado *m*

volume de compensation **m**
All: Ausgleichsvolumen *n*
Ang: compensation volume *n*
Esp: volumen de compensación *m*

volume de compression **m**
All: Kompressionsvolumen *n*
(Dämpfungsvolumen) *n*
Ang: compression volume *n*
(damping volume) *n*
Esp: volumen de compresión *m*

volume de compression **m**
All: Verdichtungsraum *m*
(Kompressionsvolumen) *n*
Ang: compression space *n*
(compression volume) *n*
Esp: cámara de compresión *f*

volume de correction **m**
All: Korrekturmenge *f*
Ang: correction quantity *n*
Esp: cantidad de corrección *f*

volume de décharge **m**
All: Entlastungsvolumen (Verteilerpumpe) *n*
(Volumenentlastung) *f*
Ang: retraction volume (distributor pump) *n*
Esp: volumen de descarga (bomba de inyección rotativa) *m*

volume de la galerie d'admission **m**
All: Saugraumvolumen *n*
Ang: fuel gallery volume *n*
Esp: volumen de cámara de admisión *m*

volume des gaz d'échappement **m**
All: Abgasvolumen *n*
Ang: exhaust gas volume *n*
Esp: volumen de los gases de escape *m*

volume entre les palettes du rotor (ralentisseur hydrodynamique) **m**
All: Schaufelraum (hydrodynamischer Verlangsamer) *m*
Ang: rotor chamber (hydrodynamic retarder) *n*
Esp: cámara de los álabes (retardador hidrodinámico) *f*

volume mort **m**
All: Totvolumen *n*
(Restvolumen) *n*
Ang: dead volume *n*
Esp: volumen muerto *m*

volume sonore **m**
All: Lautstärke *f*
Ang: loudness level *n*
Esp: volumen *m*

voyant lumineux **m**
All: Anzeigeleuchte *f*

Français

Ang: indicator lamp *n*
Esp: luz indicadora *f*

vue éclatée (enroulement) *f*
All: Einzelteilzeichnung *f*
Ang: component part drawing *n*
Esp: dibujo de detalles *m*

vue éclatée *f*
All: Explosionsbild *n*
Ang: exploded drawing *n*
Spa: dibujo de despiece *m*

Z

zone combustible *f*
All: brennbarer Bereich *m*
Ang: combustible range *n*
Esp: rango inflamable *m*

zone d'affinage *f*
All: Läuterungszone *f*
Ang: refining zone *n*
Esp: zona de depuración *f*

zone de balayage *f*
All: Reinigungsbereich (Wischer) *m*
Ang: cleansed area (wipers) *n*
Esp: zona de limpieza (limpiaparabrisas) *f*

zone de charge spatiale *f*
All: Raumladungszone *f*
Ang: space charge region *n*
Esp: zona de carga espacial *f*

zone de choc *f*
All: Aufschlagbereich *m*
Ang: impact area *n*
Esp: zona de impacto *f*

zone de coincement (mélange air-carburant) *f*
All: Quench-Zone (Luft-Kraftstoff-Gemisch) *f*
Ang: quench zone (air-fuel mixture) *n*
Esp: zona de sofocación (mezcla aire-combustible) *f*

zone de flamme périphérique *f*
All: Flammaußenzone *f*
Ang: flame periphery *n*
Spa: zona exterior de la llama *f*

A

abertura de ventilación *f*
Ale: Belüftungsöffnung *f*
(Entlüftungsöffnung) *f*
Ing: ventilation opening *n*
Fra: orifice de ventilation *m*
(orifice d'aération) *m*

abolladura *f*
Ale: Beule *f*
Ing: dent *n*
Fra: bosse *f*

abrazadera de ballesta *f*
Ale: Federbügel *m*
Ing: spring clip *n*
Fra: étrier élastique *m*

abrazadera de sujeción (bujía de encendido) *f*
Ale: Klemmschelle (Zündspule) *f*
(Befestigungsschelle) *f*
Ing: clamp (ignition coil) *n*
Fra: collier (bobine d'allumage) *m*

abrazadera de sujeción *f*
Ale: Klemmschelle *f*
Ing: clip *n*
Fra: collier (bobine d'allumage) *m*

abrazadera para tubo flexible *f*
Ale: Schlauchklemme *f*
Ing: hose clamp *n*
Fra: collier de serrage *m*

ABS *m*
Ale: ABS *n*
Ing: ABS *n*
Fra: ABS *a*

absorción *f*
Ale: Adsorption *f*
Ing: adsorption *n*
Fra: adsorption *f*

absorción de calor *f*
Ale: Wärmeaufnahme *f*
Ing: heat absorption *n*
Fra: absorption de chaleur *f*

absorción de sonido *f*
Ale: Schallabsorption *f*
Ing: sound absorption *n*
Fra: absorption sonore *f*

accesorios *mpl*
Ale: Zubehör *n*
Ing: accessory *n*
Fra: accessoire *m*

accesorios especiales *mpl*
Ale: Sonderzubehör *n*
Ing: special accessories *npl*
Fra: accessoire spécial *m*

accidente *m*
Ale: Unfall *m*
Ing: accident *n*
Fra: accident *m*

accionamiento *m*
Ale: Antrieb *m*
Ing: drive *n*
Fra: transmission (correcteur de freinage) *f*

accionamiento *m*
Ale: Betätigung *f*
Ing: operation *n*
Fra: commande *f*

accionamiento asíncrono *m*
Ale: Asynchronantrieb *m*
Ing: asynchronous drive *n*
Fra: entraînement asynchrone *m*

accionamiento de bomba *m*
Ale: Pumpenabtrieb *m*
Ing: pump power take-off *n*
Fra: côté sortie de la pompe *m*

accionamiento de corriente continua de excitación en serie *m*
Ale: Gleichstrom-Reihenschlussantrieb *m*
Ing: series-wound DC drive *n*
Fra: entraînement à courant continu à excitation série *m*

accionamiento de eje *m*
Ale: Wellenantrieb *m*
Ing: shaft drive *n*
Fra: entraînement par arbre *m*

accionamiento de freno de estacionamiento *m*
Ale: Feststellbremsbetätigung *f*
Ing: parking brake actuation *n*
Fra: commande du frein de stationnement *f*

accionamiento de freno de motor *m*
Ale: Motorbremsbetätigung *f*
Ing: engine brake actuation *n*
Fra: commande du frein moteur *f*

accionamiento de hoja de puerta (autocar) *m*
Ale: Türflügelantrieb (Omnibus) *m*
Ing: door section drive (bus) *n*
Fra: commande de vantail (autobus) *f*

accionamiento de la mariposa *m*
Ale: Drosselklappeantrieb *m*
Ing: throttle valve driver *n*
Fra: entraîneur de papillon *m*

accionamiento de leva doble *m*
Ale: Doppelnockenantrieb *m*
Ing: twin cam drive *n*
Fra: entraînement à double came *m*

accionamiento de puerta (autocar) *m*
Ale: Türbetätigung (Omnibus) *f*
Ing: door control (bus) *n*
Fra: commande des portes (autobus) *f*

accionamiento de puerta de garaje *m*
Ale: Garagentor-Antrieb *m*
Ing: garage door drive *n*
Fra: commande de porte de garage *f*

accionamiento de techo corredizo *m*
Ale: Schiebedachantrieb *m*
(Dachantrieb) *m*
Ing: power sunroof drive unit *n*
Fra: commande de toit ouvrant *m*

accionamiento de válvula *m*
Ale: Ventiltrieb *m*
Ing: valve gear *n*
Fra: distribution (commande des soupapes) *f*

accionamiento de válvula *m*
Ale: Ventiltrieb *m*
Ing: valve train *n*
Fra: commande des soupapes *f*

accionamiento de ventanilla *m*
Ale: Fensterantrieb *m*
Ing: power window drive *n*
Fra: opérateur de lève-vitre *m*

accionamiento externo *m*
Ale: Fremdantrieb *m*
Ing: external drive *n*
Fra: entraînement extérieur *m*

accionamiento giratorio (accionamiento de puerta) *m*
Ale: Drehantrieb (Türbetätigung) *m*
Ing: rotary actuator (door control) *n*
Fra: commande de pivotement des portes (commande des portes) *f*

accionamiento por correa *m*
Ale: Riemenantrieb *m*
Ing: belt drive *n*
(belt transmission) *n*
Fra: entraînement par courroie *m*

accionamiento por correa *m*
Ale: Riementrieb *m*
Ing: belt drive *n*
Fra: transmission à courroie *f*

accionamiento por correa trapezoidal *m*
Ale: Keilriemenantrieb *m*
Ing: V-belt drive *n*
Fra: entraînement par courroie trapézoïdale *m*

accionamiento por eje trasero *m*
Ale: Hinterachsantrieb *m*
Ing: rear axle drive *n*
Fra: transmission arrière *f*

accionamiento por leva *m*
Ale: Nockenantrieb *m*
Ing: operation by cam *n*
Fra: entraînement par came *m*

accionamiento regulador *m*
Ale: Verstellantrieb *m*
Ing: servo unit *n*
Fra: servocommande de positionnement *f*

accionamiento síncrono *m*
Ale: Synchronantrieb *m*
Ing: synchronous drive *n*

Español

Fra: entraînement triphasé synchrone *m*

accionar (frenos) ***v***
Ale: betätigen (Bremsen) *v*
(anlegen) *v*
Ing: apply (brakes) *v*
Fra: actionner (frein) *v*
(appliquer) *v*

aceite crudo ***m***
Ale: Rohöl *n*
Ing: crude oil *n*
Fra: pétrole brut *m*

aceite de comprobación ***m***
Ale: Prüföl *n*
Ing: calibrating oil *n*
Fra: huile d'essai *f*

aceite del cambio ***m***
Ale: Getriebeöl *n*
Ing: transmission oil *n*
Fra: huile pour transmissions *f*

aceite del motor ***m***
Ale: Motoröl *n*
Ing: engine oil *n*
(engine lub oil) *n*
Fra: huile moteur *f*

aceite lubricante ***m***
Ale: Schmieröl *n*
Ing: lube oil *n*
Fra: huile lubrifiante *f*

aceite monogrado ***m***
Ale: Einbereichsöl *n*
Ing: single grade engine oil *n*
Fra: huile monograde *f*

aceite multigrado ***m***
Ale: Mehrbereichsöl *n*
Ing: multigrade oil *n*
Fra: huile multigrade *f*

aceleración ***f***
Ale: Beschleunigung *f*
Ing: acceleration *n*
Fra: accélération *f*

aceleración angular ***f***
Ale: Drehbeschleunigung *f*
(Winkelbeschleunigung) *f*
Ing: angular acceleration *n*
Fra: accélération angulaire *f*

aceleración cuesta abajo ***f***
Ale: Bergabbeschleunigen *n*
Ing: downgrade acceleration *n*
Fra: accélération en descente *f*

aceleración cuesta arriba ***f***
Ale: Bergaufbeschleunigen *n*
Ing: upgrade acceleration *n*
Fra: accélération en côte *f*

aceleración de la gravedad ***f***
Ale: Erdbeschleunigung *f*
Ing: gravitational acceleration *n*
Fra: accélération de la pesanteur *f*

aceleración de la rueda ***f***
Ale: Radbeschleunigung *f*
(Radumfangs-beschleunigung) *f*
Ing: wheel acceleration *n*
Fra: accélération périphérique des roues *f*

aceleración de pistón ***f***
Ale: Kolbenbeschleunigung *f*
Ing: piston acceleration *n*
Fra: accélération du piston *f*

aceleración de plena carga ***f***
Ale: Volllastbeschleunigung *f*
Ing: full load acceleration *n*
Fra: accélération à pleine charge *f*

aceleración del vehículo ***f***
Ale: Fahrzeugbeschleunigung *f*
Ing: vehicle acceleration *n*
Fra: accélération du véhicule *f*

aceleración en curvas ***f***
Ale: Kurvenbeschleunigung *f*
Ing: lateral acceleration rate *n*
Fra: accélération en virage *f*

aceleración longitudinal ***f***
Ale: Längsbeschleunigung *f*
Ing: linear acceleration *n*
Fra: accélération longitudinale *f*

aceleración longitudinal ***f***
Ale: Längsbeschleunigung *f*
Ing: longitudinal acceleration *n*
Fra: accélération longitudinale *f*

aceleración longitudinal del vehículo ***f***
Ale: Fahrzeuglängs-beschleunigung *f*
Ing: vehicle longitudinal acceleration *n*
Fra: accélération longitudinale du véhicule *f*

aceleración transversal ***f***
Ale: Querbeschleunigung *f*
Ing: lateral acceleration *n*
Fra: accélération transversale *f*

aceleración transversal del vehículo ***f***
Ale: Fahrzeugquerbeschleunigung *f*
Ing: vehicle lateral acceleration *n*
Fra: accélération transversale du véhicule *f*

acelerador de arranque en frío ***m***
Ale: Kaltstartbeschleuniger *m*
Ing: cold start accelerator *n*
Fra: accélérateur de démarrage à froid *m*

acelerador electrónico ***m***
Ale: EGAS *n*
Ing: electronic throttle control, ETC *n*
Fra: accélérateur électronique, EMS *m*

acelerador electrónico ***m***
Ale: elektronisches Gaspedal *n*
Ing: electronic throttle control *n*
Fra: accélérateur électronique *m*

acelerar ***v***
Ale: beschleunigen *v*
Ing: accelerate *v*
Fra: accélération *f*

acelerar en el arranque (motor de combustión) ***v***
Ale: hochlaufen (Verbrennungsmotor) *v*
Ing: run up to speed (IC engine) *v*
Fra: montée en régime (moteur à combustion) *f*

ácido (batería) ***m***
Ale: Säure (Batterie) *f*
Ing: acid (battery) *n*
(electrolyte) *n*
Fra: électrolyte (batterie) *m*

ácido de la batería ***m***
Ale: Batteriesäure *f*
Ing: electrolyte *n*
Fra: électrolyte *m*

ácido de los acumuladores ***m***
Ale: Akkumulatorensäure *f*
Ing: battery acid *n*
Fra: électrolyte d'accumulateur *m*

acodamiento (cigüeñal) ***m***
Ale: Kröpfung (Kurbelwelle) *f*
Ing: throw *n*
Fra: maneton *m*

acodamiento ***m***
Ale: Kröpfung *f*
Ing: offset *n*
Fra: coude *m*

acolchado de rodillas ***m***
Ale: Kniepolster *n*
Ing: knee pad *n*
Fra: protège-genoux *m*

acondicionamiento de señales ***m***
Ale: Signalaufbereitung *f*
Ing: signal conditioning *n*
Fra: conditionnement des signaux *m*

acoplador direccional ***m***
Ale: Richtungskoppler *m*
Ing: directional coupler *n*
Fra: coupleur directionnel *m*

acoplamiento acústico ***m***
Ale: akustischer Kuppler *m*
Ing: acoustic coupler *n*
Fra: coupleur acoustique *m*

acoplamiento de accionamiento ***m***
Ale: Antriebskupplung *f*
Ing: coupling assembly *n*
Fra: accouplement *m*

acoplamiento de accionamiento ***m***
Ale: Antriebskurbel *f*
Ing: drive crank *n*
Fra: bielle d'entraînement *f*

acoplamiento de enganche ***m***
Ale: Aufsattelkupplung *f*
Ing: fifthwheel coupling *n*
Fra: sellette de semi-remorque *f*

acoplamiento de garras ***m***
Ale: Klauenkupplung *f*
Ing: dog coupling *n*

Español

Fra: accouplement à griffes *m*

acoplamiento de posición final ***m***
Ale: Endlagenkupplung *f*
Ing: end position coupling *n*
Fra: coupleur de fin de course *m*

acoplamiento de rueda libre ***m***
Ale: Freilaufkupplung *f*
Ing: overrunning clutch *n*
Fra: embrayage à roue libre *m*

acoplamiento hidráulico ***m***
Ale: Flüssigkeitskupplung *f*
Ing: fluid coupling *n*
Fra: embrayage hydraulique *m*

acoplamiento rápido ***m***
Ale: Schnellkupplung *f*
Ing: rapid coupling *n*
Fra: accouplement rapide *m*

acoplamiento reactivo ***m***
Ale: Blindkupplung *f*
Ing: coupling holder *n*
Fra: accouplement borgne *m*

acople (compatibilidad electromagnética) ***m***
Ale: Einkopplung (EMV) *f*
Ing: couple (EMC) *v*
Fra: couplage (CEM) *m*

activación (regulación ABS) ***f***
Ale: Ansteuerung (ABS-Regelung) *f*
Ing: activation (ABS control) *n*
Fra: pilotage (régulation ABS) *m*

activación (alarma de vehículo) ***f***
Ale: Scharfschaltung (Autoalarm) *f*
Ing: priming (car alarm) *n*
(prime) *n*
Fra: mise en veille (alarme auto) *f*
(amorçage) *m*

activación de carrera previa ***f***
Ale: Vorhubansteuerung *f*
Ing: LPC triggering *n*
Fra: commande de précourse *f*

activación de remolque ***f***
Ale: Anhängeransteuerung *f*
Ing: trailer pilot control *n*
Fra: pilotage de la remorque *m*

activación del encendido (transmisor de impulsos) ***f***
Ale: Zündauslösung (Impulsgeber) *f*
Ing: ignition triggering (pulse generator) *n*
Fra: déclenchement de l'allumage (générateur d'impulsions) *m*

actividad de acumulación ***f***
Ale: Speicheraktivität *f*
Ing: storage activity *n*
Fra: phase de mémorisation *f*

actuador ***m***
Ale: Aktor *m*
(Stellglied) *n*
Ing: actuator *n*
Fra: actionneur *m*
(actuateur) *m*

actuador ***m***
Ale: Stellglied *n*
(Stellwerk) *n*
Ing: actuator *n*
(final controlling element) *n*
(actuator mechanism) *n*
Fra: actionneur *m*
(élément de réglage final) *m*

actuador de acción directa ***m***
Ale: Direktsteller *m*
Ing: direct action control element *n*
Fra: convertisseur direct *m*

actuador de depresión ***m***
Ale: Unterdrucksteller *m*
Ing: vacuum actuator *n*
Fra: actionneur à dépression *m*

actuador de la mariposa ***m***
Ale: Drosselklappenansteller *m*
(Drosselklappensteller) *m*
Ing: throttle valve actuator *n*
Fra: actionneur de papillon *m*

actuador de potencia ***m***
Ale: Leistungssteller *m*
Ing: actuator *n*
Fra: organe de puissance *m*

actuador de presión ***m***
Ale: Drucksteller *m*
Ing: pressure actuator *n*
Fra: actionneur manométrique *m*

actuador de régimen de ralentí ***m***
Ale: Leerlaufsteller *m*
Ing: idle speed actuator *n*
(idle actuator) *n*
Fra: actionneur de ralenti *m*

actuador de retroalimentación de gases de escape ***m***
Ale: Abgasrückführsteller *m*
Ing: exhaust gas recirculation positioner *n*
Fra: actionneur de recyclage des gaz d'échappement *m*

actuador electrohidráulico de presión ***m***
Ale: elektrohydraulischer Drucksteller *m*
Ing: electrohydraulic pressure actuator *n*
Fra: actionneur de pression électrohydraulique *m*

actuador electromagnético ***m***
Ale: Magnetsteller *n*
Ing: solenoid actuator *n*
Fra: actionneur électromagnétique *m*

actuador giratorio (KE-Jetronic) ***m***
Ale: Drehsteller (KE-Jetronic) *m*
Ing: rotary actuator (KE-Jetronic) *n*
Fra: actionneur rotatif (KE-Jetronic) *m*

acuaplaning (neumáticos) ***m***
Ale: Aquaplaning (Reifen) *n*
(Wasserglätte) *f*
Ing: aquaplaning (tire) *n*
Fra: aquaplanage (pneu) *m*

acumulador alcalino ***m***
Ale: alkalischer Akkumulator *m*
Ing: alkaline storage battery *n*
Fra: accumulateur alcalin *m*

acumulador de alta presión (Common Rail) ***m***
Ale: Hochdruckspeicher (Common Rail) *m*
Ing: high pressure accumulator (common rail) *n*
Fra: accumulateur haute pression (« Common Rail ») *m*

acumulador de combustible ***m***
Ale: Kraftstoffspeicher *m*
Ing: fuel accumulator *n*
Fra: accumulateur de carburant *m*

acumulador de depresión ***m***
Ale: Unterdruckspeicher *m*
Ing: vacuum reservoir *n*
(vacuum tank) *n*
Fra: accumulateur à dépression *m*

acumulador de doble pistón (ASR) ***m***
Ale: Doppelkolbenspeicher (ASR) *m*
Ing: twin plunger accumulator (TCS) *n*
Fra: accumulateur à double piston *m*

acumulador de energía ***m***
Ale: Energiespeicher *m*
Ing: energy accumulator *n*
Fra: accumulateur d'énergie *m*

acumulador de gas por pistón (ASR) ***m***
Ale: Gaskolbenspeicher (ASR) *m*
Ing: piston gas accumulator (TCS) *n*
Fra: accumulateur de gaz à piston (ASR) *m*

acumulador de presión ***m***
Ale: Druckspeicher *m*
Ing: pressure accumulator *n*
Fra: accumulateur de pression *m*

acumulador elástico ***m***
Ale: Federspeicher *m*
Ing: spring type brake actuator *n*
Fra: accumulateur élastique *m*
(sphère accumulatrice) *f*

acumulador hidráulico ***m***
Ale: Hydrospeicher *m*
Ing: hydraulic accumulator *n*
Fra: accumulateur hydraulique *m*

adaptación ***f***
Ale: Anpassung *f*
Ing: fitting *n*
Fra: adaptation *f*

adaptación de arranque en frío ***f***
Ale: Kaltstartanpassung *f*
Ing: cold start compensation *n*

Fra: adaptation au démarrage à froid *f*

adaptación de índice de octano *f*
Ale: Oktanzahlanpassung *f*
Ing: octane number adaptation *n*
Fra: adaptation de l'indice d'octane *f*

adaptación de la inyección *f*
Ale: Einspritzanpassung *f*
Ing: injection adaptation *n*
Fra: adaptation de l'injection *f*

adaptación de la mezcla *f*
Ale: Gemischanpassung *f*
(Gemischkorrektur) *f*
(Gemischadaption) *f*
Ing: mixture adaptation *n*
Fra: adaptation du mélange *f*

adaptación de motor *f*
Ale: Motoranpassung *f*
Ing: engine adaptation *n*
Fra: adaptation du moteur *f*

adaptación de plena carga *f*
Ale: Volllastangleichung *f*
Ing: full load torque control *n*
Fra: correction de pleine charge *f*

adaptación hidráulica de par *f*
Ale: hydraulisch betätigte Angleichung *f*
Ing: hydraulically controlled torque control *n*
Fra: correcteur hydraulique de débit *m*

adaptador de comprobación *m*
Ale: Prüfadapter *m*
Ing: test adapter *n*
Fra: adaptateur d'essai *m*

adaptador de comprobación de sistemas *m*
Ale: Systemprüfadapter *m*
Ing: system test adapter *n*
Fra: adaptateur d'essai système *m*

adaptador intermitente (ABS de remolque) *m*
Ale: Blinkadapter (Anhänger-ABS) *m*
Ing: flashing adapter (trailer ABS) *n*
Fra: adaptateur clignotant (ABS pour remorques) *m*

adelantamiento *m*
Ale: Überholen *n*
(Vorbeifahren) *n*
Ing: passing *n*
(overtaking) *n*
Fra: dépassement *m*

adelanto de la presión *m*
Ale: Druckvoreilung *f*
(Voreilung) *f*
Ing: pressure lead *n*
Fra: à avance de pression *loc*

adelanto del frenado (presión de frenado) *m*
Ale: Voreilung (Bremsdruck) *f*
Ing: pressure lead (bracking pressure) *n*
Fra: avance de pression *f*

adherencia a la calzada (automóvil) *f*
Ale: Bodenhaftung (Kfz) *f*
Ing: road surface adhesion (motor vehicle) *n*
Fra: adhérence au sol *f*

adhesión *f*
Ale: Adhäsion *f*
Ing: adhesion *n*
Fra: adhésion *f*
(usure adhésive) *f*

adhesivo de un componente *m*
Ale: Einkomponentenklebstoff *m*
Ing: single component adhesive *n*
Fra: adhésif monocomposant *m*

aditivo (combustible) *m*
Ale: Additiv (Kraftstoff) *n*
(Zusatz) *m*
Ing: additive (fuel) *n*
Fra: additif (carburant) *m*

aditivo antienvejecimiento (combustible) *m*
Ale: Alterungsschutz (Kraftstoff) *m*
Ing: anti aging additive (fuel) *n*
Fra: protection contre le vieillissement (essence) *f*

aditivo antiespumante *m*
Ale: Antischaummittel *n*
(Entschaumer) *m*
Ing: foam inhibitor *n*
(antifoaming agent) *n*
Fra: additif antimousse *m*

aditivo antigripado *m*
Ale: Fressschutzadditive *npl*
Ing: additive against scoring and seizure *n*
Fra: additif antigrippage *m*

aditivo de lubricante *m*
Ale: Schmierstoffzusatz *m*
Ing: lubrication additive *n*
Fra: additif lubrifiant *m*

aditivo de protección antidesgaste *m*
Ale: Verschleißschutzzusatz *m*
Ing: wear protection additive *n*
Fra: additif anti-usure *m*

aditivo de refuerzo *m*
Ale: Verstärkungszusatz *m*
Ing: reinforcement additive *n*
Fra: additif de renforcement *m*

aditivo detergente (gasolina) *m*
Ale: Reinigungsadditiv (Benzin) *n*
Ing: detergent additive (gasoline) *n*
Fra: agent détergent (essence) *m*

admisión *f*
Ale: Einlass *m*
(Saugseite) *f*
Ing: intake *n*
Fra: admission *f*
(côté aspiration) *m*

admisión de gas (motor de combustión) *f*
Ale: Gasannahme (Verbrennungsmotor) *f*
Ing: throttle response (IC engine) *n*
Fra: admission des gaz (moteur à combustion) *f*

aerosol de cobre *m*
Ale: Kupferspray *m*
Ing: copper spray *n*
Fra: spray au cuivre *m*

agarre (neumáticos) *m*
Ale: Griffigkeit (Reifen) *f*
Ing: tire grip *n*
Fra: adhérence (pneu) *f*

agente frigorífico *m*
Ale: Kältemittel *n*
Ing: refrigerant *n*
Fra: fluide frigorigène *m*

agente reductor *m*
Ale: Reduktionsmittel *n*
Ing: reducing agent *n*
Fra: agent réducteur *m*

aglutinante *m*
Ale: Bindemittel *n*
Ing: binder *n*
Fra: liant *m*

agudez de entalladura *f*
Ale: Kerbschärfe *f*
Ing: notch acuity *n*
Fra: acuité de l'entaille *f*

agudeza de resonancia *f*
Ale: Resonanzschärfe *f*
Ing: resonance sharpness *n*
Fra: facteur de qualité *m*

agudeza del sonido *f*
Ale: Tonhöhe *f*
Ing: pitch *n*
Fra: hauteur de son *f*

aguja de flotador *f*
Ale: Schwimmernadel *f*
Ing: float needle *n*
Fra: pointeau de flotteur *m*

aguja de inyector *f*
Ale: Düsennadel *f*
Ing: nozzle needle *n*
Fra: aiguille d'injecteur *f*

aguja de válvula *f*
Ale: Ventilnadel *f*
Ing: valve needle *n*
Fra: aiguille d'injecteur *f*

agujero ciego (válvula de inyección) *m*
Ale: Sackloch (Einspritzventil) *n*
Ing: blind hole (fuel injector) *n*
Fra: trou borgne (injecteur) *m*
(sac d'injecteur) *m*

agujero de aspiración *m*
Ale: Saugloch *n*
Ing: inlet port *n*
(suction engine) *n*

Fra: orifice d'aspiration *m*

agujero de compensación ***m***
Ale: Ausgleichsbohrung *f*
Ing: balancing port *n*
Fra: orifice de compensation *m*

agujero de drenaje ***m***
Ale: Ablaufbohrung *f*
Ing: drain hole *n*
Fra: orifice d'écoulement *m*

agujero de escape (motor de combustión) ***m***
Ale: Auspufföffnung (Verbrennungsmotor) *f*
Ing: tailspout *n*
(tail pipe) *n*
Fra: ouverture d'échappement *f*

agujero de inyector ***m***
Ale: Düsenbohrung *f*
Ing: nozzle bore *n*
Fra: orifice de l'ajutage *m*

agujero de pistón (pistón de bomba) ***m***
Ale: Kolbenbohrung (Pumpenkolben) *f*
Ing: plunger passage (pump plunger) *n*
Fra: alésage de piston (piston de pompe) *m*

agujero de sobrealimentación ***m***
Ale: Turboloch *n*
Ing: turbo lag *n*
Fra: trou de suralimentation *m*

ahogo ***m***
Ale: Absterben *n*
Ing: stall *n*
Fra: calage (moteur) *m*

airbag (sistema de seguridad) ***m***
Ale: Airbag (Sicherheitssystem) *m*
(Luftkissen) *n*
Ing: airbag (safety system) *n*
Fra: coussin gonflable (système de retenue des passagers) *m*

airbag de potencia reducida ***m***
Ale: Depowered Airbag *m*
Ing: depowered airbag *n*
Fra: coussin gonflable à puissance réduite *m*

airbag de techo ***m***
Ale: Dach-Airbag *m*
Ing: roof airbag *n*
Fra: airbag rideau *m*

airbag del acompañante ***m***
Ale: Beifahrerairbag *m*
Ing: passenger airbag *n*
Fra: coussin gonflable côté passager *m*

airbag del conductor ***m***
Ale: Fahrerairbag *m*
Ing: driver airbag *n*
Fra: coussin gonflable côté conducteur *m*

airbag frontal ***m***
Ale: Frontairbag *m*
Ing: front airbag *n*
Fra: coussin gonflable avant *m*

airbag lateral ***m***
Ale: Seitenairbag *m*
Ing: side airbag *n*
Fra: coussin gonflable latéral *m*

airbag para la cabeza ***m***
Ale: Kopfairbag *m*
Ing: head airbag *n*
Fra: coussin gonflable protège-tête *m*

aire comprimido ***m***
Ale: Druckluft *f*
Ing: compressed air *n*
Fra: air comprimé *m*

aire de admisión ***m***
Ale: Ansaugluft *f*
Ing: intake air *n*
Fra: air d'admission *m*

aire de alimentación ***m***
Ale: Vorratsluft *f*
Ing: supply air *n*
Fra: air d'alimentation *m*

aire de combustión ***m***
Ale: Verbrennungsluft *f*
Ing: combustion air *n*
Fra: air de combustion *m*

aire de enfriamiento ***m***
Ale: Kühlluft *f*
Ing: cooling air *n*
Fra: air de refroidissement *m*

aire de purga ***m***
Ale: Spülluft *f*
Ing: purge air *n*
Fra: air de balayage *m*

aire de sobrealimentación ***m***
Ale: Ladeluft *f*
Ing: boost air *n*
(charge air) *n*
Fra: air de suralimentation *m*

aire fresco ***m***
Ale: Frischluft *f*
Ing: fresh air *n*
Fra: air frais *m*

aire inyectado ***m***
Ale: Einblasluft *f*
Ing: injection air *n*
Fra: air insufflé *m*

aire secundario ***m***
Ale: Falschluft *f*
Ing: secondary air *n*
Fra: air parasite *m*

aire secundario ***m***
Ale: Sekundärluft *f*
Ing: secondary air *n*
Fra: air secondaire *m*

aislador (bujía de encendido) ***m***
Ale: Isolator (Zündkerze) *m*
Ing: insulator (spark plug) *n*
Fra: isolant (bougie d'allumage) *m*

aislador (bujía de encendido) ***m***
Ale: Isolierkörper (Zündspule) *m*
Ing: insulator (ignition coil) *n*
Fra: isolateur (bobine d'allumage) *m*

aislamiento ***m***
Ale: Isolierung *f*
Ing: insulation *n*
Fra: isolation *f*

aislamiento acústico ***m***
Ale: Schallisolierung *f*
Ing: soundproofing *n*
Fra: isolation acoustique *f*

aislamiento de vibraciones ***m***
Ale: Schwingungsisolierung *f*
Ing: vibration isolation *n*
Fra: isolement vibratoire *m*

aislamiento térmico ***m***
Ale: Wärmeisolation *f*
Ing: thermal insulation *n*
Fra: isolation thermique *f*

aislante ***adj***
Ale: dämmend *adj*
Ing: insulating *adj*
Fra: insonorisant *adj*

ajustador de ralentí ***m***
Ale: Leerlaufdrehsteller *m*
Ing: rotary idle actuator *n*
Fra: actionneur rotatif de ralenti *m*

ajustador de recirculación de aire ***m***
Ale: Umluftsteller *m*
Ing: air-recirculation actuator *n*
Fra: commutateur de recyclage d'air *m*

ajustador de temperatura ***m***
Ale: Temperatursteller *m*
Ing: temperature actuator *n*
Fra: sélecteur de température *m*

ajustador de varillaje (freno de rueda) ***m***
Ale: Gestängesteller (Radbremse) *m*
Ing: slack adjuster (wheel brake) *n*
Fra: dispositif automatique de rattrapage de jeu (freins des roues) *f*

ajuste ***m***
Ale: Justage *f*
Ing: adjustment *n*
Fra: ajustage *m*

ajuste básico ***m***
Ale: Grundeinstellung *f*
Ing: basic setting *n*
Fra: réglage de base *m*

ajuste de asiento ***m***
Ale: Sitzverstellung *f*
Ing: seat adjustment *n*
Fra: réglage des sièges *m*

ajuste de carrera previa ***m***
Ale: Vorhubeinstellung *f*
Ing: LPC adjustment *n*
Fra: réglage de la précourse *m*

ajuste de carrera previa ***m***
Ale: Vorhubeinstellung *f*

Ing: pre-stroke adjustment *n*
Fra: réglage de la précourse *m*

ajuste de espejo *m*
Ale: Spiegelverstellung *f*
Ing: mirror adjuster *n*
Fra: réglage de rétroviseur *m*

ajuste de frenos *m*
Ale: Bremsennachstellung *f*
Ing: brake adjustment *n*
Fra: rattrapage de jeu (frein) *m*

ajuste de gases de escape *f*
Ale: Abgaseinstellung *f*
Ing: exhaust setting *n*
Fra: réglage de l'échappement *m*

ajuste de la fuerza de frenado *m*
Ale: Bremskraftanpassung *f*
Ing: braking force adjustment *n*
Fra: adaptation de la force de freinage *f*

ajuste de usuario (SAP) *m*
Ale: Benutzereinstellung (SAP) *f*
Ing: user setting *n*
Fra: réglage utilisateur *m*

ajuste del alcance de luces *m*
Ale: Leuchtweiteeinstellung *f*
Ing: headlight leveling *n*
Fra: réglage de la portée d'éclairement *m*

ajuste del ángulo de encendido *m*
Ale: Zündwinkel-Einstellung *f*
Ing: ignition angle adjustment *n*
Fra: réglage de l'angle d'allumage *m*

ajuste dinámico del comienzo del suministro *m*
Ale: dynamische Förderbeginn-Einstellung *f*
Ing: dynamic timing adjustment *n*
Fra: calage dynamique du début de refoulement *m*

ajuste multiplicativo *m*
Ale: multiplikativer Abgleich *m*
Ing: multiplicative adjustment *n*
Fra: étalonnage multiplicatif *m*

ajuste positivo *m*
Ale: positive Angleichung *f*
Ing: positive torque control *n*
Fra: correction de débit positive *f*

alabeo *m*
Ale: Axialschlag *m*
Ing: axial run-out *n*
Fra: voile *m*

alabeo (disco de freno) *m*
Ale: Planlaufabweichung (Bremsscheibe) *f*
(Seitenschlag) *m*
Ing: side runout (brake disc) *n*
Fra: voilage (disque de frein) *m*

alambre de aluminio *m*
Ale: Aluminiumdraht *m*
Ing: aluminum wire *n*
Fra: fil d'aluminium *m*

alambre de cobre barnizado *m*
Ale: Kupferlackdraht *m*
Ing: varnished copper wire *n*
Fra: fil de cuivre laqué *m*

alambre de plomo *m*
Ale: Bleidraht *m*
Ing: lead wire *n*
Fra: fil de plomb *m*

alambre de soldadura *m*
Ale: Lotdraht *m*
Ing: wire solder *n*
Fra: fil de brasage *m*

alambre en bucle (alarma de vehículo) *m*
Ale: Lichtleitring (Autoalarm) *m*
Ing: wire loop (car alarm) *n*
Fra: anneau lumineux (alarme auto) *m*

alarma *f*
Ale: Alarm *m*
Ing: alarm *n*
Fra: alarme *f*

alarma antirrobo *f*
Ale: Diebstahlwarnanlage *f*
Ing: anti theft alarm system *n*
Fra: dispositif d'alarme antivol *m*

alarma de pánico (alarma de vehículo) *f*
Ale: Panikalarm (Autoalarm) *m*
Ing: panic alarm (car alarm) *n*
Fra: alarme panique (alarme auto) *f*

alarma del vehículo *f*
Ale: Auto-Alarmanlage *n*
(Diebstahlwarnanlage) *f*
Ing: car alarm *n*
Fra: alarme auto *f*

alcance (faros) *m*
Ale: Reichweite (Scheinwerfer) *f*
Ing: range (headlamp) *n*
Fra: portée (projecteur) *f*

alcance de luces *m*
Ale: Leuchtweite *f*
Ing: headlamp range *n*
Fra: portée d'éclairement *f*

alcance geométrico (faros) *m*
Ale: geometrische Reichweite (Scheinwerfer) *f*
Ing: geometric range (headlamp) *n*
Fra: portée géométrique (projecteur) *f*

aleación *f*
Ale: Legierung *f*
Ing: alloy *n*
Fra: alliage *m*

aleación de aluminio *f*
Ale: Aluminiumlegierung *f*
Ing: aluminum alloy *n*
Fra: alliage d'aluminium *m*

aleación de cobre *f*
Ale: Kupferlegierung *f*
Ing: copper alloy *n*
Fra: alliage cuivreux *m*

aleta de orientación variable *f*
Ale: Axialschieber *m*
(Drehschaufel) *f*
Ing: adjusting blade *n*
Fra: ailette à orientation variable *f*

aleta de ventilador *f*
Ale: Lüfterflügel *m*
Ing: fan blades *n*
Fra: pâle de ventilateur *f*

aleta de ventilador *f*
Ale: Lüfterschaufel *f*
Ing: fan blade *n*
Fra: ailette *f*

alfombrilla *f*
Ale: Bodenmatte *f*
Ing: floor mat *n*
Fra: tapis de sol *m*

alfombrilla *f*
Ale: Fußmatte *f*
Ing: footwell mat *n*
Fra: tapis de sol *m*

alicates *mpl*
Ale: Zange *f*
Ing: pliers *n*
Fra: tenaille *f*

alimentación de aceite lubricante *f*
Ale: Schmierölzulauf *m*
Ing: lube oil inlet *n*
Fra: arrivée de l'huile de graissage *f*

alimentación de alta presión *f*
Ale: Hochdruckzulauf *m*
Ing: high pressure fuel supply *n*
Fra: arrivée de la haute pression *f*

alimentación de baja presión *f*
Ale: Niederdruckzulauf *m*
Ing: low pressure fuel inlet *n*
Fra: arrivée basse pression *f*

alimentación de combustible *f*
Ale: Kraftstoffversorgung *f*
(Kraftstoffzufuhr) *f*
Ing: fuel supply *n*
Fra: alimentation en carburant *f*

alimentación de corriente *f*
Ale: Stromzufuhr *f*
Ing: current supply *n*
Fra: alimentation électrique *f*

alimentación de tensión *f*
Ale: Spannungsversorgung *f*
Ing: power supply *n*
Fra: alimentation en tension *f*

alineación (SAP) *f*
Ale: Ausrichtung (SAP) *f*
Ing: alignment *n*
Fra: orientation *f*

alineación de faros *f*
Ale: Scheinwerfereinstellung *f*
Ing: headlamp adjustment *n*
(headlight aiming) *n*
Fra: réglage des projecteurs *m*

alineador de chorro *m*
Ale: Strahlrichter *m*
Ing: jet alignment piece *n*

Español

Fra: guide-jet *m*

alivio de carga (batería) ***m***
Ale: Entlastung (Batterie) *f*
Ing: load reduction *n*
Fra: délestage *m*

alivio de presión ***m***
Ale: Druckentlastung *f*
Ing: pressure relief *n*
Fra: délestage de pression *m*

almacenamiento de energía ***m***
Ale: Energiespeicherung *f*
Ing: energy storage *n*
Fra: accumulation de l'énergie *f*

almacenamiento de NO_x ***m***
Ale: NO_x-Einspeicherung *f*
Ing: NO_x storage *n*
Fra: accumulation de NO_x *f*

almacenamiento de oxígeno ***m***
Ale: Sauerstoffspeicher *m*
Ing: oxygen storage *n*
Fra: accumulateur d'oxygène *m*

alojamiento ***m***
Ale: Aufnahme *f*
Ing: mounting *n*
Fra: logement *m*

alojamiento de cojinete ***m***
Ale: Lagergehäuse *n*
Ing: bearing housing *n*
Fra: carter de palier *m*

alojamiento de evaporador ***m***
Ale: Verdampfungsmulde *f*
Ing: evaporation recess *n*
Fra: cellule de vaporisation *f*

alojamiento de faro ***m***
Ale: Scheinwerferaufnahme *f*
Ing: headlamp housing assembly *n*
Fra: cuvelage de projecteur *m*

alojamiento de faro ***m***
Ale: Scheinwerferaufnahme *f*
Ing: headlamp mounting *n*
Fra: cuvelage de projecteur *m*

alojamiento de la rueda de repuesto ***m***
Ale: Ersatzradmulde *f*
Ing: spare wheel recess *n*
Fra: auge de roue de secours *f*

alojamiento de la rueda de reserva ***m***
Ale: Reserveradmulde *f*
Ing: spare wheel recess *n*
(spare-wheel well) *n*
Fra: auge de roue de secours *f*

alta presión ***f***
Ale: Hochdruck *m*
Ing: high pressure *n*
Fra: haute pression *f*

alta tensión ***f***
Ale: Hochspannung *f*
Ing: high voltage *n*
Fra: haute tension *f*

altavoz ***m***
Ale: Lautsprecher *m*
Ing: loudspeaker *n*
Fra: haut-parleur *m*

altavoz activo ***m***
Ale: Aktivlautsprecher *m*
Ing: active speaker *n*
Fra: haut-parleur actif *m*

altavoz de automóvil ***m***
Ale: Autolautsprecher *m*
Ing: automotive speaker *n*
Fra: haut-parleur *m*

altavoz de tonos agudos ***m***
Ale: Hochtöner *m*
Ing: tweeter *n*
Fra: haut-parleur d'aiguës *m*

altavoz de tonos graves ***m***
Ale: Tieftöner *m*
Ing: woofer *n*
Fra: haut-parleur de basses *m*

alternador ***m***
Ale: Generator *m*
(Drehstromgenerator) *m*
Ing: alternator *n*
Fra: alternateur *f*

alternador asíncrono ***m***
Ale: Asynchrongenerator *m*
Ing: induction generator *n*
Fra: génératrice asynchrone *f*

alternador cilíndrico compacto ***m***
Ale: Topf-Generator *m*
Ing: compact diode assembly alternator *n*
Fra: alternateur à bloc redresseur compact *m*

alternador compacto ***m***
Ale: Compact-Generator *m*
Ing: compact alternator *n*
Fra: alternateur compact *m*

alternador de polos intercalados ***m***
Ale: Klauenpolgenerator *m*
Ing: claw pole alternator *n*
Fra: alternateur à rotor à griffes *m*

alternador de recambio ***m***
Ale: Austauschgenerator *m*
Ing: exchange alternator *n*
Fra: alternateur d'échange standard *m*

alternador monopolar ***m***
Ale: Einzelpolgenerator *m*
Ing: salient pole alternator *n*
Fra: alternateur à pôles saillants *m*

alternador trifásico ***m***
Ale: Drehstromgenerator *m*
Ing: alternator *n*
Fra: alternateur triphasé *m*

altímetro ***m***
Ale: Höhengeber *m*
Ing: altimeter *n*
Fra: capsule altimétrique *f*

altura de diente ***f***
Ale: Zahnhöhe *f*
Ing: addendum *n*
Fra: saillie *f*

altura de la leva ***f***
Ale: Nockenhöhe *f*
Ing: cam lift *n*
Fra: course de came *f*

altura de rebote ***f***
Ale: Rückprallhöhe *f*
Ing: rebound height *n*
Fra: hauteur de rebondissement *f*

altura libre sobre el suelo (automóvil) ***f***
Ale: Bodenfreiheit (Kfz) *f*
Ing: ground clearance (motor vehicle) *n*
Fra: garde au sol (véhicule) *f*

altura máxima ***f***
Ale: Spitzenhöhe *f*
Ing: peak height *n*
Fra: hauteur de pic *f*

altura sobre NN ***f***
Ale: Höhe über NN *f*
Ing: height above mean sea level *n*
Fra: altitude *f*

aluminio fundido en arena ***m***
Ale: Aluminium-Sandguss *m*
Ing: aluminum sand casting *n*
Fra: aluminium moulé au sable *m*

amortiguación (suspensión neumática) ***f***
Ale: Dämpfung (Luftfederung) *f*
Ing: damping (air suspension) *n*
Fra: amortissement (suspension pneumatique) *m*

amortiguación activa de sacudidas ***f***
Ale: aktive Ruckeldämpfung, ARD *f*
(Antiruckelregelung) *f*
Ing: surge damping control *n*
Fra: amortissement actif des à-coups *m*

amortiguación de impacto ***f***
Ale: Schlagdämpfung *f*
Ing: impact damping *n*
Fra: amortissement des chocs *m*

amortiguación de la suspensión de motor ***f***
Ale: Motoraufhängungs-dämpfung *f*
Ing: engine mount damping *n*
Fra: amortissement de la suspension du moteur *m*

amortiguación de manguitos controlada ***f***
Ale: gesteuerte Muffendämpfung *f*
Ing: controlled sleeve damping *n*
Fra: amortisseur de manchon piloté *m*

amortiguación de sacudidas ***f***
Ale: Ruckeldämpfung *f*
(Antiruckelfunktion) *f*
Ing: surge-damping function *n*
(surge damping) *n*

Fra: amortissement des à-coups *m*

amortiguación del ruido de admisión *f*
Ale: Ansauggeräuschdämpfung *f*
Ing: intake noise damping *n*
Fra: silencieux d'admission *m*

amortiguación hidráulica *f*
Ale: hydraulische Dämpfung *f*
Ing: hydraulic damping *n*
Fra: amortissement hydraulique *m*

amortiguación por inversión de carga *f*
Ale: Lastschlagdämpfung *f*
Ing: load reversal damping *n*
Fra: amortissement des à-coups de charge *m*

amortiguado *pp*
Ale: gedämpft *adj*
Ing: damped *adj*
Fra: amorti *pp*

amortiguador (ABS/ASR) *m*
Ale: Dämpfer (ABS/ASR) *m*
Ing: damper (ABS/TCS) *n*
Fra: amortisseur (ABS/ASR) *m*

amortiguador (automóvil) *m*
Ale: Stoßdämpfer (Kfz) *m*
Ing: shock absorber (motor vehicle) *n*
Fra: amortisseur (véhicule) *m*

amortiguador activo de sacudidas *m*
Ale: aktiver Ruckeldämpfer *m*
Ing: active surge damper *n*
Fra: amortisseur actif des à-coups *m*

amortiguador de aspiración *m*
Ale: Saugdämpfer *m*
Ing: intake damper *n*
Fra: amortisseur d'admission *m*

amortiguador de cierre de la mariposa *m*
Ale: Drosselklappenschließ-dämpfer *m*
Ing: throttle valve closure damper *n*
Fra: amortisseur de fermeture du papillon *m*

amortiguador de inyección (inyección de combustible) *m*
Ale: Spritzdämpfer (Kraftstoffeinspritzung) *m*
Ing: injection damper (fuel injection) *n*
Fra: brise-jet *m*

amortiguador de inyección (inyección de combustible) *m*
Ale: Spritzdämpfer (Kraftstoffeinspritzung) *m*
Ing: spray damper (fuel injection) *n*
Fra: brise-jet *m*

amortiguador de la dirección *m*
Ale: Lenkungsstoßdämpfer *m*
Ing: steering impact damper *n*
Fra: amortisseur de direction *m*

amortiguador de presión (Jetronic) *m*
Ale: Druckdämpfer (Jetronic) *m*
(Kraftstoffdruckdämpfer) *m*
Ing: fuel pressure attenuator (Jetronic) *n*
Fra: amortisseur de pression du carburant (Jetronic) *m*

amortiguador de presión de combustible *m*
Ale: Kraftstoff-Druckdämpfer *m*
Ing: fuel pressure attenuator *n*
Fra: amortisseur de pression de carburant *m*

amortiguador de resonancia *m*
Ale: Resonanzdämpfer *m*
Ing: resonance damper *n*
Fra: amortisseur de résonance *m*

amortiguador de torsión *m*
Ale: Torsionsdämpfer *m*
Ing: torsion damper *n*
Fra: amortisseur de torsion *m*

amortiguador de vibración *m*
Ale: Schwingungsdämpfer *m*
Ing: vibration damper *n*
Fra: amortisseur de vibrations *m*

amortiguador inversor de carga *m*
Ale: Lastschlag-Dämpfer *m*
Ing: power on/off damper *n*
Fra: amortisseur d'à-coups de charge *m*

amortiguador monotubular *m*
Ale: Einrohrdämpfer *m*
Ing: single tube shock absorber *n*
Fra: amortisseur monotube *m*

amortiguador por gas a presión *m*
Ale: Gasdruck-Stoßdämpfer *m*
Ing: gas filled shock absorber *n*
Fra: amortisseur à pression de gaz *m*

amperímetro *m*
Ale: Amperemeter *m*
Ing: ammeter *n*
Fra: ampèremètre *m*

amperios *mpl*
Ale: Ampere *n*
Ing: amps *npl*
Fra: ampères *m*

amperios por hora *m*
Ale: Amperestunde *f*
Ing: ampere hour *n*
Fra: ampère-heure *m*

amplificación *f*
Ale: Verstärkung *f*
Ing: amplification *n*
Fra: gain (d'un signal) *m*

amplificación de retorno (ESP) *f*
Ale: Rückführverstärkung (ESP) *f*
Ing: return amplification (ESP) *n*
Fra: amplification de retour (ESP) *f*

amplificación de señal *f*
Ale: Signalverstärkung *f*
Ing: signal amplification *n*
Fra: gain de signal *m*

amplificación diferencial *f*
Ale: Differenzialverstärkung *f*
Ing: differential amplification *n*
Fra: gain différentiel *m*

amplificador *m*
Ale: Verstärker *m*
Ing: amplifier *n*
Fra: amplificateur *m*

amplificador de antena *f*
Ale: Antennenverstärker *m*
Ing: antenna amplifier *n*
Fra: amplificateur d'antenne *m*

amplificador de entrada (unidad de control) *m*
Ale: Eingangsverstärker (Steuergerät) *m*
Ing: input amplifier (ECU) *n*
Fra: amplificateur d'entrée (calculateur) *m*

amplificador de freno por depresión *m*
Ale: Unterdruck-Bremskraftverstärker *m*
Ing: vacuum brake booster *n*
(vacuum booster) *n*
Fra: servofrein à dépression *m*

amplificador de la fuerza de frenado (turismo) *m*
Ale: Bremskraftverstärker (Pkw) *m*
Ing: brake booster (passenger car) *n*
Fra: servofrein (voiture) *m*

amplificador de salida *m*
Ale: Endverstärker *m*
Ing: output amplifier *n*
Fra: suramplificateur *m*

amplificador diferencial *m*
Ale: Differenzverstärker *m*
Ing: differential amplifier *n*
(difference amplifier) *n*
Fra: amplificateur différentiel *m*

amplitud *f*
Ale: Amplitude *f*
Ing: amplitude *n*
Fra: amplitude *m*

amplitud de banda *f*
Ale: Bandbreite *f*
Ing: bandwidth *n*
Fra: bande passante *f*

amplitud de excitación *f*
Ale: Anregungsamplitude *f*
Ing: excitation amplitude *n*
Fra: amplitude d'excitation *f*

amplitud de impulsos *f*
Ale: Impulsamplitude *f*
Ing: pulse amplitude *n*
Fra: amplitude de l'impulsion *f*

amplitud de vibración *f*
Ale: Schwingungsamplitude *f*

Español

Ing: vibration amplitude *n*
Fra: amplitude d'oscillation *f*

análisis de averías *m*
Ale: Fehleranalyse *f*
Ing: fault analysis *n*
Fra: analyse des non-conformités *f*

análisis de fallos *m*
Ale: Ausfallanalyse *f*
Ing: failure analysis *n*
Fra: analyse de défaillance *f*

análisis de los gases de escape *m*
Ale: Abgasanalyse *f*
Ing: exhaust gas analysis *n*
Fra: analyse des gaz d'échappement *f*

análisis de los gases de escape *m*
Ale: Abgasuntersuchung *f*
Ing: exhaust emission test *n*
Fra: contrôle antipollution *m*

analizador *m*
Ale: Analysator *m*
Ing: analyzer *n*
Fra: analyseur *m*

analizador de absorción *m*
Ale: Absorptionsanalysator *m*
Ing: absorption analyzer *n*
Fra: analyseur à absorption *m*

analizador de gases de escape *m*
Ale: Abgasmessgerät *n*
(Abgasanalysator) *m*
Ing: exhaust gas analyzer *n*
Fra: analyseur de gaz d'échappement *m*
(appareil de mesure des gaz d'échappement) *m*

analizador por infrarrojos *m*
Ale: Infrarot-Analysator *m*
Ing: infrared analyzer *n*
Fra: enregistreur infrarouge à absorption *m*

ancho de boca *m*
Ale: Schlüsselweite (SW) *f*
Ing: across flats, AF *n*
Fra: ouverture de clé (surplats) *f*

ancho de vía *m*
Ale: Spurbreite *f*
Ing: track width *n*
Fra: voie *f*

anchura de correa *f*
Ale: Riemenbreite *f*
Ing: belt width *n*
Fra: largeur de courroie *f*

anclaje de asiento *m*
Ale: Sitzverankerung *f*
Ing: seat anchor *n*
Fra: point d'ancrage de siège *m*

anemómetro de hilo caliente *m*
Ale: Hitzdrahtanemometer *m*
Ing: hot wire anemometer *n*
Fra: anémomètre à fil chaud *m*

ángulo de abrazo (correa trapezoidal) *m*
Ale: Umschlingungswinkel (Keilriemen) *m*
Ing: wrap angle (V-belt) *n*
Fra: angle d'enroulement (courroie trapézoïdale) *m*

ángulo de ajuste *m*
Ale: Stellwinkel *m*
Ing: control angle *n*
Fra: angle de réglage *m*

ángulo de ajuste (variador de avance de la inyección) *m*
Ale: Verstellwinkel (Spritzversteller) *m*
Ing: advance angle (timing device) *n*
Fra: angle d'avance (correcteur d'avance) *m*

ángulo de ajuste *m*
Ale: Verstellwinkel *m*
Ing: adjustment angle *n*
Fra: angle d'avance (correcteur d'avance) *m*

ángulo de alimentación en la leva *m*
Ale: Förderwinkel am Nocken *m*
Ing: cam angle of fuel-delivery *n*
Fra: angle de refoulement sur la came *m*

ángulo de apertura del chorro (inyección de combustible) *m*
Ale: Strahlöffnungswinkel (Kraftstoffeinspritzung) *m*
Ing: spray angle (fuel injection) *n*
Fra: angle d'ouverture du jet *m*

ángulo de arranque *m*
Ale: Startwinkel *m*
Ing: starting angle *n*
Fra: angle de démarrage *m*

ángulo de avance *m*
Ale: Nachlaufwinkel *m*
Ing: caster angle *n*
Fra: angle de chasse *m*

ángulo de balanceo (dinámica del automóvil) *m*
Ale: Wankwinkel (Kfz-Dynamik) *m*
Ing: roll angle (vehicle dynamics) *n*
Fra: angle de roulis (dynamique d'un véhicule) *m*

ángulo de cabeceo (dinámica del vehículo) *m*
Ale: Nickwinkel (Kfz Dynamik) *m*
Ing: pitch angle (vehicle dynamics) *n*
Fra: angle de tangage (dynamique d'un véhicule) *m*

ángulo de cierre *m*
Ale: Schließwinkel *m*
Ing: dwell angle *n*
Fra: angle de came *m*

ángulo de cono *m*
Ale: Kegelwinkel *m*
Ing: cone angle *n*
Fra: angle de cône *m*

ángulo de cono del orificio de inyección (inyección de combustible) *m*
Ale: Spritzlochkegelwinkel (Kraftstoffeinspritzung) *m*
Ing: spray hole cone angle (fuel injection) *n*
Fra: angle des trous d'injection *m*

ángulo de cono del orificio de inyección (inyección de combustible) *m*
Ale: Spritzlochkegelwinkel (Kraftstoffeinspritzung) *m*
Ing: spray angle (fuel injection) *n*
Fra: angle des trous d'injection *m*

ángulo de corrección de encendido *m*
Ale: Korrekturzündwinkel *m*
Ing: ignition adjustment angle *n*
Fra: angle d'allumage corrigé *m*

ángulo de desplazamiento *m*
Ale: Verlagerungswinkel *m*
Ing: displacement angle *n*
Fra: angle de déplacement *m*

ángulo de desviación (caudalímetro de aire) *m*
Ale: Auslenkwinkel (Luftmengenmesser) *m*
Ing: deflection angle (air-flow sensor) *n*
Fra: angle de déplacement (débitmètre d'air) *m*

ángulo de encendido *m*
Ale: Zündwinkel *m*
Ing: ignition angle *n*
Fra: angle d'allumage *m*

ángulo de encendido básico *m*
Ale: Basiszündwinkel *m*
Ing: basic ignition timing *n*
Fra: angle d'allumage de base *m*

ángulo de entrada (viento lateral) *m*
Ale: Anströmwinkel (Seitenwind) *m*
Ing: angle of impact (crosswind) *n*
Fra: angle d'attaque (vent latéral) *m*

ángulo de estregado *m*
Ale: Wischwinkel *m*
Ing: wiping angle *n*
Fra: angle de balayage *m*

ángulo de giro *m*
Ale: Drehwinkel *m*
(Verdrillwinkel) *m*
Ing: angle of rotation *n*
Fra: angle de rotation *m*

ángulo de giro *m*
Ale: Drehwinkel *m*
Ing: rotational angle *n*
Fra: angle de rotation *m*

ángulo de giro de rueda (dinámica del automóvil) *m*
Ale: Radschwenkachse (Kfz-Dynamik) *f*

Ing: wheel swivel angle (vehicle dynamics) *n*
Fra: axe de pivotement de roue (dynamique d'un véhicule) *m*

ángulo de giro del volante ***m***
Ale: Lenkradwinkel *m*
Ing: steering wheel angle *n*
Fra: angle de rotation du volant *m*

ángulo de guiñada (dinámica del automóvil) ***m***
Ale: Gierwinkel (Kfz-Dynamik) *m*
Ing: yaw angle (motor-vehicle dynamics) *n*
Fra: angle d'embardée *m*

ángulo de inclinación ***m***
Ale: Neigungswinkel *m*
(Schrägwinkel) *m*
Ing: tilt angle *n*
Fra: angle d'inclinaison *m*

ángulo de inclinación ***m***
Ale: Neigungswinkel *m*
Ing: inclination angle *n*
Fra: angle d'inclinaison *m*

ángulo de inclinación ***m***
Ale: Steigungswinkel *m*
(Gefällwinkel) *m*
Ing: gradient angle *n*
(angle of ascent) *n*
Fra: angle d'inclinaison de la montée *m*
(angle de pente) *m*

ángulo de inclinación del eje de pivote ***m***
Ale: Spreizungswinkel *m*
Ing: kingpin angle *n*
Fra: angle d'inclinaison de l'axe de pivot *m*

ángulo de la mariposa ***m***
Ale: Drosselklappenwinkel *m*
Ing: throttle valve angle *n*
Fra: angle de papillon *m*

ángulo de marcha oblicua (dinámica del automóvil) ***f***
Ale: Schräglaufwinkel (Kfz-Dynamik) *m*
Ing: slip angle (vehicle dynamics) *n*
Fra: angle de dérive (dynamique d'un véhicule) *m*

ángulo de pilotaje ***m***
Ale: Vorsteuerwinkel *m*
Ing: precontrol angle *n*
Fra: angle de pilotage *m*

ángulo de proyección (inyección de combustible) ***m***
Ale: Spritzwinkel (Kraftstoffeinspritzung) *m*
(Strahlkegelwinkel) *m*
(Strahlwinkel) *m*
Ing: spray dispersal angle (fuel injection) *n*
Fra: angle du cône d'injection *m*

ángulo de proyección (inyección de combustible) ***m***
Ale: Spritzwinkel (Kraftstoffeinspritzung) *m*
Ing: spray angle (fuel injection) *n*
Fra: angle du cône d'injection *m*

ángulo de rotación de leva ***m***
Ale: Nockenwinkel *m*
Ing: angle of cam rotation *n*
Fra: angle de levée de came *m*

ángulo de variación del encendido (encendido) ***m***
Ale: Zündverstellwinkel (Zündung) *m*
(Verstellwinkel) *m*
Ing: advance angle (ignition) *n*
Fra: angle de correction (allumage) *m*

ángulo de viraje (dinámica del automóvil) ***m***
Ale: Lenkwinkel (Kfz-Dynamik) *m*
Ing: steering angle (vehicle dynamics) *n*
Fra: angle de braquage (dynamique d'un véhicule) *m*

ángulo del chorro ***m***
Ale: Strahlwinkel *m*
Ing: spray angle *n*
Fra: angle de jet *m*

ángulo del cigüeñal ***m***
Ale: Grad Kurbelwelle *n*
(Kurbelwinkel) *n*
Ing: crankshaft angle *n*
Fra: angle vilebrequin *m*

ángulo del cigüeñal ***m***
Ale: Kurbelwellenwinkel *m*
Ing: degrees crankshaft *npl*
Fra: degrés vilebrequin *mpl*

ángulo del cigüeñal ***m***
Ale: Kurbelwellenwinkel *m*
Ing: crankshaft angle *n*
(crank angle) *n*
Fra: angle de vilebrequin *m*

ángulo inscrito ***m***
Ale: Umfangswinkel *m*
Ing: angle at the circumference *n*
Fra: angle circonférentiel *m*

ángulo muerto ***m***
Ale: Verdeckungswinkel *m*
Ing: angle of obscuration *n*
Fra: angle mort *m*

ángulo nominal de encendido ***m***
Ale: Sollzündwinkel *m*
Ing: desired ignition timing *n*
Fra: consigne angle d'allumage *f*

ángulo sólido ***m***
Ale: Raumwinkel *m*
Ing: solid angle *n*
Fra: angle solide *m*

anillo de apantallado ***m***
Ale: Abschirmring *m*
Ing: shielding ring *n*
Fra: bague de blindage *f*

anillo de apoyo ***m***
Ale: Stützring *m*
Ing: support ring *n*
Fra: bague d'appui *f*

anillo de cortocircuito ***m***
Ale: Kurzschlussring *m*
(Messkurzschlussring) *m*
Ing: short circuiting ring *n*
Fra: bague de court-circuitage *f*
(bague de court-circuitage de mesure) *f*

anillo de cortocircuito de referencia ***m***
Ale: Referenzkurzschlussring *m*
Ing: reference short circuiting ring *n*
Fra: bague de court-circuitage de référence *f*
(bague inductive de référence) *f*

anillo de cubierta (faros) ***m***
Ale: Abdeckring (Scheinwerfer) *m*
Ing: cover ring *n*
Fra: anneau de recouvrement *m*

anillo de desacople ***m***
Ale: Entkopplungsring *m*
Ing: decoupling ring *n*
Fra: bague de découplage *f*

anillo de desembrague ***m***
Ale: Ausrückring *m*
Ing: disengaging ring *n*
Fra: bague de débrayage *f*

anillo de deslizamiento ***m***
Ale: Schleifring *m*
Ing: slipring *n*
(collector ring) *n*
Fra: bague glissante *f*

anillo de encaje ***m***
Ale: Einpassring *m*
Ing: fitting ring *n*
Fra: bague de centrage *f*

anillo de fieltro ***m***
Ale: Filzring *m*
Ing: felt washer *n*
Fra: rondelle de feutre *f*

anillo de leva ***m***
Ale: Nockenring *m*
(Hubring) *m*
Ing: cam ring *n*
Fra: bague à cames *f*
(bague de commande de cylindrée) *f*

anillo de protección antitérmica ***m***
Ale: Wärmeschutzring *m*
Ing: heat shield ring *n*
Fra: joint calorifuge *m*

anillo de reglaje ***m***
Ale: Verstellring *m*
Ing: adjusting ring *n*
Fra: anneau de réglage *m*

anillo de retención (freno) ***m***

Ale: Greifring (Bremse) *m*
Ing: grip ring (brakes) *n*
Fra: bague d'attaque (frein) *f*

anillo de retención ***m***
Ale: Sprengring *m*
Ing: circlip *n*
(snap ring) *n*
Fra: jonc d'arrêt *m*

anillo de rueda libre ***m***
Ale: Freilaufring *m*
Ing: clutch shell *n*
Fra: bague de roue libre *f*

anillo de tope ***m***
Ale: Anlaufring *m*
Ing: thrust ring *n*
Fra: bague antifriction *f*

anillo de tope (especificación: función) ***m***
Ale: Anschlagring (specification: function) *m*
Ing: stop ring *n*
Fra: bague de butée *f*

anillo distanciador ***m***
Ale: Distanzring *m*
(Abstandsring) *m*
(Zwischenring) *m*
Ing: spacer ring *n*
(intermediate ring) *n*
Fra: bague-entretoise *f*

anillo excéntrico ***m***
Ale: Exzenterring *m*
Ing: eccentric ring *n*
Fra: bague excentrique *f*

anillo intermedio ***m***
Ale: Zwischenring *m*
Ing: intermediate ring *n*
Fra: bague-entretoise *f*

anillo obturador ***m***
Ale: Dichtring *m*
Ing: sealing ring *n*
Fra: joint circulaire *m*

anillo obturador de eje ***m***
Ale: Wellendichtring *f*
Ing: shaft seal *n*
Fra: joint à lèvres *m*

anillo obturador imperdible (bujía de encendido) ***m***
Ale: unverlierbarer Dichtring (Zündkerze) *m*
Ing: captive gasket (spark plug) *n*
Fra: joint prisonnier (bougie d'allumage) *m*

anillo rascador ***m***
Ale: Abstreifring *m*
Ing: scraper ring *n*
Fra: joint racleur *m*

anillo roscado ***m***
Ale: Gewindering *m*
Ing: threaded ring *n*
Fra: bague filetée *f*

anillo trapezoidal ***m***
Ale: Trapezring *m*
Ing: keystone ring *n*
Fra: segment trapézoïdal *m*

año de fabricación ***m***
Ale: Baujahr *n*
Ing: build year *n*
Fra: année de construction *f*

ánodo ***m***
Ale: Anode *f*
Ing: anode *n*
Fra: anode *f*

antena ***f***
Ale: Antenne *f*
Ing: antenna *n*
Fra: antenne *f*

antena de banda ancha ***f***
Ale: Breitbandantenne *f*
Ing: broad band antenna *n*
Fra: antenne à large bande *f*

antena de radio ***f***
Ale: Funkantenne *f*
Ing: radio antenna *n*
Fra: antenne radio *f*

antena de varilla ***f***
Ale: Stabantenne *f*
Ing: rod antenna *n*
Fra: antenne-fouet *f*

antidetonante (motor de combustión) ***m***
Ale: Klopfbremse (Verbrennungsmotor) *f*
Ing: knock inhibitor (IC engine) *n*
Fra: agent antidétonant *m*

antiespumante ***m***
Ale: Schaumdämpfer *m*
Ing: anti foaming agent *n*
Fra: agent antimousse *m*

antimagnético ***adj***
Ale: antimagnetisch *adj*
Ing: antimagnetic *n*
Fra: antimagnétique *m*

antiparasitaje reforzado ***m***
Ale: Nahentstörung *f*
Ing: intensified interference suppression *n*
Fra: antiparasitage renforcé *m*

antivibrador telescópico ***m***
Ale: Teleskopschwingungs-dämpfer *m*
Ing: telescopic shock absorber *n*
Fra: amortisseur télescopique *m*

antivibrador torsional ***m***
Ale: Drehschwingungsdämpfer *m*
Ing: rotary oscillation damper *n*
Fra: amortisseur de vibrations torsionnelles *m*

anulación del convertidor ***f***
Ale: Wandlerüberbrückung *f*
Ing: converter lockup *n*
Fra: pontage du convertisseur de couple *m*

apantallado ***m***
Ale: Abschirmung *f*
(Kapselung) *f*
Ing: shield *n*
Fra: blindage *m*

apantallado/a ***adj***
Ale: geschirmt *adj*
Ing: shielded *pp*
Fra: blindé *pp*

aparato acústico de alarma ***m***
Ale: akustisches Warngerät *n*
Ing: acoustic warning device *n*
Fra: avertisseur acoustique *m*

aparato de aviso de distancia ***m***
Ale: Abstandswarngerät (ACC) *n*
Ing: proximity warning device *n*
Fra: avertisseur de distance de sécurité insuffisante *m*

aparato de comprobación de inyectores ***m***
Ale: Düsenprüfgerät *n*
Ing: nozzle tester *n*
Fra: contrôleur d'injecteurs *m*

aparato de encendido ***m***
Ale: Zündgerät *n*
Ing: igniter *n*
Fra: module d'allumage *m*

aparato de evaluación ***m***
Ale: Auswertegerät *n*
Ing: evaluation unit *n*
Fra: analyseur *m*

aparato de evaluación de diagnóstico ***m***
Ale: Diagnoseauswertegerät *n*
Ing: diagnostics evaluation unit *n*
Fra: lecteur de diagnostic *m*

aparato de freno de doble circuito ***m***
Ale: Zweikreis-Bremsgerät *n*
Ing: dual circuit brake assembly *n*
Fra: groupe de freinage à double circuit *m*

aparato de medición multipropósito ***m***
Ale: Vielfachmessgerät *n*
Ing: multi purpose meter *n*
(multimeter) *n*
Fra: multimètre *m*

aparato de precalentamiento (motor Diesel) ***m***
Ale: Vorglühgerät (Dieselmotor) *n*
Ing: preglow relay (diesel engine) *n*
Fra: appareil de préchauffage (moteur diesel) *m*

aparato de purga de aire ***m***
Ale: Entlüftergerät *n*
Ing: bleeding device *n*
Fra: appareil de purge *m*

aparato elevador ***m***
Ale: Hebezeug *n*
Ing: hoisting equipment *n*
Fra: engin de levage *m*

apareamiento por coeficiente de fricción ***m***

Ale: Reibwertpaarung *f*
Ing: friction coefficient matching *n*
Fra: couple d'adhérence *m*

apariencia del chorro (inyección de combustible) *f*
Ale: Strahlbild (Kraftstoffeinspritzung) *n*
Ing: jet pattern (fuel injection) *n*
Fra: aspect du jet *m*

apertura de circuito *f*
Ale: Unterbrechung *f*
Ing: open circuit *n*
Fra: discontinuité électrique *f*

aplicación *f*
Ale: Applikation *f*
Ing: application engineering *n*
Fra: application *f*

aplicación del freno de servicio *f*
Ale: Betriebsbremsung *f*
Ing: service brake application *n*
Fra: freinage de service *m*

aplicar (fuerza de frenado) *v*
Ale: einsteuern (Bremskraft) *v*
Ing: apply (braking force) *v*
Fra: moduler (force de freinage) *v*

apoyabrazos *m*
Ale: Armlehne *f*
Ing: armrest *n*
Fra: accoudoir *m*

apoyabrazos central *m*
Ale: Mittelarmlehne *f*
Ing: central armrest *n*
Fra: accoudoir central *m*

apoyacabezas *m*
Ale: Kopfstütze *f*
Ing: head restraint *n*
Fra: appui-tête *m*

apoyo de colector (alternador) *m*
Ale: Kommutatorlager (Generator) *n*
Ing: commutator end shield (alternator) *n*
Fra: flasque côté collecteur (alternateur) *m*

apoyo de esterilla dilatable (catalizador) *m*
Ale: Quellmattenlagerung (Katalysator) *f*
Ing: swelling mat mounting (catalytic converter) *n*
Fra: enveloppe à matelas gonflant *f*

apoyo de goma *m*
Ale: Gummilager *n*
Ing: rubber mount *n*
Fra: palier caoutchouc *m*

apoyo de las zapatas de freno *m*
Ale: Bremsbackenlager *n*
Ing: brake shoe pin bushing *n*
Fra: coussinet d'axe de segment de frein *m*

apoyo de pedal (comprobación de frenos) *m*
Ale: Pedalstütze (Bremsenprüfung) *f*
Ing: pedal positioner (braking-system inspection) *n*
Fra: positionneur de pédale de frein (contrôle des freins) *m*

aprovechamiento del calor de escape *m*
Ale: Abwärmenutzung *f*
Ing: waste-heat utilization *n*
Fra: récupération de la chaleur perdue *f*

aproximador de cinturón *m*
Ale: Gurtbringer *m*
Ing: seat belt extender *n*
Fra: serveur de ceinture *m*

arandela *f*
Ale: Unterlegscheibe *f*
Ing: plain washer *n*
Fra: rondelle de calage *f*

arandela aislante *f*
Ale: Isolierscheibe *f*
Ing: insulating washer *n*
(insulator shim) *n*
Fra: rondelle isolante *f*

arandela de ajuste *f*
Ale: Ausgleichscheibe *f*
Ing: shim *n*
Fra: cale de réglage *f*

arandela de apoyo *f*
Ale: Stützscheibe *f*
Ing: support plate *n*
Fra: disque support *m*

arandela de junta *f*
Ale: Dichtscheibe *f*
Ing: gasket *n*
Fra: rondelle d'étanchéité *f*

arandela de junta de cobre *f*
Ale: Kupferdichtscheibe *f*
Ing: copper gasket *n*
Fra: joint en cuivre *m*

arandela de rebotamiento *f*
Ale: Prallscheibe *f*
Ing: impact plate *n*
Fra: rondelle déflectrice *f*

arandela de resorte *f*
Ale: Federring *m*
Ing: lock washer *n*
Fra: rondelle Grower *f*

arandela de tope (motor de arranque) *f*
Ale: Anlaufscheibe (Starter) *f*
Ing: thrust washer (starter) *n*
Fra: rondelle de friction (démarreur) *f*

arandela de tope *f*
Ale: Anschlagscheibe *f*
Ing: stop disc *n*
Fra: disque de butée *m*

arandela de torsión *f*
Ale: Drallscheibe *f*
Ing: swirl induction plate *n*
Fra: rondelle de swirl (injecteur haute pression) *f*

arandela elástica *f*
Ale: Federscheibe *f*
Ing: spring washer *n*
Fra: rondelle élastique *f*

arandela excéntrica *f*
Ale: Exzenterscheibe *f*
Ing: eccentric washer *n*
Fra: disque excentrique *m*

arandela guía *f*
Ale: Führungsscheibe *f*
Ing: guide washer *n*
Fra: rondelle de guidage *f*

árbol cardán *m*
Ale: Kardanwelle *f*
(Gelenkwelle) *f*
Ing: propshaft *n*
Fra: arbre à cardan *m*
(arbre de transmission) *m*

árbol cardán *m*
Ale: Kardanwelle *f*
Ing: cardan shaft *n*
Fra: arbre à cardan *m*
(arbre de transmission) *m*

árbol con brida *m*
Ale: Flanschwelle *f*
Ing: flanged shaft *n*
Fra: arbre bridé *m*

árbol de accionamiento *m*
Ale: Antriebswelle *f*
Ing: drive shaft *n*
(input shaft) *n*
Fra: arbre d'entraînement *m*
(bride d'entraînement) *f*

árbol de accionamiento *m*
Ale: Betätigungswelle *f*
Ing: actuating shaft *n*
Fra: arbre de commande *m*

árbol de accionamiento de bomba *m*
Ale: Pumpen-Antriebswelle *f*
Ing: pump drive shaft *n*
Fra: arbre d'entraînement de pompe *m*

árbol de arrastre *m*
Ale: Mitnehmerwelle *f*
Ing: drive connector shaft *n*
Fra: arbre d'entraînement *m*

árbol de averías *m*
Ale: Fehlerbaum *m*
Ing: fault tree *n*
Fra: arbre de défaillances *m*

árbol de inducido *m*
Ale: Ankerwelle *f*
Ing: armature shaft *n*
Fra: arbre d'induit *m*

árbol de levas *m*
Ale: Nockenwelle *f*
(Antriebsnockenwelle) *f*
Ing: camshaft *n*
Fra: arbre à cames *m*

Español

(arbre à came d'entraînement) *m*

árbol de levas de accionamiento ***m***
Ale: Antriebsnockenwelle *f*
Ing: camshaft *n*
Fra: arbre à came d'entraînement *m*

árbol de levas de escape (motor de combustión) ***m***
Ale: Auslassnockenwelle (Verbrennungsmotor) *f*
Ing: exhaust camshaft (IC engine) *n*
Fra: arbre à cames d'échappement *m*

árbol de levas superior ***m***
Ale: Obenliegende Nockenwelle *f*
Ing: overhead camshaft, OHC *n*
Fra: arbre à cames en tête *m*

árbol de rotor ***m***
Ale: Läuferwelle *f*
Ing: rotor shaft *n*
Fra: arbre de rotor *m*

árbol de salida ***m***
Ale: Abtriebswelle *f*
Ing: driven shaft *n*
Fra: arbre de sortie *m*

árbol de salida del cambio ***m***
Ale: Getriebeausgangswelle *f*
Ing: transmission output shaft *n*
Fra: arbre de sortie de boîte de vitesses *m*

árbol de toma de fuerza ***m***
Ale: Zapfwelle *f*
Ing: PTO shaft *n*
Fra: arbre de prise de force *m*

arbol de transmisión ***m***
Ale: Gelenkwelle *f*
Ing: cardan shaft *n*
Fra: arbre à cardan *m*

árbol de transmisión ***m***
Ale: Gelenkwelle *f*
Ing: universally jointed drive shaft *n*
Fra: arbre de transmission *m*

árbol del distribuidor de encendido ***m***
Ale: Zündverteilerwelle *f*
(Verteilerwelle) *f*
Ing: distributor shaft *n*
Fra: arbre d'allumeur *m*

árbol dentado ***m***
Ale: Zahnwelle *f*
Ing: toothed shaft *n*
Fra: arbre cannelé *m*

árbol dentado ***m***
Ale: Zahnwelle *f*
Ing: splined shaft *n*
Fra: arbre cannelé *m*

árbol excéntrico ***m***
Ale: Exzenterwelle *f*
Ing: eccentric shaft *n*
Fra: arbre à excentrique *m*

árbol hueco ***m***
Ale: Hohlachse *f*
Ing: hollow axle *n*
Fra: axe creux *m*

arco (bujía de encendido) ***m***
Ale: Flammkern (Zündkerze) *m*
Ing: arc (spark plug) *n*
Fra: cœur de la flamme (bougie d'allumage) *m*

arco de seguridad ***m***
Ale: Überrollbügel *m*
(Schutzbügel) *m*
Ing: rollover bar *n*
(roll bar) *n*
Fra: arceau de capotage *m*
(arceau de sécurité) *m*

arco voltaico ***m***
Ale: Lichtbogen *m*
Ing: arc *n*
Fra: arc jaillissant *m*

área de pistón ***f***
Ale: Kolbenfläche *f*
Ing: piston area *n*
Fra: surface active du piston *f*

área transversal ***f***
Ale: Querschnittsfläche *f*
Ing: cross sectional area *n*
Fra: maître-couple *m*

argolla de fijación ***f***
Ale: Befestigungsöse *f*
Ing: fixing eye *n*
Fra: anneau de fixation *m*

arista de choque ***f***
Ale: Prallkante *f*
Ing: impact edge *n*
Fra: arête de rebond *f*

arista de goteo (protección contra salpicaduras de agua) ***f***
Ale: Tropfkante (Spritzwasserschutz) *f*
Ing: drip rim (splash protection) *n*
Fra: pare-gouttes (projections d'eau) *m*

arista de ruptura (encendido) ***f***
Ale: Abreißkante (Zündung) *f*
Ing: breakaway edge (ignition) *n*
Fra: arête de rupture *f*

armadura de electroimán ***f***
Ale: Magnetanker *m*
Ing: solenoid armature *n*
(armature) *n*
Fra: armature d'électro-aimant *f*
(noyau-plongeur) *m*

armadura de relé ***f***
Ale: Relaisanker *m*
Ing: relay armature *n*
Fra: armature de relais *f*

armazón de bujía ***f***
Ale: Kerzengehäuse *n*
Ing: spark plug shell *n*
Fra: culot de bougie *m*

armonización de fases ***f***
Ale: Phasenabstimmung *f*
Ing: phase matching *n*
Fra: équilibrage des phases *m*

aro de compresión con cara oblicua ***m***
Ale: Minutenring *m*
Ing: taper face compression ring *n*
Fra: segment à face conique *m*

aro de pistón ***m***
Ale: Kolbenring *m*
Ing: piston ring *n*
Fra: segment de piston *m*

aro rascador de aceite (motor de combustión) ***m***
Ale: Ölabstreifring (Verbrennungsmotor) *m*
Ing: oil control ring (IC engine) *n*
(oil scraper ring) *n*
Fra: racleur d'huile *m*

arrancador con engranaje reductor ***m***
Ale: Vorgelegestarter *m*
Ing: reduction-gear starter *n*
Fra: démarreur à réducteur *m*

arrancador con piñón de empuje y giro ***m***
Ale: Schub-Schraubtrieb-Starter *m*
Ing: pre-engaged-drive starter *n*
Fra: démarreur à commande positive électromécanique *m*

arrancador de piñón corredizo ***m***
Ale: Schubtrieb-Starter *m*
Ing: sliding gear starter *n*
Fra: démarreur à pignon coulissant *m*

arrancar (motor de combustión) ***v***
Ale: anspringen (Verbrennungsmotor) *v*
Ing: start (IC engine) *v*
Fra: démarrer (moteur à combustion) *v*

arranque ***m***
Ale: Anfahren *n*
Ing: starting *n*
Fra: démarrage *m*

arranque en caliente ***m***
Ale: Heißstart *m*
Ing: hot start *n*
Fra: démarrage à chaud *m*

arranque en caliente ***m***
Ale: Warmstart *m*
(Heißstart) *m*
Ing: hot start *n*
Fra: départ à chaud *m*

arranque en frío ***m***
Ale: Kaltstart *m*
Ing: cold start *n*
Fra: démarrage à froid *m*

arranque mediante alimentación externa ***m***
Ale: Starthilfe *f*
Ing: start assist measure *n*

Fra: auxiliaire de démarrage *m*

arranque mediante alimentación externa *m*
Ale: Starthilfe *f*
Ing: start assistance *n*
Fra: démarrage de fortune *m*

arranque por inercia *m*
Ale: Schwungkraftstarter *m*
Ing: inertia starter *n*
(inertia starting motor) *n*
Fra: démarreur à inertie *m*

arranque rápido *m*
Ale: Schnellstart *m*
Ing: rapid starting *n*
Fra: démarrage rapide *m*

arrastre de fuerza (neumático/calzada) *m*
Ale: Kraftschluss (Reifen/Straße) *m*
Ing: adhesion (tire/road) *n*
Fra: adhérence (pneu/route) *f*

arrollamiento en serie *m*
Ale: Reihenschlusswicklung *f*
Ing: series winding *n*
Fra: enroulement série *m*

arrollamiento primario *m*
Ale: Primärwicklung *f*
Ing: primary winding *n*
Fra: enroulement primaire *m*

articulación del árbol de accionamiento *f*
Ale: Antriebswellengelenk *n*
Ing: drive shaft joint *n*
Fra: joint d'arbre de transmission *m*

articulación en cruz *f*
Ale: Kreuzgelenk *n*
Ing: universal joint *n*
Fra: joint de cardan *m*

articulación en cruz (limpiaparabrisas) *f*
Ale: Kreuzlenker (Wischeranlage) *m*
Ing: transversely jointed linkage (wiper system) *n*
(four-bar linkage) *n*
Fra: articulation en croix (essuie-glace) *f*

articulación esférica *f*
Ale: Kugelgelenk *n*
Ing: ball joint *n*
(spherical joint) *n*
Fra: articulation sphérique *f*

articulación homocinética *f*
Ale: Gleichlaufgelenk *n*
Ing: constant velocity joint *n*
Fra: joint homocinétique *m*

ascención *f*
Ale: Auftrieb *m*
Ing: lift *n*
Fra: portance *f*

asidero de puente *m*
Ale: Bügelgriff *m*
Ing: strap shaped handle *n*
Fra: poignée *f*

asiento cónico estanqueizante *m*
Ale: Kegeldichtsitz *m*
(Kegelsitz) *m*
Ing: conical seat *n*
Fra: siège conique *m*

asiento de goma *m*
Ale: Gummiunterlage *f*
Ing: rubber pad *n*
Fra: support en caoutchouc *m*

asiento de inyector *m*
Ale: Düsensitz *m*
Ing: nozzle seat *n*
Fra: siège d'injecteur *m*

asiento de junta *m*
Ale: Dichtsitz *m*
Ing: seal seat *n*
Fra: siège d'étanchéité *m*

asiento de la aguja del inyector *m*
Ale: Düsennadelsitz *m*
Ing: nozzle-needle seat *n*
Fra: siège de l'aiguille d'injecteur *m*

asiento de válvula *m*
Ale: Ventilsitz *m*
Ing: valve seat *n*
Fra: siège de soupape *m*

asiento de válvula de admisión (motor de combustión) *m*
Ale: Einlassventilsitz (Verbrennungsmotor) *m*
(Einlasssitz) *m*
Ing: intake valve seat (IC engine) *n*
Fra: siège de soupape d'admission (moteur à combustion) *m*

asiento de válvula de descarga *m*
Ale: Auslassventilsitz *m*
(Druckventilsitz) *m*
Ing: discharge-valve seat *n*
(delivery-valve seat) *n*
Fra: siège de soupape d'échappement *m*

asiento de válvula de presión *m*
Ale: Druckventilsitz *m*
Ing: delivery valve seat *n*
Fra: siège de soupape de refoulement *m*

asignación de bus (CAN) *f*
Ale: Busvergabe (CAN) *f*
Ing: bus arbitration (CAN) *n*
Fra: affectation du bus (multiplexage) *f*

asistente de frenado *m*
Ale: Bremsassistent *m*
Ing: brake assistant *n*
Fra: assistance au freinage *f*

aspiración *f*
Ale: Ansaugen *n*
Ing: induction *n*
Fra: admission *f*

aspiración de aire secundario *f*
Ale: Sekundärluftansaugung *f*
Ing: secondary air induction *n*
Fra: insufflation d'air secondaire *f*

ASR *m*
Ale: ASR *f*
Ing: TCS *n*
Fra: ASR *a*

atenuación acústica *f*
Ale: Schalldämpfung *f*
Ing: sound absorption *n*
Fra: amortissement acoustique *m*

atenuador *m*
Ale: Dämpfungsglied *n*
Ing: attenuator *n*
Fra: élément d'amortissement *m*

atomización de combustible *f*
Ale: Kraftstoffzerstäubung *f*
Ing: fuel atomization *n*
Fra: pulvérisation du carburant *f*

audífono *m*
Ale: Kopfhörer *m*
Ing: headphone *n*
Fra: écouteurs *mpl*

audiograma de tonos *m*
Ale: Tonaudiogramm *n*
Ing: tone audiogram *n*
Fra: audiogramme tonal *m*

aumento de la presión de combustión *m*
Ale: Verbrennungsdruckanstieg *m*
Ing: combustion pressure rise *n*
Fra: augmentation de la pression de combustion *f*

aumento de la presión previa *m*
Ale: Vordruckerhöhung *f*
Ing: initial pressure increase *n*
Fra: augmentation de la pression initiale *f*

aumento de la tensión de arranque *m*
Ale: Startspannungsanhebung *f*
Ing: starting voltage increase *n*
Fra: élévation de tension au démarrage *f*

aumento de plena carga *m*
Ale: Volllasterhöhung *f*
Ing: full load increase *n*
Fra: élévation de la pleine charge *f*

aumento de plena carga *m*
Ale: Volllastförderung *f*
Ing: full load delivery *n*
Fra: refoulement de pleine charge *m*

aumento de presión *m*
Ale: Druckanstieg *m*
(Druckaufbau) *m*
Ing: pressure increase *n*
Fra: montée en pression *f*

aumento de revoluciones en el arranque en frío *m*
Ale: Kaltstartdrehzahlanhebung *f*
Ing: cold start fast idle *n*
Fra: élévation du régime pour démarrage à froid *f*

aumento del caudal de arranque *m*
Ale: Startmengenerhöhung *f*

Ing: start quantity increase *n*
Fra: élévation du débit de surcharge au démarrage *f*

aumento del número de revoluciones de arranque ***m***
Ale: Startdrehzahlanhebung *f*
Ing: cranking speed increase *n*
Fra: régime accéléré de démarrage *m*

autoadaptación ***f***
Ale: Selbstadaption *f*
Ing: self adaptation *n*
Fra: auto-adaptation *f*

autoamplificación (fuerza de frenado) ***f***
Ale: Selbstverstärkung (Bremskraft) *f*
Ing: self amplification (braking force) *n*
Fra: auto-amplification (force de freinage) *f*

autobús articulado ***m***
Ale: Gelenkbus *m*
Ing: articulated bus *n*
Fra: autobus articulé *m*

autobús de doble piso ***m***
Ale: Doppeldeckerbus *m*
Ing: double decker bus *n*
Fra: autobus à impériale *m*

autobús eléctrico híbrido ***m***
Ale: Hybrid-Elektrobus *m*
Ing: hybrid electric bus *n*
Fra: autobus à propulsion électrique hybride *m*

autocar ***m***
Ale: Reisebus *m*
(Reiseomnibus) *m*
Ing: tour bus *n*
Fra: autocar grand tourisme *m*

autocar interurbano ***m***
Ale: Überlandomnibus *m*
Ing: intercity bus *n*
(touring coach) *n*
Fra: autobus interurbain *m*

autocar urbano ***m***
Ale: Stadtomnibus *m*
Ing: city bus *n*
Fra: autobus urbain *m*

autodescarga (batería) ***f***
Ale: Selbstentladung (Batterie) *f*
Ing: self discharge (battery) *n*
Fra: décharge spontanée (batterie) *f*

autodiagnóstico ***m***
Ale: Eigendiagnose *f*
Ing: self diagnosis *n*
Fra: autodiagnostic *m*

autoencendido ***m***
Ale: Glühzündung *f*
(Selbstzündung) *f*
Ing: auto ignition *n*
Fra: auto-allumage *m*

autoensayo ***m***
Ale: Selbsttest *m*
Ing: self test *n*
Fra: test automatique *m*

autoexcitación (máquinas rotativas) ***f***
Ale: Selbsterregung (drehende Maschinen) *f*
Ing: self excitation (rotating machines) *n*
Fra: auto-excitation (machines tournantes) *f*

autoignición ***f***
Ale: Selbstzündung *f*
Ing: auto ignition *n*
(compression ignition, CI) *n*
Fra: auto-inflammation *f*

autoinducción ***f***
Ale: Selbstinduktion *f*
Ing: self induction *n*
Fra: auto-induction *f*

autoinhibidor ***adj***
Ale: selbsthemmend *adj*
Ing: self inhibiting *adj*
Fra: autobloquant *adj*

autolimpiante ***adj***
Ale: selbstreinigend *adj*
Ing: self cleaning *ppr*
Fra: autonettoyant *adj*

autolubricante ***adj***
Ale: selbstschmierend *adj*
Ing: self lubricating *adj*
Fra: autolubrifiant *adj*

autoregulado ***ppr***
Ale: selbstregelnd *ppr*
Ing: self governing *ppr*
Fra: autorégulation *f*

autosobrealimentación ***f***
Ale: Selbstaufladung *f*
Ing: self charging *ppr*
Fra: auto-suralimentation *f*

autovigilancia ***f***
Ale: Selbstüberwachung *f*
Ing: self monitoring *n*
Fra: autosurveillance *f*

avance ***m***
Ale: Nachlaufstrecke *f*
Ing: caster offset *n*
Fra: chasse au sol *f*

avance del encendido (inicio de inyección) ***m***
Ale: Frühverstellung (Einspritzbeginn) *f*
Ing: advance (start of injection) *n*
Fra: avance (début d'injection) *f*

avance del encendido (ángulo de encendido) ***m***
Ale: Frühverstellung (Zündwinkel) *f*
Ing: ignition advance (ignition angle) *n*
Fra: avance (angle d'allumage) *f*

avance del piñón (motor de arranque) ***m***
Ale: Ritzelvorschub (Starter) *m*
Ing: pinion advance (starter) *n*
Fra: avance du pignon (démarreur) *f*

avisador acústico ***m***
Ale: Summer *m*
Ing: buzzer *n*
Fra: ronfleur *m*

avisador luminoso ***m***
Ale: Lichthupe *f*
Ing: headlight flasher *n*
Fra: appel de phares *m*

ayuda de arranque (ASR) ***f***
Ale: Anfahrhilfe (ASR) *f*
Ing: starting off aid (TCS) *n*
Fra: aide au démarrage *f*

ayuda para aparcar ***f***
Ale: Einparkhilfe *f*
Ing: parking aid *n*
Fra: assistance au parcage *f*

ayuda para aparcar ***f***
Ale: Einparkhilfe *f*
Ing: parking-aid assistant *n*
Fra: assistance au parcage *f*

B

bajos ***mpl***
Ale: Unterboden *m*
Ing: underbody *n*
Fra: dessous de caisse *m*

balance de carbono ***m***
Ale: Kohlenstoffbilanz *f*
Ing: carbon analysis *n*
Fra: bilan carbone *m*

balance de carga (batería) ***m***
Ale: Ladebilanz (Batterie) *f*
Ing: charge balance (battery) *n*
Fra: bilan de charge (batterie) *m*

balance de energía (automóvil) ***m***
Ale: Energiehaushalt (Kfz) *m*
Ing: energy balance (motor vehicle) *n*
Fra: bilan énergétique (véhicule) *m*

balance de par (ASR) ***m***
Ale: Momentenbilanz (ASR) *f*
Ing: torque balance (TCS) *n*
Fra: bilan des couples des roues motrices (ASR) *m*

balanceo ***m***
Ale: Wanken *n*
Ing: roll *n*
Fra: roulis *m*

ballesta ***f***
Ale: Blattfeder *f*
Ing: leaf spring *n*
Fra: ressort à lames *m*

ballesta multihojas ***f***
Ale: geschichtete Blattfeder *f*
Ing: multi leaf spring *n*
Fra: ressort à lames superposées *m*

banco de pruebas *m*
Ale: Prüfstand *m*
Ing: test bench *n*
Fra: banc d'essai *m*

banco de pruebas de bombas de inyección *m*
Ale: Einspritzpumpen-Prüfstand *m*
Ing: injection pump test bench *n*
Fra: banc d'essai pour pompes d'injection *m*

banco de pruebas de frenos (banco de pruebas de frenos) *m*
Ale: Bremsprüfstand (Bremsenprüfstand) *m*
Ing: brake dynamometer *n*
(brake test stand) *n*
Fra: banc d'essai de freinage *m*

banco de pruebas de frenos de rodillos *m*
Ale: Rollenbremsprüfstand *m*
Ing: dynamic brake analyzer *n*
Fra: banc d'essai à rouleaux pour freins *m*

banco de pruebas de potencia *m*
Ale: Leistungsprüfstand *m*
Ing: vehicle performance tester *n*
Fra: banc d'essai de performances *m*

banco de pruebas de rodillos *m*
Ale: Rollenprüfstand *m*
Ing: chassis dynamometer *n*
Fra: banc d'essai à rouleaux *m*

banco de pruebas de rodillos *m*
Ale: Rollenprüfstand *m*
Ing: roller type test bench *n*
Fra: banc d'essai à rouleaux *m*

banco de pruebas de ruidos *m*
Ale: Geräuschprüfstand *m*
Ing: noise level test bench *n*
Fra: banc d'essai acoustique *m*

banco de pruebas en frío *m*
Ale: Kälteprüfstand *m*
Ing: cold test bench *n*
Fra: banc d'essai au froid *m*

banco de pruebas para el grupo de frenos *m*
Ale: Bremsaggregateprüfstand *m*
Ing: brake equipment test bench *n*
Fra: banc d'essai pour équipement pneumatique de freinage *m*

banda antigolpes *f*
Ale: Stoßschutzleiste *f*
Ing: protective molding rail *n*
Fra: bande antichoc *f*

banda de tolerancia *f*
Ale: Toleranzbreite *f*
Ing: tolerance range *n*
Fra: bande de tolérance *f*

banda extensométrica *f*
Ale: Dehnmessstreifen *m*
Ing: strain gauge *n*
Fra: jauge de contrainte *f*
(jauge extensométrique) *f*

bandeja de desagüe *f*
Ale: Ablaufschale *f*
Ing: drip pan *n*
Fra: gouttière *f*

bandeja posterior *f*
Ale: Hutablage *f*
Ing: parcel shelf *n*
Fra: plage arrière *f*

baño de aire (válvula de inyección) *m*
Ale: Luftumfassung (Einspritzventil) *f*
Ing: air shrouding (injector) *n*
Fra: enveloppe d'air (injecteur) *f*

barnizado *adj*
Ale: gebeizt *adj*
Ing: pickled *adj*
Fra: décapé *pp*

barómetro *m*
Ale: Luftdruckmesser *m*
Ing: barometer *n*
Fra: manomètre d'air *m*

barra articulada *f*
Ale: Gelenkstange *f*
Ing: articulated rod *n*
Fra: bielle *f*

barra colectora *f*
Ale: Stromschiene *f*
Ing: bus bar *n*
Fra: barre de distribution *f*

barra de acoplamiento *f*
Ale: Spurstange *f*
(Lenkschubstange) *f*
Ing: tie rod *n*
Fra: barre d'accouplement *f*
(bielle de direction) *f*

barra de control de torque (inyección diesel) *f*
Ale: Angleichlasche (Dieseleinspritzung) *f*
Ing: torque control bar *n*
Fra: patte de correction *f*

barra de cremallera *f*
Ale: Zahnstange *f*
Ing: rack *n*
Fra: crémaillère *f*

barra de engrane (motor de arranque) *f*
Ale: Einrückstange (Starter) *f*
Ing: engagement rod (starter) *n*
Fra: tige d'engrènement (démarreur) *f*

barra de flexión *f*
Ale: Biegebalken *m*
Ing: bending beam *n*
Fra: barreau sollicité en flexion *m*

barra de mando (cambio manual) *f*
Ale: Schaltstange (Schaltgetriebe) *f*
Ing: gear stick (manually shifted transmission) *n*
Fra: tige de commande *f*

barra de palanca *f*
Ale: Hebelstange *f*
Ing: lever rod *n*
Fra: tige de levier *f*

barra de presión *f*
Ale: Druckstange *f*
(Druckstangenkolben) *m*
Ing: push rod *n*
Fra: biellette *f*
(tige de poussoir) *f*

barra de remolque *f*
Ale: Deichsel *f*
Ing: drawbar *n*
Fra: timon *m*

barra de torsión *f*
Ale: Drehstab *m*
(Drehstabfeder) *f*
Ing: torsion bar *n*
(torsion-bar spring) *n*
Fra: barre de torsion *f*

barra de torsión *f*
Ale: Torsionsstab *m*
Ing: torsion rod *n*
(torsion bar) *n*
Fra: barre de torsion *f*

barra de tracción (variador de encendido) *f*
Ale: Zugstange (Zündversteller) *f*
Ing: vacuum advance arm (advance mechanism) *n*
Fra: biellette (correcteur d'avance) *f*

barra de unión (freno) *f*
Ale: Verbindungsstange (Bremse) *f*
Ing: connecting rod (brake) *n*
Fra: biellette (frein) *f*

barra guía *f*
Ale: Führungsstange *f*
Ing: guide rod *n*
Fra: tige de guidage *f*

barra Panhard *f*
Ale: Panhard-Stab *m*
Ing: panhard rod *n*
Fra: barre Panhard *f*

barra roscada *f*
Ale: Gewindestange *f*
Ing: threaded rod *n*
Fra: tige filetée *f*

barra transversal doble *f*
Ale: Doppelquerlenker *m*
Ing: double wishbone axle *n*
Fra: double bras de suspension transversal *m*

barredera *f*
Ale: Kehrmaschine *f*
Ing: street sweeper *n*
Fra: balayeuse *f*

barrera de luz reflejada *f*
Ale: Reflexlichtschranke *f*
Ing: photoelectric reflected light barrier *n*

Español

Fra: cellule optique à réflexion *f*

barrera fotoeléctrica ***f***
Ale: Lichtschranke *f*
Ing: photoelectric light barrier *n*
Fra: barrière photo-électrique *f*

barrera Hall ***f***
Ale: Hall-Schranke *f*
Ing: hall vane switch *n*
Fra: barrière Hall *f*

barrido equicorriente ***m***
Ale: Gleichstromspülung *f*
Ing: uniflow scavenging *n*
Fra: balayage équicourant *m*

base de llanta (rueda de vehículo) ***f***
Ale: Felgenbett (Fahrzeugrad) *n*
Ing: rim base (vehicle wheel) *n*
Fra: base de jante *f*

base del aislador (bujía de encendido) ***f***
Ale: Isolatorfuß (Zündkerze) *m*
Ing: insulator nose (spark plug) *n*
Fra: bec d'isolant (bougie d'allumage) *m*

bastidor ***m***
Ale: Rahmen *m*
(Unterbau) *m*
Ing: frame *n*
Fra: châssis *m*

bastidor de cubierta ***m***
Ale: Abdeckrahmen *m*
Ing: outer rim (headlamps) *n*
Fra: collerette *f*

bastidor de travesaños ***m***
Ale: Leiterrahmen *m*
Ing: ladder type frame *n*
Fra: cadre-échelle *m*

bastidor del techo ***m***
Ale: Dachrahmen *m*
Ing: roof frame *n*
Fra: baie de toit *f*

batería ***f***
Ale: Batterie *f*
Ing: battery *n*
Fra: batterie *f*

batería de acumuladores ***f***
Ale: Akkumulatorenbatterie *f*
Ing: storage battery *n*
Fra: batterie d'accumulateurs *f*

batería de alimentación ***f***
Ale: Versorgungsbatterie *f*
Ing: general purpose battery *n*
Fra: batterie d'alimentation *f*

batería de arranque ***f***
Ale: Starterbatterie *f*
Ing: starter battery *n*
(starter) *n*
Fra: batterie de démarrage *f*

batería de gel ***f***
Ale: Gel-Batterie *f*
Ing: gel battery *n*
Fra: batterie gel *f*

batería de la red de a bordo ***f***
Ale: Bordnetzbatterie *f*
Ing: electrical system battery *n*
Fra: batterie de bord *f*

batería de plomo ***f***
Ale: Bleibatterie *f*
(Blei-Akkumulator) *m*
Ing: lead storage battery *n*
Fra: batterie au plomb *f*

batería de plomo-calcio ***f***
Ale: Blei-Kalzium-Batterie *f*
Ing: lead calcium battery *n*
Fra: batterie plomb-calcium *f*

batería de tracción ***f***
Ale: Antriebsbatterie *f*
Ing: drive battery *n*
Fra: batterie de traction *f*

batería monobloque ***f***
Ale: Blockbatterie *f*
Ing: compound battery *n*
Fra: batterie monobloc *f*

batería seca ***f***
Ale: Trockenbatterie *f*
Ing: dry cell *n*
Fra: pile sèche *f*

berlina ***f***
Ale: Limousine *f*
Ing: saloon *n*
(limousine) *n*
Fra: berline *f*

bidón ***m***
Ale: Kanister *m*
Ing: canister *n*
Fra: bidon *m*

biela (motor de combustión) ***f***
Ale: Kolbenstange (Verbrennungsmotor) *f*
Ing: piston rod (IC engine) *n*
(conrod) *n*
Fra: tige de piston (clapet de refoulement) *f*

biela ***f***
Ale: Pleuel *n*
(Pleuelstange) *f*
(Koppel) *f*
Ing: connecting rod *n*
(con-rod) *n*
(piston rod) *n*
Fra: bielle *f*

biela ***f***
Ale: Pleuelstange *f*
Ing: connecting rod *n*
Fra: bielle *f*

biela transversal ***f***
Ale: Querlenker *m*
Ing: transverse link *n*
(wishbone) *n*
Fra: bras oscillant transversal *m*

bimetal ***m***
Ale: Bi-Metall *n*
Ing: bimetallic element *n*
Fra: élément bilame *m*

bisel ***m***
Ale: Fase *f*
Ing: chamfer *n*
Fra: chanfrein *m*

bixenón (faros) ***m***
Ale: Bi-Xenon (Scheinwerfer) *n*
Ing: bi-xenon (leadlamp) *n*
Fra: bi-xénon (projecteur) *m*

blindar (antiparasitaje) ***v***
Ale: schirmen (Entstörung) *v*
Ing: shield (interference suppression) *v*
Fra: blinder (antiparasitage) *v*

bloque de cilindros ***m***
Ale: Zylinderblock *m*
Ing: cylinder block *n*
Fra: bloc-cylindres *m*

bloque de electroválvulas ***m***
Ale: Magnetventilblock *m*
Ing: solenoid valve block *n*
Fra: bloc d'électrovalves *m*

bloque de regulación (regulador Diesel) ***m***
Ale: Regelgruppe (Diesel-Regler) *f*
(Regelteil) *n*
(Fliehgewichtsteil) *n*
Ing: flyweight assembly (mechanical governor) *n*
Fra: bloc de régulation (injection diesel) *m*

bloque de válvulas ***m***
Ale: Ventilblock *m*
Ing: valve block *n*
Fra: bloc-valves *m*

bloque de válvulas del regulador de presión ***m***
Ale: Druckregler-Ventilblock *m*
Ing: pressure regulator valve block *n*
Fra: bloc-valves de régulateur de pression *m*

bloque de válvulas distribuidoras ***m***
Ale: Wegeventilblock *m*
Ing: directional control valve block *n*
Fra: bloc-distributeur *m*

bloque del motor ***m***
Ale: Motorblock *m*
Ing: engine block *n*
(cylinder block) *n*
Fra: bloc-moteur *m*

bloque electrónico (bloque electrónico de encendido) ***m***
Ale: Schaltgerät (Zündschaltgerät) *n*
Ing: ignition trigger box *n*
Fra: centrale de commande *f*

bloque electrónico de evaluación ***m***
Ale: Auswertschaltgerät *n*
Ing: signal evaluation module *n*
Fra: module électronique d'évaluation *m*

bloque motor ***m***

Ale: Kurbelgehäuse *n*
Ing: crankcase *n*
Fra: carter *m*

bloque motor (acústica CAE) ***m***
Ale: Motorgehäuse (Akustik CAE) *n*
Ing: motor frame *n*
Fra: carcasse de moteur *f*

bloque motor (motor de combustión) ***m***
Ale: Zylinderkurbelgehäuse (Verbrennungsmotor) *n*
Ing: engine block (IC engine) *n*
Fra: carter-cylindres *m*

bloque triple de válvulas distribuidoras ***m***
Ale: Dreifach-Wegeventilblock *m*
Ing: triple directional-control-valve block *n*
Fra: bloc-distributeur triple *m*

bloqueador de diferencial ***m***
Ale: Differenzialsperre *f*
Ing: differential lock *n*
Fra: blocage des différentiels *m*

bloqueador de diferencial de eje trasero ***m***
Ale: Hinterachssperre *f*
Ing: rear axle lock *n*
Fra: blocage de l'essieu arrière *m*

bloquear ***v***
Ale: verriegeln *v*
Ing: lock *v*
Fra: verrouiller *v*

bloqueo (rueda) ***m***
Ale: Blockieren (Rad) *v*
(Blockiervorgang) *m*
Ing: wheel lock (wheel) *n*
Fra: blocage (roue) *m*

bloqueo antirodadura ***m***
Ale: Rollsperre *f*
Ing: rollback limiter *n*
Fra: antiroulage *m*

bloqueo de activación (alarma de vehículo) ***m***
Ale: Aktivierungssperre (Autoalarm) *f*
Ing: activation blocking (car alarm) *n*
Fra: sécurité de mise en veille (alarme auto) *f*

bloqueo de arranque ***m***
Ale: Anlasssperre *f*
Ing: starter interlock *n*
Fra: blocage antidémarrage *m*

bloqueo de arranque ***m***
Ale: Startverriegelung *f*
Ing: start quantity deactivator *n*
Fra: verrouillage du débit de surcharge *m*

bloqueo de arranque ***m***
Ale: Startverriegelung *f*
Ing: start quantity locking device *n*
Fra: verrouillage du démarrage *m*

bloqueo de arranque por rodadura ***m***
Ale: Rollstartsperre *f*
Ing: roll start block *n*
Fra: dispositif antidémarrage *m*

bloqueo de combustible de fuga (bomba de inyección) ***m***
Ale: Leckkraftstoffsperre (Einspritzpumpe) *f*
(Lecksperre) *f*
(Ölsperre) *f*
Ing: oil block (fuel-injection pump) *n*
Fra: barrage d'huile (pompe d'injection) *m*

bloqueo de corriene de retorno (rectificación) ***m***
Ale: Rückstromsperre (Gleichrichtung) *f*
Ing: reverse current block (rectification) *n*
Fra: isolement (redressement) *m*

bloqueo de diferencial central ***m***
Ale: Zentraldifferentialsperre *f*
Ing: central differential lock *n*
Fra: blocage de différentiel inter-ponts *m*

bloqueo de dirección ***m***
Ale: Lenkschloss *n*
Ing: steering lock *n*
(steering-column lock) *n*
Fra: antivol de direction *m*

bloqueo de fallos (alarma de vehículo) ***m***
Ale: Ausfallsperre (Autoalarm) *f*
Ing: failure protection (car alarm) *n*
Fra: sécurité en cas de panne (alarme auto) *f*

bloqueo de marcha atrás ***m***
Ale: Rückfahrsperre *f*
Ing: reverse gear locking *n*
(back-up locking) *n*
Fra: verrou de marche arrière *m*

bloqueo de marcha atrás ***m***
Ale: Rückwärtsgangsperre *f*
Ing: reverse gear lockout *n*
(reverce-gear interlock) *n*
Fra: blocage de marche arrière *m*

bloqueo de repetición de arranque ***m***
Ale: Startwiederholsperre *f*
Ing: start repeating block *n*
Fra: anti-répétiteur de démarrage *m*

bloqueo del caudal de arranque ***m***
Ale: Startmengenverriegelung *f*
Ing: start quantity locking device *n*
Fra: blocage du débit de surcharge au démarrage *m*

bloqueo del diferencial ***m***
Ale: Differentialsperre *f*
Ing: differential lock *n*
Fra: blocage de différentiel *m*

bloqueo del diferencial de frenado automático ***m***
Ale: automatische Brems-Differenzialsperre *f*
Ing: automatic brake-force differential lock *n*
Fra: blocage automatique du différentiel *m*

bloqueo diferencial de la fuerza de frenado ***m***
Ale: Brems-Differenzialsperre *f*
Ing: brake force differential lock *n*
Fra: blocage du différentiel *m*

bloqueo hidráulico de arranque ***m***
Ale: hydraulische Startverriegelung *f*
Ing: hydraulic starting-quantity deactivator *n*
Fra: verrouillage hydraulique du débit de surcharge *m*

bloqueo viscoso (tracción total) ***m***
Ale: Viskosesperre (Allradantrieb) *f*
Ing: viscous lock (all-wheel drive) *n*
Fra: blocage par viscocoupleur (transmission intégrale) *m*

bobina ***f***
Ale: Spule *f*
(Windung) *f*
Ing: coil *n*
Fra: bobine *f*
(spire) *f*

bobina (bobina de encendido) ***f***
Ale: Wickelkörper (Zündspule) *m*
Ing: bobbin (ignition coil) *n*
Fra: corps d'enroulement (bobine d'allumage) *m*

bobina auxiliar de arranque ***f***
Ale: Anlauf-Hilfswicklung *f*
Ing: auxiliary starting winding *n*
Fra: enroulement auxiliaire de démarrage *m*

bobina de chispa doble ***f***
Ale: Doppelfunkenspule *f*
(Doppelfunken-Zündspule) *f*
Ing: dual spark ignition coil *n*
Fra: bobine d'allumage à deux sorties *f*

bobina de control ***f***
Ale: Steuerspule *f*
Ing: control winding *n*
Fra: bobine de commande *f*

bobina de corriente continua ***f***
Ale: Gleichstromspule *f*
Ing: DC coil *n*
Fra: bobine à courant continu *f*

bobina de encendido ***f***
Ale: Zündspule *f*
Ing: ignition coil *n*
Fra: bobine d'allumage *f*

Español

bobina de encendido de altas prestaciones *f*
Ale: Hochleistungs-Zündspule *f*
Ing: high performance ignition coil *n*
Fra: bobine d'allumage à hautes performances *f*

bobina de encendido de barra *f*
Ale: Stabzündspule *f*
Ing: pencil coil *n*
Fra: bobine-tige *f*

bobina de encendido de chispa doble *f*
Ale: Doppelfunken-Zündspule *f*
Ing: double spark coil *n*
Fra: bobine d'allumage à deux sorties *f*

bobina de encendido de cuatro chispas *f*
Ale: Vierfunken-Zündspule *f*
Ing: four spark ignition coil *n*
Fra: bobine d'allumage à quatre sorties *f*

bobina de encendido de doble chispa *f*
Ale: Zweifunken-Zündspule *f*
Ing: dual spark ignition coil *n*
Fra: bobine d'allumage à deux sorties *f*

bobina de encendido de una chispa *f*
Ale: Einzelfunken-Zündspule *f*
Ing: single spark ignition coil *n*
Fra: bobine d'allumage unitaire *f*
(bobine d'allumage à une sortie) *f*

bobina de excitación *f*
Ale: Erregerspule *f*
Ing: field coil *n*
Fra: bobinage d'excitation *m*

bobina de freno *f*
Ale: Bremswicklung *f*
Ing: brake winding *n*
Fra: enroulement de freinage *m*

bobina de inducido *f*
Ale: Ankerwicklung *f*
Ing: armature winding *n*
Fra: enroulement d'induit *m*

bobina de inductancia *f*
Ale: Drosselspule *f*
Ing: inductance coil *n*
Fra: bobine de self *f*

bobina de inductancia *f*
Ale: Drosselspule *f*
Ing: choke coil *n*
Fra: bobine de self *f*

bobina de recepción *f*
Ale: Empfangsspule *f*
Ing: receiver coil *n*
Fra: bobine réceptrice *f*

bobina de regulación *f*
Ale: Regeldrossel *f*
Ing: control throttle *n*
Fra: pointeau de réglage *m*

bobina del relé *f*
Ale: Relaisspule *f*
Ing: relay coil *n*
Fra: bobine de relais *f*

bobina simple *f*
Ale: Einzelspule *f*
Ing: individual coil *n*
Fra: bobine unitaire *f*

bobinado *m*
Ale: Wicklung *f*
Ing: winding *n*
Fra: enroulement *m*

bobinado de calefacción *m*
Ale: Heizwicklung *f*
Ing: heating coil *n*
(heating winding) *n*
Fra: enroulement chauffant *m*

bobinado de excitación *m*
Ale: Erregerwicklung *f*
Ing: excitation winding *n*
Fra: enroulement d'excitation *m*

bobinado de inducción *m*
Ale: Induktionswicklung *f*
Ing: induction coil *n*
Fra: enroulement d'induction *m*

bobinado en derivación *m*
Ale: Nebenschlusswicklung *f*
Ing: shunt winding *n*
Fra: enroulement en dérivation *m*

bobinado principal *m*
Ale: Hauptwicklung *f*
Ing: main winding *n*
(primary winding) *n*
Fra: enroulement principal *m*

bobinado trifásico *m*
Ale: Drehstromwicklung *f*
(Dreiphasenwicklung) *f*
Ing: three phase winding *n*
Fra: enroulement triphasé *m*

boca de llenado de aceite *f*
Ale: Öleinfüllstutzen *m*
Ing: oil filler neck *n*
Fra: tubulure de remplissage d'huile *f*

boca de llenado del depósito *f*
Ale: Tankeinfüllstutzen *m*
Ing: tank filler neck *n*
Fra: tubulure de remplissage du réservoir *f*

bocanada de humo *f*
Ale: Rauchstoß *m*
Ing: cloud of smoke *n*
Fra: émission de fumées *f*

bocina *f*
Ale: Fanfare *f*
Ing: fanfare horn *n*
Fra: fanfare *f*

bocina *f*
Ale: Horn *n*
Ing: horn *n*
Fra: avertisseur sonore *m*

bocina *f*
Ale: Hupe *f*
Ing: horn *n*
Fra: klaxon *m*

bocina *f*
Ale: Signalhorn *n*
Ing: horn *n*
(horn) *n*
Fra: signal d'avertisseur sonore *m*

bocina de dos tonos *f*
Ale: Doppeltonhorn *n*
Ing: twin tone horn *n*
Fra: avertisseur sonore à bi-tonalité *m*

bocina de la alarma (alarma de vehículo) *f*
Ale: Alarmhorn (Autoalarm) *n*
Ing: alarm horn (car alarm) *n*
Fra: avertisseur d'alarme *m*

bocina de tonos agudos *f*
Ale: Hochtonhorn *n*
Ing: high tone horn *n*
Fra: avertisseur à tonalité aiguë *m*

bocina de tonos graves *f*
Ale: Tieftonhorn *n*
Ing: low tone horn *n*
Fra: avertisseur à tonalité grave *m*

bocina normal *f*
Ale: Normalhorn *n*
Ing: standard horn *n*
Fra: avertisseur sonore standard *m*

bocina supersonante *f*
Ale: Starktonhorn *n*
Ing: supertone horn *n*
Fra: avertisseur surpuissant *m*

bolsa de muestras (técnica de gases de escape) *f*
Ale: Beutel (Abgastechnik) *m*
Ing: sample bag (emissions-control engineering) *n*
Fra: sac de collecte *m*

bomba ajustable *f*
Ale: Verstellpumpe *f*
Ing: variable capacity pump *n*
Fra: pompe à cylindrée variable *f*

bomba anticongelante *f*
Ale: Frostschutzpumpe *f*
Ing: antifreeze pump *n*
Fra: pompe antigel *f*

bomba auxiliar *f*
Ale: Hilfspumpe *f*
Ing: auxiliary pump *n*
Fra: pompe auxiliaire *f*

bomba calorífica *f*
Ale: Wärmepumpe *f*
Ing: heat pump *n*
Fra: pompe à chaleur *f*

bomba celular de aletas *f*
Ale: Flügelzellenpumpe *f*
Ing: vane pump *n*
Fra: pompe à palettes *f*

bomba centrífuga *f*
Ale: Kreiselpumpe *f*
(Strömungspumpe) *f*
Ing: centrifugal pump *n*
(flow-type pump) *n*
Fra: pompe centrifuge *f*

bomba centrífuga *f*
Ale: Strömungspumpe *f*
Ing: flow type pump *n*
Fra: pompe centrifuge *f*

bomba con fijación ahondada *f*
Ale: Wannenpumpe *f*
Ing: cradle mounted pump *n*
Fra: pompe à fixation par berceau *f*

bomba de aceite a presión *f*
Ale: Druckölpumpe *f*
Ing: pressure oil pump *n*
Fra: pompe de refoulement d'huile *f*

bomba de aceite lubricante *f*
Ale: Schmierölpumpe *f*
Ing: lube oil pump *n*
Fra: pompe à huile de graissage *f*

bomba de aceleración *f*
Ale: Beschleunigungspumpe *f*
Ing: accelerator pump *n*
Fra: pompe d'accélération *f*

bomba de agua *f*
Ale: Wasserpumpe *f*
Ing: water pump *n*
Fra: pompe à eau *f*

bomba de agua de calefacción *f*
Ale: Heizwasserpumpe *f*
Ing: hot water pump *n*
Fra: pompe à eau chaude *f*

bomba de aire *f*
Ale: Luftpumpe *f*
Ing: air pump *n*
Fra: pompe à air *f*

bomba de aire secundario *f*
Ale: Sekundärluftpumpe *f*
Ing: secondary air pump *n*
Fra: pompe d'insufflation d'air secondaire *f*

bomba de alimentación (combustible) *f*
Ale: Förderpumpe (Kraftstoff) *f*
Ing: supply pump (fuel) *n*
Fra: pompe d'alimentation (carburant) *f*

bomba de alimentación de aletas *f*
Ale: Flügelzellen-Förderpumpe *f*
Ing: vane type supply pump *n*
Fra: pompe d'alimentation à palettes *f*

bomba de alimentación de émbolo *f*
Ale: Kolbenförderpumpe *f*
Ing: piston pump *n*
Fra: pompe d'alimentation à piston *f*

bomba de alta presión *f*
Ale: Hochdruckpumpe *f*
(Hochdruckförderpumpe) *f*
Ing: high pressure pump *n*
(H.P. pump) *n*
Fra: pompe haute pression *f*
(pompe d'alimentation haute pression) *f*

bomba de alta presión Common Rail *f*
Ale: Common Rail Hochdruckpumpe *f*
Ing: common rail high-pressure pump *n*
Fra: pompe haute pression « Common Rail » *f*

bomba de alta presión de combustible *f*
Ale: Kraftstoff-Hochdruckpumpe *f*
Ing: high pressure fuel pump *n*
Fra: pompe à carburant haute pression *f*

bomba de aspiración *f*
Ale: Saugpumpe *f*
Ing: suction pump *n*
Fra: pompe aspirante *f*

bomba de carga de alta presión (ASR) *f*
Ale: Hochdruckladepumpe (ASR) *f*
Ing: high pressure charge pump (TCS) *n*
Fra: pompe de suralimentation haute pression (ASR) *f*

bomba de carga de alta presión *f*
Ale: Hochdruckladepumpe *f*
Ing: high pressure supercharger *n*
Fra: pompe de suralimentation haute pression *f*

bomba de casquillo *f*
Ale: Buchsenpumpe *f*
Ing: high pressure gear pump *n*
Fra: pompe hydraulique à engrenages *f*

bomba de chorro *f*
Ale: Strahlpumpe *f*
Ing: suction jet pump *n*
Fra: pompe auto-aspirante *f*

bomba de chorro *f*
Ale: Strahlpumpe *f*
Ing: jet pump *n*
Fra: pompe auto-aspirante *f*

bomba de chorro aspirante *f*
Ale: Saugstrahlpumpe *f*
Ing: suction jet pump *n*
Fra: pompe auto-aspirante *f*

bomba de circulación *f*
Ale: Umwälzpumpe *f*
Ing: circulation pump *n*
(circulating pump) *n*
Fra: pompe de circulation *f*

bomba de circulación de agua *f*
Ale: Wasserumwälzpumpe *f*
Ing: water circulating pump *n*
Fra: pompe de circulation d'eau *f*

bomba de combustible *f*
Ale: Kraftstoffpumpe *f*
(Kraftstoffförderpumpe) *f*
Ing: fuel supply pump *n*
Fra: pompe à carburant (carburant) *f*

bomba de combustibles múltiples *f*
Ale: Vielstoffpumpe *f*
Ing: multifuel pump *n*
Fra: pompe polycarburant *f*

bomba de Common Rail *f*
Ale: Common Rail Pumpe *f*
Ing: common rail pump *n*
Fra: pompe « Common Rail » *f*

bomba de depresión *f*
Ale: Unterdruckpumpe *f*
Ing: vacuum pump *n*
Fra: pompe à dépression *f*

bomba de doble presión *f*
Ale: Bidruckpumpe *f*
Ing: dual pressure pump *n*
Fra: pompe bi-pression *f*

bomba de doble presión *f*
Ale: Bidruckpumpe *f*
Ing: bi-pressure pump *n*
Fra: pompe bi-pression *f*

bomba de émbolo *f*
Ale: Kolbenpumpe *f*
Ing: plunger pump *n*
Fra: pompe à piston *f*

bomba de émbolos radiales *f*
Ale: Radialkolbenpumpe *f*
Ing: radial piston pump *n*
Fra: pompe à pistons radiaux *f*

bomba de engranaje interior *f*
Ale: Innenzahnradpumpe *f*
Ing: internal-gear pump *n*
Fra: pompe à engrenage intérieur *f*

bomba de engranajes *f*
Ale: Zahnradpumpe *f*
(Zahnradkraftstoffpumpe) *f*
Ing: gear pump *n*
Fra: pompe à engrenage *f*
(pompe à carburant à engrenage) *f*

bomba de engrase *f*
Ale: Fettpresse *f*
Ing: grease gun *n*
Fra: presse à graisse *f*

bomba de enjuague *f*
Ale: Spülpumpe *f*
Ing: scavenging pump *n*
Fra: pompe de balayage *f*

bomba de flujo *f*
Ale: Vorlaufpumpe *f*
Ing: flow pump *n*
Fra: pompe d'alimentation *f*

bomba de inyección *f*
Ale: Einspritzpumpe *f*

Español

Ing: injection pump *n*
Fra: pompe d'injection *f*

bomba de inyección *f*
Ale: Einspritzpumpe *f*
Ing: fuel injection pump *n*
Fra: pompe d'injection *f*

bomba de inyección controlada por arista *f*
Ale: kantengesteuerte Einspritzpumpe *f*
Ing: helix controlled injection pump *n*
Fra: pompe d'injection commandée par rampe de dosage *f*

bomba de inyección de acumulador *f*
Ale: Speichereinspritzpumpe *f*
Ing: accumulator fuel injection pump *n*
Fra: pompe d'injection à accumulateur *f*

bomba de inyección de combustible *f*
Ale: Kraftstoffeinspritzpumpe *f*
(Einspritzpumpe) *f*
Ing: fuel injection pump *n*
Fra: pompe d'injection *f*

bomba de inyección de leva y corredera *f*
Ale: Hubschieberpumpe *f*
Ing: control sleeve pump *n*
Fra: pompe d'injection en ligne à tiroirs *f*

bomba de inyección de rodillos *f*
Ale: Rollenstößel-Einspritzpumpe *f*
Ing: roller type fuel injection pump *n*
Fra: pompe d'injection à galet *f*

bomba de inyección de varios cilindros *f*
Ale: Mehrzylinder-Einspritzpumpe *f*
Ing: multiple plunger pump *n*
Fra: pompe d'injection multicylindrique *f*

bomba de inyección Diesel *f*
Ale: Dieseleinspritzpumpe *f*
Ing: diesel fuel injection pump *n*
Fra: pompe d'injection diesel *f*

bomba de inyección electromecánica *f*
Ale: Hubschieberpumpe *f*
Ing: control sleeve inline injection pump *n*
Fra: pompe d'injection en ligne à tiroirs *f*

bomba de inyección electromecánica en línea (PE) *f*
Ale: Hubschieber-Reiheneinspritzpumpe (PE) *f*
Ing: control sleeve in line fuel injection pump (PE) *n*
Fra: pompe d'injection en ligne à tiroirs (PE) *f*

bomba de inyección en serie (PE) *f*
Ale: Reiheneinspritzpumpe (PE) *f*
(Reihenpumpe) *f*
Ing: in-line fuel injection pump (PE) *n*
(in-line dump) *n*
Fra: pompe d'injection en ligne (PE) *f*

bomba de inyección reciprocante *f*
Ale: Hubkolbeneinspritzpumpe *f*
Ing: piston injection pump *n*
Fra: pompe d'injection à piston *f*

bomba de inyección reciprocante *f*
Ale: Kolben-Einspritzpumpe *f*
Ing: reciprocating fuel injection pump *n*
Fra: pompe d'injection alternative *f*

bomba de inyección rotativa (VE) *f*
Ale: Verteilereinspritzpumpe (VE) *f*
(Verteilpumpe) *f*
Ing: distributor type injection pump *n*
Fra: pompe d'injection distributrice *f*

bomba de inyección rotativa de émbolos axiales accionada por electroválvula *f*
Ale: magnetventilgesteuerte Axialkolben-Verteilereinspritzpumpe *f*
Ing: solenoid controlled axial piston distributor pump *n*
Fra: pompe d'injection distributrice à piston axial commandée par électrovanne *f*

bomba de inyección rotativa de émbolos radiales (VR) *f*
Ale: Radialkolben-Verteilereinspritzpumpe (VR) *f*
Ing: radial piston pump *n*
Fra: pompe distributrice à pistons radiaux *f*

bomba de inyección rotativa de émbolos radiales accionada por electroválvula *f*
Ale: magnetventilgesteuerte Radialkolben-Verteilereinspritzpumpe *f*
Ing: solenoid controlled radial piston distributor pump *n*
Fra: pompe d'injection distributrice à pistons radiaux commandée par électrovanne *f*

bomba de inyección rotativa de pistones axiales *f*
Ale: Axialkolben-Verteilereinspritzpumpe *f*
(Axialkolben-Verteilerpumpe) *f*
Ing: axial piston distributor pump *n*
Fra: pompe d'injection distributrice à piston axial *f*

bomba de inyección simple (PF) *f*
Ale: Einzeleinspritzpumpe (PF) *f*
(Einzylinder-Einspritzpumpe) *f*
Ing: single plunger fuel injection pump (PF) *n*
Fra: pompe d'injection monocylindrique (PF) *f*

bomba de inyección simple *f*
Ale: Einzeleinspritzpumpe *f*
Ing: individual injection pump *n*
Fra: pompe d'injection unitaire *f*

bomba de líquido refrigerante *f*
Ale: Kühlmittelpumpe *f*
(Kühlpumpe) *f*
Ing: coolant pump *n*
Fra: pompe de refroidissement *f*
(pompe à liquide de refroidissement) *f*

bomba de lubricación *f*
Ale: Schmierpumpe *f*
Ing: lubricating pump *n*
Fra: pompe de graissage *f*

bomba de membrana *f*
Ale: Membranpumpe *f*
Ing: diaphragm pump *n*
Fra: pompe à membrane *f*

bomba de pistones axiales *f*
Ale: Axialkolbenpumpe *f*
Ing: axial piston pump *n*
Fra: pompe à piston axial *f*

bomba de prealimentación en depósito *f*
Ale: Intank-Vorförderpumpe *f*
Ing: in tank priming pump *n*
Fra: pompe de préalimentation intégrée au réservoir *f*

bomba de precarga *f*
Ale: Vorladepumpe, VLP *f*
Ing: precharge pump, VLP *n*
Fra: pompe de précharge *f*

bomba de presión (lavacristales) *f*
Ale: Druckpumpe (Scheibenspüler) *f*
Ing: pressure pump (windshield washer) *n*
Fra: pompe de refoulement (lave-glace) *f*

bomba de retorno *f*
Ale: Rückförderpumpe *f*
Ing: return pump *n*
Fra: pompe de retour *f*

bomba de retorno de aceite *f*
Ale: Ölrückförderpumpe *f*
Ing: oil return pump *n*
Fra: pompe de retour d'huile *f*

bomba de servodirección *f*
Ale: Lenkhilfpumpe *f*
Ing: power steering pump *n*
Fra: pompe de direction assistée *f*

bomba de suministro de combustible *f*
Ale: Kraftstoffförderpumpe *f*
Ing: fuel supply pump *n*
Fra: pompe d'alimentation *f*

bomba de suministro manual *f*
Ale: Handförderpumpe *f*
(Handpumpe) *f*
Ing: hand primer pump *n*
Fra: pompe à main *f*

bomba de suministro previo *f*
Ale: Vorförderpumpe *f*
Ing: presupply pump *n*
Fra: pompe de pré-alimentation *f*

bomba de suministro previo *f*
Ale: Vorförderpumpe *f*
Ing: priming pump *n*
Fra: pompe de pré-alimentation *f*

bomba de vacío *f*
Ale: Vakuumpumpe *f*
(Unterdruckpumpe) *f*
Ing: vacuum pump *n*
Fra: pompe à dépression *f*

bomba dosificadora *f*
Ale: Dosierpumpe *f*
Ing: metering pump *n*
Fra: pompe de dosage *f*

bomba eléctrica *f*
Ale: Elektropumpe *f*
Ing: electric pump *npl*
Fra: pompe électrique *f*

bomba eléctrica de aletas *f*
Ale: elektrische Flügelzellenpumpe *f*
Ing: electric vane pump *n*
Fra: pompe à palettes électrique *f*

bomba eléctrica de combustible *f*
Ale: Elektrokraftstoffpumpe *f*
Ing: electric fuel pump *n*
Fra: pompe électrique à carburant *f*

bomba eléctrica de transporte *f*
Ale: Elektroförderpumpe *f*
Ing: electric supply pump *n*
Fra: pompe d'alimentation électrique *f*

bomba en depósito *f*
Ale: Intankpumpe *f*
Ing: in tank pump *n*
Fra: pompe intégrée au réservoir *f*

bomba hidráulica *f*
Ale: Hydropumpe *f*
Ing: hydraulic pump *n*
Fra: pompe hydraulique *f*

bomba hidráulica *f*
Ale: Wasserdruckpumpe *f*
Ing: water-pressure pump *n*
Fra: pompe de refoulement d'eau *f*

bomba incorporada en el depósito *f*
Ale: Tankeinbaupumpe *f*
Ing: in tank pump *n*
Fra: pompe incorporée au réservoir *f*

bomba intercalable *f*
Ale: Steckpumpe *f*
Ing: plug in pump *n*
Fra: pompe enfichable *f*

bomba monocilindro *f*
Ale: Einzylinderpumpe *f*
Ing: single plunger pump *n*
Fra: pompe monocylindrique *f*

bomba multicarburante *f*
Ale: Mehrstoffpumpe *f*
(Vielstoffpumpe) *f*
Ing: multifuel pump *n*
Fra: pompe polycarburant *f*

bomba multicelular a rodillos *f*
Ale: Rollenzellenpumpe *f*
Ing: roller cell pump *n*
Fra: pompe multicellulaire à rouleaux *f*

bomba reguladora *f*
Ale: Regelpumpe *f*
Ing: regulating pump *n*
Fra: pompe de régulation *f*

bomba tándem *f*
Ale: Tandempumpe *f*
Ing: tandem pump *n*
Fra: pompe tandem *f*

bomba volumétrica *f*
Ale: Verdrängerpumpe *f*
Ing: positive displacement pump *n*
Fra: pompe volumétrique *f*

bomba-inyector *f*
Ale: Pumpe-Düse *f*
Ing: unit injector *n*
Fra: injecteur-pompe *m*

bomba-tubería-inyector *f*
Ale: Pumpe-Leitung-Düse *f*
Ing: unit pump *n*
Fra: pompe unitaire haute pression *f*

bombín de rueda *m*
Ale: Radzylinder *m*
(Radbremszylinder) *m*
Ing: wheel brake cylinder *n*
Fra: cylindre de frein de roue *m*

bonificación *f*
Ale: Vergüten *n*
Ing: quench and draw *n*
Fra: trempe et revenu *f*

boquilla *f*
Ale: Tülle *f*
Ing: grommet *n*
(bush) *n*
Fra: passe-fils *m*

boquilla de deshielo *f*
Ale: Defrosterdüse *f*
Ing: defroster vent *n*
Fra: bouche de dégivrage *f*

boquilla de goma *f*
Ale: Gummitülle *f*
Ing: rubber grommet *n*
Fra: passe-fil en caoutchouc *m*

boquilla principal *f*
Ale: Hauptdüse *f*
Ing: main jet *n*
Fra: gicleur principal *m*

borde acanalado *m*
Ale: Einstichkante *f*
Ing: recessed edge *n*
Fra: rainure *f*

borde de distribución (elemento de bomba) *m*
Ale: Steuerkante (Pumpenelement) *f*
(Schrägkante) *f*
Ing: helix (plunger-and-barrel assembly) *n*
(timing edge) *n*
Fra: rampe hélicoïdale (élément de pompage) *f*

borde de regulación (inyección diesel) *m*
Ale: Absteuerkante (Dieseleinspritzung) *f*
Ing: spill edge (diesel fuel injection) *n*
Fra: rampe de distribution *f*

borde de salida *m*
Ale: Austrittskante *f*
Ing: outlet edge *n*
Fra: arête de sortie *f*

borne *m*
Ale: Klemme *f*
Ing: terminal *n*
Fra: borne *f*

borne de batería *m*
Ale: Batterieklemme *f*
(Anschlussklemme) *f*
Ing: battery terminal *n*
(battery-cable terminal) *n*
Fra: cosse de batterie (batterie) *f*

borne de conexión *m*
Ale: Anschlussklemme *f*
Ing: terminal connector *n*
Fra: borne de connexion *f*

borne de puesta a tierra *m*
Ale: Erdungsklemme *f*
Ing: earthing terminal *n*
(grounding terminal) *n*
Fra: borne de terre *f*

borrable eléctricamente *adj*
Ale: elektrisch löschbar *adj*
Ing: electrically erasable *adj*
Fra: effaçable électriquement *adj*

botón de diagnóstico *m*

Ale: Diagnose-Taster *m*
Ing: diagnosis button *n*
Fra: touche de diagnostic *f*

brazo de control de pistón (pistón de bomba) ***m***
Ale: Kolbenfahne (Pumpenkolben) *f*
(Kolbenlenkarm) *m*
Ing: plunger control arm (pump plunger) *n*
Fra: entraîneur (piston de pompe) *m*

brazo de dirección ***m***
Ale: Lenkarm *m*
Ing: steering arm *n*
(pitman arm) *n*
Fra: bras de direction *m*

brazo de la dirección ***m***
Ale: Lenker *m*
Ing: suspension arm *n*
Fra: bras de suspension *m*

brazo de limpiaparabrisas en paralelogramo ***m***
Ale: Parallelogramm-Wischarm *m*
Ing: parallelogram wiper arm *n*
Fra: bras d'essuie-glace à parallélogramme *m*

brazo de mando de la dirección ***m***
Ale: Lenkstockhebel *m*
Ing: pitman arm *n*
Fra: bielle pendante *f*

brazo de palanca ***m***
Ale: Hebelarm *m*
Ing: lever arm *n*
Fra: bras de levier *m*

brazo de palanca de fuerza de reacción ***m***
Ale: Störkrafthebelarm *m*
Ing: deflection force lever arm *n*
Fra: bras de levier des forces de réaction *m*

brazo del cursor (transmisor de la mariposa) ***m***
Ale: Schleiferarm (Drosselklappengeber) *m*
Ing: wiper arm (throttle-valve sensor) *n*
Fra: curseur (actionneur de papillon) *m*

brazo del limpiaparabrisas (limpiaparabrisas) ***m***
Ale: Wischarm (Wischeranlage) *m*
Ing: wiper arm (wiper system) *n*
Fra: bras d'essuie-glace (essuie-glace) *m*

brazo oscilante ***m***
Ale: Schwenkarm *m*
Ing: swivel arm *n*
Fra: bras pivotant *m*

brida ***f***
Ale: Flansch *m*
Ing: flange *n*
Fra: bride *f*

brida de accionamiento ***f***
Ale: Antriebsflansch *m*
Ing: drive flange *n*
Fra: bride d'entraînement *f*

brida de arrastre ***f***
Ale: Mitnehmerflansch *m*
Ing: drive flange *n*
Fra: flasque d'entraînement *m*

brida de cojinete ***f***
Ale: Lagerflansch *m*
Ing: bearing flange *n*
Fra: flasque-palier *m*

brida de conexión ***f***
Ale: Anschlussflansch *m*
Ing: connecting flange *n*
Fra: bride de raccordement *f*

brida de desplazamiento ***f***
Ale: Verschiebeflansch *m*
Ing: sliding flange *n*
Fra: bride coulissante *f*

brida de distribución ***f***
Ale: Verteilerflansch *m*
Ing: distributor head flange *n*
Fra: flasque de distribution *m*

brida de fijación ***f***
Ale: Befestigungsflansch *m*
Ing: mounting flange *n*
Fra: bride de fixation *f*

brida de sujeción ***f***
Ale: Aufspannflansch *m*
Ing: clamping flange *n*
(clamping support) *n*
Fra: bride de fixation *f*

brida estanqueizante ***f***
Ale: Dichtflansch *m*
Ing: sealing flange *n*
Fra: flasque d'étanchéité *m*

brida intermedia del tubo de admisión ***f***
Ale: Saugrohrzwischenflansch *m*
Ing: intermediate intake manifold flange *n*
Fra: bride intermédiaire de collecteur d'admission *f*

bronce aluminio ***m***
Ale: Aluminiumbronze *f*
Ing: aluminum bronze *n*
Fra: bronze d'aluminium *m*

bronce sinterizado ***m***
Ale: Sinterbronze *f*
Ing: sintered bronze *n*
Fra: bronze fritté *m*

búfer de acumulador ***m***
Ale: Akkupufferung *f*
Ing: battery puffer *n*
Fra: alimentation tampon par accumulateur *f*

bujía de chispa deslizante ***f***
Ale: Gleitfunkenzündkerze *f*
Ing: surface-gap spark plug *n*
Fra: bougie à étincelle glissante *f*

bujía de encendido ***f***
Ale: Zündkerze *f*
Ing: spark plug *n*
Fra: bougie d'allumage *f*

bujía de encendido de llama ***f***
Ale: Flammzündkerze *f*
Ing: flame spark plug *n*
Fra: bougie de préchauffage à flamme *f*

bujía de espiga ***f***
Ale: Stabglühkerze *f*
Ing: rod type glow plug *n*
Fra: bougie-crayon de préchauffage *f*

bujía de espiga de incandescencia ***f***
Ale: Glühstiftkerze *f*
Ing: sheathed-element glow plug *n*
Fra: bougie-crayon de préchauffage *f*

bujía de incandescencia ***f***
Ale: Glühkerze *f*
Ing: glow plug *n*
Fra: bougie de préchauffage *f*

bujía de llama ***f***
Ale: Flammglühkerze *f*
(Anheizkerze) *f*
(Flammkerze) *f*
Ing: flame glow plug *n*
Fra: bougie de préchauffage à flamme *f*
(bougie à flamme) *f*

bujía de llama de espiga ***f***
Ale: Flammglühstiftkerze *f*
Ing: sheathed element flame glow plug *n*
Fra: bougie-crayon de préchauffage à flamme *f*

bujía de llama de filamento ***f***
Ale: Flammglühdrahtkerze *f*
Ing: wire type flame glow plug *n*
Fra: bougie d'inflammation à filament *f*

bujía medidora de temperatura ***f***
Ale: Temperatur-Messzündkerze *f*
(Messzündkerze) *f*
Ing: thermocouple spark plug *n*
Fra: bougie thermocouple *f*

bujía totalmente blindada ***f***
Ale: vollgeschirmte Zündkerze *f*
Ing: fully shielded spark plug *n*
Fra: bougie totalement blindée *f*

burbuja de vapor ***f***
Ale: Dampfblase *f*
Ing: vapor bubble *n*
Fra: bulle *f*

bus de datos ***m***
Ale: Datenbus *m*
Ing: data bus *n*
Fra: bus de données *m*

búsqueda de averías ***f***
Ale: Fehlersuche *f*
Ing: trouble shooting *n*

(debugging) *n*
Fra: recherche des pannes *f*

búsqueda de equilibrio de unidad de control *f*
Ale: Steuergerätnachlauf *m*
Ing: ECU after run *n*
Fra: post-fonctionnement du calculateur *m*

C

cabeceo *m*
Ale: Nicken *n*
Ing: pitch *n*
Fra: tangage *m*

cabeza de acoplamiento *f*
Ale: Kupplungskopf *m*
Ing: coupling head *n*
Fra: tête d'accouplement *f*

cabeza de acoplamiento de alimentación (Bremsen) *f*
Ale: Vorratskupplungskopf (Bremsen) *m*
Ing: coupling head supply (brakes) *n*
Fra: tête d'accouplement « alimentation » *f*

cabeza de horquilla *f*
Ale: Gabelkopf *m*
Ing: fork head *n*
(clevis) *n*
Fra: chape *f*

cabeza de tornillo *f*
Ale: Schraubenkopf *m*
Ing: screw head *n*
Fra: tête de vis *f*

cabeza esférica *f*
Ale: Kugelkopf *m*
(Kugelbolzen) *m*
Ing: ball head *n*
Fra: rotule *f*

cabeza tractora *f*
Ale: Sattelschlepper *m*
Ing: seminartrailer tractor *n*
Fra: semi-remorque *m*

cabezal artificial *f*
Ale: Kunstkopf *m*
Ing: artificial head *n*
Fra: tête artificielle *f*

cabezal de bomba (elemento de bomba) *m*
Ale: Elementkopf (Pumpenelement) *m*
Ing: plunger and barrel head (pump element) *n*
Fra: tête de l'élément de pompage (élément de pompage) *f*

cabezal de erosión *m*
Ale: Funkenkopf *m*
Ing: spark head *n*
Fra: tête de l'étincelle *f*

cabezal del acoplamiento del freno *m*
Ale: Bremskupplungskopf *m*
Ing: coupling head brakes *n*
Fra: tête d'accouplement « frein » *f*

cabezal distribuidor (bomba de inyección rotativa) *m*
Ale: Verteilerkopf (Verteilereinspritzpumpe) *m*
Ing: distributor head (distributor pump) *n*
Fra: tête hydraulique (pompe distributrice) *f*

cabina del conductor *f*
Ale: Fahrerhaus *n*
Ing: cab *n*
Fra: cabine de conduite *f*

cable a masa *m*
Ale: Masseleitung *f*
(Masserückleitung) *f*
Ing: ground cable *n*
Fra: câble de mise à la masse *m*
(câble de retour à la masse) *m*

cable adaptador *m*
Ale: Adapterkabel *n*
Ing: adapter lead *n*
Fra: câble adaptateur *m*

cable Bowden *m*
Ale: Bowdenzug *m*
(Seilzug) *m*
Ing: Bowden cable *n*
Fra: câble sous gaine *m*

cable Bowden *m*
Ale: Seilzug *m*
(Bowdenzug) *m*
Ing: Bowden cable *n*
Fra: transmission à câble souple *f*

cable de activación *m*
Ale: Ansteuerleitung *f*
Ing: control line *n*
Fra: câble de commande *m*

cable de alta tensión *m*
Ale: Hochspannungsleitung *f*
Ing: high voltage cable *n*
Fra: câble haute tension *m*

cable de carga *m*
Ale: Ladeleitung *f*
Ing: charging cable *n*
Fra: câble de charge *m*

cable de compensación *m*
Ale: Ausgleichsleitung *f*
Ing: compensating cable *n*
Fra: câble de compensation *m*

cable de comprobación *m*
Ale: Prüfkabel *n*
Ing: test cable *n*
Fra: câble d'essai *m*

cable de conexión *m*
Ale: Anschlussleitung *f*
Ing: connecting cable *n*
Fra: câble de connexion *m*

cable de diagnóstico *m*
Ale: Diagnoseleitung *f*
Ing: diagnostic cable *n*
Fra: câble de diagnostic *m*

cable de encendido *m*
Ale: Zündkabel *n*
Ing: ignition lead *n*
(ignition cable) *n*
Fra: câble d'allumage *m*

cable de encendido *m*
Ale: Zündleitung *f*
Ing: high tension ignition cable *n*
Fra: câble d'allumage *m*

cable de excitación (autodiagnóstico) *m*
Ale: Reizleitung (Eigendiagnose) *f*
Ing: initiate line (self-diagnosis) *n*
Fra: câble d'activation de l'autodiagnostic (autodiagnostic) *m*

cable de fibra óptica *m*
Ale: Lichtwellenleiter, LWL *m*
Ing: optical fiber *n*
(optical waveguide) *n*
Fra: fibre optique *f*

cable de freno *m*
Ale: Bremsseil *n*
Ing: brake cable *n*
Fra: câble de frein *m*

cable de freno (freno de estacionamiento) *m*
Ale: Seilzug (Feststellbremse) *m*
(Bremsseil) *n*
Ing: brake cable (parking brake) *n*
Fra: câble de frein (frein de stationnement) *m*

cable de freno de mano *m*
Ale: Handbremsseil *n*
Ing: handbrake cable *n*
Fra: câble de frein à main *m*

cable de la batería *m*
Ale: Batteriekabel *n*
Ing: battery cable *n*
Fra: câble de batterie *m*

cable de mando *m*
Ale: Seilzug *m*
Ing: control cable *n*
Fra: câble de commande *m*

cable de medición *m*
Ale: Messleitung *f*
Ing: measuring cable *n*
(measuring lead) *n*
Fra: câble de mesure *m*

cable de puente *m*
Ale: Starthilfskabel *n*
Ing: battery jumper cable *n*
Fra: câble d'aide au démarrage *m*

cable del acelerador *m*
Ale: Gaszug *m*
Ing: throttle cable *n*
Fra: câble d'accélérateur *m*

cable para remolcar *m*
Ale: Abschleppseil *n*
Ing: tow rope *n*
Fra: câble de remorquage *m*

Español

cable plano *m*
Ale: Flachbandkabel *n*
Ing: ribbon cable *n*
Fra: câble ruban *m*

cable primario (sistema de encendido) *m*
Ale: Primärleitung (Zündanlage) *f*
Ing: primary line (ignition system) *n*
Fra: câble de circuit primaire (allumage) *m*

cable resistivo de encendido *m*
Ale: Widerstands-Zündleitung *f*
Ing: resistance ignition cable *n*
Fra: câble d'allumage résistif *m*

cadena cinemática *f*
Ale: Triebstrang *m*
Ing: drivetrain *n*
Fra: transmission *f*

cadena de actuadores *f*
Ale: Aktorkette *f*
Ing: actuator chain *n*
Fra: chaîne d'actionnement *f*

cadena de control *f*
Ale: Steuerkette *f*
Ing: open control loop *n*
Fra: boucle de commande *f*
(chaîne de commande) *f*

cadena de control *f*
Ale: Steuerkette *f*
Ing: timing chain *n*
Fra: chaîne de commande *f*

cadena dentada *f*
Ale: Zahnkette *f*
Ing: tooth type chain *n*
Fra: chaîne crantée *f*

caída de carga *f*
Ale: Lastabfall *m*
Ing: load drop *n*
Fra: perte de charge *f*

caída de presión *f*
Ale: Druckabfall *m*
(Druckgefälle) *n*
(Drucksenkung) *f*
Ing: pressure drop *n*
(pressure differential) *n*
Fra: perte de charge *f*
(chute de pression) *f*

caída de presión *f*
Ale: Druckgefälle *n*
Ing: pressure differential *n*
Fra: chute de pression *f*

caída de tensión (caída de potencial) *f*
Ale: Spannungsabfall (potential drop) *m*
Ing: voltage drop *n*
Fra: chute de potentiel *f*

caída de tensión *f*
Ale: Spannungseinbruch *m*
(Spannungsfall) *m*
Ing: voltage drop *n*
Fra: chute de tension *f*

caja (cuerpo luminoso) *f*
Ale: Gehäuse (Leuchtkörper) *n*
Ing: housing (lamps) *n*
Fra: boîtier (projecteur) *m*

caja adaptadora (limpiaparabrisas) *f*
Ale: Adapterbox (Wischer) *f*
Ing: adapter box (wipers) *n*
Fra: boîte d'adaptateurs (essuie-glace) *f*

caja de aleación ligera *f*
Ale: Leichtmetallgehäuse *n*
Ing: light metal housing *n*
Fra: carter en alliage léger *m*

caja de bolas (accionamiento de puerta) *f*
Ale: Kugelkäfig (Türbetätigung) *m*
Ing: bearing cage (door control) *n*
Fra: cage à billes (commande des portes) *f*

caja de cambios bajo carga *f*
Ale: Lastschaltgetriebe *n*
Ing: power shift transmission *n*
Fra: boîte de vitesses à train épicycloïdal *f*

caja de cambios de relación constante *f*
Ale: Zahnradstufengetriebe *n*
Ing: fixed ratio gearbox *n*
Fra: boîte multi-étagée à engrenages *f*

caja de cambios de relación variable *f*
Ale: Zahnradwechselgetriebe *n*
Ing: variable ratio gear transmission *n*
Fra: boîte à engrenages *f*

caja de carga (vehículo industrial) *f*
Ale: Pritsche (Nfz) *f*
Ing: flatbed (commercial vehicle) *n*
Fra: plateforme *f*

caja de clavijas *f*
Ale: Stiftgehäuse *n*
Ing: pin housing *n*
Fra: boîtier à contacts mâles *m*

caja de conexión *f*
Ale: Anschlusskasten *m*
Ing: terminal box *n*
Fra: boîte de jonction *f*

caja de conexiones *f*
Ale: Schaltkasten *m*
Ing: switch box *n*
Fra: boîte de commande *f*

caja de depresión *f*
Ale: Unterdruckdose *f*
(Druckdose) *f*
Ing: vacuum unit *n*
Fra: capsule à dépression *f*

caja de dirección *f*
Ale: Lenkgehäuse *n*
Ing: steering gear housing *n*
(steering-gear box) *n*
Fra: boîtier de direction *m*

caja de distribución *f*
Ale: Verteilerkasten *m*
Ing: distributor box *n*
Fra: boîte de distribution *f*

caja de distribución de batería *f*
Ale: Batterie-Verteilerkasten *m*
Ing: battery distributor box *n*
Fra: boîte de distribution de batterie *f*

caja de distribución eléctrica *f*
Ale: Stromverteilerkasten *m*
Ing: electrical distribution box *n*
Fra: boîte de distribution électrique *f*

caja de embrague *f*
Ale: Kupplungsgehäuse *n*
Ing: clutch housing *n*
Fra: carter d'embrayage *m*

caja de enchufe *f*
Ale: Steckdose *f*
Ing: socket *n*
Fra: prise *f*

caja de enchufe *f*
Ale: Steckergehäuse *n*
Ing: plug housing *n*
Fra: boîtier de connecteur *m*

caja de enchufe *f*
Ale: Steckergehäuse *n*
Ing: connector shell *n*
Fra: boîtier de connecteur *m*

caja de enchufe de diagnóstico *f*
Ale: Diagnosesteckdose *f*
Ing: diagnosis socket *n*
Fra: prise de diagnostic *f*

caja de engranajes de ajuste longitudinal *f*
Ale: Längsverstellgetriebe *n*
Ing: longitudinal-adjustment gearing *n*
Fra: réducteur de réglage en approche *m*

caja de faro *f*
Ale: Scheinwerfergehäuse *n*
Ing: headlamp housing *n*
Fra: boîtier de projecteur *m*

caja de fusibles *f*
Ale: Sicherungsdose *f*
Ing: fuse box *n*
Fra: boîte à fusibles *f*

caja de hembrillas de contacto *f*
Ale: Steckhülsengehäuse *n*
Ing: socket housing *n*
Fra: boîtier pour fiches femelles *m*

caja de rejilla *f*
Ale: Gitterbox *f*
Ing: meshed container *n*
Fra: conteneur à claire-voie *m*

caja de relés *f*
Ale: Relaiskasten *m*

Ing: relay box *n*
Fra: boîte à relais *f*

caja de transferencia ***f***
Ale: Verteilergetriebe *n*
Ing: transfer case *n*
Fra: boîte de transfert *f*

caja de transferencia ***f***
Ale: Verteilergetriebe *n*
Ing: distributor gearing *n*
Fra: boîte de transfert *f*

caja de unidad de iluminación ***f***
Ale: Leuchtengehäuse *n*
Ing: lamp housing *n*
Fra: boîtier de feu *m*

caja de unidades de control ***f***
Ale: Steuergerätebox *f*
Ing: control unit box *n*
Fra: boîtier de calculateurs *m*

caja distribuidora ***f***
Ale: Verteilerbüchse *f*
Ing: distributor head bushing *n*
Fra: chemise *f*

caja intercambiable (filtro) ***f***
Ale: Wechselbox (Filter) *f*
Ing: fuel filter exchange box (filter) *n*
Fra: filtre-box interchangeable (filter) *m*

caja pasarruedas ***f***
Ale: Radkasten *m*
(Radlauf) *m*
Ing: wheel housing *n*
(wheel arch) *n*
Fra: passage de roue *m*

calandra ***f***
Ale: Kühlergrill *m*
Ing: radiator grill *n*
Fra: calandre *f*

calce de tracción ***m***
Ale: Ziehkeil *m*
Ing: adjusting wedge *n*
Fra: clavette coulissante *f*

cálculo de conductores ***m***
Ale: Leitungsberechnung *f*
Ing: calculation of conductor sizes *n*
Fra: calcul des conducteurs *m*

cálculo de ruta (sistema de navegación) ***m***
Ale: Routenberechnung (Navigationssystem) *f*
Ing: route computation (vehicle navigation system) *n*
Fra: calcul d'itinéraire *m*

cálculo del caudal de arranque ***m***
Ale: Startmengenberechnung *f*
Ing: start quantity calculation *n*
Fra: calcul du débit de surcharge au démarrage *m*

cálculo del par de bloqueo ***m***
Ale: Sperrmomentberechnung *f*
Ing: calculation of lock up torque *n*
Fra: calcul du couple de blocage *m*

calefacción adicional ***f***
Ale: Zusatzheizung *f*
Ing: auxiliary heater *n*
Fra: chauffage auxiliaire *m*

calefacción adicional de líquido refrigerante ***f***
Ale: Kühlmittel-Zusatzheizung *f*
Ing: coolant auxiliary heater *n*
Fra: chauffage auxiliaire de liquide de refroidissement *m*

calefacción automática ***f***
Ale: Heizautomatik *f*
Ing: automatic heater *n*
Fra: chauffage automatique *m*

calefacción automática ***f***
Ale: Heizungsautomatik *f*
Ing: automatic heater control *n*
Fra: système de chauffage automatique *m*

calefacción de asiento ***f***
Ale: Sitzheizung *f*
Ing: seat heating *n*
Fra: chauffage de siège *m*

calefacción de catalizador ***f***
Ale: Katalysatorheizung *f*
Ing: catalyst heating system *n*
Fra: chauffage de catalyseur *m*

calefacción de cerradura de puerta ***f***
Ale: Türschlossheizung *f*
Ing: door lock heating *n*
Fra: chauffage de serrure de porte *m*

calefacción de filtro ***f***
Ale: Filterheizung *f*
Ing: filter heating *n*
Fra: réchauffage du filtre *m*

calefacción de líquido refrigerante ***f***
Ale: Kühlwasserheizung *f*
Ing: coolant heater *n*
Fra: chauffage d'eau de refroidissement *m*

calefacción del espejo ***f***
Ale: Spiegelheizung *f*
Ing: mirror heating *n*
Fra: chauffage de rétroviseur *m*

calefacción del parabrisas ***f***
Ale: Frontscheibenheizung *f*
Ing: windshield heater *n*
Fra: chauffage de pare-brise *m*

calefacción independiente ***f***
Ale: Standheizung *f*
Ing: auxiliary heater *n*
Fra: chauffage auxiliaire *m*

calefactor ***m***
Ale: Heizkörper *m*
Ing: heater core *n*
Fra: radiateur *m*

calefactor auxiliar ***m***
Ale: Zuheizer *m*
Ing: auxiliary heater *n*
Fra: chauffage d'appoint *m*

calefactor de vehículo ***m***
Ale: Wagenheizer *m*
(Wagenheizung) *f*
Ing: vehicle heater *n*
Fra: chauffage d'habitacle *m*

calentamiento ***m***
Ale: Warmlauf *m*
Ing: warm up *v*
Fra: mise en action *f*

calentamiento estratificado del catalizador ***m***
Ale: Schicht-Katheizen *n*
Ing: stratified catalyst heating operating mode *n*
Fra: mode stratifié de chauffage *m*

calentar posteriormente a incandescencia ***v***
Ale: nachglühen *v*
Ing: post glow *n*
Fra: post-incandescence *f*

calibración ***f***
Ale: Kalibrierung *f*
Ing: calibration *n*
Fra: calibrage *m*

calibración de frenos ***f***
Ale: Bremsabstimmung *f*
Ing: brake calibration *n*
Fra: équilibrage des freins *m*

calibración de frenos ***f***
Ale: Bremsenabstimmung *f*
Ing: brake balance *n*
Fra: adaptation des freins (aux différents véhicules) *f*

calidad de ejecución ***f***
Ale: Ausführungsqualität *f*
Ing: quality of manufacture *n*
Fra: qualité d'exécution *f*

calidad de impregnación ***f***
Ale: Imprägnierqualität *f*
Ing: impregnation quality *n*
Fra: qualité d'imprégnation *f*

calidad del aceite ***f***
Ale: Ölqualität *f*
Ing: oil grade *n*
Fra: qualité d'huile *f*

calor de combustión ***m***
Ale: Verbrennungswärme *f*
Ing: combustion heat *n*
Fra: chaleur dégagée par la combustion *f*

calor de evaporación ***m***
Ale: Verdampfungswärme *f*
Ing: heat of evaporation *n*
Fra: chaleur d'évaporation *f*

calor de frenado ***m***
Ale: Bremswärme *f*
Ing: braking heat *n*
Fra: chaleur de freinage *f*

calor de los gases de escape ***m***
Ale: Abgaswärme *f*
Ing: exhaust heat *n*

Español

Fra: chaleur des gaz d'échappement f

cámara anecoica f
Ale: Absorberhalle f
(Absorberraum) m
Ing: anechoic chamber n
(absorber room) n
Fra: salle anéchoïde f
(chambre anéchoïde) f

cámara de admisión (bomba de inyección) f
Ale: Saugraum (Einspritzpumpe) m
(Pumpensaugraum) m
Ing: fuel gallery (fuel-injection pump) n
Fra: galerie d'alimentation (pompe d'injection) f

cámara de aire f
Ale: Luftkammer f
Ing: air chamber n
Fra: chambre d'air f

cámara de alta presión (bomba de inyección) f
Ale: Hochdruckraum (Einspritzpumpe) m
(Druckraum) m
Ing: plunger chamber (fuel-injection pump) n
Fra: chambre de refoulement (pompe d'injection) f

cámara de amortiguación (válvula de suspensión neumática) f
Ale: Dämpfungskammer (Luftfederventil) f
(Dämpfungsraum) m
Ing: damping chamber (height-control chamber) n
Fra: chambre d'amortissement (valve de nivellement) f

cámara de amplificación f
Ale: Verstärkerraum m
Ing: booster chamber n
Fra: chambre d'amplification f

cámara de baja presión f
Ale: Niederdruckraum m
Ing: low pressure chamber n
Fra: chambre basse pression f

cámara de cilindro f
Ale: Zylinderkammer f
Ing: cylinder chamber n
Fra: chambre du vérin f

cámara de combustible f
Ale: Kraftstoffkammer (Kraftstoffdruckregler) f
Ing: fuel chamber (fuel-pressure regulator) n
Fra: chambre à carburant (amortisseur de pression) f

cámara de combustión (comprobador de gases de escape) f
Ale: Brennkammer (Abgastester) f
Ing: burner (emissions testing) n
Fra: chambre de combustion (émissions) f

cámara de combustión (motor de combustión) f
Ale: Brennraum (Verbrennungsmotor) m
(Verbrennungsraum) m
Ing: combustion chamber (IC engine) n
Fra: chambre de combustion (moteur à combustion) f

cámara de combustión f
Ale: Verbrennungsraum m
Ing: combustion chamber n
Fra: chambre de combustion f

cámara de combustión del motor f
Ale: Motorbrennraum m
Ing: combustion chamber, CC n
Fra: chambre de combustion du moteur f

cámara de combustión principal f
Ale: Hauptbrennraum m
(Hauptverbrennungsraum) m
Ing: main combustion chamber n
Fra: chambre de combustion principale f

cámara de compresión f
Ale: Verdichtungsraum m
(Kompressionsvolumen) n
Ing: compression space n
(compression volume) n
Fra: volume de compression m

cámara de elemento (Common Rail) f
Ale: Elementraum (Common Rail) m
Ing: element chamber (common rail) n
Fra: chambre d'élément (« Common Rail ») f

cámara de encendido f
Ale: Zündkammer f
Ing: ignition chamber n
Fra: chambre d'allumage f

cámara de expansión f
Ale: Expansionsgefäß n
Ing: expansion chamber n
Fra: vase d'expansion m

cámara de flujo helicoidal f
Ale: Dralltopf m
Ing: swirl plate n
Fra: pot de giration m

cámara de inyectores f
Ale: Düsenraum m
Ing: nozzle chamber n
Fra: chambre d'injecteur f

cámara de la bomba f
Ale: Pumpenförderraum m
Ing: pump chamber n
Fra: chambre de refoulement de la pompe f

cámara de los álabes (retardador hidrodinámico) f
Ale: Schaufelraum (hydrodynamischer Verlangsamer) m
Ing: rotor chamber (hydrodynamic retarder) n
Fra: volume entre les palettes du rotor (ralentisseur hydrodynamique) m

cámara de medición (comprobación de gases de escape) f
Ale: Messkammer (Abgasprüfung) f
Ing: measuring chamber (exhaust-gas test) n
Fra: chambre de mesure (gaz CO) f

cámara de mezcla f
Ale: Mischkammer f
Ing: venturi n
Fra: chambre de mélange f

cámara de presión (inyector) f
Ale: Druckkammer (Einspritzdüse) f
(Düsen-Druckkammer) f
Ing: pressure chamber (injection nozzle) n
Fra: chambre de pression (injecteur) f

cámara de presión f
Ale: Druckraum m
Ing: high pressure chamber n
Fra: chambre de pression f

cámara de presión f
Ale: Druckraum m
Ing: plunger chamber n
Fra: chambre de pression f

cámara de presión (regulador de presión de combustible) f
Ale: Federkammer (Kraftstoffdruckregler) f
Ing: pressure chamber (fuel-pressure regulator) n
Fra: chambre à ressort (régulateur de pression du carburant) f

cámara de reacción f
Ale: Reaktionskammer f
Ing: reaction chamber n
Fra: chambre de réaction f

cámara de recepción (comprobador de gases de escape) f
Ale: Empfängerkammer (Abgastester) f
Ing: receiving chamber (CO test) n
Fra: collecteur (testeur de CO) m

cámara de resonancia f

Español

Ale: Resonanzkammer *f*
(Resonanzbehälter) *m*
Ing: resonance chamber *n*
Fra: boîte à résonance *f*

cámara de resorte ***f***
Ale: Federraum *m*
Ing: spring chamber *n*
Fra: chambre de ressort *f*

cámara de trabajo (servofreno) ***f***
Ale: Arbeitskammer (Bremskraftverstärker) *f*
Ing: working chamber (brake booster) *n*
Fra: chambre de travail (servofrein) *f*

cámara de turbulencia (motor de combustión) ***f***
Ale: Wirbelkammer (Verbrennungsmotor) *f*
(Nebenbrennraum) *m*
(Nebenkammer) *f*
Ing: whirl chamber (IC engine) *n*
Fra: chambre de turbulence *f*
(préchambre) *f*

cámara superior ***f***
Ale: Oberkammer *f*
Ing: upper chamber *n*
Fra: chambre supérieure *f*

cambiador ***m***
Ale: Wechsler *m*
(Umschalter) *m*
Ing: changeover contact *n*
Fra: contact bidirectionnel *m*
(inverseur) *m*

cambio ***m***
Ale: Getriebe *n*
(Wechselgetriebe) *n*
Ing: transmission *n*
Fra: boîte de vitesses *f*
(transmission) *f*

cambio a marcha inferior ***m***
Ale: Rückschaltung *f*
Ing: downshift *n*
Fra: rétrogradation *f*
(descente des rapports) *f*

cambio automático ***m***
Ale: Automatikgetriebe *n*
Ing: automatic transmission *n*
Fra: boîte de vitesses automatique *f*

cambio automático electrónico ***m***
Ale: elektronisches Automatikgetriebe *n*
Ing: electronic automatic transmission *n*
Fra: boîte de vitesses automatique à commande électronique *f*

cambio de carga ***m***
Ale: Lastwechsel *m*
Ing: load changes *n*
(throttle change) *n*
Fra: transfert de charge *m*
(variation de la charge) *f*

cambio de carga ***m***
Ale: Lastwechsel *m*
Ing: change of load *n*
Fra: transfert de charge *m*
(variation de la charge) *f*

cambio de carga ***m***
Ale: Lastwechsel *m*
Ing: load changes *n*
Fra: alternance de charge *f*
(variation de la charge) *f*

cambio de cinco marchas ***m***
Ale: Fünf-Gang-Getriebe *n*
Ing: five speed transmission *n*
Fra: boîte à 5 rapports *f*

cambio de color ***m***
Ale: Farbumschlag *m*
Ing: color change *n*
Fra: virage de couleur *m*

cambio de cuatro marchas ***m***
Ale: Vier-Gang-Getriebe *n*
Ing: four speed transmission *n*
Fra: boîte à 4 rapports *f*

cambio de marcha ***m***
Ale: Gangschaltung *f*
Ing: gear shift *n*
Fra: commande des vitesses *f*

cambio de modo de operación ***m***
Ale: Betriebsartenwechsel *m*
Ing: operating mode switch-over *n*
Fra: changement de mode de fonctionnement du moteur *m*

cambio de presión ***m***
Ale: Druckänderung *f*
Ing: pressure change *n*
Fra: modification de la pression *f*

cambio de reducción simple ***m***
Ale: einstufiges Getriebe *n*
Ing: single stage transmission *n*
Fra: boîte mono-étagée *f*

cambio manual (cambio del vehículo) ***m***
Ale: Gangschaltgetriebe (Kfz-Getriebe) *n*
(Schaltgetriebe) *n*
Ing: manually stifted transmission *n*
Fra: boîte de vitesses mécanique *f*

cambio manual ***m***
Ale: Handschaltgetriebe *n*
(Schaltgetriebe) *n*
(Gangschaltgetriebe) *n*
Ing: manual transmission *n*
(manual transmission) *n*
Fra: boîte de vitesses classique *f*
(boîte de vitesses classique) *f*

cambio manual ***m***
Ale: Schaltgetriebe *n*
Ing: manual transmission *n*
(manual transmission) *n*
Fra: boîte de vitesses classique *f*

cambio multivelocidades ***m***
Ale: Mehrstufengetriebe *n*
Ing: multi speed gearbox *n*
Fra: boîte de vitesses multi-étagée *f*

cambio por convertidor de par ***m***
Ale: Wandlergetriebe *n*
Ing: torque converter transmission *n*
Fra: boîte de vitesses à convertisseur de couple *f*

camión ***m***
Ale: Lastkraftwagen *m*
Ing: truck *n*
Fra: poids lourd *m*

camión ***m***
Ale: Lkw *m*
Ing: truck *n*
Fra: camion *m*

camión de plataforma (vehículo industrial) ***m***
Ale: Pritschenfahrzeug (Nfz) *n*
Ing: platform body vehicle (commercial vehicle) *n*
Fra: camion à plateau de transport *m*

camión plancha (vehículo industrial) ***m***
Ale: Pritschenwagen (Nfz) *m*
Ing: flatbed truck (commercial vehicle) *n*
Fra: camion-plateau *m*

camioneta de reparto ***f***
Ale: Lieferwagen *m*
Ing: delivery van *n*
Fra: fourgonnette *f*

camisa ***f***
Ale: Mantel *m*
Ing: cladding *n*
Fra: gaine *f*

campana de embrague ***f***
Ale: Kupplungsglocke *f*
Ing: clutch bell *n*
Fra: cloche d'embrayage *f*

campana deformable ***f***
Ale: Pralltopf *m*
Ing: baffle *n*
Fra: pot antichoc *m*

campana extractora ***f***
Ale: Abziehglocke *f*
Ing: extractor bell *n*
Fra: cloche d'extraction *f*

campo característico de encendido ***m***
Ale: Zündkennfeld *n*
(Zündwinkelkennfeld) *n*
Ing: ignition map *n*
Fra: cartographie d'allumage *f*

campo de barrido del limpiaparabrisas ***m***
Ale: Scheibenwischer-Wischfeld *n*
Ing: windshield wiper pattern *n*
Fra: champ de balayage des essuie-glaces *m*

campo de barrido del limpiaparabrisas ***m***
Ale: Wischfeld *n*
Ing: wipe pattern *n*
Fra: champ de balayage *m*

campo de características de corrección de presión ***m***
Ale: Druckkorrekturkennfeld *n*
Ing: pressure correction map *n*
Fra: cartographie de correction de pression *f*

campo de excitación ***m***
Ale: Erregerfeld *n*
Ing: excitation field *n*
Fra: champ d'excitation *m*

campo de fuerza centrífuga ***m***
Ale: Fliehkraftfeld *n*
Ing: centrifugal force field *n*
Fra: champ centrifuge *m*

campo de imán permanente ***m***
Ale: Permanentmagnetfeld *n*
Ing: permanent magnet field *n*
Fra: excitation permanente *f*

campo de regulación ***m***
Ale: Regelbereich *m*
Ing: control range *n*
Fra: plage de régulation *f*

campo eléctrico ***m***
Ale: elektrisches Feld *n*
Ing: electric field *n*
Fra: champ électrique *m*

campo giratorio del estator ***m***
Ale: Ständerdrehfeld *n*
Ing: rotating stator field *n*
Fra: champ tournant statorique *m*

campo magnético ***m***
Ale: Magnetfeld *n*
(magnetische Feldstärke) *f*
Ing: magnetic field *n*
(magnetic field strength) *n*
Fra: champ magnétique *m*

campo magnético de preexcitación ***m***
Ale: Vorerregermagnetfeld *n*
Ing: preexcitation magnetic field *n*
Fra: champ magnétique d'amorçage *m*

campo permanente ***m***
Ale: Permanentfeld *n*
Ing: permanent magnet field *n*
Fra: excitation permanente *f*

campo perturbador ***m***
Ale: Störfeld *n*
Ing: noise field *n*
(interference field) *n*
Fra: champ parasitaire *m*

campo ultrasónico (alarma de vehículo) ***m***
Ale: Ultraschallfeld (Autoalarm) *n*
Ing: ultrasonic field (car alarm) *n*
Fra: champ ultrasonique (alarme auto) *m*

campo visual ***m***
Ale: Blickfeld *n*
Ing: field of vision *n*
Fra: champ de vision *m*

canal anular ***m***
Ale: Ringkanal *m*
Ing: annular groove *n*
Fra: canal annulaire *m*

canal anular de lubricación ***m***
Ale: Ringschmierkanal *m*
Ing: annular lubrication channel *n*
Fra: conduit annulaire de lubrification *m*

canal de admisión (motor de combustión) ***m***
Ale: Ansaugkanal (Vrebrennungsmotor) *m*
(Ansaugweg) *m*
Ing: intake port (IC engine) *n*
Fra: canal d'admission *m*

canal de admisión ***m***
Ale: Ansaugweg *m*
Ing: intake port *n*
Fra: course d'admission *f*

canal de admisión (motor de combustión) ***m***
Ale: Einlasskanal (Verbrennungsmotor) *m*
Ing: intake duct (IC engine) *n*
Fra: conduit d'admission *m*

canal de admisión (motor de combustión) ***m***
Ale: Einlasskanal (Verbrennungsmotor) *m*
Ing: intake passage (IC engine) *n*
Fra: conduit d'admission *m*

canal de aspiración ***m***
Ale: Absaugkanal *m*
Ing: extraction duct *n*
Fra: conduit d'aspiration *m*

canal de aspiración (motor de combustión) ***f***
Ale: Saugkanal (Verbrennungsmotor) *m*
Ing: intake port (IC engine) *n*
(induction port) *n*
Fra: canal d'admission *m*

canal de cables ***m***
Ale: Kabelkanal *m*
Ing: cable duct *n*
Fra: goulotte *f*

canal de escape (motor de combustión) ***m***
Ale: Auslasskanal (Verbrennungsmotor) *m*
Ing: exhaust port (IC engine) *n*
Fra: conduit d'échappement *m*

canal de paso espiral ***m***
Ale: Drallkanal *m*
Ing: swirl duct *n*
Fra: conduit de turbulence *m*

canal de presión ***m***
Ale: Druckkanal *m*
Ing: pressure passage *n*
Fra: canal de refoulement *m*

canal de rebose ***m***
Ale: Überströmkanal *m*
Ing: transfer passage *n*
Fra: canal de transfert *m*

canal de regulación (grupo hidráulico del ABS) ***m***
Ale: Regelkanal (ABS-Hydroaggregat) *m*
Ing: control channel (ABS hydraulic modulator) *n*
Fra: canal de régulation (groupe hydraulique ABS) *f*

canal tangencial ***m***
Ale: Tangentenkanal *m*
Ing: tangential channel *n*
Fra: conduit tangentiel *m*

canaleta de desagüe ***f***
Ale: Ablaufrinne *f*
Ing: drainage channel *n*
Fra: rigole *f*

cantidad adicional de combustible ***f***
Ale: Kraftstoff-Mehrmenge *f*
Ing: excess fuel *n*
Fra: surdébit de carburant *m*

cantidad de calor ***f***
Ale: Wärmemenge *f*
Ing: quantity of heat *n*
Fra: rendement thermodynamique *m*

cantidad de corrección ***f***
Ale: Korrekturmenge *f*
Ing: correction quantity *n*
Fra: volume de correction *m*

cantidad de saturación (humedad del aire) ***f***
Ale: Sättigungsmenge (Luftfeuchtigkeit) *f*
Ing: saturation point (water content) *n*
Fra: quantité de saturation (humidité de l'air) *f*

capa absorbente ***f***
Ale: Absorberschicht *f*
(Adsorptionsschicht) *f*
Ing: absorber layer *n*
(adsorption layer) *n*
Fra: couche d'absorption *f*

capa barrera ***f***
Ale: Sperrschicht *f*
Ing: depletion layer *n*
(barrier junction) *n*
Fra: couche de déplétion *f*
(jonction) *f*

capa catalítica ***f***
Ale: katalytische Beschichtung *f*
Ing: catalytic layer *n*
Fra: revêtement catalytique *m*

capa cerámica ***f***

Ale: Keramikschicht (Lambda-Sonde) *f*
Ing: ceramic layer (lambda oxygen sensor) *n*
Fra: couche de céramique (sonde à oxygène) *f*

capa de carcasa *f*
Ale: Karkasslage *f*
Ing: tire casing *n*
Fra: pli de carcasse *m*

capa de deslizamiento *f*
Ale: Gleitschicht *f*
(Laufschicht) *f*
Ing: liner *n*
Fra: couche antifriction *f*

capa de dispersión *f*
Ale: Dispersionsschicht *f*
Ing: dispersion coating *n*
Fra: couche de dispersion *f*

capa de impregnación *f*
Ale: Imprägnierschicht *f*
Ing: impregnation layer *n*
Fra: couche d'imprégnation *f*

capa de penetración *f*
Ale: Einlaufschicht *f*
Ing: penetration coating *n*
Fra: couche pénétrante *f*

capa de reacción de óxido *f*
Ale: Oxid-Reaktionsschicht *f*
Ing: oxide reaction layer *n*
Fra: couche de réaction aux oxydes *f*

capa de vapor *f*
Ale: Dampfschicht *f*
Ing: vapor layer *n*
Fra: couche vaporisée *f*

capa esmaltada *f*
Ale: Emailüberzug *m*
Ing: enamel coating *n*
Fra: revêtement en émail *m*

capa exterior (catalizador) *f*
Ale: Außenschale (Katalysator) *f*
Ing: outer wrap (catalyst) *n*
Fra: enveloppe extérieure (catalyseur) *f*

capa Hall *f*
Ale: Hall-Schicht *f*
Ing: hall layer *n*
Fra: couche Hall *f*

capa límite *f*
Ale: Grenzschicht *f*
Ing: boundary layer *n*
Fra: couche interfaciale *f*

capa polimérica antifricción *f*
Ale: Polymergleitschicht *f*
Ing: polymer liner *n*
Fra: couche antifriction polymère *f*

capa protectora *f*
Ale: Deckanstrich *m*
Ing: protective coat *n*
Fra: couche de finition *f*

capa protectora *f*
Ale: Deckschicht *f*
Ing: protective layer *n*
Fra: couche de finition *f*

capa protectora *f*
Ale: Schutzschicht *f*
Ing: protective film *n*
Fra: couche protectrice *f*

capa reflectora *f*
Ale: Reflexionsschicht *f*
Ing: reflective layer *n*
Fra: couche réfléchissante *f*

capa semiconductora *f*
Ale: Halbleiterschicht *f*
Ing: semiconductor layer *n*
Fra: couche semi-conductrice *f*

capacidad de absorción de calor *f*
Ale: Wärmeaufnahmevermögen *n*
Ing: heat absorbing property *n*
Fra: capacité d'absorption thermique *f*

capacidad de acumulación de calor *f*
Ale: Wärmespeichervermögen *n*
Ing: thermal absorption capacity *n*
Fra: capacité thermique *f*

capacidad de almacenamiento *f*
Ale: Speicherkapazität *f*
Ing: storage capacity *n*
(memory capacity) *n*
Fra: capacité de stockage *f*

capacidad de almacenamiento de oxígeno *f*
Ale: Sauerstoffspeicherfähigkeit *f*
Ing: oxygen storage capacity *n*
Fra: capacité d'accumulation d'oxygène *f*

capacidad de arranque *f*
Ale: Startfähigkeit *f*
Ing: startability *n*
Fra: capacité de démarrage *f*

capacidad de aspiración *f*
Ale: Ansaugleistung *f*
Ing: suction capacity *n*
Fra: capacité d'aspiration *f*

capacidad de carga *f*
Ale: Tragfähigkeit *f*
Ing: load capacity *n*
Fra: capacité de charge *f*

capacidad de enfriamiento *f*
Ale: Kühlleistung *f*
Ing: cooling capacity *n*
Fra: capacité de refroidissement *f*

capacidad de la batería *f*
Ale: Batteriekapazität *f*
Ing: battery capacity *n*
Fra: capacité de batterie *f*

capacidad de memoria *f*
Ale: Speichergröße *f*
Ing: memory capacity *n*
Fra: capacité mémoire *f*

capacidad de vadeo *f*
Ale: Watfähigkeit *f*
Ing: wading capability *n*
Fra: guéabilité *f*

capacidad del actuador *f*
Ale: Aktorkapazität *f*
Ing: actuator charge *n*
Fra: charge de l'actionneur *f*

capacidad nominal (batería) *f*
Ale: Nennkapazität (Batterie) *f*
(Nennleistung) *f*
(Batteriekapazität) *f*
Ing: nominal capacity (battery) *n*
Fra: capacité nominale (batterie) *f*

capaz de ignición *loc*
Ale: zündfähig *adj*
Ing: ignitable *n*
Fra: inflammable *adj*

caperuza (capó de motor) *f*
Ale: Haube (Motorhaube) *f*
Ing: hood *n*
(engine hood) *n*
Fra: capuchon *m*

caperuza anti-erosión (válvula de inyección) *f*
Ale: Prallkappe (Einspritzventil) *f*
Ing: anti erosion cap (fuel injector) *n*
Fra: capuchon anti-érosion (injecteur) *m*

caperuza de apantallado (distribuidor de encendido) *f*
Ale: Abschirmhaube (Zündverteiler) *f*
Ing: shielding cover (ignition distributor) *n*
Fra: calotte de blindage (allumeur) *f*

caperuza de plástico *f*
Ale: Kunststoffhaube *f*
Ing: plastic hood *n*
Fra: capot en plastique *m*

caperuza del distribuidor de encendido *f*
Ale: Zündverteilerkappe *f*
(Verteilerkappe) *f*
Ing: distributor cap *n*
Fra: tête d'allumeur *f*

caperuza estanqueizante *f*
Ale: Dichtungskappe *f*
Ing: sealing cap *n*
Fra: calotte d'étanchéité *f*

caperuza guardapolvo *f*
Ale: Staubkappe *f*
Ing: dust cap *n*
Fra: capuchon antipoussière *m*

caperuza protectora *f*
Ale: Schutzhaube *f*
Ing: protective hood *n*
Fra: capot de protection *m*

capó del motor *m*
Ale: Motorhaube *f*
Ing: hood *n*
Fra: capot moteur *m*

cápsula altimétrica *f*
Ale: Höhendose *f*
Ing: altitude capsule *n*
Fra: capsule altimétrique *f*

cápsula barométrica *f*
Ale: Barometerdose *f*
Ing: barometric capsule *n*
Fra: capsule barométrique *f*

cápsula de avance (distribuidor de encendido) *f*
Ale: Frühdose (Zündverteiler) *f*
Ing: advance unit (ignition distribution) *n*
Fra: capsule d'avance *f*

cápsula de depresión de mariposa espiral *f*
Ale: Drallklappen-Unterdruckdose *f*
Ing: swirl flap vacuum unit *n*
Fra: capsule à dépression de volet de turbulence *f*

cápsula de la membrana *f*
Ale: Membrandose *f*
(Steuerdose) *f*
Ing: diaphragm unit *n*
(aneroid capsule) *n*
Fra: capsule à membrane *f*
(capsule manométrique) *f*

cápsula de mando *f*
Ale: Steuerdose *f*
Ing: aneroid capsule *n*
Fra: capsule de commande *f*

cápsula de presión *f*
Ale: Druckdose *f*
(Membrandose) *f*
Ing: aneroid capsule *n*
(diaphragm unit) *n*
(vacuum unit) *n*
Fra: capsule manométrique *f*

cápsula para muelle *f*
Ale: Federhalter *m*
(Federkapsel) *f*
Ing: spring retainer *n*
Fra: coupelle *f*
(support de ressort) *m*

captación de datos de medición *f*
Ale: Messdatenerfassung *f*
Ing: measuring data acquisition *n*
Fra: saisie des paramètres de mesure *f*

captación del par de dirección *f*
Ale: Lenkmomentsensierung *f*
Ing: steering wheel torque sensing *n*
Fra: saisie du couple de braquage *f*

captador *m*
Ale: Aufnehmer *m*
Ing: mounting *n*
Fra: support *m*

captador de aceleración *m*
Ale: Beschleunigungsaufnehmer *m*
Ing: acceleration sensor *n*
Fra: accéléromètre *m*

captador de fase *m*
Ale: Phasengeber *m*
(Phasensensor) *m*
Ing: phase sensor *n*
Fra: capteur de phase *m*

captador de la carrera de la aguja *m*
Ale: Nadelhubgeber *m*
Ing: needle lift sensor *n*
Fra: capteur de levée d'aiguille *m*

captador de la tensión de encendido *m*
Ale: Zündspannungsgeber *m*
Ing: ignition voltage pick-up *n*
Fra: capteur de tension d'allumage *m*

captador de nivel (suspensión neumática) *m*
Ale: Niveaugeber (Luftfederung) *m*
Ing: level sensor (air suspension) *n*
Fra: capteur de niveau (suspension pneumatique) *m*

captador de posición del pedal *m*
Ale: Pedalwertgeber *m*
Ing: pedal travel sensor *n*
Fra: capteur de position d'accélérateur *m*

captador de velocidad nominal *m*
Ale: Geschwindigkeits-Sollgeber *m*
Ing: speed preselect, SP *n*
Fra: capteur de vitesse de consigne *m*

captador inductivo de posición *m*
Ale: induktiver Weggeber *m*
Ing: inductive position pick-up *n*
Fra: capteur de déplacement inductif *m*

captador piezoeléctrico de sonido *m*
Ale: piezoelektrischer Schallaufnehmer *m*
Ing: vibration sensor *n*
Fra: capteur piézoélectrique de vibrations *m*

característica de ajuste *f*
Ale: Verstellcharakteristik *f*
Ing: timing characteristic *n*
Fra: caractéristique d'avance *f*

característica de avería *f*
Ale: Fehlermerkmal *n*
Ing: fault characteristic *n*
Fra: symptôme de défaut *m*

característica de carga *f*
Ale: Belastungskennlinie *f*
Ing: load characteristic *n*
Fra: caractéristique de charge *f*

característica de carga (batería) *f*
Ale: Ladekennlinie (Batterie) *f*
Ing: charging characteristic (battery) *n*
Fra: caractéristique de charge (batterie) *f*

característica de control de torque (inyección diesel) *f*
Ale: Angleichverlauf (Dieseleinspritzung) *m*
Ing: torque control characteristic *n*
Fra: caractéristique de correction de débit *f*

característica de desconexión *f*
Ale: Abschaltkennlinie (AGR) *f*
Ing: cut-out characteristic (EGR) *n*
Fra: caractéristique de coupure (EGR) *f*

característica de frenado *f*
Ale: Bremsenkennwert *m*
Ing: brake coefficient *n*
Fra: facteur de frein *m*

característica de la limitación reguladora (inyección diesel) *f*
Ale: Abregelverlauf (Dieseleinspritzung) *m*
Ing: breakaway characteristic (diesel fuel injection) *n*
Fra: caractéristique de coupure de débit *f*

característica de marcha de emergencia *f*
Ale: Notlaufeigenschaft *f*
Ing: limp home characteristic *n*
Fra: capacité de fonctionnement en mode dégradé *f*

característica de paso (diodo rectificador) *f*
Ale: Durchlasskennlinie (Gleichrichterdiode) *f*
Ing: on state characteristic (rectifier diode) *n*
Fra: caractéristique tension-courant à l'état passant (diode redresseuse) *f*

característica del regulador *f*
Ale: Reglercharakteristik *f*
Ing: governor characteristics (mechanical governor) *n*
Fra: caractéristique du régulateur *f*

característica del sensor *f*
Ale: Sensorcharakteristik *f*
Ing: sensor characteristic *n*
Fra: caractéristique de capteur *f*

carburador *m*
Ale: Vergaser *m*
Ing: carburetor *n*
Fra: carburateur *m*

carburador de dos etapas *m*
Ale: Registervergaser *m*
Ing: two stage carburetor *n*
Fra: carburateur étagé *m*

carburador de flujo horizontal *m*
Ale: Flachstrom-Vergaser *m*
Ing: horizonta -draft carburetor *n*
Fra: carburateur horizontal *m*

carburador descendente *m*
Ale: Fallstrom-Vergaser *m*

Ing: downdraft carburetor *n*
Fra: carburateur inversé *m*

carburador doble ***m***
Ale: Doppelvergaser *m*
Ing: dual carburetor *n*
(duplex caburetor) *n*
Fra: double carburateur *m*

carcasa de cilindro ***f***
Ale: Zylindergehäuse *n*
Ing: cylinder housing *n*
Fra: carter de cylindre *m*

carcasa de conexión ***f***
Ale: Anschlussgehäuse *n*
Ing: connection housing *n*
Fra: boîtier de connexion *m*

carcasa de estator ***f***
Ale: Ständergehäuse *n*
(Polgehäuse) *n*
Ing: stator housing *n*
Fra: carcasse statorique *f*

carcasa de flujo gemelo ***f***
Ale: Zwillingsstromgehäuse *n*
Ing: twin flow housing *n*
Fra: dispositif à flux jumelé *m*

carcasa de fundición a presión de aluminio ***f***
Ale: Alu-Druckgussgehäuse *n*
Ing: aluminum diecast housing *n*
Fra: boîtier en aluminium moulé sous pression *m*

carcasa de plástico ***f***
Ale: Kunstoffgehäuse *n*
Ing: plastic housing *n*
Fra: boîtier en plastique *m*

carcasa de relé ***f***
Ale: Relaisgehäuse *n*
Ing: relay housing *n*
Fra: corps de relais *m*

carcasa de turbina ***f***
Ale: Turbinengehäuse *n*
Ing: turbine housing *n*
Fra: carter de turbine *m*

carcasa de válvula ***f***
Ale: Ventilgehäuse *n*
Ing: valve housing *n*
Fra: corps de valve *m*

carcasa en espiral ***f***
Ale: Spiralgehäuse *n*
Ing: spiral housing *n*
Fra: carter hélicoïde *m*

carga ***f***
Ale: Beladung *f*
Ing: load *n*
Fra: chargement *m*

carga continua (carga de batería) ***f***
Ale: Dauerladung (Batterieladung) *f*
Ing: trickle charging (battery charge) *n*
Fra: charge permanente (charge de batterie) *f*

carga de aire ***f***
Ale: Luftfüllung *f*
Ing: air charge *n*
Fra: charge d'air *f*

carga de cilindro (motor de combustión) ***f***
Ale: Zylinderladung (Verbrennungsmotor) *f*
Ing: cylinder charge (IC engine) *n*
Fra: charge du cylindre *f*

carga de conservación ***f***
Ale: Erhaltungsladung *f*
Ing: trickle charge *n*
Fra: charge de maintien *f*

carga de ensayo ***f***
Ale: Prüflast *f*
Ing: test pressure *n*
Fra: charge d'essai *f*

carga de frenado (banco de pruebas de rodillos) ***f***
Ale: Bremslast (Rollenprüfstand) *f*
Ing: retarding force (chassis dynamometer) *n*
Fra: charge de freinage (banc d'essai) *f*

carga de halógeno ***f***
Ale: Halogenfüllung *f*
Ing: halogen charge *n*
Fra: charge d'halogène *f*

carga de la batería ***f***
Ale: Batterieladung *f*
Ing: battery charge *n*
(charging) *n*
Fra: charge de la batterie (batterie) *f*
(charge) *f*

carga de la rueda ***f***
Ale: Radlast *f*
Ing: wheel load *n*
Fra: charge de la roue *f*

carga del eje ***f***
Ale: Achslast *f*
Ing: axle load *n*
Fra: charge sur essieu *f*

carga del motor ***f***
Ale: Motorlast *f*
Ing: engine load *n*
Fra: charge du moteur *f*

carga dinámica de eje ***f***
Ale: dynamische Achslast *f*
Ing: dynamic axle load *n*
Fra: charge dynamique par essieu *f*

carga electrostática ***f***
Ale: elektrostatische Aufladung *f*
Ing: electrostatic charge *n*
Fra: charge électrostatique *f*

carga en el pie del diente ***f***
Ale: Zahnfußbeanspruchung *f*
Ing: root tooth load *n*
Fra: contrainte de flexion au pied *f*

carga estratificada ***f***
Ale: Schichtladung *f*
Ing: stratified charge *n*
Fra: charge stratifiée *f*

carga fresca ***f***
Ale: Frischladung *f*
Ing: fresh charge *n*
Fra: charge fraîche *f*

carga intermitente ***f***
Ale: Aussetzbelastung *f*
Ing: intermittent loading *n*
Fra: charge intermittente *f*

carga máxima ***f***
Ale: Spitzenbelastung *f*
Ing: peak load *n*
Fra: charge de pointe *f*

carga máxima sobre ejes (H: carga) ***f***
Ale: maximale Achslast (H: Last) *f*
Ing: maximum axle weight *n*
Fra: charge d'essieu maximale *f*

carga nominal ***f***
Ale: Nennlast *f*
Ing: nominal load *n*
Fra: charge nominale *f*

carga parcial (motor de combustión) ***f***
Ale: Teillast (Verbrennungsmotor) *f*
Ing: part load (IC engine) *n*
Fra: charge partielle (moteur à combustion) *f*

carga parcial ***f***
Ale: Teillast *f*
Ing: part throttle *n*
Fra: charge partielle *f*

carga por sacudidas ***f***
Ale: Schüttelbelastung *f*
Ing: vibration load *n*
Fra: sollicitations dues aux secousses *fpl*

carga propulsiva (cinturón de seguridad) ***f***
Ale: Treibladung (Sicherheitsgurt) *f*
Ing: propellant charge (seat belt) *n*
Fra: charge pyrotechnique *f*

carga puntual ***f***
Ale: Punktladung *f*
Ing: point charge *n*
Fra: charge ponctuelle *f*

carga rápida (batería) ***f***
Ale: Schnellladung (Batterie) *f*
(Rapidladung) *f*
Ing: boost charge (battery) *n*
Fra: charge rapide (batterie) *f*

carga remolcada permitida ***f***
Ale: zulässige Anhängelast *f*
Ing: premissible towed weight *n*
Fra: charge d'attelage autorisée *f*

carga térmica ***f***
Ale: Wärmebelastung *f*
Ing: thermal load *n*
Fra: charge thermique *f*

carga útil ***f***

Ale: Nutzlast (Zuladung) *f*
Ing: payload *n*
Fra: charge utile *f*

carga útil ***f***
Ale: Nutzlast *f*
Ing: useful load *n*
(working load) *n*
Fra: charge utile *f*

cargador de a bordo ***m***
Ale: Bordladegerät *n*
Ing: on board battery charger *n*
Fra: chargeur de bord *m*

cargador de arranque rápido (batería) ***m***
Ale: Schnellstartlader (Batterie) *m*
Ing: rapid start charger (battery) *n*
Fra: chargeur de démarrage rapide (batterie) *m*

cargador de batería ***m***
Ale: Batterieladegerät *n*
(Ladegerät) *n*
Ing: battery charger *n*
Fra: chargeur de batterie (batterie) *m*

cargador de taller (batería) ***m***
Ale: Werkstattlader (Batterie) *m*
Ing: workshop charger (battery) *n*
Fra: chargeur de garage (batterie) *m*

cargador electrónico (batería) ***m***
Ale: Elektroniklader (Batterie) *m*
Ing: electronic charger (battery) *n*
Fra: chargeur électronique (batterie) *m*

cargador frontal ***m***
Ale: Frontlader *m*
Ing: front lifter *n*
Fra: chargeur frontal *m*

cargador pequeño (batería) ***m***
Ale: Kleinlader (Batterie) *m*
Ing: small charger (battery) *n*
Fra: chargeur compact (batterie) *m*

cargador rápido (batería) ***m***
Ale: Schnelllader (Batterie) *m*
Ing: battery boost charger (battery) *n*
Fra: chargeur rapide *m*

cargadora de pala ***f***
Ale: Schaufellader *m*
Ing: shovel loader *n*
(power loader) *n*
Fra: pelleteuse *f*

carrera ***f***
Ale: Hub *m*
(Auftrieb) *m*
Ing: lift *n*
(stroke) *n*
(threw) *n*
Fra: levée *f*
(portance) *f*

carrera al final del suministro ***f***
Ale: Hub am Förderende *m*
Ing: stroke at end of delivery *n*
Fra: levée en fin de refoulement *f*

carrera de admisión (motor de combustión) ***f***
Ale: Ansaughub (Vrebrennungsmotor) *m*
Ing: intake stroke (IC engine) *n*
Fra: course d'admission *f*

carrera de admisión (motor de combustión) ***f***
Ale: Saughub (Verbrennungsmotor) *m*
(Ansaughub) *m*
Ing: intake stroke (IC engine) *n*
(induction stroke) *n*
Fra: course d'admission (moteur à combution) *f*

carrera de admisión ***f***
Ale: Saughub *m*
Ing: suction stroke *n*
Fra: course d'admission *f*

carrera de ajuste ***f***
Ale: Stellhub *m*
Ing: control stroke travel *n*
Fra: course de réglage *f*

carrera de ajuste ***f***
Ale: Verstellweg *m*
Ing: control travel *n*
Fra: course de réglage *f*

carrera de ajuste del caudal de arranque ***f***
Ale: Startmengenverstellweg *m*
Ing: start quantity stop travel *n*
Fra: course de surcharge au démarrage *f*

carrera de alimentación ***f***
Ale: Förderhub *m*
Ing: delivery stroke *n*
Fra: course de refoulement *f*

carrera de alimentación geométrica ***f***
Ale: geometrischer Förderhub *m*
Ing: geometric fuel-delivery stroke *n*
Fra: course de refoulement géométrique *f*

carrera de combustión ***f***
Ale: Verbrennungshub *m*
Ing: working stroke *n*
Fra: temps de combustion *m*

carrera de compresión ***f***
Ale: Kompressionshub *m*
(Kompressionstakt) *m*
(Verdichtungshub) *m*
Ing: compression stroke *n*
Fra: course de compression *f*
(course de compression) *f*

carrera de compresión ***f***
Ale: Kompressionstakt *m*
Ing: compression stroke *n*
Fra: temps de compression *m*

carrera de compresión ***f***
Ale: Verdichtungshub *m*
Ing: compression stroke *n*
Fra: course de compression *f*

carrera de descarga ***f***
Ale: Entlastungshub *m*
Ing: retraction lift *n*
Fra: course de détente *f*

carrera de desconexión ***f***
Ale: Abstellhub *m*
Ing: stop stroke *n*
Fra: course d'arrêt *f*

carrera de escape (motor de combustión) ***m***
Ale: Auspuffhub (Verbrennungsmotor) *m*
Ing: exhaust stroke (IC engine) *n*
Fra: course d'échappement *f*

carrera de estrangulación ***f***
Ale: Drosselhub *m*
Ing: throttling stroke *n*
Fra: plage d'étranglement *f*

carrera de excéntrica ***f***
Ale: Exzenterhub *m*
Ing: eccentric lift *n*
Fra: levée d'excentrique *f*

carrera de expansión ***f***
Ale: Entspannnungshub *m*
Ing: expansion stroke *n*
Fra: course de détente *f*

carrera de la aguja de válvula ***f***
Ale: Ventilnadelhub *m*
Ing: valve needle displacement *n*
Fra: levée d'aiguille d'injecteur *f*

carrera de la aguja del inyector ***f***
Ale: Düsennadelhub *m*
(Nadelhub) *m*
Ing: needle lift *n*
Fra: levée de l'aiguille *f*

carrera de la barra de cremallera ***f***
Ale: Zahnstangenhub *m*
Ing: rack travel *n*
Fra: course de la crémaillère *f*

carrera de leva ***f***
Ale: Nockenhub *m*
Ing: cam pitch *n*
Fra: levée de came *f*

carrera de leva ***f***
Ale: Nockenhub *m*
Ing: cam lift *n*
Fra: levée de came *f*

carrera de pistón ***f***
Ale: Kolbenhub *m*
(Kolbenweg) *m*
Ing: plunger lift *n*
Fra: course du piston *f*

carrera de pistón ***f***
Ale: Kolbenhub *m*
Ing: piston stroke *n*
Fra: course de piston *f*

carrera de pistón hasta el comienzo de suministro (precarrera del pistón de bomba) ***f***

Ale: Kolbenhub bis Förderbeginn (Vorhub des Pumpenkolbens) *m*
Ing: plunger lift to cutoff port closing (pump plunger) *n*
Fra: précourse du piston (jusqu'au début de refoulement) *f*

carrera de pistón hasta el fin de suministro (pistón de bomba) *f*
Ale: Kolbenhub bis Förderende (Pumpenkolben) *m*
Ing: plunger lift to spill port opening (pump plunger) *n*
Fra: course du piston en fin de refoulement (piston de pompe) *f*

carrera de regulación de arranque *f*
Ale: Startregelweg *m*
Ing: starting rack travel *n*
Fra: course de régulation au démarrage *f*

carrera de retorno *f*
Ale: Rückhub *m*
Ing: return stroke *n*
Fra: course de retour *f*

carrera de retorno de pistón (pistón de bomba) *f*
Ale: Kolbenrücklauf (Pumpenkolben) *m*
Ing: plunger return stroke (pump plunger) *n*
Fra: course de retour du piston (piston de pompe) *f*

carrera de suspensión *f*
Ale: Federweg *m*
Ing: range of spring *n*
Fra: course de ressort *f*

carrera de trabajo *f*
Ale: Arbeitshub *m*
(Verbrennungshub) *m*
Ing: working stroke *n*
Fra: course de combustion *f*

carrera de válvula *f*
Ale: Ventilhub *m*
Ing: valve lift *n*
(valve travel) *n*
Fra: levée de soupape *f*

carrera del inducido *f*
Ale: Ankerhub *m*
Ing: armature stroke *n*
Fra: course du noyau *f*

carrera del manguito (regulador Diesel) *f*
Ale: Muffenweg (Diesel-Regler) *m*
Ing: sliding-sleeve travel (governor) *n*
Fra: course du manchon central (injection diesel) *f*

carrera efectiva *f*
Ale: Effektivhub *m*
(Nutzhub) *m*
Ing: effective stroke *n*
Fra: course effective *f*

carrera efectiva *f*
Ale: Nutzhub *m*
Ing: effective stroke *n*
Fra: course utile *f*

carrera previa (pistón de bomba) *f*
Ale: Vorhub (Pumpenkolben) *m*
Ing: plunger lift to port closing, LPC (pump plunger) *n*
Fra: précourse (piston de pompe) *f*

carrera previa *f*
Ale: Vorhub *m*
Ing: prestroke travel *n*
Fra: précourse (piston de pompe) *f*

carrera restante (elemento de bomba) *f*
Ale: Resthub (Pumpenelement) *m*
Ing: residual stroke (plunger-and-barrel assembly) *n*
Fra: course restante (élément de pompage) *f*

carrera total *f*
Ale: Gesamthub *m*
Ing: plunger stroke *n*
Fra: course totale *f*

carrete (filtro) *m*
Ale: Wickelkörper (Filter) *m*
Ing: paper tube (filter) *n*
Fra: corps de filtre (filtre) *m*

carretilla elevadora (logística) *f*
Ale: Gabelstapler (Logistik) *m*
Ing: forklift truck *n*
(fork stacker) *n*
Fra: chariot élévateur à fourche (Logistik) *m*

carretilla elevadora *f*
Ale: Hubstapler *m*
Ing: stacker truck *n*
Fra: chariot élévateur *m*

carril *m*
Ale: Fahrspur *f*
Ing: lane *n*
Fra: trajectoire *f*

carro de trabajo *m*
Ale: Arbeitswagen *m*
Ing: work trolley *n*
Fra: servante d'atelier *f*

carromato (logística) *m*
Ale: Flurförderzeug (Logistik) *n*
Ing: industrial truck *n*
Fra: chariot de manutention *m*

cartabón *m*
Ale: Knotenblech *n*
Ing: gusset plate *n*
Fra: équerre d'assemblage *f*

cárter de aceite *m*
Ale: Ölwanne *f*
Ing: oil sump *n*
(oil pan) *n*
Fra: carter d'huile *m*

cárter de cigüeñal *m*
Ale: Kurbelwellengehäuse *n*
Ing: crankcase *n*
Fra: carter-cylindres *m*

cartucho de filtro de aire *m*
Ale: Luftfiltereinsatz *m*
Ing: air filter element *n*
Fra: cartouche de filtre à air *f*

cartucho de filtro de aire *m*
Ale: Luftfiltereinsatz *m*
Ing: air filter cartridge *n*
Fra: cartouche de filtre à air *f*

cartucho de filtro enrollado *m*
Ale: Wickelfiltereinsatz *m*
Ing: spiral vee shaped filter element *n*
Fra: cartouche filtrante en rouleau *f*

cartucho de filtro fino *m*
Ale: Feinfiltereinsatz *m*
Ing: fine filter element *n*
Fra: cartouche filtrante fine *f*

cartucho de filtro previo *m*
Ale: Vorfiltereinsatz *m*
Ing: preliminary filter element *n*
Fra: cartouche filtrante primaire *f*

cascarilla *f*
Ale: Zunder *m*
Ing: scaling *n*
Fra: calamine *f*

caso de garantía *m*
Ale: Garantiefall *m*
Ing: warranty claim *n*
Fra: cas de garantie *m*

casquillo *m*
Ale: Buchse *f*
(Lagerbuchse) *f*
Ing: bushing *n*
Fra: coussinet *m*

casquillo de apoyo *m*
Ale: Stützschale *f*
Ing: backing shell *n*
Fra: coquille-support *f*

casquillo de arrastre *m*
Ale: Mitnehmerbuchse *f*
Ing: drive bushing *n*
Fra: douille d'entraînement *f*

casquillo de cojinete *m*
Ale: Lagerbuchse *f*
Ing: bushing *n*
Fra: coussinet *m*

casquillo de cojinete de deslizamiento *m*
Ale: Gleitlagerbuchse *f*
Ing: plain bearing bush *n*
Fra: coussinet de paliers *m*

casquillo de conexión *m*
Ale: Anschlussbuchse *f*
Ing: connector bushing *n*
Fra: prise *f*

casquillo de goma *m*
Ale: Gummibuchse *f*

Español

Ing: rubber bushing *n*
Fra: douille caoutchouc *f*

casquillo de inducido ***m***
Ale: Ankerbuchse *f*
Ing: armature sleeve *n*
Fra: douille d'induit *f*

casquillo de presión ***m***
Ale: Einpressbuchse *f*
Ing: press in bushing *n*
Fra: douille emmanchée *f*

casquillo de protección antitérmica (inyector) ***m***
Ale: Wärmeschutzhülse (Einspritzdüse) *f*
Ing: thermal protection sleeve (injection nozzle) *n*
Fra: manchon calorifuge (injecteur) *m*

casquillo de tope ***m***
Ale: Anschlagbuchse *f*
Ing: stop bushing *n*
Fra: douille de butée *f*

casquillo distanciador ***m***
Ale: Abstandsbuchse *f*
Ing: spacer bushing *n*
Fra: douille d'écartement *f*

casquillo guía ***m***
Ale: Führungsbuchse *f*
Ing: guide sleeve *n*
(guide bushing) *n*
Fra: douille de guidage *f*

casquillo sinterizado ***m***
Ale: Sinterbuchse *f*
Ing: sintered metal bushing *n*
Fra: douille frittée *f*

catalizador ***m***
Ale: Katalysator *m*
Ing: catalytic converter *n*
Fra: catalyseur *m*

catalizador acumulador ***m***
Ale: Speicherkatalysator *m*
Ing: accumulator type catalytic converter *n*
Fra: catalyseur à accumulation *m*

catalizador almacenador de NO_x ***m***
Ale: NO_x-Speicherkatalysator *m*
Ing: NO_x storage catalyst *n*
Fra: catalyseur à accumulateur de NO_x *m*

catalizador de doble cama ***m***
Ale: Doppelbettkatalysator *m*
Ing: dual bed catalytic converter *n*
Fra: catalyseur à double lit *m*

catalizador de gases de escape ***m***
Ale: Abgas-Katalysator *m*
Ing: catalytic converter *n*
Fra: pot catalytique d'échappement *m*

catalizador de mezcla pobre ***m***
Ale: Magerkatalysator *m*
Ing: lean burn catalytic converter *n*
Fra: catalyseur pour mélange pauvre *m*

catalizador de NO_x ***m***
Ale: $DeNO_x$-Katalysator *m*
Ing: lean NO_x catalayst *n*
Fra: catalyseur à accumulateur de NO_x *m*

catalizador de oxidación de una cama ***m***
Ale: Einbett-Oxidationskatalysator *m*
Ing: single bed oxidation catalytic converter *n*
Fra: catalyseur d'oxydation à lit unique *m*

catalizador de tres vías ***m***
Ale: Dreiwegekatalysator *m*
Ing: three way catalytic converter, TWC *n*
Fra: catalyseur trois voies *m*

catalizador de tres vías y una cama ***m***
Ale: Einbett-Dreiwegekatalysator *m*
Ing: single bed three-way catalytic converter *n*
Fra: catalyseur trois voies à lit unique (ou monobloc) *m*

catalizador de una cama ***m***
Ale: Einbettkatalysator *m*
Ing: single bed catalytic converter *n*
Fra: catalyseur à lit unique (ou monobloc) *m*

catalizador monolítico ***m***
Ale: Monolithkatalysator *m*
Ing: monolithic catalyst *n*
Fra: catalyseur monolithique *m*

catalizador por oxidación ***m***
Ale: Oxydationskatalysator *m*
Ing: oxidation catalytic converter *n*
Fra: catalyseur d'oxydation *m*

catalizador por reducción ***m***
Ale: Reduktionskatalysator *m*
Ing: reduction catalytic converter *n*
Fra: catalyseur de réduction *m*

catalizador previo ***m***
Ale: Startkatalysator *m*
Ing: primary catalytic converter *n*
Fra: catalyseur primaire *m*

catalizador previo ***m***
Ale: Vorkatalysator *m*
Ing: primary catalytic converter *n*
Fra: précatalyseur *m*

catalizador principal ***m***
Ale: Hauptkatalysator *m*
Ing: primary catalytic converter *n*
Fra: catalyseur principal *m*

catalizador selectivo ***m***
Ale: Selektivkatalysator *m*
Ing: selective catalytic converter *n*
Fra: catalyseur sélectif *m*

categoría de vehículos ***f***
Ale: Fahrzeugklasse *f*
Ing: vehicle category *n*
Fra: catégorie de véhicule *f*

categoría de vehículos ***f***
Ale: Fahrzeugklasse *f*
Ing: vehicle class *n*
Fra: catégorie de véhicule *f*

caucho-metal ***m***
Ale: Schwingmetall *n*
Ing: rubber metal connection *n*
Fra: bloc métallo-caoutchouc *m*

caudal (bomba de inyección) ***m***
Ale: Fördermenge (Einspritzpumpe) *f*
Ing: delivery quantity (fuel-injection pump) *n*
Fra: débit de refoulement *m*

caudal a ser inyectado ***m***
Ale: Einspritzfördermenge *f*
Ing: fuel quantity to be injected *n*
Fra: débit d'injection *m*

caudal adicional ***m***
Ale: Mehrmenge *f*
Ing: additional fuel *n*
(enrichment) *n*
Fra: débit de surcharge *m*

caudal adicional ***m***
Ale: Mehrmenge *f*
Ing: excess fuel *n*
Fra: débit de surcharge *m*

caudal adicional de aire ***m***
Ale: Zusatzluftmenge *f*
Ing: auxiliary air *n*
Fra: volume d'air additionnel *m*

caudal adicional de arranque ***m***
Ale: Startmehrmenge *f*
Ing: excess fuel for starting *n*
Fra: surdébit de démarrage *m*

caudal automático de arranque ***m***
Ale: automatische Startmenge *f*
Ing: automatic starting quantity *n*
Fra: surcharge automatique au démarrage *f*

caudal básico de inyección ***m***
Ale: Einspritzgrundmenge *f*
(Grundeinspritzmenge) *f*
Ing: basic injection quantity *n*
Fra: débit d'injection de base *m*

caudal de aire ***m***
Ale: Luftmenge *f*
Ing: air flow rate *n*
Fra: débit d'air *m*

caudal de aire ***m***
Ale: Luftmenge *f*
Ing: air mass *n*
Fra: débit d'air *m*

caudal de alimentación geométrico ***m***
Ale: geometrische Fördermenge *f*
Ing: geometric fuel delivery *n*
Fra: débit de refoulement géométrique *m*

caudal de arranque ***m***

Ale: Startmenge *f*
Ing: start quantity *n*
Fra: débit de démarrage *m*

caudal de arranque controlado mecánicamente ***m***
Ale: mechanisch entriegelte Startmenge *f*
Ing: mechanically controlled starting quantity *n*
Fra: surcharge à déverrouillage mécanique *f*

caudal de arranque dependiente de la temperatura ***m***
Ale: temperaturabhängige Startmenge *f*
Ing: temperature dependent excess fuel quantity *n*
Fra: surcharge variable en fonction de la température *f*

caudal de arranque en caliente ***m***
Ale: Heißstartmenge *f*
Ing: hot start fuel quantity *n*
Fra: débit de démarrage à chaud *m*

caudal de control de torque (inyección diesel) ***m***
Ale: Angleichmenge (Dieseleinspritzung) *f*
Ing: torque control quantity *n*
Fra: débit correcteur *m*

caudal de fuga ***m***
Ale: Leckkraftstoffmenge *f*
(Leckmenge) *f*
Ing: leak fuel quantity *n*
Fra: débit de carburant de fuite *m*

caudal de inyección ***m***
Ale: Einspritzmenge *f*
(Kraftstoffeinspritzmenge) *f*
Ing: injected fuel quantitiy *n*
Fra: débit d'injection *m*

caudal de inyección de plena carga ***m***
Ale: Volllasteinspritzmenge *f*
Ing: full load fuel quantity *n*
(full-load delivery) *n*
Fra: débit d'injection à pleine charge *m*

caudal de inyección previa ***m***
Ale: Voreinspritzungsmenge *f*
Ing: pre injection quantity *n*
Fra: débit de pré-injection *m*

caudal de limitación reguladora (inyección diesel) ***m***
Ale: Abregelmenge (Dieseleinspritzung) *f*
Ing: breakaway delivery (diesel fuel injection) *n*
Fra: débit au moment de la coupure *m*

caudal de plena carga ***m***
Ale: Volllastmenge *f*
(Volllastfördermenge) *f*
(Volllasteinspritzmenge) *f*
Ing: full load delivery *n*
Fra: débit de pleine charge *m*

caudal de plena carga dependiente de la temperatura ***m***
Ale: temperaturabhängige Volllastmenge *f*
Ing: temperature dependent full load fuel delivery *n*
Fra: débit de pleine charge dépendant de la température *m*

caudal de postsuministro ***m***
Ale: Nachfördermenge *f*
Ing: post delivery quantity *n*
Fra: débit de post-refoulement *m*

caudal de ralentí ***m***
Ale: Leerlauf-Fördermenge *f*
(Leerlaufmenge) *f*
Ing: idle delivery *n*
Fra: débit de ralenti *m*

caudal de suministro ***m***
Ale: Förderleistung *f*
Ing: delivery rate *n*
Fra: taux de refoulement *m*

caudal de suministro ***m***
Ale: Förderrate *f*
(Förderleistung) *f*
Ing: delivery rate *n*
(fuel-delivery rate) *n*
Fra: taux de refoulement *m*

caudal de suministro de combustible (bomba de inyección) ***m***
Ale: Kraftstoffördermenge (Einspritzpumpe) *f*
(Fördermenge) *f*
Ing: fuel delivery quantity (fuel-injection pump) *n*
Fra: débit de refoulement (pompe d'injection) *m*

caudal de suministro de la bomba ***m***
Ale: Pumpenfördermenge *f*
Ing: pump delivery quantity *n*
Fra: débit de refoulement de la pompe *m*

caudal de suministro previo ***m***
Ale: Vorfördermenge *f*
Ing: predelivery quantity *n*
Fra: débit de prérefoulement *m*

caudal de suministro previo ***m***
Ale: Vorfördermenge *f*
Ing: prefeed quantity *n*
Fra: débit de prérefoulement *m*

caudal escalonado de arranque ***m***
Ale: gestufte Startmenge *f*
Ing: graded start quantity *n*
Fra: surcharge étagée *f*

caudal homogéneo ***m***
Ale: Homogenmenge *f*
Ing: homogeneous amount *n*
Fra: quantité homogène *f*

caudal límite dependiente de la temperatura ***m***
Ale: temperaturabhängige Grenzmenge *f*
Ing: temperature dependent limit quantity *n*
Fra: débit limite en fonction de la température *m*

caudal másico de aire ***m***
Ale: Luftmassendurchsatz *m*
Ing: air-mass flow *n*
Fra: débit massique d'air *m*

caudal necesario de aire (motor de combustión) ***m***
Ale: Luftbedarf (Verbrennungsmotor) *m*
Ing: air requirement (IC engine) *n*
Fra: besoins en air (moteur à combustion) *mpl*

caudal residual ***m***
Ale: Restmenge *f*
Ing: remaining quantity *n*
(residual quantity) *n*
Fra: débit résiduel *m*

caudal volumétrico ***m***
Ale: Volumendurchfluss *m*
Ing: volume flow rate *n*
(flow volume) *n*
Fra: débit volumique *m*

caudal volumétrico de aire ***m***
Ale: Luftmengendurchsatz *m*
Ing: air quantity flow *n*
Fra: débit volumique d'air *m*

caudalímetro ***m***
Ale: Durchflussmesser *m*
(Strömungsfühler) *m*
Ing: flow sensor *n*
(flowmeter) *n*
Fra: débitmètre *m*

caudalímetro ***m***
Ale: Fördermengenmessgerät *n*
Ing: fuel delivery measurement device *n*
Fra: appareil de mesure du débit *m*

caudalímetro de aire ***m***
Ale: Durchflussmesser *m*
Ing: flowmeter *n*
Fra: débitmètre *m*

caudalímetro de aire ***m***
Ale: Luftmassenmesser *m*
Ing: air mass meter *n*
(air-mass meter) *n*
Fra: débitmètre massique d'air *m*

caudalímetro de aire de flujo descendente ***m***
Ale: Fallstrom-Luftmengenmesser *m*
Ing: downdraft air-flow sensor *n*
Fra: débitmètre d'air à flux inversé *m*

caudalímetro de aire de flujo descendente ***m***

Español

Ale: Fallstrom-Luftmengenmesser *m*
Ing: downdraught air flow meter *n*
Fra: débitmètre d'air à flux inversé *m*

caudalímetro de aire de flujo vertical ***m***
Ale: Steigstrom-Luftmengenmesser *m*
Ing: updraft air flow sensor *n*
Fra: débitmètre d'air à flux ascendant *m*

caudalímetro de aire de hilo caliente ***m***
Ale: Hitzdraht-Luftmassenmesser *m*
Ing: hot wire air-mass meter *n*
Fra: débitmètre massique à fil chaud *m*

caudalímetro de aire por película caliente ***m***
Ale: Heißfilm-Luftmassenmesser *m*
Ing: hot film air-mass meter *n*
(hot-film air-mass sensor) *n*
Fra: débitmètre massique à film chaud *m*
(débitmètre d'air à film chaud) *m*

caudalímetro volumétrico ***m***
Ale: Volumendurchflussmesser *m*
Ing: volume flow sensor *n*
Fra: débitmètre volumique *m*

causa de avería ***f***
Ale: Fehlerursache *f*
Ing: failure cause *n*
Fra: cause de défaut *f*

causa del fallo ***f***
Ale: Ausfallursache *f*
Ing: failure cause *n*
Fra: cause de défaillance *f*

cautín ***m***
Ale: Lötkolben *m*
Ing: soldering iron *n*
Fra: fer à souder *m*

cavidad de la bujía ***f***
Ale: Zündkerzenmulde *f*
Ing: spark plug recess *n*
Fra: logement de la bougie *m*

cavidad de pistón ***f***
Ale: Kolbenmulde *f*
Ing: piston recess *n*
Fra: cavité du piston *f*

cavitación (formación de picaduras) ***f***
Ale: Kavitation (Lochfraß) *f*
Ing: cavitation (pitting corrosion) *n*
Fra: cavitation (formation de cavités gazeuses) *f*

celda de bombeo ***f***
Ale: Pumpzelle *f*
Ing: pump cell *n*
Fra: cellule de pompage *f*

celda de ensayo de gases de escape ***f***
Ale: Abgasprüfzelle *f*
(Prüfzelle) *f*
Ing: emissions test cell (test chamber) *n*
Fra: cabine de simulation des gaz d'échappement *f*

célula fotoeléctrica ***f***
Ale: Photoelement *n*
Ing: photocell *n*
Fra: cellule photoélectrique *f*

cementación ***f***
Ale: Aufkohlen *n*
Ing: carburizing *n*
Fra: cémentation *f*

cenicero de la parte trasera ***m***
Ale: Fondaschenbecher *m*
Ing: rear ashtray *n*
Fra: cendrier arrière *m*

cenizas de plomo ***fpl***
Ale: Bleiasche *f*
Ing: lead ash *n*
Fra: cendres de plomb *fpl*

centro de gravedad ***m***
Ale: Schwerpunkt *m*
Ing: center of gravity *n*
Fra: centre de gravité *m*

cera ***f***
Ale: Wachs *n*
Ing: wax *n*
Fra: cire *f*

cerámica planar ***f***
Ale: Planar-Keramik *f*
Ing: planar ceramics *n*
Fra: céramique planaire *f*

cerámica tipo panal de abeja (filtro de quemado de hollín) ***f***
Ale: Wabenkeramik (Rußabbrennfilter) *f*
Ing: honeycomb ceramic (soot burn-off filter) *n*
Fra: céramique en nid d'abeilles (filtre d'oxidation de particules) *f*

cerradura de portón trasero ***f***
Ale: Heckklappenschloss *n*
Ing: tailgate lock *n*
Fra: serrure de hayon *f*

chapa cobertera ***f***
Ale: Deckblech *n*
Ing: cover plate *n*
Fra: tôle de recouvrement *f*

chapa cobertera de freno ***f***
Ale: Bremsabdeckblech *n*
Ing: brake cover plate (brakes) *n*
Fra: tôle de protection des freins *f*

chapa de aluminio ***f***
Ale: Aluminium-Blech *n*
Ing: sheet aluminum *n*
Fra: tôle d'aluminium *f*

chapa de inducido ***f***
Ale: Ankerblech *n*
Ing: armature core disk *n*
Fra: tôle d'induit *f*

chapa de protección antitérmica ***f***
Ale: Wärmeschutzblech *n*
Ing: heat shield *n*
Fra: plaque pare-chaleur *f*

chapa de revestimiento (bobina de encendido) ***f***
Ale: Mantelblech (Zündspule) *n*
Ing: metal jacket (ignition coil) *n*
Fra: enveloppe à lamelles (bobine d'allumage) *f*

chapa de umbral de puerta ***f***
Ale: Schwellerblech *n*
Ing: door sill scuff plate *n*
Fra: tôle de pas de marche *f*

chapa deflectora de aire ***f***
Ale: Luftleitblech *n*
Ing: air duct *n*
Fra: déflecteur *m*

chapa deflectora de aire ***f***
Ale: Luftleitblech *n*
Ing: air guide plate *n*
Fra: tôle chicane *f*

chapa eléctrica ***f***
Ale: Elektroblech *n*
Ing: electrical sheet steel *n*
Fra: tôle magnétique *f*

chapa refrigerante ***f***
Ale: Kühlblech *n*
Ing: cooling plate *n*
Fra: refroidisseur *m*

chapa separadora ***f***
Ale: Trennblech *n*
Ing: separator *n*
Fra: tôle de séparation *f*

chapaleta de admisión de aire ***f***
Ale: Lufteinlassklappe *f*
Ing: air inlet valve *n*
Fra: volet d'admission d'air *m*

chapaleta de aire ***f***
Ale: Luftklappe *f*
Ing: air flap *n*
Fra: volet d'aération *m*

chapaleta de compensación ***f***
Ale: Kompensationsklappe *f*
Ing: compensation flap *n*
Fra: volet de compensation *m*

chapaleta de salida ***f***
Ale: Austrittsklappe *f*
Ing: outlet flap *n*
Fra: volet de sortie *m*

chapaleta del tubo de admisión ***f***
Ale: Saugrohrklappe *f*
Ing: intake manifold flap *n*
Fra: volet d'admission *m*

chapeado ***m***
Ale: Plattieren *n*
Ing: plating *n*
Fra: placage *m*

chapeado al cobre ***adj***

Ale: kupferplattiert *adj*
Ing: copper clad *adj*
Fra: plaqué de cuivre *pp*

chasis ***m***
Ale: Fahrgestell *n*
Ing: bare chassis *n*
Fra: châssis *m*

chasis ***m***
Ale: Fahrgestell *n*
Ing: chassis *n*
Fra: châssis *m*

chasis ***m***
Ale: Fahrwerk *n*
Ing: suspension *n*
Fra: suspension *f*

chasis ***m***
Ale: Fahrwerk *n*
Ing: chassis *n*
Fra: châssis *m*

chasis tipo bastidor de travesaños ***m***
Ale: Leiterrahmenfahrgestell *n*
Ing: ladder type chassis *n*
Fra: châssis en échelle *m*

chatarra ***f***
Ale: Verschrotten *v*
Ing: scrap *v*
Fra: mise au rebut *f*

chaveta ***f***
Ale: Keil *m*
Ing: key *n*
Fra: clavette *f*

chimenea de aire (KE-Jetronic) ***f***
Ale: Lufttrichter (KE-Jetronic) *m*
Ing: air funnel (KE-Jetronic) *n*
Fra: divergent d'air (KE-Jetronic) *m*

chip de emisión de voz ***m***
Ale: Sprachausgabebaustein *m*
Ing: voice output chip *n*
Fra: synthétiseur vocal *m*

chip del sensor ***m***
Ale: Sensorchip *m*
Ing: sensor chip *n*
Fra: puce capteur *f*

chirriar (freno) ***v***
Ale: quietschen (Bremse) *v*
Ing: squeal (brake) *v*
Fra: grincer (frein) *m*

chispa de encendido ***f***
Ale: Zündfunke *m*
Ing: ignition spark *n*
Fra: étincelle d'allumage *f*

chispa de ruptura (encendido) ***f***
Ale: Abreißfunke (Zündung) *m*
(Trennfunke) *m*
Ing: contact breaking spark (ignition) *n*
Fra: étincelle de rupture *f*

chispa de secuencia ***f***
Ale: Folgefunken *m*
Ing: follow up spark *n*
Fra: trains d'étincelles *mpl*

chispeo entre escobillas y anillos ***m***
Ale: Bürstenfeuer *n*
Ing: brush arcing *n*
Fra: étincelles de commutation (aux balais) *fpl*

choque contra la parte trasera ***m***
Ale: Heckaufprall *m*
Ing: rear end impact *n*
Fra: choc arrière *m*

choque de escape (motor de combustión) ***m***
Ale: Auspuffdrossel (Verbrennungsmotor) *f*
Ing: exhaust choke (IC engine) *n*
Fra: étranglement sur échappement *m*

choque frontal ***m***
Ale: Frontalaufprall *m*
Ing: frontal impact *n*
Fra: choc frontal *m*

choque fuera de eje ***m***
Ale: Offsetaufprall *m*
Ing: offset impact *n*
Fra: choc décalé *m*

choque lateral ***m***
Ale: Seitenaufprall *m*
Ing: side impact *n*
Fra: choc latéral *m*

choque térmico ***m***
Ale: Thermoschock *m*
Ing: thermal shock *n*
Fra: choc thermique *m*

chorreado por perdigones ***m***
Ale: Kugelstrahlen *n*
Ing: shot peen *n*
Fra: grenaillage *m*

chorro cónico ***m***
Ale: Kegelstrahl *m*
Ing: tapered spray *n*
Fra: jet conique *m*

chorro de inyección ***m***
Ale: Einspritzstrahl *m*
Ing: injection jet *n*
Fra: jet d'injection *m*

ciclo de admisión ***m***
Ale: Ansaugtakt *m*
Ing: induction stroke *n*
Fra: temps d'admission *m*

ciclo de admisión (motor de combustión) ***m***
Ale: Einlasstakt (Verbrennungsmotor) *m*
Ing: intake stroke *n*
Fra: temps d'admission *m*

ciclo de admisión y escape ***m***
Ale: Gaswechsel *m*
Ing: gas exchange *n*
Fra: renouvellement des gaz *m*

ciclo de admisión y escape (motor de combustión) ***m***
Ale: Ladungswechsel (Verbrennungsmotor) *m*
Ing: charge cycle (IC engine) *n*
(gas-exchange process) *n*
Fra: alternance de charge *f*
(balayage des gaz) *m*

ciclo de Carnot ***m***
Ale: Carnot-Kreisprozess *m*
Ing: carnot cycle *n*
Fra: cycle de Carnot *m*

ciclo de compresión (motor de combustión) ***m***
Ale: Verdichtungstakt (Verbrennungsmotor) *m*
Ing: compression cycle (IC engine) *n*
Fra: temps de compression (moteur à combustion) *m*

ciclo de cuatro tiempos (motor de combustión) ***m***
Ale: Viertaktverfahren (Verbrennungsmotor) *n*
(Viertaktprinzip) *n*
Ing: four stroke principle (IC engine) *n*
Fra: cycle à quatre temps *m*

ciclo de dos tiempos (motor de combustión) ***m***
Ale: Zweitaktverfahren (Verbrennungsmotor) *n*
Ing: two-stroke principle (IC engine) *n*
Fra: cycle à deux temps *m*

ciclo de ensayo (comprobación de gases de escape) ***m***
Ale: Fahrzyklus (Abgasprüfung) *m*
(Fahrprogramm) *n*
Ing: driving schedule (exhaust-gas test) *n*
Fra: cycle de conduite *m*

ciclo de ensayo ***m***
Ale: Fahrzyklus *m*
Ing: driving cycle *n*
Fra: cycle de conduite (émissions) *m*

ciclo de escape (motor de combustión) ***m***
Ale: Auslasstakt (Verbrennungsmotor) *m*
Ing: exhaust stroke (IC engine) *n*
(exhaust cycle) *n*
Fra: temps d'échappement *m*

ciclo de escape ***m***
Ale: Ausstoßtakt *m*
(Auspufftakt) *m*
Ing: exhaust cycle *n*
(exhaust stroke) *n*
Fra: temps d'échappement *m*

ciclo de expansión (motor de combustión) ***m***
Ale: Expansionstakt (Verbrennungsmotor) *m*
Ing: expansion stroke (IC engine) *n*
Fra: temps de détente *m*

ciclo de frenado ***m***

Español

Ale: Bremszyklus *m*
Ing: brake cycle *n*
Fra: cycle de freinage *m*

ciclo de inyección ***m***
Ale: Einspritztakt *m*
Ing: injection cycle *n*
Fra: cycle d'injection *m*

ciclo de marcha extra-urbano, EUDC ***m***
Ale: außerstädtischer Fahrzyklus *m*
Ing: Extra Urban Driving Cycle, EUDC *n*
Fra: cycle de conduite extra-urbain *m*

ciclo de marcha normalizado ***m***
Ale: genormter Fahrzyklus *m*
Ing: standard driving cycle *n*
Fra: cycle de conduite normalisé *m*

ciclo de regulación ***m***
Ale: Regelzyklus *m*
Ing: control cycle *n*
Fra: cycle de régulation *m*

ciclo de trabajo ***m***
Ale: Arbeitstakt *m*
Ing: power cycle *n*
Fra: temps moteur *m*

ciclo de trabajo ***m***
Ale: Arbeitstakt *m*
Ing: power stroke *n*
Fra: cycle de travail *m*

ciclo de trabajo (motor de combustión) ***m***
Ale: Arbeitszyklus (Verbrennungsmotor) *m*
Ing: working cycle (IC engine) *n*
Fra: cycle de travail (moteur à combustion) *m*

ciclo del limpiaparabrisas ***m***
Ale: Wischperiode *f*
Ing: wipe cycle *n*
Fra: cycle de balayage *m*

ciclomotor ***m***
Ale: Moped *n*
Ing: moped *n*
Fra: vélomoteur *m*

cierre ***m***
Ale: Verschluss *m*
Ing: plug *n*
Fra: fermeture *f*

cierre centralizado ***m***
Ale: Zentralverriegelung *f*
Ing: central locking system *n*
Fra: verrouillage centralisé *m*

cierre centralizado por infrarrojos ***m***
Ale: Infrarot-Zentralverriegelung *f*
Ing: infrared central locking *n*
Fra: verrouillage centralisé à infrarouge *m*

cierre de bayoneta ***m***
Ale: Bajonettverschluss *m*
Ing: bayonet catch *n*
Fra: fermeture à baïonnette *f*

cierre de cinturón de seguridad ***m***
Ale: Gurtschloss *n*
Ing: seat belt buckle *n*
Fra: verrou de ceinture *m*

cierre de golpe ***m***
Ale: Schnappverschluss *m*
Ing: snap fastening *n*
Fra: bouchon à déclic *m*

cigüeñal ***m***
Ale: Kurbelwelle *f*
(Kurbel) *f*
Ing: crankshaft *n*
Fra: vilebrequin *m*
(manivelle) *f*

cilindrada (motor de combustión) ***f***
Ale: Hubraum (Verbrennungsmotor) *m*
(Hubvolumen) *n*
Ing: engine displacement (IC engine) *n*
(charge volume) *n*
Fra: cylindrée (moteur à combustion) *f*

cilindrada (motor de combustión) ***f***
Ale: Hubvolumen (Verbrennungsmotor) *n*
Ing: engine displacement (IC engine) *n*
(piston deplacement) *n*
Fra: cylindrée *f*

cilindrada del motor ***f***
Ale: Motorhubvolumen *n*
Ing: engine capacity *n*
(engine swept volume) *n*
(piston displacement) *n*
Fra: cylindrée *f*

cilindrada total ***f***
Ale: Gesamthubraum *m*
Ing: engine swept volume *n*
Fra: cylindrée totale *f*

cilindro ***m***
Ale: Zylinder *m*
Ing: cylinder *n*
Fra: cylindre *m*

cilindro con brida ***m***
Ale: Flanschzylinder *m*
Ing: flange cylinder *n*
Fra: vérin à bride *m*

cilindro de accionamiento ***m***
Ale: Betätigungszylinder *m*
Ing: actuating cylinder *n*
Fra: vérin d'actionnement *m*

cilindro de acumulador elástico (freno) ***m***
Ale: Federspeicherzylinder (Bremse) *m*
Ing: spring type brake cylinder (brake) *n*
(spring-brake actuator) *n*
Fra: cylindre de frein à accumulateur élastique (frein) *m*
(cylindre à ressort accumulateur) *m*

cilindro de ajuste (ASR) ***m***
Ale: Stellzylinder (ASR) *m*
Ing: positioning cylinder (TCS) *n*
Fra: cylindre positionneur (ASR) *m*

cilindro de bomba (bomba de inyección) ***m***
Ale: Pumpenzylinder (Einspritzpumpe) *m*
Ing: pump barrel (fuel-injection pump) *n*
Fra: cylindre de pompe (pompe d'injection) *m*

cilindro de cierre ***m***
Ale: Schließzylinder *m*
Ing: closing cylinder *n*
Fra: barillet *m*

cilindro de cierre (bobina especial de encendido) ***m***
Ale: Schlosszylinder (Sonderzündspule) *m*
Ing: lock barrel (special ignition coil) *n*
Fra: serrure à barillet (bobine d'allumage spéciale) *f*

cilindro de dirección ***m***
Ale: Lenkzylinder *m*
Ing: steering cylinder *n*
Fra: vérin de direction *m*

cilindro de freno ***m***
Ale: Bremszylinder *m*
Ing: brake cylinder *n*
Fra: cylindre de frein *m*

cilindro de freno combinado ***m***
Ale: Kombibremszylinder *m*
Ing: combination brake cylinder *n*
Fra: cylindre de frein combiné *m*

cilindro de presión previa ***m***
Ale: Vorspannzylinder *m*
Ing: booster cylinder *n*
(servo-unit cylinder) *n*
Fra: cylindre d'assistance *m*

cilindro de presión previa ***m***
Ale: Vorspannzylinder *m*
Ing: pre tensioning cylinder *n*
Fra: cylindre d'assistance *m*

cilindro de presión previa de doble circuito ***m***
Ale: Zweikreis-Vorspannzylinder *m*
Ing: dual circuit actuator cylinder for the brake master cylinder *n*
Fra: cylindre d'assistance à double circuit *m*

cilindro de rueda hidráulico ***m***
Ale: Hydraulik-Radzylinder *m*
Ing: wheel brake cylinder *n*
Fra: cylindre de roue de frein hydraulique *m*

Español

cilindro de trabajo *m*
Ale: Arbeitszylinder *m*
Ing: working cylinder *n*
Fra: vérin *m*

cilindro hidráulico *m*
Ale: Hydraulikzylinder *m*
Ing: hydraulic cylinder *n*
Fra: vérin hydraulique *m*

cilindro maestro (freno) *m*
Ale: Geberzylinder (Bremse) *m*
Ing: master cylinder (brakes) *n*
Fra: cylindre capteur (frein) *m*

cilindro maestro tándem (frenos) *m*
Ale: Tandemhauptzylinder (Bremsen) *m*
Ing: tandem master cylinder (brakes) *n*
Fra: maître-cylindre tandem *m*

cilindro neumático *m*
Ale: Pneumatikzylinder *m*
Ing: pneumatic cylinder *n*
Fra: vérin pneumatique *m*

cilindro principal de freno *m*
Ale: Hauptbremszylinder *m*
(Hydraulik-Hauptzylinder) *m*
Ing: brake master cylinder, BMC *n*
Fra: maître-cylindre de frein *m*
(maître-cylindre de frein hydraulique) *m*

cilindro receptor (freno) *m*
Ale: Nehmerzylinder (Bremse) *m*
Ing: slave cylinder (brake) *n*
Fra: cylindre récepteur (frein) *m*

cincel *m*
Ale: Meißel *m*
Ing: chisel *n*
Fra: burin *m*

cinemática activa del eje trasero *m*
Ale: Aktive Hinterachskinematik *f*
Ing: active rear-axle kinematics *n*
Fra: train arrière à effet autodirectionnel *m*

cinta a masa *f*
Ale: Masseband *n*
Ing: ground strap *n*
Fra: tresse de masse *f*

cinta aislante *f*
Ale: Isolierband *n*
Ing: insulating tape *n*
Fra: bande isolante *f*

cinta de absorción *f*
Ale: Absorptionsband *n*
Ing: absorption band *n*
Fra: bande d'absorption *f*

cinta de freno *f*
Ale: Bremsband *n*
Ing: brake band *n*
Fra: bande de frein *f*

cinta de retención *f*
Ale: Halteband *n*
Ing: retaining belt *n*
Fra: collier de support *m*

cinta de sujeción *f*
Ale: Spannband *n*
Ing: clamping band *n*
Fra: collier de serrage *m*

cinta para cables *f*
Ale: Kabelbinder *m*
Ing: cable tie *n*
Fra: collier de câble *m*

cinturón abdominal *m*
Ale: Beckengurt *m*
Ing: shoulder belt *n*
Fra: sangle abdominale *f*

cinturón automático *m*
Ale: Automatikgurt *m*
Ing: automatic seat belt *n*
Fra: ceinture automatique *f*

cinturón automático de tres puntos de apoyo *m*
Ale: Dreipunkt-Automatikgurt *m*
Ing: three point inertia-reel belt *n*
Fra: ceinture automatique à trois points d'ancrage *f*

cinturón de hombros *m*
Ale: Schultergurt *m*
Ing: shoulder strap *n*
Fra: sangle thoracique *f*

cinturón de seguridad *m*
Ale: Sicherheitsgurt *m*
(Gurtband) *n*
Ing: seat belt *n*
Fra: ceinture de sécurité *f*
(sangle) *f*

circuito *m*
Ale: Schaltkreis *m*
Ing: control circuit *n*
Fra: circuit de régulation *m*

circuito *m*
Ale: Schaltkreis *m*
Ing: circuit *n*
(electric circut) *n*
Fra: circuit électrique *m*

circuito *m*
Ale: Schaltung *f*
Ing: circuit *n*
Fra: circuit *m*
(commutation) *f*

circuito adaptador *m*
Ale: Anpassschaltung *f*
Ing: adapter circuit *n*
Fra: circuit d'adaptation *m*

circuito analógico *m*
Ale: Analogschaltung *f*
Ing: analog network *n*
Fra: circuit analogique *m*

circuito cerrado de refrigeración *m*
Ale: geschlossener Kühlkreislauf *m*
Ing: closed circuit cooling *n*
Fra: circuit de refroidissement fermé *m*

circuito de aceite *m*
Ale: Ölkreislauf *m*
Ing: oil circuit *n*
Fra: circuit d'huile *m*

circuito de aceite del motor *m*
Ale: Motorölkreislauf *m*
Ing: engine oil circuit *n*
Fra: circuit d'huile moteur *m*

circuito de aceite lubricante *m*
Ale: Schmierölkreislauf *m*
Ing: engine lubricating circuit *n*
(engine lube-oil circuit) *n*
Fra: circuit d'huile lubrifiante *m*

circuito de agente frigorífico *m*
Ale: Kältemittelkreislauf *m*
Ing: refrigerant circuit *n*
Fra: circuit de fluide frigorigène *m*

circuito de agua *m*
Ale: Wasserkreislauf *m*
Ing: water circulation *n*
(water circuit) *n*
Fra: circuit d'eau *m*

circuito de aire comprimido *m*
Ale: Druckluftkreis *m*
Ing: compressed air circuit *n*
Fra: circuit d'air comprimé *m*

circuito de alta presión *m*
Ale: Hochdruckkreis *m*
Ing: high pressure circuit *n*
Fra: circuit haute pression *m*

circuito de alta presión *m*
Ale: Hochdruckkreislauf *m*
Ing: high pressure circuit *n*
Fra: circuit haute pression *m*

circuito de baja presión *m*
Ale: Niederdruckkreislauf *m*
Ing: low pressure circuit *n*
Fra: circuit basse pression *m*

circuito de baja presión de combustible *m*
Ale: Kraftstoff-Niederdruckkreislauf *m*
Ing: low pressure fuel circuit *n*
Fra: circuit basse pression de carburant *m*

circuito de combustible *m*
Ale: Kraftstoffkreislauf *m*
Ing: fuel circuit *n*
Fra: circuit de carburant *m*

circuito de consumidores secundarios *m*
Ale: Nebenverbraucherkreis *m*
Ing: ancillary circuit *n*
Fra: circuit des récepteurs auxiliaires *m*

circuito de corriente alterna *m*
Ale: Wechselstromkreis *m*
Ing: alternating current circuit *n*
Fra: circuit à courant alternatif *m*

circuito de corriente continua *m*
Ale: Gleichstromkreis *m*
Ing: direct current circuit *n*
Fra: circuit à courant continu *m*

circuito de corriente de excitación *m*

Ale: Erregerstromkreis *m*
Ing: excitation circuit *n*
Fra: circuit d'excitation *m*

circuito de encendido ***m***
Ale: Zündkreis *m*
Ing: ignition circuit *n*
Fra: circuit d'allumage *m*

circuito de entrada (unidad de control) ***m***
Ale: Eingangsschaltung (Steuergerät) *f*
(Eingangsbeschaltung) *f*
Ing: input circuit (ECU) *n*
Fra: circuit d'entrée (calculateur) *m*

circuito de evaluación ***m***
Ale: Auswertschaltung *f*
Ing: evaluation circuit *n*
Fra: circuit d'exploitation *m*

circuito de freno ***m***
Ale: Bremskreis *m*
Ing: brake circuit *n*
Fra: circuit de freinage *m*

circuito de freno de estacionamiento ***m***
Ale: Feststellbremskreis *m*
Ing: parking brake circuit *n*
Fra: circuit de freinage de stationnement *m*

circuito de freno hidráulico ***m***
Ale: Hydraulikbremskreis *m*
Ing: hydraulic brake circuit *n*
Fra: circuit de freinage hydraulique *m*

circuito de líquido refrigerante ***m***
Ale: Kühlwasserkreislauf *m*
(Kältemittelkreislauf) *m*
Ing: coolant circuit *n*
Fra: circuit d'eau de refroidissement *m*
(circuit de réfrigération) *m*

circuito de lubricación ***m***
Ale: Schmierkreis *m*
Ing: lubrication circuit *n*
Fra: circuit de lubrification *m*

circuito de lubricación del motor ***m***
Ale: Motorschmieröl-Kreislauf *m*
(Motorölkreislauf) *m*
(Schmierölkreislauf) *m*
Ing: engine lube-oil circuit *n*
Fra: circuit de lubrification du moteur *m*

circuito de memoria (banco de pruebas de frenos de rodillos) ***m***
Ale: Speicherschaltung (Rollenbremsprüfstand) *f*
Ing: memory circuit (dynamic brake analyzer) *n*
Fra: circuit de mémorisation (banc d'essai) *m*

circuito de preexcitación ***m***
Ale: Vorerregerstromkreis *m*
Ing: preexcitation circuit *n*
Fra: circuit d'amorçage *m*

circuito de presión ***m***
Ale: Druckkreis *m*
Ing: pressure circuit *n*
Fra: circuit de pression *m*

circuito de regulación ***m***
Ale: Regelschaltung *f*
Ing: control loop *n*
Fra: boucle d'asservissement *f*

circuito de regulación de frenado (ASR) ***m***
Ale: Bremsregelkreis (ASR) *m*
Ing: brake control circuit (TCS) *n*
Fra: circuit de régulation du freinage (ASR) *m*

circuito de reserva de aire comprimido ***m***
Ale: Druckluftvorratskreis *m*
(Vorratskreis) *m*
Ing: compressed-air supply circuit *n*
Fra: circuit d'alimentation (air comprimé) *m*

circuito de retardo (válvula de arranque) ***m***
Ale: Verzögerungsschaltung (Startventil) *f*
Ing: delay switch (start valve) *n*
Fra: circuit temporisateur *m*

circuito de retardo ***m***
Ale: Verzögerungsschaltung *f*
Ing: delay circuit *n*
Fra: circuit temporisateur *m*

circuito de retención ***m***
Ale: Rückhaltkreis *m*
Ing: retention circuit *n*
Fra: circuit de retenue *m*

circuito de salida (unidad de control) ***m***
Ale: Ausgangsschaltung (Steuergerät) *f*
Ing: output circuit (ECU) *n*
Fra: circuit de sortie (calculateur) *m*

circuito del freno de servicio ***m***
Ale: Betriebsbremskreis *m*
Ing: service brake circuit *n*
Fra: circuit de freinage de service *m*

circuito del remolque (sistema de aire comprimido) ***m***
Ale: Anhängerkreis (Druckluftanlage) *m*
Ing: trailer circuit (compressed-air system) *n*
Fra: circuit de commande de la remorque (dispositif à air comprimé) *m*

circuito digital ***m***
Ale: Digitalschaltung *f*
Ing: digital circuit *n*
Fra: circuit numérique *m*

circuito eléctrico ***m***
Ale: Stromkreis *m*
Ing: electric circuit *n*
Fra: circuit électrique *m*

circuito flotante (cilindro maestro tándem) ***m***
Ale: Schwimmkreis (Tandemhauptzylinder) *m*
Ing: floating circuit (tandem master cylinder) *n*
Fra: circuit flottant (maître-cylindre tandem) *m*

circuito híbrido ***m***
Ale: Hybridschaltung *f*
Ing: hybrid circuit *n*
Fra: circuit hybride *m*

circuito integrado a gran escala (unidad de control) ***m***
Ale: Großschaltkreis (Steuergerät) *m*
Ing: large scale integrated circit, LSI (ECU) *n*
Fra: circuit à haute intégration (calculateur) *m*

circuito magnético ***m***
Ale: Magnetkreis *m*
Ing: magnetic circuit *n*
Fra: circuit magnétique *m*

circuito modelador de impulsos ***m***
Ale: Impulsformer *m*
Ing: pulse shaping circuit *n*
Fra: conformateur d'impulsions *m*

circuito neumático de frenado ***m***
Ale: Pneumatikbremskreis *m*
Ing: pneumatic brake circuit *n*
Fra: circuit de freinage pneumatique *m*

circuito primario ***m***
Ale: Primärkreis *m*
Ing: primary circuit *n*
Fra: circuit primaire *m*

circuito principal ***m***
Ale: Generatorstromkreis *m*
(Hauptstromkreis) *m*
Ing: main circuit (alternator) *n*
Fra: circuit principal (alternateur) *m*

circuito secundario ***m***
Ale: Sekundärkreis *m*
Ing: secondary circuit *n*
Fra: circuit secondaire *m*

circulación por la izquierda/por la derecha ***f***
Ale: Links-Rechtsverkehr *m*
Ing: left/right-hand traffic *n*
Fra: circulation à gauche/à droite *f*

círculo exterior (rueda dentada) ***m***
Ale: Kopfkreis (Zahnrad) *m*
Ing: tip circle (gear) *n*
Fra: cercle de tête (engrenage) *m*

círculo primitivo (rueda dentada) ***m***
Ale: Teilkreis (Zahnrad) *m*
Ing: reference circle (gear) *n*

Fra: cercle primitif de référence (engrenage) *m*

círculo primitivo ***m***
Ale: Wälzkreis *m*
Ing: pitch circle *n*
Fra: cercle primitif *m*

cizallamiento ***f***
Ale: Schub *m*
Ing: shear *n*
Fra: cisaillement *m*

clase de avería ***f***
Ale: Fehlerklasse *f*
Ing: error class *n*
Fra: catégorie de défaut *f*

clase de cambio ***f***
Ale: Getriebeart *f*
Ing: transmission type *n*
Fra: type de boîte de vitesses *m*

clase de protección ***f***
Ale: Schutzart *f*
Ing: degree of protection *n*
Fra: degré de protection *m*

clase de supresión de interferencias ***f***
Ale: Entstörklasse *m*
Ing: interference suppression category *n*
Fra: classe d'antiparasitage *f*

clasificación de averías ***f***
Ale: Fehlerklassifizierung *f*
Ing: classification of non conformance *n*
Fra: classification des défauts *f*

clavija redonda ***f***
Ale: Rundstecker *m*
Ing: pin terminal *n*
Fra: fiche ronde *f*

clavo avellanado estriado ***m***
Ale: Senkkerbnagel *m*
Ing: countersunk flat-head nail *n*
Fra: clou cannelé à tête fraisée *m*

climatizador automático ***m***
Ale: Klimaautomatik *f*
Ing: automatic air conditioning *n*
Fra: climatiseur automatique *m*

codificación de enchufes ***f***
Ale: Steckercodierung *f*
Ing: plug code *n*
Fra: codage des fiches *m*

codificación de protección contra averías ***f***
Ale: Fehlerschutzkodierung *f*
Ing: error protection coding *n*
Fra: codage convolutif *m*

codificación de variante ***f***
Ale: Variantencodierung *f*
Ing: variant encoding *n*
Fra: codage des variantes *m*

código de avería ***m***
Ale: Fehlercode *m*
Ing: fault code *n*
Fra: code de dérangement (autodiagnostic) *m*

código de ejecución ***m***
Ale: Ausführungskennzahl *f*
Ing: type code *n*
Fra: code d'exécution *m*

código de salida ***m***
Ale: Ausgangscode *m*
Ing: output code *n*
Fra: code de sortie *m*

código de servicio ***m***
Ale: Servicecode *m*
Ing: service code *n*
Fra: code service *m*

código del titular del vehículo ***m***
Ale: Fahrzeughaltercode *m*
Ing: vehicle owner code *n*
Fra: code du propriétaire du véhicule *m*

código intermitente ***m***
Ale: Blinkcode *m*
Ing: flashing code *n*
Fra: code clignotant *m*

código variable (alarma de vehículo) ***m***
Ale: Wechselcode (Autoalarm) *m*
Ing: changeable code (car alarm) *n*
Fra: code interchangeable (alarme auto) *m*

coeficiente ***m***
Ale: Beiwert *m*
Ing: coefficient *n*
Fra: coefficient *m*

coeficiente de absorción ***m***
Ale: Absorptionskoeffizient *m*
Ing: absorption coefficient *n*
Fra: coefficient d'absorption *m*

coeficiente de amortiguación ***m***
Ale: Dämpfungskoeffizient *m*
Ing: damping coefficient *n*
Fra: coefficient d'amortissement *m*

coeficiente de aprovechamiento (técnica de bobinado) ***m***
Ale: Ausnutzungsgrad (Wickeltechnik) *m*
Ing: power/space ratio (winding techniques) *n*
Fra: rendement (technique d'enroulement) *m*

coeficiente de desgaste ***m***
Ale: Verschleißkoeffizient *m*
Ing: coefficient of wear *n*
Fra: coefficient d'usure *m*

coeficiente de expansión ***m***
Ale: Ausdehnungskoeffizient *m*
Ing: coefficient of expansion *n*
Fra: coefficient de dilatation *m*

coeficiente de expansión térmica ***m***
Ale: Wärmeausdehnungskoeffizient *m*
Ing: coefficient of thermal expansion *n*
Fra: coefficient de dilatation thermique *m*

coeficiente de fricción ***m***
Ale: Reibungszahl *f*
(Reibwert) *m*
(Reibbeiwert) *m*
Ing: coefficient of friction *n*
(friction value) *n*
Fra: coefficient de frottement *m*
(coefficient d'adhérence) *m*

coeficiente de fricción de cuña ***m***
Ale: Keilreibbeiwert *m*
Ing: wedge coefficient of friction *n*
Fra: coefficient d'adhérence par coincement *m*

coeficiente de fricción en húmedo ***m***
Ale: Nassreibwert *m*
Ing: coefficient of wet friction *n*
Fra: coefficient de frottement humide *m*

coeficiente de fricción en seco ***m***
Ale: Trockenreibwert *m*
Ing: coefficient of dry friction *n*
Fra: coefficient de frottement à sec *m*

coeficiente de fuerza del viento lateral ***m***
Ale: Seitenwindkraftbeiwert *m*
Ing: crosswind force coefficient *n*
Fra: coefficient de la force du vent latéral *m*

coeficiente de fuerza lateral ***m***
Ale: Seitenkraftbeiwert *m*
Ing: lateral force coefficient *n*
Fra: coefficient de force latérale *m*

coeficiente de par de guiñada por viento lateral ***m***
Ale: Seitenwind-Giermomentbeiwert *m*
Ing: crosswind induced yaw coefficient *n*
Fra: coefficient du moment de lacet par vent latéral *m*

coeficiente de relajación ***m***
Ale: Abklingkoeffizient *m*
Ing: decay coefficient *n*
Fra: coefficient d'atténuation *m*

coeficiente de resistencia a la rodadura ***m***
Ale: Rollwiderstandsbeiwert *m*
Ing: coefficient of rolling resistance *n*
Fra: coefficient de résistance au roulement *m*

coeficiente de resistencia del aire ***m***
Ale: Luftwiderstandsbeiwert *m*
Ing: drag coefficient *n*
Fra: coefficient de pénétration dans l'air *m*

coeficiente de rigidez ***m***
Ale: Federkonstante *f*

Español

Ing: spring constant *n*
Fra: constante de ressort *f*

coeficiente de rigidez torsional ***m***
Ale: Drehfederkonstante *f*
Ing: torsional spring rate *n*
Fra: rigidité torsionnelle *f*

coeficiente de rozamiento estático ***m***
Ale: Haftreibungsbeiwert *m*
(Reibbeiwert) *m*
Ing: coefficient of static friction *n*
Fra: coefficient d'adhérence *m*

coeficiente de rozamiento por adherencia (neumáticos/calzada) ***m***
Ale: Haftreibungszahl (Reifen/Straße) *f*
(Kraftschlussbeiwert) *m*
(Reibbeiwert) *m*
Ing: coefficient of friction (tire/road) *n*
Fra: coefficient d'adhérence *m*

coeficiente de rozamiento por deslizamiento ***m***
Ale: Gleitreibungszahl *f*
Ing: coefficient of sliding friction *n*
Fra: coefficient de frottement de glissement *m*

coeficiente de subida ***m***
Ale: Anstiegskoeffizient *m*
Ing: rising slope coefficient *n*
Fra: coefficient d'accroissement *m*

coeficiente de temperatura ***m***
Ale: Temperaturkoeffizient *m*
Ing: temperature coefficient *n*
Fra: coefficient de température *m*

coeficiente de temperatura negativo ***m***
Ale: negativer Temperaturkoeffizient, NTC *m*
Ing: negative temperature coefficient, NTC *n*
Fra: coefficient de température négatif, CTN *m*

coeficiente de temperatura positivo ***m***
Ale: positiver Temperaturkoeffizient *m*
Ing: positive temperature coefficent, PTC *n*
Fra: coefficient de température positif (CTP) *m*

coeficiente de tracción ***m***
Ale: Triebkraftbeiwert *m*
Ing: coefficient of traction force *n*
Fra: coefficient de traction *m*

coeficiente de transmisión térmica ***m***
Ale: Wärmeübergangskoeffizient *m*
Ing: heat transfer coefficient *n*
Fra: coefficient de transfert thermique *m*

coeficiente eléctrico del convertidor ***m***
Ale: elektrischer Wandlerkoeffizient *m*
Ing: electric transducer coefficient *n*
Fra: coefficient électrique de conversion *m*

cojinete ***m***
Ale: Lager *n*
Ing: bearing *n*
Fra: palier *m*

cojinete axial ***m***
Ale: Axiallager *n*
Ing: axial bearing *n*
(thrust bearing) *n*
Fra: butée axiale *f*

cojinete axial de rodillos cilíndricos ***m***
Ale: Axial-Zylinderrollenlager *n*
Ing: cylindrical-roller thrust bearing *n*
Fra: butée à rouleaux cylindriques *f*

cojinete axial de rodillos cónicos ***m***
Ale: Axial-Kegelrollenlager *n*
Ing: tapered-roller thrust bearing *n*
Fra: butée à rouleaux coniques *f*

cojinete con brida ***m***
Ale: Flanschlager *n*
Ing: flanged bearing *n*
Fra: flasque-palier *m*

cojinete de agujas ***m***
Ale: Nadellager *n*
Ing: needle bearing *n*
Fra: roulement à aiguilles *m*

cojinete de apoyo (freno de tambor) ***m***
Ale: Stützlager (Trommelbremse) *n*
Ing: support bearing (drum brake) *n*
Fra: palier d'appui (frein à tambour) *m*

cojinete de biela ***m***
Ale: Pleuellager *n*
Ing: connecting rod bearing *n*
Fra: coussinet de bielles *m*

cojinete de bisabra de puerta ***m***
Ale: Türscharnierlager *n*
Ing: door hinge bearing *n*
Fra: charnière de portière *f*

cojinete de bolas sobre rótula ***m***
Ale: Kugelgelenklager *n*
Ing: ball and-socket bearing *n*
Fra: articulation à rotules *f*

cojinete de bronce sinterizado ***m***
Ale: Sinterbronzelager *n*
Ing: sintered bronze bearing *n*
Fra: palier fritté en bronze *m*

cojinete de cigüeñal ***m***
Ale: Kurbelwellenlager *n*
Ing: crankshaft bearing *n*
Fra: palier de vilebrequin *m*

cojinete de desembrague ***m***
Ale: Ausrücklager *n*
Ing: throwout bearing *n*
Fra: butée de débrayage *f*

cojinete de deslizamiento ***m***
Ale: Gleitlager *n*
Ing: friction bearing *n*
Fra: palier lisse *m*

cojinete de deslizamiento en seco ***m***
Ale: Trockengleitlager *n*
Ing: sliding contact bearing *n*
Fra: palier lisse fonctionnant à sec *m*

cojinete de embrague ***m***
Ale: Kupplungslager *n*
Ing: coupling bearing *n*
Fra: palier d'embrayage *m*

cojinete de la palanca de desembrague ***m***
Ale: Ausrückhebellager *n*
Ing: release lever bearing *n*
Fra: fourchette de débrayage *f*

cojinete de mangueta ***m***
Ale: Achsschenkellager *n*
Ing: steering-knuckle bearing *n*
Fra: roulement de fusée d'essieu *m*

cojinete de presión ***m***
Ale: Drucklager *n*
Ing: thrust block *n*
Fra: palier de butée *m*

cojinete de rodillos ***m***
Ale: Rollenlager *n*
Ing: rolling element *n*
Fra: roulement à rouleaux *m*

cojinete de rueda ***m***
Ale: Radlager *n*
Ing: wheel bearing *n*
Fra: roulement de roue *m*

cojinete de tres aleaciones ***m***
Ale: Dreistofflager *n*
Ing: trimetal bearing *n*
Fra: palier trimétal *m*

cojinete del motor ***m***
Ale: Motorlager *n*
Ing: engine bearing *n*
Fra: support moteur *m*

cojinete del piñón ***m***
Ale: Ritzellagerung *f*
Ing: pinion bearing *n*
Fra: roulement du pignon d'attaque *m*

cojinete lado de accionamiento (con piñón de arranque externo) ***m***
Ale: Antriebslager (bei außengelagertem Starterritzel) *n*
Ing: pinion housing (for external starter pinion) *n*
Fra: flasque côté entraînement *m*

cojinete lado de accionamiento ***m***
Ale: Antriebslager *n*

Ing: drive bearing *n*
Fra: flasque-palier côté entraînement *m*

cojinete magnético ***m***
Ale: Magnetlager *n*
Ing: magnet bearing *n*
Fra: palier magnétique *m*

cojinete oscilante ***m***
Ale: Schwenklager *n*
Ing: drag bearing *n*
Fra: pivot de fusée *m*

cojinete sinterizado ***m***
Ale: Sinterlager *n*
Ing: sintered bearing *n*
Fra: palier fritté *m*

cola de la chispa ***f***
Ale: Funkenschwanz *m*
Ing: spark tail *n*
Fra: queue de l'étincelle *f*

colector ***m***
Ale: Kollektor *m*
Ing: collector *n*
Fra: collecteur *m*

colector ***m***
Ale: Kommutator *m*
Ing: commutator *n*
Fra: collecteur *m*

colector ***m***
Ale: Krümmer *m*
Ing: manifold *n*
Fra: coude *m*

colector de admisión (motor de combustión) ***m***
Ale: Ansaugkrümmer (Verbrennungsmotor) *m*
Ing: intake manifold (IC engine) *n*
Fra: collecteur d'admission *m*

colector de admisión (motor de combustión) ***m***
Ale: Einlasskrümmer (Verbrennungsmotor) *m*
Ing: intake manifold (IC engine) *n*
Fra: collecteur d'admission *m*

colector de admisión (motor de combustión) ***m***
Ale: Einlaufkrümmer (Verbrennungsmotor) *m*
Ing: inlet manifold (IC engine) *n*
Fra: collecteur d'alimentation *m*

colector de agua condensada ***m***
Ale: Kondenswasserwanne *f*
Ing: condensate drip pan *n*
Fra: collecteur d'eau de condensation *m*

colector de corriente ***m***
Ale: Stromabnehmer *m*
Ing: current collector *n*
Fra: collecteur de courant *m*

colector de escape (motor de combustión) ***m***
Ale: Auslasskrümmer (Verbrennungsmotor) *m*
Ing: exhaust manifold (IC engine) *n*
(exhaust branch) *n*
Fra: collecteur d'échappement *m*

colector de escape (motor de combustión) ***m***
Ale: Auspuffkrümmer (Verbrennungsmotor) *m*
Ing: exhaust manifold *n*
(exhaust branch) *n*
Fra: collecteur d'échappement *m*

colector de gases de escape ***m***
Ale: Abgaskrümmer *m*
(Krümmer) *m*
(Abgasrohrkrümmer) *m*
Ing: exhaust manifold *n*
(manifold) *n*
Fra: collecteur d'échappement *m*

colector de gases de escape de chapa ***m***
Ale: Blechschalen-Abgaskrümmer *m*
Ing: sheet-metal manifold *n*
Fra: collecteur d'échappement embouti et soudé *m*

colector de retorno ***m***
Ale: Rücklaufsammler *m*
Ing: return manifold *n*
Fra: collecteur de retour *m*

colisa (válvula de freno de estacionamiento) ***f***
Ale: Kulisse (Feststellbremsventil) *f*
Ing: detent element (parking-brake valve) *n*
Fra: coulisse (valve de frein de stationnement) *f*

colisa de mando ***f***
Ale: Schaltkulisse *f*
Ing: contoured switching guide *n*
Fra: grille de passage de vitesses *f*

colisa de mando ***f***
Ale: Schaltkulisse *f*
Ing: gearshift gate *n*
(shifting gate) *n*
Fra: coulisse de contact *f*

collar ***m***
Ale: Anlagebund *m*
Ing: collar *n*
Fra: collerette *f*

collar centrador ***m***
Ale: Zentrierbund *m*
Ing: locating collar *n*
Fra: épaulement de centrage *m*

collar de descarga ***m***
Ale: Entlastungsbund *m*
Ing: relief collar *n*
Fra: épaulement de détente *m*

collar de descarga ***m***
Ale: Entlastungsbund *m*
Ing: retraction collar *n*
Fra: épaulement de décharge *m*

collar de tope ***m***
Ale: Anschlagbund *m*
Ing: stop collar *n*
Fra: collet de butée *m*

combinación camión-remolque ***f***
Ale: Lastzug *m*
Ing: truck-trailer *n*
Fra: train routier *m*

combinación de bombas de inyección ***f***
Ale: Einspritzpumpen-Kombination *f*
Ing: injection pump assembly *n*
Fra: ensemble de pompe d'injection *m*

combinación de relés ***f***
Ale: Relaiskombination *f*
Ing: relay combination *n*
Fra: module relais *m*

combustible ***m***
Ale: Kraftstoff *m*
Ing: fuel *n*
Fra: carburant *m*

combustible alternativo ***m***
Ale: Alternativkraftstoff *m*
Ing: alternative fuel *n*
Fra: carburant de substitution *m*

combustible de fuga ***m***
Ale: Leckkraftstoff *m*
(Lecköl) *n*
Ing: leak fuel *n*
Fra: carburant de fuite *m*
(combustible de fuite) *m*

combustible Diesel ***m***
Ale: Dieselkraftstoff *m*
Ing: diesel fuel *n*
Fra: gazole *m*

combustión anormal (en motores de gasolina) ***f***
Ale: anomale Verbrennung (bei Ottomotoren) *f*
Ing: abnormal combustion *n*
Fra: combustion anormale *f*

combustión con detonaciones (motor de combustión) ***f***
Ale: klopfende Verbrennung (Verbrennungsmotor) *f*
Ing: combustion knock (IC engine) *n*
Fra: combustion détonante *f*

combustión de autolimpieza (bujía de encendido) ***f***
Ale: Freibrand (Zündkerze) *m*
(Abbrennen) *n*
Ing: burn off (spark plug) *n*
Fra: autonettoyage *m*
(refoulement) *m*

combustión en frío ***f***
Ale: kalte Verbrennung *f*
Ing: cold combustion *n*
Fra: combustion froide *f*

comienzo de bloqueo (ABS) ***m***
Ale: Blockierbeginn (ABS) *m*
Ing: start of lock up (ABS) *n*

Español

Fra: début du blocage (ABS) *m*

comienzo de inyección en función de la carga ***m***
Ale: lastabhängiger Spritzbeginn *m*
Ing: load dependent start of injection *n*
Fra: début d'injection variable en fonction de la charge *m*

comienzo de la inyección ***m***
Ale: Spritzbeginn (Kraftstoffeinspritzung) *m*
Ing: start of injection (fuel injection) *n*
Fra: début d'injection *m*

comienzo de suministro (bomba de inyección) ***m***
Ale: Förderbeginn (Einspritzpumpe) *m*
Ing: start of delivery (fuel-injection pump) *n*
Fra: début de refoulement (pompe d'injection) *m*

comienzo de suministro en función de la carga ***m***
Ale: lastabhängiger Förderbeginn *m*
Ing: load dependent start of delivery *n*
Fra: initiateur de refoulement *m*

comienzo del encendido ***m***
Ale: Zündbeginn *m*
Ing: start of ignition *n*
Fra: début d'inflammation *m*

comienzo del suministro dependiente de la presión atmosférica ***m***
Ale: atmosphärendruckabhängiger Förderbeginn *m*
Ing: ambient pressure-dependent port closing *n*
Fra: début de refoulement en fonction de la pression atmosphérique *m*

comienzo del suministro dependiente de la presión atmosférica y de la carga ***m***
Ale: atmosphärendruck- und lastabhängiger Förderbeginn *m*
Ing: barometric pressure and load-dependent start of delivery *n*
Fra: début de refoulement en fonction de la pression atmosphérique et de la charge *m*

Common Rail, CR ***m***
Ale: Common Rail, CR *n*
Ing: common rail system, CR *n*
Fra: système d'injection à accumulateur « Common Rail » *m*

comparación valor nominal/ valor real ***f***
Ale: Sollwert/Istwertvergleich *m*
Ing: setpoint/actual comparison *n*
Fra: comparaison consigne/ valeur réelle *f*

comparador ***m***
Ale: Komparator *m*
Ing: comparator *n*
Fra: comparateur *m*

compartimiento motor ***m***
Ale: Motorraum *m*
Ing: engine compartment *n*
(engine bay) *n*
Fra: compartiment moteur *m*

compatibilidad de sistemas ***f***
Ale: Systemverträglichkeit *f*
Ing: system compatibility *n*
Fra: compatibilité système *f*

compatibilidad electromagnética ***f***
Ale: elektromagnetische Kompatibilität *f*
Ing: electromagnetic compatibility, EMC *n*
Fra: compatibilité électromagnétique *f*

compatibilidad electromagnética ***f***
Ale: elektromagnetische Verträglichkeit, EMV *f*
Ing: electromagnetic compatibility, EMC *n*
Fra: compatibilité électromagnétique, CEM *f*

compatibilidad medioambiental ***f***
Ale: Umweltverträglichkeit *f*
Ing: environmental compatibility *n*
Fra: compatibilité environnementale *f*

compensación de altitud ***f***
Ale: Höhen-Kompensation *f*
Ing: altitude compensation *n*
Fra: correction altimétrique *f*

compensación de altitud ***f***
Ale: Höhenkorrektur *f*
Ing: altitude compensation *n*
Fra: correction altimétrique *f*

compensación de caudal ***f***
Ale: Mengenabgleich *m*
Ing: fuel quantity compensation *n*
Fra: étalonnage de débit *m*

compensación de caudal de arranque ***f***
Ale: Startmengenabgleich *m*
Ing: startingl quantity compensation *n*
Fra: étalonnage du débit de démarrage *m*

compensación de fuerza de inercia ***f***
Ale: Massenkraftausgleich *m*
Ing: balancing of inertial forces *n*
Fra: équilibrage des masses d'inertie *m*

compensación de la pendiente ***f***
Ale: Steigungsabgleich *m*
Ing: progression rate adjustment *n*
Fra: ajustage de la pente *m*

compensación de masas ***f***
Ale: Massenausgleich *m*
Ing: balancing of masses *n*
Fra: équilibrage des masses *m*

compensación de presión ***f***
Ale: Druckausgleich *m*
Ing: pressure compensation *n*
Fra: compensation de pression *f*

compensación de transición ***f***
Ale: Übergangskompensation *f*
Ing: transient compensation *n*
Fra: compensation des réactions transitoires *f*

compensador de amortiguación ***m***
Ale: Dämpfungspuffer *m*
Ing: damper *n*
Fra: tampon d'amortissement *m*

componente ***m***
Ale: Bauteil *n*
Ing: component *n*
Fra: composant (appareil) *m*

componente ***m***
Ale: Komponente *f*
Ing: components *n*
Fra: composant *m*

componente de los gases de escape ***m***
Ale: Abgasbestandteil *m*
Ing: exhaust gas component *n*
Fra: constituant des gaz d'échappement *m*

componente de los gases de escape ***m***
Ale: Abgaskomponente *f*
Ing: exhaust gas constituent *n*
Fra: constituant des gaz d'échappement *m*

comportamiento con gasolina caliente ***m***
Ale: Heißbenzinverhalten *n*
Ing: hot fuel handling characteristics *npl*
Fra: comportement avec carburant chaud *m*

comportamiento de arranque (ASR) ***m***
Ale: Anfahrverhalten (ASR) *n*
Ing: drive away behavior (TCS) *n*
Fra: comportement de démarrage *m*

comportamiento de arranque ***m***
Ale: Startverhalten *n*
Ing: starting response *n*
Fra: comportement au démarrage *m*

comportamiento de arranque en caliente ***m***
Ale: Heißstartverhalten *f*
Ing: hot start response *n*
Fra: comportement au démarrage à chaud *m*

comportamiento de colisión *m*
Ale: Crashverhalten *n*
Ing: crash behavior *n*
Fra: réaction aux accidents *f*

comportamiento de deformación *m*
Ale: Deformationsverhalten *n*
Ing: deformation behavior *f*
Fra: comportement à la déformation *m*

comportamiento de frenado *m*
Ale: Bremsverhalten *n*
Ing: braking response *n*
Fra: comportement au freinage *m*

comportamiento de frenado en curvas *m*
Ale: Kurvenbremsverhalten *n*
Ing: curve braking behavior *n*
Fra: comportement au freinage en virage *m*

comportamiento de los gases de escape *m*
Ale: Abgasverhalten *n*
Ing: emission characteristics *n*
Fra: comportement des gaz d'échappement *m*

comportamiento de marcha *m*
Ale: Laufverhalten *n*
Ing: tractability *n*
Fra: comportement de marche *m*

comportamiento de marcha *m*
Ale: Laufverhalten *n*
Ing: running performance *n*
Fra: comportement de marche *m*

comportamiento de marcha en caliente (motor de combustión) *m*
Ale: Heißlaufverhalten (Verbrennungsmotor) *n*
Ing: hot engine driving response (IC engine) *n*
Fra: comportement en surchauffe (moteur à combustion) *m*

comportamiento de reacción *m*
Ale: Ansprechverhalten *n*
Ing: response *n*
Fra: comportement de réponse *m*

comportamiento de reacción de la sonda Lambda *m*
Ale: Ansprechverhalten der Lambda-Sonde *f*
Ing: oxygen sensor response rate *n*
Fra: comportement de réponse de la sonde à oxygène *m*

comportamiento de transición *m*
Ale: Übergangsverhalten *n*
Ing: transition response *n*
(transient response) *n*
Fra: réaction transitoire *f*

comportamiento de transición *m*
Ale: Übergangsverhalten *n*
Ing: transition behavior *n*
Fra: comportement transitoire *m*

comportamiento detonante *m*
Ale: Klopfverhalten *n*
Ing: knock resistance *n*
Fra: pouvoir détonant *m*

comportamiento en marcha (automóvil) *m*
Ale: Fahrverhalten (Kfz) *n*
Ing: driveability (motor vehicle) *n*
Fra: motricité (véhicule) *f*

comportamiento en marcha (automóvil) *m*
Ale: Fahrverhalten (Kfz) *n*
Ing: driving behaviour *n*
Fra: comportement routier (véhicule) *m*

comportamiento instantáneo *m*
Ale: Kurzzeitverhalten *n*
Ing: short term behavior *n*
Fra: comportement à court terme *m*

comportamiento nominal *m*
Ale: Sollverhalten *n*
Ing: nominal behavior *n*
Fra: comportement théorique *m*

composición de la mezcla *f*
Ale: Gemischzusammensetzung *f*
Ing: mixture composition *n*
Fra: composition du mélange *f*

composición de los gases de escape *f*
Ale: Abgaszusammensetzung *f*
Ing: exhaust gas composition *n*
Fra: composition des gaz d'échappement *f*

composición del combustible *f*
Ale: Kraftstoff-Zusammensetzung *f*
Ing: fuel composition *n*
Fra: composition du carburant *f*

compresibilidad *f*
Ale: Kompressibilität *f*
Ing: compressibility *n*
Fra: compressibilité *f*

compresímetro *m*
Ale: Kompressionsdruckmesser *m*
Ing: compression tester *n*
Fra: compressiomètre *m*

compresión (motor de combustión) *f*
Ale: Verdichtung (Verbrennungsmotor) *m*
(Kompressionsdruck) *f*
Ing: compression (IC engine) *n*
Fra: compression (moteur à combustion) *f*

compresión de los elementos de suspensión *f*
Ale: Einfederung *f*
Ing: spring compression *n*
Fra: débattement *m*

compresión del motor *f*
Ale: Motorkompression *f*
Ing: engine compression *n*
Fra: compression du moteur *f*

compresor *m*
Ale: Kompressor *m*
Ing: compressor *n*
Fra: compresseur *m*

compresor *m*
Ale: Verdichter *m*
Ing: compressor *n*
Fra: compresseur *m*

compresor centrífugo *m*
Ale: Strömungsverdichter *m*
(Strömungslader) *m*
(Kreisellader) *m*
Ing: centrifugal turbo compressor *n*
(hydrokinetic flow compressor) *n*
Fra: compresseur centrifuge *m*

compresor de agente frigorífico en espiral *m*
Ale: Spiral-Kältemittelkompressor *k*
Ing: spiral type refrigerant compressor *n*
Fra: compresseur frigorifique spiral *m*

compresor de aire *m*
Ale: Verdichter *m*
(Luftkompressor) *m*
Ing: air compressor *n*
Fra: compresseur *m*

compresor de climatizador *m*
Ale: Klimakompressor *m*
Ing: air conditioning compressor *n*
Fra: compresseur de climatiseur *m*

compresor de émbolo reciprocante *m*
Ale: Hubkolbenverdichter *m*
Ing: reciprocating piston supercharger *n*
Fra: compresseur à piston *m*

compresor eléctrico *m*
Ale: Elektrokompressor *m*
Ing: electric compressor *n*
Fra: compresseur électrique *m*

compresor frigorífico *m*
Ale: Kältekompressor *m*
Ing: refrigerant compressor *n*
Fra: compresseur frigorifique *m*

compresor helicoidal *m*
Ale: Schraubenverdichter *m*
Ing: screw type supercharger *n*
Fra: compresseur à vis *m*

compresor radial *m*
Ale: Radialverdichter *m*
Ing: radial compressor *n*
Fra: compresseur radial *m*

compresor volumétrico *m*
Ale: Verdrängungsverdichter *m*
Ing: positive displacement supercharger *n*
Fra: compresseur volumétrique *m*

comprobación de estanqueidad *f*
Ale: Dichtheitsprüfung *f*
Ing: leak test *n*

Fra: contrôle d'étanchéité *m*

comprobación de evaporación ***f***
Ale: Verdunstungsprüfung *f*
Ing: evaporative emissions test *n*
Fra: test d'évaporation *m*

comprobación de frenos ***f***
Ale: Bremsenprüfung *f*
Ing: brake test *n*
Fra: essai de freinage *m*

comprobación de frenos ***f***
Ale: Bremsprüfung *f*
Ing: brake test *n*
Fra: essai des freins *m*

comprobación de funcionamiento ***f***
Ale: Funktionsprüfung *f*
Ing: functional test *n*
Fra: test de fonctionnement *m*

comprobación de gases de escape ***f***
Ale: Abgasprüfung *f*
(Abgastest) *m*
Ing: exhaust gas test *n*
Fra: analyse des gaz d'échappement *f*
(test des gaz d'échappement) *m*

comprobación de gases de escape ***f***
Ale: Rauchprüfung *f*
Ing: smoke emission test *n*
Fra: test d'émission de fumées *m*

comprobación de la presión previa (cilindro de rueda) ***f***
Ale: Vordruckprüfung (Radzylinder) *f*
Ing: latent pressure test (wheel-brake cylinder) *n*
Fra: essai de pression pilote *m*

comprobación de sincronización ***f***
Ale: Gleichlaufprüfung *f*
Ing: synchronization check *n*
Fra: test de synchronisme *m*

comprobación del aislamiento ***f***
Ale: Isolationsprüfung *f*
Ing: insulation test *n*
Fra: test d'isolation *m*

comprobación final ***f***
Ale: Endprüfung *f*
Ing: final inspection and test *n*
Fra: contrôle final *m*

comprobación visual ***f***
Ale: Sichtprüfung *f*
Ing: visual inspection *n*
(visual inspection) *n*
Fra: contrôle visuel *m*

comprobador ***m***
Ale: Prüfgerät *n*
Ing: test equipment *n*
Fra: appareil de contrôle *m*

comprobador de alineación del faro (aparato alineador de faros) ***m***
Ale: Scheinwerfer-Einstellprüfgerät (Scheinwerfereinstellgerät) *n*
Ing: headlight aiming device *n*
Fra: réglophare *m*

comprobador de cortocircuito entre espiras ***m***
Ale: Windungsschlussprüfgerät *n*
Ing: inter turn short circuit tester *n*
Fra: détecteur de courts-circuits entre spires *m*

comprobador de diagnóstico ***m***
Ale: Diagnosetestgerät *n*
Ing: diagnosis tester *n*
Fra: testeur de diagnostic *m*

comprobador de electrolito (batería) ***m***
Ale: Säureprüfer (Batterie) *m*
Ing: hydrometer (battery) *n*
(acid tester) *n*
Fra: pèse-acide (batterie) *m*

comprobador de frenos ***m***
Ale: Bremsentester *m*
Ing: brake tester *n*
Fra: contrôleur de freins *m*

comprobador de gases de escape (medición de opacidad) ***m***
Ale: Rauchgastester *m*
Ing: smoke meter *n*
Fra: fumimètre *m*

comprobador de gases de escpae ***m***
Ale: Abgastester *m*
Ing: exhaust gas analyzer *n*
Fra: testeur de gaz d'échappement *m*

comprobador de la presión de frenado ***m***
Ale: Bremsdruckprüfgerät *n*
Ing: brake pressure tester *n*
Fra: testeur de pression de freinage *m*

comprobador de lámparas ***m***
Ale: Lampentester *m*
Ing: lamp tester *n*
Fra: testeur de lampe *m*

comprobador de motores ***m***
Ale: Motortester *m*
(Motortestgerät) *n*
Ing: engine analyzer *n*
Fra: motortester *m*

comprobador de taller ***m***
Ale: Werkstatttester *m*
Ing: workshop tester *n*
Fra: testeur d'atelier *m*

comprobador de tensión ***m***
Ale: Spannungstester *m*
Ing: voltage tester *n*
Fra: voltmètre *m*

comprobador del ángulo de cierre ***m***
Ale: Schließwinkeltester *m*
Ing: dwell angle meter *n*
Fra: testeur d'angle de came *m*

comprobar ***v***
Ale: prüfen *v*
Ing: to test *v*
Fra: contrôler *v*

compuerta de alimentación ***f***
Ale: Ladungsbewegungsklappe *f*
Ing: swirl control valve *n*
Fra: volet de turbulence *m*

compuestos orgánicos volátiles ***mpl***
Ale: flüchtige organische Verbindungen *fpl*
Ing: volatile organic compounds *n*
Fra: composés organiques volatils (COV) *mpl*

Computer Aided Design, CAD ***m***
Ale: Computer Aided Design, CAD *n*
Ing: Computer Aided Design, CAD *n*
Fra: conception assistée par ordinateur, CAO *f*

Computer Aided Lighting, CAL ***f***
Ale: Computer Aided Lighting, CAL *n*
Ing: Computer Aided Lighting, CAL *n*
Fra: éclairage assisté par ordinateur *m*

comunicación CAN ***f***
Ale: CAN-Kommunikation *f*
Ing: CAN communcations *n*
Fra: communication CAN *f*

comunicación de presiones (cilindro maestro tándem) ***f***
Ale: Nachlaufbohrung (Tandemhauptzylinder) *f*
Ing: snifter bore (tandem master cylinder) *n*
Fra: canal d'équilibrage (maître-cylindre tandem) *m*

comunicación de presiones ***f***
Ale: Nachlaufbohrung *f*
Ing: replenishing port *n*
Fra: canal d'équilibrage *m*

con plomo (gasolina) ***loc***
Ale: verbleit (Benzin) *pp*
Ing: leaded (gasoline) *pp*
Fra: au plomb (essence) *loc*

concentración de electrolito (batería) ***f***
Ale: Säurekonzentration (Batterie) *f*
(Säuredichte) *f*
Ing: specific gravity of electrolyte (battery) *n*
Fra: densité de l'électrolyte (batterie) *f*

concentración de tensiones (mecánica) ***f***
Ale: Spannungsspitze (Mechanik) *f*
Ing: stress concentration *n*

Fra: pic de contrainte *m*

concentración total de sustancias nocivas *f*
Ale: Gesamtschadstoff-konzentration *f*
Ing: total concentration of harmful emissions *n*
Fra: concentration totale de polluants *f*

concentricidad *f*
Ale: Rundlauf *m*
Ing: true running *n*
Fra: concentricité *f*

condensador *m*
Ale: Kondensator *m*
Ing: capacitor *n*
Fra: condensateur *m*

condensador acumulador *m*
Ale: Speicherkondensator *m*
Ing: accumulator condenser *n*
Fra: condensateur d'accumulation *m*

condensador antiparasitario *m*
Ale: Entstörkondensator *m*
Ing: noise suppression capacitor *n*
Fra: condensateur d'antiparasitage *m*

condensador de encendido *m*
Ale: Zündkondensator *m*
Ing: ignition capacitor *n*
(ignition condenser) *n*
Fra: condensateur d'allumage *m*

condensador de mica *m*
Ale: Glimmerkondensator *m*
Ing: mica capacitor *n*
Fra: condensateur au mica *m*

condensador de placas *m*
Ale: Plattenkondensator *m*
Ing: plate capacitor *n*
Fra: condensateur à plaques *m*

condensador electrolítico de aluminio *m*
Ale: Aluminium-Elektrolytkondensator *m*
Ing: aluminum electrolytic capacitor *n*
Fra: condensateur aluminium électrolytique *m*

condensador electrolítico seco de aluminio *m*
Ale: Aluminium-Trocken-Elektrolytkondensator *m*
Ing: solid electrolyte aluminum capacitor *n*
Fra: condensateur aluminium à électrolyte solide *m*

condición de arranque en caliente *f*
Ale: Heißstartbedingung *f*
Ing: hot start condition *n*
Fra: condition de démarrage à chaud *f*

condición de la calzada *f*
Ale: Fahrbahnbeschaffenheit *f*
Ing: road condition *n*
Fra: état de la chaussée *m*

condición de régimen permanente *f*
Ale: Beharrungszustand *m*
Ing: steady state condition *n*
Fra: état d'équilibre *m*

condiciones de la calzada *fpl*
Ale: Fahrbahnverhältnis *n*
Ing: road conditions *n*
Fra: état de la chaussée *m*

condiciones de operación *fpl*
Ale: Betriebsbedingungen *fpl*
Ing: operating conditions *n*
Fra: conditions opératoires *fpl*

conducción de aire *f*
Ale: Luftführung *f*
Ing: air duct *n*
Fra: guidage d'air *m*

conducción de flujo transversal *f*
Ale: Querstrom-Kanalführung *f*
Ing: crossflow design *n*
Fra: conduit à flux transversal *m*

conducción en anillo *f*
Ale: Ringleitung *f*
Ing: ring main *n*
Fra: conduite annulaire *f*

conducción en curvas *f*
Ale: Kurvenfahrt *f*
Ing: cornering *ppr*
Fra: conduite en virage *f*

conducción térmica *f*
Ale: Wärmeleitung *f*
Ing: heat conduction *n*
Fra: conduction thermique *f*

conducción transversal *f*
Ale: Spurführung *f*
Ing: lateral guidance *n*
Fra: tenue de cap *f*

conductancia eléctrica *f*
Ale: elektrischer Leitwert *m*
(Wirkleitwert) *m*
Ing: conductance *n*
(equvalent conductance) *n*
Fra: conductance électrique *f*
(conductance) *f*

conductividad eléctrica *f*
Ale: elektrische Leitfähigkeit *f*
Ing: electric conductivity *n*
Fra: conductivité *f*

conductividad térmica *f*
Ale: Wärmeleitfähigkeit *f*
(Wärmeableitvermögen) *n*
Ing: thermal conductivity *n*
Fra: conductibilité thermique *f*

conducto de rebose *m*
Ale: Überströmleitung *f*
Ing: overflow line *n*
Fra: conduite de décharge *f*

conductor adaptador *m*
Ale: Adapterleitung *f*
Ing: adapter cable *n*
Fra: conduite d'adaptation *f*

conductor de cobre trenzado *m*
Ale: Kupferlitze *f*
Ing: copper braid *n*
Fra: toron en cuivre *m*

conductor de puesta a tierra *m*
Ale: Erdungsleitung *f*
Ing: earthing conductor *n*
Fra: câble de mise à la terre *m*

conductor doble *m*
Ale: Doppelleitung *f*
Ing: twin conductor *n*
Fra: conducteur double *m*

conductor hueco *m*
Ale: Hohlleiter *m*
Ing: hollow conductor *n*
Fra: conducteur creux *m*

conductor trenzado *m*
Ale: Litze *f*
(Einzelader) *m*
Ing: single core *n*
Fra: brin *m*
(âme souple) *f*

conector *m*
Ale: Anschlussstecker *m*
(Stecker) *m*
Ing: connector *n*
Fra: fiche de connexion *f*
(fiche) *f*

conector antiparasitario de bujía *m*
Ale: Zündkerzenentstörstecker *m*
Ing: spark plug suppressor *n*
Fra: embout de bougie d'allumage blindé à résistance incorporée *m*

conector de bujía *m*
Ale: Zündkerzenstecker *m*
(Kerzenstecker) *m*
Ing: spark plug connector *n*
Fra: embout de bougie *m*

conector de cables *m*
Ale: Leitungsverbinder *m*
Ing: cable tie *n*
Fra: raccord de câbles *m*

conector del distribuidor *m*
Ale: Verteilerstecker *m*
(Zündverteilerstecker) *m*
Ing: distributor connector *n*
Fra: connecteur d'allumeur *m*

conexión a masa *f*
Ale: Masseanschluss *m*
Ing: ground connection *n*
Fra: connexion de masse *f*

conexión a masa *f*
Ale: Masseverbindung *f*
Ing: ground connection *n*
Fra: mise à la terre *f*

conexión a red *f*
Ale: Netzanschluss *m*
Ing: mains connection *n*

Español

Fra: connexion au secteur *f*

conexión con fuga *f*
Ale: Leck-Anschluss *m*
Ing: leakage connection *n*
Fra: raccord de fuite *m*

conexión de aceite de fuga *f*
Ale: Leckölanschluss *m*
Ing: leakage fuel connection *n*
Fra: raccord d'huile de fuite *m*

conexión de acoplamiento *f*
Ale: Kupplungsanschluss *m*
Ing: coupling port *n*
Fra: raccord d'accouplement *m*

conexión de agua *f*
Ale: Wasseranschluss *m*
Ing: water connection *n*
Fra: raccord d'eau *m*

conexión de aire *f*
Ale: Luftanschluss *m*
Ing: air connection *n*
Fra: orifice d'air *m*

conexión de aire fresco *f*
Ale: Frischluftanschluss *m*
Ing: fresh air inlet *n*
Fra: raccord d'air frais *m*

conexión de alta presión *f*
Ale: Hochdruckanschluss *m*
Ing: high pressure connection *n*
Fra: orifice haute pression *m*

conexión de bayoneta *f*
Ale: Bajonettverbindung *f*
Ing: bayonet connection *n*
Fra: coupleur à baïonnette *m*

conexión de cable *f*
Ale: Kabelanschluss *m*
Ing: wiring connection *n*
Fra: connexion par câble *f*

conexión de cable *f*
Ale: Kabelanschluss *m*
Ing: cable connection *n*
Fra: connexion câblée *f*

conexión de cables *f*
Ale: Leitungsverbindung *f*
(Nebenschluss) *m*
Ing: line connection *n*
(shunt) *n*
Fra: dérivation *f*

conexión de cables *f*
Ale: Leitungsverbindung *f*
Ing: cable strapping *n*
Fra: dérivation *f*

conexión de comprobación (freno de aire comprimido) *f*
Ale: Prüfanschluss (Druckluftbremse) *m*
Ing: pressure test connection (compressed-air brake) *n*
Fra: raccord d'essai (frein à air comprimé) *m*

conexión de comprobación *f*
Ale: Prüfanschluss *m*
Ing: test connection *n*
Fra: raccord d'essai *m*

conexión de control *f*
Ale: Steueranschluss *m*
Ing: control connection *n*
Fra: raccord de commande *m*

conexión de diagnóstico *f*
Ale: Diagnoseanschluss *m*
Ing: diagnostics port *n*
Fra: port de diagnostic *m*

conexión de diagnóstico (OBD) *f*
Ale: Diagnoseanschluss (OBD) *m*
Ing: diagnostic socket (OBD) *n*
Fra: prise de diagnostic (OBD) *f*

conexión de ejes *f*
Ale: Wellenverbindung *f*
Ing: sliding shaft coupling *n*
Fra: accouplement d'arbre *m*

conexión de enchufe *f*
Ale: Steckanschluss *m*
Ing: plug connection *n*
Fra: connecteur mâle *m*

conexión de presión (bomba de inyección) *f*
Ale: Druckanschluss (Einspritzpumpe) *m*
Ing: pressure connection (fuel-injection pump) *n*
Fra: raccord de refoulement (pompe d'injection) *m*

conexión de presión *f*
Ale: Druckanschluss *m*
Ing: pressure terminal *n*
Fra: raccord de pression *m*

conexión de presión atmosférica *f*
Ale: Atmosphärendruckanschluss *m*
Ing: atmospheric-pressure connection *n*
Fra: raccord à la pression atmosphérique *m*

conexión de retorno *f*
Ale: Rücklaufanschluss *m*
Ing: return connection *n*
Fra: raccord de retour *m*

conexión del ánodo *f*
Ale: Anodenanschluss *m*
Ing: anode terminal *n*
Fra: borne d'anode *f*

conexión en estrella *f*
Ale: Sternschaltung *f*
Ing: star connection *n*
Fra: montage en étoile *m*

conexión en paralelo *f*
Ale: Parallelschaltung *f*
Ing: parallel connection *n*
Fra: montage en parallèle *m*

conexión en serie *f*
Ale: Reihenschaltung *f*
Ing: series connection *n*
Fra: montage en série *m*

conexión en triángulo *f*
Ale: Dreieckschaltung *f*
Ing: delta connection *n*
Fra: montage en triangle *m*

conexión engastada *f*
Ale: Crimpverbindung *f*
Ing: crimped connection *n*
Fra: sertissage *m*

conexión negativa de batería *f*
Ale: Batterie-Minusanschluss *m*
Ing: negative battery terminal *n*
Fra: borne « moins » de la batterie *f*

conexión por adherencia *f*
Ale: Bondanschluss *m*
Ing: bonded connection *n*
Fra: fil de liaison par soudure anodique *m*

conexión por enchufe *f*
Ale: Steckverbindung *f*
Ing: plug in connection *n*
Fra: connecteur *m*

conexión positiva de batería *f*
Ale: Batterie-Plusanschluss *m*
Ing: positive battery terminal *n*
Fra: borne « plus » de la batterie *f*

conexión principal *f*
Ale: Hauptanschluss *m*
Ing: main terminal *n*
Fra: connexion principale *f*

conexión rápida *f*
Ale: Schnappverbindung *f*
Ing: snap on connection *n*
Fra: liaison à déclic *f*

configuración de bus (CAN) *f*
Ale: Buskonfiguration (CAN) *f*
Ing: bus configuration (CAN) *n*
Fra: configuration du bus (multiplexage) *f*

configuración del circuito de freno *f*
Ale: Bremskreisaufteilung *f*
Ing: brake circuit configuration *n*
Fra: répartition des circuits de freinage *f*

confort de conducción *m*
Ale: Fahrkomfort *m*
Ing: driving smoothness *n*
(driving comfort) *n*
Fra: confort de conduite *m*

conjunto de discos (alternador) *m*
Ale: Lamellenpaket (Generator) *n*
(Ständerblechpaket) *n*
Ing: stator lamination (alternator) *n*
Fra: paquet de lamelles de tôle (alternateur) *m*

conjunto de discos *m*
Ale: Lamellenpaket *n*
Ing: laminated core *n*
Fra: noyau feuilleté *m*

conjunto de faro *m*
Ale: Scheinwerfereinsatz *m*
Ing: headlight unit *n*
(headlamp insert) *n*

Fra: bloc optique *m*

conjunto de láminas ***m***
Ale: Blechpaket *n*
Ing: laminated core *n*
Fra: noyau feuilleté *m*

conjunto de resortes ***m***
Ale: Federpaket *n*
Ing: spring assembly *n*
Fra: jeu de ressorts *m*

conjunto de suspensión del silenciador ***m***
Ale: Schalldämpferaufhängung *f*
Ing: muffler hanger assembly *n*
Fra: fixation du silencieux *f*

conjunto distribuidor de combustible ***m***
Ale: Kraftstoffzuteiler *m*
Ing: fuel rail *n*
Fra: répartiteur de carburant *m*

conjunto motor/cambio ***m***
Ale: Motor-Getriebe-Block *m*
(Antriebseinheit) *f*
Ing: engine/transmission assembly *n*
(power unit) *n*
Fra: groupe motopropulseur *m*

conmutación ***f***
Ale: Kommutierung *f*
(Stromwendung) *f*
Ing: commutation *n*
Fra: commutation *f*
(collecteur) *m*

conmutación de la batería ***f***
Ale: Batterieumschaltung *f*
Ing: battery changeover *n*
Fra: commutation de batteries *f*

conmutación de modo de operación ***f***
Ale: Betriebsartenumschaltung *f*
Ing: operating mode switch-over *n*
Fra: changement de mode de fonctionnement du moteur *m*

conmutación de polos ***f***
Ale: Polumschaltung *f*
Ing: pole changing *n*
Fra: commutation des pôles *f*

conmutación del árbol de levas ***f***
Ale: Nockenwellenumschaltung *f*
Ing: camshaft lobe control *n*
Fra: variation du calage de l'arbre à cames *f*

conmutación por puente ***f***
Ale: Brückenschaltung *f*
Ing: bridge circuit *n*
Fra: circuit en pont *m*

conmutador alternativo ***m***
Ale: Wechselschalter *m*
(Umschalter) *m*
Ing: two way switch *n*
(changeover contact) *n*
Fra: inverseur *m*

conmutador de encendido y arranque ***m***
Ale: Zündstartschalter *m*
(Zündschalter) *m*
Ing: ignition/starter switch *n*
Fra: commutateur d'allumage-démarrage *m*

conmutador de marcha (cambio del vehículo) ***m***
Ale: Gangschalter (Kfz-Getriebe) *m*
Ing: gear switch *n*
Fra: commande de changement de vitesse *f*

conmutador de nivel del soplador ***m***
Ale: Gebläsestufenschalter *m*
Ing: blower stage switch *n*
Fra: bouton rotatif de débit d'air *m*

conmutador de ralentí ***m***
Ale: Leergasschalter *m*
Ing: low idle switch *n*
Fra: contacteur de ralenti *m*

conmutador de regulador de marcha ***m***
Ale: Fahrreglerschalter *m*
Ing: drive control switch *n*
Fra: commutateur régulateur de marche *m*

conmutador selector de programa ***m***
Ale: Programmwahlschalter *m*
Ing: program selector *n*
Fra: sélecteur de programme *m*

cono de control ***m***
Ale: Steuerkegel *m*
Ing: control cone *n*
Fra: cône de commande *m*

cono de válvula ***m***
Ale: Ventilkegel *m*
Ing: valve cone *n*
(valve ball) *n*
Fra: cône de soupape *m*

cono doble (inyector) ***m***
Ale: Doppelkonus (Einspritzdüse) *m*
Ing: dual cone (injectionnozzle) *n*
Fra: cône double *m*

cono estanqueizante ***m***
Ale: Dichtkonus *m*
(Dichtkegel) *m*
Ing: sealing cone *n*
Fra: cône d'étanchéité *m*

consola ***f***
Ale: Konsole *f*
Ing: console *n*
Fra: console *f*

consola central ***f***
Ale: Mittelkonsole *f*
Ing: center console *n*
Fra: console médiane *f*

consola de techo ***f***
Ale: Dachkonsole *f*
Ing: roof console *n*
Fra: console de toit *f*

constante de amortiguación ***f***
Ale: Dämpfungskonstante *f*
Ing: damping factor *n*
Fra: visquance *f*

constante de filtro ***f***
Ale: Filterkonstante *f*
Ing: filter constant *n*
Fra: constante de filtrage *f*

constante dieléctrica ***f***
Ale: Dielektrizitätskonstante *f*
Ing: dielectric constant *n*
Fra: constante diélectrique *f*

consumidor de aire comprimido ***m***
Ale: Druckluftverbraucher *m*
Ing: compressed air load *n*
Fra: récepteur d'air comprimé *m*

consumidor de corta duración ***m***
Ale: Kurzzeitverbraucher *m*
Ing: short term load *n*
Fra: récepteur à fonctionnement de courte durée *m*

consumidor de larga duración ***m***
Ale: Langzeitverbraucher *m*
Ing: long-time load *n*
Fra: récepteur longue durée *m*

consumidor permanente ***m***
Ale: Dauerverbraucher *m*
Ing: continuous load *n*
(permanent load) *n*
Fra: récepteur permanent *m*

consumidor secundario (sistema de aire comprimido) ***m***
Ale: Nebenverbraucher (Druckluftanlage) *mpl*
Ing: secondary loads (compressed-air system) *npl*
Fra: récepteurs auxiliaires (dispositif de freinage à air comprimé) *mpl*

consumo con carga nula ***m***
Ale: Nulllastverbrauch *m*
Ing: no load consumption *n*
Fra: consommation à charge nulle *f*

consumo de combustible ***m***
Ale: Kraftstoffverbrauch *m*
Ing: fuel consumption *n*
Fra: consommation de carburant *f*

consumo de corriente ***m***
Ale: Stromaufnahme *f*
Ing: current draw *n*
(current input) *n*
Fra: courant absorbé *m*

consumo de energía ***m***
Ale: Energieverbrauch *m*
Ing: energy consumption *n*
(power consumption) *n*
Fra: consommation énergétique *f*

consumo de masa de combustible ***m***
Ale: Kraftstoff-Massenverbrauch *m*
Ing: fuel consumption by mass *n*

Fra: consommation massique de carburant *f*

consumo de prueba ***m***
Ale: Testverbrauch *m*
Ing: test consumption *n*
Fra: consommation d'essai *f*

consumo medio por flota ***m***
Ale: Flottenverbrauch *m*
Ing: corporate average fuel economy, CAFE *n*
Fra: consommation d'un parc automobile *f*

consumo momentáneo ***m***
Ale: Momentanverbrauch *m*
Ing: instantaneous fuel consumption *n*
Fra: consommation instantanée *f*

consumo óptimo ***m***
Ale: Verbrauchsoptimum *n*
Ing: optimal consumption *n*
Fra: consommation optimale *f*

contacto de advertencia ***m***
Ale: Warnkontakt *m*
Ing: alarm contact *n*
Fra: contact d'alerte (garniture de frein) *m*

contacto de encendido ***m***
Ale: Zündkontakt *m*
Ing: distributor contact points *npl*
Fra: contact d'allumage *m*

contacto de freno ***m***
Ale: Bremskontakt *m*
Ing: brake contact *n*
Fra: contacteur de freins *m*

contacto de láminas ***m***
Ale: Lamellenkontakt *m*
Ing: lamination contact *n*
Fra: contact à lamelles *m*

contacto de puesta a tierra ***m***
Ale: Erdungskontakt *m*
Ing: earthing contact *n*
Fra: contact de terre *m*

contacto de ruptor (encendido) ***m***
Ale: Unterbrecherkontakt (Zündung) *m*
(Zündkontakt) *m*
Ing: distributor contact points (ignition) *npl*
(breacker points) *n*
Fra: contacts du rupteur (allumage) *mpl*

contacto deslizante ***m***
Ale: Schleifkontakt *m*
Ing: sliding contact *n*
Fra: contact par curseur *m*

contacto deslizante con garras ***m***
Ale: Krallenschleifer *m*
Ing: claw type sliding contact *n*
Fra: curseur à griffes *m*

contacto elástico ***m***
Ale: Federkontakt *m*
Ing: spring contact *n*
Fra: ressort de contact *m*

contacto enchufable ***m***
Ale: Steckkontakt *m*
Ing: plug in contact *n*
Fra: fiche de contact *f*

contacto flojo ***m***
Ale: Wackelkontakt *m*
Ing: loose contact *n*
Fra: faux contact *m*

contacto flojo ***m***
Ale: Wackelkontakt *m*
Ing: loose connection *n*
(intermittent contact) *n*
Fra: faux contact *m*

contacto normalmente abierto (interruptor eléctrico) ***m***
Ale: Schließer (elektrischer Schalter) *m*
Ing: NO contact (electrical switch, normally open) *n*
Fra: contact à fermeture (interrupteur électrique) *m*

contacto normalmente abierto ***m***
Ale: Schließer *m*
Ing: NO relay *n*
Fra: contact à fermeture *m*

contacto telescópico de resorte ***m***
Ale: Teleskopfederkontakt *m*
Ing: telescopic spring contact *n*
Fra: contact télescopique à ressort *m*

contacto vibrador ***m***
Ale: Chopperscheibe *f*
Ing: rotating chopper *n*
Fra: disque vibreur *m*

contador de carreras y revoluciones ***m***
Ale: Hub-Drehzähler *m*
Ing: stroke counting mechanism *n*
Fra: compteur de courses *m*

contador de eventos ***m***
Ale: Ereigniszähler *m*
Ing: event counter *n*
Fra: compteur d'événements *m*

contador de horas de servicio ***m***
Ale: Betriebsstundenzähler *m*
Ing: operating time meter *n*
Fra: compteur horaire *m*

contador de impulsos ***m***
Ale: Impulszähler *m*
Ing: pulse counter *n*
Fra: compteur d'impulsions *m*

contador de tiempos de avería ***m***
Ale: Fehlerdauerzähler *m*
Ing: fault duration counter *n*
Fra: compteur de durée de défauts *m*

contaminación ***f***
Ale: Verunreinigung *f*
Ing: contamination *n*
Fra: contamination *f*

contaminación ambiental ***f***
Ale: Umweltbelastung *f*
(Umweltbeanspruchung) *f*
Ing: environmental impact *n*
Fra: incompatibilité avec l'environnement *f*

contaminación de azufre ***f***
Ale: Verschwefelung *f*
Ing: sulfur contamination *n*
Fra: sulfatation *f*

contenido de agua ***m***
Ale: Wassergehalt *m*
Ing: moisture content *n*
Fra: teneur en eau *f*

contenido de aromáticos ***m***
Ale: Aromatengehalt *m*
Ing: aromatic content *n*
Fra: teneur en aromatiques *m*

contenido de azufre ***m***
Ale: Schwefelgehalt *n*
Ing: sulfur content *n*
Fra: teneur en soufre *f*

contenido de CO ***m***
Ale: CO-Gehalt *m*
Ing: CO content *n*
Fra: teneur en CO *f*

contenido de NO_x ***m***
Ale: NO_x-Anteil *m*
Ing: NO_x percentile *n*
Fra: taux de NO_x *f*

contenido de NO_x ***m***
Ale: NO_x-Gehalt *m*
Ing: NO_x content *n*
Fra: teneur en NO_x *f*

contenido de oxígeno ***m***
Ale: Sauerstoffanteil *m*
Ing: oxygen part *n*
Fra: taux d'oxygène *m*

contenido de sustancias nocivas ***m***
Ale: Schadstoffanteil *m*
Ing: toxic constituents *npl*
Fra: taux de polluants *m*

contracción ***f***
Ale: Schrumpfung *f*
Ing: shrinkage *n*
Fra: rétraction *f*

contraeje ***m***
Ale: Ausgleichswelle *f*
(Vorgelegewelle) *f*
Ing: balancer shaft *n*
Fra: arbre d'équilibrage *m*
(arbre secondaire) *m*

contrafuerza ***f***
Ale: Gegenkraft *f*
Ing: counterforce *n*
(counterpressure) *n*
Fra: force réactive *f*

contrapeso ***m***
Ale: Ausgleichgewicht *n*
Ing: balance weight *n*
Fra: contrepoids *m*

contrapeso ***m***
Ale: Gegengewicht *n*
Ing: counterweight *n*

Español

Fra: masse d'équilibrage *f*

contrapresión ***f***
Ale: Gegendruck *m*
Ing: back pressure reaction *n*
Fra: réaction de contre-pression *f*

contrapresión ***f***
Ale: Gegendruck *m*
Ing: back pressure *n*
Fra: contre-pression *f*

contrapresión de gases de escape ***f***
Ale: Abgasgegendruck *m*
Ing: exhaust gas back pressure *n*
Fra: contre-pression des gaz d'échappement *f*

contrapresión de la cámara de combustión ***f***
Ale: Brennraumgegendruck *m*
Ing: combustion chamber back pressure *n*
Fra: contrepression dans la chambre de combustion *f*

contraste claro-oscuro (faros) ***m***
Ale: Hell-Dunkel-Kontrast (Scheinwerfer) *m*
Ing: light dark cutoff contrast (headlamp) *n*
Fra: contraste entre clarté et obscurité (projecteur) *m*

contrato de mantenimiento ***m***
Ale: Wartungsvertrag *m*
Ing: maintenance contract *n*
Fra: contrat de maintenance *m*

contratuerca ***f***
Ale: Kontermutter *f*
Ing: lock nut *n*
Fra: contre-écrou *m*

control ***m***
Ale: Steuerung *f*
Ing: control *n*
(open-loop control) *n*
Fra: commande *f*

control antideslizamiento de la tracción ***m***
Ale: Antriebsschlupfregelung *f*
(Antriebsschlupfregler) *f*
Ing: tractrion control system, TCS *n*
Fra: régulation d'antipatinage *f*

control antideslizamiento de la tracción ASR ***m***
Ale: ASR *f*
Ing: traction control system (TCS) *n*
Fra: régulation d'antipatinage à la traction *f*

control de aire ***m***
Ale: Luftsteuerung *f*
Ing: intake air adjustment *n*
Fra: commande de l'air d'admission *f*

control de altitud ***m***
Ale: Höhenkontrolle *f*
Ing: height check *n*
Fra: contrôle altimétrique *m*

control de árbol de levas ***m***
Ale: Nockenwellensteuerung *f*
Ing: camshaft control *n*
Fra: commande de l'arbre à cames *f*

control de arranque ***m***
Ale: Startsteuerung *f*
(Startlaufsteuerung) *f*
Ing: starting control *n*
(start control) *n*
Fra: commande de démarrage *f*

control de arranque en frío ***m***
Ale: Kaltstartsteuerung *f*
Ing: cold start control *n*
Fra: commande de démarrage à froid *f*

control de carrera previa ***m***
Ale: Vorhubsteuerung *f*
Ing: LPC control *n*
Fra: commande de précourse *f*

control de combustión ***m***
Ale: Verbrennungssteuerung *f*
Ing: combustion control *n*
Fra: commande de la combustion *f*

control de distancia de aparcamiento ***m***
Ale: Park-Distanz-Kontrolle *f*
Ing: park distance control *n*
Fra: contrôle de distance de stationnement *m*

control de estrangulación ***m***
Ale: Drosselsteuerung *f*
(Drosselregelung) *f*
Ing: throttle control *n*
Fra: commande par papillon (commande des portes) *f*
(commande des portes) *f*

control de impulsos ***m***
Ale: Impulssteuerung *f*
Ing: impulse control *n*
Fra: commande à impulsions *f*

control de inyección ***m***
Ale: Einspritzsteuerung *f*
Ing: injection control *n*
Fra: commande d'injection *f*

control de la fuerza de apoyo (limpiaparabrisas) ***m***
Ale: Auflagekraftsteuerung (Wischeranlage) *f*
Ing: force distribution control (wiper system) *n*
Fra: commande de la force d'appui (essuie-glace) *f*

control de la fuerza de frenado ***m***
Ale: Bremskraftsteuerung *f*
Ing: braking force control *n*
Fra: commande de la force de freinage *f*

control de llenado (EGAS) ***m***
Ale: Füllungssteuerung (EGAS) *f*
Ing: cylinder charge control (EGAS) *n*
Fra: commande de remplissage (EGAS) *f*

control de llenado del motor ***m***
Ale: Motorfüllungssteuerung *m*
Ing: engine charge control *n*
Fra: commande de remplissage du moteur *f*

control de par ***m***
Ale: Drehmoment-Steuerung *f*
Ing: torque control *n*
Fra: commande du couple *f*

control de pilotaje (ABS de vehículo industrial) ***m***
Ale: Vorsteuerung (Nfz-ABS) *f*
Ing: pilot control (commercial-vehicle ABS) *n*
Fra: pilotage (ABS pour véhicules utilitaires) *m*

control de taqué hueco ***m***
Ale: Tassenstößel-Steuerung *f*
Ing: overhead bucket tappet assembly *n*
Fra: commande par poussoirs à coupelle *f*

control de torque (inyección diesel) ***m***
Ale: Angleichung (Dieseleinspritzung) *f*
Ing: torque control *n*
Fra: correction de débit *f*

control de tracción ***m***
Ale: Antriebssteuerung *f*
Ing: traction control *n*
Fra: commande de traction *f*

control de un circuito ***m***
Ale: Einkreis-Kontrolle *f*
Ing: single circuit monitoring *n*
Fra: contrôle à un circuit *m*

control de válvula variable ***m***
Ale: Variable Ventilsteuerung *f*
Ing: variable valve control *n*
Fra: distribution variable *f*

control del alternador ***m***
Ale: Generatorkontrolle *f*
Ing: alternator charge-indicator *n*
Fra: témoin d'alternateur *m*

control del cambio ***m***
Ale: Getriebeeingriff *m*
(Getriebesteuerung) *f*
Ing: transmission shift control *n*
Fra: intervention sur la boîte de vitesses *f*

control del cambio ***m***
Ale: Getriebesteuerung *f*
Ing: transmission control *n*
Fra: commande de boîte de vitesses *f*

control del motor ***m***
Ale: Motorsteuerung *f*
(Motormanagement) *n*

Español

Ing: engine management *n*
Fra: gestion des fonctions du moteur *f*

control del nivel de torsión ***m***
Ale: Drallniveausteuerung *f*
Ing: swirl control *n*
Fra: commande de turbulence *f*

control del remolque ***m***
Ale: Anhängersteuerung *f*
Ing: trailer control *n*
Fra: commande de remorque *f*

control electrónico de llenado del motor ***m***
Ale: elektronische Motorfüllungssteuerung *f*
Ing: electronic throttle control *n*
Fra: commande électronique du moteur *f*

control electrónico del cambio ***m***
Ale: elektronische Getriebesteuerung *f*
Ing: electronic transmission control *n*
Fra: commande électronique de boîte de vitesses *f*

control electrónico del motor, Motronic ***m***
Ale: elektronische Motorsteuerung, Motronic *f*
Ing: electronic engine-management system, Motronic *n*
Fra: système électronique de gestion du moteur, Motronic *m*

control por bus (CAN) ***m***
Ale: Bussteuerung (CAN) *f*
Ing: bus controller (CAN) *n*
Fra: contrôleur de bus *m*

control por electroválvula ***m***
Ale: Magnetventilsteuerung *f*
Ing: solenoid valve control *n*
Fra: commande par électrovanne *f*

control por varillas de empuje (motor de combustión) ***m***
Ale: Stoßstangen-Steuerung (Verbrennungsmotor) *f*
Ing: push rod assembly (IC engine) *n*
Fra: commande par tige et culbuteur *f*

controlado por corriente ***pp***
Ale: stromgesteuert *adj*
Ing: current controlled *adj*
Fra: commandé en courant *m*

controlado por diagrama característico ***pp***
Ale: kennfeldgesteuert (Zündung) *pp*
Ing: map controlled (ignition) *pp*
Fra: piloté par cartographie (allumage) *pp*

controlado por eventos ***pp***
Ale: ereignisgesteuert *pp*
Ing: event driven *pp*
Fra: commandé par événements *pp*

controlador ***m***
Ale: Treiber *m*
(Mitnehmer) *m*
Ing: driver *n*
Fra: circuit d'activation *m*
(coulisse) *f*

controlador de cadenciación de tonos ***m***
Ale: Tonfolgeschalter *m*
Ing: tone sequence control device *n*
Fra: relais commutateur de tonalités *m*

controlador de divergencia ***m***
Ale: Strahlenregler *m*
Ing: straight line controller *n*
Fra: correcteur à divergence *m*

Controller Area Network, CAN ***f***
Ale: Controller Area Network, CAN *n*
Ing: Controller Area Network, CAN *n*
Fra: bus de multiplexage CAN *m*

convergencia ***f***
Ale: Vorspur *f*
Ing: toe in *n*
Fra: pincement *m*

convertidor ***m***
Ale: Wandler *m*
Ing: converter *n*
Fra: convertisseur *m*

convertidor analógico-digital ***m***
Ale: Analog-Digital-Wandler *m*
Ing: analog digital converter *n*
Fra: convertisseur analogique-numérique *m*

convertidor catalítico de gases de escape ***m***
Ale: Abgaskonverter *m*
Ing: catalytic exhaust converter *n*
Fra: convertisseur catalytique des gaz d'échappement *m*

convertidor de corriente continua ***m***
Ale: Gleichstromwandler *m*
Ing: DC converter *n*
Fra: convertisseur de courant continu *m*

convertidor de la red de a bordo ***m***
Ale: Bordnetzumrichter *m*
Ing: vehicle electrical system converter *n*
Fra: convertisseur de réseau de bord *m*

convertidor de par ***m***
Ale: Drehmomentwandler *m*
Ing: torque convertor *n*
Fra: convertisseur de couple *m*

convertidor de presión ***m***
Ale: Druckwandler *m*
Ing: vacuum converter *n*
Fra: convertisseur de pression *m*

convertidor de presión ***m***
Ale: Druckwandler *m*
Ing: pressure transducer *n*
Fra: convertisseur de pression *m*

convertidor de señales ***m***
Ale: Signalwandler *m*
Ing: signal transducer *n*
Fra: convertisseur de signaux *m*

convertidor electroacústico ***m***
Ale: elektroakustischer Wandler *m*
Ing: electroacoustic transducer *n*
Fra: convertisseur électro-acoustique *m*

convertidor por depresión ***m***
Ale: Unterdruckwandler *m*
Ing: vacuum transducer *n*
Fra: convertisseur à dépression *m*

convertidor Trilok ***m***
Ale: Trilokwandler *m*
Ing: trilok converter *n*
Fra: convertisseur Trilok *m*

copa de protección antitérmica (inyector) ***f***
Ale: Wärmeschutzhütchen (Einspritzdüse) *n*
Ing: thermal protection cap (injection nozzle) *n*
Fra: capuchon calorifuge (injecteur) *m*

coquización ***f***
Ale: Verkokung *f*
Ing: coking *n*
Fra: calaminage *m*

coquización de inyector ***f***
Ale: Düsenverkokung *f*
Ing: nozzle coking *n*
Fra: calaminage des injecteurs *m*

coquizar ***v***
Ale: verkoken *v*
Ing: coke *v*
Fra: calaminer *v*

corona de álabes (bomba eléctrica de combustible) ***f***
Ale: Schaufelkranz (Elektrokraftstoffpumpe) *m*
Ing: blade ring (electric fuel pump) *n*
Fra: couronne à palettes (pompe électrique à carburant) *f*

corona de dentado interior ***f***
Ale: Hohlrad *n*
Ing: internal gear (ring gear) *n*
Fra: roue à denture intérieure *f*

corona dentada ***f***
Ale: Zahnkranz *m*
(Schwungradzahnkranz) *m*
Ing: ring gear *n*
Fra: couronne dentée de volant *f*

corona dentada del motor de arranque ***f***

Ale: Starterzahnkranz *m*
Ing: starter ring gear *n*
Fra: couronne dentée du démarreur *f*

correa de accionamiento *f*
Ale: Antriebsriemen *m*
(Antriebskeilriemen) *m*
Ing: drive belt *n*
Fra: courroie trapézoïdale d'entraînement *f*
(courroie d'entraînement) *f*

correa dentada *f*
Ale: Zahnriemen *m*
Ing: toothed belt *n*
Fra: courroie dentée *f*

correa metálica de empuje *f*
Ale: Schubgliederband *n*
Ing: metal push strap (CVT) *n*
Fra: courroie métallique travaillant en poussée (transmission CVT) *f*

correa metálica de empuje *f*
Ale: Schubgliederband *n*
Ing: pushbelt (CVT) *n*
Fra: courroie métallique travaillant en poussée (transmission CVT) *f*

correa trapezoidal *f*
Ale: Keilriemen *m*
Ing: V-belt *n*
Fra: courroie trapézoïdale *f*

correa trapezoidal de accionamiento *m*
Ale: Antriebskeilriemen *m*
Ing: drive belt *n*
Fra: courroie trapézoïdale de transmission *f*

correa trapezoidal de nervios *f*
Ale: Keilrippenriemen *m*
Ing: ribbed V-belt *n*
Fra: courroie poly-V *f*

correa trapezoidal estrecha *f*
Ale: Schmalkeilriemen *m*
Ing: narrow V-belt *n*
Fra: courroie trapézoïdale étroite *f*

corrección altimétrica *f*
Ale: Höhenkorrektur *f*
Ing: altitude correction *n*
Fra: correction altimétrique *f*

corrección de averías *f*
Ale: Fehlerabstellung *f*
Ing: fault rectification *n*
Fra: élimination des non-conformités *f*

corrección de averías *f*
Ale: Fehlerbehebung *f*
Ing: fault correction *n*
Fra: élimination des défauts *f*

corrección de caudal *f*
Ale: Mengenkorrektur *f*
Ing: injected fuel quantity correction *n*
Fra: correction de débit d'injection *f*

corrección de diagrama característico *f*
Ale: Kennfeldkorrektur (Zündung) *f*
Ing: program-map correction (ignition) *n*
Fra: correction cartographique *f*

corrección de mezcla *f*
Ale: Gemischkorrektur *f*
Ing: mixture correction *n*
Fra: correction du mélange *f*

corrección de mezcla aditiva *f*
Ale: Additive Gemischkorrektur *f*
Ing: additive mixture correction *n*
Fra: correction additive du mélange *f*

corrección de ralentí dependiente de la temperatura *f*
Ale: temperaturabhängige Leerlaufkorrektur *f*
Ing: temperature dependent low idle correction *n*
Fra: correction de ralenti en fonction de la température *f*

corrección del perfil *f*
Ale: Profilverschiebung *f*
Ing: addendum modification *n*
Fra: déport de profil *m*

corrección multiplicativa de mezcla *f*
Ale: multiplikative Gemischkorrektur *f*
Ing: multiplicative A/F mixture correction *n*
Fra: correction multiplicative du mélange *f*

corredera *f*
Ale: Gleitstein *m*
Ing: sliding block *n*
Fra: tête coulissante *f*

corredera de cierre *f*
Ale: Absperrschieber *m*
Ing: shutoff valve valve *n*
Fra: coulisseau d'arrêt *m*

corredera de distribución *f*
Ale: Steuerschieber *m*
Ing: valve spool *n*
Fra: tiroir de distribution *m*

corredera de elevación *f*
Ale: Hubschieber *m*
Ing: control sleeve *n*
Fra: tiroir de régulation *m*

corredera de separación (banco de pruebas de bombas) *f*
Ale: Trennschieber (Pumpenprüfstand) *m*
Ing: shut off slide (injection-pump test bench) *n*
Fra: vanne d'isolement (banc d'essai de pompes) *f*

corredera giratoria *f*
Ale: Drehschieber *m*
Ing: rotating slide *n*
Fra: tiroir rotatif *m*

corredera reguladora (bomba de inyección rotativa) *f*
Ale: Regelschieber (Verteilereinspritzpumpe) *m*
Ing: control collar (distributor pump) *n*
Fra: tiroir de régulation (pompe distributrice) *m*

corriente parásita *f*
Ale: Wirbelstrom *m*
Ing: eddy current *n*
Fra: courants de Foucault *mpl*

corriente a masa *f*
Ale: Massenstrom *m*
(Massendurchfluss) *m*
Ing: flow of mass *n*
(mass flow) *n*
Fra: débit massique *m*

corriente alterna *f*
Ale: Wechselstrom *m*
Ing: alternating current, AC *n*
Fra: courant alternatif *m*

corriente alterna monofásica *f*
Ale: Einphasen-Wechselstrom *m*
Ing: single phase alternating current *n*
Fra: courant alternatif monophasé *m*

corriente continua *f*
Ale: Gleichstrom *m*
Ing: direct current *n*
Fra: courant continu *m*

corriente de activación *f*
Ale: Ansteuerstrom *m*
(Steuerstrom) *m*
Ing: control current *n*
Fra: courant de pilotage *m*

corriente de arranque *f*
Ale: Anlaufstrom *m*
Ing: starting current *n*
Fra: courant de mise en route *m*

corriente de bombeo *f*
Ale: Pumpstrom *m*
Ing: pump current *n*
Fra: courant de pompage *m*

corriente de carga (batería) *f*
Ale: Ladestrom (Batterie) *m*
(Batterieladestrom) *m*
Ing: battery charge current (battery) *n*
Fra: courant de charge (batterie) *m*
(courant de charge de la batterie) *m*

corriente de carga *f*
Ale: Ladestrom *m*
Ing: charging current *n*
Fra: courant de charge (batterie) *m*

Español

(courant de charge de la batterie) *m*

corriente de carga de la batería *f*
Ale: Batterieladestrom *m*
Ing: battery charging current *n*
Fra: courant de charge de batterie *m*

corriente de chispa *f*
Ale: Funkenstrom *m*
Ing: spark current *n*
Fra: courant d'arc *m*

corriente de comprobación en frío (batería) *f*
Ale: Kälteprüfstrom (Batterie) *m*
(Batteriekälteprüfstrom) *m*
Ing: low temperature test current (battery) *n*
Fra: courant d'essai au froid (batterie) *m*

corriente de conexión *f*
Ale: Einschaltstrom *m*
Ing: cut in current *n*
Fra: courant de démarrage *m*

corriente de consumidor *f*
Ale: Verbraucherstrom *m*
Ing: equipment current draw *n*
Fra: courant des récepteurs *m*

corriente de cortocircuito *f*
Ale: Kurzschlussstrom *m*
Ing: short circuit current *n*
Fra: courant de court-circuit *m*

corriente de descarga (batería) *f*
Ale: Entladestrom (Batterie) *m*
Ing: discharge current (battery) *n*
Fra: courant de décharge *m*

corriente de estator *f*
Ale: Ständerstrom *m*
Ing: stator current *n*
Fra: courant statorique *m*

corriente de excitación *f*
Ale: Erregerstrom *m*
Ing: excitation current *n*
Fra: courant d'excitation *m*

corriente de fase *f*
Ale: Phasenstrom *m*
Ing: phase current *n*
Fra: courant de phase *m*

corriente de fuga (bujía de encendido) *f*
Ale: Kriechstrom (Zündkerze) *m*
Ing: insulator flashover (spark plug) *n*
Fra: courant de fuite (bougie d'allumage) *m*

corriente de fuga *f*
Ale: Leckstrom *m*
Ing: leakage flow *n*
Fra: courant de fuite *m*

corriente de la batería *f*
Ale: Batteriestrom *m*
Ing: battery current *n*
Fra: courant de batterie *m*

corriente de referencia *f*
Ale: Referenzstrom *m*
Ing: reference current *n*
Fra: courant de référence *m*

corriente de reposo *f*
Ale: Ruhestrom *m*
Ing: peak coil current *n*
Fra: courant de repos *m*

corriente de reposo *f*
Ale: Ruhestrom *m*
Ing: no load current *n*
Fra: courant de repos *m*

corriente de retención *f*
Ale: Haltestrom *m*
Ing: holding current *n*
Fra: courant de maintien *m*

corriente de servicio *f*
Ale: Betriebsstrom *m*
Ing: operating current *n*
Fra: courant nominal *m*

corriente del alternador *f*
Ale: Generatorstrom *m*
Ing: alternator current (alternator) *n*
Fra: débit de l'alternateur *m*

corriente del inducido *f*
Ale: Ankerstrom *m*
Ing: armature current *n*
Fra: courant d'induit *m*

corriente enlazada *f*
Ale: elektrische Durchflutung *f*
Ing: current linkage *n*
Fra: solénation *f*

corriente iónica *f*
Ale: Ionenstrom *m*
Ing: ionic current *n*
Fra: courant ionique *m*

corriente nominal *f*
Ale: Nennstrom *m*
Ing: rated current *n*
Fra: courant de consigne *m*

corriente nominal *f*
Ale: Sollstrom *m*
Ing: nominal current *n*
Fra: courant nominal *m*

corriente nominal de descarga (batería) *f*
Ale: Entladenennstrom (Batterie) *m*
Ing: nominal discharge current rate (battery) *n*
Fra: courant nominal de décharge *m*

corriente perturbadora (compatibilidad electromagnética) *f*
Ale: Störstrom (EMV) *m*
Ing: interference current (EMC) *n*
Fra: courant perturbateur (CEM) *m*

corriente principal (alternador) *f*
Ale: Hauptstrom (Generator) *m*
Ing: primary current (alternator) *n*
Fra: courant principal (alternateur) *m*

corriente reactiva *f*
Ale: Blindstrom *m*
Ing: reactive current *n*
(wattless current) *n*
Fra: courant réactif *m*

corriente secundaria *f*
Ale: Sekundärstrom *m*
Ing: secondary current *n*
Fra: courant secondaire *m*

corriente trifásica *f*
Ale: Drehstrom *m*
Ing: three phase current *n*
Fra: courant alternatif triphasé *m*
(courant triphasé) *m*

corrosión de fisuras de tensión *f*
Ale: Spannungsrisskorrosion *f*
Ing: stress corrosion cracking *n*
Fra: corrosion fissurante par contrainte mécanique *f*

corrosión de fisuras de vibración *f*
Ale: Schwingungsrisskorrosion *f*
Ing: vibration corrosion cracking *n*
Fra: corrosion fissurante par fatigue *f*

corrosión de rendijas *f*
Ale: Spaltkorrosion *f*
Ing: crevice corrosion *n*
Fra: corrosion fissurante *f*

corrosión por condensados *f*
Ale: Nasskorrosion *f*
Ing: cold-condensate corrosion *n*
Fra: corrosion humide *f*

corrosión por contacto *f*
Ale: Kontaktkorrosion *f*
Ing: contact corrosion *n*
Fra: corrosion par contact *f*

corrosión por fricción *f*
Ale: Reibkorrosion *f*
Ing: fretting corrosion *n*
Fra: corrosion par frottement *f*

corrosión por picadura *f*
Ale: Lochfraßkorrosion *f*
(Lochkorrosion) *f*
Ing: pitting corrosion *n*
Fra: corrosion perforante localisée *f*
(corrosion perforante) *f*

cortavientos *m*
Ale: Windlauf *m*
Ing: cowl panel *n*
Fra: déflecteur *m*

corte (regulador) *m*
Ale: Abschaltung (Regler) *f*
(Abstellung) *f*
Ing: shutoff (governor) *n*
Fra: coupure (régulateur) *f*
(arrêt) *m*

corte de carga *m*
Ale: Lastabschalten *f*
Ing: load cut off *n*
Fra: coupure de charge *f*

corte de caudal *m*
Ale: Mengenabstellung *f*

Ing: fuel shutoff *n*
Fra: suspension de débit *f*

corte de combustible ***m***
Ale: Kraftstoffabsperrung *f*
Ing: fuel supply shutoff *n*
Fra: coupure du carburant *f*

corte de combustible en colisión ***m***
Ale: Crashabschaltung *f*
Ing: fuel supply crash cutoff *n*
Fra: coupure de l'alimentation en carburant en cas de collision *f*

corte de combustible en deceleración ***m***
Ale: Schubabschaltung *f*
Ing: overrun fuel cutoff *n*
Fra: coupure d'injection en décélération *f*

corte en resbalamiento ***m***
Ale: Schlupfabschaltung *f*
Ing: override device *n*
Fra: déconnexion de glissement *f*

cortocircuitar ***v***
Ale: kurzschließen *v*
Ing: short circuit *v*
Fra: court-circuiter *v*

cortocircuito ***m***
Ale: Kurzschluss *m*
Ing: short circuit *n*
Fra: court-circuit *m*

cortocircuito a masa ***m***
Ale: Masseschluss *m*
Ing: short to ground *n*
Fra: court-circuit à la masse *m*

cortocircuito entre espiras ***m***
Ale: Windungsschluss *m*
Ing: coil winding short circuit *n*
Fra: court-circuit entre spires *m*

cortocircuito entre espiras ***m***
Ale: Windungsschluss *m*
Ing: inter turn short circuit *n*
Fra: court-circuit entre spires *m*

corvertidor de frecuencia ***m***
Ale: Frequenzwandler *m*
Ing: frequency converter *n*
Fra: convertisseur de fréquence *m*

costura de rebordear ***f***
Ale: Bördelnaht *f*
Ing: raised seam *n*
Fra: joint bordé *m*

cristal anticalorífico (inyector) ***m***
Ale: Wärmeschutzscheibe (Einspritzdüse) *f*
Ing: thermal protection disk (injection nozzle) *n*
Fra: rondelle calorifuge (injecteur) *f*

cristal de cierre (faro) ***m***
Ale: Abschlussscheibe (Scheinwerfer) *f*
Ing: lens (headlamp) *n*
Fra: verre de protection *m*

cristal de dispersión (lámpara) ***m***
Ale: Lichtscheibe (Leuchte) *f*
Ing: lens (lamp) *n*
Fra: glace de diffusion (feu) *f*

cristal de dispersión (faros) ***m***
Ale: Streuscheibe (Scheinwerfer) *f*
(Streulinse) *f*
Ing: lens (headlamp) *n*
Fra: diffuseur (projecteur) *m*

cristal de dispersión del faro ***m***
Ale: Scheinwerferstreuscheibe *f*
Ing: headlamp lens *n*
Fra: diffuseur de projecteur *m*

cristal de espejo ***m***
Ale: Spiegelglas *n*
Ing: mirror glass *n*
Fra: glace de rétroviseur *f*

cristal de seguridad ***m***
Ale: Sicherheitsglas *n*
Ing: safety glass *n*
Fra: verre de sécurité *m*

cristal de seguridad compuesto ***m***
Ale: Verbund-Sicherheitsglas, VSG *n*
Ing: laminated safety glass, LSG *n*
Fra: verre de sécurité feuilleté, VSF *m*

cristal de seguridad monocapa ***m***
Ale: Einscheiben-Sicherheitsglas, ESG *n*
Ing: single pane toughened safety glass, TSG *n*
Fra: verre de sécurité trempé, VST *m*

criterio de disparo ***m***
Ale: Auslösekriterium *n*
Ing: triggering criterion *n*
Fra: critère de déclenchement *m*

criterio de fallo ***m***
Ale: Ausfallkriterium *n*
Ing: failure criterion *n*
Fra: critère de défaillance *m*

cronómetro ***m***
Ale: Stoppuhr *f*
Ing: stopwatch *n*
Fra: chronomètre *m*

cruceta ***f***
Ale: Kreuzkopf *m*
Ing: cross head *n*
Fra: tête d'entraînement *f*

cuadrante ***m***
Ale: Zifferblatt *n*
Ing: dial face *n*
Fra: cadran *m*

cuadro de instrumentos ***m***
Ale: Kombiinstrument *n*
Ing: instrument cluster *n*
Fra: combiné d'instruments *m*

cuba ***f***
Ale: Kessel *m*
Ing: boiler *n*
Fra: chaudière *f*

cubeta de la batería ***f***
Ale: Batterietrog *m*
Ing: battery tray *n*
Fra: bac de batterie *m*

cubeta de medición (comprobación de gases de escape) ***f***
Ale: Messküvette (Abgasprüfung) *f*
Ing: measuring cell (exhaust-gas test) *n*
Fra: cuvette de mesure (émissions) *f*

cubierta ***f***
Ale: Abdeckhaube *f*
Ing: hood *n*
Fra: capot *m*

cubierta protectora de la batería ***f***
Ale: Batterieabdeckkappe *f*
Ing: battery protective cover *n*
Fra: cache protège-batterie *m*

cubo ***m***
Ale: Nabe *f*
Ing: hub *n*
Fra: moyeu *m*

cubo de rueda ***m***
Ale: Radnabe *f*
Ing: wheel hub *n*
Fra: moyeu de roue *m*

cubo de rueda libre ***m***
Ale: Freilaufnabe *f*
Ing: overrunning hub *n*
Fra: moyeu à roue libre *m*

cubo del regulador ***m***
Ale: Reglernabe *f*
Ing: governor hub (mechanical governor) *n*
Fra: moyeu de régulateur *m*

cubo dentado ***m***
Ale: Zahnnabe *f*
Ing: toothed stub *n*
Fra: moyeu cannelé *m*

cuentakilómetros ***m***
Ale: Kilometerzähler *m*
Ing: odometer *n*
(mileage indicator) *n*
Fra: compteur kilométrique *m*

cuentarrevoluciones (automóvil) ***m***
Ale: Drehzahlmesser (Kfz) *m*
Ing: rev counter (motor vehicle) *n*
(r.p.m. counter) *n*
Fra: compte-tours (véhicule) *m*

cuentarrevoluciones ***m***
Ale: Umdrehungszähler *m*
Ing: revolution counter *n*
Fra: compte-tours *m*

cuerpo alveolar (filtro de quemado de hollín) ***m***
Ale: Wabenkörper (Rußabbrennfilter) *m*
Ing: honeycomb (soot burn-off filter) *n*
Fra: matrice céramique en nid d'abeilles *f*

Español

cuerpo Bingham ***m***
Ale: Bingham-Körper *m*
Ing: bingham body *n*
Fra: corps plastique de Bingham *m*

cuerpo de distribuidor ***m***
Ale: Verteilergehäuse *n*
Ing: distributor body *n*
Fra: boîtier distributeur *m*

cuerpo de empujador ***m***
Ale: Stößelkörper *m*
Ing: roller tappet shell *n*
Fra: corps de poussoir *m*

cuerpo de enchufe ***m***
Ale: Steckergehäuse *n*
Ing: plug body *n*
Fra: boîtier de connecteur *m*

cuerpo de filtro ***m***
Ale: Filtergehäuse *n*
Ing: filter case *n*
Fra: carter de filtre *m*

cuerpo de inyector ***m***
Ale: Düsenkörper *m*
Ing: nozzle body *n*
Fra: corps d'injecteur *m*

cuerpo de la bomba ***m***
Ale: Pumpengehäuse *n*
Ing: pump housing *n*
(pump body) *n*
Fra: corps de pompe *m*

cuerpo de la bujía ***m***
Ale: Zündkerzengehäuse *n*
(Kerzengehäuse) *n*
Ing: spark plug shell *n*
Fra: culot de bougie *m*

cuerpo de válvula ***m***
Ale: Ventilkörper *m*
Ing: valve body *n*
Fra: corps d'injecteur *m*

cuerpo del eje ***m***
Ale: Achskörper *m*
Ing: axle housing *n*
Fra: corps d'essieu *m*

cuerpo incandescente ***m***
Ale: Glühkörper *m*
Ing: glow-plug tip *n*
Fra: corps chauffant (crayon) *m*

cuerpo luminoso ***m***
Ale: Leuchtkörper *m*
Ing: light source *n*
Fra: lampe *f*

cuerpo opuesto ***m***
Ale: Gegenkörper *m*
Ing: opposed body *n*
Fra: corps associé *m*

cuerpo refrigerante ***m***
Ale: Kühlkörper *m*
(Kühlblech) *n*
Ing: heat sink *n*
Fra: refroidisseur *m*
(radiateur à ailettes) *m*

cuerpo refrigerante con nervaduras ***m***
Ale: Rippenkühlkörper *m*
Ing: ribbed heat sink *n*
Fra: refroidisseur nervuré *m*

culata a contracorriente ***f***
Ale: Gegenstrom-Zylinderkopf *m*
Ing: counterflow cylinder head *n*
Fra: culasse à flux opposés *f*

culata de flujo transversal ***f***
Ale: Querstrom-Zylinderkopf *m*
Ing: crossflow cylinder head *n*
Fra: culasse à flux transversal *f*

culata de posicionador ***f***
Ale: Stellwerkjoch *m*
Ing: actuator fastening flange *n*
Fra: noyau d'actionneur *m*

cuña ***f***
Ale: Keil *m*
Ing: wedge *n*
Fra: coin *m*

cuña de seguridad ***f***
Ale: Sicherungskeil *m*
Ing: locking wedge *n*
Fra: cale de sécurité *f*

cuña extensible (freno) ***f***
Ale: Spreizkeil (Bremse) *m*
Ing: wedge (brake) *n*
Fra: coin d'écartement *m*

cupla de fricción ***f***
Ale: Reibpaarung *f*
Ing: friction pairing *n*
Fra: couple de friction *m*

cupla motriz ***f***
Ale: Torquemotor *m*
Ing: torque motor *n*
Fra: moteur-couple *m*

cursor de captación (potenciómetro) ***m***
Ale: Bürstenschleifer (Potentiometer) *f*
(Abgriffbürste) *m*
Ing: pick off brush (potentiometer) *n*
Fra: balai de captage (potentiomètre) *m*

curva acumulativa ***f***
Ale: Summenkurve *f*
Ing: cumulative frequency curve *n*
Fra: courbe des fréquences cumulées *f*

curva adherencia-resbalamiento ***f***
Ale: Haftreibungs-Schlupfkurve *f*
(Kraftschluss-Schlupfkurve) *f*
Ing: adhesion/slip curve *n*
Fra: courbe adhérence-glissement (pneu) *f*

curva característica ***f***
Ale: Kennlinie *f*
Ing: characteristic *n*
Fra: courbe caractéristique *f*

curva característica ***f***
Ale: Kennlinie *f*
Ing: characteristic curve *n*
Fra: courbe caractéristique *f*

curva característica ***f***
Ale: Kennlinie *f*
Ing: performance curve *n*
Fra: courbe caractéristique *f*

curva característica de bloqueo ***f***
Ale: Sperrkennlinie *f*
Ing: off state characteristic *n*
Fra: caractéristique à l'état bloqué *f*

curva característica de caudal ***f***
Ale: Fördermengen-Kennlinie *f*
Ing: fuel delivery curve *n*
Fra: courbe caractéristique des débits *f*

curva característica de consumo del motor ***f***
Ale: Motor-Verbrauchskennfeld *n*
Ing: engine fuel consumption graph *n*
Fra: diagramme de consommation du moteur *m*

curva característica de la válvula ***f***
Ale: Ventilkennlinie *f*
Ing: valve characteristic curve *n*
Fra: courbe caractéristique de vanne *f*

curva característica de operación ***f***
Ale: Betriebskennlinie *f*
Ing: operating characteristic *n*
Fra: caractéristique de fonctionnement *f*

curva característica de plena carga ***f***
Ale: Volllastkennlinie *f*
(Volllastcharakteristik) *f*
(Volllastkurve) *f*
Ing: full load curve *n*
Fra: courbe caractéristique de pleine charge *f*

curva característica del par ***f***
Ale: Drehmomentkennlinie *f*
Ing: torque characteristic curve *n*
Fra: caractéristique de couple *f*

curva característica del resorte ***f***
Ale: Federkennlinie *f*
Ing: spring characteristic *n*
Fra: courbe caractéristique de ressort *f*

curva característica del sensor ***f***
Ale: Sensorkennlinie *f*
Ing: sensor curve *n*
Fra: courbe caractéristique de capteur *f*

curva de amortiguación ***f***
Ale: Dämpfungsverlauf *m*
Ing: damping curve *n*
Fra: courbe d'atténuation *f*

curva de calentamiento (bujía de incandescencia) ***f***
Ale: Aufheizkurve (Glühkerze) *f*
Ing: preheating curve (glow plug) *n*

Fra: courbe de chauffe *f*

curva de deslizamiento de rodillos *f*
Ale: Rollengleitkurve *f*
Ing: roller race *n*
Fra: rampe de travail *f*

curva de fluencia *f*
Ale: Fließkurve *f*
Ing: flow curve *n*
Fra: courbe d'écoulement *f*

curva de histéresis *f*
Ale: Hysteresekurve *f*
Ing: hysteresis loop *n*
Fra: courbe d'hystérésis *f*

curva de magnetización *f*
Ale: Magnetisierungskurve *f*
Ing: magnetization curve *n*
Fra: courbe d'aimantation *f*

curva en forma de campana *f*
Ale: Glockenkurve *f*
Ing: bell shaped curve *n*
Fra: courbe en cloche *f*

curva parcial corriente/tensión *f*
Ale: Teil-Strom-Spannungskurve *f*
Ing: partial current/voltage curve *n*
Fra: courbe partielle intensité/potentiel *f*

curva senoidal *f*
Ale: Sinuskurve *f*
Ing: sine curve *n*
Fra: sinusoïde *f*

D

daño derivado *m*
Ale: Folgeschaden *m*
Ing: consequential damage *n*
Fra: dommages consécutifs *mpl*

daño previo *m*
Ale: Vorschädigung *f*
Ing: preliminary damage *n*
Fra: dommage initial *m*

daños por cavitación *mpl*
Ale: Kavitationsschaden *m*
Ing: cavitation damage *n*
Fra: dommages par cavitation *mpl*

dato de entrada de dirección *m*
Ale: Lenkwunsch *m*
Ing: steering input *n*
Fra: consigne de direction *f*

datos característicos *mpl*
Ale: Kenndaten *f*
Ing: specifications *n*
Fra: données caractéristiques *fpl*

de alta velocidad *loc*
Ale: schnelllaufend (Dieselmotor) *adj*
Ing: high speed (diesel engine) *adj*
Fra: à régime rapide (moteur diesel) *adj*

de baja elongación (correa trapezoidal) *loc*
Ale: dehnungsarm (Keilriemen) *adj*
Ing: low stretch (V-belt) *n*
Fra: peu extensible (courroie trapézoïdale) *loc*

de baja fricción *adj*
Ale: reibungsarm *adj*
Ing: low friction *n*
Fra: à faible frottement *loc*

de dentado hipoidal *loc*
Ale: bogenverzahnt *adj*
Ing: curve toothed *adj*
Fra: à denture hypoïde *loc*

de encendido fácil *loc*
Ale: zündwillig *adj*
Ing: ignitable *adj*
Fra: inflammable *adj*

de escaso mantenimiento *loc*
Ale: wartungsarm *adj*
Ing: low maintenance *n*
Fra: à entretien minimal *loc*

de flancos abiertos (correa trapezoidal) *loc*
Ale: flankenoffen (Keilriemen) *adj*
Ing: open flank (V-belt) *n*
Fra: à flanc ouvert (courroie trapézoïdale) *loc*

de par trenzado *loc*
Ale: drillgewickelt *adj*
Ing: twist-wound *adj*
Fra: torsadé *adj*

de un solo flujo (ventilador) *loc*
Ale: einflutig (Lüfter) *adj*
Ing: single flow (fan) *n*
Fra: monoflux (ventilateur) *adj*

decalaje de levas *m*
Ale: Nockenversatz *m*
(Nockenversetzung) *f*
Ing: angular cam spacing *n*
Fra: écart angulaire de came *m*

deceleración (proceso de frenado) *f*
Ale: Verzögerung (Bremsvorgang) *f*
(Bremsverzögerung) *f*
Ing: braking deceleration (braking action) *n*
Fra: décélération de freinage (effet de freinage) *f*

deceleración de frenado *f*
Ale: Bremsverzögerung *f*
Ing: braking deceleration *n*
Fra: décélération au freinage *f*

deceleración del vehículo *f*
Ale: Fahrzeugverzögerung *f*
Ing: vehicle deceleration *n*
Fra: décélération du véhicule *f*

deceleración longitudinal del vehículo *f*
Ale: Fahrzeuglängsverzögerung *f*
Ing: vehicle longitudinal deceleration *n*
Fra: décélération longitudinale du véhicule *f*

deceleración periférica de la rueda *f*
Ale: Radumfangsverzögerung *f*
(Radverzögerung) *f*
Ing: wheel deceleration *n*
Fra: décélération périphérique des roues *f*

deceleración total *f*
Ale: Vollverzögerung *f*
Ing: fully developed deceleration *n*
(maximum retardation) *n*
Fra: décélération totale *f*

deceleración uniforme *f*
Ale: gleichförmige Verzögerung *f*
Ing: uniform deceleration *n*
Fra: décélération uniforme *f*

decremento de gradiente *m*
Ale: Gradientenabfall *m*
Ing: gradient decrease *n*
Fra: baisse de gradient *f*

dedo de terminal *m*
Ale: Polfinger *m*
Ing: pole finger *n*
Fra: extrémité polaire *f*

deformación *f*
Ale: Verformung *f*
(Verformbarkeit) *f*
(Formänderung) *f*
Ing: deformation *n*
Fra: déformation *f*

deformación por tensión *f*
Ale: Verspannung *f*
Ing: deformation *n*
(distortion) *n*
Fra: déformation *f*

delga de conexión *f*
Ale: Anschlussfahne *f*
Ing: terminal lug *n*
Fra: languette de connexion *f*

demanda de caudal *f*
Ale: Mengenwunsch *m*
Ing: fuel quantity demand *n*
Fra: demande de débit *f*

demanda de par *f*
Ale: Momentanforderung *f*
Ing: torque demand *n*
Fra: demande de couple *f*

demanda de par del motor *f*
Ale: Motormomenten-anforderung *f*
Ing: engine torque demand *n*
Fra: demande de couple moteur *f*

densidad *f*
Ale: Dichte *f*
Ing: density *n*
Fra: masse volumique *f*

densidad acústica *f*
Ale: Schalldichte *f*
Ing: sound density *n*
Fra: densité acoustique *f*

densidad de acumulación *f*
Ale: Speicherdichte *f*

Español

Ing: storage density *n*
Fra: densité d'énergie *f*

densidad de carga espacial ***f***
Ale: Raumladungsdichte *f*
Ing: volume density of charge *n*
Fra: densité de charge spatiale *f*

densidad de corriente anódica ***f***
Ale: anodische Stromdichte *f*
Ing: anodic current density *n*
Fra: densité de courant anodique *f*

densidad de corriente catódica ***f***
Ale: kathodische Stromdichte *f*
Ing: cathodic current density *n*
Fra: densité de courant cathodique *f*

densidad de electrolito (batería) ***f***
Ale: Säuredichte (Batterie) *f*
Ing: electrolyte density (battery) *n*
Fra: densité de l'électrolyte *f*

densidad de flujo eléctrico (especificación) ***f***
Ale: elektrische Flussdichte (Spezifikation) *f*
Ing: electrical flux density *n*
Fra: induction (ou déplacement) électrique *f*

densidad de flujo magnético ***f***
Ale: magnetische Flussdichte *f*
(Flussdichte) *f*
Ing: magnetic flux density *n*
(flux density) *n*
Fra: induction magnétique *f*

densidad de frecuencia ***f***
Ale: Häufigkeitsdichte *f*
Ing: frequency density *n*
Fra: densité de fréquence *f*

densidad de gas ***f***
Ale: Gasdichte *f*
Ing: gas density *n*
Fra: densité de gaz *f*

densidad de potencia continua ***f***
Ale: Dauerleistungsdichte *f*
Ing: force density level *n*
Fra: puissance volumique en service continu *f*

densidad de potencia de ajuste ***f***
Ale: Stellleistungsdichte *f*
(Leistungsdichte) *f*
Ing: control force density *n*
(power density) *n*
Fra: puissance volumique *f*

densidad del flujo térmico ***f***
Ale: Wärmestromdichte *f*
Ing: heat flow density *n*
Fra: densité de flux thermique *f*

densidad espectral de aceleración ***f***
Ale: spektrale Beschleunigungsdichte *f*
Ing: spectral acceleration density *n*
Fra: densité spectrale d'accélération *f*

dentado ***m***
Ale: verzahnt *ppr*
Ing: interlocked *v*
Fra: engréné *adj*

dentado interior ***m***
Ale: Innenverzahnung *f*
Ing: internal teeth *n*
Fra: denture intérieure *f*

dentado oblicuo ***m***
Ale: Schrägverzahnung *f*
Ing: helical teeth *n*
Fra: denture hélicoïdale *f*

dentado por entalladura ***m***
Ale: Kerbverzahnung *f*
Ing: grooved toothing *n*
Fra: cannelure *f*

dentado recto ***m***
Ale: Geradverzahnung *f*
Ing: straight tooth gearing *n*
Fra: denture droite *f*

dentado recto ***m***
Ale: Stirnverzahnung *f*
(Stirnrad) *n*
Ing: spur gear *n*
Fra: engrenage à denture droite *m*
(roue cylindrique) *f*

dependiente de la carga ***adj***
Ale: lastabhängig *adj*
Ing: load-sensitive *adj*
Fra: asservi à la charge *pp*

dependiente de la deceleración (reductor de presión) ***loc***
Ale: verzögerungsabhängig (Druckminderer) *adj*
Ing: deceleration sensitive (brake-pressure regulating valve) *adj*
Fra: asservi à la décélération (réducteur de pression de freinage) *pp*

dependiente de la presión ***adj***
Ale: druckabhängig *adj*
Ing: pressure-sensitive *adj*
Fra: asservi à la pression *pp*

depósito ***m***
Ale: Ablagerung *f*
Ing: deposit *n*
Fra: dépôt *m*

depósito (logística) ***m***
Ale: Behälter (Logistik) *m*
Ing: reservoir (logistics) *n*
Fra: contenant (logistique) *m*

depósito ***m***
Ale: Tank *m*
Ing: fuel tank *n*
Fra: réservoir *m*

depósito a presión ***m***
Ale: Druckbehälter *m*
Ing: pressure vessel *n*
Fra: cuve sous pression *f*

depósito colector ***m***
Ale: Sammelbehälter *m*
Ing: common plenum chamber *n*
Fra: réservoir collecteur *m*

depósito criogénico ***m***
Ale: Kryogentank *m*
Ing: cryogenic tank *n*
Fra: réservoir cryogénique *m*

depósito de aceite ***m***
Ale: Ölbehälter *m*
Ing: oil reservoir *n*
Fra: réservoir d'huile *m*

depósito de aire (neumática) ***m***
Ale: Luftbehälter (Pneumatik) *m*
(Vorratsbehälter) *m*
Ing: compressed air reservoir (pneumatics) *n*
Fra: réservoir d'air comprimé (pneumatique) *m*

depósito de aire comprimido ***m***
Ale: Druckluftbehälter *m*
Ing: compressed air cylinder *n*
Fra: réservoir d'air comprimé *m*

depósito de aire de regeneración ***m***
Ale: Regenerationsluftbehälter *m*
Ing: regeneration air tank *n*
Fra: réservoir d'air de régénération *m*

depósito de carbón activo (técnica de gases de escape) ***m***
Ale: Aktivkohlebehälter (Abgastechnik) *m*
Ing: activated charcoal canister (emissions-control engineering) *n*
Fra: bac à charbon actif (technique des gaz d'échappement) *m*

depósito de combustible ***m***
Ale: Kraftstoffbehälter *m*
(Kraftstofftank) *m*
Ing: fuel tank *n*
Fra: réservoir de carburant *m*

depósito de combustible ***m***
Ale: Kraftstofftank *m*
Ing: fuel tank *n*
Fra: réservoir de carburant *m*

depósito de compensación (refrigerador del vehículo) ***m***
Ale: Ausgleichbehälter (Kfz-Kühler) *m*
Ing: header tank *n*
(vehicle radiatior) *n*
Fra: vase d'expansion *m*

depósito de compensación (frenos) ***m***
Ale: Ausgleichsbehälter (Bremsen) *m*
Ing: expansion tank (brakes) *n*
Fra: réservoir de compensation (frein) *m*

depósito de flujo por gravedad ***m***
Ale: Falltank *m*
Ing: gravity feed fuel tank *n*
Fra: réservoir en charge *m*

depósito de líquido de frenos ***m***

Ale: Bremsflüssigkeitsbehälter *m*
Ing: brake fluid reservoir *n*
Fra: réservoir de liquide de frein *m*

depósito de reserva (neumática) ***m***
Ale: Vorratsbehälter (Pneumatik) *m*
Ing: compressed-air reservoir (pneumatics) *n*
Fra: réservoir *m*

depósito del sistema hidráulico ***m***
Ale: Hydraulikbehälter *m*
Ing: hydraulic fluid reservoir *n*
Fra: réservoir de fluide hydraulique *m*

depresión ***f***
Ale: Unterdruck *m*
Ing: vacuum *n*
Fra: dépression *f*

depuración de los gases de escape ***f***
Ale: Abgasreinigung *f*
Ing: exhaust gas treatment *n*
Fra: dépollution des gaz d'échappement *f*

deriva ***f***
Ale: Drift *f*
Ing: drift *n*
Fra: dérive *f*

derrapar (automóvil) ***v***
Ale: ausbrechen (Kfz) *v*
Ing: break away (motor vehicle) *v*
Fra: chasser (véhicule) *v*

derrape ***m***
Ale: Schleudern *n*
(Formänderungsschlupf) *m*
Ing: skidding *n*
Fra: dérapage *m*
(glissement de déformation) *m*

derretido ***adj***
Ale: angeschmolzen *pp*
Ing: melted on *pp*
Fra: fondu (sur) *pp*

desactivación de paso final ***f***
Ale: Endstufenabschaltung *f*
Ing: power stage deactivation *n*
Fra: désactivation de l'étage de sortie *f*

desaislar ***v***
Ale: abisolieren *v*
Ing: strip the insulation *v*
Fra: dénuder *v*

desarrollo de la combustión ***m***
Ale: Verbrennungsablauf *m*
Ing: combustion characteristics *npl*
Fra: processus de combustion *m*

desbloqueo (grifo de emergencia) ***m***
Ale: Entriegelung (Nothahn) *f*
Ing: release (emergency valve) *n*
Fra: déverrouillage (robinet de secours) *m*

desbloqueo del caudal de arranque ***m***
Ale: Startmengenentriegelung *f*
(Startentriegelung) *f*
Ing: start quantity release *n*
Fra: déblocage du débit de surcharge au démarrage *m*

desbloqueo electromagnético de arranque ***m***
Ale: elektromagnetische Startentriegelung *f*
Ing: electromagnetic excess-fuel disengagement *n*
Fra: déverrouillage électromagnétique du débit de surcharge *m*

descarga (batería) ***f***
Ale: Entladung (Batterie) *f*
Ing: discharge (battery) *n*
Fra: décharge (batterie) *f*

descarga de arco ***f***
Ale: Lichtbogenentladung *f*
(Bogenentladung) *f*
Ing: arc discharge *n*
Fra: décharge d'arc *f*
(arc de décharge) *m*

descarga de gas ***f***
Ale: Gasentladung *f*
Ing: gas discharge *n*
Fra: décharge électrique *f*

descarga de la batería ***f***
Ale: Batterieentladung *f*
Ing: battery discharge *n*
Fra: décharge de la batterie *f*

descarga de NO_x a memoria externa ***f***
Ale: NO_x-Ausspeicherung *f*
Ing: NO_x removal *n*
Fra: extraction de NO_x *f*

descarga disruptiva ***f***
Ale: Durchschlag *m*
Ing: punch *n*
Fra: décharge disruptive *f*

descarga electrostática ***f***
Ale: elektrostatische Entladung *f*
Ing: electrostatic discharge, ESD *n*
Fra: décharge électrostatique *f*

descarga excesiva (batería) ***f***
Ale: Tiefentladung (Batterie) *f*
Ing: exhaustive discharge (battery) *n*
Fra: décharge en profondeur (batterie) *f*

descarga luminosa ***f***
Ale: Glimmentladung *f*
Ing: glow discharge *n*
Fra: décharge d'arc *m*

descargar (batería) ***v***
Ale: entladen (Batterie) *v*
Ing: discharge (battery) *v*
Fra: décharger (batterie) *v*

descargar aire (regulador de presión) ***v***
Ale: abblasen (Druckregler) *v*
Ing: blow off (pressure regulator) *v*
Fra: échappement d'air (régulateur de pression) *m*

descenso de presión ***m***
Ale: Druckabbau *m*
Ing: pressure drop *n*
Fra: baisse de pression *f*

descomposición de aceite ***f***
Ale: Ölabbau *m*
Ing: oil degradation *n*
Fra: décomposition de l'huile *f*

desconectar (alarma de vehículo) ***v***
Ale: entschärfen (Autoalarm) *v*
Ing: deprime (car alarm) *v*
Fra: désarmer (alarme auto) *v*

desconexión ***f***
Ale: Abstellung *f*
Ing: shutoff *n*
Fra: arrêt *m*

desconexión ASR ***f***
Ale: ASR-Abschaltung *f*
Ing: TCS shutoff *n*
Fra: déconnexion ASR *f*

desconexión de canal de admisión (motor de combustión) ***f***
Ale: Einlasskanalabschaltung (Verbrennungsmotor) *f*
Ing: intake port shutoff (IC engine) *n*
Fra: coupure du conduit d'admission *f*

desconexión de carga (red de a bordo) ***f***
Ale: Lastabschaltung (Bordnetz) *f*
(Lastabwurf) *m*
Ing: load dump (vehicle electrical system) *n*
Fra: délestage (circuit de bord) *m*

desconexión de cilindros ***f***
Ale: Zylinderabschaltung *f*
(Zylinderausblendung) *f*
Ing: cylinder shutoff *n*
Fra: coupure des cylindres *f*

desconexión de corriente de reposo ***f***
Ale: Ruhestromabschaltung *f*
Ing: closed circuit current deactivation *n*
Fra: coupure du courant de repos *f*

desconexión de emergencia ***f***
Ale: Notabstellung *f*
Ing: emergency shutoff *n*
Fra: arrêt d'urgence *m*

desconexión de presión de sobrealimentación ***f***
Ale: Ladedruckabschaltung *f*
Ing: charge air pressure cutoff *n*
Fra: coupure de la pression de suralimentation *f*

desconexión de seguridad del combustible ***f***
Ale: Sicherheitskraftstoff-abschaltung *f*

Español

Ing: fuel safety shutoff *n*
Fra: coupure de sécurité de l'alimentation en carburant *f*

desconexión del motor ***f***
Ale: Motorabschaltung *f*
Ing: engine shutoff *n*
Fra: coupure du moteur *m*

desconexión eléctrica ***f***
Ale: elektrische Abschaltung *f*
Ing: electrical shutoff *n*
Fra: stop électrique *m*

descongelador ***m***
Ale: Entfroster *m*
Ing: defroster *n*
Fra: dégivreur *m*

desecante (secador de aire) ***m***
Ale: Trockenmittel (Lufttrockner) *n*
Ing: desiccant (air drier) *n*
Fra: déshydratant (dessiccateur) *m*

desechos ***mpl***
Ale: Ausschuss *m*
Ing: scrap *n*
Fra: mise au rebut *f*

desengranar (motor de arranque) ***v***
Ale: ausspuren (Starter) *v*
Ing: demesh (starter) *v*
Fra: désengrènement (pignon) *m*

deseo del conductor ***m***
Ale: Fahrerwunsch *m*
Ing: driver command *n*
Fra: attente du conducteur *f*

desequilibrio de la rueda ***m***
Ale: Radunwucht *f*
Ing: wheel imbalance *n*
Fra: balourd des roues *m*

desexcitación ***f***
Ale: Entregung *f*
Ing: de-excitation *n*
Fra: désexcitation *f*

desexcitación del alternador ***f***
Ale: Generatorentregung *f*
Ing: alternator de-excitation *n*
Fra: désexcitation de l'alternateur *f*

desfase (elemento de bomba) ***m***
Ale: Förderabstand (Pumpenelement) *m*
(Versatz) *m*
Ing: phasing (plunger-and-barrel assembly) *n*
Fra: phasage (élément de pompage) *m*

desgasificador del combustible ***m***
Ale: Kraftstoffluftabscheider *m*
Ing: fuel air separator *n*
Fra: séparateur d'air du carburant *m*

desgaste ***m***
Ale: Verschleiß *m*
Ing: wear *n*
Fra: usure *f*

desgaste de neumático ***m***
Ale: Reifenverschleiß *m*
Ing: tire wear *n*
Fra: usure du pneumatique *f*

desgaste abrasivo ***m***
Ale: Abrasionsverschleiß *m*
Ing: abrasive wear *n*
Fra: usure par abrasion *f*

desgaste de bujía ***m***
Ale: Zündkerzenverschleiß *m*
Ing: spark plug wear *n*
Fra: usure de la bougie d'allumage *f*

desgaste de escobillas ***m***
Ale: Bürstenverschleiß *m*
Ing: brush wear *n*
Fra: usure des balais *f*

desgaste del electrodo (bujía de encendido) ***m***
Ale: Elektrodenverschleiß (Zündkerze) *m*
Ing: electrode wear (spark plug) *n*
Fra: usure des électrodes *f*

desgaste del forro (frenos) ***m***
Ale: Belagverschleiß (Bremsen) *m*
Ing: lining wear (brakes) *n*
Fra: usure de garniture de frein *f*

desgaste por deslizamiento ***m***
Ale: Gleitverschleiß *m*
Ing: sliding abrasion *n*
Fra: usure par glissement *f*

designación de bornes ***m***
Ale: Klemmenbezeichnung *f*
Ing: terminal designation *n*
Fra: identification des bornes *f*

deslumbramiento (faros) ***m***
Ale: Blendung (Scheinwerfer) *f*
Ing: glare (headlamp) *n*
Fra: éblouissement (projecteur) *m*

desmagnetizante ***adj***
Ale: entmagnetisierend *adj*
Ing: demagnetizing *adj*
Fra: démagnétisant *adj*

desmultiplicación ***f***
Ale: Übersetzung *f*
Ing: conversion ratio *n*
Fra: rapport de transmission *m*

desmultiplicación de cambio ***f***
Ale: Getriebeübersetzung *f*
Ing: transmission ratio *n*
(gearbox step-up ratio) *n*
Fra: rapport de transmission de la boîte de vitesses *m*
(démultiplication de la boîte de vitesses) *f*

desmultiplicación de eje trasero ***f***
Ale: Hinterachsübersetzung *f*
Ing: rear axle ratio *n*
Fra: démultiplication arrière *f*

desmultiplicación de la dirección ***f***
Ale: Lenkübersetzung *f*
Ing: steering ratio *n*
Fra: démultiplication de la direction *f*

desmultiplicación del eje ***f***
Ale: Achsübersetzung *f*
Ing: axle ratio *n*
Fra: rapport de démultiplication de pont *m*

desmultiplicación del embrague ***f***
Ale: Kupplungsübersetzung *f*
Ing: clutch ratio *n*
Fra: démultiplication de l'embrayage *f*

desplazamiento axial ***f***
Ale: Achsversetzung *f*
Ing: axial offset *n*
Fra: déport d'essieu *m*

desplazamiento de control de torque (inyección diesel) ***m***
Ale: Angleichweg (Dieseleinspritzung) *m*
Ing: torque control travel *n*
Fra: course de correction de débit *f*

desplazamiento de fase ***m***
Ale: Phasenverschiebung *f*
Ing: phase displacement *n*
Fra: déphasage (entre deux grandeurs sinusoïdales) *m*

desplazamiento de la carga del eje ***m***
Ale: Achslastverlagerung *f*
Ing: axle load shift *n*
Fra: report de charge dynamique de l'essieu *m*

desplazamiento de la fuerza del eje ***m***
Ale: Achskraftverlagerung *f*
Ing: axle load transfer *n*
Fra: report de charge *m*

desplazamiento de reacción ***m***
Ale: Ansprechweg *m*
Ing: response travel *n*
Fra: course de réponse *f*

desplazamiento del centro de gravedad ***m***
Ale: Schwerpunktverlagerung *f*
Ing: displacement of the center of gravity *n*
Fra: déplacement du centre de gravité *m*

desplazamiento del comienzo de suministro ***m***
Ale: Förderbeginnversatz *m*
Ing: start of delivery offset *n*
Fra: décalage du début de refoulement *m*

desplazamiento hacia adelante de los ocupantes ***m***
Ale: Insassenvorverlagerung *f*
Ing: occupant forward displacement *n*
Fra: avancement des passagers *m*

desulfurización ***f***
Ale: Entschwefelung *f*
Ing: desulfurization *v*
Fra: désulfuration *f*

Español

desviación (vibración) *f*
Ale: Auslenkung (Schwingung) *f*
Ing: excursion (oscillation) *n*
Fra: amplitude (oscillation) *f*

desviación de luz *f*
Ale: Lichtablenkung *f*
Ing: light deflection *n*
Fra: déviation de la lumière *f*

desviación de regulación *f*
Ale: Regelabweichung *f*
Ing: governor deviation *n*
Fra: écart de régulation *m*

desviación de regulación *f*
Ale: Regelabweichung *f*
Ing: control variance *n*
(system deviation) *n*
Fra: écart de réglage *m*

detección de avería *f*
Ale: Fehlererkennung *f*
Ing: fault detection *n*
Fra: détection des défauts *f*

detección de avería *f*
Ale: Fehlererkennung *f*
Ing: error detection *n*
Fra: détection des défauts *f*

detección de camino en mal estado *f*
Ale: Schlechtwegerkennung *f*
Ing: rough road recognition *n*
Fra: détection d'une chaussée accidentée *f*

detección de choque (airbag) *f*
Ale: Aufprallerkennung (Airbag) *f*
(Aufpralldetektion) *f*
(Crashdiskriminierung) *f*
Ing: crash sensing (airbag) *n*
(impact detection) *n*
Fra: détection de collision (coussin gonflable) *f*
(détection d'impact) *f*

detección de defecto *f*
Ale: Defekterkennung *f*
Ing: defect detection *n*
Fra: détection de défaut *f*

detección de detonaciones (motor de combustión) *f*
Ale: Klopferkennung (Verbrennungsmotor) *f*
Ing: knock detection (IC engine) *n*
Fra: détection de cliquetis *f*

detección de fallos de combustión *f*
Ale: Aussetzererkennung *f*
Ing: misfire detection *n*
Fra: détection de ratés *f*

detección de fallos de combustión *f*
Ale: Verbrennungsaussetzer-Erkennung *f*
Ing: engine misfire detection *n*
Fra: détection des ratés de combustion *f*

detección de fallos de encendido *f*
Ale: Zündaussetzererkennung *f*
Ing: misfire detection *n*
Fra: détection des ratés d'allumage *f*

detección de movimiento (alarma de vehículo) *f*
Ale: Bewegungserkennung (Autoalarm) *f*
Ing: motion detection (car alarm) *n*
Fra: détection de mouvement *f*

detección de ocupación de asiento *f*
Ale: Sitzbelegungserkennung *f*
Ing: seat-occupant detection *n*
Fra: détection d'occupation de siège *f*

detección de ocupación del habitáculo (alarma de vehículo) *f*
Ale: Innenraumsensierung (Autoalarm) *f*
Ing: passenger compartment sensing (car alarm) *n*
Fra: détection d'occupation de l'habitacle *f*

detección de posición *f*
Ale: Lageerkennung *f*
Ing: position detector *n*
Fra: détection de position *f*

detección de régimen de giro excesivo *f*
Ale: Überdrehzahlerkennung *f*
Ing: overspeed detection *n*
Fra: détection de surrégime *f*

detección de uso de cinturón *f*
Ale: Gurtbenutzungserkennung *f*
Ing: selt belt usage detection *n*
Fra: détection d'oubli de bouclage des ceintures *f*

detección del remolque (ABS) *f*
Ale: Anhängererkennung (ABS) *f*
Ing: trailer recognition (ABS) *n*
Fra: détection de la fonction « remorque » (ABS) *f*

detección precolisión *f*
Ale: Precrash-Erkennung *f*
Ing: precrash detection *n*
Fra: détection prévisionnelle de choc *f*

detector de movimiento (alarma de vehículo) *m*
Ale: Bewegungsdetektor (Autoalarm) *m*
Ing: motion detector (car alarm) *n*
Fra: détecteur de mouvement (alarme auto) *m*

detector de rotura de cristal (alarma de vehículo) *m*
Ale: Glasbruchmelder (Autoalarm) *m*
Ing: glass breakage detector (car alarm) *n*
Fra: détecteur de bris de glaces (alarme auto) *m*

detector ultrasónico (alarma de vehículo) *m*
Ale: Ultraschalldetektor (Autoalarm) *m*
Ing: ultrasonic receiver (car alarm) *n*
Fra: détecteur à ultrasons (alarme auto) *m*

determinación de valor nominal *f*
Ale: Sollwertbestimmung *f*
Ing: computation of setpoint values *n*
Fra: détermination de la consigne *f*

detonaciones del motor *fpl*
Ale: Motorklopfen *n*
Ing: engine knock *n*
Fra: cliquetis du moteur *m*

detonar (motor de combustión) *v*
Ale: klopfen (Verbrennungsmotor) *v*
Ing: knock (IC engine) *v*
Fra: cliquetis (moteur à combustion) *m*

devanado de barras *m*
Ale: Stabwicklung *f*
Ing: bar winding *n*
Fra: enroulement-tige *m*

devanado de compensación *m*
Ale: Ausgleichswicklung *f*
Ing: compensating winding *n*
Fra: enroulement de compensation *m*

devanado de estator *m*
Ale: Ständerwicklung *f*
(Statorwicklung) *f*
Ing: stator winding *n*
Fra: enroulement statorique *m*

devanado de rotor *m*
Ale: Läuferwicklung *f*
Ing: rotor winding *n*
Fra: enroulement rotorique *m*

devanado de secundario *m*
Ale: Sekundärwicklung *f*
(Sekundärspule) *f*
Ing: secondary winding *n*
Fra: enroulement secondaire *m*

devanado multifase *m*
Ale: Mehrphasenwicklung *f*
Ing: polyphase winding *n*
Fra: enroulement multiphases *m*

devanado primario *m*
Ale: Primärspule *f*
(Primärwicklung) *f*
Ing: primary winding *n*
Fra: enroulement primaire *m*

devanado simple *m*
Ale: Einzugswicklung *f*
Ing: pull in winding *n*
Fra: enroulement d'appel *m*

diagnóstico *m*

Español

Ale: Diagnose *f*
Ing: diagnostics *n*
Fra: diagnostic *m*

diagnóstico a bordo ***m***
Ale: On-Board-Diagnose *f*
Ing: on board diagnostics, OBD *n*
Fra: diagnostic embarqué *m*

diagnóstico de averías ***m***
Ale: Fehlerdiagnose *f*
Ing: error diagnosis *n*
Fra: diagnostic de défauts *m*

diagnóstico de motor ***m***
Ale: Motordiagnose *f*
Ing: engine diagnostics *n*
Fra: diagnostic moteur *m*

diagnóstico incorrecto ***m***
Ale: Fehldiagnose *f*
Ing: false diagnosis *n*
Fra: diagnostic erroné *m*

diagrama ***m***
Ale: Diagramm *n*
Ing: diagram *n*
Fra: diagramme *m*

diagrama característico ***m***
Ale: Kennfeld *n*
Ing: program map *n*
Fra: cartographie *f*

diagrama característico de caudal ***m***
Ale: Mengenkennfeld *n*
Ing: fuel quantity map *n*
Fra: cartographie de débit *f*

diagrama característico de la bomba ***m***
Ale: Pumpenkennfeld *n*
Ing: pump map *n*
Fra: cartographie pompe *f*

diagrama característico de modos de operación ***m***
Ale: Betriebsartenkennfeld *n*
Ing: operating mode map *n*
Fra: cartographie des modes de fonctionnement *f*

diagrama característico del ángulo de cierre ***m***
Ale: Schließwinkelkennfeld *n*
Ing: dwell angle map *n*
Fra: cartographie de l'angle de came *f*

diagrama característico del ángulo de encendido ***m***
Ale: Zündwinkelkennfeld *n*
Ing: ignition map *n*
Fra: cartographie d'allumage *f*

diagrama característico del motor ***m***
Ale: Motorkennfeld *n*
Ing: engine map *n*
Fra: cartographie moteur *f*

diagrama característico del regulador ***m***
Ale: Reglerkennfeld *n*
Ing: governor characteristic curves (mechanical governor) *n*
Fra: cartographie du régulateur *f*

diagrama característico Lambda (regulación Lambda) ***m***
Ale: Lambda-Kennfeld (Lambda-Regelung) *n*
Ing: lambda program map (lambda closed-loop control) *n*
Fra: cartographie de richesse (lambda) *f*

diagrama característico Lambda ***m***
Ale: Lambda-Kennfeld *n*
Ing: lambda map *n*
Fra: cartographie de richesse (lambda) *f*

diagrama de bloques ***m***
Ale: Blockschaltbild *n*
(Übersichtsschaltplan) *m*
Ing: block diagram *n*
Fra: schéma synoptique *m*

diagrama de bobinado ***m***
Ale: Wickelschema *n*
Ing: winding diagram *n*
Fra: schéma de bobinage *m*

diagrama de emisión de antena ***m***
Ale: Antennenabstrahldiagramm *n*
Ing: antenna emitting diagram *n*
Fra: diagramme de rayonnement *m*

diagrama de marcha ***m***
Ale: Fahrdiagramm *n*
Ing: running diagram *n*
Fra: diagramme de conduite *m*

diagrama de regulación de válvulas (motor de combustión) ***m***
Ale: Ventilsteuerdiagramm (Verbrennungsmotor) *n*
Ing: valve timing diagram (IC engine) *n*
Fra: diagramme de distribution (moteur à combustion) *m*

diagrama de resistencia a la fatiga ***m***
Ale: Dauerfestigkeitsschaubild *n*
Ing: fatigue limit diagram *n*
Fra: diagramme d'endurance de Goodman-Smith *m*

diagrama de velocidad ***m***
Ale: Geschwindigkeitsdiagramm *n*
Ing: velocity diagram *n*
Fra: diagramme des vitesses *m*

diámetro de alambre ***m***
Ale: Drahtdurchmesser *m*
Ing: wire diameter *n*
Fra: diamètre de fil *m*

diámetro de llanta (rueda de vehículo) ***m***
Ale: Felgendurchmesser (Fahrzeugrad) *m*
Ing: rim diameter (vehicle wheel) *n*
Fra: diamètre de jante *m*

diámetro de rodillo ***m***
Ale: Rollendurchmesser *m*
Ing: roller diameter *n*
Fra: diamètre de rouleau *m*

diámetro del asiento ***m***
Ale: Sitzdurchmesser *m*
Ing: nozzle seat diameter *n*
Fra: diamètre du siège d'injecteur *m*

diámetro del círculo primitivo (rueda dentada) ***m***
Ale: Teilkreisdurchmesser (Zahnrad) *m*
Ing: pitch diameter (gear) *n*
(reference diameter) *n*
Fra: diamètre primitif de référence *m*

diámetro del pistón ***m***
Ale: Kolbendurchmesser *m*
Ing: piston diameter *n*
Fra: diamètre du piston *m*

diámetro exterior ***m***
Ale: Außendurchmesser *m*
Ing: outside diameter *n*
Fra: diamètre extérieur *m*

diámetro interior ***m***
Ale: Innendurchmesser *m*
Ing: inside diameter *n*
(internal diameter) *n*
Fra: diamètre intérieur *m*

dibujo de corte ***m***
Ale: Schnittzeichnung *f*
Ing: sectional drawing *n*
Fra: dessin en coupe *m*

dibujo de despiece ***m***
Ale: Explosionsbild *n*
Ing: exploded drawing *n*
Fra: vue éclatée *f*

dibujo de detalles ***m***
Ale: Einzelteilzeichnung *f*
Ing: component part drawing *n*
Fra: vue éclatée (enroulement) *f*

diente del piñón ***m***
Ale: Ritzelzahn *m*
Ing: pinion tooth *n*
Fra: dent du pignon *f*

diferencia de temperatura ***f***
Ale: Temperaturdifferenz *f*
Ing: temperature difference *n*
Fra: écart de température *m*

diferencial (tren de tracción del vehículo) ***m***
Ale: Ausgleichsgetriebe (Kfz-Antriebsstrang) *n*
(Differenzialgetriebe) *n*
Ing: differential (vehicle drivetrain) *n*
Fra: engrenage différentiel *m*
(différentiel) *m*

diferencial de bloqueo ***m***
Ale: Sperrausgleichgetriebe *n*
Ing: differential lock *n*

Español

(*locking differential*) *n*
Fra: différentiel autobloquant *m*

diferencial de eje trasero *m*
Ale: Hinterachsdifferenzial *n*
Ing: rear axle differential *n*
Fra: différentiel de l'essieu arrière *m*

difusor de deshielo *m*
Ale: Enfrosterklappe *f*
Ing: defrosting flap *n*
Fra: volet de dégivrage *m*

Digital Audio Broadcasting, DAB *m*
Ale: Digital Audio Broadcasting, DAB *f*
Ing: digital audio broadcasting, DAB *n*
Fra: radio numérique, DAB *f*

dilución *f*
Ale: Verdünnung *f*
Ing: dilution *n*
Fra: dilution *f*

dinámica de marcha (automóvil) *f*
Ale: Fahrdynamik (Kfz) *f*
Ing: dynamics of vehicular operation (motor vehicle) *n*
Fra: dynamique de roulage (véhicule) *f*

dinámica de marcha *f*
Ale: Fahrdynamik *f*
Ing: driving dynamics *npl*
Fra: comportement dynamique (véhicule) *m*

dinámica longitudinal *f*
Ale: Längsdynamik *f*
Ing: longitudinal dynamics *n*
Fra: dynamique longitudinale *f*

dinámica longitudinal del vehículo *f*
Ale: Fahrzeuglängsdynamik *f*
Ing: dynamics of linear motion (motor vehicle) *n*
Fra: dynamique longitudinale d'un véhicule *f*

dinámica transversal del vehículo *f*
Ale: Fahrzeugquerdynamik *f*
Ing: dynamics of lateral motion (motor vehicle) *n*
Fra: dynamique transversale d'un véhicule (véhicule) *f*

dínamo de corriente continua *f*
Ale: Gleichstromgenerator *m*
Ing: direct current generator *n*
Fra: génératrice de courant continu *f*

diodo *m*
Ale: Diode *f*
Ing: diode *n*
Fra: diode *f*

diodo de bloqueo *m*
Ale: Sperrdiode *f*
Ing: blocking diode *n*
(*block diode*) *n*
Fra: diode d'isolement *f*

diodo de botón *m*
Ale: Knopfdiode *f*
Ing: button diode *n*
Fra: diode-bouton *f*

diodo de cristal *m*
Ale: Kristalldiode *f*
Ing: crystal diode *n*
Fra: diode cristal *f*

diodo de desacople *m*
Ale: Entkopplungsdiode *f*
Ing: decoupling diode *n*
Fra: diode de découplage *f*

diodo de excitación *m*
Ale: Erregerdiode *f*
Ing: excitation diode *n*
Fra: diode d'excitation *f*

diodo de presión *m*
Ale: Einpressdiode *f*
Ing: press in diode *n*
Fra: diode emmanchée *f*

diodo luminoso (técnica de iluminación) *m*
Ale: Leuchtdichte (Lichttechnik) *f*
Ing: luminance (lighting) *n*
Fra: luminance (éclairage) *f*

diodo luminoso *m*
Ale: Leuchtdiode *f*
Ing: light emitting diode, LED *n*
Fra: diode électroluminescente *f*

diodo negativo *m*
Ale: Minusdiode *f*
Ing: negative diode *n*
Fra: diode négative *f*

diodo positivo *m*
Ale: Plusdiode *f*
Ing: positive diode *n*
Fra: diode positive *f*

diodo rectificador *m*
Ale: Gleichrichterdiode *f*
Ing: rectifier diode *n*
Fra: diode redresseuse *f*

diodo visualizador *m*
Ale: Anzeigediode *f*
Ing: display diode *n*
Fra: diode d'affichage *f*

diodos de rueda libre *mpl*
Ale: Freilaufdiode *f*
Ing: free wheeling diode *n*
Fra: diode de récupération *f*

dióxido de carbono *m*
Ale: Kohlendioxid *n*
Ing: carbon dioxide *n*
Fra: dioxyde de carbone *m*

dirección *f*
Ale: Lenkung *f*
Ing: steering *n*
(*steering system*) *n*
Fra: direction *f*

dirección de bolas circulantes *f*
Ale: Kugelumlauflenkung *f*
Ing: recirculating-ball steering *n*
Fra: direction à recirculation de billes *f*

dirección de chorro del inyector *f*
Ale: Düsenstrahlrichtung *f*
Ing: spray direction *n*
Fra: direction du jet d'injecteur *f*

dirección de corriente *f*
Ale: Stromrichtung *f*
Ing: current direction *n*
Fra: sens de circulation du courant *m*

dirección de cremallera y piñón *f*
Ale: Zahnstangenlenkung *f*
Ing: rack and pinion steering *n*
Fra: direction à crémaillère *f*

dirección de extracción *f*
Ale: Abzugsrichtung *f*
Ing: pull off direction *n*
Fra: sens d'extraction *m*

dirección de inyección *f*
Ale: Einspritzrichtung *f*
Ing: injection direction *n*
Fra: sens d'injection *m*

dirección de la fuerza de gravedad *f*
Ale: Schwerkraftrichtung *f*
Ing: direction of gravitational force *n*
Fra: sens de la gravité *m*

dirección de marcha *f*
Ale: Fahrtrichtung *f*
(*Rollrichtung*) *f*
Ing: running direction *n*
(*direction of travel*) *n*
Fra: sens de déplacement *m*
(*sens de roulement*) *m*

dirección de movimiento *f*
Ale: Bewegungsrichtung *f*
Ing: direction of motion *n*
Fra: sens de déplacement *m*

dirección de propagación *f*
Ale: Ausbreitungsrichtung *f*
Ing: direction of propagation *n*
Fra: direction de propagation *f*

dirección de tracción total *f*
Ale: Allradlenkung *l*
Ing: four wheel steering *n*
Fra: véhicule 4 roues directrices *m*

dirección hidráulica de bolas circulantes *f*
Ale: Kugelumlauf-Hydrolenkung *f*
Ing: recirculating-ball power steering *n*
Fra: direction hydraulique à écrou à recirculation de billes *m*

dirección hidráulica de cremallera y piñón *f*
Ale: Zahnstangen-Hydrolenkung *f*
Ing: rack and pinion steering system *n*
Fra: direction hydraulique à crémaillère *f*

Español

dirección hidráulica de doble circuito *f*
Ale: Zweikreis-Hydrolenkung *f*
Ing: dual circuit hydraulic steering *n*
Fra: direction hydraulique à deux circuits *f*

directivas de aplicación *fpl*
Ale: Applikationsrichtlinien *f*
Ing: application guidelines *npl*
Fra: directives d'application *fpl*

dirigido por pared *pp*
Ale: wandgeführt *adj*
Ing: wall directed *adj*
Fra: assisté par paroi *pp*

disco conducido del embrague *m*
Ale: Kupplungsscheibe *f*
Ing: clutch disk *n*
Fra: disque d'embrayage *m*

disco de ajuste de presión *m*
Ale: Druckeinstellscheibe *f*
Ing: pressure-adjusting shim *n*
Fra: rondelle de compensation de pression *f*

disco de código *m*
Ale: Codescheibe *f*
Ing: code disk *n*
Fra: disque de codage *m*

disco de compensación de presión (inyector) *m*
Ale: Druckausgleichscheibe (Einspritzdüse) *f*
Ing: pressure-compensation disc (nozzle) *n*
Fra: cale de réglage de pression (injecteur) *f*

disco de diagramas (tacógrafo) *m*
Ale: Diagrammscheibe (Tachograph) *f*
Ing: tachograph chart (tachograph) *n*
Fra: disque d'enregistrement (tachygraphe) *m*

disco de elevación *m*
Ale: Hubscheibe *f*
(Nockenscheibe) *f*
Ing: cam plate *n*
Fra: disque à cames *m*

disco de embrague *m*
Ale: Kupplungslamelle *f*
Ing: clutch plate *n*
Fra: disque d'embrayage *m*

disco de freno *m*
Ale: Bremsscheibe *f*
Ing: brake disc *n*
Fra: disque de frein *m*

disco de freno de fundición gris *m*
Ale: Graugussbremsscheibe *f*
Ing: gray cast iron brake disc *n*
Fra: disque de frein en fonte grise *m*

disco de fricción *m*
Ale: Reibscheibe *f*
Ing: friction plate *n*
Fra: disque de friction *m*

disco de goma *m*
Ale: Gummischeibe *f*
Ing: rubber disc *n*
Fra: rondelle en caoutchouc *f*

disco de levas *m*
Ale: Nockenscheibe *f*
Ing: cam plate *n*
Fra: came-disque *f*

disco de rotor (bomba multicelular a rodillos) *m*
Ale: Läuferscheibe (Rollenzellenpumpe) *f*
Ing: rotor plate (roller-cell pump) *n*
Fra: rotor à cages (pompe multicellulaire à rouleaux) *m*

disco de ruptor (encendido) *m*
Ale: Unterbrecherscheibe (Zündung) *f*
Ing: breaker disc (ignition) *n*
(contact-breacker disc) *n*
Fra: plateau de rupteur (allumage) *m*

disco de seguridad *m*
Ale: Sicherungsscheibe *f*
Ing: locking washer *n*
(lock washer) *n*
Fra: rondelle d'arrêt *f*

disco de tope *m*
Ale: Anschlaglamelle *f*
Ing: stop disc *n*
Fra: lame de butée *f*

disco del orificio de inyección (inyección de combustible) *m*
Ale: Spritzlochscheibe (Kraftstoffeinspritzung) *f*
(Lochplatte) *f*
Ing: spray orifice disk (fuel injection) *n*
(orifice plate) *n*
Fra: pastille perforée *f*

disco distanciador *m*
Ale: Distanzscheibe *f*
Ing: spacer *n*
Fra: cale d'épaisseur *f*

disco en cruz *m*
Ale: Kreuzscheibe *f*
Ing: cam plate *n*
(yoke) *n*
Fra: croisillon *m*

disco estanqueizante *m*
Ale: Abdichtscheibe *f*
Ing: sealing washer *n*
Fra: rondelle d'étanchéité *f*

disco excéntrico *m*
Ale: Exzenterscheibe *f*
Ing: eccentric disc *n*
Fra: disque excentrique *m*

disco flexible *m*
Ale: Gelenkscheibe *f*
Ing: flexible coupling *n*
Fra: flector *m*

disco intermedio *m*
Ale: Zwischenscheibe *f*
Ing: intermediate disk *n*
Fra: disque intermédiaire *m*

disco obturador *m*
Ale: Verschlussscheibe *f*
Ing: sealing washer *n*
Fra: rondelle d'obturation *f*

disco oscilante *m*
Ale: Taumelscheibe *f*
Ing: swash plate *n*
Fra: plateau oscillant *m*

disco volante *m*
Ale: Schwungscheibe *f*
Ing: flywheel *n*
Fra: volant d'inertie *m*

diseño de la cámara de combustión *m*
Ale: Brennraumgestaltung *f*
Ing: combustion chamber design *n*
Fra: forme de la chambre de combustion *f*

disipación de calor *f*
Ale: Verlustwärme *f*
(Wärmeverlust) *m*
Ing: heat losses *npl*
Fra: chaleur de dissipation *f*

disipación de calor *f*
Ale: Wärmeabführung *f*
Ing: heat dissipation *n*
Fra: dissipation de la chaleur *f*

disminución de presión *f*
Ale: Drucksenkung *f*
Ing: pressure drop *n*
Fra: chute de pression *f*

disolución metálica *f*
Ale: Metallauflösung *f*
Ing: metal dissolution *n*
Fra: dissolution du métal *f*

disparador (SAP) *m*
Ale: Auslöser (SAP) *m*
Ing: initiator trigger *n*
Fra: déclencheur *m*

disparador de airbag *m*
Ale: Airbag-Auslösegerät *n*
Ing: airbag triggering unit *n*
Fra: déclencheur de coussin d'air *m*

disparador de pretensor de cinturón de seguridad *m*
Ale: Gurtstraffer-Auslösegerät *n*
Ing: seat belt-tightener trigger unit *n*
Fra: déclencheur de prétensionneur *m*

disparo *m*
Ale: Triggerung *f*
Ing: triggering *n*
Fra: déclenchement *m*

dispersión del caudal de inyección *f*
Ale: Einspritzmengenstreuung *f*

Español

Ing: injected fuel quantity scatter *n*
Fra: dispersion des débits *f*

display de cristal líquido ***m***
Ale: Flüssigkristallanzeige *f*
Ing: liquid crystal display, LCD *n*
Fra: afficheur à cristaux liquides *m*

display de diagnóstico ***m***
Ale: Diagnoseanzeige *f*
Ing: diagnosis display *n*
Fra: affichage diagnostic *m*

disposición de agujeros ***f***
Ale: Lochbild *n*
Ing: hole pattern *n*
Fra: plan de perçage *m*

disposición de los cilindros ***f***
Ale: Zylinderanordnung *f*
Ing: cylinder arrangement *n*
Fra: disposition des cylindres *f*

dispositivo anticongelante ***m***
Ale: Frostschutzeinrichtung *f*
(Frostschutzvorrichtung) *f*
Ing: antifreeze unit *n*
Fra: dispositif antigel *m*

dispositivo automático de desconexión ***m***
Ale: Abschaltautomatik *f*
Ing: automatic shutoff *n*
Fra: automate de coupure *m*

dispositivo cebador (lámpara descarga gas/encendido) ***m***
Ale: Vorschaltgerät (Gasentladungslampe/Zündung) *n*
Ing: ballast unit (gaseous-discharge lamp/ignition) *n*
Fra: module de commande (lampe à décharge dans un gaz) *m*

dispositivo de accionamiento ***m***
Ale: Antriebsvorrichtung *f*
Ing: drive assembly *n*
Fra: transmission *f*

dispositivo de accionamiento (sistema de frenos) ***m***
Ale: Betätigungseinrichtung (Bremsanlage) *f*
Ing: control (braking system) *n*
Fra: commande (dispositif de freinage) *f*

dispositivo de ajuste ***m***
Ale: Einstellgerät *n*
Ing: calibrating unit *n*
Fra: appareil de réglage *m*

dispositivo de ajuste (ASR) ***m***
Ale: Stelleinrichtung (ASR) *f*
Ing: final control element (TCS) *n*
Fra: actionneur de réglage (ASR) *m*

dispositivo de ajuste ***m***
Ale: Verstelleinrichtung *f*
Ing: adjusting device *n*
Fra: dispositif de réglage *m*

dispositivo de apoyo ***m***
Ale: Aufnahmevorrichtung *f*
Ing: mount *n*
Fra: nez de centrage *m*

dispositivo de apriete ***m***
Ale: Aufziehvorrichtung *f*
Ing: tightening device *n*
Fra: dispositif d'emmanchement *m*

dispositivo de aspiración ***m***
Ale: Absaugvorrichtung *f*
Ing: suction device *n*
Fra: dispositif d'aspiration *m*

dispositivo de ayuda de marcha atrás ***m***
Ale: Rückfahrhilfe *f*
Ing: back up assistance *n*
Fra: assistance de marche arrière *f*

dispositivo de ayuda para arranque en frío ***m***
Ale: Kaltstarthilfe *f*
Ing: cold start aid *n*
Fra: aide au démarrage à froid *f*

dispositivo de bloqueo de arranque ***m***
Ale: Startsperreinrichtung *f*
Ing: start locking unit *n*
Fra: dispositif de blocage du démarreur *m*

dispositivo de caudal de arranque ***m***
Ale: Startmengenvorrichtung *f*
Ing: excess fuel device *n*
Fra: dispositif de débit de surcharge au démarrage *m*

dispositivo de comprobación ***m***
Ale: Prüfeinrichtung *f*
Ing: test equipment *n*
Fra: dispositif d'essai *m*

dispositivo de control de torque (inyección diesel) ***m***
Ale: Angleichvorrichtung (Dieseleinspritzung) *f*
Ing: torque control mechanism *n*
Fra: correcteur de débit *m*

dispositivo de desconexión ***m***
Ale: Abschaltvorrichtung *f*
Ing: shutoff device *n*
Fra: dispositif de coupure *m*

dispositivo de desconexión ***m***
Ale: Absteller *m*
Ing: shutoff device *n*
Fra: dispositif de coupure *m*

dispositivo de estrangulación ***m***
Ale: Drosselvorrichtung *f*
Ing: throttle device *n*
Fra: papillon motorisé *m*
(dispositif d'étranglement) *m*

dispositivo de extracción (frenos) ***m***
Ale: Abdrückvorrichtung (Bremsen) *f*
Ing: hub puller (brakes) *n*
Fra: dispositif d'extraction *m*

dispositivo de inflado de neumáticos ***m***
Ale: Reifenfülleinrichtung *f*
Ing: tire inflation device *n*
Fra: dispositif de gonflage des pneumatiques *m*

dispositivo de marcha silenciosa ***m***
Ale: Leiselaufvorrichtung *f*
Ing: smooth idle device *n*
Fra: dispositif d'injection différée *m*

dispositivo de medición de fuerza (banco de pruebas de frenos de rodillos) ***m***
Ale: Kraftmesseinrichtung (Rollenbremsprüfstand) *f*
Ing: load sensor (dynamic brake analyzer) *n*
Fra: dynamomètre (banc d'essai) *m*

dispositivo de parada ***m***
Ale: Abstelleinrichtung *f*
(Abstellvorrichtung) *f*
Ing: shutoff device *n*
Fra: dispositif d'arrêt *m*

dispositivo de presión de aviso (Bremsen) ***m***
Ale: Warndruckeinrichtung (Bremsen) *f*
Ing: low pressure warning device (brakes) *n*
Fra: dispositif d'alerte (frein) *m*

dispositivo de reajuste ***m***
Ale: Nachstellvorrichtung *f*
Ing: adjuster *n*
Fra: dispositif d'ajustage *m*

dispositivo de retención ***m***
Ale: Rückhalteeinrichtung *f*
(Sicherungsring) *m*
Ing: retainer *n*
Fra: dispositif de retenue *m*
(anneau d'arrêt) *m*

dispositivo de seguridad ***m***
Ale: Sicherheitseinrichtung *f*
Ing: safety device *n*
Fra: dispositif de sécurité *m*

dispositivo de sujeción ***m***
Ale: Spannvorrichtung *f*
Ing: clamping fixture *n*
Fra: dispositif tendeur *m*

dispositivo de suspensión ***m***
Ale: Aufhängevorrichtung *f*
Ing: suspension device *n*
Fra: système de suspension *m*

dispositivo de transmisión (sistema de frenos) ***m***
Ale: Übertragungseinrichtung (Bremsanlage) *f*
Ing: transmission (braking system) *n*
Fra: dispositif de transmission (dispositif de freinage) *m*

dispositivo disparador ***m***
Ale: Auslösevorrichtung *f*

Español

Ing: tripping device *n*
Fra: dispositif de déclenchement *m*

dispositivo eléctrico de desconexión (ELAB) ***m***
Ale: elektrische Abstellvorrichtung, ELAB (ELAB) *f*
Ing: solenoid operated shutoff *n*
Fra: dispositif d'arrêt électrique *m*
(dispositif d'arrêt électromagnétique) *m*

dispositivo electrohidráulico de desconexión ***m***
Ale: elektrohydraulische Abstellvorrichtung *f*
Ing: electrohydraulic shutoff device *n*
Fra: dispositif d'arrêt électrohydraulique *m*

dispositivo electromagnético de desconexión ***m***
Ale: elektromagnetische Abstellvorrichtung *f*
Ing: solenoid-operated shutoff *n*
Fra: dispositif d'arrêt électromagnétique *m*

dispositivo electromotor de desconexión ***m***
Ale: elektromotorische Abstellvorrichtung *f*
Ing: electromotive shutoff device *n*
Fra: dispositif d'arrêt électromotorisé *m*

dispositivo estanqueizante ***m***
Ale: Abdichtvorrichtung *f*
Ing: sealing device *n*
Fra: dispositif d'étanchéité *m*

dispositivo extractor ***m***
Ale: Abziehvorrichtung *f*
Ing: extractor *n*
Fra: dispositif d'extraction *m*

dispositivo extractor ***m***
Ale: Ausziehvorrichtung *f*
Ing: puller *n*
Fra: dispositif d'extraction *m*

dispositivo hidráulico de parada ***m***
Ale: hydraulische Abstellvorrichtung *f*
Ing: hydraulic shut off device *n*
Fra: dispositif d'arrêt hydraulique *m*

dispositivo hidráulico de parada ***m***
Ale: hydraulische Abstellvorrichtung *f*
Ing: hydraulic shutoff device *n*
Fra: dispositif d'arrêt hydraulique *m*

dispositivo mecánico de parada ***m***
Ale: mechanische Abstellvorrichtung *f*
Ing: mechanical shutoff device *n*
Fra: dispositif d'arrêt mécanique *m*

dispositivo medidor de peso centrífugo ***m***
Ale: Fliehgewichtsmesswerk *n*
Ing: flyweight speed-sensing element *n*
Fra: mécanisme de détection à masselottes *m*

dispositivo neumático de parada ***m***
Ale: pneumatische Abstellvorrichtung *f*
Ing: pneumatic shutoff device *n*
Fra: dispositif d'arrêt pneumatique *m*

dispositivo reposicionador ***m***
Ale: Rückstelleinrichtung *f*
Ing: return mechanism *n*
Fra: dispositif de rappel *m*

distancia ***f***
Ale: Abstand (ACC) *m*
Ing: distance (ACC) *n*
Fra: distance *m*

distancia de adelantamiento ***f***
Ale: Überholweg *m*
Ing: passing distance *n*
Fra: distance de dépassement *f*

distancia de digitalización ***f***
Ale: Digitalisierungsabstand *m*
Ing: digitizing cutoff *n*
Fra: écart de numérisation *m*

distancia de frenado ***f***
Ale: Bremsweg *m*
Ing: braking distance *n*
Fra: distance de freinage *f*

distancia de mando ***f***
Ale: Steuerstrecke *f*
Ing: open loop controlled system *n*
Fra: système commandé *m*

distancia de seguridad (cabeza de pistón) ***f***
Ale: Sicherheitsabstand (Kolbenkopf) *m*
Ing: head clearance (piston) *n*
Fra: jeu d'extrémité supérieure (piston) *m*

distancia del electrodo (bujía de encendido) ***f***
Ale: Elektrodenabstand (Zündkerze) *m*
Ing: electrode gap (spark plug) *n*
Fra: écartement des électrodes (bougie d'allumage) *m*

distancia del encendido ***f***
Ale: Zündabstand *m*
Ing: angular ignition spacing *n*
(ignition interval) *n*
Fra: période de l'allumage *f*
(intervalle d'allumage) *m*

distancia del piñón ***f***
Ale: Ritzelabstand *m*
Ing: pinion spacing *n*
Fra: écartement pignon-couronne dentée *m*

distancia entre ejes (chasis) ***f***
Ale: Achsabstand (Fahrgestell) *m*
(Radstand) *m*
Ing: wheelbase (vehicle chassis) *n*
Fra: empattement (véhicule) *m*
(entraxe) *m*

distancia entre ejes ***f***
Ale: Radstand *m*
Ing: wheelbase *n*
Fra: empattement *m*

distancia entre levas ***f***
Ale: Nockenabstand *m*
Ing: axial cam spacing *n*
Fra: espacement des cames *m*

distancia Hall ***f***
Ale: Hallabstand *m*
Ing: diffuse field distance *n*
Fra: distance critique *f*

distancia interpolar ***f***
Ale: Polteilung *f*
Ing: pole pitch *n*
Fra: pas polaire *m*

distorsión ***f***
Ale: Verzerrung *f*
Ing: distortion *n*
Fra: distorsion *f*

distribución de combustible ***f***
Ale: Kraftstoffverteilung *f*
Ing: fuel distribution *n*
Fra: répartition du carburant *f*

distribución de iluminación (técnica de iluminación) ***f***
Ale: Lichtverteilung (Lichttechnik) *f*
Ing: light pattern (lighting) *n*
Fra: répartition de la lumière (éclairage) *f*

distribución de iluminación ***f***
Ale: Lichtverteilung *f*
Ing: light distribution *n*
Fra: répartition de la lumière *f*

distribución de la carga del eje ***f***
Ale: Achslastverteilung *f*
Ing: axle load distribution *n*
Fra: répartition de la charge par essieu *f*

distribución de la fuerza de frenado ***f***
Ale: Bremskraftverteilung *f*
(Bremskraftaufteilung) *f*
Ing: braking force distribution *n*
Fra: répartition de la force de freinage *f*

distribución de la mezcla ***f***
Ale: Gemischverteilung *f*
Ing: mixture distribution *n*
Fra: répartition du mélange *f*

distribución de par ***f***
Ale: Momentenverteilung *f*
Ing: torque distribution *n*
Fra: répartition du couple *f*

distribución de peso (freno) ***f***
Ale: Gewichtsverteilung (Bremse) *f*
Ing: weight distribution (brakes) *n*

Fra: répartition du poids (frein) *f*

distribución electrónica de fuerza de frenado *f*
Ale: Elektronische Bremskraftverteilung *f*
Ing: electronic braking-force distribution *n*
Fra: répartition électronique de la force de freinage *f*

distribución en X *f*
Ale: X-Aufteilung *f*
Ing: x distribution pattern *n*
Fra: répartition en X *f*

distribución estratificada de la mezcla *f*
Ale: geschichtete Gemischverteilung *f*
Ing: stratified mixture distribution *n*
Fra: stratification du mélange *f*

distribución heterogénea de mezcla *f*
Ale: heterogene Gemischverteilung *f*
Ing: heterogeneous mixture distribution *n*
Fra: mélange hétérogène *m*

distribución homogénea de mezcla *f*
Ale: homogene Gemischverteilung *f*
Ing: homogeneous mixture distribution *n*
Fra: mélange homogène *m*

distribuidor *m*
Ale: Verteiler *m*
Ing: distributor *n*
Fra: répartiteur *m*

distribuidor de alta presión Common Rail *m*
Ale: Common Rail Hochdruckverteilerleiste *f*
Ing: common rail high-pressure fuel rail *n*
Fra: rampe distributrice haute pression « Common Rail » *f*

distribuidor de alta tensión *m*
Ale: Hochspannungsverteiler *m*
Ing: high voltage distributor *n*
Fra: distributeur haute tension *m*

distribuidor de combustible *m*
Ale: Kraftstoffverteiler *m*
(Verteilerleiste) *f*
(Kraftstoffzuteiler) *m*
Ing: fuel rail *n*
Fra: rampe distributrice de carburant *f*
(accumulateur haute pression) *f*
(répartiteur de carburant) *m*

distribuidor de encendido *m*
Ale: Zündverteiler *m*
Ing: ignition distributor *n*
Fra: allumeur *m*

distribuidor de la fuerza de frenado *m*
Ale: Bremskraftverteiler *m*
Ing: braking force metering device *n*
Fra: répartiteur de force de freinage *m*

distribuidor de presión *m*
Ale: Druckverteilung *f*
Ing: pressure distribution *n*
Fra: répartition de la pression *f*

distribuidor-dosificador de combustible *m*
Ale: Kraftstoffmengenteiler *m*
Ing: fuel distributor *n*
Fra: doseur-distributeur de carburant *m*

divergencia de distancia entre ejes *f*
Ale: Achsabstandsabweichung *f*
Ing: axial clearance *n*
Fra: écart d'entraxe *m*

divergencia de la mezcla *f*
Ale: Gemischabweichung *f*
Ing: mixture deviation *n*
Fra: écart de mélange *m*

diversidad de variantes *f*
Ale: Variantenvielfalt *f*
Ing: type diversity *n*
Fra: diversité de variantes *f*

divisor de frecuencia *m*
Ale: Frequenzteiler *m*
Ing: frequency divider *n*
Fra: diviseur de fréquence *m*

divisor de impulsos *m*
Ale: Impulsteiler *m*
Ing: pulse divider *n*
Fra: diviseur d'impulsions *m*

doblarse (tractocamión articulado) *v*
Ale: einknicken (Sattelzug) *v*
(Jacknifing) *n*
Ing: jacknife (semitrailer unit) *v*
Fra: se mettre en portefeuille (semi-remorque) *m*

doble micro-borde (goma del limpiaparabrisas) *m*
Ale: Mikro-Doppelkante (Wischgummi) *f*
Ing: double microedge (wiper blade) *n*
Fra: double micro-arête (raclette en caoutchouc) *f*

documentación de servicio *f*
Ale: Service-Unterlagen *fpl*
Ing: service documents *npl*
Fra: documents S.A.V. *mpl*

domo central (bujía de encendido) *m*
Ale: Mitteldom (Zündspule) *m*
Ing: center tower (ignition coil) *n*
Fra: sortie centrale (bobine d'allumage) *f*

domo de pata telescópica *m*
Ale: Federbeindom *m*
Ing: suspension strut cap *n*
Fra: dôme de suspension *m*

dosificación *f*
Ale: Dosierung *f*
Ing: meter *v*
Fra: dosage *m*

dosificación de agujero simple (válvula de inyección) *f*
Ale: Einlochzumessung (Einspritzventil) *f*
Ing: single orifice metering (fuel injector) *n*
Fra: dosage monotrou (injecteur) *m*

dosificación de entrada *f*
Ale: Zulaufmessung *f*
Ing: inlet metering *n*
Fra: dosage à l'admission *m*

dosificación de la mezcla *f*
Ale: Gemischzumessung *f*
Ing: air fuel mixture metering *v*
Fra: dosage du mélange *m*

dosificación de varios orificios (válvula de inyección) *f*
Ale: Mehrlochzumessung (Einspritzventil) *f*
Ing: multi orifice metering (fuel injector). *n*
Fra: dosage multitrous (injecteur) *m*

dosificación del caudal de admisión *m*
Ale: Ansaugmengenzumessung *f*
(Zulaufmessung) *f*
Ing: intake metering *n*
Fra: dosage à l'admission *m*

dosificación por borde de distribución (elemento de bomba) *f*
Ale: Steuerkanten-Zumessung (Pumpenelement) *f*
Ing: port and helix metering (plunger-and-barrel assembly) *n*
Fra: dosage par rampe et trou *m*

dosificación por desplazamiento *f*
Ale: Shuttle-Zumessung *f*
Ing: displacement metering *n*
Fra: dosage par déplacement *m*

dosificación por intersticio anular (válvula de inyección) *f*
Ale: Ringspaltzumessung (Einspritzventil) *f*
Ing: ring gap metering (fuel injector) *n*
Fra: dosage par fente annulaire (injecteur) *m*

dosificación por válvula *f*
Ale: ventilgesteuerte Zumessung *f*

Español

Ing: valve metering *n*
Fra: dosage par valve *m*

drenaje de agua ***m***
Ale: Entwässerung *f*
Ing: water drainage *n*
Fra: purgeur *m*

drenaje previo (secador de aire) ***m***
Ale: Vorentwässerung (Lufttrockner) *f*
Ing: initial drying (air drier) *n*
Fra: prédéshydratation (dessiccateur) *f*

drenar (filtro) ***v***
Ale: entwässern (Filter) *v*
Ing: drain (filter) *v*
Fra: drainer (filtre) *v*

driver de visualizador ***m***
Ale: Display-Treiber *m*
Ing: display driver *n*
Fra: pilotage visuel *m*

duración ***f***
Ale: Lebensdauer *f*
Ing: service life *n*
Fra: durée de vie *f*
(durabilité) *f*

duración de accionamiento ***f***
Ale: Betätigungsdauer *f*
Ing: duration of application *n*
Fra: durée d'actionnement *f*

duración de apertura (válvula de inyección) ***f***
Ale: Öffnungsdauer (Einspritzventil) *f*
Ing: opening period (fuel injector) *n*
Fra: durée d'ouverture (injecteur) *f*

duración de chispa ***f***
Ale: Funkendauer *f*
(Brenndauer) *f*
Ing: spark duration *n*
Fra: durée de l'étincelle *f*

duración de impulsos ***f***
Ale: Impulsdauer *f*
(Pulsdauer) *f*
Ing: pulse duration *n*
Fra: durée de l'impulsion *f*
(largeur d'impulsion) *f*

duración de incandescencia ***f***
Ale: Glühdauer *f*
Ing: glow duration *n*
Fra: durée d'incandescence *f*

duración de la aceleración ***f***
Ale: Hochlaufdauer *f*
Ing: running up time *n*
Fra: temps de montée en régime *m*

duración de la aceleración ***f***
Ale: Hochlaufdauer *f*
Ing: run up time *n*
Fra: temps de montée en régime *m*

duración de la activación (válvula de inyección) ***f***
Ale: Anzugszeit (Einspritzventil) *f*
Ing: pickup time (fuel injector) *n*
Fra: durée d'attraction (injecteur) *f*

duración de la batería ***f***
Ale: Batterielebensdauer *f*
Ing: battery life *n*
Fra: durée de vie de la batterie *f*

duración de la combustión (mezcla aire-combustible) ***f***
Ale: Brenndauer (Kraftstoff-Luft-Gemisch) *f*
Ing: combustion time (air-fuel mixture) *n*
Fra: durée de combustion (mélange air-carburant) *f*

duración de la inyección (inyección de combustible) ***f***
Ale: Spritzdauer (Kraftstoffeinspritzung) *f*
Ing: duration of injection (fuel injection) *n*
(injection time) *n*
Fra: durée d'injection *f*

duración de período ***f***
Ale: Periodendauer *f*
Ing: period duration *n*
Fra: période (d'un signal) *f*

duración de servicio ***f***
Ale: Nutzungsdauer *f*
Ing: operating time *n*
Fra: durée d'utilisation *f*

duración del chorro (inyección de combustible) ***f***
Ale: Strahldauer (Kraftstoffeinspritzung) *n*
Ing: spray duration (fuel injection) *n*
Fra: durée d'injection *f*

duración del efecto de frenado ***f***
Ale: Bremswirkungsdauer *f*
Ing: active braking time *n*
(effective braking time) *n*
Fra: temps de freinage actif *m*

duración del ensayo ***f***
Ale: Prüfdauer *f*
Ing: test duration *n*
Fra: durée d'essai *f*

duración del fallo ***f***
Ale: Ausfallzeit *f*
Ing: downtime *n*
(non-productive time) *n*
Fra: durée de défaillance *f*

duración del filtro ***f***
Ale: Filterstandzeit *f*
Ing: filter service life *n*
Fra: durabilité du filtre *f*

dureza ***f***
Ale: Härte *f*
Ing: hardness *n*
Fra: dureté *f*

dureza B ***f***
Ale: B-Härte *f*
Ing: B hardness *n*
Fra: dureté B *f*

dureza de capa superficial ***f***
Ale: Randschichthärte *f*
(Oberflächenhärte) *f*
Ing: surface hardening *n*
(surface hardness) *n*
Fra: trempe superficielle *f*

dureza Knoop ***f***
Ale: Knoophärte *f*
Ing: knoop hardness *n*
Fra: dureté Knoop *f*

dureza Shore ***f***
Ale: Shorehärte *f*
Ing: shore hardness *n*
Fra: dureté Shore *f*

dureza superficial ***f***
Ale: Oberflächenhärte *f*
Ing: surface hardness *n*
Fra: dureté de surface *f*

dureza Vickers ***f***
Ale: Vickershärte *f*
Ing: Vickers hardness *n*
Fra: dureté Vickers *f*

duroplástico ***m***
Ale: Duroplast *n*
Ing: duromer *n*
Fra: thermodurcissable *m*

E

ecuación diferencial ***f***
Ale: Differenzialgleichung *f*
Ing: differential equation *n*
Fra: équation différentielle de mouvement *f*

ecualizador ***m***
Ale: Equalizer *m*
Ing: equalizer *n*
Fra: égaliseur *m*

efectividad de los frenos en caliente ***f***
Ale: Heißbremswirkung *f*
Ing: effectiveness of hot brakes *n*
Fra: effet de freinage à chaud *m*

efecto catalítico ***m***
Ale: katalytische Wirkung *f*
Ing: catalytic effect *n*
Fra: action catalytique *f*

efecto de autoguiado ***m***
Ale: Eigenlenkverhalten *n*
Ing: self steering effect *n*
Fra: comportement autodirectionnel *m*
(comportement élastocinématique) *m*

efecto de choque (filtro) ***m***
Ale: Aufpralleffekt (Filter) *m*
Ing: impact (filter) *n*
Fra: effet d'impact (filtre) *m*

efecto de difusión (filtro) ***m***
Ale: Diffusionseffekt (Filter) *m*
Ing: diffusion (filter) *n*
Fra: effet de diffusion (filtre) *m*

efecto de entalladura *m*
Ale: Kerbwirkung *f*
Ing: notch effect *n*
Fra: effet des entailles *m*

efecto de filtro *m*
Ale: Filterwirkung *f*
Ing: filter effect *n*
Fra: effet de filtration *m*

efecto de frenado *m*
Ale: Abbremsung *f*
Ing: braking factor *n*
Fra: taux de freinage *m*

efecto de frenado *m*
Ale: Bremswirkung *f*
Ing: braking effect *n*
Fra: effet de freinage *m*

efecto de frenado de motor *m*
Ale: Motorbremswirkung *f*
Ing: engine braking action *n*
Fra: effet de frein moteur *m*

efecto de freno auxiliar *m*
Ale: Hilfsbremswirkung *f*
Ing: secondary braking effect *n*
Fra: effet de freinage auxiliaire *m*

efecto de la presión *m*
Ale: Druckeinwirkung *f*
Ing: pressure effect *n*
Fra: effet de la pression *m*

efecto de ocultamiento *m*
Ale: Verdeckungseffekt *m*
Ing: screening effect *n*
Fra: effet de masque *m*

efecto de película de aceite *m*
Ale: Wandfilmeffekt *m*
Ing: fuel film effect *n*
Fra: phénomène d'humidification des parois *m*

efecto de protección antidesgaste *m*
Ale: Verschleißschutzwirkung *f*
Ing: wear protection property *n*
Fra: pouvoir anti-usure *m*

efecto de recarga *m*
Ale: Nachladeeffekt *m*
Ing: boost effect *n*
Fra: effet de « post-charge » *m*

efecto de suministro previo *m*
Ale: Vorfördereffekt *m*
Ing: predelivery effect *n*
Fra: effet de prérefoulement *m*

efecto de tamiz (filtro) *m*
Ale: Siebeffekt (Filter) *m*
Ing: straining (filter) *n*
Fra: effet de filtrage (filtre) *m*

efecto deslumbrante (faros) *m*
Ale: Blendwirkung (Scheinwerfer) *f*
Ing: glare effect (headlamp) *n*
Fra: effet d'éblouissement (projecteur) *m*

efecto Hall *m*
Ale: Hall-Effekt *m*
Ing: hall effect *n*
Fra: effet Hall *m*

efecto mínimo de frenado (frenos) *f*
Ale: Mindestbremswirkung (Bremsen) *f*
Ing: minimum braking effect (brakes) *n*
Fra: freinage minimal *m*

efecto piezoeléctrico *m*
Ale: Piezoeffekt *m*
Ing: piezoelectric effect *n*
Fra: effet piézoélectrique *m*

efecto postsuministro *m*
Ale: Nachfördereffekt *m*
Ing: post delivery effect *n*
Fra: effet de post-refoulement *m*

efecto residual de frenado *m*
Ale: Restbremswirkung *f*
Ing: residual braking *n*
Fra: effet résiduel de freinage *m*

eficiencia *f*
Ale: Wirkungsgrad *m*
Ing: efficiency *n*
Fra: rendement *m*

eficiencia de filtración (filtro) *f*
Ale: Abscheidegüte (Filter) *f*
Ing: filtration efficiency (filter) *n*
Fra: qualité de séparation (filtre) *f*

eficiencia de la combustión *f*
Ale: Verbrennungswirkungsgrad *n*
Ing: combustion efficiency *n*
Fra: rendement de combustion *m*

eficiencia total *f*
Ale: Gesamtwirkungsgrad *m*
Ing: overall efficiency *n*
Fra: rendement total *m*

eficiencia volumétrica (motor de combustión) *f*
Ale: Füllungsgrad (Verbrennungsmotor) *m*
(Liefergrad) *m*
Ing: volumetric efficiency (IC engine) *n*
Fra: taux de remplissage (batterie) *m*

eje (automóvil) *m*
Ale: Achse (Kfz) *f*
Ing: axle (motor vehicle) *n*
Fra: essieu (véhicule) *m*

eje *m*
Ale: Welle *f*
Ing: shaft *n*
Fra: arbre *m*

eje con neumáticos gemelos *m*
Ale: doppelbereifte Achse *f*
Ing: twin tire axle *n*
Fra: essieu jumelé *m*

eje de accionamiento *m*
Ale: Antriebsachse *f*
(Triebachse) *f*
Ing: powered axle *n*
Fra: essieu moteur *m*

eje de ajuste *m*
Ale: Verstellwelle *f*
Ing: setting shaft *n*
Fra: axe de correction *m*

eje de ajuste de la corredera de elevación *m*
Ale: Hubschieber-Verstellwelle *f*
Ing: control sleeve shaft *n*
Fra: arbre de déplacement des tiroirs *m*

eje de arrastre *m*
Ale: Nachlaufachse *f*
Ing: trailing axle *n*
Fra: essieu suiveur *m*

eje de arrollado (pretensor del cinturón) *m*
Ale: Aufrollachse (Gurtstraffer) *f*
Ing: inertia-reel shaft (seat-belt tightener) *n*
Fra: axe d'enroulement *m*

eje de cilindro *m*
Ale: Zylinderachse *f*
Ing: cylinder axis *n*
Fra: axe de cylindre *m*

eje de cojinete *m*
Ale: Lagerachse *f*
Ing: bearing center *n*
Fra: axe de palier *m*

eje de detección *m*
Ale: Sensierachse *f*
Ing: sensing axis *n*
Fra: axe de détection *m*

eje de elevación *m*
Ale: Hubwelle *f*
Ing: lifting shaft *n*
Fra: arbre de levage *m*

eje de estabilidad transversal (dinámica del automóvil) *m*
Ale: Querstabilitätsachse (Kfz-Dynamik) *f*
(Rollachse) *f*
(Wankachse) *f*
Ing: roll axis (vehicle dynamics) *n*
Fra: axe de roulis (dynamique d'un véhicule) *m*

eje de giro de la dirección *m*
Ale: Lenkdrehachse *f*
Ing: steering axis *n*
Fra: axe de pivotement de la direction *m*

eje de guiñada (dinámica del automóvil) *m*
Ale: Gierachse (Kfz-Dynamik) *f*
Ing: yaw axis (motor-vehicle dynamics) *n*
Fra: axe de lacet *m*

eje de inyector *m*
Ale: Düsenachse *f*
Ing: nozzle axis *n*
Fra: axe d'injecteur *m*

eje de la mariposa *m*
Ale: Drosselklappenwelle *f*

Español

Ing: throttle valve shaft *n*
Fra: axe de papillon *m*

eje de la palanca de ajuste (bomba de inyección en serie) ***m***
Ale: Verstellhebelwelle (Reiheneinspritzpumpe) *f*
Ing: control lever shaft (in-line pump) *n*
Fra: axe du levier de commande *m*

eje de levas de admisión (motor de combustión) ***m***
Ale: Einlassnockenwelle (Verbrennungsmotor) *f*
Ing: intake camshaft *n*
Fra: arbre à cames côté admission *m*

eje de posicionamiento ***m***
Ale: Stellwelle *f*
Ing: actuator shaft *n*
Fra: axe de positionnement *m*

eje de rotación ***m***
Ale: Rotationsachse *f*
Ing: rotational axis *n*
Fra: axe de rotation *m*

eje de rotación (automóvil) ***m***
Ale: Schraubachse (Kfz) *f*
Ing: axis of rotation (motor vehicle) *n*
Fra: axe de vissage (véhicule) *m*

eje del distribuidor (encendido) ***m***
Ale: Verteilerwelle (Zündung) *f*
Ing: distributor shaft (ignition) *n*
(ignition-distribution shaft) *n*
Fra: arbre d'allumeur *m*

eje del piñón ***m***
Ale: Ritzelwelle *f*
(Ritzelschaft) *m*
Ing: pinion shaft *n*
Fra: queue de pignon *f*

eje del tacómetro ***m***
Ale: Tachowelle *f*
Ing: speedometer shaft *n*
Fra: câble flexible de compteur de vitesse *m*

eje delantero ***m***
Ale: Vorderachse *f*
Ing: front axle *n*
Fra: essieu avant *m*

eje direccional ***m***
Ale: Lenkachse *f*
Ing: steering axle *n*
(steered axle) *n*
Fra: essieu directeur *m*

eje direccional ***m***
Ale: Lenkspindel *f*
Ing: steering spindle *n*
Fra: arbre de direction *m*

eje direccional ***m***
Ale: Lenkspindel *f*
Ing: steering shaft *n*
(steering spindl) *n*
Fra: arbre de direction *m*

eje empujador ***m***
Ale: Vorlaufachse *f*
Ing: leading axle *n*
Fra: essieu directeur *m*

eje longitudinal de bomba ***m***
Ale: Pumpenlängsachse *f*
Ing: longitudinal pump axis *n*
Fra: axe longitudinal de la pompe *m*

eje rígido ***m***
Ale: Starrachse *f*
Ing: solid axle *n*
(rigid axle) *n*
Fra: essieu rigide *m*

eje rígido ***m***
Ale: Starrachse *f*
Ing: rigid axis *n*
Fra: essieu rigide *m*

eje roscado ***m***
Ale: Gewindeachse *f*
Ing: thread axis *n*
Fra: axe du filetage *m*

eje semirígido ***m***
Ale: Halbstarrachse *f*
Ing: semi rigid axle *n*
Fra: essieu semi-rigide *m*

eje trasero ***m***
Ale: Hinterachse *f*
Ing: rear axle *n*
Fra: essieu arrière *m*

eje vertical del vehículo ***m***
Ale: Fahrzeughochachse *f*
(Hochachse) *f*
Ing: vehicle vertical axis *n*
Fra: axe vertical du véhicule *m*

elasticidad del motor (motor de combustión) ***f***
Ale: Motorelastizität (Verbrennungsmotor) *f*
Ing: engine flexibility (IC engine) *n*
Fra: élasticité du moteur (moteur à combustion) *f*

electricidad de contacto ***f***
Ale: Kontaktelektrizität *f*
Ing: voltaic emf *n*
(voltaic electricity) *n*
Fra: électricité statique *f*

electricidad de la carrocería ***f***
Ale: Karosserie-Elektrik *f*
Ing: body electrics *n*
Fra: électricité de carrosserie *f*

electrodo ***m***
Ale: Elektrode *f*
Ing: electrode *n*
Fra: électrode *f*

electrodo acumulador ***m***
Ale: Speicherelektrode *f*
Ing: storage electrode *n*
Fra: électrode de stockage *f*

electrodo básico ***m***
Ale: Basiselektrode *f*
Ing: base electrode *n*
Fra: électrode de base *f*

electrodo central ***m***
Ale: Mittelelektrode *f*
Ing: center electrode *n*
Fra: électrode centrale *f*

electrodo central compuesto (bujía de encendido) ***m***
Ale: Verbundmittelelektrode (Zündkerze) *f*
Ing: compound center electrode (spark plug) *n*
Fra: électrode centrale composite (bougie d'allumage) *f*

electrodo central de platino (bujía de encendido) ***m***
Ale: Platinmittelelektrode (Zündkerze) *f*
Ing: platinum center electrode (spark plug) *n*
Fra: électrode centrale en platine (bougie d'allumage) *f*

electrodo compuesto (bujía de encendido) ***m***
Ale: Verbundelektrode (Zündkerze) *f*
Ing: compound electrode (spark plug) *n*
Fra: électrode composite (bougie d'allumage) *f*

electrodo de alambre ***m***
Ale: Drahtelektrode *f*
Ing: wire electrode *n*
Fra: fil-électrode *m*

electrodo de masa ***m***
Ale: Masseelektrode *f*
Ing: ground electrode *n*
Fra: électrode de masse *f*

electrodo de punto de imagen ***m***
Ale: Bildpunktelektrode *f*
Ing: pixel electrode *n*
Fra: électrode de contrôle de point d'image *f*

electrodo especial ***m***
Ale: Sonderelektrode *f*
Ing: special electrode *n*
Fra: électrode spéciale *f*

electrodo frontal (bujía de encendido) ***m***
Ale: Dachelektrode (Zündkerze) *f*
Ing: front electrode (spark plug) *n*
Fra: électrode frontale (bougie d'allumage) *f*

electrodo lateral (bujía de encendido) ***m***
Ale: Seitenelektrode (Zündkerze) *f*
Ing: side electrode (spark plug) *n*
Fra: électrode latérale (bougie d'allumage) *f*

electrodo positivo ***m***
Ale: positive Elektrode *f*
Ing: positive electrode *n*
Fra: électrode positive *f*

electroerosión ***f***

Ale: Funkenerosion *f*
Ing: spark erosion *n*
Fra: érosion ionique *f*

electroimán ***m***
Ale: Elektromagnet *m*
Ing: electromagnet *n*
Fra: électro-aimant *m*

electroimán de ajuste ***m***
Ale: Stellmagnet *m*
Ing: actuator solenoid *n*
Fra: électro-aimant de positionnement *m*

electroimán de bloqueo ***m***
Ale: Sperrmagnet *m*
Ing: shut down solenoid *n*
Fra: électro-aimant de blocage *m*

electroimán de empuje ***m***
Ale: Druckmagnet *m*
Ing: pushing electromagnet *n*
Fra: électro-aimant de poussée *m*

electroimán de engrane (motor de arranque) ***m***
Ale: Einrückmagnet (Starter) *m*
Ing: starting motor solenoid (starter) *n*
(engagement solenoid) *n*
Fra: électro-aimant d'engrènement (démarreur) *m*
(contacteur à solenoïde) *m*

electroimán de engrane (motor de arranque) ***m***
Ale: Einrückmagnet (Starter) *m*
Ing: engagement solenoid (starter) *n*
Fra: contacteur à solénoïde *m*

electroimán de giro ***m***
Ale: Drehmagnet *m*
Ing: rotary magnet *n*
Fra: aimant rotatif *m*

electroimán elevador ***m***
Ale: Hubmagnet *m*
(Schaltmagnet) *m*
Ing: linear solenoid *n*
(tractive solenoid) *n*
(switching solenoid) *n*
Fra: électro-aimant de commande *m*

electrónica de control ***f***
Ale: Steuerungselektronik *f*
Ing: control electronics *npl*
Fra: électronique de commande *f*

electrónica de evaluación del sensor ***f***
Ale: Sensorauswerteelektronik *f*
Ing: sensor evaluation electronics *n*
Fra: electronique d'évaluation des capteurs *f*

electrónica de la carrocería ***f***
Ale: Karosserie-Elektronik *f*
Ing: body electronics *n*
Fra: électronique de carrosserie *f*

electrónica de regulación ***f***
Ale: Regelelektronik *f*
Ing: control electronics *n*
Fra: électronique de régulation *f*

electrónica de seguridad ***f***
Ale: Sicherheitselektronik *f*
Ing: safety and security electronics *npl*
Fra: électronique de sécurité *f*

electrónica de servicio ***f***
Ale: Betriebselektronik *f*
Ing: operating electronics *npl*
Fra: électronique d'exploitation *f*

electrostática ***f***
Ale: Elektrostatik *f*
Ing: electrostatics *n*
Fra: électrostatique *f*

electroválvula ***f***
Ale: Magnetventil *n*
Ing: solenoid valve *n*
Fra: électrovalve *f*

electroválvula de aire secundario ***f***
Ale: Sekundärluft-Magnetventil *n*
Ing: secondary air solenoid valve *n*
Fra: électrovanne d'air secondaire *f*

electroválvula de alta presión ***f***
Ale: Hochdruckmagnetventil *n*
Ing: high pressure solenoid valve *n*
Fra: électrovanne haute pression *f*

electroválvula de variador de avance de la inyección (inyección de combustible) ***f***
Ale: Spritzversteller-Magnetventil (Kraftstoffeinspritzung) *n*
Ing: timing device solenoid valve (fuel injection) *n*
Fra: électrovanne de variateur d'avance *f*

electroválvula de ventilación ***f***
Ale: Belüftungs-Magnetventil *n*
Ing: ventilation solenoid *n*
Fra: électrovalve d'aération *f*

electroválvula doble ***f***
Ale: Doppelmagnetventil *n*
Ing: double solenoid-operated valve *n*
Fra: électrovalve double *f*

elemento cerámico ***m***
Ale: Keramikkörper *m*
Ing: ceramic element *n*
Fra: matrice en céramique *f*

elemento de agujero ciego ***m***
Ale: Sacklochelement *n*
Ing: blind hole pumping element *n*
Fra: élément à trou borgne *m*

elemento de ajuste ***m***
Ale: Stellelement *n*
Ing: adjustment mechanism *n*
(control element) *n*
Fra: actionneur de correction *m*
(élément de commande) *m*
(organe d'actionnement) *m*

elemento de ajuste chapaleta de temperatura ***m***
Ale: Temperaturklappen-Stellglied *n*
Ing: temperature flap actuator *n*
Fra: actionneur de volet de température *m*

elemento de ajuste de la mariposa ASR ***m***
Ale: ASR-Drosselklappensteller *m*
Ing: TCS throttle position control *n*
Fra: actionneur de papillon ASR *m*

elemento de arranque ***m***
Ale: Anfahrelement *n*
Ing: power take-up element *n*
Fra: embrayage *m*

elemento de bomba (bomba de inyección) ***m***
Ale: Pumpenelement (Einspritzpumpe) *n*
(Einspritzelement) *n*
Ing: pump element (fuel-injection pump) *n*
Fra: élément de pompage (pompe d'injection) *m*

elemento de brida (bomba de inyección en serie) ***m***
Ale: Flanschelement (Reiheneinspritzpumpe) *n*
Ing: barrel and-flange element (on-line fuel-injection pump) *n*
Fra: élément de pompage à bride *m*

elemento de calefacción ***m***
Ale: Heizelement *n*
Ing: heater element *n*
Fra: élément chauffant *m*

elemento de cierre (cabeza de acoplamiento) ***m***
Ale: Absperrglied (Kupplungskopf) *n*
(Schließglied) *n*
Ing: shutoff element (coupling head) *n*
Fra: obturateur (tête d'accouplement) *m*

elemento de compensación de presión ***m***
Ale: Druckausgleichselement *n*
Ing: pressure equalization element *n*
(pressure compensation) *n*
Fra: compensateur de pression *m*

elemento de conmutación (accionamiento de puerta) ***m***
Ale: Umschaltglied (Türbetätigung) *n*
Ing: switching element (door control) *n*
Fra: contact d'inversion (commande des portes) *m*

elemento de dos agujeros ***m***

Español

Ale: Zweilochelement *n*
Ing: two port plunger and barrel assembly *n*
Fra: élément à deux orifices *m*

elemento de filtro ***m***
Ale: Filterelement *n*
(Filtereinsatz) *m*
Ing: filter element *n*
Fra: élément filtrant *m*
(cartouche filtrante) *f*

elemento de filtro en estrella ***m***
Ale: Sternfilterelement *n*
Ing: radial vee form filter element *n*
Fra: cartouche filtrante en étoile *f*

elemento de la corredera de elevación ***m***
Ale: Hubschieberelement *n*
Ing: control sleeve element *n*
Fra: élément à tiroir *m*

elemento de mando ***m***
Ale: Bedienteil *n*
Ing: control element *n*
Fra: clavier opérateur *m*

elemento de muelle (suspensión neumática) ***m***
Ale: Federelement (Luftfederung) *n*
Ing: suspension element (air suspension) *n*
Fra: élément de suspension (suspension pneumatique) *m*

elemento de papel (filtro de aire) ***m***
Ale: Papiereinsatz (Luftfilter) *m*
Ing: paper element (air filter) *n*
Fra: élément filtrant en papier (filtre à air) *m*

elemento de tamiz ***m***
Ale: Siebeinsatz *m*
Ing: strainer element *n*
Fra: crépine *f*

elemento del filtro de aceite ***m***
Ale: Ölfiltereinsatz *m*
Ing: lube oil filter element *n*
Fra: cartouche de filtre à huile *f*

elemento dosificador ***m***
Ale: Dosiereinsatz *m*
Ing: metering insert *n*
Fra: élément doseur *m*

elemento iluminador ***m***
Ale: Leuchtmittel *n*
Ing: illuminator *n*
Fra: éclairage *m*

elemento seco ***m***
Ale: Trockenelement *n*
Ing: dry cell *n*
Fra: élément de pile sèche *m*

elemento sensor planar ***m***
Ale: planares Sensorelement *n*
Ing: planar sensor element *n*
Fra: élément capteur planaire *m*

elemento termostático ***m***
Ale: Dehnstoffelement *n*
Ing: expansion element *n*
Fra: élément thermostatique *m*

elemento transmisor ***m***
Ale: Übertragungsglied *n*
Ing: transfer element *n*
Fra: élément régulateur *m*

elementos de desconexión ***mpl***
Ale: Abschaltelemente *n*
Ing: cutoff elements *n*
Fra: élément de coupure *m*

elevación ***f***
Ale: Steigung *f*
Ing: lead *n*
(pitch) *n*
Fra: pente *f*

elevación de leva ***f***
Ale: Nockenerhebung *f*
Ing: cam lobe *n*
Fra: bossage de came *m*

elevación de régimen de ralentí ***f***
Ale: Leerlaufanhebung *f*
Ing: idle speed increase *n*
Fra: ralenti accéléré *m*

elevación de régimen de ralentí ***f***
Ale: Leerlaufdrehzahlanhebung *f*
Ing: idle speed increase *n*
Fra: ralenti accéléré *m*

elevación de régimen de ralentí dependiente de la temperatura ***f***
Ale: temperaturabhängige Leerlaufanhebung *f*
Ing: temperature controlled idle-speed increase *n*
Fra: correcteur de ralenti piloté par la température *m*

elevalunas ***m***
Ale: Fensterheber *m*
Ing: power window unit *n*
Fra: lève-vitre *m*

eliminación de averías ***f***
Ale: Fehlerbeseitigung *f*
Ing: fault clearing *n*
Fra: élimination des défauts *f*

eliminación de interferencias a distancia ***f***
Ale: Fernentstörung *f*
Ing: long distance interference suppression *n*
Fra: antiparasitage simple *m*

eliminación de interferencias de radio ***f***
Ale: Radioentstörung *f*
Ing: radio interference suppression *n*
Fra: antiparasitage de l'autoradio *m*

elongación (actuadores) ***f***
Ale: Dehnung (Aktoren) *f*
Ing: elongation (actuators) *n*
Fra: allongement (actionneurs) *m*

elongación a la fractura ***f***
Ale: Bruchdehnung *f*
Ing: elongation at fracture *n*
Fra: allongement à la rupture *m*

embalajes vacíos (logística) ***mpl***
Ale: Leergut (Logistik) *n*
Ing: empties *npl*
Fra: emballages vides (Logistik) *mpl*

embalar (motor de combustión) ***v***
Ale: durchdrehen (Verbrennungsmotor) *v*
Ing: cranking (IC engine) *n*
Fra: lancement (moteur à combustion) *m*

embellecedor de rueda ***m***
Ale: Radblende *f*
Ing: wheel cap *n*
Fra: enjoliveur de roue *m*

émbolo (válvula de suspensión neumática) ***m***
Ale: Federkolben (Luftfederventil) *m*
Ing: spring piston (height-control valve) *n*
Fra: piston (valve de nivellement) *m*

émbolo buzador ***m***
Ale: Plungerkolben *m*
Ing: floating piston *n*
Fra: piston plongeur *m*

émbolo de ajuste ***m***
Ale: Stellkolben *m*
Ing: positioning piston *n*
Fra: piston de positionnement *m*

émbolo de bomba (bomba de inyección) ***m***
Ale: Pumpenkolben (Einspritzpumpe) *m*
Ing: pump piston (fuel-injection pump) *n*
Fra: piston de pompe (pompe d'injection) *m*

émbolo de control ***m***
Ale: Steuerkolben *m*
Ing: control plunger *n*
Fra: piston de commande *m*

émbolo de distribución ***m***
Ale: Verteilerkolben *m*
Ing: distributor plunger *n*
Fra: piston distributeur *m*

émbolo de dosificación (KE-Jetronic) ***m***
Ale: Zumesskolben (KE-Jetronic) *m*
Ing: fuel metering plunger (KE-Jetronic) *n*
Fra: piston de dosage (KE-Jetronic) *m*

émbolo de reacción ***m***
Ale: Reaktionskolben *m*
Ing: reaction piston *n*
Fra: piston de rappel *m*

émbolo de regulación de válvulas ***m***
Ale: Ventilsteuerkolben *m*
Ing: valve control plunger *n*
Fra: tige de commande d'injecteur *f*

émbolo de relé ***m***

Español

Ale: Relaiskolben *m*
Ing: relay piston *n*
Fra: piston-relais *m*

émbolo de válvula ***m***
Ale: Ventilkolben *m*
Ing: valve piston *n*
Fra: piston de soupape *m*

émbolo de válvula de presión ***m***
Ale: Druckventilkolben *m*
Ing: delivery valve plunger *n*
Fra: piston de soupape de refoulement *m*

émbolo de vástago de presión ***m***
Ale: Druckstangenkolben *m*
Ing: push rod piston *n*
Fra: piston à tige-poussoir *m*
(piston à tige de commande) *m*

émbolo flotante ***m***
Ale: Schwimmkolben *m*
Ing: float piston *n*
Fra: piston flotteur *m*

émbolo giratorio ***m***
Ale: Drehkolben *m*
Ing: rotary piston *n*
Fra: piston rotatif *m*

émbolo impelente (freno de disco) ***m***
Ale: Druckkolben (Scheibenbremse) *m*
Ing: piston (disc brake) *n*
Fra: piston (frein à disque) *m*

émbolo intermedio ***m***
Ale: Zwischenkolben *m*
Ing: intermediate piston *n*
Fra: piston intermédiaire *m*

embrague ***m***
Ale: Kupplung *f*
Ing: clutch *n*
(coupling) *n*
Fra: embrayage *m*

embrague centrífugo ***m***
Ale: Fliehkraftkupplung *f*
Ing: centrifugal clutch *n*
Fra: embrayage centrifuge *m*

embrague de anulación del convertidor ***m***
Ale: Wandlerüberbrückungs-kupplung *f*
Ing: converter lockup clutch *n*
Fra: embrayage de prise directe *m*

embrague de fricción ***m***
Ale: Reibungskupplung *f*
Ing: friction clutch *n*
Fra: embrayage monodisque *m*

embrague de separación ***m***
Ale: Trennkupplung *f*
Ing: interrupting clutch *n*
Fra: embrayage de coupure *m*

embrague elástico ***m***
Ale: elastische Kupplung *f*
Ing: flexible coupling *n*
Fra: accouplement élastique *m*

embrague eléctrico ***m***
Ale: Elektrokupplung *f*
Ing: solenoid clutch *n*
Fra: embrayage électromagnétique *m*

embrague electromagnético ***m***
Ale: elektromagnetische Kupplung *f*
Ing: electromagnetic clutch *n*
Fra: embrayage électromagnétique *m*

embrague electromagnético ***m***
Ale: Magnetkupplung *f*
Ing: solenoid operated coupling *n*
Fra: embrayage électromagnétique *m*

embrague flexible ***m***
Ale: Ausgleichkupplung *f*
Ing: flexible coupling *n*
Fra: accouplement flexible *m*

embrague hidrodinámico (tracción total) ***m***
Ale: Viscokupplung (Allradantrieb) *f*
Ing: viscous coupling (all-wheel drive) *n*
Fra: viscocoupleur (transmission intégrale) *m*

embrague miltidisco ***m***
Ale: Lamellenkupplung *f*
Ing: multi plate clutch *n*
Fra: embrayage multidisques *m*

embrague monodisco ***m***
Ale: Einscheibenkupplung *f*
Ing: single plate clutch *n*
Fra: embrayage monodisque *m*

embrague multidisco ***m***
Ale: Mehrscheibenkupplung *f*
(Lamellenkupplung) *f*
Ing: multiplate clutch *n*
Fra: embrayage multidisques *m*

embrague por polvo magnético ***m***
Ale: Magnetpulverkupplung *f*
Ing: magnetic particle coupling *n*
Fra: embrayage électromagnétique à poudre *m*

embudo de descarga ***m***
Ale: Entlastungstrichter *m*
Ing: relief funnel *n*
Fra: cône de décharge *m*

embudo de interferencias (compatibilidad electromagnética) ***m***
Ale: Störsenke (EMV) *f*
Ing: susceptible device (EMC) *n*
Fra: capteur de perturbations (CEM) *m*

embutición profunda ***f***
Ale: Tiefziehen *n*
(Ziehverfahren) *n*
Ing: deep drawing method *n*
Fra: emboutissage *m*

emisión acústica ***f***
Ale: Schallemission *f*
Ing: sound emission *n*
Fra: émission sonore *m*

emisión de gases de escape ***f***
Ale: Abgasemission *f*
(Abgasausstoß) *m*
Ing: exhaust gas emission *n*
Fra: émission de gaz d'échappement *f*

emisión de hollín ***f***
Ale: Rußemission *f*
Ing: soot emission *n*
Fra: émission de particules de suie *f*

emisión de NO_x ***f***
Ale: NO_x-Emission *f*
Ing: NO_x emission *n*
Fra: émission de NO_x *f*

emisión de partículas ***f***
Ale: Partikelemission *f*
Ing: particulate emission *n*
Fra: émission de particules *f*

emisión de partículas de hollín ***f***
Ale: Rußpartikelemission *f*
Ing: particulate-soot emission *n*
Fra: émission de particules de suie *f*

emisión de sustancias nocivas ***f***
Ale: Schadstoffausstoß *m*
(Schadstoffemission) *f*
Ing: pollutant emission *n*
Fra: rejet de polluants *m*
(émission de polluants) *f*

emisión en bruto ***f***
Ale: Rohemission *f*
Ing: untreated emission *n*
Fra: émission brute *f*

emisión ponderada de sustancias nocivas ***f***
Ale: gewichtete Schadstoffemission *f*
Ing: weighted emissions *n*
Fra: émission pondérée de polluants *f*

emisión por evaporación ***f***
Ale: Verdunstungsemission *f*
Ing: evaporative emission *n*
Fra: émissions par évaporation *fpl*

emisor manual de infrarrojos (alarma de vehículo) ***m***
Ale: Infrarot-Handsender (Autoalarm) *m*
Ing: infrared hand transmitter (car alarm) *n*
Fra: émetteur manuel infrarouge (alarme auto) *m*

empalme de alimentación ***m***
Ale: Zulauf-Anschluss *m*
Ing: supply connection *n*
Fra: raccord d'arrivée *m*

Español

empalme de aspiración *m*
Ale: Sauganschluss *m*
Ing: suction connection *n*
Fra: raccord d'aspiration *m*

empalme de inflado de neumáticos *m*
Ale: Reifenfüllanschluss *m*
Ing: tire inflation fitting *n*
Fra: raccord de gonflage des pneumatiques *m*

emplomado (bujía de encendido) *m*
Ale: Verbleiung (Zündkerze) *f*
Ing: lead fouling (spark plug) *n*
Fra: dépôt de plomb (bougie d'allumage) *m*

empobrecer (mezcla aire-combustible) *v*
Ale: abmagern (Luft-Kraftstoff-Gemisch) *v*
Ing: lean off (air-fuel mixture) *v*
Fra: appauvrir (mélange air-carburant) *v*

empobrecimiento (mezcla aire-combustible) *m*
Ale: Abmagerung (Luft-Kraftstoff-Gemisch) *f*
Ing: leaning (air-fuel mixture) *v*
Fra: appauvrissement *m*

empobrecimiento de la mezcla (mezcla aire-combustible) *m*
Ale: Gemischabmagerung (Luft-Kraftstoff-Gemisch) *f*
(Abmagerung) *f*
Ing: lean adjustment (air-fuel mixture) *n*
Fra: appauvrissement du mélange (mélange air-carburant) *m*

empobrecimiento para deceleración *m*
Ale: Verzögerungsabmagerung *f*
Ing: trailing throttle lean adjustment *n*
Fra: appauvrissement en décélération *m*

empujador (activación de puerta) *m*
Ale: Stößel (Türbetätigung) *m*
Ing: push rod (door control) *n*
Fra: poussoir (commande des portes) *m*

empujador *m*
Ale: Stößel (Ventiltrieb) *m*
Ing: tappet (valve gear) *n*
Fra: poussoir (commande des portes) *m*

empujador de ajuste *m*
Ale: Verstellschieber *m*
Ing: control slide *n*
Fra: curseur de réglage *m*

empujador de rodillos *m*
Ale: Rollenstößel *m*
Ing: roller tappet *n*
Fra: poussoir à galet *m*

empujador transmisor de fuerza *m*
Ale: Übertragungsstößel *m*
Ing: force transfer rod *n*
Fra: microtige *f*

empujar (vehículo, al maniobrar dirección) *v*
Ale: schieben (Fahrzeug, beim Lenken) *v*
Ing: push (out to the side, vehicle) *v*
Fra: pousser (voiture, en braquage) *v*

empuje (automóvil) *m*
Ale: Schub (Kfz) *m*
Ing: overrun (motor vehicle) *n*
Fra: cisaillement *m*

empuñadura giratoria *f*
Ale: Drehgriff *m*
Ing: rotary handle *n*
Fra: poignée tournante *f*

encapsulamiento del motor *m*
Ale: Motorkapselung *f*
Ing: engine encapsulation *n*
Fra: encapsulage du moteur *m*

encapsulamiento insonorizante *m*
Ale: Geräuschkapselung *f*
(Lärmschutzkapselung) *f*
Ing: noise encapsulation *n*
(noise-control encapsulation) *n*
Fra: encapsulage antibruit *m*

encastrar *v*
Ale: einrasten *v*
Ing: snap in *v*
Fra: s'encliqueter *v*

encendido *m*
Ale: Zündung *f*
(Entflammung) *f*
Ing: ignition *n*
Fra: allumage *m*

encendido acumulativo de superficie *m*
Ale: akkumulative Oberflächenzündung *f*
Ing: runaway surface ignition *n*
Fra: allumage par point chaud *m*

encendido avanzado *m*
Ale: Frühzündung *f*
Ing: advanced ignition *n*
Fra: avance à l'allumage *f*

encendido doble *m*
Ale: Doppelzündung *f*
Ing: dual ignition *n*
Fra: double allumage *m*

encendido electrónico *m*
Ale: elektronische Zündung *f*
Ing: electronic ignition system *n*
(semiconductor ignition system) *n*
Fra: allumage électronique *m*

encendido gemelo *m*
Ale: Zwillingszündung *f*
Ing: twin ignition *n*
(twin-plug ignition) *n*
Fra: double allumage *m*

encendido por batería (encendido) *m*
Ale: Batteriezündung (Zündung) *f*
Ing: battery ignition (ignition) *n*
Fra: allumage par batterie *m*

encendido por bobina *m*
Ale: Spulenzündung, SZ *f*
Ing: coil ignition, CI *n*
Fra: allumage par bobine *m*

encendido por chispa *m*
Ale: Funkenzündung *f*
Ing: spark ignition *n*
Fra: allumage par étincelles *m*

encendido por descarga de condensador *m*
Ale: Hochspannungs-Kondensatorzündung *f*
Ing: capacitor discharge ignition (system), CDI *n*
Fra: allumage haute tension à décharge de condensateur *m*

encendido por diagrama característico *m*
Ale: Kennfeldzündung (Zündung) *f*
Ing: map controlled ignition (ignition) *n*
Fra: allumage cartographique *m*

encendido por dispositivo externo *m*
Ale: Fremdzündung *f*
Ing: externally supplied ignition *n*
Fra: allumage par appareillage externe *m*

encendido por tiristor *m*
Ale: Thyristorzündung *f*
(Hochspannungs-Kondensatorzündung) *f*
Ing: capacitor-discharge ignition, CDI *n*
Fra: système d'allumage haute tension à décharge de condensateur *m*
(allumage à thyristor)

encendido retardado (ángulo de encendido) *m*
Ale: Spätzündung (Zündwinkel) *f*
Ing: spark retard (ignition angle) *n*
Fra: retard à l'allumage *m*

encendido sin distribuidor *m*
Ale: verteilerlose Zündung *f*
Ing: distributorless ignition (system) *n*
Fra: allumage statique *m*

encendido totalmente electrónico *m*
Ale: vollelektronische Zündung, VZ *f*
Ing: distributorless semiconductor ignition *n*

Fra: allumage électronique intégral *m*

encendido transistorizado ***m***
Ale: Transistorzündung, TZ *f*
Ing: transistorized ignition, TI *n*
Fra: allumage transistorisé *m*

encendido transistorizado con generador de impulsos por inducción ***m***
Ale: Transistorzündung mit Induktionsgeber *f*
Ing: transistorized ignition with induction type pulse generator *n*
Fra: allumage transistorisé à capteur inductif *m*

enchufe ***m***
Ale: Stecker *m*
Ing: plug *n*
Fra: connecteur *m*

enchufe antiparasitario ***m***
Ale: Entstörstecker *m*
Ing: noise suppression socket *n*
Fra: embout d'antiparasitage *m*

enchufe banana ***m***
Ale: Bananenstecker *m*
Ing: banana plug *n*
Fra: fiche banane *f*

enchufe de codificación ***m***
Ale: Codierstecker *m*
Ing: coding plug *n*
Fra: connecteur à module de codage *m*

enchufe de diagnóstico ***m***
Ale: Diagnosestecker *m*
Ing: diagnosis connector *n*
Fra: fiche de diagnostic *f*

enchufe de índice de octano ***m***
Ale: Oktanzahlstecker *m*
Ing: octane number plug *n*
Fra: connecteur d'indice d'octane *m*

enchufe de la red ***m***
Ale: Netzstecker *m*
Ing: mains plug *n*
Fra: fiche secteur *f*

enchufe pasador ***m***
Ale: Steckverbinder *m*
Ing: plug connector *n*
(plug-in connection) *n*
Fra: connecteur *m*

enchufe plano ***m***
Ale: Flachstecker *m*
Ing: blade terminal *n*
Fra: fiche plate *f*

enclavamiento ***m***
Ale: Arretierung *f*
Ing: lock *n*
Fra: arrêtage *m*

enclavamiento de cinturón de seguridad ***m***
Ale: Gurtverriegelung *f*
Ing: seat belt locking *n*
Fra: verrouillage de ceinture de sécurité *m*

enclavamiento del capó del motor ***m***
Ale: Motorhaubenverriegelung *f*
Ing: hood latch bracket *n*
Fra: verrouillage du capot moteur *m*

enclavamiento recíproco ***m***
Ale: Rückschluss *m*
(Eisenrückschluss) *m*
Ing: magnetic yoke *n*
Fra: culasse magnétique *f*
(culasse) *f*

endurecido ***adj***
Ale: ausgehärtet *pp*
Ing: cured *pp*
Fra: durci *pp*

endurecimiento (endurecimiento de pegamento) ***m***
Ale: aushärten (Aushärten von Klebstoff) *v*
Ing: cure *v*
Fra: durcir *v*

endurecimiento ***m***
Ale: Härten *n*
(Einhärtung) *f*
Ing: hardening *n*
Fra: durcissement *m*
(durcissement par trempe) *m*

endurecimiento por fricción ***m***
Ale: Reibhärten *n*
Ing: friction hardening *n*
Fra: trempe par friction *f*

endurecimiento por precipitación ***m***
Ale: Ausscheidungshärte *f*
Ing: precipitation hardening *n*
Fra: recuit de précipitation *m*

energía cinética ***f***
Ale: Bewegungsenergie *f*
Ing: kinetic energy *n*
Fra: énergie cinétique *f*

energía de activación ***f***
Ale: Aktivierungsenergie *f*
Ing: activation energy *n*
Fra: énergie d'activation *f*

energía de encendido ***f***
Ale: Zündenergie *f*
Ing: ignition energy *n*
Fra: énergie d'allumage *f*

energía de excitación ***f***
Ale: Anregungsenergie *f*
Ing: excitation energy *n*
Fra: énergie d'excitation *f*

energía de frenado ***f***
Ale: Bremsenergie *f*
Ing: brake energy *n*
Fra: énergie de freinage *f*

energía de fricción ***f***
Ale: Reibenergie *f*
Ing: friction energy *n*
Fra: énergie de frottement *f*

energía de interferencia (compatibilidad electromagnética) ***f***
Ale: Störenergie (EMV) *f*
Ing: interference energy (EMC) *n*
Fra: énergie perturbatrice (CEM) *f*

energía de presión ***f***
Ale: Druckenergie *f*
(Standdruck) *m*
Ing: pressure energy *n*
(static pressure) *n*
Fra: pression statique *f*

energía de retroceso ***f***
Ale: Rückstoßenergie *f*
Ing: energy of impact *n*
Fra: énergie de choc *f*

enganche para remolque ***m***
Ale: Anhängerkupplung *f*
Ing: trailer hitch *n*
Fra: accouplement de remorque *m*

enganche para semirremolque ***m***
Ale: Aufliegerkupplung *f*
Ing: semi trailer coupling *n*
Fra: accouplement de semi-remorque *m*

engastar ***v***
Ale: crimpen *v*
Ing: crimp *v*
Fra: sertir *v*

engranaje con árbol intermediario ***m***
Ale: Vorgelege *n*
Ing: reduction gear *n*
Fra: réducteur *m*

engranaje de cremallera ***m***
Ale: Zahnstangengetriebe *n*
Ing: rack and pinion mechanism *n*
Fra: transmission à crémaillère *f*

engranaje de dirección ***m***
Ale: Lenkgetriebe *n*
Ing: steering gear *n*
Fra: boîtier de direction *m*

engranaje de piñones rectos ***m***
Ale: Stirnradgetriebe *n*
Ing: spur gear drive *n*
Fra: engrenage cylindrique *m*

engranaje de piñones rectos ***m***
Ale: Stirnradgetriebe *n*
Ing: cylindrical-gear pair *n*
Fra: boîte à train d'engrenages parallèles *f*

engranaje de regulación de altura ***m***
Ale: Höhenverstellgetriebe *n*
Ing: height adjustment gearing *n*
Fra: réducteur de réglage en hauteur *m*

engranaje de ruedas cónicas ***m***
Ale: Kegelradgetriebe *n*
Ing: bevel gear ring *n*
Fra: engrenage conique *m*

engranaje diferencial ***m***
Ale: Differenzialgetriebe *n*

Español

Ing: differential gear *n*
Fra: pont différentiel *m*

engranaje interior ***m***
Ale: Hohlradpaarung *f*
Ing: internal gear pair *n*
Fra: engrenage intérieur *m*

engranaje planetario ***m***
Ale: Planetengetriebe *n*
Ing: planetary gear *n*
Fra: train épicycloïdal *m*

engranaje reductor ***m***
Ale: Untersetzungsgetriebe *n*
(Reduziergetriebe) *m*
(Minderer) *m*
Ing: reduction gear *n*
(reduction gearset) *n*
Fra: réducteur *m*

engranaje reductor del volante de inercia ***m***
Ale: Schwungradreduziergetriebe *n*
Ing: flywheel reduction gear *n*
Fra: réducteur de volant *m*

engranaje sinfín ***m***
Ale: Schneckengetriebe *n*
Ing: worm gear pair *n*
Fra: engrenage à vis sans fin *m*

engranar (piñon del motor de arranque) ***v***
Ale: einspuren (Starterritzel) *v*
Ing: mesh (starter pinion) *v*
Fra: engrènement (pignon) *m*

engrane ***m***
Ale: Verzahnung *f*
Ing: interlocking *n*
Fra: engrènement *m*

ennegrecimiento ***m***
Ale: Schwärzung *f*
Ing: blackening *n*
Fra: noircissement *m*

enriquecimiento (mezcla aire-combustible) ***m***
Ale: Anreicherung (Luft-Kraftstoff-Gemisch) *f*
(Gemischanreicherung) *f*
Ing: mixture enrichment (air-fuel mixture) *n*
Fra: enrichissement du mélange (mélange air-carburant) *m*

enriquecimiento de aceleración ***m***
Ale: Beschleunigungsanreiche-rung *f*
Ing: acceleration enrichment *n*
Fra: enrichissement à l'accélération *m*

enriquecimiento de calentamiento (motor de combustión) ***m***
Ale: Warmlaufanreicherung (Verbrennungsmotor) *f*
Ing: warm up enrichment (IC engine) *n*
Fra: enrichissement de mise en action *m*

enriquecimiento de carga parcial ***m***
Ale: Teillastanreicherung *f*
Ing: part load enrichment *n*
Fra: enrichissement en charge partielle *m*

enriquecimiento de la mezcla ***m***
Ale: Gemischanreicherung *f*
Ing: mixture enrichment *n*
Fra: enrichissement du mélange *m*

enriquecimiento de mezcla para arranque en frío ***m***
Ale: Kaltstartanreicherung *f*
(Kaltstart-Gemischanreicherung) *f*
Ing: cold start enrichment *n*
(starting enrichment) *n*
Fra: enrichissement de démarrage à froid *m*

enriquecimiento de mezcla para marcha en frío ***m***
Ale: Kaltlaufanreicherung *f*
Ing: cold running enrichment *n*
Fra: enrichissement au fonctionnement à froid *m*

enriquecimiento de nitrógeno ***m***
Ale: Stickstoffanreicherung *f*
Ing: nitrogen enrichment *n*
Fra: enrichissement en azote *m*

enriquecimiento en aceleración ***m***
Ale: Übergangsanreicherung *f*
Ing: acceleration enrichment *n*
Fra: enrichissement à l'accélération *m*

enriquecimiento para el arranque ***m***
Ale: Startanreicherung *f*
(Startanhebung) *f*
Ing: starting enrichment *n*
Fra: enrichissement de démarrage à froid *m*

enriquecimiento para el arranque ***m***
Ale: Startanreicherung *f*
Ing: start mixture enrichment *n*
Fra: enrichissement de démarrage à froid *m*

enriquecimiento para plena carga ***m***
Ale: Volllastanreicherung *f*
Ing: full load enrichment *n*
Fra: enrichissement de pleine charge *m*

ensanchamiento del chorro (faros) ***m***
Ale: Strahlaufweitung (Scheinwerfer) *f*
Ing: beam expansion (headlamp) *n*
Fra: divergence angulaire du faisceau *f*

ensayo con pulverización de sal ***m***
Ale: Salzsprühtest *m*
Ing: salt spray test *n*
Fra: test au brouillard salin *m*

ensayo de actuadores ***m***
Ale: Aktuatorik-Test *m*
Ing: actuator test *n*
Fra: test des actionneurs *m*

ensayo de alta presión ***m***
Ale: Hochdruckprüfung *f*
Ing: high pressure test *n*
Fra: essai de haute pression *m*

ensayo de baja presión (cilindro de rueda) ***m***
Ale: Niederdruckprüfung (Radzylinder) *f*
Ing: low pressure test (wheel-brake cylinder) *n*
Fra: essai de basse pression (cylindre de roue) *m*

ensayo de bloqueo ***m***
Ale: Blockiertest *m*
Ing: stall test *n*
Fra: test de blocage *m*

ensayo de choque contra la parte trasera ***m***
Ale: Heckaufprallversuch *m*
Ing: rear impact test *n*
Fra: test de choc arrière *m*

ensayo de compatibilidad electromagnética ***m***
Ale: EMV-Test *m*
Ing: electromagnetic compatibility test *n*
(EMS test) *n*
Fra: test CEM *m*

ensayo de componentes ***f***
Ale: Bauteileprüfung *f*
Ing: component testing *n*
Fra: test des composants *m*

ensayo de corrosión ***m***
Ale: Korrosionsprüfung *f*
Ing: corrosion testing *n*
Fra: essai de corrosion *m*

ensayo de derrape ***m***
Ale: Schleuderprüfung *f*
Ing: overspeed test *n*
Fra: essai de dérapage *m*

ensayo de dureza ***m***
Ale: Härteprüfung *f*
Ing: hardness test *n*
Fra: test de dureté *m*

ensayo de fiabilidad ***m***
Ale: Zuverlässigkeitsprüfung *f*
Ing: reliability test *n*
Fra: essai de fiabilité *m*

ensayo de funcionamiento ***m***
Ale: Funktionstest *m*
Ing: functional test *n*
Fra: test fonctionnel *m*

ensayo de gases de escape ***m***
Ale: Abgastest *m*
Ing: exhaust gas test *n*

Fra: test des gaz d'échappement *m*

ensayo de histéresis *m*
Ale: Hysterese-Prüfung *f*
Ing: hysteresis test *n*
Fra: contrôle d'hystérésis *m*

ensayo de hundimiento del techo *m*
Ale: Dacheindrücktest *m*
Ing: car roof crush test *n*
Fra: test d'enfoncement du toit *m*

ensayo de impacto *m*
Ale: Schockprüfung *f*
Ing: mechanical shock test *n*
(shock test) *n*
Fra: test de tenue aux chocs *m*

ensayo de larga duración *m*
Ale: Dauerlauferprobung *f*
(Dauerprüfung) *m*
(Dauerlauftest) *m*
Ing: endurance test *n*
Fra: essai d'endurance *m*
(test d'endurance) *m*

ensayo de larga duración del vehículo *m*
Ale: Fahrzeugdauerlauf *m*
Ing: vehicle endurance test *n*
Fra: test d'endurance du véhicule *m*

ensayo de lodos *m*
Ale: Schlammtest *m*
Ing: sludge test *n*
Fra: test de boues *m*

ensayo de marcha *m*
Ale: Fahrversuch *m*
Ing: driving test *n*
(road test) *n*
Fra: essai routier *m*

ensayo de nivel de ruidos *m*
Ale: Geräuschprüfung *f*
Ing: noise level test *n*
Fra: essai de niveau sonore *m*

ensayo de relajación estática *m*
Ale: Relaxationsversuch *m*
Ing: static relaxation test *n*
Fra: essai de relaxation statique *m*

ensayo de resistencia a la fatiga *m*
Ale: Dauerfestigkeitsprüfung *f*
Ing: endurance test *n*
Fra: test d'endurance *m*

ensayo de ruidos de banda ancha *m*
Ale: Breitband-Rauschprüfung *f*
Ing: broadband noice test *n*
Fra: contrôle de bruit large bande *m*

ensayo de tipo *m*
Ale: Typprüfung *f*
Ing: type test *n*
Fra: homologation *f*

ensayo en caliente (comprobación de gases de escape) *m*
Ale: Heißtest (Abgasprüfung) *m*
Ing: hot test (exhaust-gas test) *n*
Fra: cycle départ à chaud (émissions) *m*

ensayos de larga duración *mpl*
Ale: Langzeiterprobung *f*
Ing: long-term tests *n*
Fra: tests longue durée *mpl*

entalladura *f*
Ale: Aussparung *f*
Ing: recess *n*
Fra: évidement *m*

entalladura *f*
Ale: Kerbe *f*
Ing: notch *n*
Fra: entaille *f*

entalladura en V *f*
Ale: Spitzkerbe *f*
Ing: V notch *n*
Fra: entaille en V *f*

entrada analógica *f*
Ale: Analogeingang *m*
Ing: anolog input *n*
Fra: entrée analogique *f*

entrada de aire de admisión *f*
Ale: Ansaugluft-Einlass *m*
Ing: intake air inlet *v*
Fra: arrivée de l'air d'admission *f*

entrada de catalizador *f*
Ale: Katalysatoreinlass *m*
Ing: catalytic converter inlet *n*
Fra: entrée du catalyseur *f*

entrada de combustible *f*
Ale: Kraftstoffzulauf *m*
(Kraftstoffeinlass) *m*
Ing: fuel inlet *n*
Fra: arrivée de carburant *f*

entrada de embrague *f*
Ale: Kupplungseingang *m*
Ing: clutch input *n*
Fra: entrée embrayage *f*

entrada de energía *f*
Ale: Energiezufuhr *f*
(Energiezufluss) *m*
Ing: energy input *n*
Fra: apport d'énergie *m*
(arrivée d'énergie) *f*

entrangulación *f*
Ale: Drosselung *f*
Ing: throttle action *n*
Fra: étranglement *m*

entrega de presión (aire comprimido) *f*
Ale: Druckförderung (Druckluft) *f*
Ing: pressure delivery (compressed air) *n*
Fra: refoulement (air comprimé) *m*

entrehierro *m*
Ale: Luftspalt *m*
Ing: air gap *n*
Fra: entrefer *m*

entrehierro de rotor *m*
Ale: Rotorluftspalt *m*
Ing: rotor gap *n*
Fra: entrefer du rotor *m*

entrehierro de trabajo (electroválvula del ABS) *m*
Ale: Arbeitsluftspalt (ABS-Magnetventil) *m*
Ing: working air gap (ABS solenoid valve) *n*
Fra: entrefer (électrovalve ABS) *m*

enturbamiento de la visión *m*
Ale: Sichttrübung *f*
Ing: impairment of vision *n*
Fra: manque de visibilité *m*

envase blister *m*
Ale: Blisterverpackung *f*
Ing: blister pack *n*
Fra: emballage blister *m*

envoltura exterior (cable) *f*
Ale: Außenmantel (Kabel) *m*
Ing: outer sheath *n*
Fra: enveloppe externe *f*

envolvente *f*
Ale: Hüllkurve *f*
Ing: envelope *n*
Fra: courbe enveloppe *f*

equipamiento *m*
Ale: Ausstattung *f*
Ing: equipment *n*
Fra: équipement *m*

equipo de aire comprimido *m*
Ale: Druckluftgerät *n*
Ing: pneumatic equipment *n*
Fra: équipement pneumatique *m*

equipo de control *m*
Ale: Regeleinrichtung *f*
Ing: control setup *n*
Fra: équipement de régulation *m*

equipo de depuración de gases de escape *m*
Ale: Abgasreinigungsanlage *f*
Ing: exhaust gas cleaning equipment *n*
Fra: dispositif de dépollution *m*

equipo de encendido *m*
Ale: Zündausrüstung *f*
Ing: ignition equipment *n*
Fra: équipement d'allumage *m*

equipo de frenos *m*
Ale: Bremsausrüstung *f*
Ing: brake equipment *n*
Fra: équipement de freinage *m*

equipo de frenos del remolque *m*
Ale: Anhängerbremsausrüstung *f*
Ing: trailer braking equipment *n*
Fra: équipement de freinage de la remorque *m*

equipo de inyección *m*
Ale: Einspritzausrüstung *f*
Ing: fuel injection equipment *n*
Fra: équipement d'injection *m*

equipo de vehículo *m*
Ale: Kraftfahrzeugausrüstung *f*
Ing: automotive equipment *n*
Fra: équipement automobile *m*

equipo eléctrico de automóviles (especificación) *m*
Ale: elektrische Kraftfahrzeugausrüstung (Spezifikation) *f*
Ing: automotive electrical equipment *n*
Fra: équipement électrique automobile *m*

equipos periféricos del sistema *mpl*
Ale: Systemperipherie *f*
Ing: system peripheral equipment *n*
Fra: périphériques du système *mpl*

erosión por cavitación *f*
Ale: Kavitationserosion *f*
Ing: cavitation erosion *n*
Fra: érosion par cavitation *f*

erosión por contacto *f*
Ale: Kontaktabbrand *m*
Ing: contact erosion *n*
Fra: érosion des contacts *f*

error compuesto *m*
Ale: Wälzabweichung *f*
Ing: total composite error *n*
Fra: erreur composée *f*

error de concentricidad *m*
Ale: Rundlauffehler *m*
Ing: concentricity *n*
Fra: ovalisation *f*

error de secuencia *m*
Ale: Folgefehler *m*
Ing: consequential error *n*
Fra: défaut consécutif *m*

error de señal *m*
Ale: Signalfehler *m*
Ing: signal error *n*
Fra: erreur de signal *f*

escasez de aire *f*
Ale: Luftmangel (Luft-Kraftstoff-Gemisch) *m*
Ing: air deficiency (air-fuel mixture) *n*
Fra: déficit d'air (mélange air-carburant) *m*

escobilla de goma *f*
Ale: Wischgummi *n*
Ing: wiper blade element *n*
Fra: lame racleuse *f*

escobilla del limpiaparabrisas *f*
Ale: Front-Wischblatt *n*
Ing: front wiper blade *n*
Fra: raclette de pare-brise *f*

escudo térmico *m*
Ale: Hitzeschild *n*
Ing: heat shield *n*
Fra: écran thermique *m*

esfuerzo *m*
Ale: Beanspruchung *f*
Ing: stress *n*
(loading) *n*
Fra: contrainte *f*
(sollicitation) *f*

esfuerzo de cizallamiento *m*
Ale: Schubspannung *f*
Ing: shear stress *n*
Fra: contrainte de cisaillement *f*

esfuerzo de compresión *m*
Ale: Druckspannung *f*
Ing: compressive stress *n*
Fra: contrainte de compression *f*

esfuerzo de deslizamiento *m*
Ale: Gleitbeanspruchung *f*
Ing: sliding stress *n*
Fra: contrainte de glissement *f*

esfuerzo de flexión *m*
Ale: Biegespannung *f*
Ing: bending stress *n*
Fra: contrainte en flexion *f*

esfuerzo de impacto *m*
Ale: Schlagbeanspruchung *f*
Ing: impact stress *n*
Fra: contrainte de roulement *f*

esfuerzo de torsión *m*
Ale: Torsionsspannung *f*
Ing: torsional stress *n*
Fra: contrainte de torsion *f*

esfuerzo en el pie del diente *f*
Ale: Zahnfußspannung *f*
Ing: root stress *n*
Fra: contrainte de flexion *f*

esfuerzo límite de torsión *m*
Ale: Torsionsgrenzspannung *f*
Ing: torsional stress limit *n*
Fra: contrainte limite de torsion *f*

esfuerzo residual de tracción *m*
Ale: Zugeigenspannung *f*
Ing: tensile stress *n*
Fra: contrainte de compression *f*

esnórquel (válvula de freno) *m*
Ale: Schnorchel (Bremsventil) *m*
Ing: snorkel (brake valve) *n*
Fra: reniflard (valve de frein) *m*

ESP, programa electrónico de estabilidad *m*
Ale: ESP, Elektronisches Stabilitäts-Programm *n*
Ing: ESP *n*
Fra: ESP, contrôle dynamique de trajectoire *a*

espacio de aire (bujía de encendido) *m*
Ale: Luftfunken (Zündkerze) *m*
Ing: air gap (spark plug) *n*
Fra: étincelle dans l'air (bougie d'allumage) *f*

espacio de montaje retráctil *m*
Ale: Versenk-Einbauraum *m*
Ing: retraction space *n*
Fra: espace d'escamotage *m*

espacio de respiración (membrana) *m*
Ale: Atmungsraum (Membran) *m*
Ing: breathing space (diaphragm) *n*
Fra: côté secondaire (cylindre à membrane) *m*

espacio entre dientes *m*
Ale: Zahnlücke *f*
Ing: tooth space *n*
Fra: entredent *m*

espacio muerto *m*
Ale: Totraum *m*
Ing: clearance volume *n*
Fra: espace mort *m*

espacio para la cabeza *m*
Ale: Kopfraum *m*
Ing: head room *n*
Fra: garde au toit *f*

espacio para los pies *m*
Ale: Fußraum *m*
Ing: footwell *n*
Fra: plancher *m*

espárrago *m*
Ale: Stehbolzen *m*
Ing: stud *n*
Fra: boulon fileté *m*

especificaciones de los frenos *fpl*
Ale: Bremskenndaten *fpl*
Ing: brake specifications *npl*
Fra: caractéristiques du freinage *fpl*

espectro de banda de terceras *m*
Ale: Terzbandspektrum *n*
Ing: third octave band spectrum *n*
Fra: spectre en tiers d'octaves *m*

espejo de alineación (técnica de iluminación) *m*
Ale: Ausrichtspiegel (Lichttechnik) *m*
Ing: alignment mirror (lighting) *n*
Fra: rétroviseur orientable *m*

espejo reflector *m*
Ale: Umlenkspiegel *m*
Ing: refraction mirror *n*
Fra: déflecteur *m*

espesante *m*
Ale: Verdicker *m*
Ing: thickener *n*
Fra: agent épaissisant *m*

espesor de capa *m*
Ale: Schichtdicke *f*
Ing: layer thickness *n*
(coating thickness) *n*
Fra: épaisseur de couche *f*

espesor del forro (frenos) *m*
Ale: Belagstärke (Bremsen) *f*
Ing: lining thickness (brakes) *n*
Fra: épaisseur de garniture *f*

espesor mínimo de forro (frenos) *m*
Ale: Mindestbelagstärke (Bremsen) *f*
Ing: minimum brake pad thickness (brakes) *n*
Fra: épaisseur de garniture minimum *m*

espiga de estrangulación *f*
Ale: Drosselzapfen *m*

Ing: throttling pintle *n*
Fra: téton d'étranglement *m*

espiga de incandescencia *f*
Ale: Glühstift *m*
Ing: glow element *n*
Fra: crayon de préchauffage *m*

espiga de incandescencia *f*
Ale: Glühstift *m*
Ing: sheathed element *n*
Fra: crayon de préchauffage *m*

espiga de presión (portainyectores de doble muelle) *f*
Ale: Druckstift (Zweifeder-Düsenhalter) *m*
Ing: pressure pin (two-spring nozzle holder) *n*
Fra: poussoir (porte-injecteur à deux ressorts) *m*

espiga de seguro *f*
Ale: Sicherungsstift *m*
Ing: safety pin *n*
Fra: goupille d'arrêt *f*

espiral de admisión (tubo de admisión) *f*
Ale: Einlassdrall (Saugrohr) *m*
Ing: intake swirl (intake manifold) *n*
Fra: tourbillon à l'admission (collecteur d'admission) *m*

espiral de calefacción *f*
Ale: Heizwendel *f*
Ing: helical heating wire *n*
Fra: filament chauffant hélicoïdal *m*

esquema de conexiones *m*
Ale: Anschlussplan *m*
Ing: terminal diagram *n*
Fra: schéma de connexion *m*

esquema de circuito *m*
Ale: Stromlaufplan *m*
Ing: schematic diagram *n*
Fra: schéma des circuits *m*

esquema de circuito *m*
Ale: Stromlaufplan *m*
Ing: circuit diagram *n*
Fra: schéma électrique *m*

esquema de conexiones *m*
Ale: Schaltbild *n*
(Schaltzeichen) *n*
Ing: symbol *n*
Fra: symbole graphique *m*

esquema de localización de averías *m*
Ale: Fehlersuchplan *m*
Ing: trouble shooting chart *n*
Fra: plan de recherche des pannes *m*

esquema de lubricación *m*
Ale: Schmierplan *m*
Ing: lubrication diagram *n*
(lubrication chart) *n*
Fra: schéma de graissage *m*

esquema eléctrico *m*
Ale: Schaltplan *m*
Ing: circuit diagram *n*
Fra: schéma électrique *m*

esquema funcional *m*
Ale: Wirkschaltplan *m*
(Übersichtsschaltplan) *m*
Ing: assembled representation diagram *n*
(block diagram) *n*
Fra: schéma fonctionnel *m*

estabilidad de envejecimiento *f*
Ale: Alterungsstabilität *f*
Ing: aging stability *n*
Fra: résistance au vieillissement *f*

estabilidad de marcha (comportamiento en marcha) *f*
Ale: Fahrstabilität *f*
(Fahrverhalten)
(Fahrtrichtungsstabilität) *f*
Ing: directional stability (driveability) *n*
Fra: stabilité directionnelle (comportement de roulage) *f*

estabilidad del vehículo (al frenar) *f*
Ale: Fahrzeugstabilität (beim Bremsen) *f*
Ing: vehicle stability (during braking) *n*
Fra: stabilité du véhicule (au freinage) *f*

estabilidad direccional (automóvil) *f*
Ale: Spurtreue (Kfz) *f*
Ing: vehicle stability (staying in lane) *n*
Fra: trajectoire (véhicule) *f*

estabilidad en trayectoria recta *f*
Ale: Geradeausstabilität *f*
Ing: straight running stability *n*
Fra: stabilité en ligne droite *f*

estabilización de tensión *f*
Ale: Spannungsstabilisierung *f*
Ing: voltage stabilization *n*
Fra: stabilisation de la tension *f*

estabilizador *m*
Ale: Stabilisator *m*
Ing: stabilizer *n*
Fra: stabilisateur *m*

estabilizador de régimen de ralentí *m*
Ale: Leerlaufstabilisator *f*
Ing: idle speed control *n*
(idle stabilizer) *n*
Fra: stabilisateur de ralenti *m*

estabilizador de tensión *m*
Ale: Spannungskonstanthalter *m*
(Spannungsstabilisator) *m*
Ing: voltage stabilizer *n*
Fra: stabilisateur de tension *m*

estabilizador transversal *m*
Ale: Querstabilisator *m*
Ing: anti roll bar *n*
(stabilizer bar) *n*
Fra: barre stabilisatrice *f*

estación de carga de acumuladores *f*
Ale: Akkumulatoren-Ladestation *f*
Ing: storage-battery charging station *n*
Fra: station de charge d'accumulateurs *f*

estadística analítica *f*
Ale: beurteilende Statistik *f*
Ing: rating statistics *n*
Fra: statistique analytique *f*

estado de carga *m*
Ale: Beladungszustand *m*
Ing: laden state (motor vehicle) *n*
Fra: état de chargement (véhicule) *m*

estado de carga (batería) *m*
Ale: Ladezustand (Batterie) *m*
Ing: state of charge (battery) *n*
Fra: état de charge (batterie) *m*

estado de carga de la batería *m*
Ale: Batterieladezustand *m*
Ing: battery charge level *n*
Fra: état de charge de la batterie *m*

estado de entrada *m*
Ale: Eingangszustand *m*
Ing: input state *n*
Fra: état initial *m*

estado de funcionamiento del motor *m*
Ale: Motorbetriebszustand *m*
Ing: engine operating state *n*
Fra: état de fonctionnement du moteur *m*

estado de servicio *m*
Ale: Betriebszustand *m*
Ing: operating status *n*
Fra: conditions de fonctionnement *fpl*

estado inicial *m*
Ale: Ausgangszustand *m*
Ing: initial state *n*
Fra: état initial *m*

estado real *m*
Ale: Istzustand *m*
Ing: actual state *n*
Fra: état réel *m*

estado real *m*
Ale: Istzustand *m*
Ing: current status *n*
Fra: état réel *m*

estaño para soldar *m*
Ale: Lötzinn *n*
Ing: soldering tin *n*
Fra: alliage à base d'étain *m*

estanqueizar *v*
Ale: abdichten *v*
Ing: seal *v*
Fra: étancher *v*

Español

estático *adj*
Ale: ruhend *adj*
Ing: static *adj*
Fra: statique *adj*

estator (alternador) *m*
Ale: Stator (Generator) *m*
(Ständer) *m*
Ing: stator (alternator) *n*
Fra: stator (alternateur) *m*

estator de frenado *m*
Ale: Bremsstator *m*
Ing: braking stator *n*
Fra: stator de freinage *m*

estequiométrico *adj*
Ale: stöchiometrisch *adj*
Ing: stoichiometric *adj*
Fra: stœchiométrique *adj*

estera aislante *f*
Ale: Dämmmatte *f*
Ing: insulating material *n*
Fra: tapis isolant *m*

estera de clasificación de ocupantes *f*
Ale: Insassenklassifizierungsmatte *f*
Ing: occupant classification mat *n*
Fra: tapis sensitif *m*

estrangulador *m*
Ale: Drossel *f*
Ing: throttle *n*
Fra: papillon *m*

estrangulador antiparasitario *m*
Ale: Entstördrossel *f*
Ing: interference suppression choke *n*
Fra: self d'antiparasitage *f*

estrangulador constante *m*
Ale: Konstantdrossel (Motorbremse) *f*
Ing: constant throttle (engine brake) *n*
Fra: étranglement constant (frein moteur) *m*

estrangulador de alimentación *m*
Ale: Zulaufdrossel *f*
Ing: input throttle *n*
Fra: étranglement d'arrivée *m*

estrangulador de amortiguación *m*
Ale: Dämpfungsdrossel *f*
Ing: damping throttle *n*
Fra: orifice calibré *m*

estrangulador de aspiración *m*
Ale: Saugdrossel *f*
Ing: suction throttle *n*
Fra: gicleur d'aspiration *m*

estrangulador de control *m*
Ale: Steuerdrossel *f*
Ing: metering slit *n*
Fra: calibrage de commande *m*

estrangulador de desacople *m*
Ale: Entkoppelungsdrossel *f*
Ing: decoupling reactor *n*
Fra: inductance de découplage *f*

estrangulador de drenaje *m*
Ale: Ablaufdrossel *f*
Ing: output throttle *n*
Fra: étranglement de sortie *m*

estrangulador de rebose *m*
Ale: Überlaufdrossel *f*
(Überströmdrossel) *f*
Ing: overflow restriction *n*
Fra: calibrage de décharge *m*

estrangulador de rebose *m*
Ale: Überströmdrossel *f*
Ing: overflow restriction *n*
Fra: calibrage de décharge *m*

estrangulador de reflujo *m*
Ale: Rückströmdrossel *f*
Ing: return flow restriction *n*
Fra: frein de réaspiration *m*

estrangulador de regeneración (secador de aire) *m*
Ale: Regenerationsdrossel (Lufttrockner) *f*
Ing: regeneration throttle (air drier) *n*
Fra: étranglement de régénération (dessiccateur) *m*

estrangulador transversal *m*
Ale: Querdrossel *f*
Ing: cross throttle *n*
Fra: étranglement transversal *m*

estrangular *v*
Ale: drosseln *v*
Ing: choke *v*
Fra: étrangler *v*

estratificación de carga *f*
Ale: Ladungsschichtung *f*
Ing: charge stratification *n*
Fra: stratification de la charge *f*

estribo *m*
Ale: Trittbrett *n*
Ing: running board *n*
Fra: marche-pied *m*

estribo de garras *m*
Ale: Krallenbügel *m*
Ing: claw bracket *n*
Fra: palonnier à griffes *m*

estribo de sujeción *m*
Ale: Spannbügel *m*
Ing: hold down clamp *n*
Fra: étrier de fixation *m*

estribo guía *m*
Ale: Führungsbügel *m*
Ing: guide bracket *n*
Fra: étrier de guidage *m*

estroboscopio de encendido *m*
Ale: Zündlichtpistole *f*
Ing: stroboscopic lamp *n*
Fra: pistolet stroboscopique *m*

estructura alveolar (filtro de quemado de hollín) *f*
Ale: Wabenstruktur (Rußabbrennfilter) *f*
Ing: honeycomb structure (soot burn-off filter) *n*
Fra: structure en nid d'abeilles *f*

estructura de bus (CAN) *f*
Ale: Busstruktur (CAN) *f*
Ing: bus topology (CAN) *n*
Fra: structure du bus (multiplexage) *f*

estructura del vehículo *f*
Ale: Fahrzeugaufbau *m*
Ing: vehicle body *n*
Fra: carrosserie *f*

estructura intercambiable *f*
Ale: Wechselaufbau *m*
Ing: interchangeable body *n*
Fra: carrosserie interchangeable *f*

estudio dimensional *m*
Ale: Maßkonzeption *f*
Ing: dimensional layout *n*
Fra: dimensionnement *m*

etapa de reducción de presión (ABS) *f*
Ale: Druckabbaustufe (ABS) *f*
Ing: pressure reduction step (ABS) *n*
Fra: palier de baisse de pression (ABS) *m*

etiqueta adhesiva *f*
Ale: Klebeschild *n*
Ing: adhesive label *n*
Fra: autocollant *m*

evacuación de aire *f*
Ale: Entlüftung *f*
Ing: vent *n*
Fra: purge *f*

evacuación de emulsión de aceite *f*
Ale: Mischölabführung *f*
Ing: emulsion drain *n*
Fra: évacuation des émulsions *f*

evaluación de datos *f*
Ale: Datenauswertung *f*
Ing: data evaluation *n*
Fra: évaluation des données *f*

evaluación de sensor *f*
Ale: Sensorauswertung *f*
Ing: sensor evaluation *n*
Fra: analyse des signaux de capteur *f*

evaluación de valor analógico *f*
Ale: Analogwertauswertung *f*
Ing: analog value evaluation *n*
Fra: exploitation de valeur analogique *f*

evaluar *v*
Ale: auswerten *v*
Ing: to evaluate *v*
Fra: évaluer *v*

evaporación de combustible *f*
Ale: Kraftstoffverdampfung *f*
Ing: fuel vaporization *n*
Fra: vaporisation du carburant *f*

evaporador *m*

Español

Ale: Verdampfer *m*
Ing: evaporator *n*
Fra: évaporateur *m*

evaporador de agente frigorífico ***m***
Ale: Kältemittelverdampfer *m*
Ing: refrigerant evaporator *n*
Fra: évaporateur de fluide frigorigène *m*

evolución de la inyección ***f***
Ale: Einspritzverlauf *m*
(Einspritzmengenverlauf) *m*
Ing: rate of discharge curve *n*
(injection pattern) *n*
Fra: loi d'injection *f*

evolución de la inyección previa ***f***
Ale: Voreinspritzverlauf *m*
Ing: pre injection characteristic *n*
Fra: évolution de la pré-injection *f*

evolución de la presión ***f***
Ale: Druckverlauf *m*
Ing: pressure characteristic *n*
Fra: courbe de pression *f*

evolución del caudal ***f***
Ale: Fördermengenverlauf *m*
Ing: fuel delivery characteristics *npl*
Fra: courbe du débit d'injection *f*

evolución del caudal de inyección ***f***
Ale: Einspritzmengenverlauf *m*
Ing: rate of injection curve *n*
Fra: loi d'injection *f*

evolución del par ***f***
Ale: Drehmomentverlauf *m*
Ing: torque curve *n*
Fra: courbe de couple *f*

exactitud de ajuste ***f***
Ale: Stellgenauigkeit *f*
Ing: positioning accuracy *n*
Fra: précision de réglage *f*

excavadora ***f***
Ale: Bagger *m*
Ing: excavator *n*
Fra: pelleteuse *f*

excéntrica (válvula de freno de estacionamiento) ***f***
Ale: Exzenter (Feststellbremsventil) *m*
Ing: eccentric element (parking-brake valve) *n*
Fra: excentrique (valve de frein de stationnement) *m*

excéntrica de accionamiento ***f***
Ale: Antriebsexzenter *m*
Ing: drive eccentric *n*
Fra: excentrique d'entraînement *m*

excéntrica de ajuste ***f***
Ale: Verstellexzenter *m*
Ing: adjusting eccentric *n*
Fra: excentrique de réglage *m*

excéntrica de compensación ***f***
Ale: Ausgleichexzenter *m*
Ing: compensating eccentric *n*
Fra: excentrique de compensation *m*

excentricidad ***f***
Ale: Rundlaufabweichung *f*
Ing: radial run-out *n*
Fra: faux-rond *m*

excentricidad radial ***f***
Ale: Höhenschlag *m*
Ing: radial run out *n*
Fra: voile radial *m*

exceso de aire ***m***
Ale: Luftüberschuss *m*
Ing: excess air *n*
Fra: excès d'air *m*

exceso de caudal ***m***
Ale: Mengenüberhöhung *f*
Ing: excess fuel quantity *n*
Fra: surcroît de débit *m*

exceso de oxígeno ***m***
Ale: Sauerstoffüberschuss *m*
Ing: oxygen excess *n*
Fra: excédent d'oxygène *m*

excitación ***f***
Ale: Erregung *f*
Ing: excitation *n*
Fra: excitation *f*

excitación de imán permanente ***f***
Ale: Dauermagneterregung *f*
(Permanentmagnet-erregung) *f*
Ing: permanent magnet excitation *n*
Fra: excitation par aimant permanent *f*

excitación magnética ***f***
Ale: magnetische Erregung *f*
Ing: magnetic excitation *n*
Fra: excitation magnétique *f*

expansión ***f***
Ale: Dehnung *f*
Ing: expansion *n*
Fra: rapport d'allongement *m*

expansión térmica ***f***
Ale: Wärmeausdehnung *f*
Ing: thermal expansion *n*
Fra: dilatation thermique *f*

explosor ***m***
Ale: Funkenstrecke *f*
Ing: spark gap *n*
Fra: distance d'éclatement *f*

extensión de la comprobación ***f***
Ale: Prüfumfang *m*
Ing: extent of inspection *n*
(scope of inspection) *n*
Fra: contrôles *mpl*

extremo de encendido de la bujía ***m***
Ale: Zündkerzenfuß *m*
Ing: spark plug firing end *n*
Fra: bec de bougie d'allumage *m*

extremo del eje ***m***
Ale: Wellenende *n*
Ing: shaft end *n*
Fra: bout d'arbre *m*

extruido ***pp***
Ale: fließgepresst *pp*
Ing: extruded *pp*
Fra: extrudé *pp*

extrusión ***f***
Ale: Fließpressen *n*
Ing: extrusion *n*
Fra: extrusion *f*

eyector ***m***
Ale: Auswerfer *m*
Ing: ejector *n*
Fra: éjecteur *m*

eyector (sistema lavacristales) ***m***
Ale: Spritzdüse (Scheibenwaschanlage) *f*
Ing: nozzle (windshield washer) *n*
Fra: gicleur (lavophare) *m*

F

fabricante de vehículos ***m***
Ale: Fahrzeughersteller *m*
Ing: vehicle manufacturer *n*
Fra: constructeur automobile *m*

facilidad de conducción ***f***
Ale: Fahrbarkeit *f*
Ing: driveability *n*
Fra: agrément de conduite *m*

facilidad de encendido ***f***
Ale: Zündwilligkeit *f*
Ing: ignition readiness *n*
Fra: inflammabilité *f*

factor de amplificación (servofreno) ***m***
Ale: Verstärkungsfaktor (Bremskraftverstärker) *m*
Ing: boost factor (brake booster) *n*
Fra: effet de renforcement de freinage (servofrein) *m*

factor de amplificación ***m***
Ale: Verstärkungsfaktor *m*
Ing: amplification factor *n*
Fra: gain (d'un signal) (servofrein) *m*

factor de calidad ***m***
Ale: Gütefaktor *m*
Ing: quality factor *n*
Fra: facteur de qualité *m*

factor de carga ***m***
Ale: Belastungsgrad *m*
Ing: load factor *n*
Fra: facteur de charge *m*

factor de curvatura ***m***
Ale: Krümmungsfaktor *m*
Ing: curvature factor *n*
Fra: facteur de correction de courbure *m*

factor de dispersión ***m***
Ale: Streufaktor *m*
Ing: dispersion factor *n*
(leakage coefficient) *n*
Fra: coefficient de dispersion *m*
(coefficient de fuite) *m*

Español

factor de enriquecimiento (mezcla aire-combustible) *m*
Ale: Anreicherungsfaktor (Luft-Kraftstoff-Gemisch) *m*
Ing: enrichment factor (air-fuel mixture) *n*
Fra: facteur d'enrichissement (mélange air-carburant) *m*

factor de fatiga por efecto de entalladura *m*
Ale: Kerbwirkungszahl *f*
Ing: fatigue strength reduction factor *n*
Fra: coefficient d'effet d'entaille *m*

factor de fricción *m*
Ale: Reibfaktor *m*
Ing: friction factor *n*
Fra: facteur de friction *m*

factor de llenado (máquinas rotativas) *m*
Ale: Füllfaktor (drehende Maschinen) *m*
(Nutfüllfaktor) *m*
Ing: slot fill factor (rotating machines) *n*
Fra: facteur de remplissage des rainures (machines tournantes) *m*

factor de modulación *m*
Ale: Modulationsfaktor *m*
Ing: modulation factor *n*
Fra: facteur de modulation *m*

factor de zapata (frenos) *m*
Ale: Backenkennwert (Bremsen) *m*
Ing: shoe factor (brakes) *n*
Fra: facteur de mâchoire (frein) *m*

fading de frenado *m*
Ale: Bremsenfading *n*
Ing: fading *n*
Fra: évanouissement des freins *m*

fading de frenado *m*
Ale: Bremsfading *n*
(Fading) *n*
Ing: fading *n*
Fra: fading (frein) *m*

faldón *m*
Ale: Schürze *f*
Ing: skirt *n*
Fra: jupe *f*

faldón guardabarros *m*
Ale: Schmutzfänger *m*
Ing: fender flap *n*
(mud flap) *n*
Fra: garde-boue *m*

faldón trasero *m*
Ale: Heckschürze *f*
Ing: tailgate apron *n*
Fra: jupe arrière *f*

fallo *m*
Ale: Ausfall *m*
Ing: failure *n*
Fra: défaillance *f*

fallo de combustión (motor de combustión) *m*
Ale: Aussetzer (Verbrennungsmotor) *m*
Ing: misfiring (IC engine) *n*
Fra: ratés *mpl*

fallo de encendido *m*
Ale: Fehlzündung *f*
Ing: misfiring *n*
Fra: ratés à l'allumage *mpl*

fallo de encendido *m*
Ale: Zündaussetzer *m*
(Fehlzündung) *f*
Ing: misfiring *n*
Fra: ratés d'allumage *mpl*

fallo de funcionamiento *m*
Ale: Funktionsstörung *f*
Ing: malfunction *n*
Fra: dysfonctionnement *m*

fallo de ignición *m*
Ale: Entflammungsaussetzer *m*
Ing: ignition miss *n*
Fra: ratés d'inflammation *mpl*

fallo de la batería *m*
Ale: Batterieausfall *m*
Ing: battery failure *n*
Fra: panne de batterie *f*

fallo prematuro *m*
Ale: Frühausfall *m*
Ing: early failure *n*
Fra: défaillance précoce *f*
(défaillance de jeunesse) *f*

fallos de combustión *mpl*
Ale: Verbrennungsaussetzer *m*
Ing: engine misfire *n*
Fra: ratés de combustion *mpl*

fallos de motor *mpl*
Ale: Motoraussetzer *m*
Ing: engine misfire *n*
Fra: ratés du moteur *mpl*

faro *m*
Ale: Scheinwerfer *m*
Ing: headlamp *n*
Fra: projecteur *m*

faro abatible *m*
Ale: Klappscheinwerfer *m*
Ing: concealed headlamp *n*
(retractable headlight) *n*
Fra: projecteur escamotable *m*

faro adicional *m*
Ale: Zusatzscheinwerfer *m*
Ing: auxiliary lamp *n*
Fra: projecteur complémentaire *m*

faro adicional *m*
Ale: Zusatzscheinwerfer *m*
Ing: auxiliary headlamp *n*
Fra: projecteur additionnel *m*

faro adicional de carretera *m*
Ale: Zusatz-Fernlichtscheinwerfer *m*
Ing: auxiliary driving lamp *n*
Fra: projecteur route supplémentaire *m*

faro adosado *m*
Ale: Anbauscheinwerfer *m*
Ing: external fitting headlamp *n*
Fra: projecteur extérieur *m*

faro antiniebla *m*
Ale: Nebelscheinwerfer *m*
Ing: fog lamp *n*
Fra: projecteur antibrouillard *m*

faro de enfoque *m*
Ale: Suchscheinwerfer *m*
Ing: spot lamp *n*
Fra: projecteur de recherche *m*

faro de largo alcance *m*
Ale: Weitstrahlscheinwerfer *m*
Ing: long range driving lamp *n*
Fra: projecteur longue portée *m*

faro de luz de carretera *m*
Ale: Fernscheinwerfer *m*
Ing: driving lamp *n*
Fra: projecteur route *m*

faro de luz de cruce *m*
Ale: Abblendscheinwerfer *m*
Ing: low beam headlamp *n*
Fra: projecteur de croisement *m*

faro de trabajo *m*
Ale: Arbeitsscheinwerfer *m*
Ing: floodlamp *n*
Fra: projecteur de travail *m*

faro incorporado *m*
Ale: Einbauscheinwerfer *m*
Ing: flush fitting headlamp *n*
Fra: projecteur encastrable *m*

faro polielipsoide *m*
Ale: Poly-Ellipsoid-Scheinwerfer, PES *a*
Ing: PES headlamp *n*
Fra: projecteur polyellipsoïde *a*

fase de admisión *f*
Ale: Ansaugphase *f*
Ing: intake phase *n*
Fra: phase d'admission *f*

fase de arranque *f*
Ale: Startphase *f*
Ing: starting phase *n*
Fra: phase de démarrage *f*

fase de calentamiento (motor de combustión) *f*
Ale: Warmlaufphase (Verbrennungsmotor) *f*
(Warmlaufzeit) *f*
Ing: warm up period (IC engine) *n*
Fra: période de mise en action (moteur à combustion) *f*

fase de calentamiento *f*
Ale: Warmlaufphase *f*
Ing: warming up phase *n*
Fra: période de mise en action (moteur à combustion) *f*

fase de carrera *f*
Ale: Hubphase *f*
Ing: stroke phase *n*
Fra: série de courses *f*

fase de empuje *f*
Ale: Schubphase *f*
Ing: overrun phase *n*
Fra: phase de déplacement axial (démarreur) *f*

fase de expansión (motor de combustión) *f*
Ale: Expansionsphase (Verbrennungsmotor) *f*
Ing: expansion phase (IC engine) *n*
Fra: phase de détente (moteur à combustion) *f*

fase de llenado *f*
Ale: Füllphase *f*
Ing: filling phase *n*
Fra: phase de remplissage *f*

fase de parada de presión (ABS) *f*
Ale: Druckhaltephase (ABS) *f*
Ing: pressure holding phase (ABS) *n*
Fra: phase de maintien de la pression (ABS) *m*

fase de recalentamiento *f*
Ale: Nachheizphase *f*
Ing: hot soak phase *n*
Fra: phase de post-chauffage *f*

fase de suministro *f*
Ale: Förderphase *f*
Ing: delivery phase *n*
Fra: phase de refoulement *f*

fase de transición (comprobación de gases de escape) *f*
Ale: Übergangsphase (Abgasprüfung) *f*
Ing: transition phase (exhaust-gas test) *n*
Fra: phase transitoire (émissions) *f*

fase de uso *f*
Ale: Nutzungsphase *f*
Ing: utilization phase *n*
Fra: phase d'utilisation *f*

fase gaseosa *f*
Ale: Gasphase *f*
Ing: gaseous phase *n*
Fra: phase gazeuse *f*

fase inicial *f*
Ale: Anlaufphase *f*
Ing: warm up phase *n*
Fra: phase d'amorçage *f*

fase posterior al arranque *f*
Ale: Nachstartphase *f*
(Nachstart) *m*
Ing: post start phase *n*
Fra: phase de post-démarrage *f*

fatiga superficial *f*
Ale: Oberflächenermüdung *f*
Ing: surface fatigue *n*
Fra: usure par fatigue *f*

fecha de fallo *f*
Ale: Ausfalldatum *n*
Ing: failure date *n*
Fra: date de défaillance *f*

fiabilidad de encendido *f*
Ale: Zündsicherheit *f*
Ing: ignition reliability *n*
Fra: fiabilité d'allumage *f*

fibra de vidrio *f*
Ale: Glasfaser, GF *f*
Ing: glass fiber, GF *n*
Fra: fibre de verre *f*

fibra externa *f*
Ale: Randfaser *f*
Ing: surface zone *n*
Fra: fibre externe *f*

fibra multimodal *f*
Ale: Gradientenfaser *f*
Ing: graded index optical fiber *n*
Fra: fibre à gradient *f*

fijación ahondada *f*
Ale: Wannenbefestigung *f*
(Sattelbefestigung) *f*
Ing: cradle mounting *n*
Fra: fixation par berceau *f*

fijación con placa de apoyo *f*
Ale: Sattelbefestigung *f*
Ing: cradle mounting *n*
Fra: fixation par berceau *f*

fijación de caja *f*
Ale: Gehäusebefestigung *f*
Ing: housing mounting *n*
Fra: fixation sur carter *f*

fijación de cuello roscado *f*
Ale: Gewindehalsbefestigung *f*
Ing: threaded-neck mounting *n*
Fra: fixation par bague filetée *f*

fijación del cárter *f*
Ale: Wannenbefestigung *f*
Ing: sump attachment *n*
Fra: fixation par berceau *f*

fijación por brida *f*
Ale: Flanschbefestigung *f*
Ing: flange mounting *n*
Fra: fixation par bride *f*

fijación por brida frontal *f*
Ale: Stirnflanschbefestigung *f*
Ing: flange mounting *n*
Fra: fixation par bride frontale *f*

fijación por enchufe (limpiaparabrisas) *f*
Ale: Steckbefestigung (Wischer) *f*
Ing: snap in fastening (wipers) *n*
Fra: fixation par enfichage (essuie-glace) *f*

fijación por enchufe *f*
Ale: Steckbefestigung *f*
Ing: snap fastening *n*
Fra: fixation par enfichage *f*

fijación por gancho (limpiaparabrisas) *f*
Ale: Hakenbefestigung (Scheibenwischer) *f*
Ing: hook type fastening (wipers) *n*
Fra: fixation par crochet (calculateur) *f*

fijación por gancho de empalme (limpiaparabrisas) *f*
Ale: Überfallbügelbefestigung (Wischer) *f*
Ing: hasp type fastening (wipers) *n*
Fra: fixation par contre-étrier (essuie-glace) *f*

fijación por pico enchufable *f*
Ale: Steckschnabelbefestigung (Wischer) *f*
Ing: snap in nib fastening (wipers) *n*
Fra: fixation par bec enfichable (essuie-glace) *f*

filamento de calefacción *m*
Ale: Heizdraht *m*
Ing: heating wire *n*
Fra: fil chauffant *m*

filtro *m*
Ale: Filter *n*
Ing: filter *n*
Fra: filtre *m*

filtro antiparasitario *m*
Ale: Entstörfilter *n*
Ing: suppression filter *n*
Fra: filtre d'antiparasitage *m*

filtro antitérmico *m*
Ale: Wärmeschutzfilter *n*
Ing: heat filter *n*
Fra: filtre calorifuge *m*

filtro central *m*
Ale: Zentralfilter *n*
Ing: centrally located air filter *n*
Fra: filtre central *m*

filtro de aceite *m*
Ale: Ölfilter *n*
Ing: lube oil filter *n*
Fra: filtre à huile *m*

filtro de admisión *m*
Ale: Ansaugfilter *n*
(Saugfilter) *m*
Ing: intake filter *n*
Fra: filtre d'aspiration *m*

filtro de aire *m*
Ale: Luftfilter *n*
Ing: air filter *n*
Fra: filtre à air *m*

filtro de aire de papel *m*
Ale: Papierluftfilter *n*
Ing: paper air filter *n*
Fra: filtre à air en papier *m*

filtro de aire del baño de aceite *m*
Ale: Ölbadluftfilter *n*
Ing: oil bath air filter *n*
Fra: filtre à air à bain d'huile *m*

filtro de aire seco *m*
Ale: Trockenluftfilter *n*
Ing: dry air filter *n*
Fra: filtre à air sec *m*

filtro de carbón activo *m*
Ale: Aktivkohlefilter *m*
Ing: aktivated charcoal filter *n*

Español

Fra: filtre à charbon actif *m*

filtro de caudal principal ***m***
Ale: Hauptstromfilter *m*
Ing: full flow filter *n*
Fra: filtre de circuit principal *m*

filtro de combustible ***m***
Ale: Kraftstofffilter *n*
Ing: fuel filter *n*
Fra: filtre à carburant *m*

filtro de entrada ***m***
Ale: Eingangsfilter *n*
Ing: input filter *n*
Fra: filtre d'entrée *m*

filtro de flujo secundario ***m***
Ale: Nebenstromfilter *m*
Ing: bypass filter *n*
Fra: filtre de dérivation *m*

filtro de hidrocarburos ***m***
Ale: Kohlenwasserstofffilter *n*
Ing: hydrocarbon trap *n*
(HC trap) *n*
Fra: filtre à hydrocarbures *m*

filtro de hollín ***m***
Ale: Rußfilter *m*
Ing: particulate filter *n*
Fra: filtre pour particules de suie *m*

filtro de partículas ***m***
Ale: Partikelfilter *m*
Ing: particulate filter *n*
Fra: filtre à particules *m*

filtro de partículas de hollín ***m***
Ale: Rußpartikelfilter *n*
Ing: particulate-soot filter *n*
Fra: filtre à particules *m*

filtro de partículas Diesel ***m***
Ale: Diesel-Partikel-Filter *m*
Ing: diesel particle filter *n*
Fra: filtre à particules diesel *m*

filtro de paso bajo (unidad de control) ***m***
Ale: Tiefpassfilter (Steuergerät) *n*
Ing: low pass filter (ECU) *n*
Fra: filtre passe-bas (calculateur) *m*

filtro de polen ***m***
Ale: Pollenfilter *n*
Ing: pollen filter *n*
Fra: filtre anti-pollen *m*

filtro de polvo y polen ***m***
Ale: Staub- und Pollenfilter *n*
Ing: dust and pollen filter *n*
Fra: filtre à pollens et antipoussière *m*

filtro de profundidad ***m***
Ale: Tiefenfilter *n*
Ing: deep bed filter *n*
Fra: filtre en profondeur *m*

filtro de quemado de hollín con oxidación ***m***
Ale: Rußabbrennfilter *m*
Ing: soot burn-off filter *n*
Fra: filtre d'oxydation de particules *m*

filtro de rendijas ***m***
Ale: Spaltfilter *n*
Ing: edge filter *n*
Fra: filtre à disques *m*

filtro de tamiz (bomba de alimentación de combustible) ***m***
Ale: Siebfilter (Kraftstoffförderpumpe) *n*
Ing: strainer (fuel-supply pump) *n*
Fra: crépine (pompe d'alimentation) *f*

filtro de varilla ***m***
Ale: Stabfilter *n*
Ing: edge type filter *n*
Fra: filtre-tige *m*

filtro fino ***m***
Ale: Feinfilter *n*
Ing: fine filter *n*
Fra: filtre fin *m*

filtro grueso ***m***
Ale: Grobfilter *n*
Ing: course filter *n*
Fra: filtre grossier *m*

filtro intercambiable ***m***
Ale: Wechselfilter *n*
Ing: easy change filter *n*
Fra: filtre à rechange rapide *m*

filtro intercambiable ***m***
Ale: Wechselfilter *n*
Ing: exchange filter *n*
Fra: filtre interchangeable *m*

filtro paralelo ***m***
Ale: Parallelfilter *n*
Ing: parallel filter *n*
Fra: filtre en parallèle *m*

filtro pasabanda ***m***
Ale: Bandpassfilter *m*
Ing: bandpass filter *n*
Fra: filtre passe-bande *m*

filtro previo (secador de aire) ***m***
Ale: Vorfilter (Lufttrockner) *n*
(Vorreiniger) *m*
Ing: preliminary filter (air drier) *n*
Fra: préfiltre (dessiccateur) *m*

filtro previo ***m***
Ale: Vorfilter *n*
Ing: prefilter *n*
Fra: préfiltre *m*

filtro previo ***m***
Ale: Vorreiniger *m*
Ing: preliminary filter *n*
Fra: préfiltre *m*

filtro previo de combustible ***m***
Ale: Kraftstoffvorfilter *m*
Ing: fuel prefilter *n*
Fra: préfiltre à carburant *m*

filtro secundario ***m***
Ale: Nachfilter *n*
Ing: secondary filter *n*
Fra: filtre secondaire *m*

filtro simple ***m***
Ale: Einfachfilter *n*
Ing: single stage filter *n*
Fra: filtre à un étage *m*

filtro-box ***m***
Ale: Boxfilter *n*
Ing: box type fuel filter *n*
Fra: filtre-box *m*

fin de carrera ***m***
Ale: Endschalter *m*
Ing: limit switch *n*
Fra: contacteur de fin de course *m*

fin de combustión ***m***
Ale: Verbrennungsende *n*
Ing: end of combustion *n*
Fra: fin de combustion *f*

fin de control de torque (inyección diesel) ***m***
Ale: Angleichende (Dieseleinspritzung) *n*
Ing: end of torque control *n*
Fra: fin de correction de débit *f*

fin de la inyección (inyección de combustible) ***m***
Ale: Spritzende (Kraftstoffeinspritzung) *n*
Ing: end of injection (fuel injection) *n*
Fra: fin d'injection *f*

fin de suministro ***m***
Ale: Förderende *n*
Ing: end of delivery *n*
(spill) *n*
Fra: fin de refoulement (pompe d'injection) *f*

fin del frenado ***m***
Ale: Bremsende *n*
Ing: end of braking *n*
Fra: fin de freinage *f*

fin del suministro (inyección diesel) ***m***
Ale: Absteuerung (Dieseleinspritzung) *f*
Ing: end of delivery (diesel fuel injection) *n*
Fra: coupure progressive *f*

final de la limitación reguladora (inyección diesel) ***m***
Ale: Abregelende (Dieseleinspritzung) *n*
Ing: end of breakaway (diesel fuel injection) *n*
Fra: fin de coupure de débit *f*

finalizar el suministro (inyección diesel) ***v***
Ale: absteuern (Dieseleinspritzung) *v*
Ing: fuel delivery termination (diesel fuel injection) *n*
Fra: fin de refoulement (injection diesel) *f*

finos de abrasión de frenado ***mpl***
Ale: Bremsabrieb *m*
Ing: brake dust *n*

Fra: traces d'abrasion dues au freinage *fpl*

firme ***m***
Ale: Straßendecke *f*
(Fahrbahn) *f*
Ing: road surface *n*
Fra: revêtement routier *m*
(chaussée) *f*

fisura capilar ***f***
Ale: Haarriss *m*
Ing: hairline crack *n*
Fra: fissure capillaire *f*

flanco de diente ***m***
Ale: Zahnflanke *f*
Ing: tooth flank *n*
Fra: flanc de dent *m*

flexión ***f***
Ale: Biegung *f*
Ing: bend *n*
Fra: flexion *f*

flotador ***m***
Ale: Schwimmer *m*
Ing: float *n*
Fra: flotteur *m*

fluctuación de corriente ***f***
Ale: Stromschwankung *f*
Ing: current fluctuation *n*
Fra: fluctuation du courant *f*

fluidez a bajas temperaturas ***f***
Ale: Kältefließfähigkeit *f*
Ing: cold-flow property *n*
Fra: fluidité à froid *f*

flujo con cambios bruscos (motor de combustión) ***m***
Ale: Tumble-Strömung (Verbrennungsmotor) *f*
Ing: tumble flow (IC engine) *n*
Fra: mouvement tourbillonnaire de type « tumble » *m*

flujo de aceite ***m***
Ale: Ölstrom *m*
Ing: oil flow *n*
Fra: débit d'huile *m*

flujo de aire ***m***
Ale: Luftdurchsatz *m*
Ing: air throughput *n*
Fra: débit d'air (disponible) *m*

flujo de aire ***m***
Ale: Luftdurchsatz *m*
Ing: rate of air flow *n*
Fra: débit d'air *m*

flujo de dispersión ***m***
Ale: Streufluss *m*
Ing: leakage flux *n*
Fra: flux de fuite *m*

flujo de energía ***m***
Ale: Energiefluss *m*
Ing: flow of energy *n*
Fra: flux d'énergie *m*

flujo de entrada aire ***m***
Ale: Luftanströmung *f*
Ing: air inflow *n*
Fra: afflux d'air *m*

flujo de expulsión ***m***
Ale: Spülstrom *m*
Ing: scavenging flow *n*
Fra: flux de balayage *m*

flujo de gas de regeneración ***m***
Ale: Regeneriergasstrom *m*
Ing: regeneration gas flow *n*
Fra: flux de gaz régénérateur *m*

flujo de líquido refrigerante ***m***
Ale: Kühlmittelstrom *m*
Ing: coolant flow *n*
Fra: flux de l'agent de refroidissement *m*

flujo de masa de aire fresco ***m***
Ale: Frischluftmassenstrom *m*
Ing: fresh air mass flow *n*
Fra: débit massique d'air frais *m*

flujo de salida ***m***
Ale: Abströmung *f*
Ing: exhaust flow *n*
Fra: évent à écoulement *m*

flujo de señales ***m***
Ale: Signalfluss *m*
Ing: current flow *n*
Fra: flux de signaux *m*

flujo helicoidal ***m***
Ale: Drallströmung *f*
Ing: swirl *n*
Fra: écoulement tourbillonnaire *m*

flujo luminoso ***m***
Ale: Lichtstrom *m*
Ing: luminous flux *n*
Fra: flux lumineux *m*

flujo magnético ***m***
Ale: Magnetfluss *m*
Ing: magnetic flux *n*
Fra: flux magnétique *m*

flujo magnético útil ***m***
Ale: Nutzfluss *m*
Ing: magnetic flux *n*
Fra: flux magnétique utile *m*

flujo másico de aire ***m***
Ale: Luftmassenstrom *m*
Ing: air mass flow *n*
Fra: débit massique d'air *m*

flujo másico de gases de escape ***m***
Ale: Abgasmassenstrom *m*
Ing: exhaust gas mass flow *n*
Fra: débit massique des gaz d'échappement *m*

flujo paralelo ***m***
Ale: Gleichströmung *f*
Ing: parallel flow *n*
Fra: courant parallèle *m*

flujo parcial de gases de escape ***m***
Ale: Abgasteilstrom *m*
Ing: exhaust gas partial flow *n*
Fra: flux partiel de gaz d'échappement *m*

flujo residual ***m***
Ale: Reststrom *m*
Ing: residual flow *n*
Fra: débit résiduel *m*

flujo térmico ***m***
Ale: Wärmestrom *m*
Ing: heat flow *n*
Fra: flux thermique *m*

flujo volumétrico según necesidad ***m***
Ale: bedarfabhängiger Volumenstrom *m*
Ing: demand dependent volumetric flow *n*
Fra: débit volumique en fonction des besoins *m*

fondo de cilindro ***m***
Ale: Zylinderboden *m*
Ing: cylinder base *n*
Fra: fond du cylindre *m*

forma aerodinámica ***f***
Ale: Stromlinienform *f*
Ing: streamlined *n*
Fra: de forme aérodynamique *loc*

forma constructiva ***f***
Ale: Bauform *f*
Ing: structural shape *n*
Fra: forme de construction *f*

forma constructiva cerrada ***f***
Ale: geschlossene Bauweise *f*
Ing: closed type design *n*
Fra: version fermée *f*

forma de diente ***f***
Ale: Zahnform *f*
Ing: tooth shape *n*
Fra: forme de denture *f*

forma de impulsos ***f***
Ale: Impulsform *f*
Ing: pulse shape *n*
Fra: forme de l'impulsion *f*

forma de la cámara de combustión ***f***
Ale: Brennraumform *f*
Ing: combustion chamber shape *n*
Fra: forme de la chambre de combustion *f*

forma de la leva ***f***
Ale: Nockenform *f*
Ing: cam shape *n*
Fra: forme de came *f*

forma de los orificios (inyector) ***f***
Ale: Lochform (Einspritzdüse) *f*
Ing: spray hole shape (injector) *n*
Fra: forme des trous d'injection (injecteur) *f*

forma de pontón (automóvil) ***f***
Ale: Pontonform (Kfz) *f*
Ing: conventional form (motor vehicle) *n*
Fra: carrosserie à trois volumes *f*

forma del asiento ***f***
Ale: Sitzform *f*
Ing: seat type *n*
Fra: forme de siège *m*

Español

forma del chorro (inyección de combustible) *f*
Ale: Strahlbild (Kraftstoffeinspritzung) *n*
Ing: spray pattern (fuel injection) *n*
Fra: aspect du jet *m*

forma del chorro (inyección de combustible) *f*
Ale: Strahlform (Kraftstoffeinspritzung) *f*
Ing: spray shape (fuel injection) *n*
Fra: forme du jet (injection) *f*

forma del electrodo (bujía de encendido) *f*
Ale: Elektrodenform (Zündkerze) *f*
Ing: electrode shape (spark plug) *n*
Fra: forme des électrodes (bougie d'allumage) *f*

forma exterior de la carrocería *f*
Ale: Karosserieaußenform *f*
Ing: exterior body shape *n*
Fra: forme extérieure de la carrosserie *f*

formación de ácido *f*
Ale: Säurebildung *f*
Ing: acid formation *n*
Fra: formation d'acide *f*

formación de burbujas de gas *f*
Ale: Gasblasenbildung *f*
Ing: formation of gas bubbles *n*
Fra: formation de bulles de gaz *f*

formación de burbujas de vapor *f*
Ale: Dampfblasenbildung *f*
Ing: vapor bubble formation *n*
Fra: percolation *f*

formación de fisuras de tensión *f*
Ale: Spannungsrissbildung *f*
Ing: formation of stress crack *n*
Fra: fissure de contrainte *f*

formación de hollín *f*
Ale: Rußbildung *f*
Ing: soot production *n*
(soot formation) *n*
Fra: formation de suie *f*

formación de la mezcla *f*
Ale: Gemischbildung *f*
(Gemischaufbereitung) *f*
Ing: mixture formation *n*
Fra: formation du mélange *f*
(préparation du mélange) *f*

formación de óxido *f*
Ale: Rostbildung *f*
Ing: rust formation *n*
Fra: formation de rouille *f*

formación de par de guiñada (dinámica del automóvil) *f*
Ale: Giermomentaufbau (Kfz-Dynamik) *m*
Ing: yaw moment build-up (motor-vehicle dynamics) *n*
Fra: formation du moment de lacet *f*

formación de película de aceite *f*
Ale: Wandfilmaufbau *m*
Ing: fuel film formation *n*
Fra: formation du film humidificateur *f*

formación de presión *f*
Ale: Druckaufbau *m*
Ing: pressure build-up *n*
(pressure tise) *n*
Fra: établissement de la pression *m*

formato de intercambio de datos *m*
Ale: Datenaustauschformat *n*
Ing: data interchange format *n*
Fra: format d'échange des données *m*

formato de mensaje (CAN) *m*
Ale: Botschaftsformat (CAN) *n*
Ing: message format (CAN) *n*
Fra: format de message (multiplexage) *m*

fórmula de conversión *f*
Ale: Umrechnungsformel *f*
Ing: conversion formula *n*
Fra: formule de conversion *f*

fórmula de modelo *f*
Ale: Typformel *f*
Ing: type designation *n*
Fra: formule de type *f*

forro de freno (freno de tambor) *m*
Ale: Bremsbelag (Trommelbremse) *m*
Ing: brake lining (drum brake) *n*
Fra: garniture de frein *f*

forro de fricción *m*
Ale: Reibbelag *m*
Ing: friction lining *n*
Fra: garniture de friction *f*

forzamiento *m*
Ale: Verzwängung *f*
Ing: constraint *n*
Fra: couple d'alignement *m*

fractura por fatiga *f*
Ale: Dauerbruch *m*
Ing: fatigue fracture *n*
Fra: rupture par fatigue *f*

fragilización *f*
Ale: Versprödung *f*
Ing: brittleness *n*
Fra: fragilisation *f*

frecuencia *f*
Ale: Frequenz *f*
Ing: frequency *n*
Fra: fréquence *f*

frecuencia angular *f*
Ale: Kreisfrequenz *f*
Ing: angular frequency *n*
Fra: pulsation *f*

frecuencia de ciclo *f*
Ale: Taktfrequenz *f*
Ing: timing frequency *n*
Fra: fréquence des impulsions *f*

frecuencia de ciclo *f*
Ale: Taktfrequenz *f*
Ing: cycle frequency *n*
Fra: cadence de pilotage *f*

frecuencia de conmutación *f*
Ale: Schaltrhythmus *m*
Ing: switching frequency *n*
Fra: rythme de commutation *m*

frecuencia de emisión *f*
Ale: Sendefrequenz *f*
Ing: transmit frequency *n*
Fra: fréquence d'émission *f*

frecuencia de excitación *f*
Ale: Erregerfrequenz *f*
(Anregungsfrequenz) *f*
Ing: excitation frequency *n*
Fra: fréquence d'excitation *f*

frecuencia de la luz intermitente *f*
Ale: Blinkfrequenz *f*
Ing: flash frequency *n*
Fra: fréquence de clignotement *f*

frecuencia de operación *f*
Ale: Betriebsfrequenz *f*
Ing: operating frequency *n*
Fra: fréquence d'utilisation *f*

frecuencia de perturbación del cigüeñal *f*
Ale: Kurbelwellenstörfrequenz *f*
Ing: crankshaft disturbance frequency *n*
Fra: fréquence perturbatrice du vilebrequin *f*

frecuencia de recepción *f*
Ale: Empfangsfrequenz *f*
Ing: receive frequency *n*
Fra: fréquence de réception *f*

frecuencia de resonancia *f*
Ale: Resonanzfrequenz *f*
Ing: resonant frequency *n*
Fra: fréquence de résonance *f*

frecuencia de salida *f*
Ale: Ausgangsfrequenz *f*
Ing: output frequency *n*
Fra: fréquence initiale *f*

frecuencia límite (regulador) *f*
Ale: Grenzfrequenz (Regler) *f*
Ing: cutoff frequency (governor) *n*
Fra: fréquence limite (régulateur) *f*

frecuencia natural *f*
Ale: Eigenfrequenz *f*
Ing: natural frequency *n*
Fra: fréquence propre *f*

frecuencia propia del eje *f*
Ale: Achseigenfrequenz *f*
Ing: characteristic frequency axle *n*
Fra: fréquence propre de l'essieu *f*

frecuencímetro *m*
Ale: Frequenzmesser *m*
Ing: frequency meter *n*
Fra: fréquencemètre *m*

frenada continua *f*
Ale: Dauerbremsung *f*
Ing: continuous braking *n*

Fra: freinage prolongé *m*

frenada de parada ***f***
Ale: Stoppbremsung *f*
Ing: braking to a standstill *n*
Fra: freinage d'arrêt *m*

frenado a tope ***m***
Ale: Vollbremsung *f*
(Schnellbremsung) *f*
Ing: emergency braking *n*
(full braking) *n*
(panic bracking) *n*
Fra: freinage d'urgence *m*
(freinage rapide) *m*

frenado auxiliar ***m***
Ale: Hilfsbremsung *f*
Ing: secondary braking *n*
Fra: freinage de secours *m*

frenado cuesta abajo ***m***
Ale: Gefällebremsung *f*
Ing: downhill braking *n*
Fra: freinage en descente *m*

frenado cuesta arriba ***m***
Ale: Bergaufbremsen *n*
Ing: braking on upgrade *n*
Fra: freinage en côte *m*

frenado de emergencia ***m***
Ale: Notbremsung *f*
(Gewaltbremsung) *f*
(Panikbremsung) *f*
Ing: panic braking *n*
Fra: freinage en situation de panique *m*

frenado de emergencia ***m***
Ale: Notbremsung *f*
Ing: emergency braking *n*
Fra: freinage en situation de panique *m*

frenado del inducido ***m***
Ale: Ankerabbremsung *f*
Ing: armature braking *n*
Fra: freinage de l'induit *m*

frenado mínimo (frenos) ***m***
Ale: Mindestabbremsung (Bremsen) *f*
Ing: minimum retardation (brakes) *n*
Fra: taux de freinage minimum *m*

frenado parcial ***m***
Ale: Teilbremsung *f*
Ing: partial braking *n*
Fra: freinage partiel *m*

frenado por condensador ***pp***
Ale: Kondensatorbremsung *f*
Ing: capacitor braking *n*
Fra: freinage capacitif *m*

frenar excesivamente ***v***
Ale: überbremsen *v*
Ing: overbrake *v*
Fra: surfreiner *v*

freno ***m***
Ale: Bremse *f*
Ing: brake *n*
Fra: frein *m*

freno antibloqueo ABS ***m***
Ale: ABS-Bremse *f*
Ing: antilock brake *n*
Fra: frein ABS *m*

freno automático ***m***
Ale: automatische Bremse *f*
Ing: automatic brake *n*
Fra: frein automatique *m*

freno auxiliar ***m***
Ale: Zusatzbremse *f*
Ing: auxiliary brake *n*
Fra: frein additionnel *m*

freno continuo ***m***
Ale: Dauerbremse *f*
(Verlangsamer) *m*
(Retarder) *m*
Ing: retarder *n*
Fra: ralentisseur *m*

freno de aire comprimido ***m***
Ale: Druckluftbremse *f*
Ing: compressed air brake *n*
(pneumatic brake) *n*
Fra: frein à air comprimé *m*

freno de cinturón de seguridad ***m***
Ale: Gurtbremse *f*
Ing: seat belt brake *n*
Fra: frein de ceinture de sécurité *m*

freno de disco ***m***
Ale: Scheibenbremse *f*
Ing: disc brake *n*
Fra: frein à disque *m*

freno de estacionamiento ***m***
Ale: Feststellbremse *f*
Ing: parking brake system *n*
Fra: frein de stationnement *m*

freno de fricción ***m***
Ale: Reibungsbremse *f*
Ing: friction brake *n*
Fra: frein à friction *m*

freno de leva ***m***
Ale: Nockenbremse *f*
Ing: cam brake *n*
Fra: frein à cames *m*

freno de mano ***m***
Ale: Handbremse *f*
(Parkbremse) *f*
Ing: handbrake *n*
Fra: frein à main *m*

freno de motor ***m***
Ale: Motorbremse *f*
(Auspuffverlangsamer) *f*
(Motorbremsanlage) *m*
Ing: exhaust brake *n*
(engine brake) *n*
Fra: ralentisseur sur échappement *m*

freno de pinza fija ***m***
Ale: Festsattelbremse *f*
Ing: fixed caliper brake *n*
Fra: frein à étrier fixe *m*

freno de pinza fija ***m***
Ale: Rahmensattelbremse *f*
Ing: fixed caliper brake system *n*
Fra: frein à cadre-étrier *m*

freno de pinza flotante ***m***
Ale: Faustsattelbremse *f*
Ing: floating caliper brake *n*
(sliding caliper brake) *n*
Fra: frein à étrier flottant *m*

freno de pinza flotante ***m***
Ale: Schwimmsattelbremse *f*
Ing: floating caliper brake system *n*
Fra: frein à étrier flottant *m*

freno de rueda ***m***
Ale: Radbremse *f*
Ing: wheel brake *n*
Fra: frein de roue *m*

freno de tambor ***m***
Ale: Trommelbremse *f*
Ing: drum brake *n*
Fra: frein à tambour *m*

freno de zapatas (frenos) ***m***
Ale: Backenbremse (Bremsen) *f*
Ing: shoe brake (brakes) *n*
Fra: frein à mâchoires *m*

freno de zapatas de expansión ***m***
Ale: Innenbackenbremse *f*
Ing: internal shoe brake *n*
Fra: frein à segments à expansion interne *m*

freno del remolque ***m***
Ale: Anhängerbremse *f*
Ing: trailer brake *n*
Fra: frein de remorque *m*

freno diferencial ***m***
Ale: Getriebedifferenzialbremse *f*
Ing: differential brake *n*
Fra: frein de différentiel *m*

freno duo-duplex ***m***
Ale: Duo-Duplexbremse *f*
Ing: duo duplex brake *n*
Fra: frein duo-duplex *m*

freno dúplex ***m***
Ale: Duplexbremse *f*
Ing: duplex brake *n*
Fra: frein duplex *m*

freno eléctrico (motor de arranque) ***m***
Ale: Strombremse (Starter) *f*
Ing: electric brake (starter) *n*
Fra: frein électrique (démarreur) *m*

freno electrohidráulico ***m***
Ale: Elektrohydraulische Bremse *f*
Ing: electrohydraulic brake *n*
Fra: frein électrohydraulique *m*

freno hidráulico ***m***
Ale: Öldruckbremse *f*
(hydraulische Bremse) *f*
Ing: hydraulic-actuated brake *n*
Fra: frein à commande hydraulique *m*

freno miltidisco ***m***
Ale: Lamellenbremse *f*
Ing: clutch stop *n*

Español

Fra: frein multidisques *m*

freno por corrientes parásitas ***m***
Ale: Wirbelstrombremse *f*
Ing: eddy current brake *n*
Fra: frein à courants de Foucault *m*

freno por cuña de expansión ***m***
Ale: Keilbremse *f*
(Spreizkeilbremse) f
Ing: wedge actuated brake *n*
Fra: frein à coin *m*

freno por depresión ***m***
Ale: Unterdruckbremse *f*
Ing: vacuum bracke *n*
Fra: frein à dépression *m*

freno simplex ***m***
Ale: Simplexbremse *f*
(Simplex-Trommelbremse) f
Ing: simplex brake *n*
Fra: frein simplex *m*

frenos de vehículo ***mpl***
Ale: Kraftfahrzeugbremsen *fpl*
Ing: motor vehicle brakes *npl*
(automotive brakes) npl
Fra: freins d'un véhicule à moteur *mpl*

frente de fuego ***m***
Ale: Flammfront *f*
(Flammoberfläche) f
Ing: flame front *n*
Fra: front de la flamme *m*

fricción ***f***
Ale: Reibung *f*
(Wälzreibung) f
Ing: friction *n*
Fra: frottement *m*
(frottement par glissement) m

fricción de rodadura ***f***
Ale: Rollreibung *f*
Ing: rolling friction *n*
Fra: frottement au roulement *m*

fricción límite ***f***
Ale: Grenzreibung *f*
Ing: boundary friction *n*
Fra: frottement limite *m*

fricción mezclada ***f***
Ale: Mischreibung *f*
Ing: mixed friction *n*
Fra: régime de frottement mixte *m*

fuelle ***m***
Ale: Faltenbalg *m*
Ing: gaiter seal *n*
Fra: soufflet *m*

fuelle ***m***
Ale: Faltenbalg *m*
Ing: bellows *n*
Fra: soufflet *m*

fuelle de suspensión neumática ***m***
Ale: Luftfederbalg *m*
Ing: air spring bellows *n*
Fra: soufflet à air *m*

fuelle neumático (muelle neumático) ***m***
Ale: Rollbalg (Luftfeder) *m*
Ing: roll bellows (air spring) *n*
Fra: soufflet en U (suspension) *m*

fuelle neumático de goma ***m***
Ale: Gummirollbalg *m*
Ing: rubber bellows *n*
Fra: soufflet en caoutchouc *m*

fuelle protector ***m***
Ale: Schutzbalg *m*
Ing: protective bellows *n*
Fra: soufflet de protection *m*

fuelle tórico (muelle neumático) ***m***
Ale: Torusbalg (Luftfeder) *m*
(Torusbalgfeder) f
(Torusfeder) f
Ing: toroid bellows (air spring) *n*
Fra: ressort toroïde (suspension) *m*

fuente de alimentación ***f***
Ale: Netzteil *n*
Ing: network component *n*
Fra: bloc d'alimentation *m*

fuente de energía ***f***
Ale: Energiequelle *f*
Ing: source of energy *n*
Fra: source d'énergie *f*

fuente de interferencias (compatibilidad electromagnética) ***f***
Ale: Störquelle (EMV) *f*
Ing: radio interference source (EMC) *n*
Fra: source de perturbations (CEM) *f*

fuente de interferencias de banda ancha ***f***
Ale: Breitbandstörer *m*
Ing: broadband interferer *n*
Fra: perturbateur à bande large *m*

fuente luminosa de bombeo ***f***
Ale: Pumplichtquelle *f*
Ing: pumping light source *n*
Fra: source de pompage *f*

fuente sonora ***f***
Ale: Schallquelle *f*
Ing: acoustic source *n*
Fra: source acoustique *f*

fuerza axial ***f***
Ale: Axialkraft *f*
Ing: axial force *n*
Fra: effort axial *m*

fuerza centrífuga ***f***
Ale: Fliehkraft *f*
Ing: centrifugal force *n*
Fra: force centrifuge *f*

fuerza de accionamiento ***f***
Ale: Betätigungskraft *f*
Ing: control force *n*
(operating force) n
Fra: force de commande *f*

fuerza de acoplamiento ***f***
Ale: Koppelkraft *f*
Ing: coupling force *n*
Fra: force de couplage *f*
(force d'accouplement) f

fuerza de ajuste (electroválvula del ABS) ***f***
Ale: Verstellkraft (ABS-Magnetventil) *f*
Ing: actuating force (ABS solenoid valve) *n*
Fra: force de réglage (électrovalve ABS) *f*

fuerza de amortiguación ***f***
Ale: Dämpferkraft *f*
Ing: damping force *n*
Fra: force de l'amortisseur *f*

fuerza de aplicación (pastilla de frenos) ***f***
Ale: Spannkraft (Bremsbelag) *f*
(Anlegedruck) m
Ing: application force (brake lining) *n*
Fra: force de serrage (garniture de frein) *f*

fuerza de apoyo (servofreno) ***f***
Ale: Unterstützungskraft (Bremskraftverstärker) *m*
Ing: assisting force (brake booster) *n*
Fra: force d'assistance (servofrein) *f*

fuerza de apriete ***f***
Ale: Anpresskraft *f*
Ing: downforce *n*
Fra: force d'application *f*

fuerza de apriete ***f***
Ale: Anzugskraft *f*
Ing: tightening force *n*
Fra: force initiale de démarrage *f*

fuerza de apriete ***f***
Ale: Klemmkraft *f*
Ing: clamping pressure *n*
(clamping power) n
Fra: force de serrage *f*

fuerza de campo magnético ***f***
Ale: magnetische Feldkraft *f*
Ing: magnetic field force *n*
Fra: force magnétique *f*

fuerza de cierre de aguja ***f***
Ale: Nadelschließkraft *f*
Ing: needle closing force *n*
Fra: force de fermeture de l'aiguille *f*
(pointeau du flotteur) m

fuerza de corte ***f***
Ale: Schubkraft *f*
(Scherkraft) f
Ing: shear force *n*
Fra: effort de cisaillement *m*

fuerza de extracción ***f***
Ale: Abzugskraft *f*
Ing: pull off force *n*
Fra: force d'extraction *f*

fuerza de frenado ***f***
Ale: Bremskraft *f*

Español

Ing: braking force *n*
Fra: force de freinage *f*

fuerza de frenado del neumático *f*
Ale: Reifenbremskraft *f*
Ing: tire braking force *n*
Fra: force de freinage du pneumatique *f*

fuerza de fricción *f*
Ale: Reibkraft *f*
Ing: frictional force *n*
Fra: force de friction *f*

fuerza de fricción *f*
Ale: Reibungskraft *f*
Ing: friction force *n*
Fra: force de frottement *f*

fuerza de guiado lateral *f*
Ale: Seitenführungskraft *f*
Ing: lateral force *n*
(cornering force) *n*
Fra: force de guidage latérale *f*

fuerza de inercia *f*
Ale: Massenkraft *f*
Ing: inertial force *n*
Fra: force d'inertie *f*

fuerza de introducción a presión *f*
Ale: Aufpresskraft *f*
Ing: press-on force *n*
Fra: effort d'emmanchement *f*

fuerza de pedal *f*
Ale: Pedalkraft *f*
Ing: pedal force *n*
Fra: effort sur la pédale *m*

fuerza de precarga *f*
Ale: Vorspannkraft *f*
Ing: initial force *n*
Fra: tension initiale *f*

fuerza de propulsión *f*
Ale: Vortriebskraft *f*
Ing: drive force *n*
Fra: force de propulsion *f*

fuerza de reacción (freno) *f*
Ale: Reaktionskraft (Bremse) *f*
Ing: reaction force (brakes) *n*
Fra: force de réaction (frein) *f*

fuerza de reposicionamiento *f*
Ale: Rückstellkraft *f*
Ing: return force *n*
Fra: force de rappel *f*

fuerza de torsión *f*
Ale: Drehkraft *f*
Ing: torsional force *n*
Fra: force de rotation *f*

fuerza del campo eléctrico *f*
Ale: elektrische Feldkraft *f*
Ing: electric field force *n*
Fra: force électrique *f*

fuerza del neumático *f*
Ale: Reifenkraft *f*
Ing: tire force *n*
Fra: force de freinage au roulement des pneumatiques *f*

fuerza del viento lateral *f*
Ale: Seitenwindkraft *f*
Ing: crosswind force *n*
Fra: force du vent latéral *f*

fuerza elástica *f*
Ale: Federkraft *f*
Ing: spring force *n*
Fra: force du ressort *f*

fuerza electromotriz *f*
Ale: elektromotorische Kraft, EMK *f*
(Urspannung) *f*
Ing: electromotive force *n*
Fra: force électromotrice, f.é.m. *f*
(tension interne) *f*

fuerza en ramal de correa *f*
Ale: Trumkraft *f*
Ing: force on belt side *n*
Fra: force appliquée au brin *f*

fuerza externa (accionamiento de freno) *f*
Ale: Fremdkraft (Bremsbetätigung) *f*
Ing: external force (brake control) *n*
Fra: énergie externe (commande de frein) *f*

fuerza inducida cuesta abajo *f*
Ale: Hangabtriebskraft *f*
Ing: downgrade force *n*
Fra: force de déclivité *f*

fuerza lateral *f*
Ale: Seitenkraft *f*
Ing: side force *n*
Fra: force latérale *f*

fuerza lateral de neumático *f*
Ale: Reifenseitenkraft *f*
(Reifenquerkraft) *f*
Ing: lateral tire force *n*
Fra: force latérale du pneumatique *f*

fuerza motriz *f*
Ale: Antriebskraft *f*
Ing: motive force *n*
Fra: force motrice *f*

fuerza motriz *f*
Ale: Triebkraft *f*
Ing: traction force *n*
(motive force) *n*
Fra: force motrice *f*

fuerza muscular (accionamiento de freno) *f*
Ale: Muskelkraft (Bremsbetätigung) *f*
Ing: muscular force (brake control) *n*
Fra: force musculaire (commande de frein) *f*

fuerza periférica *f*
Ale: Umfangskraft *f*
Ing: peripheral force *n*
Fra: force circonférentielle *f*

fuerza perturbadora *f*
Ale: Störkraft *f*
Ing: interference factor *n*
Fra: action parasite *f*

fuerza por peso *f*
Ale: Gewichtskraft *f*
Ing: weight *n*
Fra: poids *m*

fuerza tangencial *f*
Ale: Tangentialkraft *f*
Ing: tangential force *n*
Fra: force tangentielle *f*

fuerza total de frenado *f*
Ale: Gesamtbremskraft *f*
Ing: total braking force *n*
Fra: force de freinage totale *f*

fuerza transversal *f*
Ale: Querkraft *f*
Ing: transverse force *n*
Fra: effort transversal *m*

fuerza vertical del neumático *f*
Ale: Reifenaufstandskraft *f*
Ing: vertical tire force *n*
Fra: force verticale du pneumatique *f*

fuga *f*
Ale: Leckage *f*
Ing: leakage *n*
Fra: fuite *f*

función antisacudidas *f*
Ale: Antiruckelfunktion *f*
Ing: surge damping function *n*
Fra: fonction anti à-coups *f*

función de ajuste *f*
Ale: Verstellfunktion *f*
Ing: adjustment function *n*
Fra: fonction de correction *f*

función de confort *f*
Ale: Komfortfunktion *f*
Ing: comfort and convenience function *n*
Fra: fonction confort *f*

función de dirección *f*
Ale: Lenkfunktion *f*
Ing: steering function *n*
Fra: fonction de braquage *f*

función de excitación *f*
Ale: Erregungsfunktion *f*
Ing: excitation function *n*
Fra: fonction d'excitation *f*

función de marcha de emergencia *f*
Ale: Notlauffunktion *f*
Ing: limp home mode function *n*
Fra: fonction de secours *f*

función de regulación de frenado *f*
Ale: Bremsregelfunktion *f*
Ing: brake control function *n*
(locking differential) *n*
Fra: fonction de régulation de freinage *f*

función de transmisión *f*
Ale: Übertragungsfunktion *f*
Ing: transfer function *n*

Español

(*transmission function*) *n*
Fra: fonction de transfert *f*

función rampa *f*
Ale: Rampenfunktion *f*
Ing: ramp function *n*
Fra: fonction rampe *f*

funcionamiento a carga estratificada *m*
Ale: Schichtbetrieb *m*
Ing: stratified charge operation *n*
Fra: fonctionnement en charge stratifiée *m*

funcionamiento a carga estratificada *m*
Ale: Schichtbetrieb *m*
Ing: stratified charge operating mode *n*
Fra: fonctionnement en charge stratifiée *m*

funcionamiento a carga parcial *m*
Ale: Teillastbetrieb *m*
Ing: part load operation *n*
Fra: fonctionnement en charge partielle *m*

funcionamiento autónomo *m*
Ale: Selbstlauf *m*
Ing: sustained operation *n*
Fra: fonctionnement autonome *m*

funcionamiento con alcohol *m*
Ale: Alkoholbetrieb *m*
Ing: alcohol mode *n*
Fra: fonctionnement à l'alcool *m*

funcionamiento con doble cámara (sistema de frenos por vacío) *m*
Ale: Zweikammerbetrieb (Vakuum-Bremsanlage) *m*
Ing: dual chamber operation (vacuum-brake system) *n*
Fra: système à deux chambres (dispositif de freinage à dépression) *m*

funcionamiento con mezcla pobre *m*
Ale: Magerbetrieb *m*
Ing: lean operation mode *n*
Fra: fonctionnement avec mélange pauvre *m*

funcionamiento con mezcla pobre *m*
Ale: Magerkonzept *n*
Ing: lean burn concept *n*
Fra: concept à mélange pauvre *m*

funcionamiento con varios combustibles *m*
Ale: Mehrstoffbetrieb *m*
Ing: multifuel operation *n*
Fra: fonctionnement polycarburant *m*

funcionamiento de corta duración (máquinas eléctricas) *m*
Ale: Kurzzeitbetrieb (elektrische Maschinen) *m*
Ing: short time duty type (electrical machines) *n*
Fra: fonctionnement de courte durée (machines électriques) *m*

funcionamiento de emergencia *m*
Ale: Notlauf *m*
Ing: limp home *n*
Fra: mode dégradé *m*
(*mode incidenté*) *m*

funcionamiento de marcha *m*
Ale: Fahrbetrieb *m*
Ing: vehicle operation *n*
Fra: conduite véhicule *f*

funcionamiento del grupo *m*
Ale: Aggregatefunktion *f*
Ing: auxiliary equipment function *n*
Fra: fonction des appareils *f*

funcionamiento en tampón (carga de batería) *m*
Ale: Pufferbetrieb (Batterieladung) *m*
Ing: floating-mode operation (battery charge) *n*
Fra: mode « tampon » (charge de batterie) *m*

funcionamiento en vacío (regulador de presión) *m*
Ale: Leerlaufbetrieb (Druckregler) *m*
Ing: idle (pressure regulator) *v*
Fra: fonctionnement à vide (régulateur de pression) *m*

funcionamiento estacionario *m*
Ale: Stationärbetrieb *m*
Ing: stationary applications *n*
Fra: mode stationnaire *m*

funcionamiento estratificado con mezcla pobre *m*
Ale: magerer Schichtbetrieb *m*
Ing: stratified lean operation mode *n*
Fra: mode stratifié avec mélange pauvre *m*

fundición a presión de aluminio *m*
Ale: Aluminium-Druckguss *m*
Ing: diecast aluminum *n*
Fra: aluminium moulé sous pression *m*

fundición de aluminio *f*
Ale: Aluminiumguss *m*
Ing: aluminum casting *n*
Fra: fonte d'aluminium *f*

fundir a presión *v*
Ale: druckgießen *v*
Ing: pressure diecasting *v*
Fra: mouler sous pression *v*

furgoneta *f*
Ale: Transporter *m*
Ing: van *n*
Fra: utilitaire polyvalent *m*
(*transporteur*) *m*

fusible *m*
Ale: Sicherung *f*
Ing: fuse *n*
Fra: fusible *m*

fusible térmico *m*
Ale: Thermosicherung *f*
Ing: thermal cutout *n*
Fra: thermofusible *m*

G

galga de bujías *f*
Ale: Zündkerzenlehre *f*
Ing: spark plug-gap gauge *n*
Fra: jauge d'épaisseur (bougie d'allumage) *f*

galga de distancia del electrodo (bujía de encendido) *f*
Ale: Elektrodenabstandslehre (Zündkerze) *f*
Ing: electrode gap gauge (spark plug) *n*
Fra: jauge d'épaisseur pour mesure d'écartement des électrodes *f*

galga de espesores *f*
Ale: Fühlerlehre *f*
Ing: feeler gauge *n*
Fra: jauge d'épaisseur *f*

galga de límite *f*
Ale: Grenzlehre *f*
Ing: limit gauge *n*
Fra: calibre entre/n'entre pas *m*

galvanizado al fuego *pp*
Ale: Feuerverzinken *n*
Ing: hot dip galvanizing *n*
Fra: galvanisation à chaud *f*

gancho extractor *m*
Ale: Abziehhaken *m*
Ing: extractor hook *n*
Fra: crochet d'extraction *m*

garantía *f*
Ale: Garantie *f*
Ing: Warranty *n*
Fra: garantie *f*

garganta de válvula *f*
Ale: Ventildurchlass *m*
Ing: valve throat *n*
Fra: diamètre de passage *m*

garra (cabeza de acoplamiento) *f*
Ale: Klaue (Kupplungskopf) *f*
Ing: claw (coupling head) *n*
Fra: griffe (tête d'accouplement) *f*

garra *f*
Ale: Pratze *f*
(*Befestigungslasche*) *f*
Ing: lug *n*
(*mounting bracket*) *n*
Fra: patte de fixation *f*

garra de apriete *f*
Ale: Spannpratze *f*

Ing: clamping claw *n*
Fra: mors de serrage *m*

garra de arrastre ***f***
Ale: Mitnehmerklaue *f*
Ing: drive connector dog *n*
Fra: griffe d'entraînement *f*

garra de terminal ***f***
Ale: Polklaue *f*
Ing: pole claw *n*
Fra: griffe polaire *f*

garra tipo estribo (limpiaparabrisas) ***f***
Ale: Bügelkralle (Wischer) *f*
Ing: bracket clamp (wipers) *n*
Fra: griffe de palonnier (essuie-glace) *f*

gas combustible ***m***
Ale: Brenngas *n*
Ing: combustion gas *n*
Fra: gaz combustible *m*

gas de calibración ***m***
Ale: Eichgas *n*
Ing: calibrating gas *n*
Fra: gaz d'étalonnage *m*

gas de calibración ***m***
Ale: Kalibriergas *n*
(Eichgas) *n*
Ing: calibrating gas *n*
Fra: gaz de calibrage *m*

gas de combustión ***m***
Ale: Verbrennungsgas *n*
(Brenngas) *n*
Ing: combustion gas *n*
Fra: gaz combustible *m*
(gaz de combustion) *m*

gas de fuga ***m***
Ale: Leckgas *n*
Ing: blowby gas *n*
Fra: gaz de fuite *mpl*

gas de invernadero ***m***
Ale: Treibhausgas *n*
Ing: greenhouse gas *n*
Fra: gaz à effet de serre *m*

gas de prueba (comprobación de gases de escape) ***m***
Ale: Messgas (Abgasprüfung) *n*
Ing: test gas (exhaust-gas test) *n*
Fra: gaz de mesure (émissions) *m*

gas de referencia (regulación Lambda) ***m***
Ale: Referenzgas (Lambda-Regelung) *n*
Ing: reference gas (lambda closed-loop control) *n*
Fra: gaz de référence (régulation de richesse) *m*

gas de trabajo ***m***
Ale: Arbeitsgas *n*
Ing: working gas *n*
Fra: gaz moteur *m*

gas fresco (motor de combustión) ***m***
Ale: Frischgas (Verbrennungsmotor) *n*
Ing: fresh A/F mixture (IC engine) *n*
Fra: gaz frais (moteur à combustion) *mpl*

gas fresco ***m***
Ale: Frischgas *n*
Ing: fresh gas *n*
Fra: gaz frais (moteur à combustion) *mpl*

gas inerte ***m***
Ale: Inertgas *n*
Ing: inert gas *n*
Fra: gaz inerte *m*

gas natural ***m***
Ale: Erdgas *n*
Ing: natural gas *n*
Fra: gaz naturel, GNV *m*

gas neutro (técnica de ensayo de gases de escape) ***m***
Ale: Nullgas (Abgasprüftechnik) *n*
Ing: zero gas (exhaust-gas test) *n*
Fra: gaz neutre (émissions) *m*

gas para automóviles ***m***
Ale: Autogas *n*
(Flüssiggas) *n*
Ing: liquefied petroleum gas, LPG *n*
(liquid gas) *n*
Fra: gaz de pétrole liquéfié, GPL *m*

gases de escape ***mpl***
Ale: Abgas *n*
Ing: exhaust gas *n*
Fra: gaz d'échappement *mpl*

gases de escape residuales ***mpl***
Ale: Restgas *n*
Ing: residual exhaust gas *n*
Fra: gaz résiduels *mpl*

gases de escape ricos ***mpl***
Ale: fettes Abgas *n*
Ing: rich exhaust gas *n*
Fra: gaz d'échappement riches *mpl*

gases del bloque motor ***mpl***
Ale: Kurbelgehäusegase *npl*
Ing: crankcase blow by gases *n*
Fra: gaz de carter-cylindres *mpl*

gasolina ***f***
Ale: Ottokraftstoff *m*
(Benzin) *n*
Ing: gasoline *n*
Fra: essence *f*

gasolina de bajo plomo ***f***
Ale: bleiarmes Benzin *n*
Ing: low lead gasoline *n*
Fra: essence sans plomb *f*

gato ***m***
Ale: Wagenheber *m*
Ing: jack *n*
Fra: cric *m*

gemela de ballesta ***f***
Ale: Federlasche *f*
Ing: flexible mounting bracket *n*
Fra: patte de ressort *f*

generación de energía ***f***
Ale: Energieerzeugung *f*
Ing: power generation *n*
Fra: production d'énergie *f*

generación de presión ***f***
Ale: Druckerzeugung *f*
Ing: pressure generation *n*
Fra: génération de la pression *f*

generador de frecuencias senoidales ***m***
Ale: Sinusgenerator *m*
Ing: sine wave generator *n*
Fra: générateur d'ondes sinusoïdales *m*

generador de gas (airbag) ***m***
Ale: Gasgenerator (Airbag) *m*
Ing: gas inflator (airbag) *n*
Fra: générateur de gaz (coussin gonflable) *m*

generador de impulsos ***m***
Ale: Impulsgeber *m*
(Taktgeber) *m*
Ing: pulse generator *n*
Fra: générateur d'impulsions *m*

generador de impulsos de disparo ***m***
Ale: Trigger-Impulsgeber *m*
Ing: pulse generator trigger *n*
Fra: capteur de synchronisme *m*

generador de impulsos luminosos ***m***
Ale: Blinkgeber *m*
Ing: turn signal flasher *n*
Fra: centrale clignotante *f*

generador de impulsos por inducción ***m***
Ale: Induktionsgeber *m*
Ing: induction-type pulse generator *n*
Fra: capteur inductif *m*

generador de impulsos por inducción ***m***
Ale: Induktivgeber *m*
(Induktionsgeber) *m*
Ing: induction type pulse generator *n*
Fra: capteur inductif *m*
(générateur inductif) *m*

generador electrónico de impulsos (especificación) ***m***
Ale: elektronischer Impulsgeber (specification) *m*
Ing: electronic pulse generator *n*
Fra: générateur d'impulsions électronique *m*

generador tacómetro ***m***
Ale: Tachogenerator *m*
Ing: speedometer generator *n*
Fra: génératrice tachymétrique *f*

geometría del chorro (inyección de combustible) ***f***

Español

Ale: Strahlgeometrie (Kraftstoffeinspritzung) *f*
Ing: spray pattern (fuel injection) *n*
Fra: forme du jet *f*

geometría variable de la turbina ***f***
Ale: variable Turbinengeometrie *f*
Ing: variable turbine geometry, VTG *n*
Fra: turbine à géométrie variable *f*

gestión de energía ***f***
Ale: Energiemanagement *n*
Ing: energy management *n*
Fra: gestion énergétique *f*

gestión de la red de a bordo ***f***
Ale: Bordnetzmanagement *n*
Ing: vehicle electrical system management *n*
Fra: gestion du réseau de bord *f*

gestión térmica ***f***
Ale: Thermomanagement *n*
Ing: thermal management *n*
Fra: thermogestion *f*

giro ***m***
Ale: Verdrehung *f*
Ing: twisting *n*
Fra: torsion *f*

giro a la izquierda ***m***
Ale: Linkslauf *m*
Ing: counterclockwise rotation *n*
Fra: rotation à gauche *f*

giro del piñón ***m***
Ale: Ritzelverdrehung *f*
Ing: pinion rotation *n*
Fra: rotation du pignon *f*

giro inestable ***m***
Ale: Laufunruhe *f*
Ing: uneven running *v*
Fra: instabilité de fonctionnement *f*

giro por inercia del neumático ***m***
Ale: Reifennachlauf *m*
Ing: caster *n*
Fra: chasse du pneumatique *f*

giro por inercia del ventilador ***m***
Ale: Lüfternachlauf *m*
Ing: fan afterrun *n*
Fra: post-fonctionnement du ventilateur *m*

girómetro de vibración ***m***
Ale: Schwingungsgyrometer *n*
Ing: oscillation gyrometer *n*
Fra: gyromètre à vibration *m*

goma de tope ***f***
Ale: Anschlagpuffer *m*
Ing: stop buffer *n*
Fra: butée élastique *f*

goma dura ***f***
Ale: Hartgummi *m*
Ing: hard rubber *n*
Fra: caoutchouc dur *m*

goma perfilada ***f***
Ale: Profilgummi *n*
Ing: profile rubber seal *n*
Fra: caoutchouc profilé *m*

gorrón esférico ***m***
Ale: Kugelzapfen *m*
Ing: ball pivot *n*
Fra: tourillon sphérique *m*

gotear ulteriormente ***v***
Ale: nachtropfen *v*
Ing: fuel dribble *n*
Fra: bavage de carburant *m*

grabación ***f***
Ale: Aufzeichnung *f*
Ing: recording *n*
Fra: étalonnage *m*

grabación con cabezal artificial ***f***
Ale: Kunstkopfaufnahme *f*
Ing: artificial head recording *n*
Fra: enregistrement avec tête artificielle *m*

grabadora de cintas ***f***
Ale: Bandgerät *n*
Ing: tape recorder *n*
Fra: enregistreur à bande *m*

gradiente ***m***
Ale: Steigung *f*
Ing: gradient *n*
Fra: pente *f*

gradiente de temperatura ***m***
Ale: Temperaturgefälle *n*
Ing: temperature gradient *n*
Fra: gradient de température *m*

grado de amortiguación ***m***
Ale: Dämpfungsgrad *m*
Ing: damping ratio *n*
Fra: taux d'amortissement *m*

grado de deformación ***m***
Ale: Verformungsgrad *m*
Ing: degree of deformation *n*
Fra: taux d'écrouissage *m*

grado de expulsión ***m***
Ale: Spülgrad *n*
Ing: scavenge efficiency *n*
Fra: taux de balayage *m*

grado de oxidación ***m***
Ale: Rostgrad *m*
Ing: rust level *n*
Fra: degré d'enrouillement *m*

grado de protección antiparasitaria ***m***
Ale: Funkentstörgrad *m*
Ing: radio interference suppression level *n*
Fra: degré d'antiparasitage *m*

grado de radiación sonora (ventilador) ***m***
Ale: Abstrahlgrad (Lüfter) *m*
Ing: noise emission level (fan) *n*
Fra: degré de rayonnement sonore (ventilateur) *m*

grado de retención de aceite ***m***
Ale: Fanggrad *m*
Ing: retention rate *n*
Fra: taux de captage *m*

grado de supresión de interferencias ***m***
Ale: Entstörgrad *n*
Ing: interference suppression level *n*
Fra: degré d'antiparasitage *m*

grado de viscosidad ***m***
Ale: Viskositätsklasse *f*
Ing: viscosity classification *n*
Fra: grade de viscosité *m*

grado térmico (bujía de encendido) ***m***
Ale: Wärmewert (Zündkerze) *m*
Ing: heat range (spark plug) *n*
Fra: degré thermique (bougie d'allumage) *m*

grado térmico ***m***
Ale: Wärmewert *m*
Ing: thermal value *n*
Fra: degré thermique (bougie d'allumage) *m*

graduable ***adj***
Ale: abstufbar *adj*
(*stufbar*) *adj*
Ing: graduable *adj*
Fra: modérable *adj*

grapa de retención ***f***
Ale: Halteklammer *f*
Ing: retaining clip *n*
Fra: agrafe *f*

grapa para cables ***f***
Ale: Kabelhalter *m*
Ing: cable clip *n*
Fra: attache de câble *f*

grasa con gel ***f***
Ale: Gelfett *n*
Ing: gel-type grease *n*
Fra: graisse à gélifiant *f*

grasa de alta presión ***f***
Ale: Hochdruckfett *n*
Ing: high pressure grease *n*
Fra: graisse haute pression *f*

grasa lubricante ***f***
Ale: Schmierfett *n*
Ing: lubricating grease *n*
Fra: graisse lubrifiante *f*

grasa para rodamientos ***f***
Ale: Wälzlagerfett *n*
Ing: rolling bearing grease *n*
Fra: graisse pour roulements *f*

grasa para rodamientos de bolas ***f***
Ale: Kugellagerfett *n*
Ing: ball bearing grease *n*
(*roller-bearing grease*) *n*
Fra: graisse à roulement *f*

grasa protectora resistente al electrolito (batería) ***f***
Ale: Säureschutzfett (Batterie) *n*
Ing: acid proof grease (battery) *n*
Fra: graisse antiacide *f*

grava ***f***

Español

Ale: Schotter *m*
Ing: gravel *n*
Fra: macadam *m*

grieta *f*
Ale: Riss *m*
Ing: crack *n*
Fra: fissure *f*

grifo de cuatro vías *m*
Ale: Vierwegehahn *m*
Ing: four way cock *n*
Fra: robinet à quatre voies *m*

gripado *m*
Ale: Fressen *n*
Ing: seizure *n*
Fra: grippage *m*

gripado de pistón *m*
Ale: Kolbenfresser *m*
Ing: piston seizure *n*
Fra: grippage de piston *m*

grupo adicional *m*
Ale: Zusatzaggregat *n*
Ing: ancillary *n*
Fra: auxiliaire *m*

grupo constructivo *m*
Ale: Baugruppe *f*
Ing: assembly *n*
Fra: sous-ensemble *m*

grupo constructivo de faro *m*
Ale: Scheinwerferbaugruppe *f*
Ing: headlamp subassembly *n*
Fra: bloc d'éclairage *m*

grupo de aparatos (sistema de aire comprimido) *m*
Ale: Gerätegruppe (Druckluftanlage) *f*
Ing: component group (air-brake system) *n*
Fra: ensemble d'appareils de freinage (dispositif de freinage à air comprimé) *m*

grupo de marchas (cambio del vehículo) *m*
Ale: Ganggruppe (Kfz-Getriebe) *f*
Ing: gear range *n*
Fra: groupe de vitesses *m*

grupo Diesel *m*
Ale: Dieselaggregat *n*
Ing: diesel power unit *n*
Fra: groupe diesel *m*

grupo doble eje *m*
Ale: Doppelachsaggregat *n*
Ing: tandem axle assembly *n*
Fra: essieu tandem *m*

grupo electrógeno *m*
Ale: Stromaggregat *n*
Ing: engine generator set *n*
Fra: groupe moto-générateur *m*

grupo electrógeno *m*
Ale: Stromerzeugungs-Aggregat *n*
Ing: engine generator set *n*
Fra: groupe générateur *m*

grupo electrógeno de emergencia *m*
Ale: Notstromaggregat *n*
Ing: emergency power generator set *n*
Fra: groupe électrogène *m*

grupo hidráulico (ABS) *m*
Ale: Hydroaggregat (ABS) *n*
Ing: hydraulic modulator (ABS) *n*
Fra: groupe hydraulique *m*

grupo regulador *m*
Ale: Reglergruppe *f*
Ing: governor assembly (mechanical governor) *n*
Fra: bloc régulateur *m*

grupos de conexión adicional *mpl*
Ale: Aufschaltgruppen *fpl*
Ing: add on modules *n*
Fra: groupes d'adaptation *mpl*

guantera *f*
Ale: Handschuhfach *n*
Ing: glove compartment *n*
Fra: boîte à gants *f*

guardabarros *m*
Ale: Kotflügel *m*
Ing: fender *n*
Fra: panneau d'aile *m*

guardabarros interior *m*
Ale: Innenkotflügel *m*
Ing: wheel well *n*
(wheel-arch inner panel) *n*
Fra: aile intérieure *f*

guarnición guardapolvo *f*
Ale: Staubmanschette *f*
Ing: dust sleeve *n*
Fra: garniture anti-poussière *f*

guía al destino *f*
Ale: Zielführung *f*
(Navigationssystem) *n*
Ing: route-guidance (vehicle navigation system) *n*
Fra: guidage jusqu'à destination *m*

guía de aguja *f*
Ale: Nadelführung *f*
Ing: needle guide *n*
Fra: guide-aiguille *m*

guía de cadena *f*
Ale: Kettenführung *f*
Ing: chain guide *n*
Fra: guide-chaîne *m*

guía de colisa (regulador Diesel) *f*
Ale: Kulissenführung (Diesel-Regler) *f*
Ing: sliding block guide (governor) *n*
Fra: guide-coulisse (injection diesel) *m*

guía de garras (cabeza de acoplamiento) *f*
Ale: Klauenführung (Kupplungskopf) *f*
Ing: claw guide (coupling head) *n*
Fra: glissière (tête d'accouplement) *f*

guía de rodillos *f*
Ale: Rollenlaufbahn *f*
Ing: roller path *n*
Fra: surface de guidage des rouleaux *f*

guía de válvula *f*
Ale: Ventilführung *f*
Ing: valve guide *n*
Fra: guide de soupape *m*

guiado por chorro (inyección de combustible) *pp*
Ale: strahlgeführt (Kraftstoffeinspritzung) *adj*
Ing: jet directed (fuel injection) *adj*
Fra: assisté par jet d'air *pp*

guiado por chorro (inyección de combustible) *pp*
Ale: strahlgeführt (Kraftstoffeinspritzung) *adj*
Ing: spray guided (fuel injection) *adj*
Fra: assisté par jet d'air *pp*

guiñar (dinámica del automóvil) *v*
Ale: gieren (Kfz-Dynamik) *v*
Ing: yaw (motor-vehicle dynamics) *v*
Fra: lacet (véhicule) *m*

H

habilitación de unidades de control *f*
Ale: Steuergerätefreischaltung *f*
Ing: control unit enabling *n*
Fra: activation du calculateur *f*

habitáculo *m*
Ale: Fahrgastzelle *f*
Ing: passenger cell *n*
Fra: habitacle *m*

habitáculo *m*
Ale: Innenraum *m*
Ing: interior *n*
(passenger compartment) *n*
Fra: habitacle *m*

haz de regulación (inyección diesel) *m*
Ale: Absteuerstrahl (Dieseleinspritzung) *m*
Ing: cutoff jet (diesel fuel injection) *n*
Fra: jet de décharge *m*

hembrilla *f*
Ale: Steckbuchse *f*
Ing: plug socket *n*
(receptacle) *n*
Fra: prise femelle *f*

hembrilla *f*
Ale: Steckerbuchse *f*
Ing: plug socket *n*
Fra: contact femelle *m*

hembrilla de contacto *f*
Ale: Steckhülse *f*
Ing: receptable *n*
(terminal socket) *n*

Fra: fiche femelle *f*

hembrilla redonda ***f***
Ale: Rundsteckerhülse *f*
Ing: pin receptable *n*
Fra: fiche femelle ronde *f*

hermético al aire ***adj***
Ale: luftdicht *adj*
Ing: airtight *adj*
Fra: hermétique *adj*

herraje ***m***
Ale: Beschlag *m*
Ing: misting over *n*
Fra: embuage *m*

herramienta de inserción ***f***
Ale: Einpresswerkzeug *n*
Ing: press in tool *n*
Fra: outil à emmancher *m*

herramienta especial ***f***
Ale: Sonderwerkzeug *n*
Ing: special tool *n*
Fra: outil spécial *m*

herramienta especial ***f***
Ale: Spezialwerkzeug *n*
Ing: special tool *n*
Fra: outil spécial *m*

hidrocarburo ***m***
Ale: Kohlenwasserstoff *m*
Ing: hydrocarbon, HC *n*
Fra: hydrocarbure *m*

hidrocarburo clorofluorado ***m***
Ale: Fluor-Chlor-Kohlenwasserstoff, FCKW *m*
Ing: chlorofluorocarbon, CFC *n*
Fra: chlorofluorocarbones (CFC) *m*

hierro dulce ***m***
Ale: Weicheisen *n*
Ing: soft iron *n*
Fra: fer doux *m*

hierro fundido ***m***
Ale: Gusseisen *n*
Ing: cast iron *n*
Fra: fonte *f*

hilo caliente (caudalímetro de aire) ***m***
Ale: Hitzdraht (Luftmassenmesser) *m*
Ing: hot wire (air-mass meter) *n*
Fra: fil chaud (débitmètre massique) *m*

hinchamiento ***m***
Ale: Quellung *f*
Ing: swelling *n*
Fra: gonflement *m*

hinchamiento del elastómero (líquido de frenos) ***m***
Ale: Elastomerquellung (Bremsflüssigkeit) *f*
Ing: elastomer swelling (brake fluid) *n*
Fra: gonflement des élastomères (liquide de frein) *m*

histéresis ***f***
Ale: Hysterese *f*
Ing: hysteresis *n*
Fra: hystérésis *f*

histéresis de frenado ***f***
Ale: Bremshysterese *f*
Ing: braking hysteresis *n*
Fra: hystérésis du freinage *f*

hoja de especificaciones técnicas ***f***
Ale: Datenblatt *n*
Ing: technical specification sheet *n*
Fra: fiche de données *f*

holgura (zapata de freno) ***f***
Ale: Lüftspiel (Bremsbacke) *n*
Ing: clearance (brake shoe) *n*
Fra: jeu (frein) *m*

holgura de los flancos ***f***
Ale: Flankenspiel (Zahnrad) *n*
Ing: backlash (gear) *n*
Fra: jeu entre dents (engrenage) *m*

hollín ***m***
Ale: Ruß *m*
Ing: soot *n*
Fra: suie *f*

hombro de llanta (rueda de vehículo) ***m***
Ale: Felgenschulter (Fahrzeugrad) *f*
Ing: rim bead seat (vehicle wheel) *n*
Fra: portée du talon *f*

hombro de presión (aguja de inyector) ***m***
Ale: Druckschulter (Düsennadel) *f*
Ing: pressure shoulder (nozzle needle) *n*
Fra: cône d'attaque (aiguille d'injecteur) *m*

homogéneo ***adj***
Ale: homogen *adj*
Ing: homogenous *n*
Fra: homogène *adj*

homologación ***f***
Ale: Homologation *f*
Ing: homologation *n*
Fra: homologation *f*

homologación de tipo ***f***
Ale: Bauartgenehmigung *f*
Ing: design certification *n*
Fra: homologation de type *f*

homologación de tipo ***f***
Ale: Typengenehmigung *f*
Ing: type approval *n*
(general certification) *n*
Fra: homologation de type *m*

horquilla articulada ***f***
Ale: Gelenkgabel *f*
Ing: link fork *n*
Fra: fourchette d'articulation *f*

horquilla de pata telescópica ***f***
Ale: Federbeingabel *f*
Ing: spring strut fork *n*
Fra: fourche de jambe de suspension *f*

humectación de las paredes (tubo de admisión) ***f***
Ale: Wandbenetzung (Saugrohr) *f*
(Wandfilmbildung) *f*
Ing: manifold wall fuel condensation *n*
Fra: humidification des parois *f*

humo azul ***m***
Ale: Blaurauch *m*
Ing: blue smoke *n*
Fra: fumées bleues *fpl*

humo negro ***m***
Ale: Schwarzrauch *m*
Ing: black smoke *n*
Fra: fumées noires *fpl*

humos de Diesel ***mpl***
Ale: Dieselrauch *m*
Ing: diesel smoke *n*
Fra: fumées diesel *fpl*

husillo ***m***
Ale: Spindel *f*
Ing: spindle *n*
Fra: broche *f*

husillo giratorio ***m***
Ale: Drehspindel *f*
Ing: rotary spindle *n*
Fra: broche pivotante *f*

I

identificación del usuario ***f***
Ale: Benutzerkennung *f*
Ing: user ID *n*
Fra: code utilisateur *m*

igualación de par de los cilindros ***f***
Ale: Zylindergleichstellung *f*
Ing: cylinder torque equalization *n*
Fra: équipartition du couple des cylindres *m*

iluminación ***f***
Ale: Ausleuchtung *f*
Ing: illumination *n*
Fra: éclairement *m*

iluminación (automóvil) ***f***
Ale: Beleuchtung (Kfz) *f*
Ing: lighting (motor vehicle) *n*
Fra: éclairage (automobile) *m*

iluminación adicional ***f***
Ale: Zusatzbeleuchtung *f*
Ing: auxiliary lighting *n*
Fra: éclairage additionnel *m*

iluminación de habitáculo ***f***
Ale: Innenraumbeleuchtung *f*
Ing: interior lighting *n*
Fra: éclairage de l'habitacle *m*

iluminación de matrícula ***f***
Ale: Kennzeichenbeleuchtung *f*
Ing: license plate illumination *n*
Fra: éclairage de plaque d'immatriculation *m*

imán anular ***m***
Ale: Ringmagnet *m*
Ing: ring magnet *n*

Fra: aimant torique *m*

imán cilíndrico ***m***
Ale: Topfmagnet *m*
Ing: pot magnet *n*
(induction cup) *n*
Fra: aimant tambour *m*
(induit en cloche) *m*

imán de mando ***f***
Ale: Steuermagnet *m*
Ing: control magnet *n*
Fra: aimant de commande *m*

imán de rotor ***m***
Ale: Rotormagnet *m*
Ing: rotor magnet *n*
Fra: aimant rotorique *m*

imán de soplado (relé de potencia) ***m***
Ale: Blasmagnet (Leistungsrelais) *m*
Ing: blowout magnet (power relay) *n*
Fra: aimant de soufflage (relais de puissance) *m*

imán permanente ***m***
Ale: Dauermagnet *m*
Ing: permanent magnet *n*
Fra: aimant permanent *m*

imán permanente ***m***
Ale: Permanentmagnet *m*
(Dauermagnet) *m*
Ing: permanent magnet *n*
Fra: aimant permanent *m*

impedancia ***f***
Ale: Impedanz *f*
(Scheinwiderstand) *m*
Ing: impedance *n*
Fra: impédance *f*

impedancia acústica ***f***
Ale: akustische Impedanz *f*
Ing: acoustic impedance *n*
Fra: impédance acoustique *f*

impedancia acústica ***f***
Ale: Schallimpedanz *f*
Ing: acoustic impedance *n*
Fra: impédance acoustique *f*

impermeabilizante ***m***
Ale: Dichtmittel *n*
Ing: sealant *n*
Fra: produit d'étanchéité *m*

impregnación ***f***
Ale: Imprägnierung *f*
Ing: impregnation *n*
Fra: imprégnation *f*

imprimación por inmersión ***f***
Ale: Tauchgrundierung *f*
Ing: dip priming *n*
Fra: apprêt par immersion *m*

impulso de comprobación ***m***
Ale: Prüfimpuls *m*
Ing: test pulse *n*
Fra: impulsion de contrôle *f*

impulso de emisión ***m***
Ale: Sendeimpuls *m*
Ing: transmit pulse *n*
Fra: impulsion d'émission *f*

impulso de encendido ***m***
Ale: Zündimpuls *m*
Ing: ignition pulse *n*
Fra: impulsion d'allumage *f*

impulso de inyección ***m***
Ale: Einspritzimpuls *m*
Ing: injection pulse *n*
Fra: impulsion d'injection *f*

impulso de mando (unidad de control) ***m***
Ale: Steuerimpuls (Steuergerät) *m*
Ing: control pulse (ECU) *n*
Fra: impulsion de commande (calculateur) *f*

impulsor de bomba ***m***
Ale: Pumpenrad *n*
Ing: pump rotor *n*
Fra: rotor de pompe *m*

impulsor deslizante ***m***
Ale: Gleitstößel *m*
Ing: sliding tappet *n*
Fra: poussoir coulissant *m*

incandescencia continua ***f***
Ale: dauerglühen *v*
Ing: continuous glowing *v*
Fra: incandescence permanente *f*

inclinación ***f***
Ale: Neigung *f*
Ing: slope *n*
(gradient) *n*
(incline) *n*
Fra: inclinaison *f*

inclinación ***f***
Ale: Steigung *f*
Ing: slope *n*
(gradient) *n*
(upgrade) *n*
Fra: pente *f*

incrementar las vibraciones (automóvil) ***v***
Ale: aufschaukeln (Kfz) *v*
Ing: pitch (motor vehicle) *v*
Fra: oscillation croissante (véhicule) *f*

incremento de caudal ***m***
Ale: Mengeninkrement *n*
Ing: fuel quantity increment *n*
Fra: incrément de débit *m*

incremento de caudal dependiente de la temperatura ***m***
Ale: temperaturabhängiges Mengeninkrement *n*
Ing: temperature dependent quantity increment *n*
Fra: incrément de débit en fonction de la température *m*

indicación de aplicación ***f***
Ale: Applikationshinweis *m*
Ing: application instructions *npl*
Fra: notice d'application *f*

indicación de avería ***f***
Ale: Fehleranzeige *f*
Ing: fault display *n*
Fra: affichage de défauts *m*

indicación de consumo de combustible ***f***
Ale: Kraftstoffverbrauchsanzeige *f*
Ing: fuel consumption indicator *n*
Fra: indicateur de consommation de carburant *m*

indicación de desgaste de la batería ***f***
Ale: Batterieverschleißanzeige *f*
Ing: battery wear indicator *n*
Fra: témoin d'usure de batterie *m*

indicación de falta de líquido refrigerante ***f***
Ale: Kühlmittelmangelanzeige *f*
Ing: low coolant indicator *n*
Fra: indicateur de manque de liquide de refroidissement *m*

indicación de intervalos de servicio ***f***
Ale: Service-Intervall-Anzeige *f*
Ing: service reminder indicator, SRI *n*
Fra: indicateur de périodicité d'entretien *m*

indicación de nivel de llenado de combustible ***f***
Ale: Kraftstofffüllstandsanzeige *f*
Ing: fuel level indicator *n*
Fra: jauge à carburant *f*

indicaciones de montaje ***fpl***
Ale: Montagehinweis *m*
Ing: assembly Instructions *n*
Fra: instructions de montage *fpl*

indicaciones de seguridad ***fpl***
Ale: Sicherheitshinweise *mpl*
Ing: safety instructions *npl*
Fra: consignes de sécurité *fpl*

indicador de alineación de ejes ***m***
Ale: Achsmessgerät *n*
Ing: whee alignment unit *n*
Fra: contrôleur de géométrie *m*

indicador de caudal ***m***
Ale: Durchflussanzeiger *m*
Ing: flow indicator *n*
Fra: indicateur de débit *m*

indicador de combustible ***m***
Ale: Kraftstoffanzeiger *m*
Ing: fuel gauge *n*
(fuel-level indicator) *n*
Fra: jauge à carburant *f*

indicador de disposición de arranque (motor Diesel) ***m***
Ale: Startbereitschaftsanzeige (Dieselmotor) *f*
Ing: ready to start indicator (diesel engine) *n*
Fra: indicateur de disponibilité de démarrage (moteur diesel) *m*

Español

indicador de incandescencia *m*
Ale: Glühüberwacher *m*
Ing: glow indicator *n*
Fra: contrôleur d'incandescence *m*

indicador de nivel de aceite *m*
Ale: Ölstands-Anzeiger *m*
Ing: oil gauge *n*
Fra: indicateur de niveau d'huile *m*

indicador de nivel de electrolito (batería) *m*
Ale: Säurestandsanzeiger (Batterie) *m*
Ing: acid level indicator (battery) *n*
Fra: indicateur de niveau d'électrolyte *m*

indicador de precalentamiento *m*
Ale: Vorglühanzeige *f*
Ing: pre-glow indicator *n*
Fra: témoin de préchauffage *m*

indicador de presión de aviso *m*
Ale: Warndruckanzeiger *m*
Ing: low pressure indicator *n*
Fra: indicateur-avertisseur de pression *m*

indicador de reserva combustible *m*
Ale: Kraftstoffvorratsanzeige *f*
Ing: fuel gauge *n*
Fra: jauge à carburant *f*

indicador del caudal de inyección *m*
Ale: Einspritzmengenindikator *m*
Ing: injected fuel quantity indicator *n*
Fra: débitmètre instantané *m*

indicador del estado de carga *m*
Ale: Ladezustandsanzeige *f*
Ing: charge indicator *n*
Fra: indicateur de charge *m*

indicador del nivel de llenado *m*
Ale: Füllstandsanzeige *f*
Ing: fuel-level indicator *n*
Fra: jauge de niveau *f*

índice de aire *m*
Ale: Luftverhältnis *n*
Ing: excess air factor (lambda) *n*
Fra: coefficient d'air *m*

índice de aire *m*
Ale: Luftverhältnis *n*
Ing: air ratio *n*
Fra: coefficient d'air *m*

índice de aire (regulación Lambda) *m*
Ale: Luftzahl (Lambda-Regelung) *f*
(Luftverhältnis) *n*
Ing: excess-air factor (lambda closed-loop control) *n*
Fra: coefficient d'air (lambda) *m*

índice de cetano *m*
Ale: Cetanzahl, CZ *f*
Ing: cetane number, CN *n*
Fra: indice de cétane *m*

índice de ennegrecimiento *m*
Ale: Schwärzungszahl *f*
(Schwärzungsziffer) *f*
Ing: smoke number *n*
Fra: indice de noircissement *m*

índice de hollín *m*
Ale: Rußzahl *f*
Ing: carbon number *n*
Fra: indice de suie *m*

índice de octano *m*
Ale: Oktanzahl *f*
Ing: octane number, ON *n*
Fra: indice d'octane *m*

índice de octano de investigación, RON *m*
Ale: Research-Oktanzahl, ROZ *f*
Ing: research octane number, RON *n*
Fra: indice d'octane recherche, RON *m*

índice de refracción (técnica de iluminación) *m*
Ale: Brechzahl (Lichttechnik) *f*
Ing: refractive index (lighting) *n*
Fra: indice de réfraction *m*

índice del grado térmico (bujía de encendido) *m*
Ale: Wärmewertkennzahl (Zündkerze) *f*
Ing: heat range code number (spark plug) *n*
Fra: indice caractéristique du degré thermique (bougie d'allumage) *m*

inducción *f*
Ale: Induktion *f*
Ing: induction *n*
Fra: induction *f*

inducción electromagnética *f*
Ale: elektromagnetische Induktion *f*
Ing: electromagnetic induction *n*
Fra: induction électromagnétique *f*

inducido *m*
Ale: Anker *m*
Ing: armature *n*
Fra: induit *m*

inducido cilíndrico *m*
Ale: Zylinderanker *m*
Ing: cylindrical armature *n*
Fra: induit cylindrique *m*

inducido cónico *m*
Ale: Konusanker *m*
Ing: conical armature *n*
Fra: induit plongeur *m*

inducido deslizante *m*
Ale: Schubanker *m*
Ing: sliding armature *n*
Fra: induit coulissant (démarreur) *m*

inducido giratorio *m*
Ale: Drehanker *m*
Ing: rotating armature *n*
Fra: induit rotatif *m*

inducido sumergido *m*
Ale: Tauchanker *m*
Ing: solenoid plunger *n*
Fra: induit plongeur *m*

inductancia *f*
Ale: Induktivität *f*
Ing: inductance *n*
Fra: inductance *f*

industria automovilística *f*
Ale: Automobilindustrie *f*
Ing: automotive industry *n*
Fra: industrie automobile *f*

inercia del motor *f*
Ale: Motorträgheit *f*
Ing: engine inertia *n*
Fra: inertie du moteur *f*

inestable *adj*
Ale: instabil *adj*
Ing: unstable *adj*
Fra: instable *adj*

inflamación espontánea *f*
Ale: Selbstentzündung *f*
Ing: auto ignition *n*
Fra: auto-inflammation *f*

influencia de la calzada *f*
Ale: Fahrbahneinfluss *m*
Ing: road factor *n*
Fra: effet de la chaussée *m*

información radiofónica sobre el tráfico *f*
Ale: Autofahrer-Rundfunkinformation *f*
Ing: traffic update *n*
Fra: système info trafic *m*

informe de pruebas *m*
Ale: Prüfprotokoll *n*
(Prüfbericht) *m*
Ing: test record *n*
(test report) *n*
Fra: compte rendu d'essai *m*

informe de recepción *m*
Ale: Abnahmeprüfprotokoll *n*
Ing: inspection report *n*
Fra: protocole de recette *m*

ingeniería de control de emisiones *f*
Ale: Abgastechnik *f*
Ing: emissions control engineering *n*
Fra: technique de dépollution *f*

ingeniería de control del tráfico *f*
Ale: Verkehrsleittechnik *f*
(Verkehrstelematik) *f*
Ing: traffic control engineering *n*
Fra: télématique routière *f*
(technique de radioguidage de la circulation) *f*

inhibición cinética *f*
Ale: kinetische Hemmung *f*
Ing: kinetic inhibition *n*
Fra: inertie cinétique *f*

inhibidor de fase de vapor *m*

Ale: Dampfphaseninhibitor *m*
Ing: vapor phase inhibitor *n*
Fra: inhibiteur de corrosion volatil *m*

inicialización de unidades de control ***f***
Ale: Steuergeräteinitialisierung *f*
Ing: control unit initialization *n*
Fra: initialisation du calculateur *f*

inicio de control de torque (inyección diesel) ***m***
Ale: Angleichbeginn (Dieseleinspritzung) *m*
Ing: start of torque control (diesel fuel injection) *n*
Fra: début de correction de débit *m*

inicio de inyección ***m***
Ale: Einspritzbeginn *m*
(Spritzbeginn) *m*
Ing: start of injection *n*
Fra: début d'injection *m*

inicio de la combustión ***m***
Ale: Brennbeginn *m*
(Verbrennungsbeginn) *m*
Ing: combustion start *n*
Fra: début de combustion *m*

inicio de la limitación reguladora (inyección diesel) ***m***
Ale: Abregelbeginn (Dieseleinspritzung) *m*
Ing: start of breakaway (diesel fuel injection) *n*
Fra: début de coupure de débit *m*

inicio del frenado ***m***
Ale: Bremsbeginn *m*
Ing: start of braking *n*
Fra: début du freinage *m*

inmovilizador electrónico (alarma de vehículo) ***m***
Ale: Wegfahrsperre (Autoalarm) *f*
Ing: immobilizer (car alarm) *n*
Fra: blocage antidémarrage *m*

inmune a cortocircuito ***adj***
Ale: kurzschlusssicher *adj*
Ing: insensitive to short-circuit *adj*
Fra: insensible aux courts-circuits *loc*

inmune a la inversión de polaridad ***loc***
Ale: verpolungssicher *adj*
Ing: insensitive to reverse polarity *adj*
Fra: insensible à l'inversion de polarité *loc*

inmune a vibraciones (batería) ***adj***
Ale: rüttelfest (Batterie) *adj*
Ing: vibration proof (battery) *adj*
Fra: insensible aux secousses (batterie) *loc*

inserto de llave de tubo ***m***
Ale: Stecknuss *f*
Ing: nut driver *n*
Fra: clé à douille *f*

inserto de llave tubular ***m***
Ale: Steckschlüsseleinsatz *m*
Ing: wrench socket *n*
Fra: douille *f*

inserto de paso espiral ***m***
Ale: Dralleinsatz *m*
Ing: swirl insert *n*
Fra: élément de turbulence *m*

inserto de pata telescópica ***m***
Ale: Federbeineinsatz *m*
Ing: spring strut insert *n*
Fra: insert de jambe de suspension *m*

inserto de válvula ***m***
Ale: Ventileinsatz *m*
Ing: valve insert *n*
(valve core) *n*
Fra: élément de soupape *m*

inserto del filtro de combustible ***m***
Ale: Kraftstofffiltereinsatz *m*
Ing: fuel filter element *n*
Fra: cartouche de filtre à carburant *f*

inserto desecante ***m***
Ale: Trocknereinsatz *m*
Ing: desiccant insert *n*
Fra: cartouche dessiccante *f*

inserto roscado ***m***
Ale: Gewindeeinsatz *m*
Ing: screw thread insert *n*
(threaded insert) *n*
Fra: filet rapporté *m*

insonorización ***f***
Ale: Schalldämmung *f*
Ing: sound insulation *n*
Fra: isolation phonique *f*

inspección ***f***
Ale: Inspektion *f*
Ing: inspection *n*
Fra: inspection *f*

inspección especial ***f***
Ale: Sonderuntersuchung *f*
Ing: special examination *n*
Fra: contrôle spécifique (frein) *m*

inspección especial del sistema de frenos ***f***
Ale: Bremsensonderuntersuchung *f*
Ing: braking system special inspection *n*
Fra: contrôle spécial des freins *m*

inspección final ***f***
Ale: Endkontrolle *f*
(Schlussprüfung) *f*
Ing: final inspection *n*
Fra: contrôle final *m*

inspección general ***f***
Ale: Hauptuntersuchung *f*
Ing: general inspection *n*
Fra: contrôle technique *m*

instalación de alarma (alarma de vehículo) ***f***
Ale: Alarmanlage (Autoalarm) *f*
Ing: alarm system (car alarm) *n*
Fra: dispositif d'alarme *m*

instalación de freno de servicio ***f***
Ale: Betriebs-Bremsanlage *f*
(Fußbremse) *f*
Ing: service brake system *n*
Fra: dispositif de freinage de service *m*

instalación de lavado ***f***
Ale: Waschanlage *f*
Ing: wash system *n*
Fra: lave-glace *m*

instalación de luces intermitentes ***f***
Ale: Blinkanlage *f*
Ing: hazard-warning device *n*
Fra: centrale clignotante *f*

instalación de luces intermitentes ***f***
Ale: Blinkanlage *f*
Ing: turn signal system *n*
Fra: centrale clignotante *f*

instrucción de mando (unidad de control) ***f***
Ale: Steuerbefehl (Steuergerät) *m*
(Stellbefehl) *m*
Ing: control command (ECU) *n*
Fra: instruction de commande (calculateur) *f*

instrucciones de búsqueda de averías ***fpl***
Ale: Fehlersuchanleitung *f*
Ing: fault finding instructions *npl*
Fra: instructions de recherche des pannes *fpl*

instrucciones de comprobación ***fpl***
Ale: Prüfanleitung *f*
Ing: test instructions *npl*
Fra: notice d'essai *f*

instrucciones de desmontaje ***fpl***
Ale: Ausbauhinweise *fpl*
Ing: disassembly instructions *npl*
Fra: instructions de dépose *fpl*

instrucciones de montaje ***fpl***
Ale: Einbauanleitung *f*
(Montageanleitung) *f*
Ing: installation instructions *npl*
Fra: notice de montage *f*

instrucciones de servicio ***fpl***
Ale: Bedienungsanleitung *f*
Ing: operating instructions *npl*
Fra: notice d'utilisation *f*

instrucciones de servicio ***mpl***
Ale: Betriebsanleitung *f*
(Bedienungsanleitung) *f*
Ing: operating instructions *npl*
Fra: notice d'utilisation *f*

instrumento circular ***m***
Ale: Rundinstrument *n*
Ing: circular instrument *n*
Fra: cadran *m*

instrumento de aguja ***m***
Ale: Zeigerinstrument *n*
Ing: needle instrument *n*

Español

Fra: cadran à aiguille *m*

instrumento de la cabina de mando ***m***
Ale: Cockpit-Instrument *n*
Ing: cockpit instrument *n*
Fra: instrument du poste de pilotage *m*

instrumento digital ***m***
Ale: Digitalinstrument *n*
Ing: digital instrument *n*
Fra: instrument numérique *m*

instrumento visualizador ***m***
Ale: Anzeigeinstrument *n*
Ing: gauge *n*
Fra: indicateur *m*

instrumentos ***mpl***
Ale: Armaturen *fpl*
Ing: fittings *npl*
Fra: instruments *mpl*

insuflación de aire secundario ***f***
Ale: Sekundärlufteinblasung *f*
Ing: secondary air injection *n*
Fra: insufflation d'air secondaire *f*

intensidad de campo ***f***
Ale: Feldstärke *f*
Ing: field strength *n*
Fra: champ magnétique *m*

intensidad de campo eléctrico ***f***
Ale: elektrische Feldstärke *f*
Ing: electric field strength *n*
Fra: intensité de champ électrique *f*

intensidad de corriente ***f***
Ale: Stromstärke *f*
Ing: current intensity *n*
Fra: intensité *f*

intensidad del campo perturbador ***f***
Ale: Störfeldstärke *f*
Ing: interference field strength *n*
Fra: intensité du champ perturbateur *f*

intensidad límite de campo ***f***
Ale: Grenzfeldstärke *f*
Ing: limiting field strength *n*
Fra: champ limite *m*

intensidad luminosa ***f***
Ale: Lichtintensität *f*
Ing: light intensity *n*
Fra: Intensité lumineuse *f*

intensidad luminosa ***f***
Ale: Lichtstärke *f*
(Beleuchtungsstärke) *f*
Ing: luminous intensity *n*
(light intensity) *n*
Fra: intensité lumineuse *f*

interacción de válvulas ***f***
Ale: Ventilüberschneidung *f*
Ing: valve overlap *n*
Fra: croisement des soupapes *m*

intercambiable ***adj***
Ale: einbaugleich *adj*
Ing: interchangeable *adj*
Fra: de montage identique *loc*

intercambiador de calor (retardador hidrodinámico) ***m***
Ale: Wärmetauscher (hydrodynamischer Verlangsamer) *m*
Ing: heat exchanger (hydrodynamic retarder) *n*
Fra: échangeur de chaleur (ralentisseur hydrodynamique) *m*

intercambiador de calor de los gases de escape ***m***
Ale: Abgaswärmeüberträger *m*
Ing: exhaust gas heat exchanger *n*
Fra: échangeur thermique *m*

intercambio de calor ***m***
Ale: Wärmeaustausch *m*
Ing: heat exchange *n*
Fra: échange de chaleur *m*

interconexión de sistemas ***f***
Ale: Systemverbund *n*
Ing: composite system *n*
Fra: réseau d'interconnexion *m*

interface de usuario ***f***
Ale: Bedienoberfläche *f*
Ing: user interface *n*
Fra: interface graphique *f*

interfaz ***f***
Ale: Schnittstelle *f*
Ing: interface *n*
Fra: interface *f*

interfaz CAN ***f***
Ale: CAN-Schnittstelle *f*
Ing: CAN interface *n*
Fra: Interface CAN *f*

interfaz de advertencia acústica ***f***
Ale: Interface akustische Warnung *n*
Ing: acoustic warning interface *n*
Fra: interface signalisation acoustique *f*

interfaz de advertencia óptica ***f***
Ale: Interface optische Warnung *f*
Ing: visual warning interface *n*
Fra: interface signalisation optique *f*

interfaz de comunicación ***f***
Ale: Kommunikations-schnittstelle *f*
Ing: communication interface *n*
Fra: interface de communication *f*

interfaz de diagnóstico (sistemas electrónicos) ***f***
Ale: Diagnoseschnittstelle (elektronische Systeme) *f*
(Diagnose-Interface) *n*
Ing: diagnosis interface (electronic systems) *n*
Fra: interface de diagnostic (systèmes électroniques) *f*

interfaz de señales del vehículo ***f***
Ale: Fahrzeugsignal-Interface *n*
Ing: vehicle signal interface *n*
Fra: interface de signaux véhicule *f*

interfaz de sensor ***f***
Ale: Sensor-Interface *n*
Ing: sensor interface *n*
Fra: interface capteurs *f*

interfaz serial ***f***
Ale: serielle Schnittstelle *f*
Ing: serial interface *n*
Fra: interface série *f*

interferencia ***f***
Ale: Interferenz *f*
Ing: interference *n*
Fra: interférence *f*

interferencia ***f***
Ale: Störung *f*
Ing: interference *n*
Fra: défaillance *f*

interferencia de banda ancha ***f***
Ale: Breitbandstörung *f*
Ing: broadband interference *n*
Fra: perturbation à large bande *f*

interferencia de banda estrecha ***f***
Ale: Schmalbandstörung *f*
Ing: narrow band interference *n*
Fra: perturbation à bande étroite *f*

interferencia de radio (cuasa) ***f***
Ale: Funkstörung (Ursache) *f*
Ing: radio disturbance *n*
Fra: perturbation radioélectrique *f*

interferencia de radio (efecto) ***f***
Ale: Funkstörung (Wirkung) *f*
Ing: radio interference *n*
Fra: interférence radio *f*

interferencia electromagnética ***f***
Ale: elektromagnetische Störung *f*
Ing: electromagnetic interference *n*
Fra: perturbation électromagnétique *f*

interior de la bomba ***m***
Ale: Pumpenraum *m*
Ing: pump interior *n*
Fra: intérieur de la pompe *m*

interior del vehículo ***m***
Ale: Fahrzeuginnenraum *m*
Ing: passenger compartment *n*
Fra: habitacle du véhicule *m*

interpolación de campo continuo ***f***
Ale: Gleichfeldeinstreuung *f*
Ing: constant field pick-up *n*
Fra: perturbation par champ continu *f*

interrupción de la inyección (Jetronic) ***f***
Ale: Einspritzausblendung (Jetronic) *f*
Ing: injection blank out (Jetronic) *n*
Fra: coupure de l'injection *f*

interruptor ***m***
Ale: Schalter *m*

Ing: switch *n*
Fra: interrupteur *m*

interruptor combinado ***m***
Ale: Kombischalter *m*
Ing: combination switch *n*
Fra: commodo *m*

interruptor de ajuste ***m***
Ale: Stellschalter *m*
Ing: detent switch *n*
Fra: interrupteur à retour non automatique *m*

interruptor de ajuste de espejo ***m***
Ale: Spiegel-Verstellschalter *m*
Ing: mirror adjust switch *n*
Fra: commutateur de réglage de rétroviseur *m*

interruptor de arranque ***m***
Ale: Startschalter *m*
Ing: ignition/starting switch *n*
Fra: commutateur d'allumage-démarrage *m*

interruptor de baja presión ***m***
Ale: Niederdruckschalter *m*
Ing: low pressure switch *n*
Fra: pressostat basse pression *m*

interruptor de calefacción de luneta trasera ***m***
Ale: Heckscheibenheizungs-schalter *m*
Ing: heated rear-window switch *n*
Fra: commutateur du chauffage de lunette arrière *m*

interruptor de contacto de puerta ***m***
Ale: Türkontaktschalter *m*
Ing: door contact switch *n*
Fra: contacteur de feuillure de porte *m*

interruptor de desbloqueo ***m***
Ale: Entriegelungsschalter *m*
Ing: release switch *n*
Fra: commutateur de déverrouillage *m*

interruptor de encendido y arranque ***m***
Ale: Zündanlassschalter *m*
Ing: ignition start switch *n*
Fra: commutateur d'allumage-démarrage *m*

interruptor de flotador ***m***
Ale: Schwimmerschalter *m*
Ing: float actuated switch *n*
Fra: effort de cisaillement *m*

interruptor de intermitentes ***m***
Ale: Blinkerschalter *m*
Ing: turn signal indicator switch *n*
Fra: manette des clignotants *f*

interruptor de intervalos de barrido ***m***
Ale: Wischintervallschalter *m*
Ing: intermittent wiper switch *n*
Fra: commutateur intermittent d'essuie-glace *m*

interruptor de inversión ***m***
Ale: Umsteuerschalter *m*
Ing: changeover switch *n*
(reversing switch) *n*
Fra: inverseur *m*

interruptor de kickdown ***m***
Ale: Kickdown-Schalter *m*
Ing: kick down switch *n*
Fra: contacteur de kick-down *m*

interruptor de la alarma (alarma de vehículo) ***m***
Ale: Alarmschalter (Autoalarm) *m*
Ing: alarm switch (car alarm) *n*
Fra: commutateur d'alarme *m*

interruptor de la batería ***m***
Ale: Batterieschalter *m*
Ing: battery master switch *n*
Fra: robinet de batterie *m*

interruptor de la mariposa ***m***
Ale: Drosselklappenschalter *m*
Ing: throttle valve switch *n*
Fra: contacteur de papillon *m*

interruptor de las luces intermitentes ***m***
Ale: Warnblinkschalter *m*
Ing: hazard warning switch *n*
Fra: commutateur des feux de détresse *m*

interruptor de las luces intermitentes ***m***
Ale: Warnblinkschalter *m*
Ing: hazard warning light switch *n*
Fra: touche de feux de détresse *f*

interruptor de las luces intermitentes ***m***
Ale: Warnblinkschalter *m*
Ing: hazard warning switch *n*
Fra: commutateur des feux de détresse *m*

interruptor de luz de cruce ***m***
Ale: Abblendschalter *m*
Ing: dimmer switch *n*
Fra: commutateur de code *m*

interruptor de mando ***m***
Ale: Steuerschalter *m*
Ing: control switch *n*
Fra: contacteur de commande *m*

interruptor de manejo ***m***
Ale: Bedienschalter *m*
Ing: operating switch *n*
Fra: commutateur de commande *m*

interruptor de modos de operación ***m***
Ale: Betriebsartschalter *m*
Ing: mode switch *n*
Fra: sélecteur de mode de fonctionnement *m*

interruptor de Overdrive ***m***
Ale: Overdrive-Schalter *m*
Ing: overdrive switch *n*
Fra: interrupteur de surmultipliée *m*

interruptor de plena carga ***m***
Ale: Volllastschalter *m*
Ing: full load switch *n*
Fra: contacteur de pleine charge *m*

interruptor de posición ***m***
Ale: Positionsschalter *m*
Ing: position switch *n*
Fra: contacteur de position *m*

interruptor de posición de conducción ***m***
Ale: Sitzpositionsschalter *m*
Ing: seating position switsch *n*
Fra: commutateur de position de siège *m*

interruptor de precalentamiento y arranque ***m***
Ale: Glüh-Start-Schalter *m*
Ing: glow plug and starter switch *n*
Fra: commutateur de préchauffage-démarrage *m*

interruptor de recirculación de aire ***m***
Ale: Umluftschalter *m*
Ing: air-recirculation switch *n*
Fra: touche de recyclage d'air *f*

interruptor electromagnético ***m***
Ale: Magnetschalter *m*
Ing: solenoid operated switch *n*
(electromagnetic switch) *n*
Fra: contacteur électromagnétique *m*

interruptor giratorio ***m***
Ale: Drehschalter *m*
Ing: rotary switch *n*
(turn switch) *n*
Fra: commutateur rotatif *m*

interruptor indicador de marcha (cambio del vehículo) ***m***
Ale: Ganganzeigeschalter (Kfz-Getriebe) *m*
Ing: gear indicator switch *n*
Fra: interrupteur-témoin de rapport de vitesse *m*

interruptor manual ***m***
Ale: Handschalter *m*
Ing: hand switch *n*
Fra: molette *f*

interruptor multifuncional ***m***
Ale: Multifunktionsschalter *m*
Ing: multifunction switch *n*
Fra: contacteur multifonctions *m*

interruptor para casos de pánico ***m***
Ale: Panikschalter *m*
Ing: panic switch (car alarm) *n*
Fra: commutateur antipanique *m*

interruptor por llave ***m***
Ale: Schlüsselschalter *m*
Ing: key operated switch *n*
Fra: interrupteur à clé *m*

interruptor preselector de marcha ***m***
Ale: Gangvorwahlschalter *m*
Ing: gear preselector switch *n*

Fra: présélecteur de vitesses *m*

interruptor principal de la batería ***m***
Ale: Batteriehauptschalter *m*
Ing: battery main switch *n*
Fra: commutateur général de batterie *m*

interruptor pulsador ***m***
Ale: Tastschalter *m*
Ing: pushbutton switch *n*
Fra: bouton-poussoir *m*

interruptor regulador ***m***
Ale: Regulierschalter *m*
Ing: regulator switch *n*
Fra: molette de correcteur de site *f*

interruptor térmico ***m***
Ale: Temperaturschalter *m*
(Thermoschalter) *m*
Ing: thermostatic switch *n*
Fra: thermocontacteur *m*

intersticio anular ***m***
Ale: Ringspalt *m*
Ing: annular orifice *n*
Fra: fente annulaire *f*

intersticio de aire residual ***m***
Ale: Restluftspalt *m*
Ing: residual air gap *n*
Fra: fente d'air résiduel *f*

intersticio de aire secundario ***m***
Ale: Sekundärluftspalt *m*
Ing: secondary air gap *n*
Fra: entrefer secondaire *m*

intersticio de empujador de rodillos ***m***
Ale: Rollenstößelspalt *m*
Ing: roller tappet gap *n*
Fra: fente du poussoir à galet *f*

intervalo de cambio ***m***
Ale: Wechselintervall *n*
Ing: change interval *n*
Fra: intervalle de vidange *m*

intervalo de frecuencia ***m***
Ale: Frequenzmaßintervall *n*
Ing: logarithmic frequency interval *n*
Fra: intervalle de fréquence en échelle logarithmique *m*

intervalo de perturbación ***m***
Ale: Störbereich *n*
Ing: disturbance range *n*
Fra: étendue de la perturbation *f*

intervalo sin aceleración ***m***
Ale: Beschleunigungsloch *n*
Ing: flat spot *n*
Fra: trou à l'accélération *m*

intervención ***f***
Ale: Eingriff *m*
Ing: intervention *n*
Fra: intervention *f*

intervención antisacudidas ***f***
Ale: Antiruckeleingriff *m*
Ing: surge damping intervention *n*
Fra: correction anti à-coups *f*

intervención de ajuste ***f***
Ale: Stelleingriff *m*
Ing: actuator adjustment *n*
Fra: intervention par positionnement *f*

intervención de la mariposa (ASR) ***f***
Ale: Drosselklappeneingriff (ASR) *m*
Ing: throttle valve intervention (TCS) *n*
Fra: intervention sur le papillon (ASR) *f*

intervención de par ***f***
Ale: Drehmomenteingriff *m*
Ing: torque intervention *n*
Fra: action sur le couple *f*

intervención del sistema de frenos (ASR) ***f***
Ale: Bremseneingriff (ASR) *m*
Ing: brake intervention (TCS) *n*
Fra: intervention sur les freins (ASR) *f*

intervención en el ángulo de encendido ***f***
Ale: Zündwinkeleingriff *m*
Ing: ignition timing adjustment *n*
Fra: intervention sur l'angle d'allumage *f*

intervención en el caudal ***f***
Ale: Mengeneingriff *m*
Ing: fuel quantity command *n*
Fra: action sur débit *f*

intervención en el encendido ***f***
Ale: Zündungseingriff *m*
Ing: ignition adjustment *n*
Fra: intervention sur l'allumage *f*

intervención en el motor (ASR) ***f***
Ale: Motoreingriff (ASR) *m*
Ing: engine control intervention (TCS) *n*
Fra: intervention sur le moteur *f*

intervención en el par ***f***
Ale: Momenteingriff *m*
Ing: torque intervention *n*
Fra: action sur le couple *f*

inversión de polaridad ***f***
Ale: Verpolung *f*
Ing: polarity reversal *n*
Fra: inversion de polarité *f*

inversión de polaridad ***f***
Ale: Verpolung *f*
Ing: reverse polarity *n*
Fra: inversion de polarité *f*

inversor ***m***
Ale: Wechselrichter *m*
Ing: inverter *n*
Fra: onduleur *m*

inyección a alta presión ***f***
Ale: Hochdruckeinspritzung *f*
Ing: high pressure fuel injection *n*
Fra: injection haute pression *f*

inyección básica ***f***
Ale: Grund-Einspritzung *f*
Ing: basic injection *n*
Fra: injection de base *f*

inyección central ***f***
Ale: Zentraleinspritzung *f*
Ing: single point injection, SPI *n*
Fra: injection monopoint *f*

inyección continua ***f***
Ale: Dauereinspritzung *f*
Ing: continuous injection *n*
Fra: injection continue *f*

inyección de combustible ***f***
Ale: Kraftstoffeinspritzung *f*
(Einspritztechnik) *f*
(Einspritzung) *f*
Ing: fuel injection *n*
Fra: injection de carburant *f*
(technique d'injection) *f*

inyección de gasolina ***f***
Ale: Benzineinspritzung *f*
Ing: gasoline injection *n*
Fra: injection d'essence *f*

inyección Diesel ***f***
Ale: Dieseleinspritzung *f*
Ing: diesel fuel injection, DFI *n*
Fra: injection diesel *f*

inyección directa ***f***
Ale: direkte Einspritzung *f*
Ing: direct injection *n*
Fra: injection directe *f*

inyección directa ***f***
Ale: Direkteinspritzung *f*
Ing: direct injection *n*
Fra: injection directe *f*

inyección directa ***f***
Ale: Direkteinspritzung, DI *f*
(direkte Einspritzung) *f*
Ing: direct injection, DI *n*
Fra: injection directe (moteur diesel) *f*

inyección directa de gasolina ***f***
Ale: Benzindirekteinspritzung *f*
Ing: gasoline direct injection *n*
Fra: injection directe d'essence *f*

inyección directa Diesel ***f***
Ale: Dieseldirekteinspritzung *f*
Ing: diesel direct injection *n*
Fra: injection directe diesel *f*

inyección doble ***f***
Ale: Doppeleinspritzung *f*
Ing: double injection *n*
Fra: double injection *f*

inyección electrónica de gasolina, Jetronic ***f***
Ale: elektronische Benzineinspritzung, Jetronic *f*
Ing: electronic fuel injection *n*
(Jetronic) *n*
Fra: injection électronique d'essence, Jetronic *f*

Español

inyección en el tubo de admisión *f*
Ale: Saugrohreinspritzung *f*
Ing: manifold injection *n*
Fra: injection indirecte dans le collecteur d'admission *f*

inyección homogénea *f*
Ale: Homogeneinspritzung *f*
Ing: homogeneous injection *n*
Fra: injection homogène *f*

inyección indirecta, IDI *f*
Ale: indirekte Einspritzung, IDI *f*
Ing: indirect injection, IDI *n*
Fra: injection indirecte *f*

inyección intermitente de combustible *f*
Ale: intermittierende Kraftstoffeinspritzung *f*
Ing: intermittent fuel injection *n*
Fra: injection intermittente de carburant *f*

inyección multipunto *f*
Ale: Einzeleinspritzung *f*
Ing: multipoint fuel injection, MPI *n*
Fra: injection multipoint *f*

inyección multipunto *f*
Ale: Einzeleinspritzung *f*
Ing: single shot injection *n*
Fra: injection multipoint *f*

inyección por grupos de cilindros *f*
Ale: Gruppeneinspritzung *f*
Ing: group injection *n*
Fra: injection groupée *f*

inyección previa *f*
Ale: Voreinspritzung *f*
Ing: pre injection *n*
(pilot injection) *n*
Fra: pré-injection *f*
(injection pilote) *f*

inyección principal *f*
Ale: Haupteinspritzung *f*
Ing: main injection *n*
Fra: injection principale *f*

inyección secuencial *f*
Ale: sequenzielle Einspritzung *f*
Ing: sequential fuel injection *n*
Fra: injection séquentielle *f*

inyección secundaria (inyección diesel) *f*
Ale: Nachspritzer (Dieseleinspritzung) *m*
Ing: dribble (diesel fuel injection) *n*
Fra: post-injection *f*

inyección secundaria *f*
Ale: Nachspritzer *m*
Ing: secondary injection *n*
Fra: bavage (injection diesel) *m*

inyección simple *f*
Ale: Einfacheinspritzung *f*
Ing: single injection *n*
Fra: injection simple *f*

inyecctor de un agujero *m*
Ale: Einlochdüse *f*
Ing: single orifice nozzle *n*
Fra: injecteur monotrou *m*

inyectar (aire secundario) *v*
Ale: einblasen (Sekundärluft) *v*
Ing: inject (secondary air) *v*
Fra: insuffler (air secondaire) *v*

inyectar ulteriormente *v*
Ale: nachspritzen *v*
Ing: post injection *n*
Fra: post-injection *f*

inyector (inyección Diesel) *m*
Ale: Düse (Dieseleinspritzung) *f*
(Einspritzdüse) *f*
Ing: nozzle (diesel fuel injection) *n*
Fra: injecteur (injection diesel) *m*

inyector *m*
Ale: Einspritzdüse *f*
Ing: injection nozzle *n*
Fra: injecteur *m*

inyector (Common Rail) *m*
Ale: Injektor (Common Rail) *m*
Ing: injector (common rail) *n*
Fra: injecteur *m*

inyector a chorro *m*
Ale: Strahldüse *f*
Ing: jet *n*
Fra: buse d'éjection *f*

inyector a chorro *m*
Ale: Strahldüse *f*
Ing: jet nozzle *n*
Fra: buse d'éjection *f*

inyector con orificio de asiento *m*
Ale: Sitzlochdüse *f*
Ing: sac less (vco) nozzle *n*
Fra: injecteur à siège perforé *m*

inyector con orificio de asiento *m*
Ale: Sitzlochdüse *f*
Ing: valve covered orifice nozzle *n*
Fra: injecteur à siège perforé *m*

inyector de aguja *m*
Ale: Nadeldüse *f*
Ing: needle jet *n*
Fra: gicleur à aiguille *m*

inyector de aguja doble *m*
Ale: Doppelnadeldüse *f*
Ing: twin needle nozzle *n*
Fra: injecteur à deux aiguilles *m*

inyector de agujero ciego *m*
Ale: Sacklochdüse *f*
Ing: blind hole nozzle *n*
Fra: injecteur à trou borgne *m*

inyector de alta presión Common Rail *m*
Ale: Common Rail Injektor *m*
Ing: common rail injector *n*
Fra: injecteur « Common Rail » *m*

inyector de ensayo *m*
Ale: Prüfdüse *f*
(Versuchsdüse) *f*
Ing: calibrating nozzle *n*
(test nozzle) *n*
Fra: injecteur d'essai *m*

inyector de espiga de estrangulación *m*
Ale: Drosselzapfendüse *f*
Ing: throttling pintle nozzle *n*
Fra: injecteur à téton et étranglement *m*

inyector de orificios *m*
Ale: Lochdüse *f*
Ing: hole type nozzle *n*
Fra: injecteur à trou(s) *m*

inyector de paso espiral *m*
Ale: Dralldüse *f*
Ing: swirl nozzle *n*
Fra: buse à effet giratoire *f*

inyector de pestaña inclinada *m*
Ale: Schrägschulter-Düse *f*
Ing: chamfered shoulder nozzle *n*
Fra: injecteur à portée oblique *m*

inyector de tetón *m*
Ale: Zapfendüse *f*
Ing: pintle nozzle *n*
Fra: injecteur à téton *m*

inyector de tetón perforado (inyector) *m*
Ale: Lochzapfendüse (Einspritzdüse) *f*
Ing: hole pintle nozzle (injector) *n*
Fra: injecteur à téton perforé *m*

inyector de un chorro *m*
Ale: Einstrahldüse *f*
Ing: single-hole nozzle *n*
Fra: injecteur monojet *m*

inyector de varios orificios *m*
Ale: Mehrlochdüse *f*
Ing: multihole nozzle *n*
Fra: injecteur multitrous *m*

inyector directo de alta presión *m*
Ale: Hochdruckdirekteinspritzer *m*
Ing: high pressure direct injector *n*
Fra: moteur à injection directe haute pression *m*

inyector estrangulador de espiga de un chorro *m*
Ale: Einstrahl-Drosselzapfendüse *f*
Ing: single jet throttling pintle nozzle *n*
Fra: injecteur monojet à téton et étranglement *m*

inyector Pintaux *m*
Ale: Pintaux-Düse *f*
Ing: pintaux type nozzle *n*
Fra: injecteur Pintaux *m*

irregularidad *f*
Ale: Ungleichförmigkeit *f*
Ing: pavement irregularity *n*
Fra: défaut d'uniformité *m*

J

Jetronic (inyección electrónica de gasolina) *m*

Ale: Jetronic (elektronische Benzineinspritzung) *f*
Ing: Jetronic (electronic fuel injection) *n*
Fra: Jetronic (injection électronique d'essence) *m*

juego axial *m*
Ale: Axialspiel *n*
Ing: axial clearance *n*
(end play) *n*
Fra: jeu axial *m*

juego de accesorios *m*
Ale: Zubehörsatz *m*
Ing: accessory set *n*
Fra: kit d'accessoires *m*

juego de baterías *m*
Ale: Batterie-Set *n*
Ing: battery set *n*
Fra: kit batterie *m*

juego de contacto (encendido) *m*
Ale: Kontaktsatz (Zündung) *m*
Ing: contact set (ignition) *n*
Fra: jeu de contacts (allumage) *m*

juego de engranajes con distancia entre centros estándar *m*
Ale: V-Null-Getriebe *n*
Ing: gear pair at reference center distance *n*
Fra: engrenage à entraxe de référence *m*

juego de engranajes con distancia entre centros no estándar *m*
Ale: V-Getriebe *n*
Ing: gear pair with modified center distance *n*
Fra: engrenage à entraxe modifié *m*

juego de escobillas *m*
Ale: Kohlebürstensatz *m*
Ing: carbon brush set *n*
Fra: jeu de balais *m*

juego de montaje *m*
Ale: Anbausatz *m*
Ing: mounting kit *n*
Fra: kit de montage *m*

juego de montaje *m*
Ale: Einbausatz *m*
Ing: mounting kit *n*
Fra: jeu de pièces de montage *m*

juego de piezas *m*
Ale: Teilesatz *m*
Ing: parts set *n*
Fra: kit de pièces *m*

juego de piezas *m*
Ale: Teilesatz *m*
Ing: parts kit *n*
Fra: kit de pièces *m*

juego de pinzas de freno *m*
Ale: Bremssattel-Set *n*
Ing: brake caliper set *n*
Fra: kit d'étrier de frein *m*

juego de reequipamiento *m*
Ale: Nachrüstsatz *m*
Ing: supplementary equipment set *n*
Fra: kit d'équipement ultérieur *m*

juego de reequipamiento *m*
Ale: Nachrüstsatz *m*
Ing: retrofit set *n*
Fra: kit d'équipement ultérieur *m*

juego de reparación *m*
Ale: Reparatursatz *m*
Ing: repair kit *n*
Fra: kit de remise en état *m*

juego de rodillos (banco de pruebas de frenos de rodillos) *m*
Ale: Rollensatz (Rollenbremsprüfstand) *m*
(Rollenpaar) *n*
Ing: roller set (dynamic brake analyzer) *n*
Fra: jeu de rouleaux (banc d'essai) *m*

juego de ruedas cónicas *m*
Ale: Kegelradsatz *m*
Ing: bevel gear set *n*
Fra: couple conique *m*

juego de supresión de interferencias *m*
Ale: Entstörsatz *m*
Ing: interference suppression kit *n*
Fra: jeu d'antiparasitage *m*

juego de válvula *m*
Ale: Ventilspiel *n*
Ing: valve lash *n*
Fra: jeu de soupape *m*

juego de válvula *m*
Ale: Ventilspiel *n*
Ing: valve clearance *n*
Fra: jeu de soupape *m*

juego de zapatas de freno *m*
Ale: Bremsbackensatz *m*
Ing: brake shoe set *n*
Fra: jeu de segments de frein *m*

juego del cojinete de rueda *m*
Ale: Radlagerspiel *n*
Ing: wheel bearing play *n*
Fra: jeu du palier de roue *m*

juego en el cojinete *m*
Ale: Lagerspiel *n*
Ing: bearing clearance *n*
Fra: jeu de palier *m*

juego mínimo *m*
Ale: Mindestspiel *n*
Ing: minimum clearance *n*
Fra: jeu minimal *m*

junta *f*
Ale: Dichtung *f*
Ing: seal *n*
(gasket) *n*
Fra: joint *m*

junta anular de goma *f*
Ale: Gummidichtring *m*
Ing: rubber seal ring *n*
Fra: joint en caoutchouc *m*

junta anular plegada *f*
Ale: Faltdichtring *f*
Ing: folded-wall seal ring *n*
Fra: joint à écraser *m*

junta cardán *f*
Ale: Kardangelenk *n*
Ing: universal joint *n*
Fra: joint de cardan *m*

junta de copa (cilindro de rueda) *f*
Ale: Topfmanschette (Radzylinder) *f*
Ing: cup seal (wheel-brake cylinder) *n*
Fra: joint embouti (cylindre de roue) *m*

junta de culata (motor de combustión) *f*
Ale: Zylinderkopfdichtung (Verbrennungsmotor) *f*
Ing: cylinder head gasket (IC engine) *n*
Fra: joint de culasse *m*

junta de goma *f*
Ale: Dichtgummi *n*
Ing: rubber seal *n*
Fra: caoutchouc d'étanchéité *m*

junta de goma *f*
Ale: Dichtungsgummi *n*
Ing: rubber seal *n*
Fra: caoutchouc d'étanchéité *m*

junta de goma *f*
Ale: Gummidichtung *f*
Ing: rubber seal *n*
Fra: bague en caoutchouc *f*

junta doble *f*
Ale: Doppeldichtung *f*
Ing: double seal *n*
Fra: double joint *m*

junta radial *f*
Ale: Radialdichtung *f*
Ing: radial seal *n*
Fra: joint à lèvres *m*

K

kilometraje *m*
Ale: Laufleistung *f*
Ing: running performance *n*
Fra: kilométrage *m*

L

labio limpiador *m*
Ale: Wischlippe *f*
Ing: wiper element lip *n*
Fra: lèvre d'essuyage *f*

labio obturador *m*
Ale: Dichtlippe *f*
Ing: sealing lip *n*
Fra: lèvre d'étanchéité *f*

lado de presión (filtro) *m*
Ale: Druckseite (Filter) *f*
Ing: pressure outlet (filter) *n*
Fra: côté refoulement (filtre) *m*

lado del acompañante *m*
Ale: Beifahrerseite *f*
Ing: passenger side *n*
Fra: coté passager AV *m*

lado limpio (filtro) *m*
Ale: Reinseite (Filter) *f*
Ing: clean side (filter) *n*
Fra: côté propre (filtre) *m*

lado secundario (aparatos de aire comprimido) *m*
Ale: Sekundärseite (Druckluftgeräte) *f*
Ing: secondary side (compressed-air components) *n*
Fra: côté secondaire (dispositifs à air comprimé) *m*

lámina conductora (sensor de ángulo de giro) *f*
Ale: Leiterfolie (Drehwinkelsensor) *f*
Ing: conductive foil (angle of rotation sensor) *n*
Fra: feuille conductrice (capteur d'angle de rotation) *f*

lámina de inducido *f*
Ale: Ankerlamelle *f*
Ing: armature lamitation *n*
Fra: lame d'induit (feuilleté) *f*

lámina flexible *f*
Ale: Federschiene *f*
Ing: spring strip *n*
Fra: lame-ressort *f*

lámina protectora de pintura *f*
Ale: Lackschutzfolie *f*
Ing: paintwork protection film *n*
Fra: film de protection de la peinture *m*

lámpara *f*
Ale: Lampe *f*
Ing: lamp *n*
Fra: lampe *f*

lámpara *f*
Ale: Leuchte *f*
Ing: lamp *n*
Fra: feu *m*

lámpara de aparcamiento *f*
Ale: Parkleuchte *f*
(Parklicht) *f*
Ing: parking lamp *n*
Fra: feu de stationnement *m*

lámpara de averías *f*
Ale: Fehlerleuchte *f*
Ing: fault lamp *n*
Fra: témoin de défaut *m*

lámpara de aviso *f*
Ale: Warnlampe *f*
Ing: warning lamp *n*
Fra: témoin d'alerte *m*

lámpara de aviso de presión de aceite *f*
Ale: Öldruckwarnleuchte *f*
Ing: oil pressure warning lamp *n*
Fra: témoin d'avertissement de pression d'huile *m*

lámpara de cátodo frío *f*
Ale: Kaltkathodenlampe *f*
Ing: cold cathode lamp *n*
Fra: tube à cathode froide *m*

lámpara de control *f*
Ale: Kontrollleuchte *f*
Ing: warning lamp *n*
Fra: lampe de signalisation *f*
(lampe témoin) *f*

lámpara de control de incandescencia *f*
Ale: Glühkontrollleuchte *f*
Ing: glow plug warning lamp *n*
Fra: témoin de préchauffage *m*

lámpara de delimitación lateral *f*
Ale: Seitenmarkierungsleuchte *f*
Ing: side marker light *n*
Fra: feu de position latéral *m*

lámpara de descarga de gas *f*
Ale: Gasentladungslampe *f*
Ing: gas discharge lamp *n*
Fra: lampe à décharge dans un gaz *f*

lámpara de lectura *f*
Ale: Leseleuchte *f*
Ing: reading light *n*
Fra: spot de lecture *m*

lámpara de lectura de techo *f*
Ale: Deckenleseleuchte *f*
Ing: overhead reading lamp *n*
Fra: spot de lecture sur plafonnier *m*

lámpara de luz diurna *f*
Ale: Tagfahrleuchte *f*
Ing: daytime running lamp *n*
Fra: feu de roulage de jour *m*

lámpara de reserva del depósito *f*
Ale: Tankreserveleuchte *f*
Ing: reserve-fuel lamp *n*
Fra: témoin de réserve de carburant *m*

lámpara de servicio *f*
Ale: Serviceleuchte *f*
Ing: service lamp *n*
Fra: témoin de service *m*

lámpara de soldar *f*
Ale: Lötlampe *f*
Ing: soldering lamp *n*
Fra: lampe à braser *f*

lámpara de techo *f*
Ale: Deckenleuchte *f*
Ing: dome lamp *n*
Fra: plafonnier *m*

lámpara de trabajo *f*
Ale: Arbeitsleuchte *f*
Ing: working lamp *n*
Fra: lampe de travail *f*

lámpara de tres cámaras *f*
Ale: Dreikammerleuchte *f*
Ing: three chamber lamp *n*
Fra: lanterne à trois compartiments *f*

lámpara de una sola función (faros) *f*
Ale: Einfunktionsleuchte (Scheinwerfer) *f*
Ing: single function lamp (headlamp) *n*
Fra: feu à fonction unique *m*

lámpara de vapor de sodio *f*
Ale: Natriumdampflampe *f*
Ing: sodium vapor lamp *n*
Fra: lampe à vapeur de sodium *f*

lámpara de vehículo *f*
Ale: Kraftfahrzeugleuchte *f*
Ing: motor vehicle lamp *n*
(automotive lamp) *n*
Fra: feu *m*

lámpara de xenón *f*
Ale: Xenonleuchte *f*
Ing: xenon light *n*
Fra: phare au xénon *m*

lámpara del bastidor del techo *f*
Ale: Dachrahmenleuchte *f*
Ing: rail lamp *n*
Fra: témoin de baie de toit *m*

lámpara del espejo de cortesía *f*
Ale: Makeup-Spiegelleuchte *f*
Ing: vanity mirror lamp *n*
Fra: lampe du miroir de courtoisie *f*

lámpara del habitáculo *f*
Ale: Innenraumlampe *f*
Ing: interior lamp *n*
Fra: plafonnier *m*

lámpara estroboscópica *f*
Ale: Stroboskopleuchte *f*
Ing: stroboscope *n*
Fra: lampe stroboscopique *f*

lámpara exterior *f*
Ale: Außenleuchte *f*
Ing: exterior lamp *n*
Fra: lampe extérieure *f*

lámpara fluorescente *f*
Ale: Leuchtstofflampe *f*
Ing: fluorescent lamp *n*
Fra: lampe fluorescente *f*

lámpara halógena *f*
Ale: Halogenlampe *f*
Ing: halogen lamp *n*
Fra: lampe à halogène *f*

lámpara incandescente *f*
Ale: Glühlampe *f*
(Lampenkolben) *m*
Ing: bulb *n*
(bulb) *n*
Fra: lampe à incandescence *f*

lámpara intermitente *f*
Ale: Blinkleuchte *f*
Ing: turn signal lamp *n*
Fra: clignotant *m*

lámpara multicámara *f*

Español

Ale: Mehrkammerleuchte *f*
Ing: multiple-compartment lamp *n*
Fra: feu à plusieurs compartiments *m*

lámpara multipropósito *f*
Ale: Vielzweckleuchte *f*
Ing: multipurpose lamp *n*
Fra: baladeuse *f*

lámpara portátil *f*
Ale: Handscheinwerfer *m*
Ing: hand portable searchlight *n*
Fra: projecteur portable *m*

lámpara relámpago *f*
Ale: Blitzröhre *f*
Ing: flash tube *n*
Fra: lampe à éclats *f*

lámparas de posición *fpl*
Ale: Positionsleuchten *fpl*
Ing: clearance lights *npl*
(position lights) *npl*
Fra: feux de position *m*

larguero de bastidor *m*
Ale: Rahmenlängsträger *m*
Ing: side member *n*
Fra: longeron du châssis *m*

láser colorante *m*
Ale: Farbstoff-Laser *m*
Ing: dye laser *n*
Fra: laser à colorant *m*

láser de gas *m*
Ale: Gas-Laser *m*
Ing: gas laser *n*
Fra: laser à gaz *m*

láser de helio *m*
Ale: Helium-Laser *m*
Ing: helium laser *n*
Fra: laser à l'hélium *m*

láser de rubí *m*
Ale: Rubin-Laser *m*
Ing: ruby laser *n*
Fra: laser à rubis *m*

láser de semiconductor *m*
Ale: Halbleiterlaser *m*
Ing: semiconductor laser *n*
Fra: laser à semi-conducteurs *m*

latiguillo de freno *m*
Ale: Bremsschlauch *m*
Ing: brake hose *n*
Fra: flexible de frein *m*

latón *m*
Ale: Messing *n*
Ing: brass *n*
Fra: laiton *m*

lavado a contracorriente *m*
Ale: Rückspülung *f*
Ing: air backflush *n*
Fra: balayage de retour *m*

lavado de cámara de admisión (bomba de inyección) *m*
Ale: Saugraumspülung (Einspritzpumpe) *f*
Ing: fuel gallery flushing (fuel-injection pump) *n*
Fra: balayage de la galerie d'alimentation *m*

lavado por inversión de flujo *m*
Ale: Umkehrspülung *f*
Ing: loop scavenging *n*
Fra: balayage en boucle *m*

lavado transversal *m*
Ale: Querspülung *f*
Ing: crossflow scavenging *n*
Fra: balayage transversal *m*

lavaparabrisas *m*
Ale: Scheibenspüler *m*
Ing: windshield washer *n*
Fra: lave-glace *m*

lazo de inducción *m*
Ale: Induktionsschleife *f*
Ing: induction loop *n*
Fra: boucle inductive *f*

lazo de regulación *m*
Ale: Regelkreis *m*
Ing: control loop *n*
Fra: boucle de régulation *f*

lectura de la temperatura de gases de escape *f*
Ale: Abgastemperaturanzeige *f*
Ing: exhaust gas temperature gauge *n*
Fra: indicateur de température des gaz d'échappement *m*

lectura del recorrido de regulación *f*
Ale: Regelweganzeige *f*
Ing: rack travel indication *n*
Fra: indicateur de course de régulation *m*

leer (código de avería) *v*
Ale: auslesen (Fehlercode) *v*
Ing: read out (error code) *v*
Fra: visualiser (code de défaut) *v*

legislación de gases de escape *f*
Ale: Abgasgesetzgebung *f*
(Abgasbestimmungen) *f*
(Abgasvorschriften) *f*
Ing: emission control legislation *n*
Fra: législation antipollution *f*
(réglementation antipollution) *f*

lengüeta de fijación *f*
Ale: Befestigungslasche *f*
Ing: mounting bracket *n*
(fixing clip) *n*
Fra: patte de fixation *f*

lengüeta de tope *f*
Ale: Anschlaglasche *f*
Ing: stop strap *n*
Fra: patte de butée *f*

lente cilíndrica *f*
Ale: Zylinderlinse *f*
Ing: cylindrical lens *n*
Fra: lentille cylindrique *f*

leva *f*
Ale: Nocken *m*
Ing: cam *n*
Fra: came *f*

leva axial (bomba de émbolos radiales) *f*
Ale: Axialnocken (Radialkolbenpumpe) *m*
Ing: axial cam (radial-piston pump) *n*
Fra: came axiale (pompe à pistons radiaux) *f*

leva de ajuste *f*
Ale: Verstellnocken *m*
Ing: control cam *n*
Fra: came de réglage *f*

leva de freno *f*
Ale: Bremsnocken *m*
Ing: brake cam *n*
Fra: came de frein *f*

leva de inyección *f*
Ale: Einspritznocken *m*
Ing: injection cam *n*
Fra: came d'injection *f*

leva de ruptor (encendido) *f*
Ale: Unterbrechernocken (Zündung) *m*
Ing: breaker cam (ignition) *n*
(contact-breacker cam) *n*
Fra: came de rupteur (allumage) *f*

leva de tope *f*
Ale: Anschlagnocken *m*
Ing: stop cam *n*
Fra: came de butée *f*

leva del distribuidor de encendido *f*
Ale: Zündnocken *m*
Ing: distributor cam *n*
Fra: came mobile *f*

leva del distribuidor de encendido *f*
Ale: Zündverteilernocken *m*
(Zündnocken) *m*
Ing: distributor cam *n*
Fra: came d'allumage *f*
(came mobile) *f*

leva excéntrica (Common Rail) *f*
Ale: Exzenternocken (Common Rail) *m*
Ing: eccentric cam (common rail) *n*
Fra: came à excentrique (« Common Rail ») *f*

leva giratoria *f*
Ale: Drehnocken *m*
Ing: rotary cam *n*
Fra: came rotative *f*

ley de inducción *f*
Ale: Induktionsgesetz *n*
Ing: Faraday's law *n*
Fra: loi de l'induction *f*

liberación de calor *f*
Ale: Wärmefreisetzung *f*

Ing: heat release *n*
Fra: loi de libération d'énergie *f*

liberación de ocupantes ***f***
Ale: Insassenbefreiung *f*
Ing: occupant extrication *n*
Fra: désincarcération des occupants *f*

libre de deformación ***loc***
Ale: verspannungsfrei *adj*
Ing: free from distortion *adj*
Fra: sans déformation *loc*

libre de desgaste ***loc***
Ale: verschleißfrei *adj*
Ing: wear and tear resistant *adj*
Fra: sans usure *loc*

libre de mantenimiento ***loc***
Ale: wartungsfrei *adj*
Ing: maintenance free *adj*
Fra: sans entretien *loc*

limitación de carrera ***f***
Ale: Hubbegrenzung *f*
(Hubkontrolle) *f*
Ing: stroke limiter *n*
Fra: limitation de course *f*

limitación de corriente de primario ***f***
Ale: Primärstrombegrenzung *f*
Ing: primary current limitation *n*
Fra: régulation du courant primaire *f*

limitación de fuerza ***f***
Ale: Kraftbegrenzung *f*
Ing: force limitation device *n*
Fra: limiteur d'effort *m*

limitación de humos ***f***
Ale: Rauchbegrenzung *f*
Ing: smoke limitation *n*
Fra: limitation de l'émission de fumées *f*

limitación de la magnitud de ajuste ***f***
Ale: Stellgrößenbegrenzung *f*
Ing: correcting variable limit *n*
Fra: limitation des grandeurs réglantes *f*

limitación de la temperatura de gases de escape ***f***
Ale: Abgastemperaturbegrenzung *f*
Ing: exhaust gas temperature limit *n*
Fra: limitation de température des gaz d'échappement *f*

limitación de la velocidad máxima ***f***
Ale: Höchstgeschwindigkeits-begrenzung *f*
Ing: speed limit *n*
Fra: bridage de la vitesse maximale *m*

limitación de número de revoluciones del motor ***f***
Ale: Motordrehzahlbegrenzung *f*
Ing: engine speed limitation *n*
Fra: limitation du régime moteur *f*

limitación de par ***f***
Ale: Drehmomentbegrenzung *f*
Ing: torque limitation *n*
Fra: limitation de couple *f*

limitación de par ***f***
Ale: Momentbegrenzung *f*
Ing: torque limitation *n*
Fra: limitation de couple *f*

limitación de plena carga ***f***
Ale: Volllastbegrenzung *f*
Ing: full load limitation *n*
Fra: limitation du débit maximal *f*

limitación de sobrealimentación en deceleración ***f***
Ale: Turboschubbegrenzung *f*
Ing: turbo overrun limiting *n*
Fra: limitation de suralimentation en décélération *f*

limitación de subida ***f***
Ale: Anstiegsbegrenzung *f*
Ing: rise limitation *n*
Fra: limitation de montée en amplitude (signal) *f*

limitación de tensión ***f***
Ale: Spannungsbegrenzung *f*
Ing: voltage limitation *n*
Fra: limitation de tension *f*

limitación de velocidad ***f***
Ale: Geschwindigkeitsbegrenzung *f*
Ing: speed limiting *n*
Fra: limitation de vitesse *f*

limitación de velocidad de marcha ***f***
Ale: Fahrgeschwindigkeitsbegren zung *f*
Ing: vehicle speed limitation *n*
Fra: limitation de la vitesse de roulage *f*

limitación del caudal de arranque ***f***
Ale: Startmengenbegrenzung *f*
Ing: start quantity limitation *n*
Fra: limitation du débit de surcharge au démarrage *f*

limitación del número de revoluciones ***f***
Ale: Drehzahlbegrenzung *f*
Ing: engine speed limitation *n*
Fra: limitation de la vitesse de rotation *f*

limitación del par de guiñada (dinámica del automóvil) ***f***
Ale: Giermomentbegrenzung (Kfz-Dynamik) *f*
Ing: yaw moment limitation (motor-vehicle dynamics) *n*
Fra: limitation du moment de lacet *f*

limitador ***m***
Ale: Begrenzer *m*
(Minderer) *m*
Ing: reducer *n*
(limiter) *n*
Fra: limiteur *m*

limitador de caudal ***m***
Ale: Durchflussbegrenzer *m*
Ing: flow limiter *n*
Fra: limiteur d'écoulement *m*

limitador de corriente ***m***
Ale: Strombegrenzer *m*
Ing: current limiter *n*
Fra: limiteur d'intensité *m*

limitador de depresión (Jetronic) ***m***
Ale: Unterdruckbegrenzer (Jetronic) *m*
Ing: vacuum limiter (Jetronic) *n*
Fra: limiteur de dépression (Jetronic) *m*

limitador de distancia ***m***
Ale: Abstandsbegrenzer (ACC) *m*
Ing: distance limiter (ACC) *n*
Fra: délimiteur de distance *m*

limitador de la fuerza de frenado ***m***
Ale: Bremskraftbegrenzer *m*
Ing: braking force limiter *n*
Fra: limiteur de force de freinage *m*

limitador de presión ***m***
Ale: Druckbegrenzer *m*
(Druckbegrenzungsventil) *m*
Ing: pressure limiter *n*
Fra: limiteur de pression *m*

limitador de presión neumática ***m***
Ale: Pneumatikdruckbegrenzer *m*
Ing: pneumatic pressure limiter *n*
Fra: limiteur de pression pneumatique *m*

limitador de velocidad de marcha ***m***
Ale: Fahrgeschwindigkeits-begrenzer *m*
Ing: vehicle speed limiter *n*
Fra: limiteur de vitesse de roulage *m*

limitador electrónico de revoluciones ***m***
Ale: elektronischer Drehzahlbegrenzer *m*
Ing: electronic rotational-speed limiter *n*
Fra: limiteur de régime électronique *m*

límite claro-oscuro (faros) ***m***
Ale: Hell-Dunkel-Grenze (Scheinwerfer) *f*
Ing: light dark cutoff (headlamp) *n*
Fra: limite clair-obscur (projecteur) *f*

límite de acción ***m***
Ale: Eingriffsgrenze *f*
Ing: action limit *n*
Fra: limite d'intervention *f*

límite de adherencia ***m***
Ale: Haftgrenze *f*

Español

Ing: limit of adhesion *n*
Fra: limite d'adhérence *f*

límite de autoignición ***m***
Ale: Selbstzündgrenze *f*
Ing: auto ignition threshold *n*
Fra: seuil d'auto-inflammation *m*

límite de bloqueo (rueda) ***m***
Ale: Blockiergrenze (Rad) *f*
Ing: wheel lock limit (wheel) *n*
Fra: limite de blocage (roue) *f*

límite de bombeo ***m***
Ale: Pumpgrenze *f*
Ing: surge limit *n*
Fra: limite de pompage *f*

límite de deformación ***m***
Ale: Dehngrenze *f*
Ing: yield strength *n*
Fra: limite d'élasticité *f*

límite de detonaciones ***m***
Ale: Klopfgrenze *f*
Ing: knock limit *n*
Fra: limite de cliquetis *f*

límite de emisión de humos ***m***
Ale: Rauchgrenze *f*
Ing: smoke limit *n*
Fra: limite d'émission de fumées *f*

límite de encendido ***m***
Ale: Zündgrenze *f*
Ing: ignition limit *n*
Fra: limite d'allumage *f*

límite de fluencia en cizallamiento ***m***
Ale: Schubfließgrenze *f*
Ing: elastic limit under shear *n*
Fra: limite d'écoulement plastique *f*

límite de ignición ***m***
Ale: Entflammungsgrenze *f*
Ing: ignition limit *n*
Fra: limite d'inflammabilité *f*

límite de respuesta ***m***
Ale: Ansprechgrenze *f*
Ing: response limit *n*
Fra: limite de réponse *f*

límite de revoluciones del motor ***m***
Ale: Drehzahlgrenze *f*
Ing: engine speed limit *n*
Fra: régime limite *m*

límite de temperatura de arranque ***m***
Ale: Starttemperaturgrenze *f*
Ing: start temperature limit *n*
Fra: limite de température de démarrage *f*

límite de tolerancia ***m***
Ale: Toleranzgrenze *f*
Ing: tolerance limit *n*
Fra: limite de tolérance *f*

límite elástico a la compresión ***m***
Ale: Stauchgrenze *f*
Ing: compressive yield point *n*
Fra: limite élastique à la compression *f*

límite elástico a la torsión ***m***
Ale: Torsionsfließgrenze *f*
Ing: elastic limit under torsion *n*
Fra: limite élastique en torsion *f*

límite elástico bajo flexión ***m***
Ale: Biegefließgrenze *f*
Ing: elastic limit under bending *n*
Fra: limite élastique en flexion *f*

limpia-lavaparabrisas ***m***
Ale: Wisch-Wasch-Anlage *f*
Ing: wipe/wash system *n*
Fra: lave/essuie-projecteur *m*

limpialunetas trasero ***m***
Ale: Heckscheibenwischer *m*
Ing: rear wiper *n*
Fra: essuie-glace arrière *m*

limpiaparabrisas ***m***
Ale: Scheibenwischer *m*
(Wischer) *m*
Ing: windshield wiper *n*
Fra: essuie-glace *m*

limpieza de cristales ***f***
Ale: Scheibenreinigung *f*
Ing: windshield and rear-window cleaning *n*
Fra: nettoyage des vitres *m*

línea de alimentación ***f***
Ale: Versorgungsleitung *f*
Ing: supply line *n*
Fra: câble d'alimentation *m*

línea de alimentación ***f***
Ale: Zuleitung *f*
Ing: supply lead *n*
(supply line) *n*
Fra: câble d'alimentation *m*

línea de alta presión ***f***
Ale: Hochdruckleitung *f*
Ing: high pressure delivery line *n*
Fra: tuyauterie haute pression *f*

línea de control ***f***
Ale: Steuerleitung *f*
Ing: control line *n*
Fra: câble-pilote *m*

línea de datos ***f***
Ale: Datenleitung *f*
Ing: data line *n*
Fra: ligne de données *f*

línea de desviación ***f***
Ale: Bypassleitung *f*
Ing: bypass line *n*
Fra: conduit by-pass *m*

línea de excitación del autodiagnóstico ***f***
Ale: Eigendiagnose-Reizleitung *f*
(Reizleitung) *f*
Ing: self diagnosis initiate line *n*
Fra: câble d'activation de l'autodiagnostic *m*

línea de freno auxiliar ***f***
Ale: Hilfsbremsleitung *f*
Ing: secondary brake line *n*
Fra: conduite de secours *f*

línea de fugas ***f***
Ale: Leckageleitung *f*
Ing: leakage line *n*
Fra: conduite de fuite *f*

línea de inyección ***f***
Ale: Einspritzleitung *f*
Ing: fuel injection line *n*
(fuel-injection tubing) *n*
Fra: conduite d'injection *f*

línea de mira ***f***
Ale: Visierlinie *f*
Ing: orientation line *n*
Fra: ligne de visée *f*

línea de pintura ***f***
Ale: Lackierstraße *f*
Ing: painting line *n*
Fra: ligne de peinture *f*

línea eléctrica ***f***
Ale: Leitung *f*
Ing: electric line *n*
(line) *n*
Fra: fil électrique *m*

línea flexible ***f***
Ale: flexible Leitung *f*
Ing: flexible line *n*
Fra: tuyau flexible *m*

línea neutra ***f***
Ale: Nulllinie *f*
Ing: neutral axis *n*
Fra: fibre neutre *f*

liquefación de carbón ***f***
Ale: Kohleverflüssigung *f*
Ing: coal hydrogenation *n*
Fra: liquéfaction du charbon *f*

líquido de frenos ***m***
Ale: Bremsflüssigkeit *f*
Ing: brake fluid *n*
Fra: liquide de frein *m*

líquido de frenos a base de aceite mineral ***m***
Ale: Mineralöl-Bremsflüssigkeit *f*
Ing: mineral oil based brake fluid *n*
Fra: liquide de frein à base d'huile minérale *m*

líquido de frenos a base de glicol ***m***
Ale: Glykol-Bremsflüssigkeit *f*
Ing: glycol based brake fluid *n*
Fra: liquide de frein à base de glycol *m*

líquido hidráulico ***m***
Ale: Hydraulikflüssigkeit *f*
Ing: hydraulic fluid *n*
Fra: fluide hydraulique *m*

líquido refrigerante ***m***
Ale: Kühlflüssigkeit *f*
Ing: coolant *n*
Fra: liquide de refroidissement *m*

líquido refrigerante ***m***
Ale: Kühlmittel *n*
(Kühlerflüssigkeit) *f*

Ing: coolant *n*
Fra: liquide de refroidissement *m*

líquido refrigerante ***m***
Ale: Kühlwasser *n*
Ing: cooling water *n*
Fra: eau de refroidissement *f*

líquido refrigerante de motor ***m***
Ale: Motorkühlmittel *n*
Ing: engine coolant *n*
Fra: liquide de refroidissement du moteur *m*

lista de comprobación ***f***
Ale: Checkliste *f*
Ing: checklist *n*
Fra: check-liste *f*

lista de piezas de repuesto ***f***
Ale: Ersatzteilliste *f*
Ing: spare parts list *n*
Fra: liste de pièces de rechange *f*

listado de averías ***m***
Ale: Fehlerausgabe *f*
Ing: fault listing *n*
Fra: affichage des défauts *m*

Litronic (faro con lámpara de descarga de gas) ***m***
Ale: Litronic (Scheinwerfer mit Gasentladungslampe) *f*
Ing: Litronic (headlamp system with gaseous-discharge lamp) *n*
Fra: Litronic (projecteur avec lampe à décharge) *m*

llama de quemador ***f***
Ale: Brennerflamme *f*
Ing: flame heating *n*
Fra: flamme de chalumeau *f*

llamada en caso de avería ***f***
Ale: Pannenruf *m*
Ing: breakdown call *n*
Fra: appel de dépannage *m*

llanta (rueda de vehículo) ***f***
Ale: Felge (Fahrzeugrad) *f*
Ing: rim (vehicle wheel) *n*
Fra: jante *f*

llanta de acero ***f***
Ale: Stahlfelge *f*
Ing: steel rim *n*
Fra: jante en acier *f*

llanta de aleación ligera ***f***
Ale: Leichtmetallfelge *f*
Ing: light alloy riml *n*
Fra: jante en alliage léger *f*

llanta de aleación ligera ***f***
Ale: Leichtmetallrad *n*
Ing: light alloy wheel *n*
Fra: roue en alliage léger *f*

llanta de base plana (rueda de vehículo) ***f***
Ale: Flachbettfelge (Fahrzeugrad) *f*
Ing: flat-base rim (vehicle wheel) *n*
Fra: jante à base plate *f*

llanta de garganta profunda ***f***
Ale: Steilschulterfelge *f*
Ing: 15° tapered bead seat *n*
Fra: jante à base creuse avec portée de talon à 15° *f*

llanta de garganta profunda ***f***
Ale: Tiefbettfelge *f*
Ing: drop center rim *n*
Fra: jante à base creuse *f*

llanta de pestañas inclinadas ***f***
Ale: Schrägschulterfelge *f*
Ing: 5° tapered bead seat *n*
Fra: jante à portée de talon conique à 5° *f*

llave ***f***
Ale: Schraubenschlüssel *m*
Ing: wrench *n*
(spanner) *n*
Fra: clé *f*

llave con macho hexagonal ***f***
Ale: Innensechskantschlüssel *m*
Ing: hexagon drive bit *n*
(allen key) *n*
Fra: clé mâle coudée pour vis à six pans creux *f*

llave de boca estrellada ***f***
Ale: Ringschlüssel *m*
Ing: ring spanner *n*
(ring wrench) *n*
Fra: clé polygonale *f*

llave de cabeza cuadrada ***f***
Ale: Vierkantschlüssel *m*
Ing: square wrench *n*
(square spanner) *n*
Fra: clé à quatre pans *f*

llave de cierre ***f***
Ale: Absperrhahn *m*
Ing: cutoff valve *n*
Fra: robinet d'arrêt *m*

llave de desconexión ***f***
Ale: Abstellhahn *m*
Ing: shutoff valve *n*
Fra: robinet d'arrêt *m*

llave de encendido ***f***
Ale: Zündschloss *n*
Ing: ignition lock *n*
Fra: serrure de contact *f*

llave de encendido ***f***
Ale: Zündschlüssel *m*
Ing: ignition key *n*
(starter key) *n*
Fra: clé de contact *f*

llave de purga ***f***
Ale: Ablasshahn *m*
Ing: drain cock *n*
Fra: robinet de purge *m*

llave de purga de aire ***f***
Ale: Entlüftungshahn *m*
Ing: bleed cock *n*
Fra: robinet de purge *m*

llave dinamométrica ***f***
Ale: Drehmomentschlüssel *m*
Ing: torque wrench *n*
Fra: clé dynamométrique *f*

llave fija de dos bocas ***f***
Ale: Gabelschlüssel *m*
Ing: open end wrench *n*
(fork wrench) *n*
Fra: clé à fourche *f*

llave fija de dos bocas ***f***
Ale: Gabelschlüssel *m*
Ing: face wrench *n*
(spanner(GB)) *n*
Fra: clé à fourche *f*

llave tubular ***f***
Ale: Steckschlüssel *m*
Ing: socket wrench *n*
(socket spanner) *n*
Fra: clé à douille *f*

llenado de aire fresco ***m***
Ale: Frischluftfüllung *f*
Ing: fresh air charge *n*
Fra: charge d'air frais *f*

llenado de gas fresco ***m***
Ale: Frischgasfüllung *f*
Ing: fresh gas filling *n*
Fra: charge d'air frais *f*

llenado de los cilindros ***m***
Ale: Zylinderfüllung *f*
(Zylinderladung) *f*
Ing: cylinder charge *n*
Fra: remplissage du cylindre *m*
(charge du cylindre) *f*

localización ***f***
Ale: Ortung *f*
Ing: positioning *n*
Fra: localisation *f*

lodo frío ***m***
Ale: Kaltschlamm *m*
Ing: low temperature sludge *n*
Fra: cambouis *m*

lógica de emisión/recepción ***f***
Ale: Sende-/Empfangslogik *f*
Ing: transmit/receive logic *n*
Fra: logique émission/réception *f*

lógica de pilotaje ***f***
Ale: Vorsteuerlogik *f*
Ing: precontrol logic *n*
Fra: logique de pilotage *f*

lógica del regulador (unidad de control) ***f***
Ale: Reglerlogik (Steuergerät) *f*
Ing: controller logic (ECU) *n*
Fra: logique de régulation (calculateur) *f*

longitud de la chispa ***f***
Ale: Funkenlänge *f*
Ing: spark length *n*
Fra: longueur d'étincelle *f*

longitud de onda ***f***
Ale: Wellenlänge *f*
Ing: wavelength *n*
Fra: longueur d'onde *f*

longitud de onda límite ***f***
Ale: Grenzwellenlänge *f*

Ing: limit wavelength *n*
Fra: longueur d'onde de coupure *f*

longitud de orificio (inyector) ***f***
Ale: Lochlänge (Einspritzdüse) *f*
Ing: spray hole length (injector) *n*
Fra: longueur des trous d'injection *f*

longitud de palpación ***f***
Ale: Taststrecke *f*
Ing: profile length *n*
Fra: longueur de palpage *f*

longitud focal (faros) ***f***
Ale: Brennweite (Scheinwerfer) *f*
Ing: focal length (headlamp) *n*
Fra: distance focale (projecteur) *f*

longitud roscada ***f***
Ale: Gewindelänge *f*
Ing: threaded length *n*
Fra: longueur du filetage *f*

lubricabilidad ***f***
Ale: Schmierfähigkeit *f*
Ing: lubricity *n*
Fra: pouvoir lubrifiant *m*

lubricación a pérdida total ***f***
Ale: Frischölschmierung *f*
Ing: total loss lubrication *n*
Fra: lubrification à huile perdue *f*

lubricación de circulación forzada ***f***
Ale: Druckumlaufschmierung *f*
Ing: forced feed lubrication system *n*
Fra: lubrification par circulation forcée *f*

lubricación del motor ***f***
Ale: Motorschmierung *f*
Ing: engine lubrication *n*
Fra: lubrification du moteur *f*

lubricación excesiva ***f***
Ale: Überfettung *f*
Ing: overgreasing *n*
Fra: enrichissement excessif *m*

lubricación permanente ***f***
Ale: Dauerschmierung *f*
Ing: permanent lubrication *n*
Fra: graissage à vie *m*

lubricador ***m***
Ale: Abschmiergerät *n*
Ing: lubricator *n*
Fra: graisseur *m*

lubricador ***m***
Ale: Schmiervorrichtung *f*
Ing: lubricator *n*
Fra: dispositif de graissage *m*

lubricante ***m***
Ale: Schmiermittel *n*
Ing: lubricant *n*
Fra: lubrifiant *m*

lubricante ***m***
Ale: Schmierstoff *m*
Ing: lubricant *n*
Fra: lubrifiant *m*

lubricante sólido ***m***
Ale: Festschmierstoff *m*
Ing: solid lubricant *n*
Fra: lubrifiant solide *m*

luces de instrumentos ***fpl***
Ale: Instrumentenleuchten *f*
Ing: instrument lamps *npl*
Fra: témoins des instruments *mpl*

luces intermitentes de advertencia ***fpl***
Ale: Warnblinkanlage *f*
Ing: hazard warning light system *n*
Fra: dispositif de signalisation direction-détresse *m*

lugar de corrosión por picadura ***m***
Ale: Lochfraßstelle *f*
Ing: pitted area *n*
Fra: piqûre de corrosion *f*

lugar de perturbación ***m***
Ale: Störort *m*
Ing: disturbance point *n*
Fra: point de perturbation *m*

luneta trasera ***f***
Ale: Heckscheibe *f*
Ing: rear window *n*
Fra: lunette arrière *f*

luneta trasera ***f***
Ale: Heckscheibe *f*
Ing: rear windshield *n*
Fra: lunette arrière *f*

luneta trasera calefactable ***f***
Ale: heizbare Heckscheibe *f*
Ing: heated rear windshield *n*
Fra: lunette arrière chauffante *f*

lupa ***f***
Ale: Lupe *f*
Ing: magnifying glass *n*
Fra: loupe *f*

luxómetro ***m***
Ale: Luxmeter *n*
Ing: luxmeter *n*
(photometer) *n*
Fra: luxmètre *m*

luz ***f***
Ale: Leuchte *f*
Ing: light *n*
Fra: feu de signalisation *m*

luz adicional de freno (luz adicional de freno) ***f***
Ale: hochgesetzte Bremsleuchte (zusätzliche Bremsleuchte) *f*
(Zusatz-Bremsleuchte) *f*
Ing: auxiliary stop lamp (ignition angle) *n*
Fra: feu stop supplémentaire (angle d'allumage) *m*

luz continua ***f***
Ale: Dauerlicht *n*
Ing: continuous light *n*
Fra: éclairage continu *m*

luz de aviso de desgaste de pastilla de freno ***f***
Ale: Bremsbelagverschleiß-Warnleuchte *f*
Ing: brake pad wear warning lamp *n*
Fra: témoin d'avertissement d'usure des garnitures de frein *m*

luz de aviso de frenos ***f***
Ale: Bremsen-Warnleuchte *f*
Ing: brake warning lamp *n*
Fra: témoin d'avertissement des freins *m*

luz de carretera (faros) ***f***
Ale: Fernlicht (Scheinwerfer) *n*
Ing: high beam (headlamp) *n*
(upper beam) *n*
Fra: faisceau route *m*
(feu de route) *m*

luz de cruce ***f***
Ale: Abblendlicht *n*
Ing: low beam *n*
Fra: feu de croisement *m*

luz de cruce asimétrica (faros) ***f***
Ale: asymmetrisches Abblendlicht (Scheinwerfer) *n*
Ing: asymmetrical lower beam (headlamp) *n*
Fra: feu de croisement asymétrique *m*

luz de delimitación ***f***
Ale: Begrenzungslicht *n*
(Standlicht) *n*
(Begrenzungsleuchte) *f*
Ing: side marker lamp *n*
Fra: feu de position *m*

luz de delimitación ***f***
Ale: Umrissleuchte *f*
(Begrenzungslicht) *n*
Ing: clearance lamp *n*
(side-marker lamp) *n*
Fra: feu d'encombrement *m*

luz de diagnóstico ***m***
Ale: Diagnoselampe *f*
Ing: diagnosis lamp *n*
Fra: lampe de diagnostic *f*
(voyant de diagnostic) *m*

luz de doble cámara ***f***
Ale: Zweikammerleuchte *f*
Ing: two chamber lamp *n*
Fra: lanterne à deux compartiments *f*

luz de freno ***f***
Ale: Bremsleuchte *f*
(Bremslicht) *n*
Ing: stop lamp *n*
Fra: feu de stop *m*

luz de gas inerte (faros) ***f***
Ale: Edelgaslicht (Scheinwerfer) *n*
Ing: inert gas light (headlamp) *n*
Fra: éclairage par lampe à gaz rare *m*

luz de identificación ***f***

Español

Ale: Kennleuchte *f*
Ing: identification lamp *n*
Fra: feu spécial d'avertissement *m*

luz de identificación de destellos *f*
Ale: Blitzkennleuchte *f*
Ing: flash identification lamp *n*
Fra: feu à éclats *m*

luz de lectura de mapas *f*
Ale: Kartenleseleuchte *f*
Ing: map reading lamp *n*
Fra: liseuse *f*

luz de marcha atrás *f*
Ale: Rückfahrleuchte *f*
(Rückfahrscheinwerfer) *m*
Ing: reversing lamp *n*
(back-up lamp) *n*
Fra: feu de marche arrière *m*

luz de matrícula *f*
Ale: Kennzeichenleuchte *f*
Ing: license plate lamp *n*
Fra: feu d'éclairage de plaque d'immatriculation *m*

luz de peldaño *f*
Ale: Trittstufenleuchte *f*
Ing: step light *n*
Fra: lampe de marchepied *f*

luz de posición *f*
Ale: Standlicht *n*
Ing: side marker light *n*
Fra: feu de position *m*

luz de xenón *f*
Ale: Xenonlicht *n*
Ing: xenon light *n*
Fra: lumière au xénon *f*

luz del habitáculo *f*
Ale: Innenraumleuchte *f*
Ing: interior lamp *n*
Fra: plafonnier *m*

luz del tablero de instrumentos *f*
Ale: Instrumentenleuchte *f*
Ing: instrument panel lamp *n*
Fra: lampe de tableau de bord *f*

luz delantera *f*
Ale: Frontleuchte *f*
Ing: front light *n*
Fra: feu avant *m*

luz halógena *f*
Ale: Halogenlicht *n*
Ing: halogen gas light *n*
Fra: éclairage par lampe à halogène *m*

luz indicadora *f*
Ale: Anzeigeleuchte *f*
Ing: indicator lamp *n*
Fra: voyant lumineux *m*

luz indicadora de dirección de marcha *f*
Ale: Fahrtrichtungsanzeiger *m*
(Blinkleuchte) *f*
(Blinker) *m*
Ing: direction-indicator lamp *n*
(turn-signal lamp) *n*
Fra: feu indicateur de direction *m*

luz intermitente *f*
Ale: Blinklicht *n*
Ing: turn signal *n*
Fra: feu clignotant *m*

luz intermitente de advertencia *f*
Ale: Warnblinkleuchte *f*
Ing: hazard warning light *n*
Fra: témoin de feux de détresse *m*

luz intermitente de dirección de marcha *f*
Ale: Fahrtrichtungsblinken *n*
Ing: direction-indicator signal *n*
(turn-signal flashing) *n*
Fra: clignotement de direction *m*
(indication de changement de direction) *f*

luz omnidireccional de identificación *f*
Ale: Rundumkennleuchte *f*
Ing: rotating beacon *n*
Fra: gyrophare *m*

luz trasera (piloto trasero) *f*
Ale: Heckleuchte (Schlussleuchte) *f*
Ing: tail lamp *n*
Fra: feu arrière *m*

luz trasera antiniebla *f*
Ale: Nebelschlussleuchte *f*
Ing: rear fog light *n*
Fra: feu arrière de brouillard *m*

M

magnético suave *adj*
Ale: weichmagnetisch *adj*
Ing: soft magnetic *adj*
Fra: magnétique doux *adj*

magnetismo residual *m*
Ale: Remanenz *f*
(Restmagnetismus) *m*
Ing: residual magnetism *n*
Fra: rémanence *f*
(magnétisme restant) *m*

magneto *m*
Ale: Magnetzünder *m*
Ing: magneto *n*
Fra: magnéto *f*

magneto con brida *m*
Ale: Flanschmagnetzünder *m*
Ing: flange mounted magneto *n*
Fra: magnéto à bride *f*

magnetoelástico *adj*
Ale: magnetoelastisch *adj*
Ing: magnetoelastic *adj*
Fra: magnétostrictif *adj*

magnitud de ajuste *f*
Ale: Stellgröße *f*
Ing: manipulated variable *n*
Fra: grandeur réglante *f*

magnitud de ajuste *f*
Ale: Stellgröße *f*
Ing: correcting variable *n*
Fra: paramètre de réglage *m*

magnitud de entrada *f*
Ale: Eingangsgröße *f*
Ing: input variable *n*
Fra: grandeur d'entrée *f*

magnitud de medición *f*
Ale: Messgröße *f*
Ing: measured quantity *n*
(measured variable) *n*
Fra: grandeur mesurée *f*

magnitud de movimiento *f*
Ale: Bewegungsgröße *f*
Ing: motion variable *n*
Fra: grandeur de déplacement *f*

magnitud de perturbación (regulación y control) *f*
Ale: Störgröße (Regelung und Steuerung) *m*
Ing: disturbance value (regulation and control) *n*
Fra: grandeur perturbatrice (régulation) *f*

magnitud de referencia (SAP) *f*
Ale: Bezugsgröße (SAP) *f*
Ing: allocation base *n*
Fra: grandeur de référence *f*

magnitud de referencia *f*
Ale: Führungsgröße *f*
Ing: reference variable *n*
Fra: grandeur de référence *f*

magnitud de regulación *f*
Ale: Regelgröße *f*
Ing: controlled variable (closed-loop control) *n*
Fra: grandeur réglée *f*

magnitud influyente *f*
Ale: Einflussgröße *f*
Ing: influencing variable *n*
Fra: paramètre d'influence *m*

magnitud umbral de regulación *f*
Ale: Regelschwelle *f*
Ing: control threshold *n*
Fra: seuil de régulation *m*

magnitud útil *f*
Ale: Nutzgröße *f*
Ing: useful quantity *n*
Fra: grandeur utile *f*

magnitudes de salida *fpl*
Ale: Ausgangsgrößen *fpl*
Ing: output variables *n*
(output quantity) *n*
Fra: grandeurs initiales *fpl*

mal conectado *loc*
Ale: verschaltet *ppr*
Ing: interconnected *v*
(connect up) *n*
Fra: interconnecté *pp*

maleabilidad *f*
Ale: Umformbarkeit *f*
Ing: malleability *n*
Fra: déformabilité *f*

malla de alambre *f*
Ale: Drahtgeflecht *n*

Español

Ing: wire mesh *n*
Fra: treillis de fil *m*

malla metálica (catalizador) ***f***
Ale: Metallgeflecht (Katalysator) *n*
Ing: metal mesh (catalytic converter) *n*
Fra: grille métallique (catalyseur) *f*

malla metálica amortiguadora (catalizador) ***f***
Ale: Drahtgestricklagerung (Katalysator) *f*
Ing: wire knit mounting (catalytic converter) *n*
Fra: enveloppe en laine d'acier *f*

mando ***m***
Ale: Ansteuerung *f*
Ing: control *n*
Fra: commande *f*

mando a distancia por radiofrecuencia ***m***
Ale: Funkfernbedienung *f*
Ing: radio remote control *n*
Fra: télécommande radio *f*

mando final (automóvil) ***m***
Ale: Achsantrieb (Kfz) *m*
Ing: final drive (motor vehicle) *n*
Fra: essieu moteur *m*

mando variable de válvula ***m***
Ale: variabler Ventiltrieb *m*
Ing: variable valve timing *n*
Fra: système de distribution variable *m*

mandril de montaje ***m***
Ale: Montierdorn *m*
Ing: assembly mandrel *n*
Fra: mandrin de montage *m*

mandril de presión ***m***
Ale: Einpressdorn *m*
Ing: press in mandrel *n*
Fra: mandrin d'emmanchement *m*

mandril extractor ***m***
Ale: Ausdrückdorn *m*
Ing: press out mandrel *n*
Fra: mandrin à chasser *m*

manejo de averías ***m***
Ale: Fehlerbehandlung *f*
Ing: error handling *n*
Fra: traitement des défauts *m*

manejo del vehículo ***m***
Ale: Fahrzeugführung *f*
Ing: vehicle handling *n*
Fra: guidage du véhicule *m*

manejo incorrecto ***m***
Ale: Fehlbedienung *f*
Ing: erroneous operation *n*
Fra: erreur de commande *f*

manguera de purga de aire ***f***
Ale: Entlüftungsschlauch *m*
Ing: bleed hose *n*
Fra: flexible de purge *m*

mangueta ***f***
Ale: Achsschenkel *m*
Ing: steering knuckle *n*
Fra: fusée d'essieu *f*

manguito ***m***
Ale: Hülse *f*
Ing: sleeve *n*
Fra: douille *f*

manguito aislante ***m***
Ale: Isolierhülse *f*
Ing: insulating sleeve *n*
Fra: manchon isolant *m*

manguito de ajuste ***m***
Ale: Einstellhülse *f*
Ing: setting sleeve *n*
Fra: manchon de réglage *m*

manguito de apantallado ***m***
Ale: Abschirmhülse *f*
Ing: shielding sleeve *n*
Fra: manchon de blindage *m*

manguito de apriete (sensor de revoluciones) ***m***
Ale: Klemmhülse (Drehzahlsensor) *f*
(Federhülse) *f*
Ing: spring sleeve (wheel-speed sensor) *n*
Fra: douille élastique (capteur de vitesse) *f*

manguito de apriete ***m***
Ale: Klemmhülse *f*
Ing: terminal sleeve *n*
Fra: douille élastique (capteur de vitesse) *f*

manguito de goma ***m***
Ale: Gummimanschette *f*
Ing: rubber sleeve *n*
Fra: douille en caoutchouc *f*

manguito de la palanca de cambio (cambio manual) ***m***
Ale: Schalthebelmanschette (Schaltgetriebe) *f*
Ing: gear stick gaiter (manually shifted transmission) *n*
Fra: soufflet du levier de vitesses *m*

manguito de regulación (bomba de inyección) ***m***
Ale: Regelhülse (Einspritzpumpe) *f*
Ing: control sleeve (fuel-injection pump) *n*
Fra: douille de réglage (pompe d'injection) *f*

manguito de tope ***m***
Ale: Anschlaghülse *f*
Ing: stop sleeve *n*
Fra: douille de butée *f*

manguito del regulador (regulador Diesel) ***m***
Ale: Reglermuffe (Diesel-Regler) *f*
Ing: sliding sleeve (governor) *n*
Fra: manchon central (injection diesel) *m*

manguito distanciador ***m***
Ale: Abstandshülse *f*
Ing: spacer sleeve *n*
Fra: douille d'écartement *f*

manguito distanciador ***m***
Ale: Distanzhülse *f*
Ing: spacer sleeve *n*
Fra: douille entretoise *f*

manguito estanqueizante (bombín de rueda) ***m***
Ale: Abdichtstulpe (Radzylinder) *f*
Ing: sealing cap (wheel-brake cylinder) *n*
Fra: manchon d'étanchéité (cylindre de roue) *m*

manguito extremo de cable ***m***
Ale: Aderendhülse *f*
Ing: ferrule *n*
Fra: embout *m*

manguito guía ***m***
Ale: Führungshülse *f*
Ing: guide sleeve *n*
Fra: manchon de guidage *m*

manguito obturador ***m***
Ale: Dichtmanschette *f*
Ing: cup seal *n*
Fra: garniture *f*

manguito primario ***m***
Ale: Primärmanschette *f*
Ing: primary cup seal *n*
Fra: manchette primaire *f*

manguito reductor ***m***
Ale: Reduzierhülse *f*
Ing: reducing sleeve *n*
Fra: douille de réduction *f*

manguito roscado ***m***
Ale: Gewindehülse *f*
Ing: threaded sleeve *n*
Fra: corps fileté *m*

manguito separador ***m***
Ale: Trennmanschette *f*
Ing: separating cup seal *n*
Fra: manchette de séparation *f*

maniobrabilidad ***f***
Ale: Lenkbarkeit *f*
(Lenkfähigkeit) *f*
Ing: steerability *n*
Fra: dirigeabilité *f*
(manœuvrabilité) *f*

maniobrabilidad ***f***
Ale: Lenkbarkeit *f*
Ing: steering response *n*
Fra: dirigeabilité *f*
(manœuvrabilité) *f*

maniobrable (automóvil) ***adj***
Ale: lenkbar (Kfz) *adj*
Ing: steerable (motor vehicle) *adj*
Fra: dirigeable (véhicule) *adj*

maniobrar en sentido contrario (automóvil) ***v***
Ale: gegenlenken (Kfz) *v*
(gegensteuern) *v*
Ing: countersteer (motor vehicle) *v*
Fra: contre-braquage (véhicule) *m*

manivela de accionamiento *f*
Ale: Antriebskurbel *f*
Ing: pivot crank *n*
Fra: manivelle d'entraînement *f*

mantenimiento *m*
Ale: Wartung *f*
Ing: maintenance *n*
Fra: entretien *m*

mantenimiento *m*
Ale: Wartung *f*
Ing: preventive maintenance *n*
Fra: maintenance *f*

manual de aplicación *m*
Ale: Applikationshandbuch *n*
Ing: application manual *n*
Fra: manuel d'application *m*

manual del usuario (SAP) *m*
Ale: Benutzerhandbuch (SAP) *n*
Ing: user manual *nn*
Fra: manuel utilisateur *m*

máquina alternativa *f*
Ale: Kolbenkraftmaschine *f*
(Kolbenmotor) f
Ing: piston engine *n*
Fra: moteur à pistons *m*

máquina de combustión interna *f*
Ale: Verbrennungskraftmaschine *f*
Ing: internal combustion engine *n*
(IC engine) n
Fra: moteur à combustion interne *m*

máquina de construcción *f*
Ale: Baumaschine *f*
Ing: cunstruction machine *n*
Fra: engin de chantier *m*

máquina de corriente alterna *f*
Ale: Wechselstrommaschine *f*
Ing: alternating current machine *n*
Fra: machine à courant alternatif *f*

máquina de corriente continua *f*
Ale: Gleichstrommaschine *f*
Ing: direct current machine *n*
Fra: machine à courant continu *f*

máquina de émbolos radiales *f*
Ale: Radial-Kolbenmaschine *f*
Ing: radial piston machine *n*
Fra: machine à pistons radiaux *f*

máquina de exitación en derivación *f*
Ale: Nebenschlussmaschine *f*
Ing: shunt-wound machine *n*
Fra: machine à excitation en dérivation *f*

máquina de exitación en serie *f*
Ale: Reihenschlussmaschine *f*
Ing: series wound machine *n*
Fra: machine à excitation série *f*

máquina de pistones axiales *f*
Ale: Axial-Kolbenmaschine *f*
Ing: axial piston machine *n*
Fra: machine à pistons axiaux *f*

máquina hidrodinámica *f*
Ale: Strömungsmaschine *f*
Ing: turbo element *n*
Fra: turbomachine *f*

máquina monofásica *f*
Ale: Einphasemaschine *f*
Ing: single phase machine *n*
Fra: machine monophasée *f*

máquina trifásica *f*
Ale: Drehstrommaschine *f*
Ing: three phase machine *n*
Fra: machine à courant triphasé *f*

marca de referencia *f*
Ale: Bezugsmarke *f*
Ing: reference mark *n*
Fra: repère de référence *m*

marca de uso (tambor de freno, disco de freno) *f*
Ale: einlaufen (Bremstrommel, Bremsscheibe) *v*
Ing: score (brake drum, brake disc) *v*
Fra: trace d'usure (tambour, frein à disque) *f*

marca de uso (tambor de freno, disco de freno) *f*
Ale: Einlaufstelle (Bremstrommel, Bremsscheibe) *f*
Ing: scoring (brake drum, brake disc) *n*
Fra: trace d'usure (tambour, frein à disque) *f*

marcha (cambio del vehículo) *f*
Ale: Gang (Kfz-Getriebe) *m*
Ing: gear *n*
Fra: rapport *m*
(pignon) m

marcha atrás *f*
Ale: Rückwärtsgang *m*
Ing: reverse gear *n*
(reverse) n
Fra: marche arrière *f*

marcha con remolque *f*
Ale: Anhängerbetrieb *m*
Ing: trailer operation *n*
Fra: exploitation avec remorque *f*

marcha continua *f*
Ale: Dauerlauf *m*
Ing: continuous running *n*
Fra: fonctionnement continu *m*

marcha de emergencia (automóvil) *f*
Ale: Notbetrieb (Kfz) *m*
Ing: limp home mode (motor vehicle) *n*
Fra: fonctionnement en mode dégradé *m*

marcha de emergencia del motor *f*
Ale: Motornotlauf *m*
Ing: engine emergency operation *n*
Fra: fonctionnement en mode dégradé du moteur *m*

marcha de inercia del ventilador del radiador *f*
Ale: Kühlerlüfternachlauf *m*
Ing: radiator fan run on *n*
Fra: post-fonctionnement du ventilateur de refroidissement *m*

marcha en modo de emergencia (automóvil) *f*
Ale: Notfahrbetrieb (Kfz) *m*
Ing: limp home operation (motor vehicle) *n*
Fra: fonctionnement en mode dégradé *m*

marcha oblicua *f*
Ale: Schräglauf *m*
Ing: slip angle *n*
Fra: dérive latérale *f*

marcha por inercia *m*
Ale: Nachlauf *m*
Ing: after run *n*
Fra: post-fonctionnement *m*

marco de puerta *m*
Ale: Türrahmen *m*
Ing: door frame *n*
Fra: encadrement de portière *m*

marco estanqueizante *m*
Ale: Dichtrahmen *m*
Ing: sealing gasket *n*
Fra: cadre d'étanchéité *m*

marco flotante (freno) *m*
Ale: Schwimmrahmen (Bremse) *m*
Ing: sliding caliper frame (brakes) *n*
Fra: cadre flottant *m*

margen de ajuste *m*
Ale: Stellbereich *m*
(Verstellbereich) m
Ing: setting range *n*
(adjustment range) n
Fra: plage de réglage *f*

margen de desmultiplicación *m*
Ale: Übersetzungsbereich *m*
Ing: transmission ratio range *n*
Fra: plage de démultiplication *f*

margen de ebullición *m*
Ale: Siedebereich *m*
Ing: boiling range *n*
Fra: domaine d'ébullition *m*

margen de tolerancia *m*
Ale: Toleranzbereich *m*
Ing: tolerance band *n*
Fra: marge de tolérance *f*

margen de tolerancia *m*
Ale: Toleranzbereich *m*
Ing: tolerance zone *n*
Fra: plage de tolérance *f*

mariposa (motor de combustión) *f*
Ale: Drosselklappe (Verbrennungsmotor) *f*
Ing: throttle valve (IC engine) *n*
Fra: papillon des gaz (moteur à combustion) *m*

Español

mariposa de aire adicional *f*
Ale: Zusatzluftschieber *m*
Ing: auxiliary air device *n*
Fra: commande d'air additionnel *f*

mariposa de aire adicional *f*
Ale: Zusatzluftschieber *m*
Ing: auxiliary air slider *n*
Fra: tiroir d'air additionnel *m*

mariposa de escape (freno motor) *f*
Ale: Auspuffklappe (Motorbremse) *f*
(*Drehklappe*) *f*
Ing: butterfly valve (engine brake) *n*
(*exhaust flap*) *n*
Fra: volet-obturateur d'échappement *m*

mariposa de escape *f*
Ale: Auspuffklappe *f*
Ing: exhaust flap *n*
Fra: volet d'échappement (frein moteur) *m*
(*obturateur d'échappement*) *m*

mariposa de estárter *f*
Ale: Starterklappe *f*
Ing: choke *n*
Fra: volet de starter *m*

mariposa de resonancia *f*
Ale: Resonanzklappe *f*
Ing: resonance valve *n*
Fra: clapet de résonance *m*

mariposa espiral *f*
Ale: Drallklappe *f*
Ing: swirl flap *n*
Fra: volet de turbulence *m*

martillo de aire comprimido *m*
Ale: Drucklufthammer *m*
Ing: pneumatic hammer *n*
Fra: marteau-piqueur *m*

masa activa (batería) *f*
Ale: aktive Masse (Batterie) *f*
Ing: active materials (battery) *n*
Fra: matière active (batterie) *f*

masa amortiguada *f*
Ale: gefederte Masse *f*
Ing: sprung weight *n*
Fra: masse suspendue *f*

masa antivibración *f*
Ale: Tilgermasse *f*
Ing: absorption mass *n*
Fra: masse filtrante *f*

masa de aire *f*
Ale: Luftmasse *f*
Ing: air mass *n*
Fra: masse d'air *f*

masa de combustible *f*
Ale: Kraftstoffmasse *f*
Ing: fuel mass *n*
Fra: masse de carburant *f*

masa de inercia *f*
Ale: Schwungmasse *f*
Ing: flywheel mass *n*
Fra: masse d'inertie *f*
(*volant moteur*) *m*

masa de referencia (red de a bordo) *f*
Ale: Bezugsmasse (Bordnetz) *f*
Ing: reference ground (vehicle electrical system) *n*
Fra: masse de référence (circuit de bord) *f*

masa del vehículo (mecánica) *f*
Ale: Fahrzeug-Masse (mechanisch) *f*
(*Masse*) *f*
Ing: vehicle ground *n*
Fra: masse du véhicule (mécanique) *f*

masilla obturadora (batería) *f*
Ale: Vergussmasse (Batterie) *f*
Ing: sealing compound (battery) *n*
Fra: masse d'enrobage (batterie) *f*

material base *m*
Ale: Grundwerkstoff *m*
Ing: base material *n*
Fra: matériau de base *m*

material de partida *m*
Ale: Ausgangsmaterial *n*
Ing: basic material *n*
Fra: matériel de base *m*

material del electrodo *m*
Ale: Elektrodenwerkstoff *m*
Ing: electrode material *n*
Fra: matériau des électrodes *m*

material estanqueizante *m*
Ale: Dichtungsmaterial *n*
Ing: sealing material *n*
Fra: matériau d'étanchéité *m*

material magnético suave *m*
Ale: Weichmagnet *m*
Ing: soft magnetic material *n*
Fra: aimant doux *m*

material soporte *m*
Ale: Trägermaterial *n*
Ing: substrate *n*
Fra: matériau support *m*

materiales auxiliares de producción *mpl*
Ale: Betriebsstoffe *mpl*
Ing: indirect materials and supplies *npl*
Fra: fluides et lubrifiants *mpl*

mazo de cables *m*
Ale: Kabelbaum *m*
Ing: wiring harness *n*
Fra: faisceau de câbles *m*

mecanismo automático de arranque/parada *m*
Ale: Start-Stop-Automatik *f*
Ing: automatic start-stop mechanism *n*
Fra: automatisme start-stop *m*

mecanismo de ajuste de la corredera de elevación *m*
Ale: Hubschieberstellwerk *n*
Ing: control sleeve actuator *n*
Fra: actionneur des tiroirs *m*

mecanismo de ajuste del tope *m*
Ale: Anschlagstellwerk *m*
Ing: stop adjustment mechanism *n*
Fra: commande de butée *f*

mecanismo de bomba *m*
Ale: Pumpenmechanismus *m*
Ing: pump mechanism *n*
Fra: mécanisme de pompe *m*

mecanismo de cigüeñal *m*
Ale: Kurbeltrieb *m*
Ing: crankshaft drive *n*
Fra: mécanisme d'embiellage *m*

mecanismo de disparo (pretensor del cinturón de seguridad) *m*
Ale: Auslösegerät (Gurtstraffer) *n*
Ing: trigger unit (seat-belt tightener) *n*
Fra: déclencheur de prétensionneur *m*

mecanismo de fallo *m*
Ale: Ausfallmechanismus *m*
Ing: failure mechanism *n*
Fra: mécanisme de défaillance (de l'incident) *m*

mecanismo de rueda libre (motor de arranque) *m*
Ale: Freilaufgetriebe (Starter) *n*
Ing: overrunning clutch (starter) *n*
Fra: lanceur à roue libre (démarreur) *m*

mecanismo rueda manivela *m*
Ale: Räderkurbelgetriebe *n*
Ing: crank wheel mechanism *n*
Fra: transmission à embiellage *f*

mecatrónica *f*
Ale: Mechatronik *f*
Ing: mechatronics *n*
Fra: mécatronique *f*

media tensión *f*
Ale: Mittelspannung *f*
Ing: medium voltage, MV *n*
Fra: tension moyenne *f*

medición comparativa de los gases de escape *f*
Ale: Abgas-Vergleichsmessung *f*
Ing: comperative emission analysis *n*
Fra: mesure comparative des gaz d'échappement *f*

medición de corriente *f*
Ale: Strommessung *f*
Ing: current measurement *n*
Fra: mesure de courant *f*

medición de distancia *f*
Ale: Abstandmessung (ACC) *f*
Ing: distance measurement (ACC) *n*

Español

Fra: télémétrie *f*

medición de dureza *f*
Ale: Härtemessung *f*
Ing: hardness testing *n*
Fra: essai de dureté *m*

medición de gases de escape *f*
Ale: Abgasmessung *f*
Ing: exhaust measurement *n*
Fra: mesure des gaz d'échappement *f*

medición de gases de escape *f*
Ale: Rauchmessung *f*
Ing: smoke measurement *n*
Fra: analyse des fumées diesel *f*

medición de la distancia entre vehículos *f*
Ale: Fahrzeug-Abstandsmessung *f*
Ing: vehicle to-vehicle distance monitoring *n*
Fra: application télémétrique automobile *f*

medición de par *f*
Ale: Drehmomentmessung *f*
Ing: torque measurement *n*
Fra: mesure de couple *f*

medición de ruido *f*
Ale: Geräuschmessung *f*
Ing: sound level measurement *n*
Fra: mesure de bruit *f*

medición de velocidad de marcha *f*
Ale: Fahrgeschwindigkeits-messung *f*
Ing: vehicle-speed measurement *n*
Fra: mesure de la vitesse de roulage *f*

medición en tunel aerodinámico *f*
Ale: Windkanalmessung *f*
Ing: wind tunnel measurement *n*
Fra: mesure en soufflerie *f*

medida de ajuste *f*
Ale: Einstellmaß *n*
Ing: adjustment dimension *n*
Fra: cote de réglage *f*

medida de intersticio (inyección diesel) *f*
Ale: Spaltmaß (Dieseleinspritzung) *n*
Ing: gap dimension (diesel fuel injection) *n*
Fra: cote d'écartement (injection diesel) *f*

medida de intersticio *f*
Ale: Spaltmaß *n*
Ing: gap size *n*
Fra: écartement *m*

medida de referencia *f*
Ale: Kontrollmaß *n*
Ing: control dimension *n*
Fra: cote de contrôle *f*

medida de separación *f*
Ale: Abstandsmaß *n*
Ing: gap dimension *n*
Fra: écartement *m*

medida exterior *f*
Ale: Außenmaß *n*
Ing: overall dimension *n*
Fra: cote extérieure *f*

medida preventiva *f*
Ale: Vorbeugungsmaßnahme *f*
Ing: preventive action *n*
Fra: mesure de précaution *f*

medida que sobresale *f*
Ale: Vorstehmaß *n*
Ing: projection dimension *n*
Fra: cote de dépassement *f*

medida que sobresale el árbol de levas *f*
Ale: Nockenwellen-Vorstehmaß *n*
Ing: camshaft projection *n*
Fra: cote de dépassement de l'arbre à cames *f*

medidor de nivel sonoro *m*
Ale: Schallpegelmesser *m*
Ing: sound level meter *n*
Fra: sonomètre *m*

medidor de presión *m*
Ale: Druckmessgerät *n*
(Druckmesser) *m*
Ing: pressure gauge *n*
Fra: manomètre *m*

medidor de presión de aceite del motor *m*
Ale: Motoröldruckmesser *m*
Ing: engine oil pressure gauge *n*
Fra: capteur de pression d'huile moteur *m*

medidor de vibraciones *m*
Ale: Schwingungsmesser *m*
Ing: vibration meter *n*
Fra: vibromètre *m*

medidor del nivel de llenado *m*
Ale: Füllstandmessgerät *n*
Ing: liquid-level measuring instrument *n*
Fra: indicateur de niveau *m*

medidor del valor de emisión de humos *m*
Ale: Rauchwertmessgerät *n*
(Rauchgastester) *m*
Ing: smoke emission test equipment *n*
(smoke tester) *n*
(smokemeter) *n*
Fra: fumimètre *m*
(opacimètre) *m*

medio acoplamiento *m*
Ale: Kupplungshälfte *f*
Ing: coupling half *n*
Fra: demi-accouplement *m*

medio agresivo *m*
Ale: aggressives Medium *n*
Ing: aggressive medium *n*
Fra: milieu corrosif *m*

medio anticongelante *m*
Ale: Frostschutzmittel *n*
(Gefrierschutzmittel) *n*
Ing: antifreeze *n*
Fra: antigel *m*

medio de transmisión (sistema de frenos) *m*
Ale: Übertragungsmedium (Bremsanlage) *n*
Ing: transmission agent (braking system) *n*
Fra: moyen de transmission (dispositif de freinage) *m*

medio transportado *m*
Ale: Fördermedium *n*
Ing: flow medium *n*
Fra: fluide de refoulement *m*

mejorador de fluencia *m*
Ale: Fließverbesserer *m*
Ing: flow improver *n*
Fra: fluidifiant *m*

membrana activa *f*
Ale: Wirkmembran *f*
(Reaktionsmembran) *f*
Ing: transfer diaphragm *n*
Fra: membrane active *f*

membrana de capa gruesa *f*
Ale: Dickschicht-Membran *f*
Ing: thick film diaphragm *n*
Fra: membrane à couches épaisses *f*

membrana de medición *f*
Ale: Messmembran *f*
Ing: measurement diaphragm *n*
Fra: membrane de mesure *f*

membrana de presión *f*
Ale: Druckmembran *f*
Ing: pressure diaphragm *n*
Fra: membrane de pression *f*

membrana estanqueizante *f*
Ale: Abdichtungsmembrane *v*
Ing: sealing diaphragm *n*
Fra: membrane d'étanchéité *f*

membrana reguladora *f*
Ale: Regelmembran *f*
Ing: control diaphragm *n*
Fra: membrane de régulation *f*

memoria de averías *f*
Ale: Fehlerspeicher *m*
Ing: fault memory *n*
Fra: mémoire de défauts *f*

memoria de códigos de avería *f*
Ale: Fehlercodespeicher *m*
Ing: error code memory *n*
Fra: mémoire de défauts *f*

memoria de datos *f*
Ale: Datenspeicher *m*
Ing: data memory *n*
Fra: mémoire de données *f*

memoria de semiconductores *f*
Ale: Halbleiterspeicher *m*
Ing: semiconductor memory chip *n*
Fra: mémoire à semi-conducteurs *f*

memoria de trabajo (RAM) *f*
Ale: Arbeitsspeicher (RAM) *m*
Ing: main memory (RAM) *n*
(user memory) *n*
Fra: mémoire de travail (RAM) *f*

memoria de valor nominal *f*
Ale: Sollwertspeicher *m*
Ing: setpoint memory *n*
Fra: mémoire consignes *m*

memoria fija *f*
Ale: Festwertspeicher *f*
Ing: read only memory, ROM *n*
Fra: mémoire morte *f*

memoria volátil de escritura/ lectura (RAM) *f*
Ale: flüchtiger Schreib-/ Lesespeicher (RAM) *m*
Ing: volatile read/write memory (RAM) *n*
Fra: mémoire vive (RAM) *f*

memorización de averías *f*
Ale: Fehlerabspeicherung *f*
Ing: error storage *n*
Fra: mémorisation des défauts *f*

mensaje de avería *m*
Ale: Fehlermeldung *f*
Ing: error message *n*
Fra: message de défaut *m*

merma por combustión *m*
Ale: Abbrand *m*
Ing: melting loss *n*
Fra: usure *f*

metal sinterizado *m*
Ale: Sintermetall *n*
Ing: sintered metal *n*
Fra: métal fritté *m*

método de amplitud *m*
Ale: Amplitudenverfahren *n*
Ing: amplitude method *n*
Fra: modulation d'amplitude *f*

método de cámara de turbulencia (motor de combustión) *m*
Ale: Wirbelkammerverfahren (Verbrennungsmotor) *n*
Ing: whirl chamber system (IC engine) *n*
Fra: procédé d'injection à chambre de turbulence *m*

método de combustión *m*
Ale: Verbrennungsverfahren *n*
Ing: combustion system *n*
Fra: procédé de combustion *m*

método de ensayo bajo carga *m*
Ale: belastetes Testverfahren *n*
Ing: under load test *n*
Fra: méthode de test par fort courant *f*

método de inyección directa *m*
Ale: Direkteinspritzverfahren *n*
Ing: direct injection (DI) process *n*
Fra: procédé d'injection directe *m*

método de lavado de paso *m*
Ale: Durchspülungsverfahren *n*
Ing: flushing method *n*
Fra: méthode de balayage *f*

método de precámara *m*
Ale: Vorkammerverfahren *n*
Ing: prechamber system *n*
Fra: procédé à préchambre *m*

mezcla (aire-combustible) *f*
Ale: Gemisch (Luft-Kraftstoff) *n*
Ing: A/F mixture *n*
Fra: mélange gazeux *m*

mezcla aire-combustible *f*
Ale: Luft-Kraftstoff-Gemisch *n*
Ing: air fuel mixture *n*
(A/F mixture) *n*
Fra: mélange air-carburant *m*

mezcla aire-combustible *f*
Ale: Luft-Kraftstoff-Gemisch *n*
Ing: air/fuel mixture *n*
Fra: mélange air-carburant *m*

mezcla combustible-aire *f*
Ale: Kraftstoff-Luft-Gemisch *n*
Ing: air/fuel mixture *n*
(A/F mixture) *n*
Fra: mélange air-carburant *m*

mezcla de gas *f*
Ale: Gasgemisch *n*
Ing: gas mixture *n*
Fra: mélange gazeux *m*

mezcla homogénea *f*
Ale: homogenes Gemisch *n*
Ing: homogeneous mixture *n*
Fra: mélange homogène *m*

mezcla pobre *f*
Ale: mageres Gemisch *n*
Ing: lean air fuel mixture *n*
Fra: mélange pauvre *m*

mezcla pobre *f*
Ale: Magermix *n*
Ing: lean air fuel mixture *n*
Fra: mélange pauvre *m*

mezcla rica *f*
Ale: fettes Gemisch *n*
Ing: rich mixture *n*
Fra: mélange riche *m*

mezclador Venturi *m*
Ale: Venturi-Mischgerät *n*
Ing: venturi mixing unit *n*
Fra: mélangeur à venturi *m*

microcontrolador, MC (unidad de control) *m*
Ale: Mikrocontroller, MC (Steuergerät) *m*
Ing: microcontroller, MC (ECU) *n*
Fra: microcontrôleur (calculateur) *m*

microinterruptor *m*
Ale: Mikroschalter *m*
Ing: microswitch *n*
Fra: microcontacteur *m*

microporoso *adj*
Ale: mikroporös *adj*
Ing: microporous *n*
Fra: microporeux *adj*

microprocesador *m*
Ale: Mikroprozessor *m*
Ing: microprocessor *n*
Fra: microprocesseur *m*

microrelé *m*
Ale: Mikrorelais *n*
Ing: microrelay *n*
Fra: microrelais *m*

midibús *m*
Ale: Midibus *m*
Ing: midibus *n*
Fra: autobus moyen courrier *m*

miembro desviador *m*
Ale: Ausweichglied *n*
Ing: override link *n*
Fra: élément bypass *m*

mirilla *f*
Ale: Schauglas *n*
Ing: viewing window *n*
Fra: verre-regard *m*

modelador de impulsos *m*
Ale: Impulsformer *m*
Ing: pulse shaper *n*
Fra: conformateur d'impulsions *m*

modelo cilíndrico compacto (alternador) *m*
Ale: Topfbauart (Generator) *f*
Ing: compact diode assembly model (alternator) *n*
Fra: type à bloc redresseur compact (alternateur) *m*

modelo de actuador *m*
Ale: Aktorausführung *f*
Ing: actuator type *n*
Fra: type d'actionneur *m*

modelo de serie *m*
Ale: Serienausführung *f*
Ing: series fabrication type *n*
Fra: version de série *f*

modelo especial *m*
Ale: Sondermodell *n*
Ing: special model *n*
Fra: modèle spécial *m*

modo de activación de válvula *m*
Ale: Ventilansteuermodus *m*
Ing: valve triggering mode *n*
Fra: mode de pilotage des vannes *m*

modo de apoyo (carga de batería) *m*
Ale: Stützbetrieb (Batterieladung) *m*
Ing: backup mode (battery charge) *n*
Fra: mode « soutien » (charge de batterie) *m*

modo de arranque *m*
Ale: Startbetrieb *m*
Ing: starting operation *n*
Fra: démarrage (opération) *m*

modo de banco de pruebas de rodillos *m*
Ale: Rollenprüfstands-Modus *m*

Español

Ing: roller dynamometer mode *n*
Fra: mode banc d'essai à rouleaux *m*

modo de carga (carga de batería) ***m***
Ale: Ladebetrieb (Batterieladung) *m*
Ing: charging mode (battery charge) *n*
Fra: mode « charge » (charge de batterie) *m*

modo de indicación ***m***
Ale: Anzeigemodus *m*
Ing: display mode *n*
Fra: mode d'affichage *m*

modo de operación ***m***
Ale: Betriebsmodus *m*
Ing: mode of operation *n*
Fra: mode de fonctionnement *m*

modo de operación homogéneo ***m***
Ale: Homogen-Betrieb *m*
Ing: homogeneous operating mode *n*
Fra: mode homogène *m*

modo de operación homogéneo con mezcla pobre ***m***
Ale: Homogen-Mager-Betrieb *m*
Ing: homogenous lean operating mode *n*
Fra: mode homogène pauvre *m*

modo de operación homogéneo estratificado ***m***
Ale: Homogen-Schicht-Betrieb *m*
Ing: homogeneous stratified operating mode *n*
Fra: mode homogène stratifié *m*

modo de protección homogénea de picado ***m***
Ale: Homogen-Klopfschutz-Betrieb *m*
Ing: homogeneous knock protection mode *n*
Fra: mode homogène anticliquetis *m*

modo de regulación ***m***
Ale: Regelbetrieb *m*
Ing: closed loop control *n*
Fra: mode régulation *m*

modo de seguridad ***m***
Ale: Sicherheitsmodus *m*
Ing: safety mode *n*
Fra: mode « sécurité » *m*

modo reducido del potenciómetro de la mariposa ***m***
Ale: Drosselklappe-Potentiometer-Ersatzbetrieb *m*
Ing: throttle valve potentiometer limp home mode *n*
Fra: mode dégradé du potentiomètre de papillon *m*

modo retardador ***m***
Ale: Retarderbetrieb *m*
Ing: retarder operation *n*
Fra: mode ralentisseur *m*

modo síncrono ***m***
Ale: Synchronantrieb *m*
(Synchronbetrieb) *m*
Ing: synchronous operation *n*
Fra: entraînement triphasé synchrone *m*

modulación de frecuencia ***f***
Ale: Frequenzmodulation *f*
Ing: frequency modulation, FM *n*
Fra: modulation de fréquence *f*

modulación de la presión de frenado ***f***
Ale: Bremsdruckmodulation *f*
Ing: brake pressure modulation *n*
(braking-force metering) *n*
Fra: modulation de la force de freinage *f*

modulado en amplitud de impulsos, PWM ***adj***
Ale: pulsweitenmoduliert *adj*
Ing: pulse width modulated, PWM *pp*
Fra: à largeur d'impulsion modulée *loc*

modulador de presión (ABS) ***m***
Ale: Druckmodulator (ABS) *m*
Ing: pressure modulator (ABS) *n*
Fra: modulateur de pression (ABS) *m*

modulador de presión de ruedas ***m***
Ale: Raddruckmodulator *m*
Ing: wheel pressure modulator *n*
Fra: modulateur de pression aux roues *m*

modular (fuerza de frenado) ***v***
Ale: aussteuern (Bremskraft) *v*
Ing: output (braking force) *v*
Fra: piloter (force de freinage) *v*

módulo ***m***
Ale: Baukasten *m*
Ing: module *n*
Fra: module *m*

módulo CAN ***m***
Ale: CAN-Baustein *m*
Ing: CAN module *n*
Fra: module CAN *m*

módulo de chispas ***m***
Ale: Funkenzieher *m*
Ing: spark drawer *n*
Fra: éclateur *m*

módulo de control del remolque ***m***
Ale: Anhängersteuermodul, ASM *m*
Ing: trailer control module, TCM *n*
Fra: module de commande remorque *m*

módulo de datos ***m***
Ale: Datenmodul *m*
Ing: operating-data module *n*
Fra: module de données *m*

módulo de diagnóstico ***m***
Ale: Diagnosemodul *n*
Ing: diagnosis module *n*
Fra: module de diagnostic *m*

módulo de elasticidad
Ale: Elastizitätsmodul
Ing: modulus of elasticity
(elastic modulus)
Fra: module d'élasticité longitudinale
(module de glissement)
(module de cisaillement)

módulo de elasticidad a la cizalladura
Ale: Gleitmodul
Ing: shear modulus
(modulus of regidity)
Fra: module de glissement

módulo de encendido
Ale: Zündmodul
Ing: ignition module
Fra: module d'allumage

módulo de potencia
Ale: Leistungsmodul
Ing: power module
Fra: module de puissance

módulo de programa
Ale: Programmmodul
Ing: program module
Fra: module de programme

módulo de reactancia (alarma de vehículo)
Ale: Vorschaltmodul (Autoalarm)
Ing: ballast module (car alarm)
Fra: module de protection (alarme auto)

módulo doble eje
Ale: Doppelachsmodul
Ing: tandem axle module
Fra: module d'essieu double (remorque)

módulo funcional (unidad de control)
Ale: Funktionsblock (Steuergerät)
Ing: function module (ECU)
Fra: bloc fonctionnel (calculateur)

módulo intercalado
Ale: Anpasseinrichtung
(Aufschaltgruppe)
Ing: add on module
Fra: groupe d'adaptation

módulo regulador de presión
Ale: Druckregelmodul
Ing: pressure control module
Fra: modulateur de pression

mojabilidad
Ale: Benetzbarkeit
Ing: wettability
Fra: mouillabilité

moldura de adorno
Ale: Zierleiste
(Zierblende)
Ing: molding
(screen)
Fra: enjoliveur

Español

moldura de cierre *f*
Ale: Abschlussblende *f*
Ing: end cover *n*
Fra: tôle d'obturation *f*

moldura decorativa *f*
Ale: Zierblende *f*
Ing: fascia *n*
Fra: enjoliveur *m*

moldura delantera (faros) *f*
Ale: Frontblende (Scheinwerfer) *f*
Ing: front screen (headlamp) *n*
Fra: cache avant (projecteur) *m*

momento de arrastre *m*
Ale: Schleppmoment *n*
Ing: drag torque *n*
Fra: couple résistant *m*

momento de fricción *m*
Ale: Reibmoment *n*
Ing: friction torque *n*
Fra: couple de frottement *m*

momento de inercia de la rueda *m*
Ale: Radträgheitsmoment *n*
Ing: wheel moment of inertia *n*
Fra: couple d'inertie de la roue *m*

momento de inercia del motor *m*
Ale: Motorträgheitsmoment *n*
(Motorschleppmoment) *n*
Ing: engine drag torque *n*
Fra: couple d'inertie du moteur *m*

momento de rodadura *m*
Ale: Rollmoment *n*
(schlingerndes Moment) *n*
Ing: rolling moment *n*
Fra: moment de lacet *m*
(couple de roulis) *m*

momento de vuelco longitudinal *m*
Ale: Längskippmoment *n*
Ing: longitudinal tilting moment *n*
Fra: moment de renversement *m*

momento dipolar *m*
Ale: Dipolmoment *n*
Ing: dipole moment *n*
Fra: moment dipolaire *m*

momento flector *m*
Ale: Biegemoment *n*
Ing: bending moment *n*
(flexural torque) *n*
Fra: moment de flexion *m*

monofásico *adj*
Ale: einphasig *adj*
Ing: single phase *adj*
Fra: monophasé *adj*

monolito (catalizador) *m*
Ale: Monolith (Katalysator) *m*
Ing: monolith (catalytic converter) *n*
Fra: support monolithique (catalyseur) *m*

monóxido de carbono *m*
Ale: Kohlenmonoxid *n*
Ing: carbon monoxide *n*
Fra: monoxyde de carbone *m*

montaje exterior *m*
Ale: Außenanbau *m*
Ing: external mounting *n*
Fra: montage extérieur *m*

mordaza de freno *f*
Ale: Bremszange *f*
Ing: brake pliers *n*
Fra: étrier de frein *m*

motocicleta *f*
Ale: Kraftrad *n*
(Krad) *n*
Ing: motorcycle *n*
Fra: motocyclette *f*

motocicleta *f*
Ale: Motorrad *n*
Ing: motorcycle *n*
Fra: motocyclette *f*

motocicleta ligera *f*
Ale: Leichtkraftrad *n*
Ing: light motorcycle *n*
Fra: motocycle léger *m*

motociclo pequeño *m*
Ale: Kleinkraftrad *n*
Ing: moped *n*
Fra: petit motocycle *m*

motor *m*
Ale: Motor *m*
Ing: engine *n*
Fra: moteur *m*

motor asíncrono sincronizado *m*
Ale: synchronisierter Asynchronmotor *m*
Ing: synchronous induction motor *n*
Fra: moteur asynchrone synchronisé *m*

motor asíncrono trifásico *m*
Ale: Drehstromasynchronmotor *m*
Ing: three phase asynchronous motor *n*
(three-phase induction motor) *n*
Fra: moteur asynchrone triphasé *m*

motor atmosférico *m*
Ale: Saugmotor *m*
Ing: naturally aspirated engine *n*
Fra: moteur à aspiration naturelle *m*

motor atmosférico Diesel *m*
Ale: Diesel-Saugmotor *m*
Ing: naturally aspirated diesel engine *n*
Fra: moteur diesel atmosphérique *m*

motor compound *m*
Ale: Doppelschlussmotor *m*
Ing: compound motor *n*
Fra: moteur à excitation compound *m*

motor de accionamiento *m*
Ale: Antriebsmotor *m*
Ing: drive motor *n*
Fra: moteur d'entraînement *m*

motor de arranque *m*
Ale: Anwurfmotor *m*
Ing: starting motor *n*
Fra: moteur de démarrage *m*

motor de arranque *m*
Ale: Starter *m*
(Anlasser) *m*
(Startermotor) *m*
Ing: starter *n*
Fra: démarreur *m*
(moteur de démarreur) *m*

motor de arranque tipo Bendix *m*
Ale: Schraubtrieb-Starter *m*
Ing: Bendix type starter *n*
Fra: démarreur à lanceur à inertie *m*

motor de arranque tipo Bendix *m*
Ale: Schraubtrieb-Starter *m*
Ing: inertia drive starter *n*
Fra: démarreur à lanceur à inertie *m*

motor de autoignición *m*
Ale: Selbstzündungsmotor *m*
(Selbstzünder) *m*
Ing: compression ignition engine (CI engine) *n*
Fra: moteur à allumage par compression *m*

motor de barco *m*
Ale: Bootsmotor *m*
Ing: marine engine *n*
Fra: moteur de bateau *m*

motor de bomba (grupo hidráulico del ABS) *m*
Ale: Pumpenmotor (ABS-Hydroaggregat) *m*
Ing: pump motor (ABS hydraulic modulator) *n*
Fra: moteur de pompe (groupe hydraulique ABS) *m*

motor de cámara de turbulencia (motor de combustión) *m*
Ale: Wirbelkammermotor (Verbrennungsmotor) *m*
Ing: whirl chamber engine (IC engine) *n*
Fra: moteur à chambre de turbulence *m*

motor de cámara secundaria *m*
Ale: Nebenkammermotor *m*
(Wirbelkammermotor) *m*
Ing: divided chamber engine *n*
(whirl-chamber engine) *n*
Fra: moteur à préchambre *m*
(moteur à chambre de turbulence) *m*

motor de carburador *m*
Ale: Vergasermotor *m*
Ing: carburetor engine *n*
Fra: moteur à carburateur *m*

motor de carga estratificada *m*
Ale: Schichtlademotor *m*
Ing: stratified charge engine *n*
Fra: moteur à charge stratifiée *m*

motor de cilindros opuestos *m*

Ale: Boxermotor *m*
Ing: opposed cylinder engine *n*
(boxer engine) *n*
Fra: moteur à cylindres opposés et horizontaux *m*

motor de combustibles múltiples ***m***
Ale: Vielstoffmotor *m*
(Mehrstoffmotor) *m*
Ing: multifuel engine *n*
Fra: moteur polycarburant *m*

motor de combustión ***m***
Ale: Verbrennungsmotor *m*
(Verbrennungskraftmaschine) *f*
Ing: internal combustion engine *n*
(IC engine) *n*
Fra: moteur à combustion interne *m*

motor de corriente continua ***m***
Ale: Gleichstrommotor *m*
Ing: DC motor *n*
(direct-current motor) *n*
Fra: moteur à courant continu *m*

motor de corriente continua ***m***
Ale: Gleichstrommotor *m*
Ing: D.C. motor *n*
Fra: moteur à courant continu *m*

motor de cuatro tiempos (motor de combustión) ***m***
Ale: Vier-Takt-Motor (Verbrennungsmotor) *m*
Ing: four stroke engine (IC engine) *n*
Fra: moteur à quatre temps *m*

motor de dos tiempos (motor de combustión) ***m***
Ale: Zwei-Takt-Motor (Verbrennungsmotor) *m*
Ing: two stroke engine (IC engine) *n*
Fra: moteur à deux temps *m*

motor de engranajes ***m***
Ale: Zahnradmotor *m*
Ing: hydraulic gear motor *n*
Fra: moteur à engrenage *m*

motor de excitación en serie ***m***
Ale: Hauptschlussmotor *m*
(Reihenschlussmotor) *m*
Ing: series motor *n*
(series-wound motor) *n*
Fra: moteur série *m*

motor de exitación en derivación ***m***
Ale: Nebenschlussmotor *m*
Ing: shunt-wound motor *n*
Fra: moteur à excitation shunt *m*

motor de gasolina ***m***
Ale: Benzinmotor *m*
Ing: gasoline engine *n*
Fra: moteur à essence *m*

motor de gasolina ***m***
Ale: Ottomotor *m*
Ing: gasoline engine *n*
(spark-ignition engine) *n*
(SI engine) *n*
Fra: moteur à essence *m*
(moteur à allumage par étincelle) *m*

motor de inducción sin escobillas ***m***
Ale: bürstenloser Induktionsmotor *m*
Ing: brushless induction motor *n*
Fra: moteur à induction sans balais *m*

motor de inyección ***m***
Ale: Einspritzmotor *m*
Ing: fuel injection engine *n*
Fra: moteur à injection *m*

motor de inyección directa ***m***
Ale: Direkteinspritzer *m*
Ing: direct injection *n*
Fra: moteur à injection directe *m*

motor de inyección directa ***m***
Ale: Direkteinspritzmotor *m*
(Direkteinspritzer) *m*
Ing: direct-injection (DI) engine *n*
Fra: moteur à injection directe *m*

motor de inyección indirecta ***m***
Ale: Kammermotor *m*
Ing: indirect injection engine, IDI *n*
Fra: moteur à injection indirecte *m*

motor de mezcla pobre ***m***
Ale: Magermotor *m*
Ing: lean burn engine *n*
Fra: moteur pour mélange pauvre *m*

motor de mezcla pobre ***m***
Ale: Magermotor *m*
Ing: lean combustion engine *n*
Fra: moteur pour mélange pauvre *m*

motor de pistones axiales ***m***
Ale: Axialkolbenmotor *m*
Ing: axial piston motor *n*
Fra: moteur à pistons axiaux *m*

motor de pistones opuestos ***m***
Ale: Gegenkolbenmotor *m*
Ing: opposed piston engine *n*
Fra: moteur à pistons opposés *m*

motor de precámara ***m***
Ale: Vorkammermotor *m*
Ing: prechamber engine *n*
Fra: moteur à préchambre *m*

motor de precámara ***m***
Ale: Vorkammermotor *m*
Ing: precombustion chamber engine *n*
Fra: moteur à préchambre *m*

motor de tensión compuesta ***m***
Ale: Mischspannungsmotor *m*
Ing: pulsating voltage motor *n*
Fra: moteur à tension composée *m*

motor de varios cilindros ***m***
Ale: Mehrzylindermotor *m*
Ing: multiple-cylinder engine *n*
Fra: moteur multicylindres *m*

motor de ventilador ***m***
Ale: Lüftermotor *m*
Ing: fan motor *n*
Fra: moteur de ventilateur *m*
(moteur de soufflante) *m*

motor del limpiaparabrisas ***m***
Ale: Wischermotor *m*
(Scheibenwischermotor) *m*
Ing: wiper motor *n*
Fra: moteur d'essuie-glace *m*

motor del soplador ***m***
Ale: Gebläsemotor *m*
Ing: blower motor *n*
Fra: moteur de soufflante *m*

motor del vehículo ***m***
Ale: Fahrzeugmotor *m*
Ing: vehicle engine *n*
Fra: moteur de véhicule *m*

motor deportivo ***m***
Ale: Sportmotor *m*
Ing: sports engine *n*
Fra: moteur de sport *m*

motor Diesel ***m***
Ale: Dieselmotor *m*
Ing: diesel engine *n*
Fra: moteur diesel *m*

motor Diesel con cámara de aire ***m***
Ale: Luftspeicher-Dieselmotor *m*
Ing: air chamber diesel engine *n*
Fra: moteur diesel à chambre d'air *m*

motor Diesel con inyección de aire ***m***
Ale: Dieselmotor mit Lufteinblasung *m*
Ing: air injection diesel engine *n*
Fra: moteur diesel à insufflation d'air *m*

motor Diesel de alta velocidad ***m***
Ale: schnelllaufender Dieselmotor *m*
Ing: high speed diesel engine *n*
Fra: moteur diesel à régime rapide *m*

motor Diesel de cámara de turbulencia ***m***
Ale: Wirbelkammer-Dieselmotor *m*
Ing: whirl chamber diesel engine *n*
Fra: moteur diesel à chambre de turbulence *m*

motor Diesel de inyección directa ***m***
Ale: Dieselmotor mit direkter Einspritzung *m*
Ing: direct injection diesel engine *n*
Fra: moteur diesel à injection directe *m*

motor Diesel de precámara ***m***
Ale: Vorkammer-Dieselmotor *m*
Ing: prechamber Diesel engine *n*
Fra: moteur diesel à préchambre *m*

motor Diesel turbocargado ***m***
Ale: Diesel-ATL-Motor *m*
Ing: turbocharged diesel engine *n*

Fra: moteur diesel turbocompressé *m*

motor eléctrico ***m***
Ale: Elektromotor *m*
Ing: electric motor *n*
Fra: moteur électrique *m*

motor en estrella (motor de combustión) ***m***
Ale: Sternmotor (Verbrennungsmotor) *m*
Ing: radial engine (IC engine) *n*
Fra: moteur en étoile *m*

motor en línea ***m***
Ale: Reihenmotor *m*
Ing: in-line engine *n*
(straight engine) *n*
Fra: moteur en ligne *m*

motor en V (motor de combustión) ***m***
Ale: V-Motor (Verbrennungsmotor) *m*
Ing: v-engine (IC engine) *n*
Fra: moteur en V *m*

motor encendido por dispositivo externo ***m***
Ale: Fremdzündungsmotor *m*
Ing: engine with externally supplied ignition *n*
Fra: moteur à allumage commandé *m*

motor fuera de borda ***m***
Ale: Außenbordmotor *m*
Ing: outboard engine *n*
Fra: moteur hors-bord *m*

motor hidráulico ***m***
Ale: Hydromotor *m*
Ing: hydraulic motor *n*
Fra: moteur hydraulique *m*

motor lineal de carrera corta ***m***
Ale: Kurzhub-Linearmotor *m*
Ing: short stroke linear motor *n*
Fra: moteur linéaire à faible course *m*

motor monofásico con devanado auxiliar ***m***
Ale: Einphasenmotor mit Hilfswicklung *m*
Ing: split phase motor *n*
Fra: moteur monophasé à enroulement auxiliaire *m*

motor multicarburante ***m***
Ale: Mehrstoffmotor *m*
Ing: multifuel engine *n*
Fra: moteur polycarburant *m*

motor paso a paso ***m***
Ale: Schrittmotor *m*
Ing: stepping motor *n*
(stepper motor) *n*
Fra: moteur pas à pas *m*

motor pequeño ***m***
Ale: Kleinmotor *m*
Ing: low power engine *n*
Fra: moteur de petite cylindrée *m*

motor reciprocante ***m***
Ale: Hubkolbenmotor *m*
Ing: reciprocating piston engine *n*
Fra: moteur à pistons alternatifs *m*

motor rotativo ***m***
Ale: Kreiskolbenmotor *m*
Ing: rotary engine *n*
Fra: moteur à piston rotatif *m*

motor rotativo doble ***m***
Ale: Doppel-Kreiskolbenmotor *m*
Ing: twin rotary engine *n*
Fra: moteur birotor à pistons rotatifs *m*

motor sobrealimentado ***m***
Ale: Aufladenmotor *m*
(ATL-Motor) *m*
Ing: supercharged engine *n*
Fra: moteur suralimenté *m*

motor trifásico ***m***
Ale: Drehstrommotor *m*
Ing: three phase AC motor *n*
Fra: moteur triphasé *m*

motor turbo ***m***
Ale: Turbomotor *m*
(ATL-Motor) *m*
Ing: turbocharged engine *n*
Fra: moteur à turbocompresseur *m*
(moteur suralimenté) *m*

motor ultrasónico ***m***
Ale: Ultraschall-Motor *m*
Ing: ultrasonic motor *n*
Fra: moteur à ultrasons *m*

motorreductor ***m***
Ale: Getriebemotor *m*
Ing: motor and gear assembly *n*
Fra: motoréducteur *m*

motorreductor ***m***
Ale: Getriebemotor *m*
Ing: geared motor *n*
Fra: motoréducteur *m*

motorreductor de engranaje sinfín ***m***
Ale: Schnecken-Getriebemotor *m*
Ing: worm drive motor *n*
Fra: motoréducteur à vis sans fin *m*

Motronic (control electrónico del motor) ***m***
Ale: Motronic (elektronische Motorsteuerung) *f*
Ing: Motronic (electronic engine management) *n*
Fra: Motronic (système électronique de gestion du moteur) *m*

movimiento de guiñada (dinámica del automóvil) ***m***
Ale: Gierbewegung (Kfz-Dynamik) *f*
Ing: yaw motion (motor-vehicle dynamics) *n*
Fra: mouvement de lacet *m*

movimiento de pistón ***m***
Ale: Kolbenbewegung *f*
Ing: piston stroke *n*
Fra: déplacement du piston *m*

movimiento de rodamiento ***m***
Ale: Abrollbewegung *f*
Ing: rolling movement *n*
Fra: mouvement de rotation *m*

muelle ***m***
Ale: Feder *f*
Ing: spring *n*
Fra: ressort *m*

muelle de acoplamiento ***m***
Ale: Koppelfeder *f*
Ing: coupling spring *n*
Fra: ressort de couplage *m*

muelle de arrastre ***m***
Ale: Schleppfeder *f*
Ing: drag spring *n*
Fra: ressort compensateur *m*

muelle de barra de torsión ***m***
Ale: Drehstabfeder *f*
Ing: torsion bar spring *n*
Fra: barre de torsion *f*

muelle de compresión ***m***
Ale: Druckfeder *f*
Ing: compression spring *n*
Fra: ressort de pression *m*

muelle de compresión ***m***
Ale: Druckfeder *f*
Ing: pressure spring *n*
Fra: ressort de pression *m*

muelle de contacto ***m***
Ale: Kontaktfeder *f*
Ing: contact spring *n*
Fra: contact à ressort *m*

muelle de control de torque (inyección diesel) ***m***
Ale: Angleichfeder (Dieseleinspritzung) *f*
Ing: torque control spring *n*
Fra: ressort correcteur de débit *m*

muelle de disco ***m***
Ale: Tellerfeder *f*
Ing: disc spring *n*
(spring plate) *n*
Fra: rondelle-ressort *f*
(ressort diaphragme) *m*

muelle de engrane (motor de arranque) ***m***
Ale: Einspurfeder (Starter) *f*
Ing: meshing spring (starter) *n*
Fra: ressort d'engrènement *m*

muelle de inducido ***m***
Ale: Ankerfeder *f*
Ing: armature spring *n*
Fra: ressort d'induit *m*

muelle de inyector ***m***
Ale: Düsenfeder *f*
Ing: nozzle spring *n*
Fra: ressort d'injecteur *m*

muelle de palanca de válvula ***m***

Ale: Ventilhebelfeder *f*
Ing: valve lever spring *n*
Fra: ressort de levier de soupape *m*

muelle de pilotaje ***m***
Ale: Vorsteuerfeder *f*
Ing: pilot spring force *n*
Fra: ressort pilote *m*

muelle de reacción (válvula de freno de estacionamiento) ***m***
Ale: Reaktionsfeder (Feststellbremsventil) *f*
Ing: reaction spring (parking-brake valve) *n*
Fra: ressort de rappel (valve de frein de stationnement) *m*

muelle de régimen máximo (regulador Diesel) ***m***
Ale: Endregelfeder (Diesel-Regler) *f*
Ing: maximum speed spring (governor) *n*
Fra: ressort de régulation de vitesse maximale *m*

muelle de retención ***m***
Ale: Haltefeder *f*
Ing: retaining spring *n*
Fra: ressort de maintien *m*

muelle de retorno ***m***
Ale: Rückholfeder *f*
Ing: return spring *n*
Fra: ressort de rappel *m*

muelle de sujeción ***m***
Ale: Bügelfeder *f*
Ing: spring clip *n*
Fra: ressort-étrier *m*

muelle de tope ***m***
Ale: Anschlagfeder *f*
Ing: stop spring *n*
Fra: ressort de butée *m*

muelle de torsión ***m***
Ale: Drehfeder *f*
Ing: coil spring *n*
Fra: ressort de torsion *m*

muelle de torsión ***m***
Ale: Drehfeder *f*
Ing: torsion spring *n*
Fra: ressort de torsion *m*

muelle de una hoja ***m***
Ale: Einblattfeder *f*
Ing: single leaf spring *n*
Fra: ressort à lame simple *m*

muelle de válvula ***m***
Ale: Ventilfeder *f*
Ing: valve spring *n*
Fra: ressort de valve *m*

muelle espiral ***m***
Ale: Spiralfeder *f*
Ing: spiral spring *n*
Fra: ressort hélicöidal *m*

muelle neumático ***m***
Ale: Luftfeder *f*
Ing: air spring *n*
Fra: ressort pneumatique *m*
(soufflet de suspension) *m*

muelle recuperador ***m***
Ale: Rückzugfeder *f*
Ing: return spring *n*
(refracting spring) *n*
Fra: ressort de rappel *m*

múltiple de admisión ***m***
Ale: Sammelsaugrohr *n*
Ing: intake manifold *n*
Fra: collecteur d'admission *m*

multiplicador de planetario ***m***
Ale: Hochtreiber-Planetengetriebe *n*
Ing: step up planetary gear set *n*
Fra: multiplicateur épicycloïdal *m*

multivibrador de control de división ***m***
Ale: Divisions-Steuer-Multivibrator *m*
Ing: division control multivibrator *n*
Fra: multivibrateur-diviseur de commande *m*

N

navegación del vehículo ***f***
Ale: Fahrzeugnavigation *f*
Ing: vehicle navigation *n*
Fra: navigation automobile *f*

necesidad de medios de producción ***f***
Ale: Betriebsmittelbedarf *m*
Ing: resources requirement *n*
Fra: besoin en équipements *m*

nervadura de apoyo ***f***
Ale: Stützrippe *f*
Ing: support rib *n*
Fra: nervure d'appui *f*

nervadura de refuerzo ***f***
Ale: Verstärkungsrippe *f*
(Versteifungsrippe) *f*
Ing: strengthening rib *n*
Fra: raidisseur nervuré *m*

nervio ***m***
Ale: Keilrippe *f*
(Rippe) *f*
Ing: rib *n*
Fra: nervure *f*

neumáticos ***mpl***
Ale: Bereifung *f*
Ing: tires *npl*
Fra: train de pneumatiques *m*

neumáticos diagonales ***mpl***
Ale: Diagonalreifen *mpl*
Ing: cross ply tires *npl*
Fra: pneu diagonal *m*

neumáticos radiales ***mpl***
Ale: Radialreifen *m*
Ing: radial tires *npl*
(radial ply tires) *npl*
Fra: pneu radial *m*

niple de conexión ***m***
Ale: Anschlussnippel *m*
Ing: connection fitting *n*
Fra: raccord fileté *m*

nivel de aceite ***m***
Ale: Ölstand *m*
Ing: oil level *n*
Fra: niveau d'huile *m*

nivel de aceite del motor ***m***
Ale: Motorölstand *m*
Ing: engine oil level *n*
Fra: niveau d'huile moteur *m*

nivel de bainita ***m***
Ale: Bainit-Stufe *f*
Ing: bainite stage *n*
Fra: phase bainitique *f*

nivel de combinación ***m***
Ale: Integrationsstufe *f*
Ing: integration level *n*
Fra: degré d'intégration *m*

nivel de disparo ***m***
Ale: Triggerpegel *m*
Ing: trigger level *n*
Fra: bascule bistable *f*

nivel de electrolito (batería) ***m***
Ale: Füllungsgrad (Batterie) *m*
Ing: electrolyte level (battery) *n*
Fra: taux de remplissage (batterie) *m*

nivel de emisión de gases de escape ***m***
Ale: Abgasemissionswert *m*
Ing: exhaust gas emission rate *n*
Fra: taux d'émissions à l'échappement *m*

nivel de marcha ***m***
Ale: Fahrstufe *f*
Ing: gear selection *n*
Fra: rapport de roulage *m*

nivel de marcha del cambio ***m***
Ale: Getriebefahrstufe *f*
Ing: gearbox stage *n*
Fra: rapport de marche *m*

nivel de perturbación (compatibilidad electromagnética) ***m***
Ale: Störpegel (EMV) *m*
(Funkstörspannungspegel) *m*
Ing: interference level (EMC) *n*
Fra: niveau de perturbations (CEM) *m*

nivel de potencia (unidad de control) ***m***
Ale: Leistungsstufe (Steuergerät) *f*
Ing: power stage (ECU) *n*
Fra: étage de puissance (calculateur) *m*

nivel de presión acústica ***m***
Ale: Schalldruckpegel *m*
Ing: sound pressure level *n*
Fra: niveau de pression acoustique *m*

Español

nivel de ruidos *m*
Ale: Geräuschpegel *m*
Ing: noise level *n*
Fra: niveau de bruit *m*

nivel de ruidos de marcha *m*
Ale: Fahrgeräuschwert *m*
Ing: noise emissions level *n*
Fra: niveau de bruit en marche *m*

nivel de valor máximo *m*
Ale: Spitzenwertpegel *m*
Ing: peak value level *n*
Fra: niveau de valeur de pointe *m*

nivel del líquido de frenos *m*
Ale: Bremsflüssigkeitsstand *m*
Ing: brake fluid level *n*
Fra: niveau de liquide de frein *m*

nivel normal (suspensión neumática) *m*
Ale: Normalniveau (Luftfederung) *n*
Ing: normal level (air suspension) *n*
Fra: niveau normal (suspension pneumatique) *f*

niveles de emisión *mpl*
Ale: Emissionswerte *mpl*
Ing: emission values *npl*
Fra: valeurs d'émission *fpl*

no aleado *adj*
Ale: unlegiert *adj*
Ing: unalloyed *adj*
Fra: non allié *adj*

no amortiguado *adj*
Ale: ungedämpft *adj*
Ing: undamped *adj*
Fra: non amorti *adj*

no contaminante *adj*
Ale: umweltfreundlich *adj*
(umweltverträglich) *adj*
Ing: non polluting *ppr*
Fra: compatible avec l'environnement *loc*

no valátil *adj*
Ale: nichtflüchtig *adj*
Ing: non-volatile *adj*
Fra: non volatile *adj*

nodo de bastidor *m*
Ale: Rahmenknoten *m*
Ing: frame junction *n*
Fra: jambe de force de châssis *f*

norma de gases de escape *f*
Ale: Abgasnorm *f*
Ing: exhaust emissions standard *n*
Fra: norme antipollution *f*

normalizado *m*
Ale: Normalglühen *n*
Ing: normalizing *n*
Fra: recuit de normalisation *m*

nube de carga estratificada *f*
Ale: Schichtladewolke *f*
Ing: stratified charge cloud *n*
Fra: nuage de charge stratifiée *m*

núcleo de bobina *m*
Ale: Spulenkern *m*
Ing: coil core *n*
Fra: noyau de bobine *m*

núcleo de cobre (bujía de encendido) *m*
Ale: Kupferkern (Zündkerze) *m*
Ing: copper core (spark plug) *n*
Fra: noyau de cuivre (bougie d'allumage) *m*

núcleo de estator *m*
Ale: Ständerpaket *n*
(Ständerblechpaket) *n*
Ing: stator core *n*
Fra: noyau statorique *m*

núcleo de ferrita *m*
Ale: Ferritkern *m*
Ing: ferrite core *n*
Fra: noyau de ferrite *m*

núcleo de hierro dulce *m*
Ale: Weicheisenkern *m*
(Eisenkern) *m*
Ing: soft iron core *n*
Fra: noyau de fer *m*

núcleo de inducido *m*
Ale: Ankerkern *m*
Ing: armature core *n*
Fra: noyau d'induit *m*

núcleo de láminas de hierro *m*
Ale: Eisenpaket *n*
Ing: iron core *n*
Fra: noyau feuilleté *m*

núcleo de polo *m*
Ale: Polkern *m*
(Polschaft) *m*
Ing: pole body *n*
Fra: noyau polaire *m*

núcleo magnético *m*
Ale: Magnetkern *m*
Ing: magnetic core *n*
Fra: noyau magnétique *m*

número de amperios-vueltas *m*
Ale: Amperewindungszahl *f*
Ing: ampere turns *npl*
Fra: nombre d'ampères-tours *m*

número de chasis *m*
Ale: Fahrgestellnummer *f*
Ing: chassis number *n*
Fra: numéro de châssis *m*

número de chispas *m*
Ale: Funkenzahl *f*
Ing: sparking rate *n*
Fra: nombre d'étincelles *m*

número de ciclos límite *m*
Ale: Grenzlastspielzahl *f*
Ing: ultimate number of cycles *n*
Fra: nombre de cycles limite *m*

número de espiras *m*
Ale: Windungszahl *f*
Ing: number of coils *n*
Fra: nombre de tours des spires de l'enroulement *m*

número de espiras *m*
Ale: Windungszahl *f*
Ing: number of turns *n*
Fra: nombre de spires *m*

número de identificación del vehículo *m*
Ale: Fahrzeugidentifikations-nummer *f*
Ing: vehicle identification number, VIN *n*
Fra: numéro d'identification du véhicule *m*

número de polos *m*
Ale: Polzahl *f*
Ing: number of poles *n*
Fra: nombre de pôles *m*

número de revoluciones *m*
Ale: Drehzahl *f*
Ing: engine speed *n*
Fra: régime *m*

número de revoluciones al arranque *m*
Ale: Anlassdrehzahl *f*
Ing: cranking speed *n*
Fra: régime de démarrage *m*

número de revoluciones de accionamiento *m*
Ale: Antriebsdrehzahl *f*
Ing: drive RPM *n*
Fra: régime d'entraînement *m*

número de revoluciones de árbol de transmisión *m*
Ale: Gelenkwellendrehzahl *f*
Ing: propshaft speed *n*
Fra: vitesse de l'arbre de transmission *f*

número de revoluciones de arranque *m*
Ale: Startdrehzahl *f*
Ing: cranking speed *n*
Fra: vitesse de démarrage *f*

número de revoluciones de conexión (alternador) *m*
Ale: Einschaltdrehzahl (Generator) *f*
Ing: cutting in speed (alternator) *n*
Fra: vitesse d'amorçage (alternateur) *f*

número de revoluciones de desengrane de arranque *m*
Ale: Startabwurfdrehzahl *f*
Ing: starting cutout speed *n*
Fra: régime en fin de démarrage *m*

número de revoluciones de rueda *m*
Ale: Raddrehzahl *f*
(Radumfangsgeschwindigkeit) *f*
(Radgeschwindigkeit) *f*
Ing: wheel speed *n*
Fra: vitesse de rotation de la roue *f*
(vitesse de roue) *f*

número de revoluciones de salida *m*
Ale: Abtriebsdrehzahl *f*

Ing: output shaft speed *n*
Fra: régime de sortie *m*

número de revoluciones del motor ***m***
Ale: Motordrehzahl *f*
Ing: engine speed *n*
Fra: régime moteur *m*

número de revoluciones mínimo de arranque ***m***
Ale: Startmindestdrehzahl *f*
Ing: minimum starting speed *n*
Fra: vitesse de rotation minimale du démarrage *f*

número de revoluciones nominal ***m***
Ale: Nenndrehzahl *f*
Ing: nominal speed *n*
(rated speed) *n*
Fra: vitesse de rotation nominale *f*

número de revoluciones nominal ***m***
Ale: Nenndrehzahl *f*
Ing: rated speed *n*
Fra: régime nominal *m*

número de revoluciones nominal ***m***
Ale: Solldrehzahl *f*
Ing: set speed *n*
Fra: consigne de régime *f*

número de revoluciones nominal ***m***
Ale: Solldrehzahl *f*
Ing: setpoint speed *n*
Fra: régime prescrit *m*

número de revoluciones real ***m***
Ale: Istdrehzahl *f*
Ing: actual speed *n*
Fra: vitesse de rotation réelle *f*

número de revoluciones umbral ***m***
Ale: Schwellendrehzahl *f*
Ing: threshold speed *n*
Fra: régime de seuil *m*

número de serie ***m***
Ale: Seriennummer *f*
Ing: serial number *n*
Fra: numéro de série *m*

O

obligación de garantía ***f***
Ale: Garantieverpflichtung *f*
Ing: warranty obligation *n*
Fra: obligation de garantie *f*

obturación de filtro ***f***
Ale: Filterverstopfung *f*
Ing: filter clogging *n*
Fra: colmatage du filtre *m*

obturación de plástico ***f***
Ale: Kunststoffverguss *m*
Ing: plastic molding *n*
Fra: plastique moulé *m*

octanaje del motor ***m***
Ale: Motor-Oktanzahl, MOZ *f*
Ing: motor octane number, MON *n*
Fra: indice d'octane moteur, MON *m*

ocupación de bornes ***f***
Ale: Klemmenbelegung *f*
Ing: terminal allocation *n*
Fra: affectation des bornes *f*

ocupación de pines ***f***
Ale: Pinbelegung *f*
Ing: pin allocation *n*
Fra: affectation des broches *f*

ocupación de pines ***f***
Ale: Steckerbelegung *f*
Ing: connection-pin assignment *n*
Fra: affectation du connecteur *f*

ocupación de pines ***f***
Ale: Steckerbelegung *f*
Ing: plug pin allocation *n*
Fra: brochage du connecteur *m*

onda de interferencia (compatibilidad electromagnética) ***f***
Ale: Störwelle (EMV) *f*
Ing: interference wave (EMC) *n*
Fra: onde perturbatrice (CEM) *f*

onda de presión ***f***
Ale: Druckschwingung *f*
Ing: pressure pulsation *n*
Fra: pulsation de pression *f*

onda de presión ***f***
Ale: Druckwelle *f*
Ing: pressure wave *n*
Fra: onde de pression *f*

ondulación ***f***
Ale: Welligkeit *f*
Ing: surface ondulation *n*
Fra: ondulation *f*

opacidad ***f***
Ale: Trübung *f*
Ing: opacity *n*
Fra: opacité *f*

opacímetro ***m***
Ale: Lichtabsorptionsmessgerät *n*
Ing: opacimeter *n*
Fra: opacimètre *m*

operabilidad ***f***
Ale: Funktionserfüllung *f*
Ing: functionality *n*
Fra: opérabilité *f*

operación de la red de a bordo ***f***
Ale: Bordnetzbetrieb *m*
Ing: vehicle electrical system operation *n*
Fra: fonctionnement du réseau de bord *m*

óptica de proyección (faros) ***f***
Ale: Projektionsoptik (Scheinwerfer) *f*
Ing: projection optics (headlamp) *npl*
Fra: optique de projection (projecteur) *f*

óptica de reflexión ***f***
Ale: Reflektoroptik *f*
Ing: reflector optics *npl*
Fra: optique de réflexion *f*

óptica de reproducción ***f***
Ale: Abbildungsoptik *f*
Ing: optical imaging unit *n*
Fra: optique de focalisation *f*

óptica escalonada (faros) ***f***
Ale: Fresneloptik (Scheinwerfer) *f*
Ing: fresnel optics (headlamp) *npl*
Fra: optique de Fresnel *f*

orden de emisión ***f***
Ale: Sendebefehl *m*
Ing: transmit command *n*
Fra: signal d'émission *m*

orden de encendido ***m***
Ale: Zündfolge *f*
Ing: firing order *n*
Fra: ordre d'allumage *m*

ordenador de a bordo ***m***
Ale: Bordcomputer *m*
(Fahrdatenrechner) *m*
(Bordrechner) *m*
Ing: on-board computer *n*
Fra: ordinateur de bord *m*

ordenador de datos de viaje ***m***
Ale: Fahrdatenrechner *m*
Ing: on board computer *n*
Fra: ordinateur de bord *m*

orificio de alimentación (inyector) ***m***
Ale: Zulaufbohrung (Einspritzdüse) *f*
Ing: inlet passage (injection nozzle) *n*
Fra: orifice d'admission (injecteur) *m*

orificio de alimentación ***m***
Ale: Zulaufbohrung *f*
Ing: inlet hole *n*
(inlet port) *n*
Fra: canal d'arrivée *m*

orificio de aspiración (bomba integrada a tubería) ***m***
Ale: Saugbohrung (Leitungseinbaupumpe) *f*
(Saugloch) *n*
Ing: inlet port (in-line pump) *n*
Fra: orifice d'admission (pompe d'injection en ligne) *m*

orificio de entrada de aceite de bloqueo ***m***
Ale: Sperrölzulaufbohrung *f*
Ing: blocking oil inlet passage *n*
Fra: orifice d'admission du carburant de barrage *m*

orificio de evacuación ***m***
Ale: Ablassöffnung *m*
Ing: discharge orifice *n*
Fra: orifice d'écoulement *m*

orificio de inyección (inyección de combustible) ***m***
Ale: Spritzloch (Kraftstoffeinspritzung) *n*
Ing: spray hole (fuel injection) *n*
(injection orifice) *n*
Fra: trou d'injection *m*

Español

orificio de purga de gases (batería) *m*
Ale: Entgasungsöffnung (Batterie) *f*
Ing: ventilation opening (battery) *n*
Fra: orifice de dégazage (batterie) *m*

orificio de rebose *m*
Ale: Überströmbohrung *f*
Ing: overflow orifice *n*
Fra: orifice de balayage *m*

orificio del cilindro *m*
Ale: Zylinderbohrung *f*
Ing: cylinder bore *n*
Fra: alésage de cylindre *m*

oscilación natural *f*
Ale: Eigenschwingung *f*
Ing: natural oscillation *n*
Fra: oscillation libre *f*

oscilación senoidal *f*
Ale: Sinusschwingung *f*
Ing: sinusoidal oscillation *n*
Fra: onde sinusoïdale *f*

oscilaciones armónicas *fpl*
Ale: Oberschwingungen *fpl*
Ing: harmonics *npl*
Fra: oscillations harmoniques *fpl*

oscilador *m*
Ale: Oszillator *m*
Ing: oscillator *n*
Fra: oscillateur *m*

oscilador de cuarzo *m*
Ale: Quarzoszillator *m*
Ing: quartz oscillator *n*
Fra: oscillateur à quartz *m*

oscilador de masa simple *m*
Ale: Einmassenschwinger *m*
Ing: single mass oscillator *n*
Fra: système à un seul degré de liberté *m*

oscilógrafo de encendido *m*
Ale: Zündoszillograph *m*
Ing: ignition oscillograph *n*
Fra: oscillographe d'allumage *m*

osciloscopio *m*
Ale: Oszilloskop *n*
Ing: oscilloscope *n*
Fra: oscilloscope *m*

oxidación catalítica *f*
Ale: katalytische Oxidation *f*
Ing: catalytic oxidation *n*
Fra: oxydation catalytique *f*

óxido de compuerta *m*
Ale: Gate-Oxid *n*
Ing: gate oxide *n*
Fra: oxyde de grille *m*

óxido nítrico *m*
Ale: Stickoxid *n*
Ing: nitric oxide *n*
Fra: oxyde d'azote *m*

oxígeno residual (gases de escape) *m*
Ale: Restsauerstoff (Abgas) *m*
Ing: exhaust gas oxygen *n*
Fra: oxygène résiduel (gaz d'échappement) *m*

P

pala de rodete (bomba eléctrica de combustible) *f*
Ale: Laufradschaufel (Elektrokraftstoffpumpe) *f*
Ing: impeller blade (electric fuel pump) *n*
Fra: ailette de rotor (pompe électrique à carburant) *f*

pala directriz *f*
Ale: Leitschaufel *f*
Ing: blade *n*
Fra: aube fixe *f*

palanca acodada *f*
Ale: Kniehebel *m*
Ing: toggle lever *n*
Fra: levier à rotule *m*

palanca articulada (bomba electromecánica de inyección) *f*
Ale: Anlenkhebel (Hubschieberpumpe) *m*
Ing: control-sleeve lever (control-sleeve fuel-injection pump) *n*
Fra: levier de positionnement (pompe d'injection en ligne à tiroirs) *m*

palanca de accionamiento (transmisor de nivel) *f*
Ale: Antriebshebel (Niveaugeber) *m*
Ing: transfer rod (level sensor) *n*
Fra: levier de transmission (capteur de niveau) *m*

palanca de accionamiento *f*
Ale: Betätigungshebel *m*
Ing: actuating lever *n*
(control lever) *n*
Fra: levier de commande *m*

palanca de ajuste (bomba de inyección rotativa) *f*
Ale: Einstellhebel (Verteiler-einspritzpumpe) *m*
Ing: control lever (distributor pump) *n*
Fra: levier de réglage (pompe distributrice) *m*

palanca de ajuste (bomba de inyección en serie) *f*
Ale: Verstellhebel (Reiheneinspritzpumpe) *m*
Ing: control lever (in-line pump) *n*
Fra: levier de commande (pompe d'injection en ligne) *m*

palanca de arranque *f*
Ale: Starthebel *m*
Ing: starting lever *n*
Fra: levier de démarrage *m*

palanca de arrastre (control de válvula) *f*
Ale: Schlepphebel (Ventilsteuerung) *m*
Ing: rocker arm (valve timing) *n*
Fra: levier oscillant (commande des soupapes) *m*

palanca de cambio (cambio manual) *f*
Ale: Schalthebel (Schaltgetriebe) *m*
Ing: shift lever (manually shifted transmission) *n*
Fra: levier sélecteur *m*

palanca de cambio (cambio manual) *f*
Ale: Schalthebel (Schaltgetriebe) *m*
Ing: gear stick (manually shifted transmission) *n*
Fra: levier de sélection *m*

palanca de control de torque (inyección diesel) *f*
Ale: Angleichhebel (Dieseleinspritzung) *m*
Ing: torque control lever *n*
Fra: levier de correction de débit *m*

palanca de desconexión *f*
Ale: Abstellhebel *m*
Ing: shutoff lever *n*
Fra: levier d'arrêt *m*

palanca de engrane (motor de arranque) *f*
Ale: Einrückhebel (Starter) *m*
Ing: engagement lever (starter) *n*
Fra: fourchette d'engrènement (démarreur) *f*

palanca de freno *f*
Ale: Bremshebel *m*
Ing: brake lever *n*
Fra: levier de frein *m*

palanca de freno de mano *f*
Ale: Handbremshebel *m*
Ing: handbrake lever *n*
Fra: levier de frein à main *m*

palanca de horquilla (motor de arranque) *f*
Ale: Gabelhebel (Starter) *m*
Ing: fork lever (starter) *n*
Fra: levier à fourche (démarreur) *m*

palanca de par (banco de pruebas de frenos de rodillos) *f*
Ale: Drehmomenthebel (Rollenbremsprüfstand) *m*
Ing: torque lever (dynamic brake analyzer) *n*
Fra: levier dynamométrique (banc d'essai) *m*

palanca de parada *f*
Ale: Stopphebel *m*
(Abstellhebel) *m*
Ing: stop lever *n*
Fra: levier d'arrêt *m*

palanca de reenvío *f*
Ale: Umlenkhebel *m*
Ing: reverse transfer lever *n*

Fra: levier de renvoi *m*

palanca de regulación (regulador Diesel) *f*
Ale: Regelhebel (Diesel-Regler) *m*
Ing: variable fulcrum lever (mechanical governor) *n*
Fra: levier à coulisse (injection diesel) *m*

palanca de regulación *f*
Ale: Regelhebel *m*
Ing: control lever *n*
Fra: levier de régulation *m*

palanca de ruptor (encendido) *f*
Ale: Unterbrecherhebel (Zündung) *m*
Ing: breaker lever (ignition) *n*
(contact-breacker lever) *n*
Fra: linguet (allumage) *m*

palanca de sujeción *f*
Ale: Spannhebel *m*
(Federspannhebel) *m*
Ing: tensioning lever *n*
Fra: levier de tension *m*

palanca de tope (bomba de inyección en serie) *f*
Ale: Anschlaghebel (Reiheneinspritzpumpe) *m*
Ing: stop lever (in-line fuel-injection pump) *n*
Fra: levier de butée (pompe d'injection en ligne) *m*

palanca del cursor (potenciómetro) *f*
Ale: Schleiferhebel (Potentiometer) *m*
Ing: wiper lever (potentiometer) *n*
Fra: levier du curseur (potentiomètre) *m*

palanca del limpiaparabrisas *f*
Ale: Wischhebel *m*
Ing: wiper arm *n*
Fra: bras d'essuyage *m*

palanca guía *f*
Ale: Führungshebel *m*
Ing: guide lever *n*
Fra: levier de guidage *m*

palanca oscilante *f*
Ale: Schwenkhebel *m*
Ing: swiveling lever *n*
Fra: levier pivotant *m*

palanca selectora de cambio *f*
Ale: Getriebewählhebel *m*
Ing: selector lever *n*
Fra: sélecteur de rapport de vitesse *m*

paletas *fpl*
Ale: Beschaufelung *f*
Ing: blading *n*
Fra: aubage *m*

pandeo *m*
Ale: Knickung *f*
Ing: buckling *n*
Fra: flambage *m*

panel de mandos (ordenador de datos de viaje) *m*
Ale: Bedieneinheit (Fahrdatenrechner) *f*
Ing: control unit (trip computer) *n*
Fra: unité de sélection (ordinateur de bord) *f*

pantalla (técnica de iluminación) *f*
Ale: Bildschirm (Lighttechnik) *m*
Ing: screen (lighting) *n*
Fra: écran (Logistik) *m*

pantalla colectora *f*
Ale: Auffangschirm *m*
Ing: collector screen *n*
Fra: écran récepteur *m*

papel aislante *m*
Ale: Isolierpapier *n*
Ing: insulating paper *n*
Fra: papier isolant *m*

paquete de chapas de inducido *m*
Ale: Ankerpaket *n*
Ing: armature stack *n*
Fra: noyau feuilleté d'induit *m*

par *m*
Ale: Drehmoment *n*
Ing: torque *n*
Fra: couple *m*

par continuo *m*
Ale: Dauerdrehmoment *n*
Ing: continuous torque *n*
Fra: couple permanent *m*

par de accionamiento *m*
Ale: Betätigungsmoment *n*
Ing: operating torque *n*
Fra: couple de braquage *m*

par de apriete *m*
Ale: Anziehdrehmoment *n*
Ing: tightening torque *n*
Fra: couple de serrage *m*

par de arrastre del motor *m*
Ale: Motorschleppmoment *n*
Ing: engine drag torque *n*
Fra: couple d'inertie du moteur *m*

par de desconexión *m*
Ale: Abschaltmoment *n*
Ing: switchoff torque *n*
Fra: couple de coupure *m*

par de embrague *m*
Ale: Kupplungsmoment *m*
Ing: clutch torque *n*
Fra: couple d'embrayage *m*

par de entrada del cambio *m*
Ale: Getriebeeingangsmoment *n*
Ing: input torque of gearbox *n*
Fra: couple d'entrée de la boîte de vitesses *m*

par de frenado *m*
Ale: Bremsmoment *n*
Ing: braking torque *n*
Fra: couple de freinage *m*

par de frenado de motor *m*
Ale: Motorbremsmoment *n*
Ing: engine braking torque *n*
Fra: couple de freinage du moteur *m*

par de guiñada (dinámica del automóvil) *m*
Ale: Giermoment (Kfz-Dynamik) *n*
Ing: yaw moment (motor-vehicle dynamics) *n*
Fra: moment de lacet *m*

par de masas *m*
Ale: Massendrehmoment *n*
(Massenmoment) *n*
(Trägheitsmoment) *n*
Ing: inertial torque *n*
(moment of inertia) *n*
Fra: moment d'inertie *m*

par de reacción (comprobación de frenos) *m*
Ale: Reaktionsmoment (Bremsprüfung) *n*
Ing: reaction torque (braking-system inspection) *n*
Fra: couple de réaction (contrôle des freins) *m*

par de reacción *m*
Ale: Rückdrehmoment *n*
Ing: reaction torque *n*
Fra: moment de réaction *m*

par de reposicionamiento (neumáticos) *m*
Ale: Rückstellmoment (Reifen) *n*
(Reifenrückstellmoment) *n*
Ing: aligning torque (tire) *n*
(return torque) *n*
Fra: couple de rappel (pneu) *m*
(moment d'auto-alignement) *m*

par de rotor bloqueado (motor eléctrico) *m*
Ale: Anzugsmoment (Elektromotor) *n*
Ing: breakaway torque (electric motor) *n*
Fra: couple de démarrage *m*

par de rozamiento de la calzada *m*
Ale: Fahrbahnreibmoment *n*
Ing: road frictional torque *n*
Fra: couple de frottement de la chaussée *m*

par de salida del cambio *m*
Ale: Getriebeausgangsmoment *n*
Ing: output torque of the transmission *n*
Fra: couple de sortie de la boîte de vitesses *m*

par de vuelco *m*
Ale: Kippmoment *n*
Ing: tilting moment *n*
Fra: couple de décrochage *m*

par del motor *m*
Ale: Motormoment *n*

Ing: engine torque *n*
Fra: couple moteur *m*

par del motor de arranque ***m***
Ale: Starterdrehmoment *n*
Ing: starter motor torque *n*
Fra: couple du démarreur *m*

par del volante (dinámica del automóvil) ***m***
Ale: Lenkradmoment (Kfz-Dynamik) *n*
Ing: steering wheel force (vehicle dynamics) *n*
Fra: couple appliqué au volant de direction (dynamique d'un véhicule) *m*

par diferencial nominal ***m***
Ale: Differenzsollmoment *n*
Ing: desired/setpoint speed differential *n*
Fra: couple différentiel de consigne *m*

par máximo ***m***
Ale: Maximaldrehmoment *n*
Ing: maximum tightening torque *n*
Fra: couple maximal *m*

par máximo ***m***
Ale: Spitzendrehmoment *n*
Ing: peak torque *n*
Fra: couple de pointe *m*

par motor ***m***
Ale: Antriebsdrehmoment *n*
Ing: drive torque *n*
Fra: couple d'entraînement *m*

par motor ***m***
Ale: Antriebsmoment *n*
(Antriebsdrehmoment) *n*
Ing: drive torque *n*
Fra: couple de traction *m*

par motor ***m***
Ale: Motordrehmoment *n*
Ing: crankshaft torque *n*
Fra: couple moteur *m*

par motor ***m***
Ale: Motordrehmoment *n*
Ing: engine torque *n*
Fra: couple moteur *m*

par nominal ***m***
Ale: Nenndrehmoment *n*
Ing: nominal load torque *n*
Fra: couple nominal *m*

par nominal ***m***
Ale: Nenndrehmoment *n*
Ing: rated load torque *n*
Fra: couple nominal *m*

par nominal de frenado ***m***
Ale: Bremssollmoment *n*
Ing: setpoint braking torque *n*
Fra: couple de freinage de consigne *m*

par nominal de frenado ***m***
Ale: Sollbremsmoment *n*
Ing: nominal brake torque *n*
Fra: consigne de couple de freinage *f*

par nominal de guiñada del vehículo (ESP) ***m***
Ale: Fahrzeuggiersollmoment (ESP) *n*
Ing: vehicle yaw-moment setpoint (ESP) *n*
Fra: moment de lacet de consigne du véhicule *m*

par transversal de vuelco ***m***
Ale: Querkippmoment *n*
Ing: transverse tilting moment *n*
Fra: moment de basculement transversal *m*

parábola anular ***f***
Ale: Ringparabel *f*
Ing: ring parabola *n*
Fra: parabole annulaire *f*

parabrisas ***m***
Ale: Frontscheibe *f*
Ing: windshield *n*
(windscreen) *n*
Fra: pare-brise *m*

parabrisas ***m***
Ale: Windschutzscheibe *f*
(Frontscheibe) *f*
Ing: windshield *n*
Fra: pare-brise *m*

parachoques ***m***
Ale: Stoßstange *f*
Ing: bumper *n*
Fra: pare-chocs *m*

parada en posición final (motor del limpiaparabrisas) ***f***
Ale: Endabstellung (Wischermotor) *f*
Ing: self parking (wiper motor) *n*
Fra: arrêt en fin de course (moteur d'essuie-glace) *m*

paragolpes ***m***
Ale: Stoßfänger *m*
Ing: bumper *n*
Fra: pare-chocs *m*
(bouclier) *m*

parámetro auxiliar de mando ***m***
Ale: Hilfssteuergröße *f*
Ing: auxiliary actuating variable *n*
Fra: grandeur convergente *f*

parámetro de mando ***m***
Ale: Steuergröße *f*
Ing: controlled variable (open-loop control) *n*
Fra: paramètre de commande *m*

parámetro de mando ***m***
Ale: Steuerparameter *m*
Ing: control parameter *n*
Fra: paramètre de commande *m*

parámetro de operación ***m***
Ale: Betriebsparameter *m*
Ing: operating parameter *n*
Fra: paramètre de fonctionnement *m*

parámetros de comprobación ***mpl***
Ale: Prüfparameter *m*
Ing: test parameters *npl*
Fra: paramètre d'essai *m*

parámetros de supervisión ***mpl***
Ale: Überwachungsparamenter *m*
Ing: monitoring parameters *n*
Fra: paramètre de surveillance *m*

parámetros del regulador ***mpl***
Ale: Reglerparameter *m*
Ing: control parameter (mechanical governor) *n*
Fra: paramètre de régulation *m*

parámetros del vehículo ***mpl***
Ale: Fahrzeugparameter *m*
Ing: vehicle parameter *n*
Fra: paramètre du véhicule *m*

pared ***f***
Ale: Wandung *f*
Ing: end face *n*
(wall) *n*
Fra: paroi *f*

pared de cavidad ***f***
Ale: Muldenwand *f*
Ing: piston-recess wall *n*
Fra: paroi de la cavité du piston *f*

parte de baja presión ***f***
Ale: Niederdruckteil *n*
Ing: low pressure stage *n*
Fra: étage basse pression *m*

partícula ***f***
Ale: Partikel *f*
Ing: particulate *n*
Fra: particule *f*

partículas de hollín ***fpl***
Ale: Rußpartikel *n*
Ing: soot particle *n*
Fra: particules de suie *fpl*

pasabanda ***m***
Ale: Bandpass *m*
Ing: bandpass *n*
Fra: passe-bande *m*

pasacables ***m***
Ale: Kabeldurchführung *f*
Ing: cable lead through *n*
Fra: passage de câble *m*

pasador ***m***
Ale: Stift *m*
Ing: pin *n*
Fra: goujon *m*

pasador abierto ***m***
Ale: Splint *m*
Ing: split pin *n*
(cotter pin) *n*
Fra: goupille fendue *f*

pasador de articulación ***m***
Ale: Gelenkstift *m*
Ing: joint pin *n*
Fra: tige articulée *f*

pasador de conexión ***m***

Ale: Anschlussstift *m*
Ing: connection pin *n*
Fra: broche de connexion *f*

pasador de mando (válvula de suspensión neumática) *m*
Ale: Steuerbolzen (Luftfederventil) *m*
Ing: control pin (height-control valve) *n*
Fra: axe de commande (valve de nivellement) *m*

pasador de válvula *m*
Ale: Ventilstift *m*
Ing: valve pin *n*
Fra: tige de soupape *f*

pasador palpador *m*
Ale: Abtaststift *m*
Ing: feeler pin *n*
Fra: palpeur *m*

pasador roscado *m*
Ale: Gewindestift *m*
Ing: threaded pin *n*
Fra: goujon *m*

paso axial *m*
Ale: Axialteilung *f*
Ing: axial pitch *n*
Fra: pas axial *m*

paso de polos *m*
Ale: Poldurchgang *m*
Ing: pole pass *n*
Fra: passage de pôle *m*

paso final *m*
Ale: Endstufe *f*
Ing: output stage *n*
Fra: étage de sortie *m*

paso final de caudal *m*
Ale: Mengenendstufe *f*
Ing: fuel quantity power stage *n*
Fra: étage de sortie de débit *f*

paso final de encendido *m*
Ale: Zündendstufe *f*
Ing: ignition output stage *n*
Fra: étage de sortie d'allumage *m*

paso final de encendido *m*
Ale: Zündungsendstufe *f*
Ing: ignition driver stage *n*
Fra: étage de sortie d'allumage *m*

paso final de potencia (unidad de control) *m*
Ale: Leistungsendstufe (Steuergerät) *f*
(Endstufe) *f*
Ing: driver stage (ECU) *n*
Fra: étage de sortie (calculateur) *m*

paso final de potencia *m*
Ale: Leistungsendstufe *f*
Ing: powerstage *n*
Fra: étage de puissance *m*

paso final de relé *m*
Ale: Relais-Endstufe *f*
(Leistungsrelais) *n*
Ing: relay output stage *n*
(power relay) *n*
Fra: relais de puissance *m*

pasos de verificación *mpl*
Ale: Prüfablauf *m*
Ing: test procedure *n*
Fra: déroulement du contrôle *m*

pasta de cobre *f*
Ale: Kupferpaste *f*
Ing: copper paste *n*
Fra: pâte de cuivre *f*

pasta de soldar *f*
Ale: Lötfett *n*
Ing: soldering paste *n*
Fra: pâte à braser *f*

pasta deslizante *f*
Ale: Gleitpaste *f*
Ing: slip paste *n*
Fra: pâte antigrippage *f*

pasta obturante *f*
Ale: Dichtungsmasse *f*
Ing: sealing washer *n*
Fra: masse d'étanchéité *f*

pasta termoconductora *f*
Ale: Wärmeleitpaste *f*
Ing: thermal conduction paste *n*
Fra: pâte thermoconductrice *f*

pastilla de freno (freno de disco) *f*
Ale: Bremsbelag (Scheibenbremse) *m*
Ing: brake pad (disc brake) *n*
Fra: garniture de frein *f*

pastilla de freno de disco *f*
Ale: Scheibenbremsbelag *m*
Ing: disc brake pad *n*
Fra: garniture de frein à disque *f*

pastilla de ignición (sistema de seguridad) *f*
Ale: Zündpille (Sicherheitssystem) *f*
Ing: firing pellet (safety system) *n*
Fra: pastille explosive *f*

pata telescópica (suspensión de rueda) *f*
Ale: Federbein (Radaufhängung) *n*
Ing: suspension strut *n*
Fra: jambe de suspension *f*

pata telescópica *f*
Ale: Federbeinachse *f*
Ing: spring strut axle *n*
Fra: essieu à jambes de suspension *m*

patín *m*
Ale: Gleitschuh *m*
Ing: slipper *n*
Fra: patin *m*

patinar (rueda motriz) *v*
Ale: durchdrehen (Antriebsrad) *v*
Ing: wheel spin (driven wheel) *n*
Fra: patiner (roue motrice) *v*

pedal acelerador *m*
Ale: Fahrpedal *n*
(Fahrfußhebel) *m*
Ing: accelerator pedal *n*
Fra: pédale d'accélérateur *f*

pedal acelerador *m*
Ale: Gaspedal *n*
Ing: accelerator pedal *n*
Fra: accélérateur *m*

pedal de embrague *m*
Ale: Kupplungspedal *n*
Ing: clutch pedal *n*
Fra: pédale d'embrayage *f*

pedal de freno *m*
Ale: Bremspedal *n*
Ing: brake pedal *n*
Fra: pédale de frein *f*

pegamento en frío *m*
Ale: Kaltkleber *m*
Ing: cold adhesive *n*
Fra: colle à froid *f*

película de aceite *f*
Ale: Wandfilm *m*
Ing: fuel film *n*
Fra: film humidificateur *m*

película de combustible *f*
Ale: Kraftstoffwandfilm *m*
Ing: fuel film *n*
Fra: film de carburant *m*

película de termoplástico *f*
Ale: Thermoplastfolie *f*
Ing: thermoplastic film *n*
Fra: film thermoplastique *m*

película del retardador *f*
Ale: Retarderfolie *f*
Ing: retarder film *n*
Fra: film retardateur *m*

película lubricante *f*
Ale: Schmierfilm *m*
Ing: lubricant layer *n*
Fra: film lubrifiant *m*

peligro de fragilización *m*
Ale: Versprödungsgefahr *f*
Ing: risk of brittleness *n*
Fra: risque de fragilisation *m*

penetración trabajada *f*
Ale: Walkpenetration *f*
Ing: worked penetration *n*
Fra: pénétrabilité travaillée *f*

pérdida de calor *f*
Ale: Wärmeverlust *m*
Ing: heat loss *n*
Fra: déperdition de chaleur *f*

pérdida de calor por las paredes *f*
Ale: Wandwärmeverlust *m*
Ing: wall heat loss *n*
Fra: déperdition de chaleur aux parois *f*

pérdida de estrangulación *f*
Ale: Drosselverlust *m*
Ing: throttling loss *n*
Fra: pertes par étranglement *fpl*

pérdida de fase *f*
Ale: Phasenverlust *m*
Ing: phase loss *n*

Fra: perte de phase *f*

pérdida de histéresis ***f***
Ale: Hystereseverlust *f*
Ing: hysteresis loss *n*
Fra: perte par hystérésis *f*

pérdida de potencia ***f***
Ale: Leistungsverlust *m*
Ing: performance drop *n*
(*power loss*) *n*
Fra: perte de puissance *f*

pérdida de potencia eléctrica ***f***
Ale: elektrische Verlustleistung *f*
Ing: electrical power loss *n*
Fra: pertes de puissance *fpl*

pérdida de presión ***f***
Ale: Druckverlust *m*
Ing: pressure loss *n*
Fra: perte de pression *f*

pérdida de presión del motor ***f***
Ale: Motor-Druckverlust *m*
Ing: engine pressure loss *n*
Fra: perte de pression du moteur *f*

pérdida de sincronización ***f***
Ale: Synchronverlust *m*
Ing: loss of synchronization *n*
Fra: perte de synchronisation *f*

pérdidas de conmutación ***fpl***
Ale: Umschaltverlust *m*
Ing: switching loss *n*
Fra: pertes de commutation *fpl*

pérdidas de evaporación (sistema de combustible) ***fpl***
Ale: Verdampfungsverluste (Kraftstoffsystem) *mpl*
Ing: evaporative losses (fuel system) *npl*
Fra: pertes par évaporation (alimentation en carburant) *fpl*

pérdidas de excitación ***fpl***
Ale: Erregerverluste *mpl*
Ing: excitation losses *npl*
Fra: pertes d'excitation *fpl*

pérdidas de hierro (alternador) ***fpl***
Ale: Eisenverluste (Generator) *mpl*
Ing: iron losses (alternator) *npl*
Fra: pertes fer (alternateur) *fpl*

pérdidas de magnetización ***fpl***
Ale: Magnetisierungsverlust *m*
Ing: magnetization loss *n*
Fra: pertes d'aimantation *fpl*

pérdidas de tensión ***fpl***
Ale: Spannungsverlust *m*
Ing: voltage loss *n*
Fra: perte de tension *f*

pérdidas del flujo de dispersión (magnéticas) ***fpl***
Ale: Streuflussverluste (magnetische) *m*
Ing: magnetic leakage *n*
Fra: pertes de flux magnétique *fpl*

pérdidas del rectificador ***fpl***
Ale: Gleichrichterverluste *mpl*
Ing: rectifier losses *npl*
Fra: pertes redresseur *fpl*

pérdidas dieléctricas ***fpl***
Ale: dielektrische Verluste *mpl*
Ing: dielectric losses *npl*
Fra: pertes diélectriques *f*

pérdidas en ciclo de admisión y escape ***fpl***
Ale: Gaswechselverlust *m*
Ing: charge cycle losses *npl*
Fra: pertes au renouvellement des gaz *fpl*

pérdidas en el cambio ***fpl***
Ale: Getriebeverlust *m*
Ing: transmission loss *n*
Fra: pertes de la boîte de vitesses *fpl*

pérdidas en el cobre (alternador) ***fpl***
Ale: Kupferverluste (Generator) *mpl*
Ing: copper losses (alternator) *npl*
Fra: pertes cuivre (alternateur) *fpl*

pérdidas en el embrague ***fpl***
Ale: Kupplungsverlust *m*
Ing: clutch loss *n*
Fra: perte de l'embrayage *f*

pérdidas por corrientes parásitas ***fpl***
Ale: Wirbelstromverlust *m*
Ing: eddy current loss *n*
Fra: pertes par courants de Foucault *fpl*

pérdidas por fricción ***fpl***
Ale: Reibleistung *f*
Ing: friction loss *n*
Fra: perte par frottement *f*

pérdidas por fricción ***fpl***
Ale: Reibungsverlust *m*
Ing: friction loss *n*
Fra: perte par frottement *f*

perfil de curva ***m***
Ale: Kurvenprofil *n*
Ing: curve profile *n*
Fra: profil de courbe *m*

perfil de larguero ***m***
Ale: Längsträgerprofil *n*
Ing: side-member profile *n*
Fra: profil des longerons *m*

perfil de leva ***m***
Ale: Nockenablauf *m*
Ing: cam profile *n*
Fra: profil de came *m*

perfil de refuerzo transversal ***m***
Ale: Querträgerprofil *n*
Ing: cross member section *n*
Fra: profilé-traverse *m*

perfil de rugosidad ***m***
Ale: Rauheitsprofil *n*
Ing: roughness profile *n*
(*R profile*) *n*
Fra: profil de rugosité *m*

periodo de exploración ***m***
Ale: Abtastzeit *f*
Ing: sampling time *n*
Fra: période d'échantillonnage *f*

periodo de respuesta ***m***
Ale: Ansprechdauer *f*
Ing: initial response time *n*
Fra: temps de réponse initial *m*

periodos máximos de exploración ***m***
Ale: Abtastzeitmaxima *npl*
Ing: maximum sampling time *n*
Fra: temps maximum de détection *m*

permeabilidad ***f***
Ale: Permeabilität *f*
Ing: permeability *n*
Fra: perméabilité *f*

permeabilidad relativa ***f***
Ale: Permeabilitätszahl *f*
Ing: relative permeability *n*
Fra: perméabilité relative *f*

permiso de circulación del modelo ***m***
Ale: Typzulassung *f*
Ing: type approval *n*
Fra: homologation de type *f*

permiso general de circulación ***m***
Ale: Allgemeine Betriebserlaubnis *f*
(*Typengenehmigung*) *f*
Ing: General Certification *n*
Fra: homologation générale *f*

permitividad relativa ***f***
Ale: Dielektrizitätszahl *f*
Ing: relative permittivity *n*
Fra: permittivité électrique relative *f*

perno ***m***
Ale: Bolzen *m*
Ing: stud *n*
Fra: boulon *m*

perno de ajuste ***m***
Ale: Verstellbolzen *m*
Ing: sliding bolt *n*
Fra: axe de réglage *m*

perno de arrastre (válvula de suspensión neumática) ***m***
Ale: Mitnehmerbolzen (Luftfederventil) *m*
Ing: driver pin (height-control valve) *n*
Fra: axe d'entraînement (suspension pneumatique) *m*

perno de articulación ***m***
Ale: Gelenkbolzen *m*
Ing: pivot pin *n*
Fra: axe de chape *m*

perno de conexión ***m***
Ale: Anschlussbolzen *m*
Ing: terminal stud *n*
Fra: tige de connexion *f*

perno de control de torque (inyección diesel) ***m***
Ale: Angleichbolzen (Dieseleinspritzung) *m*
Ing: torque control shaft *n*

Fra: axe de correction de débit *m*

perno de enclavamiento ***m***
Ale: Rastbolzen *m*
(*Rastbolzen*) *m*
Ing: ratchet pin *n*
(*blocking pin*) *n*
Fra: axe d'arrêt *m*
(*axe de blocage*) *m*

perno de estrangulación ***m***
Ale: Drosselbolzen *m*
Ing: throttle pin *n*
Fra: axe d'étranglement *m*

perno de excéntrica ***m***
Ale: Exzenterbolzen *m*
Ing: eccentric bolt *n*
Fra: axe excentré *m*

perno de inducido ***m***
Ale: Ankerbolzen *m*
Ing: armature pin *n*
Fra: tige d'induit *f*

perno de peso centrífugo ***m***
Ale: Fliehgewichtsbolzen *m*
Ing: flyweight bolt *n*
Fra: axe de masselottes *m*

perno de presión ***m***
Ale: Druckbolzen *m*
Ing: pressure pin *n*
Fra: tige-poussoir *f*

perno de rótula ***m***
Ale: Kugelbolzen *m*
Ing: ball pin *n*
Fra: axe sphérique *m*

perno de tope ***m***
Ale: Anschlagbolzen *m*
Ing: stop pin *n*
Fra: axe de butée *m*

perno guía ***m***
Ale: Führungsbolzen *m*
(*Führungsstift*) *m*
Ing: guide pin *n*
Fra: axe de guidage *m*

perno transversal ***m***
Ale: Querbolzen *m*
Ing: transverse bolt *n*
Fra: axe transversal *m*

peso centrífugo ***m***
Ale: Fliehgewicht *n*
Ing: flyweight *n*
Fra: masselotte *f*

peso centrífugo ***m***
Ale: Fliehgewicht *n*
Ing: centrifugal weight *n*
Fra: masselotte *f*

peso del eje ***m***
Ale: Achsgewicht *n*
Ing: axle weight *n*
Fra: poids de l'essieu *m*

peso en vacío ***m***
Ale: Leergewicht *n*
Ing: tare weight *n*
Fra: poids à vide *m*

peso total ***m***
Ale: Gesamtgewicht *n*
(*Gesamtgewichtskraft*) *f*
Ing: permissible total weight *n*
Fra: poids total admissible *m*

peso total permitido ***m***
Ale: zulässiges Gesamtgewicht *n*
Ing: permitted vehicle weight *n*
(*gross weight rating, GWR*) *n*
Fra: poids total autorisé en charge *m*

pestaña de llanta (rueda de vehículo) ***f***
Ale: Felgenhorn (Fahrzeugrad) *n*
Ing: rim flange (vehicle wheel) *n*
Fra: rebord de jante *m*

picado a alta velocidad ***m***
Ale: Hochgeschwindigkeits-klopfen *n*
Ing: high speed knock *n*
Fra: cliquetis à haut régime *m*

picado al acelerar ***m***
Ale: Beschleunigungsklopfen *n*
Ing: acceleration knock *n*
Fra: cliquetis à l'accélération *m*

picar (motor de combustión) ***v***
Ale: klingeln (Verbrennungsmotor) *v*
Ing: knock (IC engine) *v*
Fra: cliqueter (moteur à combustion) *v*

pico de tensión (electrónica) ***m***
Ale: Spannungsspitze (Elektronik) *f*
Ing: voltage peak *n*
Fra: pointe de tension *f*

pieza de conexión ***f***
Ale: Anschlussstück *n*
Ing: connecting piece *n*
Fra: raccord *m*

pieza de desgaste ***f***
Ale: Verschleißteil *n*
Ing: wearing part *n*
Fra: pièce d'usure *f*

pieza de desgaste ***f***
Ale: Verschleißteil *n*
Ing: consumable part *n*
Fra: pièce d'usure *f*

pieza de detención ***f***
Ale: Arretierstück *n*
Ing: locking element *n*
Fra: pièce d'arrêt *f*

pieza de empuje (cabeza de acoplamiento) ***f***
Ale: Druckstück (Kupplungskopf) *n*
Ing: thrust member (coupling head) *n*
Fra: pièce de pression (tête d'accouplement) *f*

pieza de repuesto ***f***
Ale: Ersatzteil *n*
Ing: spare part *n*
Fra: pièce de rechange *f*

pieza deslizante (cilindro de freno) ***f***
Ale: Gleitstück (Bremszylinder) *n*
Ing: slider (brake cylinder) *n*
Fra: coulisseau (cylindre de frein) *m*

pieza intermedia de conexión ***f***
Ale: Anschlusszwischenstück *n*
Ing: connection spacer *n*
Fra: adaptateur *m*

piezas adosadas ***fpl***
Ale: Anbauteile *f*
Ing: attachments *n*
Fra: pièces d'adaptation *fpl*

pila de combustible ***f***
Ale: Brennstoffzelle *f*
Ing: fuel cell *n*
Fra: pile à combustible *f*

pilar A ***f***
Ale: A-Säule *f*
Ing: A-pillar *n*
Fra: pied de caisse avant (montant A) *m*

pilar B ***m***
Ale: B-Säule *f*
Ing: b-pillar *n*
Fra: pied de caisse milieu (montant B) *m*

pilar C ***m***
Ale: C-Säule *f*
Ing: C-pillar *n*
Fra: pied de caisse arrière (montant C) *m*

pilar del techo ***m***
Ale: Dachsäule *f*
Ing: roof pillar *n*
Fra: montant de toit *m*

pilotaje dinámico ***m***
Ale: dynamische Vorsteuerung *f*
Ing: dynamic pilot control *n*
Fra: pilotage dynamique *m*

piloto de aparcamiento ***m***
Ale: Einparkhilfssystem *n*
(*Park-Pilot*) *m*
Ing: park pilot *n*
Fra: guide de parcage *m*

piloto trasero ***m***
Ale: Schlussleuchte *f*
(*Schlusslicht*) *n*
(*Heckleuchte*) *f*
Ing: tail light *n*
Fra: feu arrière *m*

pin ***m***
Ale: Pin *m*
Ing: pin *n*
Fra: broche *f*

pin de conexión ***m***
Ale: Anschlusspin *m*
Ing: connector pin *n*
Fra: broche de connexion *f*

pin de contacto ***m***
Ale: Kontaktstift *m*
Ing: contact pin *n*

Español

Fra: tige de contact *f*

pin de enchufe ***m***
Ale: Steckerstift *m*
Ing: connector pin *n*
Fra: contact mâle *m*

piñón ***m***
Ale: Ritzel *n*
(Zahnrad) *n*
Ing: pinion *n*
(gear) *n*
Fra: pignon *m*

piñón cónico ***m***
Ale: Kegelrad *n*
Ing: bevel gear *n*
Fra: roue conique *f*

piñón de accionamiento ***m***
Ale: Antriebsritzel *n*
Ing: drive pinion *n*
Fra: pignon d'entraînement *m*

piñón del motor de arranque ***m***
Ale: Starterritzel *n*
Ing: starter pinion *n*
Fra: pignon du démarreur *m*

pintado a polvo ***pp***
Ale: pulverbeschichtet *pp*
Ing: powder coated *pp*
Fra: revêtement de poudre *m*

pintado catódico por inmersión ***m***
Ale: Elektrotauchlackierung *f*
Ing: electrophoretic enameling *n*
Fra: peinture par électrophorèse *f*

pintura aislante ***f***
Ale: Isolierlack *m*
Ing: insulating varnish *n*
Fra: vernis isolant *m*

pintura antifricción ***f***
Ale: Gleitlack *m*
Ing: anti-friction coating *n*
(anti-friction paint) *n*
Fra: vernis de glissement *m*

pintura en polvo ***f***
Ale: Pulverlack *m*
Ing: powder based paint *n*
Fra: laque à base de poudre *f*

pinza absorbente ***f***
Ale: Absorberzange *f*
Ing: absorbing clamp *n*
Fra: pince d'absorption *f*

pinza de freno ***f***
Ale: Bremssattel *m*
Ing: brake caliper *n*
Fra: étrier de frein à disque *m*

pinza de marco flotante (freno) ***f***
Ale: Schwimmrahmensattel (Bremse) *m*
Ing: sliding caliper (brakes) *n*
Fra: étrier à cadre flottant *m*

pinza fija (freno) ***f***
Ale: Festsattel (Bremse) *m*
Ing: fixed caliper (brakes) *n*
Fra: étrier fixe (frein) *m*

pinza flotante ***f***
Ale: Faustsattel *m*
Ing: floating caliper *n*
(sliding caliper) *n*
Fra: étrier flottant *m*

pinza flotante (freno) ***f***
Ale: Schwimmsattel (Bremse) *m*
(Faustsattel) *m*
Ing: floating caliper (brakes) *n*
Fra: étrier flottant (frein) *m*

pinzas de batería ***fpl***
Ale: Batteriezange *f*
Ing: battery nut pliers *n*
Fra: pince crocodile *f*

pinzas de corriente ***fpl***
Ale: Stromzange *f*
Ing: current clamp *n*
Fra: pince ampèremétrique *f*

pinzas extractoras ***fpl***
Ale: Abziehzange *f*
Ing: puller collet *n*
Fra: pince d'extraction *f*

pinzas pelacables ***fpl***
Ale: Abisolierzange *f*
Ing: wire stripper *n*
Fra: pince à dénuder *f*

pistola de surtidor ***f***
Ale: Zapfpistole *f*
Ing: fuel-pump nozzle *n*
Fra: pistolet distributeur *m*

pistón ***m***
Ale: Kolben *m*
Ing: piston *n*
(plunger) *n*
Fra: piston *m*

pistón alimentador ***m***
Ale: Förderkolben *m*
Ing: delivery plunger *n*
Fra: piston de refoulement *m*

pistón amplificador ***m***
Ale: Verstärkerkolben *m*
Ing: booster piston *n*
(servo-unit piston) *n*
Fra: piston amplificateur *m*

pistón de ajuste ***m***
Ale: Verstellkolben *m*
Ing: adjustment piston *n*
Fra: piston de réglage *m*

pistón de arrastre ***m***
Ale: Schleppkolben *m*
Ing: drag piston *n*
Fra: piston de réaction *m*

pistón de balancín ***m***
Ale: Wiegekolben *m*
Ing: rocking piston *n*
Fra: piston à fléau *f*

pistón de compensación ***m***
Ale: Ausgleichkolben *m*
Ing: compensating piston *n*
Fra: piston de compensation *m*

pistón de descarga ***m***
Ale: Entlastungskolben *m*
Ing: retraction piston *n*
Fra: piston de détente *m*

pistón de freno ***m***
Ale: Bremskolben *m*
Ing: brake piston *n*
Fra: piston de frein *m*

pistón de membrana ***m***
Ale: Membrankolben *m*
Ing: diaphragm piston *n*
Fra: piston à joint embouti *m*

pistón de trabajo ***m***
Ale: Arbeitskolben *m*
Ing: working piston *n*
Fra: piston de travail *m*

pistón diferencial ***m***
Ale: Stufenkolben *m*
Ing: stepped piston *n*
Fra: piston différentiel *m*

pistón elevador ***m***
Ale: Hubkolben *m*
Ing: lifting piston *n*
Fra: piston *m*

pistón empujador ***m***
Ale: Stößelkolben *m*
Ing: tappet plunger *n*
Fra: piston-poussoir *m*

pistón reciprocante ***m***
Ale: Ausweichkolben *m*
Ing: bypass piston *n*
Fra: piston amortisseur *m*

pistón tipo abanico (regulador de la fuerza de frenado) ***m***
Ale: Fächerkolben (Bremskraftregler) *m*
Ing: fan type piston (braking-force regulator) *n*
Fra: piston à palettes (correcteur de freinage) *m*

pivote de distribución ***m***
Ale: Steuerzapfen *m*
Ing: control journal *n*
Fra: pivot de distribution *m*

placa amortiguadora ***f***
Ale: Dämpferplatte *f*
Ing: damping plate *n*
Fra: plaque d'amortissement *f*

placa base ***f***
Ale: Grundplatte *f*
Ing: base plate *n*
Fra: embase *f*

placa bipolar ***f***
Ale: Bipolarplatte *f*
Ing: bipolar plate *n*
Fra: plaque bipolaire *f*

placa cerámica piezoeléctrica ***f***
Ale: Piezokeramikscheibe *f*
Ing: piezoceramic water *n*
Fra: pastille piézocéramique *f*

placa de ajuste (banco de pruebas de frenos de rodillos) ***f***
Ale: Justierplatte (Rollenbremsprüfstand) *f*

Ing: adjustment plate (dynamic brake analyzer) *n*
Fra: plateau d'ajustage (banc d'essai) *m*

placa de apantallado *f*
Ale: Abschirmplatte *f*
Ing: shielding plate *n*
Fra: plaque de blindage *f*

placa de apoyo (filtro) *f*
Ale: Stützplatte (Filter) *f*
Ing: support plate (filter) *n*
Fra: plaque-support (filtre) *f*

placa de cierre *f*
Ale: Abschlussplatte *f*
Ing: end plate *n*
Fra: plaque de fermeture *f*

placa de circuito impreso *f*
Ale: Leiterplatte *f*
(Platine) *f*
Ing: printed circuit board *n*
(pcb) *n*
Fra: carte à circuit imprimé *f*
(flan) *f*
(tôle plane) *m*

placa de compensación *f*
Ale: Ausgleichsplatte *f*
Ing: shim plate *n*
Fra: plaque de réglage *f*

placa de conexión *f*
Ale: Anschlussplatte *f*
Ing: connecting plate *n*
Fra: plaque de raccordement *f*

placa de inducido *f*
Ale: Ankerplatte *f*
Ing: armature plate *n*
Fra: plaque d'ancrage *f*

placa de inspección *f*
Ale: Prüfplakette *f*
Ing: inspection tag *n*
Fra: autocollant d'inspection *m*

placa de membrana *f*
Ale: Membranplatte *f*
Ing: diaphragm plate *n*
Fra: plaque-membrane *f*

placa de modelo *f*
Ale: Typschild *n*
Ing: nameplate *n*
Fra: plaque signalétique *f*

placa de presión (freno) *f*
Ale: Druckplatte (Bremse) *f*
Ing: pressure plate (brake) *n*
Fra: plateau de pression (frein) *m*

placa de soporte (sistema activador Hall) *f*
Ale: Trägerplatte (Hall-Auslösesystem) *f*
Ing: carrying plate (Hall triggering system) *n*
Fra: plateau-support (système de déclenchement Hall) *m*

placa de sujeción *f*
Ale: Klemmplatte *f*
Ing: mounting plate *n*
Fra: plaque sertie *f*

placa de tope *f*
Ale: Anschlagplatte *f*
Ing: stop plate *n*
Fra: plaque de butée *f*

placa de válvula (Jetronic) *f*
Ale: Ventilplatte (Jetronic) *f*
Ing: valve plate (Jetronic) *n*
Fra: plaque porte-soupape (Jetronic) *f*

placa deflectora (ajustador de presión) *f*
Ale: Prallplatte (Drucksteller) *f*
Ing: baffle plate (pressure actuator) *n*
Fra: déflecteur (actionneur de pression) *m*

placa holográfica *f*
Ale: Hologrammplatte *f*
Ing: hologram plate *n*
Fra: plaque photographique *f*

placa negativa (batería) *f*
Ale: Minusplatte (Batterie) *f*
Ing: negative plate (battery) *n*
Fra: plaque négative (batterie) *f*

placa portaescobillas *f*
Ale: Bürstenhalterplatte *f*
Ing: brush holder plate *n*
Fra: plateau porte-balais *m*

placa portaforros (frenos) *f*
Ale: Belagträgerplatte (Bremsen) *f*
Ing: lining support plate (brakes) *n*
Fra: plaque-support de garniture *f*

placa portafrenos *f*
Ale: Bremsträger *m*
Ing: brake anchor plate *n*
Fra: support de frein (frein) *m*

placa redonda de acero *f*
Ale: Stahlronde *f*
Ing: round steel plate *n*
Fra: flan circulaire *m*

placa sonda (L-Jetronic) *f*
Ale: Stauklappe (L-Jetronic) *f*
Ing: sensor plate (L-Jetronic) *n*
Fra: volet-sonde (L-Jetronic) *m*

placa sonda *f*
Ale: Stauklappe *f*
Ing: airflow sensor plate *n*
Fra: volet-sonde (L-Jetronic) *m*

placa soporte (variador de encendido) *f*
Ale: Achsplatte (Zündversteller) *f*
Ing: support plate (ignition-advance mechanism) *n*
Fra: plateau-support (correcteur d'avance) *m*

plan de comprobación *m*
Ale: Prüfplan *m*
Ing: inspection planning *n*
Fra: plan de contrôle *m*

plan de mantenimiento *m*
Ale: Wartungsplan *m*
Ing: maintenance schedule *n*
Fra: plan d'entretien *m*

planitud *f*
Ale: Ebenheit *f*
Ing: flatness *n*
Fra: planéité *f*

plaquita de protección antitérmica (inyector) *f*
Ale: Wärmeschutzplättchen (Einspritzdüse) *n*
Ing: thermal protection plate (injection nozzle) *n*
Fra: plaquette calorifuge (injecteur) *f*

plasma de descarga de gas *m*
Ale: Gasentladungsplasma *n*
Ing: gas discharge plasma *n*
Fra: plasma à décharge gazeuse *m*

plataforma baja *f*
Ale: Tiefbett *n*
Ing: rim well *n*
Fra: base creuse *f*

plataforma elevadora *f*
Ale: Hebebühne *f*
Ing: lift platform *n*
Fra: pont élévateur *m*

plataforma elevadora *f*
Ale: Ladebordwand *f*
Ing: platform lift *n*
Fra: hayon élévateur *m*

platillo de muelle *m*
Ale: Federteller *m*
Ing: spring seat *n*
Fra: cuvette de ressort *f*

platillo de válvula (freno) *m*
Ale: Ventilteller (Bremse) *m*
Ing: valve plate (brake) *n*
Fra: clapet (frein) *m*

platillo de válvula *m*
Ale: Ventilteller *m*
Ing: valve disk *n*
(valve head) *n*
Fra: clapet de soupape *m*

platino *m*
Ale: Platin *n*
Ing: platinum *n*
Fra: platine *m*

plato de apriete del embrague *m*
Ale: Kupplungsdruckplatte *f*
Ing: clutch pressure plate *n*
Fra: mécanisme d'embrayage *m*

plato de arrastre *m*
Ale: Mitnehmerscheibe *f*
Ing: drive connector plate *n*
Fra: disque d'entraînement *m*

plato de dispersión *m*
Ale: Streuteller *m*
Ing: spreading plate *n*
Fra: épandeuse à disques *f*

plato sonda (K-Jetronic) *m*
Ale: Stauscheibe (K-Jetronic) *f*

Ing: sensor plate (K-Jetronic) *n*
Fra: plateau-sonde (K-Jetronic) *m*

plausibilidad del sensor ***f***
Ale: Sensorplausibilität *f*
Ing: sensor plausibility *n*
Fra: plausibilité du signal du capteur *f*

plausibilidad dinámica ***f***
Ale: dynamische Plausibilität *f*
Ing: dynamic plausibility *n*
Fra: plausibilité dynamique *f*

plegado en estrella ***m***
Ale: sterngefaltet *adj*
Ing: spiral vee shaped *adj*
Fra: plié en étoile *pp*

plena carga ***f***
Ale: Vollast *f*
Ing: full load *n*
Fra: pleine charge *f*

plena carga ***f***
Ale: Volllast *f*
Ing: wide-open throttle, WOT *n*
Fra: pleine charge *f*

plena carga ***f***
Ale: Volllast *f*
Ing: full load *n*
Fra: pleine charge *f*

pliego de condiciones (SAP) ***m***
Ale: Lastenheft (SAP) *n*
Ing: specifications *npl*
Fra: cahier des charges *m*

plomo fusible ***m***
Ale: Schmelzsicherung *f*
Ing: fusible link *n*
Fra: fusible *m*

pobre (mezcla aire-combustible) ***adj***
Ale: mager (Luft-Kraftstoff-Gemisch) *adj*
Ing: lean (air-fuel mixture) *adj*
Fra: pauvre (mélange air-carburant) *adj*

poco contaminante ***adj***
Ale: schadstoffarm *adj*
Ing: low emission *adj*
Fra: à faibles taux de polluants *loc*

poder antidetonante ***m***
Ale: Klopffestigkeit *f*
Ing: antiknock quality *n*
Fra: indétonance *f*

poder antidetonante ***m***
Ale: Klopffestigkeit *f*
Ing: knock resistance *n*
Fra: indétonance *f*

poder antidetonante ***m***
Ale: Klopffestigkeit *f*
Ing: anti knock rating *n*
Fra: indétonance *f*

poder calorífico ***m***
Ale: Brennwert *m*
Ing: gross calorific value *n*
Fra: pouvoir calorifique supérieur, PCS *m*

poder calorífico ***m***
Ale: Heizwert *m*
Ing: calorific value *n*
Fra: pouvoir calorifique inférieur, PCI *m*

poder calorífico de la mezcla ***m***
Ale: Gemischheizwert *m*
Ing: calorific value of the combustible air-fuel mixture *n*
Fra: pouvoir calorifique inférieur du mélange *m*

polarización eléctrica ***f***
Ale: elektrische Polarisation *f*
Ing: electric polarization *n*
Fra: polarisation électrique *f*

polarización magnética ***f***
Ale: magnetische Polarisation *f*
(Magnetisierung) *f*
Ing: magnetic polarization *n*
Fra: aimantation *f*

polea ***f***
Ale: Keilriemenscheibe *f*
Ing: V-belt pulley *n*
Fra: poulie à gorge trapézoïdale *f*

polea ***f***
Ale: Riemenscheibe *f*
Ing: belt pulley *n*
(pulley) *n*
Fra: poulie d'entraînement *f*

polea de motor ***f***
Ale: Motorriemenscheibe *f*
Ing: engine belt pulley *n*
Fra: poulie moteur *f*

polea primaria ***f***
Ale: Primärscheibe *f*
Ing: primary pulley *n*
(primary disk) *n*
Fra: poulie primaire *f*

polea trapezoidal nervada ***f***
Ale: Poly-V-Riemen *m*
(Keilrippenriemen) *m*
Ing: ribbed V-belt *n*
Fra: courroie trapézoïdale à nervures *f*

polimerización por plasma ***f***
Ale: Plasmapolymerisation *f*
Ing: plasma polymerization *n*
Fra: polymérisation au plasma *f*

polo de conexión (batería) ***m***
Ale: Anschlusspol (Batterie) *m*
(Endpol) *m*
Ing: terminal post (battery) *n*
Fra: borne (batterie) *f*

polo de garras ***m***
Ale: Klauenpol *m*
(Polhälfte) *f*
Ing: claw pole *n*
Fra: plateau à griffes *m*

polo negativo de la batería ***m***
Ale: Batterieminuspol *m*
Ing: battery negative pole *n*
Fra: pôle « moins » de la batterie *f*

polo positivo de la batería ***m***
Ale: Batteriepluspol *m*
Ing: battery positive pole *n*
Fra: pôle « plus » de la batterie *f*

por impulsos (control de presión) ***loc***
Ale: pulsierend (Drucksteuerung) *ppr*
(gepulst) *pp*
Ing: pulse-controlled (pressure) *pp*
Fra: par impulsions (modulation de pression) *loc*

portador de carga ***m***
Ale: beweglicher Ladungsträger *m*
Ing: charge carrier *n*
Fra: porteur de charge mobile *m*

portador de carga (bujía de encendido) ***m***
Ale: Ladungsträger (Zündkerze) *m*
Ing: charge carrier (spark plug) *n*
Fra: porteur de charge (bougie d'allumage) *m*

portaescobillas (acústica CAE) ***f***
Ale: Bürstenhalter (Akustik CAE) *m*
Ing: brush holder *n*
Fra: porte-balais *m*

portaescobillas ***m***
Ale: Bürstenträger *m*
(Bürstenhalter) *m*
Ing: brush holder *n*
Fra: porte-balais *m*

portainyector ***m***
Ale: Düsenhalter *m*
(Einspritzdüsenhalter) *m*
Ing: nozzle holder assembly *n*
Fra: porte-injecteur *m*

portainyector ***m***
Ale: Einspritzdüsenhalter *m*
Ing: nozzle holder assembly *n*
Fra: porte-injecteur *m*

portainyector de un muelle ***m***
Ale: Einfeder-Düsenhalter *m*
Ing: single spring nozzle holder *n*
Fra: porte-injecteur à ressort unique *m*

portainyectores de ensayo ***m***
Ale: Prüfdüsenhalter *m*
Ing: calibrating nozzle holder assembly *n*
Fra: porte-injecteur d'essai *m*

portalámparas ***m***
Ale: Lampenfassung *f*
Ing: lamp socket *n*
Fra: douille de lampe *f*

portaválvulas ***m***
Ale: Ventilträger *m*
Ing: valve holder *n*
Fra: porte-soupape *m*

portaválvulas ***m***
Ale: Ventilträger *m*
Ing: valve carrier *n*
Fra: porte-soupape *m*

portón trasero ***m***

Ale: Heckklappe *f*
Ing: trunk lid *n*
Fra: hayon *m*

posición de enclavamiento (válvula) *f*
Ale: Raststellung (Ventil) *f*
Ing: detent position (valve) *n*
Fra: crantage (valve) *m*

posición de ensayo (válvula de freno de estacionamiento) *f*
Ale: Prüfstellung (Feststellbremsventil) *f*
Ing: test position (parking-brake valve) *n*
Fra: position de contrôle (valve de frein de stationnement) *f*

posición de frenado a tope *f*
Ale: Vollbremsstellung *f*
Ing: fully braked mode *n*
Fra: position de freinage d'urgence *f*

posición de frenado parcial *f*
Ale: Teilbremsstellung *f*
Ing: partially braked mode *n*
Fra: position de freinage partiel *f*

posición de frenos aplicados *f*
Ale: Bremsstellung *f*
Ing: brake applied mode *n*
Fra: position de freinage *f*

posición de la chispa *f*
Ale: Funkenlage *f*
Ing: spark position *n*
Fra: position de l'éclateur *f*

posición de la mariposa *f*
Ale: Drosselklappenstellung *f*
Ing: throttle valve position *n*
Fra: position du papillon *f*

posición de marcha *f*
Ale: Fahrstellung *f*
Ing: driving (non-braked) mode *n*
Fra: position de roulage *f*

posición de montaje *f*
Ale: Einbaulage *f*
Ing: installation position *n*
Fra: position de montage *f*

posición de parada *f*
Ale: Stopp-Position *f*
(Stopp-Stellung) *f*
(Stopp-Lage) *f*
Ing: stop setting *n*
Fra: position de stop *f*

posición de parada *f*
Ale: Stopstellung *f*
Ing: stop setting *n*
Fra: position d'arrêt *f*

posición de plena carga *f*
Ale: Volllaststellung *f*
Ing: full load position *n*
Fra: position de pleine charge *f*

posición de reposo *f*
Ale: Ruhestellung *f*
Ing: initial position *n*
Fra: position de repos *f*

posición de suministro de aire (regulador de presión) *f*
Ale: Luftförderungsstellung (Druckregler) *f*
Ing: air supply position (pressure regulator) *n*
Fra: position de refoulement (régulateur de pression) *f*

posición de trabajo (contactos) *f*
Ale: Arbeitsstellung (Kontakte) *f*
Ing: operating position *n*
Fra: position de travail *f*

posición del acelerador *f*
Ale: Fahrpedalstellung *f*
Ing: acceleratorpedal position *n*
Fra: position de l'accélérateur *f*

posición del chorro (inyección de combustible) *f*
Ale: Strahllage (Kraftstoffeinspritzung) *f*
Ing: nozzle jet position (fuel injection) *n*
Fra: position du jet *f*

posición del cigüeñal *f*
Ale: Kurbelwellenstellung *f*
Ing: crankshaft position *n*
Fra: position du vilebrequin *f*

posición del pistón *f*
Ale: Kolbenstellung *f*
Ing: piston position *n*
Fra: position du piston *f*

posición final *f*
Ale: Endlage *f*
(Endstellung) *f*
Ing: end position *n*
Fra: position de fin de course *f*

posición inicial *f*
Ale: Ausgangsstellung *f*
Ing: basic position *n*
Fra: position initiale *f*

posición intermedia *f*
Ale: Mittelstellung *f*
Ing: intermediate setting *n*
Fra: position médiane *f*

posicionador *m*
Ale: Stellwerk *n*
Ing: actuator mechanism *n*
Fra: actionneur *m*

posicionador de carrera previa *m*
Ale: Vorhubstellwerk *n*
Ing: LPC actuator *n*
Fra: actionneur de précourse *m*

posicionador de la chapaleta de aire *m*
Ale: Luftklappensteller *m*
Ing: air flap actuator *n*
Fra: actionneur de volet d'aération *m*

postcombustión *f*
Ale: Nachverbrennung *f*
Ing: afterburning *n*
Fra: post-combustion *f*

postinflamación *f*
Ale: Nachentflammung *f*
Ing: post ignition *n*
Fra: post-allumage *m*

postinyección *f*
Ale: Nacheinspritzung *f*
Ing: secondary injection *n*
Fra: post-injection *f*

potencia absorbida *f*
Ale: Leistungsaufnahme *f*
Ing: power input *n*
Fra: puissance absorbée *f*

potencia activa *f*
Ale: Wirkleistung *f*
Ing: active power *n*
Fra: puissance active *f*

potencia de accionamiento *f*
Ale: Antriebsleistung *m*
Ing: drive power *n*
Fra: puissance d'entraînement *f*

potencia de arranque *f*
Ale: Startleistung *f*
Ing: starting power *n*
Fra: puissance de démarrage *f*

potencia de consumidor *f*
Ale: Verbraucherleistung *f*
(Leistungsbedarf) *m*
Ing: electrical load requirements *n*
Fra: puissance des récepteurs *f*

potencia de frenado *f*
Ale: Bremsleistung *f*
Ing: instantaneous braking power *n*
Fra: puissance instantanée de freinage *f*

potencia de interferencia de radio *f*
Ale: Funkstörleistung *f*
Ing: radio interference power *n*
(disturbance power) *n*
Fra: puissance parasite *f*

potencia de radiación *f*
Ale: Strahlungsleistung *f*
Ing: radiated power *n*
Fra: émittance énergétique *f*

potencia de tracción *f*
Ale: Zugleistung *f*
Ing: drawbar power *n*
Fra: puissance de traction *f*

potencia del alternador *f*
Ale: Generatorleistung *f*
Ing: alternator output power *n*
Fra: puissance de l'alternateur *f*

potencia del motor *f*
Ale: Motorleistung *f*
Ing: engine performance *n*
Fra: puissance du moteur *f*

potencia efectiva *f*
Ale: Nutzleistung *f*
Ing: effective power *n*
Fra: puissance effective *f*

potencia en ascenso *f*

Español

Ale: Steigungsleistung *f*
(Bergsteigefähigkeit) *f*
Ing: climbing power *n*
(hill-climbing capacity) *n*
Fra: puissance en côte *f*

potencia instantánea ***f***
Ale: Kurzzeitleistung *f*
Ing: short term power *n*
Fra: puissance momentanée *f*

potencia nominal ***f***
Ale: Nennleistung *f*
Ing: rated output *n*
Fra: puissance nominale *f*

potencia por cilindro (motor de combustión) ***f***
Ale: Zylinderleistung (Verbrennungsmotor) *f*
Ing: output per cylinder (IC engine) *n*
Fra: puissance par cylindre *f*

potencia por litro de cilindrada (motor de combustión) ***f***
Ale: Hubraumleistung (Verbrennungsmotor) *f*
Ing: power output per liter (IC engine) *n*
Fra: puissance spécifique *f*

potencia reactiva ***f***
Ale: Blindleistung *f*
Ing: reactive power *n*
(wattless power) *n*
Fra: puissance réactive *f*

potencia suministrada (máquinas eléctricas) ***f***
Ale: Leistungsabgabe (elektrische Maschinen) *f*
(abgegebene Leistung) *f*
Ing: power output (electrical machines) *n*
Fra: puissance débitée (machines électriques) *f*

potencia total ***f***
Ale: Gesamtleistung *f*
Ing: overall performance *n*
Fra: puissance totale *f*

potencial de chispa ***m***
Ale: Überschlagspannung *f*
Ing: arcing voltage *n*
(ignition voltage) *n*
Fra: tension d'éclatement *f*
(tension d'allumage) *f*

potencial de peligro ***m***
Ale: Gefährdungspotenzial *n*
Ing: potential failure risk *n*
Fra: potentiel de risque *m*

potencial de reposo ***m***
Ale: Ruhepotenzial *n*
Ing: open circuit potential *n*
Fra: potentiel de repos *m*

potencial por coeficiente de fricción ***m***
Ale: Reibwertpotenzial *n*
Ing: friction coefficient potential *n*
Fra: potentiel d'adhérence *m*

potenciómetro ***m***
Ale: Potentiometer *m*
Ing: potentiometer *n*
Fra: potentiomètre *m*

potenciómetro de ajuste ***m***
Ale: Einstellpotentiometer *n*
Ing: adjusting potentiometer *n*
Fra: potentiomètre de réglage *m*

potenciómetro de la mariposa ***m***
Ale: Drosselklappenpotentiometer *n*
Ing: throttle valve potentiometer *n*
Fra: potentiomètre de papillon *m*

potenciómetro giratorio ***m***
Ale: Drehpotentiometer *n*
Ing: rotary potentiometer *n*
Fra: potentiomètre rotatif *m*

preajuste del caudal de arranque ***m***
Ale: Startmengenvorsteuerung *f*
Ing: excess fuel preset *n*
Fra: pilotage du débit de surcharge *m*

preamortiguador ***m***
Ale: Vordämpfer *m*
Ing: predamper *n*
Fra: pré-amortisseur *m*

preamplificador ***m***
Ale: Vorverstärker *m*
Ing: preamplifier *n*
Fra: préamplificateur *m*

preapertura de escape ***f***
Ale: Vorauslass *m*
Ing: predischarge *n*
Fra: bouffée d'échappement *f*

precalentador del aire de admisión ***m***
Ale: Ansaugluftvorwärmer *m*
Ing: intake air preheater *n*
Fra: système de préchauffage de l'air d'admission *m*

precalentamiento ***m***
Ale: Vorglühen *n*
Ing: preheating *n*
Fra: préchauffage *m*

precalentamiento de arranque ***m***
Ale: Startglühen *n*
Ing: glow plug start assist *n*
Fra: préchauffage-démarrage *m*

precalentamiento del tubo de admisión ***m***
Ale: Saugrohrvorwärmung *f*
Ing: intake manifold preheating *n*
Fra: préchauffage du collecteur d'admission *m*

precalentar ***v***
Ale: vorglühen *v*
Ing: preheat *v*
Fra: préchauffer *v*

precalentar ***v***
Ale: vorglühen *v*
Ing: preglowing *n*
Fra: préchauffer *v*

precámara ***f***
Ale: Vorkammer *f*
(Nebenkammer) *f*
Ing: prechamber *n*
(whirl chamber) *n*
Fra: préchambre *f*

precámara ***f***
Ale: Vorkammer *f*
Ing: precombustion chamber *n*
Fra: préchambre *f*

precombustión ***f***
Ale: Vorverbrennung *f*
Ing: precombustion *n*
Fra: précombustion *f*

precompresión ***f***
Ale: Vorverdichtung *f*
Ing: precompression *n*
Fra: précompression *f*

preexcitación (máquinas rotativas) ***f***
Ale: Vorerregung (drehende Maschinen) *f*
Ing: preexcitation (rotating machines) *n*
Fra: pré-excitation (machines tournantes) *f*

prefiltro de combustible ***m***
Ale: Kraftstoffvorreiniger *m*
Ing: fuel prefilter *n*
Fra: préfiltre à carburant *m*

preignición ***f***
Ale: Vorentflammung *f*
Ing: pre ignition *n*
Fra: pré-allumage *m*

preparación de mezcla de combustión ***f***
Ale: Verbrennungsgemischaufber eitung *f*
Ing: combustion mixture formation *n*
Fra: préparation du mélange *f*

preparación de valor analógico ***f***
Ale: Analogwertaufbereitung *f*
Ing: analog value conditioning *n*
Fra: conditionnement de valeur analogique *m*

preparación del chorro (inyección de combustible) ***f***
Ale: Strahlaufbereitung (Kraftstoffeinspritzung) *f*
Ing: spray preparation (fuel injection) *n*
Fra: conditionnement du jet *m*

prescripción de comprobación ***f***
Ale: Prüfvorschrift *f*
Ing: test regulations *npl*
Fra: instructions d'essai *fpl*

prescripción de mantenimiento ***f***
Ale: Wartungsvorschrift *f*
Ing: maintenance instructions *npl*

Fra: notice d'entretien *f*

prescripciones de seguridad ***fpl***
Ale: Sicherheitsvorschriften *fpl*
Ing: safety regulations *npl*
Fra: prescriptions de sécurité *fpl*

prescripciones legales ***fpl***
Ale: gesetzliche Vorschriften *fpl*
Ing: legal requirements *npl*
Fra: législation *f*

presión absoluta ***f***
Ale: Absolutdruck *m*
Ing: absolute pressure (diesel fuel injection) *n*
Fra: pression absolue *f*

presión acústica ***f***
Ale: Schalldruck *m*
Ing: sound pressure *n*
Fra: pression acoustique *f*

presión de accionamiento ***f***
Ale: Betätigungsdruck *m*
Ing: applied pressure *n*
Fra: pression d'actionnement *f*

presión de aceite del motor ***f***
Ale: Motoröldruck *m*
Ing: engine oil pressure *n*
Fra: pression d'huile moteur *f*

presión de aceite lubricante ***f***
Ale: Schmieröldruck *m*
Ing: lube oil pressure *n*
Fra: pression d'huile lubrifiante *f*

presión de agente frigorífico ***f***
Ale: Kältemitteldruck *m*
Ing: refrigerant pressure *n*
Fra: pression du fluide frigorigène *f*

presión de aire ***f***
Ale: Luftdruck *m*
Ing: air pressure *n*
Fra: pression d'air *f*

presión de alimentación ***f***
Ale: Förderdruck *m*
Ing: delivery pressure *n*
Fra: pression de refoulement *f*

presión de alimentación (Jetronic) ***f***
Ale: Versorgungsdruck (Jetronic) *m*
Ing: supply pressure (Jetronic) *n*
Fra: pression d'alimentation (Jetronic) *f*

presión de alimentación (Bremsen) ***f***
Ale: Vorratsdruck (Bremsen) *m*
(Primärdruck) *m*
Ing: supply pressure (brakes) *n*
Fra: pression d'alimentation (frein) *f*

presión de amortiguador ***m***
Ale: Stoßdämpferdruck *m*
Ing: shock absorber pressure *n*
Fra: pression des amortisseurs *f*

presión de apertura ***f***
Ale: Öffnungsdruck *m*
Ing: opening pressure *n*
Fra: pression d'ouverture *f*

presión de apertura de válvula ***f***
Ale: Ventilöffnungsdruck *m*
Ing: valve opening pressure *n*
Fra: pression d'ouverture d'un injecteur *f*

presión de apoyo ***f***
Ale: Aufsatteldruck *m*
Ing: kingpin load *n*
Fra: pression d'accouplement *f*

presión de aspiración ***f***
Ale: Saugdruck *m*
Ing: suction pressure *n*
Fra: pression d'aspiration *f*

presión de bloqueo (frenos) ***f***
Ale: Blockierdruck (Bremsen) *m*
Ing: locking pressure (brakes) *n*
Fra: pression de blocage (frein) *f*

presión de cierre de inyector ***f***
Ale: Düsenschließdruck *m*
Ing: nozzle closing pressure *n*
Fra: pression de fermeture d'injecteur *f*

presión de cilindro de freno ***f***
Ale: Bremszylinderdruck *m*
Ing: brake cylinder pressure *n*
Fra: pression dans le cylindre de frein *f*

presión de combustible ***f***
Ale: Kraftstoffdruck *m*
Ing: fuel pressure *n*
Fra: pression du carburant *f*

presión de combustión ***f***
Ale: Verbrennungsdruck *m*
Ing: combustion pressure *n*
Fra: pression de combustion *f*

presión de conexión ***f***
Ale: Einschaltdruck *m*
Ing: cut in pressure *n*
Fra: pression d'enclenchement *f*

presión de conexión ***f***
Ale: Schaltdruck *m*
Ing: switched pressure *n*
Fra: pression de commande *f*

presión de control ***f***
Ale: Steuerdruck *m*
Ing: control pressure *n*
Fra: pression de commande *f*

presión de descohnexión ***f***
Ale: Abschaltdruck *m*
Ing: cutoff pressure *n*
Fra: pression de coupure *f*

presión de entrada ***f***
Ale: Zulaufdruck *m*
Ing: inlet pressure *n*
Fra: pression d'arrivée *f*

presión de flujo ***f***
Ale: Fließdruck *m*
Ing: flow pressure *n*
Fra: pression d'écoulement *f*

presión de frenada continua ***f***
Ale: Dauerbremsdruck *m*
Ing: sustained braking pressure *n*
Fra: pression de freinage continue *f*

presión de frenado ***f***
Ale: Bremsdruck *m*
Ing: brake pressure *n*
Fra: pression de freinage *f*

presión de frenado de rueda ***f***
Ale: Radbremsdruck *m*
Ing: wheel brake pressure *n*
Fra: pression de freinage sur roue *f*

presión de frenado parcial ***f***
Ale: Teilbremsdruck *m*
Ing: partial braking pressure *n*
Fra: pression de freinage partielle *f*

presión de fricción ***f***
Ale: Reibdruck *m*
Ing: friction pressure *n*
Fra: pression de friction *f*

presión de gas ***f***
Ale: Gasdruck *m*
Ing: gas pressure *n*
Fra: pression des gaz *f*

presión de gases de escape ***f***
Ale: Abgasdruck *m*
Ing: exhaust gas pressure *n*
Fra: pression d'échappement *f*

presión de inyección ***f***
Ale: Abspritzdruck *m*
Ing: injection pressure *n*
Fra: pression de pulvérisation *f*

presión de inyección ***f***
Ale: Einspritzdruck *m*
Ing: injection pressure *n*
Fra: pression d'injection *f*

presión de la bomba ***f***
Ale: Pumpendruck *m*
Ing: pump interior pressure *n*
Fra: pression à l'intérieur de la pompe *f*

presión de la bomba de alimentación ***f***
Ale: Förderpumpendruck *m*
Ing: supply pump pressure *n*
Fra: pression de transfert *f*

presión de la cámara de combustión ***f***
Ale: Brennraumdruck *m*
Ing: combustion chamber pressure *n*
Fra: pression dans la chambre de combustion *f*

presión de llenado ***f***
Ale: Fülldruck *m*
Ing: filling pressure *n*
Fra: pression de remplissage *f*

presión de modulación (control del cambio) ***f***
Ale: Modulationsdruck (Getriebesteuerung) *m*
Ing: modulation pressure (transmission control) *n*

Español

Fra: pression de modulation (commande de boîte de vitesses) *f*

presión de neumáticos *f*
Ale: Reifendruck *m*
Ing: tire pressure *n*
Fra: pression de gonflage *f*
(pression du pneumatique) *f*

presión de pilotaje *f*
Ale: Vorsteuerdruck *m*
Ing: pilot pressure *n*
Fra: pression pilote *f*

presión de precarga *f*
Ale: Vorspanndruck *m*
Ing: initial pressure *n*
Fra: pression de précharge *f*

presión de referencia *f*
Ale: Referenzdruck *m*
Ing: reference pressure *n*
Fra: pression de référence *f*

presión de reposicionamiento *f*
Ale: Rückstelldruck *m*
Ing: retraction pressure *n*
Fra: pression de rappel *f*

presión de respuesta *f*
Ale: Ansprechdruck *m*
Ing: response pressure *n*
Fra: pression de réponse *f*

presión de respuesta *f*
Ale: Ansprechdruck *m*
Ing: trigger pressure *n*
Fra: pression de réponse *f*

presión de rotura *f*
Ale: Berstdruck *m*
Ing: burst pressure *n*
Fra: pression d'éclatement *f*

presión de seguridad *f*
Ale: Sicherungsdruck *m*
Ing: safety pressure *n*
Fra: pression de sécurité *f*

presión de servicio *f*
Ale: Betriebsdruck *m*
Ing: operating pressure *n*
Fra: pression de fonctionnement *f*

presión de sobrealimentación *f*
Ale: Ladedruck *m*
(Ladeluftdruck) *m*
Ing: charge air pressure *n*
Fra: pression de suralimentation *f*

presión de suministro previo *f*
Ale: Vorförderdruck *m*
Ing: predelivery pressure *n*
Fra: pression de prérefoulement *f*

presión de trabajo *f*
Ale: Arbeitsdruck *m*
Ing: operating pressure *n*
Fra: pression de travail *f*

presión de vapor (gasolina) *f*
Ale: Dampfdruck (Benzin) *m*
Ing: vapor pressure (gasoline) *n*
Fra: pression de vapeur (essence) *f*

presión del acumulador *f*
Ale: Speicherdruck *m*
Ing: storage pressure *n*
Fra: pression de l'accumulateur *f*

presión del aire exterior *f*
Ale: Außenluftdruck *m*
Ing: outside air pressure *n*
Fra: pression atmosphérique ambiante *f*

presión del circuito (ESP) *f*
Ale: Kreisdruck (ESP) *m*
Ing: circuit pressure (ESP) *n*
Fra: pression de circuit (ESP) *f*

presión del conducto *f*
Ale: Raildruck *m*
Ing: rail pressure *n*
Fra: pression « rail » *f*

presión del fuelle *f*
Ale: Balgdruck *m*
Ing: bellows pressure *n*
Fra: pression soufflet *f*

presión del sistema (Jetronic) *f*
Ale: Systemdruck (Jetronic) *m*
Ing: primary pressure (Jetronic) *n*
Fra: pression du système (Jetronic) *f*

presión del tubo de admisión *f*
Ale: Saugrohrdruck *m*
Ing: intake manifold pressure *n*
(induction-manifold pressure) *n*
Fra: pression d'admission *f*

presión diferencial *f*
Ale: Differenzdruck *m*
Ing: differential pressure *n*
Fra: pression différentielle *f*

presión diferencial de gases de escape *f*
Ale: Abgas-Differenzdruck *m*
Ing: exhaust gas differential pressure *n*
Fra: pression différentielle d'échappement *f*

presión dinámica *f*
Ale: Staudruck *m*
Ing: dynamic pressure *n*
Fra: pression dynamique *f*

presión en el depósito *f*
Ale: Tankdruck *m*
Ing: fuel tank pressure *n*
Fra: pression dans le réservoir *f*

presión en la abertura del inyector *f*
Ale: Düsenöffnungsdruck *m*
Ing: nozzle-opening pressure *n*
Fra: pression d'ouverture de l'injecteur *f*

presión en la tubería *f*
Ale: Leitungsdruck *m*
Ing: line pressure *n*
Fra: pression dans conduite *f*

presión hidráulica de reserva *f*
Ale: Hydraulikvorratsdruck *m*
Ing: hydraulic reservoir pressure *n*
Fra: pression d'alimentation hydraulique *f*

presión máxima *f*
Ale: Maximaldruck *m*
Ing: maximum pressure *n*
Fra: pression maximale *f*

presión máxima *f*
Ale: Spitzendruck *m*
Ing: peak injection pressure *n*
Fra: pression de pointe *f*

presión máxima (servofreno) *f*
Ale: Aussteuerdruck (Bremskraftverstärker) *m*
Ing: output pressure (brake booster) *n*
Fra: pression maximale (servofrein) *f*

presión media *f*
Ale: Mitteldruck *m*
Ing: mean pressure *n*
Fra: pression moyenne *f*

presión nominal *m*
Ale: Nenndruck *m*
Ing: nominal pressure *n*
Fra: pression nominale *f*

presión nominal *f*
Ale: Solldruck *m*
Ing: desired pressure *n*
Fra: consigne de pression *f*

presión previa (ESP) *f*
Ale: Vordruck (ESP) *m*
Ing: admission pressure (ESP) *n*
Fra: pression d'alimentation *f*

presión previa de combustible *f*
Ale: Kraftstoffvordruck *m*
Ing: fuel initial pressure *n*
Fra: pression initiale du carburant *f*

presión primaria *f*
Ale: Primärdruck *m*
Ing: primary pressure *n*
Fra: pression primaire *f*

presión residual *f*
Ale: Restdruck *m*
Ing: residual pressure *n*
Fra: pression résiduelle *f*

presión secundaria (freno) *f*
Ale: Sekundärdruck (Bremse) *m*
Ing: secondary pressure (brake) *n*
Fra: pression secondaire (frein) *f*

presostato *m*
Ale: Druckschalter *m*
Ing: pressure switch *n*
Fra: manocontact *m*
(pressostat) *m*

presostato de presión diferencial *m*
Ale: Differenzdruckschalter *m*
Ing: differential pressure switch *n*
Fra: contacteur différentiel *m*

presurización *f*
Ale: Druckbeaufschlagung *f*

Ing: pressurization *n*
Fra: mise sous pression *f*

pretensión de la correa ***f***
Ale: Riemenvorspannung *f*
Ing: belt pretension *n*
Fra: prétension de courroie *f*

pretensor de cierre del cinturón ***m***
Ale: Schlossstraffer *m*
Ing: buckle tightener *n*
Fra: prétensionneur de boucle *m*

pretensor de cinturón de seguridad ***m***
Ale: Gurtstraffer *m*
Ing: seat belt pretensioner *n*
Fra: prétensionneur de ceinture *m*

pretensor del cinturón de hombros ***m***
Ale: Schultergurtstraffer *m*
Ing: shoulder belt tightener *n*
Fra: prétensionneur de sangle thoracique *m*

primera matriculación ***f***
Ale: Erstzulassung *f*
Ing: first registration *n*
Fra: première immatriculation *f*

principio de corriente límite ***m***
Ale: Grenzstromprinzip *n*
Ing: limit current principle *n*
Fra: principe du courant limite *m*

principio de desplazamiento volumétrico ***m***
Ale: Verdrängungsprinzip *n*
Ing: displacement principle *n*
Fra: refoulement volumétrique *m*

principio de flujo de paso ***m***
Ale: Durchströmprinzip *n*
Ing: throughflow principle *n*
Fra: principe de transfert *m*

principio de retorno (ABS) ***m***
Ale: Rückförderprinzip (ABS) *n*
Ing: return principle (ABS) *n*
Fra: principe de reflux (ABS) *m*

principio electrodinámico ***m***
Ale: elektrodynamisches Prinzip *n*
Ing: electrodynamic principle, EDP *n*
Fra: principe électrodynamique *m*

principio electromagnético ***m***
Ale: elektromagnetisches Prinzip *n*
Ing: electromagnetic principle, EMP *n*
Fra: principe électromagnétique *m*

procedimiento de diagnóstico ***m***
Ale: Diagnoseablauf *m*
Ing: diagnostic procedure *n*
Fra: procédure de diagnostic *f*

procedimiento de diagnóstico ***m***
Ale: Diagnoseverfahren *n*
Ing: diagnostic procedure *n*
Fra: procédure de diagnostic *f*

procesamiento de datos ***m***
Ale: Datenverarbeitung *f*
Ing: data processing *n*
Fra: traitement des données *m*

procesamiento de datos de operación ***m***
Ale: Betriebsdatenverarbeitung *f*
Ing: operating-data processing *n*
Fra: traitement des paramètres de fonctionnement *m*

procesamiento electrónico de datos ***m***
Ale: elektronische Datenverarbeitung *f*
Ing: electronic data processing, EDP *n*
Fra: échange de données informatisées, EDI *m*

proceso de arranque ***m***
Ale: Anlassvorgang *m*
Ing: starting *n*
(*cranking*) *n*
Fra: processus de démarrage *m*

proceso de combustión ***m***
Ale: Brennverfahren *n*
Ing: combustion process *n*
Fra: procédé de combustion *m*

proceso de combustión ***m***
Ale: Verbrennungsablauf *m*
Ing: combustion process *n*
Fra: déroulement de la combustion *m*

proceso de combustión ***m***
Ale: Verbrennungsvorgang *m*
Ing: combustion process *n*
Fra: processus de combustion *m*

proceso de combustión con flujo de cambios bruscos (motor de combustión) ***m***
Ale: Tumble-Brennverfahren (Verbrennungsmotor) *n*
Ing: tumble pattern based combustion process (IC engine) *n*
Fra: procédé d'injection assisté par tumble *m*

proceso de combustión dirigido por pared ***m***
Ale: wandgeführtes Brennverfahren *n*
Ing: wall directed combustion process *n*
Fra: procédé d'injection assisté par paroi *m*

proceso de combustión guiado por aire ***m***
Ale: luftgeführtes Brennverfahren *n*
Ing: air guided combustion process *n*
Fra: procédé d'injection assisté par air *m*

proceso de combustión guiado por chorro (inyección de combustible) ***m***
Ale: strahlgeführtes Brennverfahren (Kraftstoffeinspritzung) *n*
Ing: spray guided combustion process (fuel injection) *n*
Fra: procédé d'injection assisté par jet d'air *m*

proceso de combustión guidado por combustible ***m***
Ale: kraftstoffgeführtes Brennverfahren *n*
Ing: fuel guided combustion process *n*
Fra: procédé d'injection assisté par carburant *m*

proceso de combustión Swirl (motor de combustión) ***m***
Ale: Swirl-Brennverfahren (Verbrennungsmotor) *n*
Ing: swirl combustion process (IC engine) *n*
Fra: procédé d'injection assisté par swirl *m*

proceso de deslizamiento ***m***
Ale: Gleitvorgang *m*
Ing: slip *n*
Fra: glissement *m*

proceso de encendido ***m***
Ale: Zündvorgang *m*
Ing: ignition process *n*
Fra: processus d'allumage *m*

proceso de envejecimiento ***m***
Ale: Auslagern *n*
Ing: aging process *n*
Fra: traitement de désursaturation *m*

proceso de frenado ***m***
Ale: Anbremsvorgang *m*
Ing: initial braking *n*
Fra: évolution du freinage *f*

proceso de inyección ***m***
Ale: Einspritzvorgang *m*
Ing: injection process *n*
Fra: injection *f*

proceso de purga de aire ***m***
Ale: Entlüftungsvorgang *m*
Ing: bleeding process *n*
Fra: procédure de purge *f*

proceso de segregación ***m***
Ale: Entmischungsvorgang *m*
Ing: bleeding procedure *n*
Fra: phénomène de démixtion *m*

proceso de sobrealimentación (motor de combustión) ***m***
Ale: Aufladeverfahren (Verbrennungsmotor) *n*
Ing: supercharging process (IC engine) *n*
Fra: procédé de suralimentation *m*

producir impulsos (control de presión) ***v***
Ale: pulsen (Drucksteuerung) *v*

Ing: pulsing (pressure control) *v*
Fra: par impulsion (pilotage de pression) *loc*

producto antidetonante ***m***
Ale: Antiklopfmittel *n*
Ing: knock inhibitor *n*
Fra: agent antidétonant *m*

producto de intercambio ***m***
Ale: Austausch-Erzeugnis *n*
Ing: exchange product *n*
Fra: produit d'échange standard *m*

profundidad de neumático ***f***
Ale: Riefentiefe *f*
Ing: score depth *n*
Fra: profondeur de creux *f*

profundidad de rugosidad ***f***
Ale: Rauhtiefe *f*
Ing: surface roughness depth *n*
Fra: profondeur de rugosité *f*

profundidad del perfil (neumáticos) ***f***
Ale: Profilhöhe (Reifen) *f*
(Profil) *n*
Ing: tread depth (tire) *n*
Fra: profondeur de sculpture *f*
(profil) *f*
(sculpture) *m*

profundidad pico-valle ***f***
Ale: Kernrautiefe *f*
Ing: core peak to valley height *n*
Fra: intervalle pic-creux *m*

programa de cambio de marchas (control de cambio) ***m***
Ale: Schaltprogramm (Getriebesteuerung) *n*
Ing: shifting program (transmission control) *n*
Fra: programme de sélection *m*

programa de comprobación (comprobación de gases de escape) ***m***
Ale: Prüfprogramm (Abgasprüfung) *n*
Ing: test program (exhaust-gas test) *n*
(inspection and test program) *n*
Fra: programme d'essai (émissions) *m*

programa electrónico de estabilidad, ESP ***m***
Ale: Elektronisches Stabilitäts-Programm, ESP *n*
(Fahrdynamikregelung) *f*
Ing: electronic stability program, ESP *n*
Fra: contrôle dynamique de trajectoire *m*

programa electrónico de estabilidad, ESP ***m***
Ale: Stabilisierungssystem *n*
(Fahrdynamikregelung) *f*
Ing: electronic stability program, ESP *n*
Fra: contrôle dynamique de trajectoire *m*

programado por el usuario ***adj***
Ale: anwenderprogrammiert *adj*
Ing: programmed by user *pp*
Fra: programmé par l'utilisateur *pp*

progresión en rampa (regulación Lambda) ***f***
Ale: Rampenverlauf (Lambda-Regelung) *m*
Ing: ramp progression (lambda closed-loop control) *n*
Fra: évolution en rampe (régulation de richesse) *f*

propagación de averías ***f***
Ale: Fehlerfortpflanzung *f*
Ing: error propagation *n*
Fra: propagation du défaut *f*

propagación de llama ***f***
Ale: Flammenausbreitung *f*
Ing: flame spread *n*
Fra: propagation de la flamme *f*

propiedades de fricción (forro de freno) ***fpl***
Ale: Reibeigenschaft (Bremsbelag) *f*
Ing: friction properties (brake lining) *n*
Fra: propriété de friction (garniture de frein) *f*

propulsión (automóvil) ***f***
Ale: Vortrieb (Kfz) *m*
Ing: accelerative force (motor vehicle) *n*
Fra: propulsion (véhicule) *f*

propulsión híbrida ***f***
Ale: Hybridantrieb *m*
Ing: hybrid drive *n*
Fra: traction hybride *f*

propulsión por cadena ***f***
Ale: Kettenantrieb *m*
Ing: chain drive *n*
Fra: transmission à chaîne *f*

protección antiaprisionamiento ***f***
Ale: Einklemmschutz *m*
Ing: finger protection *n*
Fra: protection antipincement *f*

protección anticongelante (mariposa) ***f***
Ale: Vereisungsschutz (Drosselklappe) *m*
Ing: icing protection (throttle valve) *n*
Fra: additif antigivre (papillon) *m*

protección antidesgaste ***f***
Ale: Verschleißschutz *m*
Ing: wear protection *n*
Fra: protection contre l'usure *f*

protección antidetonaciones ***f***
Ale: Klopfschutz *m*
Ing: knock protection *n*
Fra: protection anticliquetis *f*

protección antiparasitaria ***f***
Ale: Funkentstörung *f*
(Störunterdrückung) *f*
(Entstörung) *f*
Ing: interference suppression *n*
Fra: antiparasitage *m*

protección antirrobo ***f***
Ale: Diebstahlschutz *m*
(Diebstahlsicherung) *f*
Ing: theft deterrence feature *n*
Fra: dispositif antivol *m*

protección antirrobo de ruedas (alarma de vehículo) ***f***
Ale: Radschutz (Autoalarm) *m*
Ing: wheel theft protection (car alarm) *n*
Fra: protection contre le vol des roues (alarme auto) *f*

protección antitérmica (inyector) ***f***
Ale: Wärmeschutz (Einspritzdüse) *m*
Ing: heat shield (injection nozzle) *n*
Fra: isolation thermique *f*

protección antitérmica ***f***
Ale: Wärmeschutz *m*
Ing: thermal protection *n*
Fra: isolation thermique (injecteur) *f*

protección antivuelco ***f***
Ale: Überrollschutz *m*
(Überschlagschutz) *m*
(Überschlagschutzsystem) *n*
Ing: rollover protection *n*
Fra: protection contre le renversement *f*
(protection anticapotage) *f*

protección contra daños derivados (sobretensión) ***f***
Ale: Folgeschadenschutz (Überspannung) *m*
Ing: consequential-damage protection (overvoltage) *n*
Fra: protection contre les incidences (surtension) *f*

protección contra el remolcado (alarma de vehículo) ***f***
Ale: Abschleppschutz (Autoalarm) *m*
Ing: tow away protection (car alarm) *n*
Fra: protection contre le remorquage (alarme auto) *f*

protección contra incendios ***f***
Ale: Brandschutz *m*
Ing: fire protection *n*
Fra: protection contre le feu *f*

protección contra inversión de polaridad (carga de batería) ***f***
Ale: Verpolungsschutz (Batterieladung) *m*

(Polschutz) *m*
Ing: reverse polarity protection (battery charge) *n*
Fra: protection contre l'inversion de polarité (charge de batterie) *f*

protección contra la corrosión *f*
Ale: Korrosionsschutz *m*
Ing: corrosion protection *n*
Fra: protection anticorrosion *f*

protección contra manipulación *f*
Ale: Manipulationsschutz *m*
Ing: protection against manipulation *n*
Fra: protection contre manipulation *f*

protección contra radiaciones *f*
Ale: Strahlungsschutz *m*
Ing: radiation shield *n*
Fra: protection contre les radiations *f*

protección contra régimen de giro excesivo *f*
Ale: Überdrehzahlschutz *m*
Ing: overspeed protection *n*
Fra: protection de surrégime *f*

protección contra salpicadura de agua *f*
Ale: Spritzwasserschutz *m*
Ing: splash guard *n*
Fra: protection contre les projections d'eau *f*

protección contra salpicaduras *f*
Ale: Spritzschutz *m*
Ing: splash guard *n*
Fra: déflecteur *m*

protección contra sobrecalentamiento *f*
Ale: Überhitzungsschutz *m*
Ing: overheating prevention *n*
Fra: protection contre les surchauffes *f*

protección contra sobretensiones *f*
Ale: Überspannungsschutz *m*
Ing: overvoltage protection *n*
Fra: protection contre les surtensions *f*

protección contra sobretensiones *f*
Ale: Überspannungsschutz *m*
Ing: voltage stabilization relay *n*
Fra: protection contre les surtensions *f*

protección de catalizador *f*
Ale: Katalysatorschutz *m*
Ing: catalytic converter protection *n*
Fra: protection du catalyseur *f*

protección de corona *f*
Ale: Kronensicherung *f*
Ing: crown lock *n*
Fra: arrêtoir crénelé *m*

protección de la parte trasera *f*
Ale: Heckabsicherung *f*
Ing: rear end protection *n*
Fra: surveillance arrière *f*

protección de picado (motor de combustión) *f*
Ale: Klingelschutz (Verbrennungsmotor) *m*
Ing: knock prevention (IC engine) *n*
Fra: protection anticognement *f*

protección de rodillas *f*
Ale: Knieschutz *m*
Ing: knee protection *n*
Fra: protège-genoux *m*

protección de rueda y antiremolcado (alarma de vehículo) *f*
Ale: Rad- und Abschleppschutz (Autoalarm) *m*
Ing: wheel theft and tow away protection (car alarm) *n*
Fra: protection contre le vol des roues et le remorquage (alarme auto) *f*

protección del circuito (sistema de frenos) *f*
Ale: Kreisabsicherung (Bremssystem) *f*
Ing: circuit safeguard (braking system) *n*
Fra: protection des circuits d'alimentation (système de freinage) *f*

protección del maletero (alarma de vehículo) *f*
Ale: Kofferraumsicherung (Autoalarm) *f*
Ing: trunk protection (car alarm) *n*
Fra: protection du coffre (alarme auto) *f*

protección del medio ambiente *f*
Ale: Umweltschutz *m*
Ing: protection of the environment *n*
(environmental protection) *n*
Fra: protection de l'environnement *f*

protección homogénea de picado *f*
Ale: Homogen-Klopfschutz *m*
Ing: homogeneous knock protection *n*
Fra: protection anticliquetis par homogénéisation du mélange *f*

protección para impedir atascarse debajo de un camión *f*
Ale: Unterfahrschutzeinrichtung *f*
Ing: underride guard *n*
Fra: dispositif de protection anti-encastrement *m*

protección ultrasónica del habitáculo (alarma de vehículo) *f*
Ale: Ultraschall-Innenraumschutz (Autoalarm) *m*
Ing: ultrasonic passenger compartment protection (car alarm) *n*
Fra: protection de l'habitacle par ultrasons (alarme auto) *f*

protector antienvejecimiento *m*
Ale: Alterungsschutzmittel *n*
Ing: anti aging agent *n*
Fra: agent stabilisant *m*

protegido contra polvo *pp*
Ale: staubgeschützt *adj*
Ing: dust protected *pp*
Fra: protégé contre la poussière *pp*

proyección por plasma *f*
Ale: Plasmaspritzen *n*
Ing: plasma spraying *n*
Fra: projection au plasma *f*

proyector de luz difusa *m*
Ale: Flutlichtstrahler *m*
Ing: floodlight *n*
Fra: projecteur d'ambiance *m*

puente de conexión (batería) *m*
Ale: Polbrücke (Batterie) *f*
Ing: plate strap (battery) *n*
Fra: barrette de jonction *f*

puente de onda plena *m*
Ale: Vollbrückenschaltung *f*
Ing: full wave bridge *n*
Fra: montage en pont complet *m*

puerta del conductor *f*
Ale: Fahrertür *f*
Ing: driver's door *n*
Fra: porte conducteur *f*

puerta levadiza basculante (autocar) *f*
Ale: Schwingtür (Omnibus) *f*
Ing: swinging door (bus) *n*
Fra: porte va-et-vient (autobus) *f*

puesta de una marcha superior *f*
Ale: Hochschaltung *f*
Ing: upshift *n*
Fra: montée des rapports *f*

puesta en marcha del vehículo *f*
Ale: Fahrzeuginbetriebnahme *f*
Ing: vehicle comissioning *v*
Fra: mise en service du véhicule *f*

pulido *adj*
Ale: poliert *adj*
Ing: polished *adj*
Fra: poli *pp*

pulsación del tubo de admisión *f*
Ale: Saugrohrpulsation *f*
Ing: intake manifold pulsation *n*
Fra: pulsations dans le collecteur d'admission *fpl*

pulsación residual *f*
Ale: Restpulsation *f*
Ing: residual pulsation *n*
Fra: pulsation résiduelle *f*

Español

pulsador *m*
Ale: Taster *m*
Ing: push button *n*
Fra: bouton-poussoir *m*

pulsador *m*
Ale: Taster *m*
Ing: probe *n*
Fra: palpeur *m*

pulsador basculante de mando *m*
Ale: Schaltwippe *f*
Ing: rocker *n*
Fra: bascule de commutation *f*

punta de comprobación *f*
Ale: Prüfspitze *f*
Ing: test prod *n*
(test probe) *n*
Fra: pointe d'essai *f*

punta de inyector *f*
Ale: Düsenkuppe *f*
Ing: nozzle cone *n*
Fra: buse d'injecteur *f*

punto de alimentación de antena *m*
Ale: Antennenspeisepunkt *m*
Ing: antenna feed point *n*
Fra: point d'alimentation de l'antenne *m*

punto de apoyo (zapata de freno) *m*
Ale: Abstützpunkt (Bremsbacke) *m*
Ing: fulcrum (brake shoe) *n*
Fra: point d'appui (frein) *m*

punto de apoyo (limpiaparabrisas) *m*
Ale: Auflagepunkt (Wischeranlage) *m*
Ing: contact point (wiper system) *n*
Fra: point d'appui *m*

punto de apoyo (diagrama característico) *m*
Ale: Stützstelle (Kennfeld) *f*
Ing: data point (program map) *n*
Fra: point d'appui (cartographie) *m*

punto de cambio de marcha (control de cambio) *m*
Ale: Schaltpunkt (Getriebesteuerung) *m*
Ing: shifting point (transmission control) *n*
(gear change point) *n*
Fra: seuil de passage de vitesse *m*

punto de conexión (esquema eléctrico) *m*
Ale: Anschlusspunkt (Schaltplan) *m*
Ing: terminal location (circuit diagram) *n*
Fra: borne (schéma) *f*

punto de conexión *m*
Ale: Einschaltpunkt *m*
Ing: cut in point *n*
Fra: point d'enclenchement *m*

punto de congelación *m*
Ale: Eisflockenpunkt *m*
Ing: ice flaking point *n*
Fra: point de congélation *m*

punto de contacto rueda-calzada *m*
Ale: Radaufstandspunkt *m*
Ing: wheel contact point *n*
Fra: point de contact de la roue avec la chaussée *m*

punto de desconexión *m*
Ale: Abschaltpunkt *m*
Ing: switchoff point *n*
Fra: point de coupure *m*

punto de ebullición *m*
Ale: Siedepunkt *m*
Ing: boiling point *n*
Fra: point d'ébullition *m*

punto de ebullición de equilibrio *m*
Ale: Gleichgewichtssiedepunkt *m*
Ing: equilibrium boiling point *n*
Fra: point d'ébullition sec *m*

punto de ebullición en húmedo (líquido de frenos) *m*
Ale: Nasssiedepunkt (Bremsflüssigkeit) *m*
Ing: wet boiling point (brake fluid) *n*
Fra: point d'ébullition liquide humidifié (liquide de frein) *m*

punto de ebullición seco (líquido de frenos) *m*
Ale: Trockensiedepunkt (Bremsflüssigkeit) *m*
Ing: dry boiling point (brake fluid) *n*
Fra: point d'ébullition liquide sec (liquide de frein) *m*

punto de encendido *m*
Ale: Zündzeitpunkt *m*
Ing: moment of ignition *n*
Fra: point d'allumage *m*

punto de enturbamiento (aceite mineral) *m*
Ale: Cloudpoint (Mineralöl) *m*
Ing: cloud point (mineral oil) *n*
Fra: point de trouble (huile minérale) *m*

punto de excitación *m*
Ale: Anregungspunkt *m*
Ing: excitation point *n*
Fra: point excitateur *m*

punto de flexión (curva característica) *m*
Ale: Knickpunkt (Kennlinie) *m*
Ing: knee point (characteristic curve) *n*
Fra: coude (courbe caractéristique) *m*

punto de flexión *m*
Ale: Knickpunkt *m*
Ing: break point *n*
Fra: coude (courbe caractéristique) *m*

punto de fluencia *m*
Ale: Fließgrenze *f*
(Streckgrenze) *f*
Ing: yield point *n*
Fra: limite apparente d'élasticité *f*

punto de giro *m*
Ale: Drehpunkt *m*
Ing: pivot *n*
Fra: centre de rotation *m*

punto de goteo *m*
Ale: Tropfpunkt *m*
Ing: dropping point *n*
Fra: point de goutte *m*

punto de ignición *m*
Ale: Entflammungszeitpunkt *m*
Ing: mixture ignition point *n*
Fra: point d'inflammation *m*

punto de inflamación de la mezcla *m*
Ale: Gemischentflammungspunkt *m*
Ing: mixture explosion point *n*
Fra: point d'inflammation du mélange *m*

punto de inflexión *m*
Ale: Wendepunkt *m*
Ing: reversal point *n*
Fra: point de rebroussement *m*

punto de inyección *m*
Ale: Abspritzstelle *f*
Ing: point of injection *n*
Fra: point d'injection *m*

punto de llama *m*
Ale: Brennpunkt *m*
(Flammpunkt) *m*
Ing: flash point *n*
Fra: point de feu *m*
(point d'éclair) *m*

punto de medición *m*
Ale: Messpunkt *m*
(Messstelle) *f*
Ing: measuring point *n*
Fra: point de mesure *m*

punto de ojo *m*
Ale: Augenpunkt *m*
Ing: eye point *n*
Fra: point de vision *m*

punto de referencia de asiento *m*
Ale: Sitzbezugspunkt *m*
Ing: seating reference point, SRP *n*
Fra: point de référence de place assise *m*

punto de referencia del asiento *m*
Ale: Hüftpunkt *m*
(H-Punkt) *m*
Ing: hip point *n*
(H-point) *n*
Fra: point de référence de la hanche *m*

punto de regulación final *m*
Ale: Aussteuerpunkt *m*
Ing: control point *n*
Fra: point de régulation finale *m*

punto de rocío *m*
Ale: Taupunkt *m*

Ing: dew point *n*
Fra: point de rosée *m*

punto de rocío bajo presión (secado de aire) ***m***
Ale: Drucktaupunkt (Lufttrocknung) *m*
Ing: dew point (air drying) *n*
Fra: point de rosée sous pression (dessiccation de l'air) *m*

punto de soldadura ***m***
Ale: Lötstelle *f*
Ing: soldering point *n*
Fra: joint à braser *m*

punto de trabajo del neumático ***m***
Ale: Reifenarbeitspunkt *m*
Ing: tire working point *n*
Fra: point de travail du pneumatique *m*

punto débil ***m***
Ale: Schwachstelle *f*
Ing: problem area *n*
Fra: point faible *m*

punto focal (faros) ***m***
Ale: Brennpunkt (Scheinwerfer) *m*
Ing: focal point (headlamp) *n*
Fra: foyer (projecteur) *m*

punto muerto ***m***
Ale: Totpunkt *m*
Ing: dead center *n*
Fra: point mort *m*

punto muerto inferior ***m***
Ale: Unterer Totpunkt, UT *m*
Ing: bottom dead center, BDC *n*
Fra: point mort bas, PMB *m*

punto muerto superior ***m***
Ale: oberer Totpunkt *m*
Ing: top dead center, TDC *n*
Fra: point mort haut *m*

punto neutro ***m***
Ale: Sternpunkt *m*
Ing: neutral point *n*
(star point) *n*
Fra: point neutre *m*

punzón ***m***
Ale: Stempel *m*
Ing: punch *n*
Fra: poinçon *m*

purga controlada de aire del depósito ***f***
Ale: gesteuerte Tankentlüftung *f*
Ing: open loop controlled tank purging *n*
Fra: dégazage du réservoir en boucle ouverte *m*

purga de aire del depósito ***f***
Ale: Tankentlüftung *f*
Ing: tank purging *v*
Fra: dégazage du réservoir *m*

purga de aire del depósito (técnica de gases de escape) ***f***
Ale: Tankentlüftung (Abgastechnik) *f*
Ing: canister purge (emissions control technologie) *n*
Fra: dégazage du réservoir *m*

purga de aire del depósito en función de la carga (técnica de gases de escape) ***f***
Ale: beladungsabhängige Tankentlüftung (Abgastechnik) *f*
Ing: saturation based canister purge *n*
(emissions control technology) *n*
Fra: dégazage du réservoir en fonction du chargement *m*

purga regulada de aire del depósito ***f***
Ale: geregelte Tankentlüftung *f*
Ing: closed loop controlled tank purging *n*
Fra: dégazage du réservoir en boucle fermée *m*

purgar aire ***v***
Ale: entlüften *v*
Ing: bleed *v*
Fra: purger *f*
(dégazage) *m*

purgar sistema de frenos ***v***
Ale: Bremsanlage entlüften *f/v*
Ing: bleed brake system *n*
Fra: purge du système de freinage *f*

Q

quemado de electrodo (bujía de encendido) ***m***
Ale: Elektrodenabbrand (Zündkerze) *m*
Ing: electrode erosion (spark plug) *n*
Fra: érosion des électrodes *f*

quemado de hollín ***m***
Ale: Rußabbrand *m*
Ing: soot burn-off *n*
Fra: combustion de la suie *f*

quemador ***m***
Ale: Brenner *m*
Ing: burner *n*
Fra: chalumeau *m*

quemador oxiacetilénico ***m***
Ale: Azetylen-Sauerstoff-Brenner *m*
Ing: oxyacetylene burner *n*
Fra: chalumeau oxyacétylénique *m*

R

racor de tubo ***m***
Ale: Rohrverschraubung *f*
Ing: pipe fitting *n*
Fra: raccord vissé *m*

radar de tráfico ***m***
Ale: Verkehrsradar *m*
Ing: traffic radar *n*
Fra: radar routier *m*

radiación (compatibilidad electromagnética) ***f***
Ale: Abstrahlung (EMV) *f*
Ing: radiation (EMC) *n*
Fra: rayonnement (CEM) *m*

radiación cósmica ***f***
Ale: Höhenstrahlung *f*
Ing: cosmic radiation *n*
Fra: rayonnement cosmique *m*

radiación de calor ***f***
Ale: Wärmestrahlung *f*
Ing: heat radiation *n*
Fra: rayonnement thermique *m*

radiación de interferencias (compatibilidad electromagnética) ***f***
Ale: Störabstrahlung (EMV) *f*
(Störstrahlung) *f*
Ing: interference radiation (EMC) *n*
Fra: rayonnement de signaux perturbateurs (CEM) *m*

radiación incidente (compatibilidad electromagnética) ***f***
Ale: Einstrahlung (EMV) *f*
Ing: incident radiation (EMC) *n*
Fra: rayonnement incident (CEM) *m*

radiador ***m***
Ale: Kühler *m*
Ing: radiator *n*
Fra: radiateur *m*

radiador de aceite del motor ***m***
Ale: Motorölkühler *m*
Ing: engine oil cooler *n*
Fra: refroidisseur d'huile moteur *m*

radiador de aire de sobrealimentación ***m***
Ale: Ladeluftkühler *m*
Ing: charge air cooler *n*
(intercooler) *n*
Fra: refroidisseur d'air de suralimentation *m*

radiador de líquido refrigerante ***m***
Ale: Kühlmittelkühler *m*
Ing: coolant radiator *n*
Fra: radiateur d'eau *m*

radio de curva (calzada) ***m***
Ale: Kurvenradius (Fahrbahn) *m*
(Krümmungsradius) *m*
Ing: radius of bend (road) *n*
(radius of curvature) *n*
Fra: rayon de courbure (virage) *m*

radio de la punta del palpador ***m***
Ale: Tastspitzenradius *m*
Ing: stylus tip radius *n*
Fra: rayon de pointe de palpeur *m*

radio de pivotamiento ***m***
Ale: Lenkrollhalbmesser *m*
Ing: kingpin offset *n*

Fra: déport au sol *m*

radio de pivotamiento negativo ***m***
Ale: negativer Lenkrollradius *m*
Ing: negative steering offset *n*
Fra: déport négatif de l'axe du pivot de fusée *m*

radio de viraje ***m***
Ale: Spurkreisradius *m*
Ing: turning radius *n*
Fra: rayon du cercle de braquage *m*

ralentí ***m***
Ale: Leerlauf *m*
Ing: idle *n*
Fra: ralenti *m*

ramal de tracción ***m***
Ale: Zugstrang *m*
Ing: tension member *n*
Fra: élément de traction *m*

ramal del inducido ***m***
Ale: Ankerzweig *m*
Ing: armature-winding path *n*
Fra: brin d'enroulement *m*

rampa de velocidad ***f***
Ale: Geschwindigkeitsrampe *f*
Ing: vehicle speed ramp *n*
Fra: rampe de vitesse *f*

rango de control de torque (inyección diesel) ***m***
Ale: Angleichbereich (Dieseleinspritzung) *m*
Ing: torque control range *n*
Fra: plage de correction de débit *f*

rango de frecuencia ***m***
Ale: Frequenzbereich *m*
Ing: frequency range *n*
Fra: plage de fréquences *f*

rango de la limitación reguladora (inyección diesel) ***m***
Ale: Abregelbereich (Dieseleinspritzung) *m*
Ing: breakaway range (diesel fuel injection) *n*
Fra: plage de coupure de débit *f*

rango de medición ***m***
Ale: Messbereich *m*
Ing: measurement range *n*
Fra: plage de mesure *f*

rango de temperatura ***m***
Ale: Temperaturbereich *m*
Ing: temperature range *n*
Fra: plage de températures *f*

rango de temperatura de servicio continuo ***m***
Ale: Dauerbetriebstemperatur-bereich *m*
Ing: sustained temperature range *n*
Fra: plage de températures de fonctionnement permanent *f*

rango de trabajo ***m***
Ale: Arbeitsbereich *m*
Ing: working range *n*
Fra: plage de fonctionnement *f*

rango inflamable ***m***
Ale: brennbarer Bereich *m*
Ing: combustible range *n*
Fra: zone combustible *f*

ranura anular ***f***
Ale: Ringnut *f*
Ing: ring groove *n*
Fra: rainure annulaire *f*

ranura axial ***f***
Ale: Axialnut *f*
Ing: axial groove *n*
Fra: rainure axiale *f*

ranura de aro de pistón ***f***
Ale: Kolbenringnut *f*
Ing: piston ring groove *n*
Fra: rainure annulaire de piston *f*

ranura de aro de pistón ***f***
Ale: Kolbenringnut *f*
Ing: ring shaped plunger groove *n*
Fra: rainure annulaire de piston *f*

ranura de arranque (elemento de bomba) ***f***
Ale: Startnut (Pumpenelement) *f*
Ing: starting groove (plunger-and-barrel assembly) *n*
Fra: encoche d'autoretard (élément de pompage) *f*

ranura de difusión ***f***
Ale: Diffusionsspalt *m*
Ing: diffusion gap *n*
Fra: fente de diffusion *f*

ranura de dosificación (KE-Jetronic) ***f***
Ale: Zumessschlitz (KE-Jetronic) *m*
Ing: fuel metering slit (KE-Jetronic) *n*
Fra: fente de dosage (KE-Jetronic) *f*

ranura de estrangulación ***f***
Ale: Drosselspalt *m*
Ing: throttling gap *n*
Fra: fente d'étranglement *f*

ranura de mando ***f***
Ale: Steuernut *f*
(Verteilernut) *f*
Ing: control groove *n*
(distributor slot) *n*
Fra: rainure de distribution *f*

ranura de retorno ***f***
Ale: Rücklaufnut *f*
Ing: return groove *n*
Fra: rainure de retour *f*

ranura de ventilación ***f***
Ale: Belüftungsschlitz *m*
Ing: ventilation slot *n*
Fra: évent *m*

ranura guía ***f***
Ale: Führungsschlitz *m*
Ing: guide slot *n*
Fra: rainure de guidage *f*

raqueta limpiacristales ***f***
Ale: Wischblatt *n*
Ing: wiper blade *n*
Fra: balai d'essuie-glace *m*
(raclette d'essuie-glace) *f*

raqueta limpiacristales ***f***
Ale: Wischer *m*
Ing: wiper *n*
Fra: essuie-glace *m*

raqueta trasera ***f***
Ale: Heck-Wischblatt *n*
Ing: rear window wiper blade *n*
Fra: raclette de lunette arrière *f*

rayo de luz ***m***
Ale: Lichtstrahl *m*
Ing: light beam *n*
Fra: faisceau lumineux *m*

rayo de plasma ***m***
Ale: Plasmastrahl *m*
Ing: plasma beam *n*
Fra: jet de plasma *m*

rayo láser ***m***
Ale: Laserstrahl *m*
Ing: laser beam *n*
Fra: faisceau laser *m*

reacción de cambio de carga ***f***
Ale: Lastwechselreaktion *f*
Ing: load change reaction *n*
Fra: réaction aux alternances de charge *f*

reacción de guiñada (dinámica del automóvil) ***f***
Ale: Gierreaktion (Kfz-Dynamik) *f*
Ing: yaw response (motor-vehicle dynamics) *n*
Fra: variation de vitesse de lacet *f*

reacción de los frenos ***f***
Ale: Bremsenansprechung *f*
Ing: brake response *n*
Fra: réponse initiale des freins *f*

reacción de reforming ***f***
Ale: Reformierungsreaktion *f*
Ing: gas reforming reaction *n*
Fra: reformage *m*

reacción del inducido ***f***
Ale: Ankerrückwirkung *f*
Ing: armature reaction *n*
Fra: réaction d'induit *f*

reactancia ***f***
Ale: Blindwiderstand *m*
Ing: reactance *n*
Fra: réactance *f*

reactancia ***f***
Ale: Reaktanz *f*
Ing: reactance *n*
Fra: réactance *f*

reactancia adicional ***f***
Ale: Vorschaltdrossel *f*
Ing: series reactor *n*
Fra: inductance série *f*

reactor ***m***
Ale: Leitrad *n*
Ing: stator *n*
Fra: réacteur *m*

Español

reajuste *m*
Ale: Nachstellung *f*
Ing: adjustment *n*
Fra: rattrapage (de jeu) *m*

reajuste del árbol de levas *m*
Ale: Nockenwellenverstellung *f*
Ing: camshaft timing control *n*
Fra: déphasage de l'arbre à cames *m*

realizar ciclo (presión freno de rueda) *v*
Ale: takten (Radbremsdruck) *v*
Ing: cyclical actuation (wheel brake-pressure) *n*
Fra: pilotage cyclique (pression de freinage) *m*

realizar ciclo *v*
Ale: Takten *n*
Ing: operate on a timed cycle *v*
(cycle) *v*
Fra: pilotage cyclique (pression de freinage) *m*

reborde de fijación (batería) *m*
Ale: Bodenleiste (Batterie) *f*
Ing: bottom rail (battery) *n*
Fra: rebord de fixation (cylindre moteur) *m*

rebose *m*
Ale: Überlauf *m*
Ing: overrun *n*
Fra: trop-plein *m*

rebote de contacto *m*
Ale: Kontaktprellung *f*
Ing: contact chatter *n*
Fra: rebondissement des contacts *m*

recalentar (freno) *v*
Ale: heißfahren (Bremse) *v*
Ing: overheat (brakes) *v*
Fra: surchauffer (frein) *v*

reciclaje de catalizador *m*
Ale: Katalysatorrecycling *n*
Ing: catalyst recycling *n*
Fra: recyclage des catalyseurs *m*

recipiente colector *m*
Ale: Auffangbehälter *m*
Ing: collection container *n*
Fra: récipient de récupération *m*

recipiente de depresión *m*
Ale: Unterdruckbehälter *m*
Ing: vacuum reservoir *n*
(vacuum tank) *n*
Fra: réservoir à dépression *m*

recipiente de inmersión *m*
Ale: Tauchgefäß *n*
Ing: immersion vessel *n*
Fra: cuve à immersion *f*

recirculación de gases de escape *f*
Ale: innere Abgasrückführung *f*
Ing: internal exhaust gas recirculation *n*
(internal EGR) *n*
Fra: recyclage interne des gaz d'échappement *m*

recocido *adj*
Ale: geglüht *pp*
Ing: annealed *adj*
Fra: recuit *pp*

recocido *m*
Ale: Glühen *n*
Ing: annealing *n*
Fra: recuit *m*

recocido de ablandamiento *m*
Ale: Weichglühen *n*
Ing: soft annealing *n*
Fra: recuit d'adoucissement *m*

recocido de recristalización *m*
Ale: Rekristallisationsglühen *n*
Ing: recrystallization annealing *n*
Fra: recuit de recristallisation *m*

recocido final *m*
Ale: Schlussglühen *n*
Ing: final annealing *n*
Fra: recuit final *m*

recocido por difusión *m*
Ale: Diffusionsglühen *n*
Ing: homogenizing *n*
Fra: recuit de diffusion *m*

recogida de datos de operación *f*
Ale: Betriebsdatenerfassung *f*
Ing: operating data acquisition *n*
Fra: saisie des paramètres de fonctionnement *f*

recolector de polvo (filtro) *m*
Ale: Staubsammelbehälter (Filter) *m*
(Staubtopf) *m*
Ing: dust bowl (filter) *n*
Fra: collecteur de poussière (filtre) *m*

recorrido de la chispa (bujía de encendido) *m*
Ale: Luftfunkenstrecke (Zündkerze) *f*
Ing: spark air gap (spark plug) *n*
Fra: éclateur dans l'air (bougie d'allumage) *m*

recorrido de la varilla de regulación (bomba de inyección) *m*
Ale: Regelstangenweg (Einspritzpumpe) *m*
(Regelweg) *m*
Ing: control rack travel (fuel-injection pump) *n*
Fra: course de régulation *f*

recorrido de llama *m*
Ale: Flammenweg *m*
Ing: flame travel *n*
Fra: course de flamme *f*

recorrido de prueba *m*
Ale: Probefahrt *f*
Ing: test drive *n*
(road test) *n*
Fra: parcours d'essai *m*

recorrido deslizante de la chispa (bujía de encendido) *m*
Ale: Luftgleitfunkenstrecke (Zündkerze) *f*
Ing: semi-surface gap (spark plug) *n*
Fra: distance d'éclatement et de glissement (bougie d'allumage) *f*

recorrido deslizante de la chispa *m*
Ale: Luftgleitfunkenstrecke *f*
Ing: surface air gap *n*
Fra: distance d'éclatement et de glissement (bougie d'allumage) *f*

recorrido hasta la parada (proceso de frenado) *m*
Ale: Anhalteweg (Bremsvorgang) *m*
(Gesamtbremsweg) *m*
Ing: total braking distance (braking) *n*
Fra: distance d'arrêt *f*
(distance totale de freinage) *f*

recorrido previo al frenado (efecto de frenado) *m*
Ale: Verlustweg (Bremswirkung) *m*
Ing: pre braking distance (braking action) *n*
Fra: course morte (effet de freinage) *f*

rectificación *f*
Ale: Gleichrichtung *f*
Ing: rectification *n*
Fra: redressement (courant alternatif) *m*

rectificación de onda completa *f*
Ale: Vollweggleichrichtung *f*
(Zweiweggleichrichtung) *f*
Ing: full wave rectification *n*
Fra: redressement à deux alternances *m*

rectificador *m*
Ale: Gleichrichter *m*
Ing: rectifier *n*
Fra: redresseur (alternateur) *m*

rectificador de doble onda *m*
Ale: Zweiweggleichrichter *m*
Ing: full-wave rectifier *n*
Fra: redresseur pleine-onde *m*

rectificador de vía simple *m*
Ale: Einweggleichrichter *m*
Ing: half wave rectifier *n*
Fra: redresseur demi-onde *m*

rectitud *f*
Ale: Geradheit *f*
Ing: straightness *n*
Fra: rectitude *f*

recubrimiento *m*
Ale: Beschichtung *f*
Ing: coating *n*
Fra: revêtement *m*

recubrimiento antideslizamiento *m*
Ale: Gleitbeschichtung *f*
Ing: anti-friction coating *n*

Fra: revêtement de contact *m*

recuperación de combustible de fuga ***f***
Ale: Leckkraftstoff-Rückführung *f*
(Leckrückführung) *m*
(Leckölrücklauf) *f*
Ing: leakage-return duct *n*
Fra: canal de retour des fuites *m*

red de a bordo ***f***
Ale: Bordnetz *n*
Ing: vehicle electrical system *n*
Fra: réseau de bord *m*

red de corriente alterna ***f***
Ale: Wechselstromnetz *n*
Ing: alternating current power line *n*
Fra: réseau à courant alternatif *m*

red de radio ***f***
Ale: Funknetz *n*
Ing: radio network *n*
Fra: canal radio *m*

red de radio de haz de canales ***f***
Ale: Bündelfunknetz *n*
Ing: trunked radio network *n*
Fra: réseau radio à ressources partagées *m*

red privada de radio ***f***
Ale: Betriebsfunknetz *n*
Ing: private mobile radio, PMR *n*
Fra: réseau de radiocommunication professionnelle *m*

reducción de caudal ***f***
Ale: Mengenreduzierung *f*
(Mindermenge) *w*
Ing: reduced delivery *n*
Fra: réduction de débit *f*

reducción de las emisiones de escape ***f***
Ale: Abgasverbesserung *f*
Ing: reduction of exhaust emissions *n*
Fra: amélioration des émissions *f*

reducción de NO_x ***f***
Ale: NO_x-Reduktion *f*
Ing: NO_x reduction *n*
Fra: réduction des NO_x *f*

reducción de presión ***f***
Ale: Druckabsenkung *f*
Ing: pressure reduction *n*
Fra: baisse de pression *f*

reducción de ruido ***f***
Ale: Geräuschminderung *f*
Ing: noise suppression *n*
Fra: atténuation du bruit *f*

reducción de vibraciones ***f***
Ale: Schwingungsminderung *f*
Ing: vibration reduction *n*
Fra: atténuation des vibrations *f*

reductor de caudal ***m***
Ale: Mindermengeneinsteller *m*
Ing: fuel flow reducing device *n*
Fra: réducteur de débit *m*

reductor de fricción ***m***
Ale: Reibungsminderer *m*
Ing: friction reducer *n*
Fra: réducteur de frottement *m*

reductor de la fuerza de frenado ***m***
Ale: Bremskraftminderer *m*
Ing: braking force reducer *n*
Fra: réducteur de freinage *m*

reductor de presión (freno) ***m***
Ale: Druckminderer (Bremse) *m*
(Bremsdruckminderer) *m*
Ing: proportioning valve (brake) *n*
Fra: réducteur de pression de freinage (frein) *m*

reductor del cabeceo de frenado ***m***
Ale: Bremsnickabstützung *f*
Ing: anti dive mechanism *n*
Fra: dispositif anti-plongée *m*

redundancia homogénea ***f***
Ale: homogene Redundanz *f*
Ing: homogeneous redundancy *n*
Fra: redondance homogène *f*

reflector (faros) ***m***
Ale: Reflektor (Scheinwerfer) *m*
Ing: reflector (headlamp) *n*
Fra: réflecteur *m*

reflector adicional ***m***
Ale: Zusatzreflektor *m*
Ing: supplementary reflector *n*
Fra: réflecteur supplémentaire *m*

reflector básico ***m***
Ale: Grundreflektor *m*
Ing: basic reflector *n*
Fra: réflecteur de base *m*

reflector bifocal (faros) ***m***
Ale: Bifokalreflektor (Scheinwerfer) *m*
Ing: bifocal reflector (headlamp) *n*
Fra: réflecteur bifocal *m*

reflector de superficie libre (faros) ***m***
Ale: Freiflächen-Reflektor (Scheinwerfer) *m*
(Reflektor ohne Stufen) *m*
Ing: free form reflector (headlamp) *n*
(variable-focus reflector) *n*
(stepless reflector) *n*
Fra: réflecteur à surface libre *m*

reflector escalonado (faros) ***m***
Ale: Stufenreflektor (Scheinwerfer) *m*
Ing: stepped reflector (headlamp) *n*
Fra: réflecteur étagé *m*

reflector faceteado ***m***
Ale: Facettenreflektor *m*
Ing: facet type reflector *n*
Fra: réflecteur à facettes *m*

reflector homofocal (faros) ***m***
Ale: Homofokal-Reflektor (Scheinwerfer) *m*
Ing: homofocal reflector (headlamp) *n*
Fra: réflecteur homofocal *m*

reflector trasero ***m***
Ale: Rückstrahler *m*
(Scheinwerfer) *m*
Ing: reflector (headlamp) *n*
Fra: catadioptre *m*

reforzado con fibra de vidrio ***pp***
Ale: glasfaserverstärkt *adj*
Ing: glass fiber reinforced *pp*
Fra: renforcé de fibres de verre *pp*

refractario ***adj***
Ale: nicht abschmelzend *adj*
Ing: non-melting *adj*
Fra: réfractaire *adj*
(non fusible) *adj*

refrigeración ***f***
Ale: Kühlung *f*
Ing: cooling *n*
Fra: refroidissement *m*

refrigeración de frenos ***f***
Ale: Bremskühlung *f*
Ing: brake cooling *n*
Fra: refroidissement des freins *m*

refrigeración por aire ***f***
Ale: Luftkühlung *f*
Ing: air cooling *n*
Fra: refroidissement par air *m*

refrigeración por líquido ***f***
Ale: Flüssigkeitskühlung *f*
Ing: liquid cooling *n*
Fra: refroidissement liquide *m*

refrigerado por agua ***pp***
Ale: wassergekühlt *adj*
Ing: water-cooled *adj*
Fra: refroidi par eau *pp*

refrigerado por aire ***pp***
Ale: luftgekühlt *pp*
Ing: air cooled *pp*
Fra: refroidi par air *pp*

refrigerado por combustible ***pp***
Ale: kraftstoffgekühlt *adj*
Ing: fuel cooled *adj*
Fra: refroidi par carburant *loc*

refrigerador de aceite ***m***
Ale: Ölkühler *m*
Ing: oil cooler *n*
Fra: refroidisseur d'huile *m*

refuerzo ***m***
Ale: Versteifung *f*
Ing: reinforcement plate *n*
Fra: raidisseur *f*

refuerzo transversal ***m***
Ale: Querstrebe *f*
Ing: transverse strut *n*
Fra: bras transversal *m*

régimen de arrastre ***m***
Ale: Schleppbetrieb *m*
Ing: trailing throttle *n*
Fra: fonctionnement moteur entraîné *m*

régimen de carga parcial *m*
Ale: Teillastdrehzahl *f*
Ing: part load speed *n*
Fra: vitesse à charge partielle *f*

régimen de carga parcial *m*
Ale: Teillastdrehzahl *f*
Ing: part load engine speed *n*
Fra: vitesse à charge partielle *f*

régimen de deceleración *m*
Ale: Schiebebetrieb *m*
Ing: overrun *n*
Fra: mode stratifié *m*

régimen de desconexión *m*
Ale: Abschaltdrehzahl *f*
Ing: cutoff speed *n*
Fra: régime de coupure *m*

régimen de flujo *m*
Ale: Strömungsverhältnis *n*
Ing: airflow behavior *n*
Fra: comportement aérodynamique *m*

régimen de flujo *m*
Ale: Strömungsverhältnis *n*
Ing: flow condition *n*
Fra: conditions d'écoulement *fpl*

régimen de giro excesivo *m*
Ale: Überdrehzahl *f*
Ing: overspeed *n*
(excess speed) *n*
Fra: surrégime *m*

régimen de giro excesivo *m*
Ale: Überdrehzahl *f*
Ing: red zone speed *n*
Fra: surrégime *m*

régimen de limitación reguladora (inyección diesel) *m*
Ale: Abregeldrehzahl (Dieseleinspritzung) *f*
(Drehzahl im Abregelpunkt) *f*
Ing: breakaway speed (diesel fuel injection) *n*
Fra: régime de coupure *m*

régimen de operación intermitente (máquinas eléctricas) *m*
Ale: Aussetzbetrieb (elektrische Maschinen) *m*
Ing: intermittent-periodic duty (electrical machines) *n*
Fra: fonctionnement intermittent (machines électriques) *m*

régimen de plena carga *m*
Ale: Volllastdrehzahl *f*
Ing: full load speed *n*
Fra: vitesse de pleine charge *f*

régimen de ralentí *m*
Ale: Leerlaufdrehzahl *f*
Ing: idle speed *n*
Fra: régime de ralenti *m*

régimen de retención *m*
Ale: Schubbetrieb *m*
(Schiebebetrieb) *m*
Ing: overrun *n*
Fra: régime de décélération *m*

régimen de retención *m*
Ale: Schubbetrieb *m*
(Schiebebetrieb) *m*
Ing: trailing throttle *n*
Fra: régime de décélération *m*

régimen de retención *m*
Ale: Schubbetrieb *m*
Ing: overrun conditions *n*
Fra: régime de décélération *f*

régimen inferior de plena carga *m*
Ale: untere Volllastdrehzahl *f*
Ing: minimum full load speed *n*
Fra: régime inférieur de pleine charge *m*

régimen inferior de ralentí *m*
Ale: untere Leerlaufdrehzahl *f*
Ing: low idle speed *n*
Fra: régime minimum à vide *m*

régimen intermedio de revoluciones *m*
Ale: Zwischendrehzahl *f*
Ing: intermediate speed *n*
Fra: régime intermédiaire *m*

régimen intermedio de revoluciones *m*
Ale: Zwischendrehzahl *f*
Ing: intermediate engine speed *n*
Fra: régime intermédiaire *m*

régimen límite *m*
Ale: Grenzdrehzahl *f*
Ing: limit speed *n*
Fra: régime limite *m*

régimen máximo *m*
Ale: Höchstdrehzahl *f*
Ing: high idle speed *n*
Fra: régime maximal *m*

régimen máximo *m*
Ale: Maximaldrehzahl *f*
Ing: maximum engine speed *n*
Fra: régime maximal *m*

régimen nominal de ralentí *m*
Ale: Leerlauf-Solldrehzahl *f*
Ing: low idle setpoint speed *n*
Fra: régime consigne de ralenti *m*

régimen superior de ralentí *m*
Ale: Enddrehzahl *f*
(obere Leerlaufdrehzahl) *f*
(Höchstdrehzahl) *f*
Ing: high idle speed *n*
Fra: vitesse maximale à vide *f*

registro de avería *m*
Ale: Fehlereintrag *m*
Ing: fault code storage *n*
Fra: enregistrement de défaut *m*

registro de señales *m*
Ale: Signalerfassung *f*
Ing: signal acquisition *n*
Fra: saisie des signaux *f*

registro de valor analógico *m*
Ale: Analogwerterfassung *f*
Ing: analog value sampling *n*
Fra: saisie de valeur analogique *f*

registro en memoria de averías *m*
Ale: Fehlerspeichereintrag *m*
Ing: fault memory entry *n*
Fra: enregistrement dans la mémoire de défauts *m*

regleta de aceite de fuga *f*
Ale: Leckölleiste *f*
Ing: leakage return galley *n*
Fra: barrette d'huile de fuite *f*

regleta de fijación *f*
Ale: Befestigungsleiste *f*
Ing: securing strip *n*
Fra: baguette de fixation *f*

regulación *f*
Ale: Regelung *f*
Ing: regulation *n*
Fra: régulation *f*

regulación antidetonante *f*
Ale: Antiklopfregelung *f*
Ing: anti knock control *n*
Fra: régulation anticliquetis *f*

regulación antisacudidas *f*
Ale: Antiruckelregelung *f*
Ing: surge damping control *n*
Fra: amortissement actif des à-coups *m*

regulación automática de la fuerza de frenado en función de la carga *f*
Ale: automatische lastabhängige Bremskraftregelung *f*
Ing: automatic load-sensitive braking-force metering *n*
Fra: régulation automatique de la force de freinage en fonction de la charge *f*
(correction automatique de la force de freinage en fonction de la charge) *f*

regulación automática del alcance de las luces *f*
Ale: Automatische Leuchtweitenregulierung *f*
Ing: automatic headlight range control *n*
Fra: correcteur automatique de site des projecteurs *m*

regulación de aire acondicionado *f*
Ale: Klimaregelung *f*
Ing: air conditioning *n*
Fra: régulation du climatiseur *m*

regulación de aire de desviación *f*
Ale: Bypassluftregelung *f*
Ing: bypass air control *n*
Fra: régulation de l'air de dérivation *f*

regulación de alta presión *f*
Ale: Hochdruckregelung *f*
Ing: high pressure control *n*

Fra: régulation haute pression *f*

regulación de altura *f*
Ale: Höhenverstellung *f*
Ing: height adjustment *n*
(vertical adjustment) *n*
Fra: réglage en hauteur *m*

regulación de apoyabrazos *f*
Ale: Lehnenverstellung *f*
Ing: backrest adjuster *n*
Fra: réglage du dossier de siège *m*

regulación de caudal *f*
Ale: Fördermengenregelung *f*
(Mengenregelung) *f*
Ing: fuel delivery control *n*
Fra: régulation des débits d'injection *f*
(régulation débitmétrique) *f*

regulación de caudal *f*
Ale: Mengenregelung *f*
Ing: fuel delivery control *n*
Fra: régulation de débit *f*

regulación de detonaciones *f*
Ale: Klopfregelung *f*
Ing: knock control *n*
Fra: régulation anticliquetis *f*

regulación de elongación *f*
Ale: Dehnstoffregelung *f*
Ing: expansion control *n*
Fra: régulation thermostatique *f*

regulación de encendido *f*
Ale: Zündverstellung *f*
Ing: ignition timing *n*
Fra: réglage de l'allumage *m*

regulación de frenado *f*
Ale: Bremsregelung *f*
Ing: brake control system *n*
Fra: régulation de freinage *f*

regulación de fuerza de arado *f*
Ale: Pflugkraftregelung *f*
Ing: plow force control *n*
Fra: régulation de la force de charrue *f*

regulación de la calefacción *f*
Ale: Heizungsregelung *f*
Ing: heater control *n*
Fra: régulation du chauffage *f*

regulación de la compensación de caudal *f*
Ale: Mengenausgleichsregelung *f*
Ing: fuel balancing control *n*
Fra: régulation d'équipartition des débits *f*

regulación de la fuerza de frenado *f*
Ale: Bremskraftregelung *f*
(Bremskraftzumessung) *f*
Ing: brake pressure control *n*
Fra: régulation de la force de freinage *f*
(modulation de la force de freinage) *f*

regulación de la mariposa *f*
Ale: Drosselklappenregelung *f*
Ing: throttle valve control *n*
Fra: régulation du papillon *f*

regulación de la presión de frenado *f*
Ale: Bremsdruckregelung *f*
Ing: brake pressure control *n*
Fra: régulation de la pression de freinage *f*

regulación de limitación final *f*
Ale: Endabregelung (Einspritzpumpe) *f*
Ing: full load speed regulation (fuel-injection pump) *n*
Fra: coupure de vitesse maximale (pompe d'injection) *f*

regulación de llenado (alimentación de aire) *f*
Ale: Füllungsregelung (Luftversorgung) *f*
(Füllungseingriff) *d*
Ing: charge adjustment (air supply) *n*
Fra: régulation du remplissage des cylindres (alimentation en air) *f*

regulación de luminosidad (faros) *f*
Ale: Helligkeitsregelung (Scheinwerfer) *f*
Ing: dimmer control (headlamp) *n*
Fra: régulation de la luminosité *f*

regulación de mezcla *f*
Ale: Gemischregelung *f*
Ing: mixture control *n*
Fra: régulation du mélange *f*

regulación de nivel *f*
Ale: Niveauregelung *f*
Ing: level control *n*
Fra: régulation de niveau *f*

regulación de nivel de aire *f*
Ale: Luft-Niveauregelung *f*
Ing: air suspension level-control system *n*
Fra: correcteur d'assiette pneumatique *m*

regulación de par *f*
Ale: Drehmomentregelung *f*
Ing: torque control *n*
Fra: régulation du couple *f*

regulación de par *f*
Ale: Momentenregelung *f*
Ing: torque control *n*
Fra: régulation du couple *f*

regulación de par de arrastre del motor *f*
Ale: Motorschleppmoment-regelung *f*
Ing: engine drag-torque control *n*
Fra: régulation du couple d'inertie du moteur *f*

regulación de presión *f*
Ale: Druckregelung *f*
Ing: pressure control *n*
Fra: régulation de pression *f*

regulación de presión de sobrealimentación *f*
Ale: Ladedruckregelung *f*
Ing: boost pressure control *n*
Fra: régulation de la pression de suralimentation *f*

regulación de ralentí *f*
Ale: Leerlaufregelung *f*
(Leerlaufdrehzahlregelung) *f*
Ing: idle speed control *n*
(idle-speed regulation) *n*
Fra: régulation de la vitesse de ralenti *f*
(régulation du ralenti) *f*

regulación de resbalamiento *f*
Ale: Schlupfregelung *f*
Ing: slip control *n*
Fra: régulation antipatinage *f*

regulación de resbalamiento (control antideslizamiento de la tracción) *f*
Ale: Schlupfregelung (Antriebs-schlupfregelung) *f*
Ing: traction control *n*
Fra: commande de traction *f*

regulación de retroalimentación de gases de escape *f*
Ale: Abgasrückführregelung *f*
Ing: exhaust gas recirculation control *n*
Fra: régulation du recyclage des gaz d'échappement *f*

regulación de suavidad de marcha *f*
Ale: Laufruheregelung *f*
Ing: smooth running control *n*
Fra: régulation de la stabilité de fonctionnement *f*

regulación de temperatura de retorno *f*
Ale: Rücklauftemperaturregelung *f*
Ing: return flow temperature control *n*
Fra: régulation de la température de retour *f*

regulación de valor fijo *f*
Ale: Festwertregelung *f*
Ing: fixed command control *n*
Fra: régulation de maintien *f*

regulación de valor límite *f*
Ale: Grenzwertregelung *f*
Ing: limiting-value control *n*
Fra: régulation de valeur limite *f*

regulación de válvulas (motor de combustión) *f*
Ale: Ventilsteuerung (Verbrennungsmotor) *f*
Ing: valve timing (IC engine) *n*

Fra: commande des soupapes (moteur à combustion) *f*

regulación de válvulas ***f***
Ale: Ventilsteuerung *f*
Ing: valve control *n*
Fra: distribution (moteur à combustion) *f*

regulación de velocidad ***f***
Ale: Geschwindigkeitsregelung *f*
Ing: cruise control *n*
Fra: régulateur de vitesse *m*

regulación de velocidad de marcha (automóvil) ***f***
Ale: Fahrgeschwindigkeitsregelung (Kfz) *f*
(Geschwindigkeitsregelung) *f*
Ing: cruise control (motor vehicle) *n*
Fra: régulation de la vitesse de roulage (véhicule) *f*

regulación del alcance de luces ***f***
Ale: Leuchtweitenregelung *f*
Ing: headlight leveling control *n*
Fra: correcteur de site des projecteurs *m*

regulación del ángulo de encendido ***f***
Ale: Zündwinkelverstellung *f*
Ing: ignition timing advance *n*
Fra: réglage de l'angle d'allumage *m*

regulación del caudal de combustible ***f***
Ale: Kraftstoffmengenregelung *f*
Ing: fuel quantity control *n*
Fra: régulation du débit de carburant *f*

regulación del comienzo de la inyección (inyección de combustible) ***f***
Ale: Spritzbeginnregelung (Kraftstoffeinspritzung) *f*
Ing: start of injection control (fuel injection) *n*
Fra: régulation du début d'injection *f*

regulación del comienzo de suministro ***f***
Ale: Förderbeginnregelung *f*
Ing: start of delivery control *n*
Fra: régulation du début de refoulement *f*

regulación del fin de suministro ***f***
Ale: Förderenderegelung *f*
Ing: end of delivery control *n*
Fra: régulation de la fin de refoulement *f*

regulación del fin de suministro ***f***
Ale: Förderendregelung *f*
Ing: End of delivery control *n*
Fra: régulation de la fin de refoulement *f*

regulación del número de revoluciones ***f***
Ale: Drehzahlregelung *f*
Ing: RPM control *n*
Fra: régulation de la vitesse de rotation *f*
(régulation de vitesse) *f*

regulación del número de revoluciones ***f***
Ale: Drehzahlverstellung *f*
Ing: engine speed advance *n*
Fra: correction en fonction du régime *f*

regulación del régimen de trabajo ***f***
Ale: Arbeitsdrehzahlregelung *f*
Ing: working speed control *n*
Fra: régulation du régime de travail *f*

regulación del régimen intermedio de revoluciones ***f***
Ale: Zwischendrehzahlregelung *f*
Ing: intermediate speed regulation *n*
Fra: régulation de vitesses intermédiaires *f*

regulación Diesel (motor Diesel) ***f***
Ale: Dieselregelung (Dieselmotor) *f*
Ing: governing (diesel engine) *n*
Fra: régulation diesel (moteur diesel) *f*

regulación dinámica de alcance de luces ***f***
Ale: Dynamische Leuchtweitenregulierung *f*
Ing: dynamic headlight range control *n*
Fra: réglage dynamique de la portée d'éclairement *m*

regulación electrónica de la fuerza de frenado ***f***
Ale: elektronische Bremsdruckregelung *f*
Ing: electronic braking-pressure control *n*
Fra: régulation électronique de pression de freinage *f*

regulación electrónica de ralentí ***f***
Ale: elektronische Leerlaufregelung *f*
Ing: electronic idle-speed control *n*
Fra: régulation électronique du ralenti *f*

regulación electrónica del mecanismo de elevación ***f***
Ale: elektronische Hubwerksregelung, EHR *f*
Ing: electronic hoisting-gear control, EHR *n*
Fra: relevage électronique *m*

regulación electrónica Diesel ***f***
Ale: elektronische Dieselregelung, EDC *f*
Ing: electronic diesel control, EDC *n*
Fra: régulation électronique diesel, RED *f*

regulación estática del alcance de luces ***f***
Ale: Statische Leuchtweitenregulierung *f*
Ing: static headlight range control *n*
Fra: correcteur statique de portée d'éclairement *m*

regulación individual ***f***
Ale: Individualregelung *f*
(Einzelradregelung) *f*
Ing: individual control, IR (ABS) *n*
Fra: régulation individuelle (ABS) *f*

regulación Lambda ***f***
Ale: Lambda-Regelung *f*
Ing: lambda control *n*
Fra: régulation Lambda *f*

regulación limitadora (inyección diesel) ***m***
Ale: Abregelung (Dieseleinspritzung) *f*
Ing: speed regulation breakaway (diesel fuel injection) *n*
Fra: coupure de débit *f*

regulación por diagrama característico ***f***
Ale: Kennfeldregelung (Zündung) *f*
Ing: map based control (ignition) *n*
Fra: régulation cartographique *f*

regulación previa ***f***
Ale: Vorabregelung *f*
Ing: pregoverning *n*
Fra: précoupure *f*

regulador ***m***
Ale: Regler *m*
Ing: regulator *n*
Fra: régulateur *m*

regulador ***m***
Ale: Steller *m*
Ing: actuator *n*
Fra: actionneur *m*

regulador adaptable de la velocidad, ACC ***m***
Ale: adaptive Fahrgeschwindigkeitsregelung, ACC *f*
(Abstandsregelung) *f*
Ing: adaptive cruise control, ACC *n*
Fra: régulation auto-adaptative de la vitesse de roulage *f*
(régulation intelligente de la distance) *f*

regulador de calentamiento ***m***
Ale: Warmlaufregler *m*
Ing: warm up regulator *n*
Fra: régulateur de mise en action *m*

Español

regulador de caudal *m*
Ale: Mengenstellglied *n*
(Mengenstellwerk) *n*
Ing: fuel quantity positioner *n*
Fra: actionneur de débit *m*

regulador de contacto *m*
Ale: Kontaktregler *m*
Ing: contact regulator *n*
Fra: régulateur à vibreur *m*

regulador de contacto *m*
Ale: Kontaktregler *m*
Ing: contact controller *n*
Fra: régulateur à vibreur *m*

regulador de corriente *m*
Ale: Stromregler *m*
Ing: current regulator *n*
Fra: régulateur de courant *m*

regulador de distancia *m*
Ale: Abstandsregler (ACC) *m*
Ing: distance controller (ACC) *n*
Fra: régulateur de distance *m*

regulador de estabilidad *m*
Ale: Fahrdynamikregler *m*
Ing: vehicle dynamics controller *n*
Fra: régulateur de dynamique de roulage *m*

regulador de frenado (ASR) *m*
Ale: Bremsregler (ASR) *m*
Ing: brake controller (TCS) *n*
Fra: régulateur de freinage (ASR) *m*

regulador de fuerza centrífuga *m*
Ale: Fliehkraftregler *m*
(mechanischer Regler) *m*
Ing: mechanical governor *n*
Fra: régulateur mécanique *m*

regulador de fuerza de frenado en función de la carga *m*
Ale: lastabhängiger Bremskraftregler *m*
Ing: load dependent braking force regulator *n*
Fra: correcteur de freinage asservi à la charge *m*

regulador de la fuerza de frenado *m*
Ale: Bremskraftregler *m*
Ing: brake force regulator *n*
Fra: modulateur de freinage *m*

regulador de luminosidad (faros) *m*
Ale: Helligkeitsregler (Scheinwerfer) *m*
Ing: luminosity controller (headlamp) *n*
Fra: régulateur de luminosité (projecteur) *m*

regulador de mando *m*
Ale: Verstellregler *m*
Ing: variable speed governor *n*
Fra: régulateur toutes vitesses *m*

regulador de mando *m*
Ale: Verstellregler *m*
Ing: controller *n*
Fra: régulateur toutes vitesses *m*

regulador de marcha de emergencia *m*
Ale: Notfahrstellregler *m*
Ing: limp home position governor *n*
Fra: régulateur de roulage en mode incidenté *m*

regulador de mezcla (Jetronic) *m*
Ale: Gemischregler (Jetronic) *m*
Ing: mixture control unit (Jetronic) *n*
Fra: régulateur de mélange (Jetronic) *m*

regulador de presión *m*
Ale: Druckregler *m*
Ing: pressure regulator *n*
Fra: régulateur de pression *m*

regulador de presión *m*
Ale: Überströmdruckregler *m*
Ing: overflow pressure regulator *n*
Fra: régulateur de pression à trop-plein *m*

regulador de presión de combustible *m*
Ale: Kraftstoffdruckregler *m*
Ing: fuel pressure regulator *n*
Fra: régulateur de pression de carburant *m*

regulador de presión de la membrana *m*
Ale: Membrandruckregler *m*
Ing: diaphragm governor *n*
Fra: régulateur de pression à membrane *m*

regulador de presión de la membrana *m*
Ale: Membrandruckregler *m*
Ing: diaphragm-type pressure regulator *n*
Fra: régulateur de pression à membrane *m*

regulador de presión del sistema *m*
Ale: Systemdruckregler *m*
Ing: primary pressure regulator *n*
Fra: régulateur de pression du système *m*

regulador de presión por émbolo *m*
Ale: Kolbendruckregler *m*
Ing: plunger type pressure regulator *n*
Fra: régulateur de pression à piston *m*

regulador de régimen superior de ralentí (regulador Diesel) *m*
Ale: Enddrehzahlregler (Diesel-Regler) *m*
Ing: maximum speed governor (governor) *n*
Fra: régulateur de vitesse maximale *m*

regulador de regímenes de ralentí y final *m*
Ale: Leerlauf- und Enddrehzahlregler *m*
Ing: minimum maximum speed governor *n*
Fra: régulateur « mini-maxi » *m*

regulador de regímenes de ralentí y final *m*
Ale: Leerlauf-Enddrehzahlregler *m*
Ing: minimum-maximum speed governor *n*
Fra: régulateur « mini-maxi » *m*

regulador de resbalamiento (ESP) *m*
Ale: Schlupfregler (ESP) *m*
Ing: slip controller (ESP) *n*
Fra: régulateur de glissement (ESP) *m*

regulador de revoluciones por fuerza centrífuga (regulador de fuerza centrífuga) *m*
Ale: fliehkraftgesteuerter Drehzahlregler (Fliehkraftregler) *m*
(mechanischer Regler) *m*
Ing: flyweight governor *n*
(mechanical governor) *n*
Fra: régulateur centrifuge *m*

regulador de suavidad de marcha *m*
Ale: Laufruheregler *m*
Ing: smooth running regulator *n*
Fra: régulateur de stabilité de fonctionnement *m*

regulador de temperatura *m*
Ale: Temperaturregler *m*
(Thermostat) *m*
Ing: temperature regulator *n*
(thermostat) *n*
Fra: thermostat *m*
(thermorégulateurvolet mélangeur de température) *m*

regulador de tensión (alternador) *m*
Ale: Spannungsregler (Generator) *m*
Ing: voltage regulator (alternator) *n*
Fra: régulateur de tension *m*

regulador de un contacto *m*
Ale: Einkontaktregler *m*
Ing: single contact regulator *n*
Fra: régulateur monocontact *m*

regulador de valor nominal *m*
Ale: Sollwertsteller *m*
Ing: setpoint control *n*
Fra: consignateur *m*

regulador de velocidad de marcha *m*
Ale: Fahrgeschwindigkeitsregler *m*
Ing: vehicle speed controller *n*
Fra: régulateur de vitesse de roulage *m*

regulador de velocidad variable (inyección diesel) *m*

Español

Ale: Alldrehzahlregler (Dieseleinspritzung) *m*
Ing: variable-speed governor (diesel fuel injection) *n*
Fra: régulateur toutes vitesses *m*

regulador del alternador (alternador) ***m***
Ale: Generatorregler (Generator) *m*
(Spannungsregler) *m*
Ing: voltage regulator (alternator) *n*
Fra: régulateur de tension (alternateur) *m*

regulador del alternador ***m***
Ale: Generatorregler *m*
Ing: alternator regulator (alternator) *n*
Fra: régulateur d'alternateur *m*

regulador del número de revoluciones (inyección Diesel) ***m***
Ale: Drehzahlregler (Dieseleinspritzung) *m*
(Fliehkraftregler) *m*
Ing: governor (diesel fuel injection) *n*
Fra: régulateur de régime (injection diesel) *m*

regulador del soplador ***m***
Ale: Gebläseregler *m*
Ing: blower control unit *n*
Fra: régulateur de ventilateur *m*

regulador electrónico Isodrom ***m***
Ale: elektronischer Isodromregler *m*
Ing: electronic isodromic governor *n*
Fra: régulateur électronique isodromique *m*

regulador escalonado de revoluciones ***m***
Ale: Stufendrehzahlregler *m*
Ing: combination governor *n*
Fra: régulateur à échelons *m*

regulador híbrido ***m***
Ale: Hybridregler *m*
Ing: hybrid regulator *n*
Fra: régulateur hybride *m*

regulador hidráulico de revoluciones ***m***
Ale: hydraulischer Drehzahlregler *m*
Ing: hydraulic governor *n*
Fra: régulateur de vitesse hydraulique *m*

regulador isodrómico ***m***
Ale: Isodromregler *m*
Ing: isodromous governor *n*
Fra: régulateur isodromique *m*

regulador mecánico de presión ***m***
Ale: mechanischer Druckregler *m*
Ing: mechanical pressure regulator *n*
Fra: régulateur de pression mécanique *m*

regulador mecánico de revoluciones ***m***
Ale: mechanischer Drehzahlregler *m*
(Fliehkraftregler) *m*
Ing: mechanical governor *n*
(flyweight governor) *n*
Fra: régulateur de vitesse mécanique *m*

regulador multifuncional ***m***
Ale: Multifunktionsregler *m*
Ing: multifunction controller *n*
Fra: régulateur multifonctions *m*

regulador Riccati ***m***
Ale: Riccati-Regler *m*
Ing: Riccati controller *n*
Fra: régulateur Riccati *m*

regulador transistorizado ***m***
Ale: Transistorregler *m*
Ing: transistor regulator *n*
Fra: régulateur à transistors *m*

regulador transistorizado ***m***
Ale: Transistorregler *m*
Ing: transistor controller *n*
Fra: régulateur à transistors *m*

regulador variador de fuerza centrífuga ***m***
Ale: Fliehkraft-Verstellregler *m*
Ing: mechanical variable-speed governor *n*
Fra: correcteur centrifuge *m*

regular (inyección diesel) ***v***
Ale: abregeln (Dieseleinspritzung) *v*
Ing: regulate (diesel fuel injection) *v*
Fra: fin de régulation (injection diesel) *f*

rejilla de difracción ***f***
Ale: Beugungsgitter *n*
Ing: diffraction grating *n*
Fra: réseau de diffraction *m*

rejilla de plomo (batería) ***f***
Ale: Bleigitter (Batterie) *n*
Ing: lead grid (battery) *n*
Fra: grille de plomb (batterie) *f*

relación aire-combustible ***f***
Ale: Luft-Kraftstoff-Verhältnis *n*
Ing: air fuel ratio *n*
(A/F ratio) *n*
Fra: rapport air/carburant *m*

relación aire-combustible ***f***
Ale: Luft-Kraftstoff-Verhältnis *n*
Ing: air/fuel ratio *n*
Fra: rapport air/carburant *m*

relación combustible/aire ***f***
Ale: Kraftstoff-Luft-Verhältnis *n*
Ing: air/fuel ratio *n*
(A/F ratio) *n*
Fra: rapport air/carburant *m*

relación de amplitudes ***m***
Ale: Amplitudenverhältnis *n*
Ing: amplitude ratio *n*
Fra: rapport d'amplitudes *m*

relación de ciclo ***f***
Ale: Taktverhältnis *n*
Ing: cycle ratio *n*
Fra: rapport cyclique *m*

relación de compresión ***f***
Ale: Verdichtungsverhältnis *n*
(Aufladegrad) *m*
Ing: compression ratio *n*
(boost ratio) *n*
Fra: taux de compression *m*

relación de contrapresión de gases de escape ***f***
Ale: Abgasgegendruckverhältnis *n*
Ing: exhaust gas back-pressure ratio *n*
Fra: taux de contre-pression des gaz d'échappement *m*

relación de desmultiplicación ***f***
Ale: Übersetzungsverhältnis *n*
Ing: gear ratio *n*
(transmission ratio) *n*
Fra: rapport de démultiplication (nombre de spires) *m*

relación de elasticidad ***f***
Ale: Federrate *f*
(Federsteifigkeit) *f*
Ing: spring rate *n*
(spring stiffness) *n*
Fra: raideur de ressort *f*

relación de espiras (número de espiras) ***f***
Ale: Übersetzungsverhältnis (Windungszahl) *n*
(Windungsverhältnis) *n*
Ing: turns ratio (number of coils) *n*
Fra: rapport de transformation *m*

relación de impulsos ***f***
Ale: Tastverhältnis *n*
Ing: on/off ratio *n*
(pulse duty factor) *n*
Fra: rapport cyclique d'impulsions *m*
(rapport cyclique) *m*

relación de mezcla ***f***
Ale: Mischungsverhältnis *n*
Ing: mixture ratio *n*
Fra: rapport de mélange *m*

relación de regulación (válvula de freno) ***f***
Ale: Regelverhältnis (Bremsventil) *n*
Ing: control ratio (brake valve) *n*
Fra: rapport de régulation (valve de frein) *m*

relación de superposición ***f***
Ale: Sprungüberdeckung *f*
Ing: overlap ratio *n*
Fra: rapport de recouvrement *m*

relación total de contacto ***f***
Ale: Gesamtüberdeckung *f*
Ing: total contact ratio *n*

Fra: rapport total de conduite *m*

relé *m*
Ale: Relais *n*
Ing: relay *n*
Fra: relais *m*

relé de arranque *m*
Ale: Startrelais *n*
Ing: starting relay *n*
Fra: relais de démarrage *m*

relé de bloqueo de arranque *m*
Ale: Startsperrrelais *n*
Ing: start locking relay *n*
Fra: relais de blocage du démarreur *m*

relé de bloqueo de arranque *m*
Ale: Startsperrrelais *n*
Ing: start inhibit relay *n*
Fra: relais de blocage du démarreur *m*

relé de conmutación de la batería *m*
Ale: Batterieumschaltrelais *n*
Ing: battery changeover relay *n*
Fra: inverseur de batteries *m*

relé de corriente continua *m*
Ale: Gleichstromrelais *n*
Ing: DC relay *n*
Fra: relais à courant continu *m*

relé de desconexión *m*
Ale: Abschaltrelais *n*
Ing: shutoff relay *n*
(shutoff relay) *n*
Fra: relais de coupure *m*

relé de engrane (motor de arranque) *m*
Ale: Einrückrelais (Starter) *n*
Ing: solenoid switch (starter) *n*
Fra: contacteur électromagnétique (démarreur) *m*

relé de engrane (motor de arranque) *m*
Ale: Einrückrelais (Starter) *n*
Ing: engagement relay (starter) *n*
Fra: contacteur à solénoïde *m*

relé de intervalos del limpiaparabrisas *m*
Ale: Wischintervallrelais *n*
Ing: intermittent wiper relay *n*
Fra: relais cadenceur d'essuie-glace *m*

relé de la batería *m*
Ale: Batterietrennrelais *n*
Ing: battery cutoff relay *n*
Fra: relais de découplage de batterie *m*

relé de luces intermitentes de advertencia *m*
Ale: Warnblinkrelais *n*
Ing: hazard warning light relay *n*
Fra: relais du signal de détresse *m*

relé de mando *m*
Ale: Steuerrelais *n*
Ing: control relay *n*
Fra: relais de commande *m*

relé de motor de arranque *m*
Ale: Starterrelais *m*
Ing: starter motor relay *n*
Fra: relais de démarreur *m*

relé de válvula (ABS) *m*
Ale: Ventilrelais (ABS) *n*
Ing: valve relay (ABS) *n*
Fra: relais des électrovalves (ABS) *m*

relé del inducido giratorio *m*
Ale: Drehankerrelais *n*
Ing: rotating armature relay *n*
Fra: relais à armature pivotante *m*

relé regulador de luminosidad *m*
Ale: Abblendrelais *n*
Ing: dimmer relay *n*
Fra: relais de code *m*

relé retardador *m*
Ale: Retarderrelais *n*
(Dauerbremsrelais) *n*
Ing: retarder relay *n*
Fra: relais de ralentisseur *m*

remachado en frío *m*
Ale: Kaltnietung *f*
Ing: cold riveting *n*
Fra: rivetage à froid *m*

remache avellanado *m*
Ale: Senkniet *m*
Ing: countersunk rivet *n*
Fra: rivet à tête fraisée *m*

remache ciego *m*
Ale: Blindniet *m*
Ing: pop rivet *n*
Fra: rivet aveugle *m*

remache de cabeza semiredonda *m*
Ale: Halbrundniet *m*
Ing: mushroom-head rivet *n*
Fra: rivet à tête ronde *m*

remache explosivo *m*
Ale: Sprengniet *m*
Ing: explosive rivet *n*
Fra: rivet explosif *m*

remache hueco *m*
Ale: Hohlniet *m*
Ing: hollow rivet *n*
Fra: rivet creux *m*

remache semihueco *m*
Ale: Halbhohlniet *m*
Ing: semi-hollow rivet *n*
Fra: rivet bifurqué *m*

remache tubular *m*
Ale: Rohrniet *m*
Ing: tubular rivet *n*
Fra: rivet tubulaire *m*

remolcado *m*
Ale: Abschleppen *n*
Ing: towing *n*
Fra: remorquage *m*

remolcador pequeño *m*
Ale: Kleinschlepper *m*
Ing: lightweight tractor *n*
Fra: motoculteur *m*

remolino *m*
Ale: Drall *m*
(Drallströmung) *f*
Ing: swirl *n*
Fra: tourbillon *m*
(écoulement tourbillonnaire) *m*

remolino de aire *m*
Ale: Luftdrall *m*
Ing: air swirl *n*
Fra: mouvement tourbillonnaire *m*

remolque *m*
Ale: Anhänger *m*
(Anhängefahrzeug) *n*
Ing: trailer *n*
Fra: véhicule tracté *m*
(remorque) *f*

remolque articulado con barra *m*
Ale: Gelenk-Deichselanhänger *m*
Ing: drawbar trailer *n*
Fra: remorque à timon articulé *f*

remolque con eje central *m*
Ale: Zentralachsanhänger *m*
Ing: center axle trailer *n*
Fra: remorque à essieu central *m*

remolque de autobús *m*
Ale: Busanhänger *m*
Ing: bus trailer *n*
Fra: remorque d'autocar *f*

remolque de barra *m*
Ale: Deichselanhänger *m*
Ing: drawbar trailer *n*
Fra: remorque à timon *f*

remolque especial *m*
Ale: Spezialanhänger *m*
Ing: special trailer *n*
Fra: remorque spéciale *f*

removedor de óxido *m*
Ale: Rostlöser *m*
Ing: rust remover *n*
Fra: dissolvant antirouille *m*

rendimiento del catalizador *m*
Ale: Katalysatorwirkungsgrad *m*
Ing: catalyst efficiency *n*
Fra: rendement du catalyseur *m*

rendimiento luminoso *m*
Ale: Lichtausbeute *f*
(Hellempfindlichkeitsgrad) *m*
Ing: luminous efficiency *n*
(luminous efficacy) *n*
Fra: efficacité lumineuse *f*
(efficacité lumineuse relative photopique) *f*

rendimiento luminoso *m*
Ale: Lichtausbeute *f*
Ing: light yield *n*
Fra: rendement lumineux *m*

reparación *f*
Ale: Reparatur *f*
Ing: repair *n*
Fra: réparation *f*

reposición del ángulo de encendido *f*
Ale: Zündwinkelrücknahme *f*
Ing: ignition retard *n*
Fra: décalage dans le sens « retard » de l'angle d'allumage *m*

resbalamiento (rueda) *m*
Ale: Schlupf (Rad) *m*
Ing: wheel slip (wheel) *n*
Fra: glissement *m*

resbalamiento *m*
Ale: Schlupf *m*
Ing: slip *n*
Fra: patinage *m*

resbalamiento de correa *m*
Ale: Riemenschlupf *m*
Ing: belt slip *n*
Fra: glissement de courroie *m*

resbalamiento de frenos *m*
Ale: Bremsschlupf *m*
Ing: brake slip *n*
Fra: glissement au freinage *m*

resbalamiento de neumático (neumáticos) *m*
Ale: Reifenschlupf (Reifen) *m*
Ing: tire slip (tire) *n*
Fra: glissement (pneu) *m*

resbalamiento de tracción *m*
Ale: Antriebsschlupf *m*
Ing: drive slip *n*
Fra: antipatinage à la traction *m*

resbalamiento nominal del ABS *m*
Ale: ABS-Sollschlupf *m*
Ing: nominal ABS slip *n*
Fra: glissement ABS théorique *m*

reserva de aceleración *f*
Ale: Beschleunigungsüberschuss *m*
Ing: acceleration reserve *n*
Fra: réserve d'accélération *f*

reserva de aire comprimido *f*
Ale: Druckluftvorrat *m*
(Luftvorrat) *m*
Ing: compressed air reserve *n*
Fra: réserve d'air comprimé *f*

reserva de energía (airbag) *f*
Ale: Energiereserve (Airbag) *f*
Ing: energy reserve (airbag triggering system) *n*
Fra: réserve d'énergie (coussin d'air) *f*

residuos de combustión *mpl*
Ale: Verbrennungsrückstände *mpl*
(Verbrennungsschmutz-anfall) *m*
Ing: combustion residues *npl*
(combustion desposit) *n*
Fra: résidus de la combustion *mpl*

residuos de coque *mpl*
Ale: Koksrückstand *m*
Ing: carbon residue *n*
Fra: résidus charbonneux *m*

residuos de resina de impregnación *mpl*
Ale: Imprägnierharzreste *mpl*
Ing: impregnating resin residues *n*
Fra: restes de résine d'imprégnation *mpl*

resina *f*
Ale: Harz *n*
Ing: resin *n*
Fra: résine *f*

resistencia *f*
Ale: Widerstand *m*
Ing: resistor *n*
Fra: résistance *f*

resistencia a caída de flechas *f*
Ale: Pfeilfall-Festigkeit *f*
Ing: arrow drop strength *n*
Fra: tenue au choc à la torpille *f*

resistencia a cambios de temperatura *f*
Ale: Temperaturwechsel-beständigkeit *f*
Ing: resistance to temperature shocks *n*
Fra: tenue aux chocs thermiques *f*

resistencia a choques térmicos *f*
Ale: Thermoschockbeständigkeit *f*
(Temperaturwechsel-festigkeit) *f*
Ing: thermal shock resistance *n*
(resistance to thermal cycling) *n*
Fra: résistance aux chocs thermiques *f*

resistencia a cortocircuito *f*
Ale: Kurzschlussfestigkeit *f*
Ing: short circuit resistance *n*
Fra: tenue aux courts-circuits *f*

resistencia a la abrasión *f*
Ale: Abriebfestigkeit *f*
Ing: abrasion resistance *n*
Fra: résistance à l'abrasion *f*

resistencia a la corrosión *f*
Ale: Korrosionsbeständigkeit *m*
Ing: corrosion resistance *n*
Fra: tenue à la corrosion *f*

resistencia a la corrosión *f*
Ale: Korrosionsfestigkeit *f*
Ing: corrosion resistance *n*
Fra: résistance à la corrosion *f*

resistencia a la deformación *f*
Ale: Verformungsfestigkeit *f*
Ing: dimensional stability *n*
Fra: résistance à la déformation *f*

resistencia a la elongación *f*
Ale: Dehnwiderstand *m*
Ing: strain gauge resistor *n*
Fra: jauge piézorésistive *m*

resistencia a la elongación de capa gruesa *f*
Ale: Dickschicht-Dehnwiderstand *m*
Ing: thick film strain gauge *n*
Fra: jauge extensométrique à couches épaisses *f*

resistencia a la fatiga *f*
Ale: Dauerfestigkeit *f*
Ing: fatigue limit *n*
Fra: résistance à la fatigue *f*

resistencia a la fatiga *f*
Ale: Dauerfestigkeit *f*
Ing: durability *n*
Fra: durabilité *f*

resistencia a la fatiga *f*
Ale: Dauerstandfestigkeit *f*
(Wechselfestigkeit) *f*
(Ermüdungsfestigkeit) *f*
Ing: fatigue strength *n*
Fra: résistance aux contraintes alternées *f*
(durabilité) *f*
(tenue à la fatigue) *f*

resistencia a la fatiga *f*
Ale: Ermüdungsfestigkeit *f*
Ing: fatigue strength *n*
Fra: tenue à la fatigue *f*

resistencia a la fatiga por flexión alternativa *f*
Ale: Biegewechselfestigkeit *f*
Ing: fatigue strength under reversed bending stress *n*
Fra: résistance à la flexion alternée *f*

resistencia a la fatiga por presión alternante *f*
Ale: Druckschwellfestigkeit *f*
Ing: compression pulsating fatigue strength *n*
Fra: tenue aux ondes de pression *f*

resistencia a la fatiga por torsión alternativa *f*
Ale: Torsionswechselfestigkeit *f*
(Wechselfestigkeit) *f*
Ing: fatigue limit under reversed torsional stress *n*
Fra: résistance aux contraintes alternées de torsion *f*

resistencia a la fatiga por vibración *f*
Ale: Dauerschwingfestigkeit *f*
Ing: endurance limit *n*
Fra: limite d'endurance *f*

resistencia a la flexión *f*
Ale: Biegefestigkeit *f*
Ing: bending strength *n*
(flexural strength) *n*
Fra: résistance à la flexion *f*

resistencia a la flexión *f*
Ale: Walkwiderstand *m*
Ing: flexing resistance *n*
Fra: résistance à la friction *f*

resistencia a la marcha *f*
Ale: Fahrwiderstand *m*
(Gesamtfahrwiderstand) *m*
Ing: total running resistance *n*

Español

Fra: résistance totale à l'avancement *f*

resistencia a la marcha *f*
Ale: Fahrwiderstand *m*
Ing: tractive resistance *n*
Fra: résistance totale à l'avancement *f*

resistencia a la radiación (compatibilidad electromagnética) *f*
Ale: Einstrahlfestigkeit (EMV) *f*
Ing: resistance to incident radiation (EMC) *n*
Fra: tenue au rayonnement incident (CEM) *f*

resistencia a la rodadura *f*
Ale: Rollwiderstand *m*
Ing: rolling resistance *n*
Fra: résistance au roulement *f*

resistencia a la torsión *f*
Ale: Torsionsfestigkeit *f*
(Drehdämpfungskonstante) *f*
Ing: rotational damping coefficient *n*
Fra: résistance à la torsion *f*

resistencia a la tracción *f*
Ale: Zugfestigkeit *f*
Ing: tensile strength *n*
Fra: résistance à la traction *f*

resistencia a la vibración *f*
Ale: Schwingungsfestigkeit *f*
Ing: resistance to vibration *n*
Fra: tenue aux vibrations *f*

resistencia a las quemaduras *f*
Ale: Abbrandwiderstand *m*
Ing: burn off resistor *n*
Fra: résistance anti-usure *f*

resistencia a sacudidas *f*
Ale: Schüttelfestigkeit *f*
Ing: vibration strength *n*
Fra: résistance aux secousses *f*

resistencia a sacudidas *f*
Ale: Schüttelfestigkeit *f*
Ing: vibration resistance *n*
Fra: tenue aux secousses *f*

resistencia a tensiones eléctricas *adj*
Ale: Spannungsfestigkeit *f*
Ing: electric strength *n*
Fra: résistance à la tension *f*

resistencia al ascenso *f*
Ale: Steigungswiderstand *m*
Ing: climbing resistance *n*
Fra: résistance en côte *f*

resistencia al desgaste *f*
Ale: Verschleißfestigkeit *f*
(Verschleißwiderstand) *m*
Ing: resistance to wear *n*
Fra: résistance à l'usure *f*
(tenue à l'usure) *f*

resistencia al envejecimiento *f*
Ale: Alterungsbeständigkeit *f*
Ing: resistance to aging *n*
Fra: tenue au vieillissement *f*

resistencia al flujo *f*
Ale: Strömungswiderstand *m*
Ing: resistance to flow *n*
Fra: résistance à l'écoulement *f*

resistencia al flujo *f*
Ale: Strömungswiderstand *m*
Ing: flow resistance *n*
Fra: résistance à l'écoulement *f*

resistencia al frío *f*
Ale: Kältefestigkeit *f*
Ing: resistance to cold *n*
Fra: résistance au froid *f*

resistencia al impacto *f*
Ale: Schlagfestigkeit *f*
Ing: impact strength *n*
Fra: tenue aux chocs *f*

resistencia al medio ambiente *f*
Ale: Umweltbeständigkeit *f*
Ing: environmental resistance *n*
Fra: résistance à l'environnement *f*

resistencia al vuelco *f*
Ale: Kippstabilität *f*
Ing: tipping resistance *n*
Fra: stabilité latérale *f*

resistencia antiparasitaria *f*
Ale: Entstörwiderstand *m*
Ing: noise suppression resistor *n*
Fra: résistance d'antiparasitage *f*

resistencia climática *f*
Ale: Klimabeständigkeit *f*
Ing: climatic resistance *n*
Fra: tenue aux effets climatiques *f*

resistencia de aceleración *f*
Ale: Beschleunigungswiderstand *m*
Ing: acceleration resistance *n*
Fra: résistance à l'accélération *f*

resistencia de ajuste *f*
Ale: Abgleichwiderstand *m*
Ing: trimming resistor *n*
Fra: résistance de calibrage *f*

resistencia de calefacción *f*
Ale: Heizwiderstand *m*
Ing: heating resistor *n*
Fra: résistance chauffante *f*

resistencia de carga *f*
Ale: Belastungswiderstand *m*
Ing: load resistor *n*
Fra: résistance de charge *f*

resistencia de contacto *f*
Ale: Übergangswiderstand *m*
Ing: contact resistance *n*
Fra: résistance de contact *f*

resistencia de descarga (batería) *f*
Ale: Entladewiderstand (Batterie) *m*
Ing: discharge resistor (battery) *n*
Fra: résistance de décharge *f*

resistencia de deslizamiento (banco de pruebas de frenos de rodillos) *f*
Ale: Gleitwiderstand (Rollenbremsprüfstand) *m*
Ing: slip resistance (dynamic brake analyzer) *n*
Fra: résistance de glissement (banc d'essai) *f*

resistencia de engrane (motor de arranque) *f*
Ale: Einrückwiderstand (Starter) *m*
Ing: meshing resistance (starter) *n*
Fra: résistance à l'engrènement (démarreur) *f*

resistencia de freno *f*
Ale: Bremswiderstand *m*
Ing: braking resistance *n*
Fra: résistance de freinage *f*

resistencia de medición *f*
Ale: Messwiderstand *m*
Ing: measuring shunt *n*
(shunt) *n*
Fra: résistance de mesure *f*

resistencia de regulación *f*
Ale: Regelwiderstand *m*
Ing: regulating resistor *n*
Fra: résistance de régulation *f*

resistencia del aire *f*
Ale: Luftwiderstand *m*
Ing: aerodynamic drag *n*
Fra: résistance de l'air *f*

resistencia eléctrica *f*
Ale: elektrischer Widerstand *m*
Ing: electrical resistance *n*
Fra: résistance électrique *f*

resistencia fija *f*
Ale: Festwiderstand *m*
Ing: fixed resistor *n*
Fra: résistance électrique fixe *f*

resistencia metálica de película delgada *f*
Ale: Dünnschicht-Metallwiderstand *m*
Ing: thin film metallic resistor *n*
Fra: résistance métallique en couches minces *f*

resistencia para arrancar (motor de combustión) *f*
Ale: Durchdrehwiderstand (Verbrennungsmotor) *m*
Ing: cranking resistance (IC engine) *n*
Fra: résistance de lancement du moteur (moteur à combustion) *f*

resistencia primaria *f*
Ale: Primärwiderstand *m*
Ing: primary resistance *n*
Fra: résistance de l'enroulement primaire *f*

resistencia térmica *f*
Ale: Temperaturbeständigkeit *f*
(Wärmedurchlasswiderstand) *m*

Español

Ing: thermal resistance *n*
Fra: résistance thermique *f*

resistencia térmica ***f***
Ale: Temperaturbeständigkeit *f*
Ing: temperature stability *n*
(thermal stability) *n*
Fra: stabilité en température *f*

resistencia térmica alternativa ***f***
Ale: Temperaturwechselfestigkeit *f*
Ing: resistance to thermal cycling *n*
Fra: résistance aux chocs thermiques *f*

resistente a cortocircuito ***adj***
Ale: kurzschlussfest *adj*
Ing: short circuit resistant *adj*
Fra: résistant aux courts-circuits *loc*

resistente a detonaciones (combustible) ***loc***
Ale: klopffest (Kraftstoff) *adj*
Ing: knock resistant (fuel) *adj*
Fra: antidétonant (carburant) *adj*

resistente a interferencias ***adj***
Ale: störarm *adj*
Ing: interference resistant *adj*
Fra: peu sensible aux perturbations *loc*

resistente a la corrosión ***adj***
Ale: korrosionsfest *adj*
Ing: resistant to corrosion *adj*
Fra: résistant à la corrosion *m*

resistente a tensiones eléctricas ***adj***
Ale: spannungsfest *adj*
Ing: surge proof *adj*
Fra: rigidité diélectrique *f*

resistente al combustible ***adj***
Ale: kraftstoffbeständig *adj*
Ing: fuel resistant *n*
Fra: résistant au carburant *loc*

resistente al combustible Diesel ***adj***
Ale: dieselbeständig *adj*
Ing: diesel fuel resistant *ppr*
Fra: résistant au gazole *ppr*

resistente al impacto ***adj***
Ale: schlagfest *adj*
Ing: shockproof *adj*
(impact-resistant) *adj*
Fra: résistant aux chocs *loc*

resistente al impacto de piedras ***adj***
Ale: steinschlagfest *adj*
Ing: resistant to stone impact *adj*
Fra: résistant aux gravillons *loc*

resonador de admisión ***m***
Ale: Saugresonator *m*
Ing: suction resonator *n*
Fra: résonateur d'admission *m*

resonancia de ejes ***f***
Ale: Achsresonanz *f*
Ing: axle resonance *n*
Fra: résonance des essieux *f*

resorte de encastre ***m***
Ale: Rastfeder *f*
Ing: locking spring *n*
(stop-spring) *n*
Fra: ressort à cran d'arrêt *m*
(ressort d'arrêt) *m*

resorte de encastre ***m***
Ale: Rastfeder *f*
Ing: detent spring *n*
Fra: ressort à cran d'arrêt *m*
(ressort d'arrêt) *m*

resorte de regulación (regulador Diesel) ***m***
Ale: Regelfeder (Diesel-Regler) *f*
Ing: governor spring *n*
Fra: ressort de régulation (injection diesel) *m*

resorte de regulación ***m***
Ale: Regelfeder *f*
Ing: control spring *n*
Fra: ressort de régulation *m*

resorte de retorno de pistón (pistón de bomba) ***m***
Ale: Kolbenrückführfeder (Pumpenkolben) *f*
(Kolbenfeder) *f*
Ing: plunger return spring (pump plunger) *n*
Fra: ressort de rappel du piston (piston de pompe) *m*

resorte de tracción ***m***
Ale: Zugfeder *f*
Ing: extension spring *n*
Fra: ressort de traction *m*

resorte helicoidal ***m***
Ale: Schraubenfeder *f*
Ing: helical spring *n*
(coil spring) *n*
Fra: ressort hélicoïdal *m*

resorte helicoidal cónico ***m***
Ale: Kegelstumpffeder *f*
Ing: conical helical spring *n*
Fra: ressort en tronc de cône *m*

resorte helicoidal de compresión ***m***
Ale: Schraubendruckfeder *f*
Ing: helical compression spring *n*
Fra: ressort hélicoïdal de compression *m*

respiradero del bloque motor ***m***
Ale: Kurbelgehäuseentlüftung *f*
Ing: crankcase breather *n*
Fra: dégazage du carter-cylindres *m*

respuesta de frecuencia ***f***
Ale: Frequenzgang *m*
Ing: frequency response *n*
Fra: réponse en fréquence *f*

resultado del ensayo de partículas (humo Diesel) ***m***
Ale: Feststoff-Testergebnis (Dieselrauch) *n*
Ing: particulates test result (diesel smoke) *n*
Fra: résultat du test de particules (fumées diesel) *m*

retardador electrodinámico (freno de corriente parásita) ***m***
Ale: elektrodynamischer Verlangsamer *m*
(Wirbelstrombremse) *f*
Ing: electrodynamic retarder *n*
Fra: ralentisseur électromagnétique *m*

retardador hidrodinámico ***m***
Ale: hydrodynamischer Verlangsamer *m*
Ing: hydrodynamic retarder *n*
Fra: ralentisseur hydrodynamique *m*

retardador multiplicador ***m***
Ale: Hochtriebretarder *m*
Ing: boost retarder *n*
Fra: ralentisseur surmultiplié *m*

retardador primario ***m***
Ale: Primärretarder *m*
Ing: primary retarder *n*
Fra: ralentisseur primaire *m*

retardador secundario ***m***
Ale: Sekundärretarder *m*
Ing: secondary retarder *n*
Fra: ralentisseur secondaire *m*

retardo de desconexión ***m***
Ale: Abschaltverzögerung *f*
Ing: deactivation delay-time *n*
Fra: temporisation à la retombée (relais) *f*

retardo de fase (freno de remolque) ***m***
Ale: Nacheilung (Anhängerbremse) *f*
Ing: negative offset (trailer brake) *n*
Fra: retard de phase (frein de remorque) *m*

retardo de formación de par de guiñada (dinámica del automóvil) ***m***
Ale: Giermomentaufbau-verzögerung (Kfz-Dynamik) *f*
Ing: yaw moment build-up delay (motor-vehicle dynamics) *n*
Fra: temporisation de la formation du couple de lacet *f*

retardo de inyección (inyección de combustible) ***m***
Ale: Spritzverzug (Kraftstoffeinspritzung) *m*
Ing: injection lag (fuel injection) *n*
Fra: délai d'injection *m*

retardo de reacción ***m***
Ale: Ansprechverzögerung *f*
Ing: response delay *n*
Fra: délai de réponse *m*

retardo de valor nominal ***m***
Ale: Sollwertverzögerung *f*
Ing: setpoint value delay *n*
Fra: temporisation de consigne *f*

retardo del encendido ***m***
Ale: Nachzündung *f*

Español

Ing: post ignition *n*
Fra: retard à l'allumage *m*

retardo del encendido ***m***
Ale: Zündverzug *m*
Ing: ignition lag *n*
Fra: délai d'inflammation *m*

retén posterior del árbol de levas ***m***
Ale: hinterer Nockenwellendichtring *m*
Ing: rear camshaft oil seal *n*
Fra: joint arrière d'arbre à cames *m*

retén posterior del cigüeñal ***m***
Ale: hinterer Kurbelwellendichtring *m*
Ing: rear crankshaft oil seal *n*
Fra: joint arrière de vilebrequin *m*

retén radial para árboles ***m***
Ale: Radialwellendichtring *m*
Ing: radial shaft seal *n*
Fra: joint à lèvres avec ressort *m*

retén secundario ***m***
Ale: Sekundärmanschette *f*
Ing: secondary cup seal *n*
Fra: manchette secondaire *f*

retenedor ***m***
Ale: Halter *m*
Ing: retainer *n*
Fra: support *m*

retorno (electroválvula del ABS) ***m***
Ale: Rücklauf (ABS-Magnetventil) *m*
Ing: return line (ABS solenoid valve) *n*
Fra: retour (électrovalve ABS) *m*

retorno a masa ***m***
Ale: Masserückführung *f*
Ing: ground return *n*
Fra: retour par la masse *m*

retorno de aceite lubricante ***m***
Ale: Schmierölrücklauf *m*
Ing: lube oil return *n*
Fra: retour de l'huile de graissage *m*

retorno de combustible ***m***
Ale: Kraftstoffrücklauf *m*
Ing: fuel return line *n*
Fra: retour de carburant *m*

retorno de la llama por el tubo de admisión ***m***
Ale: Saugrohrrückzündung *f*
Ing: backfiring *n*
Fra: retour d'allumage *m*

retroalimentación (regulación) ***f***
Ale: Rückkoppelung (Regelung) *f*
Ing: feedback (control) *n*
Fra: réaction (régulation) *f*

retroalimentación de gases de escape ***f***
Ale: Abgasrückführung, AGR *f*
Ing: exhaust gas recirculation, EGR *n*
Fra: recyclage des gaz d'échappement, RGE *m*

revestido ***adj***
Ale: ummantelt *adj*
Ing: wrapped *adj*
(sheathed) *adj*
Fra: gainé *adj*

revestido ***adj***
Ale: ummantelt *adj*
Ing: clad *adj*
Fra: guipé *adj*

revestimiento ***m***
Ale: Auskleiden *n*
Ing: plastic coating *n*
Fra: revêtement plastique *m*

revestimiento ***m***
Ale: Verkleidung *f*
Ing: cladding *n*
Fra: habillage *m*

revestimiento de goma ***m***
Ale: Gummieren *n*
Ing: rubber coating *n*
Fra: revêtement caoutchouté *m*

revestimiento del piso ***m***
Ale: Bodenverkleidung *f*
Ing: underbody panel *n*
Fra: revêtement sous caisse *m*

revestimiento interior del techo ***m***
Ale: Dachinnenauskleidung *f*
Ing: headliner *n*
Fra: ciel de pavillon *m*

revisión de desgaste (forro de frenos) ***f***
Ale: Verschleißkontrolle (Bremsbelag) *f*
Ing: wear inspection (brake lining) *n*
Fra: contrôle d'usure (garniture de frein) *m*

revolución del árbol de levas ***f***
Ale: Nockenwellenumdrehung *f*
Ing: camshaft revolution *n*
Fra: rotation de l'arbre à cames *f*

revolución del cigüeñal ***f***
Ale: Kurbelumdrehung *f*
Ing: crankshaft revolution *n*
Fra: rotation du vilebrequin *f*

revolución del cigüeñal ***f***
Ale: Kurbelwellenumdrehung *f*
Ing: crankshaft revolution *n*
Fra: rotation du vilebrequin *f*

rica (mezcla aire-combustible) ***adj***
Ale: fett (Luft-Kraftstoff-Gemisch) *adj*
Ing: rich (air-fuel mixture) *adj*
Fra: riche (mélange air-carburant) *adj*

riel de conexión ***m***
Ale: Anschlussschiene *f*
Ing: connecting rail *n*
Fra: rail de raccordement *m*

riel de cubierta ***m***
Ale: Abdeckschiene *f*
Ing: cover rail *n*
Fra: rail de recouvrement *m*

riel de sujeción ***m***
Ale: Aufspannschiene *f*
Ing: mounting rail *n*
Fra: rail de fixation *m*

riel guía ***m***
Ale: Führungsschiene *f*
Ing: guide rail *n*
Fra: glissière *f*

riel guía ***m***
Ale: Führungsschiene *f*
Ing: guide rail *n*
Fra: glissière *f*

rigidez ***f***
Ale: Steifigkeit *f*
Ing: rigidity *n*
Fra: rigidité *f*

rigidez a la torsión ***f***
Ale: Verwindungssteifigkeit *f*
(Drehsteife) *f*
Ing: torsional rigidity *n*
Fra: raideur torsionnelle *f*
(résistance au gauchissement) *f*

rigidez de neumático ***f***
Ale: Reifensteifigkeit *f*
Ing: tire rigidity *n*
Fra: rigidité du pneumatique *f*

rigidez del muelle de acoplamiento ***f***
Ale: Koppelfedersteife *f*
Ing: coupling spring stiffness *n*
Fra: rigidité élastique *f*

rodaja de chapa ***f***
Ale: Blechronde *f*
Ing: circular blank *n*
Fra: flan *m*

rodaje ***m***
Ale: Einlauf *m*
Ing: run in *n*
Fra: rodage *m*

rodamiento ***m***
Ale: Wälzlager *n*
Ing: roller bearing *n*
Fra: palier à roulement *m*

rodamiento axial rígido de bolas ***m***
Ale: Axial-Rillenkugellager *n*
Ing: deep groove ball thrust bearing *n*
Fra: butée à billes à gorges profondes *f*

rodamiento compuesto ***m***
Ale: Verbundlager *n*
Ing: composite bearing *n*
Fra: palier composite *m*

rodamiento de bolas ***m***
Ale: Kugellager *n*
Ing: ball bearing *n*
Fra: roulement à billes *m*

rodamiento radial rígido ***m***
Ale: Rillenlager *n*
Ing: grooved sliding bearing *n*

Fra: palier à rainures *m*

rodete ***m***
Ale: Flügelrad *n*
Ing: impeller *n*
Fra: rotor *m*

rodete ***m***
Ale: Flügelrad *n*
Ing: impeller wheel *n*
Fra: rotor *m*

rodete (bomba periférica) ***m***
Ale: Laufrad (Peripheralpumpe) *n*
Ing: impeller ring (peripheral pump) *n*
Fra: rotor (pompe à accélération périphérique) *m*

rodillo ***m***
Ale: Rolle *f*
Ing: roller *n*
Fra: molette tournante *f*

rodillo de accionamiento (banco de pruebas de frenos de rodillos) ***m***
Ale: Antriebsrolle (Rollenbremsprüfstand) *f*
(Laufrolle) *f*
Ing: drive roller (dynamic brake analyzer) *n*
Fra: rouleau d'entraînement (banc d'essai) *m*

rodillo de empujador ***m***
Ale: Stößelrolle *f*
Ing: tappet roller *n*
Fra: galet de poussoir *m*

rodillo de reenvío ***m***
Ale: Umlenkrolle *f*
Ing: guide pulley *n*
Fra: poulie de renvoi *f*

rodillo de tope ***m***
Ale: Anlaufrolle *f*
Ing: starter roller *n*
Fra: galet de friction *m*

rodillo palpador (banco de pruebas de frenos de rodillos) ***m***
Ale: Tastrolle (Rollenbremsprüfstand) *f*
Ing: sensor roller (dynamic brake analyzer) *n*
Fra: rouleau palpeur (banc d'essai) *m*

rodillo secundario (banco de pruebas de frenos de rodillos) ***m***
Ale: Auflaufrolle (Rollenbremsprüfstand) *f*
Ing: secondary roller (dynamic brake analyzer) *n*
Fra: rouleau suiveur (banc d'essai) *m*

rodillo seguidor de leva ***m***
Ale: Nockenlaufrolle *f*
Ing: camshaft roller *n*
Fra: galet de palpage de la came *m*

rodillo tensor ***m***
Ale: Spannrolle *f*
Ing: tensioning roller *n*
Fra: tendeur de courroie *m*

rollo de cinturón ***m***
Ale: Gurtrolle *f*
Ing: belt reel *n*
Fra: enrouleur du prétensionneur *m*

rollo de papel (filtro de combustible) ***m***
Ale: Papierwickel (Kraftstofffilter) *m*
Ing: paper element (fuel filter) *n*
Fra: rouleau de papier (filtre à carburant) *m*

rosca de bujía ***f***
Ale: Zündkerzengewinde *n*
Ing: spark plug thread *n*
Fra: filetage de bougie d'allumage *m*

rosca de conexión ***f***
Ale: Anschlussgewinde *n*
Ing: connecting thread *n*
Fra: filetage de raccordement *m*

rosca de conexión (bujía de encendido) ***f***
Ale: Anschlussmutter (Zündkerze) *f*
Ing: terminal nut (spark plug) *n*
Fra: écrou de connexion *m*

rosca de paso rápido ***f***
Ale: Steilgewinde *n*
Ing: helical spline *n*
Fra: filetage à pas rapide *m*

rosca exterior ***f***
Ale: Außengewinde *n*
Ing: external thread *n*
(male thread) *n*
Fra: filetage extérieur *m*

rosca interna ***f***
Ale: Innengewinde *n*
Ing: internal thread *n*
Fra: taraudage *m*

rotación en sentido horario ***f***
Ale: Rechtslauf *m*
Ing: clockwise rotation *n*
Fra: rotation à droite *f*

rotor ***m***
Ale: Läufer *m*
(Rotor) *n*
Ing: rotor (pressure supercharger) *n*
Fra: rotor (échangeur de pression) *m*

rotor de frenado ***m***
Ale: Bremsrotor *m*
Ing: braking rotor *n*
Fra: rotor de freinage *m*

rotor de jaula de ardilla ***m***
Ale: Käfigläufer *m*
Ing: squirrel cage rotor *n*
Fra: rotor à cage *m*

rotor de polos intercalados ***m***
Ale: Klauenpolläufer *m*
Ing: claw pole rotor *n*
Fra: rotor à griffes *m*

rotor de posicionador ***m***
Ale: Stellwerkrotor *m*
Ing: actuator rotor *n*
Fra: rotor d'actionneur *m*

rotor del distribuidor de encendido ***m***
Ale: Zündverteilerläufer *m*
Ing: distributor rotor *n*
(ignition-distributor cap) *n*
Fra: rotor distributeur *m*

rotor distribuidor (encendido) ***m***
Ale: Verteilerfinger (Zündung) *m*
(Verteilerläufer) *m*
(Zündverteilerläufer) *m*
Ing: distributor rotor (ignition) *n*
Fra: rotor distributeur (allumage) *m*

rotor excéntrico (sobrealimentación) ***m***
Ale: Verdränger (Aufladung) *m*
Ing: displacer element (supercharging) *n*
Fra: rotor excentré (suralimentation) *m*

rotor exterior ***m***
Ale: Außenläufer *m*
Ing: outer rotor *n*
Fra: rotor extérieur *m*

rotor interior ***m***
Ale: Innenläufer *m*
Ing: inner rotor *n*
Fra: rotor intérieur *m*

rotor monopolar ***m***
Ale: Einzelpolläufer *m*
Ing: salient pole rotor *n*
Fra: rotor à pôles saillants *m*

rotor sin devanados (alternador) ***m***
Ale: Leitstückläufer (Generator) *m*
Ing: windingless rotor (alternator) *n*
Fra: rotor à pièce conductrice (alternateur) *m*

rótula ***f***
Ale: Gelenkkopf *m*
Ing: swivel head *n*
Fra: tête d'articulation *f*

rotura de cable ***f***
Ale: Kabelbruch *m*
Ing: cable break *n*
Fra: rupture de câble *f*

rotura de muelle ***f***
Ale: Federbruch *m*
Ing: spring fracture *n*
Fra: rupture de ressort *f*

rotura por fatiga ***f***
Ale: Ermüdungsbruch *m*
Ing: fatigue failure *n*
Fra: rupture par fatigue *f*

rozamiento estático ***m***
Ale: Haftreibung *f*
Ing: static friction *n*
Fra: frottement statique *m*

rozamiento hidráulico ***m***

Español

Ale: Flüssigkeitsreibung *f*
Ing: fluid friction *n*
Fra: régime de lubrification fluide *m*

rozamiento por deslizamiento *m*
Ale: Gleitreibung *f*
Ing: sliding friction *n*
Fra: frottement de glissement *m*

rueda celular de aletas *f*
Ale: Flügelzellenrad *n*
Ing: vane pump actuator wheel *n*
Fra: roue à palettes *f*

rueda de accionamiento *f*
Ale: Antriebsrad *n*
Ing: drive wheel *n*
Fra: pignon d'entraînement *m*

rueda de álabes (retardador hidrodinámico) *f*
Ale: Schaufelrad (hydrodynamischer Verlangsamer) *n*
Ing: blade wheel (hydrodynamic retarder) *n*
Fra: roue à palettes (ralentisseur hydrodynamique) *f*

rueda de álabes del compresor *f*
Ale: Verdichterrad *n*
Ing: compressor impeller *n*
Fra: pignon de compresseur *m*

rueda de árbol de levas *f*
Ale: Nockenwellenrad *n*
Ing: camshaft gear *n*
Fra: pignon d'arbre à cames *m*

rueda de cadena *f*
Ale: Kettenrad *n*
Ing: sprocket *n*
(chain wheel) *n*
Fra: roue à chaîne *f*

rueda de cigüeñal *f*
Ale: Kurbelwellenrad *n*
Ing: crankshaft gear *n*
(crankshaft timing gear) *n*
Fra: pignon de vilebrequin *m*

rueda de radios *f*
Ale: Speichenrad *n*
Ing: spoked wheel *n*
Fra: roue à rayons *f*

rueda de salida *f*
Ale: Abtriebsrad *n*
Ing: driven gear *n*
Fra: pignon de sortie *m*

rueda de trinquete *f*
Ale: Sperrrad *n*
Ing: ratchet wheel *n*
Fra: roue à cliquet *f*

rueda del generador de impulsos *f*
Ale: Impulsgeberrad *n*
(Blendenrotor) *m*
Ing: trigger wheel *n*
Fra: rotor de synchronisation *m*
(noyau synchroniseur) *m*
(rotor à écrans) *m*

rueda del transmisor (encendido) *f*
Ale: Geberrad (Zündung) *n*
(Zahnscheibe) *f*
Ing: trigger wheel (ignition) *n*
Fra: disque-cible (allumage) *m*
(noyau synchroniseur) *m*

rueda del transmisor *f*
Ale: Geberrad *n*
Ing: sensor ring *n*
Fra: roue crantée *f*

rueda dentada *f*
Ale: Zahnrad *n*
Ing: gear *n*
(ring gear) *n*
Fra: roue dentée *f*
(pignon) *m*

rueda dentada *f*
Ale: Zahnrad *n*
Ing: gear wheel *n*
Fra: roue d'engrenage *f*

rueda dentada recta *f*
Ale: Stirnrad *n*
Ing: spur gear *n*
Fra: roue à denture droite *f*

rueda gemela *f*
Ale: Zwillingsrad *n*
Ing: twin wheel *n*
Fra: roue jumelée *f*

rueda helicoidal *f*
Ale: Schneckenrad *n*
Ing: worm gear *n*
Fra: roue à denture hélicoïdale *f*

rueda helicoidal *f*
Ale: Schneckenrad *n*
Ing: worm wheel *n*
Fra: vis sans fin *f*

rueda helicoidal *f*
Ale: Schraubenrad *n*
Ing: helical wheel *n*
Fra: roue hélicoïdale *f*

rueda helicoidal *f*
Ale: Schraubenrad *n*
Ing: impeller wheel *n*
Fra: roue hélicoïdale *f*

rueda libre (motor de arranque) *f*
Ale: Freilauf (Starter) *m*
(Rollenfreilauf) *m*
Ing: roller type overrunning clutch (starter) *n*
Fra: roue libre *f*

rueda libre *f*
Ale: Freilauf *m*
Ing: one way clutch *n*
Fra: coupleur à roue libre (démarreur) *m*
(dispositif de roue libre) *m*

rueda libre de cuña interna *f*
Ale: Innenkeilfreilauf *m*
Ing: inner wedge type overrunning clutch *n*
Fra: roue libre à coins coulissants *f*

rueda libre de dientes rectos *f*
Ale: Stirnzahnfreilauf *m*
Ing: spur gear overrunning clutch *n*
Fra: roue libre à denture droite *f*

rueda libre miltidisco *f*
Ale: Lamellenfreilauf *m*
Ing: multi plate overrunning clutch *n*
Fra: embrayage multi-disques de roue libre *m*

rueda plana *f*
Ale: Tellerrad *n*
Ing: crown wheel *n*
Fra: pignon d'attaque *m*

rueda plana *f*
Ale: Tellerrad *n*
Ing: plate pulley *n*
Fra: couronne d'attaque *f*

rueda planetaria *f*
Ale: Planetenrad *n*
(Umlaufrad) *n*
Ing: planet gear *n*
Fra: satellite *m*

rueda polar *f*
Ale: Polrad *n*
Ing: pole wheel *n*
Fra: roue polaire *f*

rueda principal *f*
Ale: Sonnenrad *n*
Ing: sun gear *n*
Fra: planétaire *m*

rueda propulsora (cinturón de seguridad) *f*
Ale: Treibrad (Sicherheitsgurt) *n*
Ing: driving wheel (seat belt) *n*
Fra: roue motrice *f*

rueda todo terreno *f*
Ale: Greiferrad *n*
Ing: strake wheel *n*
Fra: roue d'adhérence *f*

ruedas gemelas *fpl*
Ale: Zwillingsbereifung *f*
Ing: twin tires *npl*
Fra: pneus jumelés *m*

ruedas gemelas *fpl*
Ale: Zwillingsbereifung *f*
Ing: dual tires *npl*
Fra: pneus jumelés *mpl*

rugosidad superficial *f*
Ale: Oberflächenrauigkeit *f*
Ing: surface roughness *n*
Fra: rugosité de surface *f*

ruido de admisión *m*
Ale: Ansauggeräusch *n*
Ing: intake noise *n*
Fra: bruit d'aspiration *m*

ruido de combustión *m*
Ale: Verbrennungsgeräusch *n*
Ing: combustion noise *n*
Fra: bruit de combustion *m*

ruido de descarga de aire (regulador de presión) *m*
Ale: Abblasgeräusch (Druckregler) *n*

Español

Ing: blow off noise (pressure regulator) n
Fra: bruit d'échappement (régulateur de pression) m

ruido de flujo ***m***
Ale: Strömungsgeräusch n
Ing: flow noise n
Fra: bruit d'écoulement m

ruido de fricción ***m***
Ale: Reibgeräusch n
Ing: friction noise n
Fra: bruit de friction m

ruido de marcha ***m***
Ale: Laufgeräusch n
Ing: running noise n
Fra: bruits de fonctionnement mpl

ruido del viento ***m***
Ale: Windgeräusch n
Ing: wind noise n
Fra: bruit dû au vent m

ruido estacionario ***m***
Ale: Standgeräusch n
Ing: noise emission from stationary vehicles n
Fra: bruit à l'arrêt m

ruido pasabanda ***m***
Ale: Bandpassrauschen n
Ing: bandpass noise n
Fra: bruit passe-bande m

ruptor (encendido) ***m***
Ale: Unterbrecher (Zündung) m
(Zündunterbrecher) m
Ing: ignition contact breaker n
Fra: rupteur (allumage) m

ruptor de encendido ***m***
Ale: Zündunterbrecher m
Ing: ignition contact breaker n
Fra: rupteur m

ruta de averías ***f***
Ale: Fehlerpfad m
Ing: error path n
Fra: chemin de défaut m

S

sacudidas de aceleración ***fpl***
Ale: Beschleunigungsruckeln n
Ing: acceleration shake n
Fra: à-coups à l'accélération m

sacudirse ***v***
Ale: ruckeln v
Ing: buck v
Fra: à-coups mpl

salida de agua condensada ***f***
Ale: Kondenswasserablauf m
Ing: condensate drain n
Fra: écoulement de l'eau de condensation m

salida de cable ***f***
Ale: Kabelausgang m
Ing: cable output n
Fra: sortie de câble f

salida de catalizador ***f***
Ale: Katalysatorauslass m
Ing: catalytic converter outlet n
Fra: sortie du catalyseur f

salida de datos de colisión ***f***
Ale: Crash-Ausgang m
Ing: crash output n
Fra: sortie « collision » f

salida de diagnóstico ***f***
Ale: Diagnoseausgabe f
Ing: diagnosis output n
Fra: sortie de diagnostic f

salida de drenaje ***f***
Ale: Ablauföffnung f
Ing: drain opening n
Fra: ouverture de drainage f

salida de energía ***f***
Ale: Energieabfluss m
Ing: energy output n
Fra: départ d'énergie m

saliente de la correa ***f***
Ale: Riemenüberstand m
Ing: belt runout n
Fra: porte-à-faux de la courroie m

saliente de tope ***m***
Ale: Anschlagnase f
Ing: stop lug n
Fra: bossage-butée m

salto de chispa (en los electrodos) ***m***
Ale: Funkendurchbruch (an den Elektroden) m
(Funkenüberschlag) m
Ing: flashover (at electrodes) n
Fra: éclatement de l'étincelle (aux électrodes) m

sangrado ***m***
Ale: Ausblutung f
Ing: bleeding n
Fra: ressuage m

saturación ***f***
Ale: Sättigung f
Ing: saturation n
Fra: saturation f

saturación de NO_x ***f***
Ale: NO_x-Sättigung f
Ing: NO_x saturation n
Fra: saturation en NO_x f

secador de aire ***m***
Ale: Lufttrockner m
Ing: air drier n
Fra: dessiccateur d'air m

sección de admisión ***f***
Ale: Ansaugquerschnitt m
Ing: intake cross-section n
Fra: section d'admission f

sección de admisión (bomba de inyección rotativa) ***f***
Ale: Einlassquerschnitt (Verteilereinspritzpumpe) m
Ing: inlet passage (distributor pump) n
Fra: section d'arrivée (pompe distributrice) f

sección de admisión (bomba de inyección rotativa) ***f***
Ale: Zulaufquerschnitt (Verteilereinspritzpumpe) m
Ing: inlet port (distributor pump) n
Fra: canal d'admission (pompe distributrice) m

sección de cable ***f***
Ale: Kabelquerschnitt m
Ing: cable cross-section n
Fra: section de câble f

sección de caudal de paso ***f***
Ale: Strömungsquerschnitt m
Ing: flow cross section n
Fra: section de passage de flux f

sección de conductor ***f***
Ale: Leiterquerschnitt m
Ing: conductor cross section n
Fra: section du conducteur f

sección de derivación (mariposa) ***f***
Ale: Nebenschlussquerschnitt (Drosselklappe) m
Ing: bypass cross-section (throttle valve) n
Fra: canal en dérivation (papillon) m

sección de flujo ***f***
Ale: Durchflussquerschnitt m
Ing: metering orifice n
Fra: section de passage f

sección de regulación de caudal (inyección diesel) ***f***
Ale: Absteuerquerschnitt (Dieseleinspritzung) m
Ing: cutoff bore (diesel fuel injection) n
Fra: orifice de décharge m

sección del orificio de escape ***f***
Ale: Ausflussquerschnitt m
Ing: outlet cross-section n
Fra: section d'écoulement f

sección escalonada de regulación de caudal ***f***
Ale: gestufter Absteuerquerschnitt m
Ing: stepped spill port n
Fra: trou de fin d'injection étagé m

sección pulida ***f***
Ale: Anschliff m
Ing: specially ground pintle n
Fra: chanfrein m

sección transversal de correa ***f***
Ale: Riemenquerschnitt m
Ing: belt cross section n
Fra: courroie en coupe f

sección transversal del surco ***f***
Ale: Rillenquerschnitt m
Ing: groove cross section n
Fra: nervure en coupe f

seccionador de batería ***m***
Ale: Batterie-Trennschalter m
Ing: battery disconnect switch n
Fra: disjoncteur de batterie m

Español

sector de medición *f*
Ale: Messstrecke *f*
Ing: measurement path *n*
Fra: trajet de mesure *m*

secuencia de averías *f*
Ale: Fehlerfolge *f*
Ing: failure consequence *n*
Fra: incidence du défaut *f*

secuencia de dientes *f*
Ale: Zahnfolge *f*
Ing: tooth sequence *n*
Fra: succession de dents *f*

secuencia de impulsos *f*
Ale: Impulsfolge *f*
Ing: pulse train *n*
Fra: train d'impulsions *m*

secuencia de inyección *f*
Ale: Einspritzfolge *f*
(Spritzfolge) *f*
Ing: injection sequence *n*
Fra: ordre d'injection *m*

secuencia de inyección (inyección de combustible) *f*
Ale: Spritzfolge (Kraftstoffeinspritzung) *f*
Ing: injection sequence (fuel injection) *n*
Fra: ordre d'injection *m*

secuencia de levas *f*
Ale: Nockenfolge *f*
Ing: cam sequence *n*
Fra: ordre des cames *m*

secuencia tribológica de ensayo *f*
Ale: tribologische Prüfkette *f*
Ing: tribological test sequence *n*
Fra: séquence de test tribologique *f*

secuencial *adj*
Ale: sequenziell *adj*
Ing: sequential *adj*
Fra: séquentiel *adj*

sedimentaciones en la cámara de combustión *fpl*
Ale: Brennraumablagerungen *fpl*
Ing: combustion deposits *n*
Fra: dépôts dans la chambre de combustion *mpl*

seguidor *m*
Ale: Nachläufer *m*
Ing: dolly *n*
Fra: remorque à un essieu *f*

seguidor de leva (palanca de ruptor) *m*
Ale: Gleitstück (Unterbrecherhebel) *n*
Ing: cam follower (breaker lever) *n*
Fra: toucheau (rupteur) *m*

seguridad contra el pandeo *f*
Ale: Knicksicherheit *f*
Ing: resistance to buckling *n*
Fra: sécurité au flambage *f*

seguridad de conducción *f*
Ale: Fahrsicherheit *f*
Ing: driving safety *n*
Fra: sécurité de conduite *f*

seguridad de manejo *f*
Ale: Bedienungssicherheit *f*
Ing: operational safety *n*
Fra: sécurité de commande *f*

seguridad de operación *f*
Ale: Betriebssicherheit *f*
Ing: functional security *n*
Fra: sûreté de fonctionnement *f*

seguridad interior *f*
Ale: innere Sicherheit *f*
Ing: interior safety *n*
Fra: sécurité intérieure *f*

seguridad pasiva *f*
Ale: passive Sicherheit *f*
Ing: passive safety *n*
Fra: sécurité passive *f*

seguro antiaprisionamiento (automóvil) *m*
Ale: Einklemmsicherung (Kfz) *f*
Ing: push in fuse (motor vehicle) *n*
Fra: dispositif antipincement (véhicule) *m*

seguro antigiro (accionamiento de puerta) *m*
Ale: Verdrehsicherung (Türbetätigung) *f*
Ing: anti rotation element (door control) *n*
Fra: sécurité antirotation (commande des portes) *f*

seguro antirrobo *m*
Ale: Diebstahlsicherung *f*
Ing: theft deterrence *n*
Fra: sécurité antivol *f*

seguro contra interferencias *m*
Ale: störsicher *adj*
Ing: interference proof *adj*
Fra: insensible aux perturbations *loc*

selección de destino *f*
Ale: Zielauswahl *f*
(Navigationssystem) *n*
Ing: destination selection (vehicle navigation system) *n*
Fra: programmation de destination *f*

selección de idioma *f*
Ale: Sprachauswahl *f*
Ing: language selection *n*
Fra: sélection de la langue *f*

sello de homologación *m*
Ale: Prüfzeichen *n*
Ing: mark of approval *n*
Fra: marque d'homologation *f*

semiconductor *m*
Ale: Halbleiter *m*
Ing: semiconductor *n*
Fra: semi-conducteur *m*

semieje *m*
Ale: Achswelle *f*
Ing: axle shaft *n*
Fra: arbre d'essieu *m*

semitransparente *adj*
Ale: teildurchlässig *adj*
Ing: semi transparent *adj*
Fra: semi-réfléchissant *adj*

señal *f*
Ale: Signal *n*
Ing: signal *n*
Fra: signal *m*

señal acústica de advertencia *f*
Ale: Warnsummer *m*
Ing: buzzer *n*
Fra: vibreur *m*

señal acústica de advertencia *f*
Ale: Warnsummer *m*
Ing: warning buzzer *n*
Fra: vibreur *m*

señal analógica *f*
Ale: Analogsignal *n*
Ing: analog signal *n*
Fra: signal analogique *m*

señal de activación *f*
Ale: Ansteuersignal *n*
(Ansteuerimpuls) *m*
Ing: triggering signal *n*
Fra: signal de pilotage *m*
(signal pilote) *m*

señal de activación del oscilador Gunn *f*
Ale: Gunnoszillator-Einschaltsignal *n*
Ing: gunn oscillator switch-on signal *n*
Fra: signal d'activation de l'oscillateur Gunn *m*

señal de advertencia *f*
Ale: Warnsignal *n*
Ing: warning signal *n*
Fra: signal de détresse *m*

señal de ajuste *f*
Ale: Stellsignal *n*
Ing: command signal *n*
Fra: signal de réglage *m*

señal de ajuste *f*
Ale: Stellsignal *n*
Ing: actuator signal *n*
(acuating signal) *n*
Fra: signal de réglage *m*

señal de avería *f*
Ale: Fehlersignal *n*
Ing: error signal *n*
Fra: signal de défaut *m*

señal de carga del eje *f*
Ale: Achslastsignal *n*
Ing: axle load signal *n*
Fra: signal de charge sur essieu *m*

señal de control *f*
Ale: Steuersignal *n*
Ing: control signal (open loop) *n*
Fra: signal de commande *m*

señal de control de presión de sobrealimentación *f*

Ale: Ladedrucksteuersignal *n*
Ing: boost pressure control signal *n*
Fra: signal de commande pression de suralimentation *m*

señal de desconexión *f*
Ale: Abschaltsignal *n*
Ing: switchoff signal *n*
Fra: signal de coupure *m*

señal de entrada *f*
Ale: Eingangssignal *n*
Ing: input signal *n*
Fra: signal d'entrée *m*

señal de inyección *f*
Ale: Einspritzsignal *n*
Ing: injection signal *n*
Fra: signal d'injection *m*

señal de medición *f*
Ale: Messsignal *n*
Ing: measurement signal *n*
Fra: signal de mesure *m*

señal de modo común *f*
Ale: Gleichtaktsignal *n*
Ing: common mode signal *n*
Fra: signal de mode commun *m*

señal de radar *f*
Ale: Radarsignal *n*
Ing: radar signal *n*
Fra: signal radar *m*

señal de reducción (ASR) *f*
Ale: Reduziersignal (ASR) *n*
Ing: reduction signal (TCS) *n*
Fra: signal de réduction (ASR) *m*

señal de regulación *f*
Ale: Regelsignal *n*
Ing: control signal (closed loop) *n*
Fra: signal de régulation *m*

señal de respuesta (regulación del ABS) *f*
Ale: Rückmeldung (ABS-Regelung) *f*
Ing: feedback signal (ABS control) *n*
Fra: confirmation (régulation ABS) *f*

señal de respuesta de posición (servomotor ASR) *f*
Ale: Positionsrückmeldung (ASR-Stellmotor) *f*
Ing: position feedback (TCS servomotor) *n*
Fra: confirmation de positionnement (servomoteur ASR) *f*

señal de salida *f*
Ale: Ausgangssignal *n*
Ing: output signal *n*
Fra: signal de sortie *m*

señal de tráfico *f*
Ale: Verkehrszeichenerkennung *f*
Ing: road sign recognition *n*
Fra: détection de panneaux de signalisation *f*

señal del emisor *f*
Ale: Sendersignal *n*
Ing: transmitter signal *n*
Fra: signal émetteur *m*

señal del número de revoluciones *f*
Ale: Drehzahlsignal *n*
Ing: engine speed signal *n*
Fra: signal de régime *m*

señal digital *f*
Ale: Digitalsignal *n*
Ing: digital signal *n*
Fra: signal numérique *m*

señal intermitente *f*
Ale: Blinksignal *n*
Ing: flashing signal *n*
Fra: signal clignotant *m*

señal perturbadora *f*
Ale: Störsignal *n*
Ing: interference signal *n*
Fra: signal parasite *m*

señal útil *f*
Ale: Nutzsignal *n*
Ing: useful signal *n*
(wanted signal) *n*
Fra: signal utile *m*

sensibilidad (metrología) *f*
Ale: Empfindlichkeit (Messtechnik) *f*
Ing: sensitivity *n*
Fra: sensibilité *f*

sensibilidad transversal (sensor) *f*
Ale: Querempfindlichkeit (Sensor) *f*
Ing: cross sensitivity (sensor) *n*
Fra: sensibilité transversale (capteur) *f*

sensible a interferencias *adj*
Ale: störempfindlich *adj*
Ing: susceptible to interference *n*
Fra: sensible aux perturbations *loc*

sensor *m*
Ale: Sensor *m*
Ing: sensor *n*
Fra: capteur *m*

sensor de colisión *m*
Ale: Crashsensor *m*
Ing: crash sensor *n*
Fra: capteur de collision *m*

sensor altimétrico *m*
Ale: Höhensensor *m*
(Höhengeber) *m*
Ing: altitude sensor *n*
Fra: capteur altimétrique *m*
(sonde altimétrique) *f*

sensor combinado HC/Lambda *m*
Ale: Tandemsensor HC/Lambda *m*
Ing: combined HC/Lambda oxygen sensor *n*
Fra: sonde combinée HC/oxygène *f*

sensor de aceleración *m*
Ale: Beschleunigungssensor *m*
(Beschleunigungs-aufnehmer) *m*
Ing: acceleration sensor *n*
Fra: capteur d'accélération *m*
(accéléromètre) *m*

sensor de aceleración transversal (ESP) *m*
Ale: Querbeschleunigungssensor (ESP) *m*
Ing: lateral acceleration sensor (ESP) *n*
Fra: capteur d'accélération transversale (ESP) *m*

sensor de alcohol *m*
Ale: Alkoholsensor *m*
Ing: alcohol sensor *n*
Fra: capteur d'alcool *m*

sensor de alta presión *m*
Ale: Hochdrucksensor *m*
Ing: high pressure sensor *n*
Fra: capteur haute pression *m*

sensor de ángulo de giro *m*
Ale: Drehwinkelsensor *m*
Ing: angle-of-rotation sensor *n*
Fra: capteur angulaire *m*

sensor de ángulo de giro del volante (ESP) *m*
Ale: Lenkradwinkelsensor (ESP) *m*
Ing: steering wheel angle sensor (ESP) *n*
Fra: capteur d'angle de braquage (ESP) *m*

sensor de burbuja *m*
Ale: Blasensensor *m*
Ing: bubble sensor *n*
Fra: capteur à bulle *m*

sensor de carga de la rueda *m*
Ale: Radlastsensor *m*
Ing: wheel load sensor *n*
Fra: capteur de débattement de roue *m*

sensor de carrera de válvula *m*
Ale: Ventilhubsensor *m*
Ing: valve lift sensor *n*
Fra: capteur de levée de soupape *m*

sensor de choque frontal *m*
Ale: Frontalaufprallsensor *m*
Ing: frontal impact sensor *n*
Fra: capteur de choc frontal *m*

sensor de choque lateral *m*
Ale: Seitenaufprallsensor *m*
Ing: side impact sensor *n*
Fra: capteur de chocs latéraux *m*

sensor de choques *m*
Ale: Stoßsensor *m*
Ing: impact sensor *n*
Fra: capteur de choc *m*

sensor de combustible *m*
Ale: Kraftstoffmangelsensor *m*
Ing: fuel shortage sensor *n*
Fra: capteur de réserve de carburant *m*

sensor de corriente parásita ***m***
Ale: Wirbelstromsensor *m*
Ing: eddy current sensor *n*
Fra: capteur à courants de Foucault *m*

sensor de depresión de freno ***m***
Ale: Brems-Unterdrucksensor *m*
Ing: brake vacuum sensor *n*
Fra: capteur de frein à dépression *m*

sensor de desgaste de freno ***m***
Ale: Bremsverschleißsensor *m*
Ing: brake wear sensor *n*
Fra: capteur d'usure des freins *m*

sensor de desgaste de pastilla de freno ***m***
Ale: Bremsbelagverschleißsensor *m*
Ing: brake pad wear sensor *n*
Fra: capteur d'usure des garnitures de frein *m*

sensor de desgaste del forro (frenos) ***m***
Ale: Belagverschleißsensor (Bremsen) *m*
(Verschleißsensor) *m*
Ing: lining wear sensor (brakes) *n*
(wear indicator) *n*
Fra: capteur d'usure de garniture (garniture de frein) *m*

sensor de detonaciones ***m***
Ale: Klopfsensor *m*
(Körperschallaufnehmer) *m*
Ing: knock sensor *n*
Fra: capteur de cliquetis *m*

sensor de eje ***m***
Ale: Achssensor *m*
Ing: axle sensor *n*
Fra: capteur d'essieu *m*

sensor de estrangulador diferencial ***m***
Ale: Differenzialdrosselsensor *m*
Ing: differential throttle sensor *n*
Fra: capteur à inductance différentielle *m*

sensor de flujo (caudalímetro de aire de película caliente) ***m***
Ale: Durchflusssensor (Heißfilm-Luftmassenmesser) *m*
Ing: flow sensor (hot-film air-mass meter) *n*
Fra: capteur de flux d'écoulement (débitmètre massique à film chaud) *m*

sensor de gradiente ***m***
Ale: Gradienten-Sensor *m*
Ing: gradient sensor *n*
Fra: capteur à gradient *m*

sensor de humedad ***m***
Ale: Feuchtesensor *m*
Ing: humidity sensor *n*
Fra: capteur d'humidité *m*

sensor de imagen ***m***
Ale: Bildsensor *m*
Ing: imaging sensor *n*
Fra: capteur d'image *m*

sensor de impacto (alarma de vehículo) ***m***
Ale: Schocksensor (Autoalarm) *m*
Ing: shock sensor (car alarm) *n*
Fra: capteur de choc (alarme auto) *m*

sensor de inclinación ***m***
Ale: Neigungssensor *m*
(Kippsensor) *m*
Ing: tilt sensor *n*
Fra: capteur d'inclinaison *m*
(capteur à nivelle) *m*

sensor de la carga del eje ***m***
Ale: Achslastsensor *m*
(Achslastgeber) *m*
Ing: axle load sensor *n*
Fra: capteur de charge sur essieu *m*

sensor de la presión de frenado ***m***
Ale: Bremsdrucksensor *m*
Ing: brake pressure sensor *n*
Fra: capteur de pression de freinage *m*

sensor de la presión previa ***m***
Ale: Vordrucksensor *m*
Ing: brake pressure sensor *n*
Fra: capteur de pression d'alimentation *m*

sensor de lluvia ***m***
Ale: Regensensor *m*
Ing: rain sensor *n*
Fra: capteur de pluie *m*

sensor de marca de referencia (encendido) ***m***
Ale: Bezugsmarkensensor (Zündung) *m*
Ing: reference-mark sensor (ignition) *n*
Fra: capteur de repère de référence (allumage) *m*
(capteur de repère de consigne) *m*

sensor de movimiento de aguja ***m***
Ale: Nadelbewegungsfühler *m*
(Nadelbewegungssensor) *m*
Ing: needle motion sensor *n*
Fra: capteur de déplacement d'aiguille *m*

sensor de movimiento de aguja ***m***
Ale: Nadelbewegungssensor *m*
Ing: needle motion sensor *n*
Fra: capteur de déplacement d'aiguille *m*

sensor de nivel de llenado de combustible ***m***
Ale: Kraftstofffüllstandsensor *m*
Ing: fuel level sensor *n*
Fra: capteur de niveau de carburant *m*

sensor de nivel de llenado del depósito ***m***
Ale: Tankfüllstandsensor *m*
Ing: fuel level sensor *n*
Fra: capteur de niveau de carburant *m*

sensor de nivel del líquido de frenos ***m***
Ale: Bremsflüssigkeitsniveau-sensor *m*
Ing: brake fluid level sensor *n*
Fra: capteur de niveau de liquide de frein *m*

sensor de número de revoluciones de rueda ***m***
Ale: Raddrehzahlsensor *m*
Ing: wheel speed sensor *n*
Fra: capteur de vitesse de roue *m*

sensor de número de revoluciones del motor ***m***
Ale: Motordrehzahlsensor *m*
Ing: engine speed sensor *n*
Fra: capteur de régime moteur *m*

sensor de par ***m***
Ale: Drehmomentsensor *m*
Ing: torque sensor *n*
Fra: capteur de couple *m*
(couplemètre) *m*

sensor de posición ***m***
Ale: Positionssensor *m*
(Positionsgeber) *m*
(Lagesensor) *m*
Ing: position sensor *n*
Fra: capteur de position *m*

sensor de posición de corredera reguladora ***m***
Ale: Regelschieberweggeber *m*
Ing: control collar position sensor *n*
Fra: capteur de course du tiroir de régulation *m*

sensor de posición del árbol de levas ***m***
Ale: Nockenwellen-Positionssensor *m*
Ing: camshaft-position sensor *n*
Fra: capteur de position d'arbre à cames *m*

sensor de presión ***m***
Ale: Druckfühler *m*
Ing: pressure sensor *n*
Fra: sonde de pression *f*

sensor de presión ***m***
Ale: Drucksensor *m*
(Druckgeber) *m*
(Druckfühler) *m*
Ing: pressure sensor *n*
Fra: capteur de pression *m*

sensor de presión absoluta ***m***
Ale: Absolutdrucksensor *m*
Ing: absolute pressure sensor *n*
Fra: capteur de pression absolue *m*

sensor de presión de aire ***m***
Ale: Luftdrucksensor *m*
Ing: air pressure sensor *n*

Fra: capteur de pression d'air *m*

sensor de presión de atmósfera ***m***
Ale: Atmosphärendrucksensor *m*
(Atmosphärendruckfühler) *m*
Ing: atmospheric-pressure sensor *n*
Fra: capteur de pression atmosphérique *m*

sensor de presión de capa gruesa ***m***
Ale: Dickschicht-Drucksensor *m*
Ing: thick film pressure sensor *n*
Fra: capteur de pression à couches épaisses *m*

sensor de presión de combustible ***m***
Ale: Kraftstoffdrucksensor *m*
Ing: fuel pressure sensor *n*
Fra: capteur de pression de carburant *m*

sensor de presión de la cámara de combustión ***m***
Ale: Brennraum-Drucksensor *m*
Ing: combustion chamber pressure sensor *n*
Fra: capteur de pression de chambre de combustion *m*

sensor de presión de sobrealimentación ***m***
Ale: Ladedruckfühler *m*
Ing: boost pressure sensor, BPS *n*
Fra: capteur de pression de suralimentation *m*

sensor de presión del conducto (Common Rail) ***m***
Ale: Raildrucksensor (Common Rail) *m*
Ing: rail pressure sensor (common rail) *n*
Fra: capteur de pression « rail » (« Common Rail ») *m*

sensor de presión del tubo de aspiración ***m***
Ale: Saugrohrdrucksensor *m*
Ing: intake manifold pressure sensor *n*
Fra: capteur de pression d'admission *m*

sensor de presión diferencial ***m***
Ale: Differenzdrucksensor *m*
Ing: differential pressure sensor *n*
Fra: capteur de pression différentielle *m*

sensor de radar ***m***
Ale: Radarsensor *m*
Ing: radar sensor *n*
Fra: capteur radar *m*

sensor de recepción ***m***
Ale: Empfangssensor *m*
Ing: receive sensor *n*
Fra: capteur récepteur *m*

sensor de recorrido de regulación ***m***
Ale: Regelwegsensor *m*
(Regelweggeber) *m*
(Regelstangenweggeber) *m*
Ing: rack travel sensor *n*
Fra: capteur de course de régulation *m*

sensor de revoluciones ***m***
Ale: Drehzahlfühler *m*
Ing: speed sensor *n*
Fra: capteur de régime *m*

sensor de revoluciones del cigüeñal ***m***
Ale: Kurbelwellen-Drehzahlsensor *m*
Ing: crankshaft speed sensor *n*
Fra: capteur de vitesse de rotation du vilebrequin *m*

sensor de revoluciones Hall ***m***
Ale: Hall-Drehzahlsensor *m*
Ing: hall effect crankshaft sensor *n*
Fra: capteur de régime à effet Hall *m*

sensor de separación ***m***
Ale: Abstandssensor (ACC) *m*
Ing: ranging sensor (ACC) *n*
Fra: capteur de distance *m*

sensor de suciedad ***m***
Ale: Schmutzsensor *m*
Ing: dirt sensor *n*
Fra: capteur d'encrassement *m*

sensor de temperatura ***m***
Ale: Temperatursensor *m*
(Temperaturmessfühler) *m*
(Temperaturfühler) *m*
Ing: temperature sensor *n*
Fra: sonde de température *m*

sensor de temperatura de gases de escape ***m***
Ale: Abgastemperaturfühler *m*
Ing: exhaust gas temperature sensor *n*
Fra: sonde de température des gaz d'échappement *f*

sensor de temperatura del agua ***m***
Ale: Wassertemperaturfühler *m*
Ing: water temperature sensor *n*
Fra: sonde de température d'eau *f*

sensor de temperatura del aire soplado ***m***
Ale: Ausblastemperatursensor *m*
Ing: air exit temperature sensor *n*
Fra: sonde de température d'air évacué *f*

sensor de velocidad ***m***
Ale: Geschwindigkeitssensor *m*
Ing: velocity sensor *n*
Fra: capteur de vitesse linéaire *m*

sensor de velocidad de aguja ***m***
Ale: Nadelgeschwindigkeitsfühler *m*
Ing: needle velocity sensor, NVS *n*
Fra: capteur de vitesse d'aiguille *m*

sensor de velocidad de giro ***m***
Ale: Drehratesensor *m*
(Giergeschwindigkeits-sensor) *m*
Ing: yaw rate sensor *n*
(yaw sensor) *n*
Fra: capteur de (vitesse de) lacet *m*
(capteur de lacet) *m*

sensor de velocidad de giro del árbol de levas ***m***
Ale: Nockenwellen-Drehzahlsensor *m*
Ing: camshaft speed sensor *n*
Fra: capteur de vitesse de rotation de l'arbre à cames *m*

sensor de vibración ***m***
Ale: Vibrationssensor *m*
Ing: vibration sensor *n*
Fra: capteur de vibrations *m*

sensor de vuelco ***m***
Ale: Überrollsensor *m*
Ing: rollover sensor *n*
Fra: capteur de capotage *m*

sensor del ángulo de viraje ***m***
Ale: Lenkwinkelsensor *m*
Ing: steering angle sensor *n*
Fra: capteur d'angle de braquage *m*

sensor del ángulo del cigüeñal ***m***
Ale: Kurbelwinkelsensor *m*
(Kurbelwinkelgeber) *m*
Ing: crank angle sensor *n*
Fra: capteur d'angle vilebrequin *m*

sensor del campo magnético de la tierra (sistema de navegación) ***m***
Ale: Erdmagnetfeldsonde (Navigationssystem) *f*
Ing: geomagnetic sensor (navigation system) *n*
Fra: sonde de champ magnétique terrestre (système de navigation) *f*

sensor del par motor ***m***
Ale: Antriebsmomentsensierung *f*
Ing: drive torque sensing *n*
Fra: saisie du couple de traction *f*

sensor del pedal acelerador ***m***
Ale: Fahrpedalsensor *m*
(Pedalwertgeber) *m*
(Pedalwegsensor) *m*
Ing: pedal travel sensor *n*
Fra: capteur d'accélérateur *m*
(capteur de course d'accélérateur) *m*

sensor del valor de frenado ***m***
Ale: Bremswertsensor *m*
Ing: braking value sensor *n*
Fra: capteur de freinage *m*

sensor diferencial ***m***
Ale: Differenzialsensor *m*
Ing: differential sensor *n*
Fra: capteur différentiel *m*

sensor diferencial magnetoresistivo ***m***
Ale: Differenzial-Feldplattensensor *m*

Español

Ing: differential magnetoresistive sensor *n*
Fra: capteur différentiel magnétorésistif *m*

sensor gravitacional ***m***
Ale: Gravitationssensor *m*
Ing: gravitation sensor *n*
Fra: capteur inertiel *m*

sensor Hall ***m***
Ale: Hall-Sensor *m*
Ing: hall effect sensor *n*
Fra: capteur à effet Hall *m*
(capteur Hall) *m*

sensor inductivo de revoluciones ***m***
Ale: induktiver Drehzahlsensor *m*
Ing: inductive prm sensor *n*
Fra: capteur de régime inductif *m*

sensor por película caliente ***m***
Ale: Heißfilmsensor *m*
Ing: hot film sensor *n*
Fra: capteur à film chaud *m*

sensor termopila ***m***
Ale: Thermopilesensor *m*
Ing: thermopile sensor *n*
Fra: capteur à thermopile *m*

sensor ultrasónico ***m***
Ale: Ultraschallsensor *m*
Ing: ultrasonic sensor *n*
Fra: capteur à ultrasons *m*

sentido de acción ***m***
Ale: Wirkrichtung *f*
Ing: force transfer direction *n*
Fra: sens d'action *m*

sentido de corriente ***m***
Ale: Stromverlauf *m*
Ing: current curve *n*
Fra: courbe de courant *f*

sentido de flujo ***m***
Ale: Strömungsrichtung *f*
Ing: flow direction *n*
Fra: sens d'écoulement *m*

sentido de giro ***m***
Ale: Drehrichtung *f*
Ing: direction of rotation *n*
Fra: sens de rotation *m*

separación ***f***
Ale: Abschottung *f*
Ing: partition *n*
Fra: isolation *f*

separación de contacto ***f***
Ale: Kontaktabstand *m*
Ing: contact gap *n*
Fra: espacement des contacts *m*

separación metálica ***f***
Ale: Metallabscheidung *f*
Ing: metal deposition *n*
Fra: dépôt de métal *m*

separador ***m***
Ale: Abstandshalter *m*
Ing: spacer *n*
Fra: entretoise *f*

separador (batería) ***m***
Ale: Separator (Batterie) *m*
(Abscheider) *m*
Ing: separator (battery) *n*
Fra: séparateur (batterie) *m*

separador agua-combustible ***m***
Ale: Kraftstoffwasserabscheider *m*
Ing: fuel water separator *n*
Fra: séparateur d'eau du carburant *m*

separador centrífugo ***m***
Ale: Fliehkraftabscheider *m*
Ing: centrifugal separator *n*
Fra: séparateur centrifuge *m*

separador ciclónico previo (filtro de aire de papel) ***m***
Ale: Zyklon-Vorabscheider (Papierluftfilter) *m*
Ing: cyclone prefilter (paper filter) *n*
Fra: préséparateur à cyclone (filtre à air en papier) *m*

separador de aceite ***m***
Ale: Ölabscheider *m*
Ing: oil separator *n*
Fra: séparateur d'huile *m*

separador de agua ***m***
Ale: Wasserabscheider *m*
Ing: water separator *n*
Fra: séparateur d'eau *m*

separador de agua ***m***
Ale: Wasserabscheider *m*
Ing: water trap *n*
Fra: séparateur d'eau *m*

separador de aire ***m***
Ale: Luftabscheider *m*
Ing: air eliminator *n*
(air separator) *n*
Fra: purgeur d'air *m*

separador de filtración ***m***
Ale: Filtrationsabscheider *m*
Ing: filtration separator *n*
Fra: séparateur à filtration *m*

separador de hollín ***m***
Ale: Rußabscheider *m*
Ing: soot separator *n*
Fra: séparateur de particules de suie *m*

separador eléctrico ***m***
Ale: Elektroabscheider *m*
Ing: electrical separator *n*
Fra: séparateur électrique *m*

separador previo (Jetronic) ***m***
Ale: Vorabscheider (Jetronic) *m*
Ing: preliminary filter (Jetronic) *n*
Fra: préséparateur (Jetronic) *m*

serial ***adj***
Ale: seriell *adj*
Ing: serial *adj*
Fra: sériel *adj*

serie ***f***
Ale: Baureihe *f*
Ing: type range *n*
Fra: série *f*

serie ***f***
Ale: Baureihe *f*
Ing: series *n*
Fra: série *f*

serpentín ***m***
Ale: Rohrschlange *f*
Ing: coiled pipe *n*
(coiled tube) *n*
Fra: serpentin *m*

servicio combinado ***m***
Ale: gemischter Betrieb *m*
Ing: mixed operation *n*
Fra: mode mixte *m*

servicio con depósito de flujo por gravedad ***m***
Ale: Falltankbetrieb *m*
Ing: gravity feed fuel tank operation *n*
Fra: alimentation du réservoir par gravité *f*

servicio continuo (máquinas eléctricas) ***m***
Ale: Dauerbetrieb (elektrische Maschinen) *m*
Ing: continuous running-duty type (electrical machines) *n*
Fra: fonctionnement permanent (machines électriques) *m*

servicio de frenos ***m***
Ale: Bremsendienst *m*
Ing: brake repair service *n*
Fra: service « freins » *m*

servicio de marcha ***m***
Ale: Fahrbetrieb *m*
Ing: driving mode *n*
Fra: roulage *m*

servoaccionamiento ***m***
Ale: Servoantrieb *m*
Ing: drive unit *n*
(servo drive) *n*
Fra: servocommande *f*

servobomba de aceite ***f***
Ale: Servoölpumpe *f*
Ing: servo oil pump *n*
(power-assisted steering) *n*
Fra: servopompe à huile *f*

servobomba de inyección ***f***
Ale: Servoeinspritzpumpe *f*
Ing: servo fuel-injection pump *n*
Fra: servopompe d'injection *f*

servodirección ***f***
Ale: Servolenkung *f*
Ing: power steering *n*
Fra: direction assistée *f*

servoembrague ***m***
Ale: Servokupplung *f*
Ing: servoclutch *n*
Fra: servo-embrayage *m*

servofreno (vehículo industrial) ***m***
Ale: Bremsverstärker (Nfz) *m*

Ing: brake servo-unit cylinder (commercial vehicles) *n*
Fra: cylindre de servofrein (véhicules utilitaires) *m*

servofreno (freno de tambor) ***m***
Ale: Servobremse (Trommelbremse) *f*
Ing: servo brake (drum brake) *n*
Fra: servofrein (frein à tambour) *m*

servofreno duo ***m***
Ale: Duo-Servobremse *f*
Ing: duo servo brake *n*
Fra: servofrein duo *m*

servofreno hidráulico ***m***
Ale: Hydraulik-Bremskraftverstärker *m*
Ing: hydraulic brake booster *n*
Fra: servofrein hydraulique *m*

servomotor ***m***
Ale: Stellmotor *m*
(Verstellmotor) *m*
Ing: servomotor *n*
Fra: servomoteur *m*

servomotor de mariposa ***m***
Ale: Drosselklappenstellmotor *m*
Ing: throttle valve positioning motor *n*
Fra: servomoteur de papillon *m*

servoválvula ***f***
Ale: Servoventil *n*
Ing: servo valve *n*
Fra: vanne commandée par servomoteur *f*

silenciador (motor de combustión) ***m***
Ale: Auspufftopf (Verbrennungsmotor) *m*
Ing: muffler *n*
(silencer) *n*
Fra: silencieux *m*

silenciador ***m***
Ale: Geräuschdämpfer *m*
Ing: silencer *n*
Fra: amortisseur de bruit *m*

silenciador (regulador de presión) ***m***
Ale: Schalldämpfer (Druckregler) *m*
Ing: silencer (pressure regulator) *n*
Fra: silencieux (régulateur de pression) *m*

silenciador ***m***
Ale: Schalldämpfer *m*
Ing: muffler *n*
Fra: silencieux *m*

silenciador ***m***
Ale: Schalldämpfer *m*
Ing: exhaust muffler *n*
Fra: silencieux *m*

silenciador central ***m***
Ale: Mittelschalldämpfer *m*
Ing: exhaust gas center silencer *n*
Fra: silencieux médian *m*

silenciador de absorción ***m***
Ale: Absorptionsschalldämpfer *m*
Ing: absorption muffler *n*
Fra: silencieux à absorption *m*

silenciador de escape (motor de combustión) ***m***
Ale: Auspuffschalldämpfer (Verbrennungsmotor) *m*
Ing: exhaust muffler *n*
Fra: silencieux d'échappement *m*

silenciador de reflexión ***m***
Ale: Reflexionsschalldämpfer *m*
Ing: reflection muffler *n*
Fra: silencieux à réflexion *m*

silenciador de reflexión ***m***
Ale: Reflexionsschalldämpfer *m*
Ing: baffle silencer *n*
(resonator-type muffler) *n*
Fra: silencieux à réflexion *m*

silenciador final ***m***
Ale: Nachschalldämpfer *m*
Ing: rear muffler *n*
Fra: silencieux arrière *m*

silenciador previo ***m***
Ale: Vorschalldämpfer *m*
Ing: front muffler *n*
Fra: silencieux avant *m*

simulación de averías ***f***
Ale: Fehlersimulation *f*
Ing: error simulation *n*
Fra: simulation des défauts *f*

simulador de recorrido del pedal ***m***
Ale: Pedalwegsimulator *m*
Ing: pedal travel simulator *n*
Fra: simulateur de course de pédale *m*

sin fricción ***loc***
Ale: reibungsfrei *adj*
Ing: frictionless *adj*
Fra: sans frottement *loc*

sin plomo (gasolina) ***loc***
Ale: bleifrei (Benzin) *adj*
(unverbleit) *pp*
Ing: unleaded (gasoline) *pp*
Fra: sans plomb (essence) *loc*

sincronización ***f***
Ale: Synchronisation *f*
Ing: synchronization *n*
Fra: synchronisation *f*

sincronización de cono doble ***f***
Ale: Doppelkonus-Synchronisierung *f*
Ing: dual band synchromesh *n*
Fra: synchroniseur à double cône *m*

sincronización de cono simple ***f***
Ale: Einfachkonus-synchronisierung *f*
Ing: single cone synchromesh clutch *n*
Fra: synchroniseur à simple cône *m*

sincronización de cono triple ***f***
Ale: Dreifachkonus-Synchronisierung *f*
Ing: triple cone synchromesh clutch *n*
Fra: synchroniseur à triple cône *m*

sincronización de seguridad ***f***
Ale: Sperrsynchronisierung *f*
Ing: synchronizer assembly *n*
Fra: synchroniseur à verrouillage *m*

sinterización ***f***
Ale: Sintern *n*
Ing: sintering *n*
Fra: frittage *m*

sinterizado cerámico ***adj***
Ale: sinterkeramisch *adj*
Ing: sintered ceramic *adj*
Fra: en céramique frittée *loc*

síntomas de envejecimiento ***mpl***
Ale: Alterungserscheinungen *fpl*
Ing: signs of aging *n*
Fra: traces de vieillissement *fpl*

sintonización fina ***f***
Ale: Feinabstimmung *f*
Ing: fine tuning *n*
Fra: accord fin *m*

sistema amortiguador de choque ***m***
Ale: Pralldämpfersystem *n*
Ing: shock absorber system *n*
Fra: système d'amortissement des chocs *m*

sistema antibloqueo de frenos (ABS) ***m***
Ale: Antiblockiersystem (ABS) *n*
(Blockierschutz) *m*
Ing: antilock braking system (ABS) *n*
Fra: système antiblocage (ABS) *m*
(protection antiblocage) *f*

sistema automático de conexión ***m***
Ale: Einschaltautomatik *f*
Ing: automatic starting mechanism *n*
Fra: automatisme d'enclenchement *m*

sistema automático de lavado y secado ***m***
Ale: Trockenwisch-Automatik *f*
Ing: automatic wash and wipe system *n*
Fra: essuyage-séchage automatique *m*

sistema auxiliar de arranque ***m***
Ale: Starthilfsanlage *f*
Ing: start assist system *n*
Fra: dispositif auxiliaire de démarrage *m*

sistema auxiliar de frenos ***m***
Ale: Hilfs-Bremsanlage *f*
Ing: secondary brake system *n*
Fra: dispositif de freinage de secours *m*

sistema Common Rail, CRS ***m***

Ale: Common Rail System, CRS *n*
Ing: common rail system, CRS *n*
Fra: système d'injection à accumulateur « Common Rail » *m*

sistema con motor Diesel *m*
Ale: Dieselanlage *f*
Ing: diesel engine system *n*
Fra: équipement diesel *m*

sistema de activación Hall *m*
Ale: Hall-Auslösesystem *n*
Ing: hall triggering system *n*
Fra: système de déclenchement Hall *m*

sistema de admisión (motor de combustión) *m*
Ale: Ansaugsystem (Verbrennungsmotor) *n*
(Ansaugluftsystem) *n*
Ing: air intake system (IC engine) *n*
Fra: système d'admission (moteur à combustion) *m*

sistema de admisión de aire *m*
Ale: Ansaugluftsystem *n*
(Ansaugsystem) *n*
Ing: air intake system *n*
Fra: système d'admission d'air *m*

sistema de aire acondicionado *m*
Ale: Klimaanlage *f*
Ing: air conditioning system *n*
Fra: climatiseur *m*
(conditionnement d'air) *m*

sistema de aire comprimido *m*
Ale: Druckluftanlage *f*
Ing: compressed air system *n*
Fra: dispositif à air comprimé *m*

sistema de aire secundario *m*
Ale: Sekundärluftsystem *n*
Ing: secondary air system *n*
Fra: système d'insufflation d'air secondaire *m*

sistema de alarma antirrobo *m*
Ale: Diebstahl-Alarmanlage *f*
Ing: theft deterrent system *n*
Fra: dispositif d'alarme antivol *m*

sistema de alineación de ejes *m*
Ale: Achsmessanlage *f*
Ing: whee alignment indicator *n*
Fra: contrôleur de géométrie *m*

sistema de arranque *m*
Ale: Startanlage *f*
Ing: starting system *n*
Fra: équipement de démarrage *m*

sistema de arranque *m*
Ale: Startsystem *n*
Ing: starting system *n*
Fra: système de démarrage *m*

sistema de arranque rápido (vehículos Diesel) *m*
Ale: Schnellstartanlage (Dieselfahrzeuge) *f*
Ing: rapid starting system (diesel vehicles) *n*
Fra: dispositif de démarrage rapide (véhicules diesel) *m*

sistema de arranque rápido *m*
Ale: Schnellstartanlage *f*
Ing: rapid start equipment *n*
Fra: dispositif de démarrage rapide *m*

sistema de cadenciación de tonos *f*
Ale: Tonfolgesystem *n*
Ing: tone sequence system *n*
Fra: système à tonalité séquentielle *m*

sistema de calefacción *m*
Ale: Heizungsanlage *f*
Ing: heater system *n*
Fra: chauffage *m*

sistema de centro abierto *m*
Ale: Open Center System *n*
Ing: open center system *n*
Fra: système à centre ouvert *m*

sistema de combustible de alta presión *m*
Ale: Hochdruck-Kraftstoffsystem *n*
Ing: high pressure fuel system *n*
Fra: système d'alimentation en carburant haute pression *m*

sistema de combustible sin retorno *m*
Ale: rücklauffreies Kraftstoffsystem *n*
Ing: returnless fuel system, RLFS *n*
Fra: système d'alimentation en carburant sans retour *m*

sistema de conmutación de tubo de admisión *m*
Ale: Saugrohrumschaltsystem *n*
(Saugrohrumschaltung) *f*
Ing: variable tract intake manifold *n*
Fra: système d'admission variable *m*

sistema de diagnóstico de fugas del depósito *m*
Ale: Tankleck-Diagnosesystem *n*
Ing: tank leakage diagnostic system *n*
Fra: système de diagnostic de fuite du réservoir *m*

sistema de dirección *m*
Ale: Lenkanlage *f*
Ing: steering system *n*
Fra: direction *f*

sistema de dirección asistida *m*
Ale: Hilfskraftlenkanlage *f*
(Servolenkung) *f*
Ing: power assisted steering system *n*
(power steering) *n*
Fra: direction assistée *f*

sistema de dirección de fuerza externa *m*
Ale: Fremdkraftlenkanlage *f*
Ing: power steering system *n*
Fra: servodirection *f*

sistema de dirección por fuerza muscular *m*
Ale: Muskelkraftlenkanlage *f*
Ing: muscular energy steering system *n*
Fra: direction manuelle *f*

sistema de disparo *m*
Ale: Auslösesystem *n*
Ing: triggering system *n*
Fra: système de déclenchement *m*

sistema de encendido *m*
Ale: Zündanlage *f*
Ing: ignition system *n*
Fra: équipement d'allumage *m*

sistema de encendido *m*
Ale: Zündsystem *n*
(Zündanlage) *f*
Ing: ignition system *n*
Fra: système d'allumage *m*
(équipement d'allumage) *m*

sistema de encendido por bobina *m*
Ale: Spulen-Zündanlage *f*
Ing: coil ignition equipment *n*
Fra: dispositif d'allumage par bobine *m*

sistema de escape (motor de combustión) *m*
Ale: Auspuffanlage (Verbrennungsmotor) *f*
Ing: exhaust system (IC engine) *n*
Fra: système d'échappement *m*

sistema de escape de tubo doble *m*
Ale: Doppelrohrauspuffanlage *m*
Ing: dual exhaust system *n*
Fra: système d'échappement double *m*

sistema de escape doble *m*
Ale: Doppel-Auspuffanlage *f*
Ing: dual exhaust system *n*
Fra: système à double pot d'échappement *m*

sistema de excitación *m*
Ale: Erregersystem *n*
Ing: excitation system *n*
Fra: système d'excitation *m*

sistema de faros *m*
Ale: Scheinwerfersystem *n*
Ing: headlamp system *n*
Fra: système de projecteurs *m*

sistema de frenada continua *m*
Ale: Dauerbremsanlage *f*
Ing: additional retarding braking system *n*
(continuous-operation braking system) *n*
Fra: dispositif de freinage additionnel de ralentissement *m*

sistema de freno asistido *m*

Español

Ale: Hilfskraft-Bremsanlage *f*
(Servo-Bremsanlage) *f*
Ing: power assisted braking system *n*
Fra: dispositif de freinage assisté par énergie auxiliaire *m*

sistema de freno asistido por aire comprimido *m*
Ale: Druckluft-Hilfskraft-Bremsanlage *f*
(Druckluft-Servobremsanlage) *f*
Ing: air assisted braking system *n*
Fra: dispositif de freinage hydraulique assisté par air comprimé *m*

sistema de freno de estacionamiento *m*
Ale: Feststell-Bremsanlage *f*
Ing: parking brake system *n*
Fra: dispositif de freinage de stationnement *m*

sistema de freno de retención *m*
Ale: Auflauf-Bremsanlage *f*
(Auflaufbremse) *f*
Ing: inertia braking system *n*
Fra: dispositif de freinage à inertie *m*

sistema de freno electrohidráulico, EHB *m*
Ale: elektrohydraulische Bremse, EHB *a*
Ing: electrohydraulic braking system, EHB *n*
Fra: frein électrohydraulique, EHB *m*

sistema de freno hidráulico-neumático *m*
Ale: Druckluft-Fremdkraft-Bremsanlage mit hydraulischer Übertragungseinrichtung *f*
(pneumatische Fremdkraft-Bremsanlage mit hydraul. Übertragungseinrichtung) *f*
Ing: air over hydraulic braking system *n*
Fra: dispositif de freinage hydraulique à commande par air comprimé *m*

sistema de freno por depresión asistido *m*
Ale: Unterdruck-Fremdkraft-Bremsanlage mit hydr. Übertragungseinrichtung *f*
Ing: vacuu over hydraulic braking system *n*
Fra: dispositif de freinage hydraulique à commande par dépression *m*

sistema de freno por depresión asistido con dispositivo hidráulico de transmisión *m*
Ale: Unterdruck-Hilfskraft-Bremsanlage mit hydraul. Übertragungseinrichtung *f*
Ing: vacuum assisted hydraulic braking system *n*
Fra: dispositif de freinage hydraulique assisté par dépression *m*

sistema de freno por vacío *m*
Ale: Vakuum-Bremsanlage *f*
Ing: vacuum brake system *n*
Fra: dispositif de freinage à dépression *m*

sistema de frenos *m*
Ale: Bremsanlage *f*
Ing: brake system *v*
Fra: dispositif de freinage *m*

sistema de frenos combinado *m*
Ale: Integralbremsanlage *f*
(Kombi-Bremsanlage) *f*
(Verbundbremsanlage) *f*
Ing: combination braking system *n*
Fra: dispositif de freinage combiné *m*

sistema de frenos de varias tuberías *m*
Ale: Mehrleitungs-Bremsanlage *f*
Ing: multi line braking system *n*
Fra: dispositif de freinage à conduites multiples *m*

sistema de frenos de varios circuitos *m*
Ale: Mehrkreis-Bremsanlage *f*
Ing: multi circuit braking system *n*
Fra: dispositif de freinage à circuits multiples *m*

sistema de frenos de aire comprimido *m*
Ale: Druckluft-Bremsanlage *f*
Ing: compressed air braking system *n*
Fra: dispositif de freinage à air comprimé *m*

sistema de frenos de alta presión *m*
Ale: Hochdruck-Bremsanlage *f*
Ing: high pressure braking system *n*
Fra: dispositif de freinage haute pression *m*

sistema de frenos de baja presión *m*
Ale: Niederdruck-Bremsanlage *f*
Ing: low pressure braking system *n*
Fra: dispositif de freinage à basse pression *m*

sistema de frenos de doble circuito *m*
Ale: Zweikreis-Bremsanlage *f*
Ing: dual circuit braking system *n*
Fra: dispositif de freinage à transmission à double circuit *m*

sistema de frenos de dos conductos *m*
Ale: Zweileitungs-Bremsanlage *f*
Ing: dual line braking system *n*
Fra: dispositif de freinage à deux conduites *m*

sistema de frenos de fuerza externa *m*
Ale: Fremdkraft-Bremsanlage *f*
Ing: non muscular energy braking system *n*
(power-brake system) *n*
Fra: dispositif de freinage à énergie non musculaire *m*

sistema de frenos de un circuito *m*
Ale: Einkreis-Bremsanlage *f*
Ing: single circuit braking system *n*
Fra: dispositif de freinage à transmission à circuit unique *m*

sistema de frenos de una línea *m*
Ale: Einleitungs-Bremsanlage *f*
Ing: single line braking system *n*
Fra: dispositif de freinage à conduite unique *m*

sistema de frenos del remolque *m*
Ale: Anhänger-Bremsanlage *f*
Ing: trailer-brake system *n*
Fra: dispositif de freinage de remorque *m*

sistema de frenos electroneumáticos *m*
Ale: elektro-pneumatische Bremsanlage *f*
Ing: electropneumatic braking system *n*
Fra: dispositif de freinage électropneumatique *m*

sistema de frenos hidráulico *m*
Ale: hydraulische Bremsanlage *f*
Ing: hydraulic brake system *n*
Fra: système de freinage hydraulique *m*

sistema de frenos por fuerza muscular *m*
Ale: Muskelkraft-Bremsanlage *f*
Ing: muscular energy braking system *n*
Fra: dispositif de freinage à énergie musculaire *m*

sistema de frenos por gravedad *m*
Ale: Fall-Bremsanlage *f*
Ing: gravity braking system *n*
Fra: dispositif de freinage à commande par gravité *m*

sistema de frenos regulado electrónicamente *m*
Ale: elektronisch geregelte Bremsanlage *f*
Ing: electronically controlled braking system, ELB *n*
Fra: dispositif de freinage à régulation électronique *m*

Español

sistema de gases de escape *m*
Ale: Abgasanlage *f*
Ing: exhaust system *n*
Fra: système d'échappement *m*

sistema de gases de escape *m*
Ale: Abgassystem *n*
Ing: exhaust system *n*
(exhaust system) *n*
Fra: système d'échappement *m*

sistema de información del conductor *m*
Ale: Fahrerinformationssystem *n*
Ing: driver information system *n*
Fra: système d'information de l'automobiliste *m*

sistema de inyección *m*
Ale: Einspritzanlage *f*
Ing: fuel injection installation *n*
Fra: équipement d'injection *m*

sistema de inyección *m*
Ale: Einspritzanlage *f*
Ing: fuel injection system *n*
Fra: dispositif d'injection *m*

sistema de inyección *m*
Ale: Einspritzsystem *n*
Ing: fuel injection system *n*
Fra: système d'injection *m*

sistema de inyección de acumulador *m*
Ale: Speichereinspritzsystem *n*
Ing: accumulator injection system *n*
Fra: système d'injection à accumulateur haute pression *m*

sistema de inyección Diesel *m*
Ale: Diesel-Einspritzanlage *f*
Ing: diesel-fuel injection system *n*
Fra: système d'injection diesel *m*

sistema de inyección directa *m*
Ale: Direkteinspritzsystem *n*
Ing: direct-injection (DI) system *n*
Fra: système d'injection directe *m*

sistema de lavado a alta presión *m*
Ale: Hochdruck-Waschanlage *f*
Ing: high pressure washer system *n*
Fra: dispositif de lavage haute pression *m*

sistema de limpieza de faros *m*
Ale: Scheinwerferreinigungs-anlage *f*
Ing: headlamp wash wipe system *n*
Fra: lavophare *m*

sistema de localización por punto de estima (sistema de navegación) *m*
Ale: Koppelortungssystem (Navigationssystem) *n*
Ing: compound navigation (navigation system) *n*
Fra: système de localisation à l'estime (système de navigation) *m*

sistema de localización por satélite (sistema de navegación) *m*
Ale: Satellitenortungssystem (Navigationssystem) *n*
Ing: satellite positioning system (navigation system) *n*
Fra: système de localisation par satellite (système de navigation) *m*

sistema de movimiento antagónico (limpiaparabrisas) *m*
Ale: Gegenlaufsystem (Scheibenwischer) *n*
Ing: opposed pattern wiper system (windshield wiper) *n*
Fra: système antagoniste (essuie-glace) *m*

sistema de navegación *m*
Ale: Navigationssystem *n*
Ing: navigation system *n*
Fra: système de navigation *m*

sistema de precalentamiento *m*
Ale: Vorglühanlage *f*
Ing: pre-glow system *n*
Fra: dispositif de préchauffage *m*

sistema de protección de ocupantes *m*
Ale: Insassenschutzsystem *n*
(Insassen-Rückhaltesystem) *n*
Ing: occupant protection system *n*
Fra: système de protection des passagers *m*
(système de retenue des passagers) *m*

sistema de puesta a tierra *m*
Ale: Erdungsanlage *f*
Ing: earthing system *n*
(grounding system) *n*
Fra: dispositif de mise à la terre *m*

sistema de radionavegación *m*
Ale: Radio-Navigations-System *n*
Ing: radio navigation system *n*
Fra: système de radionavigation *m*

sistema de refrigeración *m*
Ale: Kühlsystem *n*
Ing: cooling system *n*
Fra: système de refroidissement *m*

sistema de regulación de estabilidad (ESP) *m*
Ale: Fahrdynamikregelung (ESP) *f*
Ing: Electronic Stability Program *n*
Fra: régulation du comportement dynamique *f*

sistema de retención *m*
Ale: Rückhaltesystem *n*
Ing: restraint system *n*
(passenger restraint system) *n*
Fra: système de retenue *m*

sistema de retención de ocupantes *m*
Ale: Insassen-Rückhaltesystem *n*
Ing: occupant protection system *n*
Fra: système de retenue des passagers *m*

sistema de retención de vapores de combustible *m*
Ale: Kraftstoffverdunstungs-Rückhaltesystem *n*
Ing: evaporative-emissions control system *n*
Fra: système de retenue des vapeurs de carburant *m*

sistema de rueda libre *m*
Ale: Freilaufsystem *n*
Ing: overrunning clutch *n*
Fra: dispositif de roue libre *m*

sistema de seguridad *m*
Ale: Sicherheitssystem *n*
Ing: safety and security system *n*
Fra: système de sécurité *m*

sistema de seguridad del vehículo *m*
Ale: Fahrzeug-Sicherungssystem *n*
Ing: vehicle security system *n*
Fra: système de protection du véhicule *m*

sistema de señalización *m*
Ale: Signalanlage *f*
Ing: signaling system *n*
Fra: dispositif de signalisation *m*

sistema de supervisión de neumáticos *m*
Ale: Reifenkontrollsystem *n*
Ing: tire pressure monitoring system *n*
Fra: système de contrôle des pneumatiques *m*

sistema de tracción total *m*
Ale: Allradsystem *n*
Ing: all wheel drive system *n*
Fra: système de transmission intégrale *m*

sistema de ventilación *m*
Ale: Lüftungsanlage *f*
Ing: ventilation system *n*
Fra: dispositif de ventilation *m*

sistema electrónico central *m*
Ale: Zentralelektronik *f*
Ing: central electronics *n*
Fra: système électronique central *m*

sistema electrónico de activación *m*
Ale: Ansteuerelektronik *f*
Ing: triggering electronics *n*
Fra: électronique de pilotage *f*

sistema electrónico de confort *m*
Ale: Komfortelektronik *f*
Ing: comfort and convenience electronics *npl*
Fra: électronique de confort *f*

sistema electrónico de encendido *m*
Ale: elektronische Zündanlage, EZ *f*
Ing: electronic ignition system *n*
Fra: allumage électronique, EZ *m*

sistema electrónico de evaluación *m*
Ale: Auswerteelektronik *f*
(Auswerteelektronik) *f*
Ing: evaluation electronics *npl*
Fra: électronique d'évaluation *f*

sistema electrónico del motor *m*
Ale: Motorelektronik *m*
Ing: engine electronics *n*
Fra: électronique moteur *f*

sistema hidráulico de los frenos *m*
Ale: Bremshydraulik *f*
Ing: brake hydraulics *n*
Fra: hydraulique de freinage *f*

sistema hidráulico del vehículo *m*
Ale: Fahrzeughydraulik *f*
Ing: automotive hydraulics *n*
Fra: hydraulique automobile *f*

sistema lavafaros *m*
Ale: Scheinwerfer-Waschanlage *f*
Ing: headlamp washer system *n*
Fra: lavophare *m*

sistema limpiafaros *m*
Ale: Scheinwerfer-Wischeranlage *f*
Ing: headlamp wiper system *n*
Fra: nettoyeur de projecteurs *m*

sistema limpialunetas trasero *m*
Ale: Heck-Wischeranlage *f*
Ing: rear window wiper system *n*
Fra: système d'essuie-glaces de la lunette arrière *m*

sistema limpiaparabrisas *m*
Ale: Front-Wischeranlage *f*
Ing: windshield wiper system *n*
Fra: système d'essuie-glaces du pare-brise *m*

sistema limpiaparabrisas *m*
Ale: Wischanlage *f*
Ing: wiper system *n*
Fra: essuie-glace *m*

sistema limpiaparabrisas *m*
Ale: Wischeranlage *f*
(Scheibenwischeranlage) *f*
Ing: wiper system *n*
Fra: équipement d'essuie-glace *m*

sistema limpiaparabrisas de patrón en tándem *m*
Ale: Gleichlauf-Wischeranlage *f*
Ing: tandem pattern wiper system *n*
Fra: système d'essuie-glace tandem *m*

sistema modular *m*
Ale: Baukastensystem *n*
Ing: modular system *n*
(unit assembly system) *n*
Fra: système modulaire *m*

sistema modular *m*
Ale: Modultechnik *f*
(Baukasten-System) *n*
Ing: modular system *n*
Fra: technologie modulaire *f*
(technique modulaire) *f*

sistema neumático de frenos *m*
Ale: pneumatische Bremsanlage *f*
Ing: air brake system *n*
Fra: dispositif de freinage pneumatique *m*

sistema neumático del vehículo *m*
Ale: Fahrzeugpneumatik *f*
Ing: automotive pneumatics *n*
Fra: pneumatique automobile *f*

sistema portador (catalizador) *m*
Ale: Trägersystem (Katalysator) *n*
Ing: substrate system (catalytic converter) *n*
Fra: support (catalyseur) *m*

sistema transpondedor *m*
Ale: Transpondersystem *n*
Ing: transponder system *n*
Fra: système à transpondeur *m*

sistema tribológico *m*
Ale: Tribosystem *n*
Ing: tribological system *n*
Fra: système tribologique *m*

sistemas de chasis *mpl*
Ale: Chassissysteme *npl*
Ing: chassis systems *npl*
Fra: systèmes de régulation du châssis *mpl*

sistemas de confort *mpl*
Ale: Komfortsysteme *npl*
Ing: comfort and convenience systems *npl*
Fra: systèmes de confort *mpl*

sobrealimentación (motor de combustión) *f*
Ale: Aufladung (Verbrennungsmotor) *f*
Ing: supercharging (IC engine) *n*
Fra: suralimentation (moteur à combustion) *f*

sobrealimentación del compresor (motor de combustión) *f*
Ale: Kompressoraufladung (Verbrennungsmotor) *f*
Ing: supercharging (IC engine) *n*
Fra: suralimentation par compresseur *f*

sobrealimentación dinámica *f*
Ale: dynamische Aufladung *f*
Ing: dynamic supercharging *v*
Fra: suralimentation dynamique *f*

sobrealimentación escalonada *f*
Ale: Registeraufladung *f*
Ing: sequential supercharging *n*
Fra: suralimentation séquentielle *f*

sobrealimentación mecánica *f*
Ale: mechanische Aufladung *f*
Ing: mechanical supercharging *n*
Fra: suralimentation mécanique *f*

sobrealimentación monoimpulso *f*
Ale: Einzelimpulsaufladung *f*
Ing: single pulse charging *n*
Fra: charge par impulsion unique *f*

sobrealimentación por impulsos *f*
Ale: Impulsaufladung *f*
(Stoßaufladung) *f*
Ing: pulse turbocharging *v*
Fra: suralimentation pulsatoire *f*

sobrealimentación por ondas de presión *f*
Ale: Druckwellenaufladung *f*
Ing: pressure wave supercharging *n*
Fra: suralimentation par ondes de pression *f*

sobrealimentación por resonancia *f*
Ale: Resonanzaufladung *f*
Ing: tuned intake pressure charging *n*
Fra: suralimentation par résonance *f*

sobrealimentación por tubo de efecto vibratorio *f*
Ale: Schwingsaugrohr-Aufladung *f*
Ing: ram effect supercharging *v*
Fra: suralimentation par oscillation d'admission *f*

sobrealimentación variable por resonancia *f*
Ale: Registerresonanzaufladung *f*
Ing: register resonance pressure charging *n*
Fra: suralimentation par collecteur de résonance *f*

sobrealimentado *adj*
Ale: aufgeladen *adj*
Ing: turbocharged *adj*
Fra: suralimenté *pp*

sobrealimentador por ondas de presión *m*
Ale: Druckwellenlader *m*
Ing: pressure wave supercharger *n*
Fra: échangeur de pression *m*

sobrealimentar (motor de combustión) *v*
Ale: aufladen (Verbrennungsmotor) *v*
Ing: supercharge (IC engine) *v*
Fra: suralimenter (moteur à combustion) *v*

sobrecalentamiento *m*
Ale: Überhitzung *f*
Ing: overheating *n*
Fra: surchauffe *f*

sobrecalentamiento de frenos *m*
Ale: Bremsen-Überhitzung *f*
Ing: brake overheating *n*
Fra: surchauffe des freins *f*

sobrecarga (batería) *v*
Ale: Überladung (Batterie) *f*
Ing: overcharge (battery) *n*
Fra: surcharge (batterie) *f*

sobrecarga *f*
Ale: Überlastung *f*
Ing: overloading *n*
Fra: surcharge *f*

Español

sobrecargar (batería) *v*
Ale: überladen (Batterie) *v*
Ing: overcharge (battery) *v*
Fra: surcharger (batterie) *v*

sobreenriquecimiento (mezcla aire-combustible) *m*
Ale: Überfettung (Luft-Kraftstoff-Gemisch) *f*
Ing: over enrichment (air-fuel mixture) *n*
Fra: mélange trop riche *m*

sobreexcitación *f*
Ale: Übererregung *f*
Ing: over excitation *n*
Fra: surexcitation *f*

sobrepresión *f*
Ale: Überdruck *m*
Ing: gauge pressure *n*
(excess pressure) *n*
Fra: surpression *f*

sobrepresión *f*
Ale: Überdruck *m*
Ing: overpressure *n*
Fra: pression relative *f*

sobretensión *f*
Ale: Überspannung *f*
Ing: overvoltage *n*
Fra: surtension *f*

sobretensión *f*
Ale: Überspannung *f*
Ing: excess voltage *n*
Fra: surtension *f*

sobrevirador *adj*
Ale: übersteuernd *adj*
Ing: oversteering *adj*
Fra: survireur *adj*

sobrevirar (automóvil) *v*
Ale: übersteuern (Kfz) *v*
Ing: oversteer (motor vehicle) *v*
Fra: survirer (véhicule) *m*

software de comprobación *m*
Ale: Prüfsoftware *f*
Ing: test software *n*
Fra: logiciel d'essai *m*

soldado *adj*
Ale: angeschweißt *pp*
Ing: welded on(to) *pp*
Fra: soudé (sur) *pp*

soldadura *f*
Ale: Lötung *f*
Ing: soldering *n*
Fra: brasure *f*

soldadura a llama *f*
Ale: Flammlötung *f*
Ing: flame soldering *n*
Fra: brasage à la flamme *m*

soldadura a tope por chispa *f*
Ale: Abbrennstumpfschweißen *n*
Ing: flash butt welding *n*
Fra: soudage bout à bout par étincelage *m*

soldadura amarilla *f*
Ale: Hartlötung *f*
Ing: hard soldering *n*
Fra: brasage fort *m*

soldadura blanda *f*
Ale: Weichlötung *f*
Ing: soft soldering *n*
Fra: brasage tendre *m*

soldadura de gas inerte de tungsteno *f*
Ale: Wolfram-Inertgas-Schweißen *n*
Ing: tungsten inert-gas welding *n*
Fra: soudage TIG *m*

soldadura de proyección *f*
Ale: Buckelschweißen *n*
Ing: projection welding *n*
Fra: soudage par bossages *m*

soldadura de proyección simple *f*
Ale: Einzelbuckelschweißung *f*
Ing: single projection welding *n*
Fra: soudage par bossages simples *m*

soldadura de recargue *f*
Ale: Auftragschweißen *n*
Ing: resurface welding *n*
Fra: rechargement par soudure *m*

soldadura eléctrica por presión *f*
Ale: Widerstandspressschweißen *n*
Ing: resistance pressure welding *n*
Fra: soudage électrique par pression *m*

soldadura eléctrica por puntos *f*
Ale: Widerstandspunktschweißen *n*
Ing: resistance spot welding *n*
Fra: soudage par points *m*

soldadura eléctrica por resistencia *f*
Ale: Widerstandsschweißen *n*
(Widerstandslöten) *n*
Ing: resistance welding *n*
Fra: soudage par résistance *m*
(brasage par résistance) *m*

soldadura por inducción *f*
Ale: Induktionslöten *n*
Ing: induction soldering *n*
Fra: brasage par induction *m*

soldadura por inmersión *f*
Ale: Tauchlöten *n*
Ing: dip soldering *n*
Fra: brasage par immersion *m*

soldadura por láser *f*
Ale: Laserschweißen *n*
Ing: laser welding *n*
Fra: soudage par faisceau laser *m*

soldadura ultrasónica *f*
Ale: Ultraschallschweißen *n*
Ing: ultrasonic welding *n*
Fra: soudage par ultrasons *m*

soldante *m*
Ale: Lot *n*
Ing: solder *n*
Fra: métal d'apport *m*

soldante rápido *m*
Ale: Schnelllot *n*
(Sickerlot) *n*
Ing: quick solder *n*
Fra: soudure à l'étain *f*

solenoide *m*
Ale: Magnetspule *f*
Ing: solenoid coil *n*
(magnet coil) *n*
Fra: bobine magnétique *f*
(solénoïde) *m*

solicitación a flexión *f*
Ale: Biegebeanspruchung *f*
Ing: bending stress *n*
(flexural stress) *n*
Fra: sollicitation en flexion *f*

solicitación continua *f*
Ale: Dauerbeanspruchung *f*
Ing: continuous loading *n*
Fra: contrainte permanente *f*
(sollicitation permanente) *f*

solicitación por sacudidas *f*
Ale: Schüttelbeanspruchung *f*
Ing: vibration loading *n*
Fra: sollicitations dues aux secousses *fpl*

sonar activo *m*
Ale: Aktivsonar *n*
Ing: active sonar *n*
Fra: sonar actif *m*

sonda de banda ancha *f*
Ale: Breitbandsonde *f*
Ing: broadband sensor *n*
Fra: sonde à large bande *f*

sonda de mezcla pobre *f*
Ale: Magersonde *f*
Ing: lean sensor *n*
Fra: sonde pour mélange pauvre *f*

sonda de temperatura de combustible *f*
Ale: Kraftstofftemperaturfühler *m*
Ing: fuel temperature sensor *n*
Fra: sonde de température de carburant *f*

sonda Lambda *f*
Ale: Lambda-Sonde *f*
(Sauerstoff-Lambda-Sonde) *f*
Ing: lambda oxygen sensor *n*
(lambda sensor) *n*
Fra: sonde à oxygène *f*
(sonde de richesse) *f*

sonda Lambda calefactada, LSH *f*
Ale: beheizte Lambda-Sonde, LSH *f*
Ing: heated lambda sensor, LSH *n*
Fra: sonde à oxygène chauffée *f*

sonda Lambda de banda ancha *f*
Ale: Breitband-Lambdasonde *f*
Ing: broadband lambda sensor *n*
(broad-band lambda sensor) *n*

Español

Fra: sonde à oxygène à large bande *f*

sonda Lambda de banda ancha planar *f*
Ale: planare Breitband-Lambda-Sonde *f*
Ing: planar wide band Lambda sensor *n*
Fra: sonde à oxygène planaire à large bande *f*

sonda Lambda planar *f*
Ale: planare Lambda-Sonde *f*
Ing: planar lambda sensor *n*
(planar oxygen sensor) *n*
Fra: sonde à oxygène planaire *f*

sonda micromecánica de presión *f*
Ale: mikromechanischer Drucksensor *m*
Ing: micro mechanical pressure sensor *n*
Fra: capteur de pression micromécanique *m*

sonda planar *f*
Ale: Planarsonde *f*
(planare Lambda-Sonde) *f*
Ing: planar Lambda sensor *n*
Fra: sonde planaire à oxygène *f*

sonda planar *f*
Ale: Planarsonde *f*
Ing: planar sensor *n*
Fra: sonde planaire à oxygène *f*

sonda planar de corriente límite de dos celdas *f*
Ale: planare Zweizellen-Grenzstrom-Sonde *f*
Ing: planar dual cell current limit sensor *n*
Fra: sonde planaire de courant limite à deux cellules *f*

sonda volumétrica de aire *f*
Ale: Luftmengenmesser *m*
Ing: air flow sensor *n*
Fra: débitmètre d'air *m*

sonido corpóreo *m*
Ale: Körperschall *m*
Ing: structure borne noise *n*
(borne sound) *n*
Fra: bruits d'impact *mpl*

sonido transmitido por el aire *m*
Ale: Luftschall *m*
Ing: airborne noise *n*
Fra: bruit aérien *m*

sonido transmitido por el aire *m*
Ale: Luftschall *m*
Ing: airborne sound *n*
Fra: bruit aérien *m*

soplador *m*
Ale: Gebläse *n*
(Lüfter) *m*
Ing: fan *n*
(blower) *n*
Fra: ventilateur *m*

soplador calefactor *m*
Ale: Heizergebläse *n*
Ing: heater blower *n*
Fra: ventilateur de chaufferette *m*

soplador de aspiración *m*
Ale: Sauggebläse *n*
(Ansauggebläse) *n*
Ing: intake fan *n*
Fra: ventilateur d'aspiration *m*

soplador de émbolo giratorio *m*
Ale: Drehkolben-Gebläse *n*
(Roots-Gebläse) *f*
Ing: rotary piston blower *n*
(Roots blower) *n*
Fra: soufflante à piston rotatif *f*

soplador de enfriamiento *m*
Ale: Kühlgebläse *n*
Ing: radiator fan *n*
Fra: ventilateur de refroidissement *m*

soplador de evaporador *m*
Ale: Verdampfergebläse *f*
Ing: evaporator fan *n*
Fra: pulseur *m*

soplador de habitáculo *m*
Ale: Innenraumgebläse *n*
Ing: interior blower *n*
Fra: soufflante d'habitacle *f*

soplador del motor *m*
Ale: Motorgebläse *n*
Ing: motor blower *n*
Fra: motoventilateur *m*

soplador radial *m*
Ale: Radialgebläse *n*
Ing: centrifugal fan *n*
(radial fan) *n*
Fra: ventilateur centrifuge *m*

soplador Roots *m*
Ale: Roots-Gebläse *f*
Ing: Roots blower *n*
Fra: soufflante Roots *f*
(soufflante à piston rotatif) *f*

soporte *m*
Ale: Halterung *f*
Ing: mount *n*
(bracket) *n*
Fra: fixation *f*

soporte de doble resorte *m*
Ale: Zweifederhalter *m*
(Zweifeder-Düsenhalter) *m*
Ing: dual spring holder *n*
(two-spring nozzle holder) *n*
Fra: porte-injecteur à deux ressorts *m*

soporte de eje *m*
Ale: Achsträger *m*
Ing: axle support *n*
Fra: berceau *m*

soporte de fijación *m*
Ale: Befestigungshalter *m*
Ing: mounting piece *n*
Fra: support de fixation *m*

soporte de lámpara *m*
Ale: Lampenträger *m*
Ing: lamp holder *n*
Fra: porte-lampe *m*

soporte de motor *m*
Ale: Motorhalter *m*
Ing: motor cradle *n*
Fra: support de moteur *m*

soporte de rodillos *m*
Ale: Rollenschuh *m*
Ing: roller support *n*
Fra: talon de galet *m*

soporte de sujeción *m*
Ale: Aufspannbock *m*
Ing: clamping support *n*
(clamping support) *n*
Fra: support de fixation *m*

soporte de válvula de presión *m*
Ale: Druckventilträger *m*
Ing: delivery valve support *n*
Fra: porte-soupape de refoulement *m*

soporte del bastidor *m*
Ale: Rahmenträger *m*
Ing: frame rail *n*
Fra: support de cadre *m*

soporte en cerámica *m*
Ale: Keramikträger *m*
Ing: ceramic substrate *n*
Fra: support en céramique *m*

soporte magnético *m*
Ale: Magnethalter *m*
Ing: solenoid switch *n*
Fra: support magnétique *m*

soporte planetario *m*
Ale: Planetenträger *m*
Ing: planetary gear carrier *n*
Fra: porte-satellites *m*

spoiler *m*
Ale: Spoiler *m*
Ing: spoiler *n*
Fra: becquet *m*

stick-slip *m*
Ale: Stick-Slip *n*
(Ruckgleiten) *n*
Ing: stick slip *n*
Fra: broutement saccadé *m*
(stick slip) *m*

suavidad de marcha (motor de combustión) *f*
Ale: Laufkultur (Verbrennungsmotor) *f*
Ing: smooth running (IC engine) *n*
Fra: agrément de conduite (moteur à combustion) *m*

suavidad de marcha (motor de combustión) *f*
Ale: Laufruhe (Verbrennungsmotor) *f*
(Rundlauf) *m*
Ing: smooth running (IC engine) *n*

Español

Fra: fonctionnement régulier (moteur à combustion) *m*
(souplesse de fonctionnement) *f*

suavidad de marcha ***f***
Ale: Laufruhe *f*
Ing: quiet running *n*
Fra: stabilité de fonctionnement *f*

subtensión ***f***
Ale: Unterspannung *f*
Ing: under voltage *n*
Fra: sous-tension *f*

subvirar (automóvil) ***v***
Ale: untersteuern (Kfz) *v*
Ing: understeer (motor vehicle) *v*
Fra: sous-virage (véhicule) *m*

suciedad ***f***
Ale: Verschmutzung *f*
Ing: dirt *n*
Fra: encrassement *m*

sujeción ***f***
Ale: Einspannung *f*
Ing: clamping *n*
Fra: encastrement *m*

suministro a alta presión ***m***
Ale: Hochdruckförderung *f*
(Hochdruckbetrieb) *mf*
Ing: high pressure delivery *n*
(high-pressure operation) *n*
Fra: refoulement haute pression *m*

suministro a baja presión ***m***
Ale: Niederdruckförderung *f*
Ing: low pressure delivery *n*
Fra: refoulement basse pression *m*

suministro de aire ***m***
Ale: Luftversorgung *f*
Ing: air supply *n*
Fra: alimentation en air *f*

suministro de aire comprimido ***m***
Ale: Druckluftversorgung *f*
Ing: compressed air supply *n*
Fra: alimentation en air comprimé *f*

suministro de combustible ***m***
Ale: Kraftstoffförderung *f*
Ing: fuel supply and delivery *n*
Fra: refoulement du carburant *m*

suministro de combustible ***m***
Ale: Kraftstoffförderung *f*
Ing: fuel delivery *n*
Fra: refoulement du carburant *m*

suministro de combustible ***m***
Ale: Kraftstoffzufuhr *f*
Ing: fuel supply *n*
Fra: alimentation en carburant *f*

suministro de combustible caliente ***m***
Ale: Heißförderung *f*
Ing: hot fuel delivery *n*
Fra: refoulement à chaud *m*

suministro de corriente (alternador) ***m***
Ale: Stromabgabe (Generator) *f*
Ing: current output (alternator) *n*
(current delivery) *n*
Fra: débit (alternateur) *m*

suministro de energía ***m***
Ale: Energieversorgung *f*
Ing: energy supply *n*
Fra: alimentation en énergie *f*

suministro de energía del remolque ***m***
Ale: Anhängerversorgung *f*
Ing: trailer power supply *n*
Fra: alimentation de la remorque *f*

suministro de presión (ASR) ***m***
Ale: Druckversorgung (ASR) *f*
Ing: pressure generator (TCS) *n*
Fra: générateur de pression (ASR) *m*

suministro máximo ***m***
Ale: Vollförderung *f*
Ing: maximum delivery *n*
Fra: débit maximal *m*
(plein débit) *m*

suministro nulo ***m***
Ale: Nullförderung *f*
(Nullmenge) *f*
Ing: zero delivery *n*
(zero-fuel quantity) *n*
Fra: débit nul *m*

suministro parcial ***m***
Ale: Teilförderung *f*
Ing: partial delivery *n*
Fra: débit partiel *m*

suministro uniforme de combustible ***m***
Ale: Gleichförderung *f*
Ing: uniformity of fuel delivery *n*
Fra: égalisation des débits *f*

superconductividad ***f***
Ale: Supraleitfähigkeit *f*
Ing: superconductivity *n*
Fra: supraconductivité *f*

superficie de apoyo ***f***
Ale: Auflagefläche *f*
Ing: contact surface *n*
Fra: surface d'appui *f*

superficie de choque (inyección diesel) ***f***
Ale: Prallfläche (Dieseleinspritzung) *f*
Ing: baffle surface (diesel fuel injection) *n*
Fra: surface d'impact (injection diesel) *f*

superficie de contacto ***f***
Ale: Anlagefläche *f*
Ing: contact face *n*
Fra: portée *f*

superficie de contacto (tambor de freno, disco de freno) ***f***
Ale: Lauffläche (Bremstrommel, Bremsscheibe) *f*
Ing: contact surface (brake drum, brake disc) *n*
Fra: surface de friction (tambour, disque de frein) *f*

superficie de contacto con el suelo (neumáticos) ***f***
Ale: Aufstandsfläche (Reifen) *f*
Ing: tire contact patch (tire) *n*
(footprint) *n*
Fra: surface de contact du pneu (pneu) *f*

superficie de contacto del neumático ***f***
Ale: Reifenaufstandsfläche *f*
Ing: tire contact patch *n*
Fra: surface de contact du pneumatique *f*

superficie de deslizamiento ***f***
Ale: Gleitfläche *f*
Ing: sliding surface *n*
Fra: surface de glissement *f*

superficie de deslizamiento de aro de pistón ***f***
Ale: Kolbenringlauffläche *f*
Ing: piston ring liner *n*
Fra: surface de frottement d'un segment de piston *f*

superficie de neumático ***f***
Ale: Riefenfläche *f*
Ing: score area *n*
Fra: surface striée *f*

superficie de radiación ***f***
Ale: Abstrahlfläche *f*
Ing: radiation surface *n*
Fra: surface génératrice de bruit *f*

superficie de revestimiento ***f***
Ale: Mantelfläche *f*
Ing: lateral surface *n*
Fra: surface latérale *f*

superficie de rodadura ***f***
Ale: Lauffläche *f*
Ing: running surface *n*
Fra: bande de roulement *f*

superficie de rodadura de la leva ***f***
Ale: Nockenlaufbahn *f*
Ing: cam track *n*
Fra: piste de came *f*

superficie de salida de luz (técnica de iluminación) ***f***
Ale: Lichtaustrittsfläche (Lichttechnik) *f*
Ing: lens aperture area (lighting) *n*
Fra: surface de sortie de la lumière (éclairage) *f*

superficie de sujeción ***f***
Ale: Aufspannfläche *f*
Ing: mounting surface *n*
Fra: plan de fixation *m*

superficie de tope ***f***
Ale: Anschlagfläche *f*
Ing: stop surface *n*
Fra: surface d'arrêt *f*

superficie del inducido *f*
Ale: Ankeroberfläche *f*
Ing: armature surface *n*
Fra: surface de l'induit *f*

superficie estanqueizante *f*
Ale: Dichtfläche *f*
Ing: sealing surface *n*
Fra: surface d'étanchéité *f*

superficie filtrante *f*
Ale: Filterfläche *f*
Ing: filter surface *n*
Fra: surface de filtration *f*

superficie frontal *f*
Ale: Stirnfläche *f*
Ing: end face *n*
Fra: surface frontale *f*

superficie polar *f*
Ale: Polfläche *f*
Ing: pole face *n*
(pole surface) *n*
Fra: surface polaire *f*

superficie polar primaria *f*
Ale: Primärpolfläche *f*
Ing: primary pole surface *n*
Fra: surface polaire primaire *f*

superficie polar secundaria *f*
Ale: Sekundärpolfläche *f*
Ing: secondary pole surface *n*
Fra: surface polaire secondaire *f*

superposición (intersticio de mando) *f*
Ale: Überdeckung (Steuerschlitze) *f*
Ing: overlap (metering slits) *n*
Fra: chevauchement (fentes d'étranglement) *m*

superposición *f*
Ale: Überlagerung *f*
Ing: superposition *n*
Fra: superposition *f*

supervisión de corriente *f*
Ale: Stromüberwachung *f*
Ing: current monitoring *n*
Fra: surveillance du courant *f*

supervisión de empuje *f*
Ale: Schubüberwachung *f*
Ing: overrun monitoring *n*
Fra: surveillance du déplacement axial *f*

supervisión de fallos *f*
Ale: Ausfallüberwachung *f*
Ing: failure monitoring *n*
Fra: surveillance de panne *f*

supervisión de la velocidad del motor *f*
Ale: Drehzahlüberwachung *f*
Ing: engine speed monitoring *n*
Fra: surveillance du régime *f*

supervisión de presión Rail *f*
Ale: Raildrucküberwachung *f*
Ing: rail pressure monitoring *n*
Fra: surveillance de la pression « rail » *f*

supervisión del circuito de encendido *f*
Ale: Zündkreisüberwachung *f*
Ing: ignition monitoring *n*
Fra: surveillance du circuit d'allumage *f*

supervisión del encendido *f*
Ale: Zündüberwachung *f*
Ing: ignition monitoring *n*
Fra: surveillance de l'allumage *f*

supervisión del habitáculo (alarma de vehículo) *f*
Ale: Innenraumüberwachung (Autoalarm) *f*
Ing: intrusion detection (car alarm) *n*
Fra: surveillance de l'habitacle (véhicule) *f*

supresión automática de parásitos de onda ultracorta *f*
Ale: automatische UKW-Störunterdrückung *f*
Ing: automatic VHF interference suppression *n*
Fra: suppression automatique des parasites FM *f*

supresión de reflejos *f*
Ale: Entspiegelung *f*
Ing: antireflection *n*
Fra: traitement antireflet *m*

supresor de interferencias *m*
Ale: Entstörmittel *n*
Ing: interference suppressor *n*
Fra: éléments d'antiparasitage *mpl*

suprimir *v*
Ale: ausblenden *v*
Ing: suppress *v*
Fra: supprimer *v*

surco *m*
Ale: Rille *f*
Ing: groove *n*
Fra: rainure *f*

surtidor de ralentí *m*
Ale: Leerlaufdüse *f*
Ing: idling jet *n*
Fra: gicleur de ralenti *m*

susceptancia *f*
Ale: Blindleitwert *m*
Ing: susceptance *n*
Fra: susceptance *f*

suspensión *f*
Ale: Federung *f*
Ing: suspension *n*
Fra: suspension *f*

suspensión de acero *f*
Ale: Stahlfederung *f*
Ing: steel-spring suspension *n*
Fra: suspension à ressorts *f*

suspensión de motor *f*
Ale: Motoraufhängung *f*
Ing: engine suspension *n*
Fra: suspension du moteur *f*

suspensión de rueda *f*
Ale: Radaufhängung *f*
Ing: wheel suspension *n*
Fra: suspension de roue *f*

suspensión de ruedas independiente *f*
Ale: Einzelradaufhängung *f*
Ing: independent suspension *n*
Fra: essieu à roues indépendantes *m*

suspensión neumática *f*
Ale: Luftfederung *f*
Ing: pneumatic suspension *n*
Fra: suspension pneumatique *f*

suspensión neumática *f*
Ale: pneumatische Federung *f*
Ing: pneumatic suspension *n*
Fra: suspension pneumatique *f*

suspensión neumática regulada electrónicamente *f*
Ale: elektronisch geregelte Luftfederung *f*
Ing: electronically controlled pneumatic suspension, ELF *n*
Fra: suspension pneumatique à régulation électronique *f*

sustancias nocivas (gases de escape del motor) *fpl*
Ale: Schadstoffe (Motorabgas) *mpl*
Ing: pollutants (exhaust gas) *npl*
Fra: polluants (gaz d'échappement) *mpl*

T

tabla de comparación *f*
Ale: Gegenüberstellung *f*
Ing: cross reference *n*
Fra: table de correspondance (acier) *f*

tablero de instrumentos *m*
Ale: Armaturenbrett *n*
(Instrumententafel) *f*
Ing: dashboard *n*
(instrument panel) *n*
Fra: tableau de bord *m*
(tableau d'instruments) *m*

tablero de instrumentos (campo de instrumentos) *m*
Ale: Instrumentenbrett (Instrumentenfeld) *n*
Ing: instrument panel *n*
Fra: tableau de bord *m*

tablero de instrumentos *m*
Ale: Instrumententafel *f*
Ing: instrument panel *n*
Fra: planche de bord *f*

tacógrafo *m*
Ale: Fahrtenschreiber *m*
(Fahrtschreiber, Tachograph) *m*
Ing: tachograph *n*

Español

(*try recorder*) *n*
Fra: tachygraphe *m*

tacómetro ***m***
Ale: Tachometer *m*
Ing: speedometer *n*
Fra: compteur de vitesse *m*

taladro (cilindro de motor) ***m***
Ale: Bohrung (Motorzylinder) *f*
Ing: bore (engine cylinder) *n*
Fra: alésage (cylindre moteur) *m*

taladro ***m***
Ale: Bohrung *f*
Ing: hole *n*
Fra: trou taraudé *m*

taladro de desagüe (electrobomba de combustible) ***m***
Ale: Abflussbohrung (Elektrokraftstoffpumpe) *f*
Ing: outlet bore (electric fuel pump) *n*
Fra: canal de sortie (pompe électrique à carburant) *m*

taladro de desviación ***m***
Ale: Bypassbohrung *f*
Ing: bypass bore *n*
Fra: orifice de dérivation *m*

taladro de estrangulación ***m***
Ale: Droselbohrung *f*
Ing: throttling bore *n*
Fra: frein de réaspiration (pompe haute pression) *m*

taladro de estrangulación ***m***
Ale: Drosselbohrung *f*
Ing: calibrated restriction *n*
(*throttle bore*) *n*
Fra: orifice calibré *m*
(*orifice d'étranglement*) *m*

taladro de purga de aire ***m***
Ale: Entlüftungsbohrung *f*
Ing: vent bore *n*
Fra: orifice de purge d'air *m*

taladro de regulación (inyección diesel) ***m***
Ale: Absteuerbohrung (Dieseleinspritzung) *f*
(*Steuerbohrung*) *f*
Ing: spill port (diesel fuel injection) *n*
Fra: orifice de distribution *m*

taladro de retorno ***m***
Ale: Rücklaufbohrung *f*
Ing: return passage *n*
Fra: orifice de retour *m*

taladro de ventilación ***m***
Ale: Belüftungsbohrung *f*
Ing: ventilation bore *n*
Fra: alésage d'aération *m*

taladro transversal ***m***
Ale: Querbohrung *f*
Ing: transverse passage *n*
Fra: canal radial *m*

taller autorizado ***m***
Ale: Vertragswerkstatt *f*
Ing: authorized workshop *n*
Fra: concessionnaire *m*

talón ***m***
Ale: Wulst *m*
Ing: bead *n*
Fra: talon *m*

tamaño de la bomba ***m***
Ale: Pumpengröße *f*
Ing: pump size *n*
Fra: taille de pompe *f*

tamaño de la rosca ***m***
Ale: Gewindemaß *f*
Ing: thread dimension *n*
Fra: cote du filetage *f*

tamaño de neumáticos ***m***
Ale: Reifengröße *f*
Ing: tire size *n*
Fra: taille de pneu *f*

tamaño de poros (filtro) ***m***
Ale: Porenweite (Filter) *f*
(*Porengröße*) *f*
Ing: pore size (filter) *n*
Fra: porosité (filtre) *f*

tambor de freno ***m***
Ale: Bremstrommel *f*
(*Trommel*) *f*
Ing: brake drum *n*
Fra: tambour de frein (frein) *m*

tamiz ***m***
Ale: Sieb *n*
Ing: sieve *n*
(*strainer*) *n*
Fra: tamis *m*

tamiz de evaporador ***m***
Ale: Verdampfersieb *n*
Ing: evaporator sieve *n*
Fra: crible de vaporisation *m*

tamiz de filtro ***m***
Ale: Filtersieb *n*
Ing: filter strainer *n*
Fra: crépine *f*

tamiz fino ***m***
Ale: Feinsieb *n*
Ing: fine mesh strainer *n*
Fra: filtre-tamis fin *m*

tamiz metálico ***m***
Ale: Drahtsieb *n*
Ing: wire sieve *n*
Fra: tamis métallique *m*

tangencial ***adj***
Ale: tangential *adj*
Ing: tangential *n*
Fra: tangentiel *adj*

tanque de presión ***m***
Ale: Drucktank *m*
Ing: pressure tank *n*
Fra: réservoir de pression *m*

tapa aislante (distribuidor de encendido) ***f***
Ale: Isolierdeckel (Zündverteiler) *m*
Ing: insulating cover (ignition distributor) *n*
Fra: couvercle isolant (allumeur) *m*

tapa de aspiración ***f***
Ale: Absaugdeckel *m*
Ing: suction cover *n*
Fra: couvercle d'aspiration *m*

tapa de aspiración ***f***
Ale: Ansaugdeckel *m*
Ing: intake cover *n*
Fra: couvercle d'aspiration *m*
(*aspiration*) *f*

tapa de cierre ***f***
Ale: Verschlussdeckel *m*
Ing: cap *n*
Fra: couvercle *m*

tapa de cilindro (compresor de aire) ***f***
Ale: Zylinderdeckel (Luftkompressor) *m*
(*Zylinderkopf*) *m*
Ing: cylinder head *n*
Fra: couvre-culasse (compresseur d'air) *m*

tapa de conexión ***f***
Ale: Anschlussdeckel *m*
Ing: fitting cover *n*
Fra: couvercle-raccord *m*

tapa de cubierta (faros) ***f***
Ale: Abdeckkappe (Scheinwerfer) *f*
(*Strahlenblende*) *f*
Ing: cap *n*
Fra: cache *m*

tapa de cubierta ***f***
Ale: Abdeckscheibe *f*
Ing: cover disc *n*
Fra: disque de recouvrement *m*

tapa de culata (motor de combustión) ***f***
Ale: Zylinderkopfdeckel (Verbrennungsmotor) *m*
(*Zylinderkopfhaube*) *f*
Ing: cylinder head cover (IC engine) *n*
(*rocker cover*) *n*
Fra: couvre-culasse *m*

tapa de culata (motor de combustión) ***f***
Ale: Zylinderkopfhaube (Verbrennungsmotor) *f*
Ing: cylinder head cover (IC engine) *n*
Fra: couvre-culasse *m*

tapa de la membrana ***f***
Ale: Membrandeckel *m*
Ing: diaphragm cover *n*
Fra: couvercle de membrane *m*

tapa de válvula ***f***
Ale: Ventildeckel *m*
Ing: valve cover *n*
Fra: couvre-culasse *m*

tapa decorativa ***f***

Ale: Zierkappe *f*
Ing: decorative cap *n*
Fra: enjoliveur *m*

tapa del cojinete lado de accionamiento (alternador) ***m***
Ale: Antriebslager (Generator) *n*
(Antriebslagerschild) *n*
Ing: drive end shield (alternator) *n*
Fra: palier côté entraînement (alternateur) *m*

tapa del depósito ***f***
Ale: Tankdeckel *m*
Ing: filler cap *n*
Fra: bouchon de réservoir *m*

tapa del distribuidor (encendido) ***f***
Ale: Verteilerkappe (Zündung) *f*
Ing: distributor cap (ignition) *n*
Fra: tête de distributeur *f*

tapa del motor ***f***
Ale: Motorabdeckung *f*
Ing: engine cover *n*
Fra: capot moteur *m*

tapa del regulador ***f***
Ale: Reglerdeckel *m*
Ing: governor cover (mechanical governor) *n*
Fra: couvercle de régulateur *m*

tapa giratoria (cabeza de acoplamiento) ***f***
Ale: Drehdeckel (Kupplungskopf) *m*
Ing: swivel cover (coupling head) *n*
Fra: couvercle pivotant (tête d'accouplement) *m*

tapa metálica de blindaje ***f***
Ale: Metallabschirmkappe *f*
Ing: metal screening cover *n*
Fra: blindage métallique *m*

tapa protectora ***f***
Ale: Schutzdeckel *m*
Ing: protective cover *n*
Fra: couvercle protecteur *m*

tapa protectora contra polvo ***f***
Ale: Staubschutzdeckel *m*
Ing: dust protection cover *n*
Fra: couvercle antipoussière *m*

tapa protectora de bornes (batería) ***f***
Ale: Polabdeckkappe (Batterie) *f*
Ing: terminal post cover (battery) *n*
Fra: capot de protection de borne (batterie) *m*

tapa roscada ***f***
Ale: Verschlusskappe *f*
Ing: plug cap *n*
Fra: capuchon de fermeture *m*

tapón ***m***
Ale: Verschlussstopfen *m*
Ing: sealing plug *n*
Fra: bouchon *m*

tapón ***m***
Ale: Verschlussstopfen *m*
Ing: plug stopper *n*
Fra: bouchon *m*

tapón ciego ***m***
Ale: Blindstopfen *m*
Ing: dummy plug *n*
Fra: bouchon cuvette *m*

tapón de bypass ***m***
Ale: Bypass-Stopfen *m*
Ing: bypass plug *n*
Fra: bouchon by-pass *m*

tapón roscado ***m***
Ale: Überwurfschraube *f*
Ing: union bolt *n*
Fra: vis-raccord de montage *f*

tapón roscado ***m***
Ale: Verschlussschraube *f*
Ing: screw cap *n*
Fra: bouchon fileté *m*

taponamiento ***m***
Ale: Verstopfung *f*
Ing: blockage *n*
Fra: colmatage *m*

taqué hueco ***m***
Ale: Tassenstößel *m*
Ing: barrel tappet *n*
(bucket tappet) *n*
Fra: poussoir à coupelle *m*

tasa de control de torque (inyección diesel) ***f***
Ale: Angleichrate (Dieseleinspritzung) *f*
Ing: torque control rate *n*
Fra: taux de correction de débit *m*

tasa de enriquecimiento (mezcla aire-combustible) ***f***
Ale: Anreicherungsrate (Luft-Kraftstoff-Gemisch) *f*
Ing: enrichment quantity (air-fuel mixture) *n*
Fra: taux d'enrichissement *m*

tasa de fallos ***f***
Ale: Ausfallrate *f*
Ing: failure rate *n*
Fra: taux de défaillance *m*

tasa de guiñada (dinámica del automóvil) ***f***
Ale: Gierrate (Kfz-Dynamik) *f*
Ing: yaw rate (motor-vehicle dynamics) *n*
Fra: taux de lacet *m*

tasa de inyección ***f***
Ale: Einspritzrate *f*
(Spritzrate) *f*
Ing: injection rate *n*
Fra: taux d'injection *m*

tasa de inyección (inyección de combustible) ***f***
Ale: Spritzrate (Kraftstoffeinspritzung) *f*
Ing: injection rate (fuel injection) *n*
Fra: taux d'injection *m*

tasa de retroalimentación de gases de escape ***f***
Ale: Abgasrückführrate *f*
Ing: exhaust gas recirculation rate *n*
Fra: taux de recyclage des gaz d'échappement *m*

tasa de transmisión de datos ***f***
Ale: Datenrate *f*
(Übertragungsrate) *f*
Ing: data rate *n*
(bit rate) *n*
(transfer rate) *n*
Fra: vitesse de transmission *f*

techo corredizo ***m***
Ale: Schiebedach *n*
Ing: sliding sunroof *n*
Fra: toit ouvrant *m*

techo corredizo ***m***
Ale: Schiebedach *n*
Ing: sliding roof *n*
Fra: toit ouvrant *m*

teclado de manejo ***m***
Ale: Bedientastatur *f*
Ing: keyboard *n*
Fra: clavier de commande *m*

técnica bipolar ***f***
Ale: Bipolartechnik *f*
Ing: bipolar technology *n*
Fra: technique bipolaire *f*

técnica de actuadores ***f***
Ale: Aktorik *f*
Ing: actuator engineering *n*
Fra: actionneurs *pl*

técnica de capa gruesa ***f***
Ale: Dickschichttechnik *f*
Ing: thick film techniques *npl*
Fra: technologie à couches épaisses *f*

técnica de cuatro válvulas (motor de combustión) ***f***
Ale: Vierventil-Technik (Verbrennungsmotor) *f*
Ing: four valve design (IC engine) *n*
Fra: système à quatre soupapes par cylindre *m*

técnica de iluminación ***f***
Ale: Lichttechnik *f*
Ing: lighting technology *n*
(lighting) *n*
Fra: technique d'éclairage *f*

técnica de sensores ***f***
Ale: Sensorik *f*
Ing: sensor technology *n*
Fra: capteurs *pl*

técnica de verificación ***f***
Ale: Prüftechnik *f*
Ing: test technology *n*
Fra: technique de contrôle et d'essai *f*

técnicas de ensayo de gases de escape ***fpl***
Ale: Abgasprüftechnik *f*
Ing: exhaust gas analysis techniques *npl*

Español

Fra: technique d'analyse des gaz d'échappement *f*

técnico de montaje ***m***
Ale: Monteur *m*
Ing: fitter *n*
(mechanic) *n*
Fra: installateur *m*

tecnología híbrida ***f***
Ale: Hybridtechnik *f*
Ing: hybrid technology *n*
Fra: technologie hybride *f*

tela de filtro ***f***
Ale: Filtertuch *n*
Ing: filter cloth *n*
Fra: tissu filtrant *m*

telemando por infrarrojos ***m***
Ale: Infrarotfernbedienung *f*
Ing: infrared remote control *n*
Fra: télécommande infrarouge *f*

teletransmisión de datos ***f***
Ale: Datenfernübertragung, DFÜ *f*
Ing: Electronic Data Interchange, EDI *n*
Fra: échange de données informatisées (EDI) *m*

temperatura de admisión ***f***
Ale: Ansaugtemperatur *f*
Ing: intake temperature *n*
Fra: température d'admission *f*

temperatura de arranque ***f***
Ale: Starttemperatur *f*
Ing: starting temperature *n*
Fra: température de démarrage *f*

temperatura de autoignición ***f***
Ale: Selbstzündtemperatur *f*
Ing: auto ignition temperature *n*
Fra: température d'auto-allumage *f*

temperatura de autolimpieza (bujía de encendido) ***f***
Ale: Freibrenngrenze (Zündkerze) *f*
(Freibrenntemperatur) *f*
Ing: self cleaning temperature (spark plug) *n*
Fra: température d'autonettoyage *f*

temperatura de cementación ***f***
Ale: Aufkohlungstemperatur *f*
Ing: carburizing temperature *n*
Fra: température de cémentation *f*

temperatura de color (técnica de iluminación) ***f***
Ale: Farbtemperatur (Lichttechnik) *f*
Ing: color temperature (lighting) *n*
Fra: température de couleur (éclairage) *f*

temperatura de ebullición ***f***
Ale: Siedetemperatur *f*
Ing: boiling temperature *n*
Fra: température d'ébullition *f*

temperatura de encendido ***f***
Ale: Zündtemperatur *f*
Ing: ignition temperature *n*
Fra: température d'inflammation *f*

temperatura de endurecimiento ***f***
Ale: Härtetemperatur *f*
Ing: hardening temperature *n*
Fra: température de trempe *f*

temperatura de endurecimiento superficial ***f***
Ale: Randhärtetemperatur *f*
Ing: surface hardening temperature *n*
Fra: température de trempe superficielle *f*

temperatura de escape (motor de combustión) ***f***
Ale: Auslasstemperatur (Verbrennungsmotor) *f*
Ing: exhaust temperature (IC engine) *nn*
Fra: température d'échappement *f*

temperatura de gases de escape ***f***
Ale: Abgastemperatur *f*
Ing: exhaust gas temperature *n*
Fra: température des gaz d'échappement *f*

temperatura de líquido refrigerante ***f***
Ale: Kühlwassertemperatur *f*
Ing: coolant temperature *n*
Fra: température du liquide de refroidissement *m*

temperatura de rebose de combustible ***f***
Ale: Kraftstoffüberlauftemperatur *f*
Ing: fuel overflow temperature *n*
Fra: température du trop-plein de carburant *f*

temperatura de régimen permanente ***f***
Ale: Beharrungstemperatur *f*
Ing: equilibrium temperature *n*
(steady-state temperature) *n*
Fra: température d'équilibre *f*

temperatura del agua ***f***
Ale: Wassertemperatur *f*
Ing: water temperature *n*
Fra: température d'eau *f*

temperatura del aire de sobrealimentación ***f***
Ale: Ladeluft-Temperatur *f*
Ing: boost pressure temperature *n*
Fra: température de l'air de suralimentation *f*

temperatura del catalizador ***f***
Ale: Katalysatortemperatur *f*
Ing: catalytic converter temperature *n*
Fra: température du catalyseur *f*

temperatura del habitáculo ***f***
Ale: Innenraumtemperatur *f*
Ing: interior temperature *n*
Fra: température de l'habitacle *f*

temperatura exterior ***f***
Ale: Außentemperatur *f*
Ing: outside temperature *n*
Fra: température extérieure *f*

temperatura final de compresión ***f***
Ale: Kompressionsendtemperatur *f*
Ing: final compression temperature *n*
Fra: température de fin de compression *f*

temperatura inicial ***f***
Ale: Ausgangstemperatur *m*
Ing: output temperature *n*
Fra: température de sortie *f*

temperatura límite ***f***
Ale: Grenztemperatur *f*
Ing: limit temperature *n*
Fra: température limite *f*

temperatura mínima de arranque ***f***
Ale: Startgrenztemperatur *f*
Ing: minimum starting temperature *n*
Fra: température limite de démarrage *f*

temple bainítico ***m***
Ale: Bainitisieren *n*
Ing: austempering *n*
Fra: trempe bainitique *f*

temple por inducción ***m***
Ale: Induktionshärten *n*
Ing: induction hardening *n*
Fra: trempe par induction *f*

tenazas para aplastar ***fpl***
Ale: Quetschzange *f*
Ing: crimping tool *n*
Fra: pince à sertir *f*

tendencia a detonar ***f***
Ale: Klopfneigung *f*
Ing: tendency to knock *n*
(knock tendency) *n*
Fra: tendance au cliquetis *f*

tendencia al bloqueo (rueda) ***f***
Ale: Blockierneigung (Rad) *f*
Ing: incipient lock (wheel) *n*
Fra: tendance au blocage (roue) *f*

tener ruidos de fondo (interferencia de radio) ***v***
Ale: rauschen (Funkstörung) *v*
Ing: background noise (radio disturbance) *n*
Fra: bruit de fond (perturbation) *m*

tensión a circuito abierto ***f***
Ale: Leerlaufspannung *f*
Ing: open circuit voltage *n*
Fra: tension à vide *f*

tensión alterna ***f***
Ale: Wechselspannung *f*
Ing: alternating voltage *n*
Fra: tension alternative *f*

tensión de a bordo ***f***
Ale: Bordspannung *f*

Ing: vehicle power supply *n*
Fra: tension de bord *f*

tensión de alimentación *f*
Ale: Versorgungsspannung *f*
Ing: supply voltage *n*
Fra: tension d'alimentation *f*

tensión de arranque por cables de puente (tensión de arranque por cables de puente) *f*
Ale: Fremdstartspannung (Spannung bei Fremdstart) *f*
Ing: jump start voltage *n*
Fra: tension de démarrage externe *f*

tensión de bloqueo (semiconductor) *f*
Ale: Sperrspannung (Halbleiter) *f*
Ing: off state voltage (semiconductor) *n*
Fra: tension à l'état bloqué *f*

tensión de calefacción *f*
Ale: Heizspannung *f*
Ing: heating voltage *n*
Fra: tension de chauffage *f*

tensión de carga *f*
Ale: Ladespannung *f*
Ing: charge voltage *n*
Fra: tension de charge *f*

tensión de carga de la batería *f*
Ale: Batterie-Ladespannung *f*
Ing: battery charge voltage *n*
Fra: tension de charge de batterie *f*

tensión de carrera *f*
Ale: Hubspannung *f*
Ing: stress range *n*
Fra: plage de contrainte *f*

tensión de control de entrada en forma de diente de sierra *f*
Ale: Eingangs-Sägezahn-Steuerspannung *f*
Ing: input saw tooth control voltage *n*
Fra: tension de commande en dents de scie *f*

tensión de encendido *f*
Ale: Zündspannung *f*
(Überschlagspannung) *f*
Ing: ignition voltage *n*
(arcing voltage) *n*
Fra: tension d'allumage *f*
(tension d'éclatement) *f*

tensión de encendido del ánodo *f*
Ale: Anodenzündspannung *f*
Ing: anode breakdown voltage *n*
Fra: tension d'allumage anode-cathode *f*

tensión de ensayo *f*
Ale: Prüfspannung *f*
Ing: test voltage *n*
Fra: tension d'essai *f*

tensión de entrada *f*
Ale: Eingangsspannung *f*
Ing: input voltage *n*
Fra: tension d'entrée *f*

tensión de excitación *f*
Ale: Erregerspannung *f*
Ing: excitation voltage *n*
Fra: tension d'excitation *f*

tensión de ignición (bujía de encendido) *f*
Ale: Brennspannung (Zündkerze) *f*
Ing: spark voltage (spark plug) *n*
Fra: tension d'arc (bougie d'allumage) *f*

tensión de ignición *f*
Ale: Brennspannung *f*
Ing: firing voltage *n*
Fra: tension de combustion *f*

tensión de inducción *f*
Ale: Induktionsspannung *f*
Ing: induction voltage *n*
Fra: tension d'induction *f*

tensión de inicio de gasificación *f*
Ale: Gasungsspannung *f*
Ing: gassing voltage *n*
Fra: tension de dégagement gazeux *f*

tensión de interferencia de radio *f*
Ale: Funkstörspannung *f*
Ing: radio interference voltage, RIV *n*
Fra: tension parasite *f*

tensión de la batería *f*
Ale: Batteriespannung *f*
Ing: battery voltage *n*
(battery voltage) *n*
Fra: tension de batterie *f*

tensión de la red de a bordo *f*
Ale: Bordnetzspannung *f*
Ing: vehicle system voltage *n*
Fra: tension du circuit de bord *f*

tensión de pandeo *f*
Ale: Knickspannung *f*
Ing: buckling strain *n*
Fra: contrainte de flambage *f*

tensión de paso (diodo rectificador) *f*
Ale: Durchlassspannung (Gleichrichterdiode) *f*
Ing: forward voltage (rectifier diode) *n*
Fra: tension à l'état passant (diode redresseuse) *f*

tensión de primario *f*
Ale: Primärspannung *f*
Ing: primary voltage *n*
Fra: tension primaire *f*

tensión de reacción *f*
Ale: Ansprechspannung *f*
Ing: response voltage *n*
Fra: tension de réponse *f*

tensión de referencia *f*
Ale: Referenzspannung *f*
Ing: reference voltage *n*
Fra: tension de référence *f*

tensión de ruptura dieléctrica *f*
Ale: Durchschlagspannung *f*
(Durchbruchspannung) *f*
Ing: breakdown voltage *n*
Fra: tension de claquage *f*

tensión de salida *f*
Ale: Ausgangsspannung *f*
Ing: output voltage *n*
Fra: tension de sortie *f*

tensión de salida del alternador *f*
Ale: Generatorausgangsspannung *f*
Ing: alternator output voltage *n*
Fra: tension de sortie de l'alternateur *f*

tensión de servicio *f*
Ale: Betriebsspannung *f*
Ing: operating voltage *n*
Fra: tension de fonctionnement *f*

tensión del actuador *f*
Ale: Aktorspannung *f*
Ing: actuator voltage *n*
Fra: tension de l'actionneur *f*

tensión del alternador *f*
Ale: Generatorspannung *f*
Ing: alternator voltage (alternator) *n*
Fra: tension de l'alternateur *f*

tensión del generador de impulsos *f*
Ale: Geberspannung *f*
Ing: pulse generator voltage *n*
Fra: tension du générateur d'impulsions *f*

tensión del sensor *f*
Ale: Sensorspannung *f*
Ing: sensor voltage *n*
Fra: tension du capteur *f*

tensión en reposo (batería) *f*
Ale: Ruhespannung (Batterie) *f*
(Batteriespannung) *f*
Ing: steady state voltage (battery) *n*
Fra: tension au repos (batterie) *f*

tensión final de descarga (batería) *f*
Ale: Entladeschlussspannung (Batterie) *f*
Ing: cutoff voltage (battery) *n*
Fra: tension de fin de décharge *f*

tensión final de descarga (batería) *f*
Ale: Entladeschlussspannung (Batterie) *f*
Ing: end point voltage (battery) *n*
Fra: tension de fin de décharge *f*

tensión galvánica *f*
Ale: Galvani-Spannung *f*
Ing: galvanic voltage *n*
Fra: tension galvanique *f*

tensión inicial *f*
Ale: Vorspannung *f*
Ing: initial tension *n*

(*pre-tension*) *n*
Fra: tension initiale *f*

tensión inicial de resorte ***f***
Ale: Federvorspannung *f*
Ing: initial spring tension *n*
Fra: tension initiale du ressort *f*

tensión inversa (diodo) ***f***
Ale: Sperrspannung (Diode) *f*
Ing: reverse voltage (diode) *n*
Fra: tension inverse (diode) *f*

tensión límite ***f***
Ale: Grenzspannung *f*
(*Grenzbeanspruchung*) *f*
Ing: limit stress *n*
Fra: contrainte limite *f*

tensión máxima ***f***
Ale: Oberspannung *f*
Ing: maximum stress *n*
Fra: contrainte maximale *f*

tensión nominal ***f***
Ale: Nennspannung *f*
Ing: nominal voltage *n*
Fra: tension nominale *f*
(*contrainte nominale*) *f*

tensión perturbadora (compatibilidad electromagnética) ***f***
Ale: Störspannung (EMV) *f*
(*Funkstörspannung*) *f*
Ing: radio interference voltage (EMC) *n*
Fra: tension perturbatrice (CEM) *f*

tensión previa del muelle ***f***
Ale: Federvorspannung *f*
Ing: spring preload *n*
Fra: tension initiale du ressort *f*

tensión reguladora ***f***
Ale: Regelspannung *f*
Ing: regulator response voltage *n*
Fra: tension de régulation *f*

tensión secundaria ***f***
Ale: Sekundärspannung *f*
Ing: secondary voltage *n*
Fra: tension secondaire *f*

tensión termoeléctrica ***f***
Ale: Thermospannung *f*
Ing: thermoelectric voltage *n*
(*thermoelectric potential*) *n*
Fra: potentiel thermoélectrique *m*

tensión umbral ***f***
Ale: Schwellenspannung *f*
Ing: threshold voltage *n*
Fra: tension de seuil *f*

tensor de cadena ***m***
Ale: Kettenspanner S,F *m*
Ing: chain tensioner S,F *n*
(*chain adjuster*) *n*
Fra: tendeur de chaîne S,F *m*

tensor de correa ***m***
Ale: Riemenspanner *m*
Ing: belt tensioner *n*
Fra: tendeur de courroie *m*

tensor elástico ***m***
Ale: Federspanner *m*
Ing: spring tensioner *n*
Fra: compresseur de ressort *m*

terminación de tiempo de precalentamiento ***f***
Ale: Glühzeitablauf *m*
Ing: preheating sequence *n*
Fra: période de préchauffage *f*

terminal ***m***
Ale: Anschluss *m*
Ing: terminal *n*
Fra: borne *f*

terminal ***m***
Ale: Polschuh *m*
Ing: pole shoe *n*
Fra: épanouissement polaire *m*

terminal de bujía ***m***
Ale: Kerzenstecker *m*
Ing: spark plug connector *n*
Fra: embout de bougie *m*

terminal de cable ***m***
Ale: Kabelschuh *m*
Ing: cable lug *n*
Fra: cosse *f*

termocupla ***f***
Ale: Thermoelement *n*
Ing: thermocouple *n*
Fra: thermocouple *m*

termometría de cuarzo ***f***
Ale: Quarzthermometrie *f*
Ing: quartz thermometry *n*
Fra: thermométrie à quartz *m*

termómetro bimetálico ***m***
Ale: Bimetallthermometer *n*
Ing: bimetallic thermometer *n*
Fra: thermomètre à bilame *m*

termómetro de dilatación de varilla ***m***
Ale: Stabausdehnungsthermo-meter *n*
Ing: solid expansion thermometer *n*
Fra: thermomètre à dilatation de tige solide *m*

termómetro de resistencia ***m***
Ale: Widerstandsthermometer *n*
Ing: resistance thermometer *n*
Fra: thermomètre à résistance *m*

termómetro por radiación ***m***
Ale: Strahlungsthermometer *n*
Ing: radiation thermometer *n*
Fra: thermomètre à radiation *m*

testigo de aviso ***m***
Ale: Anzeigelampe *f*
(*Anzeigeleuchte*) *f*
(*Funktionskontrollleuchte*) *f*
Ing: function lamp *n*
Fra: témoin de fonctionnement *m*

testigo de control ***m***
Ale: Kontrollleuchte *f*
(*Informationslampe*) *f*
Ing: indicator lamp *n*
Fra: lampe de signalisation *f*
(*lampe témoin*) *f*

testigo de control de carga ***m***
Ale: Ladekontrolllampe *f*
(*Generatorkontrollleuchte*) *f*
Ing: charge indicator lamp *n*
Fra: lampe témoin d'alternateur *f*

testigo luminoso de funcionamiento del ABS ***m***
Ale: ABS-Funktionskontrollleuchte *f*
Ing: ABS indicator lamp *n*
Fra: lampe témoin de fonctionnement ABS *f*

tiempo de activación ***m***
Ale: Ansteuerzeit *f*
Ing: activation duration *n*
Fra: durée de pilotage *f*

tiempo de adelantamiento ***m***
Ale: Überholzeit *f*
Ing: passing time *n*
Fra: temps de dépassement *m*

tiempo de alimentación ***m***
Ale: Förderdauer *f*
Ing: delivery period *n*
Fra: durée de refoulement *f*

tiempo de apertura de válvula ***m***
Ale: Ventilöffnungszeit *f*
Ing: valve opening time *n*
Fra: durée d'ouverture d'un injecteur *f*

tiempo de bloqueo de desengrane de arranque ***m***
Ale: Startabwurfsperrzeit *f*
Ing: starting cutout *n*
Fra: verrouillage en fin de démarrage *m*

tiempo de carga ***m***
Ale: Belastungszeit *f*
Ing: load period *n*
Fra: temps de charge *m*

tiempo de carga (batería) ***m***
Ale: Ladezeit (Batterie) *f*
Ing: charging time (battery) *n*
Fra: temps de charge (batterie) *m*

tiempo de cierre (encendido) ***m***
Ale: Schließzeit (Zündung) *f*
Ing: dwell period (ignition) *n*
Fra: temps de fermeture (allumage) *m*

tiempo de conexión ***m***
Ale: Einschaltdauer *f*
Ing: switch on duration *n*
Fra: facteur de marche *m*

tiempo de control ***m***
Ale: Steuerzeit *f*
(*Stellzeit*) *f*
Ing: control time *n*
Fra: temps de réglage *m*
(*temps de commande*) *m*

tiempo de descarga (batería) ***m***

Ale: Entladungsdauer (Batterie) *f*
(Entladezeit) *f*
Ing: discharge time (battery) *n*
Fra: durée de décharge *f*
(temps de décharge) *m*

tiempo de desplazamiento del gas (regulación Lambda) ***m***
Ale: Gaslaufzeit (Lambda-Regelung) *f*
Ing: gas travel time (lambda closed-loop control) *n*
Fra: temps de transit des gaz (régulation de richesse) *m*

tiempo de espera dependiente de la temperatura ***m***
Ale: temperaturabhängige Wartezeit *f*
Ing: temperature dependent waiting period *n*
Fra: temps d'attente en fonction de la température *m*

tiempo de evaporación ***m***
Ale: Verdampfungszeit *f*
Ing: vaporization time *n*
Fra: temps de vaporisation *m*

tiempo de formación de la presión de frenado ***m***
Ale: Bremsenschwelldauer *f*
Ing: pressure build-up time *n*
Fra: temps d'accroissement de la force de freinage *m*

tiempo de frenado ***m***
Ale: Bremszeit *f*
(Bremsdauer) *f*
(Gesamtbremsdauer) *f*
Ing: braking time *n*
(total braking time) *n*
Fra: temps de freinage *m*
(temps total de freinage) *m*

tiempo de ignición ***m***
Ale: Entflammungsdauer *f*
Ing: flame front propagation time *n*
Fra: durée d'inflammation *f*

tiempo de inducción ***m***
Ale: Induktionszeit *f*
Ing: induction period *n*
Fra: période d'induction *f*

tiempo de interrupción de la inyección (Jetronic) ***m***
Ale: Einspritzausblendungszeit (Jetronic) *f*
Ing: injection blank out period (Jetronic) *n*
Fra: durée de coupure de l'injection (Jetronic) *f*

tiempo de inyección ***m***
Ale: Einspritzdauer *f*
(Einspritzzeit) *f*
(Spritzdauer) *f*
Ing: injection time *n*
(injection duration) *n*
Fra: durée d'injection *f*

tiempo de inyección ***m***
Ale: Einspritzdauer *f*
Ing: duration of injection *n*
Fra: durée d'injection *f*

tiempo de inyección básica ***m***
Ale: Grundeinspritzzeit *f*
Ing: basic injection timing *n*
Fra: durée d'injection de base *f*

tiempo de marcha ***m***
Ale: Fahrzeit *f*
Ing: driving time *n*
Fra: temps de conduite *m*

tiempo de operación ***m***
Ale: Einschaltdauer *f*
(Nutzungsdauer) *f*
Ing: operating time *n*
Fra: durée d'enclenchement *f*
(facteur de marche, FM *f*
durée d'utilisation)

tiempo de parada ***m***
Ale: Stillstandszeit *f*
Ing: idle period *n*
Fra: temps d'arrêt *m*

tiempo de postincandescencia ***m***
Ale: Nachglühzeit *f*
Ing: post glow time *n*
Fra: temps de post-incandescence *m*
(temps de post-chauffage) *m*

tiempo de precalentamiento ***m***
Ale: Vorglühdauer *f*
(Vorglühzeit) *f*
(Glühzeit) *f*
Ing: preheating time *n*
Fra: durée de préchauffage *f*

tiempo de precalentamiento ***m***
Ale: Vorglühdauer *f*
Ing: preglow duration *n*
Fra: durée de préchauffage *f*

tiempo de precalentamiento ***m***
Ale: Vorglühzeit *f*
Ing: preglow time *n*
Fra: temps de préchauffage *m*

tiempo de precalentamiento ***m***
Ale: Vorglühzeit *f*
Ing: preheating time *n*
Fra: temps de préchauffage *m*

tiempo de pre-rebote ***m***
Ale: Vorentprellzeit *f*
Ing: pre debouncing time *n*
Fra: durée de prétraitement antirebond *f*

tiempo de propagación ***m***
Ale: Laufzeit *f*
Ing: transit period *n*
Fra: temps de propagation *m*

tiempo de reacción ***m***
Ale: Ansprechzeit *f*
(Totzeit) *f*
Ing: response time *n*
Fra: temps de réponse *m*

tiempo de reacción (accionamiento de freno) ***m***
Ale: Reaktionsdauer (Bremsbetätigung) *f*
Ing: reaction time (brake control) *n*
Fra: temps de réaction (commande de frein) *m*

tiempo de reacción de los frenos ***m***
Ale: Bremsenansprechdauer *f*
Ing: brake response time *n*
Fra: temps de réponse des freins *m*

tiempo de rebote (relé) ***m***
Ale: Prellzeit (Relais) *f*
Ing: bounce time (relay) *n*
Fra: temps de rebondissement (relais) *m*

tiempo de regulación ***m***
Ale: Ausregelzeit *f*
Ing: settling time *n*
Fra: délai de régulation *m*

tiempo de respuesta ***m***
Ale: Reaktionszeit *f*
Ing: response time *n*
Fra: temps de réaction *m*

tiempo de reverberación ***m***
Ale: Nachhallzeit *f*
Ing: reverberation time *n*
Fra: temps de réverbération *m*

tiempo de servicio ***m***
Ale: Betriebsdauer *f*
Ing: period of use *n*
Fra: durée de fonctionnement *f*

tiempo de servicio ***f***
Ale: Betriebsdauer *f*
Ing: operating time *n*
Fra: durée de fonctionnement *f*

tiempo de transición (proceso de frenado) ***m***
Ale: Schwelldauer (Bremsvorgang) *f*
(Schwellzeit) *f*
Ing: pressure build-up time (braking) *n*
Fra: temps d'accroissement (freinage) *m*

tiempo de vuelta al reposo (válvula de inyección) ***m***
Ale: Abfallzeit (Einspritzventil) *f*
Ing: release time (fuel injector) *n*
Fra: temps de fermeture (injecteur) *m*

tiempo hasta la parada (proceso de frenado) ***m***
Ale: Anhaltezeit (Bremsvorgang) *f*
Ing: stopping time (braking) *n*
Fra: temps d'arrêt (freinage) *m*

tiempo muerto (proceso de frenado) ***m***
Ale: Verlustzeit (Bremsvorgang) *f*
(Verlustdauer) *f*
Ing: dead time (braking action) *n*
Fra: temps mort (effet de freinage) *m*

tipo de avería ***m***

Ale: Fehlerart *f*
Ing: failure mode *n*
Fra: type de défaut *m*

tipo de avería (SAP) ***m***
Ale: Fehlerart *f*
Ing: fault type *n*
Fra: type de défaut *m*

tipo de avería (SAP) ***m***
Ale: Fehlerart *f*
Ing: defect type *n*
Fra: type de défaut *m*

tipo de electrodo (bujía de encendido) ***m***
Ale: Elektrodenausführung (Zündkerze) *f*
Ing: electrode version (spark plug) *n*
Fra: type d'électrode *m*

tipo de tracción ***m***
Ale: Antriebsart *f*
Ing: type of drive *n*
Fra: mode de propulsion *m*

tipo de vehículo ***m***
Ale: Fahrzeugtyp *m*
Ing: vehicle type *n*
Fra: type de véhicule *m*

tira cerámica piezoeléctrica ***f***
Ale: Piezokeramikstreifen *m*
Ing: piezoceramic strip *n*
Fra: lame piézocéramique *f*

tobera de arranque en frío ***f***
Ale: Kaltstartdüse *f*
Ing: cold start nozzle *n*
Fra: gicleur de départ à froid *m*

tolerancia de concentricidad ***f***
Ale: Rundlauftoleranz *f*
Ing: tolerance of concentricity *n*
Fra: tolérance de battement radial *f*

tolerancia de dirección ***f***
Ale: Richtungstoleranz *f*
Ing: tolerance of direction *n*
Fra: tolérance d'orientation *f*

tolerancia de regulación ***f***
Ale: Regeltoleranz *f*
Ing: control tolerance *n*
Fra: tolérance de régulation *f*

tolerancia dimensional ***f***
Ale: Maßtoleranz *f*
Ing: dimensional mass *n*
Fra: tolérance dimensionnelle *f*

toma de combustible ***f***
Ale: Kraftstoffanschluss *m*
Ing: fuel supply connection *n*
Fra: raccord de carburant *m*

toma de fuerza auxiliar ***f***
Ale: Nebenantrieb *m*
Ing: auxiliary power take-off *n*
Fra: entraînement auxiliaire *m*

toma de fuerza auxiliar ***f***
Ale: Nebenantrieb *m*
Ing: auxiliary drive *n*
(accessory drive) *n*
Fra: entraînement auxiliaire *m*

toma de líquido refrigerante ***f***
Ale: Kühlwasseranschluss *m*
Ing: water port *n*
Fra: raccord d'eau de refroidissement *m*

toma de tensión (transmisor del nivel) ***f***
Ale: Spannungsabgriff (Niveaugeber) *m*
Ing: contact wiper (level sensor) *n*
Fra: prise de tension (capteur de niveau) *f*

toma del cursor (potenciómetro) ***f***
Ale: Schleiferabgriff (Potentiometer) *m*
Ing: wiper tap (potentiometer) *n*
Fra: curseur de contact *m*

toma del cursor (potenciómetro) ***f***
Ale: Schleiferabgriff (Potentiometer) *m*
Ing: wiper pick off (potentiometer) *n*
Fra: curseur de contact *m*

tomacorriente de aparcamiento (ABS de remolque) ***m***
Ale: Parkdose (Anhänger-ABS) *f*
Ing: parking socket (trailer ABS) *n*
Fra: prise de stationnement (ABS pour remorque) *f*

tono continuo (alarma de vehículo) ***m***
Ale: Dauerton (Autoalarm) *m*
Ing: continuous tone (car alarm) *n*
Fra: tonalité continue (alarme auto) *f*

tono de la alarma (alarma de vehículo) ***m***
Ale: Alarmton (Autoalarm) *m*
Ing: alarm tone (car alarm) *n*
Fra: tonalité d'alerte (alarme auto) *f*

tope de altura ***m***
Ale: Höhenanschlag *m*
Ing: altitude control *n*
Fra: correcteur altimétrique *m*

tope de caja ***m***
Ale: Gehäuseanschlag *m*
Ing: housing stop *n*
Fra: butée sur carter *f*

tope de carrera ***m***
Ale: Hubanschlag *m*
Ing: lift stop *n*
Fra: butée de levée *f*

tope de caudal adicional ***m***
Ale: Mehrmengenanschlag *m*
Ing: excess fuel stop *n*
Fra: butée de surcharge *f*

tope de caudal de arranque ***m***
Ale: Startmengenanschlag *m*
Ing: start quantity stop *n*
Fra: butée de débit de surcharge au démarrage *f*

tope de caudal de plena carga ***m***
Ale: Volllastmengenanschlag *m*
Ing: full load stop *n*
Fra: butée de pleine charge *f*

tope de caudal de plena carga en función de la altura ***m***
Ale: höhengesteuerter Volllastmengenanschlag *m*
Ing: altitude controlled full load stop *n*
Fra: butée de pleine charge en fonction de l'altitude *f*

tope de parada (inyección diesel) ***m***
Ale: Stoppanschlag (Dieseleinspritzung) *m*
Ing: shutoff stop (diesel fuel injection) *n*
Fra: butée de stop (injection diesel) *f*

tope de pedal ***m***
Ale: Pedalanschlag *m*
Ing: pedal stop *n*
Fra: butée de pédale *f*

tope de plena carga ***m***
Ale: Volllastanschlag *m*
(Maximal-Mengenanschlag) *m*
(Volllastmengenanschlag) *m*
Ing: full load stop *n*
Fra: butée de débit maximal *f*

tope de plena carga dependiente de la presión atmosférica ***m***
Ale: atmosphärendruckabhängiger Volllastanschlag, ADA *m*
Ing: altitude pressure compensator *n*
Fra: correcteur altimétrique *m*

tope de plena carga dependiente de la presión de sobrealimentación ***m***
Ale: ladedruckabhängiger Vollastanschlag *m*
(Ladedruckanschlag) *m*
Ing: manifold pressure compensator *n*
Fra: limiteur de richesse *m*

tope de plena carga dependiente de la temperatura ***m***
Ale: temperaturabhängiger Vollastanschlag *m*
Ing: temperature dependent full load stop *n*
Fra: correcteur de pleine charge (asservi à la température) *m*

tope de plena carga, medidor de la presión absoluta y dependiente de la presión de carga (inyección diesel) ***m***

Ale: absolutdruckmessender, ladedruckabhängiger Volllastanschlag (Dieseleinspritzung) *m*
Ing: absolute boost pressure dependent full load stop *n*
Fra: correcteur pneumatique à mesure de pression absolue *m*

tope de presión de sobrealimentación ***m***
Ale: Ladedruckanschlag *m*
Ing: manifold pressure compensator *n*
Fra: limiteur de richesse *m*

tope de presión de sobrealimentación ***m***
Ale: Ladedruckanschlag *m*
Ing: charge air pressure stop *n*
Fra: limiteur de richesse *m*

tope de ralentí ***m***
Ale: Leerlaufanschlag *m*
Ing: low idle stop *n*
Fra: butée de ralenti *f*

tope de ralentí dependiente de la temperatura ***m***
Ale: temperaturabhängiger Leerlaufanschlag *m*
Ing: temperature dependent low idle stop *n*
Fra: correcteur de ralenti (asservi à la température) *m*

tope de varilla de regulación (bomba de inyección) ***m***
Ale: Regelstangenanschlag (Einspritzpumpe) *m*
Ing: control rack stop (fuel-injection pump) *n*
(control-rod stop) *n*
Fra: butée de la tige de réglage (pompe d'injection) *f*

tope del caudal de arranque dependiente de la temperatura ***m***
Ale: temperaturabhängiger Startmengenanschlag *m*
(temperaturabhängiger Startanschlag) *m*
Ing: temperature dependent starting device *n*
(temperature-dependent starting stop) *n*
Fra: correcteur de surcharge en fonction de la température *m*
(correcteur de surcharge) *m*

tope del régimen intermedio de revoluciones ***m***
Ale: Zwischendrehzahlanschlag *m*
Ing: intermediate speed stop *n*
Fra: butée de vitesses intermédiaires *f*

tope elástico de ralentí ***m***
Ale: federnder Leerlaufanschlag *m*
Ing: spring loaded idle-speed stop *n*
Fra: butée élastique de ralenti *f*

tope limitador de humos ***m***
Ale: Rauchbegrenzeranschlag *m*
Ing: smoke limiting stop *n*
Fra: butée de limitation de fumée *f*

tope limitador de recorrido de regulación ***m***
Ale: Regelwegbegrenzungs-anschlag *m*
Ing: rack travel limiting stop *n*
Fra: butée de limitation de course de régulation *f*

torbellino de aire ***m***
Ale: Luftwirbel *m*
Ing: air vortex *n*
Fra: tourbillon d'air *m*

tornillo ***m***
Ale: Schraube *f*
Ing: screw *n*
Fra: vis *f*

tornillo avellanado ***m***
Ale: Senkschraube *f*
Ing: countersunk screw *n*
(flat-lead screw) *n*
Fra: vis à tête fraisée *f*

tornillo cabeza de lenteja ***m***
Ale: Linsenkopfschraube *f*
Ing: oval-head screw *n*
Fra: vis à tête bombée *f*

tornillo con hexágono interior ***m***
Ale: Innensechskantschraube *f*
Ing: hexagon socket-head screw *n*
(allen screw) *n*
Fra: vis à six-pans creux *f*

tornillo de ajuste ***m***
Ale: Einstellschraube *f*
Ing: adjusting screw *n*
Fra: vis de réglage *f*

tornillo de ajuste ***m***
Ale: Stellschraube *f*
Ing: setscrew *n*
Fra: vis de réglage *f*

tornillo de ajuste ***m***
Ale: Stellschraube *f*
Ing: adjusting screw *n*
Fra: vis d'ajustage *f*

tornillo de ajuste de plena carga ***m***
Ale: Volllasteinstellschraube *f*
(Volllastschraube) *f*
Ing: full load screw *n*
Fra: vis de réglage de pleine charge *f*

tornillo de apriete ***m***
Ale: Klemmschraube *f*
Ing: clamping bolt *n*
Fra: vis de serrage *f*

tornillo de cabeza hexagonal ***m***
Ale: Sechskantschraube *f*
Ing: hexagon bolt *n*
Fra: vis à tête hexagonale *f*

tornillo de conexión ***m***
Ale: Anschlussschraube *f*
Ing: terminal screw *n*
Fra: vis de raccordement *f*

tornillo de desgarre ***m***
Ale: Abreissschraube *f*
Ing: shear bolt *n*
Fra: vis à point de rupture *f*

tornillo de desmontaje ***m***
Ale: Abdrückschraube *f*
Ing: pull-off screw *n*
Fra: vis de déblocage *m*

tornillo de estrangulación ***m***
Ale: Drosselschraube *f*
Ing: throttle screw *n*
Fra: vis-pointeau *f*
(vis à étranglement) *f*

tornillo de evacuación ***m***
Ale: Ablassschraube *f*
Ing: drain plug *n*
Fra: vis de vidange *f*

tornillo de fijación ***m***
Ale: Befestigungsschraube *f*
Ing: mounting screw *n*
Fra: vis de fixation *f*

tornillo de plena carga ***m***
Ale: Volllastschraube *f*
Ing: full load screw *n*
Fra: vis de pleine charge *f*

tornillo de purga de agua ***m***
Ale: Wasserablassschraube *f*
Ing: drain screw *n*
(water drain plug) *n*
Fra: vis de purge d'eau *f*

tornillo de purga de aire ***m***
Ale: Entlüftungsschraube *f*
Ing: vent screw *n*
Fra: vis de purge d'air *f*

tornillo de purga de aire ***m***
Ale: Entlüftungsschraube *f*
Ing: bleed screw *n*
Fra: vis de purge d'air *f*

tornillo de seguridad ***m***
Ale: Sicherungsschraube *m*
Ing: retaining screw *n*
(locking screw) *n*
Fra: vis de fixation *f*

tornillo de tope ***m***
Ale: Anschlagschraube *f*
Ing: stop screw *n*
Fra: vis de butée *f*

tornillo de tope de la mariposa ***m***
Ale: Drosselklappen-Anschlagschraube *f*
Ing: throttle valve stop screw *n*
Fra: vis de butée de papillon *f*

tornillo de tope de ralentí ***m***
Ale: Leerlaufanschlagschraube *f*
Ing: idle speed stop screw *n*
Fra: vis de butée de ralenti *f*

tornillo hueco ***m***
Ale: Hohlschraube *f*
Ing: hollow screw *n*
Fra: vis creuse *f*

Español

tornillo moleteado *m*
Ale: Rändelschraube *f*
Ing: knurled screw *n*
Fra: vis à tête moletée *f*

tornillo para chapa *m*
Ale: Blechschraube *f*
Ing: self tapping screw *n*
Fra: vis à tôle *f*

tornillo regulador *m*
Ale: Regulierschraube *f*
Ing: idle mixture screw *n*
Fra: vis de richesse de ralenti *f*

tornillo transportador *m*
Ale: Förderschnecke *f*
Ing: screw conveyor *n*
Fra: vis transporteuse *f*

torque de arranque *m*
Ale: Anlaufmoment *n*
Ing: starting torque *n*
Fra: couple de démarrage *m*

torre exterior (distribuidor de encendido) *f*
Ale: Außendom (Zündverteiler) *m*
Ing: outer tower (ignition distributor) *n*
Fra: cheminée (allumeur) *f*

torta de filtro *f*
Ale: Filterkuchen *m*
Ing: filter cake *n*
Fra: gâteau de filtre *m*

trabajo de deformación (neumáticos) *m*
Ale: Formänderungsarbeit (Reifen) *f*
Ing: deformation process (tire) *n*
Fra: travail de déformation (pneu) *m*

tracción a las ruedas traseras *f*
Ale: Hinterradantrieb *m*
Ing: rear wheel drive *n*
Fra: propulsion arrière *f*

tracción delantera *f*
Ale: Frontantrieb *m*
Ing: front wheel drive *n*
Fra: traction avant *f*

tracción delantera *f*
Ale: Vorderradantrieb *m*
Ing: front wheel drive *n*
Fra: traction avant *f*

tracción total *f*
Ale: Allradantrieb *m*
Ing: four wheel drive *n*
Fra: transmission intégrale *f*

tracción total *f*
Ale: Vierradantrieb *m*
Ing: four wheel drive, FWD *n*
Fra: transmission intégrale *f*

tractocamión *m*
Ale: Sattelzugmaschine *f*
Ing: tractor unit *n*
Fra: tracteur de semi-remorque *m*

tractocamión articulado *m*
Ale: Sattelzug *m*
Ing: semitrailer *n*
Fra: semi-remorque *m*

tractocamión con semirremolque *m*
Ale: Sattelkraftfahrzeug *n*
Ing: articulated road train *n*
Fra: train routier articulé *m*

trama de datos (CAN) *f*
Ale: Datenrahmen (CAN) *m*
Ing: data frame (CAN) *n*
Fra: trame de données (multiplexage) *f*

tramo de aspiración *m*
Ale: Saugtrakt *m*
Ing: intake system *n*
Fra: circuit d'admission *m*

tramo de medición simple *m*
Ale: Einzelmessstrecke *f*
Ing: sampling length *n*
Fra: longueur de base *f*

trampilla de aire fresco *f*
Ale: Frischluftklappe *f*
Ing: fresh air valve *n*
Fra: volet d'air frais *m*

trampilla de mezcla de aire *f*
Ale: Mischluftklappe *f*
Ing: air mixture valve *n*
Fra: volet d'air mélangé *m*

transductor *m*
Ale: Wandler *m*
Ing: transducer *n*
Fra: convertisseur *m*

transductor receptor (alarma de vehículo) *m*
Ale: Empfänger-Wandler (Autoalarm) *m*
Ing: receiver transducer (car alarm) *n*
Fra: transducteur-récepteur (alarme auto) *m*

transferencia de calor *f*
Ale: Wärmeübertragung *f*
Ing: heat transfer *n*
Fra: transfert thermique *m*

transformación de energía *f*
Ale: Energieumsetzung *f*
Ing: energy conversion *n*
Fra: conversion d'énergie *f*

transformación de fase *f*
Ale: Phasenumwandlung *f*
Ing: phase transformation *n*
Fra: conversion de phase *f*

transformador *m*
Ale: Transformator *m*
Ing: transformer *n*
Fra: transformateur *m*

transformador de tensión *m*
Ale: Spannungswandler *m*
Ing: voltage transformer *n*
Fra: convertisseur de tension *m*

transistor *m*
Ale: Transistor *m*
Ing: transistor *n*
Fra: transistor *m*

transistor de película delgada *m*
Ale: Dünnschichttransistor *m*
(Dünnfilmtransistor) *m*
Ing: thin film transistor *n*
Fra: transistor en couches minces *m*

transistor excitador *m*
Ale: Treibertransistor *m*
Ing: driving transistor *n*
Fra: transistor d'attaque *m*

transmisión combinada (sistema de frenos) *f*
Ale: gemischte Übertragungseinrichtung (Bremsanlage) *f*
Ing: combined transmission (braking system) *n*
Fra: transmission combinée (dispositif de freinage) *f*

transmisión de datos *f*
Ale: Datenübertragung *f*
Ing: data transfer *n*
(data transfer) *n*
Fra: transmission de données *f*

transmisión de engranajes *f*
Ale: Zahnradgetriebe *n*
Ing: step up gear train *n*
Fra: boîte de vitesses à engrenages *f*

transmisión de engrane (motor de arranque) *f*
Ale: Einspurgetriebe (Starter) *n*
Ing: meshing drive (starter) *n*
Fra: lanceur *m*

transmisión intermedia *f*
Ale: Zwischengetriebe *n*
Ing: intermediate transmission *n*
Fra: boîte de transfert intermédiaire *f*

transmisión térmica *f*
Ale: Wärmeübergang *m*
Ing: heat transfer *n*
(convection) *n*
Fra: transfert thermique *m*

transmisión variable continua CVT *f*
Ale: CVT-Getriebe *n*
Ing: CVT transmission *n*
Fra: transmission CVT *f*

transmisor *m*
Ale: Geber *m*
(Messfühler) *m*
(Sensor) *m*
Ing: sensor *n*
Fra: capteur *m*

transmisor altimétrico *m*
Ale: Höhengeber *m*
Ing: altitude sensor *n*
Fra: capsule altimétrique *f*

transmisor de contacto *m*
Ale: Kontaktgeber *m*
Ing: pickup *n*

Español

Fra: contacteur *m*

transmisor de depresión (encendido) *m*
Ale: Unterdruckgeber (Zündung) *m*
Ing: vacuum pickup (ignition) *n*
Fra: capteur de dépression (allumage) *m*

transmisor de la carga del eje *m*
Ale: Achslastgeber *m*
Ing: axle load sensor *n*
Fra: capteur de charge sur essieu *m*

transmisor de la mariposa *m*
Ale: Drosselklappengeber *m*
(Drosselklappensensor) *m*
Ing: throttle valve sensor *n*
Fra: capteur de papillon *m*

transmisor de la velocidad de giro nominal *m*
Ale: Drehzahl-Sollwertgeber *m*
Ing: engine speed setpoint sensor *n*
Fra: consignateur de régime *m*

transmisor de luces intermitentes de advertencia *m*
Ale: Warnblinkgeber *m*
Ing: hazard warning light flasher *n*
Fra: centrale mixte de direction-détresse *f*

transmisor de pinza *m*
Ale: Aufklemmgeber *m*
(Zangengeber) *m*
Ing: clamp on sensor *n*
(inductive clamp sensor) *n*
Fra: capteur à pince *m*

transmisor de posición de la mariposa *m*
Ale: Drosselklappenpositionsgeber *m*
Ing: throttle valve position sensor *n*
Fra: capteur de position de papillon *m*

transmisor de presión *m*
Ale: Druckgeber *m*
Ing: pressure sensor *n*
Fra: capteur de pression *m*

transmisor de valor nominal *m*
Ale: Sollwertgeber *m*
Ing: desired value generator *n*
(setpoint generator) *n*
Fra: consignateur *m*

transmisor del anillo de cortocircuito totalmente diferencial *m*
Ale: Volldifferential-Kurzschlussringgeber *m*
Ing: full differential eddy-current sensor *n*
Fra: capteur différentiel à bague de court-circuitage *m*

transmisor del comienzo de suministro *m*
Ale: Förderbeginngeber *m*
Ing: port closing sensor *n*
Fra: capteur de début de refoulement *m*

transmisor del nivel de llenado (bomba eléctrica de combustible) *m*
Ale: Füllstandsgeber (Elektrokraftstoffpumpe) *m*
(Tankstandsgeber) *m*
Ing: level sensor (electric fuel pump) *n*
Fra: capteur de niveau (pompe électrique à carburant) *m*

transmisor Hall *m*
Ale: Hall-Geber *m*
Ing: hall generator *n*
Fra: générateur de Hall *m*

transmisor inductivo de alta frecuencia *m*
Ale: Hochfrequenzinduktivgeber *m*
Ing: high frequency inductive sensor *n*
Fra: capteur inductif haute fréquence *m*

transmisor manual (alarma de vehículo) *m*
Ale: Handsender (Autoalarm) *m*
Ing: hand transmitter (car alarm) *n*
Fra: émetteur manuel (alarme auto) *m*

transmisor manual *m*
Ale: Handsender *m*
Ing: hand-held remote control *n*
Fra: émetteur manuel *m*

transmisor manual de radio (alarma de vehículo) *m*
Ale: Funk-Handsender (Autoalarm) *m*
Ing: radio hand transmitter (car alarm) *n*
Fra: émetteur manuel radio (alarme auto) *m*

transmitancia isócrona *f*
Ale: Frequenzverhältnis *n*
Ing: frequency response ratio *n*
Fra: rapport de fréquences *m*

transpondedor *m*
Ale: Transponder *m*
Ing: transponder *n*
Fra: transpondeur *m*

transportador de superficie *m*
Ale: Flurförderer *m*
Ing: conveyor belt *n*
Fra: chariot de manutention *m*

traqueteo *m*
Ale: Nageln *n*
Ing: diesel knock *n*
(knock) *n*
Fra: claquement *m*

traslación de peso (freno) *f*
Ale: Gewichtsverlagerung (Bremse) *f*
Ing: weight transfer (brakes) *n*
Fra: report de charge (frein) *m*

traslado dinámico de peso *m*
Ale: dynamische Gewichtsverlagerung *f*
Ing: dynamic weight transfer *n*
Fra: report de charge dynamique *m*

tratamiento catalítico posterior *m*
Ale: katalytische Nachbehandlung *f*
Ing: catalytic aftertreatment *n*
Fra: post-traitement catalytique *m*

tratamiento catalítico posterior de los gases de escape *m*
Ale: katalytische Abgasnachbehandlung *f*
Ing: catalytic exhaust gas aftertreatment *n*
Fra: post-traitement catalytique des gaz d'échappement *m*

tratamiento con boro *m*
Ale: Borieren *n*
Ing: boron treatment *n*
Fra: boruration *f*

tratamiento de los gases de escape *m*
Ale: Abgasnachbehandlung *f*
Ing: exhaust gas treatment *n*
Fra: post-traitement des gaz d'échappement *m*

traviesa protectora *f*
Ale: Schützstrebe *f*
Ing: protective strut *n*
Fra: barre de soutien *f*

trayecto de rodadura (distribuidor de encendido) *m*
Ale: Abwälzbahn (Zündverteiler) *f*
Ing: rolling contact path (ignition distributor) *n*
Fra: chemin de roulement *m*

trayecto simple de chispa *m*
Ale: Einfachfunkenstrecke *f*
Ing: single spark gap *n*
Fra: éclateur simple *m*

trayectoria de chispa *f*
Ale: Funkenbahn *f*
Ing: creepage-discharge path *n*
Fra: éclateur *m*

trayectoria de conducción térmica *f*
Ale: Wärmeleitweg *m*
Ing: thermal conduction path *n*
Fra: chemin de conduction de la chaleur *m*

trayectoria de fuga *f*
Ale: Nebenschlusspfad *m*
(Kriechweg) *m*
Ing: leakage path *n*
Fra: chemin de fuite *m*

trayectoria del colector *f*
Ale: Kollektorbahn *f*
Ing: collector track *n*
Fra: piste à résistance *f*

trayectoria recta (automóvil) *f*

Español

Ale: Geradeauslauf (Kfz) *m*
Ing: straight running stability (motor vehicle) *n*
Fra: trajectoire rectiligne (véhicule) *f*

tren de carretera *m*
Ale: Brückenzug *m*
Ing: platform road train *n*
Fra: train routier spécial *m*

tren de carretera *m*
Ale: Lastkraftwagenzug *m*
Ing: road train *n*
Fra: train d'utilitaires *m*

tren de carretera de pasajeros *m*
Ale: Omnibuszug *m*
Ing: passenger road train *n*
Fra: train routier à passagers *m*

tren de tracción *m*
Ale: Antriebsstrang *m*
(Triebstrang) *m*
Ing: drivetrain *n*
Fra: chaîne cinématique *f*
(transmission) *f*

tren inversor *m*
Ale: Wendestufe *f*
Ing: reversing mode *n*
Fra: train inverseur *m*

triboelectricidad *f*
Ale: Reibungselektrizität *f*
Ing: triboelectricity *n*
Fra: triboélectricité *f*

tubería *f*
Ale: Rohrleitung *f*
Ing: tubing *n*
Fra: conduite *f*

tubería Common Rail *f*
Ale: Common Rail Leitung *f*
Ing: common rail pipe *n*
Fra: conduite « Common Rail » *f*

tubería de aceite a presión *f*
Ale: Öldruckleitung *f*
Ing: oil pressure pipe *n*
Fra: conduite de refoulement d'huile *f*

tubería de aceite de fuga *f*
Ale: Lecköleitung *f*
Ing: leakage fuel line *n*
Fra: conduite d'huile de fuite *f*

tubería de admisión *f*
Ale: Ansaugleitung *f*
Ing: intake line *n*
Fra: conduit d'admission *m*

tubería de admisión *f*
Ale: Zulaufleitung *f*
Ing: inlet pipe *n*
Fra: conduite d'alimentation *f*

tubería de afluencia *f*
Ale: Vorlaufleitung *f*
Ing: flow pipe *n*
Fra: conduite d'amenée *f*

tubería de aire *f*
Ale: Luftleitung *f*
Ing: air conduction *n*
Fra: conduction d'air *f*

tubería de alimentación *f*
Ale: Vorratsleitung (Zweileitungs-Bremsanlage) *f*
(Versorgungsleitung) *f*
Ing: supply line (two-line braking system) *n*
Fra: conduite d'alimentation (dispositif de freinage à deux conduites) *f*

tubería de alta presión de combustible *f*
Ale: Kraftstoff-Hochdruckleitung *f*
Ing: high pressure fuel line *n*
Fra: conduite haute pression de carburant *f*

tubería de aspiración *f*
Ale: Saugleitung *f*
Ing: suction pipe *n*
Fra: conduit d'admission *m*

tubería de combustible *f*
Ale: Kraftstoffleitung *f*
Ing: fuel line *n*
Fra: conduite de carburant *f*

tubería de comprobación (banco de pruebas de bombas de R4930inyección) *f*
Ale: Prüfleitung (Einspritzpumpen-Prüfstand) *f*
Ing: test lead (injection-pump test bench) *n*
Fra: conduite d'essai (banc d'essai des conduites) *f*

tubería de conexión (sistema de frenos) *f*
Ale: Verbindungsleitung (Bremsanlage) *f*
Ing: connecting line (braking system) *n*
Fra: conduite de raccordement (dispositif de freinage) *f*

tubería de conexión *f*
Ale: Verbindungsleitung *f*
Ing: connecting pipe *n*
Fra: conduite de raccordement *f*

tubería de depresión *f*
Ale: Unterdruckleitung *f*
Ing: vacuum pipe *n*
(vacuum line) *n*
Fra: conduite à dépression *f*

tubería de escape (motor de combustión) *f*
Ale: Auspuffleitung (Verbrennungsmotor) *f*
Ing: exhaust pipe *n*
Fra: conduite d'échappement *f*

tubería de freno *f*
Ale: Bremsleitung *f*
Ing: brake line *n*
Fra: conduite de frein (en général) *f*

tubería de frenos del remolque *f*
Ale: Anhängerbremsleitung *f*
Ing: trailer brake line *n*
Fra: conduite de frein de remorque *f*

tubería de presión *f*
Ale: Druckleitung *f*
(Druckrohr) *n*
(Einspritzleitung) *f*
Ing: fuel injection tubing *n*
(high-pressure line) *n*
Fra: tuyau de refoulement *m*

tubería de retorno *f*
Ale: Rücklaufleitung *f*
Ing: return line *n*
Fra: conduite de retour *f*

tubería de retorno de combustible *f*
Ale: Kraftstoffrückaufleitung *f*
Ing: fuel return line *n*
(fuel-return pipe) *n*
Fra: conduite de retour de carburant *f*

tubería de retorno de combustible *f*
Ale: Kraftstoffrückleitung *f*
Ing: fuel return line *n*
Fra: conduite de retour du carburant *f*

tubería hidráulica *f*
Ale: Hydraulikleitung *f*
Ing: hydraulic line *n*
Fra: conduite hydraulique *f*

tubería neumática *f*
Ale: Pneumatikleitung *f*
Ing: pneumatic line *n*
Fra: conduite pneumatique *f*

tubo calefactor *m*
Ale: Heizrohr *n*
Ing: heating tube *n*
Fra: tube chauffant *m*

tubo de admisión *m*
Ale: Ansaugrohr *n*
Ing: intake manifold *n*
Fra: tubulure d'aspiration *f*

tubo de admisión *m*
Ale: Saugrohr *n*
(Ansaugkrümmer) *m*
(Ansaugrohr) *n*
Ing: intake manifold *n*
(induction manifold) *n*
Fra: collecteur d'admission *m*
(conduit d'admission) *m*

tubo de admisión de efecto vibratorio *m*
Ale: Schwingsaugrohr *n*
Ing: oscillatory intake passage *n*
Fra: collecteur d'admission à oscillation *m*

tubo de admisión variable por resonancia *m*
Ale: Registersaugrohr *n*
Ing: register induction tube *n*
Fra: tubulure d'admission à géométrie variable *f*

tubo de aluminio *m*
Ale: Aluminiumrohr *n*
Ing: aluminum pipe *n*
Fra: tube d'aluminium *m*

tubo de conexión *m*
Ale: Anschlussrohr *n*
Ing: connection pipe *n*
Fra: tuyau de raccordement *m*

tubo de desagüe *m*
Ale: Ablaufrohr *n*
Ing: drainage pipe *n*
Fra: tuyau d'écoulement *m*

tubo de efecto vibratorio *m*
Ale: Schwingrohr *n*
Ing: intake runner *n*
Fra: pipe d'admission *f*

tubo de escape *m*
Ale: Abgasrohr *n*
Ing: exhaust pipe *n*
Fra: pot d'échappement *m*

tubo de escape (motor de combustión) *m*
Ale: Auspuffrohr (Verbrennungsmotor) *n*
(Abgasrohr) *n*
(Abgasleitung) *f*
Ing: exhaust pipe *n*
(exhaust tube) *n*
Fra: tuyau d'échappement *m*
(conduite d'échappement) *f*

tubo de evaporador *m*
Ale: Verdampferrohr *n*
Ing: evaporator tube *n*
Fra: tuyau d'évaporateur *m*

tubo de evaporador *m*
Ale: Verdampferrohr *n*
Ing: evaporator pipe *n*
Fra: tube de vaporisation *m*

tubo de incandescencia *m*
Ale: Glührohr *n*
Ing: glow tube *n*
Fra: tube incandescent *m*

tubo de resonancia *m*
Ale: Resonanzrohr *n*
Ing: resonance tube *n*
(tuned tube) *n*
Fra: tube à résonance *f*

tubo de Venturi *m*
Ale: Venturi-Düse *f*
(Mischrohr) *n*
Ing: venturi tube *n*
Fra: buse venturi *f*
(tube d'émulsion) *m*

tubo distanciador *m*
Ale: Distanzrohr *n*
Ing: spacer tube *n*
Fra: douille d'espacement *f*

tubo distribuidor (inyección individual) *m*
Ale: Verteilerrohr (Einzeleinspritzung) *n*
(Kraftstoffverteilerstück) *n*
Ing: fuel distribution pipe (multipoint fuel injection) *n*
Fra: rampe d'injection (injection multipoint) *f*

tubo distribuidor *m*
Ale: Verteilerrohr *n*
Ing: fuel rail (Common Rail System) *n*
Fra: tube distributeur *m*

tubo embudo *m*
Ale: Trichterrohr *n*
Ing: funnel tube *n*
Fra: tuyau en entonnoir *m*

tubo flexible *m*
Ale: Schlauch *m*
Ing: hose *n*
Fra: chambre à air *f*

tubo flexible *m*
Ale: Schlauchleitung *f*
Ing: hose *n*
Fra: tuyau flexible *m*

tubo flexible aislante *m*
Ale: Isolierschlauch *m*
Ing: insulating tubing *n*
Fra: gaine isolante *f*

tubo flexible aislante *m*
Ale: Isolierschlauch *m*
Ing: insulating sheath *n*
Fra: gaine isolante *f*

tubo flexible blindado (bobina especial de encendido) *m*
Ale: Panzerschlauch (Sonderzündspule) *m*
Ing: armored hose (special ignition coil) *n*
Fra: flexible blindé (bobine d'allumage spéciale) *m*

tubo flexible de aluminio *m*
Ale: Aluminium-Schlauch *m*
Ing: aluminum hose *n*
Fra: flexible d'aluminium *m*

tubo flexible de conexión *m*
Ale: Verbindungsschlauch *m*
Ing: connecting hose *n*
Fra: tuyau de raccordement *m*

tubo flexible de escape (motor de combustión) *m*
Ale: Auspuffschlauch (Verbrennungsmotor) *m*
Ing: exhaust hose *n*
Fra: flexible d'échappement *m*

tubo flexible de inflado de neumáticos *m*
Ale: Reifenfüllschlauch *m*
Ing: tire inflation hose *n*
Fra: flexible de gonflage des pneumatiques *m*

tubo flexible de presión *m*
Ale: Druckschlauch *m*
Ing: pressure hose *n*
Fra: flexible de pression *m*

tubo flexible termocontráctil *m*
Ale: Schrumpfschlauch *m*
Ing: heat shrink hose *n*
Fra: flexible thermorétractable *m*

tubuladura de admisión *f*
Ale: Ansaugstutzen *m*
(Einzelschwingrohr) *n*
Ing: intake fitting *n*
Fra: tubulure d'admission *f*

tubuladura de aspiración *f*
Ale: Absaugstutzen *m*
Ing: extraction connection *n*
Fra: raccord d'aspiration *m*

tubuladura de aspiración de aire *f*
Ale: Luftansaugstutzen *m*
Ing: air intake fitting *n*
Fra: tubulure d'aspiration d'air *f*

tubuladura de descarga (regulador de presión) *f*
Ale: Abblasestutzen (Druckregler) *m*
(Ablassstutzen) *m*
Ing: blow off fitting (pressure regulator) *n*
Fra: tubulure d'échappement (régulateur de pression) *f*

tubuladura de empalme *f*
Ale: Anschlussstutzen *m*
Ing: fitting *n*
Fra: raccord *m*

tubuladura de enroscar *f*
Ale: Anschraubstutzen *m*
Ing: screw on fitting *n*
Fra: tubulure à visser *f*

tubuladura de evacuación (regulador de presión) *f*
Ale: Ablassstutzen (Druckregler) *m*
Ing: drain connection (pressure regulator) *n*
Fra: raccord de vidange *m*

tubuladura de la mariposa *f*
Ale: Drosselklappenstutzen *m*
Ing: throttle valve assembly *n*
Fra: boîtier de papillon *m*

tubuladura de presión *f*
Ale: Druckstutzen *m*
Ing: delivery connection *n*
Fra: tubulure de refoulement *f*

tubuladura de purga de aire *f*
Ale: Entlüftungsstutzen *m*
Ing: vent connection *n*
Fra: tubulure de mise à l'atmosphère *f*

tubuladura roscada *f*
Ale: Einschraubstutzen *m*
Ing: screwed socket *n*

Fra: manchon fileté *m*

tuerca de chapa *f*
Ale: Blechmutter *f*
Ing: plate nut *n*
Fra: écrou à tôle *m*

tuerca de fijación *f*
Ale: Befestigungsmutter *f*
Ing: fixing nut *n*
Fra: écrou de fixation *m*

tuerca de mariposa *f*
Ale: Flügelmutter *f*
Ing: wing nut *n*
Fra: écrou à oreilles *m*

tuerca de presión *f*
Ale: Einpressmutter *f*
Ing: press in nut *n*
Fra: écrou à emmancher *m*

tuerca de racor *f*
Ale: Überwurfmutter *f*
Ing: union nut *n*
(cap nut) *n*
Fra: écrou-raccord *m*

tuerca de rueda *f*
Ale: Radmutter *f*
Ing: wheel nut *n*
Fra: écrou de roue *m*

tuerca de sombrerete *f*
Ale: Hutmutter *f*
Ing: cap nut *n*
Fra: écrou borgne *m*

tuerca de sujeción de inyector *f*
Ale: Düsenspannmutter *f*
(Düsenüberwurfmutter) *f*
Ing: nozzle retaining nut *n*
Fra: écrou-raccord d'injecteur *m*
(écrou de fixation d'injecteur) *m*

tuerca hexagonal *f*
Ale: Sechskantmutter *f*
Ing: hexagon nut *n*
Fra: écrou hexagonal *m*

tunel aerodinámico *m*
Ale: Windkanal *m*
Ing: wind tunnel *n*
Fra: soufflerie *f*

turbina de gas monoarbol *f*
Ale: Einwellen-Gasturbine *f*
Ing: single shaft gas turbine *n*
Fra: turbine à gaz fixe *f*

turbina de gases de escape *f*
Ale: Abgasturbine *f*
Ing: exhaust gas turbine *n*
Fra: turbine à gaz d'échappement *f*

turbina del compresor *f*
Ale: Verdichterturbine *f*
Ing: compressor turbine *n*
Fra: turbine de compresseur *f*

turboalimentación de gases de escape *f*
Ale: Abgasturboaufladung *f*
Ing: exhaust gas turbocharging *n*
Fra: suralimentation par turbocompresseur *f*

turbocompresor *m*
Ale: Turbolader *m*
Ing: exhaust gas turbocharger *n*
Fra: turbocompresseur *m*

turbocompresor celular de aletas *m*
Ale: Flügelzellenlader *m*
Ing: sliding vane supercharger *n*
Fra: compresseur à palettes *m*

turbocompresor de espiral *m*
Ale: Spirallader *m*
Ing: spiral type supercharger *n*
Fra: compresseur à hélicoïde *m*

turbocompresor de gases de escape *m*
Ale: Abgasturbolader *m*
(Turbolader) *m*
Ing: exhaust gas turbocharger *n*
Fra: turbocompresseur *m*

turbocompresor Roots *m*
Ale: Roots-Lader *m*
Ing: Roots supercharger *n*
Fra: compresseur Roots *m*

turbocompresor rotativo de pistones *m*
Ale: Rotationskolbenverdichter *m*
(Rotationskolbenlader) *m*
Ing: rotary piston supercharger *n*
Fra: compresseur à piston rotatif *m*

turbocompresor volumétrico *m*
Ale: Verdrängerlader *m*
Ing: positive displacement supercharger *n*
Fra: compresseur volumétrique *m*

turbulencia *f*
Ale: Verwirbelung *f*
Ing: swirl effect *n*
Fra: turbulence *f*

turbulencia *f*
Ale: Verwirbelung *f*
Ing: turbulence *n*
Fra: tourbillonnement *m*

turbulencia de aire *f*
Ale: Luftverwirbelung *f*
Ing: air turbulence *n*
Fra: turbulence de l'air *f*

turbulencia de la mezcla *f*
Ale: Gemischturbulenz *f*
Ing: mixture turbulence *n*
Fra: turbulence du mélange *f*

turismo *m*
Ale: Personenkraftwagen *m*
Ing: passenger car *n*
(automobile) *n*
(car) *n*
Fra: voiture particulière *f*

turismo *m*
Ale: Pkw *m*
Ing: passenger car *n*
(automobile) *n*
(car) *n*
Fra: voiture particulière *f*

U

ultrasonido *m*
Ale: Ultraschall *m*
Ing: ultrasound *n*
Fra: ultrason *m*

umbral de audición *m*
Ale: Hörschwelle *f*
Ing: threshold of audibility *n*
Fra: seuil d'audibilité *m*

umbral de conexión *m*
Ale: Einschaltschwelle *f*
Ing: switch on threshold *n*
Fra: seuil d'enclenchement *m*

umbral de conexión en resbalamiento (ABS) *m*
Ale: Schlupfschaltschwelle (ABS) *f*
Ing: slip switching threshold (ABS) *n*
Fra: seuil de glissement (ABS) *m*

umbral de desconexión *m*
Ale: Ausschaltschwelle *f*
Ing: shutoff threshold *n*
Fra: seuil de coupure *m*

umbral de disparo *m*
Ale: Auslöseschwelle *f*
Ing: trigger threshold *n*
Fra: seuil de déclenchement *m*

umbral de puerta *m*
Ale: Schweller *m*
Ing: door sill *n*
Fra: bas de caisse *m*

umbral de reacción *m*
Ale: Ansprechschwelle *f*
Ing: response threshold *n*
Fra: seuil de réponse *m*

umbral de revoluciones *m*
Ale: Drehzahlschwelle *f*
Ing: engine speed threshold *n*
Fra: seuil de régime *m*

umbral de temperatura *m*
Ale: Temperaturschwelle *f*
Ing: temperature threshold *n*
Fra: seuil de température *m*

unidad central de inyección (Mono-Jetronic) *f*
Ale: Zentral-Einspritzeinheit (Mono-Jetronic) *f*
Ing: central injection unit (Mono-Jetronic) *n*
Fra: unité d'injection monopoint (Mono-Jetronic) *f*

unidad central de procesamiento (ordenador de datos de viaje) *f*
Ale: Zentraleinheit (Fahrdatenrechner) *f*
Ing: central processing unit, CPU (on-board computer) *n*
Fra: unité de traitement (ordinateur de bord) *f*

unidad codificadora *f*

Español

Ale: Codiereinheit *f*
Ing: code unit *n*
Fra: centrale de codage *f*

unidad de accionamiento *f*
Ale: Antriebseinheit *f*
Ing: power unit *n*
Fra: groupe motopropulseur *m*

unidad de ajuste (regulación de alcance de luces) *f*
Ale: Verstelleinheit (Leuchtweiteregelung) *f*
Ing: adjuster (headlight vertical-aim control) *n*
Fra: module de réglage (correcteur de site) *m*

unidad de banda luminosa *f*
Ale: Lichtbandeinheit *f*
Ing: lighting strip unit *n*
Fra: bande d'éclairage *f*

unidad de control *f*
Ale: Steuergerät *n*
Ing: electronic control unit, ECU *n*
Fra: centrale de commande *f*

unidad de control adosada *f*
Ale: Anbausteuergerät *n*
Ing: add on ECU *n*
Fra: calculateur rapporté *m*

unidad de control adosada *f*
Ale: Anbausteuergerät *n*
Ing: attached control unit *n*
Fra: calculateur adaptable *m*

unidad de control de electroválvula *f*
Ale: Magnetventil-Steuergerät *n*
Ing: solenoid valve control unit *n*
Fra: calculateur d'électrovannes *m*

unidad de control de encendido *f*
Ale: Zündsteuergerät *n*
Ing: ignition control unit *n*
Fra: calculateur d'allumage *m*

unidad de control de tiempo de precalentamiento *f*
Ale: Glühzeitsteuergerät *n*
Ing: glow control unit *n*
Fra: module de commande du temps de préchauffage *m*

unidad de control del motor *f*
Ale: Motorsteuergerät *n*
Ing: engine control unit *n*
(engine ECU) *n*
Fra: calculateur moteur *m*

unidad de control manual *f*
Ale: Handsteuergerät *n*
Ing: manual electric control unit, MECU *n*
Fra: boîtier de commande manuel *m*

unidad de evaluación *f*
Ale: Auswerteeinheit *f*
Ing: evaluation unit *n*
Fra: bloc d'exploitation *m*

unidad de medición y control *f*
Ale: Mess- und Steuereinheit *f*
Ing: measuring and control unit *n*
Fra: bloc de mesure et de commande *m*

unidad de plato oscilante *f*
Ale: Schwenkscheibeneinheit *f*
Ing: swash plate unit *n*
Fra: unité à plateau inclinable *f*

unidad electrónica de control *f*
Ale: elektronisches Steuergerät *n*
(Steuergerät) *n*
Ing: electronic control unit, ECU *n*
Fra: calculateur électronique *m*

unidad estranguladora de aspiración *f*
Ale: Saugdrosseleinheit *f*
Ing: inlet metering unit *n*
Fra: unité de gicleur d'aspiration *f*

unidad incorporada en el depósito *f*
Ale: Tankeinbaueinheit *f*
Ing: in tank unit *n*
Fra: unité de puisage *f*

unidad lógica *f*
Ale: Logikteil *m*
Ing: logic unit *n*
Fra: unité logique *f*

unidad visualizadora *f*
Ale: Anzeigeeinheit *f*
Ing: display unit *n*
Fra: unité d'affichage (ordinateur de bord) *f*

unión a presión *f*
Ale: Druckfügen *n*
Ing: pressurized clinching *n*
Fra: clinchage *m*

unión pegada *f*
Ale: Klebeverbindung *f*
Ing: adhesive connection *n*
Fra: joint collé *m*

unión por puntos TOX *f*
Ale: Toxen *n*
(Toxfügen) *n*
Ing: tox clinching *n*
Fra: clinchage par points TOX *m*

unión roscada *f*
Ale: Gewindeanschluss *m*
Ing: threaded port *n*
Fra: orifice taraudé *m*

unión roscada *f*
Ale: Verschraubung *f*
Ing: screwed connection *n*
(threaded joint) *n*
Fra: raccord à vis *m*

unión soldada *f*
Ale: Lötverbindung *f*
Ing: soldered connection *n*
Fra: connexion par soudage *f*

Unit Injector System, UIS *m*
Ale: Unit Injector System, UIS *n*
(Pumpe-Düse) *f*
(Pumpe-Düse-Einheit) *f*
Ing: unit injector system, UIS *n*
Fra: système injecteur-pompe *m*
(injecteur-pompe) *m*

Unit Pump System, UPS *m*
Ale: Unit Pump System, UPS *f*
(Pumpe-Leitung-Düse) *f*
Ing: unit pump system, UPS *n*
Fra: pompe unitaire haute pression *f*
(système pompe-conduite-injecteur) *m*

útil de engaste *m*
Ale: Crimpwerkzeug *n*
Ing: crimping tool *n*
Fra: pince à sertir *f*

V

valor absoluto *m*
Ale: Absolutwert *m*
Ing: absolute value *n*
Fra: valeur absolue *f*

valor característico de excitación *m*
Ale: Anregungskennwert *m*
Ing: excitation characteristic value *n*
Fra: valeur d'excitation *f*

valor característico del flujo volumétrico *m*
Ale: Volumenstromkennwert *m*
Ing: volumetric flow factor *n*
Fra: valeur caractéristique du débit volumique *f*

valor de ajuste *m*
Ale: Einstellwert *m*
Ing: setting value *n*
Fra: valeur de réglage *f*

valor de corrección *m*
Ale: Korrekturwert *m*
Ing: correction value *n*
Fra: valeur de correction *f*

valor de emisión de humos *m*
Ale: Rauchwert *m*
Ing: smoke emission value *n*
Fra: valeur d'émission de fumées *f*

valor de medición *m*
Ale: Messwert *m*
Ing: measured value *n*
Fra: valeur mesurée *f*
(mesurande) *f*

valor de rectificación *m*
Ale: Gleichrichtwert *m*
Ing: rectification value *n*
(rectified value) *n*
Fra: valeur de redressement *f*

valor de resistencia *m*
Ale: Widerstandswert *m*
Ing: resistance value *n*
Fra: valeur ohmique *f*

valor de trabajo *m*
Ale: Arbeitswert *m*
Ing: working value *n*
Fra: temps de réparation *m*

Español

valor de umbral de caudal *m*
Ale: Mengenschwellwert *m*
Ing: fuel quantity threshold value *n*
Fra: valeur de seuil de débit *f*

valor efectivo *m*
Ale: Effektivwert *m*
Ing: effective value *n*
Fra: valeur efficace *f*

valor instantáneo *m*
Ale: Augenblickswert *m*
Ing: instantaneous value *n*
Fra: valeur instantanée *f*

valor límite de banda ancha *m*
Ale: Breitbandgrenzwert *m*
Ing: broad band limit value *n*
Fra: valeur limite du spectre à large bande *f*

valor límite de banda estrecha *m*
Ale: Schmalbandgrenzwert *m*
Ing: narrow band limit value *n*
Fra: valeur limite du spectre à bande étroite *f*

valor límite de gases de escape *m*
Ale: Abgasgrenzwert *m*
Ing: emission limits *n*
Fra: valeur limite d'émission *f*

valor nominal *m*
Ale: Nennwert *m*
Ing: nominal value *n*
(rated value) *n*
Fra: valeur nominale *f*

valor nominal *m*
Ale: Sollwert *m*
Ing: setpoint value *n*
Fra: consigne *f*

valor nominal de presión Rail *m*
Ale: Raildrucksollwert *m*
Ing: rail pressure setpoint *n*
Fra: consigne de pression « rail » *f*

valor nominal de regulador de caudal *m*
Ale: Mengenstellersollwert *m*
Ing: fuel quantity positioner setpoint value *n*
Fra: valeur consigne de l'actionneur de débit *f*

valor nominal Lambda *m*
Ale: Lambda-Sollwert (siehe Eintrag « Lambdawert ») *m*
Ing: desired air/fuel ratio *n*
Fra: consigne Lambda *f*

valor promedio total *m*
Ale: Gesamtmittelwert *m*
Ing: total mean value *n*
Fra: moyenne totale estimée *f*

valor real *m*
Ale: Istwert *m*
Ing: actual value *n*
(instantaneous value) *n*
Fra: valeur réelle *f*

valor umbral de caída (sensor del pedal acelerador) *m*
Ale: Abfallschwellwert (Fahrpedalsensor) *m*
Ing: decrease threshold value (accelerator-pedal sensor) *n*
Fra: seuil décroissant (capteur d'accélérateur) *m*

valor umbral de subida (sensor del acelerador) *m*
Ale: Anstiegsschwellwert (Fahrpedalsensor) *m*
Ing: increase threshold value (accelerator-pedal sensor) *n*
Fra: seuil croissant (capteur d'accélérateur) *m*

valores de comprobación *mpl*
Ale: Prüfwerte *mpl*
Ing: test specifications *npl*
Fra: valeurs d'essai *fpl*

valores de electrolito (batería) *mpl*
Ale: Säurewerte (Batterie) *fpl*
Ing: electrolyte values (battery) *npl*
Fra: indices des acides (batterie) *mpl*

valores de los gases de escape *mpl*
Ale: Abgaswerte *mpl*
Ing: exhaust gas values *npl*
Fra: valeurs d'émissions *fpl*

valores iniciales *mpl*
Ale: Ausgangswerte *mpl*
Ing: starting values *npl*
Fra: valeurs initiales *fpl*

válvula *f*
Ale: Ventil *n*
Ing: valve *n*
Fra: valve *f*

válvula a presión constante *f*
Ale: Gleichdruckventil *n*
Ing: constant-pressure valve *n*
Fra: clapet de refoulement à pression constante *m*

válvula alternativa *f*
Ale: Wechselventil *n*
Ing: shuttle valve *n*
Fra: sélecteur de circuit *m*

válvula cilíndrica *f*
Ale: Kolbenschieber *m*
(Tauchspule) *f*
Ing: plunger *n*
Fra: piston-tiroir *m*
(bobine à noyau plongeur) *f*

válvula corredera de dosificación (KE-Jetronic) *f*
Ale: Zumess-Schieber (KE-Jetronic) *m*
Ing: metering sleeve (KE-Jetronic) *n*
Fra: bague de dosage *f*

válvula de accionamiento *f*
Ale: Betätigungsventil *n*
(Steuerventil) *n*
Ing: control valve *n*
Fra: valve de commande *f*

válvula de accionamiento rápido (freno) *f*
Ale: Schnelllöseventil (Bremse) *n*
Ing: quick release valve (brakes) *n*
Fra: valve de desserrage rapide (frein) *f*

válvula de admisión (motor de combustión) *f*
Ale: Einlassventil (Verbrennungsmotor) *n*
Ing: intake valve *n*
Fra: soupape d'admission *f*
(valve d'admission) *f*

válvula de agua caliente *f*
Ale: Heizwasserventil *n*
Ing: hot water valve *n*
Fra: vanne d'eau chaude *f*

válvula de aguja *f*
Ale: Nadelventil *n*
(Schwimmernadelventil) *n*
Ing: needle valve *n*
Fra: injecteur à aiguille *m*

válvula de aire adicional *f*
Ale: Zusatzluftventil *n*
Ing: auxiliary air valve *n*
Fra: valve d'air additionnel *f*

válvula de aire secundario *f*
Ale: Sekundärluftventil *n*
Ing: secondary air valve *n*
Fra: électrovalve d'air secondaire *f*

válvula de alivio de presión *f*
Ale: Druckabbauventil *n*
Ing: pressure relief valve *n*
Fra: électrovanne de baisse de pression *f*

válvula de alivio de sobrepresión *f*
Ale: Überdruckablassventil *n*
Ing: overpressure relief valve *n*
Fra: soupape d'évacuation de surpression *f*

válvula de arranque en frío *f*
Ale: Kaltstartventil *n*
Ing: cold start valve *n*
Fra: injecteur de démarrage à froid *m*

válvula de asiento *f*
Ale: Sitzventil *n*
Ing: poppet valve *n*
Fra: distributeur à clapet *m*

válvula de asiento plano *f*
Ale: Flachsitzventil *n*
Ing: flat seat valve *n*
Fra: soupape à siège plan *f*

válvula de aspiración (motor de combustión) *f*
Ale: Ansaugventil (Verbrennungsmotor) *n*
(Einlassventil) *n*
Ing: intake valve (IC engine) *n*
Fra: soupape d'aspiration *f*

válvula de aspiración *f*

Español

Ale: Saugventil (Kraftstoffförderpumpe) *n*
Ing: suction valve (fuel-supply pump) *n*
Fra: soupape d'aspiration (pompe d'alimentation) *f*

válvula de aspiración ulterior *f*
Ale: Nachsaugventil *n*
Ing: replenishing valve *n*
Fra: clapet de réaspiration *m*

válvula de bloqueo *f*
Ale: Verriegelungsventil *n*
Ing: locking valve *n*
Fra: valve de verrouillage *f*

válvula de bloqueo ASR *f*
Ale: ASR-Sperrventil *n*
Ing: TCS lock valve *n*
Fra: valve de barrage ASR *f*

válvula de bola *f*
Ale: Kugelventil *n*
Ing: ball valve *n*
Fra: clapet à bille *m*

válvula de botón giratorio *f*
Ale: Drehknopfventil *n*
Ing: rotary knob valve *n*
Fra: valve à bouton rotatif *f*

válvula de bypass *f*
Ale: Bypassventil *n*
Ing: bypass valve *n*
(wastegate) *n*
Fra: valve by-pass *f*
(valve de dérivation) *f*

válvula de calibración *f*
Ale: Kalibrierventil *n*
Ing: calibrating valve *n*
Fra: distributeur d'étalonnage *m*

válvula de cierre *f*
Ale: Absperrventil *n*
Ing: shutoff valve *n*
Fra: clapet d'arrêt *m*

válvula de cierre *f*
Ale: Sperrventil *n*
Ing: check valve *n*
Fra: valve d'arrêt *f*

válvula de cierre de vapores de combustible *f*
Ale: Kraftstoffverdunstungs-Absperrventil *n*
Ing: evaporative emission shutoff valve *n*
Fra: robinet d'isolement des vapeurs de carburant *m*

válvula de conmutación *f*
Ale: Umschaltventil *n*
Ing: switchover valve *n*
Fra: vanne de commutation *f*

válvula de conmutación *f*
Ale: Umschaltventil, USV *n*
Ing: changeover valve *n*
Fra: valve de commutation *f*

válvula de control *f*
Ale: Steuerventil *n*
Ing: control valve *n*
Fra: valve de commande *f*

válvula de control de caudal *f*
Ale: Mengensteuerventil *n*
Ing: fuel supply control valve *n*
Fra: électrovanne de débit *f*

válvula de control de presión (ABS) *f*
Ale: Drucksteuerventil (ABS) *n*
Ing: pressure control valve (ABS) *n*
Fra: valve modulatrice de pression (ABS) *f*

válvula de control de presión monocanal *f*
Ale: Einkanaldrucksteuerventil *n*
Ing: single channel pressure modulation valve *n*
Fra: valve modulatrice de pression à un canal *f*

válvula de control de remolque de dos conductos *f*
Ale: Zweileitungs-Anhängersteuerventil *n*
Ing: dual line trailer control valve *n*
Fra: valve de commande de remorque à deux conduites *f*

válvula de control de torque (inyección diesel) *f*
Ale: Angleichventil (Dieseleinspritzung) *n*
Ing: torque control valve *n*
Fra: soupape de correction de débit *f*

válvula de control del remolque *f*
Ale: Anhängersteuerventil *n*
Ing: trailer control valve *n*
Fra: valve de commande de remorque *f*

válvula de corte *m*
Ale: Abschaltventil *n*
(Absperrventil) *n*
Ing: shutoff valve *n*
Fra: valve de barrage *f*

válvula de corte de ralentí *f*
Ale: Leerlaufabschaltventil *n*
Ing: idle cut off valve *n*
Fra: coupe-ralenti *m*

válvula de desaireación rápida (freno) *f*
Ale: Schnellentlüftungsventil (Bremse) *n*
Ing: rapid bleeder valve (brakes) *n*
Fra: purgeur rapide (frein) *m*

válvula de descarga de gas *f*
Ale: Gasauslassventil *n*
Ing: gas discharge valve *n*
Fra: clapet d'évacuation de gaz *m*

válvula de desconexión de elemento (Common Rail) *f*
Ale: Elementabschaltventil (Common Rail) *n*
Ing: element switchoff valve (common rail) *n*
Fra: électrovanne de désactivation d'élément (coussin d'air) *f*

válvula de desviación *f*
Ale: Umleitventil *n*
Ing: air bypass valve *n*
Fra: valve de dérivation *f*

válvula de doble asiento *f*
Ale: Doppelsitzventil *n*
Ing: double-seat valve *n*
Fra: valve à double siège *f*

válvula de drenaje *f*
Ale: Entwässerungsventil *n*
(Wasserablassventil) *n*
Ing: drain valve *n*
Fra: purgeur d'eau *m*

válvula de drenaje *f*
Ale: Entwässerungsventil *n*
Ing: dewatering valve *n*
Fra: purgeur d'eau *m*

válvula de escape (motor de combustión) *f*
Ale: Auslassventil (Verbrennungsmotor) *n*
Ing: exhaust valve (IC engine) *n*
Fra: soupape d'échappement (moteur à combustion) *f*

válvula de estrangulación (accionamiento de puerta) *f*
Ale: Drosselventil (Türbetätigung) *n*
Ing: throttle valve (door control) *n*
Fra: valve d'amortissement (commande des portes) *f*

válvula de estrangulación de rebose *f*
Ale: Überströmdrosselventil *n*
Ing: overflow throttle valve *n*
Fra: soupape de décharge à calibrage *f*

válvula de evacuación *f*
Ale: Ablassventil *n*
Ing: drain valve *n*
Fra: valve de décharge *f*

válvula de expansión *f*
Ale: Expansionsventil *n*
Ing: expansion valve *n*
Fra: détendeur *m*

válvula de fondo *f*
Ale: Bodenventil *n*
Ing: floor valve *n*
Fra: clapet de fond *m*

válvula de freno *f*
Ale: Bremsventil *n*
Ing: brake valve *n*
Fra: valve de frein *f*

válvula de freno auxiliar *f*
Ale: Hilfsbremsventil *n*
Ing: secondary brake valve *n*
Fra: valve de frein de secours *f*

Español

válvula de freno de estacionamiento *f*
Ale: Feststellbremsventil *n*
Ing: parking brake valve *n*
Fra: valve de frein de stationnement *f*

válvula de freno de mano *f*
Ale: Handbremsventil *n*
Ing: handbrake valve *n*
Fra: valve de frein à main *f*

válvula de freno de servicio de doble circuito *f*
Ale: Zweikreis-Betriebsbremsventil *n*
Ing: dual circuit service brake valve *n*
Fra: valve de frein de service à double circuit *f*

válvula de impacto *f*
Ale: Schockventil *n*
Ing: shock absorber *n*
Fra: clapet antichoc *m*

válvula de impulsos *f*
Ale: Taktventil *n*
Ing: pulse valve *n*
Fra: électrovanne à rapport cyclique d'ouverture *f*

válvula de impulsos *f*
Ale: Taktventil *n*
Ing: cycle valve *n*
Fra: valve de séquence *f*

válvula de impulsos *f*
Ale: Taktventil *n*
Ing: timer valve *n*
Fra: valve de séquence *f*

válvula de impulsos progresivos (ELB) *f*
Ale: Hochtaktventil (ELB) *n*
Ing: pressure build up valve (ELB) *n*
Fra: valve à impulsions progressives (ELB) *f*

válvula de inyección *f*
Ale: Einspritzventil *n*
Ing: fuel injector *n*
Fra: injecteur *m*

válvula de inyección de alta presión *f*
Ale: Hochdruckeinspritzventil *n*
Ing: high pressure injector *n*
Fra: injecteur haute pression *m*

válvula de inyección de un agujero *f*
Ale: Einlocheinspritzventil *n*
Ing: single hole injector *n*
Fra: injecteur monotrou *m*

válvula de inyección Diesel *f*
Ale: Diesel-Einspritzventil *n*
Ing: diesel fuel injector *n*
Fra: injecteur diesel *m*

válvula de mando *f*
Ale: Schaltventil *n*
Ing: switching valve *n*
Fra: vanne de commande *f*

válvula de mando operada de forma electromagnética *f*
Ale: elektromagnetisch betätigtes Schaltventil *n*
Ing: electromagnetically operated switching valve *n*
Fra: électrovanne de commande *f*

válvula de precarga *f*
Ale: Vorladeventil, VLV *n*
Ing: precharge valve, VLV *n*
Fra: vanne de précharge *f*

válvula de presión (bomba de inyección) *f*
Ale: Druckventil (Einspritzpumpe) *n*
Ing: delivery valve (fuel-injection pump) *n*
Fra: clapet de refoulement (pompe d'injection) *m*

válvula de presión diferencial *f*
Ale: Differenzdruckventil *n*
Ing: differential pressure valve *n*
Fra: régulateur de pression différentielle *m*

válvula de presión previa *f*
Ale: Vordruckventil *n*
Ing: admission pressure valve *n*
Fra: valve de pression d'admission *f*

válvula de protección de cuatro circuitos *f*
Ale: Vierkreis-Schutzventil *n*
Ing: four circuit protection valve *n*
Fra: valve de sécurité à quatre circuits *f*

válvula de pulsador *f*
Ale: Druckknopfventil *n*
Ing: push button valve *n*
Fra: distributeur à bouton-poussoir *m*

válvula de purga de aire *f*
Ale: Entlüfterventil *n*
Ing: bleeder valve *n*
Fra: vanne de purge *f*

válvula de purga de aire *f*
Ale: Entlüftungsventil *n*
(Entgasungsventil) *n*
Ing: bleeder valve *n*
Fra: valve de purge air *f*
(valve de dégazage) *f*

válvula de rebose *f*
Ale: Überlaufventil *n*
Ing: overrun valve *n*
Fra: soupape de trop-plein *f*

válvula de rebose *f*
Ale: Überströmventil *n*
Ing: overflow valve *n*
Fra: soupape de décharge *f*

válvula de rebose de acumulador *f*
Ale: Speicherüberströmventil *n*
Ing: accumulator overflow valve *n*
Fra: soupape de décharge de l'accumulateur *f*

válvula de regulación de presión *f*
Ale: Druckregelventil *n*
Ing: pressure control valve *n*
Fra: soupape modulatrice de pression *f*

válvula de relé del remolque *f*
Ale: Anhängerrelaisventil *n*
Ing: trailer relay valve *n*
Fra: valve-relais de remorque *f*

válvula de retención *f*
Ale: Rückhalteventil *n*
Ing: backup valve *n*
Fra: valve de secours *f*

válvula de retención *f*
Ale: Rückschlagventil *n*
Ing: non return valve *n*
Fra: clapet de non-retour *m*

válvula de retención y estrangulación *f*
Ale: Drosselrückschlagventil *n*
Ing: throttle type non-return valve *n*
Fra: clapet de non-retour à étranglement *m*

válvula de retorno de combustible *f*
Ale: Kraftstoffrückführventil *n*
Ing: fuel recirculation valve *n*
Fra: vanne de recyclage de carburant *f*

válvula de retroalimentación de gases de escape *f*
Ale: Abgasrückführungsventil *n*
Ing: exhaust gas recirculation valve *n*
(EGR valve) *n*
Fra: électrovalve de recyclage des gaz d'échappement *f*

válvula de seguridad (secador de aire) *f*
Ale: Sicherheitsventil (Lufttrockner) *n*
Ing: safety valve (air drier) *n*
Fra: valve de sécurité (dessiccateur) *f*

válvula de seguridad de depresión *f*
Ale: Unterdruck-Schutzventil *n*
Ing: vacuum/safety valve *n*
Fra: clapet de sécurité de dépression *m*

válvula de seguridad de tres circuitos *f*
Ale: Dreikreis-Schutzventil *n*
Ing: triple circuit protection valve *n*
Fra: valve de sécurité à trois circuits *f*

válvula de separación *f*
Ale: Trennventil *n*

Ing: isolating valve *n*
Fra: valve d'isolement *f*

válvula de soplado *f*
Ale: Ausblaseventil *n*
(Druckablassventil) *n*
(Überdruckventil) *n*
Ing: blow off valve *n*
(pressure relief valve) *n*
Fra: soupape de décharge *f*

válvula de suministro de avance (inyección diesel) *f*
Ale: Vorlaufventil (Dieseleinspritzung) *n*
Ing: forwarddelivery valve (diesel fuel injection) *n*
Fra: clapet-pilote (injection diesel) *m*

válvula de suspensión neumática *f*
Ale: Luftfederventil *n*
Ing: height-control valve *n*
Fra: valve de nivellement *f*

válvula de tres vías *f*
Ale: Dreiflügelventil *n*
Ing: triple fluted valve *n*
Fra: vanne à trois ailettes *f*

válvula de ventilación *f*
Ale: Belüftungsventil *n*
Ing: breather valve *n*
Fra: valve de ventilation *f*

válvula de ventilación *f*
Ale: Lüftungsventil *n*
Ing: ventilation valve *n*
Fra: vanne de ventilation *f*

válvula de volumen constante *f*
Ale: Gleichraumventil *n*
Ing: constant-volume valve *n*
Fra: clapet de refoulement à volume constant *m*

válvula del acumulador *f*
Ale: Speicherventil *n*
Ing: compensation valve *n*
Fra: soupape de compensation *f*

válvula del acumulador *f*
Ale: Speicherventil *n*
Ing: accumulator valve *n*
Fra: soupape de compensation *f*

válvula del freno de servicio *f*
Ale: Betriebsbremsventil *n*
Ing: service brake valve *n*
Fra: valve de frein de service *f*

válvula del freno del remolque *f*
Ale: Anhängerbremsventil *n*
Ing: trailer brake valve *n*
Fra: valve de frein de remorque *f*

válvula distribuidora *f*
Ale: Wegeventil *n*
Ing: directional control valve *n*
Fra: distributeur *m*

válvula distribuidora de bloque *f*
Ale: Blockwegeventil *n*
Ing: stack type directional control valve *n*
Fra: bloc-distributeurs *m*

válvula distribuidora de dos vías (ASR) *f*
Ale: Zweiwegeventil (ASR) *n*
Ing: two way directional control valve (TCS) *n*
Fra: distributeur à deux voies (ASR) *m*

válvula distribuidora de dos vías *f*
Ale: Zweiwegeventil *n*
Ing: two way valve *n*
Fra: distributeur à deux voies *m*

válvula dosificadora *f*
Ale: Dosierventil *n*
Ing: metering valve *n*
Fra: vanne de dosage *f*

válvula dosificadora de alimentación *f*
Ale: Zulaufdosierventil *n*
Ing: inlet metering valve *n*
Fra: vanne de dosage d'admission *f*

válvula dosificadora de rebose *f*
Ale: Überströmdosierventil *n*
Ing: overflow metering valve *n*
Fra: soupape de dosage du débit de retour *f*

válvula estranguladora de reflujo *f*
Ale: Rückströmdrosselventil *n*
Ing: orifice check valve *n*
(return-flow throttle valve) *n*
Fra: soupape à frein de réaspiration *f*

válvula exterior de llenado *f*
Ale: Außenfüllventil *n*
Ing: external filler valve *n*
Fra: vanne de remplissage extérieure *f*

válvula limitadora de caudal *f*
Ale: Strombegrenzungsventil *n*
Ing: flow limiting valve *n*
Fra: limiteur de débit *m*

válvula mantenedora de presión (inyección Diesel) *f*
Ale: Druckhalteventil (Dieseleinspritzung) *n*
Ing: pressure holding valve (diesel fuel injection) *n*
Fra: soupape de maintien de la pression (injection diesel) *f*

válvula mantenedora de presión *f*
Ale: Druckhalteventil *n*
Ing: pressure sustaining valve *n*
Fra: clapet de maintien de pression *m*

válvula OC *f*
Ale: OC-Ventil *n*
Ing: OC valve *n*
Fra: distributeur à centre ouvert *m*

válvula piezoeléctrica *f*
Ale: Piezoventil *n*
Ing: piezo valve *n*
Fra: vanne piézoélectrique *f*

válvula piloto (regulador de la fuerza de frenado) *f*
Ale: Vorsteuerventil (Bremskraftregler) *n*
Ing: pilot valve (load-sensing valve) *n*
Fra: valve pilote (correcteur de freinage) *f*

válvula por gravedad *f*
Ale: Schwerkraft-Ventil *n*
Ing: gravity valve *n*
Fra: vanne à gravité *f*

válvula preselectora de cuatro vías *f*
Ale: Vier-Wege-Vorsteuerventil *n*
Ing: four way pilot-operated directional-control valve *n*
Fra: distributeur pilote à 4 voies *m*

válvula preselectora de tres vías *f*
Ale: Drei-Wege-Vorsteuerventil *n*
Ing: three way pilot-operated directional-control valve *n*
Fra: distributeur pilote à 3 voies *m*

válvula proporcional (ASR) *f*
Ale: Proportionalventil (ASR) *n*
Ing: proportioning valve (TCS) *n*
Fra: valve proportionnelle (ASR) *f*

válvula reductora *f*
Ale: Reduzierventil *n*
Ing: reducing valve *n*
Fra: réducteur de pression *m*

válvula reguladora *f*
Ale: Regelventil *n*
Ing: control valve (open loop) *n*
Fra: vanne de régulation *f*

válvula reguladora de caudal *f*
Ale: Stromregelventil *n*
Ing: flow control valve *n*
Fra: régulateur de débit *m*

válvula reguladora de caudal de tres vías *f*
Ale: Drei-Wege-Stromregelventil *n*
Ing: three way flow-control valve *n*
Fra: régulateur de débit à 3 voies *m*

válvula reguladora de presión de sobrealimentación *f*
Ale: Ladedruckregelventil *n*
(Überströmventil) *n*
Ing: boost pressure control valve *n*
(overflow valve) *n*
Fra: valve de décharge *f*

válvula termostática *f*
Ale: Thermostatventil *n*
Ing: thermostatic valve *n*
Fra: valve thermostatique *f*

vaporización de combustible *f*
Ale: Kraftstoffverdunstung *f*
Ing: evaporative emission *n*
Fra: évaporation du carburant *f*

variable *adj*
Ale: verstellbar *adj*
Ing: variable *adj*

Español

Fra: variable *adj*

variación a retardo electrónica ***f***
Ale: elektronische Spätverstellung, ESV *f*
Ing: electronic retard device *n*
Fra: retard à l'allumage électronique *m*

variación de caudal ***f***
Ale: Mengendrift *f*
Ing: fuel quantity drift *n*
Fra: dérive de débit *f*

variación de presión ***f***
Ale: Druckschwankung *f*
Ing: pressure variation *n*
(pressure fluctuation) *n*
Fra: variation de pression *f*

variación electrónica del encendido ***f***
Ale: elektronische Zündverstellung *f*
Ing: electronic spark advance *n*
Fra: correction électronique du point d'allumage *f*

variación hacia retardo (ángulo de encendido) ***f***
Ale: Spätverstellung (Zündwinkel) *f*
Ing: ignition retard (ignition angle) *n*
Fra: correction dans le sens « retard » (angle d'allumage) *m*

variación hacia retardo (ángulo de encendido) ***f***
Ale: Spätverstellung (Zündwinkel) *f*
Ing: retardation (ignition angle) *n*
Fra: correction dans le sens « retard » *f*

variación por depresión ***f***
Ale: Unterdruckverstellung *f*
(Unterdruckzündversteller) *m*
Ing: vacuum advance mechanism *n*
Fra: dispositif d'avance à dépression *m*

variador de avance de la inyección (inyección de combustible) ***m***
Ale: Spritzversteller (Kraftstoffeinspritzung) *m*
(Förderbeginnversteller) *m*
Ing: timing device (fuel injection) *n*
Fra: variateur d'avance à l'injection *m*
(variateur d'avance) *m*

variador de depresión ***m***
Ale: Unterdruckversteller *m*
Ing: vacuum control *n*
Fra: correcteur à dépression *m*

variador de encendido ***m***
Ale: Zündversteller *m*
Ing: spark advance mechanism *n*
Fra: dispositif d'avance *m*

variador de encendido por fuerza centrífuga ***m***
Ale: Fliehkraftzündversteller *m*
Ing: centrifugal advance mechanism *n*
Fra: correcteur d'avance centrifuge *m*

variador de torsión (bomba de émbolos radiales) ***m***
Ale: Drallsteller (Radialkolbenpumpe) *m*
Ing: swirl actuator (radial-piston pump) *n*
Fra: actionneur à effet giratoire (pompe à pistons radiaux) *m*

variador del nivel de torsión ***m***
Ale: Drallniveausteller *m*
Ing: swirl actuator *n*
Fra: actionneur de turbulence *m*

variador giratorio ***m***
Ale: Drehstellwerk *n*
Ing: rotary actuator *n*
Fra: capteur angulaire *m*

variador hidráulico de avance de la inyección ***m***
Ale: hydraulischer Spritzversteller *m*
Ing: hydraulic timing device *n*
Fra: variateur d'avance hydraulique *m*

variador magnético rotativo ***m***
Ale: Drehmagnetstellwerk *n*
Ing: rotary magnet actuator *n*
Fra: actionneur à aimant rotatif *m*

variante de equipamiento ***f***
Ale: Ausstattungsvariante *f*
Ing: trim level *n*
Fra: variante d'équipement *f*

varilla calefactora (secador de aire) ***f***
Ale: Heizstab (Lufttrockner) *m*
Ing: heating element (air drier) *n*
Fra: tige chauffante (dessiccateur) *f*

varilla de accionamiento ***f***
Ale: Betätigungsstange *f*
Ing: actuating rod *n*
Fra: tige d'actionnement *f*

varilla de empuje ***f***
Ale: Stößelstange *f*
Ing: push rod *n*
Fra: tige-poussoir *f*

varilla de regulación (bomba de inyección) ***f***
Ale: Regelstange (Einspritzpumpe) *f*
Ing: control rack *n*
Fra: tige de réglage (pompe d'injection en ligne) *f*

varilla indicadora de nivel de aceite ***f***
Ale: Ölpeilstab *m*
Ing: oil dipstick *n*
Fra: jauge d'huile *f*

varillaje ***m***
Ale: Gestänge *n*
Ing: linkage *n*
Fra: tringlerie *f*
(timonerie) *f*

varillaje de freno ***m***
Ale: Bremsgestänge *n*
Ing: brake control linkage *n*
Fra: timonerie de frein *f*

varillaje de freno ***m***
Ale: Bremsgestänge *n*
Ing: brake control linkage *n*
Fra: timonerie de frein *f*

varillaje de la mariposa ***m***
Ale: Drosselklappengestänge *n*
Ing: throttle valve shaft *n*
Fra: tringlerie de papillon *f*

varillaje del acelerador ***m***
Ale: Gasgestänge *n*
Ing: accelerator lever linkage *n*
Fra: timonerie d'accélérateur *f*

varillaje del acelerador ***m***
Ale: Gasgestänge *n*
Ing: accelerator pedal linkage *n*
Fra: timonerie d'accélérateur *f*

varillaje del regulador ***m***
Ale: Reglergestänge *n*
Ing: governor linkage (mechanical governor) *n*
Fra: tringlerie du régulateur *f*

vaso de inyección ***m***
Ale: Abspritzbecher *m*
Ing: injection cup *n*
Fra: collecteur brise-jet *m*

vástago de inyector ***m***
Ale: Düsenschaft *m*
Ing: nozzle stem *n*
Fra: fût d'injecteur *m*

vástago de válvula ***m***
Ale: Ventilschaft *m*
Ing: valve stem *n*
Fra: queue de soupape *f*

vástago de válvula de presión ***m***
Ale: Druckventilschaft *m*
Ing: delivery valve stem *n*
Fra: tige de soupape de refoulement *f*

vehículo ***m***
Ale: Fahrzeug *n*
Ing: vehicle *n*
Fra: véhicule *m*

vehículo ***m***
Ale: Kraftfahrzeug *n*
Ing: motor vehicle *n*
Fra: véhicule *m*

vehículo anfibio ***m***
Ale: Amphibienfahrzeug *n*
Ing: amphibious vehicle *n*
Fra: véhicule amphibie *m*

vehículo articulado ***m***
Ale: Gelenkfahrzeug *n*
Ing: articulated vehicle *n*

Fra: véhicule articulé *m*

vehículo combinado ***m***
Ale: Kombiwagen *m*
Ing: multi-purpose vehicle *n*
(station wagon) *n*
Fra: break *m*

vehículo con aparatos ***m***
Ale: Gerätewagen *m*
Ing: equipment trolley *n*
Fra: chariot d'appareil *m*

vehículo con capó ***m***
Ale: Haubenfahrzeug *n*
Ing: cab behind engine vehicle, CBE *n*
(CBE vehicle) *n*
Fra: camion à capot *m*

vehículo de accidente ***m***
Ale: Unfallfahrzeug *n*
Ing: accident vehicle *n*
Fra: véhicule accidenté *m*

vehículo de cabina avanzada ***m***
Ale: Frontlenkerfahrzeug *n*
Ing: cab over engine vehicle, COE *n*
Fra: véhicule à cabine avancée *m*

vehículo de tracción total ***f***
Ale: Allradfahrzeug *n*
Ing: four wheel drive vehicle *n*
Fra: véhicule à transmission intégrale *m*

vehículo de tres ejes ***m***
Ale: Dreiachsfahrzeug *n*
Ing: three axle vehicle *n*
Fra: véhicule à trois essieux *m*

vehículo eléctrico ***m***
Ale: Elektrofahrzeug *n*
(Elektrostraßenfahrzeug) *n*
(Elektrisch angetriebenes Fahrzeug) *n*
Ing: electric vehicle, EV *n*
Fra: véhicule à traction électrique *m*
(véhicule électrique) *m*

vehículo industrial ***m***
Ale: Nkw *m*
Ing: commercial vehicle *n*
Fra: véhicule utilitaire *m*

vehículo industrial ***m***
Ale: Nutzfahrzeug *n*
Ing: commercial vehicle *n*
Fra: véhicule utilitaire *m*

vehículo industrial ligero ***m***
Ale: leichtes Nutzkraftfahrzeug *n*
Ing: light commercial vehicle *n*
Fra: véhicule utilitaire léger *m*

vehículo rígido ***m***
Ale: Solofahrzeug *n*
Ing: rigid vehicle *n*
(single vehicle) *n*
Fra: véhicule sans remorque *m*

vehículo tractor ***m***
Ale: Zugfahrzeug *n*
(Schlepper) *m*
(Zugmaschine) *m*
Ing: tractor vehicle *n*
Fra: véhicule tracteur *m*

vehículo tractor ***m***
Ale: Zugfahrzeug *n*
Ing: tractor unit *n*
Fra: véhicule tracteur *m*

velociad de giro del alternador ***f***
Ale: Generatordrehzahl *f*
Ing: alternator speed *n*
Fra: vitesse de rotation de l'alternateur *f*

velocidad ***f***
Ale: Geschwindigkeit *f*
Ing: speed *n*
(velocity) *n*
Fra: vitesse *f*

velocidad de accionamiento ***f***
Ale: Antriebsgeschwindigkeit *f*
Ing: drive speed *n*
Fra: vitesse d'entraînement *f*

velocidad de ajuste ***f***
Ale: Stellgeschwindigkeit *f*
Ing: positioning rate *n*
Fra: vitesse de régulation *f*

velocidad de autoexcitación (máquinas rotativas) ***f***
Ale: Angehdrehzahl (drehende Maschinen) *f*
Ing: self excitation speed (rotating machines) *n*
Fra: vitesse d'auto-excitation (machines tournantes) *f*

velocidad de calentamiento (bujía de incandescencia) ***f***
Ale: Aufheizgeschwindigkeit (Glühkerze) *f*
Ing: preheating rate (glow plug) *n*
Fra: vitesse de chauffe *f*

velocidad de combustión ***f***
Ale: Brenngeschwindigkeit *f*
Ing: rate of combustion *n*
Fra: vitesse de combustion *f*

velocidad de comprobación ***f***
Ale: Prüfgeschwindigkeit *f*
Ing: test speed *n*
Fra: vitesse d'essai *f*

velocidad de deriva ***f***
Ale: Driftgeschwindigkeit *f*
Ing: drift velocity *n*
Fra: vitesse de dérive *f*

velocidad de deslizamiento ***f***
Ale: Gleitgeschwindigkeit *f*
Ing: sliding speed *n*
(sliding velocity) *n*
Fra: vitesse de glissement *f*

velocidad de dirección ***f***
Ale: Lenkgeschwindigkeit *f*
Ing: steering speed *n*
Fra: vitesse de braquage *f*

velocidad de entrada ***f***
Ale: Anströmgeschwindigkeit *f*
Ing: air-flow velocity *n*
Fra: vitesse d'attaque *f*

velocidad de flujo ***f***
Ale: Strömungsgeschwindigkeit *f*
Ing: flow velocity *n*
Fra: vitesse d'écoulement *f*

velocidad de giro ***f***
Ale: Drehrate *f*
Ing: yaw rate *n*
Fra: vitesse de lacet *f*

velocidad de giro de carga nula ***f***
Ale: Nulllastdrehzahl *f*
Ing: no load speed *n*
(idle speed) *n*
Fra: vitesse à vide *f*

velocidad de giro del árbol de levas ***f***
Ale: Nockenwellendrehzahl *f*
Ing: camshaft rotational speed *n*
Fra: vitesse de rotation de l'arbre à cames *f*

velocidad de giro máxima a plena carga ***f***
Ale: obere Volllastdrehzahl *f*
Ing: maximum full load speed *n*
Fra: vitesse maximale à pleine charge *f*

velocidad de guiñada (dinámica del automóvil) ***f***
Ale: Giergeschwindigkeit (Kfz-Dynamik) *f*
Ing: yaw velocity (motor-vehicle dynamics) *n*
Fra: vitesse de mise en lacet (dynamique d'un véhicule) *f*

velocidad de llama ***f***
Ale: Flammgeschwindigkeit *f*
Ing: flame velocity *n*
Fra: vitesse de propagation de la flamme *f*

velocidad de marcha ***f***
Ale: Fahrgeschwindigkeit *f*
Ing: driving speed *n*
Fra: vitesse de roulage *f*

velocidad de pistón ***f***
Ale: Kolbengeschwindigkeit *f*
Ing: piston speed *n*
Fra: vitesse du piston *f*

velocidad de propagación ***f***
Ale: Ausbreitungsgeschwindigkeit *f*
Ing: velocity of propagation *n*
Fra: vitesse de propagation *f*

velocidad de referencia ***f***
Ale: Referenzgeschwindigkeit *f*
Ing: reference speed *n*
Fra: vitesse de référence *f*

velocidad de régimen permanente ***f***
Ale: Beharrungsdrehzahl *f*
Ing: steady state speed *n*
Fra: vitesse d'équilibre *f*

velocidad de rodadura ***f***
Ale: Rollgeschwindigkeit *f*

Ing: roll velocity *n*
Fra: vitesse de roulis *f*

velocidad de salida ***f***
Ale: Ausgangsgeschwindigkeit *f*
Ing: initial speed *n*
Fra: vitesse initiale *f*

velocidad de transferencia (CAN) ***f***
Ale: Übertragungsrate (CAN) *f*
Ing: bit rate (CAN) *n*
(transfer rate) *n*
Fra: débit de transmission (multiplexage) *m*

velocidad de válvula ***f***
Ale: Ventilgeschwindigkeit *f*
Ing: valve velocity *n*
Fra: vitesse de soupape *f*

velocidad del limpiaparabrisas ***f***
Ale: Wischerstufe *f*
Ing: wipe frequency *n*
Fra: vitesse de balayage *f*

velocidad del sonido ***f***
Ale: Schallgeschwindigkeit *f*
Ing: velocity of sound *n*
Fra: vitesse du son *f*

velocidad del vehículo ***f***
Ale: Fahrzeuggeschwindigkeit *f*
Ing: vehicle speed *n*
Fra: vitesse du véhicule *f*

velocidad diferencial ***f***
Ale: Differenzgeschwindigkeit *f*
Ing: differential speed *n*
Fra: vitesse différentielle *f*

velocidad diferencial de las ruedas ***f***
Ale: Raddifferenzgeschwindigkeit *f*
Ing: wheel speed differential *n*
Fra: vitesse différentielle des roues *f*

velocidad límite en curvas ***f***
Ale: Kurvengrenzgeschwindigkeit *f*
Ing: cornering limit speed *n*
Fra: vitesse limite en virage *f*

velocidad máxima ***f***
Ale: Höchstgeschwindigkeit *f*
Ing: top speed *n*
Fra: vitesse maximale *f*

velocidad nominal ***f***
Ale: Bauartgeschwindigkeit *f*
(Nenndrehzahl) *f*
Ing: rated speed *n*
Fra: vitesse de déplacement *f*
(vitesse de rotation nominale) *f*

velocidad nominal ***f***
Ale: Sollgeschwindigkeit *f*
Ing: desired speed *n*
(setpoint speed) *n*
Fra: consigne de vitesse *f*

velocidad nominal de guiñada (dinámica del automóvil) ***f***
Ale: Giersollgeschwindigkeit (Kfz-Dynamik) *f*
Ing: nominal yaw rate (motor-vehicle dynamics) *n*
Fra: vitesse de lacet de consigne *f*

velocidad periférica ***f***
Ale: Umfangsgeschwindigkeit *f*
Ing: circumferential speed *n*
(peripheral velocity) *n*
Fra: vitesse périphérique *f*

velocidad relativa ***f***
Ale: Relativgeschwindigkeit *f*
Ing: relative speed *n*
Fra: vitesse relative *f*

velocidad transversal (dinámica del automóvil) ***f***
Ale: Quergeschwindigkeit (Kfz-Dynamik) *f*
Ing: lateral velocity (vehicle dynamics) *n*
Fra: vitesse transversale (dynamique d'un véhicule) *f*

velocímetro ***m***
Ale: Fahrgeschwindigkeitsmesser *m*
Ing: speedometer *n*
Fra: compteur de vitesse *m*

velocímetro ***m***
Ale: Geschwindigkeitsmesser *m*
Ing: speedometer *n*
Fra: compteur de vitesse *m*

velomotor ***m***
Ale: Mofa *n*
Ing: motor bicycle *n*
(moped) *n*
Fra: cyclomoteur *m*

ventana de ajuste (ajustador de ralentí) ***f***
Ale: Stellfenster (Leerlaufsteller) *n*
Ing: actuator window (idle actuator) *n*
Fra: fenêtre de régulation (actionneur de ralenti) *f*

ventana de catalizador ***f***
Ale: Katalysatorfenster *n*
Ing: catalytic converter window *n*
Fra: créneau de pot catalytique *m*

ventilación ***f***
Ale: Lüftung *f*
Ing: ventilation *n*
Fra: ventilation *f*

ventilación del bloque motor ***f***
Ale: Kurbelgehäuseentlüftung *f*
Ing: crankcase ventilation *n*
Fra: dégazage du carter-cylindres *m*

ventilación del depósito ***f***
Ale: Tankbelüftung *f*
Ing: tank ventilation *n*
Fra: dégazage du réservoir *m*

ventilación del depósito ***f***
Ale: Tankentlüftung *f*
Ing: tank ventilation *n*
Fra: dégazage du réservoir *m*

ventilación del motor ***f***
Ale: Motorentlüftung *m*
Ing: crankcase breather *n*
Fra: dispositif de dégazage du moteur *m*

ventilado axial ***m***
Ale: Axiallüfter *m*
Ing: axial fan *n*
Fra: ventilateur axial *m*

ventilado externamente ***adj***
Ale: außenbelüftet *adj*
Ing: externally cooled *adj*
Fra: à refroidissement externe *loc*

ventilado internamente (disco de freno) ***adj***
Ale: innenbelüftet (Bremsscheibe) *pp*
Ing: internally ventilated (brake disc) *pp*
Fra: ventilation interne (disque de frein) *f*

ventilador ***m***
Ale: Lüfter *m*
Ing: ventilator *n*
(fan) *n*
Fra: ventilateur *m*

ventilador del radiador ***m***
Ale: Kühlergebläse *n*
(Kühlerventilator) *m*
(Kühlerlüfter) *m*
Ing: radiator blower *n*
(radiator fan) *n*
Fra: ventilateur de radiateur *m*

ventilador eléctrico ***m***
Ale: Elektrolüfter *m*
Ing: electric fan *n*
Fra: ventilateur électrique *m*

ventilador radial ***m***
Ale: Radiallüfter *m*
Ing: radial fan *n*
Fra: ventilateur centrifuge *m*

veriación por fuerza centrífuga ***f***
Ale: Fliehkraftverstellung *f*
Ing: centrifugal advance *n*
Fra: correction centrifuge *f*

verificación de sistemas OBD ***f***
Ale: OBD-Systemtests *m*
Ing: OBD system tests *npl*
Fra: tests système OBD *mpl*

versión ***f***
Ale: Ausführung *f*
Ing: type *n*
Fra: exécution *f*

vía de conductor ***f***
Ale: Leiterbahn *f*
(Kontaktbahn) *f*
Ing: conductor track *n*
(conductor track) *n*
Fra: piste conductrice *f*
(piste de contact) *f*

vibración ***f***
Ale: Schwingung *f*
(Schüttelbeanspruchung) *f*
Ing: vibration *n*

Español

Fra: vibration *f*
(contrainte de vibration) *f*

vibración con sacudidas ***f***
Ale: Ruckelschwingung *f*
Ing: bucking oscillations *npl*
Fra: vibrations dues aux à-coups *fpl*

vibración de la cadena cinemática ***f***
Ale: Triebstrangschwingung *f*
Ing: drivetrain oscillation *n*
Fra: vibrations de la chaîne cinématique *fpl*

vidrio atérmico ***m***
Ale: Wärmeschutzglas *n*
Ing: heat absorption glass *n*
Fra: verre catathermique *m*

vidrio fundido (conductor eléctrico) ***m***
Ale: Glasschmelze (elektrisch leitend) *f*
Ing: conductive glass seal *n*
Fra: ciment à base de verre conducteur *m*

viento lateral ***m***
Ale: Seitenwind *m*
Ing: crosswind *n*
Fra: vent latéral *m*

vigilancia de deslizamiento de rueda ***f***
Ale: Radschlupf-Überwachung *f*
Ing: wheel slip monitoring *n*
Fra: surveillance de glissement des roues *f*

vigilancia de funcionamiento ***f***
Ale: Funktionsüberwachung *f*
Ing: function monitoring *n*
Fra: surveillance de fonctionnement *f*

vigilancia en todas las direcciones ***f***
Ale: Rundumüberwachung *f*
Ing: all-round monitoring *n*
Fra: surveillance périmétrique intégrale *f*

viruta ***f***
Ale: Metallspäne *f*
Ing: swarf *n*
Fra: copeaux métalliques *mpl*

viscosidad de combustible ***f***
Ale: Kraftstoffviskosität *f*
Ing: fuel viscosity *n*
Fra: viscosité du carburant *f*

viscosidad del combustible ***f***
Ale: Viskosität des Kraftstoffs *f*
Ing: fuel viscosity *n*
Fra: viscosité du carburant *f*

viscosidad en frío ***f***
Ale: Kälteviskosität *f*
(Tieftemperaturviskosität) *f*
Ing: cold viscosity *n*
Fra: viscosité à basse température *f*

visibilidad ***f***
Ale: Sichtweite *f*
Ing: visual range *n*
Fra: visibilité *f*

visualizador multifuncional ***m***
Ale: Multifunktionsanzeige *f*
Ing: multifunction display *n*
Fra: afficheur multifonctions *m*

vitrocerámica ***f***
Ale: Glaskeramik *f*
Ing: glass ceramics *n*
Fra: vitrocéramique *f*

volante ***m***
Ale: Lenkrad *n*
Ing: steering wheel *n*
Fra: volant de direction *m*

volante de inercia ***m***
Ale: Schwungmasse *f*
(Schwungscheibe) *f*
(Schwungrad) *n*
Ing: flywheel *n*
Fra: masse d'inertie *f*
(volant moteur) *m*

volante de inercia ***m***
Ale: Schwungrad *n*
Ing: flywheel *n*
Fra: volant moteur *m*

volante de inercia de dos masas ***m***
Ale: Zweimassenschwungrad *n*
Ing: dual mass flywheel *n*
Fra: volant d'inertie à deux masses *m*

volquete ***m***
Ale: Kipper *m*
Ing: tipper *n*
Fra: benne *f*

volquete ***m***
Ale: Kipper *m*
Ing: rocker *n*
Fra: basculeur *m*

voltímetro ***m***
Ale: Spannungsmesser *m*
Ing: voltmeter *n*
Fra: voltmètre *m*

voltímetro ***m***
Ale: Voltmeter *m*
Ing: voltmeter *n*
Fra: voltmètre *m*

volumen ***m***
Ale: Lautstärke *f*
Ing: loudness level *n*
Fra: volume sonore *m*

volumen de cámara de admisión ***m***
Ale: Saugraumvolumen *n*
Ing: fuel gallery volume *n*
Fra: volume de la galerie d'admission *m*

volumen de compensación ***m***
Ale: Ausgleichsvolumen *n*
Ing: compensation volume *n*
Fra: volume de compensation *m*

volumen de compresión ***m***
Ale: Kompressionsvolumen *n*
(Dämpfungsvolumen) *n*
Ing: compression volume *n*
(damping volume) *n*
Fra: volume de compression *m*
(volume d'amortissement) *m*

volumen de descarga (bomba de inyección rotativa) ***m***
Ale: Entlastungsvolumen (Verteilerpumpe) *n*
(Volumenentlastung) *f*
Ing: retraction volume (distributor pump) *n*
Fra: volume de décharge *m*

volumen de los gases de escape ***m***
Ale: Abgasvolumen *n*
Ing: exhaust gas volume *n*
Fra: volume des gaz d'échappement *m*

volumen inyectado ***m***
Ale: Einspritzvolumen *n*
Ing: injected fuel volume *n*
Fra: volume de carburant injecté *m*

volumen muerto ***m***
Ale: Totvolumen *n*
(Restvolumen) *n*
Ing: dead volume *n*
Fra: volume mort *m*

vuelco ***m***
Ale: Überschlag *m*
Ing: rollover *n*
Fra: tonneau *m*

vuelco del vehículo ***m***
Ale: Fahrzeugüberschlag *m*
Ing: vehicle rollover *n*
Fra: capotage du véhicule *m*

Z

zaga escalonada ***f***
Ale: Stufenheck *n*
Ing: notchback *n*
Fra: carrosserie tricorps *f*

zaga inclinada ***f***
Ale: Fließheck *n*
Ing: fastback *n*
Fra: carrosserie « fastback » (à deux volumes) ***f***

zaga inclinada (automóvil) ***f***
Ale: Schrägheck (Kfz) *n*
Ing: hatchback (motor vehicle) *n*
(fastback) *n*
Fra: carrosserie bicorps *f*

zapata (frenos) ***f***
Ale: Backe (Bremsen) *f*
Ing: shoe (brakes) *n*
Fra: mâchoire-électrode *f*

zapata de freno ***f***
Ale: Bremsbacke *f*
Ing: brake shoe *n*
Fra: segment de frein *m*

zapata de freno de mano ***f***
Ale: Handbremsbacke *f*

Español

Ing: handbrake shoe *n*
Fra: mâchoire de frein à main *f*

zapata de freno primaria *f*
Ale: auflaufende Bremsbacke *f*
Ing: leading brake shoe *n*
Fra: mâchoire primaire *f*

zapata de freno secundaria (frenos) *f*
Ale: ablaufende Bremsbacke (Bremsen) *f*
Ing: trailing brake shoe (brakes) *n*
(secondary shee) *n*
Fra: mâchoire secondaire *f*

zapata giratoria (freno de tambor) *f*
Ale: Drehbacke (Trommelbremse) *f*
Ing: rotating shoe (drum brake) *n*
Fra: mâchoire pivotante (frein à tambour) *f*

zona de carga espacial *f*
Ale: Raumladungszone *f*
Ing: space charge region *n*
Fra: zone de charge spatiale *f*

zona de carga parcial *f*
Ale: Teillastbereich *m*
Ing: part load range *n*
Fra: plage de charge partielle *f*

zona de conexión *f*
Ale: Einschaltbereich *m*
Ing: cut in area *n*
Fra: plage d'enclenchement *f*

zona de conmutación (escobilla de carbón) *f*
Ale: Kommutierungsszone (Kohlebürste) *f*
Ing: commutating zone (carbon brush) *n*
Fra: partie commutateur (balai) *f*

zona de depuración *f*
Ale: Läuterungszone *f*
Ing: refining zone *n*
Fra: zone d'affinage *f*

zona de frenado parcial *f*
Ale: Teilbremsbereich *m*
Ing: partial braking range *n*
Fra: plage de freinage partiel *f*

zona de impacto *f*
Ale: Aufschlagbereich *m*
Ing: impact area *n*
Fra: zone de choc *f*

zona de limpieza (limpiaparabrisas) *f*
Ale: Reinigungsbereich (Wischer) *m*
Ing: cleansed area (wipers) *n*
Fra: zone de balayage *f*

zona de protección (piloto de aparcamiento) *f*
Ale: Absicherungsbereich (Park-Pilot) *m*
Ing: protection area (park pilot) *n*
Fra: périmètre de protection *m*

zona de sofocación (mezcla aire-combustible) *f*
Ale: Quench-Zone (Luft-Kraftstoff-Gemisch) *f*
Ing: quench zone (air-fuel mixture) *n*
Fra: zone de coincement (mélange air-carburant) *f*

zona exterior de la llama *f*
Ale: Flammaußenzone *f*
Ing: flame periphery *n*
Fra: zone de flamme périphérique *f*

zona funcional dinámica *f*
Ale: dynamischer Funktionsbereich *m*
Ing: dynamic functional range, DFR *n*
Fra: plage de fonctionnement dynamique *f*

zona no regulada *f*
Ale: ungeregelter Bereich *m*
Ing: uncontrolled range *n*
Fra: plage non régulée *f*

zumbar (interferencias de radio) *v*
Ale: brummen (Funkstörung) *v*
Ing: hum (radio disturbance) *v*
Fra: ronflement (perturbation) *m*

Bosch-Fachbücher – Fachwissen aus erster Hand

Ottomotor-Management

Nach einem kurzen Rückblick auf die Anfänge der Automobilgeschichte werden die Grundlagen der Arbeitsweise des Ottomotors sowie seine Steuerung erläutert. Die Beschreibung der Systeme zur Füllungssteuerung, Einspritzung, Zündung und katalytischen Abgasreinigung geben einen umfassenden Überblick über die Steuerungsmechanismen, die für den Betrieb eines modernen Ottomotors unabdingbar sind. Wie dies in der Praxis umgesetzt wird, zeigt die Beschreibung des Motormanagements Motronic. Besonderes Gewicht wird dabei auf die Diagnosefunktionen gelegt, die aufgrund der steigenden Anforderungen aus der Abgasgesetzgebung einen wachsenden Anteil an der Motronic ausmachen.

Hardcover,
Format 17 x 24 cm,
3., überarbeitete und ergänzte Auflage, 2005,
358 Seiten,
gebunden,
mit zahlreichen Abbildungen.

ISBN 3-8348-0037-6

Der Inhalt – Schwerpunkte

- Grundlagen des Ottomotors
- Kraftstoffe
- Systeme zur Füllungssteuerung
- Kraftstoffversorgung
- Saugrohreinspritzung
- Benzin-Direkteinspritzung
- Erdgas-Betrieb
- Induktive Zündanlage
- Zündspulen
- Zündkerzen
- Motronic-Systeme
- Sensoren
- Steuergerät
- Abgasemission
- Katalytische Abgasreinigung
- Abgasgesetzgebung
- Abgasmesstechnik
- Diagnose
- Steuergeräteentwicklung

Bosch-Fachbücher – Fachwissen aus erster Hand

Sicherheits- und Komfortsysteme

Sicherheitssysteme wie z. B. ESP oder Airbag stehen in der Bedeutung für den Autofahrer an oberster Stelle. Sie erkennen Gefahrensituationen eigenständig und lösen komplexe Abläufe aus, um diese Gefahren im Rahmen der physikalischen Möglichkeiten zu verhindern bzw. deren Auswirkungen für die Kfz-Insassen zu mildern. Komfortsysteme erleichtern die Bedienung vieler Funktionen im Fahrzeuginnenraum und ermöglichen ein angenehmes und ermüdungsfreies Fahren. Der Fahrzeuglenker kann sich vollständig auf das eigentliche Verkehrsgeschehen konzentrieren. Viele dieser Systeme wurden von Bosch entwickelt und zur Serienreife gebracht. Mit der neu bearbeiteten Auflage des Fachbuches „Sicherheits- und Komfortsysteme" erhält der Leser somit aus erster Hand eine umfassende Beschreibung dieser bedeutenden Komponenten der Kfz-Technik. Zahlreiche detaillierte Zeichnungen und Abbildungen ergänzen die Texte.

Der Inhalt – Schwerpunkte

- Grundlagen der Fahrphysik
- Bremssysteme im Pkw
- Komponenten für Pkw-Bremsanlagen
- Antiblockiersystem (ABS)
- Antriebsschlupfregelung (ASR)
- Elektronisches Stabilitäts-Programm (ESP)
- Adaptive Fahrgeschwindigkeitsregelung (ACC)
- Elektronische Getriebesteuerung
- Insassenschutzsysteme
- Fahrerassistenzsysteme
- Analoge und digitale Signalübertragung
- Audioanlagen
- Verkehrsfunksysteme
- Navigationssysteme
- Verkehrstelematik

Hardcover,
Format 17 x 24 cm,
3., neu bearbeitete
und erweiterte Auflage, 2004,
400 Seiten,
gebunden,
mit zahlreichen Abbildungen.

ISBN 3-528-13875-0

Kraftfahrtechnisches Taschenbuch – d a s Nachschlagewerk

Das Kraftfahrtechnische Taschenbuch von Bosch ist ein umfassendes Nachschlagewerk. Viele Inhalte der 25. Auflage wurden wieder von Fachleuten von Bosch, aus der Kraftfahrzeugindustrie und von Hochschulen neu bearbeitet, überarbeitet oder aktualisiert.

Der gegenwärtige Stand der Kraftfahrzeugtechnik ist gut aufbereitet und in überschaubarem Umfang enthalten. Viele Systemdarstellungen, Abbildungen und Tabellen geben Einblick in eine faszinierende Technik.

Neu in der 25. Auflage aufgenommene Themen

Hydrostatik • Strömungsmechanik • Mechatronik • Schichtsysteme • Reib- und Formschlussverbindungen • Emissionsminderungssysteme • Diagnose • Nfz-Bremsenmanagement als Plattform für Nfz-Fahrerassistenzsysteme • Analoge und digitale Signalübertragung • Mobile Informationsdienste • Flottenmanagement • Multimedia-Systeme • Entwicklungsmethoden und Applikationswerkzeuge für elektronische Systeme • Sound-Design • Fahrzeug-Windkanäle • Umweltmanagement • Werkstatt-Technik.

Vollständig aktualisierte, überarbeitete oder erweiterte Themen

Grundgleichungen der Mechanik • Schraubverbindungen • Federn • Luftfiltration • Schmierung des Motors • Kühlung des Motors • Aufladegeräte • Abgasanlage • Abgas-Messtechnik • Steuerung des Ottomotors (Motronic) • Alternativer Ottomotorbetrieb • Steuerung des Dieselmotors • Fahrstabilisierungssysteme • Autoradio mit Zusatzeinrichtungen • Autoantennen • Mobil- und Datenfunk • Pkw-Fahrerassistenzsysteme.

Das „blaue Buch" von Bosch ist inzwischen ein Bestseller im Bereich technischer Literatur. Es ist weltweit d a s Nachschlagewerk für präzise und kurz gefasste Informationen zum Thema Kraftfahrzeugtechnik.

Diese Auflage erscheint auch in Englisch, Französisch und Spanisch. Vorangegangene Auflagen sind auch in Niederländisch, Russisch, Finnisch, Italienisch, Ungarisch, Chinesisch und Japanisch erschienen.

Format 12 x 18 cm,
25., überarbeitete und
erweiterte Auflage, 2003,
1232 Seiten,
gebunden,
mit zahlreichen Abbildungen.

ISBN 3-528-23876-3

5786622R00456

Printed in Germany
by Amazon Distribution
GmbH, Leipzig